中文版Maya 2015技术大全

本书部分精彩实例展示

实例名称：用旋转创建花瓶
所在页码：178页

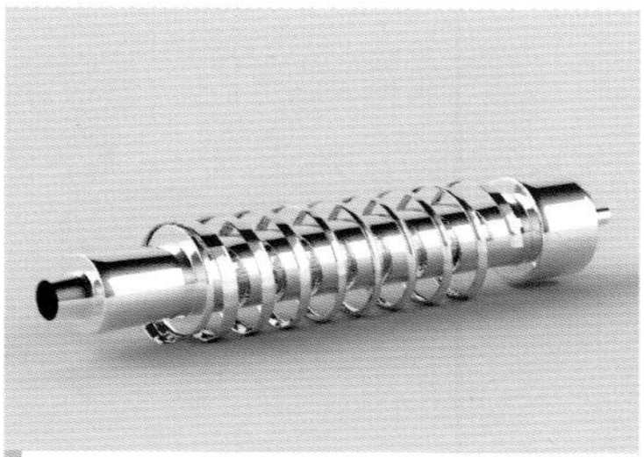
实例名称：用放样创建弹簧
所在页码：180页

实例名称：用平面创建雕花
所在页码：182页

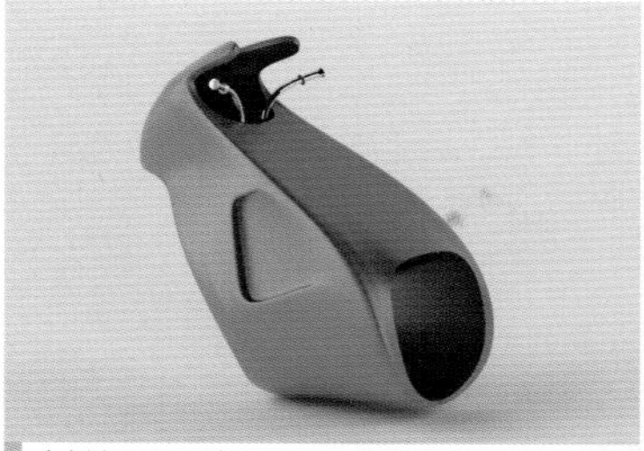
实例名称：用挤出创建武器管
所在页码：184页

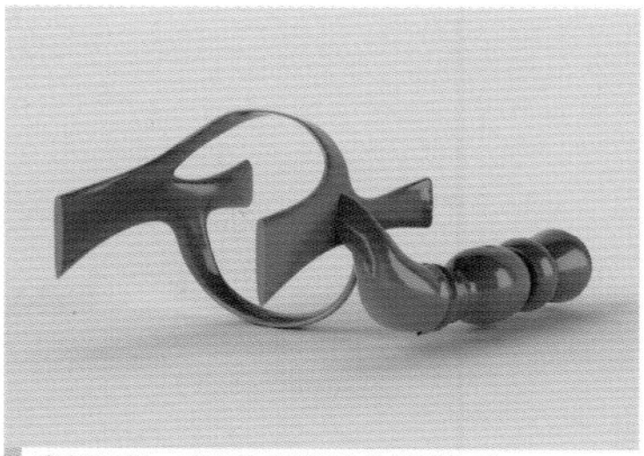
实例名称：用双轨成形1工具创建曲面
所在页码：188页

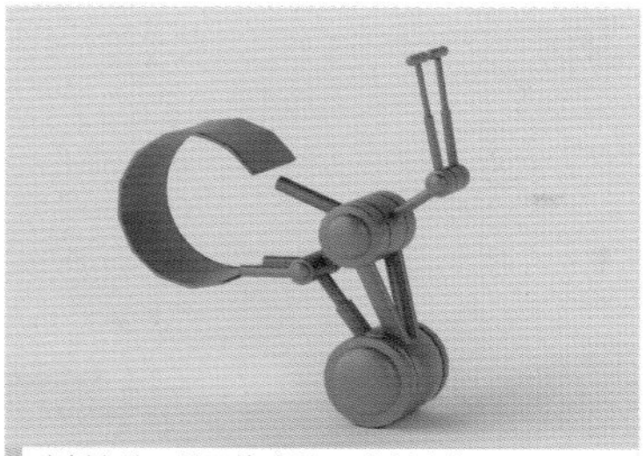
实例名称：用双轨成形2工具创建曲面
所在页码：189页

实例名称：用双轨成形3+工具创建曲面
所在页码：191页

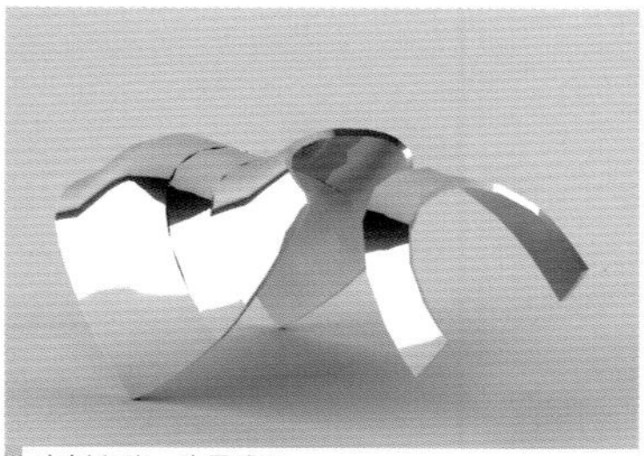
实例名称：边界成面
所在页码：193页

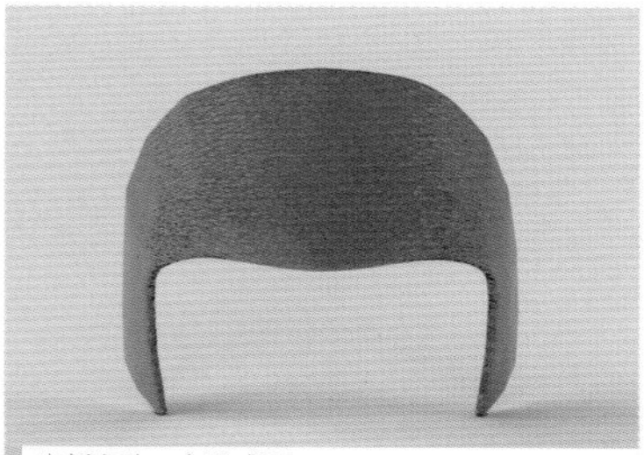
实例名称：方形成面
所在页码：196页

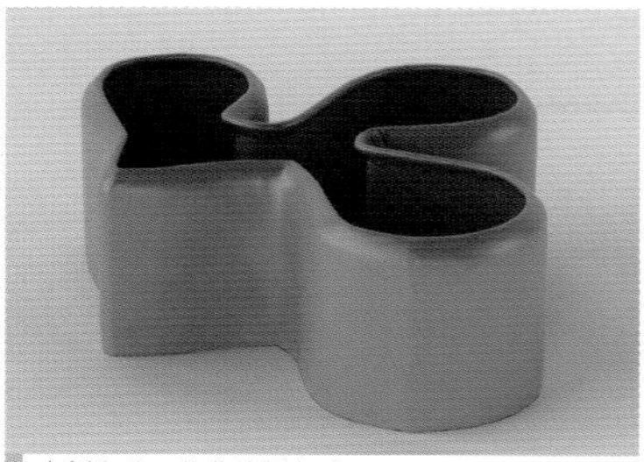
实例名称：将曲线倒角成面
所在页码：198页

实例名称：用倒角+创建倒角模型
所在页码：200页

U0322018
实例名称：复制NURBS面片
所在页码：201页

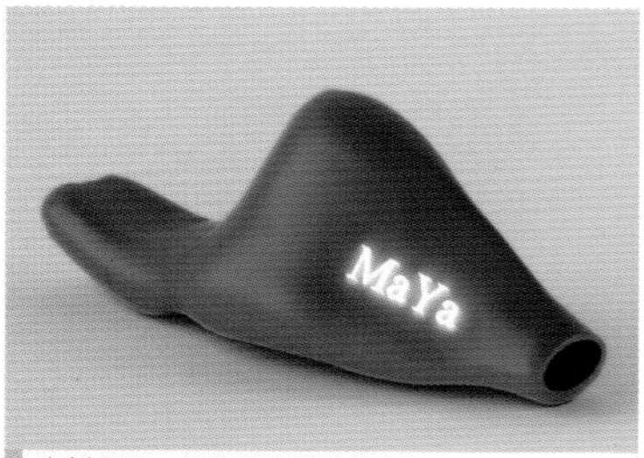

实例名称：将曲线投影到曲面上
所在页码：204页

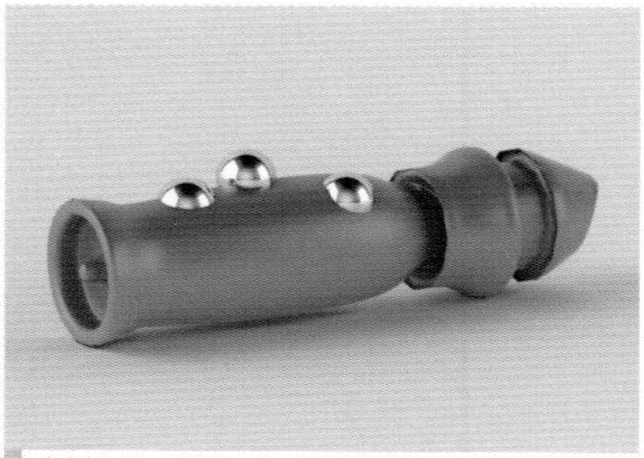
实例名称：用曲面相交在曲面的相交处生成曲线
所在页码：206页

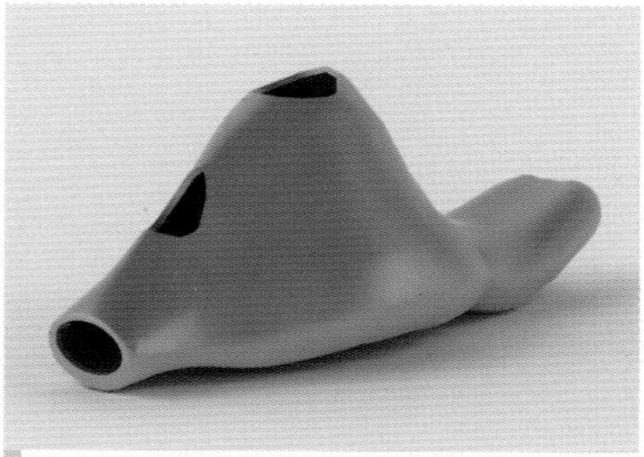
实例名称：根据曲面曲线修剪曲面
所在页码：208页

中文版Maya 2015技术大全

本书部分精彩实例展示

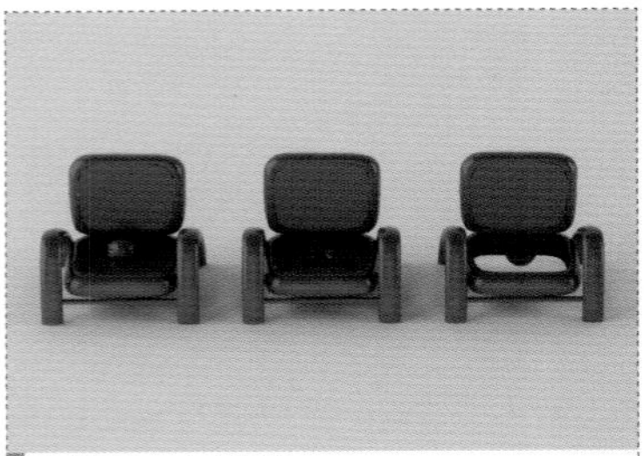

实例名称：布尔运算
所在页码：212页

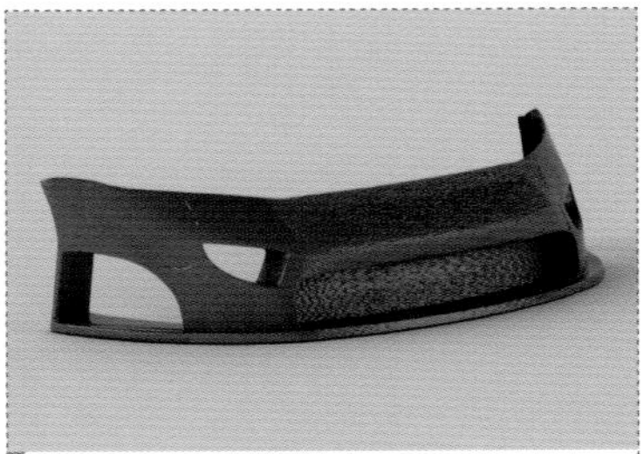

实例名称：用附加曲面合并曲面
所在页码：214页

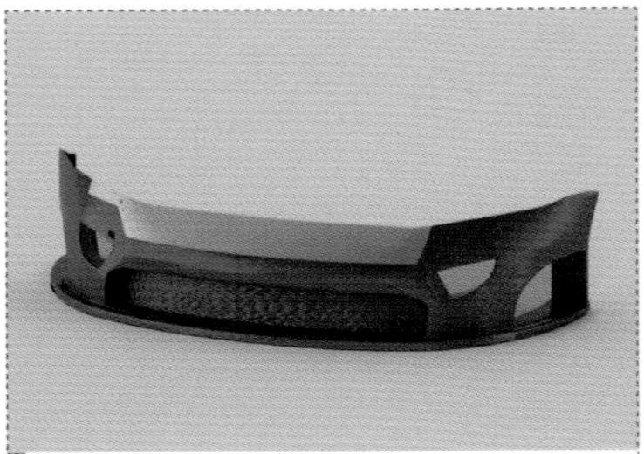

实例名称：将曲面分离出来
所在页码：216页

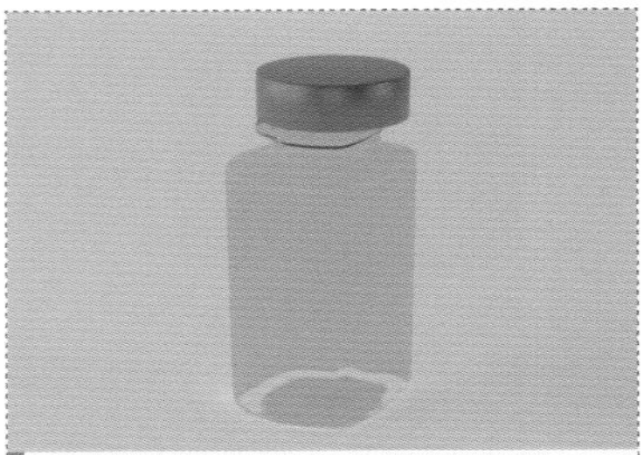

实例名称：将开放的曲面闭合起来
所在页码：220页

实例名称：延伸曲面
所在页码：222页

实例名称：偏移复制曲面
所在页码：223页

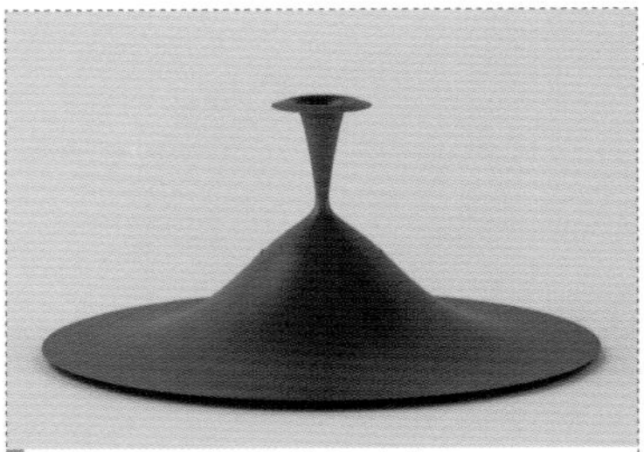

实例名称：在曲面间创建圆角曲面
所在页码：232页

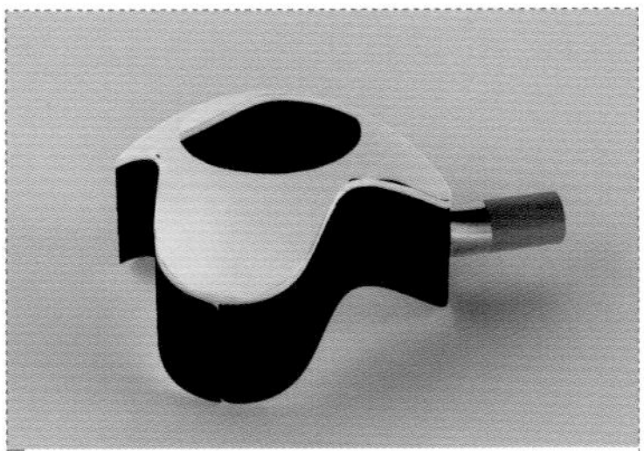

实例名称：创建自由圆角曲面
所在页码：232页

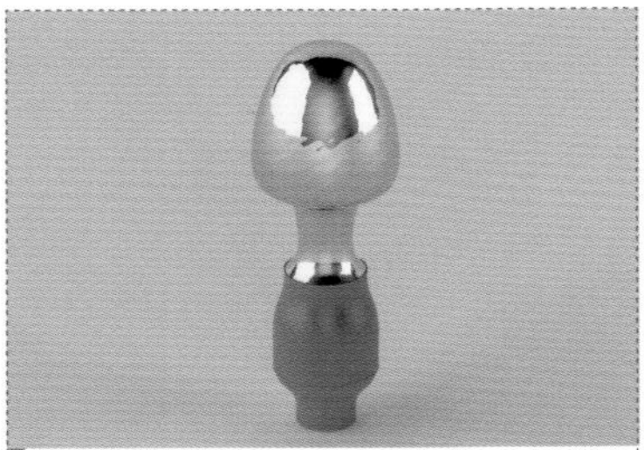

实例名称：在曲面间创建混合圆角
所在页码：233页

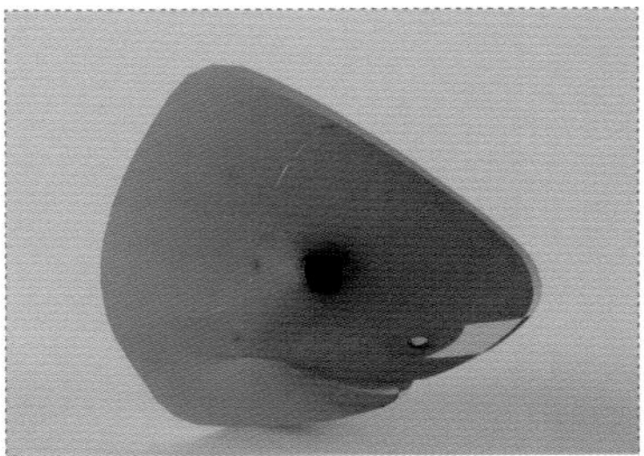

实例名称：缝合曲面点
所在页码：237页

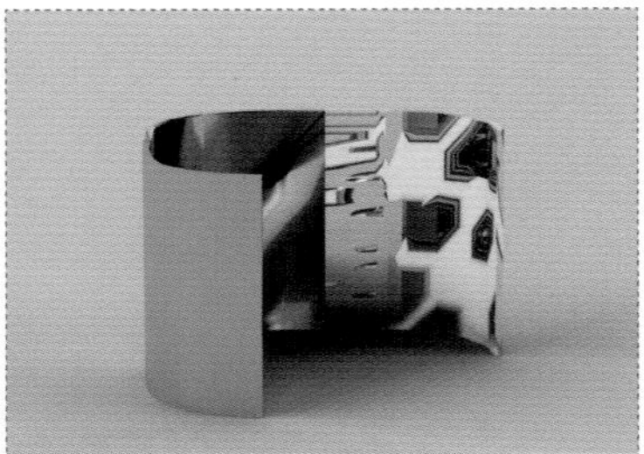

实例名称：全局缝合曲面
所在页码：239页

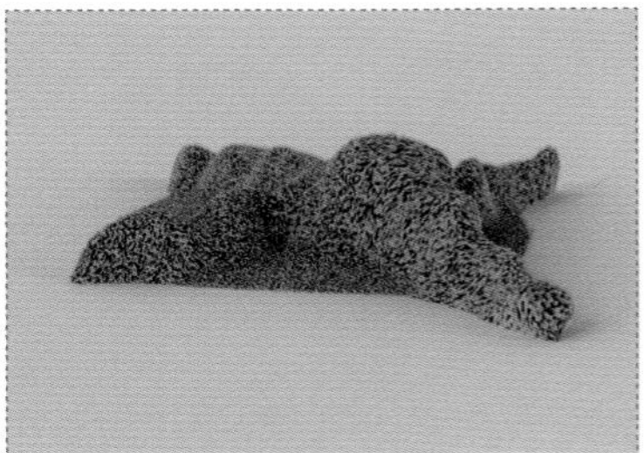

实例名称：雕刻山体模型
所在页码：240页

实例名称：平滑切线
所在页码：241页

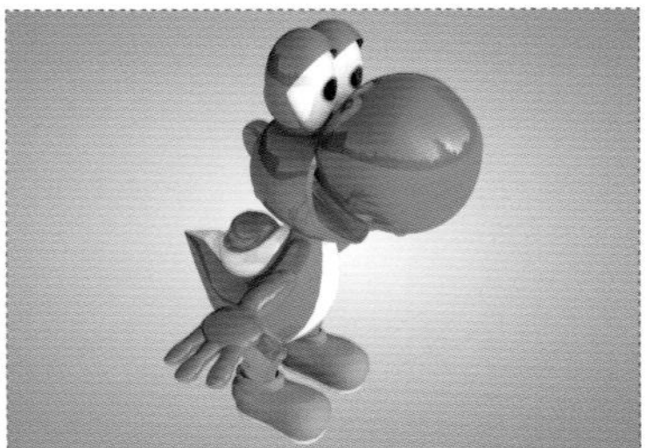

实例名称：NURBS建模综合实例：卡通丑小鸭
所在页码：245页

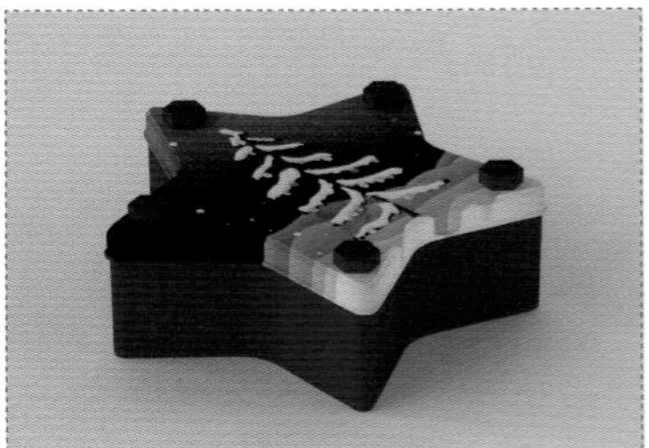

实例名称：布尔运算（并集）
所在页码：285页

实例名称：结合多边形对象
所在页码：287页

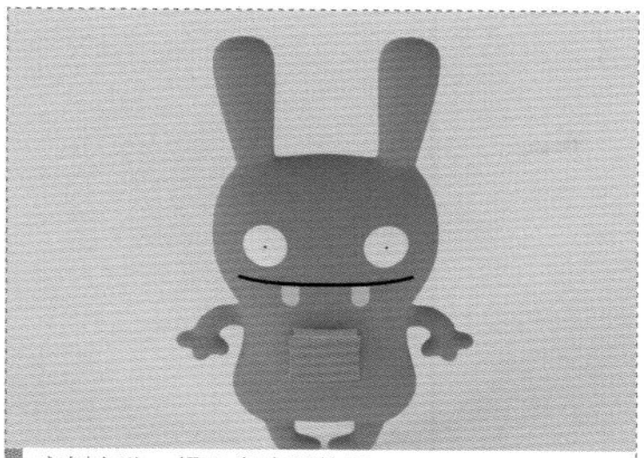

实例名称：提取多边形的面
所在页码：289页

实例名称：四边形化多边形面
所在页码：299页

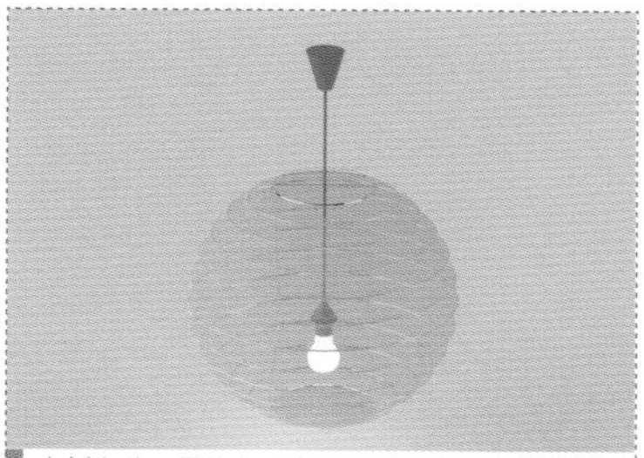

实例名称：平均化顶点以平滑模型
所在页码：297页

实例名称：补洞
所在页码：298页

实例名称：镜像切割模型
所在页码：302页

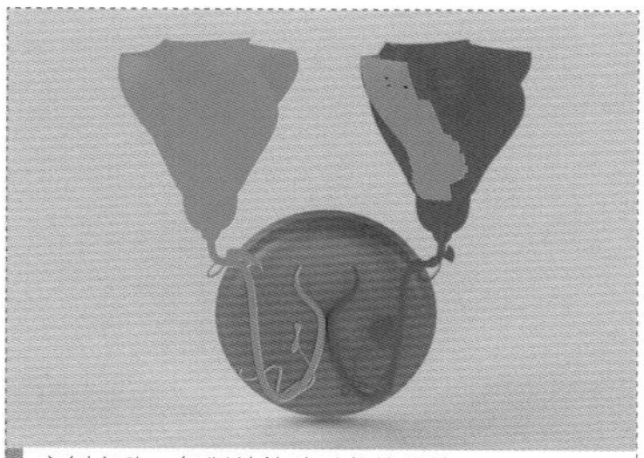

实例名称：复制并粘贴对象的属性
所在页码：305页

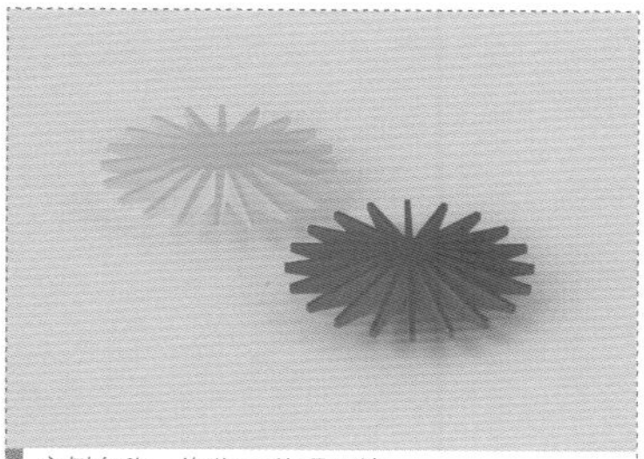

实例名称：传递UV纹理属性
所在页码：306页

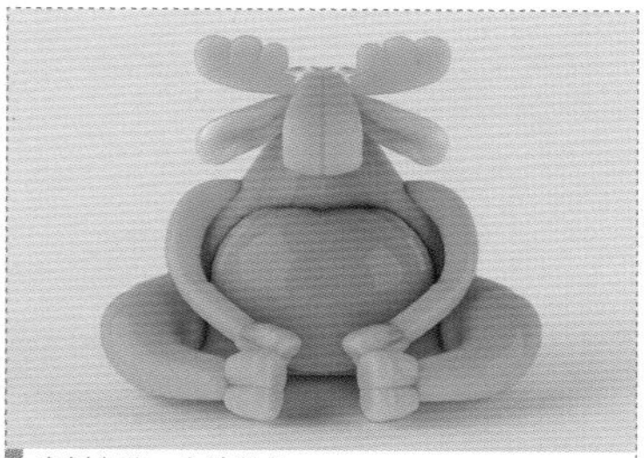

实例名称：合并顶点
所在页码：312页

实例名称：变换组件
所在页码：315页

实例名称：切角顶点
所在页码：317页

实例名称：分离顶点
所在页码：318页

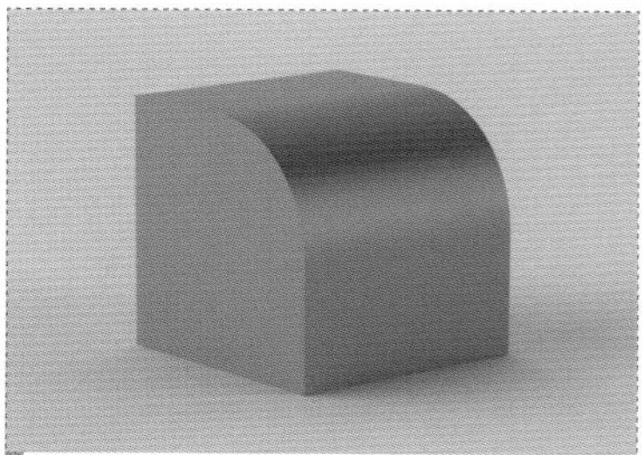

实例名称：倒角多边形
所在页码：321页

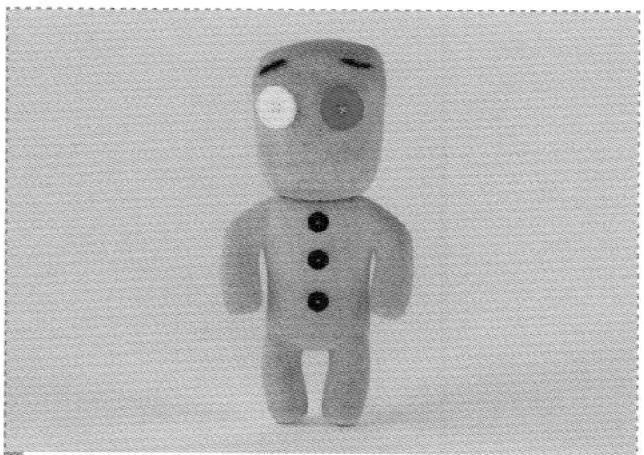

实例名称：删除顶点
所在页码：322页

实例名称：翻转三角形边
所在页码：323页

中文版Maya 2015技术大全

本书部分精彩实例展示

实例名称：正向自旋边
所在页码：324页

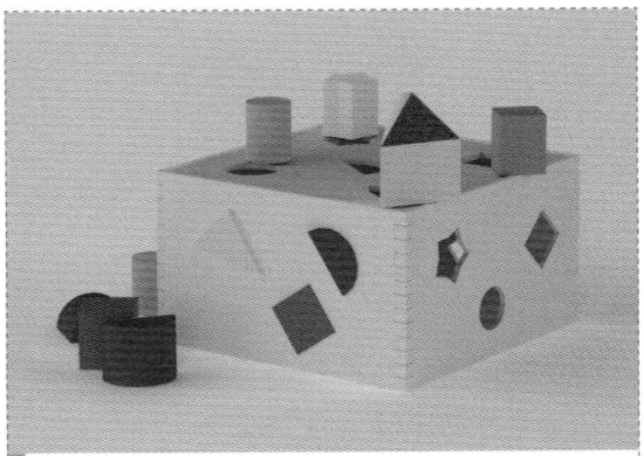

实例名称：创建扇形面
所在页码：327页

实例名称：细分面的分段数
所在页码：328页

实例名称：收拢多边形的面
所在页码：329页

实例名称：复制多边形的面
所在页码：330页

实例名称：刺破多边形的面
所在页码：331页

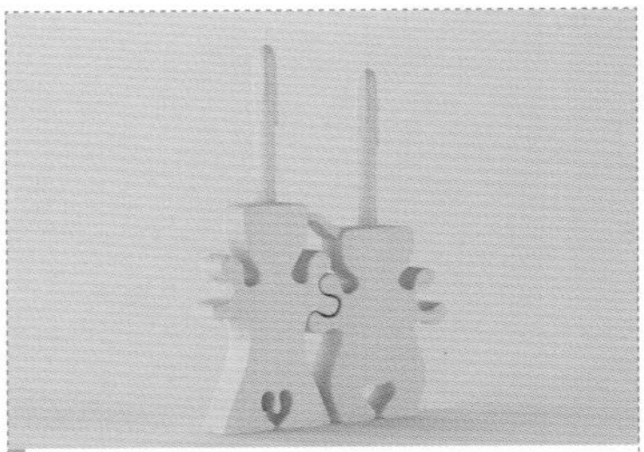

实例名称：桥接多边形
所在页码：334页

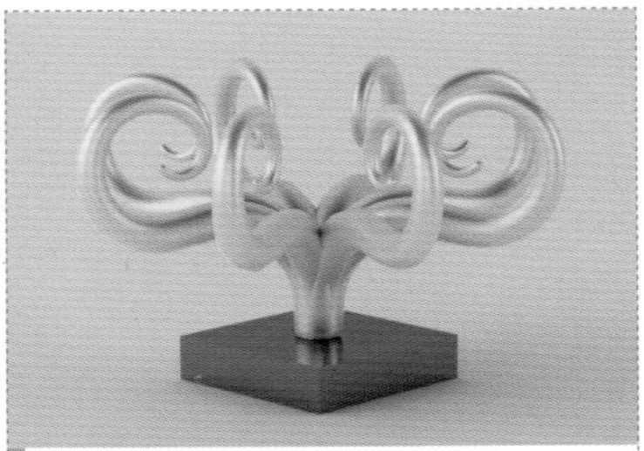

实例名称：挤出多边形
所在页码：336页

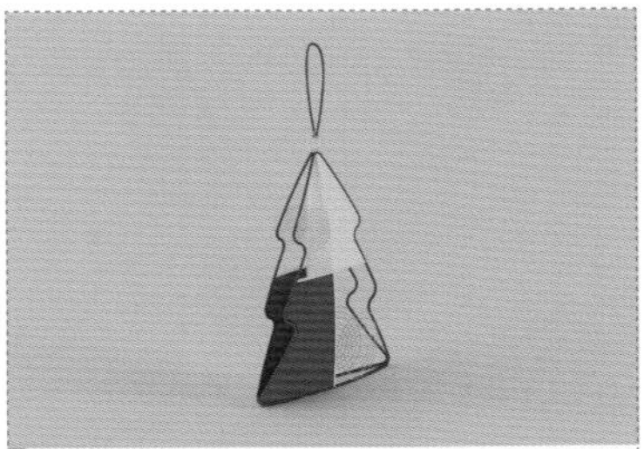

实例名称：附加多边形
所在页码：339页

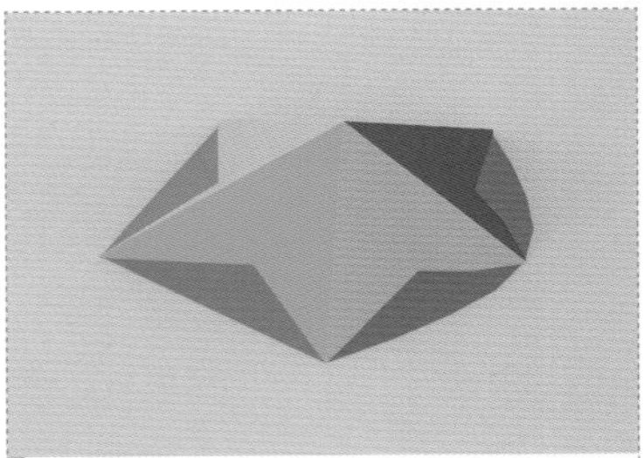

实例名称：创建折痕
所在页码：340页

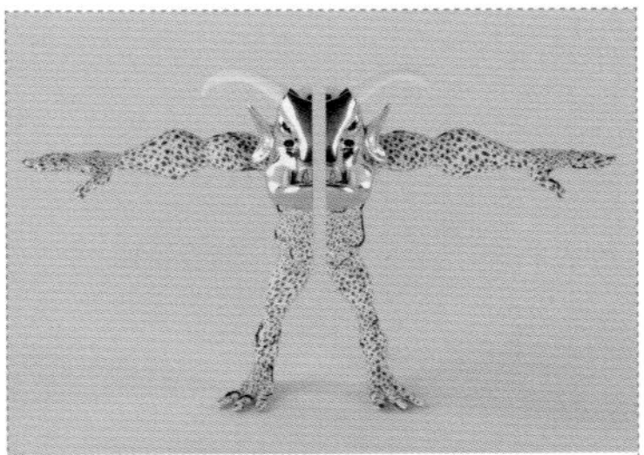

实例名称：切割多边形面
所在页码：342页

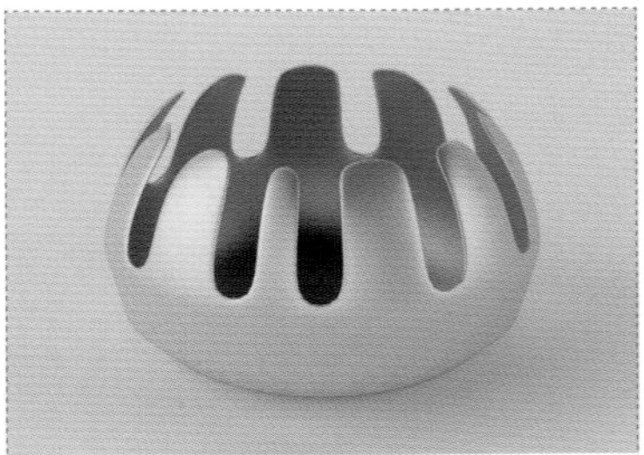

实例名称：在多边形上插入循环边
所在页码：343页

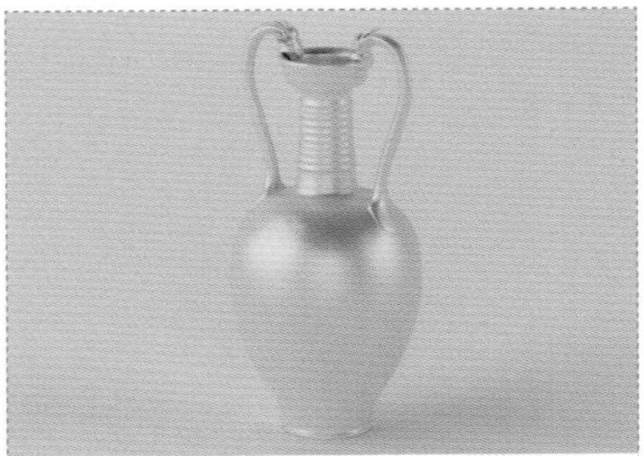

实例名称：合并边
所在页码：345页

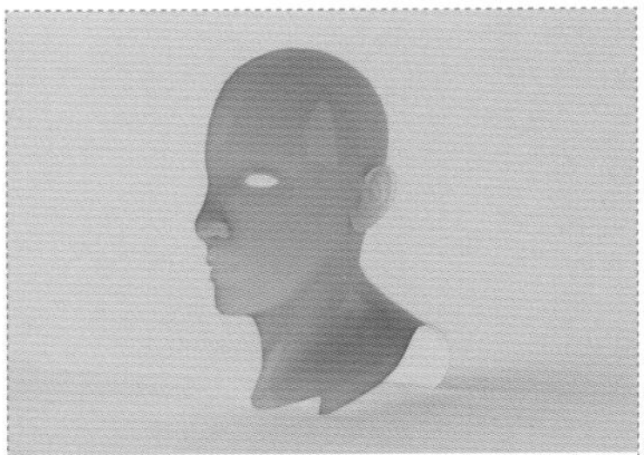

实例名称：偏移多边形的循环边
所在页码：347页

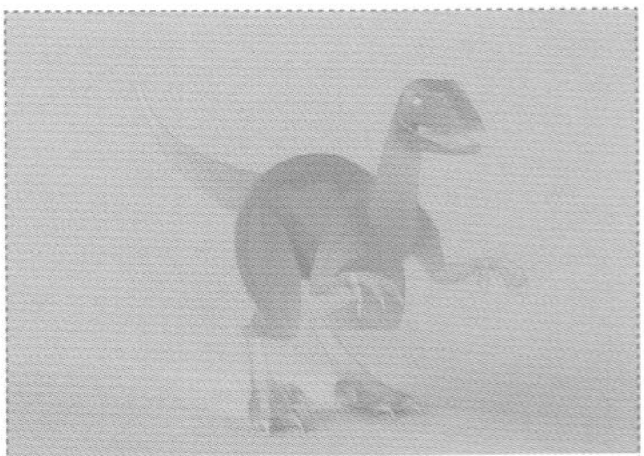

实例名称：滑动边的位置
所在页码：349页

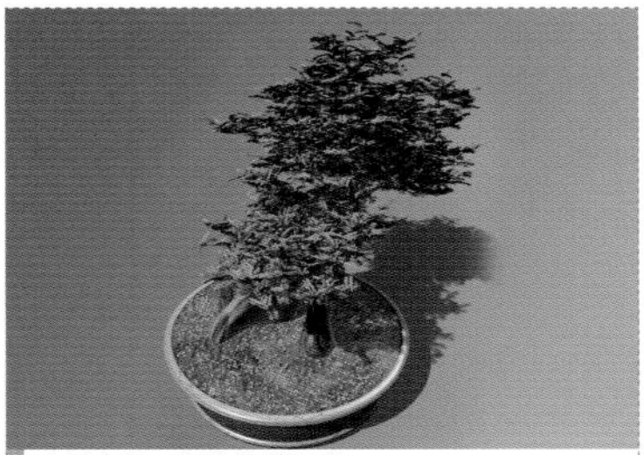

实例名称：制作盆景灯光
所在页码：374页

实例名称：制作场景灯光雾
所在页码：377页

实例名称：制作镜头光斑特效
所在页码：382页

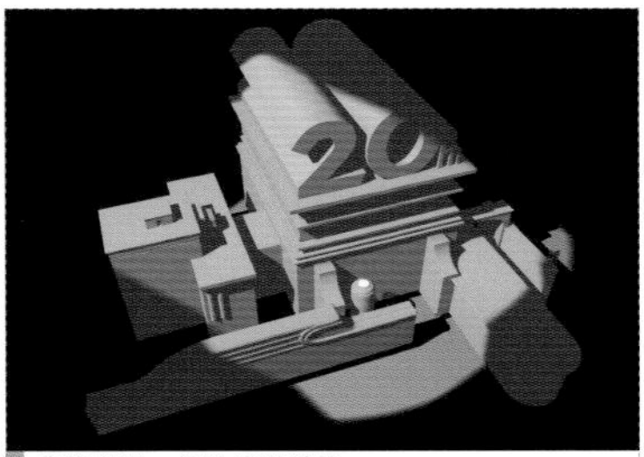

实例名称：制作光栅效果
所在页码：384页

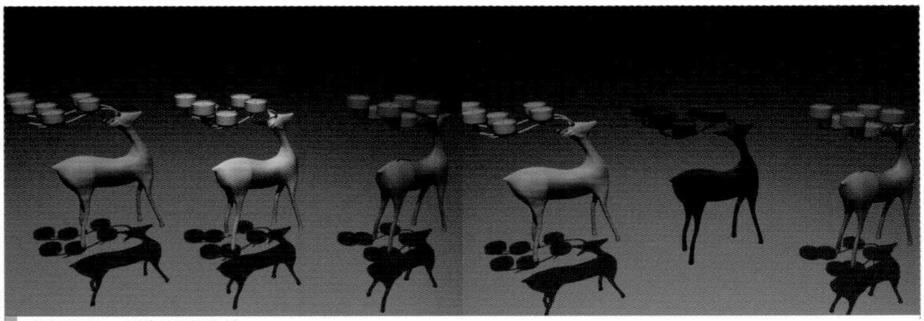

实例名称：打断灯光链接
所在页码：385页

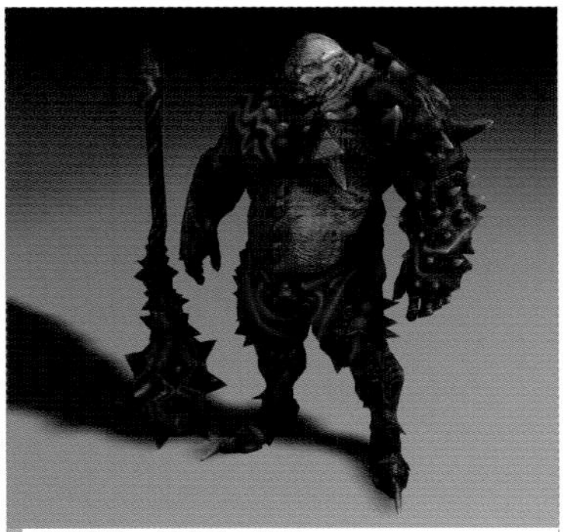

实例名称：创建三点照明
所在页码：387页

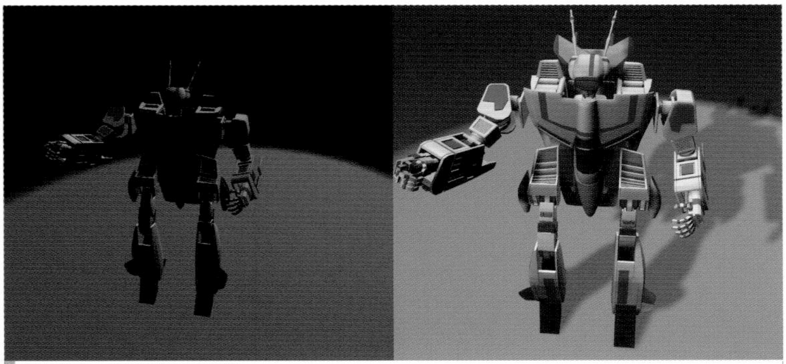

实例名称：使用深度贴图阴影
所在页码：393页

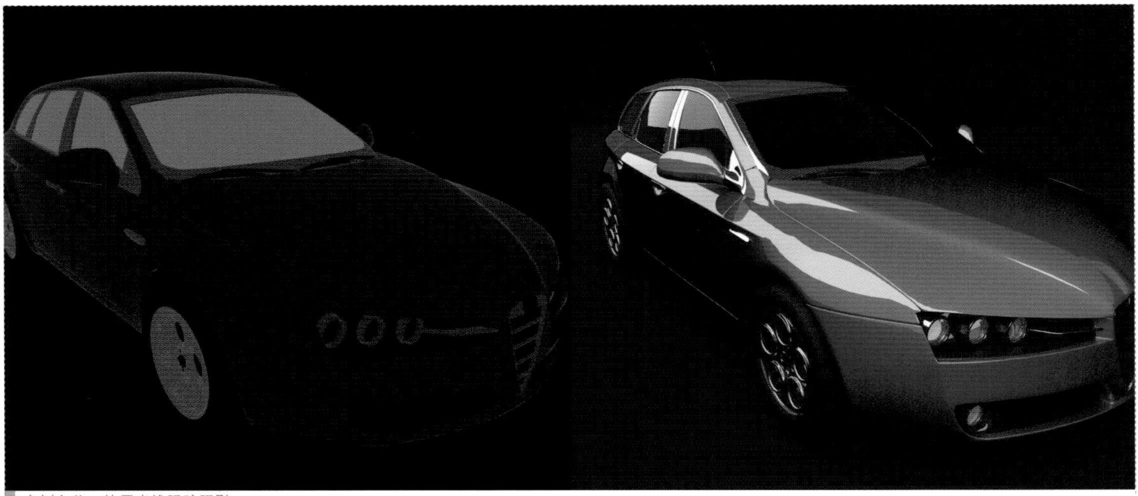

实例名称：使用光线跟踪阴影
所在页码：394页

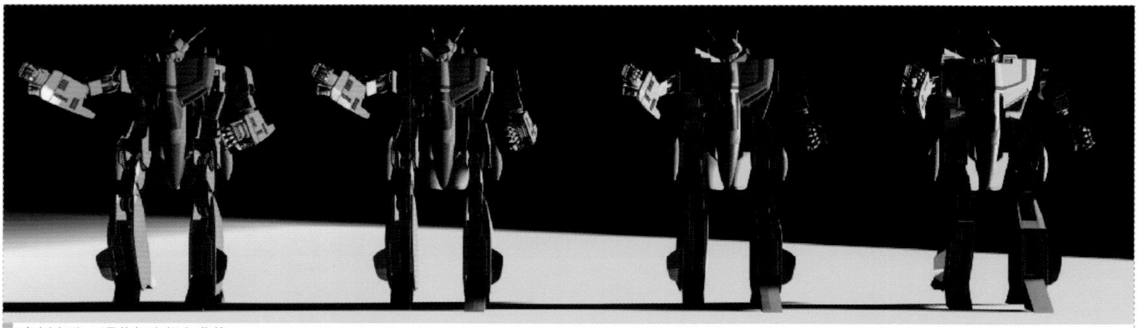

实例名称：调节灯光颜色曲线
所在页码：391页

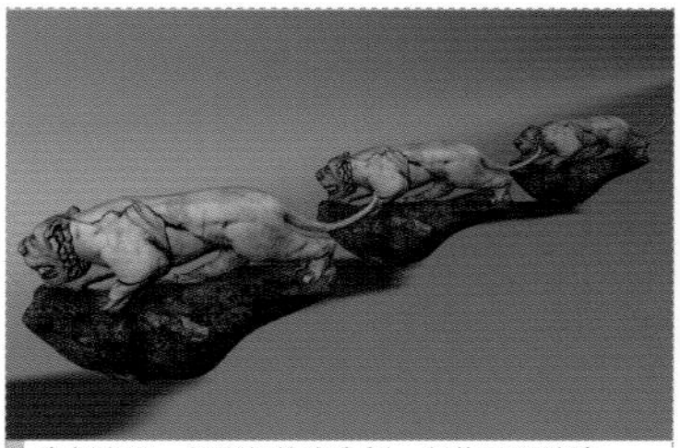

实例名称：摄影机综合实例：制作景深特效
所在页码：410页

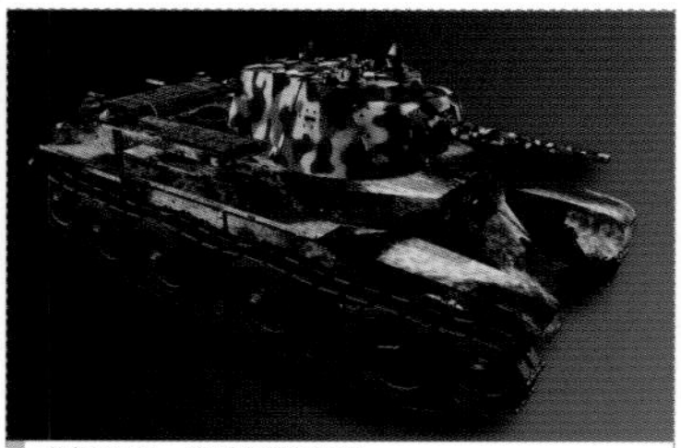

实例名称：制作迷彩材质
所在页码：426页

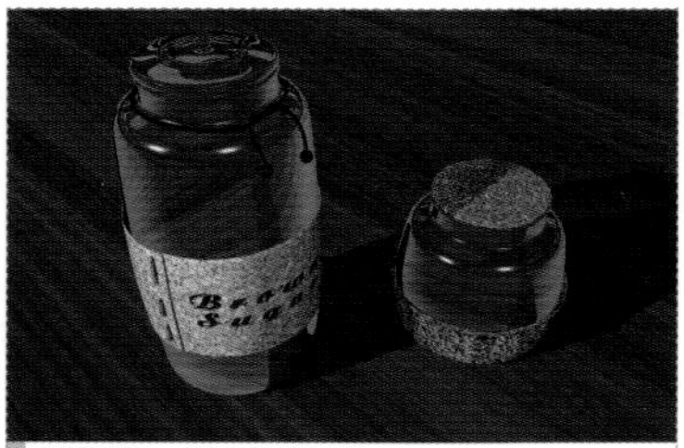

实例名称：制作玻璃材质
所在页码：428页

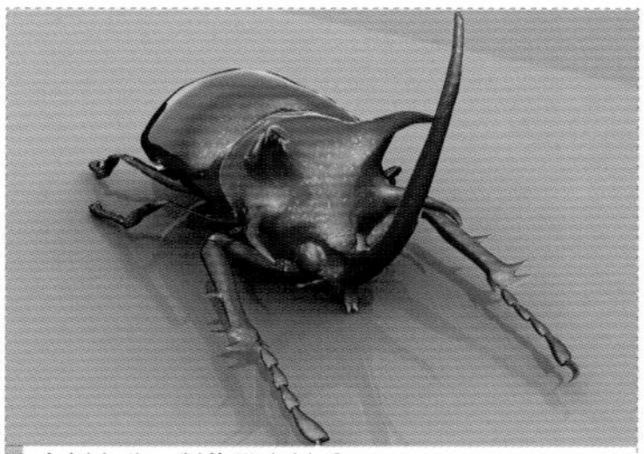

实例名称：制作昆虫材质
所在页码：431页

实例名称：制作玛瑙材质
所在页码：433页

实例名称：制作金属材质
所在页码：436页

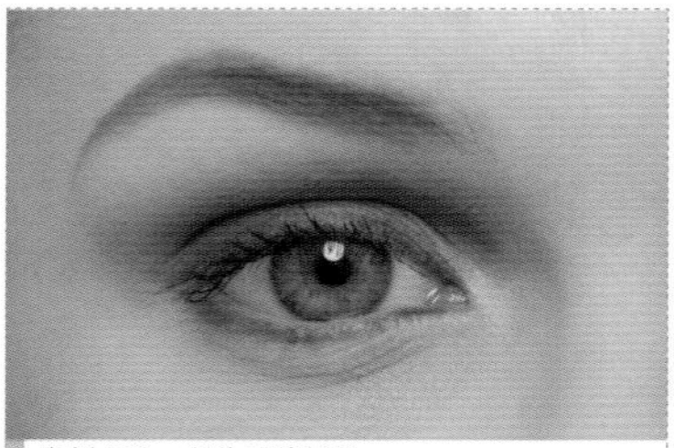

实例名称：制作眼睛材质
所在页码：437页

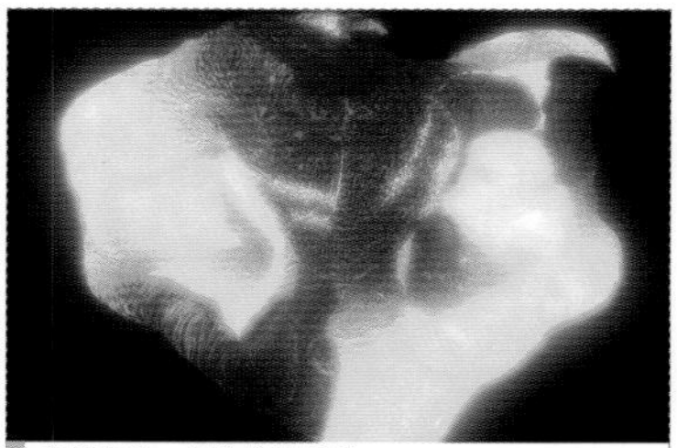

实例名称：制作熔岩材质
所在页码：443页

实例名称：制作卡通材质
所在页码：448页

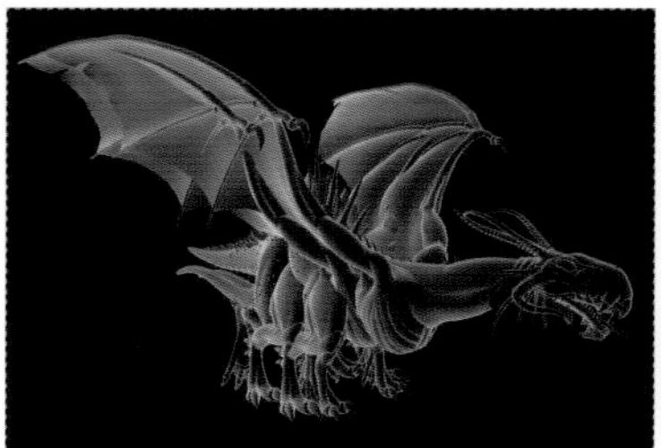

实例名称：制作X射线材质
所在页码：449页

实例名称：制作冰雕材质
所在页码：452页

实例名称：制作酒瓶标签
所在页码：465页

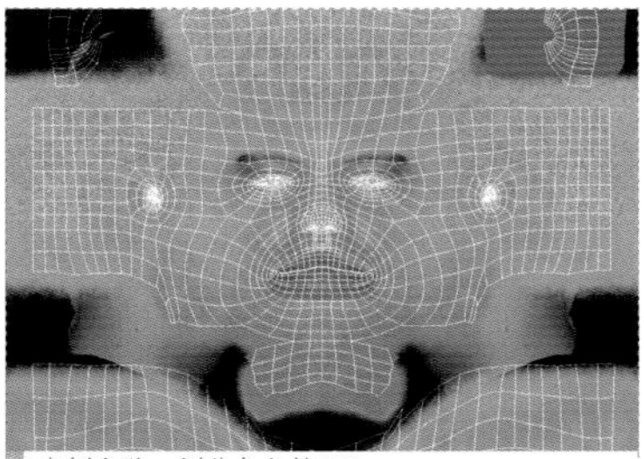
实例名称：划分角色的UV
所在页码：474页

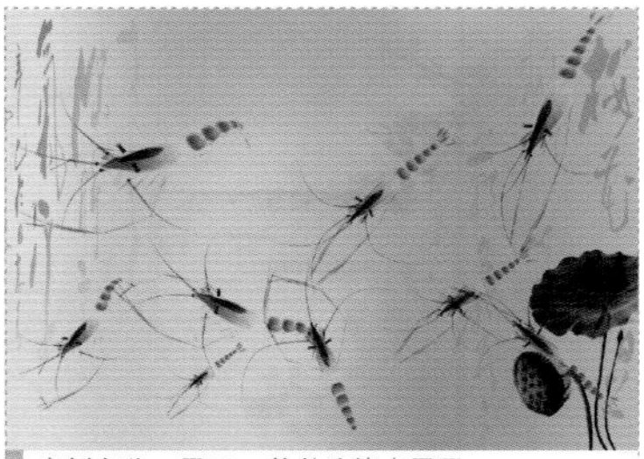
实例名称：用Maya软件渲染水墨画
所在页码：487页

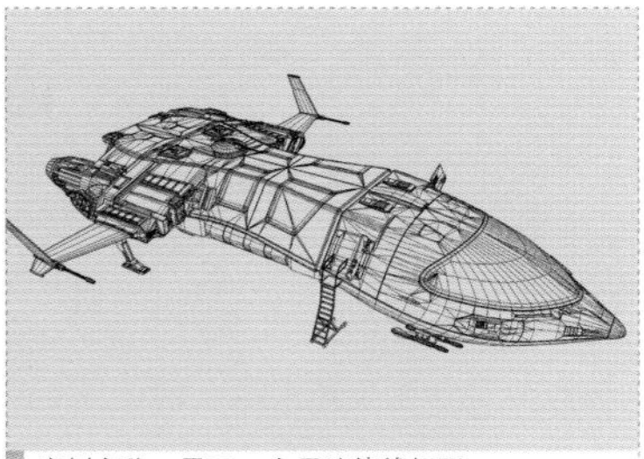
实例名称：用Maya向量渲染线框图
所在页码：497页

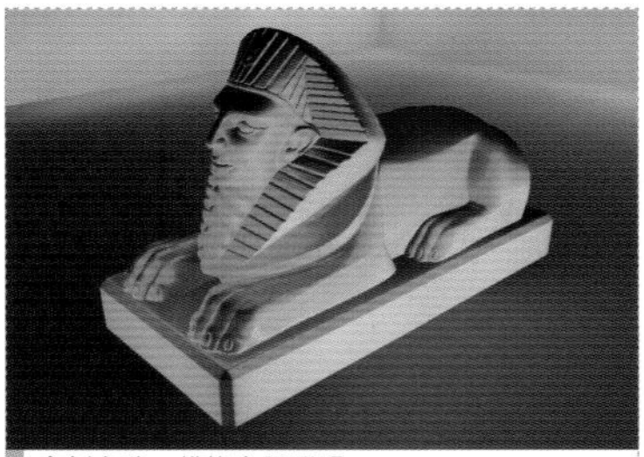
实例名称：模拟全局照明
所在页码：521页

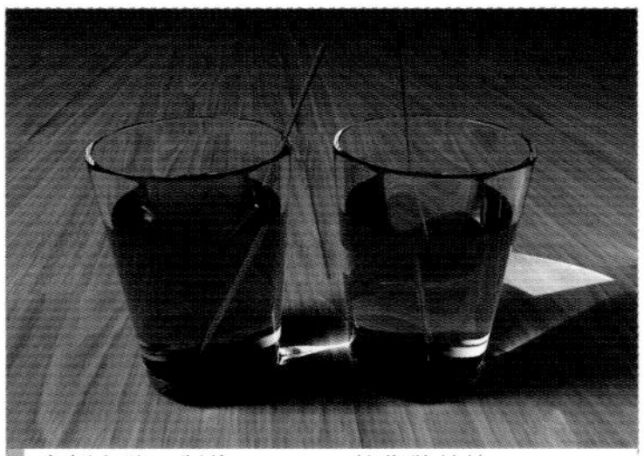
实例名称：制作mental ray的焦散特效
所在页码：524页

实例名称：用mib_cie_d灯光节点调整色温
所在页码：527页

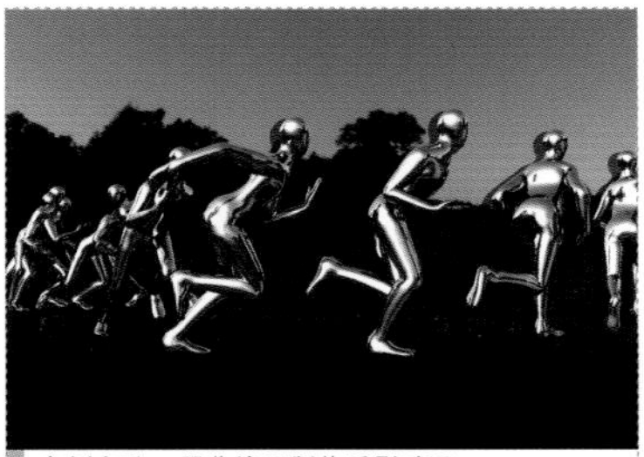
实例名称：用曲线图制作重影动画
所在页码：578页

实例名称：制作葡萄的次表面散射效果
所在页码：530页

实例名称：制作VRay玻璃与陶瓷材质（焦散）
所在页码：560页

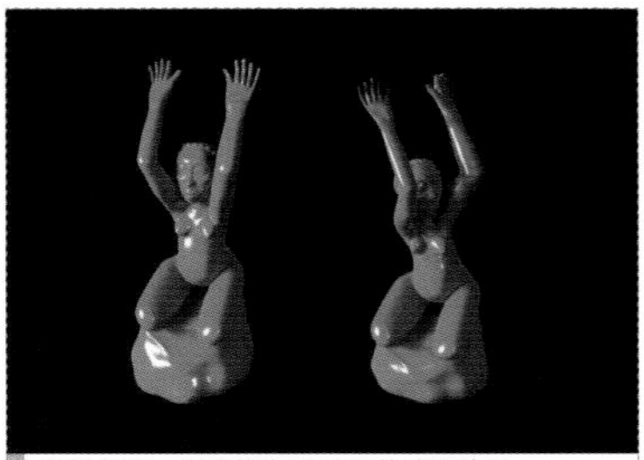
实例名称：用晶格变形器调整雕塑外形
所在页码：594页

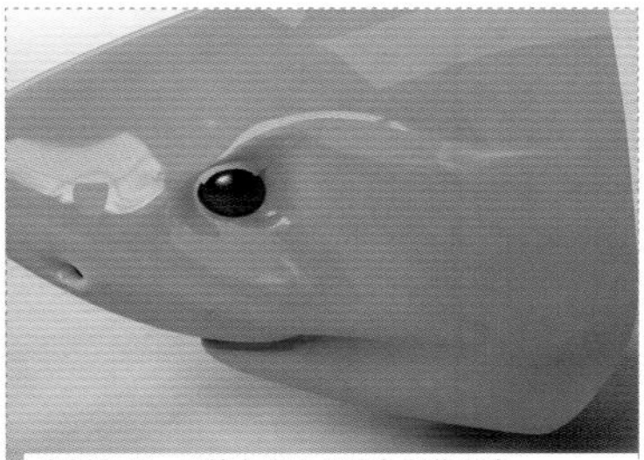
实例名称：用簇变形器为鲸鱼制作眼皮
所在页码：599页

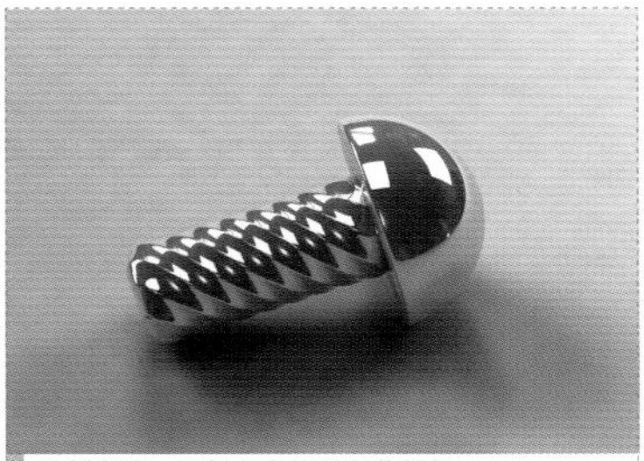
实例名称：用扭曲变形器制作螺钉
所在页码：603页

实例名称：为对象设置关键帧
所在页码：572页

实例名称：用抖动变形器控制腹部运动
所在页码：605页

实例名称：制作运动路径关键帧动画
所在页码：612页

实例名称：制作连接到运动路径动画
所在页码：616页

实例名称：制作字幕穿越动画
所在页码：618页

实例名称：用目标约束控制眼睛的转动
所在页码：622页

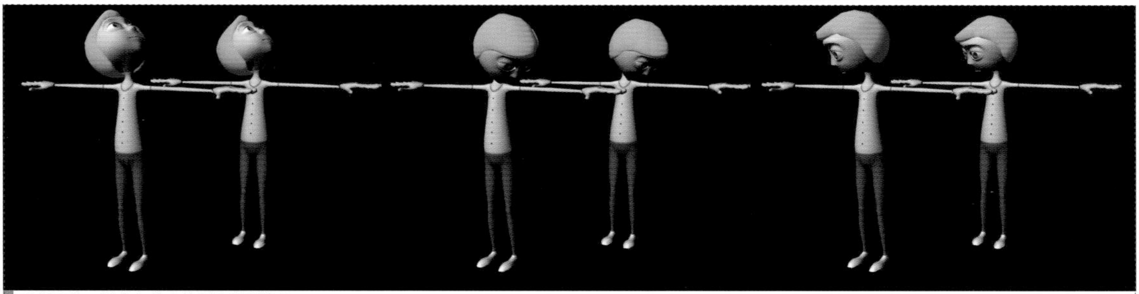

实例名称：用方向约束控制头部的旋转
所在页码：624页

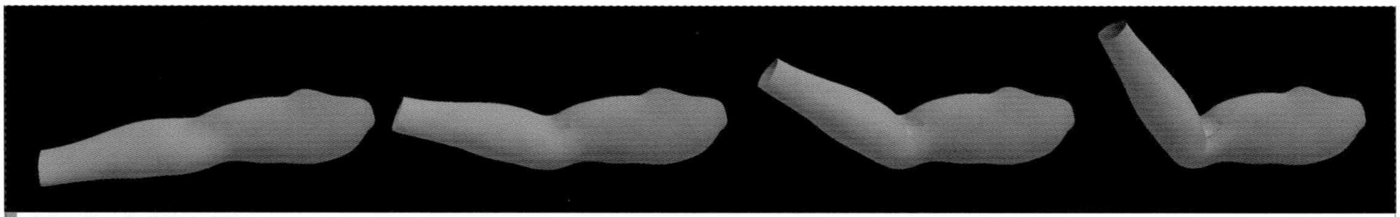

实例名称：制作肌肉动画1
所在页码：664页

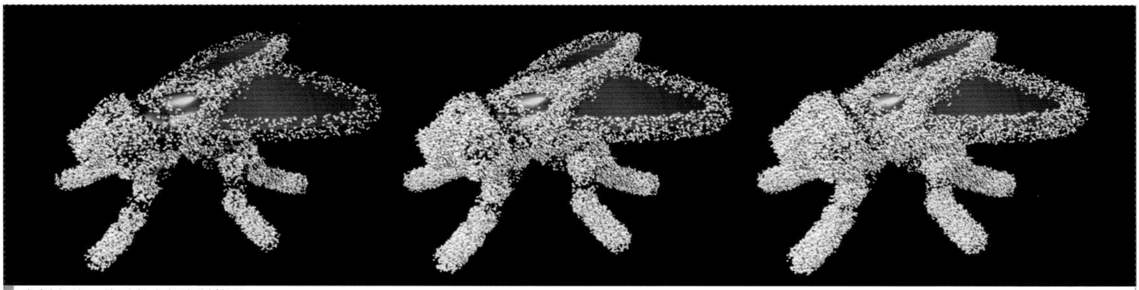

实例名称：从对象内部发射粒子
所在页码：680页

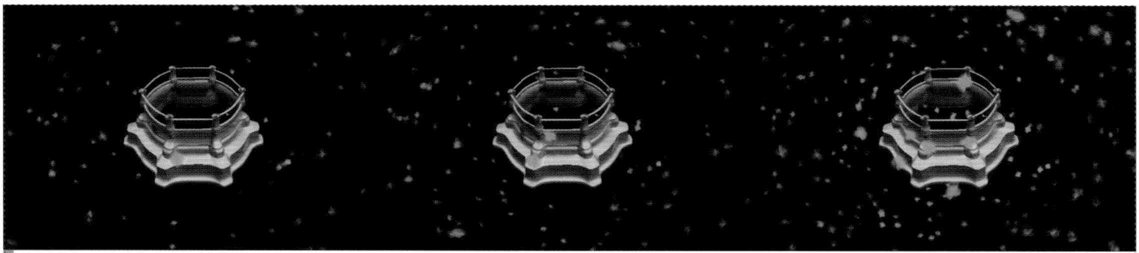

实例名称：从对象表面发射粒子
所在页码：680页

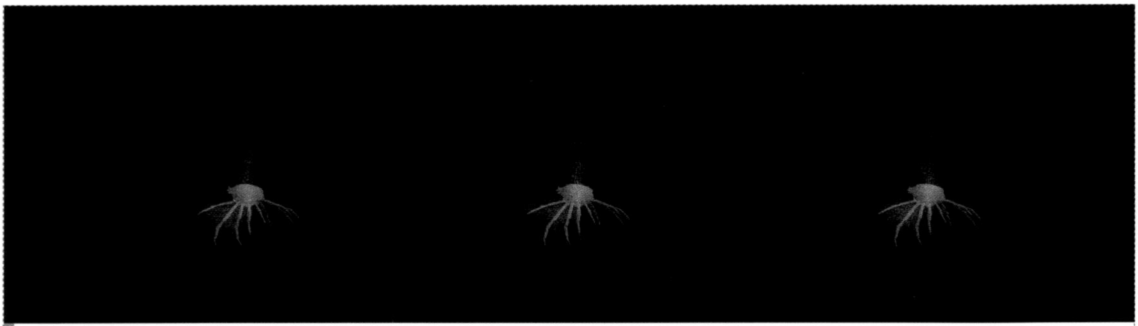

实例名称：从对象曲线发射粒子
所在页码：681页

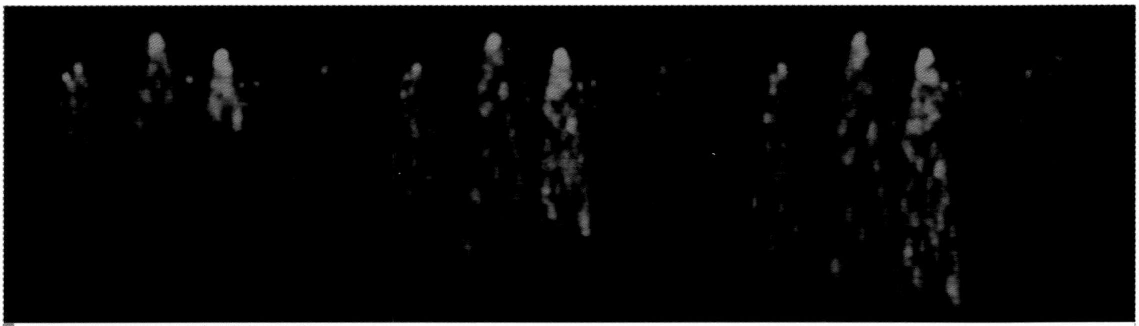

实例名称：用逐点发射速率制作粒子流动画
所在页码：686页

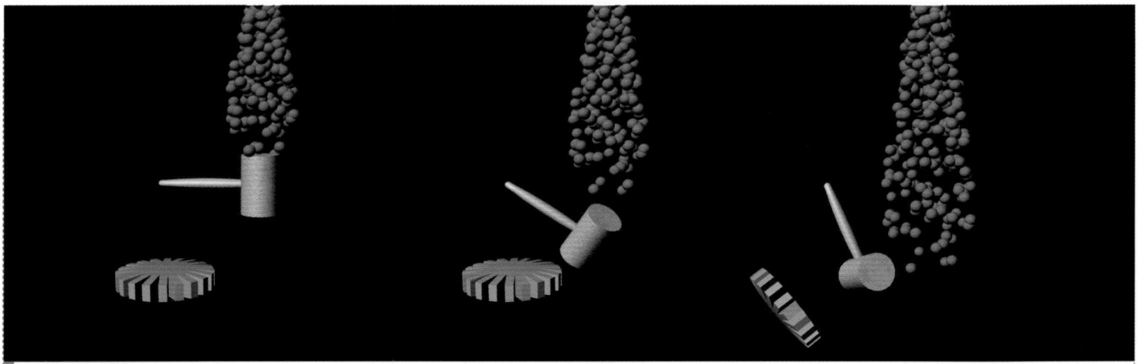

实例名称：制作粒子碰撞特效
所在页码：688页

实例名称：创建粒子碰撞事件
所在页码：692页

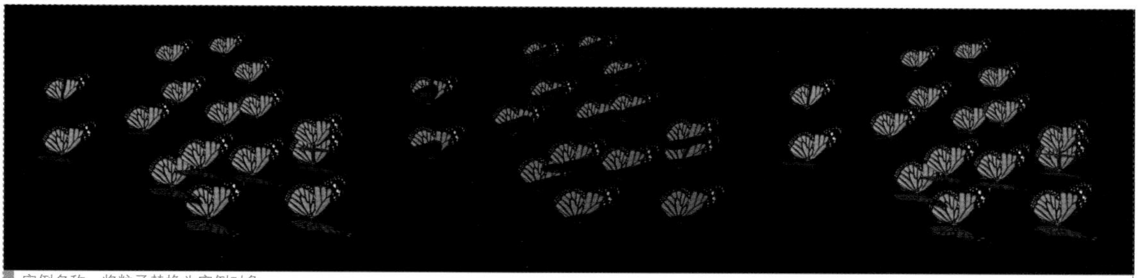

实例名称：将粒子替换为实例对象
所在页码：697页

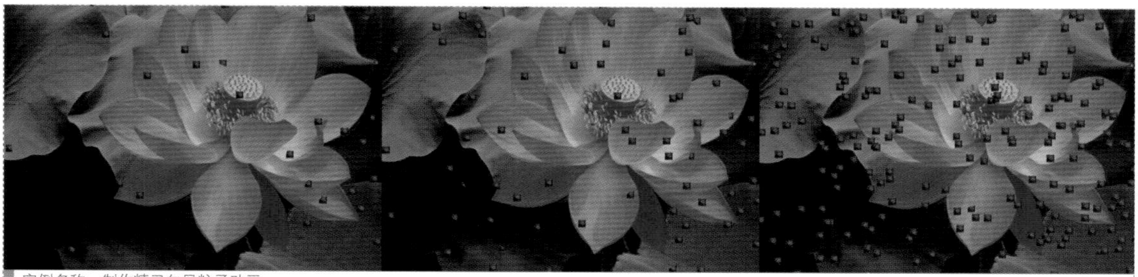

实例名称：制作精灵向导粒子动画
所在页码：698页

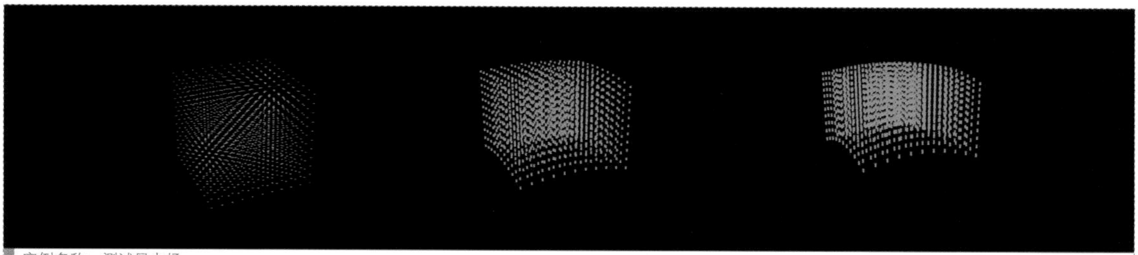

实例名称：测试风力场
所在页码：704页

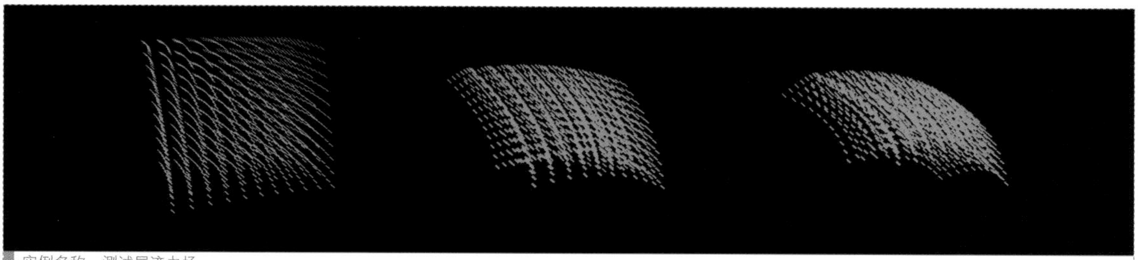

实例名称：测试尾迹力场
所在页码：705页

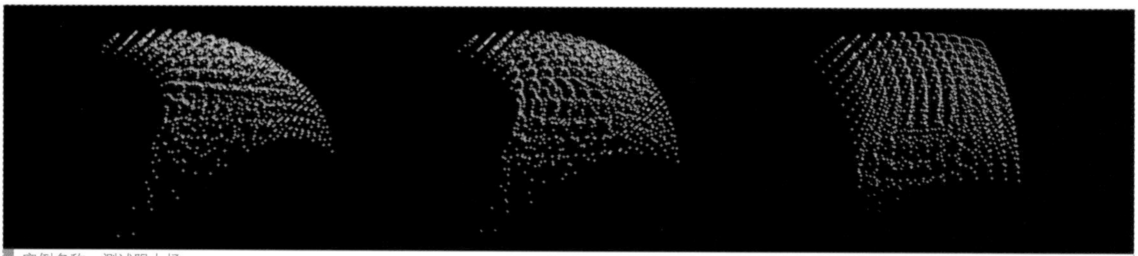

实例名称：测试阻力场
所在页码：707页

实例名称：测试牛顿场
所在页码：709页

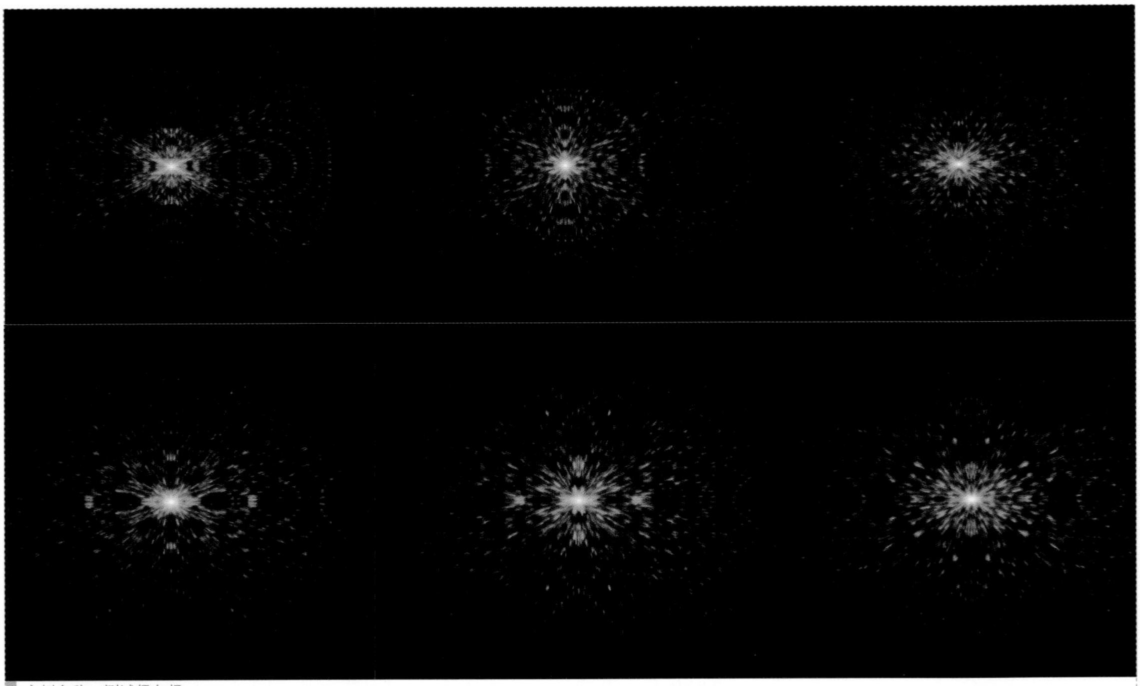

实例名称：测试径向场
所在页码：711页

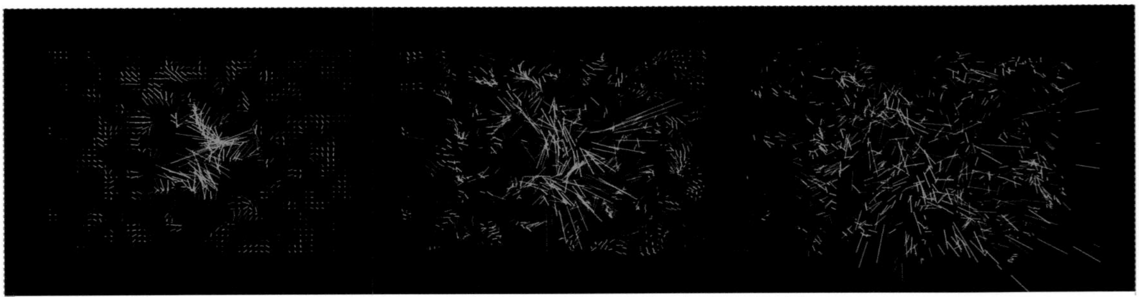

实例名称：测试湍流场
所在页码：713页

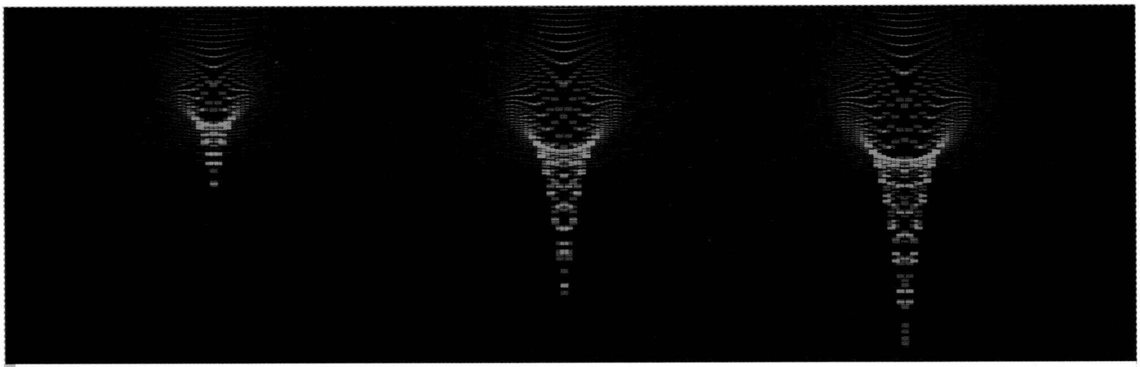

实例名称：测试一致场
所在页码：714页

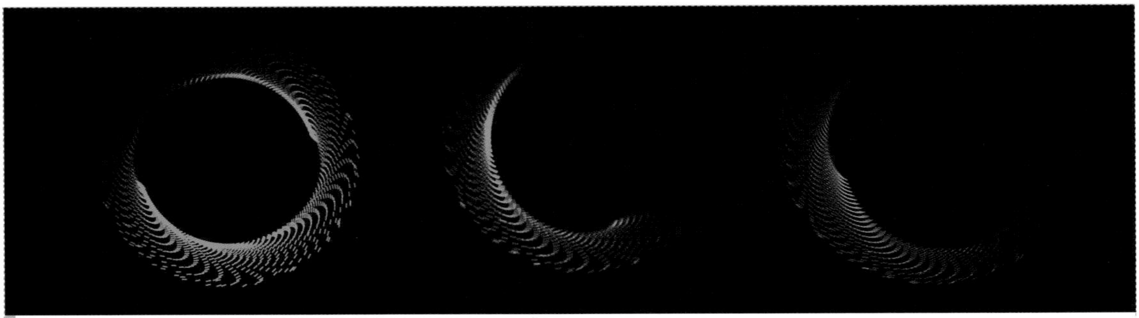

实例名称：测试漩涡场
所在页码：715页

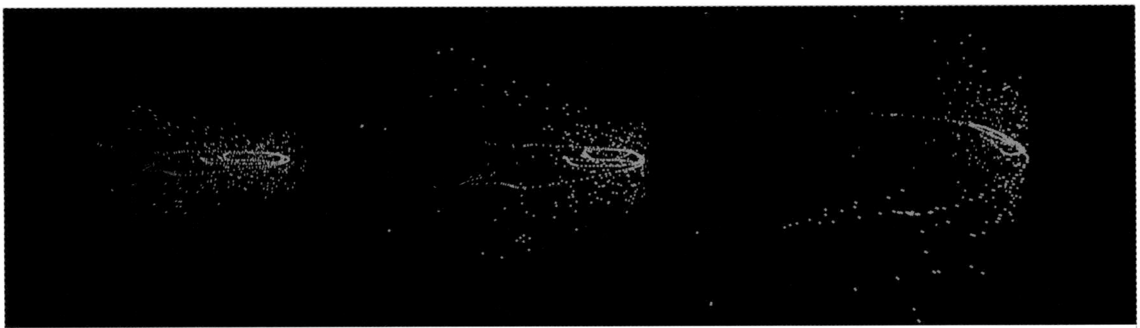

实例名称：测试体积轴场
所在页码：717页

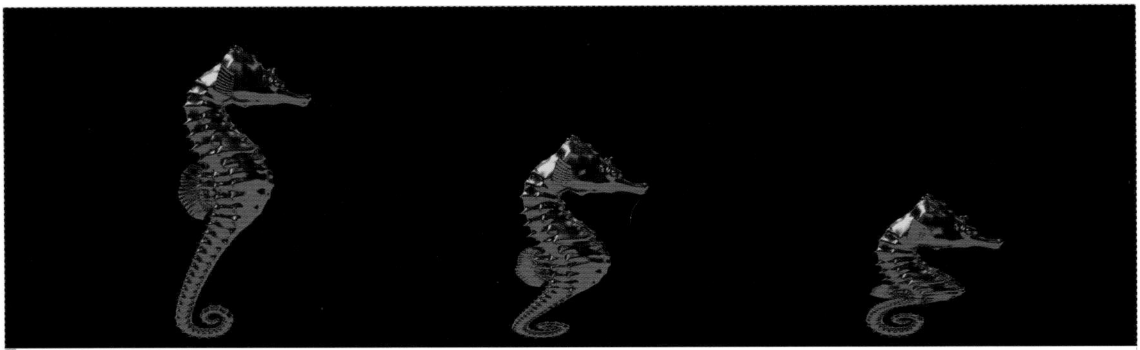

实例名称：制作柔体动画
所在页码：723页

实例名称：制作刚体碰撞动画
所在页码：730页

实例名称：制作钉子约束动画
所在页码：733页

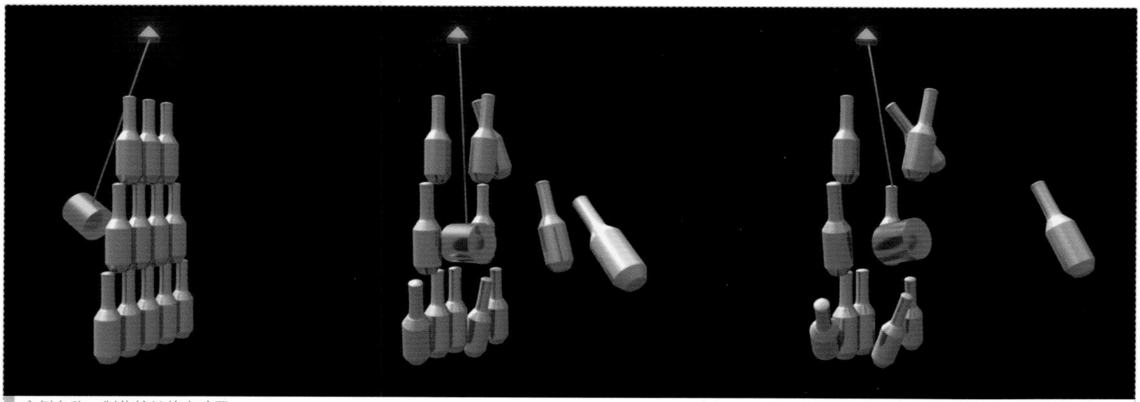

实例名称：制作铰链约束动画
所在页码：737页

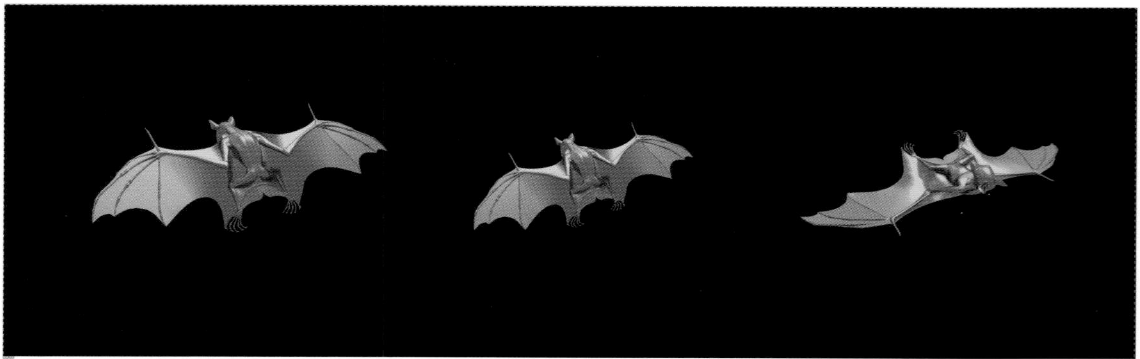

实例名称：制作屏障约束动画
所在页码：739页

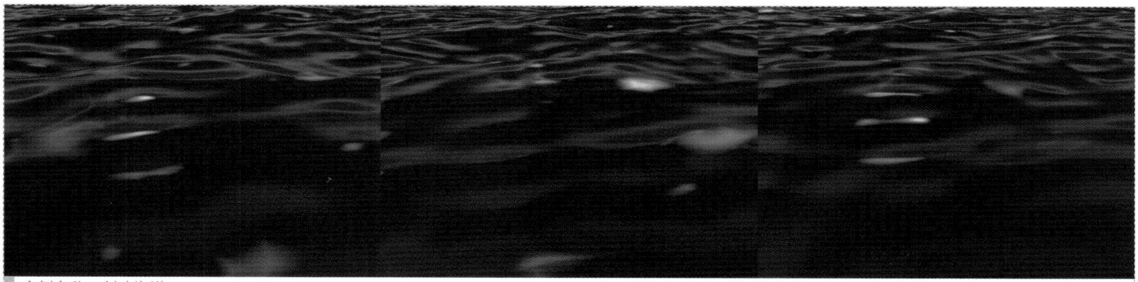

实例名称：创建海洋
所在页码：767页

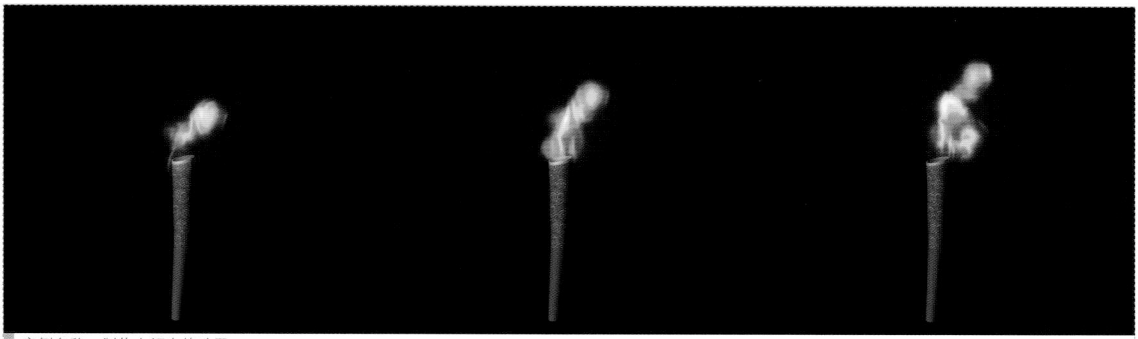

实例名称：制作火炬火焰动画
所在页码：778页

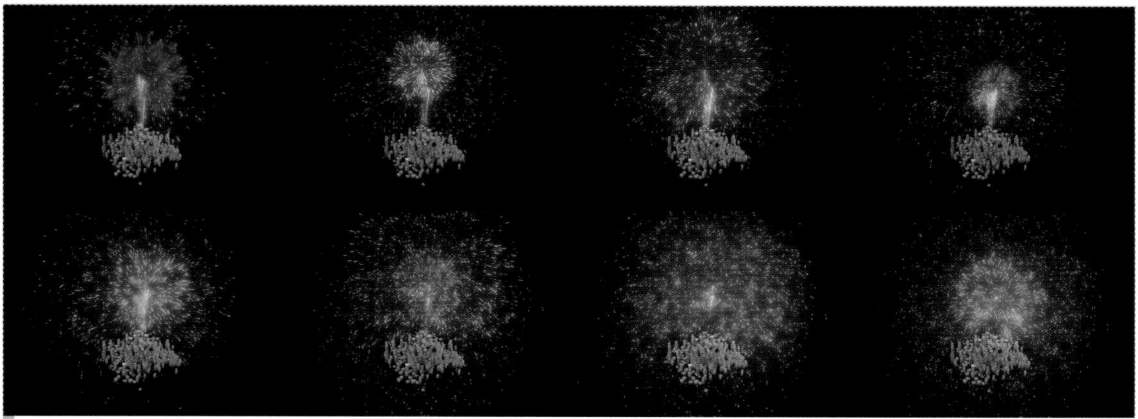

实例名称：制作烟火动画
所在页码：782页

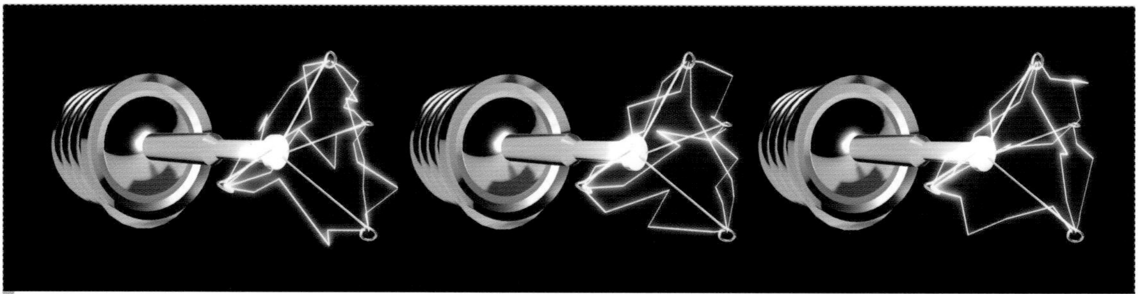

实例名称：制作闪电动画
所在页码：785页

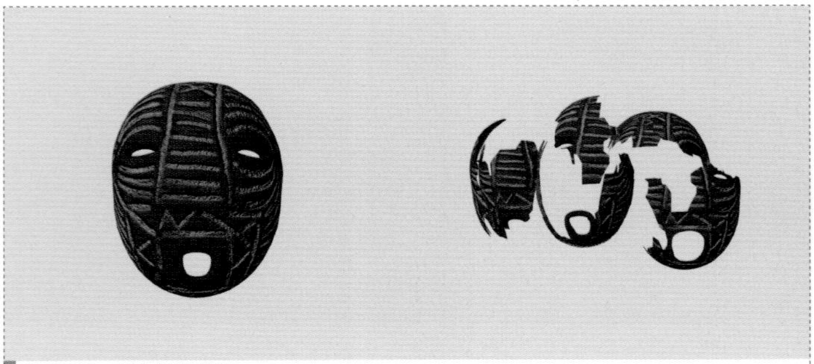
实例名称：制作爆炸碎片
所在页码：788页

实例名称：绘制3D画笔场景
所在页码：801页

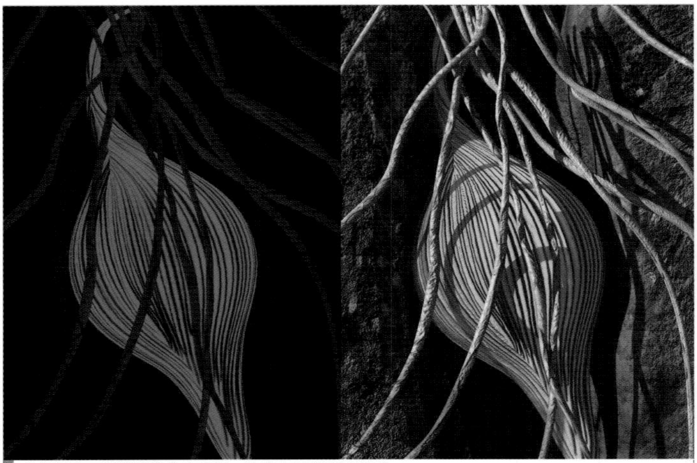
实例名称：灯光设置综合实例：物理太阳和天空照明
所在页码：396页

实例名称：精通Maya软件渲染器：台灯渲染
所在页码：804页

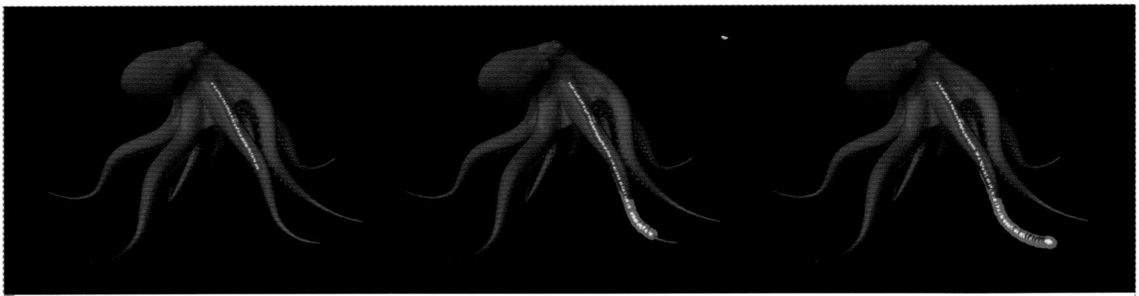
实例名称：创建曲线流动画
所在页码：790页

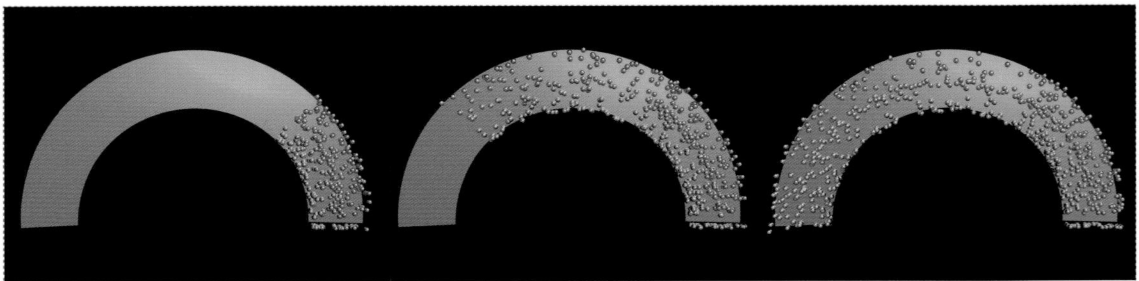
实例名称：创建曲面流动画
所在页码：794页

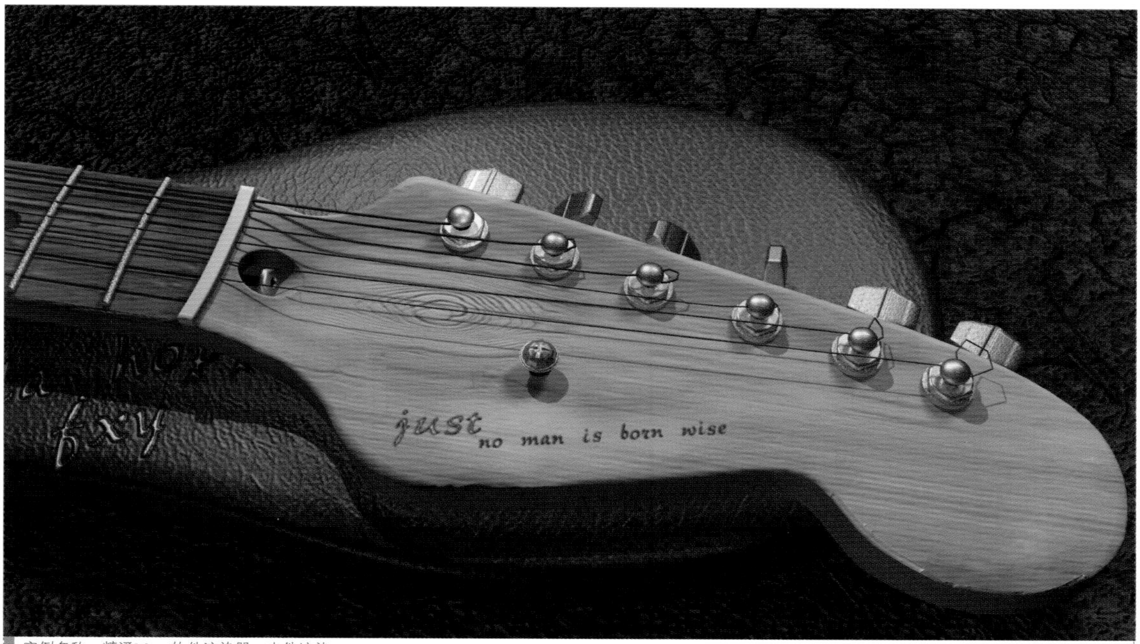

实例名称：精通Maya软件渲染器：吉他渲染
所在页码：820页

实例名称：精通mental ray渲染器：汽车渲染
所在页码：830页

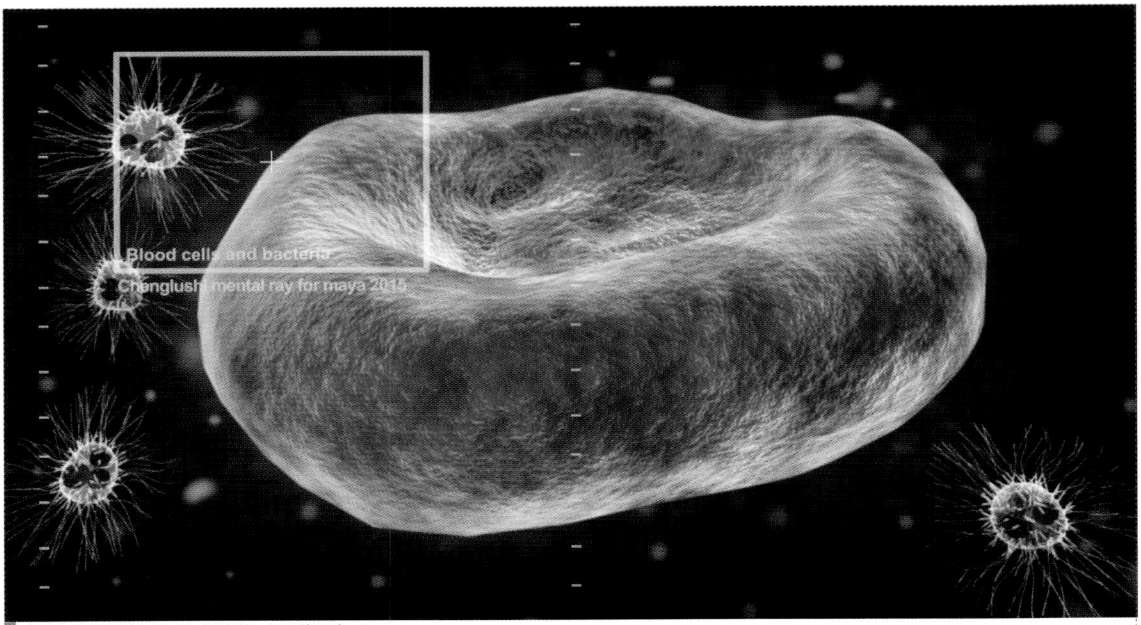

实例名称：精通mental ray渲染器：红细胞渲染
所在页码：860页

实例名称：精通VRay渲染器：游戏角色渲染
所在页码：　875页

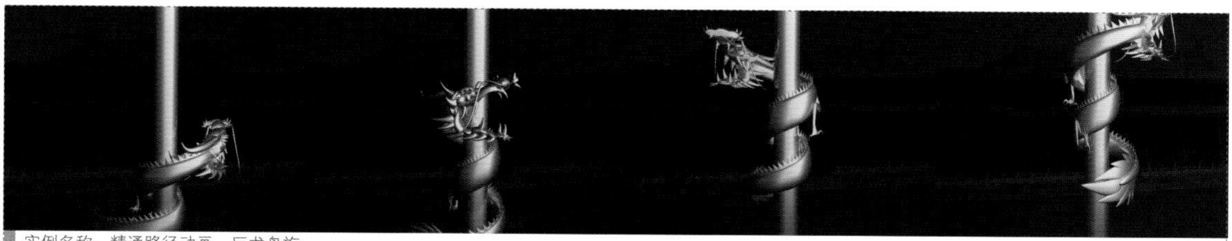

实例名称：精通路径动画：巨龙盘旋
所在页码：888页

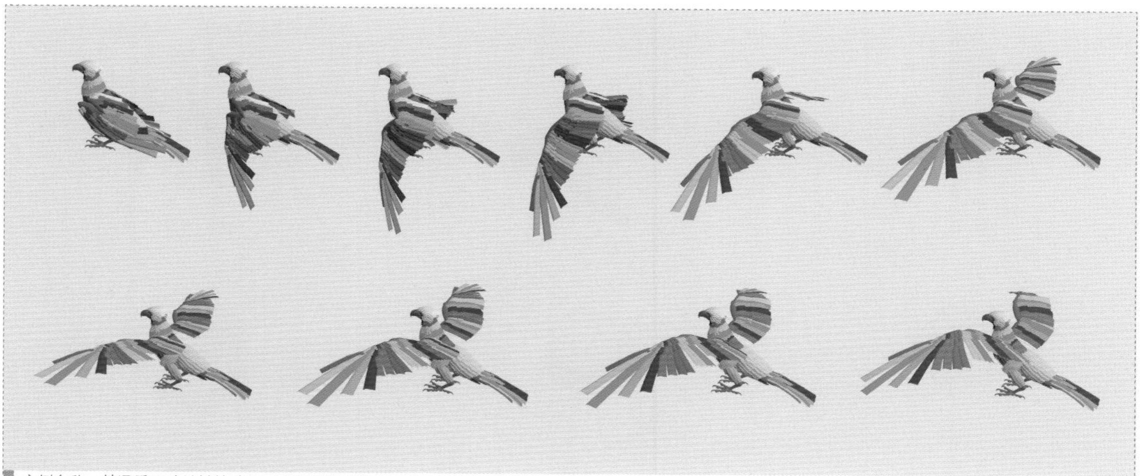

实例名称：精通受驱动关键帧动画：飞舞的白头鹰
所在页码：892页

实例名称：精通角色绑定：鲨鱼的刚性绑定与编辑
所在页码：914页

实例名称：精通人物绑定：人体骨架绑定与蒙皮
所在页码：923页

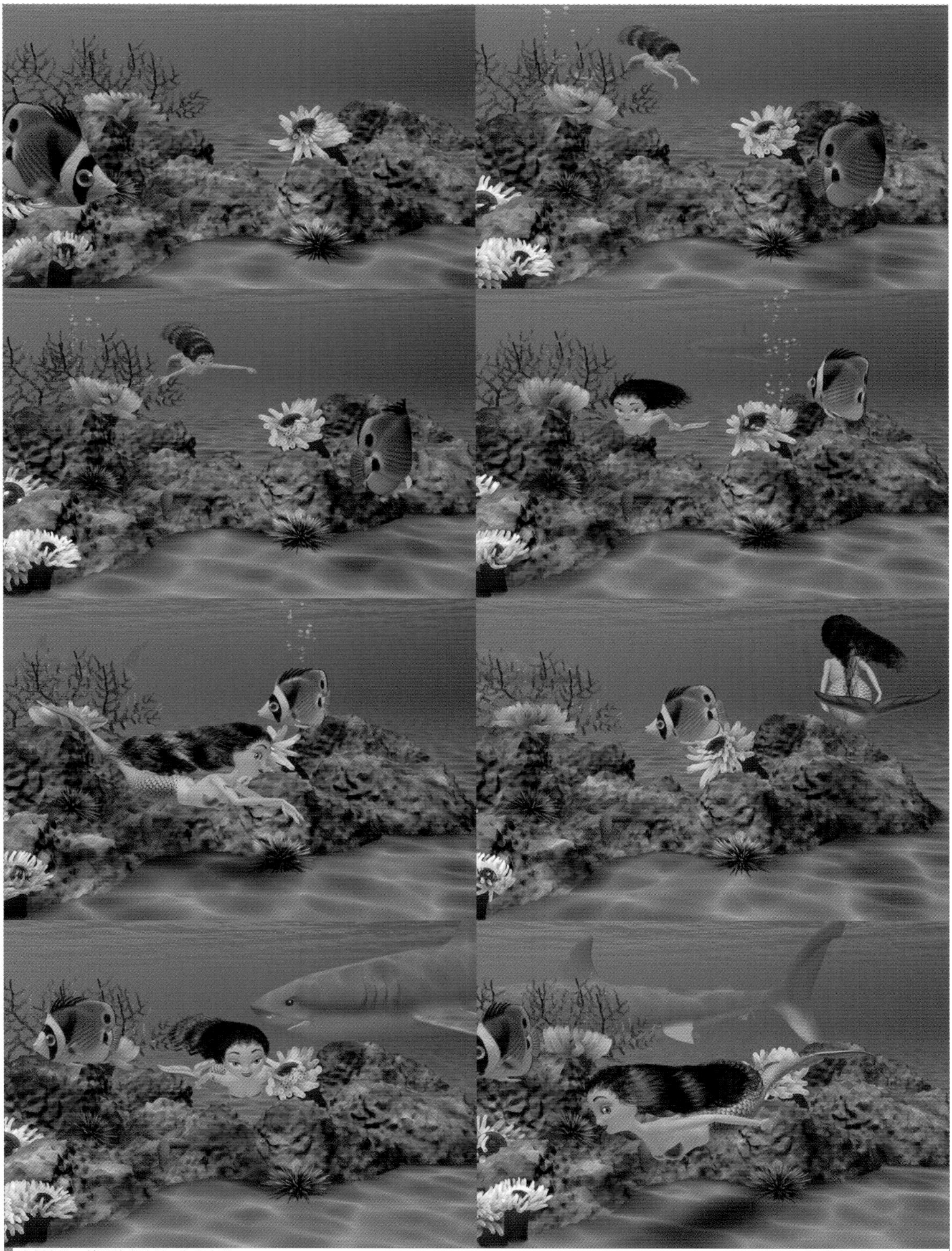

实例名称：精通综合动画：海底奇观
所在页码：965页

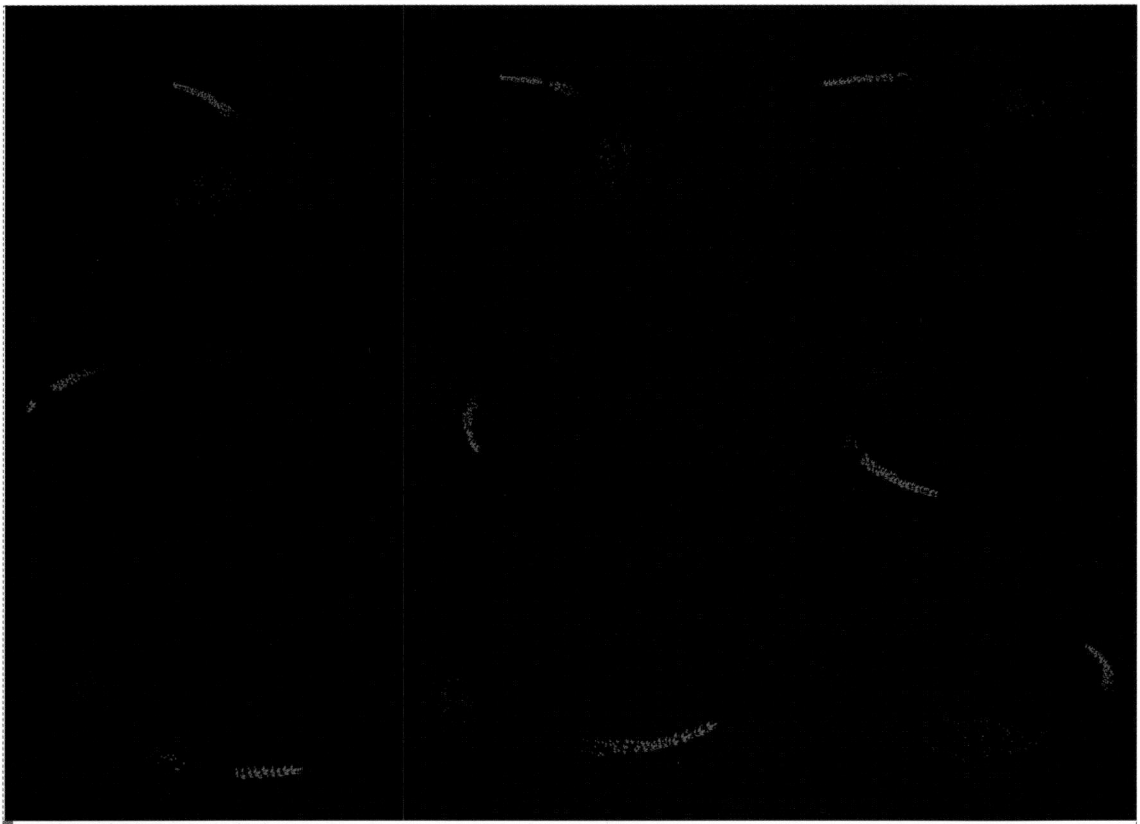

实例名称：精通粒子系统：树叶飞舞动画
所在页码：974页

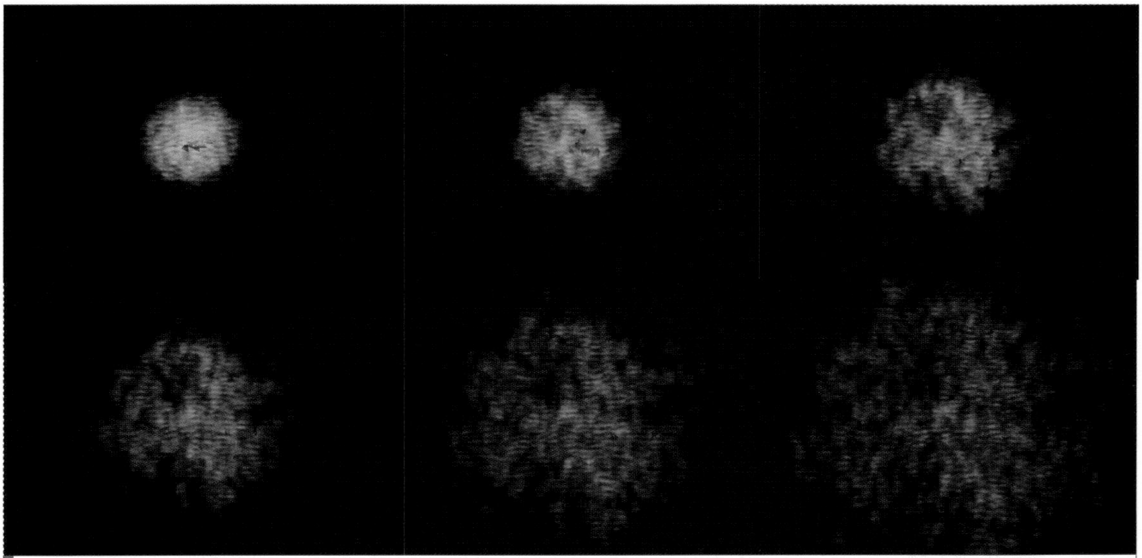

实例名称：精通动力场：爆炸动画
所在页码：979页

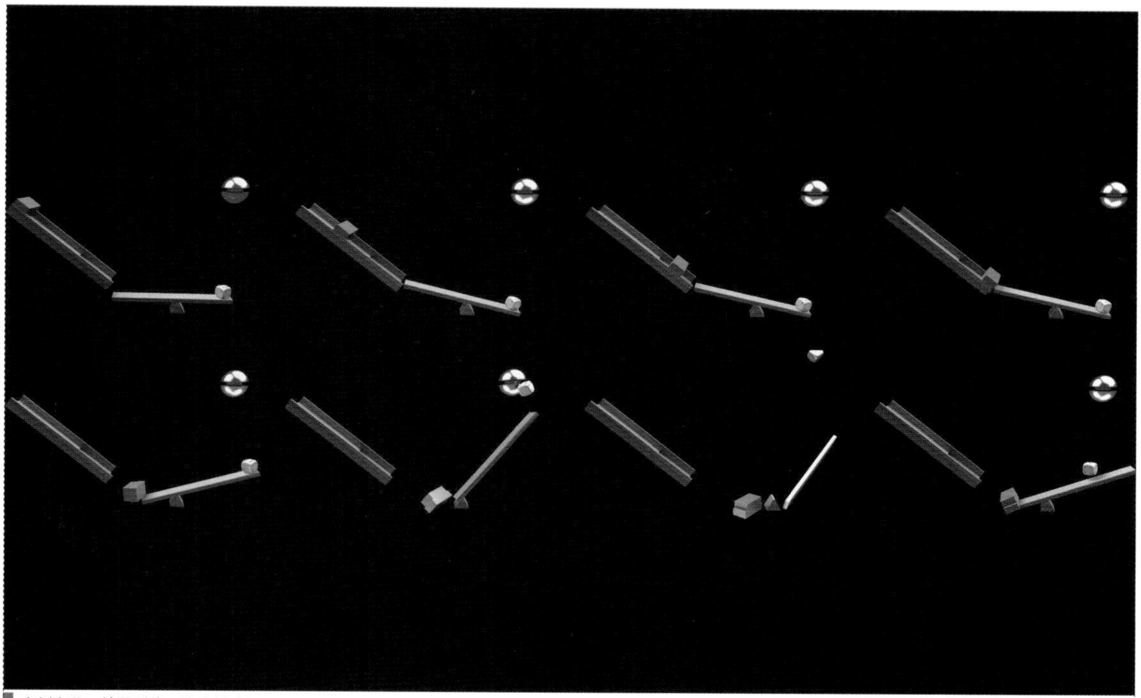

实例名称：精通刚体：跷跷板动画
所在页码：983页

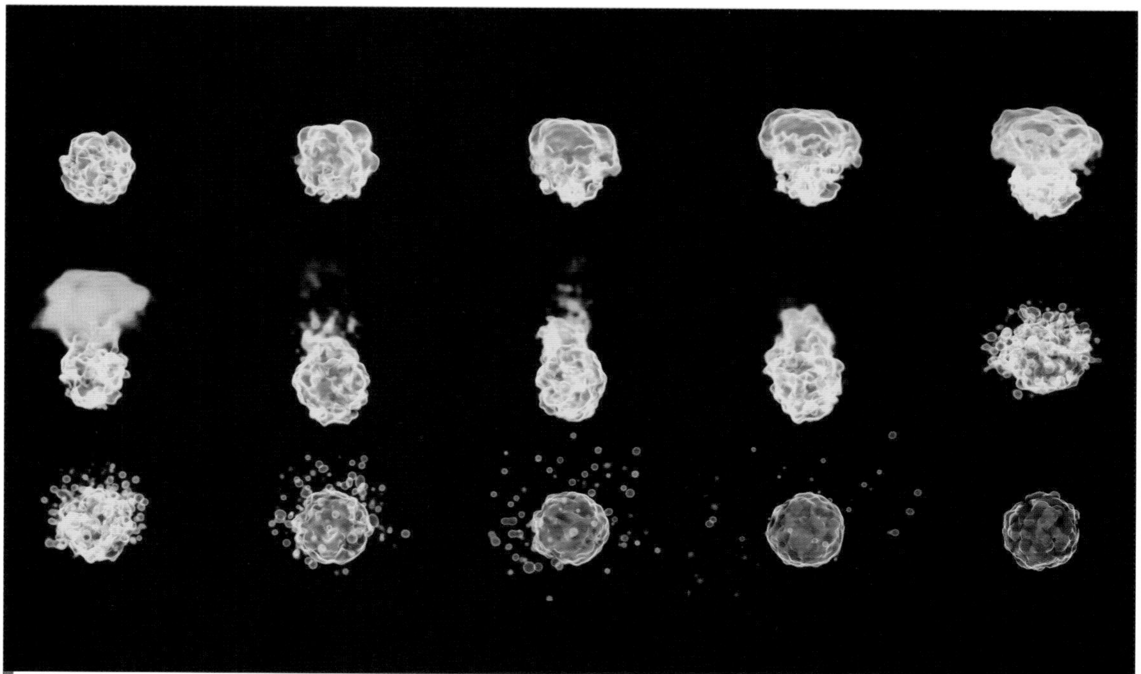

实例名称：精通流体：火球动画
所在页码：986页

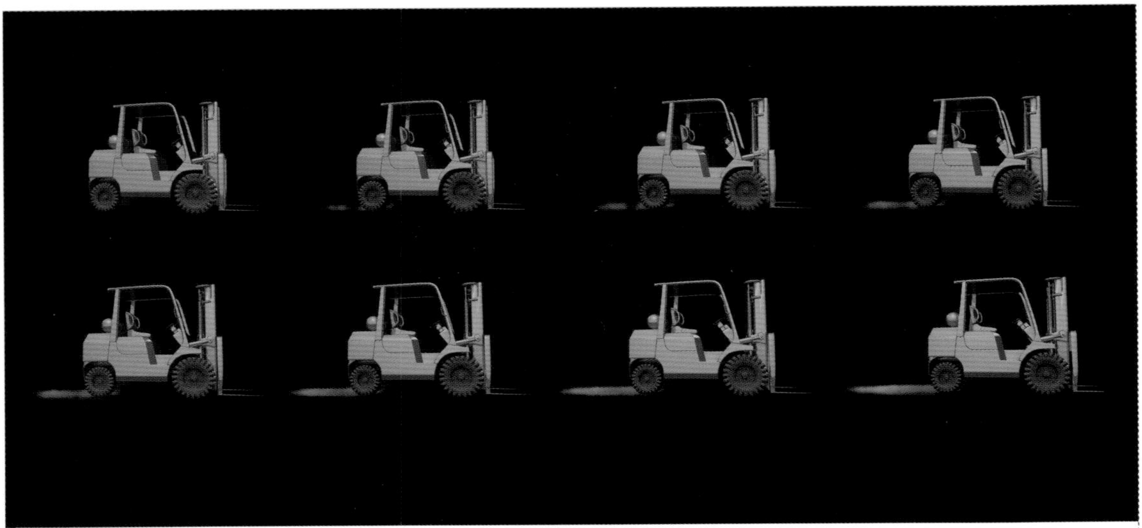

实例名称：精通流体：叉车排气动画
所在页码：990页

实例名称：精通流体：涟漪动画
所在页码：995页

Autodesk

中文版 Maya 2015 技术大全

时代印象 TIMES IMPRESSION 编著

人民邮电出版社
北 京

图书在版编目（CIP）数据

中文版Maya 2015技术大全 / 时代印象编著. -- 北京 : 人民邮电出版社, 2016.1（2019.7重印）
ISBN 978-7-115-40654-5

Ⅰ. ①中… Ⅱ. ①时… Ⅲ. ①三维动画软件 Ⅳ. ①TP391.41

中国版本图书馆CIP数据核字(2015)第253820号

内 容 提 要

这是一本全面介绍中文版Maya 2015基本功能及实际运用的书。本书完全针对零基础读者开发，是入门级读者快速全面掌握Maya 2015的必备参考书。

本书从Maya 2015的基本操作入手，结合大量的可操作性实例（194个练习和19个综合实例），全面而深入地阐述了Maya 2015在建模、灯光、材质、渲染、动画、动力学、流体与特效等方面的技术。在软件运用方面，本书还结合了当前最流行的渲染器mental ray和VRay进行讲解，向读者展示了如何运用Maya结合mental ray渲染器与VRay渲染器进行角色、游戏、影视、动画和特效等渲染，让读者学以致用。

本书共33章，每章分别介绍一个技术版块的内容，讲解过程细腻，实例数量丰富，通过练习实例，读者可以轻松而有效地掌握软件技术。本书讲解模式新颖，非常符合读者学习新知识的思维习惯。本书附带一套学习资源，内容包含“实例文件”“场景文件”和“附赠文件”3个文件夹。其中“实例文件”文件夹中包含本书所有实例的源文件、效果图、贴图；“场景文件”文件夹中包含本书所有实例用到的场景文件；“附赠文件”文件夹中是特地为用户准备的学习资源，其中包含285套Maya经典模型和180个高动态HDRI贴图，用户可以在学完本书内容以后用这些模型进行练习。本书所有的学习资源文件均提供在线下载，具体方法请参考本书前言。

本书非常适合作为初、中级读者的入门及提高参考书，尤其是零基础读者。另外，本书写作使用的软件版本为中文版Maya 2015和VRay 2.40，请读者注意。

◆ 编　　著 时代印象
责任编辑 张丹丹
责任印制 陈 犇
◆ 人民邮电出版社出版发行 北京市丰台区成寿寺路11号
邮编 100164 电子邮件 315@ptpress.com.cn
网址 http://www.ptpress.com.cn
固安县铭成印刷有限公司印刷
◆ 开本：787×1092 1/16
印张：62.5 彩插：12
字数：1703千字 2016年1月第1版
印数：7801－8300册 2019年7月河北第10次印刷

定价：118.00元

读者服务热线：(010)81055410 印装质量热线：(010)81055316
反盗版热线：(010)81055315
广告经营许可证：京东工商广登字20170147号

前言

Autodesk Maya是世界顶级的三维动画软件之一，Maya的强大功能使其从诞生以来就受到CG艺术家的喜爱。Maya在模型塑造、场景渲染、动画及特效等方面都能制作出高品质的对象，这样也使其在影视特效制作中占据领导地位。快捷的工作流程和批量化的生产使其也成为游戏行业不可缺少的软件工具。

本书共33章，分为4个部分，分别介绍如下。

第1章~第6章为基础部分。这6章分别介绍了Maya 2015的应用领域、特点、界面组成元素、视图操作、公共菜单与视图菜单、用户设置和对象的基本操作等内容。本部分的内容属于Maya的基础内容，只有掌握好了这些内容，才能在后面的学习中得心应手。

第7章~第21章为中级部分。这15章分别介绍了Maya 2015在建模、灯光、摄影机、材质与渲染方面的应用。本部分内容是本书中非常重要的内容，读者务必完全掌握。另外，这个部分穿插了两个综合章节，分别是第10章和第13章，这两章分别用两个大型建模实例详细讲解了NURBS建模与多边形建模的相关流程与技巧。这两章本该安排到综合部分，但考虑到学习建模技术比较困难，大家学到后面可能会遗忘一些重要技术，因此将这两章安排在此。

第22章~第29章为高级部分。这8章分别介绍了Maya 2015在动画、粒子系统、动力场、柔体与刚体、解算器、流体与特效方面的应用。本部分中的动画内容最为重要，其次是粒子系统、动力场、柔体与刚体以及流体与特效，希望读者掌握好这些内容，以制作出优秀的动画。

第30章~第33章为综合实例部分。这4章用16个大型综合实例分别讲解了Maya在灯光、材质、渲染、动画、动力学以及流体与特效等方面的应用。这16个综合实例都是经过精心挑选出来的，希望读者勤加练习，仔细领会。

本书附带一套学习资源，内容包含“实例文件”“场景文件”和“附赠文件”3个文件夹。其中“实例文件”文件夹中包含本书所有实例的源文件、效果图、贴图；“场景文件”文件夹中包含本书所有实例用到的场景文件；“附赠文件”文件夹中是特地为用户额外准备的学习资源，其中包含285套Maya经典模型和180个高动态HDRI贴图，用户可以在学完本书内容以后用这些模型进行练习，让自己彻底将Maya“一网打尽”。

本书所有的学习资源文件均可在线下载，扫描封底或右侧的“资源下载”二维码，关注我们的微信公众号即可获得资源文件下载方式。资源下载过程中如有疑问，可通过邮箱szys@ptpress.com.cn与我们联系。在学习的过程中，如果遇到问题，也欢迎您与我们交流，我们将竭诚为您服务。

资源下载

编者

2015年8月

目录

第1章 认识Maya 2015

要点索引

- Maya的成长史
- Maya的应用领域
- Maya的安装要求
- Maya节点的概念

本章导读

在正式学习Maya之前，先要了解Maya的发展史、主要应用领域、安装要求以及它的节点特性。了解了这些知识以后，才能为后面的学习做好铺垫。

1.1 Maya的成长史

Autodesk Maya是世界顶级的三维动画软件之一，由于Maya的强大功能，使其从诞生以来就一直受到CG艺术家们的喜爱。

在Maya推出以前，三维动画软件大部分都应用于SGI工作站上，很多强大的功能只能在工作站上完成，而Alias公司推出的Maya采用了Windows NT作为作业系统的PC工作站，从而降低了制作要求，使操作更加简便，这样也促进了三维动画软件的普及。Maya继承了Alias所有的工作站级优秀软件的特性，界面简洁合理，操作快捷方便。

2005年10月Autodesk公司收购了Alias公司，目前Autodesk公司已将Maya升级到Maya 2015，其功能也发生了很大的变化。

1.2 Maya的应用领域

作为世界顶级的三维动画软件，Maya在影视动画制作、电视与视频制作、游戏开发和数字出版等领域都占据着领导地位。

1.2.1 影视动画制作

在影视动画制作中，Maya是影视行业数字艺术家当之无愧的首选软件，它被广泛应用于影视特效制作。在近些年的影视作品中，如《阿凡达》、《蜘蛛侠》和《加勒比海盗》等电影中的一些特效都是用Maya来完成的，如图1-1所示。

图1-1

1.2.2 电视与视频制作

Maya之所以被公认为顶级的三维软件，是因为它不仅能够制作出优秀的动画，还能够制作出非常绚丽的镜头特效，现在很多广播电影公司都采用Maya来制作这种特效，如图1-2所示。

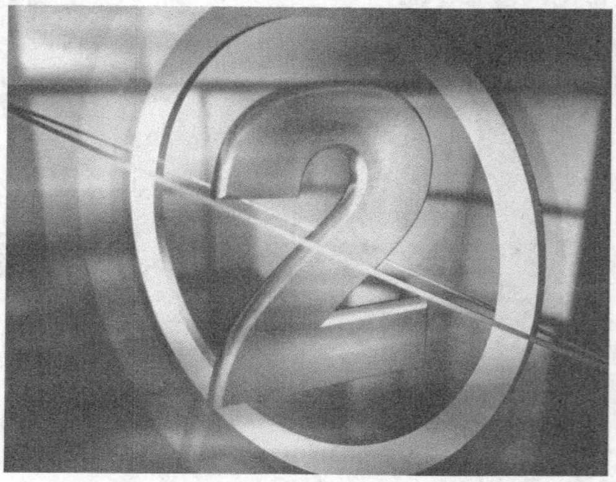

图1-2

1.2.3 游戏开发

Maya被应用于游戏开发，是因为它不仅能用来制作流畅的动画，还因为Maya提供了非常直观的多边形建模和UV贴图工作流程、优秀的关键帧技术、非线性以及高级角色动画编辑工具等，例如《使命召唤》和《刺客信条》等游戏就是由Maya开发的，如图1-3所示。

图1-3

1.2.4 数字出版

现在很多数字艺术家都将Maya作为制作印刷载体、网络出版物、多媒体和视频内容编辑的重要工具，因为将Maya制作的3D图像融合到实际项目中，可以使作品更加具有创意优势。

1.3 Maya与3ds Max的区别

对于初学者而言，了解Maya与3ds Max的区别是很有必要的。虽然Maya与3ds Max都是三维软件，且都是Autodesk公司的产品，但它们是有一定区别的，同时不同的行业所用到的软件也是不同的。

Maya主要用在影视、动画和CG等媒体方面。Maya的动画是比较突出的一项；3ds Max的应用领域也比较广泛，比如动画、建筑效果图等领域。初学者首先要清楚自己的目标，也就是打算从事什么方面的工作，如果准备从事动画产业、影视等媒体工作，建议学习Maya。如果打算从事设计方面的工作，或者说想由浅到深地学习，建议先从3ds Max入手，因为3ds Max从界面到建模都比较易懂。

1.4 Maya 2015的安装要求

对于软件而言，每升级一次，除了更新功能以外，对计算机硬件和操作系统的需求也会越来越高。在一般情况下，Maya 2015适用于Windows 7、Windows 8或相应的64位操作系统，中英文都可以。注意，无论哪种操作系统，都必须安装Internet Explorer 6浏览器或者更高版本的浏览器，否则将不能使用Maya。另外，显卡驱动性能必须支持DirectX 9以上，目前推荐使用OpenGL。

官方仅发布了Maya 2015 64位版本，如需在32位系统上安装Maya 2015 64位版本，需要安装民间技术人员提供的插件，该插件极不稳定、不安全，所以这里并不建议用户在32位系统上安装Maya 2015 64位版本。

1.4.1 系统要求

对于Maya 2015的64位版本，下面的任何一种操作系统都支持。

- Microsoft Windows 7操作系统（SP1及以上）
- Microsoft Windows 8操作系统及Microsoft Windows 8.1 Professional操作系统
- Apple® Mac OSX 10.8.5 及 10.9.x 操作系统
- Red Hat Enterprise Linux 6.2 WS操作系统
- Fedora 14操作系统
- CentOS 6.2 Linux 操作系统

1.4.2 硬件要求

对于Maya 2015的64位版本，最低需要配置以下硬件系统。

- ❖ Windows和Linux操作系统：Intel EM64T处理器、AMD® multi-core处理器。
- ❖ 内存：4GB。
- ❖ 可用磁盘空间：4GB。
- ❖ 显卡：优质硬件加速的OpenGL显卡。
- ❖ 鼠标：3键鼠标和相应鼠标驱动程序。

1.5 Maya中最重要的节点

Maya是一个节点式的软件，里面的对象都是由一个个节点连接组成的。为了帮助理解，下面举例进行说明。

【练习1-1】：认识节点

场景文件　学习资源>场景文件>CH01>a.mb
实例位置　学习资源>实例文件>CH01>练习1-1.mb
技术掌握　熟悉Maya的层级关系

01 启动Maya 2015，打开学习资源中的“场景文件>CH01>a.mb”文件，如图1-4所示。

技巧与提示

执行“文件>打开场景”菜单命令或按快捷键Ctrl+O，可以打开场景文件。另外还有一种更简便的方法，即直接将要打开的场景文件拖曳到视图中。

02 框选两个豹模型，然后执行“编辑>分组”菜单命令或按快捷键Ctrl+G，将两个模型分组，如图1-5所示。

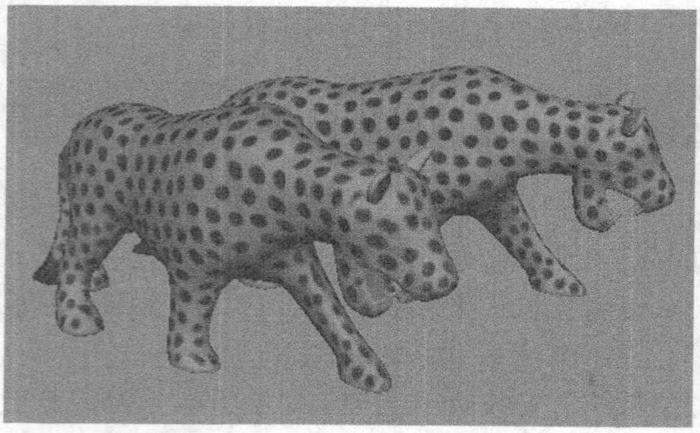

图1-4

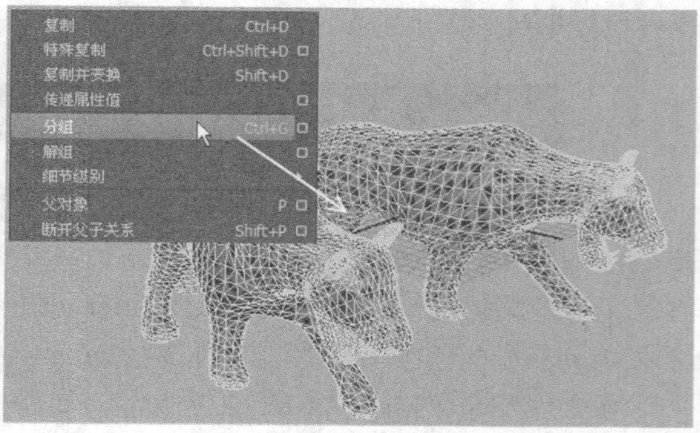

图1-5

技巧与提示

如果导入的场景是以线框方式显示，如图1-6所示，我们可以按5键将其显示为实体，如图1-7所示。如果按6键，将以材质贴图的方式进行显示，如图1-8所示。

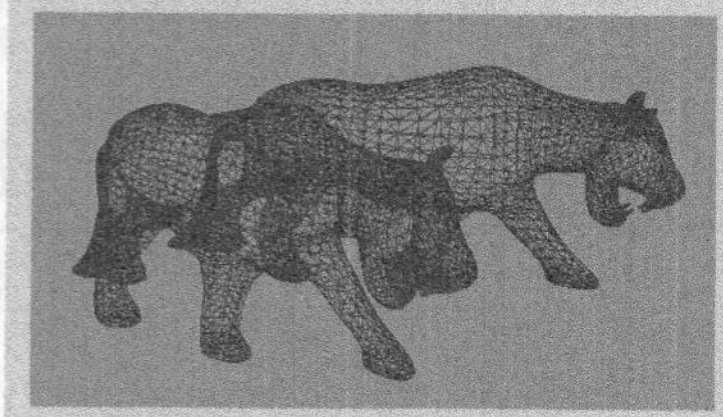

图1-6

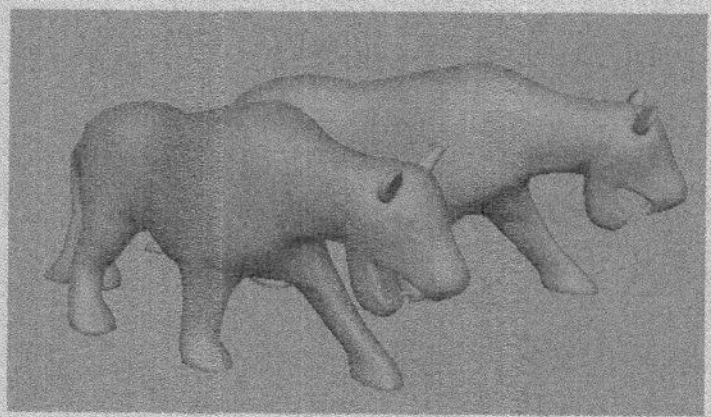

图1-7

图1-8

03 执行“窗口>大纲视图”菜单命令，打开“大纲视图”对话框，如图1-9所示，在该对话框中可以观察到场景对象的层级关系。

04 另外，也可以执行“窗口>Hypergraph:层次”菜单命令，打开“Hypergraph层次”对话框，如图1-10所示，在该对话框中也可以观察到场景对象的层级关系。

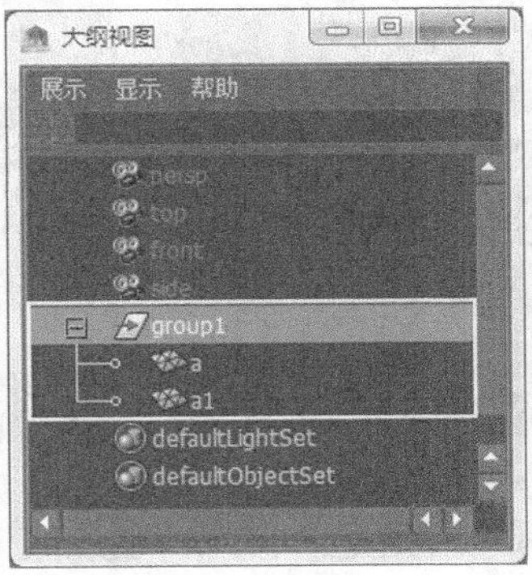

图1-9

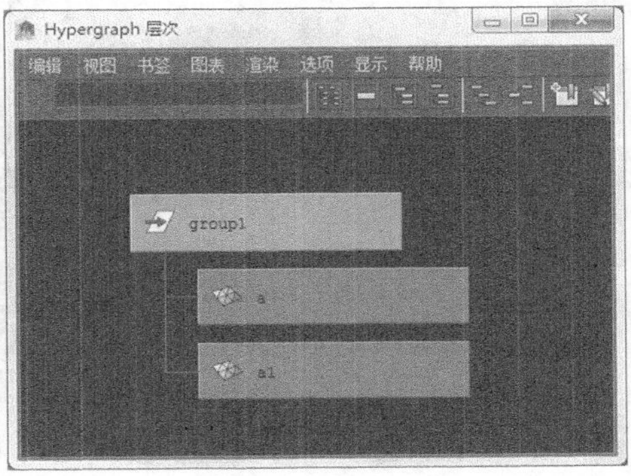

图1-10

技巧与提示

从图1-9中可以观察到对象group1是由a和a1组成的，在这里可以把a和a1看成是两个节点，而group1是由节点a和a1通过某种方式连接在一起组成的。

通过这个例子可以对节点有个初步的了解，下面将通过材质节点来加深对节点的理解。

【练习1-2】：材质节点

场景文件 学习资源>场景文件>CH01>b.mb
实例位置 学习资源>实例文件>CH01>练习1-2.mb
技术掌握 熟悉Maya的材质节点

01 打开学习资源中的“场景文件>CH01>b.mb”文件，如图1-11所示。

02 执行“窗口>渲染编辑器>Hypershade”菜单命令，打开Hypershade对话框，可以观察到已经创建了5个材质，如图1-12所示。

图1-11

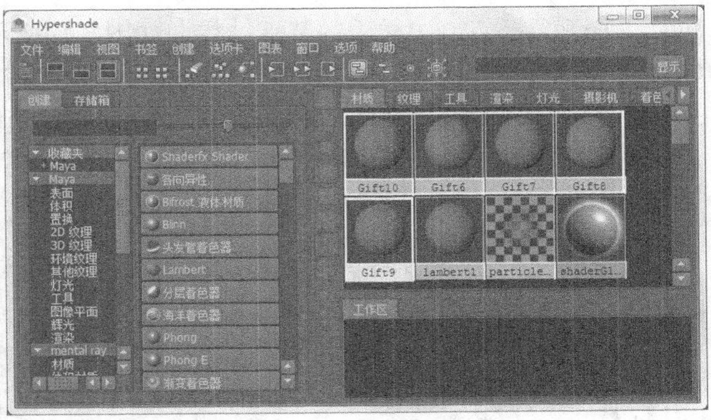

图1-12

技巧与提示

可以看到材质窗口中有8个材质球，而创建的却是5个材质。因为另外3个材质是基本材质，很多材质都是基于这3种材质来创建的，在后面的内容中我们将详细讲解这3种材质的用法。

03 选择Gift10材质球，然后单击工具栏上的“输入和输出链接”按钮，展开Gift10材质球的节点网络，如图1-13所示，同时在Maya界面的右边会显示出Gift10材质的“属性编辑器”对话框，如图1-14所示。

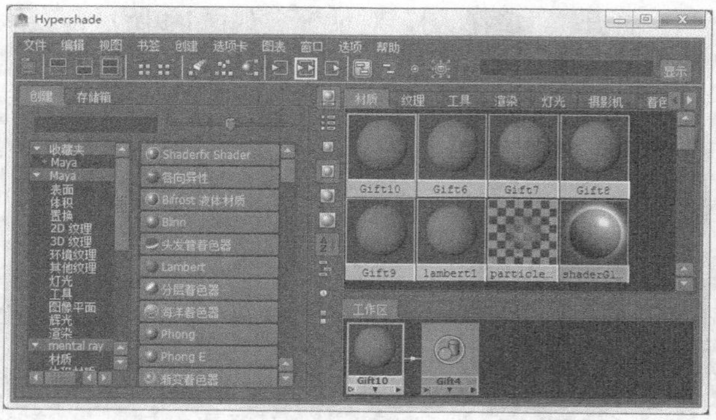

图1-13

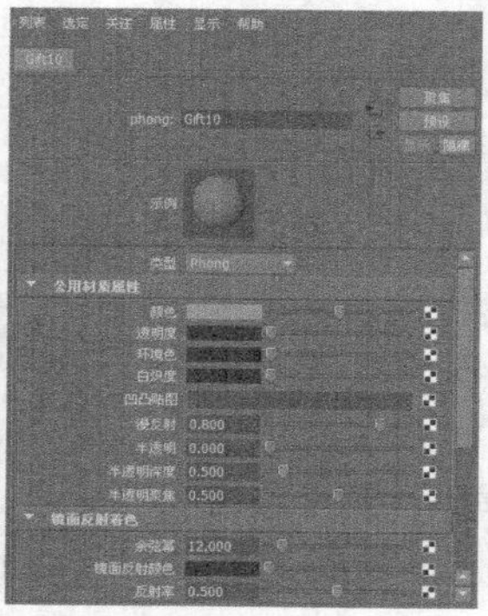

图1-14

04 单击“颜色”属性后面的按钮，如图1-15所示，打开“创建渲染节点”对话框，然后单击“文件”节点，接着在“文件属性”卷展栏下单击“图像名称”后面的按钮，最后在弹出的对话框中选择学习资源中的“实例文件>CH01>练习1-2>3duGiftText5.jpg”贴图文件，如图1-16所示。

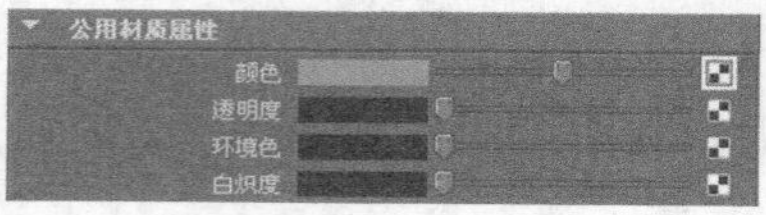

图1-15

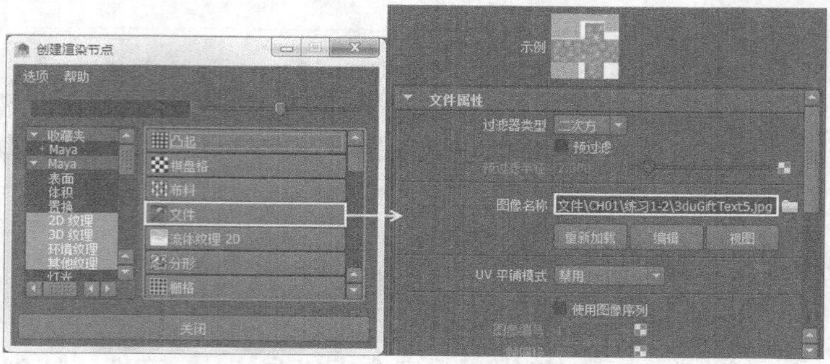

图1-16

05 按6键以材质方式显示场景对象，效果如图1-17所示，然后用相同的方法为另外几个模型赋予贴图，完成后的效果如图1-18所示。

06 下面来看看Gift10材质的节点结构，如图1-19所示。Gift10材质由3个材质节点组成，其中Gift10的Phone材质是最基本的材质节点，可以用来控制一些基本属性，如颜色、反射、透明度等；file1是一个2D纹理节点，可以将file1节点连接到Gift10材质节点的颜色属性上，这样颜色就会被贴图颜色替换；最左侧的是一个2D坐标节点，用来控制二维贴图纹理的贴图方式。

图1-17

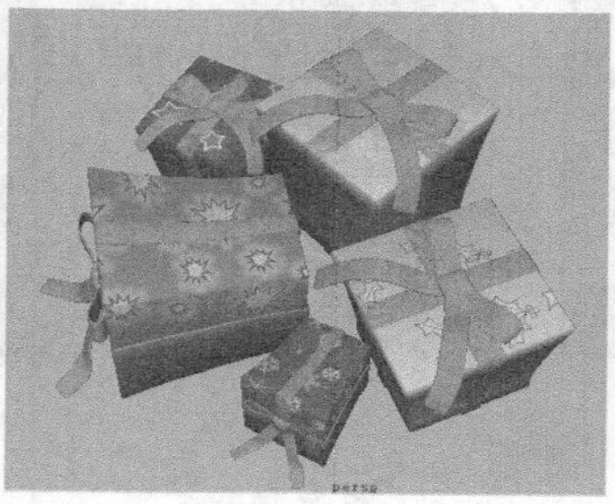

图1-18

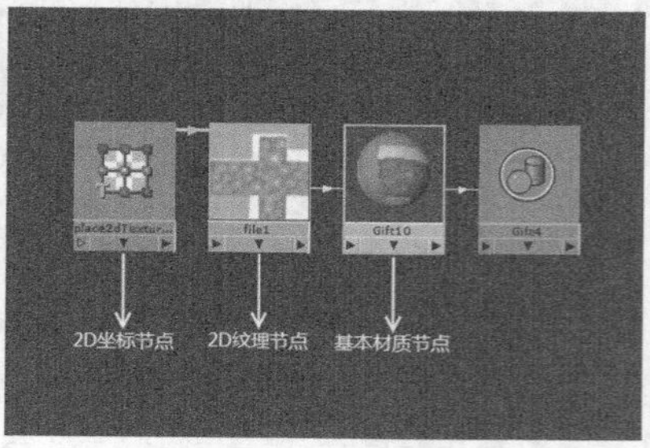

图1-19

1.6 知识总结与回顾

本章先是简要介绍了一下Maya的发展历史与主要应用领域，然后详细介绍了Maya 2015的安装要求以及Maya节点的概念。

第2章 界面介绍

要点索引

- Maya的界面组成元素
- Maya界面组成元素的作用

本章导读

本章将介绍Maya 2015的界面组成元素，这些元素包含标题栏、菜单栏、状态栏、工具架、工具箱、工作区、通道盒/层编辑器、时间滑块、范围滑块、命令行和帮助行，它们都具有各自的作用。了解了这些组成元素及其作用，才能更方便地学习后面的内容。

2.1 界面组成

安装好中文版Maya 2015以后，在桌面上双击快捷图标即可启动软件，图2-1是其启动画面。

图2-1

技术专题 使用1分钟启动影片

在启动Maya 2015时，会弹出一个“1分钟启动影片”对话框，如图2-2所示。在该对话框中列出了6个基本技能影片，用户只需要单击相应的影片即可在播放器中进行观看。

如果不想在启动软件时弹出该对话框，可以在该对话框的左下角取消勾选“启动时显示”选项，如图2-3所示。如果要重新打开该对话框，可以执行“帮助>1分钟启动影片”菜单命令，如图2-4所示。

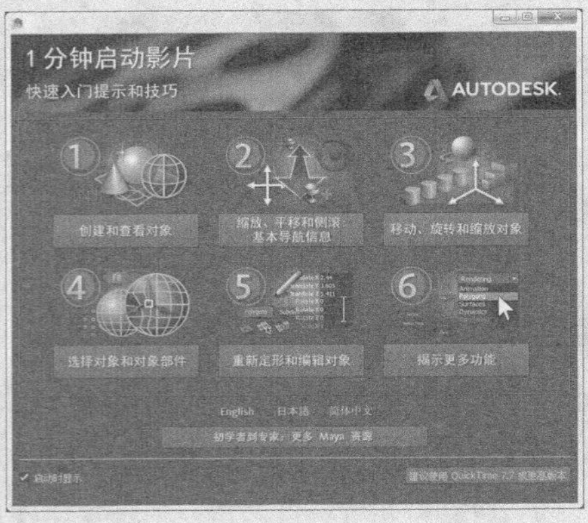

图2-2

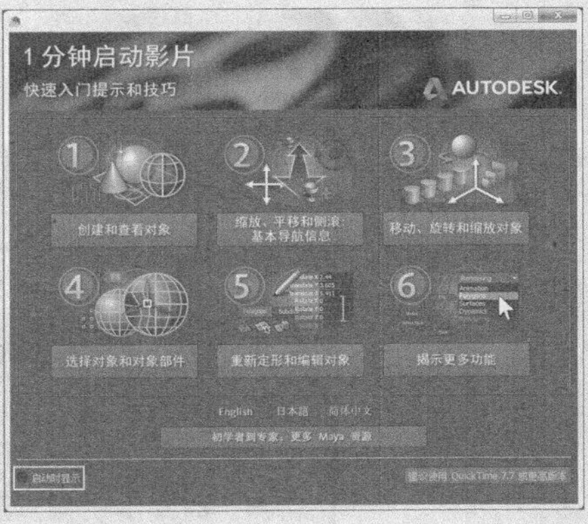

图2-3

图2-4

2.1.1 界面组成元素

启用完成后将进入Maya 2015的操作界面，如图2-5所示。Maya 2015的操作界面由11个部分组成，分别是标题栏、菜单栏、状态行、工具架、工具箱、工作区、通道盒/层编辑器、时间滑块、范围滑块、命令行和帮助行。

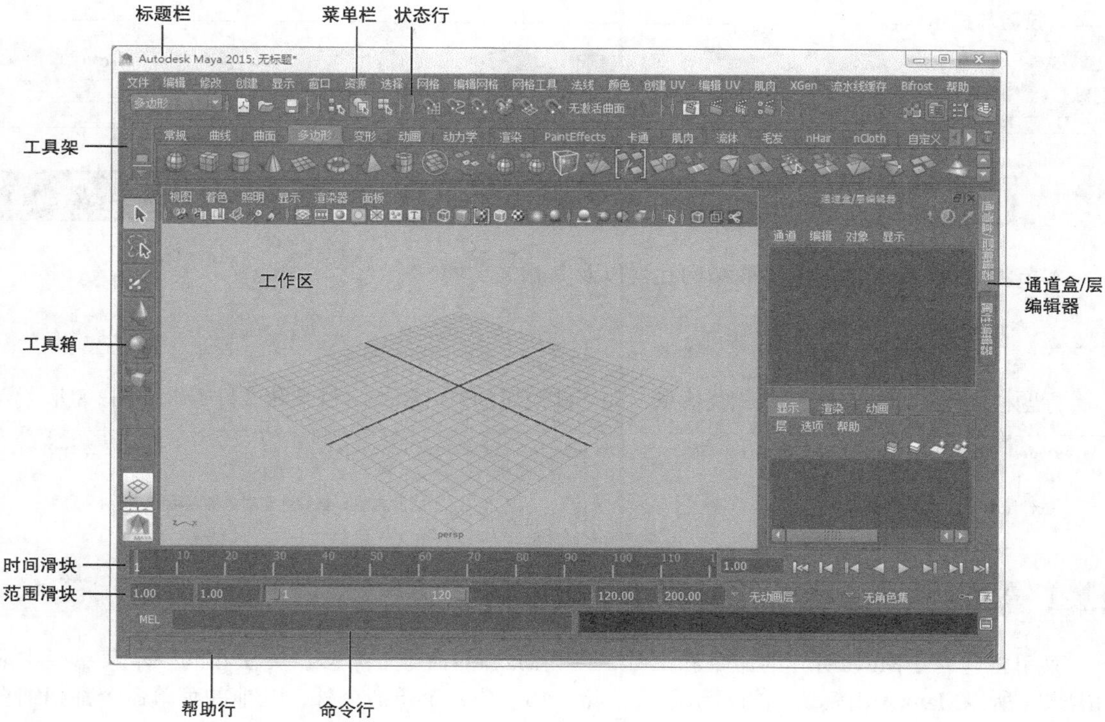

图2-5

2.1.2 界面显示

在工作时，往往只需要显示一部分界面元素，这时可以将不需要的界面元素隐藏起来。隐藏界面元素的方法很多，这里主要介绍下面两种。

第1种：在“显示>UI元素”菜单下勾选或关闭相应的选项，可以显示/隐藏对应的界面元素，如图2-6所示。

第2种：执行“窗口>设置/首选项>首选项”菜单命令，打开“首选项”对话框，然后在左侧选择“UI元素”选项，接着选中要显示或隐藏的界面元素，最后单击“保存”按钮保存即可，如图2-7所示。

图2-6

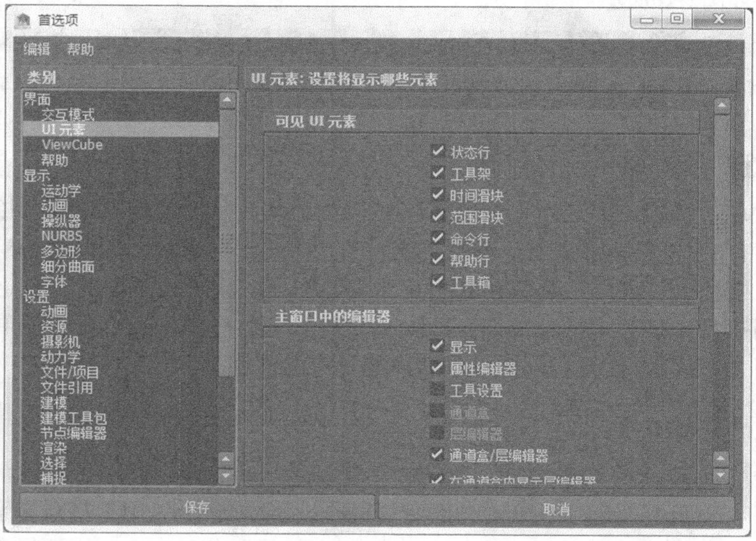

图2-7

技巧与提示

如果要恢复到默认状态，可以在“首选项”对话框中执行“编辑>还原默认设置”命令，将所有的首选项设置恢复到默认状态。

2.2 界面介绍

本节将介绍Maya 2015的界面结构元素以及其相关功能。

2.2.1 标题栏

标题栏用于显示文件的一些相关信息，如当前使用的软件版本、目录和文件等，如图2-8所示。

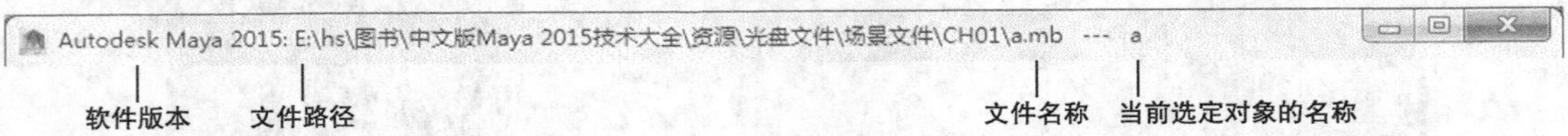

图2-8

2.2.2 菜单栏

菜单栏包含了Maya所有的命令和工具，因为Maya的命令非常多，无法在同一个菜单栏中显示出来，所以Maya采用模块化的显示方法，除了10个公共菜单命令外，其他的菜单命令都归纳在不同的模块中，这样菜单结构就一目了然。例如“多边形”模块的菜单栏可以分为两个部分，分别是公共菜单和多边形模块菜单，如图2-9所示。

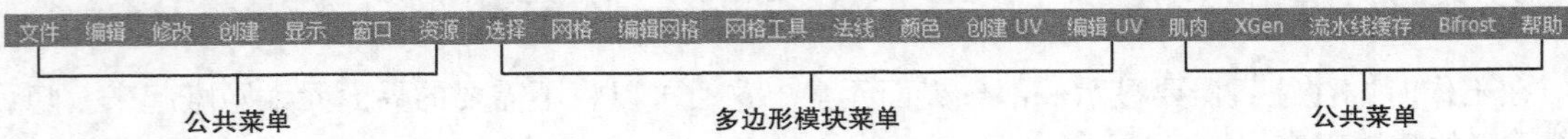

图2-9

2.2.3 状态行

状态行中主要是一些常用的视图操作按钮，如模块选择器、选择层级、捕捉开关和编辑器开关等，如图2-10所示。

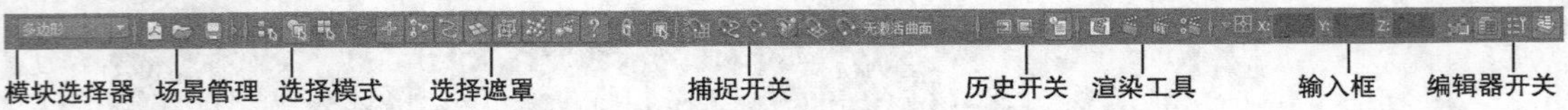

图2-10

1.模块选择器

模块选择器主要是用来切换Maya的功能模块，从而改变菜单栏上相对应的命令，共有6大模块，分别是“动画”模块、“多边形”模块、“曲面”模块、“动力学”模块、“渲染”模块和nDynamics模块。在6大模块下面的“自定义”模块主要用于自定义菜单栏，如图2-11所示，制作一个符合自己习惯的菜单组可以大大提高工作效率。按F2~F6键可以切换相对应的模块。

图2-11

2.场景管理

- ❖ 创建新场景：对应“文件>新建场景”菜单命令，用于创建新场景。
- ❖ 打开场景：对应“文件>打开场景”菜单命令，用于打开场景文件。
- ❖ 保存当前场景：对应“文件>保存场景”菜单命令，用于保存场景文件。

技巧与提示

新建场景、打开场景和保存场景对应的快捷键分别是Ctrl+N、Ctrl+O和Ctrl+S。

3.选择模式

- ❖ 按层级和组合选择：可以选择成组的物体。
- ❖ 按对象类型选择：使选择的对象处于物体级别，在此状态下，后面选择的遮罩将显示物体级别下的遮罩工具。
- ❖ 按组件类型选择：举例说明，在Maya中创建一个多边形球体，这个球是由点、线、面构成的，这些点、线、面就是次物体级别，可以通过这些点、线、面再次对创建的对象进行编辑。

4.选择遮罩

选择遮罩的工具基于选择模式工具的不同而不同，如激活“按层级和组合选择”工具，那么后面就会显示该工具的相关子工具，如图2-12~图2-14所示。

图2-12

图2-13

图2-14

5.捕捉开关

- ❖ 捕捉到栅格：将对象捕捉到栅格上。当激活该按钮时，可以将对象在栅格点上进行移动。快捷键为X键。
- ❖ 捕捉到曲线：将对象捕捉到曲线上。当激活该按钮时，操作对象将被捕捉到指定的曲线上。快捷键为C键。
- ❖ 捕捉到点：将选择对象捕捉到指定的点上。当激活该按钮时，操作对象将被捕捉到指定的点上。快捷键为V键。
- ❖ 捕捉到投影中心：捕捉到选定对象的中心。
- ❖ 捕捉到视图平面：将对象捕捉到视图平面上。
- ❖ 激活选定对象：将选定曲面转化为激活的曲面。

6.历史开关

这3个工具主要用于控制构建历史的各种操作。

7.渲染工具

- ❖ 打开渲染视图：单击该按钮可打开“渲染视图”对话框，如图2-15所示。
- ❖ 渲染当前帧（Maya软件）：单击该按钮可以渲染当前所在帧的静帧画面。
- ❖ IPR渲染当前帧（Maya软件）：一种交互式操作渲染，其渲染速度非常快，一般用于测试渲染灯光和材质。
- ❖ 显示渲染设置（Maya软件）：单击该按钮可以打开“渲染设置”对话框，如图2-16所示。

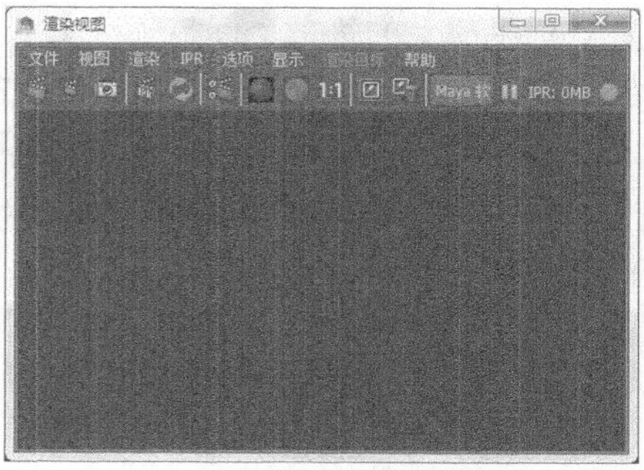

图2-15

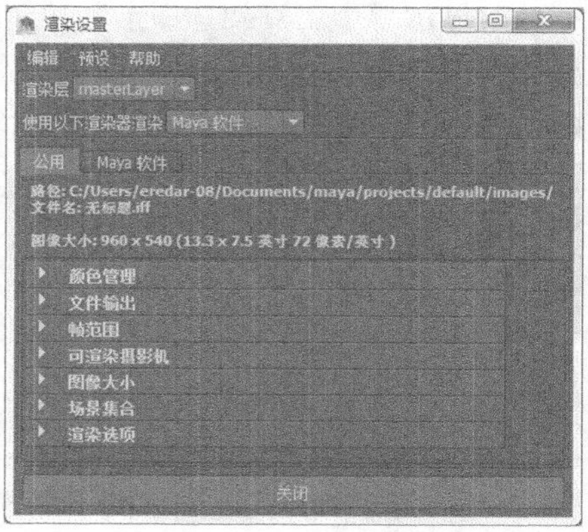

图2-16

8.输入框

在输入框中可以输入数值进行精确变换，如使用"移动工具"选择了一个对象，在X输入框中输入1，那么即可将对象在x轴上移动1个单位的距离。单击按钮，可以弹出输入框的操作菜单，如图2-17所示。

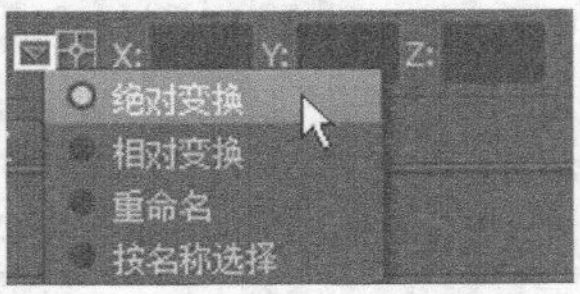

图2-17

9.编辑器开关

- ❖ 显示或隐藏建模工具包：单击该按钮可以打开或关闭"建模工具包"。
- ❖ 显示或隐藏属性编辑器：单击该按钮可以打开或关闭"属性编辑器"对话框。
- ❖ 显示或隐藏工具设置：单击该按钮可以打开或关闭"工具设置"对话框。
- ❖ 显示或隐藏通道盒/层编辑器：单击该按钮可以打开或关闭"通道盒/层编辑器"。

技巧与提示

以上讲解的都是一些常用按钮的功能，其他按钮的功能将在后面的实例中进行详细讲解。

2.2.4 工具架

"工具架"在状态行的下面，如图2-18所示。Maya的"工具架"非常有用，它集合了Maya各个模块下最常用的命令，并以图标的形式分类显示在"工具架"上。这样，每个图标就相当于相应命令的快捷链接，只需要单击该图标，就等效于执行相应的命令。

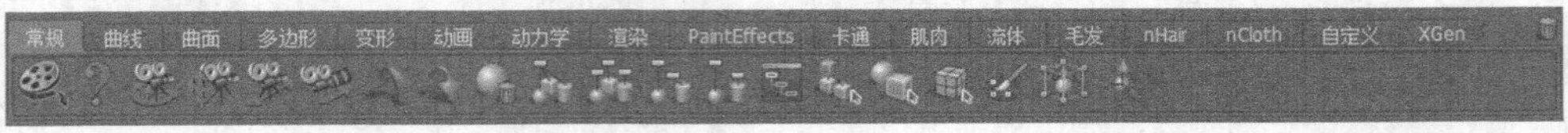

图2-18

"工具架"分上下两部分，最上面一层称为标签栏，标签栏下方放置图标的一栏称为工具栏。标签栏上的每一个标签都有文字，每个标签实际对应着Maya的一个功能模块，如"曲面"标签下的图标集合对应的就是曲面建模的相关命令，如图2-19所示。

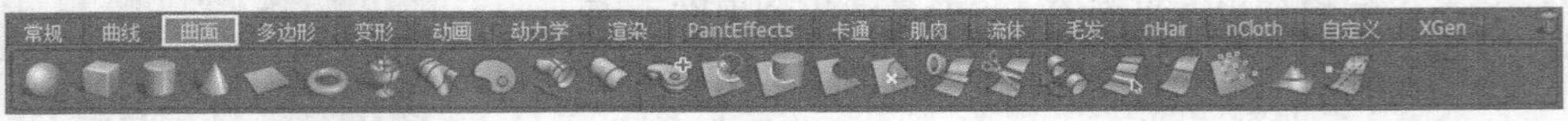

图2-19

单击"工具架"左侧的"更改显示哪个工具架选项卡"按钮，在弹出的菜单中选择"自定义"命令可以自定义一个"工具架"，如图2-20所示，这样可以将常用的工具放在"工具架"中，形成一套自己的工作方式。同时还可以单击"更改显示哪个工具架选项卡"按钮下的"用于修改工具架的项目菜单"按钮，在弹出的菜单中选择"新建工具架"命令，这样可以新建一个"工具架"，如图2-21所示。

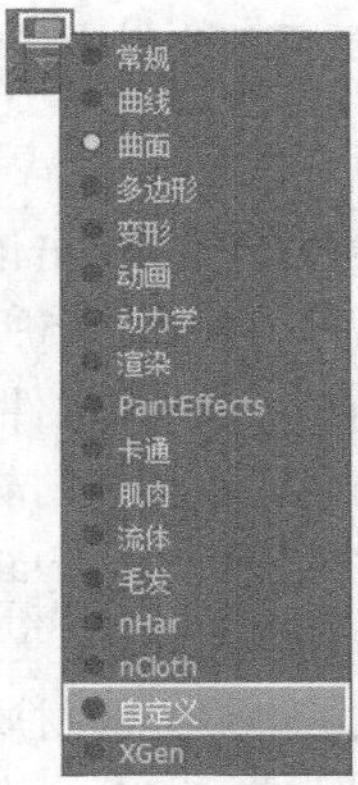

图2-20

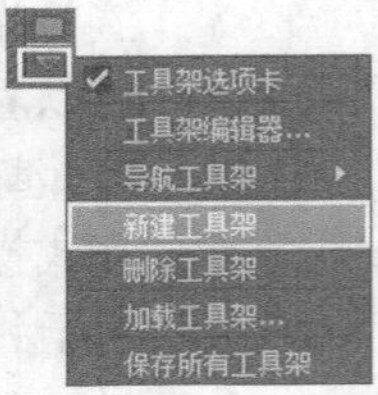

图2-21

2.2.5 工具箱

Maya的"工具箱"分为两个部分，上面是操作对象的常用工具（这些工具非常重要，其具体操作方法将在后面的章节中进行详细讲解），下面是视图布局工具，如图2-22所示。

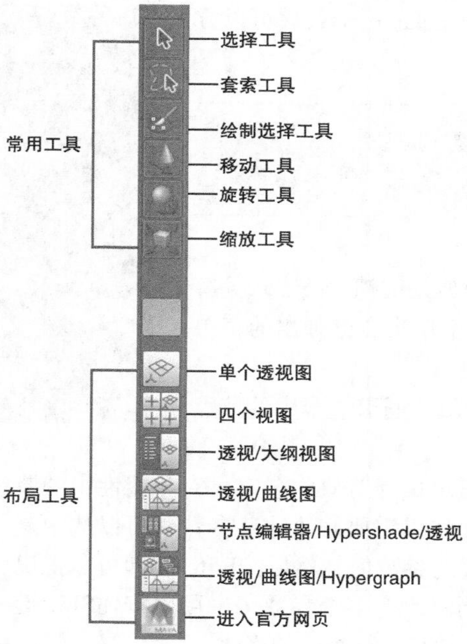

图2-22

技巧与提示

Maya将一些常用的视图布局集成在这些按钮中，通过单击这些按钮可快速切换各个视图。如单击第1个按钮就可以快速切换到单个透视图，单击第2个按钮则是快速切换到四视图。其他的各个按钮是Maya内置的视图布局，用来配合在不同模块下进行工作。另外，单击按钮，可以进入Maya的官方网页。

2.2.6 工作区

Maya的工作区是作业的主要活动区域，大部分工作都在这里完成，如图2-23所示是一个透视图的工作区。

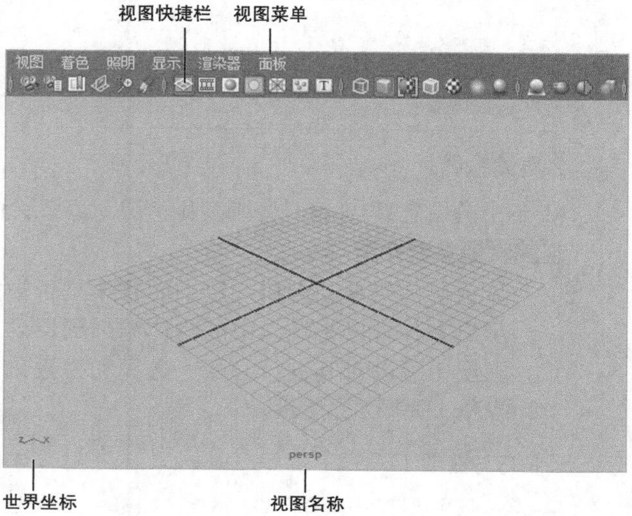

图2-23

技巧与提示

Maya中所有的建模、动画、渲染都需要通过这个工作区来进行观察，可以形象地将工作区理解为一台摄影机，摄影机从空间45° 来监视Maya的场景运作。

2.2.7 通道盒/层编辑器

1.通道盒

"通道盒"用来访问对象的节点属性，如图2-24所示。通过它可以方便地修改节点的属性，单击鼠标右键会弹出一个快捷菜单，通过这个菜单可以方便地为节点属性设置动画。

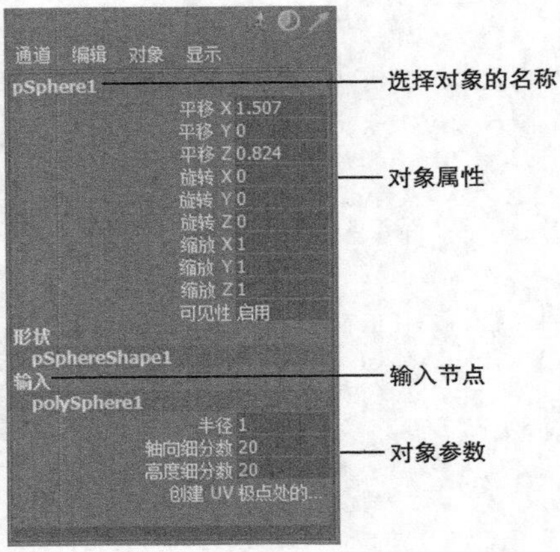

图2-24

技巧与提示

这里的“通道盒”只列出了部分常用的节点属性，而完整的节点属性需要在“属性编辑器”对话框中进行修改。

通道盒参数介绍

❖ 通道：该菜单包含设置动画关键帧、表达式等属性的命令，和在对象属性上单击右键弹出的菜单一样，如图2-25所示。

❖ 编辑：该菜单主要用来编辑“通道盒”中的节点属性。

❖ 对象：该菜单主要用来显示选择对象的名字。对象属性中的节点属性都有相应的参数，如果需要修改这些参数，可以选中这些参数后直接输入要修改的参数值，然后按Enter键即可。拖曳光标选出一个范围可以同时改变多个参数，也可以按住Shift键的同时选中这些参数后再对其进行相应的修改。

❖ 显示：该菜单主要用来显示“通道盒”中的对象节点属性。

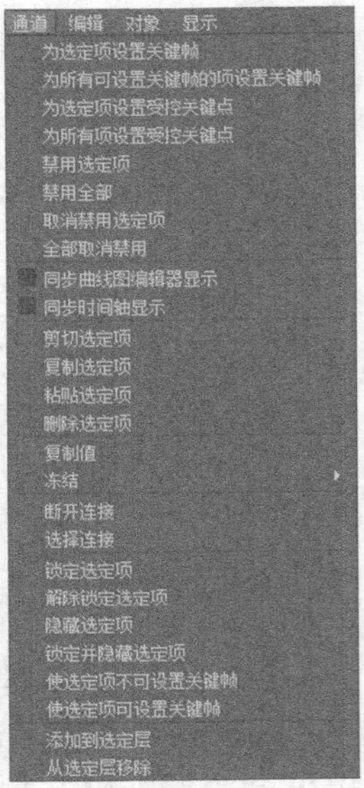

图2-25

技巧与提示

有些参数设置框用“启用”和“关闭”来表示开关属性，在改变这些属性时，可以用0和1来代替，1表示“启用”，0表示“关闭”。

另外，还有一种修改参数属性的方法。先选中要改变的属性前面的名称，然后用鼠标中键在视图中拖曳光标就可以改变其参数值。单击按钮将其变成按钮，此时就关闭了鼠标中键的上述功能，再次单击按钮会出现3个按钮。按钮表示再次开启用鼠标中键改变属性功能；按钮表示用鼠标中键拖曳光标时属性变化的快慢，按钮的绿色部分越多，表示变化的速度越快；按钮表示变化速度成直线方式变化，也就是说变化速度是均匀的，再次单击它会变成按钮，表示变化速度成加速度增长。如果要还原到默认状态，可再次单击按钮。

2.层编辑器

Maya中的层有3种类型，分别是显示层、渲染层和动画层。

层编辑器参数介绍

❖ 显示层：用来管理放入层中的物体是否被显示出来，可以将场景中的物体添加到层内，在层中可以对其进行隐藏、选择和模板化等操作，如图2-26所示。

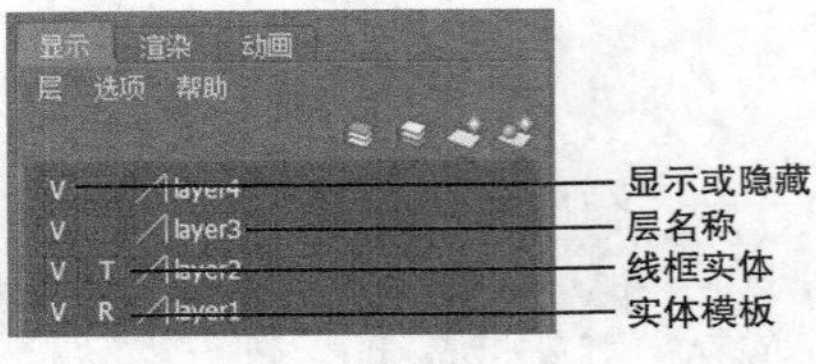

图2-26

技巧与提示

单击按钮可以打开“编辑层”对话框，如图2-27所示。在该对话框中可以设置层的名称、颜色、是否可见和是否使用模板等，设置完毕后单击“保存”按钮保存可以保存修改的信息。

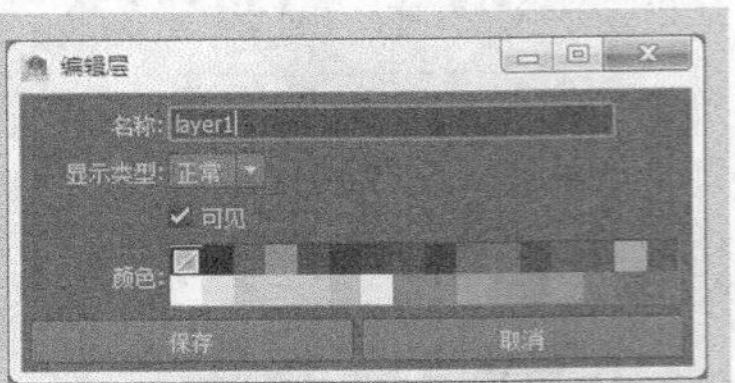

图2-27

❖ 渲染层：可以设置渲染的属性，通常所说的“分层渲染”就在这里设置，如图2-28所示。

❖ 动画层：可以对动画设置层，如图2-29所示。

图2-28

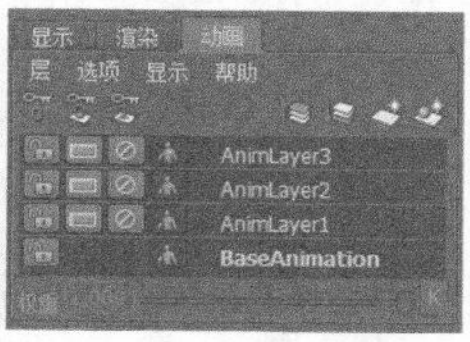

图2-29

2.2.8 时间滑块

时间滑块位于动画控制区，主要用来制作动画，拖曳它可以切换到相应的时间处，也可以在后面的输入框中直接输入要观看的时间，如图2-30所示。

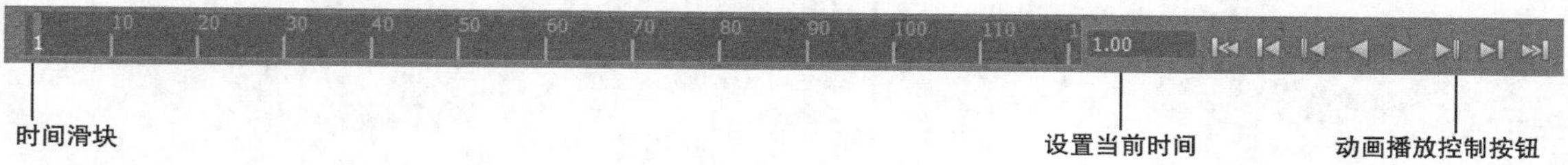

图2-30

时间滑块的右侧是一些与动画播放相关的控制按钮，这些按钮的具体作用如下。

时间滑块工具介绍

❖ 转至播放范围开头：将当前所在帧移动到播放范围的起点。

❖ 后退一帧：将当前帧向后移动一帧，快捷键为Alt+，（逗号）。

❖ 后退到前一关键帧：返回到上一个关键帧，快捷键为，（逗号）。

❖ 向后播放：从右至左反向播放。

❖ 向前播放：从左至右正向播放。

❖ 前进到下一关键帧：将当前帧前进到下一个关键帧，快捷键为。（句号）。

❖ 前进一帧：将当前帧向前移动一帧，快捷键为Alt+。（句号）。

❖ 转至播放范围末尾：将当前所在的帧移动到播放范围的最后一帧。

2.2.9 范围滑块

范围滑块位于时间滑块的下方，如图2-31所示。范围滑块主要用于调节时间滑块的范围。

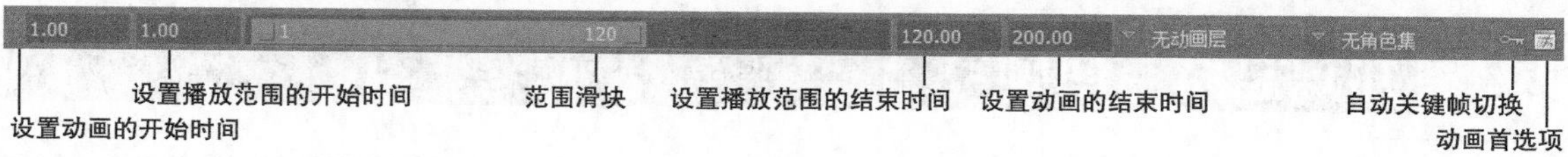

图2-31

范围滑块参数介绍

❖ 设置动画的开始/结束时间：在这两个输入框中可以输入数值，以设定动画的开始和结束时间。

❖ 设置播放范围的开始/结束时间：在这两个输入框中可以输入数值，以设定动画播放范围的开始和结束时间。

❖ 范围滑块：拖曳范围滑块可以改变动画的播放范围；拖曳范围滑块两端的按钮，可以缩放播放范围；双击范围滑块，播放范围会变成动画开始时间数值框和动画结束时间数值框中的数值的范围，再次双击，可以返回到先前的播放范围。

❖ 自动关键帧切换：单击该按钮，将变成红色，此时可以在自动关键帧模式下设定动画。

❖ 动画首选项：单击该按钮，可以打开“首选项”对话框，在该对话框中可以设置动画和时间滑块的首选项，如图2-32所示。

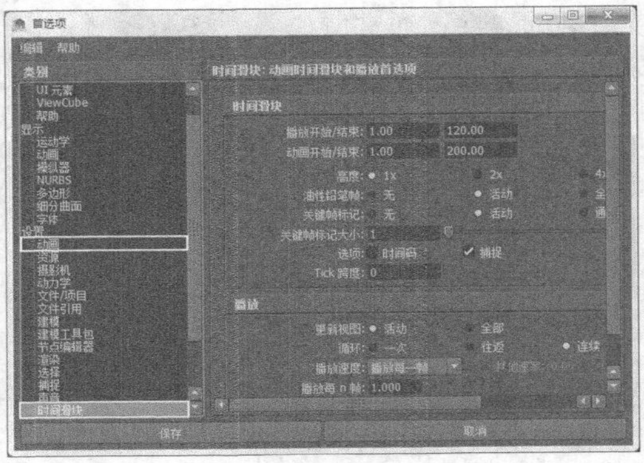

图2-32

2.2.10 命令行

命令行是用来输入Maya的MEL命令或脚本命令的地方，如图2-33所示。Maya的每一步操作都有对应的MEL命令，所以Maya的操作也可以通过命令行来实现。

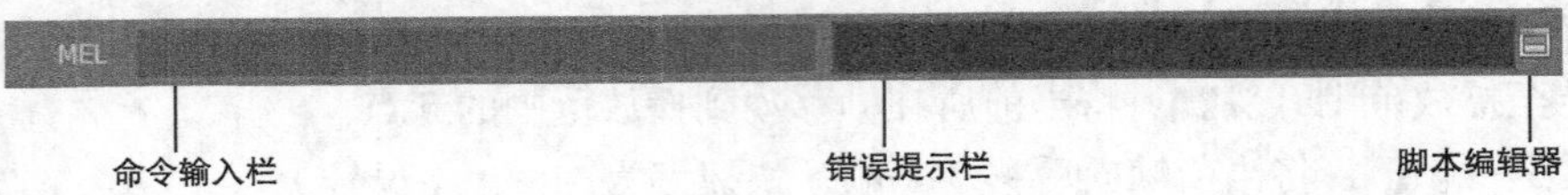
MEL
命令输入栏
错误提示栏
脚本编辑器

图2-33

2.2.11 帮助行

帮助行是向用户提供帮助的地方，用户可以通过它得到一些简单的帮助信息，给学习带来了很大的方便。当光标放在相应的命令或按钮上时，在帮助行中都会显示出相关的说明；在旋转或移动视图时，在帮助行里会显示相关坐标信息，给用户直观的数据信息，这样可以大大提高操作精度，如图2-34所示。

显示工具和当前选择的简短帮助提示

图2-34

2.3 知识总结与回顾

本章主要介绍了Maya 2015的界面组成，这些元素中大家必须掌握标题栏、菜单栏、状态栏、工具架、工具箱、工作区、通道盒/层编辑器、时间滑块和范围滑块的作用与用法，其他的只做了解即可。

第3章 视图操作

要点索引

- 视图的基本操作
- 用书签记录当前视图
- 视图导航器
- 工作区中的视图菜单
- 视图快捷栏

本章导读

本章将介绍Maya 2015的各种视图操作，包括视图的旋转、移动、缩放、切换以及最大化显示视图对象等。另外，本章还将介绍书签、视图导航器、视图菜单以及视图快捷栏的运用。

3.1 视图的基本操作

在Maya的视图中可以很方便地进行旋转、缩放和推移等操作，每个视图实际上都是一个摄影机，对视图的操作也就是对摄影机的操作。

在Maya里有两大类摄影机视图：一种是透视摄影机，也就是透视图，随着距离的变化，物体的大小也会随着变化；另一种是平行摄影机，这类摄影机里只有平行光线，不会有透视变化，其对应的视图为正交视图，如顶视图和前视图。

3.1.1 旋转视图

对视图的旋转操作只针对透视摄影机类型的视图，因为正交视图中的旋转功能是被锁定的。可以使用Alt+鼠标左键对视图进行旋转操作，如图3-1所示；若想让视图在以水平方向或垂直方向为轴心的单方向上旋转，可以使用Shift+Alt+鼠标左键来完成水平或垂直方向上的旋转操作，如图3-2所示。

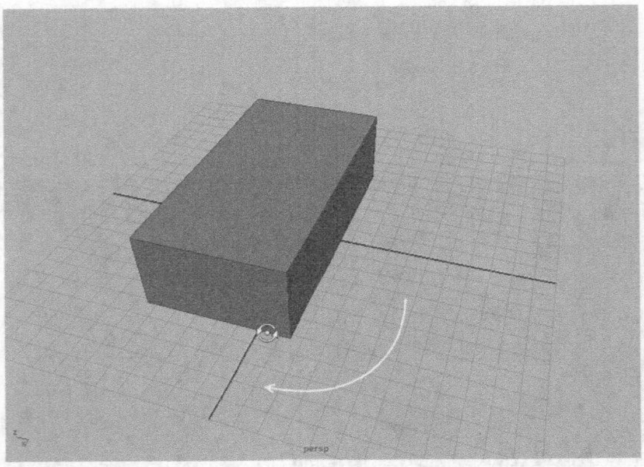

图3-1

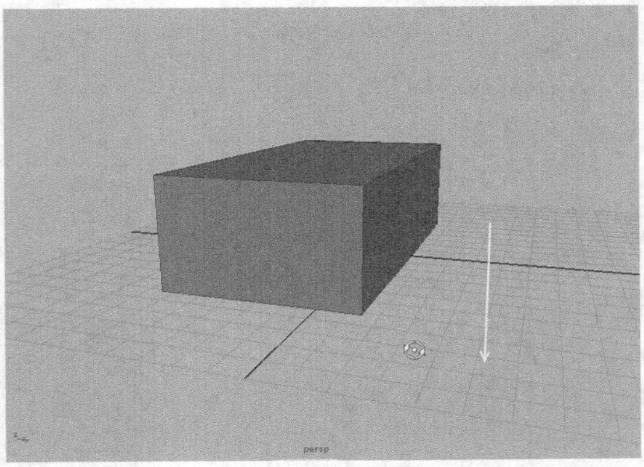

图3-2

3.1.2 移动视图

在Maya中，移动视图实质上就是移动摄影机。可以使用Alt+鼠标中键来移动视图，如图3-3所示，同时也可以使用Shift+Alt+鼠标中键在水平或垂直方向上进行移动操作，如图3-4所示。

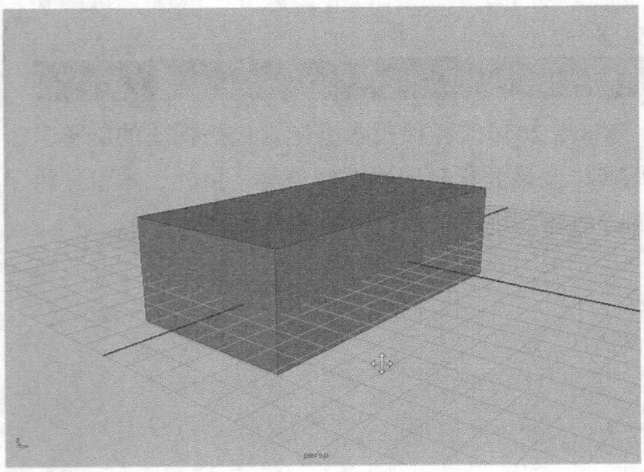

图3-3

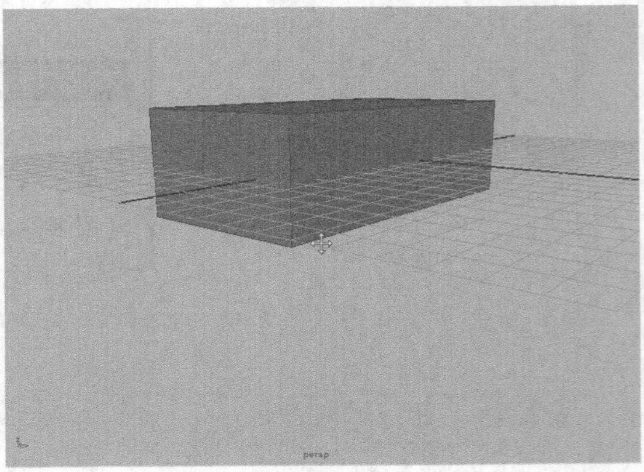

图3-4

3.1.3 缩放视图

缩放视图可以将场景中的对象进行放大或缩小显示，实质上就是改变视图摄影机与场景对象的距离，可以将视图的缩放操作理解为对视图摄影机的操作。使用Alt+鼠标右键可以对视图进行缩放操作，如图3-5所示；用户也可以使用Ctrl+Alt+鼠标左键框选出一个区域，如图3-6所示，释放鼠标以后，该区域将被放大到最大，如图3-7所示。

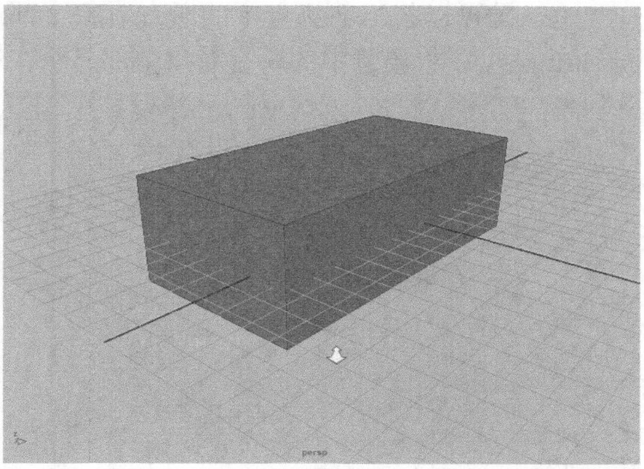

图3-5

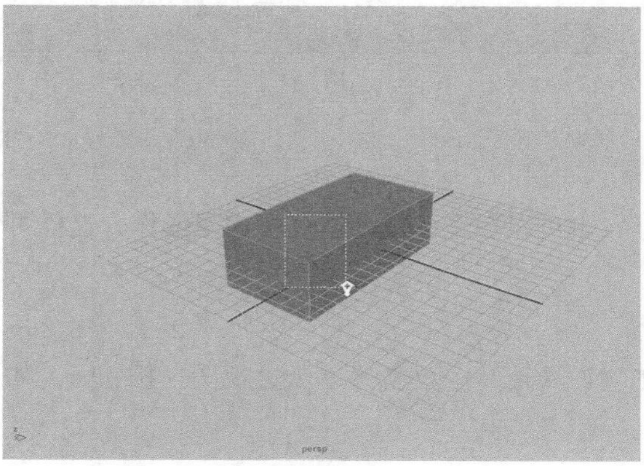

图3-6

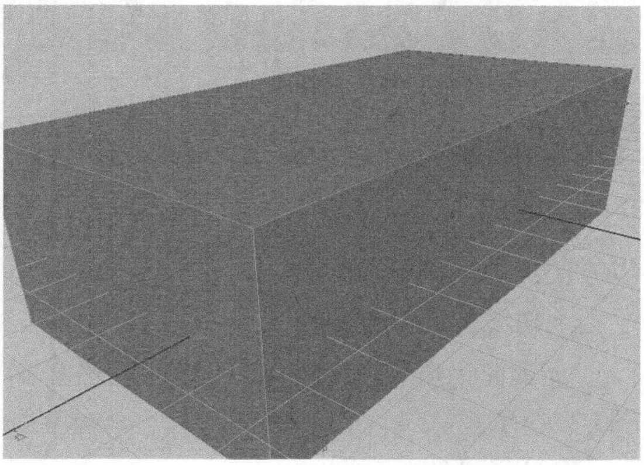

图3-7

3.1.4 使选定对象最大化显示

在选定某个对象的前提下，可以使用F键使选择对象在当前视图最大化显示，如图3-8所示。最大化显示的视图是根据光标所在位置来判断的，将光标放在想要放大的区域内，再按F键就可以将选择的对象最大化显示在视图中。使用快捷键Shift+F可以一次性将全部视图进行最大化显示，如图3-9所示。

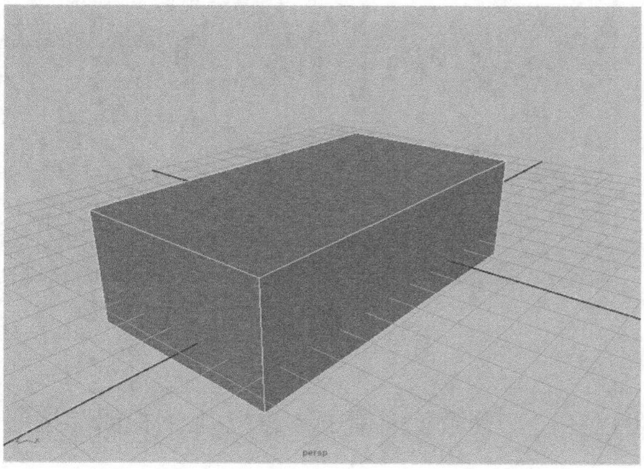

图3-8

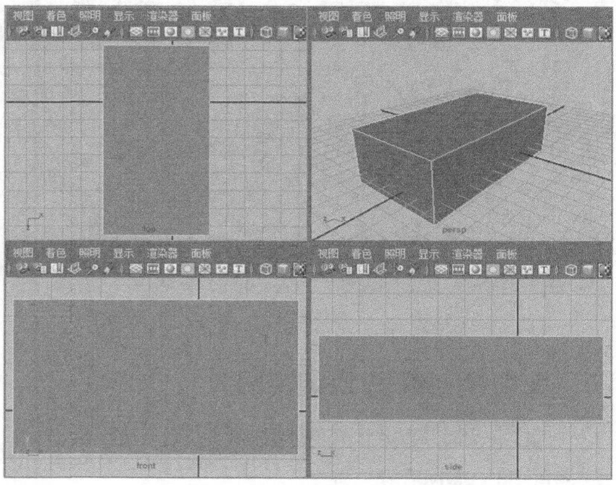

图3-9

3.1.5 使场景中所有对象最大化显示

按A键可以将当前场景中的所有对象全部最大化显示在一个视图中，如图3-10所示；按快捷键Shift+A可以将场景中的所有对象全部显示在所有视图中，如图3-11所示。

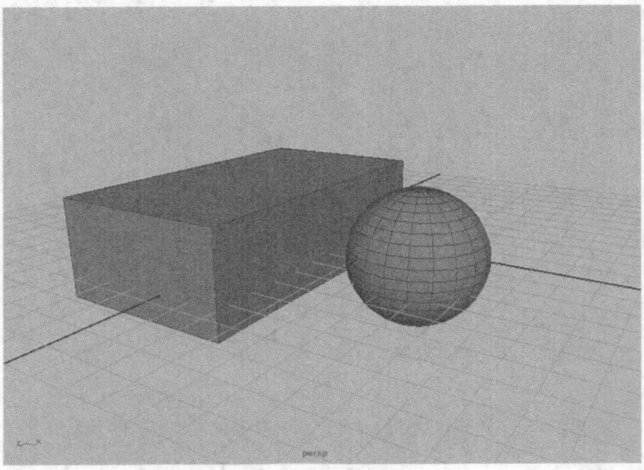

图3-10

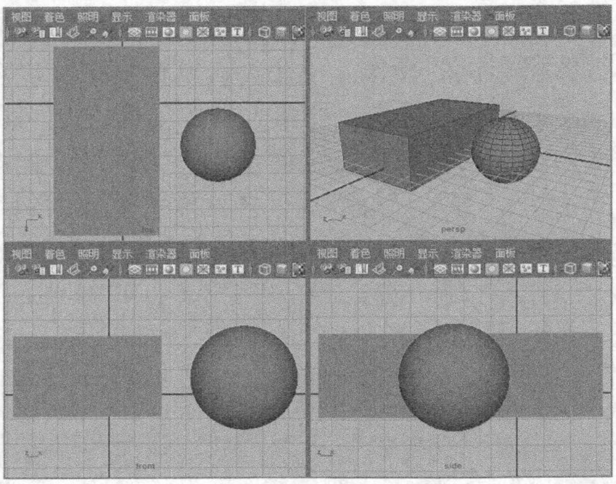

图3-11

3.1.6 切换视图

在Maya中，我们既可以在单个视图中进行操作，也可以在多个视图组合中进行操作，这样可以方便我们编辑场景对象。

1.切换到单个透视图

如果要切换到单个透视图中进行操作，可以在“工具箱”中单击“单个透视图”按钮，如图3-12所示。

2.切换到四个视图

如果要切换到四个视图中进行操作，可以在“工具箱”中单击“四个视图”按钮，如图3-13所示。

图3-12

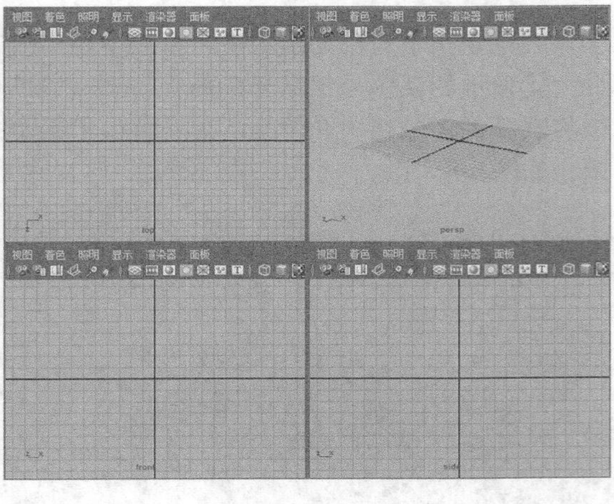

图3-13

3.切换到透视/大纲视图

如果要切换到透视/大纲视图中进行操作，可以在“工具箱”中单击“透视/大纲视图”按钮，如图3-14所示。

4.切换到透视/曲线图

如果要切换到透视/曲线图视图中进行操作，可以在“工具箱”中单击“透视/曲线图”按钮，如图3-15所示。

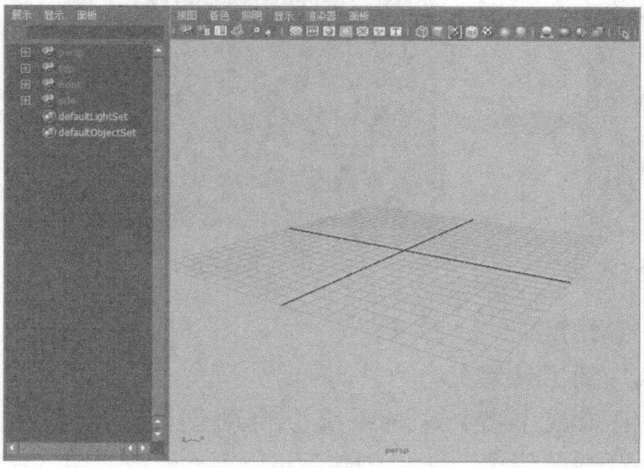

图3-14

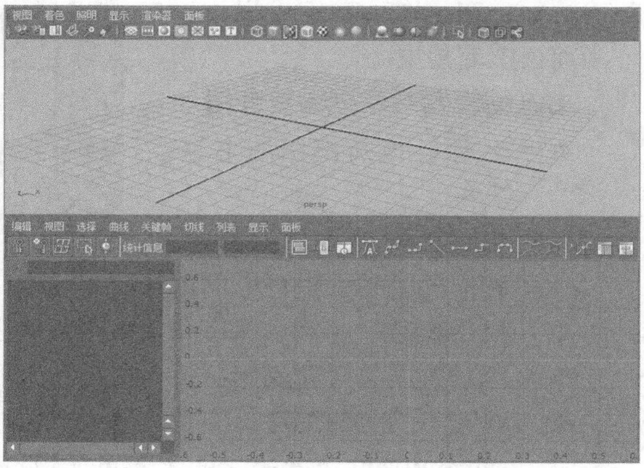

图3-15

5.切换到透视/曲线图/Hypergraph

如果要切换到透视/曲线图/Hypergraph视图中进行操作，可以在“工具箱”中单击“透视/曲线图/Hypergraph”按钮，如图3-16所示。

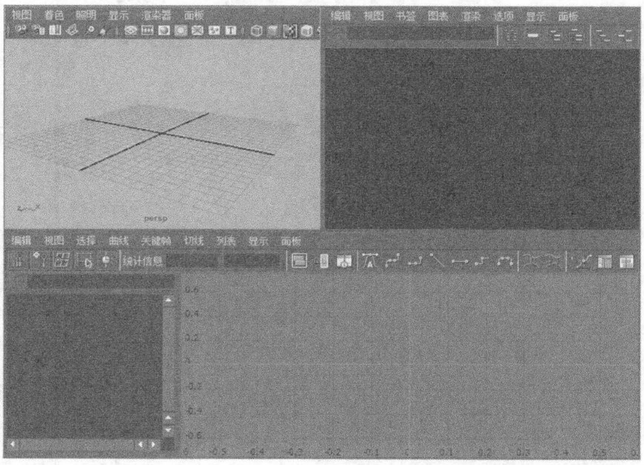

图3-16

6.切换到单个正交视图

如果要切换到单个正交视图中进行操作，可以先在“工具箱”中单击“四个视图”按钮，将视图切换为四个视图，然后将光标放在要用的正交视图中，如图3-17所示，接着按Space键（即空格键），如图3-18所示。再次按Space键，将返回到四个视图。

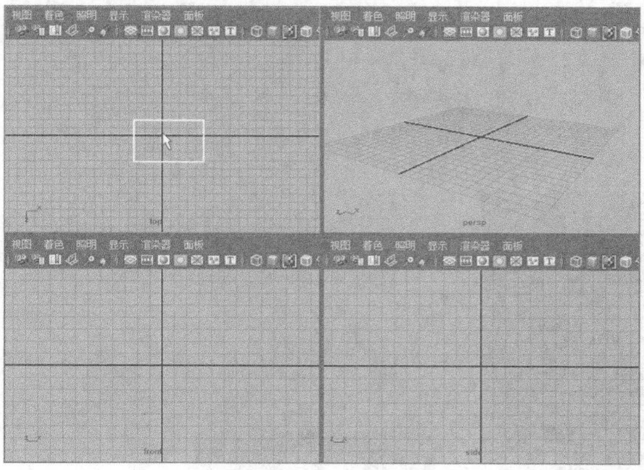

图3-17

图3-18

3.2 用书签记录当前视图

在操作视图时，如果对当前视图的角度非常满意，可以用书签功能将其记录下来，以备以后使用。

执行视图菜单中的“视图>书签>编辑书签”命令，打开“书签编辑器”对话框，如图3-19和图3-20所示，在该对话框中可以记录下当前视图的角度。

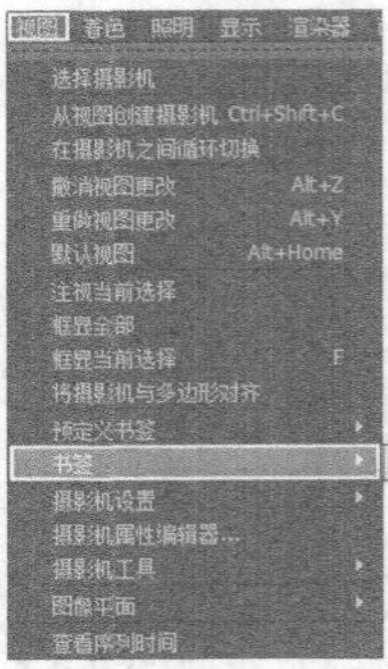

图3-19

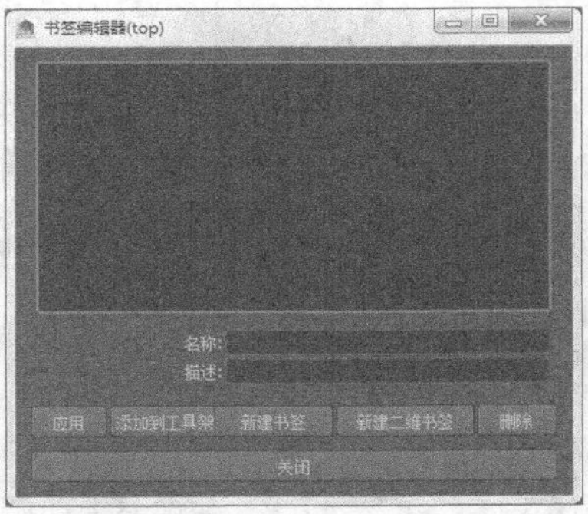

图3-20

书签编辑器对话框参数介绍

❖ 名称：当前使用的书签名称。

❖ 描述：对当前书签输入相应的说明，也可以不填写。

❖ 应用：将当前视图角度改变成当前书签角度。

❖ 添加到工具架：将当前所选书签添加到工具架上。

❖ 新建书签：将当前摄影机角度记录成书签，这时系统会自动创建一个名字cameraView1、cameraView2、cameraView……（数字依次增加），创建后可以再次修改名字。

❖ 新建二维书签：创建一个2D书签，可以应用当前的平移/缩放设置。

❖ 删除：删除当前所选择的书签。

技巧与提示

Maya默认状态下带有几个特殊角度的书签，可以方便用户直接切换到这些角度，在视图菜单中的“视图>预定义书签”命令下，分别是透视、前、顶、右侧、左侧、后和底，如图3-21所示。

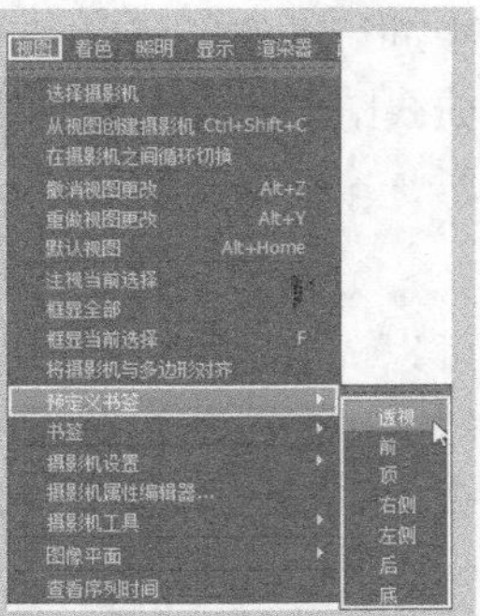

图3-21

【练习3-1】：为当前摄影机视图创建书签

场景文件　学习资源>场景文件>CH03>a.mb

实例位置　学习资源>实例文件>CH03>练习3-1.mb

技术掌握　掌握如何为当前摄影机视图创建书签

01 打开学习资源中的“场景文件>CH03>a.mb”文件，如图3-22所示。

02 执行“创建>摄影机>摄影机和目标”菜单命令，如图3-23所示，在场景中创建一盏目标摄影机。

图3-22

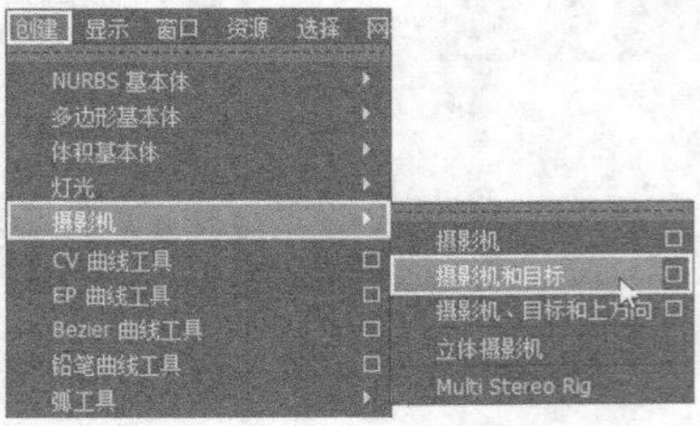

图3-23

03 调整好摄影机与对象的距离和角度，如图3-24所示，然后执行视图菜单中的“面板>透视>camera1”命令，将视图调整成摄影机视图，如图3-25所示。

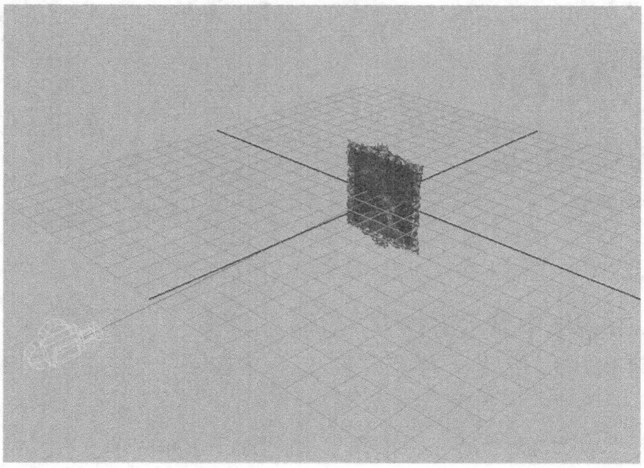

图3-24

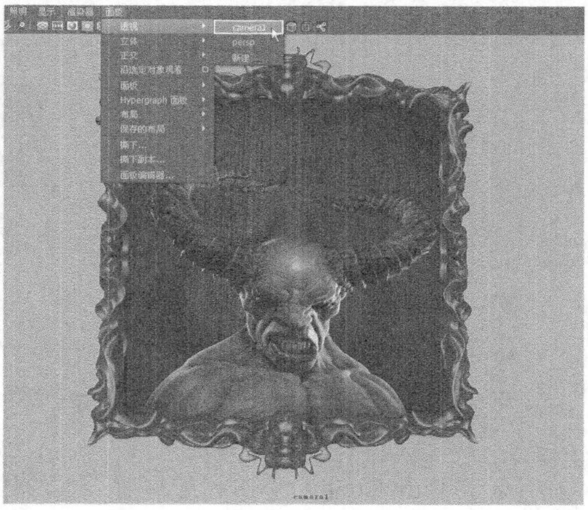

图3-25

04 执行视图菜单中的“视图>书签>编辑书签”命令，打开“书签编辑器”对话框，然后单击“新建书签”按钮新建书签，将当前视角创建为书签，如图3-26所示。

05 单击“添加到工具架”按钮添加到工具架，可以将书签放到“工具架”中，单击书签图标，即可快速将视图切换到刚才设置好的视图，如图3-27所示。

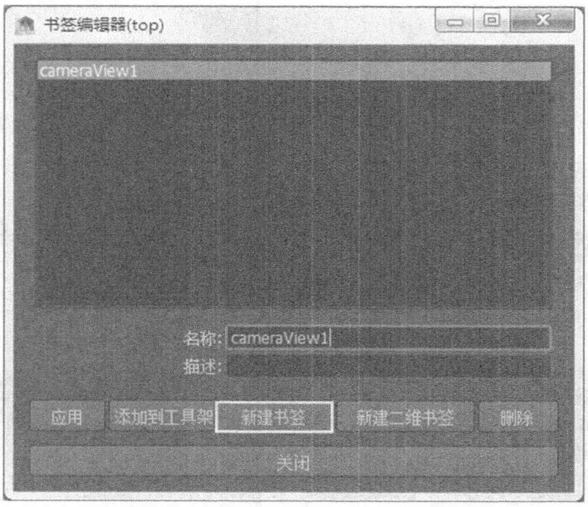

图3-26

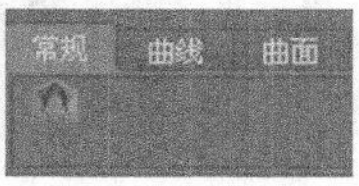

图3-27

技巧与提示

如果要删除工具架上的书签，可以使用鼠标中键将其拖到“工具架”最右侧的“垃圾桶”按钮上。

3.3 视图导航器

Maya提供了一个非常实用的视图导航器，如图3-28所示，在视图导航器上可以任意选择想要的特殊角度。如果想要将当前视图恢复为初始状态，可以单击图标。

视图导航器的参数可以在“首选项”对话框里进行修改。执行“窗口>设置/首选项>首选项”菜单命令，打开“首选项”对话框，然后在左侧选择ViewCube选项，显示出视图导航器的设置选项，如图3-29所示。

图3-28

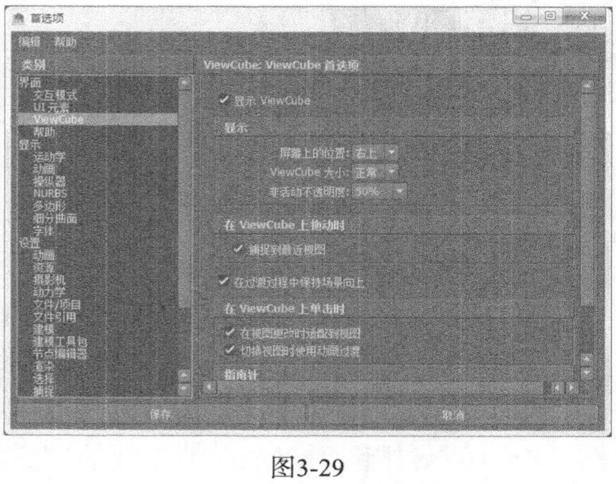

图3-29

技巧与提示

正确安装了Maya 2015，并在“首选项”对话框中进行了设置后，可能会发现在视图中并没有显示视图导航器，此时可以在视图窗口中的“渲染器”菜单中，将Viewport 2.0选项改为其他的旧版选项即可，如图3-30所示。

图3-30

ViewCube选项卡参数介绍

- ❖ 显示ViewCube：勾选该选项后，可以在视图中显示出视图导航器。
- ❖ 屏幕上的位置：设置视图导航器在屏幕中的位置，共有“右上”“右下”“左上”和“左下”4个位置。
- ❖ ViewCube大小：设置视图导航器的大小，共有“大”“正常”和“小”3种选项。
- ❖ 非活动不透明度：设置视图导航器的不透明度。
- ❖ 在ViewCube下显示指南针：勾选该选项后，可以在视图导航器下面显示出指南针，如图3-31所示。
- ❖ 正北角度：设置视图导航器的指南针的角度。

图3-31

技巧与提示

在执行了错误的视图操作后，可以执行视图菜单中的“视图>上一个视图”或“下一视图”命令恢复到相应的视图中；执行“默认视图”命令，则可以恢复到Maya启动时的初始视图状态。

3.4 视图菜单

视图菜单在工作区的顶部，它主要用来调整当前视图，包括“视图”“着色”“照明”“显示”“渲染器”和“面板”6组菜单，如图3-32所示。

图3-32

3.4.1 视图

“视图”菜单下的命令主要用于选择并调整摄影机视图、透视图和正交视图等，如图3-33所示。

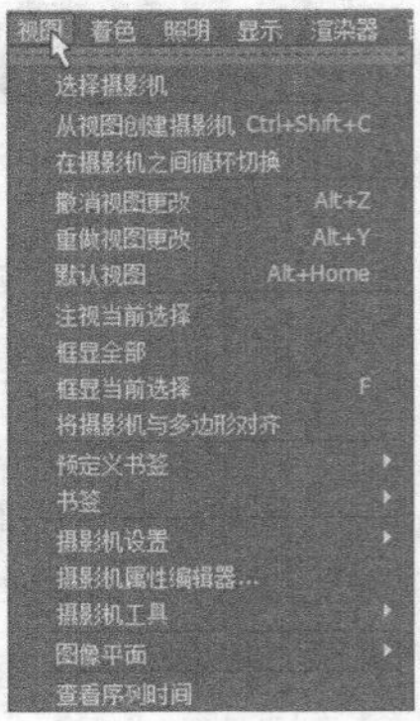

图3-33

视图菜单命令介绍

- ❖ 选择摄影机：如果当前视图为透视图，执行该命令，可以选择透视图摄影机；如果当前视图为正交视图，执行该命令，可以选择正交摄影机。
- ❖ 从视图创建摄影机：使用当前摄影机设置创建新摄影机。新摄影机将自动变为活动状态。
- ❖ 在摄影机之间循环切换：在场景中的自定义摄影机之间循环切换。如果不存在自定义摄影机，则在场景中的标准摄影机之间循环切换。
- ❖ 撤销视图更改：取消最近的视口更改，然后移回视图历史。
- ❖ 重做视图更改：取消先前的“撤消视图更改”命令，前进至之后的视图历史状态。

❖ 默认视图：执行该命令或按快捷键Alt+Home，将恢复到初始状态的视图。

❖ 注视当前选择：选定某个对象以后，执行该命令可以在摄影机视图的中心位置显示选定对象。

❖ 框显全部/当前选择：执行“框显全部”命令，可以让场景中的所有对象均最大化显示在当前视图中；执行“框显当前选择”命令或按F键，可以让选定对象最大化显示在当前视图中。

❖ 将摄影机与多边形对齐：使摄影机的视图位置垂直对齐于选定多边形对象的法线方向。

❖ 预定义书签：该命令下是一些Maya预设的视图，包括透视图、前视图、顶视图、右视图、左视图、后视图和底视图。

❖ 书签：该命令包含一个“编辑书签”命令，该命令在前面的内容中已经介绍过。

❖ 摄影机设置：该命令下的子命令全部是用于对摄影机视图进行旋转、移动和缩放等操作。这些命令将在后面的章节中单独进行讲解。

❖ 摄影机属性编辑器：执行该命令，可以打开摄影机“属性编辑器”对话框，如图3-34所示。在该对话框中可以对摄影机属性、胶片背、景深、环境色（背景色）等进行设置。

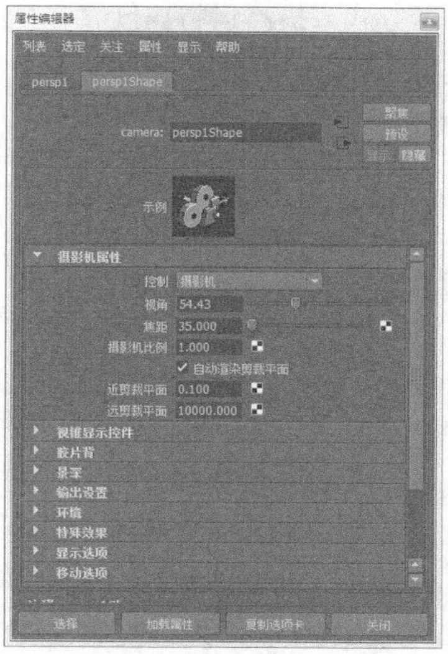

图3-34

❖ 摄影机工具：该命令下的子命令主要用于对摄影机进行平移、推拉、缩放等操作。这些命令的用法将在后面的章节中单独进行讲解。

❖ 图像平面：该命令包含3个子命令，分别是“导入图像”“导入影片”和“图像平面属性”命令。执行“导入图像”命令，可以导入一张图像到视图中作为视图平面，如图3-35所示；执行“导入影片”命令，可以将影片导入到视图中；执行“图像平面属性”命令下的子命令，可以打开图像平面的“属性编辑器”对话框，如图3-36所示，在该对话框中可以对图像平面的属性进行设置。

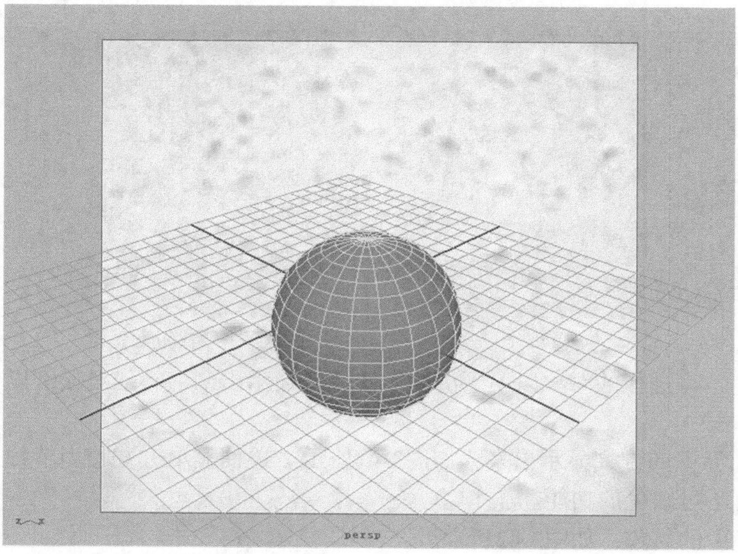

图3-35

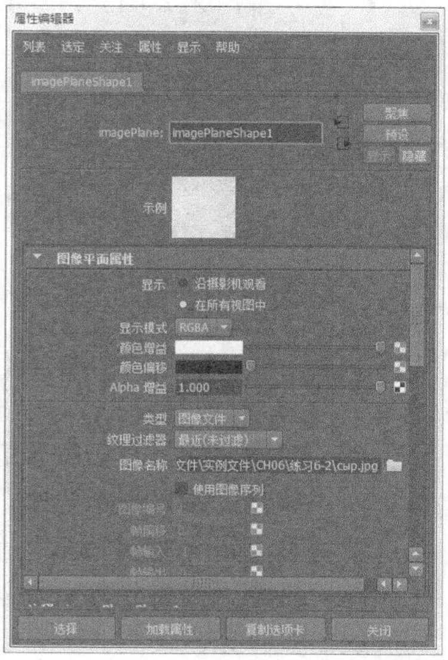

图3-36

❖ 查看序列时间：如果用户在多个面板的布局中使用摄影机序列器，执行该命令可以设定面板是从摄影机序列器还是从自身显示活动摄影机视图。

3.4.2 着色

Maya强大的显示功能为操作复杂场景时提供了有力的帮助。在操作复杂场景时，Maya会消耗大量的资源，这时可以通过使用Maya提供的不同显示方式来提高运行速度，在视图菜单中的“着色”菜单下提供了各种显示命令，如图3-37所示。

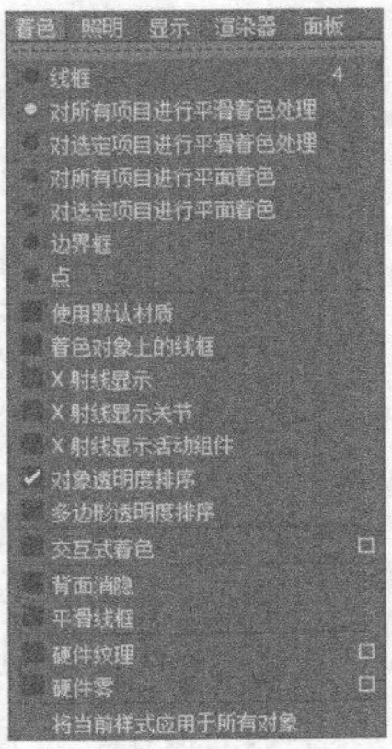

图3-37

着色菜单命令介绍

❖ 线框：将模型以线框的形式显示在视图中，如图3-38所示。多边形以多边形网格方式显示出来；NUBRS曲面以等位结构线的方式显示在视图中。

技巧与提示

Maya提供了一些快捷键来快速切换显示方式，大键盘上的数字键4、5、6、7分别为网格显示、实体显示、材质显示和灯光显示。

❖ 对所有项目进行平滑着色处理：将全部对象以默认材质的实体方式显示在视图中，可以很清楚地观察到对象的外观造型，如图3-39所示。

❖ 对选定项目进行平滑着色处理：将选择的对象以平滑实体的方式显示在视图中，其他对象以线框的方式显示。

❖ 对所有项目进行平面着色：这是一种实体显示方式，但模型会出现很明显的轮廓，显得不平滑，如图3-40所示。

图3-38

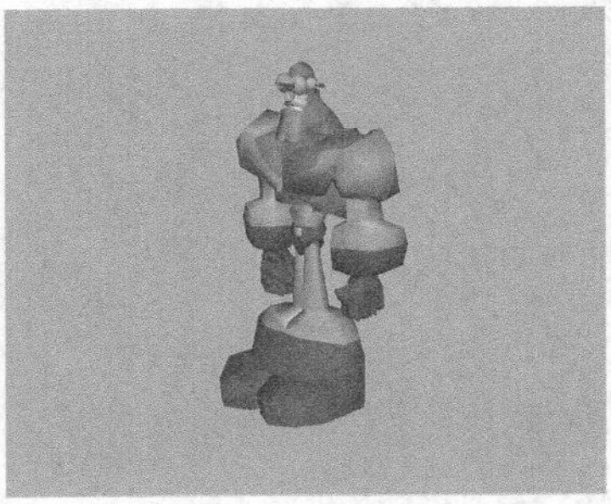

图3-39

图3-40

❖ 对选定项目进行平面着色：将选择的对象以不平滑的实体方式显示出来，其他对象都以线框的方式显示出来。

❖ 边界框：将对象以一个边界框的方式显示出来，如图3-41所示。这种显示方式相当节约资源，是操作复杂场景时不可缺少的功能。

❖ 点：以点的方式显示场景中的对象，如图3-42所示。

❖ 使用默认材质：以初始的默认材质来显示场景中的对象。当使用对所有项目进行平滑着色处理等实体显示方式时，该功能才可用。

❖ 着色对象上的线框：如果模型处于实体显示状态，该功能可以让实体周围以线框围起来的方式显示出来，相当于线框与实体显示的结合体，如图3-43所示。

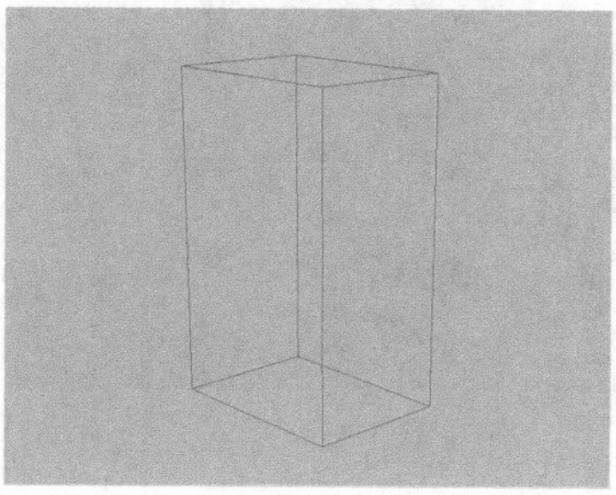
图3-41

图3-42

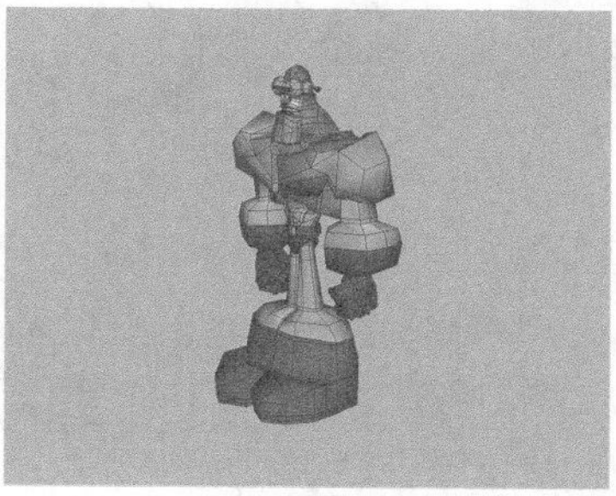
图3-43

❖ X射线显示：将对象以半透明的方式显示出来，可以通过该方法观察到模型背面的物体，如图3-44所示。

❖ X射线显示关节：该功能在架设骨骼时使用，可以透过模型清楚地观察到骨骼的结构，以方便调整骨骼，如图3-45所示。

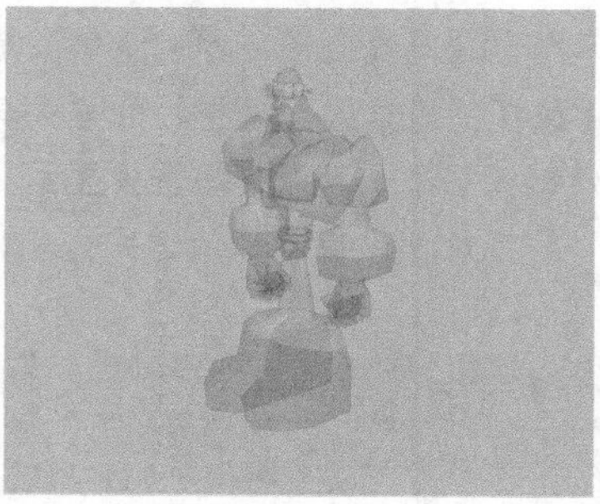
图3-44

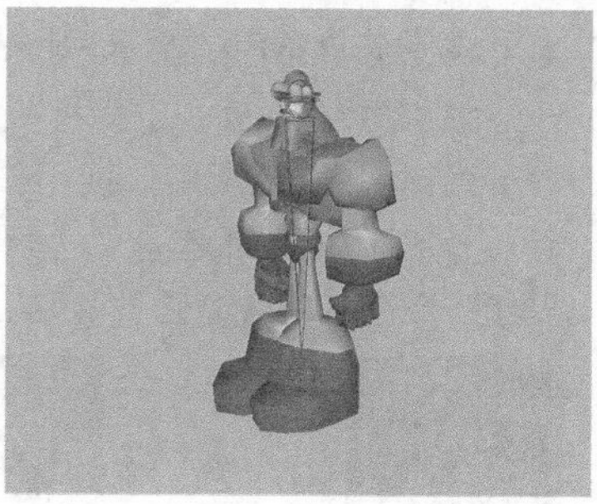
图3-45

❖ X射线显示活动组件：这是一种实体显示模式，可以在视图菜单中的“面板”菜单中设置实体显示物体之上的组分。该模式可以帮助用户确认是否意外选择了不想要的组分。见图3-46，这是在正常模式下选择了模型脚部的一些面，但不能观察到是否选择了背面的面，开启“X射线显示活动组件”功能以后，就可以观察到是否选择了多余的面，如图3-47所示。

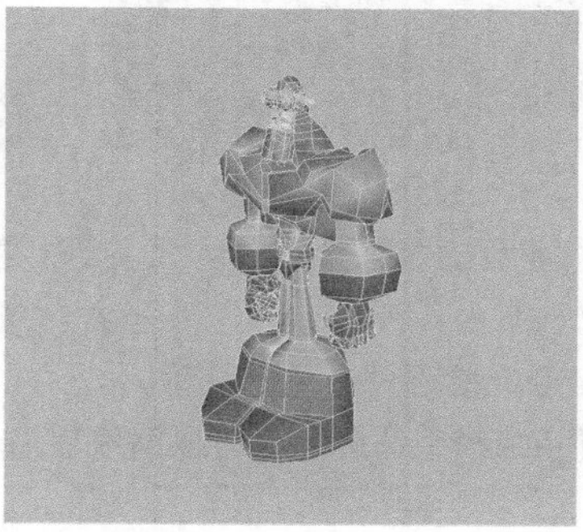
图3-46

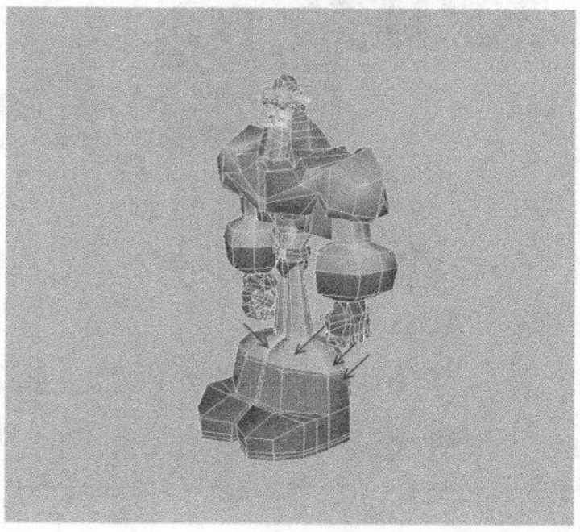
图3-47

❖ 交互式着色：在操作的过程中将对象以设定的方式显示在视图中，默认状态下是以线框的方式显示。例如在实体的显示状态下旋转视图时，视图里的模型将会以线框的方式显示出来；当结束操作时，模型又会回到实体显示状态。可以通过后面的◘按钮打开“交互显示选项”对话框，在该对话框中可以设置在操作过程中的显示方式，如图3-48所示。

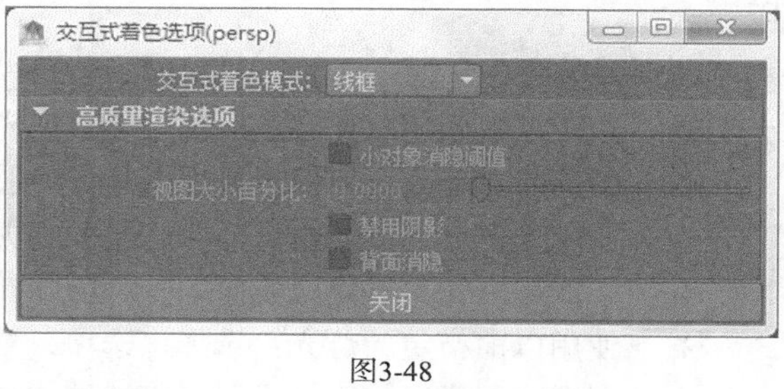

图3-48

❖ 背面消隐：将对象法线反方向的物体以透明的方式显示出来，而法线方向正常显示。

❖ 平滑线框：以平滑线框的方式将对象显示出来，如图3-49所示。

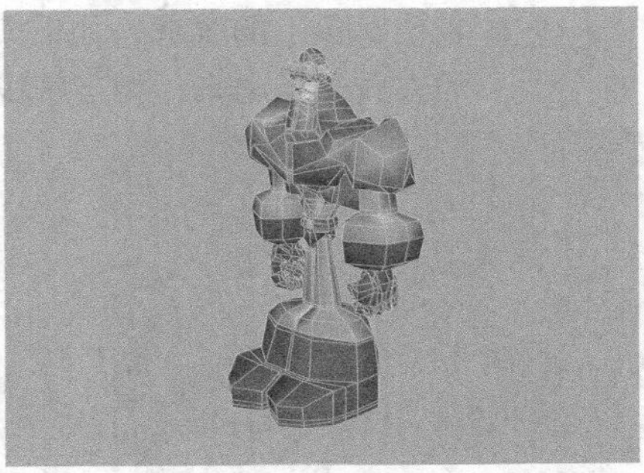

图3-49

技术专题　单个对象的显示方式

在主菜单里的“显示>对象显示”菜单下提供了一些控制单个对象的显示方式，如图3-50所示。

模板/取消模板：“模板”是将选择的对象以线框模板的方式显示在视图中，可以用于建立模型的参照，如图3-51所示；执行“取消模板”命令可以关闭模板显示。

边界框/无边界框：“边界框”是将对象以边界框的方式显示出来，如图3-52所示；执行“无边界框”命令可以恢复正常显示。

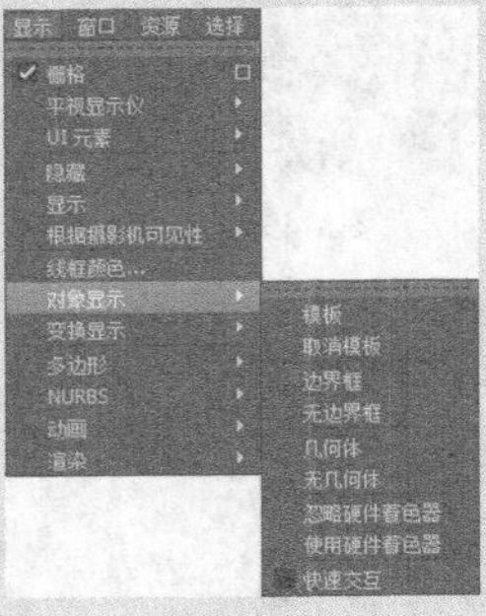

图3-50

图3-51

图3-52

几何体/无几何体：“几何体”是以正常的几何体方式显示对象；执行“无几何体”命令可以隐藏对象。

忽略/使用硬件着色器：控制是否开启硬件着色器显示。

快速交互：在交互操作时将复杂的模型简化并暂时取消纹理贴图的显示，以加快显示速度。

3.4.3 照明

在视图菜单中的“照明”菜单中提供了一些灯光的显示方式，如图3-53所示。

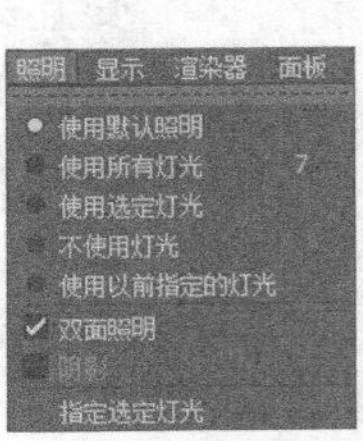

图3-53

照明菜单命令介绍

❖ 使用默认照明：使用默认的灯光来照明场景中的对象。

❖ 使用所有灯光：使用所有灯光照明场景中的对象。

❖ 使用选定灯光：使用选择的灯光来照明场景。

❖ 不使用灯光：不使用任何灯光对场景进行照明。

❖ 使用以前指定的灯光：选择该选项，可使用通过“指定选定灯光”选项选择的灯光。只有选择“指定选定灯光”，该选项才可用。如果选择该选项时选择了另一组灯光，则场景仍会使用以前选定的灯光。

❖ 双面照明：开启该选项时，模型的背面也会被灯光照亮。
❖ 阴影：执行该命令，可以查看场景视图中的硬件阴影贴图。
❖ 指定选定灯光：选择要使用的灯光后执行“指定选定灯光”命令，然后启用“使用以前指定的灯光”选项，可以使用该灯光选择。

3.4.4 显示

Maya的显示过滤功能可以将场景中的某一类对象暂时隐藏，以方便观察和操作。在视图菜单中的“显示”菜单下取消相应的选项，就可以隐藏与之相对应的对象，如图3-54所示。

图3-54

3.4.5 渲染器

在“渲染器”菜单下提供了3种显示视图对象品质的方式，如图3-55所示。

图3-55

渲染器菜单命令介绍

❖ Viewport 2.0：启用该选项以后，可以与包含许多对象的复杂场景进行交互，以及与包含大型几何体的大型对象进行交互。
❖ 旧版默认视口：如果不需要高质量的渲染器，但是希望缩短场景对象的绘制（显示）时间并提高效率，则可以启用该选项，此时硬件渲染器将使用较低质量的设置来绘制场景视图。
❖ 旧版高质量视口：当启用高质量交互式着色时，硬件渲染器会以高质量绘制场景视图。

3.4.6 面板

在“面板”菜单下可以调整视图的布局方式，良好的视图布局有利于提高工作效率，如图3-56所示。

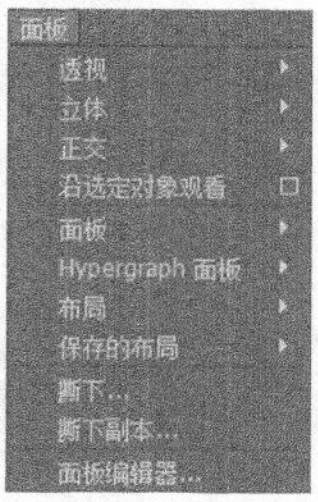

图3-56

面板菜单参数介绍

❖ 透视：用于创建新的透视图或者选择其他透视图。
❖ 立体：用于创建新的正交视图或者选择其他正交视图。
❖ 沿选定对象观看：通过选择的对象来观察视图，该命令可以以选择对象的位置为视点来观察场景。
❖ 面板：该命令里面存放了一些编辑对话框，可以通过它来打开相应的对话框。

技术专题 [面板对话框]

“面板”对话框主要用来编辑视图布局，打开面板对话框的方法主要有以下4种。
第1种：执行“窗口>保存的布局>编辑布局”菜单命令。
第2种：执行“窗口>设置/首选项>面板编辑器”菜单命令。

第3种：执行视图菜单中的“面板>保存的布局>编辑布局”命令。

第4种：执行视图菜单中的“面板>面板编辑器”命令。

打开的“面板”对话框如图3-57所示。

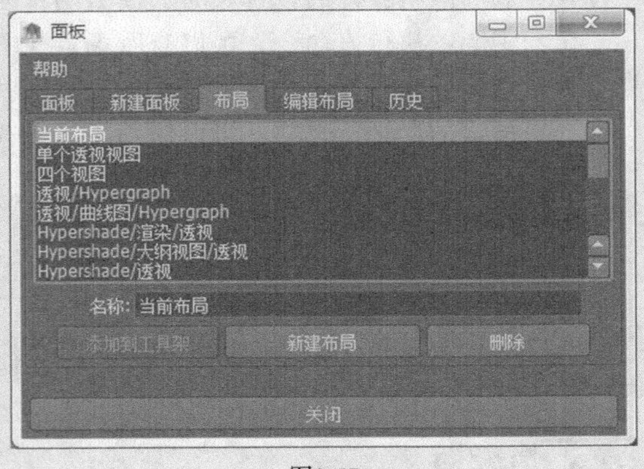

图3-57

面板：显示已经存在的面板，与“视图>面板”菜单里面的各类选项相对应。

新建面板：用于创建新的栏目。

布局：显示现在已经保存的布局和创建新的布局，并且可以改变布局的名字。

编辑布局：该选项卡下的“配置”选项主要用于设置布局的结构；“内容”选项主要用于设置栏目的内容。

历史：设置历史记录中储存的布局，可以通过“历史深度”选项来设置历史记录的次数。

- Hypergraph面板：用于切换“Hypergraph层次”视图。
- 布局：该菜单中存放了一些视图的布局命令。
- 保存的布局：这是Maya的一些默认布局，和左侧“工具盒”内的布局一样，可以很方便地切换到想要的视图。
- 撕下：将当前视图作为独立的对话框分离出来。
- 撕下副本：将当前视图复制一份出来作为独立对话框。
- 面板编辑器：如果对Maya所提供的视图布局不满意，可以在这里编辑出想要的视图布局。

技巧与提示

如果场景中创建了摄影机，可以通过“面板>透视”菜单中相应的摄影机名字来切换到对应的摄影机视图，也可以通过“沿选定对象观看”命令来切换到摄影机视图。“沿选定对象观看”命令不只限于将摄影机切换作为观察视点，还可以将所有对象作为视点来观察场景，因此常使用这种方法来调节灯光，可以很直观地观察到灯光所照射的范围。

【练习3-2】：观察灯光的照射范围

场景文件　学习资源>场景文件>CH03>b.mb
实例位置　学习资源>实例文件>CH03>练习3-2.mb
技术掌握　掌握如何在视图中观察灯光的照射范围

01 打开学习资源中的“场景文件>CH03>b.mb”文件，如图3-58所示。

02 执行“创建>灯光>聚光灯”菜单命令，在透视图中创建一盏聚光灯，然后按W键激活“移动工具”，接着将聚光灯拖曳到如图3-59所示的位置。

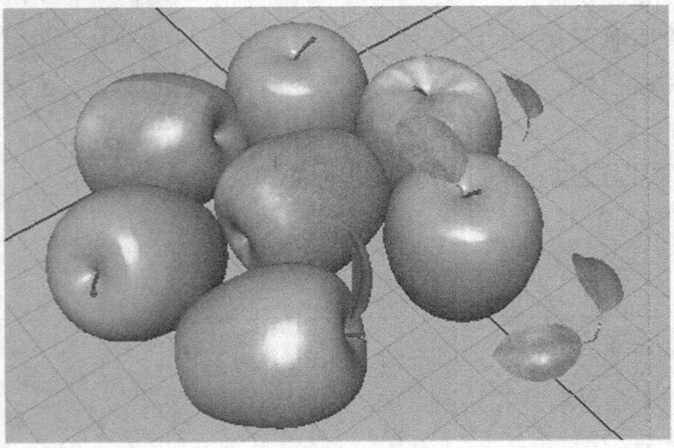
图3-58

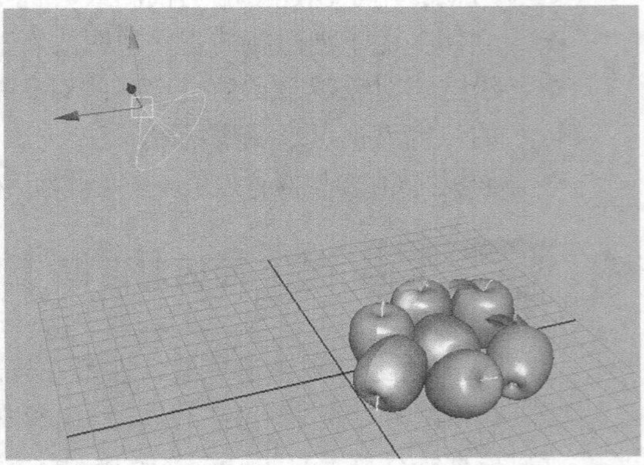
图3-59

03 保持对聚光灯的选择，执行视图菜单中的“面板>沿选定对象观看”命令，接着旋转并移动视图，圈内为灯光所能照射的范围，通过调整视图的位置可以改变灯光的照射范围，如图3-60所示。

图3-60

3.5 视图快捷栏

视图快捷栏位于视图菜单的下方，通过它可以便捷地设置视图中的摄影机等对象，如图3-61所示。

图3-61

视图快捷栏工具介绍

- 选择摄影机：选择当前视图中的摄影机。
- 摄影机属性：打开当前摄影机的属性面板。
- 书签：创建摄影机书签。直接单击即可创建一个摄影机书签。
- 图像平面：可在视图中导入一张图片，作为建模的参考，如图3-62所示。
- 二维平移/缩放：使用2D平移/缩放视图。
- 油性铅笔：用于在3D视图上使用不同时间点创建草图。
- 栅格：显示或隐藏视图栅格。
- 胶片门：可以对最终渲染的图片尺寸进行预览。
- 分辨率门：用于查看渲染的实际尺寸，如图3-63所示。

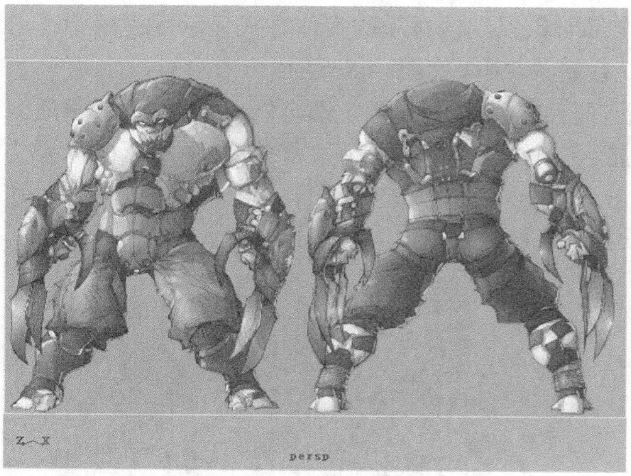

图3-62

图3-63

- 门遮罩：在渲染视图两边的外面将颜色变暗，以便于观察。
- 区域图：用于打开区域图的网格，如图3-64所示。
- 安全动作：在电子屏幕中，图像安全框以外的部分将不可见，如图3-65所示。

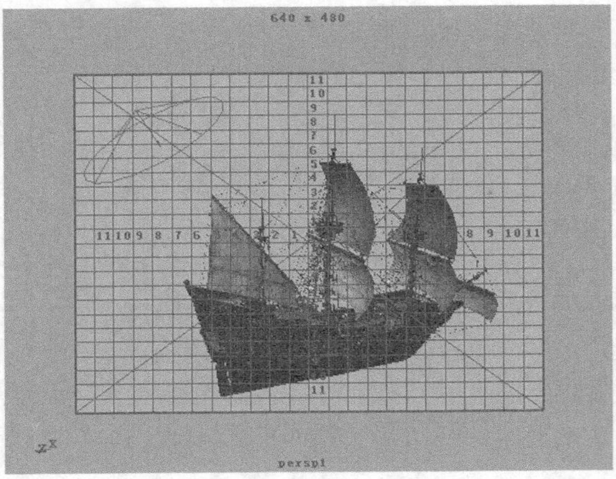

图3-64

图3-65

❖ 安全标题[T]：如果字幕超出字幕安全框（即安全标题框）的话，就会产生扭曲变形，如图3-66所示。

❖ 线框：以线框方式显示模型，快捷键为4键，如图3-67所示。

图3-66

图3-67

❖ 对所有项目进行平滑着色处理：将全部对象以默认材质的实体方式显示在视图中，可以很清楚地观察到对象的外观造型，快捷键为5键，如图3-68所示。

❖ 使用默认材质：启用该选项后，不管指定何种着色材质，对象上都会显示为默认着色材质。

❖ 着色对象上的线框：以模型的外轮廓显示线框，在实体状态下才能使用，如图3-69所示。

图3-68

图3-69

❖ 带纹理：用于显示模型的纹理贴图效果，如图3-70所示。

❖ 使用所有灯光：如果使用了灯光，单击该按钮可以在场景中显示灯光效果，如图3-71所示。

图3-70

图3-71

❖ 阴影：显示阴影效果，如图3-72和图3-73所示是没有使用阴影与使用阴影的效果对比。

图3-72

图3-73

❖ 高质量：以高质量模式显示对象。这种模式能获得更好的光影显示效果，但是速度会变慢，如图3-74和图3-75所示是未启用与启用该模式的光影对比，可以发现图3-75的光影效果要真实很多。

图3-74

图3-75

- ❖ 屏幕空间环境光遮挡：用于开启屏幕空间环境光遮挡效果。
- ❖ 运动模糊：用于开启运动模糊效果。
- ❖ 多采样抗锯齿：用于开启多采样抗锯齿效果。
- ❖ 景深：用于开启景深效果。

技巧与提示

当在“渲染器”菜单中选择图3-76中的Viewport 2.0选项后，以上4个按钮图标将变为。

图3-76

- ❖ 隔离选择：选定某个对象以后，单击该按钮则只在视图中显示这个对象，而没有被选择的对象将被隐藏。再次单击该按钮，可以恢复所有对象的显示。
- ❖ X射线显示：以X射线方式显示物体的内部，如图3-77所示。
- ❖ X射线显示活动组件：单击该按钮，可以激活X射线成分模式。该模式可以帮助用户确认是否意外选择了不想要的组分。
- ❖ X射线显示关节：在创建骨骼的时候，该模式可以显示模型内部的骨骼，如图3-78所示。

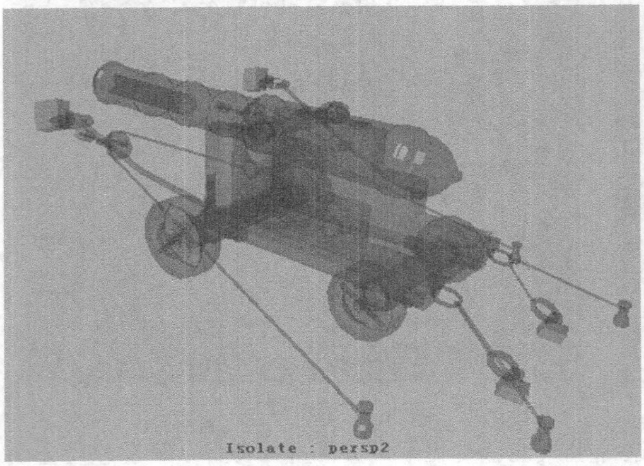

图3-77

图3-78

3.6 知识总结与回顾

本章主要讲解了Maya 2015的视图操作，包括视图的基本操作和用书签记录当前视图等，另外还介绍了视图导航器、视图菜单以及视图快捷栏中的相关内容。在这些知识点中，大家必须掌握视图的基本操作、视图导航器以及视图快捷栏的用法。

第4章 公共菜单与快捷菜单

要点索引

- Maya的公共菜单
- Maya的快捷菜单

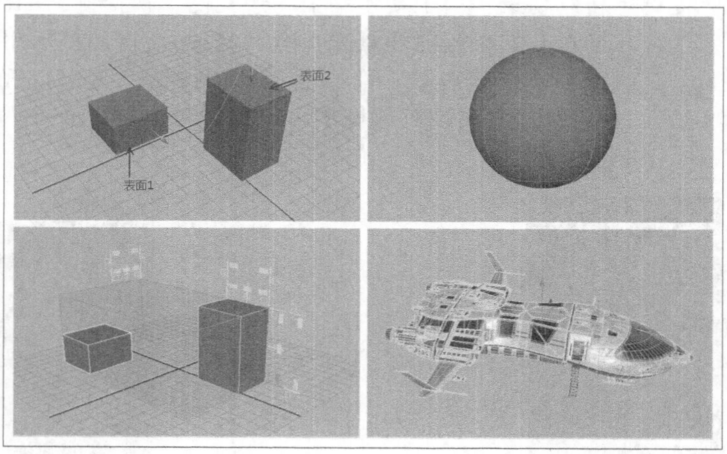

本章导读

本章将介绍Maya 2015的公共菜单与快捷菜单。对于公共菜单，会对每个命令的作用进行介绍，而相对重要的命令，将在后面的章节中进行详细介绍；对于快捷菜单，将着重介绍如何调出标记菜单与右键菜单。

4.1 公共菜单

菜单栏包含了Maya所有的命令和工具，因为Maya的命令非常多，无法在同一个菜单栏中显示出来，所以Maya采用模块化的显示方法，除了10个公共菜单命令外，其他的菜单命令都归纳在不同的模块中，这样菜单结构就一目了然。但无论是哪个模块，公共菜单都是不变的，它包括“文件”菜单、“编辑”菜单、“修改”菜单、“创建”菜单、“显示”菜单、“窗口”菜单、“资源”菜单、“肌肉”菜单、“管道缓存”菜单和“帮助”菜单，如图4-1所示。

图4-1

4.1.1 文件菜单

“文件”菜单下集合了操作场景文件的所有命令，如新建场景、打开场景、保存场景等，如图4-2所示。

文件菜单命令介绍

❖ 新建场景：用于新建一个场景文件，快捷键为Ctrl+N。新建场景的同时将关闭当前场景，如果当前场景未保存，Maya会自动提示用户是否进行保存，如图4-3所示。单击“新建场景”命令后面的▣按钮，可以打开“新建场景选项”对话框，如图4-4所示，在该对话框中可以设置场景的工作单位、视图导航器以及时间滑块的相关选项。

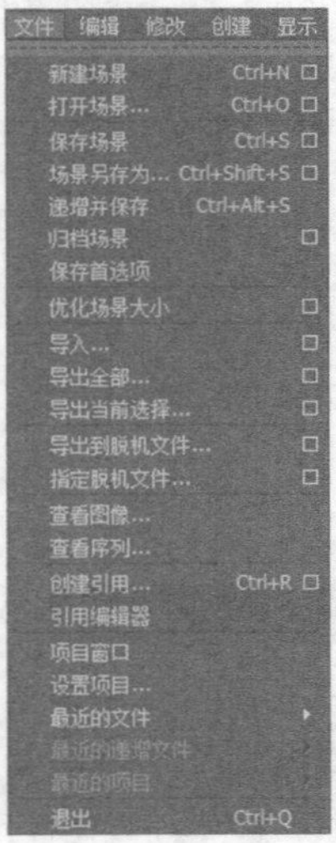

图4-2

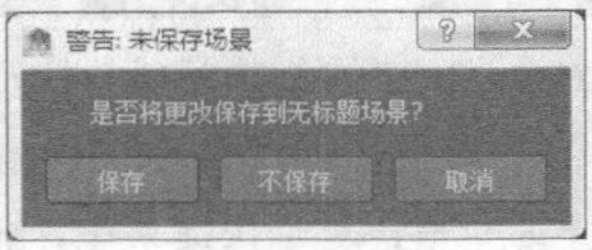

图4-3

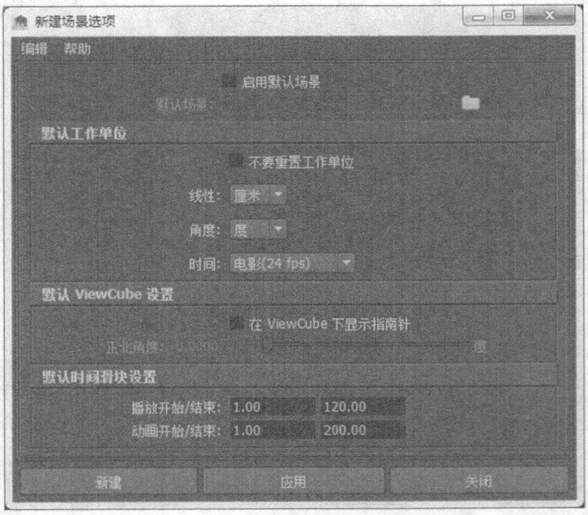

图4-4

❖ 打开场景：用于打开一个新场景文件，快捷键为Ctrl+O。打开场景的同时将关闭当前场景，如果当前场景未保存，系统会自动提示用户是否进行保存。执行“文件>打开场景”菜单命令时，Maya会弹出一个“打开”对话框，在该对话框中可以选择要打开的场景文件，如图4-5所示。单击“打开场景”命令后面的▣按钮，可以打开“打开选项”对话框，如图4-6所示，在该对话框中可以设置打开场景的常规选项、引用选项和文件类型特定选项。

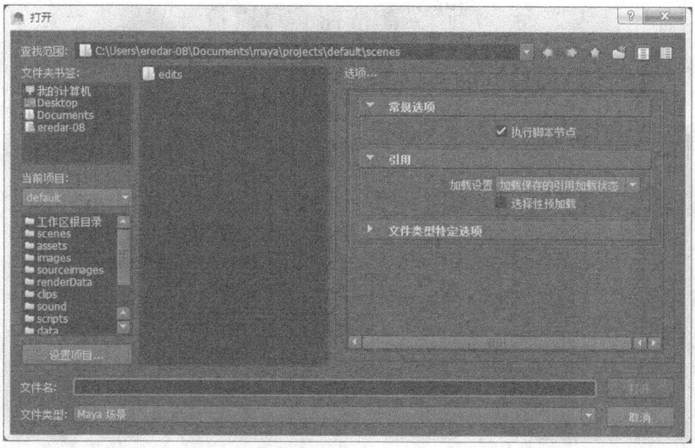

图4-5

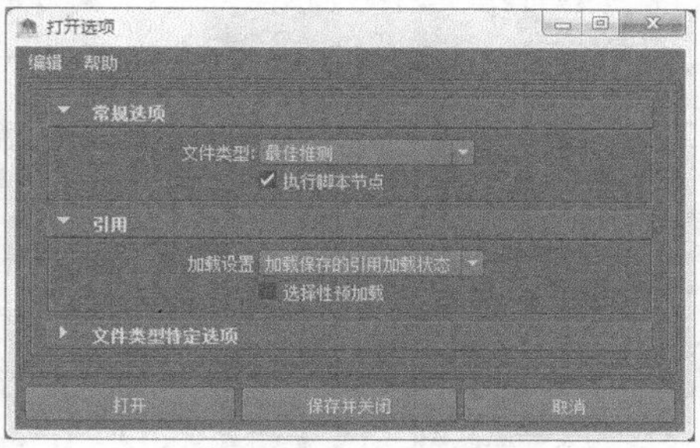

图4-6

❖ 保存场景：用于保存当前场景，路径是在当前设置的工程目录中的scenes文件中，也可以根据实际需要来改变保存目录，快捷键为Ctrl+S。单击“保存场景”命令后面的■按钮，可以打开“保存场景选项”对话框，如图4-7所示，在该对话框中可以设置保存场景的常规选项。

❖ 场景另存为：将当前场景另外保存一份，以免覆盖以前保存的场景。单击“场景另存为”命令后面的■按钮，可以打开“场景另存为选项”对话框，如图4-8所示，在该对话框中可以设置场景另存为的常规选项、3D绘制纹理选项和磁盘缓存选项等。

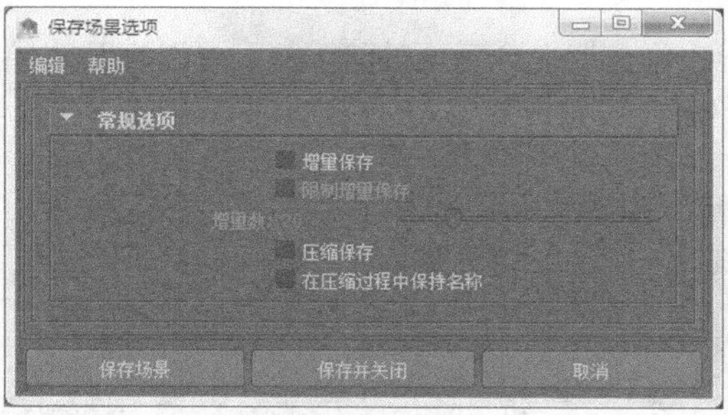

图4-7

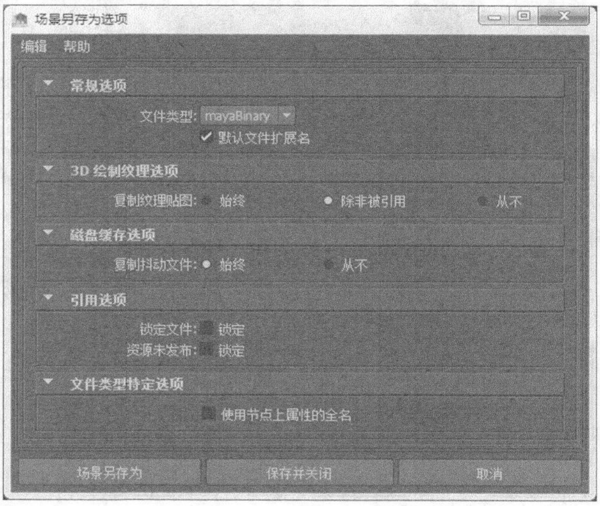

图4-8

❖ 归档场景：将场景文件进行打包处理，该功能对于整理复杂场景非常有用。单击“归档场景”命令后面的■按钮，可以打开“归档场景选项”对话框，如图4-9所示，在该对话框中可以设置是否开启“包含卸载引用的外部文件”选项。

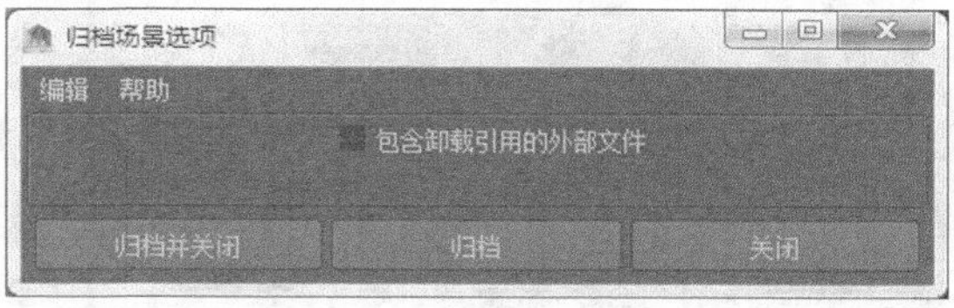

图4-9

❖ 保存首选项：将设置好的首选项设置保存好。

❖ 优化场景大小：使用该命令可以删除无用和无效的数据，如无效的空层、无关联的材质节点、纹理、变形器、表达式及约束等。单击“优化场景大小”命令后面的■按钮，可以打开“优化场景大小选项”对话框，如图4-10所示，在该对话框中可以设置要优化的选项。

❖ 导入：将文件导入到场景中。单击“导入”命令后面的■按钮，可以打开“导入选项”对话框，如图4-11所示，在该对话框中可以设置导入文件的常规选项、引用选项等。

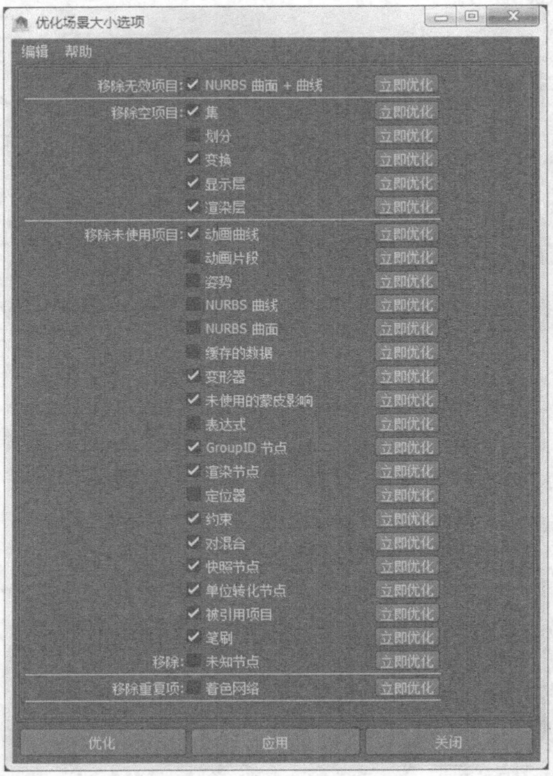

图4-10

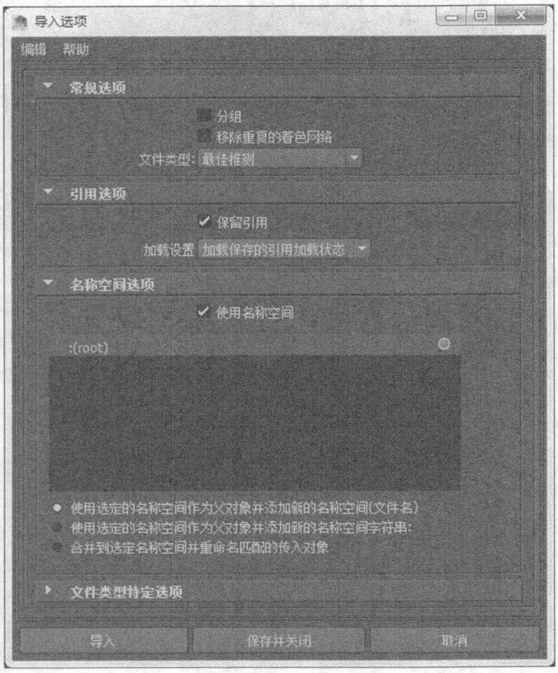

图4-11

❖ 导出全部：导出场景中的所有对象。单击“导出全部”命令后面的■按钮，可以打开“导出全部选项”对话框，如图4-12所示，在该对话框中可以设置导入全部文件的常规选项等。

❖ 导出当前选择：导出选中的场景对象。单击“导出当前选择”命令后面的■按钮，可以打开“导出当前选择选项”对话框，如图4-13所示，在该对话框中可以设置导出当前选择文件的常规选项等。

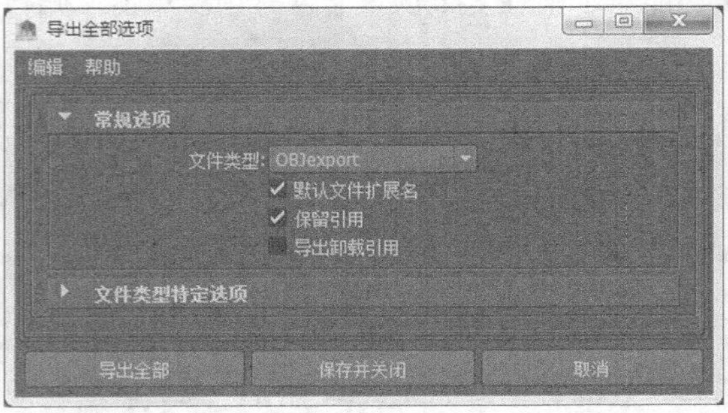

图4-12

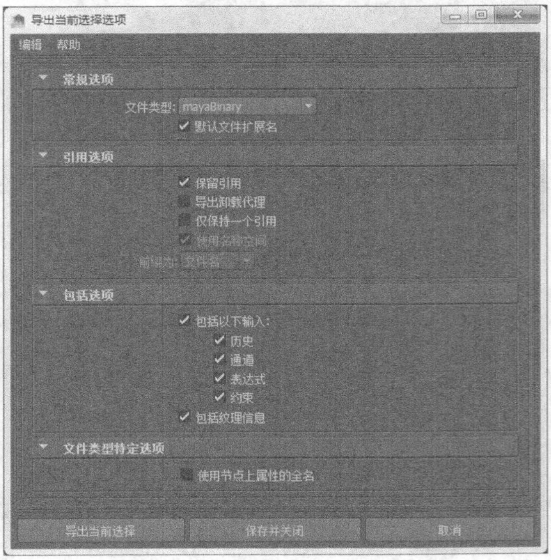

图4-13

❖ 查看图像：使用该命令可以调出Fcheck程序并查看选择的单帧图像。

❖ 查看序列：使用该命令可以调出Fcheck程序并查看序列图片。

❖ 创建引用：将场景内容（对象、动画、着色器等）导入到当前打开的场景，而不会将文件导入到场景中。也就是说，场景中显示的内容是读取或引用自仍然独立、未打开的已存在文件。单击“创建引用”命令后面的□按钮，可以打开“引用选项”对话框，如图4-14所示，在该对话框中可以设置引用场景内容的常规选项、加载选项和共享选项等。

❖ 引用编辑器：执行该命令可以打开“引用编辑器”对话框，如图4-15所示，在该对话框中可以管理场景中的文件和代理引用。

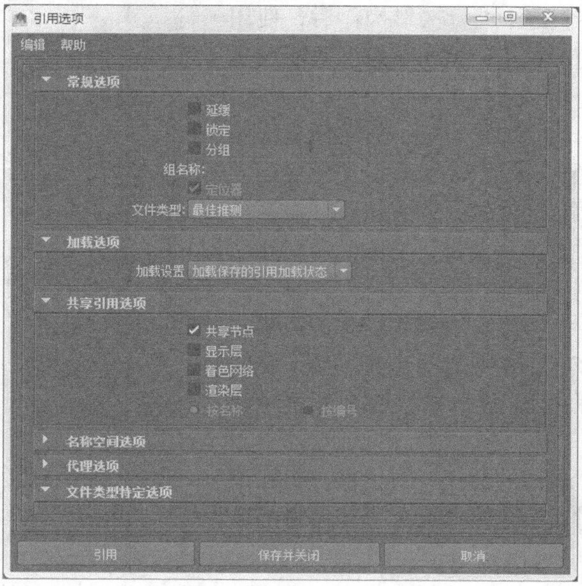

图4-14

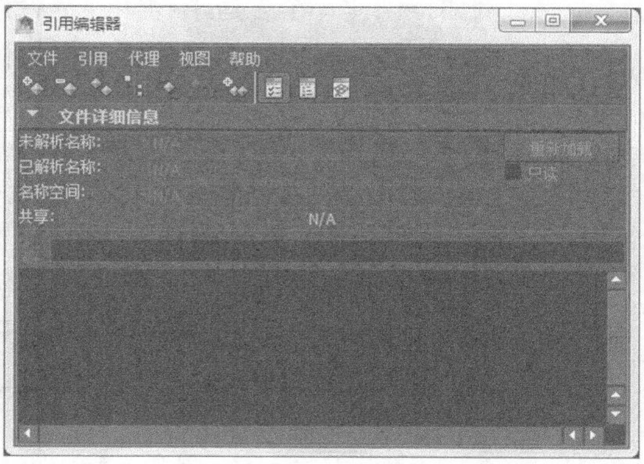

图4-15

❖ 项目窗口：打开“项目窗口”对话框，如图4-16所示，在该对话框中可以设置与项目有关的文件数据，如纹理文件、MEL、声音等，系统会自动识别该目录。

❖ 设置项目：执行该命令可以打开“设置项目”对话框，如图4-17所示，在该对话框中可以设置工程目录的路径，即指定projects文件夹作为工程目录文件夹。

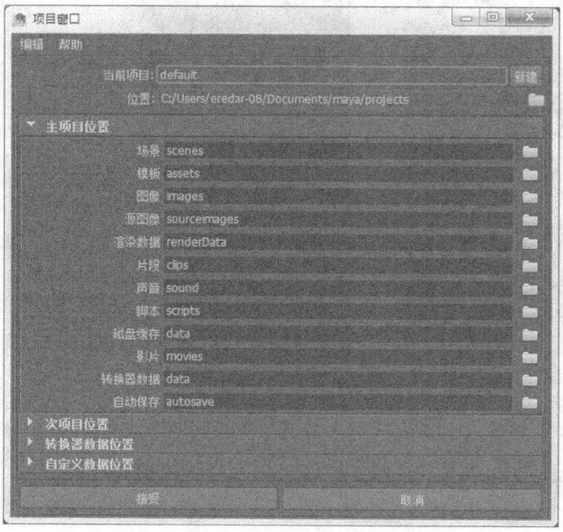

图4-16

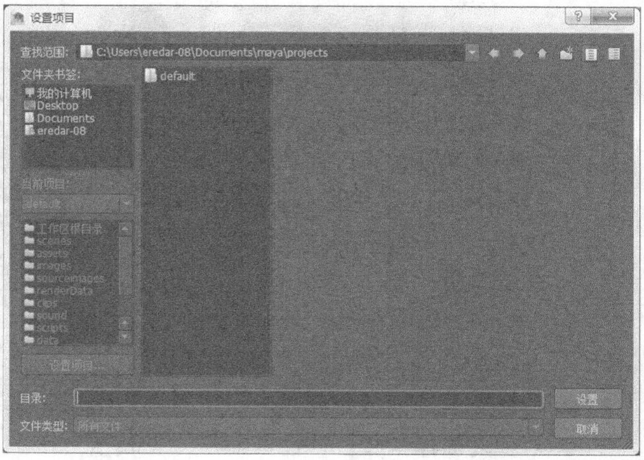

图4-17

❖ 最近的文件：显示最近打开的Maya文件。

❖ 最近的递增文件：显示最近打开的Maya增量文件。

❖ 最近的项目：显示最近使用过的工程文件。

❖ 退出：退出Maya，并关闭程序，快捷键为Ctrl+Q。

4.1.2 编辑菜单

在“编辑”菜单下提供了一些编辑场景对象的命令，如复制、剪切、删除、选择命令等，如图4-18所示。

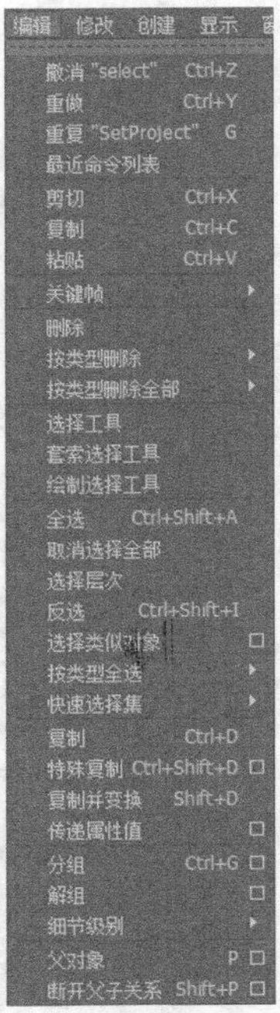

图4-18

编辑菜单命令介绍

❖ 撤消：通过该命令可以取消对对象的操作，恢复到上一步状态，快捷键为Z键或快捷键Ctrl+Z。例如，对一个物体进行变形操作后，使用“撤消”命令可以使物体恢复到变形前的状态，默认状态下只能恢复到前50步。

❖ 重做：当对一个对象使用“撤消”命令后，如果想让该对象恢复到操作后的状态，就可以使用“重做”命令，快捷键为Shift+Z组合键。例如，创建一个多边形物体，然后移动它的位置，接着执行“撤消”命令，物体又回到初始位置，再执行“重做”命令，物体又回到移动后的状态。

❖ 重复：该命令可以重复上次执行过的命令，快捷键为G键。例如，执行“创建>CV曲线工具”菜单命令，在视图中创建一条CV曲线，若想再次创建曲线，这时可以执行该命令或按G键重新激活“CV曲线工具”。

❖ 最近命令列表：执行该命令可以打开“最近的命令”对话框，里面记录了最近使用过的命令，可以通过该对话框直接选取过去使用过的命令，如图4-19所示。

❖ 剪切：选择一个对象后，执行“剪切”命令可以将该对象剪切到剪贴板中，剪切的同时系统会自动删除源对象，快捷键为Ctrl+X。

❖ 复制：将对象拷贝到剪贴板中，但不删除原始对象，快捷键为Ctrl+C。

❖ 粘贴：将剪贴板中的对象粘贴到场景中（前提是剪贴板中有相关的数据），快捷键为Ctrl+V。

图4-19

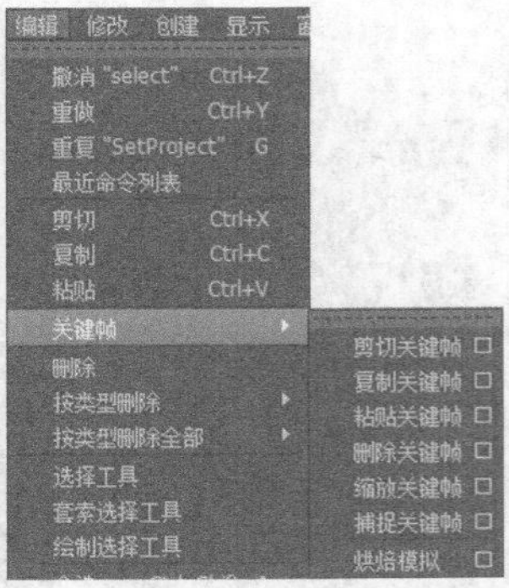

图4-20

❖ 关键帧：用该命令下的子命令，可以剪切、复制、粘贴、删除、缩放和捕捉关键帧等，如图4-20所示。

❖ 删除：用来删除对象。

❖ 按类型删除：按类型删除对象。该命令可以删除选择对象的特殊节点，例如对象的历史记录、约束和运动路径等。

❖ 按类型删除全部：该命令可以删除场景中某一类对象，例如毛发、灯光、摄影机、粒子、骨骼、IK手柄和刚体等。

❖ 选择工具：该命令对应“工具盒”上的“选择工具”。

❖ 套索选择工具：该命令对应“工具盒”上的“套索工具”。

❖ 绘制选择工具：该命令对应“工具盒”上的“绘制选择工具”。

❖ 全选：选择所有对象。

❖ 取消全部选择：取消选择状态。

❖ 选择层次：执行该命令可以选中对象的所有子级对象。当一个对象层级下有子级对象时，并且选择的是最上层的对象，此时子级对象处于高亮显示状态，但并未被选中。

❖ 反选：当场景有多个对象时，并且其中一部分处于被选择状态，执行该命令可以取消选择部分，而没有选择的部分则会被选中。

❖ 按类型全选：该命令可以一次性选择场景中某类型的所有对象。

❖ 快速选择集：在创建快速选择集后，执行该命令可以快速选择集里面的所有对象。

技术专题 [快速选择集]

选择多个对象后执行“创建>集>快速选择集”菜单命令，打开“创建快速选择集”对话框，在该对话框中可以输入选择集的名称，然后单击“确定”按钮 确定 即可创建一个选择集。注意，在没有创建选择集之前，“编辑>快速选择集”菜单下没有任何内容。

例如，在场景中创建几个恐龙模型，选择这些模型后执行“创建>集>快速选择集”菜单命令，然后在弹出的对话框中才能设置集的名字，如图4-21所示。

单击“确定”按钮 确定 ，取消对所有对象的选择，然后执行“编辑>快速选择集”菜单命令，可以观察到菜单里面出现了快速选择集Set，如图4-22所示，选中该名字，这时场景中所有在Set集下的对象都会被选中。

图4-21

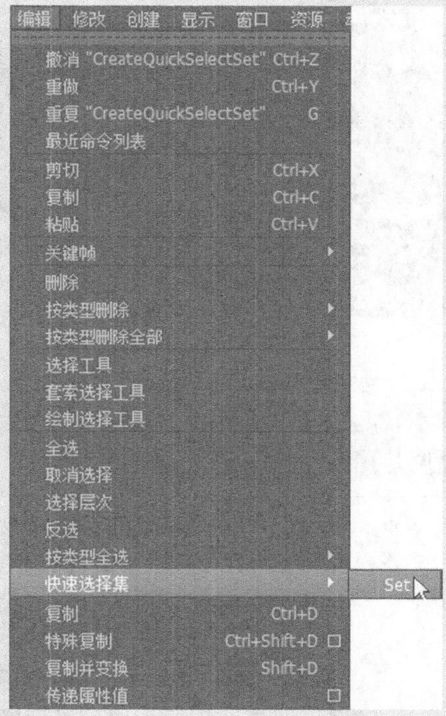

图4-22

❖ 复制：将对象在原位复制一份，快捷键为Ctrl+D。

❖ 特殊复制：单击该命令后面的▣按钮，可以打开“特殊复制选项”对话框，如图4-23所示，在该对话框中可以设置更多的参数，让对象产生更复杂的变化。

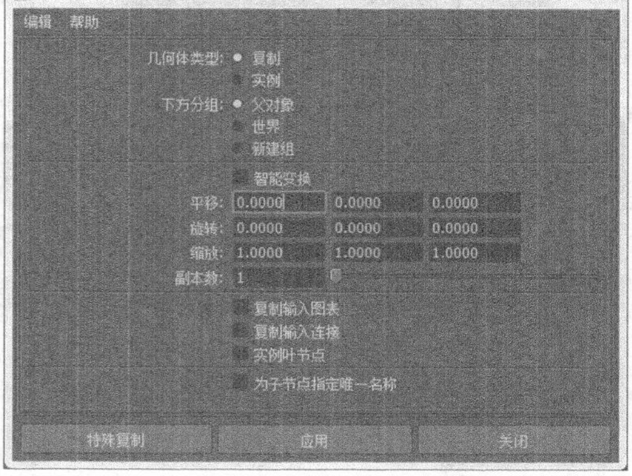

图4-23

技巧与提示

Maya里的复制只是将同一个对象在不同的位置显示出来，并非完全意义上的拷贝，这样可以节约大量的资源。

- 复制并变换：复制所选内容并使用当前操纵器应用已执行的上一个变换。
- 传递属性值：对于源和目标共享的所有同名属性，用对象（源）的属性值来填充对象（目标）的属性值，该操作适用于时间轴内的所有帧。单击“传递属性值”命令后面的▣按钮，可以打开“传递属性值选项”对话框，如图4-24所示，在该对话框中可以设置传递属性值的常规选项和资源选项。
- 分组：将多个对象组合在一起，并作为一个独立的对象进行编辑。单击“分组”命令后面的▣按钮，可以打开“分组选项”对话框，如图4-25所示，在该对话框中可以设置下方分组的方式与组枢轴。

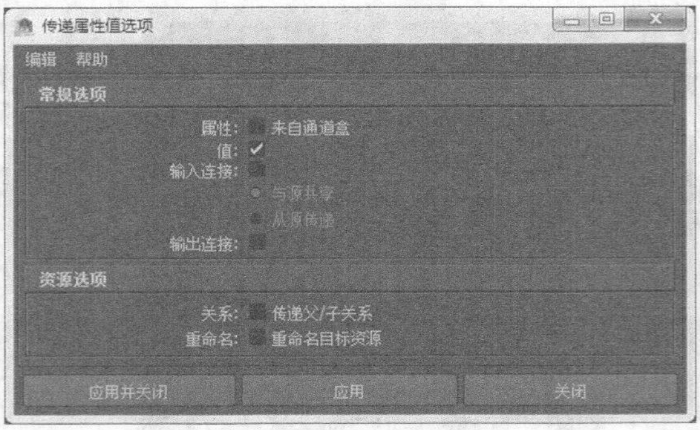

图4-24

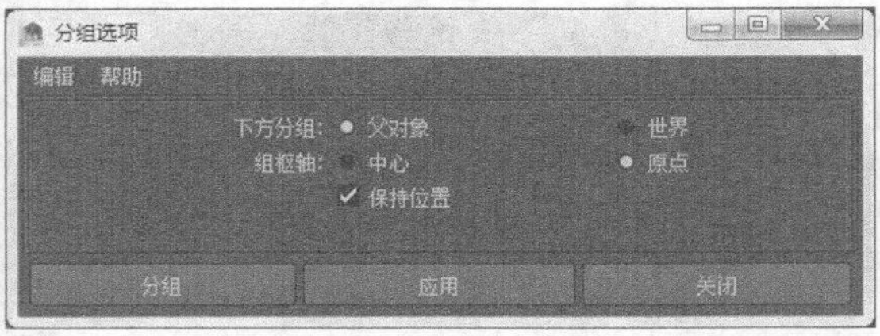

图4-25

技巧与提示

选择一个或多个对象后，执行“分组”命令可以将这些对象编为一组。在复杂场景中，使用组可以很方便地管理和编辑场景中的对象。

- 解组：将一个组里的对象释放出来，解散该组。
- 细节级别：这是一种特殊的组，特殊组里的对象会根据特殊组与摄影机之间的距离来决定哪些对象处于显示或隐藏状态。
- 父对象：用来创建父子关系。父子关系是一种层级关系，可以让子对象跟随父对象进行变换。单击“父对象”命令后面的▣按钮，可以打开“父对象选项”对话框，如图4-26所示，在该对话框中可以设置建立父子对象的方法。
- 断开父子关系：当创建好父子关系后，执行该命令可以解除对象间的父子关系。单击“断开父子关系”命令后面的▣按钮，可以打开“断开父子关系选项”对话框，如图4-27所示，在该对话框中可以设置断开父子关系的方法。

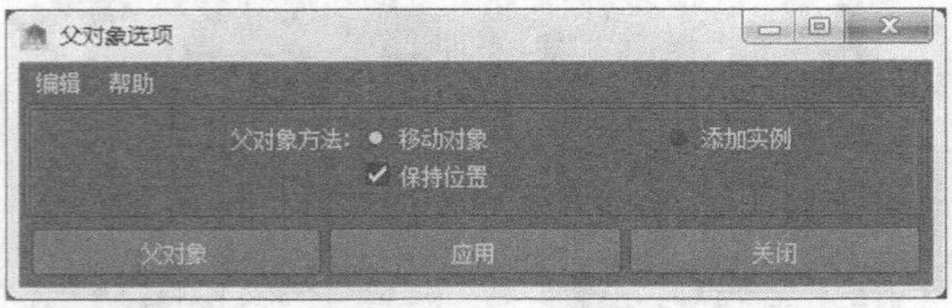

图4-26

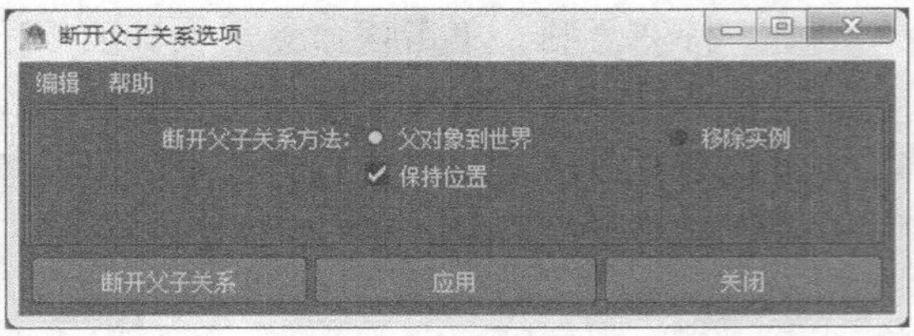

图4-27

4.1.3 修改菜单

在“修改”菜单下提供了一些常用的修改工具和命令，如图4-28所示。

修改菜单命令介绍

❖ 变换工具：与“工具盒”上的变换对象的工具相对应，用来移动、旋转和缩放对象。

❖ 重置变换：将对象的变换还原到初始状态。在“重置变换选项”对话框中可以选择要重置的选项，如图4-29所示。

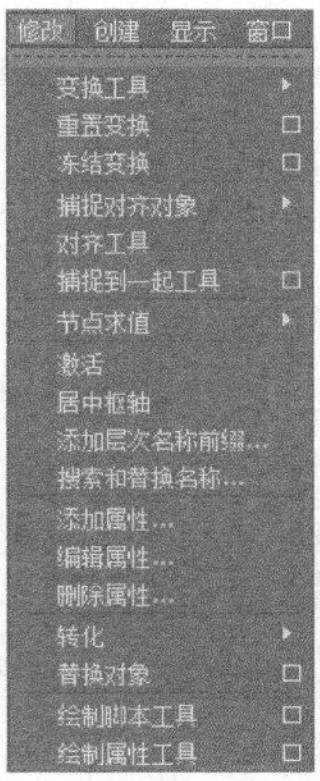

图4-28

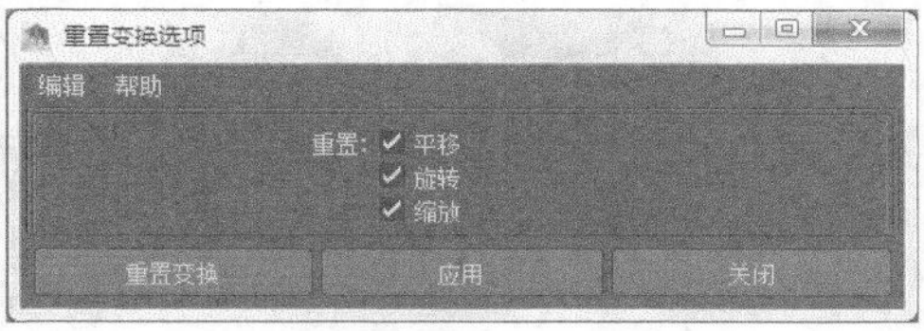

图4-29

❖ 冻结变换：将对象的变换参数全部设置为0，但对象的状态保持不变，该功能在设置动画时非常有用。在“冻结变换选项”对话框中可以选择要冻结的选项，如图4-30所示。

❖ 捕捉对齐对象：该菜单下提供了一些常用的对齐命令，如图4-31所示。使用“点到点”命令可以将选择的两个或多个对象的点进行对齐；当选择一个对象上的两个点时，两点之间会产生一个轴，另外一个对象也是如此，执行“2点到2点”命令可以将这两条轴对齐到同一方向，并且其中两个点会重合；“3点到3点”命令可以选择3个点来作为对齐的参考对象；“对齐对象”命令用来对齐两个或更多的对象；在场景中绘制曲线以后，执行“沿曲线放置”命令，可以指示要放置对象的路径。

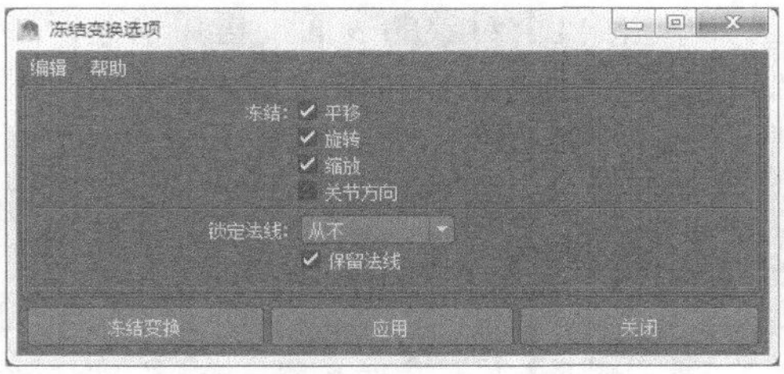

图4-30

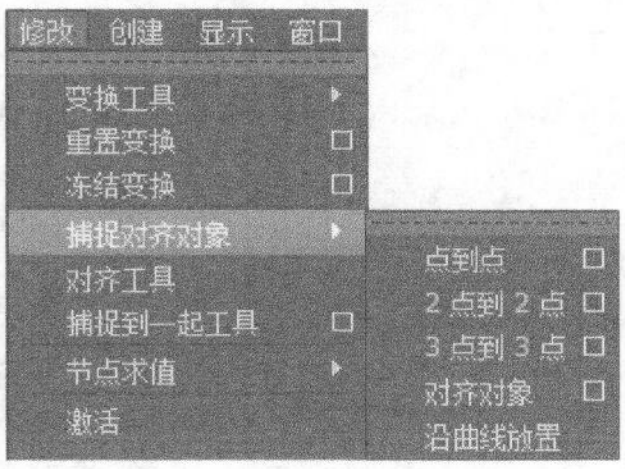

图4-31

技巧与提示

单击“对齐对象”命令后面的■按钮，打开“对齐对象选项”对话框，在该对话框中可以很直观地观察到5种对齐模式，如图4-32所示。

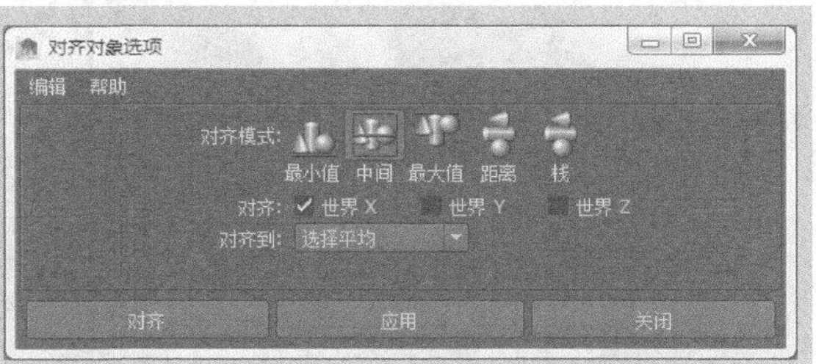

图4-32

最小值：根据所选对象范围的边界的最小值来对齐选择对象。

中间：根据所选对象范围的边界的中间值来对齐选择对象。

最大值：根据所选对象范围的边界的最大值来对齐选择对象。

距离：根据所选对象范围的间距让对象均匀地分布在选择的轴上。

栈：让选择对象的边界盒在选择的轴向上相邻分布。

对齐：用来决定对象对齐的世界坐标轴，共有“世界x”“世界y”和“世界z”3个选项可以选择。

对齐到：选择对齐方式，包括“选择平均”和“上一个选定对象”两个选项。

❖ 对齐工具：使用该工具可以通过手柄控制器将对象进行对齐操作，如图4-33所示，物体被包围在一个边界盒里面，通过单击上面的手柄可以对两个物体进行对齐操作。

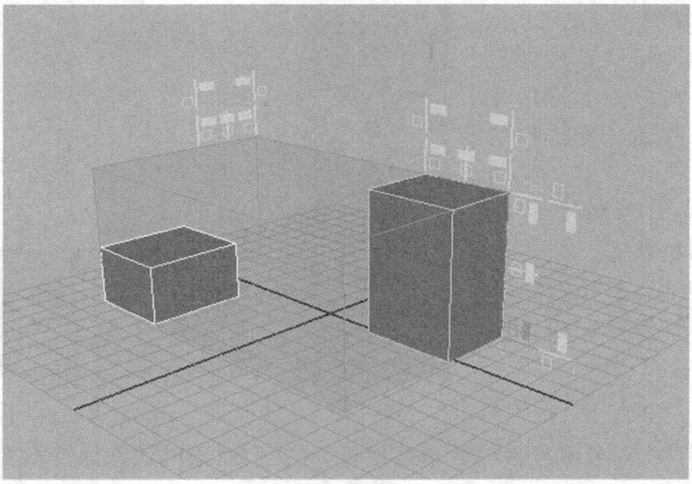

图4-33

技巧与提示

对象元素或表面曲线不能使用“对齐工具”。

❖ 捕捉到一起工具：该工具可以让对象以移动或旋转的方式对齐到指定的位置。在使用该工具时，会出现两个箭头连接线，通过点可以改变对齐的位置。例如在场景中创建两个对象，然后使用该工具单击第1个对象的表面，再单击第2个对象的表面，这样就可以将“表面1”对齐到“表面2”，如图4-34所示。

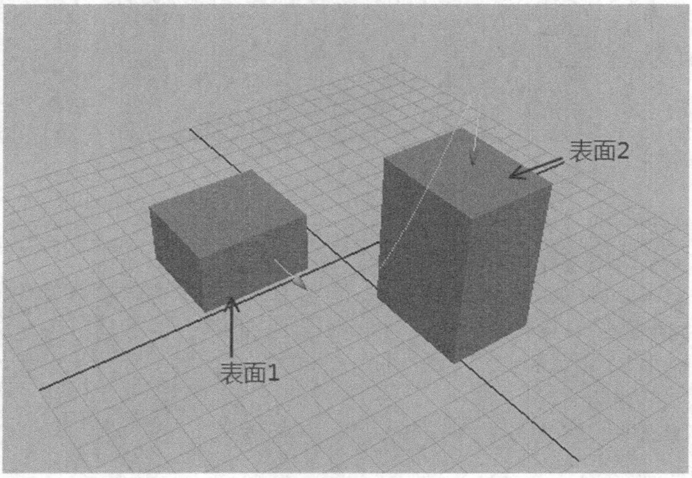

图4-34

❖ 激活：执行该命令，可以将对象表面激活为工作面。

技术专题 【激活对象表面】

执行“创建>NURBS基本体>球体”菜单命令，在视图中创建一个NURBS球体，然后执行“修改>激活”菜单命令，将球体的表面激活为工作表面，如图4-35所示，接着执行“创建>CV曲线工具”菜单命令，在激活的NURBS球体表面绘制曲线，在绘制时可以发现无论怎么绘制，绘制的曲线都不会超出球体的表面，如图4-36所示。

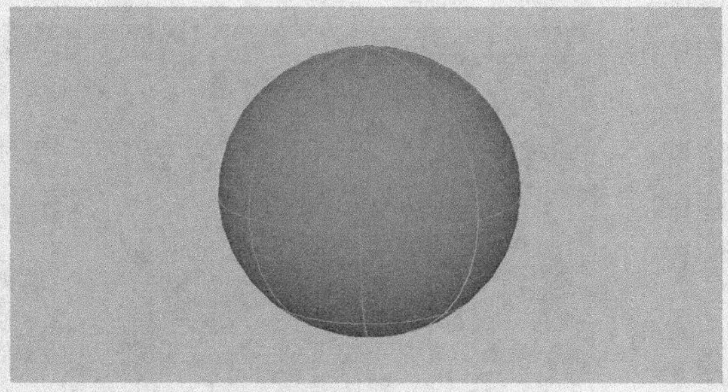

图4-35

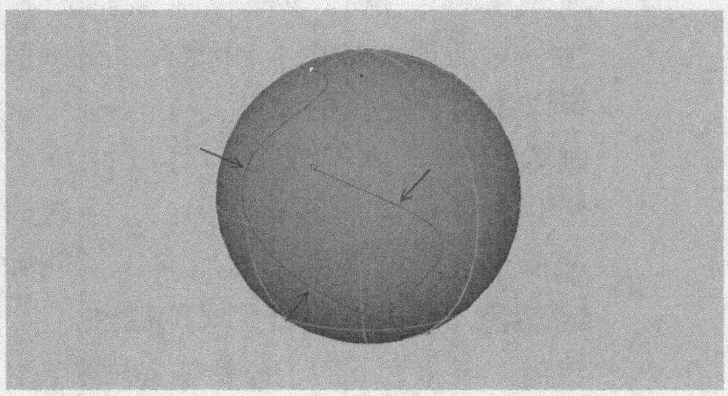

图4-36

❖ 居中枢轴：该命令主要针对旋转和缩放操作，在旋转时围绕轴心点进行旋转。

技术专题 [改变轴心点的方法]

第1种：按Insert键进入轴心点编辑模式，然后拖曳手柄即可改变轴心点，如图4-37所示。

第2种：按住D键进入轴心点编辑模式，然后拖曳手柄即可改变轴心点。

第3种：执行“修改>居中枢轴”菜单命令，可以使对象的中心点回到几何中心点。

第4种：轴心点分为旋转和缩放两种，可以通过改变参数来改变轴心点的位置。

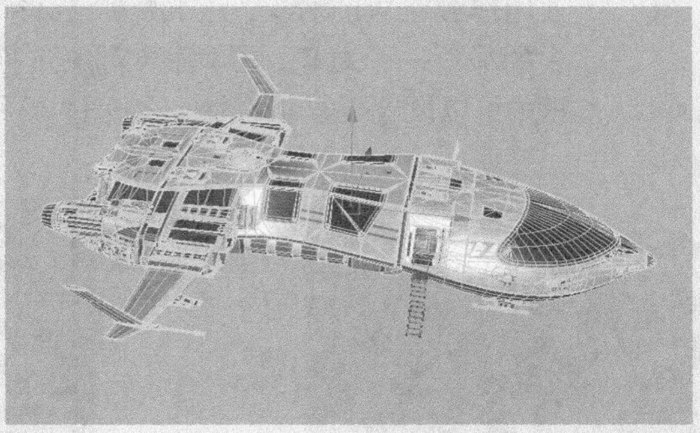

图4-37

❖ 添加层次名称前缀：将前缀添加到选定父对象及其所有子对象的名称中。

❖ 搜索和替换名称：执行该命令可以打开“搜索替换选项”对话框，如图4-38所示，然后在“搜索”框中输入字符串，可以根据“搜索”框中指定的字符串搜索节点名称，而使用“替换为”选项中指定的字符串可以替换已命名的字符串。

❖ 添加属性：执行该命令可以打开“添加属性”对话框，如图4-39所示，在该对话框中可以添加自定义的属性。自定义属性对Maya中对象的任何属性都没有直接影响，这些属性可以用于控制其他属性的组合。

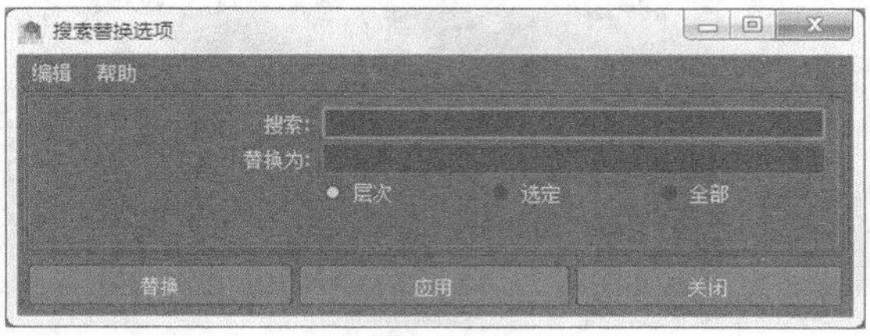

图4-38

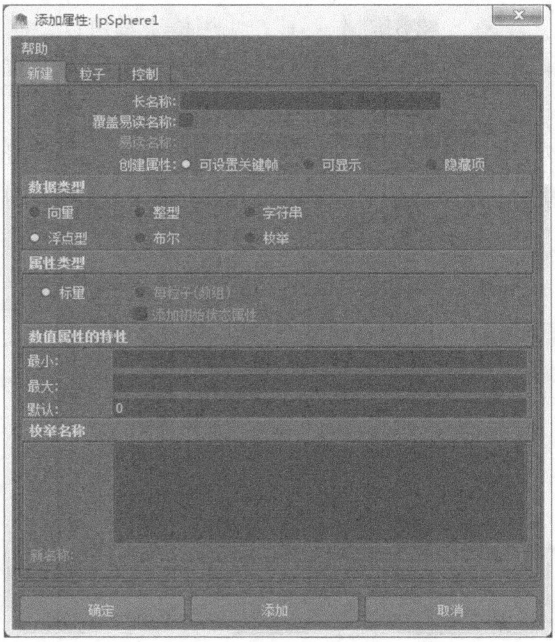

图4-39

❖ 编辑属性：执行该命令可以打开“编辑属性”对话框，如图4-40所示，在该对话框中可以编辑自定义的属性。

❖ 删除属性：执行该命令可以打开“删除属性”对话框，如图4-41所示，在该对话框中选择自定义的属性，然后单击“删除”按钮 删除 ，可以删除自定义的属性。

❖ 转化：该命令下的子命令主要用来转化对象，如图4-42所示。例如，选择一个NURBS对象，然后执行“修改>转化>NURBS到多边形”菜单命令，可以将其转化为多边形对象。

❖ 替换对象：使用指定的源对象替换场景中的一个或多个对象，必须先选择要替换的对象以及要用作源对象的对象，另外源对象必须是选择中的最后一个对象，在“替换对象选项”对话框中可以设置要复制的属性，如图4-43所示。

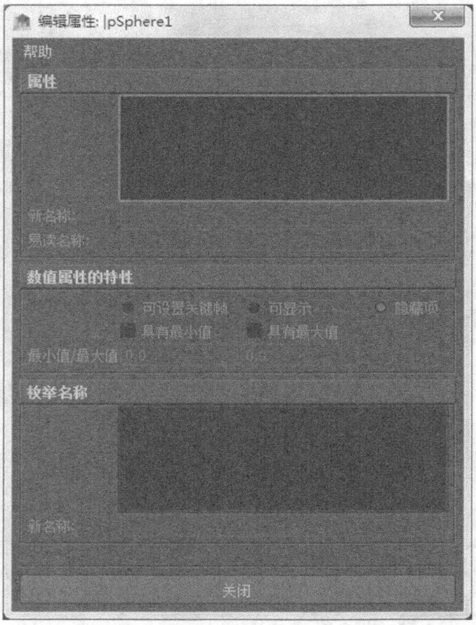

图4-40

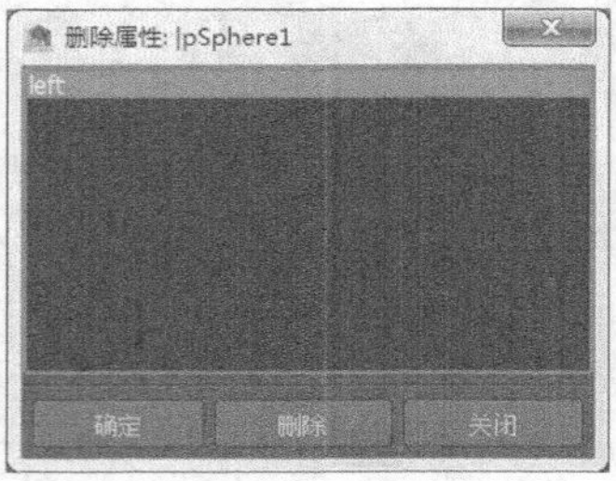

图4-41

图4-42

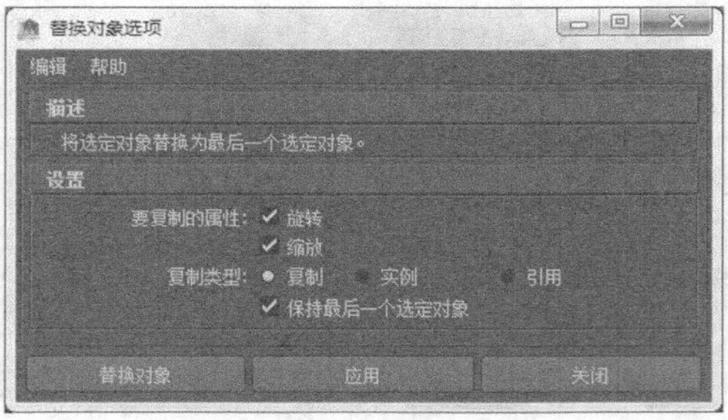

图4-43

❖ 绘制脚本工具：使用该工具可以绘制MEL脚本。在该工具的“工具设置”对话框中可以设置笔刷、绘制属性、笔划和光笔压力等选项，如图4-44所示。

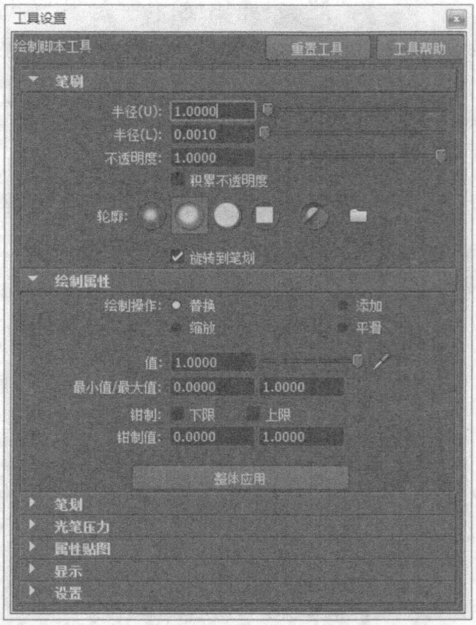

图4-44

❖ 绘制属性工具：使用该工具可以绘制对象的权重等属性。在该工具的“工具设置”对话框中可以设置笔刷、绘制属性、笔划和光笔压力等选项，如图4-45所示。

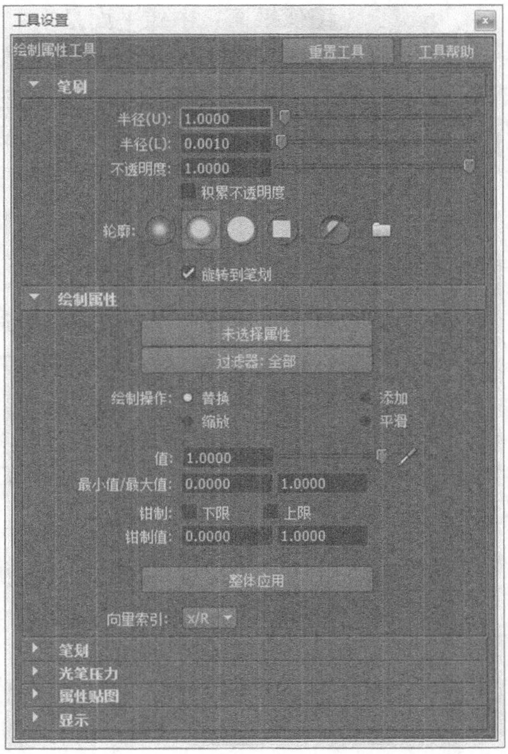

图4-45

4.1.4 创建菜单

在“创建”菜单下主要是一些创建对象的工具，如NURBS基本体创建工具、多边形基本体创建工具、细分曲面基本体创建工具、曲线创建工具等，如图4-46所示。下面只介绍一些比较特殊的工具，其他的工具将在后面的章节中进行单独讲解。

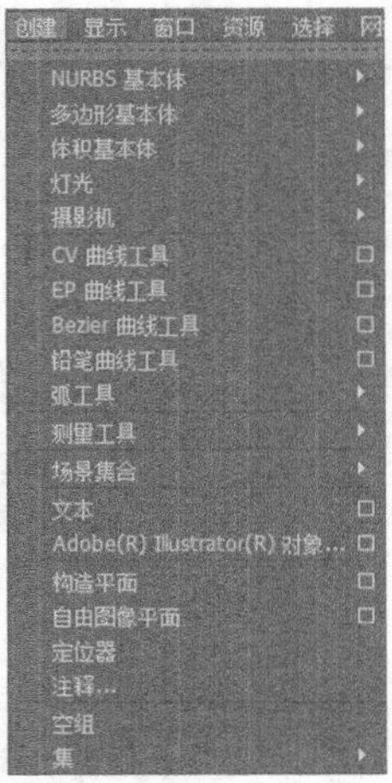

图4-46

创建菜单命令介绍

❖ 测量工具：该命令下包含3个子命令，如图4-47所示。使用“距离工具”可以创建用于测量和注释场景中对象的测量对象；使用“参数工具”在曲线或曲面上单击或拖曳，可以显示参数值；使用“弧长工具”在曲线或曲面上单击或拖曳，可以显示参数值或弧长值。

❖ 构造平面：该命令用来创建构造工具捕捉到的构造平面。在“构造平面选项”对话框中可以设置构造平面的极轴和大小，如图4-48所示。

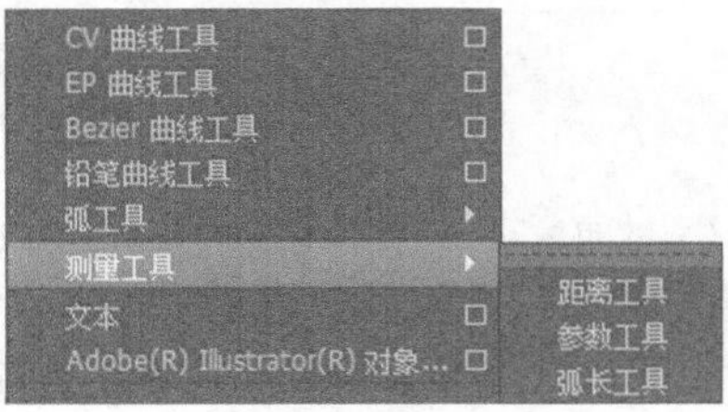

图4-47

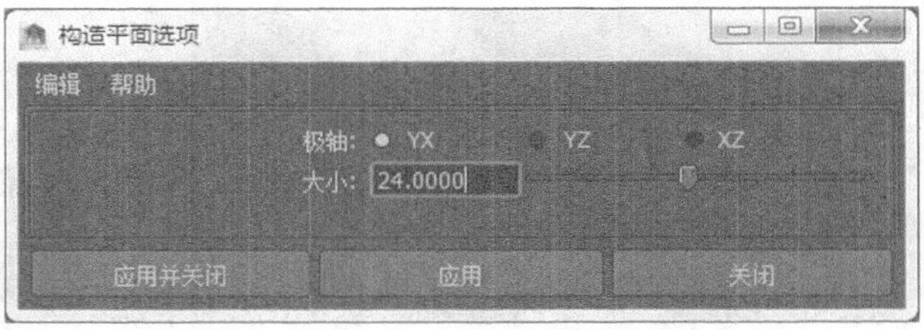

图4-48

❖ 自由图像平面：图像平面是未附加到摄影机的图像平面，使用该命令可以创建可用的自由图像平面，并且可以在场景中选择并变换该图像平面。在“创建图像平面选项”对话框中可以设置图像平面的宽度和高度，如图4-49所示。

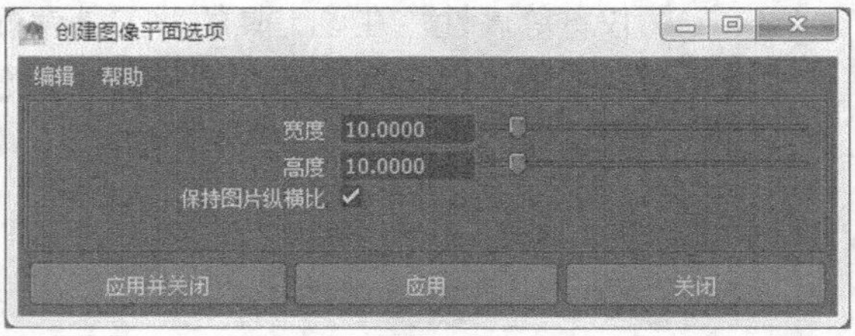

图4-49

❖ 定位器：执行该命令，可以在场景中创建一个定位器。定位器是一个小图标，类似在空间中标记点的*x*、*y*、*z*轴，非常适用于将关节设置为定位器的子对象，这样移动定位器就可以推拉关节。

❖ 注释：执行该命令可以打开“注释节点”对话框，输入注释以后可以对节点进行说明，如图4-50所示。

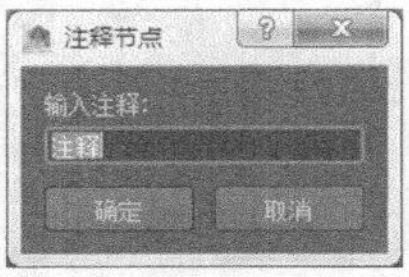

图4-50

❖ 空组：执行该命令，可以在场景层次中创建空组节点。

❖ 集：该命令包含3个子命令，如图4-51所示。执行“集”命令，可以将对象创建为一个集合，在“创建集选项”对话框中可以设置集合的名称以及是否将集合添加到划分中，如图4-52所示；执行“划分”命令可以创建一个划分（划分可防止集中有任何重叠的成员），划分是相关集的集合，在“划分选项”对话框中可以设置划分的名称，如图4-53所示；执行“快速选择集”命令可以用当前选择对象创建新的快速选择集，在“创建快速选择集”对话框中可以设置其名称，如图4-54所示。

图4-51

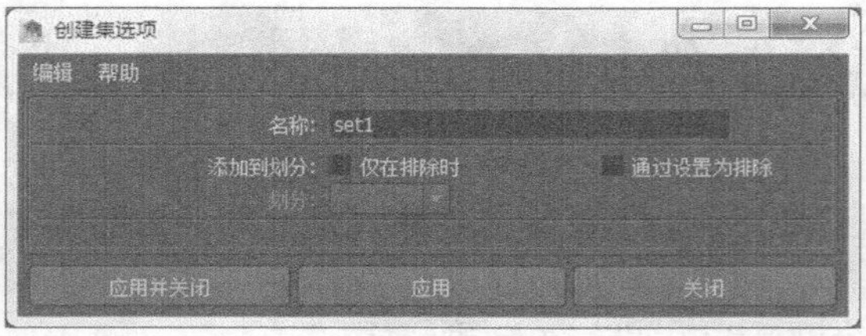

图4-52

图4-53

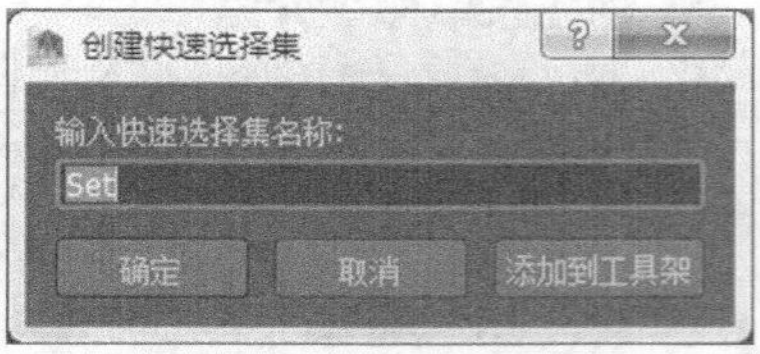

图4-54

技巧与提示

集是对象或组件的集合，任何可选择的项目都可存在于集中，集作为一个表示集合的独立对象而存在。与组不同，集不会改变场景的层次。

4.1.5 显示菜单

在“显示”菜单下是一些控制视图显示与对象显示的命令，如图4-55所示。

显示菜单命令介绍

❖ 栅格：勾选该选项，可以在视图中显示栅格，关闭后则不会显示栅格。在“栅格选项”对话框中可以设置栅格的大小、颜色和要显示的对象，如图4-56所示。

❖ 平视显示仪：该菜单下集合了多个视图显示的选项，如图4-57所示。比如勾选“对象详细信息”选项，则会在视图的右上角显示对象的详细信息。

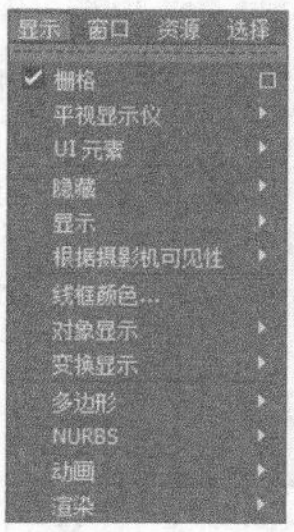

图4-55

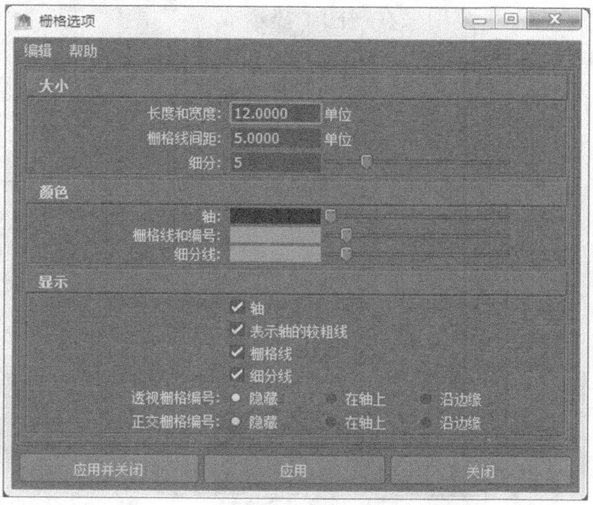

图4-56

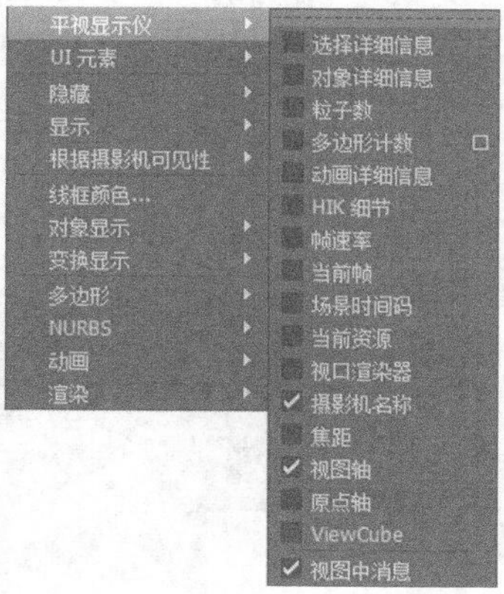

图4-57

❖ UI元素：该菜单下是一些Maya界面的显示选项，如图4-58所示。勾选相应的选项以后，在界面中就会显示出相应的UI元素。

❖ 隐藏：该命令下集合了一些隐藏对象的子命令，如图4-59所示。这些子命令既可以用来隐藏单个对象和全部对象，也可以用来隐藏某种类型的对象。

❖ 显示：该命令下的子命令是针对“隐藏”命令而言的，用“隐藏”命令下的子命令隐藏对象以后，就可以用“显示”命令下的子命令来将其显示出来，如图4-60所示。

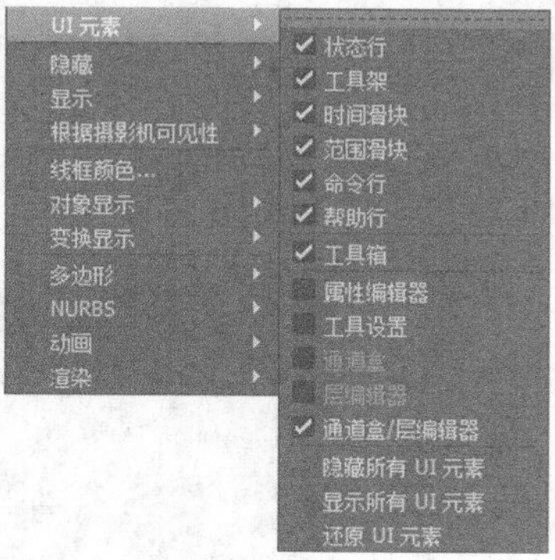

图4-58

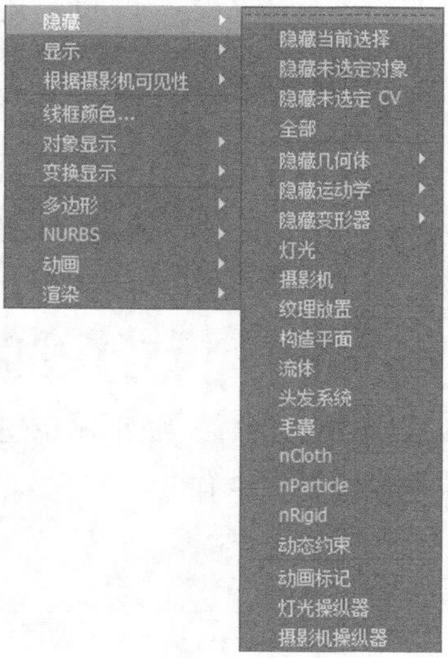

图4-59

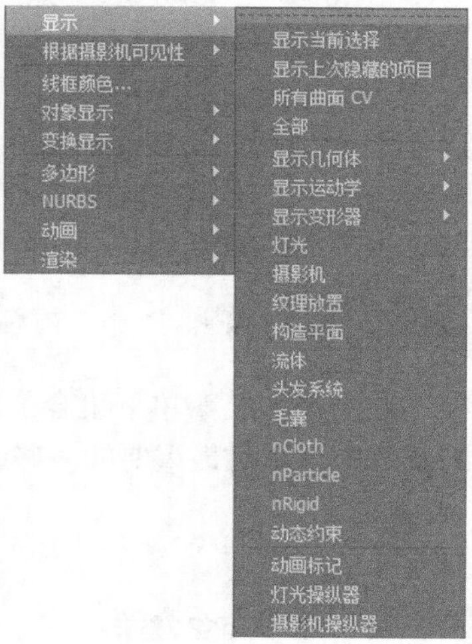

图4-60

❖ 线框颜色：执行该命令，可以打开“线框颜色”对话框，如图4-61所示。在该对话框中可以设置选定对象的线框颜色。

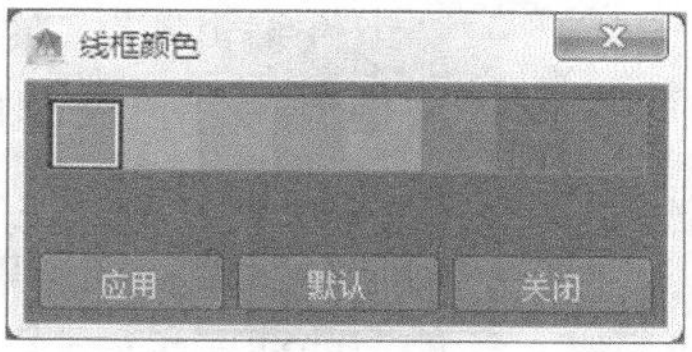

图4-61

- ❖ 对象显示：该菜单下的子命令主要用来控制选定对象的显示和可选性，如图4-62所示。
- ❖ 变换显示：该菜单下的子命令主要用来在视图中显示或隐藏对象特定的UI，如图4-63所示。
- ❖ 多边形：该菜单下的子命令主要用来控制多边形对象的显示方式以及要显示的元素，如图4-64所示。

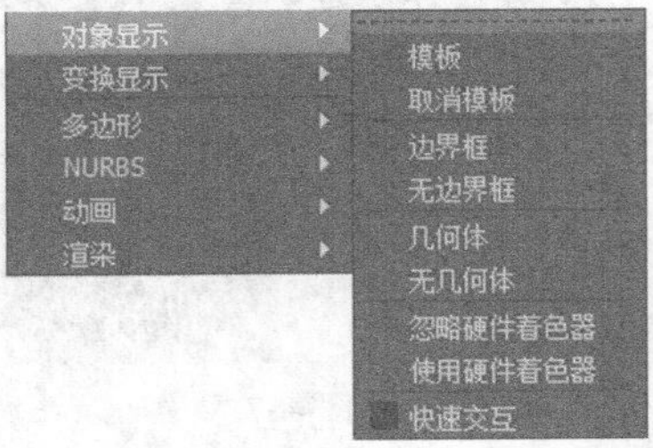

图4-62

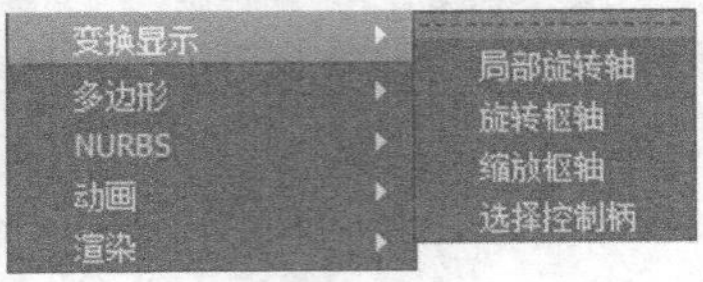

图4-63

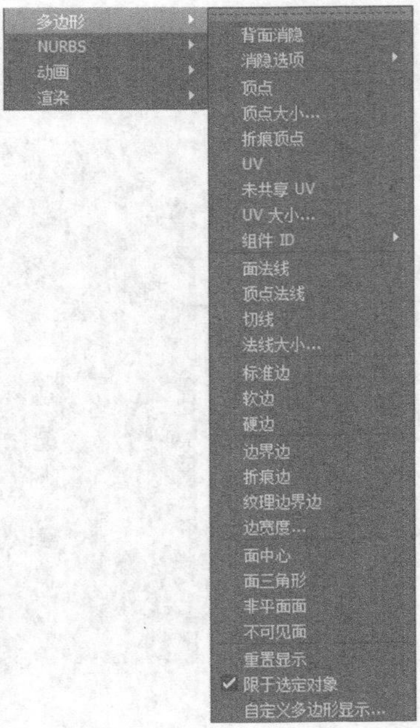

图4-64

- ❖ NURBS：该菜单下的子命令主要用来控制NURBS对象的显示方式以及要显示的元素，如图4-65所示。
- ❖ 动画：该菜单下的子命令主要用来控制操作动画时要显示的元素，如图4-66所示。
- ❖ 渲染：该菜单下的子命令主要用来控制渲染时要显示的元素，如图4-67所示。

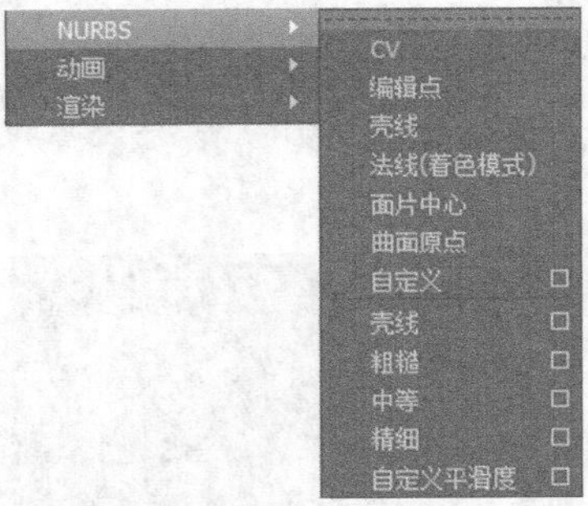

图4-65

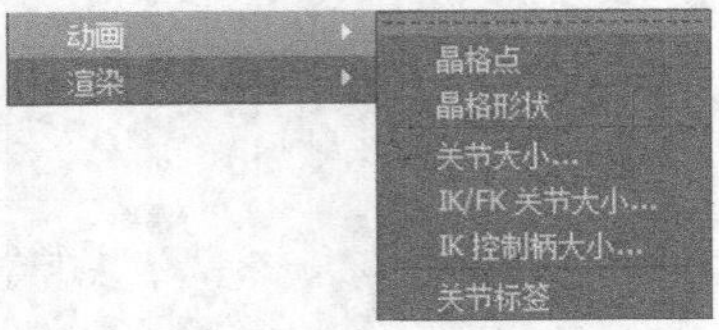

图4-66

图4-67

4.1.6 窗口菜单

在“窗口”菜单下集合了Maya最常用的窗口，如图4-68所示。在后面的章节中会针对最重要的一些编辑器进行详细介绍。

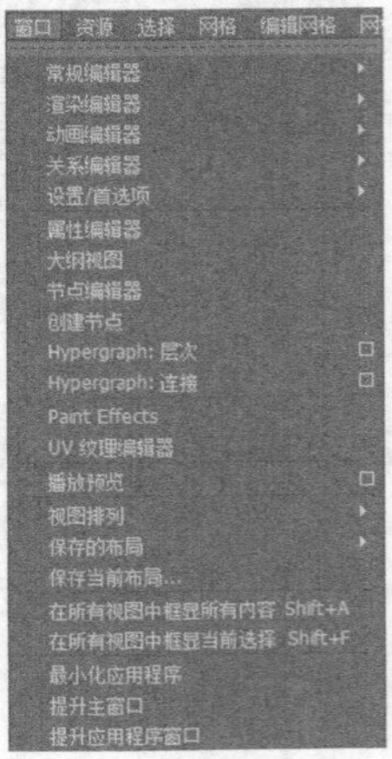

图4-68

窗口菜单命令介绍

- ❖ 常规编辑器：该菜单下集合了Maya中最常用的一些编辑器，如“组件编辑器”“连接编辑器”等，如图4-69所示。
- ❖ 渲染编辑器：该菜单下集合了渲染场景、设定对象材质的编辑器，如图4-70所示。
- ❖ 动画编辑器：该菜单下集合了设定动画时要用到的一些编辑器，如“曲线图编辑器”“表达式编辑器”等，如图4-71所示。

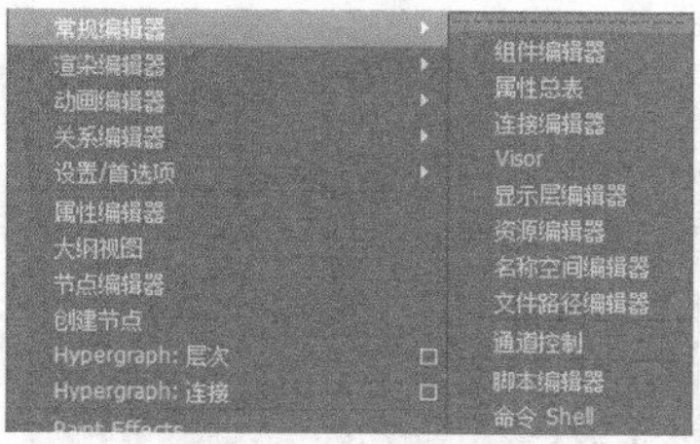

图4-69

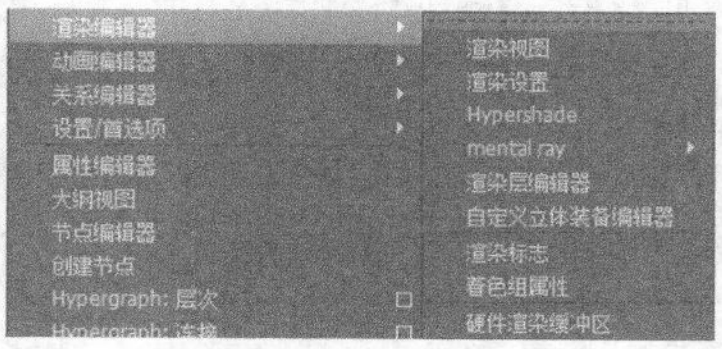

图4-70

图4-71

❖ 设置/首选项：该菜单下的命令可以用来设置Maya的首选项、快捷键、插件等，如图4-72所示。

❖ 属性编辑器：这是Maya中最重要的编辑器之一，几乎所有对象的属性都在该编辑器中进行设置，如图4-73所示是一个NURBS球体的“属性编辑器”对话框。

❖ 大纲视图：这也是Maya中最重要的对话框之一，如图4-74所示。在“大纲视图”对话框中以大纲形式显示出了场景中所有对象的层次列表，单击相应的对象即可将其选中。

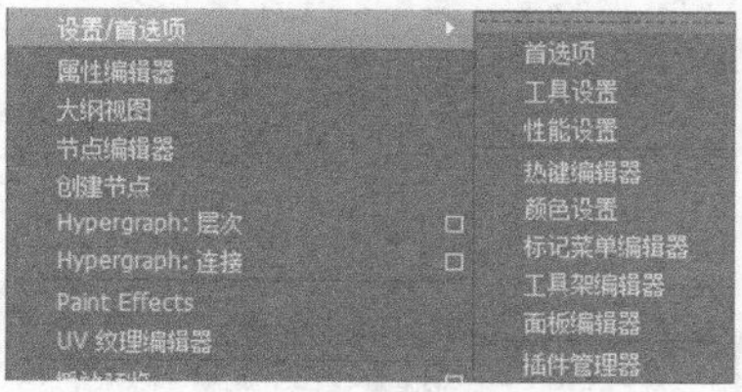

图4-72

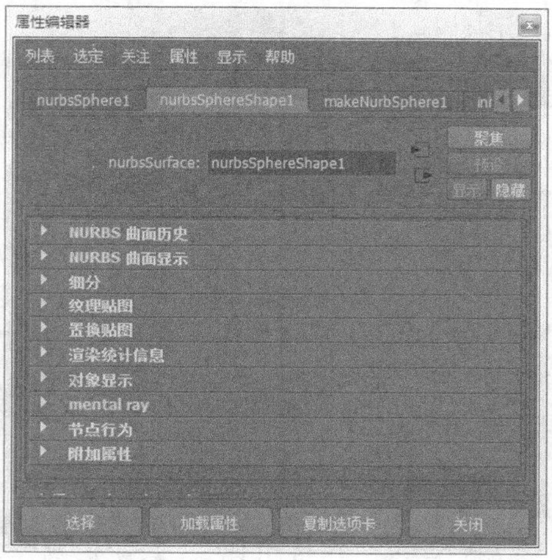

图4-73

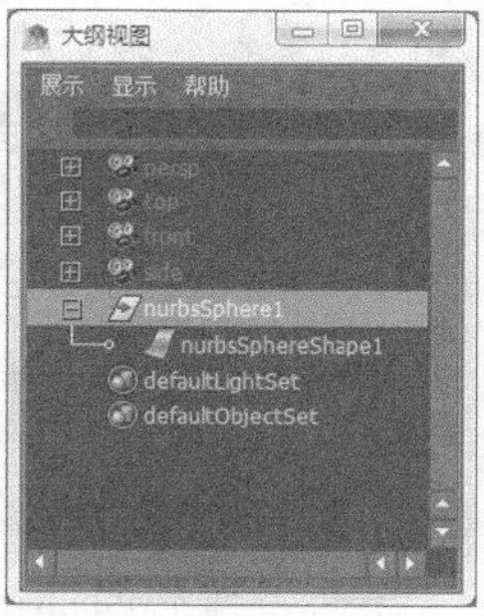

图4-74

❖ 节点编辑器：该编辑器提供了依赖关系图的可编辑图解，显示节点及其属性之间的连接，允许用户查看、修改和创建新的节点连接，如图4-75所示。

❖ 创建节点：执行该命令可以打开“创建节点”对话框，如图4-76所示。该对话框非常重要，在设定对象材质时基本上都会用到。

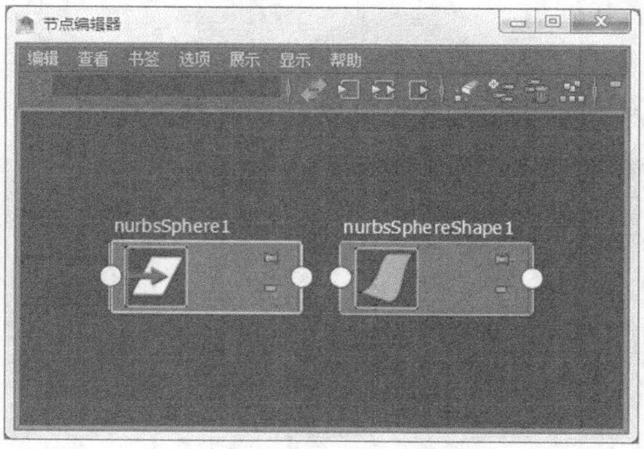

图4-75

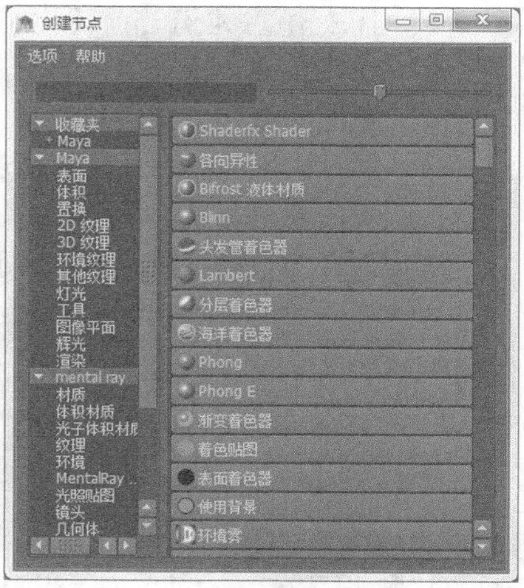

图4-76

❖ Hypergraph:层次：打开“Hypergraph层次”对话框，如图4-77所示，在该对话框中可以观察对象的层次关系。

❖ Hypergraph:连接：打开Hypergraph对话框，如图4-78所示，在该对话框中可以观察对象之间的连接关系。

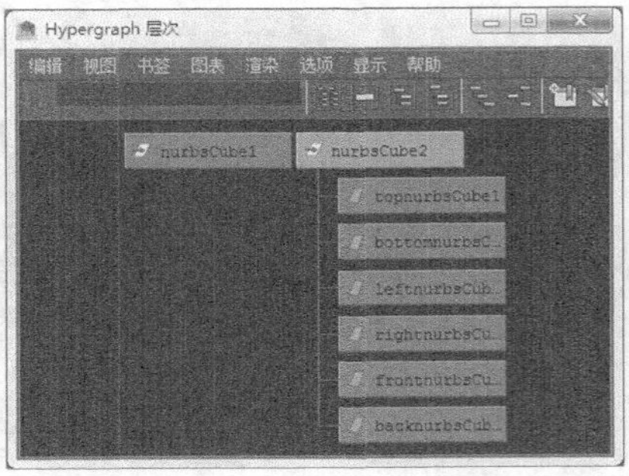

图4-77

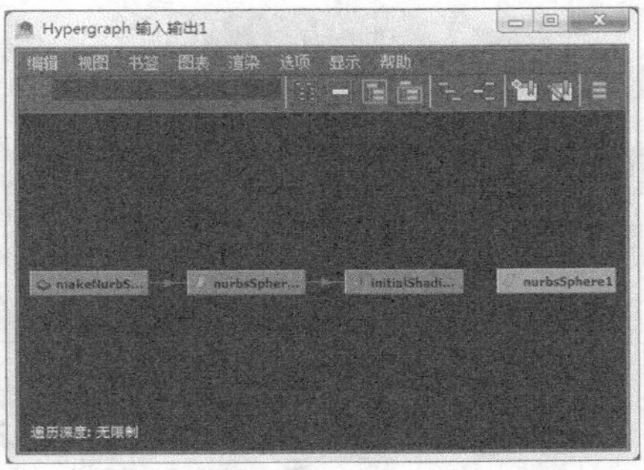

图4-78

❖ Paint Effects：打开Paint Effects对话框，如图4-79所示。在该对话框中可以绘制2D图像，按8键切换到3D画布，此时绘制的就是3D图像，如图4-80所示。

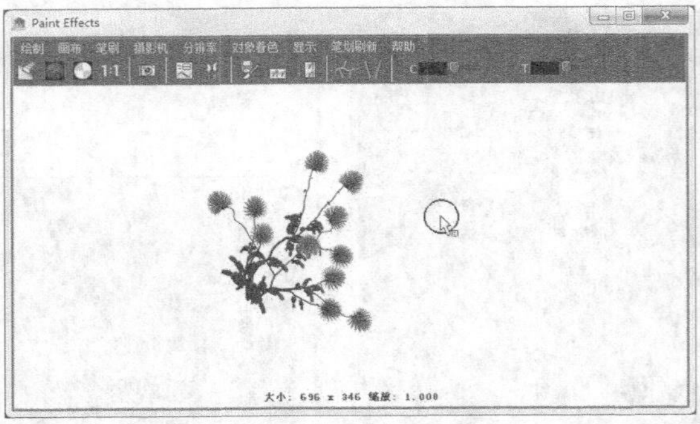

图4-79

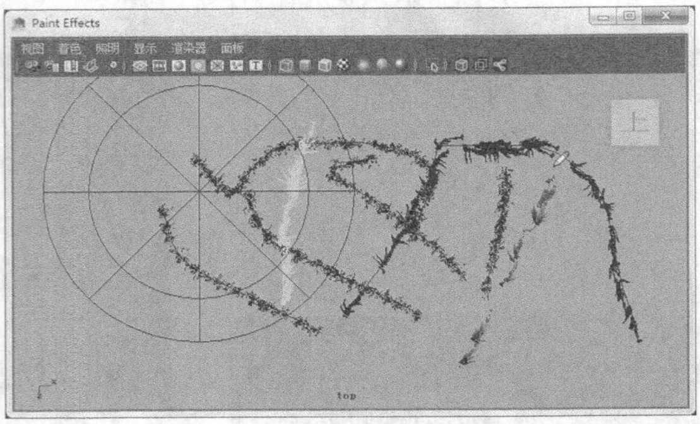

图4-80

❖ UV纹理编辑器：用于查看多边形和细分曲面的UV纹理坐标，并且可以用交互方式对其进行编辑，如图4-81所示。

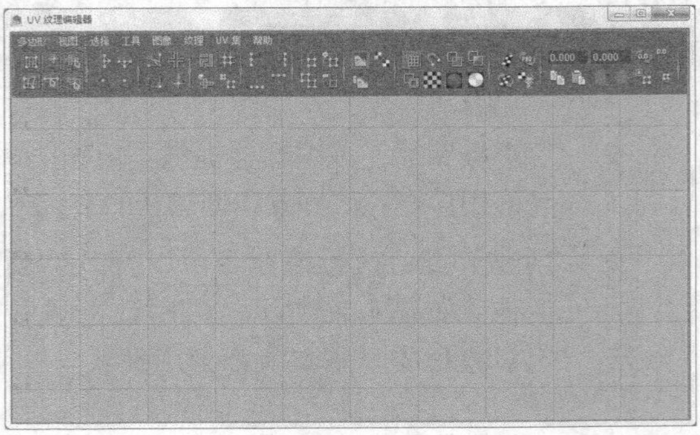

图4-81

❖ 播放预览：创建当前场景的播放预览。

❖ 视图排列：该菜单下的子命令用于对视图的排列方式进行调整，如图4-82所示。图4-83所示是两个窗格并列放置的视图效果。

❖ 保存的布局：该菜单下的子命令用于对视图的布局进行调整，如图4-84所示。

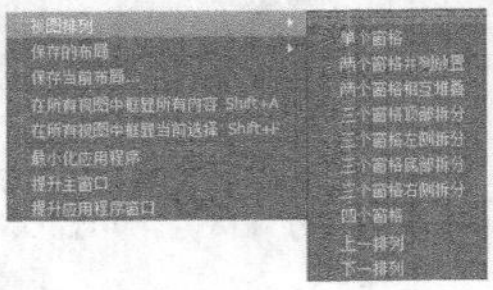

图4-82

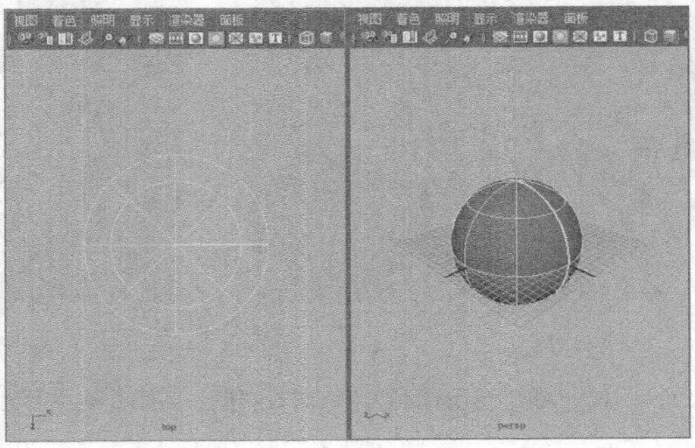

图4-83

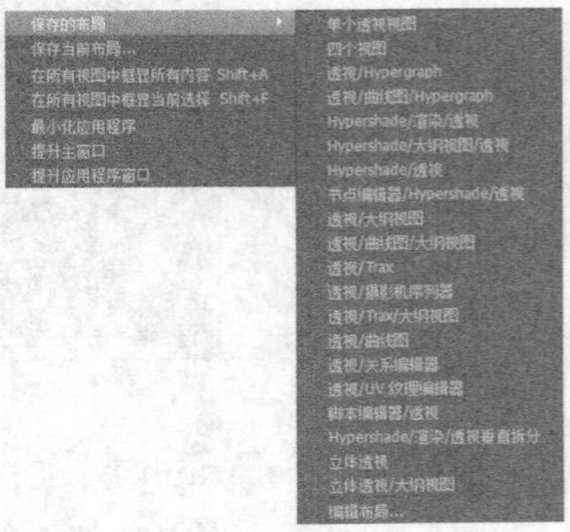

图4-84

❖ 保存当前布局：执行该命令可以打开“保存面板排列”对话框，如图4-85所示。在该对话框中输入布局名称后，即可对当前视图布局进行保存。

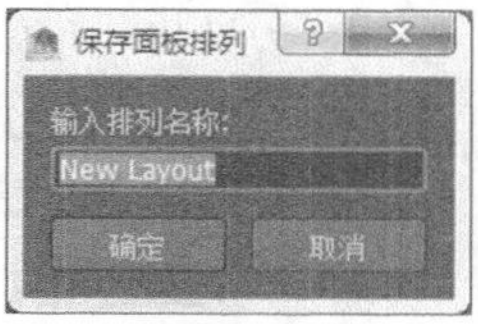

图4-85

❖ 在所有视图中框显所有内容：将场景中的所有对象最大化显示在所有视图中，快捷键为Shift+A。
❖ 在所有视图中框显当前选择：将场景中的选定对象最大化显示在所有视图中，快捷键为Shift+F。
❖ 最小化应用程序：在操作系统中将Maya最小化。
❖ 提升主窗口：将所有编辑器窗口置于主窗口之后。
❖ 提升应用程序窗口：将所有编辑器窗口都置于主窗口之前。

4.1.7 资源菜单

“资源”是一个容器，主要用于动画设置，可以将物体的属性发布到容器上，如图4-86所示是“资源”菜单下的所有命令。

资源菜单命令介绍

❖ 创建变换资源：创建资源，并将当前选定节点自动放置到其中。变换节点也与资源相关联，从而能够像操纵组节点一样在场景和DAG层次中操纵资源节点。如果将其他节点设置为资源的子对象，这些节点将自动放置到资源中。
❖ 添加到资源：将选定节点添加到选定资源。如果选定了两个资源，则第1个选定资源将添加到第2个选定资源中。
❖ 从资源移除：从对应资源中移除任何选定节点。如果节点是嵌套资源系列的一部分，则这些节点将放置到其上一个级别。
❖ 资源编辑器：打开“资源编辑器”对话框，如图4-87所示。在该对话框中的两个面板的窗口中会显示资源信息。左侧面板显示了“大纲视图”中的场景资源，而右侧面板显示了已发布的属性和节点。

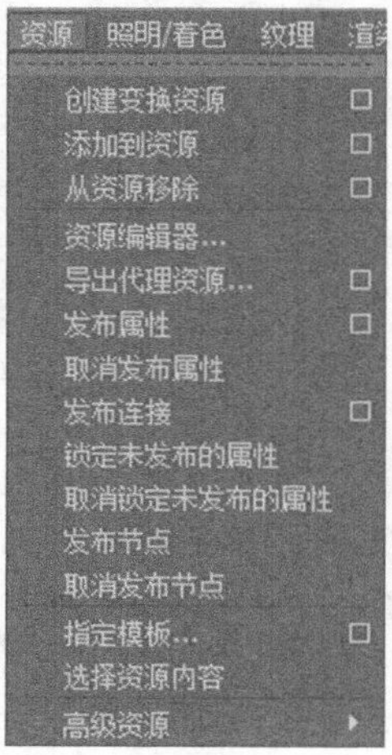

图4-86

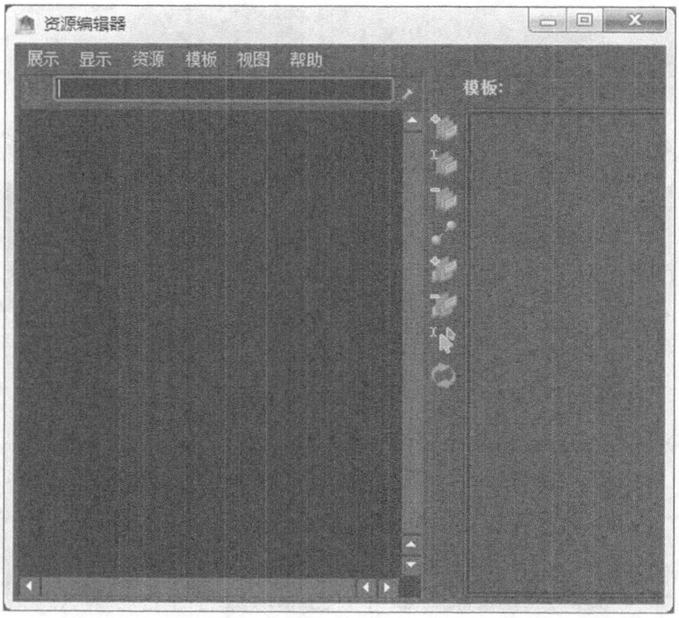

图4-87

❖ 导出代理资源：为当前选定的被引用资源创建代理文件。
❖ 发布属性：在资源上创建已发布的名称并将属性与这些已发布的名称绑定起来。
❖ 取消发布属性：取消绑定在“通道盒”中选择的任何已发布属性，并删除已发布的名称。
❖ 发布连接：发布所有连接到选定资源外部节点的属性，同时包括传入和传出连接。
❖ 锁定未发布的属性：锁定选定资源中全部节点所有未发布的属性。
❖ 取消锁定未发布的属性：取消锁定选定资源中所有节点的已锁定且未发布的属性。
❖ 发布节点：使用指定的已发布名称将当前选定节点发布到资源。
❖ 取消发布节点：从进行封装的资源中取消发布当前选定的节点，对应的已发布名称也将一并删除。
❖ 指定模板：允许为当前选定资源指定一个模板。
❖ 选择资源内容：选择所有由选定资源封装的节点，包括所有隐藏的节点。
❖ 高级资源：该菜单下集合了4项高级资源，如图4-88所示。

图4-88

4.1.8 肌肉菜单

Maya的“肌肉”系统可以帮助用户创建出更为逼真的肌肉和皮肤运动。肌肉的基本功能是可以影响物体，但是它可以模拟真实生物的肌肉与表皮的相互影响关系（如抖动、挤压、拉伸等肌肉运动）。在“肌肉”菜单下集合了创建肌肉和设置肌肉的所有命令，如图4-89所示。这些命令将在后面的章节中进行详细讲解。

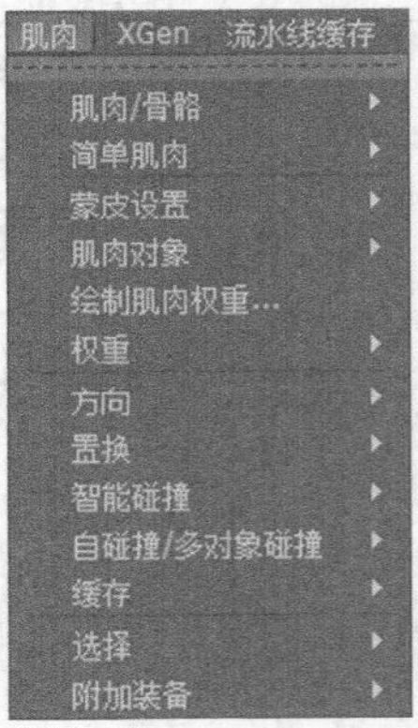

图4-89

4.1.9 XGen菜单

XGen是以任意数量的随机或均匀放置的基本体，填充多边形网格曲面的几何体实例化器，它以程序方式创建和设计角色的头发、毛发和羽毛。就布景而言，通过XGen可实现快速填充大规模环境，包括草原、森林、岩石地形和碎屑轨迹。菜单栏中的XGen菜单如图4-90所示。

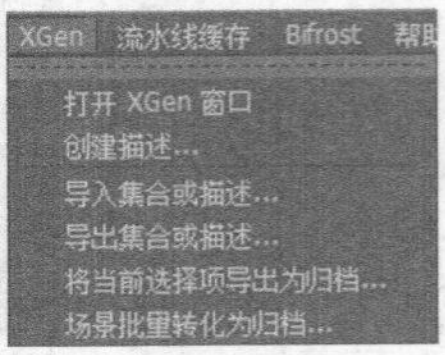

图4-90

XGen菜单命令介绍

❖ 打开XGen窗口：从中可以创建和编辑XGen描述和集合。基本体外观、位置、行为、预览和渲染的所有属性设置都可以在XGen窗口中设置。单击XGen工具架中的图标，可以打开“XGen”对话框，如图4-91所示。
❖ 创建描述：单击该命令可以打开“创建XGen描述”窗口创建XGen“集合”和“描述”，如图4-92所示。

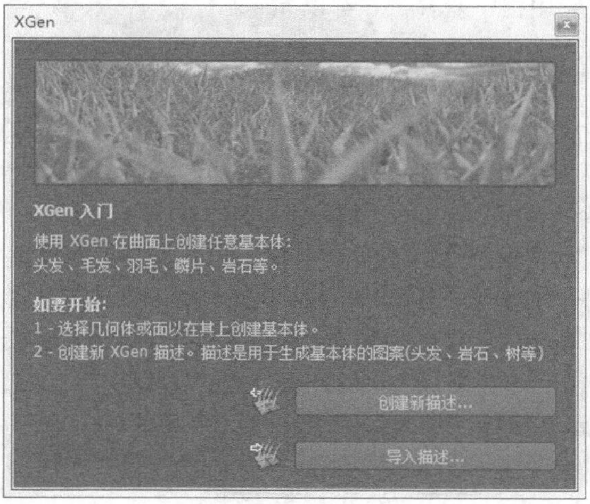

图4-91

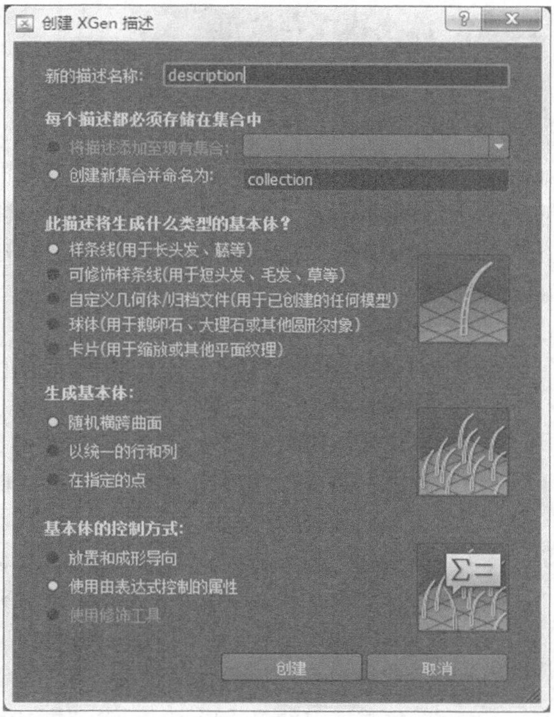

图4-92

- ❖ 导入集合或描述：选择该命令可以打开“导入集合或描述”对话框，在其中可以将集合（.xgen）或描述（.xdsc）文件加载到当前场景中，如图4-93所示。
- ❖ 导出集合或描述：单击该命令可以打开“导出集合或描述”对话框，用于保存集合（.xgen）或描述（.xdsc）文件。可以将集合或描述文件加载到当前场景或其他场景中。
- ❖ 将当前选择项导出为归档：单击该命令打开“将当前选择项导出为归档”对话框，如图4-94所示，可以将场景文件中的Maya几何体保存为XGen归档几何体。当导出几何体时，Maya 会创建归档（.xarc）和其他文件，其中包含有关几何体、其着色网络和渲染代理的信息。

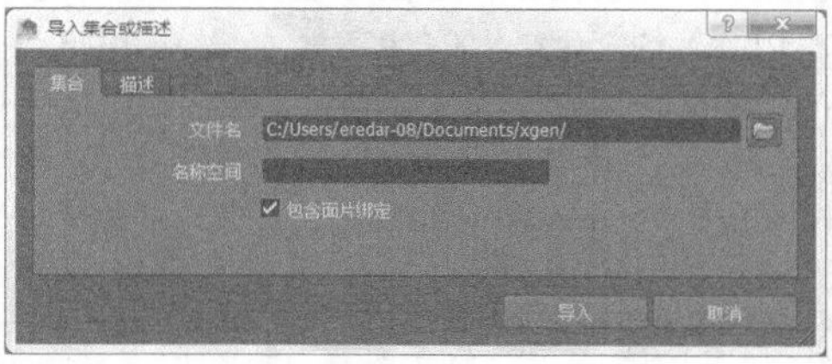

图4-93

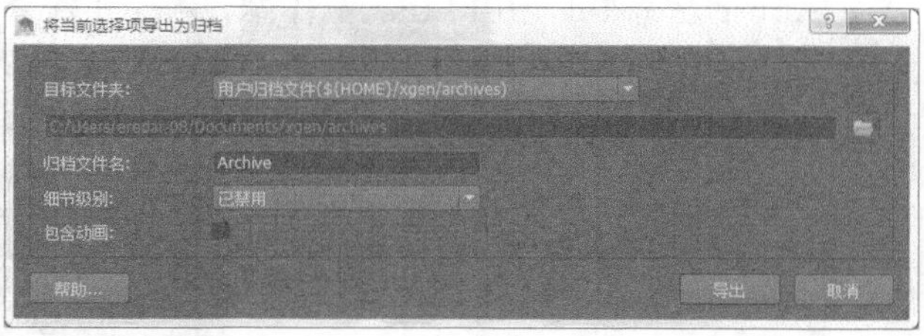

图4-94

- ❖ 场景批量转化为归档：打开“将场景批量转化为XGen归档文件”对话框，如图4-95所示，可以将选定场景中的Maya几何体转化为 XGen归档几何体。如果进行转化时选择，Maya 会创建归档（.xarc）文件（以及其他支持归档的文件）。

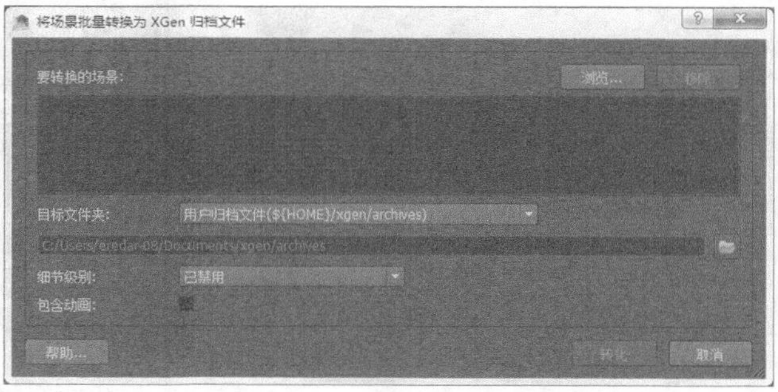

图4-95

4.1.10 流水线缓存菜单

使用管道缓存可以将Maya的场景文件作为基于Alembic的缓存文件进行保存和加载。Alembic文件格式是一种开源格式，专为交换复杂3D几何数据而开发。Alembic文件是具有较强可移植性且与应用程序无关的文件，因此可由多种内容创建应用程序进行共享、处理和播放。Maya支持1.04版本的Alembic格式。有两种基于Alembic的缓存类型，分别是“Alembic缓存”和“GPU缓存”， 这两种缓存文件都与第3方应用程序兼容，并都以.abc文件扩展名进行保存，如图4-96所示。

图4-96

流水线缓存菜单命令介绍

❖ Alembic缓存：包含6个子命令，如图4-97所示。“打开Alembic”命令是在新的Maya场景中打开Alembic文件；“导入Alembic”命令是将Alembic缓存文件加载到场景中，将选定的多边形对象和 NURBS 对象替换为选定的 Alembic 文件中包含的基于 Alembic 的对象；对于“替换Alembic”命令，即使在场景中选择了多个对象，也只能导入每个基于Alembic的对象的一个实例；对于“将所有内容导出到Alembic”命令和“将当前选择导出到Alembic”命令，可以将所有对象或选定多边形和NURBS 对象导出到Alembic缓存文件中；执行“关于Alembic”命令，会在浏览器中打开Alembic的相关介绍。

❖ GPU缓存：包含3个子命令，如图4-98所示。执行“导入”命令，可以将基于Alembic的GPU缓存文件加载到场景中；执行“导出全部”和“导出当前选择”命令，可以将所有对象或选定的多边形和NURBS对象导出到基于Alembic的GPU缓存文件中。

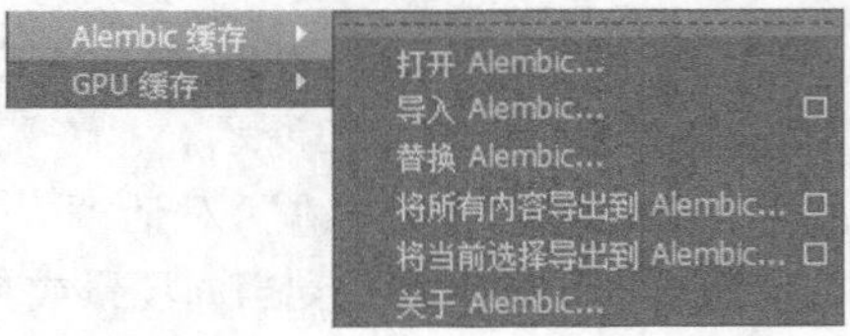

图4-97

图4-98

4.1.11 Bifrost菜单

Bifrost是一种可使用FLIP（流体隐式粒子）解算器创建模拟液体效果的程序框架。可以从发射器生成液体并使其在重力下坠落，与碰撞对象进行交互以导向流的方式创建飞溅效果，并且可以使用加速器创建喷射和其他效果。Bifrost菜单如图4-99所示。

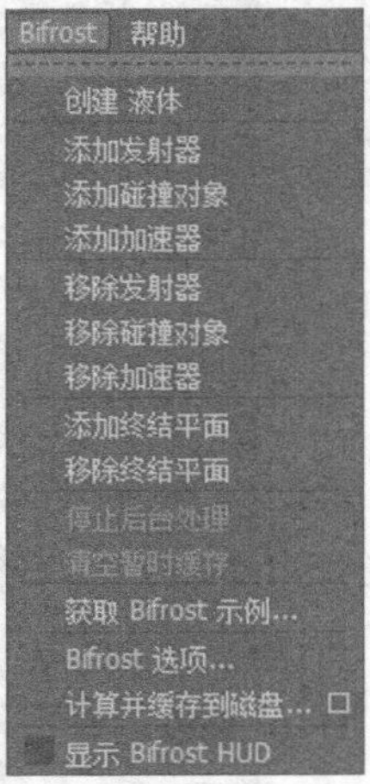

图4-99

4.1.12 帮助菜单

在“帮助”菜单下提供了很多帮助命令，这些命令对于初学者而言是很有帮助的，如图4-100所示。

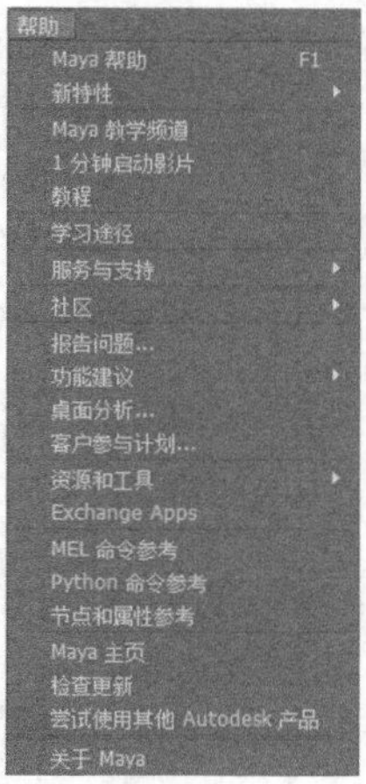

图4-100

帮助菜单命令介绍

❖ Maya帮助：执行该命令或按F1键，可以在浏览器中打开Maya 2015的帮助文档，如图4-101所示。

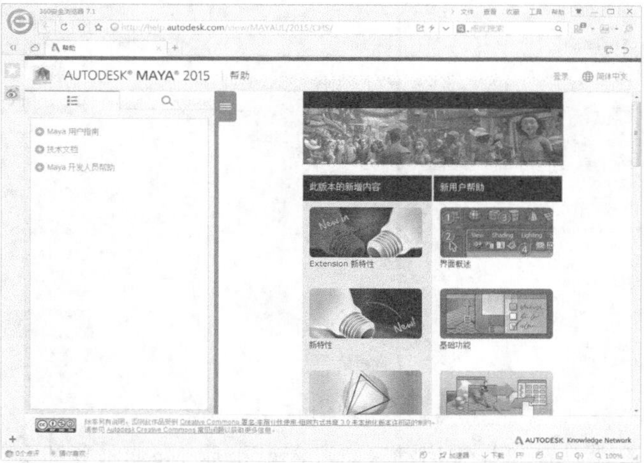

图4-101

❖ 新特性：在默认浏览器中启动来自“Autodesk Maya服务和支持”的“新特性”网页，“新特性”Maya网页介绍了最近版本里添加到Maya中的新特征，如图4-102所示。

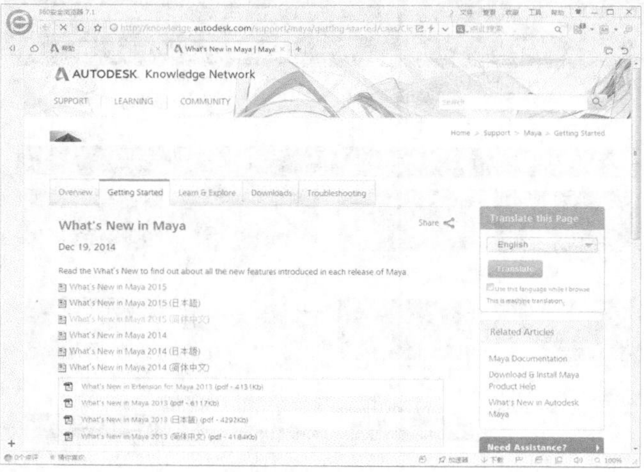

图4-102

- 亮显新特性：在Maya界面中启用和禁用高亮。
- Maya教学频道：启动Youtube中的Maya教学频道，其中提供了Autodesk授权的受信任内容。该频道提供了不同工作流、功能和互操作性主题的各种视频。
- 1分钟启动影片：启动“1分钟启动影片”对话框。在此对话框中，可以观看展示必备Maya技能的简短影片。
- 教程：在默认浏览器上启动来自“Autodesk Maya服务和支持”的“Maya教程”网页，如图4-103所示。

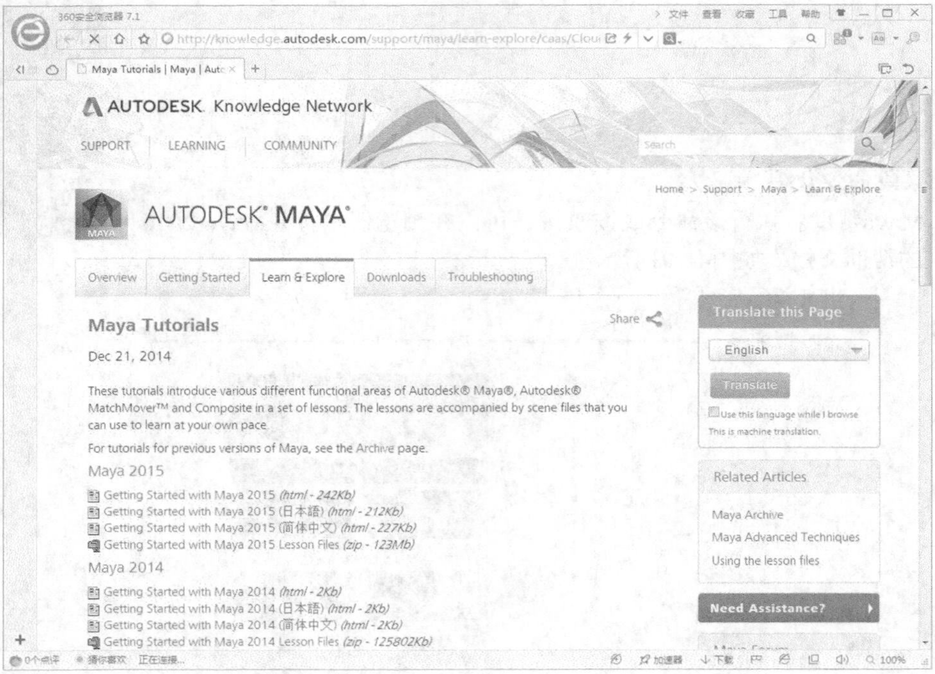

图4-103

- 学习途径：在默认浏览器中启动来自“Autodesk Maya服务和支持”的“Maya教学路径”网页，如图4-104所示。

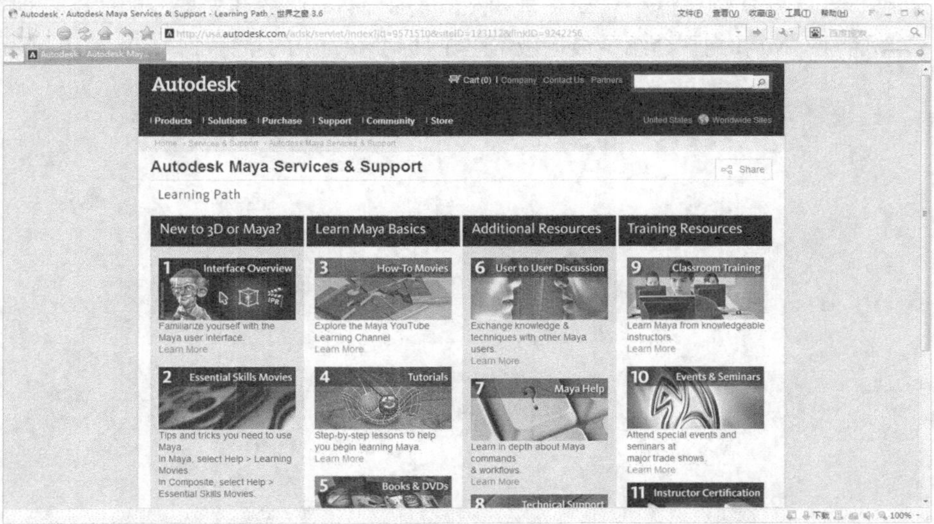

图4-104

- ❖ 服务与支持：包含“支持中心”“订阅中心”和“发行说明更新”3个选项。使用默认浏览器打开其中的“支持”网页，在该网页中可以访问Maya可用的不同级别支持的链接，如图4-105所示。

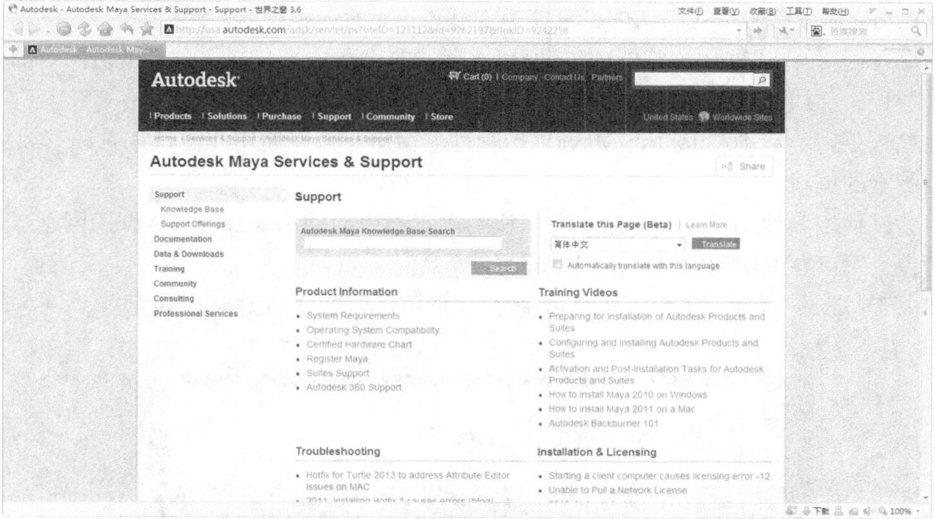

图4-105

- ❖ 报告问题：使用默认浏览器启动Annex网站上的“报告缺陷”页面。该页面提供了一张表格，可用于向Maya报告问题。
- ❖ 桌面分析：当使用Autodesk Maya时，会自动允许Maya收集使用者的桌面分析数据。首次启动Maya时会通过对话框通知这一情况。若要禁用数据收集，请选择“帮助>桌面分析”并禁用对话框中的复选框。
- ❖ 客户参与计划：启动“Autodesk客户参与计划”对话框，如图4-106所示。激活后，CIP将收集匿名信息，从而帮助Autodesk了解用户对 Maya的使用情况。

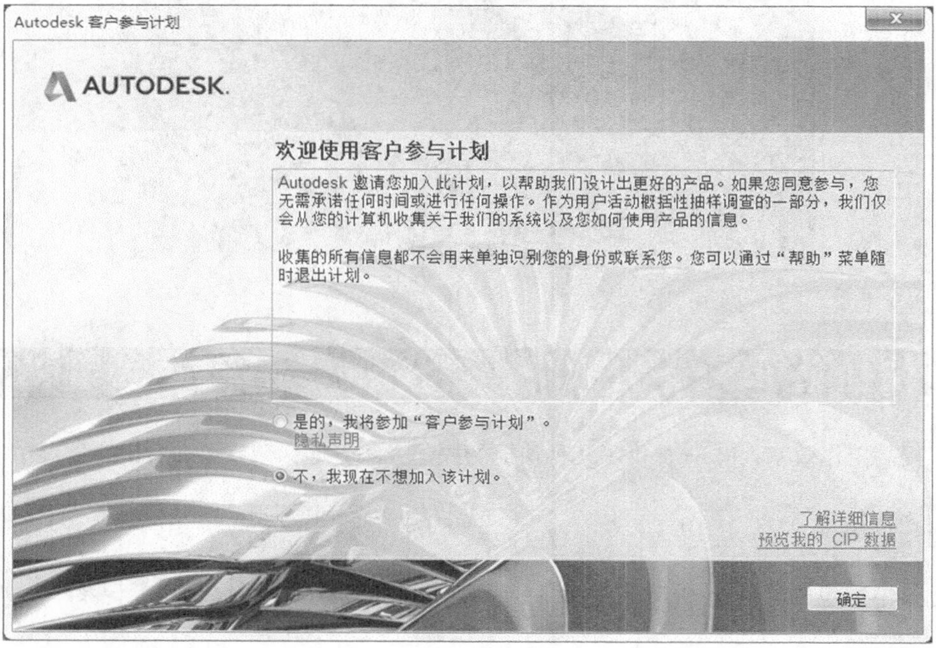

图4-106

❖ Autodesk DirectConnect帮助：在默认浏览器上加载“Autodesk DirectConnect帮助”系统。Autodesk DirectConnect是将CAD数据导入到Maya中的数据转换器。
❖ MEL命令参考：使用默认浏览器加载Maya嵌入式语言（MEL）命令和脚本的索引。
❖ Python命令参考：在默认的浏览器中加载Python命令和脚本的索引。
❖ Maya主页：在默认浏览器中启动Maya产品中心网站。在这里，可以访问产品信息以及教程、文档和支持等其他资源。
❖ 检查更新：启动Autodesk Maya更新管理器窗口。可以使用此窗口查看和下载Maya当前版本的更新。
❖ 尝试使用其他Autodesk产品：在默认的浏览器中启动Autodesk免费试用网站。通过此站点，可以在试用期内尝试使用Autodesk产品。
❖ 关于Maya：显示有关Maya副本的版权和许可证信息，如图4-107所示。

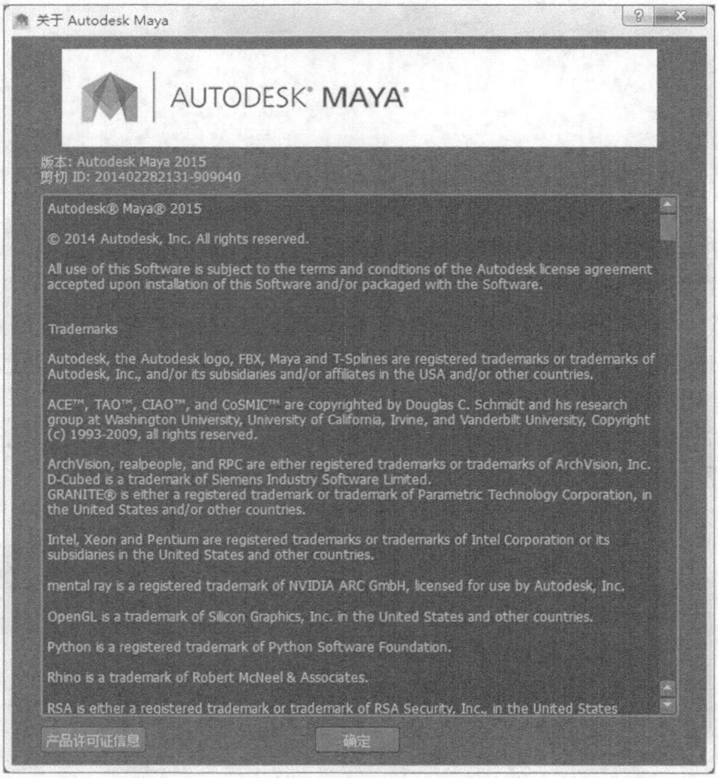
关于 Autodesk Maya
AUTODESK® MAYA®
版本: Autodesk Maya 2015
剪切 ID: 201402282131-909040
Autodesk® Maya® 2015
© 2014 Autodesk, Inc. All rights reserved.
All use of this Software is subject to the terms and conditions of the Autodesk license agreement accepted upon installation of this Software and/or packaged with the Software.
Trademarks
Autodesk, the Autodesk logo, FBX, Maya and T-Splines are registered trademarks or trademarks of Autodesk, Inc., and/or its subsidiaries and/or affiliates in the USA and/or other countries.
ACE™, TAO™, CIAO™, and CoSMIC™ are copyrighted by Douglas C. Schmidt and his research group at Washington University, University of California, Irvine, and Vanderbilt University, Copyright (c) 1993-2009, all rights reserved.
ArchVision, realpeople, and RPC are either registered trademarks or trademarks of ArchVision, Inc.
D-Cubed is a trademark of Siemens Industry Software Limited.
GRANITE® is either a registered trademark or trademark of Parametric Technology Corporation, in the United States and/or other countries.
Intel, Xeon and Pentium are registered trademarks or trademarks of Intel Corporation or its subsidiaries in the United States and other countries.
mental ray is a registered trademark of NVIDIA ARC GmbH, licensed for use by Autodesk, Inc.
OpenGL is a trademark of Silicon Graphics, Inc. in the United States and other countries.
Python is a registered trademark of Python Software Foundation.
Rhino is a trademark of Robert McNeel & Associates.
RSA is either a registered trademark or trademark of RSA Security, Inc., in the United States
产品许可证信息
确定
图4-107

4.2 快捷菜单

为了提高工作效率，Maya提供了几种快捷的操作方法，如标记菜单和右键快捷菜单等。

4.2.1 标记菜单

标记菜单里包含了Maya所有的菜单命令，按住空格键不放就可以调出标记菜单，如图4-108所示。

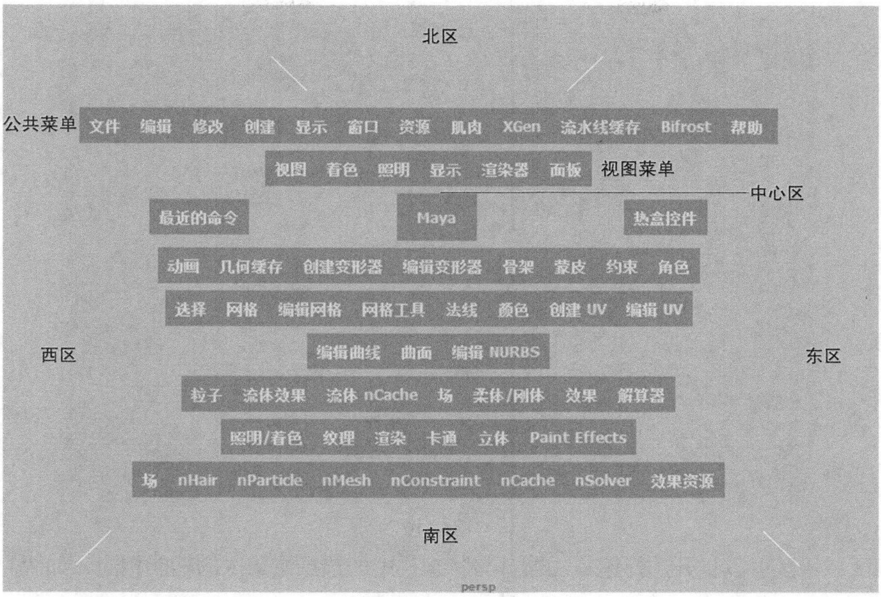

图4-108

标记菜单分为5个区，分别是北区、南区、西区、东区和中心区，在这5个区里单击左键都可以弹出一个特殊的快捷菜单。

❖ 北区：提供一些视图布局方式的快捷菜单，与“窗口>保存的布局”“面板>保存的布局”菜单中的命令相同，如图4-109所示。

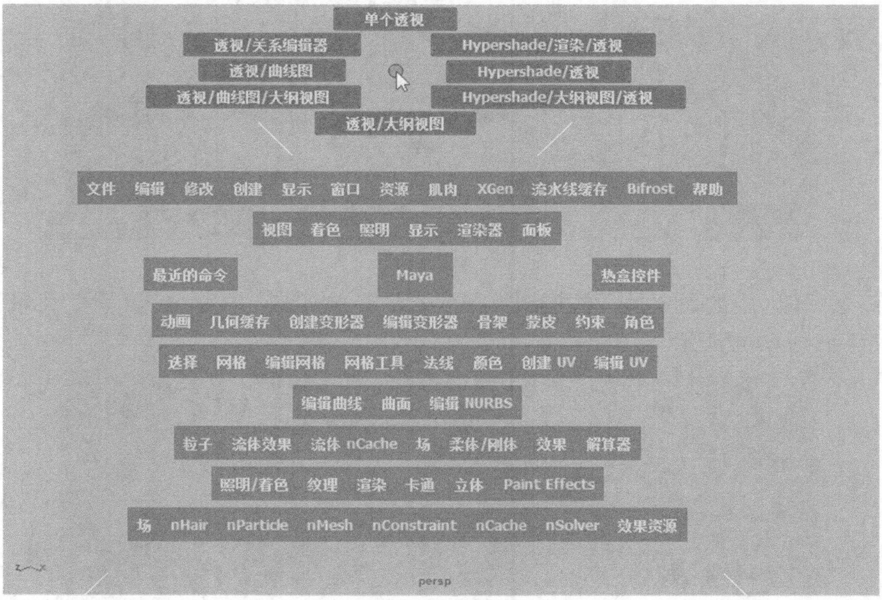

图4-109

❖ 南区：用于将当前视图切换到其他类型的视图，与视图菜单中的“面板>面板”菜单里的命令相同，如图4-110所示。

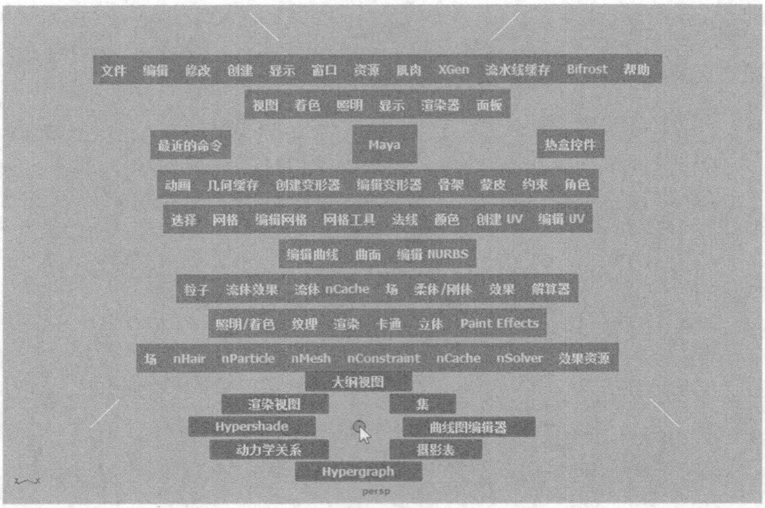

图4-110

❖ 西区：该区可以打开选择遮罩功能，与状态栏中的选择遮罩区的功能相同，如图4-111所示。

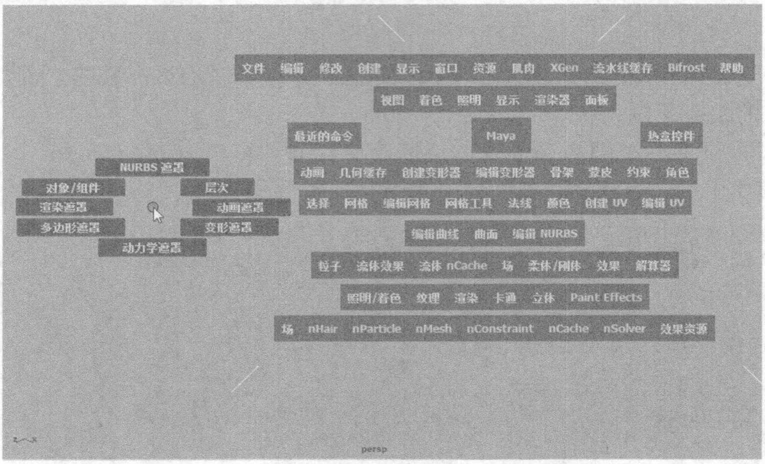

图4-111

❖ 东区：该区中的命令是一些控制界面元素的开关，与“显示>UI元素”菜单下的命令相同，如图4-112所示。

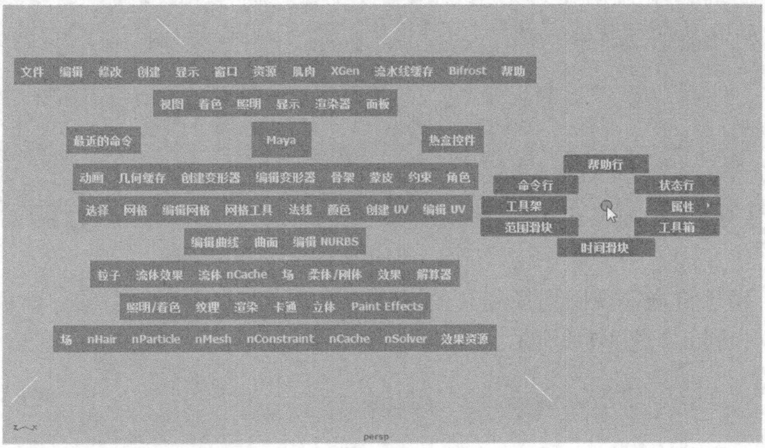

图4-112

❖ 中心区：用于切换顶视图、前视图、侧视图和透视图，如图4-113所示。

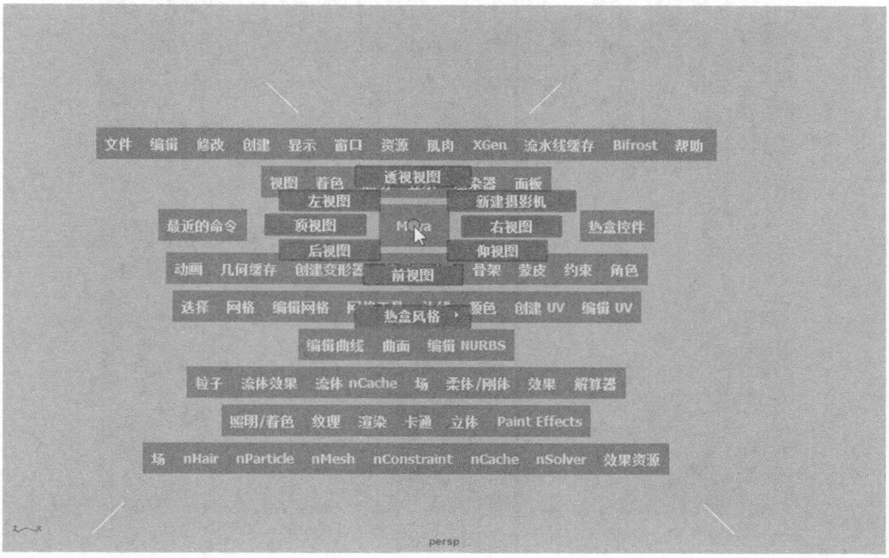

图4-113

4.2.2 右键菜单

右键快捷菜单是一种很方便的快捷菜单，其种类很多，不同的对象以及在不同状态下打开的快捷菜单也不相同。

例如，按住Shift键单击鼠标右键，并按住鼠标右键不放，会弹出一个创建多边形对象的快捷菜单，如图4-114所示；如果在创建的多边形对象上按住Shift键和鼠标右键，会弹出多边形的一些编辑命令，如图4-115所示；如果直接在多边形对象上按住鼠标右键，会弹出一些切换多边形次物体级别的命令，如图4-116所示；将对象切换到次物体级别，例如切换到“顶点”级别，选中一些顶点，按住Shift键和鼠标右键，又会弹出与编辑顶点相关的命令，如图4-117所示。

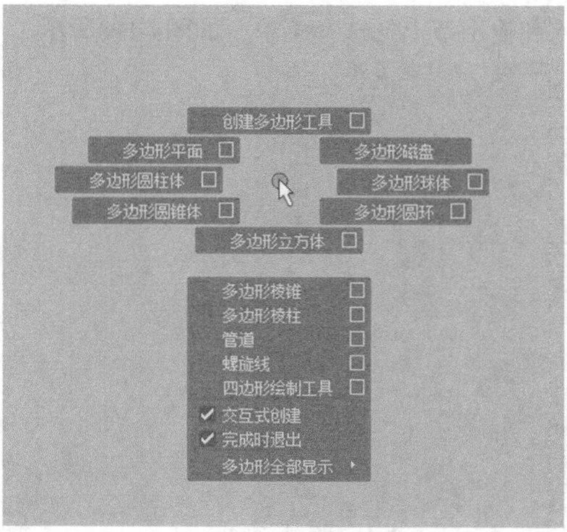

图4-114

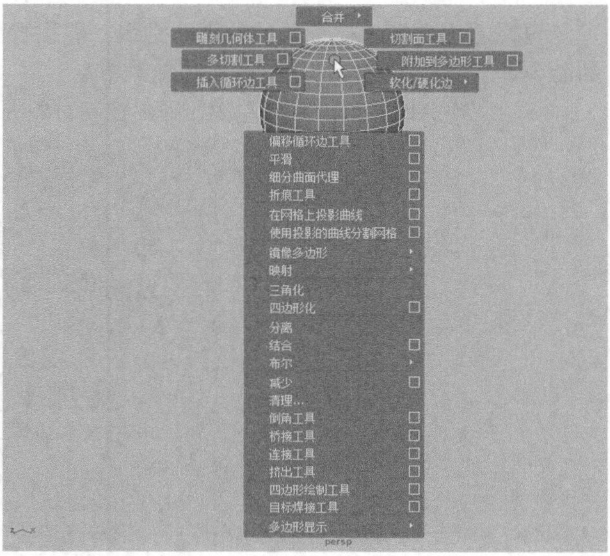

图4-115

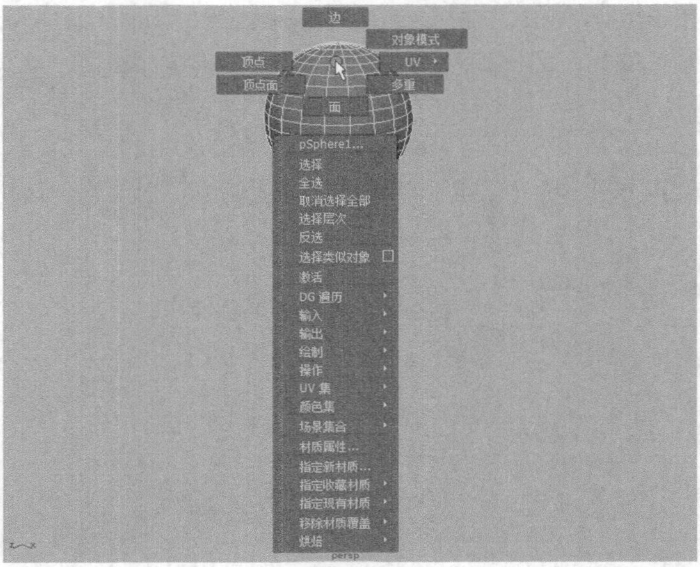

图4-116

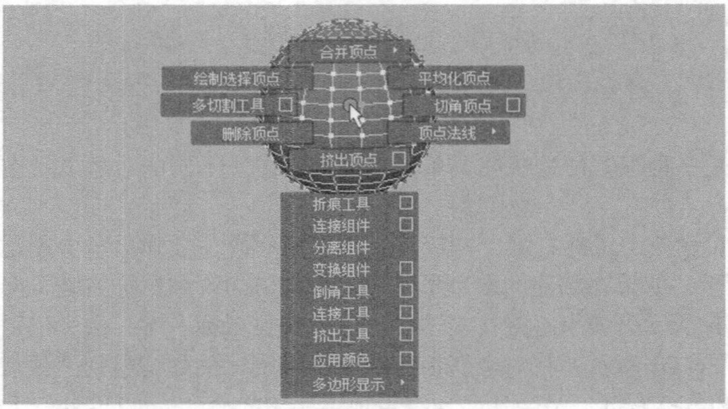

图4-117

可以看出右键快捷菜单的种类非常多，但很智能化，这样就可以快速地调出该状态下所需要的命令。下面介绍几个常用的热键快捷菜单。

❖ 按住A键并单击鼠标左键，弹出控制对象的输入和输出节点的选择菜单，如图4-118所示。

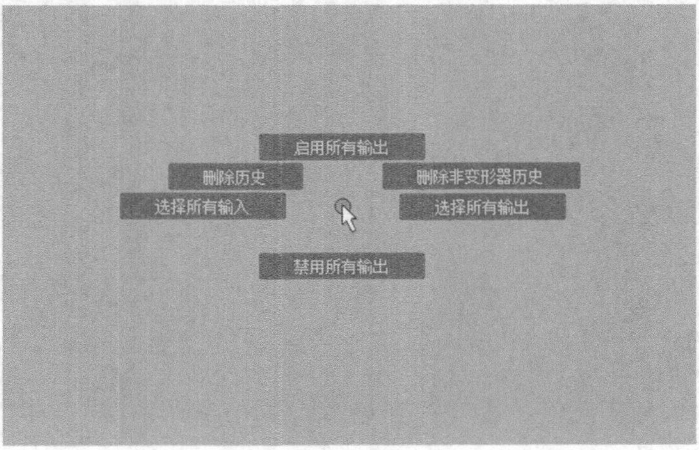

图4-118

❖ 按住H键并单击鼠标左键，弹出6个模块的选择切换菜单，如图4-119所示。

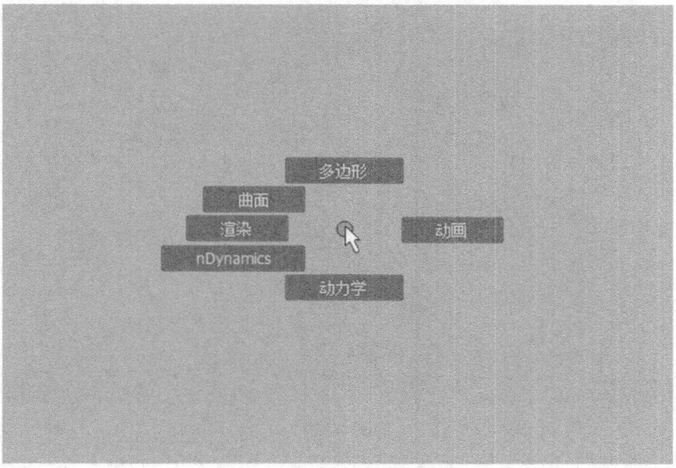

图4-119

❖ 按住Q键并单击鼠标左键，弹出选择遮罩的切换菜单，如图4-120所示。

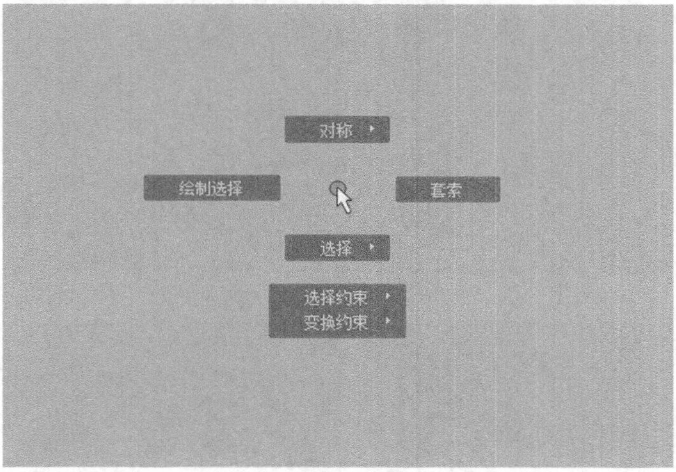

图4-120

❖ 按住O键并单击鼠标左键，弹出多边形各种元素的选择和编辑菜单，如图4-121所示。

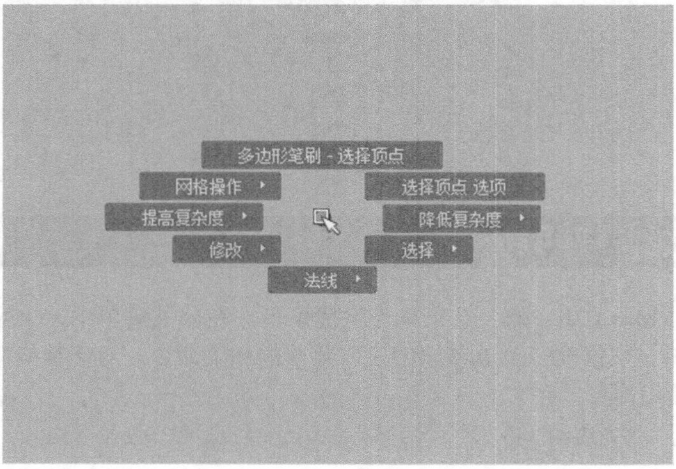

图4-121

❖ 按住W/E/R键并单击鼠标左键，弹出各种坐标方向的选择菜单，如图4-122~图4-124所示。

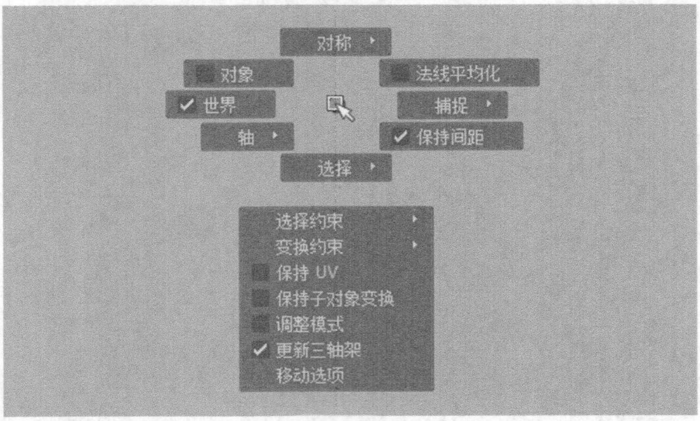

图4-122

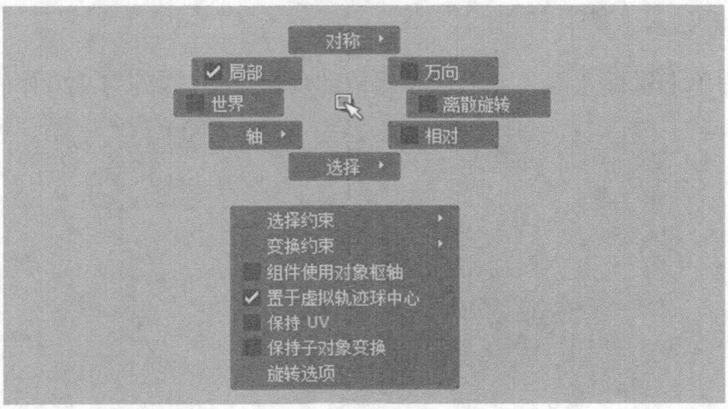

图4-123

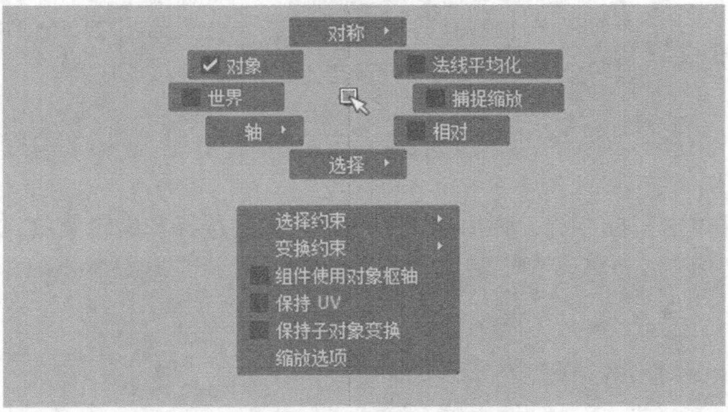

图4-124

4.3 知识总结与回顾

本章主要讲解了Maya 2015的公共菜单与快捷菜单。在公共菜单中，大家必须掌握“文件”菜单、“编辑”菜单、“修改”菜单和“创建”菜单的相关命令。对于快捷菜单，大家只需要知道如何将其调出来使用即可。

第5章 用户设置

要点索引

- 设置文件保存格式
- 自定义工具架
- 自定义快捷键
- 设置历史记录
- 设置默认操纵器手柄
- 切换视图背景颜色
- 加载Maya插件
- 设置工程文件
- 坐标系统

本章导读

本章将介绍Maya 2015的用户设置，包括设置文件的保存格式、自定义工具架、自定义快捷键、设置历史记录、设置默认操纵器手柄、切换视图背景颜色、加载Maya插件、设置工程目录以及选择坐标系统等。

5.1 设置文件保存格式

Maya的场景文件有两种格式，分别是.mb格式（Maya二进制）和.ma格式（Maya ASCII），如图5-1所示。.mb格式的文件在保存期内调用时的速度比较快；另外一种是.ma格式，是标准的Native ASCII文件，允许用户用文本编辑器直接进行修改。

图5-1

5.2 自定义工具架

在第2章中简单介绍了“工具架”的基本作用与用法，下面将详细介绍“工具架”的高级用法。

5.2.1 添加/删除图标

Maya的菜单命令数量非常多，常常会重复选择相同的菜单命令，如果将这些命令放在“工具架”上，直接单击图标就可以执行相应的命令。下面以“历史”命令为例来讲解如何将该命令添加到“工具架”上。

在“工具架”上单击“自定义”标签，然后按住快捷键Shift+Ctrl并执行“编辑>按类型删除>历史”菜单命令，这样可以将“历史”命令添加到“工具架”上，这时该命令会变成一个图标，如图5-2所示。

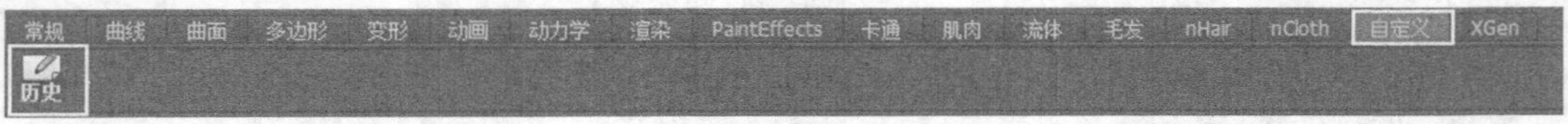

图5-2

如果要删除“历史”图标，可以用鼠标中键将该图标拖曳到最右侧的“垃圾桶”按钮上。

技巧与提示

注意，如果计算机的屏幕分辨率为800×600，则看不到“垃圾桶”。操作Maya时最好使用1024×768以上的分辨率。

5.2.2 内容选择

单击“工具架”上面的图标可以选择不同的内容，也可以单击“工具架”左侧的按钮，然后在弹出的菜单中选择标签，如图5-3所示。单击按钮可以打开“工具架”的编辑菜单，通过该菜单可以执行新建、删除“工具架”等操作，如图5-4所示。

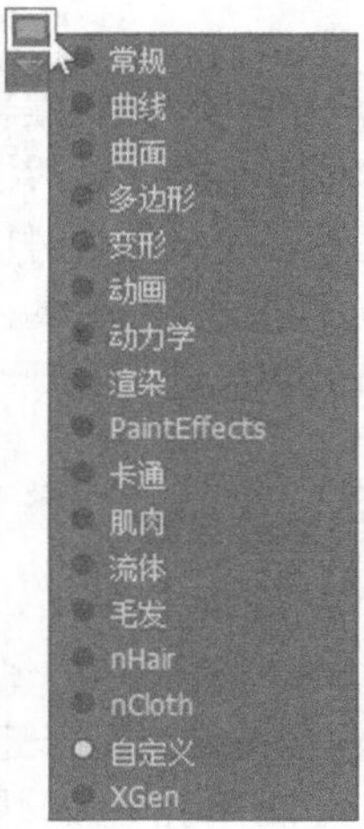

图5-3

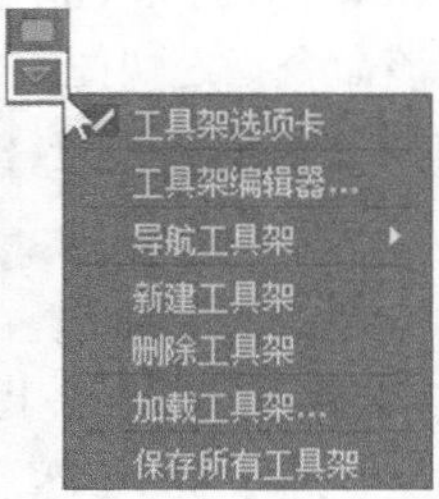

图5-4

编辑菜单命令介绍

❖ 工具架选项卡：用于显示或隐藏“工具架”上面的标签。

❖ 工具架编辑器：用于打开“工具架编辑器”对话框，里面有完整的编辑命令。

❖ 导航工具架：该命令中的子命令用于跳转到上/下一工具架，或直接跳转到某一工具架，如图5-5所示。

❖ 新建工具架：新建一个“工具架”。

❖ 删除工具架：删除当前“工具架”。

❖ 加载工具架：导入现成的工具架文件。

❖ 保存所有工具架：保存当前“工具架”的所有设置。

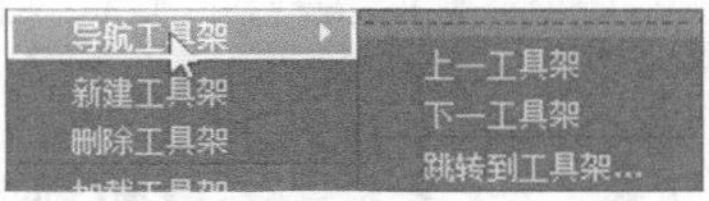

图5-5

5.2.3 工具架编辑器

执行“窗口>设置/首选项>工具架编辑器”菜单命令，打开“工具架编辑器”对话框，如图5-6所示。

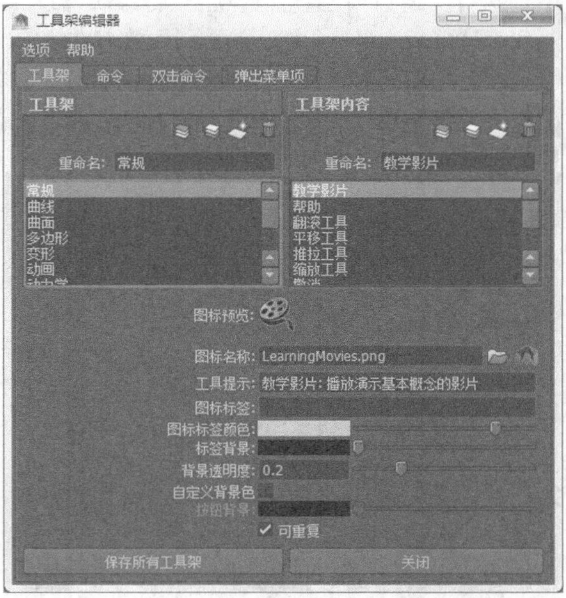

图5-6

工具架编辑器对话框工具介绍

❖ 工具架：该选项卡下是一些编辑“工具架”的常用工具，如新建、删除等。

✧ 上移：将“工具架”向上移动一个单位。

✧ 下移：将“工具架”向下移动一个单位。

✧ 新建工具架：新建一个“工具架”。

✧ 删除工具架：删除当前“工具架”。

✧ 重命名：显示当前“工具架”的名字，同时也可以改变当前“工具架”的名字。

5.3 自定义快捷键

Maya里面有很多快捷键，用户可以使用系统默认的快捷键，也可以自己设置快捷键，这样可以提高工作效率。例如经常使用到的“撤消”命令，快捷键为Z键。而打开Hypershade对话框这个操作没有快捷键，因此可以为其设置一个快捷键，这样就可以很方便地打开Hypershade对话框。

执行“窗口>设置/首选项>热键编辑器”菜单命令，打开“热键编辑器”对话框，如图5-7所示。该对话框左边列出的是对应菜单下的命令，选择命令后可以在右侧的Assign New Hotkeys（指定新的快捷键）选项组下为该命令指定快捷键。

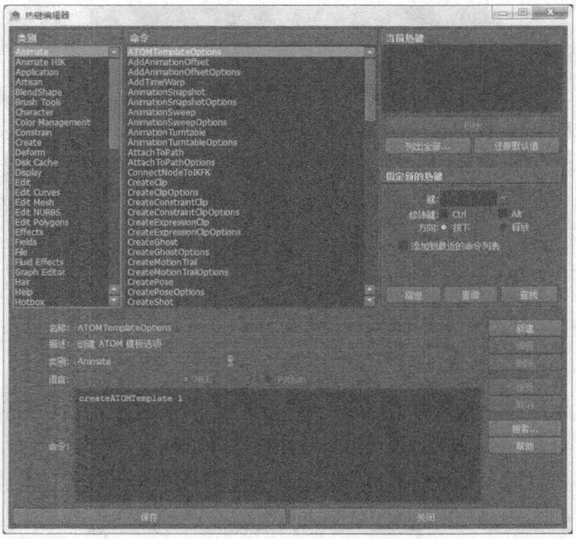

图5-7

热键编辑器对话框参数介绍

❖ 移除 移除 ：移除快捷键。

❖ 修饰键：用来设置组合键（两个或两个以上的快捷键称为组合键）。

❖ 指定 指定 ：使用指定的快捷键设置。

❖ 查询 查询 ：查询当前快捷键是否被使用。

❖ 查找 查找 ：如果当前快捷键被使用，该功能用来查找对应命令的位置。

【练习5-1】：设置快捷键

场景文件	无
实例位置	无
技术掌握	掌握设置快捷键的方法

01 执行“窗口>设置/首选项>热键编辑器”菜单命令，打开“热键编辑器”对话框，然后在左侧列表选择Window（窗口）类别，接着在第2个列表中选择HypershadeWindow（Hypershade对话框）命令，如图5-8所示。

02 在“键”选项后面输入字母M，然后单击“指定”按钮 指定 ，接着单击“保存”按钮 保存 ，如图5-9所示。这样就为Hypershade对话框设置了一个快捷键M键。

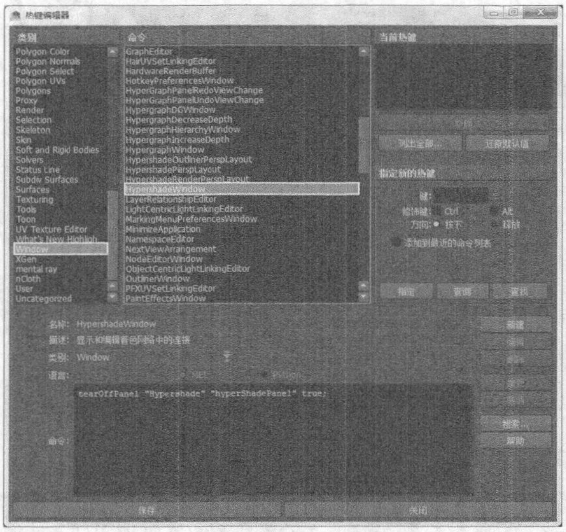

图5-8

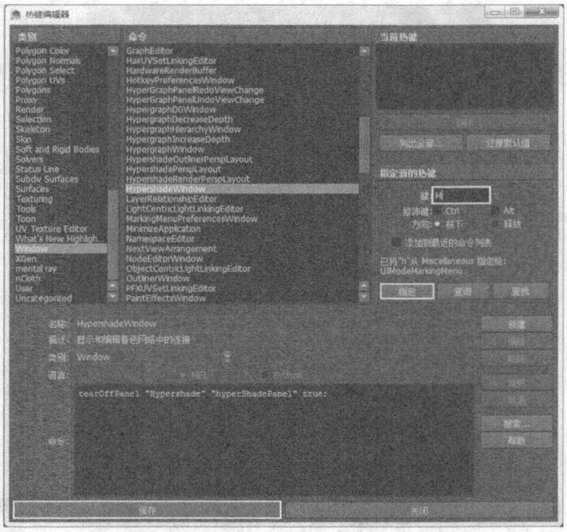

图5-9

03 关闭“热键编辑器”对话框，然后退出Maya并重启软件，按M键就可以打开Hypershade对话框了。

5.4 设置历史记录

在默认情况下，Maya的可撤消次数为50次，意思就是可以返回的操作只有50步。如果想要提高可撤消次数，可以执行“窗口>设置/首选项>首选项”菜单命令，打开“首选项”对话框，然后在“类别”列表中选择“撤消”选项，接着将“队列大小”选项的数值设置得高一些就行，如图5-10所示。

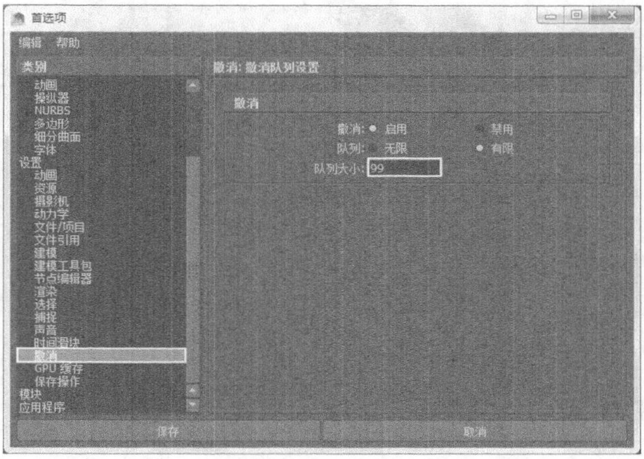

图5-10

5.5 设置默认操纵器手柄

执行“文件>打开”菜单命令，打开一个场景文件，如图5-11所示，然后在“工具箱”中选择“移动工具”，接着选择场景中的对象，此时可以查看到移动操纵器手柄，如图5-12所示。

图5-11

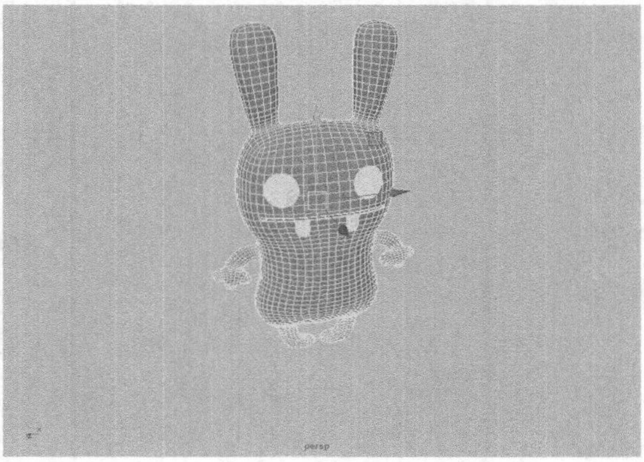

图5-12

如果要修改操纵器手柄的大小，可以执行“窗口>设置/首选项>首选项”菜单命令，打开“首选项”对话框，然后在“类别”列表中选择“操纵器”选项，接着对“操纵器大小”的相关选项进行设置，如图5-13所示。比如将“全局比例”设置为3，则整个操纵器手柄都会变大，如图5-14所示；如果增大或减小“控制柄大小”的数值，则控制柄也会随之增大或减小，图5-15所示是设置该值为60时的控制柄效果。

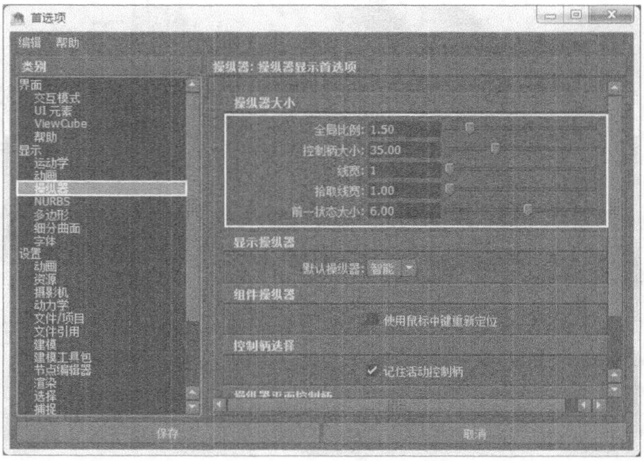

图5-13

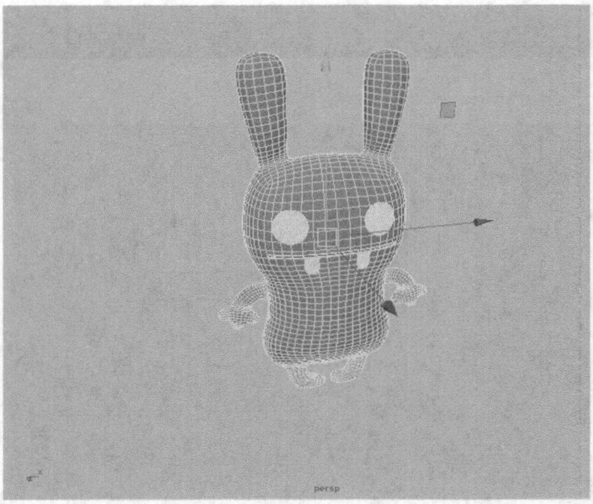

图5-14

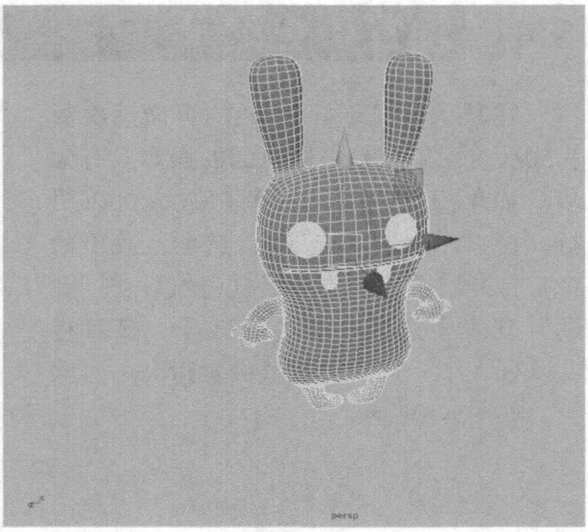

图5-15

在“工具箱”中选择“旋转工具”，则移动操纵器手柄会变成旋转操纵器手柄，如图5-16所示。如果要改变线的宽度，可以对“线宽”数值进行调整，图5-17所示是设置该值为6时的效果。注意，“线宽”选项不适用于移动操纵器手柄。

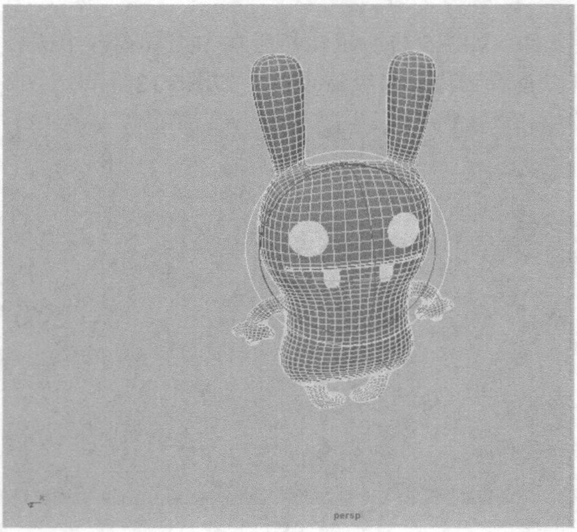

图5-16

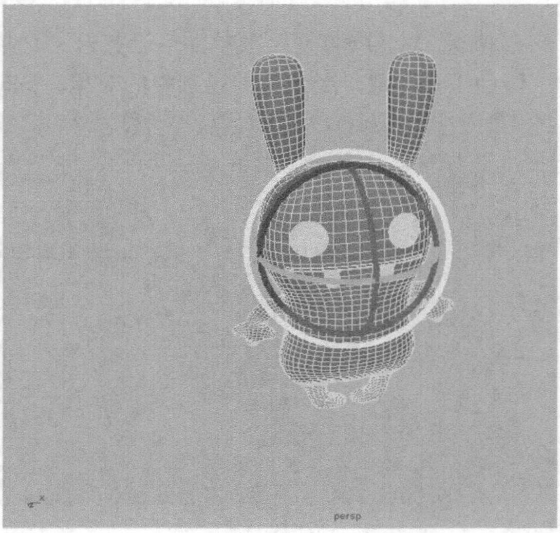

图5-17

技巧与提示

“拾取线宽”选项用来确定拾取旋转操纵器环时使用的线的厚度；“前一状态大小”选项用来控制对前一反馈绘制的点的大小。

5.6 切换视图背景颜色

在默认情况下，Maya的视图背景为蓝灰渐变色，如图5-18所示。如果要将其设置为其他颜色，可以按快捷键Alt+B，这样可以在蓝灰渐变色、黑色、深灰色和浅灰色的背景色之间进行切换，如图5-19~图5-21所示。这里建议用户采用浅灰色作为背景色，以保护眼睛。

图5-18

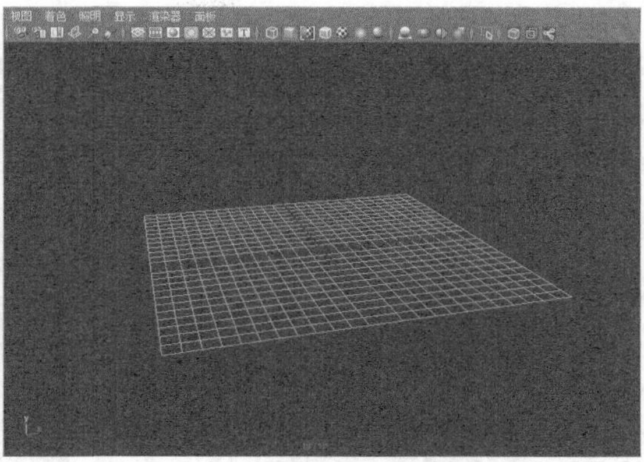

图5-19

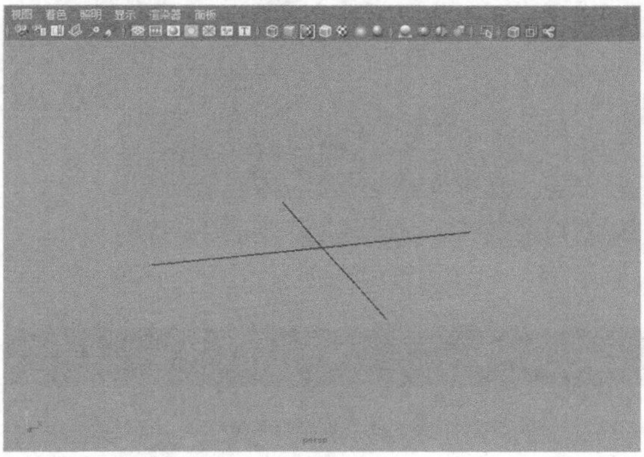

图5-20

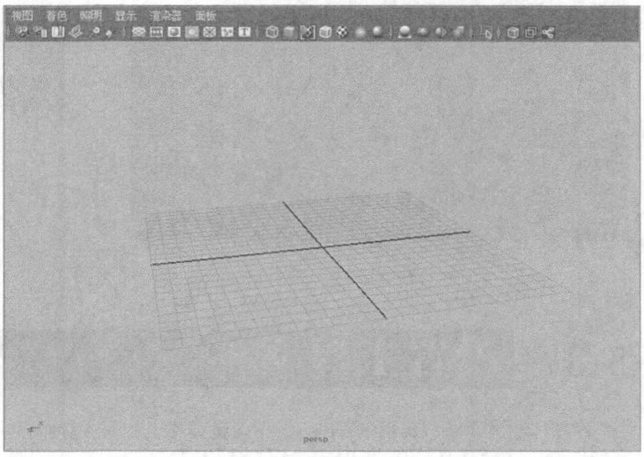

图5-21

5.7 加载Maya插件

Maya为用户提供了很多插件，而某些插件需要加载才可以正常使用，如objExport.mll（用于导入.obj格式的文件）插件。打开一个场景，如图5-22所示，然后选择对象，执行“文件>导出当前选择”菜单命令，在弹出的“导出当前选择”对话框中可以选择想要导出的格式，但没有.obj格式，如图5-23所示。

图5-22

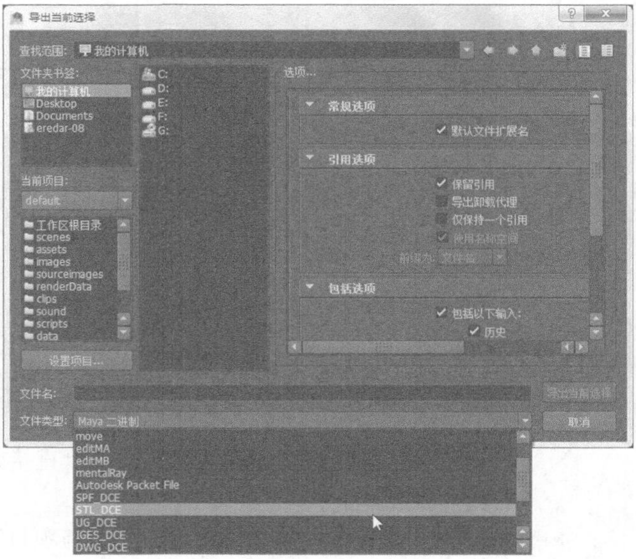

图5-23

遇到这种情况时，可以执行“窗口>设置/首选项>插件管理器”菜单命令，打开“插件管理器”对话框，然后在objExport.mll插件后面勾选“已加载”和“自动加载”选项，如图5-24所示。加载objExport.mll插件以后，在“导出全部”对话框中就可以选择.obj（即OBJexport格式），如图5-25所示。

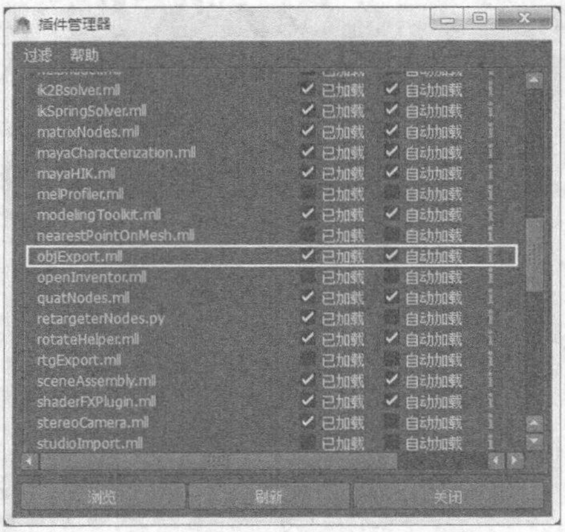

图5-24

图5-25

5.8 设置工程文件

5.8.1 Maya的工程目录结构

Maya在运行时有两个基本的目录支持，一个用于记录环境设置参数，另一个用于记录与项目相关的文件需要的数据，其目录结构如图5-26所示。

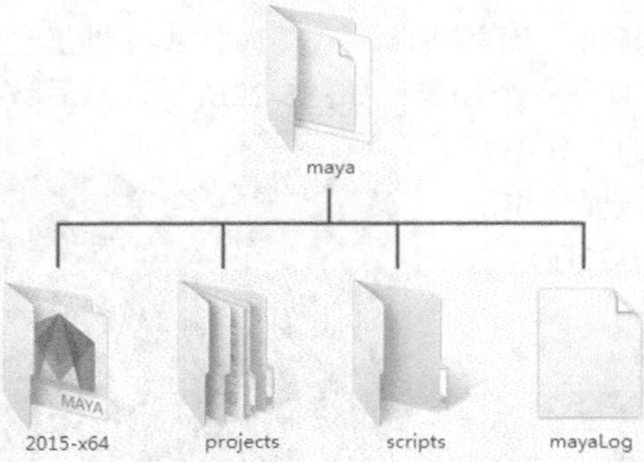

图5-26

目录结构介绍

❖ 2015-x64：该文件夹用于储存用户在运行软件时设置的系统参数。每次退出Maya时会自动记录用户在运行时所改变的系统参数，以方便在下次使用时保持上次所使用的状态。若想让所有参数恢复到默认状态，可以直接删除该文件夹，这样就可以恢复到系统初始的默认参数。

❖ projects（工程）：该文件夹用于放置与项目有关的文件数据，用户也可以新建一个工作目录，使用习惯的文件夹名字。

- ❖ scripts（脚本）：该文件夹用于放置MEL脚本，方便Maya系统的调用。
- ❖ mayaLog：Maya的日志文件。

5.8.2 项目窗口对话框

执行“文件>项目窗口”菜单命令，打开“项目窗口”对话框，如图5-27所示。在该对话框中可以设置与项目有关的文件数据，如纹理文件、MEL、声音等，系统会自动识别该目录。

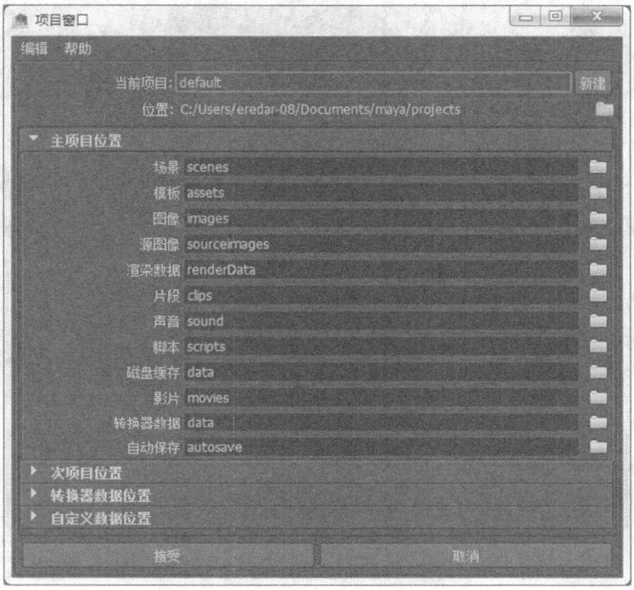

图5-27

项目窗口对话框参数介绍

- ❖ 当前项目：设置当前工程的名字。
- ❖ 新建：新建工程项目。
- ❖ 位置：工程目录所在的位置。
- ❖ 主项目位置：列出当前的主项目目录。创建新项目时，默认情况下Maya会创建这些目录。主项目位置提供重要的项目数据（例如场景文件、纹理文件和渲染的图像文件）的目录。
- ❖ 次项目位置：列出主项目位置中的子目录。在默认情况下，会为与主项目位置相关的文件创建次项目位置。
- ❖ 转换器数据位置：显示项目转换器数据的位置。
- ❖ 自定义数据位置：显示自定义项目的位置。

【练习5-2】：创建与编辑工程目录

场景文件　无
实例位置　无
技术掌握　掌握工程目录的创建与编辑方法

创建工程目录是开始工作前的第1步。在默认情况下，Maya会自动在C:\Documents and Settings\Administrator\My Documents\maya目录下创建一个工程目录，也就是会自动在“我的文档”里进行创建。下面详细介绍如何创建与编辑工程目录。

第1步：执行“文件>项目窗口”菜单命令，打开“项目窗口”对话框，然后单击“新建”按钮，接着在“当前项目”后面输入新建工程的名称lianxi_1（名称可根据自己的习惯来设置），如图5-28所示。

图5-28

技巧与提示

注意，在输入名称时最好使用英文，因为Maya在某些地方只支持英文。

第2步：在“位置”后面输入工程目录所建立的路径（可根据习惯输入），在这里选择D:/盘根，如图5-29所示。

图5-29

第3步：单击“接受”按钮 接受 ，这样就可以在D盘的根目录下创建一个名称为lianxi_1的工程目录，打开这个文件夹，可以观察到该文件夹里面都使用了默认的名字，如图5-30所示。

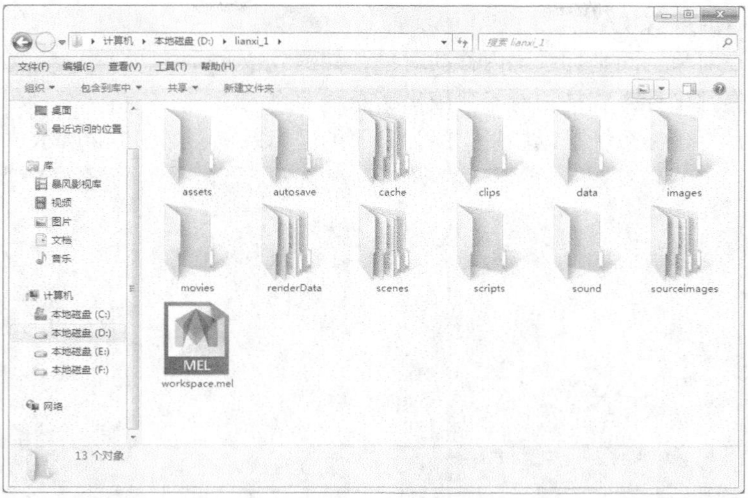

图5-30

第4步：执行"文件>设置项目"菜单命令，打开"设置项目"对话框，然后将项目文件目录指定到创建的D:\lianxi_1文件夹下，接着单击"设置"按钮，如图5-31所示。

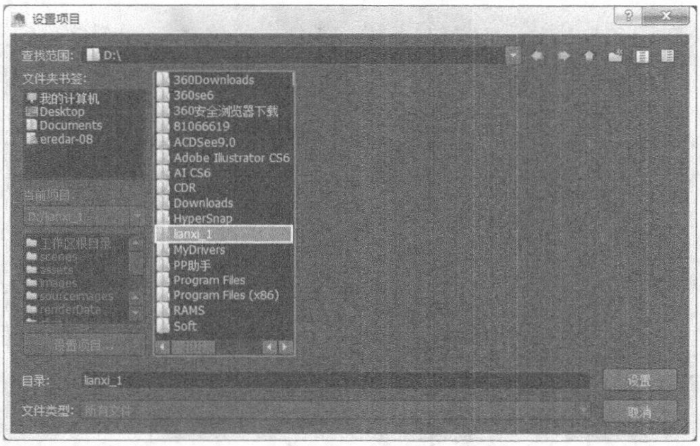

图5-31

5.9 坐标系统

单击状态栏右边的"显示或隐藏工具设置"按钮，打开"工具设置"对话框，如图5-32所示，在这里可以设置工具的一些相关属性，例如移动操作中所使用的坐标系。

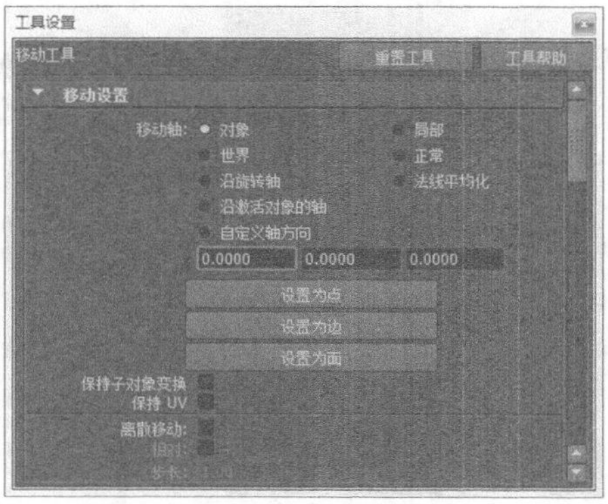

图5-32

工具设置对话框参数介绍

❖ 对象：在对象空间坐标系统内移动对象，如图5-33所示。

❖ 局部：局部坐标系统是相对于父级坐标系统而言的。

❖ 世界：世界坐标系统是以场景空间为参照的坐标系统，如图5-34所示。

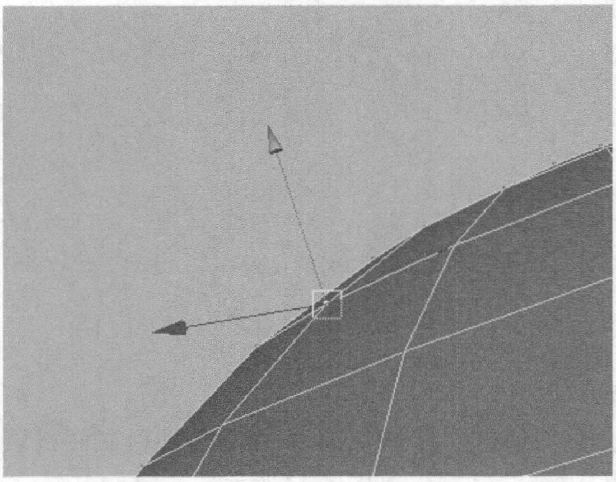

图5-33

图5-34

❖ 正常：可以将NURBS表面上的CV点沿V或U方向移动，如图5-35所示。

❖ 法线平均化：设置法线的平均化模式，对于曲线建模特别有用，如图5-36所示。

图5-35

图5-36

5.10 知识总结与回顾

本章主要讲解了Maya 2015的用户设置。在这些内容中，大家必须掌握历史记录的设置方法、视图背景颜色的切换方法、Maya插件的加载方法与工程目录的设置方法。

第6章 对象的基本操作

要点索引

- 工具箱
- 移动对象
- 旋转对象
- 缩放对象
- 创建基本对象
- 复制对象
- 切换对象的编辑模式
- 捕捉对象

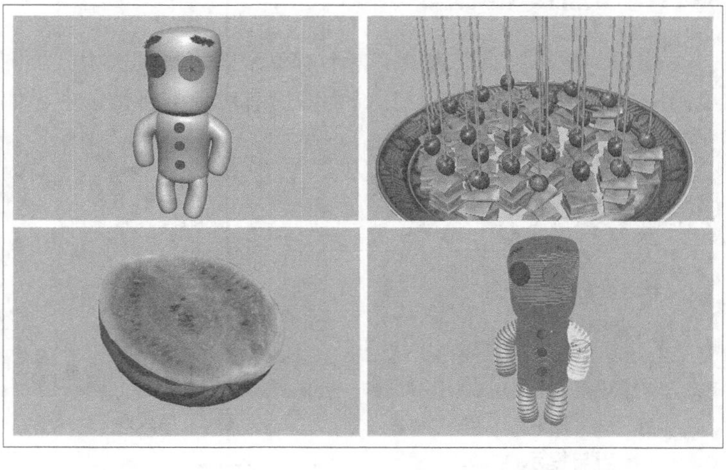

本章导读

本章将介绍Maya场景对象的基本操作，包括常用工具的用法、基本对象的创建方法、场景的打包方法、复制对象的4种方法、对象编辑模式的切换方法以及对象的捕捉方法等。本章的内容虽然属于基础知识，但这些技术比较重要，希望大家仔细领会。

6.1 工具箱

“工具箱”中的工具是Maya提供变换操作的最基本工具，这些工具相当重要，在实际工作中的使用频率相当高，如图6-1所示。

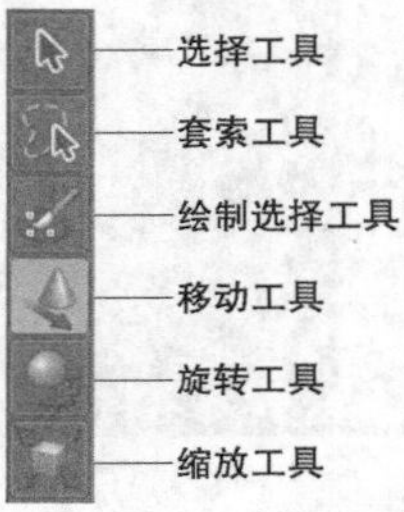

图6-1

工具箱工具介绍

- 选择工具：用于选取对象。
- 套索工具：可以在一个范围内选取对象。
- 绘制选择工具：以画笔的形式选取对象。
- 移动工具：用来移动对象。
- 旋转工具：用来旋转对象。
- 缩放工具：用来缩放对象。

6.2 选择对象

在Maya中，选择对象的方法有很多种，既可以用单击的方法选择对象，也可以用“大纲视图”对话框选择对象。在不同的场合下，要选择一种最合适的方法。

6.2.1 用选择工具选择对象

使用“选择工具”单击某个对象，即可将其选中，如图6-2所示；另外，也可以用该工具拖曳出一个选择区域，处于该区域内的所有对象都将被选中，如图6-3和图6-4所示。

图6-2

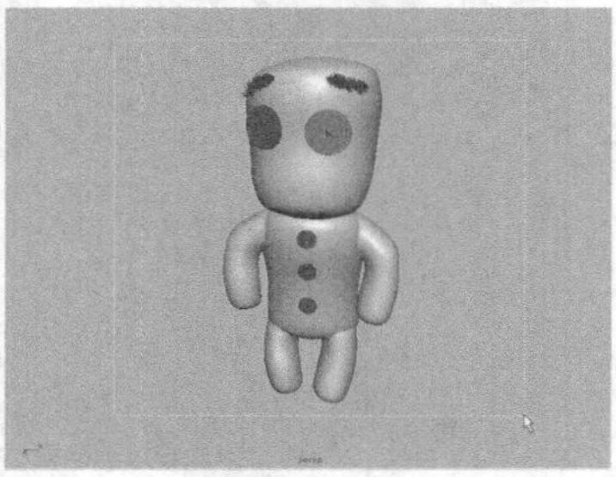
图6-3

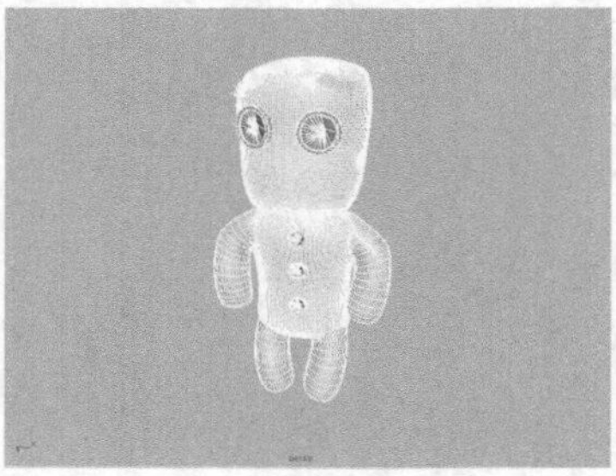
图6-4

技巧与提示

用“移动工具”、“旋转工具”和“缩放工具”也可以选择对象，不过这3种工具还可以用来移动、旋转和缩放选定的对象。

6.2.2 用套索工具选择对象

使用“套索工具”勾画出一个区域，即可选中该区域内的对象，如图6-5和图6-6所示。

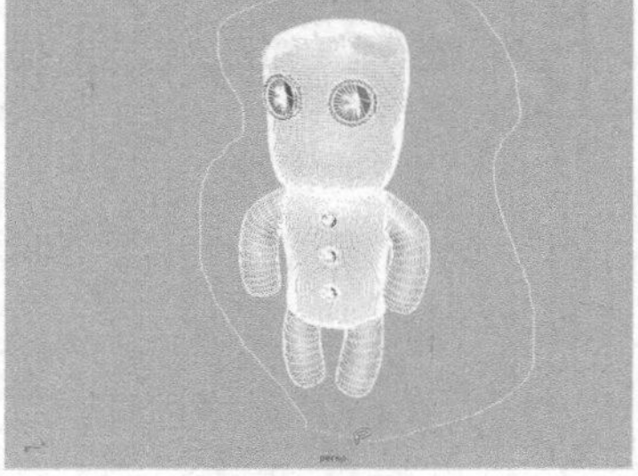
图6-5

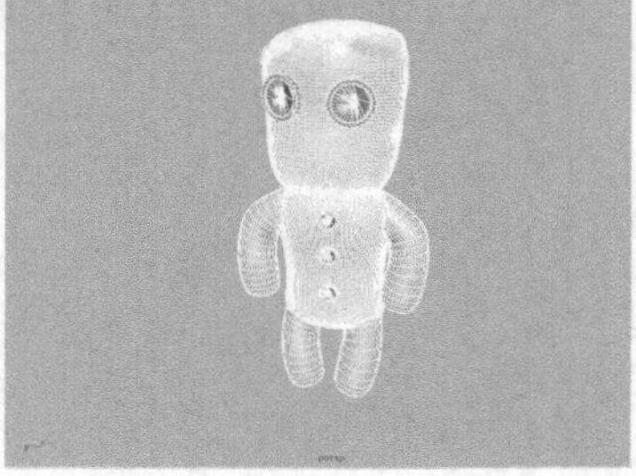
图6-6

6.2.3 用绘制选择工具选择对象

“绘制选择工具”▣是一个比较特殊的工具，它只能选择对象的组件，比如顶点、边、面等。要使用该工具，首先需要在对象上单击鼠标右键，然后选择一种次物体层级，如图6-7所示，接着在组件上绘制，以选择组件，如图6-8所示。

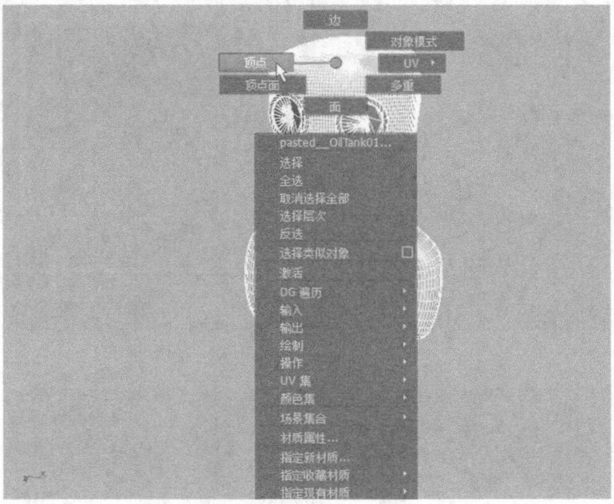

图6-7

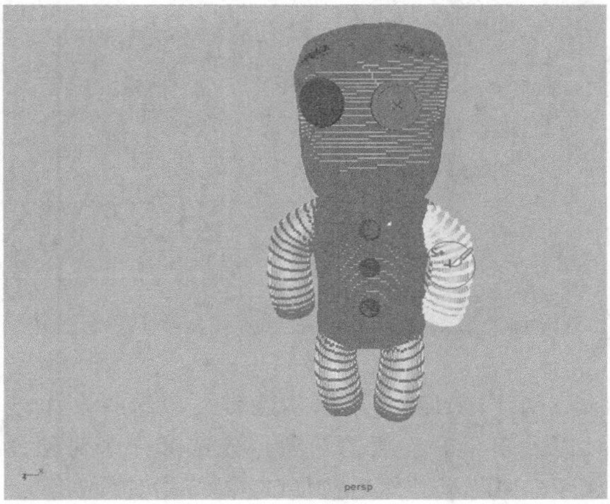

图6-8

6.2.4 用大纲视图选择对象

执行“窗口>大纲视图”菜单命令，打开“大纲视图”对话框，如图6-9所示。在该对话框中可以选择单个对象，也可以进行加选、减选、编组等操作。

在本场景中，如果要选择整个对象，可以直接在“大纲视图”对话框中单击group，如图6-10所示；如果要选择单个对象，可以单击group前面的⊞图标，展开组内的对象，然后单击相应的对象将其选中，如图6-11所示。

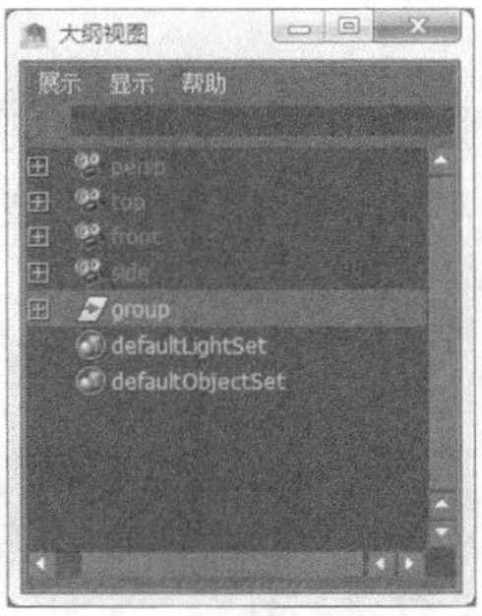

图6-9

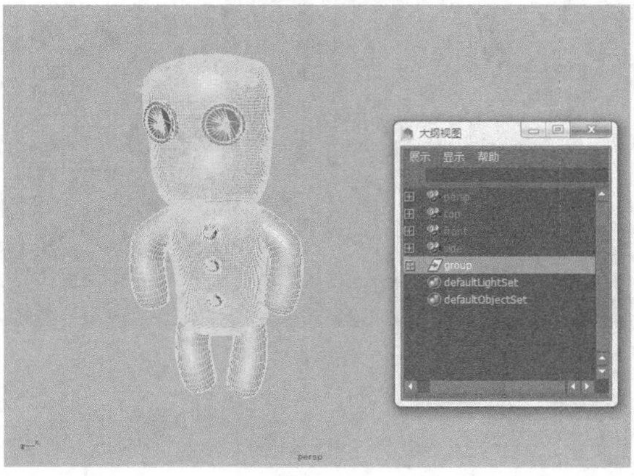

图6-10

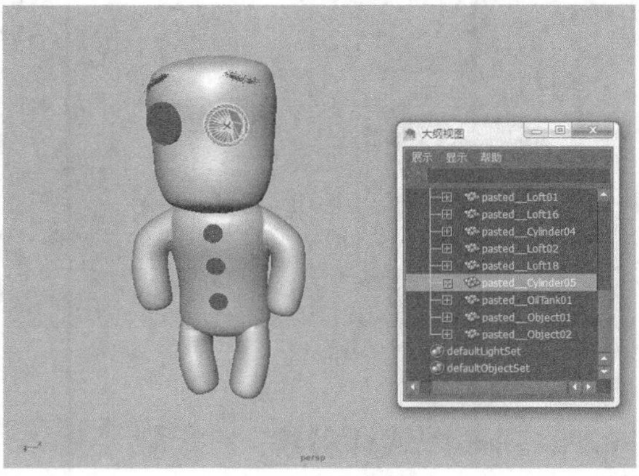

图6-11

另外，如果要选择多个对象，可以按住Shift键和Ctrl键进行操作。下面分别对这两个功能键进行详细介绍。

对于Shift键：用该功能键可以选择多个连续的对象。先选择一个对象，如图6-12所示，然后按住Shift键单击其他对象，即可选择这些连续的多个对象，如图6-13所示。注意，用这种方法选择多个，只能选择多个连续的对象，不能选择多个非连续的对象。

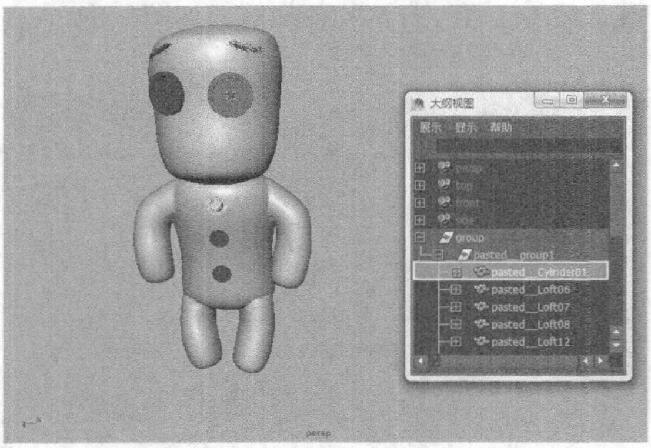

图6-12

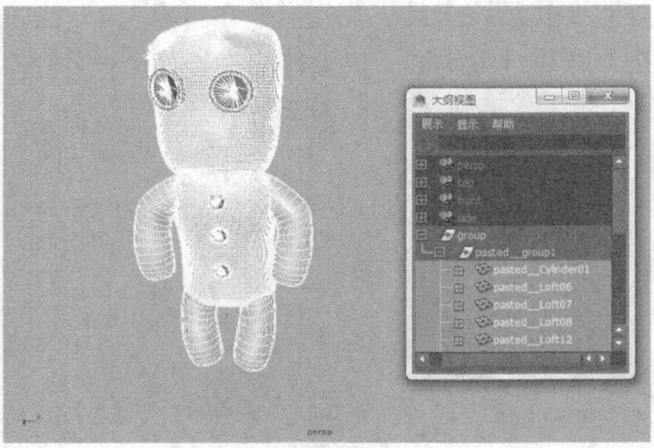

图6-13

对于Ctrl键：用该功能键可以选择多个连续以及多个非连续的对象。先选择一个对象，如图6-14所示，然后按住Ctrl键单击其他对象，即可选择这些连续和非连续的多个对象，如图6-15和图6-16所示。

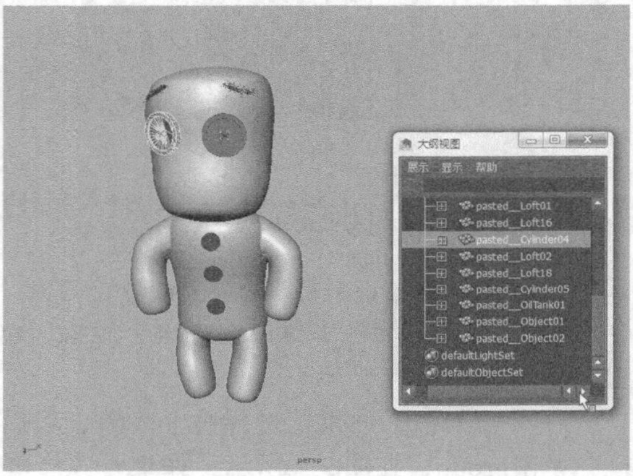

图6-14

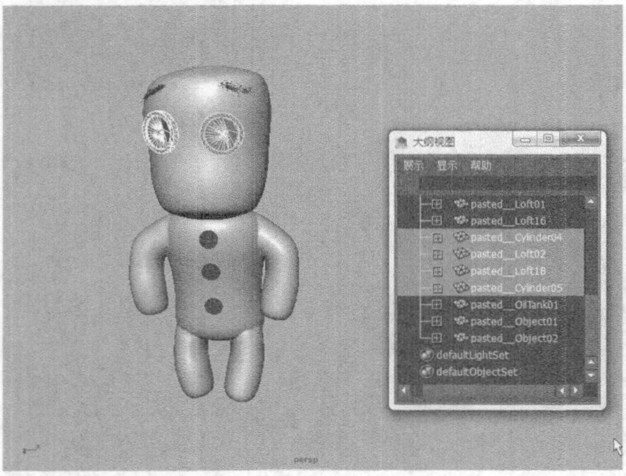

图6-15

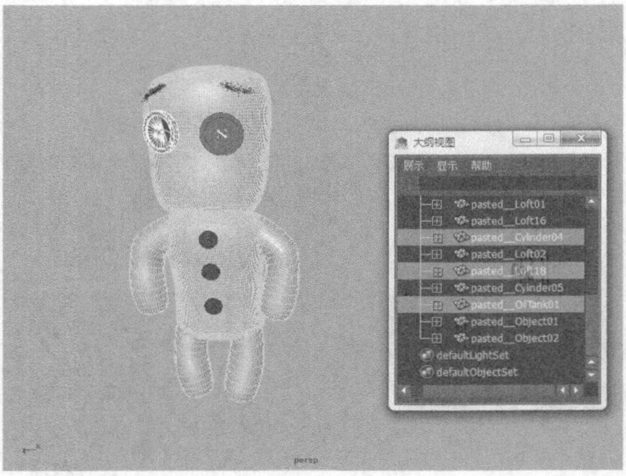

图6-16

6.2.5 用超图选择对象

执行“窗口>Hypergraph:层次”菜单命令，打开“Hypergraph层次”对话框，如图6-17所示。在该对话框中列出了场景中的所有对象，单击相应的对象即可将其选中，如图6-18所示。

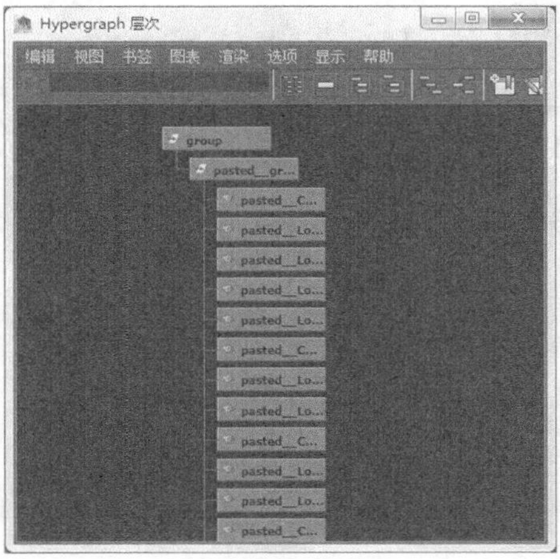

图6-17

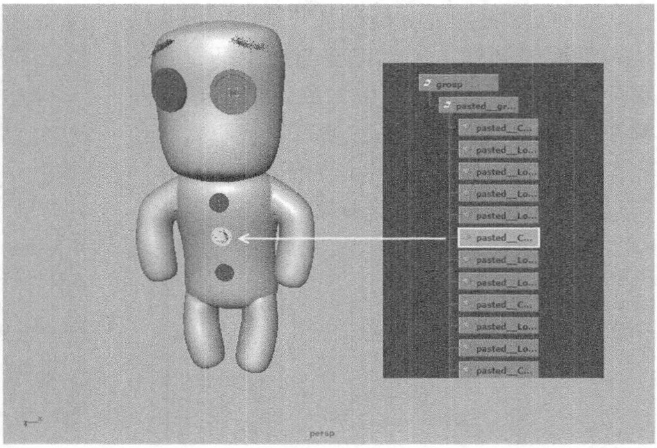

图6-18

6.3 移动对象

使用“移动工具”不仅可以选择对象，还可以移动选中的对象。移动对象是在三维空间坐标系中将对象进行移动操作，移动操作的实质就是改变对象在*x*、*y*、*z*轴的位置。在Maya中分别以红、绿、蓝来表示*x*、*y*、*z*轴，还分别以红、蓝、绿3个颜色的方块来表示*yz*、*xy*、*xz*这3个平面控制柄，如图6-19所示。

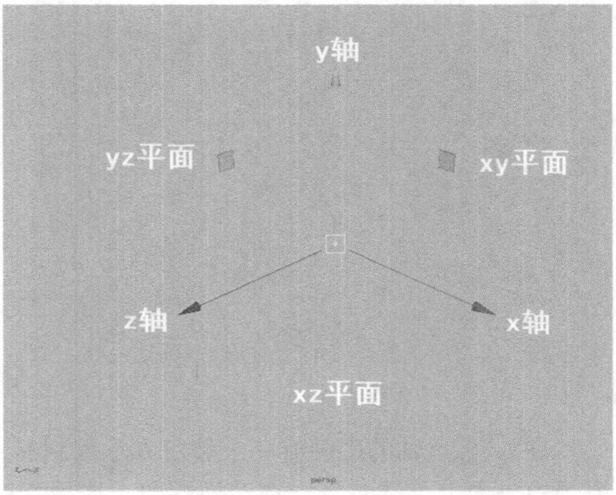

图6-19

拖曳相应的轴向手柄可以在该轴向上移动，如图6-20所示。单击某个手柄就可以选中相应的手柄，并且可以用鼠标中键在视图的任何位置拖曳光标以达到移动的目的，如图6-21所示。

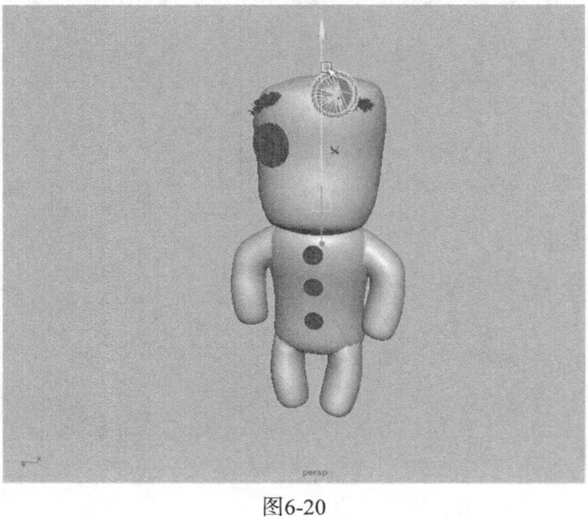

图6-20

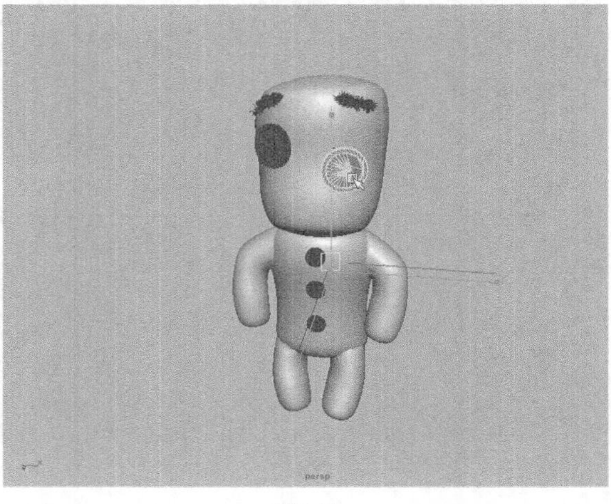

图6-21

按住Ctrl键用光标拖曳某一手柄，或直接使用平面控制柄，即可以在与该手柄垂直的平面上进行移动操作。例如按住Ctrl+鼠标左键拖曳*y*轴手柄，如图6-22所示，或直接按住绿色平面控制柄进行拖曳，如图6-23和图6-24所示，都可以在*x*、*z*平面上移动。

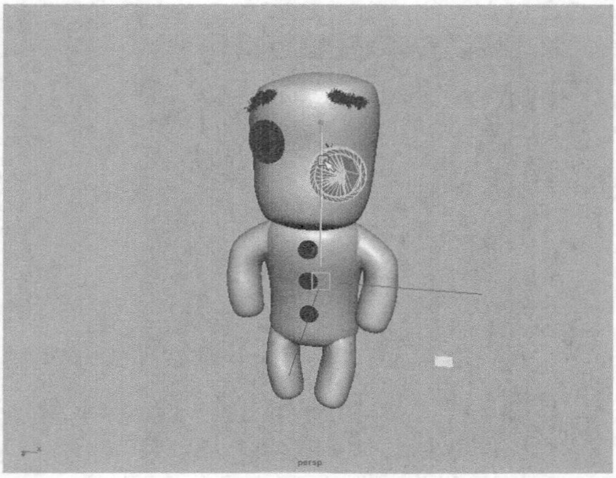

图6-22

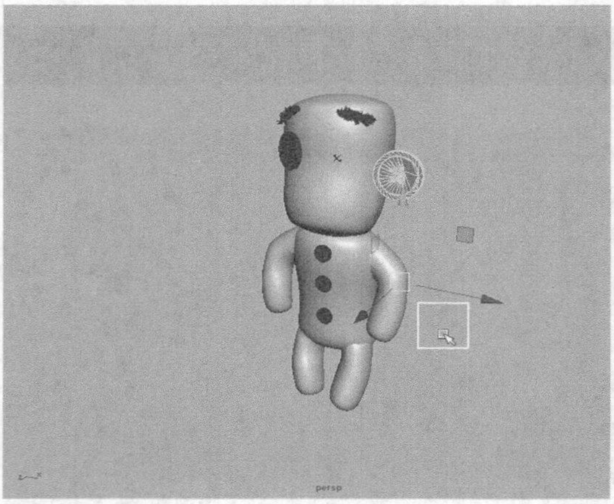

图6-23

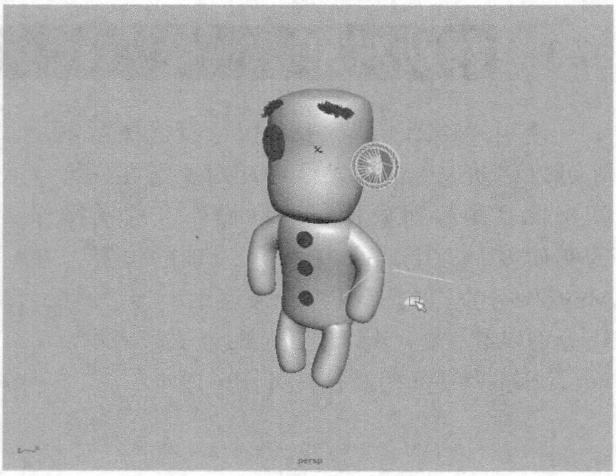

图6-24

在*x*、*y*、*z*轴的中间有一个黄色方形控制器，将光标放在该控制器上并拖曳光标，可以在平行视图的平面上移动对象。在透视图中，这种移动方法很难控制物体的移动位置，一般情况下都在正交视图中使用这种方法，因为在正交视图中不会影响操作效果，如图6-25所示，或者在透视图中配合Shift+鼠标中键拖曳光标也可以约束对象在某一方向上移动，如图6-26所示。

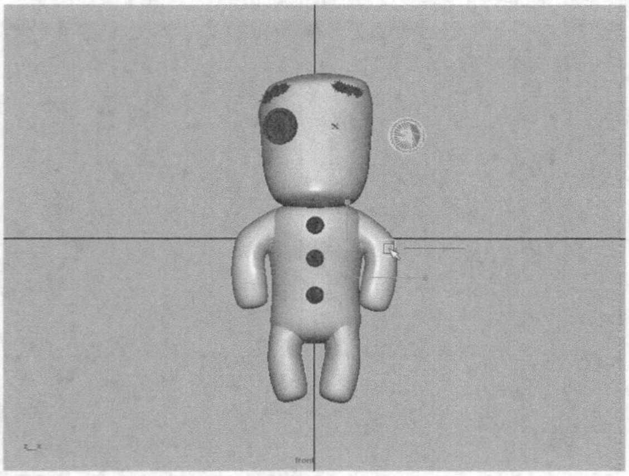

图6-25

图6-26

6.4 旋转对象

使用“旋转工具”将对象进行旋转操作，同移动对象一样，“旋转工具”也有自己的操纵器，*x*、*y*、*z*轴也分别用红、绿、蓝来表示，如图6-27所示。

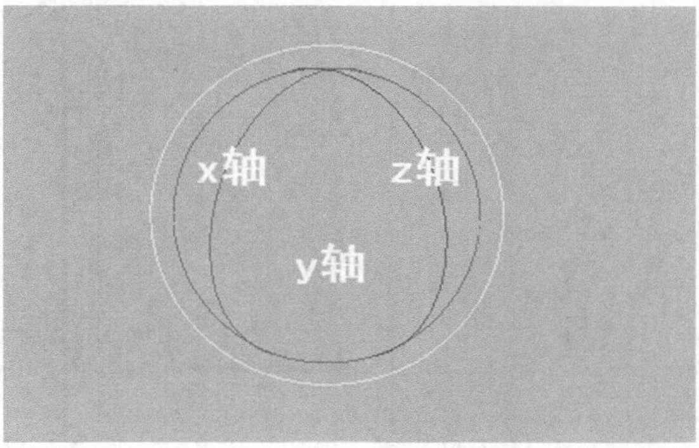

图6-27

使用“旋转工具”可以将物体围绕任意轴向进行旋转操作。拖曳红色线圈表示将物体围绕x轴进行旋转，如图6-28所示；拖曳中间空白处可以在任意方向上进行旋转，如图6-29所示；同样也可以通过鼠标中键在视图中的任意位置拖曳光标进行旋转，如图6-30所示。

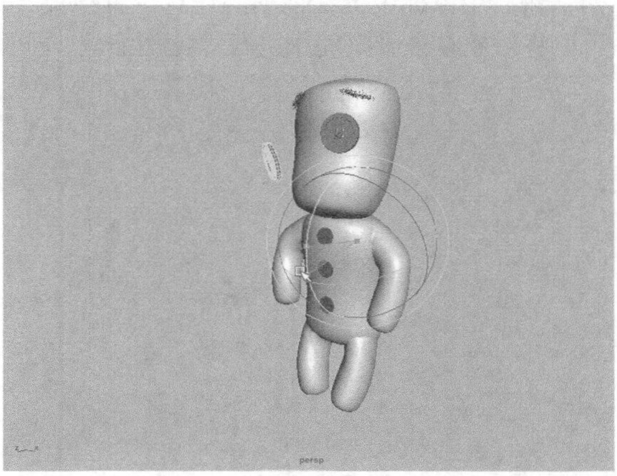

图6-28

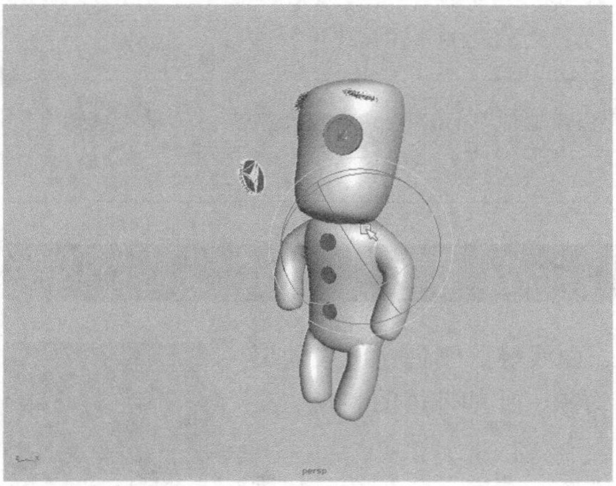

图6-29

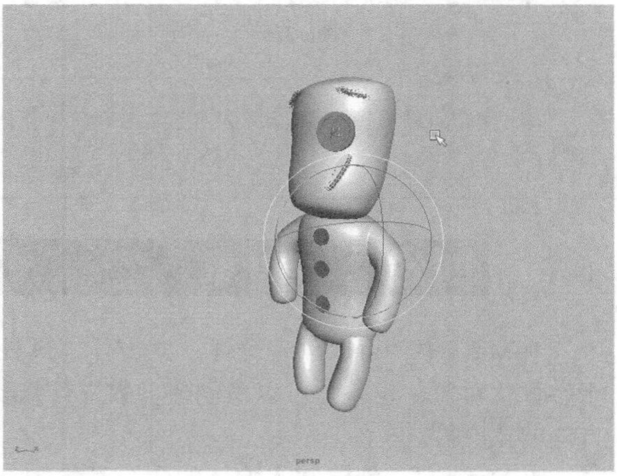

图6-30

6.5 缩放对象

使用“缩放工具”可以将对象进行自由缩放操作，同样缩放操纵器的红、绿、蓝分别代表*x*、*y*、*z*轴，平面控制器的红、绿、蓝分别代表*yz*、*xz*、*xy*平面，如图6-31所示。

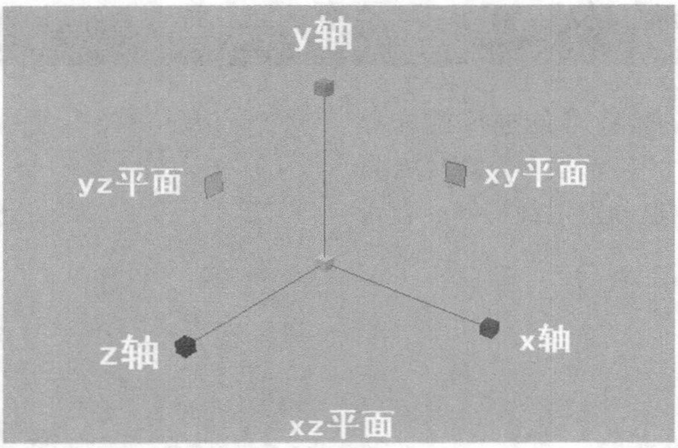

图6-31

选择x轴手柄并拖曳光标可以在x轴向上进行缩放操作，如图6-32所示，也可以先选中x轴手柄，然后用鼠标中键在视图的任意位置拖曳光标进行缩放操作；使用鼠标左键拖曳中间的手柄，可以将对象在三维空间中进行等比例缩放，如图6-33所示。

图6-32

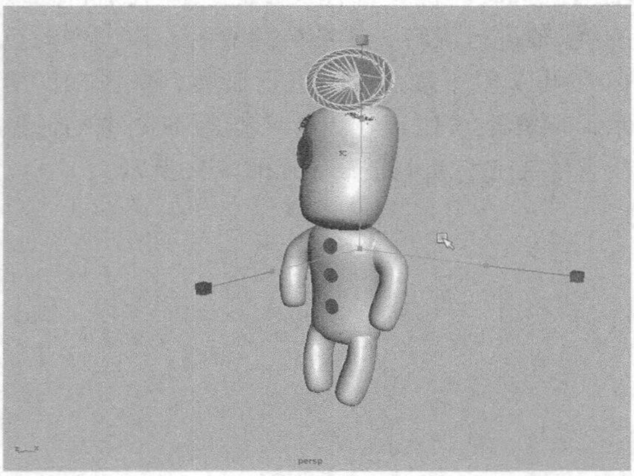

图6-33

技巧与提示

除了可以直接用手柄来移动、旋转和缩放对象以外，还可以通过在“通道盒”中设置数值来对物体进行精确的变换操作。

6.6 创建基本对象

在Maya中，可以创建球体、立方体、圆柱体、曲线等。刚创建出来的属于参数化对象，也就是可以对创建参数进行修改的对象，比如球体的半径、立方体的宽度等。

在Maya中，创建基本物体的命令都集中在“创建”菜单下，如图6-34所示。利用这些命令，可以创建诸如NURBS基本体、多边形基本体、细分曲面基本体、灯光、摄影机与曲线等基本对象。

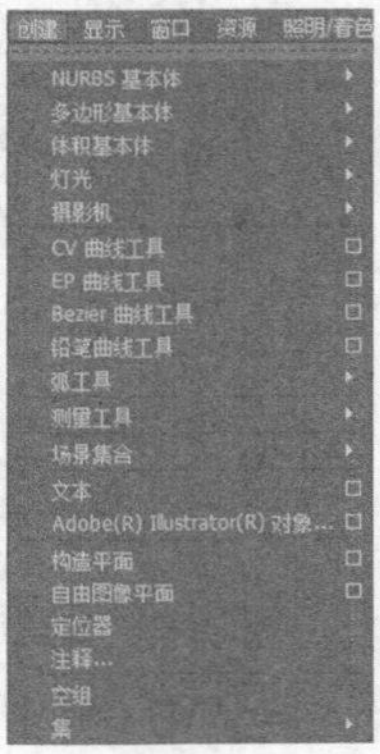

图6-34

【练习6-1】：创建参数化对象

场景文件　无
实例位置　学习资源>实例文件>CH06>练习6-1.mb
技术掌握　掌握如何创建与修改参数化对象

01 执行“创建>多边形基本体>立方体”菜单命令，在透视图中随意创建一个立方体，系统会自动将其命名为pCube1，如图6-35所示。

02 按5键进入实体显示方式，以便观察，这时可以在“通道盒”中观察控制立方体的属性参数，如图6-36所示。

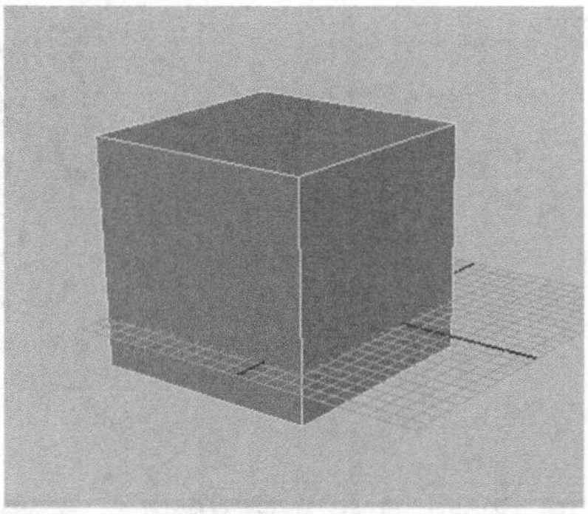

图6-35

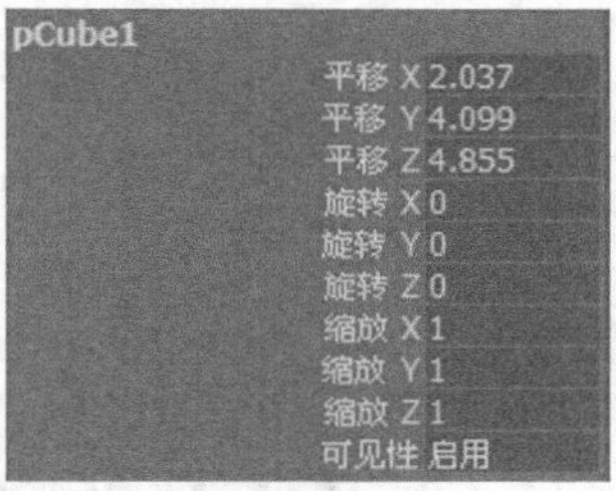

图6-36

03 试着改变“通道盒”中的参数，拖曳光标选中“平移x/y/z”这3个选项的数字框，并将这3个参数都设置为0，这时可观察到立方体的位置回到了三维坐标为（0，0，0）的位置，如图6-37所示。

04 设置“旋转x”选项的数值为45，这时可观察到立方体围绕*x*轴旋转了45°（恢复其数值为0，以方便下面的操作），如图6-38所示。

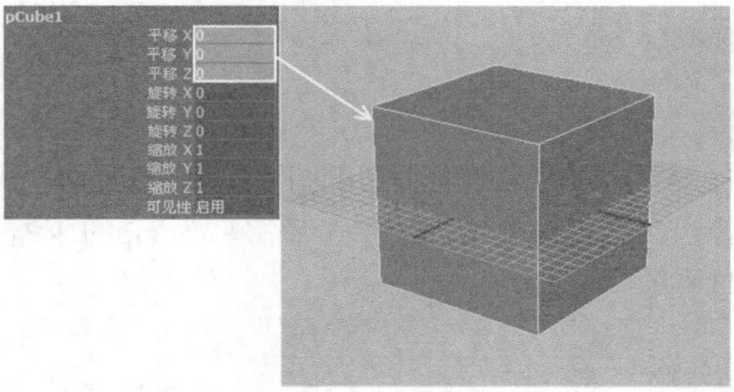

图6-37

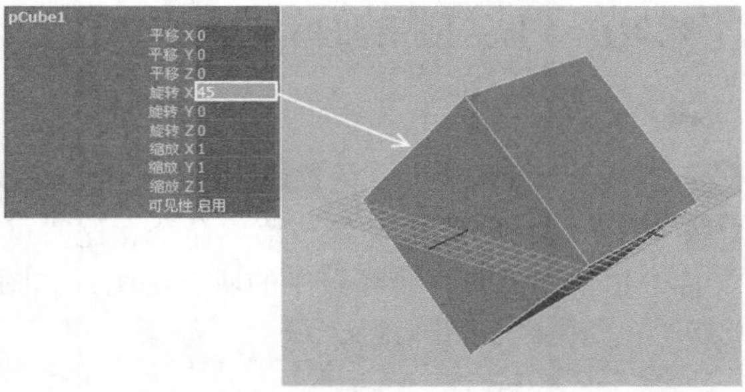

图6-38

05 单击“输入”属性下的polyCube1选项，展开其参数设置面板，在这里可以观察到里面记录了立方体的宽度、高度、深度以及3个轴向上的细分段数，然后将“宽度”设置为2、“高度”设置为4、“深度”设置为3，如图6-39所示。

06 设置Width（宽度）、Height（高度）和Depth（深度）值为1，这时可以观察到立方体变成了边长为1个单位的立方体，如图6-40所示。

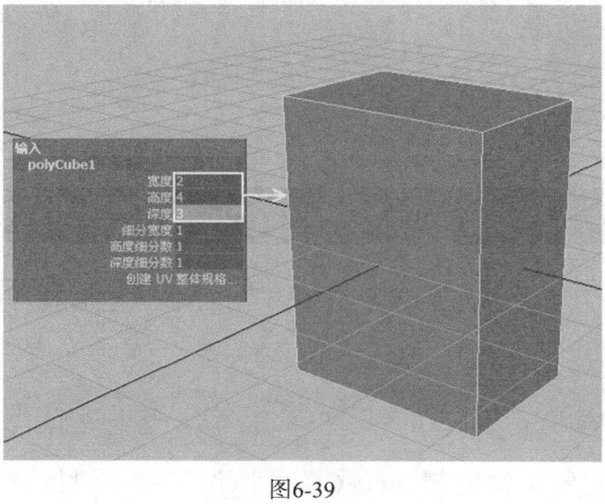

图6-39

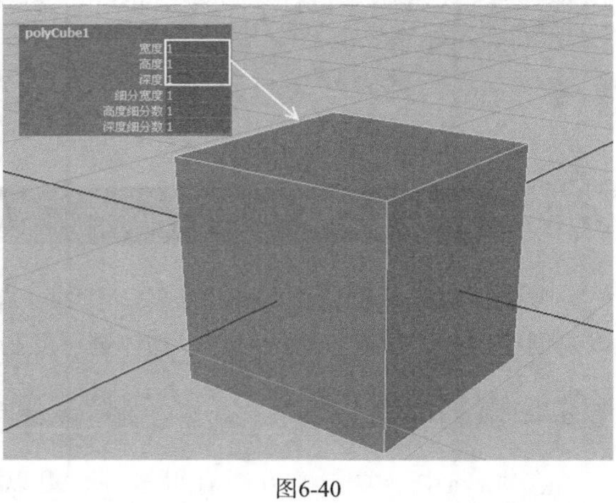

图6-40

07 设置“细分宽度”“高度细分数”和“深度细分数”的数值都为5，这时可以观察到立方体在x、y、z轴方向上分成了5段，也就是说“细分”参数用来控制对象的分段数，如图6-41所示。

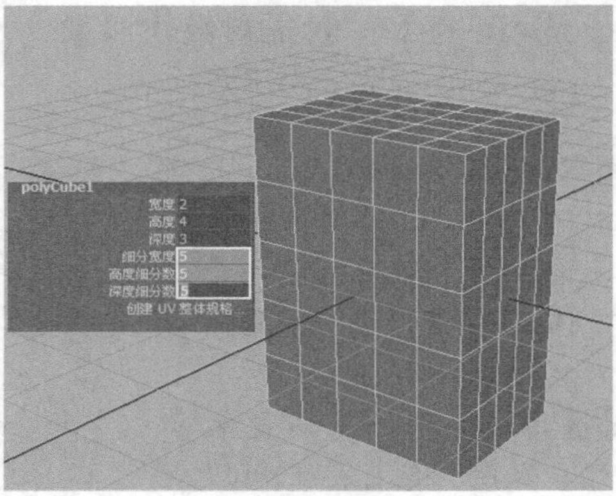

图6-41

6.7 归档场景

Maya 中有一个和3ds Max类似的功能，即归档场景功能。这个功能类似于3ds Max的打包功能，当用户在保存文件时，可以将相关的贴图等文件压缩到一个ZIP压缩包中，这个功能特别适用于复杂的场景。

【练习6-2】：使用归档场景功能

场景文件 学习资源>场景文件>CH06>a.mb
实例位置 学习资源>实例文件>CH06>练习6-2.zip
技术掌握 掌握如何打包场景

01 打开学习资源中的“场景文件>CH06>a.mb”文件，本场景中已经设置好了贴图，如图6-42所示。
02 执行“文件>归档场景”菜单命令，这时可以看到存档目录中增加了一个后缀名为.zip的压缩文件，这个文件包含了场景中的所有贴图，如图6-43所示。

图6-42

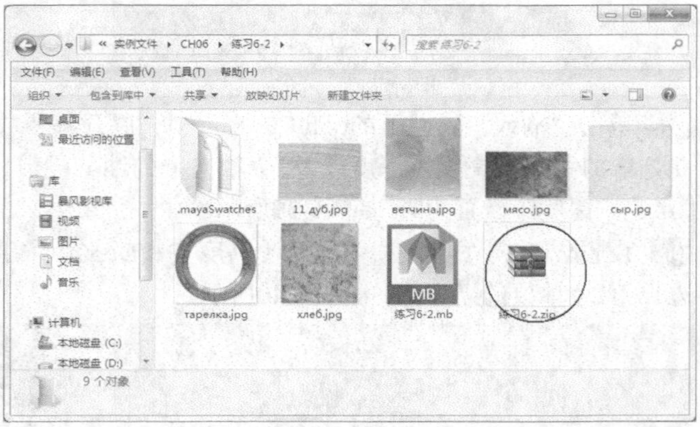

图6-43

6.8 复制对象

复制对象是一种快速的建模方法。比如，在一个场景中需要创建多个相同的物体，这时就可以先创建出一个物体，然后对这个物体进行复制即可。

6.8.1 复制的方法

在Maya中，复制的方法有很多种，可以用复制（快捷键Ctrl+C）、原位复制（快捷键

Ctrl+D）、特殊复制（快捷键Ctrl+Shift+D）和复制并变换（快捷键Shift+D）。

6.8.2 复制的关系

复制产生的复制品与原始物体可以生成“复制”和“关联”的关系。通过“复制”关系复制出来的物体，它们之间没有特殊的关系，完全是独立存在的；通过“关联”出来的物体，复制品与原始物体之间会有一定的影响。

6.8.3 复制与原位复制

从某种意义上来说，复制和原位复制其实是一回事。通过复制出来的物体，需要经过粘贴这道程序，而原位复制只需要一道工序。

【练习6-3】：复制与原位复制对象

场景文件 学习资源>场景文件>CH06>b.mb
实例位置 学习资源>实例文件>CH06>练习6-3.mb
技术掌握 掌握复制与原位复制对象的方法与特点

01 打开学习资源中的“场景文件>CH06>b.mb”文件，然后按6键进入纹理显示状态，如图6-44所示。

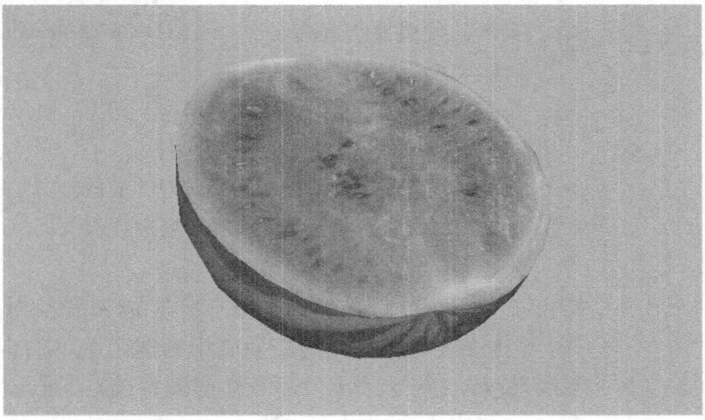

图6-44

技巧与提示

请读者自己在该练习相对应的实例文件中将材质贴图重新进行链接。

02 选择西瓜模型，然后执行“编辑>复制”菜单命令或直接按快捷键Ctrl+C，接着按快捷键Ctrl+V粘贴西瓜模型。此时复制粘贴出来的模型和之前的模型是重合的，所以需要使用“移动工具”将其中一组移出来，如图6-45所示。

03 按两次Z键恢复到刚打开场景时的状态。选择西瓜模型，然后执行“编辑>复制”菜单命令或直接按快捷键Ctrl+D，这样可以在原位复制并粘贴一个西瓜模型。由于复制粘贴出来的模型和之前的模型是重合的，所以需要使用“移动工具”将其中一组移出来，如图6-46所示。

图6-45

图6-46

6.8.4 特殊复制

特殊复制也称为“关联复制”，这是一种使用频率较高的复制方法。利用特殊复制，可以复制原始物体的副本对象，也可以复制原始物体的实例对象。单击“编辑>特殊复制”菜单命令后面的按钮■，打开“特殊复制选项”对话框，如图6-47所示。

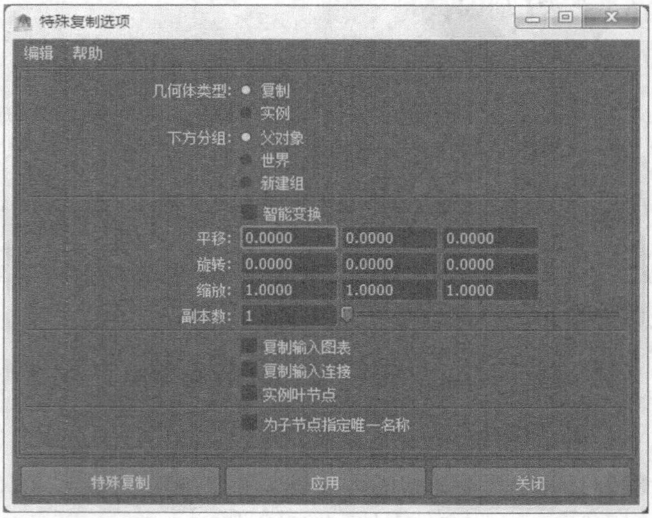

图6-47

特殊复制选项介绍

❖ 几何体类型：用于选择希望如何复制选定对象。

✧ 复制：创建要被复制的几何体副本。

✧ 实例：创建要被复制的几何体实例。创建实例时，并不是创建选定几何体的实际副本。相反，Maya 会重新显示实例化的几何体。

❖ 下方分组：将对象分组到以下对象下。

✧ 父对象：将选定对象分组到层次中的最低公用父对象之下。

✧ 世界：将选定对象分组到世界（层次顶级）下。

✧ 新建组：为副本新建组节点。

❖ 智能变换：启用该选项以后，当复制和变换对象的单一副本或实例时（无需更改选择），Maya 可将相同的变换应用到选定副本的全部后续副本。

❖ 平移/旋转/缩放：为x、y和z指定偏移值。Maya将这些值应用到复制的几何体上。可以定位、缩放或旋转对象，就如Maya复制对象一样。

技巧与提示

注意，“平移”和“旋转”选项的默认值是0，“缩放”选项的默认值是1。采用默认值，Maya会将副本置于原始几何体之上。可以指定“平移”“旋转”和“缩放”的偏移值，以将这些值应用到复制的几何体上。

❖ 副本数：指定要创建的副本数，取值范围是1~1000。

❖ 复制输入图表：启用该选项后，可以强制对全部引导到选定对象的上游节点进行复制。上游节点是指为选定节点提供内容的所有相连节点。

❖ 复制输入连接：启用该选项后，除了复制选定节点以外，也会为选定节点提供内容的相连节点进行复制。

❖ 实例叶节点：对除了叶节点之外的整个节点层次进行复制，而将叶节点实例化到原始层次。

❖ 为子节点指定唯一名称：复制层次时会重命名子节点。

【练习6-4】：特殊复制对象

场景文件	学习资源>场景文件>CH06>b.mb
实例位置	学习资源>实例文件>CH06>练习6-4.mb
技术掌握	掌握特殊复制对象的方法与特点

本练习继续采用上一练习的场景文件b.mb文件。

01 打开“特殊复制选项”对话框，然后在该对话框中执行“编辑>重置设置”命令，让对话框中的参数恢复到默认设置，如图6-48所示。

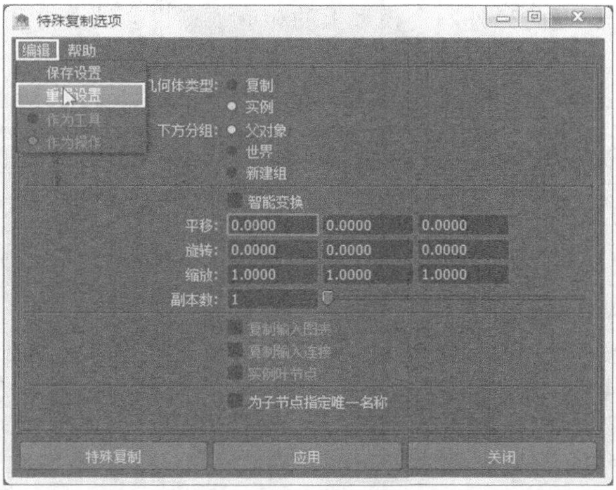

图6-48

02 在“特殊复制选项”对话框中设置“几何体类型”为“实例”，然后单击“应用”按钮 ，如图6-49所示，接着使用“移动工具” 将复制出来的模型移动一段距离，如图6-50所示。

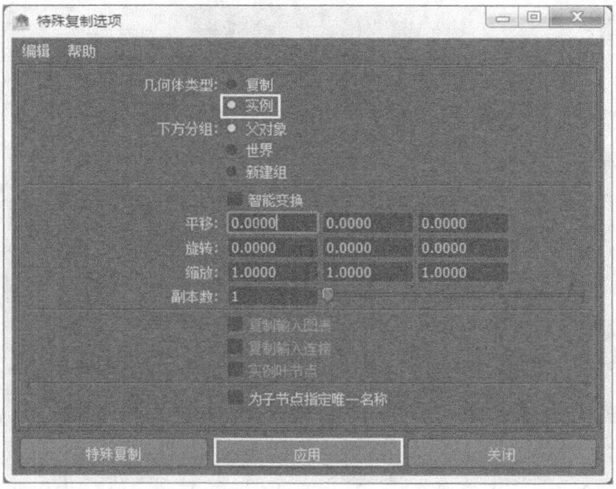

图6-49

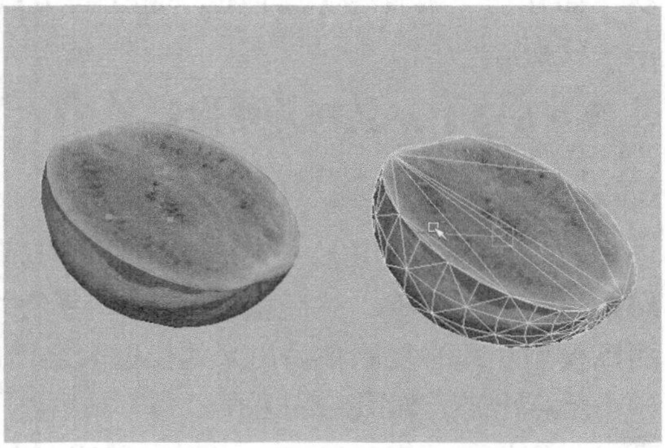

图6-50

03 在任意一个模型上单击鼠标右键并且不要松开，然后在弹出的菜单中选择“顶点”命令，进入顶点编辑模式，如图6-51所示。

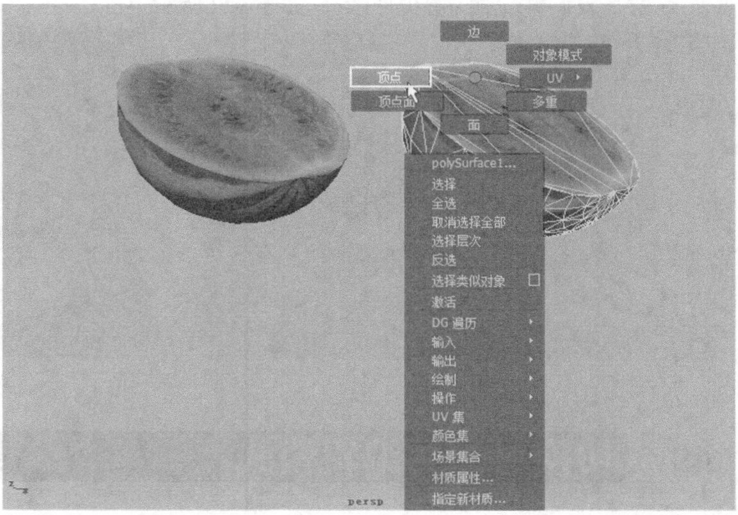

图6-51

04 任意选择一些顶点，此时另外一个模型上的相应顶点也会被选中，如图6-52所示。如果用“移动工具”将选中的顶点向上移动一段距离，这时可以观察到另外一个与之对应的西瓜模型也发生了相同的变化，这就是特殊复制（关联辅助）的作用，如图6-53所示。

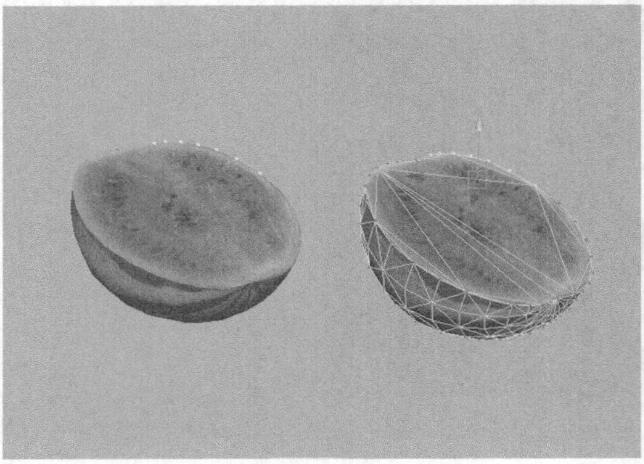

图6-52

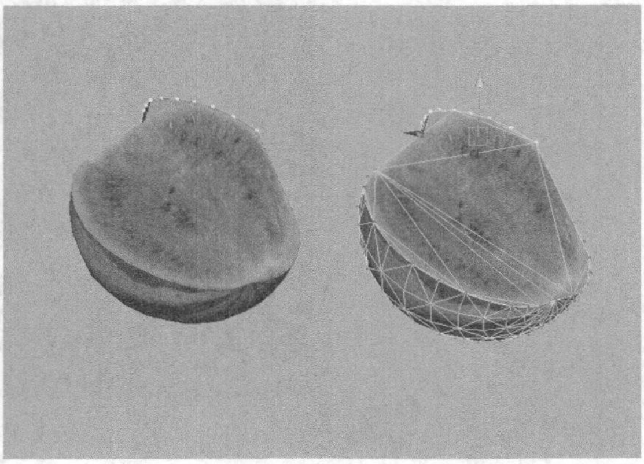

图6-53

6.8.5 复制并变换

“复制并变换”功能是一个智能复制功能，它不仅可以用来复制对象，还可以将对象的变换（如移动、旋转等）属性也一起进行复制。复制所选内容并使用当前操纵器应用已执行的上一个变换。

【练习6-5】：复制并变换对象

场景文件	学习资源>场景文件>CH06>b.mb
实例位置	学习资源>实例文件>CH06>练习6-5.mb
技术掌握	掌握复制并变换对象的方法与特点

本练习继续采用上一练习的场景文件b.mb文件。

01 选择西瓜模型，然后执行“编辑>复制并变换”菜单命令或直接按快捷键Shift+D，复制一个西瓜模型。此时复制粘贴出来的模型和之前的模型是重合的，所以需要使用“移动工具”将其中一组移出来，如图6-54所示。

02 继续按快捷键Shift+D，可以发现这次不仅复制出了西瓜模型，而且还将移动距离也复制出来了，这就是复制并变换功能的特点，如图6-55所示。

图6-54

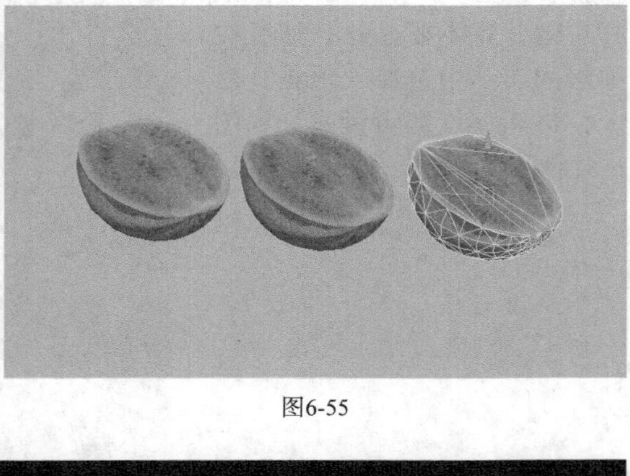

图6-55

6.9 切换对象的编辑模式

在建模过程中，经常需要切换不同的编辑模式。比如在场景中创建一个NURBS球体，想要进入“控制顶点”编辑模式，此时在球体上单击鼠标右键（按住不放），然后在弹出的菜单中选择“控制顶点”命令，即可切换到“控制顶点”编辑模式，如图6-56和图6-57所示。对于多边形对象和细分曲面对象，切换编辑模式的方法也是相同的。

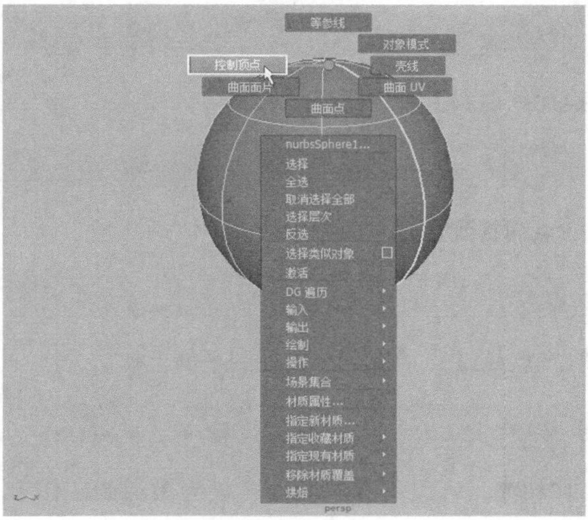

图6-56

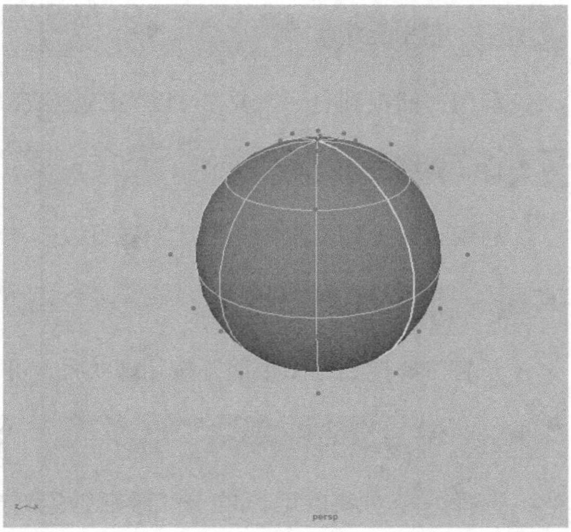

图6-57

6.10 捕捉对象

在Maya的状态行中提供了5种捕捉对象的开关，如图6-58所示。利用这些捕捉工具，可以轻松地将对象或组件捕捉到栅格、顶点、视图平面与激活的选定对象。

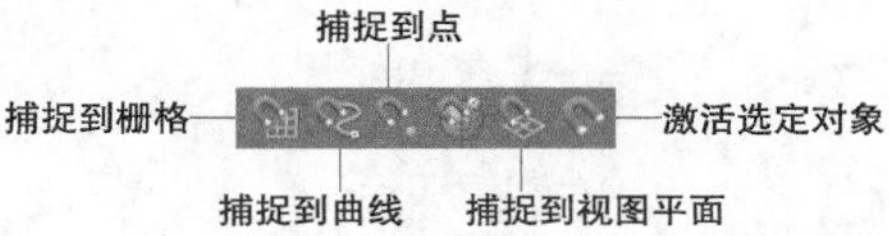

图6-58

6.10.1 捕捉到栅格

利用“捕捉到栅格”工具可以将对象捕捉到栅格上，快捷键为X键。当激活该按钮时，可以将对象在栅格点上进行移动。见图6-59，在右视图中有一个球体，在状态行中单击“捕捉到栅格”按钮，将其激活，此时用“移动工具”拖曳球体，可以发现移动光标时，光标会自动捕捉栅格点，如图6-60所示。

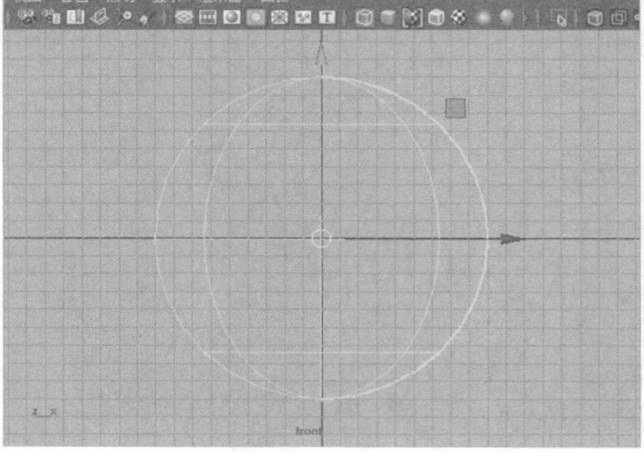

图6-59

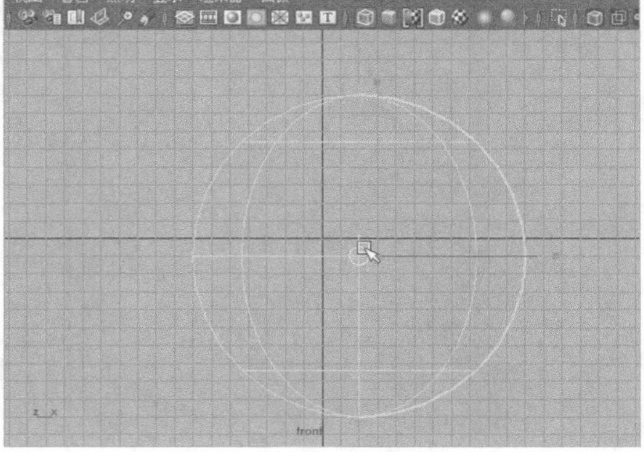

图6-60

6.10.2 捕捉到曲线

利用“捕捉到曲线”工具可以将CV点或EP点捕捉到已存在的曲线上，快捷键为C键。

6.10.3 捕捉到点

利用“捕捉到点”工具可以将CV点或EP点捕捉到顶点上，快捷键为V键。

6.10.4 捕捉到投影中心

利用“捕捉到投影中心”工具可以CV点或EP点捕捉到选定对象的中心。

6.10.5 捕捉到视图平面

开启“捕捉到视图平面”按钮以后，可以将CV点或EP点捕捉到当前视图平面上。

6.10.6 激活选定对象

选择一个对象以后，单击“激活选定对象”按钮，可以将选定曲面转化为激活的工作表面。激活以后，所绘制的曲线一定会在这个表面上。见图6-61中的球体，单击“激活选定对象”按钮，将其表面激活为工作表面，这时使用“EP曲线工具”在视图中的任何位置进行绘制，所绘制的曲线都只能绘制在激活的球体表面上，如图6-62所示。

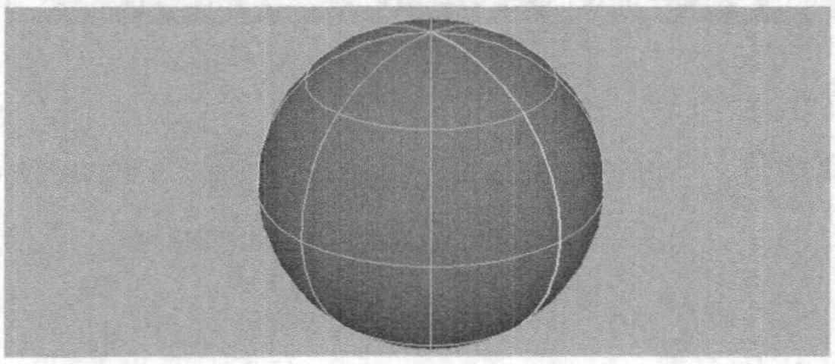

图6-61

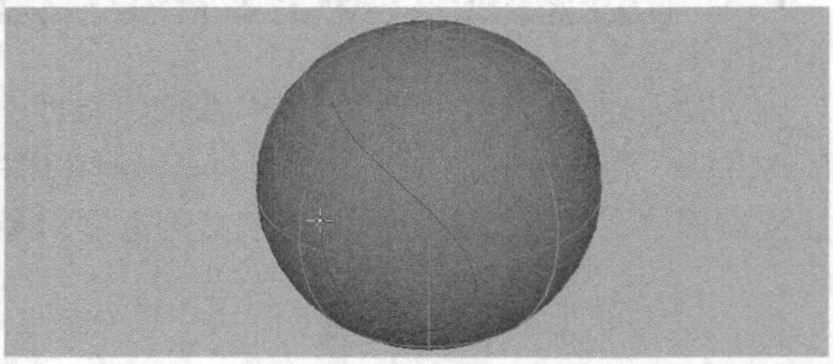

图6-62

6.11 知识总结与回顾

本章主要讲解了Maya场景对象的基本操作。在这些内容中，大家必须掌握常用工具的用法、基本对象的创建方法、复制对象的4种方法、对象编辑模式的切换方法以及对象的捕捉方法。

第7章 NURBS建模基础知识

要点索引

- NURBS理论知识
- NURBS建模方法
- NURBS对象的组成元素
- 物体级别与基本元素间的切换方法
- NURBS曲面的精度控制

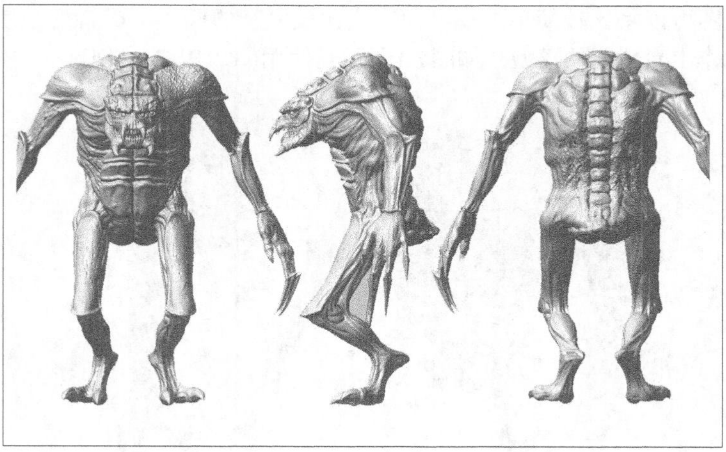

本章导读

本章将介绍NURBS建模的基础知识，包括NURBS的建模方法、NURBS对象的组成元素、物体级别与基本元素间的切换方法以及NURBS曲面的精度控制等。通过本章内容的学习，可以为后面的内容打下良好的基础。

7.1 NURBS理论知识

NURBS是Non—Uniform Rational B-Spline（非统一有理B样条曲线）的缩写。NURBS是用数学函数来描述曲线和曲面，并通过参数来控制精度，这种方法可以让NURBS对象达到任何想要的精度，这就是NURBS对象的最大优势。

现在NURBS建模已经成为一个行业标准，广泛应用于工业和动画领域。NURBS的有条理有组织的建模方法让用户很容易上手和理解，通过NURBS工具可以创建出高品质的模型，并且NURBS对象可以通过较少的点来控制平滑的曲线或曲面，很容易让曲面达到流线型效果。

7.2 NURBS建模方法

NURBS的建模方法可以分为以下两大类。

第1类：用原始的几何体进行变形来得到想要的造型，这种方法灵活多变，对美术功底要求比较高。

第2类：通过由点到线、由线到面的方法来塑造模型，通过这种方法创建出来的模型的精度比较高，很适合创建工业领域的模型。

各种建模方法当然也可以穿插起来使用，然后配合Maya的雕刻工具、置换贴图（通过置换贴图可以将比较简单的模型模拟成比较复杂的模型）或者配合使用其他雕刻软件（如ZBrush）来制作出高精度的模型，如图7-1所示是使用NURBS技术创建的一个怪物模型。

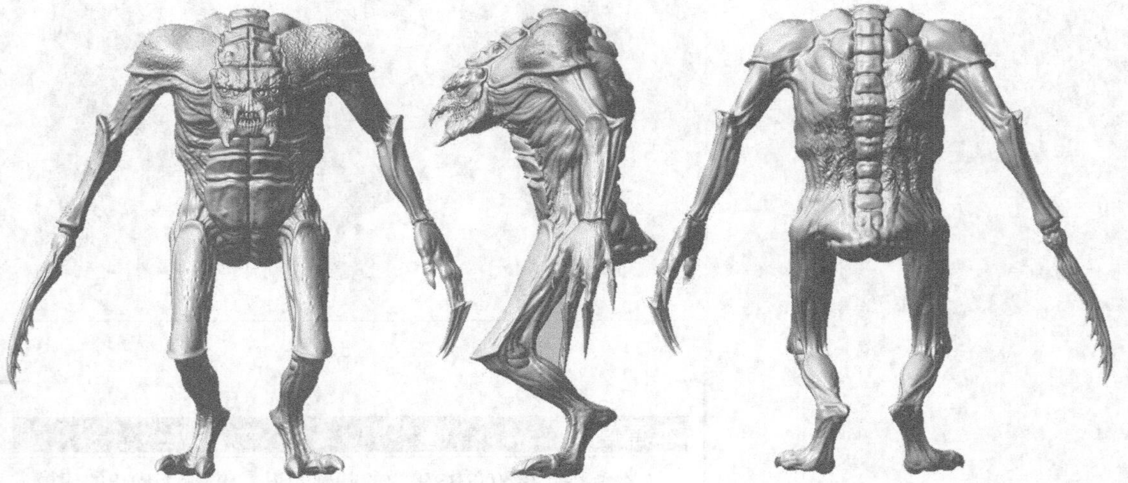

图7-1

7.3 NURBS对象的组成元素

NURBS的基本组成元素有点、曲线和曲面，通过这些基本元素可以构成复杂的高品质模型。

7.3.1 NURBS曲线

Maya 2012中的曲线都属于NURBS物体，可以通过曲线来生成曲面，也可以从曲面中提取曲线。

展开“创建”菜单，可以从菜单中观察到5种直接创建曲线的工具，如图7-2所示。

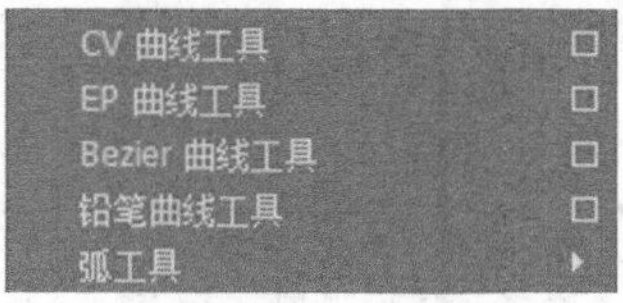

图7-2

不管何种创建方法，创建出来的曲线都是由控制点、编辑点和壳线等基本元素组成，可以通过这些基本元素对曲线进行变形，如图7-3所示。

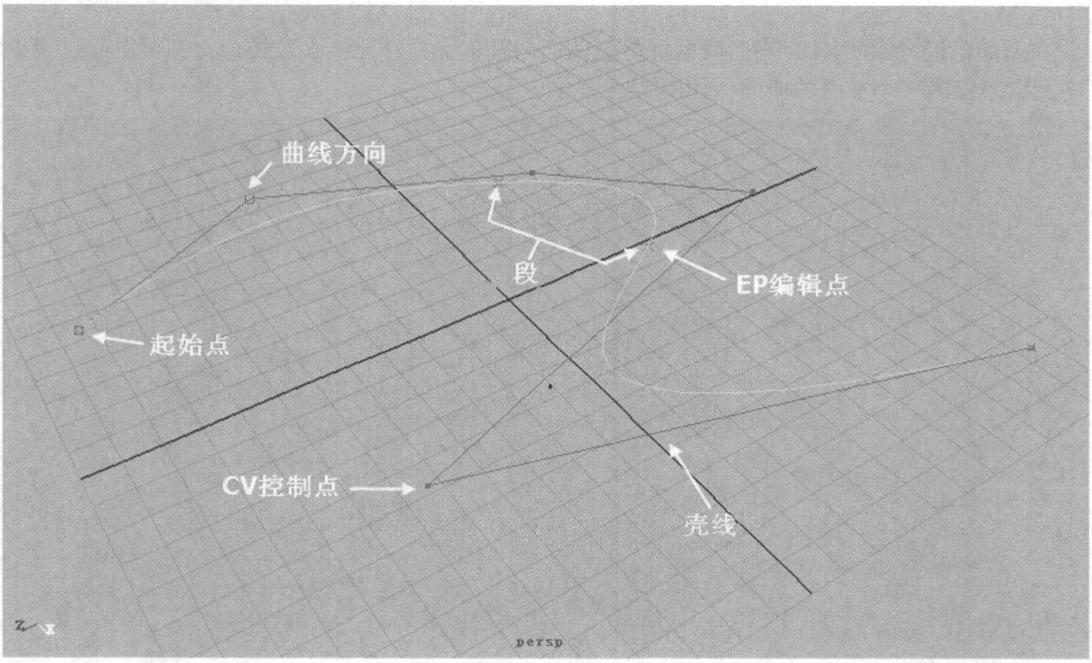

图7-3

NURBS曲线基本元素介绍

- ❖ CV控制点：CV控制点是壳线的交界点。通过对CV控制点的调节，可以在保持曲线良好平滑度的前提下对曲线进行调整，很容易达到想要的造型而不破坏曲线的连续性，这充分体现了NURBS的优势。
- ❖ EP编辑点：EP是英文Edit Point（编辑点）的缩写。在Maya中，EP编辑点用一个小叉来表示。EP编辑点是曲线上的结构点，每个EP编辑点都在曲线上，也就是说曲线都必须经过EP编辑点。
- ❖ 壳线：壳线是CV控制点的边线。在曲面中，可以通过壳线来选择一组控制点对曲面进行变形操作。
- ❖ 段：段是EP编辑点之间的部分，可以通过改变段数来改变EP编辑点的数量。
- ❖ NURBS曲线是一种平滑的曲线，在Maya中，NURBS曲线的平滑度由“次数”来控制，共有5种次数，分别是1、2、3、5、7。次数其实是一种连续性的问题，也就是切线方向和曲率是否保持连续。
- ❖ 次数为1时：表示曲线的切线方向和曲率都不连续，呈现出来的曲线是一种直棱直角曲线。这个次数适合建立一些尖锐的物体。
- ❖ 次数为2时：表示曲线的切线方向连续而曲率不连续，从外观上观察比较平滑，但在渲染曲面时会有棱角，特别是在反射比较强烈的情况下。

❖ 次数为3以上时：表示切线方向和曲率都处于连续状态，此时的曲线非常光滑，因为次数越高，曲线越平滑。

技巧与提示

执行“曲面”模块下的“编辑曲线>重建曲线”菜单命令，可以改变曲线的次数和其他参数。

7.3.2 NURBS曲面

在上面已经介绍了NURBS曲线的优势，曲面的基本元素和曲线大致类似，都可以通过很少的基本元素来控制一个平滑的曲面，如图7-4所示。

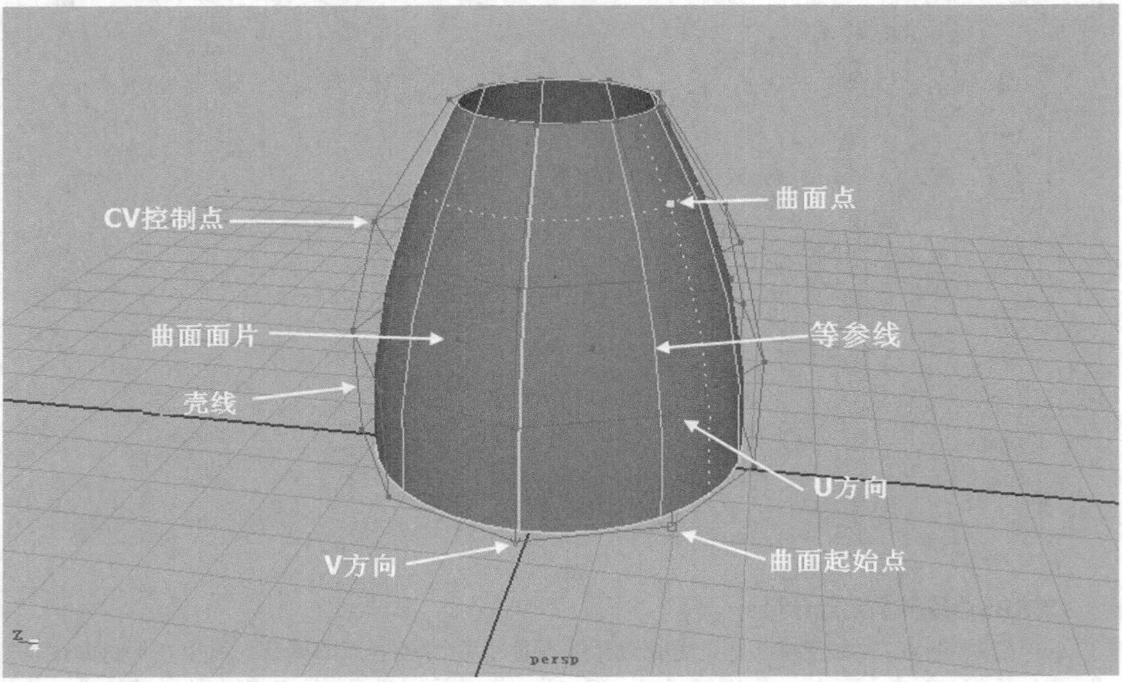

图7-4

NURBS曲面基本元素介绍

❖ 曲面起始点：是U方向和V方向上的起始点。V方向和U方向是两个分别用V和U字母来表示的控制点，它们与起始点一起决定了曲面的UV方向，这对后面的贴图制作非常重要。

❖ CV控制点：和曲线的CV控制点作用类似，都是壳线的交点，可以很方便地控制曲面的平滑度，在大多数情况下都是通过CV控制点来对曲面进行调整。

❖ 壳线：壳线是CV控制点的连线，可以通过选择壳线来选择一组CV控制点，然后对曲面进行调整。

❖ 曲面面片：NURBS曲面上的等参线将曲面分割成无数的面片，每个面片都是曲面面片。可以将曲面上的曲面面片复制出来加以利用。

❖ 等参线：等参线是U方向和V方向上的网格线，用来决定曲面的精度。

❖ 曲面点：是曲面上等参线的交点。

7.4 物体级别与基本元素间的切换方法

从物体级别切换到元素级别的方法主要有以下3种。

第1种：通过单击状态栏上的“按对象类型选择”工具和“按组件类型选择”工具来进行切换，前者是物体级别，后者是元素（次物体）级别。

第2种：通过快捷键来进行切换，重复按F8键可以实现物体级别和元素级别之间的切换。

第3种：使用右键快捷菜单来进行切换。

7.5 NURBS曲面的精度控制

NURBS曲面的精度有两种类型：一种是控制视图的显示精度，为建模过程提供方便；另一种是控制渲染精度，NURBS曲面在渲染时都是先转换成多边形对象后才渲染出来的，所以就有一个渲染精度的问题。NURBS曲面最大的特点就是可以控制这个渲染精度。

在视图显示精度上，系统有几种预设的显示精度。切换到“曲面”模块，在“显示>NURBS”菜单下有“壳线”“粗糙”“中等”“精细”和“自定义平滑度”5种显示精度的方法，如图7-5所示。

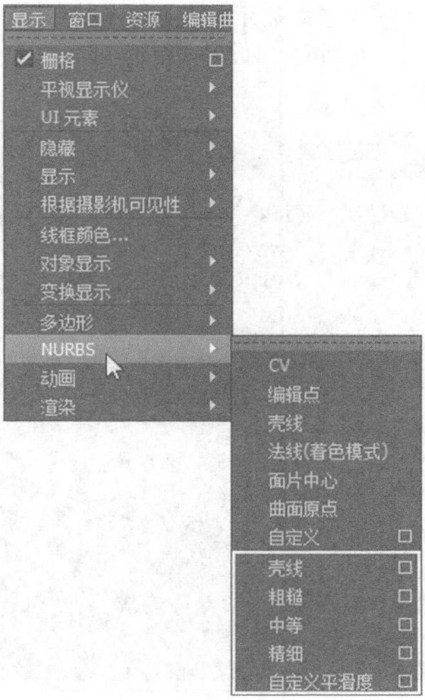

图7-5

技巧与提示

“粗糙”“中等”和“精细”3个选项分别对应的快捷键为1、2、3，它们都可以用来控制不同精度的显示状态。

7.5.1 壳线

单击“壳线”命令后面的按钮，打开“NURBS平滑度（壳线）选项”对话框，如图7-6所示。

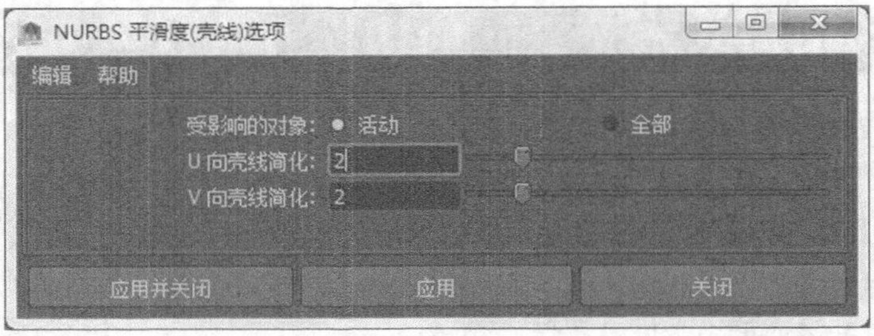

图7-6

NURBS平滑度（壳线）选项介绍

- ❖ 受影响的对象：用于控制"壳线"命令所影响的范围。"活动"选项可以使"壳线"命令只影响选择的NURBS对象；"全部"选项可以使壳线命令影响场景中所有的NURBS对象。
- ❖ U/V向壳线简化：用来控制在U/V方向上显示简化的级别。1表示完全按壳线的外壳显示，数值越大，显示的精度越简化。

7.5.2 自定义平滑度

"自定义平滑度"命令用来自定义显示精度的方式，单击该命令后面的■按钮，打开"NURBS平滑度（自定义）选项"对话框，如图7-7所示。

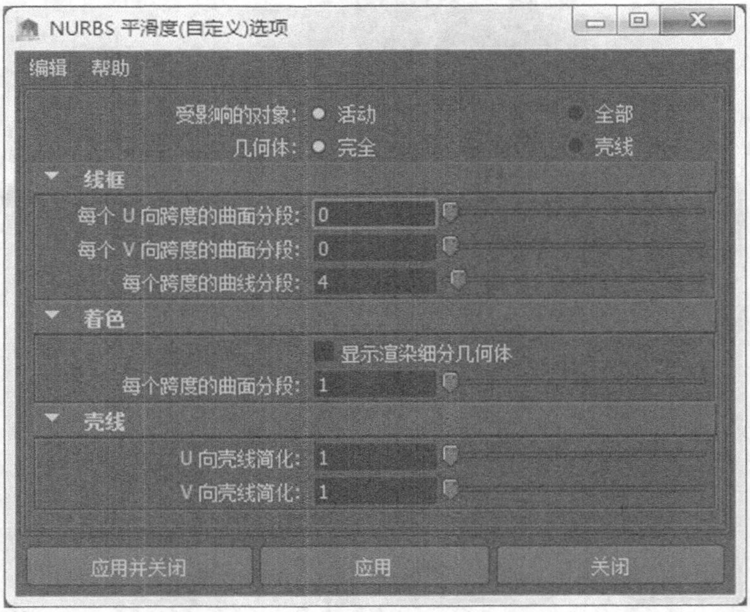

图7-7

技巧与提示

这里的参数将在后面的内容中进行详细讲解。

7.5.3 视图显示精度和渲染精度控制

在视图中随意创建一个NURBS对象，然后按快捷键Ctrl+A打开其"属性编辑器"对话框。该对话框中有“NURBS曲面显示”和“细分”两个卷展栏，它们分别用来控制视图的显示精度和渲染精度，如图7-8所示。

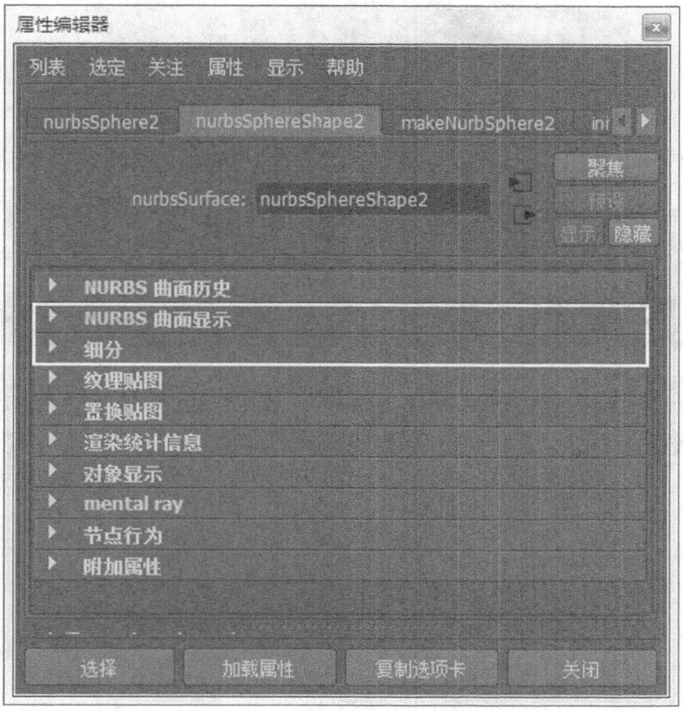

图7-8

展开“NURBS曲面显示”卷展栏，如图7-9所示。

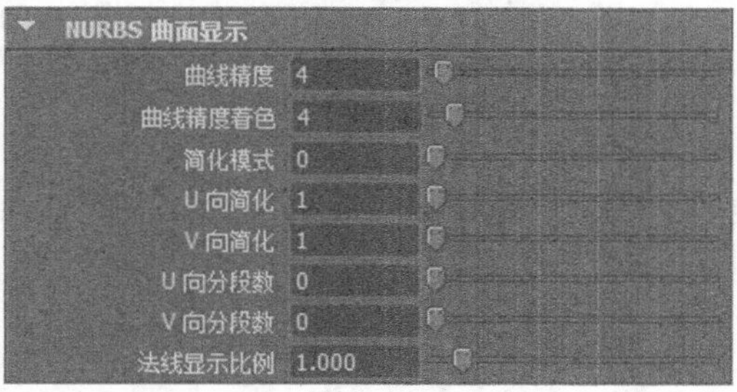

图7-9

NURBS曲面显示参数介绍

- ❖ 曲线精度：用于控制曲面在线框显示状态下线框的显示精度。数值越大，线框显示就越光滑。
- ❖ 曲线精度着色：用于控制曲面在视图中的显示精度。数值越大，显示的精度就越高。
- ❖ U/V向简化：这两个选项用来控制曲面在线框显示状态下线框的显示数量。
- ❖ 法线显示比例：用来控制曲面法线的显示比例大小。

技巧与提示

在“曲面”模块下执行“显示>NURBS>法线（着色模式）”菜单命令，可以开启曲面的法线显示。

展开“细分”卷展栏，如图7-10所示。

图7-10

细分参数介绍

❖ 显示渲染细分：以渲染细分的方式显示NURBS曲面并转换成多边形的实体对象，因为Maya的渲染方法是将对象划分成一个个三角形面片。开启该选项后，对象将以三角形面片显示在视图中。

7.6 知识总结与回顾

本章主要讲解了NURBS建模的基础知识，包括NURBS的建模方法、NURBS对象的组成元素、物体级别与基本元素间的切换方法以及NURBS曲面的精度控制等。这些内容都属于NURBS建模的最基本知识，只有掌握好了这些知识，才能为学习后面的NURBS建模技术做好铺垫。

第8章 创建与编辑NURBS曲线

要点索引

- NURBS曲线的创建方法
- NURBS曲线的编辑方法

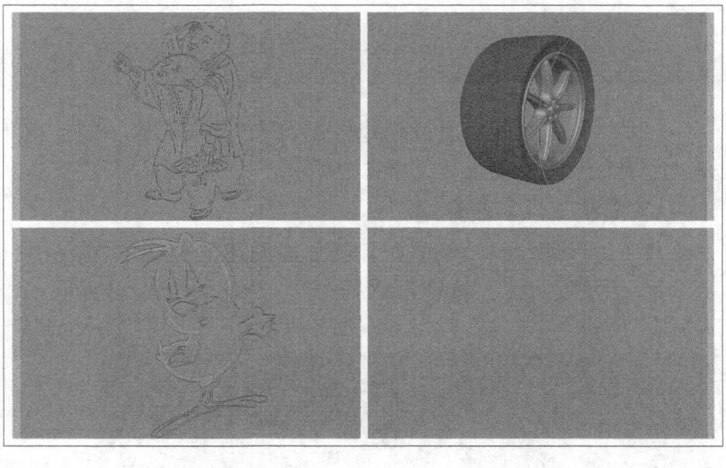

本章导读

本章将介绍NURBS曲线的创建与编辑方法。本章的内容和知识点比较多，同时安排了24个练习来强化这些知识点。希望大家认真学习本章内容，同时对本章的实例勤加练习，这样在以后的工作中才能得心应手。

8.1 创建NURBS曲线

展开“创建”菜单，该菜单下是一些创建NURBS对象的命令，如NURBS基本体、多边形基本体、灯光、摄影机和曲线等，如图8-1所示。本章只介绍创建曲线的相关命令。

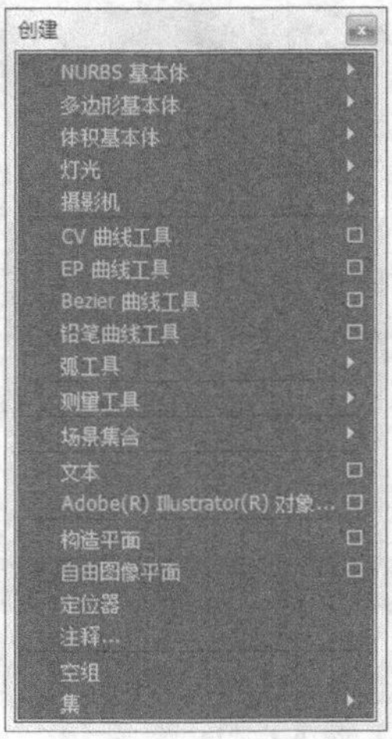

图8-1

技巧与提示

在菜单下面单击虚线横条，可以将链接菜单作为一个独立的菜单放置在视图中。

8.1.1 CV曲线工具

“CV曲线工具”通过创建控制点来绘制曲线。单击“CV曲线工具”命令后面的按钮，打开“工具设置”对话框，如图8-2所示。

CV曲线工具参数介绍

❖ 曲线次数：该选项用来设置创建的曲线的次数。一般情况下都使用“1线性”或“3立方”曲线，特别是“3立方”曲线，如图8-3所示 。

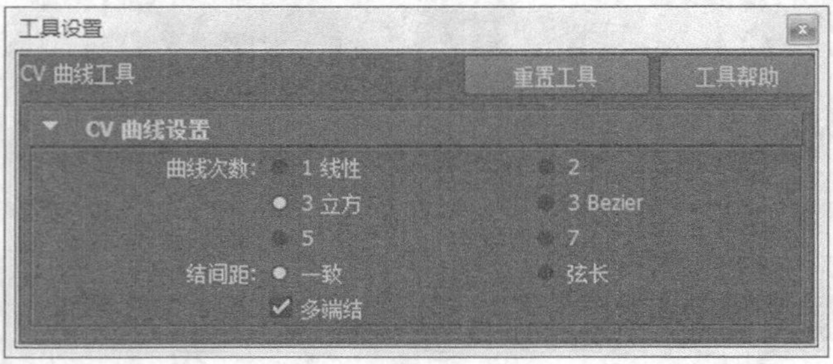

图8-2

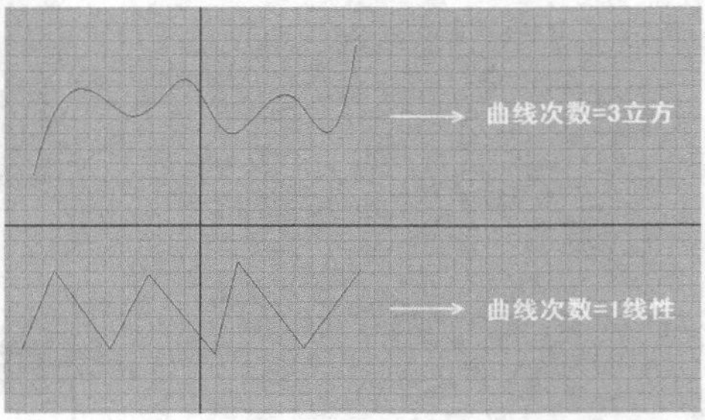

图8-3

❖ 结间距：设置曲线曲率的分布方式。

✧ 一致：该选项可以随意增加曲线的段数。

✧ 弦长：开启该选项后，创建的曲线可以具备更好的曲率分布。

✧ 多端结：开启该选项后，曲线的起始点和结束点位于两端的控制点上；如果关闭该选项，起始点和结束点之间会产生一定的距离，如图8-4所示。

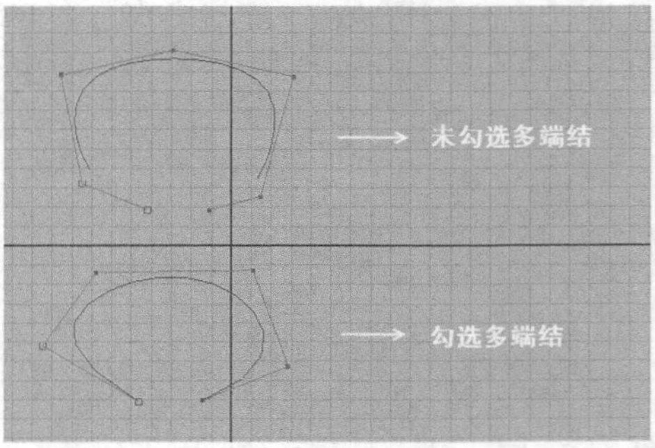

图8-4

- ❖ 重置工具 重置工具 ：将“CV曲线工具”的所有参数恢复到默认设置。
- ❖ 工具帮助 工具帮助 ：单击该按钮可以打开Maya的帮助文档，该文档中会说明当前工具的具体功能。

8.1.2 EP曲线工具

“EP曲线工具”是绘制曲线的常用工具，通过该工具可以精确地控制曲线所经过的位置。单击“EP曲线工具”命令后面的□按钮，打开“工具设置”对话框，这里的参数与“CV曲线工具”的参数完全一样，如图8-5所示，只是“EP曲线工具”是通过绘制编辑点的方式来绘制曲线，如图8-6所示。

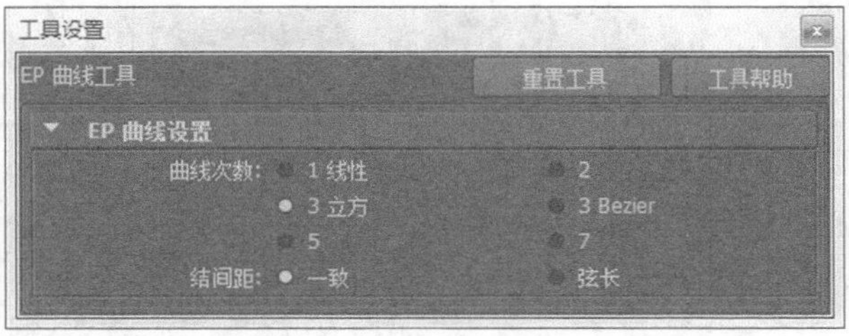

图8-5

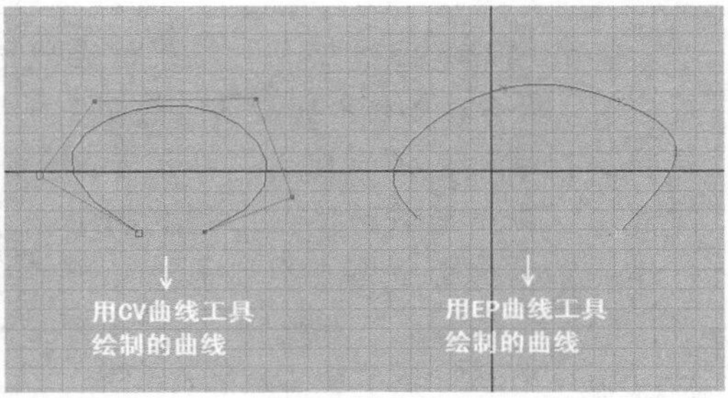

图8-6

8.1.3 Bezier曲线工具

“Bezier曲线工具”的运用非常广泛，在多个软件中都可以见到其身影，它主要是通过控制点来创建曲线，然后使用控制柄来调节曲线，如图8-7所示。单击“Bezier曲线工具”命令后面的□按钮，打开“工具设置”对话框，在这里可以选择操纵器以及切线的选择模式，如图8-8所示。

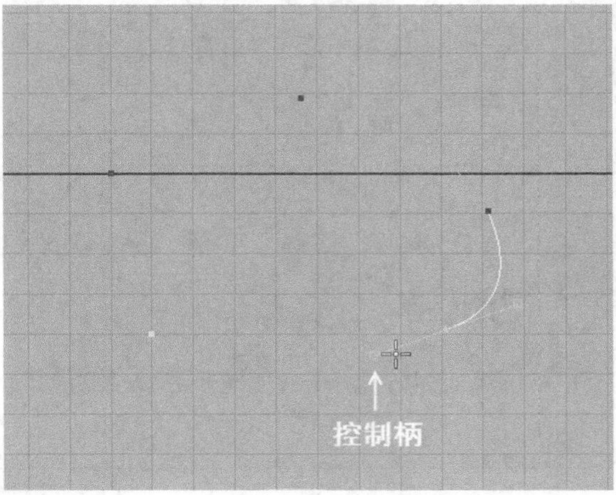

图8-7

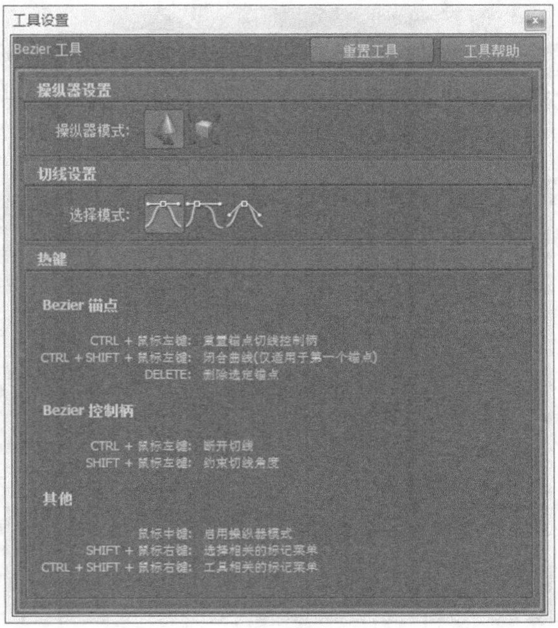

图8-8

8.1.4 铅笔曲线工具

“铅笔曲线工具”是通过绘图的方式来创建曲线，可以直接使用“铅笔曲线工具”在视图中绘制曲线，也可以通过手绘板等绘图工具来绘制流畅的曲线，同时还可以使用“平滑曲线”和“重建曲线”命令对曲线进行平滑处理。“铅笔曲线工具”的参数很简单，和“CV曲线工具”的参数类似，如图8-9所示。

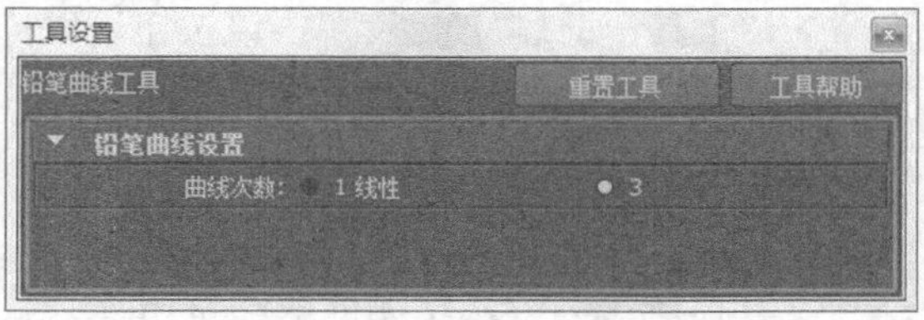

图8-9

技术专题 【用“铅笔曲线工具”绘制曲线的缺点】

使用“铅笔曲线工具”绘制的曲线的缺点是控制点太多，如图8-10所示。绘制完成后难以对其进行修改，只有使用“平滑曲线”和“重建曲线”命令精减曲线上的控制点后，才能进行修改，但这两个命令会使曲线发生很大的变形，所以一般情况下都使用“CV曲线工具”和“EP曲线工具”来创建曲线。

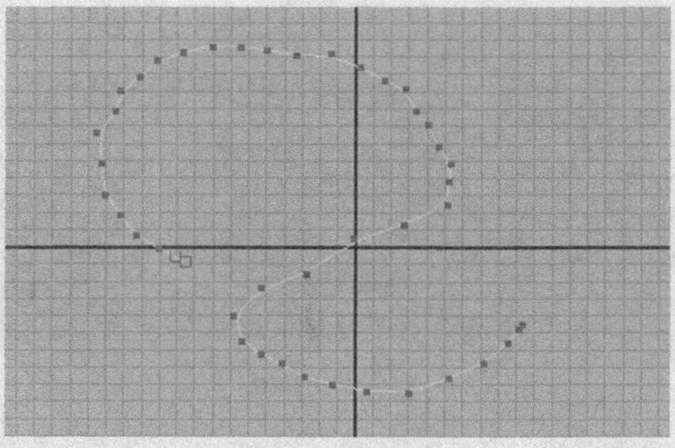

图8-10

【练习8-1】：巧用曲线工具绘制螺旋线

场景文件　学习资源>场景文件>CH08>a.mb
实例位置　学习资源>实例文件>CH08>练习8-1.mb
技术掌握　掌握螺旋线的绘制技巧

本例使用曲线工具绘制的螺旋线效果如图8-11所示。

01 打开学习资源中的“场景文件>CH08>a.mb”文件，如图8-12所示。

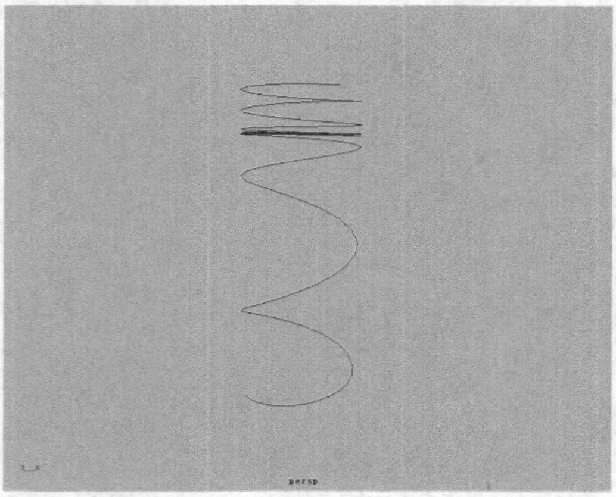

图8-11

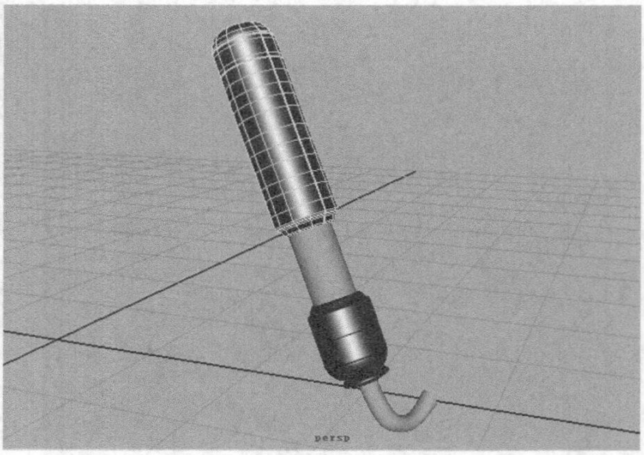

图8-12

技巧与提示

在Maya里制作螺旋曲线并不是一件容易的事情，因此一般情况都使用一些技巧来制作这种类型的曲线。

02 选择模型的上头部分，然后执行“修改>激活”菜单命令，将其设置为工作表面，如图8-13所示。

03 使用“CV曲线工具”创建4个控制点，如图8-14所示，然后按Insert键，接着按住鼠标中键将曲线一圈一圈地围绕在圆柱体上，最后按Insert键和Enter键结束创建，效果如图8-15所示。

04 选择螺旋曲线，然后执行“编辑曲线>复制曲面曲线”菜单命令，将螺旋线复制一份出来，如图8-16所示。

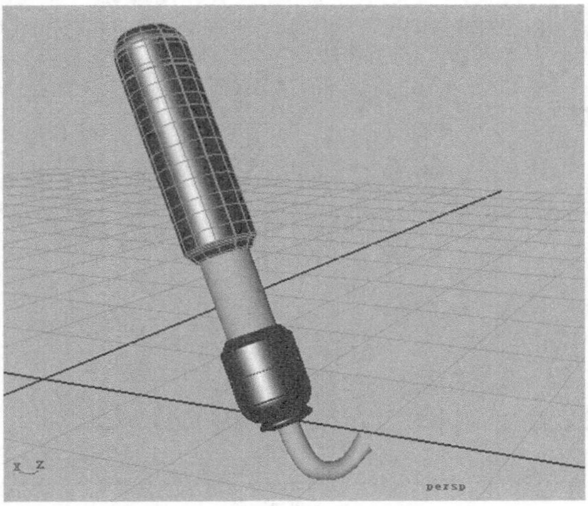

图8-13

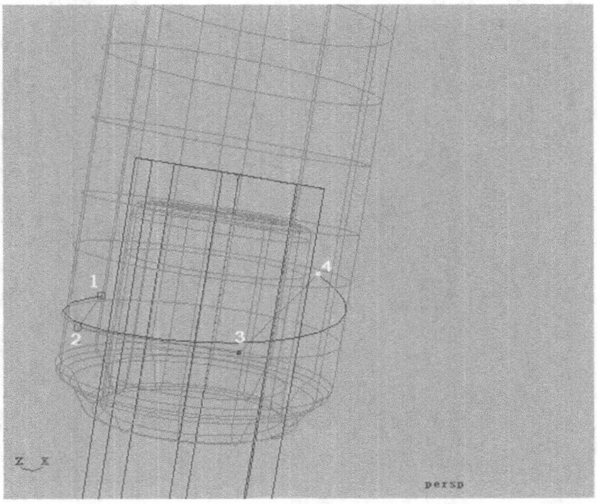

图8-14

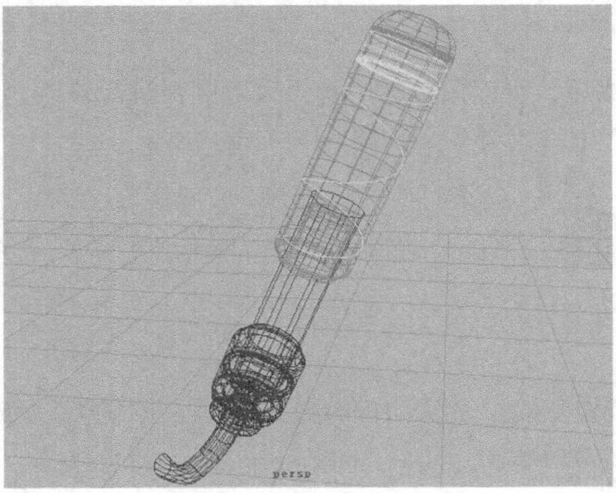

图8-15

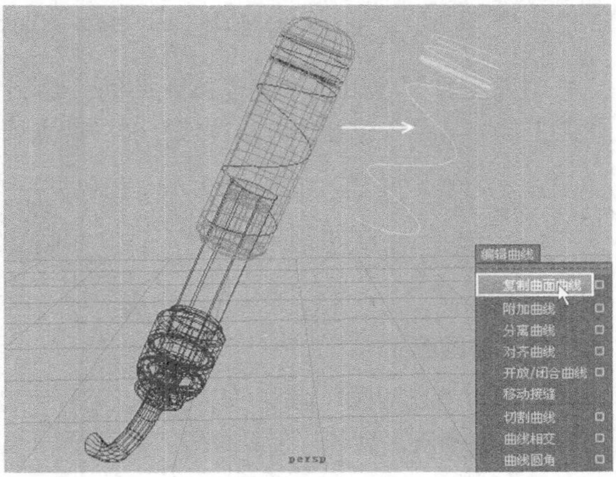

图8-16

05 执行“修改>取消激活”菜单命令，然后删除模型，螺旋线的最终效果如图8-17所示。

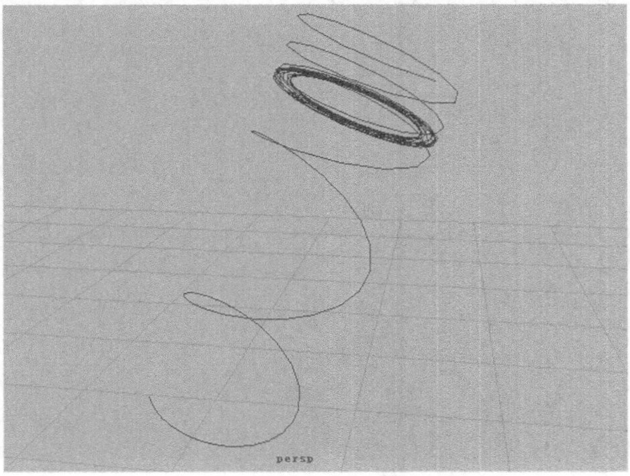

图8-17

技术专题 【曲线工具的扩展应用】

通过本例的学习，还可以使用其他物体创建出各式各样的螺旋曲线，如图8-18所示。

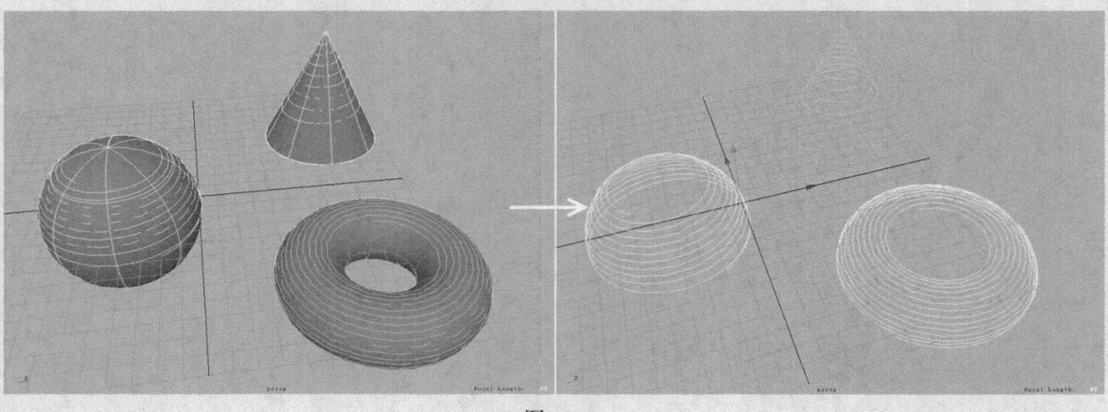

图8-18

8.1.5 弧工具

“弧工具”可以用来创建圆弧曲线，绘制完成后，可以用鼠标中键再次对圆弧进行修改。“弧工具”菜单中包括“三点圆弧”和“两点圆弧”两个子命令，如图8-19所示。

图8-19

1.三点圆弧

使用“三点圆弧”命令可以通过指定3个点来确定弧线，如图8-20所示。单击“三点圆弧”命令后面的□按钮，打开“工具设置”对话框，如图8-21所示。

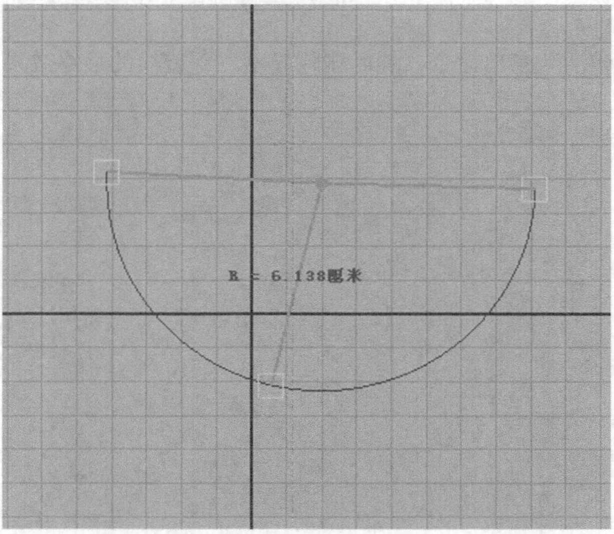

图8-20

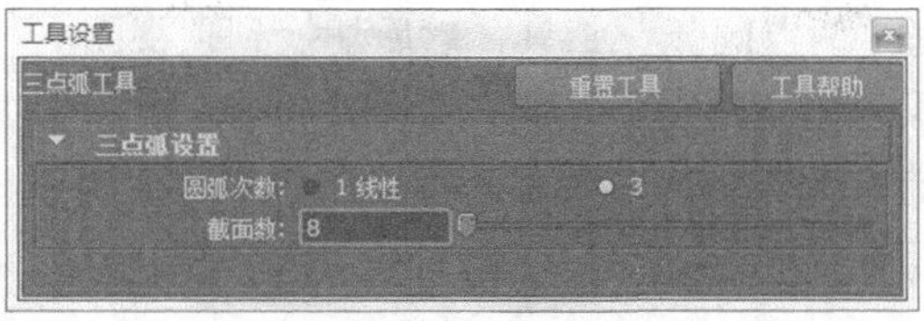

图8-21

三点圆弧参数介绍

❖ 圆弧次数：用来设置圆弧的度数，这里有“1线性”和“3”两个选项可以选择。

❖ 截面数：用来设置曲线的截面段数，最少为4段。

2.两点圆弧

使用“两点圆弧”工具可以绘制出两点圆弧曲线，如图8-22所示。单击“两点圆弧”命令后面的□按钮，打开“工具设置”对话框，如图8-23所示。

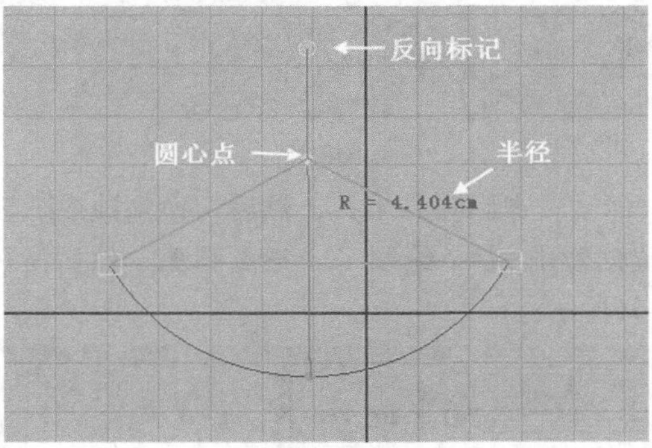

图8-22

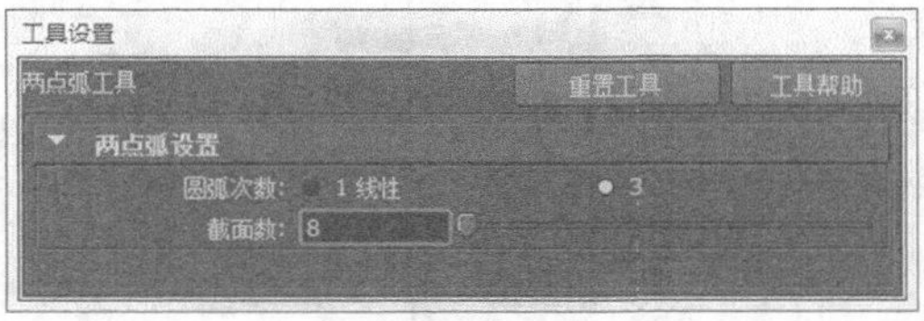

图8-23

技巧与提示

“两点圆弧”工具的参数与“三点圆弧”工具一样，这里不再重复讲解。

【练习8-2】：绘制两点和三点圆弧

场景文件 无

实例位置 学习资源>实例文件>CH08>练习8-2

技术掌握 掌握两点和三点圆弧的绘制方法

本例使用弧工具绘制的两点和三点圆弧效果如图8-24所示。

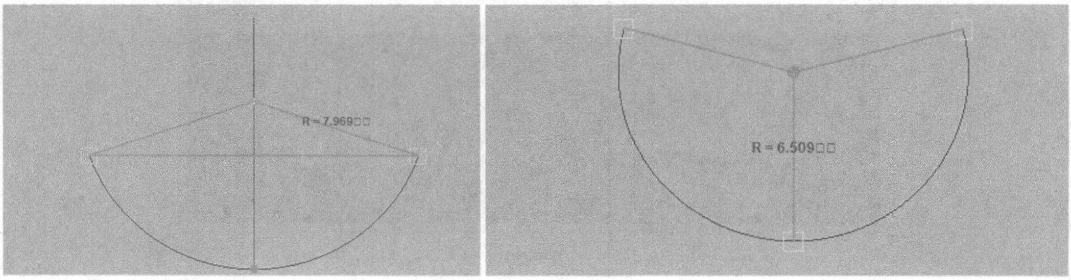

图8-24

01 先绘制两点圆弧。选择“两点圆弧”工具，然后切换到顶视图。

02 在顶视图中不同的位置创建出两点，绘制一个两点圆弧，然后使用鼠标中键拖曳其中一个点绘制出圆弧的半径。如果对圆弧的形状不满意，可以使用鼠标中键拖曳手柄工具来改变圆弧的形状，如图8-25所示。

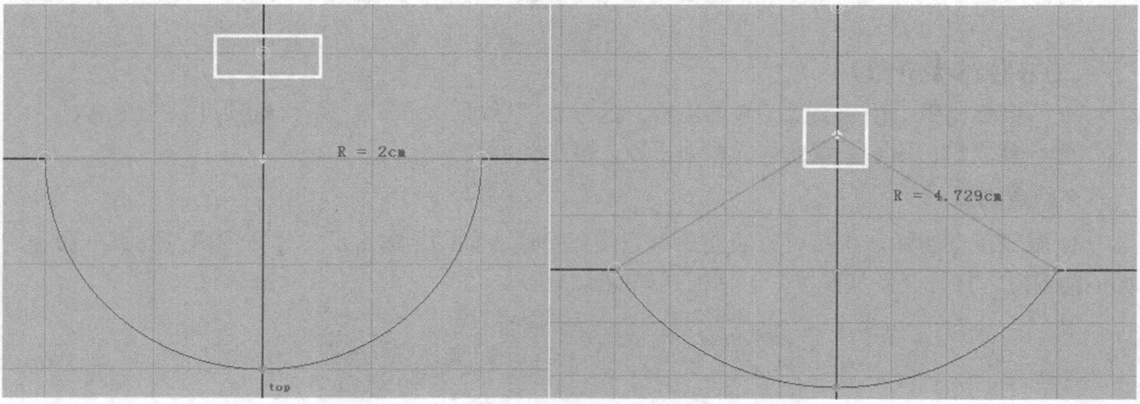

图8-25

03 下面绘制三点圆弧。选择“三点圆弧”工具，然后切换到顶视图。

04 在顶视图中不同的位置创建出3点，绘制一个三点圆弧，然后使用鼠标中键拖曳其中一个点绘制出圆弧的半径，如图8-26所示。

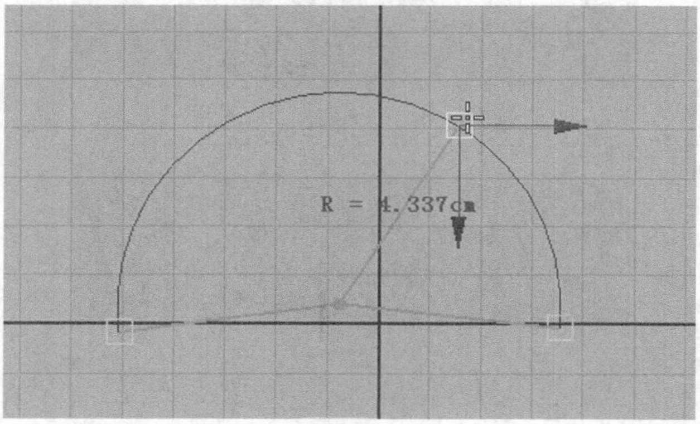

图8-26

8.1.6 文本

Maya可以通过输入文字来创建NURBS曲线、NURBS曲面、多边形曲面和倒角物体。单击“创建>文本”命令后面的□按钮，打开“文本曲线选项”对话框，如图8-27所示。

图8-27

文本选项参数介绍

❖ 文本：在这里面可以输入要创建的文本内容。

❖ 字体：设置文本字体的样式。单击后面的▾按钮可以打开“选择字体”对话框，在该对话框中可以设置文本的字符样式和大小等，如图8-28所示。

❖ 类型：设置要创建的文本对象的类型，有“曲线”“修剪”“多边形”和“倒角”4个选项可以选择，如图8-29所示。

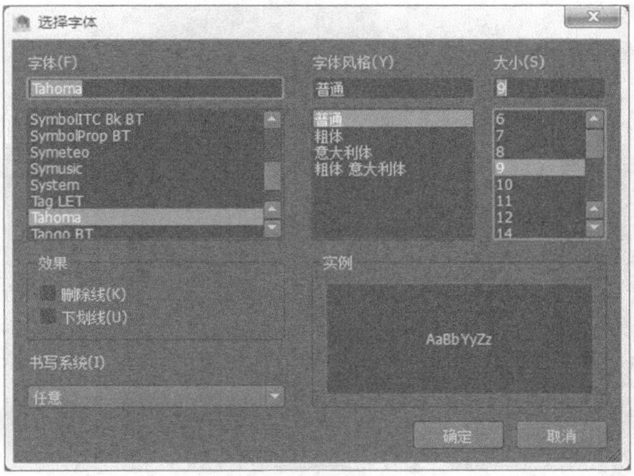

图8-28

图8-29

8.1.7 Adobe（R）Illustrator（R）对象

Maya 2015可以直接读取Illustrator软件的源文件，即将Illustrator的路径作为NURBS曲线导入到Maya中。在Maya以前的老版本中不支持中文输入，只有AI格式的源文件才能导入Maya中，而Maya 2015可以直接在文本里创建中文文本，同时也可以使用平面软件绘制出Logo等图形，然后保存为AI格式，再导入到Maya中创建实体对象。

技巧与提示

Illustrator是Adobe公司出品的一款平面矢量软件，使用该软件可以很方便地绘制出各种形状的矢量图形。

单击“Adobe（R）Illustrator（R）对象”命令后面的▣按钮，打开“Adobe（R）Illustrator（R）对象选项”对话框，如图8-30所示。

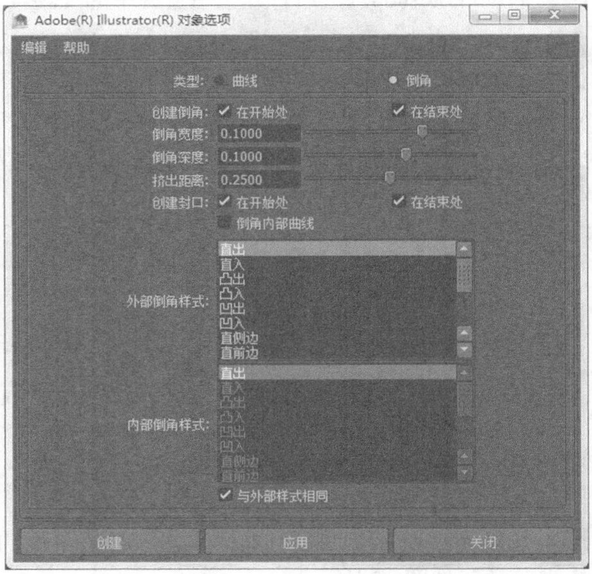

图8-30

—— 技巧与提示 ——

从“类型”选项组中可以看出，使用AI格式的路径可以创建出“曲线”和“倒角”对象。

【练习8-3】：用AI路径生成曲线

场景文件　学习资源>场景文件>CH08>b.jpg
实例位置　学习资源>实例文件>CH08>练习8-3.mb
技术掌握　掌握如何将AI路径导入到Maya中

本例将AI路径导入到Maya后的效果如图8-31所示。

图8-31

01 启动Photoshop，然后打开学习资源中的“场景文件>CH08>b.jpg”文件，如图8-32所示。

02 使用“魔棒工具”选择白色背景，然后按快捷键Ctrl+Shift+I反选选区，这样可以选择人物轮廓，如图8-33所示。

图8-32

图8-33

03 切换到“路径”调板，然后单击该调板下面的“从选区生成工作路径”按钮，将选区转换为路径，如图8-34所示。

04 执行“文件>导出>路径到Illustrator”菜单命令，将路径导出为AI文件，如图8-35所示。

图8-34

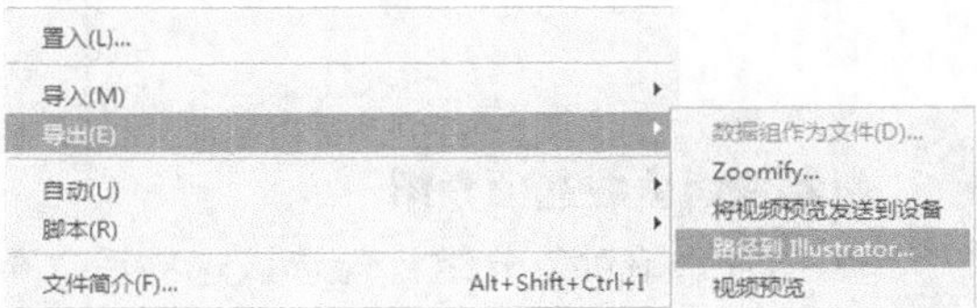

图8-35

05 返回到Maya操作界面，然后执行“文件>导入”菜单命令，接着在弹出的对话框中选择保存好的AI路径文件，效果如图8-36所示。

图8-36

技巧与提示

请注意，Maya中的曲线是不能渲染出来的，只有将曲线转换为曲面以后才能渲染出来。

8.2 编辑NURBS曲线

切换到“曲面”模块，然后展开“编辑曲线”菜单，该菜单下全是NURBS曲线的编辑命令，如图8-37所示。

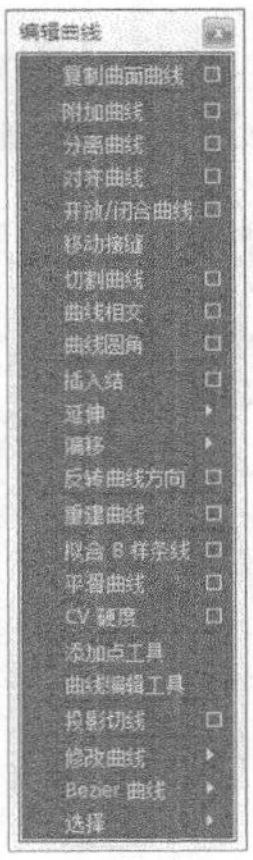

图8-37

8.2.1 复制曲面曲线

通过“复制曲面曲线”命令可以将NURBS曲面上的等参线、剪切边和NURBS曲面上的曲线复制出来。单击“复制曲面曲线”命令后面的□按钮，打开“复制曲面曲线选项”对话框，如图8-38所示。

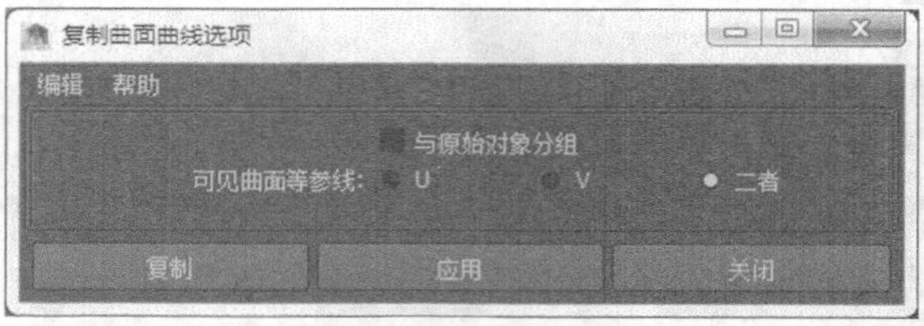

图8-38

复制曲面曲线选项介绍

- ❖ 与原始对象分组：勾选该选项后，可以让复制出来的曲线作为源曲面的子物体；关闭该选项时，复制出来的曲线将作为独立的物体。
- ❖ 可见曲面等参线：U/V和“二者”选项分别表示复制U向、V向和两个方向上的等参线。

技巧与提示

除了上面的复制方法，经常使用到的还有一种方法：首先进入NURBS曲面的等参线编辑模式，然后选择指定位置的等参线，接着执行“复制曲面曲线”命令，这样可以将指定位置的等参线单独复制出来，而不复制出其他等参线；若选择剪切边或NURBS曲面上的曲线进行复制，也不会复制出其他等参线。

【练习8-4】：复制曲面上的曲线

场景文件　学习资源>场景文件>CH08>c.mb
实例位置　学习资源>实例文件>CH08>练习8-4.mb
技术掌握　掌握如何将曲面上的曲线复制出来

本例使用“复制曲面曲线”命令复制出来的曲线效果如图8-39所示。

图8-39

01 打开学习资源中的“场景文件>CH08>c.mb”文件，然后按5键进入实体显示状态，如图8-40所示。

02 在轮胎上单击鼠标右键，然后在弹出的菜单中选择“等参线”命令，进入等参线编辑模式，如图8-41所示，接着选择轮胎中间的等参线，最后执行“编辑曲线>复制曲面曲线”菜单命令，将曲面曲线复制出来，如图8-42所示。

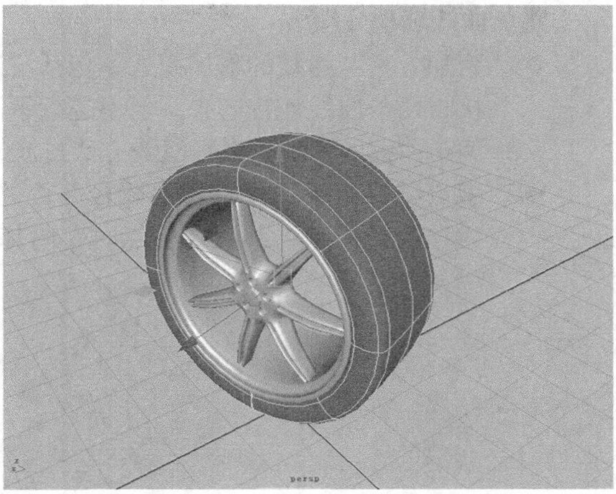

图8-40

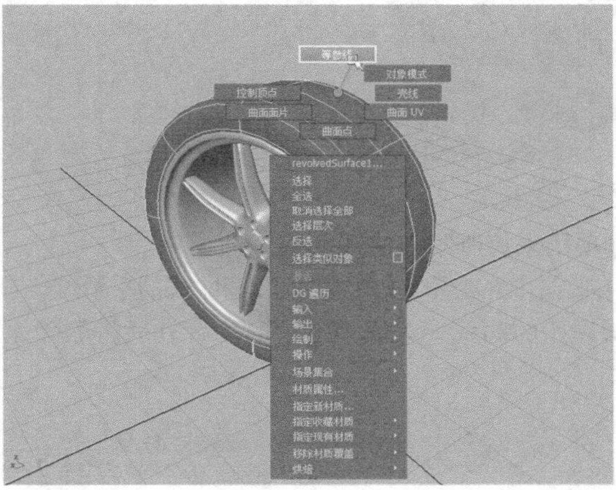

图8-41

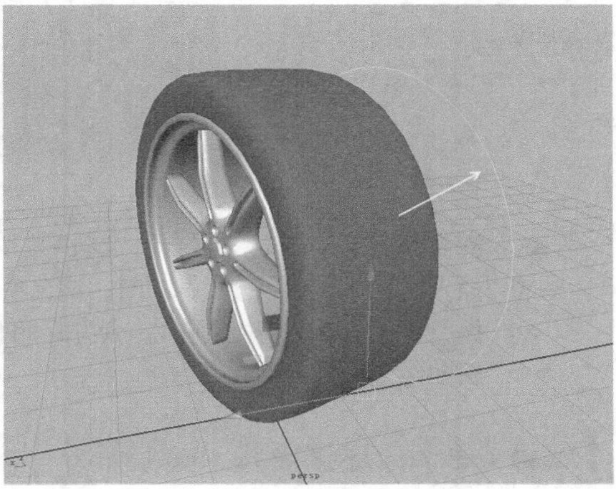

图8-42

技巧与提示

因为复制出来的曲面曲线具有历史记录，记录着与原始曲线的关系，所以在改变原始曲线时，复制出来的曲线也会跟着一起改变。

8.2.2 附加曲线

使用“附加曲线”命令可以将断开的曲线合并为一条整体曲线。单击“附加曲线”命令后面的□按钮，打开“附加曲线选项”对话框，如图8-43所示。

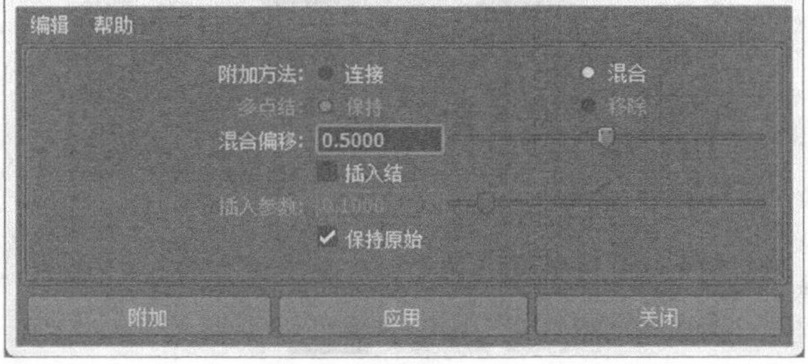

图8-43

附加曲线选项介绍

❖ 附加方法：曲线的附加模式，包括“连接”和“混合”两个选项。“连接”方法可以直接将两条曲线连接起来，但不进行平滑处理，所以会产生尖锐的角；“混合”方法可使两条曲线的附加点以平滑的方式过渡，并且可以调节平滑度。

❖ 多点结：用来选择是否保留合并处的结构点。“保持”选项为保留结构点；“移除”为移除结构点，移除结构点时，附加处会变成平滑的连接效果，如图8-44所示。

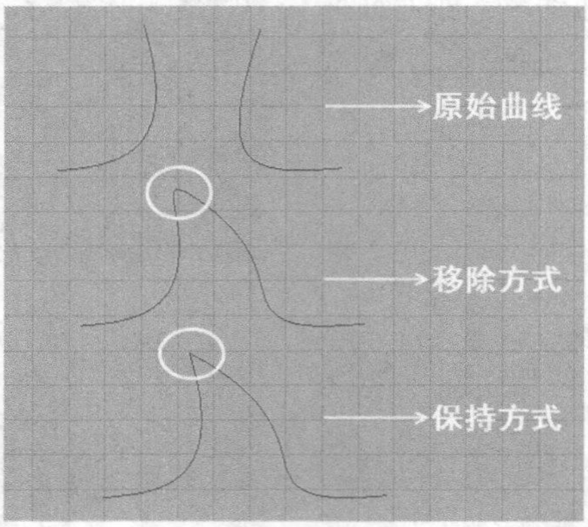

图8-44

❖ 混合偏移：当开启“混合”选项时，该选项用来控制附加曲线的连续性。

❖ 插入结：开启“混合”选项时，该选项可用来在合并处插入EP点，以改变曲线的平滑度。

❖ 保持原始：勾选该选项时，合并后将保留原始的曲线；关闭该选项时，合并后将删除原始曲线。

【练习8-5】：连接曲线

场景文件　学习资源>场景文件>CH08>d.mb
实例位置　学习资源>实例文件>CH08>练习8-5.mb
技术掌握　掌握如何将断开的曲线连接为一条闭合的曲线

本例使用“附加曲线”命令将两段断开的曲线连接起来以后的效果如图8-45所示。

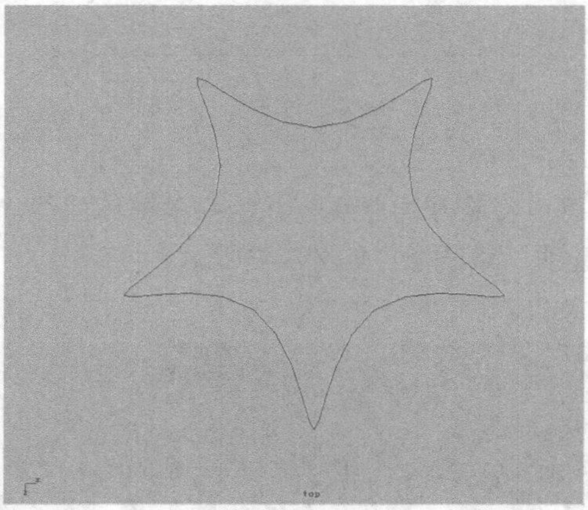

图8-45

01 打开学习资源中的“场景文件>CH08>d.mb”文件，然后执行“窗口>大纲视图”菜单命令，打开“大纲视图”对话框，从该对话框中和视图中都可以观察到曲线是断开的，如图8-46所示。

02 选择一段曲线，然后按住Shift键加选另外一段曲线，如图8-47所示。

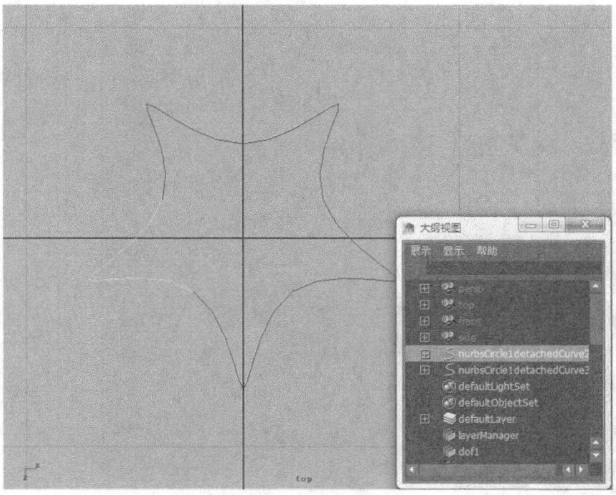

图8-46

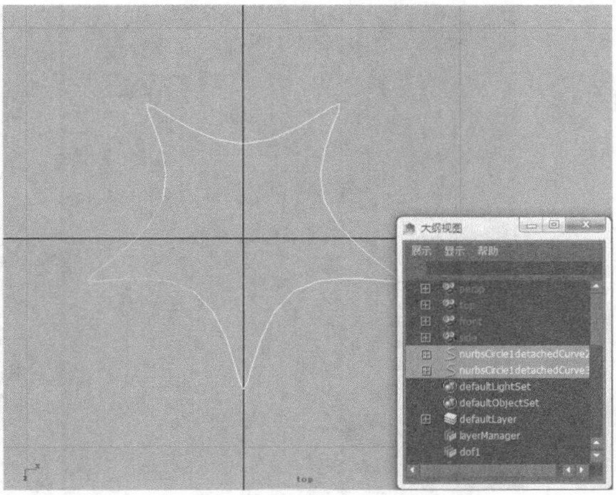

图8-47

03 单击“编辑曲线>附加曲线”菜单命令后面的■按钮，然后在弹出的对话框中勾选“连接”选项，接着单击“附加”按钮，如图8-48所示，最终效果如图8-49所示。

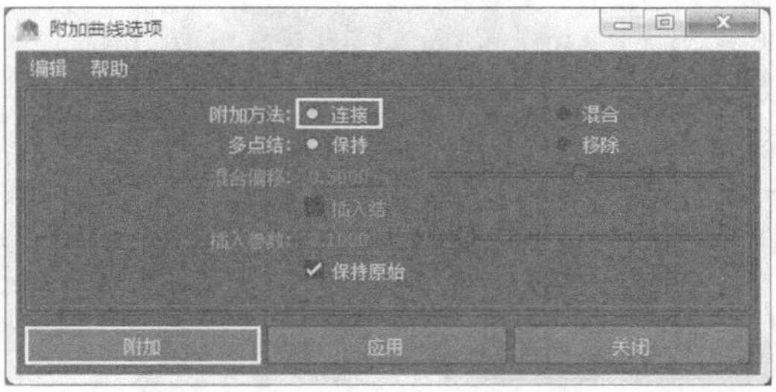

图8-48

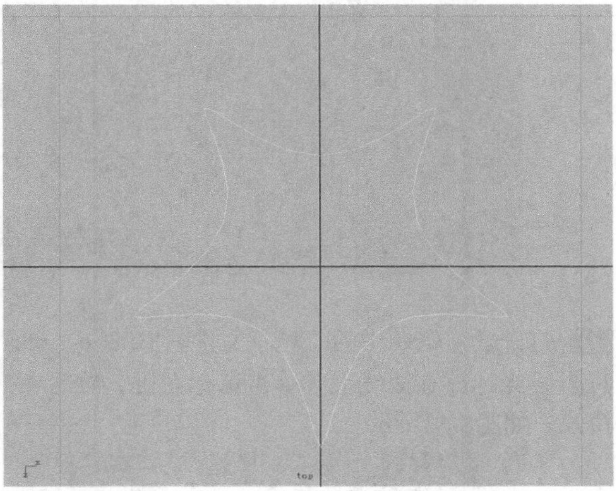

图8-49

技巧与提示

“附加曲线”命令在编辑曲线时经常使用到，熟练掌握该命令可以创建出复杂的曲线。NURBS曲线在创建时无法直接产生直角的硬边，这是由NURBS曲线本身特有的性质所决定的，因此需要通过该命令将不同次数的曲线连接在一起。

8.2.3 分离曲线

使用“分离曲线”命令可以将一条NURBS曲线从指定的点分离分来，也可以将一条封闭的NURBS曲线分离成开放的曲线。单击“分离曲线”命令后面的■按钮，打开“分离曲线选项”对话框，如图8-50所示。

图8-50

【练习8-6】：用编辑点分离曲线

场景文件 学习资源>场景文件>CH08>e-1.mb
实例位置 学习资源>实例文件>CH08>练习8-6.mb
技术掌握 用编辑点模式配合分离曲线技术分离曲线

本例使用“编辑点”模式与“分离曲线”命令将曲线分离出来以后的效果如图8-51所示。

图8-51

01 打开学习资源中的“场景文件>CH08>e-1.mb”文件，如图8-52所示。

02 将光标放在曲线上并单击鼠标右键，然后在弹出的菜单中选择“编辑点”命令，进入编辑点模式，如图8-53所示。

图8-52

图8-53

03 按住Shift键并选择曲线上的5个点，如图8-54所示。

04 执行“编辑曲线>分离曲线”菜单命令，这样就可以将曲线分离成5段，然后使用“移动工具”将分离出来的曲线移动一段距离，以方便观察，最终效果如图8-55所示。

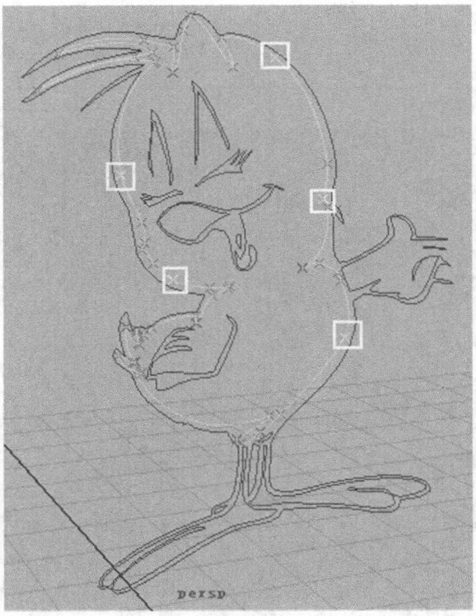

图8-54

图8-55

【练习8-7】：用曲线点分离曲线

场景文件　学习资源>场景文件>CH08>e-2.mb
实例位置　学习资源>实例文件>CH08>练习8-7.mb
技术掌握　用曲线点模式配合分离曲线技术分离曲线

本例使用“曲线点”模式与“分离曲线”命令将曲线分离出来以后的效果如图8-56所示。

01 打开学习资源中的“场景文件>CH08>e-2.mb”文件，然后在曲线上单击鼠标右键，接着在弹出的菜单中选择“曲线点”命令，进入曲线点编辑模式，如图8-57所示。

图8-56

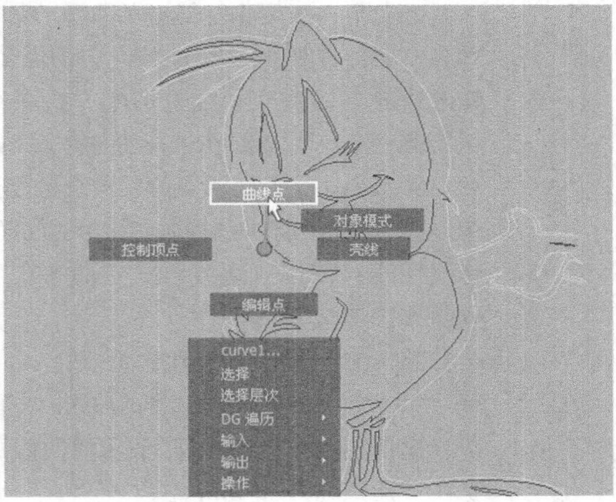

图8-57

02 按住Shift键选择想要断开的点，如图8-58所示。

03 执行“编辑曲线>分离曲线”菜单命令，同样可以将曲线分离出来，如图8-59所示。

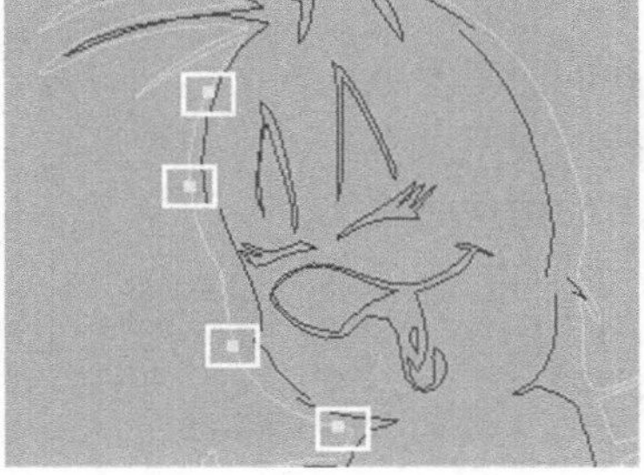

图8-58

图8-59

8.2.4 对齐曲线

使用“对齐曲线”命令可以对齐两条曲线的最近点，也可以按曲线上的指定点对齐。单击“对齐曲线”命令后面的□按钮，打开“对齐曲线选项”对话框，如图8-60所示。

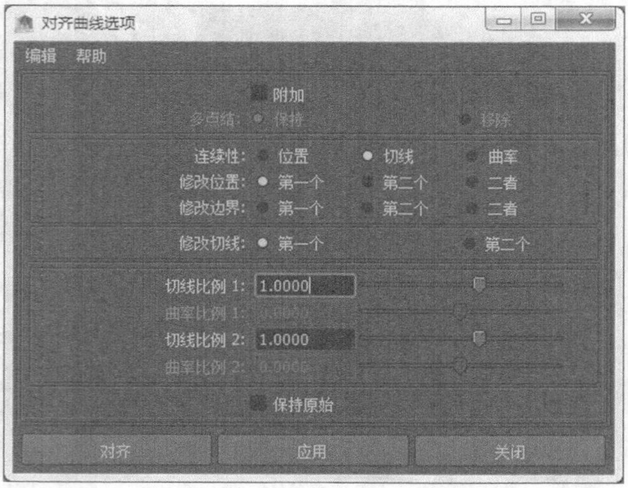

图8-60

对齐曲线选项介绍

- ❖ 附加：将对接后的两条曲线连接为一条曲线。
- ❖ 多点结：用来选择是否保留附加处的结构点。“保持”为保留结构点；“移除”为移除结构点，移除结构点时，附加处将变成平滑的连接效果。
- ❖ 连续性：决定对齐后的连接处的连续性。
  - ✧ 位置：使两条曲线直接对齐，而不保持对齐处的连续性。
  - ✧ 切线：将两条曲线对齐后，保持对齐处的切线方向一致。
  - ✧ 曲率：将两条曲线对齐后，保持对齐处的曲率一致。
- ❖ 修改位置：用来决定移动哪条曲线来完成对齐操作。
  - ✧ 第一个：移动第1个选择的曲线来完成对齐操作。
  - ✧ 第二个：移动第2个选择的曲线来完成对齐操作。
  - ✧ 二者：将两条曲线同时向均匀的位置上移动来完成对齐操作。
- ❖ 修改边界：以改变曲线外形的方式来完成对齐操作。
  - ✧ 第一个：改变第1个选择的曲线来完成对齐操作。
  - ✧ 第二个：改变第2个选择的曲线来完成对齐操作。
  - ✧ 二者：将两条曲线同时向均匀的位置上改变外形来完成对齐操作。
- ❖ 修改切线：使用“切线”或“曲率”对齐曲线时，该选项决定改变哪条曲线的切线方向或曲率来完成对齐操作。
  - ✧ 第一个：改变第1个选择的曲线。
  - ✧ 第二个：改变第2个选择的曲线。
- ❖ 切线比例1：用来缩放第1个选择曲线的切线方向的变化大小。一般在使用该选项后，都要在“通道盒”里修改参数。
- ❖ 切线比例2：用来缩放第2个选择曲线的切线方向的变化大小。一般在使用该命令后，都要在“通道盒”里修改参数。
- ❖ 曲率比例1：用来缩放第1个选择曲线的曲率大小。
- ❖ 曲率比例2：用来缩放第2个选择曲线的曲率大小。
- ❖ 保持原始：勾选该选项后会保留原始的两条曲线。

【练习8-8】：对齐曲线的顶点

场景文件	学习资源>场景文件>CH08>f.mb
实例位置	学习资源>实例文件>CH08>练习8-8.mb
技术掌握	用“对齐曲线”命令对齐断开曲线的顶点

本例使用“对齐曲线”命令对齐的曲线效果如图8-61所示。

01 打开学习资源中的“场景文件>CH08>f.mb”文件，如图8-62所示。

图8-61

图8-62

02 选择两段曲线，然后单击“对齐曲线”命令后面的■按钮，打开“对齐曲线选项”对话框，接着勾选“附加”选项，再设置“连续性”为“位置”、“修改位置”为“二者”，具体参数设置如图8-63所示，对齐效果如图8-64所示。

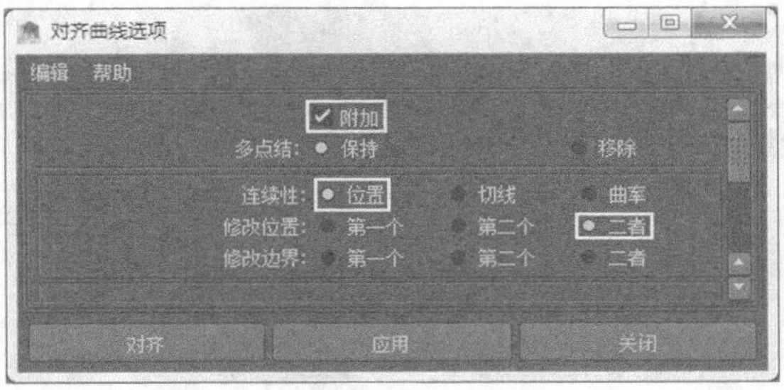

图8-63

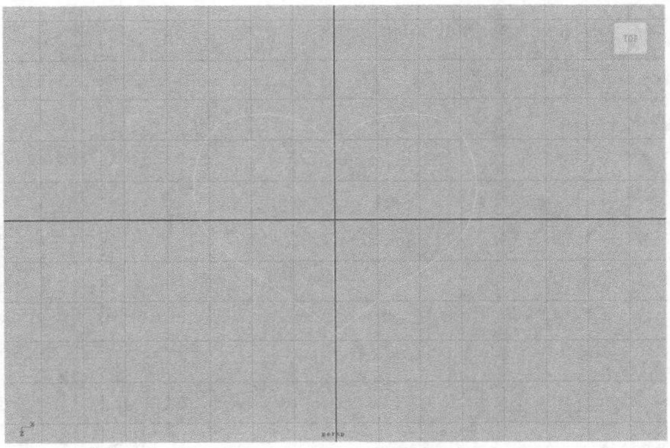

图8-64

8.2.5 开放/闭合曲线

使用“开放/闭合曲线”命令可以将开放曲线变成封闭曲线，或将封闭曲线变成开放曲线。单击“开放/闭合曲线”命令后面的■按钮，打开“开放/闭合曲线选项”对话框，如图8-65所示。

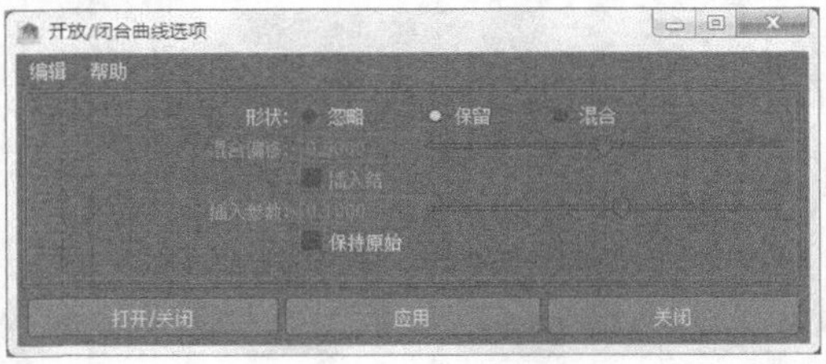

图8-65

开放/闭合曲线选项介绍

- ❖ 形状：当执行“开放/闭合曲线”命令后，该选项用来设置曲线的形状。
  - ✧ 忽略：执行“开放/闭合曲线”命令后，不保持原始曲线的形状。
  - ✧ 保留：通过加入CV点来尽量保持原始曲线的形状。
  - ✧ 混合：通过该选项可以调节曲线的形状。
- ❖ 混合偏移：当勾选“混合”选项时，该选项用来调节曲线的形状。
- ❖ 插入结：当封闭曲线时，在封闭处插入点，以保持曲线的连续性。
- ❖ 保持原始：保留原始曲线。

【练习8-9】：闭合断开的曲线

场景文件　学习资源>场景文件>CH08>g.mb
实例位置　学习资源>实例文件>CH08>练习8-9.mb
技术掌握　掌握如何将断开的曲线闭合起来

本例使用“开放/闭合曲线”命令将断开曲线闭合起来后的效果如图8-66所示。

图8-66

01 打开学习资源中的“场景文件>CH08>g.mb”文件，如图8-67所示。

02 单击“开放/闭合曲线”命令后面的□按钮，打开“开放/闭合曲线选项”对话框，然后分别将“形状”选项设置为“忽略”“保留”“混合”3种连接方式，接着观察曲线的闭合效果，如图8-68、图8-69和图8-70所示。

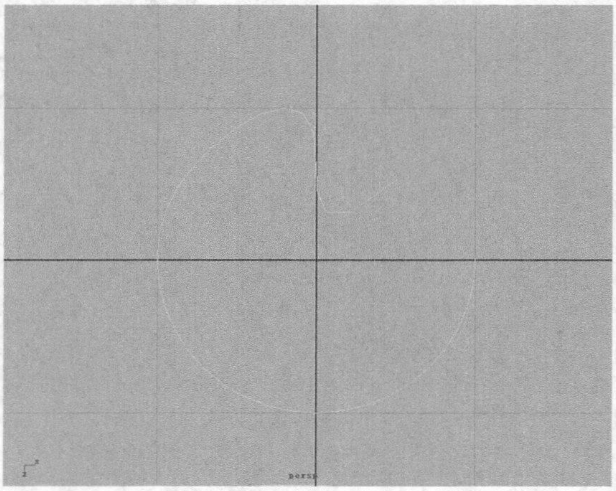

图8-67

图8-68

图8-69

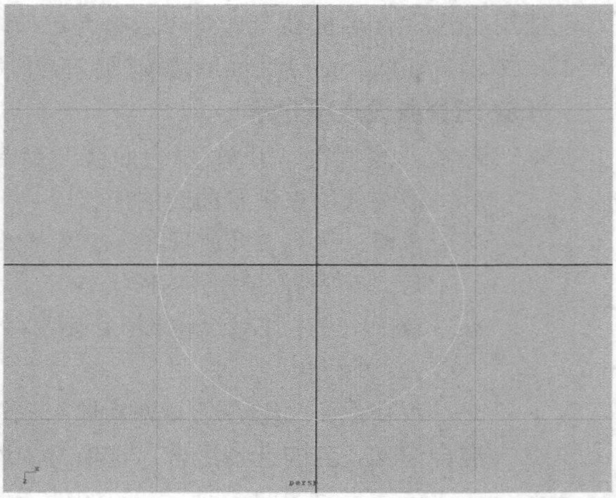

图8-70

8.2.6 移动接缝

“移动接缝”命令主要用来移动封闭曲线的起始点。在后面学习由线成面时，封闭曲线的接缝处（也就是曲线的起始点位置）与生成曲线的UV走向有很大的区别。

【练习8-10】：移动接缝

场景文件 学习资源>场景文件>CH08>h.mb
实例位置 学习资源>实例文件>CH08>练习8-10.mb
技术掌握 用“移动接缝”命令改变封闭曲线的起始点

本例使用“移动接缝”命令移动封闭曲线的起始点效果如图8-71所示。

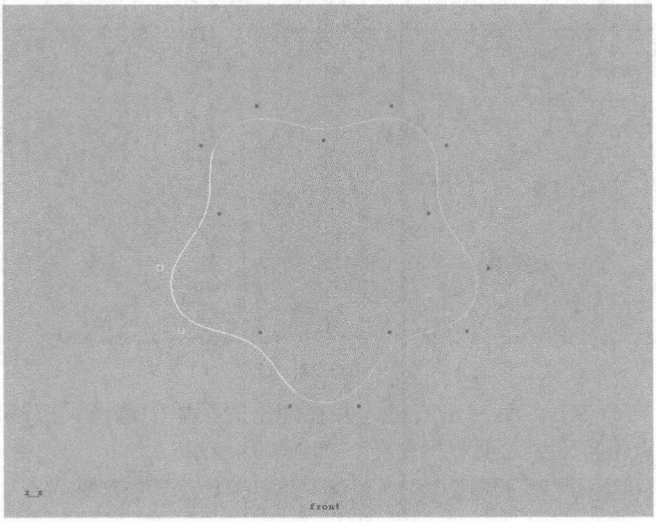

图8-71

01 打开学习资源中的“场景文件>CH08>h.mb”文件，然后在曲线上单击鼠标右键，接着在弹出的菜单中选择“控制顶点”命令，进入控制顶点编辑模式，这样可以观察到封闭曲线的起始点位置，如图8-72所示。

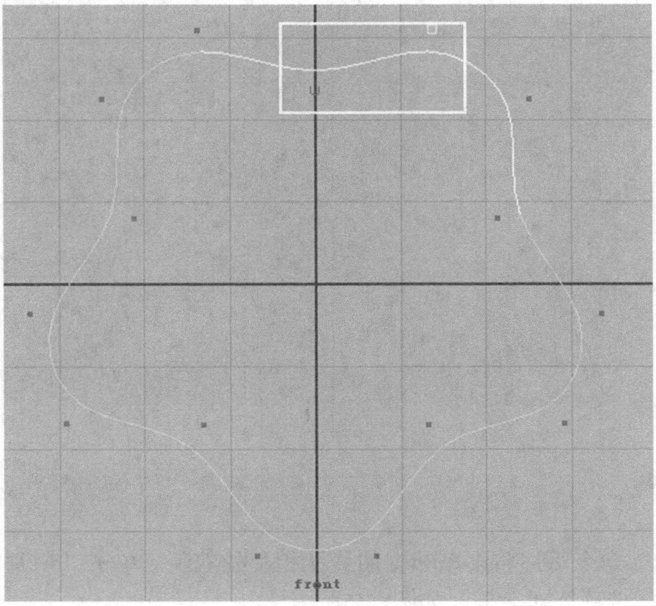

图8-72

02 在曲线上单击右键，然后在弹出的菜单中选择“曲线点”命令，接着选择左下方的一个曲线点，如图8-73所示。

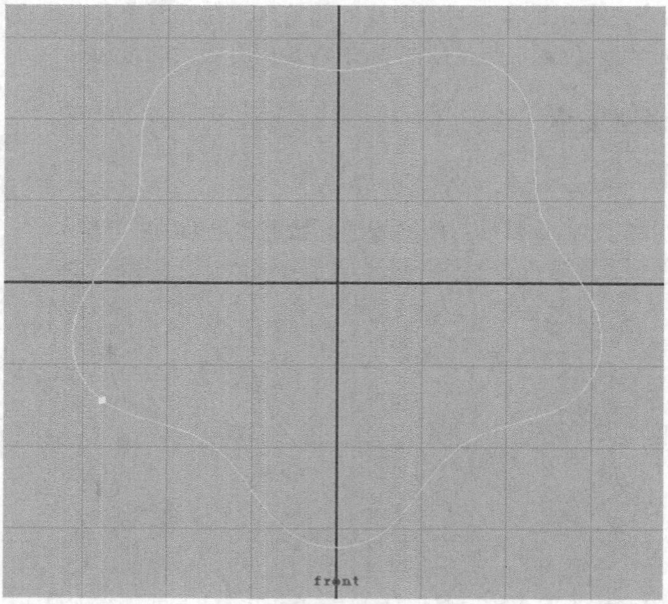

图8-73

03 执行“移动接缝”命令，然后单击右键，并在弹出的菜单中选择“控制顶点”命令，这时可以观察到曲线的起始点位置发生了明显的变化，如图8-74所示。

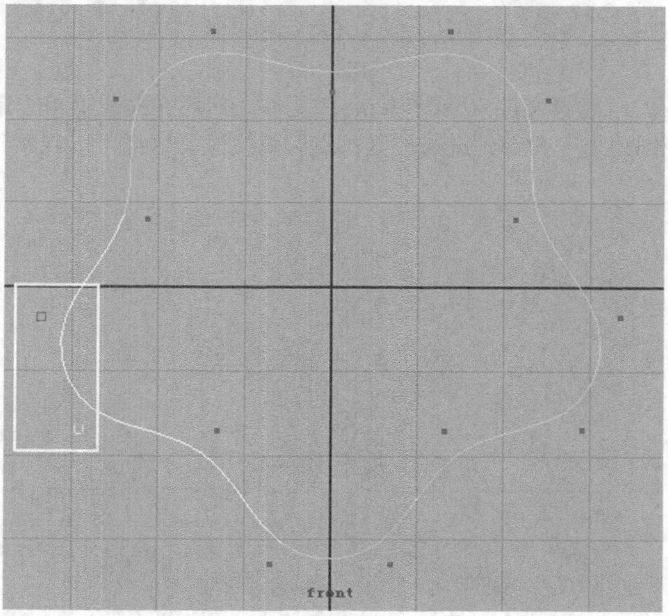

图8-74

8.2.7 切割曲线

使用“切割曲线”命令可以将多条相交曲线从相交处剪断。单击“切割曲线”命令后面的■按钮，打开“切割曲线选项”对话框，如图8-75所示。

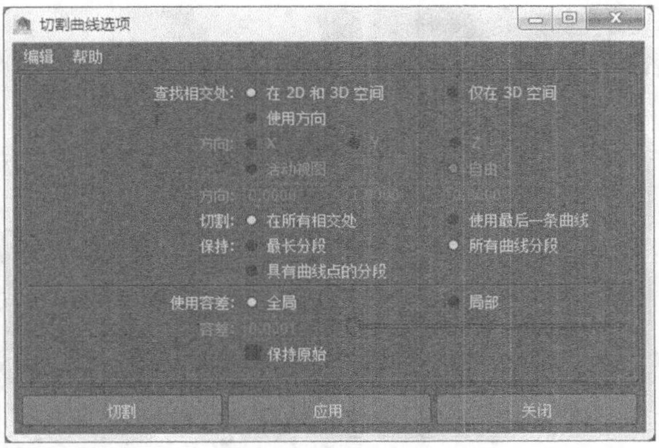

图8-75

切割曲线选项介绍

❖ 查找相交处：用来选择两条曲线的投影方式。
  - ✧ 在2D和3D空间：在正交视图和透视图中求出投影交点。
  - ✧ 仅在3D空间：只在透视图中求出交点。
  - ✧ 使用方向：使用自定义方向来求出投影交点，有x、y、z轴、“活动视图”和“自由”5个选项可以选择。

❖ 切割：用来决定曲线的切割方式。
  - ✧ 在所有相交处：切割所有选择曲线的相交处。
  - ✧ 使用最后一条曲线：只切割最后选择的一条曲线。

❖ 保持：用来决定最终保留和删除的部分。
  - ✧ 最长分段：保留最长线段，删除较短的线段。
  - ✧ 所有曲线分段：保留所有的曲线段。
  - ✧ 具有曲线点的分段：根据曲线点的分段进行保留。

【练习8-11】：切割曲线

场景文件	学习资源>场景文件>CH08>i.mb
实例位置	学习资源>实例文件>CH08>练习8-11.mb
技术掌握	用“切割曲线”命令切割相交的曲线

本例使用“切割曲线”命令将相交曲线切割以后的效果如图8-76所示。

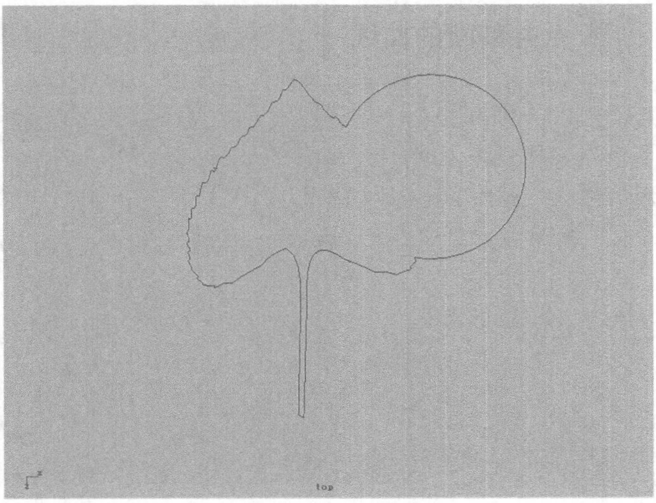

图8-76

01 打开学习资源中的“场景文件>CH08>i.mb”文件，如图8-77所示。

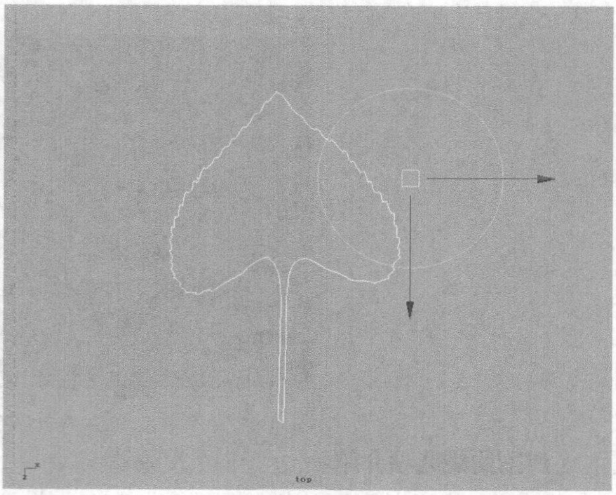

图8-77

02 选择两段曲线，然后执行“编辑曲线>切割曲线”菜单命令，这时两条曲线的相交处会被剪断，将剪断处删除后可观察到明显的效果，如图8-78所示。

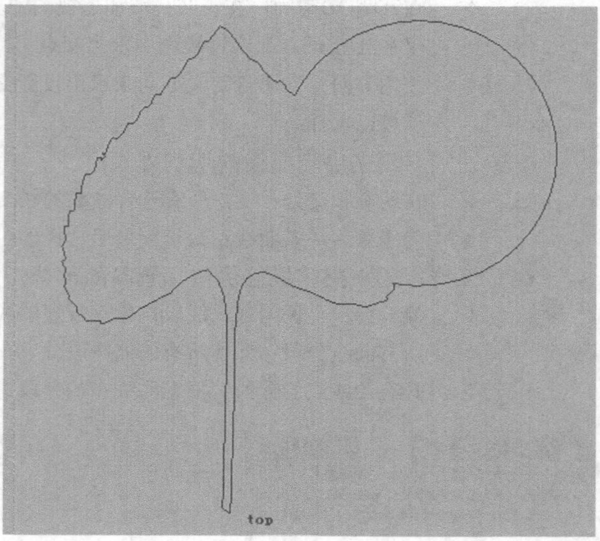

图8-78

技术专题 【合并剪断的曲线】

剪断相交曲线后，可以将剪切出来的曲线合并为一条曲线，其操作方法就是选择两条剪切出来的曲线，然后执行“编辑曲线>附加曲线”菜单命令，如图8-79所示。

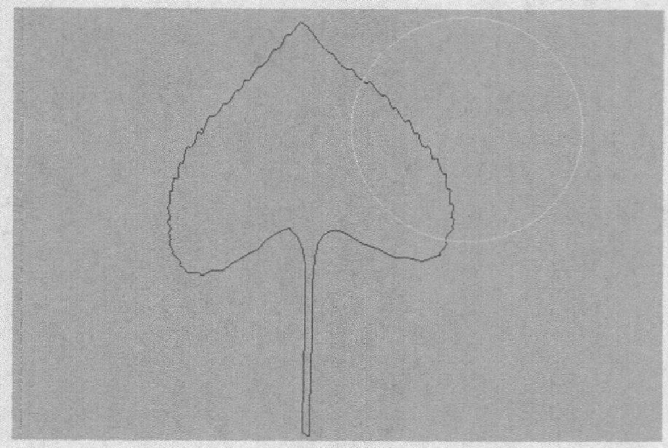

图8-79

8.2.8 曲线相交

使用“曲线相交”命令可以在多条曲线的交叉点处产生定位点，这样可以很方便地对定位点进行捕捉、对齐和定位等操作，如图8-80所示。

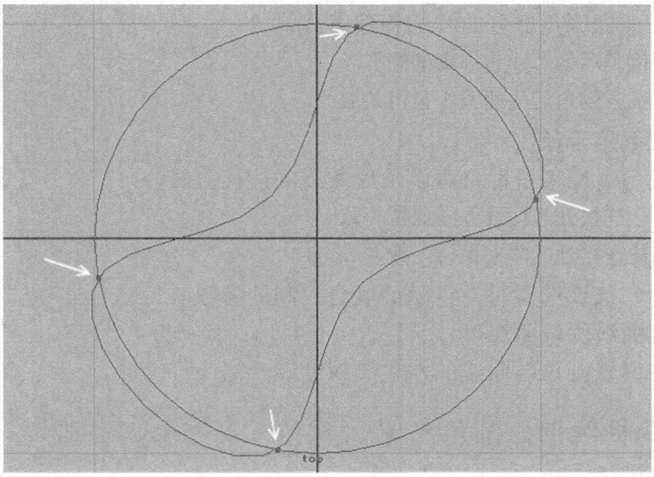

图8-80

单击“曲线相交”命令后面的□按钮，打开“曲线相交选项”对话框，如图8-81所示。

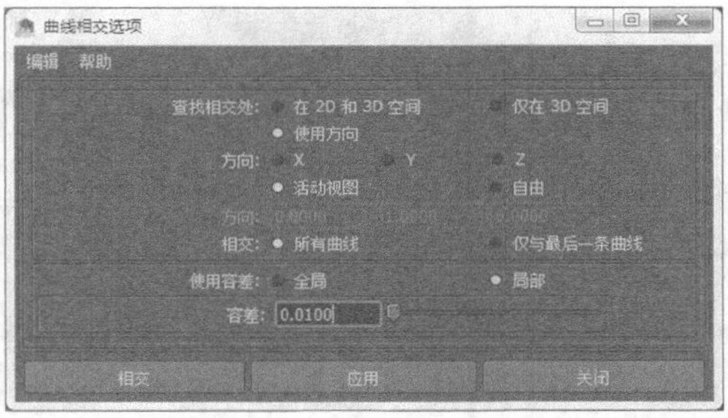

图8-81

曲线相交选项介绍

❖ 相交：用来设置哪些曲线产生交叉点。

- ✧ 所有曲线：所有曲线都产生交叉点。
- ✧ 仅与最后一条曲线：只在最后选择的一条曲线上产生交叉点。

8.2.9 曲线圆角

使用“曲线圆角”命令可以让两条相交曲线或两条分离曲线之间产生平滑的过渡曲线。单击“曲线圆角”命令后面的□按钮，打开“圆角曲线选项”对话框，如图8-82所示。

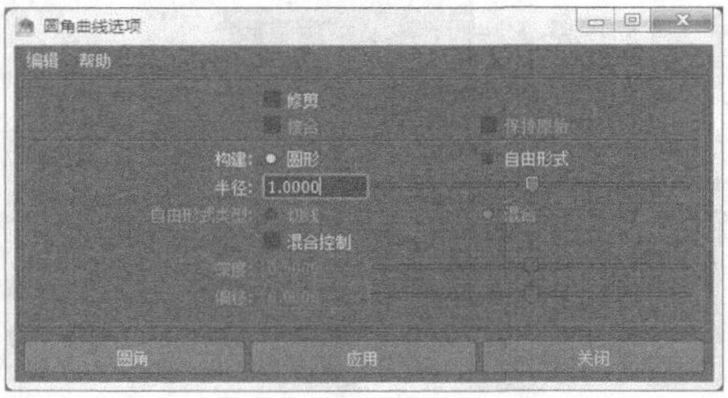

图8-82

曲线圆角选项介绍

- ❖ 修剪：开启该选项时，将在曲线倒角后删除原始曲线的多余部分。
- ❖ 接合：将修剪后的曲线合并成一条完整的曲线。
- ❖ 保持原始：保留倒角前的原始曲线。
- ❖ 构建：用来选择倒角部分曲线的构建方式。
  - ✧ 圆形：倒角后的曲线为规则的圆形。
  - ✧ 自由形式：倒角后的曲线为自由的曲线。
- ❖ 半径：设置倒角半径。
- ❖ 自由形式类型：用来设置自由倒角后曲线的连接方式。
  - ✧ 切线：让连接处与切线方向保持一致。
  - ✧ 混合：让连接处的曲率保持一致。
- ❖ 混合控制：勾选该选项时，将激活混合控制的参数。
- ❖ 深度：控制曲线的弯曲深度。
- ❖ 偏移：用来设置倒角后曲线的左右倾斜度。

【练习8-12】：为曲线创建圆角

场景文件　学习资源>场景文件>CH08>j.mb
实例位置　学习资源>实例文件>CH08>练习8-12.mb
技术掌握　掌握如何为曲线倒角

本例使用“曲线圆角”命令为曲线制作的圆角效果如图8-83所示。

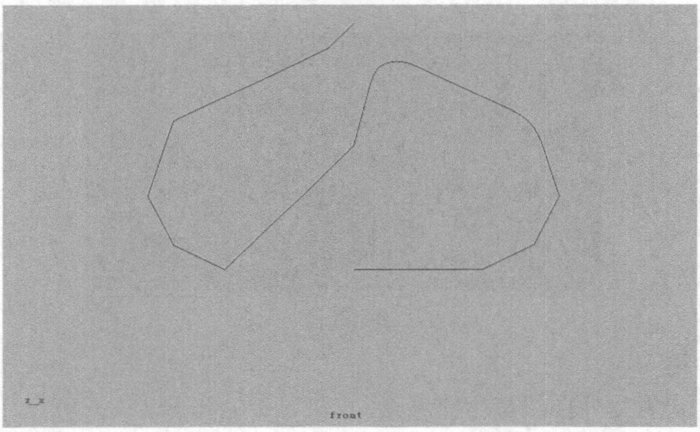

图8-83

01 打开学习资源中的“场景文件>CH08>j.mb”文件，如图8-84所示。

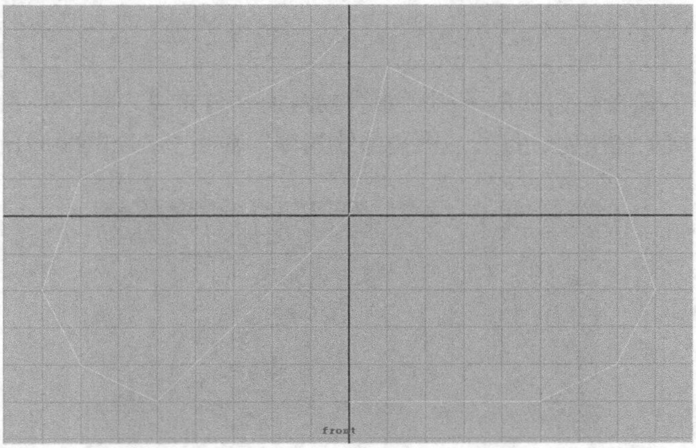

图8-84

02 选择曲线，然后单击右键，并在弹出的菜单中选择“曲线点”命令，接着选择想要倒角的曲线点，如图8-85所示。

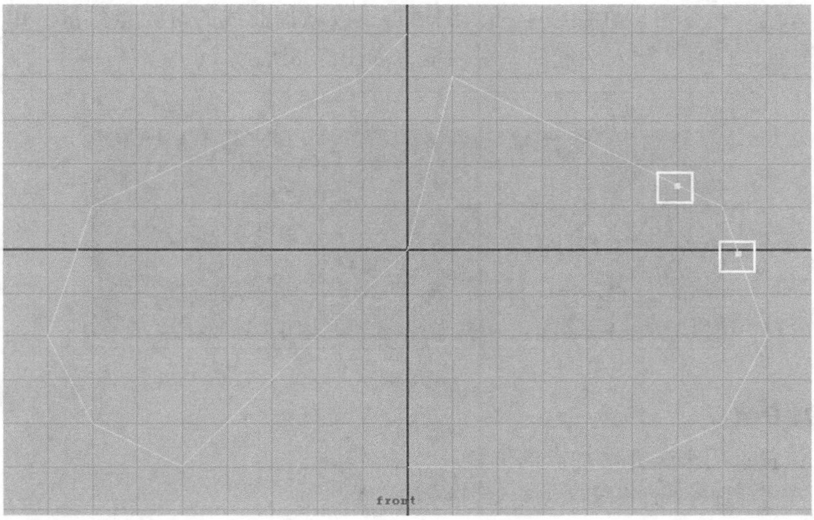

图8-85

03 单击“曲线圆角”命令后面的□按钮，打开“圆角曲线选项”对话框，然后勾选“修剪”和“接合”选项，接着设置“构建”为“自由形式”，具体参数设置如图8-86所示，可以发现倒角后的曲线变得更加平滑了，最终效果如图8-87所示。

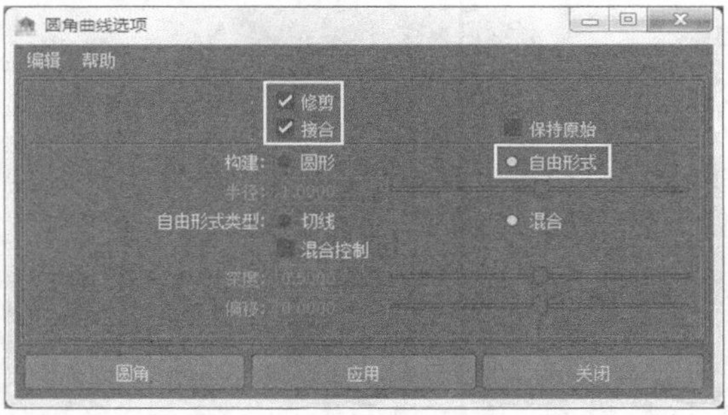

图8-86

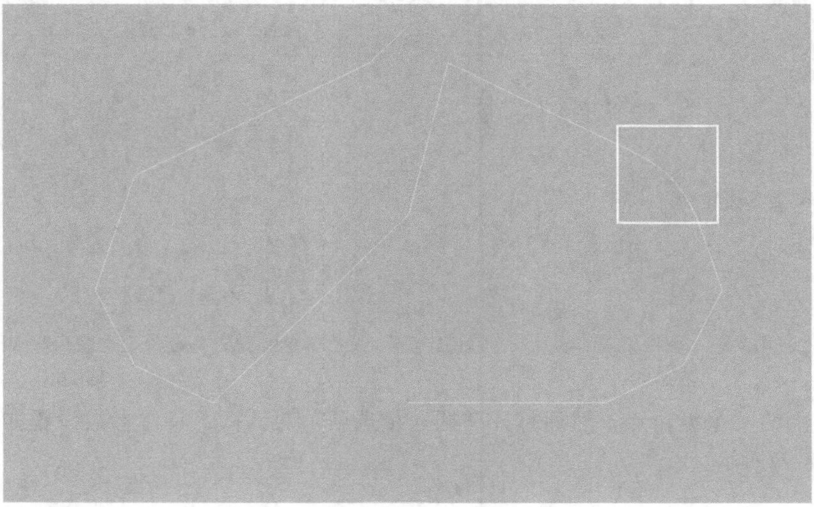

图8-87

8.2.10 插入结

使用“插入结”命令可以在曲线上插入编辑点，以增加曲线的可控点数量。单击“插入结”命令后面的■按钮，打开“插入结选项”对话框，如图8-88所示。

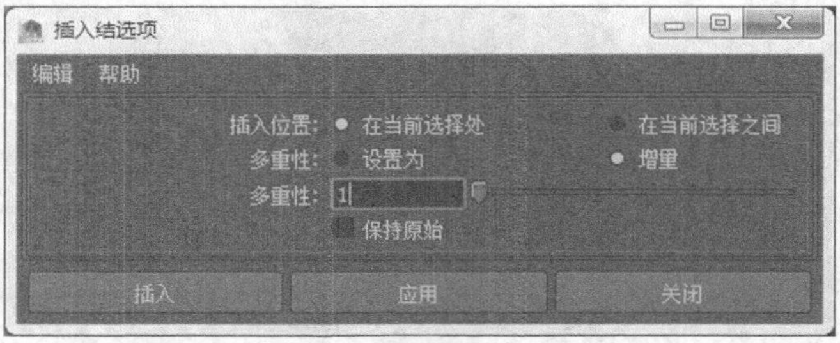

图8-88

插入结选项介绍

❖ 插入位置：用来选择增加点的位置。

✧ 在当前选择处：将编辑点插入到指定的位置。

✧ 在当前选择之间：在选择点之间插入一定数目的编辑点。当勾选该选项后，会将最下面的“多重性”选项更改为“要插入的结数”。

【练习8-13】：插入编辑点

场景文件	学习资源>场景文件>CH08>k.mb
实例位置	学习资源>实例文件>CH08>练习8-13.mb
技术掌握	用“插入结”命令在曲线上插入编辑点

本例使用“插入结”命令在曲线上插入编辑点后的效果如图8-89所示。

01 打开学习资源中的“场景文件>CH08>k.mb”文件，然后在曲线上单击右键，接着在弹出的菜单中选择“编辑点”命令，进入编辑点模式，如图8-90所示。

图8-89

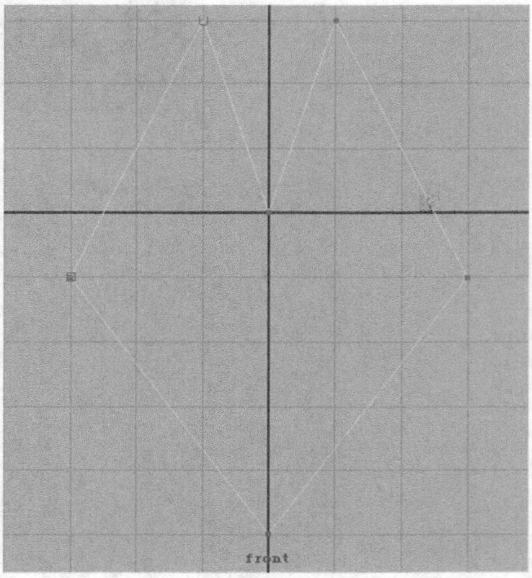

图8-90

02 选中右上部的两个编辑点，然后打开“插入结选项”对话框，具体参数设置如图8-91所示，最终效果如图8-92所示。

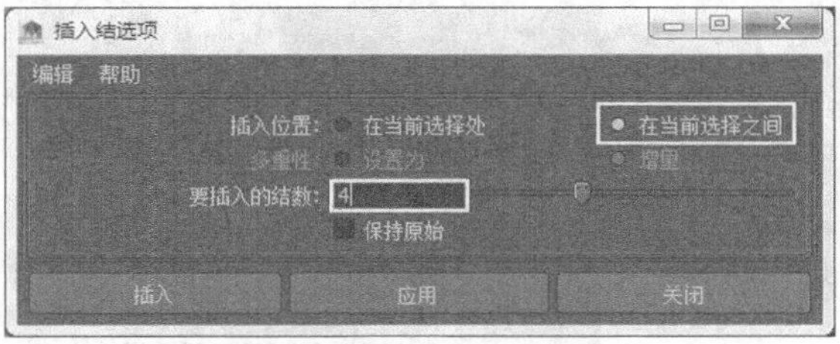

图8-91

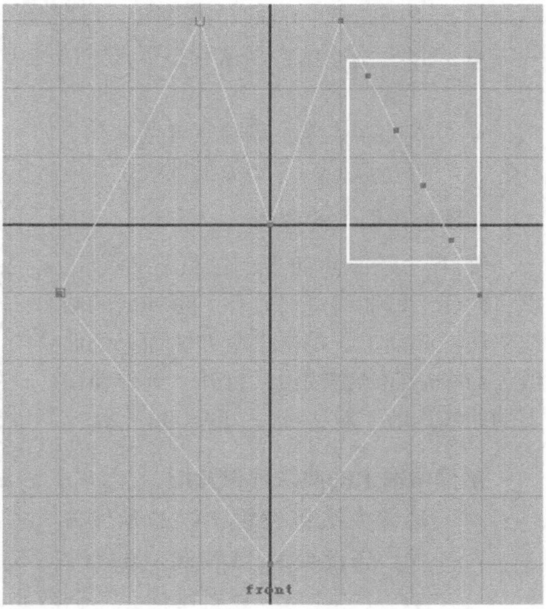

图8-92

8.2.11 延伸

“延伸”命令包含两个子命令，分别是“延伸曲线”和“延伸曲面上的曲线”命令，如图8-93所示。

图8-93

1.延伸曲线

使用“延伸曲线”命令可以延伸一条曲线的两个端点，以增加曲线的长度。单击“延伸曲线”命令后面的■按钮，打开“延伸曲线选项”对话框，如图8-94所示。

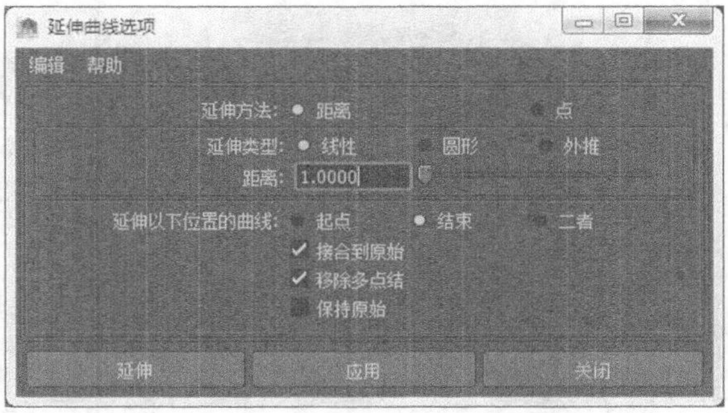

图8-94

延伸曲线选项介绍

- ❖ 延伸方法：用来设置曲线的延伸方式。
  - ✧ 距离：使曲线在设定方向上延伸一定的距离。
  - ✧ 点：使曲线延伸到指定的点上。当勾选该选项时，下面的参数会自动切换到“点将延伸至”输入模式，如图8-95所示。

图8-95

- ❖ 延伸类型：设置曲线延伸部分的类型。
  - ✧ 线性：延伸部分以直线的方式延伸。
  - ✧ 圆形：让曲线按一定的圆形曲率进行延伸。
  - ✧ 外推：使曲线保持延伸部分的切线方向并进行延伸。
- ❖ 距离：用来设定每次延伸的距离。
- ❖ 延伸以下位置的曲线：用来设定在曲线的哪个方向上进行延伸。
  - ✧ 起点：在曲线的起始点方向上进行延伸。
  - ✧ 结束：在曲线的结束点方向上进行延伸。

◇ 二者：在曲线的两个方向上进行延伸。

❖ 接合到原始：默认状态下该选项处于启用状态，用来将延伸后的曲线与原始曲线合并在一起。

❖ 移除多点结：删除重合的结构点。

❖ 保持原始：保留原始曲线。

2.延伸曲面上的曲线

使用“延伸曲面上的曲线”命令可以将曲面上的曲线进行延伸，延伸后的曲线仍然在曲面上。单击“延伸曲面上的曲线”命令后面的□按钮，打开“延伸曲面上的曲线选项”对话框，如图8-96所示。

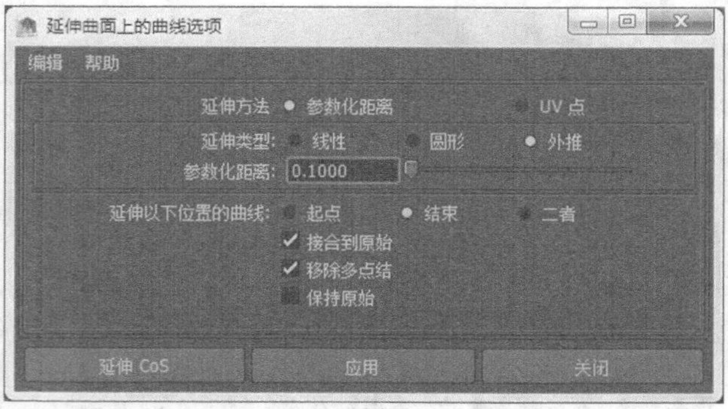

图8-96

延伸曲面上的曲线选项介绍

❖ 延伸方法：设置曲线的延伸方式。当设置为“UV点”方式时，下面的参数将自动切换为“UV点将延伸至”输入模式，如图8-97所示。

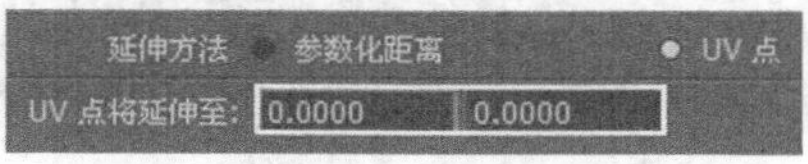

图8-97

【练习8-14】：延伸曲线

场景文件 学习资源>场景文件>CH08>l.mb
实例位置 学习资源>实例文件>CH08>练习8-14.mb
技术掌握 用“延伸曲线”命令延伸曲线的长度

本例使用“延伸曲线”命令将曲线延伸后的效果如图8-98所示。

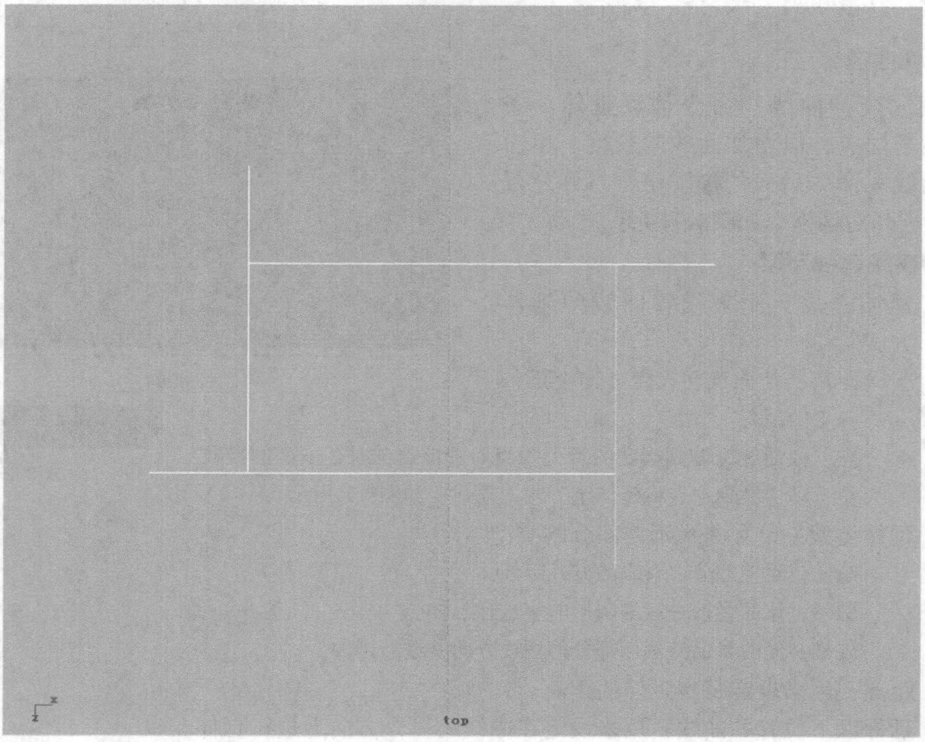

图8-98

01 打开学习资源中的“场景文件>CH08>l.mb”文件，如图8-99所示。

图8-99

02 打开“延伸曲线选项”对话框，具体参数设置如图8-100所示，然后单击“延伸”按钮，最终效果如图8-101所示。

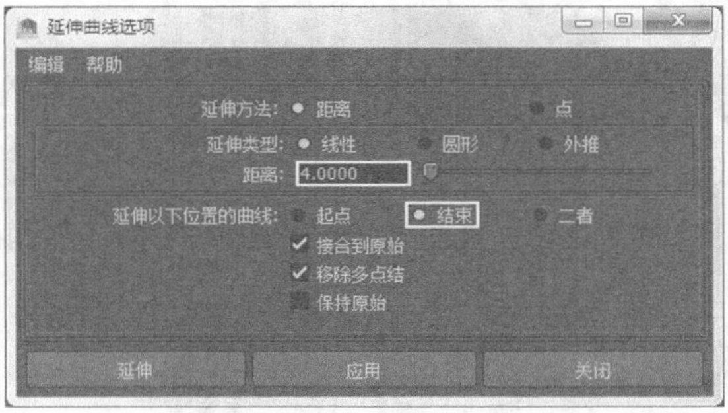

图8-100

图8-101

【练习8-15】：延伸曲面上的曲线

场景文件 学习资源>场景文件>CH08>m.mb
实例位置 学习资源>实例文件>CH08>练习8-15.mb
技术掌握 掌握如何延伸曲面上的曲线

本例使用“延伸曲面上的曲线”命令将曲面上的曲线延伸后的效果如图8-102所示。

图8-102

01 打开学习资源中的“场景文件>CH08>m.mb”文件，然后按5键进入实体显示模式，如图8-103所示。

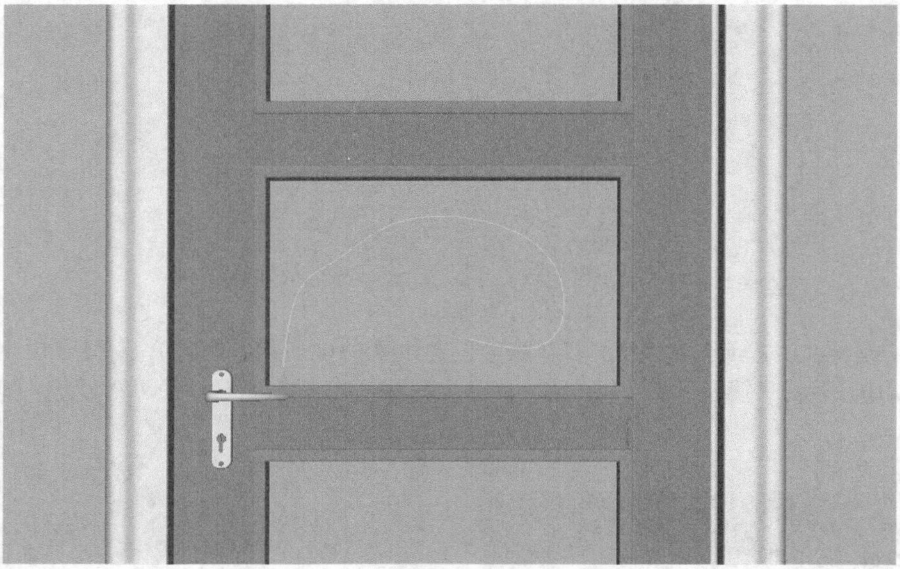

图8-103

02 选择曲线后面的曲面，然后执行“修改>激活”菜单命令，将曲面激活为工作平面，如图8-104所示。

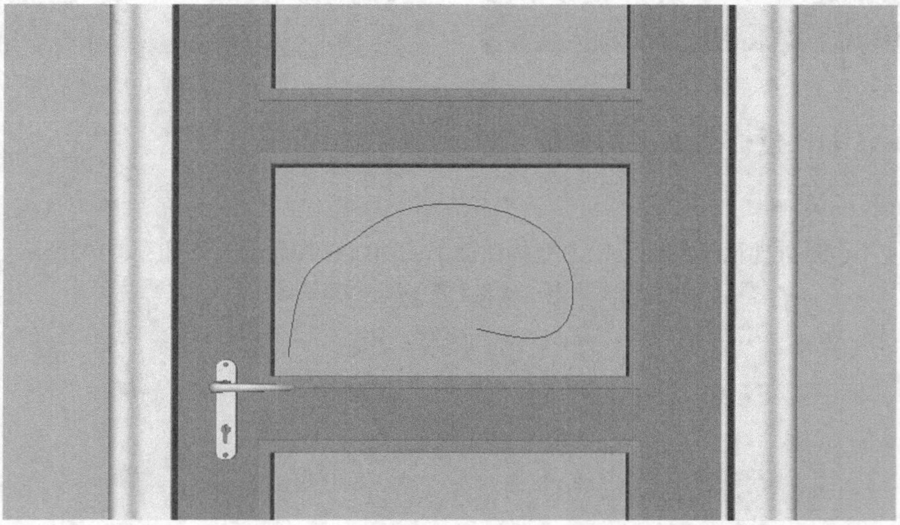

图8-104

技巧与提示

激活曲面是延伸曲线的前提，如果不激活曲面，将不能对曲线进行延伸，这是“延伸曲面上的曲线”命令与“延伸曲线”命令的一个很大区别。

03 选择曲线，然后打开“延伸曲面上的曲线选项”对话框，具体参数设置如图8-105所示，最终效果如图8-106所示。

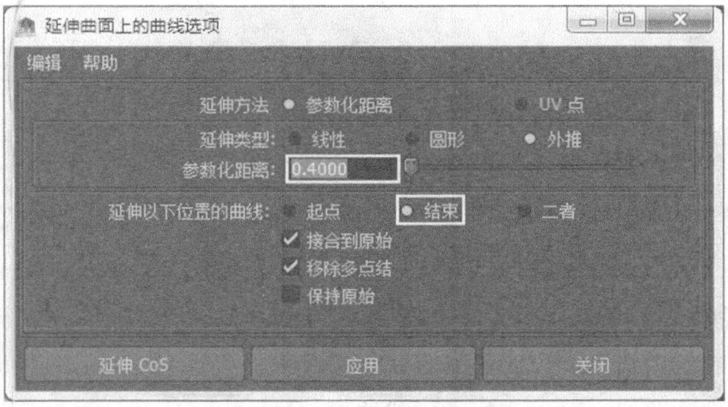

图8-105

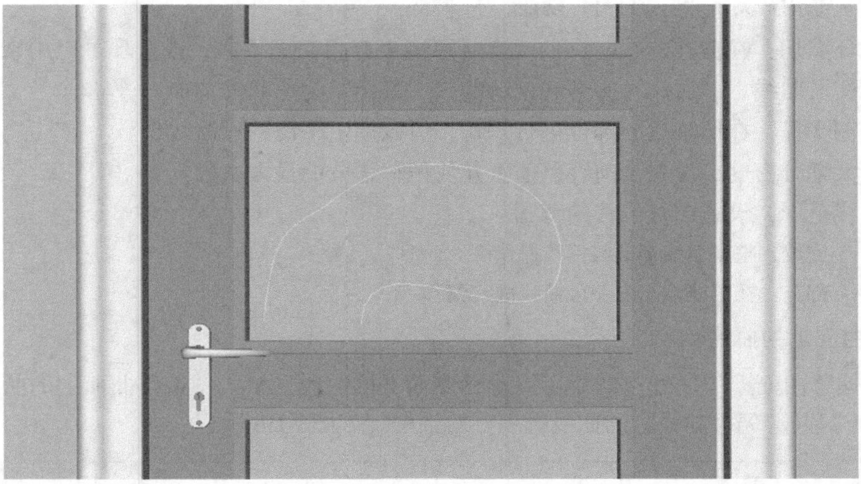

图8-106

8.2.12 偏移

“偏移”命令包含两个子命令，分别是“偏移曲线”和“偏移曲面上的曲线”命令，如图8-107所示。

图8-107

1.偏移曲线

单击“偏移曲线”命令后面的□按钮，打开“偏移曲线选项”对话框，如图8-108所示。

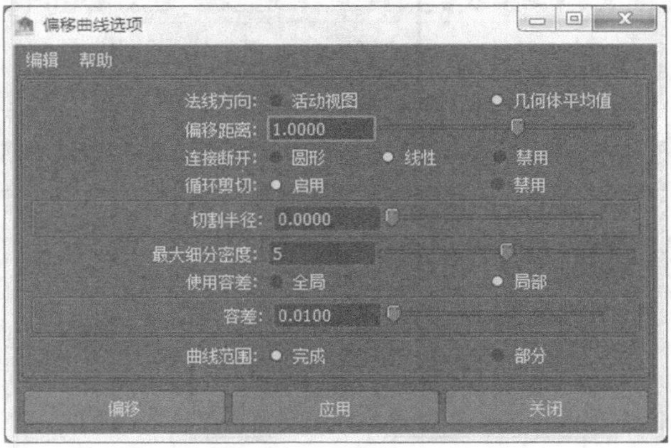

图8-108

偏移曲线选项介绍

❖ 法线方向：设置曲线偏移的方法。
  ✧ 活动视图：以视图为标准来定位偏移曲线。
  ✧ 几何体平均值：以法线为标准来定位偏移曲线。
❖ 偏移距离：设置曲线的偏移距离，该距离是曲线与曲线之间的垂直距离。
❖ 连接断开：在进行曲线偏移时，由于曲线偏移后的变形过大，会产生断裂现象，该选项可以用来连接断裂的曲线。
  ✧ 圆形：断裂的曲线之间以圆形的方式连接起来。
  ✧ 线性：断裂的曲线之间以直线的方式连接起来。
  ✧ 禁用：关闭“连接断开”功能。
❖ 循环剪切：在偏移曲线时，曲线自身可能会产生交叉现象，该选项可以用来剪切掉多余的交叉曲线。“启用”为开起该功能，“禁用”为关闭该功能。
❖ 切割半径：在切割后的部位进行倒角，可以产生平滑的过渡效果。
❖ 最大细分密度：设置当前容差值下几何偏移细分的最大次数。
❖ 曲线范围：设置曲线偏移的范围。
  ✧ 完成：整条曲线都参与偏移操作。
  ✧ 部分：在曲线上指定一段曲线进行偏移。

2.偏移曲面上的曲线

使用“偏移曲面上的曲线”命令可以偏移曲面上的曲线。单击“偏移曲面上的曲线”命令后面的□按钮，打开“偏移曲面上的曲线选项”对话框，如图8-109所示。

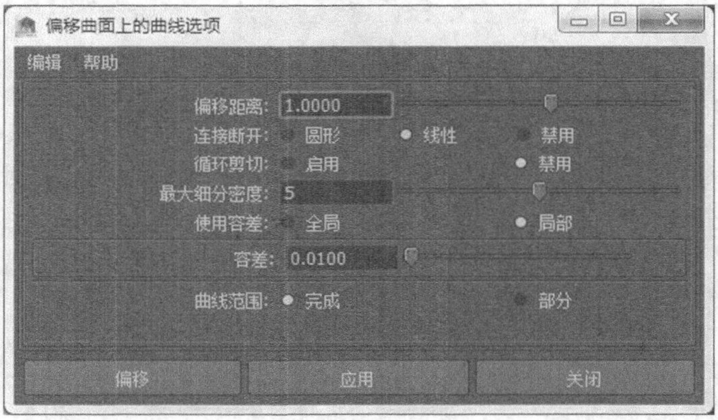

图8-109

技巧与提示

“偏移曲面上的曲线选项”对话框中的参数与“偏移曲线选项”对话框中的参数基本相同，这里不再重复讲解。

【练习8-16】：偏移曲线

场景文件 学习资源>场景文件>CH08>n.mb
实例位置 学习资源>实例文件>CH08>练习8-16.mb
技术掌握 掌握如何偏移曲线

本例使用“偏移曲线”命令将曲线偏移后的效果如图8-110所示。

图8-110

01 打开学习资源中的“场景文件>CH08>n.mb”文件，如图8-111所示。

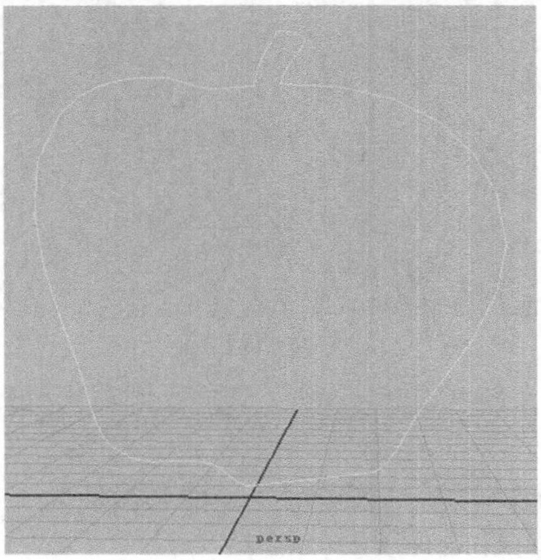

图8-111

02 打开“偏移曲线选项”对话框，然后设置“法线方向”为“几何体平均值”，设置“偏移距离”为0.2，如图8-112所示，接着连续单击3次“应用”按钮，将曲线偏移3次，最终效果如图8-113所示。

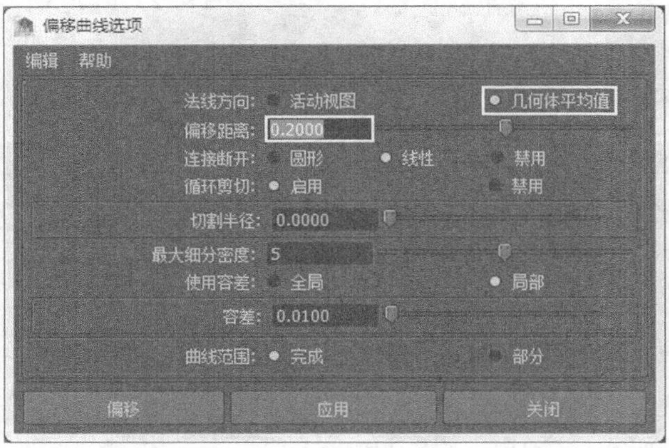

图8-112

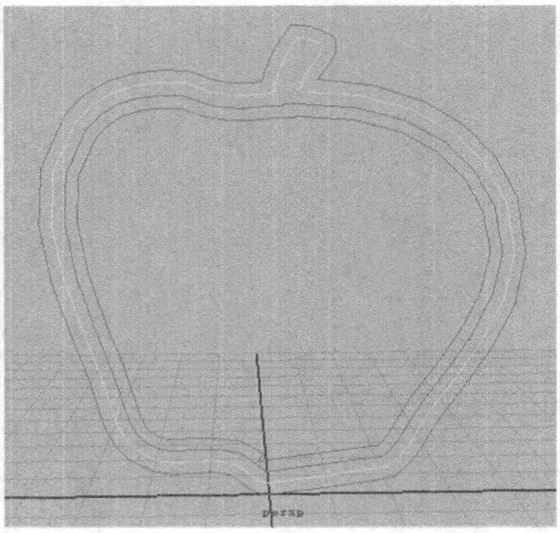

图8-113

【练习8-17】：偏移曲面上的曲线

场景文件　学习资源>场景文件>CH08>o.mb
实例位置　学习资源>实例文件>CH08>练习8-17.mb
技术掌握　掌握如何偏移曲面上的曲线

本例使用“偏移曲面上的曲线”命令偏移曲面上的曲线效果如图8-114所示。

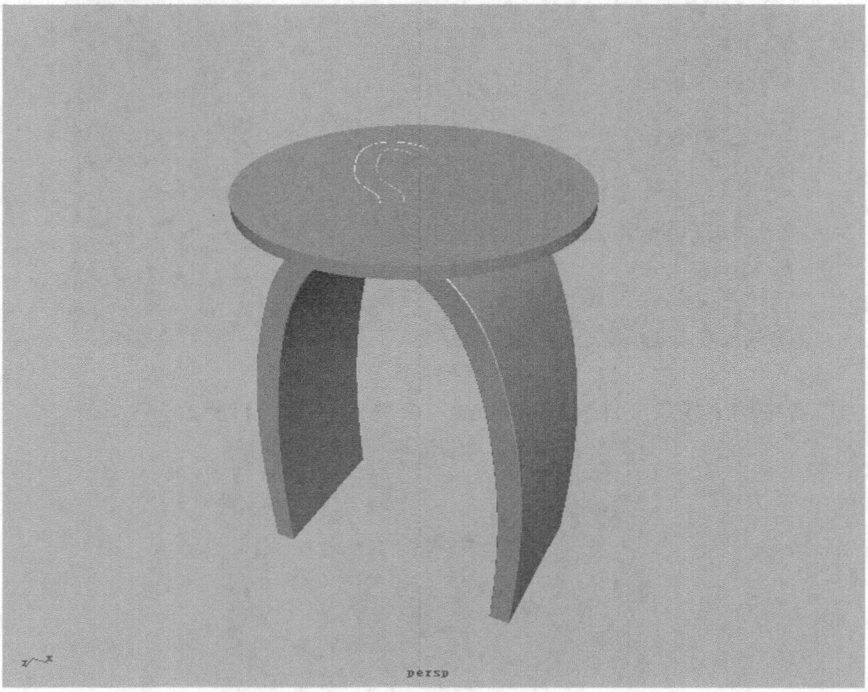

图8-114

01 打开学习资源中的“场景文件>CH08>o.mb”文件，然后按5键进入实体显示模式，如图8-115所示。

02 选择桌面，然后执行“修改>激活”菜单命令，将其激活为工作平面，接着使用“EP曲线工具”在桌面上绘制一条曲线，如图8-116所示。

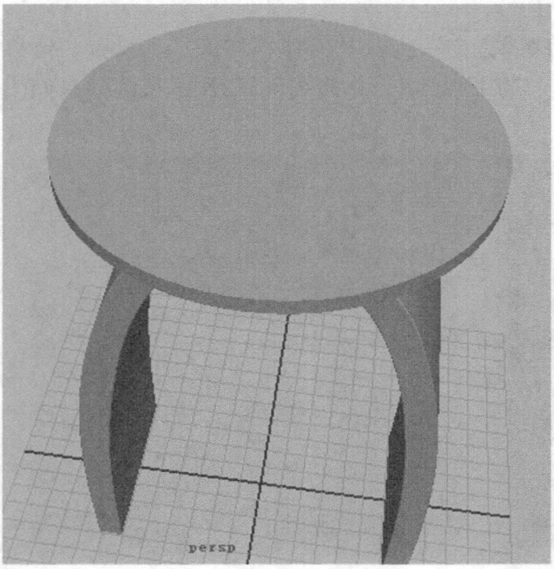

图8-115

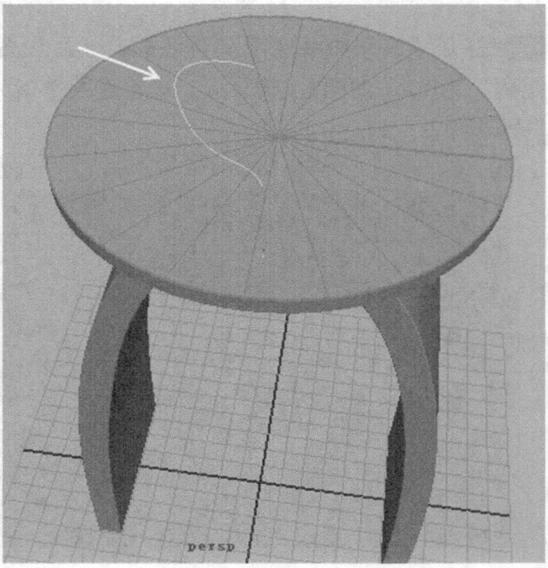

图8-116

03 确定曲线处于选择状态，打开“偏移曲面上的曲线选项”对话框，具体参数设置如图8-117所示，最终效果如图8-118所示。

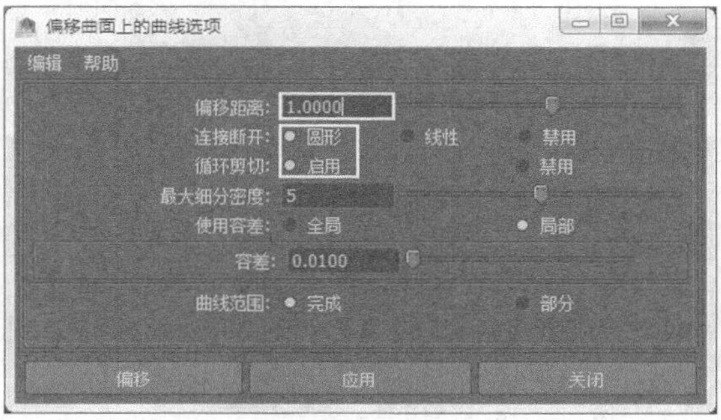

图8-117

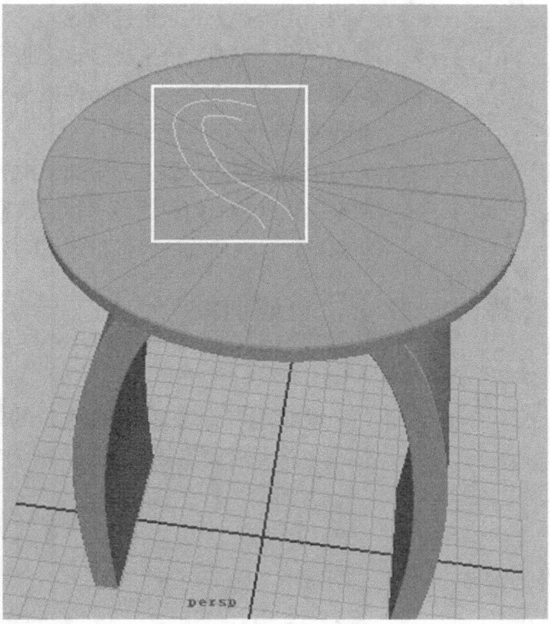

图8-118

8.2.13 反转曲线方向

使用“反转曲线方向”命令可以反转曲线的起始方向。单击“反转曲线方向”命令后面的按钮，打开“反转曲线选项”对话框，如图8-119所示。

图8-119

8.2.14 重建曲线

使用“重建曲线”命令可以修改曲线的一些属性，如结构点的数量和次数等。在使用“铅笔曲线工具”绘制曲线时，还可以使用“重建曲线”命令将曲线进行平滑处理。单击“重建曲线”命令后面的按钮，打开“重建曲线选项”对话框，如图8-120所示。

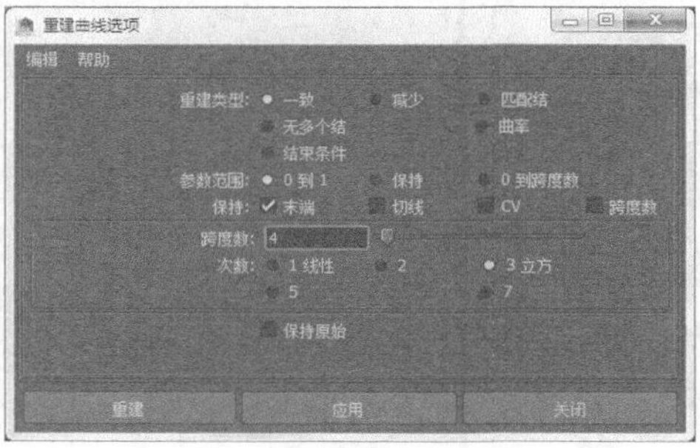

图8-120

重建曲线选项介绍

❖ 重建类型：选择重建的类型。

✧ 一致：用统一方式来重建曲线。

✧ 减少：由“容差”值来决定重建曲线的精简度。

✧ 匹配结：通过设置一条参考曲线来重建原始曲线，可重复执行，原始曲线将无穷趋向于参考曲线的形状。

✧ 无多个结：删除曲线上的附加结构点，保持原始曲线的段数。

✧ 曲率：在保持原始曲线形状和度数不变的情况下，插入更多的编辑点。

✧ 结束条件：在曲线的终点指定或除去重合点。

【练习8-18】：重建曲线

场景文件　学习资源>场景文件>CH08>p.mb
实例位置　学习资源>实例文件>CH08>练习8-18.mb
技术掌握　掌握如何用“重建曲线”命令改变曲线的属性

本例使用“重建曲线”命令重建曲线后的效果如图8-121所示。

图8-121

01 打开学习资源中的“场景文件>CH08>p.mb”文件，如图8-122所示。

图8-122

02 选择曲线，然后打开“重建曲线选项”对话框，接着设置“跨度数”为30，如图8-123所示，最终效果如图8-124所示。

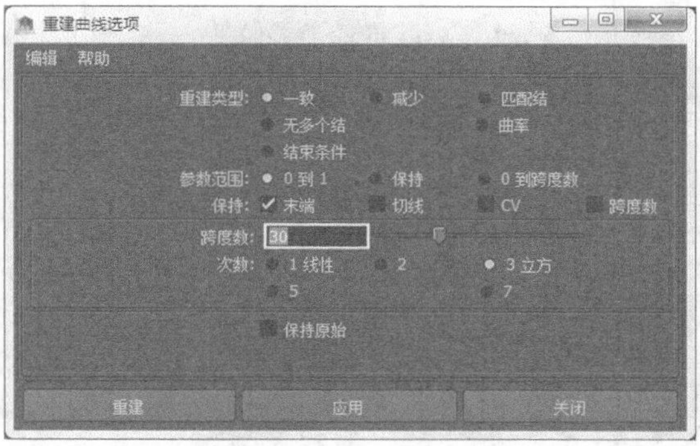

图8-123

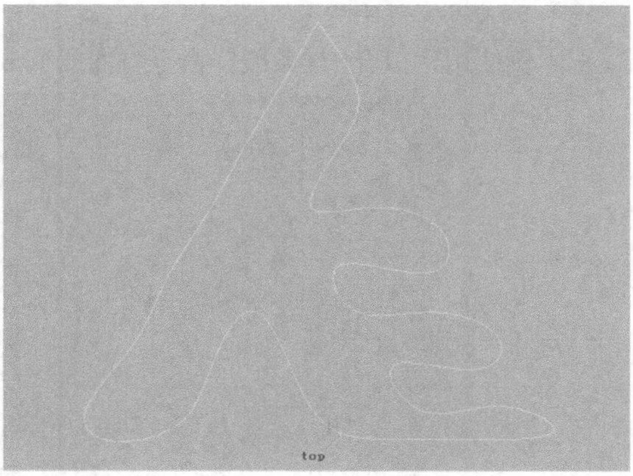

图8-124

技巧与提示

经过重建以后，曲线的控制点少了很多，且曲线变得比较平滑了，如图8-125和图8-126所示分别是重建前和重建后的控制点。

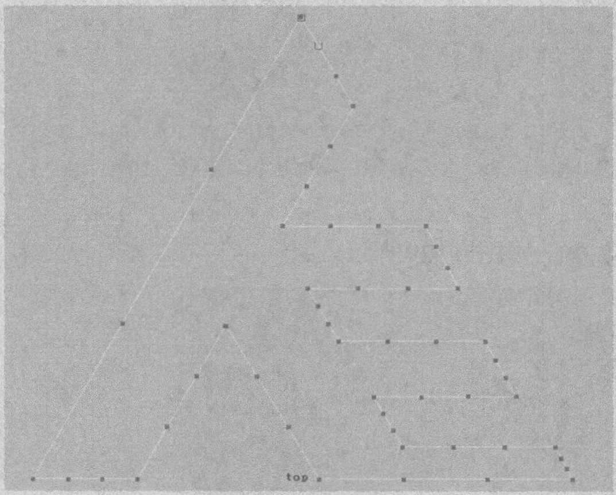

图8-125

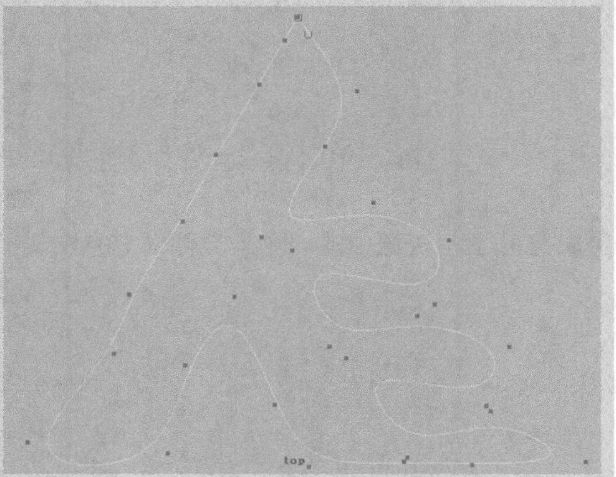

图8-126

8.2.15 拟合B样条线

使用“拟合B样条线”命令可以将曲线改变成3阶曲线，并且可以对编辑点进行匹配。单击“拟合B样条线”命令后面的□按钮，打开“拟合B样条线选项”对话框，如图8-127所示。

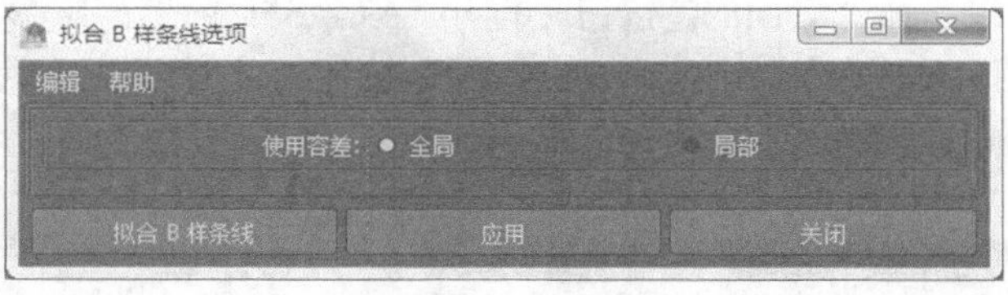

图8-127

拟合B样条线选项介绍

❖ 使用容差：共有两种容差方式，分别是“全局”和“局部”。

【练习8-19】：拟合B样条线

场景文件　学习资源>场景文件>CH08>q.mb

实例位置　学习资源>实例文件>CH08>练习8-19.mb

技术掌握　掌握如何将曲线改变成3阶曲线

本例使用“拟合B样条线”命令将曲线变成3阶曲线后的效果如图8-128所示。

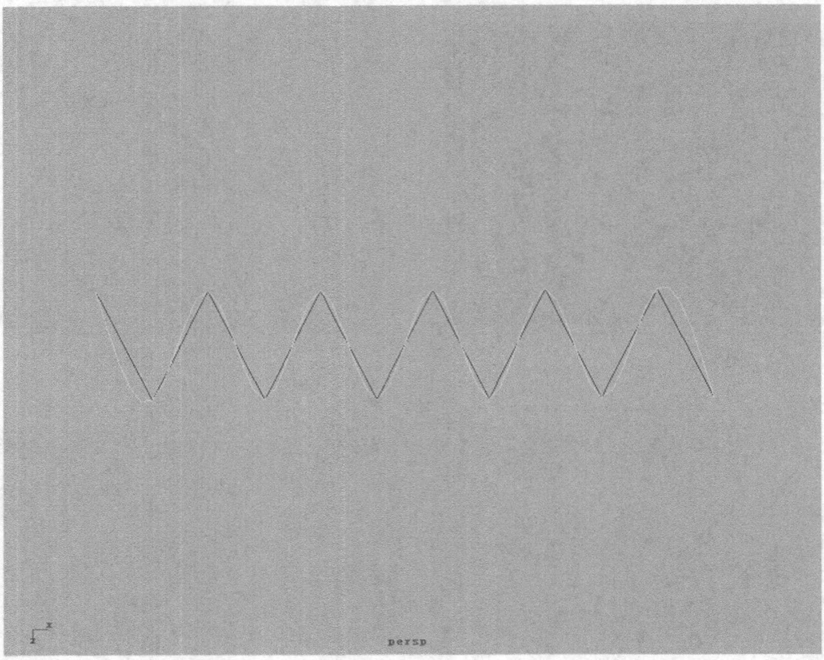

图8-128

01 打开学习资源中的“场景文件>CH08>q.mb”文件，如图8-129所示。

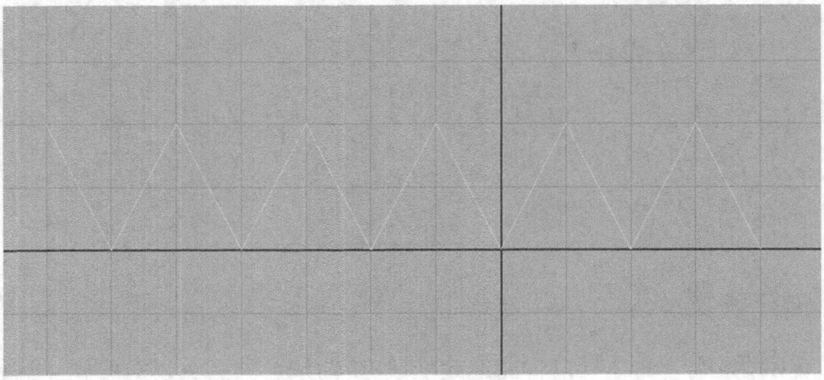

图8-129

02 单击“拟合B样条线”命令后面的□按钮，打开“拟合B样条线选项”对话框，保持默认设置的“全局”设置，如图8-130所示，然后单击“应用”按钮，此时可以观察到曲线已经变成了3阶曲线，最终效果如图8-131所示。

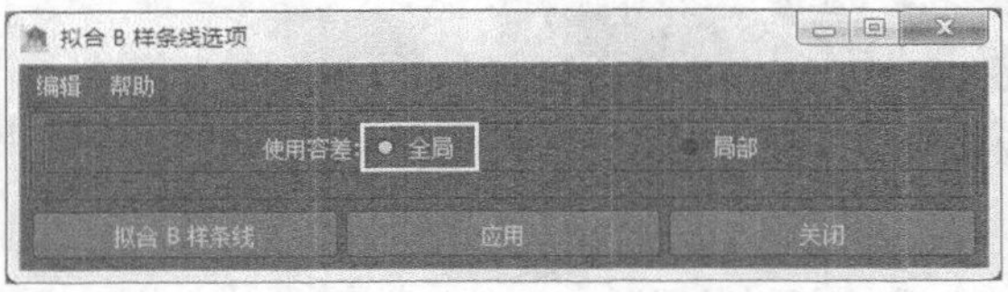

图8-130

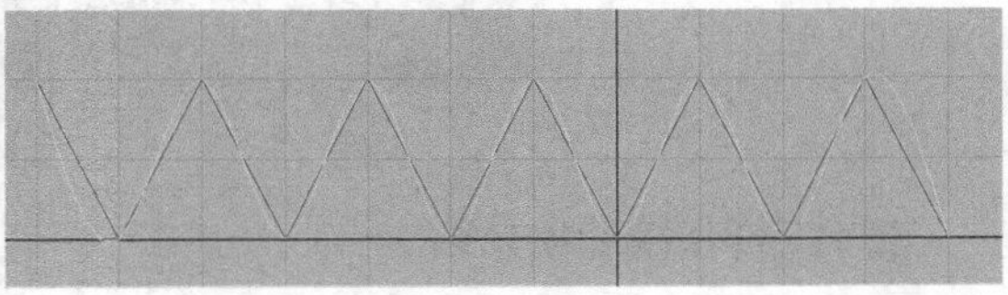

图8-131

8.2.16 平滑曲线

使用“平滑曲线”命令可以在不减少曲线结构点数量的前提下使曲线变得更加光滑，在使用“铅笔曲线工具”绘制曲线时，一般都要通过该命令来进行光滑处理。如果要减少曲线的结构点，可以使用“重建曲线”命令来设置曲线重建后的结构点数量。单击“平滑曲线”命令后面的□按钮，打开“平滑曲线选项”对话框，如图8-132所示。

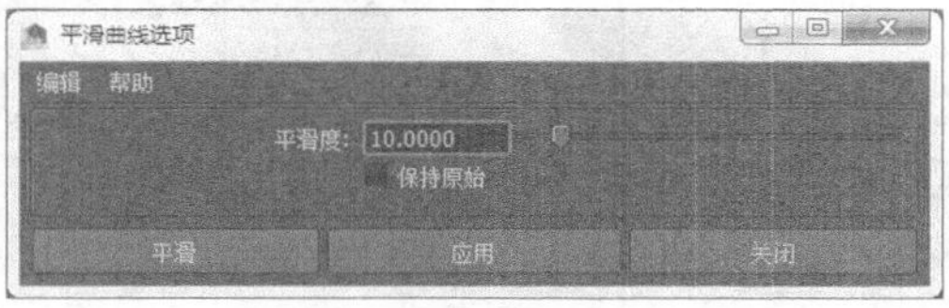

图8-132

平滑曲线选项介绍

❖ 平滑度：设置曲线的平滑程度。数值越大，曲线越平滑。

【练习8-20】：将曲线进行平滑处理

场景文件	学习资源>场景文件>CH08>r.mb
实例位置	学习资源>实例文件>CH08>练习8-20.mb
技术掌握	掌握如何将曲线变得更加平滑

本例使用“平滑曲线”命令将曲线进行平滑处理后的效果如图8-133所示。

01 打开学习资源中的“场景文件>CH08>r.mb”文件，如图8-134所示。

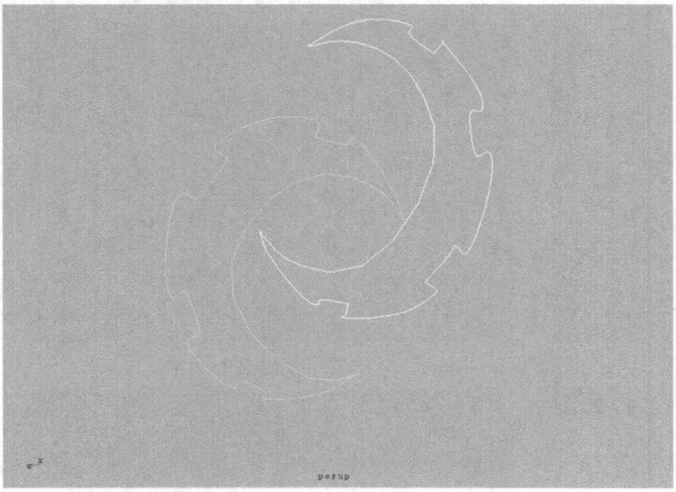

图8-133

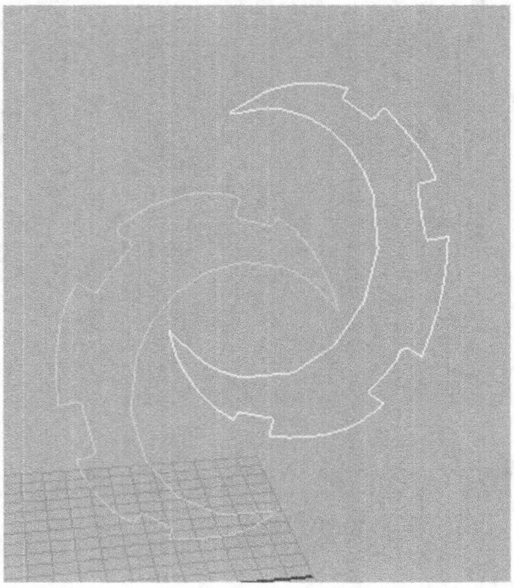

图8-134

02 单击“平滑曲线”命令后面的□按钮，打开“平滑曲线选项”对话框，然后设置“平滑度”为30，如图8-135所示，最终效果如图8-136所示。

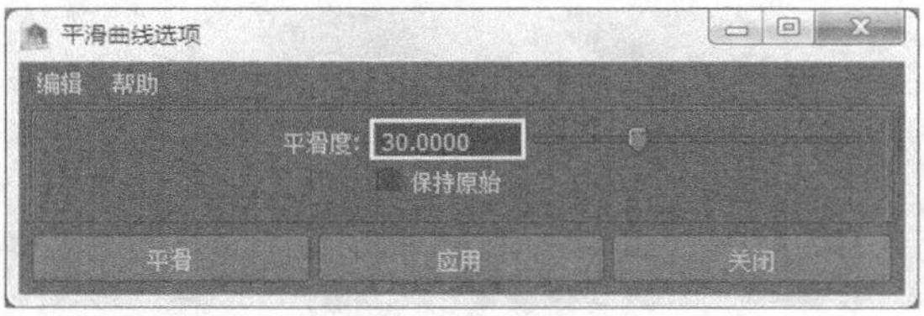

图8-135

图8-136

8.2.17 CV硬度

“CV硬度”命令主要用来控制次数为3的曲线的CV控制点的多样性因数。单击“CV硬度”命令后面的□按钮，打开“CV硬度选项”对话框，如图8-137所示。

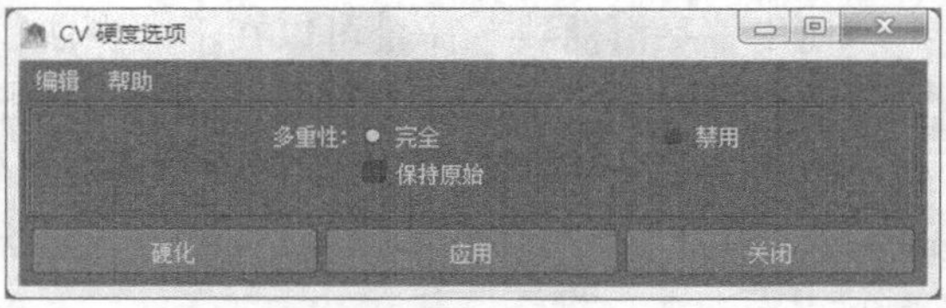

图8-137

CV硬度选项介绍

❖ 完全：硬化曲线的全部CV控制点。

❖ 禁用：关闭“CV硬度”功能。

❖ 保持原始：勾选该选项后，将保留原始的曲线。

【练习8-21】：硬化CV点

场景文件 学习资源>场景文件>CH08>s.mb
实例位置 学习资源>实例文件>CH08>练习8-21.mb
技术掌握 掌握如何硬化曲线的CV点

本例使用“CV硬度”命令硬化曲线CV控制点后的效果如图8-138所示。

01 打开学习资源中的“场景文件>CH08>s.mb”文件，如图8-139所示。

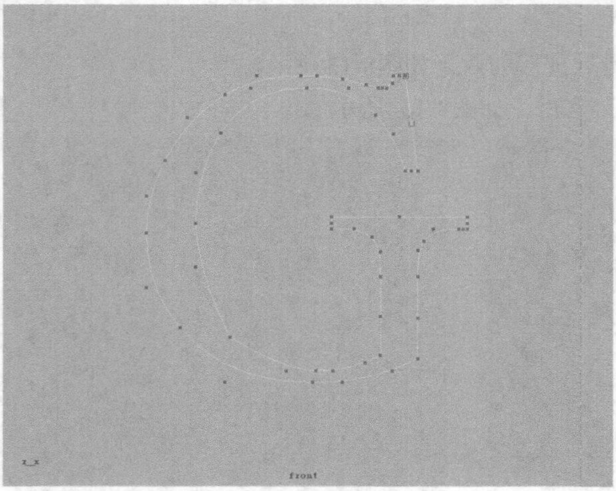

图8-138

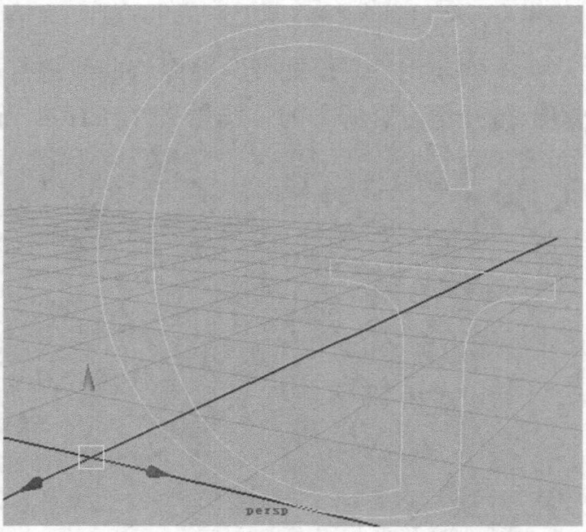

图8-139

02 选择曲线，进入控制点模式，然后选择如图8-140所示的CV控制点。

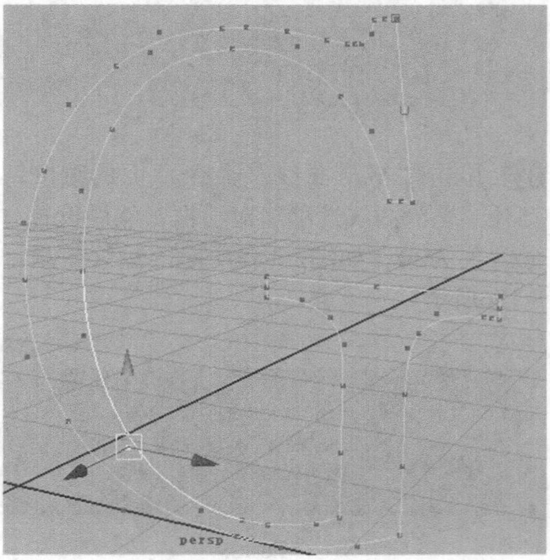

图8-140

03 执行“CV硬度”命令，此时可以观察到选择的点已经进行了硬化处理，最终效果如图8-141所示。

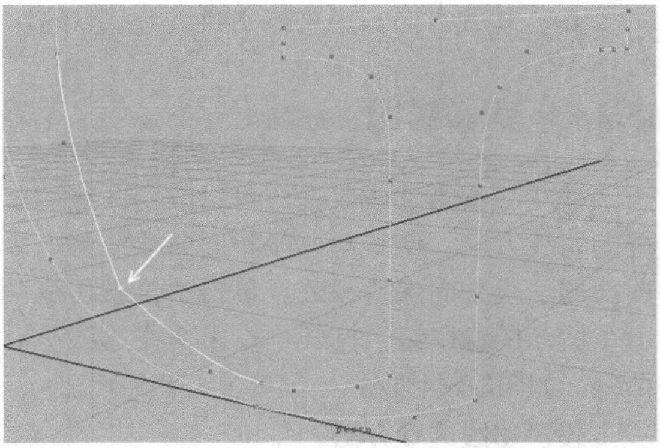

图8-141

8.2.18 添加点工具

“添加点工具”主要用于为创建好的曲线增加延长点，如图8-142所示。

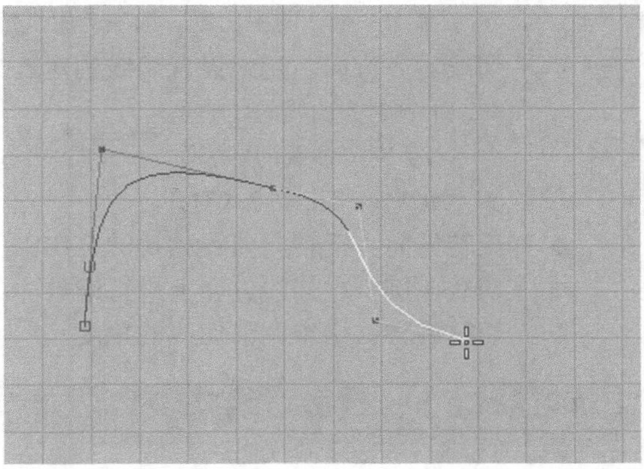

图8-142

8.2.19 曲线编辑工具

使用“曲线编辑工具”命令可以为曲线调出一个手柄控制器，通过这个手柄控制器可以对曲线进行直观操作，如图8-143所示。

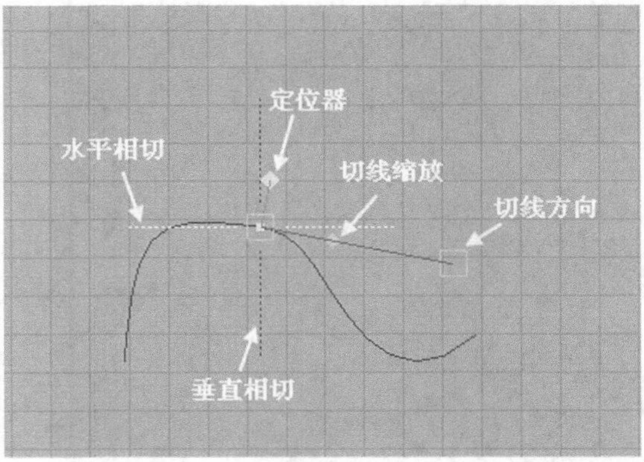

图8-143

手柄控制器介绍

- 水平相切：使曲线上某点的切线方向保持在水平方向。
- 垂直相切：使曲线上某点的切线方向保持在垂直方向。
- 定位器：用来控制Curve Editing Tool（曲线编辑工具）在曲线上的位置。
- 切线缩放：用来控制曲线在切线方向上的缩放。

❖ 切线方向：用来控制曲线上某点的切线方向。

8.2.20 投影切线

使用“投影切线”命令可以改变曲线端点处的切线方向，使其与两条相交曲线或与一条曲面的切线方向保持一致。单击“投影切线”命令后面的□按钮，打开“投影切线选项”对话框，如图8-144所示。

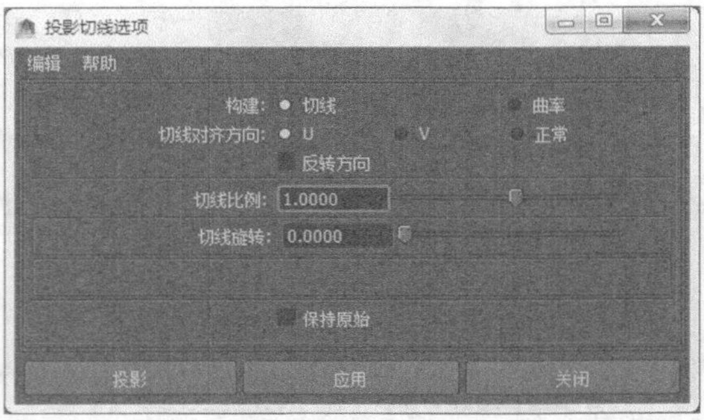

图8-144

投影切线选项介绍

❖ 构建：用来设置曲线的投影方式。
  ✧ 切线：以切线方式进行连接。
  ✧ 曲率：勾选该选项以后，在下面会增加一个“曲率比例”选项，用来控制曲率的缩放比例。
❖ 切线对齐方向：用来设置切线的对齐方向。
  ✧ U：对齐曲线的U方向。
  ✧ V：对齐曲线的V方向。
  ✧ 正常：用正常方式对齐。
❖ 反转方向：反转与曲线相切的方向。
❖ 切线比例：在切线方向上进行缩放。
❖ 切线旋转：用来调节切线的角度。

【练习8-22】：投影切线

场景文件	学习资源>场景文件>CH08>t-1.mb
实例位置	学习资源>实例文件>CH08>练习8-22.mb
技术掌握	掌握如何匹配曲线的曲率

本例使用“投影切线”命令将曲线与曲线的曲率匹配起来后的效果如图8-145所示。

01 打开学习资源中的“场景文件>CH08>t-1.mb”文件，如图8-146所示。

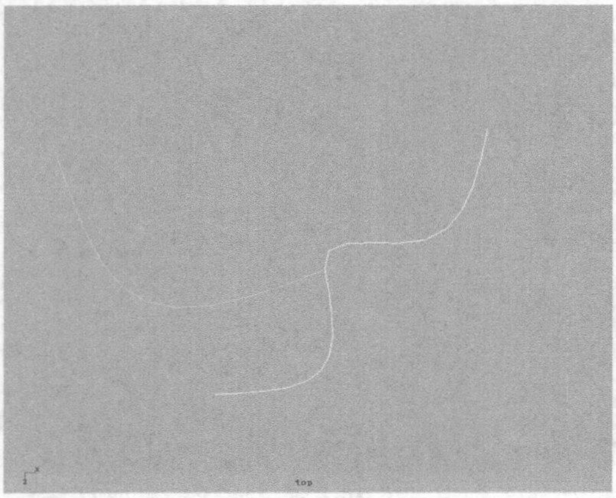

图8-145

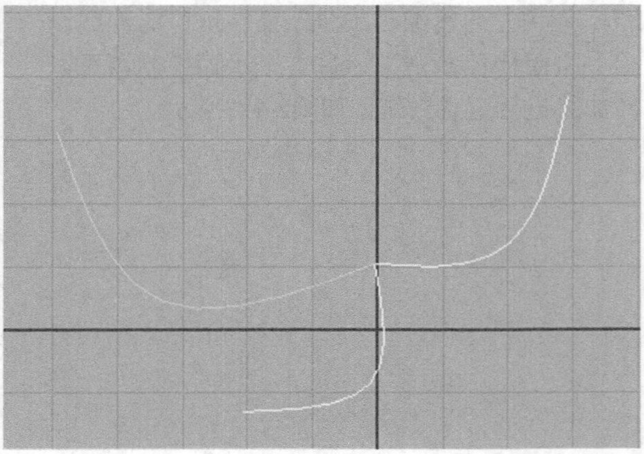

图8-146

02 按住Shift键依次从右向左选中3条曲线，如图8-147所示，然后执行“编辑曲线>投影切线”菜单命令，此时可以观察到曲线1和曲线2、曲线3的曲率已经相互匹配了，如图8-148所示。

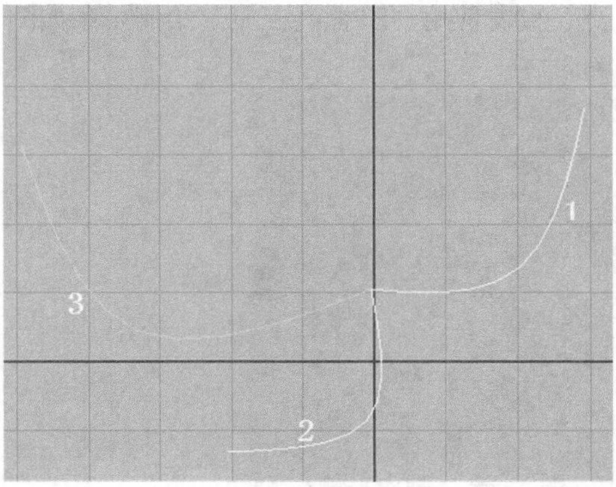

图8-147

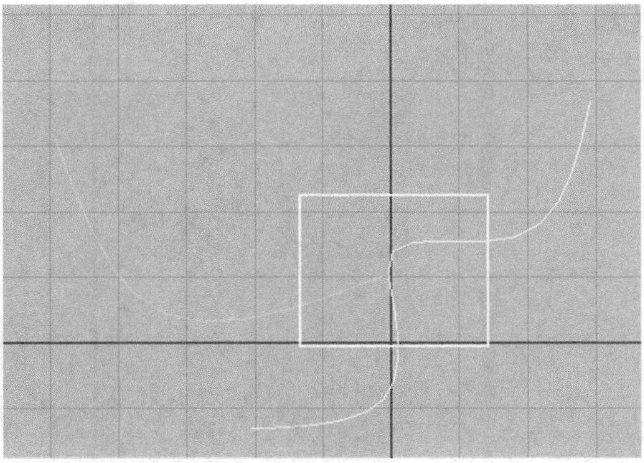

图8-148

【练习8-23】：投影切线到曲面

场景文件　学习资源>场景文件>CH08>t-2.mb
实例位置　学习资源>实例文件>CH08>.mb
技术掌握　掌握如何匹配曲线与曲面的曲率

本例使用“投影切线”命令将曲线与曲面的曲率匹配起来后的效果如图8-149所示。

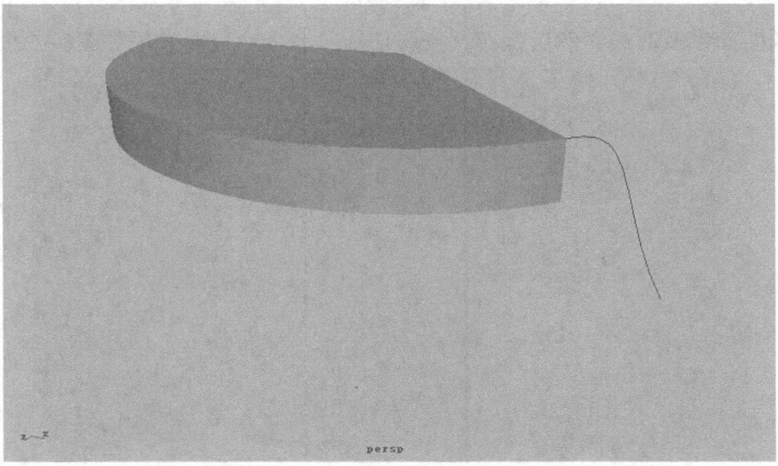

图8-149

01 打开学习资源中的“场景文件>CH08>t-2.mb”文件，如图8-150所示。

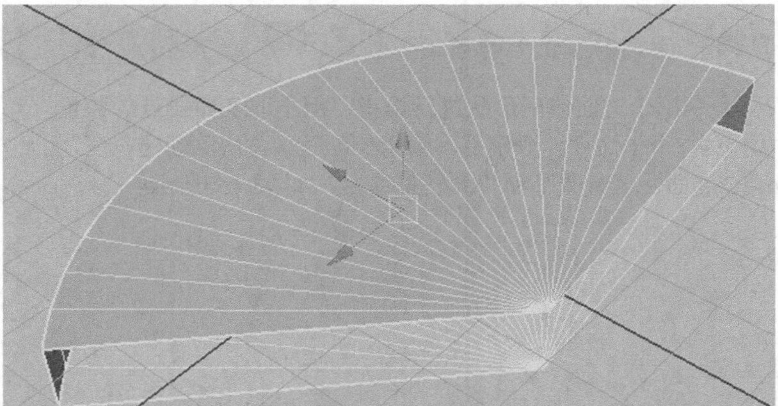

图8-150

02 进入控制点模式，然后按住V键捕捉最外侧的一点，接着使用“EP曲线工具”绘制一条如图8-151所示的曲线。

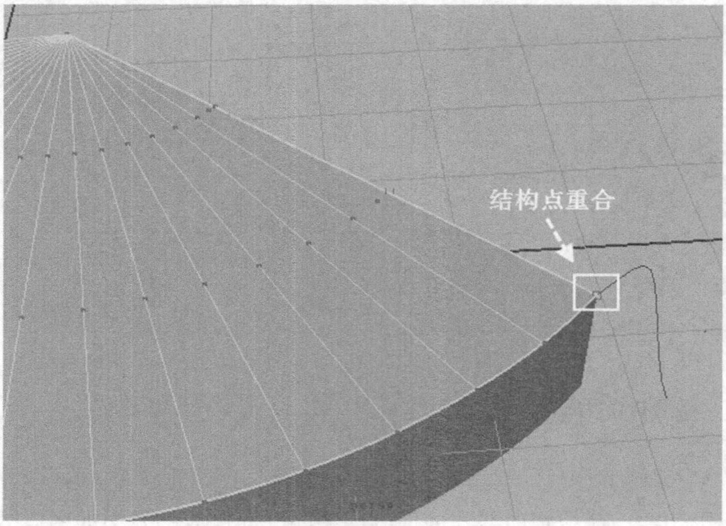

图8-151

03 选中顶部的曲面以及曲线，然后执行“投影切线”命令，最终效果如图8-152所示。

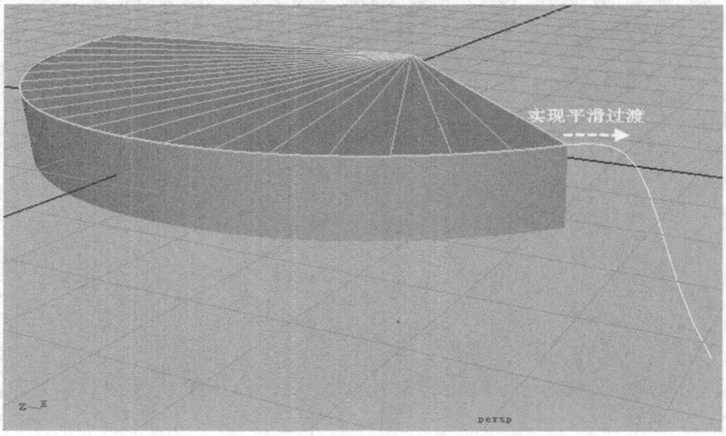

图8-152

8.2.21 修改曲线

“修改曲线”命令用于对曲线的形状进行修正，但不改变曲线点的数量。“修改曲线”命令包含7个子命令，分别是“锁定长度”、“解除锁定长度”、“拉直”“平滑”“卷曲”“弯曲”和“缩放曲率”，如图8-153所示。

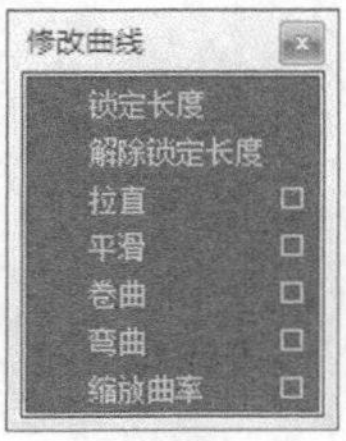

图8-153

1.锁定长度

使用“锁定长度”命令可以锁定曲线的长度。锁定曲线的长度后，无论对曲线的控制点进行何种操作，曲线的总长度都不会发生改变。

2.解除锁定长度

“解除锁定长度”命令主要用来解除对曲线长度的锁定。锁定曲线长度后，在“通道盒”中可以观察到一个“锁定长度”选项，也可以通过该选项来解除对曲线长度的锁定。

3.拉直

使用“拉直”命令可以将一条弯曲的NURBS曲线拉直成一条直线。单击“拉直”命令后面的□按钮，打开“拉直曲线选项”对话框，如图8-154所示。

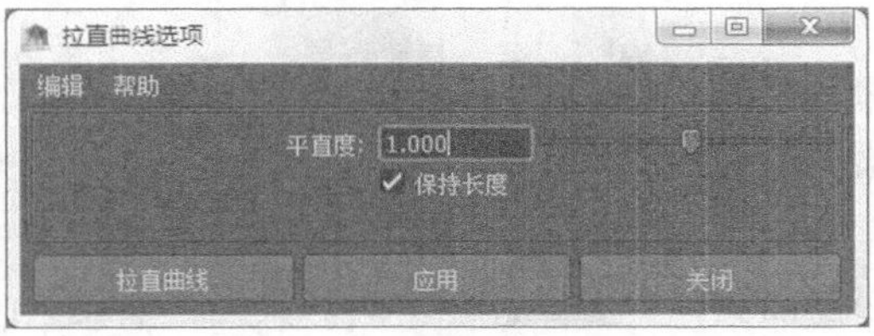

图8-154

拉直曲线选项介绍

- ❖ 平直度：用来设置拉直的强度。数值为1时，表示完全拉直；数值不等于1时，表示曲线有一定的弧度。
- ❖ 保持长度：该选项决定是否保持原始曲线的长度。默认为启用状态，如果关闭该选项，拉直后的曲线将在两端的控制点之间产生一条直线。

4.平滑

使用“平滑”命令可以对曲线进行平滑处理。单击“平滑”命令后面的□按钮，打开“平滑曲线选项”对话框，如图8-155所示。

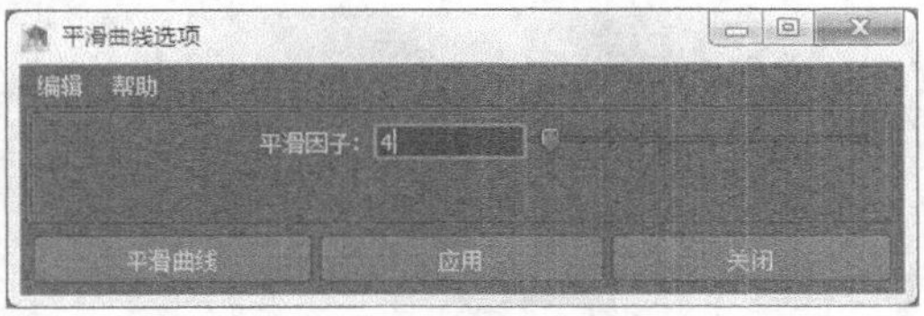

图8-155

平滑曲线选项介绍

- ❖ 平滑因子：用来设置曲线的平滑度，如图8-156所示是对曲线进行平滑处理前后的效果对比。

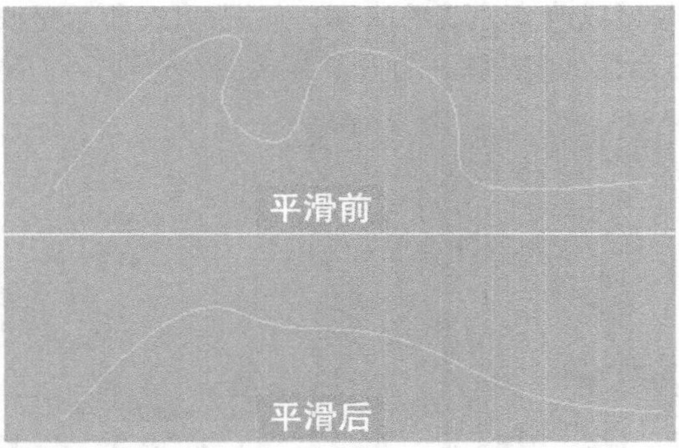

图8-156

5.卷曲

使用“卷曲”命令可以将曲线或直线进行卷曲处理。单击“卷曲”命令后面的□按钮，打开“卷曲曲线选项”对话框，如图8-157所示。

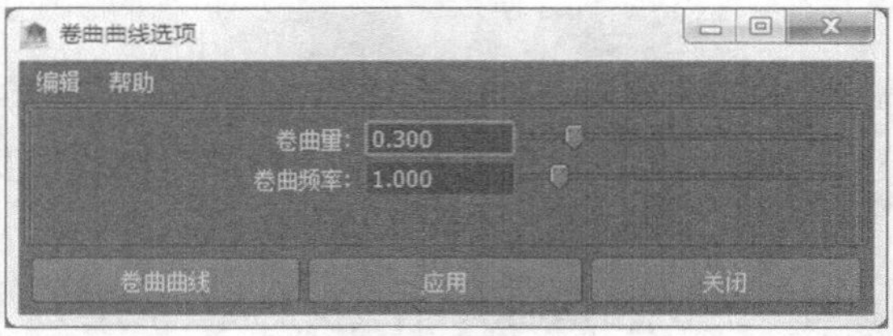

图8-157

卷曲曲线选项介绍

❖ 卷曲量：用来设置曲线的卷曲度。

❖ 卷曲频率：用来设置曲线的卷曲频率。

6.弯曲

使用“弯曲”命令可以将曲线进行弯曲处理。与“卷曲”命令不同的是，“弯曲”命令产生的效果为螺旋形变形效果，如图8-158所示。

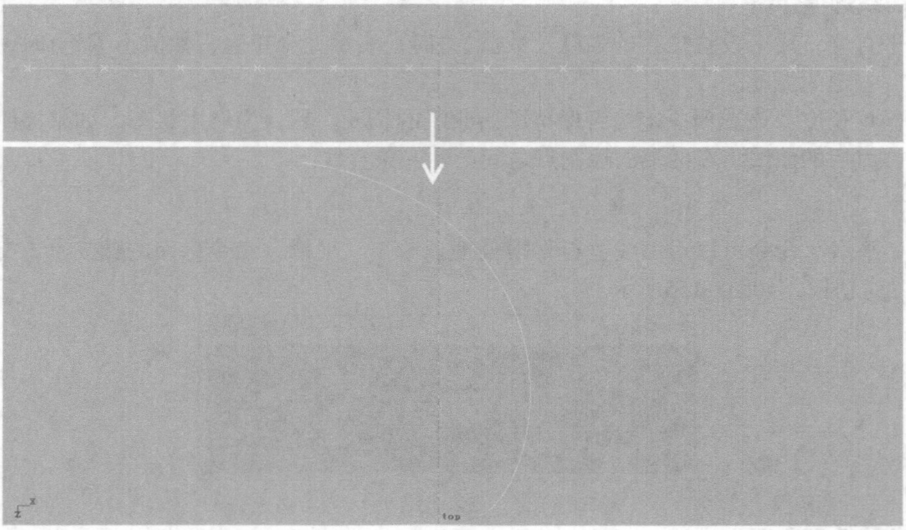

图8-158

7.缩放曲率

使用“缩放曲率”命令可以改变曲线的曲率，如图8-159所示是改变曲线曲率前后的效果对比。单击“缩放曲率”命令后面的□按钮，打开“缩放曲率选项”对话框，如图8-160所示。

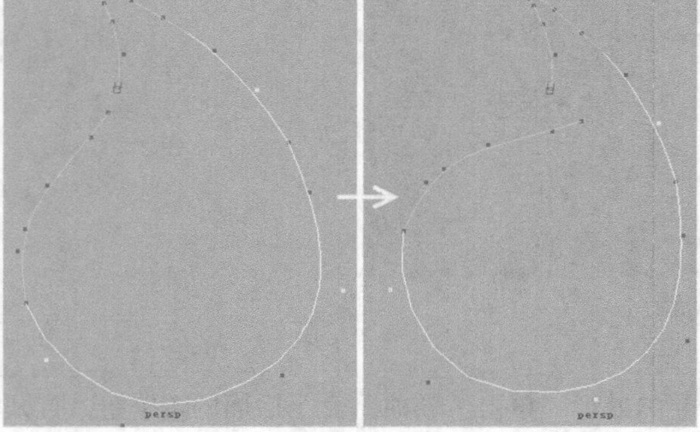

图8-159

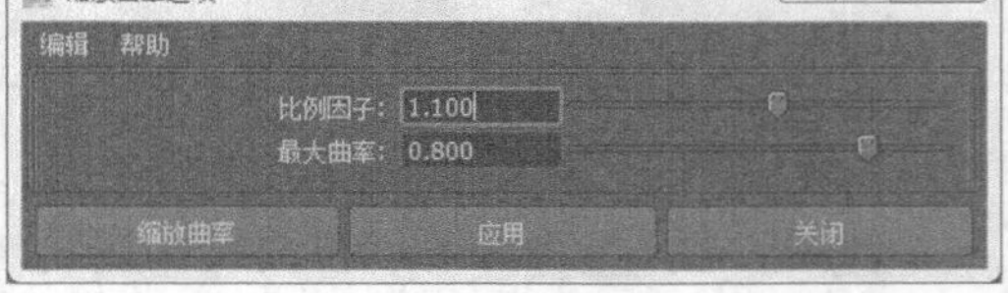

图8-160

缩放曲率选项介绍

- ❖ 比例因子：用来设置曲线曲率变化的比例。值为1表示曲率不发生变化；大于1表示增大曲线的弯曲度；小于1表示减小曲线的弯曲度。
- ❖ 最大曲率：用来设置曲线的最大弯曲度。

【练习8-24】：拉直曲线

场景文件 学习资源>场景文件>CH08>u.mb
实例位置 学习资源>实例文件>CH08>练习8-24.mb
技术掌握 掌握如何拉直曲线

本例使用“拉直”命令将曲线拉直后的效果如图8-161所示。

图8-161

01 打开学习资源中的“场景文件>CH08>u.mb”文件，如图8-162所示。

02 选中曲线，然后执行“拉直”命令，可以观察到曲线完全被拉直了，如图8-163所示。

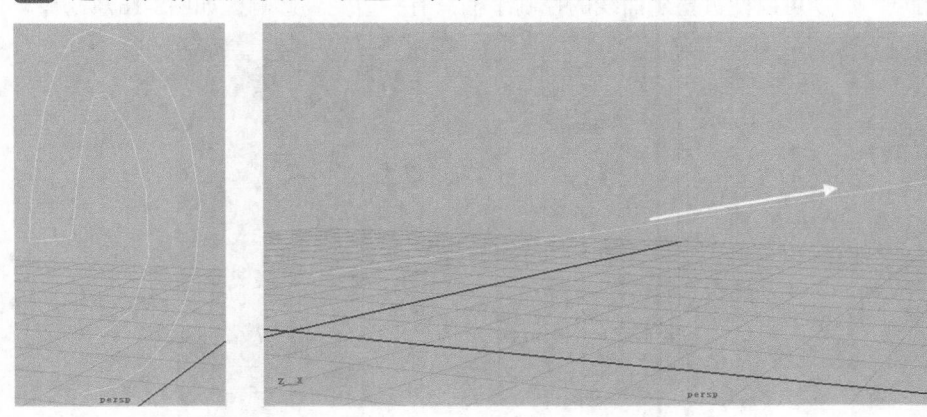

图8-162

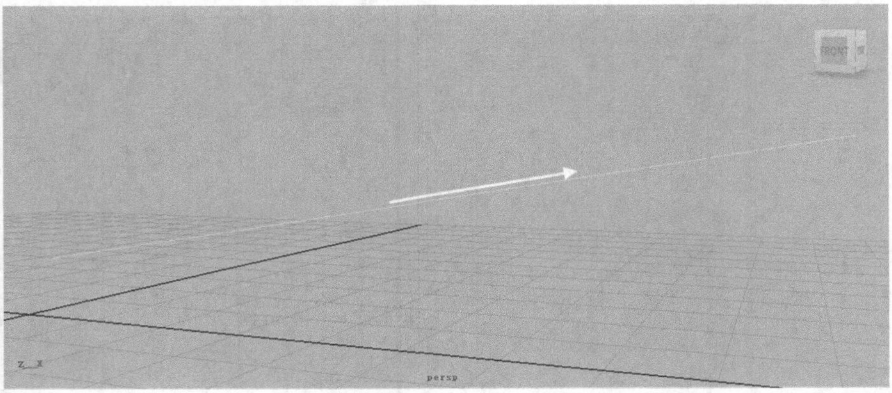

图8-163

8.2.22 Bezier曲线

"Bezier曲线"命令主要用来修正曲线的形状，该命令包含两个子命令，分别是"锚点预设"和"切线选项"，如图8-164所示。

图8-164

1.锚点预设

"锚点预设"命令用于对Bezier曲线的锚点进行修正。"锚点预设"命令包含3个子命令，分别是Bezier、"Bezier角点"和"角点"，如图8-165所示。

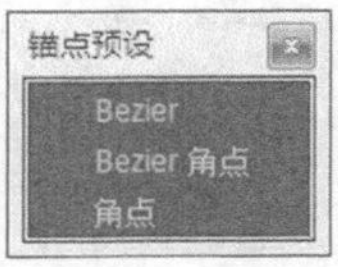

图8-165

(1) Bezier

选择贝塞尔曲线的控制点后，执行Bezier命令，可以调出贝塞尔曲线的控制手柄，如图8-166所示。

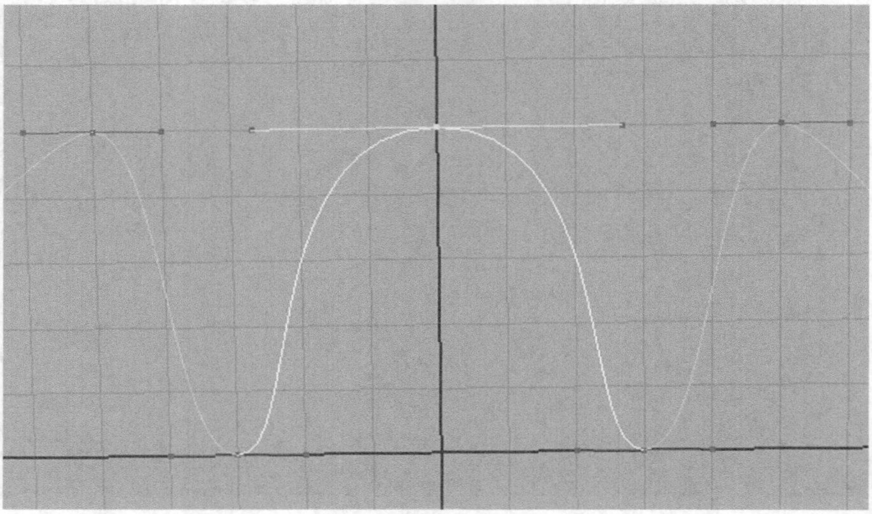

图8-166

(2) Bezier角点

执行"Bezier角点"命令可以使贝塞尔曲线的控制手柄只有一边受到影响，如图8-167所示。

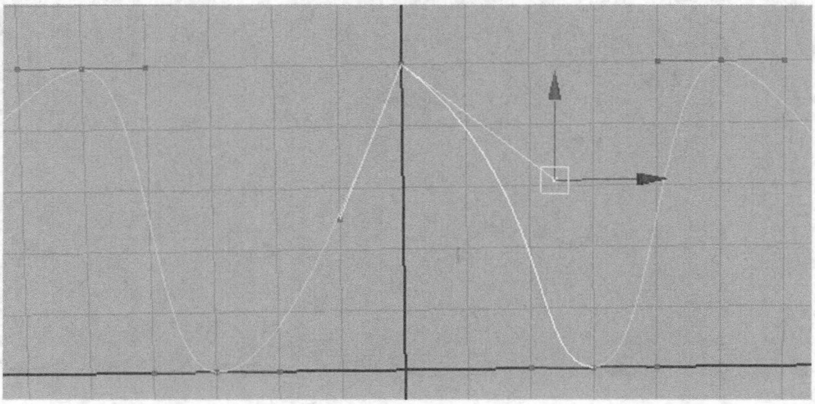

图8-167

技巧与提示

当执行“Bezier角点”命令后再执行Bezier命令，将恢复贝塞尔曲线控制手柄的属性。

（3）角点

执行“角点”命令可以取消贝塞尔曲线的手柄控制，使其成为CV点，如图8-168所示。

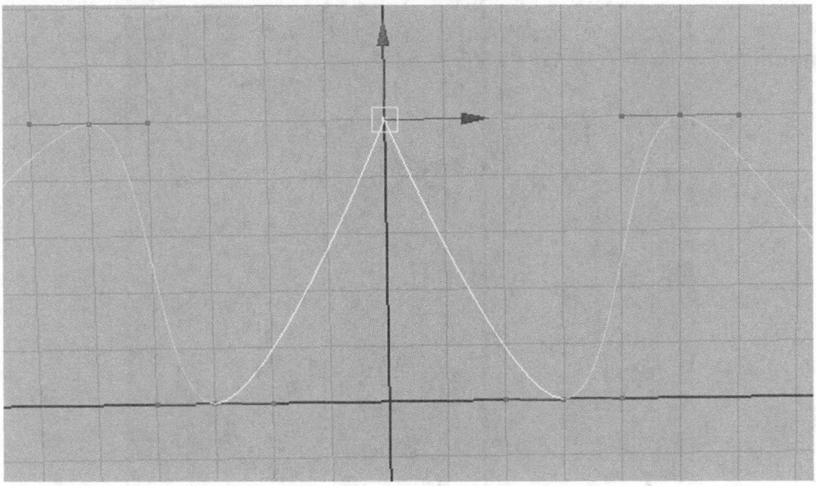

图8-168

2.切线选项

使用“切线选项”命令可以对Bezier曲线的锚点进行修正。“切线选项”命令包含4个子命令，分别是“光滑锚点切线”“断开锚点切线”“平坦锚点切线”和“不平坦锚点切线”，如图8-169所示。

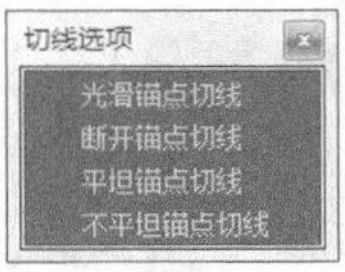

图8-169

（1）光滑锚点切线

使用“光滑锚点切线”命令可以使贝塞尔曲线的手柄变得光滑，如图8-170所示。

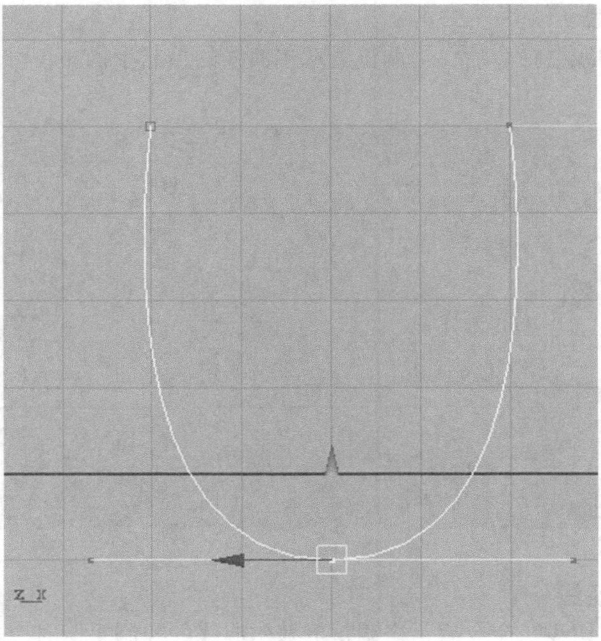

图8-170

（2）断开锚点切线

使用“断开锚点切线”命令可以打断贝塞尔曲线的手柄控制，使其只有一边受到控制，如图8-171所示。

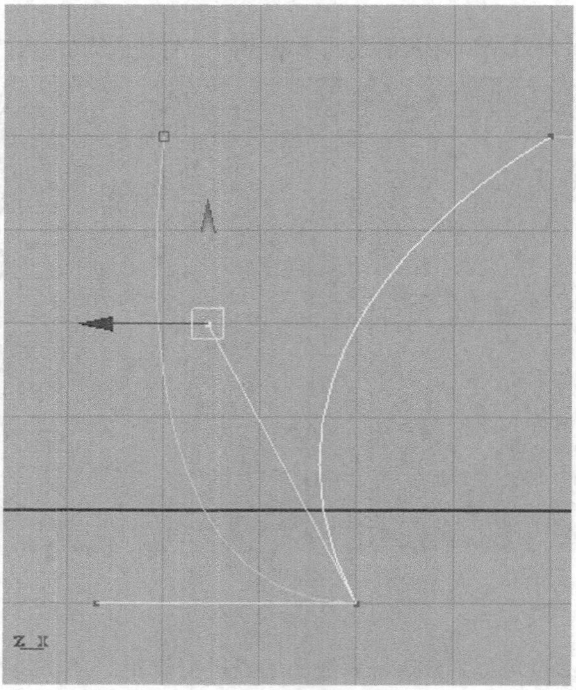

图8-171

技巧与提示

当执行“断开锚点切线”命令后再执行“光滑锚点切线”命令，可以恢复贝塞尔曲线控制手柄的光滑属性。

（3）平坦锚点切线

执行“平坦锚点切线”命令后，当调整贝塞尔曲线的控制手柄时，可以使两边调整的距离相等，如图8-172所示。

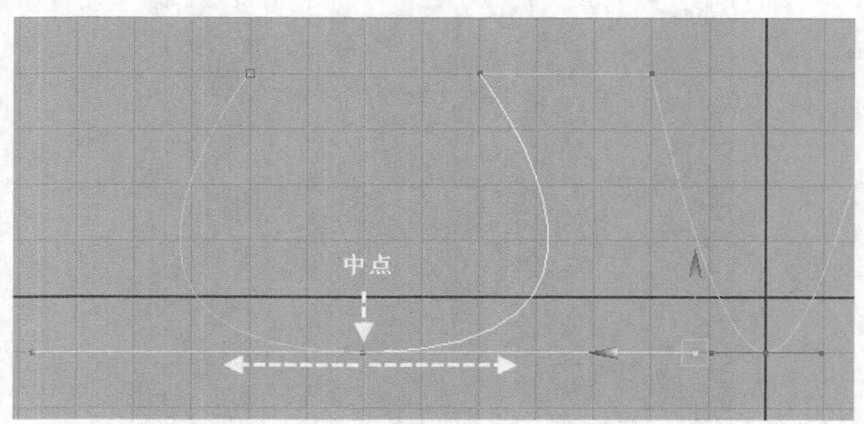

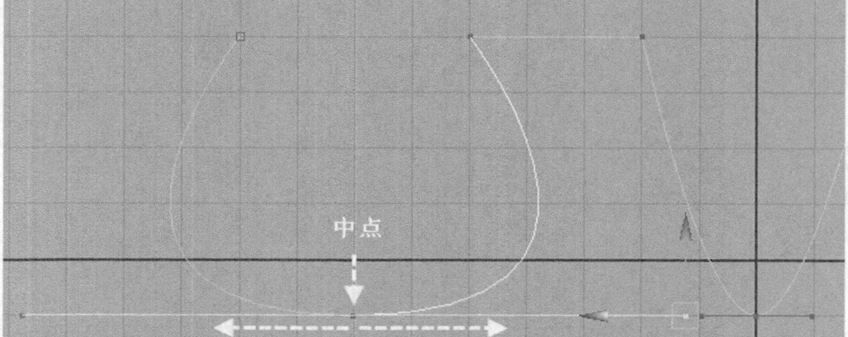

图8-172

（4）不平坦锚点切线

执行“不平坦锚点切线”命令后，当调整贝塞尔曲线的控制手柄时，可以使曲线只有一边受到影响，如图8-173所示。

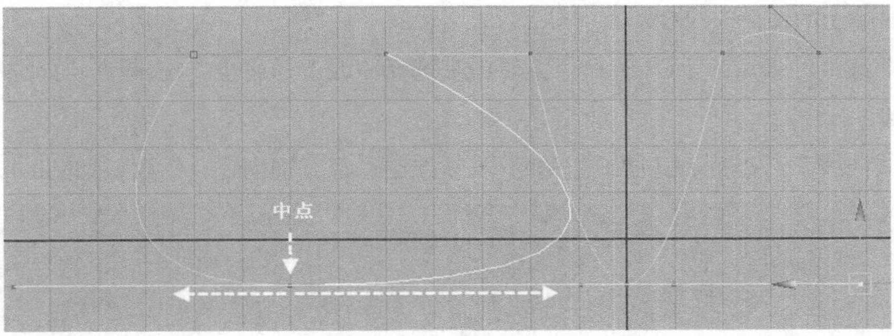

图8-173

8.2.23 选择

“选择”命令包含4个子命令，分别是“选择曲线CV”“选择曲线上的第一个CV”“选择曲线上的最后一个CV”和“簇曲线”，如图8-174所示。

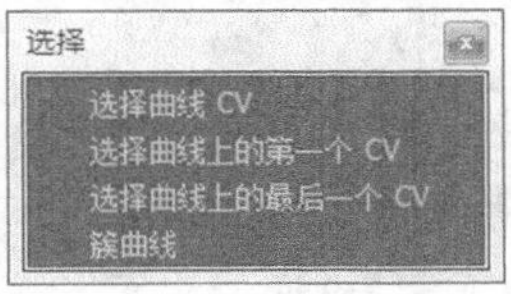

图8-174

1.选择曲线CV

“选择曲线CV”命令主要用来选择曲线上所有的CV控制点，如图8-175所示。

2.选择曲线上的第一个CV

“选择曲线上的第一个CV”命令主要用来选择曲线上的初始CV控制点，如图8-176所示。

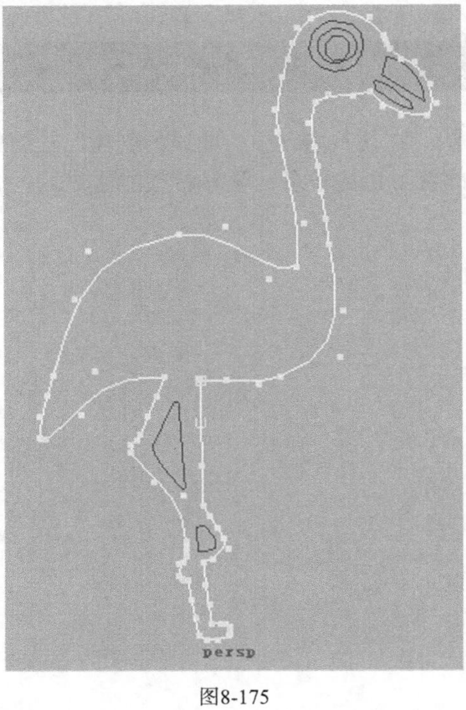

图8-175

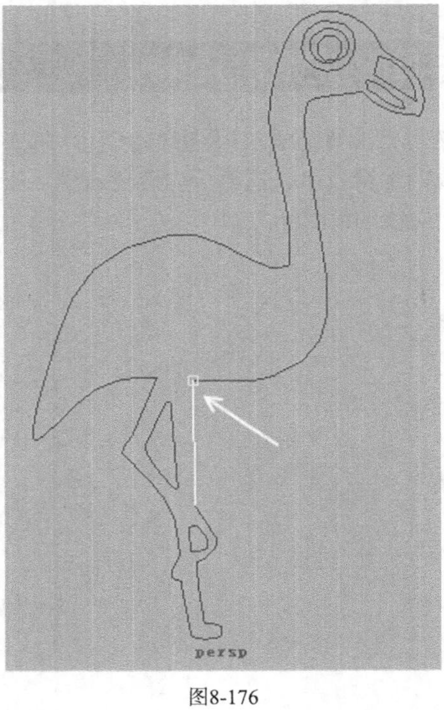

图8-176

3.选择曲线上的最后一个CV

“选择曲线上的最后一个CV”命令主要用来选择曲线上的终止CV控制点，如图8-177所示。

4.簇曲线

使用“簇曲线”可以为所选曲线上的每个CV控制点都分别创建一个簇，如图8-178所示。

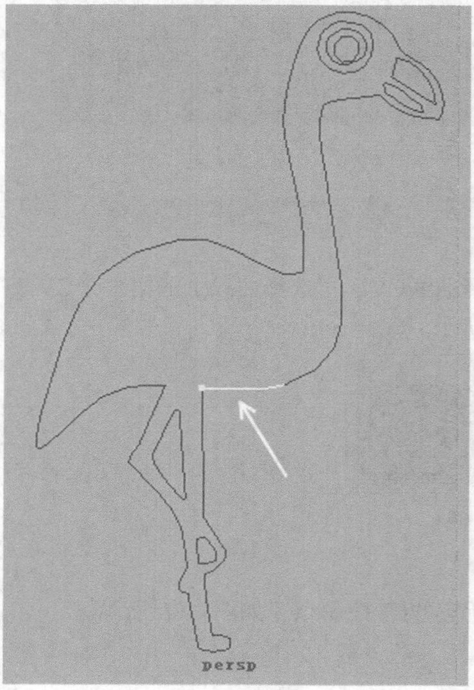

图8-177

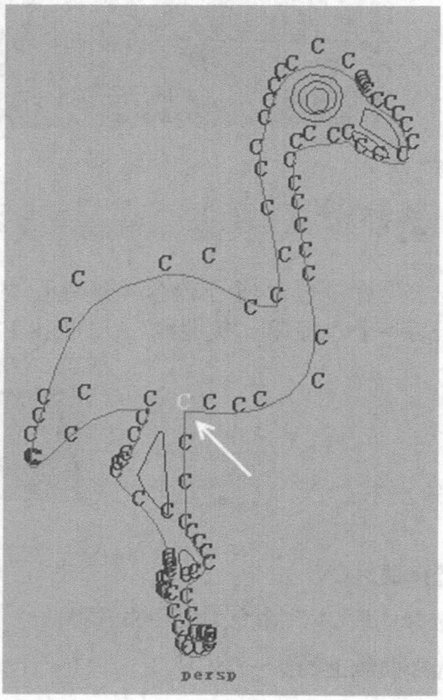

图8-178

8.3 知识总结与回顾

本章主要讲解了NURBS曲线的创建与编辑方法。在这些内容中，曲线的创建比较简单，难点在于曲线的编辑技术，这部分内容比较多，安排的练习也比较多，笔者希望能通过这些练习来强化大家对曲线的编辑能力。

第 9 章

创建与编辑NURBS曲面

要点索引

- 创建NURBS基本体
- 创建NURBS曲面
- 编辑NURBS曲面

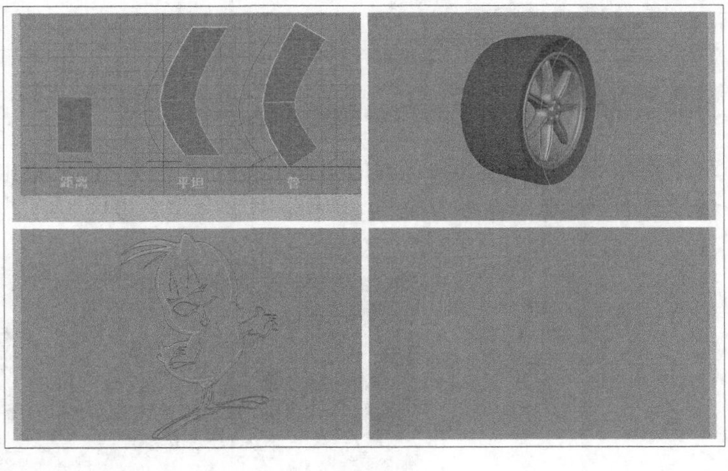

本章导读

本章将介绍NURBS曲面的创建与编辑方法，这部分内容很重要，且知识点比较多，主要包括创建NURBS基本体、创建NURBS曲面和编辑NURBS曲面3部分。

9.1 创建NURBS基本体

在“创建>NURBS基本体”菜单下是NURBS基本几何体的创建命令，用这些命令可以创建出NURBS最基本的几何体对象，如图9-1所示。

图9-1

Maya提供了两种建模方法：一种是直接创建一个几何体在指定的坐标上，几何体的大小也是提前设定的；另一种是交互式创建方法，这种创建方法是在选择命令后在视图中拖曳光标才能创建出几何体对象，大小和位置由光标的位置决定，这是Maya默认的创建方法。

技巧与提示

在“创建>NURBS基本体”菜单下勾选“交互式创建”选项，可以启用交互式创建方法。

9.1.1 球体

选择“球体”命令后在视图中拖曳光标就可以创建出NURBS球体，拖曳的距离就是球体的半径。单击“球体”命令后面的□按钮，打开“工具设置”对话框，如图9-2所示。

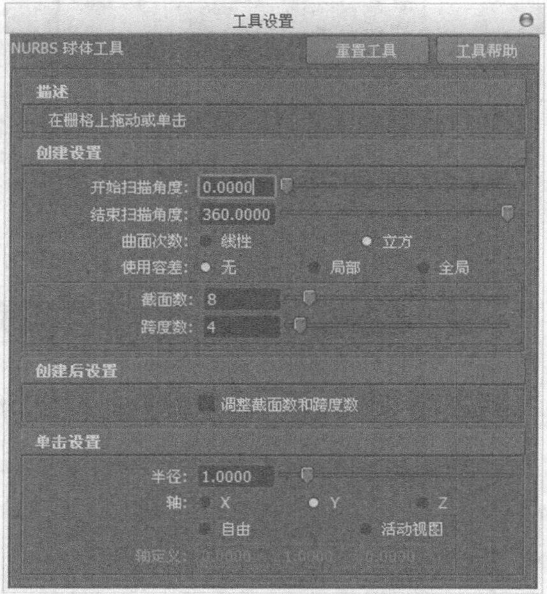

图9-2

球体工具设置对话框参数介绍

❖ 开始扫描角度：设置球体的起始角度，其值在0~360之间，可以产生不完整的球面。

技巧与提示

"起始扫描角度"值不能等于360°。如果等于360°，"起始扫描角度"就等于"终止扫描角度"，这时候创建球体，系统将会提示错误信息，在视图中也观察不到创建的对象。

❖ 结束扫描角度：用来设置球体终止的角度，其值在0~360之间，可以产生不完整的球面，与"开始扫描角度"正好相反，如图9-3所示。

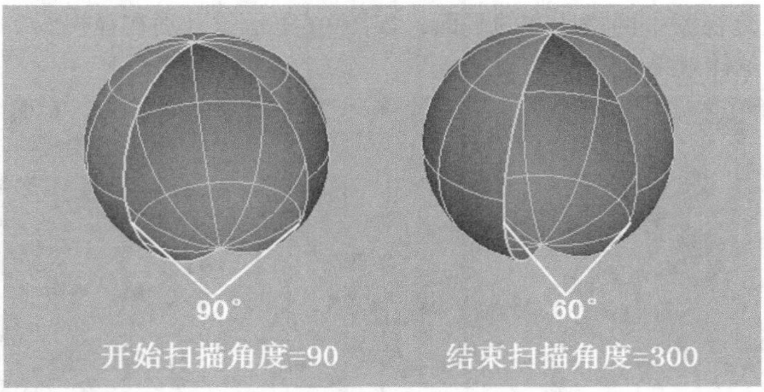

图9-3

❖ 曲面次数：用来设置曲面的平滑度。"线性"为直线型，可形成尖锐的棱角；"立方"会形成平滑的曲面，如图9-4所示。

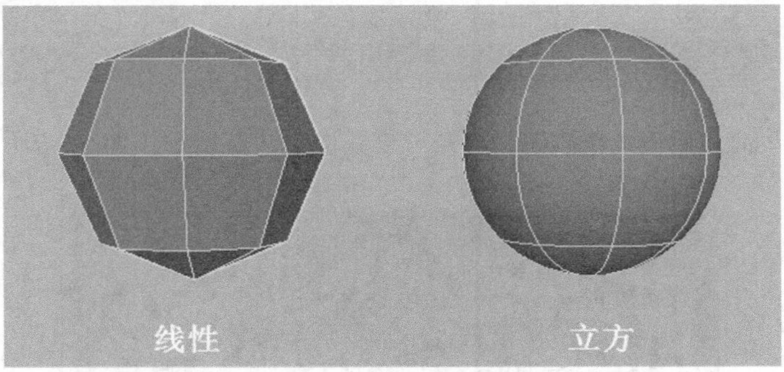

图9-4

❖ 使用容差：该选项在默认状态下处于关闭状态，是另一种控制曲面精度的方法。

❖ 截面数：用来设置V向的分段数，最小值为4。

❖ 跨度数：用来设置U向的分段数，最小值为2。如图9-5所示是使用不同分段数创建的球体对比。

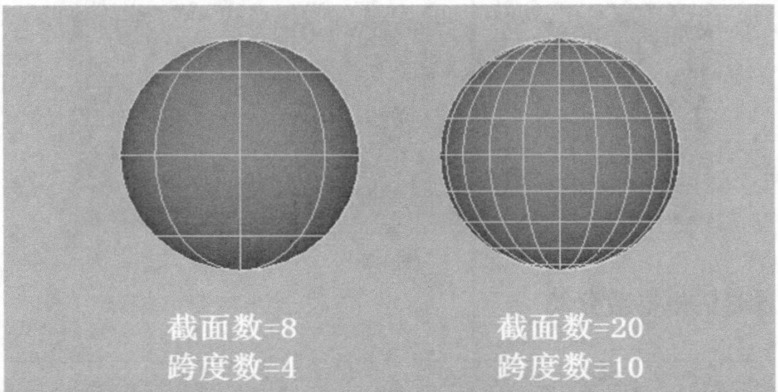

图9-5

- ❖ 调整截面数和跨度数：勾选该选项时，创建球体后不会立即结束命令，再次拖曳光标可以改变U方向上的分段数，结束后再次拖曳光标可以改变V方向上的分段数。
- ❖ 半径：用来设置球体的大小。设置好半径后，直接在视图中单击左键可以创建出球体。
- ❖ 轴：用来设置球体中心轴的方向，有x、y、z、“自由”和“活动视图”5个选项可以选择。勾选“自由”选项可激活下面的坐标设置，该坐标与原点的连线方向就是所创建球体的轴方向；勾选“活动视图”选项后，所创建球体的轴方向将垂直于视图的工作平面，也就是视图中网格所在的平面，如图9-6所示是分别在顶视图、前视图、侧视图中所创建的球体效果。

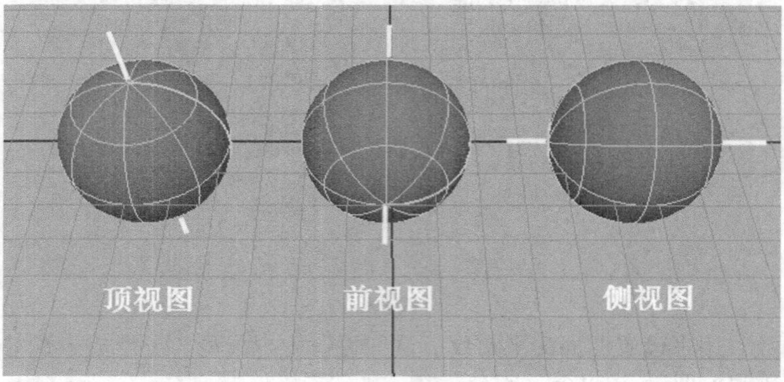

图9-6

9.1.2 立方体

单击“立方体”命令后面的□按钮，打开“工具设置”对话框，如图9-7所示。

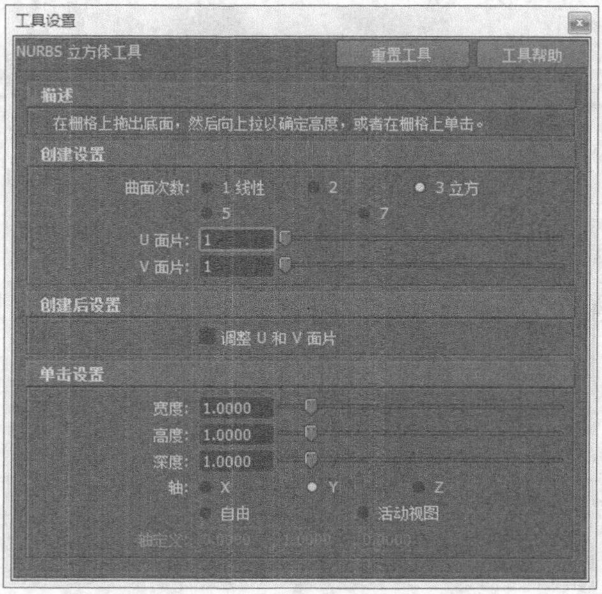

图9-7

立方体工具设置对话框参数介绍

技巧与提示

该对话框中的大部分参数都与NURBS球体的参数相同，因此重复部分不进行讲解。

❖ 曲面次数：该选项比球体的创建参数多了2、5、7这3个次数。

❖ U/V面片：设置U/V方向上的分段数。

❖ 调整U和V面片：这里与球体不同的是，添加U向分段数的同时也会增加V向的分段数。

❖ 宽度/高度/深度：分别用来设置立方体的长、宽、高。设置好相应的参数后，在视图里单击鼠标左键就可以创建出立方体。

技巧与提示

创建的立方体是由6个独立的平面组成，整个立方体为一个组，如图9-8所示。

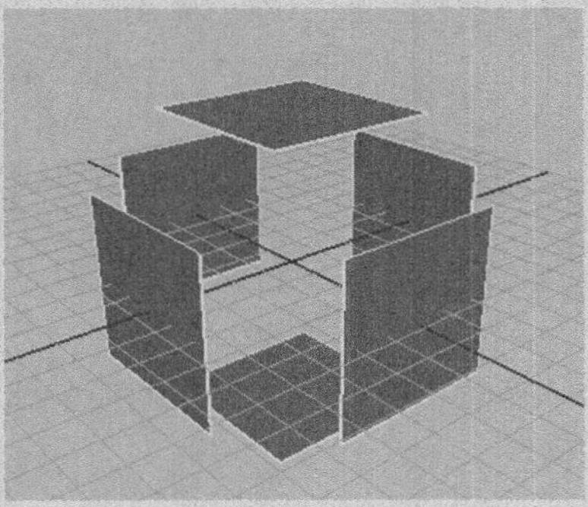

图9-8

9.1.3 圆柱体

单击“圆柱体”命令后面的□按钮，打开“工具设置”对话框，如图9-9所示。

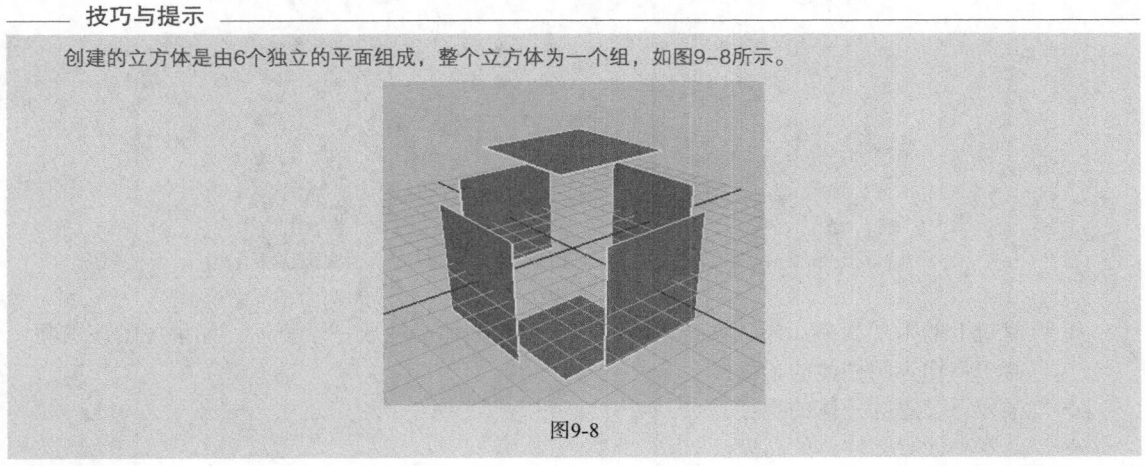

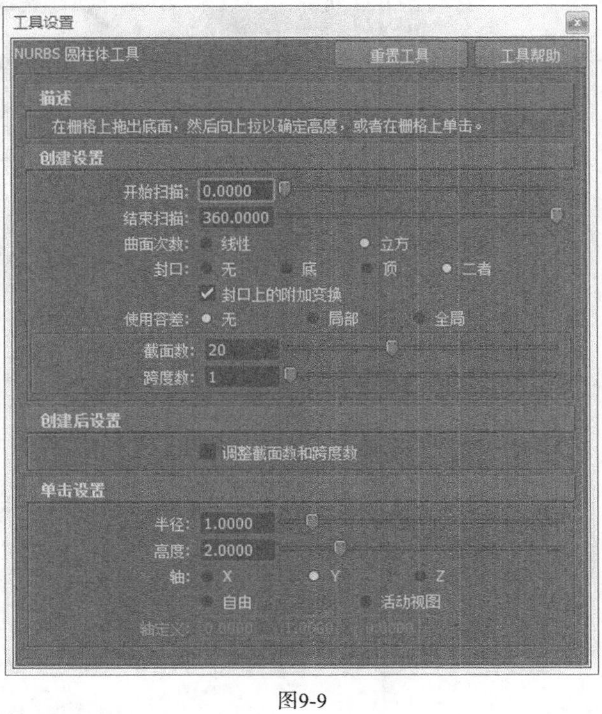

图9-9

圆柱体工具设置对话框参数介绍

❖ 封口：用来设置是否为圆柱体添加盖子，或者在哪一个方向上添加盖子。“无”选项表示不添加盖子；“底”选项表示在底部添加盖子，而顶部镂空；“顶”选项表示在顶部添加盖子，而底部镂空；“二者”选项表示在顶部和底部都添加盖子，如图9-10所示。

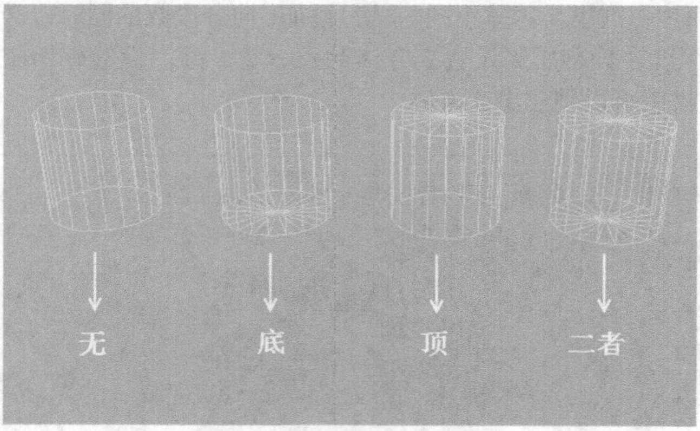

图9-10

❖ 封口上的附加变换：勾选该选项时，盖子和圆柱体会变成一个整体；如果关闭该选项，盖子将作为圆柱体的子物体。
❖ 半径：设置圆柱体的半径。
❖ 高度：设置圆柱体的高度。

技巧与提示

在创建圆柱体时，并且只有在使用单击鼠标左键的方式创建时，设置的半径和高度值才起作用。

9.1.4 圆锥体

单击“圆锥体”命令后面的■按钮，打开“工具设置”对话框，如图9-11所示。

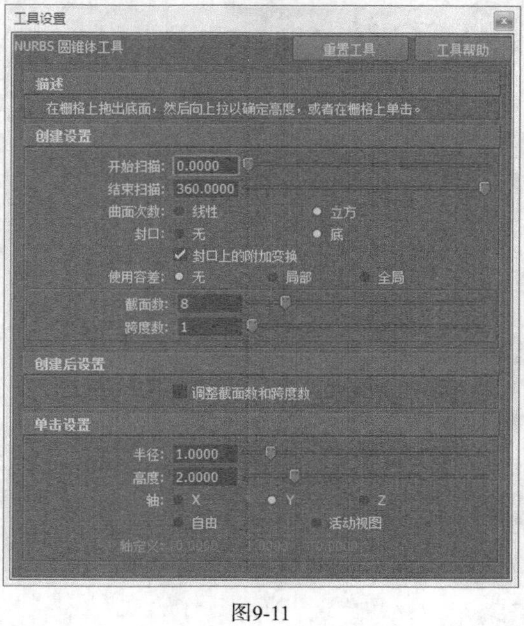

图9-11

技巧与提示

圆锥体的参数与圆柱体基本一致，这里不再重复讲解。

9.1.5 平面

单击“平面”命令后面的□按钮，打开“工具设置”对话框，如图9-12所示。

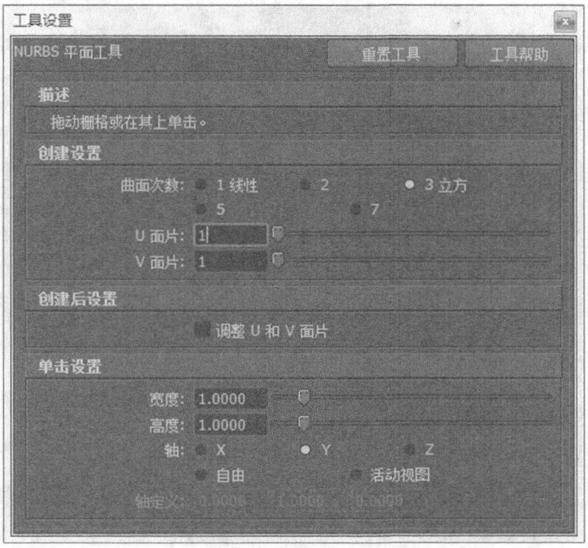

图9-12

技巧与提示

平面的参数与圆柱体也基本一致，因此这里也不再重复讲解。

9.1.6 圆环

单击“圆环”命令后面的□按钮，打开“工具设置”对话框，如图9-13所示。

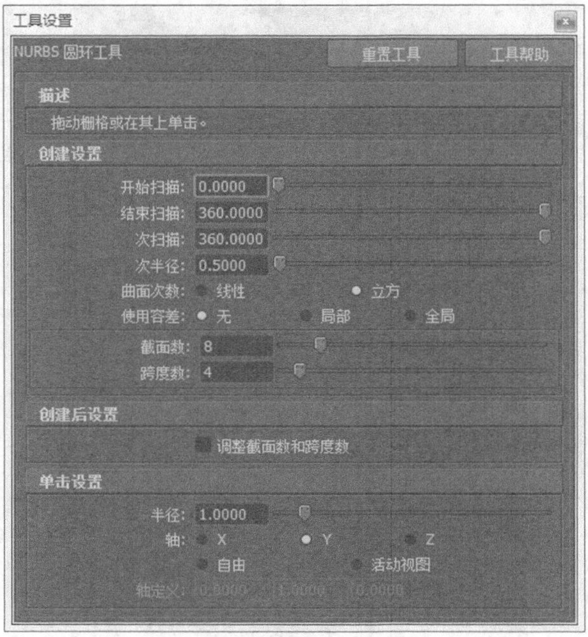

图9-13

圆环工具设置对话框参数介绍

❖ 次扫描：该选项表示圆环在截面上的角度，如图9-14所示。

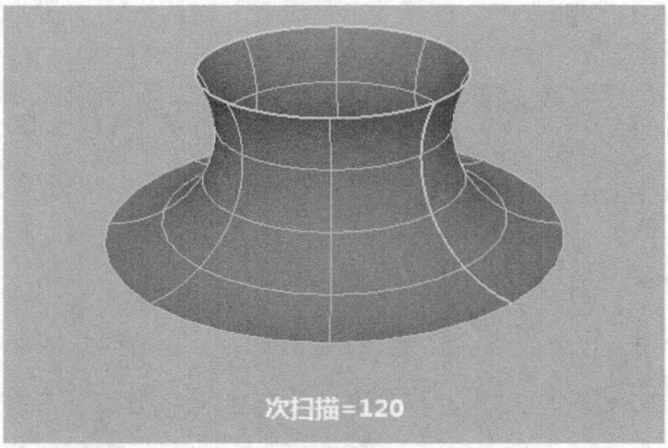

图9-14

❖ 次半径：设置圆环在截面上的半径。

❖ 半径：用来设置圆环整体半径的大小，如图9-15所示。

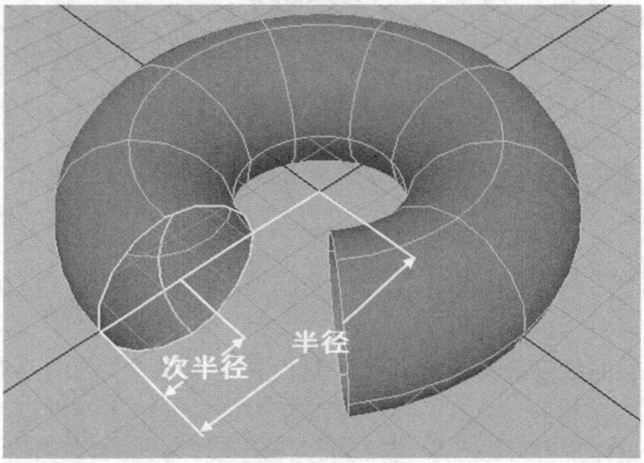

图9-15

9.1.7 圆形

单击“圆形”命令后面的□按钮，打开“工具设置”对话框，如图9-16所示。

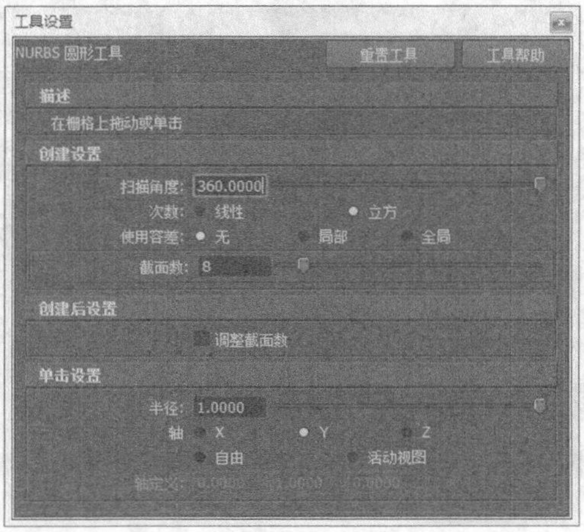

图9-16

圆形工具设置对话框参数介绍

- ❖ 截面数：用来设置圆的段数。
- ❖ 调整截面数：勾选该选项时，创建完模型后不会立即结束命令，再次拖曳光标可以改变圆的段数。

9.1.8 方形

单击“方形”命令后面的▣按钮，打开“工具设置”对话框，如图9-17所示。

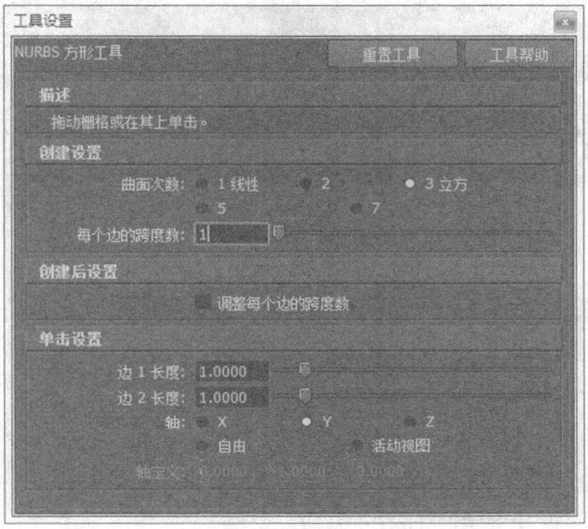

图9-17

方形工具设置对话框参数介绍

- ❖ 每个边的跨度数：用来设置每条边上的段数。
- ❖ 调整每个边的跨度数：勾选该选项后，在创建完矩形后可以再次对每条边的段数进行修改。
- ❖ 边1/2长度：分别用来设置两条对边的长度。

9.2 创建NURBS曲面

在“曲面”菜单下包含9个创建NURBS曲面的命令，分别是“旋转”“放样”“平面”“挤出”“双轨成形”“边界”“方形”“倒角”和“倒角+”命令，如图9-18所示。

图9-18

9.2.1 旋转

使用“旋转”命令可以将一条NURBS曲线的轮廓线生成一个曲面，并且可以随意控制旋转角度。打开“旋转选项”对话框，如图9-19所示。

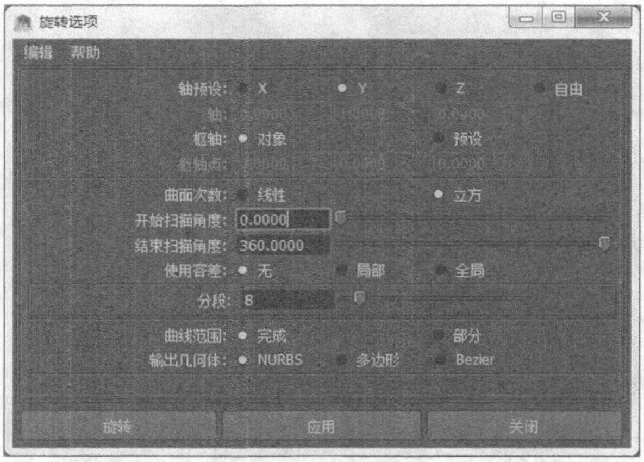

图9-19

旋转选项参数介绍

- ❖ 轴预设：用来设置曲线旋转的轴向，共有*x*、*y*、*z*轴和“自由”4个选项。
- ❖ 枢轴：用来设置旋转轴心点的位置。
  - ✧ 对象：以自身的轴心位置作为旋转方向。
  - ✧ 预设：通过坐标来设置轴心点的位置。
- ❖ 枢轴点：用来设置枢轴点的坐标。
- ❖ 曲面次数：用来设置生成的曲面的次数。
  - ✧ 线性：表示为1阶，可生成不平滑的曲面。
  - ✧ 立方：可生成平滑的曲面。
- ❖ 开始/结束扫描角度：用来设置开始/结束扫描的角度。
- ❖ 使用容差：用来设置旋转的精度。
- ❖ 分段：用来设置生成曲线的段数。段数越多，精度越高。
- ❖ 输出几何体：用来选择输出几何体的类型，有NURBS、多边形、细分曲面和Bezier4种类型。

【练习9-1】：用旋转创建花瓶

场景文件　无
实例位置　学习资源>实例文件>CH09>练习9-1.mb
技术掌握　掌握旋转命令的用法

本例使用“旋转”命令制作的花瓶效果如图9-20所示。

图9-20

01 在右视图中使用“CV曲线工具”绘制出高脚杯的轮廓线，如图9-21所示。

02 选择轮廓线，然后执行“旋转”命令，最终效果如图9-22所示。

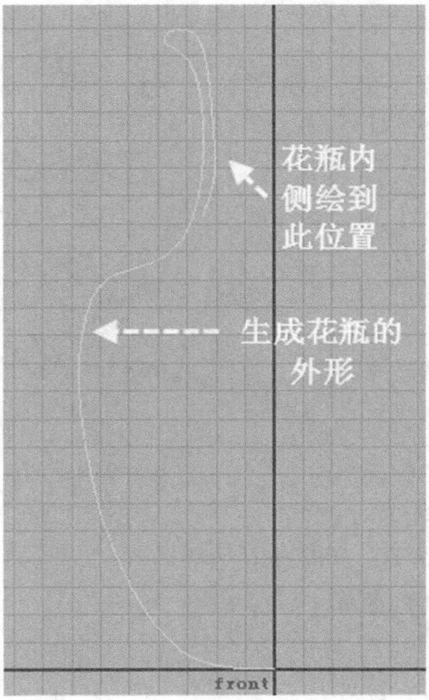

图9-21

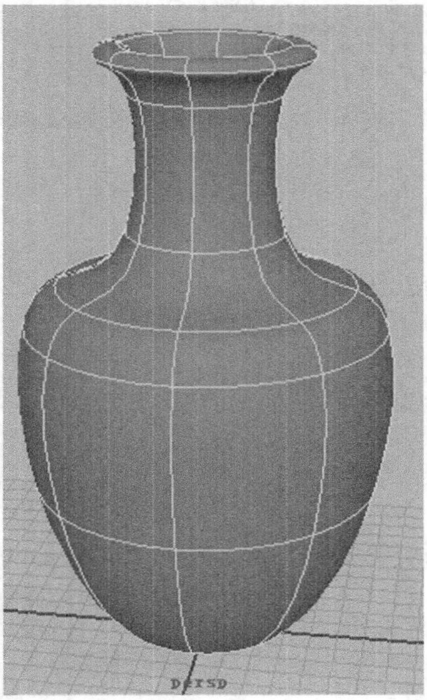

图9-22

技巧与提示

“旋转”命令非常重要，经常用来创建一些对称的物体。

9.2.2 放样

使用“放样”命令可以将多条轮廓线生成一个曲面。打开“放样选项”对话框，如图9-23所示。

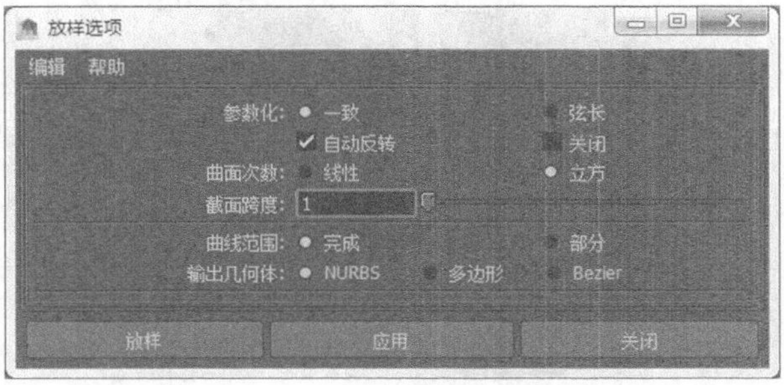

图9-23

放样选项参数介绍

❖ 参数化：用来改变放样曲面的V向参数值。

- ✧ 一致：统一生成的曲面在V方向上的参数值。
- ✧ 弦长：使生成的曲面在V方向上的参数值等于轮廓线之间的距离。
- ✧ 自动反转：在放样时，因为曲线方向的不同会产生曲面扭曲现象，该选项可以自动统一曲线的方向，使曲面不产生扭曲现象。
- ✧ 关闭：勾选该选项后，生成的曲面会自动闭合。

❖ 截面跨度：用来设置生成曲面的分段数。

【练习9-2】：用放样创建弹簧

场景文件　学习资源>场景文件>CH09>a.mb
实例位置　学习资源>实例文件>CH09>练习9-2.mb
技术掌握　掌握放样命令的用法

本例使用“放样”命令创建的弹簧效果如图9-24所示。

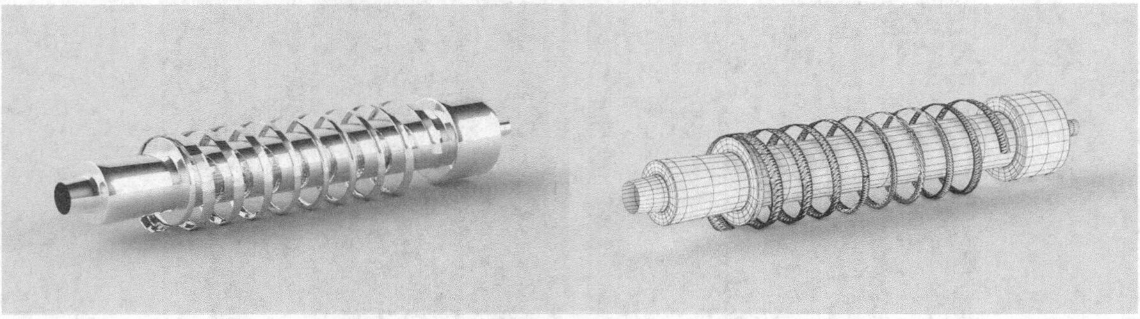

图9-24

01 打开学习资源中的“场景文件>CH09>a.mb”文件，如图9-25所示。

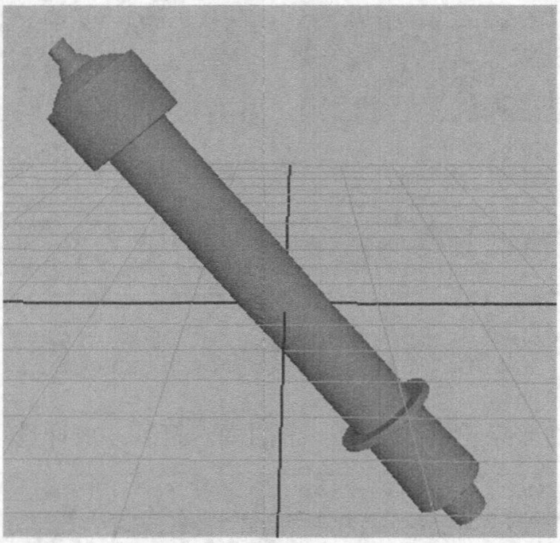

图9-25

02 切换到右视图，然后绘制出如图9-26所示的螺旋线。

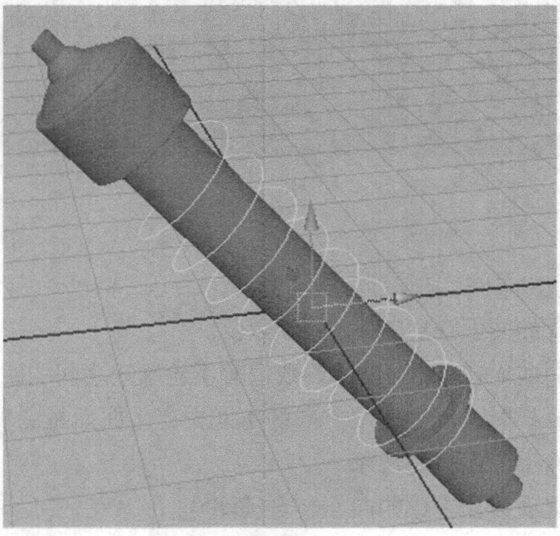

图9-26

技巧与提示

按空格键可以切换Maya的各个视图，如果按一次不能切换到右视图，可连续按空格键进行切换。

03 切换到透视图，然后复制出两条螺旋线，并调整好螺旋线之间的距离，如图9-27所示。

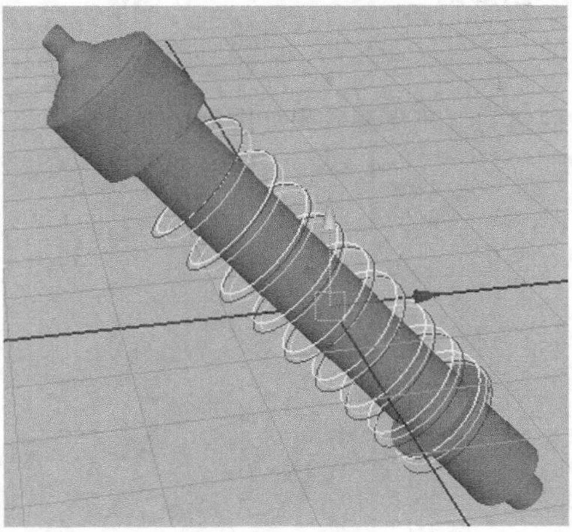

图9-27

04 分别两两选择曲线，然后执行“放样”命令，最终效果如图9-28所示。

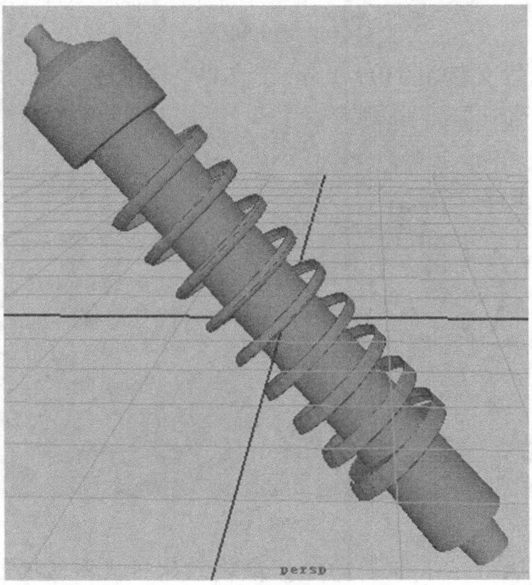

图9-28

9.2.3 平面

使用“平面”命令可以将封闭的曲线、路径和剪切边等生成一个平面，但这些曲线、路径和剪切边都必须位于同一平面内。打开“平面修剪曲面选项”对话框，如图9-29所示。

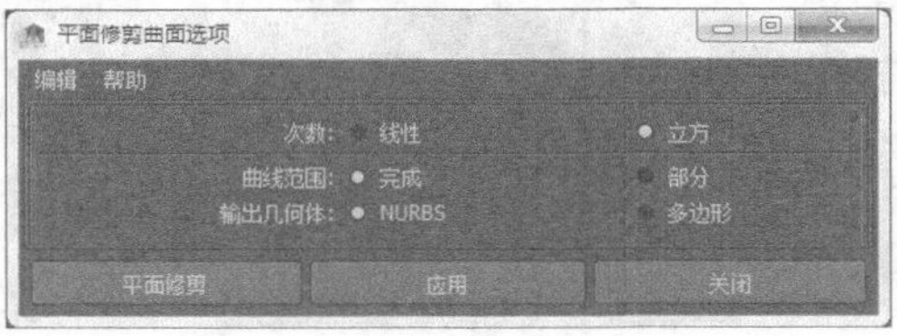

图9-29

技巧与提示

"平面修剪曲面选项"对话框中的所有参数在前面的内容中都有类似的讲解，因此不再重复讲解。

【练习9-3】：用平面创建雕花

场景文件　学习资源>场景文件>CH09>b.mb
实例位置　学习资源>实例文件>CH09>练习9-3.mb
技术掌握　掌握平面命令的用法

本例使用"平面"命令创建的雕花模型效果如图9-30所示。

图9-30

01 打开学习资源中的"场景文件>CH09>b.mb"文件，如图9-31所示。

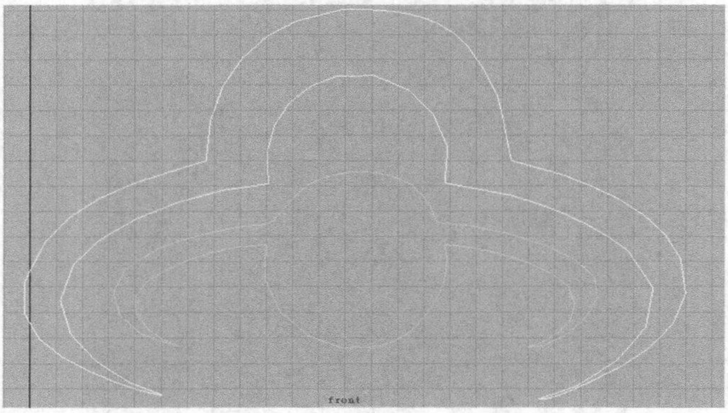

图9-31

02 选中所有的曲线，然后执行"平面"命令，最终效果如图9-32所示。

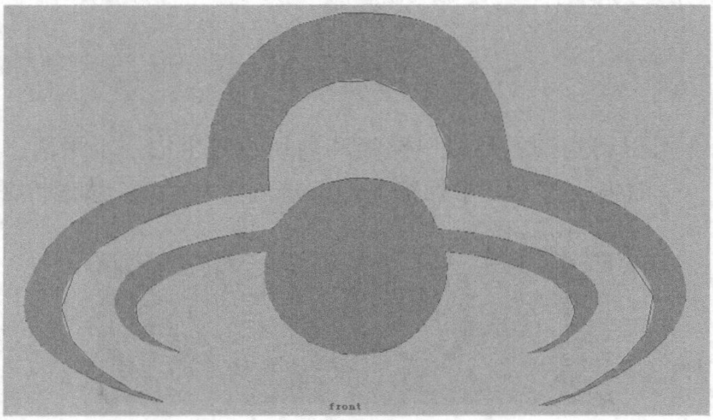

图9-32

9.2.4 挤出

使用“挤出”命令可将一条任何类型的轮廓曲线沿着另一条曲线的大小生成曲面。打开“挤出选项”对话框，如图9-33所示。

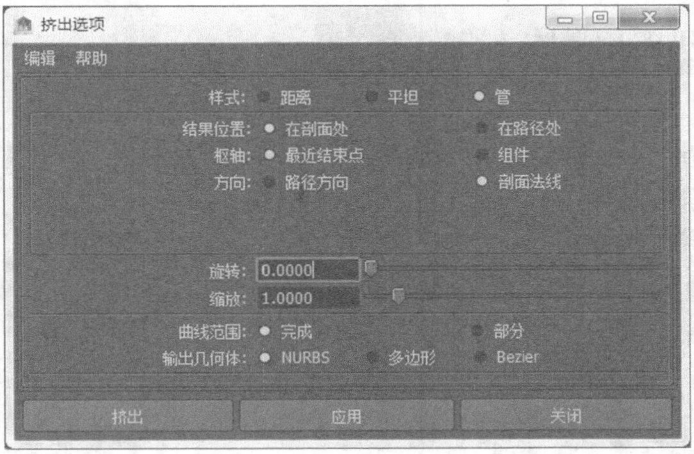

图9-33

挤出选项参数介绍

❖ 样式：用来设置挤出的样式。

✧ 距离：将曲线沿指定距离进行挤出。

✧ 平坦：将轮廓线沿路径曲线进行挤出，但在挤出过程中始终平行于自身的轮廓线。

✧ 管：将轮廓线以与路径曲线相切的方式挤出曲面，这是默认的创建方式。图9-34所示是3种挤出方式生成的曲面效果。

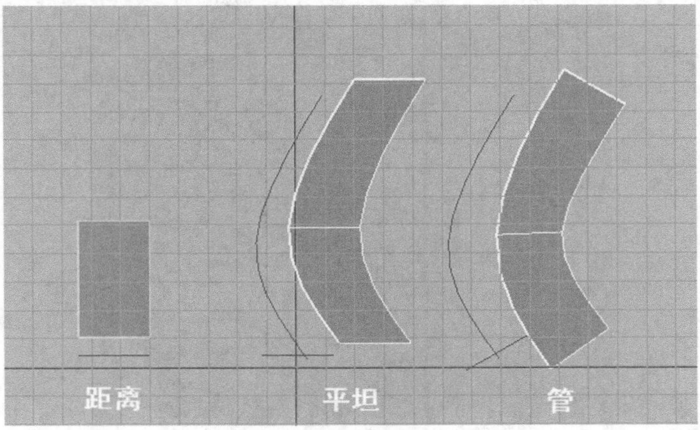

图9-34

❖ 结果位置：决定曲面挤出的位置。

✧ 在剖面处：挤出的曲面在轮廓线上。如果轴心点没有在轮廓线的几何中心，那么挤出的曲面将位于轴心点上。

✧ 在路径处：挤出的曲面在路径上。

❖ 枢轴：用来设置挤出时的枢轴点类型。

✧ 最近结束点：使用路径上最靠近轮廓曲线边界盒中心的端点作为枢轴点。

✧ 组件：让各轮廓线使用自身的枢轴点。

❖ 方向：用来设置挤出曲面的方向。

- ✧ 路径方向：沿着路径的方向挤出曲面。
- ✧ 剖面法线：沿着轮廓线的法线方向挤出曲面。

❖ 旋转：设置挤出的曲面的旋转角度。

❖ 缩放：设置挤出的曲面的缩放量。

【练习9-4】：用挤出创建武器管

场景文件 学习资源>场景文件>CH09>c.mb

实例位置 学习资源>实例文件>CH09>练习9-4.mb

技术掌握 掌握挤出命令的用法

本例使用“挤出”命令创建的武器管效果如图9-35所示。

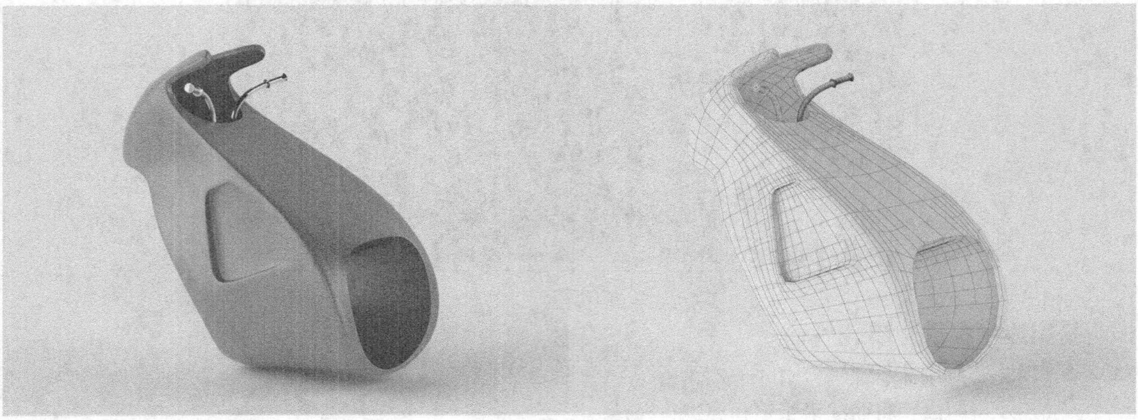

图9-35

01 打开学习资源中的“场景文件>CH09>c.mb”文件，如图9-36所示。

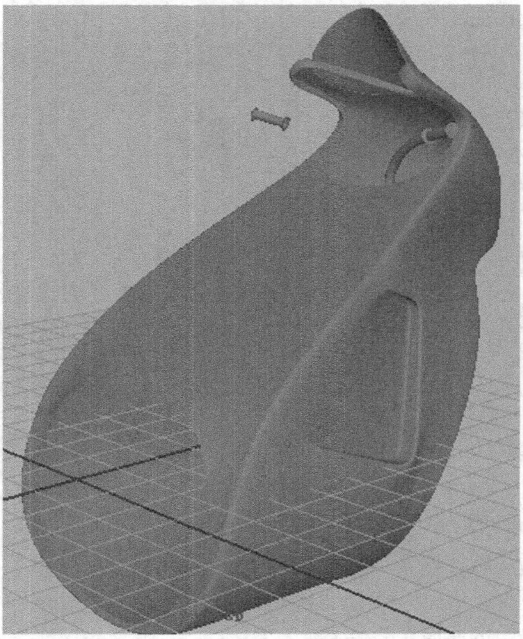

图9-36

02 使用“CV曲线工具”在武器管中绘制一条路径曲线，如图9-37所示。

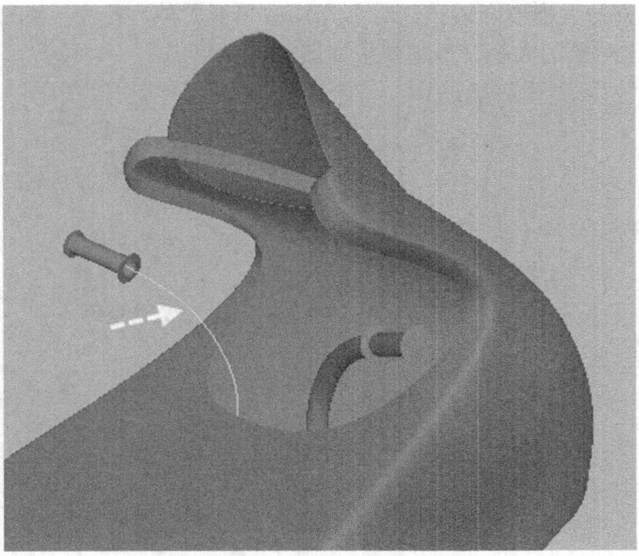

图9-37

03 切换到右视图，然后在如图9-38所示的位置绘制一个圆。

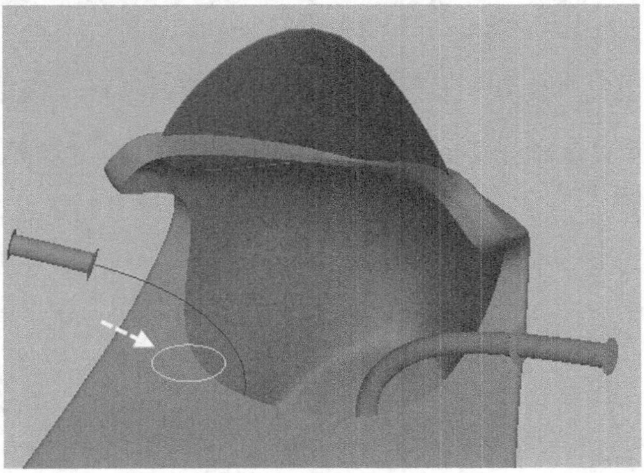

图9-38

04 选中圆，然后按住Shift键加选曲线，接着打开“挤出选项”对话框，具体参数设置如图9-39所示，最后单击“挤出”按钮，效果如图9-40所示。

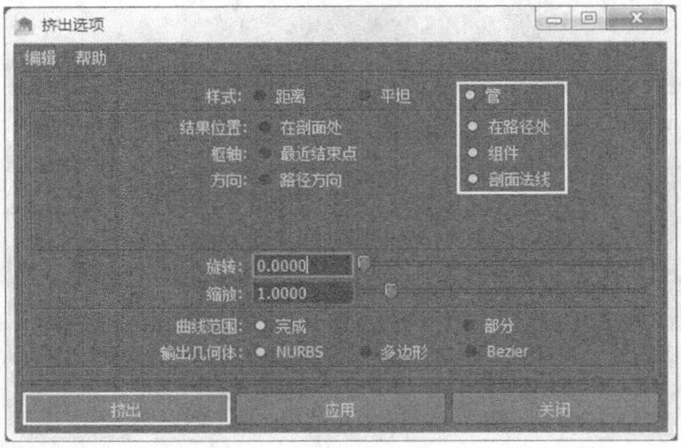

图9-39

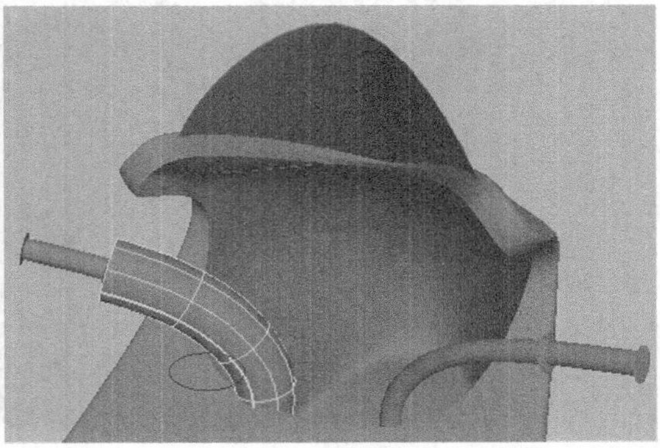

图9-40

05 由于挤出来的对象的大小不合适，这时可先选中圆形，然后使用"缩放工具"将其等比例缩小，这样可改变挤出对象的大小，最终效果如图9-41所示。

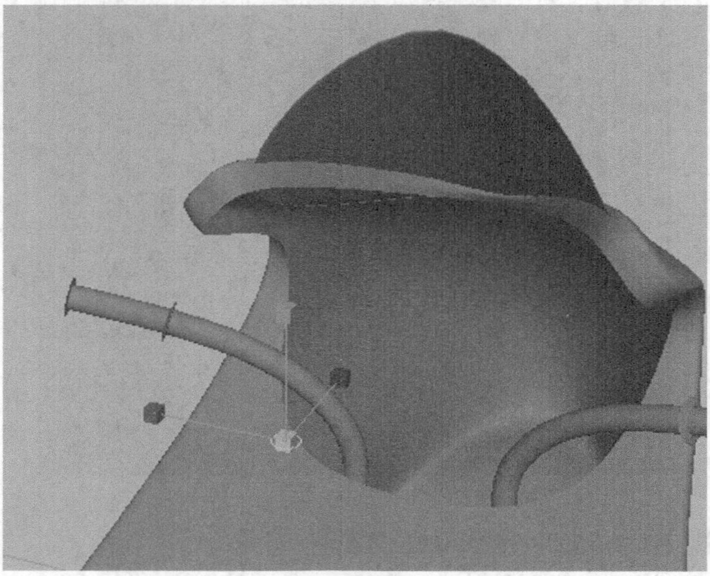

图9-41

9.2.5 双轨成形

"双轨成形"命令包含3个子命令，分别是"双轨成形1工具""双轨成形2工具"和"双轨成形3+工具"，如图9-42所示。

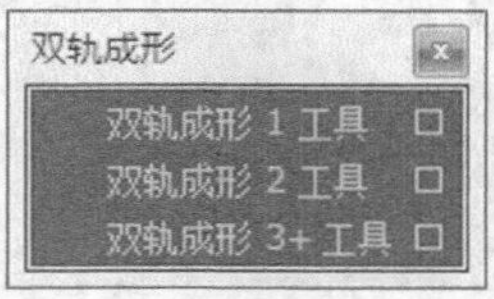

图9-42

1.双轨成形1工具

使用"双轨成形1工具"命令可以让一条轮廓线沿两条路径线进行扫描，从而生成曲面。打开"双轨成形1选项"对话框，如图9-43所示。

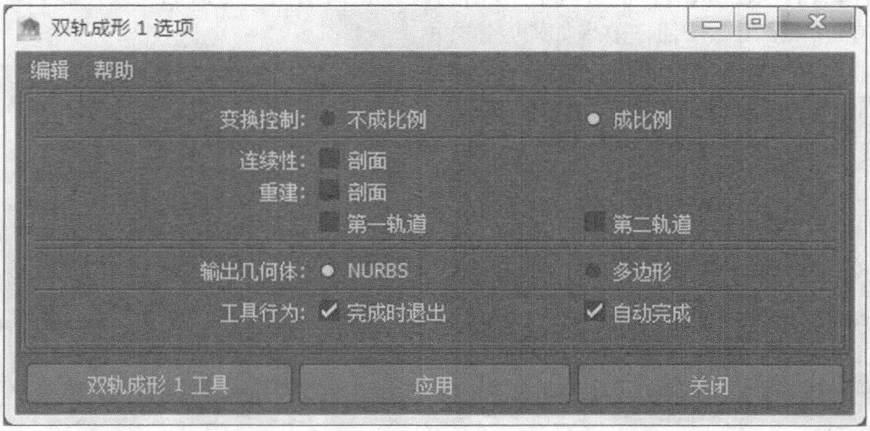

图9-43

双轨成形1选项介绍

❖ 变换控制：用来设置轮廓线的成形方式。
  ✧ 不成比例：以不成比例的方式扫描曲线。
  ✧ 成比例：以成比例的方式扫描曲线。
❖ 连续性：保持曲面切线方向的连续性。
❖ 重建：重建轮廓线和路径曲线。
  ✧ 第一轨道：重建第1次选择的路径。
  ✧ 第二轨道：重建第2次选择的路径。

2.双轨成形2工具

使用“双轨成形2工具”命令可以沿着两条路径线在两条轮廓线之间生成一个曲面。打开“双轨成形2选项”对话框，如图9-44所示。

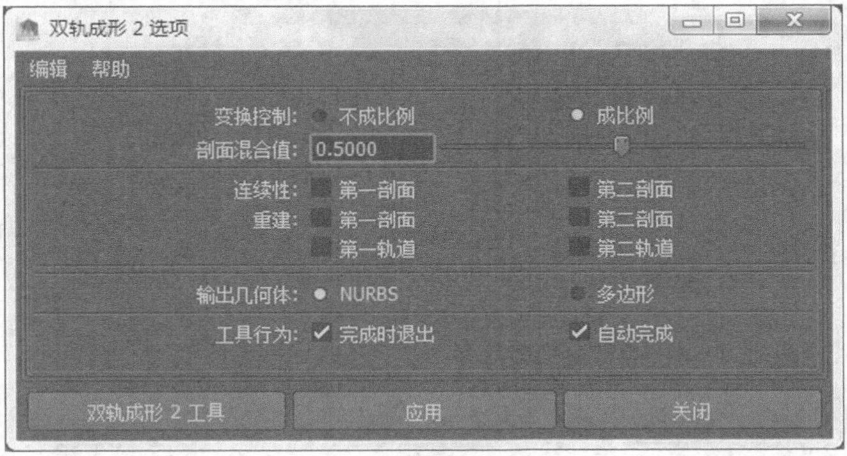

图9-44

技巧与提示

“双轨成形2选项”对话框中的参数在前面的内容中有相关的介绍，因此这里不再重复讲解。

3.双轨成形3+工具

使用“双轨成形3+工具”命令可以通过两条路径曲线和多条轮廓曲线来生成曲面。打开“双轨成形3+选项”对话框，如图9-45所示。

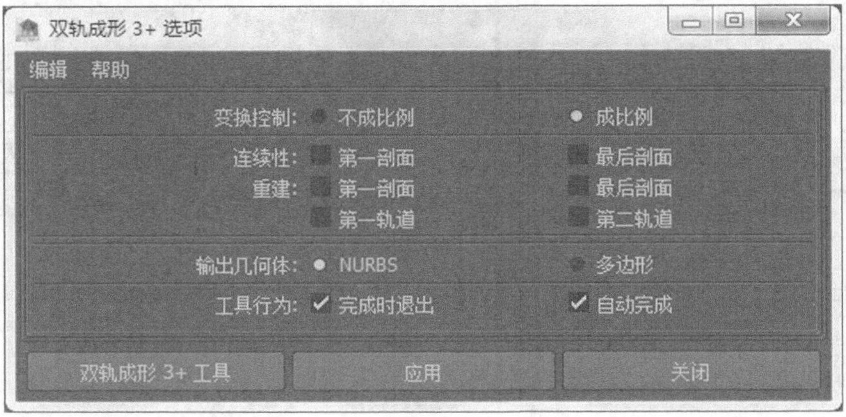

图9-45

技巧与提示

“双轨成形3+选项”对话框中的参数在前面的内容中有相关的介绍，因此这里不再重复讲解。

【练习9-5】：用双轨成形1工具创建曲面

场景文件　学习资源>场景文件>CH09>d.mb
实例位置　学习资源>实例文件>CH09>练习9-5.mb
技术掌握　掌握双轨成形1工具命令的用法

本例使用“双轨成形1工具”命令扫描曲线后得到的模型效果如图9-46所示。

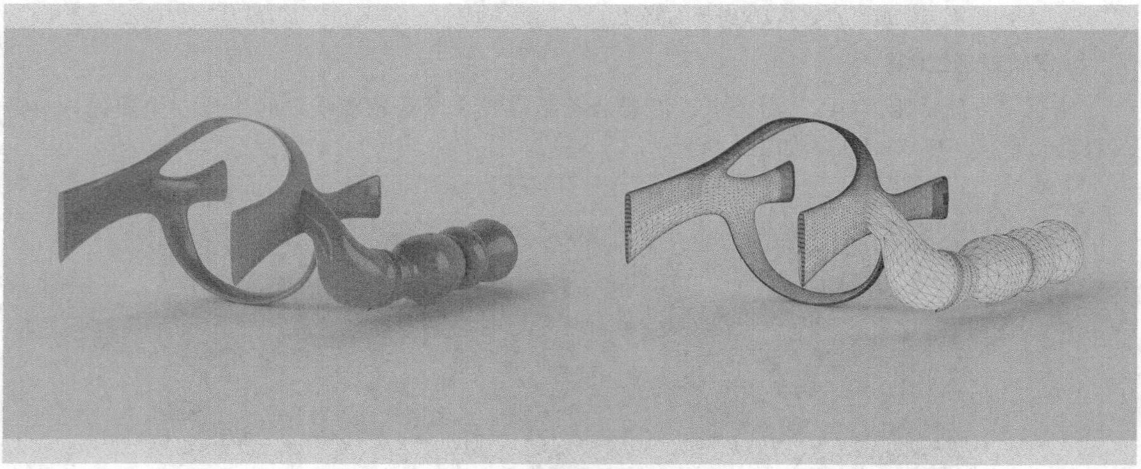

图9-46

01 打开学习资源中的“场景文件>CH09>d.mb”文件，如图9-47所示。

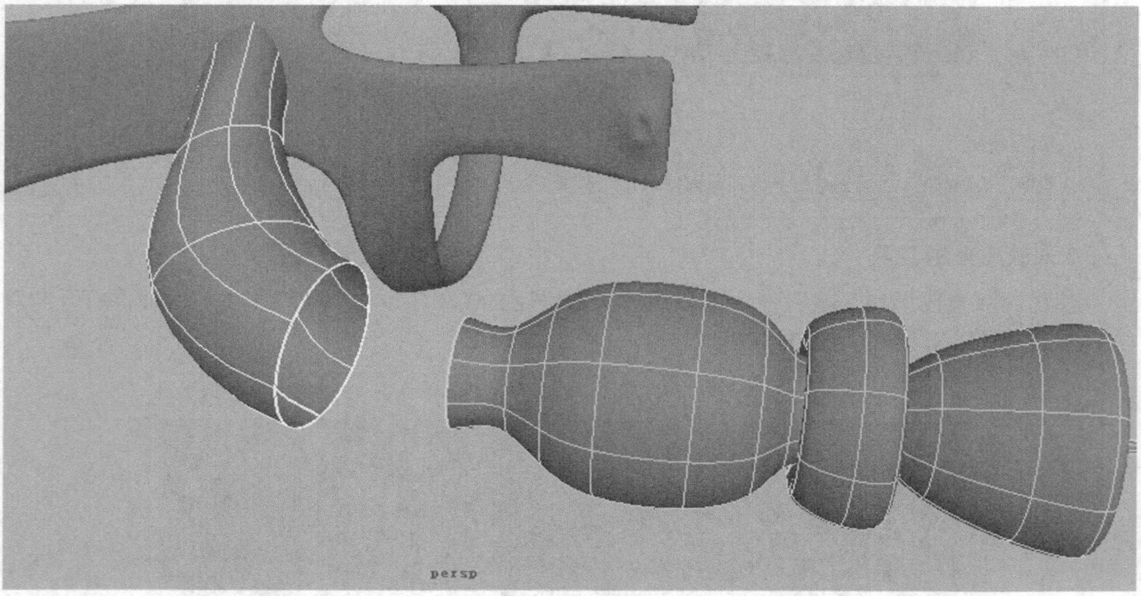

图9-47

02 切换到前视图，然后结合C键使用“CV曲线工具”绘制一条如图9-48所示的曲线。

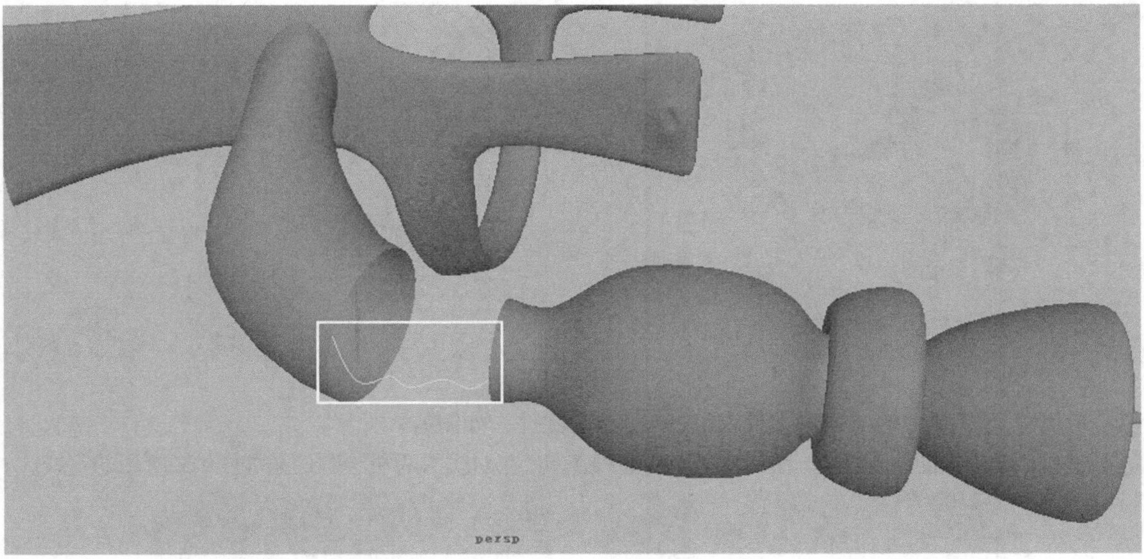

图9-48

技巧与提示

按住C键可以捕捉到曲面上，这样可以方便曲线的绘制。

03 进入等参线模式，然后选择两个模型之间的环形等参线，接着加选曲线，最后执行“双轨成形1工具”命令，最终效果如图9-49所示。

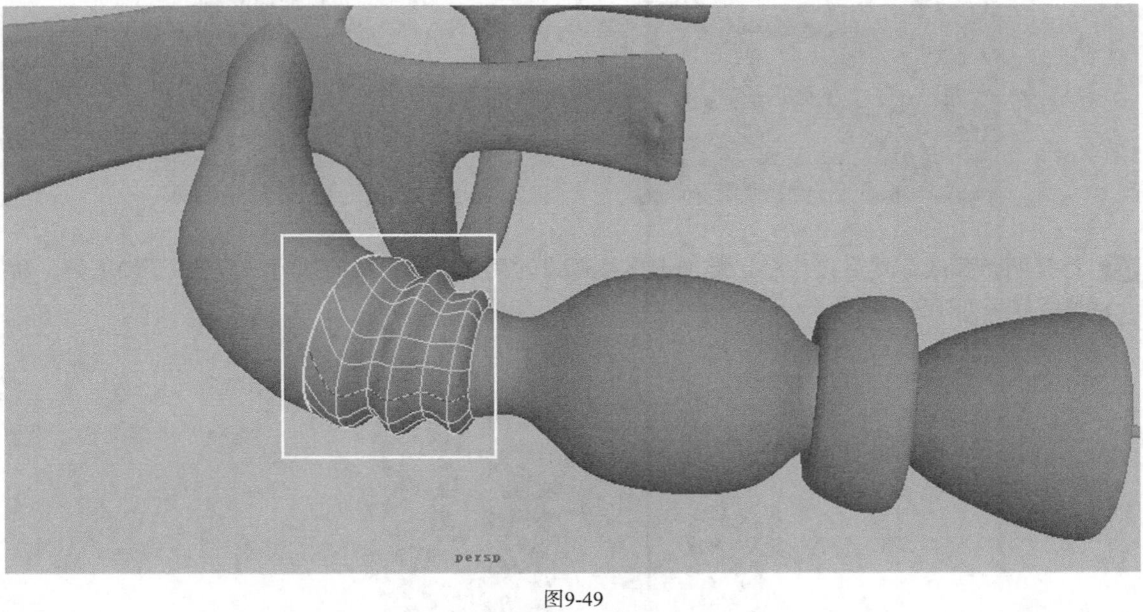

图9-49

【练习9-6】：用双轨成形2工具创建曲面

场景文件 学习资源>场景文件>CH09>e.mb
实例位置 学习资源>实例文件>CH09>练习9-6.mb
技术掌握 掌握双轨成形2工具命令的用法

本例使用“双轨成形2工具”命令扫描曲线后得到的模型效果如图9-50所示。

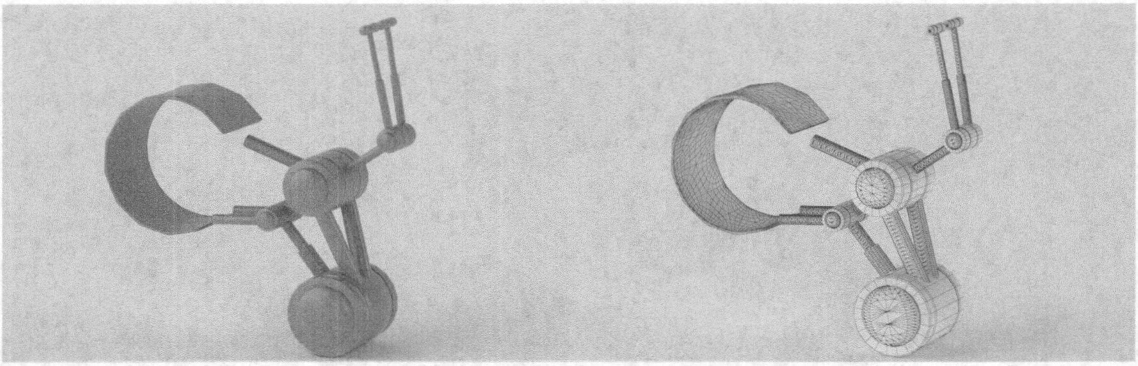

图9-50

01 打开学习资源中的“场景文件>CH09>e.mb”文件，如图9-51所示。

02 按住C键捕捉曲线的端点，然后使用“EP曲线工具”在曲线的两端绘制两条如图9-52所示的直线。

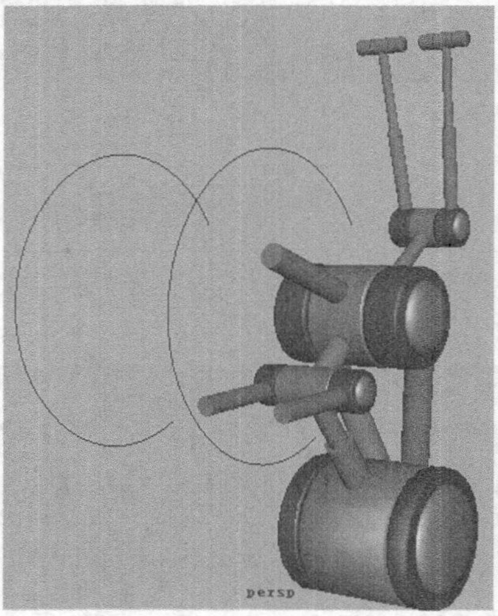

图9-51

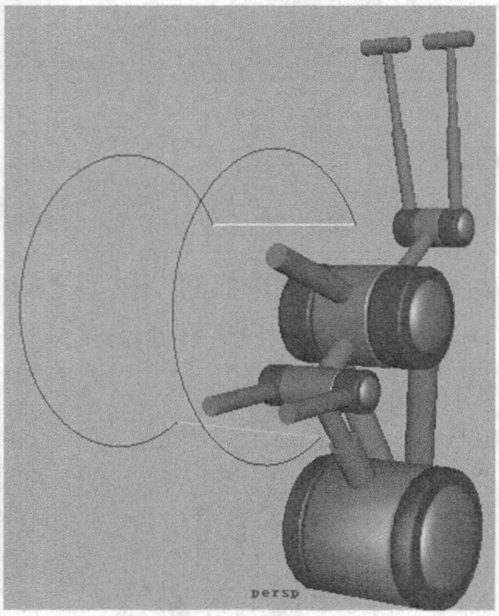

图9-52

03 选择两条弧线，然后按住Shift键加选连接弧线的两条直线，接着执行“双轨成形2工具”命令，最终效果如图9-53所示。

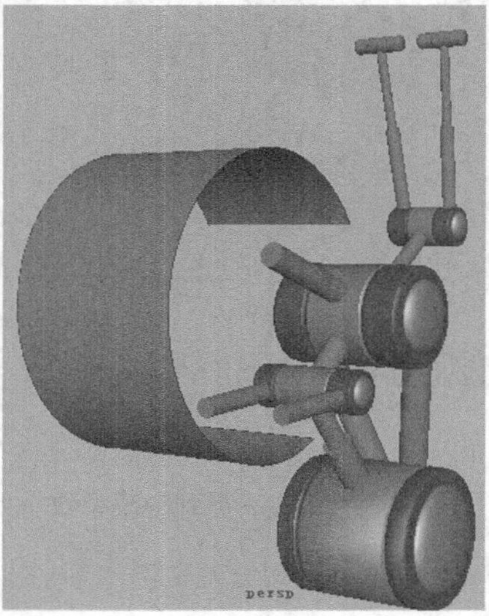

图9-53

【练习9-7】：用双轨成形3+工具创建曲面

场景文件 学习资源>场景文件>CH09>f.mb
实例位置 学习资源>实例文件>CH09>练习9-7.mb
技术掌握 掌握双轨成形3+工具命令的用法

本例使用“双轨成形3+工具”命令扫描曲线后得到的模型效果如图9-54所示。

图9-54

01 打开学习资源中的“场景文件>CH09>f.mb”文件，如图9-55所示。

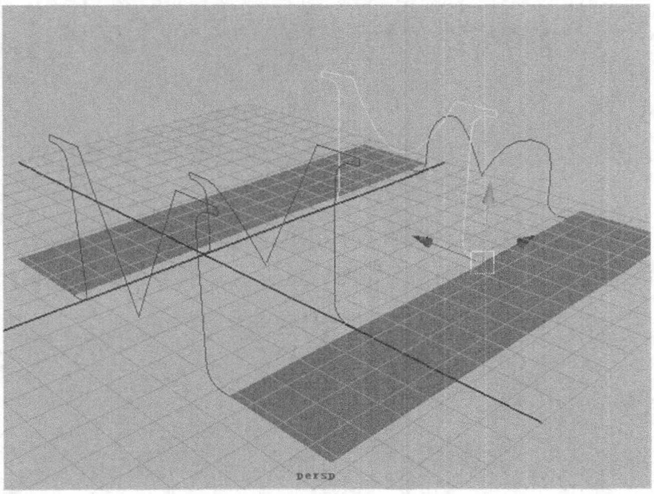

图9-55

02 执行“双轨成形3+工具”命令，然后选择4条轮廓线，接着按Enter键，如图9-56所示。

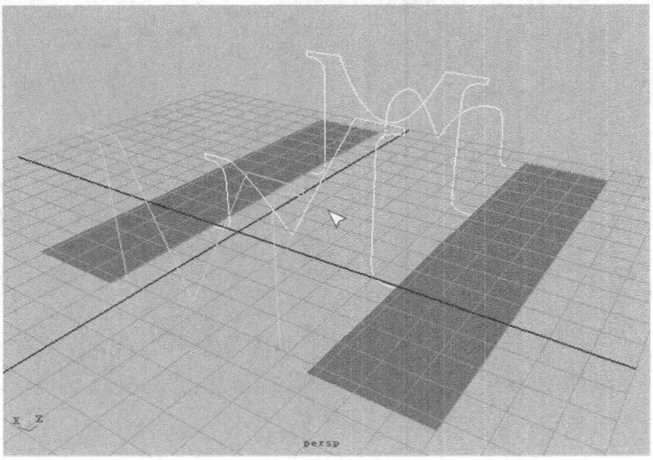

图9-56

03 在其中一个平面上单击鼠标右键，然后在弹出的菜单中选择“等参线”命令，进入等参线模式，接着单击连接曲线的平面上的等参线，如图9-57所示。

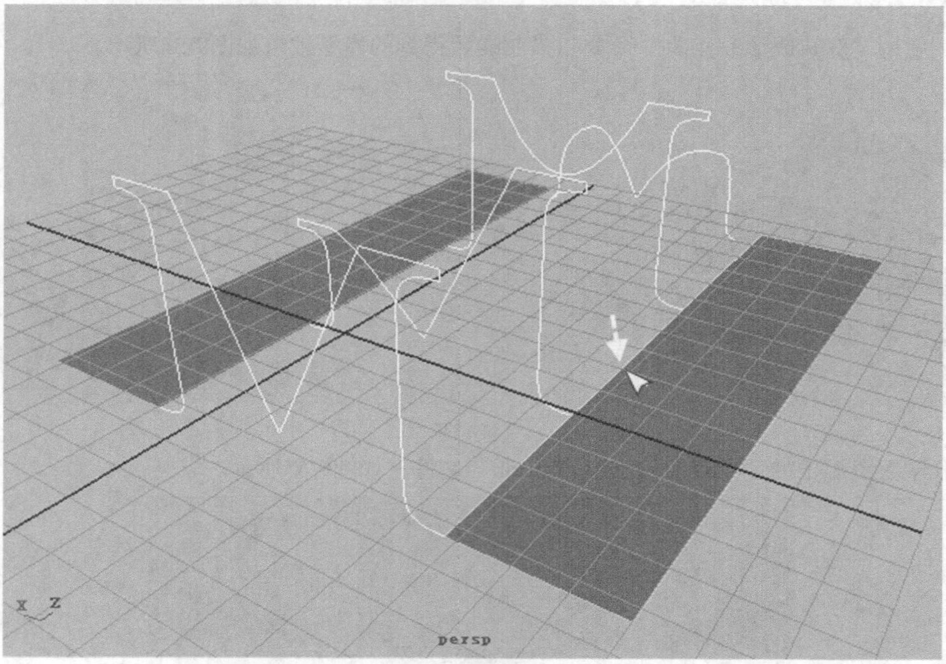

图9-57

04 在另外一个平面上单击鼠标右键，然后在弹出的菜单中选择“等参线”命令，进入等参线模式，接着单击连接曲线的平面上的等参线，如图9-58所示，最终效果如图9-59所示。

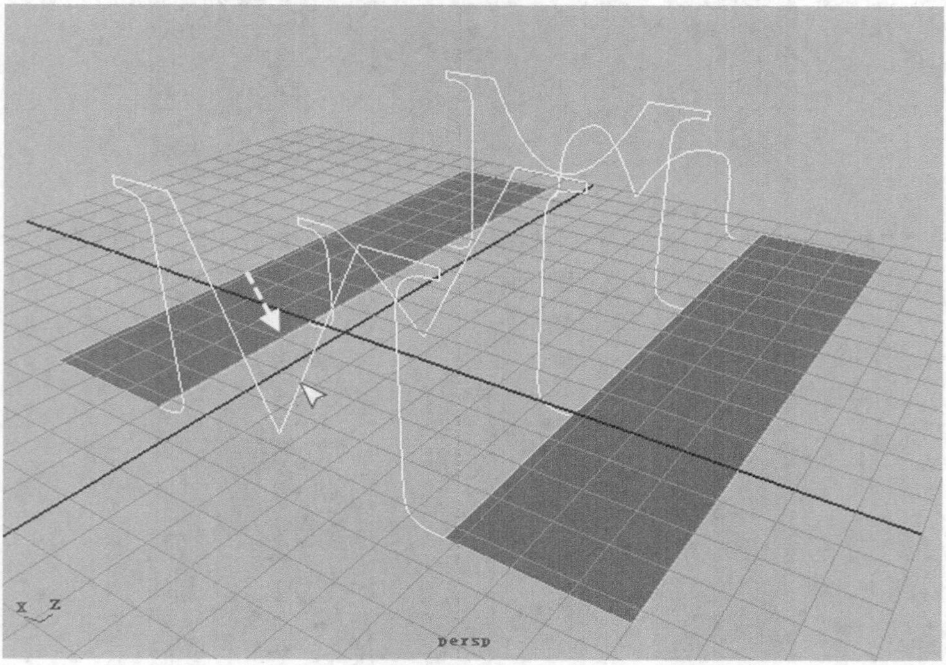

图9-58

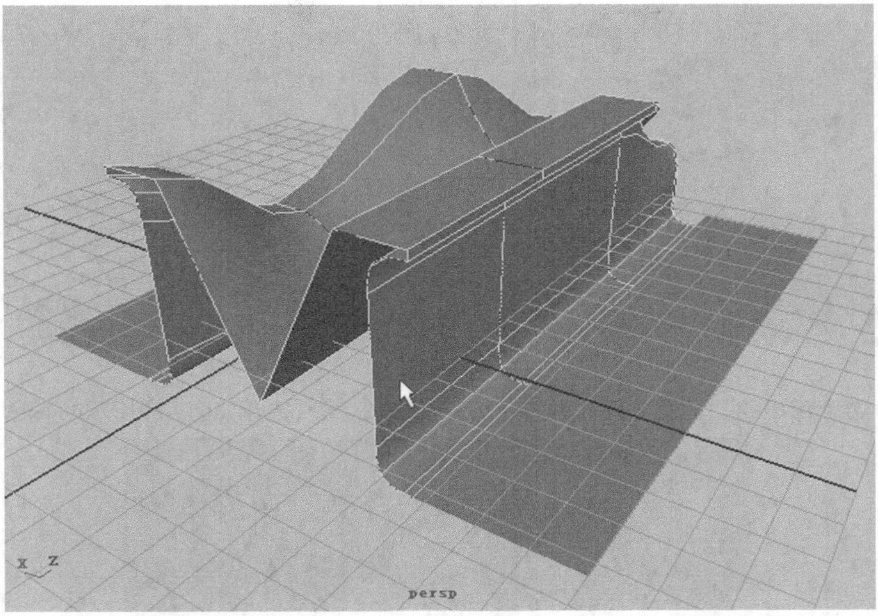

图9-59

9.2.6 边界

“边界”命令可以根据所选的边界曲线或等参线来生成曲面。打开“边界选项”对话框，如图9-60所示。

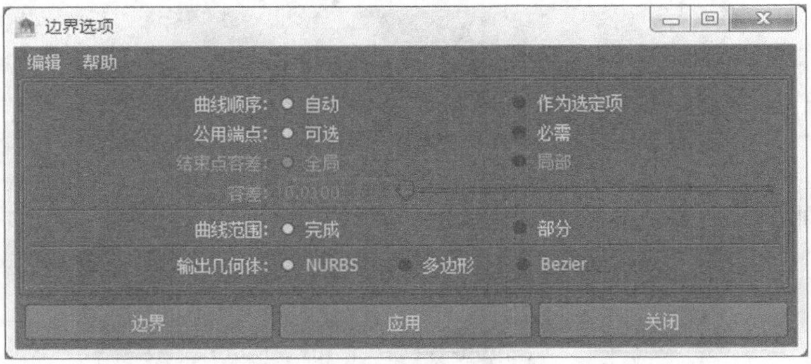

图9-60

边界选项介绍

❖ 曲线顺序：用来选择曲线的顺序。
  ✧ 自动：使用系统默认的方式创建曲面。
  ✧ 作为选定项：使用选择的顺序来创建曲面。

❖ 公用端点：判断生成曲面前曲线的端点是否匹配，从而决定是否生成曲面。
  ✧ 可选：在曲线端点不匹配的时候也可以生成曲面。
  ✧ 必需：在曲线端点必需匹配的情况下才能生成曲面。

【练习9-8】：边界成面

场景文件 学习资源>场景文件>CH09>g.mb
实例位置 学习资源>实例文件>CH09>练习9-8.mb
技术掌握 掌握边界命令的用法

本例使用“边界”命令将曲线生成曲面后的效果如图9-61所示。

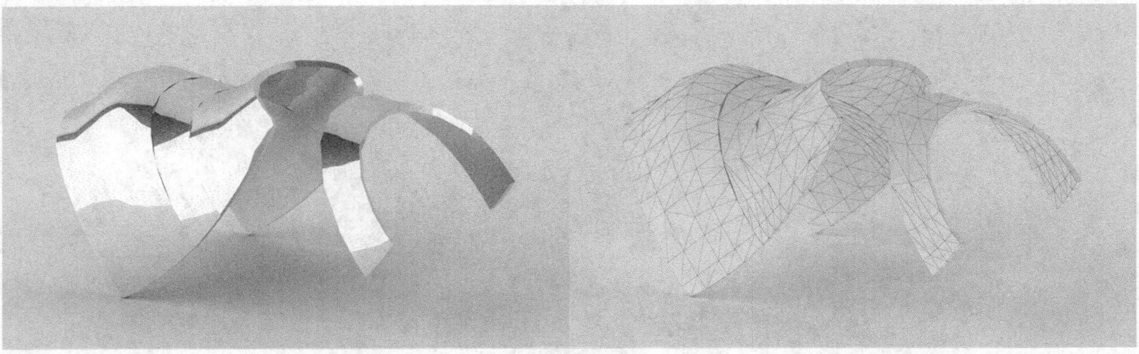

图9-61

01 打开学习资源中的“场景文件>CH09>g.mb”文件，然后选择如图9-62所示的4条边线。

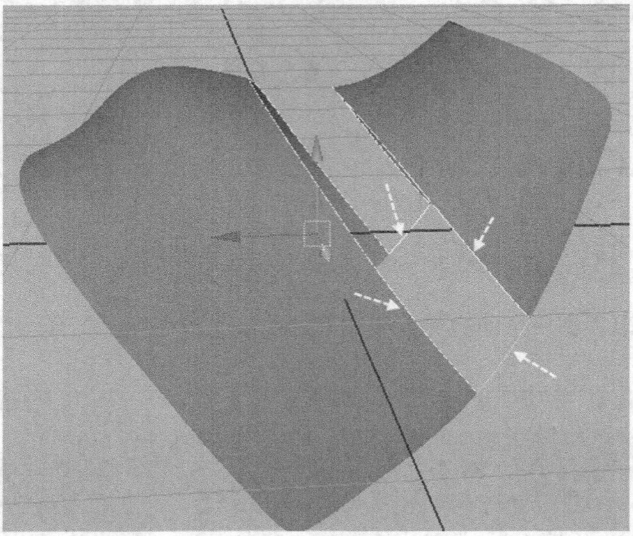

图9-62

02 执行“曲面>边界”菜单命令，效果如图9-63所示。

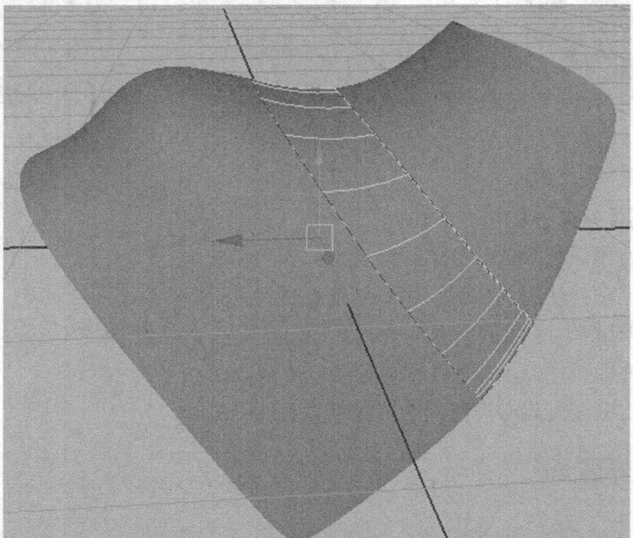

图9-63

03 在生成的曲线上单击鼠标右键，然后在弹出的菜单中选择“等参线”命令，进入等参线模式，接着选择如图9-64所示的等参线。

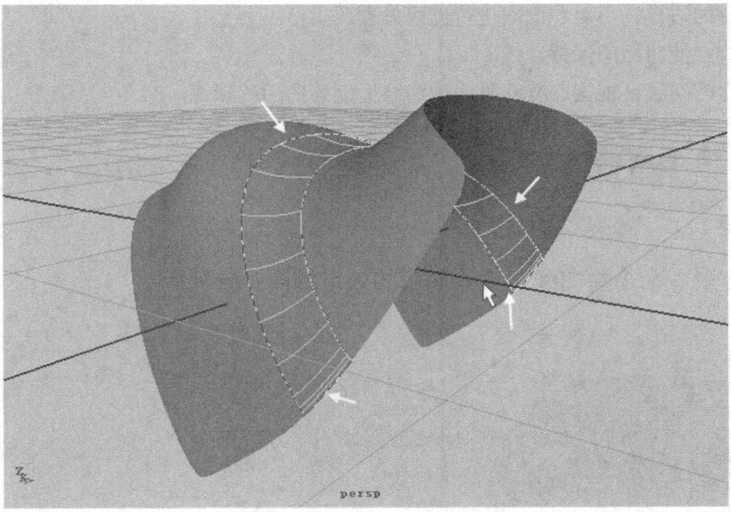

图9-64

04 执行“曲面>边界”菜单命令，然后将创建出来的曲面移动到另一侧，最终效果如图9-65所示。

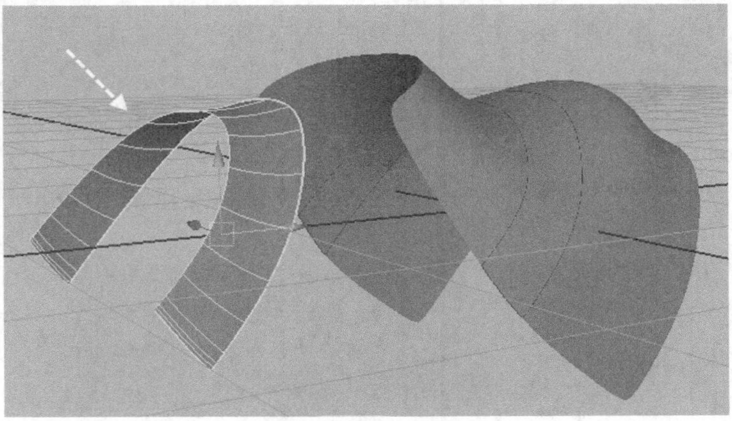
图9-65

9.2.7 方形

“方形”命令可以在3条或4条曲线间生成曲面，也可以在几个曲面相邻的边之间生成曲面，并且会保持曲面间的连续性。打开“方形曲面选项”对话框，如图9-66所示。

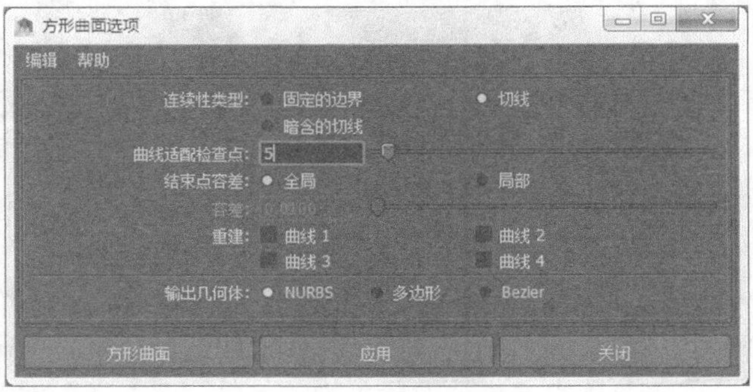

图9-66

方形曲面选项介绍

❖ 连续性类型：用来设置曲面间的连续类型。

✧ 固定的边界：不对曲面间进行连续处理。

✧ 切线：使曲面间保持连续。

✧ 暗含的切线：根据曲线在平面的法线上创建曲面的切线。

【练习9-9】：方形成面

场景文件　学习资源>场景文件>CH09>h.mb

实例位置　学习资源>实例文件>CH09>练习9-9.mb

技术掌握　掌握方形命令的用法

本例使用“方形”命令将曲线生成曲面后的效果如图9-67所示。

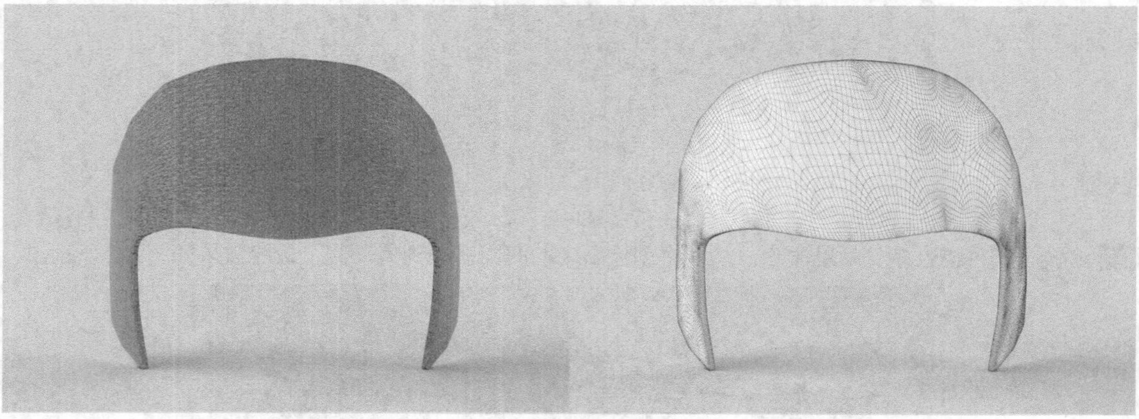

图9-67

01 打开学习资源中的“场景文件>CH09>h.mb”文件，然后按图9-68所示的顺序依次选择曲线。

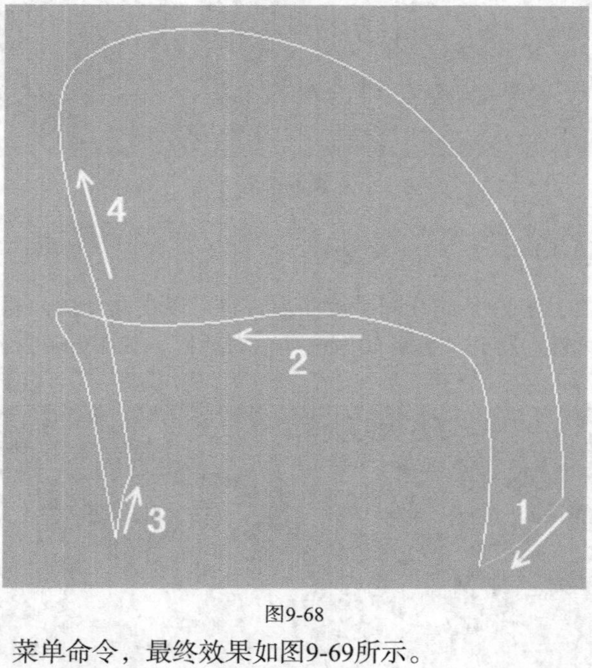

图9-68

02 执行“曲面>方形”菜单命令，最终效果如图9-69所示。

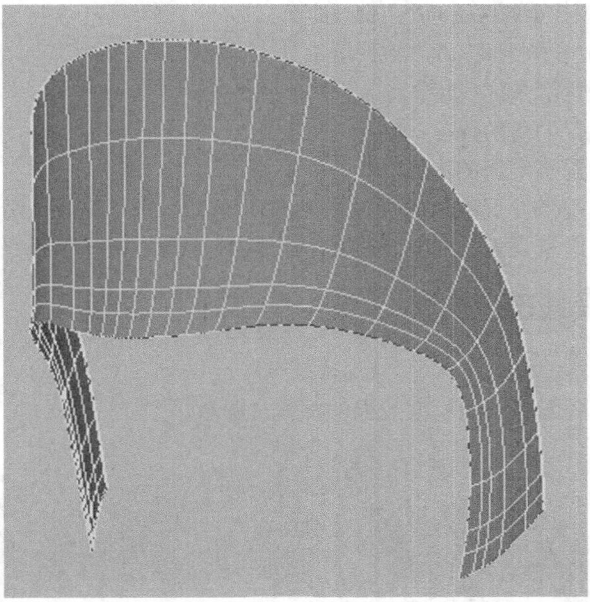

图9-69

9.2.8 倒角

“倒角”命令可以用曲线来创建一个倒角曲面对象，倒角对象的类型可以通过相应的参数来进行设定。打开“倒角选项”对话框，如图9-70所示。

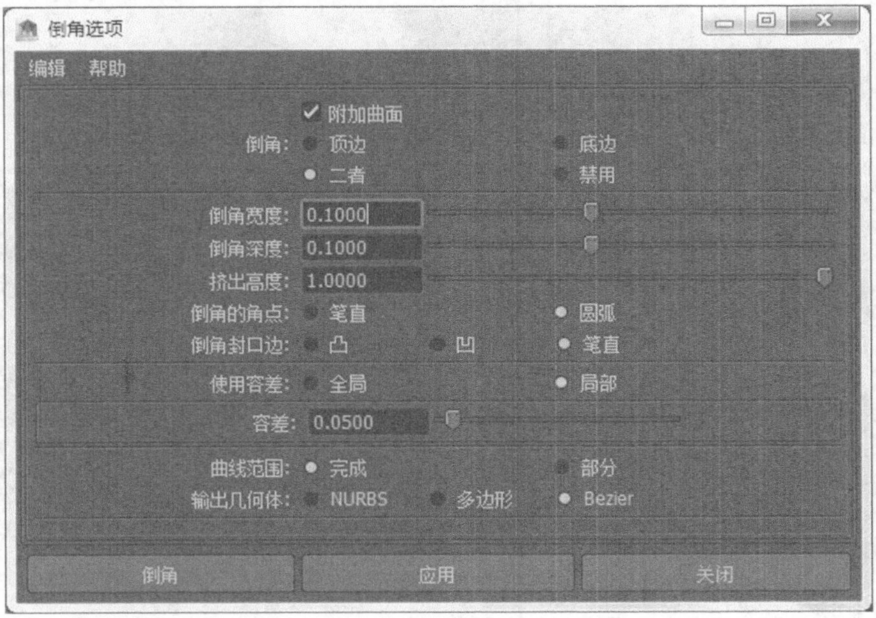

图9-70

倒角选项介绍

❖ 倒角：用来设置在什么位置产生倒角曲面。
 ✧ 顶边：在挤出面的顶部产生倒角曲面。
 ✧ 底边：在挤出面的底部产生倒角曲面。

- ✧ 二者：在挤出面的两侧都产生倒角曲面。
- ✧ 禁用：只产生挤出面，不产生倒角。

- ❖ 倒角宽度：设置倒角的宽度。
- ❖ 倒角深度：设置倒角的深度。
- ❖ 挤出高度：设置挤出面的高度。
- ❖ 倒角的角点：用来设置倒角的类型，共有“笔直”和“圆弧”两个选项。
- ❖ 倒角封口边：用来设置倒角封口的形状，共有“凸”“凹”和“笔直”3个选项。

【练习9-10】：将曲线倒角成面

场景文件　学习资源>场景文件>CH09>i.mb
实例位置　学习资源>实例文件>CH09>练习9-10.mb
技术掌握　掌握倒角命令的用法

本例使用“倒角”命令制作的模型效果如图9-71所示。

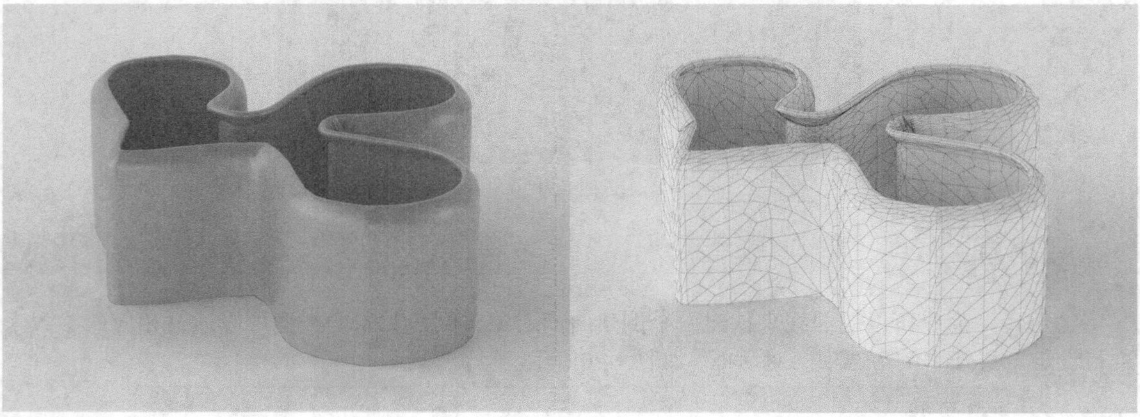

图9-71

01 打开学习资源中的“场景文件>CH09>i.mb”文件，如图9-72所示。

02 选择曲线，然后执行“曲面>倒角”菜单命令，效果如图9-73所示。

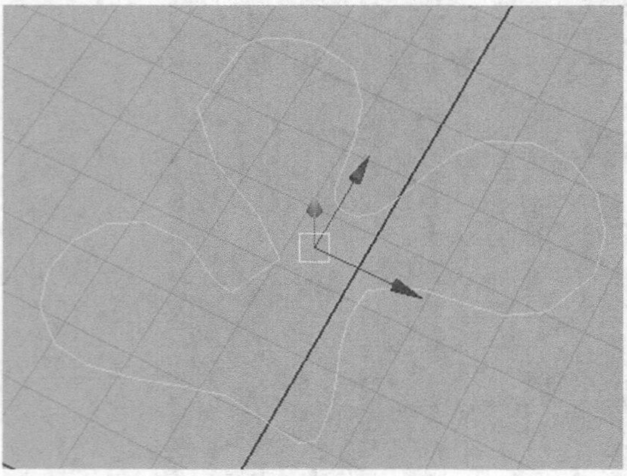

图9-72

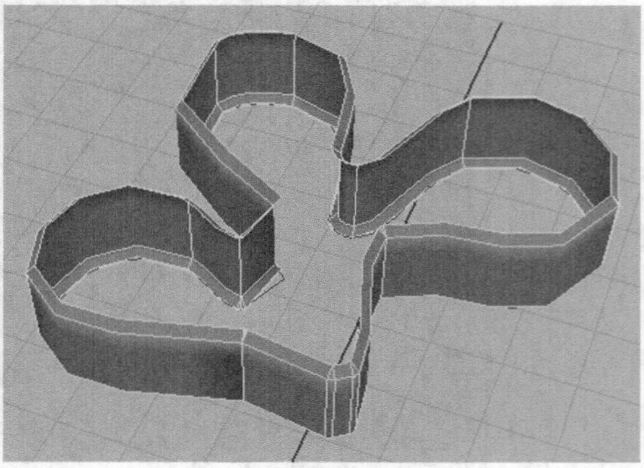

图9-73

03 选择生成的模型，然后在“通道盒”中进行如图9-74所示的设置，最终效果如图9-75所示。

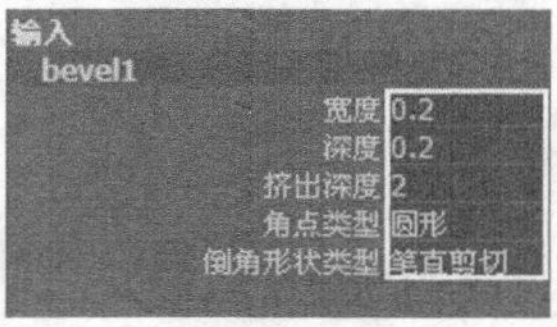

图9-74

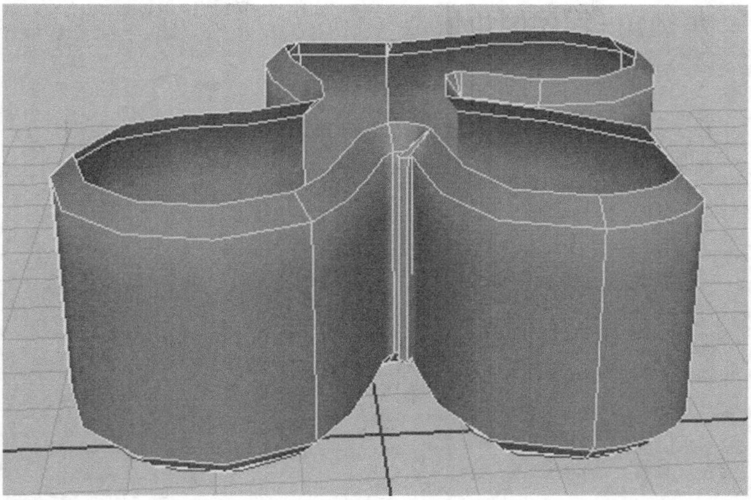

图9-75

技巧与提示

不同的倒角参数可以产生不同的倒角效果，用户要多对“通道盒”中的参数进行测试。

9.2.9 倒角+

“倒角+”命令是“倒角”命令的加强版，该命令集合了非常多的倒角效果。打开“倒角+选项”对话框，如图9-76所示。

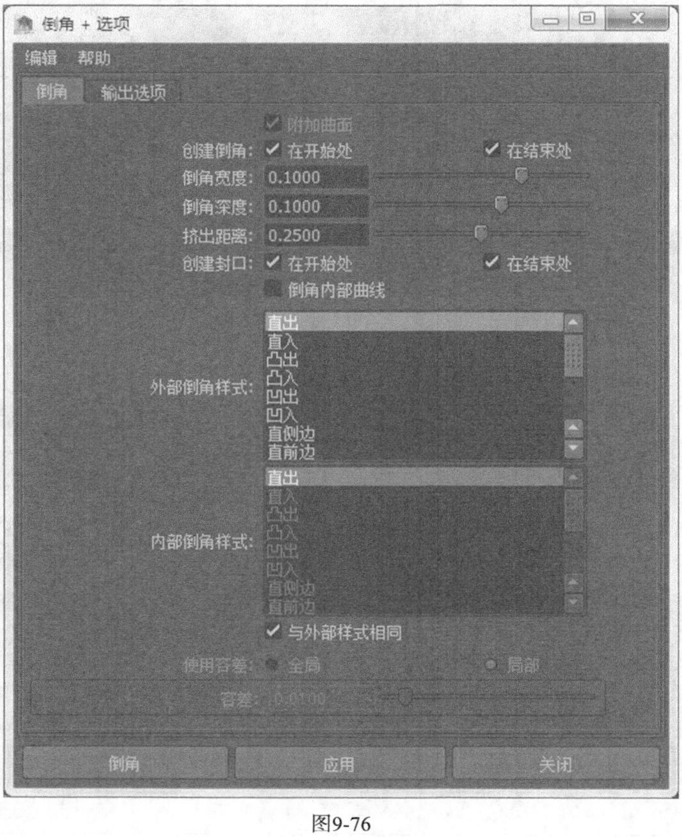

图9-76

【练习9-11】：用倒角+创建倒角模型

场景文件 学习资源>场景文件>CH09>j.mb

实例位置 学习资源>实例文件>CH09>练习9-11.mb

技术掌握 掌握倒角+命令的用法

本例使用“倒角+”命令制作的倒角模型效果如图9-77所示。

图9-77

01 打开学习资源中的“场景文件>CH09>j.mb”文件，如图9-78所示。

02 选择曲线，然后执行“曲面>倒角+”菜单命令，效果如图9-79所示。

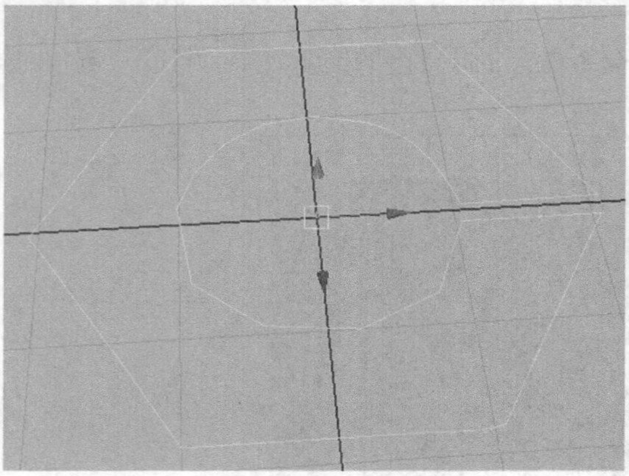

图9-78

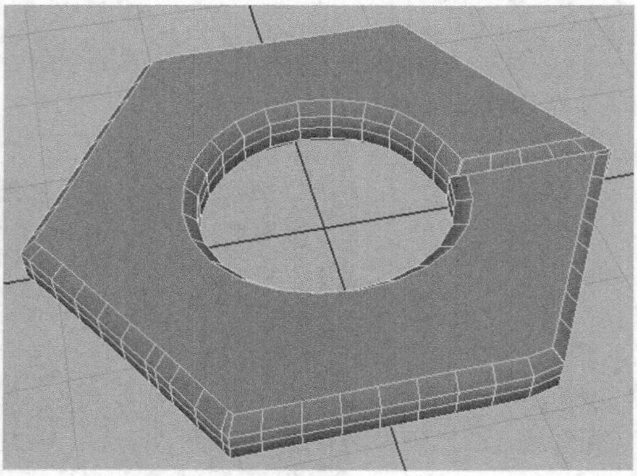

图9-79

技巧与提示

对曲线进行倒角后，可以在右侧的“通道盒”中修改倒角的类型，如图9-80所示，用户可以选择不同的倒角类型来生成想要的曲面，如图9-81所示是“直入”倒角效果。

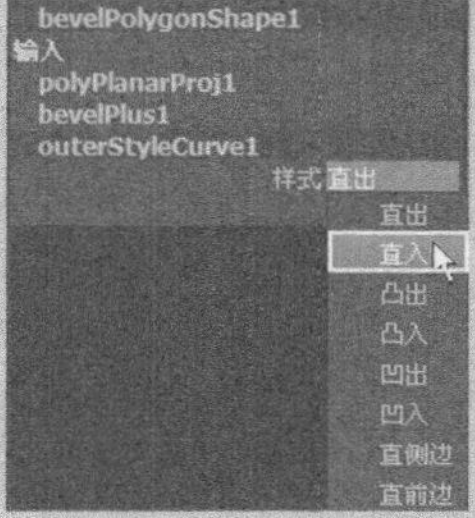

图9-80

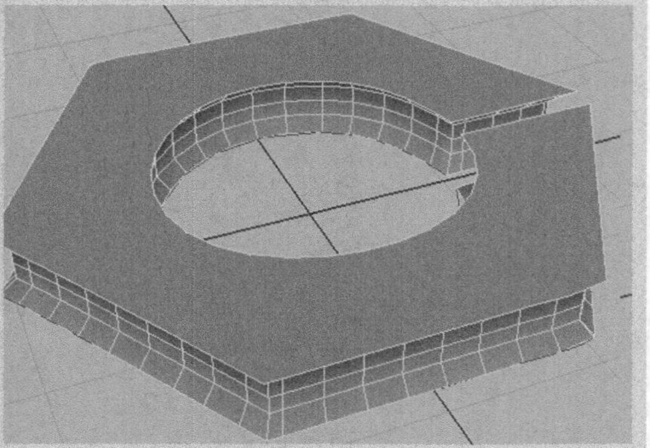

图9-81

9.3 编辑NURBS曲面

在“编辑NURBS”菜单下是一些编辑NURBS曲面的命令，如图9-82所示。

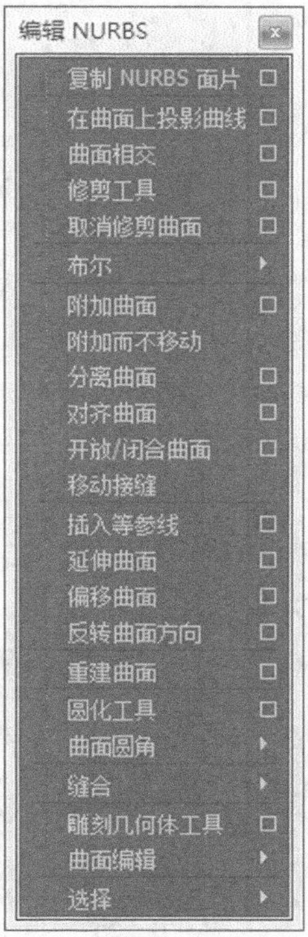

图9-82

9.3.1 复制NURBS面片

使用“复制NURBS面片”命令可以将NURBS物体上的曲面面片复制出来，并且会形成一个独立的物体。打开“复制NURBS面片选项”对话框，如图9-83所示。

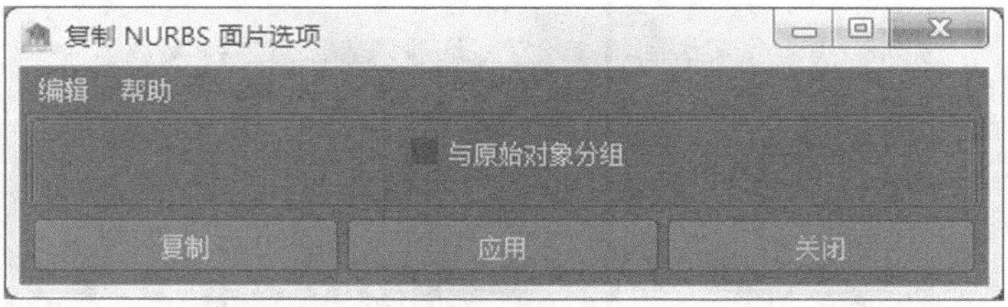

图9-83

复制NURBS面片选项介绍

❖ 与原始对象分组：勾选该选项时，复制出来的面片将作为原始物体的子物体。

【练习9-12】：复制NURBS面片

场景文件 学习资源>场景文件>CH09>k.mb
实例位置 学习资源>实例文件>CH09>练习9-12.mb
技术掌握 掌握复制NURBS面片命令的用法

本例使用“复制NURBS面片”命令复制的NURBS面片效果如图9-84所示。

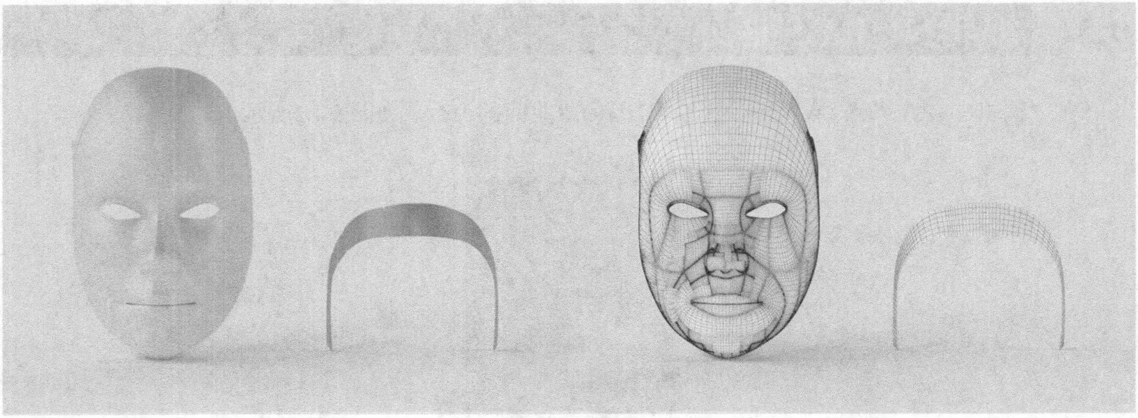

图9-84

01 打开学习资源中的“场景文件>CH09>k.mb”文件，如图9-85所示。

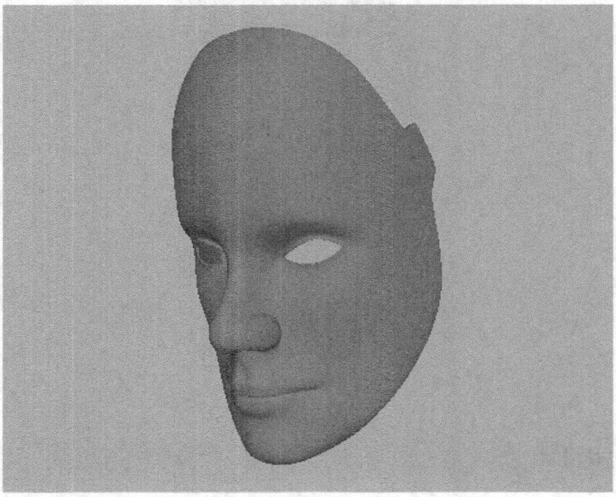

图9-85

02 在模型上单击鼠标右键，然后在弹出的菜单中选择“曲面面片”命令，进入面片编辑模式，如图9-86所示。

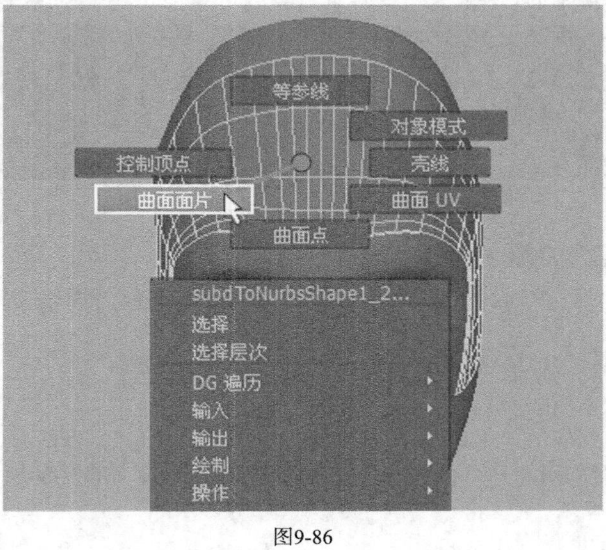

图9-86

03 框选如图9-87所示的面片，然后打开“复制NURBS面片选项”对话框，勾选“与原始对象分组”选项，接着单击“复制”按钮，如图9-88所示，最终效果如图9-89所示。

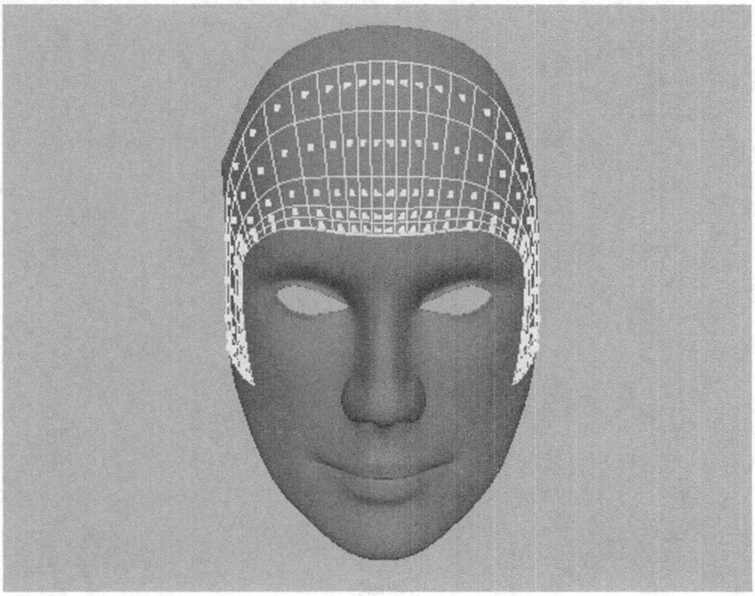

图9-87

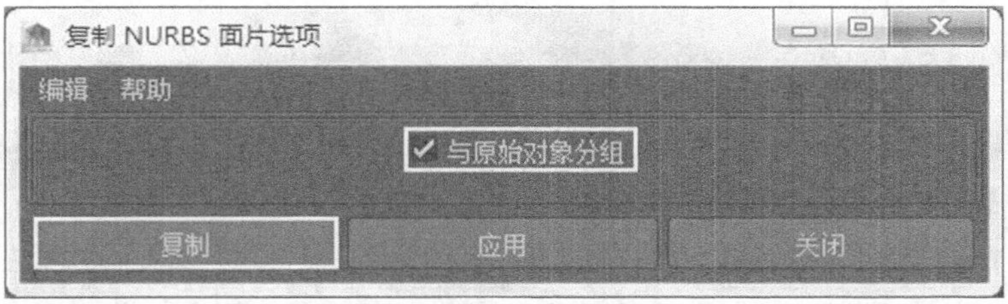

图9-88

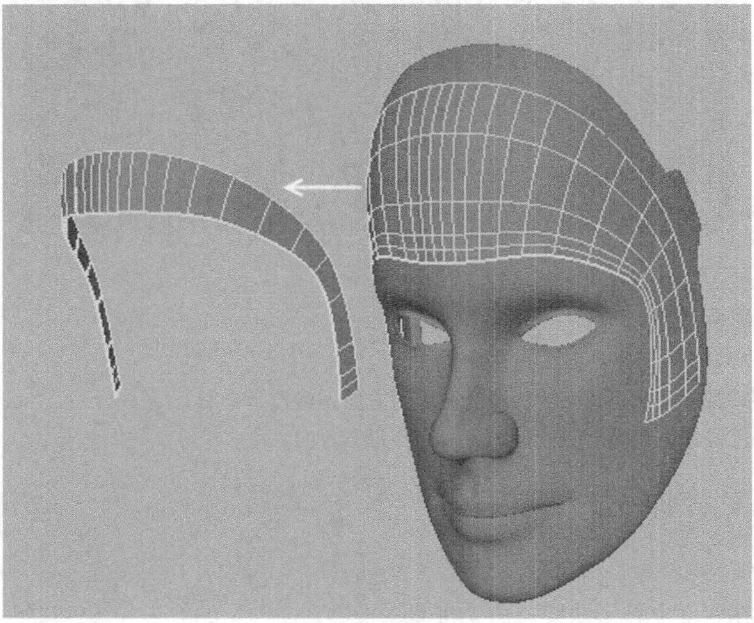

图9-89

技巧与提示

这时复制出来的曲面与原始曲面是群组关系，当移动复制出来的曲面时，原始曲面不会跟着移动，但是移动原始曲面时，复制出来的曲面也会跟着移动，如图9-90所示。

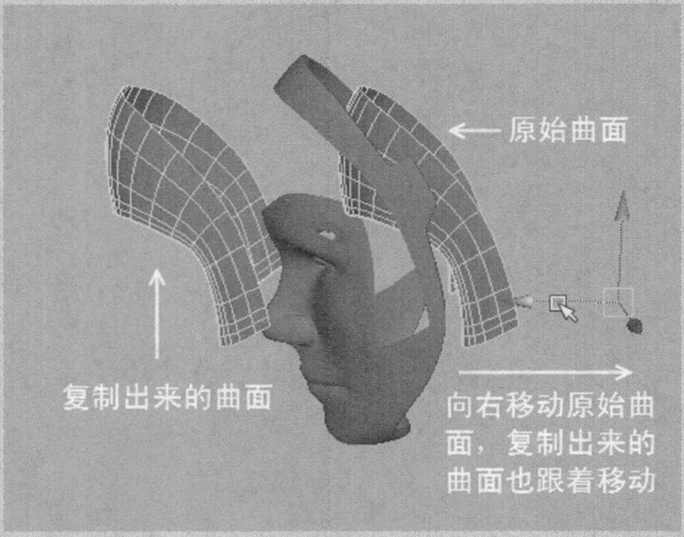

图9-90

9.3.2 在曲面上投影曲线

使用“在曲面上投影曲线”命令可以将曲线按照某种投射方法投影到曲面上，以形成曲面曲线。打开“在曲面上投影曲线选项”对话框，如图9-91所示。

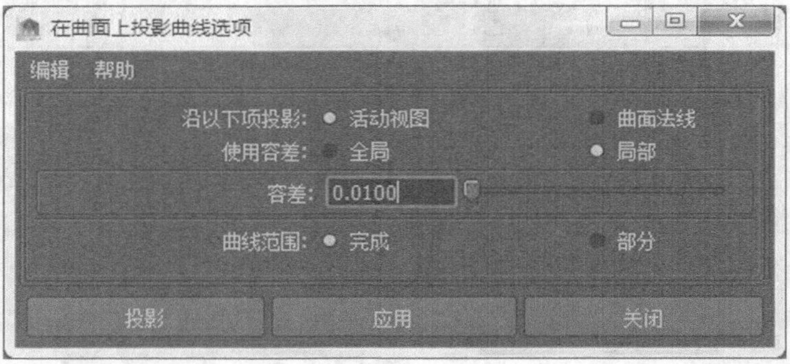

图9-91

在曲面上投影曲线选项介绍

❖ 沿以下项投影：用来选择投影的方式。

  ✧ 活动视图：用垂直于当前激活视图的方向作为投影方向。

  ✧ 曲面法线：用垂直于曲面的方向作为投影方向。

【练习9-13】：将曲线投影到曲面上

场景文件	学习资源>场景文件>CH09>1.mb
实例位置	学习资源>实例文件>CH09>练习9-13.mb
技术掌握	掌握在曲面上投影曲线命令的用法

本例使用“在曲面上投影曲线”命令将曲线投影到曲面上的效果如图9-92所示。

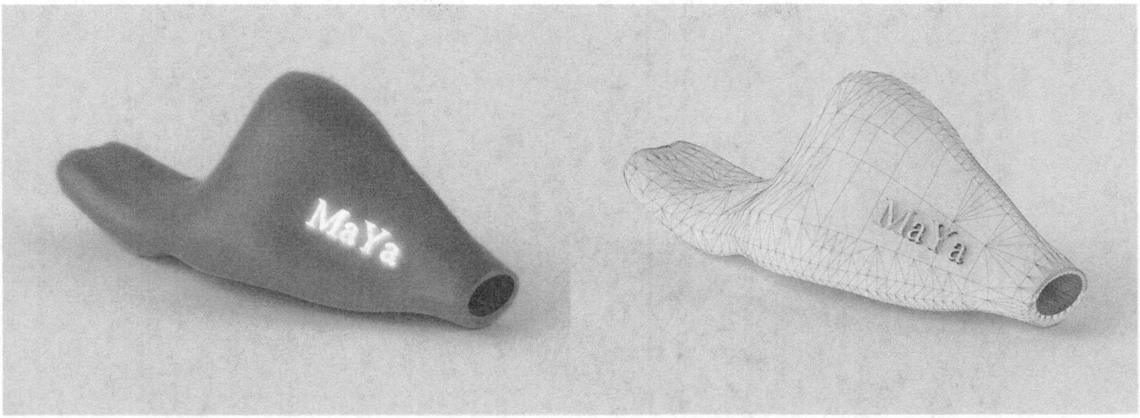

图9-92

01 打开学习资源中的“场景文件>CH09>l.mb”文件，如图9-93所示。

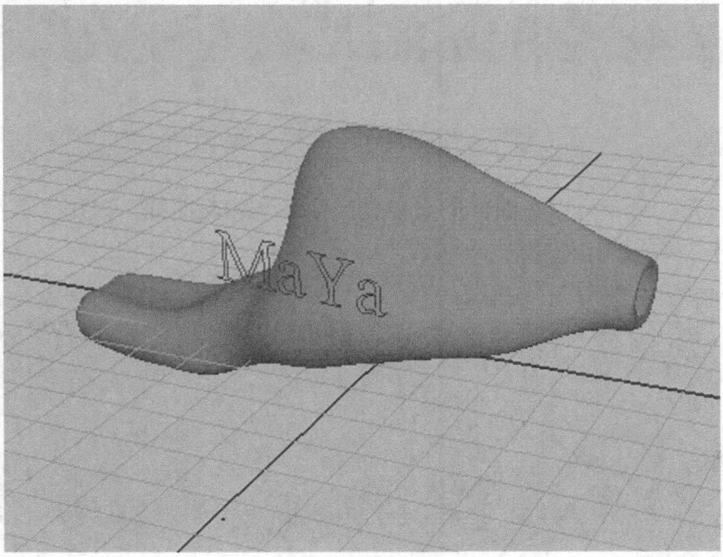

图9-93

02 选择文字和模型，然后打开“在曲面上投影曲线选项”对话框，接着设置“沿以下项投影”为“曲面法线”，最后单击“投影”按钮，如图9-94所示，最终效果如图9-95所示。

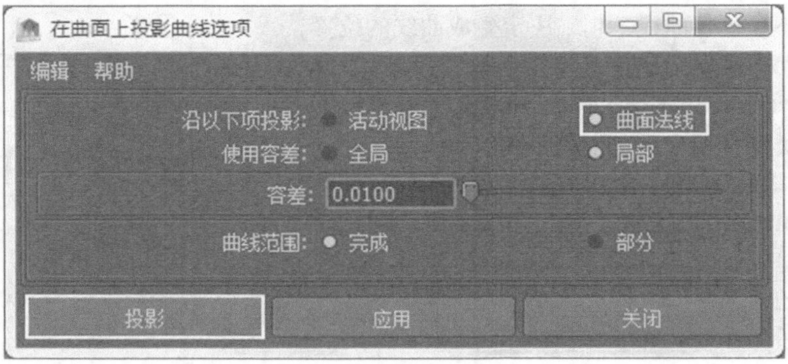

图9-94

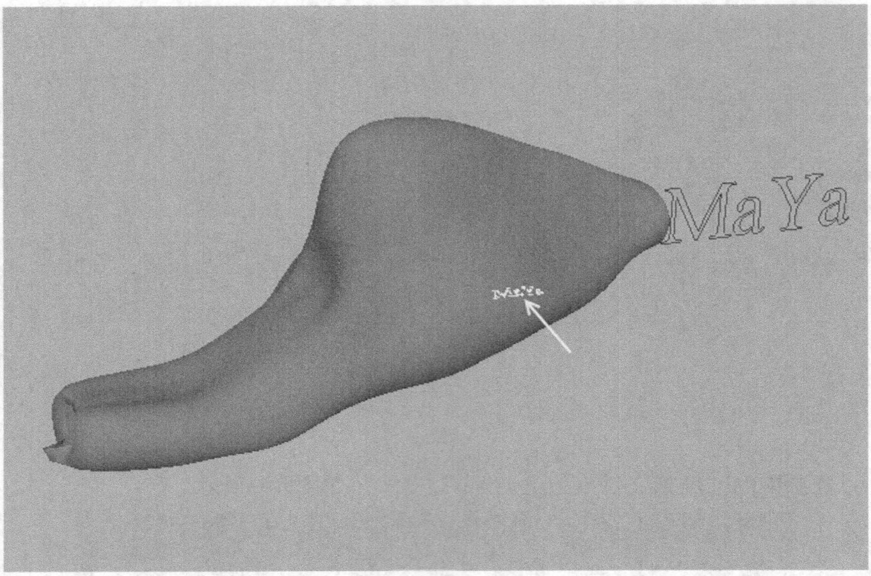

图9-95

9.3.3 曲面相交

使用“曲面相交”命令可以在曲面的交界处产生一条相交曲线，以用于后面的剪切操作。打开“曲面相交选项”对话框，如图9-96所示。

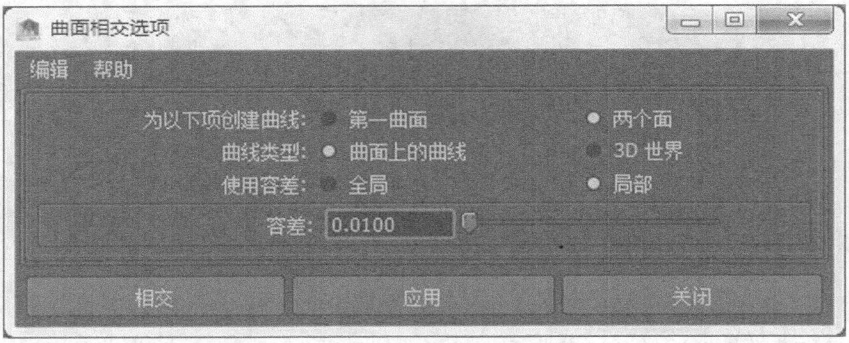

图9-96

曲面相交选项介绍

❖ 为以下项创建曲线：用来决定生成曲线的位置。
  ✧ 第一曲面：在第一个选择的曲面上生成相交曲线。
  ✧ 两个面：在两个曲面上生成相交曲线。
❖ 曲线类型：用来决定生成曲线的类型。
  ✧ 曲面上的曲线：生成的曲线为曲面曲线。
  ✧ 3D世界：勾选该选项后，生成的曲线是独立的曲线。

【练习9-14】：用曲面相交在曲面的相交处生成曲线

场景文件　学习资源>场景文件>CH09>m.mb
实例位置　学习资源>实例文件>CH09>练习9-14.mb
技术掌握　掌握曲面相交命令的用法

本例将使用如图9-97所示的模型来讲解“曲面相交”命令的用法。

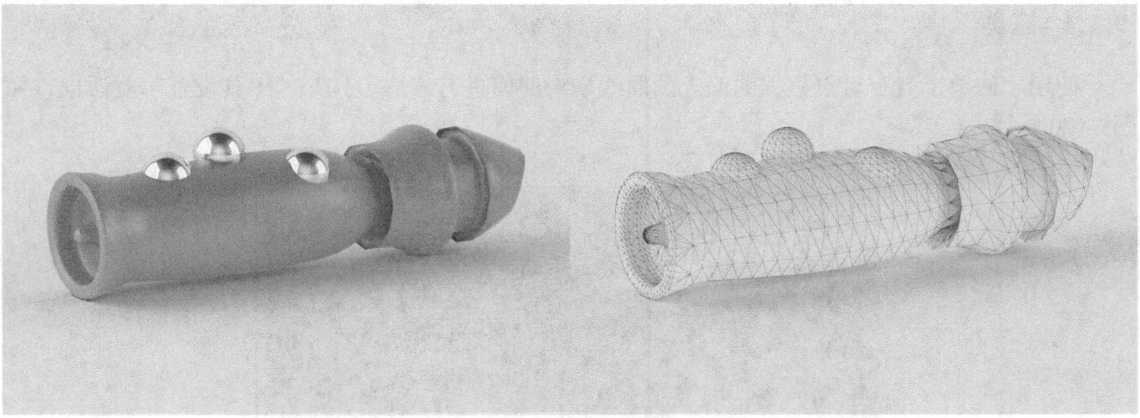

图9-97

01 打开学习资源中的“场景文件>CH09>m.mb”文件，如图9-98所示。

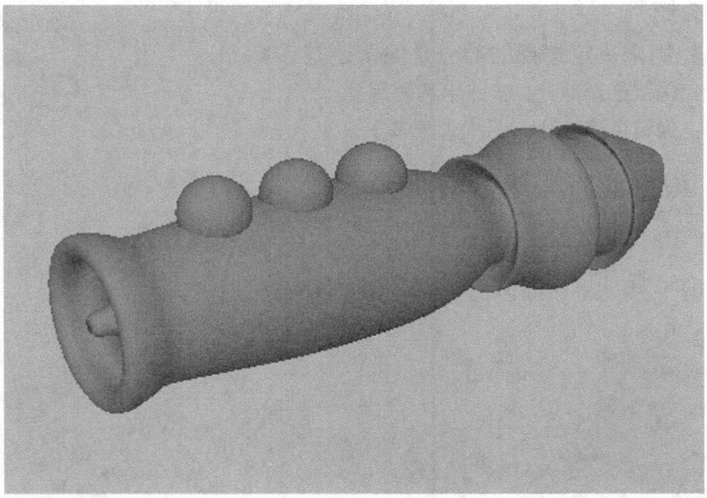

图9-98

02 选择一个球体和与之相交的模型，然后执行“曲面相交”命令，此时可以发现在两个模型的相交处产生了一条相交曲线，如图9-99所示。

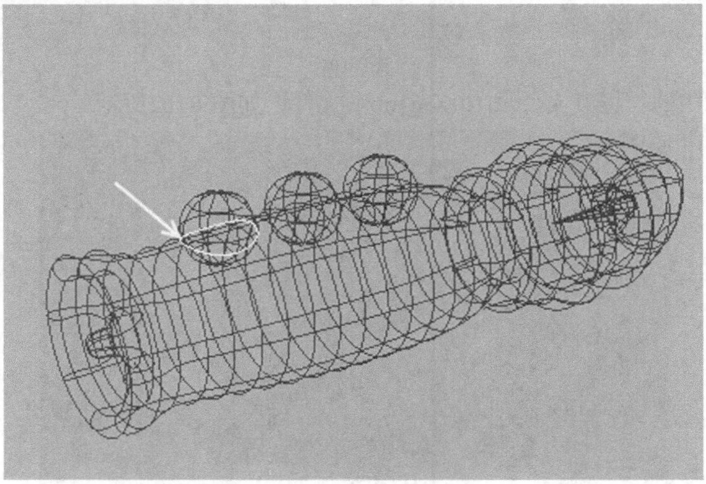

图9-99

9.3.4 修剪工具

使用“修剪工具”可以根据曲面上的曲线来对曲面进行修剪。打开“工具设置”对话框，如图9-100所示。

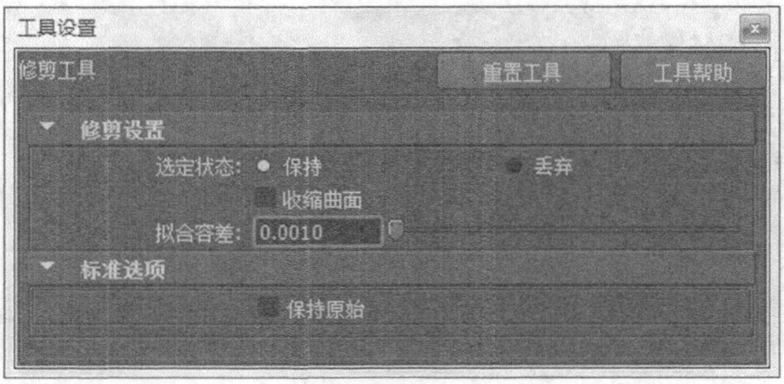

图9-100

修剪工具参数介绍

❖ 选定状态：用来决定选择的部分是保留还是丢弃。

- ✧ 保持：保留选择部分，去除未选择部分。
- ✧ 丢弃：保留去掉部分，去掉选择部分。

【练习9-15】：根据曲面曲线修剪曲面

场景文件　学习资源>场景文件>CH09>n.mb
实例位置　学习资源>实例文件>CH09>练习9-15.mb
技术掌握　掌握修剪工具的用法

本例使用“修剪工具”将曲面修剪后的效果如图9-101所示。

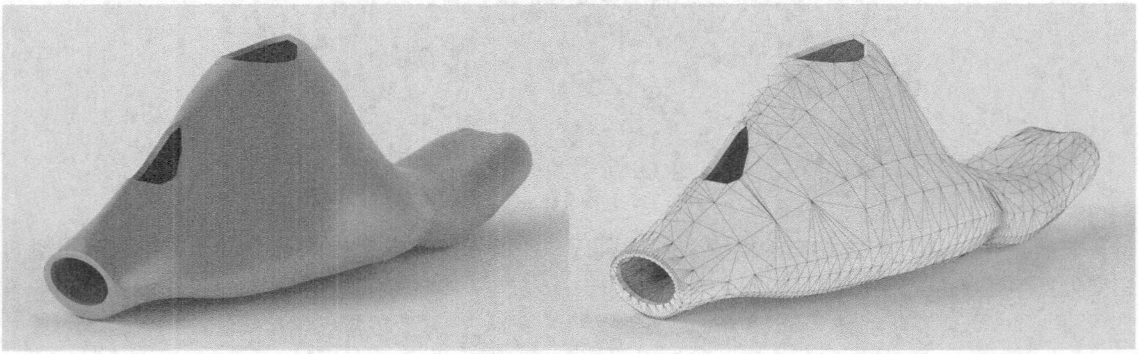

图9-101

01 打开学习资源中的“场景文件>CH09>n.mb”文件，如图9-102所示。

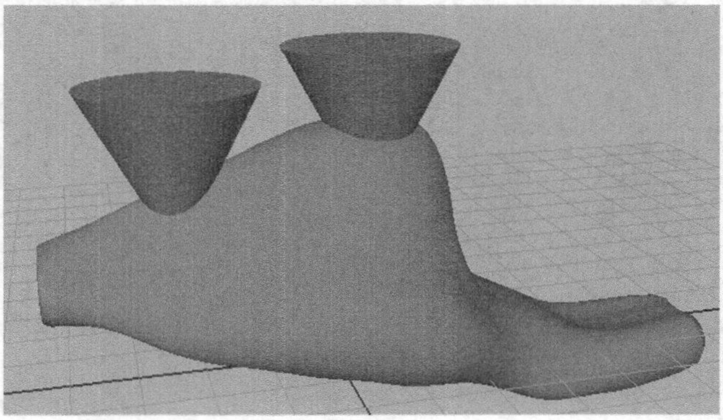

图9-102

02 选择其中一个圆锥体和下面的模型，然后执行“编辑NURBS>曲面相交”菜单命令，在相交处创建一条相交曲线，接着在另外一个圆锥体和模型之间创建一条相交曲线，如图9-103所示。

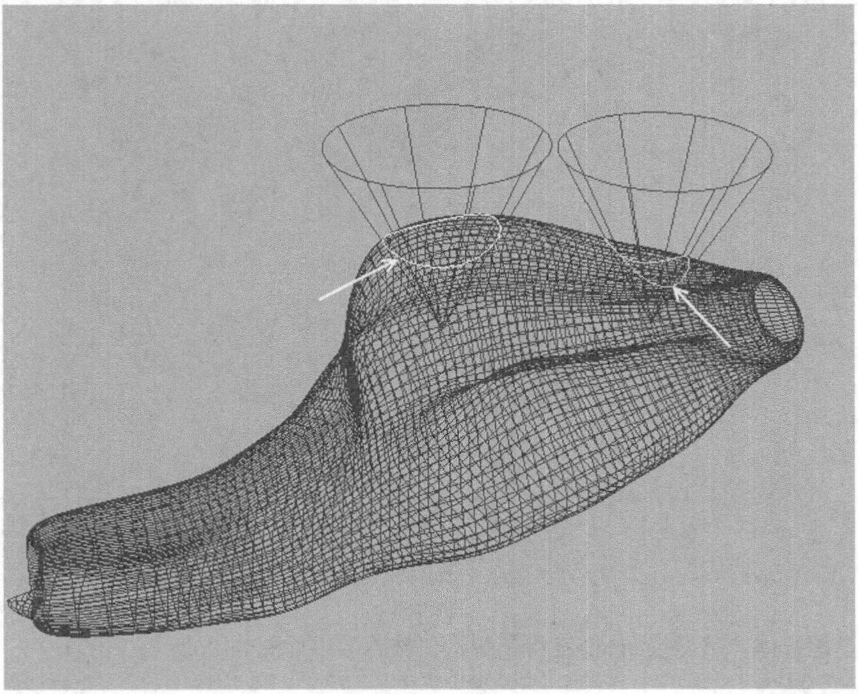

图9-103

03 先选择下面的模型，然后选择“修剪工具”，接着单击下面需要保留的模型，如图9-104所示，最后按Enter键确认修剪操作，效果如图9-105所示。

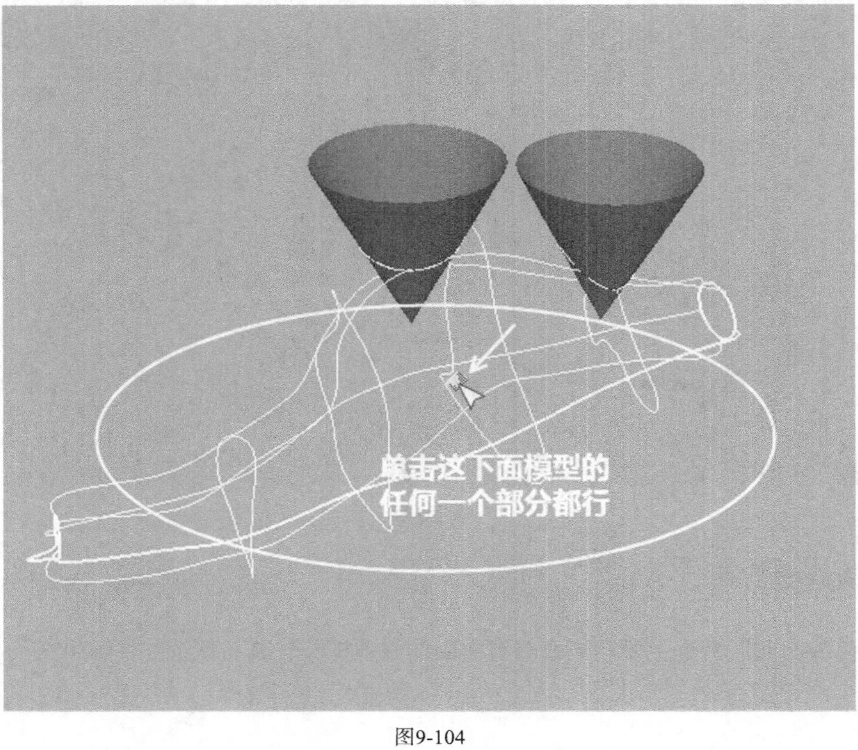

图9-104

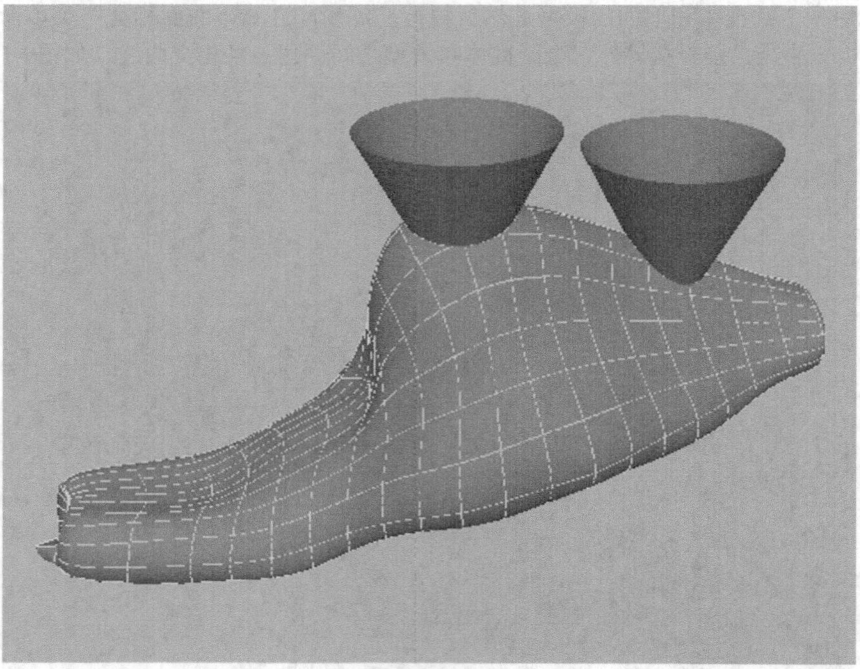

图9-105

04 选择两个圆锥体，然后按Delete键将其删除，修剪效果如图9-106所示。

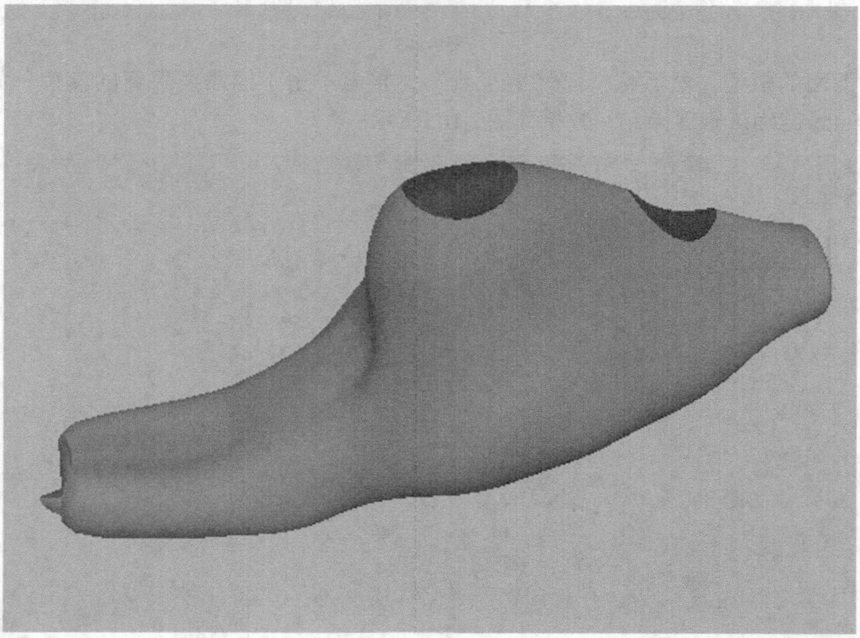

图9-106

9.3.5 取消修剪曲面

“取消修剪曲面”命令主要用来取消对曲面的修剪操作，其对话框如图9-107所示。

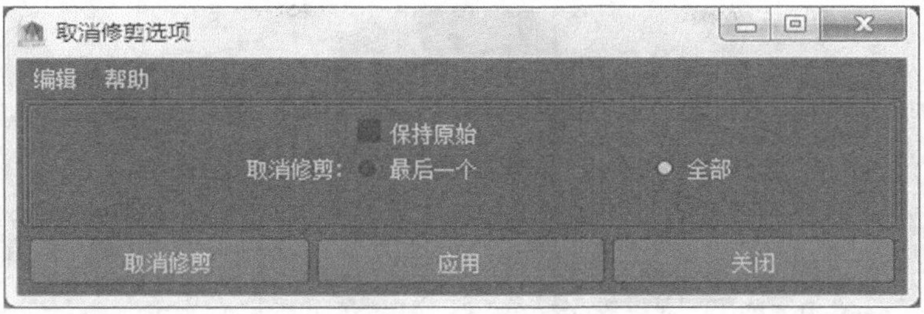

图9-107

9.3.6 布尔

“布尔”命令可以对两个相交的NURBS对象进行并集、差集、交集计算，确切地说也是一种修剪操作。“布尔”命令包含3个子命令，分别是“并集工具”“差集工具”和“交集工具”，如图9-108所示。

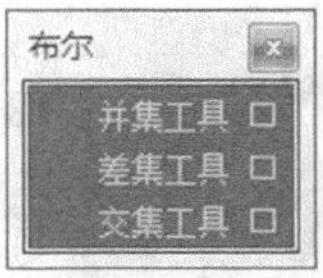

图9-108

下面以“并集工具”为例来讲解“布尔”命令的使用方法。打开“NURBS布尔并集选项”对话框，如图9-109所示。

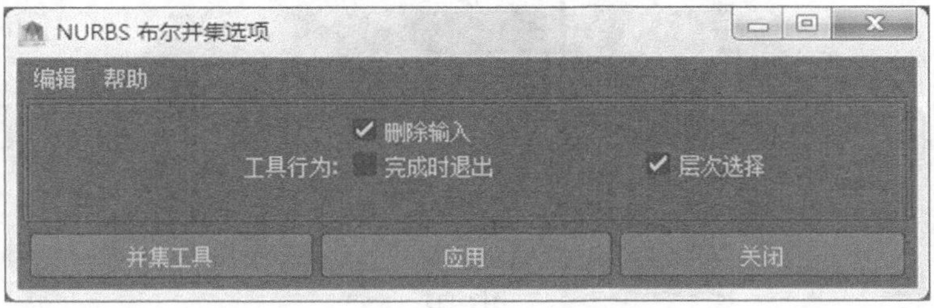

图9-109

NURBS布尔并集选项介绍

- ❖ 删除输入：勾选该选项后，在关闭历史记录的情况下，可以删除布尔运算的输入参数。
- ❖ 工具行为：用来选择布尔工具的特性。
  - ✧ 完成时退出：如果关闭该选项，在布尔运算操作完成后，会继续使用布尔工具，这样可以不必继续在菜单中选择布尔工具就可以进行下一次的布尔运算。
  - ✧ 层次选择：勾选该选项后，选择物体进行布尔运算时，会选中物体所在层级的根节点。如果需要对群组中的对象或者子物体进行布尔运算，需要关闭该选项。

技巧与提示

布尔运算的操作方法比较简单。首先选择相关的运算工具，然后选择一个或多个曲面作为布尔运算的第1组曲面，接着按Enter键，再选择另外一个或多个曲面作为布尔运算的第2组曲面，就可以进行布尔运算了。

布尔运算有3种运算方式：“并集工具”可以去除两个NURBS物体的相交部分，保留未相交的部分；“差集工具”用来消去对象上与其他对象的相交部分，同时其他对象也会被去除；使用“交集工具”命令后，可以保留两个NURBS物体的相交部分，但是会去除其余部分。

【练习9-16】：布尔运算

场景文件	学习资源>场景文件>CH09>o.mb
实例位置	学习资源>实例文件>CH09>练习9-16.mb
技术掌握	掌握布尔命令的用法

本例使用“布尔”命令创建的并集、差集和交集效果如图9-110所示。

图9-110

01 打开学习资源中的“场景文件>CH09>o.mb”文件，如图9-111所示。

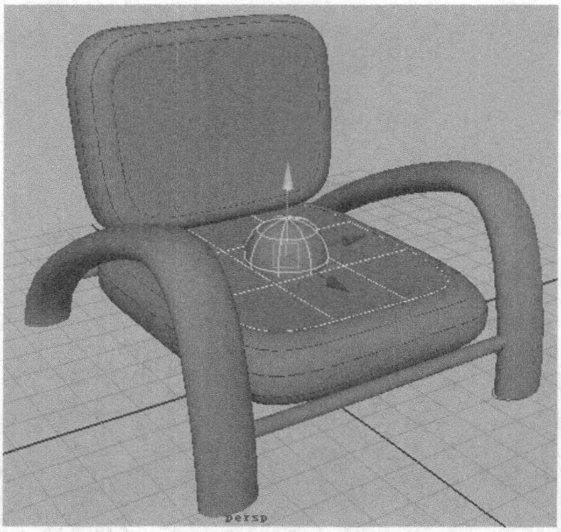

图9-111

02 选择“并集工具”，然后单击椅面，接着按Enter键，再单击球体，这样球体与椅面的相交部分就被去掉了，而保留了未相交部分，如图9-112所示。

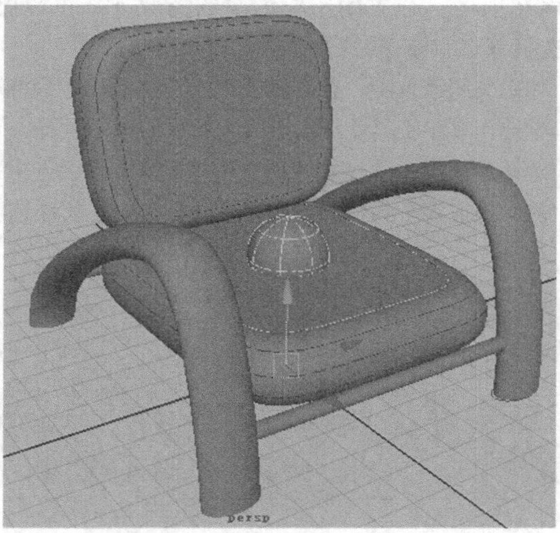

图9-112

技巧与提示

从图9-112中还观察不到并集效果，这时可以旋转视图，观察椅面的底部，可以发现球体的下半部分已经被去掉了，如图9-113所示。

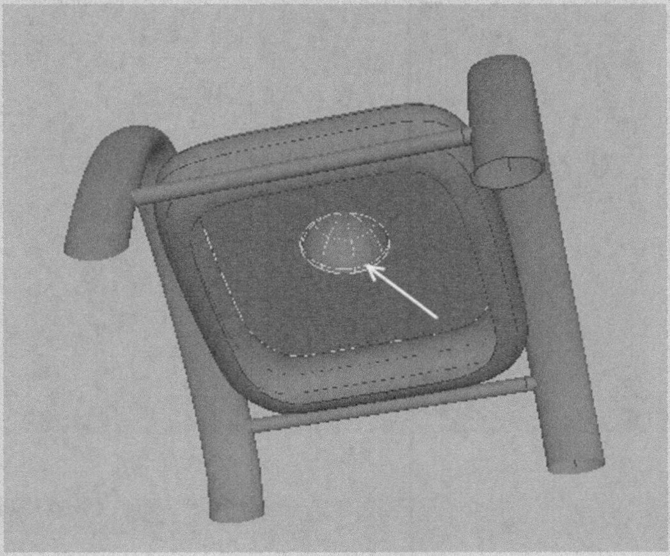

图9-113

03 按快捷键Ctrl+Z返回到布尔运算前的模型效果。选择“差集工具”，然后单击椅面，接着按Enter键，再单击球体，这样球体与椅面的相交部分会保留，而未相交的部分会被去掉，如图9-114所示。

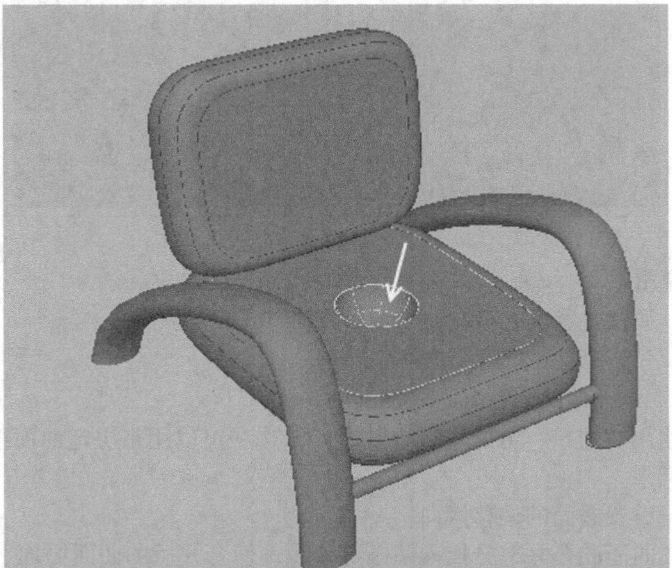

图9-114

04 按快捷键Ctrl+Z返回到布尔运算前的模型效果。选择“交集工具”，然后单击椅面，接着按Enter键，再单击球体，这样就只保留相交部分，如图9-115所示。

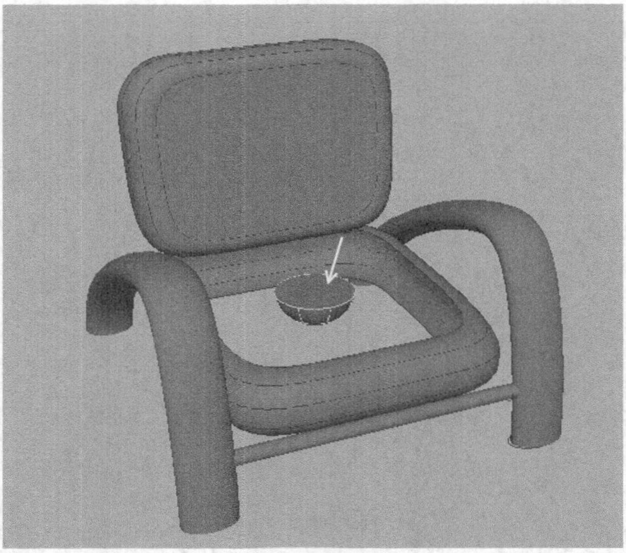

图9-115

9.3.7 附加曲面

使用“附加曲面”命令可以将两个曲面附加在一起形成一个曲面，也可以选择曲面上的等参线，然后在两个曲面上指定的位置进行合并。打开“附加曲面选项”对话框，如图9-116所示。

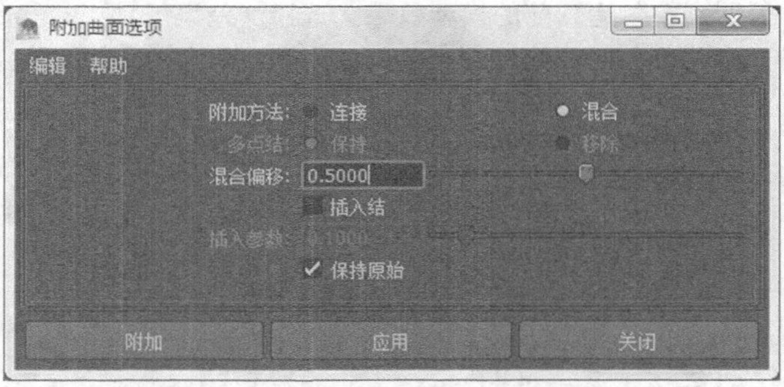

图9-116

附加曲面选项介绍

❖ 附加方法：用来选择曲面的附加方式。
  ✧ 连接：不改变原始曲面的形态进行合并。
  ✧ 混合：让两个曲面以平滑的方式进行合并。
❖ 多点结：使用“连接”方式进行合并时，该选项可以用来决定曲面结合处的复合结构点是否保留下来。
❖ 混合偏移：设置曲面的偏移倾向。
❖ 插入结：在曲面的合并部分插入两条等参线，使合并后的曲面更加平滑。
❖ 插入参数：用来控制等参线的插入位置。

【练习9-17】：用附加曲面合并曲面

场景文件 学习资源>场景文件>CH09>p.mb
实例位置 学习资源>实例文件>CH09>练习9-17.mb
技术掌握 掌握附加曲面命令的用法

本例主要是针对“附加曲面”命令的用法进行练习，如图9-117所示是实例效果。

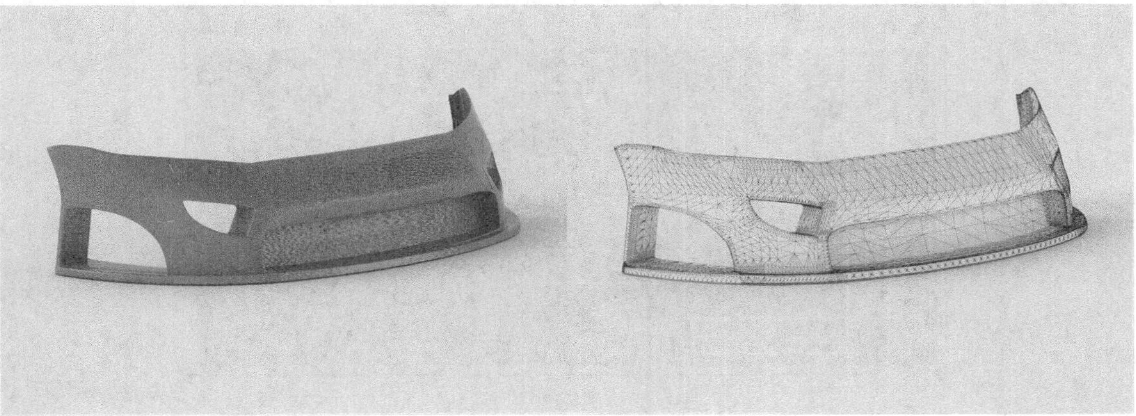

图9-117

01 打开学习资源中的“场景文件>CH09>p.mb”文件，如图9-118所示。

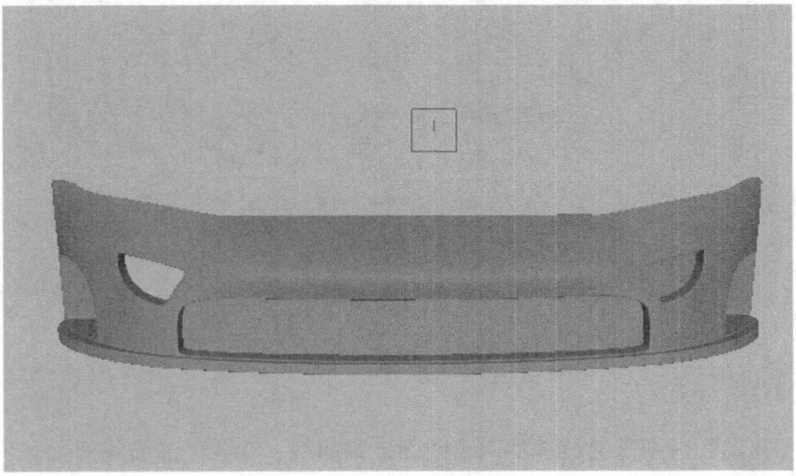

图9-118

02 选择如图9-119所示的两个曲面，然后打开“附加曲面选项”对话框，接着关闭“保持原始”选项，最后单击“附加”按钮，如图9-120所示，最终效果如图9-121所示。

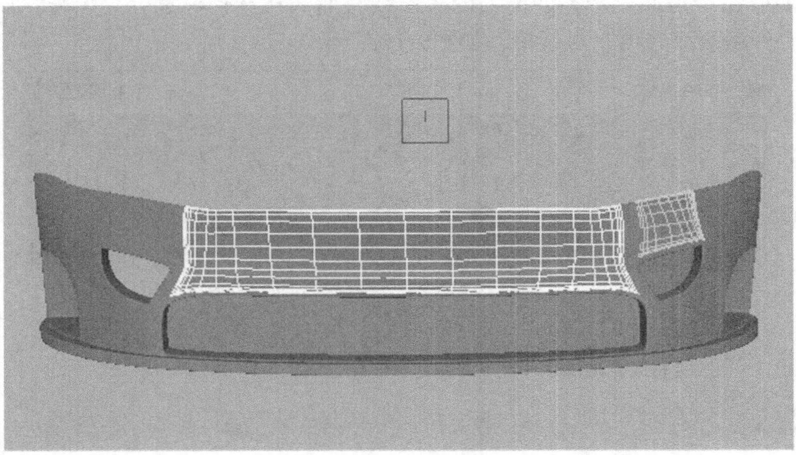

图9-119

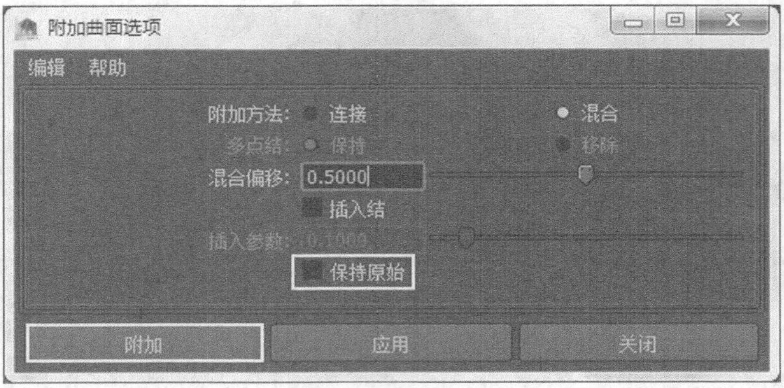

图9-120

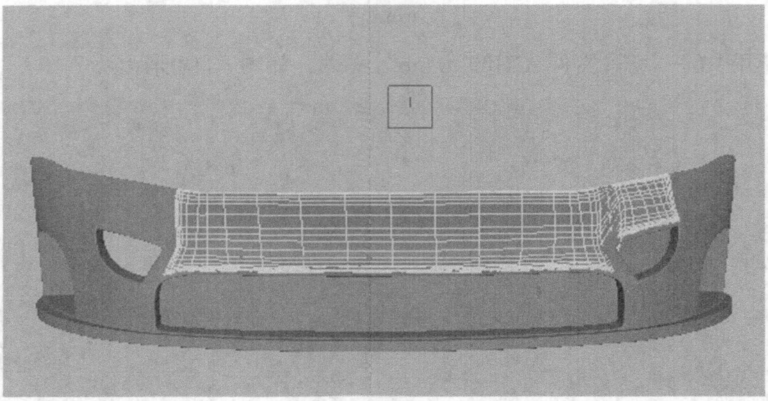

图9-121

9.3.8 附加而不移动

"附加而不移动"命令是通过选择两个曲面上的曲线，在两个曲面间产生一个混合曲面，并且不对原始物体进行移动变形操作。

9.3.9 分离曲面

"分离曲面"命令是通过选择曲面上的等参线将曲面从选择位置分离出来，以形成两个独立的曲面。打开"分离曲面选项"对话框，如图9-122所示。

图9-122

【练习9-18】：将曲面分离出来

场景文件　学习资源>场景文件>CH09>q.mb
实例位置　学习资源>实例文件>CH09>练习9-18.mb
技术掌握　掌握分离曲面命令的用法

本例主要是针对"分离曲面"命令进行练习，如图9-123所示是用来练习的模型。

图9-123

01 打开学习资源中的“场景文件>CH09>q.mb”文件，如图9-124所示。

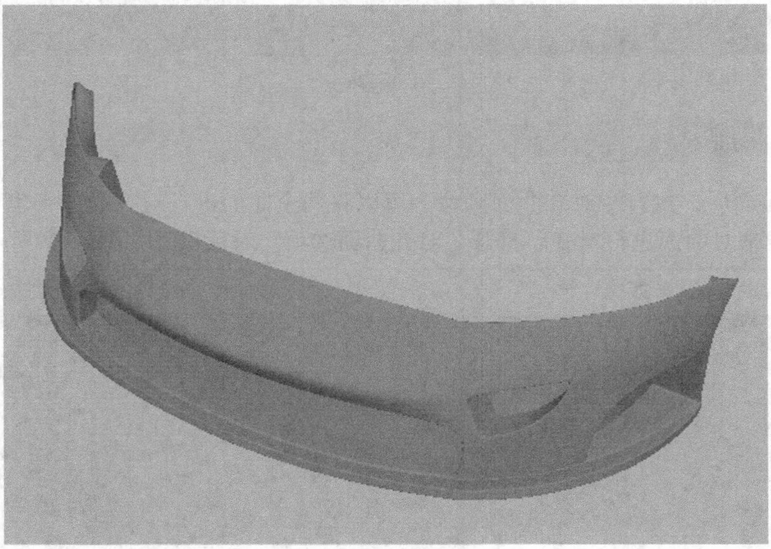

图9-124

02 进入等参线编辑模式，然后选择如图9-125所示的一条等参线。

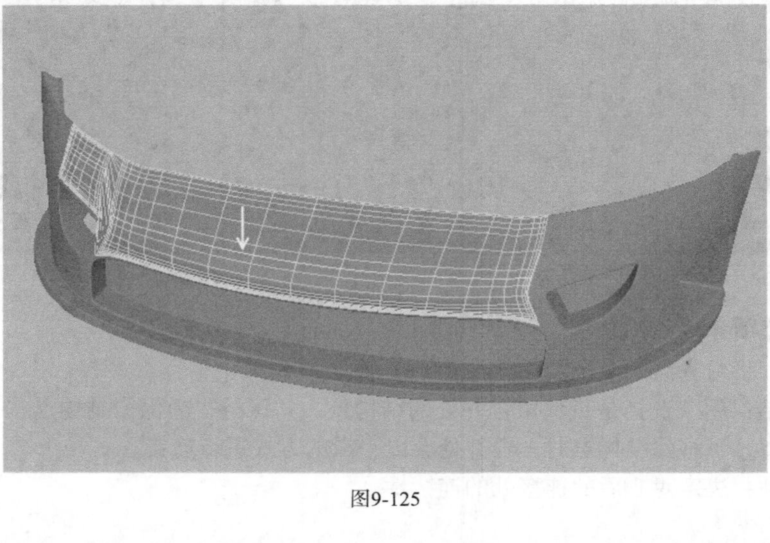

图9-125

03 保存对等参线的选择，执行“编辑NURBS>分离曲面”菜单命令，最终效果如图9-126所示。

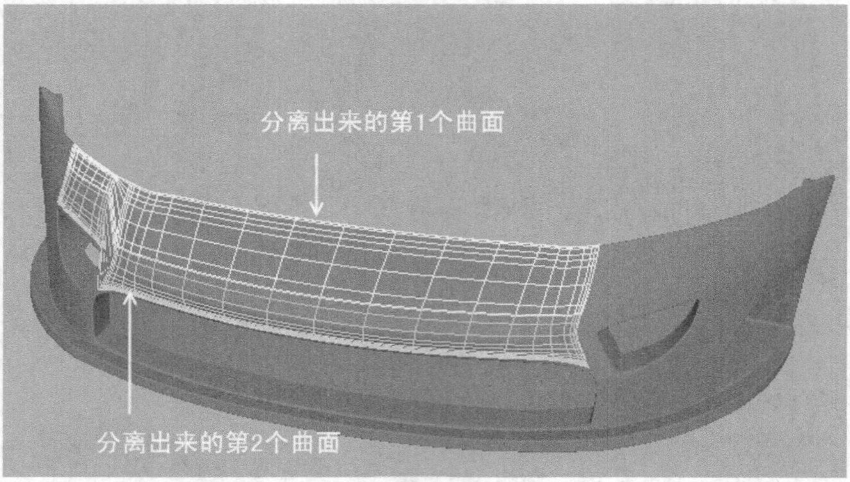

图9-126

9.3.10 对齐曲面

选择两个曲面后，执行“对齐曲面”命令可以将两个曲面进行对齐操作，也可以通过选择曲面边界的等参线来对曲面进行对齐。打开“对齐曲面选项”对话框，如图9-127所示。

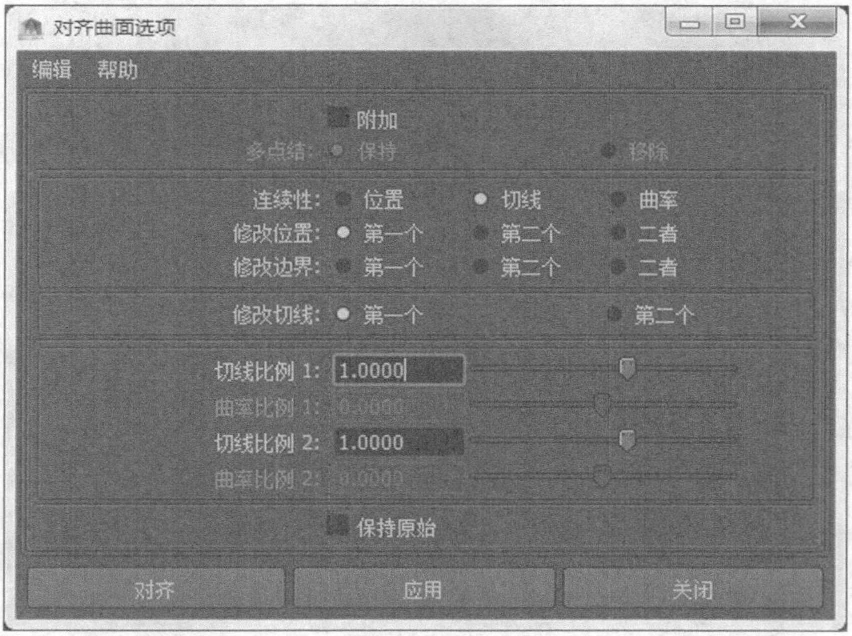

图9-127

对齐曲面选项介绍

- ❖ 附加：将对齐后的两个曲面合并为一个曲面。
- ❖ 多点结：用来选择是否保留合并处的结构点。“保持”为保留结构点；“移除”为移除结构点，当移除结构点时，合并处会以平滑的方式进行连接。
- ❖ 连续性：决定对齐后的连接处的连续性。

✧ 位置：让两个曲面直接对齐，而不保持对接处的连续性。
✧ 切线：将两个曲面对齐后，保持对接处的切线方向一致。
✧ 曲率：将两个曲面对齐后，保持对接处的曲率一致。

❖ 修改位置：用来决定移动哪个曲面来完成对齐操作。
✧ 第一个：使用第一个选择的曲面来完成对齐操作。
✧ 第二个：使用第二个选择的曲面来完成对齐操作。
✧ 二者：将两个曲面同时向均匀的位置上移动来完成对齐操作。

❖ 修改边界：以改变曲面外形的方式来完成对齐操作。
✧ 第一个：改变第一个选择的曲面来完成对齐操作。
✧ 第二个：改变第二个选择的曲面来完成对齐操作。
✧ 二者：将两个曲面同时向均匀的位置上改变并进行变形来完成对齐操作。

❖ 修改切线：设置对齐后的哪个曲面发生切线变化。
✧ 第一个：改变第一个选择曲面的切线方向。
✧ 第二个：改变第二个选择曲面的切线方向。

❖ 切线比例1：用来缩放第一次选择曲面的切线方向的变化大小。
❖ 切线比例2：用来缩放第二次选择曲面的切线方向的变化大小。
❖ 曲率比例1：用来缩放第一次选择曲面的曲率大小。
❖ 曲率比例2：用来缩放第二次选择曲面的曲率大小。
❖ 保持原始：勾选该选项后，会保留原始的两个曲面。

9.3.11 开放/闭合曲面

使用“开放/闭合曲面”命令可以将曲面在U或V向进行打开或封闭操作，开放的曲面执行该命令后会封闭起来，而封闭的曲面执行该命令后会变成开放的曲面。打开“开放/闭合曲面选项”对话框，如图9-128所示。

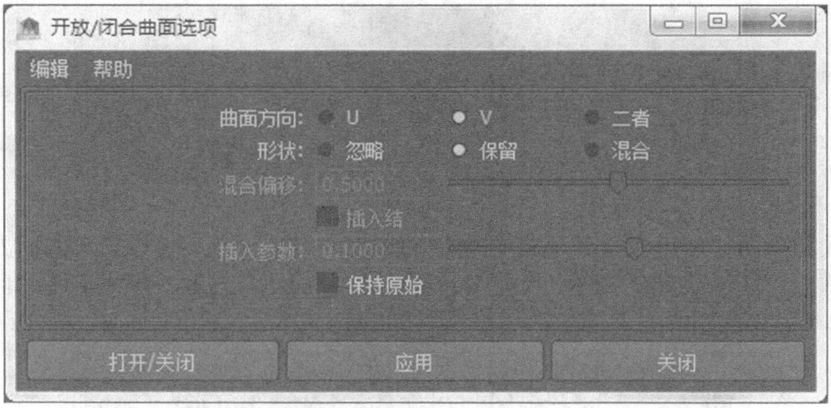

图9-128

开放/闭合曲面选项介绍

❖ 曲面方向：用来设置曲面打开或封闭的方向，有U、V和“二者”3个方向可以选择。
❖ 形状：用来设置执行“开放/闭合曲面”命令后曲面的形状变化。
✧ 忽略：不考虑曲面形状的变化，直接在起始点处打开或封闭曲面。
✧ 保留：尽量保护开口处两侧曲面的形态不发生变化。
✧ 混合：尽量使封闭处的曲面保持光滑的连接效果，同时会产生大幅度的变形。

【练习9-19】：将开放的曲面闭合起来

场景文件 学习资源>场景文件>CH09>r.mb
实例位置 学习资源>实例文件>CH09>练习9-19.mb
技术掌握 掌握开放/闭合曲面命令的用法

本例使用“开放/闭合曲面”命令将开放的曲面封闭起来后的效果如图9-129所示。

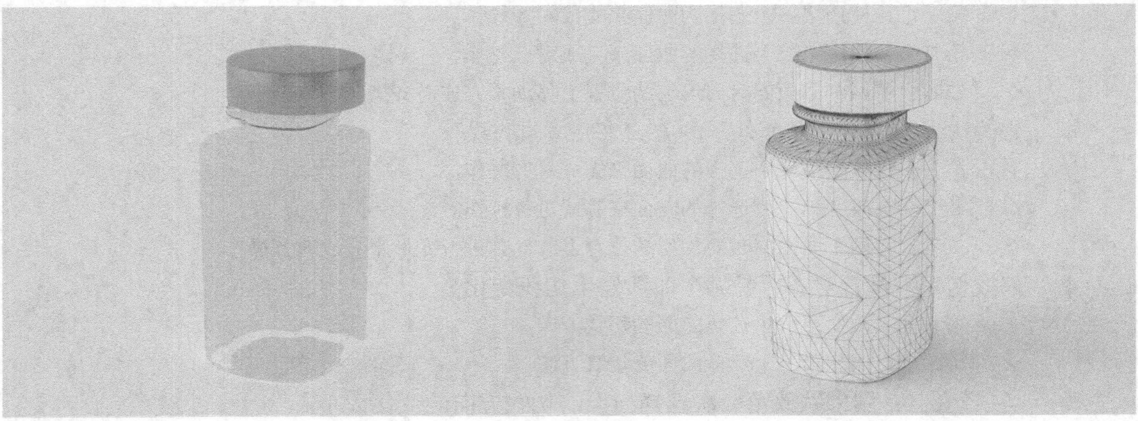

图9-129

01 打开学习资源中的“场景文件>CH09>r.mb”文件，如图9-130所示。

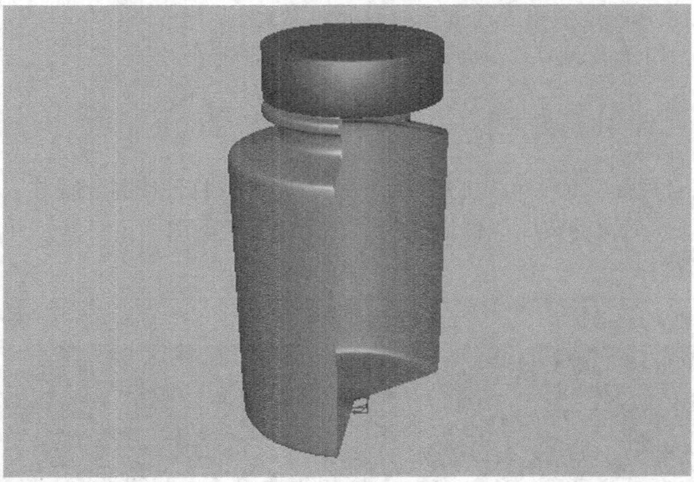

图9-130

02 选择开放的曲面，然后打开“开放/闭合曲面选项”对话框，接着设置“曲面方向”为“二者”，最后单击“打开/关闭”按钮，如图9-131所示，这时可以观察到原来断开的曲面已经封闭在一起了，最终效果如图9-132所示。

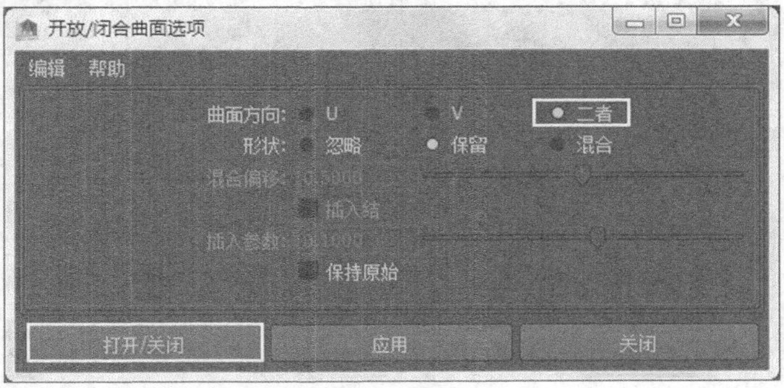

图9-131

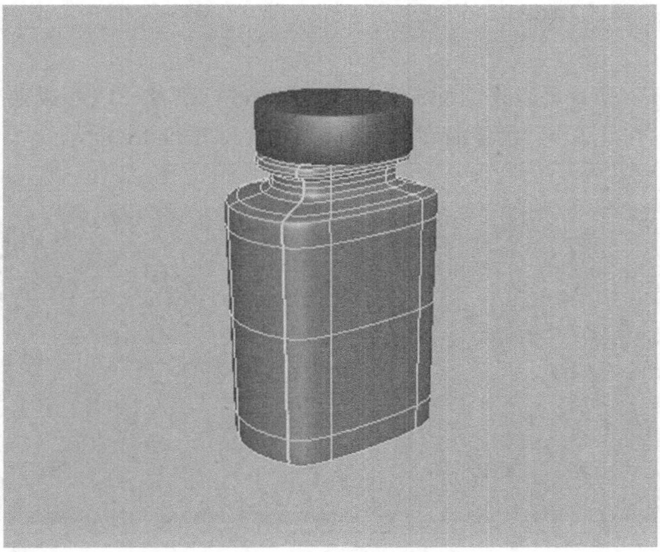

图9-132

9.3.12 移动接缝

使用“移动接缝”命令可以将曲面的接缝位置进行移动操作，在放样生成曲面时经常会用到该命令。

9.3.13 插入等参线

使用“插入等参线”命令可以在曲面的指定位置插入等参线，而不改变曲面的形状，当然也可以在选择的等参线之间添加一定数目的等参线。打开“插入等参线选项”对话框，如图9-133所示。

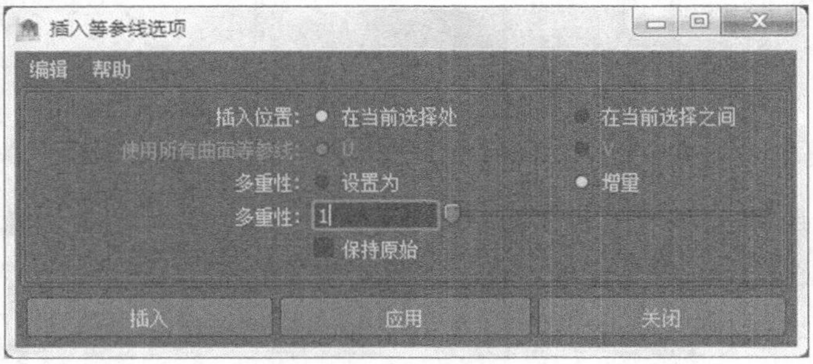

图9-133

插入等参线选项介绍

❖ 插入位置：用来选择插入等参线的位置。
  ✧ 在当前选择处：在选择的位置插入等参线。
  ✧ 在当前选择之间：在选择的两条等参线之间插入一定数目的等参线。开启该选项，下面会出现一个“要插入的等参线数”选项，该选项主要用来设置插入等参线的数目，如图9-134所示。

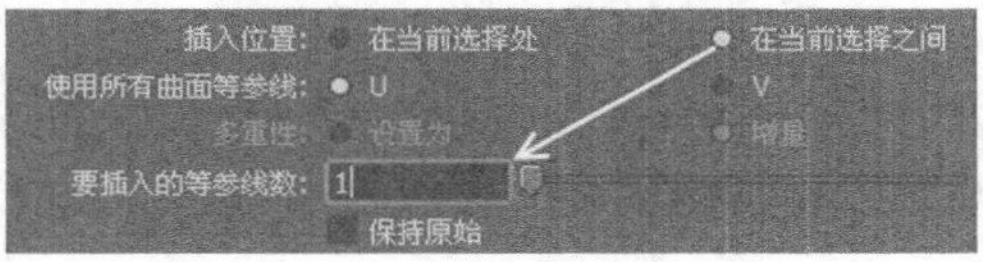

图9-134

9.3.14 延伸曲面

使用“延伸曲面”命令可以将曲面沿着U或V方向进行延伸，以形成独立的部分，同时也可以和原始曲面融为一体。打开“延伸曲面选项”对话框，如图9-135所示。

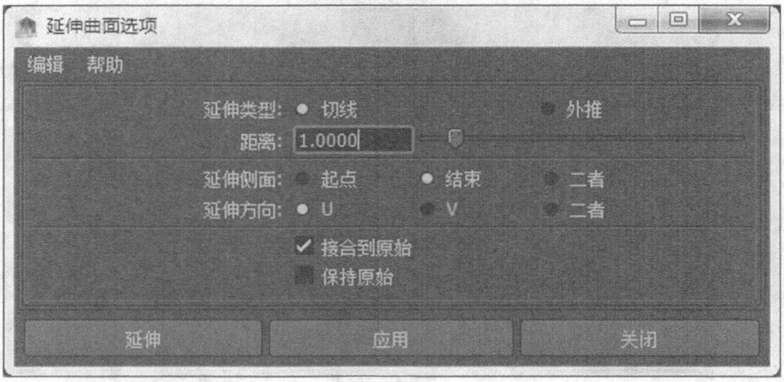

图9-135

延伸曲面选项介绍

❖ 延伸类型：用来设置延伸曲面的方式。
  - ✧ 切线：在延伸的部分生成新的等参线。
  - ✧ 外推：直接将曲面进行拉伸操作，而不添加等参线。

❖ 距离：用来设置延伸的距离。

❖ 延伸侧面：用来设置侧面的哪条边被延伸。“起点”为挤出起始边；“结束”为挤出结束边；“二者”为同时挤出两条边。

❖ 延伸方向：用来设置在哪个方向上进行挤出，有U、V和“二者”3个方向可以选择。

【练习9-20】：延伸曲面

场景文件　学习资源>场景文件>CH09>s.mb
实例位置　学习资源>实例文件>CH09>练习9-20.mb
技术掌握　掌握延伸曲面命令的用法

本例使用“延伸曲面”命令将一个曲面延伸后的效果如图9-136所示。

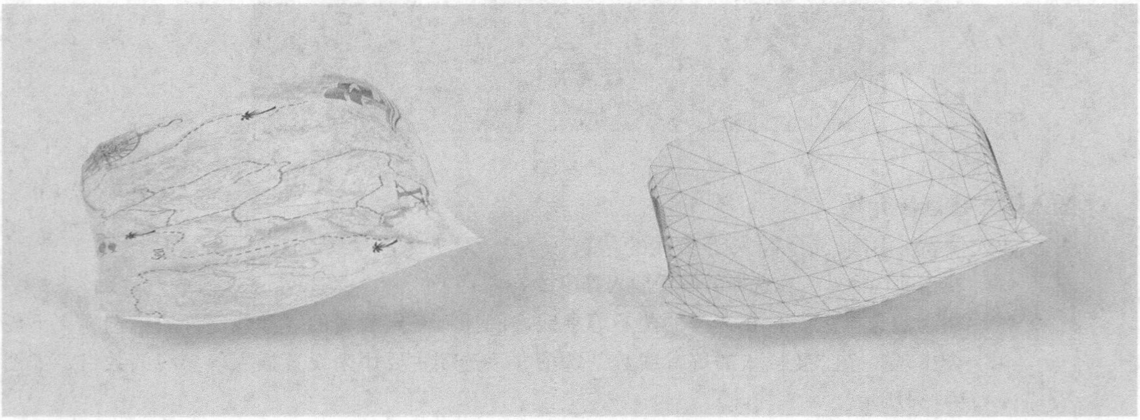

图9-136

01 打开学习资源中的“场景文件>CH09>s.mb”文件，如图9-137所示。

02 选择曲面，然后执行“编辑NURBS>延伸曲面”菜单命令，这时可以观察到曲面已经被延伸了，最终效果如图9-138所示。

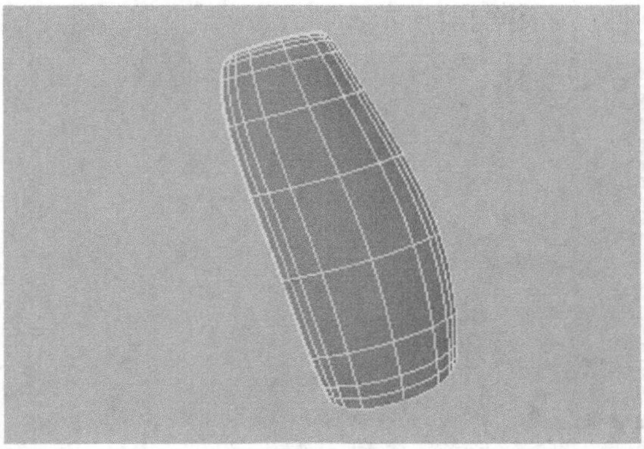

图9-137

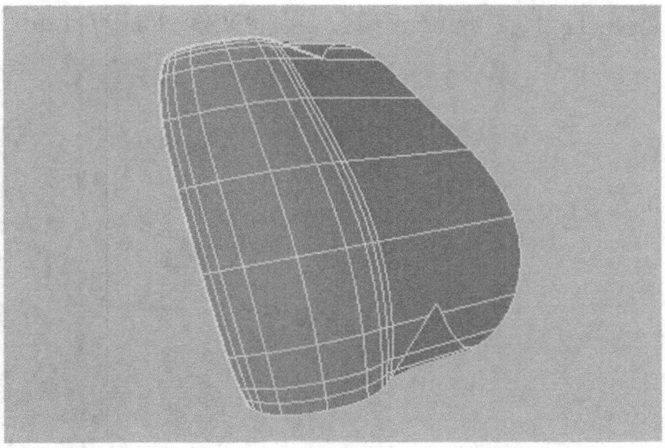

图9-138

9.3.15 偏移曲面

使用“偏移曲面”命令可以在原始曲面的法线方向上平行复制出一个新的曲面，并且可以设置其偏移距离。打开“偏移曲面选项”对话框，如图9-139所示。

图9-139

偏移曲面选项介绍

- ❖ 方法：用来设置曲面的偏移方式。
  - ✧ 曲面拟合：在保持曲面曲率的情况下复制一个偏移曲面。
  - ✧ CV拟合：在保持曲面CV控制点位置偏移的情况下复制一个偏移曲面。
- ❖ 偏移距离：用来设置曲面的偏移距离。

【练习9-21】：偏移复制曲面

场景文件 学习资源>场景文件>CH09>t.mb
实例位置 学习资源>实例文件>CH09>练习9-21.mb
技术掌握 掌握偏移曲面命令的用法

本例使用“偏移曲面”命令将曲面进行偏移复制后的效果如图9-140所示。

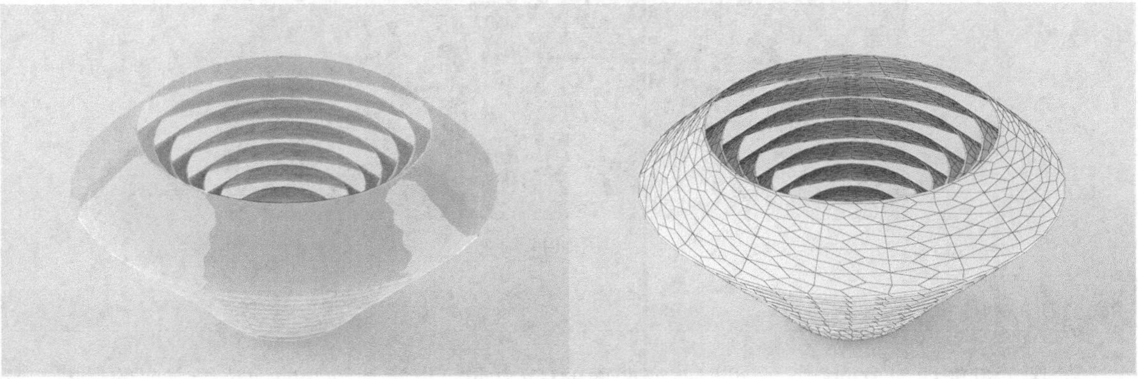

图9-140

01 打开学习资源中的“场景文件>CH09>t.mb”文件，如图9-141所示。

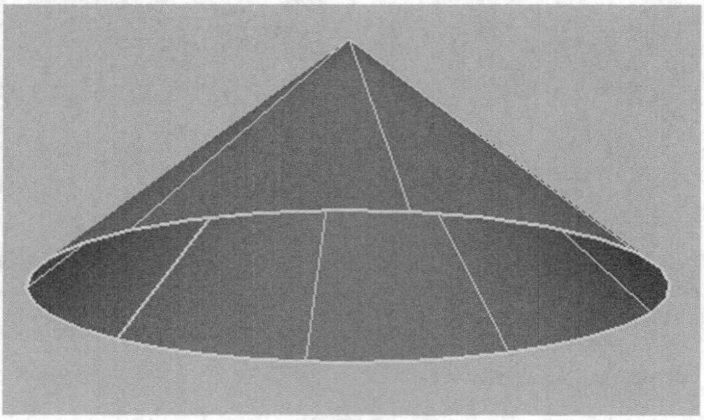

图9-141

02 选择圆锥模型，然后打开“偏移曲面选项”对话框，接着设置“偏移距离”为2，最后单击“应用”按钮，如图9-142所示，效果如图9-143所示。

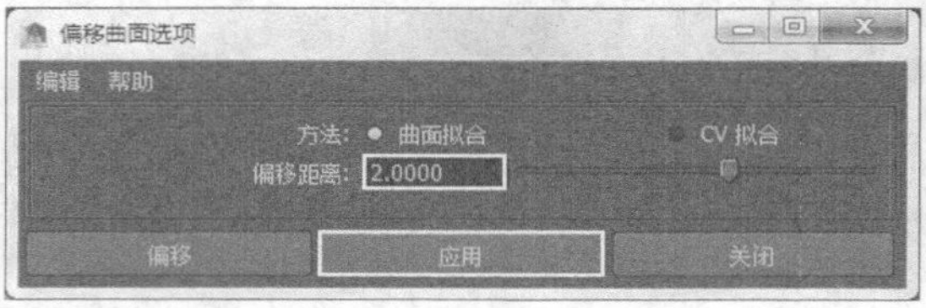

图9-142

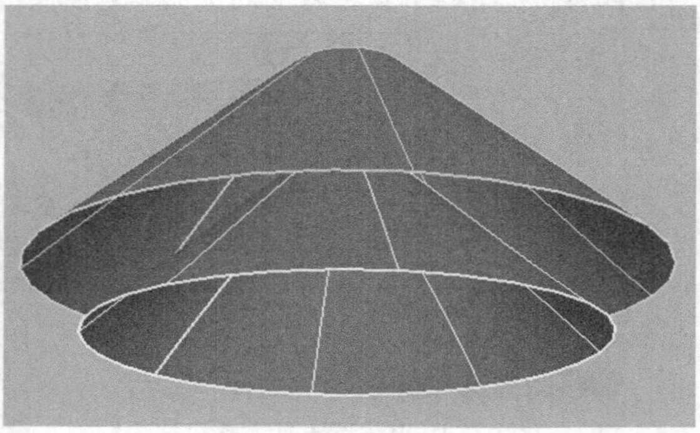

图9-143

03 继续单击“应用”按钮，直到复制出满意的效果为止，最终效果如图9-144所示。

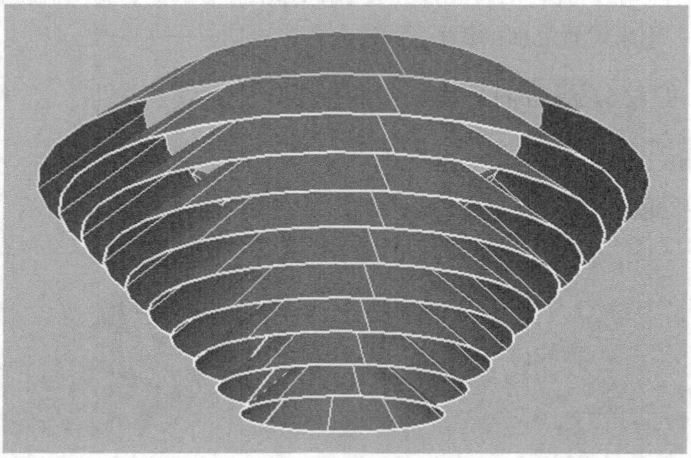

图9-144

9.3.16 反转曲面方向

使用“反转曲面方向”命令可以改变曲面的UV方向，以达到改变曲面法线方向的目的。打开“反转曲面方向选项”对话框，如图9-145所示。

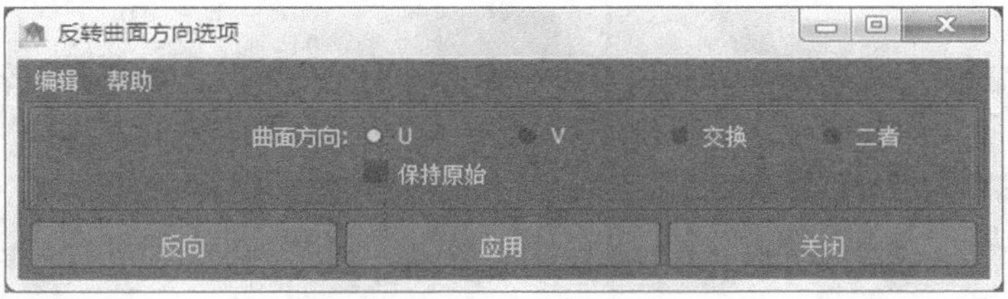

图9-145

反转曲面方向选项介绍

❖ 曲面方向：用来设置曲面的反转方向。
  - ✧ U：表示反转曲面的U方向。
  - ✧ V：表示反转曲面的V方向。
  - ✧ 交换：表示交换曲面的UV方向。
  - ✧ 二者：表示同时反转曲面的UV方向。

【练习9-22】：反转法线方向

场景文件　学习资源>场景文件>CH09>u.mb
实例位置　学习资源>实例文件>CH09>练习9-22.mb
技术掌握　掌握如何反转曲面法线的方向

本例主要是针对“反转曲面方向”命令进行练习，如图9-146所示是用来练习的模型。

图9-146

01 打开学习资源中的“场景文件>CH09>u.mb”文件，如图9-147所示。

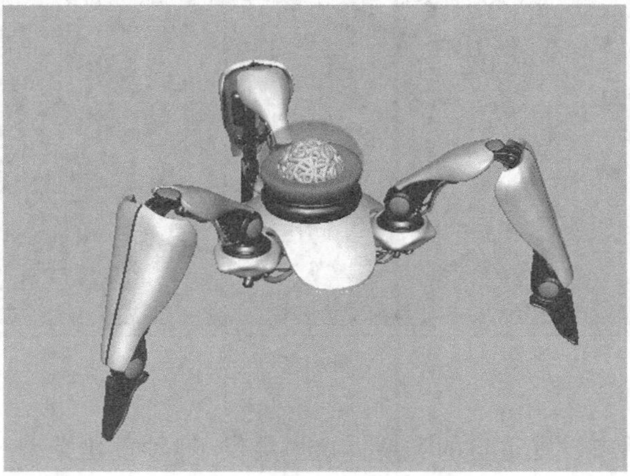

图9-147

02 执行“显示>NURBS>法线（着色模式）”菜单命令，在视图中显示出模型的法线，如图9-148所示。

03 执行“编辑NURBS>反转曲面方向”菜单命令，将模型的法线方向进行反转，效果如图9-149所示。

图9-148

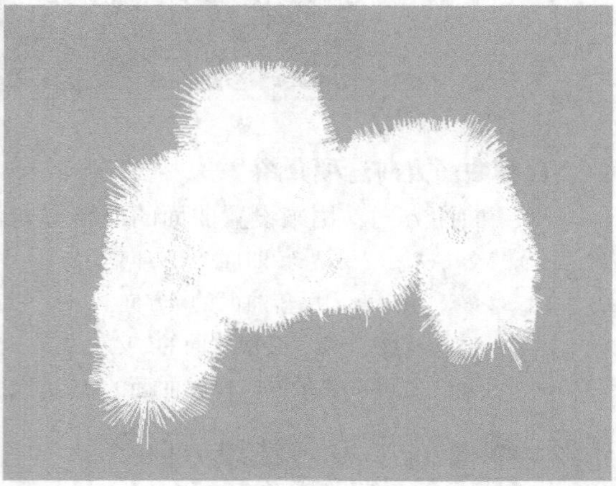
图9-149

9.3.17 重建曲面

“重建曲面”命令是一个经常使用到的命令，在利用“放样”等命令使曲线生成曲面时，容易造成曲面上的曲线分布不均的现象，这时就可以使用该命令来重新分布曲面的UV方向。打开“重建曲面选项”对话框，如图9-150所示。

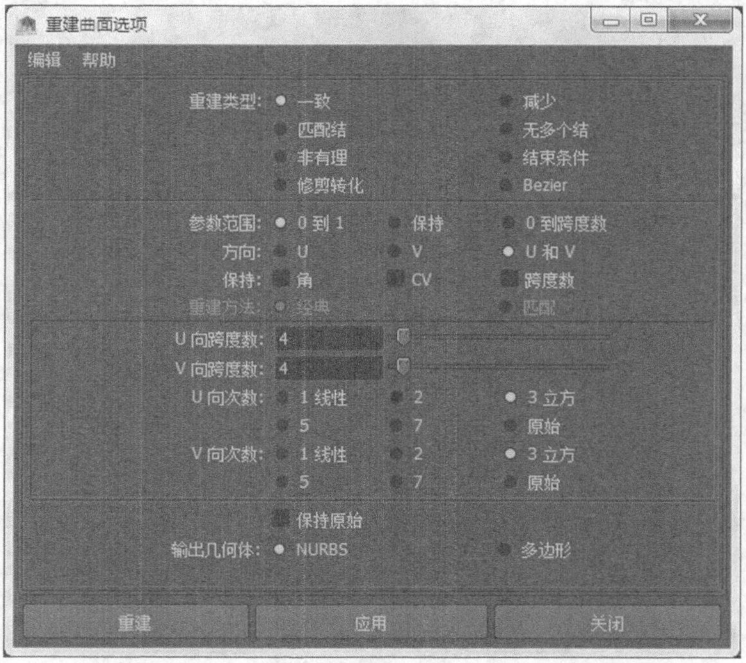

图9-150

重建曲面选项介绍

❖ 重建类型：用来设置重建的类型，这里提供了8种重建类型，分别是“一致”“减少”“匹配结”“无多个结”“非有理”“结束条件”“修剪转化”和Bezier。

- ❖ 参数范围：用来设置重建曲面后UV的参数范围。
  - ✧ 0到1：将UV参数值的范围定义在0~1之间。
  - ✧ 保持：重建曲面后，UV方向的参数值范围保留原始范围值不变。
  - ✧ 0到跨度数：重建曲面后，UV方向的范围值是0到实际的段数。
- ❖ 方向：设置沿着曲面的哪个方向来重建曲面。
- ❖ 保持：设置重建后要保留的参数。
  - ✧ 角：让重建后的曲面的边角保持不变。
  - ✧ CV：让重建后的曲面的控制点数目保持不变。
  - ✧ 跨度数：让重建后的曲面的分段数保持不变。
- ❖ U/V向跨度数：用来设置重建后的曲面在U/V方向上的段数。
- ❖ U/V向次数：设置重建后的曲面在U/V方向上的次数。

本例使用“重建曲面”命令将曲面的跨度数进行重建后的效果如图9-151所示。

【练习9-23】：重建曲面的跨度数

场景文件	学习资源>场景文件>CH09>v.mb
实例位置	学习资源>实例文件>CH09>练习9-23.mb
技术掌握	掌握如何重建曲面的属性

图9-151

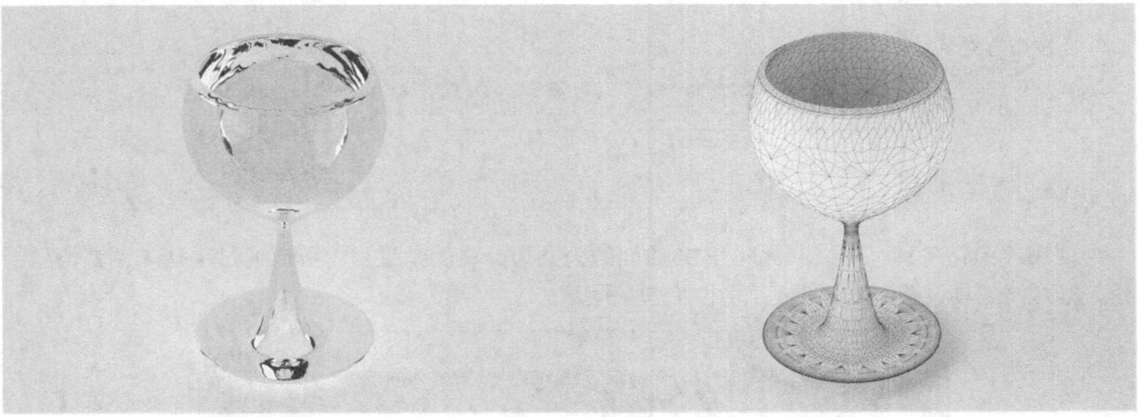

01 打开学习资源中的“场景文件>CH09>v.mb”文件，可以观察到模型的结构线比较少，如图9-152所示。

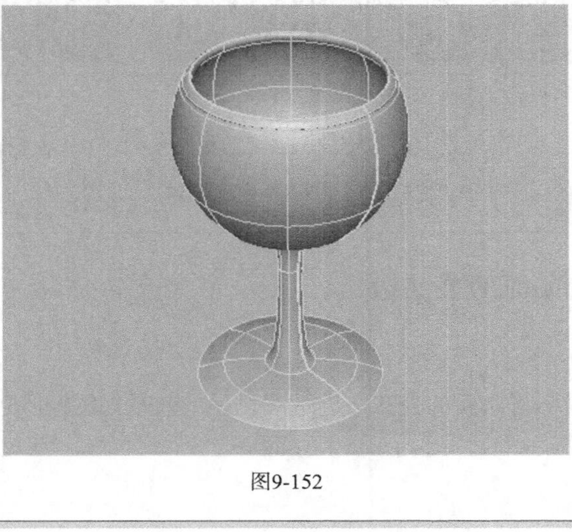

图9-152

02 选择模型，然后打开“重建曲面选项”对话框，接着设置“U向跨度数”为15、“V向跨度数”为10，如图9-153所示，最终效果如图9-154所示。

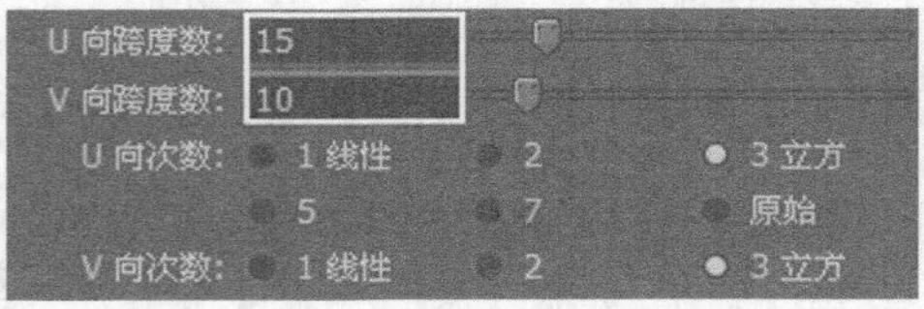

图9-153

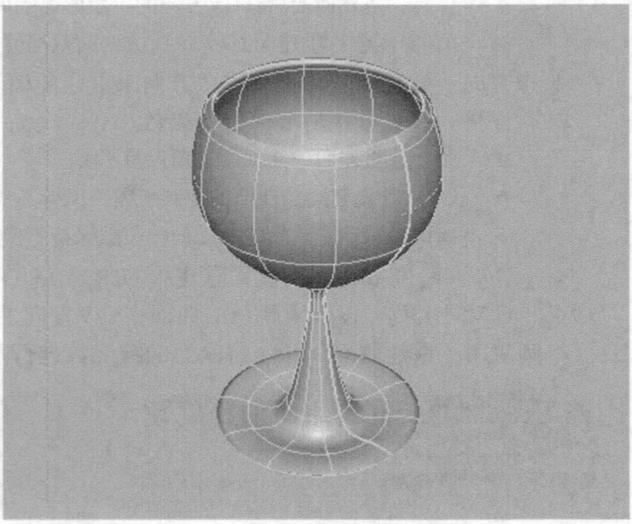

图9-154

技巧与提示

从图9-154中可以观察到模型的分段数已经提高了（增加分段数可以提高模型的精度）。

9.3.18 圆化工具

使用“圆化工具”可以圆化NURBS曲面的公共边，在倒角过程中可以通过手柄来调整倒角半径。打开“工具设置”对话框，如图9-155所示。

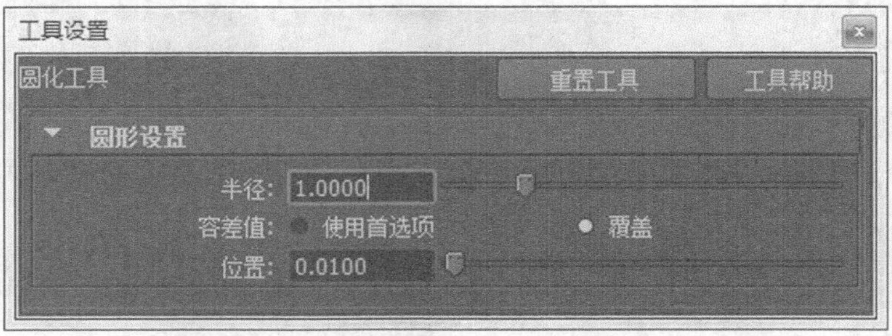

图9-155

技巧与提示

该对话框中的参数在前面的内容中有类似的讲解，这里不再重复介绍。

【练习9-24】：圆化曲面的公共边

场景文件　学习资源>场景文件>CH09>w.mb
实例位置　学习资源>实例文件>CH09>练习9-24.mb
技术掌握　掌握如何圆化曲面的公共边

本例使用“圆化工具”将曲面的公共边进行圆化后的效果如图9-156所示。

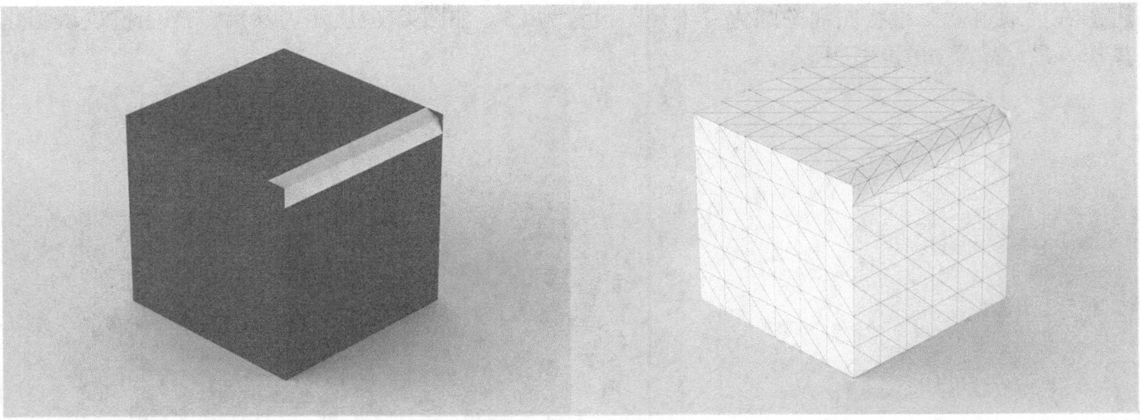

图9-156

01 打开学习资源中的“场景文件>CH09>w.mb”文件，如图9-157所示。

02 选择立方体，然后单击鼠标右键，接着在弹出的菜单中选择“曲面面片”命令，进入面片编辑模式，如图9-158所示。

图9-157

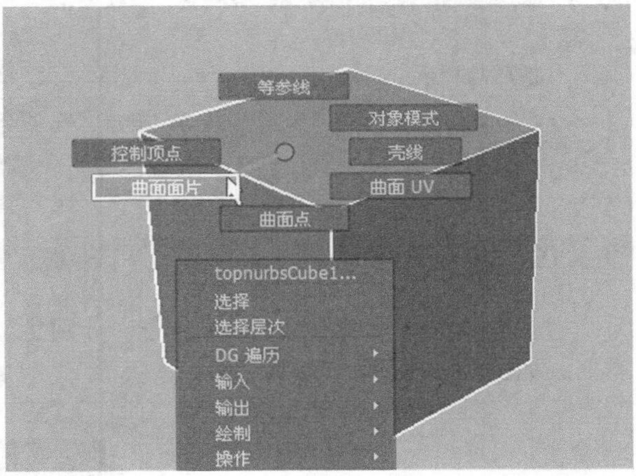

图9-158

03 选择“圆化工具”，然后框选两个相交面片，如图9-159所示，此时相交面片上会出现一个圆化手柄，如图9-160所示。

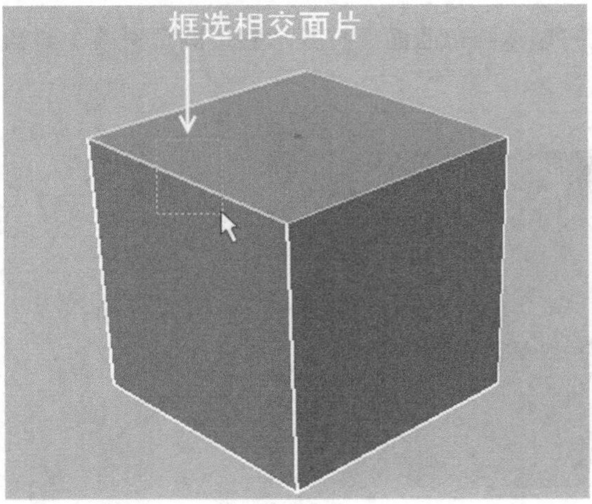

图9-159

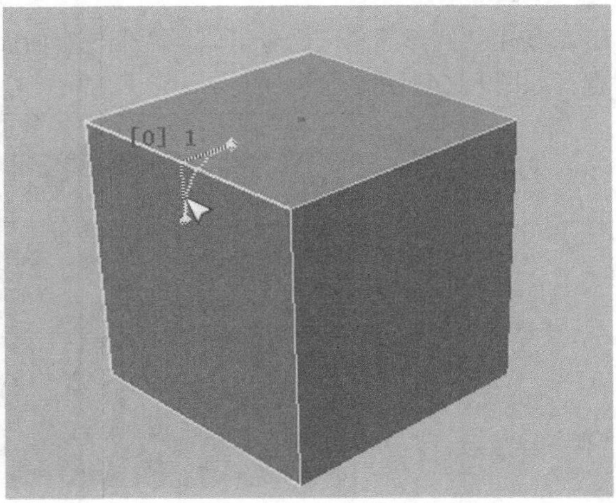

图9-160

04 在“通道盒”中将曲面的圆化“半径”设置为0.5，如图9-161所示，然后按Enter键确认圆化操作，最终效果如图9-162所示。

图9-161

图9-162

技巧与提示

在圆化曲面时，曲面与曲面之间的夹角需要在15°～165°之间，否则不能产生正确的结果；倒角的两个独立面的重合边的长度也要保持一致，否则只能在短边上产生倒角效果。

9.3.19 曲面圆角

“曲面圆角”命令包含3个子命令，分别是“圆形圆角”“自由形式圆角”和“圆角混合工具”，如图9-163所示。

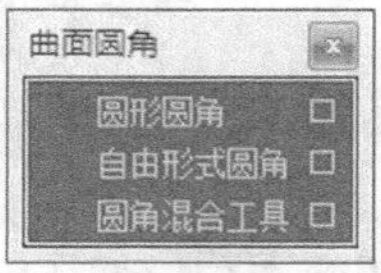

图9-163

1.圆形圆角

使用“圆形圆角”命令可以在两个现有曲面之间创建圆角曲面。打开“圆形圆角选项”对话框，如图9-164所示。

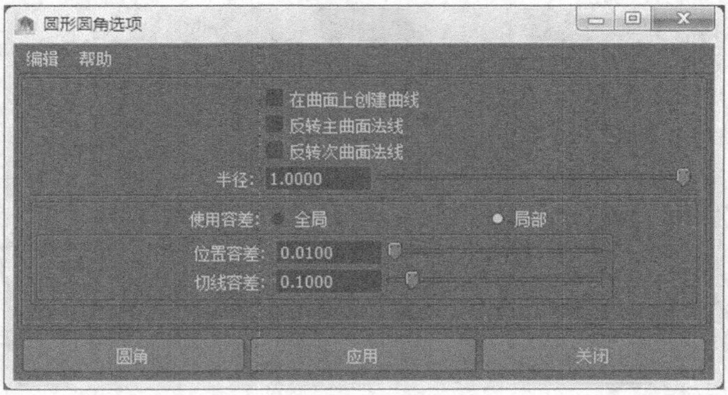

图9-164

圆形圆角选项介绍

❖ 在曲面上创建曲线：勾选该选项后，在创建光滑曲面的同时会在曲面与曲面的交界处创建一条曲面曲线，以方便修剪操作。

❖ 反转主曲面法线：该选项用于反转主要曲面的法线方向，并且会直接影响到创建的光滑曲面的方向。

❖ 反转次曲面法线：该选项用于反转次要曲面的法线方向。

❖ 半径：设置圆角的半径。

技巧与提示

上面的两个反转曲面法线方向选项只是在命令执行过程中反转法线方向，而在命令结束后，实际的曲面方向并没有发生改变。

2.自由形式圆角

“自由形式圆角”命令是通过选择两个曲面上的等参线、曲面曲线或修剪边界来产生光滑的过渡曲面。打开“自由形式圆角选项”对话框，如图9-165所示。

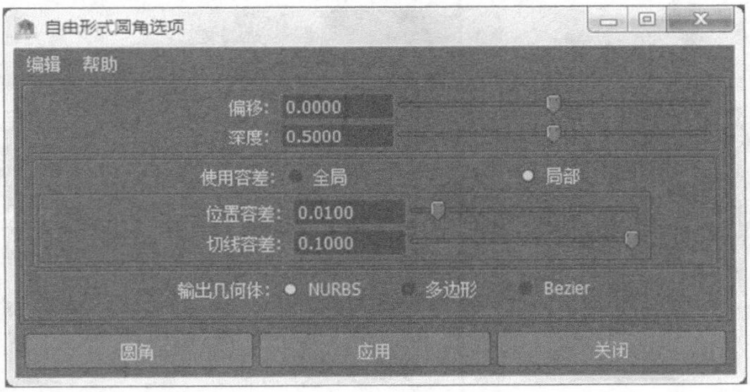

图9-165

自由形式圆角选项介绍

❖ 偏移：设置圆角曲面的偏移距离。

❖ 深度：设置圆角曲面的曲率变化。

3.圆角混合工具

“圆角混合工具”命令可以使用手柄直接选择等参线、曲面曲线或修剪边界来定义想要倒角的位置。打开“圆角混合选项”对话框，如图9-166所示。

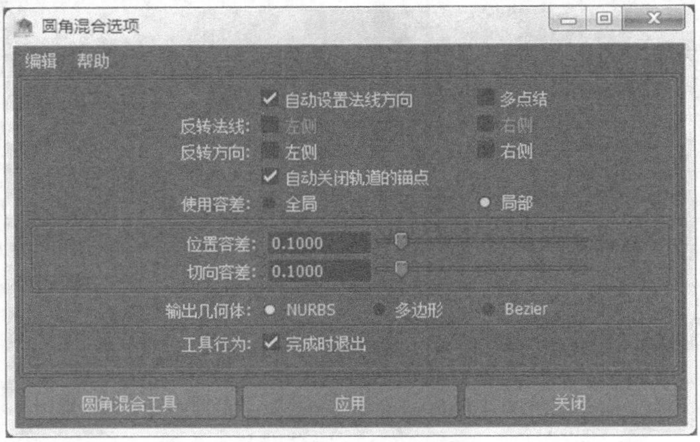

图9-166

圆角混合选项介绍

❖ 自动设置法线方向：勾选该选项后，Maya会自动设置曲面的法线方向。

❖ 反转法线：当关闭"自动设置法线方向"选项时，该选项才可选，主要用来反转曲面的法线方向。"左侧"表示反转第1次选择曲面的法线方向；"右侧"表示反转第2次选择曲面的法线方向。

❖ 反转方向：当关闭"自动设置法线方向"选项时，该选项可以用来纠正圆角的扭曲效果。

❖ 自动关闭轨道的锚点：用于纠正两个封闭曲面之间圆角产生的扭曲效果。

【练习9-25】：在曲面间创建圆角曲面

场景文件　学习资源>场景文件>CH09>x.mb
实例位置　学习资源>实例文件>CH09>练习9-25.mb
技术掌握　掌握如何在曲面间创建圆角曲面

本例使用"圆形圆角"命令在曲面间创建的圆角曲面效果如图9-167所示。

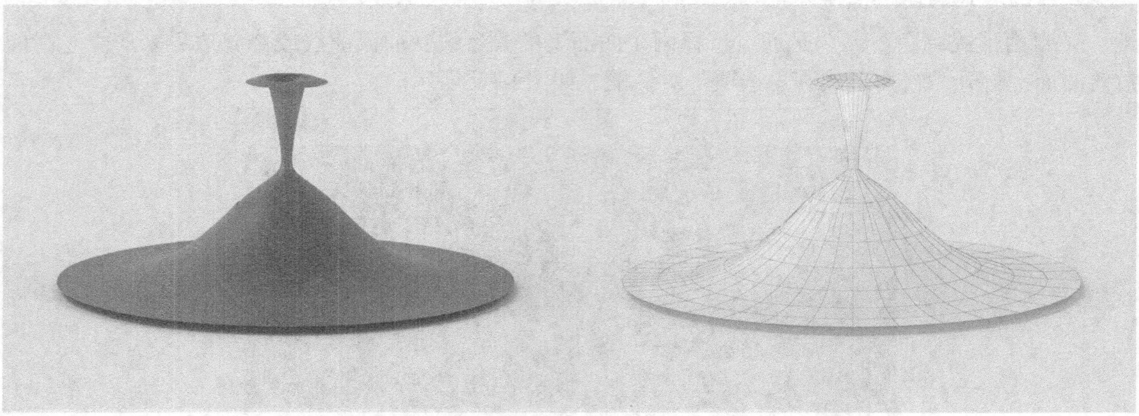

图9-167

01 打开学习资源中的"场景文件>CH09>x.mb"文件，如图9-168所示。

02 选择所有的模型，然后执行"编辑NURBS>曲面圆角>圆形圆角"菜单命令，最终效果如图9-169所示。

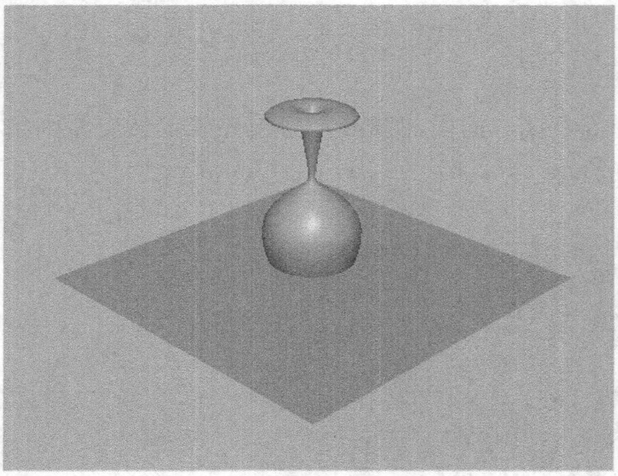

图9-168

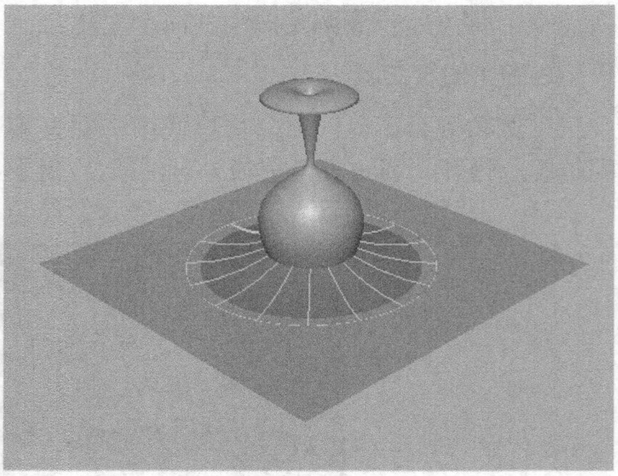

图9-169

【练习9-26】：创建自由圆角曲面

场景文件　学习资源>场景文件>CH09>y.mb
实例位置　学习资源>实例文件>CH09>练习9-26.mb
技术掌握　掌握如何创建自由圆角曲面

本例使用"自由形式圆角"命令将等参线与曲线进行圆角处理后的自由曲面效果如图9-170所示。

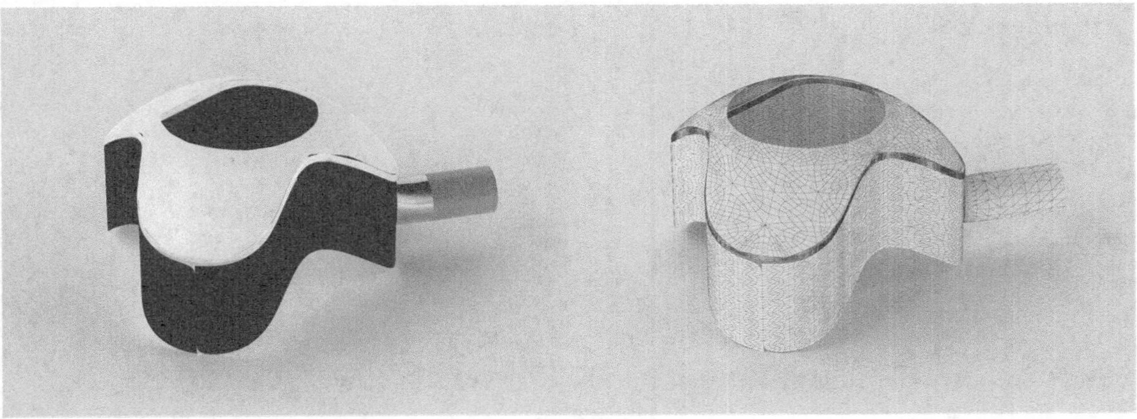

图9-170

01 打开学习资源中的“场景文件>CH09>y.mb”文件，如图9-171所示。

02 在圆柱体上单击鼠标右键，然后在弹出的菜单中选择“等参线”命令，接着选择如图9-172所示的等参线。

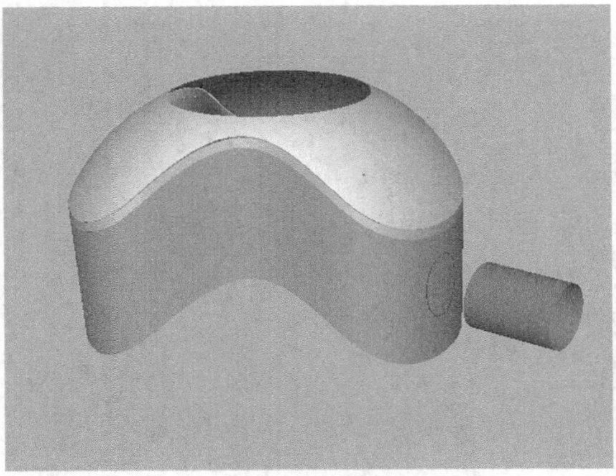

图9-171

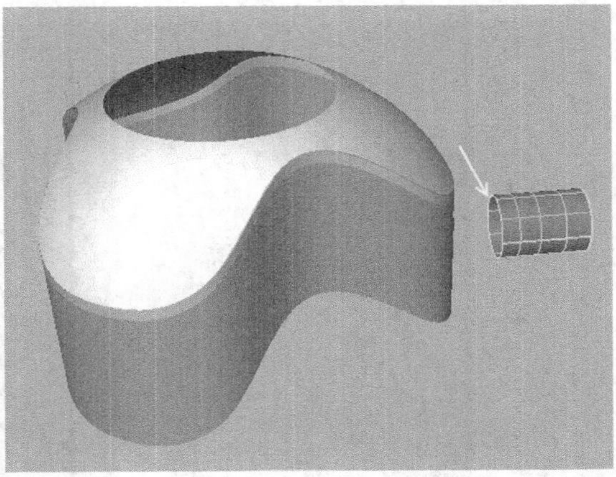

图9-172

03 按住Shift键加选圆形曲线，然后执行“编辑NURBS>曲面圆角>自由形式圆角”菜单命令，最终效果如图9-173所示。

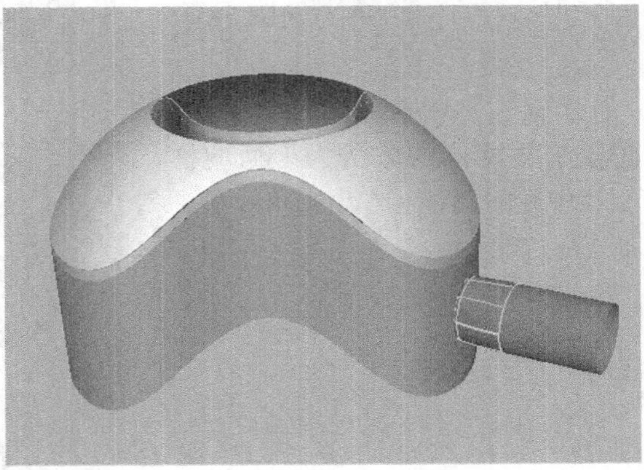

图9-173

【练习9-27】：在曲面间创建混合圆角

场景文件 学习资源>场景文件>CH09>z.mb
实例位置 学习资源>实例文件>CH09>练习9-27.mb
技术掌握 掌握如何在曲面间创建混合圆角

本例使用“圆角混合工具”在曲面间创建的混合圆角效果如图9-174所示。

图9-174

01 打开学习资源中的“场景文件>CH09>z.mb”文件，如图9-175所示。

02 选择上面的两个模型，进入等参线编辑模式，然后选择“圆角混合工具”，接着单击中间的模型顶部的环形等参线，再按Enter键确认选择操作，最后单击上部的模型底部的环形等参线，并按Enter键确认圆角操作，如图9-176所示。

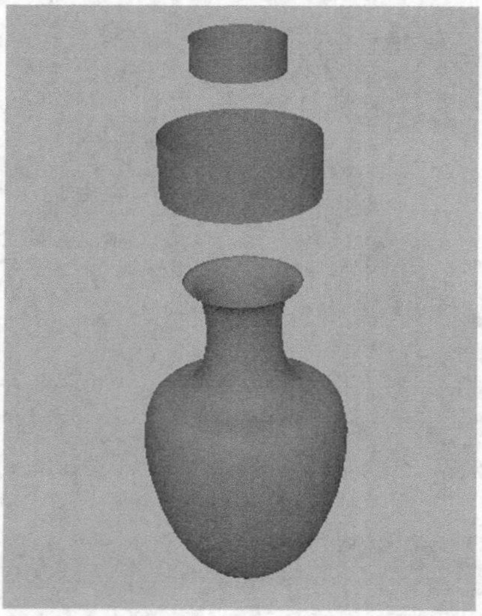

图9-175

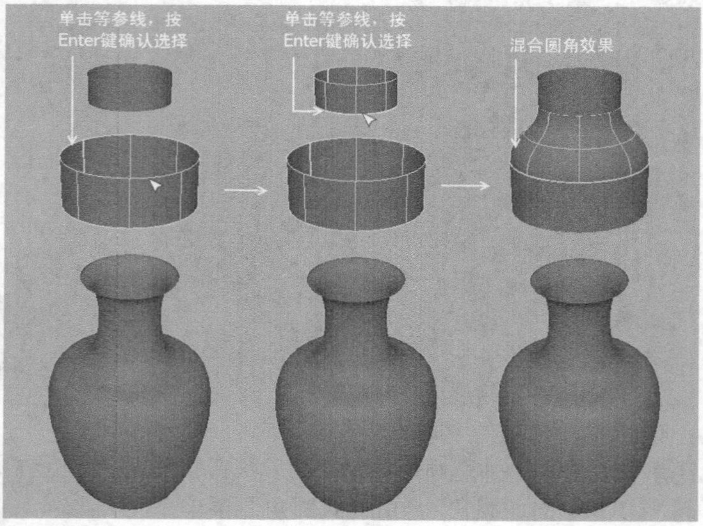

图9-176

03 采用相同的方法为下面的模型和中间的模型制作出圆角效果，如图9-177所示。

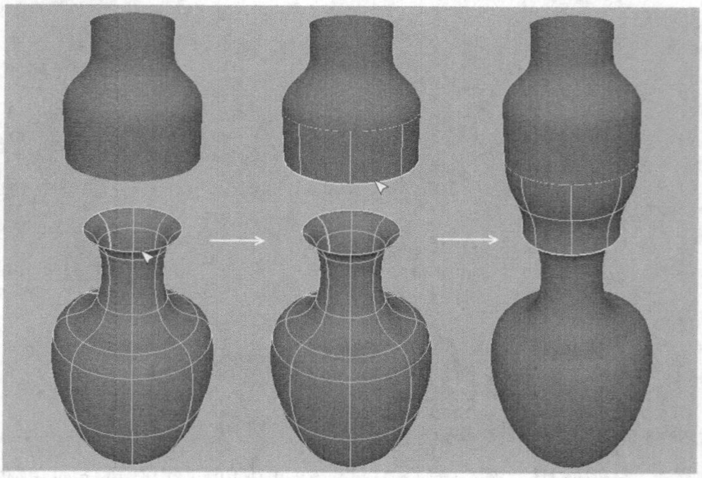

图9-177

技巧与提示

如果两个曲面之间的控制点分布不均，在使用“自由形式圆角”命令和“圆角混合工具”创建圆角曲面时，则有可能产生扭曲的圆角曲面，这时通过“重建曲面”命令来重建圆角曲面，可以解决扭曲现象。

9.3.20 缝合

使用“缝合”命令可以将多个NURBS曲面进行光滑过渡的缝合处理，该命令在角色建模中非常重要。“缝合”命令包含3个子命令，分别是“缝合曲面点”“缝合边工具”和“全局缝合”，如图9-178所示。

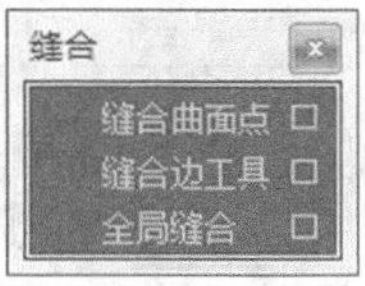

图9-178

1.缝合曲面点

“缝合曲面点”命令可以通过选择曲面边界上的控制顶点、CV点或曲面点来进行缝合操作。打开“缝合曲面点选项”对话框，如图9-179所示。

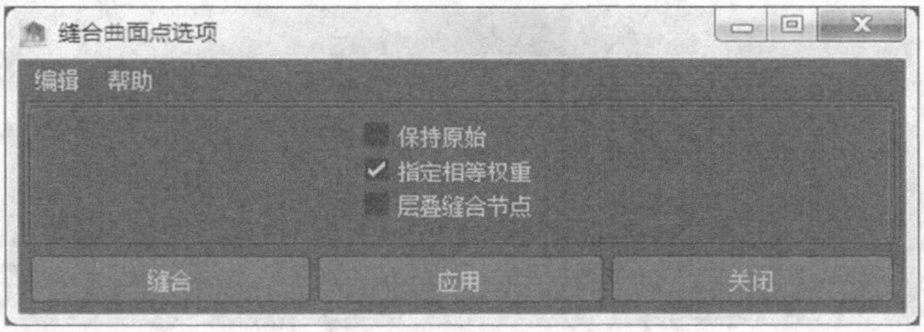

图9-179

缝合曲面点选项介绍

❖ 指定相等权重：为曲面之间的顶点分配相等的权重值，使其在缝合后的变动处于相同位置。

❖ 层叠缝合节点：勾选该选项时，缝合运算将忽略曲面上的任何优先运算。

2.缝合边工具

使用“缝合边工具”可以将两个曲面的边界（等参线）缝合在一起，并且在缝合处可以产生光滑的过渡效果，在NURBS生物建模中常常使用到该命令。打开“缝合边工具”的“工具设置”对话框，如图9-180所示。

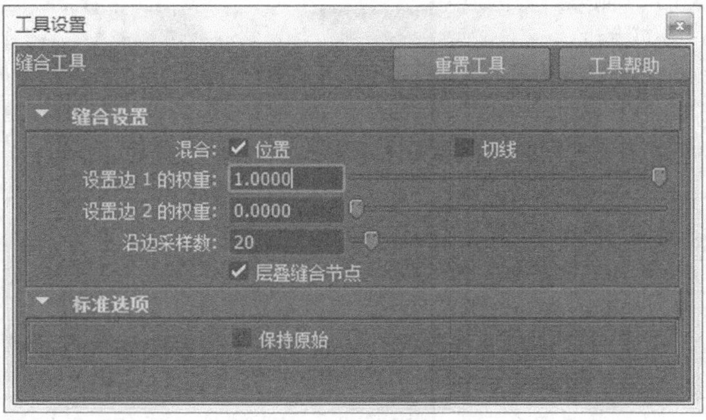

图9-180

缝合边工具参数介绍

❖ 混合：设置曲面在缝合时缝合边界的方式。

✧ 位置：直接缝合曲面，不对缝合后的曲面进行光滑过渡处理。

✧ 切线：将缝合后的曲面进行光滑处理，以产生光滑的过渡效果。

❖ 设置边1/2的权重：用于控制两条选择边的权重变化。

❖ 沿边采样数：用于控制在缝合边时的采样精度。

技巧与提示

“缝合边工具”只能选择曲面边界（等参线）来进行缝合，而其他类型的曲线都不能进行缝合。

3.全局缝合

使用“全局缝合”命令可以将多个曲面同时进行缝合操作，并且曲面与曲面之间可以产生光滑的过渡，以形成光滑无缝的表面效果。打开“全局缝合选项”对话框，如图9-181所示。

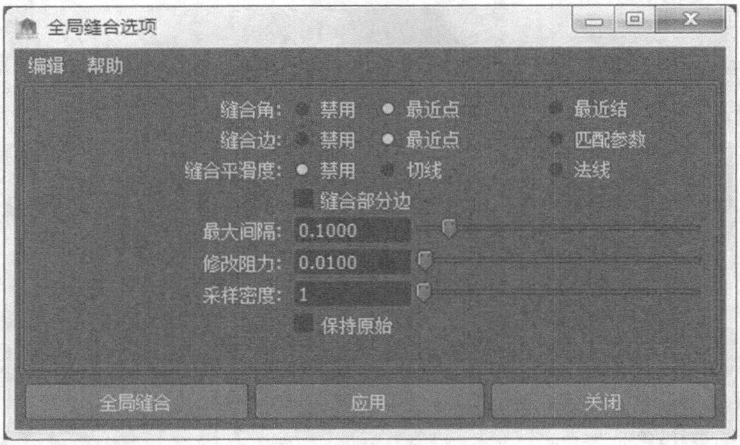

图9-181

全局缝合选项介绍

❖ 缝合角：设置边界上的端点以何种方式进行缝合。

✧ 禁用：不缝合端点。

✧ 最近点：将端点缝合到最近的点上。

✧ 最近结：将端点缝合到最近的结构点上。

❖ 缝合边：用于控制缝合边的方式。

✧ 禁用：不缝合边。

✧ 最近点：缝合边界的最近点，并且不受其他参数的影响。

✧ 匹配参数：根据曲面与曲面之间的参数一次性对应起来，以产生曲面缝合效果。

❖ 缝合平滑度：用于控制曲面缝合的平滑方式。

✧ 禁用：不产生平滑效果。

✧ 切线：让曲面缝合边界的方向与切线方向保持一致。

✧ 法线：让曲面缝合边界的方向与法线方向保持一致。

❖ 缝合部分边：当曲面在允许的范围内，让部分边界产生缝合效果。

❖ 最大间隔：当进行曲面缝合操作时，该选项用于设置边和角点能够进行缝合的最大距离，超过该值将不能进行缝合。

❖ 修改阻力：用于设置缝合后曲面的形状。数值越小，缝合后的曲面越容易产生扭曲变形；若其值过大，在缝合处可能会产生不平滑的过渡效果。

❖ 采样密度：设置在曲面缝合时的采样密度。

技巧与提示

注意，“全局缝合”命令不能对修剪边进行缝合操作。

【练习9-28】：缝合曲面点

场景文件　学习资源>场景文件>CH09>aa.mb
实例位置　学习资源>实例文件>CH09>练习9-28.mb
技术掌握　掌握如何缝合曲面点

本例使用“缝合曲面点”命令将曲面上的点缝合在一起后的效果如图9-182所示。

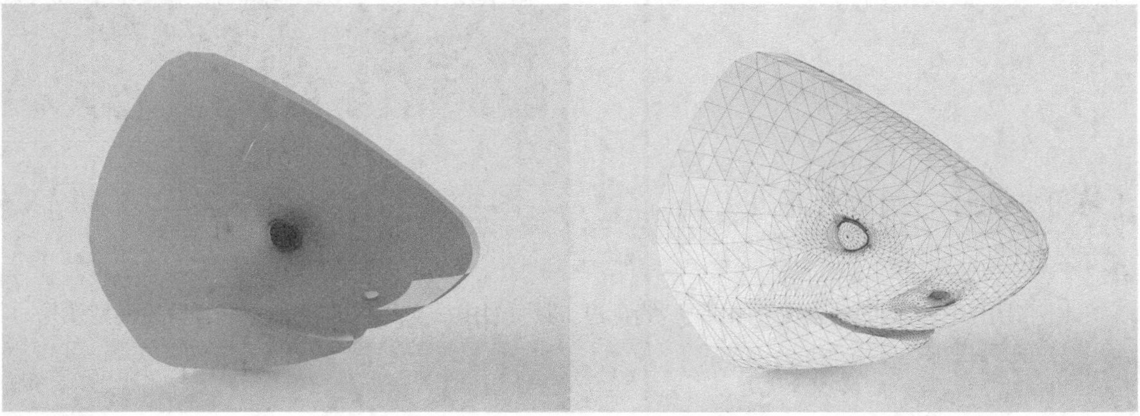

图9-182

01 打开学习资源中的“场景文件>CH09>aa.mb”文件，可以发现鱼嘴顶部的曲面没有缝合在一起，如图9-183所示。

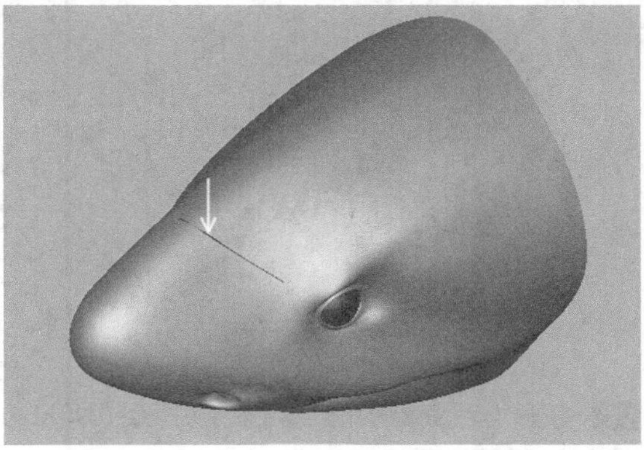

图9-183

02 进入控制顶点编辑模式，然后选择如图9-184所示的两个相邻顶点，接着执行“缝合曲面点”命令，效果如图9-185所示。

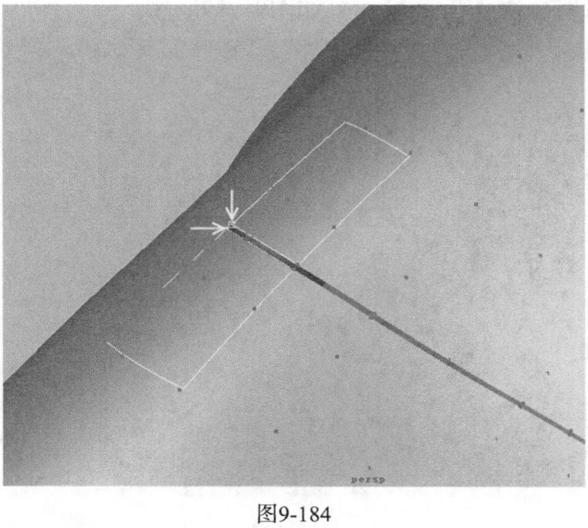

图9-184

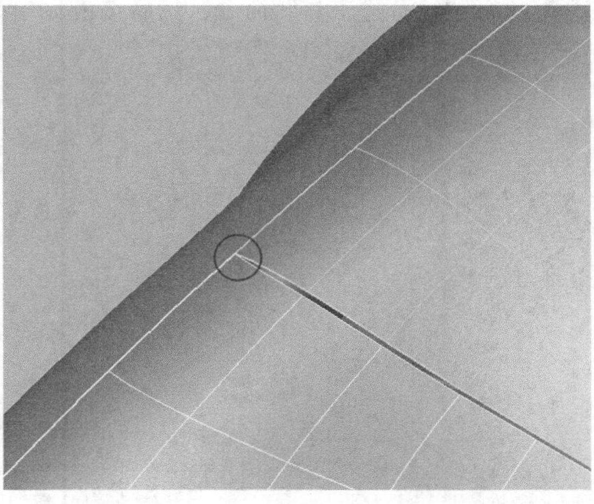

图9-185

03 采用相同的方法将其他没有缝合起来的控制顶点缝合起来，完成后的效果如图9-186所示。

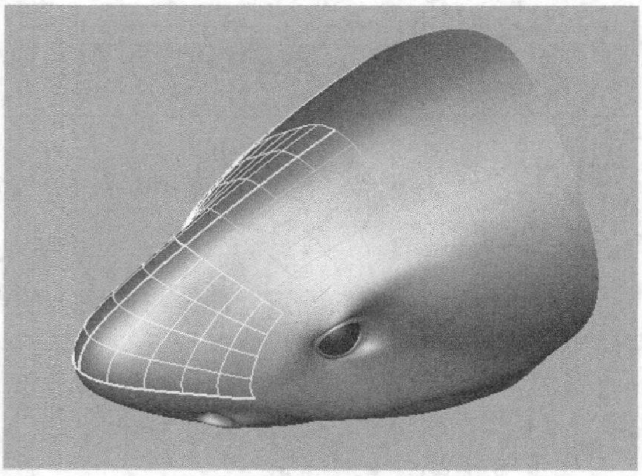

图9-186

【练习9-29】：缝合曲面边

场景文件	学习资源>场景文件>CH09>bb.mb
实例位置	学习资源>实例文件>CH09>练习9-29.mb
技术掌握	掌握如何缝合曲面边

本例沿用上一实例的场景文件来练习“缝合边工具”的用法，如图9-187所示是缝合后的模型效果。

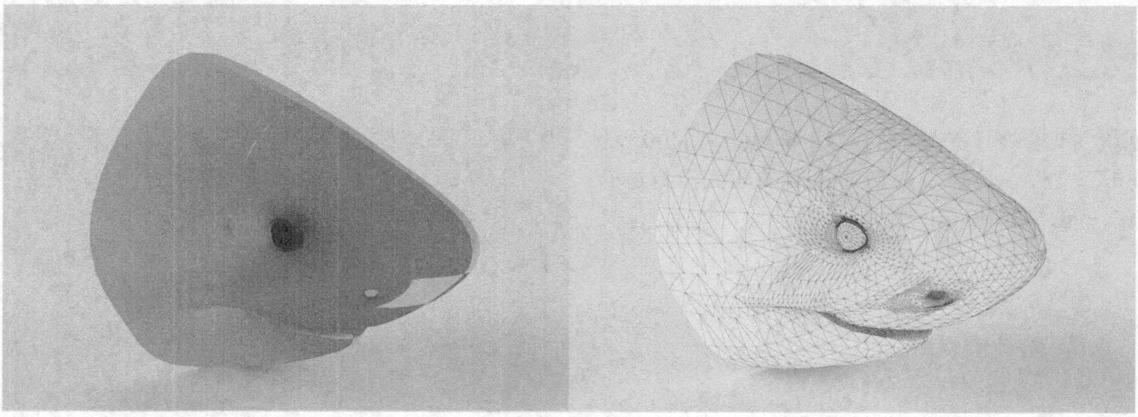

图9-187

01 打开学习资源中的“场景文件>CH09>bb.mb”文件，然后进入等参线编辑模式，接着选择如图9-188所示的两条等参线。

02 执行“缝合边工具”命令，然后按Enter键确认缝合操作，最终效果如图9-189所示。

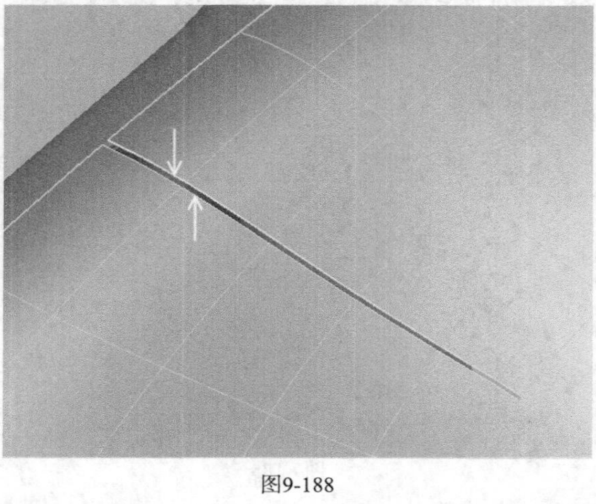

图9-188

图9-189

【练习9-30】：全局缝合曲面

场景文件 学习资源>场景文件>CH09>cc.mb
实例位置 学习资源>实例文件>CH09>练习9-30.mb
技术掌握 掌握如何缝合多个曲面

本例使用“全局缝合”命令将多个曲面缝合在一起后的效果如图9-190所示。

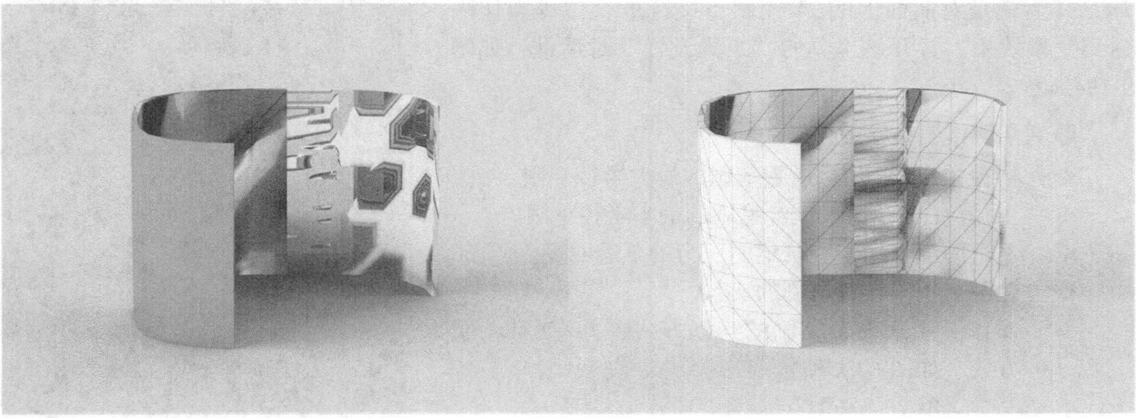

图9-190

01 打开学习资源中的“场景文件>CH09>cc.mb”文件，如图9-191所示。

02 选择所有的曲面，然后执行“全局缝合”命令，此时可以观察到曲面并没有产生缝合效果，如图9-192所示。

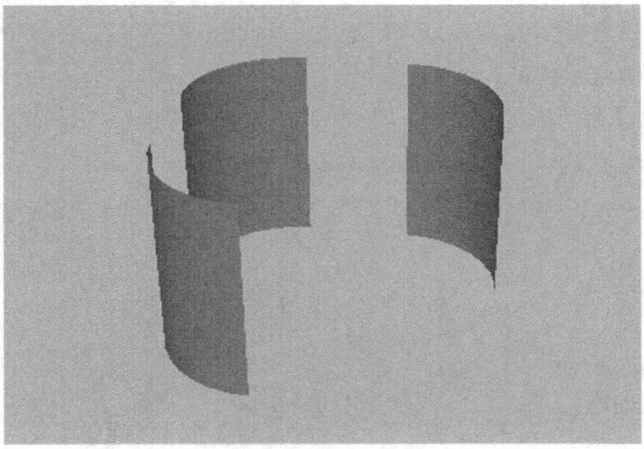

图9-191

图9-192

03 在“通道盒”中设置“最大间隔”为1，这时可以观察到曲面已经缝合在一起了，最终效果如图9-193所示。

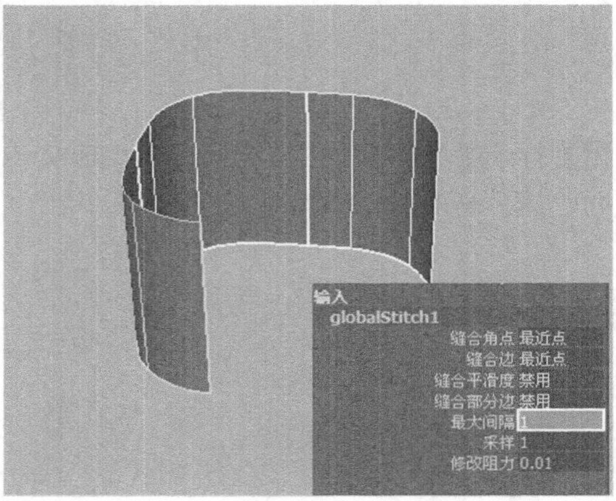

图9-193

9.3.21 雕刻几何体工具

Maya的“雕刻几何体工具”是一个很有特色的工具，可以用画笔直接在三维模型上进行雕刻。“雕刻几何体工具”其实就是对曲面上的CV控制点进行推、拉等操作来达到变形效果。打开该工具的“工具设置”对话框，如图9-194所示。

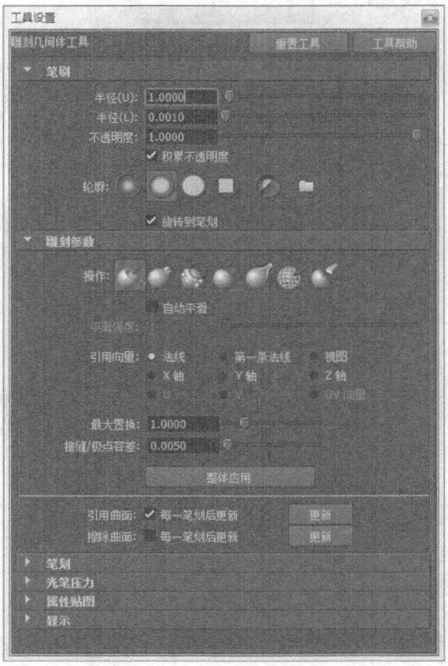

图9-194

雕刻几何体工具参数介绍

❖ 半径（U）：用来设置笔刷的最大半径上限。

❖ 半径（L）：用来设置笔刷的最小半径下限。

❖ 不透明度：用于控制笔刷压力的不透明度。

❖ 轮廓：用来设置笔刷的形状。

❖ 操作：用来设置笔刷的绘制方式，共有6种绘制方式，如图9-195所示。

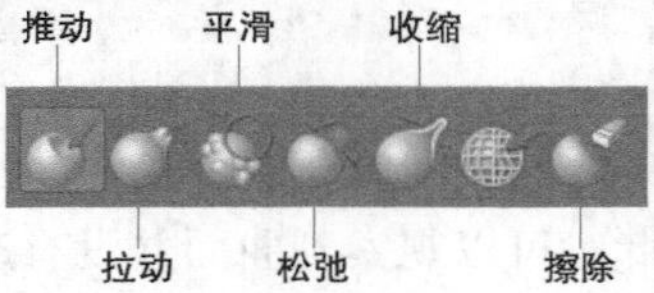

图9-195

【练习9-31】：雕刻山体模型

场景文件　学习资源>场景文件>CH09>dd.mb
实例位置　学习资源>实例文件>CH09>练习9-31.mb
技术掌握　掌握雕刻几何体工具的用法

本例使用“雕刻几何体工具”雕刻出来的山体模型效果如图9-196所示。

图9-196

01 打开学习资源中的“场景文件>CH09>dd.mb”文件，如图9-197所示。

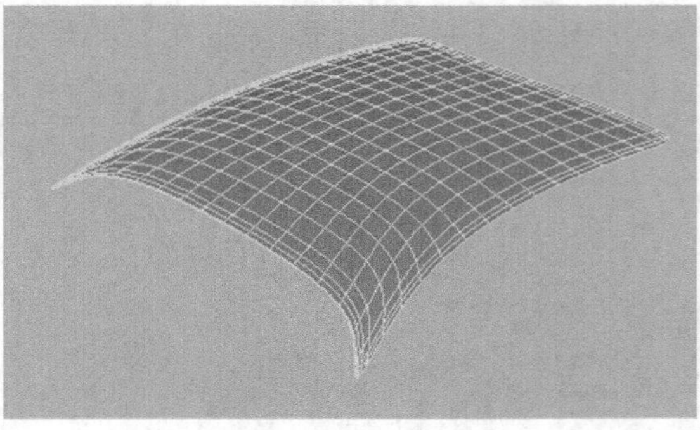
图9-197

02 选择“雕刻几何体工具”，然后打开“工具设置”对话框，接着设置“操作”模式为“拉动”，如图9-198所示。

03 选择好操作模式以后，使用“雕刻几何体工具”在曲面上进行绘制，使其成为山体形状，完成后的效果如图9-199所示。

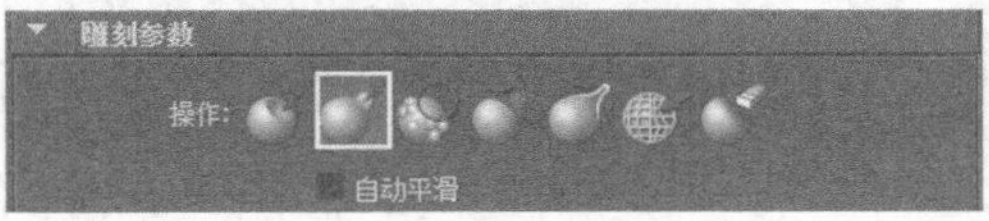

图9-198

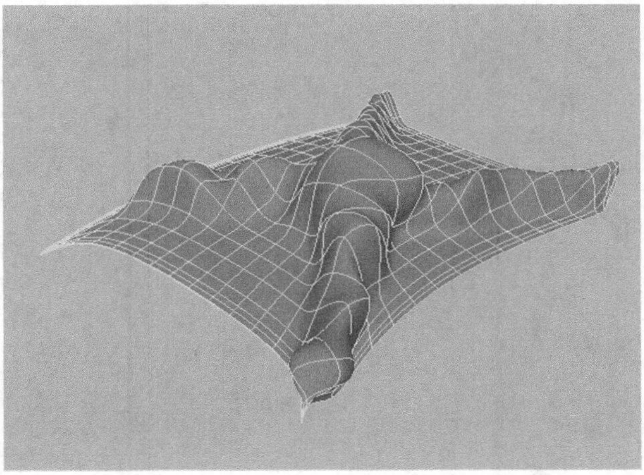
图9-199

技巧与提示

这里由于绘制效果要受到光标压力的控制，因此不可能绘制出一模一样的山体效果。

9.3.22 曲面编辑

“曲面编辑”命令包含3个子命令，分别是“曲面编辑工具”“断开切线”和“平滑切线”，如图9-200所示。

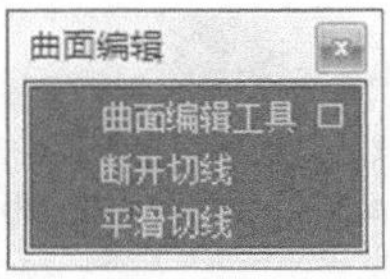

图9-200

1.曲面编辑工具

使用“曲面编辑工具”可以对曲面进行编辑（推、拉操作）。打开“曲面编辑工具”的“工具设置”对话框，如图9-201所示。

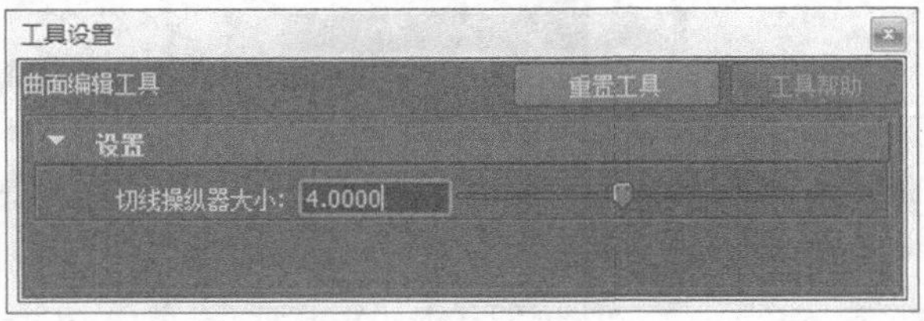

图9-201

曲面编辑工具参数介绍

❖ 切线操纵器大小：设置切线操纵器的控制力度。

2.断开切线

使用“断开切线”命令可以沿所选等参线插入若干条等参线，以断开表面切线。

3.平滑切线

使用“平滑切线”命令可以将曲面上的切线变得平滑。

【练习9-32】：平滑切线

场景文件	学习资源>场景文件>CH09>ee.mb
实例位置	学习资源>实例文件>CH09>练习9-32.mb
技术掌握	掌握如何将切线变得平滑

本例使用“平滑切线”命令平滑切线后的模型效果如图9-202所示。

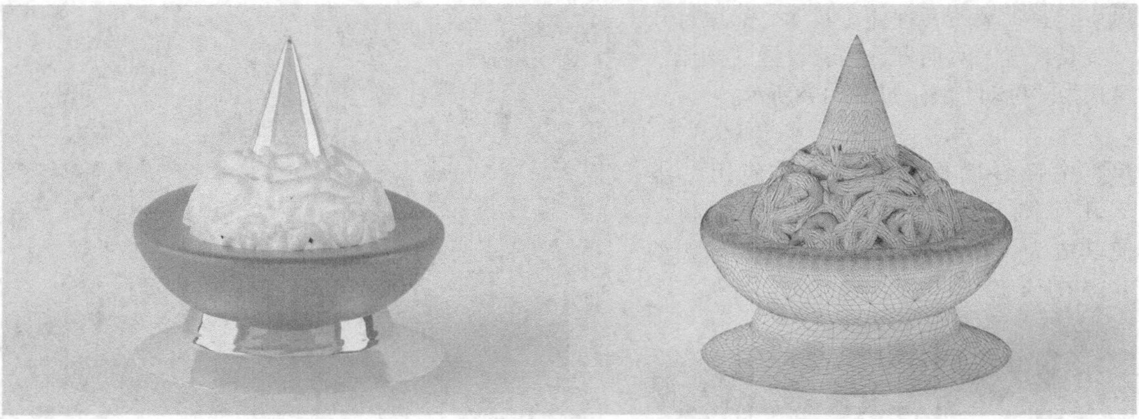

图9-202

01 打开学习资源中的“场景文件>CH09>ee.mb”文件，如图9-203所示。

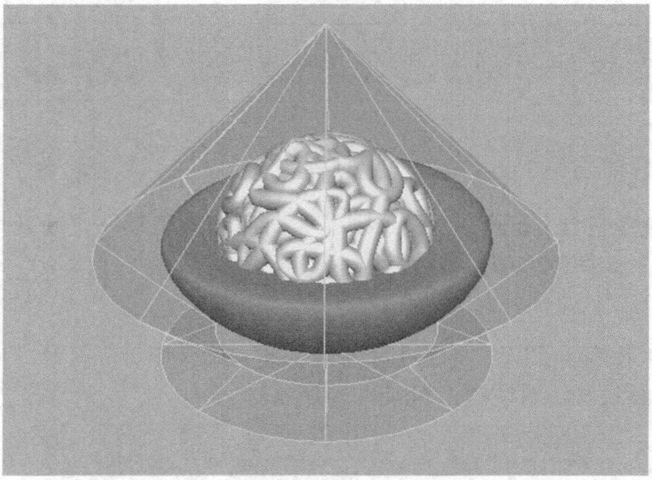

图9-203

02 进入等参线编辑模式，然后选择如图9-204所示的等参线，接着执行“平滑切线”命令，最终效果如图9-205所示。

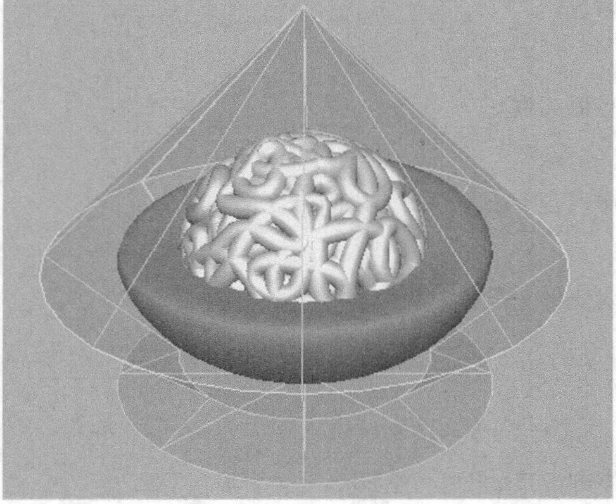

图9-204

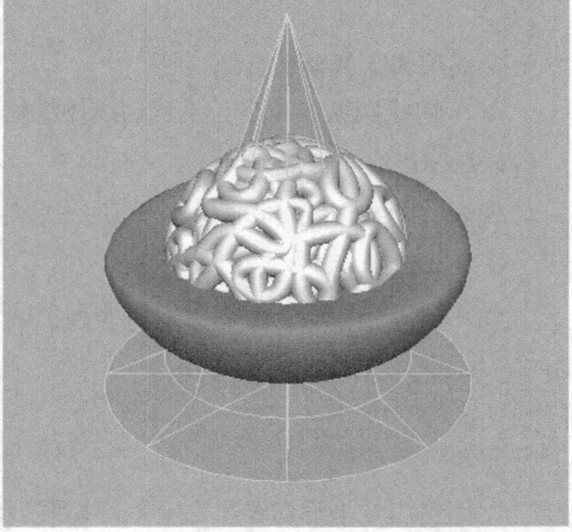

图9-205

9.3.23 选择

“选择”命令包含4个子命令，分别是“扩大当前选择的CV”“收缩当前选择的CV”“选择CV选择边界”和“选择曲面边界”，如图9-206所示。

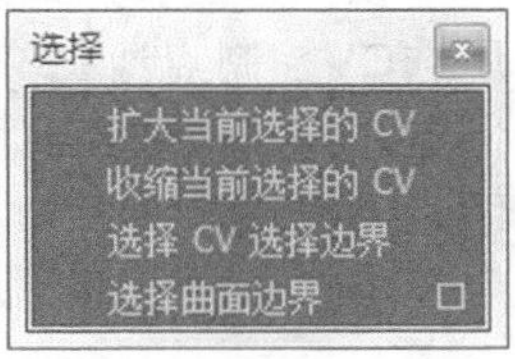

图9-206

1.扩大当前选择的CV

使用“扩大当前选择的CV”命令可以扩大当前选择的CV控制点区域，如图9-207所示。

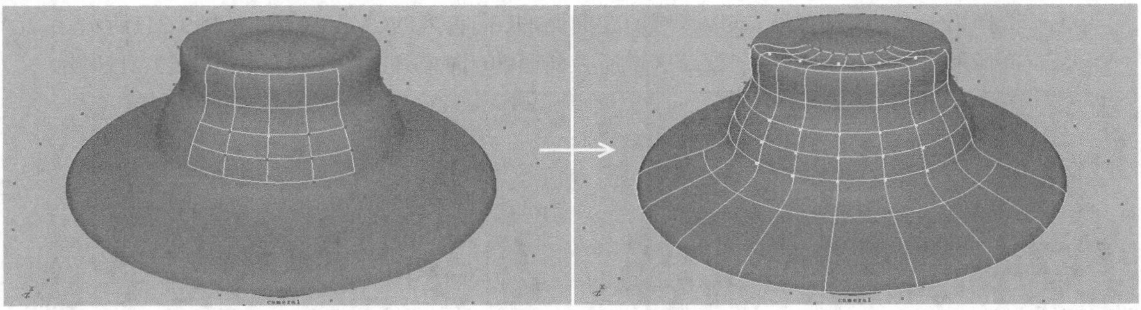

图9-207

2.收缩当前选择的CV

使用“收缩当前选择的CV”命令可以缩减当前选择的CV控制点区域，如图9-208所示。

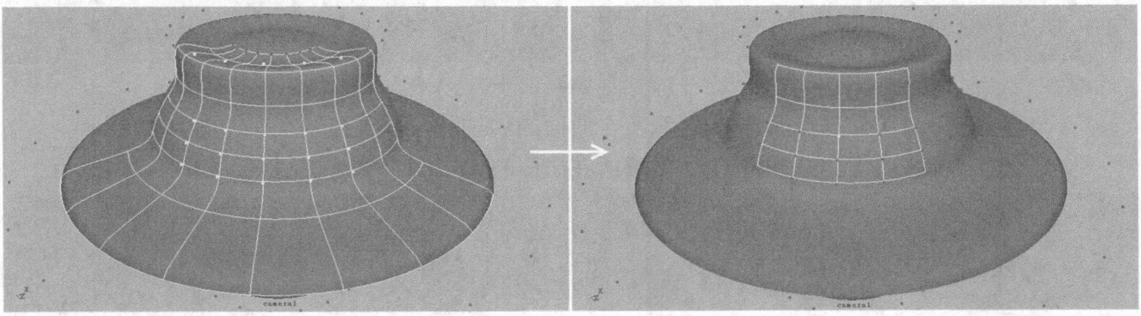

图9-208

3.选择CV选择边界

当选择了一个区域内的CV控制点时，执行“选择CV选择边界”命令可以只选择CV控制点区域边界上的CV控制点，如图9-209所示。

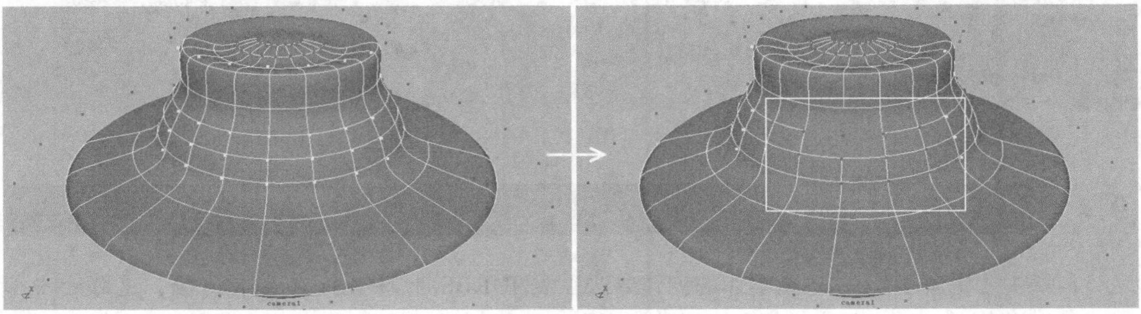

图9-209

4.选择曲面边界

使用“选择曲面边界”命令可以选择当前所选CV控制点所在曲面的各条边界上的CV控制点。打开“选择曲面边界选项”对话框，如图9-210所示。

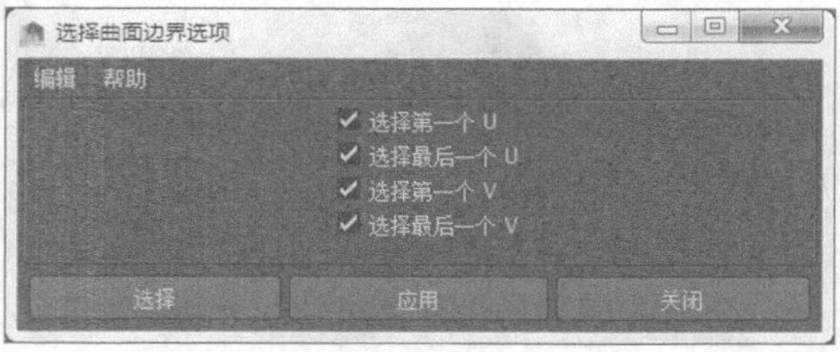

图9-210

选择曲面边界选项介绍

- ❖ 选择第一个U：选择所选CV区域所在曲面的U向首列的CV控制点，如图9-211所示。
- ❖ 选择最后一个U：选择所选CV区域所在曲面的U向末列的CV控制点，如图9-212所示。

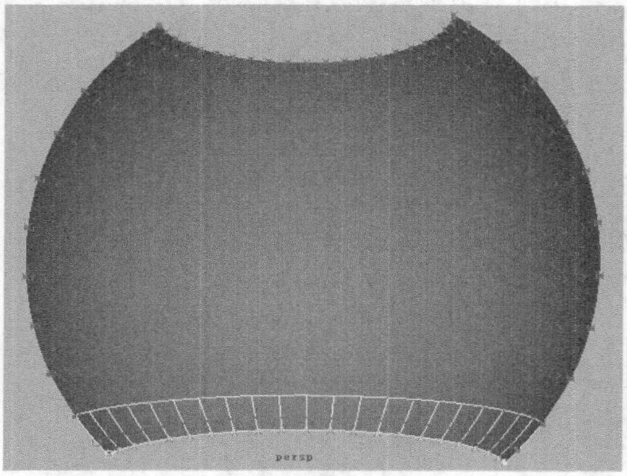

图9-211

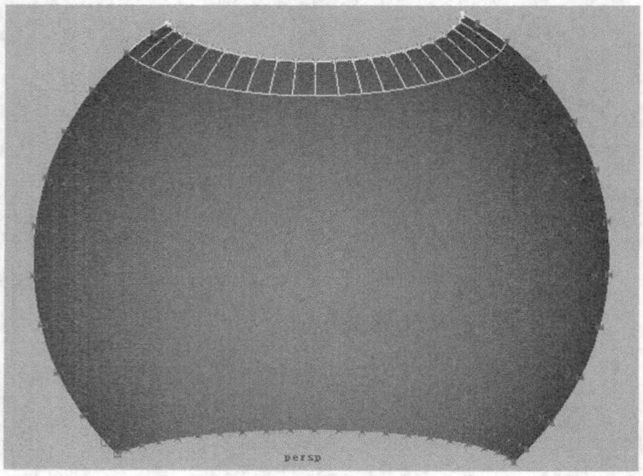

图9-212

- ❖ 选择第一个V：选择所选CV区域所在曲面的V向首列的CV控制点，如图9-213所示。
- ❖ 选择最后一个V：选择所选CV区域所在曲面的V向末列的CV控制点，如图9-214所示。

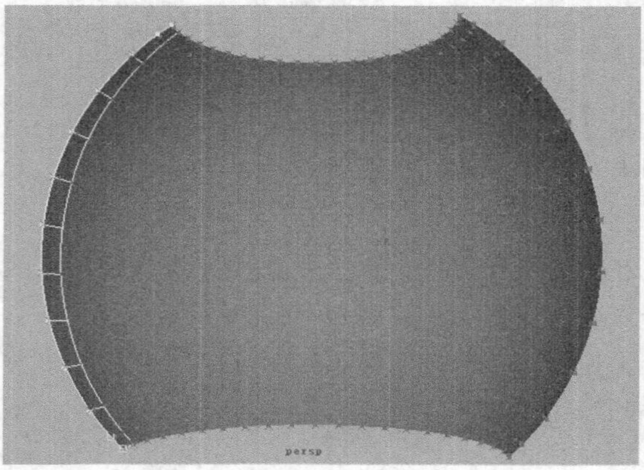

图9-213

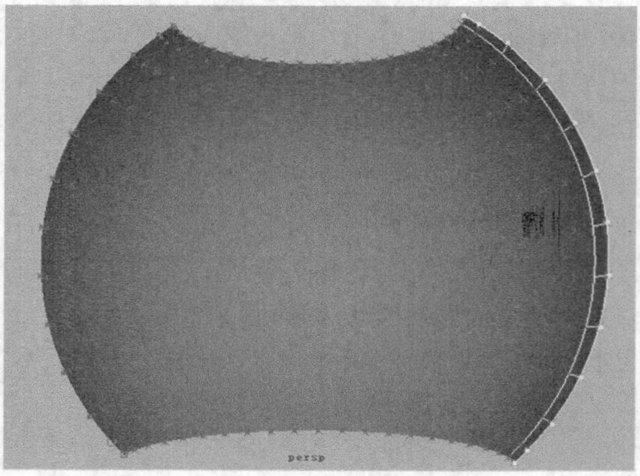

图9-214

9.4 知识总结与回顾

本章主要讲解了NURBS基本体的创建方法以及NURBS曲线的创建与编辑方法，这部分内容是NURBS建模的基础，只有学好了本章的知识点，才能创建出优秀的NURBS模型。

第10章 NURBS建模综合实例：卡通丑小鸭

要点索引

➢ 工程目录的创建方法

➢ 参考平面的建立方法

➢ 各种常用NURBS建模工具与命令的用法

场景文件　无
实例文件　学习资源>实例文件>CH10>10.1mb
技术掌握　全面掌握NURBS建模技术的流程与方法

本例以一个可爱的丑小鸭实例来全面讲解NURBS建模技术的流程与方法，模型效果如图10-1所示。

图10-1

本章导读

经过第7~9章的学习，相信大家已经基本掌握了NURBS建模工具与命令的用法，本章将安排一个建模综合实例来强化训练NURBS建模命令与工具的用法。

10.1 建立工程目录

执行“文件>项目窗口”菜单命令，打开“项目窗口”对话框，然后设置项目名称和保存路径，如图10-2所示。

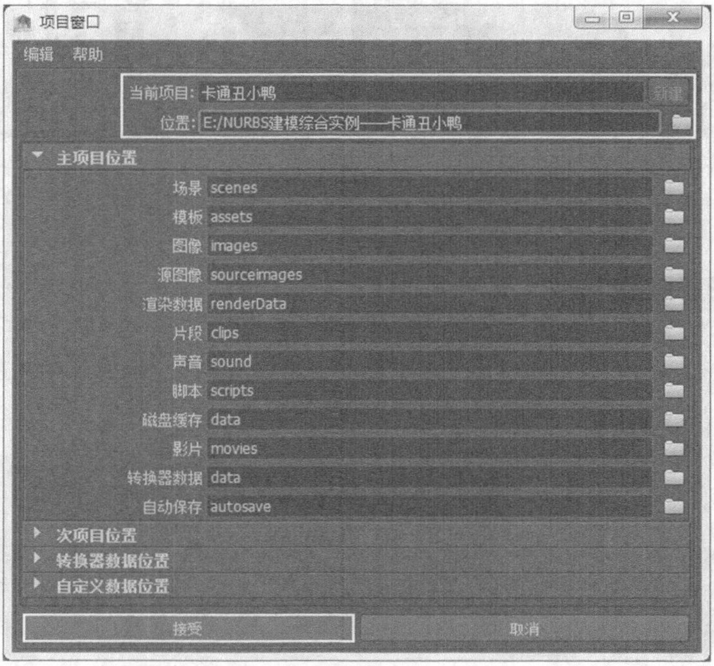

图10-2

技巧与提示

在创建大型模型时，最好先建立一个工程项目来管理文件，以免丢失一些重要的文件。

10.2 建立参考平面

01 执行“创建>NURBS基本体>平面”菜单命令，然后在透视图中创建出一个平面，如图10-3所示。

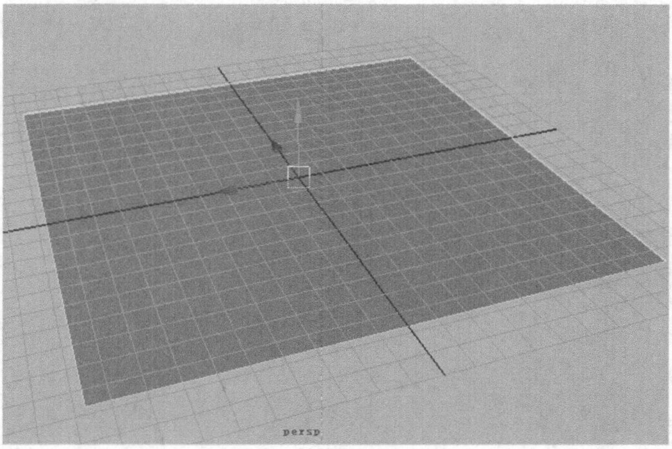

图10-3

02 执行“窗口>渲染编辑器>Hypershade”菜单命令，打开Hypershade对话框，然后单击lambert按钮，创建一个lambert材质，如图10-4所示。

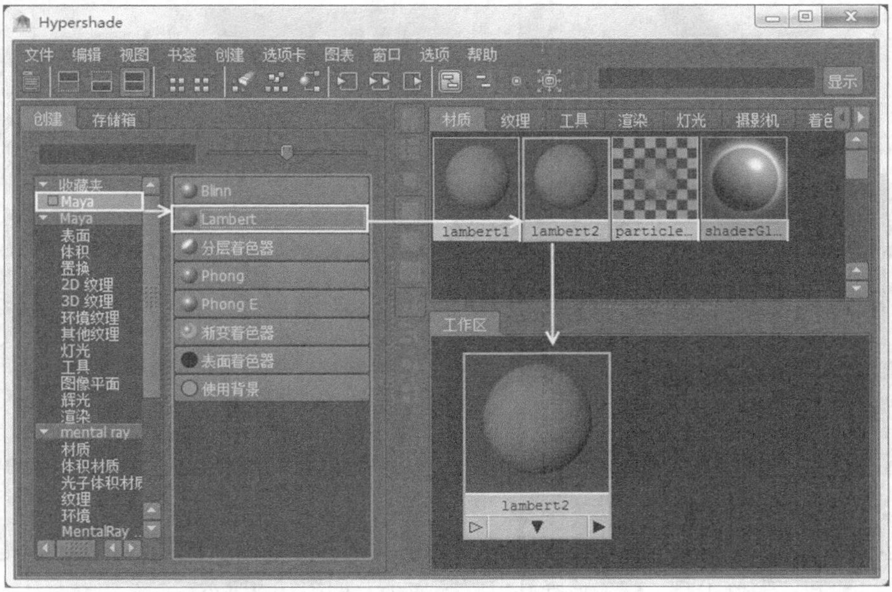

图10-4

03 双击lambert材质，打开其“属性编辑器”对话框，然后单击“颜色”属性后面的按钮，打开“创建渲染节点”对话框，接着单击“文件”节点，最后导入配套学习资源中的参考图“实例文件>CH10>10.1>参考图.jpg”文件，如图10-5所示，创建好的材质节点如图10-6所示。

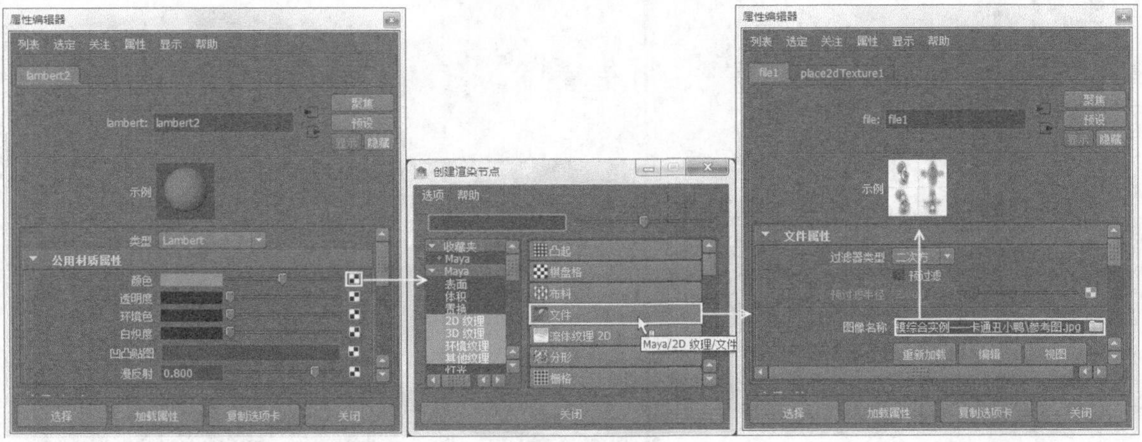

图10-5

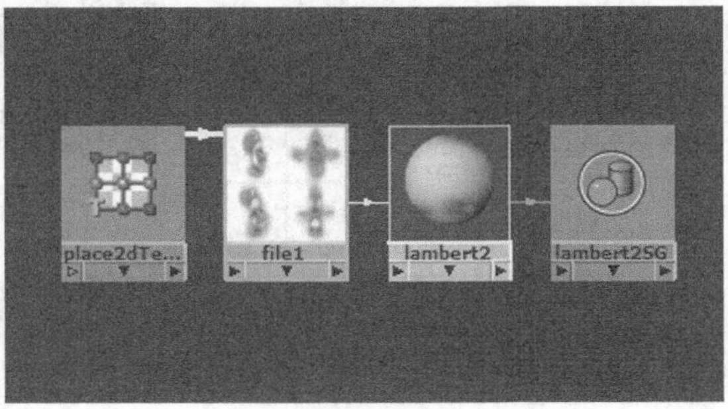

图10-6

04 选择视图中的平面，然后在lambert材质上单击鼠标右键，接着在弹出的菜单中选择“为当前选择指定材质”命令，将材质赋予平面，如图10-7所示，最后按6键以材质模式显示平面，效果如图10-8所示。

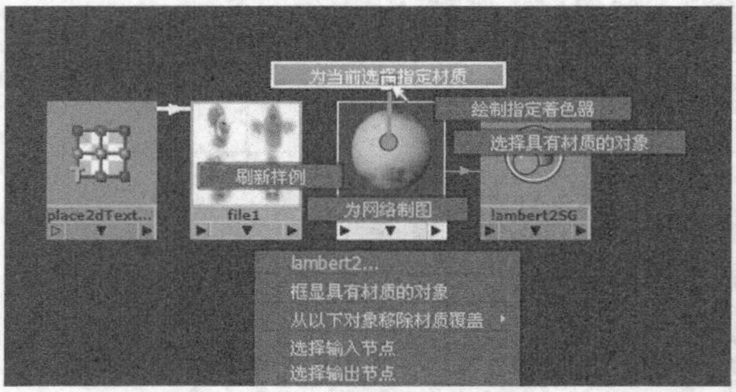

图10-7

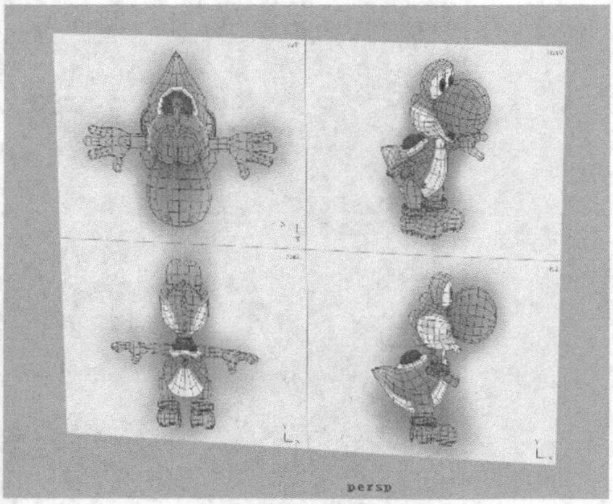

图10-8

05 选中创建的参考面，然后按快捷键Shift+D复制一个参考平面，接着将其旋转90°，最后用“移动工具”和“缩放工具”调整好其位置和大小，如图10-9所示。

06 选中两个参考平面，然后在“层编辑器”中单击“创建新层并指定对象”按钮，创建一个layer1层，接着将层锁定，如图10-10所示。

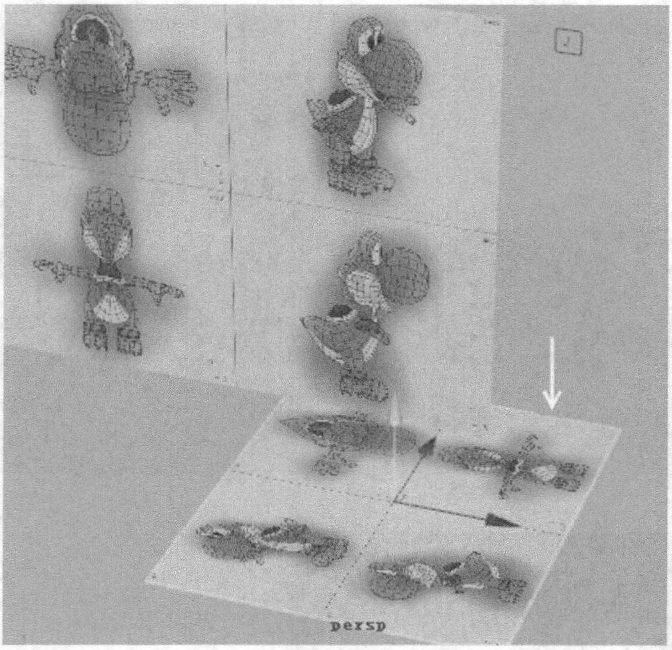

图10-9

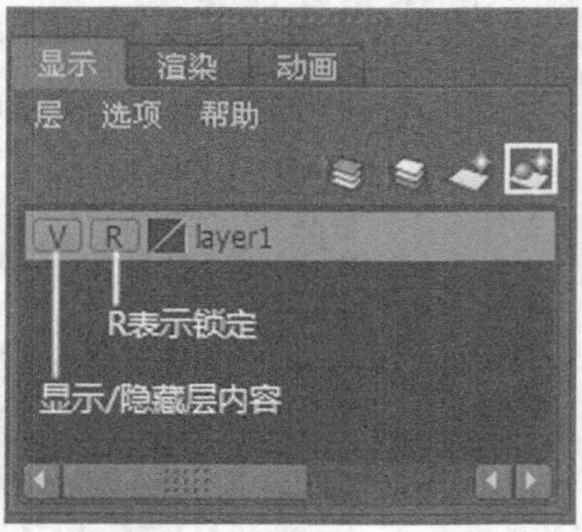

图10-10

技巧与提示

这里创建层的目的主要是为了方便对两个参考平面进行控制。这两个参考平面没有实质性的作用，只是用来参考，将其锁定以后，不管用什么工具都不能对其进行编辑。

10.3 模型制作

10.3.1 创建鼻子模型

01 切换到前视图，然后执行“创建>NURBS基本体>球体”菜单命令，创建一个NURBS球体，接着沿y轴将其旋转90°，如图10-11所示。为了方便观察模型，在视图快捷栏上单击“线框”按钮，以线框模式显示球体，如图10-12所示。

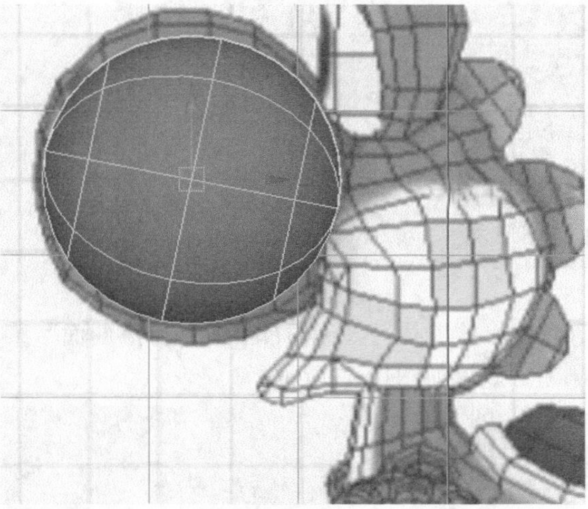

图10-11

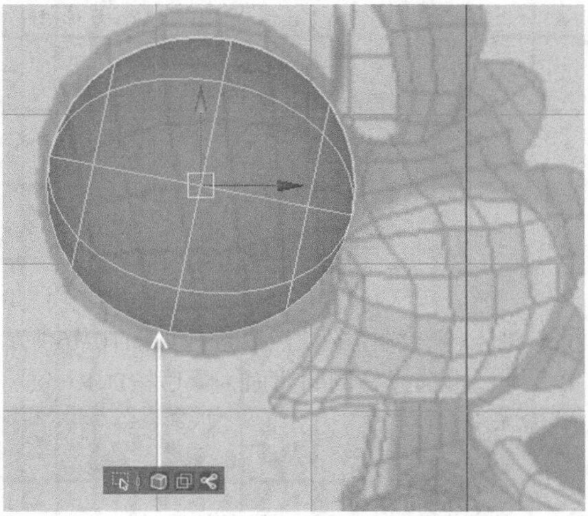

图10-12

02 在“通道盒”中将球体的“半径”设置为1.162、“分段数”设置为14、“跨度数”设置为9，如图10-13所示，然后用“移动工具”、“旋转工具”和“缩放工具”将球体调整成如图10-14所示的形状。

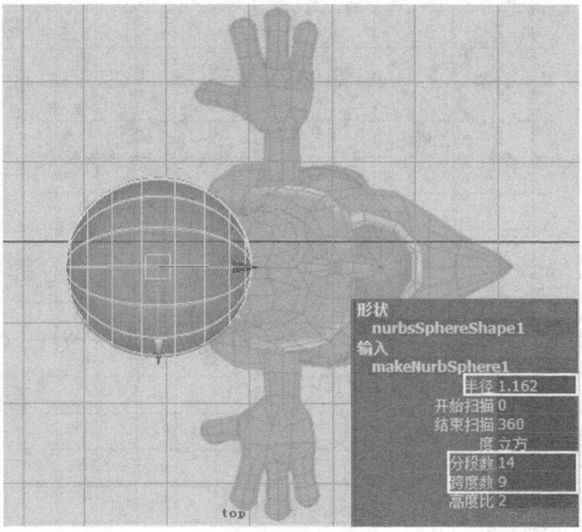

图10-13

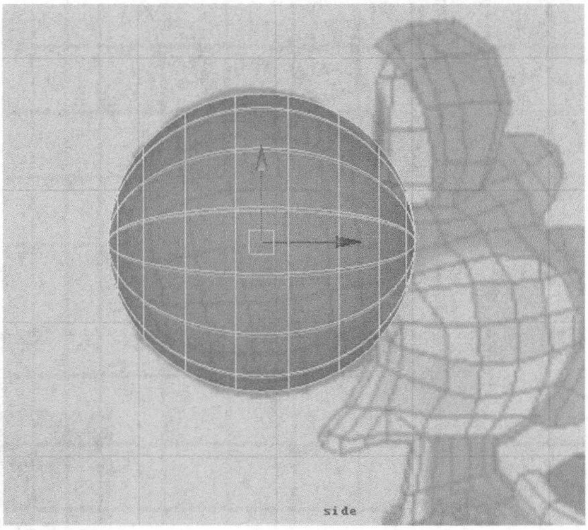

图10-14

03 进入控制顶点模式，然后将鼻子模型调整成如图10-15所示的形状。

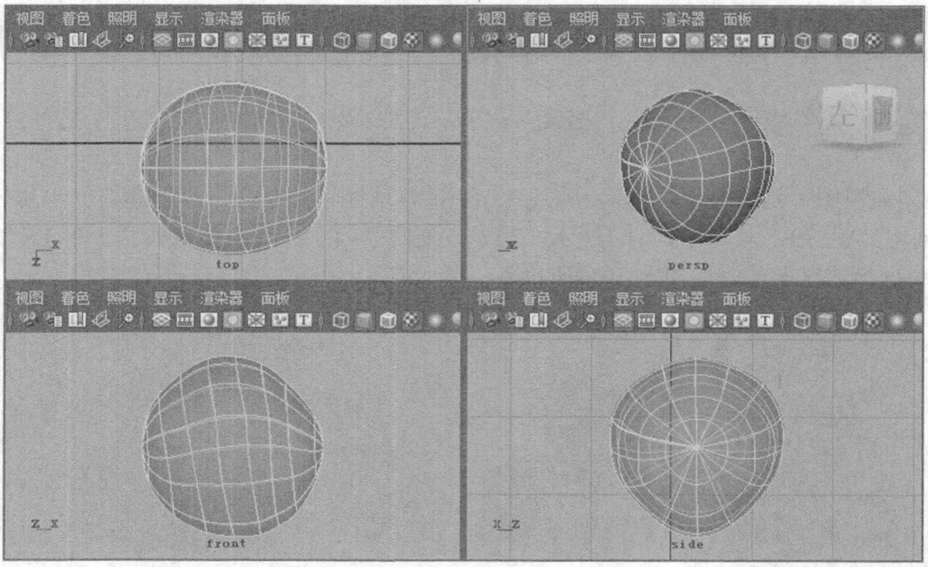

图10-15

04 进入等参线模式，然后选择如图10-16所示的等参线，接着执行“编辑NURBS>分离曲面”菜单命令，再选择右侧的曲面，最后按Delete键将其删除，效果如图10-17所示。

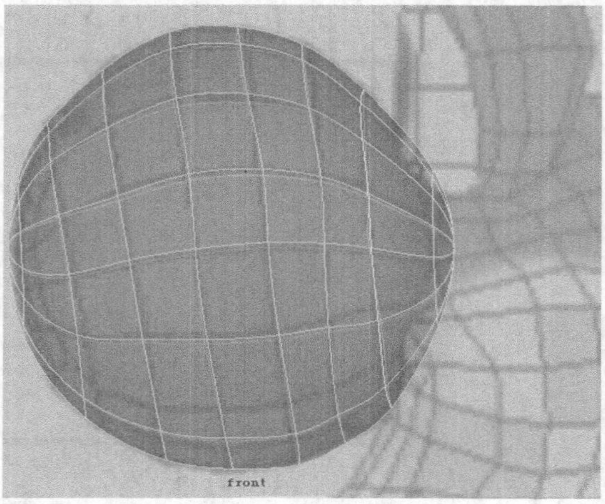

图10-16

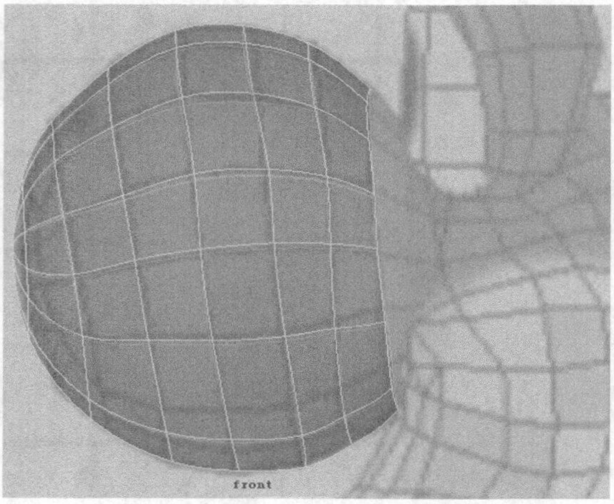

图10-17

10.3.2 创建身体模型

01 执行“创建>NURBS基本体>圆柱体”菜单命令，然后在“通道盒”中设置“半径”为1、“分段数”为8、“跨度数”为4、“高度比”为2，具体参数设置如图10-18所示。

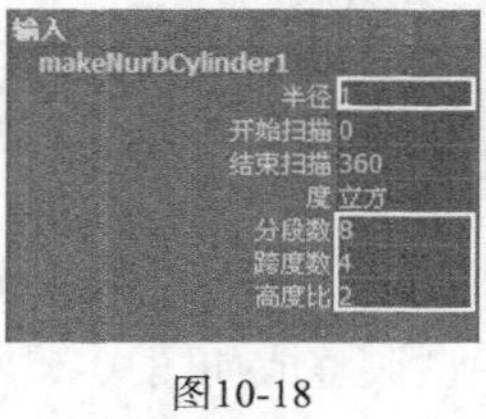

图10-18

02 进入控制顶点模式，然后用“移动工具”、“旋转工具”和“缩放工具”将圆柱体调整成如图10-19所示的形状。

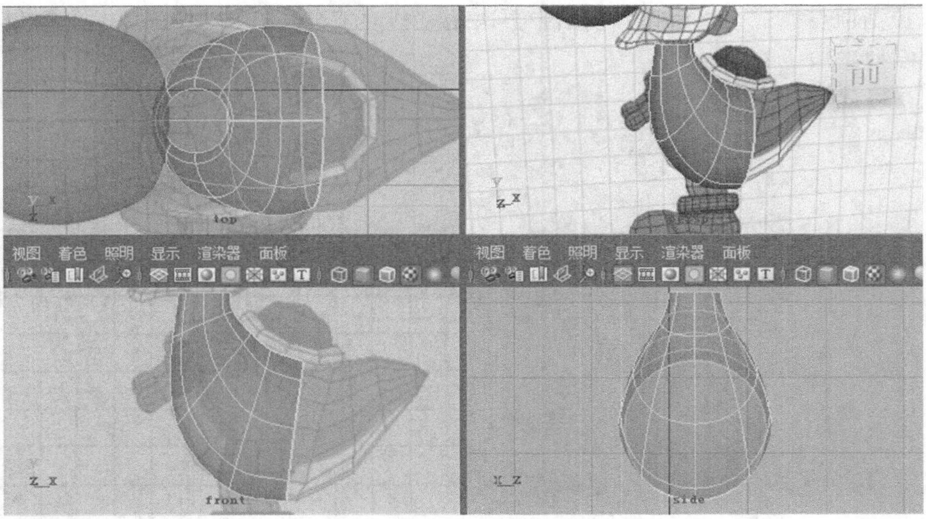

图10-19

03 进入等参线模式，然后选择如图10-20所示的等参线，接着执行“编辑NURBS>插入等参线”菜单命令，效果如图10-21所示。

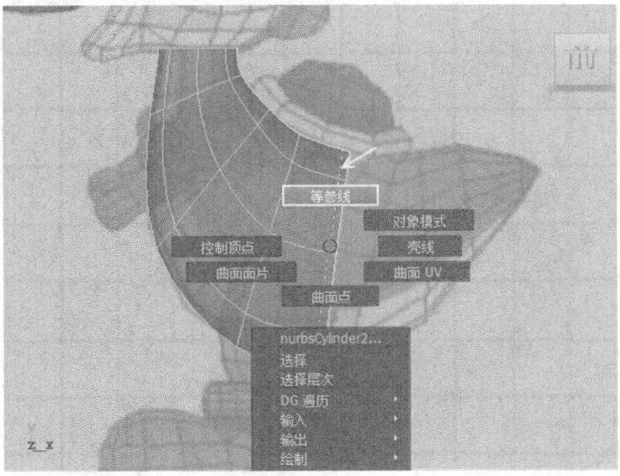

图10-20

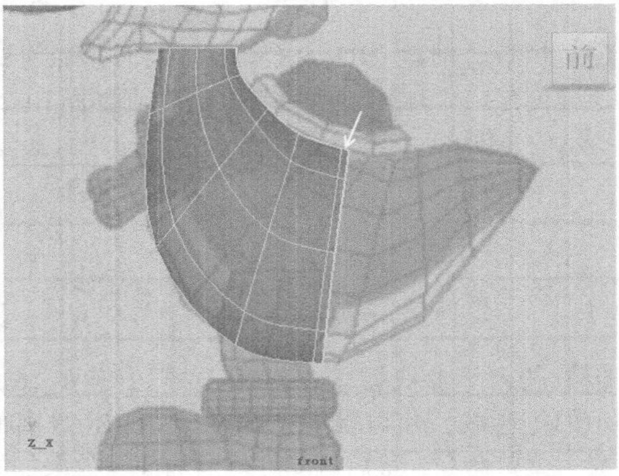

图10-21

04 在模型上单击鼠标右键，然后在弹出的菜单中选择“壳线”命令，进入壳线模式，如图10-22所示，接着用“移动工具”、“旋转工具”和“缩放工具”将壳线调整成如图10-23所示的形状。

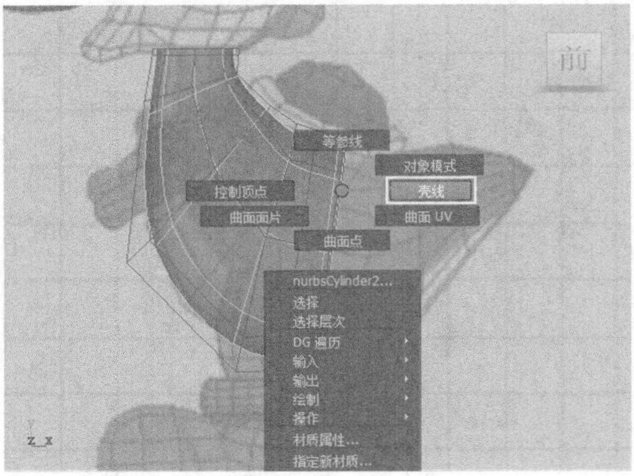

图10-22

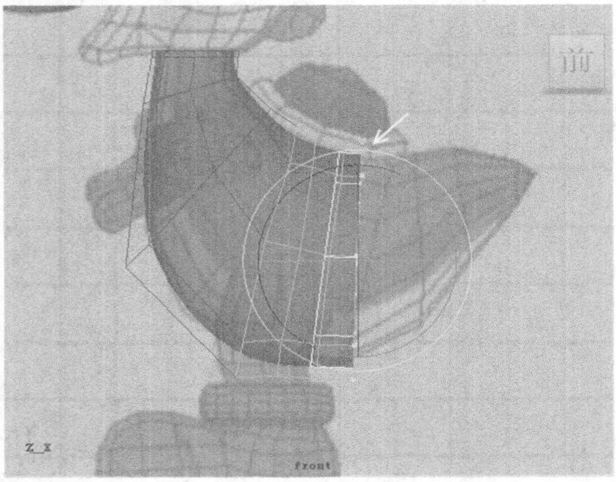

图10-23

05 进入控制顶点模式，然后在四视图中再次用“移动工具”、“旋转工具”和“缩放工具”对模型进行调整，完成后的效果如图10-24所示。

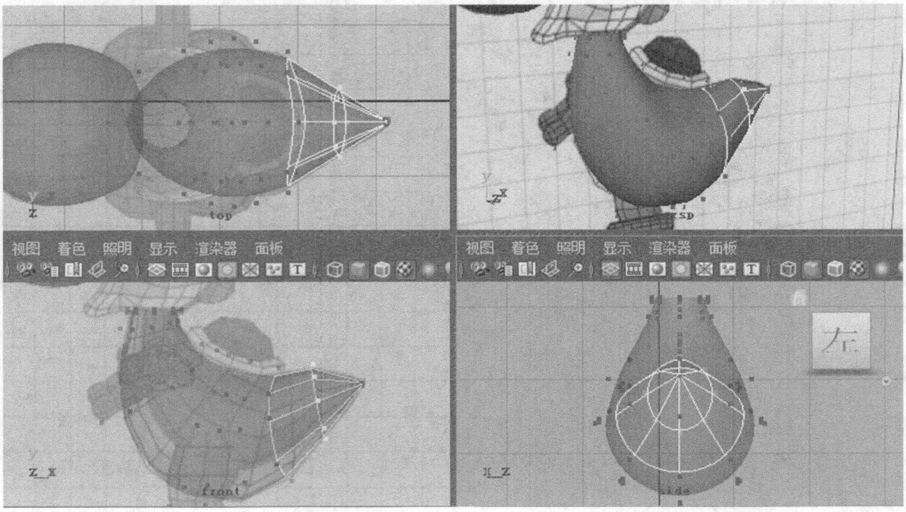

图10-24

10.3.3 创建头部模型

01 执行“创建>NURBS基本体>球体”菜单命令，创建一个球体，然后将其旋转到如图10-25所示的角度。

图10-25

02 进入等参线模式，然后选择如图10-26所示的等参线，接着执行“编辑NURBS>分离曲面”菜单命令，最后删除左侧的曲面，效果如图10-27所示。

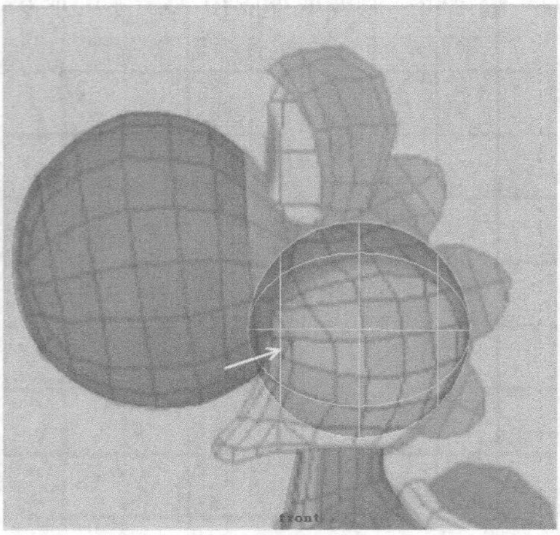

图10-26

图10-27

03 进入控制顶点模式，然后将头部模型调整成如图10-28所示的形状。

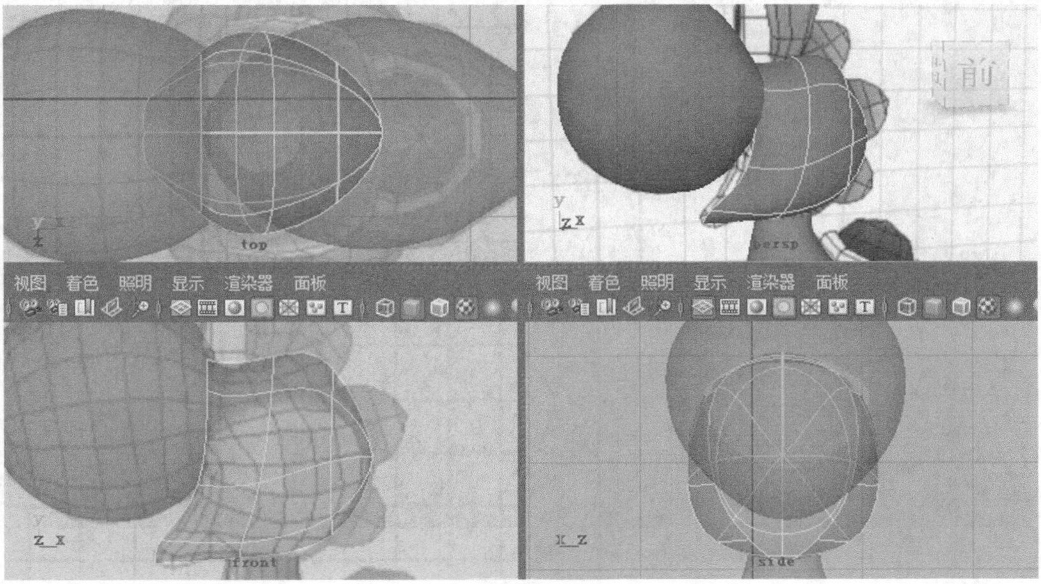

图10-28

10.3.4 创建眼睛模型

01 执行“创建>NURBS基本体>球体”菜单命令，创建一个大小合适的球体，接着用“移动工具”和“缩放工具”将其调整成如图10-29所示的形状。

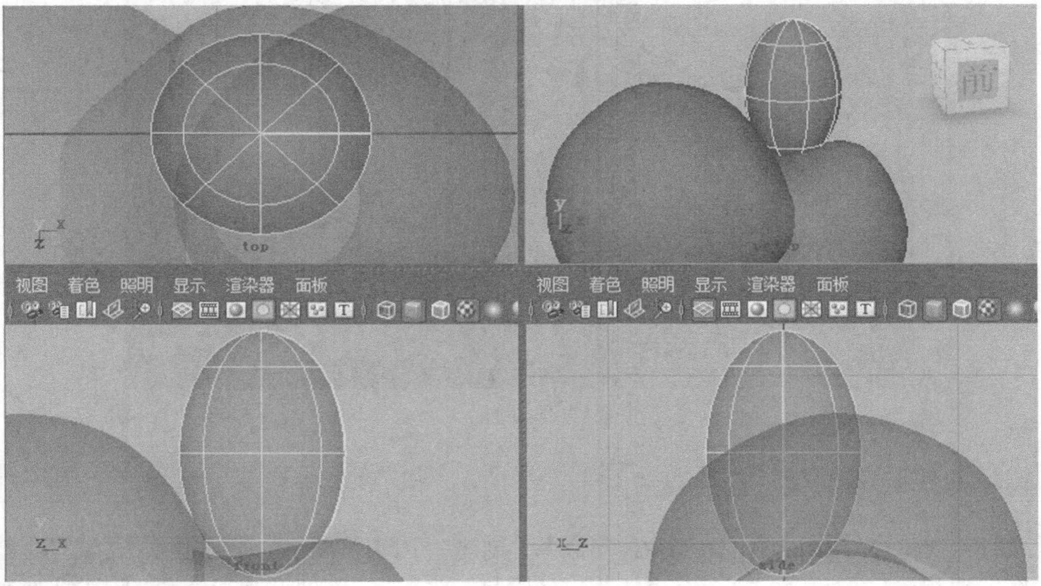

图10-29

02 选中眼睛模型，然后按快捷键Shift+D复制一个眼睛，接着将其移到如图10-30所示的位置。

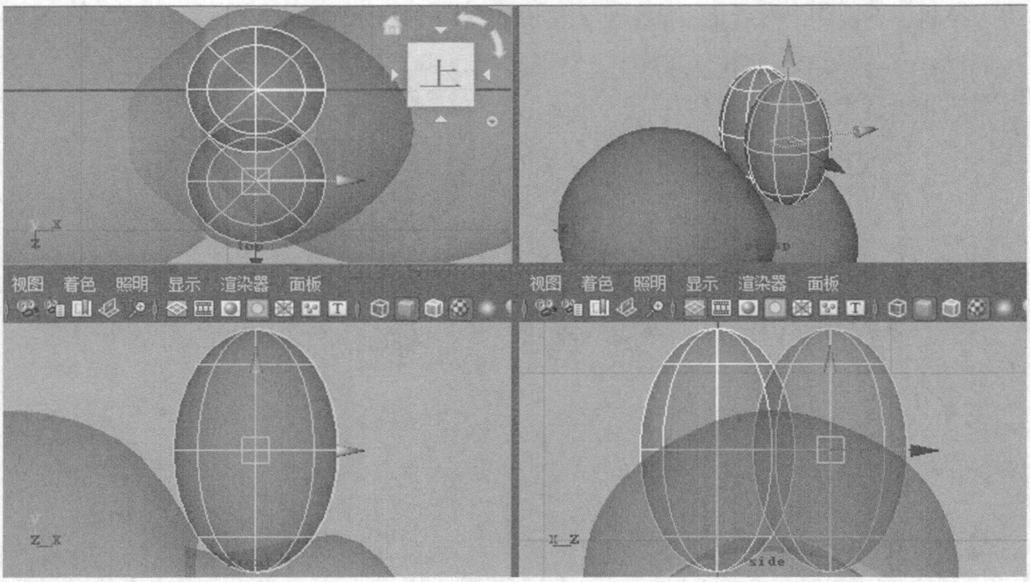

图10-30

03 切换到透视图，然后根据眼睛模型的形状再次对头部模型进行调整，如图10-31所示。

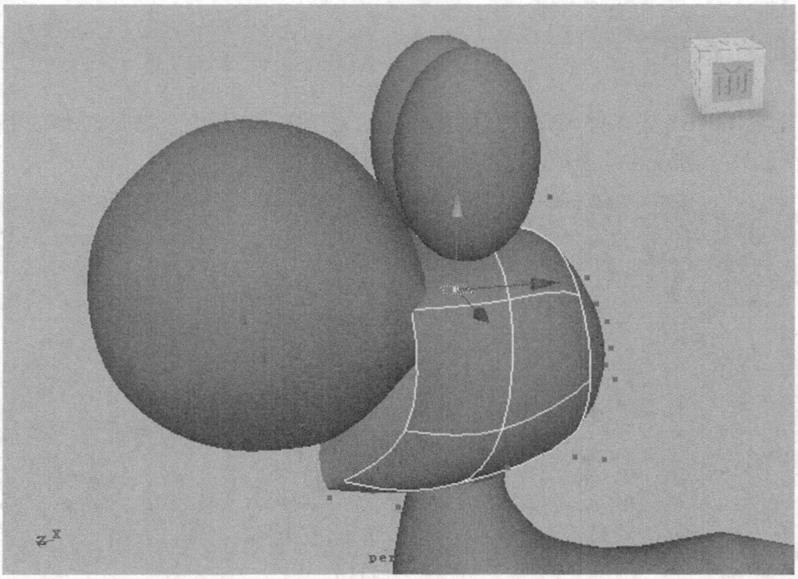

图10-31

10.3.5 创建腿部模型

01 执行“创建>NURBS基本体>圆柱体”命令，创建一个圆柱体，然后在“通道盒”中设置“半径”为1、“分段数”为8、“跨度数”为5、“高度比”为2，具体参数设置如图10-32所示，接着调整好圆柱体的大小比例和位置，如图10-33所示。

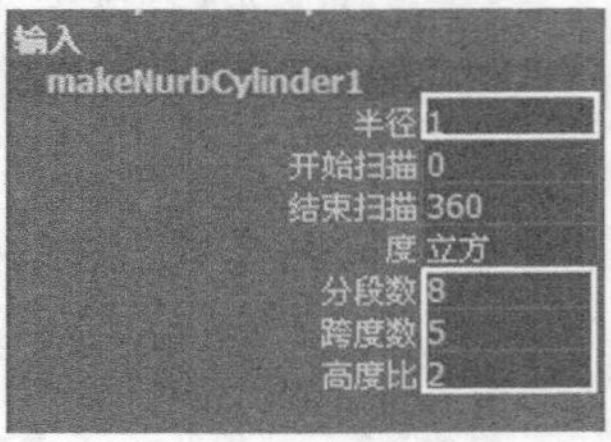

图10-32

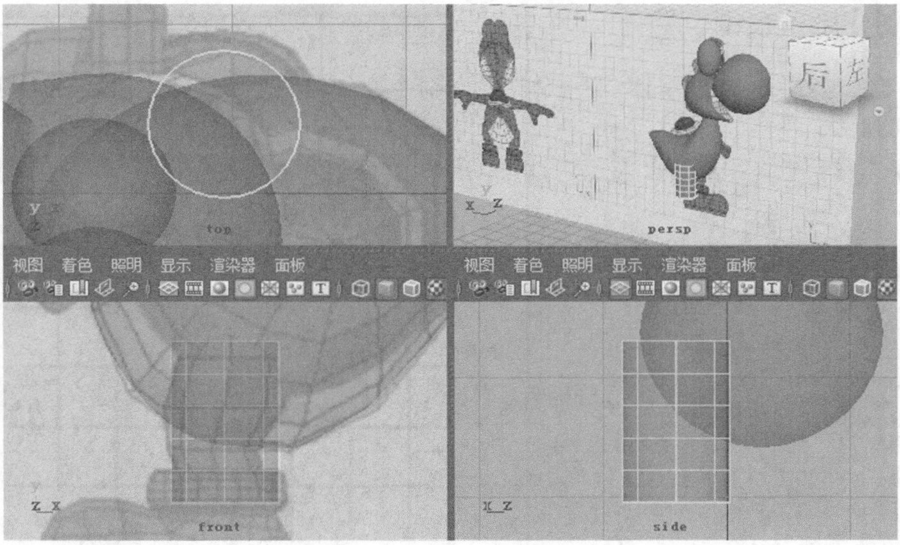

图10-33

02 进入壳线模式，然后用“移动工具”、“旋转工具”和“缩放工具”对壳线的形状进行调整，如图10-34所示。

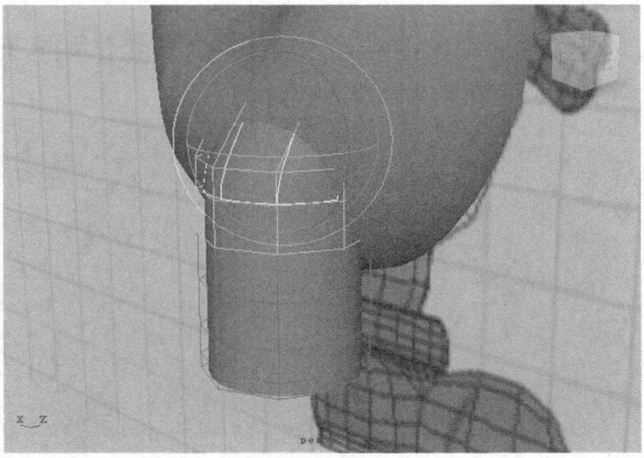

图10-34

03 切换到前视图，进入控制顶点模式，然后将腿部模型调整成如图10-35所示的形状。

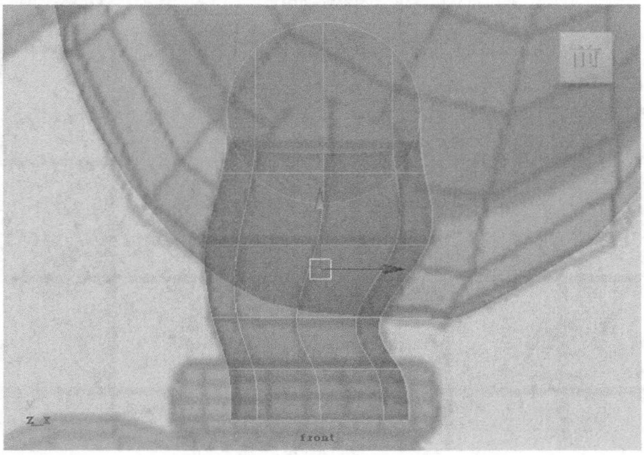

图10-35

10.3.6 创建鞋子模型

01 执行“创建>NURBS基本体>圆柱体”菜单命令，创建一个圆柱体，然后将其调整成如图10-36所示的形状。

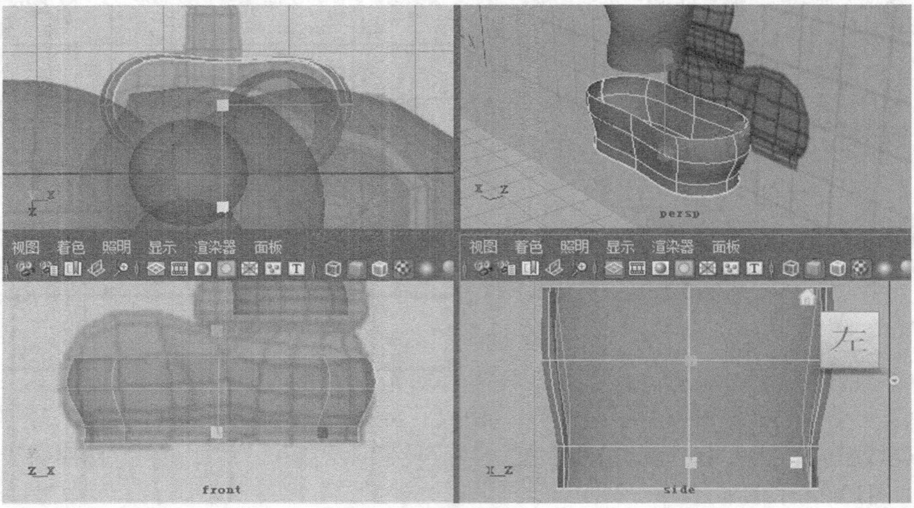

图10-36

02 进入等参线模式，然后选择如图10-37所示的两条等参线，接着执行“编辑NURBS>插入等参线”菜单命令，插入一条等参线，如图10-38所示。

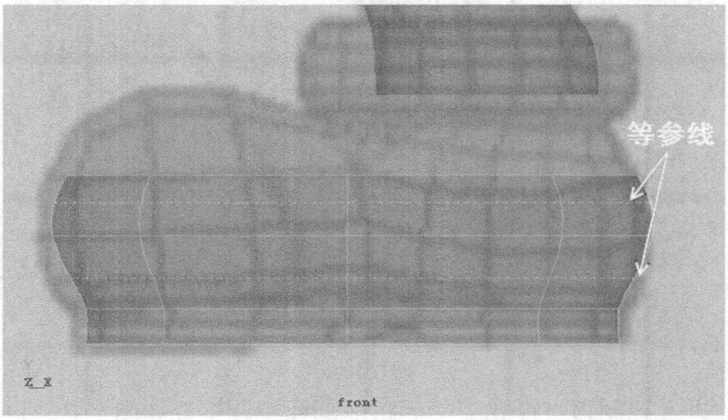

图10-37

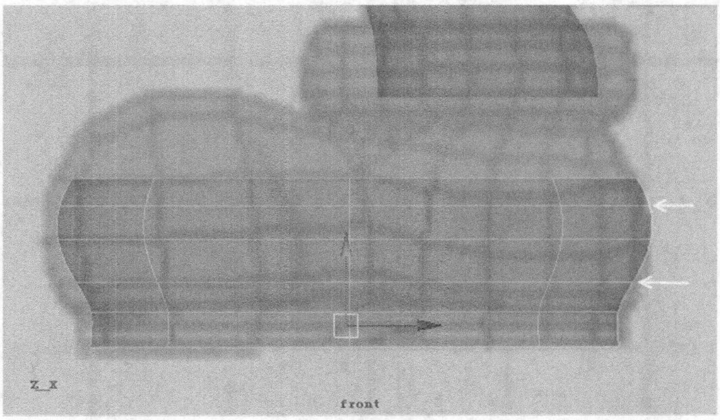

图10-38

技巧与提示

在选择多个对象时，可以按住Shift键进行加选。

03 切换到透视图，然后将视图旋转到鞋子的底部，接着进入壳线模式，最后用“缩放工具”将壳线缩放到如图10-39所示的大小。

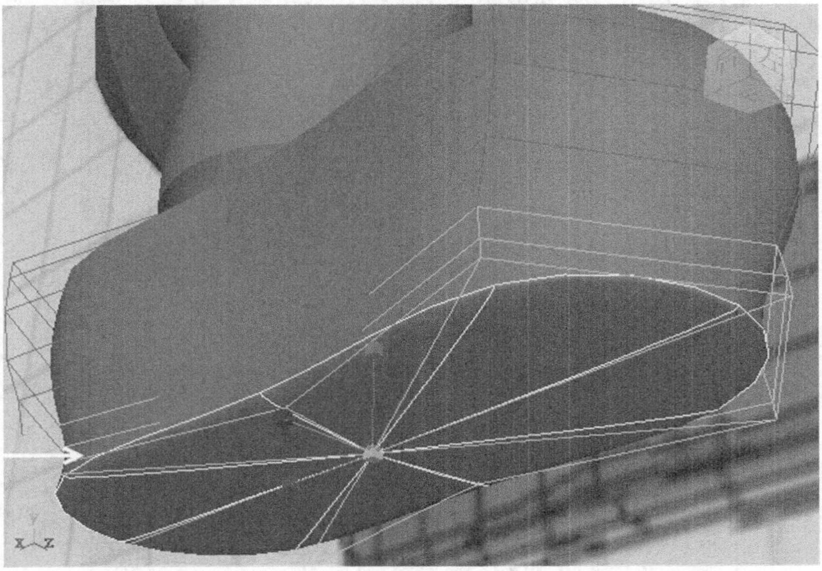

图10-39

技巧与提示

按住Alt+鼠标左键可以对视图进行旋转。

04 进入等参线模式，选择如图10-40所示的等参线，然后插入几条等参线，接着进入壳线模式，最后将鞋子调整成如图10-41所示的形状。

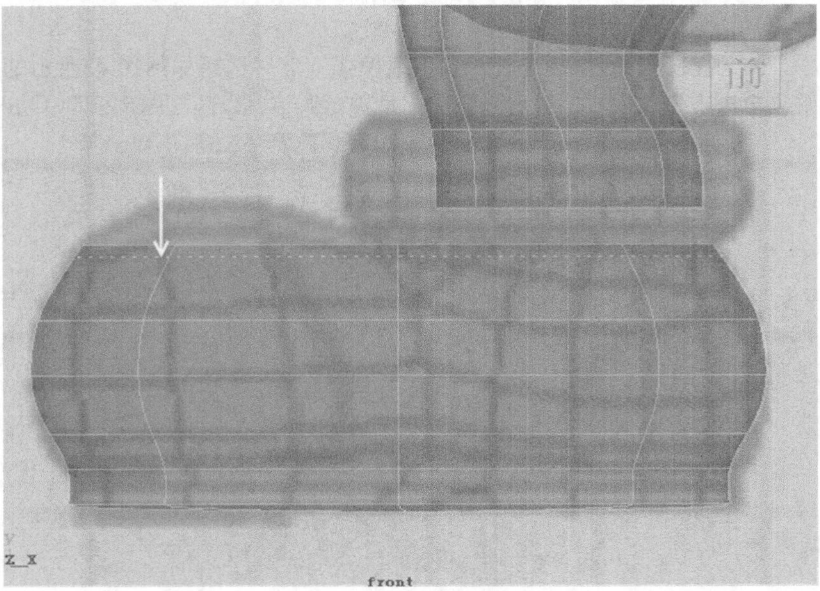

图10-40

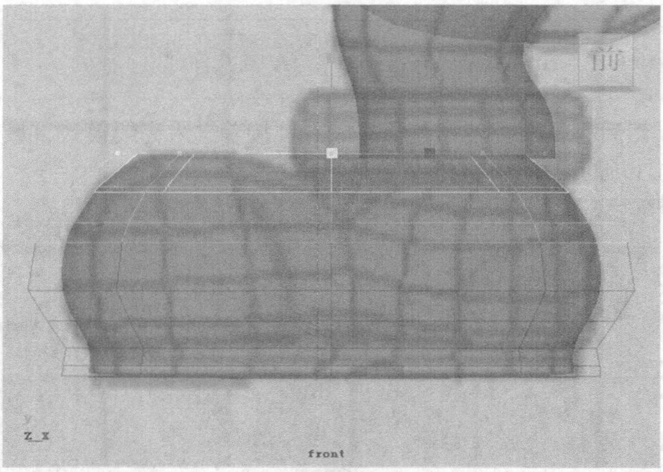

图10-41

05 进入控制顶点模式，然后继续对鞋子进行调整，如图10-42所示。

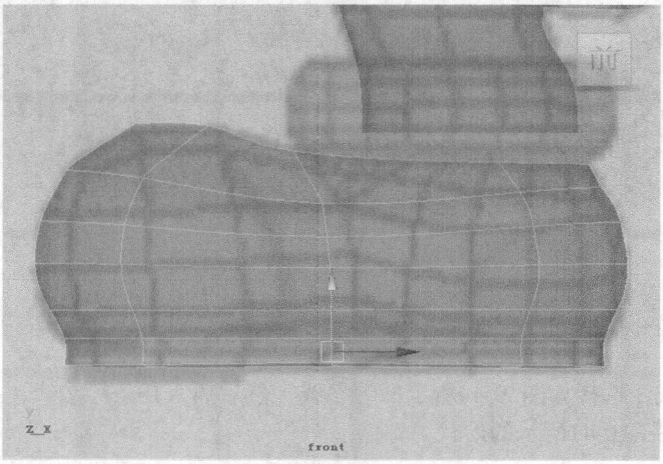

图10-42

06 切换到透视图，观察鞋子的顶部，进入等参线模式，然后选择如图10-43所示的等参线，接着插入一条等参线，再进入壳线模式，最后对鞋子模型进行调整，以匹配腿部模型，如图10-44所示。

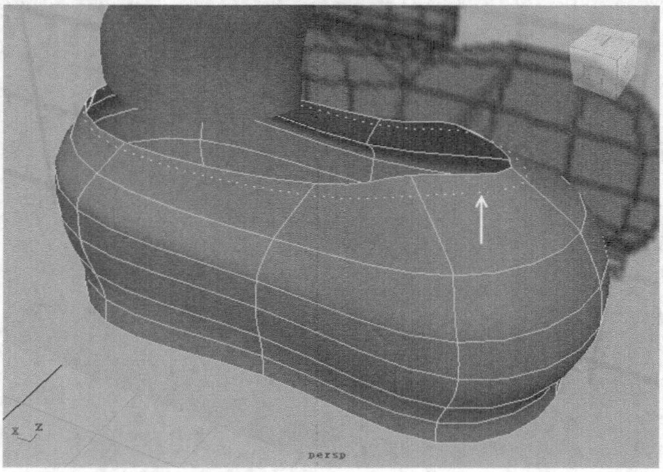

图10-43

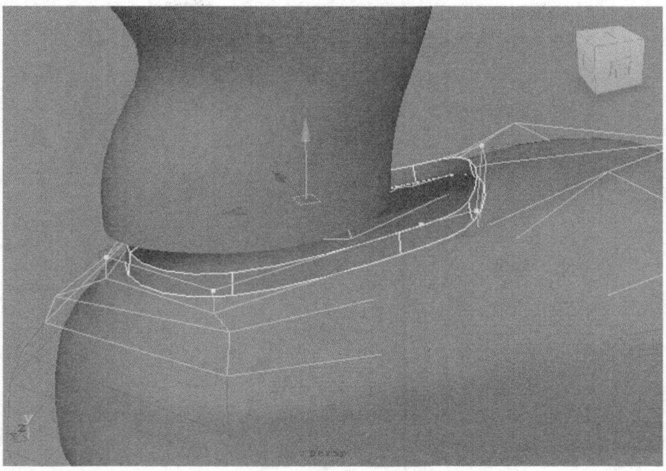

图10-44

07 继续插入几条等参线，然后对鞋子进行调整，完成后的效果如图10-45所示。

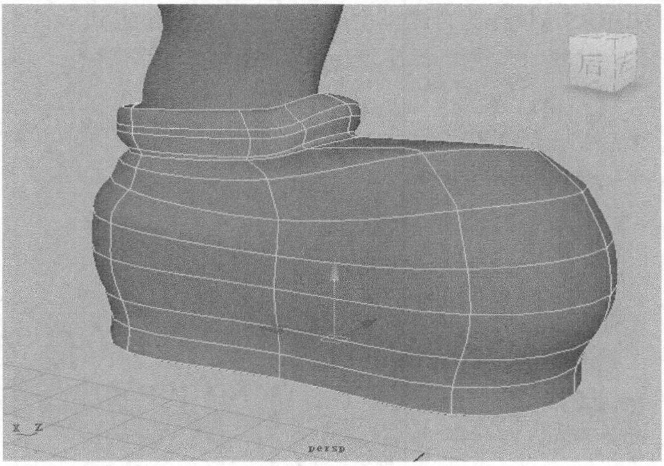

图10-45

08 选中右腿和鞋子模型，然后按快捷键Ctrl+G将其群组起来，如图10-46所示，接着单击“编辑>特殊复制”菜单命令后面的□按钮，打开“特殊复制选项”对话框，最后设置“缩放”为（0，0，-1），如图10-47所示，这样可以将模型镜像到另外一侧，效果如图10-48所示。

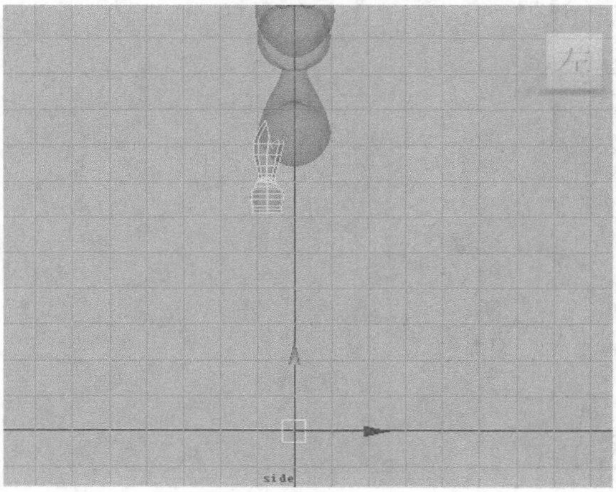

图10-46

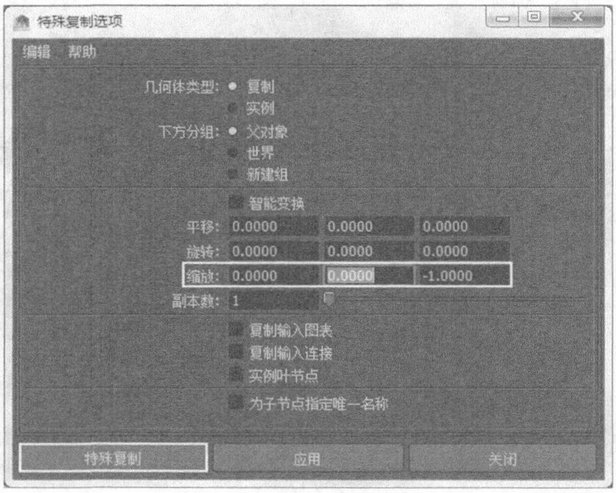

图10-47

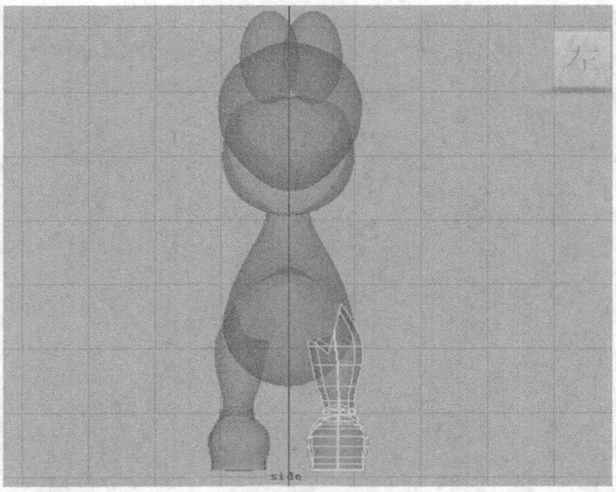

图10-48

10.3.7 创建背鳍模型

01 在脑后创建一个NURBS球体作为背鳍模型，然后调整好其位置和形状，如图10-49所示。

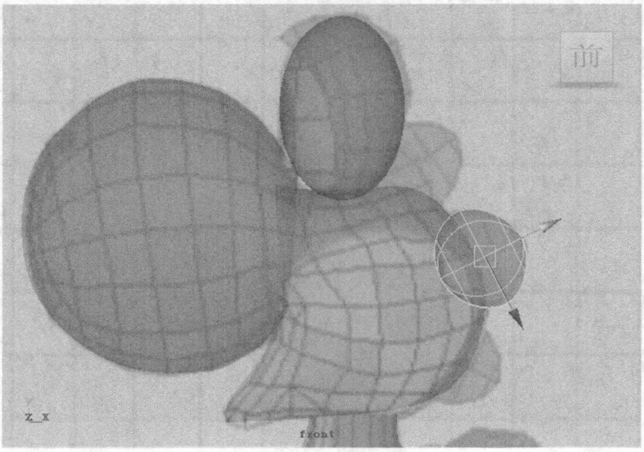

图10-49

02 选择背鳍模型，然后按两次快捷键Shift+D，复制出两个背鳍，接着调整好这两个背鳍模型的位置和角度，如图10-50所示。

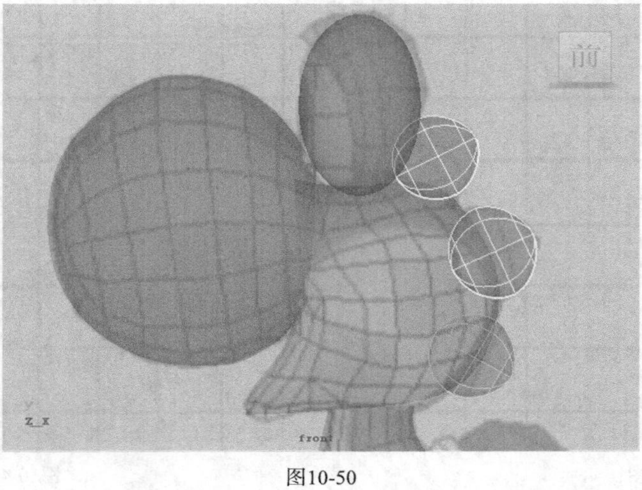

图10-50

03 选择头部模型，然后进入壳线模式，接着对壳线进行调整，完成后的效果如图10-51所示。

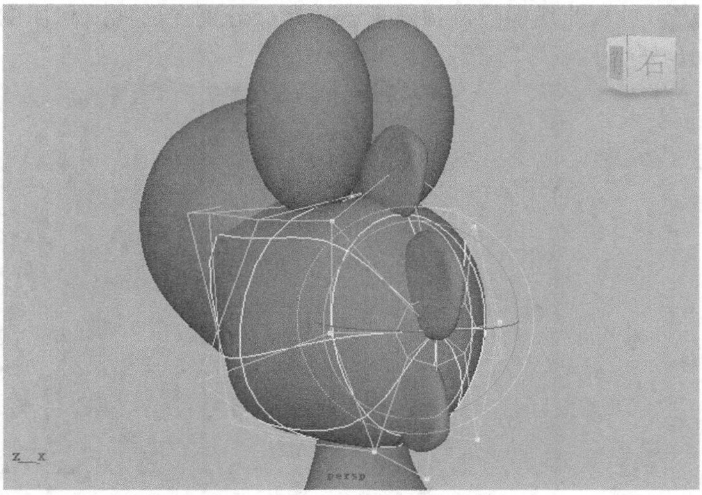

图10-51

04 选择场景中创建的所有模型，然后在“层编辑器”中单击“创建新层并指定对象”按钮，创建一个layer2层，接着将层隐藏起来，如图10-52所示。

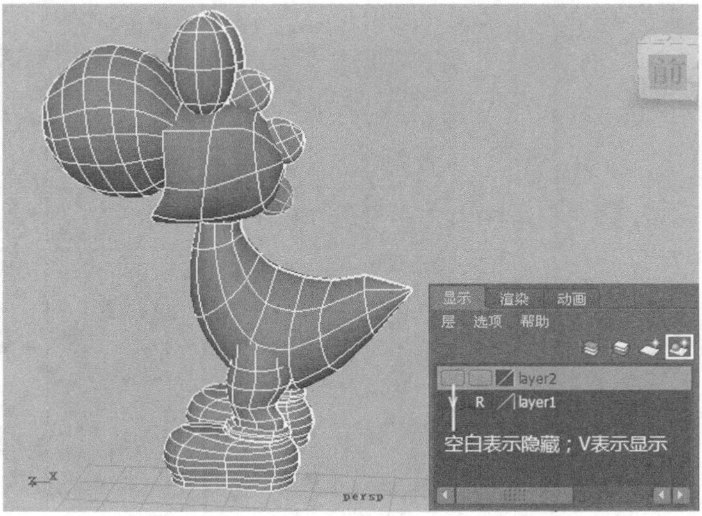

图10-52

05 下面创建另外一个背鳍。执行“创建>NURBS基本体>圆形”菜单命令，在顶视图中创建一个圆形曲线，然后将“半径”设置为1、将“分段数”设置为10，如图10-53所示。

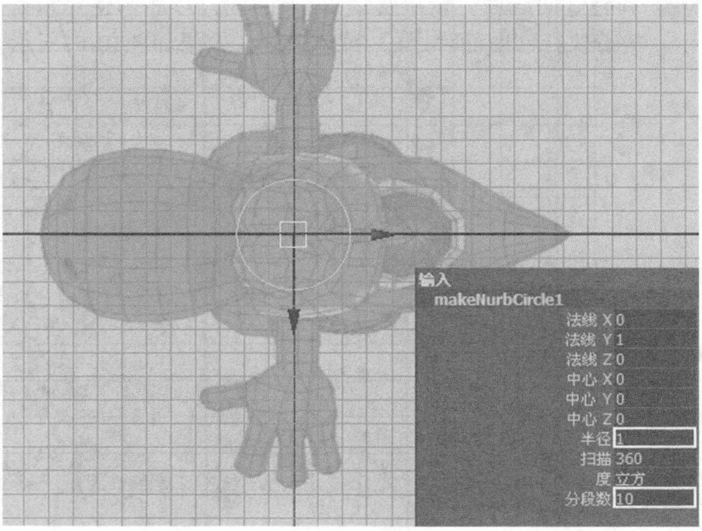

图10-53

06 进入曲线的控制顶点模式，然后分别在前视图和顶视图对曲线进行调整，如图10-54和图10-55所示。

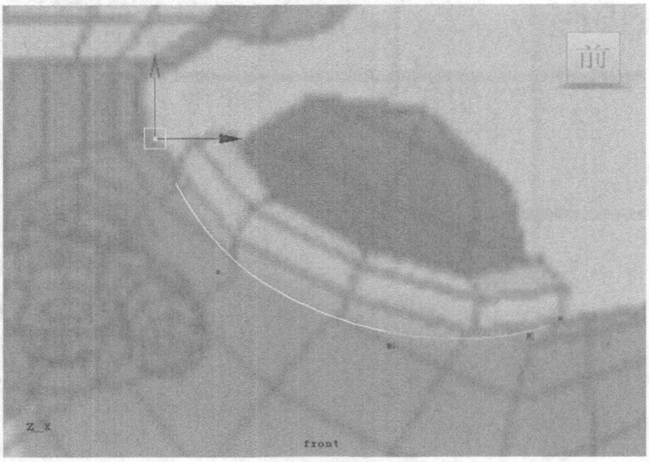

图10-54

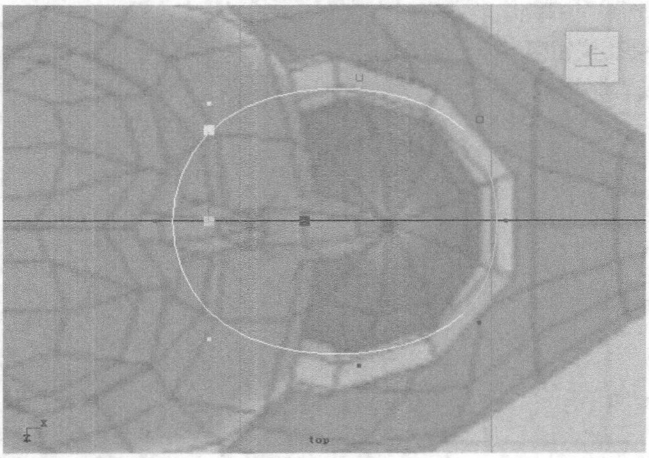

图10-55

07 调整好曲线后，依次复制出3条曲线，然后调整好每条曲线的位置和大小比例，如图10-56所示，接着执行“曲面>放样”菜单命令，效果如图10-57所示。

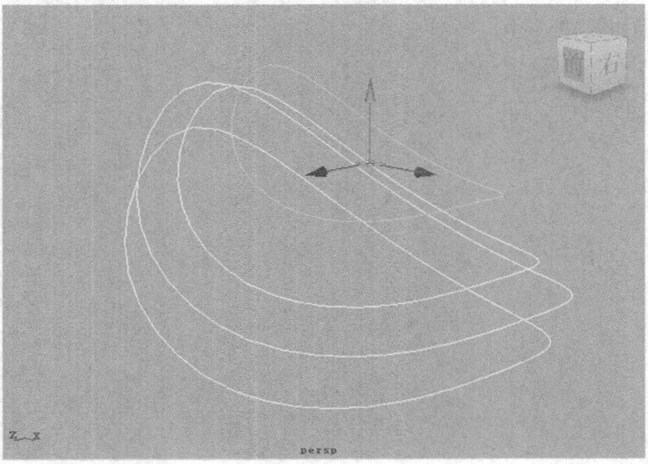

图10-56

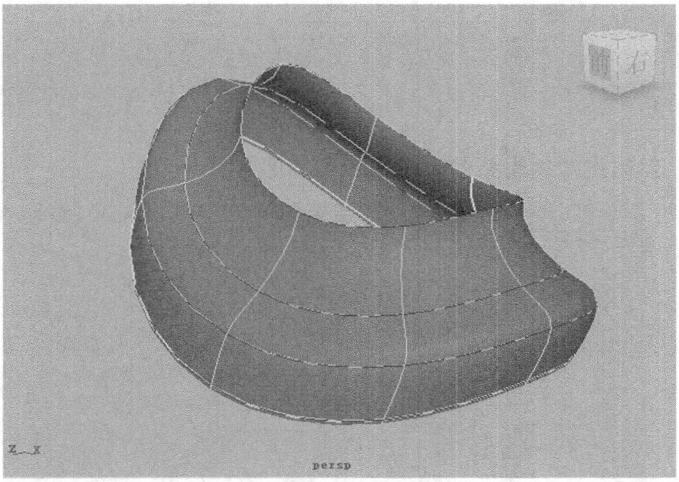

图10-57

08 选中模型，然后执行“编辑>按类型删除>历史”菜单命令，删除模型的历史记录，如图10-58所示，效果如图10-59所示。

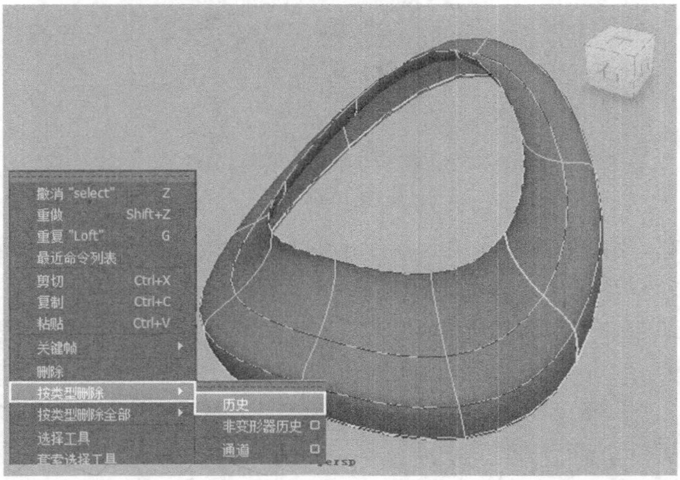

图10-58

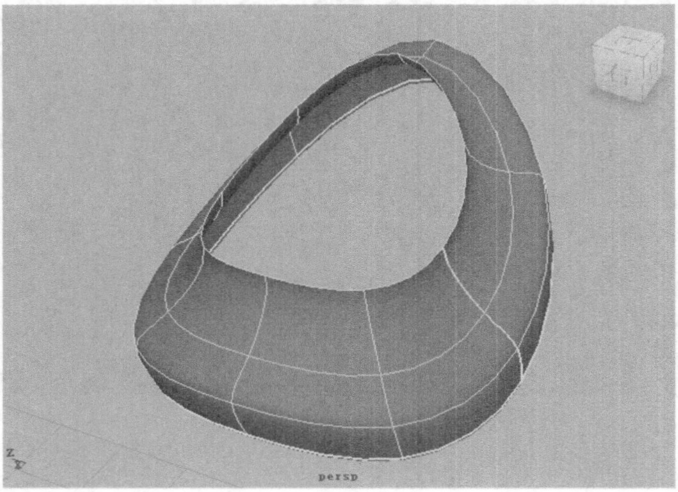

图10-59

技巧与提示

随着操作的不断进行，场景也越来越大，计算机的负荷也越来越重，这时就可以通过删除多余的历史记录来减轻计算的负荷，以释放多被占用的内存。当然，这个步骤不一定非要执行，用户可以根据自己的计算机配置而定。

09 进入壳线模式，然后将背鳍模型调整成如图10-60所示的形状。

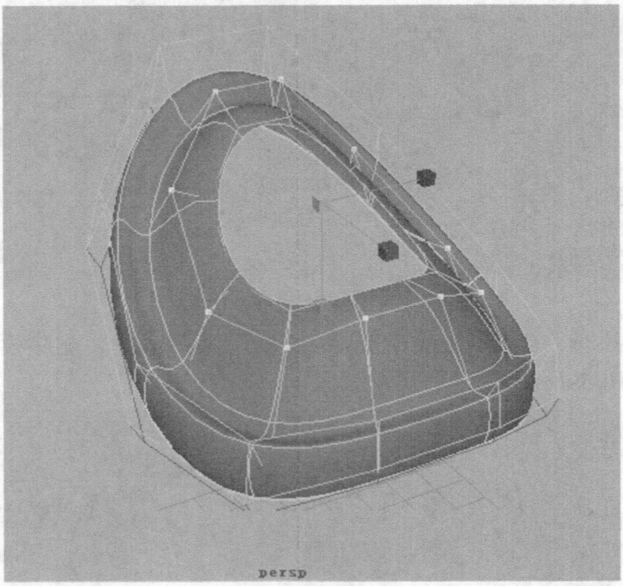

图10-60

10 进入等参线模式，然后选择如图10-61所示的两条等参线，接着执行“编辑NURBS>插入等参线”菜单命令，插入两条等参线，如图10-62所示。

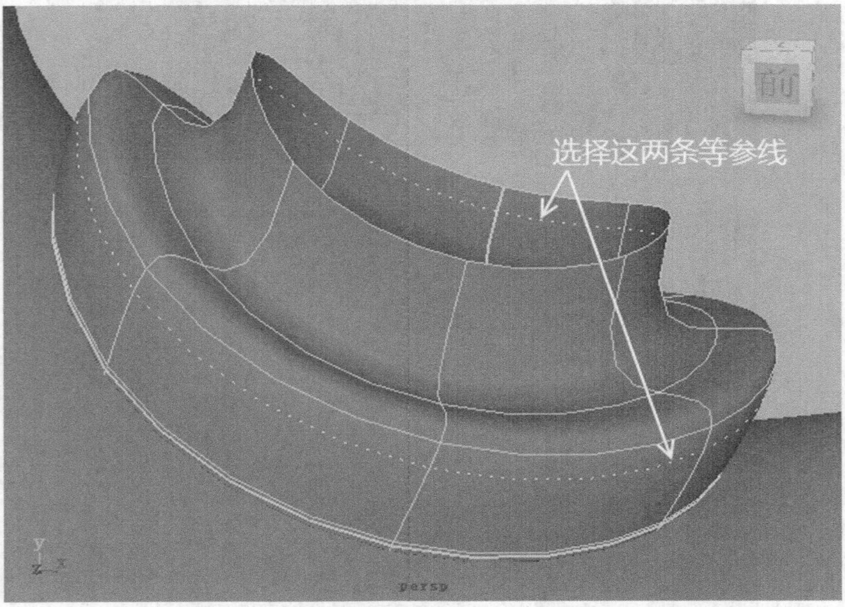

图10-61

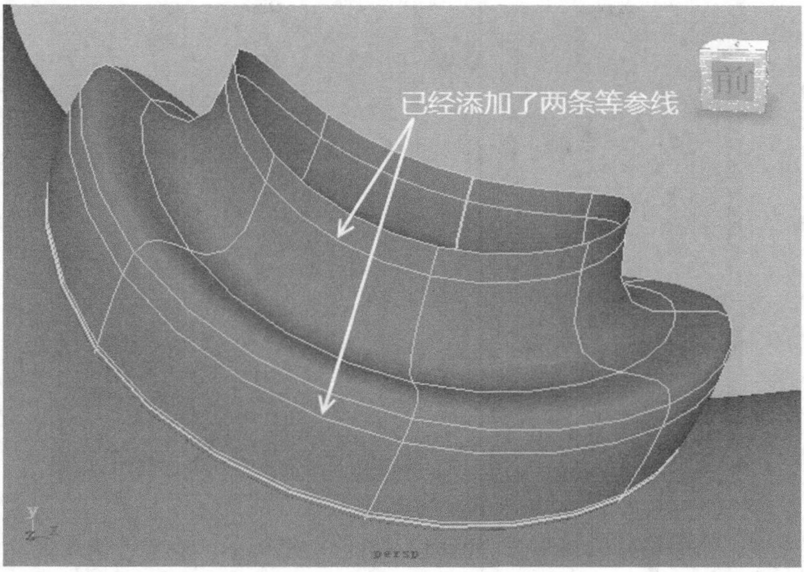

图10-62

11 继续添加几条等参线，然后配合壳线模式和控制顶点模式对背鳍模型进行调整，完成后的效果如图10-63所示。

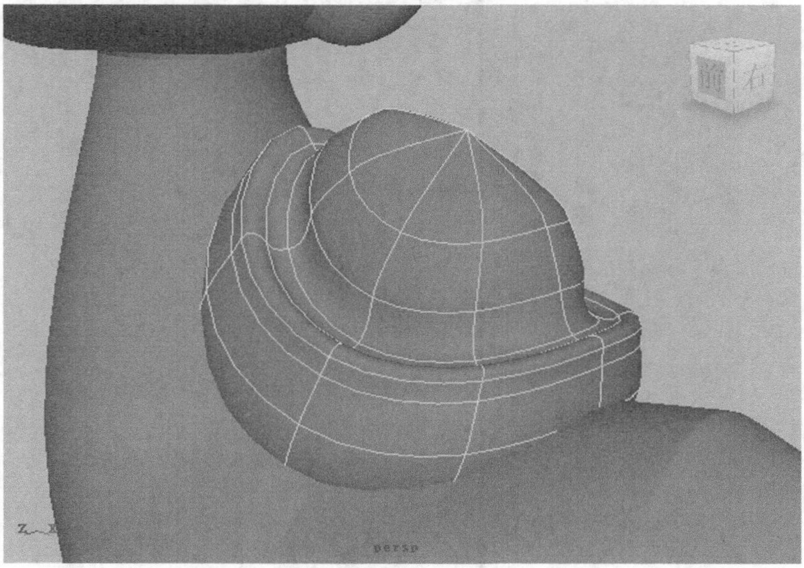

图10-63

技巧与提示

背鳍模型调整完成后，可以将layer2层的内容显示出来，然后对细节进行调整。

10.3.8 创建眼皮模型

01 在前视图中创建一个NURBS球体，然后沿x轴旋转90°，沿z轴旋转180°，接着设置“开始扫描”为45、“结束扫描”为300，如图10-64所示。

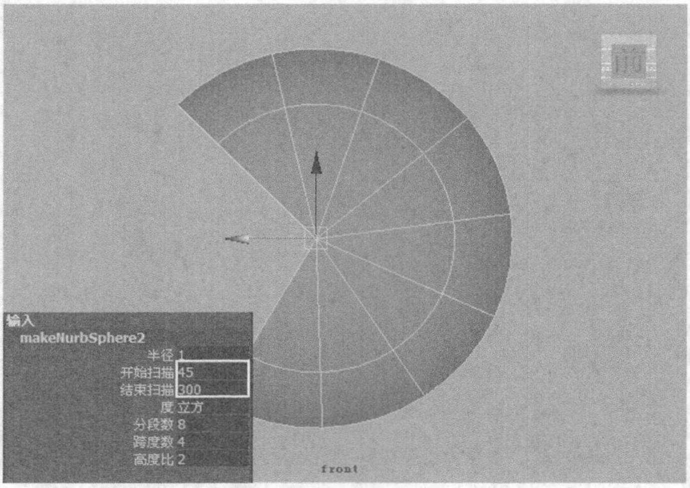

图10-64

02 选择眼皮模型，然后将其放在眼睛的前面，如图10-65所示，接着按快捷键Shift+D复制一个眼皮模型，最后将其放到另外一只眼睛的前面，如图10-66所示。

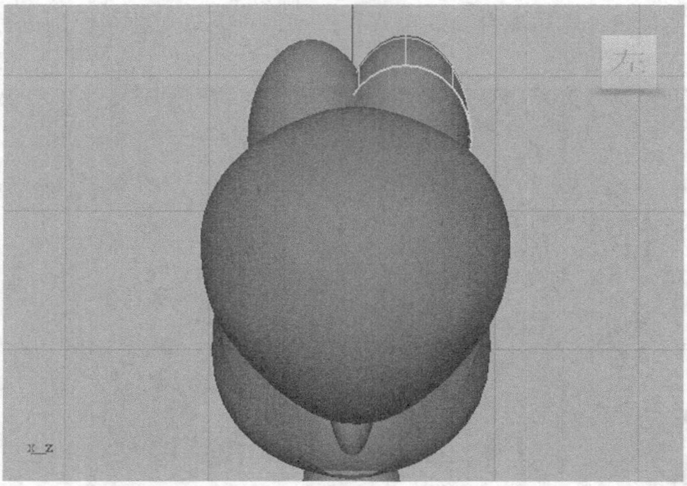

图10-65

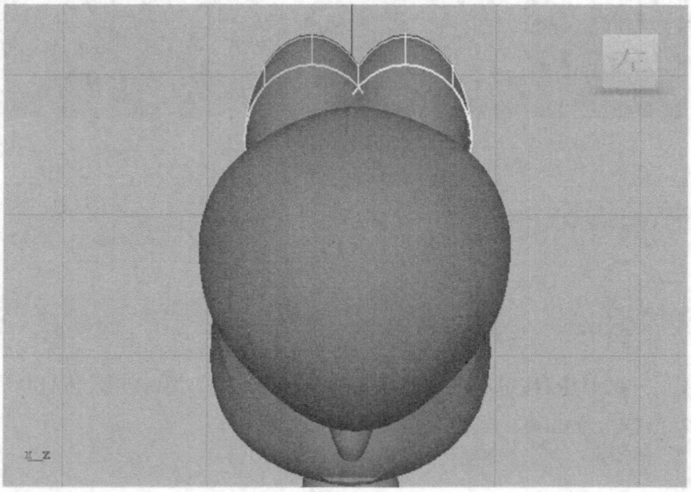

图10-66

10.3.9 创建嘴巴模型

01 选择头部模型，进入等参线模式，然后选择如图10-67所示的等参线，接着执行“编辑曲线NURBS>插入等参线”菜单命令，插入一条等参线，如图10-68所示。

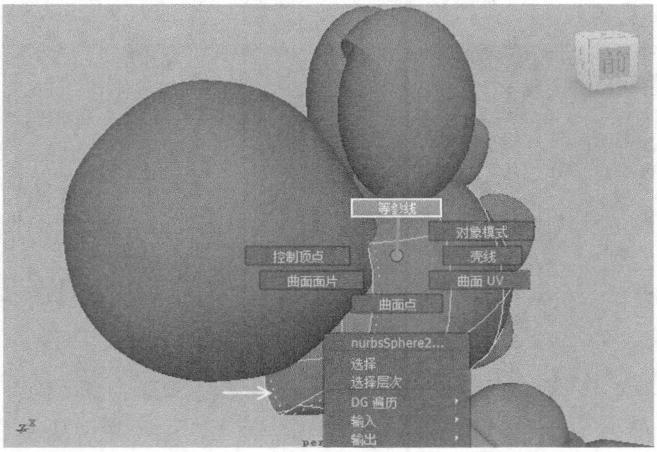

图10-67

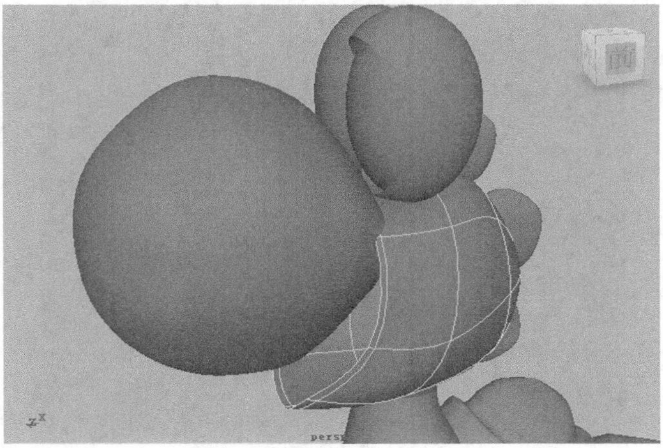

图10-68

02 进入壳线模式，然后将嘴巴向内推一段距离，完成后的效果如图10-69所示。

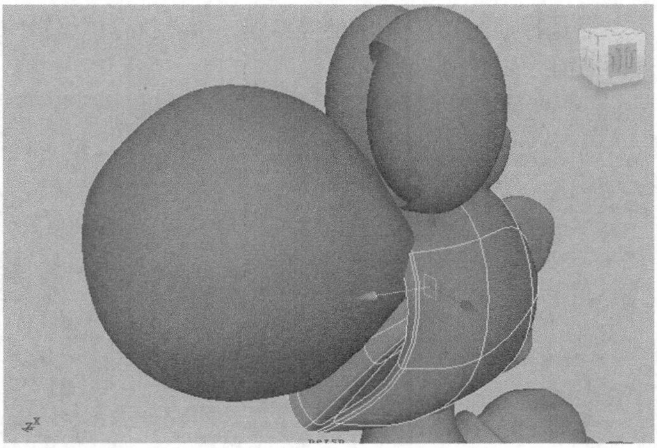

图10-69

10.3.10 创建手臂模型

01 创建一个NURBS球体，然后设置“分段数”为8、“跨度数”为6，如图10-70所示。

02 切换到前视图，进入控制顶点模式，然后用“移动工具”和“缩放工具”将球体调整成如图10-71所示的形状。

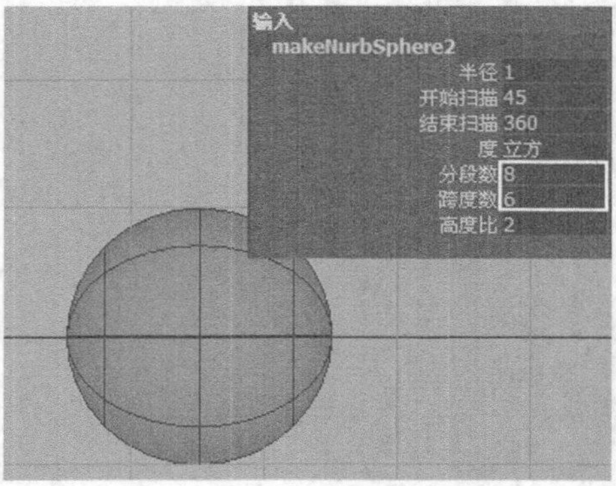

图10-70

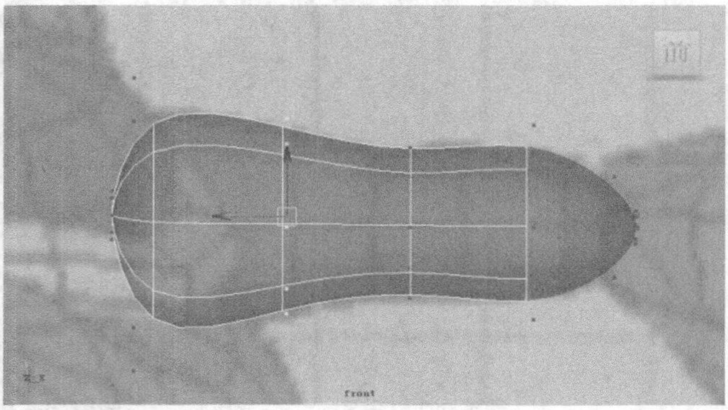

图10-71

03 切换到顶视图，继续对手臂进行调整，完成后的效果如图10-72所示。

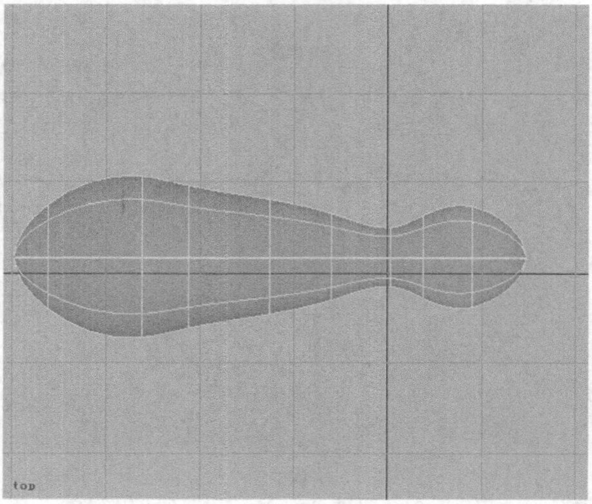

图10-72

04 进入等参线模式，然后选择如图10-73所示的等参线，接着执行“编辑NURBS>分离曲面”菜单命令，最后删除顶部的曲面，如图10-74所示。

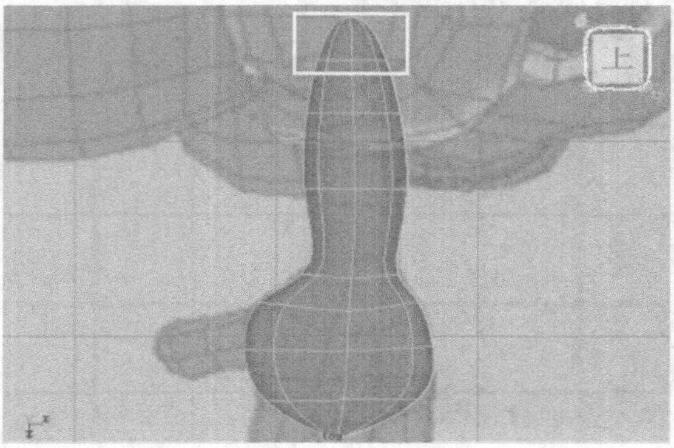

图10-73

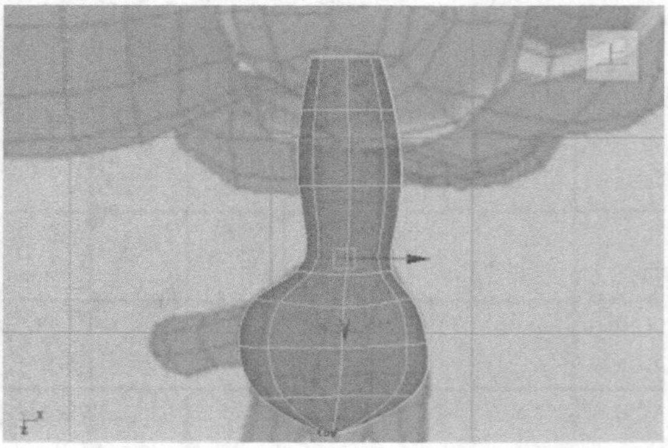

图10-74

05 继续对手臂的形状进行调整，完成后的效果如图10-75所示。

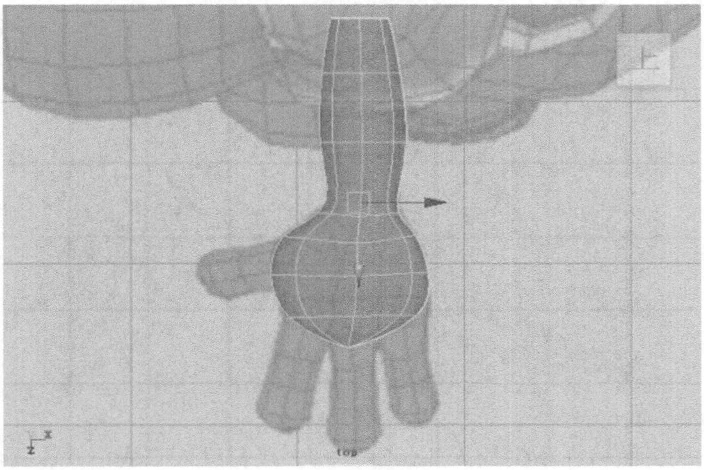

图10-75

10.3.11 创建手指模型

01 首先创建小拇指模型。切换到顶视图，然后执行“创建>NURBS基本体>圆形”菜单命令，创建8条大小不一的圆形曲线，接着调整好每条圆形曲线的形状和位置，如图10-76所示。

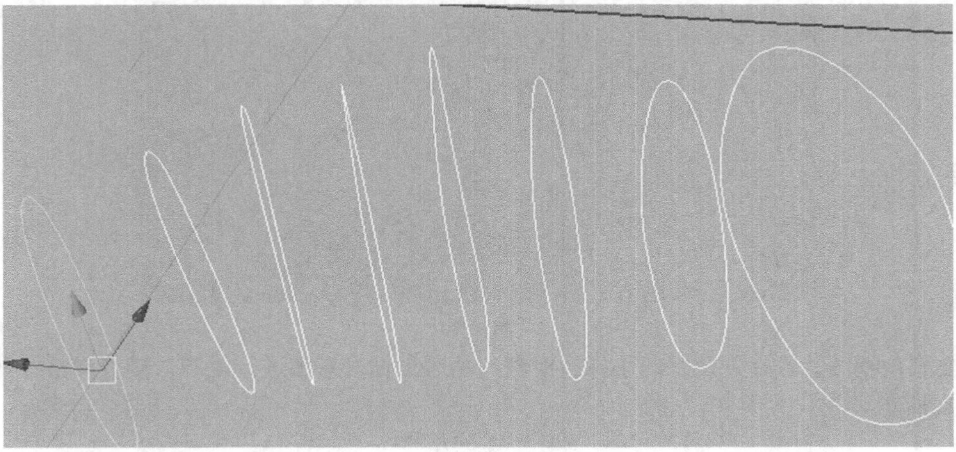

图10-76

02 依次选择8条圆形曲线，然后执行“曲面>放样”菜单命令，效果如图10-77所示。

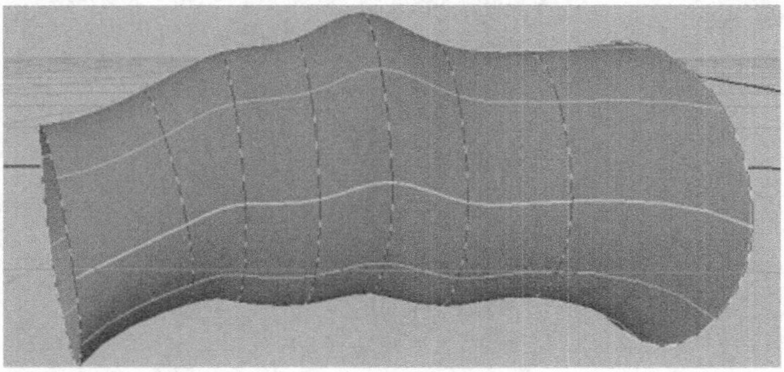

图10-77

03 选择小拇指模型，然后执行"编辑>按类型删除>历史"菜单命令，删除放样的历史记录，效果如图10-78所示。

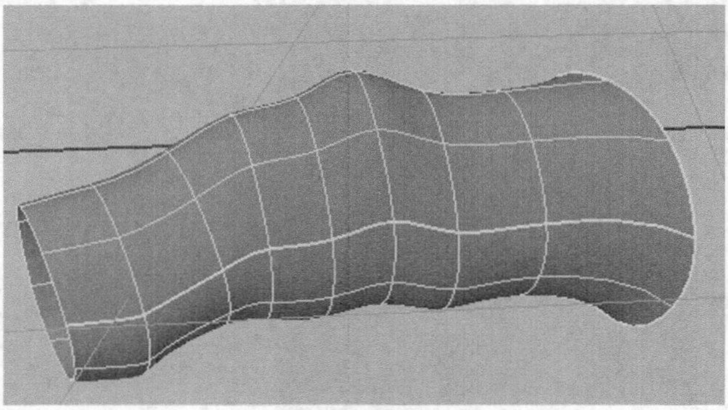

图10-78

04 进入等参线模式，然后在指尖插入几条等参线，接着进入壳线模式，再将模型调整成如图10-79所示的形状。

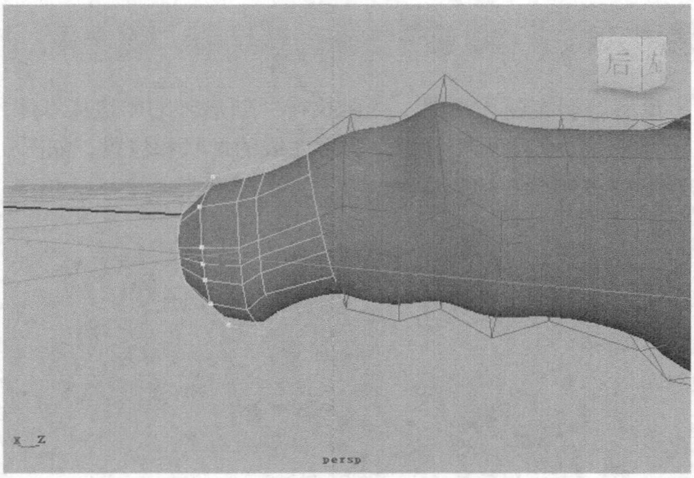

图10-79

05 切换到顶视图，选择创建好的小拇指模型，然后根据参考图进行复制，接着调整好其形状，如图10-80所示。

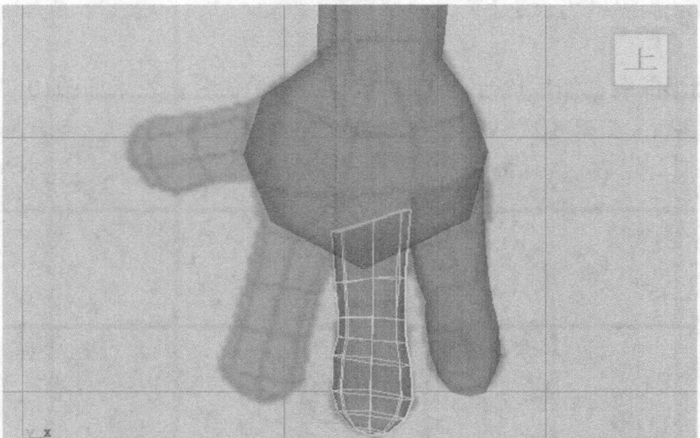

图10-80

06 继续复制两根手指，然后调整好这两根手指的形状，如图10-81所示。

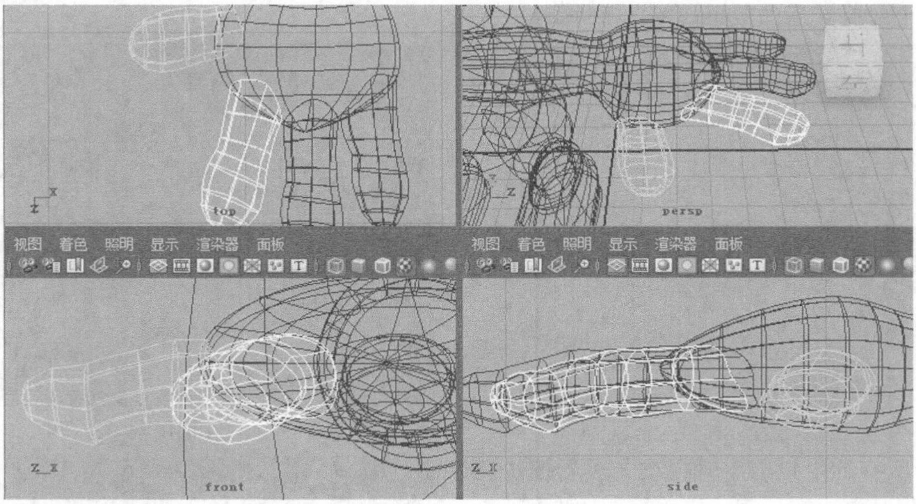

图10-81

07 选中手臂和大拇指，然后执行“编辑NURBS>曲面相交”菜单命令，得到一条相交曲线，如图10-82所示。

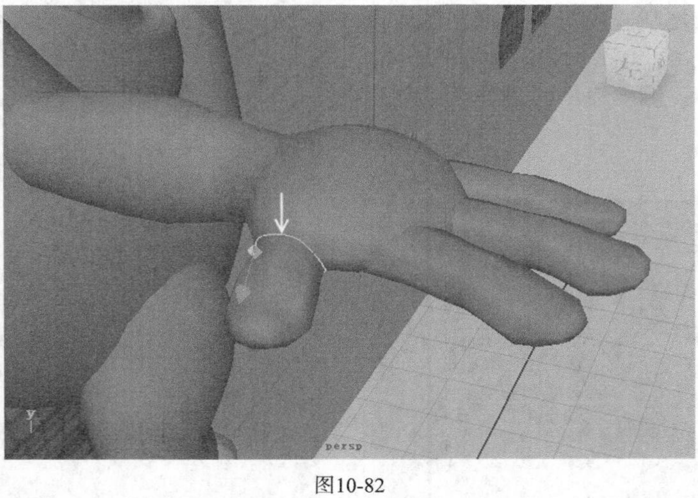

图10-82

08 选择大拇指，然后执行“编辑NURBS>修剪工具”菜单命令，接着单击大拇指模型（单击的模型为保留下来的模型），如图10-83所示，最后按Enter键确认修剪操作，效果如图10-84所示。

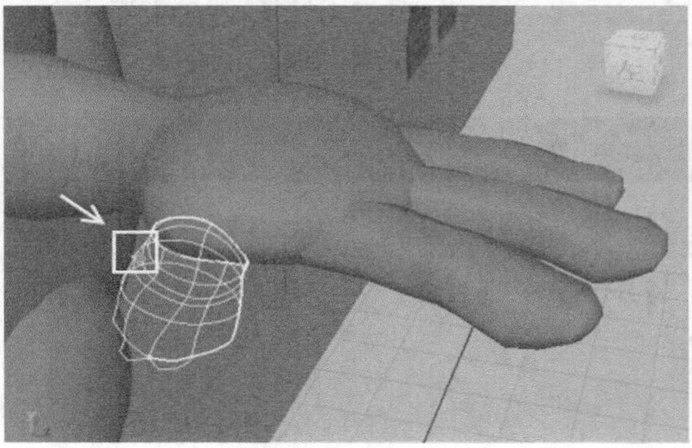

图10-83

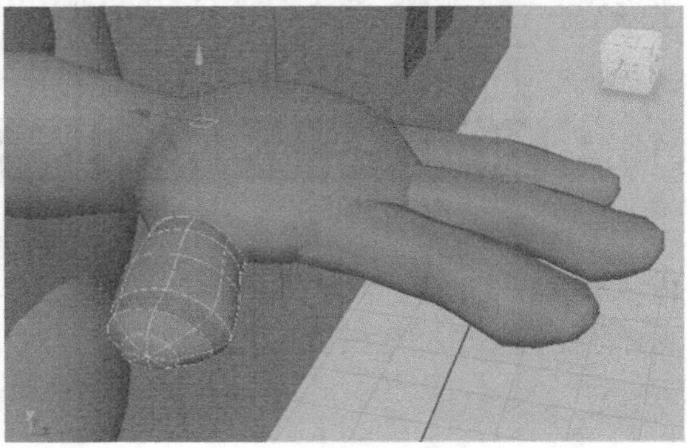

图10-84

09 依次在另外3根手指与手臂之间创建出相交曲线，如图10-85所示，然后用“修剪工具”剪掉多余的曲面，完成后的效果如图10-86所示。

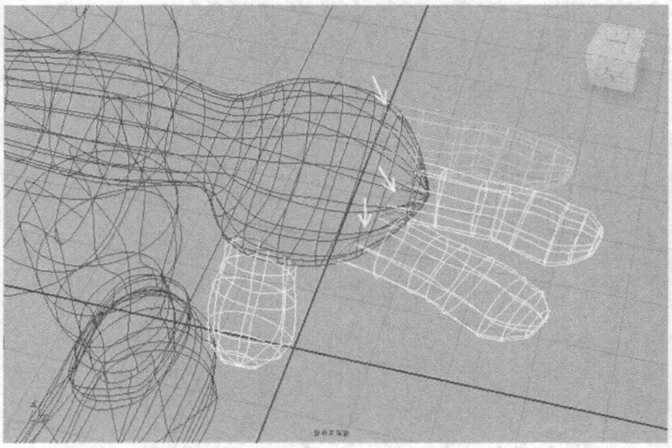

图10-85

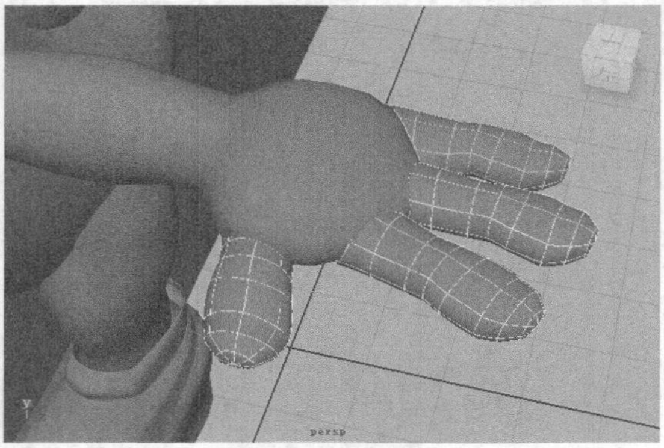

图10-86

10 选择所有的手指与手臂模型，然后按快捷键Ctrl+G将其群组在一起，接着按住D键将轴心点调整到整个模型的中心，如图10-87所示。

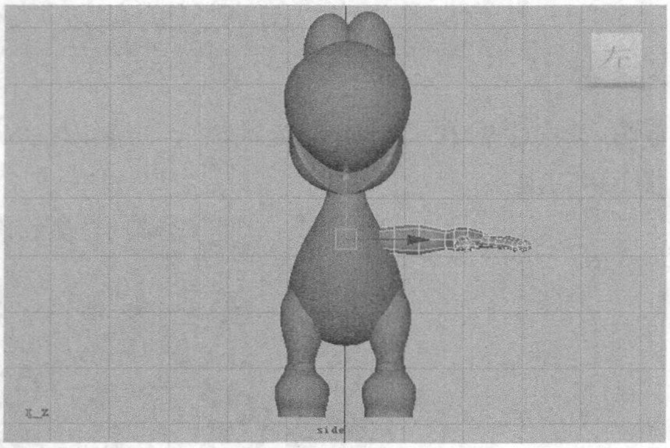

图10-87

11 单击“编辑>特殊复制”菜单命令后面的□按钮，打开“特殊复制选项”对话框，然后设置“缩放”为（0，0，-1），如图10-88所示，将模型镜像到另外一侧，模型的最终效果如图10-89所示。

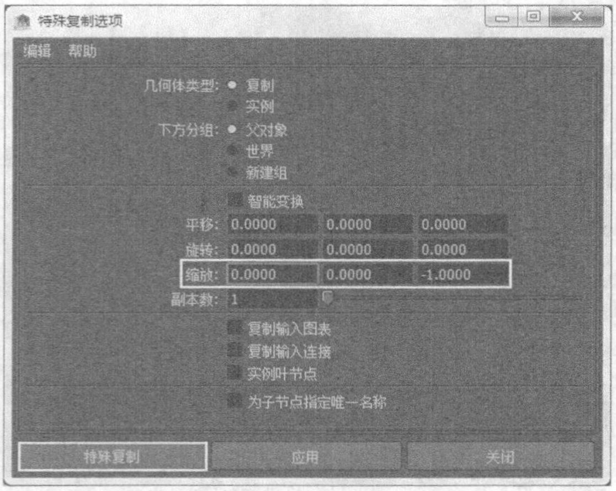

图10-88

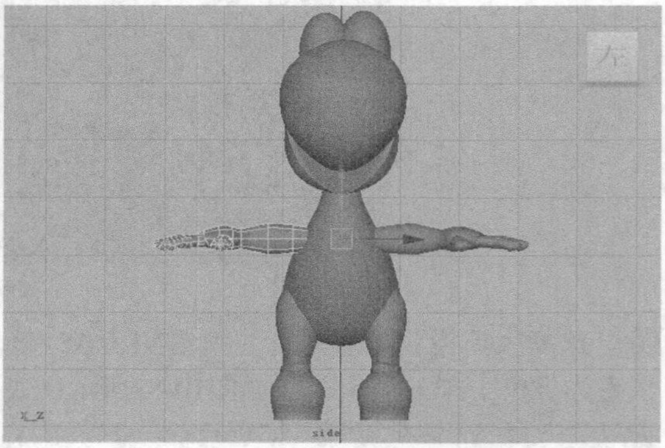

图10-89

10.4 知识总结与回顾

本章主要讲解了一个卡通丑小鸭模型的制作方法。本例所涉及的知识点基本上都是NURBS建模技术中最常用的，希望大家针对本例多多练习。另外，大家还要多练习一下其他模型的制作，这样才能将NURBS建模技术真正学到手。

第11章 多边形建模基础知识

要点索引

- 多边形的组成元素
- 创建多边形基本体

本章导读

本章将介绍多边形建模的基础知识以及多边形基本体的创建方法。本章的内容比较简单，大家只需要了解多边形的组成元素以及多边形基本体的创建方法就行了。

11.1 多边形建模基础

多边形建模是一种非常直观的建模方式，也是Maya中最为重要的一种建模方法。多边形建模是通过控制三维空间中的物体的点、线、面来塑造物体的外形，如图11-1所示是一些经典的多边形作品。对于有机生物模型，多边形建模有着不可替代的优势，在塑造物体的过程中，可以很直观地对物体进行修改，并且面与面之间的连接也很容易创建出来。

图11-1

11.1.1 了解多边形

三维空间中一些离散的点，通过首尾相连形成一个封闭的空间并填充这个封闭空间，就形成了一个多边形面。如果将若干个这种多边形面组合在一起，每相邻的两个面都有一条公共边，就形成了一个空间状结构，这个空间状结构就是多边形对象，如图11-2所示。

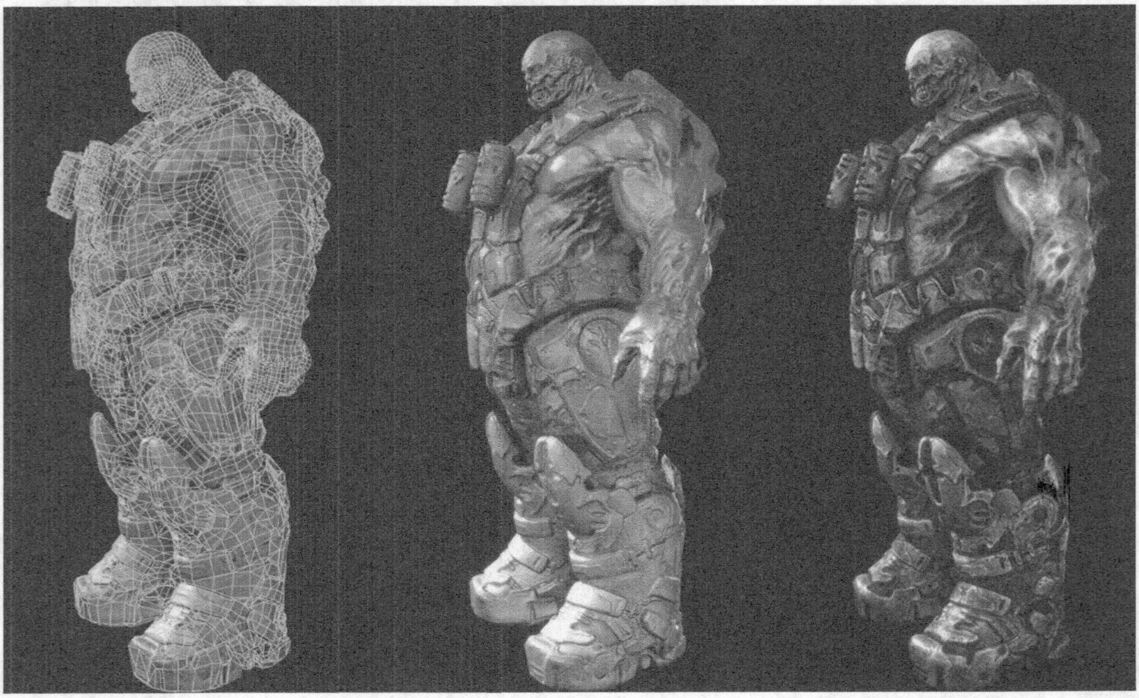

图11-2

多边形对象与NURBS对象有着本质的区别。NURBS对象是参数化的曲面，有严格的UV走向，除了剪切边外，NURBS对象只可能出现四边面；多边形对象是三维空间里一系列离散的点构成的拓扑结构（也可以出现复杂的拓扑结构），编辑起来相对比较自由，如图11-3所示。

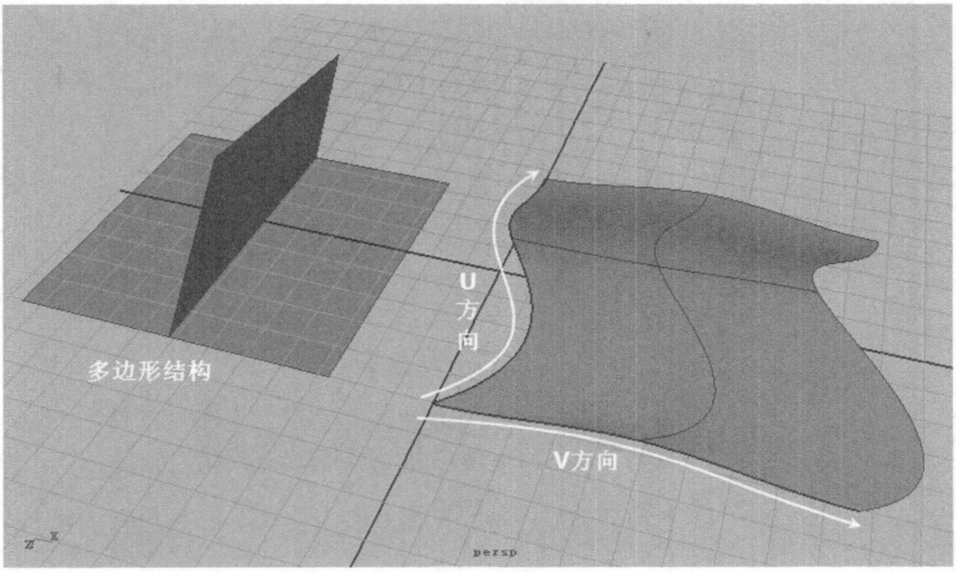

图11-3

11.1.2 多边形建模方法

目前，多边形建模方法已经相当成熟，是Maya中不可缺少的建模方法，大多数三维软件都有多边形建模系统。由于调整多边形对象相对比较自由，所以这种方法很适合创建生物和建筑类模型。

多边形建模方法有很多，根据模型构造的不同，可以采用不同的多边形建模方法，但大部分都遵循从整体到局部的建模流程，特别是对于生物类模型，可以很好地控制整体造型。同时，Maya还提供了“雕刻几何体工具”，所以调节起来更加方便。

11.1.3 多边形的组成元素

多边形对象的基本构成元素有点、线、面，可以通过这些基本元素来对多边形对象进行修改。

1.顶点

在多边形物体上，边与边的交点就是这两条边的顶点，也就是多边形的基本构成元素点，如图11-4所示。

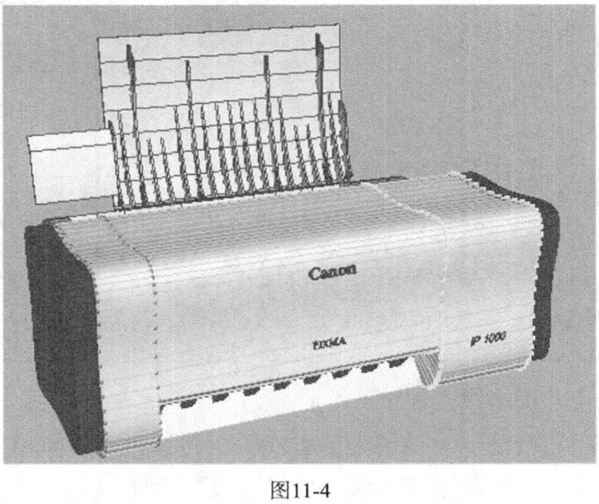

图11-4

多边形的每个顶点都有一个序号，叫顶点ID号，同一个多边形对象的每个顶点的序号是唯一的，并且这些序号是连续的。顶点ID号对使用MEL脚本语言编写程序来处理多边形对象非常重要。

2.边

边也就是多边形基本构成元素中的线，它是顶点之间的边线，也是多边形对象上的棱边，如图11-5所示。与顶点一样，每条边同样也有自己的ID号，叫边的ID号。

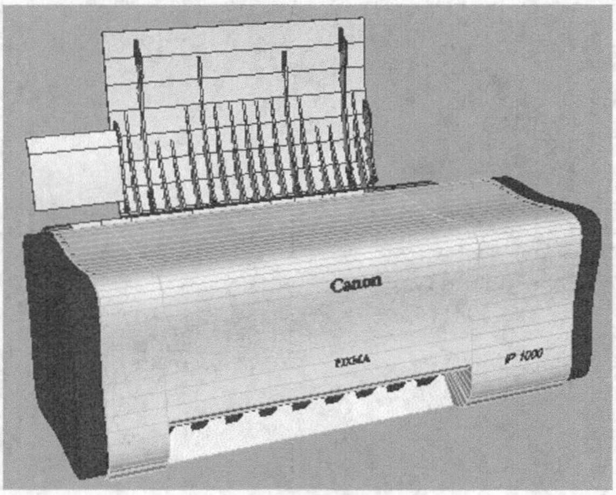

图11-5

3.面

在多边形对象上，将3个或3个以上的点用直线连接起来形成的闭合图形称为面，如图11-6所示。面的种类比较多，从三边围成的三边形，一直到n边围成的n边形。但在Maya中通常使用三边形或四边形，大于四边的面的使用相对比较少。面同样也有自己的ID号，叫面的ID号。

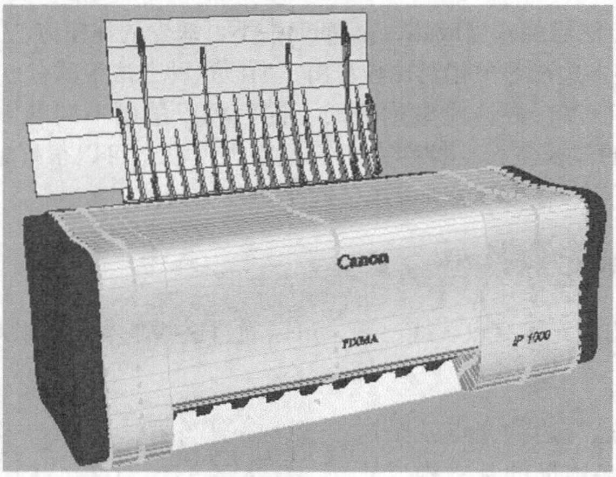

图11-6

技巧与提示

面的种类有两种，分别是共面多边形和不共面多边形。如果一个多边形的所有顶点都在同一个平面上，称为共面多边形，例如三边面一定是一个共面多边形；不共面多边形的面的顶点一定多于3个，也就是说3个顶点以上的多边形可能产生不共面多边形。在一般情况下都要尽量不使用不共面多边形，因为不共面多边形在最终输出渲染时或在将模型输出到交互式游戏平台时可能会出现错误。

4.法线

法线是一条虚拟的直线，它与多边形表面相垂直，用来确定表面的方向。在Maya中，法线可以分为“面法线”和“顶点法线”两种。

技术专题 面法线与顶点法线

1.面法线

若用一个向量来描述多边形面的正面，且与多边形面相垂直，这个向量就是多边形的面法线，如图11-7所示。

面法线是围绕多边形面的顶点的排列顺序来决定表面的方向。在默认状态下，Maya中的物体是双面显示的，用户可以通过设置参数来取消双面显示。

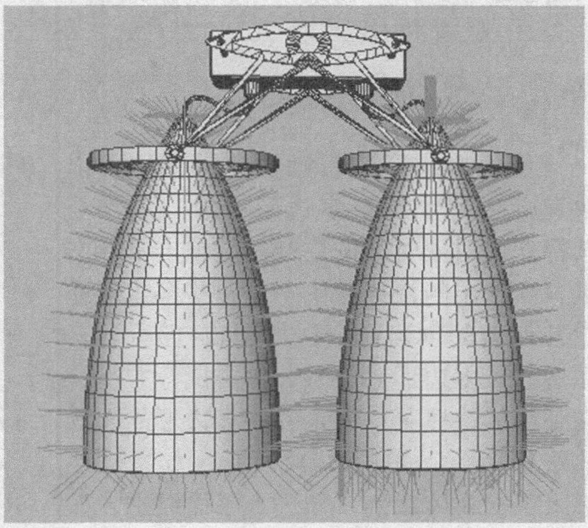

图11-7

2.顶点法线

顶点法线决定两个多边形面之间的视觉光滑程度。与面法线不同的是，顶点法线不是多边形的固有特性，但在渲染多边形明暗变化的过程中，顶点法线的显示状态是从顶点发射出来的一组线，每个使用该顶点的面都有一条线，如图11-8所示。

在光滑实体显示模式下，当一个顶点上的所有顶点法线指向同一个方向时叫软顶点法线，此时多边形面之间是一条柔和的过渡边；当一个顶点上的顶点法线与相应的多边形面的法线指向同一个方向时叫硬顶点法线，此时的多边形面之间是一条硬过渡边，也就是说多边形会显示出棱边，如图11-9所示。

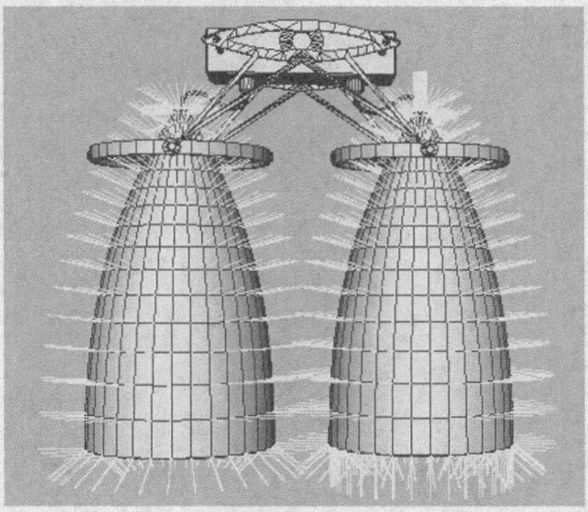

图11-8

图11-9

11.1.4 UV坐标

为了把二维纹理图案映射到三维模型的表面上，需要建立三维模型空间形状的描述体系和二维纹理的描述体系，然后在两者之间建立关联关系。描述三维模型的空间形状用三维直角坐标，而描述二维纹理平面则用另一套坐标系，即UV坐标系。

多边形的UV坐标对应着每个顶点，但UV坐标却存在于二维空间，它们控制着纹理上的一个像素，并且对应着多边形网格结构中的某个点。虽然Maya在默认工作状态下也会建立UV坐标，但默认的UV坐标通常并不适合用户已经调整过形状的模型，因此用户仍需要重新整理UV坐标。Maya提供了一套完善的UV编辑工具，用户可以通过“UV纹理编辑器”来调整多边形对象的UV。

技巧与提示

NURBS物体本身是参数化的表面，可以用二维参数来描述，因此UV坐标就是其形状描述的一部分，所以不需要用户专门在三维坐标与UV坐标之间建立对应关系。

11.1.5 多边形右键菜单

使用多边形的右键快捷键菜单可以快速地创建和编辑多边形对象。在没有选择任何对象时，按住Shift键单击鼠标右键，在弹出的快捷菜单中是一些多边形原始几何体的创建命令，如图11-10所示；在选择了多边形对象时，单击鼠标右键，在弹出的快捷菜单中是一些多边形的次物体级别命令，如图11-11所示；如果已经进入了次物体级别，如进入了面级别，按住Shift键单击鼠标右键，在弹出的快捷菜单中是一些编辑面的工具与命令，如图11-12所示。

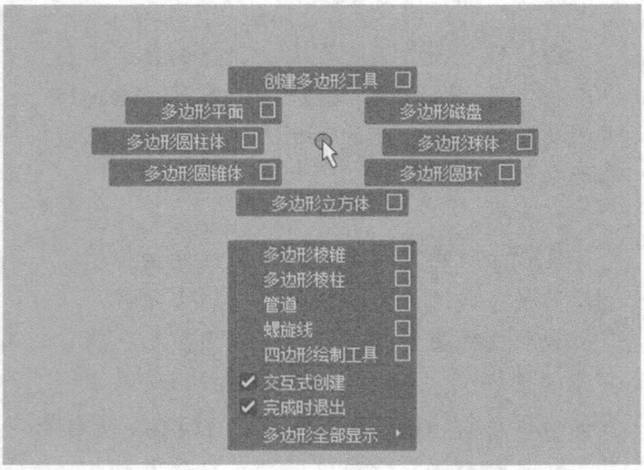

图11-10

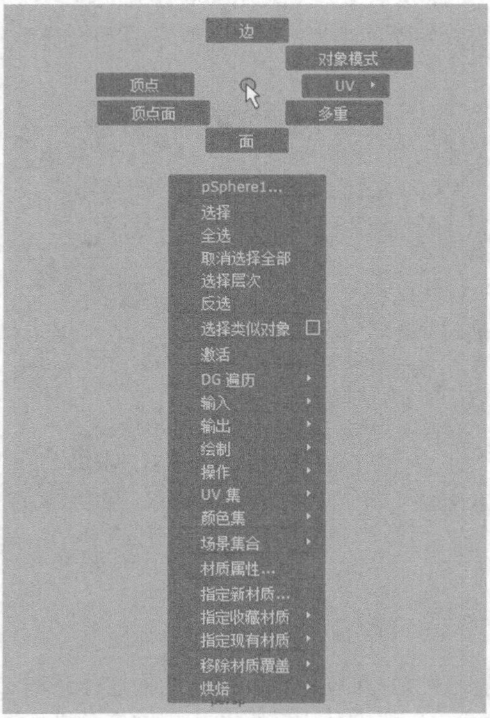

图11-11

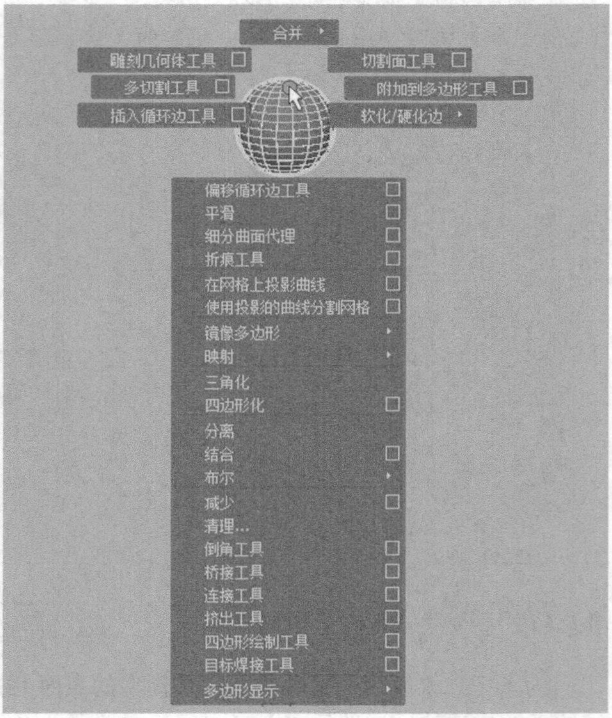

图11-12

11.2 创建多边形基本体

切换到“多边形”模块，在“创建>多边形基本体”菜单下是一系列创建多边形对象的命令，通过该菜单可以创建出最基本的多边形对象，如图11-13所示。

图11-13

11.2.1 球体

使用"球体"命令可以创建出多边形球体。打开多边形球体的"工具设置"对话框，如图11-14所示。

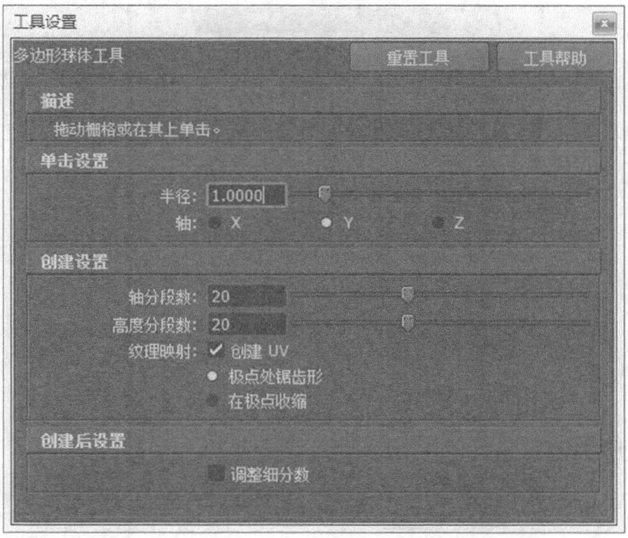

图11-14

球体工具参数介绍

❖ 半径：设置球体的半径。

❖ 轴：设置球体的轴方向。

❖ 轴分段数：设置经方向上的分段数。

❖ 高度分段数：设置纬方向上的分段数。

技巧与提示

以上的4个参数对多边形球体的形状有很大影响，如图11-15所示是在不同参数值下的多边形球体形状。

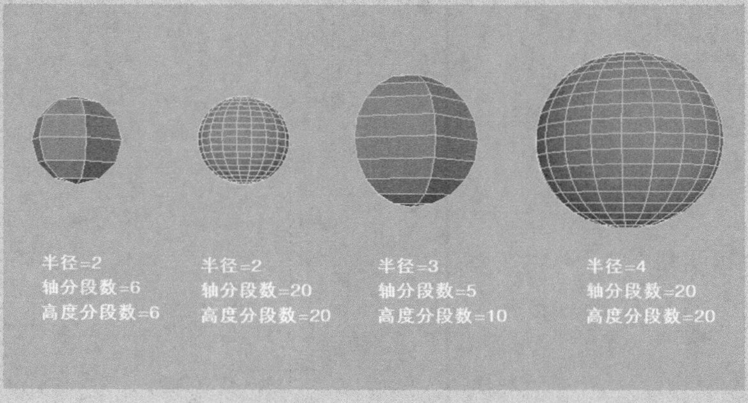

图11-15

11.2.2 立方体

使用“立方体”命令可以创建出多边形立方体，如图11-16所示是在不同参数值下的立方体形状。

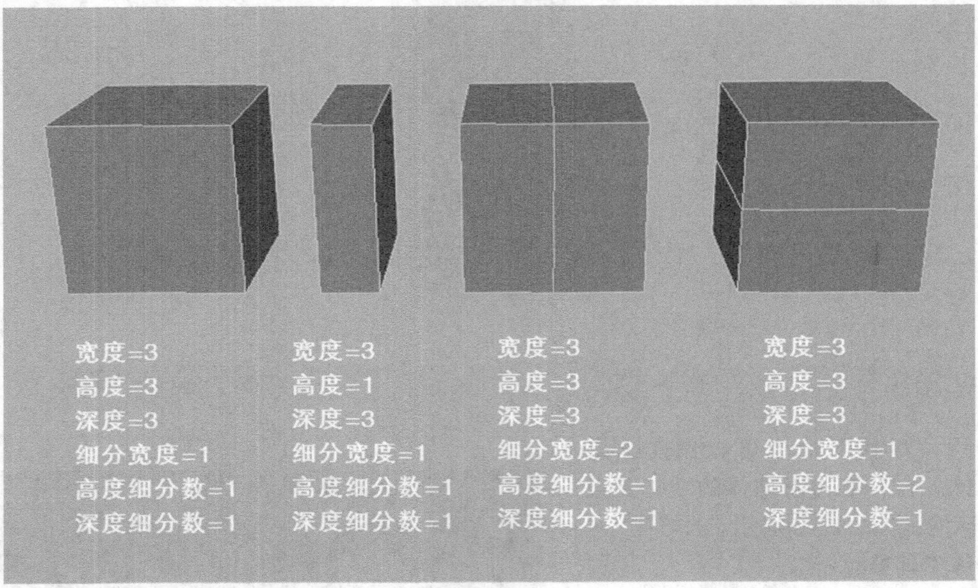

图11-16

技巧与提示

关于立方体及其他多边形物体的参数就不再讲解了，用户可以参考NURBS对象的参数解释。

11.2.3 圆柱体

使用“圆柱体”命令可以创建出多边形圆柱体，如图11-17所示是在不同参数值下的圆柱体形状。

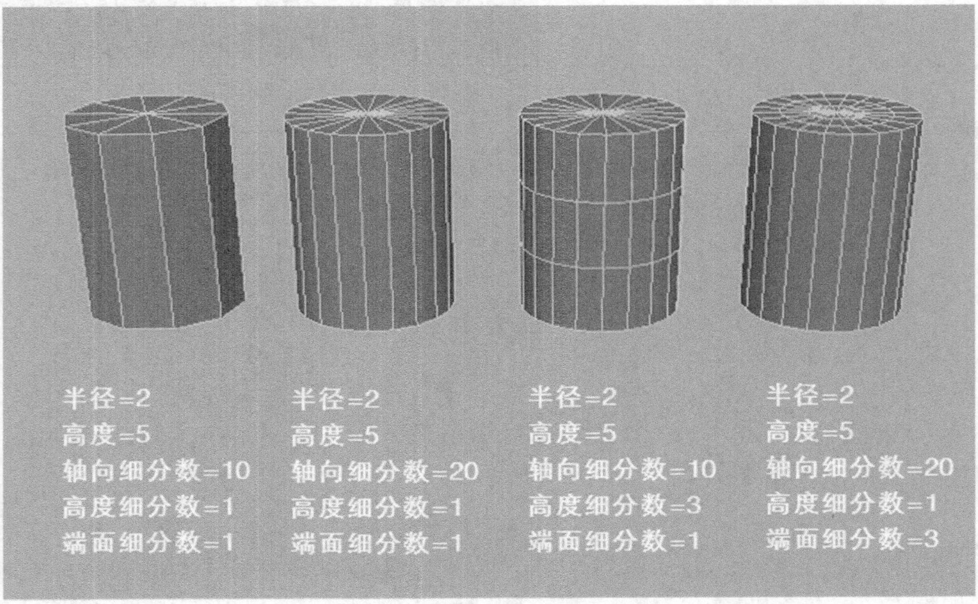

图11-17

11.2.4 圆锥体

使用“圆锥体”命令可以创建出多边形圆锥体，如图11-18所示是在不同参数值下的圆锥体形状。

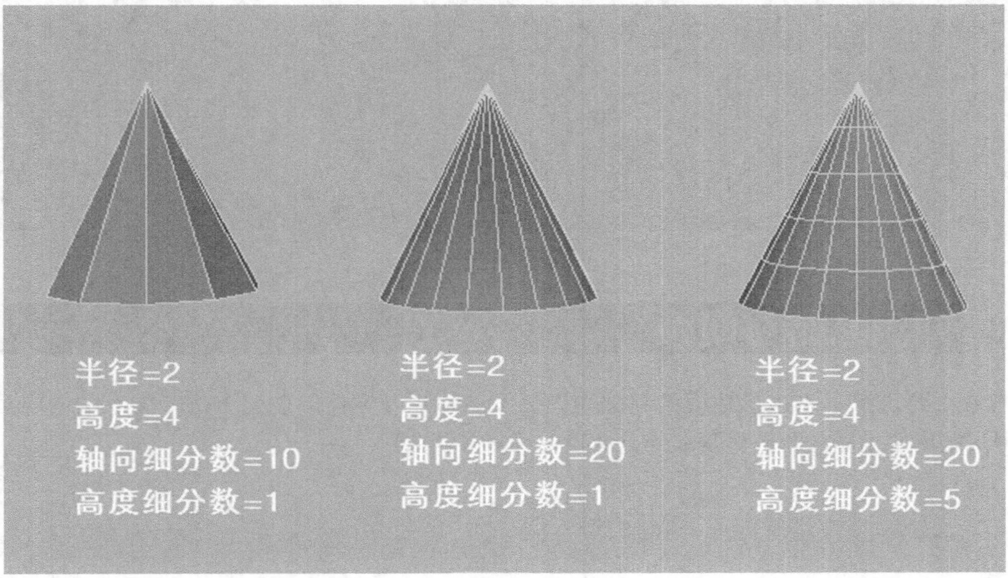

图11-18

11.2.5 平面

使用“平面”命令可以创建出多边形平面，如图11-19所示是在不同参数值下的多边形平面形状。

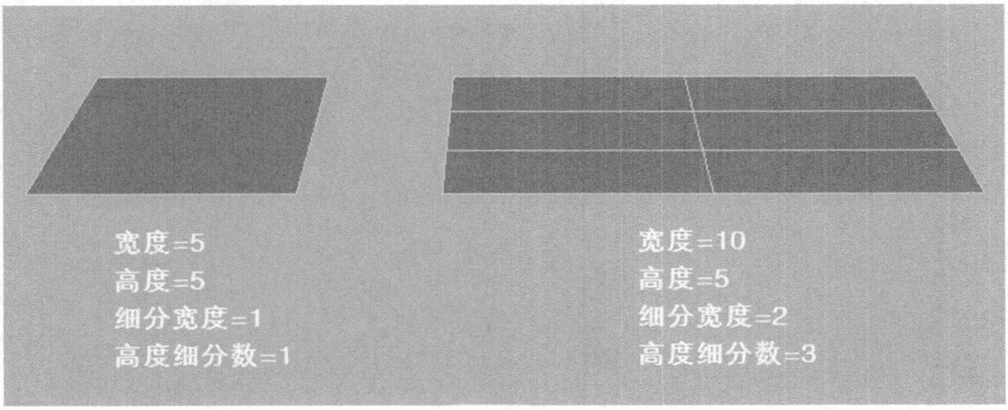

图11-19

11.2.6 特殊多边形

特殊多边形包括圆环、棱柱、棱锥、管道、螺旋线、足球体和柏拉图多面体，如图11-20所示。

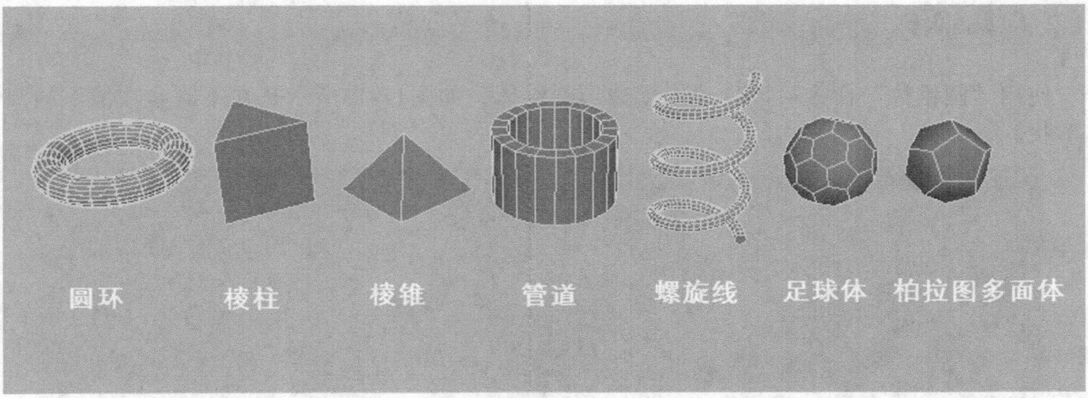

图11-20

11.3 知识总结与回顾

本章主要讲解了多边形建模的基础知识以及多边形基本体的创建方法。本章的内容虽然简单，但这些内容是后一章的奠基部分，希望大家多多领会。

第12章 创建与编辑多边形网格

要点索引

- 创建多边形网格
- 编辑多边形网格
- 网格工具

本章导读

本章的内容在建模的所有章节中是最重要的一章。本章将介绍多边形网格的创建与编辑方法，只有掌握好了这些方法，才能创建出优秀的多边形模型。本章的内容很多，所安排的练习（34个）也很多，这些练习都很重要，全部是笔者根据每个技术的特点专门进行安排的，希望大家多加练习，仔细领会。

12.1 创建多边形网格

展开“网格”菜单，如图12-1所示，该菜单下是一些对多边形层级模式进行编辑的命令。

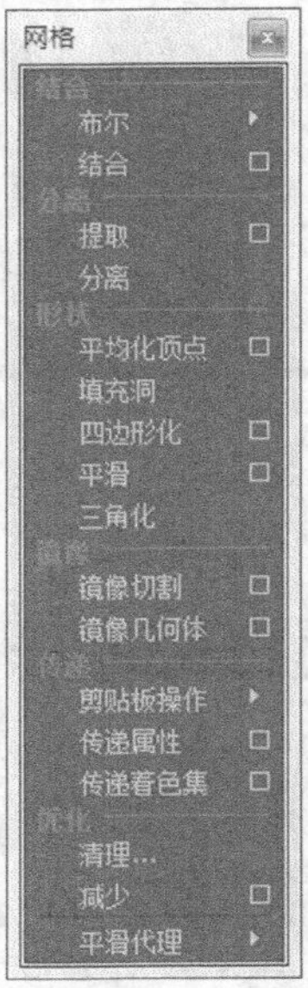

图12-1

12.1.1 结合

1.布尔

“布尔”命令包含3个子命令，分别是“并集”“差集”和“交集”，如图12-2所示。

图12-2

（1）并集

使用“并集”命令可以合并两个多边形，相比于“合并”命令来说，“并集”命令可以做到无缝拼合。

（2）差集

使用“差集”可以将两个多边形对象进行相减运算，以消去对象与其他对象的相交部分，同时也会消去其他对象。

（3）交集

使用“交集”命令可以保留两个多边形对象的相交部分，但是会去除其余部分。

2.结合

使用“结合”命令可以将多个多边形对象组合成为一个多边形对象，组合前的每个多边形称为一个“壳”，如图12-3所示。打开“组合选项”对话框，如图12-4所示。

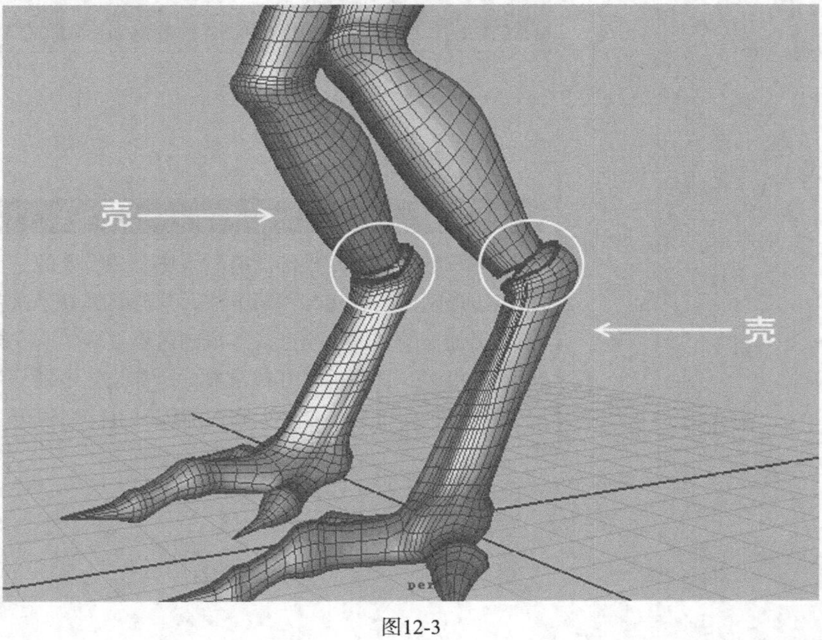

图12-3

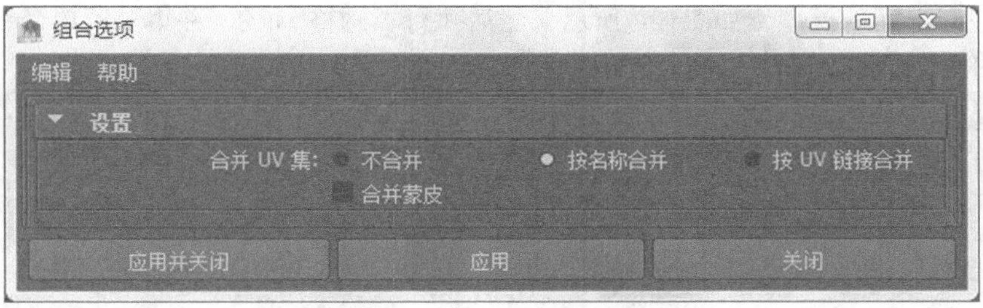

图12-4

组合选项介绍

❖ 合并UV集：对合并对象的UV集进行合并操作。
  ✧ 不合并：对合并对象的UV集不进行合并操作。
  ✧ 按名称合并：依照合并对象的名称进行合并操作。
  ✧ 按UV链接合并：依照合并对象的UV链接进行合并操作。

❖ 合并蒙皮：使用以前的权重绑定蒙皮。

【练习12-1】：布尔运算（并集）

场景文件　学习资源>场景文件>CH12>a.mb
实例位置　学习资源>实例文件>CH12>练习12-1.mb
技术掌握　掌握并集命令的用法

本例使用“并集”命令将两个多边形对象合并在一起后的效果如图12-5所示。

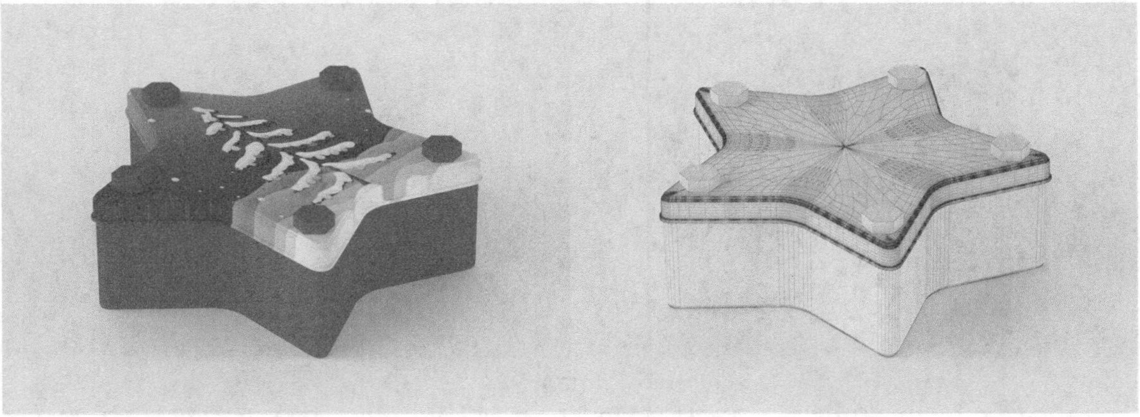

图12-5

01 打开学习资源中的“场景文件>CH12>a.mb”文件，如图12-6所示。

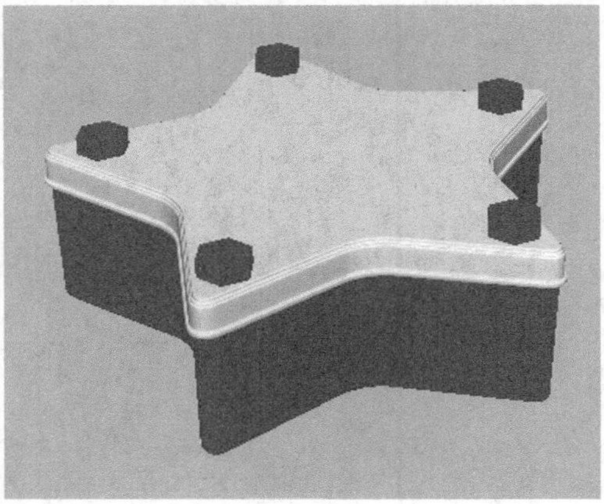

图12-6

02 选择棱柱与下面的模型，如图12-7所示，然后执行“网格>布尔>并集”菜单命令，此时可以观察到所有的模型已经合并成了一个整体，如图12-8所示。

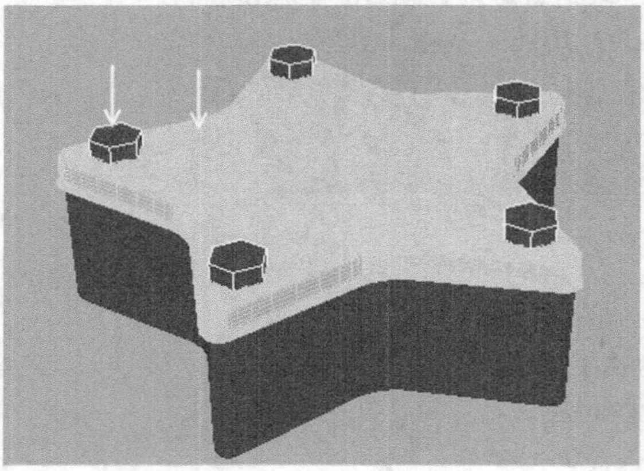
图12-7

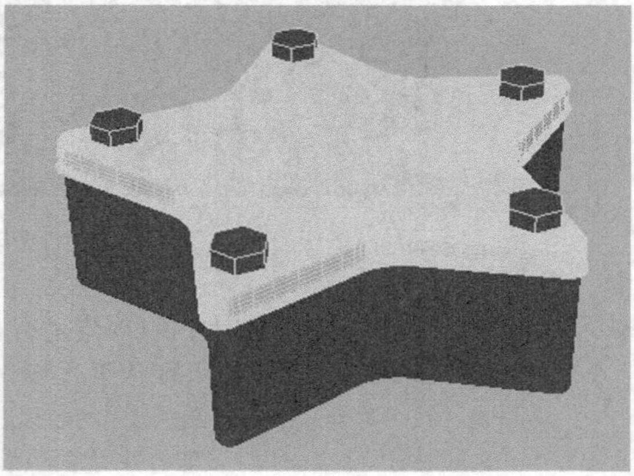
图12-8

【练习12-2】：布尔运算（差集）

场景文件 学习资源>场景文件>CH12>a.mb
实例位置 学习资源>实例文件>CH12>练习12-2.mb
技术掌握 掌握差集命令的用法

本例使用“差集”命令将两个多边形对象进行差集运算后的效果如图12-9所示。

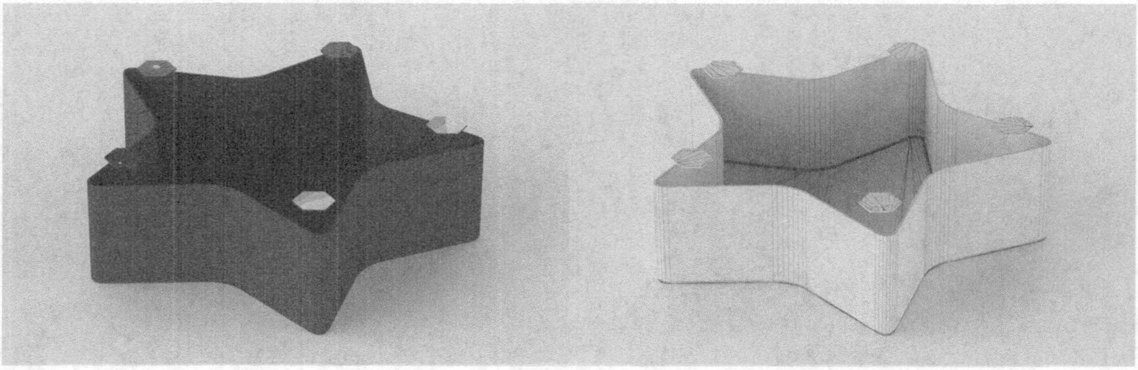
图12-9

继续运用上一实例的场景。选择棱柱与下面的模型，然后执行“网格>布尔>差集”菜单命令，效果如图12-10所示。

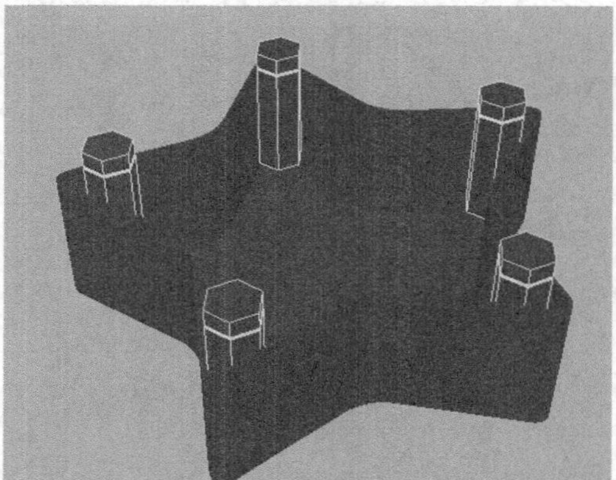
图12-10

【练习12-3】：布尔运算（交集））

场景文件 学习资源>场景文件>CH12>a.mb
实例位置 学习资源>实例文件>CH12>练习12-3.mb
技术掌握 掌握交集命令的用法

本例使用“交集”命令将两个多边形对象进行交集运算后的效果如图12-11所示。

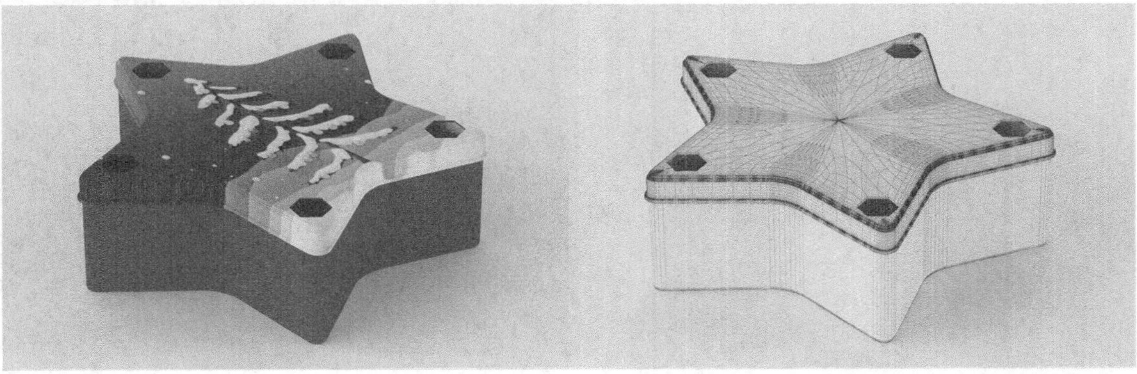

图12-11

继续运用上一案例的场景。选择棱柱与下面的模型，然后执行“网格>布尔>交集”菜单命令，效果如图12-12所示。

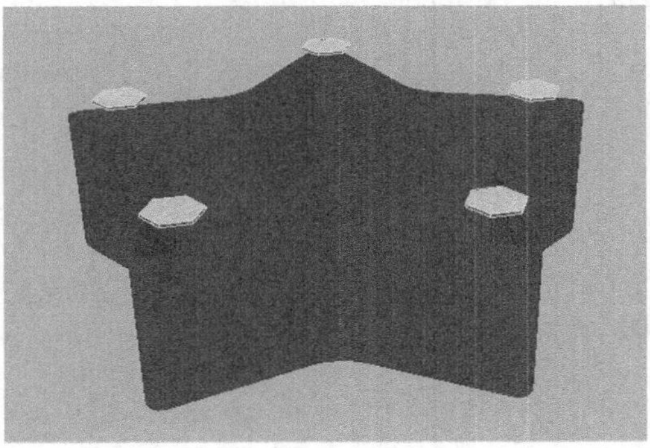

图12-12

【练习12-4】：结合多边形对象

场景文件 学习资源>场景文件>CH12>b.mb
实例位置 学习资源>实例文件>CH12>练习12-4.mb
技术掌握 掌握如何结合多个多边形对象

本例使用“结合”命令将多个多边形对象结合在一起后的效果如图12-13所示 。

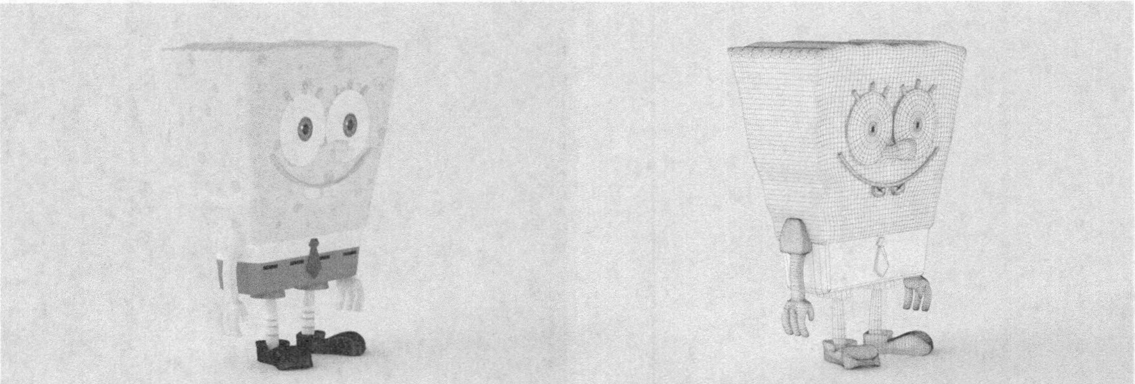

图12-13

01 打开学习资源中的“场景文件>CH12>b.mb”文件，如图12-14所示。

图12-14

技巧与提示

执行“窗口>大纲视图”菜单命令，打开“大纲视图”对话框，可以观察到这个模型是由非常多的多边形曲面构成的，如图12-15所示。

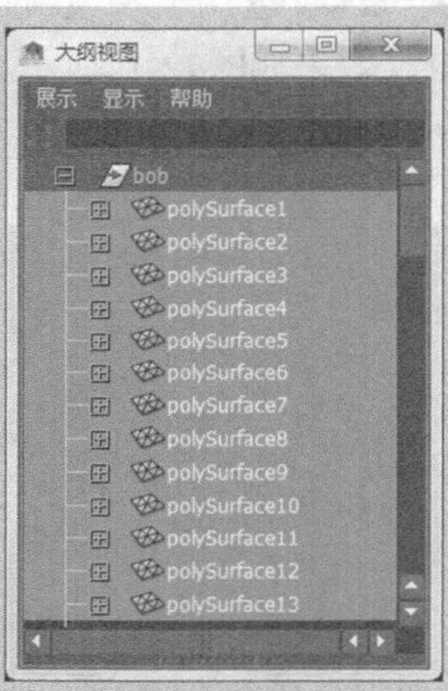

图12-15

02 选择所有模型，然后执行“网格>结合”菜单命令，此时可以观察到模型已经结合成一个整体了，如图12-16所示。

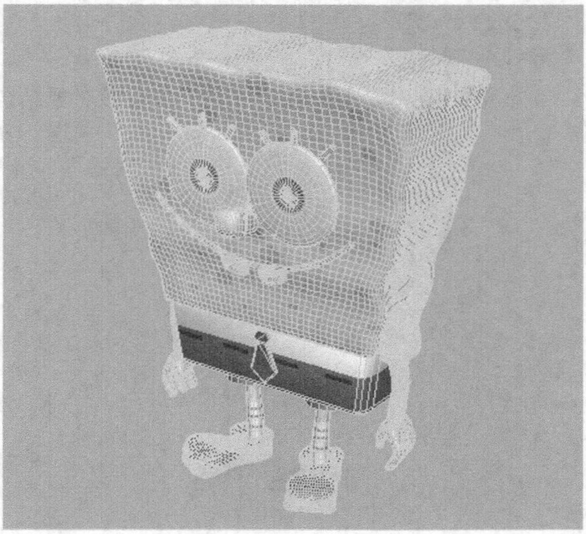

图12-16

12.1.2 分离

1.提取

使用“提取”命令可以将多边形对象上的面提取出来作为独立的部分，也可以作为壳和原始对象。打开“提取选项”对话框，如图12-17所示。

图12-17

提取选项介绍

❖ 分离提取的面：勾选该选项后，提取出来的面将作为一个独立的多边形对象；如果关闭该选项，提取出来的面与原始模型将是一个整体。

❖ 偏移：设置提取出来的面的偏移距离。

2.分离

“分离”命令的作用与“结合”命令刚好相反。例如，将上实例的模型结合在一起以后，执行该命令可以将结合在一起的模型分离开，如图12-18所示。

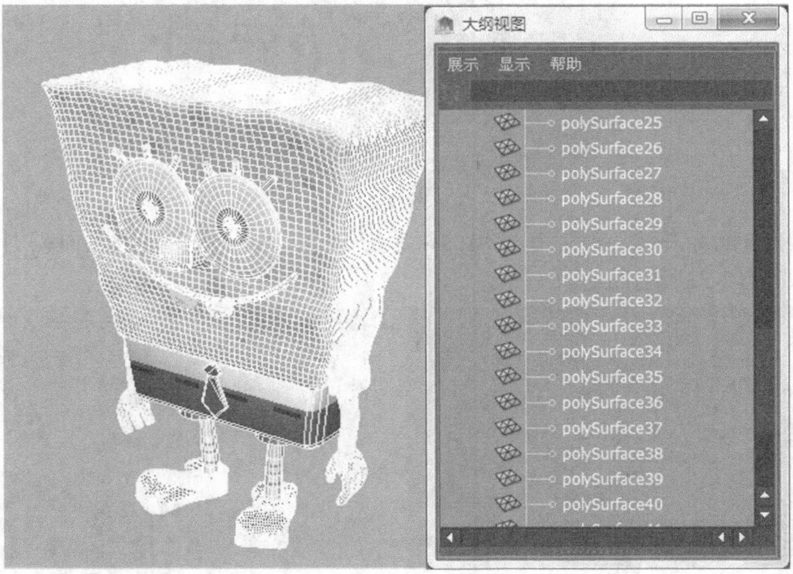

图12-18

【练习12-5】：提取多边形的面

场景文件　学习资源>场景文件>CH12>c.mb
实例位置　学习资源>实例文件>CH12>练习12-5.mb
技术掌握　掌握如何提取多边形对象上的面

本例使用“提取”命令将多边形上的面提取出来后的效果如图12-19所示。

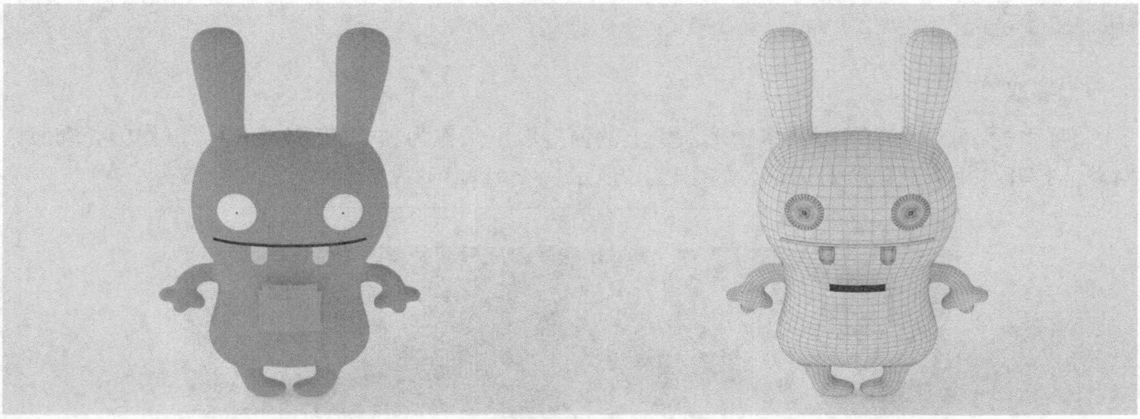

图12-19

01 打开学习资源中的“场景文件>CH12>c.mb”文件，如图12-20所示。

图12-20

02 在模型上单击鼠标右键，然后在弹出的菜单中选择“面”命令，进入面级别，如图12-21所示，接着选择如图12-22所示的面。

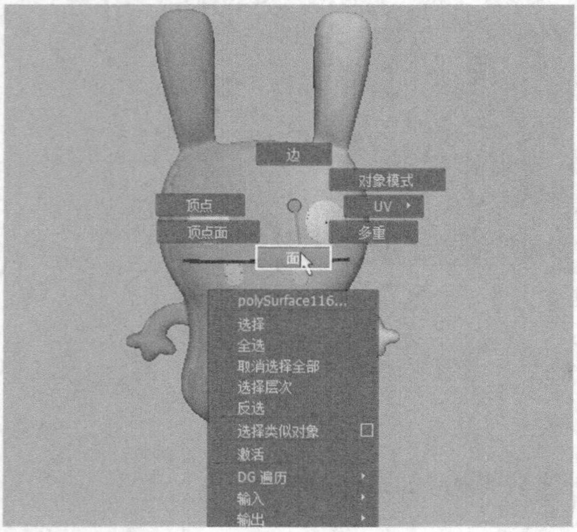

图12-21

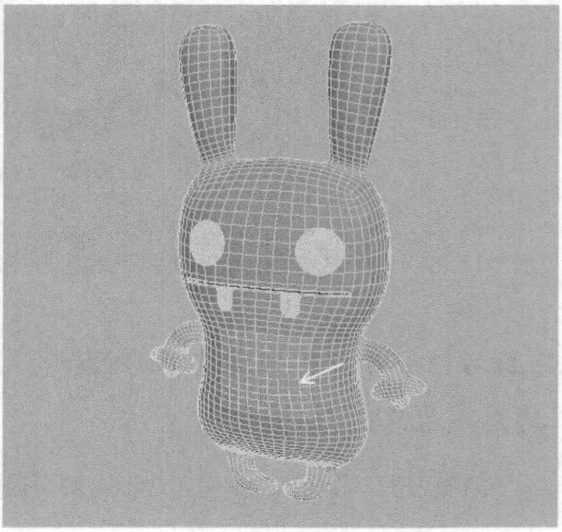

图12-22

03 执行“网格>提取”菜单命令，然后用“移动工具”将提取出来的面拖曳出来，以方便观察，如图12-23所示。

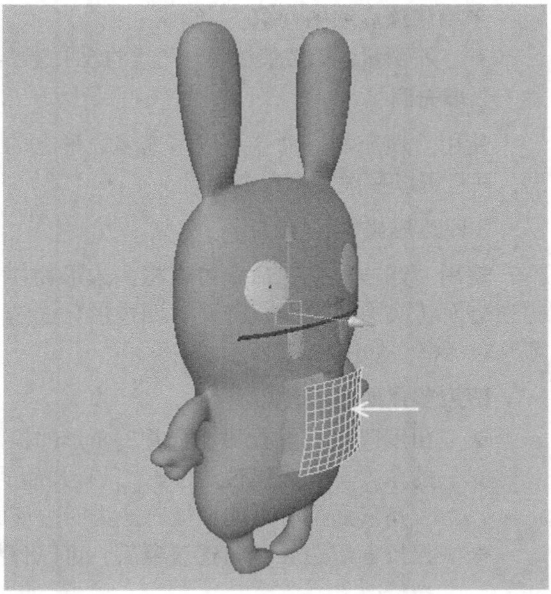

图12-23

技巧与提示

在默认情况下，提取出来的面的偏移距离为0。如果要设置偏移距离，可以在“提取选项”对话框中设置相应的“偏移”数值，如图12-24和图12-25所示分别是“偏移”数值为0和20的提取效果。

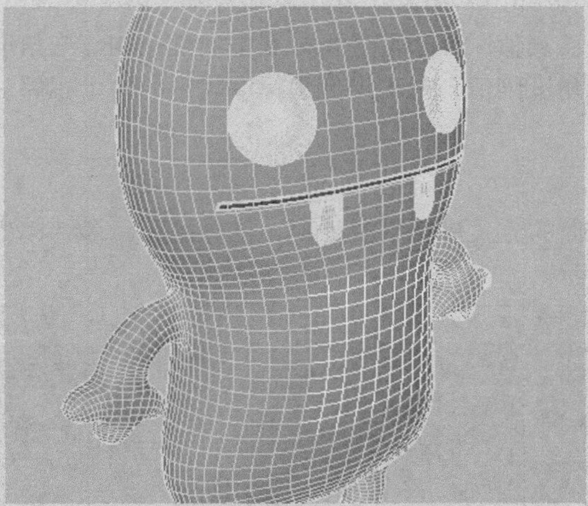

图12-24

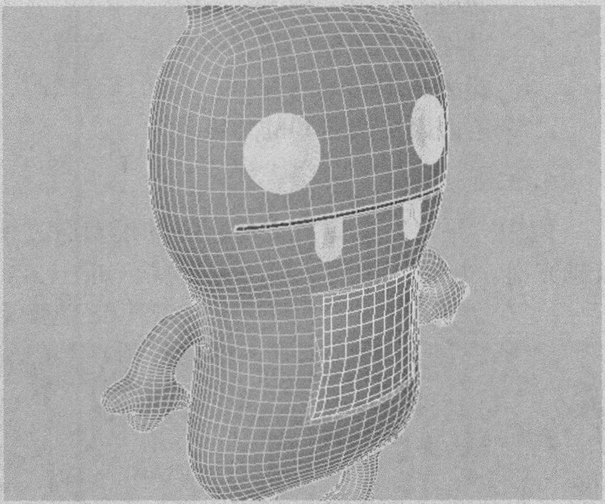

图12-25

12.1.3 形状

1.平均化顶点

“平均化顶点”命令可以通过平均化顶点的值来平滑几何体，而且不会改变拓扑结构。打开“平均化顶点选项”对话框，如图12-26所示。

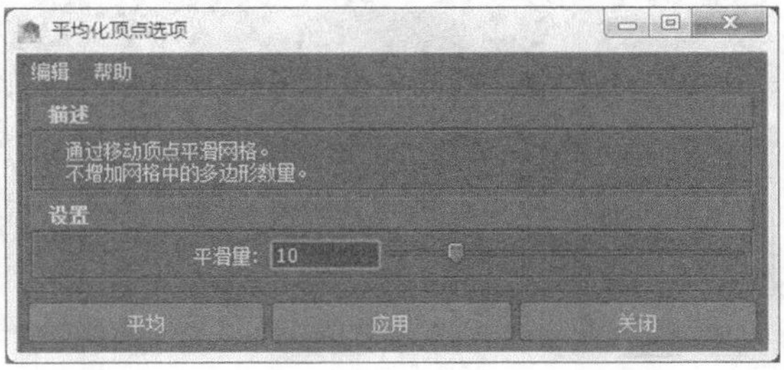

图12-26

平均化顶点选项介绍

❖ 平滑量：该数值越小，产生的效果越精细；该数值越大，每次平均化时的平滑程度也越大。

2.填充洞

使用“填充洞”命令可以填充多边形上的洞，并且可以一次性填充多个洞。

3.四边形化

使用“四边形化”命令可以将多边形物体的三边面转换为四边面。打开“四边形化面选项”对话框，如图12-27所示。

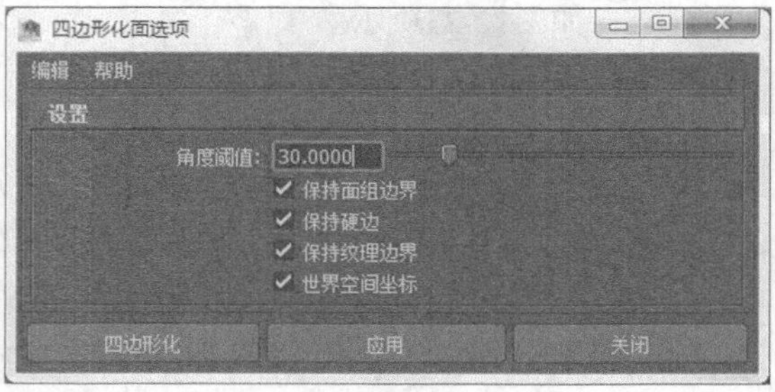

图12-27

四边形化面选项介绍

❖ 角度阈值：设置两个合并三角形的极限参数（极限参数是两个相邻三角形的面法线之间的角度）。当该值为0时，只有共面的三角形被转换；当该值为180时，表示所有相邻的三角形面都有可能会被转换为四边形面。

❖ 保持面组边界：勾选该项后，可以保持面组的边界；关闭该选项时，面组的边界可能会被修改。

❖ 保持硬边：勾选该项后，可以保持多边形的硬边；关闭该选项时，在两个三角形面之间的硬边可能会被删除。

❖ 保持纹理边界：勾选该项后，可以保持纹理的边界；关闭该选项时，Maya将修改纹理的边界。

❖ 世界空间坐标：勾选该项后，设置的“角度阈值”处于世界坐标系中的两个相邻三角形面法线之间的角度上；关闭该选项时，“角度阈值”处于局部坐标空间中的两个相邻三角形面法线之间的角度上。

4.平滑

使用“平滑”命令可以将粗糙的模型通过细分面的方式进行平滑处理，细分的面越多，模型就越光滑。打开“平滑选项”对话框，如图12-28所示。

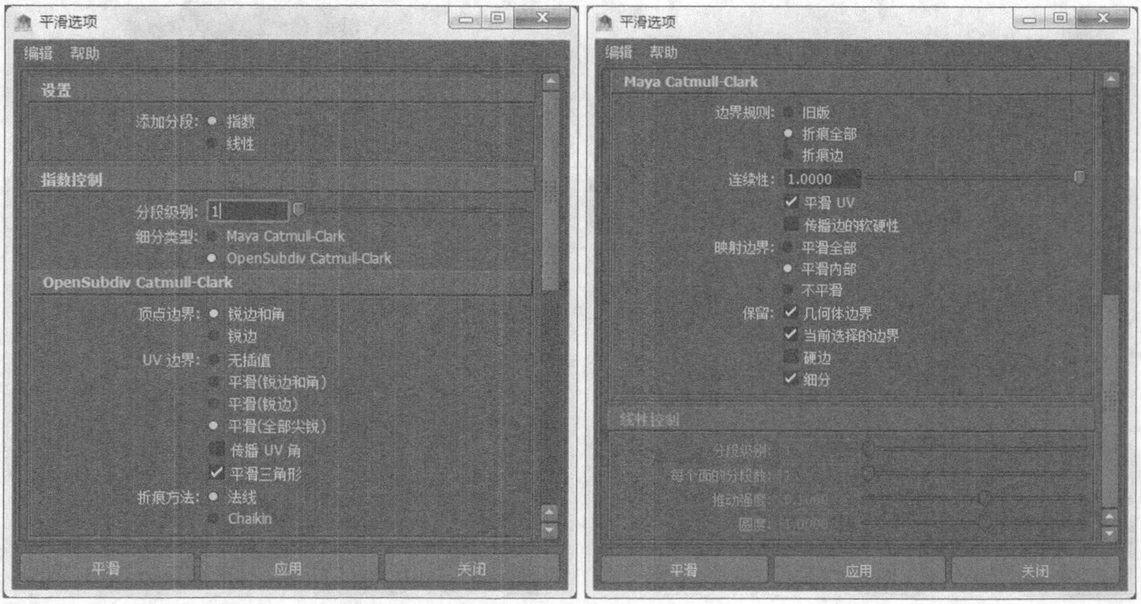

图12-28

平滑选项介绍

（1）设置

❖ 添加分段：在平滑细分面时，设置分段的添加方式。

✧ 指数：这种细分方式可以将模型网格全部拓扑成为四边形，如图12-29所示。

✧ 线性：这种细分方式可以在模型上产生部分三角面，如图12-30所示。

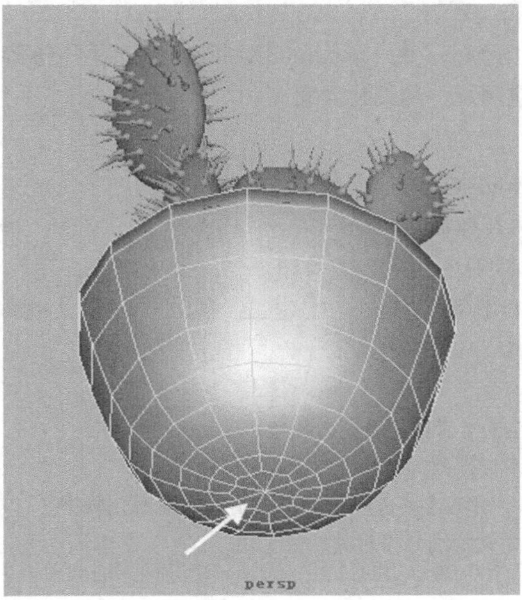

图12-29

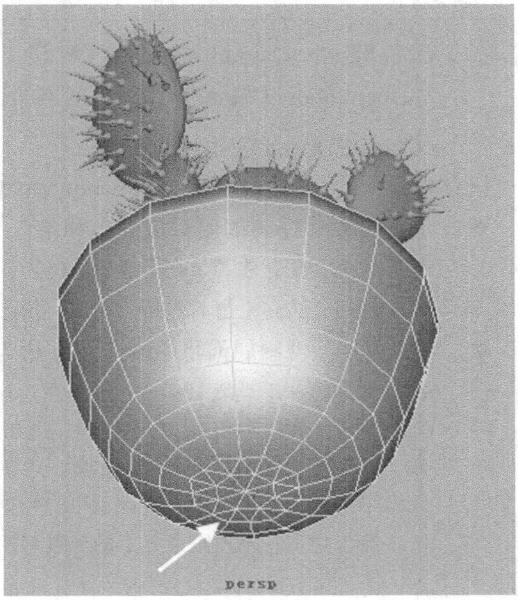

图12-30

（2）指数控制

将“添加分段”设置为“指数”后，下列选项可用。

❖ 分段级别：控制物体的平滑程度和细分段的数目。该参数值越高，物体越平滑，细分面也越多，如图12-31和图12-32所示分别是“分段级别”数值为1和3时的细分效果。

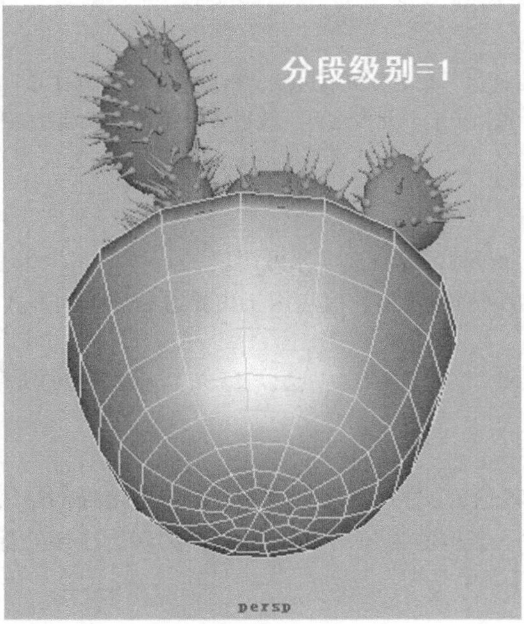

图12-31

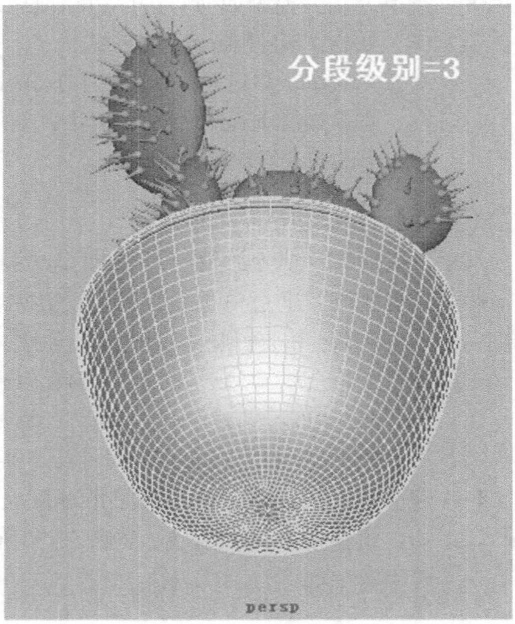

图12-32

❖ 细分类型：允许您选择用于平滑网格的算法。根据您选择的“细分类型”(Subdivision type)的不同，会显示不同的选项。

❖ Maya Catmull-Clark：使用 Maya 的 Catmull-Clark 算法实施平滑网格的面。

技巧与提示

在 Maya 2014 和更早的版本中，Maya Catmull-Clark是默认的细分类型。

❖ OpenSubdiv Catmull-Clark：（默认）使用 Maya 的 OpenSubdiv 库实施平滑网格的面。“OpenSubdiv Catmull-Clark”对网格面应用统一的细化方案。

（3）OpenSubdiv Catmull-Clark

只有当选择的“细分类型”为OpenSubdiv Catmull-Clark时，以下选项才可用。

❖ 顶点边界：控制如何对边界边和角顶点进行插值。
  ✧ 锐边和角：边和角在平滑后保持为锐边和角。
  ✧ 锐边：边在平滑后保持为锐边。角已进行平滑。

❖ UV 边界：控制如何将平滑应用于边界 UV。
  ✧ 无插值：不平滑 UV。
  ✧ 平滑（锐边和角）：平滑 UV。边和角在平滑后保持为锐边和角。
  ✧ 平滑（锐边）：平滑 UV 和角。边在平滑后保持为锐边。
  ✧ 平滑（全部尖锐）：（默认）启用时，平滑不连续边界上的顶点附近的面变化数据（UV 和颜色集）。不连续边界上的顶点将按锐化规则细分（对其插值）。

技巧与提示

“平滑（全部尖锐）”会与Maya Catmull-Clark控件中的“平滑内部”选项产生相同的结果。

  ✧ 传播UV角：启用后，原始网格的面变化数据（UV和颜色集）将应用于平滑网格的UV角。
  ✧ 平滑三角形：启用后（默认），会将细分规则应用到网格，从而使三角形的细分更加平滑。

❖ 折痕方法：控制如何对边界边和顶点进行插值。
  ✧ 法线：不应用折痕锐度平滑。
  ✧ Chaikin：启用后，对关联边的锐度进行插值。在细分折痕边后，结果边的锐度通过 Chaikin 的曲线细分算法确定，该算法会产生半锐化折痕。此方法可以改进各个边具有不同边权重的多边折痕的外观。

（4）Maya Catmull-Clark

只有当选择的“细分类型”为Maya Catmull-Clark时，以下选项才可用。

❖ 边界规则：通过该选项，可以设置在平滑网格时要将折痕应用于边界边和顶点的方式。
  ✧ 旧版：不将折痕应用于边界边和顶点。
  ✧ 折痕全部：（默认设置）在转化为平滑网格之前为所有边界边以及只有两条关联边的所有顶点应用完全折痕。
  ✧ 折痕边：仅为边应用完全折痕。

❖ 连续性：用来设置模型的平滑程度。当该值为0时，面与面之间的转折连接处都是线性的，模型效果比较生硬，如图12-33所示；当该值为1时，面与面之间的转折连接处都比较平滑，如图12-34所示。

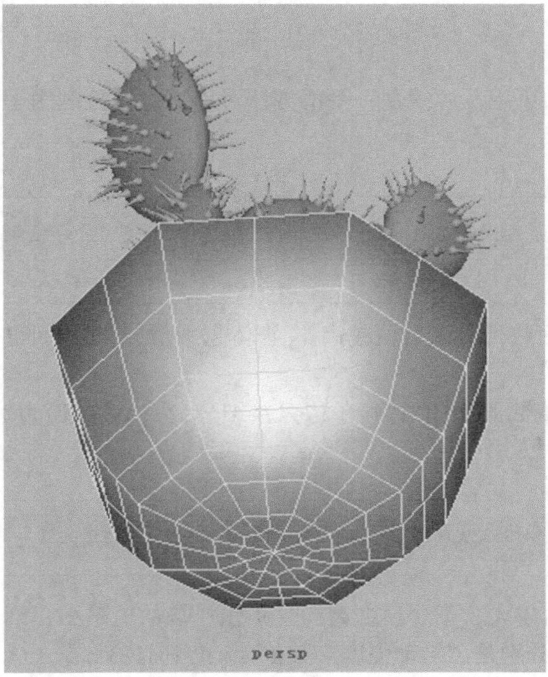

图12-33

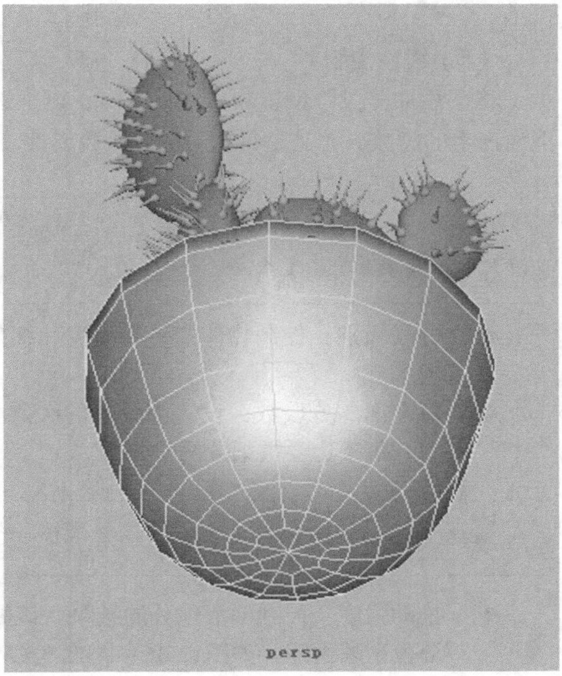

图12-34

- ✧ 平滑UV：勾选该选项后，在平滑细分模型的同时，还会平滑细分模型的UV。
- ✧ 传播边的软硬性：勾选该选项后，细分的模型的边界会比较生硬，如图12-35所示。
- ✧ 映射边界：控制“平滑 UV”处于启用状态时如何平滑边界。
- ✧ 平滑全部：平滑所有 UV 边界。
- ✧ 平滑内部：平滑内部边界。这是默认设置。
- ✧ 不平滑：不平滑边界。
- ✧ 保留：指定平滑时哪些组件不受影响。
- ✧ 几何体边界：启用该选项（默认）时，将保留网格的边界边的属性。它控制 PolySmoothFace 节点的“保持边界”属性。

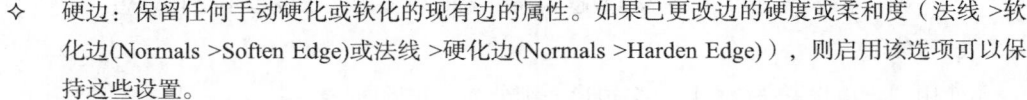

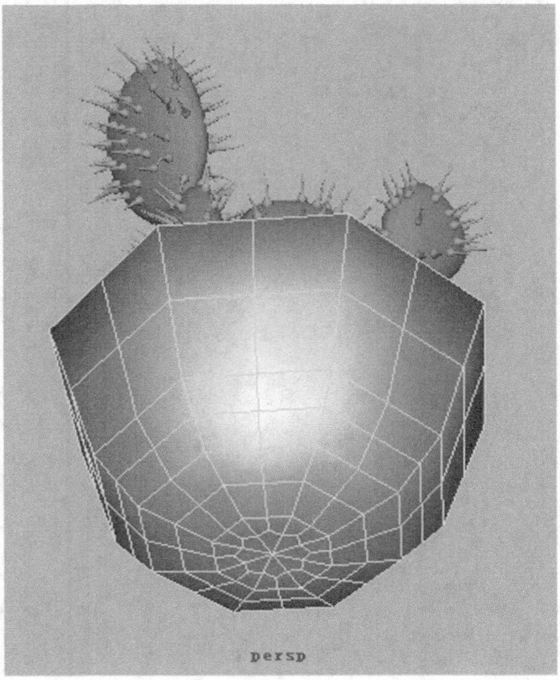

图12-35

- ✧ 当前选择的边界：启用该选项（默认）时，将保留设定选定面和未选定面的边界边的属性。
- ✧ 硬边：保留任何手动硬化或软化的现有边的属性。如果已更改边的硬度或柔和度（法线 >软化边(Normals >Soften Edge)或法线 >硬化边(Normals >Harden Edge)），则启用该选项可以保持这些设置。
- ✧ 细分：启用该选项，在更改历史节点时，平滑节点不会重做细分，而只重新定位已生成的顶点。

（5）线性控制

将“添加分段”设置为“线性”时，以下选项可用。“线性”平滑方法可以更好地控制因平滑而产生的面数，尤其是每个面的分段数属性。

技巧与提示

请勿在其面具有四个以上边的曲面上使用线性方法。否则，平滑曲面将不平坦。在执行平滑之前，先使用“网格>三角化”或“网格>清理”命令。

- ❖ 分段级别：控制物体的平滑程度和细分面数目。该数值越高，物体越平滑，细分面也越多。
- ❖ 每个面的分段数：设置细分边的次数。该数值为1时，每条边只被细分1次；该数值为2时，每条边会被细分两次。

技巧与提示

同时更改“分段级别”和“每个面的分段数”设置可在网格上创建大量的面，导致Maya应用程序的交互性能降低。

- ❖ 推动强度：控制平滑细分的结果。该数值越大，细分模型越向外扩张；该数值越小，细分模型越内缩，如图12-36和图12-37所示分别是“推动强度”数值为1和-1时的效果。

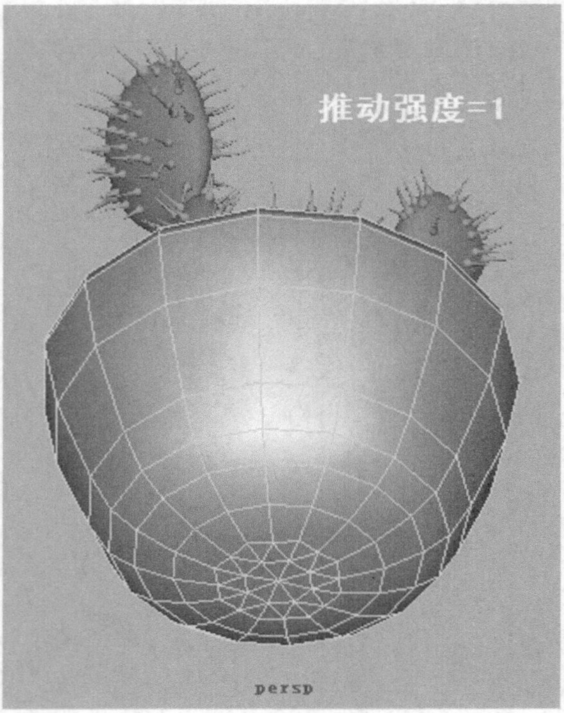

图12-36

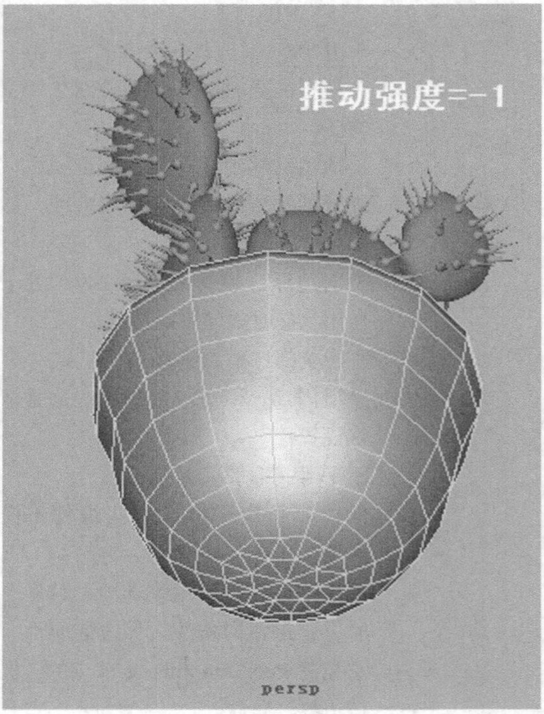

图12-37

- ❖ 圆度：控制平滑细分的圆滑度。该数值越大，细分模型越向外扩张，同时模型也比较圆滑；该数值越小，细分模型越内缩，同时模型的光滑度也不是很理想。

5.三角化

使用“三角化”命令可以将多边形面细分为三角形面。

【练习12-6】：平均化顶点以平滑模型

场景文件 学习资源>场景文件>CH12>d.mb
实例位置 学习资源>实例文件>CH12>练习12-6.mb
技术掌握 掌握平均化顶点命令的用法

本例使用“平均化顶点”命令将多边形顶点平均化后得到的平滑效果如图12-38所示。

图12-38

01 打开学习资源中的“场景文件>CH12>d.mb”文件，如图12-39所示。

02 在模型上单击鼠标右键，然后在弹出的菜单中选择“顶点”命令，进入顶点级别，接着选中顶部的一圈顶点，如图12-40所示。

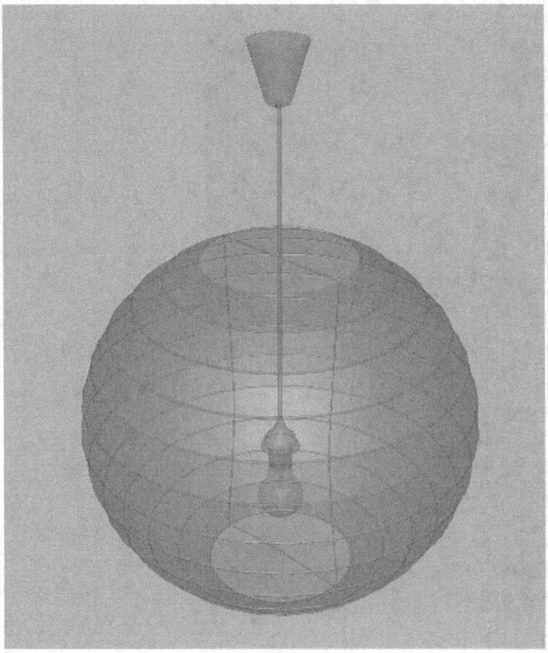

图12-39

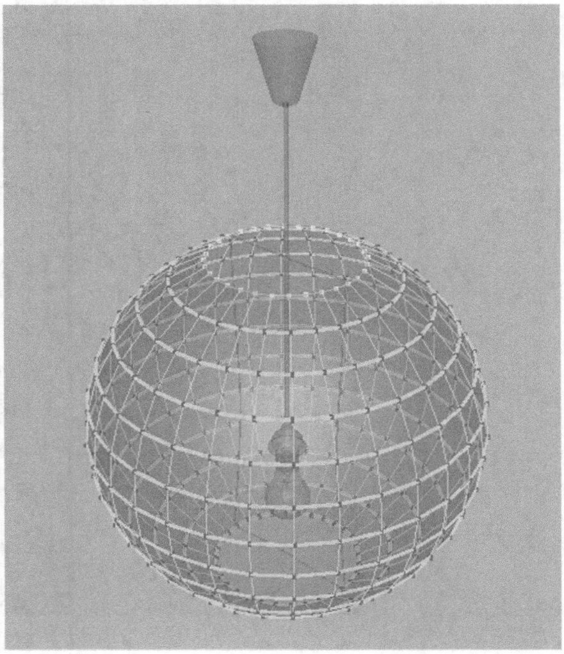

图12-40

技巧与提示

这里介绍一种快速选择顶点的简便方法。比如要选择图12-40中的顶点，可以切换到前视图，然后直接框选要选择的一圈顶点即可，如图12-41所示。

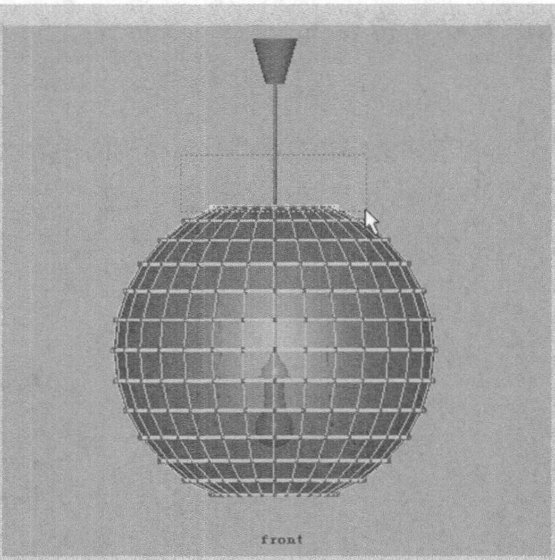

图12-41

03 执行“网格>平均化顶点”菜单命令，最终效果如图12-42所示。

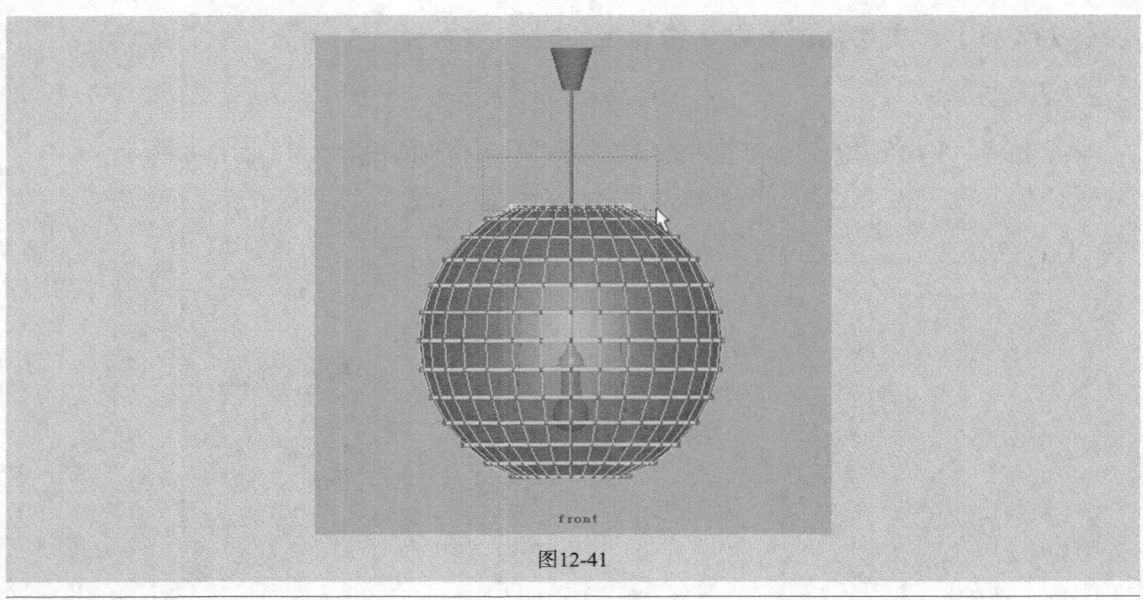

图12-42

【练习12-7】：补洞

场景文件 学习资源>场景文件>CH12>e.mb
实例位置 学习资源>实例文件>CH12>练习12-7.mb
技术掌握 掌握如何填充多边形上的洞

本例使用“填充洞”命令将多边形上的洞填充起来后的效果如图12-43所示。

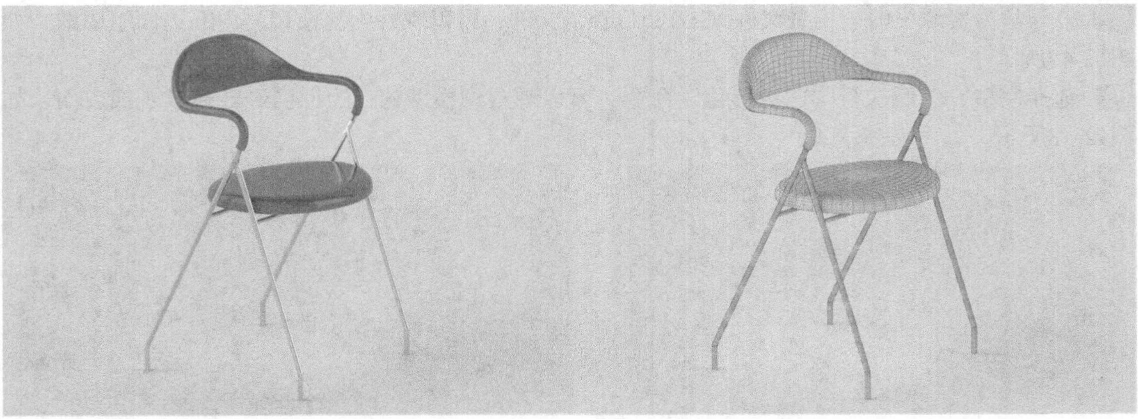

图12-43

01 打开学习资源中的“场景文件>CH12>e.mb”文件，可以观察到椅垫中间有一个洞，如图12-44所示。

02 选择椅垫模型，然后执行“填充洞”命令，效果如图12-45所示。

图12-44

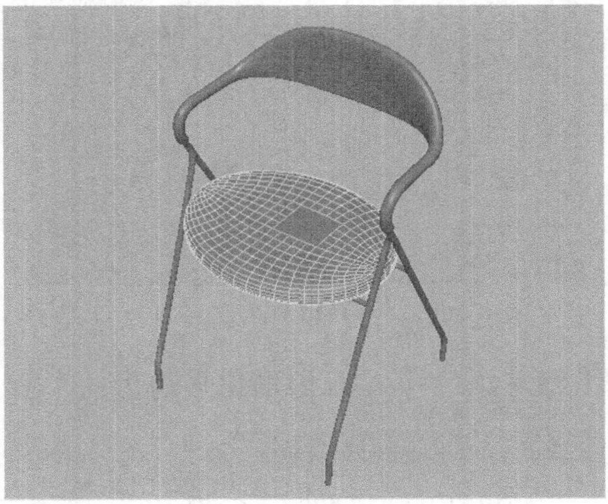

图12-45

【练习12-8】：四边形化多边形面

场景文件 学习资源>场景文件>CH12>f.mb

实例位置 学习资源>实例文件>CH12>练习12-8.mb

技术掌握 掌握如何将多边形面转换为四边形面

本例使用“四边形化”命令将三边面转换为四边面后的效果如图12-46所示。

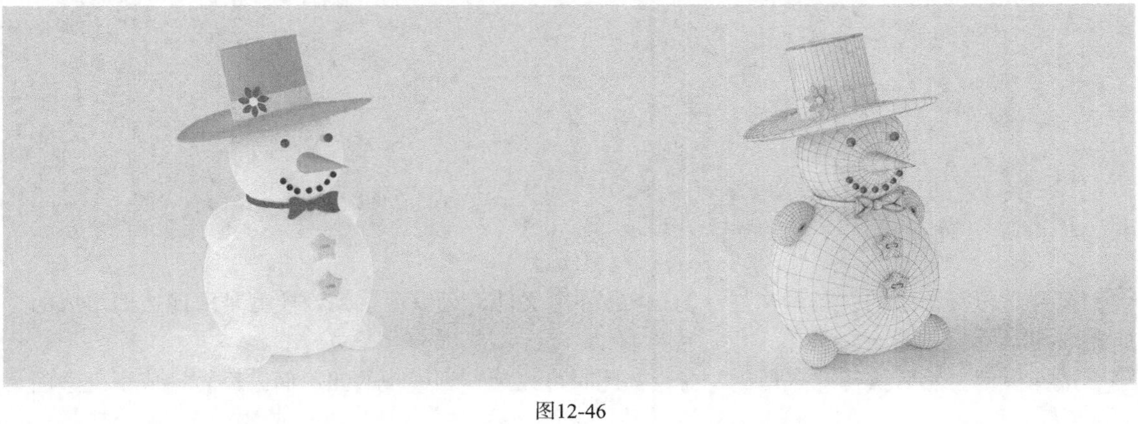

图12-46

01 打开学习资源中的“场景文件>CH12>f.mb”文件，可以观察到该模型是由三边面组成的，如图12-47所示。

02 选择模型，然后执行“四边形化”命令，可以观察到模型的三边面已经转换成了四边面，如图12-48所示。

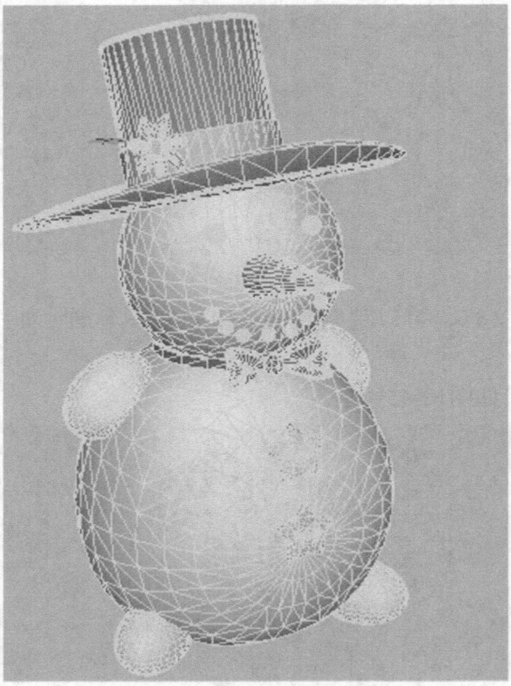

图12-47

图12-48

【练习12-9】：三角形化多边形面

场景文件　学习资源>场景文件>CH12>g.mb
实例位置　学习资源>实例文件>CH12>练习12-9.mb
技术掌握　掌握如何将多边形面转换为三角形面

本例使用“三角化”命令将四边面转换为三边面后的效果如图12-49所示。

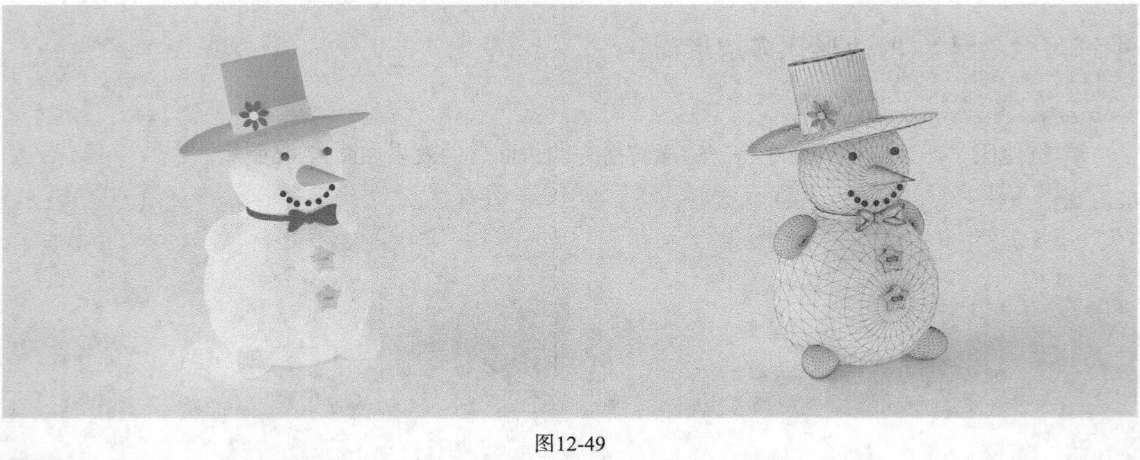

图12-49

01 打开学习资源中的“场景文件>CH12>g.mb”文件，可以观察到该模型是由四边面组成的，如图12-50所示。

02 选择模型，然后执行“三角化”命令，此时可以观察到模型的四边面已经转换成了三边面，如图12-51所示。

图12-50

图12-51

12.1.4 镜像

1.镜像切割

使用“镜像切割”命令可以让对象在设置的镜像平面的另一侧镜像出一个对象，并且可以通过移动镜像平面来控制镜像对象的位置。如果对象与镜像平面有相交部分，相交部分将会被剪掉，同时还可以通过删除历史记录来打断对象与镜像平面之间的关系。打开“镜像切割选项”对话框，如图12-52所示。

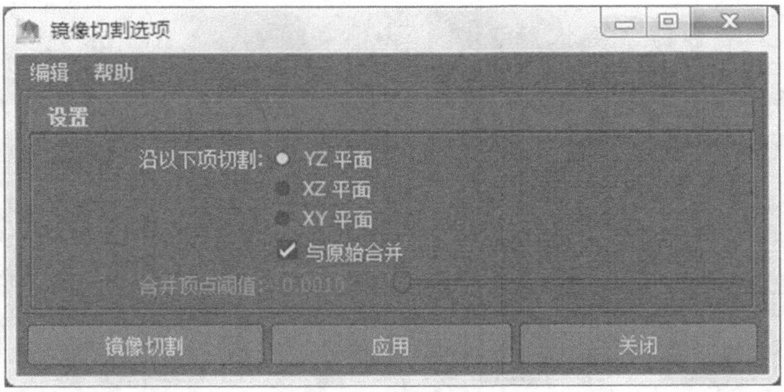

图12-52

镜像切割选项介绍

- ❖ 沿以下项切割：用来选择镜像的平面，共有“YZ平面”“XZ平面”和“XY平面”3个选项可以选择。这3个平面都是世界坐标轴两两相交所在的平面。
- ❖ 与原始合并：勾选该选项后，镜像出来的平面会与原始平面合并在一起。
- ❖ 合并顶点阈值：处于该值范围内的顶点会相互合并。只有“与原始合并”选项处于启用状态时，该选项才可用。

2.镜像几何体

使用“镜像几何体”命令可以将对象紧挨着自身进行镜像。打开“镜像选项”对话框，如图12-53所示。

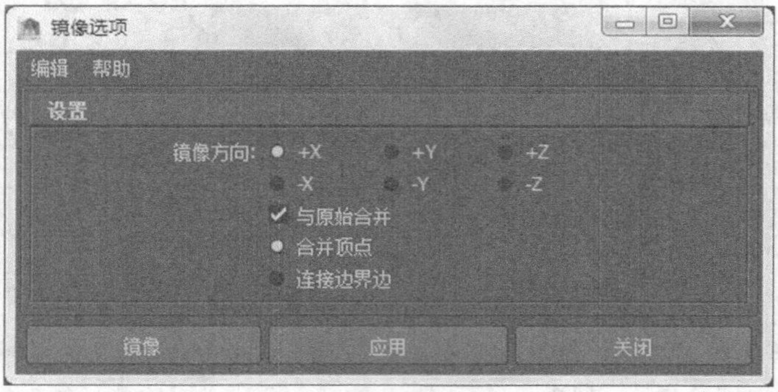

图12-53

镜像选项介绍

- ❖ 镜像方向：用来设置镜像的方向，都是沿世界坐标轴的方向。如+X表示沿着x轴的正方向进行镜像；-X表示沿着x轴的负方向进行镜像。
- ❖ 与原始合并：选择希望多边形如何合并。如果启用该选项（默认设置），Maya 会复制并翻转原始多边形，并将复制的多边形与原始多边形合并。这将使新多边形对象成为一个壳。如果禁用该选项，Maya 会复制并翻转原始多边形，但不会合并单独的壳。
- ❖ 合并顶点：选择该选项可合并相邻的顶点，从而创建单个壳。
- ❖ 连接边界边：选择该选项可使原始多边形与镜像多边形在边界边处连接，从而填充面以创建闭合图形。

【练习12-10】：镜像切割模型

场景文件　学习资源>场景文件>CH12>h.mb
实例位置　学习资源>实例文件>CH12>练习12-10.mb
技术掌握　掌握如何镜像切割模型

本例使用“镜像切割”命令镜像的怪兽模型效果如图12-54所示。

图12-54

01 打开学习资源中的“场景文件>CH12>h.mb”文件，如图12-55所示。

02 打开“镜像切割选项”对话框，然后设置“沿以下项切割”为“YZ平面”，并关闭“与原始合并”选项，如图12-56所示，接着单击“应用”按钮，此时镜像出来的模型与原始模型是重合的，如图12-57所示，最后将镜像出来的模型向左拖曳到合适的位置，最终效果如图12-58所示。

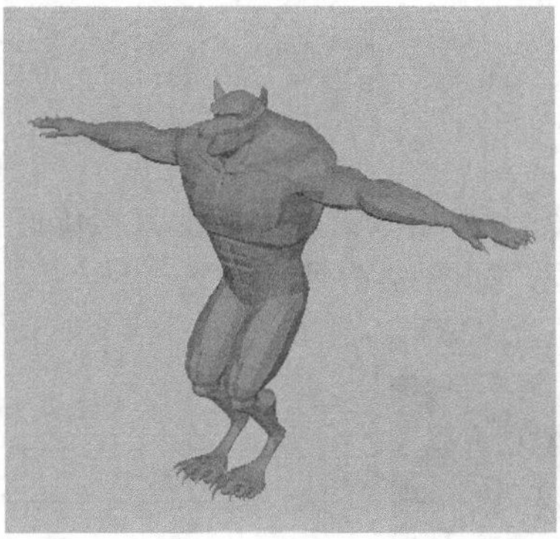

图12-55

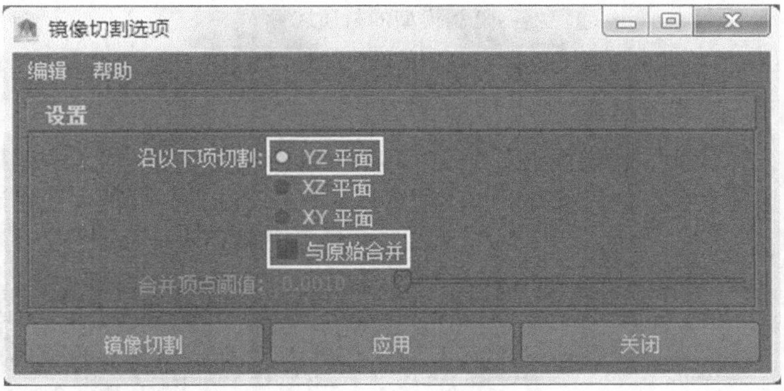

图12-56

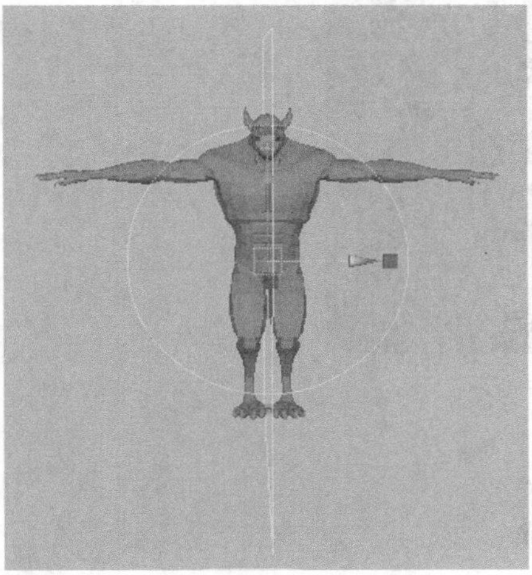

图12-57

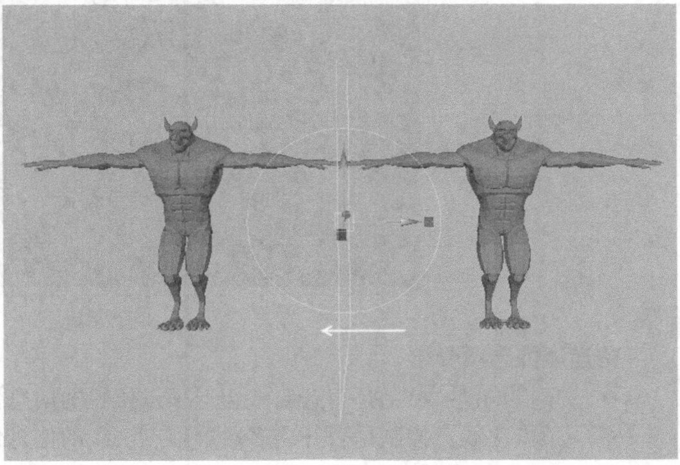

图12-58

12.1.5 传递

1.剪贴板操作

“剪贴板操作”命令包含3个子命令，分别是“复制属性”“粘贴属性”和“清空剪贴板”，如图12-59所示。

由于3个命令的参数都相同，这里用“复制属性”命令来进行讲解。打开“复制属性选项”对话框，如图12-60所示。

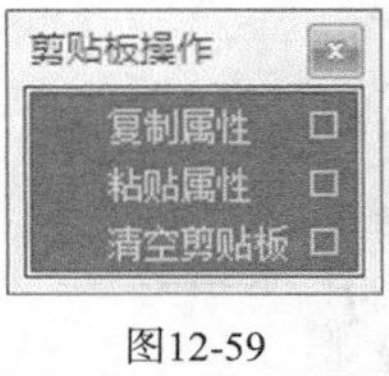

图12-59

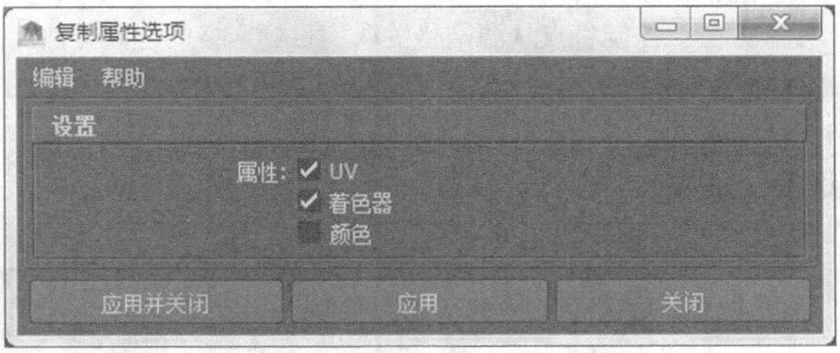

图12-60

复制属性选项介绍

❖ 属性：选择要复制的属性。

✧ UV：复制模型的UV属性。

✧ 着色器：复制模型的材质属性。

✧ 颜色：复制模型的颜色属性。

2.传递属性

使用“传递属性”命令可以将一个多边形的相关信息应用到另一个相似的多边形上，当传递完信息后，它们就有了相同的信息。打开“传递属性选项”对话框，如图12-61所示。

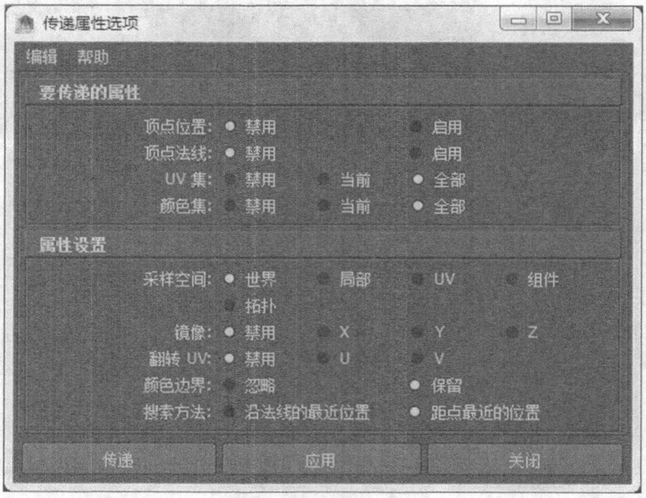

图12-61

传递属性选项介绍

❖ 顶点位置：控制是否开启多边形顶点位置的信息传递。

❖ 顶点法线：控制是否开启多边形顶点法线的信息传递。

❖ UV集：设置多边形UV集信息的传递方式。

❖ 颜色集：设置多边形顶点颜色集信息的传递方式。

❖ 采样空间：设置多边形之间采样空间的类型。

❖ 镜像：如果希望属性传递发生在定义的轴（X、Y、Z）上，请启用“镜像”选项。镜像时，必须选择网格上的目标顶点。默认设置为“禁用”。

❖ 翻转 UV：如果要对 UV 进行采样，并且希望传递的 UV 壳出现在“UV 纹理编辑器”中时沿U或V轴翻转，请启用“翻转 UV”。如果要在单个网格上创建对称 UV 映射，使用“翻转 UV”将非常有用。默认设置为“禁用”。

❖ 颜色边界：选择传递 CPV 数据时是否在源网格上显示颜色边界。

❖ 搜索方法：控制将点从源网格关联到目标网格的空间方法。

3.传递着色集

使用“传递着色集”命令可以对多边形之间的着色集进行传递。打开“传递着色集选项”对话框，如图12-62所示。

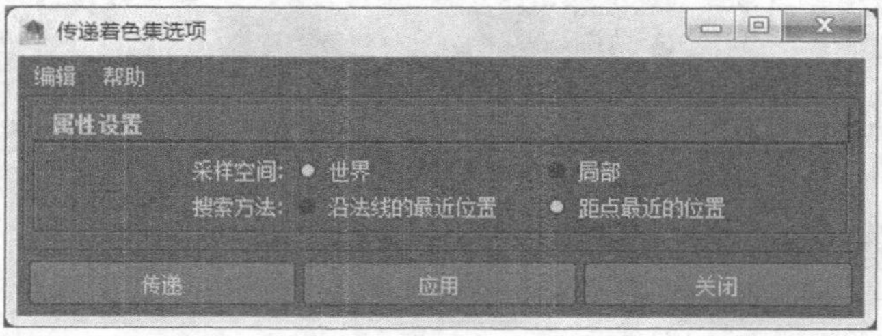

图12-62

传递着色集选项介绍

❖ 采样空间：设置多边形之间采样空间的类型，共有以下两种。

✧ 世界：使用基于世界空间的传递，可确保属性传递与在场景视图中看到的内容匹配。

✧ 局部：如果要并列比较源网格和目标网格，可以使用"局部"设置。只有当对象具有相同的变换值时，"局部"空间传递才可以正常工作。

❖ 搜索方法：控制将点从源网格关联到目标网格的空间搜索方法。

【练习12-11】：复制并粘贴对象的属性

场景文件　学习资源>场景文件>CH12>i.mb
实例位置　学习资源>实例文件>CH12>练习12-11.mb
技术掌握　掌握如何复制与粘贴对象的属性

本例主要是针对"复制属性"和"粘贴属性"命令的用法进行练习，如图12-63所示是本例的练习模型。

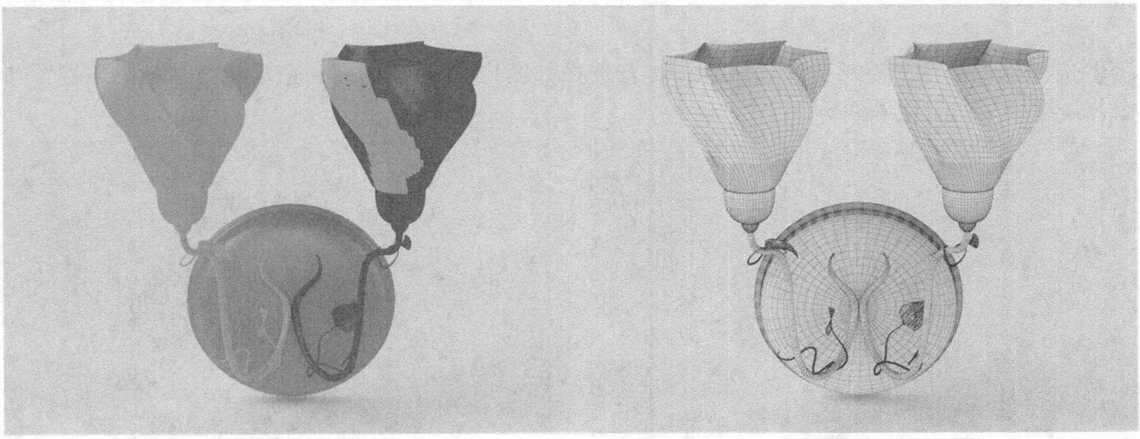

图12-63

01 打开学习资源中的"场景文件>CH12>i.mb"文件，如图12-64所示。

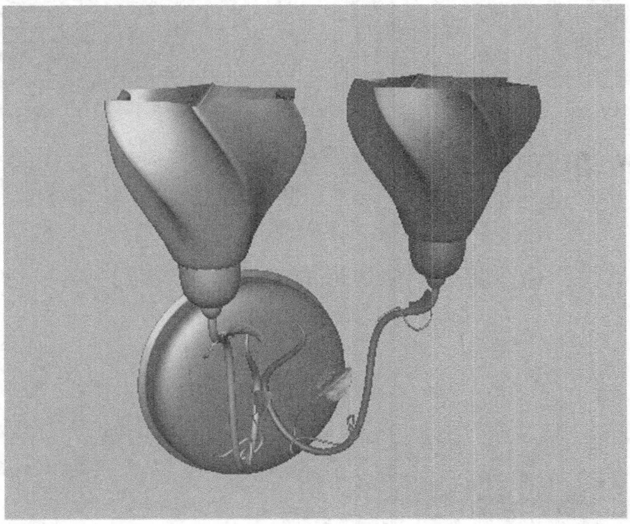

图12-64

02 在绿色模型上单击鼠标右键，然后在弹出的菜单中选择"面"命令，进入面级别，并选择所有的面，如图12-65所示，接着打开"复制属性选项"对话框，具体参数设置如图12-66所示，最后单击"应用"按钮。

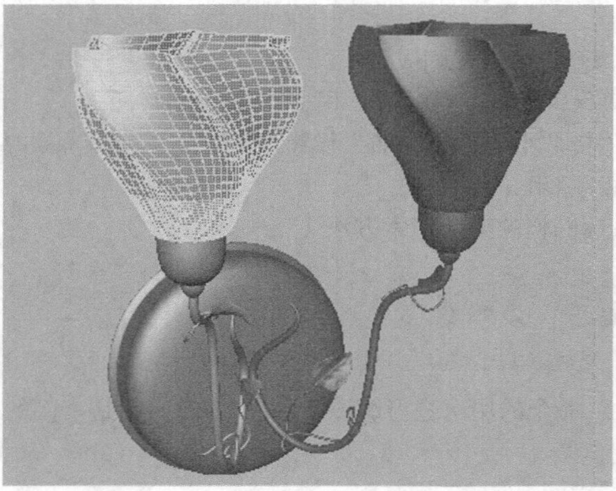

图12-65

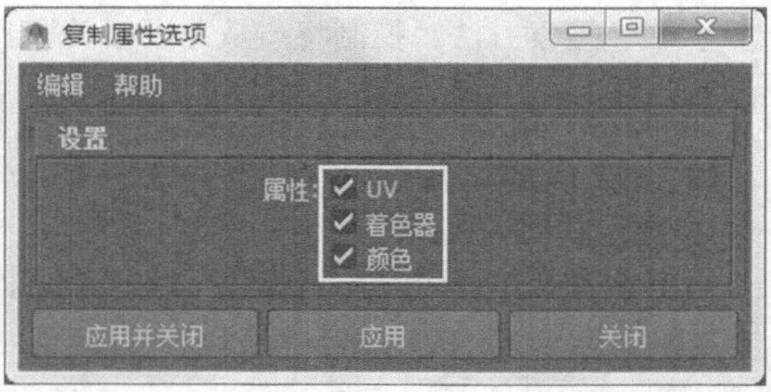

图12-66

03 选择红色模型，然后进入面级别，接着选择如图12-67所示的面，最后执行“粘贴属性”命令，最终效果如图12-68所示。

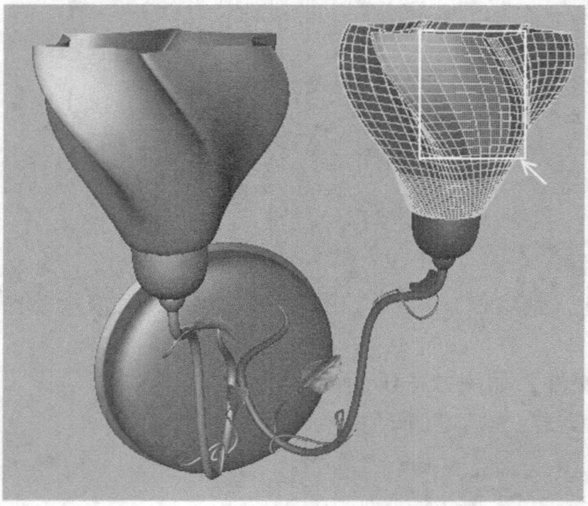

图12-67

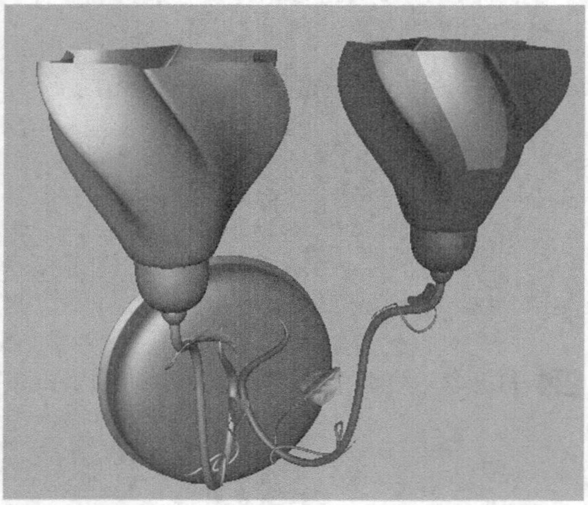

图12-68

【练习12-12】：传递UV纹理属性

场景文件 学习资源>场景文件>CH12>j.mb
实例位置 学习资源>实例文件>CH12>练习12-12.mb
技术掌握 掌握如何传递多边形的属性

本例使用“传递属性”命令将一个多边形的UV纹理传递到另外一个多边形后的效果如图12-69所示。

图12-69

01 打开学习资源中的“场景文件>CH12>j.mb”文件，如图12-70所示。

图12-70

02 选择红色模型，然后执行“创建UV>自动映射”菜单命令，接着执行“窗口>UV纹理编辑器”菜单命令，打开“UV纹理编辑器”对话框，在该对话框中可以观察到设置好的UV纹理，如图12-71所示。

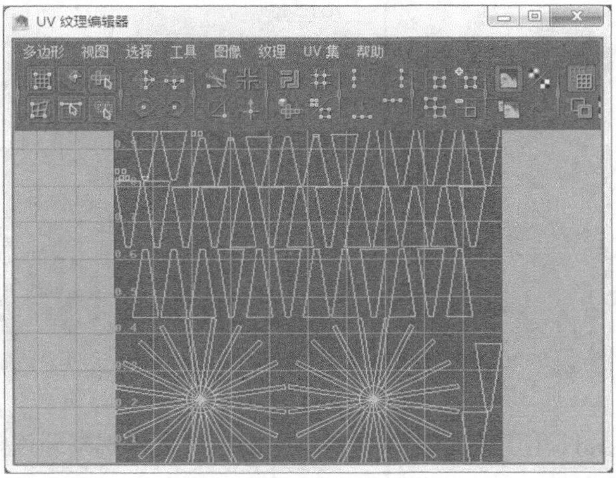

图12-71

技巧与提示

“自动映射”命令可以同时从多个角度将 UV 纹理坐标投影到选定对象上。

03 先选择红色模型，再加选黄色模型，然后打开“传递属性选项”对话框，接着设置“顶点位置”为“启用”，“UV集”为“全部”，再设置“采样空间”为“局部”，如图12-72所示。

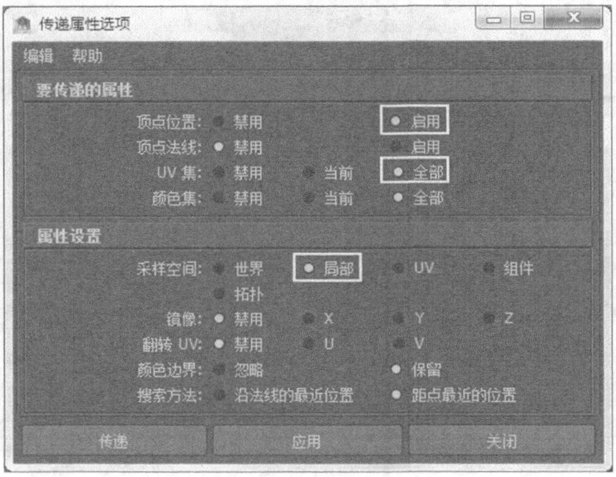

图12-72

04 按快捷键Ctrl+A打开“属性编辑器”对话框，然后在“采样选项”卷展栏下设置“采样空间”为“忽略转换”，如图12-73所示，效果如图12-74所示。

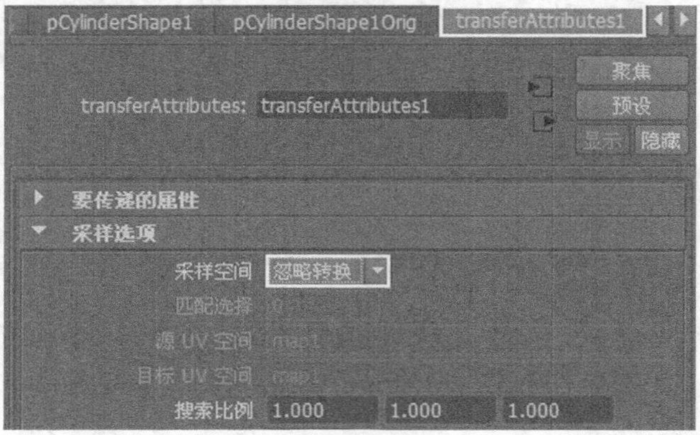

图12-73

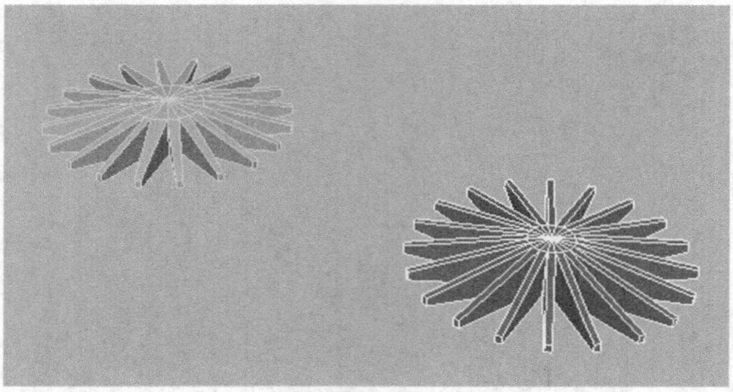

图12-74

05 选择黄色模型，然后打开“UV纹理编辑器”对话框，可以观察到该模型的UV与红色模型的UV完全一致了，如图12-75所示。

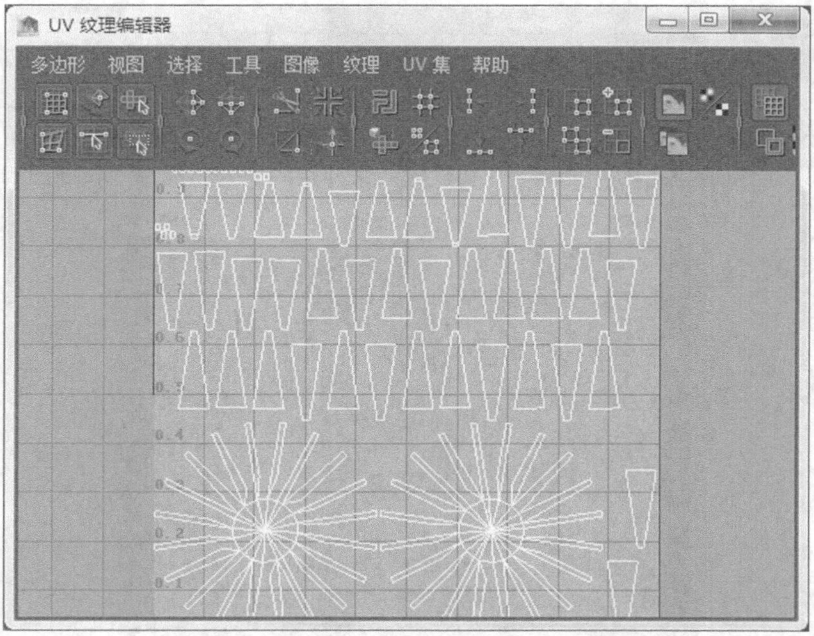

图12-75

12.1.6 优化

1.清理

使用“清理”命令可以清理多边形的某些部分，也可以使用该命令的标识匹配功能匹配标准的多边形，或使用这个功能移除或修改不匹配指定标准那个部分。打开“清理选项”对话框，如图12-76所示。

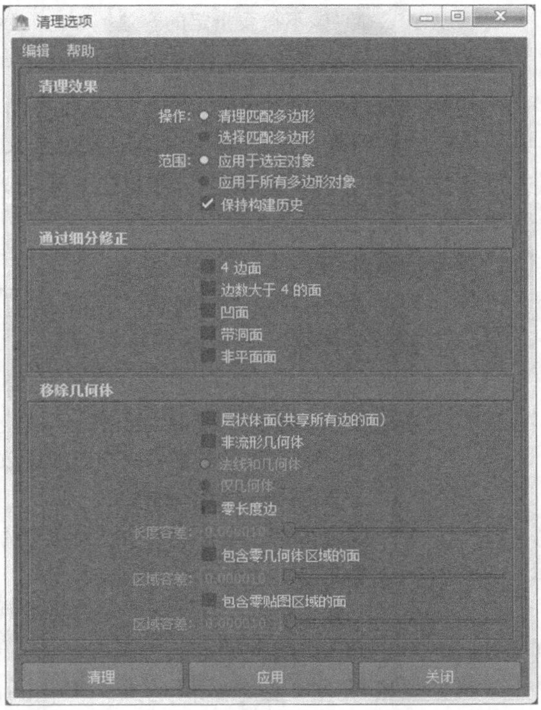

图12-76

清理选项介绍

❖ 操作：选择是要清理多边形还是仅将其选中。

✧ 清理匹配多边形：使用该选项可以重复清理选定的多边形几何体（使用相同的选项设置）。

✧ 选择匹配多边形：使用该选项可以选择符合设定标准的任何多边形，但不执行清理。

❖ 范围：选择要清理的对象范围。

❖ 应用于选定对象：启用该选项后，仅在场景中清理选定的多边形，这是默认设置。

❖ 应用于所有多边形对象：启用该选项后，可以清理场景中所有的多边形对象。

❖ 保持构建历史：启用该选项后，可以保持与选择的多边形几何体相关的构建历史。

❖ 通过细分修正：可以使用一些多边形编辑操作来修改多边形网格，并且生成具有不需要的属性的多边形面。可以通过细分修正的面包括“4边面”“边数大于4的面”“凹面”“带洞面”和“非平面面”，如图12-77所示。

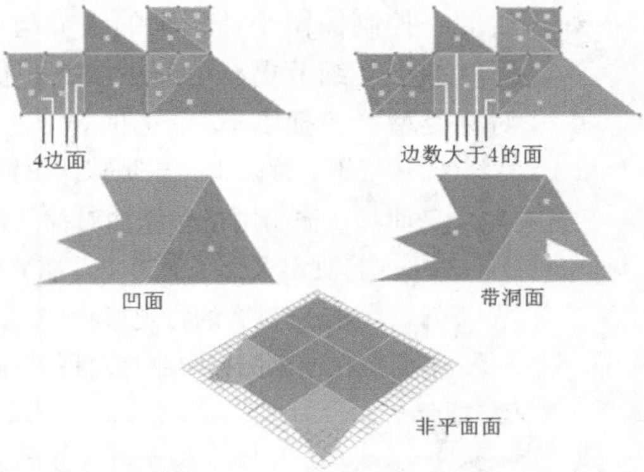

图12-77

❖ 移除几何体：指定在清理操作期间要移除的几何体，以及要移除的几何体中的容差。

✧ Lamina面（共享所有边的面）：如果选择了用于移除的“Lamina面”，则Maya会移除共享所有边的面。通过移除这些类型的面，可以避免不必要的处理时间，特别是当将模型导出到游戏控制台时。

✧ 非流形几何体：启用该选项可以清理非流形几何体。如果选择“法线和几何体”选项，则在清理非流形顶点或边时，可以让法线保持一致；如果选择“仅几何体”选项，则清理非流形几何体，但无需更改结果法线。

✧ 零长度边：当选择移除具有零长度的边时，非常短的边将在指定的容差内被删除。

✧ 长度容差：指定要移除的边的最小长度。

✧ 包含零几何体区域的面：当选择移除具有零几何体区域的面（例如，移除面积介于 0~0.0001 的面）时，会通过合并顶点来移除面。

- ✧ 区域容差：指定要删除的面的最小区域。
- ✧ 包含零贴图区域的面：选择移除具有零贴图区域的面时，检查面的相关UV纹理坐标，并移除UV不符合指定的容差范围内的面。

2.减少

使用“减少”命令可以简化多边形的面，如果一个模型的面数太多，就可以使用该命令来对其进行简化。打开“减少选项”对话框，如图12-78所示。

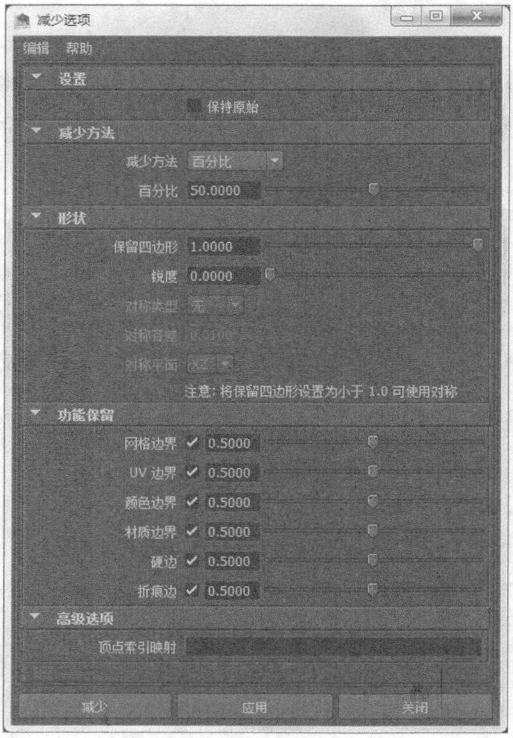

图12-78

减少选项介绍

- ❖ 保持原始：勾选该选项，简化模型后会保留原始模型。
- ❖ 减少方法：可以通过特定值来减少多边形的数量，包括以下3个选项。
  - ✧ 百分比：用于设置原始多边形计数的百分比来减少多边形的数量。
  - ✧ 顶点限制：用于设置输出网格中的顶点数量。
  - ✧ 三角形限制：用于设置输出网格中的三角形数量。
- ❖ 保留四边形：该数值越大，简化后的多边形的面都尽可能以四边面形式进行转换；该数值越小，简化后的多边形的面都尽可能以三边面形式进行转换。
- ❖ 锐度：控制保留小巧明细的细节与更大形状之间的平衡。值很小时，相对于对象的常规形状的小巧细节更有可能被收拢；值很大时，它们更可能得到保留。
- ❖ 对称类型：包括以下3个选项。
  - ✧ 无：禁用对称减少。这是默认设置。
  - ✧ 自动：在输出网格中添加对称平面，使减少对称于 Maya 选择的平面。如果选择此选项，Maya 将决定哪个平面（XZ、XY 或 YZ）最为对称。它还会尝试对称于质心，这非常适合未与x、y或z轴对齐的常规形状。
  - ✧ 平面：在输出网格中添加对称平面，使减少对称于指定的平面。

技巧与提示

“保留四边形”必须设置为小于 1.0 的值，才能使用“对称类型”选项。

- ❖ 对称容差：控制 Maya 用于判断两个点跨对称平面是否对称的度数，值在 0 到 1 之间。
- ❖ 对称平面：指定对称平面的轴。当“对称类型”设置为“平面”时，可选择 XZ、XY 或 YZ。
- ❖ 网格边界：勾选该项后，可以在精简多边形的同时尽量保留模型的边界。
- ❖ UV边界：勾选该项后，可以在精简多边形的同时尽量保留模型的UV边界。
- ❖ 颜色边界：勾选该项后，可以在精简多边形的同时尽量保留颜色边界的形状。
- ❖ 材质边界：勾选该项后，可以在精简多边形的同时尽量保持材质边界的形状。
- ❖ 硬边：勾选该项后，可以在精简多边形的同时尽量保留模型的硬边。
- ❖ 折痕边：勾选该项后，可以在精简多边形的同时尽量保留设置了折痕值的边的形状。

❖ 顶点索引映射：可以导出顶点索引映射。若要在原始网格与输出网格的顶点之间建立关系，请在该字段中输入名称以创建新的颜色集。应用颜色集后，可以观察输出网格中的顶点并根据颜色确定原始网格中的索引。

3.平滑代理

“平滑代理”命令包含“细分曲面代理”“移除细分曲面代理镜像”“折痕工具”“切换代理显示”和“代理和细分曲面同时显示”5个子选项，如图12-79所示。

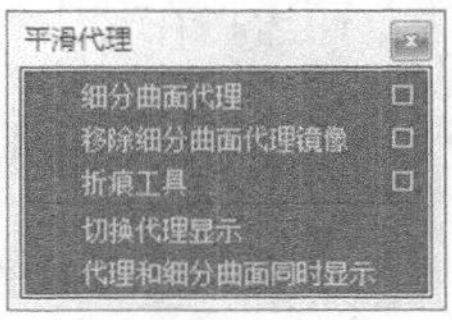

图12-79

（1）细分曲面代理

通过添加多边形平滑选定多边形，并将原始未平滑网格作为代理。此时会在代理和平滑版本的网格之间建立节点连接，这样对代理形状或拓扑所做的更改会更新到平滑版本的网格中。

（2）移除细分曲面代理镜像

移除通过“平滑代理>细分曲面代理”命令创建的平滑网格，并将代理网格的两个部分（原始网格和镜像网格）合并到一个网格中，类似于在原始网格上使用“网格>镜像几何体”，但对网格的其中一部分所做的调整将不再自动镜像到另一部分中。

（3）折痕工具

为多边形网格上的边和顶点生成折痕。可用于修改多边形网格，并获取在硬和平滑之间过渡的形状，而不会过度增大基础网格的分辨率。

（4）切换代理显示

在法线多边形显示和平滑细分曲面代理版本之间切换细分曲面代理对象的显示。

（5）代理和细分曲面同时显示

同时显示代理网格和细分曲面网格。

12.2 编辑多边形网格

展开“编辑网格”菜单，如图12-80所示。下面根据顶点、边、面、曲线等几大块来讲解编辑网格的相关命令。

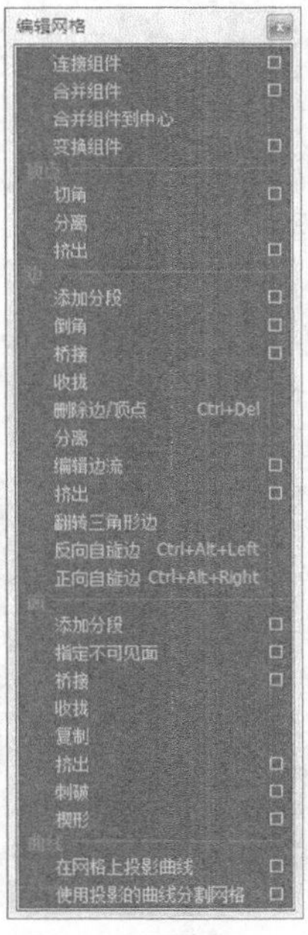

图12-80

12.2.1 连接组件

选择顶点或边后，使用“连接组件”命令可以通过边将其连接起来。顶点将直接连接到连接边，而边将在其中的顶点处进行连接。

12.2.2 合并组件

使用“合并组件”命令可以将选择的多个顶点/边合并成一个顶点/边，合并后的位置在选择对象的中心位置上。打开“合并顶点选项”对话框，如图12-81所示。

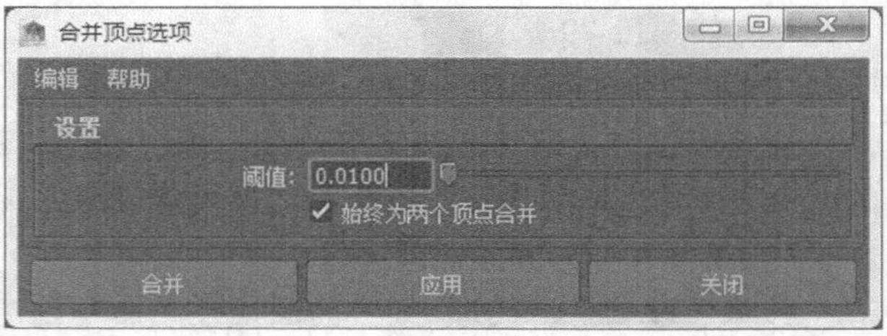

图12-81

合并顶点选项介绍

❖ 阈值：在合并顶点时，该选项可以指定一个极限值，凡距离小于该值的顶点都会被合并在一起，而距离大于该值的顶点则不会被合并在一起。

❖ 始终为两个顶点合并：当勾选该选项并且只选择两个顶点时，无论“阈值”是多少，它们都将被合并在一起。

【练习12-13】：合并顶点

场景文件 学习资源>场景文件>CH12>k.mb
实例位置 学习资源>实例文件>CH12>练习12-13.mb
技术掌握 掌握如何合并多边形的顶点

本例使用“合并组件”命令将两个模型的顶点合并起来后的效果如图12-82所示。

图12-82

01 打开学习资源中的“场景文件>CH12>k.mb”文件，如图12-83所示。

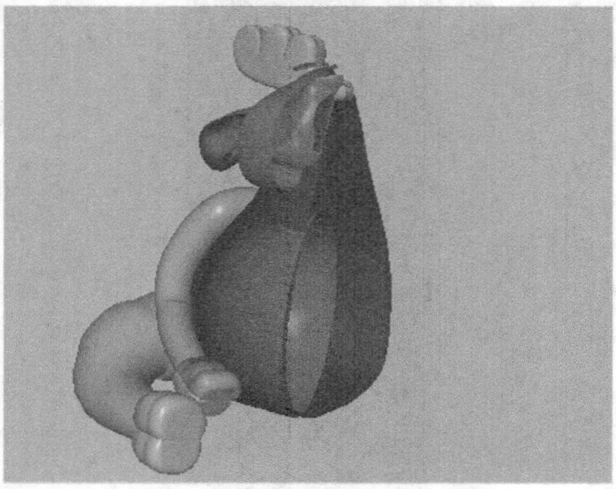
图12-83

02 选择模型，然后单击“编辑>特殊复制”菜单命令后的□按钮，打开“特殊复制选项”对话框，具体参数设置如图12-84所示，接着单击“特殊复制”按钮，效果如图12-85所示。

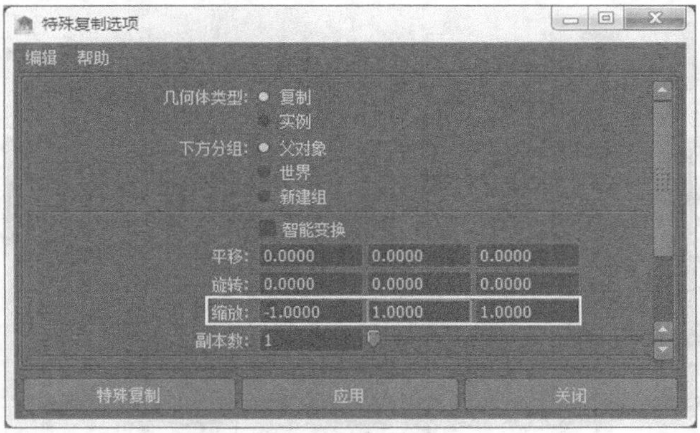

图12-84

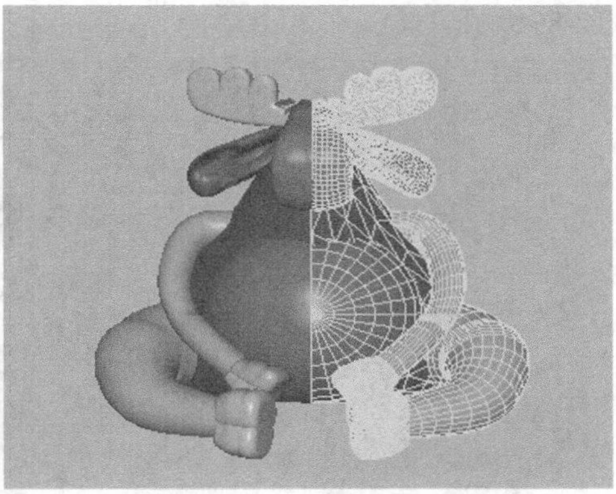

图12-85

03 选中两个模型，然后执行“网格>结合”菜单命令，将两个多边形对象结合成一个多边形对象，如图12-86所示。

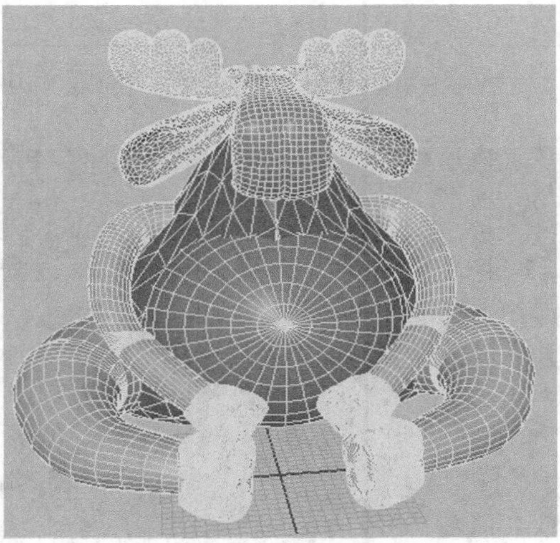

图12-86

技巧与提示

在状态栏中单击“渲染当前帧（Maya软件）”按钮，渲染一下模型的正面，渲染出来后可以发现两个模型的结合处有一条明显的缝隙，如图12-87所示。下面就用“合并组件”命令将中间的顶点合并起来。

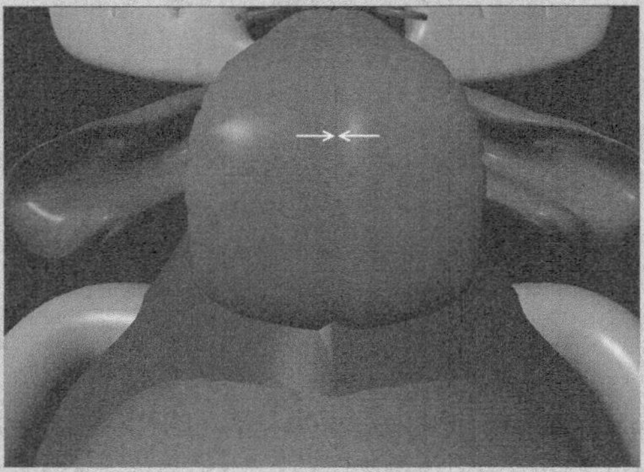

图12-87

04 进入顶点级别，然后切换到顶视图，接着框选中间的顶点，如图12-88所示。

05 执行“编辑网格>合并组件”菜单命令（使用默认参数），此时顶点就会被合并起来，如图12-89所示。

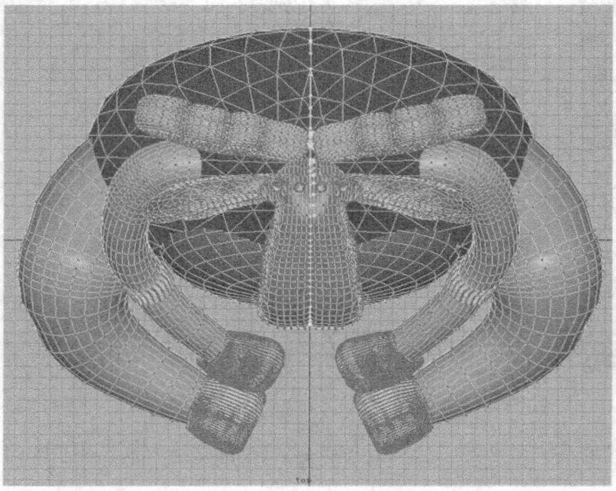

图12-88

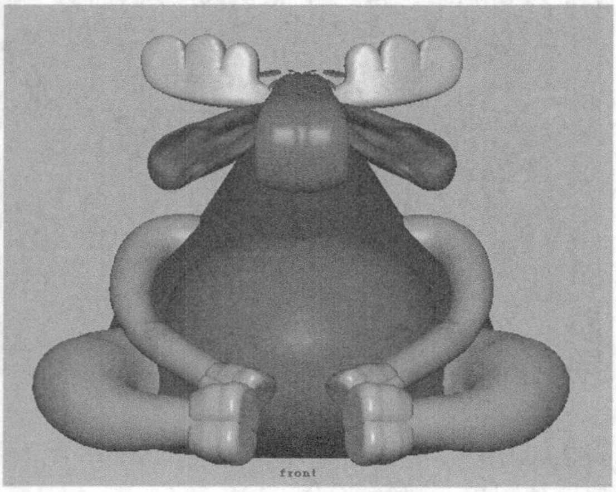

图12-89

技巧与提示

合并顶点以后，将其渲染一下，可以发现模型间的缝隙已经消失了，说明这两个模型已经完全结合在了一起，如图12-90所示。

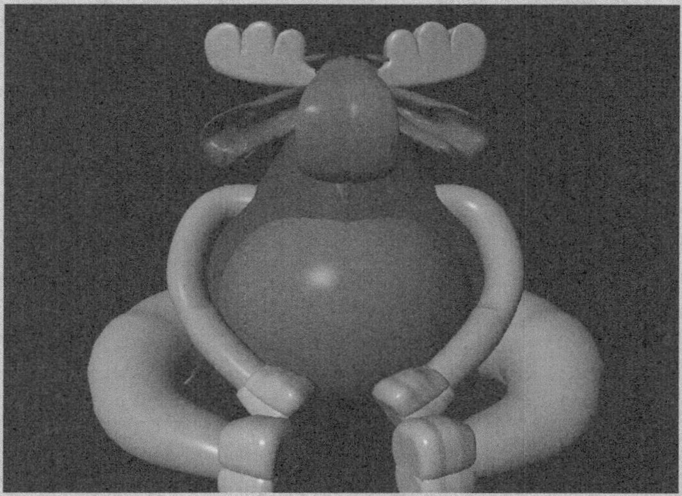

图12-90

12.2.3 合并组件到中心

使用“合并组件到中心”命令可以将选择的顶点、边、面合并到它们的几何中心位置。

12.2.4 变换组件

使用“变换组件”命令可以在选定的顶点/边/面上调出一个控制手柄，通过这个控制手柄可以很方便地在物体坐标和世界坐标之间进行切换。打开“变换组件-顶点选项”对话框，如图12-91所示。

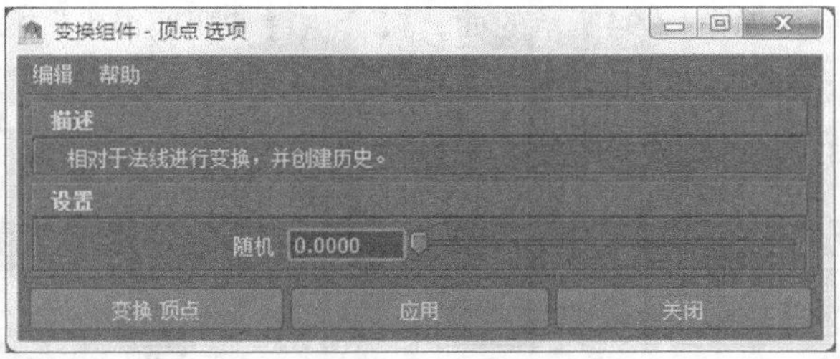

图12-91

变换组件-顶点选项介绍

❖ 随机：随机变换组件，其取值范围为0~1。

技巧与提示

在没有选择任何组件的情况下，打开的是“变换组件-顶点选项”对话框。如果选择的是面，那么打开的是“变换组件-面选项”对话框；如果选择的是边，那么打开的是“变换组件-边选项”对话框。

【练习12-14】：变换组件

场景文件　学习资源>场景文件>CH12>l.mb
实例位置　学习资源>实例文件>CH12>练习12-14.mb
技术掌握　掌握如何在面级别下变换组件

本例主要是针对“变换组件”命令的用法进行练习，如图12-92所示是本例的练习模型。

图12-92

01 打开学习资源中的“场景文件>CH12>l.mb”文件，如图12-93所示。

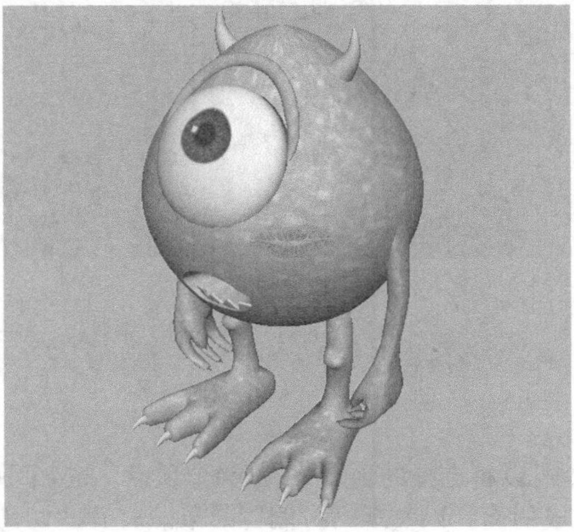

图12-93

02 进入面级别，然后选择如图12-94所示的面，接着执行“变换组件”命令，调出物体坐标的控制手柄，如图12-95所示。

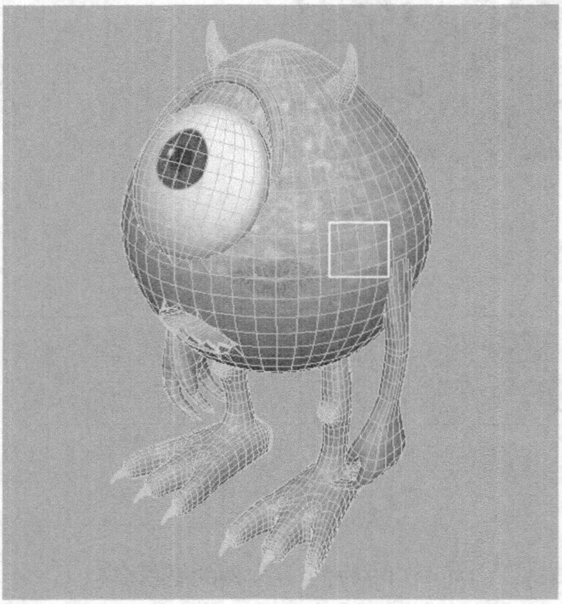

图12-94

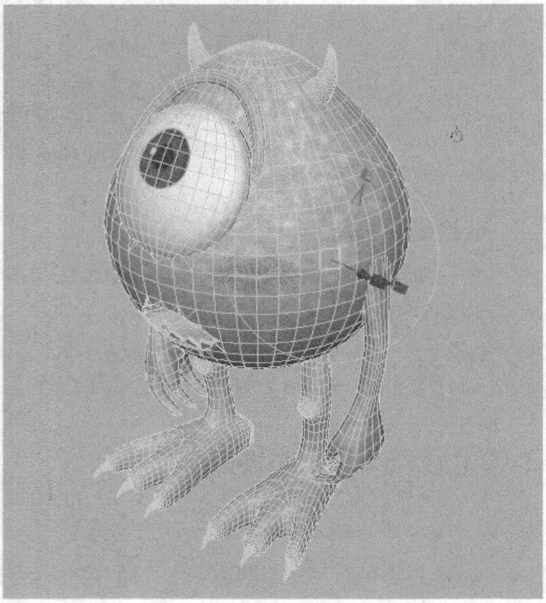

图12-95

03 单击物体坐标控制手柄右上角的交互式控制器，此时物体坐标控制手柄将切换到世界坐标控制手柄，如图12-96所示。

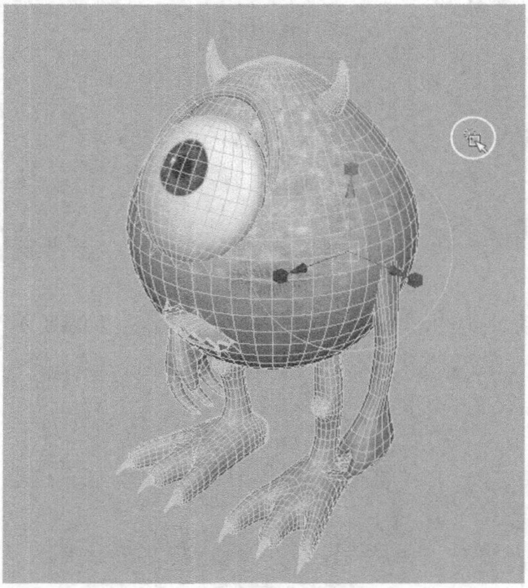

图12-96

12.2.5 顶点

1.切角

使用“切角顶点”命令可以将选择的顶点分裂成4个顶点，这4个顶点可以围成一个四边形，同时也可以删除4个顶点围成的面，以实现“打洞”效果。打开“切角顶点选项”对话框，如图12-97所示。

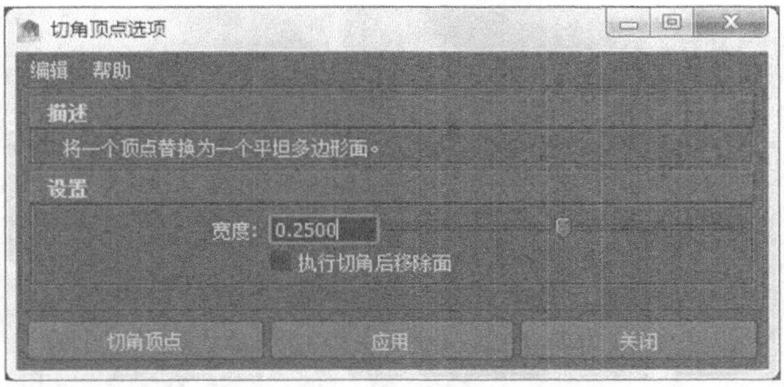

图12-97

切角顶点选项介绍

- ❖ 宽度：设置顶点分裂后顶点与顶点之间的距离。
- ❖ 执行切角后移除面：勾选该选项后，由4个顶点围成的四边面将被删除。

2.分离

选择顶点后，根据顶点共享的面的数目，使用“分离组件”命令可以将多个面共享的所有选定顶点拆分为多个顶点。

【练习12-15】：切角顶点

场景文件　学习资源>场景文件>CH12>m.mb
实例位置　学习资源>实例文件>CH12>练习12-15.mb
技术掌握　掌握如何切角顶点

本例使用“切角顶点”命令后的效果如图12-98所示。

图12-98

01 打开学习资源中的“场景文件>CH12>m.mb”文件，如图12-99所示。

02 进入顶点级别，然后选择顶部的顶点，接着执行“切角顶点”命令，效果如图12-100所示。

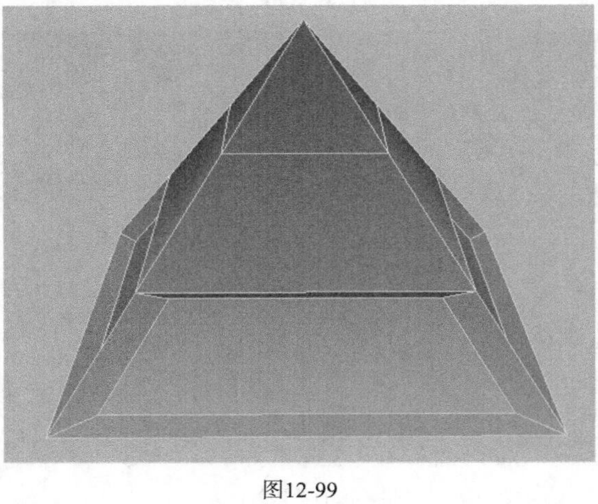

图12-99

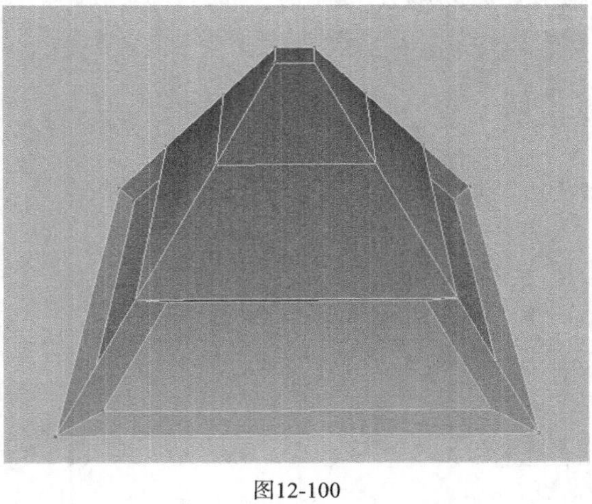

图12-100

【练习12-16】：分离顶点

场景文件　学习资源>场景文件>CH12>n.mb
实例位置　学习资源>实例文件>CH12>练习12-16.mb
技术掌握　掌握如何分离顶点

本例使用“分离”命令将一个顶点分离成4个顶点后的效果如图12-101所示。

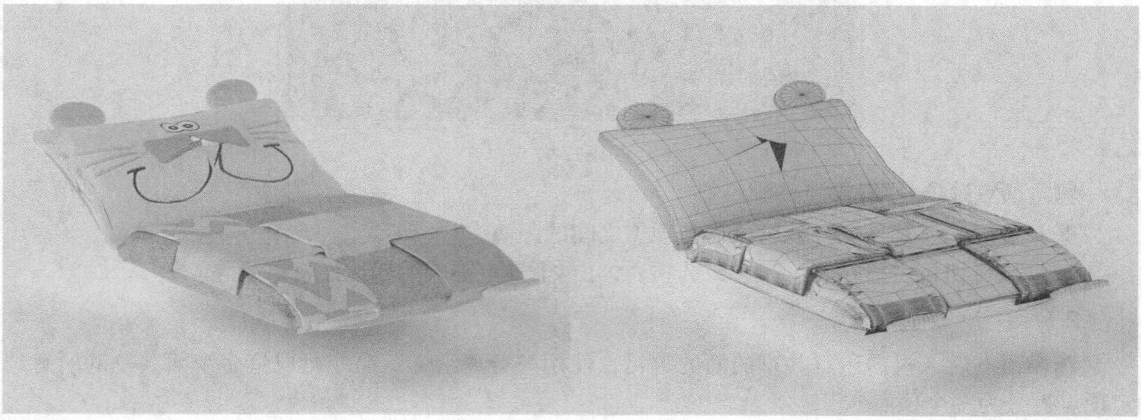

图12-101

01 打开学习资源中的“场景文件>CH12>n.mb”文件，如图12-102所示。

图12-102

02 进入顶点级别，然后选择如图12-103所示的顶点。

03 执行“分离”命令，此时这个顶点会被分离成4个顶点，用“移动工具”可以将这4个顶点拖出来，如图12-104所示。

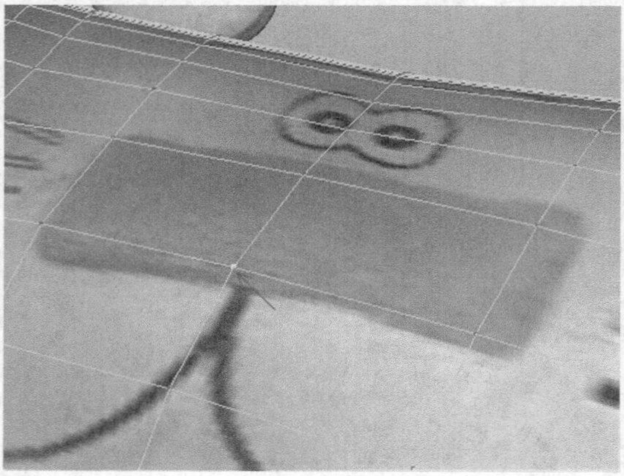

图12-103

图12-104

12.2.6 边

1.添加分段

这里的“添加分段”命令用于将选定的边进行细分。打开“添加边的分段数选项”对话框，如图12-105所示。

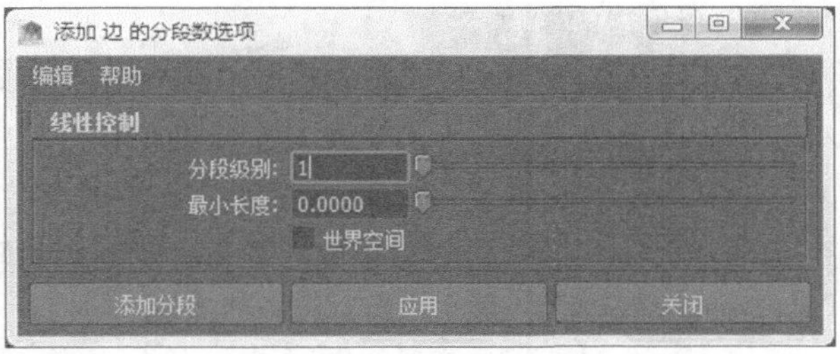

图12-105

添加边的分段数选项介绍

- ❖ 分段级别：当多边形边使用“线性”选项进行细分时，如果细分级别为一，则将沿边插入单个顶点，将其分割为两个边。当细分级别设定为二时，将沿边插入两个顶点，将边细分为三个较小的边。
- ❖ 最小长度：设定每个所创建子边的最小长度。该选项仅适用于边。
- ❖ 世界空间：启用后，指定的“分段”值将是世界空间中顶点之间的距离。禁用后，“分段”值将是局部空间中顶点之间的距离。该选项仅适用于边。

2.倒角

使用“倒角”命令可以在选定边上创建出倒角效果，同时也可以消除渲染时的尖锐棱角。打开“倒角选项”对话框，如图12-106所示。

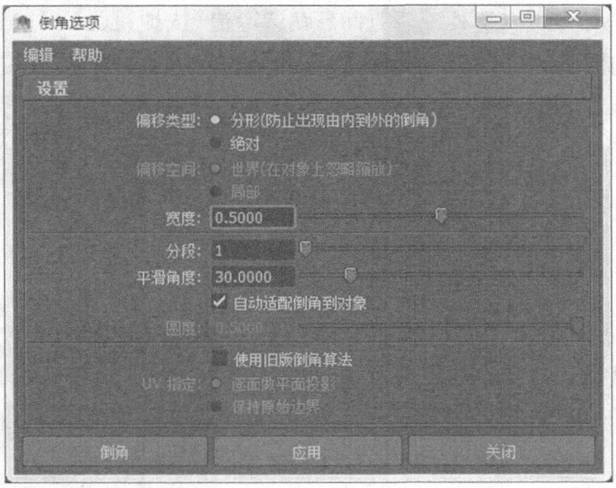

图12-106

倒角选项介绍

- ❖ 偏移类型：选择计算倒角宽度的方式。选择“分形”时，倒角宽度将不会大于最短边，该选项会限制倒角的大小，以确保不会创建由内到外的倒角；选择“绝对”时，会使用“宽度”值，且在创建倒角时没有限制，如果使用的“宽度”值太大，倒角可能会变为由内到外。
- ❖ 偏移空间：该选项仅当选中“绝对”时可用。用于确定应用到已缩放对象的倒角是否也将按照对象上的缩放进行缩放。

- ❖ 宽度：设置倒角的大小。
- ❖ 分段：设置执行倒角操作后生成的面的段数。段数越多，产生的圆弧效果越明显。
- ❖ 平滑角度：使用该选项可以指定进行着色时希望倒角边是硬边还是软边。
- ❖ 自动适配倒角到对象：如果选择该选项，Maya会自动确定倒角适配对象的方式。
- ❖ 圆度：用于设置圆化倒角边的圆度。
- ❖ 使用旧版倒角算法：启用后，Maya 将使用旧版倒角算法执行倒角操作。
- ❖ UV 指定：指定如何作为倒角操作的结果修改 UV 纹理坐标。

3.收拢

使用“收拢”命令可以将组件的边收拢，然后单独合并每个收拢边关联的顶点。

4.删除边/顶点

使用“删除边/顶点”命令可以删除选择的边或顶点，与删除后的边或顶点相关的边或顶点也将被删除。

5.分离

“分离”命令用于将选定的边拆分为两条重叠的边。

6.编辑边流

使用“编辑边流”命令可以调整边的位置，以适合周围网格的曲率。

7.翻转三角形边

使用“翻转三角形边”命令可以变换拆分两个三角形多边形的边，以便于连接对角。该命令经常用在生物建模中。

8.正向自旋边

使用“正向自旋边”命令可以朝其缠绕方向自旋选定边（快捷键为Ctrl+Alt+→），这样可以一次性更改其连接的顶点，如图12-107所示。为了能够自旋这些边，它们必须保证只附加在两个面上。

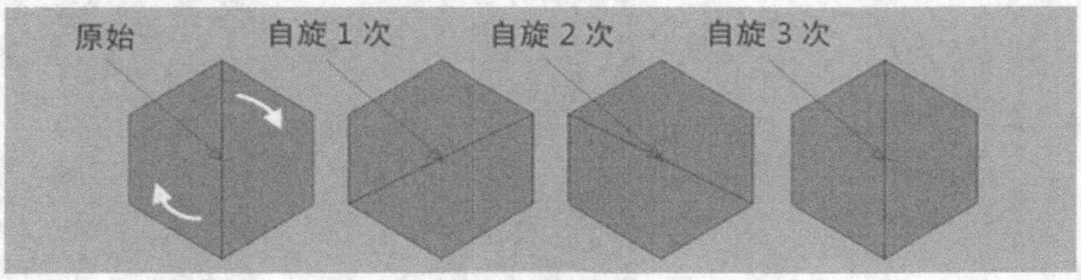

图12-107

9.反向自旋边

“反向自旋边”命令和“正向自旋边”命令相反，它是相反于其缠绕方向自旋选定边，快捷键为Ctrl+Alt+←，如图12-108所示。

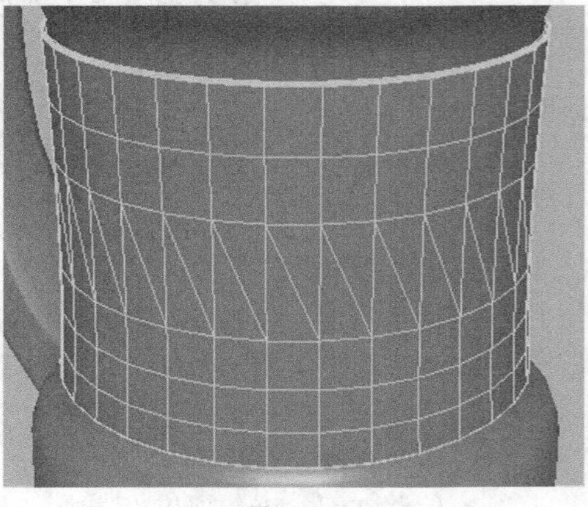

图12-108

【练习12-17】：倒角多边形

场景文件 学习资源>场景文件>CH12>o.mb
实例位置 学习资源>实例文件>CH12>练习12-17.mb
技术掌握 掌握如何倒角多边形

本例使用“倒角”命令制作的倒角效果如图12-109所示。

图12-109

01 打开学习资源中的“场景文件>CH12>o.mb”文件，如图12-110所示。

02 进入边级别，然后选择如图12-111所示的边，接着打开“倒角选项”对话框，并设置“分段”为12，如图12-112所示，最后单击“倒角”按钮，效果如图12-113所示。

图12-110

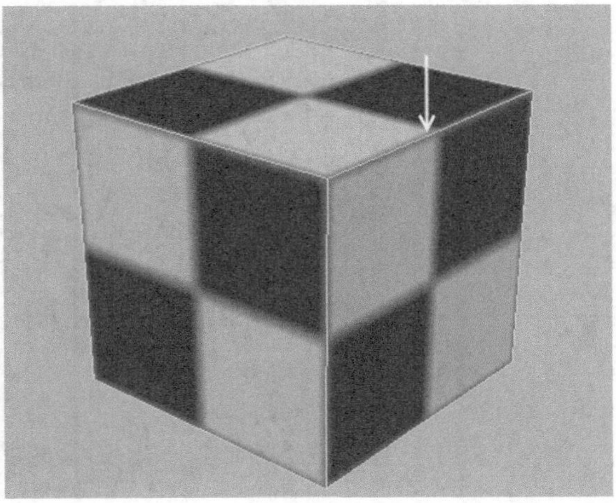

图12-111

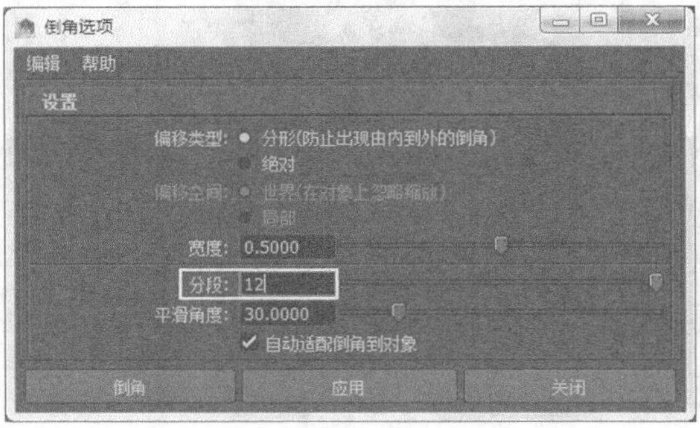

图12-112

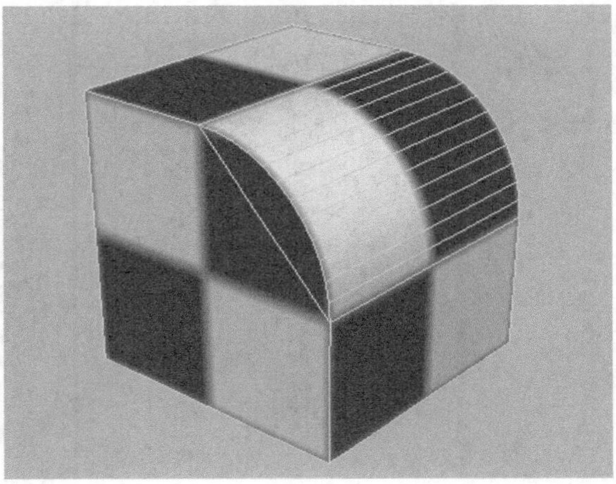

图12-113

【练习12-18】：删除顶点

场景文件 学习资源>场景文件>CH12>p.mb
实例位置 学习资源>实例文件>CH12>练习12-18.mb
技术掌握 掌握如何删除顶点

本例使用“删除边/顶点”命令将嘴巴上的顶点删除后的效果如图12-114所示。

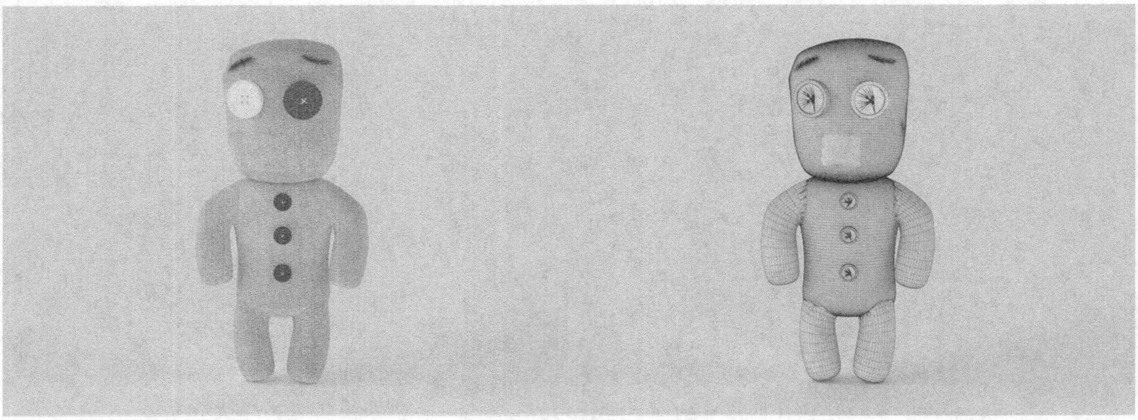

图12-114

01 打开学习资源中的“场景文件>CH12>p.mb”文件，如图12-115所示。

02 进入顶点级别，然后选择如图12-116所示的顶点。

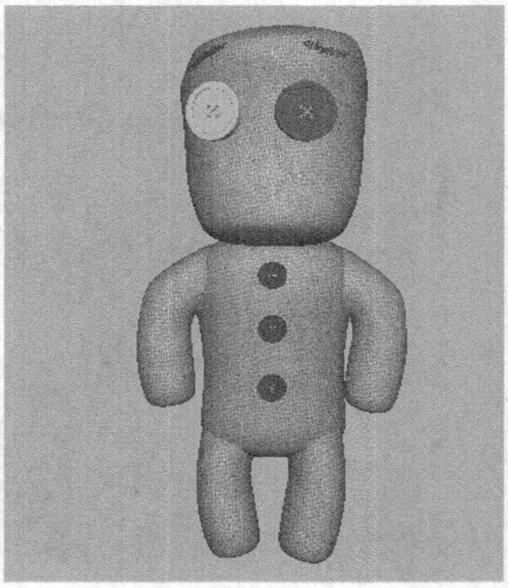

图12-115

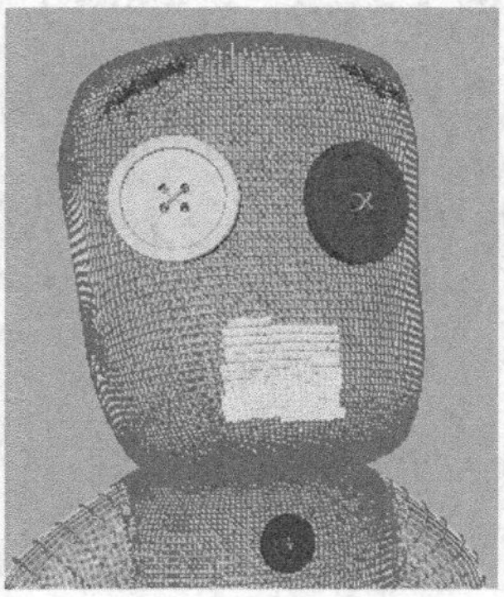

图12-116

技巧与提示

如果在框选时选择了背面的顶点，如图12-117所示，可以按住Ctrl键进行减选，如图12-118所示。

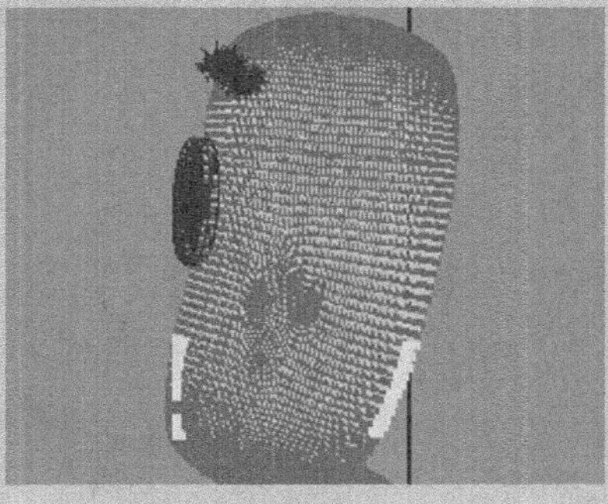

图12-117

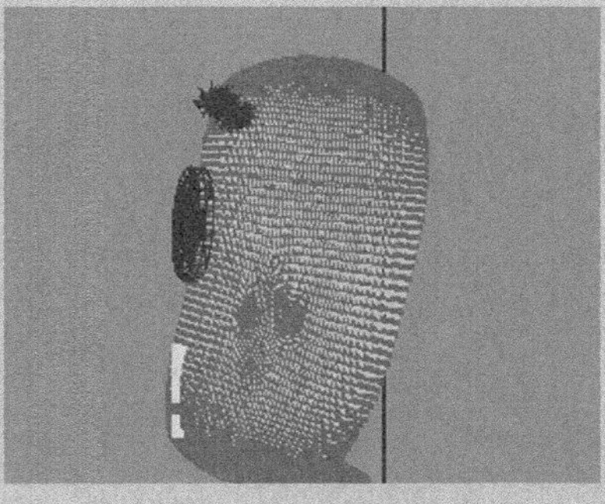

图12-118

03 保持顶点的选择，执行“删除边/顶点”命令，效果如图12-119所示。

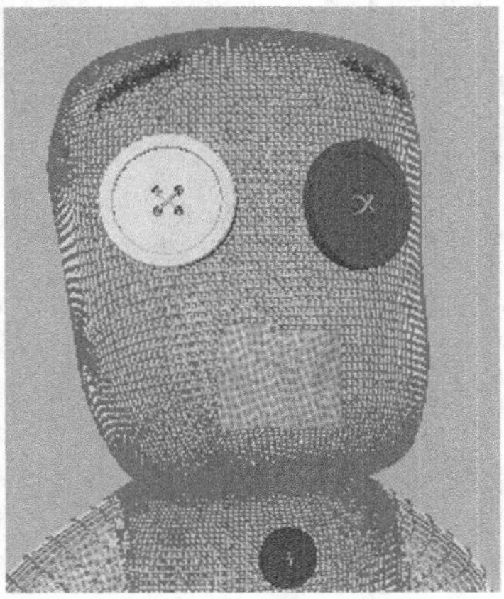

图12-119

【练习12-19】：翻转三角形边

场景文件 学习资源>场景文件>CH12>q.mb
实例位置 学习资源>实例文件>CH12>练习12-19.mb
技术掌握 掌握如何翻转三角形边

本例使用“翻转三角形边”命令将三角形边翻转后的效果如图12-120所示。

图12-120

01 打开学习资源中的“场景文件>CH12>q.mb”文件，可以观察到这个模型是由三角形面构成的，如图12-121所示。

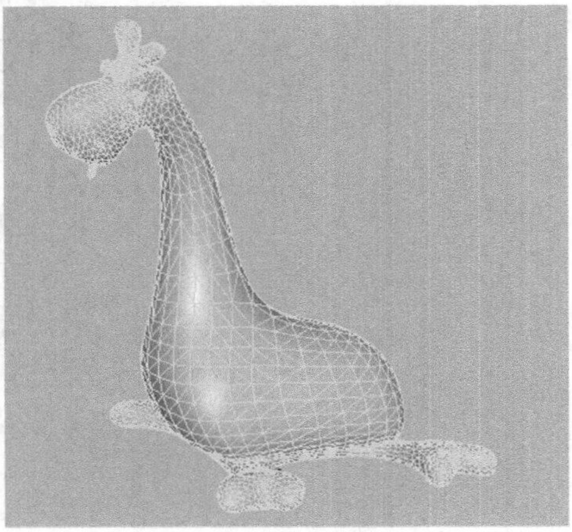

图12-121

02 进入边级别，然后选择如图12-122所示的边，接着执行“翻转三角形边”命令，效果如图12-123所示。

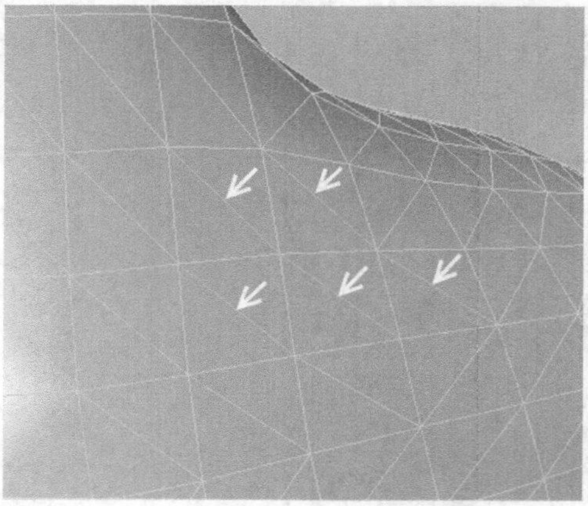

图12-122

图12-123

【练习12-20】：正向自旋边

场景文件	学习资源>场景文件>CH12>r.mb
实例位置	学习资源>实例文件>CH12>练习12-20.mb
技术掌握	掌握如何正向自旋边

本例使用“正向自旋边”命令将选择的边在正向旋转后的效果如图12-124所示。

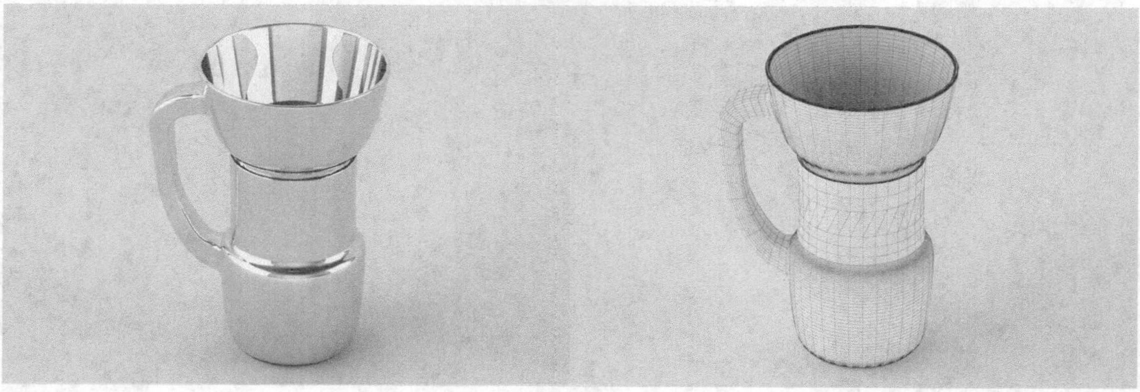

图12-124

01 打开学习资源中的“场景文件>CH12>r.mb”文件，如图12-125所示。

图12-125

02 进入边级别，然后选择如图12-126所示的循环边。

03 执行“正向自旋边”命令或按快捷键Ctrl+Alt+→，效果如图12-127所示。

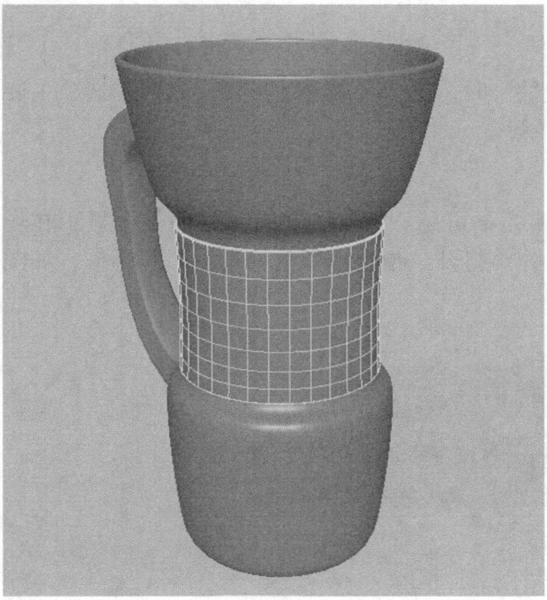

图12-126

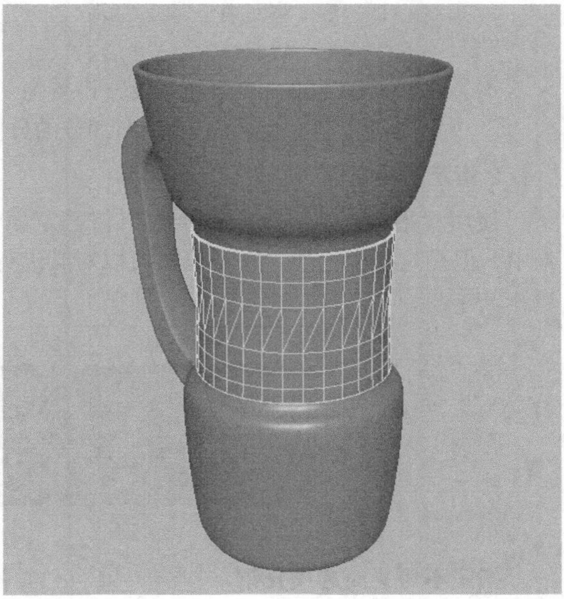

图12-127

12.2.7 面

1.添加分段

使用“添加分段”命令可以对选择的面或边进行细分，并且可以通过“分段级别”来设置细分的级别。打开“添加面的分段数选项”对话框，如图12-128所示。

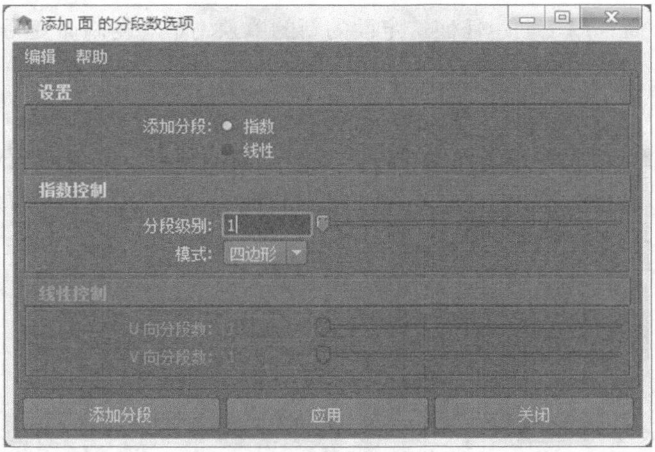

图12-128

添加面的分段数选项介绍

❖ 添加分段：设置选定面的细分方式。

✧ 指数：以递归方式细分选定的面。也就是说，选定的面将被分割成两半，然后每一半进一步分割成两半，依此类推。

✧ 线性：将选定面分割为绝对数量的分段。

❖ 分段级别：设置选定面上细分的级别，其取值范围为1~4。

❖ 模式：设置细分面的方式。

✧ 四边形：将面细分为四边形。

✧ 三角形：将面细分为三角形。

❖ U/V向分段数："添加分段"设置为"线性"时，这两个选项才可用。这两个选项主要用来设置沿多边形U向和V向细分的分段数量。

2.指定不可见面

使用"指定不可见面"命令可以将选定面切换为不可见。指定为不可见的面不会显示在场景中，但是这些面仍然存在，仍然可以对其进行操作。打开"指定不可见面选项"对话框，如图12-129所示。

图12-129

指定不可见面选项介绍

❖ 取消指定：勾选该选项后，将取消对选择面的分配隐形部分。

❖ 指定：用来设置需要分配的面。

3.收拢

"收拢"命令还适用于面，但在用于边时能够产生更理想的效果。如果要收拢并合并所选的面，首先应执行"编辑网格>合并到中心"菜单命令，将面合并到中心。

4.复制

这里的"复制"命令用于创建任何选定面的新的单独副本。复制面变为原始网格的一部分，否则将不受影响。

5.刺破

使用"刺破"命令可以在选定面的中心产生一个新的顶点，并将该顶点与周围的顶点连接起来。在新的顶点处有个控制手柄，可以通过调整手柄来对顶点进行移动操作。打开"刺破面选项"对话框，如图12-130所示。

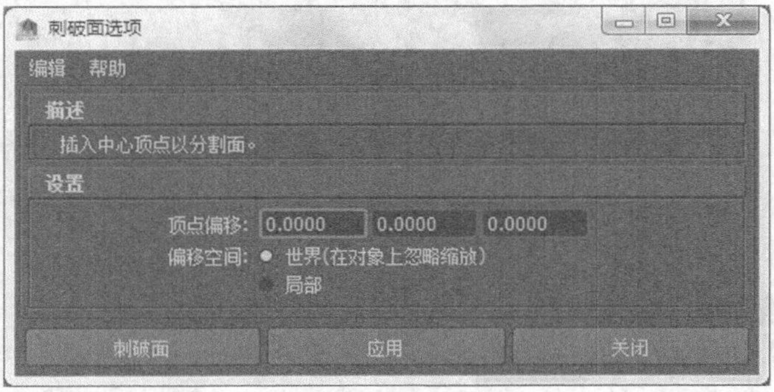

图12-130

刺破面选项介绍

❖ 顶点偏移：偏移"刺破"命令得到的顶点。

❖ 偏移空间：设置偏移的坐标系。“世界”表示在世界坐标空间中偏移；“局部”表示在局部坐标空间中偏移。

6.楔形

使用“楔形”命令可以通过选择一个面和一条边来生成扇形效果。打开“楔形面选项”对话框，如图12-131所示。

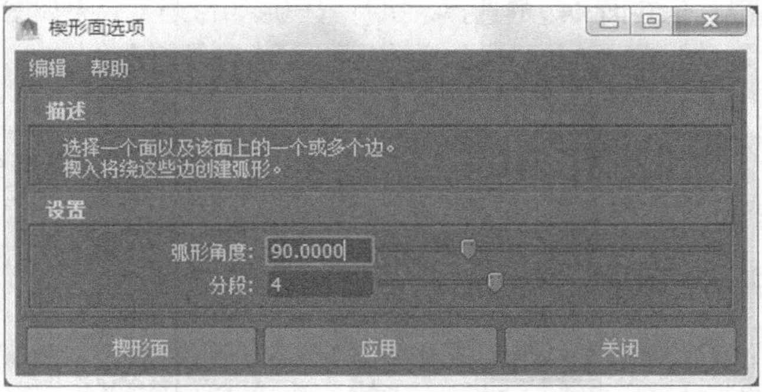

图12-131

楔形面选项介绍

❖ 弧形角度：设置产生的弧形的角度。

❖ 分段：设置生成的部分的段数。

【练习12-21】：创建扇形面

场景文件	学习资源>场景文件>CH12>s.mb
实例位置	学习资源>实例文件>CH12>练习12-21.mb
技术掌握	掌握如何用楔形命令创建扇形面

本例使用“楔形”命令制作的扇形面效果如图12-132所示。

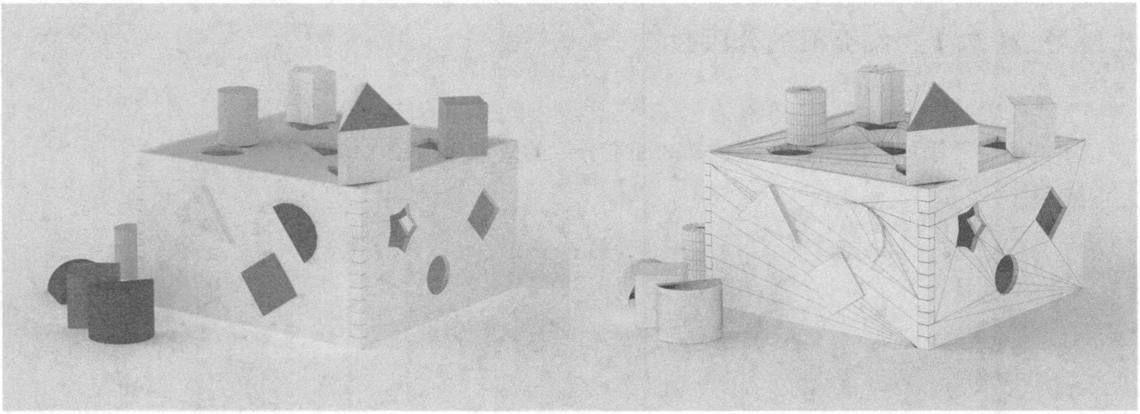

图12-132

01 打开学习资源中的“场景文件>CH12>s.mb”文件，如图12-133所示。

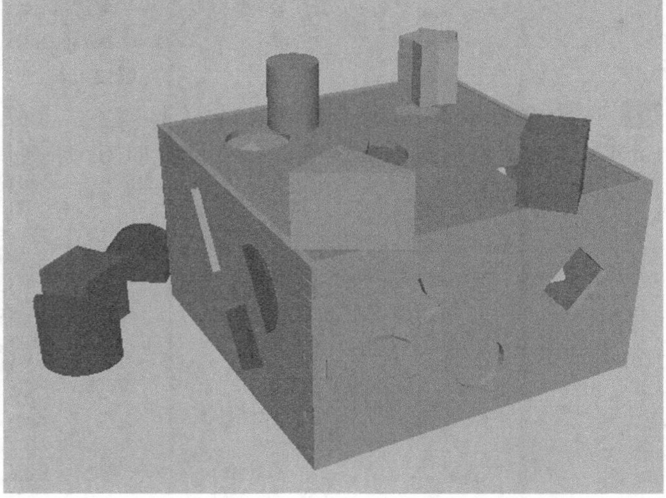

图12-133

02 进入面级别，然后选中棱柱的顶面，接着进入边级别，最后选择与顶面相邻的边，如图12-134所示。

03 保存面和边的选择，执行“楔形”命令，效果如图12-135所示。

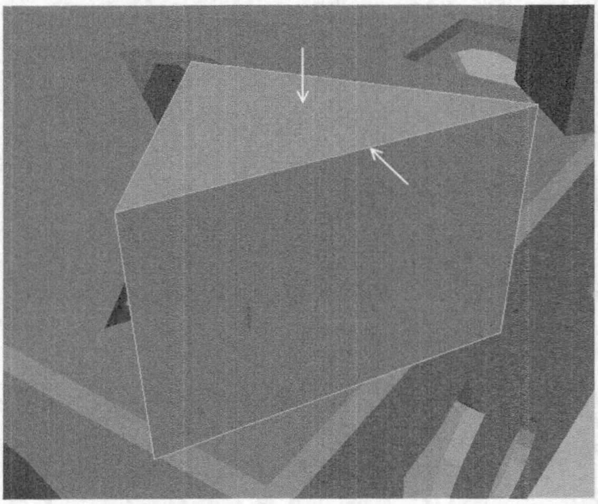

图12-134

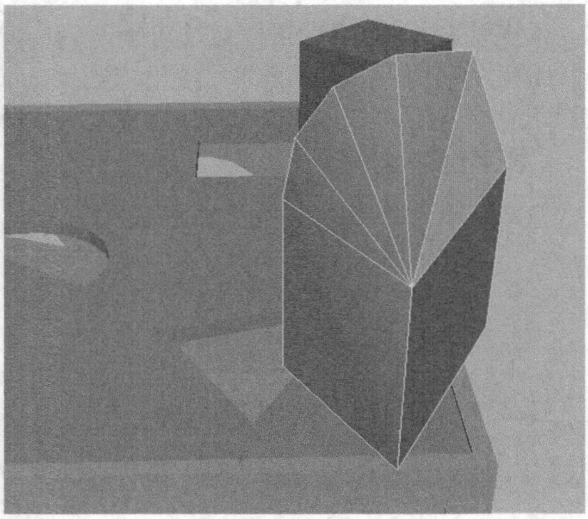

图12-135

【练习12-22】：细分面的分段数

场景文件	学习资源>场景文件>CH12>t.mb
实例位置	学习资源>实例文件>CH12>练习12-22.mb
技术掌握	掌握如何细分面的分段数

本例使用“添加分段”命令将选择的面细分后的效果如图12-136所示。

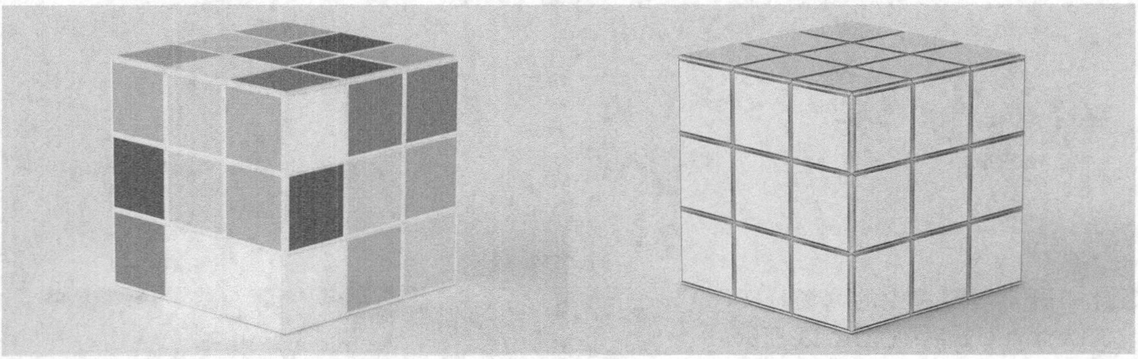

图12-136

01 打开学习资源中的“场景文件>CH12>t.mb”文件，然后进入面级别，接着选择如图12-137所示的面。

图12-137

02 打开“添加面的分段数选项”对话框，然后设置“添加分段”为“指数”，接着设置“分段级别”为4，如图12-138所示，效果如图12-139所示。

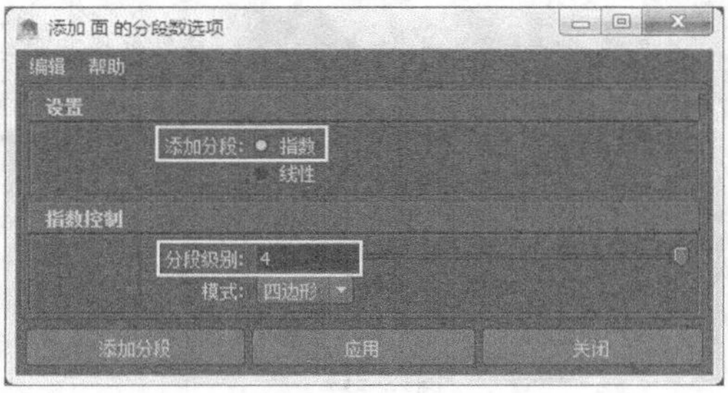

图12-138

图12-139

【练习12-23】：收拢多边形的面

场景文件　学习资源>场景文件>CH12>u.mb
实例位置　学习资源>实例文件>CH12>练习12-23.mb
技术掌握　掌握如何收拢多边形的面

本例使用“收拢”命令将多边形的面收拢后的效果如图12-140所示。

图12-140

01 打开学习资源中的“场景文件>CH12>u.mb”文件，如图12-141所示。

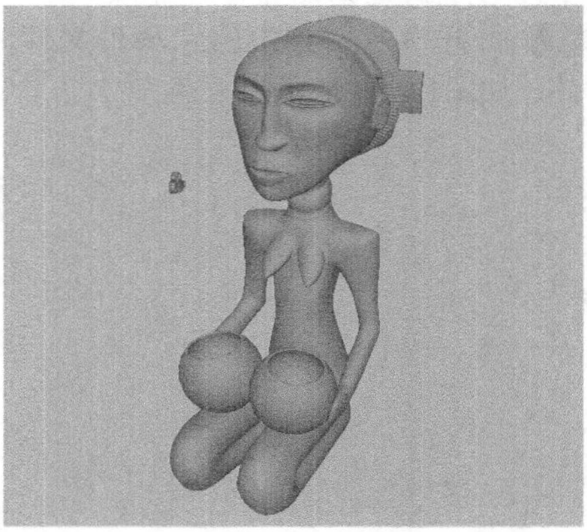

图12-141

02 进入面级别，然后选择如图12-142所示的面，接着执行“收拢”命令，效果如图12-143所示。

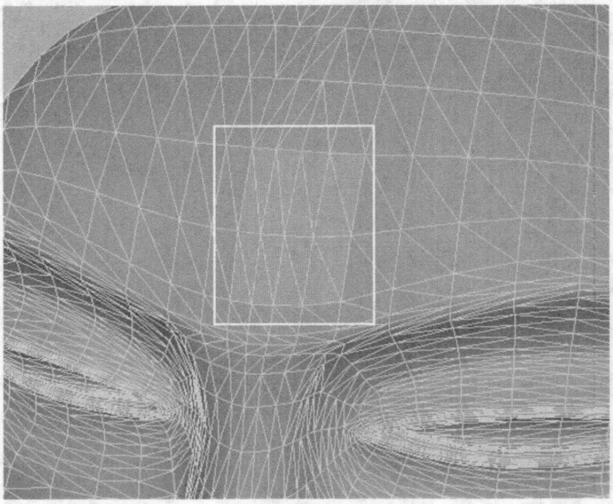

图12-142

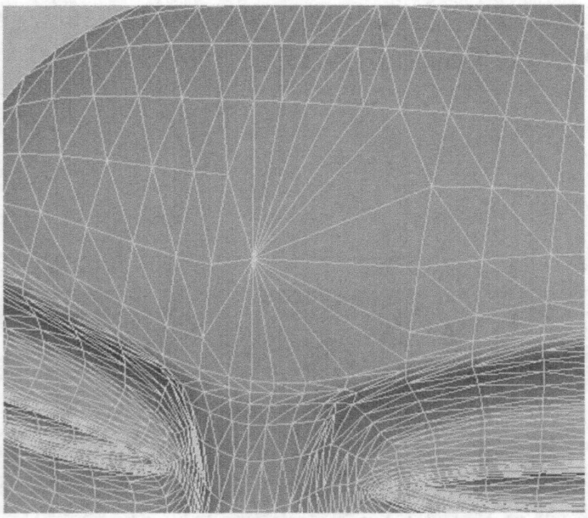

图12-143

【练习12-24】：复制多边形的面

场景文件　学习资源>场景文件>CH12>v.mb
实例位置　学习资源>实例文件>CH12>练习12-24.mb
技术掌握　掌握如何复制多边形的面

本例使用“复制面”命令复制的面效果如图12-144所示。

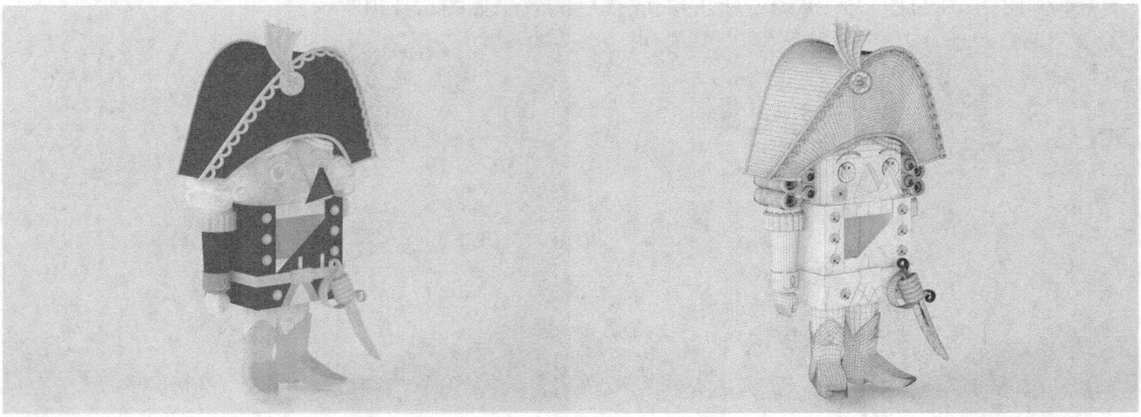

图12-144

01 打开学习资源中的“场景文件>CH12>v.mb”文件，如图12-145所示。

图12-145

02 进入面级别，然后选择如图12-146所示的面，接着执行“复制面”命令，效果如图12-147所示。

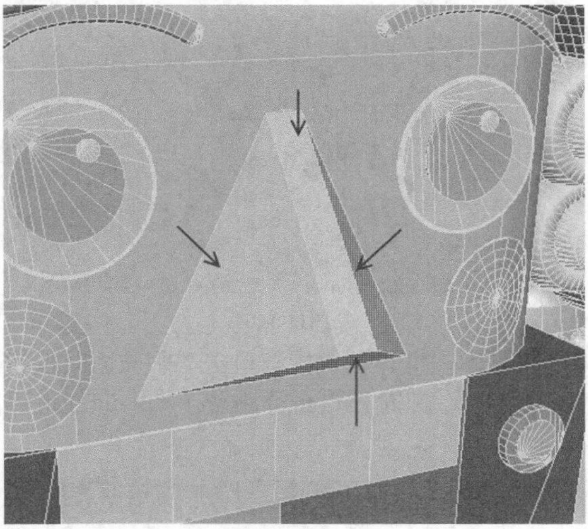

图12-146

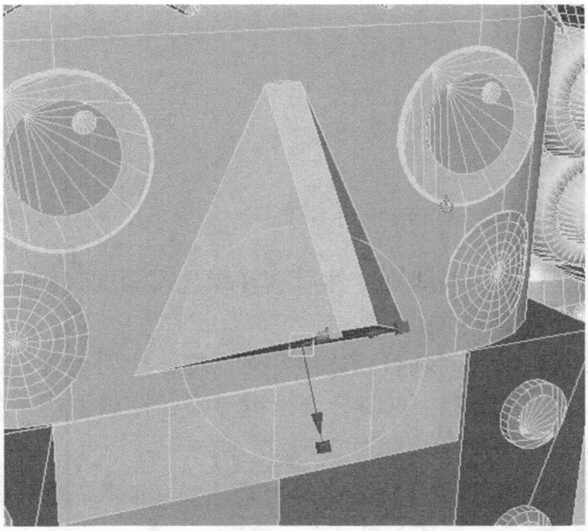

图12-147

03 单击物体坐标控制手柄右上角的交互式控制器，切换到世界坐标控制手柄，然后将复制出来的面拖出来，最终效果如图12-148所示。

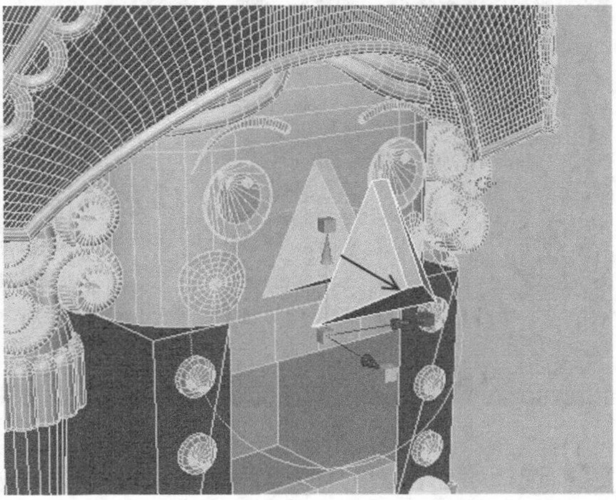

图12-148

【练习12-25】：刺破多边形的面

场景文件　学习资源>场景文件>CH12>w.mb
实例位置　学习资源>实例文件>CH12>练习12-25.mb
技术掌握　掌握如何刺破多边形的面

本例使用“刺破”命令将选择的面在世界空间和局部空间进行调整后的效果如图12-149所示。

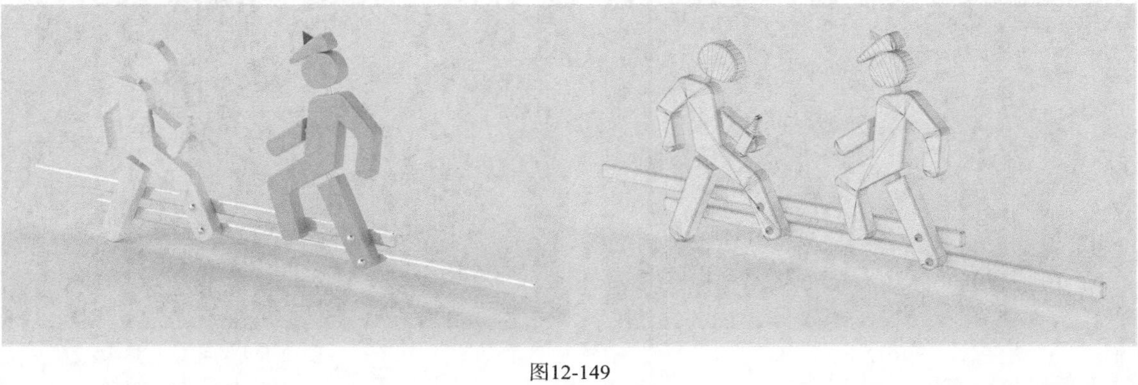

图12-149

01 打开学习资源中的“场景文件>CH12>w.mb”文件，如图12-150所示。

图12-150

02 进入面级别，然后选择绿色模型的如图12-151所示的面。

03 打开“刺破面选项”对话框，然后设置“偏移空间”为“世界”，接着单击“刺破面”按钮，这时会调出世界坐标控制手柄，最后拖曳手柄，此时顶点也会跟着手柄一起在世界空间中移动，如图12-152所示。

图12-151

图12-152

04 选择紫色模型的如图12-153所示的面，打开“刺破面选项”对话框，然后设置“偏移空间”为“局部”，接着单击“刺破面”按钮，这时会调出局部坐标控制手柄，最后拖曳手柄，此时顶点也会跟着手柄一起在局部空间中移动，如图12-154所示。

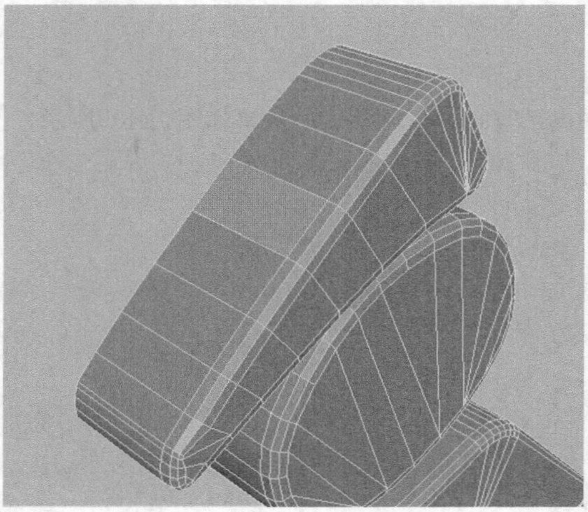

图12-153

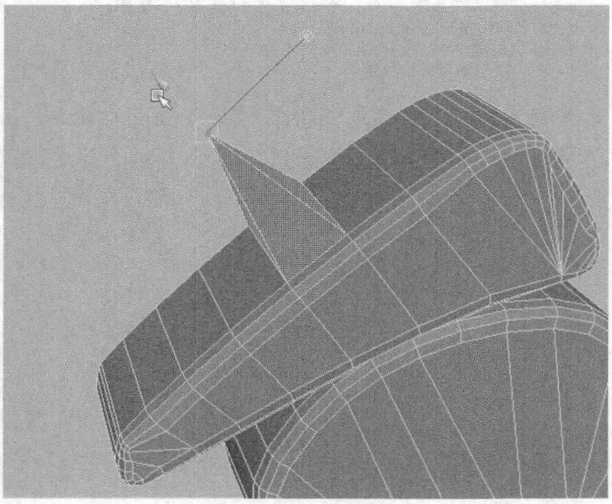

图12-154

12.2.8 曲线

1.在网格上投影曲线

使用“在网格上投影曲线”命令可以将曲线投影到多边形面上，类似于NURBS曲面的“在曲面上投影曲线”命令。打开“在网格上投影曲线选项”对话框，如图12-155所示。

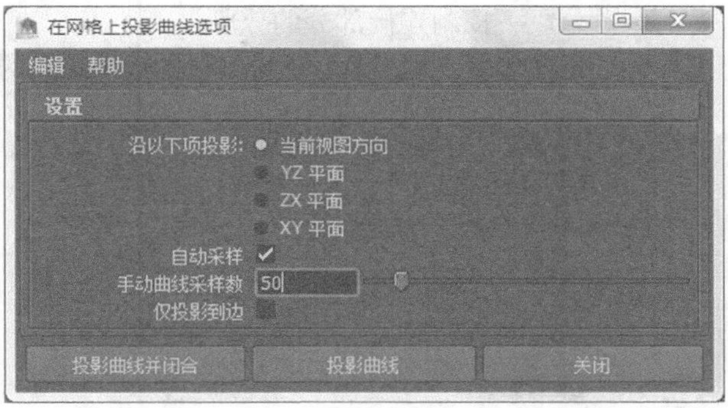

图12-155

在网格上投影曲线选项介绍

- ❖ 沿以下项投影：指定投影在网格上的曲线的方向。
- ❖ 仅投影到边：将编辑点放置到多边形的边上，否则编辑点可能会出现在沿面和边的不同点处。

2.使用投影的曲线分割网格

使用“使用投影的曲线分割网格”命令可以在多边形曲面上进行分割，或者在分割的同时分离面。打开“使用投影的曲线分割网格选项”对话框，如图12-156所示。

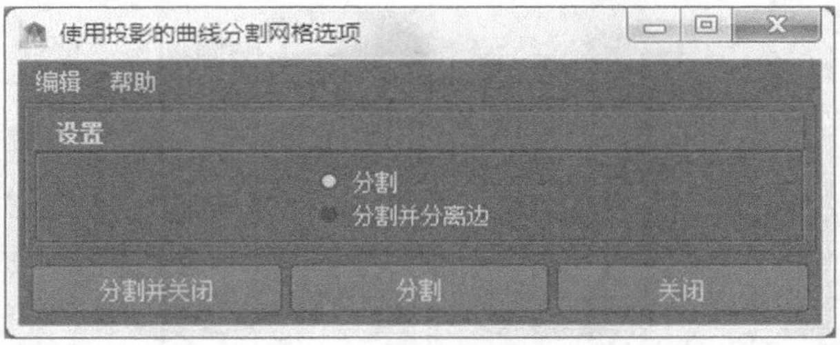

图12-156

使用投影的曲线分割网格选项介绍

- ❖ 分割：分割多边形的曲面。分割了多边形的面，但是其组件仍连接在一起，而且只有一组顶点。
- ❖ 分割并分离边：沿分割的边分离多边形。分离了多边形的组件，有两组或更多组顶点。

12.2.9 桥接边/面

在“编辑网格”菜单下包含两个分别针对边和面的“桥接”命令，实则相同，这里一并讲解。使用“桥接”命令可以在一个多边形对象内的两个洞口之间产生桥梁式的连接效果，连接方式可以是线性连接，也可以是平滑连接。打开“桥接选项”对话框，如图12-157所示。

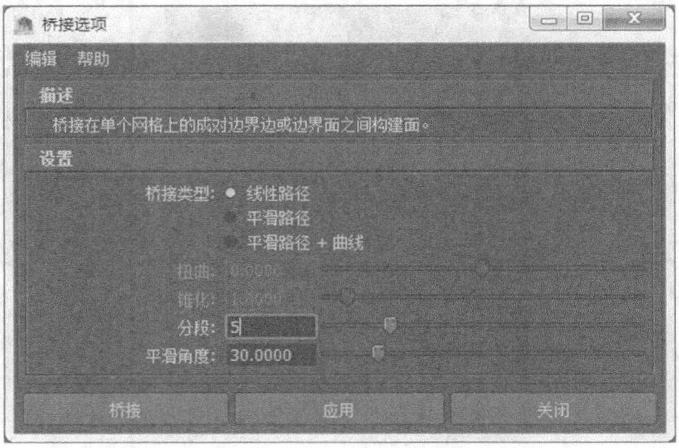

图12-157

桥接选项介绍

- ❖ 桥接类型：用来选择桥接的方式。
  - ✧ 线性路径：以直线的方式进行桥接。
  - ✧ 平滑路径：使连接的部分以平滑的形式进行桥接。
  - ✧ 平滑路径+曲线：以平滑的方式进行桥接，并且会在内部产生一条曲线，可以通过曲线的弯曲度来控制桥接部分的弧度。
- ❖ 扭曲：当开启“平滑路径+曲线”选项时，该选项才可用，可使连接部分产生扭曲效果，并且以螺旋的方式进行扭曲。

- 锥化：当开启“平滑路径+曲线”选项时，该选项才可用，主要用来控制连接部分的中间部分的大小，可以与两头形成渐变的过渡效果。
- 分段：控制连接部分的分段数。
- 平滑角度：用来改变连接部分的点的法线的方向，以达到平滑的效果，一般使用默认值。

【练习12-26】：桥接多边形

场景文件　学习资源>场景文件>CH12>x.mb
实例位置　学习资源>实例文件>CH12>练习12-26.mb
技术掌握　掌握如何桥接多边形

本例使用“桥接”命令桥接的多边形效果如图12-158所示。

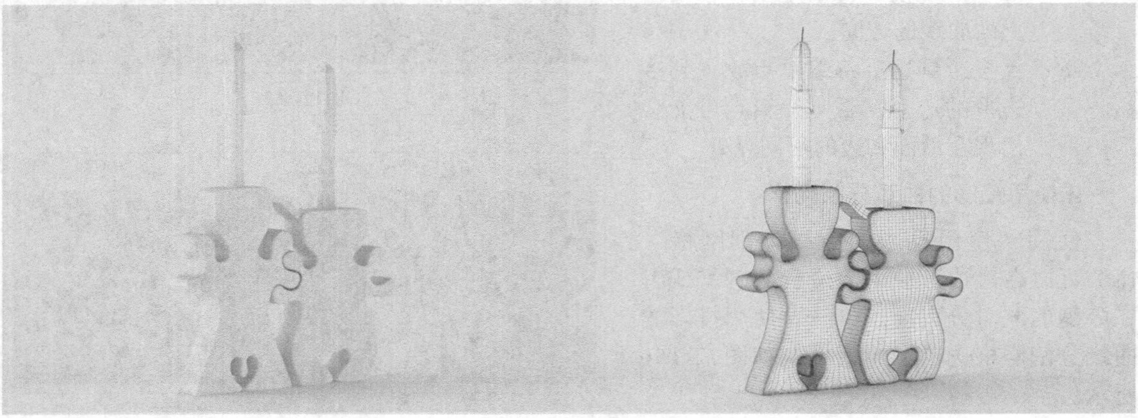

图12-158

01 打开学习资源中的“场景文件>CH12>x.mb”文件，如图12-159所示。

02 进入“边”级别，然后选择两个洞口的边，如图12-160所示。

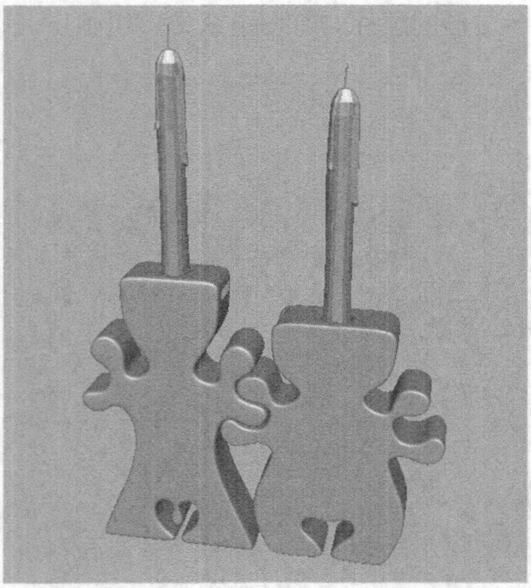

图12-159

图12-160

03 打开“桥接选项”对话框，然后设置“桥接类型”为“平滑路径”，接着设置“分段”为7，如图12-161所示，最后单击“桥接”按钮 桥接 ，最终效果如图12-162所示。

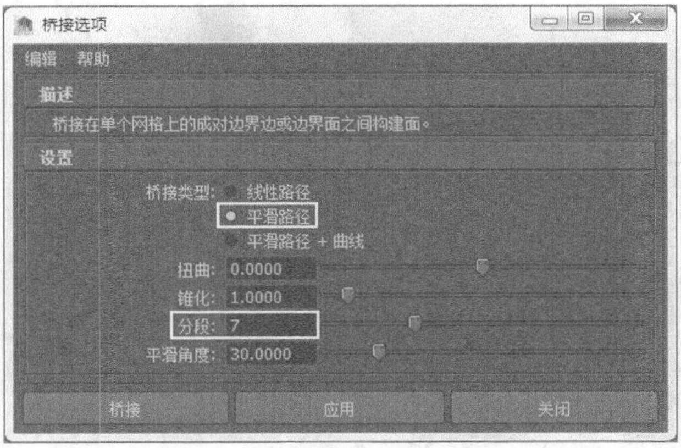

图12-161

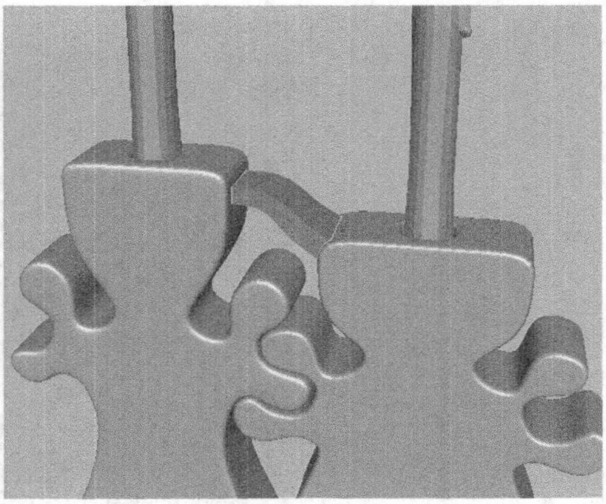

图12-162

12.2.10 挤出顶点/边/面

使用“挤出”命令可以沿多边形面、边或顶点进行挤出，从而得到新的多边形面，该命令在建模中非常重要，使用频率相当高，效果如图12-163所示。分别打开“挤出顶点选项”“挤出边选项”和“挤出面选项”对话框，如图12-164~图12-166所示。

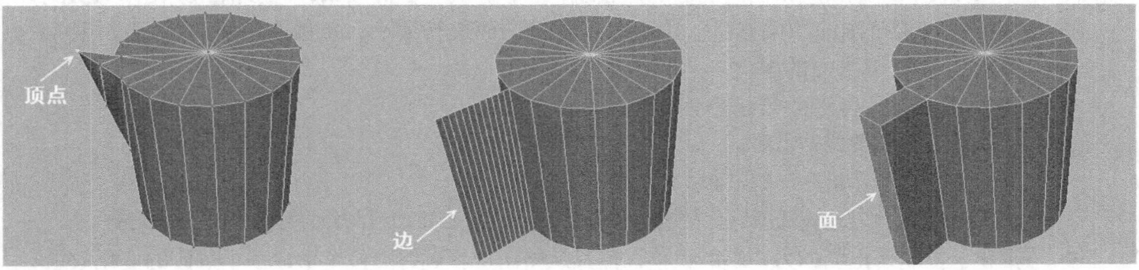

图12-163

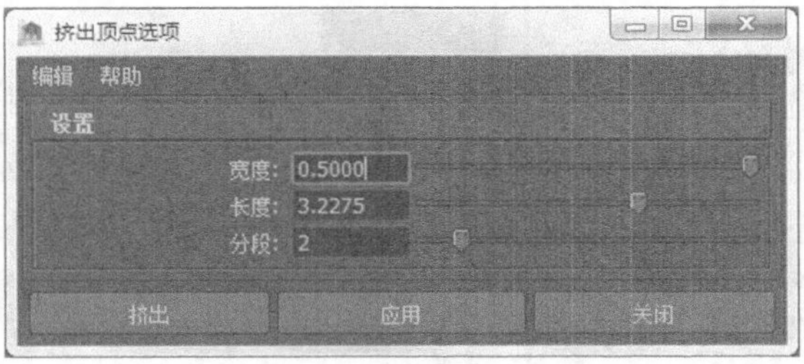

图12-164

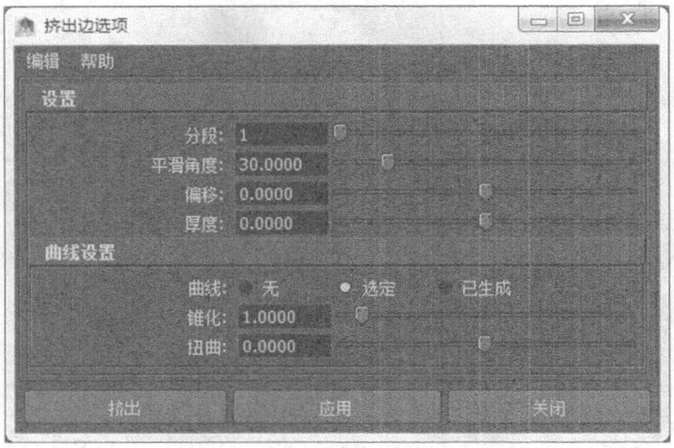

图12-165

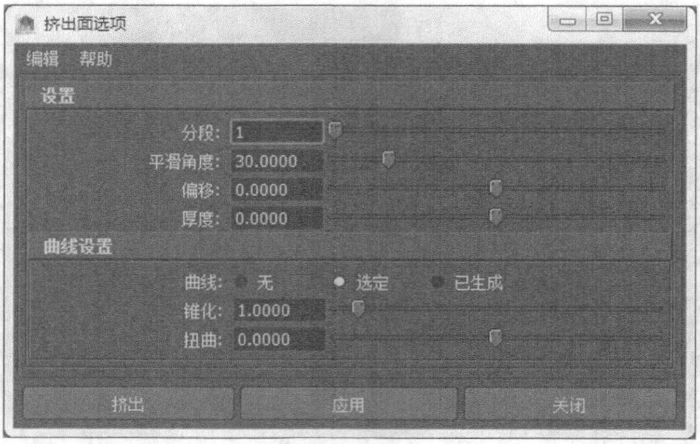

图12-166

挤出顶点/边/面选项介绍

❖ 宽度：设置挤出范围。

❖ 长度：设置挤出高度。

❖ 分段：设置挤出的多边形面的段数。

❖ 平滑角度：用来设置挤出后的面的点法线，可以得到平面的效果，一般情况下使用默认值。

❖ 偏移：设置挤出面的偏移量。正值表示将挤出面进行缩小；负值表示将挤出面进行扩大。

❖ 厚度：设置挤出面的厚度。

❖ 曲线：设置是否沿曲线挤出面。

  ✧ 无：不沿曲线挤出面。

  ✧ 选定：表示沿曲线挤出面，但前提是必须有曲线。

  ✧ 已生成：勾选该选项后，挤出时将创建曲线，并会将曲线与组件法线的平均值对齐。

❖ 锥化：控制挤出面的另一端的大小，使其从挤出位置到终点位置形成一个过渡的变化效果。

❖ 扭曲：使挤出的面产生螺旋状效果。

【练习12-27】：挤出多边形

场景文件　学习资源>场景文件>CH12>y.mb

实例位置　学习资源>实例文件>CH12>练习12-27.mb

技术掌握　掌握如何挤出多边形

本例使用“挤出”命令挤出的多边形效果如图12-167所示。

图12-167

01 打开学习资源中的“场景文件>CH12>y.mb”文件，如图12-168所示。

02 进入面级别，然后选择立方体的顶面，接着按住Shift键加选曲线，如图12-169所示。

图12-168

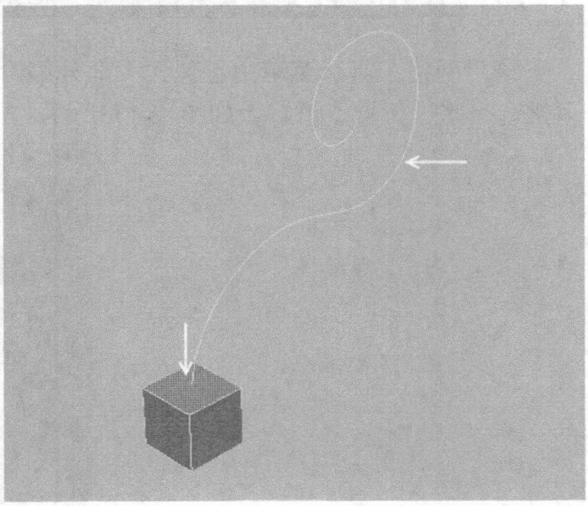

图12-169

03 打开“挤出面选项”对话框，然后设置“分段”为40，接着单击“应用”按钮，如图12-170所示，挤出效果如图12-171所示。

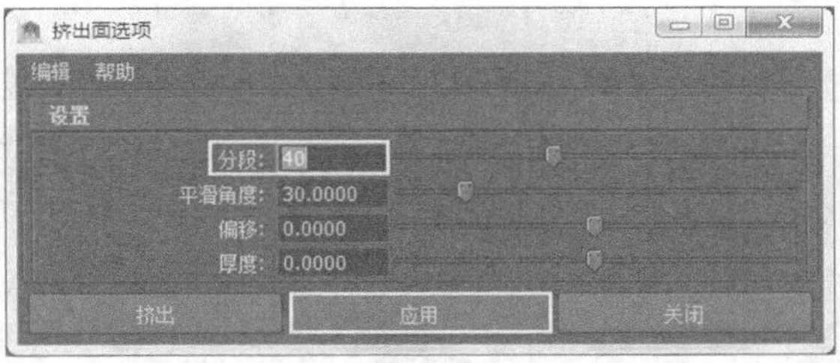

图12-170

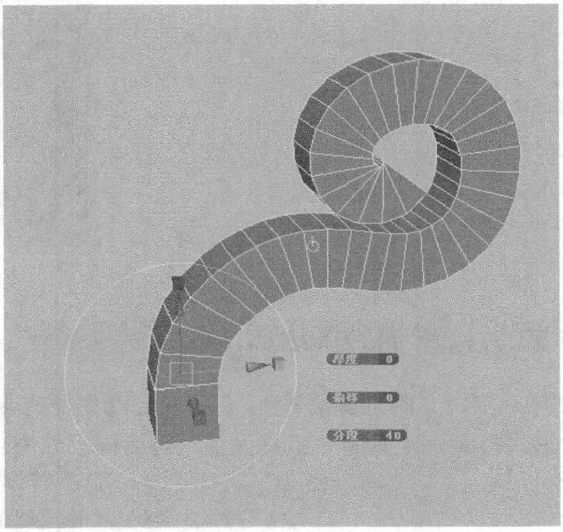

图12-171

04 在“通道盒”中设置“扭曲”为180、“锥化”为0.2，最终效果如图12-172所示。

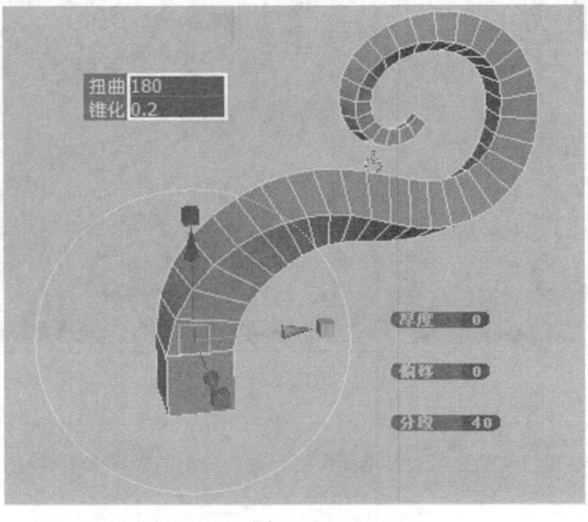

图12-172

12.3 网格工具

该“网格工具”菜单中也包含大部分编辑网格的工具，与“编辑网格”中的命令类似，这里只挑选一些进行重点讲解，如图12-173所示。

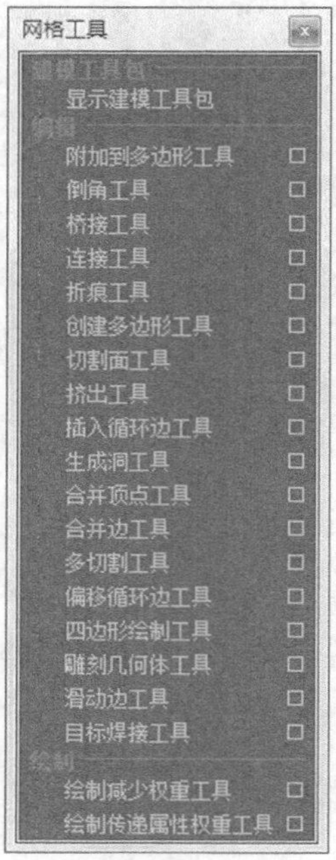

图12-173

12.3.1 附加到多边形工具

使用“附加到多边形工具”可以在原有多边形的基础上继续进行扩展，以添加更多的多边形。打开该工具的“工具设置”对话框，如图12-174所示。

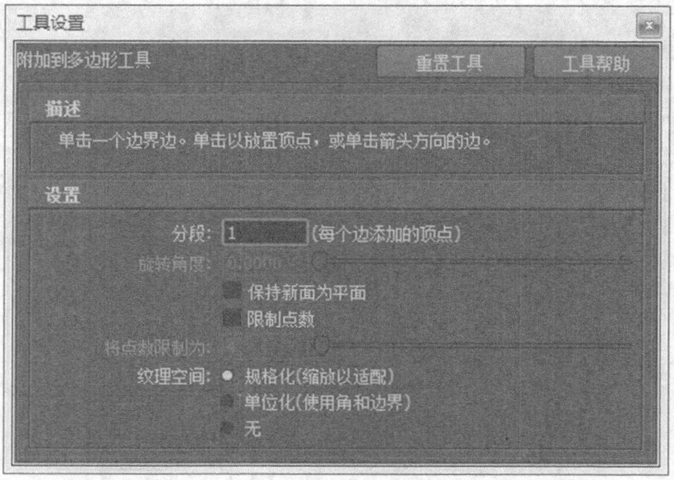

图12-174

技巧与提示

“附加到多边形工具”的参数与“创建多边形工具”的参数完全相同，这里不再讲解。

【练习12-28】：附加多边形

场景文件 学习资源>场景文件>CH12>z.mb
实例位置 学习资源>实例文件>CH12>练习12-28.mb
技术掌握 掌握如何附加多边形

本例使用“附加到多边形工具”附加的多边形效果如图12-175所示。

图12-175

01 打开学习资源中的“场景文件>CH12>z.mb”文件，如图12-176所示。

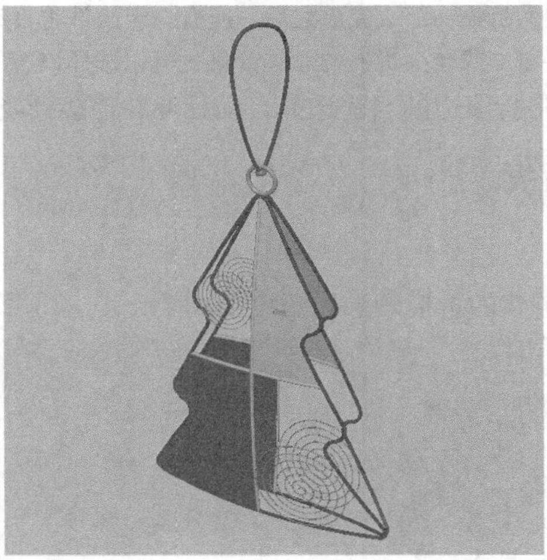

图12-176

02 选择“附加到多边形工具”，然后分别单击需要附加成面的边，如图12-177所示，接着按Enter键执行操作，最终效果如图12-178所示。

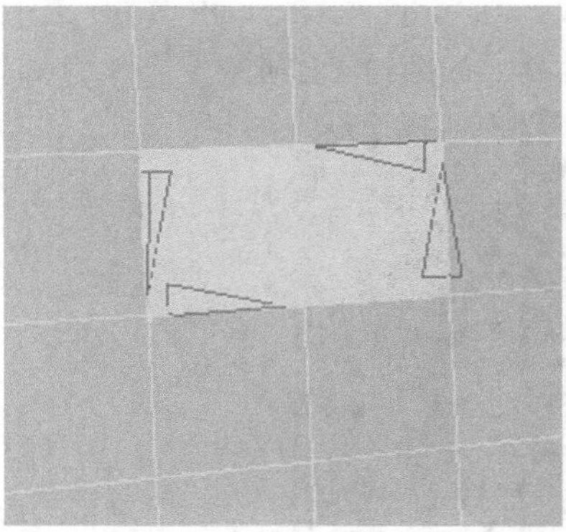

图12-177

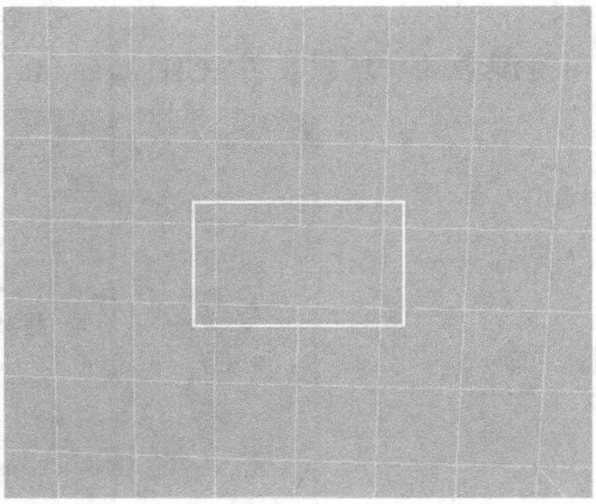

图12-178

12.3.2 折痕工具

使用“折痕工具”可以在多边形网格上生成边和顶点的折痕。这样可以用来修改多边形网格，并获取在生硬和平滑之间过渡的形状，而不会过度增大基础网格的分辨率。打开“折痕工具”的“工具设置”对话框，如图12-179所示。

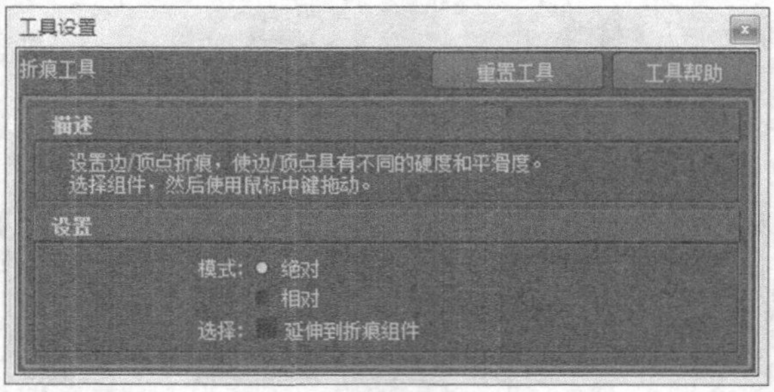

图12-179

折痕工具参数介绍

❖ 模式：设置折痕的创建模式。

- ✧ 绝对：让多个边和顶点的折痕保持一致。也就是说，如果选择多个边或顶点来生成折痕，且它们具有已存在的折痕，那么完成之后，所有选定组件将具有相似的折痕值。
- ✧ 相对：如果需要增加或减少折痕的总体数量，可以选择该选项。

❖ 延伸到折痕组件：将折痕边的当前选择自动延伸并连接到当前选择的任何折痕。

【练习12-29】：创建折痕

场景文件　学习资源>场景文件>CH12>aa.mb
实例位置　学习资源>实例文件>CH12>练习12-29.mb
技术掌握　掌握折痕工具的用法

本例使用“折痕工具”创建的折痕效果如图12-180所示。

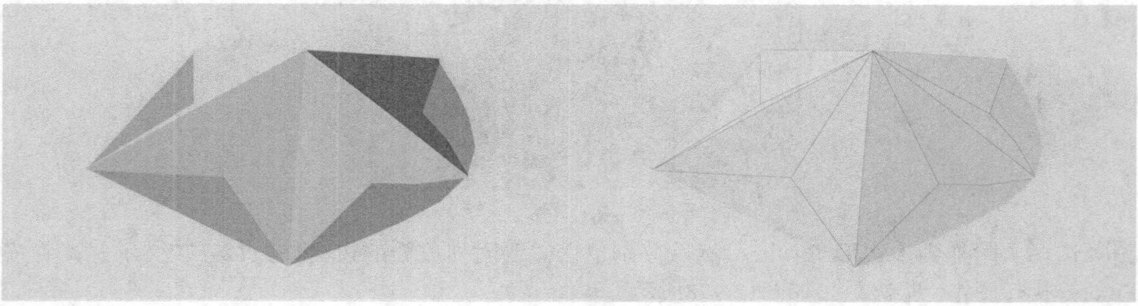

图12-180

01 打开学习资源中的“场景文件>CH12>aa.mb”文件，如图12-181所示。

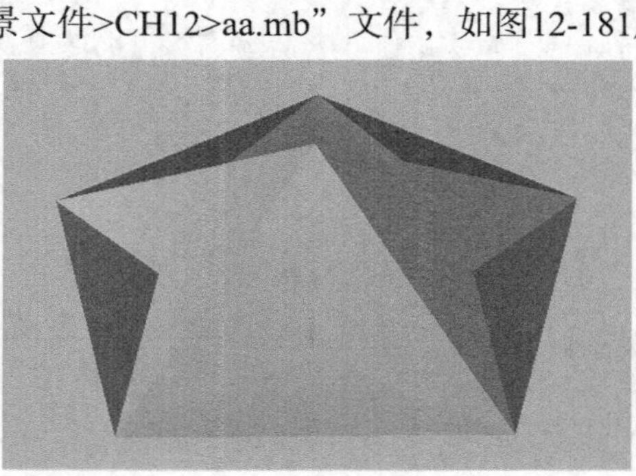

图12-181

02 选择模型，按2键以光滑代理模式显示模型，如图12-182所示。

03 选择“折痕工具”，然后单击要创建折痕的边，接着按住鼠标中间拖曳光标即可创建出折痕，如图12-183所示。

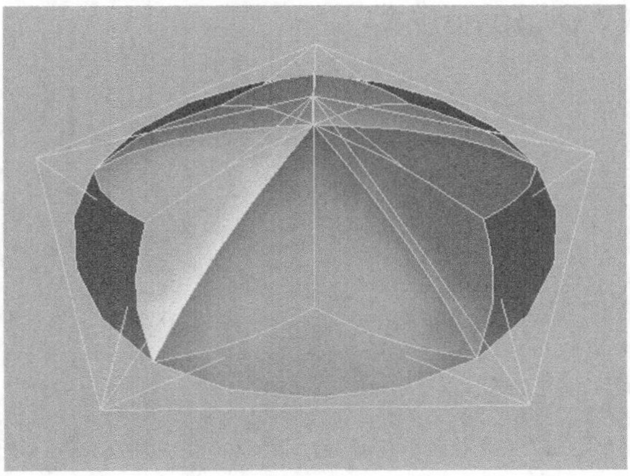

图12-182

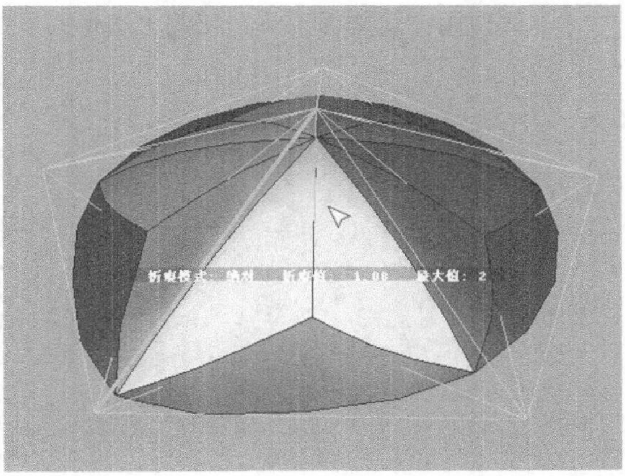

图12-183

12.3.3 切割面工具

使用“切割面工具”可以切割指定的一组多边形对象的面，让这些面在切割处产生一个分段。打开“切割面工具选项”对话框，如图12-184所示。

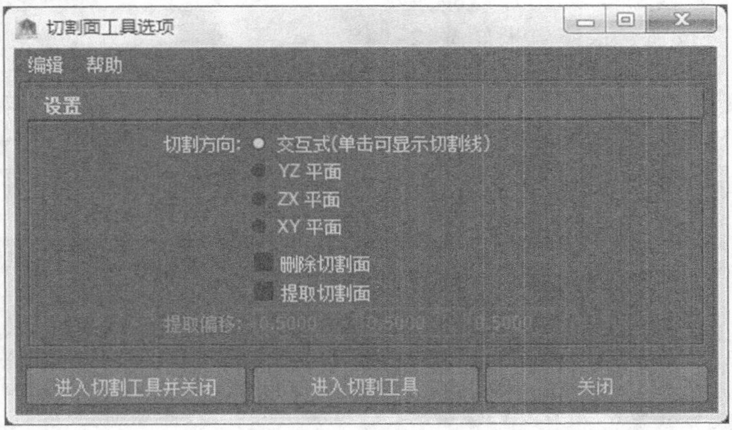

图12-184

切割面工具选项介绍

❖ 切割方向：用来选择切割的方向。可以在视图平面上绘制一条直线来作为切割方向，也可以通过世界坐标来确定一个平面作为切割方向。

 ✧ 交互式（单击可显示切割线）：通过拖曳光标来确定一条切割线。

 ✧ YZ平面：以平行于yz轴所在的平面作为切割平面。

 ✧ ZX平面：以平行于xz轴所在的平面作为切割平面。

 ✧ XY平面：以平行于xy轴所在的平面作为切割平面。

❖ 删除切割面：勾选该选项后，会产生一条垂直于切割平面的虚线，并且垂直于虚线方向的面将被删除。

❖ 提取切割面：勾选该选项后，会产生一条垂直于切割平面的虚线，垂直于虚线方向的面将被偏移一段距离。

【练习12-30】：切割多边形面

场景文件　学习资源>场景文件>CH12>bb.mb
实例位置　学习资源>实例文件>CH12>练习12-30.mb
技术掌握　掌握如何切割多边形面

本例使用“切割面工具”切割多边形面后的效果如图12-185所示。

图12-185

01 打开学习资源中的“场景文件>CH12>bb.mb”文件，如图12-186所示。

02 选择模型，然后打开“切割面选项”对话框，接着设置“切割方向”为“yz平面”，再勾选“提取切割面”选项，如图12-187所示，最后单击“切割”按钮，最终效果如图12-188所示。

图12-186

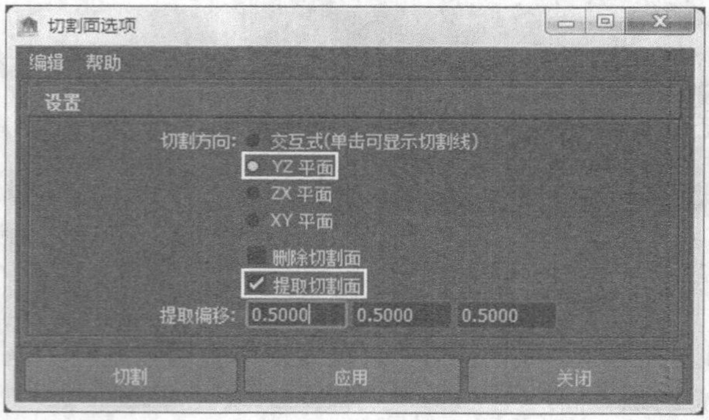

图12-187

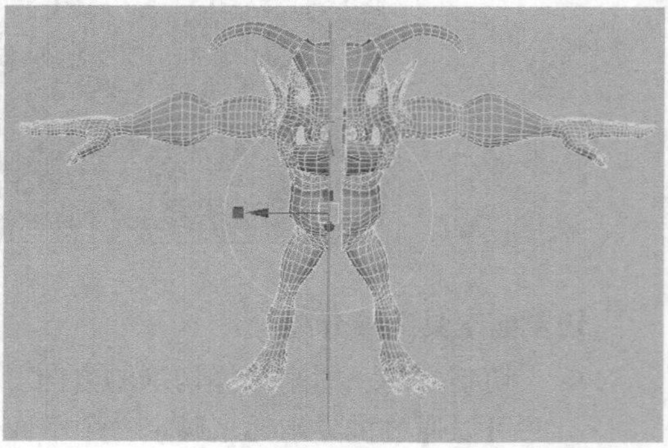

图12-188

12.3.4 插入循环边工具

使用“插入循环边工具”可以在多边形对象上的指定位置插入一条环形线，该工具是通过判断多边形的对边来产生线。如果遇到三边形或大于四边的多边形将结束命令，因此在很多时候会遇到使用该命令后不能产生环形边的现象。打开“插入循环边工具”的“工具设置”对话框，如图12-189所示。

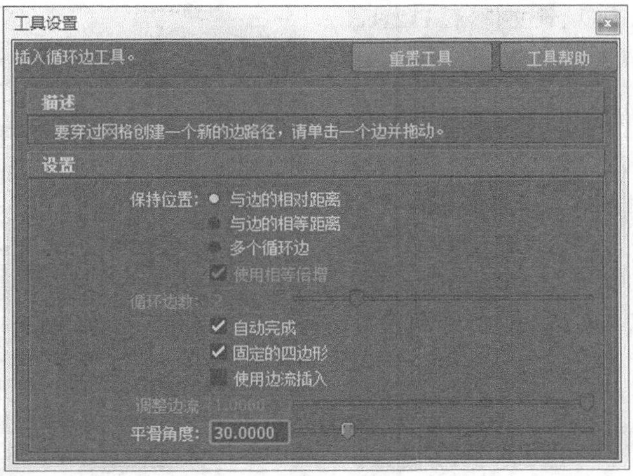

图12-189

插入循环边工具参数介绍

- 保持位置：指定如何在多边形网格上插入新边。
  - 与边的相对距离：基于选定边上的百分比距离，沿着选定边放置点插入边。
  - 与边的相等距离：沿着选定边按照基于单击第一条边的位置的绝对距离放置点插入边。
  - 多个循环边：根据“循环边数”中指定的数量，沿选定边插入多个等距循环边。
- 使用相等倍增：该选项与剖面曲线的高度和形状相关。使用该选项的时候，应用最短边的长度来确定偏移高度。
- 循环边数：当启用“多个循环边”选项时，“循环边数”选项用来设置要创建的循环边数量。
- 自动完成：启用该选项后，只要单击并拖动到相应的位置，然后释放鼠标，就会在整个环形边上立即插入新边。
- 固定的四边形：启用该选项后，会自动分割由插入循环边生成的三边形和五边形区域，以生成四边形区域。
- 使用边流插入：可以插入遵循周围网格曲率的循环边。
- 调整边流：在插入边之前，输入值或调整滑块以更改边的形状。
- 平滑角度：指定在操作完成后，是否自动软化或硬化沿环形边插入的边。

【练习12-31】：在多边形上插入循环边

场景文件 学习资源>场景文件>CH12>cc.mb
实例位置 学习资源>实例文件>CH12>练习12-31.mb
技术掌握 掌握如何在多边形上插入循环边

本例使用“插入循环边工具”插入循环边后的效果如图12-190所示。

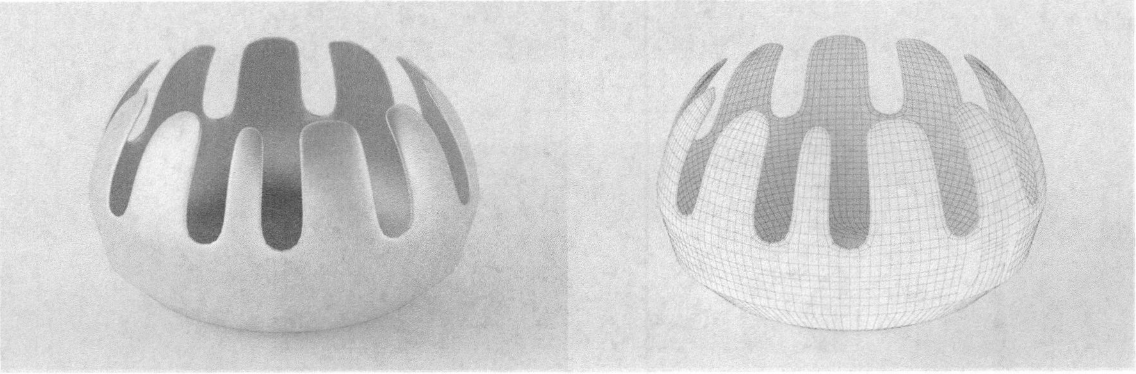

图12-190

01 打开学习资源中的“场景文件>CH12>cc.mb”文件，如图12-191所示。

02 选择“插入循环边工具”，然后单击纵向的边，即可在单击处插入一条环形边，如图12-192所示。

03 继续插入一些环形边，使多边形的布线更加均匀，完成后的效果如图12-193所示。

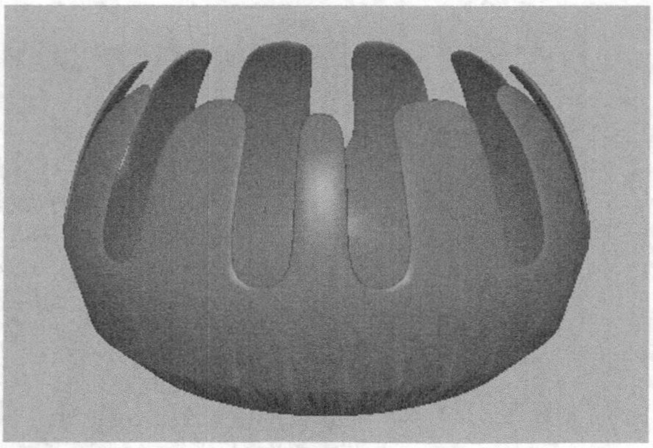

图12-191

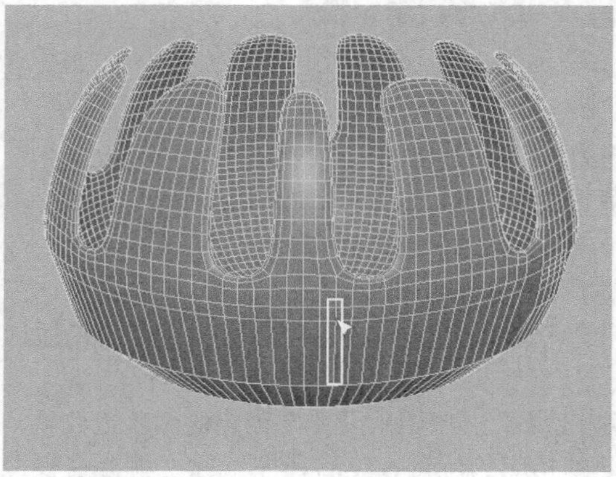

图12-192

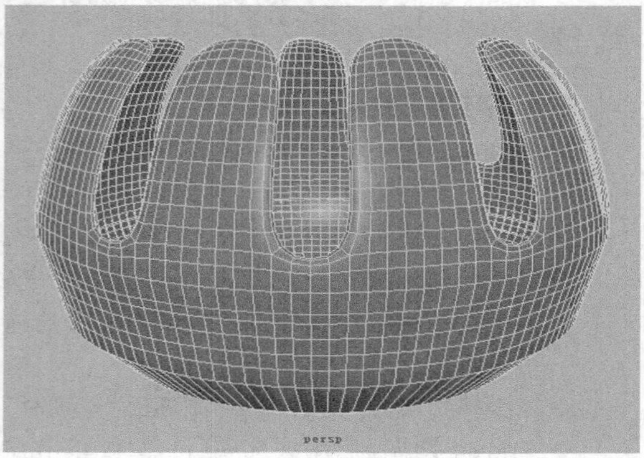

图12-193

12.3.5 合并顶点工具

使用“合并顶点工具”选择一个顶点，将其拖曳到另外一个顶点上，可以将这两个顶点合并为一个顶点，如图12-194所示。打开“合并顶点工具”的“工具设置”对话框，如图12-195所示。

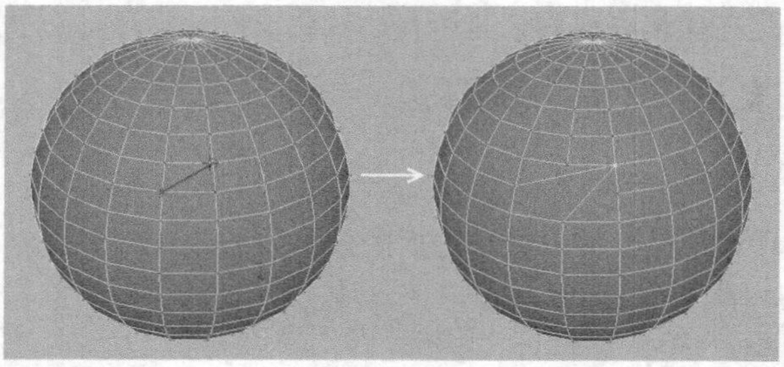

图12-194

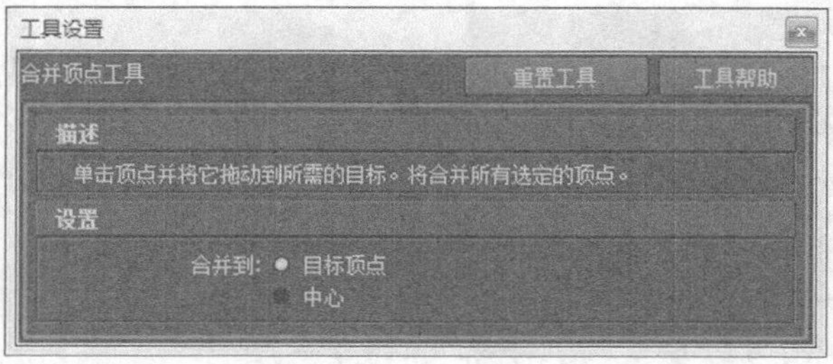

图12-195

合并顶点工具参数介绍

❖ 合并到：设置合并顶点的方式。

 ✧ 目标顶点：将合并中心定位在目标顶点上，源顶点将被删除。

 ✧ 中心：将合并中心定位在两个顶点之间的中心处，然后移除源顶点和目标顶点。

12.3.6 合并边工具

使用“合并边工具”可以将两条边合并为一条新边。在合并边之前，要先选中该工具，然后选择要进行合并的边。打开“合并边工具”的“工具设置”对话框，如图12-196所示。

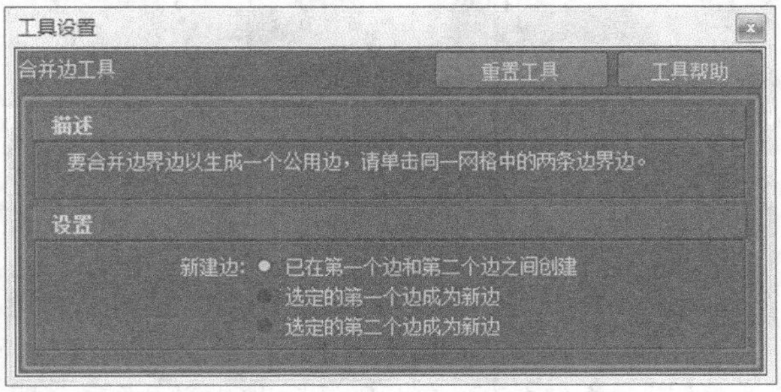

图12-196

合并边工具参数介绍

❖ 已在第一个边和第二个边之间创建：勾选该选项后，会在选择的两条边之间创建一条新的边，其他两条边将被删除。

❖ 选定的第一个边成为新边：勾选该选项后，被选择的第一条边将成为新边，另一条边将被删除。

❖ 选定的第二个边成为新边：勾选该选项后，第2次被选择的边将变为新边，而第1次选择的边将被删除。

【练习12-32】：合并边

场景文件 学习资源>场景文件>CH12>dd.mb

实例位置 学习资源>实例文件>CH12>练习12-32.mb

技术掌握 掌握合并边工具的用法

本例使用“合并边工具”将边合并起来后的效果如图12-197所示。

图12-197

01 打开学习资源中的“场景文件>CH12>dd.mb”文件，如图12-198所示。

图12-198

02 选择“合并边工具”，然后单击第1条要合并的边，接着单击第2条要合并的边，最后按Enter键确认合并操作，如图12-199所示。

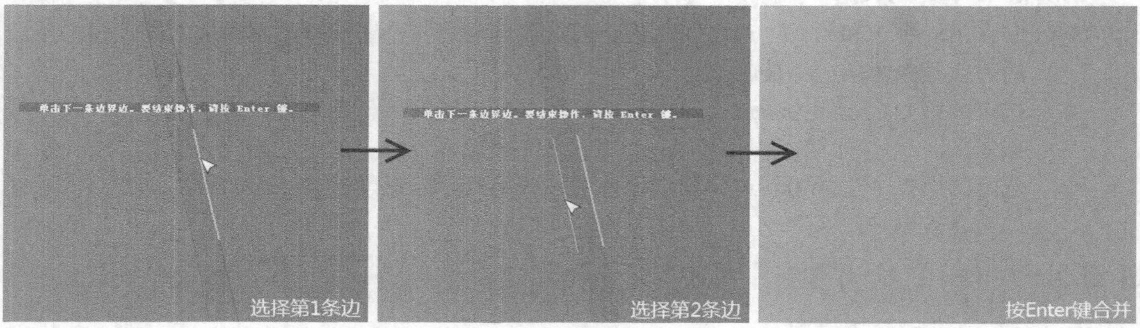
单击下一条边界边。要结束操作，请按 Enter 键。
选择第1条边
单击下一条边界边。要结束操作，请按 Enter 键。
选择第2条边
按Enter键合并

图12-199

03 采用相同的方法将其他的边合并在一起，最终效果如图12-200所示。

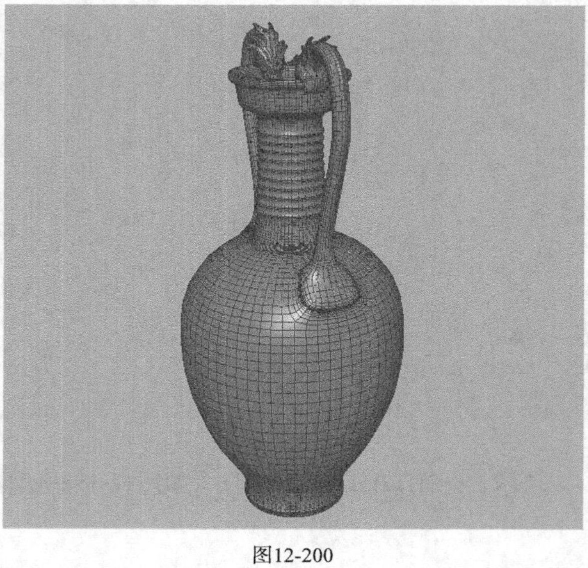

图12-200

12.3.7 偏移循环边工具

使用“偏移循环边工具”可以在选择的任意边的两侧插入两个循环边。打开“偏移边工具选项”对话框，如图12-201所示。

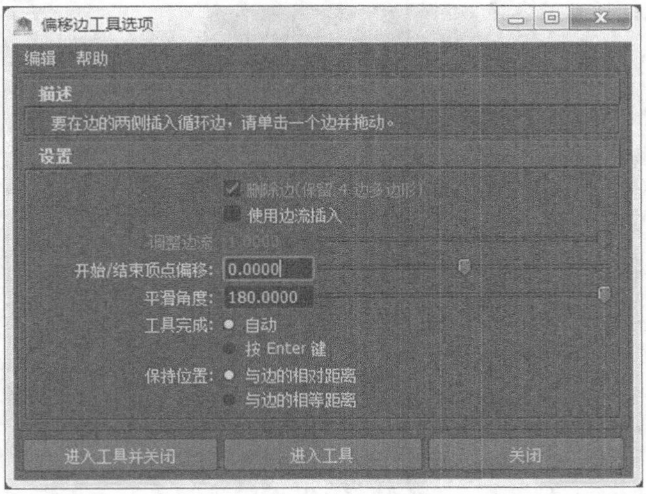

图12-201

偏移边工具选项介绍

- ❖ 删除边（保留4边多边形）：在内部循环边上偏移边时，在循环的两端创建的新多边形可以是三边的多边形。
- ❖ 开始/结束顶点偏移：确定两个顶点在选定边（或循环边中一系列连接的边）两端上的距离将从选定边的原始位置向内偏移还是向外偏移。
- ❖ 平滑角度：指定完成操作后是否自动软化或硬化沿循环边插入的边。
- ❖ 保持位置：指定在多边形网格上插入新边的方法。
  - ✧ 与边的相对距离：基于沿选定边的百分比距离，沿选定边定位点预览定位器。
  - ✧ 与边的相等距离：点预览定位器基于单击第一条边的位置，沿选定边在绝对距离处进行定位。

【练习12-33】：偏移多边形的循环边

场景文件 学习资源>场景文件>CH12>ee.mb
实例位置 学习资源>实例文件>CH12>练习12-33.mb
技术掌握 掌握如何偏移多边形的循环边

本例使用“偏移循环边工具”偏移循环边后的效果如图12-202所示。

图12-202

01 打开学习资源中的“场景文件>CH12>ee.mb”文件，如图12-203所示。

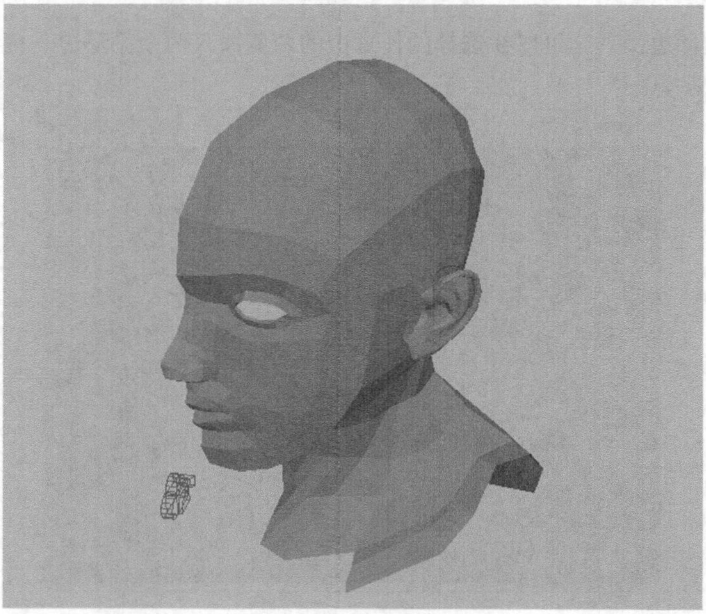

图12-203

02 选择模型，然后选择“偏移循环边工具”，此时模型会自动进入边级别，接着单击眼睛上的循环边，这样就在该循环边的两侧生成两条新的偏移循环边，如图12-204所示。

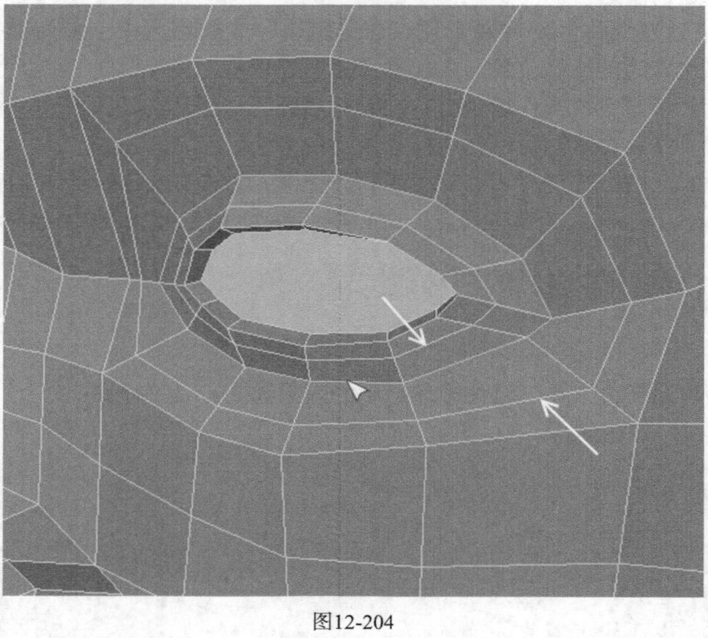

图12-204

12.3.8 滑动边工具

使用“滑动边工具”可以将选择的边滑动到其他位置。在滑动过程中是沿着对象原来的走向进行滑动的，这样可使滑动操作更加方便。打开“滑动边工具”的“工具设置”对话框，如图12-205所示。

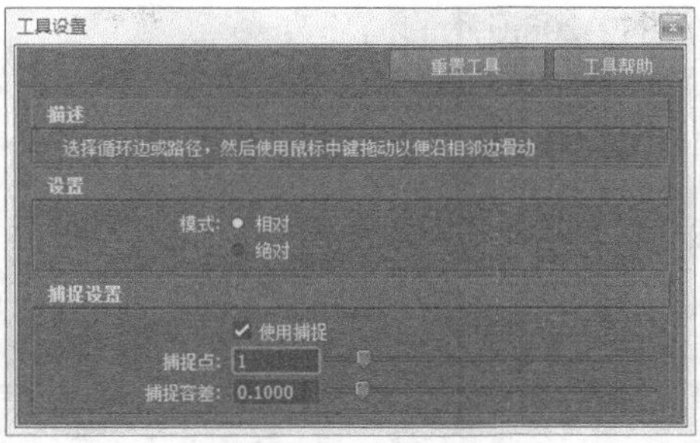

图12-205

滑动边工具参数介绍

❖ 模式：确定如何重新定位选定边或循环边。

　✧ 相对/绝对：基于相对/绝对距离沿选定边移动选定边或循环边。

❖ 使用捕捉：确定是否使用捕捉设置。

❖ 捕捉点：控制滑动顶点将捕捉的捕捉点数量，取值范围是0~10之间。默认“捕捉点”值为1，表示将捕捉到中点。

❖ 捕捉容差：控制捕捉到顶点之前必须距离捕捉点的靠近程度。

【练习12-34】：滑动边的位置

场景文件	学习资源>场景文件>CH12>ff.mb
实例位置	学习资源>实例文件>CH12>练习12-34.mb
技术掌握	掌握如何滑动边的位置

本例使用“滑动边工具”将恐龙尾巴上的边滑到屁部后的效果如图12-206所示。

图12-206

01 打开学习资源中的“场景文件>CH12>ff.mb”文件，如图12-207所示。

图12-207

02 进入边级别，然后选择如图12-208所示的循环边。

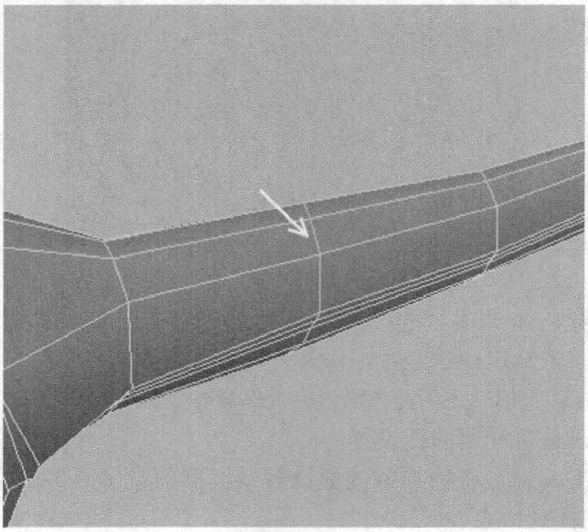

图12-208

03 选择“滑动边工具”，然后使用鼠标中键向左拖曳光标，此时选中的循环边会沿着模型的走向向左滑动，如图12-209所示。

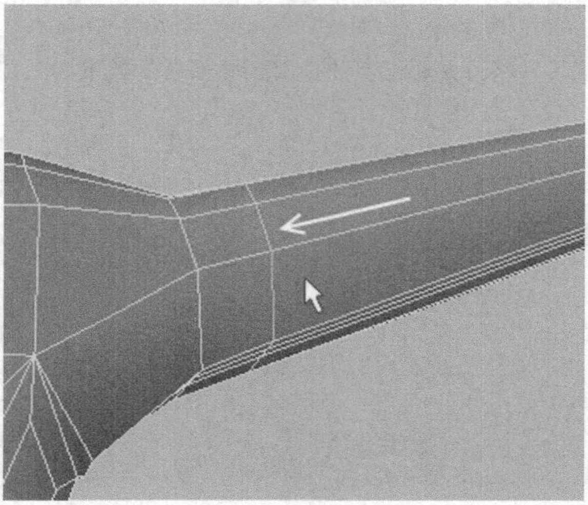

图12-209

12.4 知识总结与回顾

本章主要讲解了多边形建模中最重要的网格技术，包括网格的创建与编辑方法。本章是多边形建模中的核心部分，只有掌握好了这些技术，才能将多边形建模技术发挥到极致。

第13章 多边形建模综合实例：龙虾

要点索引

- 多边形建模的思路与流程
- 多边形建模常用工具的用法

场景文件　无
实例位置　学习资源>实例文件>CH13>13.1.mb
技术掌握　掌握多边形建模（角色建模）的流程与方法

多边形建模方法很适合用来创建角色，本例就来深入学习如何用多边形建模方法创建角色（龙虾）模型，如图13-1所示。

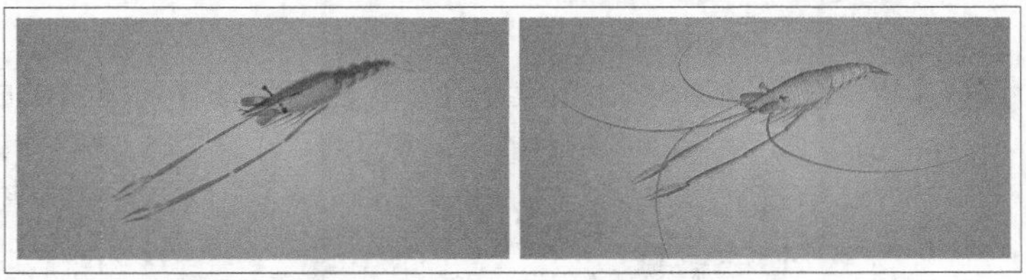

图13-1

本章导读

经过第11~12章的学习后，相信大家对多边形建模技术已经有了一个大概的了解，本章就安排一个多边形建模综合实例来强化训练多边形建模常用命令与工具的用法。

13.1 创建头部模型

01 执行“创建>多边形基本体>立方体”菜单命令，然后在场景中创建一个立方体，如图13-2所示。

02 进入面级别，然后选择如图13-3所示的面。

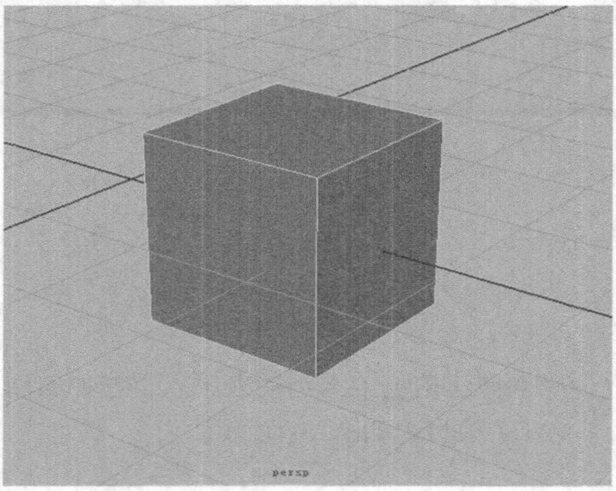

图13-2

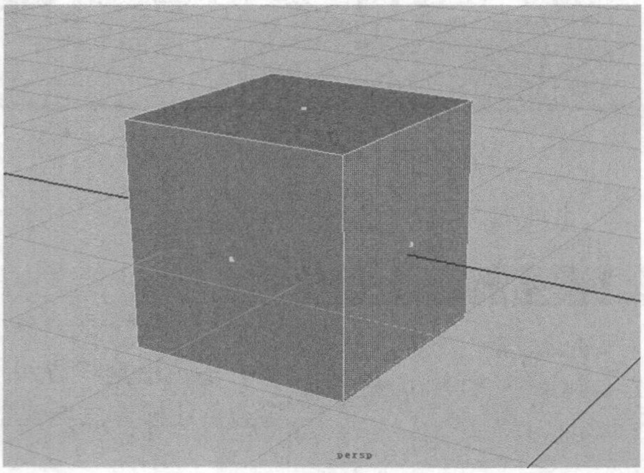

图13-3

03 执行“编辑网格>挤出”菜单命令，然后将选择的面挤出成如图13-4所示的效果。

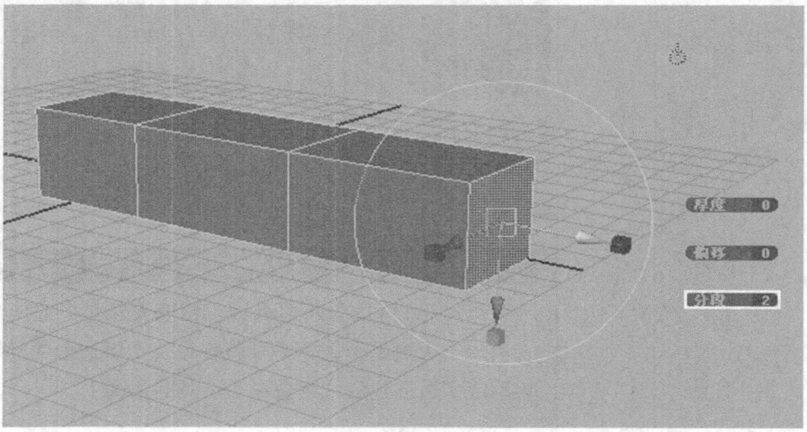

图13-4

04 进入顶点级别，然后将模型调整成如图13-5所示的形状。

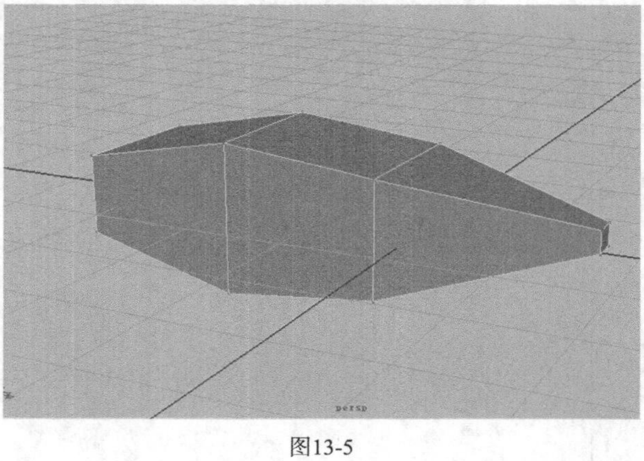

图13-5

05 执行“网格工具>插入循环边工具”菜单命令，然后在如图13-6所示的位置插入一条循环边。

06 进入顶点级别，然后将模型调整成如图13-7所示的形状。

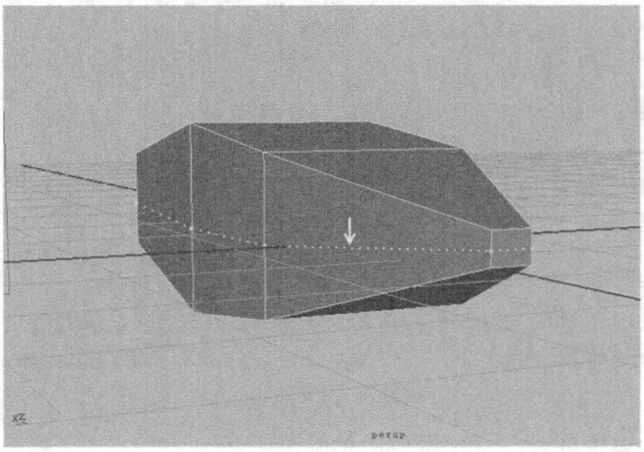

图13-6

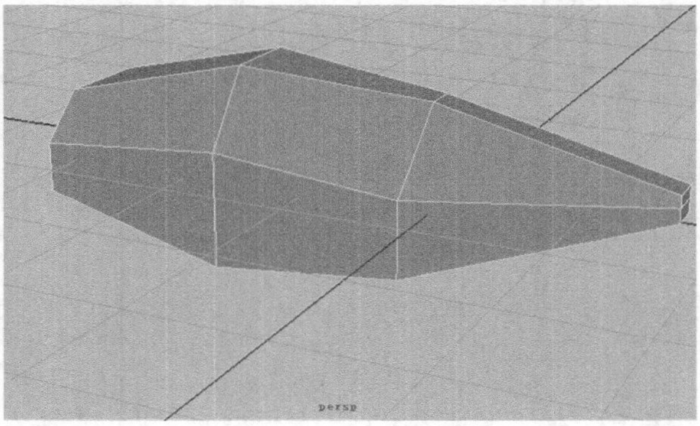

图13-7

07 进入面级别，然后选择如图13-8所示的面，接着按Delete键将其删除。

08 执行“网格工具>插入循环边工具”菜单命令，然后在模型的合适位置插入循环边，接着进入顶点级别，最后将模型调整成如图13-9所示的形状。

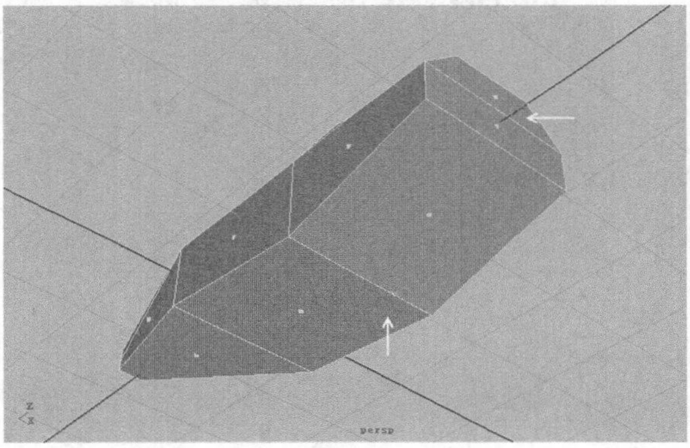

图13-8

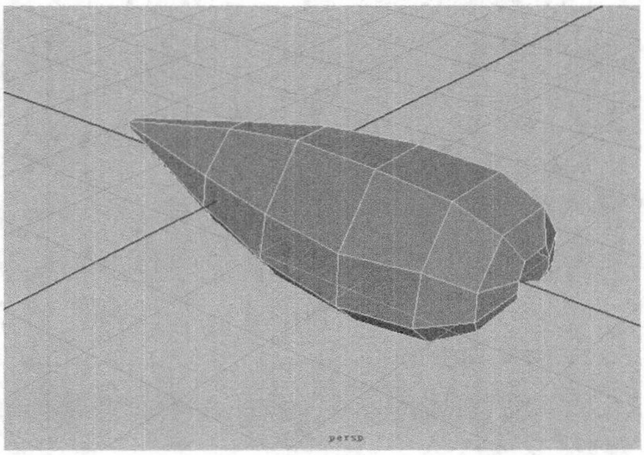

图13-9

09 选择模型，然后按3键进入光滑显示模式，观察模型，效果如图13-10所示。

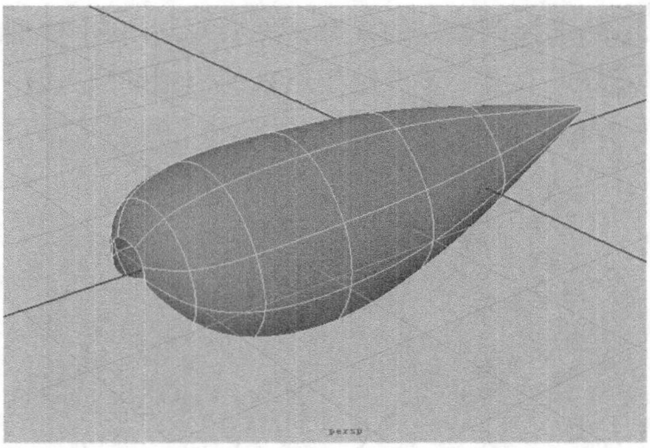

图13-10

13.2 创建身体模型

01 执行“创建>多边形基本体>立方体”菜单命令，然后在如图13-11所示的位置创建一个大小合适的立方体。

02 进入面级别，然后删除前后和底部的面，如图13-12所示。

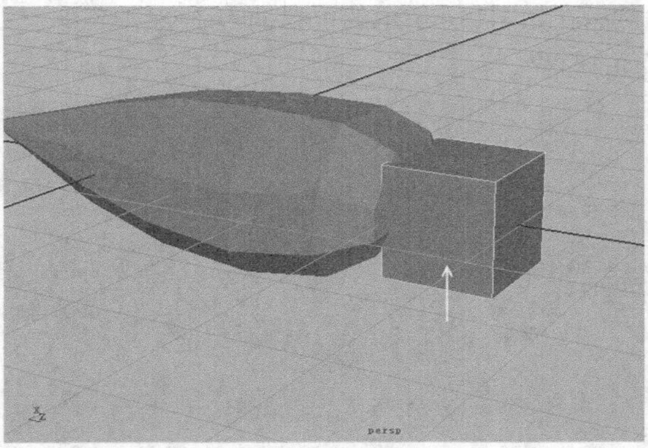

图13-11

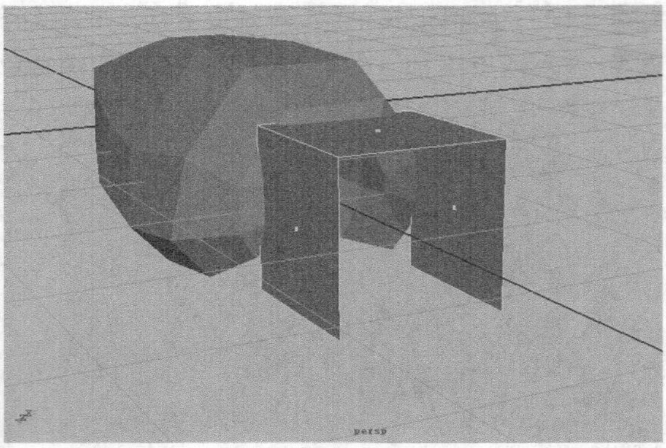

图13-12

03 用“插入循环边工具”在模型的合适位置插入一些循环边，如图13-13所示。

04 进入顶点级别，然后将模型调整成如图13-14所示的形状。

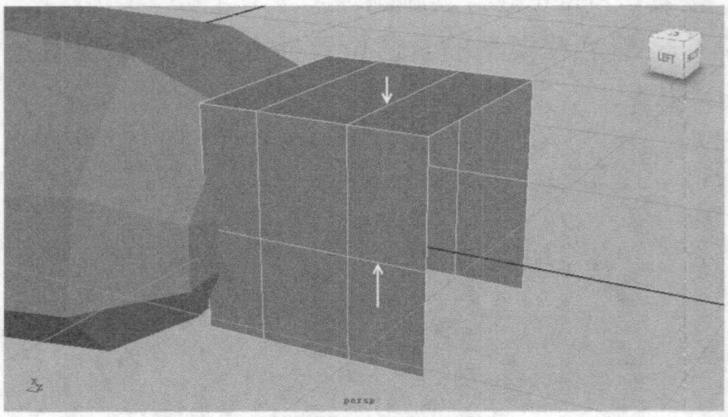

图13-13

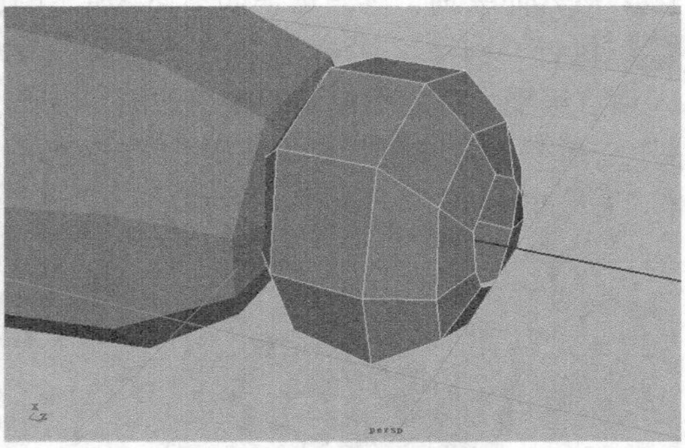

图13-14

技巧与提示

在调整顶点的过程中，若遇到循环边不够用的情况，可以使用“插入循环边工具”插入足够多的循环边来调整模型。

05 选择调整好的模型，然后复制出4个模型，接着将其放置在如图13-15所示的位置。

06 进入上一步骤制作出来的模型的顶点级别，然后将其调整成如图13-16所示的形状。

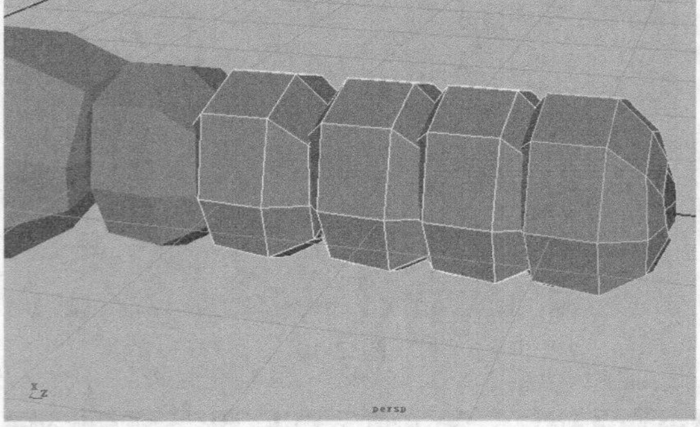

图13-15

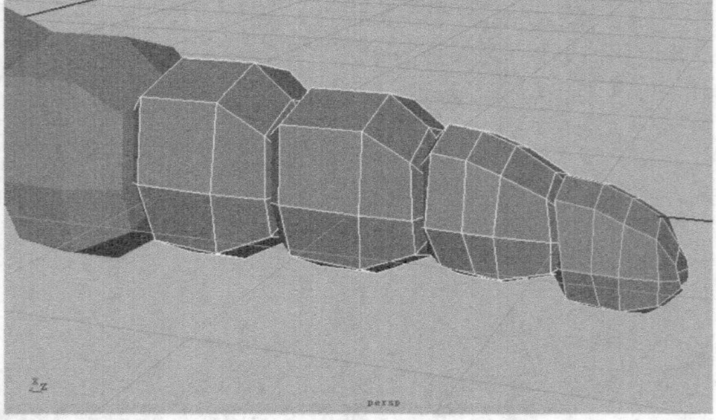

图13-16

技巧与提示

注意，在调整顶点时要注意虾的整体比例。另外，若遇到循环边不够用的情况，可以使用“插入循环边工具”插入足够多的循环边来调整模型。

07 选择所有模型，然后按3键进入光滑显示模式，观察模型，效果如图13-17所示。

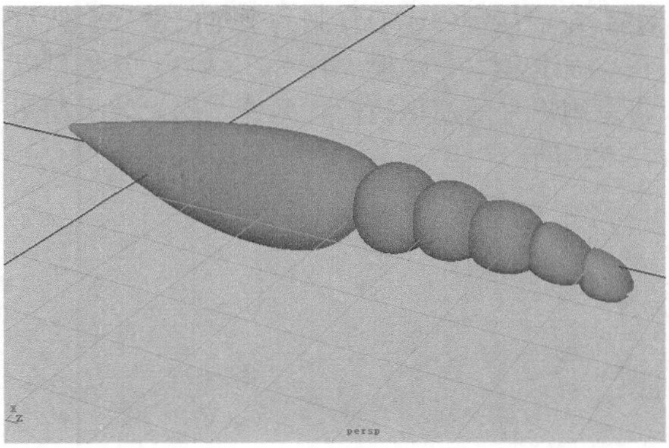

图13-17

13.3 创建尾巴模型

01 在场景中创建一个立方体，如图13-18所示。

02 用“插入循环边工具”在立方体的合适位置插入循环边，然后进入顶点级别，接着将模型调整成如图13-19所示的形状。

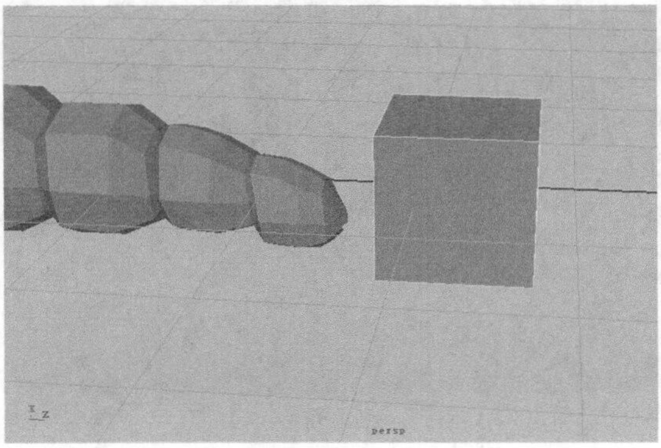

图13-18

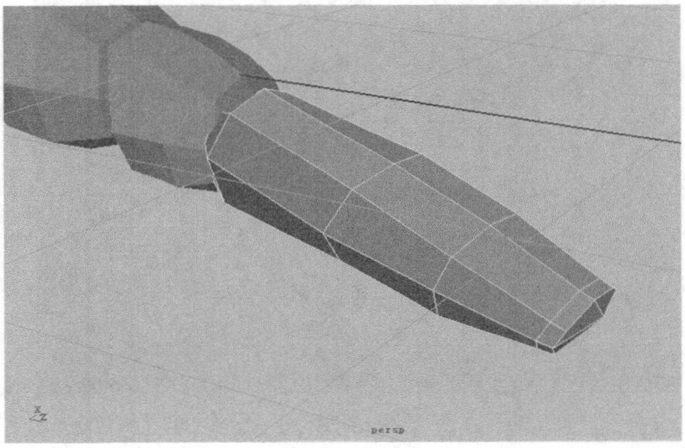

图13-19

03 继续在场景中创建一个立方体，如图13-20所示。

04 用“插入循环边工具”在立方体的合适位置插入循环边，然后进入顶点级别，接着将其调整成如图13-21所示的形状。

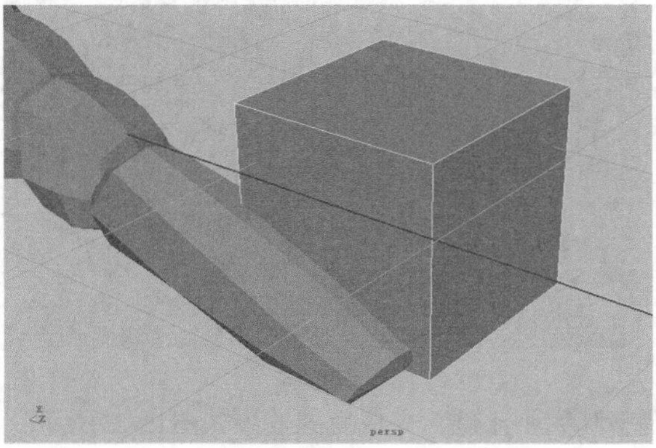

图13-20

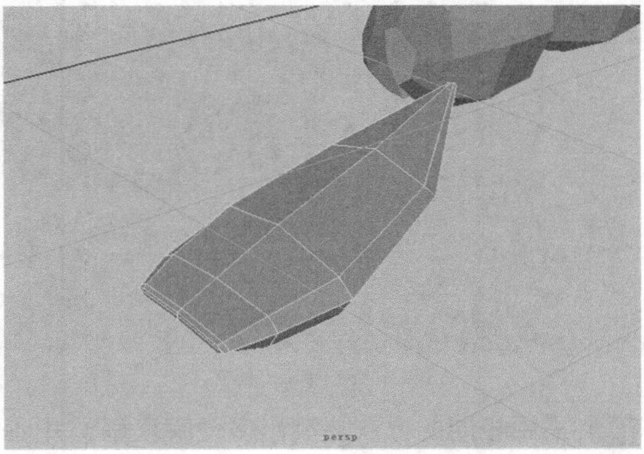

图13-21

05 按快捷键Ctrl+D复制一个尾巴模型，然后在“通道盒”中设置“缩放x”为-1，这样可以将复制出来的模型镜像到另外一侧，效果如图13-22所示。

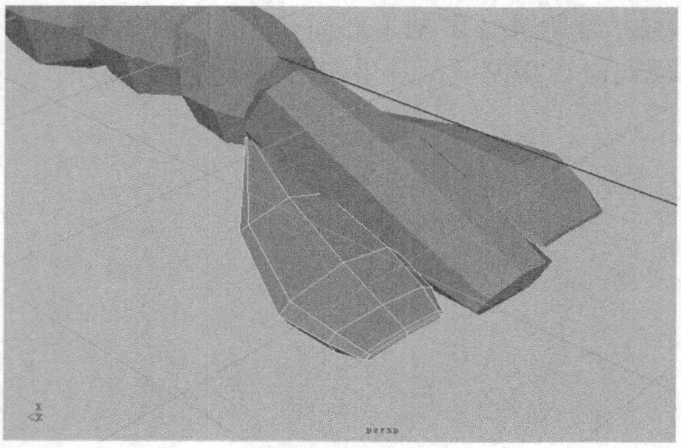

图13-22

13.4 创建脚部模型

01 在如图13-23所示的位置创建一个立方体。

02 用“插入循环边工具”在立方体的合适位置插入循环边，然后进入顶点级别，接着将其调整成如图13-24所示的形状。

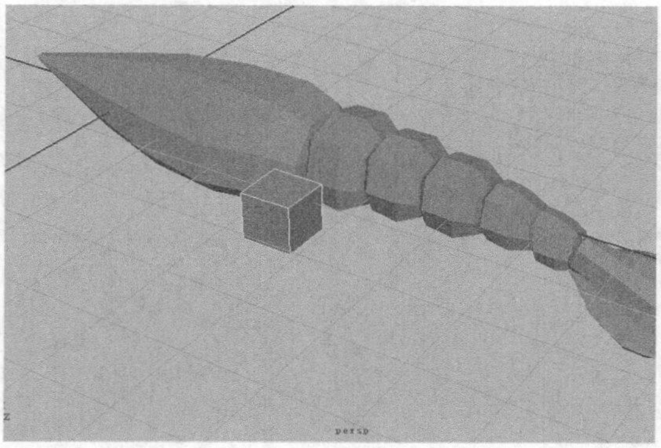

图13-23

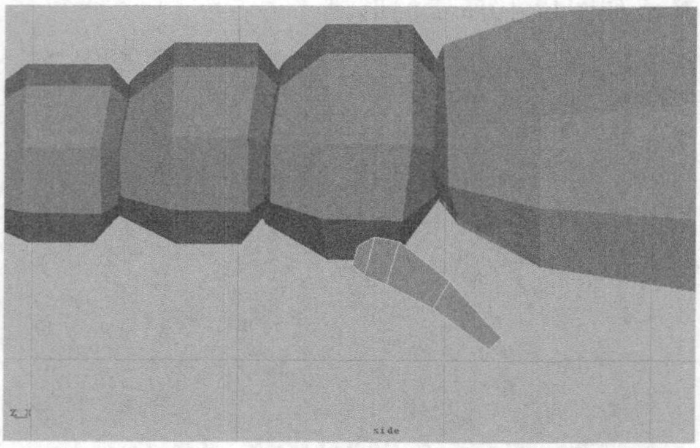

图13-24

03 再次用“插入循环边工具”在模型的合适位置插入循环边，然后进入顶点级别，接着将模型调整成如图13-25所示的形状（注意脚与身体的比例）。

04 按快捷键Ctrl+D复制一个模型，然后调整好模型的大小和位置，完成后的效果如图13-26所示。

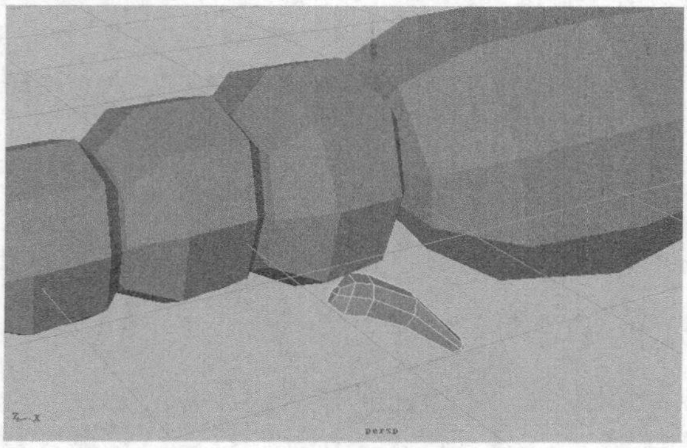

图13-25

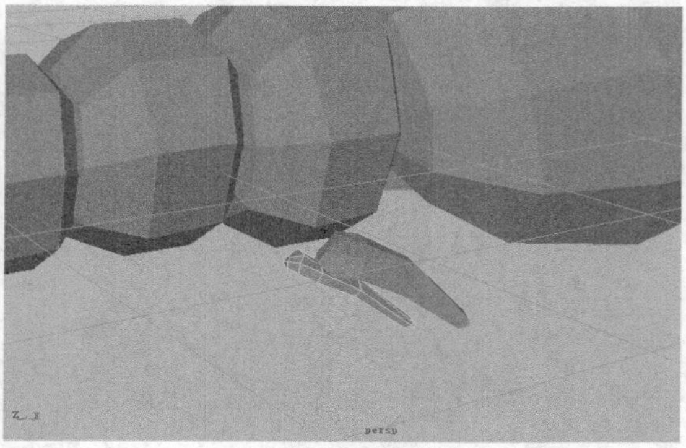

图13-26

05 采用相同的方法复制出多个脚模型，并适当调整其大小比例，完成后的效果如图13-27所示，然后将所有的脚模型镜像复制到虾的另一侧，完成后的效果如图13-28所示。

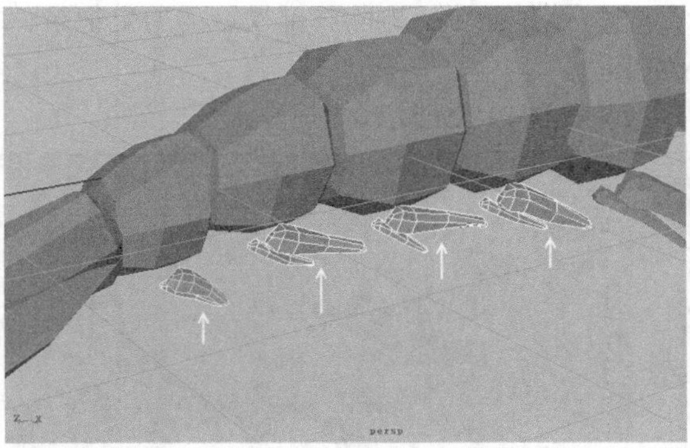

图13-27

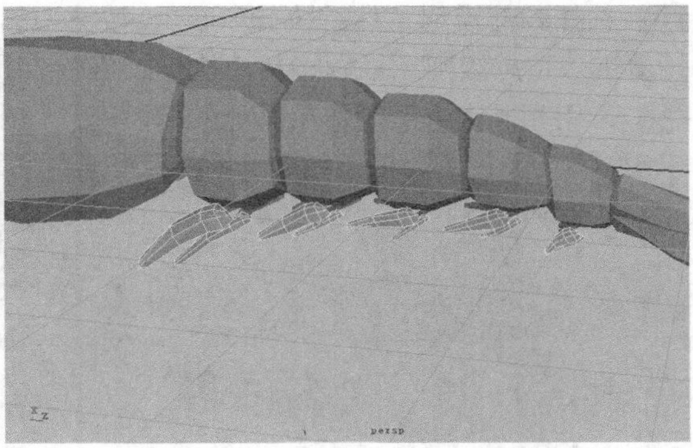

图13-28

06 用“CV曲线工具”在如图13-29所示的位置创建4条曲线。

07 在如图13-30所示的位置创建一个立方体。

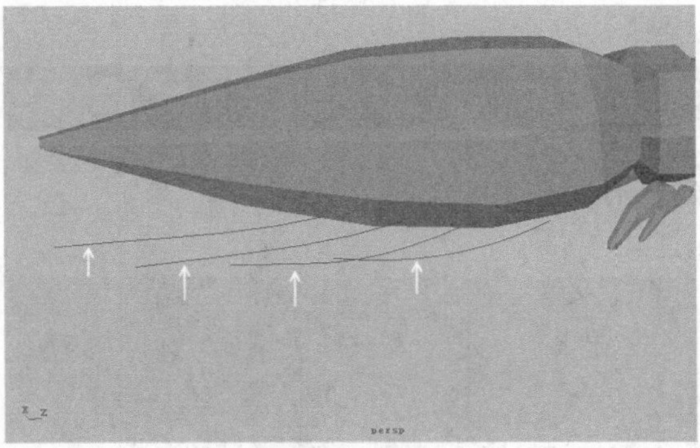

图13-29

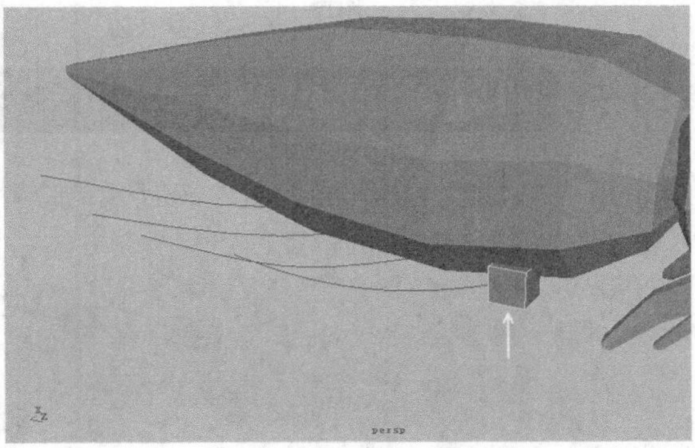

图13-30

08 使用“旋转工具”适当调整立方体的角度，然后进入面级别，接着选择如图13-31所示的面。

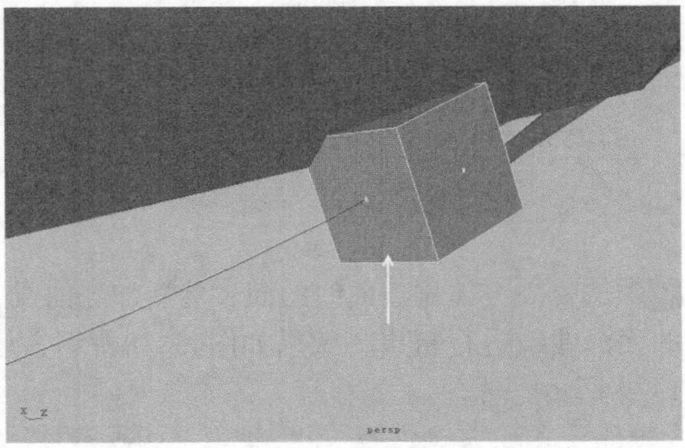

图13-31

09 按住Shift键加选曲线，然后执行“编辑网格>挤出”菜单命令，使选择的面沿曲线进行挤出，效果如图13-32所示，接着在“通道盒”中设置“分段”为3、“锥化”为0，效果如图13-33所示。

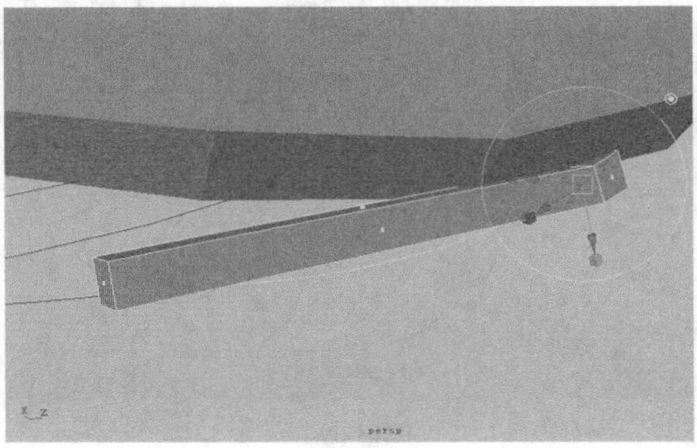

图13-32

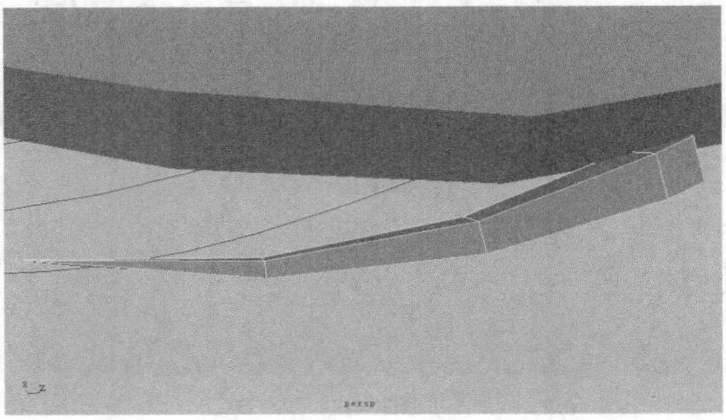

图13-33

10 选择脚部模型，然后执行“编辑>按类型删除>历史”菜单命令，删除脚部模型的历史记录，接着进入顶点级别，最后将其调整成如图13-34所示的形状。

11 采用相同的方法制作出其他的脚模型，完成后的效果如图13-35所示。

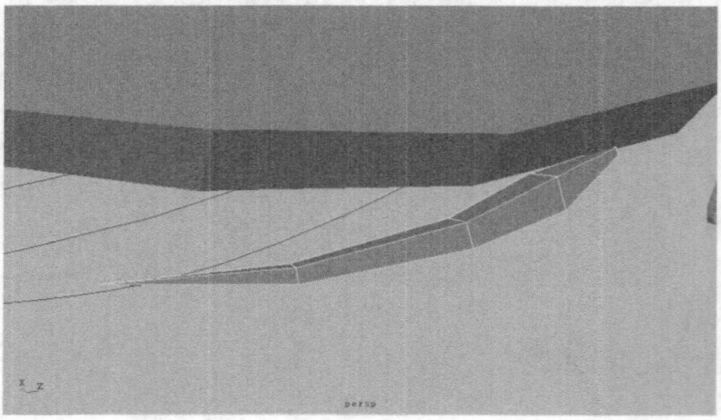

图13-34

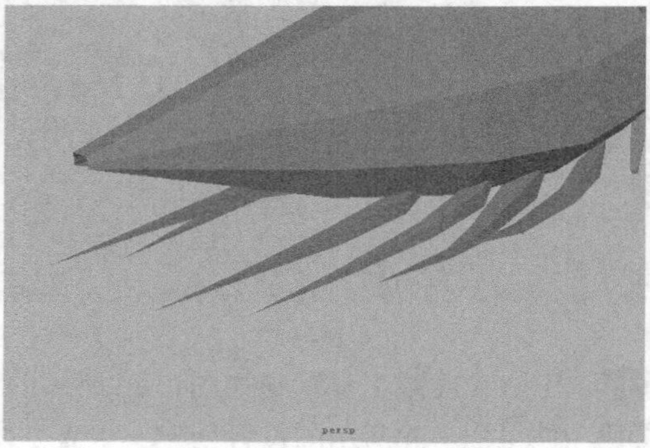

图13-35

13.5 创建腿部模型

01 用“CV曲线工具”在如图13-36所示的位置创建两条曲线。

02 在如图13-37所示的位置创建一个立方体。

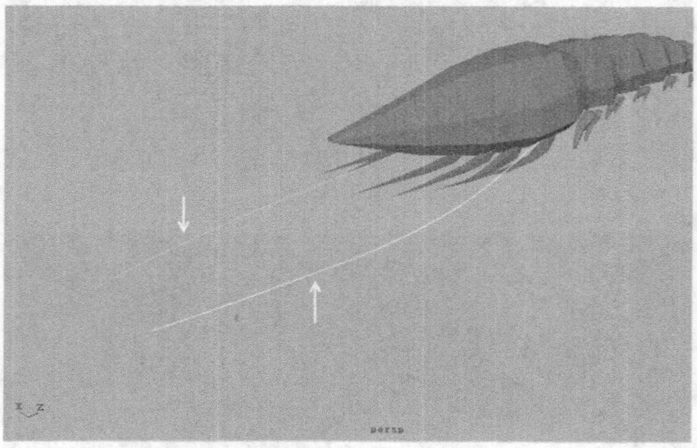

图13-36

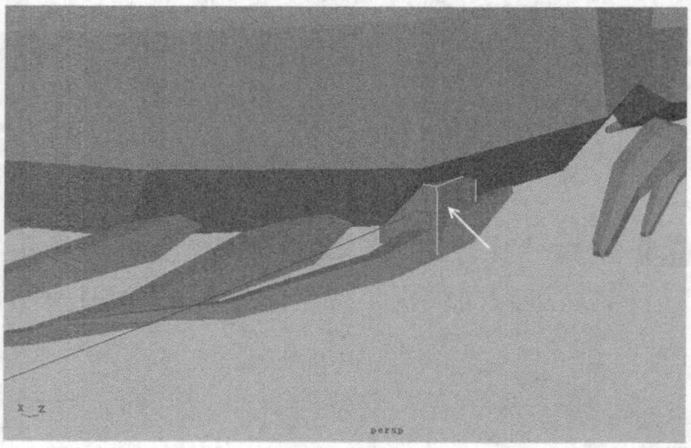

图13-37

03 选择立方体靠近曲线的面，然后加选曲线，接着执行“编辑网格>挤出”菜单命令，使选择的面沿曲线进行挤出，效果如图13-38所示，最后在“通道盒”中设置“分段”为3，效果如图13-39所示。

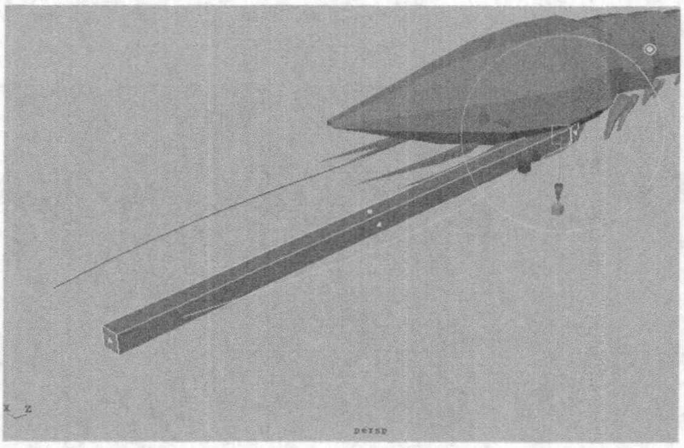

图13-38

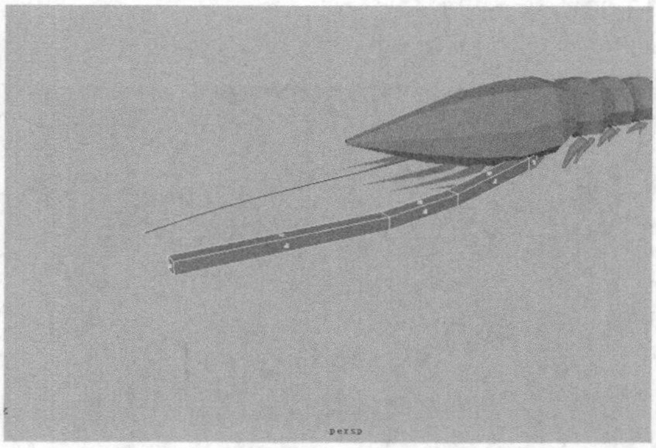

图13-39

04 删除上一步创建的模型的历史记录，然后将模型的结构线位置进行如图13-40所示的调整。

05 用“插入循环边工具”在如图13-41所示的位置插入循环边。

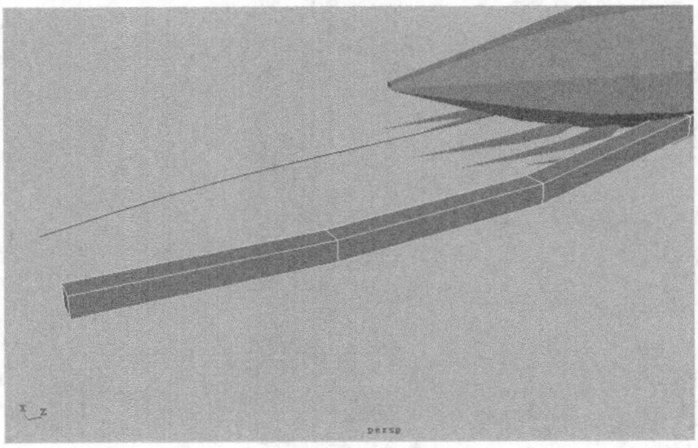

图13-40

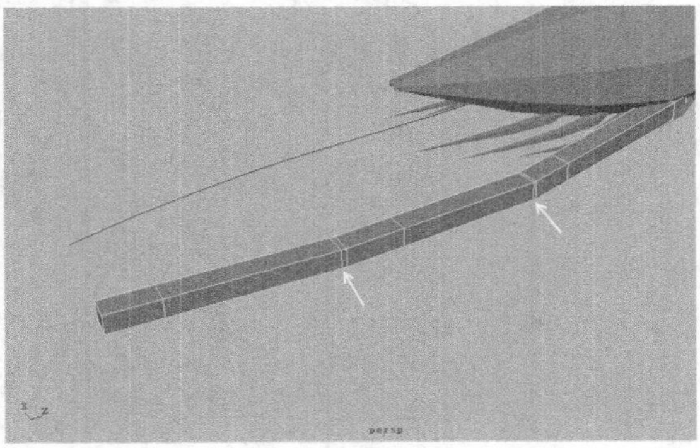

图13-41

06 进入顶点级别，然后将模型调整成如图13-42所示的形状，接着采用相同的方法制作出另一条腿，完成后的效果如图13-43所示。

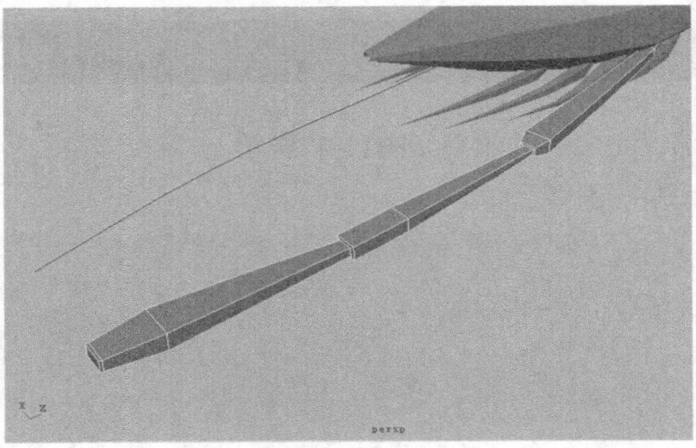

图13-42

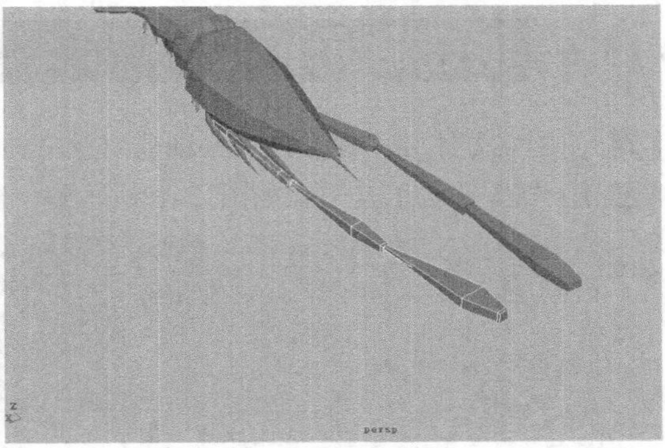

图13-43

07 在如图13-44所示的位置创建一个立方体。

08 用“插入循环边工具”在立方体的合适位置插入循环边，然后进入顶点级别，接着将其调整成如图13-45所示的形状。

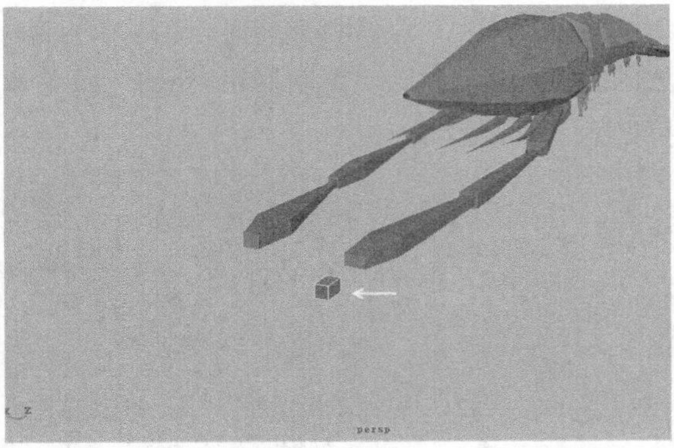

图13-44

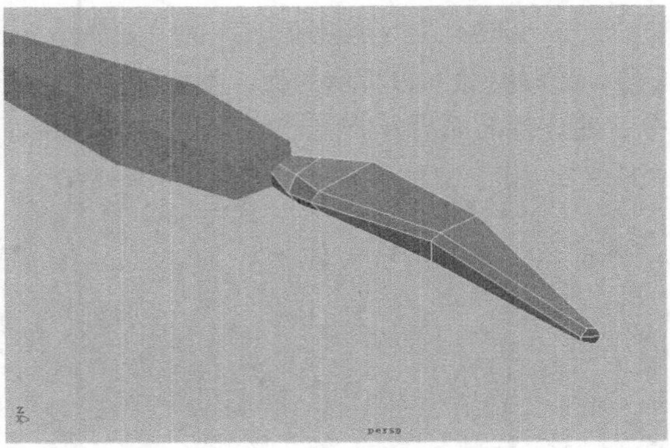

图13-45

09 采用相同的方法制作出腿上的夹子，完成后的效果如图13-46所示。

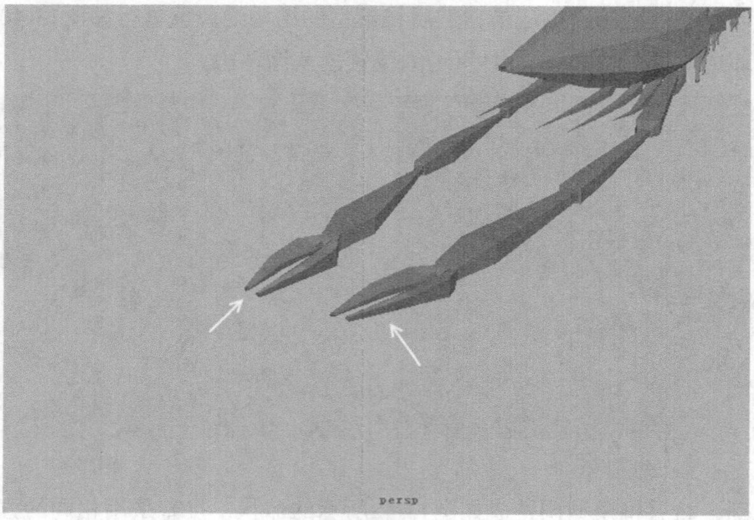

图13-46

13.6 创建触角模型

01 使用立方体编辑顶点的方法创建出触角的根部，完成后的效果如图13-47所示。

02 用“CV曲线工具”在如图13-48所示的位置创建4条曲线。

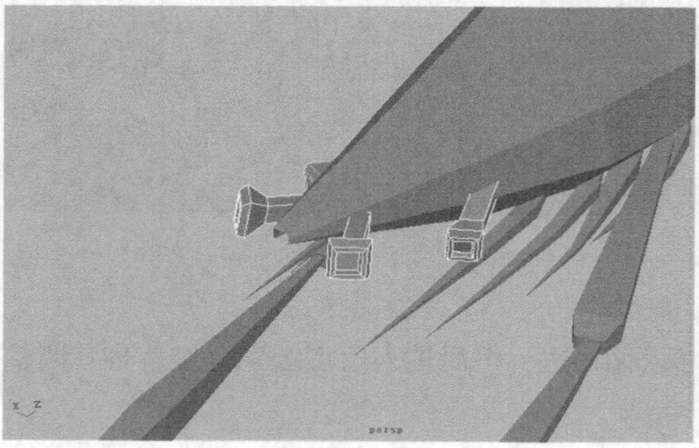

图13-47

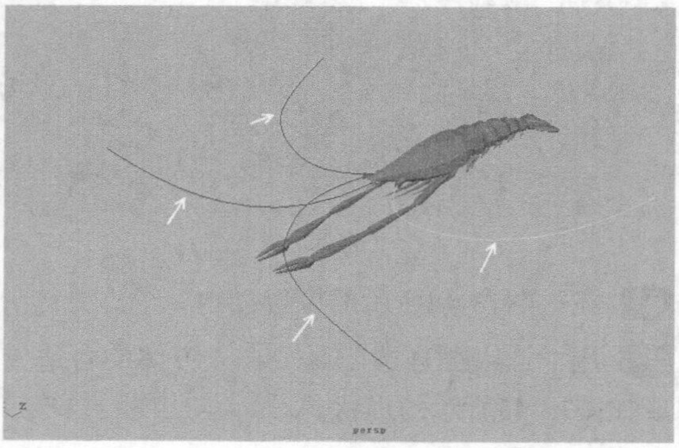

图13-48

03 选择如图13-49所示的面，然后加选紧挨着该面的曲线，接着执行“编辑网格>挤出”菜单命令，使选择的面沿着曲线进行挤出，效果如图13-50所示。

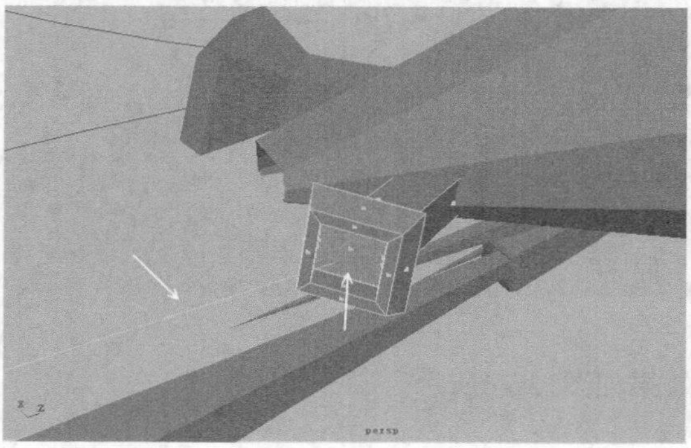

图13-49

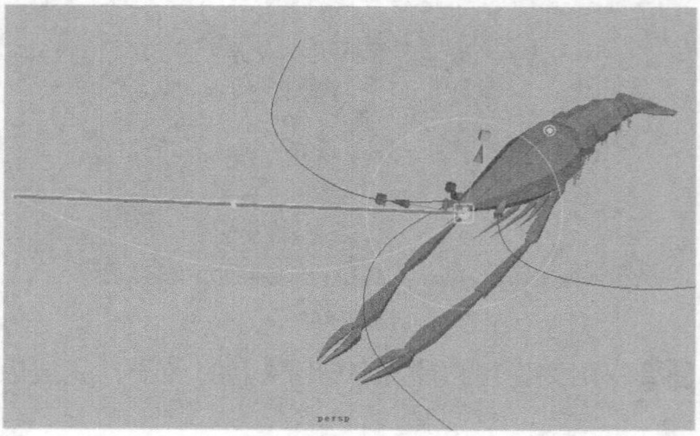

图13-50

04 选择挤出来的模型，然后在“通道盒”中设置“分段”为12、“锥化”为0，效果如图13-51所示。

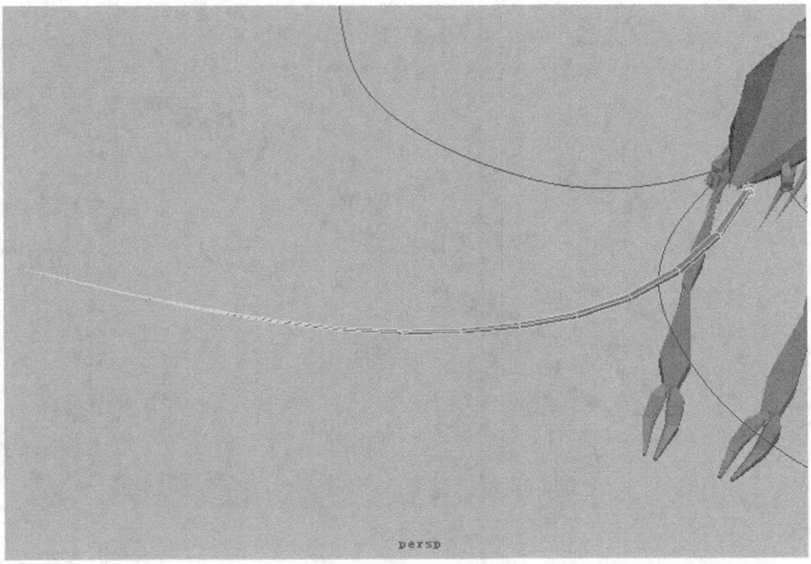

图13-51

技巧与提示

观察模型，若某些部位没有衔接好，如图13-52所示，可以用“插入循环边工具”在模型的合适位置插入循环边，如图13-53所示，然后在插入的循环边处进行合适的调整，效果如图13-54所示。

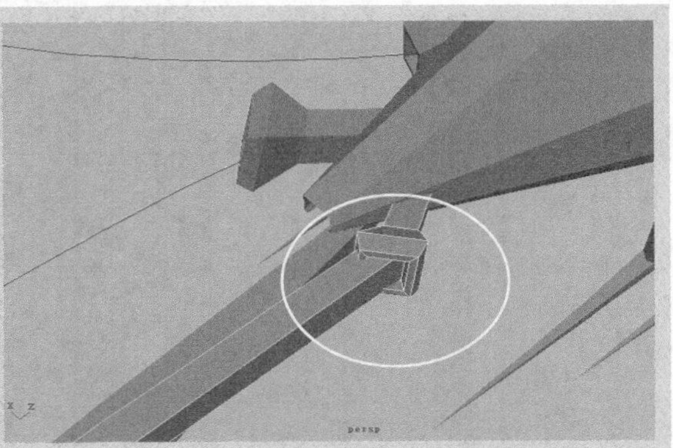

图13-52

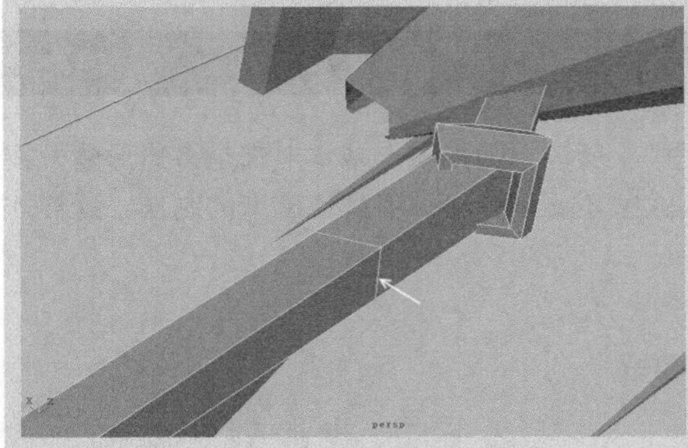

图13-53

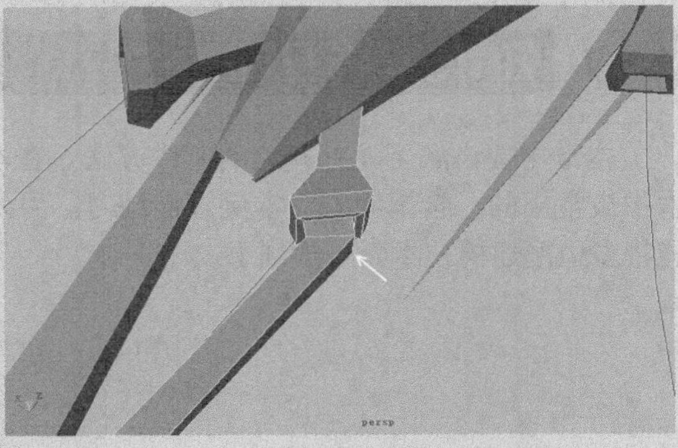

图13-54

05 采用相同的方法制作出其他的3条触角，完成后的效果如图13-55所示，然后制作出虾的眼睛模型，最终效果如图13-56所示。

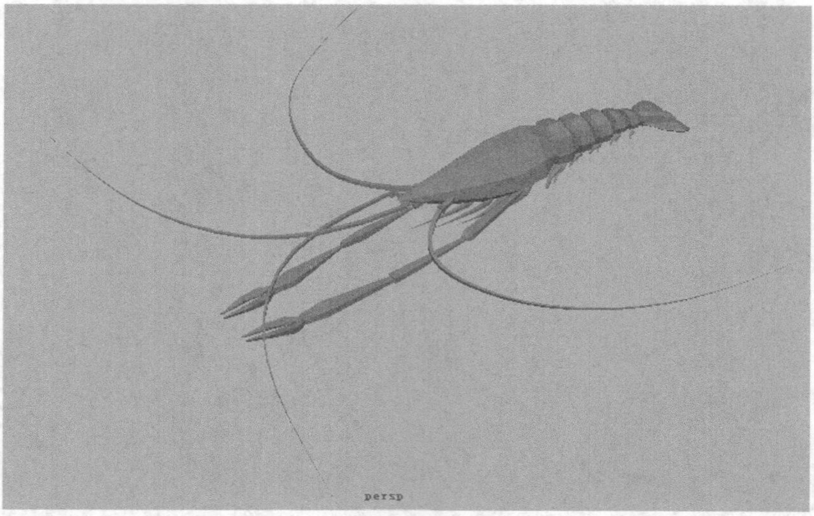

图13-55

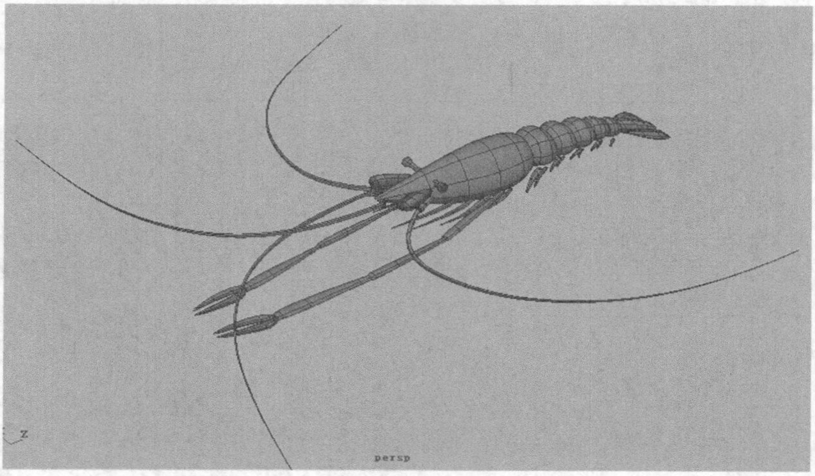

图13-56

13.7 知识总结与回顾

本章主要讲解了龙虾模型的制作方法。在本例中，所涉及的知识点基本上都是多边形建模技术中最常用的，希望大家对本例多加练习。另外，大家还要多练习一下其他模型的制作，这样才能将多边形建模技术真正学到手。

第14章 灯光的类型与基本操作

要点索引

- 灯光的作用
- 布光的原则
- 灯光的基本操作

本章导读

本章将讲解Maya灯光的类型与基本操作。在Maya中，建模、灯光、材质、渲染和动画是最重要的知识点，而灯光可以说是Maya中的灵魂，物体的造型与质感都需要用光来刻画和体现，没有灯光的场景将是一片漆黑，什么也观察不到。

14.1 灯光概述

光是作品中最重要的组成部分之一，也是作品的灵魂所在。物体的造型与质感都需要用光来刻画和体现，没有灯光的场景将是一片漆黑，什么也观察不到。

在现实生活中，一盏灯光可以照亮一个空间，并且会产生衰减，而物体也会反射光线，从而照亮灯光无法直接照射到的地方。在三维软件的空间中（在默认情况下），灯光中的光线只能照射到直接到达的地方，因此要想得到现实生活中的光照效果，就必须创建多盏灯光从不同角度来对场景进行照明，如图14-1所示是一张布光十分精彩的作品。

Maya中有6种灯光类型，分别是“环境光”“平行光”“点光源”“聚光灯”“区域光”和“体积光”，如图14-2所示。

图14-1

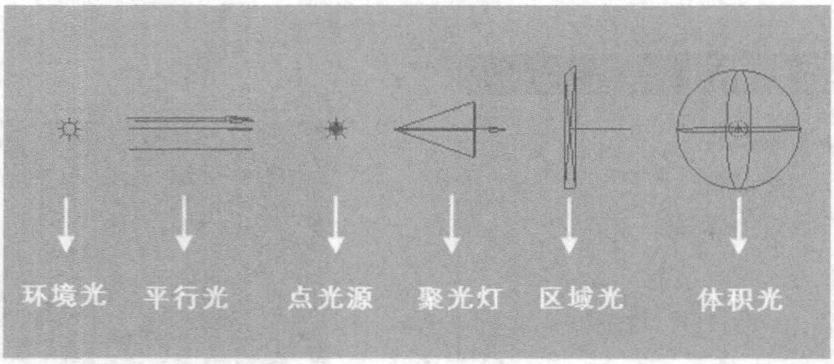

图14-2

技巧与提示

这6种灯光的特征都各不相同，所以各自的用途也不相同。在后面的内容中，将逐步对这6种灯光的各种特征进行详细讲解。

14.2 摄影布光原则

在为场景布光时不能只注重软件技巧，还要了解摄影学中灯光照明方面的知识。布光的目的就是在二维空间中表现出三维空间的真实感与立体感。

实际生活中的空间感是由物体表面的明暗对比产生的。灯光照射到物体上时，物体表面并不是均匀受光，可以按照受光表面的明暗程度分成亮部（高光）、过渡区和暗部3个部分，如图14-3所示。通过明暗的变化而产生物体的空间尺度和远近关系，即亮部离光源近一些，暗部离光源远一些，或处于物体的背光面。

图14-3

场景灯光通常分为自然光、人工光以及混合光（自然光和人工光结合的灯光）3种类型。

14.2.1 自然光

自然光一般指太阳光，当使用自然光时，需要考虑在不同时段内的自然光的变化，如图14-4所示。

图14-4

14.2.2 人工光

人工光是以电灯、炉火或二者一起使用进行照明的灯光。人工光是3种灯光中最常用的灯光。在使用人工光时，一定要注意灯光的质量、方向和色彩3大方面，如图14-5所示。

图14-5

14.2.3 混合光

混合光是将自然光和人工光完美组合在一起，让场景色调更加丰富、更加富有活力的一种照明灯光，如图14-6所示。

图14-6

技术专题 [主光、辅助光和背景光]

灯光有助于表达场景的情感和氛围。若按灯光在场景中的功能可以将灯光分为主光、辅助光和背景光3种类型，这3种类型的灯光经常需要在场景中配合运用才能完美地体现出场景的氛围。

1.主光

在一个场景中，主光是对画面起主导作用的光源。主光不一定只有一个光源，但它一定是起主要照明作用的光源，因为它决定了画面的基本照明和情感氛围。

2.辅助光

辅助光是对场景起辅助照明的灯光，它可以有效地调和物体的阴影和细节区域。

3.背景光

背景光也叫“边缘光”，它是通过照亮对象的边缘将目标对象从背景中分离出来，通常放置在3/4关键光的正对面，并且只对物体的边缘起作用，可以产生很小的高光反射区域。

除了以上3种灯光外，在实际工作中还经常使用到轮廓光、装饰光和实际光。

1.轮廓光：轮廓光是用于勾勒物体轮廓的灯光，它可以使物体更加突出，拉开物体与背景的空间距离，以增强画面的纵深感。

2.装饰光

装饰光一般用来补充画面中布光不足的地方，以及增强某些物体的细节效果。

3.实际光

实际光是指在场景中实际出现的照明来源，如台灯、车灯、闪电和野外燃烧的火焰等。

由于场景中的灯光与自然界中的灯光是不同的，在能达到相同效果的情况下，应尽量减少灯光的数量和降低灯光的参数值，这样可以节省渲染时间。同时，灯光越多，灯光管理也更加困难，所以不需要的灯光最好将其删除。使用灯光排除也是提高渲染效率的好方法，因为从一些光源中排除一些物体可以节省渲染时间。

14.3 灯光的类型

展开“创建>灯光”菜单，可以观察到Maya的6种内置灯光，如图14-7所示。

图14-7

14.3.1 点光源

“点光源”就像一个灯泡，从一个点向外均匀地发射光线，所以点光源产生的阴影是发散状的，如图14-8所示。

图14-8

技巧与提示

点光源是一种衰减类型的灯光，离点光源越近，光照强度越大。点光源实际上是一种理想的灯光，因为其光源体积是无限小的，它在Maya中是使用最频繁的一种灯光。

14.3.2 环境光

"环境光"发出的光线能够均匀地照射场景中所有的物体，可以模拟现实生活中物体受周围环境照射的效果，类似于漫反射光照，如图14-9所示。

技巧与提示

环境光的一部分光线可以向各个方向进行传播，并且是均匀地照射物体，而另外一部分光线则是从光源位置发射出来的（类似点光源）。环境光多用于室外场景，使用了环境光后，凹凸贴图可能无效或不明显，并且环境光只有光线跟踪阴影，而没有深度贴图阴影。

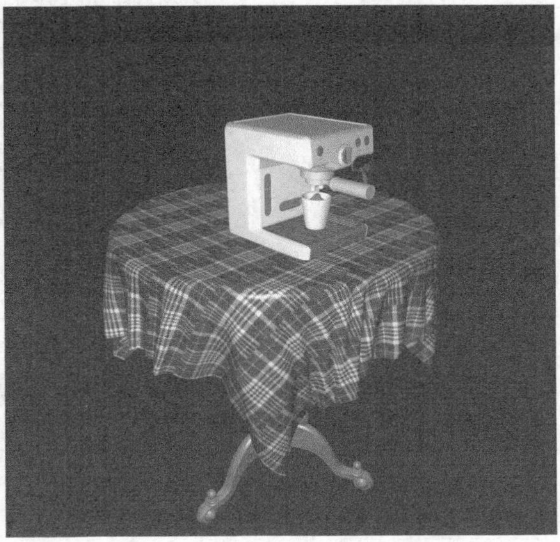

图14-9

14.3.3 平行光

"平行光"的照明效果只与灯光的方向有关，与其位置没有任何关系，就像太阳光一样，其光线是相互平行的，不会产生夹角，如图14-10所示。当然这是理论概念，现实生活中的光线很难达到绝对的平行，只要光线接近平行，就默认为是平行光。

技巧与提示

平行光没有一个明显的光照范围，经常用于室外全局光照来模拟太阳光照。平行光没有灯光衰减，所以要使用灯光衰减时只能用其他的灯光来代替平行光。

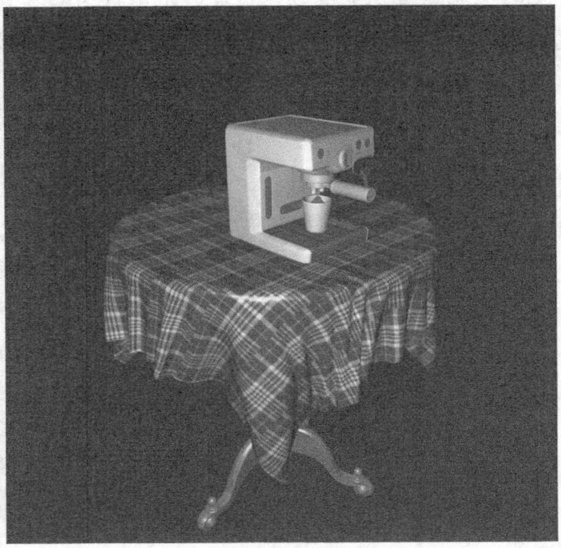

图14-10

14.3.4 体积光

"体积光"是一种特殊的灯光，可以为灯光的照明空间约束一个特定的区域，只对这个特定区域内的物体产生照明，而其他的空间则不会产生照明，如图14-11所示。

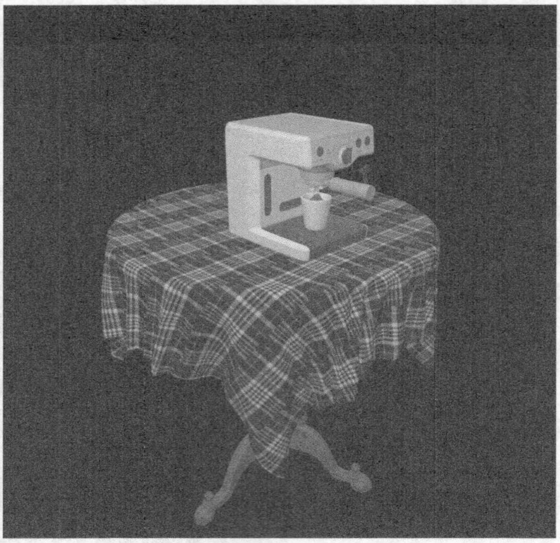

图14-11

技巧与提示

体积光的体积大小决定了光照范围和灯光的强度衰减，只有体积光范围内的对象才会被照亮。体积光还可以作为负灯使用，以吸收场景中多余的光线。

14.3.5 区域光

“区域光”是一种矩形状的光源，在使用光线跟踪阴影时可以获得很好的阴影效果，如图14-12所示。区域光与其他灯光有很大的区别，比如聚光灯或点光源的发光点都只有一个，而区域光的发光点是一个区域，可以产生很真实的柔和阴影。

图14-12

14.3.6 聚光灯

“聚光灯”是一种非常重要的灯光，在实际工作中经常被使用到。聚光灯具有明显的光照范围，类似于手电筒的照明效果，能在三维空间中形成一个圆锥形的照射范围，如图14-13所示。聚光灯能够突出重点，在很多场景中都被使用到，如室内、室外和单个的物体。在室内和室外均可以用来模拟太阳的光照射效果，同时也可以突出单个产品，强调某个对象的存在。

图14-13

技巧与提示

聚光灯不但可以实现衰减效果，使光线的过渡变得更加柔和，同时还可以通过参数来控制它的半影效果，从而产生柔和的过渡边缘。

14.4 灯光的基本操作

在Maya中，灯光的操作方法主要有以下3种。

第1种：创建灯光后，使用“移动工具”、“缩放工具”和“旋转工具”对灯光的位置、大小和方向进行调整，如图14-14所示。这种方法控制起来不是很方便。

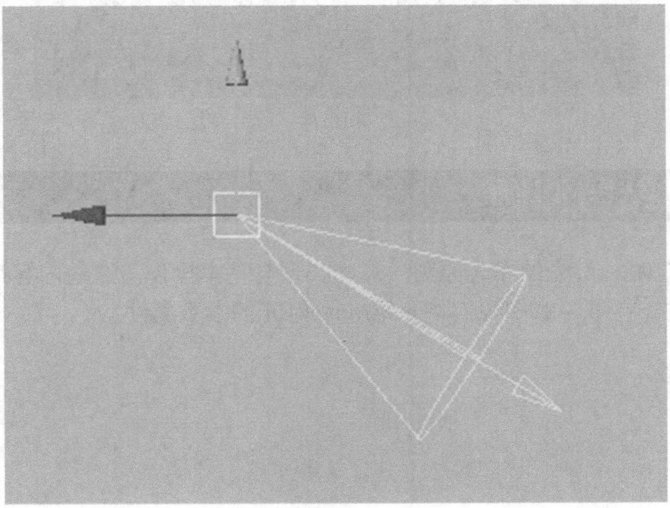

图14-14

第2种：创建灯光后，按T键打开灯光的目标点和发光点的控制手柄，这样可以很方便地调整灯光的照明方式，能够准确地确定目标点的位置，如图14-15所示。同时还有一个扩展手柄，可以对灯光的一些特殊属性进行调整，如光照范围和灯光雾等。

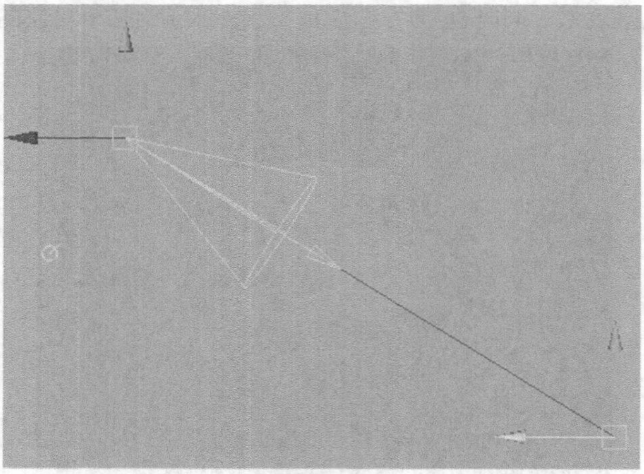

图14-15

第3种：创建灯光后，可以通过视图菜单中的“面板>沿选定对象观看”命令将灯光作为视觉出发点来观察整个场景，如图14-16所示。这种方法准确且直观，在实际操作中经常使用到。

图14-16

14.5 知识总结与回顾

本章主要讲解了Maya灯光的布光原则、灯光类型与基本操作。这些内容都是灯光的最基础内容，大家一定要掌握，在下一章中我们将介绍Maya灯光的参数属性。

第15章 灯光的属性

要点索引

> ➢ 灯光的基本属性
> ➢ 灯光的阴影属性

本章导读

本章将介绍Maya灯光的基本属性与阴影属性。这两大知识点是灯光中最重要的，因此本章安排了10个练习与一个综合实例来强化这两大知识点，希望大家能通过实例练习对Maya中的灯光有一个比较深刻的理解。

15.1 灯光的基本属性

因为6种灯光的基本属性都大同小异，这里选用最典型的聚光灯来讲解灯光的属性设置。

首先执行“创建>灯光>聚光灯”菜单命令，在场景中创建一盏聚光灯，然后按快捷键Ctrl+A打开聚光灯的“属性编辑器”对话框，如图15-1所示。

展开“聚光灯属性”卷展栏，如图15-2所示。在该卷展栏可以对聚光灯的基本属性进行设置。

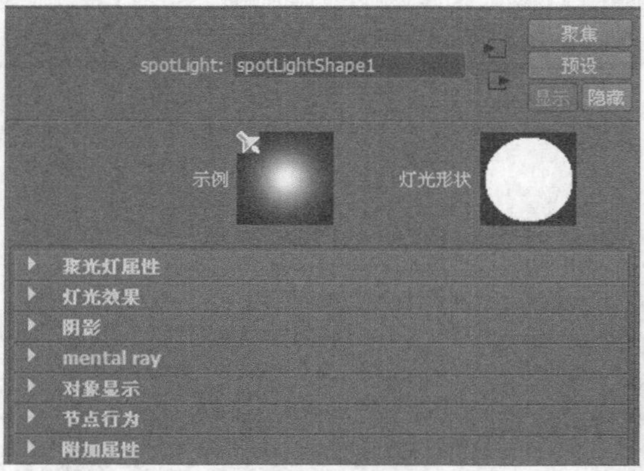

图15-1

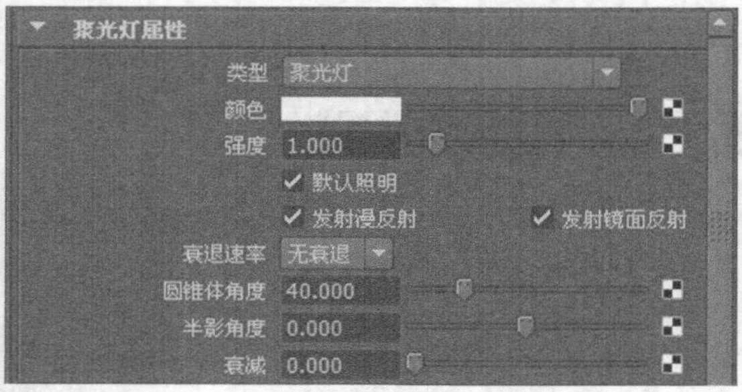

图15-2

聚光灯属性卷展栏参数介绍

❖ 类型：选择灯光的类型。这里讲的是聚光灯，可以通过“类型”将聚光灯设置为点光源、平行光或体积光等。

技巧与提示

当改变灯光类型时，相同部分的属性将被保留下来，而不同的部分将使用默认参数来代替。

❖ 颜色：设置灯光的颜色。Maya中的颜色模式有RGB和HSV两种，双击色块可以打开调色板，如图15-3所示。系统默认的是HSV颜色模式，这种模式是通过色相、饱和度和明度来控制颜色。这种颜色调节方法的好处是明度值可以无限提高，而且可以是负值。

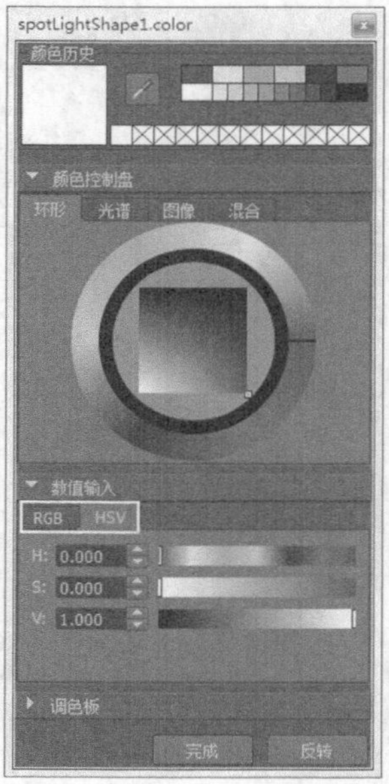

图15-3

技巧与提示

另外，调色板还支持用吸管来吸取加载的图像的颜色作为灯光颜色。具体操作方法是：单击“图像”选项卡，然后单击“加载”按钮 加载... ，接着用吸管吸取图像上的颜色即可，如图15-4所示。

当灯光颜色的V值为负值时，表示灯光吸收光线，可以用这种方法来降低某处的亮度。单击“颜色”属性后面的按钮可以打开“创建渲染节点”对话框，在该对话框中可以加载Maya的程序纹理，也可以加载外部的纹理贴图。因此，可以使用颜色来产生复杂的纹理，同时还可以模拟出阴影纹理，例如太阳光穿透树林在地面产生的阴影。

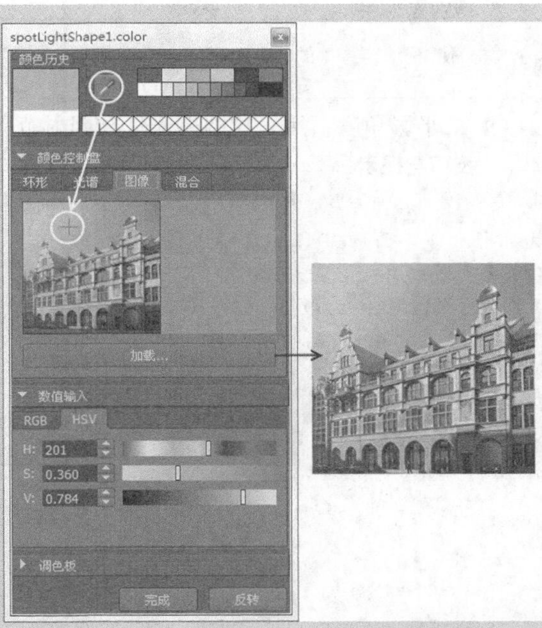

图15-4

- ❖ 强度：设置灯光的发光强度。该参数同样也可以为负值，为负值时表示吸收光线，用来降低某处的亮度。
- ❖ 默认照明：勾选该选项后，灯光才起照明作用；如果关闭该选项，灯光将不起任何照明作用。
- ❖ 发射漫反射：勾选该选项后，灯光会在物体上产生漫反射效果，反之将不会产生漫反射效果。
- ❖ 发射镜面反射：勾选该选项后，灯光将在物体上产生高光效果，反之灯光将不会产生高光效果。

技巧与提示

可以通过一些有一定形状的灯光在物体上产生靓丽的高光效果。

- ❖ 衰退速率：设置灯光强度的衰减方式，共有以下4种。
  - ✧ 无衰减：除了衰减类灯光外，其他的灯光将不会产生衰减效果。
  - ✧ 线性：灯光呈线性衰减，衰减速度相对较慢。
  - ✧ 二次方：灯光与现实生活中的衰减方式一样，以二次方的方式进行衰减。
  - ✧ 立方：灯光衰减速度很快，以三次方的方式进行衰减。
- ❖ 圆锥体角度：用来控制聚光灯照射的范围。该参数是聚光灯的特有属性，默认值为40，其数值不宜设置得太大，如图15-5所示为不同“圆锥体角度”数值的聚光灯对比。

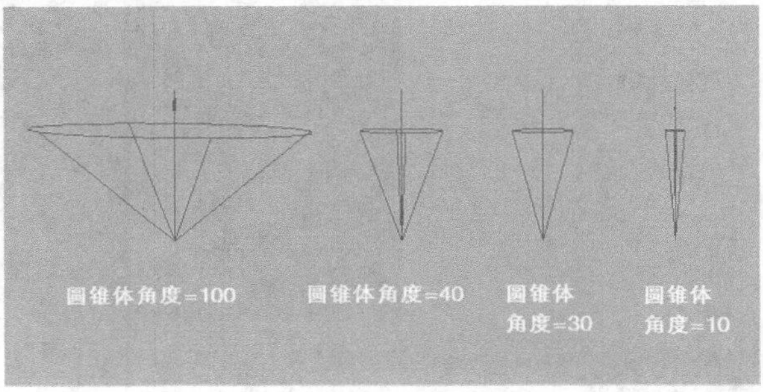

图15-5

技巧与提示

如果使用视图菜单中的"面板>沿选定对象观看"命令将灯光作为视角出发点，那么"圆锥体角度"就是视野的范围。

❖ 半影角度：用来控制聚光灯在照射范围内产生向内或向外的扩散效果。

技巧与提示

"半影角度"也是聚光灯特有的属性，其有效范围为-179.994° ~179.994° 。该值为正时，表示向外扩散，为负时表示向内扩散。该属性可以使光照范围的边界产生非常自然的过渡效果，如图15-6所示是该值为0° 、5° 、15° 和30° 时的效果对比。

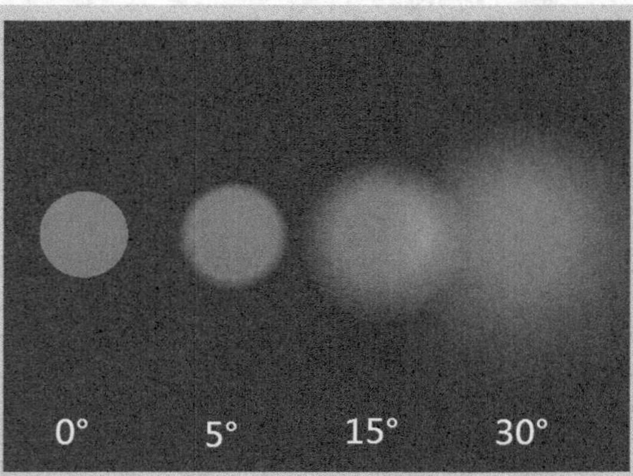

图15-6

❖ 衰减：用来控制聚光灯在照射范围内从边界到中心的衰减效果，其取值范围为0~255之间。值越大，衰减的强度越大。

【练习15-1】：制作盆景灯光

场景文件 学习资源>场景文件>CH15>a.mb
实例位置 学习资源>实例文件>CH15>练习15-1.mb
技术掌握 掌握灯光参数的设置方法

本例制作的室外灯光效果如图15-7所示。

图15-7

01 打开学习资源中的"场景文件>CH15>a.mb"文件，如图15-8所示。

02 单击“渲染当前帧（Maya软件）”按钮，测试渲染当前场景，可以观察到场景中存在光照效果，如图15-9所示。

图15-8

图15-9

技巧与提示

从图15-9中可以观察到，虽然场景中没有创建灯光，却依然有光照效果，这是因为场景中存在默认的灯光。当创建了新的灯光后，默认的灯光将会被替换成现有的灯光。

03 执行“创建>灯光>平行光”菜单命令，在如图15-10所示的位置创建两盏平行光。

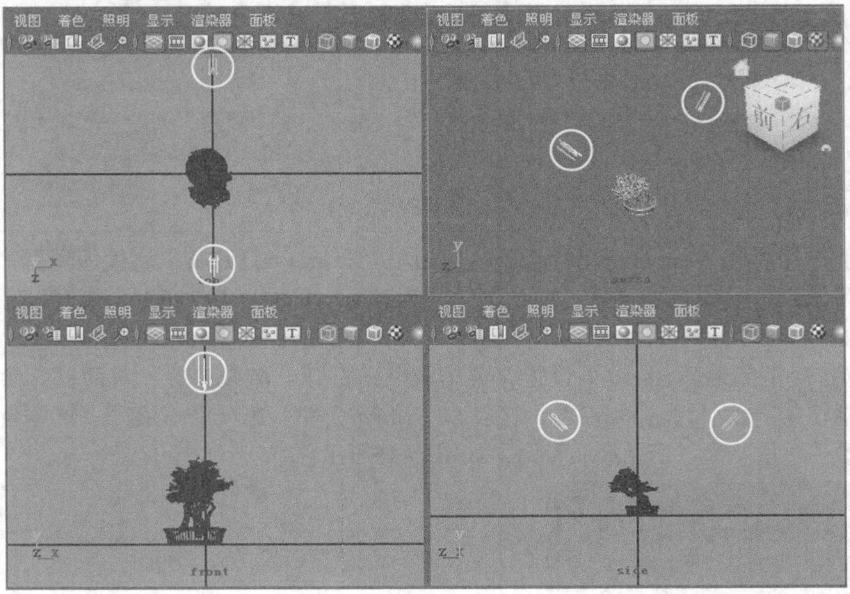

图15-10

04 选择右侧的平行光（directionalLight1），按快捷键Ctrl+A打开其“属性编辑器”对话框，然后在“平行光属性”卷展栏下设置“颜色”为（R:207，G:237，B:255），接着设置“强度”为0.9；展开“阴影”卷展栏下的“光线跟踪阴影属性”复卷展栏，然后勾选“使用光线跟踪阴影”选项，接着设置“灯光角度”为0.4、“阴影光线数”为4、“光线深度限制”为1，具体参数设置如图15-11所示。

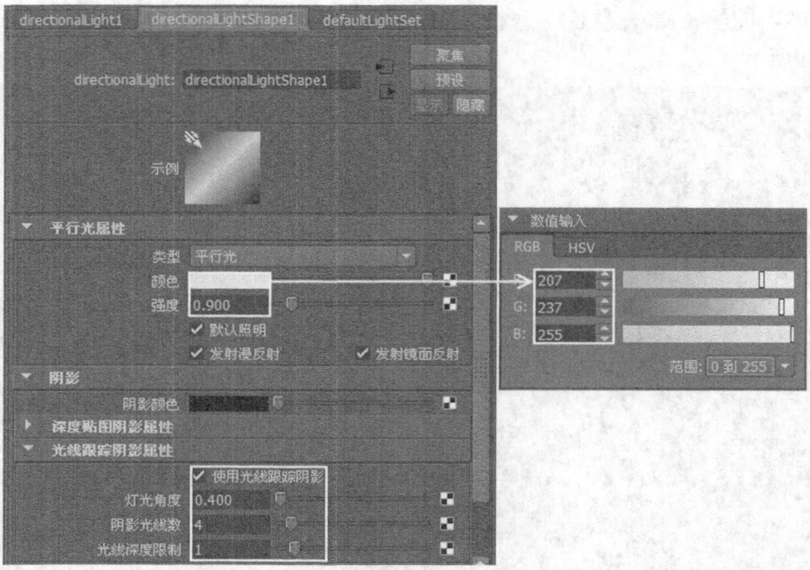

图15-11

技巧与提示

在用RGB模式设置颜色值时，可以用两种颜色范围进行设置，分别是“0～1”和“0～255”。如果设置“范围”为“0到1”，则只能将颜色值设置在0~1之间，如图15-12所示；如果设置“范围”为“0～255”，则可以将颜色值设置在0~255之间，如图15-13所示。

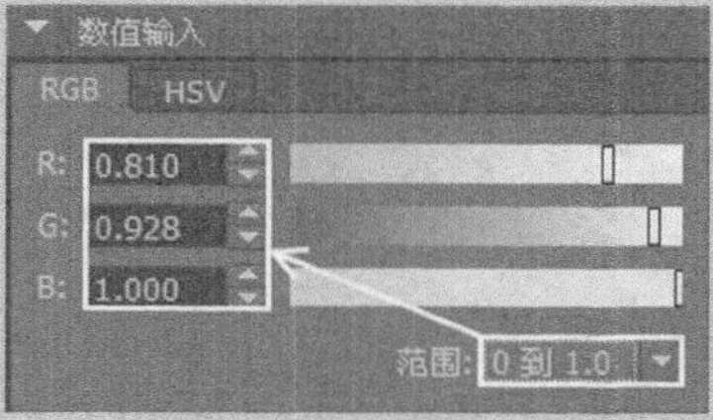

图15-12

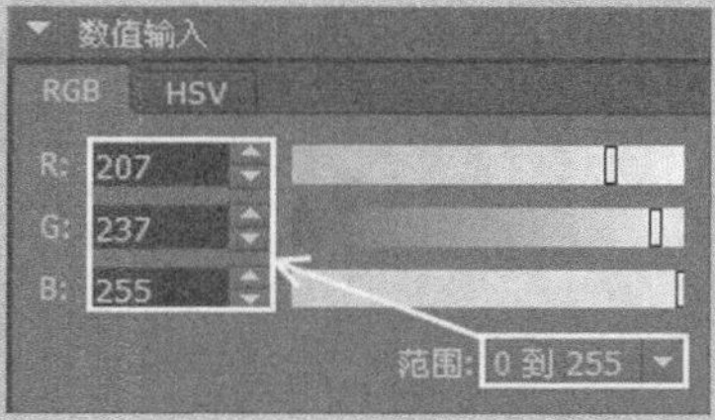

图15-13

05 选择左侧的平行光（directionalLight2），按快捷键Ctrl+A打开其“属性编辑器”对话框，然后在“平行光属性”卷展栏下设置“颜色”为（R:255，G:216，B:216），接着设置“强度”为0.6，具体参数设置如图15-14所示。

06 执行“窗口>渲染编辑器>渲染设置”菜单命令，打开“渲染设置”对话框，然后设置“使用以下渲染器渲染”为“Maya软件”，接着在“Maya软件”选项卡下展开“抗锯齿质量”卷展栏，最后设置“质量”为“产品级质量”，如图15-15所示。

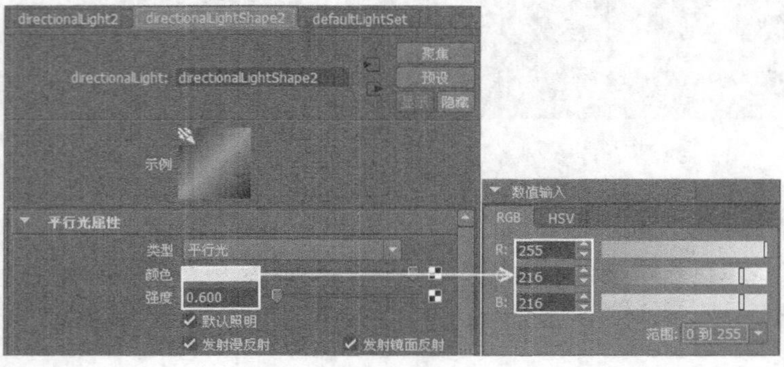

图15-14

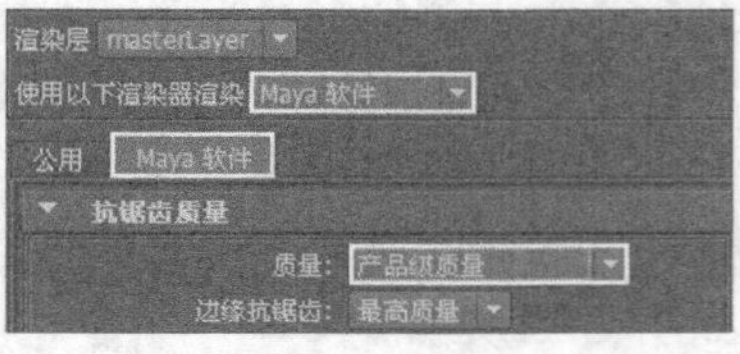

图15-15

07 单击“渲染当前帧（Maya软件）”按钮，最终效果如图15-16所示。

图15-16

15.2 灯光效果

展开“灯光效果”卷展栏，如图15-17所示。该卷展栏下的参数主要用来制作灯光特效，如灯光雾和灯光辉光等。

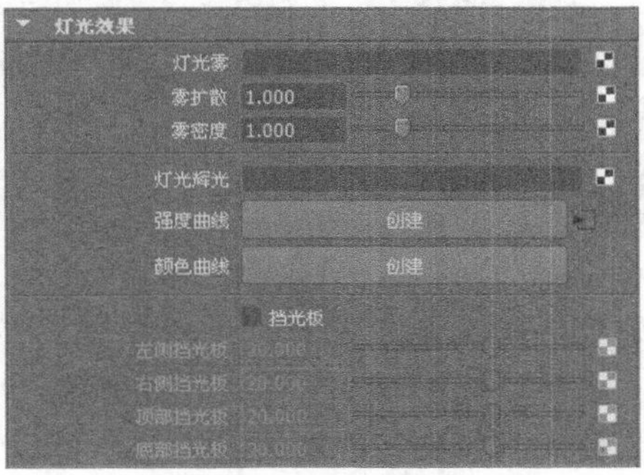

图15-17

15.2.1 灯光雾

“灯光雾”可产生雾状的体积光。如在一个黑暗的房间里，从顶部照射一束阳光进来，通过空气里的灰尘可以观察到阳光的路径。

灯光雾属性介绍

- 灯光雾：单击右边的按钮，可以创建灯光雾。
- 雾扩散：用来控制灯光雾边界的扩散效果。
- 雾密度：用来控制灯光雾的密度。

【练习15-2】：制作场景灯光雾

场景文件	学习资源>场景文件>CH15>b.mb
实例位置	学习资源>实例文件>CH15>练习15-2.mb
技术掌握	掌握如何为场景创建灯光雾

本例为室内场景制作的灯光雾效果如图15-18所示。

图15-18

01 打开学习资源中的“场景文件>CH15>b.mb”文件，本场景中已经设置好了灯光，但是还需要创建一盏产生灯光雾的聚光灯，如图15-19所示。

02 执行“创建>灯光>聚光灯”菜单命令，在场景中创建一盏聚光灯，其位置如图15-20所示。

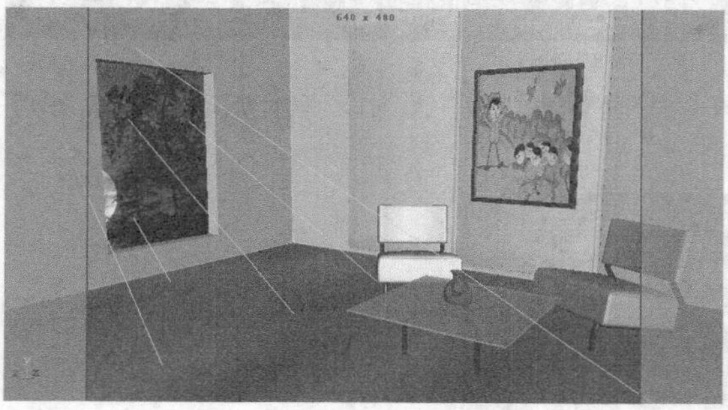

图15-19

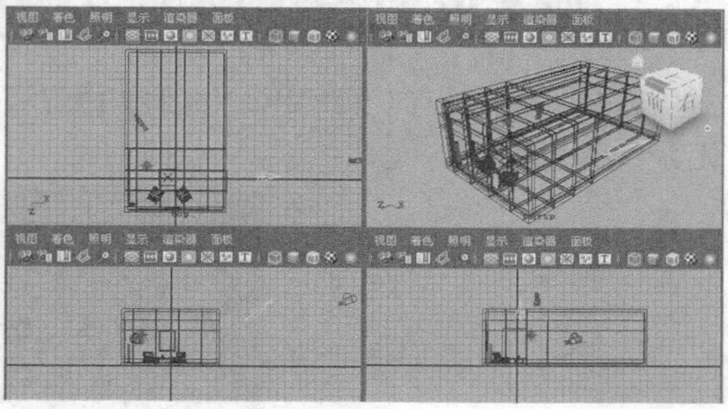

图15-20

03 打开聚光灯的“属性编辑器”对话框，然后在“聚光灯属性”卷展栏下设置“颜色”为（R:224，G:207，B:252）、“强度”为8，接着设置“衰退速率”为“线性”“圆锥体角度”为20、“半影角度”为10，具体参数设置如图15-21所示。

04 展开“灯光效果”卷展栏，然后单击“灯光雾”选项后面的按钮创建灯光雾，接着设置“雾扩散”为2，如图15-22所示。

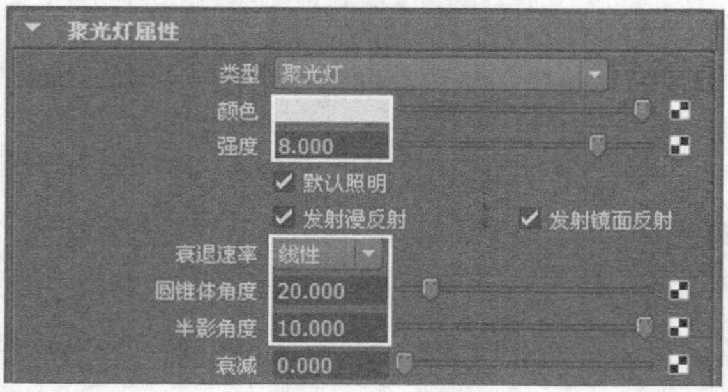

图15-21

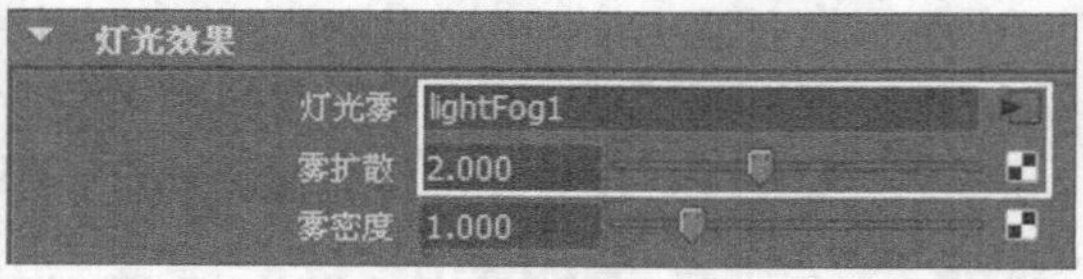

图15-22

技巧与提示

在Maya中创建一个节点以后，Maya会自动切换到该节点的属性设置面板。若要返回到最高层级设置面板或转到下一层级面板，可以单击面板右上角的“转到输入连接”按钮 和“转到输出连接”按钮 。

05 单击“灯光雾”选项后面的■按钮，切换到灯光雾设置面板，然后设置“颜色”为（R:213，G:224，B:255），接着设置“密度”为2.2，如图15-23所示。

06 单击“渲染当前帧（Maya软件）”按钮，最终效果如图15-24所示。

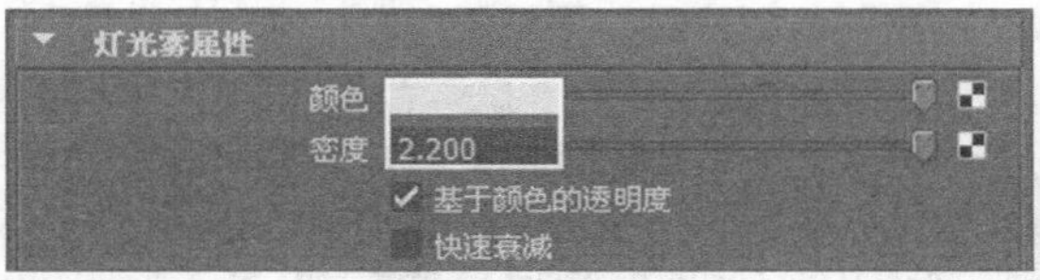

图15-23

图15-24

15.2.2 灯光辉光

“灯光辉光”主要用来制作光晕特效。单击“灯光辉光”属性右边的按钮，打开辉光参数设置面板，如图15-25所示。

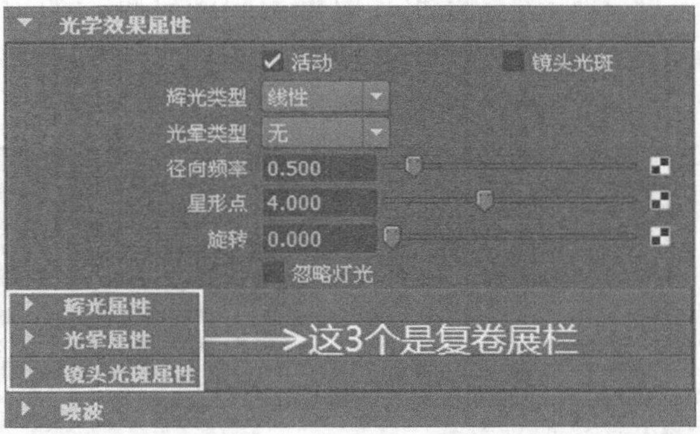

图15-25

1.光学效果属性

光学效果属性卷展栏参数介绍

❖ 辉光类型：选择辉光的类型，共有以下6种。
  ✧ 无：表示不产生辉光。
  ✧ 线性：表示辉光从中心向四周以线性的方式进行扩展。
  ✧ 指数：表示辉光从中心向四周以指数的方式进行扩展。
  ✧ 球：表示辉光从灯光中心在指定的距离内迅速衰减，衰减距离由“辉光扩散”参数决定。
  ✧ 镜头光斑：主要用来模拟灯光照射生成的多个摄影机镜头的效果。
  ✧ 边缘光晕：表示在辉光的周围生成环形状的光晕，环的大小由“光晕扩散”参数决定。

❖ 光晕类型：选择光晕的类型，共有以下6种。
  ✧ 无：表示不产生光晕。
  ✧ 线性：表示光晕从中心向四周以线性的方式进行扩展。
  ✧ 指数：表示光晕从中心向四周以指数的方式进行扩展。
  ✧ 球：表示光晕从灯光中心在指定的距离内迅速衰减。
  ✧ 镜头光斑：主要用来模拟灯光照射生成的多个摄影机镜头的效果。
  ✧ 边缘光晕：表示在光晕的周围生成环形状的光晕，环的大小由“光晕扩散”参数决定。

❖ 径向频率：控制辉光在辐射范围内的光滑程度，默认值为0.5。

❖ 星形点：用来控制向外发散的星形辉光的数量，如图15-26所示分别是“星形数”为6和20时的辉光效果对比。

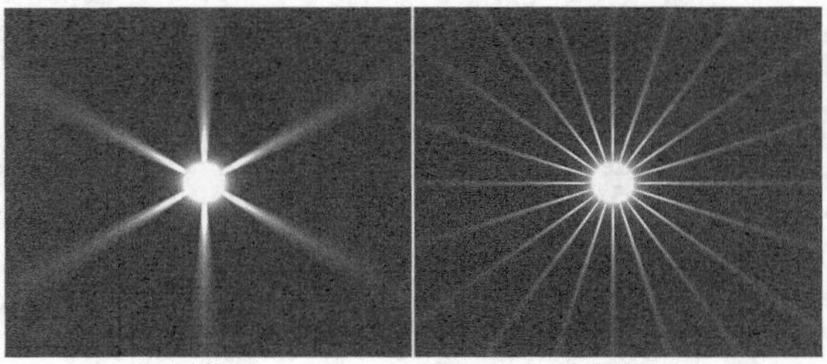
星形数=6　　星形数=20

图15-26

❖ 旋转：用来控制辉光以光源为中心旋转的角度，其取值范围在0~360之间。

展开“辉光属性”复卷展栏，如图15-27所示。

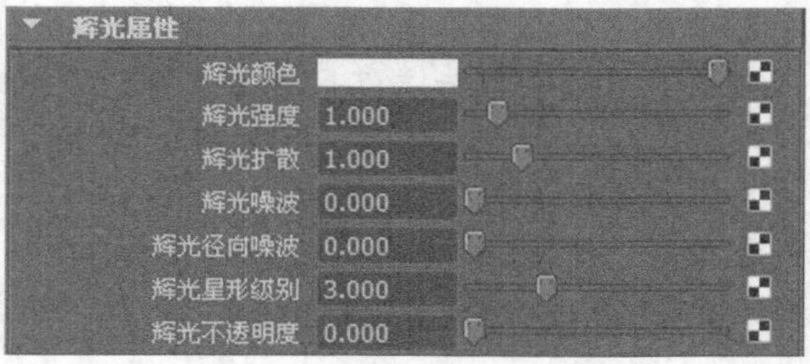

图15-27

辉光属性卷展栏参数介绍

❖ 辉光颜色：用来设置辉光的颜色。
❖ 辉光强度：用来控制辉光的亮度，如图15-28所示分别是“辉光强度”为3和10时的效果对比。

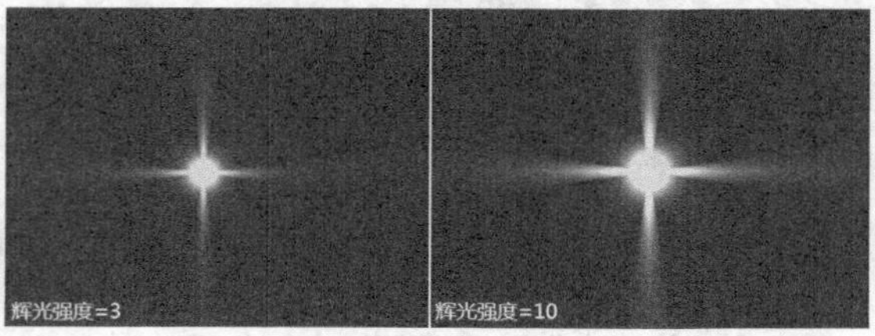

图15-28

❖ 辉光扩散：用来控制辉光的大小。
❖ 辉光噪波：用来控制辉光噪波的强度，如图15-29所示。
❖ 辉光径向噪波：用来控制辉光在径向方向的光芒长度，如图15-30所示。

图15-29

图15-30

❖ 辉光星形级别：用来控制辉光光芒的中心光晕的比例，如图15-31所示是不同数值下的光芒中心辉光效果。

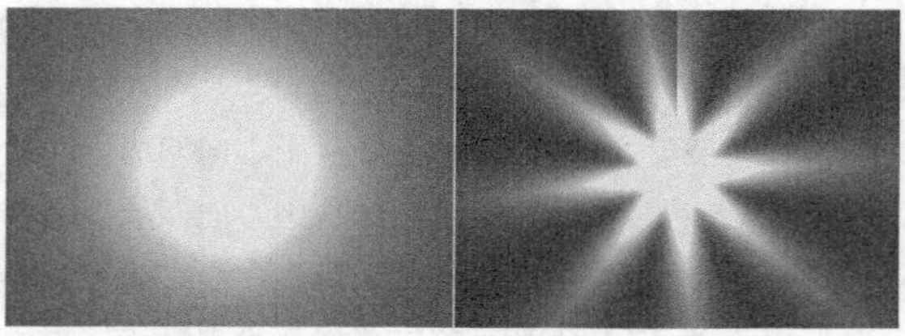
辉光星形级别=0　　辉光星形级别=2
图15-31

❖ 辉光不透明度：用来控制辉光光芒的不透明度。
❖ 展开“光晕属性”复卷展栏，如图15-32所示。

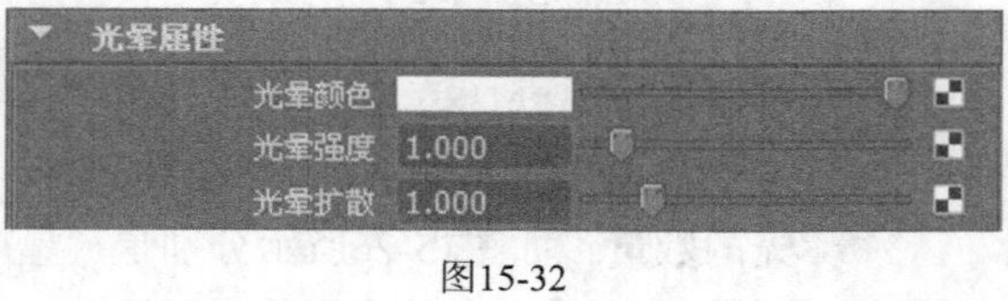

图15-32

光晕属性卷展栏参数介绍

❖ 光晕颜色：用来设置光晕的颜色。
❖ 光晕强度：用来设置光晕的强度，如图15-33所示分别是“光晕强度”为0和10时的效果对比。

❖ 光晕扩散：用来控制光晕的大小，如图15-34所示分别是“光晕扩散”为0和2时的效果对比。

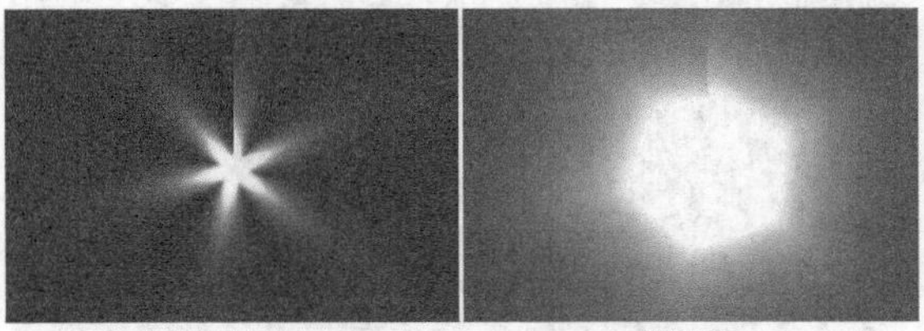

光晕强度=0　　光晕强度=10

图15-33

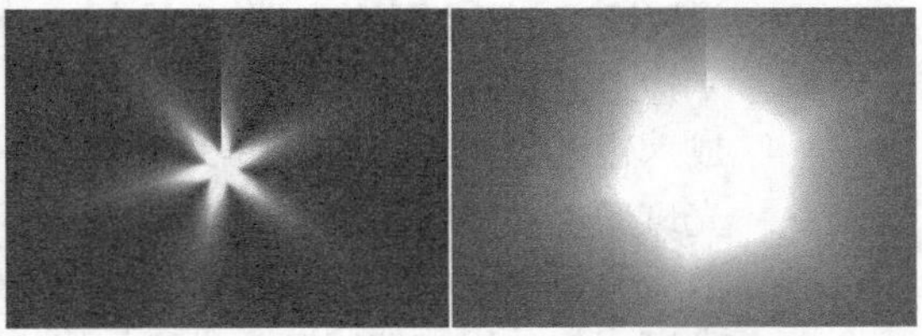

光晕扩散=0　　光晕扩散=2

图15-34

展开“镜头光斑属性”复卷展栏，如图15-35所示。

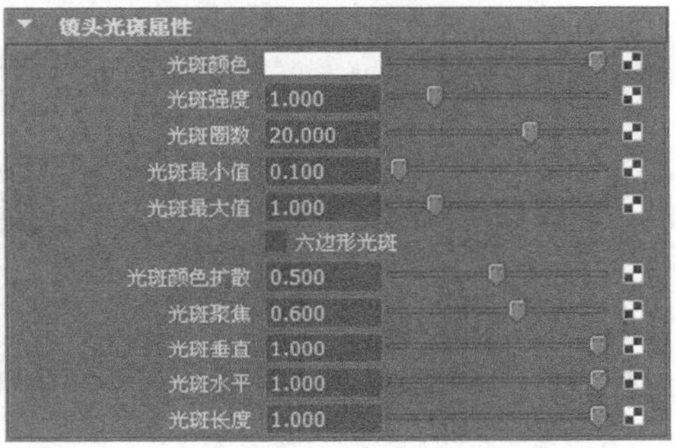

图15-35

技巧与提示

“镜头光斑属性”卷展栏下的参数只有在“光学效果属性”卷展栏下勾选了“镜头光斑”选项后才会被激活，如图15-36所示。

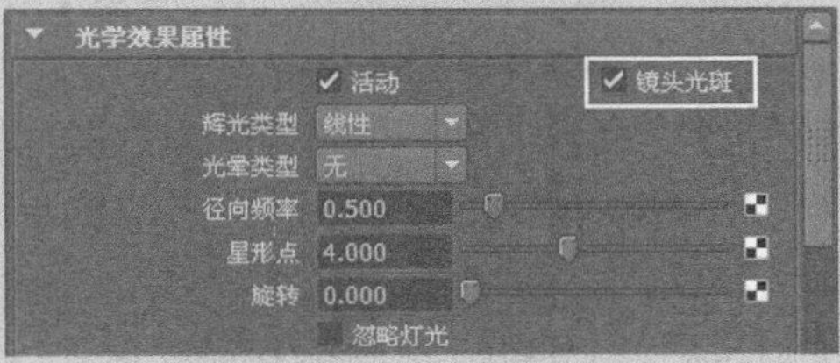

图15-36

镜头光斑属性卷展栏参数介绍

❖ 光斑颜色：用来设置镜头光斑的颜色。

❖ 光斑强度：用来控制镜头光斑的强度，如图15-37所示分别是“光斑强度”为0.9和5时的效果对比。

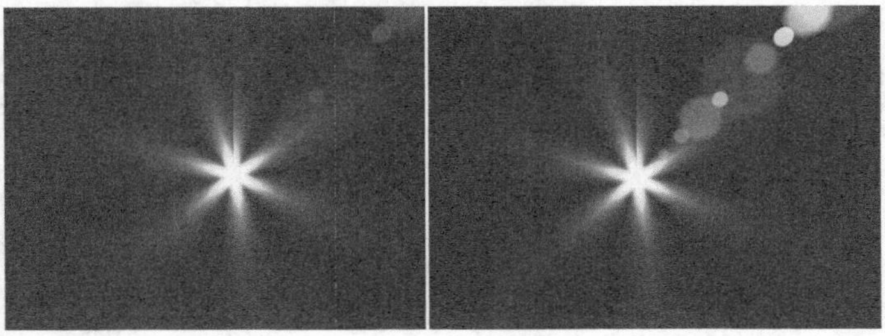

光斑强度=0.9　　光斑强度=5

图15-37

图15-38

- ❖ 光斑圈数：用来设置镜头光斑光圈的数量。数值越大，渲染时间越长。
- ❖ 光斑最小值/最大值：这两个选项用来设置镜头光斑范围的最小值和最大值。
- ❖ 六边形光斑：勾选该选项后，可以生成六边形的光斑，如图15-38所示。
- ❖ 光斑颜色扩散：用来控制镜头光斑扩散后的颜色。
- ❖ 光斑聚焦：用来控制镜头光斑的聚焦效果。
- ❖ 光斑垂直/水平：这两个选项用来控制光斑在垂直和水平方向上的延伸量。
- ❖ 光斑长度：用来控制镜头光斑的长度。

2.噪波属性

展开“噪波属性”卷展栏，如图15-39所示。

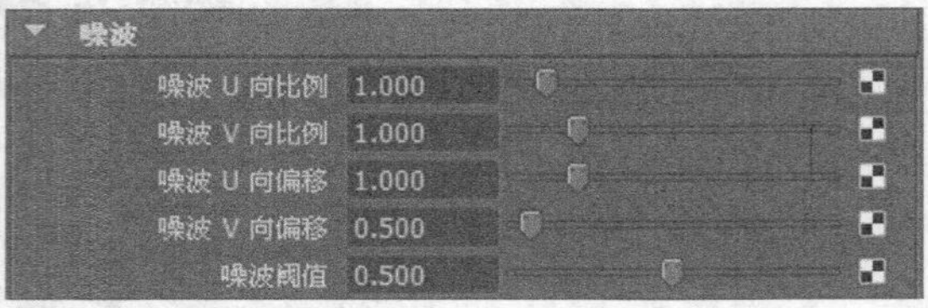

图15-39

噪波属性卷展栏参数介绍

- ❖ 噪波U/V向比例：这两个选项用来调节噪波辉光在U/V坐标方向上的缩放比例。
- ❖ 噪波U/V向偏移：这两个选项用来调节噪波辉光在U/V坐标方向上的偏移量。
- ❖ 噪波阈值：用来设置噪波的终止值。

【练习15-3】：制作镜头光斑特效

场景文件	无
实例位置	学习资源>实例文件>CH15>练习15-3.mb
技术掌握	掌握如何制作镜头光斑特效

点光源、区域光和聚光灯都可以制作出辉光、光晕和镜头光斑等特效。辉光特效要求产生辉光的光源必须是在摄影机视图内，并且在所有常规渲染完成之后才能渲染辉光，如图15-40所示是本例制作的光斑特效。

图15-40

01 新建一个场景，然后执行“创建>灯光>点光源”菜单命令，在场景中创建一盏点光源，如图15-41所示。

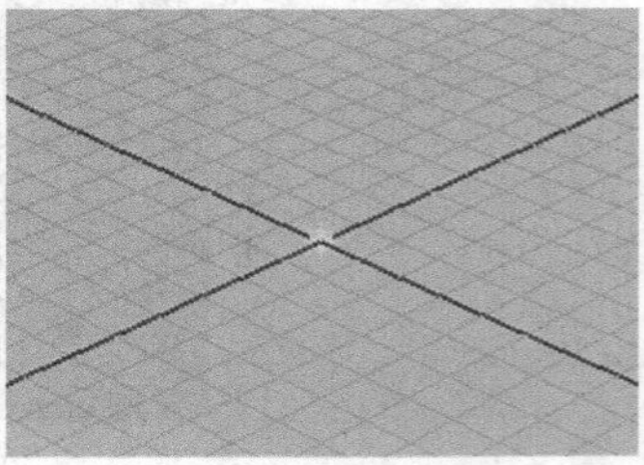

图15-41

02 按快捷键Ctrl+A打开点光源的“属性编辑器”对话框，然后在“灯光效果”属性栏下单击“灯光辉光”选项后面的按钮，创建一个opticalFX1辉光节点，如图15-42所示，此时在场景中可以观察到灯光多了一个球形外框，如图15-43所示。

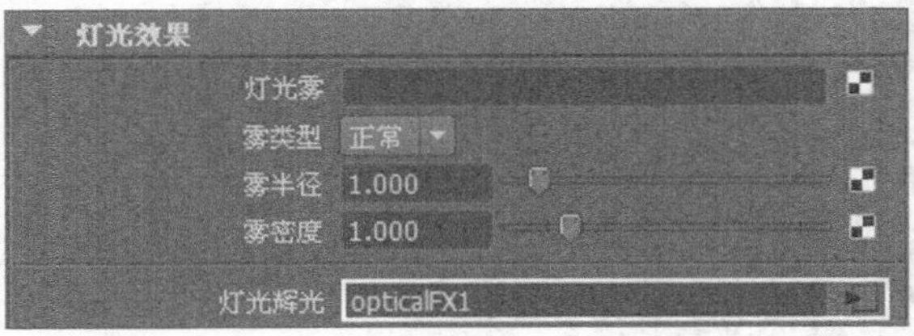

图15-42

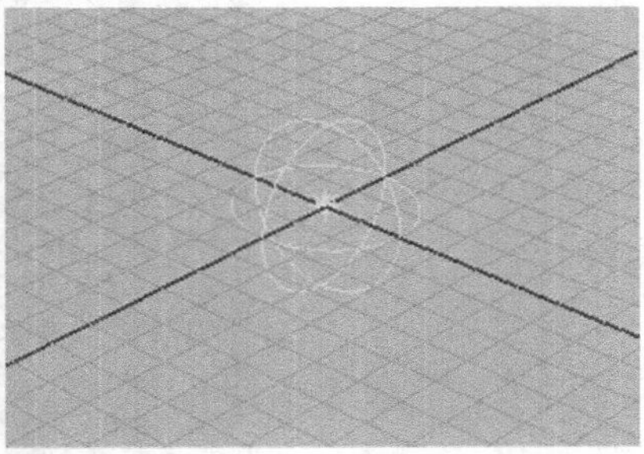

图15-43

技巧与提示

创建灯光辉光后，可以将其渲染出来，以观察效果，如图15-44所示。

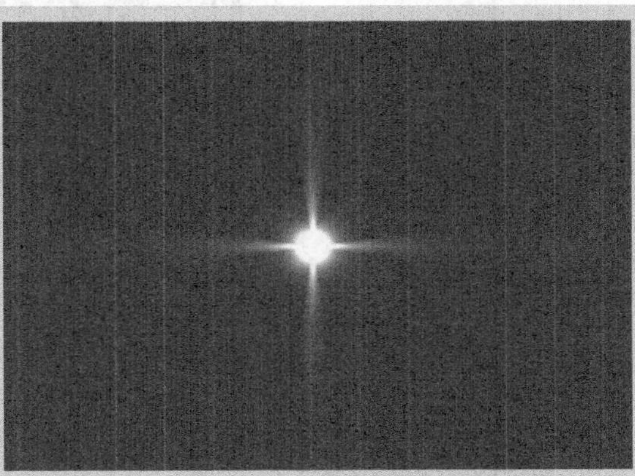

图15-44

03 如果要添加镜头光斑特效，可以在“光学效果属性”卷展栏下勾选“镜头光斑”选项，然后设置简单的参数，即可制作出漂亮的镜头眩光特效，如图15-45所示。

技巧与提示

如果用户不知道怎么设置镜头光斑的参数，可以打开本例的源文件来进行参考。

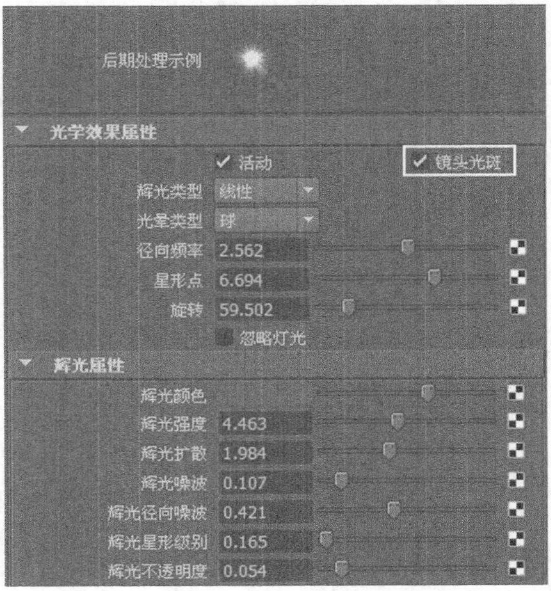

图15-45

04 单击“渲染当前帧（Maya软件）”按钮，最终效果如图15-46所示。

图15-46

技巧与提示

渲染出最终效果后，可以将其导入到Photoshop中进行后期处理，以获得更佳的视觉效果，如图15-47所示。

图15-47

【练习15-4】：制作光栅效果

场景文件　学习资源>场景文件>CH15>c.mb
实例位置　学习资源>实例文件>CH15>练习15-4.mb
技术掌握　掌握如何制作光栅效果

光栅（挡光板）只有在创建聚光灯时才能使用，它可以限定聚光灯的照明区域，能模拟一些特殊的光照效果，如图15-48所示。

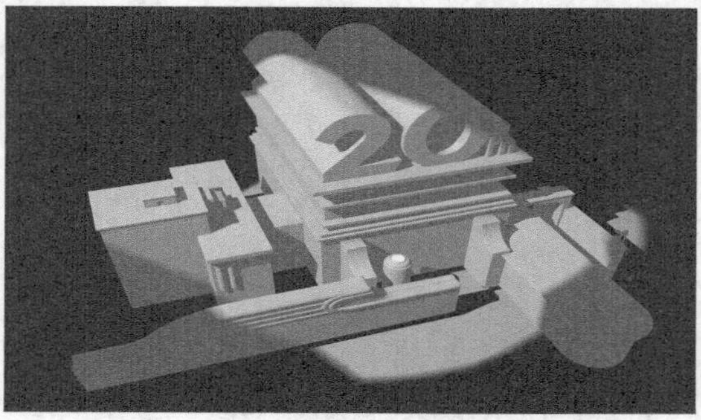

图15-48

01 打开学习资源中的“场景文件>CH15>c.mb”文件，如图15-49所示。本场景事先已经创建了一盏聚光灯。

02 对当前的场景进行渲染，可以观察到并没有产生光栅效果，如图15-50所示。

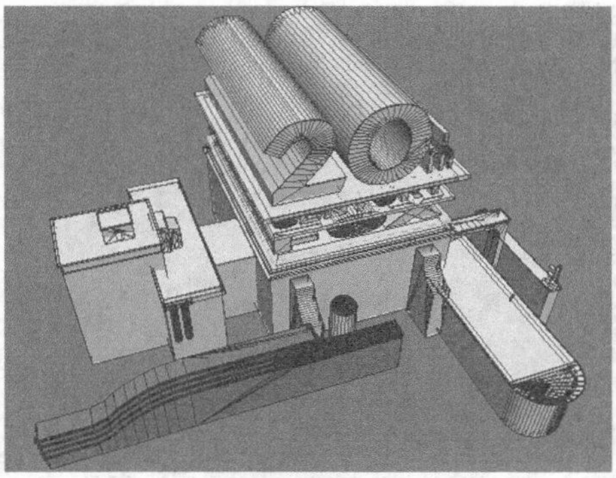

图15-49

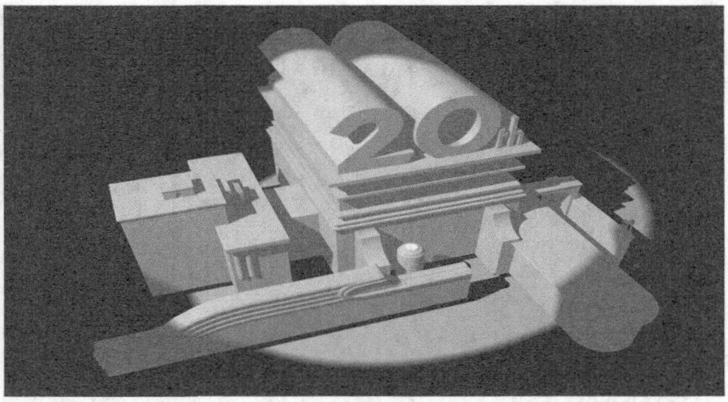

图15-50

03 打开聚光灯的“属性编辑器”对话框，然后在“灯光效果”卷展栏下勾选“挡光板”选项，这样就开启了光栅功能，接着调节好挡光板的各项参数，如图15-51所示。

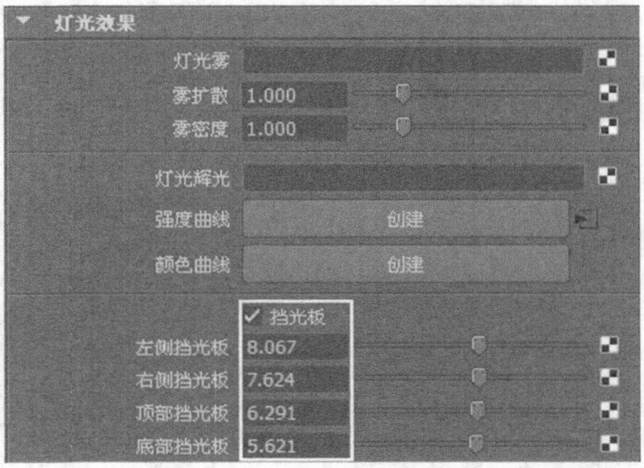

图15-51

技巧与提示

“挡光板”选项下的4个参数分别用来控制灯光在左、右、顶、底4个方向上的光栅位置，可以调节数值让光栅产生相应的变化。

04 执行视图菜单中的“面板>沿选定对象观看”命令，这样可以在视图中观察到灯光的照射范围，然后按T键，此时视图中会出现4条直线，可以使用鼠标左键拖曳这4条直线，以改变光栅的形状，如图15-52所示。

05 光栅形状调节完成后，渲染当前场景，最终效果如图15-53所示。

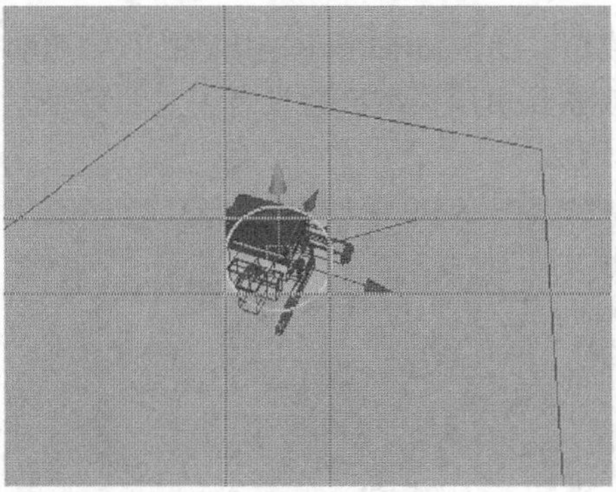

图15-52

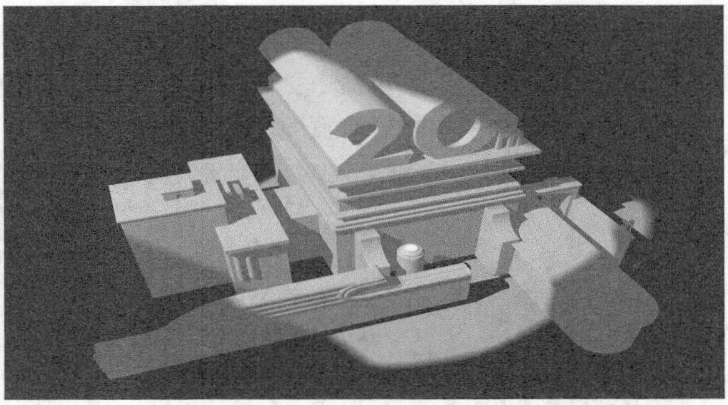

图15-53

【练习15-5】：打断灯光链接

场景文件 学习资源>场景文件>CH15>d.mb
实例位置 学习资源>实例文件>CH15>练习15-5.mb
技术掌握 掌握如何打断灯光链接

在创建灯光的过程中，有时需要为场景中的一些物体进行照明，但又不希望这盏灯光影响到场景中的其他物体，这时就需要使用灯光链接，让灯光只对一个或几个物体起作用，如图15-54所示（左图为未打断灯光链接，右图为打断了灯光链接）。

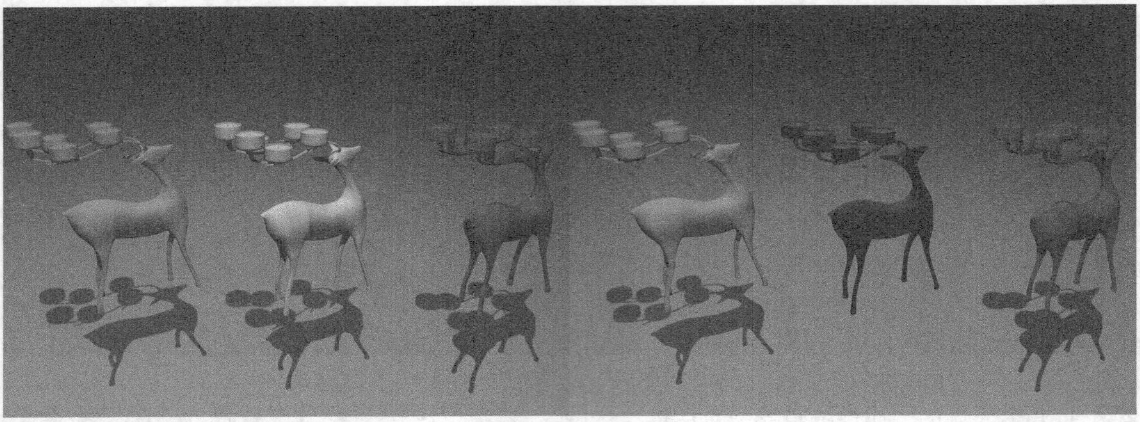

图15-54

01 打开学习资源中的“场景文件>CH15>d.mb”文件，如图15-55所示，然后测试渲染当前场景，效果如图15-56所示。

图15-55

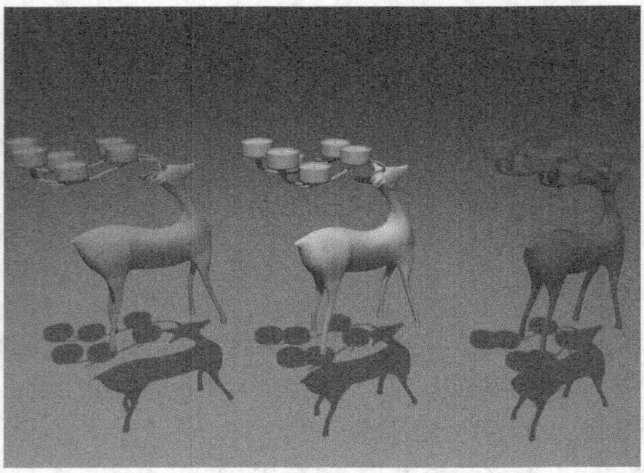

图15-56

02 切换到“渲染”模块，然后选择聚光灯，再加选黄鹿模型，如图15-57所示，接着执行“照明/着色>断开灯光链接”菜单命令，再渲染当前场景，可以观察到黄鹿模型已经没有了光照效果，这就说明已经取消了聚光灯对黄鹿模型的照明，如图15-58所示。

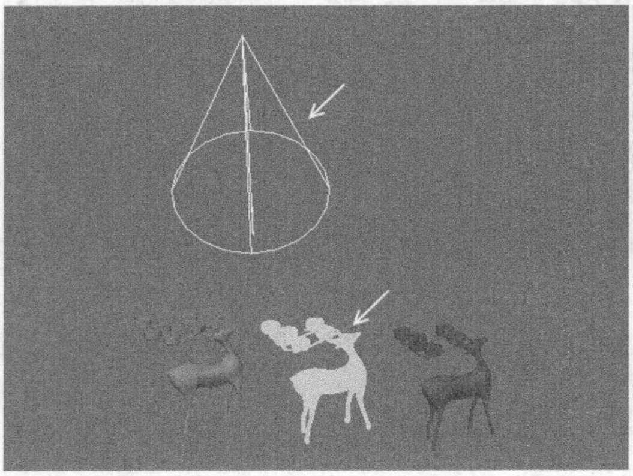

图15-57

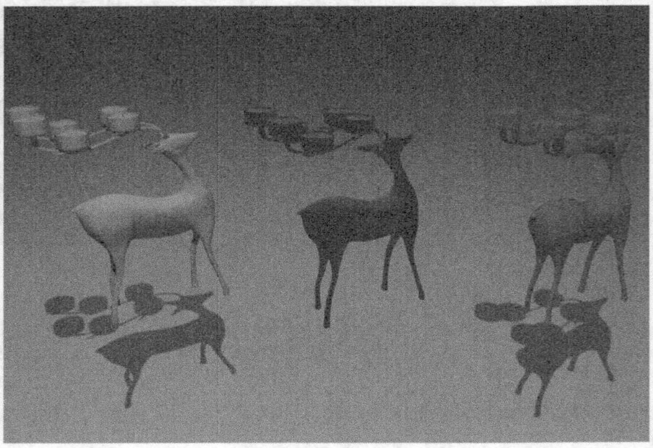

图15-58

技巧与提示

除了通过选择灯光和物体的方法来打断灯光链接外，还可以通过灯光与物体的“关系编辑器”来进行调节，如图15-59所示。这两种方式都达到相同的效果。

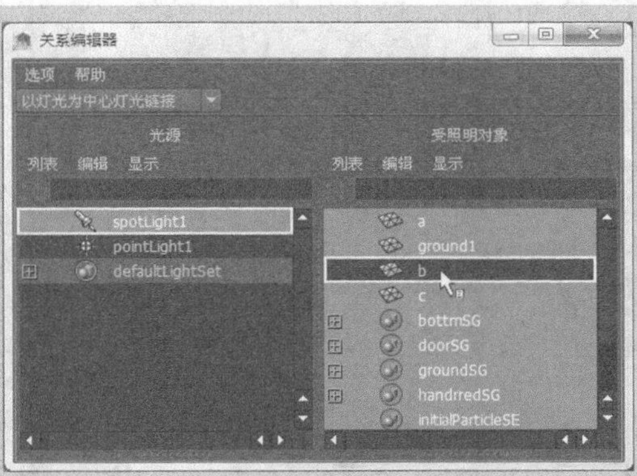

图15-59

【练习15-6】：创建三点照明

场景文件 学习资源>场景文件>CH15>e.mb
实例位置 学习资源>实例文件>CH15>练习15-6.mb
技术掌握 掌握如何创建三点照明

三点照明是指照明的灯光分为主光源、辅助光源和背景光3种类型，这3种灯光同时对场景起照明作用，如图15-60所示。

图15-60

01 打开学习资源中的“场景文件>CH15>e.mb”文件，如图15-61所示。

技巧与提示

三点照明中的主光源一般为物体提供主要照明，它可以体现灯光的颜色倾向，并且主光源在所有灯光中产生的光照效果是最强烈的；辅助光源主要用来为物体进行辅助照明，用以补充主光源没有照射到的区域；背景光一般放置在与主光源相对的位置，主要用来照亮物体的轮廓，也称为“轮廓光”。

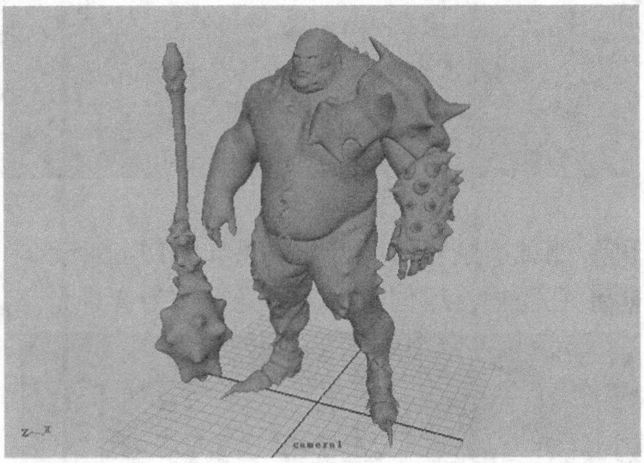

图15-61

02 执行“创建>灯光>聚光灯”菜单命令，在如图15-62所示的位置创建一盏聚光灯作为场景的主光源。

03 打开主光源的“属性编辑器”对话框，然后在“聚光灯属性”卷展栏下设置“颜色”为（R:242，G:255，B:254）、“强度”为1.48，接着设置“圆锥体角度”为40、“半影角度”为60；展开“阴影”卷展栏的“深度贴图阴影属性”复卷展栏，然后勾选“使用深度贴图阴影”选项，接着设置“分辨率”为4069，具体参数设置如图15-63所示。

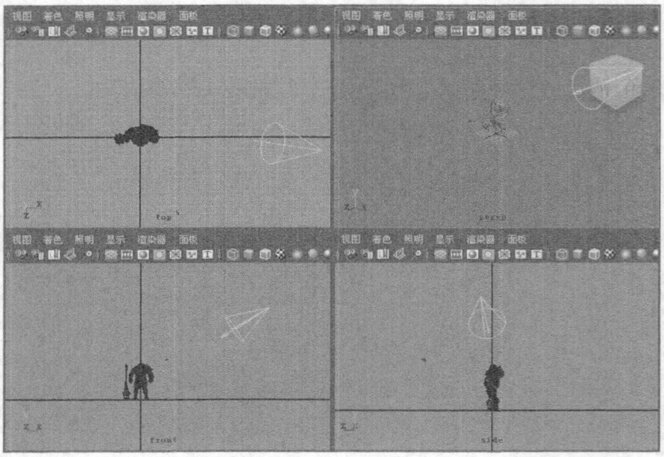

图15-62

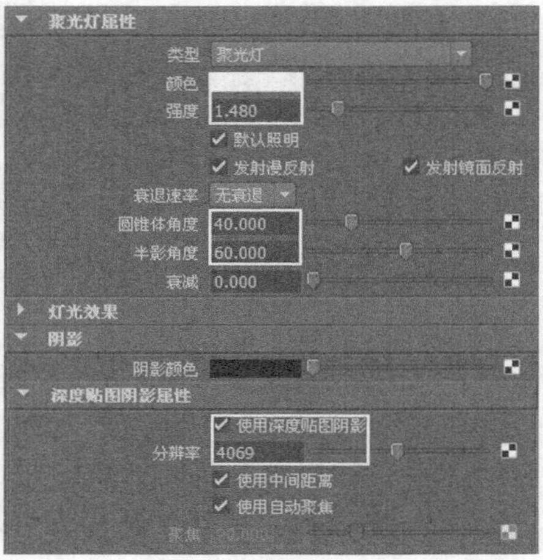

图15-63

04 在如图15-64所示的位置创建一盏聚光灯作为辅助光源。

05 打开辅助光源的“属性编辑器”对话框，然后在“聚光灯属性”卷展栏下设置“颜色”为（R:187，G:197，B:196）、“强度”为0.5，接着设置“圆锥体角度”为70、“半影角度”为10，具体参数设置如图15-65所示。

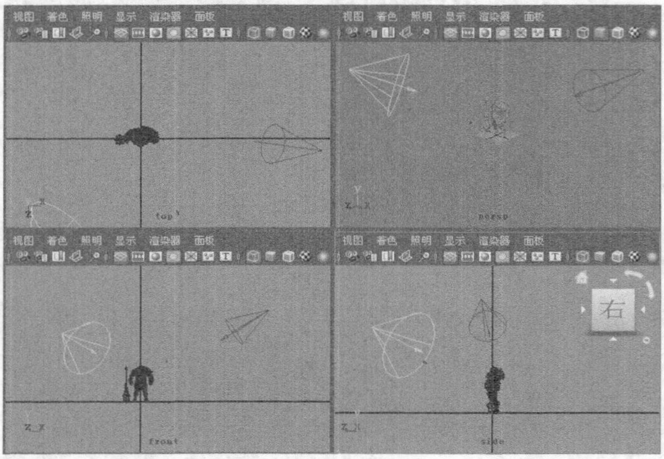

图15-64

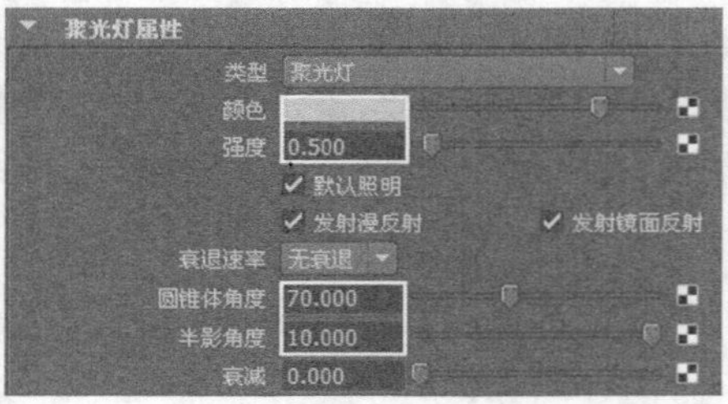

图15-65

06 测试渲染当前场景，效果如图15-66所示。

07 在怪物背后创建一盏聚光灯作为背景光，其位置如图15-67所示。

图15-66

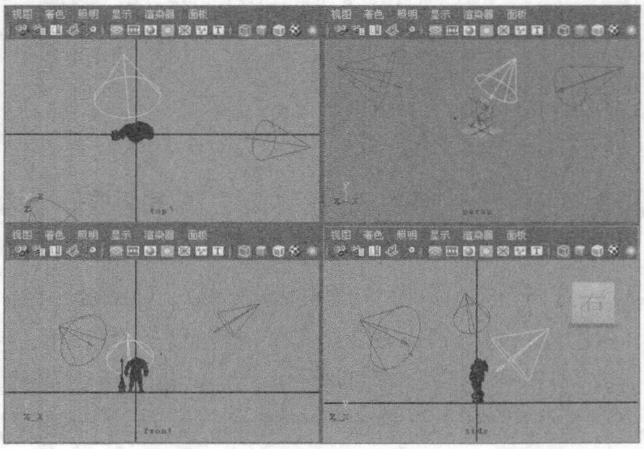

图15-67

08 打开背景光的“属性编辑器”对话框，然后在“聚光灯属性”卷展栏下设置“颜色”为（R:247，G:192，B:255）、“强度”为0.8，接着设置“圆锥体角度”为60、“半影角度”为10，具体参数设置如图15-68所示。

09 渲染当前场景，最终效果如图15-69所示。

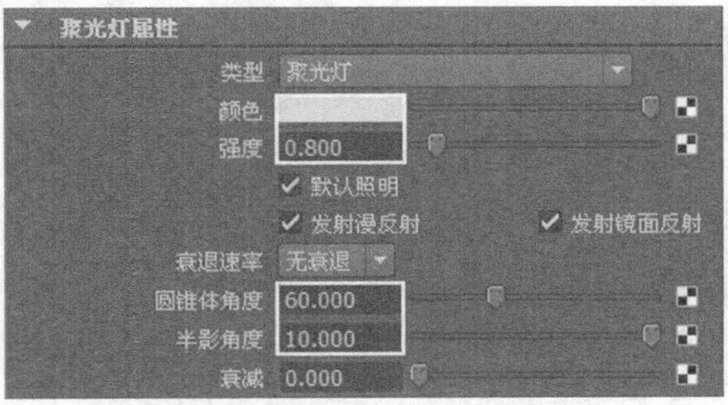

图15-68

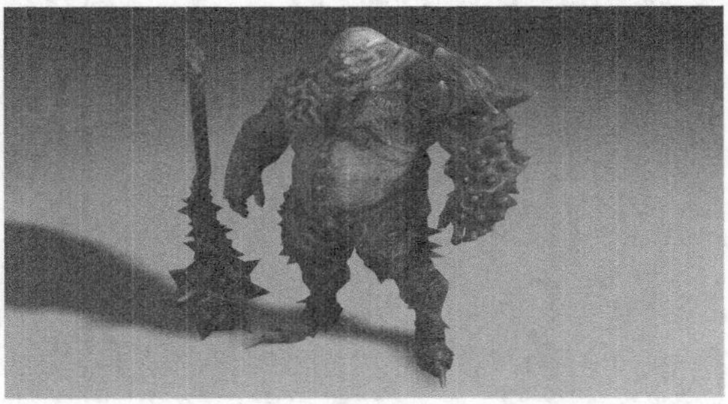

图15-69

【练习15-7】：调节灯光强度曲线

场景文件　学习资源>场景文件>CH15>f.mb

实例位置　学习资源>实例文件>CH15>练习15-7.mb

技术掌握　掌握如何调节聚光灯的强度曲线

Maya的灯光中只有聚光灯才具有强度曲线和颜色曲线，可以通过一条函数曲线来控制灯光的强度和颜色的变化，如图15-70所示。

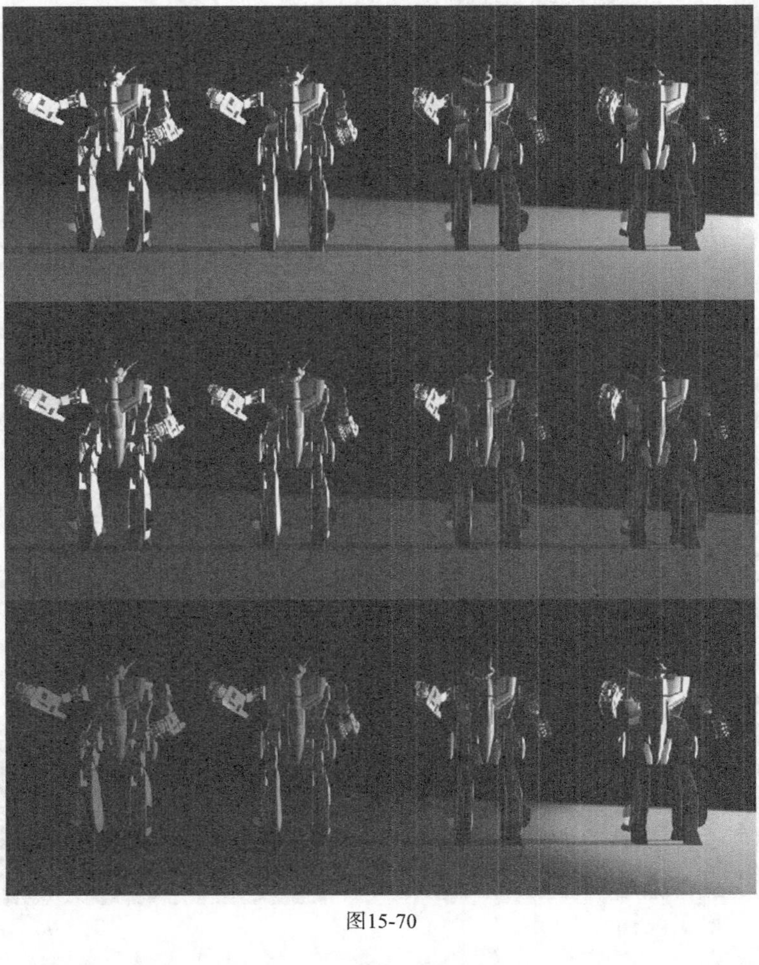

图15-70

01 打开学习资源中的“场景文件>CH15>f.mb”文件，如图15-71所示。

02 打开聚光灯的“属性编辑器”对话框，然后在“灯光效果”卷展栏下单击“强度曲线”选项后面的“创建”按钮，如图15-72所示，创建一条强度曲线。

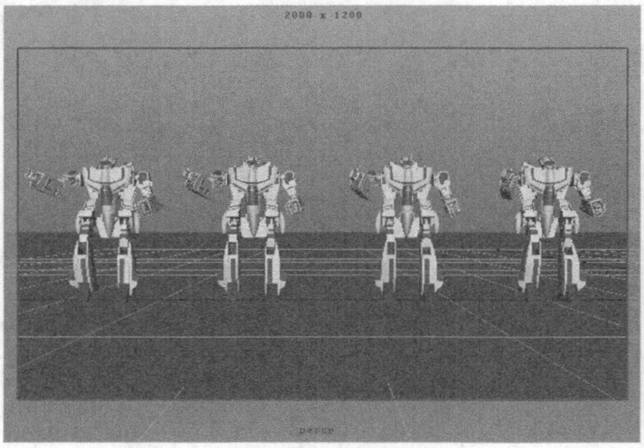

图15-71

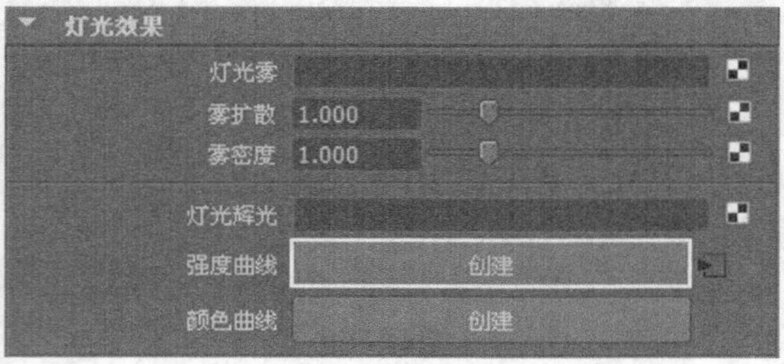

图15-72

03 选择聚光灯，执行“窗口>动画编辑器>曲线图编辑器”菜单命令，打开“曲线图编辑器”对话框，然后按F键放大视图，接着将曲线调整成如图15-73所示的形状。调节好曲线后，渲染当前场景，效果如图15-74所示。

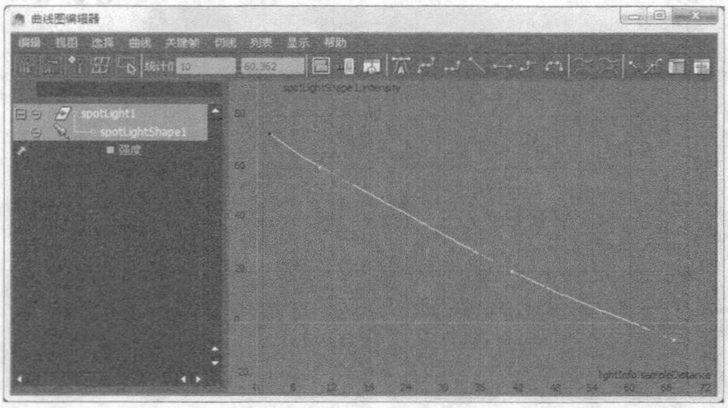

图15-73

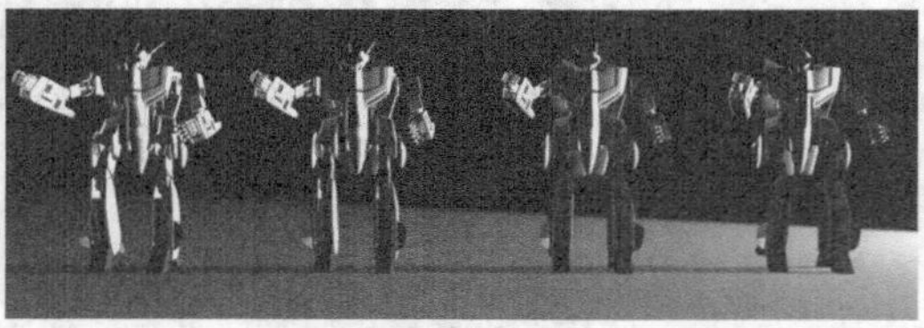

图15-74

技巧与提示

在“曲线图编辑器”对话框中，横向的坐标值表示距离值，纵向的坐标值表示灯光的强度。从图15-74中可以观察到灯光的强度和照射范围都发生了变化，可以通过曲线控制点的位置来调节灯光在距离上的亮度（控制点可以根据实际情况来增加或减少）。

04 第2次对曲线进行调整，将曲线调节成如图15-75所示的样式。调节好曲线后，渲染当前场景，效果如图15-76所示。

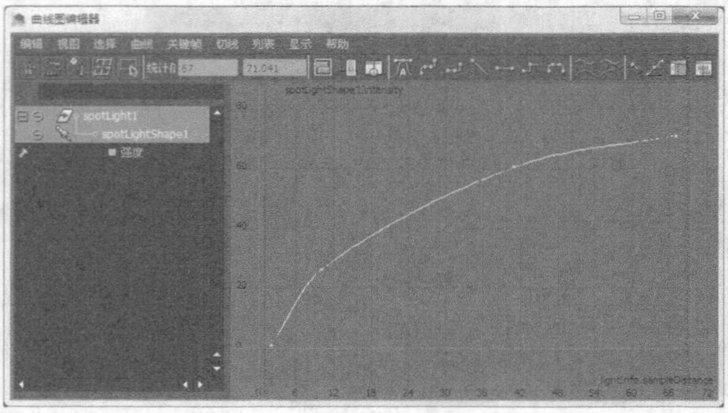

图15-75

图15-76

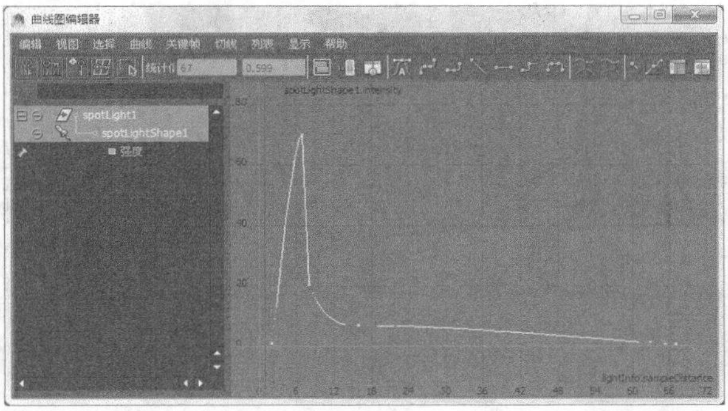

图15-77

05 第3次对曲线进行调整，将曲线调节成如图15-77所示的样式。调节好曲线后，渲染当前场景，效果如图15-78所示。

图15-78

【练习15-8】：调节灯光颜色曲线

场景文件	学习资源>场景文件>CH15>f.mb
实例位置	学习资源>实例文件>CH15>练习15-8.mb
技术掌握	掌握如何调节聚光灯的颜色曲线

本例调节灯光颜色曲线后的效果如图15-79所示。

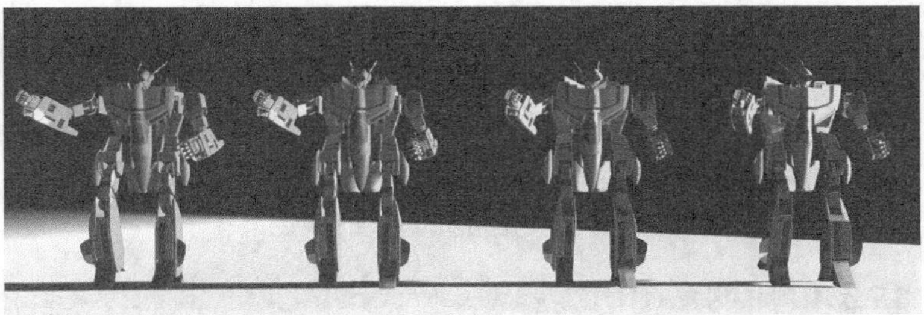

图15-79

01 继续用上一实例的场景文件。打开聚光灯的“属性编辑器”对话框，然后在“灯光效果”卷展栏下单击“颜色曲线”选项后面的“创建”按钮创建，如图15-80所示，创建一条颜色曲线。

02 打开“曲线图编辑器”对话框，本场景由3条颜色曲线来控制灯光的色彩，如图15-81所示。

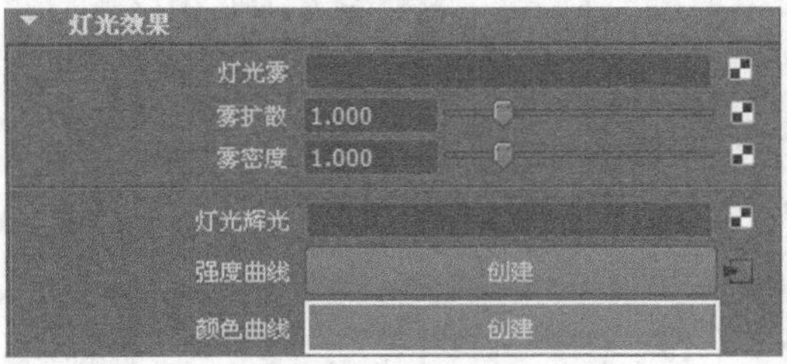

图15-80

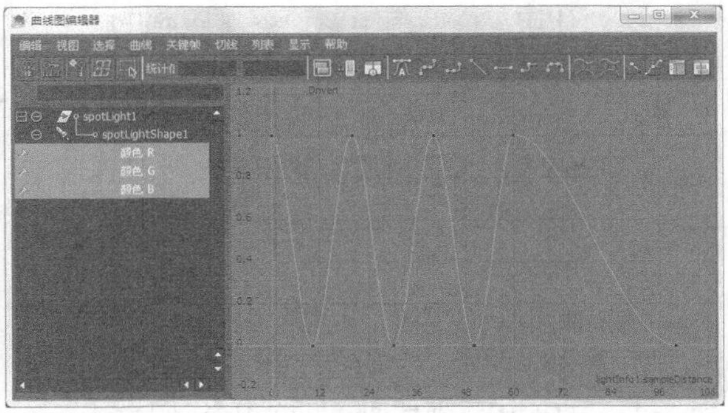

图15-81

03 分别对3条颜色曲线进行调节，完成后的曲线形状如图15-82所示。

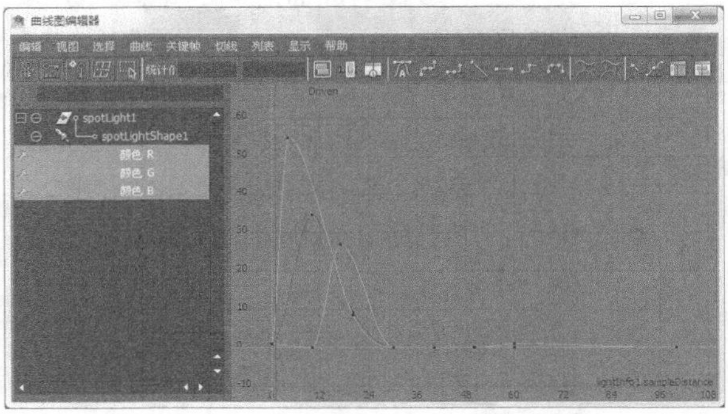

图15-82

04 渲染当前场景，最终效果如图15-83所示。

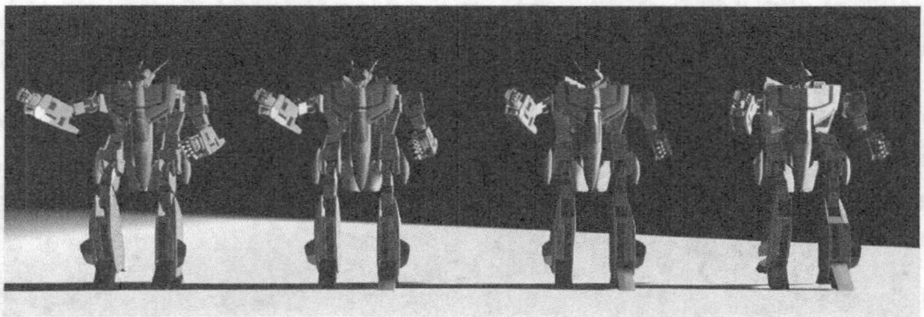

图15-83

15.3 灯光的阴影属性

阴影在场景中具有非常重要的地位，它可以增强场景的层次感与真实感。Maya有 “深度贴图阴影”和“光线跟踪阴影”两种阴影模式，如图15-84所示。“深度贴图阴影”是使用阴影贴图来模拟阴影效果；“光线跟踪阴影”是通过跟踪光线路径来生成阴影，可以使透明物体产生透明的阴影效果。

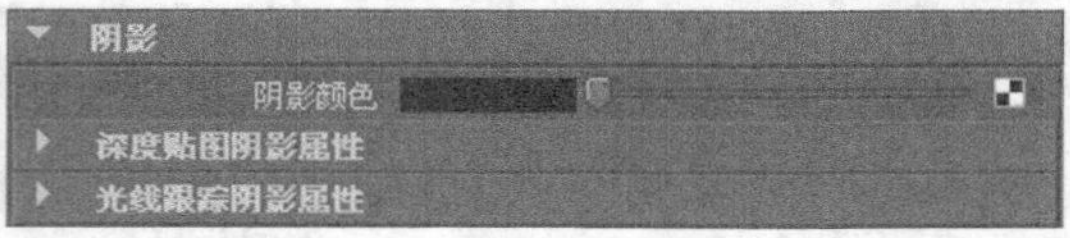

图15-84

阴影卷展栏参数介绍

❖ 阴影颜色：用于设置灯光阴影的颜色。

15.3.1 深度贴图阴影属性

展开“深度贴图阴影属性”卷展栏，如图15-85所示。

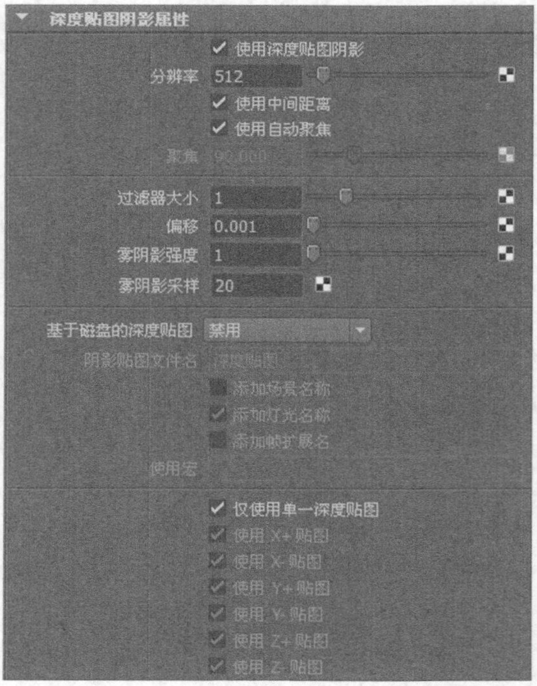

图15-85

深度贴图阴影属性参数介绍

❖ 使用深度贴图阴影：控制是否开启“深度贴图阴影”功能。

❖ 分辨率：控制深度贴图阴影的大小。数值越小，阴影质量越粗糙，渲染速度越快；反之，阴影质量越高，渲染速度也就越慢。

❖ 使用中间距离：如果禁用该选项，Maya会为深度贴图中的每个像素计算灯光与最近阴影投射曲面之间的距离。如果灯光与另一个阴影投射曲面之间的距离大于深度贴图距离，则该曲面位于阴影中。

❖ 使用自动聚焦：勾选该选项后，Maya会自动缩放深度贴图，使其仅填充灯光所照明的区域中包含阴影投射对象的区域。

❖ 聚焦：用于在灯光照明的区域内缩放深度贴图的角度。

❖ 过滤器大小：用来控制阴影边界的模糊程度。

❖ 偏移：设置深度贴图移向或远离灯光的偏移距离。

❖ 雾阴影强度：控制出现在灯光雾中的阴影的黑暗度，有效范围为1~10。

- ❖ 雾阴影采样：控制出现在灯光雾中的阴影的精度。
- ❖ 基于磁盘的深度贴图：包含以下3个选项。
  - ✧ 禁用：Maya会在渲染过程中创建新的深度贴图。
  - ✧ 覆盖现有深度贴图：Maya会创建新的深度贴图，并将其保存到磁盘。如果磁盘上已经存在深度贴图，Maya会覆盖这些深度贴图。
  - ✧ 重用现有深度贴图：Maya会进行检查以确定深度贴图是否在先前已保存到磁盘。如果已保存到磁盘，Maya会使用这些深度贴图，而不是创建新的深度贴图。如果未保存到磁盘，Maya会创建新的深度贴图，然后将其保存到磁盘。
- ❖ 阴影贴图文件名：Maya保存到磁盘的深度贴图文件的名称。
- ❖ 添加场景名称：将场景名添加到Maya并保存到磁盘的深度贴图文件的名称中。
- ❖ 添加灯光名称：将灯光名添加到Maya并保存到磁盘的深度贴图文件的名称中。
- ❖ 添加帧扩展名：如果勾选该选项，Maya会为每个帧保存一个深度贴图，然后将帧扩展名添加到深度贴图文件的名称中。
- ❖ 使用宏：仅当“基于磁盘的深度贴图”设定为“重用现有深度贴图”时才可用。它是指宏脚本的路径和名称，Maya会运行该宏脚本，以从磁盘中读取深度贴图时更新该深度贴图。
- ❖ 仅使用单一深度贴图：仅适用于聚光灯。如果勾选该选项，Maya会为聚光灯生成单一深度贴图。
- ❖ 使用X/Y/Z+贴图：控制Maya为灯光生成的深度贴图的数量和方向。
- ❖ 使用X/Y/Z-贴图：控制Maya为灯光生成的深度贴图的数量和方向。

【练习15-9】：使用深度贴图阴影

场景文件　学习资源>场景文件>CH15>g.mb

实例位置　学习资源>实例文件>CH15>练习15-9.mb

技术掌握　掌握“深度贴图阴影”的运用

本例使用“深度贴图阴影”技术制作的灯光阴影效果如图15-86所示（左图为默认的灯光效果，右图为使用了“深度贴图阴影”的灯光效果）。

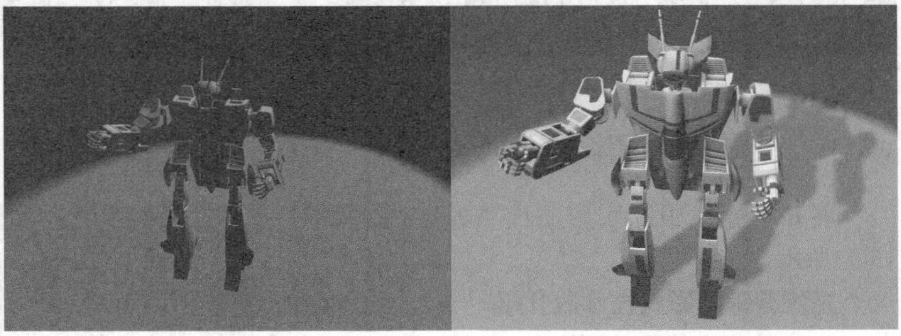

图15-86

01 打开学习资源中的“场景文件>CH15>g.mb”文件，本场景已经设置好了一盏灯光，如图15-87所示。

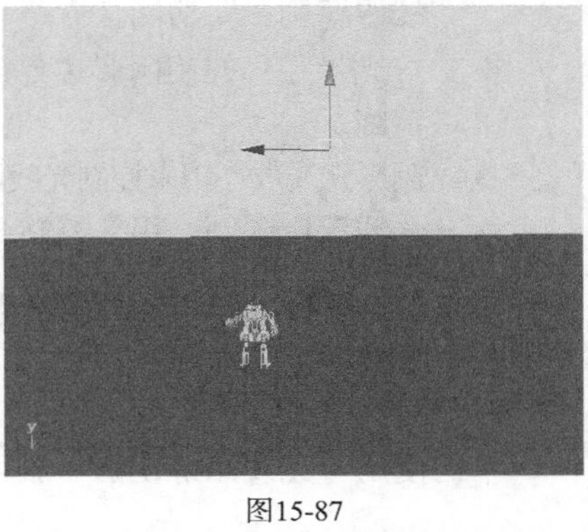

图15-87

02 测试渲染当前场景，效果如图15-88所示。

03 复制一盏聚光灯到如图15-89所示的位置，然后打开其“属性编辑器”对话框，接着设置“颜色”为（R:255，G:244，B:163），最后设置“圆锥体角度”为80、“半影角度”为20，如图15-90所示。

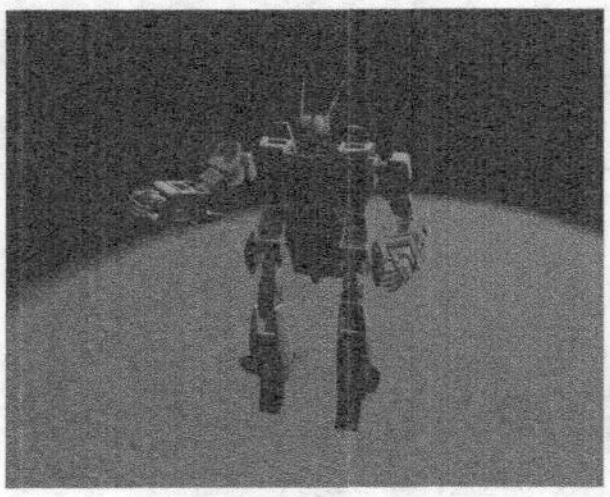
图15-88

图15-89

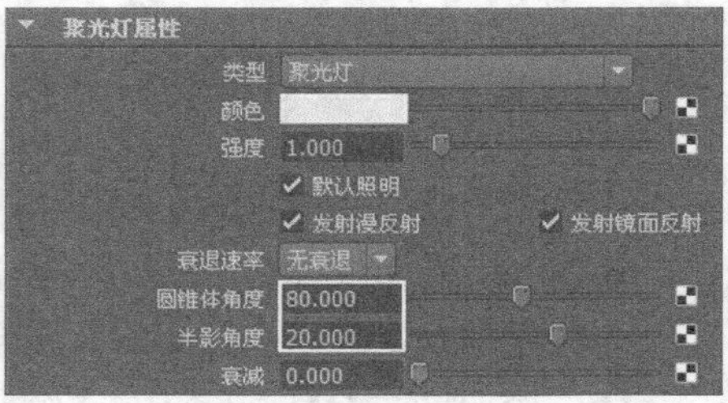

图15-90

04 展开“阴影”卷展栏，然后设置“阴影颜色”为（R:36，G:36，B:36），接着展开“深度贴图阴影属性”复卷展栏，再勾选“使用深度贴图阴影”选项，最后设置“分辨率”为2048、“过滤器大小”为3，如图15-91所示。

05 渲染当前场景，最终效果如图15-92所示。

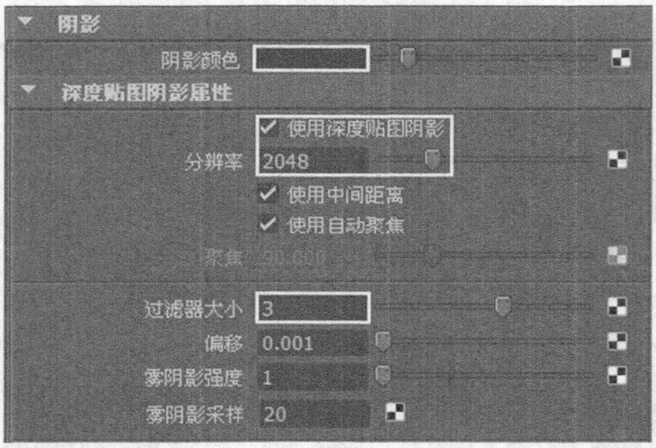

图15-91

图15-92

15.3.2 光线跟踪阴影属性

展开“光线跟踪阴影属性”卷展栏，如图15-93所示。

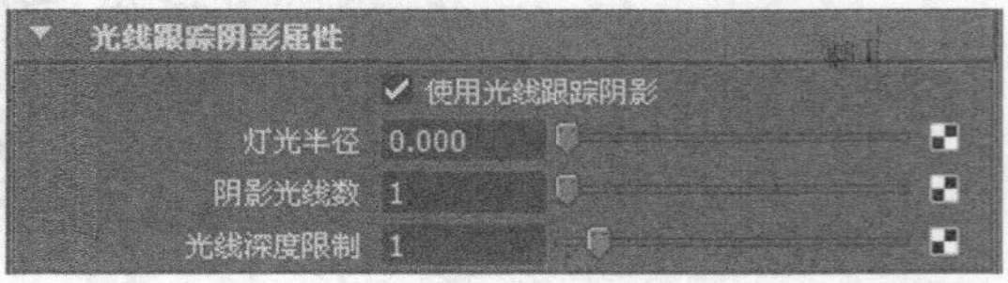

图15-93

光线跟踪阴影属性参数介绍

❖ 使用光线跟踪阴影：控制是否开启“光线跟踪阴影”功能。

❖ 灯光半径：控制阴影边界模糊的程度。数值越大，阴影边界越模糊，反之阴影边界就越清晰。

❖ 阴影光线数：用来控制光线跟踪阴影的质量。数值越大，阴影质量越高，渲染速度就越慢。

❖ 光线深度限制：用来控制光线在投射阴影前被折射或反射的最大次数限制。

【练习15-10】：使用光线跟踪阴影

场景文件　学习资源>场景文件>CH15>h.mb
实例位置　学习资源>实例文件>CH15>练习15-10.mb
技术掌握　掌握“光线跟踪阴影”的运用

本例使用“光线跟踪阴影”技术制作的灯光阴影效果如图15-94所示（左图为默认的灯光效

果，右图为使用了“光线跟踪阴影”的灯光效果）。

图15-94

01 打开学习资源中的“场景文件>CH15>h.mb”文件，本场景设置了一盏区域光作为主光源，还有一个反光板和一台摄影机，如图15-95所示。

02 打开区域光的“属性编辑器”对话框，然后展开“阴影”卷展栏下的“光线跟踪阴影属性”复卷展栏，接着勾选“使用光线跟踪阴影”选项，并设置“阴影光线数”为10，如图15-96所示。

图15-95

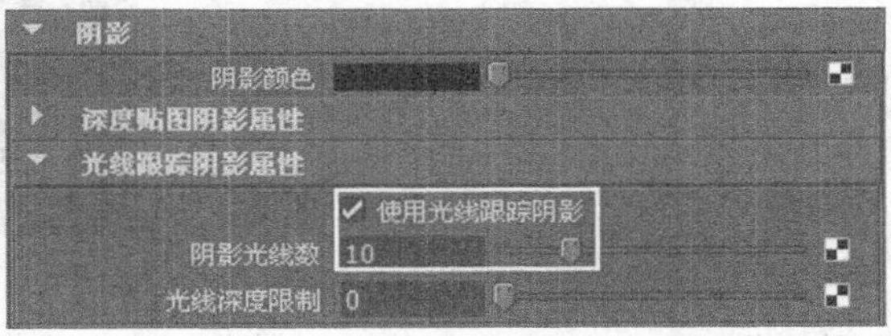

图15-96

03 打开“渲染设置”对话框，然后设置渲染器为mental ray渲染器，接着在“质量”选项卡下展开“光线跟踪”卷展栏，再勾选“光线跟踪”选项，最后设置“反射”和“折射”为6、“最大跟踪深度”为12，如图15-97所示。

04 渲染当前场景，最终效果如图15-98所示。

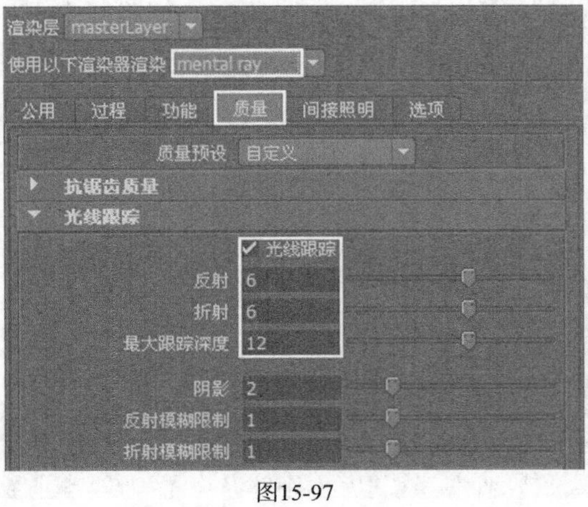

图15-97

图15-98

技术专题 深度贴图阴影与光线跟踪阴影的区别

“深度贴图阴影”是通过计算光与物体之间的位置来产生阴影贴图，不能使透明物体产生透明的阴影，渲染速度相对比较快。

“光线跟踪阴影”是跟踪光线路径来生成阴影，可以生成比较真实的阴影效果，并且可以使透明物体生成透明的阴影。

15.4 灯光设置综合实例：物理太阳和天空照明

场景文件　学习资源>场景文件>CH15>i.mb
实例位置　学习资源>实例文件>CH15>15.4.mb
技术掌握　全面掌握灯光的设置方法与流程

灯光是作品的灵魂，正是因为有了灯光的存在，才使画面具有写实风格，所以场景的灯光布置需要表现出真实的环境效果，要通透、漂亮，这样才能突出氛围。本节将通过一个大型实例来全面讲解灯光的设置方法与相关流程，如图15-99所示（左图为默认灯光效果，右图为最终效果）。

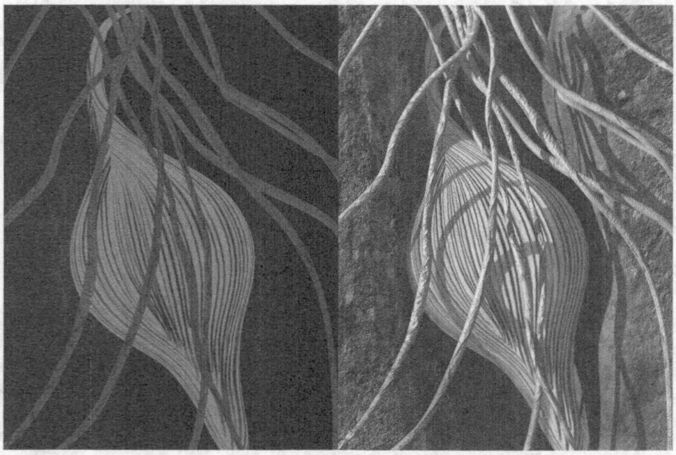

图15-99

15.4.1 设置场景灯光

1.设置主光源

01 打开学习资源中的“场景文件>CH15>i.mb”文件，如图15-100所示。

02 打开“渲染设置”对话框，设置渲染器为mental ray渲染器，然后在“间接照明”选项卡下展开“环境”卷展栏，接着单击“物理太阳和天空”选项后面的“创建”按钮，如图15-101所示，为场景创建一个天光。

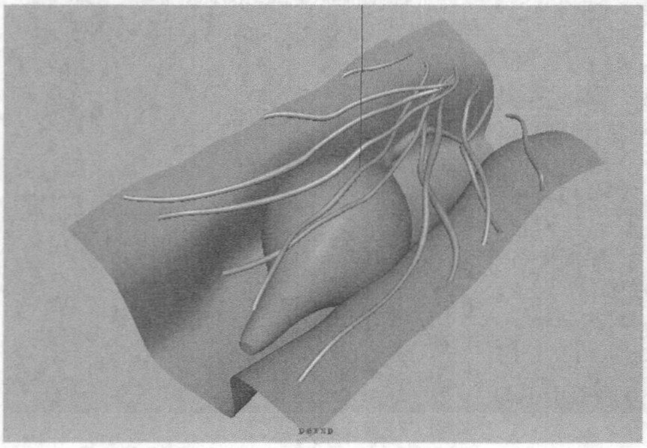

图15-100

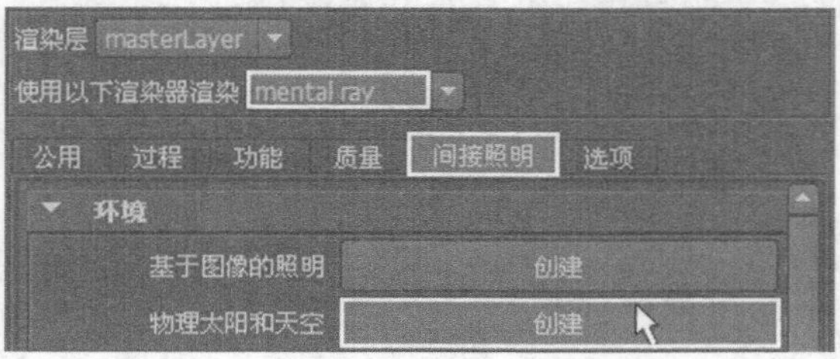

图15-101

03 创建天光后会切换到天光设置面板，在“平行光属性”卷展栏下设置“颜色”为（R:255，G:252，B:247），然后设置“强度”为1，如图15-102所示。

04 选择创建好的平行光（也就是前面创建的天光），然后将其放在如图15-103所示的位置。

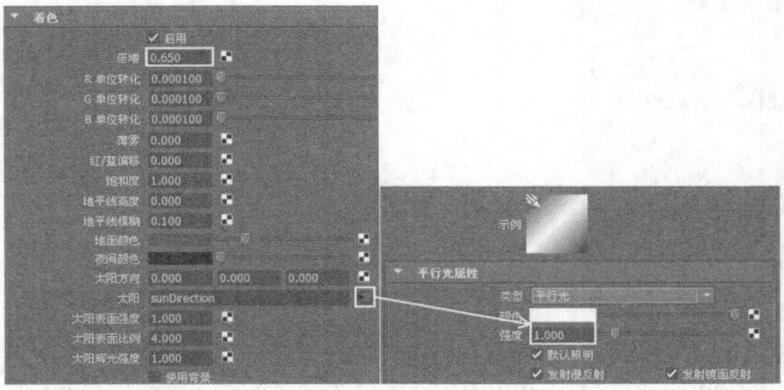

图15-102

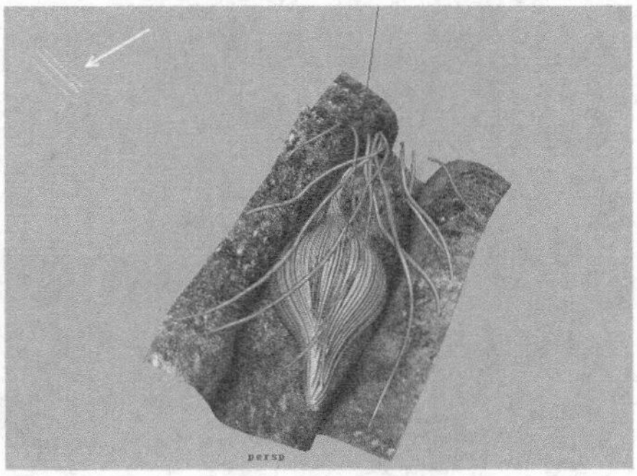

图15-103

05 打开“渲染设置”对话框，然后在“公用”选项卡下展开“图像大小”卷展栏，接着设置“宽度”为500、“高度”为682；在“间接照明”选项卡展开“最终聚焦”卷展栏，然后勾选“最终聚焦”选项，接着设置“精确度”为100，具体参数设置如图15-104所示。

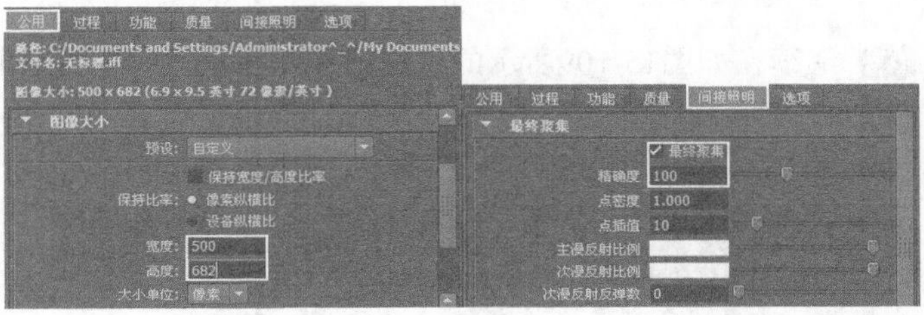

图15-104

06 在视图菜单中执行“面板>透视>camera1”命令，切换到摄影机视图，如图15-105所示，然后测试渲染当前场景，效果如图15-106所示。

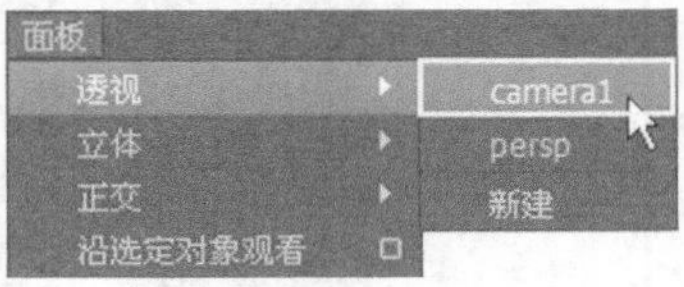

图15-105

图15-106

2.设置辅助光源

01 执行“创建>灯光>平行光”菜单命令，在场景中创建一盏平行光作为辅助光源，其位置如图15-107所示。

02 打开平行光的“属性编辑器”对话框，然后在“平行光属性”卷展栏下设置“颜色”为（R:197，G:220，B:255）、“强度”为0.2，如图15-108所示。

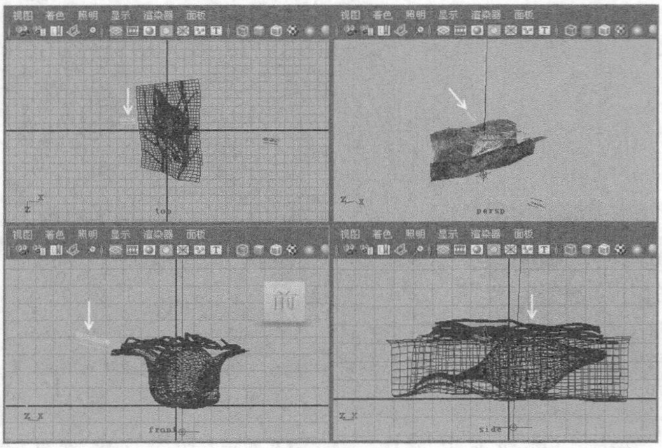

图15-107

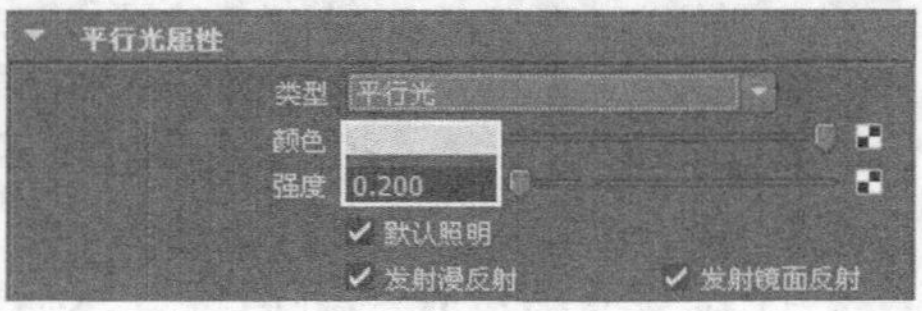

图15-108

03 继续在如图15-109所示的位置创建一盏平行光作为辅助光源。

04 打开平行光的“属性编辑器”对话框，然后在“平行光属性”卷展栏下设置“颜色”为（R:243，G:248，B:255）、“强度”为0.5，如图15-110所示。

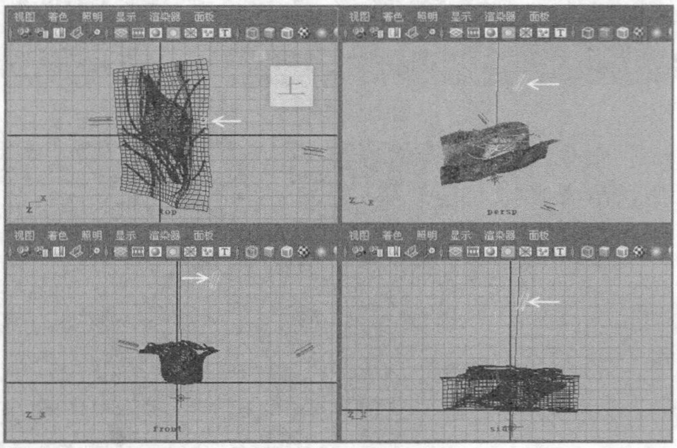

图15-109

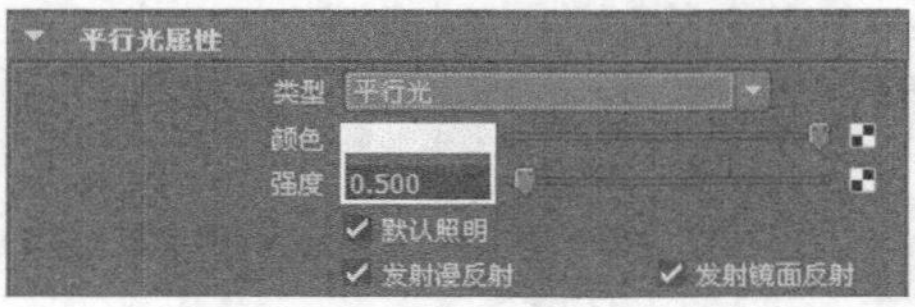

图15-110

05 打开“渲染设置”对话框，然后在“公用”选项卡下展开“渲染选项”卷展栏，接着关闭“启用默认灯光”选项，如图15-111所示，最后测试渲染当前场景，效果如图15-112所示。

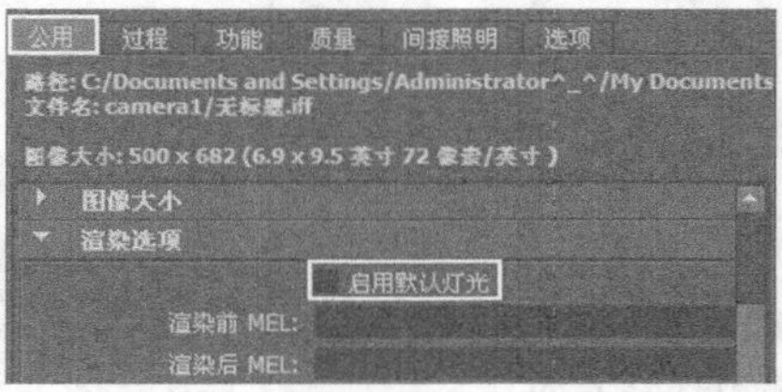

图15-111

图15-112

15.4.2 设置渲染参数

01 打开“渲染设置”对话框，然后在“公用”选项卡下展开“图像大小”卷展栏，接着设置“宽度”为2300、“高度”为3174，如图15-113所示。

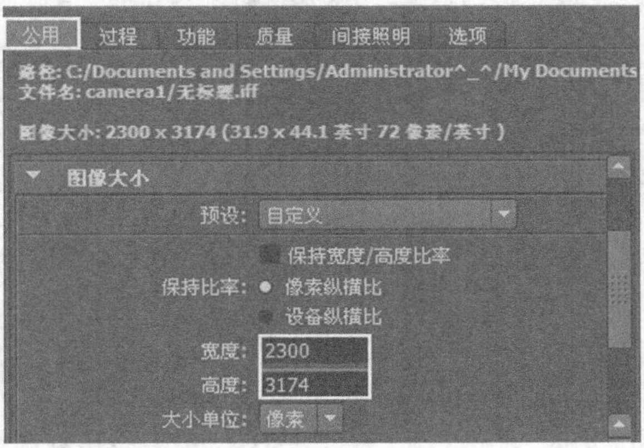

图15-113

02 单击“质量”选项卡，然后在“光线跟踪/扫描线质量”卷展栏下设置“最高采样级别”为2，如图15-114所示。

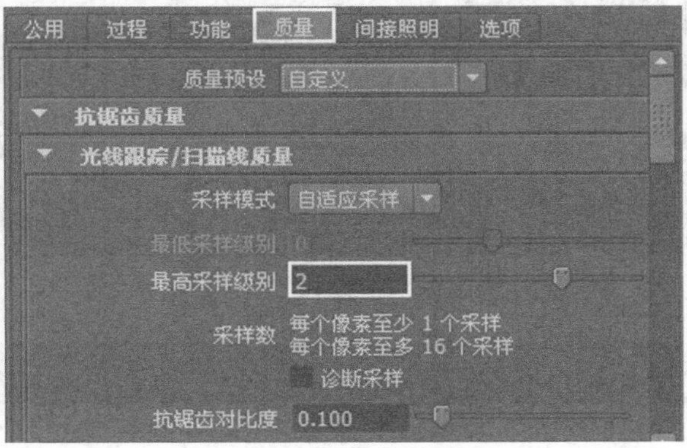

图15-114

03 单击“间接照明”选项卡，然后在“最终聚焦”卷展栏下设置“精确度”为1000，如图15-115所示。

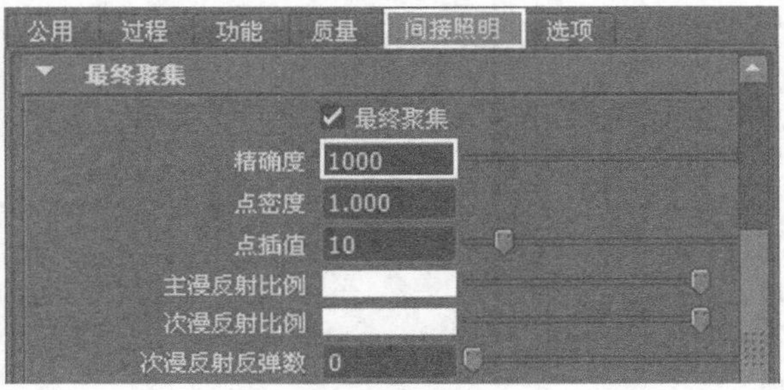

图15-115

04 渲染当前场景，最终效果如图15-116所示。

图15-116

15.5 知识总结与回顾

到此，Maya的灯光技术就已经全部介绍完毕。在这块技术中，大家要掌握灯光的类型、灯光的基本操作、灯光的基本属性与阴影属性。在下一章中，我们将对Maya的摄影机技术进行详细介绍。

第16章 摄影机技术

要点索引

- 摄影机的类型
- 摄影机的基本设置
- 摄影机工具
- 摄影机景深的设置方法

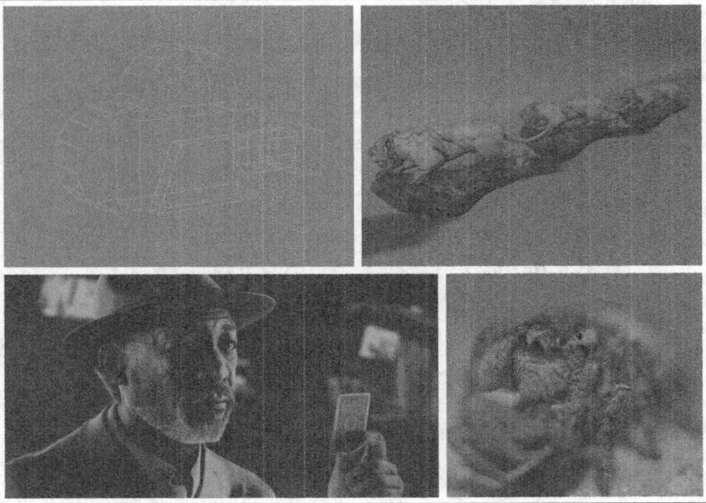

本章导读

本章将介绍Maya的摄影机技术，包括摄影机的类型、摄影机的基本设置、摄影机的工具运用以及摄影机景深特效的设置方法。

16.1 摄影机的类型

Maya默认的场景中有4台摄影机，一个透视图摄影机和3个正交视图摄影机。执行“创建>摄影机”菜单下的命令可以创建一台新的摄影机，如图16-1所示。

图16-1

16.1.1 摄影机

摄影机是最基本的摄影机，可以用于静态场景和简单的动画场景，如图16-2所示。打开“创建摄影机选项”对话框，如图16-3所示。

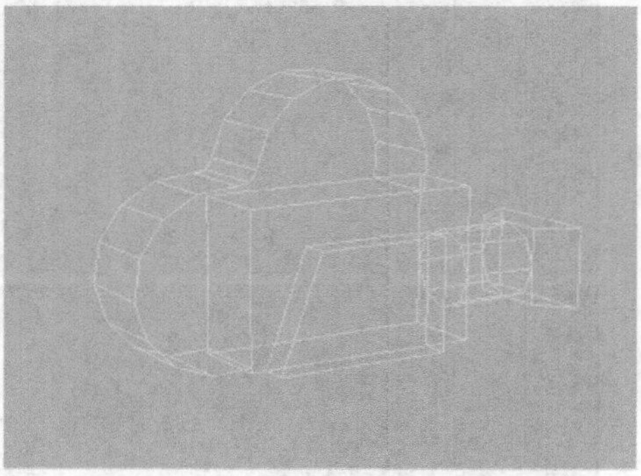
图16-2

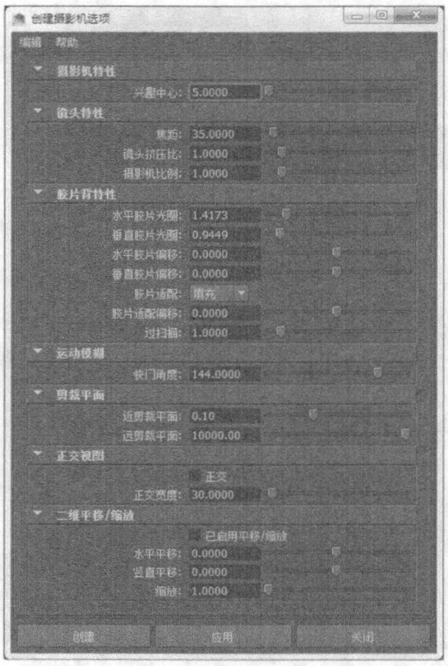

图16-3

创建摄影机选项介绍

- ❖ 兴趣中心：设置摄影机到兴趣中心的距离（以场景的线性工作单位为测量单位）。
- ❖ 焦距：设置摄影机的焦距（以mm为测量单位），有效值范围为2.5~3500。增加焦距值可以拉近摄影机镜头，并放大对象在摄影机视图中的大小；减小焦距可以拉远摄影机镜头，并缩小对象在摄影机视图中的大小。
- ❖ 镜头挤压比：设置摄影机镜头水平压缩图像的程度。大多数摄影机不会压缩所录制的图像，因此其“镜头挤压比”为1。但是有些摄影机（如变形摄影机）会水平压缩图像，使大纵横比（宽度）的图像落在胶片的方形区域内。
- ❖ 摄影机比例：根据场景缩放摄影机的大小。
- ❖ 水平/垂直胶片光圈：摄影机光圈或胶片背的高度和宽度（以“英寸”为测量单位）。
- ❖ 水平/垂直胶片偏移：在场景的垂直和水平方向上偏移分辨率门和胶片门。
- ❖ 胶片适配：控制分辨率门相对于胶片门的大小。如果分辨率门和胶片门具有相同的纵横比，则“胶片适配”的设置不起作用。
  - ✧ 水平/垂直：使分辨率门水平/垂直适配胶片门。
  - ✧ 填充：使分辨率门适配胶片门。
  - ✧ 过扫描：使胶片门适配分辨率门。
- ❖ 胶片适配偏移：设置分辨率门相对于胶片门的偏移量，测量单位为“英寸”。
- ❖ 过扫描：仅缩放摄影机视图（非渲染图像）中的场景大小。调整“过扫描”值，可以查看比实际渲染更多或更少的场景。
- ❖ 快门角度：会影响运动模糊对象的对象模糊度。快门角度设置得越大，对象越模糊。
- ❖ 近/远剪裁平面：对于硬件渲染、矢量渲染和mental ray渲染，这两个选项表示透视摄影机或正交摄影机的近裁剪平面和远剪裁平面的距离。

- ❖ 正交：如果勾选该选项，则摄影机为正交摄影机。
- ❖ 正交宽度：设置正交摄影机的宽度（以“英寸”为单位）。正交摄影机宽度可以控制摄影机的可见场景范围。
- ❖ 已启用平移/缩放：启用“二维平移/缩放工具”。
- ❖ 水平/竖直平移：设置在水平/垂直方向上的移动距离。
- ❖ 缩放：对视图进行缩放。

16.1.2 摄影机和目标

执行“摄影机和目标”命令可以创建一台带目标点的摄影机，如图16-4所示。这种摄影机主要用于比较复杂的动画场景，如追踪鸟的飞行路线。

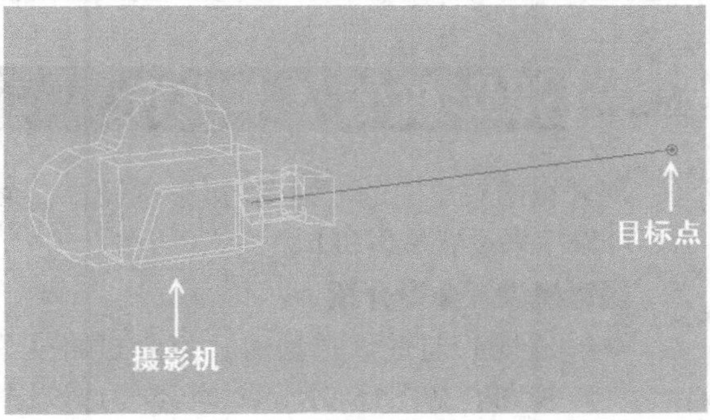

图16-4

16.1.3 摄影机、目标和上方向

执行“摄影机、目标和上方向”命令可以创建一台带两个目标点的摄影机，一个目标点朝向摄影机的前方，另外一个位于摄影机的上方，如图16-5所示。这种摄影机可以指定摄影机的哪一端必须朝上，适用于更为复杂的动画场景，如让摄影机随着转动的过山车一起移动。

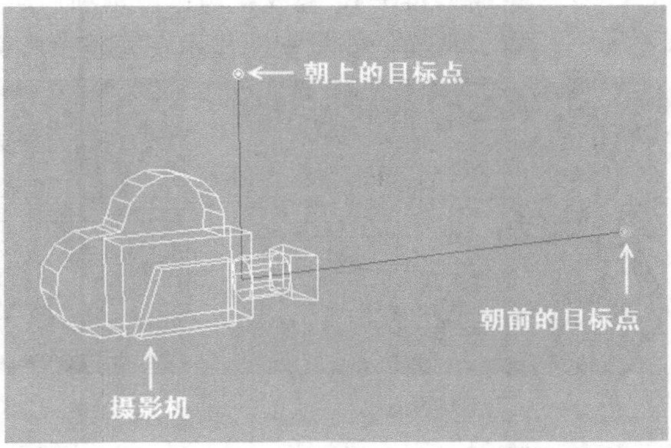

图16-5

16.1.4 立体摄影机

执行“立体摄影机”命令可以创建一台立体摄影机，如图16-6所示。使用立体摄影机可以创建具有三维景深的渲染效果。当渲染立体场景时，Maya会考虑所有的立体摄影机属性，并执行计算以生成可被其他程序合成的立体图或平行图像。

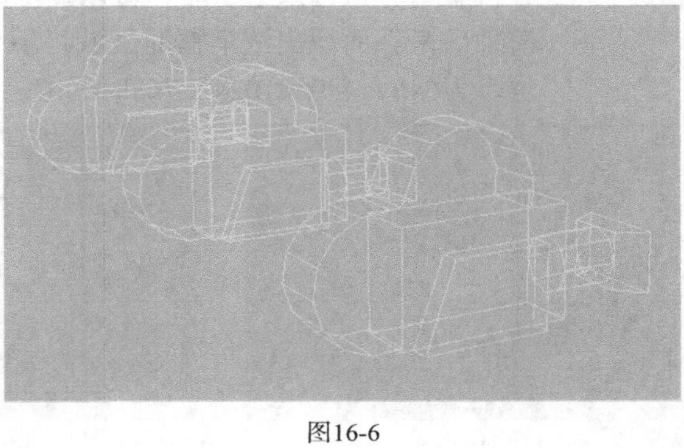

图16-6

16.1.5 Multi Stereo Rig（多重摄影机装配）

执行Multi Stereo Rig（多重摄影机装配）命令可以创建由两个或更多立体摄影机组成的多重摄影机装配，如图16-7所示。

技巧与提示

在这5种摄影机当中，前3种摄影机最为重要，后面两种基本用不上。

图16-7

16.2 摄影机的基本设置

展开视图菜单中的“视图>摄影机设置”菜单，如图16-8所示，该菜单下的命令可以用来设置摄影机。

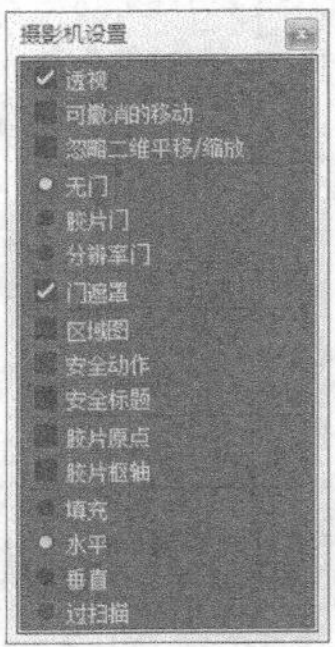

图16-8

摄影机设置命令介绍

❖ 透视：勾选该选项时，摄影机将变为透视摄影机，视图也会变成透视图，如图16-9所示；若不勾选该选项，视图将变为正交视图，如图16-10所示。

❖ 可撤消的移动：如果勾选该选项，则所有的摄影机移动（如翻滚、平移和缩放）将写入“脚本编辑器”，如图16-11所示。

❖ 忽略二维平移/缩放：勾选该选项后，可以忽略“二维平移/缩放”的设置，从而使场景视图显示在完整摄影机视图中。

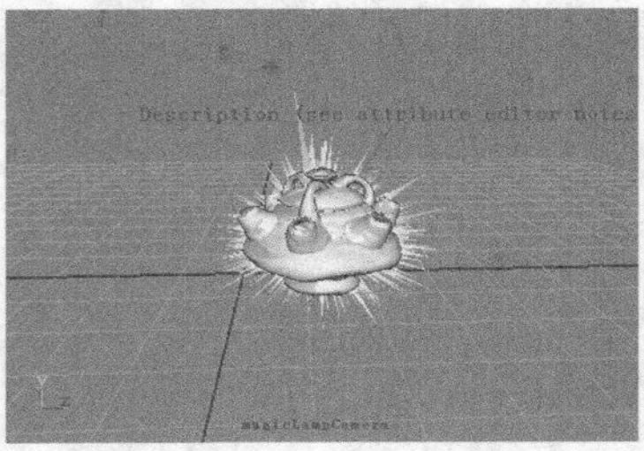

图16-9

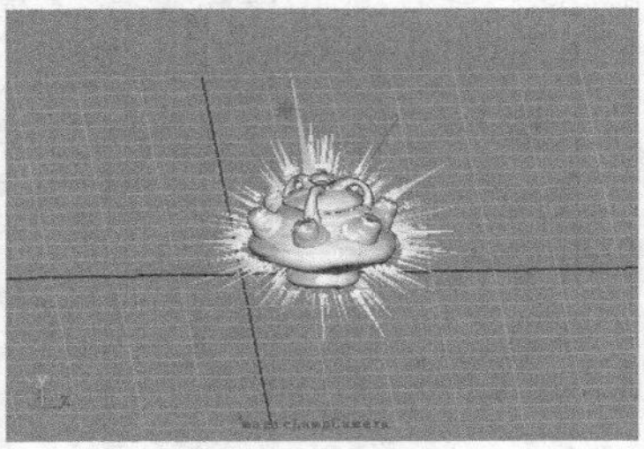

图16-10

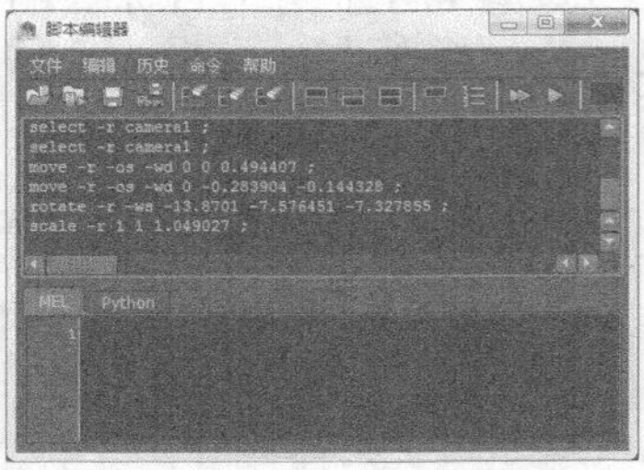

图16-11

❖ 无门：勾选该选项，不会显示“胶片门”和“分辨率门”。

❖ 胶片门：勾选该选项后，视图会显示一个边界，用于指示摄影机视图的区域，如图16-12所示。

❖ 分辨率门：勾选该选项后，可以显示出摄影机的渲染框。在这个渲染框内的物体都会被渲染出来，而超出渲染框的区域将不会被渲染出来，如图16-13和图16-14所示分别是分辨率为640×480和1024×768时的范围对比。

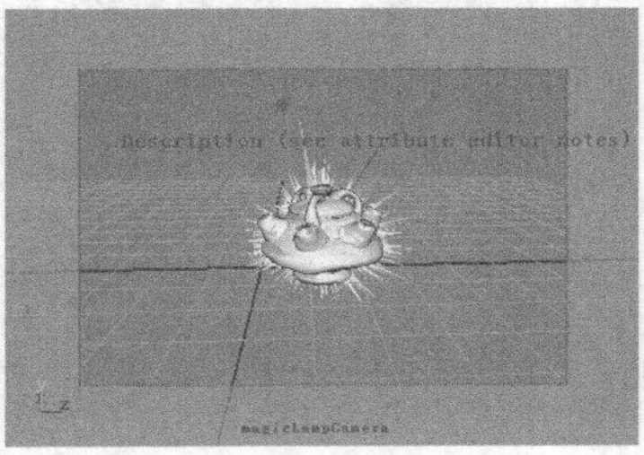

图16-12

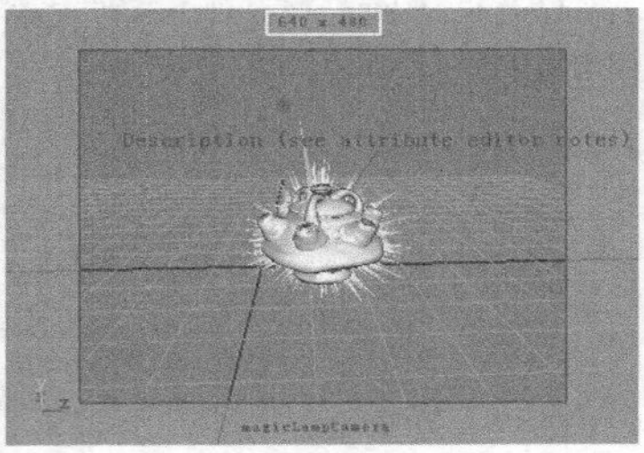

图16-13

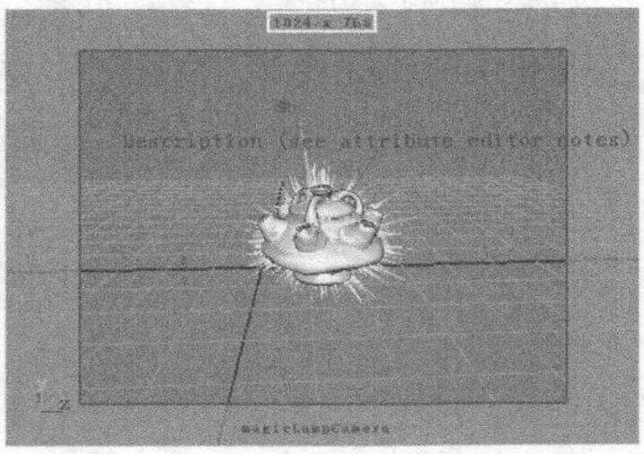

图16-14

❖ 门遮罩：勾选该选项后，可以更改“胶片门”或“分辨率门”之外的区域的不透明度和颜色。

❖ 区域图：勾选该选项后，可以显示栅格，如图16-15所示。该栅格表示12个标准单元动画区域的大小。

❖ 安全动作：该选项主要针对场景中的人物对象。在一般情况下，场景中的人物都不要超出安全动作框的范围（占渲染画面的90%），如图16-16所示。

❖ 安全标题：该选项主要针对场景中的字幕或标题。字幕或标题一般不要超出安全标题框的范围（占渲染画面的80%），如图16-17所示。

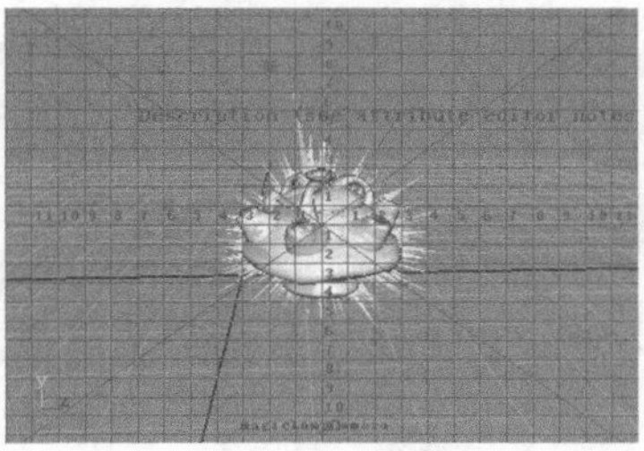
图16-15

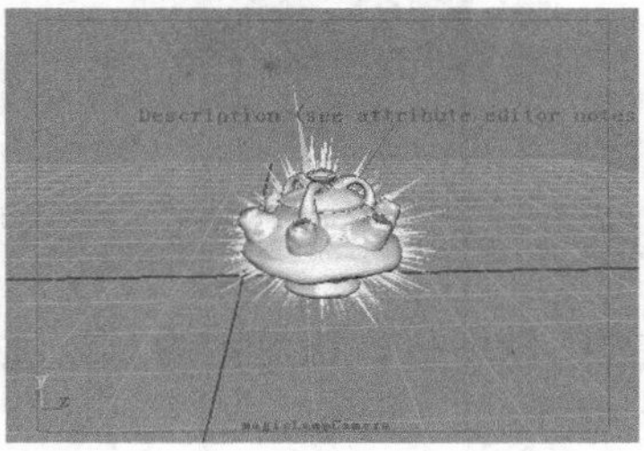
图16-16

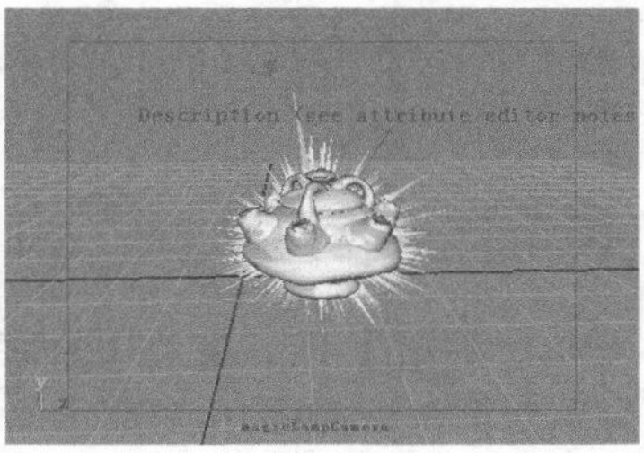
图16-17

❖ 胶片原点：在通过摄影机查看时，显示胶片原点助手，如图16-18所示。

❖ 胶片枢轴：在通过摄影机查看时，显示胶片枢轴助手，如图16-19所示。

❖ 填充：勾选该选项后，可以使“分辨率门”尽量充满“胶片门”，但不会超出“胶片门”的范围，如图16-20所示。

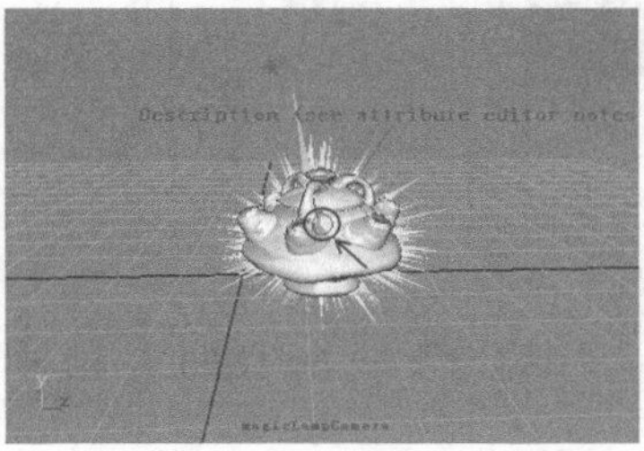
图16-18

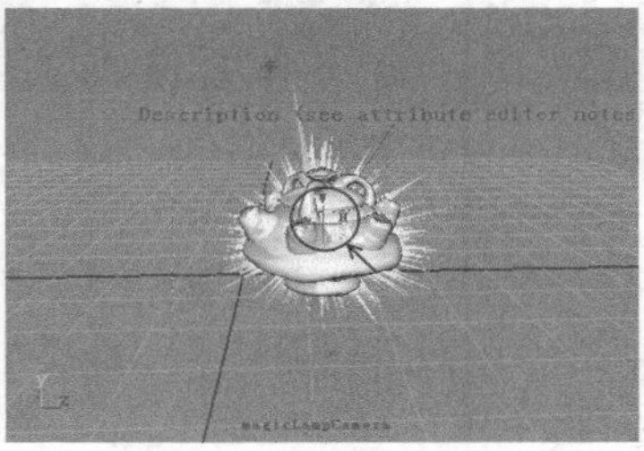
图16-19

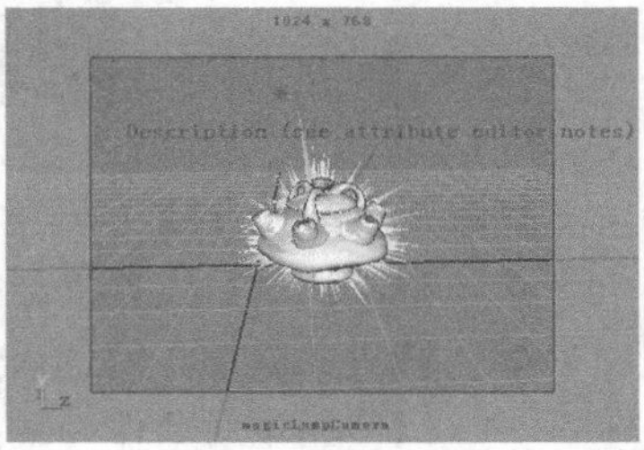
图16-20

❖ 水平/垂直：勾选“水平”选项，可以使“分辨率门”在水平方向上尽量充满视图，如图16-21所示；勾选“垂直”选项，可以使“分辨率门”在垂直方向上尽量充满视图，如图16-22所示。

❖ 过扫描：勾选该选项后，可以使胶片门适配分辨率门，也就是将图像按照实际分辨率显示出来，如图16-23所示。

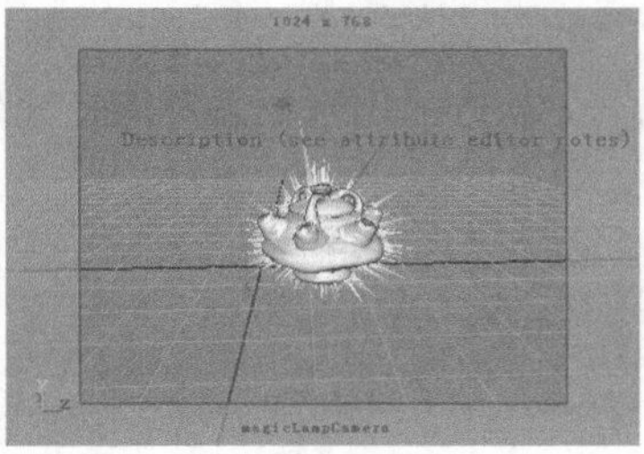
图16-21

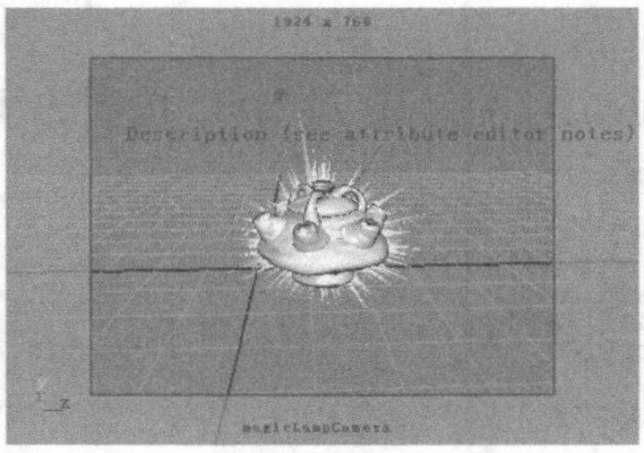
图16-22

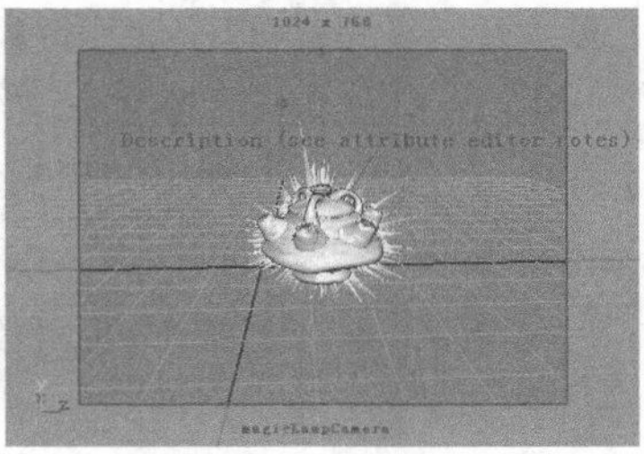
图16-23

16.3 摄影机工具

展开视图菜单中的“视图>摄影机工具”菜单，如图16-24所示，该菜单下全部是对摄影机进行操作的工具。

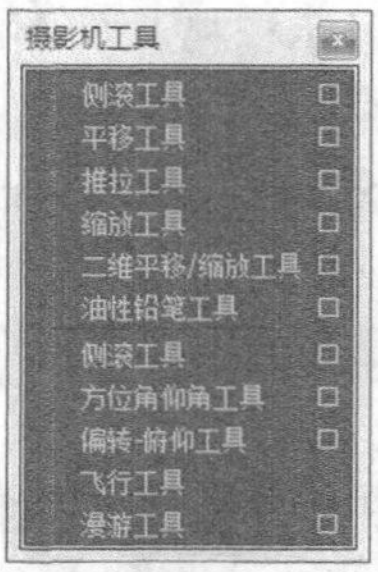

图16-24

16.3.1 翻滚工具

“翻滚工具”主要用来旋转视图摄影机，快捷键为Alt+鼠标左键。打开该工具的“工具设置”对话框，如图16-25所示。

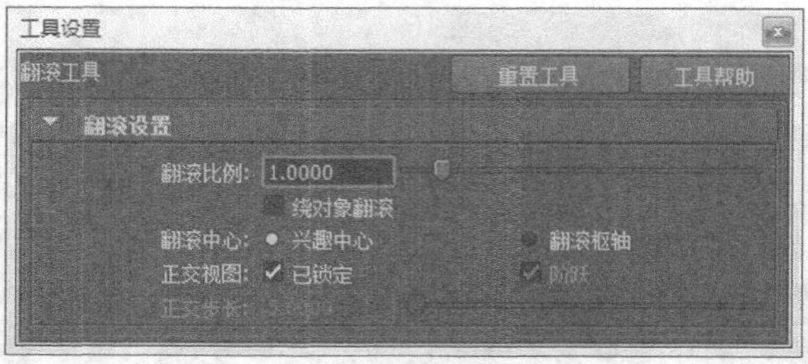

图16-25

翻滚工具参数介绍

- ❖ 翻滚比例：设置摄影机移动的速度，默认值为1。
- ❖ 绕对象翻滚：勾选该选项后，在开始翻滚时，“翻滚工具”图标位于某个对象上，则可以使用该对象作为翻滚枢轴。
- ❖ 翻滚中心：控制摄影机翻滚时围绕的点。
  - ✧ 兴趣中心：摄影机绕其兴趣中心翻滚。
  - ✧ 翻滚枢轴：摄影机绕其枢轴点翻滚。
- ❖ 正交视图：包含“已锁定”和“阶跃”两个选项。
  - ✧ 已锁定：勾选该选项后，则无法翻滚正交摄影机；如果关闭该选项，则可以翻滚正交摄影机。
  - ✧ 阶跃：勾选该选项后，则能够以离散步数翻滚正交摄影机。通过“阶跃”操作，可以轻松返回到默认视图位置。
- ❖ 正交步长：在关闭“已锁定”并勾选“阶跃”选项的情况下，该选项用来设置翻滚正交摄影机时所用的步长角度。

技巧与提示

“翻滚工具”的快捷键是Alt+鼠标左键，按住Alt+Shift+鼠标左键可以在一个方向上翻转视图。

16.3.2 平移工具

使用“平移工具”可以在水平线上移动视图摄影机，快捷键为Alt+鼠标中键。打开该工具的“工具设置”对话框，如图16-26所示。

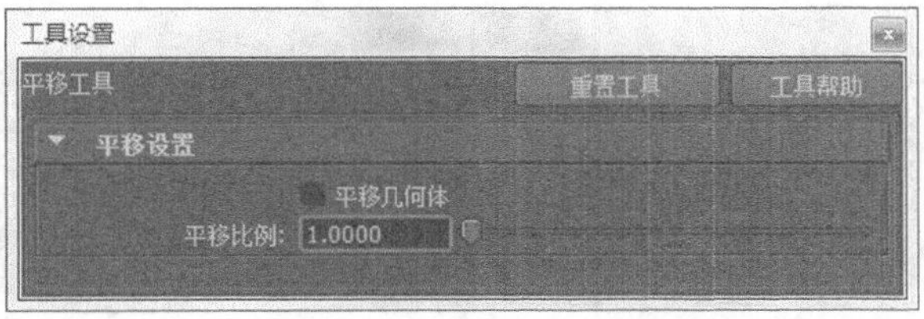

图16-26

平移工具参数介绍

❖ 平移几何体：勾选该选项后，视图中的物体与光标的移动是同步的。在移动视图时，光标相对于视图中的对象位置不会再发生变化。

❖ 平移比例：该选项用来设置移动视图的速度，系统默认的移动速度为1。

技巧与提示

"平移工具"的快捷键是Alt+鼠标中键，按住Alt+Shift+鼠标中键可以在一个方向上移动视图。

16.3.3 推拉工具

用"推拉工具"可以推拉视图摄影机，快捷键为Alt+鼠标右键或Alt+鼠标左键+鼠标中键。打开该工具的"工具设置"对话框，如图16-27所示。

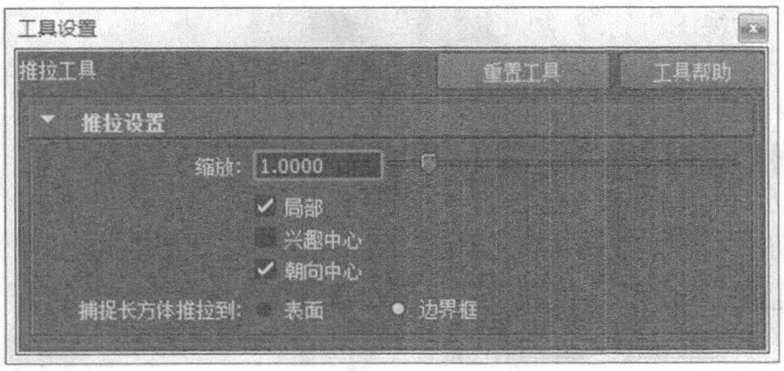

图16-27

推拉工具参数介绍

❖ 缩放：该选项用来设置推拉视图的速度，系统默认的推拉速度为1。

❖ 局部：勾选该选项后，可以在摄影机视图中进行拖动，并且可以让摄影机朝向或远离其兴趣中心移动。如果关闭该选项，也可以在摄影机视图中进行拖动，但可以让摄影机及其兴趣中心一同沿摄影机的视线移动。

❖ 兴趣中心：勾选该选项后，在摄影机视图中使用鼠标中键进行拖动，可以让摄影机的兴趣中心朝向或远离摄影机移动。

❖ 朝向中心：如果关闭该选项，可以在开始推拉时朝向"推拉工具"图标的当前位置进行推拉。

❖ 捕捉长方体推拉到：当使用快捷键Ctrl+Alt推拉摄影机时，可以把兴趣中心移动到蚂蚁线区域。

  ✧ 表面：勾选该选项后，在对象上执行长方体推拉时，兴趣中心将移动到对象的曲面上。

  ✧ 边界框：勾选该选项后，在对象上执行长方体推拉时，兴趣中心将移动到对象边界框的中心。

16.3.4 缩放工具

"缩放工具"主要用来缩放视图摄影机，以改变视图摄影机的焦距。打开该工具的"工具设置"对话框，如图16-28所示。

缩放工具参数介绍

❖ 缩放比例：该选项用来设置缩放视图的速度，系统默认的缩放速度为1。

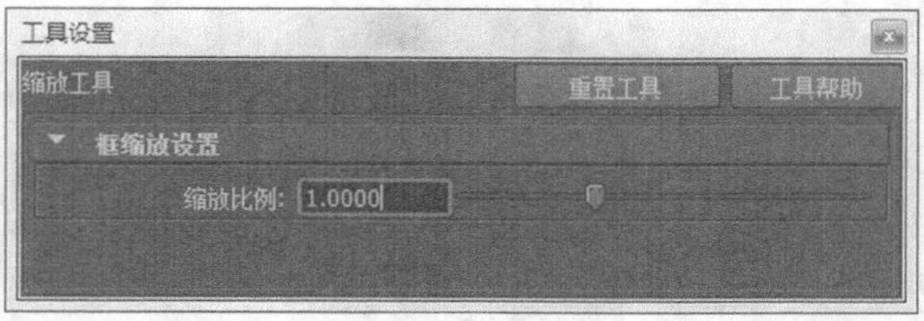

图16-28

16.3.5 二维平移/缩放工具

用“二维平移/缩放工具”可以在二维视图中进行平移和缩放摄影机，并且可以在场景视图中查看结果。使用该功能可以在进行精确跟踪、放置或对位工作时查看特定区域中的详细信息，而无需实际移动摄影机。打开该工具的“工具设置”对话框，如图16-29所示。

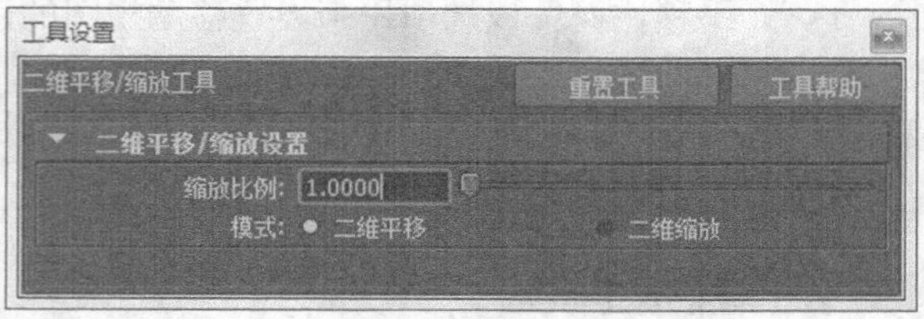

图16-29

二维平移/缩放工具参数介绍

❖ 缩放比例：该选项用来设置缩放视图的速度，系统默认的缩放速度为1。

❖ 模式：包含“二维平移”和“二维缩放”两种模式。

✧ 二维平移：对视图进行移动操作。

✧ 二维缩放：对视图进行缩放操作。

16.3.6 油性铅笔工具

选择“油性铅笔工具”命令会弹出“油性铅笔”工具栏，如图16-30所示，通过该工具可以使用虚拟标记在场景视图上绘制。打开该工具的“工具设置”对话框，如图16-31所示。

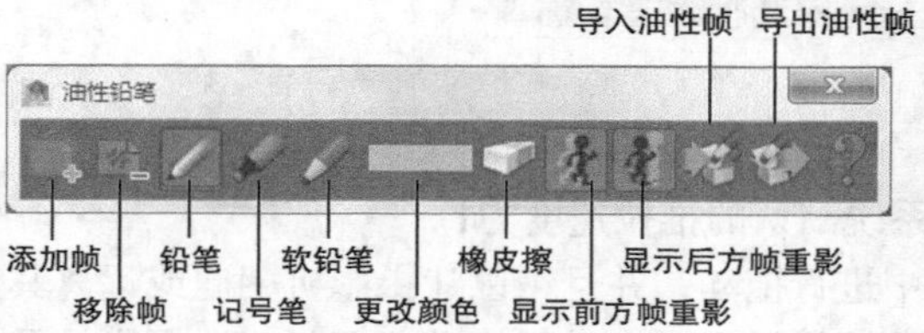

图16-30

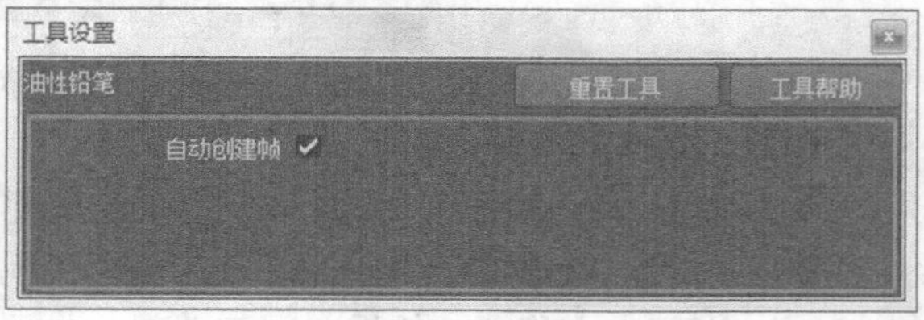

图16-31

油性铅笔工具参数介绍

❖ 自动创建帧：启用该选项，可以在打开“油性铅笔”工具后在当前帧上进行绘制。

16.3.7 侧滚工具

用“侧滚工具”可以左右摇晃视图摄影机。打开该工具的“工具设置”对话框，如图16-32所示。

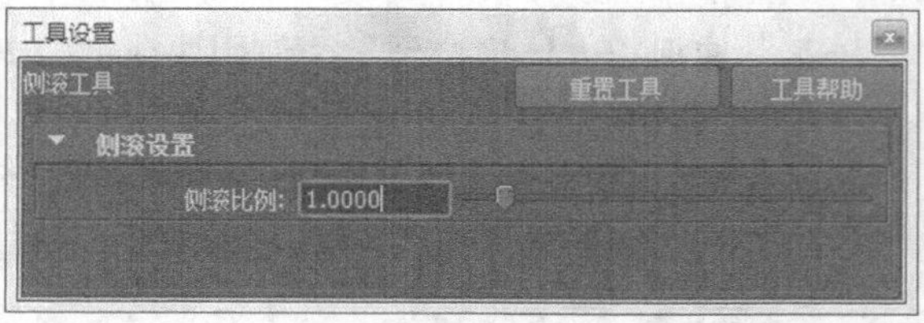

图16-32

侧滚工具参数介绍

❖ 侧滚比例：该选项用来设置摇晃视图的速度，系统默认的滚动速度为1。

16.3.8 方位角仰角工具

用“方位角仰角工具”可以对正交视图进行旋转操作。打开该工具的“工具设置”对话框，如图16-33所示。

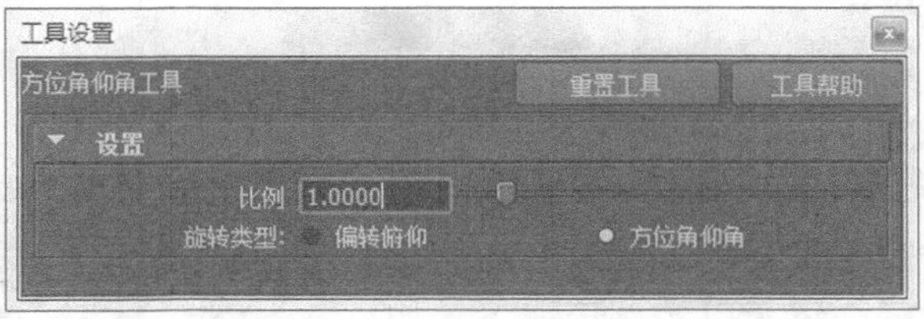

图16-33

方位角仰角工具参数介绍

❖ 比例：该选项用来设置旋转正交视图的速度，系统默认值为1。

❖ 旋转类型：包含“偏转俯仰”和“方位角仰角”两种类型。

 ✧ 偏转俯仰：摄影机向左或向右的旋转角度称为偏转，向上或向下的旋转角度称为俯仰。

 ✧ 方位角仰角：摄影机视线相对于地平面垂直平面的角称为方位角，摄影机视线相对于地平面的角称为仰角。

16.3.9 偏转-俯仰工具

用“偏转-俯仰工具”可以向上或向下旋转摄影机视图，也可以向左或向右旋转摄影机视图。打开该工具的“工具设置”对话框，如图16-34所示。

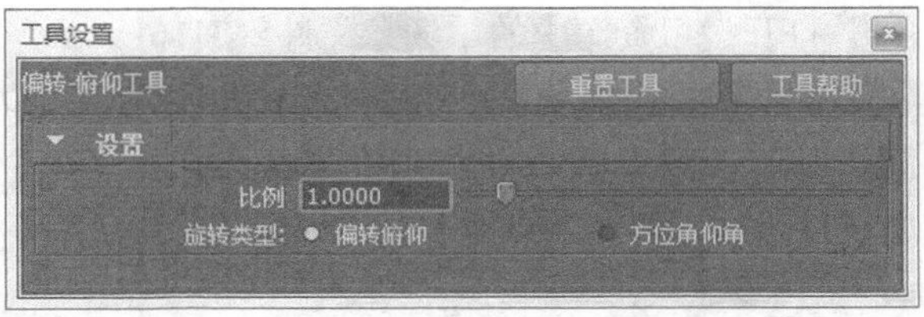

图16-34

技巧与提示

“偏转-俯仰工具”的参数与“方位角仰角工具”的参数相同，这里不再重复讲解。

16.3.10 飞行工具

用“飞行工具”可以让摄影机飞行穿过场景，不会受几何体的约束。按住Ctrl键并向上拖动可以向前飞行，向下拖动可以向后飞行。若要更改摄影机的方向，可以松开Ctrl键，然后拖动鼠标左键。

16.3.11 漫游工具

“漫游工具”可以用第一人的方式透视浏览场景。读者可以创建集和大环境，然后使用该工具的类似于游戏的导航控件在场景中穿梭。打开该工具的“工具设置”对话框，如图16-35所示。

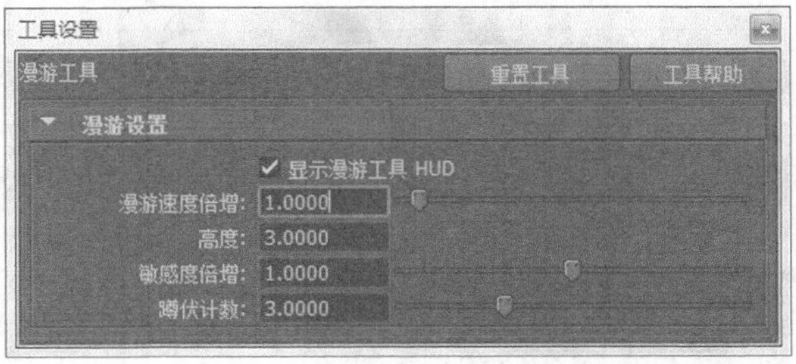

图16-35

漫游工具参数介绍

❖ 显示漫游工具HUD：启用后，激活“漫游工具”时会显示平视显示仪（HUD）消息。

❖ 漫游速度倍增：指定漫游速度的速率。调整滑块可以加快或减慢默认漫游速度。

❖ 高度：指定摄影机和地平面之间的距离。

❖ 敏感度倍增：指定鼠标的敏感度级别。

❖ 蹲伏计数：在蹲伏模式下，将摄影机移近地平面。“蹲伏计数”指定摄影机移向地平面的距离。

16.4 摄影机综合实例：制作景深特效

场景文件 学习资源>场景文件>CH16>a.mb
实例位置 学习资源>实例文件>CH16>16.4.mb
技术掌握 掌握摄影机景深特效的制作方法

本节主要针对摄影机中最为重要的“景深”功能进行介绍（以实例形式），如图16-36所示（左图为默认渲染，右图为景深渲染）。

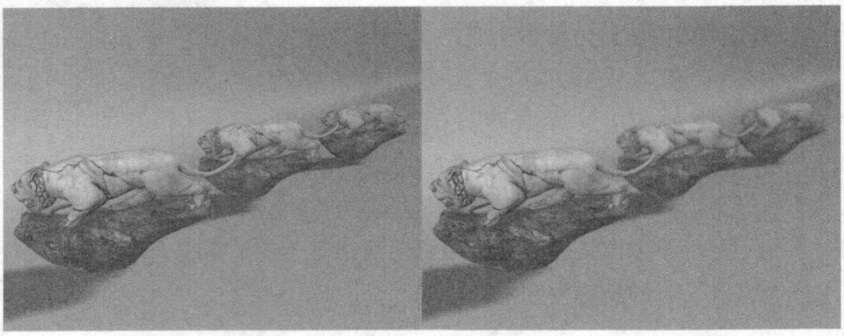

图16-36

01 打开学习资源中的“场景文件>CH16>a.mb”文件，如图16-37所示。

02 测试渲染当前场景，效果如图16-38所示。可以观察到此时的渲染效果，并可以产生景深特效。

03 执行视图菜单中的“视图>选择摄影机”命令，选择视图中的摄影机，然后按快捷键Ctrl+A打开摄影机的“属性编辑器”对话框，接着在“景深”卷展栏下勾选“景深”选项，如图16-39所示。

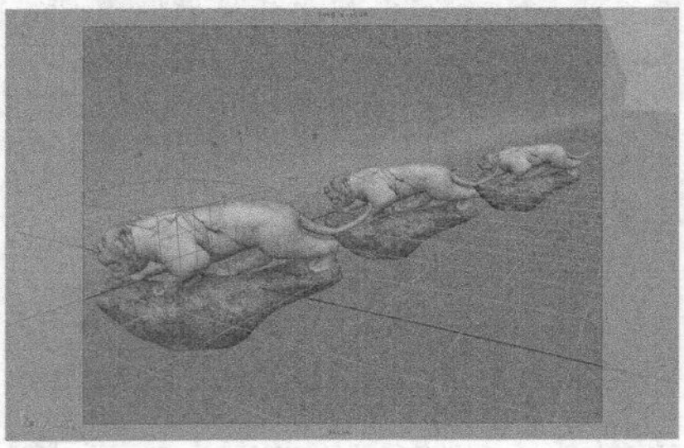

图16-37

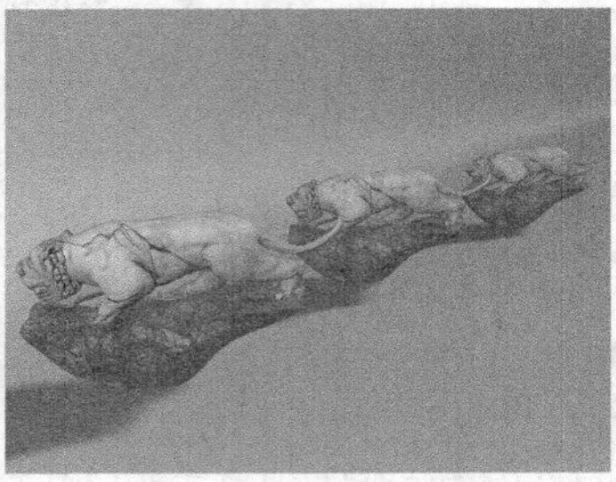

图16-38

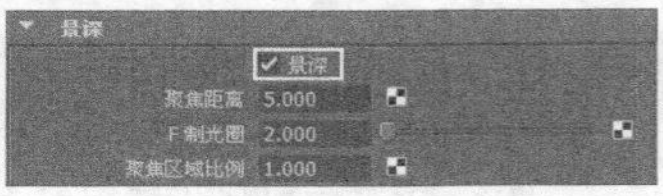

图16-39

技巧与提示

“聚焦距离”选项用来设置景深范围的最远点与摄影机的距离；“F制光圈”选项用来设置景深范围的大小，值越大，景深越大。

04 测试渲染当前场景，效果如图16-40所示。可以观察到场景中已经产生了景深特效，但是景深太大，使场景变得很模糊。

05 将“聚焦距离”设置为5.5、“F制光圈”设置为50，如图16-41所示，然后渲染当前场景，最终效果如图16-42所示。

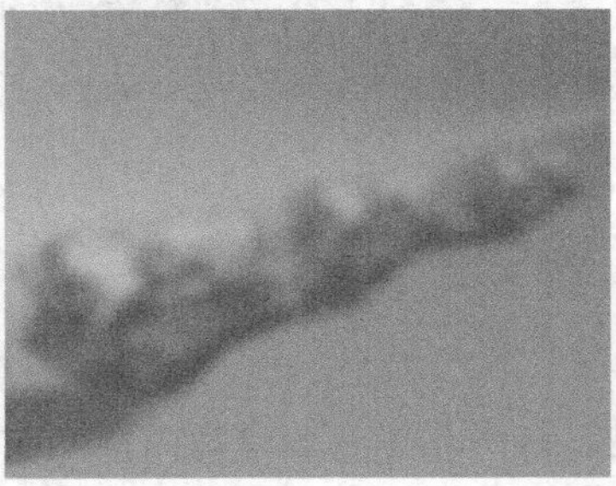

图16-40

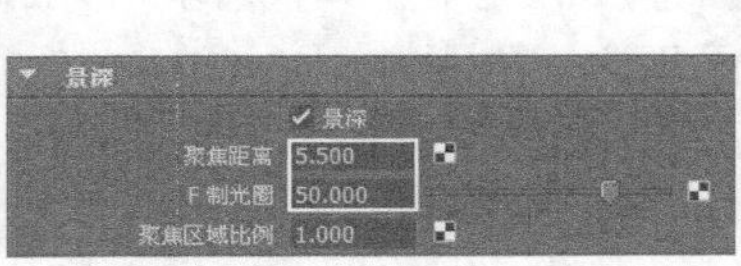

图16-41

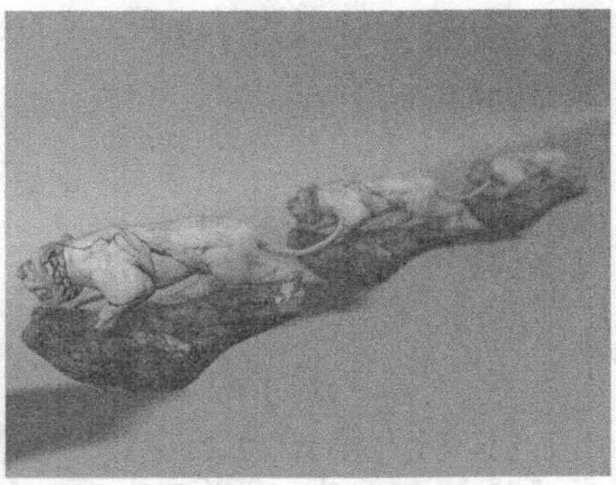

图16-42

技术专题 [剖析景深技术]

“景深”就是指拍摄主题前后所能在一张照片上成像的空间层次的深度。简单地说，景深就是聚焦清晰的焦点前后“可接受的清晰区域”，如图16-43所示。

图16-43

下面介绍景深形成的原理。

1.焦点

与光轴平行的光线射入凸透镜时，理想的镜头应该是所有的光线聚集在一点后，再以锥状的形式扩散开来，这个聚集所有光线的点就称为“焦点”，如图16-44所示。

2.弥散圆

在焦点前后，光线开始聚集和扩散，点的影像会变得模糊，从而形成一个扩大的圆，这个圆就是“弥散圆”，如图16-45所示。

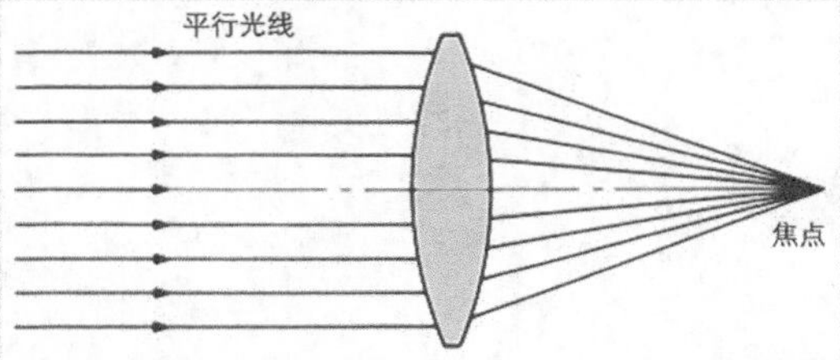

图16-44

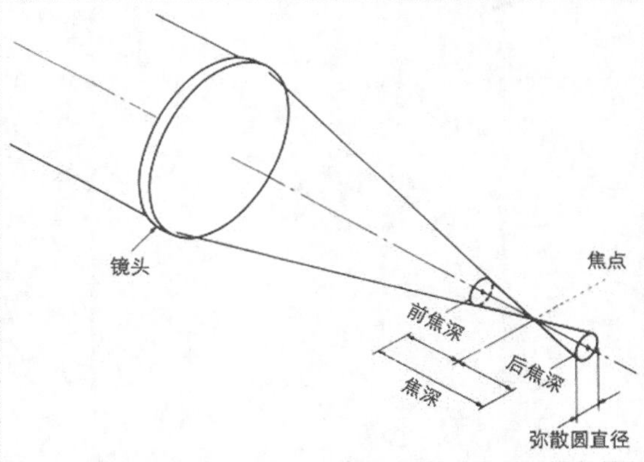

图16-45

每张照片都有主题和背景之分，景深和摄影机的距离、焦距和光圈之间存在着以下3种关系（这3种关系可用图16-46来表达）。

光圈越大，景深越小；光圈越小，景深越大。

镜头焦距越长，景深越小；焦距越短，景深越大。

距离越远，景深越大；距离越近，景深越小。

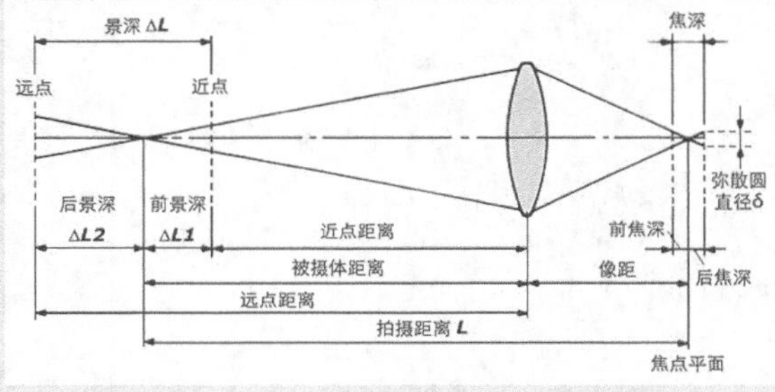

图16-46

景深可以很好地突出主题，不同景深参数下的景深效果也不相同，如图16-47所示突出的是蜘蛛的头部，而图16-48所示突出的是蜘蛛和被捕食的螳螂。

图16-47

图16-48

16.5 知识总结与回顾

本章主要讲解了Maya的摄影机技术，包括摄影机的类型、摄影机的基本设置、摄影机的工具运用以及摄影机景深特效的设置方法。在下一章中，我们将对Maya的材质技术进行详细介绍。

第17章 材质基础知识

要点索引

- 材质编辑器
- 材质的类型

本章导读

本章将介绍Maya材质的基础知识，包括材质技术最重要的“材质编辑器”对话框以及材质的类型等。掌握好了这些基础知识，才能更好地学习后面的内容。

17.1 材质概述

材质主要用于表现物体的颜色、质地、纹理、透明度和光泽等特性，依靠各种类型的材质可以制作出现实世界中的任何物体，如图17-1所示。一幅完美的作品除了需要优秀的模型和良好的光照外，同时也需要具有精美的材质。材质不仅可以模拟现实和超现实的质感，同时也可以增强模型的细节，如图17-2所示。

图17-1

图17-2

17.2 材质编辑器

要在Maya中创建和编辑材质，首先要学会使用Hypershade对话框（Hypershade就是材质编辑器）。Hypershade对话框是以节点网络的方式来编辑材质，使用起来非常方便。在Hypershade对话框中可以很清楚地观察到一个材质的网络结构，并且可以随时在任意两个材质节点之间创建或打断链接。

执行“窗口>渲染编辑器>Hypershade”菜单命令，打开Hypershade对话框，如图17-3所示。

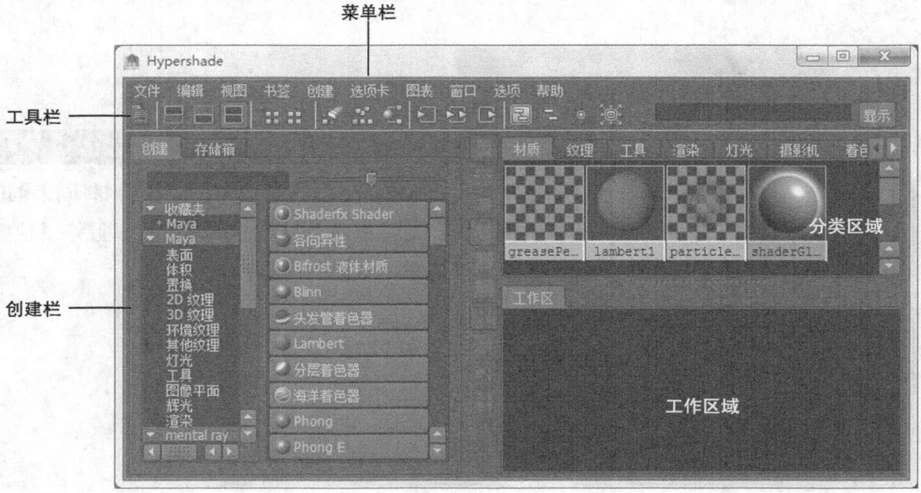

图17-3

技巧与提示

菜单栏中包含了Hypershade对话框中的所有功能，但一般常用的功能都可以通过下面的工具栏、创建栏、分类区域和工作区域来完成。

17.2.1 工具栏

工具栏提供了编辑材质的常用工具，用户可以通过这些工具来编辑材质和调整材质节点的显示方式。

Hypershade对话框工具栏介绍

❖ 开启/关闭创建栏：用来显示或隐藏创建栏，如图17-4所示是隐藏了创建栏的Hypershade对话框。

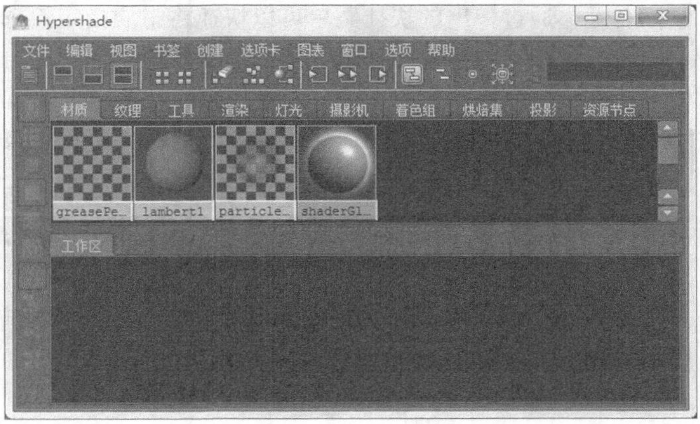

图17-4

❖ 仅显示顶部选项卡：单击该按钮，只显示分类区域，工作区域会被隐藏。

❖ 仅显示底部选项卡：单击该按钮，只显示工作区域，分类区域会被隐藏。

❖ 显示顶部和底部选项卡：单击该按钮，可以将分类区域和工作区域同时显示出来。

❖ 显示前一图表：显示工作区域的上一个节点连接。

❖ 显示下一图表：显示工作区域的下一个节点连接。

❖ 清除图表：用来清除工作区域内的节点网格。

技巧与提示

清除图表只清除工作区域内的节点网格，但节点网格本身并没有被清除，在分类区域中仍然可以找到。

❖ 重新排列图表：用来重新排列工作区域内的节点网格，使工作区域变得更加整洁。

❖ 为选定对象上的材质制图：用来查看选择物体的材质节点，并且可以将选择物体的材质节点网格显示在工作区域内，以方便查找。

❖ 输入连接：显示选定材质的输入连接节点。

❖ 输入和输出连接：显示选定材质的输入和输出连接节点。

❖ 输出连接：显示选定材质的输出连接节点。

17.2.2 创建栏

创建栏用来创建材质、纹理、灯光和工具等节点。直接单击创建栏中的材质球就可以在工作区域中创建出材质节点，同时分类区域也会显示出材质节点，当然也可以通过Hypershade对话框中的“创建”菜单来创建材质。

17.2.3 分类区域

分类区域的主要功能是将节点网格进行分类，以方便用户查找相应的节点，如图17-5所示。

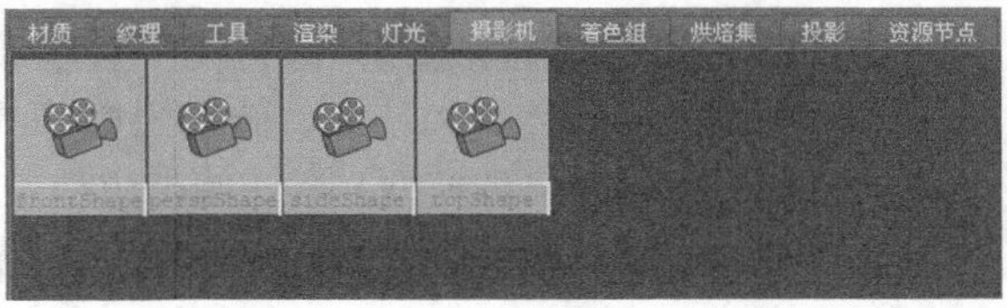

图17-5

技巧与提示

分类区域主要用于分类和查找材质节点，不能用于编辑材质，可以通过Alt+鼠标右键来缩放分类区域。

17.2.4 工作区域

工作区域主要用来编辑材质节点，在这里可以编辑出复杂的材质节点网格。在材质上单击鼠标右键，通过弹出的快捷菜单可以快速将材质指定给选定对象。另外，也可以打开材质节点的“属性编辑器”对话框，对材质属性进行调整。

技巧与提示

使用Alt+鼠标中键可以对工作区域的材质节点进行移动操作；使用Alt+鼠标右键可以对材质节点进行缩放操作。

17.3 材质类型

在创建栏中列出了Maya所有的材质类型，包括“表面”材质、“体积”材质和“置换”材质3大类型，如图17-6所示。

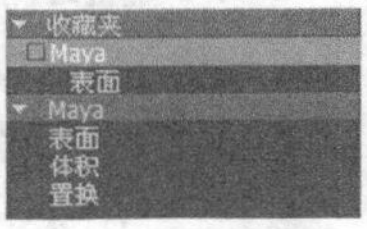

图17-6

17.3.1 表面材质

“表面”材质总共有12种类型，如图17-7所示。表面材质都是很常用的材质类型，物体的表面基本上都是表面材质。

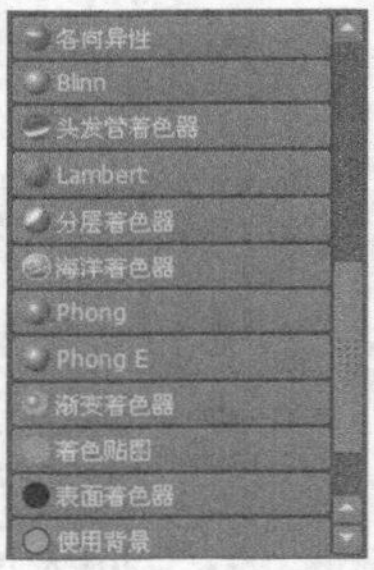

图17-7

表面材质介绍

❖ 各向异性 各向异性：该材质用来模拟物体表面带有细密凹槽的材质效果，如光盘、细纹金属和光滑的布料等，如图17-8所示。

❖ Blinn Blinn：这是使用频率最高的一种材质，主要用来模拟具有金属质感和强烈反射效果的材质，如图17-9所示。

❖ 头发管着色器 头发管着色器：该材质是一种管状材质，主要用来模拟细小的管状物体（如头发），如图17-10所示。

图17-8

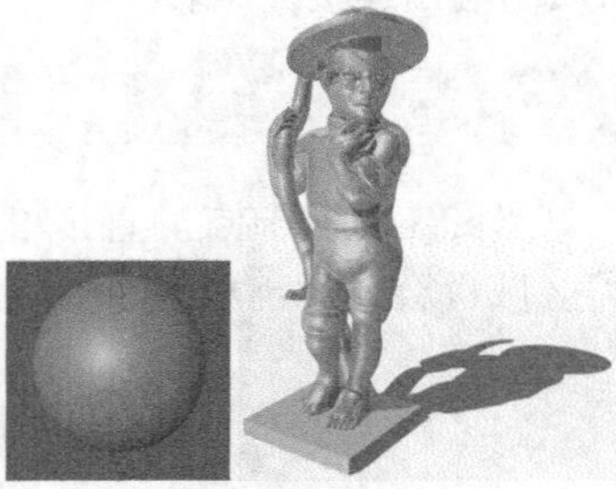

图17-9

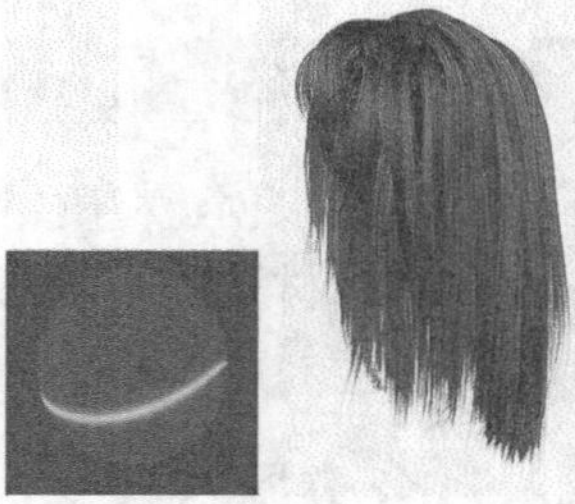

图17-10

❖ Lambert Lambert：这是使用频率最高的一种材质，主要用来制作表面不会产生镜面高光的物体，如墙面、砖和土壤等具有粗糙表面的物体。Lambert材质是一种基础材质，无论是何种模型，其初始材质都是Lambert材质，如图17-11所示。

❖ 分层着色器 分层着色器：该材质可以混合两种或多种材质，也可以混合两种或多种纹理，从而得到一个新的材质或纹理。

❖ 海洋着色器：该材质主要用来模拟海洋的表面效果，如图17-12所示。
❖ Phong：该材质主要用来制作表面比较平滑且具有光泽的塑料效果，如图17-13所示。

图17-11

图17-12

图17-13

❖ Phong E：该材质是Phong材质的升级版，其特性和Phong材质相同，但该材质产生的高光更加柔和，并且能调节的参数也更多，如图17-14所示。
❖ 渐变着色器：该材质在色彩变化方面具有更多的可控特性，可以用来模拟具有色彩渐变的材质效果。
❖ 着色贴图：该材质主要用来模拟卡通风格的材质，可以用来创建各种非照片效果的表面。

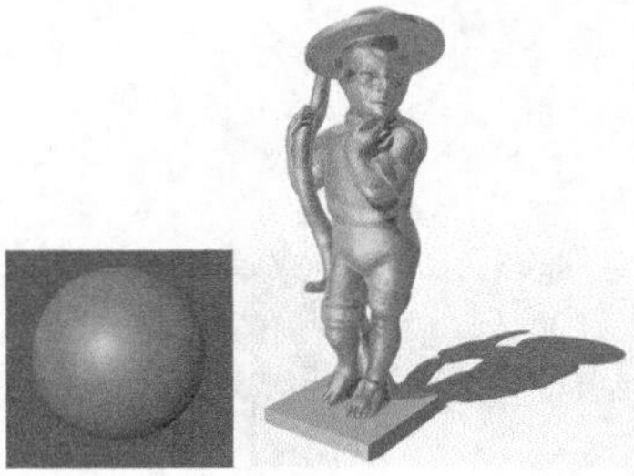

图17-14

❖ 表面着色器：这种材质不进行任何材质计算，它可以直接把其他属性和它的颜色、辉光颜色和不透明度属性连接起来，例如可以把非渲染属性（移动、缩放、旋转等属性）和物体表面的颜色连接起来。当移动物体时，物体的颜色也会发生变化。
❖ 使用背景：该材质可以用来合成背景图像。

17.3.2 体积材质

“体积”材质包括6种类型，如图17-15所示。

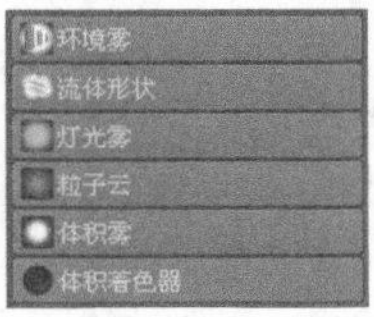

图17-15

体积材质介绍

❖ 环境雾：主要用来设置场景的雾气效果。
❖ 流体形状：主要用来设置流体的形态。
❖ 灯光雾：主要用来模拟灯光产生的薄雾效果。
❖ 粒子云：主要用来设置粒子的材质，该材质是粒子的专用材质。
❖ 体积雾：主要用来控制体积节点的密度。
❖ 体积着色器：主要用来控制体积材质的色彩和不透明度等特性。

17.3.3 置换材质

“置换”材质包括“C肌肉着色器”材质和“置换”材质两种，如图17-16所示。

图17-16

置换材质介绍

❖ C肌肉着色器：该材质主要用来保护模型的中缝，它是另一种置换材质。原来在Zbrush中完成的置换贴图，用这个材质可以消除UV的接缝，而且速度比“置换”材质要快很多。
❖ 置换：用来制作表面的凹凸效果。与“凹凸”贴图相比，“置换”材质所产生的凹凸是在模型表面产生的真实凹凸效果，而“凹凸”贴图只是使用贴图来模拟凹凸效果，所以模型本身的形态不会发生变化，其渲染速度要比“置换”材质快。

17.4 知识总结与回顾

本章主要讲解了Maya材质的基础知识，在这些内容中，“材质编辑器”对话框的用法大家必须完全掌握。在下一章中，我们将对材质的属性进行详细介绍。

第18章 材质的属性

要点索引

- 材质的公用属性
- 材质的高光属性
- 材质的光线跟踪属性

本章导读

本章将介绍Maya材质的公用属性、高光属性以及光线跟踪属性。Maya中的材质非常多，但常用材质的属性都有类似之处。另外，本章安排了10个实际工作中最常见的材质设置实例，希望大家勤加练习。

18.1 材质的公用属性

每种材质都有自己的属性，但各种材质之间又具有一些相同的属性。本节就对材质的各种属性进行介绍。

“各向异性”、Blinn、Lambert、Phong和Phong E材质具有一些共同的属性，因此只需要掌握其中一种材质的属性即可。

在创建栏中单击Blinn材质球，在工作区域中创建一个Blinn材质，然后在材质节点上双击鼠标左键或按快捷键Ctrl+A，打开该材质的“属性编辑器”对话框，如图18-1所示是材质的通用参数。

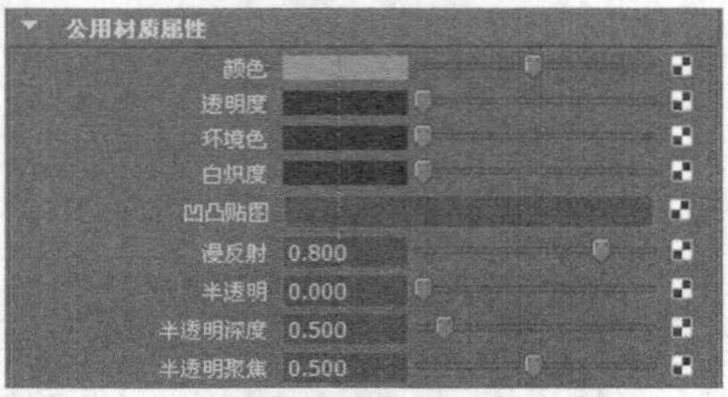

图18-1

公用材质属性卷展栏参数介绍

❖ 颜色：颜色是材质最基本的属性，即物体的固有色。颜色决定了物体在环境中所呈现的色调，在调节时可以采用RGB颜色模式或HSV颜色模式来定义材质的固有颜色，当然也可以使用纹理贴图来模拟材质的颜色，如图18-2所示。

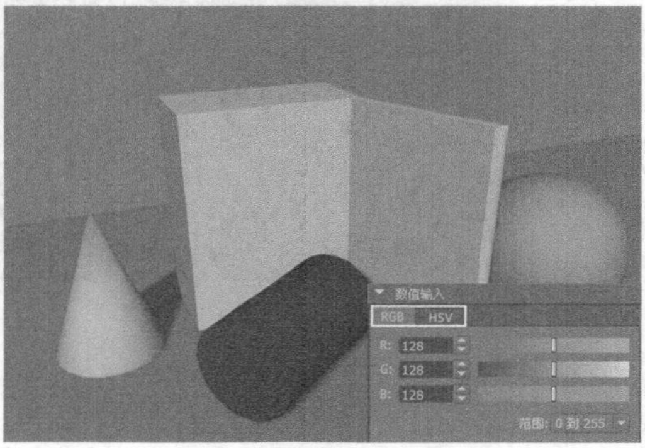

图18-2

技术专题 常用颜色模式

RGB颜色模式：该模式是工业界的一种颜色标准模式，是通过对R（红）、G（绿）、B（蓝）3个颜色通道的变化以及它们相互之间的叠加来得到各式各样的颜色效果，如图18-3所示。RGB颜色模式几乎包括了人类视眼所能感知的所有颜色，是目前运用最广的颜色系统。另外，本书所有颜色设置均采用RGB颜色模式。

HSV颜色模式：H（Hue）代表色相、S（Saturation）代表色彩的饱和度、V（Value）代表色彩的明度，它是Maya默认的颜色模式，但是调节起来没有RGB颜色模式方便，如图18-4所示。

CMYK颜色模式：该颜色模式是通过对C（青）、M（洋红）、Y（黄）、K（黑）4种颜色变化以及它们相互之间的叠加来得到各种颜色效果，如图18-5所示。CMYK颜色模式是专用的印刷模式，但是在Maya中不能创建带有CMYK颜色的图像，如果使用CMYK颜色模式的贴图，Maya可能会显示错误。CMYK颜色模式的颜色数量要少于RGB颜色模式的颜色数量，所以印刷出的颜色往往没有屏幕上显示出来的颜色鲜艳。

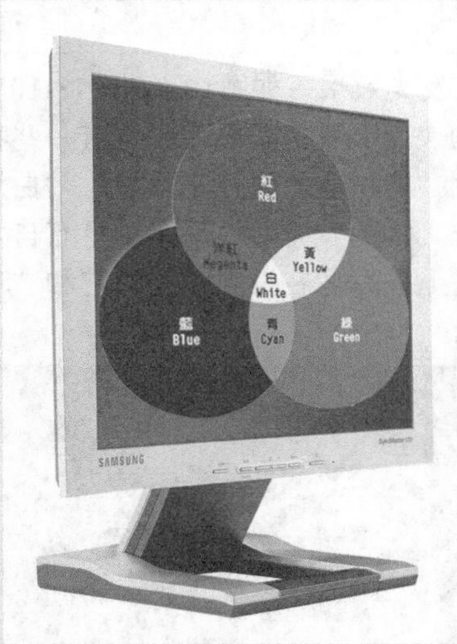

图18-3

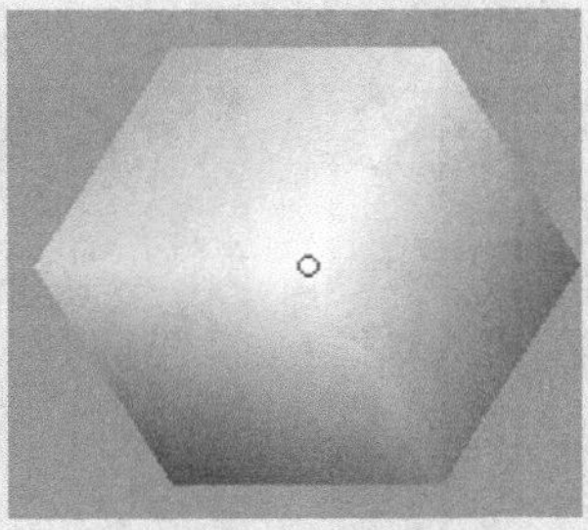

图18-4

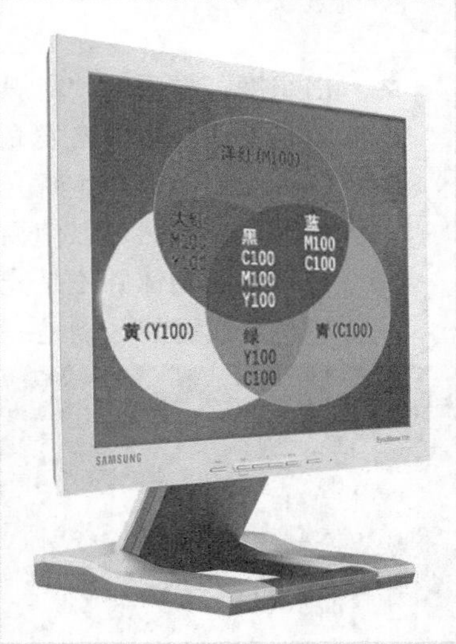

图18-5

❖ 透明度："透明度"属性决定了在物体后面的物体的可见程度，如图18-6所示。在默认情况下，物体的表面是完全不透明的（黑色代表完全不透明，白色代表完全透明）。

技巧与提示

在大多数情况下，"透明度"属性和"颜色"属性可以一起控制色彩的透明效果。

图18-6

❖ 环境色："环境色"是指由周围环境作用于物体所呈现出来的颜色，即物体背光部分的颜色，如图18-7和图18-8所示分别是在黑色和黄色环境色下的球体效果。

图18-7

图18-8

技巧与提示

在默认情况下，材质的环境色都是黑色，而在实际工作中为了得到更真实的渲染效果（在不增加辅助光照的情况下），可以通过调整物体材质的环境色来得到良好的视觉效果。当环境色变亮时，它可以改变被照亮部分的颜色，使两种颜色互相混合。另外，环境色还可以作为光源来使用。

❖ 白炽度：材质的“白炽度”属性可以使物体表面产生自发光效果，如图18-9和图18-10所示是不同颜色的自发光效果。在自然界中，一些物体的表面能够自我照明，也有一些物体的表面能够产生辉光，比如在模拟熔岩时就可以使用“白炽度”属性来模拟。“白炽度”属性虽然可以使物体表面产生自发光效果，但并非真实的发光，也就是说具有自发光效果的物体并不是光源，没有任何照明作用，只是看上去好像在发光一样，它和“环境色”属性的区别是一个是主动发光，一个是被动发光。

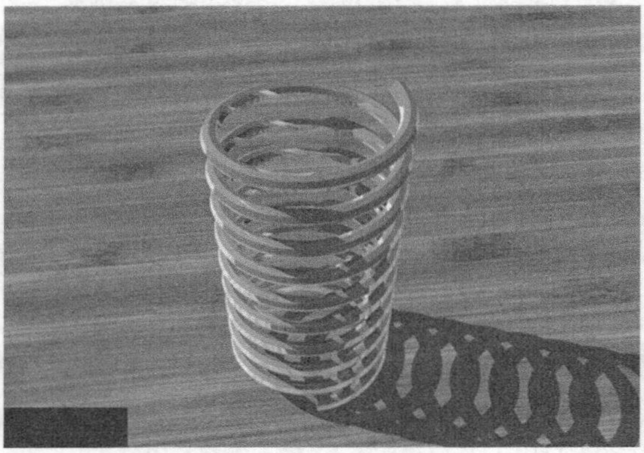

图18-9

图18-10

❖ 凹凸贴图：“凹凸贴图”属性可以通过设置一张纹理贴图来使物体的表面产生凹凸不平的效果。利用凹凸贴图可以在很大程度上提高工作效率，因为采用建模的方式来表现物体表面的凹凸效果会耗费很多时间。

技术专题 凹凸贴图与置换材质的区别

凹凸贴图只是视觉假象，而置换材质会影响模型的外形，所以凹凸贴图的渲染速度要快于置换材质。另外，在使用凹凸贴图时，一般要与灰度贴图一起配合使用，如图18-11所示。

凹凸贴图　　灰度贴图

图18-11

❖ 漫反射：“漫反射”属性表示物体对光线的反射程度，较小的值表明该物体对光线的反射能力较弱（如透明的物体）；较大的值表明物体对光线的反射能力较强（如较粗糙的表面）。“漫反射”属性的默认值是0.8，在一般情况下，默认值就可以渲染出较好的效果。虽然在材质编辑过程中并不会经常对“漫反射”属性值进行调整，但是它对材质颜色的影响却非常大。当“漫反射”值为0时，材质的环境色将替代物体的固有色；当“漫反射”值为1时，材质的环境色可以增加图像的鲜艳程度。在渲染真实的自然材质时，使用较小的“漫反射”值即可得到较好的渲染效果，如图18-12所示。

❖ 半透明：“半透明”属性可以使物体呈现出透明效果。在现实生活中经常可以看到这样的物体，如蜡烛、树叶、皮肤和灯罩等，如图18-13所示。当“半透明”数值为0时，表示关闭材质的透明属性，然而随着数值的增大，材质的透光能力将逐渐增强。

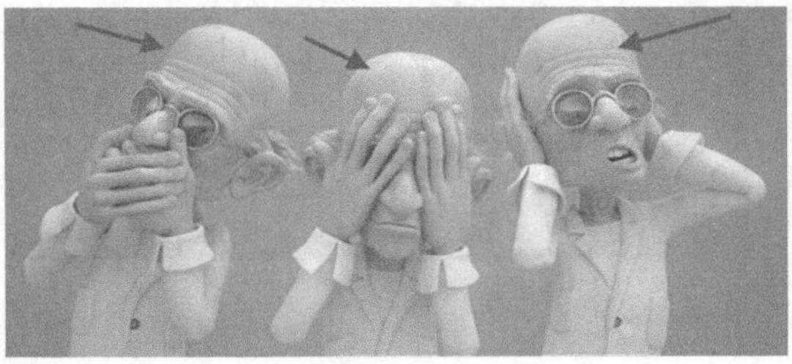
图18-12

图18-13

技巧与提示

在设置透明效果时，“半透明”相当于一个灯光，只有当“半透明”设置为一个大于0的数值时，透明效果才能起作用。

❖ 半透明深度：“半透明深度”属性可以控制阴影投射的距离。该值越大，阴影穿透物体的能力越强，从而映射在物体的另一面。

❖ 半透明聚焦：“半透明焦点”属性可以控制在物体内部由于光线散射造成的扩散效果。该数值越小，光线的扩散范围越大，反之就越小。

18.2 材质的高光属性

在“各向异性”、Blinn、Lambert、Phong和Phong E这些材质中，主要的不同之处就是它们的高光属性。“各向异性”材质可以产生一些特殊的高光效果，Blinn材质可以产生比较柔和的高光效果，而Phong和Phong E材质会产生比较锐利的高光效果。

18.2.1 各向异性高光属性

创建一个“各向异性”材质，然后打开其“属性编辑器”对话框，接着展开“镜面反射着色”卷展栏，如图18-14所示。

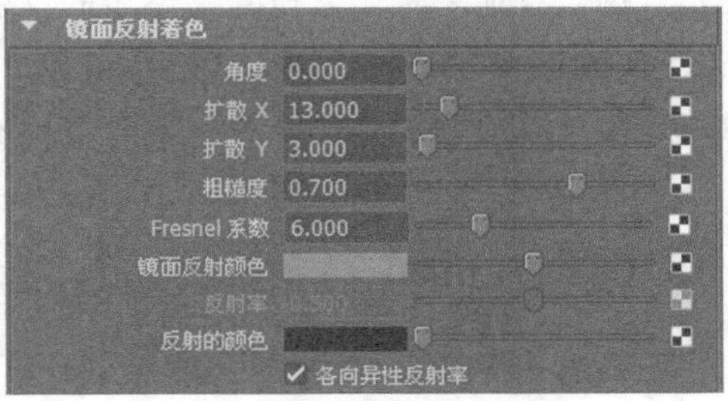

图18-14

各向异性材质参数介绍

❖ 角度：用来控制椭圆形高光的方向。“各向异性”材质的高光比较特殊，它的高光区域是一个月牙形。

❖ 扩散X：用来控制x方向的拉伸长度。

❖ 扩散Y：用来控制y方向的拉伸长度。

❖ 粗糙度：用来控制高光的粗糙程度。数值越大，高光越强，高光区域就越分散；数值越小，高光越小，高光区域就越集中。

❖ Fresnel系数：用来控制高光的强弱。

❖ 镜面反射颜色：用来设置高光的颜色。

❖ 反射率：用来设置反射的强度。

❖ 反射的颜色：用来控制物体的反射颜色，可以在其颜色通道中添加一张环境贴图来模拟周围的反射效果。

❖ 各向异性反射率：用来控制是否开启“各向异性”材质的“反射率”属性。

18.2.2 Blinn高光属性

创建一个Blinn材质，然后打开其“属性编辑器”对话框，接着展开“镜面反射着色”卷展栏，如图18-15所示。

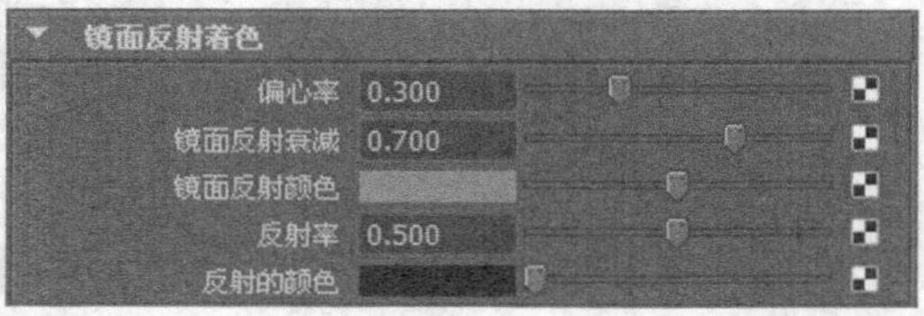

图18-15

Blinn材质参数介绍

❖ 偏心率：用来控制材质上高光面积的大小。值越大，高光面积越大；值为0时，表示不产生高光效果。

❖ 镜面反射衰减：用来控制Blinn材质的高光的衰减程度。

❖ 镜面反射颜色：用来控制高光区域的颜色。当颜色为黑色时，表示不产生高光效果。

❖ 反射率：用来设置物体表面反射周围物体的强度。值越大，反射越强；值为0时，表示不产生反射效果。

❖ 反射的颜色：用来控制物体的反射颜色，可以在其颜色通道中添加一张环境贴图来模拟周围的反射效果。

18.2.3 Phong高光属性

创建一个Phong材质，然后打开其“属性编辑器”对话框，接着展开“镜面反射着色”卷展栏，如图18-16所示。

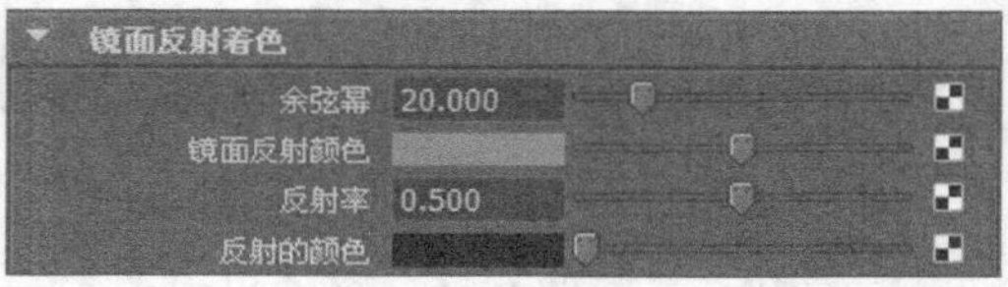

图18-16

Phong材质参数介绍

❖ 余弦幂：用来控制高光面积的大小。数值越大，高光越小，反之越大。

❖ 镜面反射颜色：用来控制高光区域的颜色。当高光颜色为黑色时，表示不产生高光效果。

❖ 反射率：用来设置物体表面反射周围物体的强度。值越大，反射越强；值为0时，表示不产生反射效果。

❖ 反射的颜色：用来控制物体的反射颜色，可以在其颜色通道中添加一张环境贴图来模拟周围的反射效果。

18.2.4 Phong E高光属性

创建一个Phong E材质，然后打开其“属性编辑器”对话框，接着展开“镜面反射着色”卷展栏，如图18-17所示。

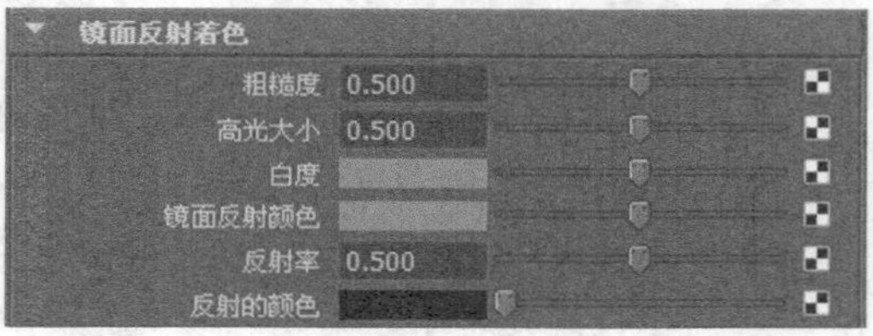

图18-17

Phong E材质参数介绍

❖ 粗糙度：用来控制高光中心的柔和区域的大小。

❖ 高光大小：用来控制高光区域的整体大小。

❖ 白度：用来控制高光中心区域的颜色。

❖ 镜面反射颜色：用来控制高光区域的颜色。当高光颜色为黑色时，表示不产生高光效果。

❖ 反射率：用来设置物体表面反射周围物体的强度。值越大，反射越强；值为0时，表示不产生反射效果。

❖ 反射的颜色：用来控制物体的反射颜色，可以在其颜色通道中添加一张环境贴图来模拟周围的反射效果。

18.3 材质的光线跟踪属性

因为“各向异性”、Blinn、Lambert、Phong和Phong E材质的“光线跟踪”属性都相同，在这里选择Phong E材质来进行讲解。

打开Phong E材质的“属性编辑器”对话框，然后展开“光线跟踪选项”卷展栏，如图18-18所示。

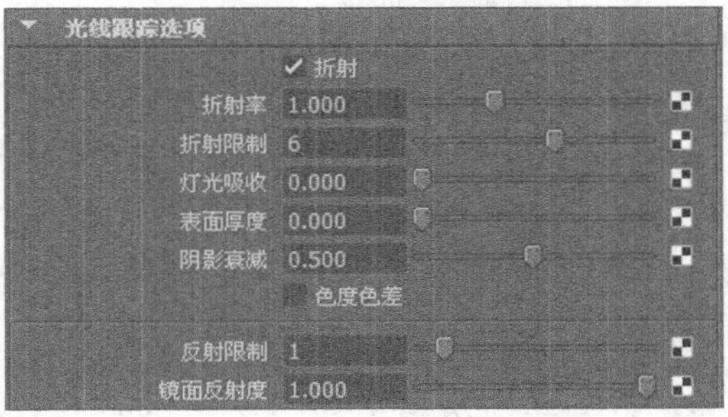

图18-18

光线跟踪选项卷展栏参数介绍

❖ 折射：用来决定是否开启折射功能。

❖ 折射率：用来设置物体的折射率。折射是光线穿过不同介质时发生的弯曲现象，折射率就是光线弯曲的大小，如图18-19所示为常见介质的折射率。

介质	折射率
真空	1.0000
空气	1.0003
冰	1.3090
水	1.3333
玻璃	1.5000
红宝石	1.7700
蓝宝石	1.7700
水晶	2.0000
钻石	2.4170
翡翠	1.570

图18-19

❖ 折射限制：用来设置光线穿过物体时产生折射的最大次数。数值越高，渲染效果越真实，但渲染速度会变慢。

技巧与提示

“折射限制”数值如果低于6，Maya就不会计算折射，所以该数值只能等于或大于6才有效。在一般情况下，设置为9~10即可获得比较高的渲染质量。

❖ 灯光吸收：用来控制物体表面吸收光线的能力。值为0时，表示不吸收光线；值越大，吸收的光线就越多。

❖ 表面厚度：用于渲染单面模型，可以产生一定的厚度效果。

❖ 阴影衰减：用于控制透明对象产生光线跟踪阴影的聚焦效果。

❖ 色度色差：当开启光线跟踪功能时，该选项用来设置光线穿过透明物体时以相同的角度进行折射。

❖ 反射限制：用来设置物体被反射的最大次数。

❖ 镜面反射度：用于避免在反射高光区域产生锯齿闪烁效果。

技巧与提示

若要使用“光线跟踪”功能，必须在“渲染设置”对话框中开启“光线跟踪”选项后才能正常使用，如图18-20所示。

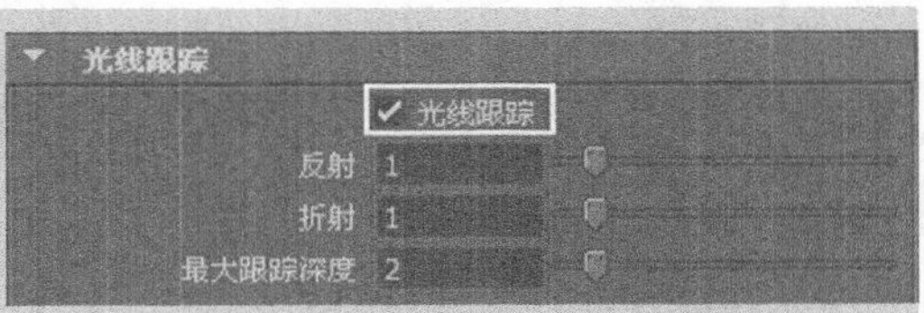

图18-20

18.4 常用材质设置练习

在实际工作中会遇到各种各样的材质，比如玻璃材质、金属材质、皮肤材质等。本节就以实例的形式针对在实际工作中经常遇到的各种材质进行练习。

【练习18-1】：制作迷彩材质

场景文件 学习资源>场景文件>CH18>a.mb
实例位置 学习资源>实例文件>CH18>练习18-1.mb
技术掌握 掌握如何用纹理控制材质的颜色属性

本例用“分形纹理”“层纹理”及Lambert材质制作的迷彩材质效果如图18-21所示。

图18-21

01 打开学习资源中的“场景文件>CH18>a.mb”文件，如图18-22所示。

02 打开Hypershade对话框，然后创建一个“分形”纹理节点，如图18-23所示。

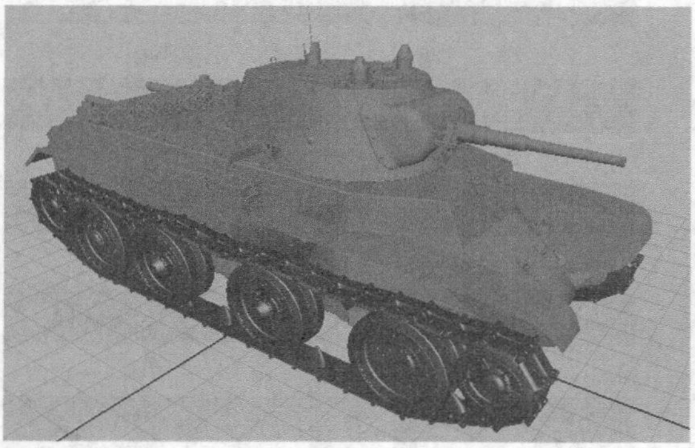

图18-22

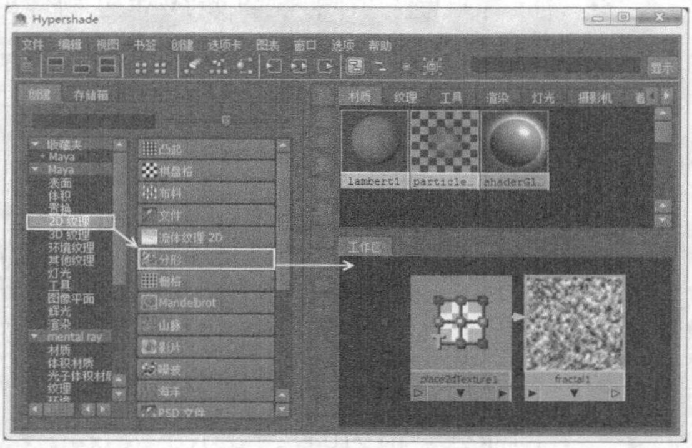

图18-23

03 双击分形纹理节点，打开其“属性编辑器”对话框，然后设置其名称为green，接着在“分形属性”卷展栏下设置“比率”为0.504、“频率比”为20、“最高级别”为15.812、“偏移”为0.812，最后在“颜色平衡”卷展栏下设置“颜色偏移”为（R:89，G:178，B:89），具体参数设置如图18-24所示。

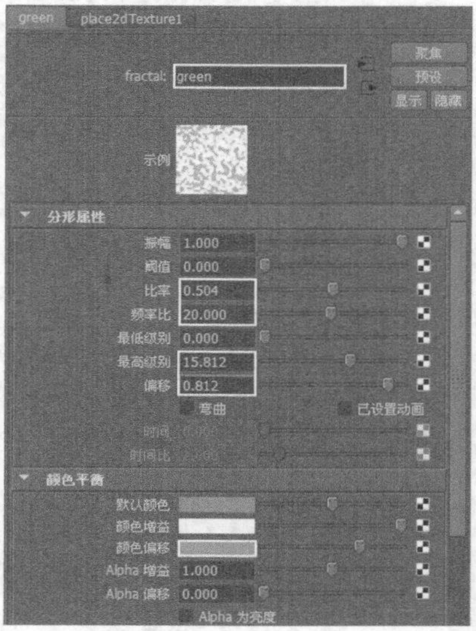

图18-24

04 选择“分形纹理”节点，然后按快捷键Ctrl+D复制一个“分形纹理”节点，如图18-25所示。

05 打开复制出来的“分形纹理”节点的“属性编辑器”对话框，然后设置节点名称为red，接着在“分形属性”卷展栏下勾选“已设置动画”选项，并设置“时间”为15，最后在“颜色平衡”卷展栏下设置“颜色偏移”为（R:102，G:9，B:9），具体参数设置如图18-26所示。

06 创建一个Lambert材质和一个“分层纹理”节点，如图18-27所示。

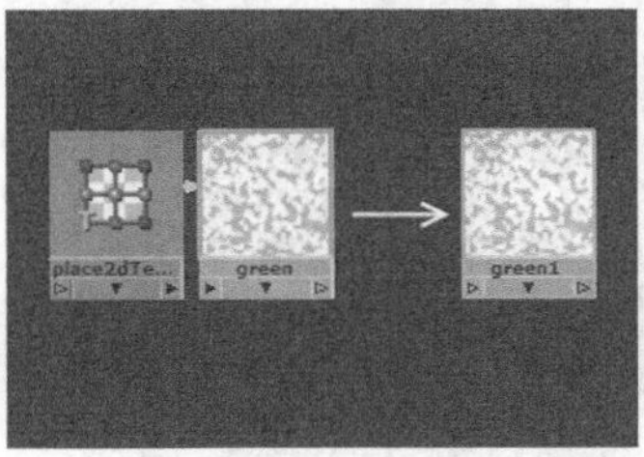

图18-25

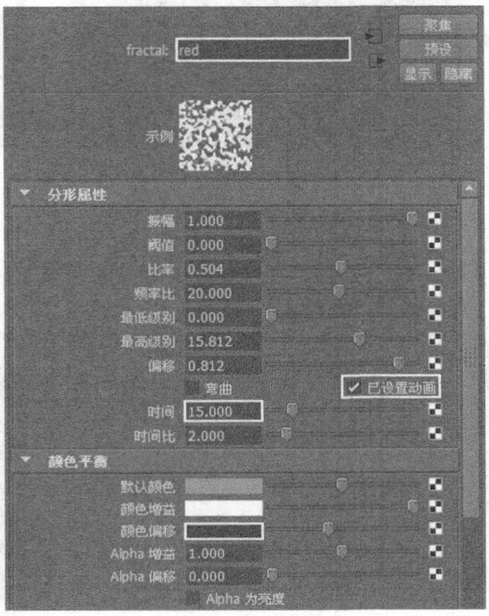

图18-26

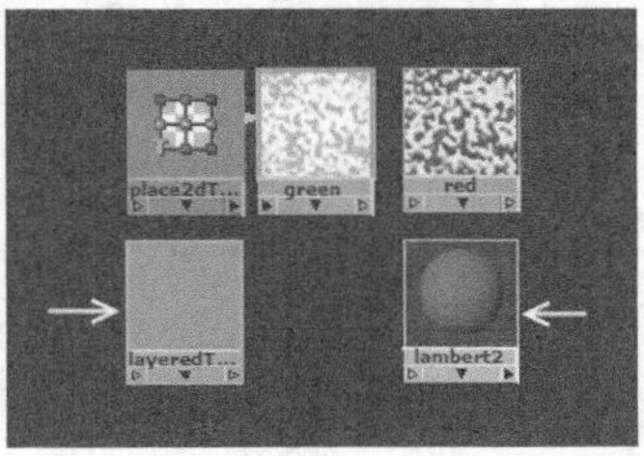

图18-27

技巧与提示

在“收藏夹”列表中选择“其他纹理”选项，然后单击“分层纹理”图标，即可创建一个“分层纹理”节点，如图18-28所示。

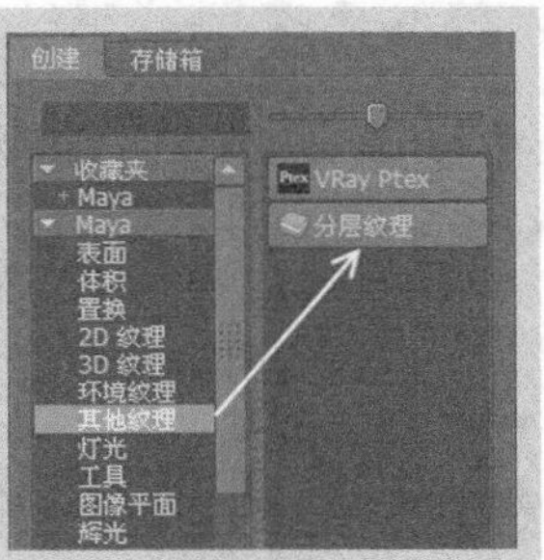

图18-28

07 打开“分层纹理属性”节点的“属性编辑器”对话框，然后用鼠标中键将green纹理节点拖曳到如图18-29所示的位置，接着单击绿色节点下方的⊠图标，删除该节点，最后用鼠标中键将red纹理节点拖曳到如图18-30所示的位置。

08 在“分层纹理属性”卷展栏下设置red节点的“混合模式”为“相乘”，如图18-31所示。

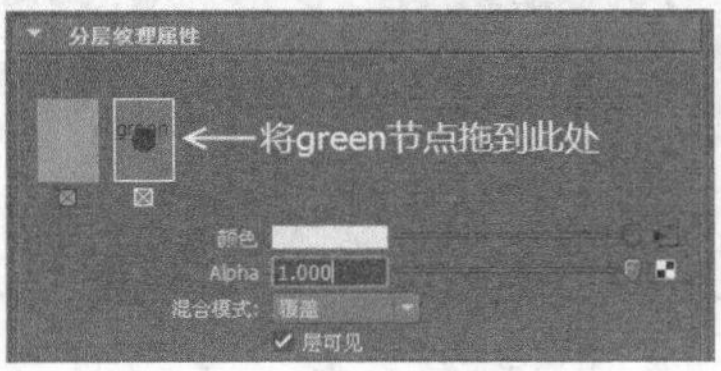

图18-29

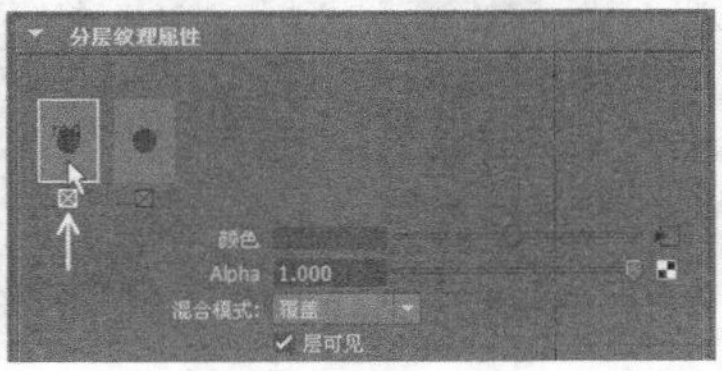

图18-30

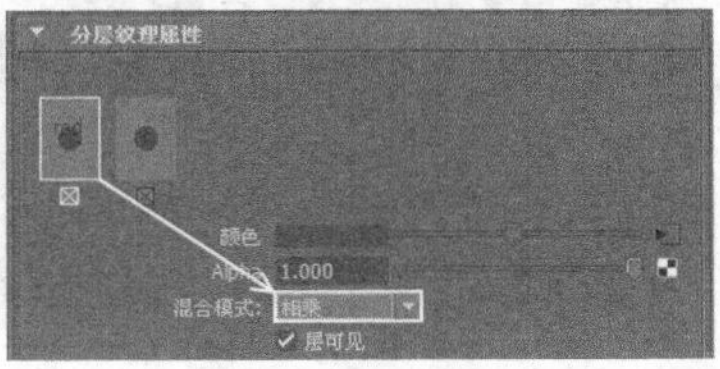

图18-31

09 将green节点的“混合模式”设置为“覆盖”，然后设置Alpha为0.46，如图18-32所示。

10 打开Lambert材质的“属性编辑器”对话框，然后用鼠标中键将“层纹理”节点拖曳到Lambert材质的“颜色”属性上，如图18-33所示，制作好的材质节点效果如图18-34所示。

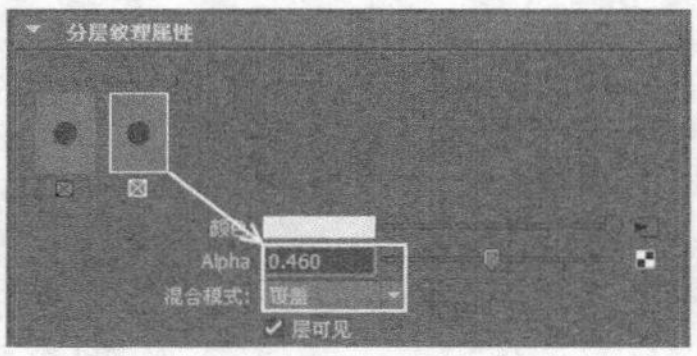

图18-32

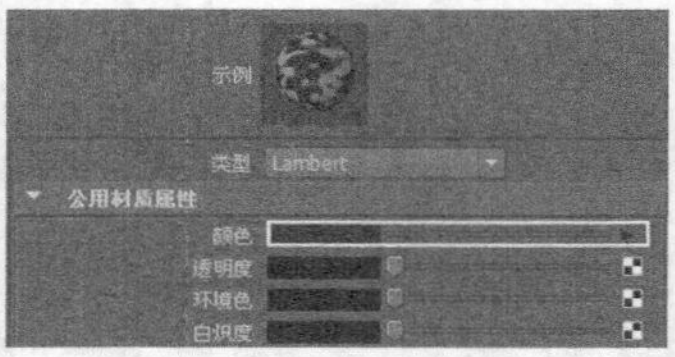

图18-33

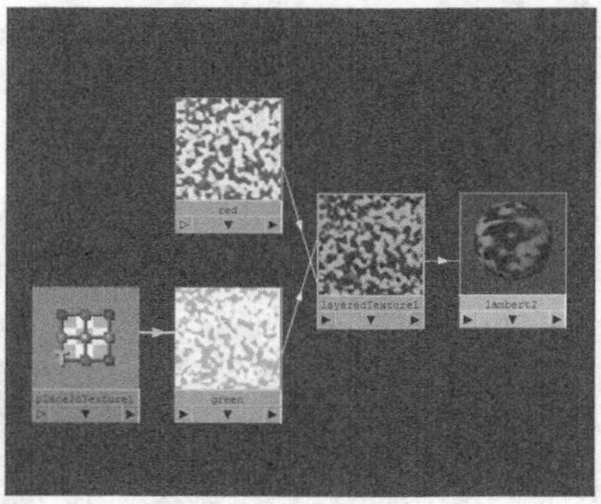

图18-34

技巧与提示

将“层纹理”节点拖曳到Lambert材质的“颜色”属性上，可以让“层纹理”节点的属性控制Lambert材质的“颜色”属性。

11 将设置好的Lambert材质指定给模型，然后渲染当前场景，最终效果如图18-35所示。

技巧与提示

注意，纹理不能直接指定给模型，只有材质才能指定给模型。

图18-35

【练习18-2】：制作玻璃材质

场景文件 学习资源>场景文件>CH18>b.mb
实例位置 学习资源>实例文件>CH18>练习18-2.mb
技术掌握 掌握如何用Blinn材质制作玻璃材质

本例使用Blinn材质、“采样信息”节点、“渐变”节点和“环境铬”节点制作的玻璃材质效果如图18-36所示。

01 打开学习资源中的“场景文件>CH18>b.mb”文件，如图18-37所示。

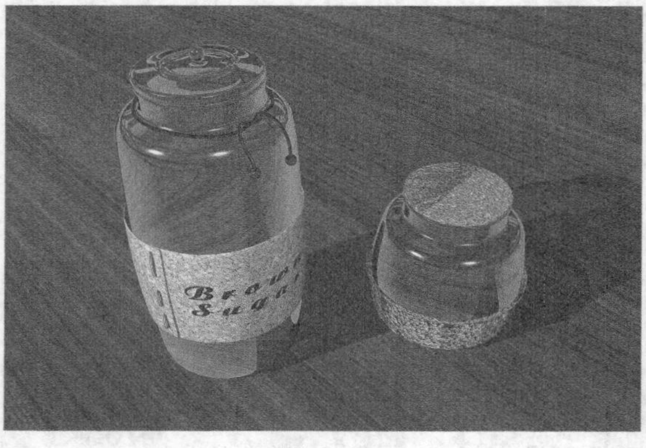

图18-36

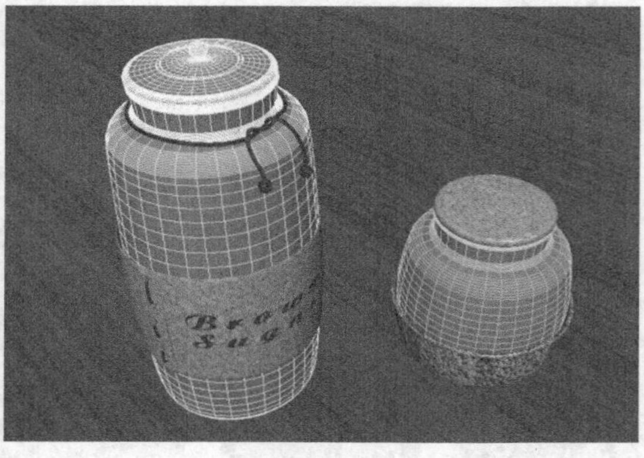

图18-37

技巧与提示

本场景已经设置好了灯光和部分材质，下面只设置瓶子的材质，即玻璃材质。

02 创建一个Blinn材质，然后打开其“属性编辑器”对话框，将其命名为glass，接着设置“颜色”为黑色，最后设置“偏心率”为0.06、“镜面反射衰减”为2、“镜面反射颜色”为白色，具体参数设置如图18-38所示。

03 创建一个“采样信息”节点和“渐变”纹理节点，然后在“采样信息”节点上单击鼠标中键，并在弹出的菜单中选择“其他”命令，如图18-39所示，打开“连接编辑器”对话框，最后将“采样信息”节点的facingRatio（面比率）连接到“渐变”节点的vCoord（V坐标）属性上，如图18-40所示。

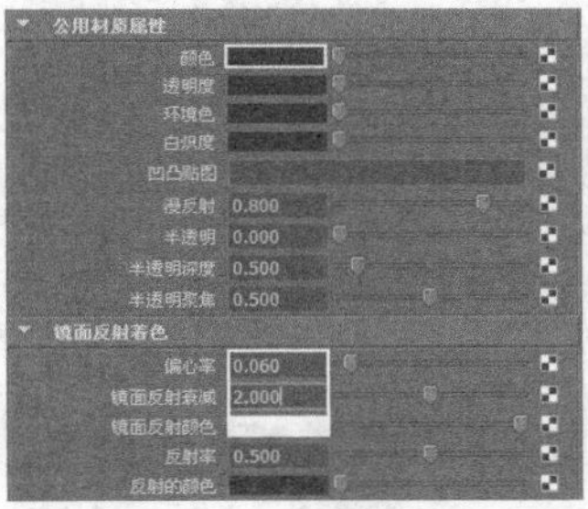
图18-38

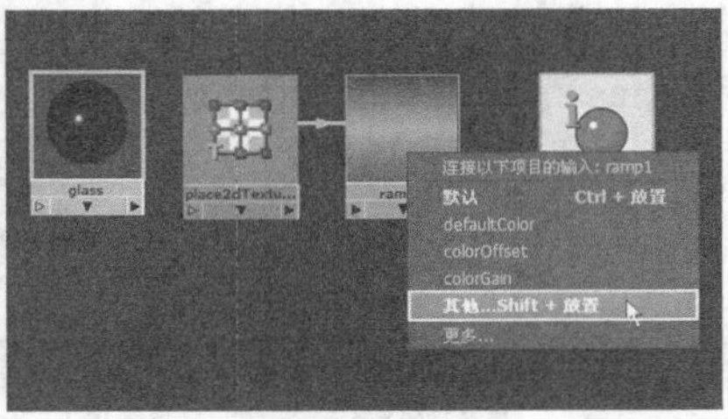
图18-39

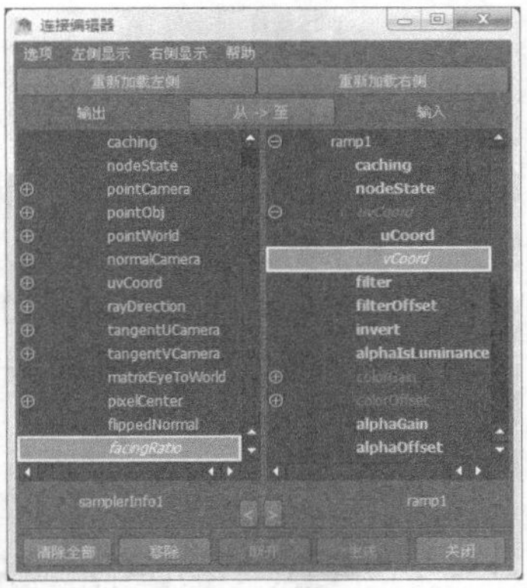
图18-40

04 打开“渐变”节点的“属性编辑器”对话框，然后设置第1个色标的“选定位置”为0.69，接着设置“选定颜色”为（R:7，G:7，B:7）；设置第2个色标的“选定位置”为0，接着设置“选定颜色”为（R:81，G:81，B:81），如图18-41所示。

05 用鼠标中键将“渐变”节点拖曳到glass材质节点上，然后在弹出的菜单中选择“其他”命令，打开“连接编辑器”对话框，接着将“渐变”节点的outAlpha（输出Alpha）属性连接到glass节点的reflectivity（反射率）属性上，如图18-42所示。

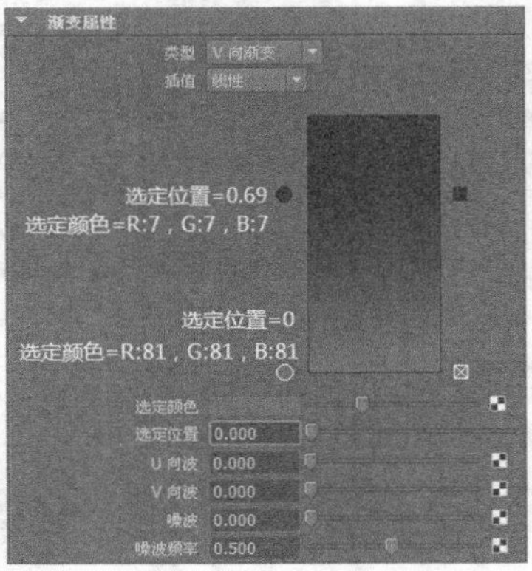

图18-41

图18-42

06 创建一个“环境铬”节点，然后用鼠标中键将其拖曳到glass材质节点上，在弹出的菜单中选择“其他”命令，打开“连接编辑器”对话框，接着将“环境铬”节点的outColor（输出颜色）属性连接到glass节点的reflectedColor（反射颜色）属性上，如图18-43所示，此时的材质节点效果如图18-44所示。

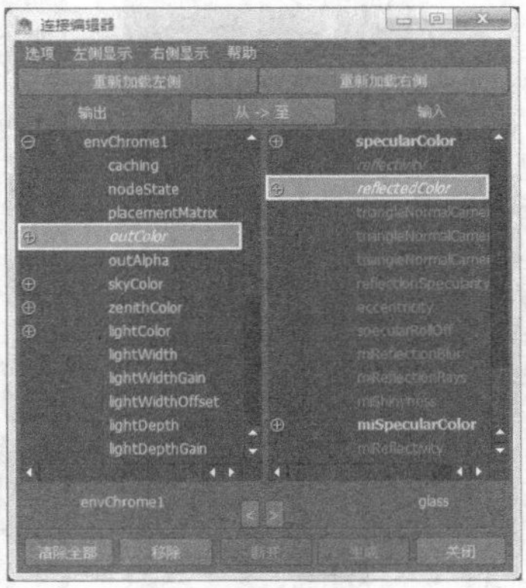
图18-43

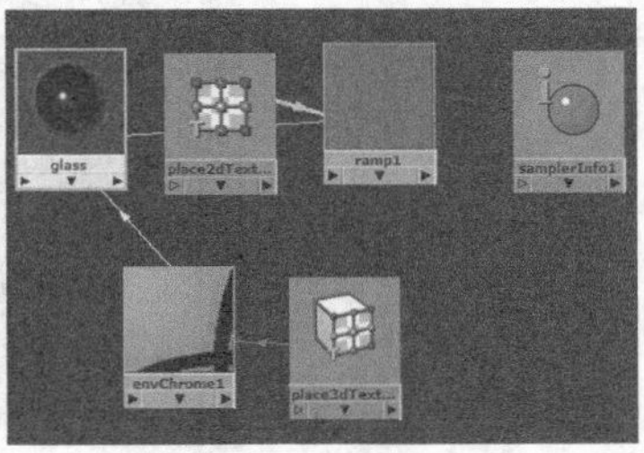
图18-44

07 打开“环境铬”节点的“属性编辑器”对话框，设置好各项参数，具体参数设置如图18-45所示。

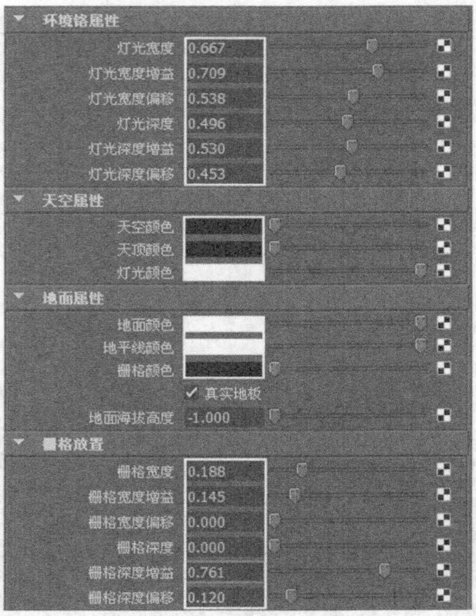

图18-45

08 再次创建一个“渐变”节点，然后用鼠标中键将其拖曳到glass材质节点上，在弹出的菜单中选择“其他”命令，打开“连接编辑器”对话框，接着将“渐变”节点的outColor（输出颜色）属性连接到glass节点的transparency（半明度）属性上，如图18-46所示，此时的材质节点效果如图18-47所示。

图18-46

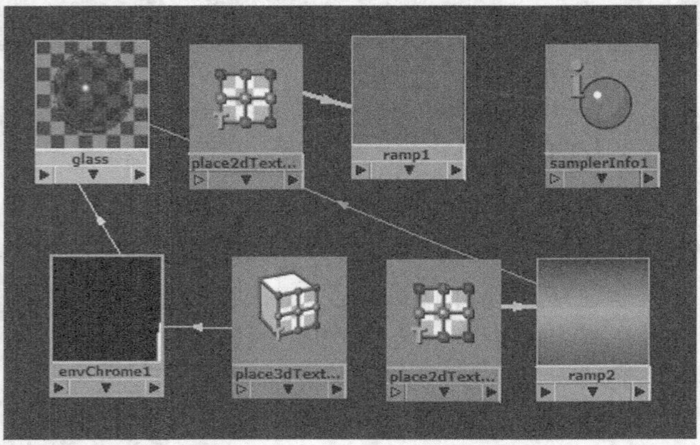

图18-47

09 打开“渐变”节点的“属性编辑器”对话框，然后设置“插值”为“平滑”，接着设置第1个色标的“选定位置”为0.61，再设置“选定颜色”为（R:240，G:240，B:240）；设置第2个色标的“选定位置”为0，再设置“选定颜色”为（R:35，G:35，B:35），如图18-48所示，设置好的材质节点效果如图18-49所示。

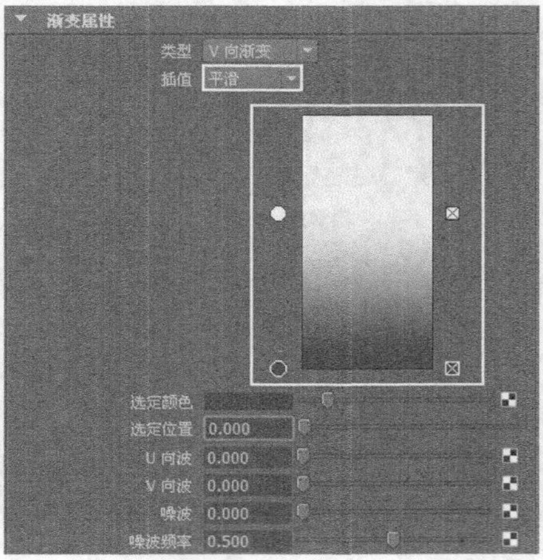

图18-48

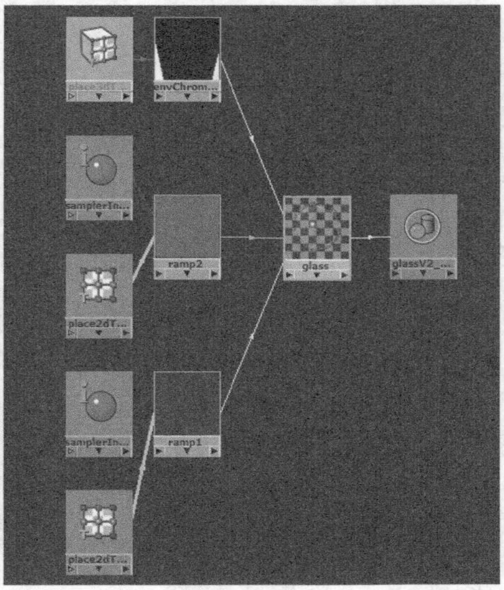

图18-49

10 将设置好的glass材质指定给瓶子模型，然后渲染当前场景，最终效果如图18-50所示。

图18-50

【练习18-3】：制作昆虫材质

场景文件 学习资源>场景文件>CH18>c.mb
实例位置 学习资源>实例文件>CH18>练习18-3.mb
技术掌握 掌握mi_car_paint_phen_x（车漆）材质的用法

本例用mi_car_paint_phen_x（车漆）材质绘制的昆虫材质效果如图18-51所示。

01 打开学习资源中的“场景文件>CH18>c.mb”文件，如图18-52所示。

图18-51

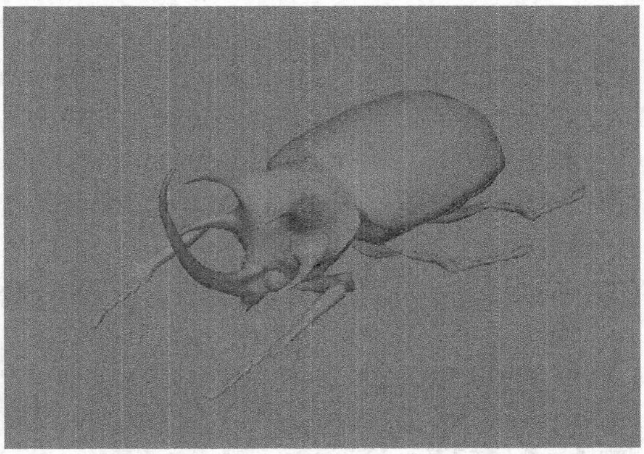

图18-52

02 打开Hypershade对话框，然后创建一个mi_car_paint_phen_x（车漆）材质，如图18-53所示。

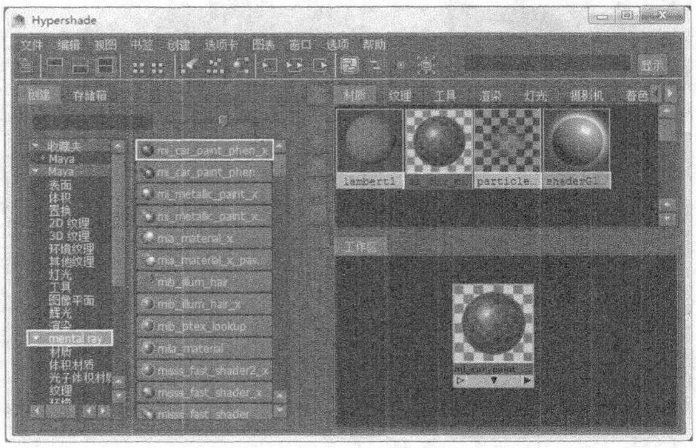

图18-53

技巧与提示

mi_car_paint_phen_x（车漆）材质属于mental ray材质，这种材质最好用mental ray渲染器进行渲染，否则渲染出来的效果可能不正确。

03 打开“渲染设置”对话框，设置渲染器为mental ray渲染器，然后在“环境”卷展栏下单击“基于图像的照明”选项后面的“创建”按钮创建，接着在“最终聚焦”卷展栏下勾选“最终聚焦”选项，如图18-54所示，最后在“基于图像的照明属性”卷展栏下设置“类型”为“纹理”，并设置“纹理”颜色为（R:92，G:175，B:208），如图18-55所示。

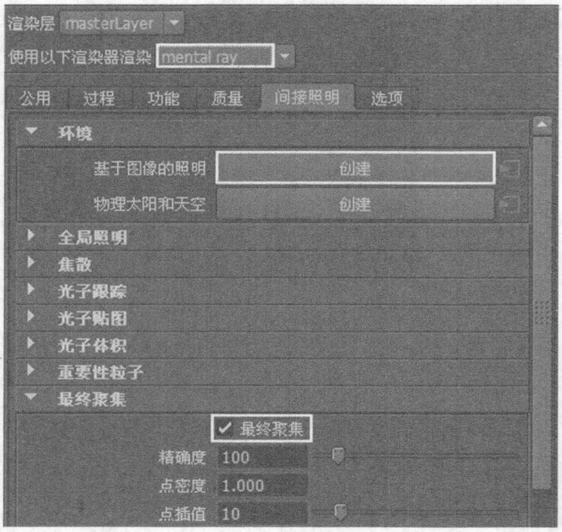

图18-54

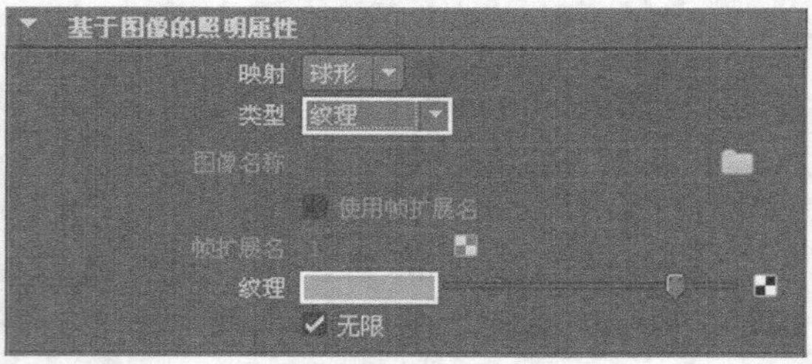

图18-55

04 打开mi_car_paint_phen_x（车漆）材质的“属性编辑器”对话框，然后在Flake Parameters（片参数）卷展栏下设置Flake Color（片颜色）为（R:211，G:211，B:211），并设置Flake Weight（片权重）为3；展开Reflection Parameters（反射参数）卷展栏，然后设置Reflection Color（反射颜色）为（R:169，G:185，B:255），接着设置Edge Factor（边缘因子）为7，具体参数设置如图18-56所示。

05 将mi_car_paint_phen_x（车漆）材质指定给甲壳虫模型，然后测试渲染当前场景，效果如图18-57所示。

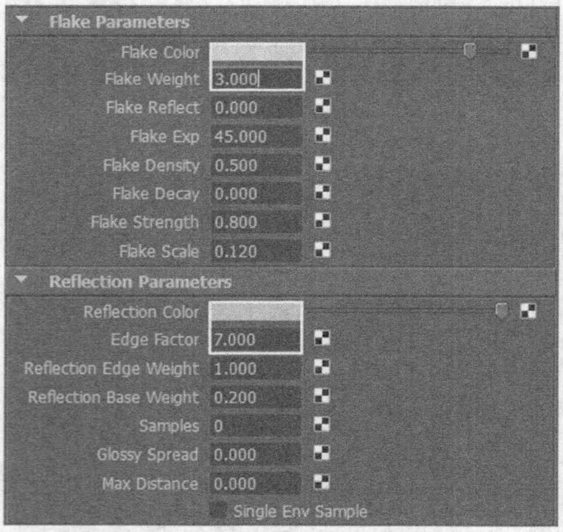

图18-56

图18-57

06 创建一个“使用背景”材质，然后将其指定给地面模型。打开“使用背景”节点的“属性编辑器”对话框，然后在“使用背景属性”卷展栏下设置“镜面反射颜色”为（R:23，G:23，B:23），接着设置“反射率”为0.772、“反射限制”为2、“阴影遮罩”为0.228，如图18-58所示。

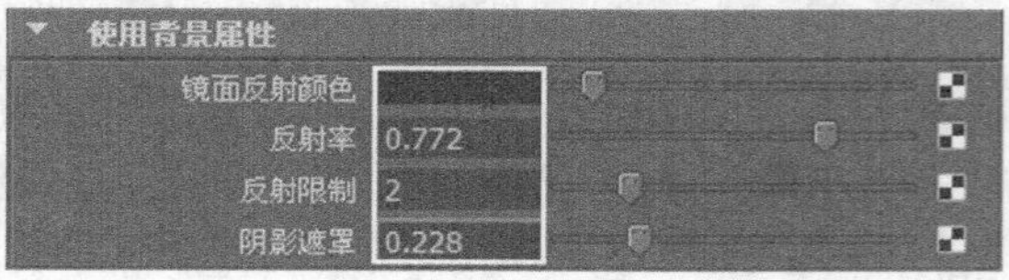

图18-58

技巧与提示

"使用背景"材质的用途是合成背景图像，被指定这种材质的物体不会被渲染出来，就像透明的一样，但是它可以接收阴影，具有反射能力。

07 渲染当前场景，最终效果如图18-59所示。

图18-59

【练习18-4】：制作玛瑙材质

场景文件　学习资源>场景文件>CH18>d.mb
实例位置　学习资源>实例文件>CH18>练习18-4.mb
技术掌握　掌握玛瑙材质的制作方法

本例用Blinn材质、"分形"节点、"混合颜色"节点和"曲面亮度"节点制作的玛瑙材质效果如图18-60所示。

图18-60

01 打开学习资源中的“场景文件>CH18>d.mb”文件，如图18-61所示。

图18-61

02 创建一个Blinn材质，打开其“属性编辑器”对话框，然后在“公用材质属性”卷展栏下设置“漫反射”为0.951、“半透明”为0.447、“半透明深度”为2.073、“半透明聚焦”为0.301，接着在“镜面反射着色”卷展栏下设置“偏心率”为0.114、“镜面反射衰减”为0.707、“反射率”为0.659，再设置“镜面反射颜色”为（R:128，G:128，B:128）、“反射的颜色”为（R:0，G:0，B:0），如图18-62所示。

03 创建一个“分形”纹理节点，打开其“属性编辑器”对话框，然后在“分形属性”卷展栏下设置“阈值”为0.333、“比率”为0.984、“频率比”为5.976，接着在“颜色平衡”卷展栏下设置“默认颜色”为（R:17，G:17，B:17）、“颜色增益”为（R:29，G:65，B:36），最后设置“Alpha增益”为0.407，具体参数设置如图18-63所示。

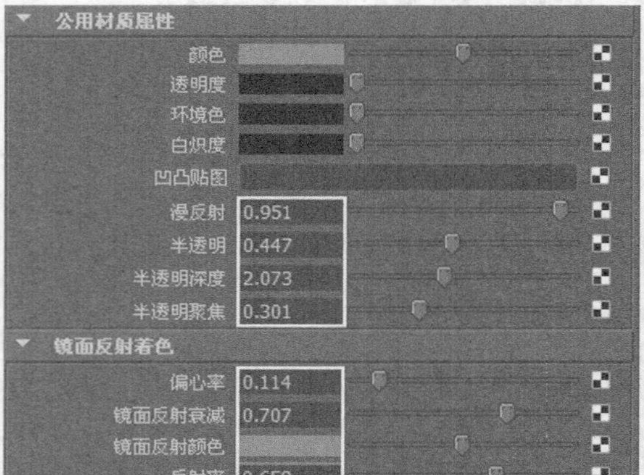

图18-62

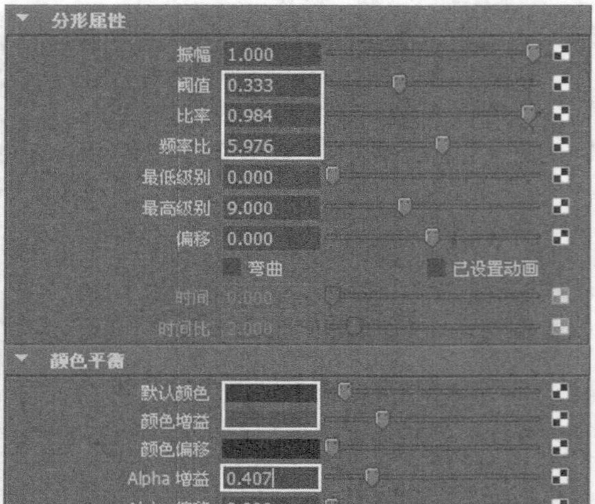

图18-63

04 用鼠标中键将调整好的“分形”纹理节点拖曳到Blinn材质上，然后在弹出的菜单中选择color（颜色）命令，如图18-64所示。

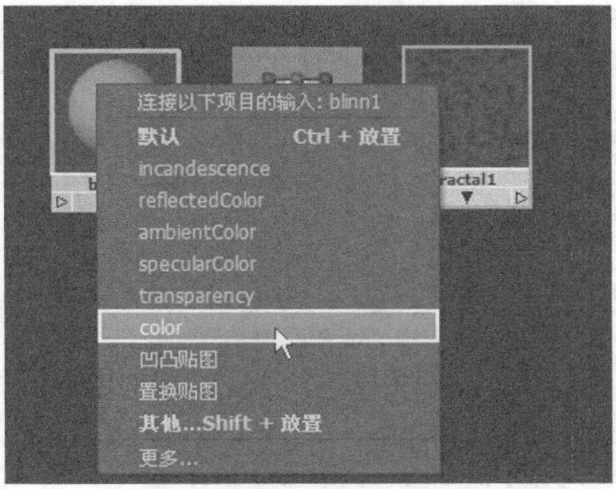

图18-64

05 创建一个“混合颜色”节点和“曲面亮度”节点，然后打开“混合颜色”节点的“属性编辑器”对话框，使用鼠标中键将“曲面亮度”节点拖曳到“混合颜色”节点的“混合器”属性上，接着设置“颜色1”为黑色、“颜色2”为白色，如图18-65所示。

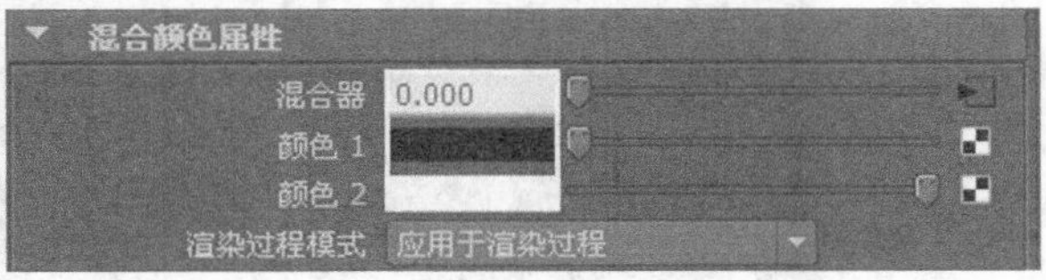

图18-65

技巧与提示

“混合颜色”节点和“曲面亮度”节点都在“工具”节点列表中。

06 用鼠标中键将“混合颜色”节点拖曳到Blinn材质节点上，然后在弹出的菜单中选择ambientColor（环境色）命令，如图18-66所示。

07 再次创建一个“分形”纹理节点，然后用鼠标中键将其拖曳到Blinn材质节点的“凹凸贴图”属性上，如图18-67所示，接着在“2D凹凸属性”卷展栏下设置“凹凸深度”为0.1，如图18-68所示，制作好的材质节点效果如图18-69所示。

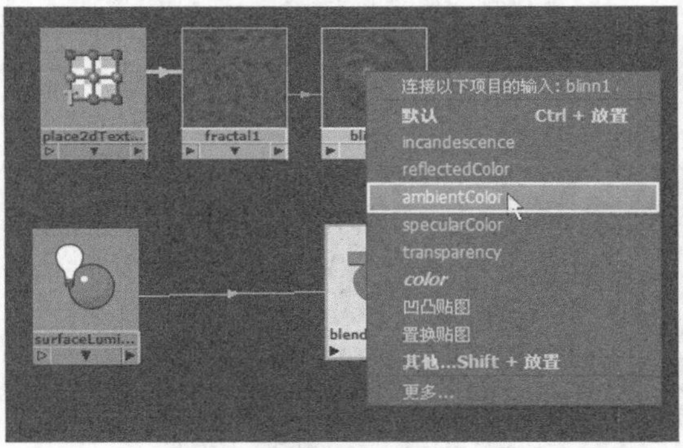

图18-66

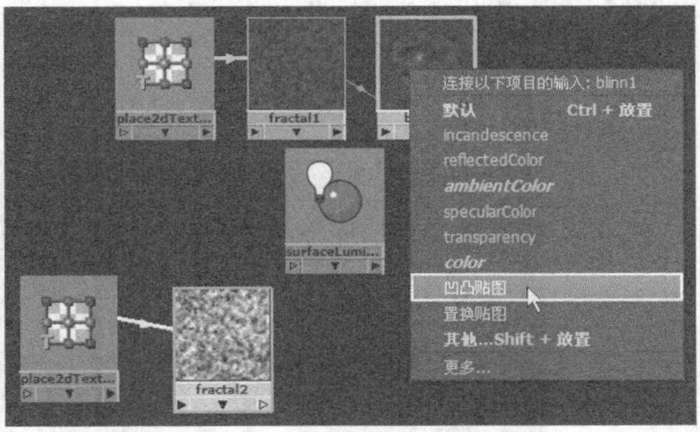

图18-67

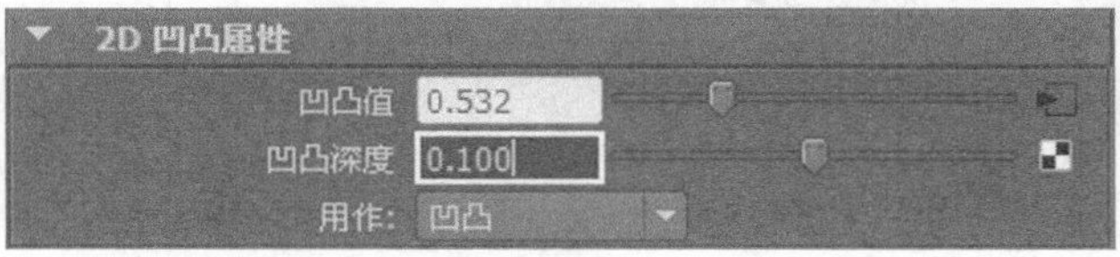

图18-68

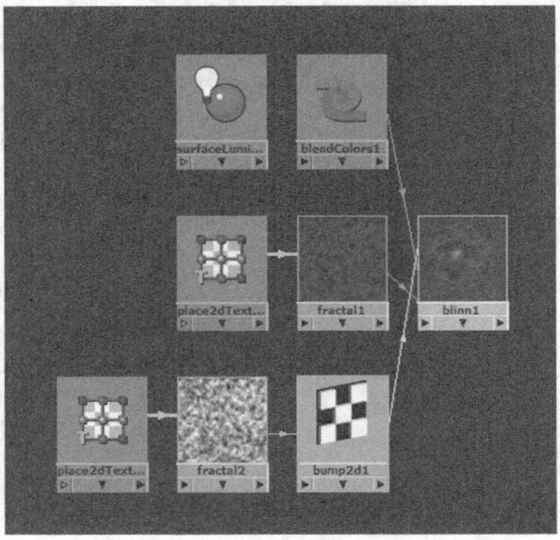

图18-69

08 将制作好的Blinn材质指定给青蛙模型，然后渲染当前场景，最终效果如图18-70所示。

图18-70

【练习18-5】：制作金属材质

场景文件　学习资源>场景文件>CH18>e.mb
实例位置　学习资源>实例文件>CH18>练习18-5.mb
技术掌握　掌握金属材质的制作方法

本例用Blinn材质制作的金属材质效果如图18-71所示。

图18-71

01 打开学习资源中的“场景文件>CH18>e.mb”文件，如图18-72所示。

02 创建一个Blinn材质，打开其“属性编辑器”对话框，然后在“公用材质属性”卷展栏下设置“颜色”为黑色，接着在“镜面反射着色”卷展栏下设置“偏心率”为0.219、“镜面反射衰减”为1、“反射率”为0.8，最后设置“镜面反射颜色”为（R:255，G:187，B:0），具体参数设置如图18-73所示。

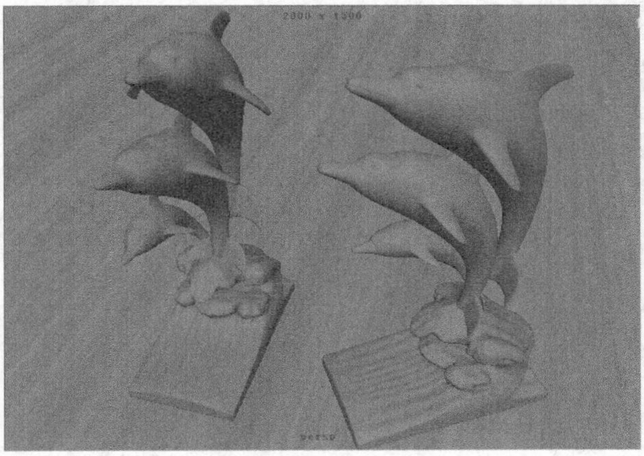

图18-72

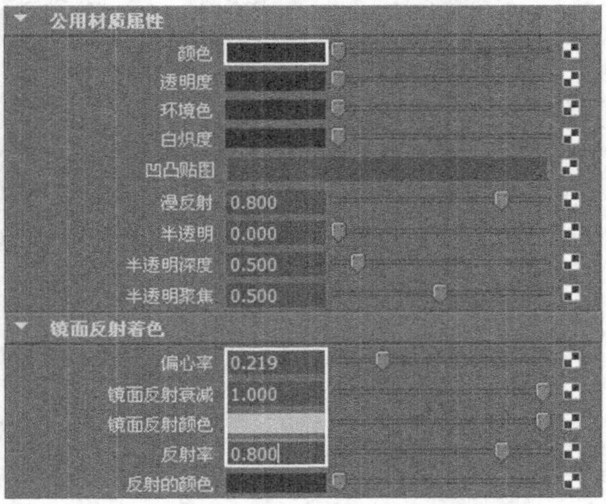

图18-73

03 下面制作另外一个金属材质。按快捷键Ctrl+D复制一个Blinn材质节点，然后将“镜面反射颜色”修改为白色，如图18-74所示。

04 将设置好的两个Blinn材质分别指定给相应的模型，然后渲染当前场景，最终效果如图18-75所示。

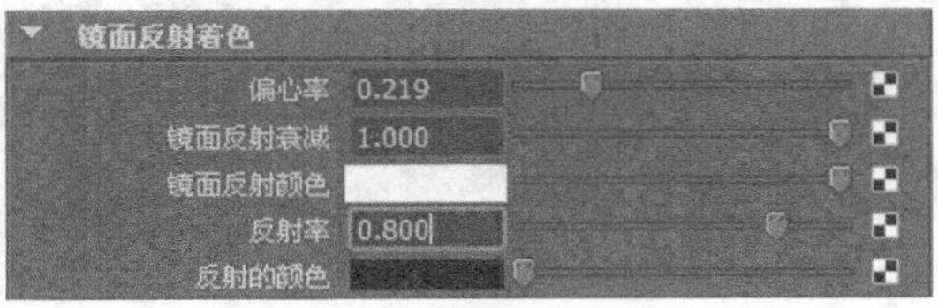

图18-74

图18-75

技巧与提示

金属材质的制作方法虽然简单，但是要制作出真实的金属材质，需要注意以下3个方面。

颜色：金属的颜色多为中灰色和亮灰色。

高光：因为金属物体本身比较光滑，所以金属的高光一般较为强烈。

反射：金属的表面具有较强的反射效果。

【练习18-6】：制作眼睛材质

场景文件	学习资源>场景文件>CH18>f.mb
实例位置	学习资源>实例文件>CH18>练习18-6.mb
技术掌握	掌握眼睛材质的制作方法

在角色制作中，眼睛材质的制作非常关键，因为眼睛可以传达角色内心的情感，如图18-76所示是本例的渲染效果。

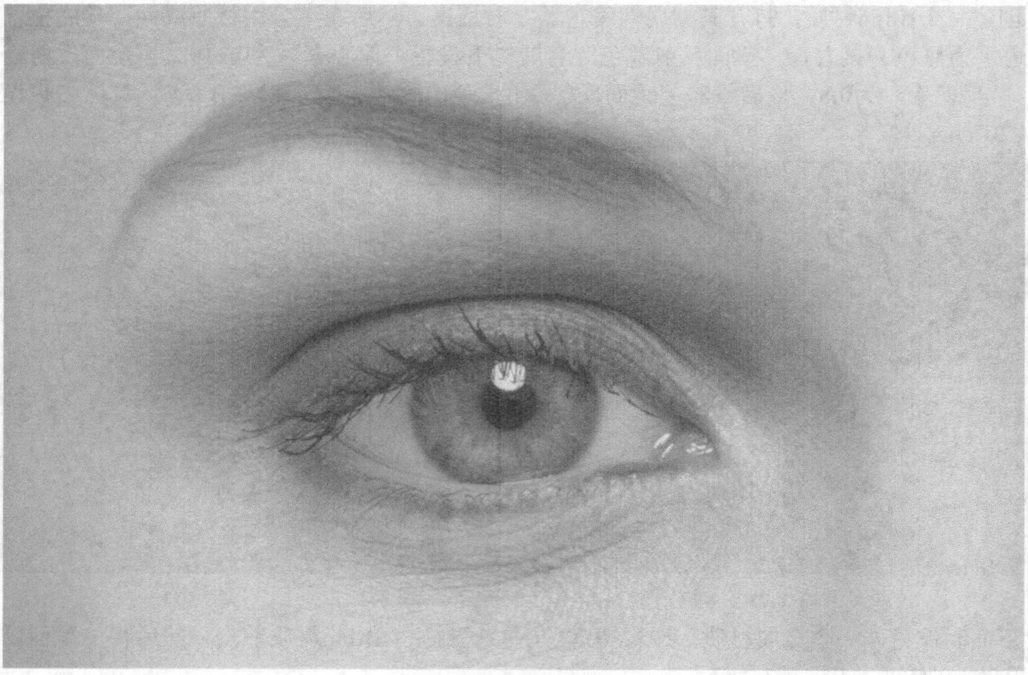

图18-76

01 打开学习资源中的“场景文件>CH18>f.mb”文件，如图18-77所示。

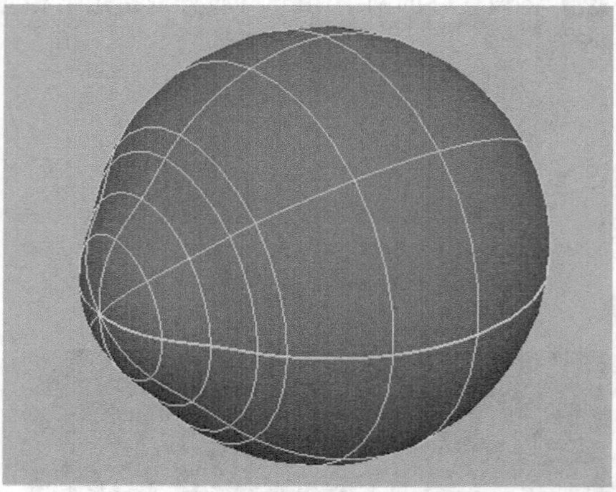

图18-77

技巧与提示

下面来看看眼睛的结构图，如图18-78所示。本例需要制作的材质包含3个部分，分别是角膜、瞳孔和晶状体。

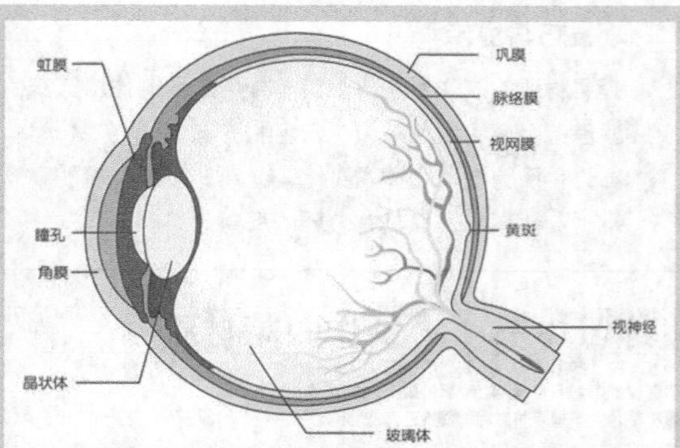

图18-78

02 下面制作角膜材质。创建一个Blinn材质，打开其"属性编辑器"对话框，然后将材质命名为eyeball2，接着在"镜面反射着色"卷展栏下设置"偏心率"为0.07、"反射率"为0.2，最后设置"镜面反射颜色"为（R:247，G:247，B:247），如图18-79所示。

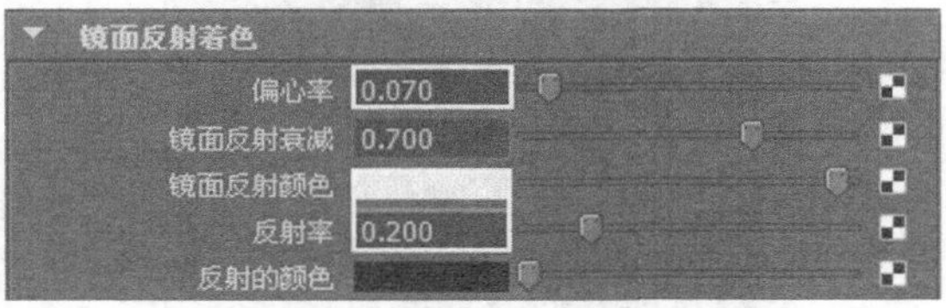

图18-79

03 展开"公用材质属性"卷展栏，然后单击"颜色"属性后面的按钮，并在弹出的"创建渲染节点"对话框中单击"文件"节点，接着在弹出的面板中加载学习资源中的"实例文件>CH18>练习18-6>projection.als"文件，如图18-80所示，最后将材质指定给角膜模型，效果如图18-81所示。

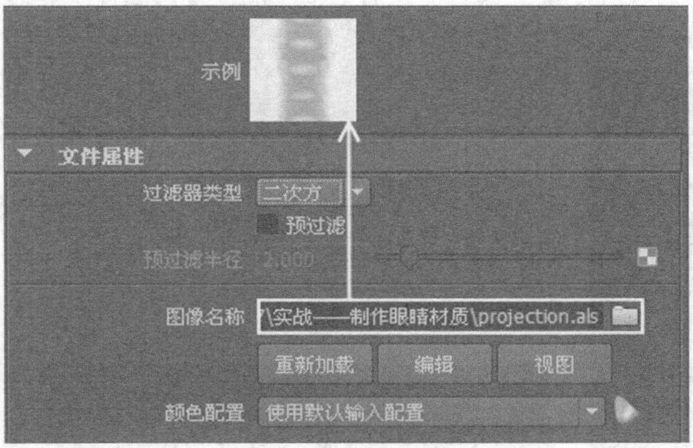

图18-80

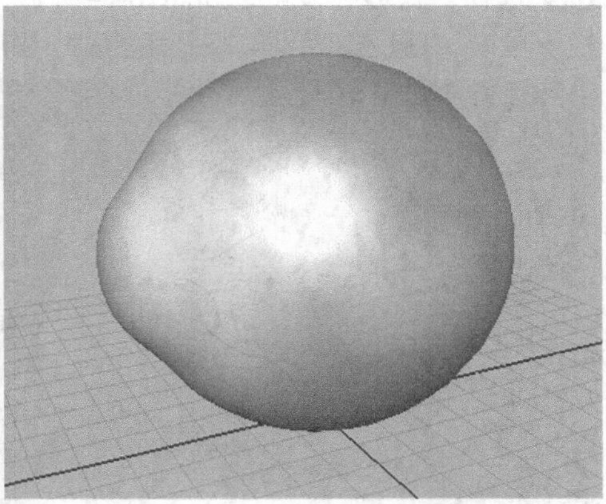

图18-81

04 在"公用材质属性"卷展栏下单击"透明度"属性后面的按钮，然后在弹出的"创建渲染节点"对话框中单击"文件"节点，接着在弹出的面板中加载学习资源中的"实例文件>CH18>练习18-6>ramp.als"文件，如图18-82所示。

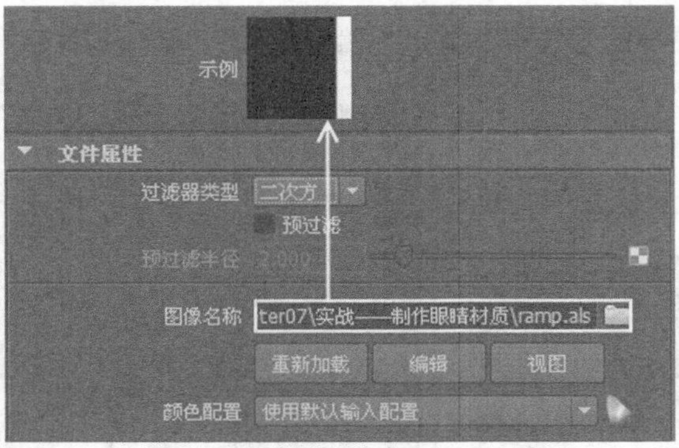

图18-82

05 在"公用材质属性"卷展栏下单击"凹凸贴图"属性后面的按钮，打开"创建渲染节点"对话框，然后在"文件"节点上单击鼠标右键，并在弹出的菜单中选择"创建为投影"命令，如图18-83所示。

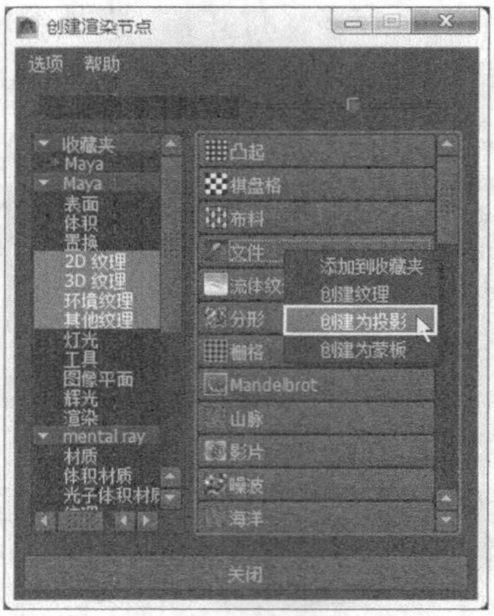

图18-83

06 选择“投影”节点，如图18-84所示，然后在其“属性编辑器”对话框中的“投影属性”卷展栏下单击“适应边界框”按钮，如图18-85所示。

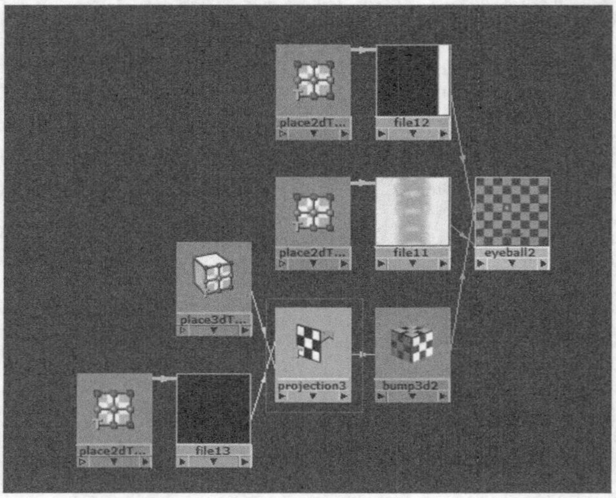

图18-84

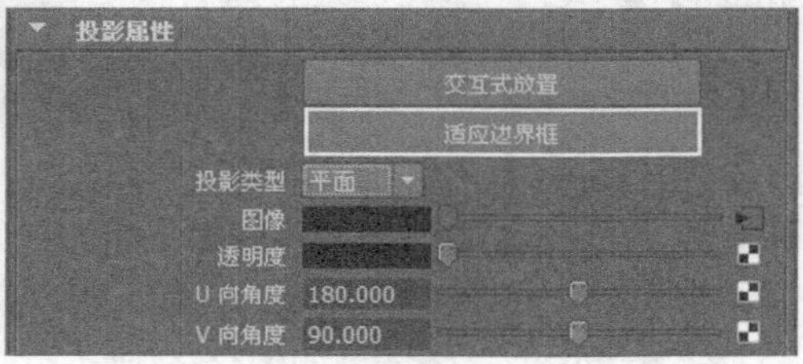

图18-85

07 选择“凹凸贴图”属性的“文件”节点，然后在其“属性编辑器”对话框中的“文件属性”卷展栏下加载学习资源中的“实例文件>CH18>练习18-6>bump.tif”文件，如图18-86所示，制作好的角膜材质节点如图18-87所示。

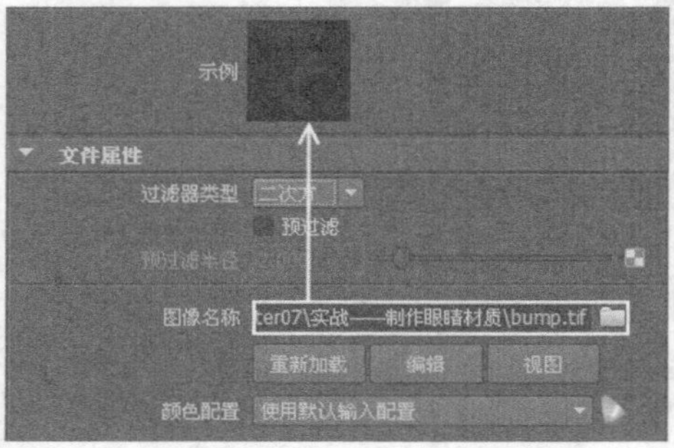

图18-86

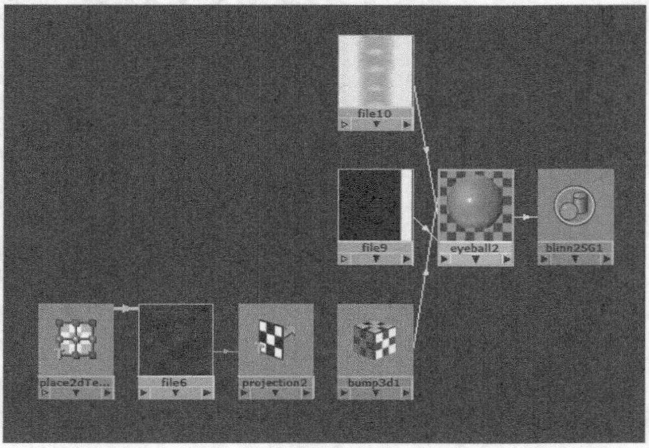

图18-87

08 下面制作瞳孔材质。创建一个Blinn材质，打开其“属性编辑器”对话框，然后将其命名为iris1，接着在“镜面反射着色”卷展栏下设置“偏心率”为0.36、“反射率”为0，如图18-88所示。

09 展开“公用材质属性”卷展栏，然后在“颜色”贴图通道中加载学习资源中的“实例文件>CH18>练习18-6>eye.tif”文件，如图18-89所示。

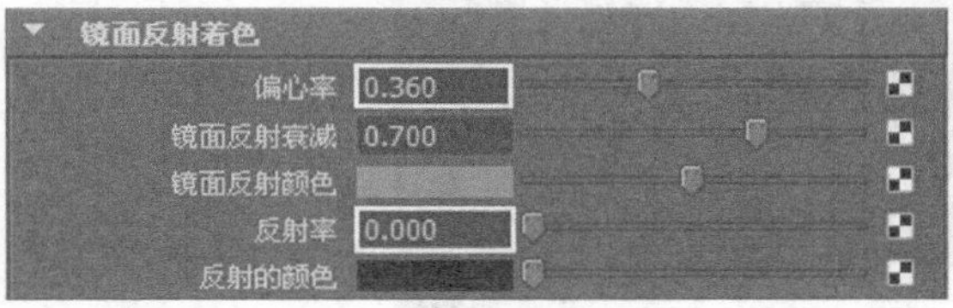

图18-88

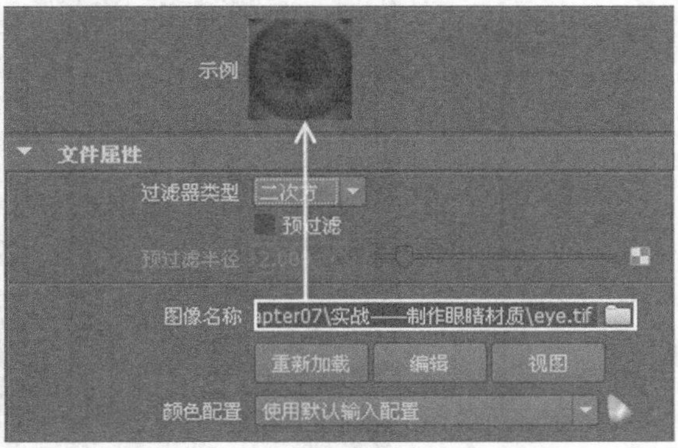

图18-89

10 创建一个“渐变”节点，然后在“渐变属性”卷展栏下设置“类型”为“圆形渐变”“插值”为“平滑”，接着设置第1个色标的颜色为黑色，最后设置第2个色标的颜色为（R:124，G:110，B:79），如图18-90所示。

11 用鼠标中键将“渐变”节点拖曳到iris1材质上，然后在弹出的菜单中选择specularColor（镜面反射颜色）命令，如图18-91所示。

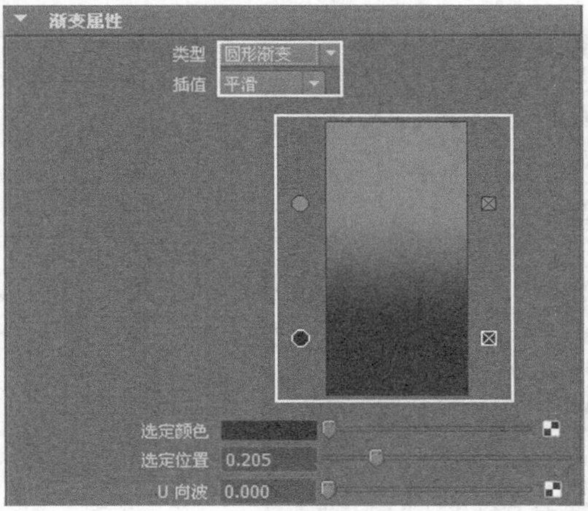

图18-90

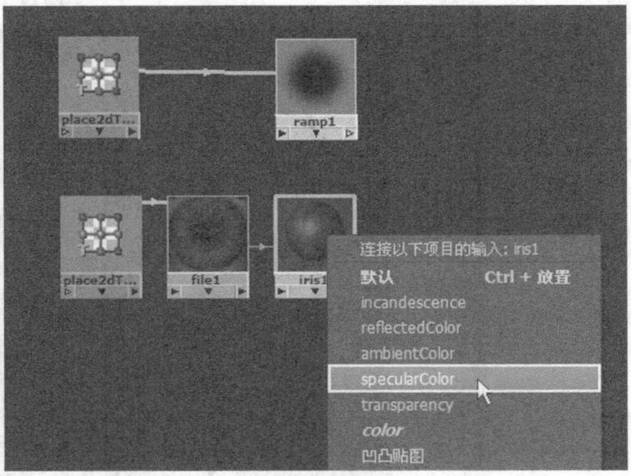

图18-91

12 选择“文件”节点，然后在Hypershade对话框中执行“编辑>复制>着色网格”命令，复制出一个“文件”节点，如图18-92所示。

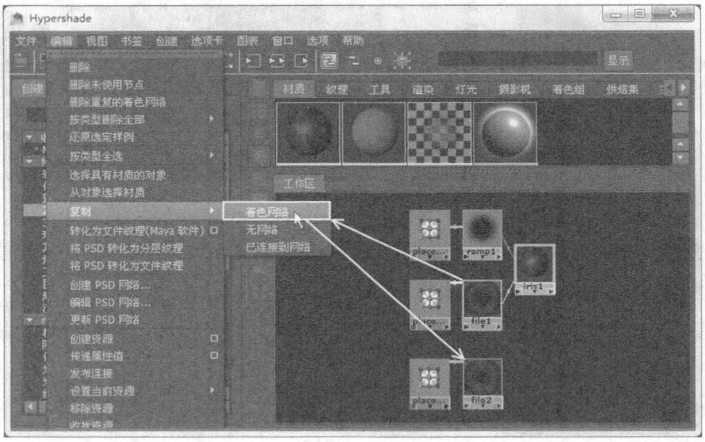

图18-92

13 用鼠标中键将复制出来的“文件”节点拖曳到iris1材质上，然后在弹出的菜单中选择“凹凸贴图”命令，如图18-93所示，制作好的材质节点如图18-94所示。

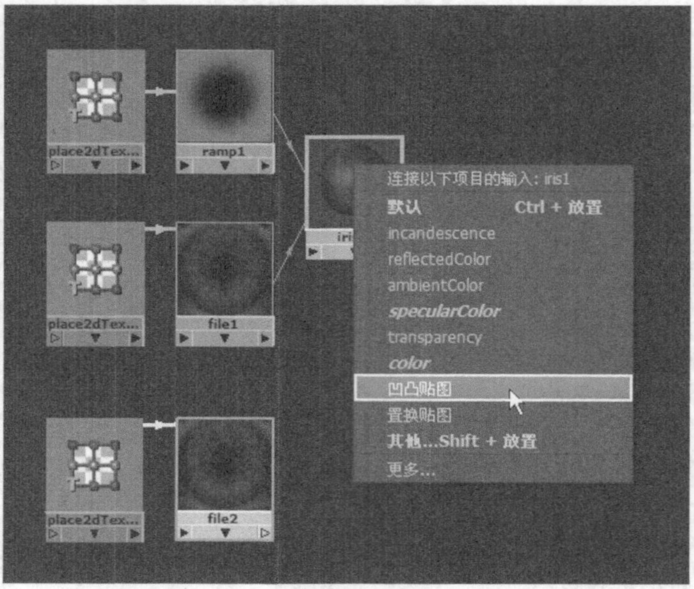

图18-93

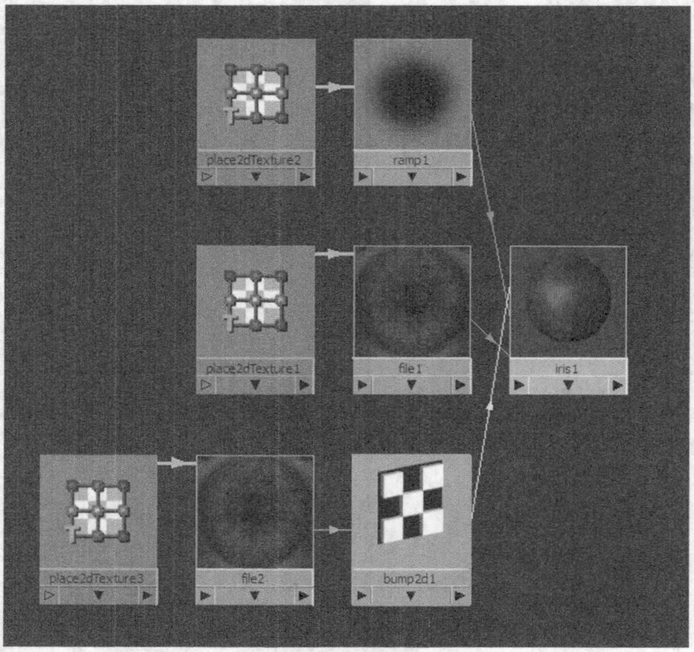

图18-94

14 将制作好的iris1材质指定给瞳孔模型，效果如图18-95所示。

15 下面制作晶状体材质。创建一个Lambert材质，然后打开其“属性编辑器”对话框，接着在“公用材质属性”卷展栏下设置“颜色”为黑色，最后将Lambert材质指定给晶状体模型，效果如图18-96所示。

16 渲染当前场景，最终效果如图18-97所示。

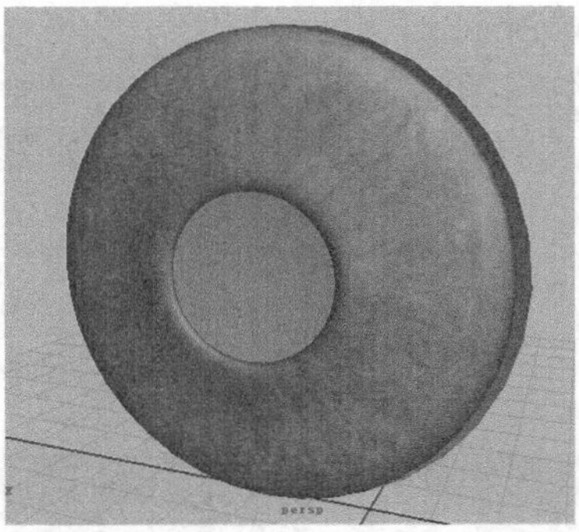
图18-95

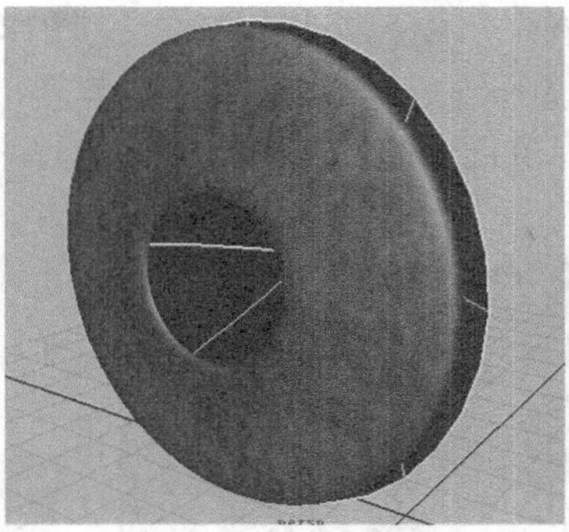
图18-96

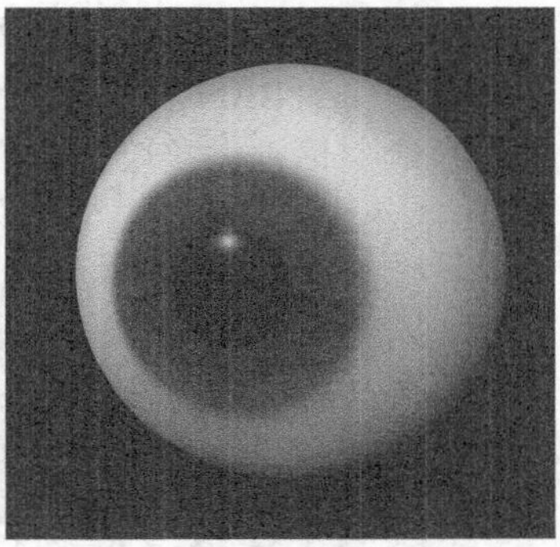
图18-97

技巧与提示

制作出眼睛材质后，可以将其应用到实际人物中，以观察制作出的眼睛材质是否合理，如图18-98所示。

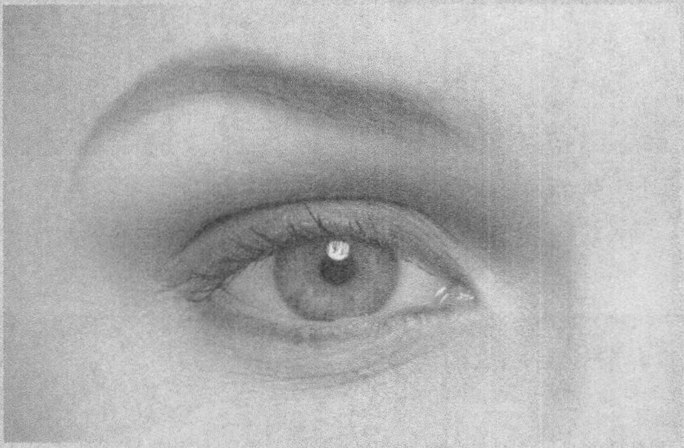
图18-98

【练习18-7】：制作熔岩材质

场景文件　学习资源>场景文件>CH18>g.mb
实例位置　学习资源>实例文件>CH18>练习18-7.mb
技术掌握　掌握熔岩材质的制作方法

本例是一个熔岩材质，制作过程比较麻烦，使用到了较多的纹理节点，用户可以边观看本例的视频教学，边学习制作方法，如图18-99所示是本例的渲染效果。

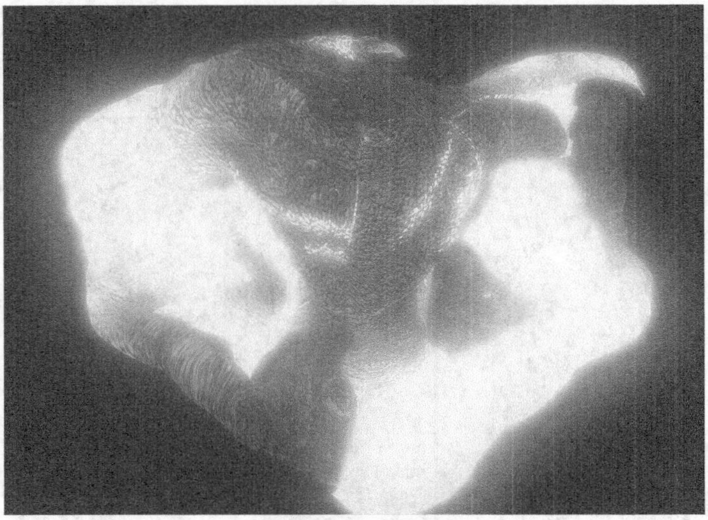
图18-99

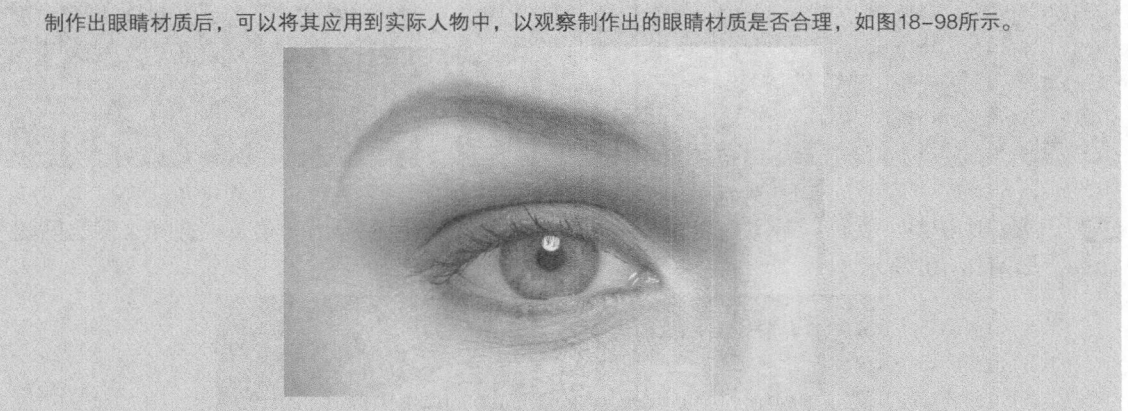

01 打开学习资源中的“场景文件>CH18>g.mb”文件，如图18-100所示。

02 创建一个Blinn材质（命名为rongyan）和“文件”节点，然后打开“文件”节点的“属性编辑器”对话框，接着加载学习资源中的“实例文件>CH18>练习18-7>07Lb.jpg”文件，如图18-101所示。

图18-100

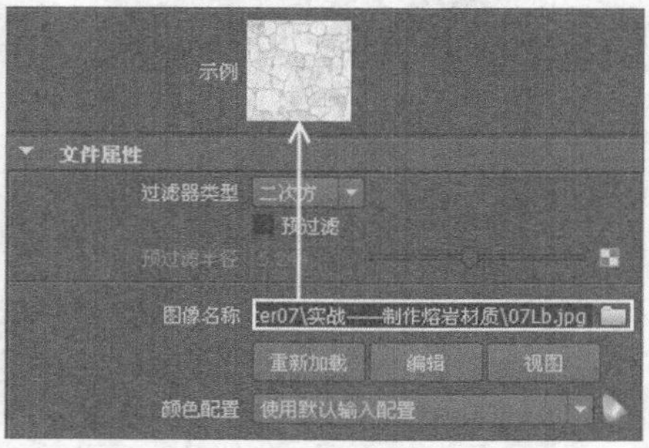

图18-101

03 用鼠标中键将“文件”节点拖曳到rongyan材质球上，然后在弹出的菜单中选择“凹凸贴图”命令，如图18-102所示。

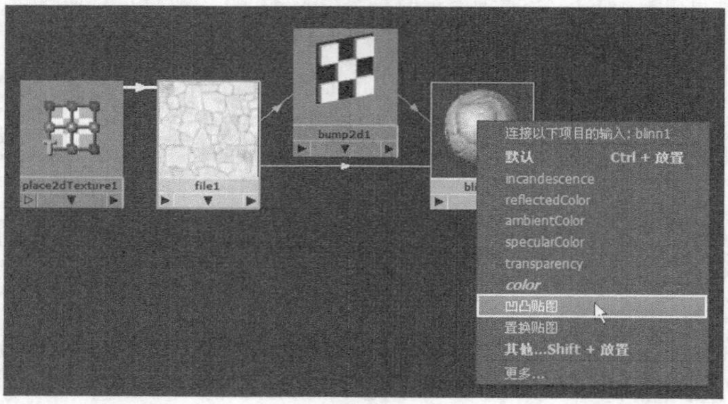

图18-102

04 选择“文件”节点，然后在Hypershade对话框中执行“编辑>复制>已连接到网络”命令，复制出一个“文件”节点，得到如图18-103所示的节点连接。

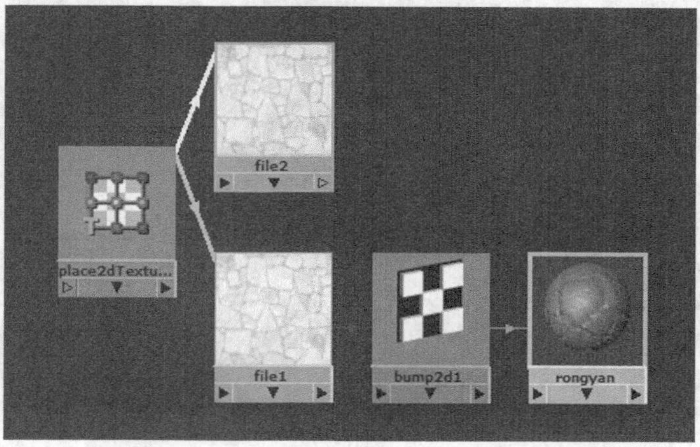

图18-103

05 创建一个“渐变”节点，然后用鼠标中键将该节点拖曳到复制出来的“文件”节点上，接着在弹出的菜单中选择colorGain（颜色增益）命令，如图18-104所示，得到的节点连接如图18-105所示。

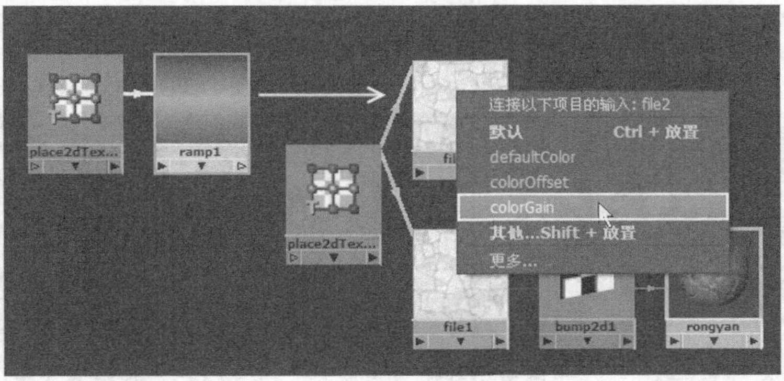

图18-104

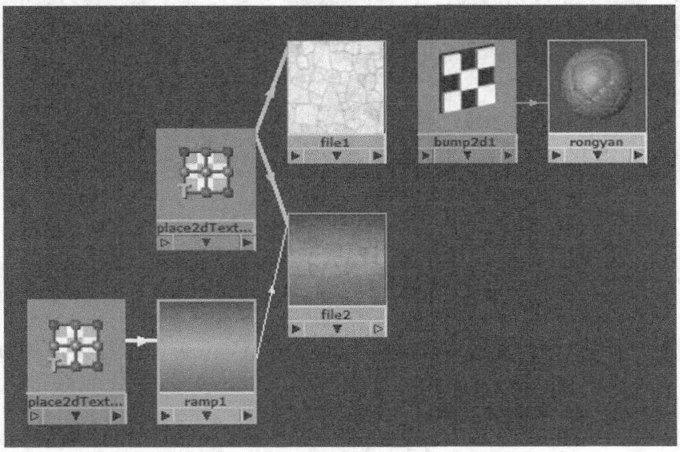

图18-105

06 打开“渐变”节点的“属性编辑器”对话框，然后调节好渐变色，如图18-106所示。

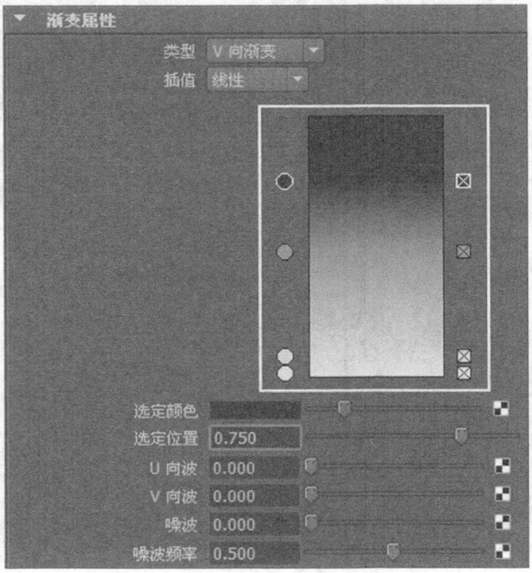

图18-106

技巧与提示

步骤（6）中一共有4个色标，而默认的色标只有3个，这样色标就不够用。如果要添加色标，可以在色条的左侧单击鼠标左键，即可添加一个色标。

07 创建一个“亮度”节点，然后用鼠标中键将复制出来的“文件”节点（即file2节点）拖曳到“亮度”节点上，接着在弹出的菜单中选择value（数值）命令，如图18-107所示。

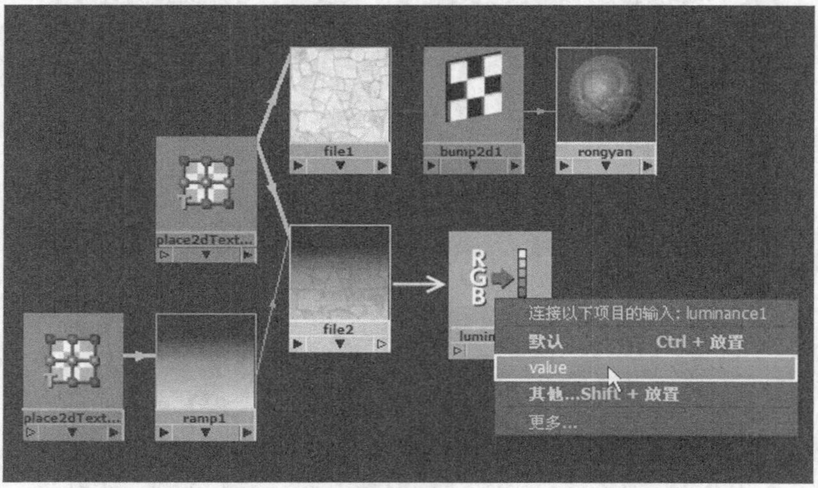

图18-107

技巧与提示

“亮度”节点的作用是将RGB颜色模式转换成灰度颜色模式。

08 创建一个“置换”节点，然后将“亮度”节点的outValue（输出数值）属性连接到“置换”节点的displacement（置换）属性上，如图18-108所示。

图18-108

09 将rongyan材质指定给模型，然后测试渲染当前场景，可以观察到熔岩已经具有了置换效果，如图18-109所示。

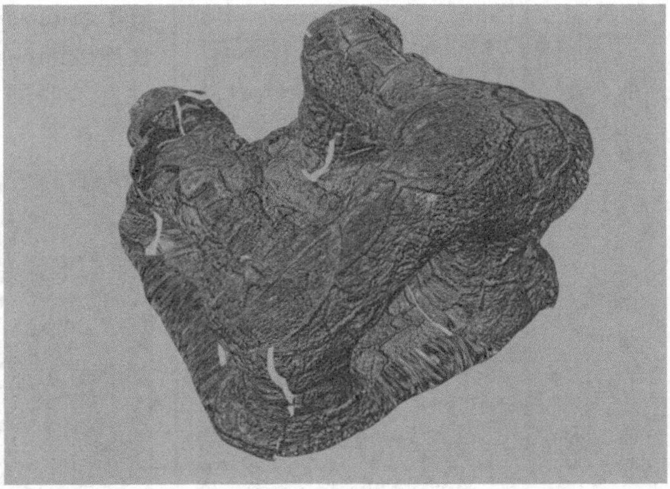

图18-109

10 打开file2节点的“属性编辑器”对话框，然后在“效果”卷展栏下单击“颜色重映射”属性后面的“插入”按钮，如图18-110所示，接着测试渲染当前场景，效果如图18-111所示。

图18-110

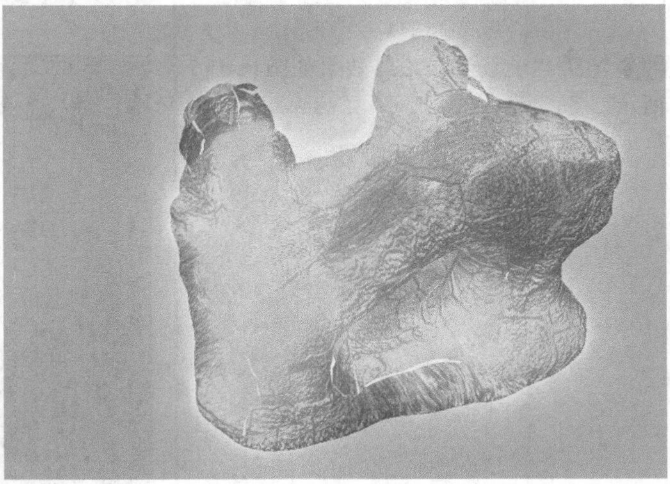

图18-111

11 打开RemapRamp1节点的“属性编辑器”对话框，然后调节好渐变色，如图18-112所示。

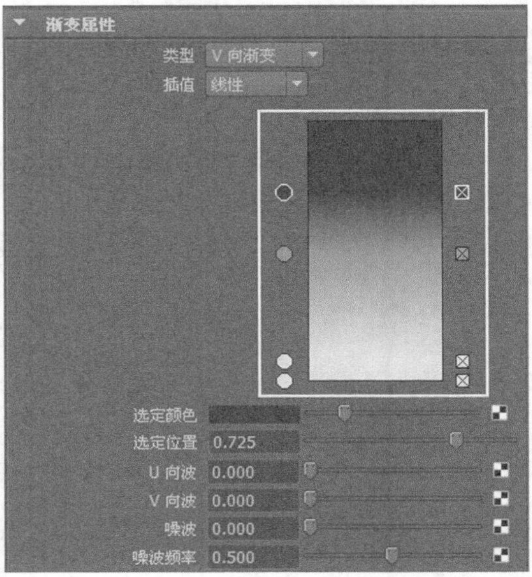

图18-112

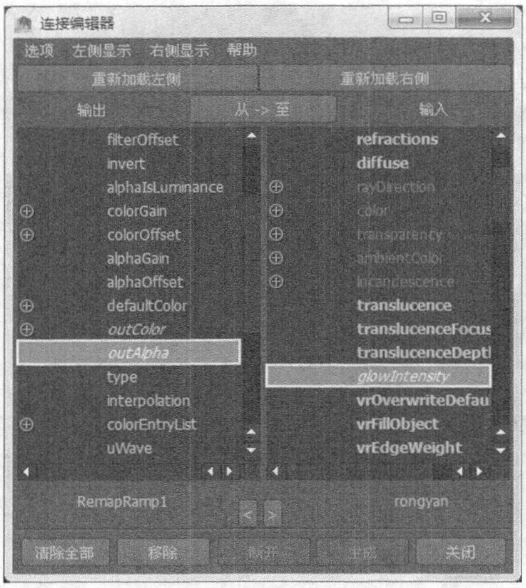

图18-113

12 将RemapRamp1节点的outAlpha（输出Alpha）属性连接到rongyan材质的glowIntensity（辉光强度）属性上，如图18-113所示，得到的节点连接如图18-114所示。

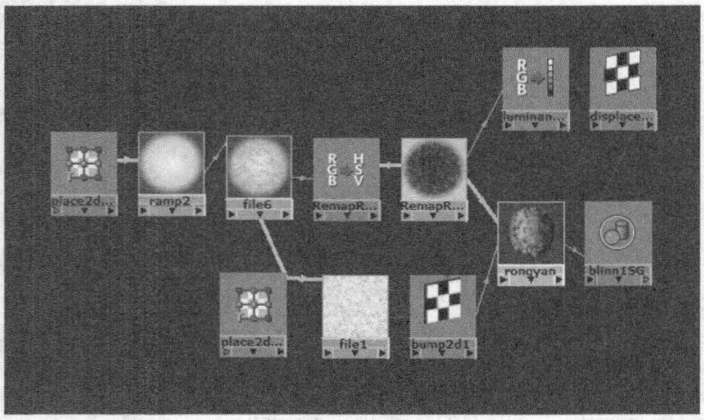

图18-114

13 渲染当前场景，最终效果如图18-115所示。

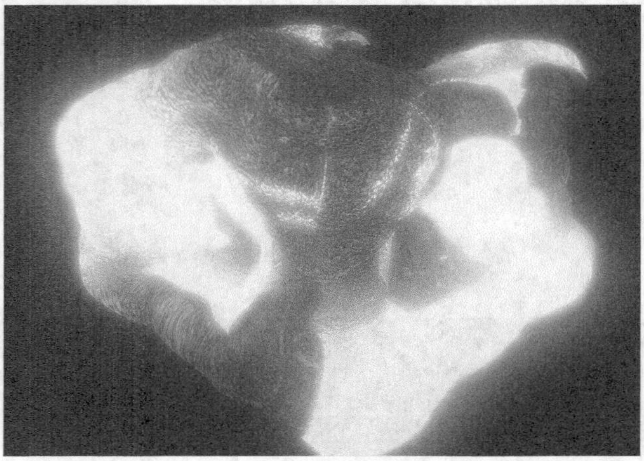

图18-115

【练习18-8】：制作卡通材质

场景文件	学习资源>场景文件>CH18>h.mb
实例位置	学习资源>实例文件>CH18>练习18-8.mb
技术掌握	掌握卡通材质的制作方法

本例用“着色贴图”材质及Blinn节点制作的卡通材质效果如图18-116所示。

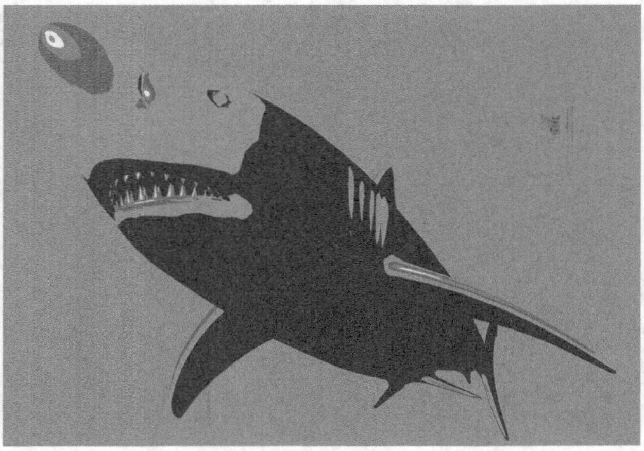

图18-116

01 打开学习资源中的“场景文件>CH18>h.mb”文件，如图18-117所示。

02 创建一个“着色贴图”材质节点，然后打开其“属性编辑器”对话框，接着单击“颜色”属性后面的按钮，并在弹出的“创建渲染节点”对话框中单击Blinn节点，最后设置“着色贴图颜色”为（R:0，G:6，B:60），如图18-118所示。

图18-117

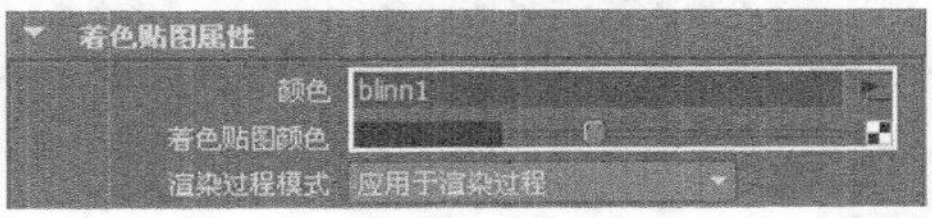

图18-118

03 切换到Blinn节点的参数设置面板，然后在“颜色”贴图通道中加载一个“渐变”节点，接着设置“插值”为“无”，最后调节好渐变色，如图18-119所示。

04 将制作好的材质赋予模型，然后渲染当前场景，最终效果如图18-120所示。

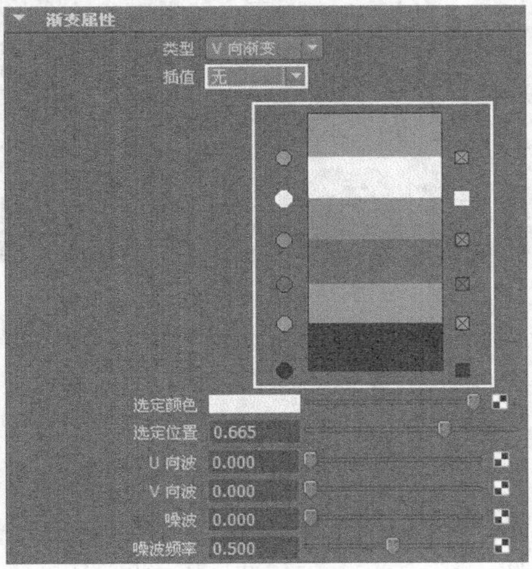

图18-119

图18-120

【练习18-9】：制作X射线材质

场景文件	学习资源>场景文件>CH18>i.mb
实例位置	学习资源>实例文件>CH18>练习18-9.mb
技术掌握	掌握X射线材质的制作方法

本例用“表面着色器”材质配合一些工具节点制作的X射线材质效果如图18-121所示。

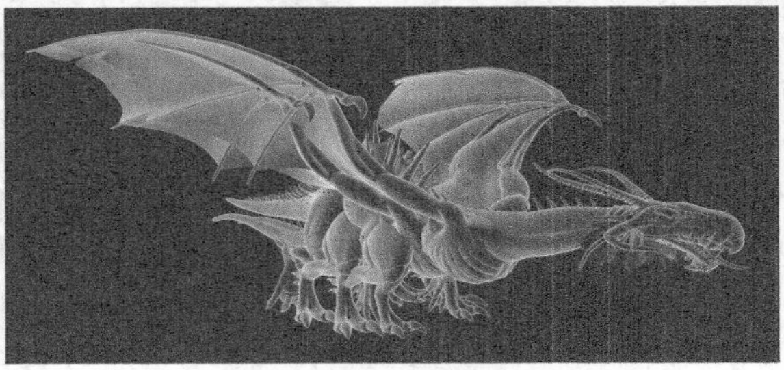

图18-121

01 打开学习资源中的“场景文件>CH18>i.mb”文件，如图18-122所示。

02 创建一个“表面着色器”材质（命名为X_shexian），然后创建一个“乘除”节点、“采样器信息”节点、“向量积”节点、“混合颜色”节点、“凹陷”节点和“灰泥”节点，如图18-123所示。

图18-122

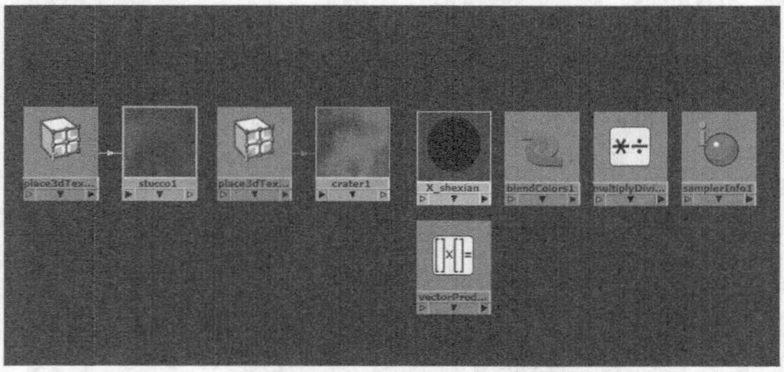

图18-123

03 打开“灰泥”节点的“属性编辑器”对话框，然后设置“通道1”的颜色为（R:171，G:251，B:255），接着设置“通道2”的颜色为（R:196，G:254，B:255），如图18-124所示。

04 打开“凹陷”节点的“属性编辑器”对话框，然后在“法线选项”卷展栏下设置“法线融化”为0.021，如图18-125所示。

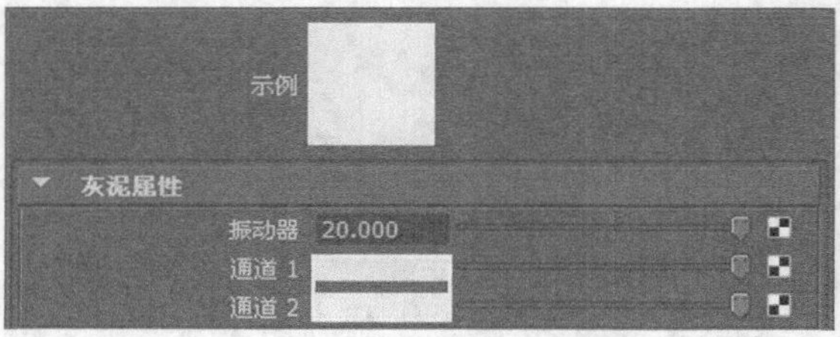

图18-124

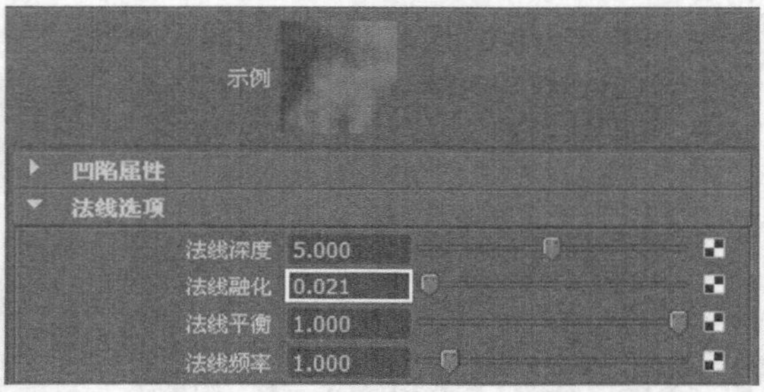

图18-125

图18-126

05 将“采样器信息”节点的rayDirection（光线方向）属性连接到“乘除”节点的input1（输入1）属性上，如图18-126所示。

06 打开“乘除”节点的“属性编辑器”对话框，然后设置“运算”为“相乘”，接着设置“输入2”为（-1，-1，-1），如图18-127所示。

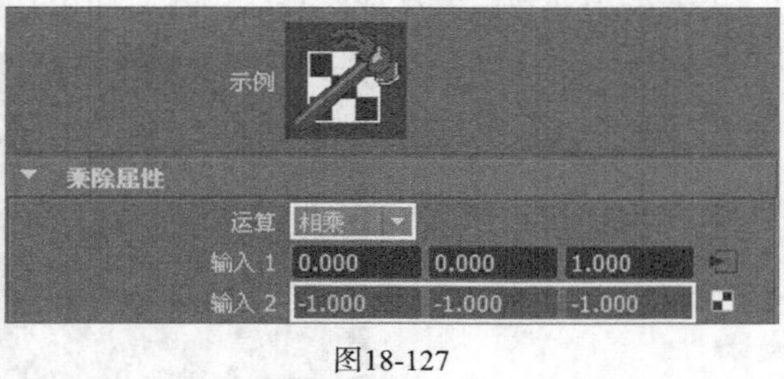

图18-127

07 将“乘除”节点的output（输出）属性连接到“向量积”节点的input1（输入1）属性上，如图18-128所示。

08 将“凹陷”属性的outNormal（输出法线）属性连接到“向量积”节点的input2（输入2）属性上，如图18-129所示。

图18-128

图18-129

09 将“灰泥”节点的outColor（输出颜色）属性连接到“混合颜色”节点的color2（颜色2）属性上，如图18-130所示。

10 将“向量积”节点的OutputX（输出x）属性连接到“混合颜色”节点的blender（混合器）属性上，如图18-131所示。

图18-130

图18-131

11 打开“混合颜色”节点的“属性编辑器”对话框，然后设置“颜色1”为（R:27，G:0，B:0），如图18-132所示。

图18-132

12 将“混合颜色”节点的output（输出）属性连接到X_shexian材质节点的outColor（输出颜色）属性上，如图18-133所示，制作好的材质节点如图18-134所示。

图18-133

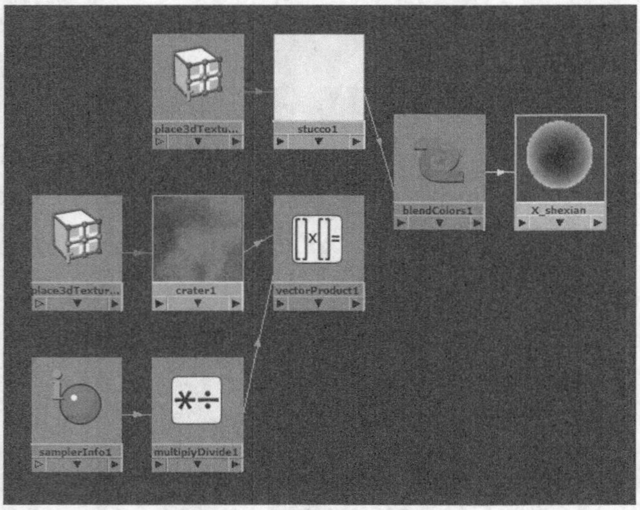

图18-134

13 将制作好的X_shexian材质指定给模型，然后渲染当前场景，最终效果如图18-135所示。

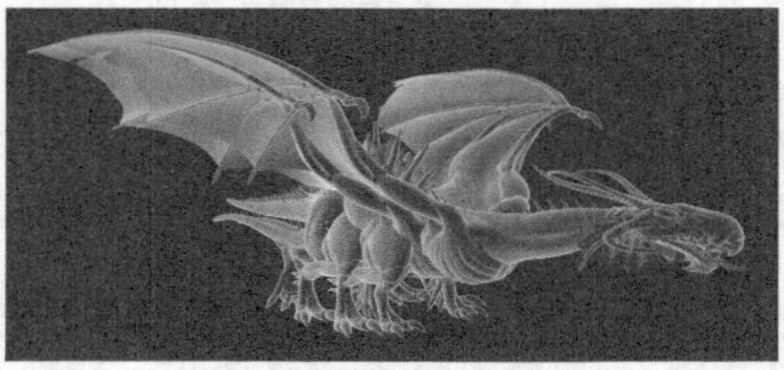

图18-135

【练习18-10】：制作冰雕材质

场景文件　学习资源>场景文件>CH18>j.mb
实例位置　学习资源>实例文件>CH18>练习18-10.mb
技术掌握　掌握冰雕材质的制作方法

本例用Phong材质配合一些纹理节点制作的冰雕材质如图18-136所示。

01 打开学习资源中的“场景文件>CH18>j.mb”文件，如图18-137所示。

图18-136

图18-137

02 创建一个Phong材质，然后打开其“属性编辑器”对话框，接着设置“颜色”和“环境色”

为白色，再设置“余弦幂”为11.561，最后设置“镜面反射颜色”为白色，如图18-138所示。

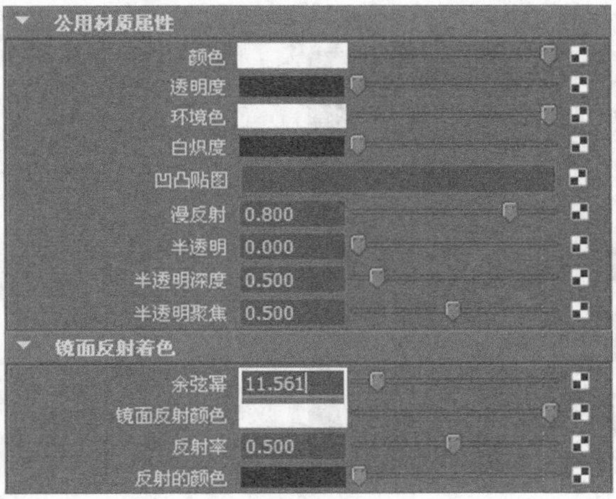

图18-138

03 展开“光线跟踪选项”卷展栏，然后勾选“折射”选项，接着设置“折射率”为1.5、“灯光吸收”为1、“表面厚度”为0.789，如图18-139所示。

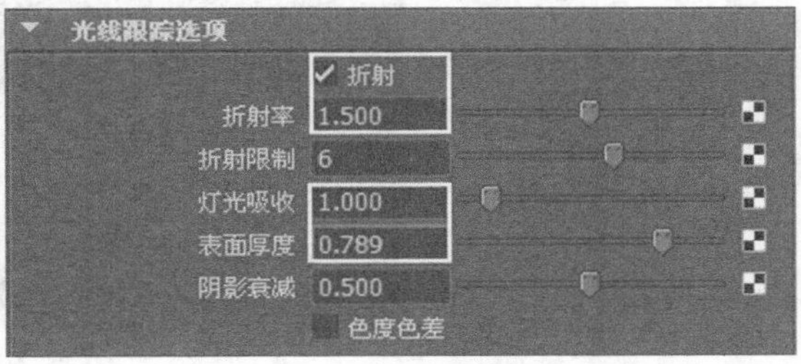

图18-139

04 创建一个“混合颜色”节点，然后打开其“属性编辑器”对话框，接着设置“颜色1”为白色、“颜色2”为（R:171，G:171，B:171），如图18-140所示。

05 用鼠标中键将“混合颜色”节点拖曳到Phong材质节点上，然后在弹出的菜单中选择transparency（半透明）命令，如图18-141所示。

图18-140

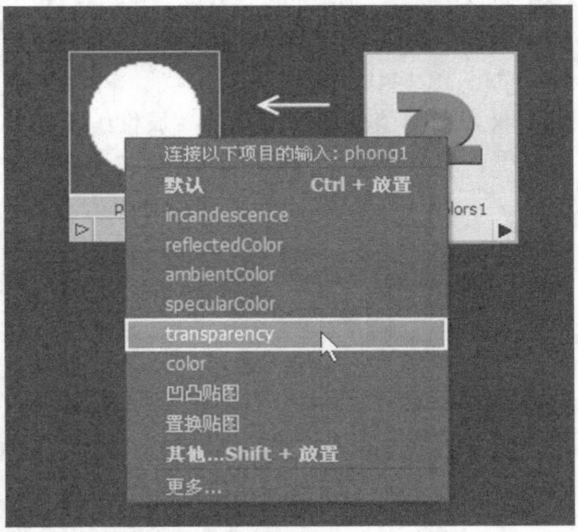

图18-141

06 创建一个“采样器信息”节点，然后将该节点的facingRatio（面比率）属性连接到“混合颜色”节点的blender（混合器）属性上，如图18-142所示。

图18-142

07 创建一个“凹凸3D”节点，然后用鼠标中键将其拖曳到Phone材质节点上，接着在弹出的菜单中选择“凹凸贴图”命令，如图18-143所示。

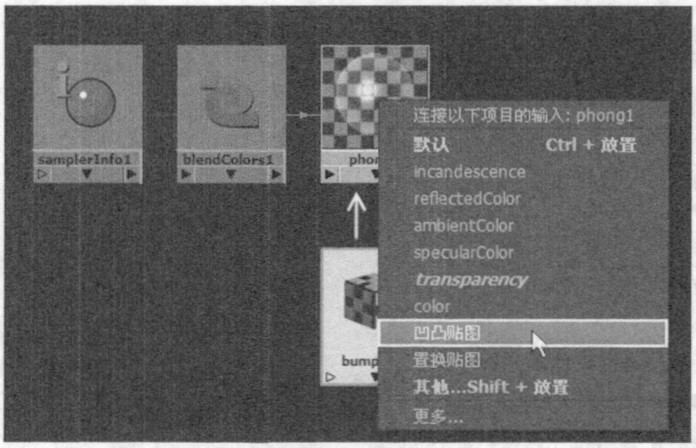

图18-143

08 创建一个“匀值分形”节点，然后打开“凹凸3D”节点的“属性编辑器”对话框，接着用鼠标中键将“匀值分形”节点拖曳到“凹凸3D”节点的“凹凸值”属性上，并设置“凹凸深度”为0.9，如图18-144所示。

09 打开“匀值分形”节点的“属性编辑器”对话框，然后设置“振幅”为0.4、“比率”为0.6，如图18-145所示。

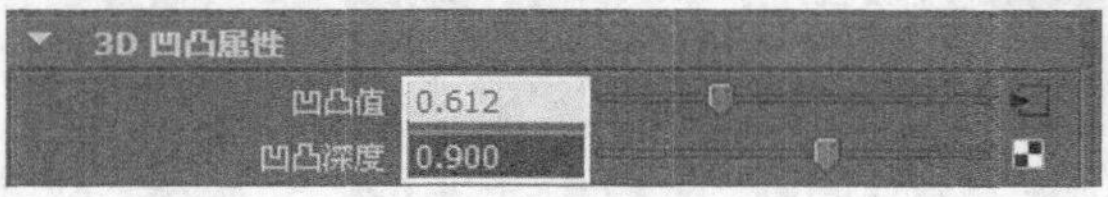

图18-144

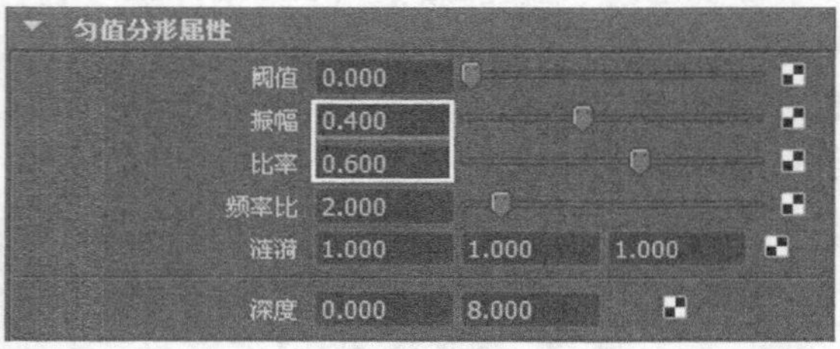

图18-145

10 创建一个“凹凸2D”节点，然后将该节点的outNormal（输出法线）属性连接到“凹凸3D”节点的normalCamera（法线摄影机）属性上，如图18-146所示。

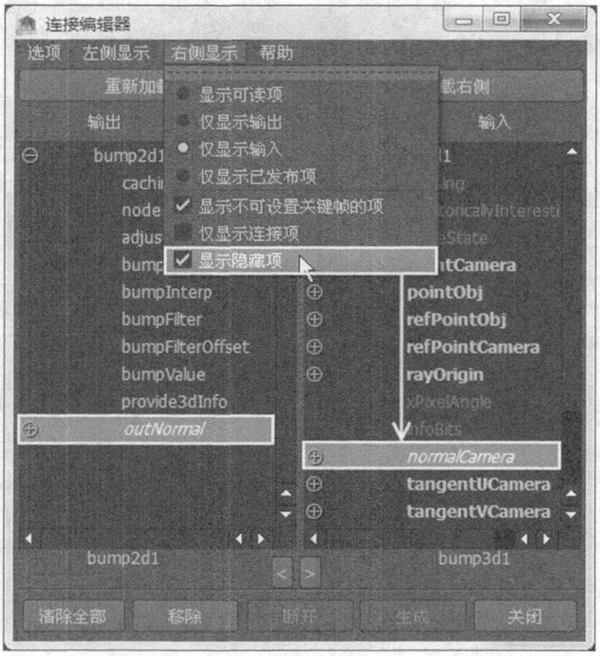

图18-146

技巧与提示

注意，在默认情况下，normalCamera（法线摄影机）属性处于隐藏状态，可以在“连接编辑器”对话框中执行“右侧显示>显示隐藏项”命令将其显示出来。

11 创建一个“噪波”节点，然后打开“凹凸2D”节点的“属性编辑器”对话框，接着用鼠标中键将“噪波”节点拖曳到“凹凸2D”节点的“凹凸值”属性上，最后设置“凹凸深度”为0.04，如图18-147所示。

图18-147

12 继续创建一个“凹凸2D”节点，然后将该节点的outNormal（输出法线）属性连接到第1个“凹凸2D”节点（即bump2d1节点）的normalCamera（法线摄影机）属性上，如图18-148所示。

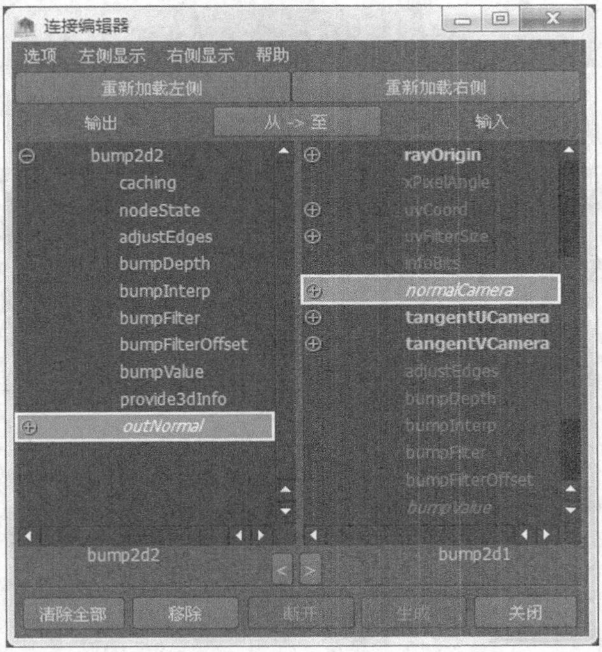

图18-148

13 创建一个“分形”节点，然后打开第2个“凹凸2D”节点（即bump2d2节点）的“属性编辑器”对话框，接着用鼠标中键将“分形”节点拖曳到bump2d2节点的“凹凸值”属性上，并设置“凹凸深度”为0.03，如图18-149所示，材质节点连接如图18-150所示。

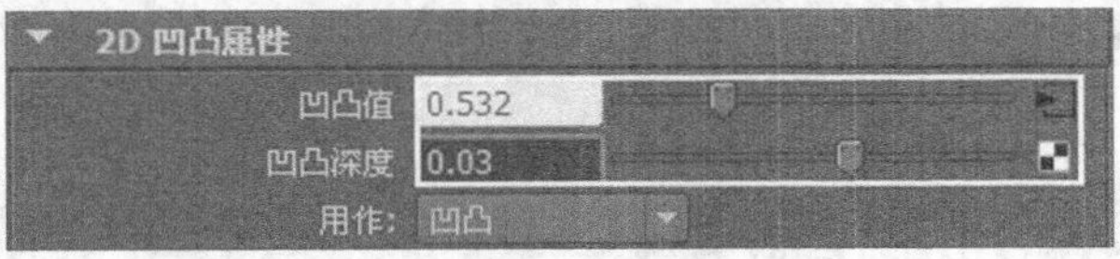

图18-149

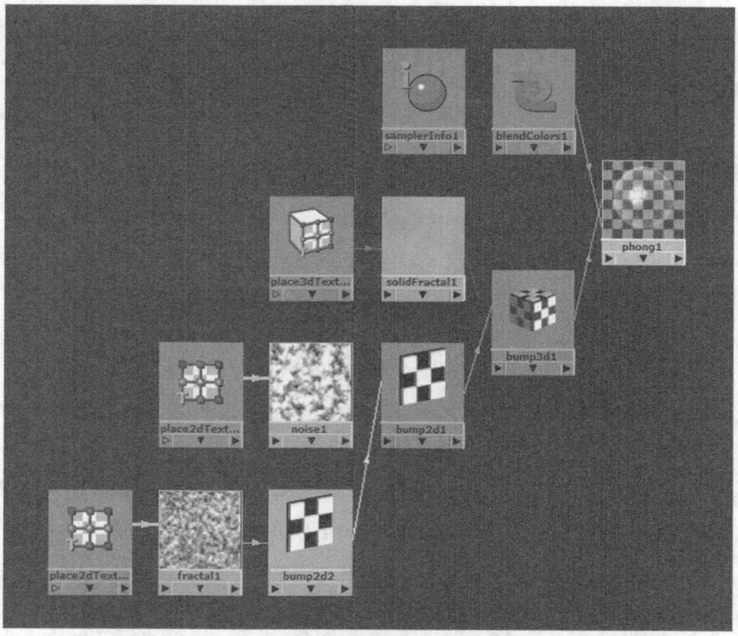

图18-150

14 将制作好的Phong材质球指定给场景中的模型，然后渲染当前场景，最终效果如图18-151所示。

图18-151

18.5 知识总结与回顾

到此，材质的知识就已经全部讲解完毕，在这些内容中，“材质编辑器”对话框与材质的属性是最重要的。在下一章中，我们将对Maya中的纹理进行介绍。

第19章 纹理技术

要点索引

- 纹理的作用
- 纹理的属性
- 创建与编辑纹理

本章导读

本章将介绍Maya的纹理技术，包括纹理的属性、创建与编辑UV以及“纹理编辑器”对话框的用法等。相比前一章的材质内容，本章的知识点没有那么重要。

19.1 纹理概述

当模型被指定材质时，Maya会迅速对灯光做出反应，以表现出不同的材质特性，如固有色、高光、透明度和反射等。但模型额外的细节，如凹凸、刮痕和图案可以用纹理贴图来实现，这样可以增强物体的真实感。通过对模型添加纹理贴图，可以丰富模型的细节，如图19-1所示是一些很真实的纹理贴图。

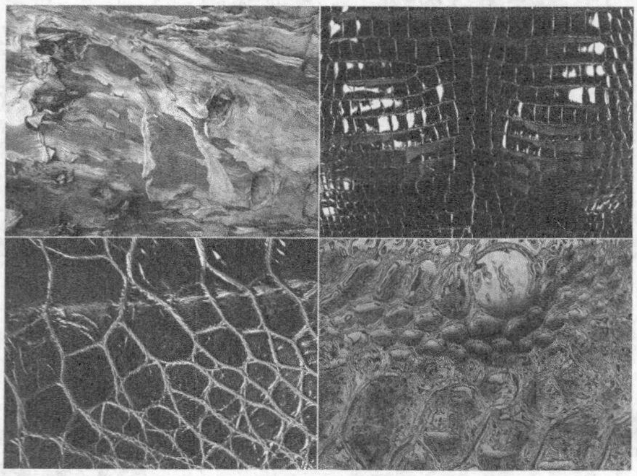

图19-1

19.1.1 纹理的类型

材质、纹理、工具节点和灯光的大多数属性都可以使用纹理贴图。纹理可以分为二维纹理、三维纹理、环境纹理和层纹理4大类型。二维和三维纹理主要作用于物体本身，Maya提供了一些二维和三维的纹理类型，并且用户可以自行制作纹理贴图，如图19-2所示。三维软件中的纹理贴图的工作原理比较类似，不同软件中的相同材质也有着相似的属性，因此其他软件的贴图经验也可以应用在Maya中。

图19-2

19.1.2 纹理的作用

模型制作完成后，要根据模型的外观来选择合适的贴图类型，并且要考虑材质的高光、透明度和反射属性。指定材质后，可以利用Maya的节点功能使材质表现出特有的效果，以增强物体的表现力，如图19-3所示。

图19-3

二维纹理作用于物体表面，与三维纹理不同，二维纹理的效果取决于投射和UV坐标，而三维纹理不受其外观的限制，可以将纹理的图案作用于物体的内部。二维纹理就像动物外面的皮毛，而三维纹理可以将纹理延伸到物体的内部，无论物体如何改变外观，三维纹理都是不变的。

环境纹理并不直接作用于物体，主要用于模拟周围的环境，可以影响到材质的高光和反射，不同类型的环境纹理模拟的环境外形是不一样的。

使用纹理贴图可以在很大程度上降低建模的工作量，弥补模型在细节上的不足。同时也可以通过对纹理的控制，制作出在现实生活中不存在的材质效果。

19.2 纹理的属性

在Maya中，常用的纹理有“2D纹理”和“3D纹理”，如图19-4和图19-5所示。

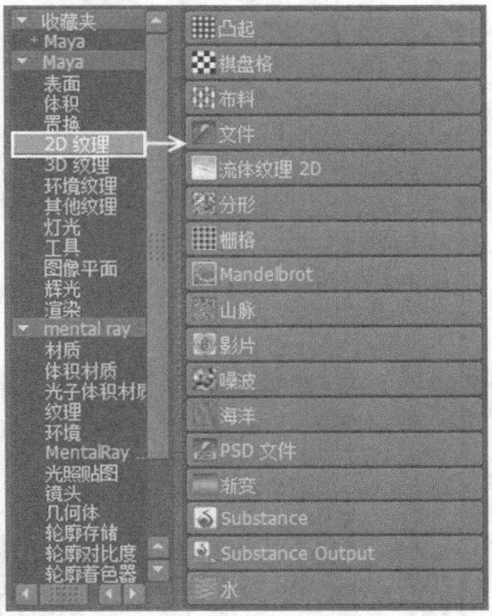

图19-4

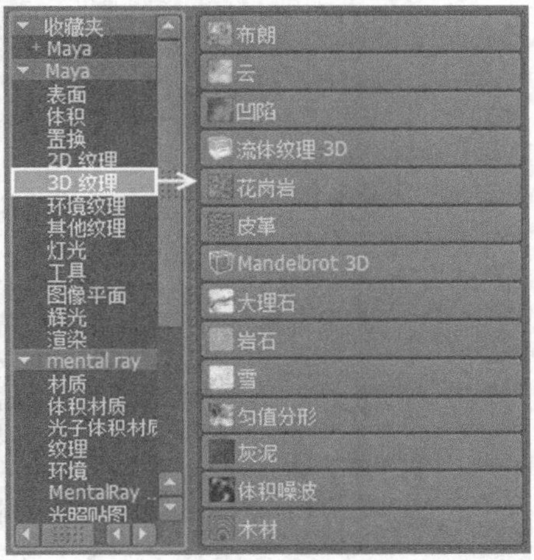

图19-5

在Maya中，可以创建3种类型的纹理，分别是正常纹理、投影纹理和蒙板纹理（在纹理上单击鼠标右键，在弹出的菜单中即可看到这3种纹理），如图19-6所示。下面就针对这3种纹理进行重点讲解。

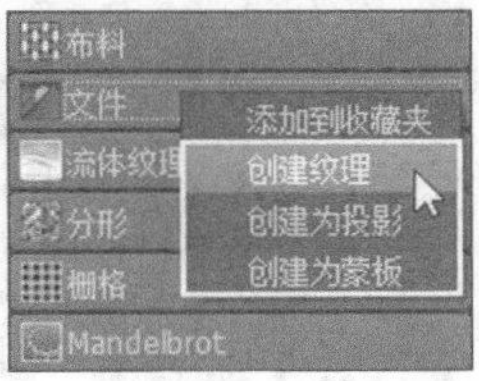

图19-6

19.2.1 正常纹理

打开Hypershade对话框，然后创建一个“布料”纹理节点，如图19-7所示，接着双击与其相连的place2dTexture节点，打开其“属性编辑器”对话框，如图19-8所示。

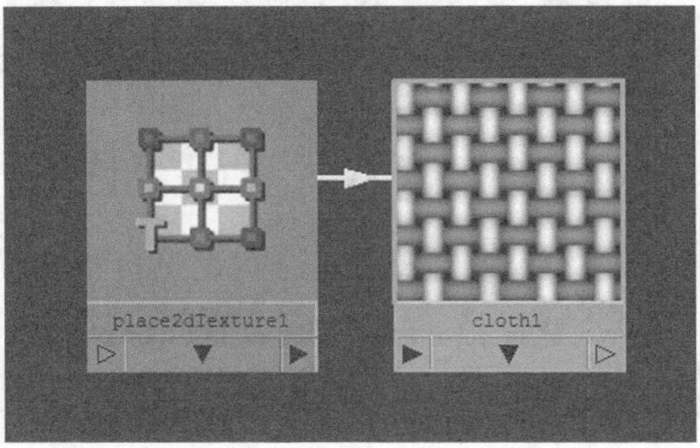

图19-7

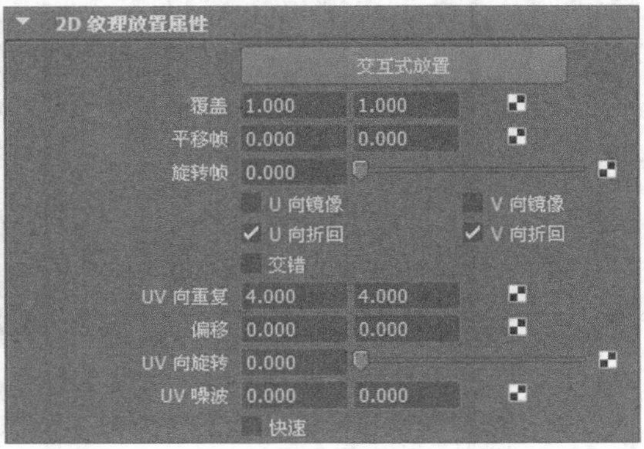

图19-8

正常纹理属性编辑器参数介绍

❖ 交互式放置：单击该按钮后，可以使用鼠标中键对纹理进行移动、缩放和旋转等交互式操作，如图19-9所示。

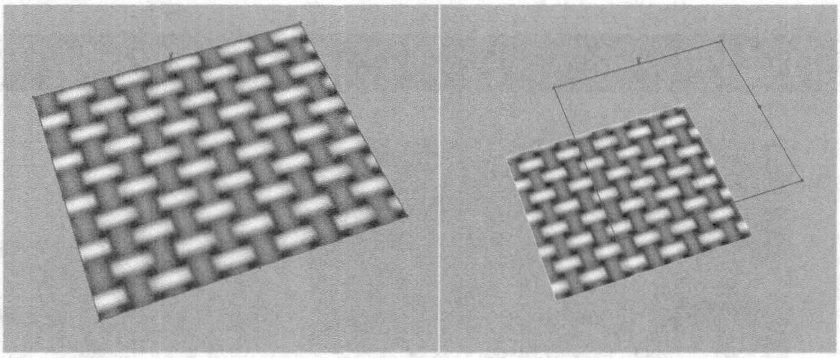

图19-9

❖ 覆盖：控制纹理的覆盖范围，如图19-10和图19-11所示分别是设置该值为（1，1）和（3，3）时的纹理覆盖效果。

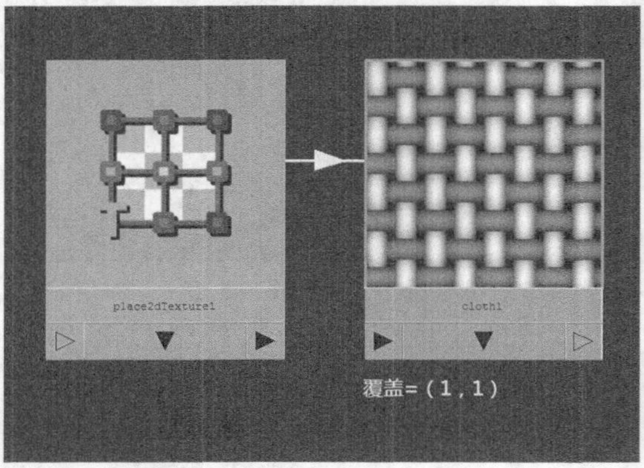

图19-10

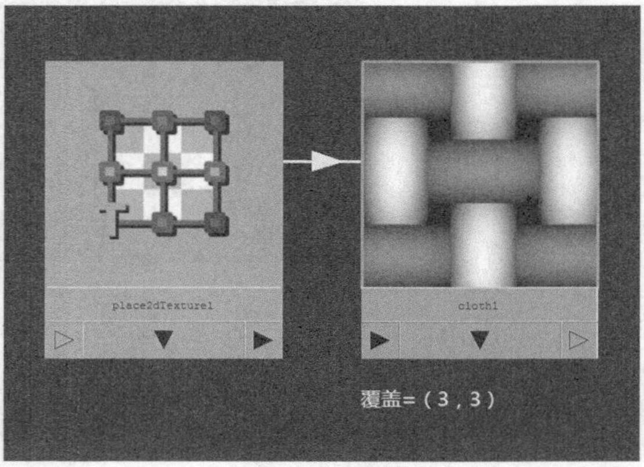

图19-11

❖ 平移帧：控制纹理的偏移量，如图19-12所示是将纹理在U向上平移了2，在V向上平移了1后的纹理效果。

❖ 旋转帧：控制纹理的旋转量，如图19-13所示是将纹理旋转了45°后的效果。

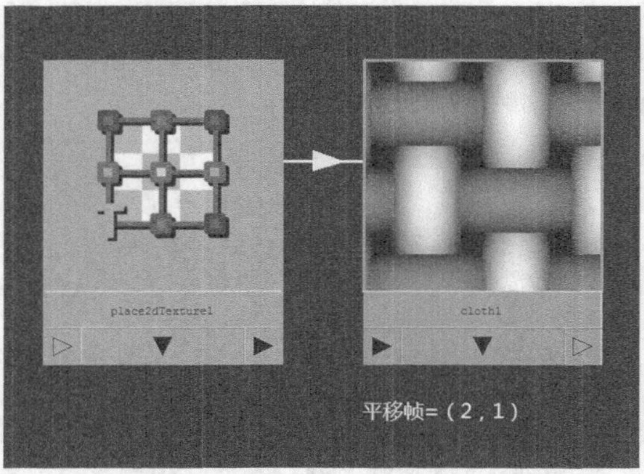

图19-12

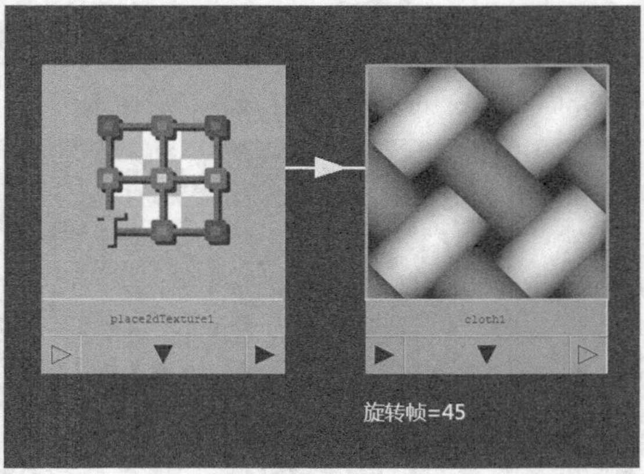

图19-13

❖ U/V向镜像：表示在U/V方向上镜像纹理，如图19-14所示是在U向上镜像的纹理效果，图19-15所示是在V向上镜像的纹理效果。

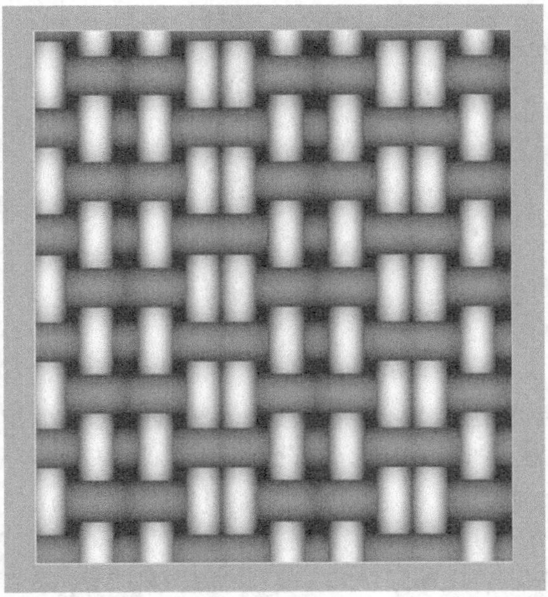

图19-14

图19-15

❖ U/V向折回：表示纹理UV的重复程度，在一般情况下都采用默认设置。

❖ 交错：该选项一般在制作砖墙纹理时使用，可以使纹理之间相互交错，如图19-16所示是勾选该选项前后的纹理对比。

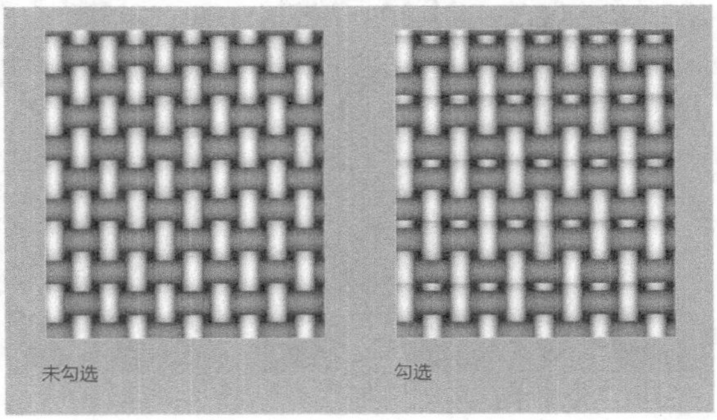

图19-16

❖ UV向重复：用来设置UV的重复程度，如图19-17和图19-18所示分别是设置该值为（3，3）与（1，3）时的纹理效果。

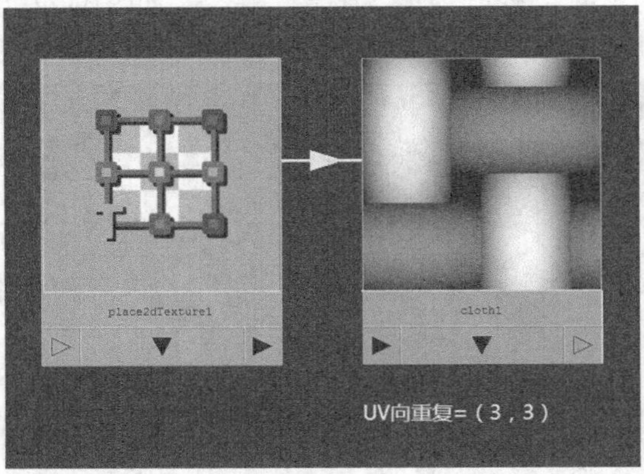

图19-17

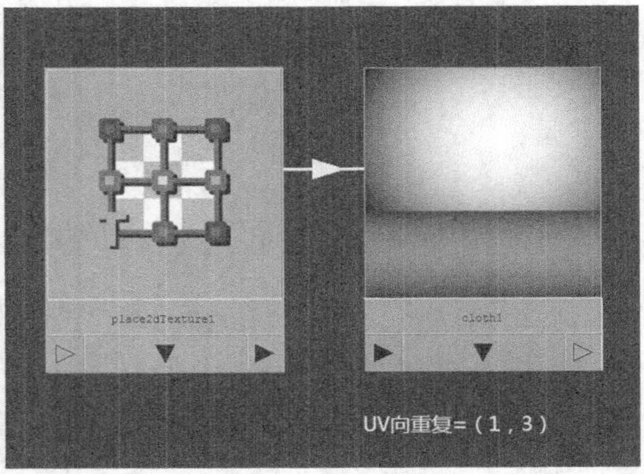

图19-18

❖ 偏移：设置UV的偏移量，如图19-19所示是在U向上偏移了0.2后的效果，图19-20所示是在V向上偏移了0.2后的效果。

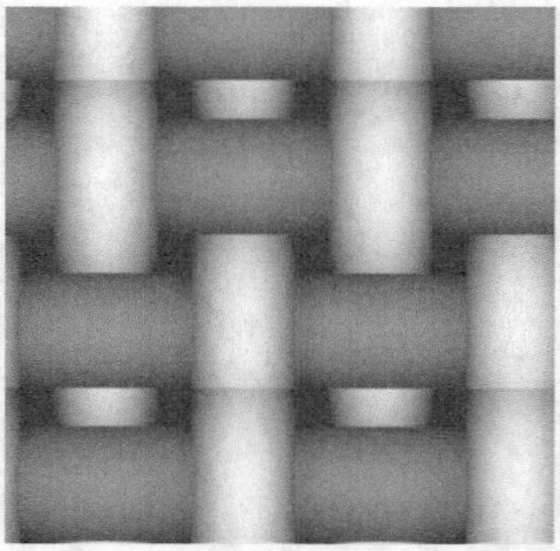
图19-19

图19-20

❖ UV向旋转：该选项和“旋转帧”选项都可以对纹理进行旋转，不同的是该选项旋转的是纹理的UV，而“旋转帧”选项旋转的是纹理，如图19-21所示是设置该值为30时的效果。

❖ UV噪波：该选项用来对纹理的UV添加噪波效果，如图19-22所示是设置该值为（0.1，0.1）时的效果，图19-23所示是设置该值为（10，10）时的效果。

图19-21

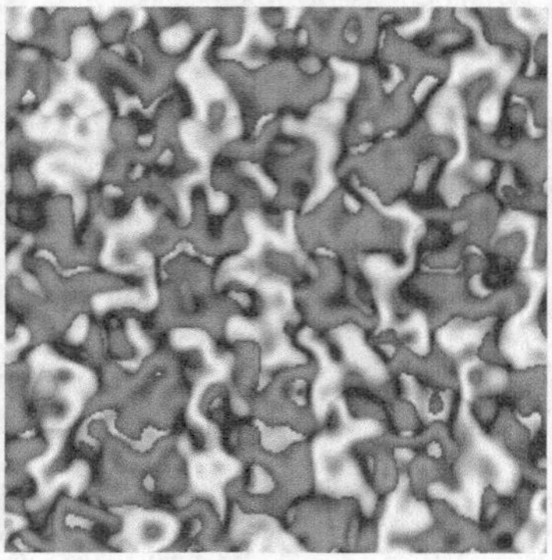
图19-22

图19-23

19.2.2 投影纹理

在“棋盘格”纹理上单击鼠标右键，在弹出的菜单中选择“创建为投影”命令，如图19-24所示，这样可以创建一个带“投影”节点的“棋盘格”节点，如图19-25所示。

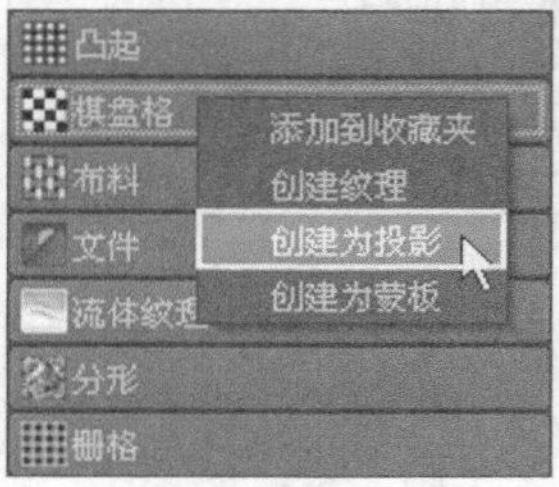

图19-24

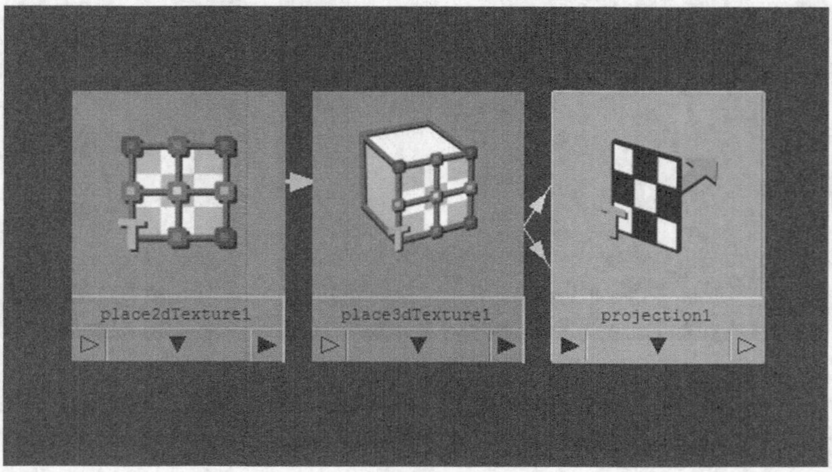

图19-25

双击projection1节点，打开其“属性编辑器”对话框，如图19-26所示。

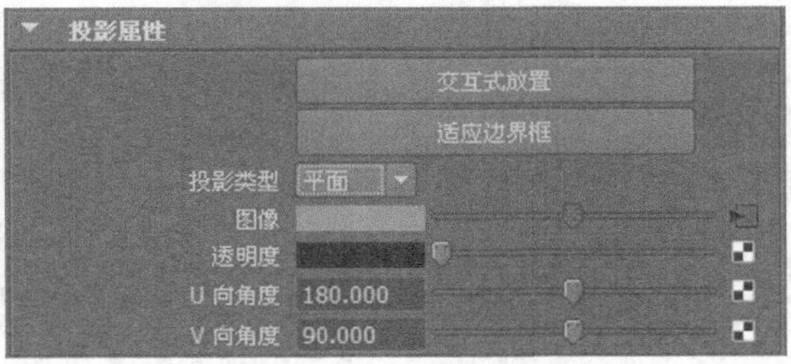

图19-26

投影属性参数介绍

❖ 交互式放置：在场景视图中显示投影操纵器。

❖ 适应边界框：使纹理贴图与贴图对象或集的边界框重叠。

❖ 投影类型：选择2D纹理的投影方式，共有以下9种方式。

✧ 禁用：关闭投影功能。

✧ 平面：主要用于平面物体，如图19-27所示的贴图中有个手柄工具，通过这个手柄可以对贴图坐标进行旋转、移动和缩放操作。

✧ 球形：主要用于球形物体，其手柄工具的用法与“平面”投影相同，如图19-28所示。

✧ 圆柱体：主要用于圆柱形物体，如图19-29所示。

图19-27

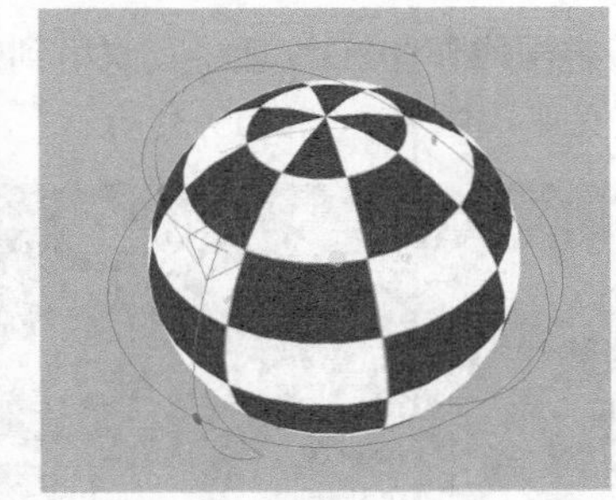

图19-28

图19-29

✧ 球：与“球形”投影类似，但是这种类型的投影不能调整UV方向的位移和缩放参数，如图19-30所示。

✧ 立方：主要用于立方体，可以投射到物体6个不同的方向上，适用于具有6个面的模型，如图19-31所示。

✧ 三平面：这种投影可以沿着指定的轴向通过挤压方式将纹理投射到模型上，也可以运用于圆柱体以及圆柱体的顶部，如图19-32所示。

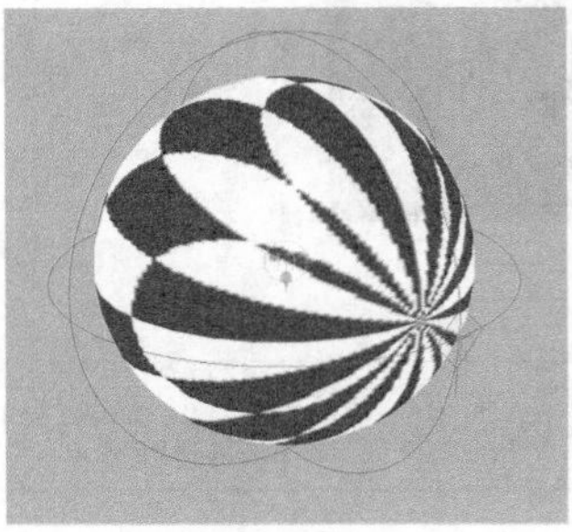

图19-30

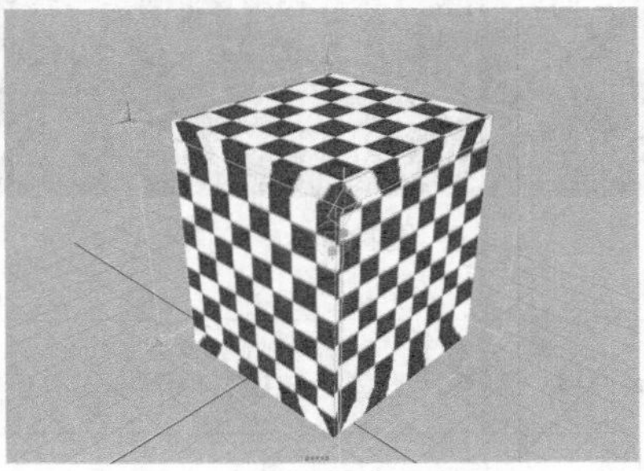

图19-31

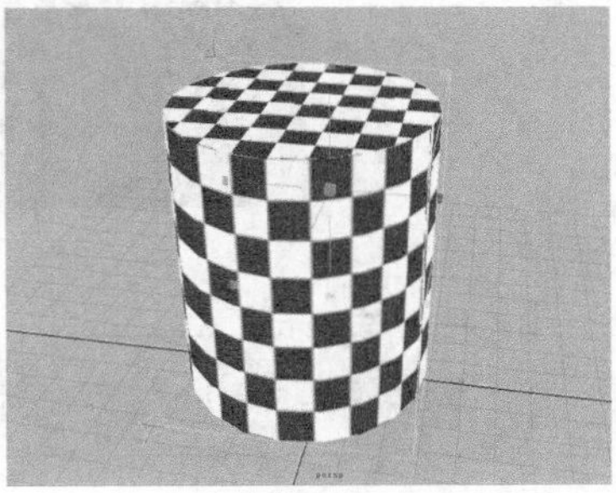

图19-32

✧ 同心：这种贴图坐标是从同心圆的中心出发，由内向外产生纹理的投影方式，可以使物体纹理呈现出一个同心圆的纹理形状，如图19-33所示。

✧ 透视：这种投影是通过摄影机的视点将纹理投射到模型上，一般需要在场景中自定义一台摄影机，如图19-34所示。

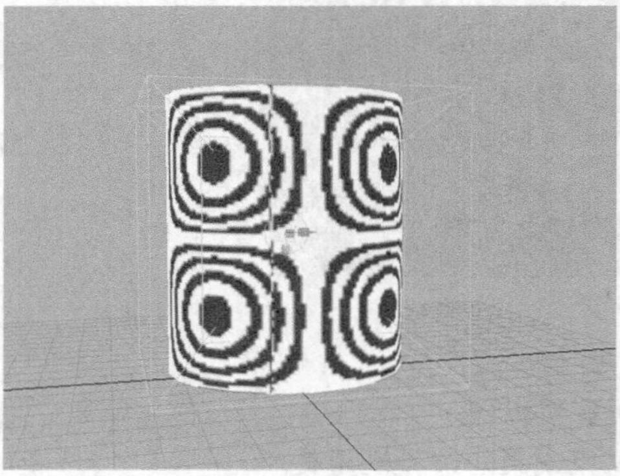

图19-33

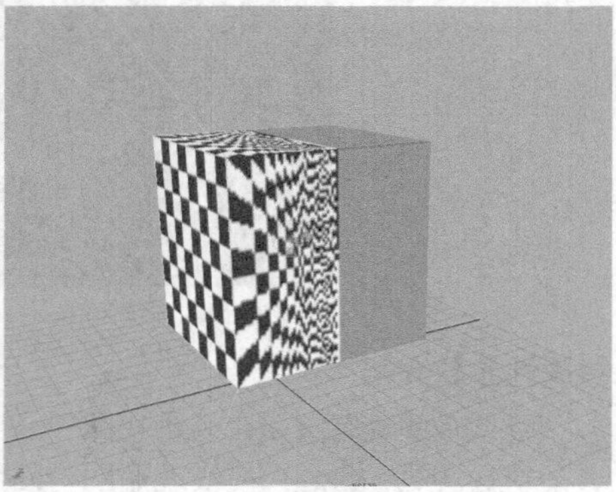

图19-34

❖ 图像：设置蒙板的纹理。
❖ 透明度：设置纹理的透明度。
❖ U/V向角度：仅限“球形”和“圆柱体”投影，主要用来更改U/V向的角度。

19.2.3 蒙板纹理

“蒙板”纹理可以使某一特定图像作为2D纹理将其映射到物体表面的特定区域，并且可以通过控制“蒙板”纹理的节点来定义遮罩区域，如图19-35所示。

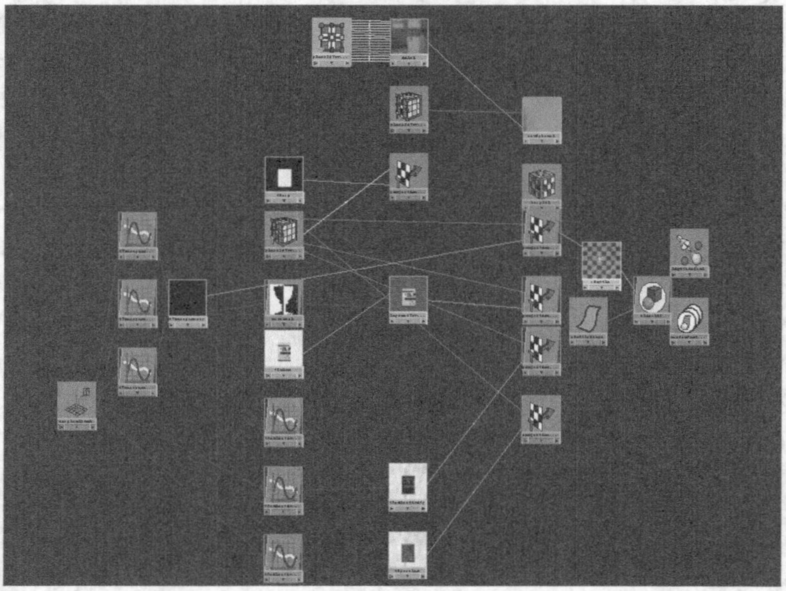

图19-35

技巧与提示

“蒙板”纹理主要用来制作带标签的物体，如酒瓶等。

在“文件”纹理上单击鼠标右键，在弹出的菜单中选择“创建为蒙板”命令，如图19-36所示，这样可以创建一个带“蒙板”的“文件”节点，如图19-37所示。双击stencil1节点，打开其“属性编辑器”对话框，如图19-38所示。

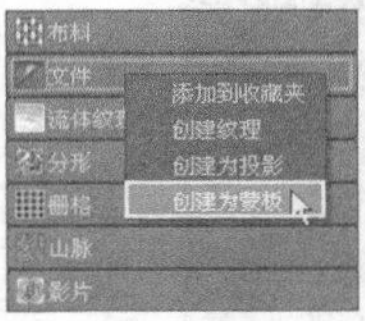

图19-36

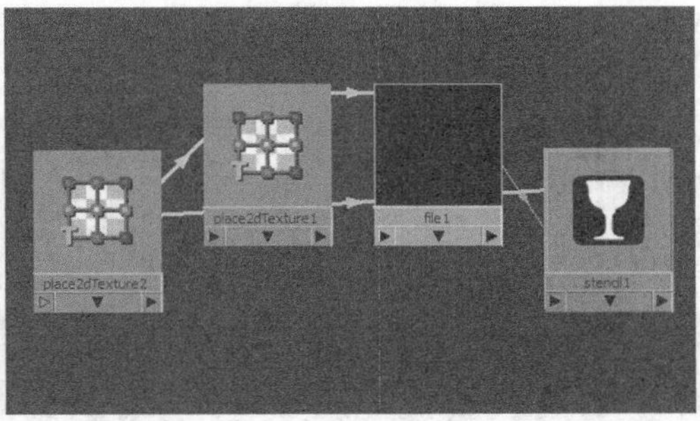

图19-37

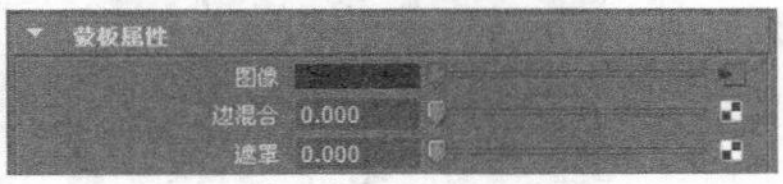

图19-38

蒙板属性参数介绍

❖ 图像：设置蒙板的纹理。

❖ 边混合：控制纹理边缘的锐度。增加该值可以更加柔和地对边缘进行混合处理。

❖ 遮罩：表示蒙板的透明度，用于控制整个纹理的总体透明度。若要控制纹理中选定区域的透明度，可以将另一纹理映射到遮罩上。

【练习19-1】：制作酒瓶标签

场景文件 学习资源>场景文件>CH19>a.mb
实例位置 学习资源>实例文件>CH19>练习19-1.mb
技术掌握 掌握“蒙板”纹理的用法

本例使用“蒙板”纹理制作的酒瓶标签效果如图19-39所示。

图19-39

01 打开学习资源中的“场景文件>CH19>a.mb”文件，如图19-40所示。

图19-40

02 创建一个Blinn材质，然后在“文件”节点上单击鼠标右键，并在弹出的菜单中选择“创建为蒙板”命令，如图19-41所示，创建的材质节点如图19-42所示。

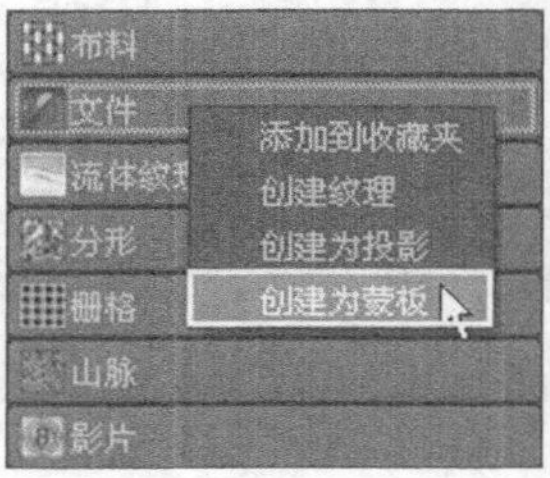

图19-41

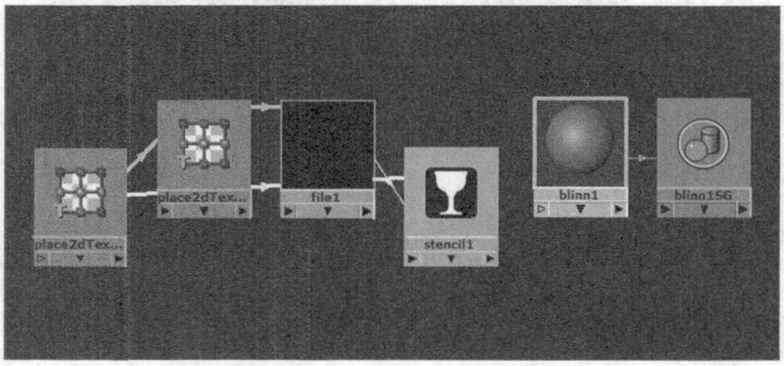

图19-42

03 打开“文件”纹理节点的“属性编辑器”对话框，然后在“图像名称”贴图通道中加载学习资源中的“实例文件>CH19>练习19-1>Labe Huber.jpg”文件，如图19-43所示。

04 将“蒙板”节点（即stencil1节点）的outColor（输出颜色）属性连接到Blinn材质节点的Color（颜色）属性上，如图19-44所示。

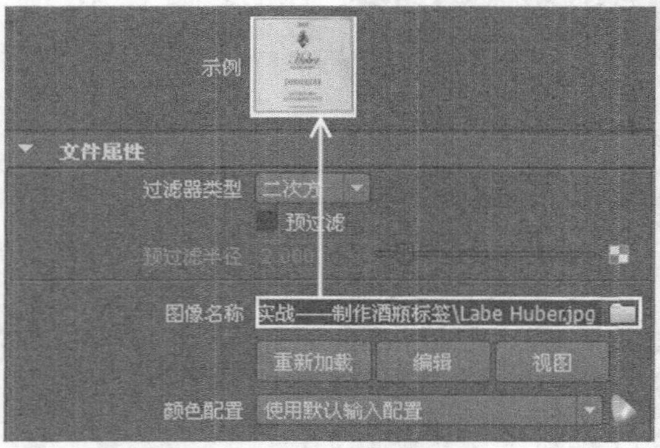

图19-43

图19-44

05 打开“蒙板”节点的“属性编辑器”对话框，然后在“遮罩”贴图通道中加载学习资源中的“实例文件>CH19>练习19-1>Labe Huber1.jpg”文件，如图19-45所示，此时会自动生成一个“文件”节点。

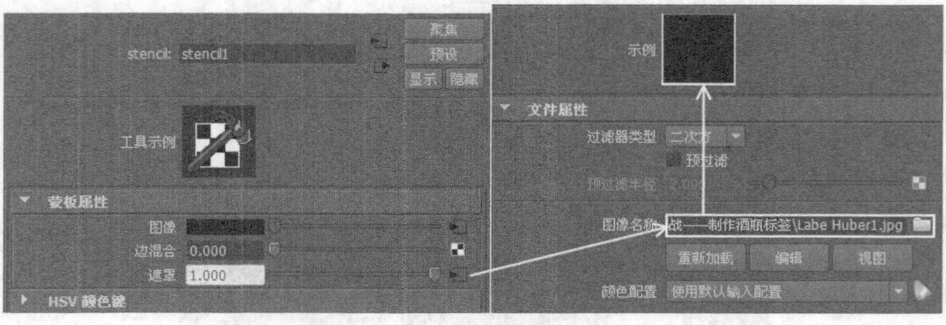

图19-45

06 选择file2节点上的place2dTexture3节点，如图19-46所示，然后按Delete键将其删除。

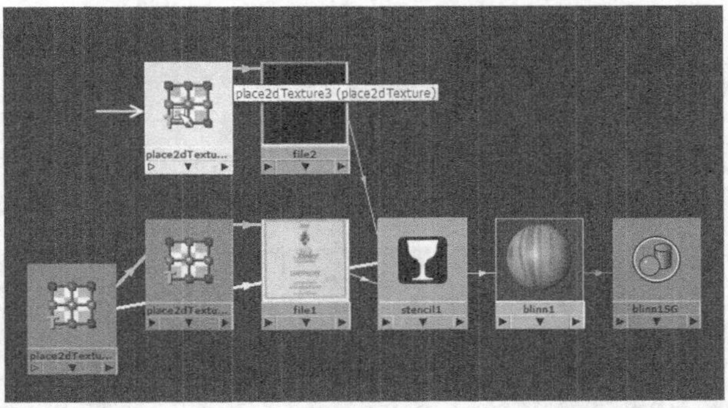

图19-46

07 将剩下的place2dTexture1节点和place2dTexture2节点的outUvFilterSize（输出UV过滤尺寸）属性连接到“遮罩”节点的uvFilterSize（UV过滤尺寸）属性上，如图19-47所示，得到的材质节点连接如图19-48所示。

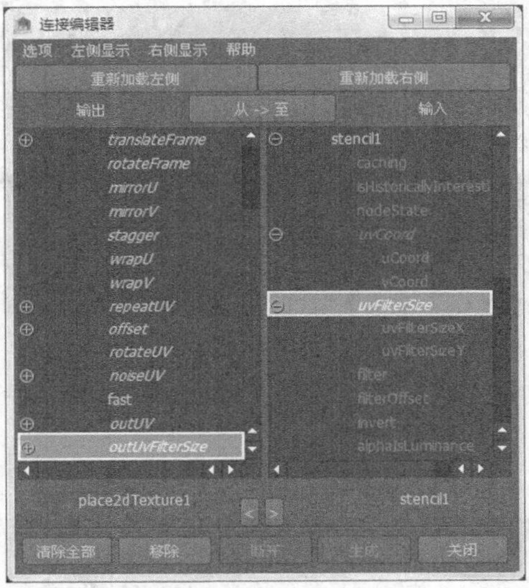

图19-47

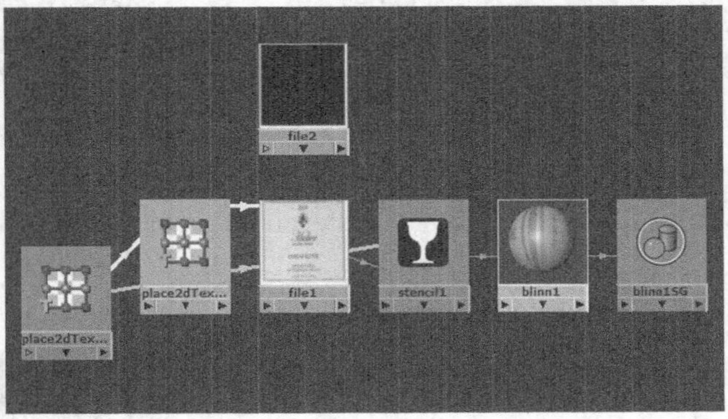

图19-48

技巧与提示

如果在“连接编辑器”对话框中找不到outUvFilterSize（输出UV过滤尺寸）节点和UvFilterSize（UV过滤尺寸）节点，可以在“连接编辑器”对话框中执行“左侧/右侧显示>显示隐藏项”命令将其显示出来。

08 将制作好的Blinn材质指定给瓶子模型，然后测试渲染当前场景，效果如图19-49所示。

图19-49

技巧与提示

从图19-49中观察不到标签，这是因为贴图的位置并不正确。下面就针对贴图的位置进行调整。

09 打开place2dTexture1节点的“属性编辑器”对话框，具体参数设置如图19-50所示，然后测试渲染当前场景，效果如图19-51所示。

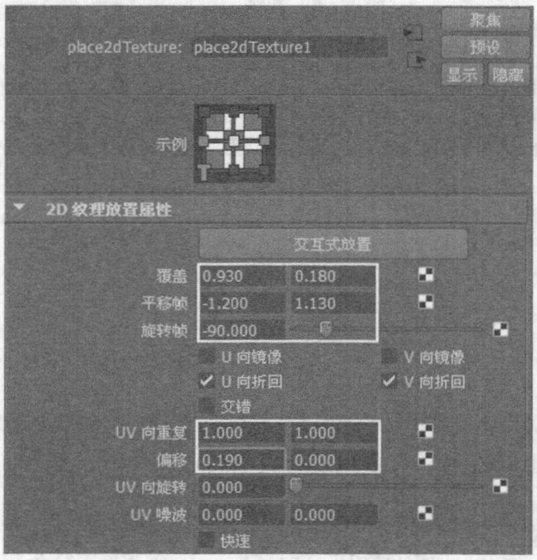

图19-50

图19-51

10 打开“蒙版”节点（即stencil节点）的“属性编辑器”对话框，然后在“颜色平衡”卷展栏下设置“默认颜色”为（R:2，G:23，B:2），如图19-52所示。

11 渲染当前场景，最终效果如图19-53所示。

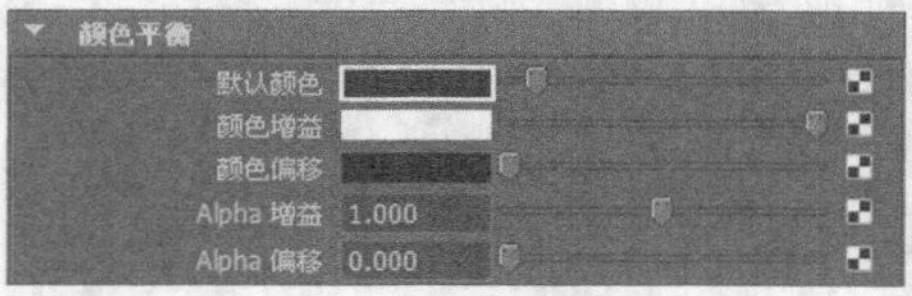

图19-52

图19-53

19.3 创建与编辑UV

在Maya中，对多边形划分UV是很方便的，Maya为多边形的UV提供了多种创建与编辑方式，切换到“多边形”模块，可以在菜单栏中找到图19-54和图19-55所示的“创建UV”菜单和“编辑UV”菜单，其中包含创建与编辑多边形UV的各种命令。

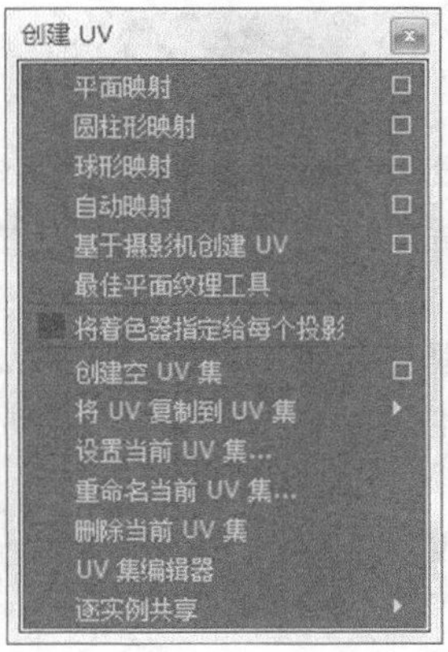

图19-54

图19-55

19.3.1 UV映射类型

为多边形设定UV映射坐标的方式有4种，分别是“平面映射”“圆柱形映射”“球形映射”和“自动映射”，如图19-56所示。

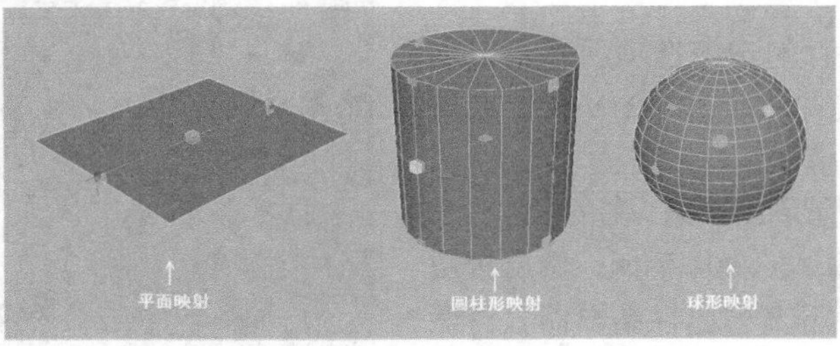

图19-56

技巧与提示

在为物体设定UV坐标时，会出现一个映射控制手柄，可以使用这个控制手柄对坐标进行交互式操作，如图19-57所示。在调整纹理映射时，可以结合控制手柄和“UV纹理编辑器”来精确定位贴图坐标。

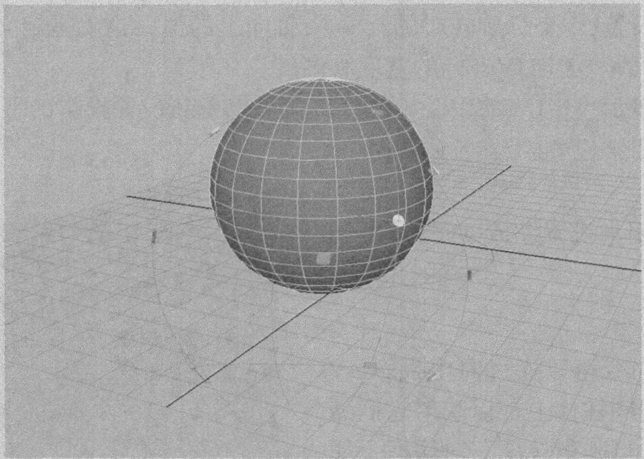
图19-57

1.平面映射

用“平面映射”命令可以从假设的平面沿一个方向投影UV纹理坐标，可以将其映射到选定的曲面网格。打开“平面映射选项”对话框，如图19-58所示。

平面映射选项介绍

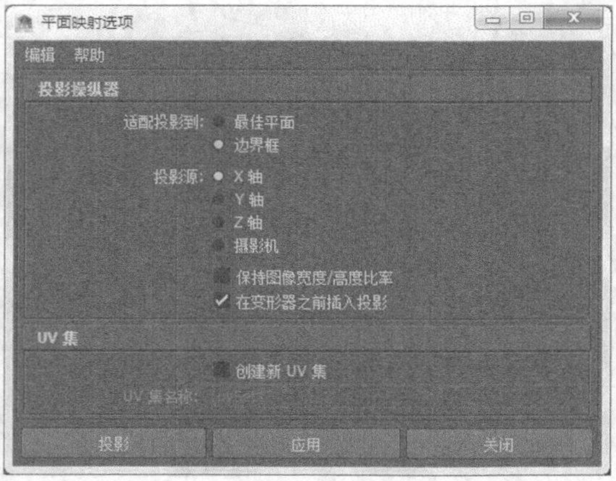

图19-58

❖ 适配投影到：选择投影的匹配方式，共有以下两种。
  ✧ 最佳平面：勾选该选项后，纹理和投影操纵器会自动缩放尺寸并吸附到所选择的面上。
  ✧ 边界框：勾选该选项后，可以将纹理和投影操纵器垂直吸附到多边形物体的边界框中。
❖ 投影源：选择从物体的哪个轴向来匹配投影。
  ✧ X/Y/Z轴：从物体的x/y/z轴匹配投影。
  ✧ 摄影机：从场景摄影机匹配投影。
❖ 保持图像宽度/高度比率：勾选该选项后，可以保持图像的宽度/高度比率，避免纹理出现偏移现象。
❖ 在变形器之前插入投影：勾选该选项后，可以在应用变形器前将纹理放置并应用到多边形物体上。
❖ 创建新UV集：勾选该选项后，可以创建新的UV集并将创建的UV放置在该集中。
❖ UV集名称：设置创建的新UV集的名称。

选择多边形物体的操作手柄，然后按快捷键Ctrl+A打开其“属性编辑器”对话框，如图19-59所示。

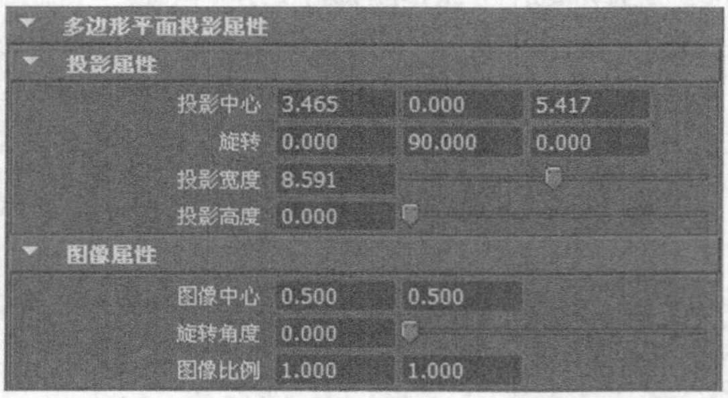

图19-59

平面映射属性编辑器参数介绍

❖ 投影中心：该选项用来定义投影纹理贴图的*x*、*y*、*z*轴的原点位置，Maya的默认值为（0，0，0）。
❖ 旋转：用来设置UV坐标旋转时的*x*、*y*、*z*轴向上的值，也就是定义投影的旋转方向。
❖ 投影宽度/高度：设定UV坐标的宽度和高度。
❖ 图像中心：表示投影UV的中心，改变该值可以重新设置投影的平移中心。
❖ 旋转角度：用来设置UV在2D空间中的旋转角度。
❖ 图像比例：用来设置缩放UV的宽度和高度。

2.圆柱形映射

“圆柱形映射”命令可以通过向内投影UV纹理坐标到一个虚构的圆柱体上，以映射它们到选定对象。打开“圆柱形映射选项”对话框，如图19-60所示。

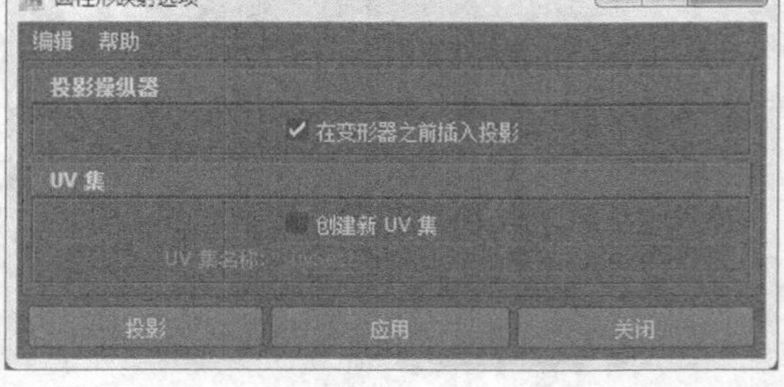

图19-60

圆柱形映射选项介绍

- ❖ 在变形器之前插入投影：勾选该选项后，可以在应用变形器前将纹理放置并应用到多边形物体上。
- ❖ 创建新UV集：勾选该选项后，可以创建新的UV集并将创建的UV放置在该集中。
- ❖ UV集名称：设置创建的新UV集的名称。

技巧与提示

通过在物体的顶点处投影UV，可以将纹理贴图弯曲为圆柱体形状，这种贴图方式适合于圆柱形的物体。

3.球形映射

用“球形映射”命令可以通过将UV从假想球体向内投影，并将UV映射到选定对象上。打开“球形映射选项”对话框，如图19-61所示。

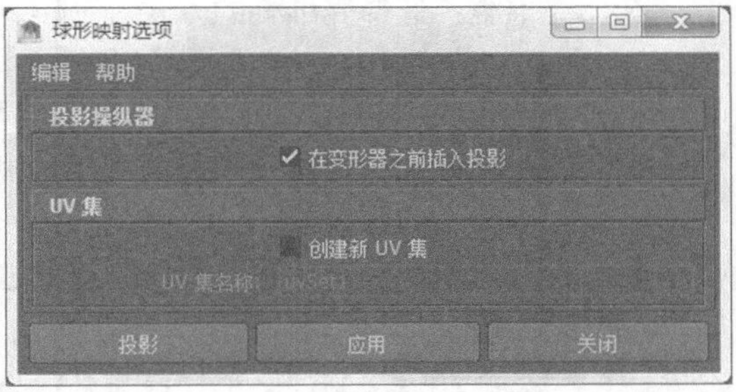

图19-61

技巧与提示

“球形映射”命令的参数选项与“圆柱形映射”命令完全相同，这里不再讲解。

4.自动映射

用“自动映射”命令可以同时从多个角度将UV纹理坐标投影到选定对象上。打开“多边形自动映射选项”对话框，如图19-62所示。

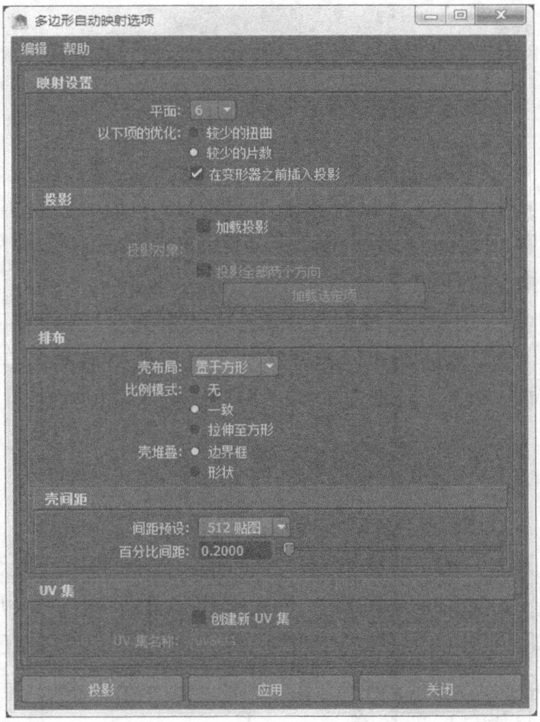

图19-62

多边形自动映射选项介绍

- ❖ 平面：选择使用投影平面的数量，可以选择3、4、5、6、8或12个平面。使用的平面越多，UV扭曲程度越小，但是分割的UV面片就越多，默认设置为6个面。
- ❖ 以下项的优化：选择优化平面的方式，共有以下两种方式。
  - ✧ 较少的扭曲：平均投影多个平面，这种方式可以为任意面提供最佳的投影，扭曲较少，但产生的面片较多，适用于对称物体。
  - ✧ 较少的片数：保持对每个平面的投影，可以选择最少的投影数来产生较少的面片，但是可能产生部分扭曲变形。
- ❖ 在变形器之前插入投影：勾选该选项后，可以在应用变形器前将纹理放置并应用到多边形物体上。
- ❖ 加载投影：勾选该选项后，可以加载投影。
- ❖ 投影对象：显示要加载投影的对象名称。
- ❖ 加载选定项 加载选定项 ：选择要加载的投影。

- ❖ 壳布局：选择壳的布局方式，共有以下4种。
  - ✧ 重叠：重叠放置UV块。
  - ✧ 沿U方向：沿U方向放置UV块。
  - ✧ 置于方形：在0~1的纹理空间中放置UV块，系统的默认设置就是该选项。
  - ✧ 平铺：平铺放置UV块。
- ❖ 比例模式：选择UV块的缩放模式，共有以下3种。
  - ✧ 无：表示不对UV块进行缩放。
  - ✧ 一致：将UV块进行缩放以匹配0~1的纹理空间，但不改变其外观的长宽比例。
  - ✧ 拉伸至方形：扩展UV块以匹配0~1的纹理空间，但UV块可能会产生扭曲现象。
- ❖ 壳堆叠：选择壳堆叠的方式。
  - ✧ 边界框：将UV块堆叠到边界框。
  - ✧ 形状：按照UV块的形状来进行堆叠。
- ❖ 间距预设：根据纹理映射的大小选择一个相应的预设值，如果未知映射大小，可以选择一个较小的预设值。
- ❖ 百分比间距：若“间距预设”选项选择的是“自定义”方式，该选项才能被激活。

技巧与提示

对于一些复杂的模型，单独使用“平面映射”“圆柱形映射”和“球形映射”可能会产生重叠的UV和扭曲现象，而“自动映射”方式可以在纹理空间中对模型中的多个不连接的面片进行映射，并且可以将UV分割成不同的面片分布在0~1的纹理空间中。

19.3.2 UV坐标的设置原则

合理地安排和分配UV是一项非常重要的技术，但是在分配UV时要注意以下两点。

第1点：应该确保所有的UV网格分布在0~1的纹理空间中。“UV纹理编辑器”对话框中的默认设置是通过网格来定义UV的坐标，这是因为如果UV超过0~1的纹理空间范围，纹理贴图就会在相应的顶点重复。

第2点：要避免UV之间的重叠。UV点相互连接形成网状结构，称为“UV网格面片”。如果“UV网格面片”相互重叠，那么纹理映射就会在相应的顶点重复。因此在设置UV时，应尽量避免UV重叠，只有在为一个物体设置相同的纹理时，才能将“UV网格面片”重叠在一起进行放置。

19.3.3 UV纹理编辑器

执行“窗口>UV纹理编辑器”菜单命令，打开“UV纹理编辑器”对话框，如图19-63所示。“UV纹理编辑器”对话框可以用于查看多边形和细分曲面的UV纹理坐标，并且可以用交互方式对其进行编辑。下面针对该对话框中的所有工具进行详细介绍。

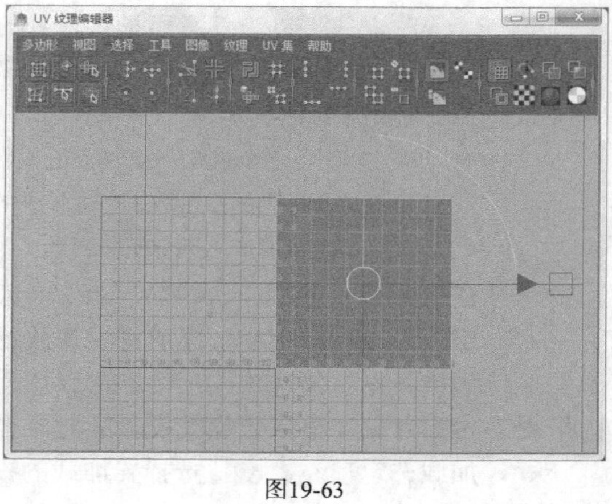

图19-63

UV纹理编辑器工具介绍

- ❖ UV晶格工具▦：通过允许出于变形目的围绕UV创建晶格，将UV的布局作为组进行操纵。
- ❖ 移动UV壳工具▣：通过在壳上选择单

个UV来选择和重新定位UV壳。可以自动防止已重新定位的UV壳在2D视图中与其他UV壳重叠。

❖ 平滑UV工具：使用该工具可以按交互方式展开或松弛UV。
❖ UV涂抹工具：将选定UV及其相邻UV的位置移动到用户定义的一个缩小的范围内。
❖ 选择最短边路径工具：可以用于在曲面网格上的两个顶点之间选择边的路径。
❖ 在U方向上翻转选定UV：在U方向上翻转选定UV的位置。
❖ 在V方向上翻转选定UV：在V方向上翻转选定UV的位置。
❖ 逆时针旋转选定UV：以逆时针方向按45° 旋转选定UV的位置。
❖ 顺时针旋转选定UV：以顺时针方向按45° 旋转选定UV的位置。
❖ 沿选定边分离UV：沿选定边分离UV，从而创建边界。
❖ 将选定UV分离为每个连接边一个UV：沿连接到选定UV点的边将UV彼此分离，从而创建边界。
❖ 将选定边或UV缝合到一起：沿选定边界附加UV，但不在“UV纹理编辑器”对话框的视图中一起移动它们。
❖ 移动并缝合选定边：沿选定边界附加UV，并在“UV纹理编辑器”对话框视图中一起移动它们。
❖ 选择要在UV空间中移动的面：选择连接到当前选定的UV的所有UV面。
❖ 将选定UV捕捉到用户指定的栅格：将每个选定UV移动到纹理空间中与其最近的栅格交点处。
❖ 展开选定UV：在尝试确保UV不重叠的同时，展开选定的UV网格。
❖ 自动移动UV以更合理地分布纹理空间：根据“排布UV”对话框中的设置，尝试将UV排列到一个更干净的布局中。
❖ 将选定UV与最小U值对齐：将选定UV的位置对齐到最小U值。
❖ 将选定UV与最大U值对齐：将选定UV的位置对齐到最大U值。
❖ 将选定UV与最小V值对齐：将选定UV的位置对齐到最小V值。
❖ 将选定UV与最大V值对齐：将选定UV的位置对齐到最大V值。
❖ 切换隔离选择模式：在显示所有UV与仅显示隔离的UV之间切换。
❖ 将选定UV添加到隔离选择集：将选定UV添加到隔离的子集。
❖ 从隔离选择集移除选定对象的所有UV：清除隔离的子集，然后可以选择一个新的UV集并隔离它们。
❖ 将选定UV移除到隔离选择集：从隔离的子集中移除选定的UV。
❖ 启用/禁用显示图像：显示或隐藏纹理图像。
❖ 切换启用/禁用过滤的图像：在硬件纹理过滤和明晰定义的像素之间切换背景图像。
❖ 启用/禁用暗淡图像：减小当前显示的背景图像的亮度。
❖ 启用/禁用视图栅格：显示或隐藏栅格。
❖ 启用/禁用像素捕捉：选择是否自动将UV捕捉到像素边界。
❖ 切换着色UV显示：以半透明的方式对选定UV壳进行着色，以便可以确定重叠的区域或UV缠绕顺序。
❖ 切换活动网格的纹理边界显示：切换UV壳上纹理边界的显示。
❖ 显示RGB通道：显示选定纹理图像的RGB（颜色）通道。
❖ 显示Alpha通道：显示选定纹理图像的Alpha（透明度）通道。
❖ UV纹理编辑器烘焙开/关：烘焙纹理，并将其存储在内存中。
❖ 更新PSD网格：为场景刷新当前使用的PSD纹理。

- 强制重烘焙编辑器纹理：重烘焙纹理。如果启用“图像>UV纹理编辑器烘焙”选项，则必须在更改纹理（文件节点和place2dTexture节点属性）之后重烘焙纹理，这样才能看到这些更改的效果。
- 启用/禁用使用图像比率：在显示方形纹理空间和显示与该图像具有相同的宽高比的纹理空间之间进行切换。
- 输入要在U/V向设置/变换的值 0.000 0.000 ：显示选定UV的坐标，输入数值后按Enter键即可。
- 刷新当前UV值：在移动选定的UV点时，“输入要在U/V向设置/变换的值”数值框中的数值不会自动更新，单击该按钮可以更新数值框中的值。
- 在绝对UV位置和相对变换工具值之间切换UV条目字段模式：在绝对值与相对值之间更改UV坐标输入模式。
- 将某个面的颜色、UV和/或着色器复制到剪贴板：将选定的UV点或面复制到剪贴板。
- 将颜色、UV和/或着色器从剪贴板粘贴到面：从剪贴板粘贴UV点或面。
- 将U值粘贴到选定UV ：仅将剪贴板上的U值粘贴到选定UV点上。
- 将V值粘贴到选定UV ：仅将剪贴板上的V值粘贴到选定UV点上。
- 切换面/UV的复制/粘贴：在处理UV和处理UV面之间切换工具栏上的“复制”和“粘贴”按钮。
- 逆时针循环选定面的UV：旋转选定多边形的U值和V值。

【练习19-2】：划分角色的UV

场景文件	学习资源>场景文件>CH19>b.mb
实例位置	学习资源>实例文件>CH19>练习19-2.mb
技术掌握	掌握角色UV的几种划分方法

在为一个模型制作贴图之前，首先需要对这个模型的UV进行划分。划分UV是一项十分繁杂的工作，需要细心加耐心才能完成。下面以一个人头模型来讲解模型UV的几种划分方法，如图19-64所示是本例的渲染效果及划分完成的UV纹理。

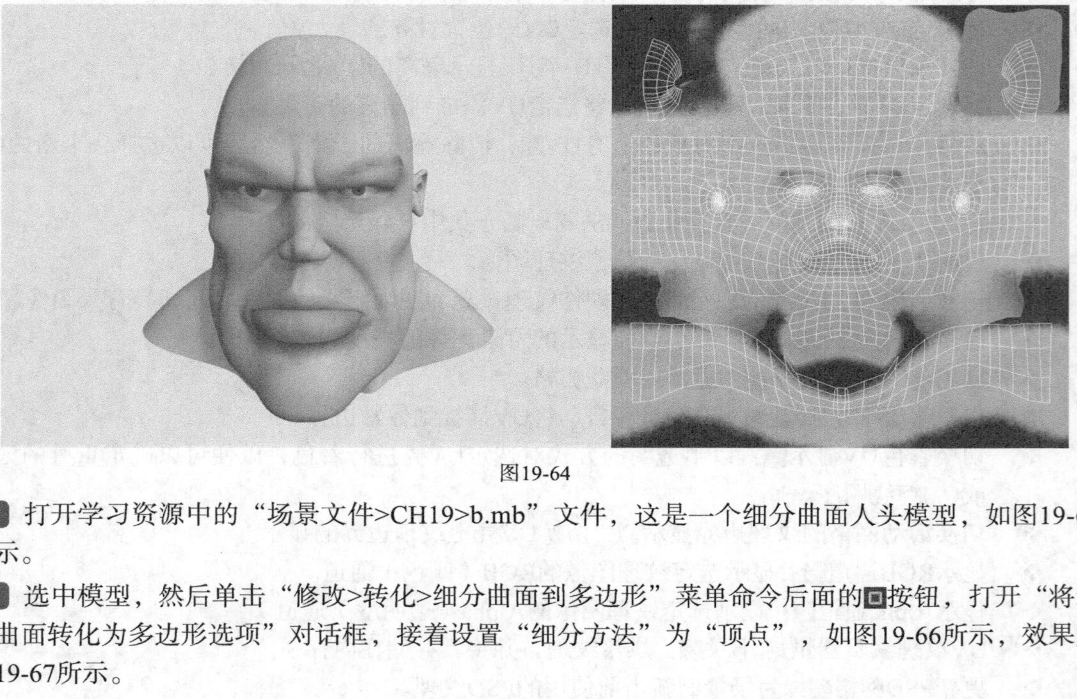

图19-64

01 打开学习资源中的“场景文件>CH19>b.mb”文件，这是一个细分曲面人头模型，如图19-65所示。

02 选中模型，然后单击“修改>转化>细分曲面到多边形”菜单命令后面的按钮，打开“将细分曲面转化为多边形选项”对话框，接着设置“细分方法”为“顶点”，如图19-66所示，效果如图19-67所示。

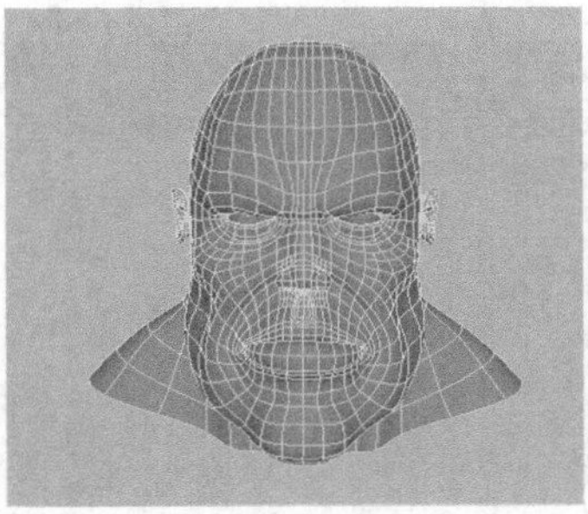

图19-65

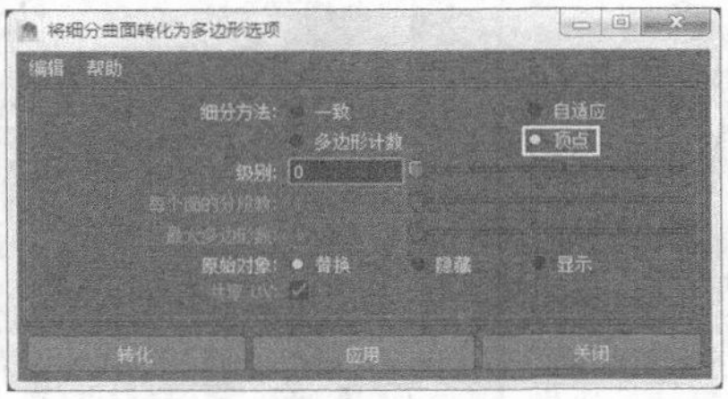

图19-66

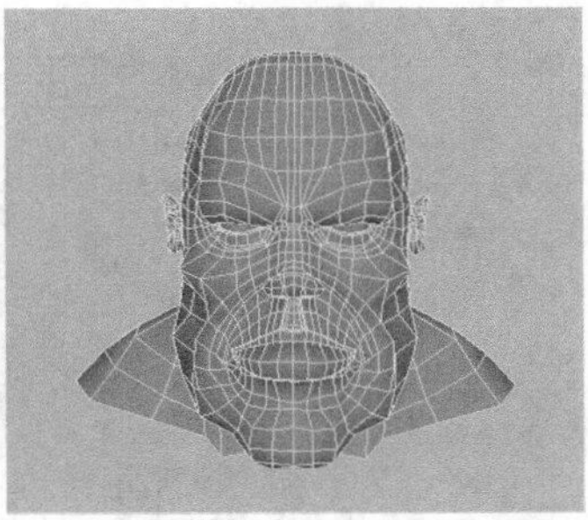

图19-67

技巧与提示

由于细分曲面模型很难划分UV，而多边形模型则可以很方便地对UV进行划分，所以这里需要将模型转化为多边形模型。

03 在这里只需要制作一半模型的UV就可以了，另外的一半可以复制UV即可。进入面级别，然后选择左侧的面，如图19-68所示，接着按Delete键将其删除，如图19-69所示。

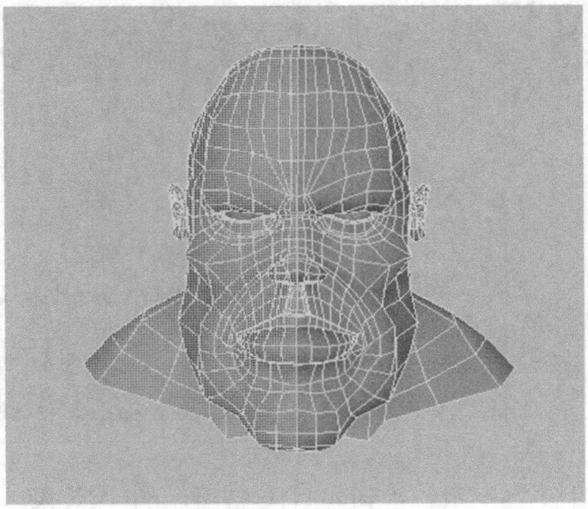

图19-68

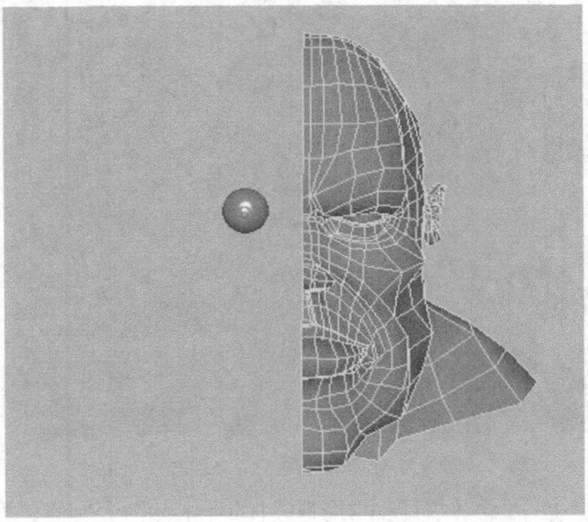

图19-69

04 选择如图19-70所示的面，然后执行“创建UV>圆柱形映射”菜单命令，效果如图19-71所示。

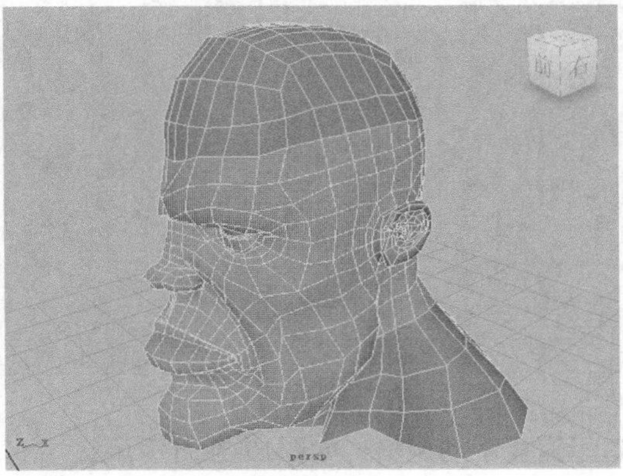

图19-70

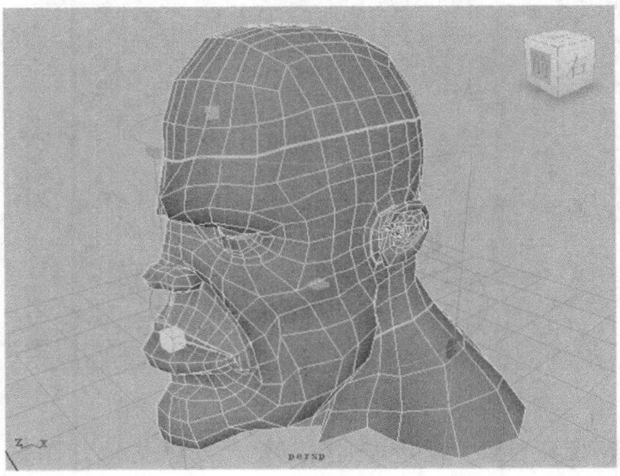

图19-71

05 把圆柱形映射上面的红色手柄拖曳到如图19-72所示的位置，然后打开“UV纹理编辑器”对话框，可以观察到UV分成了几块，如图19-73所示。

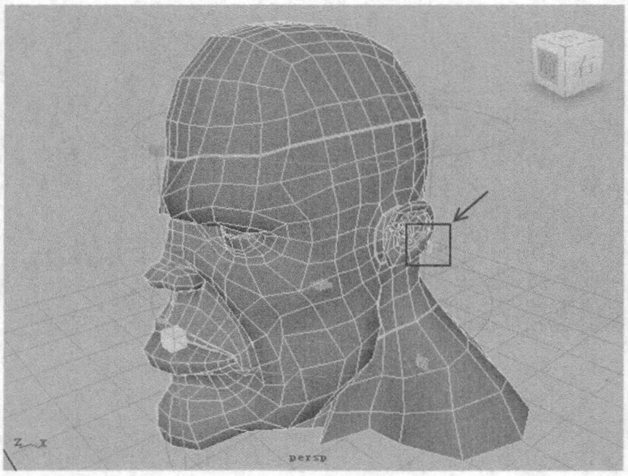

图19-72

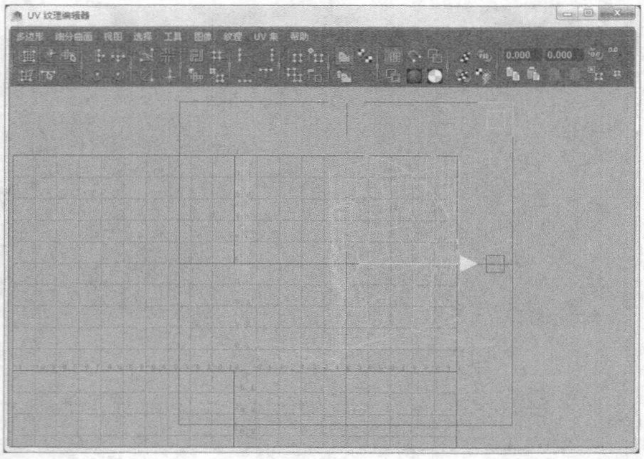

图19-73

06 对圆柱形映射手柄进行旋转，如图19-74所示，然后在“UV纹理编辑器”对话框中将UV调整到如图19-75所示的位置。

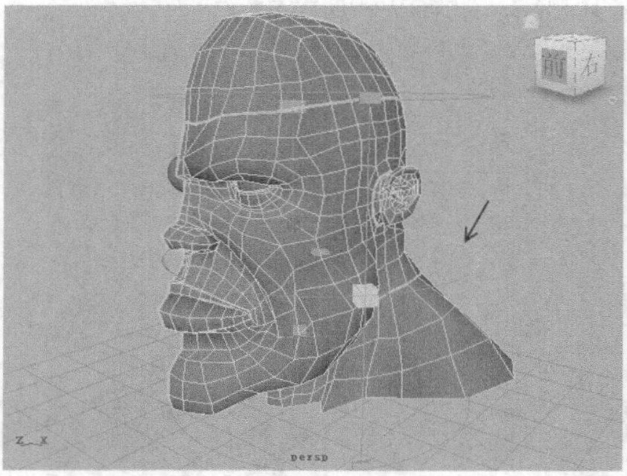

图19-74

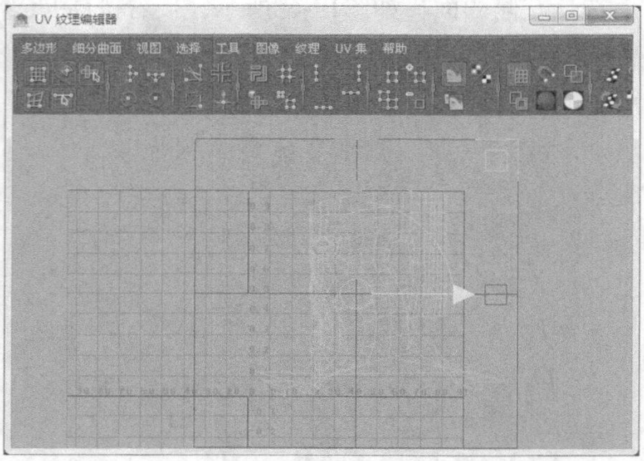

图19-75

07 通过多次对圆柱形映射的手柄进行调整，如图19-76所示，得到如图19-77所示的UV效果。

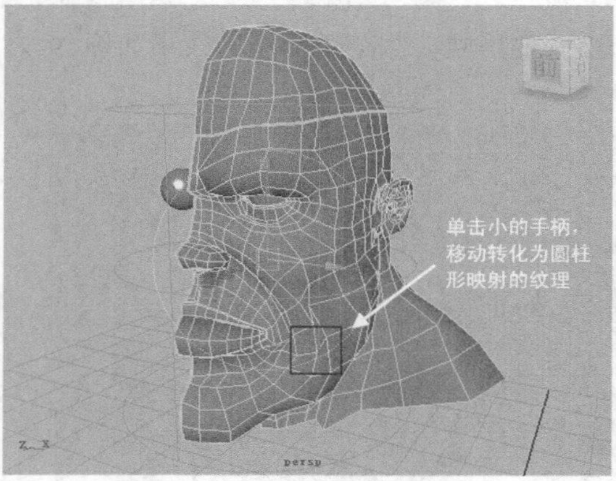

图19-76

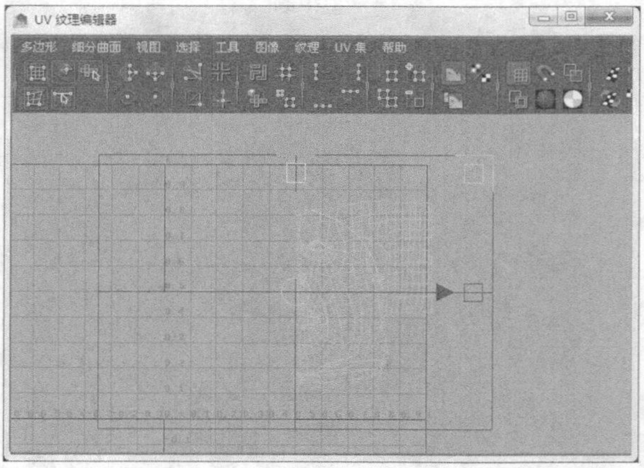

图19-77

08 观察UV，发现眼睛和鼻子部分没有分布好，这里需要手动调整，如图19-78所示。

09 在“UV纹理编辑器”对话框中，选中眼睛部分的UV点，然后执行“工具>平滑UV工具”命令，此时会出现“展开”和“松弛”两个选项，先用鼠标左键轻轻放在“松弛”选项上并拖曳鼠标，观察眼睛处的UV，直到调整好UV为止，如图19-79所示。

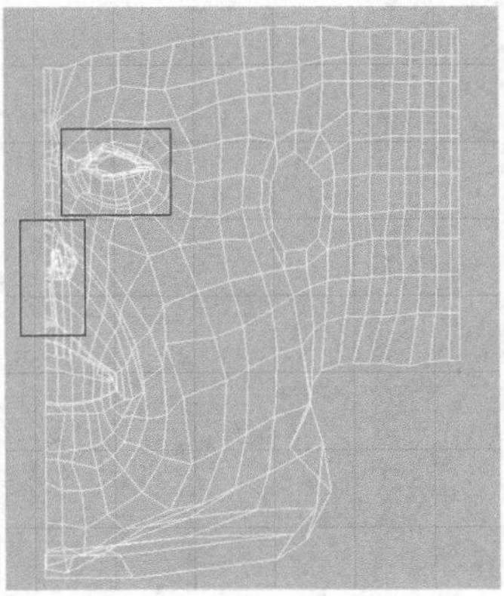

图19-78

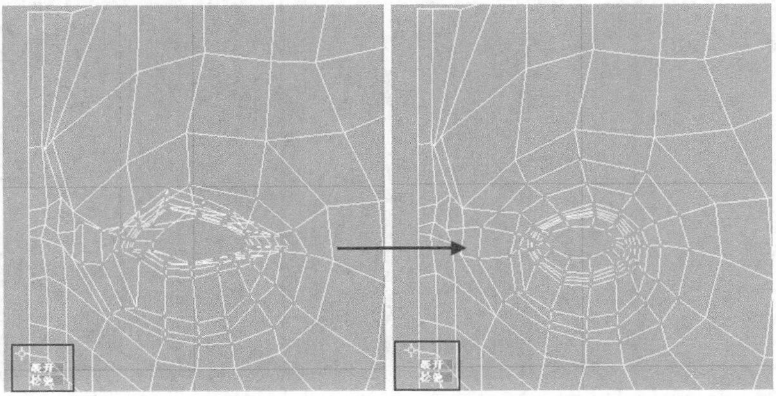

图19-79

10 用相同的方法拖动展开UV，调整好的眼睛UV效果如图19-80所示。

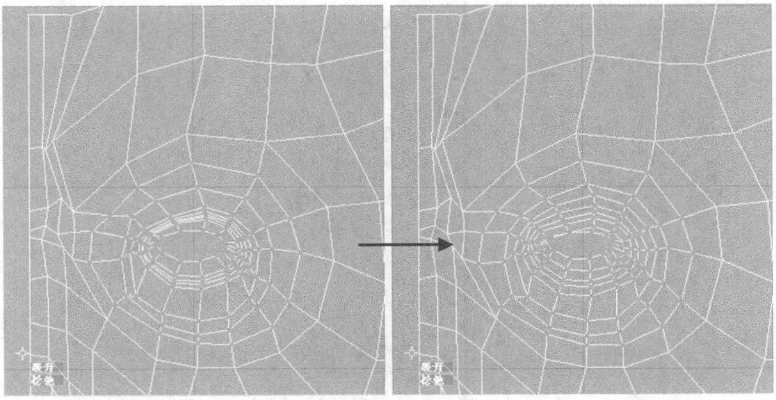

图19-80

11 下面调整鼻孔处的UV。进入面级别，然后选择鼻孔周边的部分面，如图19-81所示，接着执行“创建UV>球形映射”菜单命令，效果如图19-82所示。

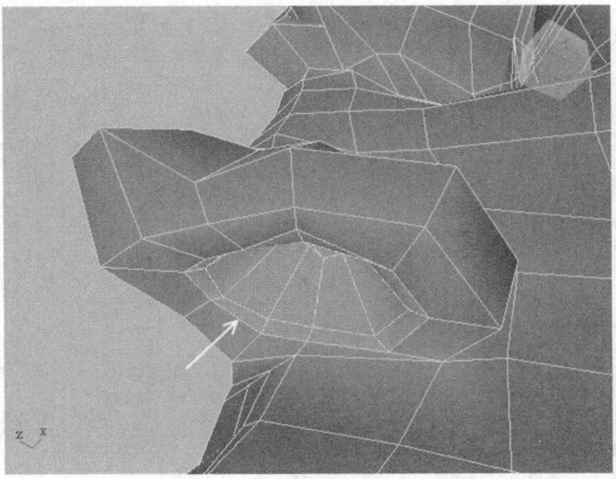

图19-81

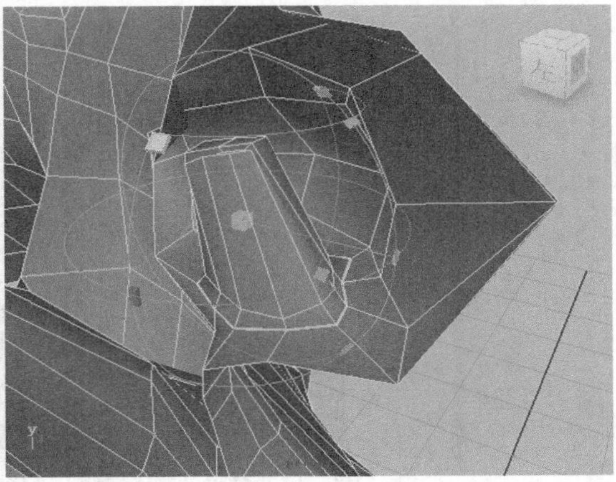

图19-82

12 在“UV纹理编辑器”对话框中将鼻孔的UV调节成如图19-83所示的效果。

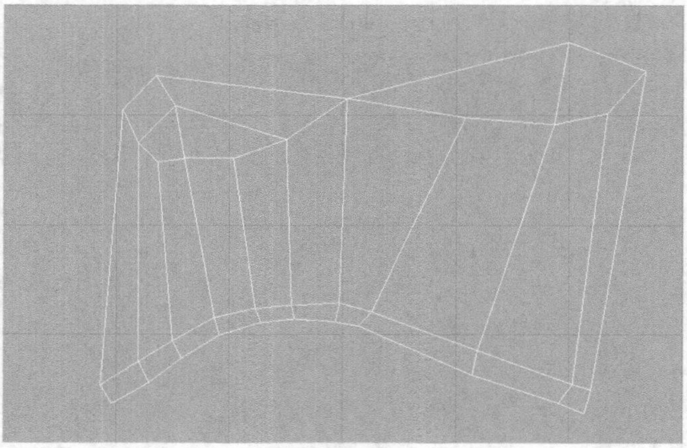

图19-83

13 下面调整头部的UV。选择头部的面，如图19-84所示，然后执行“创建UV>平面映射”菜单命令，效果如图19-85所示。

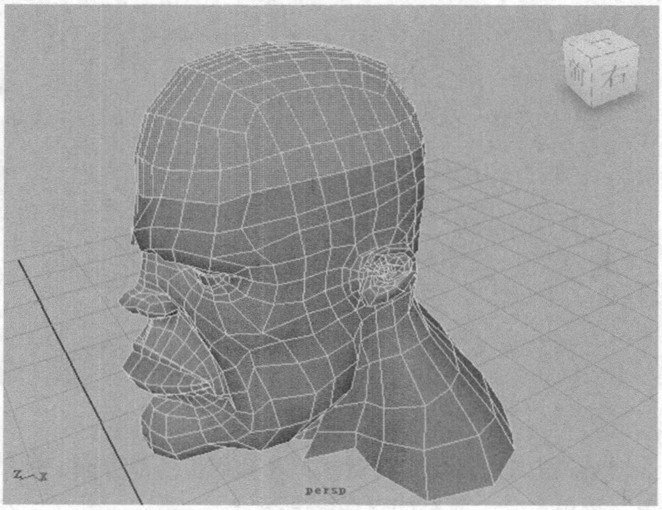

图19-84

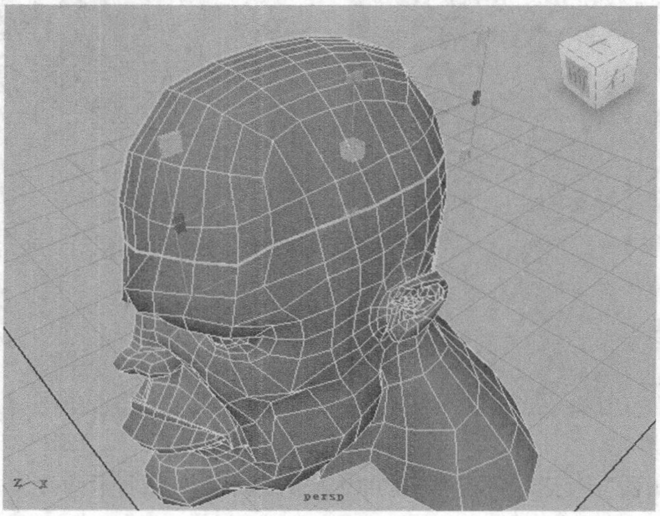

图19-85

14 在“UV纹理编辑器”对话框中选择分割出来的UV，如图19-86所示，然后执行“工具>平滑UV工具”命令，接着配合“展开”和“松弛”两个选项将UV调整成如图19-87所示的效果。

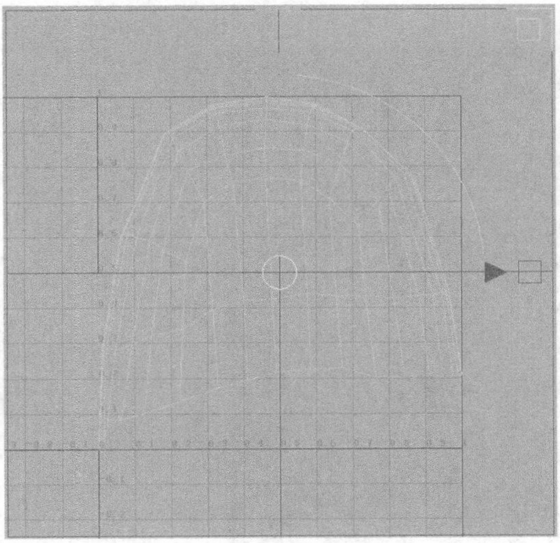

图19-86

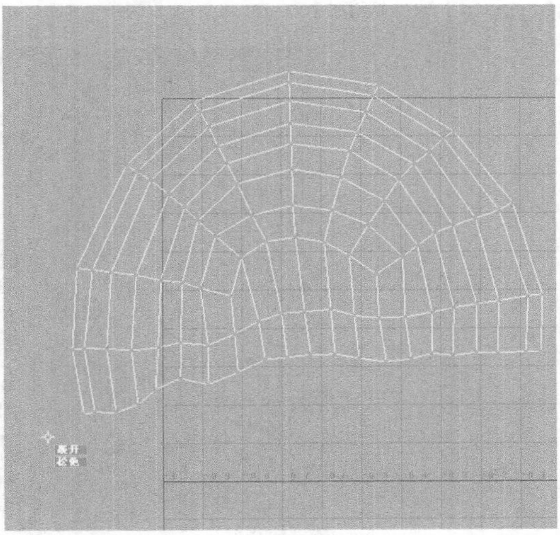

图19-87

15 下面调整口腔的UV。选中口腔部分的面，如图19-88所示，然后执行“创建UV>自动映射”菜单命令，接着将UV调节成如图19-89所示的效果。

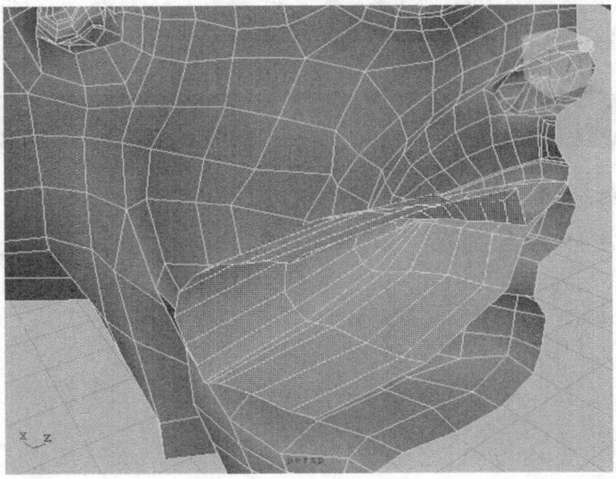

图19-88

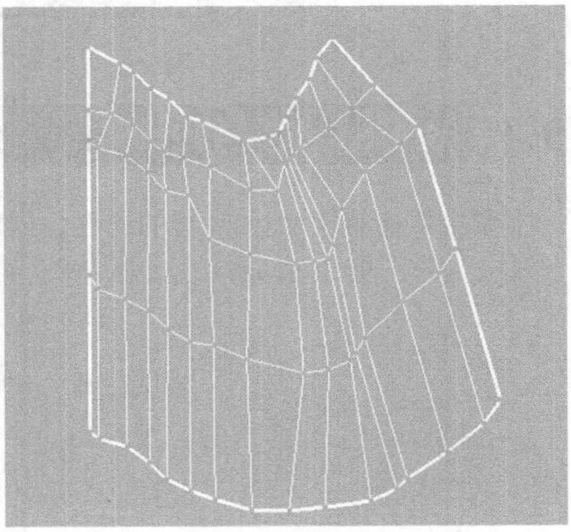

图19-89

16 用相同的方法将耳朵和下半部分的UV调整成如图19-90所示的效果。

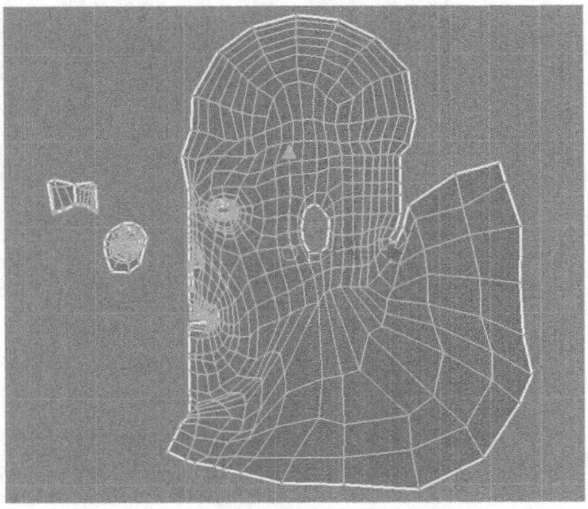

图19-90

17 在“UV纹理编辑器”对话框中用“移动并缝合UV边”命令将耳朵放置在正确的位置上并缝合，然后在透视图中将模型镜像复制，接着将顶点合并在一起，得到的UV最终效果如图19-91所示。

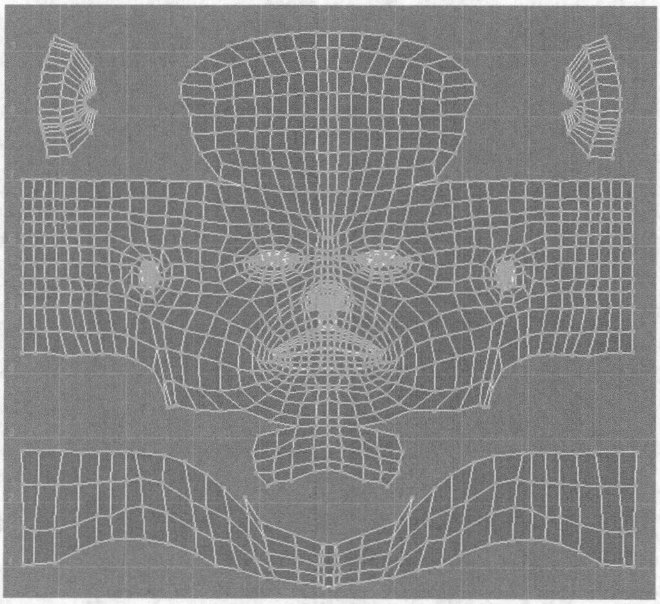

图19-91

19.4 知识总结与回顾

本章主要讲解了Maya纹理的属性、创建与编辑UV以及“纹理编辑器”对话框的用法等。在下一章中，我们将针对Maya的渲染技术进行详细介绍。

第20章 渲染基础与常规渲染器

要点索引

- 渲染的概念
- 渲染的算法
- Maya软件渲染器
- Maya向量渲染器
- Maya硬件渲染器

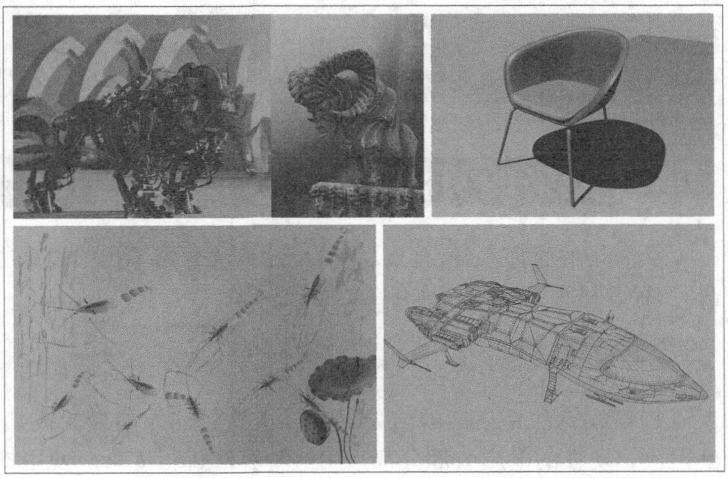

本章导读

本章将介绍Maya渲染的基础知识以及3种常规的渲染器，包括渲染的算法、Maya软件渲染器、Maya向量渲染器以及Maya硬件渲染器。在这3种渲染器中，Maya软件渲染器尤其重要。

20.1 渲染的概念

在三维作品的制作过程中，渲染是非常重要的阶段。不管制作何种作品，都必须经过渲染来输出最终的成品。

英文Render就是经常所说的“渲染”，直译为“着色”，也就是为场景对象进行着色的过程。当然这并不是简单的着色过程，Maya会经过相当复杂的运算，将虚拟的三维场景投影到二维平面上，从而形成最终输出的画面，如图20-1所示。

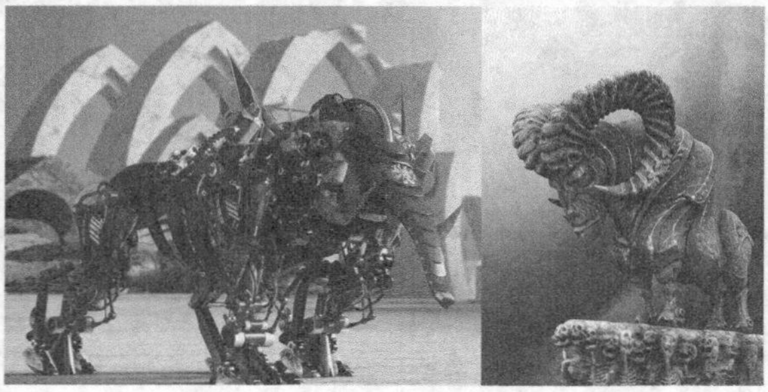

图20-1

技巧与提示

渲染可以分为实时渲染和非实时渲染。实时渲染可以实时地将三维空间中的内容反应到画面上，能即时计算出画面内容，如游戏画面就是实时渲染；非实时渲染是将三维作品提前输出为二维画面，然后再将这些二维画面按一定速率进行播放，如电影、电视等都是非实时渲染出来的。

20.2 渲染的算法

从渲染的原理来看，可以将渲染的算法分为“扫描线算法”“光线跟踪算法”和“热辐射算法”3种，每种算法都有其存在的意义。

20.2.1 扫描线算法

扫描线算法是早期的渲染算法，也是目前发展最为成熟的一种算法，其最大优点是渲染速度很快，现在的电影大部分都采用这种算法进行渲染。使用扫描线渲染算法最为典型的渲染器是Render man渲染器。

20.2.2 光线跟踪算法

光线跟踪算法是生成高质量画面的渲染算法之一，能实现逼真的反射和折射效果，如金属、玻璃类物体。

光线跟踪算法是从视点发出一条光线，通过投影面上的一个像素进入场景。如果光线与场景中的物体没有发生相遇情况，即没有与物体产生交点，那么光线跟踪过程就结束了；如果光线在传播的过程中与物体相遇，将会根据以下条件进行判断。

- 与漫反射物体相遇，将结束光线跟踪过程。
- 与反射物体相遇，将根据反射原理产生一条新的光线，并且继续传播下去。
- 与折射的透明物体相遇，将根据折射原理弯曲光线，并且继续传播。

光线跟踪算法会进行庞大的信息处理，与扫描线算法相比，其速度相对比较慢，但可以产生真实的反射和折射效果。

20.2.3 热辐射算法

热辐射算法是基于热辐射能在物体表面之间的能量传递和能量守恒定律。热辐射算法可以使光线在物体之间产生漫反射效果，直至能量耗尽。这种算法可以使物体之间产生色彩溢出现象，能实现真实的漫反射效果。

技巧与提示

著名的mental ray渲染器就是一种热辐射算法渲染器，能够输出电影级的高质量画面。热辐射算法需要大量的光子进行计算，在速度上比前面两种算法都慢。

20.3 Maya软件渲染器

“Maya软件”渲染器是Maya默认的渲染器。执行“窗口>渲染编辑器>渲染设置”菜单命令，打开“渲染设置”对话框，如图20-2所示。

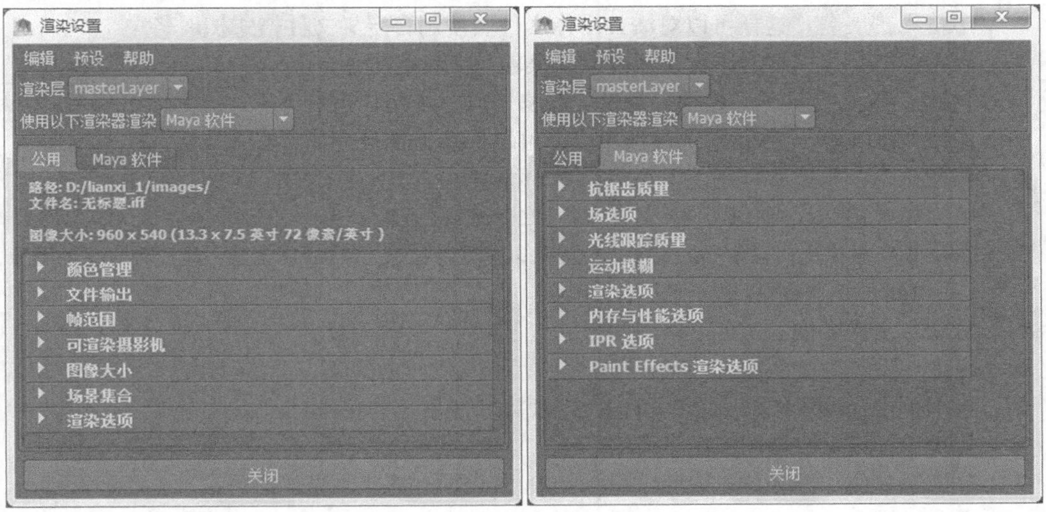

图20-2

技巧与提示

渲染设置是渲染前的最后准备，将直接决定渲染输出的图像质量，所以必须掌握渲染参数的设置方法。

20.3.1 文件输出与图像大小

展开“文件输出”和“图像大小”两个卷展栏，如图20-3所示。这两个卷展栏主要用来设置文件名称、文件类型以及图像渲染大小等。

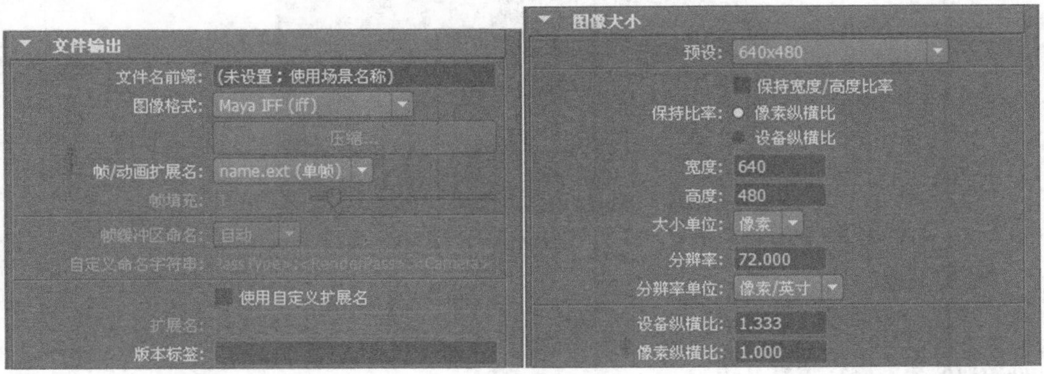

图20-3

文件输出与图像大小卷展栏参数介绍

❖ 文件名前缀：设置输出文件的名字。

❖ 图像格式：设置图像文件的保存格式。

❖ 帧/动画扩展名：用来决定是渲染静帧图像还是渲染动画，以及设置渲染输出的文件名采用何种格式。

❖ 帧填充：设置帧编号扩展名的位数。

❖ 帧缓冲区命名：将字段与多重渲染过程功能结合使用。

❖ 自定义命名字符串：设置“帧缓冲区命名”为“自定义”选项时可以激活该选项。使用该选项可以自己选择渲染标记来自定义通道命名。

❖ 使用自定义扩展名：勾选“使用自定义扩展名”选项后，可以在下面的“扩展名”选项中输入扩展名，这样可以对渲染图像文件名使用自定义文件格式扩展名。

❖ 版本标签：可以将版本标签添加到渲染输出文件名中。

❖ 预设：Maya提供了一些预置的尺寸规格，以方便用户进行选择。

❖ 保持宽度/高度比率：勾选该选项后，可以保持文件尺寸的宽高比。

❖ 保持比率：指定要使用的渲染分辨率的类型。

 ✧ 像素纵横比：组成图像的宽度和高度的像素数之比。

 ✧ 设备纵横比：显示器的宽度单位数乘以高度单位数。4:3的显示器将生成较方正的图像，而16:9的显示器将生成全景形状的图像。

❖ 宽度：设置图像的宽度。

❖ 高度：设置图像的高度。

❖ 大小单位：设置图像大小的单位，一般以“像素”为单位。

❖ 分辨率：设置渲染图像的分辨率。

❖ 分辨率单位：设置分辨率的单位，一般以“像素/英寸”为单位。

❖ 设备纵横比：查看渲染图像的显示设备的纵横比。“设备纵横比”表示图像纵横比乘以像素纵横比。

❖ 像素纵横比：查看渲染图像的显示设备的各个像素的纵横比。

20.3.2 渲染设置

在“渲染设置”对话框中单击“Maya软件”选项卡，在这里可以设置“抗锯齿质量”“光线跟踪质量”和“运动模糊”等参数，如图20-4所示。

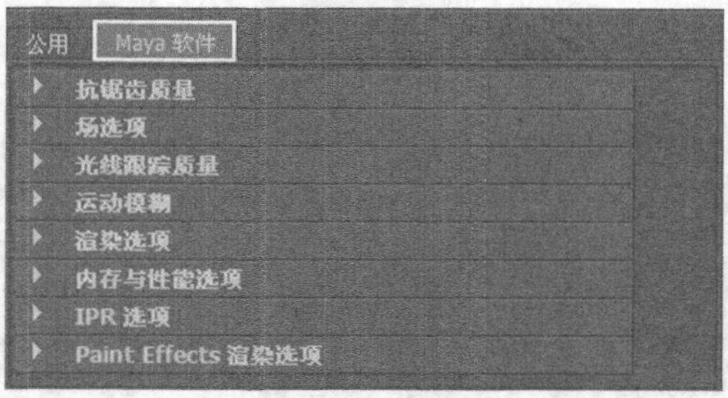

图20-4

1.抗锯齿质量

展开“抗锯齿质量”卷展栏，如图20-5所示。

抗锯齿质量卷展栏参数介绍

❖ 质量：设置抗锯齿的质量，共有6种选项，如图20-6所示。

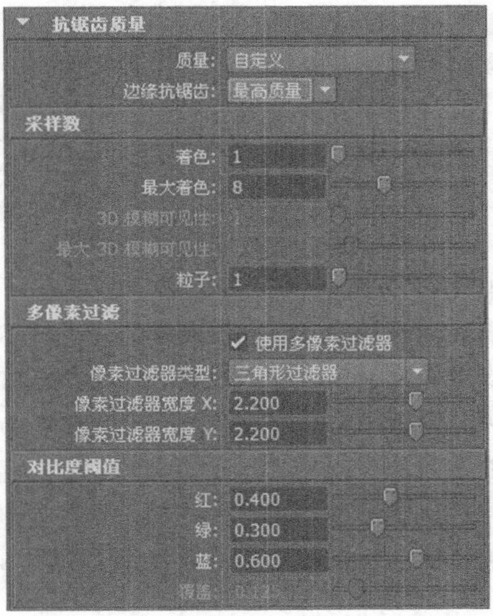

图20-5

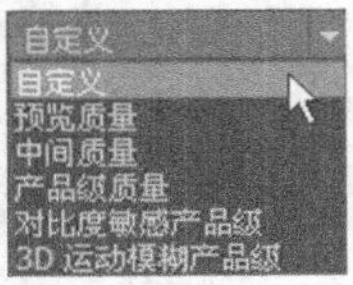

图20-6

- ✧ 自定义：用户可以自定义抗锯齿质量。
- ✧ 预览质量：主要用于测试渲染时预览抗锯齿的效果。
- ✧ 中间质量：比预览质量更加好的一种抗锯齿质量。
- ✧ 产品级质量：产品级的抗锯齿质量，可以得到比较好的抗锯齿效果，适用于大多数作品的渲染输出。
- ✧ 对比度敏感产品级：比“产品级质量”抗锯齿效果更好的一种抗锯齿级别。
- ✧ 3D运动模糊产品级：主要用来渲染动画中的运动模糊效果。

- ❖ 边缘抗锯齿：控制物体边界的抗锯齿效果，有“低质量”“中等质量”“高质量”和“最高质量”级别之分。
- ❖ 着色：用来设置表面的采样数值。
- ❖ 最大着色：设置物体表面的最大采样数值，主要用于决定最高质量的每个像素的计算次数。但是，如果数值过大会增加渲染时间。
- ❖ 3D模糊可见性：当运动模糊物体穿越其他物体时，该选项用来设置其可视性的采样数值。
- ❖ 最大3D模糊可见性：用于设置更高采样级别的最大采样数值。
- ❖ 粒子：设置粒子的采样数值。
- ❖ 使用多像素过滤器：多重像素过滤开关器。当勾选该选项时，下面的参数将会被激活，同时在渲染过程中会对整个图像中的每个像素之间进行柔化处理，以防止输出的作品产生闪烁效果。
- ❖ 像素过滤器类型：设置模糊运算的算法，有以下5种。
  - ✧ 长方体过滤器：一种非常柔和的方式。
  - ✧ 三角形过滤器：一种比较柔和的方式。
  - ✧ 高斯过滤器：一种细微柔和的方式。
  - ✧ 二次B样条线过滤器：比较陈旧的一种柔和方式。
  - ✧ 插件过滤器：使用插件进行柔和。
- ❖ 像素过滤器宽度X/Y：用来设置每个像素点的虚化宽度。值越大，模糊效果越明显。
- ❖ 红/绿/蓝：用来设置画面的对比度。值越低，渲染出来的画面对比度越低，同时需要更多的渲染时间；值越高，画面的对比度越高，颗粒感越强。

2.光线跟踪质量

展开“光线跟踪质量”卷展栏，如图20-7所示。该卷展栏控制是否在渲染过程中对场景进行光线跟踪，并控制光线跟踪图像的质量。更改这些全局设置时，关联的材质属性值也会更改。

光线跟踪质量卷展栏参数介绍

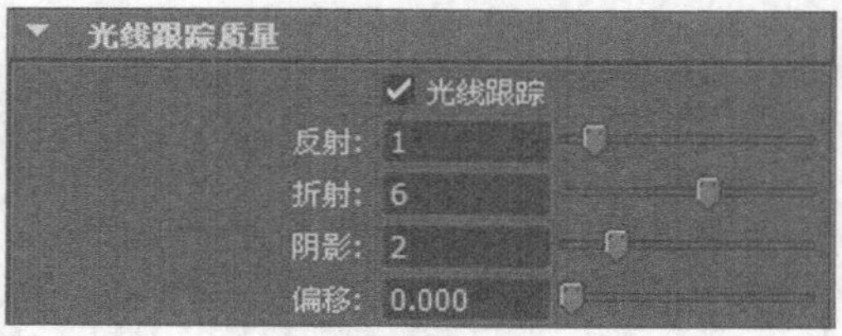

图20-7

- ❖ 光线跟踪：勾选该选项时，将进行光线跟踪计算，可以产生反射、折射和光线跟踪阴影等效果。
- ❖ 反射：设置光线被反射的最大次数，与材质自身的“反射限制”一起起作用，但是较低的值才会起作用。
- ❖ 折射：设置光线被折射的最大次数，其使用方法与“反射”相同。
- ❖ 阴影：设置被反射和折射的光线产生阴影的次数，与灯光光线跟踪阴影的“光线深度限制”选项共同决定阴影的效果，但较低的值才会起作用。
- ❖ 偏移：如果场景中包含3D运动模糊的物体并存在光线跟踪阴影，可能在运动模糊的物体上观察到黑色画面或不正常的阴影，这时应设置该选项的数值在0.05~0.1之间；如果场景中不包含3D运动模糊的物体和光线跟踪阴影，该值应设置为0。

3.运动模糊

展开“运动模糊”卷展栏，如图20-8所示。渲染动画时，运动模糊可以通过对场景中的对象进行模糊处理来产生移动的效果。

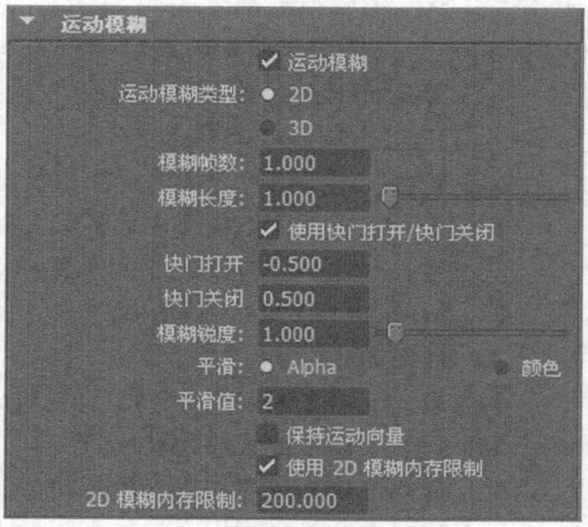

图20-8

运动模糊卷展栏参数介绍

- ❖ 运动模糊：勾选该选项时，渲染时会将运动的物体进行模糊处理，使渲染效果更加逼真。
- ❖ 运动模糊类型：有2D和3D两种类型。2D是一种比较快的计算方式，但产生的运动模糊效果不太逼真；3D是一种很真实的运动模糊方式，会根据物体的运动方向和速度产生很逼真的运动模糊效果，但需要更多的渲染时间。
- ❖ 模糊帧数：设置前后有多少帧的物体被模糊。数值越高，物体越模糊。
- ❖ 模糊长度：用来设置2D模糊方式的模糊长度。
- ❖ 使用快门打开/快门关闭：控制是否开启快门功能。
- ❖ 快门打开/关闭：设置“快门打开”和“快门关闭”的数值。“快门打开”的默认值为-0.5，“快门关闭”的默认值为0.5。
- ❖ 模糊锐度：用来设置运动模糊物体的锐化程度。数值越高，模糊扩散的范围就越大。
- ❖ 平滑：用来处理“平滑值”产生抗锯齿作用所带来的噪波的副作用。
- ❖ 平滑值：设置运动模糊边缘的级别。数值越高，更多的运动模糊将参与抗锯齿处理。
- ❖ 保持运动向量：勾选该选项时，可以将运动向量信息保存到图像中，但不处理图像的运动模糊。
- ❖ 使用2D模糊内存限制：决定是否在2D运动模糊过程中使用内存数量的上限。
- ❖ 2D模糊内存限制：设置在2D运动模糊过程中使用内存数量的上限。

【练习20-1】：用Maya软件渲染水墨画

场景文件　学习资源>场景文件>CH20>a.mb
实例位置　学习资源>实例文件>CH20>练习20-1.mb
技术掌握　掌握国画材质的制作方法及Maya软件渲染器的使用方法

本例使用“Maya软件”渲染器渲染的水墨画效果如图20-9所示。

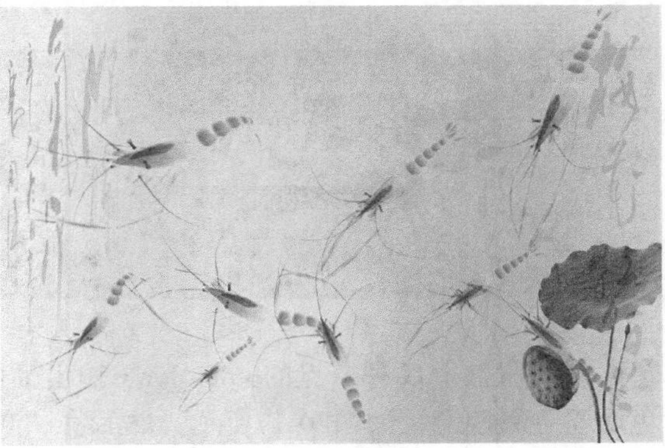
图20-9

1.材质制作

（1）制作背材质

01 打开学习资源中的“场景文件>CH09>a.mb”文件，如图20-10所示。

02 打开Hypershade对话框，创建一个“渐变着色器”材质，如图20-11所示。

图20-10

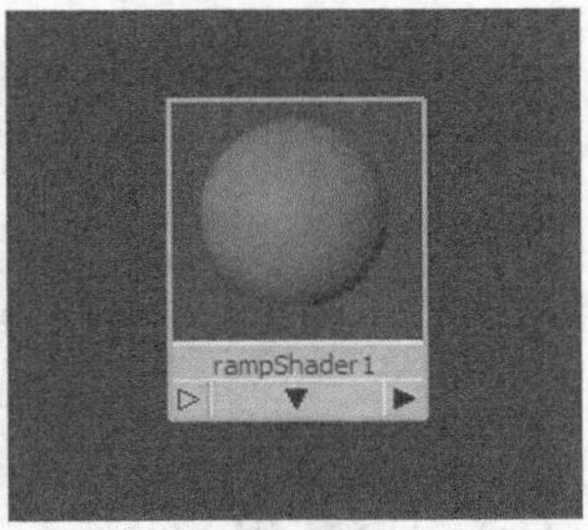

图20-11

03 打开“渐变着色器”材质的“属性编辑器”对话框，并将其命名为bei，然后调整好“颜色”（注意，要设置“颜色”的“颜色输入”为“亮度”）、“透明度”颜色和“白炽度”颜色，如图20-12所示。

04 创建一个“渐变”纹理节点，然后打开其“属性编辑器”对话框，接着设置“类型”为“U向渐变”、“插值”为“钉形”，最后调节好渐变色，具体参数设置如图20-13所示，此时的节点连接效果如图20-14所示。

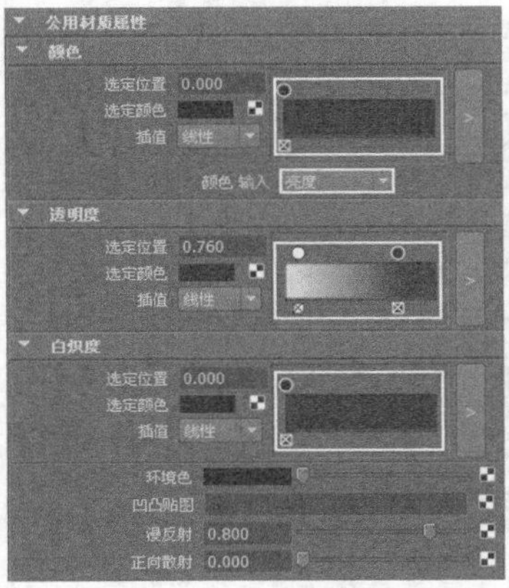

图20-12

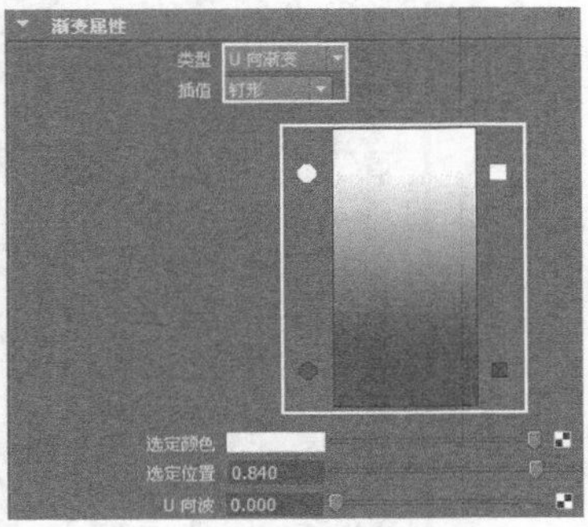

图20-13

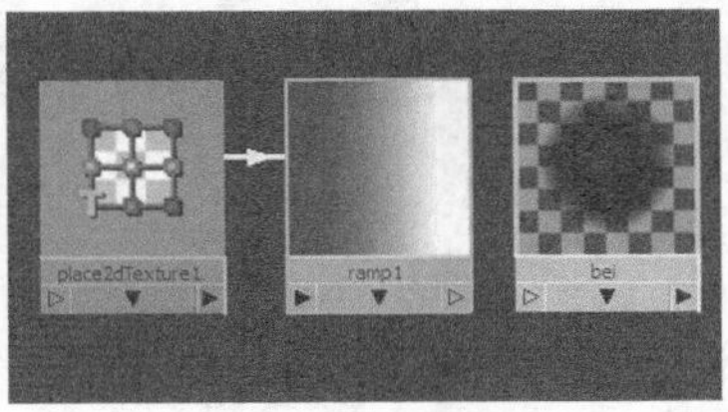

图20-14

05 创建一个“噪波”纹理节点，然后打开其“属性编辑器”对话框，接着设置“阈值”为0.12、“振幅”为0.62，如图20-15所示。

06 双击“噪波”纹理节点的place2dTexture2节点，打开其“属性编辑器”对话框，然后设置“UV向重复”为（0.3，0.6），如图20-16所示。

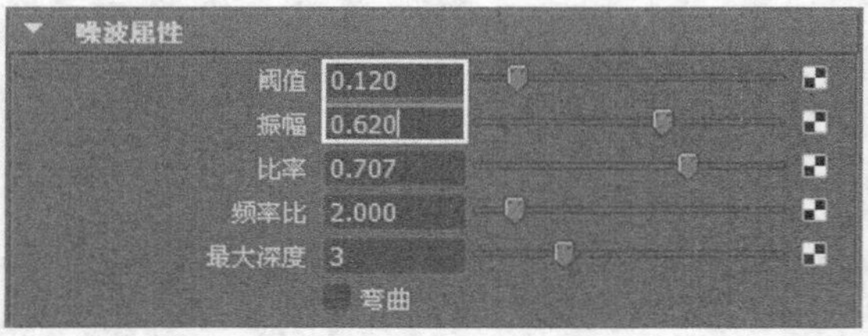

图20-15

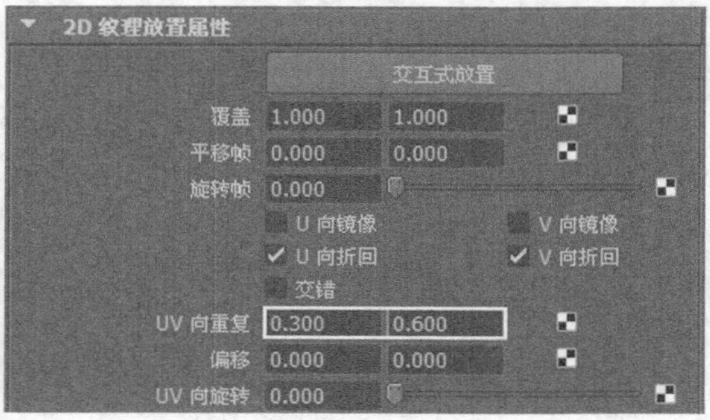

图20-16

07 将“噪波”纹理节点的outColor（输出颜色）属性连接到“渐变”纹理节点的colorGain（颜色增益）属性上，如图20-17所示，然后将“渐变”纹理节点的outColor（输出颜色）属性连接到“渐变着色器”材质节点（即bei节点）的transparency[0].transparency_Color（透明度[0]透明度颜色）属性上，如图20-18所示。

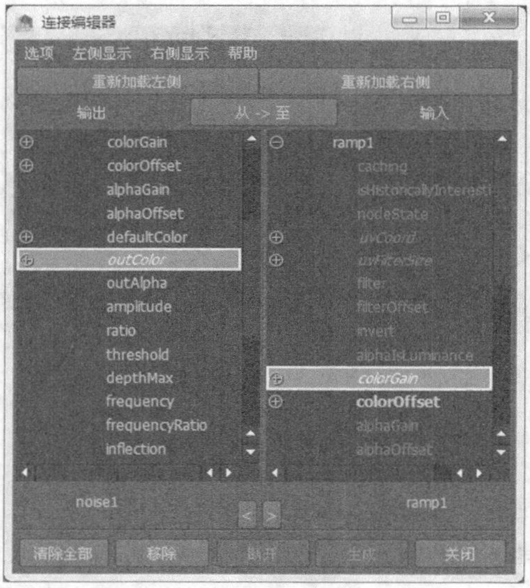

图20-17

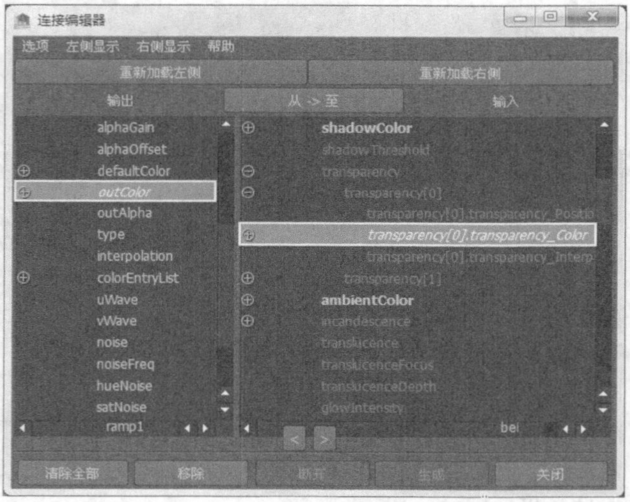

图20-18

08 将制作好的bei材质指定给龙虾的背部，如图20-19所示。

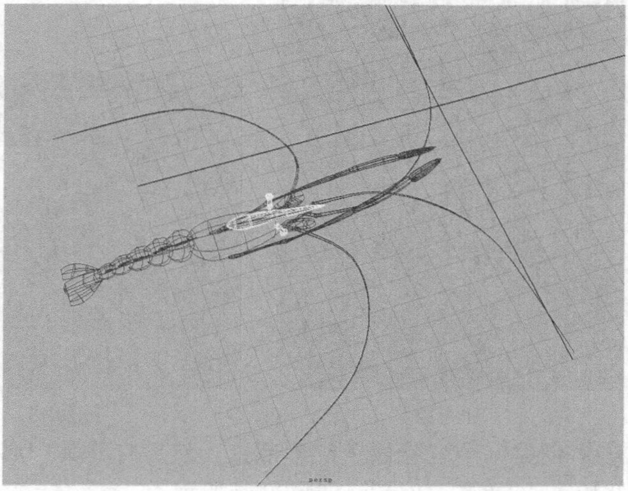

图20-19

（2）制作触角材质

01 创建一个“渐变着色器”材质，然后打开其“属性编辑器”对话框，并将其命名为chujiao，接着调整好“颜色”（注意，要设置“颜色”的“颜色输入”为“亮度”）和“透明度”的颜色，如图20-20所示。

02 创建一个“渐变”纹理节点，然后打开其“属性编辑器”对话框，接着设置“类型”为“U向渐变”、“插值”为“钉形”，最后调节好渐变色，具体参数设置如图20-21所示。

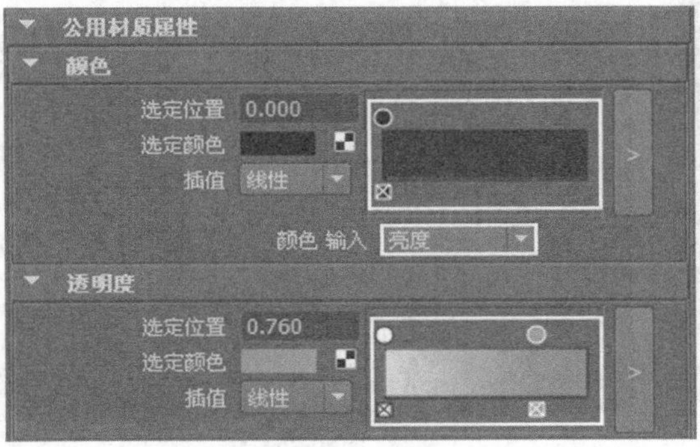

图20-20

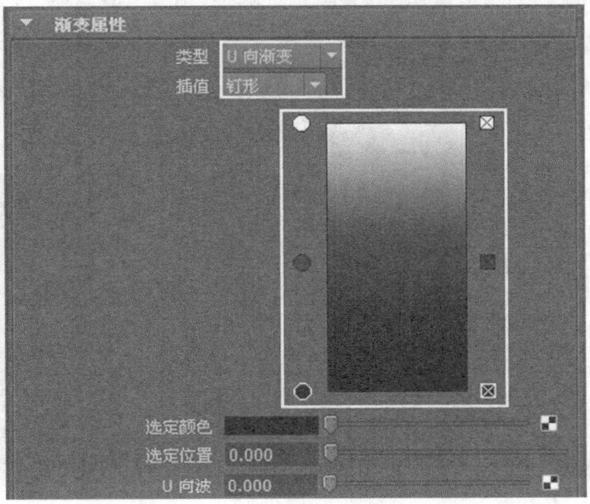

图20-21

03 创建一个“分形”纹理节点，然后打开该节点上的place2dTexture2节点的“属性编辑器”对话框，接着设置“UV向重复”为（0.05，0.1），如图20-22所示。

04 创建一个“分层纹理”节点，然后打开其“属性编辑器”对话框，接着用鼠标中键将“渐变”纹理节点和“分形”纹理节点拖曳到如图20-23所示的位置，接着设置“渐变”节点的“混合模式”为“相加”。

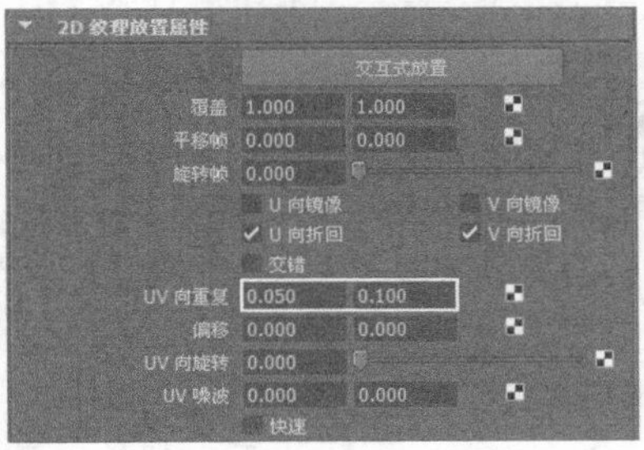

图20-22

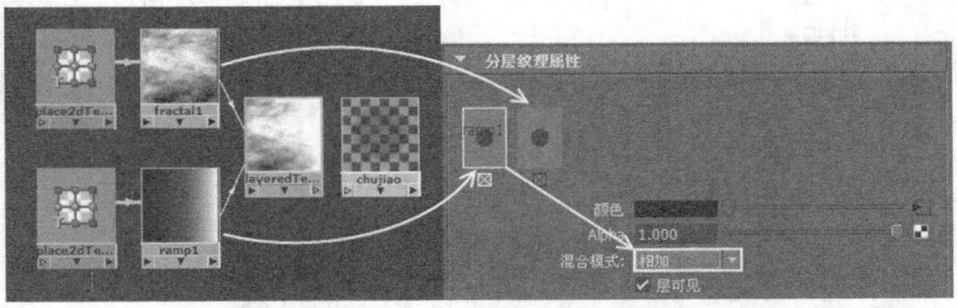

图20-23

技巧与提示

在“分层纹理”节点中还有个默认的层节点，这个层节点没有任何用处，可以单击该节点下的图标将其删除，如图20-24所示。

图20-24

05 将“分层纹理”节点的outColor（输出颜色）属性连接到“渐变着色器”节点（即chujiao节点）的transparency[1].transparency_Color（透明度[1]透明度颜色）属性上，如图20-25所示，节点连接效果如图20-26所示。

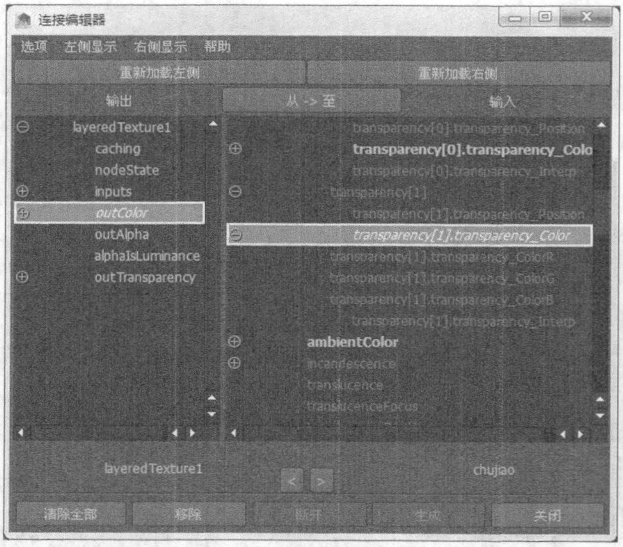

图20-25

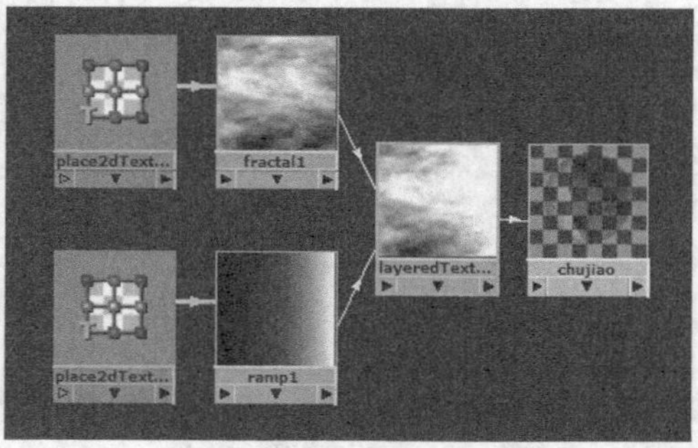

图20-26

06 将设置好的chujiao材质指定给龙虾的触角，如图20-27所示。

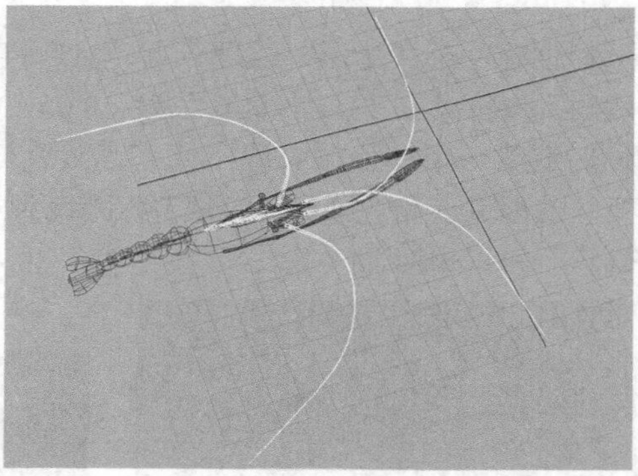

图20-27

（3）制作鳍材质

01 创建一个“渐变着色器”材质，然后打开其“属性编辑器”对话框，并将其更名为qi，接着调整好“颜色”（注意，要设置“颜色”的“颜色输入”为“亮度”）和“透明度”的颜色，如图20-28所示。

02 创建一个“噪波”纹理节点，然后打开其“属性编辑器”对话框，具体参数设置如图20-29所示。

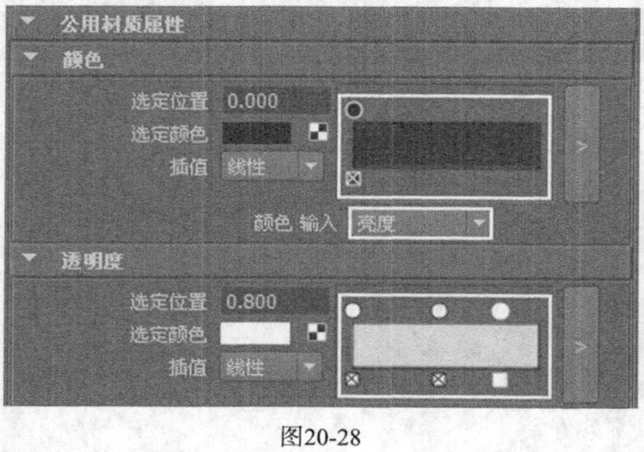

图20-28

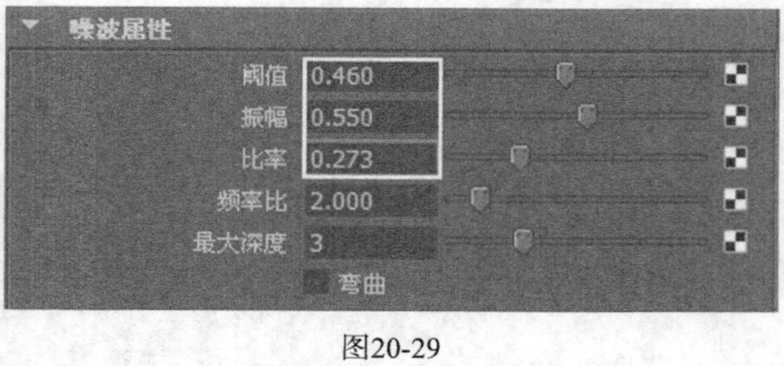

图20-29

03 创建一个“渐变”纹理节点，然后打开其“属性编辑器”对话框，接着设置“类型”为“U向渐变”、“插值”为“钉形”，最后调节好渐变色，如图20-30所示。

04 将“渐变”纹理节点的outColor（输出颜色）属性连接到“噪波”纹理节点的colorOffset（颜色偏移）属性上，如图20-31所示，然后将“噪波”纹理节点的outColor（输出颜色）属性连接到“渐变着色器”材质节点的transparency[2].transparency_Color（透明度[2]透明度颜色）属性上，如图20-32所示，节点连接效果如图20-33所示。

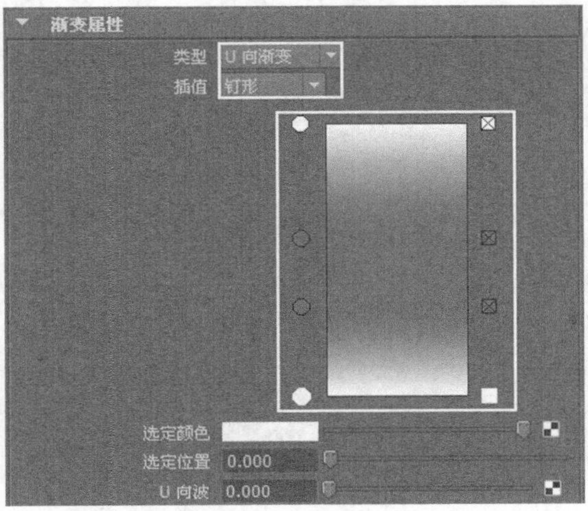

图20-30

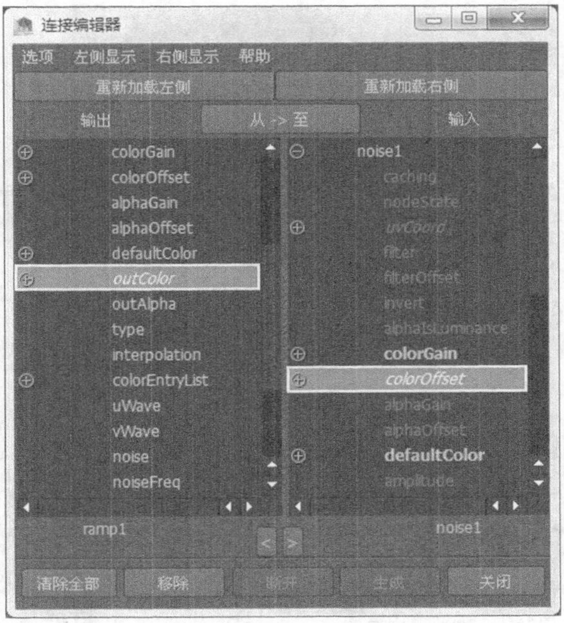

图20-31

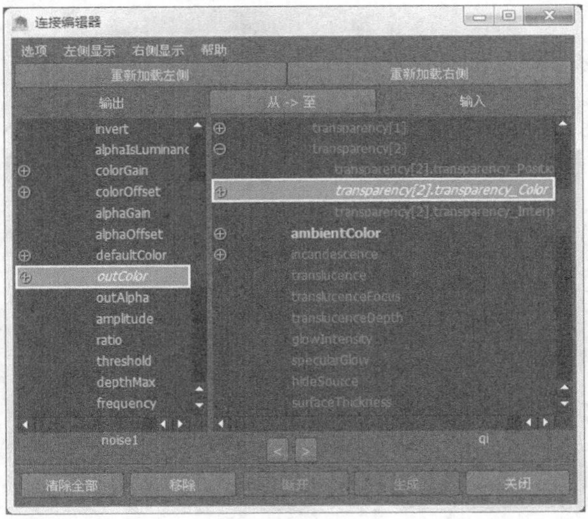

图20-32

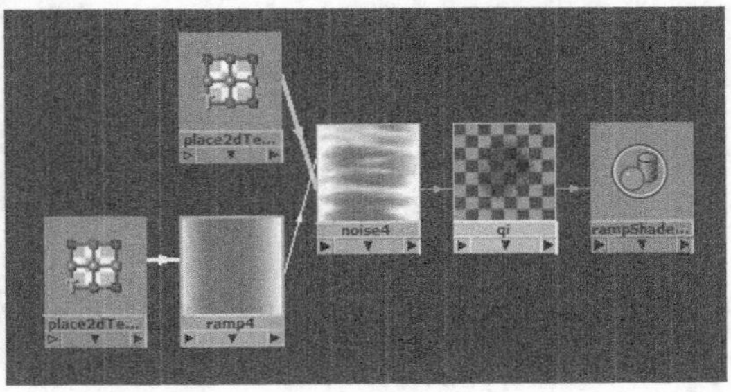

图20-33

05 将设置好的qi材质指定给龙虾的鳍，如图20-34所示。

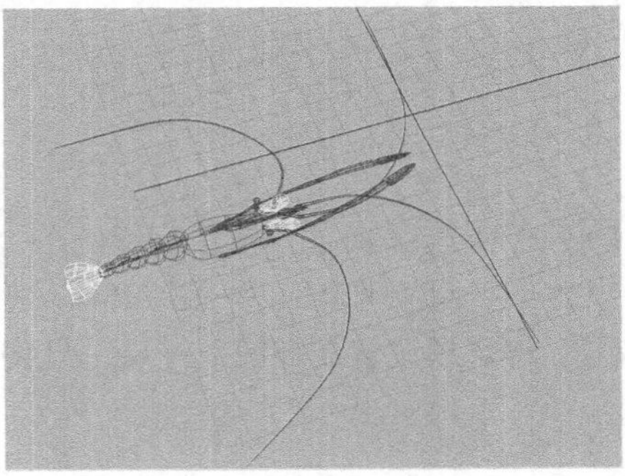

图20-34

06 采用相同的方法制作出其他部分的材质，完成后的效果如图20-35所示，然后测试渲染当前场景，效果如图20-36所示。

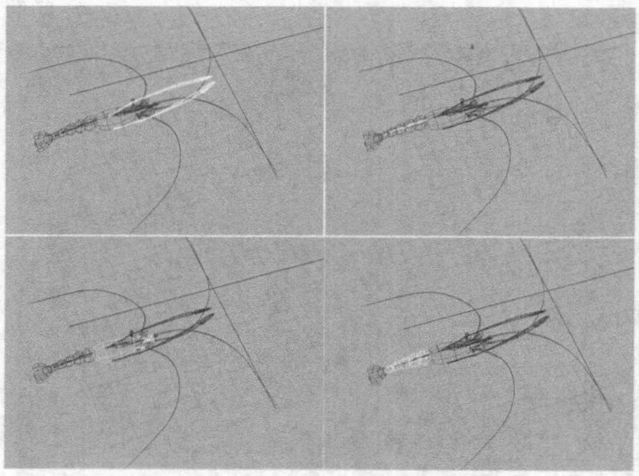
图20-35

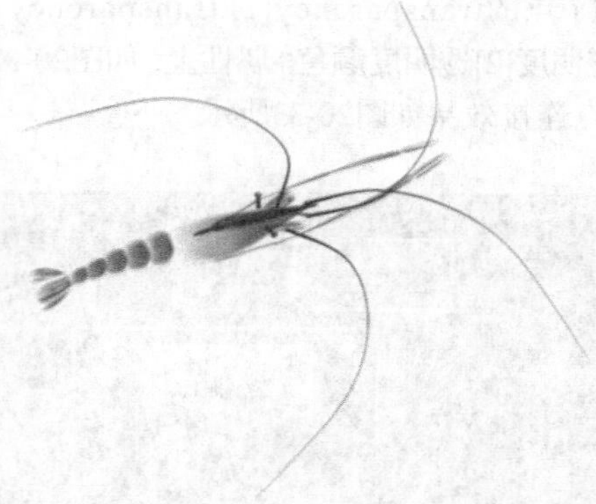
图20-36

07 复制出多个模型，然后调整好各个模型的位置，如图20-37所示，最后渲染场景，效果如图20-38所示。

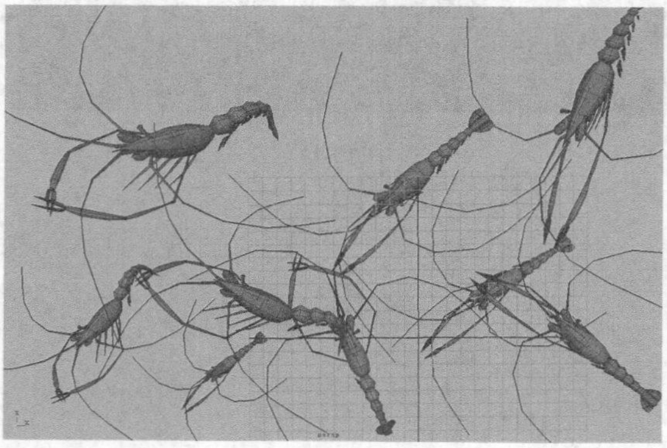
图20-37

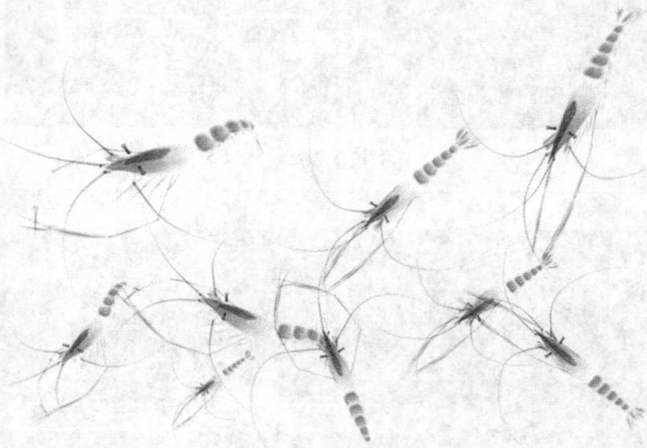
图20-38

2.后期处理

01 启动Photoshop，然后打开学习资源中的"实例文件>CH20>练习20-1>带通道的虾.psd"文件，接着切换到"通道"面板，按住Ctrl键的同时单击Alpha1通道的缩览图，载入该通道的选区，如图20-39所示。

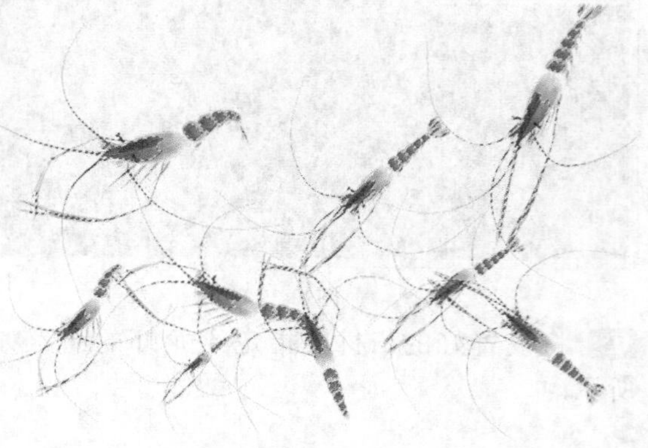
图20-39

02 保持选区状态，按快捷键Ctrl+J将选区中的图像复制到一个新的图层中，然后导入学习资源中的"实例文件>CH20>练习20-1 >背景. jpg"文件，如图20-40所示。

03 将背景放置在虾的下一层，最终效果如图20-41所示。

图20-40

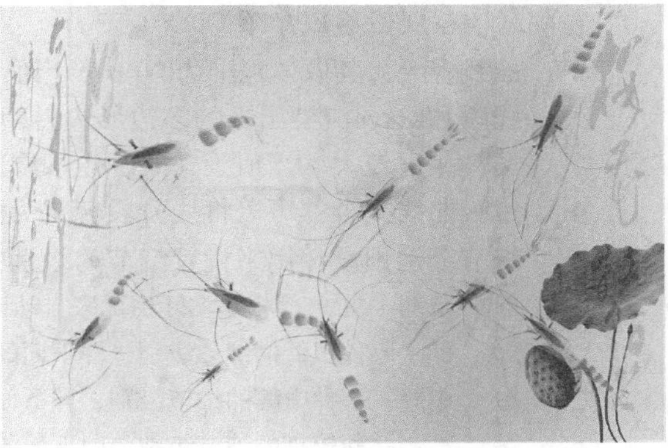

图20-41

20.4 Maya向量渲染器

Maya除了提供了“Maya软件”“Maya硬件”和mental ray渲染器外，还带有“Maya向量”渲染器。向量渲染可以用来制作各种线框图以及卡通效果，同时还可以直接将动画渲染输出成Flash格式，利用这一特性，可以为Flash动画添加一些复杂的三维效果。

打开“渲染设置”对话框，然后设置渲染器为“Maya向量”渲染器，如图20-42所示。

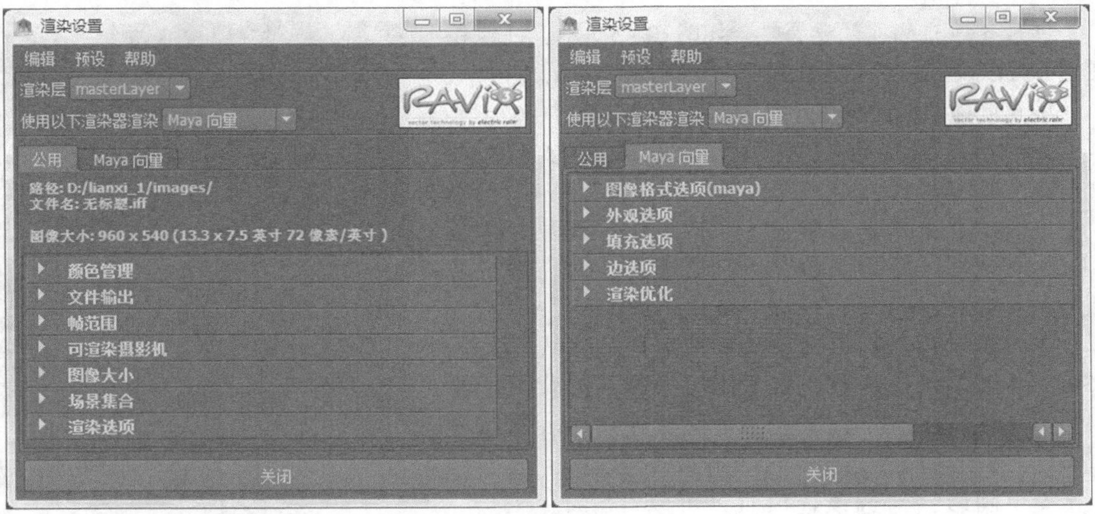

图20-42

20.4.1 外观选项

切换到“Maya向量”选项卡，然后展开“外观选项”卷展栏，如图20-43所示。

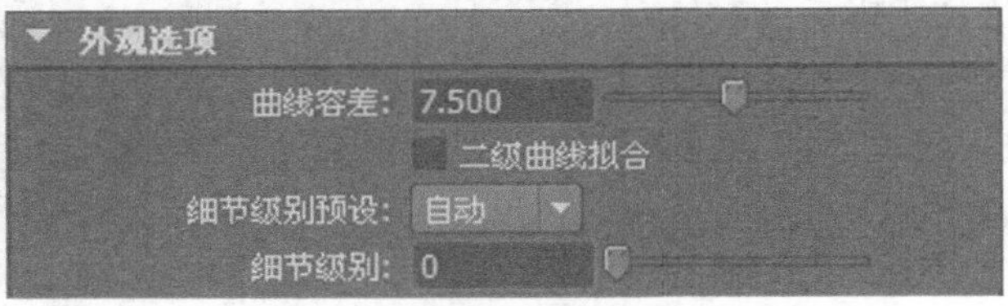

图20-43

外观选项卷展栏参数介绍

❖ 曲线容差：其取值范围为0～10。当值为0时，渲染出来的轮廓线由一条条线段组成，这些线段和Maya渲染出来的多边形边界相匹配，且渲染出来的外形比较准确，但渲染出来的文件相对较大。当值为10时，轮廓线由曲线构成，渲染出来的文件相对较小。

❖ 二级曲线拟合：可以将线分段转化为曲线，以更方便地控制曲线。

❖ 细节级别预设：用来设置细节的级别，共有5种方式，如图20-44所示。

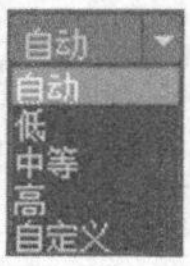

图20-44

  ✧ 自动：Maya会根据实际情况来自动设置细节级别。

  ✧ 低：一种很低的细节级别，即下面的“细节级别”数值为0。

  ✧ 中等：一种中等的细节级别，即下面的“细节级别”数值为20。

  ✧ 高：一种较高的细节级别，即下面的“细节级别”数值为30。

  ✧ 自定义：用户可以自定义细节的级别。

❖ 细节级别：手动设置“细节级别”的数值。

技巧与提示

在实际工作中，一般将“细节级别预设”设置为“自动”即可，因为级别越高，虽然获得的图像细节越丰富，但是会耗费更多的渲染时间。

20.4.2 填充选项

展开“填充选项”卷展栏，如图20-45所示。在该卷展栏下可以设置阴影、高光和反射等属性。

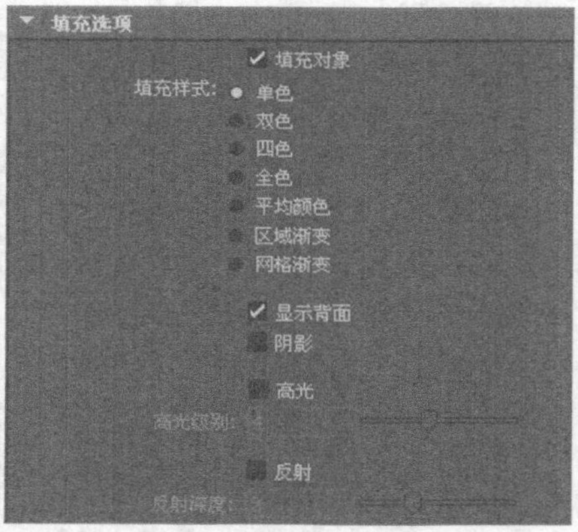

图20-45

填充选项卷展栏参数介绍

❖ 填充对象：用来决定是否对物体表面填充颜色。

❖ 填充样式：用来设置填充的样式，共有7种方式，分别是“单色”“双色”“四色”“全色”“平均颜色”“区域渐变”和“网格渐变”。

❖ 显示背面：该选项与物体表面的法线相关，若关闭该选项，将不能渲染物体的背面。因此，在渲染测试前一定要检查物体表面的法线方向。

❖ 阴影：勾选该选项时，可以为物体添加阴影效果，如图20-46所示。在勾选该选项前必须在场景中创建出产生投影的点光源（只能使用点光源），但是添加阴影后的渲染时间将会延长。

❖ 高光：勾选该选项时，可以为物体添加高光效果。

❖ 高光级别：用来设置高光的等级。

图20-46

技巧与提示

高光的填充效果与细腻程度取决于“高光级别”的数值。“高光级别”越大，高光部分的填充过渡效果就越均匀，如图20-47所示是设置“高光级别”为8时的效果。

图20-47

❖ 反射：控制是否开启反射功能。

❖ 反射深度：主要用来控制光线反射的次数。

技巧与提示

反射效果的强弱可以通过材质的反射属性来进行修改，如图20-48所示是设置“反射深度”为3时的效果。

图20-48

20.4.3 边选项

展开“边选项”卷展栏，如图20-49所示。该卷展栏主要设置线框渲染的样式、颜色和粗细等。

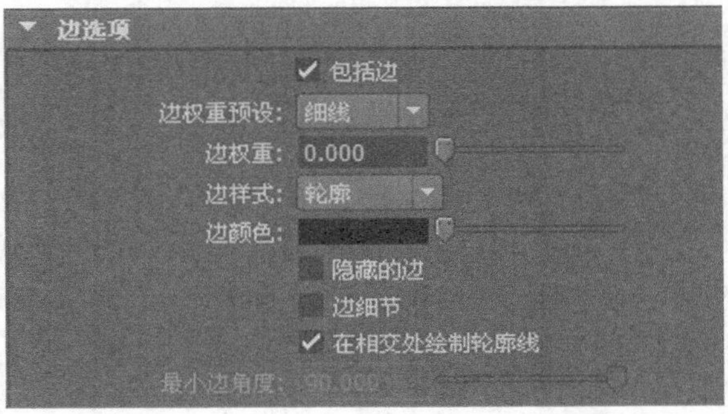

图20-49

边选项卷展栏参数介绍

❖ 包括边：勾选该选项时，可以渲染出线框效果。

技巧与提示

如果某个物体的材质中存在透明属性，那么在渲染时该物体将不会出现边界线框。

❖ 边权重预设：设置边界线框的粗细程度，共有14个级别，如图20-50所示是设置“边权重预设”为“1点”和“4点”时的效果对比。

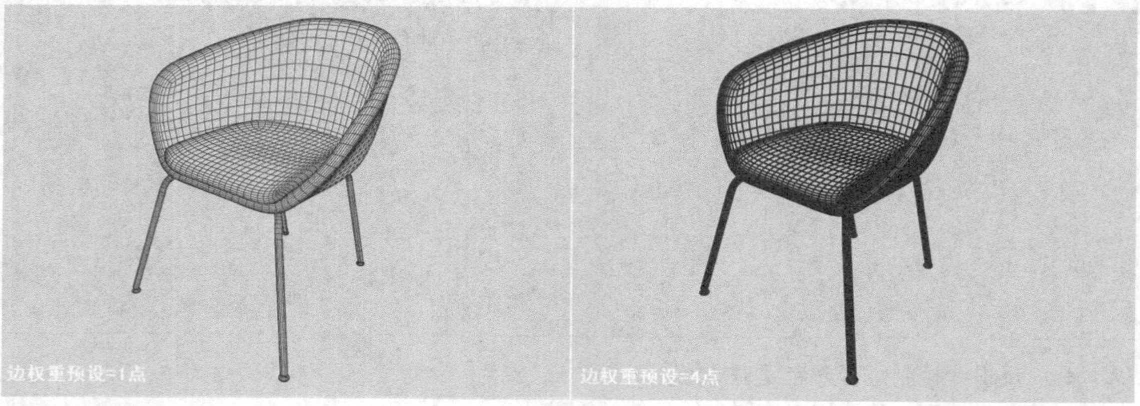

图20-50

❖ 边权重：自行设置边界线框的粗细。

❖ 边样式：共有“轮廓”和“整个网格”两种样式，如图20-51所示。

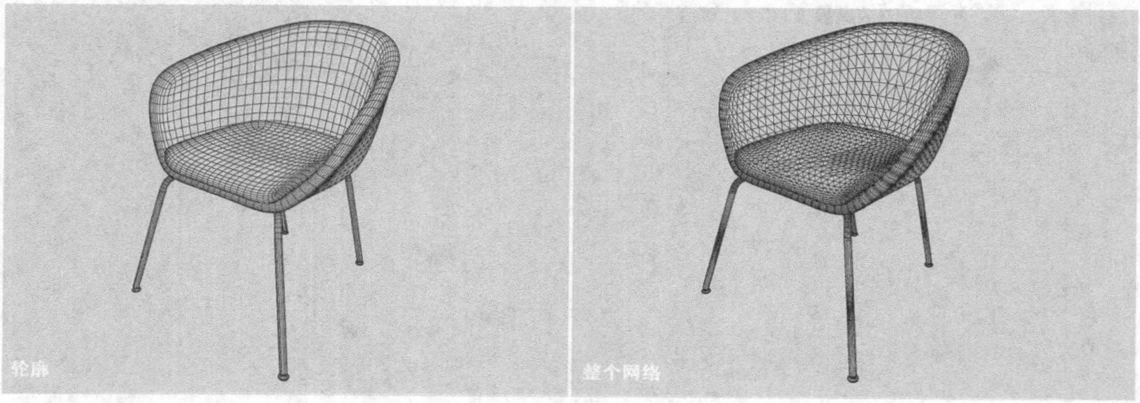

图20-51

❖ 边颜色：用来设置边界框的颜色，如图20-52所示是设置“边颜色”为红色时的线框效果。

❖ 隐藏的边：勾选该选项时，被隐藏的边也会被渲染出来，如图20-53所示。

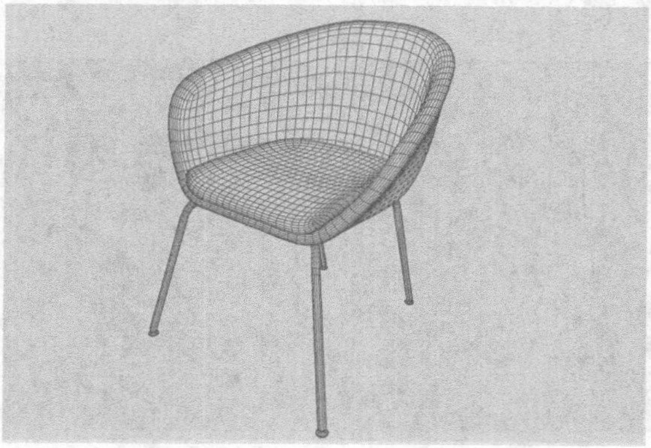

图20-52

图20-53

❖ 边细节：勾选该选项时，将开启“最小边角度”选项，其取值范围在0 ~ 90之间。
❖ 在相交处绘制轮廓线：勾选该选项时，会沿两个对象的相交点产生一个轮廓。

【练习20-2】：用Maya向量渲染线框图

场景文件 学习资源>场景文件>CH20>b.mb
实例位置 学习资源>实例文件>CH20>练习20-2.mb
技术掌握 掌握线框图的渲染方法

本例使用“Maya向量”渲染器渲染的线框图效果如图20-54所示。

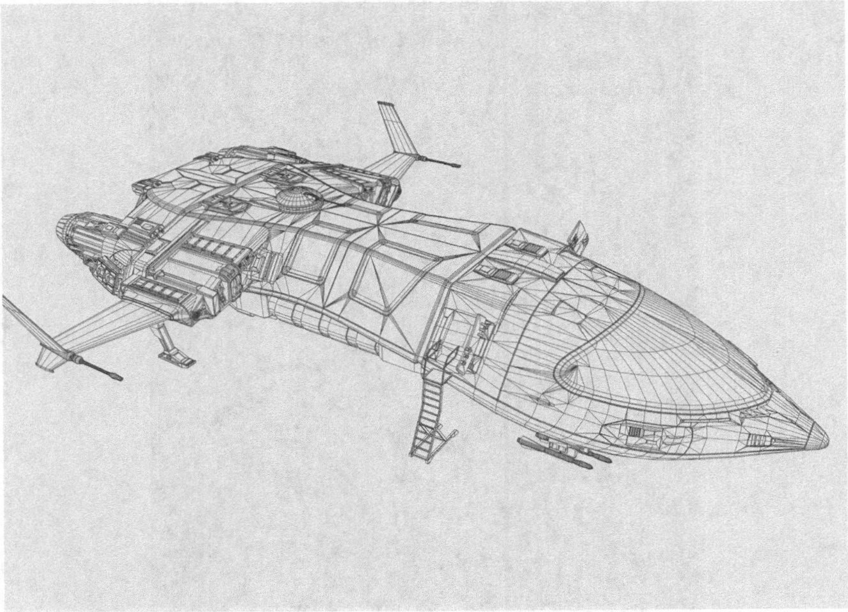

图20-54

01 打开学习资源中的“场景文件>CH09>b.mb”文件，如图20-55所示。

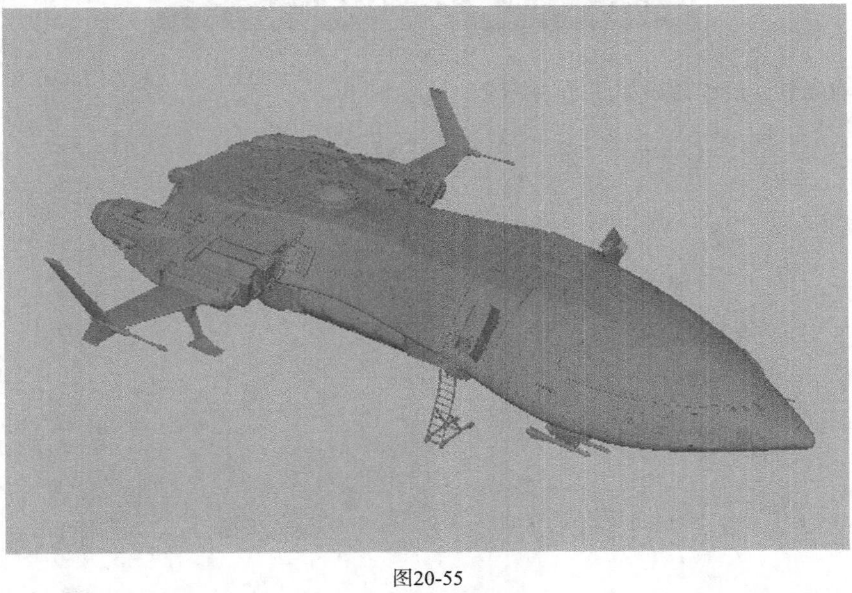

图20-55

02 执行视图菜单中的“视图>摄影机属性编辑器”命令，打开摄影机的“属性编辑器”对话框，然后在“环境”卷展栏下设置“背景色”为浅灰色（R:217，G:217，B:217），如图20-56所示。

图20-56

03 打开“渲染设置”对话框，然后设置渲染器为“Maya向量”，具体参数设置如图20-57所示。

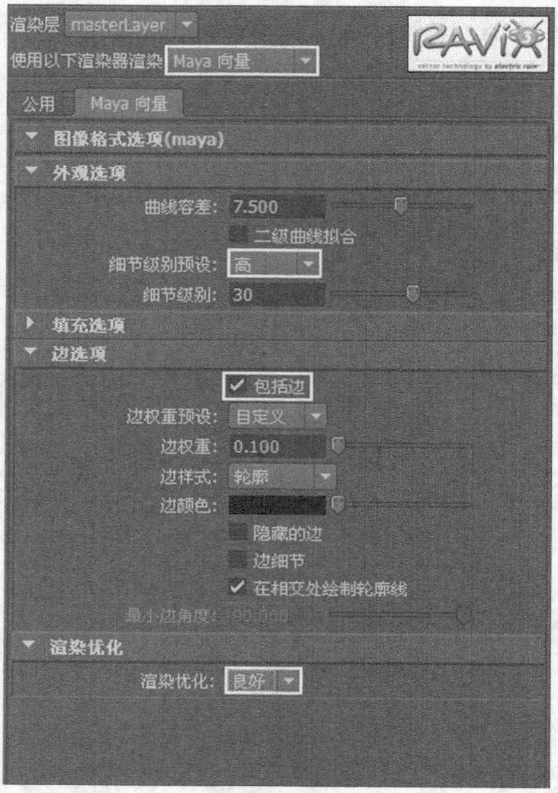

图20-57

04 渲染当前场景，最终效果如图20-58所示。

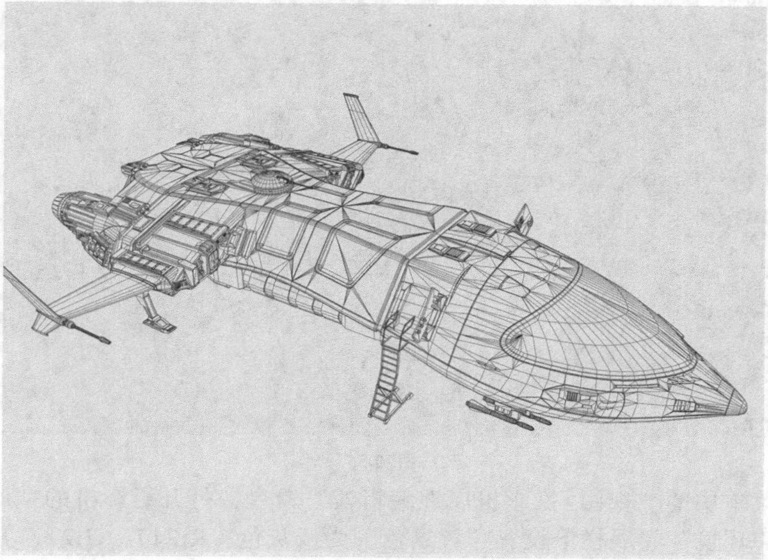

图20-58

20.5 Maya硬件渲染器

硬件渲染是利用计算机上的显卡来对图像进行实时渲染，Maya的“Maya硬件”渲染器可以利用显卡渲染出接近于软件渲染的图像质量。硬件渲染的速度比软件渲染要快很多，但是对显卡的要求很高（有些粒子必须使用硬件渲染器才能渲染出来）。在实际工作中常常先使用硬件渲染来观察作品的质量，然后再用软件渲染器渲染出高品质的图像。

打开“渲染设置”对话框，然后设置渲染器为“Maya硬件”渲染器，接着切换到“Maya硬件”参数设置面板，如图20-59所示。

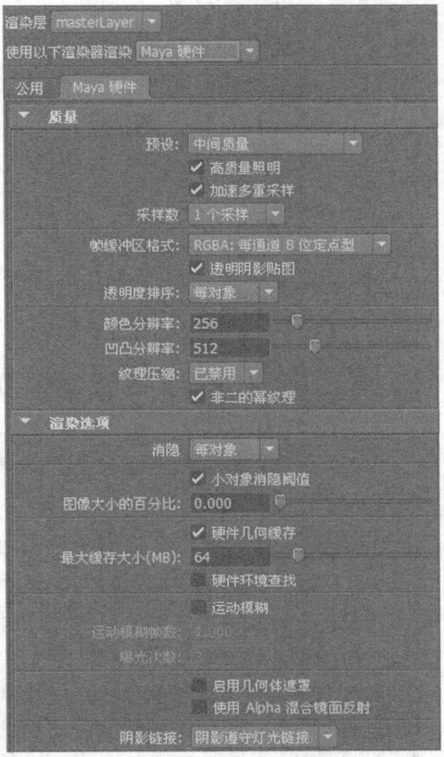

图20-59

Maya硬件面板参数介绍

❖ 预设：选择硬件渲染质量，共有5种预设选项，分别是“自定义”“预览质量”“中间质量”“产品级质量”和“带透明度的产品级质量”。

❖ 高质量照明：开启该选项时，可以获得硬件渲染时的最佳照明效果。

❖ 加速多重采样：利用显示硬件采样来提高渲染质量。

❖ 采样数：在Maya硬件渲染中，采样点的分布有别于软件渲染，每个像素的第1个采样点在像素中心，其余采样点也在像素中心，不过进行采样时整个画面将进行轻微偏移，采样完后再将所有画面对齐，从而合成为最终的画面。

❖ 帧缓冲区格式：帧缓冲区是一块视频内存，用于保存刷新视频显示（帧）所用的像素。

❖ 透明阴影贴图：如果要使用透明阴影贴图，就需要勾选该选项。

❖ 透明度排序：在渲染之前进行排序，以提高透明度。

❖ 颜色分辨率：如果硬件渲染无法直接对着色网络求值，着色网络将被烘焙为硬件渲染器可以使用的2D图像。该选项为材质上的支持映射颜色通道指定烘焙图像的尺度。

❖ 凹凸分辨率：如果硬件渲染无法直接对着色网络求值，着色网络将被烘焙为硬件渲染器可以使用的2D图像。该选项指定支持凹凸贴图的烘焙图像尺度。

❖ 纹理压缩：纹理压缩可减少最多75%的内存使用量，并且可以改进绘制性能。所用的算法（DXT5）通常只产生很少量的压缩瑕疵，因此适用于各种纹理。

❖ 消隐：控制用于渲染的消隐类型。

❖ 小对象消隐阈值：如果勾选该选项，则不绘制小于指定阈值的不透明对象。

❖ 图像大小的百分比：这是“小对象消隐阈值”选项的子选项，所设置的阈值是对象占输出图像的大小百分比。

❖ 硬件几何缓存：当显卡内存未被用于其他场合时，启用该选项可以将几何体缓存到显卡。在某些情况下，这样做可以提高性能。

❖ 最大缓存大小：如果要限制使用可用显卡内存的特定部分，可以设定该选项。

❖ 硬件环境查找：如果禁用该选项，则以与“Maya软件”渲染器相同的方式解释“环境球/环境立方体”贴图。

- ❖ 运动模糊：如果勾选该选项，可以更改“运动模糊帧数”和“曝光次数”的数值。
- ❖ 运动模糊帧数：在硬件渲染器中，通过渲染时间方向的特定点场景，并将生成的采样渲染混合到单个图像来实现运动模糊。
- ❖ 曝光次数：曝光次数将“运动模糊帧数”选项确定的时间范围分成时间方向的离散时刻，并对整个场景进行重新渲染。
- ❖ 启用几何体遮罩：勾选该选项后，不透明几何体对象将遮罩粒子对象，而且不绘制透明几何体。当通过软件来渲染几何体合成粒子时，这个选项就非常有用。
- ❖ 使用Alpha混合镜面反射：勾选该选项后，可以避免镜面反射看上去像悬浮在曲面上方。
- ❖ 阴影链接：可以通过链接灯光与曲面来缩短场景所需的渲染时间，这时只有指定曲面被包含在阴影计算中（阴影链接），或是由给定的灯光照明（灯光链接）。

技术专题 【高质量交互显示】

Maya可以在场景中切换高质量交互显示，以方便观察在渲染前的灯光和材质情况。下面以一个小案例来讲解高质量交互显示的切换方法。

第1步：打开一个带有灯光和材质的场景，然后切换到摄影机视图，接着分别按 6键和7键进入材质和灯光显示模式，如图20-60所示。

第2步：执行视图菜单中的“渲染器>高质量渲染”命令，开启高质量交互显示功能，可以观察到开启该功能后的效果要好很多，这样就可以在渲染前进行预览观察，如图20-61所示。

图20-60

图20-61

20.6 知识总结与回顾

本章主要讲解了Maya渲染的基础知识以及Maya软件渲染器、Maya向量渲染器和Maya硬件渲染器的作用与用法。在下一章中，我们将针对最重要的两种渲染器进行详细介绍，分别是mental ray渲染器与VRay渲染器。

第21章 mental ray渲染器与VRay渲染器

要点索引

- mental ray的常用材质
- mental ray渲染参数设置
- VRay渲染器简介
- VRay的灯光
- VRay基本材质的属性
- VRay渲染参数设置

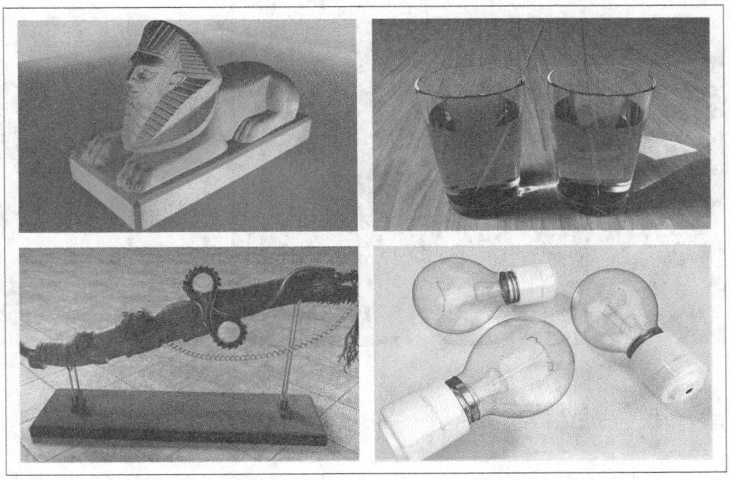

本章导读

本章将介绍Maya中最重要的两个渲染器，mental ray渲染器和VRay渲染器，所讲内容包括mental ray的常用材质、mental ray渲染参数设置、VRay的灯光、VRay基本材质的属性和VRay渲染参数设置。

21.1 mental ray渲染器概述

mental ray是一款超强的高端渲染器，能够生成电影级的高质量画面，被广泛应用于电影、动画、广告等领域。从Maya 5.0起，mental ray就内置于Maya中，使Maya的渲染功能得到很大提升。随着Maya的不断升级，mental ray与Maya的融合也更加完美。

mental ray可以使用很多种渲染算法，能方便地实现透明、反射、运动模糊和全局照明等效果，并且使用mental ray自带的材质节点还可以快捷方便地制作出烤漆材质、3S材质和不锈钢金属材质等，如图21-1所示。

图21-1

技术专题 [加载mental ray渲染器]

执行“窗口>设置/首选项>插件管理器”菜单命令，打开“插件管理器”对话框，然后在Mayatomr.mll插件右侧勾选“已加载”选项，这样就可以使用mental ray渲染器了，如图21-2所示。如果勾选“自动加载”选项，在重启Maya时可以自动加载mental ray渲染器。

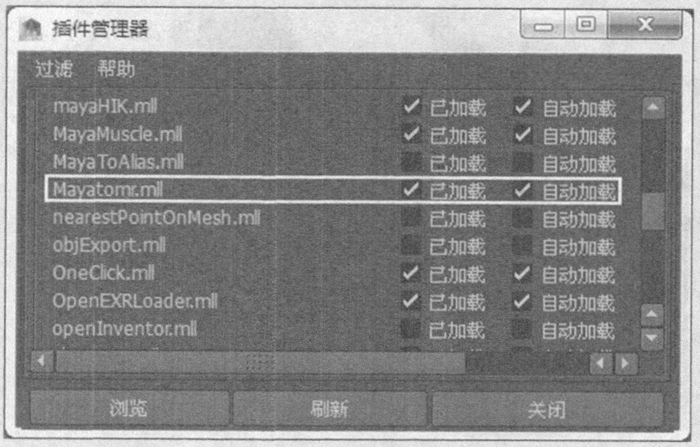

图21-2

21.2 mental ray的常用材质

mental ray的材质非常多，这里只介绍一些比较常用的材质，如图21-3所示。

图21-3

mental ray常用材质介绍

- dgs_material（DGS物理学表面材质）：材质中的dgs是指Diffuse（漫反射）、Glossy（光泽）和Specular（高光）。该材质常用来模拟具有强烈反光的金属物体。
- dielectric_material（电解质材质）：常用于模拟水、玻璃等光密度较大的折射物体，可以精确地模拟出玻璃和水的效果。
- mi_car_paint_phen（车漆材质）：常用于制作汽车或其他金属的外壳，可以支持加入Dirt（污垢）来获得更加真实的渲染效果，如图21-4所示。

图21-4

- mi_metallic_paint（金属漆材质）：和车漆材质比较类似，只是减少了Diffuse（漫反射）、Reflection Parameters（反射参数）和Dirt Parameters（污垢参数）。
- mia_material（金属材质）/mia_material_X（金属材质_X）：

这两个材质是专门用于建筑行业的材质，具有很强大的功能，通过它的预设值就可以模拟出很多建筑材质类型。

❖ mib_glossy_reflection（玻璃反射）mib_glossy_reflection/mib_glossy_refraction（玻璃折射）mib_glossy_refraction：这两个材质可以用来模拟反射或折射效果，也可以在材质中加入其他材质来进一步控制反射或折射效果。

技巧与提示

用mental ray渲染器渲染玻璃和金属材质时，最好使用mental ray自带的材质，这样不但速度快，而且设置也非常方便，物理特性也很鲜明。

❖ mib_illum_blinn mib_illum_blinn：材质类似于Blinn材质，可以实现丰富的高光效果，常用于模拟金属和玻璃。

❖ mib_illum_cooktorr mib_illum_cooktorr：类似于Blinn材质，但是其高光可以基于角度来改变颜色。

❖ mib_illum_hair mib_illum_hair：材质主要用来模拟角色的毛发效果。

❖ mib_illum_lambert mib_illum_lambert：类似于Lambert材质，没有任何镜面反射属性，不会反射周围环境，多用于表现不光滑的表面，如木头和岩石等。

❖ mib_illum_phong mib_illum_phong：类似于Phong材质，其高光区域很明显，适用于制作湿润的、表面具有光泽的物体，如玻璃和水等。

❖ mib_illum_ward mib_illum_ward：可以用来创建各向异性和反射模糊效果，只需要指定模糊的方向就可以受到环境的控制。

❖ mib_illum_ward_deriv mib_illum_ward_deriv：主要用来作为DGS shader（DGS着色器）材质的附加环境控制。

❖ misss_call_shader misss_call_shader：是mental ray用来调用不同的单一次表面散射的材质。

❖ misss_fast_shader misss_fast_shader：不包含其他色彩成分，以Bake lightmap（烘焙灯光贴图）方式来模拟次表面散射的照明结果（需要lightmap shader（灯光贴图着色器）的配合）。

❖ misss_fast_simple_maya misss_fast_simple_maya/misss_fast_skin_maya misss_fast_skin_maya：包含所有的色彩成分，以Bake lightmap（烘焙灯光贴图）方式来模拟次表面散射的照明结果（需要lightmap shader（灯光贴图着色器）的配合）。

❖ misss_physical misss_physical：主要用来模拟真实的次表面散射的光能传递以及计算次表面散射的结果。该材质只能在开启全局照明的场景中才起作用。

❖ misss_set_normal misss_set_normal：主要用来将Maya软件的“凹凸”节点的“法线”的“向量”信息转换成mental ray可以识别的“法线”信息。

❖ misss_skin_specular misss_skin_specular：主要用来模拟有次表面散射成分的物体表面的透明膜（常见的如人类皮肤的角质层）上的高光效果。

技巧与提示

上述材质名称中带有sss，这就是常说的3S材质。

❖ path_material path_material：只用来计算全局照明，并且不需要在“渲染设置”对话框中开启GI选项和“光子贴图”功能。由于其需要使用强制方法和不能使用“光子贴图”功能，所以渲染速度非常慢，并且需要使用更高的采样值，所以渲染整体场景的时间会延长，但是这种材质计算出来的GI非常精确。

❖ transmat transmat：用来模拟半透膜效果。在计算全局照明时，可以用来制作空间中形成光子体积的特效，比如混浊的水底和光线穿过布满灰尘的房间。

21.3 mental ray渲染参数设置

mental ray渲染器由6个选项卡组成，分别是“公用”“过程”“功能”“质量”“间接照明”和“选项”，如图21-5所示。

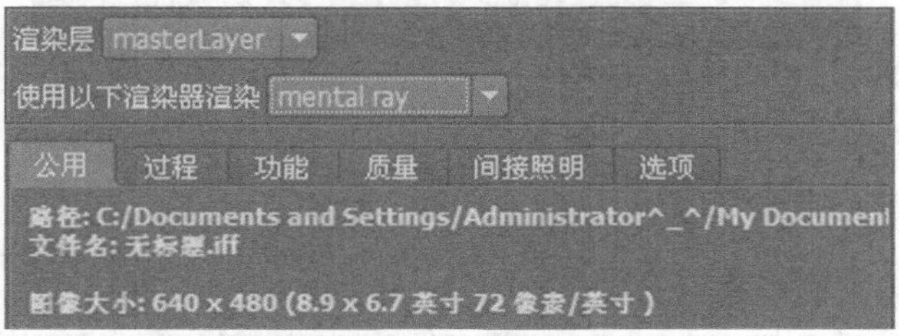

图21-5

21.3.1 公用选项卡

“公用”选项卡下的参数与“Maya软件”渲染器的“公用”选项卡下的参数相同，主要用来设置动画文件的名称、格式和设置动画的时间范围，同时还可以设置输出图像的分辨率以及摄影机的控制属性等，如图21-6所示。

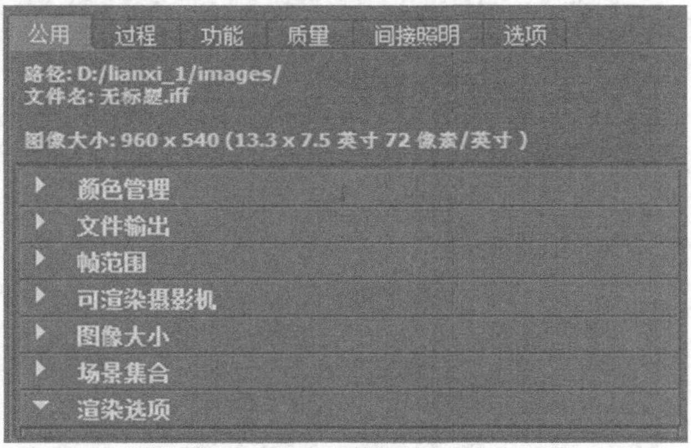

图21-6

21.3.2 过程选项卡

“过程”选项卡包含“渲染过程”和“预合成”两个卷展栏，如图21-7所示。该选项卡主要用来设置mental ray渲染器的分层渲染以及相关的分层通道。

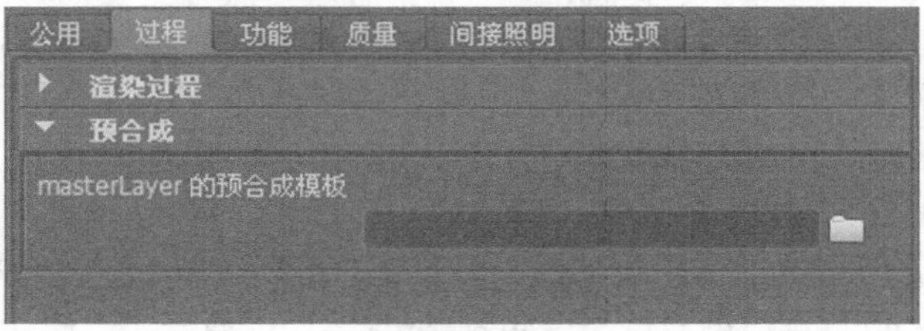

图21-7

21.3.3 功能选项卡

"功能"选项卡包含"渲染功能"和"轮廓"两个卷展栏，如图21-8所示。下面对这两个卷展栏分别进行讲解。

图21-8

1.渲染功能

展开"渲染功能"卷展栏，如图21-9所示。"渲染功能"卷展栏包含一个"附加功能"复卷展栏。

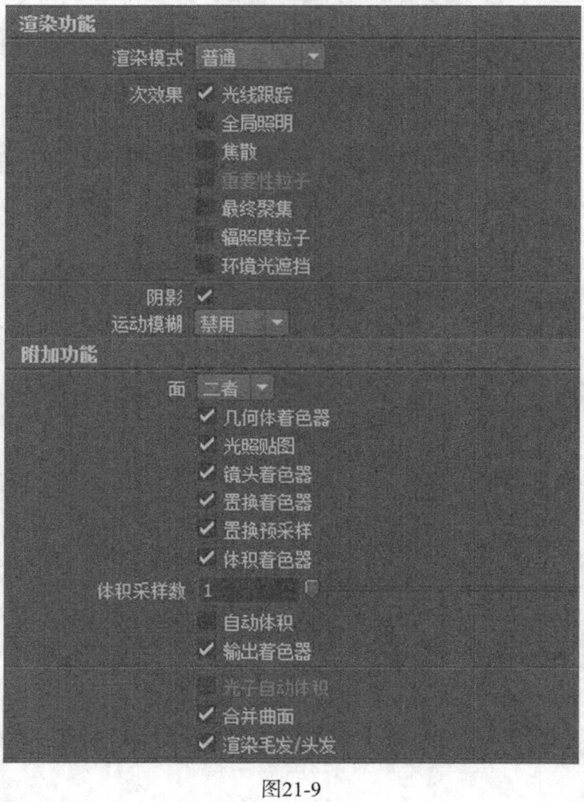

图21-9

渲染功能卷展栏参数介绍

❖ 渲染模式：用于设置渲染的模式，包含以下4种模式。

  ✧ 普通：渲染"渲染设置"对话框中设定的所有功能。

  ✧ 仅最终聚焦：只计算最终聚焦。

  ✧ 仅阴影贴图：只计算阴影贴图。

  ✧ 仅光照贴图：只计算光照贴图（烘焙）。

❖ 次效果：在使用mental ray渲染器渲染场景时，可以启用一些补充效果，从而加强场景渲染的精确度，以提高渲染质量，这些效果包括以下7种。

- ✧ 光线跟踪：勾选该选项后，可以计算反射和折射效果。
- ✧ 全局照明：勾选该选项后，可以计算全局照明。
- ✧ 焦散：勾选该选项后，可以计算焦散效果。
- ✧ 重要性粒子：勾选该选项后，可以生成重要性粒子。
- ✧ 最终聚焦：勾选该选项后，可以计算最终聚集。
- ✧ 辐照度粒子：勾选该选项后，可以计算重要性粒子和发光粒子。
- ✧ 环境光遮挡：勾选该选项后，可以启用环境光遮挡功能。

❖ 阴影：勾选该选项后，可以计算阴影效果。该选项相当于场景中阴影的总开关。

❖ 运动模糊：控制计算运动模糊的方式，共有以下3种。

- ✧ 禁用：不计算运动模糊。
- ✧ 无变形：这种计算速度比较快，类似于“Maya软件”渲染器的“2D运动模糊”。
- ✧ 完全：这种方式可以精确计算运动模糊效果，但计算速度比较慢。

技巧与提示

“附加功能”复卷展栏下的参数基本不会用到，因此这里不对这些参数进行介绍。

2.轮廓

展开“轮廓”卷展栏，如图21-10所示。该卷展栏可以设置如何对物体的轮廓进行渲染。

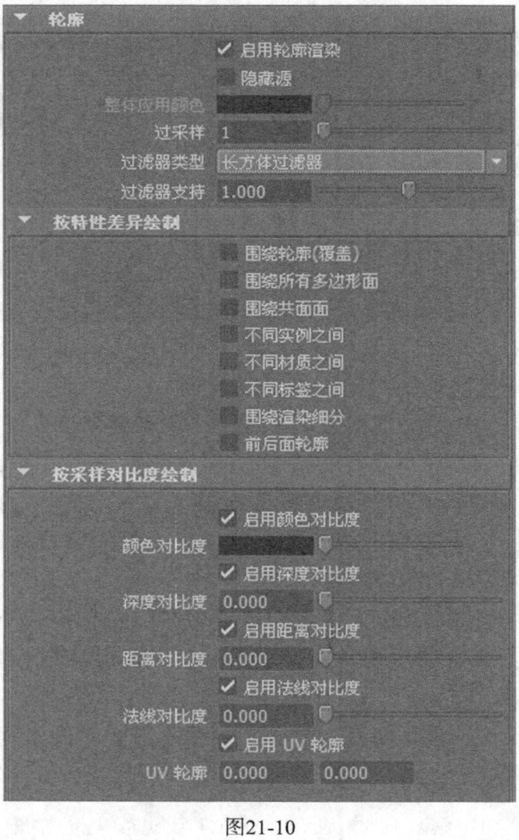

图21-10

轮廓”卷展栏参数介绍

❖ 启用轮廓渲染：勾选该选项后，可以使用线框渲染功能。

❖ 隐藏源：勾选该选项后，只渲染线框图，并使用“整体应用颜色”填充背景。

❖ 整体应用颜色：该选项配合“隐藏源”选项一起使用，主要用来设置背景颜色，如图21-11和图21-12所示是设置“整体应用颜色”为白色和绿色时的线框渲染效果。

图21-11

图21-12

❖ 过采样：该值越大，获得的线框效果越明显，但渲染的时间也会延长，如图21-13和图21-14所示是设置该值为1和 20时的线框对比。

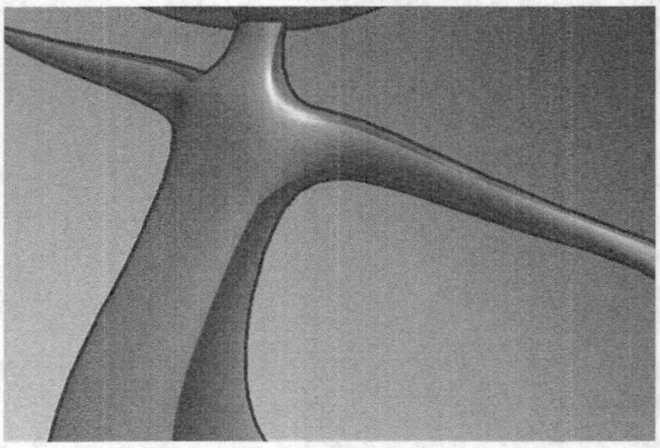
图21-13

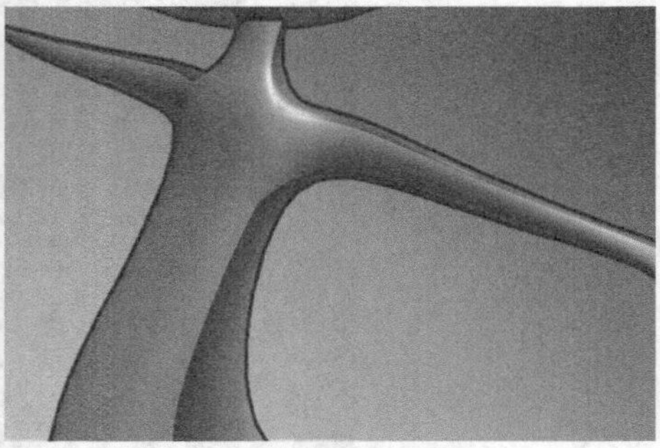
图21-14

❖ 过滤器类型：选择过滤器的类型，包含以下3种。
  ✧ 长方体过滤器：用这种过滤器渲染出来的线框比较模糊。
  ✧ 三角形过滤器：线框模糊效果介于“长方体过滤器”和“高斯过滤器”之间。
  ✧ 高斯过滤器：可以得到比较清晰的线框效果。

❖ 按特性差异绘制：该卷展栏下的参数主要用来选择绘制线框的类型，共有8种类型，用户可以根据实际需要来进行选择。

❖ 启用颜色对比度：该选项主要和“整体应用颜色”选项一起配合使用。

❖ 启用深度对比度：该选项主要是对像素所具有的z深度进行对比，若超过指定的阈值，则会产生线框效果。

❖ 启用距离对比度：该选项与深度对比类似，只不过是对像素间距进行对比。

技巧与提示

距离对比与深度对比的差别并不是很明显，渲染时可以调节这两个参数来为画面增加细节效果。

❖ 启用法线对比度：该值以角度为单位，当像素间的法线的变化差值超过多少度时，会在变化处绘制线框。

21.3.4 质量选项卡

“质量”选项卡下的参数主要用来设置渲染的质量、抗锯齿、光线跟踪和运动模糊等，如图21-15所示。

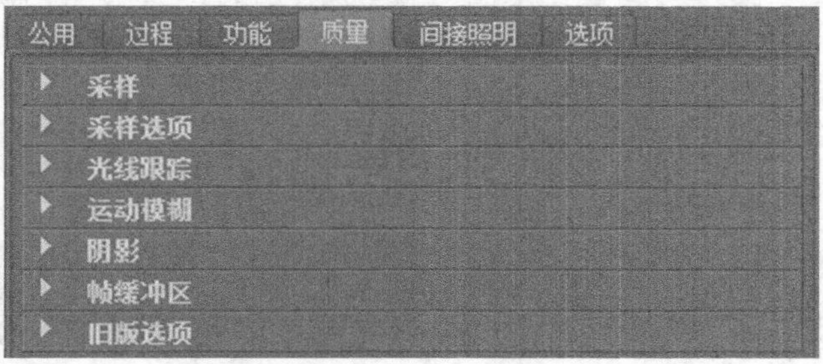

图21-15

1.采样

采样模式

“采样”卷展栏中“采样模式”共包含“统一采样”“旧版光栅化器模式”和“旧版采样模式”3个选项，如图21-16所示。选项不同，下面的参数也会有所变化，下面进行详细讲解。

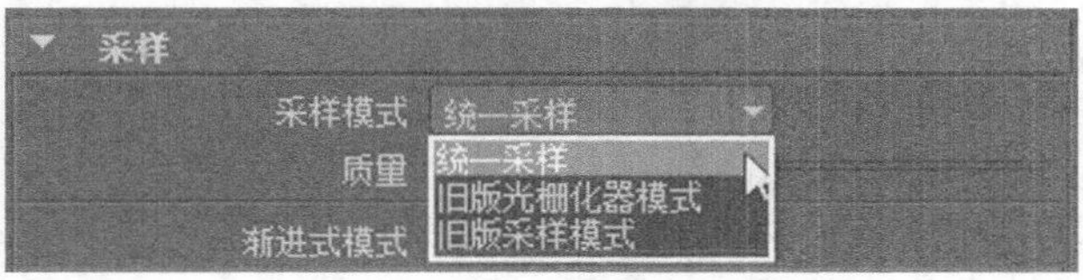

图21-16

采样卷展栏参数介绍

“采样模式”为“统一采样”，此时参数面板如图21-17所示。

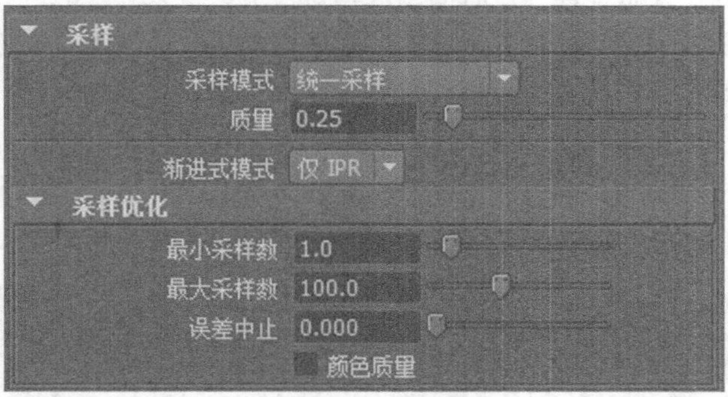

图21-17

- 质量：使用该滑块可以自适应地控制图像质量。使用统一采样时，这是用于调整图像质量的主控件。
- 渐进式模式：渐进式渲染开始时使用较低的采样速率，然后逐步优化采样数量以达到最终结果。建议您将此选项设置为“仅 IPR”，以将渐进式采样与 IPR 搭配使用。
- 最小采样数/最大采样数：每像素最小和最大采样数。
- 误差中止：误差低于该阈值时停止采样像素。除非绝对必要，否则不要调整该属性。
- 颜色质量：控制每个通道的颜色采样质量。对于调整渲染非常有用，但应视其为专家选项，非必须情况不使用。

“采样模式”为“旧版光栅化器模式”，此时参数面板如图21-18所示。

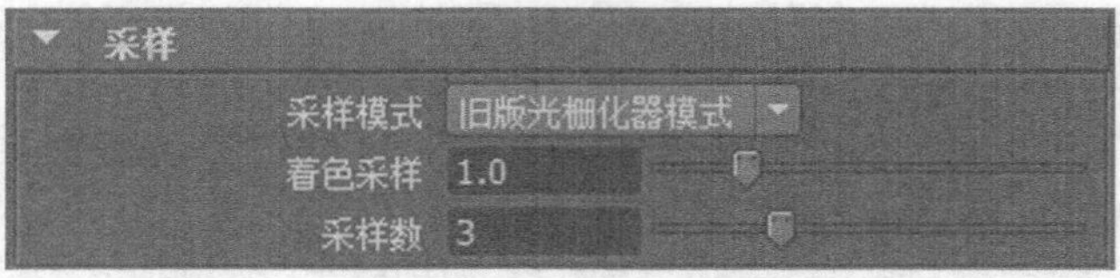

图21-18

❖ 着色采样：每个空间采样的着色速率。
❖ 采样数：用于抗锯齿的每个像素的采样数。

“采样模式”为“旧版采样模式”，此时参数面板如图21-19所示。

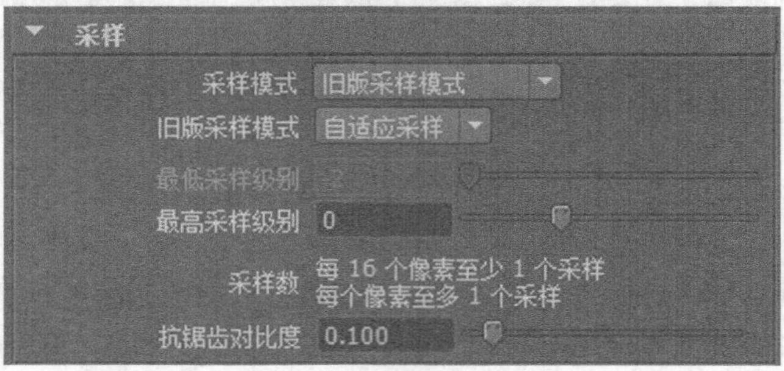

图21-19

❖ 旧版采样模式：共包含以下3种模式。
  ✧ 固定采样：处理图像时使用固定的每像素采样数。
  ✧ 自适应采样：每像素使用的采样数因场景的对比度而异。
  ✧ 自定义采样：每像素使用的采样数因场景的对比度而异。
❖ 最低采样级别：这是处理图像时使用的保证最小每像素采样数。基于抗锯齿对比度设置，mental ray for Maya 将根据需要增加这些采样。
❖ 最高采样级别：这是处理图像时使用的绝对最大每像素采样数。
❖ 采样数：表示基于当前设置要计算的实际采样数。
❖ 抗锯齿对比度：使用滑块设定对比度阈值。减小该值会增加采样（最多不超过最高采样级别），这将产生较高的质量，但是需要更长的处理时间。

2.采样选项

“采样选项”卷展栏下的参数如图21-20所示。

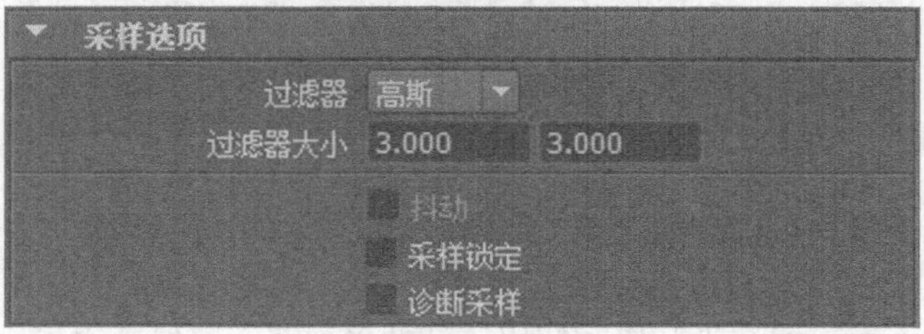

图21-20

采样选项卷展栏参数介绍

❖ 过滤器：设置多像素过滤的类型，可以通过模糊处理来提高渲染的质量，共有以下5种类型，如图21-21所示。

✧ 长方体：这种过滤方式可以得到相对较好的效果和较快的速度，如图21-22所示为“长方体”过滤示意图。

图21-21

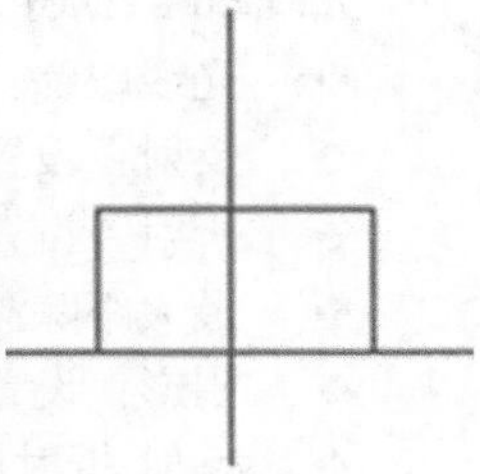
图21-22

✧ 三角形：这种过滤方式的计算更加精细，计算速度比“长方体”过滤方式慢，但可以得到更均匀的效果，如图21-23所示为“三角形”过滤示意图。

✧ 高斯：这是一种比较好的过滤方式，能得到最佳的效果，速度是最慢的一种，但可以得到比较柔和的图像，如图21-24所示为“高斯”过滤示意图。

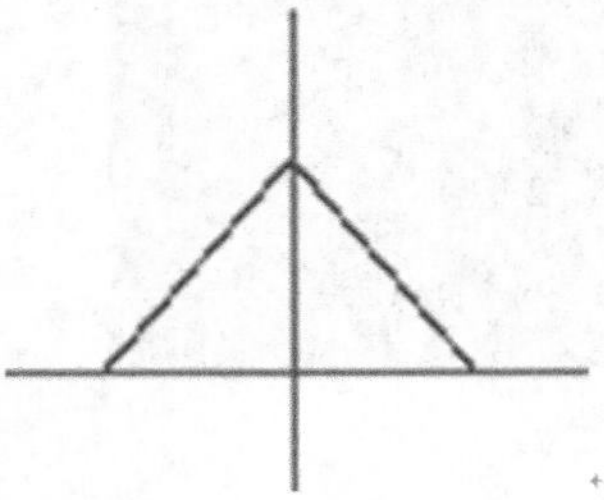
图21-23

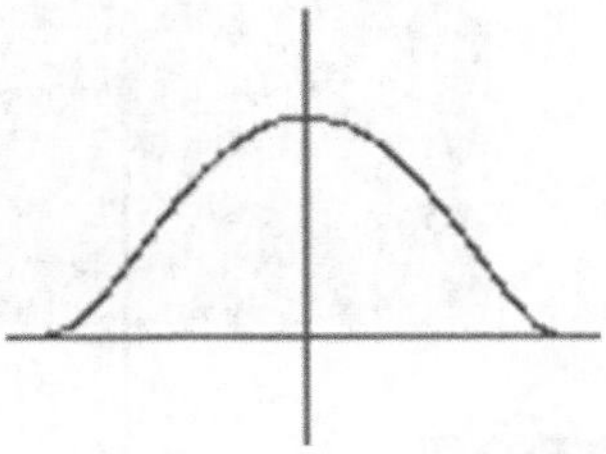
图21-24

✧ 米切尔/兰索士：这两种过滤方式与“高斯”过滤方式不一样，它们更加倾向于提高最终计算的像素。因此，如果想要增强图像的细节，可以选择“米切尔”/“兰索士”过滤类型。

技巧与提示

相比于“米切尔”过滤方式，“兰索斯”过滤方式会呈现出更多的细节。

❖ 过滤器大小：控制用于对渲染图像中的每个像素插值的过滤器大小。
❖ 抖动：通过在采样位置引入系统变化减少瑕疵。
❖ 采样锁定：锁定在像素中采样的位置。
❖ 诊断采样：通过生成指示采样密度的灰度图像，显示空间超级采样如何在渲染的图像中排布。

3.光线跟踪

“光线跟踪”卷展栏下的参数主要用来控制物理反射、折射和阴影效果，如图21-25所示。

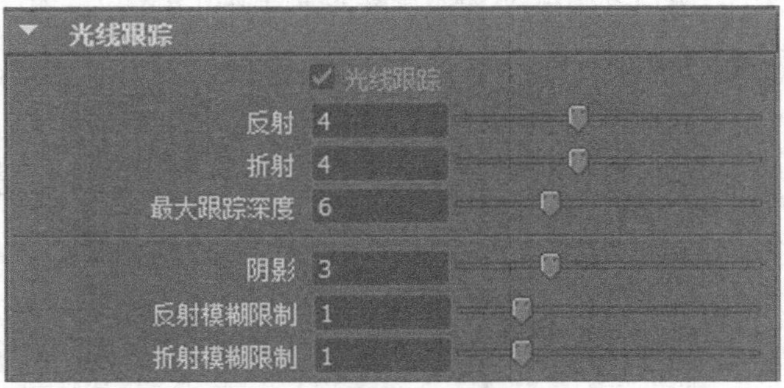

图21-25

光线跟踪卷展栏参数介绍

❖ 光线跟踪：控制是否开启“光线跟踪”功能。

❖ 反射：设置光线跟踪的反射次数。数值越大，反射效果越好。

❖ 折射：设置光线跟踪的折射次数。数值越大，折射效果越好。

❖ 最大跟踪深度：用来限制反射和折射的次数，从而控制反射和折射的渲染效果。

❖ 阴影：设置光线跟踪的阴影质量。如果该数值为0，阴影将不穿过透明折射的物体。

❖ 反射/折射模糊限制：设置二次反射/折射的模糊值。数值越大，反射/折射的效果会更加模糊。

4.运动模糊

“运动模糊”卷展栏下还包含一个“运动模糊优化”复卷展栏，其参数主要用来设置运动模糊的质量以及运动偏移等效果，如图21-26所示。

图21-26

运动模糊卷展栏参数介绍

❖ 运动模糊：设置运功模糊的方式，共有以下3种。

✧ 禁用：关闭运动模糊。

✧ 无变形：以线性平移方式来处理运动模糊，只针对未开孔或没有透明属性的平移运动物体，渲染速度比较快。

✧ 完全：针对每个顶点进行采样，而不是针对每个对象。这种方式的渲染速度比较慢，但能得到准确的运动模糊效果。

❖ 运动步数：用于指定应为场景中的所有运动变换创建多少个运动路径分段。数字必须介于 1 到 15 之间。

❖ 运动模糊时间间隔：用于放大运动模糊效果。该参数的数值越大，运动模糊效果越明显，但是渲染速度很慢。

❖ 置换运动因子：根据可视运动的数量控制精细位移质量。值越高，减少数量越大。

❖ 关键帧位置：计算运动模糊时的运动偏移。

5.阴影

“阴影”卷展栏下的参数主要用来设置阴影的渲染模式以及阴影贴图，还包含一个“阴影贴图”复卷展栏，如图21-27所示。

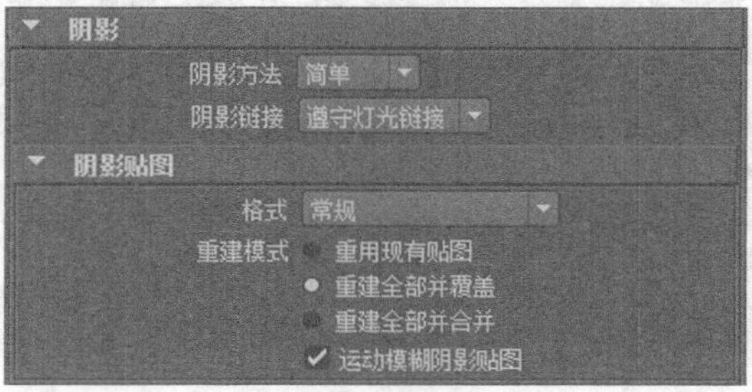

图21-27

阴影卷展栏参数介绍

- ❖ 阴影方法：用来选择阴影的使用方法，共有4种，分别是“已禁用”“简单”“已排序”和“分段”。
- ❖ 阴影链接：选择阴影的链接方式，共有“启用”“遵守灯光链接”和“禁用”3种方式。
- ❖ 格式：设置阴影贴图的格式，共有以下4种。
  - ✧ 已禁用阴影贴图：关闭阴影贴图。
  - ✧ 常规：能得到较好的阴影贴图效果，但是渲染速度较慢。
  - ✧ 常规（OpenGL加速）：如果用户的显卡是专业显卡，可以使用这种阴影贴图格式，以获得较快的渲染速度，但是渲染时有可能会出错。
  - ✧ 细节：使用细节较强的阴影贴图格式。
- ❖ 重建模式：确定是否重新计算所有的阴影贴图，共有以下3种模式。
  - ✧ 重用现有贴图：如果情况允许，可以载入以前的阴影贴图来重新使用之前渲染的阴影数据。
  - ✧ 重建全部并覆盖：全部重新计算阴影贴图和现有的点来覆盖现有的数据。
  - ✧ 重建全部并合并：全部重新计算阴影贴图来生成新的数据，并合并这些数据。
- ❖ 运动模糊阴影贴图：控制是否生成运动模糊的阴影贴图，使运动中的物体沿着运动路径产生阴影。

6.帧缓冲区

“帧缓冲区”卷展栏下的选项主要针对图像的最终渲染输出进行设置，如图21-28所示。

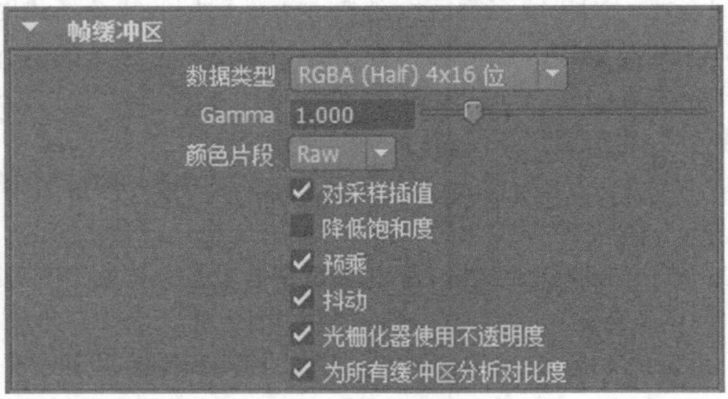

图21-28

帧缓冲区卷展栏参数介绍

- ❖ 数据类型：选择帧缓冲区中包含的信息类型。
- ❖ Gamma（伽马）：对已渲染的颜色像素应用Gamma（伽马）校正，以补偿具有非线性颜色响应的输出设备。
- ❖ 颜色片段：控制在将颜色写入到非浮点型帧缓冲区或文件之前，该选项用来决定如何将颜色剪裁到有效范围（0，1）内。
- ❖ 对采样插值：该选项可使mental ray在两个已知的像素采样值之间对采样值进行插值。
- ❖ 降低饱和度：如果要将某种颜色输出到没有32位（浮点型）和16位（半浮点型）精度的帧缓冲区，并且其RGB分量超出（0，最大值）的范围，则mental ray会将该颜色剪裁至该合适范围。
- ❖ 预乘：如果勾选该选项，mental ray会避免对象在背景上抗锯齿。
- ❖ 抖动：通过向像素中引入噪波，从而平摊舍入误差来减轻可视化带状条纹问题。

❖ 光栅化器使用不透明度：使用光栅化器时，启用该选项会强制在所有颜色用户帧缓冲区上执行透明度/不透明度合成，无论各个帧缓冲区上的设置如何都是如此。
❖ 为所有缓冲区分析对比度：这是一项性能优化技术，允许mental ray在颜色统一的区域对图像进行更为粗糙的采样，而在包含细节的区域（如对象边缘和复杂纹理）进行精细采样。

7.旧版选项

"旧版选项"卷展栏下还包含一个"加速"复卷展栏，如图21-29所示。

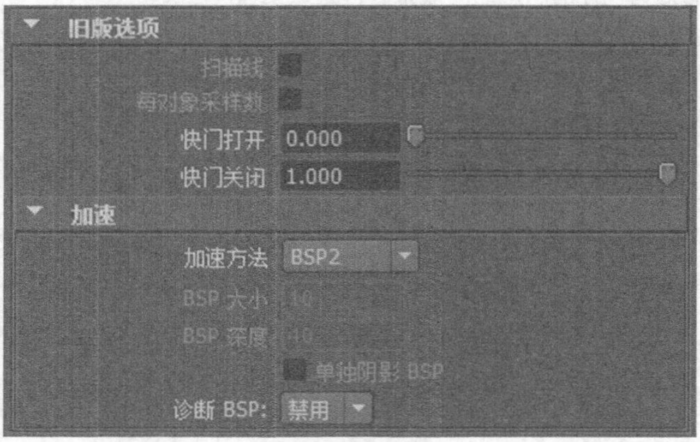

图21-29

旧版选项卷展栏参数介绍

❖ 扫描线：场景越小，扫描线渲染速度越快。渲染大型的复杂场景时，则改用光栅化器或光线跟踪器作为主渲染器。在渲染过程中，扫描线具有额外的内存需求，而光线跟踪器和光栅化器则不需要。
❖ 每对象采样数：为对象启用最小/最大采样覆盖。
❖ 快门打开/快门关闭：定义为控制运动模糊而在帧间隔内快门打开和关闭的时间点。
❖ 加速方法：选择加速度的方式，共有以下3种。
  ✧ 常规BSP：即"二进制空间划分"，这是默认的加速度方式，在单处理器系统中是最快的一种。若关闭了"光线跟踪"功能，最好选用这种方式。
  ✧ 大BSP：这是"常规BSP"方式的变种方式，适用于渲染应用了光线跟踪的大型场景，因为它可以将场景分解成很多个小块，将不需要的数据存储在内存中，以加快渲染速度。
  ✧ BSP2：即"二进制空间划分"的第2代，主要运用在具有光线跟踪的大型场景中。
❖ BSP大小：设置BSP树叶的最大面（三角形）数。增大该值将减少内存的使用量，但是会增加渲染时间，默认值为10。
❖ BSP深度：设置BSP树的最大层数。增大该值将缩短渲染时间，但是会增加内存的使用量和预处理时间，默认值为40。
❖ 单独阴影BSP：让使用低精度场景的阴影来提高性能。
❖ 诊断BSP：使用诊断图像来判定"BSP深度"和"BSP大小"参数设置得是否合理。

21.3.5 间接照明选项卡

Maya默认的灯光照明是一种直接照明方式。所谓直接照明就是被照物体直接由光源进行照明，光源发出的光线不会发生反射来照亮其他物体。而现实生活中的物体都会产生漫反射，从而间接照亮其他物体，并且还会携带颜色信息，使物体之间的颜色相互影响，直到能量耗尽才会结束光能的反弹，这种照明方式也就是“间接照明”。

在讲解“间接照明”的参数之前，这里还要介绍下“全局照明”。所谓“全局照明”（习惯上简称为GI），就是直接照明加上间接照明，两种照明方式同时被使用可以生成非常逼真的光照效果。mental ray实现GI的方法有很多种，如“光子贴图”“最终聚集”和“基于图像的照明”等。

“间接照明”选项卡是mental ray渲染器的核心部分，在这里可以制作“基于图像的照明”和“物理太阳和天空”效果，同时还可以设置“全局照明”“焦散”“光子贴图”和“最终聚焦”等，如图21-30所示。

图21-30

1.环境

“环境”卷展栏主要针对环境的间接照明进行设置，如图21-31所示。

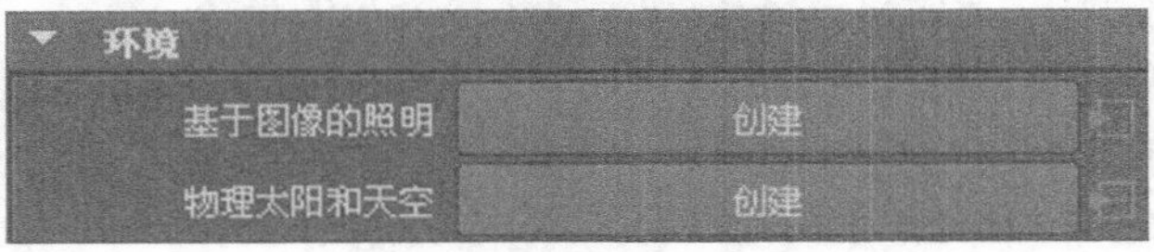

图21-31

环境卷展栏参数介绍

❖ 基于图像的照明：单击后面的“创建”按钮创建可以利用纹理或贴图为场景提供照明。

❖ 物理太阳和天空：单击后面的“创建”按钮创建可以为场景添加天光效果。

2.全局照明

展开“全局照明”卷展栏，如图21-32所示。全局照明是一种允许使用间接照明和颜色溢出等效果的过程。

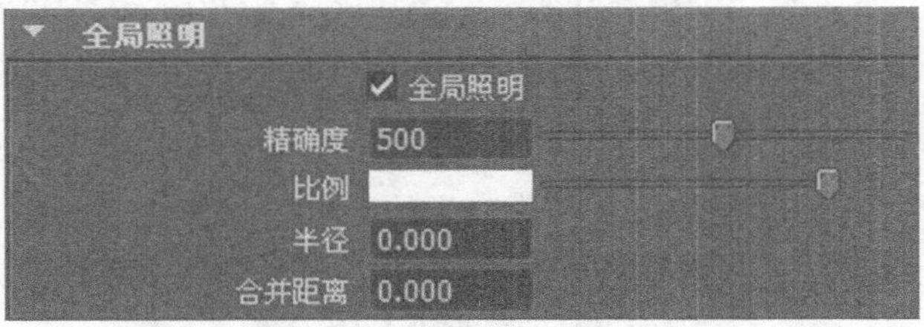

图21-32

全局照明卷展栏参数介绍

❖ 全局照明：控制是否开启“全局照明”功能。

- ❖ 精确度：设置全局照明的精度。数值越高，渲染效果越好，但渲染速度会变慢。
- ❖ 比例：控制间接照明效果对全局照明的影响。
- ❖ 半径：默认值为0，此时Maya会自动计算光子半径。如果场景中的噪点较多，增大该值（1~2之间）可以减少噪点，但是会带来更模糊的结果。为了减小模糊程度，必须增加由光源发出的光子数量（全局照明精度）。
- ❖ 合并距离：合并指定的光子世界距离。对于光子分布不均匀的场景，该参数可以大大降低光子映射的大小。

3.焦散

“焦散”卷展栏可以控制渲染的焦散效果，如图21-33所示。

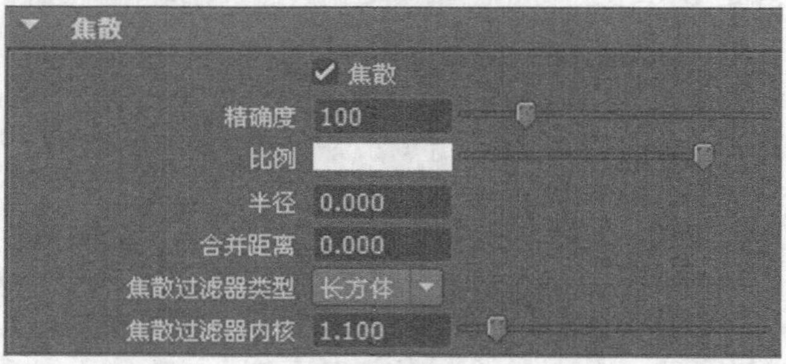

图21-33

焦散卷展栏参数介绍

- ❖ 焦散：控制是否开启“焦散”功能。
- ❖ 精确度：设置渲染焦散的精度。数值越大，焦散效果越好。
- ❖ 比例：控制间接照明效果对焦散的影响。
- ❖ 半径：默认值为0，此时Maya会自动计算焦散光子的半径。
- ❖ 合并距离：合并指定的光子世界距离。对于光子分布不均匀的场景，该参数可以大大减少光子映射的大小。
- ❖ 焦散过滤器类型：选择焦散的过滤器类型，共有以下3种。
  - ✧ 长方体：用该过滤器渲染出来的焦散效果很清晰，并且渲染速度比较快，但是效果不太精确。
  - ✧ 圆锥体：用该过滤器渲染出来的焦散效果很平滑，而渲染速度比较慢，但是焦散效果比较精确。
  - ✧ Gauss（高斯）：用该过滤器渲染出来的焦散效果最好，但渲染速度最慢。
- ❖ 焦散过滤器内核：增大该参数值，可以使焦散效果变得更加平滑。

技巧与提示

“焦散”就是指物体被灯光照射后所反射或折射出来的影像，其中反射后产生的焦散为“反射焦散”，折射后产生的焦散为“折射焦散”。

4.光子跟踪

“光子跟踪”卷展栏主要对mental ray渲染产生的光子进行设置，如图21-34所示。

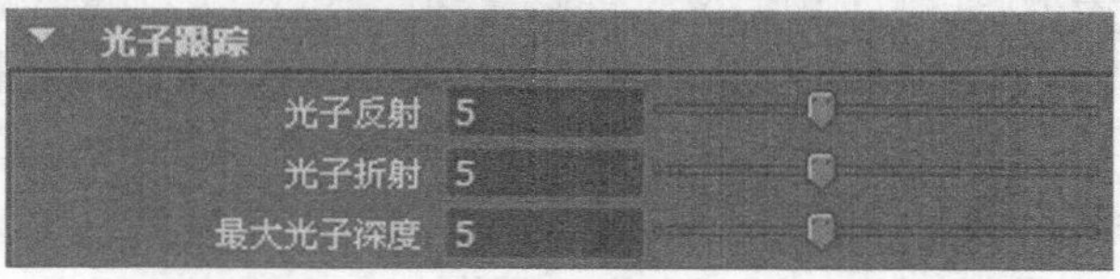

图21-34

光子跟踪卷展栏参数介绍

❖ 光子反射：限制光子在场景中的反射量。该参数与最大光子的深度有关。

❖ 光子折射：限制光子在场景中的折射量。该参数与最大光子的深度有关。

❖ 最大光子深度：限制光子反弹的次数。

5.光子贴图

"光子贴图"卷展栏主要针对mental ray渲染产生的光子形成的光子贴图进行设置，如图21-35所示。

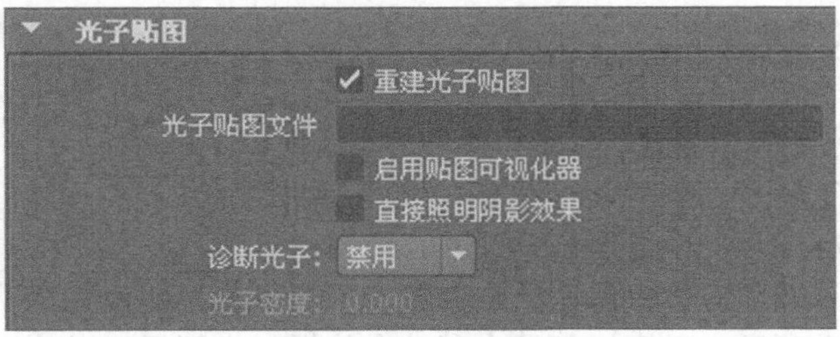

图21-35

光子贴图卷展栏参数介绍

❖ 重建光子贴图：勾选该选项后，Maya会重新计算光子贴图，而现有的光子贴图文件将被覆盖。

❖ 光子贴图文件：设置一个光子贴图文件，同时新的光子贴图将加载这个光子贴图文件。

❖ 启用贴图可视化器：勾选该选项后，在渲染时可以在视图中观察到光子的分布情况。

❖ 直接照明阴影效果：如果在使用了全局照明和焦散效果的场景中有透明的阴影，应该勾选该选项。

❖ 诊断光子：使用可视化效果来诊断光子的属性设置是否合理。

❖ 光子密度：使用光子贴图时，该选项可以使用内部着色器替换场景中的所有材质着色器，该内部着色器可以生成光子密度的伪彩色渲染。

6.光子体积

"光子体积"卷展栏主要针对mental ray光子的体积进行设置，如图21-36所示。

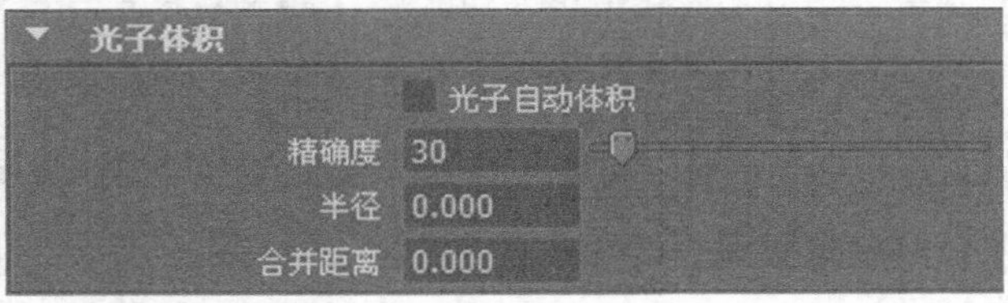

图21-36

光子体积卷展栏参数介绍

❖ 光子自动体积：控制是否开启"光子自动体积"功能。

❖ 精确度：控制光子映射来估计参与焦散效果或全局照明的光子强度。

❖ 半径：设置参与媒介的光子的半径。

❖ 合并距离：合并指定的光子世界距离。对于光子分布不均匀的场景，该参数可以大大降低光子映射的大小。

7.重要性粒子

"重要性粒子"卷展栏主要针对mental ray的"重要性粒子"进行设置，如图21-37所示。"重要性粒子”类似于光子的粒子，但是它们从摄影机中发射，并以相反的顺序穿越场景。

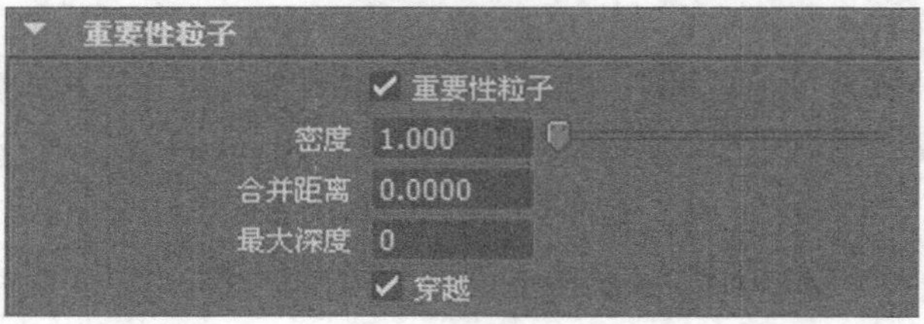

图21-37

重要性粒子卷展栏参数介绍

❖ 重要性粒子：控制是否启用重要性粒子发射。

❖ 密度：设置对于每个像素从摄影机发射的重要性粒子数。

❖ 合并距离：合并指定的世界空间距离内的重要性粒子。

❖ 最大深度：控制场景中重要性粒子的漫反射。

❖ 穿越：勾选该选项后，可以使重要性粒子不受阻止，即使完全不透明的几何体也是如此；关闭该选项后，重要性粒子会存储在从摄影机到无穷远的光线与几何体的所有相交处。

8.最终聚焦

“最终聚集”简称FG，是一种模拟GI效果的计算方法。FG分为以下两个处理过程。

第1个过程：从摄影机发出光子射线到场景中，当与物体表面产生交点时，又从该交点发射出一定数量的光线，以该点的法线为轴，呈半球状分布，只发生一次反弹，并且储存相关信息为最终聚集贴图。

第2个过程：利用由预先处理过程中生成的最终聚集贴图信息进行插值和额外采样点计算，然后用于最终渲染。

展开“最终聚集”卷展栏，如图21-38所示。

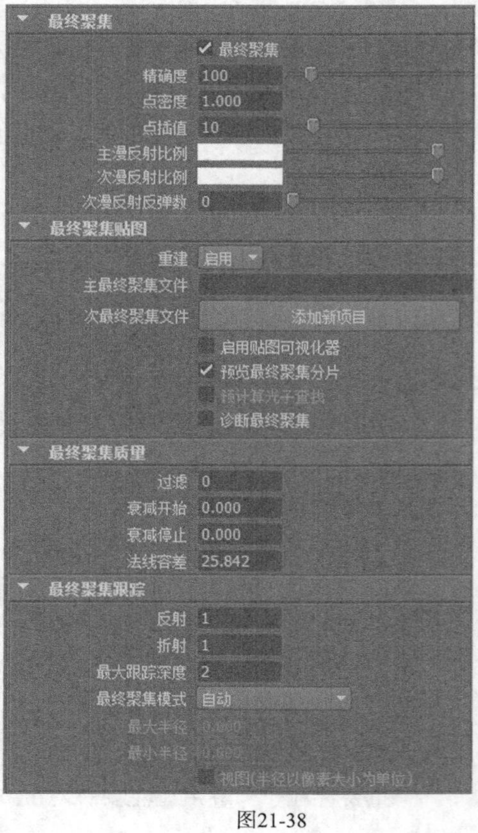

图21-38

最终聚集卷展栏参数介绍

❖ 最终聚焦：控制是否开启“最终聚焦”功能。

❖ 精确度：增大该参数值可以减少图像的噪点，但会增加渲染时间，默认值为100。

❖ 点密度：控制最终聚集点的计算数量。

❖ 点插值：设置最终聚集插值渲染的采样点。数值越高，效果越平滑。

❖ 主漫反射比例：设置漫反射颜色的强度来控制场景的整体亮度或颜色。

❖ 次漫反射比例：主要配合“主漫反射比例”选项一起使用，可以得到更加丰富自然的照明效果。

❖ 次漫反射反弹数：设置多个漫反射反弹最终聚焦，可以防止场景的暗部产生过于黑暗的现象。

- ❖ 重建：设置“最终聚焦贴图”的重建方式，共有“禁用”“启用”和“冻结”3种方式。
- ❖ 启用贴图可视化器：创建可以存储的可视化最终聚焦光子。
- ❖ 预览最终聚集分片：预览最终聚焦的效果。
- ❖ 预计算光子查找：勾选该选项后，可以预先计算光子并进行查找，但是需要更多的内存。
- ❖ 诊断最终聚焦：允许使用显示为绿色的最终聚集点渲染初始光栅空间，使用显示为红色的最终聚集点作为渲染时的最终聚集点。这有助于精细调整最终聚集设置，以区分依赖于视图的结果和不依赖于视图的结果，从而更好地分布最终聚集点。
- ❖ 过滤：控制最终聚集形成的斑点有多少被过滤掉。
- ❖ 衰减开始/停止：用这两个选项可以限制用于最终聚集的间接光（但不是光子）的到达。
- ❖ 法线容差：指定要考虑进行插值的最终聚集点法线可能会偏离该最终聚集点曲面法线的最大角度。
- ❖ 反射：控制初级射线在场景中的反射数量。该参数与最大光子的深度有关。
- ❖ 折射：控制初级射线在场景中的折射数量。该参数与最大光子的深度有关。
- ❖ 最大跟踪深度：默认值为0，此时表示间接照明的最终计算不能穿过玻璃或反弹镜面。
- ❖ 最终聚集模式：针对渲染不同的场合进行设置，可以得到速度和质量的平衡。
- ❖ 最大/最小半径：合理设置这两个参数可以加快渲染速度。一般情况下，一个场景的最大半径为外形尺寸的10%，最小半径为最大半径的10%。
- ❖ 视图（半径以像素大小为单位）：勾选该选项后，会导致“最小半径”和“最大半径”的最后聚集再次计算像素大小。

9.辐照度粒子

“辐照度粒子”是一种全局照明技术，它可以优化“最终聚焦”的图像质量。展开“辐照度粒子”卷展栏，如图21-39所示。

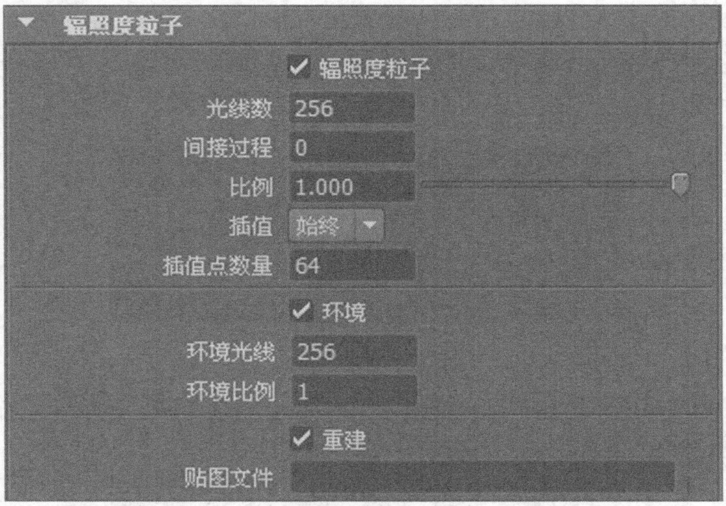

图21-39

辐照度粒子卷展栏参数介绍

- ❖ 辐照度粒子：控制是否开启“辐照度粒子”功能。
- ❖ 光线数：使用光线的数量来估计辐射。最低值为2，默认值为256。
- ❖ 间接过程：设置间接照明传递的次数。
- ❖ 比例：设置“辐照度粒子”的强度。

❖ 插值：设置“辐照度粒子”使用的插值方法。
❖ 插值点数量：用于设置插值点的数量，默认值为64。
❖ 环境：控制是否计算辐照环境贴图。
❖ 环境光线：计算辐照环境贴图使用的光线数量。
❖ 重建：如果勾选该选项，mental ray会计算辐照粒子贴图。
❖ 贴图文件：指定辐射粒子的贴图文件。

10.环境光遮挡

展开“环境光遮挡”卷展栏，如图21-40所示。如果要创建环境光遮挡过程，则必须启用“环境光遮挡”功能。

图21-40

环境光遮挡卷展栏参数介绍

❖ 环境光遮挡：控制是否开启“环境光遮挡”功能。
❖ 光线数：使用环境的光线来计算每个环境闭塞。
❖ 缓存：控制环境闭塞的缓存。
❖ 缓存密度：设置每个像素的环境闭塞点的数量。
❖ 缓存点数：查找缓存点的数目的位置插值，默认值为64。

21.3.6 选项选项卡

“选项”选项卡下的参数主要用来控制mental ray渲染器的“诊断”“预览”“覆盖”和“转换”等功能，如图21-41所示。

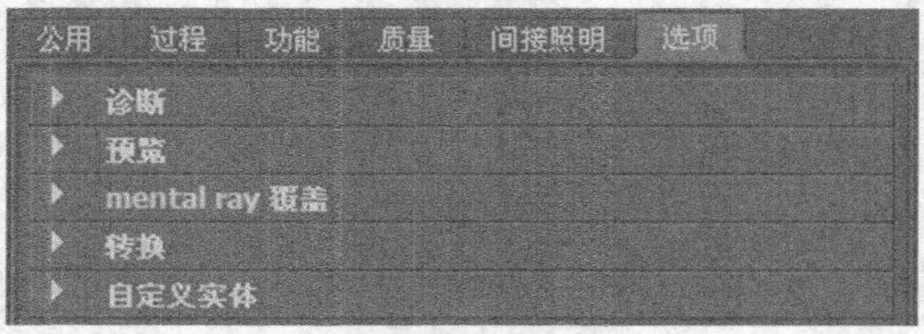

图21-41

技巧与提示

使用“诊断”功能可以检测场景中光子映射的情况。用户可以指定诊断网格和网格的大小，以及诊断光子的密度或辐照度。当勾选“诊断采样”选项后，会出现灰度的诊断图，如图21-42所示。

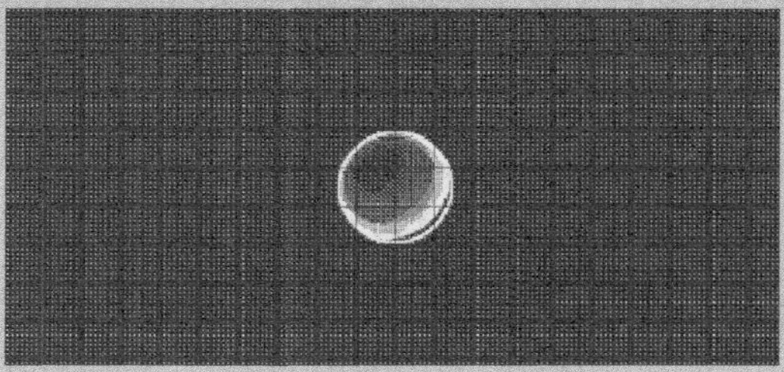

图21-42

【练习21-1】：模拟全局照明

场景文件 学习资源>场景文件>CH21>a.mb
实例文件 学习资源>实例文件>CH21>练习21-1.mb
技术掌握 掌握“全局照明”技术的用法

本例使用mental ray的“全局照明”技术制作的全局照明效果如图21-43所示。

图21-43

01 打开学习资源中的“场景文件>CH21>a.mb”文件，如图21-44所示。

图21-44

技巧与提示

本场景中的材质均为Lambert材质，主光源是一盏开启了光线跟踪阴影的聚光灯。

02 打开“渲染设置”对话框，然后设置渲染器为mental ray渲染器，接着测试渲染当前场景，效果如图21-45所示。

图21-45

03 单击“间接照明”选项卡，然后在“全局照明”卷展栏下勾选“全局照明”选项，接着设置“精确度”为100，如图21-46所示。

04 选择聚光灯，按快捷键Ctrl+A打开其“属性编辑器”对话框，然后在mental ray属性栏下展开“焦散和全局照明”复卷展栏，接着勾选“发射光子”选项，最后设置“光子密度”为100000、“指数”为1.3、“全局照明光子”为1000000，具体参数设置如图21-47所示。

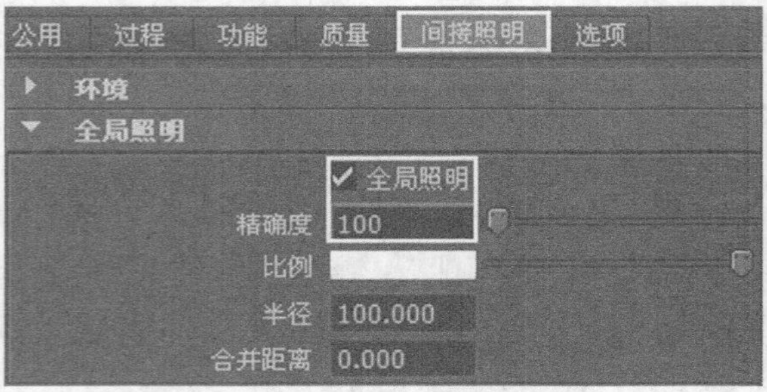

图21-46

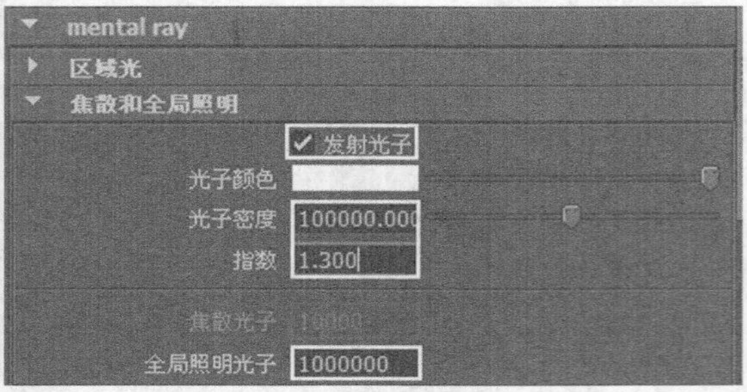

图21-47

05 测试渲染当前场景，效果如图21-48所示。

图21-48

技巧与提示

从图21-48中可以观察到墙体和地面上有很多斑点，这种斑点是很正常的，是因为光照不充足造成的。

06 打开“渲染设置”对话框，然后在“全局照明”卷展栏下设置“精确度”为400、“半径”为2，如图21-49所示，接着测试渲染当前场景，效果如图21-50所示。

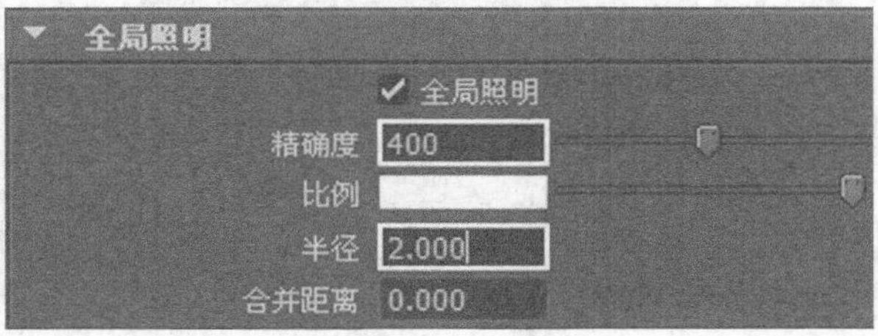

图21-49

图21-50

技巧与提示

从图21-50中可以观察到斑点仍然存在，这说明光照仍然不充足。

07 打开“渲染设置”对话框，然后在“全局照明”卷展栏下设置“精确度”为3000、“半径”为100，如图21-51所示。

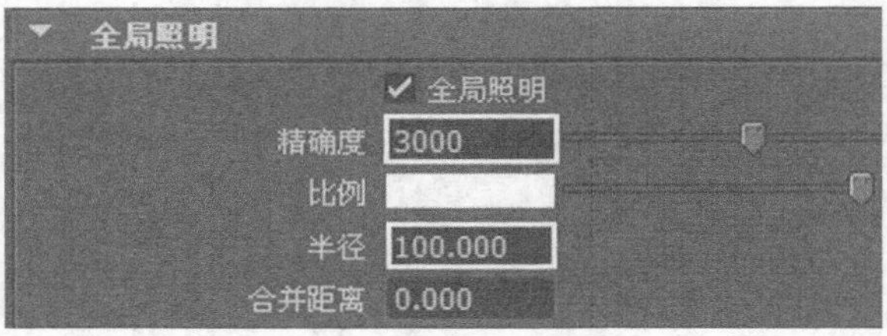

图21-51

08 渲染当前场景，最终效果如图21-52所示。

图21-52

【练习21-2】：制作mental ray的焦散特效

场景文件　学习资源>场景文件>CH21>b.mb
实例文件　学习资源>实例文件>CH21>练习21-2.mb
技术掌握　掌握焦散特效的制作方法

本例利用mental ray的“焦散”功能制作的焦散特效如图21-53所示。

图21-53

01 打开学习资源中的“场景文件>CH21>b.mb”文件，如图21-54所示。

图21-54

技巧与提示

本场景创建了两盏区域光作为照明灯光，同时杯子也设置好了材质。

02 打开“渲染设置”对话框，然后设置渲染器为mental ray渲染器，接着测试渲染当前场景，效果如图21-55所示。

图21-55

技巧与提示

从图21-55中可以观察到场景中并没有焦散特效，这是因为还没有创建发射焦散光子的灯光。

03 场景中创建了一盏聚光灯，其位置如图21-56所示。

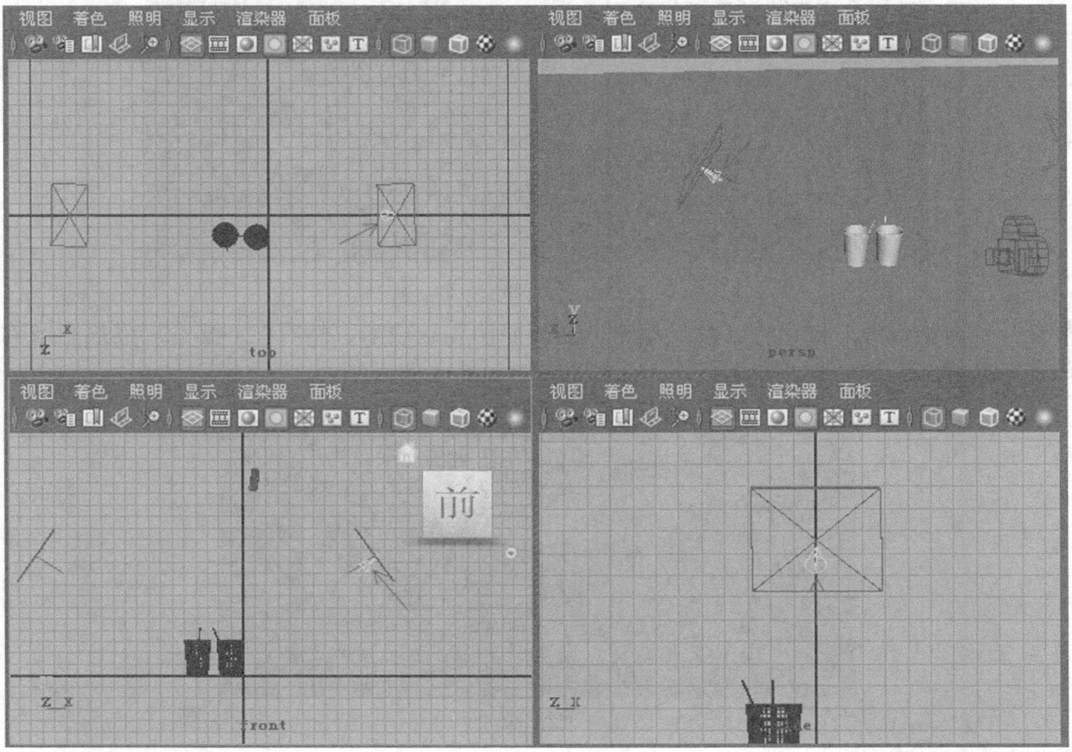

图21-56

04 打开聚光灯的“属性编辑器”对话框，然后在mental ray属性栏下展开“焦散和全局照明”复卷展栏，接着勾选“发射光子”选项，最后设置“光子密度”为8000、“指数”为1.3、“焦散光子”为800000，如图21-57所示。

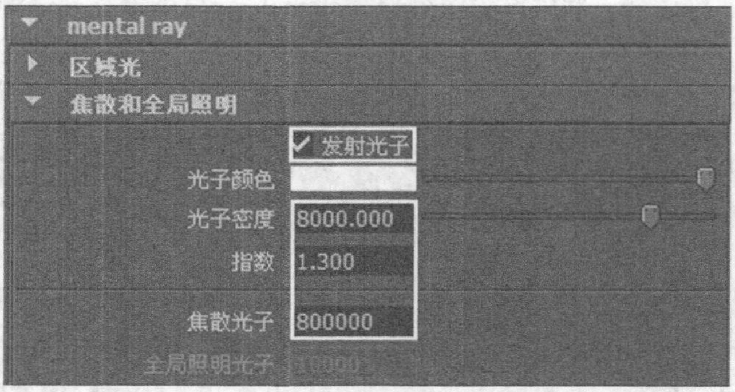

图21-57

05 测试渲染当前场景，效果如图21-58所示。

图21-58

06 打开“渲染设置”对话框，然后单击“间接照明”选项卡，然后在“焦散”卷展栏下勾选“焦散”选项，接着设置“精确度”为50，如图21-59所示。

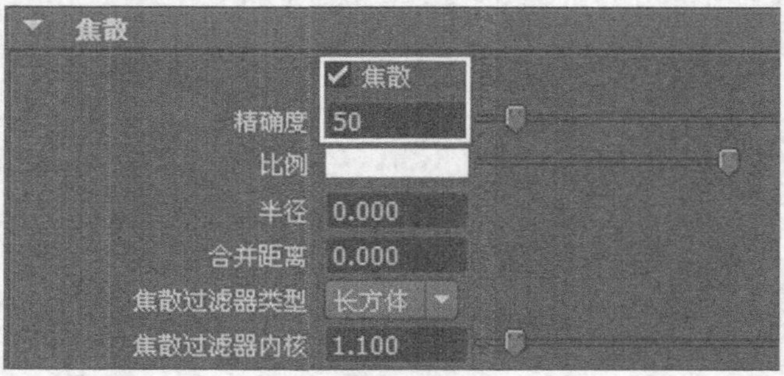

图21-59

07 渲染当前场景，最终效果如图21-60所示。

图21-60

【练习21-3】：用mib_cie_d灯光节点调整色温

场景文件 学习资源>场景文件>CH21>c.mb
实例文件 学习资源>实例文件>CH21>练习21-3.mb
技术掌握 掌握如何用mib_cie_d灯光节点调整灯光的色温

mib_cie_d灯光节点是mental ray灯光节点中最为重要的一个，其主要作用就是调节灯光的色温，使场景的氛围更加合理，如图21-61所示中的左图是默认渲染效果，右图是调节了色温后的渲染效果。

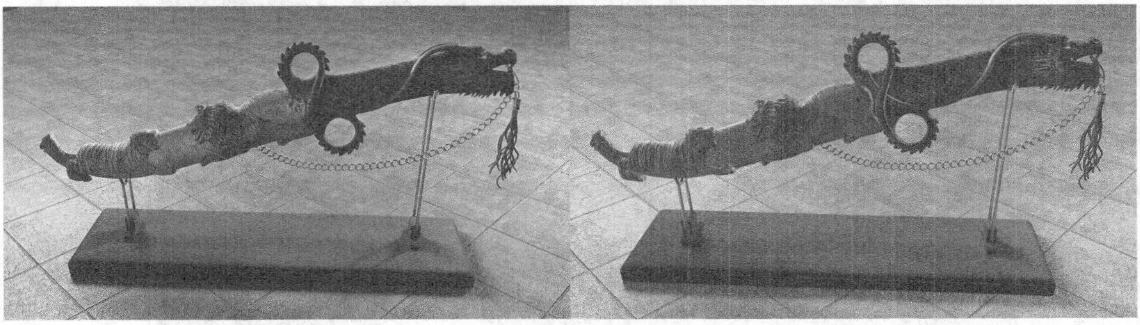

图21-61

01 打开学习资源中的“场景文件>CH21>c.mb”文件，如图21-62所示。

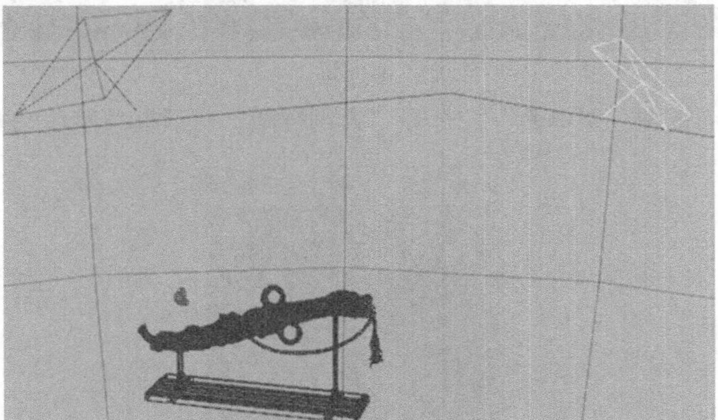

图21-62

技巧与提示

本场景创建了两盏区域光作为照明灯光，同时还利用了“基于图像的照明”技术。

02 测试渲染场景，效果如图21-63所示。

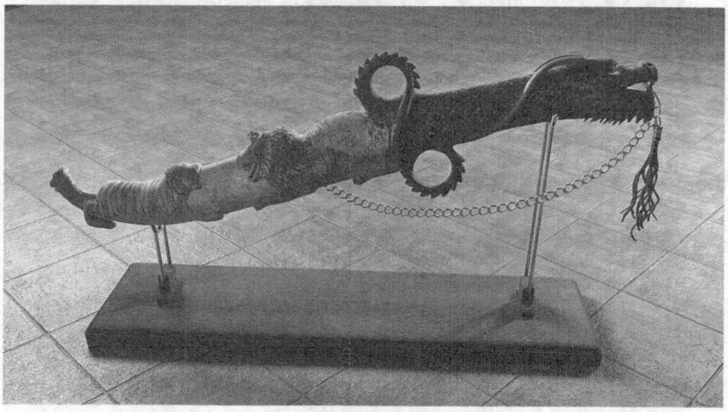

图21-63

—— 技巧与提示 ——

从图21-63中可以观察到场景中的灯光效果很平淡，没有渲染出氛围。

03 打开Hypershade对话框，然后创建一个mib_cie_d灯光节点，如图21-64所示。

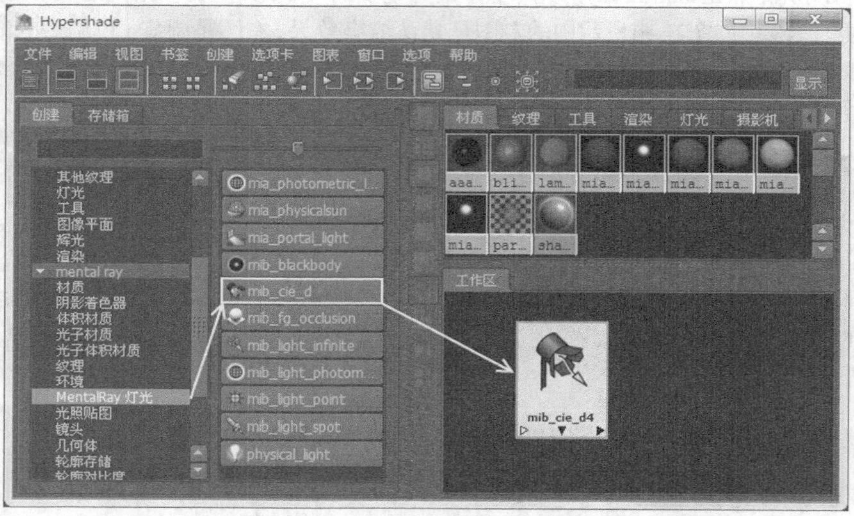

图21-64

04 执行“窗口>大纲视图”菜单命令，打开“大纲视图”对话框，然后选择areaLight1灯光，如图21-65所示。

图21-65

05 打开areaLight1灯光的“属性编辑器”对话框，然后用鼠标中键将mib_cie_d灯光节点拖曳到areaLight1灯光的“颜色”属性上，接着在CIE Attributes（CIE属性）卷展栏下设置Temperature（色温）为4000，这是该节点的最低值，对应的色温是橘红色，如图21-66所示。

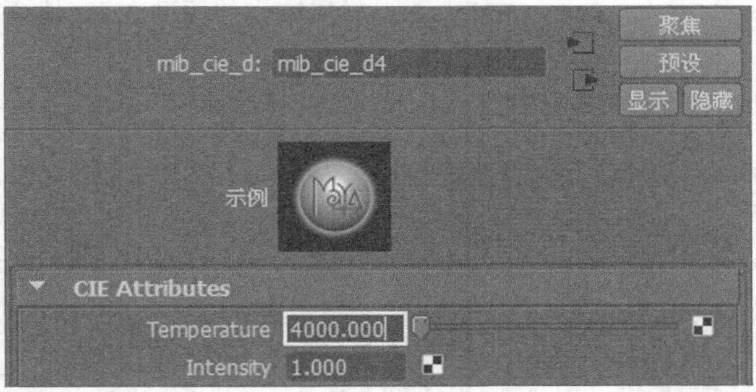

图21-66

06 打开areaLight2灯光的“属性编辑器”对话框，同样用鼠标中键将mib_cie_d灯光节点拖曳到areaLight2灯光的“颜色”属性上，接着在CIE Attributes（CIE属性）卷展栏下设置Temperature（色温）为16000，并设置Intensity（强度）为0.6，这个色温是一个偏蓝的颜色，如图21-67所示。

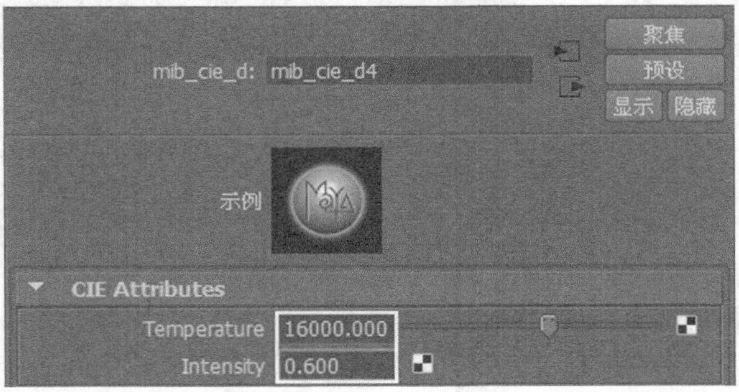

图21-67

07 渲染当前场景，最终效果如图21-68所示。

图21-68

技巧与提示

从图21-68中可以观察到，整个场景的冷暖搭配比图21-63好多了。

【练习21-4】：制作葡萄的次表面散射效果

场景文件 学习资源>场景文件>CH21>d.mb
实例文件 学习资源>实例文件>CH21>练习21-4.mb
技术掌握 掌握misss_fast_simple_maya材质的用法

本例用mental ray的misss_fast_simple_maya材质制作的葡萄次表面散射材质效果如图21-69所示。

01 打开学习资源中的“场景文件>CH21>d.mb”文件，如图21-70所示。

图21-69

图21-70

技巧与提示

注意，次表面散射材质对灯光的位置非常敏感，所以在创建灯光的时候，要多进行调试。一般而言，场景至少需要设置两盏灯光。

02 下面制作葡萄的次表面散射材质。创建一个misss_fast_simple_maya材质，如图21-71所示，然后将该材质指定给葡萄模型。

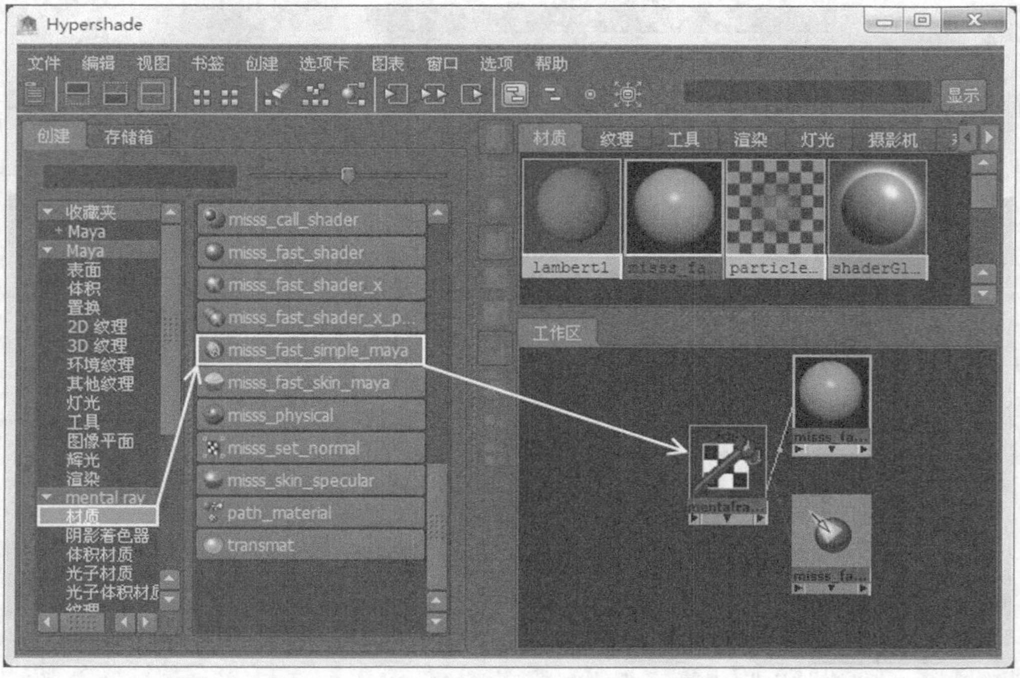

图21-71

03 打开misss_fast_simple_maya材质的“属性编辑器”对话框，然后在Diffuse Color（漫反射颜色）通道中加载学习资源中的“实例文件>CH21>练习21-4>FLAK_02B.jpg”文件，接着设置Diffuse Weight（漫反射权重）为0.16，再设置Front SSS Color（前端次表面散射颜色）为（R:142，G:0，B:47），最后设置Front SSS Weight（前端次表面散射权重）为0.5、Front SSS Radius（前端次表面散射半径）为3，如图21-72所示。

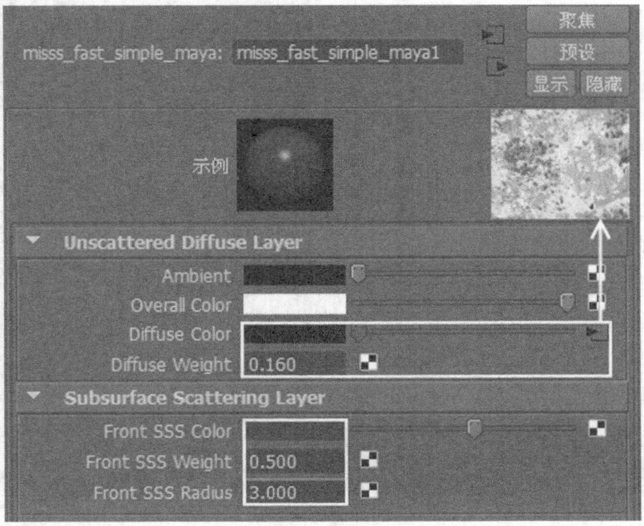

图21-72

04 在Back SSS Color（背端次表面散射颜色）通道中加载学习资源中的“实例文件>CH21>练习21-4>back07L.jpg”文件，然后在“颜色平衡”卷展栏下设置“颜色增益”为（R:15，G:1，B:43），如图21-73所示。

05 返回到misss_fast_simple_maya材质设置面板，然后设置Back SSS Weight（背端散射权重）为8、Back SSS Radius（背端散射半径）为2.5、Back SSS Depth（背端散射深度）为0，如图21-74所示。

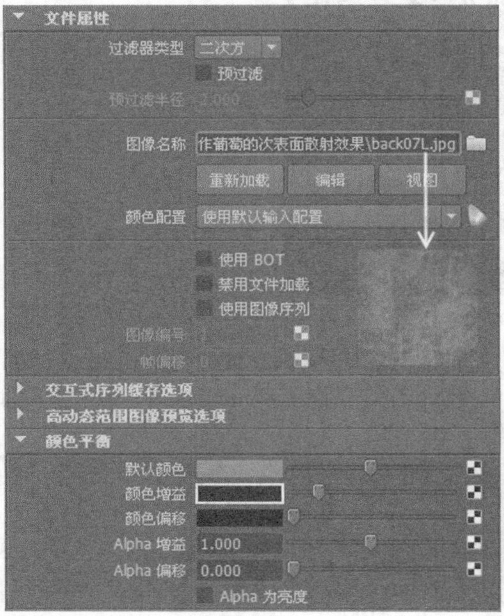

图21-73

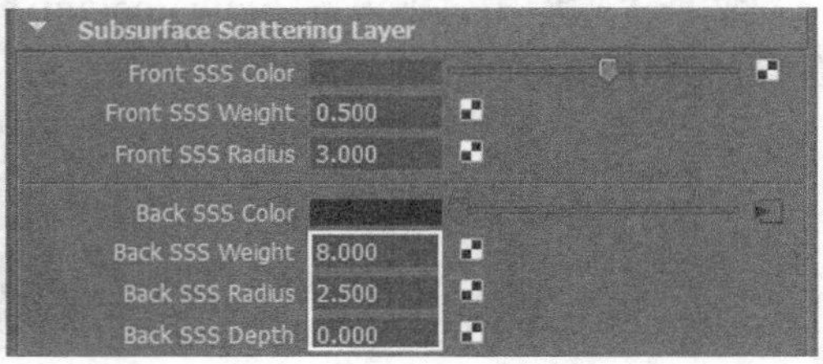

图21-74

06 展开Specular Layer（高光层）卷展栏，然后设置Shininess（发光）为128，接着在Specular Color（高光颜色）通道中加载学习资源中的“实例文件>CH21>练习21-4>STAN_06B.jpg”文件，最后在“颜色平衡”卷展栏下设置“颜色增益”为（R:136，G:136，B:136），具体参数设置如图21-75所示。

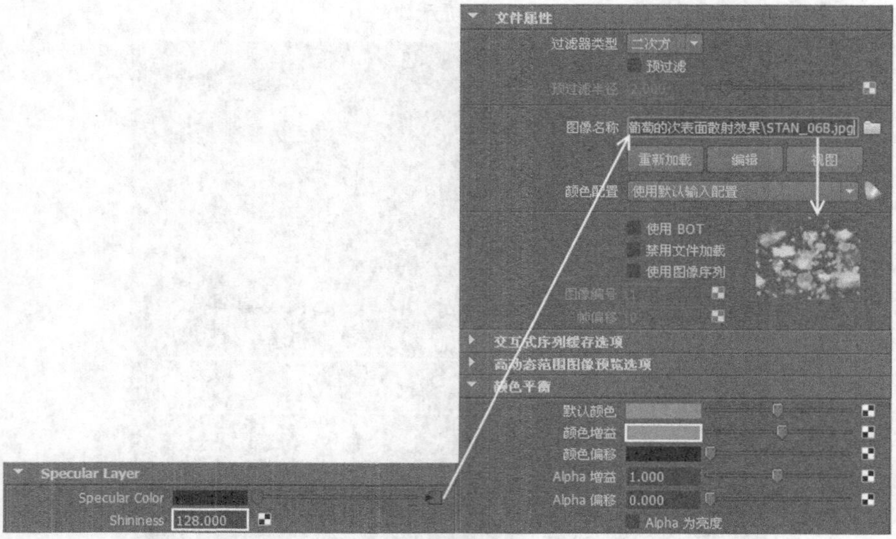

图21-75

07 创建一个mib_lookup_background（背景环境）节点，如图21-76所示。

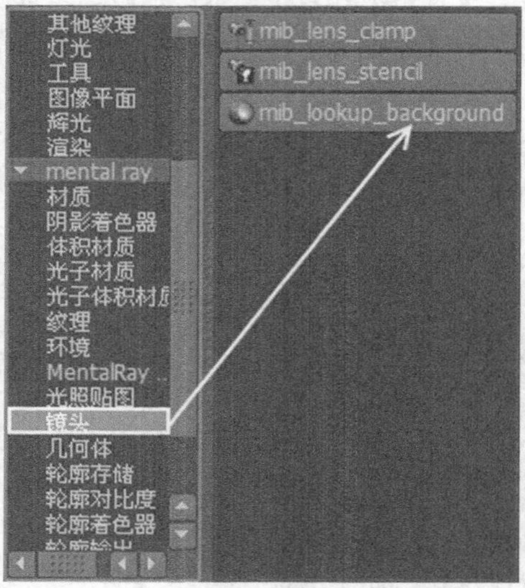

图21-76

08 切换到摄像机视图，然后执行视图菜单中的“视图>选择摄像机”命令，并打开其“属性编辑器”对话框，接着用鼠标中键将mib_lookup_background1节点拖曳到mental ray卷展栏下的“环境着色器”属性上，如图21-77所示。

图 21-77

09 打开mib_lookup_background节点的“属性编辑器”对话框，然后在Texture（纹理）通道中加载学习资源中的“实例文件>CH21>练习21-4>aa.jpg”文件，如图21-78所示。

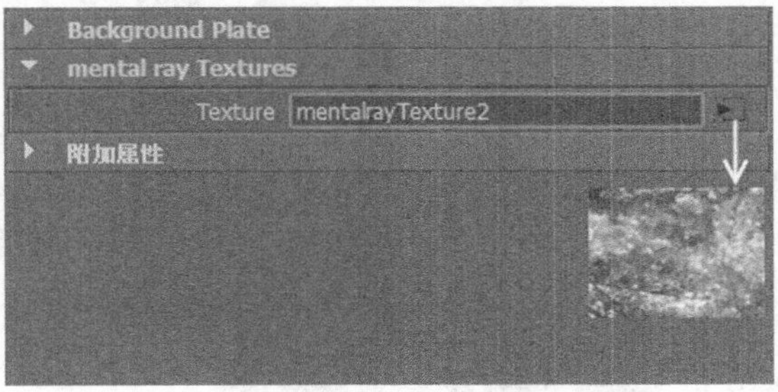

图21-78

10 下面制作葡萄茎材质。创建一个Phong材质，然后打开其“属性编辑器”对话框，接着在“颜色”通道中加载学习资源中的“实例文件>CH21>练习21-4>152G1.jpg”文件，最后在“颜色平衡”卷展栏下设置“颜色增益”为（R:52，G:74，B:25），如图21-79所示。

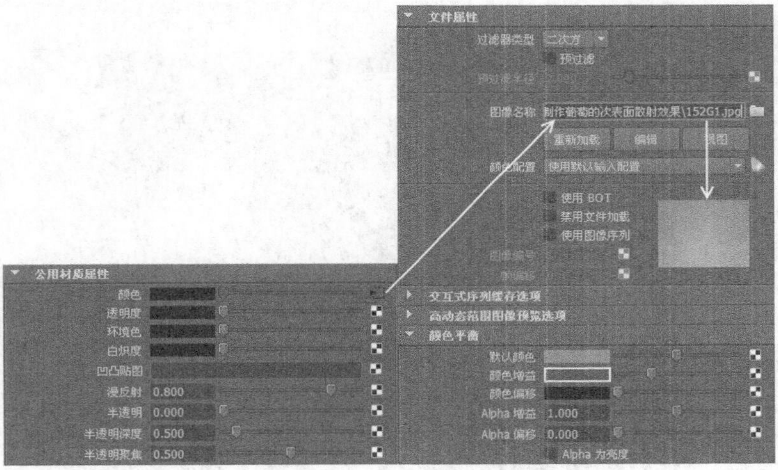

图21-79

11 打开“渲染设置”对话框，然后设置渲染器为mental ray渲染器，接着在“质量”选项卡下展开“光线跟踪/扫描线质量”卷展栏，并设置“最高采样级别”为2，最后设置“过滤”为Gauss（高斯），如图21-80所示。

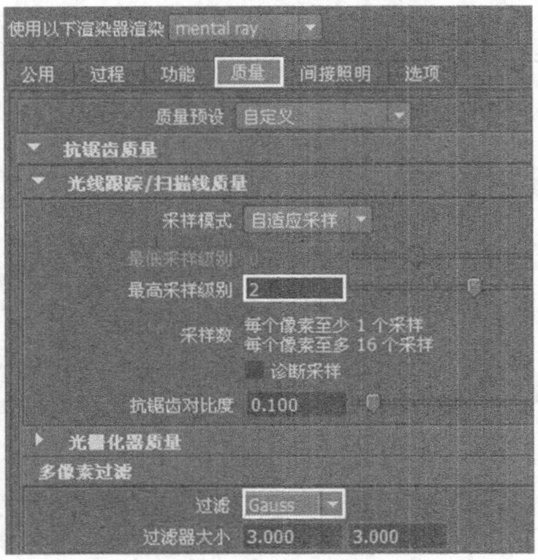

图21-80

12 渲染当前场景，最终效果如图21-81所示。

图21-81

技巧与提示

渲染完成以后，可以将图像进行后期处理，本例的后期效果如图21-82所示。

图21-82

21.4 VRay渲染器简介

众所周知，VRay渲染器是目前业界内最受欢迎的渲染器，也是当今CG行业普及率最高的渲染器，下面就一起来享受VRay For Maya为我们带来的渲染乐趣。

21.4.1 VRay渲染器的应用领域

VRay渲染器广泛应用于建筑与室内设计行业，VRay在表现这类题材时有着无与伦比的优势，同时VRay渲染器很容易操作，渲染速度相对也较快，所以VRay渲染器一直是渲染中的霸主，如图21-83和图21-84所示分别是VRay应用在室内和室外的渲染作品。

图21-83

图21-84

技巧与提示

请用户特别注意，本书VRay的内容均采用VRay 2.40版本进行编写。

VRay渲染器主要有以下3个特点。

第1个：VRay同时适合室内外场景的创作。

第2个：使用VRay渲染图像时很容易控制饱和度，并且画面不容易出现各种毛病。

第3个：使用GI时，调节速度比较快。在测试渲染阶段，需要开启GI反复渲染来调节灯光和材质的各项参数，在这个过程中对渲染器的GI速度要求比较高，因此VRay很符合这个要求。

21.4.2 在Maya中加载VRay渲染器

在安装好VRay渲染器之后，和mental ray渲染器一样，需要在Maya中加载VRay渲染器才能正常使用。

执行“窗口>设置/首选项>插件管理器”菜单命令，打开“插件管理器”对话框，然后在最下面勾选vrayformaya.mll选项后面的“加载”选项，这样就可以使用VRay渲染器了，如图21-85所示。如果勾选“自动加载”选项，在重启Maya时可以自动加载VRay渲染器。

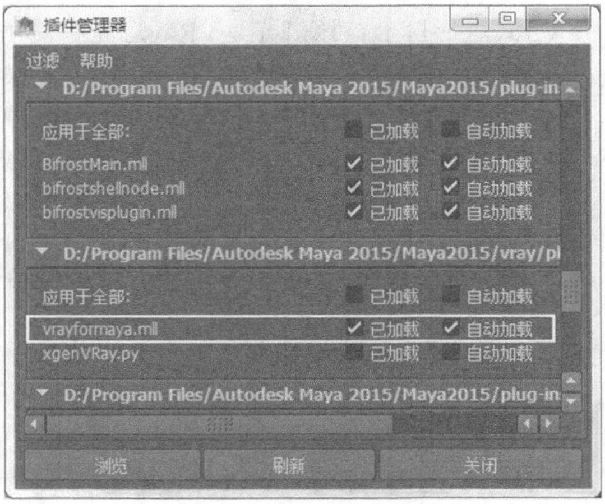

图21-85

21.5 VRay的灯光

21.5.1 VRay灯光的类型

VRay的灯光分为VRay Sphere Light（VRay球形灯）、VRay Dome Light（VRay圆顶灯）、VRay Rect Light（VRay矩形灯）和VRay IES Light（VRay IES灯）4种类型，如图21-86所示。这4种灯光在视图中的形状如图21-87所示。

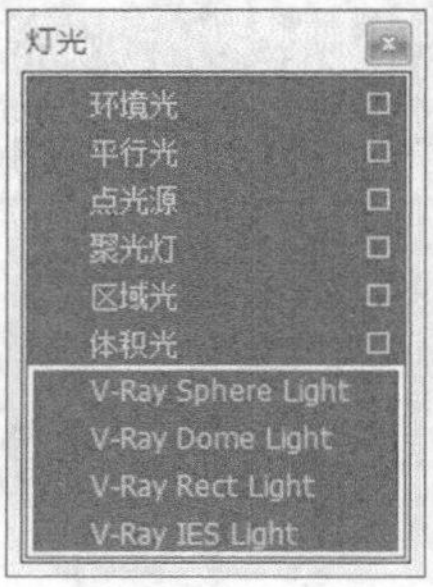

图21-86

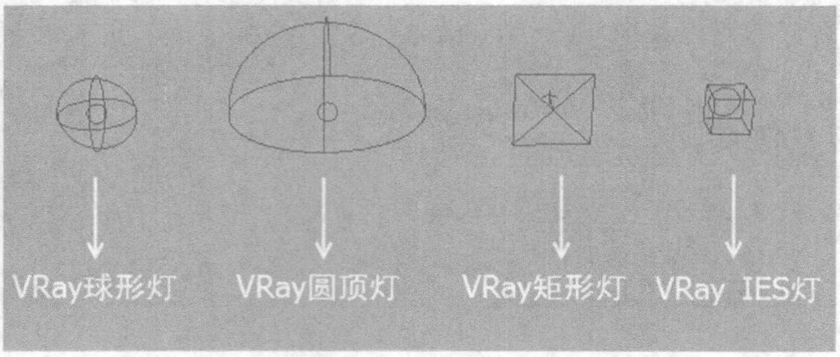

图21-87

VRay的灯光类型介绍

❖ VRay Sphere Light（VRay球形灯）：这种灯光的发散方式是一个球体形状，适合制作一些发光体，如图21-88所示。

❖ VRay Dome Light（VRay圆顶灯）：该灯光可以用来模拟天空光的效果，此外还可以在圆顶灯中使用HDRI高动态贴图，如图21-89所示是圆顶灯的发散形状。

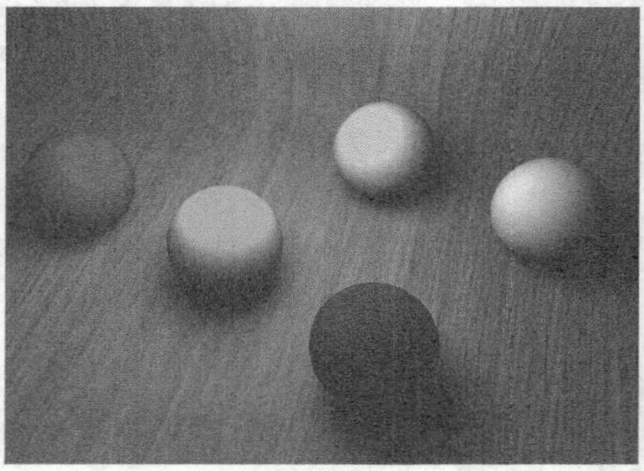

图21-88

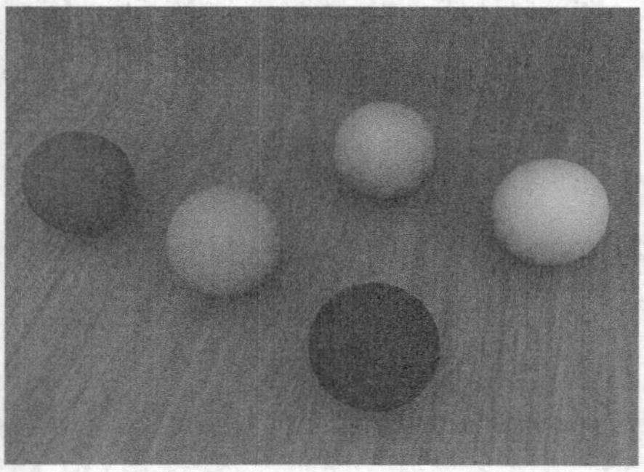

图21-89

❖ VRay Rect Light（VRay矩形灯）：该灯光是VRay灯光中使用最频繁的一种灯光，主要应用于室内环境，它属于面光源，其发散形状是一个矩形，如图21-90所示。

图21-90

❖ VRay IES Light（VRay IES灯）：主要用来模拟光域网的效果，但是需要导入光域网文件才能起作用，如图21-91所示是IES灯的发散形状。

图21-91

技巧与提示

光域网是灯光的一种物理性质，它决定了灯光在空气中的发散方式。不同的灯光在空气中的发散方式是不一样的，比如手电筒会发出一个光束。这说明由于灯光自身特性的不同，其发出的灯光图案也不相同，而这些图案就是光域网造成的，如图21-92所示是一些常见光域网的发光形状。

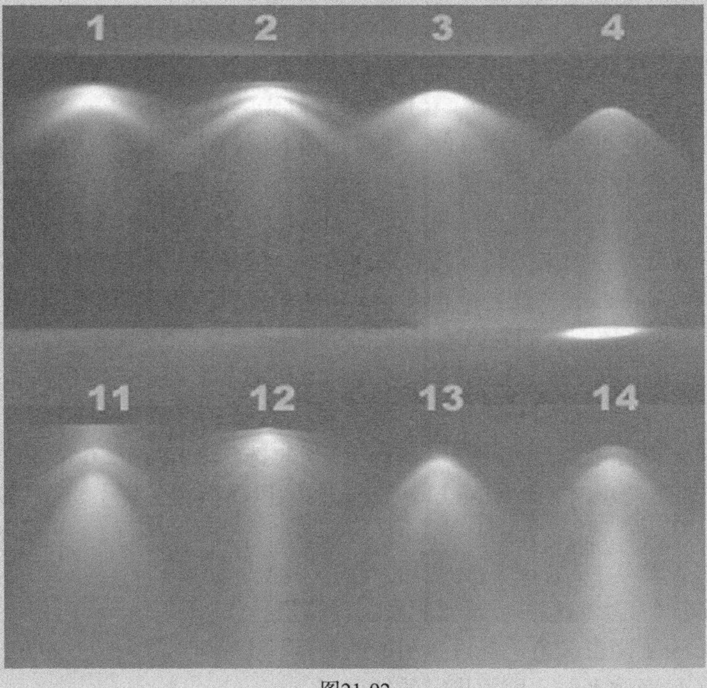

图21-92

21.5.2 VRay灯光的属性

下面以VRay Rect Light（VRay矩形灯）为例来讲解VRay的灯光属性，如图21-93所示为矩形灯的“属性编辑器”对话框。

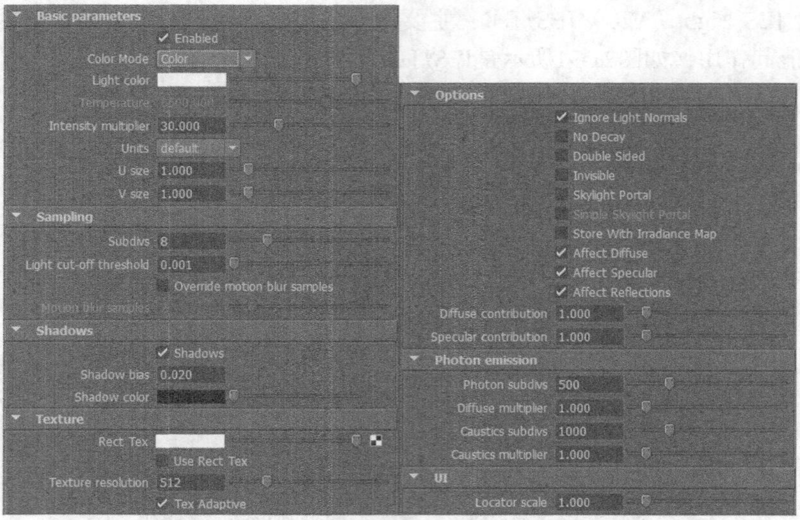

图21-93

VRay Rect Light（VRay矩形灯）属性编辑器参数介绍

❖ Enabled（启用）：VRay灯光的开关。

❖ Color Mode（颜色模式）：包含Color（颜色）和Temperature（色温）两种颜色模式。

❖ Light color（灯光颜色）：如果设置Color Mode（颜色模式）为Color（颜色），那么该选项用来设置灯光的颜色。

❖ Temperature（色温）：如果设置Color Mode（颜色模式）为Temperature（色温），那么该选项用来设置灯光的色温。

❖ Intensity multiplier（强度倍增）：用来设置灯光的强度。

❖ Units（单位）：灯光的计算单位，可以选择不同的单位来设置灯光强度。

❖ U size（U向大小）：设置光源的U向尺寸大小。

❖ V size（V向大小）：设置光源的V向尺寸大小。

❖ Subdivs（细分）：用来控制灯光的采样数量。值越大，效果越好。

❖ Light cut-off threshold（灯光截止阀值）：当场景中有很多微弱且不重要的灯光时，可以使用这个参数来控制它们，以减少渲染时间。

❖ Override motion blur samples（运动模糊样本覆盖）：用运动模糊样品覆盖当前灯光的默认数值。

❖ Motion blur samples（运动模糊采样）：当勾选Override motion blur samples（运动模糊样本覆盖）选项时，Motion blur samples（运动模糊采样）选项用来设置运动模糊的采样数。

❖ Shadows（阴影）：VRay灯光阴影的开关。

❖ Shadow bias（阴影偏移）：设置阴影的偏移量。

❖ Shadow color（阴影颜色）：设置阴影的颜色。

❖ Rect Tex（平面纹理）：使用指定的纹理。

❖ Use Rect Tex（使用平面纹理）：一个优化选项，可以减少表面的噪点。

❖ Texture resolution（纹理分辨率）：指定纹理的分辨率。

❖ Tex Adaptive（纹理自适应）：勾选该选项后，VRay将根据纹理部分亮度的不同来对其进行分别采样。

❖ Ignore Light Normals（忽略灯光法线）：当一个被跟踪的光线照射到光源上时，该选项用来控制VRay计算发光的方式。对于模拟真实世界的光线，应该关闭该选项，但开启该选项后渲染效果会更加平滑。

❖ No Decay（无衰减）：勾选该选项后，VRay灯光将不进行衰减；如果关闭该选项，VRay灯光将以距离的“反向平方”方式进行衰减，这是真实世界中的灯光衰减方式。
❖ Double Sided（双面）：当VRay灯光为面光源时，该选项用来控制灯光是否在这个光源的两面进行发光。
❖ Invisible（不可见）：该选项在默认情况下处于勾选状态，在渲染时会渲染出灯光的形状。若关闭该选项，将不能渲染出灯光的形状，但一般情况都要关闭该选项。
❖ Skylight Portal（天光入口）：勾选该选项后，灯光将作为天空光的光源。
❖ Simple Skylight Portal（简单天光入口）：使用该选项可以获得比上个选项更快的渲染速度，因为它不用计算物体背后的颜色。
❖ Store With Irradiance Map（存储发光贴图）：勾选该选项后，计算发光贴图的时间会更长，但渲染速度会加快。
❖ Affect Diffuse（影响漫反射）：勾选该选项后，VRay将计算漫反射。
❖ Affect Specular（影响高光）：勾选该选项后，VRay将计算高光。
❖ Affect Reflections（影响反射）：勾选该选项后，VRay将计算反射。
❖ Diffuse contribution（漫反射贡献）：设置漫反射的强度倍增。
❖ Specular contribution（高光贡献）：设置高光的强度倍增。
❖ Photon subdivs（光子细分）：该数值越大，渲染效果越好。
❖ Diffuse multiplier（漫反射倍增）：设置漫反射光子倍增。
❖ Caustics subdivs（焦散细分）：用来控制焦散的质量。值越大，焦散效果越好。
❖ Caustics multiplier（焦散倍增）：设置渲染对象产生焦散的倍数。
❖ Locator scale（定位器缩放）：设置灯光定位器在视图中的大小。

21.6 VRay基本材质的属性

VRay渲染器提供了一种特殊材质——VRay Mtl材质，如图21-94所示。在场景中使用该材质能够获得更加准确的物理照明（光能分布）效果，并且反射和折射参数的调节更加方便，同时还可以在VRay Mtl材质中应用不同的纹理贴图来控制材质的反射和折射效果。

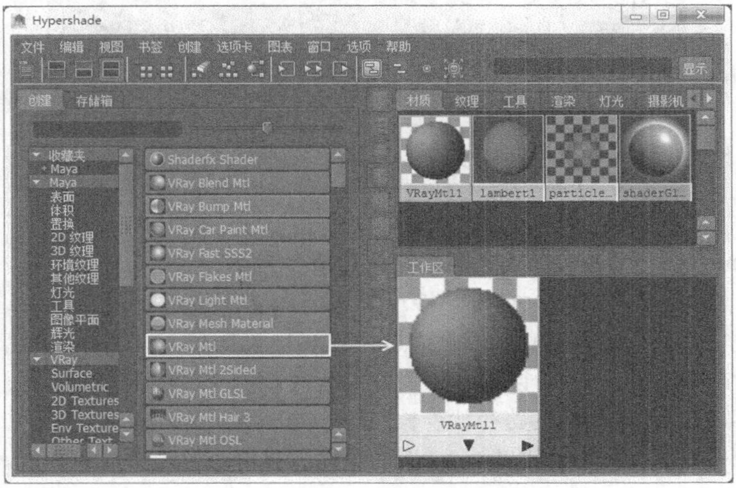

图21-94

双击VRayMtl材质节点，打开其“属性编辑器”对话框，如图21-95所示。

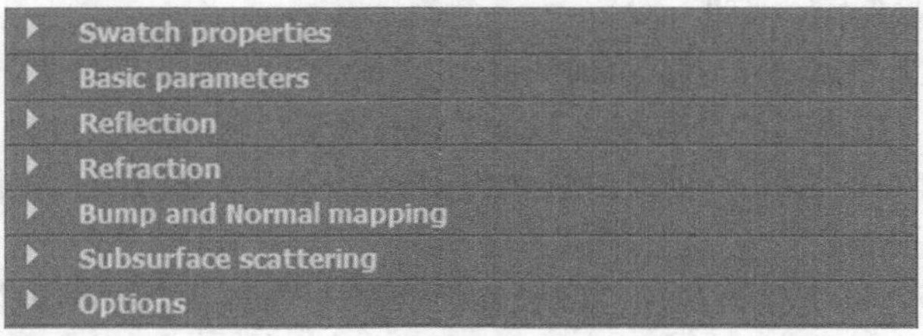

图21-95

21.6.1 Swatch properties（样本特征）

展开Swatch properties（样本特征）卷展栏，如图21-96所示。

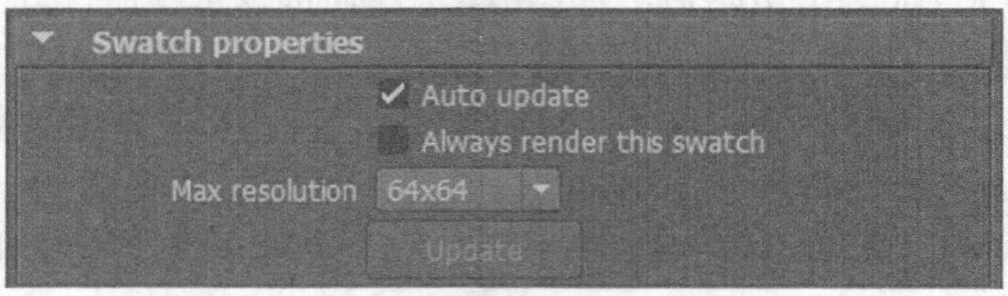

图21-96

Swatch properties（样本特征）卷展栏参数介绍

❖ Auto update（自动更新）：当对材质进行了改变时，勾选该选项可以自动更新材质示例效果。

❖ Always render this swatch（总是渲染样本）：勾选该选项后，可以对样本强制进行渲染。

❖ Max resolution（最大分辨率）：设置样本显示的最大分辨率。

❖ Update（更新）：如果关闭Auto update（自动更新）选项，可以单击该按钮强制更新材质示例效果。

21.6.2 Basic Parameters（基本参数）

展开Basic Parameters（基本参数）卷展栏，如图21-97所示。在该卷展栏下可以设置材质的颜色、自发光等属性。

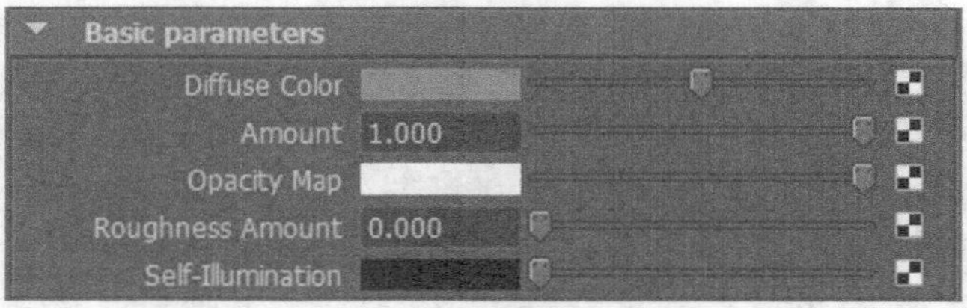

图21-97

Basic Parameters（基本参数）卷展栏参数介绍

❖ Diffuse Color（漫反射颜色）：漫反射也叫固有色或过渡色，可以是单色也可以是贴图，是指非镜面物体受光后的表面色或纹理。当Diffuse Color（漫反射颜色）为白色时，需要将其控制在253以内，因为在纯白（即255）时渲染会很慢，也就是说材质越白，渲染时光线要跟踪的路径就越长。

❖ Amount（数量）：数值为0时，材质为黑色，可以改变该参数的数值来减弱漫反射对材质的影响。

❖ Opacity Map（不透明度贴图）：为材质设置不透明贴图。

❖ Roughness Amount（粗糙数量）：该参数可以用于模拟粗糙表面或灰尘表面（例如皮肤，或月球的表面）。

❖ Self-Illumination（自发光）：设置材质的自发光颜色。

21.6.3 Reflection（反射）

展开Reflection（反射）卷展栏，如图21-98所示。在该卷展栏下可以对VRayMtl材质的各项反射属性进行设置。

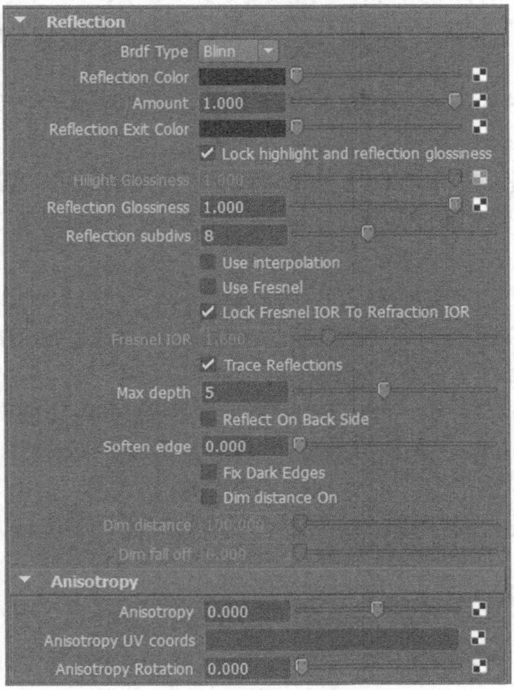

图21-98

Reflection（反射）卷展栏参数介绍

❖ Brdf Type（Brdf 类型）：用于定义物体表面的光谱和空间的反射特性，共有Phong、Blinn和Ward这3个选项。

❖ Reflection Color（反射颜色）：用于设置材质的反射颜色，也可以使用贴图来设置反射效果。

❖ Amount（数量）：增大该值可以减弱反射颜色的强度；减小该值可以增强反射颜色的强度。

❖ Lock highlight and reflection glossiness（锁定高光和反射光泽度）：勾选该选项时，可以锁定材质的高光和反射光泽度。

❖ Highlight Glossiness（高光光泽度）：设置材质的高光光泽度。

❖ Reflection Glossiness（反射光泽度）：通常也叫模糊反射，该参数主要用于设置反射的模糊程度。不同反射物体的平面平滑度是不一样的，越平滑的物体其反射能力越强（例如光滑的瓷砖），反射的物体就越清晰，反之就越模糊（例如木地板）。

❖ Reflection subdivs（反射细分）：该选项主要用来控制模糊反射的细分程度。数值越高，模糊反射的效果越好，渲染时间也越长；反之颗粒感就越强，渲染时间也会减少。

当Reflection glossiness（反射光泽度）为1时，Reflection subdivs（反射细分）是无效的；反射光泽数值越低，所需的细分值也要相应加大才能获得最佳效果。

- ❖ Use Fresnel（使用Fresnel）：勾选该选项后，光线的反射就像真实世界的玻璃反射一样。当光线和表面法线的夹角接近0° 时，反射光线将减少直到消失；当光线与表面几乎平行时，反射是可见的；当光线垂直于表面时，几乎没有反射。
- ❖ Lock Fresnel IOR To Refraction IOR（锁定Fresnel反射到Fresnel折射）：勾选该选项后，可以直接调节Fresnel IOR（Fresnel反射率）。
- ❖ Fresnel IOR（Fresnel反射率）：设置Fresnel反射率。
- ❖ Trace Reflections（跟踪反射）：开启或关闭跟踪反射效果。
- ❖ Max depth（最大深度）：光线的反射次数。如果场景中有大量的反射和折射，可能需要更高的数值。
- ❖ Reflect On Back Side（在背面反射）：该选项可以强制VRay始终跟踪光线，甚至包括光照面的背面。
- ❖ Soften edge（柔化边缘）：软化在灯光和阴影过渡的BRDF边缘。
- ❖ Fix Dark Edges（修复黑暗边缘）：有时会在物体上出现黑边，启用该选项可以修复这种问题。
- ❖ Dim distance On（开启衰减距离）：勾选该选项后，可以允许停止跟踪反射光线。
- ❖ Dim distance（衰减距离）：设置反射光线将不会被跟踪的距离。
- ❖ Dim fall off（衰减）：设置衰减的半径。
- ❖ Anisotropy（各向异性）：决定高光的形状。数值为0时为同向异性。
- ❖ Anisotropy UV coords（各向异性UV坐标）：设定各向异性的坐标，从而改变各向异性的方向。
- ❖ Anisotropy Rotation（各向异性旋转）：设置各向异性的旋转方向。

21.6.4 Refraction（折射）

展开Refraction（折射）卷展栏，如图21-99所示。在该卷展栏下可以对VRayMtl材质的各项折射属性进行设置。

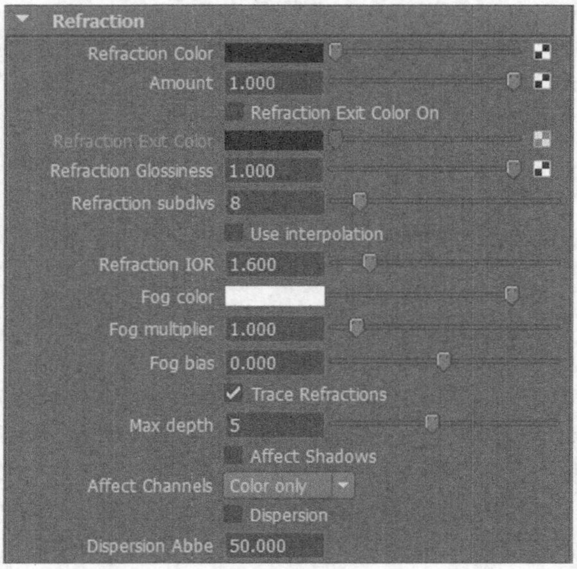

图21-99

Refraction（折射）卷展栏参数介绍

- ❖ Refraction Color（折射颜色）：设置折射的颜色，也可以使用贴图来设置折射效果。
- ❖ Amount（数量）：减小该值可以减弱折射的颜色强度；增大该值可以增强折射的颜色强度。
- ❖ Refraction Exit Color On（开启折射退出颜色）： 勾选该选项后，可以开启折射退出颜色功能。
- ❖ Refraction Exit Color（折射退出颜色）：当折射光线到达Max depth（最大深度）设置的反弹次数时，VRay会对渲染物体设置颜色，此时物体不再透明。
- ❖ Refraction Glossiness（折射光泽度）：透明物体越光滑，其折射就越清晰。对于表面不光滑的物体，在折射时就会产生模糊效果，这时就要用到这个参数，该数值越低，效果越模糊，反之越清晰。
- ❖ Refraction subdivs（折射细分）：增大该数值可以增强折射模糊的精细效果，但是会延长渲染时间。一般为了获得最佳效果，Refraction Glossiness（折射光泽度）数值越低，就要增大Refraction subdivs（折射细分）数值。
- ❖ Refraction IOR（折射率）：由于每种透明物体的密度是不同的，因此光线的折射也不一样，这些都由折射率来控制。
- ❖ Fog color（雾颜色）：对于有透明特性的物体，厚度的不同所产生的透明度也不同，这时就要设置Fog color（雾颜色）和Fog multiplier（雾倍增）才能产生真实的效果。
- ❖ Fog multiplier（雾倍增）：指雾色浓度的倍增量，其数值灵敏度一般设置在0.1以下。
- ❖ Fog bias（雾偏移）：设置雾浓度的偏移量。
- ❖ Trace Refractions（跟踪折射）：开启或关闭跟踪折射效果。
- ❖ Max depth（最大深度）：光线的折射次数。如果场景中有大量的反射和折射，可能需要更高的数值。
- ❖ Affect Shadows（影响阴影）：在制作玻璃材质时，需要开启该选项，这样阴影才能透过玻璃显示出来。
- ❖ Affect Channels（影响通道）：共有Color only（只有颜色）、Color+alpha（颜色+Alpha）、All channels（所有通道）3个选项。
- ❖ Dispersion（色散）：勾选该选项后，可以计算渲染物体的色散效果。
- ❖ Dispersion Abbe（色散）：允许增加或减少色散的影响。

21.6.5 Bump and Normal mapping（凹凸和法线贴图）

展开Bump and Normal mapping（凹凸和法线贴图）卷展栏，如图21-100所示。

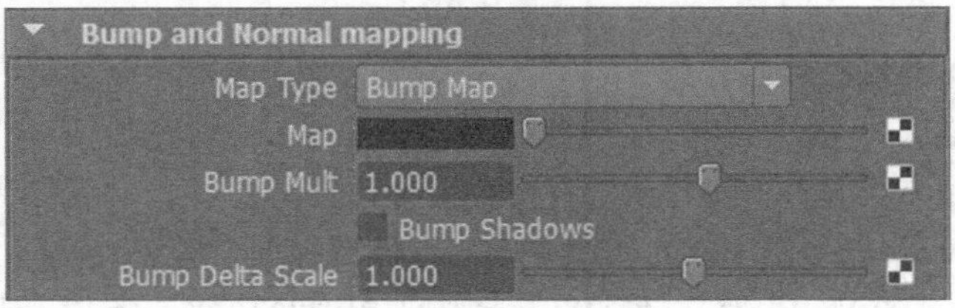

图21-100

Bump and Normal mapping（凹凸和法线贴图）卷展栏参数介绍

- ❖ Map Type（贴图类型）：选择凹凸贴图的类型。
- ❖ Map（贴图）：用于设置凹凸或法线贴图。

- ❖ Bump Mult（凹凸倍增）：设置凹凸的强度。
- ❖ Bump Shadows（凹凸阴影）：勾选该选项后，可以开启凹凸的阴影效果。

21.6.6 Subsurface scattering（次表面散射）

展开Subsurface scattering（次表面散射）卷展栏，如图21-101所示。

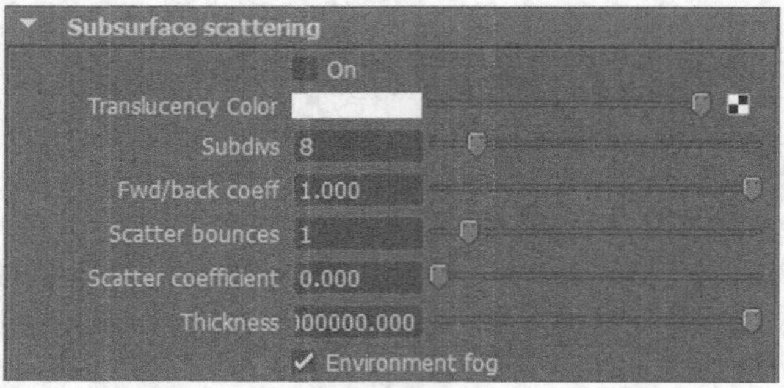

图21-101

Subsurface scattering（次表面散射）卷展栏参数介绍

- ❖ On（开启）：打开或关闭次表面散射功能。
- ❖ Translucency Color（半透明颜色）：设置次表面散射的颜色。
- ❖ Subdivs（细分）：控制次表面散射效果的质量。
- ❖ Fwd/back coeff（正向/后向散射）：控制散射光线的方向。
- ❖ Scatter bounces（散射反弹）：控制光线的反弹次数。
- ❖ Scatter coefficient（散射系数）：表示里面物体的散射量。0表示光线将分散在各个方向，1表示光线不能改变内部的分型面的方向。
- ❖ Thickness（厚度）：限制射线的追踪距离，可以加快渲染速度。
- ❖ Environment fog（环境雾）：勾选该选项后，将跟踪到的材质直接照明。

21.6.7 Options（选项）

展开Options（选项）卷展栏，如图21-102所示。

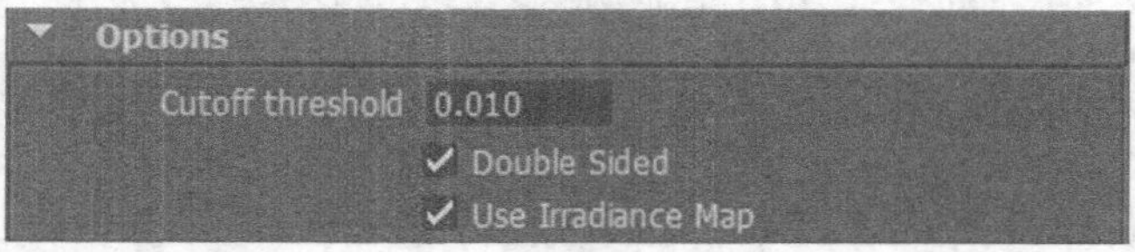

图21-102

Options（选项）卷展栏参数介绍

- ❖ Cutoff threshold（截止阈值）：该选项设置低于该反射/折射将不被跟踪的极限数值。
- ❖ Double Sided（双面）：对材质的背面也进行计算。
- ❖ Use Irradiance Map（使用发光贴图）：勾选该选项后，则VRay对于材质间接照明的近似值使用Irradiance Map（发光贴图），否则使用Brute force（蛮力）方式。

21.7 VRay渲染参数设置

打开“渲染设置”对话框，然后设置渲染器为VRay渲染器，如图21-103所示。VRay渲染参数分为几大选项卡，下面针对某些选项卡下的重要参数进行讲解。

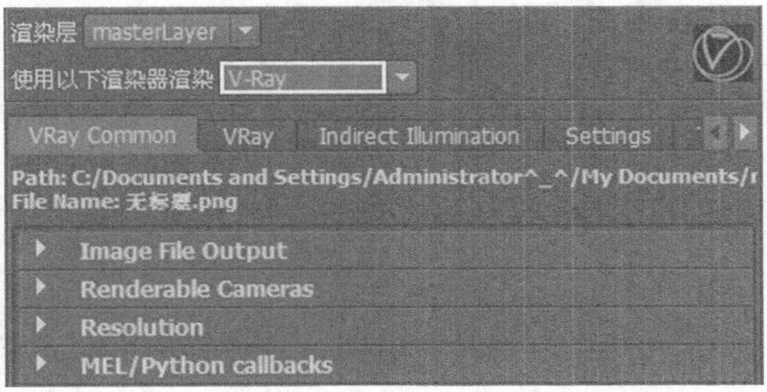

图21-103

21.7.1 Global options（全局选项）

展开Global options（全局选项）卷展栏，如图21-104所示。该卷展栏主要用来对场景中的灯光、材质、置换等进行全局设置，如是否使用默认灯光、是否开启阴影、是否开启模糊等。

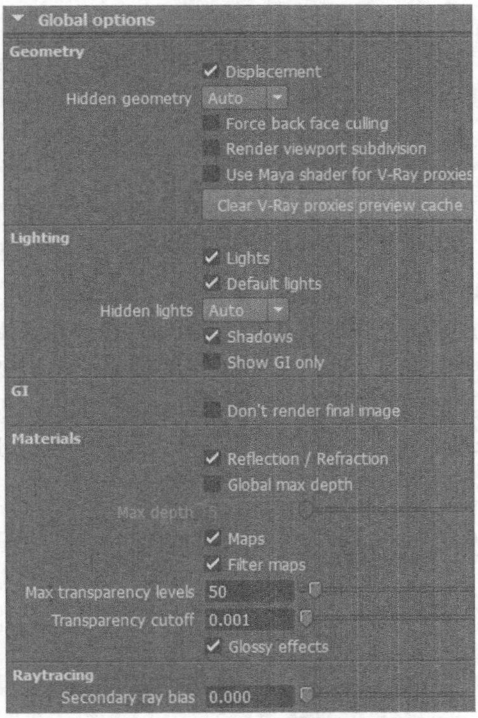

图21-104

Global options（全局选项）卷展栏参数介绍

❖ Displacement（置换）：启用或者禁用置换贴图。

❖ Hidden geometry（隐藏几何体）：决定是否隐藏几何体。

❖ Force back face culling（强制背面消隐）：勾选该选项后，物体背面会自动隐藏。

❖ Render viewport subdivision（渲染视口细分）：勾选该选项后，按3键进入光滑预览模式，可以直接渲染出来，而不需要进行光滑细分，这样可以节省系统资源。

❖ Use Maya shader for VRay proxies（Maya着色器使用VRay代理）：使用VRay代理来替换Maya着色器。

- ❖ Clear VRay proxies preview cache（清除VRay代理预览缓存）：可以清除VRay代理预览缓存。
- ❖ Lights（灯光）：决定是否启用灯光，这是场景灯光的总开关。
- ❖ Default lights（默认灯光）：决定是否启用默认灯光。当场景没有灯光的时候，使用这个选项可以关闭默认灯光。
- ❖ Hidden lights（隐藏灯光）：是否启用隐藏灯光。当启用时，场景中即使隐藏的灯光也会被启用。
- ❖ Shadows（阴影）：决定是否启用阴影。
- ❖ Show GI only（只显示GI）：勾选该选项后，不会显示直接光照效果，只包含间接光照效果。
- ❖ Don't render final image（不渲染最终图像）：勾选该选项后，VRay只会计算全局光照贴图（光子贴图、灯光贴图、辐照贴图）。如果要计算穿越动画的时候，该选项非常有用。
- ❖ Reflection/Refraction（反射/折射）：决定是否启用整体反射和折射效果。
- ❖ Global max depth（全局最大深度）：勾选该选项，可以激活下面的Max depth（最大深度）选项。
- ❖ Max depth（最大深度）：控制整体反射和折射的强度。当关闭该选项时，反射和折射的强度由VRay的材质参数控制；当勾选该选项时，则材质的反射和折射都会使用该参数的设置。
- ❖ Maps（贴图）：启用或取消场景中的贴图。
- ❖ Filter maps（过滤贴图）：启用或取消场景中的贴图的纹理过滤。
- ❖ Max. transparency levels（最大透明级别）：控制到达多少深度，透明物体才被跟踪。
- ❖ Transparency cutoff（透明终止阈值）：检查所有光线穿过达到一定透明程度物体的光线，如果光线透明度比该选项临界值低，则VRay将停止计算光线。
- ❖ Glossy effects （光泽效果）：决定是否渲染光泽效果（模糊反射和模糊折射）。由于启用后会花费很多渲染时间，所以在测试渲染的时候可以关闭该选项。
- ❖ Secondary rays bias（二次光线偏移）：使用该选项可以避免场景重叠的面产生黑色斑点。

21.7.2 Image sampler（图像采样器）

展开Image sampler（图像采样器）卷展栏，如图21-105所示。图像采样是指采样和过滤图像的功能，并产生最终渲染图像的像素构成阵列的算法。

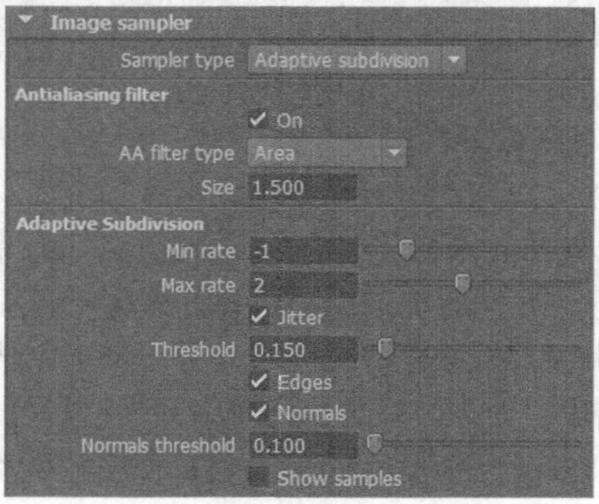

图21-105

Image sampler（图像采样器）卷展栏参数介绍

❖ Sampler type（采样器类型）：选择采样器的类型，共有以下3种。注意，每种采样器都有各自对应的参数。

✧ Fixed rate（固定比率）：对每个像素使用一个固定的细分值。该采样方式适合拥有大量的模糊效果（如运动模糊、景深模糊、反射模糊、折射模糊等）或者具有高细节纹理贴图的场景。在这种情况下，使用Fixed rate（固定比率）方式能够兼顾渲染品质和渲染时间，这个采样器的参数设置面板如图21-106所示。

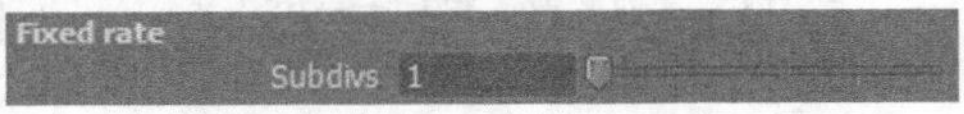

图21-106

技巧与提示

Subdivs（细分）：用来控制图像采样的精细度，值越低，图像越模糊，反之越清晰。

✧ Adaptive DMC（自适应DMC）：这种采样方式可以根据每个像素以及与它相邻像素的明暗差异，来让不同像素使用不同的样本数量。在角落部分使用较高的样本数量，在平坦部分使用较低的样本数量。该采样方式适合拥有少量的模糊效果或者具有高细节的纹理贴图以及具有大量几何体面的场景，这个采样器的参数设置面板如图21-107所示。

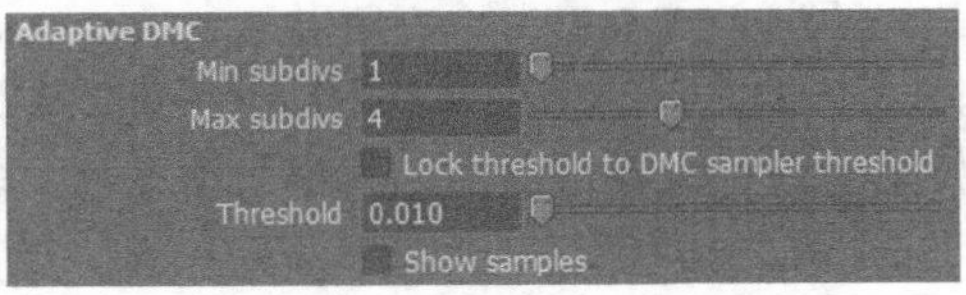

图21-107

技巧与提示

Min subdivs（最小细分）：定义每个像素使用的最小细分，这个值主要用在对角落地方的采样。值越大，角落地方的采样品质越高，图像的边线抗锯齿也越好，但是渲染速度会变慢。

Max subdivs（最大细分）：定义每个像素使用的最大细分，这个值主要用在平坦部分的采样。值越大，平坦部分的采样品质越高，渲染速度越慢。在渲染商业图的时候，可以将该值设置得低一些，因为平坦部分需要的采样不多，从而节约渲染时间。

Lock threshold to DMC sampler threshold（锁定阈值到DMC采样器阈值）：确定是否需要更多的样本作为一个像素。

Threshold（阈值）：设置将要使用的阀值，以确定是否让一个像素需要更多的样本。

Show samples（显示采样）：勾选该选项后，可以看到Adaptive DMC（自适应DMC）的样本分布情况。

✧ Adaptive subdivision（自适应细分）：这个采样器具有负值采样的高级抗锯齿功能，适用在没有或者有少量的模糊效果的场景中，在这种情况下，它的渲染速度最快。但是在具有大量细节和模糊效果的场景中，它的渲染速度会非常慢，渲染品质也不高，这是因为它需要去优化模糊和大量的细节，这样就需要对模糊和大量细节进行预计算，从而把渲染速度降低。同时，该采样方式是3种采样器类型中最占内存资源的一种，而Fixed rate（固定比率）采样器占的内存资源最少，这个采样器的参数设置面板如图21-108所示。

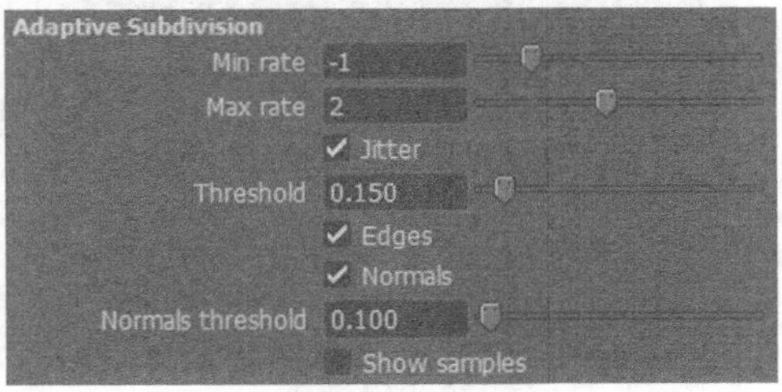

图21-108

技巧与提示

Min rate（最小比率）：定义每个像素使用的最少样本数量。数值为0表示一个像素使用一个样本数量；-1表示两个像素使用一个样本；-2表示4个像素使用一个样本。值越小，渲染品质越低，渲染速度越快。

Max rate（最大比率）：定义每个像素使用的最多样本数量。数值为0表示一个像素使用一个样本数量；1表示每个像素使用4个样本；2表示每个像素使用8个样本数量。值越高，渲染品质越好，渲染速度越慢。

Jitter（抖动）：在水平或垂直线周围产生更好的反锯齿效果。

Threshold（阈值）：设置采样的密度和灵敏度。较低的值会产生更好的效果。

Edges（边缘）：勾选该选项以后，可以对物体轮廓线使用更多的样本，从而提高物体轮廓的品质，但是会减慢渲染速度。

Normals（法线）：控制物体边缘的超级采样。

Normals threshold（法线阈值）：决定Adaptive subdivision（自适应细分）采样器在物体表面法线的采样程度。当达到这个值以后，就停止对物体表面的判断。具体一点就是分辨哪些是交叉区域，哪些不是交叉区域。

Show samples（显示采样）：当勾选该选项以后，可以看到Adaptive subdivision（自适应细分）采样器的样本分布情况。

- On（开启）：决定是否启用抗锯齿过滤器。
- AA filter type（抗锯齿过滤器类型）：选择抗锯齿过滤器的类型，共有8种，分别是Box（立方体）、Area（区域）、Triangle（三角形）、Lanczos、Sinc、CatmullRom（强化边缘清晰）、Gaussian（高斯）和Cook Variable（Cook变量）。
- Size（尺寸）：以像素为单位设置过滤器的大小。值越高，效果越模糊。

技巧与提示

对于具有大量模糊特效或高细节的纹理贴图场景，使用Fixed rate（固定比率）采样器是兼顾图像品质和渲染时间的最好选择，所以一般在测试渲染阶段都使用Fixed rate（固定比率）采样器；对于模糊程度不高的场景，可以选择Adaptive subdivision（自适应细分）采样器；当一个场景具有高细节的纹理贴图或大量模型并且只有少量模糊特效时，最好采用Adaptive DMC（自适应DMC）采样器，特别是在渲染动画时，如果使用Adaptive subdivision（自适应细分）采样器可能会产生动画抖动现象。

21.7.3 Environment（环境）

展开Environment（环境）卷展栏，如图21-109所示。在该卷展栏下，可以在Background texture（背景纹理）、GI texture（GI纹理）、Reflection texture（反射纹理）和Refraction texture（折射纹理）通道中添加纹理或贴图，以增强环境效果，如图21-110~图21-113所示是在不同的纹理通道中加入HDIR贴图后的效果对比。

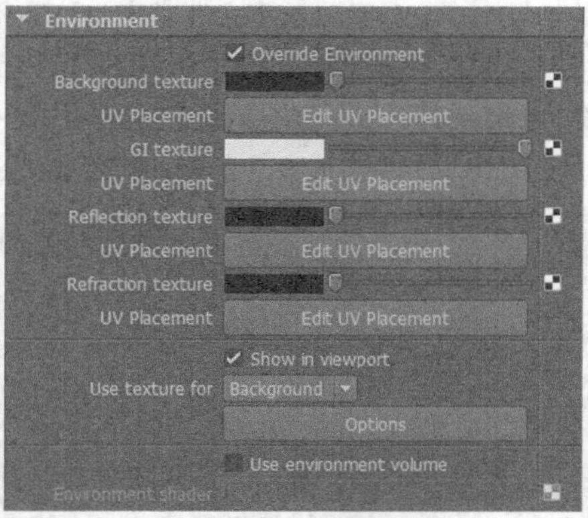

图21-109

图21-110　加入背景纹理

图21-111　加入背景和GI纹理

图21-112　加入背景、GI和反射纹理

图21-113　加入背景、GI、反射和折射纹理

21.7.4 Color mapping（色彩映射）

展开Color mapping（色彩映射）卷展栏，如图21-114所示。“色彩映射”就是常说的曝光模式，它主要用来控制灯光的衰减以及色彩的模式。

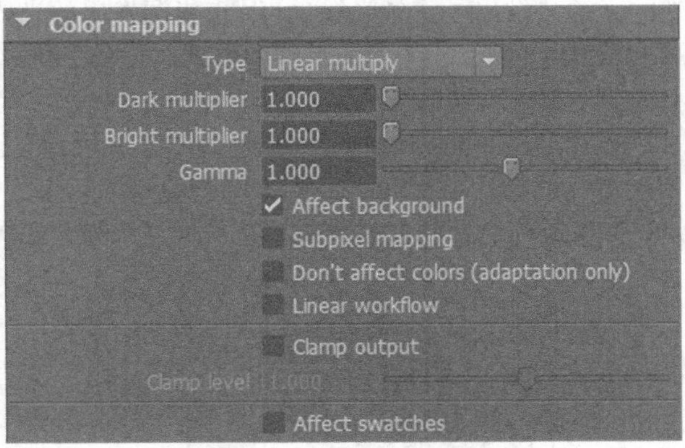

图21-114

Color mapping（色彩映射）卷展栏参数介绍

❖ Type（类型）：提供不同的曝光模式，共有以下7种。注意，不同类型下的局部参数也不一样。

- ✧ Linear multiply（线性倍增）：将基于最终色彩亮度来进行线性的倍增，这种模式可能会导致靠近光源的点过分明亮。
- ✧ Exponential（指数）：这种曝光是采用指数模式，它可以降低靠近光源处表面的曝光效果，同时场景的颜色饱和度会降低。
- ✧ HSV exponential（HSV指数）：与Exponential（指数）曝光比较相似，不同点在于可以保持场景物体的颜色饱和度，但是这种方式会取消高光的计算。
- ✧ Intensity exponential（亮度指数）：这种方式是对上面两种指数曝光的结合，既抑制了光源附近的曝光效果，又保持了场景物体的颜色饱和度。
- ✧ Gamma correction（伽玛校正）：采用伽玛来修正场景中的灯光衰减和贴图色彩，其效果和Linear multiply（线性倍增）曝光模式类似。
- ✧ Intensity Gamma（亮度伽玛）：这种曝光模式不仅拥有Gamma correction（伽玛校正）的优点，同时还可以修正场景中灯光的亮度。
- ✧ Reinhard（莱恩哈德）：这种曝光方式可以把Linear multiply（线性倍增）和指数曝光混合起来。

- ❖ Dark multiplier（暗部倍增）：在Linear multiply（线性倍增）模式下，该选项用来控制暗部色彩的倍增。
- ❖ Bright multiplier（亮部倍增）：在Linear multiply（线性倍增）模式下，该选项用来控制亮部色彩的倍增。
- ❖ Gamma（伽玛）：设置图像的伽玛值。
- ❖ Affect background（影响背景）：控制是否让曝光模式影响背景。当关闭该选项时，背景不受曝光模式的影响。

21.7.5 GI

在讲GI参数以前，首先来了解一些GI方面的知识，因为只有了解了GI，才能更好地把握VRay渲染器的用法。

GI是Global Illumination（全局照明）的缩写，它的含义就是在渲染过程中考虑了整个环境的总体光照效果和各种景物间光照的相互影响，在VRay渲染器里被理解为“间接照明”。

其实，光照按光的照射过程被分为两种，一种是直接光照（直接照射到物体上的光），另一种是间接照明（照射到物体上以后反弹出来的光）。如在图21-115所示的光照过程中，A点处放置了一个光源，假定A处的光源只发出了一条光线，当A点光源发出的光线照射到B点时，B点所受到的照射就是直接光照；在B点反弹出光线到C点然后再到D点的过程中，沿途点所受到的照射就是间接照明。而更具体地说，B点反弹出光线到C点这一过程被称为“首次反弹”；C点反弹出光线以后，经过很多点反弹，到D点光能耗尽的过程被称为“二次反弹”。如果在没有“首次反弹”和“二次反弹”的情况下，就相当于和Maya默认扫描线渲染的效果一样。在用默认扫描线渲染的时候，经常需要补灯，其实补灯的目的就是模拟“首次反弹”和“二次反弹”的光照效果。

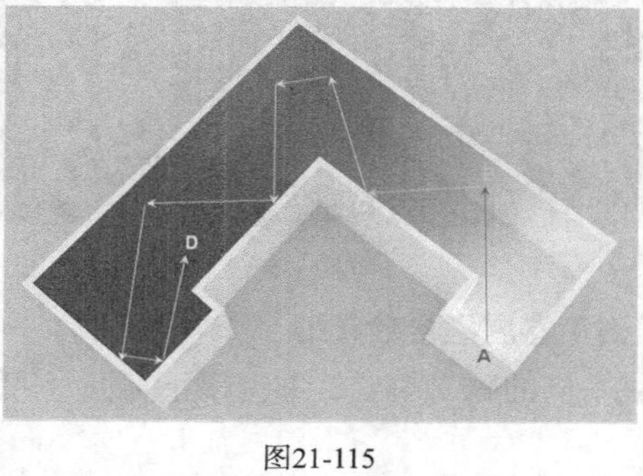

图21-115

GI卷展栏在Indirect Illumination（间接照明）卷展栏下，如图21-116所示。

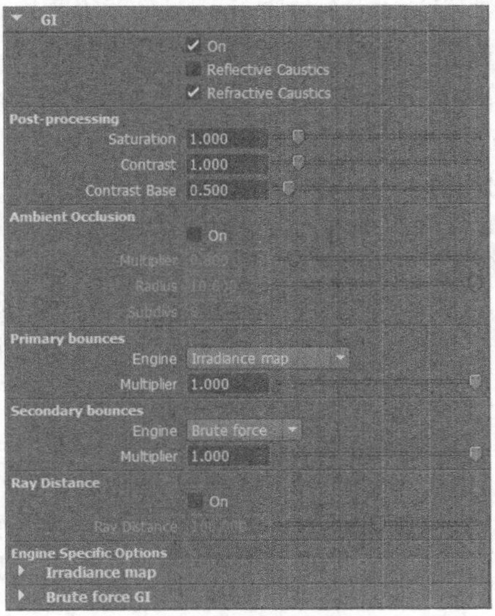

图21-116

1.GI基本参数

GI的基本参数如图21-117所示。

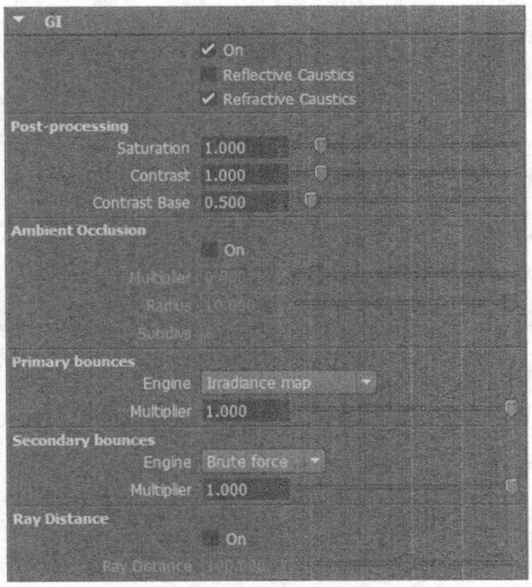

图21-117

GI卷展栏参数介绍

❖ On（启用）：控制是否开启GI间接照明。

❖ Reflective Caustics（反射焦散）：控制是否让间接照明产生反射焦散。

❖ Refractive Caustics（折射焦散）：控制是否让间接照明产生折射焦散。

❖ Post-processing（后处理）：对渲染图进行饱和度、对比度控制，和Photoshop里的功能相似。

❖ Saturation（饱和度）：控制图像的饱和度。值越高，饱和度也越高。

❖ Contrast（对比度）：控制图像的色彩对比度。值越高，色彩对比度越强。

❖ Contrast Base（对比度基数）：和上面的Contrast（对比度）参数相似，这里主要控制图像的明暗对比度。值越高，明暗对比越强烈。

❖ Ambient occlusion（环境闭塞）：在该选项组下可以对环境闭塞效果进行设置。

- On（启用）：决定是否开启Ambient occlusion（环境闭塞）功能。
- Multiplier（倍增器）：设置Ambient occlusion（环境闭塞）的倍增值。
- Radius（半径）：设置产生环境闭塞效应的半径大小。
- Subdivs（细分）：增大该参数的数值，可以产生更好的环境闭塞效果。
- Primary bounces（首次反弹）：光线的第1次反弹控制。
- Engine（引擎）：设置Primary bounces（首次反弹）的GI引擎，包括Irradiance map（发光贴图）、Photon map（光子贴图）、Brute force（蛮力）、Light cache（灯光缓存）和Spherical Harmonics（球形谐波）5种。
- Multiplier（倍增器）：这里控制Primary bounces（首次反弹）的光的倍增值。值越高，Primary bounces（首次反弹）的光的能量越强，渲染场景越亮。默认情况下为1。
- Secondary bounces（二次反弹）：光线的第2次反弹控制。
- Engine（引擎）：设置Secondary bounces（二次反弹）的GI引擎，包括None（无）、Photon map（光子贴图）、Brute force（蛮力）和Light cache（灯光缓存）4种。
- Multiplier（倍增器）：控制Secondary bounces（二次反弹）的光的倍增值。值越高，Secondary bounces（二次反弹）的光的能量越强，渲染场景越亮。最大值为1，默认情况下也为1。
- Ray Distance（光线距离）：在该选项组下可以对GI光线的距离进行设置。
- On（启用）：控制是否开启Ray Distance（光线距离）功能。
- Ray Distance（光线距离）：设置GI光线到达的最大距离。

2.Irradiance map（发光贴图）

Irradiance map（发光贴图）中的“发光”描述了三维空间中的任意一点以及全部可能照射到这个点的光线。在几何光学中，这个点可以是无数条不同的光线来照射，但是在渲染器中，必须对这些不同的光线进行对比、取舍，这样才能优化渲染速度。那么VRay渲染器的Irradiance map（发光贴图）是怎样对光线进行优化的呢？当光线射到物体表面的时候，VRay会从Irradiance map（发光贴图）里寻找与当前计算过的点类似的点（VRay计算过的点就会放在Irradiance map（发光贴图）里），然后根据内部参数进行对比，满足内部参数的点就认为和计算过的点相同，不满足内部参数的点就认为和计算过的点不相同，同时就认为此点是个新点，那么就重新计算它，并且把它也保存在Irradiance map（发光贴图）里。这也就是在渲染的时候看到的Irradiance map（发光贴图）的计算过程中的跑几遍光子的现象。正是因为这样，Irradiance map（发光贴图）会在物体的边界、交叉、阴影区域计算得更精确（这些区域光的变化很大，所以被计算的新点也很多）；而在平坦区域计算的精度就比较低（平坦区域的光的变化并不大，所以被计算的新点也相对比较少）。

Irradiance map（发光贴图）的内部计算原理大概就这样，接下来看看它的参数面板，如图21-118所示。

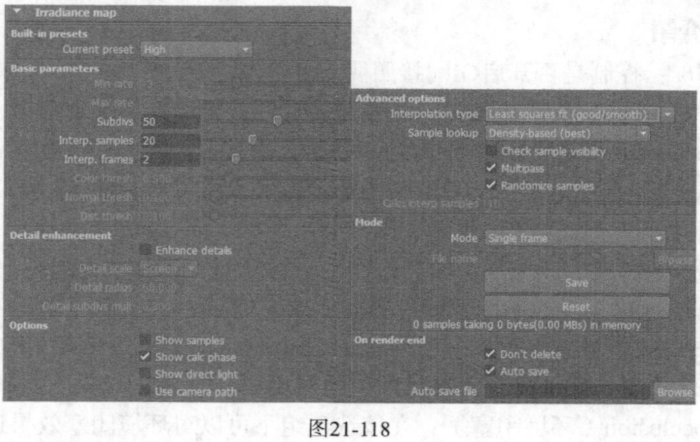

图21-118

Irradiance map（发光贴图）卷展栏参数介绍

- Current preset（当前预设）：选择当前的模式，其下拉列表包括8种模式，分别是Custom（自定义）、Very low（非常低）、Low（低）、Medium（中）、Medium animation（中动画）、High（高）、High animation（高动画）、Very High（非常高）。用户可以根据实际需要来选择这8种模式，从而渲染出不同质量的效果图。当选择Custom（自定义）模式时，可以手动调节Irradiance map（发光贴图）里的参数。
- Basic parameters（基本参数）：在该选项组下可以对Irradiance map（发光贴图）的基本参数进行设置。
- Min rate（最小比率）：控制场景中平坦区域的采样数量。0表示计算区域的每个点都有样本；-1表示计算区域的1/2是样本；-2表示计算区域的1/4是样本。
- Max rate（最大比率）：控制场景中的物体边线、角落、阴影等细节的采样数量。0表示计算区域的每个点都有样本；-1表示计算区域的1/2是样本；-2表示计算区域的1/4是样本。
- Subdivs（细分）：因为VRay采用的是几何光学，它可以模拟光线的条数，这个参数就是用来模拟光线的数量。值越高，表示光线越多，那么样本精度也就越高，渲染的品质也越好，同时渲染时间也会增加。
- Interp.samples（插值采样）：这个参数是对样本进行模糊处理，较大的值可以得到比较模糊的效果，较小的值可以得到比较锐利的效果。
- Interp.frames（插值帧）：当下面的Mode（模式）设置为Animation（rendering）（动画（渲染））时，该选项决定了VRay内插值帧的数量。
- Color thresh（颜色阈值）：这个值主要是让渲染器分辨哪些是平坦区域，哪些不是平坦区域，它是按照颜色的灰度来区分的。值越小，对灰度的敏感度越高，区分能力越强。
- Normal thresh（法线阈值）：这个值主要让渲染器分辨哪些是交叉区域，哪些不是交叉区域，它是按照法线的方向来区分的。值越小，对法线方向的敏感度越高，区分能力越强。
- Dist thresh（间距阈值）：这个值主要是让渲染器分辨哪些是弯曲表面区域，哪些不是弯曲表面区域，它是按照表面距离和表面弧度的比较来区分的。值越高，表示弯曲表面的样本越多，区分能力越强。
- Detail enhancement（细节增强）：该选项组主要用来增加细部的GI。
- Enhance details（细节增强）：控制是否启用Enhance details（细节增强）功能。
- Detail scale（细节比例）：包含Screen（屏幕）和World（世界）两个选项。Screen（屏幕）是按照渲染图像的大小来衡量下面的Detail radius（细节半径）单位，比如Detail radius（细节半径）为60，而渲染的图像的大小是600，那么就表示细节部分的大小是整个图像的1/10；World（世界）是按照Maya里的场景尺寸来设定，如场景单位是mm，Detail radius（细节半径）为60，那么代表细节部分的半径为60mm。

技巧与提示

在制作动画时，一般都使用World（世界）模式，这样才不会出现异常情况。

- Detail radius（细节半径）：表示细节部分有多大区域使用“细节增强”功能。Detail radius（细节半径）值越大，使用“细节增强”功能的区域也就越大，同时渲染时间也越慢。
- Detail subdivs mult（细节细分倍增）：控制细部的细分。
- Options（选项）：该选项组下的参数主要用来控制渲染过程的显示方式和样本是否可见。

❖ Show samples（显示采样）：显示采样的分布以及分布的密度，帮助用户分析GI的精度够不够。

❖ Show calc phase（显示计算状态）：勾选该选项后，用户可以看到渲染帧里的GI预计算过程，同时会占用一定的内存资源。

❖ Show direct light（显示直接光照）：在预计算的时候显示直接光照，以方便用户观察直接光照的位置。

❖ Use camera path（使用摄影机路径）：勾选该选项后，VRay会计算整个摄影机路径计算的Irradiance map（发光贴图）样本，而不只是计算当前视图。

❖ Advanced options（高级选项）：该选项组下的参数主要用来对样本的相似点进行插值、查找。

❖ Interpolation type（插值类型）：VRay提供了4种样本插值方式，为Irradiance map（发光贴图）的样本的相似点进行插补。

❖ Sample lookup（查找采样）：主要控制哪些位置的采样点是适合用来作为基础插值的采样点。

❖ Check sample visibility（计算传递插值采样）：该选项是被用在计算Irradiance map（发光贴图）过程中的，主要计算已经被查找后的插值样本使用数量。较低的数值可以加速计算过程，但是会导致信息不足；较高的值计算速度会减慢，但是所利用的样本数量比较多，所以渲染质量也比较好。官方推荐使用10~25之间的数值。

❖ Multipass（多过程）：当勾选该选项时，VRay会根据Min rate（最小比率）和Max rate（最大比率）进行多次计算。如果关闭该选项，那么就强制一次性计算完。一般根据多次计算以后的样本分布会均匀合理一些。

❖ Randomize samples（随机采样值）：控制Irradiance map（发光贴图）的样本是否随机分配。如果勾选该选项，那么样本将随机分配；如果关闭该选项，那么样本将以网格方式来进行排列。

❖ Calc.interp samples（检查采样可见性）：在灯光通过比较薄的物体时，很有可能会产生漏光现象，勾选该选项可以解决这个问题，但是渲染时间就会长一些。

❖ Mode（模式）：该选项组下的参数主要是提供Irradiance map（发光贴图）的使用模式。

❖ Mode（模式）：Single frame（单帧）用来渲染静帧图像；Multifame incremental（多帧累加）用于渲染仅有摄影机移动的动画；From file（从文件）表示调用保存的光子图进行动画计算（静帧同样也可以这样）；Add to current map（添加到当前贴图）可以把摄影机转一个角度再全新计算新角度的光子，最后把这两次的光子叠加起来，这样的光子信息更丰富、更准确，同时也可以进行多次叠加；Incremental add to current map（增量添加到当前贴图）与Add to current map（添加到当前贴图）相似，只不过它不是全新计算新角度的光子，而是只对没有计算过的区域进行新的计算；Bucket mode（块模式）是把整个图分成块来计算，渲染完一个块再进行下一个块的计算，但是在低GI的情况下，渲染出来的块会出现错位的情况，它主要用于网络渲染，速度比其他方式快；Animation（prepass）（动画（预处理））适合动画预览，使用这种模式要预先保存好光子图；Animation（rendering）（动画（渲染））适合最终动画渲染，这种模式要预先保存好光子图。

❖ File name（文件名称）/Browse（浏览）Browse：单击“浏览”按钮Browse可以从硬盘中调用需要的光子图进行渲染。

❖ Save（保存）Save：将光子图保存到硬盘中。

❖ Reset（重置）：清除内存中的光子图。

❖ On render end（渲染结束时）：该选项组下的参数主要用来控制光子图在渲染完以后如何处理。

❖ Don't delete（不删除）：当光子渲染完以后，不把光子从内存中删掉。

❖ Auto save（自动保存）：当光子渲染完以后，自动保存在硬盘中，单击下面的“浏览”按钮就可以选择保存位置。

3.Brute force GI（蛮力GI）

Brute force GI（蛮力GI）引擎的计算精度相当精确，但是渲染速度比较慢，在Subdivs（细分）数值比较小时，会有杂点产生，其参数面板如图21-119所示。

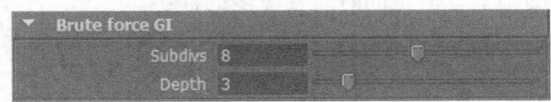

图21-119

Brute force GI（蛮力GI）卷展栏参数介绍

❖ Subdivs（细分）：定义Brute force GI（蛮力GI）引擎的样本数量。值越大，效果越好，速度越慢；值越小，产生的杂点越多，渲染速度相对快一些。

❖ Depth（深度）：控制Brute force GI（蛮力GI）引擎的计算深度（精度）。

4.Light cache（灯光缓存）

Light cache（灯光缓存）计算方式使用近似计算场景中的全局光照信息，它采用了Irradiance map（发光贴图）和Photon map（光子贴图）的部分特点，在摄影机可见部分跟踪光线的发射和衰减，然后把灯光信息储存到一个三维数据结构中。它对灯光的模拟类似于Photon map（光子贴图），而计算范围和Irradiance map（发光贴图）的方式一样，仅对摄影机的可见部分进行计算。虽然它对灯光的模拟类似于Photon map（光子贴图），但是它支持任何灯光类型。

设置Primary bounces（首次反弹）的Engine（引擎）为Light cache（灯光缓存），此时Irradiance map（发光贴图）卷展栏将自动切换为Light cache（灯光缓存）卷展栏，如图21-120所示。

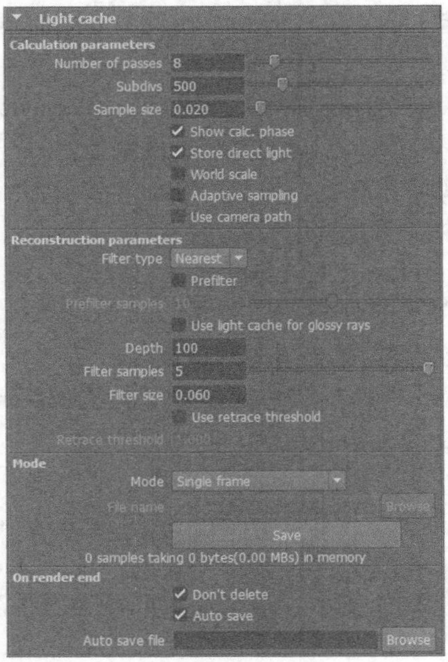

图21-120

Light cache（灯光缓存）卷展栏参数介绍

❖ Calculation parameters（计算参数）：该选项组用来设置Light cache（灯光缓存）的基本参数，比如细分、采样大小等。

❖ Number of passes（进程数量）：这个参数由CPU的数量来确定，如果是单CUP单核单线程，那么就可以设定为1；如果是双核，就可以设定为2。注意，这个值设定得太大会让渲染的图像有点模糊。

❖ Subdivs（细分）：用来决定Light cache（灯光缓存）的样本数量。值越高，样本总量越多，渲染效果越好，渲染时间越慢。

❖ Sample size（采样大小）：用来控制Light cache（灯光缓存）的样本大小。比较小的样本可以得到更多的细节，但是同时需要更多的样本。

❖ Show calc.phase（显示计算状态）：勾选该选项以后，可以显示Light cache（灯光缓存）的计算过程，方便观察。

❖ Store direct light（保存直接光）：勾选该选项以后，Light cache（灯光缓存）将保存直接光照信息。当场景中有很多灯光时，使用这个选项会提高渲染速度。

❖ World scale（世界比例）：按照Maya系统里的单位来定义样本大小，比如样本大小为10mm，那么所有场景中的样本大小都为10mm，和摄影机角度无关。在渲染动画时，使用这个单位是个不错的选择。

❖ Adaptive sampling（自适应采样）：这个选项的作用在于记录场景中的灯光位置，并在灯光的位置上采用更多的样本，同时模糊特效也会处理得更快，但是会占用更多的内存资源。

❖ Use camera path（使用摄影机路径）：勾选该选项后，VRay会计算整个摄影机路径计算的Light cache（灯光缓存）样本，而不只是计算当前视图。

❖ Reconstruction parameters（重建参数）：该选项组主要是对Light cache（灯光缓存）的样本以不同的方式进行模糊处理。

❖ Filter type（过滤器类型）：设置过滤器的类型。None（无）表示对样本不进行过滤；Nearest（相近）会对样本的边界进行查找，然后对色彩进行均化处理，从而得到一个模糊效果；Fixed（固定）方式和Nearest（相近）方式的不同点在于，它采用距离的判断来对样本进行模糊处理。

❖ Prefilter（预滤器）：勾选该选项后，可以对Light cache（灯光缓存）样本进行提前过滤，它主要是查找样本边界，然后对其进行模糊处理。

❖ Prefilter samples（预滤器采样）：勾选Prefilter（预滤器）选项后，该选项才可用。数值越高，对样本进行模糊处理的程度越深。

❖ Use light cache for glossy rays（对光泽光线使用灯光缓存）：勾选该选项后，会提高对场景中反射和折射模糊效果的渲染速度。

❖ Depth（深度）：决定要跟踪的光线的跟踪长度。

❖ Filter samples（过滤器采样）：当过滤器类型设置为Nearest（相近）时，这个参数决定让最近的样本中有多少光被缓存起来。

❖ Filter size（过滤器大小）：设置过滤器的大小。

❖ Use retrace threshold（使用折回阈值）：勾选该选项后，可以激活下面的Retrace threshold（折回阈值）选项。

❖ Retrace threshold（折回阈值）：在全局照明缓存的情况下，修正附近的角落漏光的区域。

技巧与提示

Mode（模式）选项组与On render end（渲染结束时）选项组中的参数在前面已经介绍过，这里不再重复讲解。

21.7.6 Caustics（焦散）

Caustics（焦散）是一种特殊的物理现象，在VRay渲染器里有专门的焦散功能。展开Caustics（焦散）卷展栏，如图21-121所示。

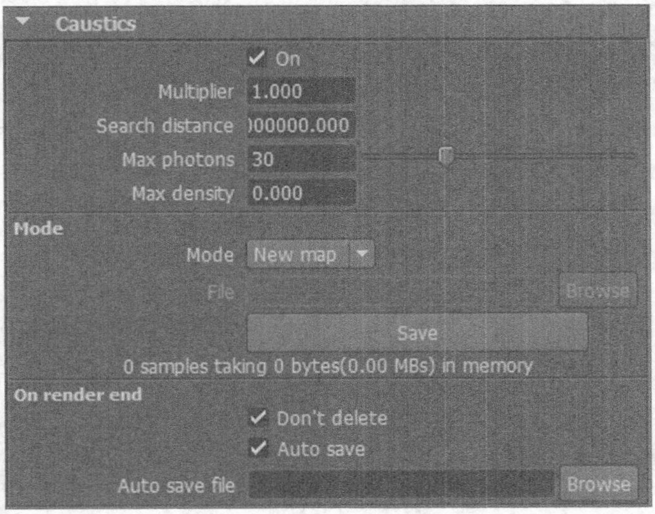

图21-121

Caustics（焦散）卷展栏参数介绍

❖ On（启用）：控制是否启用焦散功能。

❖ Multiplier（倍增器）：焦散的亮度倍增。值越高，焦散效果越亮，如图21-122和图21-123所示分别是值为4和12时的焦散效果。

图21-122

图21-123

❖ Search distance（搜索距离）：当光子跟踪撞击在物体表面的时候，会自动搜寻位于周围区域同一平面的其他光子，实际上这个搜寻区域是一个以撞击光子为中心的圆形区域，其半径就是由这个搜寻距离确定的。较小的值容易产生斑点；较大的值会产生模糊焦散效果，如图21-124和图21-125所示分别是Search distance（搜索距离）为0.1和2时的焦散效果。

图21-124

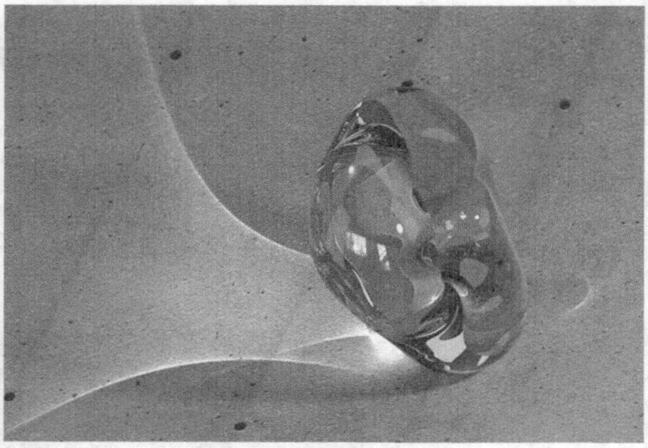

图21-125

❖ Max photons（最大光子数）：定义单位区域内的最大光子数量，然后根据单位区域内的光子数量来均分照明。较小的值不容易得到焦散效果；而较大的值会使焦散效果产生模糊现象，如图21-126和图21-127所示分别是Max photons（最大光子数）为1和200时的焦散效果。

图21-126

图21-127

❖ Max density（最大密度）：控制光子的最大密度。默认值0表示使用VRay内部确定的密度；较小的值会让焦散效果比较锐利，如图21-128和图21-129所示分别是Max density（最大密度）为0.01和5时的焦散效果。

图21-128

图21-129

21.7.7 DMC Sampler（DMC采样器）

“DMC采样器”是VRay渲染器的核心部分，一般用于确定获取什么样的样本，最终哪些样本被光线追踪。它控制场景中的反射模糊、折射模糊、面光源、抗锯齿、次表面散射、景深、运动模糊等效果的计算程度。

“DMC采样器”与那些任意一个“模糊”评估使用分散的方法来采样不同的是，VRay根据一个特定的值，使用一种独特的统一标准框架来确定有多少以及多么精确的样本被获取，那个标准框架就是大名鼎鼎的“DMC采样器”。那么在渲染中实际的样本数量是由什么决定的呢？其条件有3个，分别如下。

第1个：由用户在VRay参数面板里指定的细分值。

第2个：取决于评估效果的最终图像采样。例如，暗的平滑的反射需要的样本数就比明亮的要少，原因在于最终的效果中反射效果相对较弱；远处的面光源需要的样本数量比近处的要少。这种基于实际使用的样本数量来评估最终效果的技术被称之为“重要性抽样”。

第3个：从一个特定的值获取的样本的差异。如果那些样本彼此之间比较相似，那么可以使用较少的样本来评估；如果是完全不同的，为了得到比较好的效果，就必须使用较多的样本来计算。在每一次新的采样后，VRay会对每一个样本进行计算，然后决定是否继续采样。如果系统认为已经达到了用户设定的效果，会自动停止采样，这种技术称之为“早期性终止”。

单击Settings（设置）选项卡，然后展开DMC Sampler（DMC采样器）卷展栏，如图21-130所示。

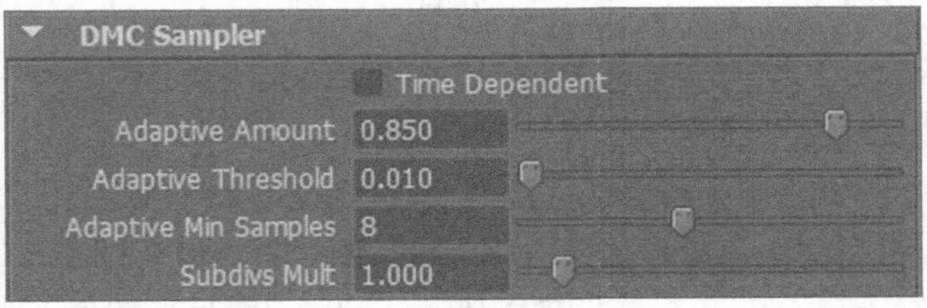

图21-130

DMC Sampler（DMC采样器）卷展栏参数介绍

- Time Dependent（独立时间）：如果勾选该选项，在渲染动画的时候会强制每帧都使用一样的“DMC采样器”。
- Adaptive Amount（自适应数量）：控制早期终止应用的范围，值为 1表示最大程度的早期性终止；值为0则表示早期性终止不会被使用。值越大，渲染速度越快；值越小，渲染速度越慢。
- Adaptive Threshold（自适应阈值）：在评估样本细分是否足够好的时候，该选项用来控制VRay的判断能力，在最后的结果中表现为杂点。值越小，产生的杂点越少，获得图像的品质越高；值越大，渲染速度越快，但是会降低图像的品质。
- Adaptive Min Samples（自适应最小采样值）：决定早期性终止被使用之前使用的最小样本。较高的取值将会减慢渲染速度，但同时会使早期性终止算法更可靠。值越小，渲染速度越快；值越大，渲染速度越慢。
- Subdivs Mult（全局细分倍增器）：在渲染过程中，这个选项会倍增VRay中的任何细分值。在渲染测试的时候，可以减小该值来加快预览速度。

【练习21-5】：制作VRay玻璃与陶瓷材质（焦散）

场景文件　学习资源>场景文件>CH21>e.mb
实例文件　学习资源>实例文件>CH21>练习21-5.mb
技术掌握　掌握VRayMtl材质的用法及VRay渲染参数的设置方法

前面讲过VRay渲染器的特点就是通过简单的设置来获得最佳的视觉效果，通过下面的实例就可以深切体会到这点。

本例使用VRay制作的玻璃与陶瓷材质效果如图21-131所示。

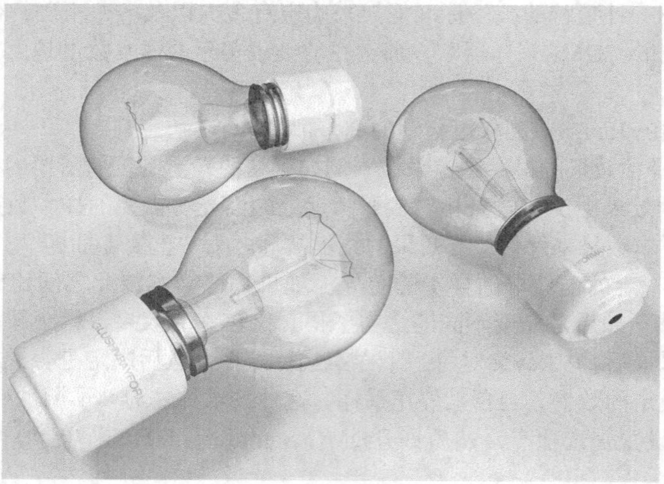

图21-131

1.材质制作

灯头材质

01 打开学习资源中的“场景文件>CH21>e.mb”文件，如图21-132所示。

02 下面为灯座模型设置陶瓷材质。创建一个VRayMtl材质，然后打开其“属性编辑器”对话框，并设置材质名称为dengzuo，接着设置Diffuse Color（漫反射颜色）为（R:234，G:234，B:234）、Reflection Color（反射颜色）为（R:27，G:27，B:27），最后设置Reflection Glossiness（反射光泽度）为0.926、Reflection subdivs（反射细分）为20，具体参数设置如图21-133所示。

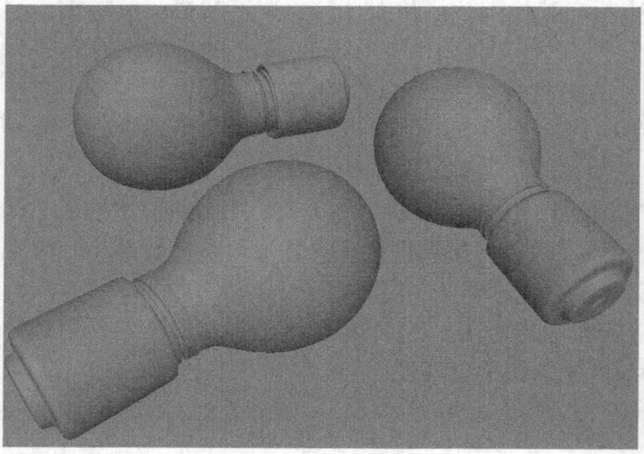

图21-132

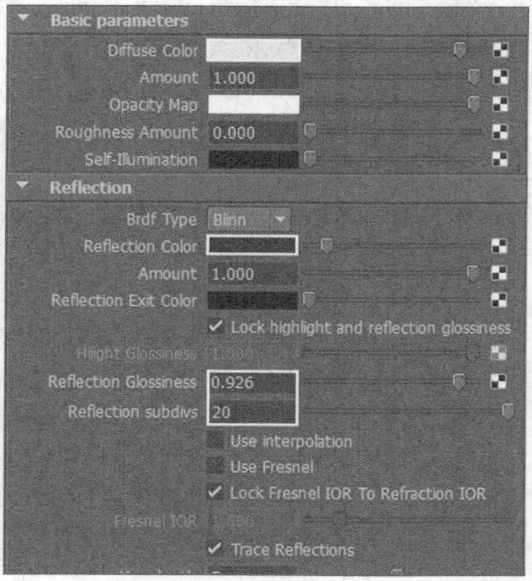

图21-133

地面材质

创建一个VRayMtl材质，然后打开其“属性编辑器”对话框，并设置材质名称为floor，接着设置Diffuse Color（漫反射颜色）为（R:185，G:190，B:194），如图21-134所示。

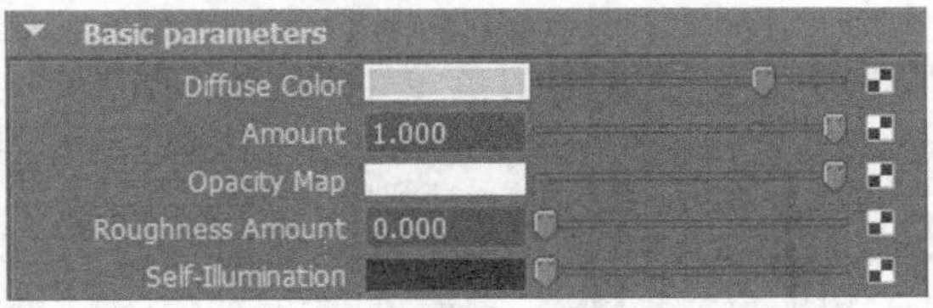

图21-134

玻璃材质

01 创建一个VRayMtl材质，然后打开其“属性编辑器”对话框，并设置材质名称为boli，接着设置Diffuse Color（漫反射颜色）为黑色、Opacity Map（不透明度贴图）颜色为白色，再设置Reflection Color（反射颜色）为白色，并勾选Use Fresnel（使用Fresnel）选项，最后设置Refraction Color（折射颜色）为白色、Refraction subdivs（折射细分）为50、Refraction IOR（折射率）为1.6，并勾选Affect Shadows（影响阴影）选项，具体参数设置如图21-135所示。

02 选择如图21-136所示的模型，然后将制作好的玻璃材质指定给模型。

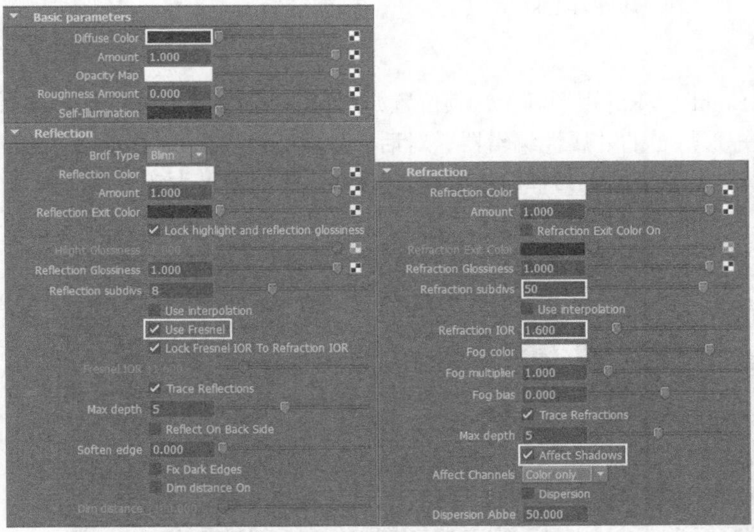

图21-135

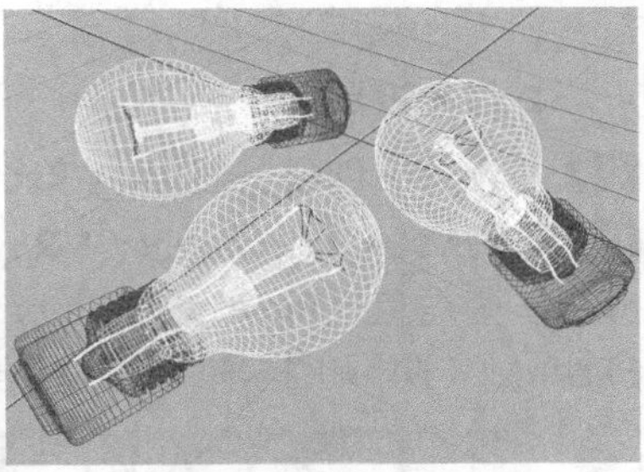

图21-136

金属材质

01 创建一个VRayMtl材质，打开其“属性编辑器”对话框，并设置材质名称为jinshu，然后设置Diffuse Color（漫反射颜色）为（R:8，G:8，B:8），接着设置Brdf Type（Brdf 类型）为Ward、Reflection Color（反射颜色）为（R:185，G:185，B:185）、Reflection Glossiness（反射光泽度）为0.777、Reflection subdivs（反射细分）为50，最后设置Anisotropy（各向异性）为0.699，具体参数设置如图21-137所示。

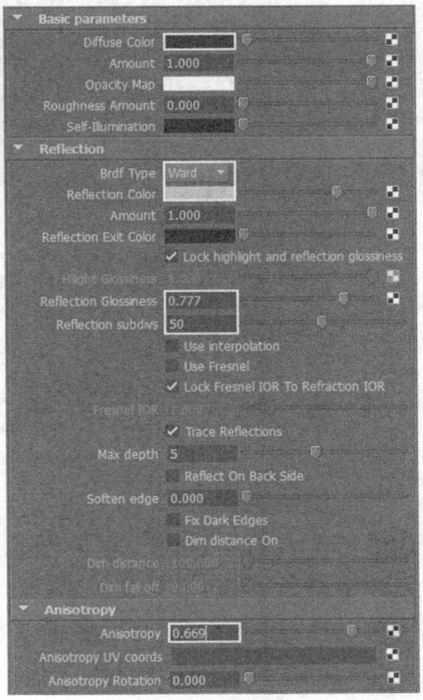

图21-137

—— 技巧与提示 ——

Anisotropy（各向异性）主要用来控制当前材质的高光形态；Anisotropy UV coords（各向异性UV坐标）允许使用节点工具来控制高光形态；Anisotropy Rotation（各向异性旋转）主要用来控制材质高光的旋转方向。

02 选择如图21-138所示的模型，然后将制作好的金属材质指定给模型。

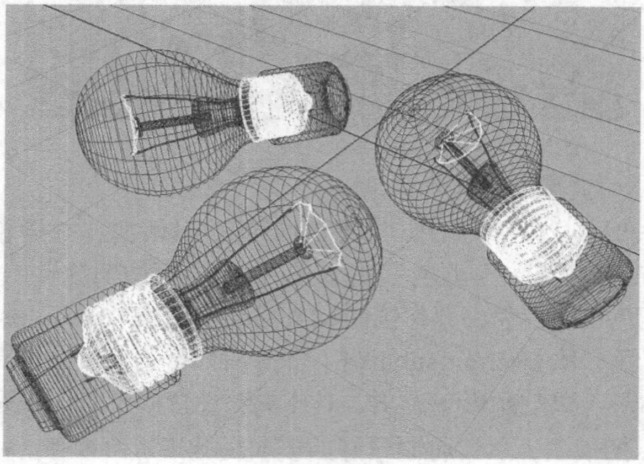

图21-138

2.灯光设置

01 在场景中创建一盏VRay Rect Light（VRay矩形灯），其位置如图21-139所示。

02 打开VRay Rect Light（VRay矩形灯）的“属性编辑器”对话框，然后设置Light Color（灯光颜色）为白色、Intensity multiplier（强度倍增）为12，接着设置Subdivs（细分）为50，最后勾选Shadows（阴影）选项，具体参数设置如图21-140所示。

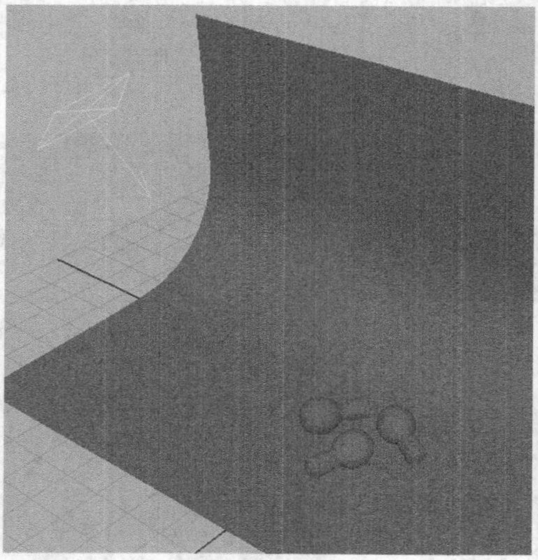

图21-139

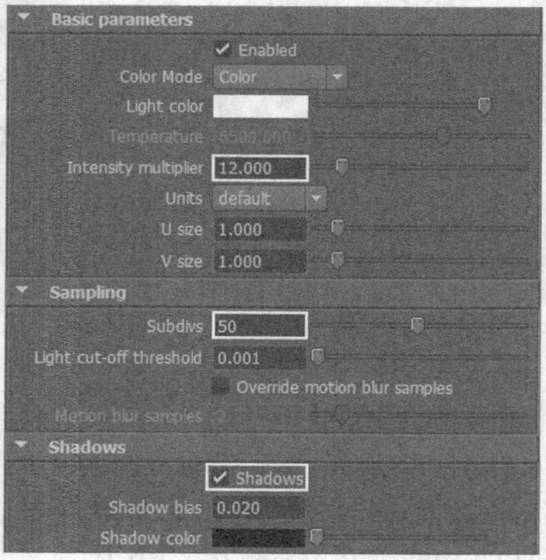

图21-140

3.渲染设置

01 打开“渲染设置”对话框，然后设置渲染器为VRay渲染器，接着在Resolution（分辨率）卷展栏下设置Width（宽度）为2500、Height（高度）为1875，如图21-141所示。

02 在Image sampler（图像采样器）卷展栏下设置Sampler type（采样器类型）为Adaptive subdivision（自适应细分），然后设置AA filter type（抗锯齿过滤器类型）为CatmullRom（强化边缘清晰），如图21-142所示。

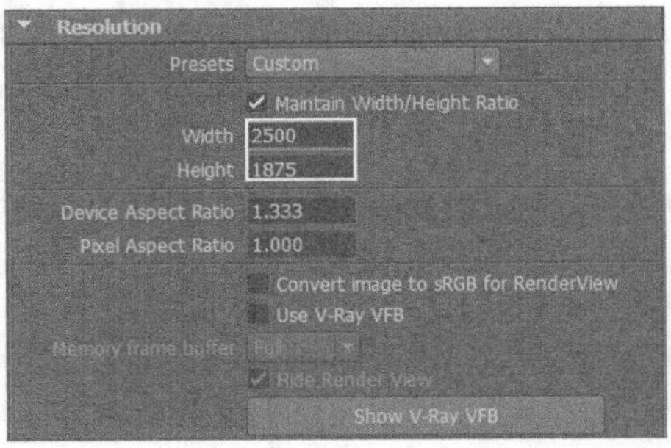

图21-141

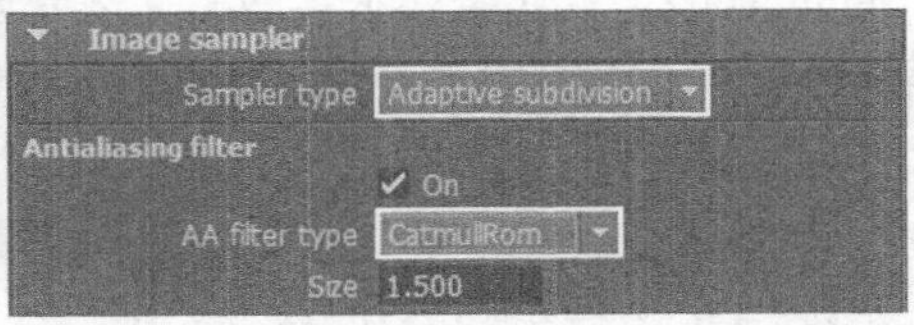

图21-142

03 为了获得更加真实的效果，因此在Environment（环境）卷展栏下勾选Override Environment（覆盖环境）选项，接着分别在GI texture（GI纹理）、Reflection texture（反射纹理）和Refraction texture（折射纹理）通道加载学习资源中的“实例文件>CH21>练习21-5>balkon_sunset_02_wb_small.hdr”文件，如图21-143所示。

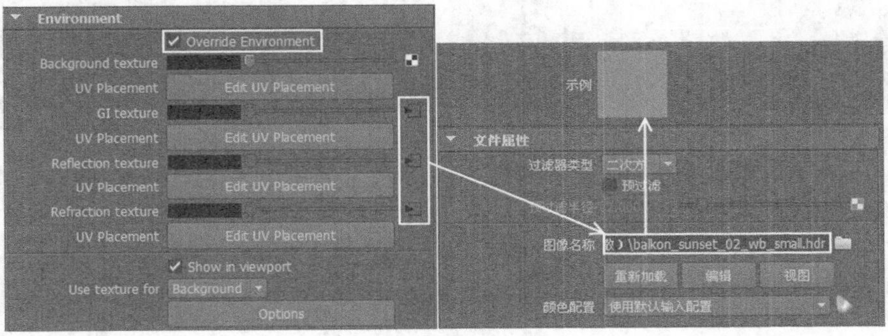

图21-143

04 展开Color mapping（色彩映射）卷展栏，然后设置Dark multiplier（暗部倍增）为2、Bright multiplier（亮部倍增）为1.5，如图21-144所示。

05 展开GI卷展栏，然后勾选On（启用）选项，接着在Primary bounces（首次反弹）选项组下设置Engine（引擎）为Irradiance map（发光贴图），最后在Secondary bounces（二次反弹）选项组下设置Engine（引擎）为Light cache（灯光缓存），如图21-145所示。

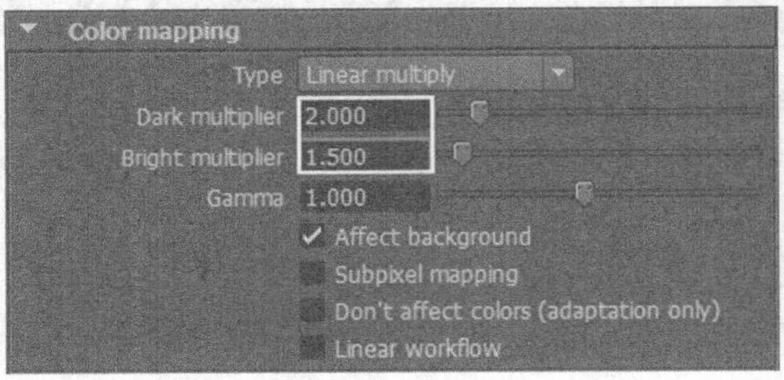

图21-144

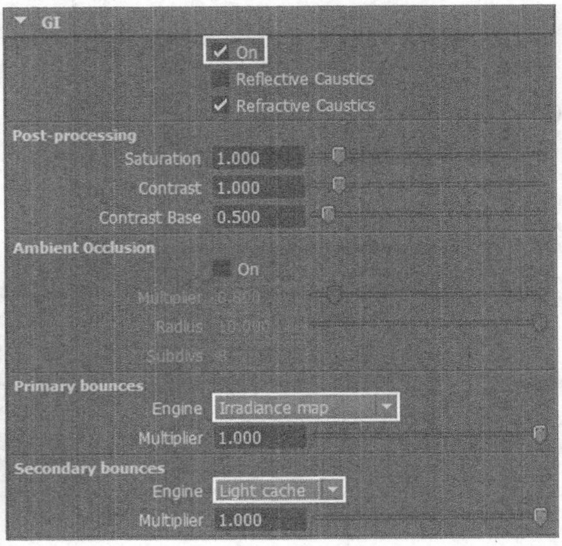

图21-145

06 展开Irradiance map（发光贴图）卷展栏，然后设置Current preset（当前预设）为Custom（自定义），并设置Min rate（最小比率）为-3、Max rate（最大比率）为0，接着勾选Enhance details（增强细节）选项，具体参数设置如图21-146所示。

07 展开Light cache（灯光缓存）卷展栏，然后设置Subdivs（细分）为1000，如图21-147所示。

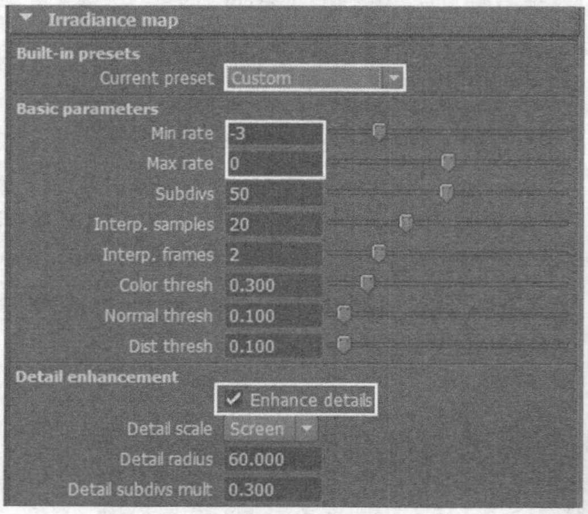

图21-146

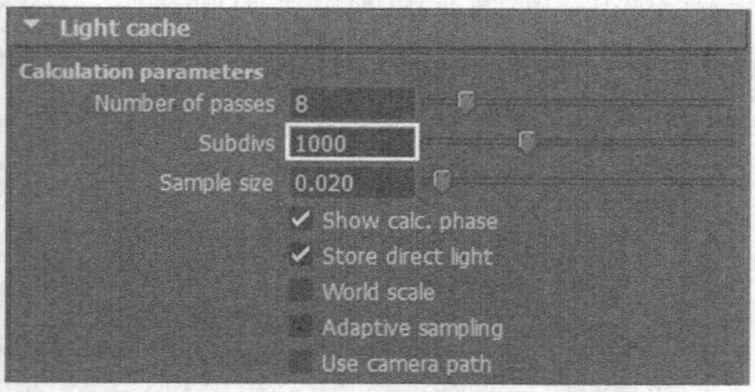

图21-147

08 展开Caustics（焦散）卷展栏，然后勾选On（启用）选项，接着设置Multiplier（倍增器）为9、Search distance（搜索距离）为20、Max photons（最大光子数）为30，具体参数设置如图21-148所示。

09 渲染当前场景，最终效果如图21-149所示。

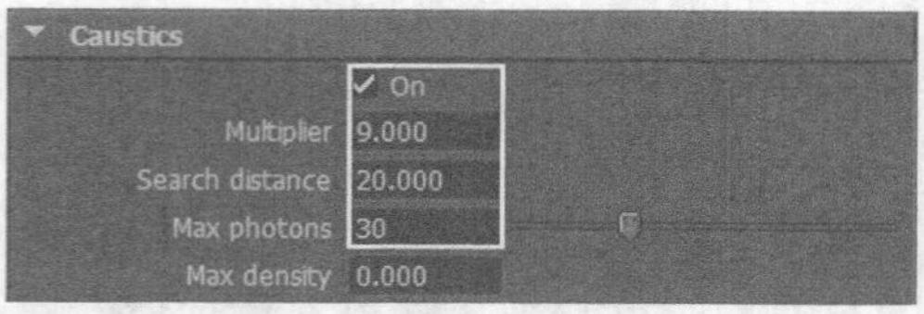

图21-148

图21-149

21.8 知识总结与回顾

本章主要讲解了Maya中的mental ray渲染器和VRay渲染器，这两个渲染器是最重要的渲染，在实际工作中基本都用它们来渲染场景，希望大家多对本章的实例进行练习，并且要对重要参数进行测试，以深刻理解其含义。

第22章 基础动画

要点索引

- 时间轴
- 关键帧动画
- 曲线图编辑器
- 变形器
- 受驱动关键帧动画
- 运动路径动画
- 约束

本章导读

本章将介绍Maya的基础动画，内容比较多，包括“时间轴”的用法、关键帧动画的设置方法、“曲线图编辑器”的用法、变形器的用法、受驱动关键帧动画的设置方法、运动路径动画的设置方法以及约束的用法。这部分内容非常重要，希望大家仔细领会。

22.1 动画概述

动画——顾名思义，就是让角色或物体动起来，其英文为Animation。动画与运动是分不开的，因为运动是动画的本质，将多张连续的单帧画面连在一起就形成了动画，如图22-1所示。

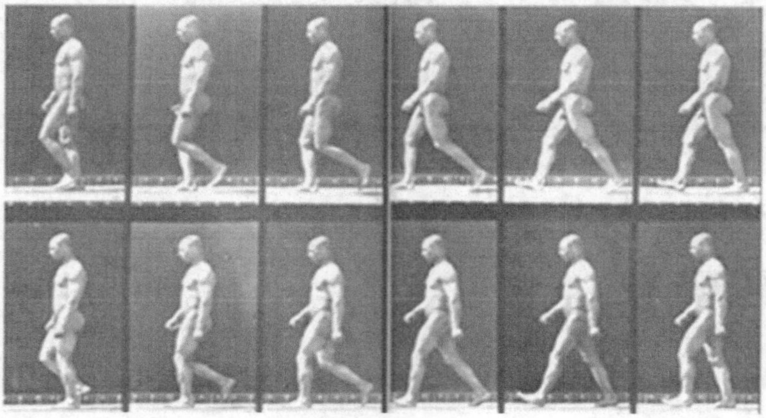

图22-1

Maya作为世界最为优秀的三维软件之一，为用户提供了一套非常强大的动画系统，如关键帧动画、路径动画、非线性动画、表达式动画和变形动画等。但无论使用哪种方法来制作动画，都需要用户对角色或物体有着仔细的观察和深刻的体会，这样才能制作出生动的动画效果，如图22-2所示。

图22-2

22.2 时间轴

在制作动画时，无论是传统动画的创作还是用三维软件制作动画，时间都是一个难以控制的部分，但是它的重要性是无可比拟的，它存在于动画的任何阶段，通过它可以描述出角色的重量、体积和个性等，而且时间不仅包含于运动当中，同时还能表达出角色的感情。

Maya中的“时间轴”提供了快速访问时间和关键帧设置的工具，包括“时间滑块”，“时间范围滑块”和“播放控制器”等，这些工具可以从“时间轴”快速地进行访问和调整，如图22-3所示。

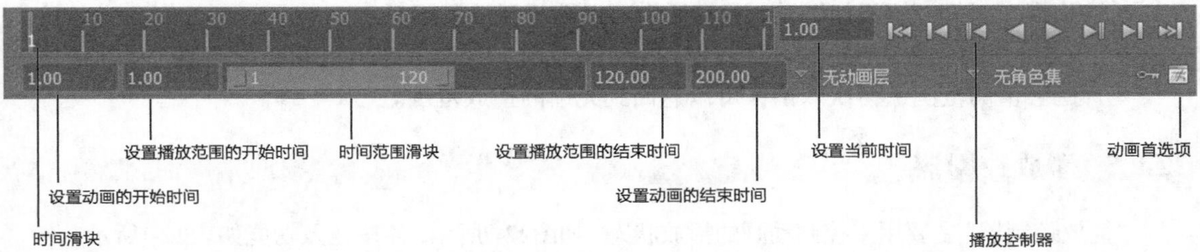

图22-3

22.2.1 时间滑块

“时间滑块”可以控制动画的播放范围、关键帧（红色线条显示）和播放范围内的受控制帧，如图22-4所示。

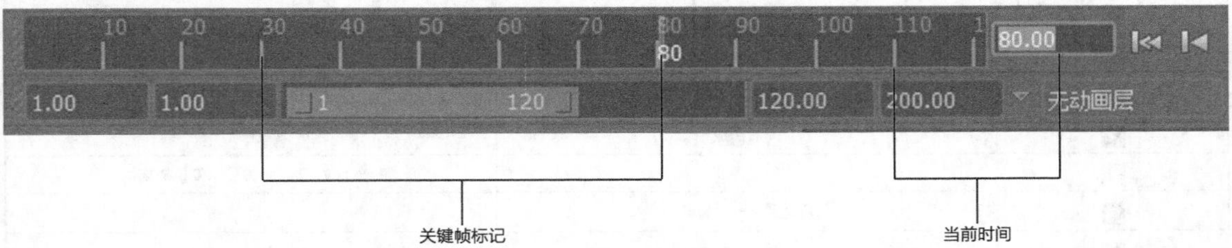

图22-4

技术专题 如何操作时间滑块

在“时间滑块”上的任意位置单击左键，即可改变当前时间，场景会跳到动画的该时间处。

按住K键，然后在视图中按住鼠标左键水平拖曳光标，场景动画便会随光标的移动而不断更新。

按住Shift键在“时间滑块”上单击鼠标左键并在水平位置拖曳出一个红色的范围，选择的时间范围会以红色显示出来，如图22-5所示。水平拖曳选择区域两端的箭头，可以缩放选择区域；水平拖曳选择区域中间的双箭头，可以移动选择区域。

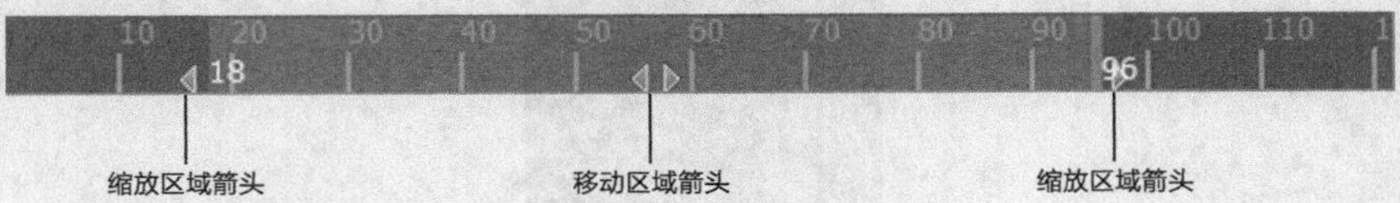

图22-5

22.2.2 时间范围滑块

“时间范围滑块”用来控制动画的播放范围，如图22-6所示。

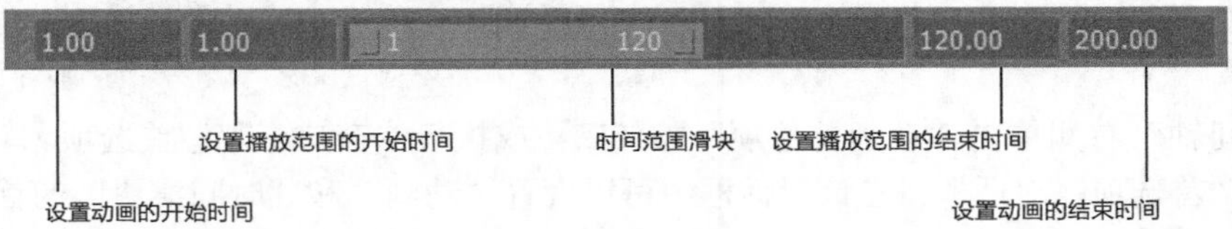

图22-6

时间范围滑块操作介绍

- ❖ 拖曳“时间范围滑块”可以改变播放范围。
- ❖ 拖曳“时间范围滑块”两端的■按钮可以缩放播放范围。
- ❖ 双击“时间范围滑块”，播放范围会变成动画开始时间数值框和动画结束时间数值框中的数值的范围，再次双击，可以返回到先前的播放范围。

22.2.3 播放控制器

“播放控制器”主要用来控制动画的播放状态，如图22-7所示，各按钮及功能如表22-1所示。

图22-7

表22-1

按钮	作用	默认快捷键
⏮	转至播放范围开头	无
⏴	后退一帧	Alt+,
⏴	后退到前一关键帧	,
◀	向后播放	无
▶	向前播放	Alt+V，按Esc键可以停止播放
⏵	前进到下一关键帧	。
⏵	前进一帧	Alt+。
⏭	转至播放范围末尾	无

22.2.4 动画控制菜单

在“时间滑块”的任意位置单击鼠标右键会弹出动画控制菜单，如图22-8所示。该菜单中的命令主要用于操作当前选择对象的关键帧。

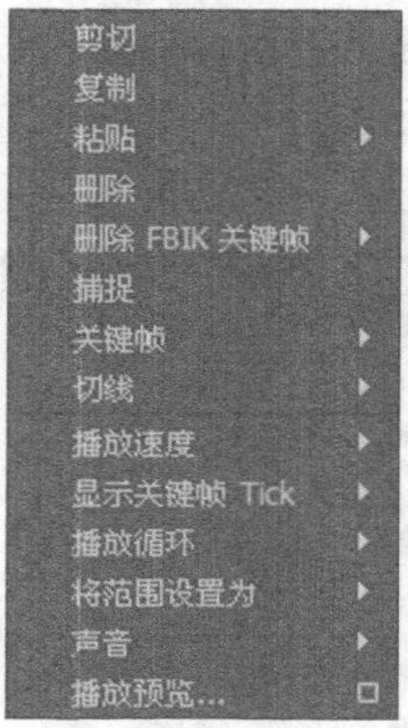

图22-8

22.2.5 动画首选项

在“时间轴”右侧单击“动画首选项”按钮，或执行“窗口>设置/首选项>首选项”菜单命令，打开“首选项”对话框，在该对话框中可以设置“动画”和“时间滑块”的首选项，如图22-9所示。

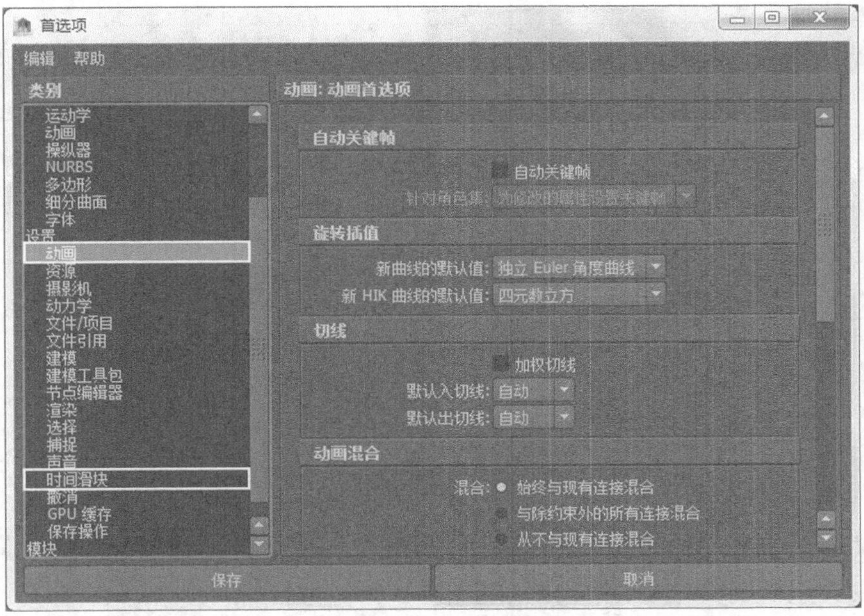

图22-9

22.3 关键帧动画

在Maya动画系统中，使用最多的就是关键帧动画。所谓关键帧动画，就是在不同的时间（或帧）将能体现动画物体动作特征的一系列属性采用关键帧的方式记录下来，并根据不同关键帧之间的动作（属性值）差异自动进行中间帧的插入计算，最终生成一段完整的关键帧动画，如图22-10所示。

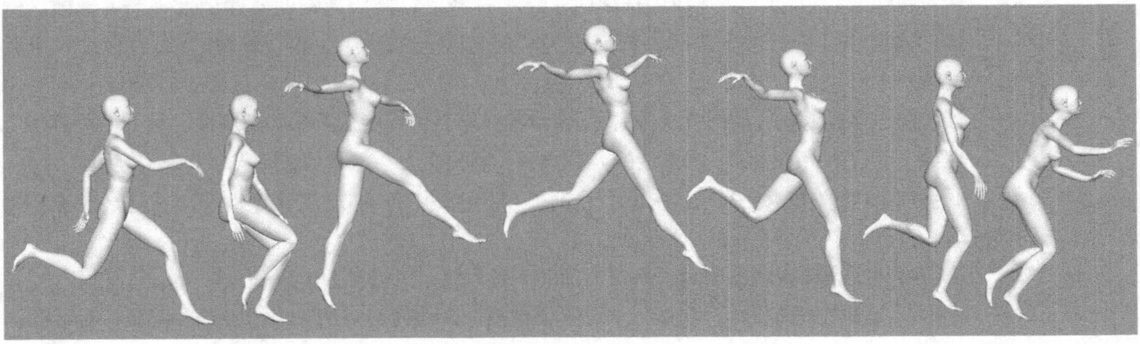

图22-10

为物体属性设置关键帧的方法有很多，下面介绍几种最常用的方法。

22.3.1 设置关键帧

切换到“动画”模块，执行“动画>设置关键帧”菜单命令，可以完成一个关键帧的记录。用该命令设置关键帧的步骤如下。

第1步：用鼠标左键拖曳时间滑块确定要记录关键帧的位置。

第2步：选择要设置关键帧的物体，修改相应的物体属性。

第3步：执行“动画>设置关键帧”菜单命令或按S键，为当前属性记录一个关键帧。

技巧与提示

通过这种方法设置的关键帧，在当前时间，选择物体的属性值将始终保持一个固定不变的状态，直到再次修改该属性值并重新设置关键帧。如果要继续在不同的时间为物体属性设置关键帧，可以重复执行以上操作。

单击“动画>设置关键帧”菜单命令后面的□按钮，打开“设置关键帧选项”对话框，如图22-11所示。

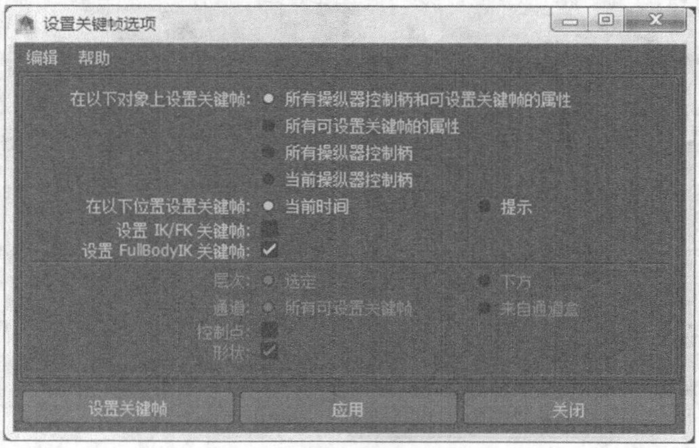

图22-11

设置关键帧选项对话框参数介绍

❖ 在以下对象上设置关键帧：指定将在哪些属性上设置关键帧，提供了以下4个选项。

✧ 所有操纵器控制柄和可设置关键帧的属性：当选择该选项时，将为当前操纵器和选择物体的所有可设置关键帧属性记录一个关键帧，这是默认选项。

✧ 所有可设置关键帧的属性：当选择该选项时，将为选择物体的所有可设置关键帧属性记录一个关键帧。

✧ 所有操纵器控制柄：当选择该选项时，将为选择操纵器所影响的属性记录一个关键帧。例如，当使用“旋转工具”时，将只会为“旋转x”“旋转y”和“旋转z”属性记录一个关键帧。

✧ 当前操纵器控制柄：当选择该选项时，将为选择操纵器控制柄所影响的属性记录一个关键帧。例如，当使用“旋转工具”操纵器的y轴手柄时，将只会为“旋转y”属性记录一个关键帧。

❖ 在以下位置设置关键帧：指定在设置关键帧时将采用何种方式确定时间，提供了以下两个选项。

✧ 当前时间：当选择该选项时，只在当前时间位置记录关键帧。

✧ 提示：当选择该选项时，在执行“设置关键帧”命令时会弹出一个“设置关键帧”对话框，询问在何处设置关键帧，如图22-12所示。

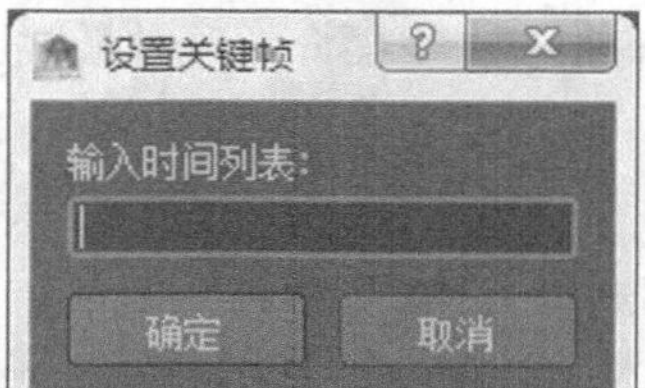

图22-12

❖ 设置IK/FK关键帧：当勾选该选项，在为一个带有IK手柄的关节链设置关键帧时，能为IK手柄的所有属性和关节链的所有关节记录关键帧，它能够创建平滑的IK/FK动画。只有当“所有可设置关键帧的属性”选项处于选择状态时，这个选项才会有效。

❖ 设置FullBodyIK关键帧：当勾选该选项时，可以为全身的IK记录关键帧，一般保持默认设置。

❖ 层次：指定在有组层级或父子关系层级的物体中，将采用何种方式设置关键帧，提供了以下两个选项。

  ✧ 选定：当选择该选项时，将只在选择物体的属性上设置关键帧。

  ✧ 下方：当选择该选项时，将在选择物体和它的子物体属性上设置关键帧。

❖ 通道：指定将采用何种方式为选择物体的通道设置关键帧，提供了以下两个选项。

  ✧ 所有可设置关键帧：当选择该选项时，将在选择物体所有的可设置关键帧通道上记录关键帧。

  ✧ 来自通道盒：当选择该选项时，将只为当前物体从“通道盒”中选择的属性通道设置关键帧。

❖ 控制点：当勾选该选项时，将在选择物体的控制点上设置关键帧。这里所说的控制点可以是NURBS曲面的CV控制点、多边形表面顶点或晶格点。如果在要设置关键帧的物体上存在有许多的控制点，Maya将会记录大量的关键帧，这样会降低Maya的操作性能，所以只有当非常有必要时才打开这个选项。

技巧与提示

请特别注意，当为物体的控制点设置了关键帧后，如果删除物体构造历史，将导致动画不能正确工作。

❖ 形状：当勾选该选项时，将在选择物体的形状节点和变换节点设置关键帧；如果关闭该选项，将只在选择物体的变换节点设置关键帧。

22.3.2 设置变换关键帧

在“动画>设置变换关键帧”菜单下有3个子命令，分别是“平移”“旋转”和“缩放”，如图22-13所示。执行这些命令可以为选择对象的相关属性设置关键帧。

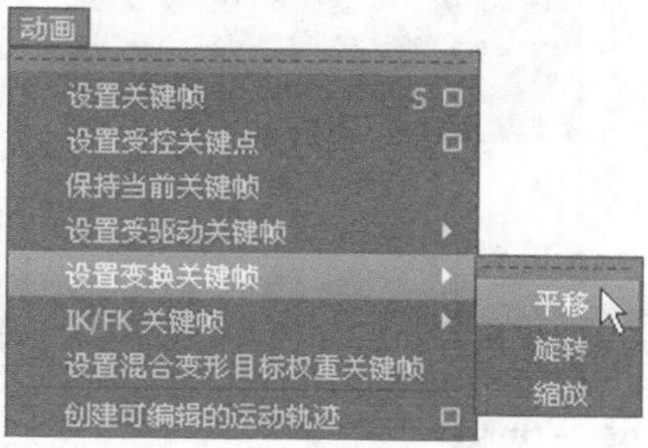

图22-13

设置变换关键帧子命令介绍

❖ 平移：只为平移属性设置关键帧，快捷键为Shift+W。

❖ 旋转：只为旋转属性设置关键帧，快捷键为Shift+E。

❖ 缩放：只为缩放属性设置关键帧，快捷键为Shift+R。

22.3.3 自动关键帧

利用“时间轴”右侧的“自动关键帧切换”按钮，可以为物体属性自动记录关键帧。这样只需要改变当前时间和调整物体属性的数值，省去了每次执行“设置关键帧”命令的麻烦。在使用自动设置关键帧功能之前，必须先采用手动方式为要制作动画的属性设置一个关键帧，之后自动设置关键帧功能才会发挥作用。

为物体属性自动记录关键帧的操作步骤如下。

第1步：先采用手动方式为要制作动画的物体属性设置一个关键帧。

第2步：单击“自动关键帧切换”按钮，使该按钮处于开启状态。

第3步：用鼠标左键在“时间轴”上拖曳时间滑块，确定要记录关键帧的位置。

第4步：改变先前已经设置了关键帧的物体属性数值，这时在当前时间位置处会自动记录一个关键帧。

技巧与提示

如果要继续在不同的时间为物体属性设置关键帧，可以重复执行步骤3和步骤4的操作，直到再次单击“自动关键帧切换”按钮，使该按钮处于关闭状态，结束自动记录关键帧操作。

22.3.4 在通道盒中设置关键帧

在“通道盒”中设置关键帧是最常用的一种方法，这种方法十分简便，控制起来也很容易，其操作步骤如下。

第1步：用鼠标左键在“时间轴”上拖动时间滑块确定要记录关键帧的位置。

第2步：选择要设置关键帧的物体，修改相应的物体属性。

第3步：在“通道盒”中选择要设置关键帧的属性名称。

第4步：在属性名称上单击鼠标右键，然后在弹出的菜单中选择“为选定项设置关键帧”命令，如图22-14所示。

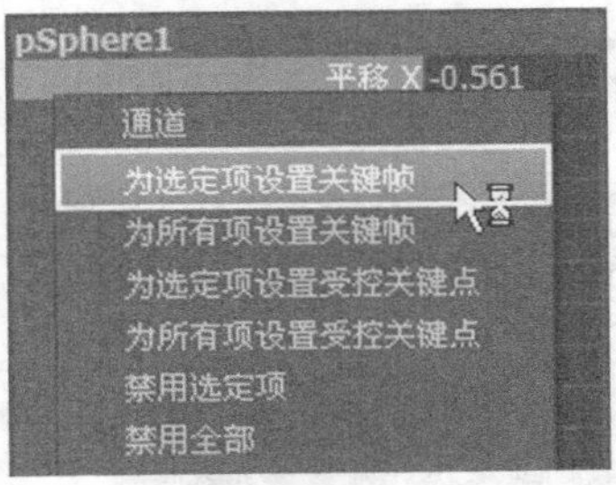

图22-14

技巧与提示

也可以在弹出的菜单中选择“为所有项设置关键帧”命令，为“通道盒”中的所有属性设置关键帧。

【练习22-1】：为对象设置关键帧

场景文件	学习资源>场景文件>CH22>a.mb
实例文件	学习资源>实例文件>CH22>练习22-1.mb
技术掌握	掌握如何为对象的属性设置关键帧

本例用关键帧技术制作的帆船平移动画效果如图22-15所示。

图22-15

01 打开学习资源中的“场景文件>CH22>a.mb”文件，如图22-16所示。

图22-16

02 选择帆船模型，保持时间滑块在第1帧，然后在“通道盒”中的“平移x”属性上单击鼠标右键，接着在弹出的菜单中选择“为选定项设置关键帧”命令，记录下当前时间“平移x”属性的关键帧，如图22-17所示。

03 将时间滑块拖曳到第24帧，然后设置“平移x”为40，并在该属性上单击鼠标右键，接着在弹出的菜单中选择“为选定项设置关键帧”命令，记录下当前时间“平移x”属性的关键帧，如图22-18所示。

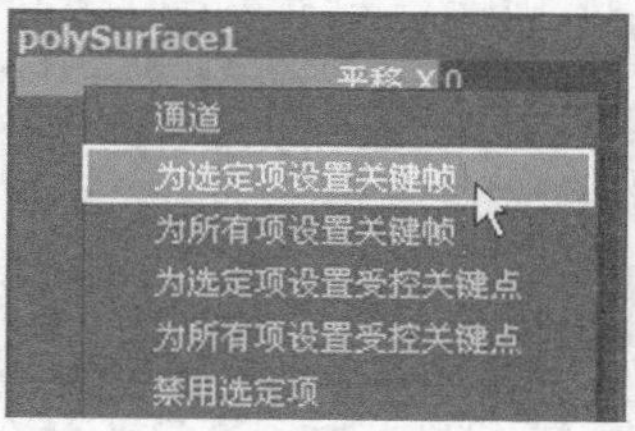

图22-17

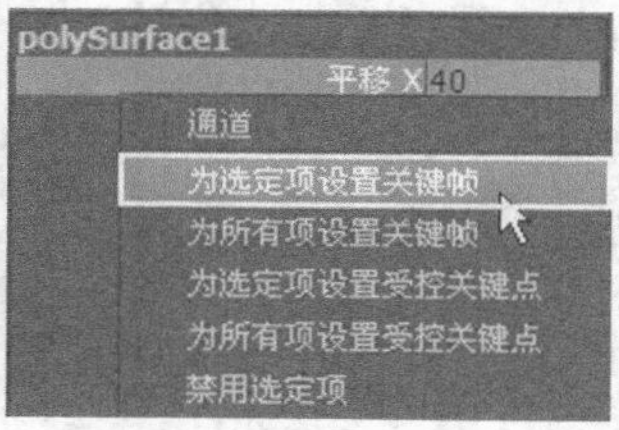

图22-18

04 单击“向前播放”按钮，可以观察到帆船已经在移动了。

技术专题 取消没有受到影响的关键帧

若要取消没有受到影响的关键帧属性，可以执行“编辑>按类型删除>静态通道”菜单命令，删除没有用处的关键帧。比如在图22-19中，为所有属性都设置了关键帧，而实际起作用的只有“平移x”属性，执行“静态通道”命令后，就只保留为“平移x”属性设置的关键帧，如图22-20所示。

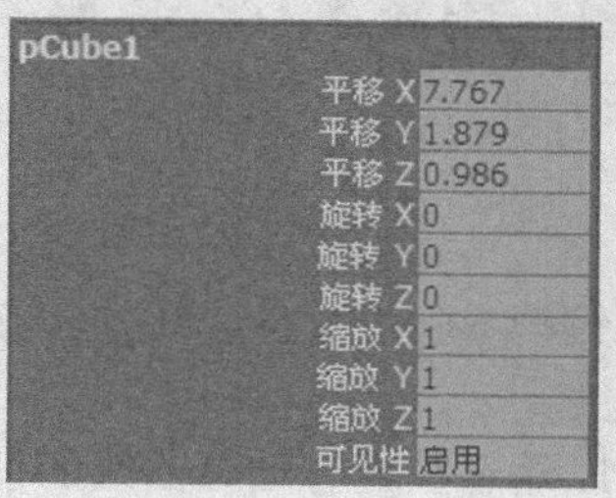

图22-19

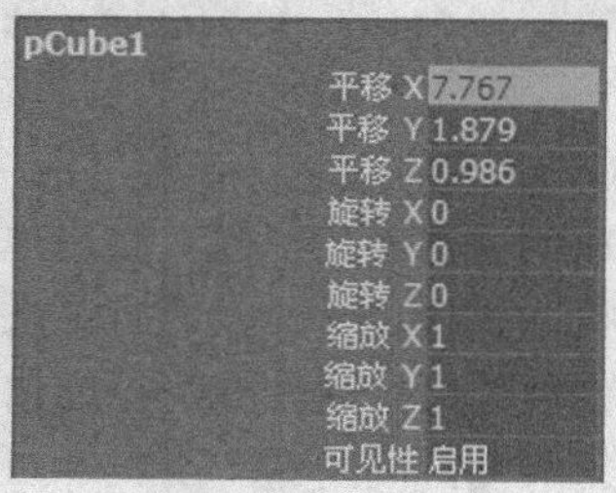

图22-20

若要删除已经设置好的关键帧，可以先选中对象，然后执行“编辑>按类型删除>通道”菜单命令，或在“时间轴”上选中要删除的关键帧，接着单击鼠标右键，最后在弹出的菜单中选择“删除”命令即可。

22.4 曲线图编辑器

“曲线图编辑器”是一个功能强大的关键帧动画编辑对话框。在Maya中，所有与编辑关键帧和动画曲线相关的工作几乎都可以利用“曲线图编辑器”来完成。

“曲线图编辑器”能让用户以曲线图表的方式形象化地观察和操纵动画曲线。所谓动画曲线，就是在不同时间为动画物体的属性值设置关键帧，并通过在关键帧之间连接曲线段所形成的一条能够反映动画时间与属性值对应关系的曲线。利用“曲线图编辑器”提供的各种工具和命令，可以对场景中动画物体上现有的动画曲线进行精确细致的编辑调整，最终创造出更加令人信服的关键帧动画效果。

执行“窗口>动画编辑器>曲线图编辑器”菜单命令，打开“曲线图编辑器”对话框，如图22-21所示。“曲线图编辑器”对话框由菜单栏、工具栏、大纲列表和曲线图表视图4部分组成。

图22-21

22.4.1 工具栏

为了节省操作时间，提高工作效率，Maya在“曲线图编辑器”对话框中增加了工具栏，如图22-22所示。工具栏中的多数工具按钮都可以在菜单栏的各个菜单中找到，因为在编辑动画曲线时这些命令和工具的使用频率很高，所以把它们做成工具按钮放在工具栏上。

图22-22

曲线图编辑器工具栏介绍

❖ 移动最近拾取的关键帧工具：使用这个工具，可以让用户利用鼠标中键在激活的动画曲线上直接拾取并拖曳一个最靠近的关键帧或切线手柄，用户不必精确选择它们就能够自由改变关键帧的位置和切线手柄的角度。

❖ 添加关键帧工具：使用这个工具，可以随意在现有动画曲线的任何位置添加关键帧。新添加关键帧的切线类型将与相邻关键帧的切线类型保持一致。

❖ 晶格变形关键帧：使用这个工具，可以在曲线图表视图中操纵动画曲线。该工具可以让用户围绕选择的一组关键帧周围创建“晶格”变形器，通过调节晶格操纵手柄可以一次操纵许多个关键帧，这个工具提供了一种高级的控制动画曲线的方式。

- 区域工具：启用区域选择模式，让读者可以在图表视图区域中拖动以选择一个区域，在该区域内可以对时间和值缩放关键帧。
- 调整时间工具：启用该工具，可以双击图表视图区域来创建重定时标记。然后，可以拖动这些标记来直接调整动画中关键帧移动的计时，使其发生得更快或更慢，以及拖动它们以提前或推后发生。
- 关键帧状态数值输入框：这个关键帧状态数值输入框能显示出选择关键帧的时间值和属性值，用户也可以通过键盘输入数值的方式来编辑当前选择关键帧的时间值和属性值。
- 框显全部：激活该按钮，可以使所有动画曲线都能最大化显示在“曲线图编辑器”对话框中。
- 框显播放范围：激活该按钮，可以使在“时间轴”定义的播放时间范围能最大化显示在“曲线图编辑器”对话框中。
- 使视图围绕当前时间居中：激活该按钮，将在曲线图表视图的中间位置处显示当前时间。
- 自动切线：该工具会根据相邻关键帧值将帧之间的曲线值钳制为最大点或最小点。
- 样条线切线：用该工具可以为选择的关键帧指定一种样条切线方式，这种方式能在选择关键帧的前后两侧创建平滑动画曲线。
- 钳制切线：用该工具可以为选择的关键帧指定一种钳制切线方式，这种方式创建的动画曲线同时具有样条线切线方式和线性切线方式的特征。当两个相邻关键帧的属性值非常接近时，关键帧的切线方式为线性；当两个相邻关键帧的属性值相差很大时，关键帧的切线方式为样条线。
- 线性切线：用该工具可以为选择的关键帧指定一种线性切线方式，这种方式使两个关键帧之间以直线连接。如果入切线的类型为线性，在关键帧之前的动画曲线段是直线；如果出切线的类型为线性，在关键帧之后的动画曲线段是直线。线性切线方式适用于表现匀速运动或变化的物体动画。
- 平坦切线：用该工具可以为选择的关键帧指定一种平直切线方式，这种方式创建的动画曲线在选择关键帧上入切线和出切线手柄是水平放置的。平直切线方式适用于表现存在加速和减速变化的动画效果。
- 阶跃切线：用该工具可以为选择的关键帧指定一种阶梯切线方式，这种方式创建的动画曲线在选择关键帧的出切线位置为直线，这条直线会在水平方向一直延伸到下一个关键帧位置，并突然改变为下一个关键帧的属性值。阶梯切线方式适用于表现瞬间突然变化的动画效果，如电灯的打开与关闭。
- 高原切线：用该工具可以为选择的关键帧指定一种高原切线方式，这种方式可以强制创建的动画曲线不超过关键帧属性值的范围。当想要在动画曲线上保持精确的关键帧位置时，平稳切线方式是非常有用的。
- 缓冲区曲线快照：单击该工具，可以为当前动画曲线形状捕捉一个快照。通过与“交换缓冲区曲线”工具配合使用，可以在当前曲线和快照曲线之间进行切换，用来比较当前动画曲线和先前动画曲线的形状。
- 交换缓冲区曲线：单击该工具，可以在原始动画曲线（即缓冲区曲线快照）与当前动画曲线之间进行切换，同时也可以编辑曲线。利用这项功能，可以测试和比较两种动画效果的不同之处。
- 断开切线：用该工具单击选择的关键帧，可以将切线手柄在关键帧位置处打断，这样允许单独操作一个关键帧的入切线手柄或出切线手柄，使进入和退出关键帧的动画曲线段彼此互不影响。

❖ 统一切线：用该工具单击选择的关键帧，在单独调整关键帧任何一侧的切线手柄之后，仍然能保持另一侧切线手柄的相对位置。
❖ 自由切线权重：当移动切线手柄时，用该工具可以同时改变切线的角度和权重。该工具仅应用于权重动画曲线。
❖ 锁定切线权重：当移动切线手柄时，用该工具只能改变切线的角度，而不能影响动画曲线的切线权重。该工具仅应用于权重动画曲线。
❖ 自动加载曲线图编辑器开/关：激活该工具后，每次在场景视图中改变选择的物体时，在“曲线图编辑器”对话框中显示的物体和动画曲线也会自动更新。
❖ 从当前选择加载曲线图编辑器：激活该工具后，可以使用手动方式将在场景视图中选择的物体载入到“曲线图编辑器”对话框中显示。
❖ 时间捕捉开/关：激活该工具后，在曲线图视图中移动关键帧时，将强迫关键帧捕捉到与其最接近的整数时间单位值位置，这是默认设置。
❖ 值捕捉开/关：激活该工具后，在曲线图视图中移动关键帧时，将强迫关键帧捕捉到与其最接近的整数属性值位置。
❖ 启用规格化曲线显示：用该工具可以按比例缩减大的关键帧值或提高小的关键帧值，使整条动画曲线沿属性数值轴向适配到-1~1的范围内。当想要查看、比较或编辑相关的动画曲线时，该工具非常有用。
❖ 禁用规格化曲线显示：用该工具可以为选择的动画曲线关闭标准化设置。当曲线返回到非标准化状态时，动画曲线将退回到它们的原始范围。
❖ 重新规格化曲线：缩放当前显示在图表视图中的所有选定曲线，以适配在-1~1的范围内。
❖ 启用堆叠的曲线显示：激活该工具后，每个曲线均会使用其自身的值轴显示。默认情况下，该值已规格化为1~-1之间的值。
❖ 禁用堆叠的曲线显示：激活该工具后，可以不显示堆叠的曲线。
❖ 前方无限循环：在动画范围之外无限重复动画曲线的拷贝。
❖ 前方无限循环加偏移：在动画范围之外无限重复动画曲线的拷贝，并且循环曲线最后一个关键帧值将添加到原始曲线第1个关键帧值的位置处。
❖ 后方无限循环：在动画范围之内无限重复动画曲线的拷贝。
❖ 后方无限循环加偏移：在动画范围之内无限重复动画曲线的拷贝，并且循环曲线最后一个关键帧值将添加到原始曲线第1个关键帧值的位置处。
❖ 打开摄影表：单击该按钮，可以快速打开“摄影表”对话框，并载入当前物体的动画关键帧，如图22-23所示。

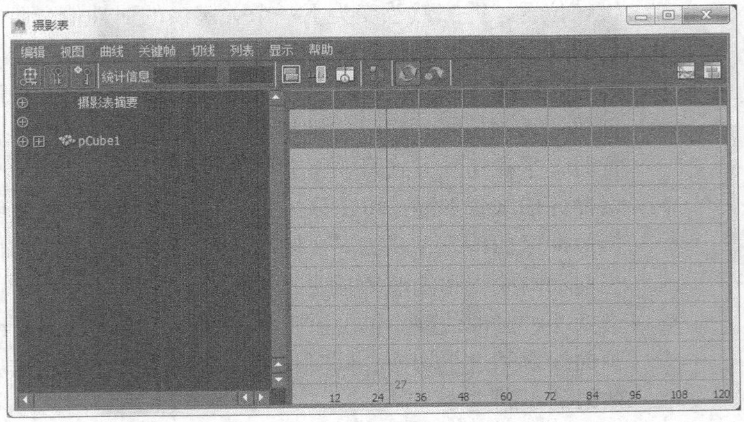

图22-23

❖ 打开Trax编辑器▣：单击该按钮，可以快速打开“Trax编辑器”对话框，并载入当前物体的动画片段，如图22-24所示。

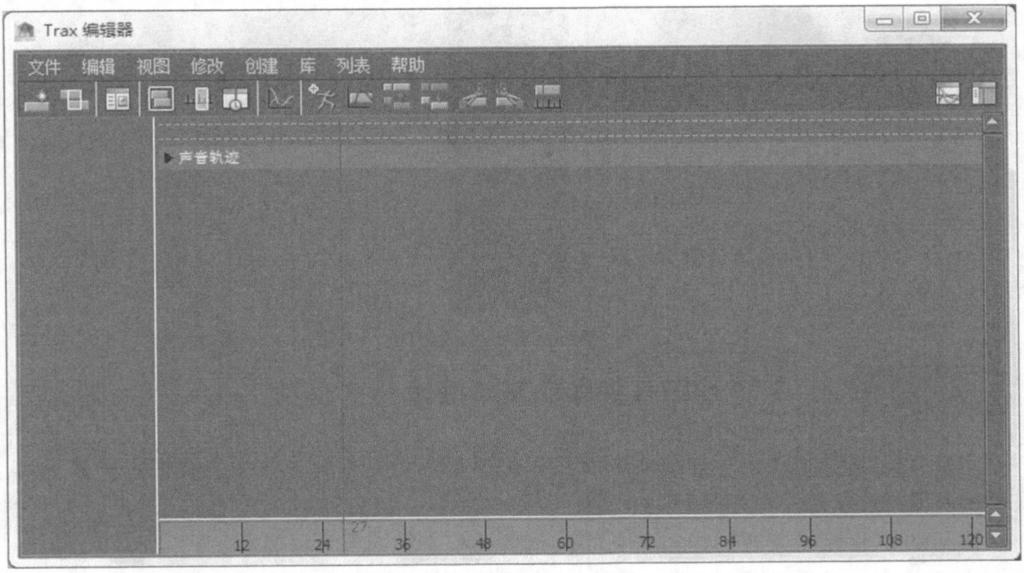

图22-24

技巧与提示

“曲线图编辑器”对话框中的菜单栏就不介绍了，这些菜单中的命令的用法大多与工具栏中的工具相同。

22.4.2 大纲列表

“曲线图编辑器”对话框的大纲列表与执行主菜单栏中的“窗口>大纲视图”菜单命令打开的“大纲视图”对话框有许多共同的特性。大纲列表中显示动画物体的相关节点，如果在大纲列表中选择一个动画节点，该节点的所有动画曲线将显示在曲线图表视图中，如图22-25所示。

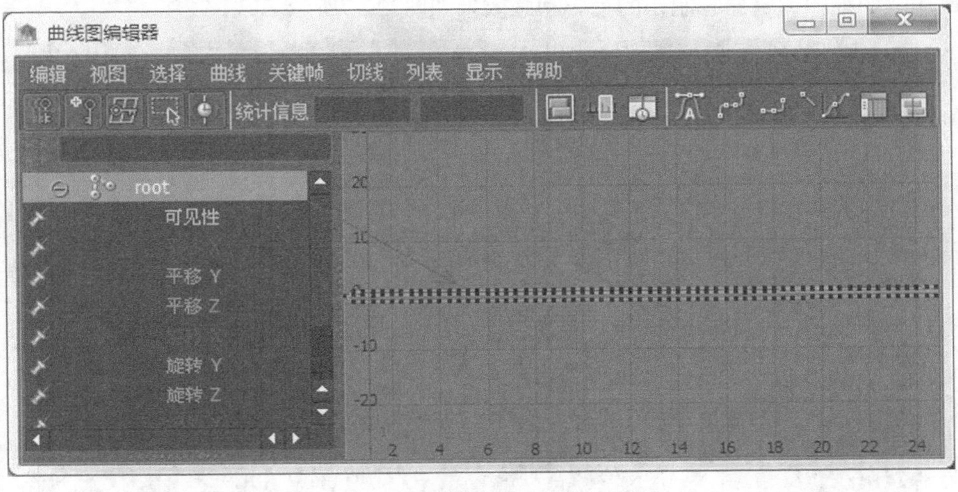

图22-25

22.4.3 曲线图表视图

在“曲线图编辑器”对话框的曲线图表视图中，可以显示和编辑动画曲线段、关键帧和关键帧切线。如果在曲线图表视图中的任何位置单击鼠标右键，还会弹出一个快捷菜单，这个菜单组中包含与“曲线图编辑器”对话框的菜单栏相同的命令，如图22-26所示。

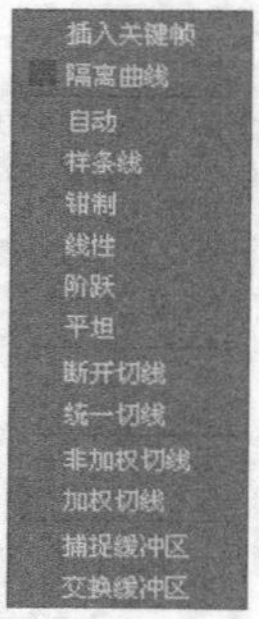

图22-26

技术专题 【曲线图表视图的基本操作】

一些操作3D场景视图的快捷键在“曲线图编辑器”对话框的曲线图表视图中仍然适用，这些快捷键及其功能如下。

按住Alt键在曲线图表视图中沿任意方向拖曳鼠标中键，可以平移视图。

按住Alt键在曲线图表视图中拖曳鼠标右键或同时拖动鼠标的左键和中键，可以推拉视图。

按住快捷键Shift+Alt在曲线图表视图中沿水平或垂直方向拖曳鼠标中键，可以在单方向上平移视图。

按住快捷键Shift+Alt在曲线图表视图中沿水平或垂直方向拖曳鼠标右键或同时拖动鼠标的左键和中键，可以缩放视图。

【练习22-2】：用曲线图制作重影动画

场景文件　学习资源>场景文件>CH22>b.mb
实例文件　学习资源>实例文件>CH22>练习22-2.mb
技术掌握　掌握如何调整运动曲线

本例用“曲线图编辑器”制作的重影动画效果如图22-27所示。

图22-27

01 打开学习资源中的“场景文件>CH22>b.mb”文件，如图22-28所示。

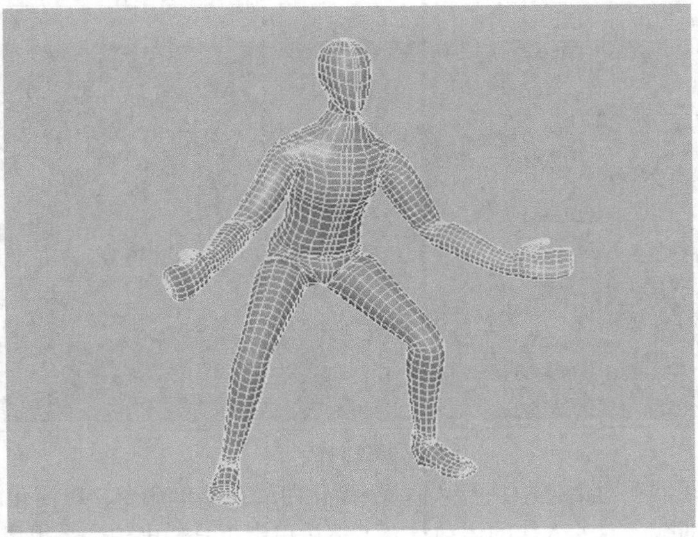

图22-28

02 在“大纲视图”对话框中选择run1_skin（即人体模型）节点，然后单击“动画>创建动画快照”菜单命令后面的□按钮，打开“动画快照选项”对话框，然后设置“结束时间”为50、“增量”为5，如图22-29所示，效果如图22-30所示。

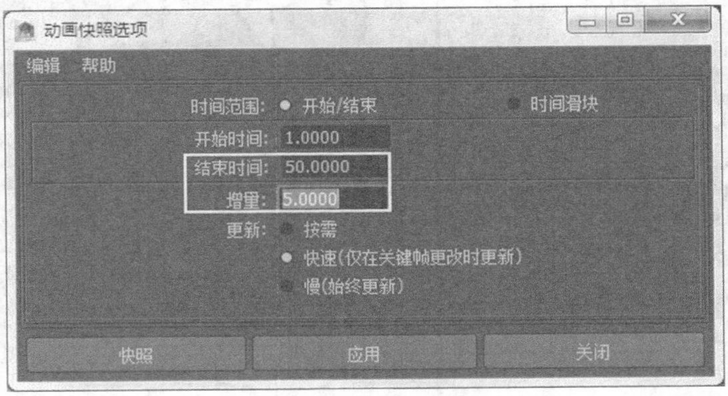

图22-29

图22-30

03 在“大纲视图”对话框中选择root骨架，然后打开“曲线图编辑器”对话框，选择“平移z”

节点，显示出z轴的运动曲线，如图22-31所示。

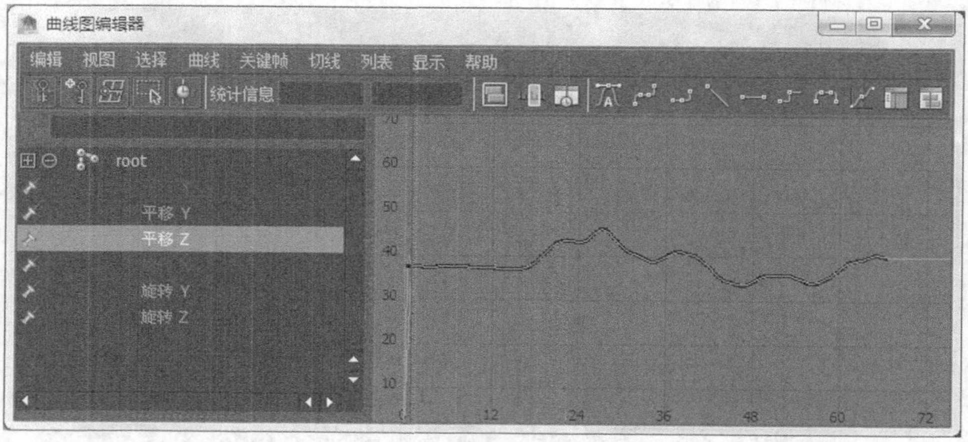

图22-31

04 在“曲线图编辑器”对话框中执行“曲线>简化曲线”菜单命令，以简化曲线，这样就可以很方便地通过调整曲线来改变人体的运动状态，然后单击工具栏中的“平坦切线”按钮，使关键帧曲线都变成平直的切线，如图22-32所示。

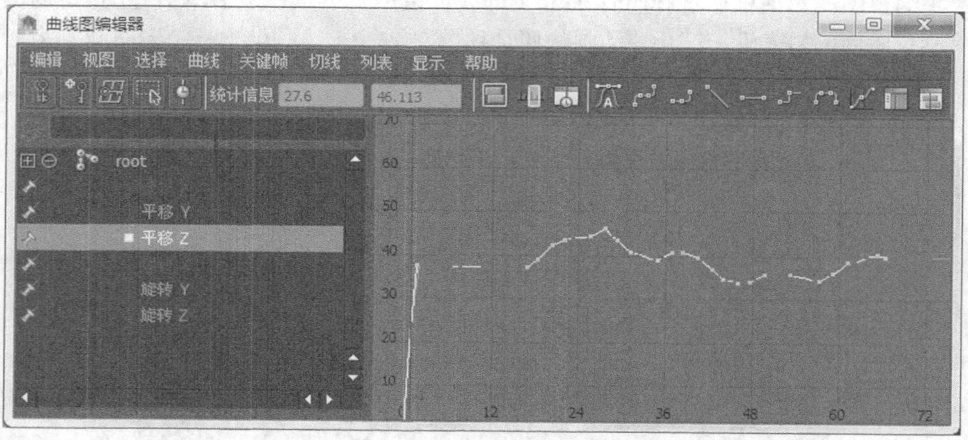

图22-32

05 保持对root骨架组的选择，执行“动画>创建可编辑的运动轨迹”菜单命令，创建一条运动轨迹，如图22-33所示。

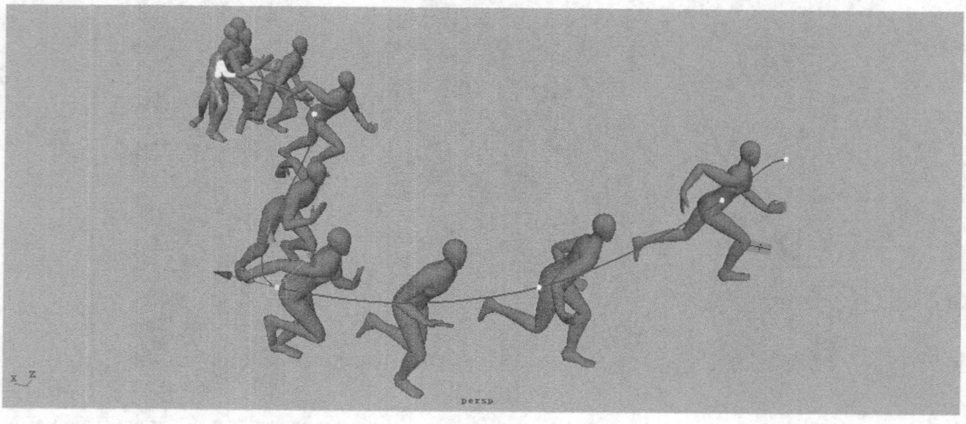

图22-33

06 用鼠标中键在“曲线图编辑器”对话框中对人体的运动曲线进行调整，这样就可以通过编辑运动曲线来控制人体的运动，调整好的曲线形状如图22-34所示。调节完成后单击“向前播放”按钮▶，播放场景动画并观察效果，如图22-35所示。

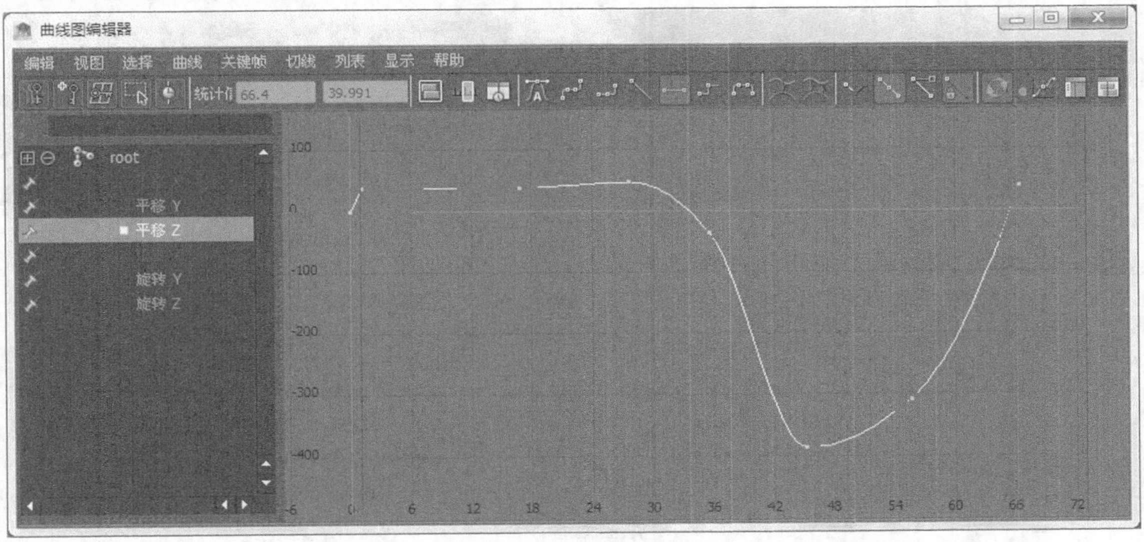

图22-34

图22-35

07 在产生动画快照关键帧的位置选中root骨架，然后沿y轴对其进行旋转，此时可以观察到对动画快照的旋转方向也产生了影响，如图22-36所示。

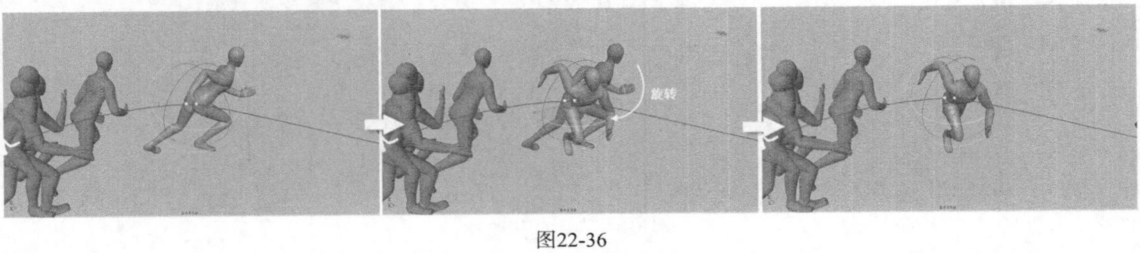

图22-36

08 在多个动画快照关键帧的位置沿y轴旋转root骨架，如图22-37所示。

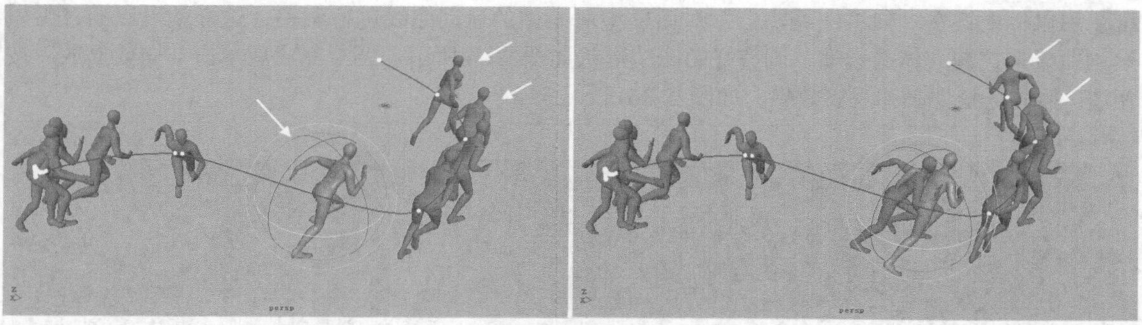

图22-37

09 完成动画快照动画的制作后，播放场景动画，最终效果如图22-38所示。

图22-38

22.5 变形器

使用Maya提供的变形功能，可以改变可变形物体的几何形状，在可变形物体上产生各种变形效果。可变形物体就是由控制顶点构建的物体。这里所说的控制顶点，可以是NURBS曲面的控制点、多边形曲面的顶点、细分曲线的顶点和晶格物体的晶格点。由此可以得出，NURBS曲线、NURBS曲面、多边形曲面、细分曲面和晶格物体都是可变形物体，如图22-39所示。

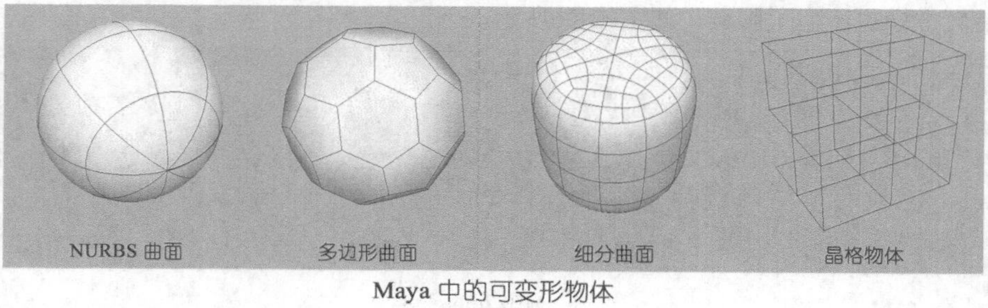

图22-39

为了满足制作变形动画的需要，Maya提供了各种功能齐全的变形器，用于创建和编辑这些变形器的工具和命令都被集合在“创建变形器”菜单中，如图22-40所示，下面只针对一些常用命令进行讲解。

图22-40

22.5.1 混合变形

“混合变形”可以使用一个基础物体来与多个目标物体进行混合，能将一个物体的形状以平滑过渡的方式改变到另一个物体的形状，如图22-41所示。

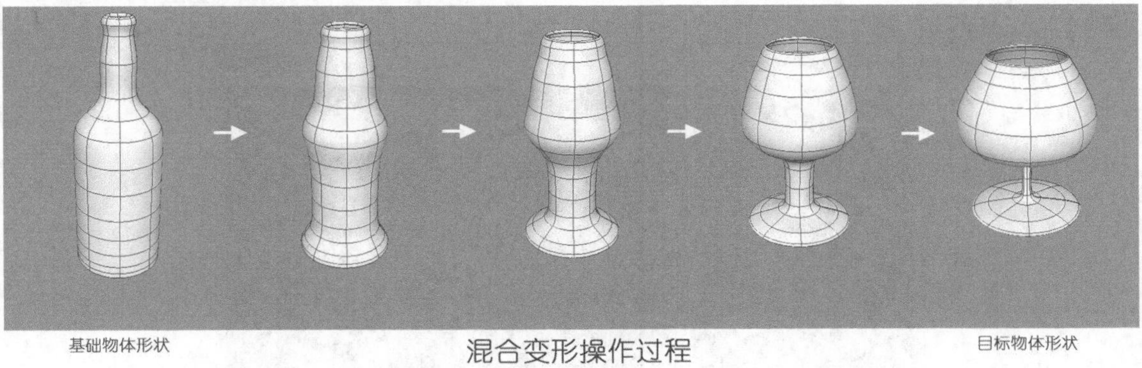

图22-41

技巧与提示

“混合变形”是一个很重要的变形工具，它经常被用于制作角色表情动画，如图22-42所示。

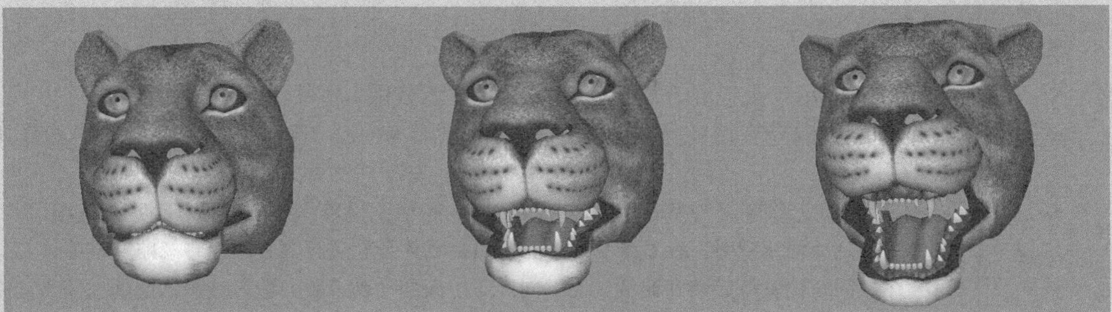

图22-42

不同于其他变形器，“混合变形”还提供了一个“混合变形”对话框（这是一个编辑器），如图22-43所示。利用这个编辑器可以控制场景中所有的混合变形，例如调节各混合变形受目标物体的影响程度，添加或删除混合变形，设置关键帧等。

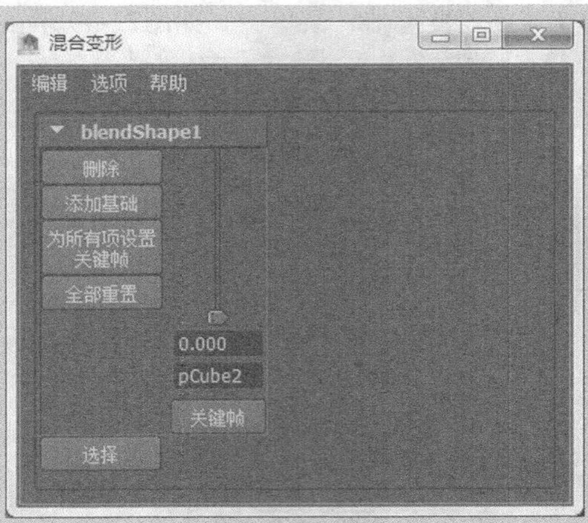

图22-43

当创建混合变形时，因为会用到多个物体，所以还要对物体的类型加以区分。如果在混合变形中，一个A物体的形状被变形到B物体的形状，通常就说B物体是目标物体，A物体是基础物体。在创建一个混合变形时，可以同时存在多个目标物体，但基础物体只有一个。

打开“创建混合变形选项”对话框，如图22-44所示。该对话框分为“基本”和“高级”两个选项卡。

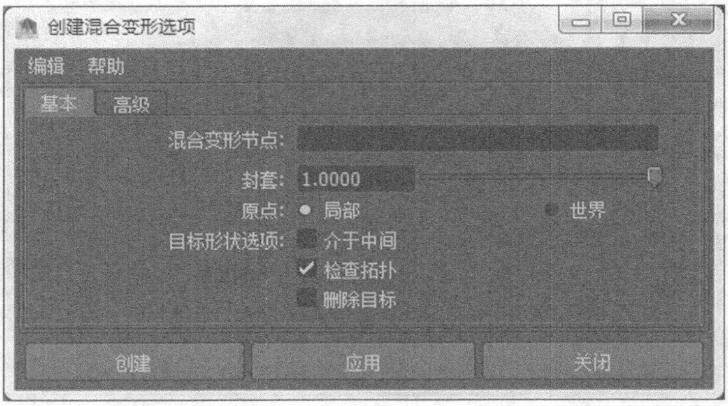

图22-44

1.基本

基本选项卡参数介绍

❖ 混合变形节点：用于设置混合变形运算节点的具体名称。

❖ 封套：用于设置混合变形的比例系数，其取值范围为0~1。数值越大，混合变形的作用效果就越明显。

❖ 原点：指定混合变形是否与基础物体的位置、旋转和比例有关，包括以下两个选项。

✧ 局部：当选择该选项时，在基础物体形状与目标物体形状进行混合时，将忽略基础物体与目标物体之间在位置、旋转和比例上的不同。对于面部动画设置，应该选择该选项，因为在制作面部表情动画时通常要建立很多的目标物体形状。

✧ 世界：当选择该选项时，在基础物体形状与目标物体形状进行混合时，将考虑基础物体与目标物体之间在位置、旋转和比例上的任何差别。

❖ 目标形状选项：共有以下3个选项。

✧ 介于中间：指定是依次混合还是并行混合。如果启用该选项，混合将依次发生，形状过渡将按照选择目标形状的顺序发生；如果禁用该选项，混合将并行发生，各个目标对象形状能够以并行方式同时影响混合，而不是逐个依次进行。

✧ 检查拓扑：该选项可以指定是否检查基础物体形状与目标物体形状之间存在相同的拓扑结构。

✧ 删除目标：该选项指定在创建混合变形后是否删除目标物体形状。

2.高级

单击“高级”选项卡，切换到“高级”参数设置面板，如图22-45所示。

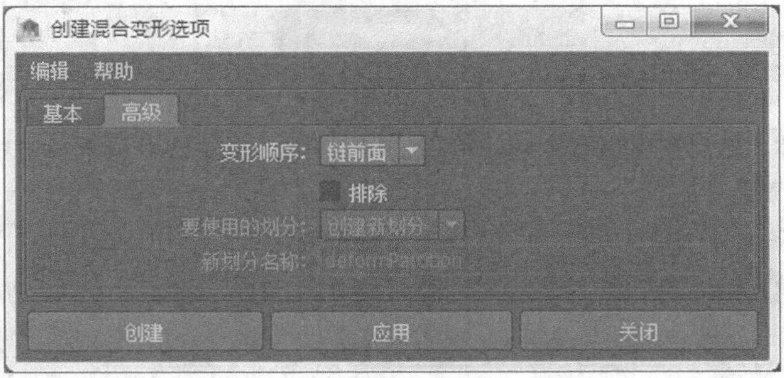

图22-45

高级选项卡参数介绍

❖ 变形顺序：指定变形器节点在可变形对象的历史中的位置。

❖ 排除：指定变形器集是否位于某个划分中，划分中的集可以没有重叠的成员。如果启用该选项，“要使用的划分”和“新划分名称”选项才可用。

❖ 要使用的划分：列出所有的现有划分。

❖ 新划分名称：指定将包括变形器集的新划分的名称。

【练习22-3】：用混合变形制作表情动画

场景文件 学习资源>场景文件>CH22>c.mb
实例文件 学习资源>实例文件>CH22>练习22-3.mb
技术掌握 掌握混合变形的用法

表情动画的制作大致分为两种，一种是使用骨架和簇来控制面部的变形，另一种就是直接通过“混合变形”来驱动模型。本例的表情动画就是用“混合变形”来制作的，如图22-46所示。

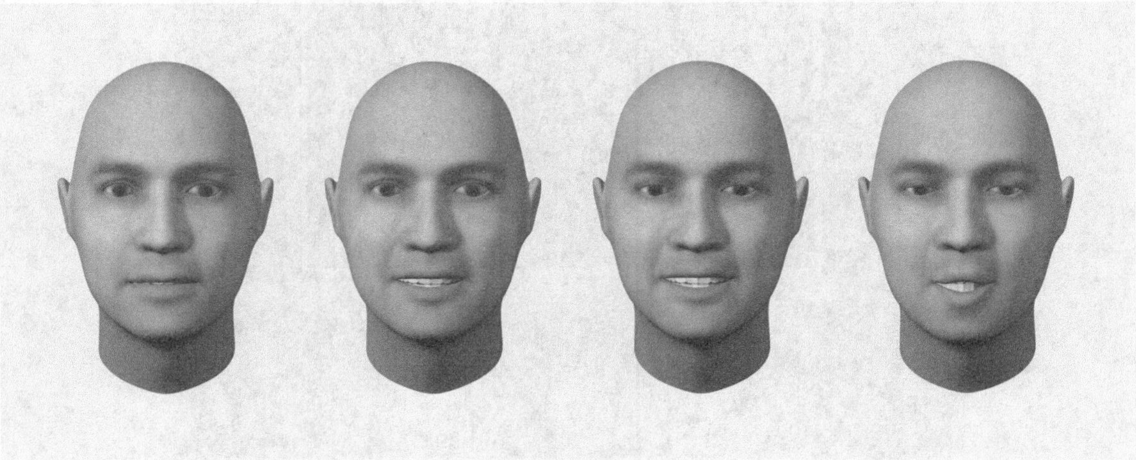

图22-46

01 打开学习资源中的“场景文件>CH22>c.mb”文件，如图22-47所示。

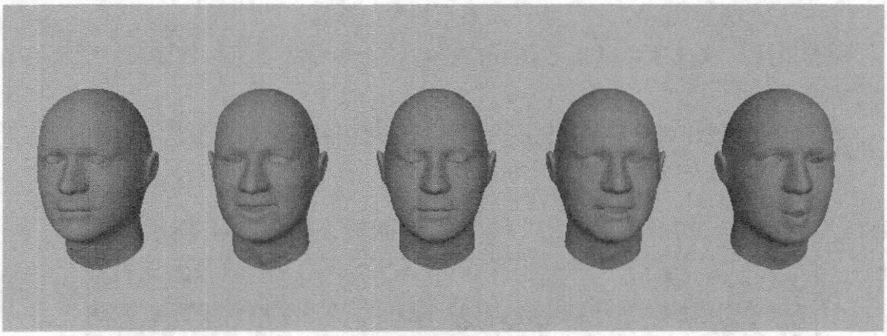

图22-47

02 选中目标物体，然后按住Shift键的同时加选基础物体，如图22-48所示，接着执行“创建变形器>混合变形”菜单命令。

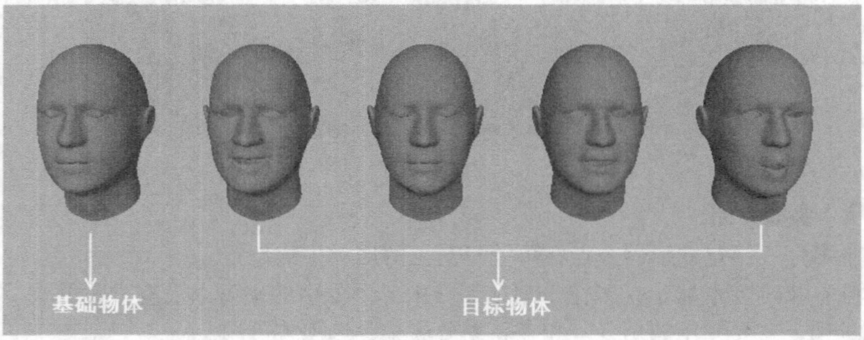

图22-48

03 执行“窗口>动画编辑器>混合变形”菜单命令，打开“混合变形”对话框，此时该对话框中已经出现4个权重滑块，这4个滑块的名称都是以目标物体命名的，当调整滑块的位置时，基础物体就会按照目标物体逐渐进行变形，如图22-49所示。

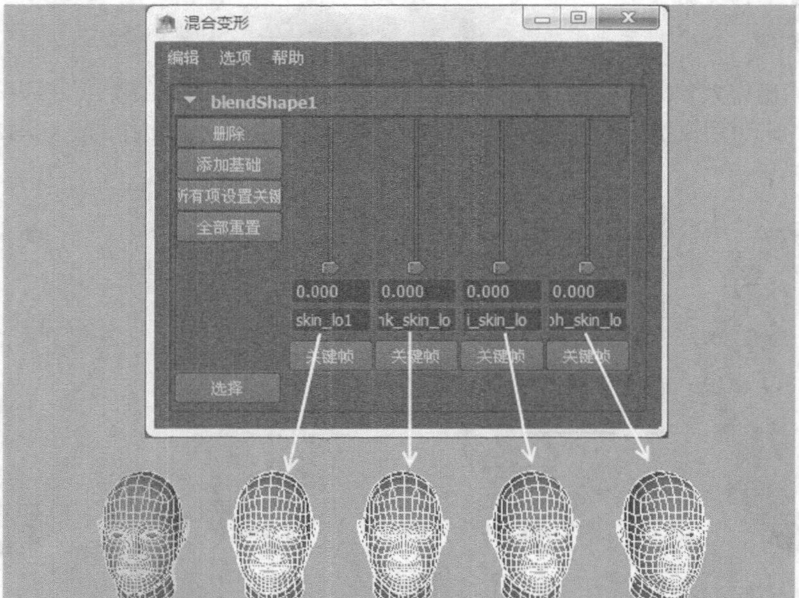

图22-49

技巧与提示

下面要制作一个人物打招呼，发音为Hello的表情动画。首先观察场景中的模型，从左至右依次是常态、笑、闭眼、e音和əu音的形态，如图22-50所示。

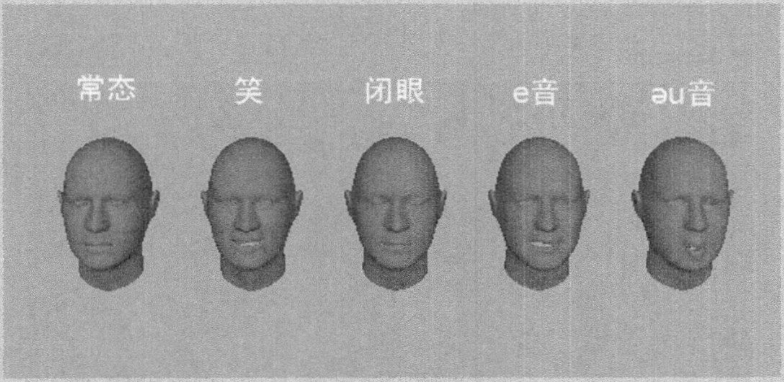

图22-50

要制作出发音为Hello的表情动画，首先要知道Hello的发音为'heləu，其中有两个元音音标，分别是e和əu，这就是Hello的字根。因此要制作出Hello的表情动画，只需要制作出角色发出e和əu的发音口型就可以了，如图22-51所示。

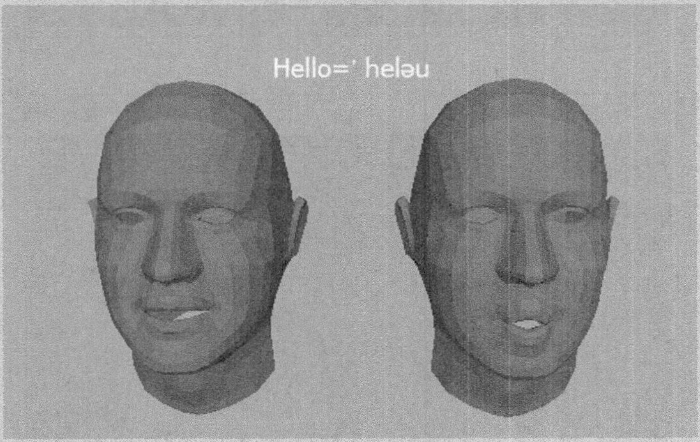

图22-51

04 确定当前时间为第1帧，然后在“混合变形”对话框中单击“所有项设置关键帧”按钮，如图22-52所示。

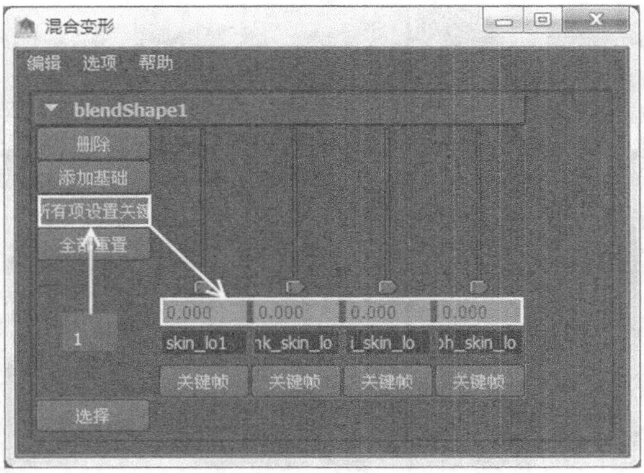

图22-52

05 确定当前时间为第8帧，然后单击第3个权重滑块下面的“关键帧”按钮，为其设置关键帧，如图22-53所示，接着在第15帧位置设置第3个权重滑块的数值为0.8，再单击“关键帧”按钮，为其设置关键帧，如图22-54所示，此时基础物体已经在按照第3个目标物体的嘴型发音了，如图22-55所示。

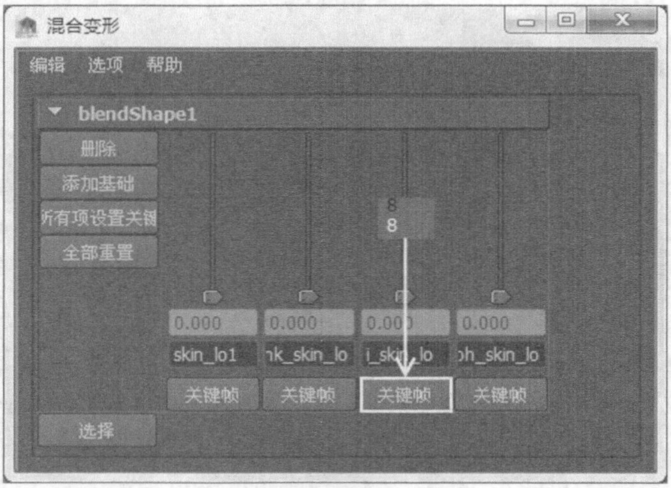

图22-53

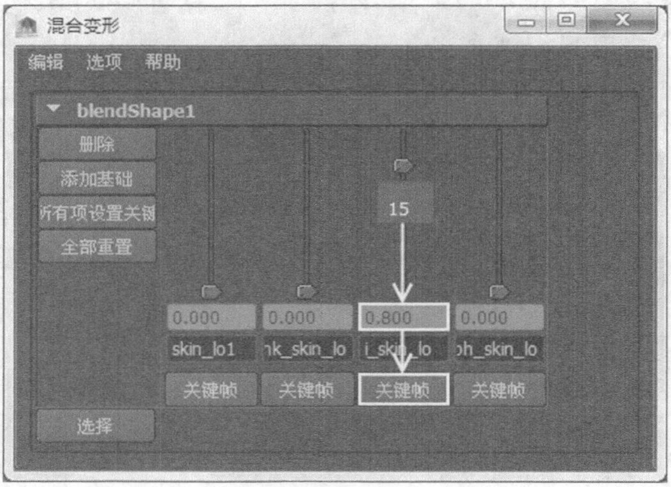

图22-54

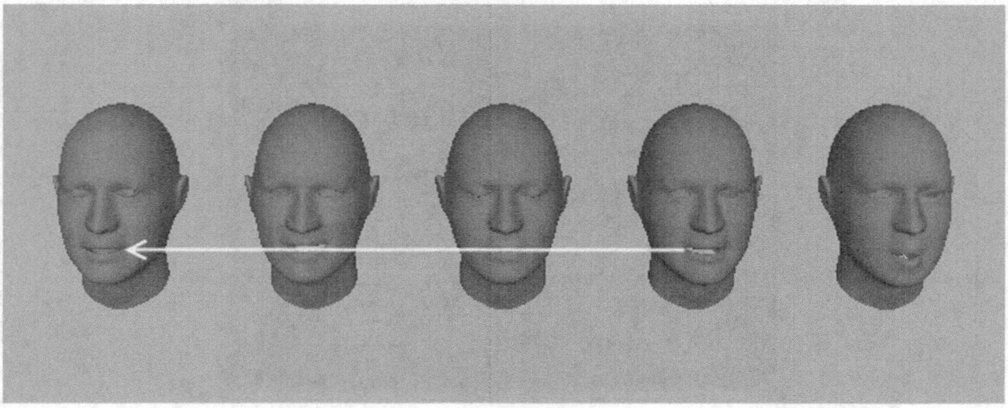

图22-55

06 在第18帧位置设置第3个权重滑块的数值为0，然后单击“关键帧”按钮，为其设置关键帧，如图22-56所示，接着在第16帧位置设置第4个权重滑块的数值为0，再单击“关键帧”按钮，为其设置关键帧，如图22-57所示。

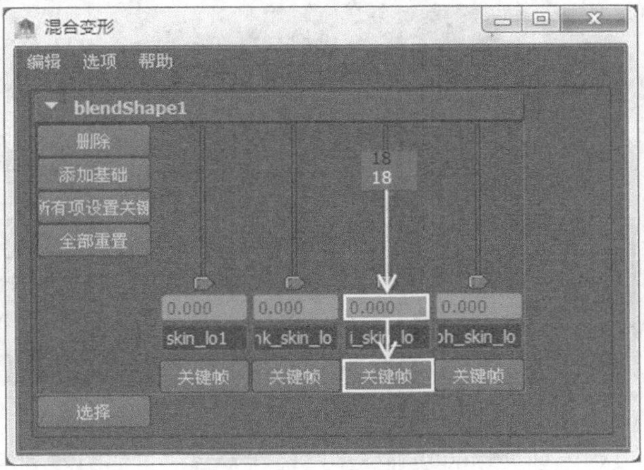

图22-56

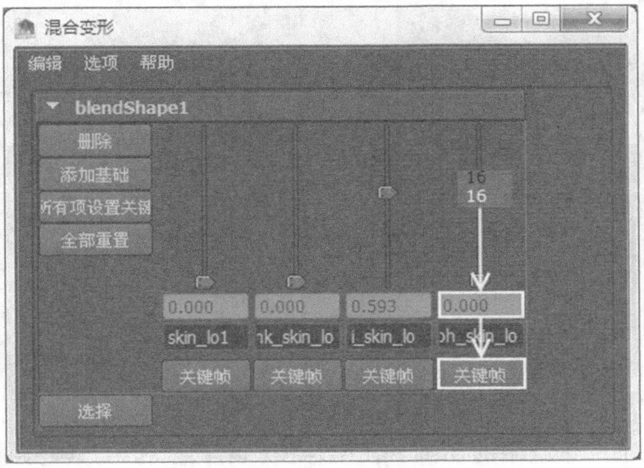

图22-57

07 在第19帧位置设置第4个权重滑块的数值为0.8，然后为其设置关键帧，如图22-58所示，接着在第23帧位置设置第4个权重滑块的数值为0，并为其设置关键帧，如图22-59所示。

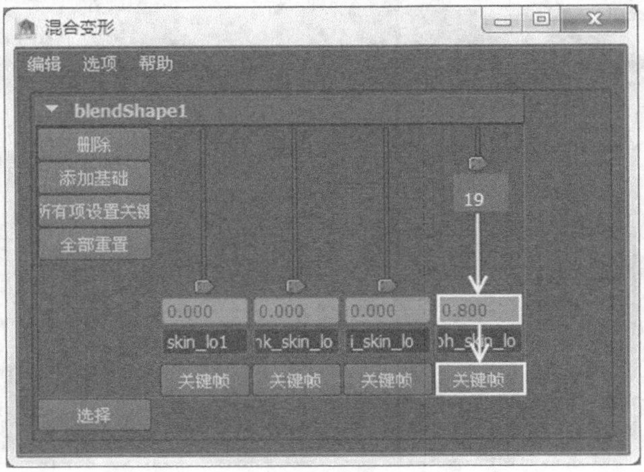

图22-58

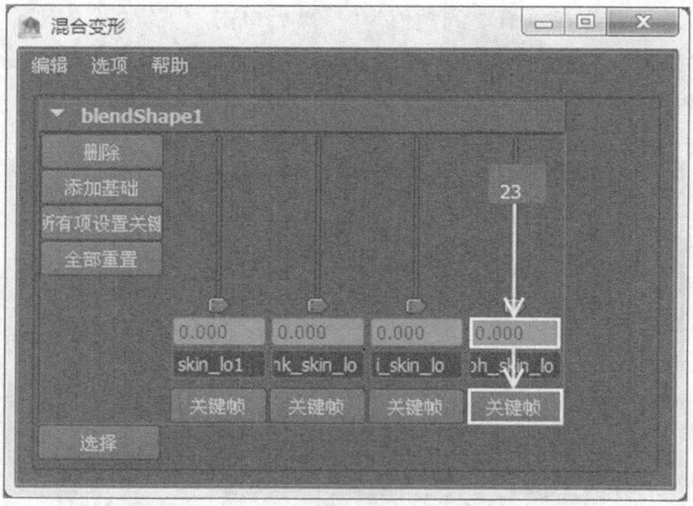

图22-59

08 播放动画，此时可以观察到人物的基础模型已经在发音了，如图22-60所示。

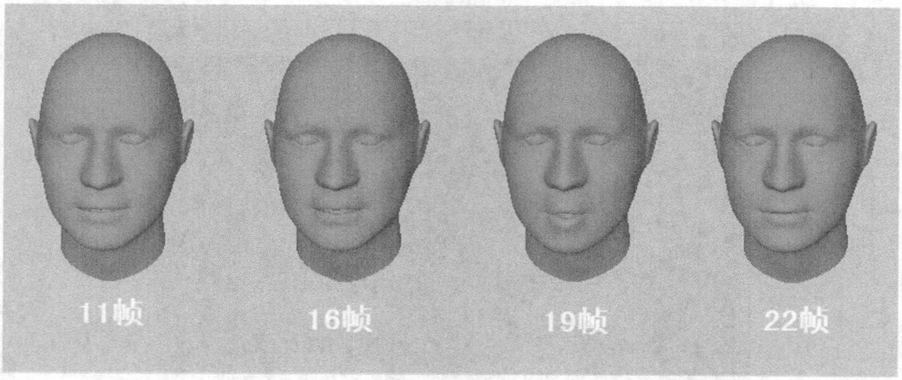

图22-60

09 下面为基础模型添加一个眨眼的动画。在第14帧、第18帧和第21帧分别设置第2个权重滑块的数值为0、1、0，并分别为其设置关键帧，如图22-61、图22-62和图22-63所示。

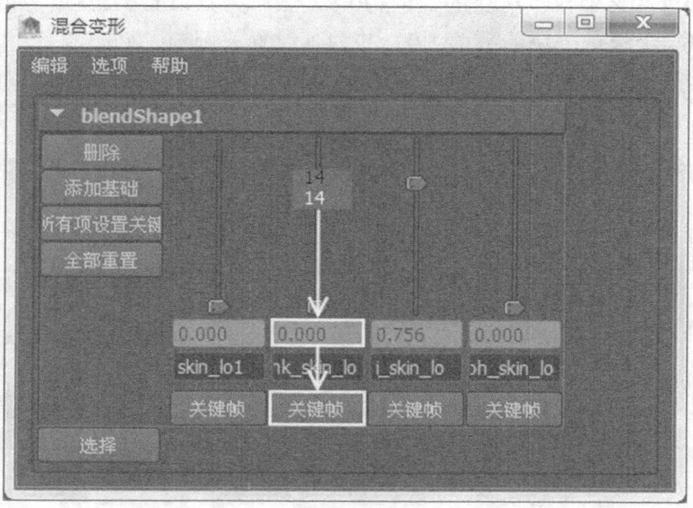

图22-61

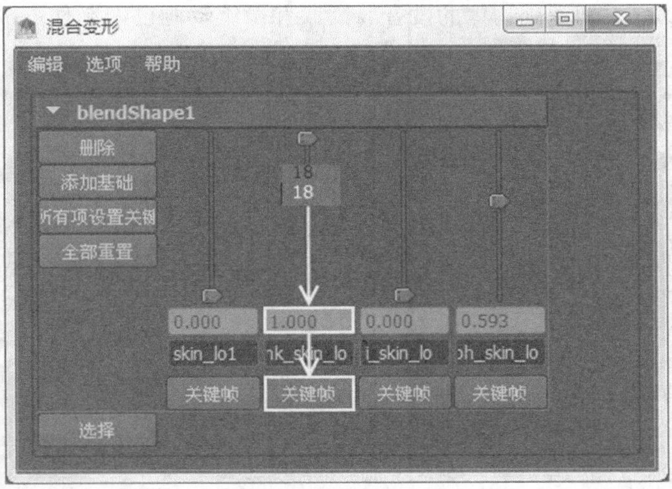

图22-62

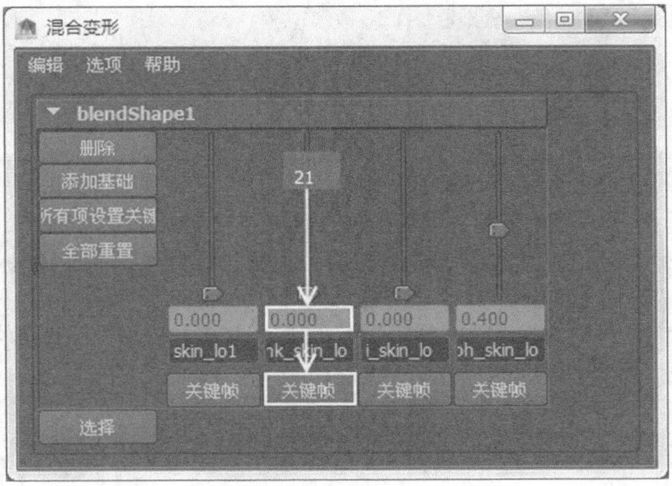

图22-63

10 下面为基础模型添加一个微笑的动画。在第10帧位置设置第1个权重滑块的数值为0.4，然后为其设置关键帧，如图22-64所示。

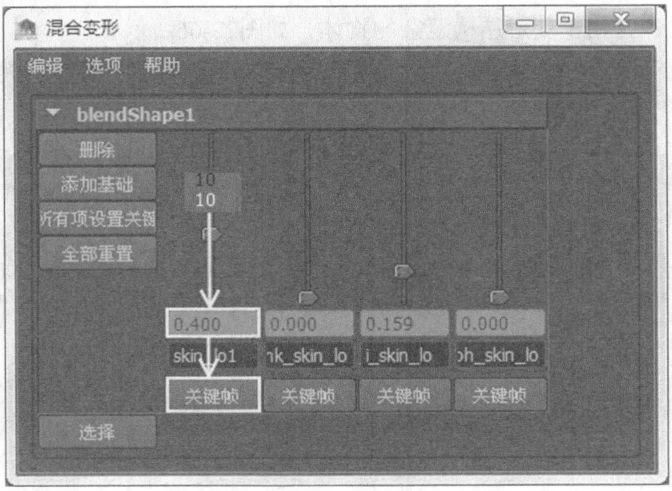

图22-64

11 播放动画，可以观察到基础物体的发音、眨眼和微笑动画已经制作完成了，最终效果如图22-65所示。

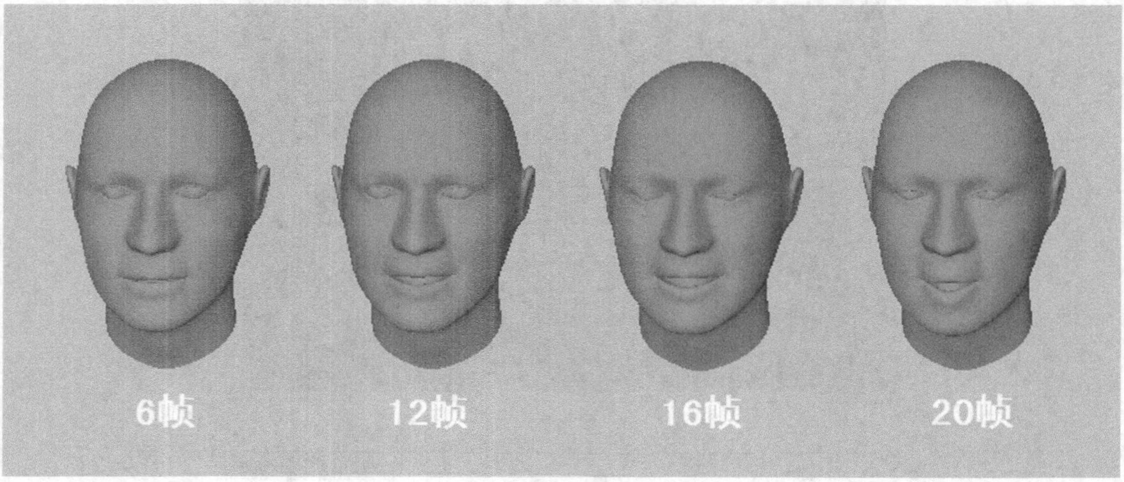

图22-65

技术专题 [删除混合变形的方法]

删除混合变形的方法主要有以下两种。

第1种：首先选择基础物体模型，然后执行“编辑>按类型删除>历史”菜单命令，这样在删除模型构造历史的同时，也就删除了混合变形。需要注意的是，这种方法会将基础物体上存在的所有构造历史节点全部删除，而不仅仅删除混合变形节点。

第2种：执行“窗口>动画编辑器>混合变形”菜单命令，打开“混合变形”对话框，然后单击“删除”按钮，将相应的混合变形节点删除。

22.5.2 晶格

“晶格”变形器可以利用构成晶格物体的晶格点来自由改变可变形物体的形状，在物体上创造出变形效果。用户可以直接移动、旋转或缩放整个晶格物体来整体影响可变形物体，也可以调整每个晶格点，在可变形物体的局部创造变形效果。

“晶格”变形器经常用于变形结构复杂的物体，如图22-66所示。

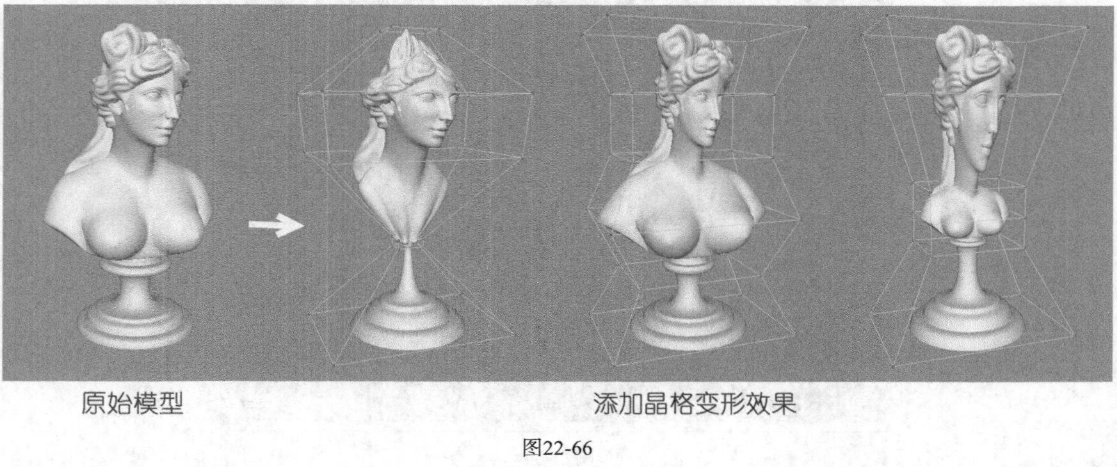

图22-66

技巧与提示

“晶格”变形器可以利用环绕在可变形物体周围的晶格物体，自由改变可变形物体的形状。

“晶格”变形器依靠晶格物体来影响可变形物体的形状。晶格物体是由晶格点构建的线框结构物体，可以采用直接移动、旋转、缩放晶格物体或调整晶格点位置的方法创建晶格变形效果。

一个完整的晶格物体由“基础晶格”和“影响晶格”两部分构成。在编辑晶格变形效果时，其实就是对影响晶格进行编辑操作，晶格变形效果是基于基础晶格的晶格点和影响晶格的晶格点之间存在的差别而创建的。在默认状态下，基础晶格被隐藏，这样可以方便对影响晶格进行编辑操作。但是变形效果始终取决于影响晶格和基础晶格之间的关系。

打开“晶格选项”对话框，如图22-67所示。

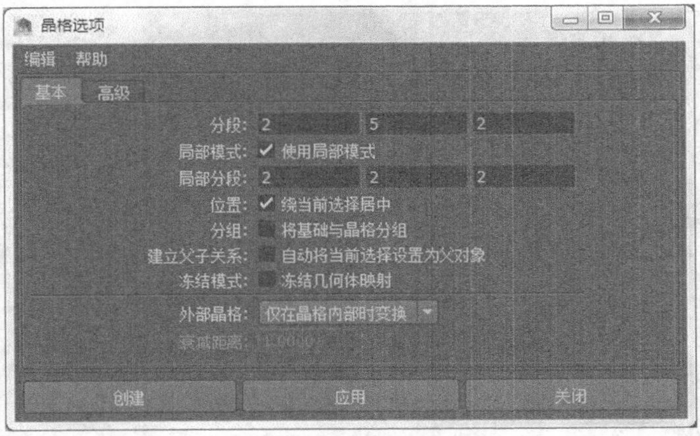

图22-67

晶格选项介绍

- 分段：在晶格的局部STU空间中指定晶格的结构（STU空间是为指定晶格结构提供的一个特定的坐标系统）。
- 局部模式：当勾选“使用局部模式”选项时，可以通过设置“局部分段”数值来指定每个晶格点能影响靠近其自身的可变形物体上的点的范围；当关闭该选项时，每个晶格点将影响全部可变形物体上的点。
- 局部分段：只有在“局部模式”中勾选了“使用局部模式”选项时，该选项才起作用。“局部分段”可以根据晶格的局部STU空间指定每个晶格点的局部影响力的范围大小。
- 位置：指定创建晶格物体将要放置的位置。
- 分组：指定是否将影响晶格和基础晶格放置到一个组中，编组后的两个晶格物体可以同时进行移动、旋转或缩放等变换操作。
- 建立父子关系：指定在创建晶格变形后是否将影响晶格和基础晶格作为选择可变形物体的子物体，从而在可变形物体和晶格物体之间建立父子连接关系。
- 冻结模式：指定是否冻结晶格变形映射。当勾选该选项时，在影响晶格内的可变形物体组分元素将被冻结，即不能对其进行移动、旋转或缩放等变换操作，这时可变形物体只能被影响晶格变形。
- 外部晶格：指定晶格变形对可变形物体上点的影响范围，共有以下3个选项。
  - 仅在晶格内部时变换：只有在基础晶格之内的可变形物体点才能被变形，这是默认选项。
  - 变换所有点：所有目标可变形物体上（包括在晶格内部和外部）的点，都能被晶格物体变形。
  - 在衰减范围内则变换：只有在基础晶格和指定衰减距离之内的可变形物体点，才能被晶格物体变形。

❖ 衰减距离：只有在“外部晶格”中选择了“在衰减范围内则变换”选项时，该选项才起作用。该选项用于指定从基础晶格到哪些点的距离能被晶格物体变形，衰减距离的单位是实际测量的晶格宽度。

【练习22-4】：用晶格变形器调整雕塑外形

场景文件 学习资源>场景文件>CH22>d.mb
实例文件 学习资源>实例文件>CH22>练习22-4.mb
技术掌握 掌握晶格变形器的用法

本例使用“晶格”变形器将雕塑模型变形后的效果如图22-68所示（左图为变形前，右图为变形后）。

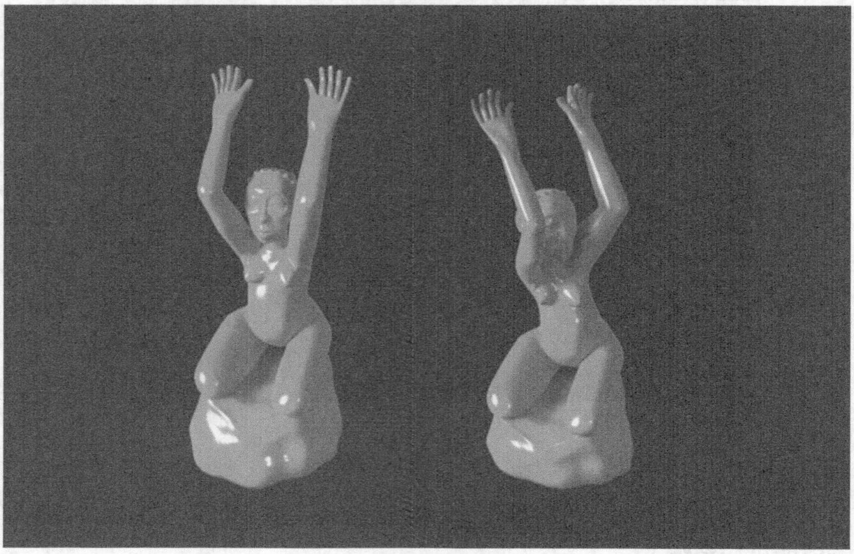

图22-68

01 打开学习资源中的“场景文件>CH22>d.mb”文件，如图22-69所示。

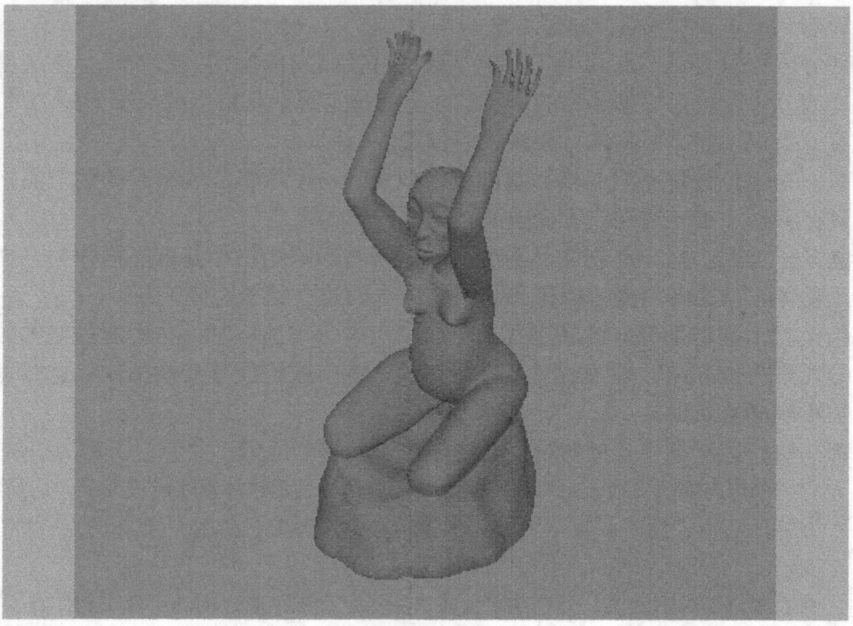

图22-69

02 选中雕塑模型，然后执行“创建变形器>晶格”菜单命令，创建一个“晶格”变形器，效果如图22-70所示。

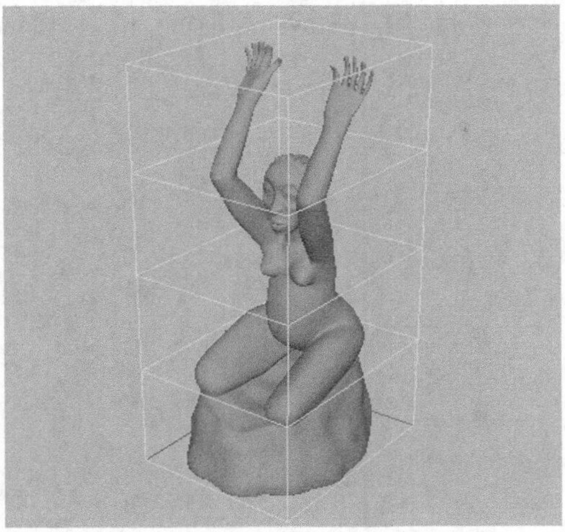

图22-70

03 选择晶格，然后在“通道盒”中设置“S分段数”为4、“T分段数”为5、“U分段数”为4，如图22-71所示。

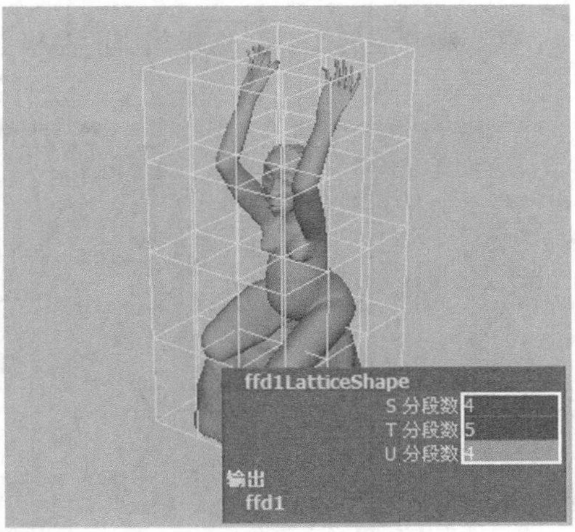

图22-71

04 选中晶格框，然后在模型之外单击鼠标右键，接着在弹出的菜单中选择“晶格点”命令，如图22-72所示。

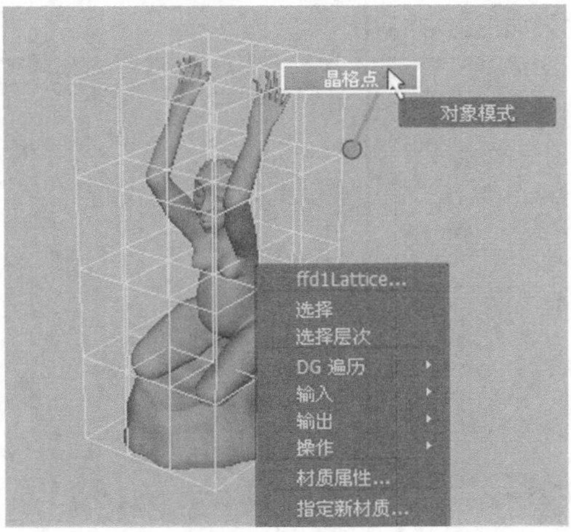

图22-72

技巧与提示

执行“晶格点”命令可以进入晶格点编辑模式，如图22-73所示。

图22-73

05 用“移动工具”“缩放工具”和“旋转工具”选择相应的晶格点，然后对其进行相应的调整，如图22-74所示。

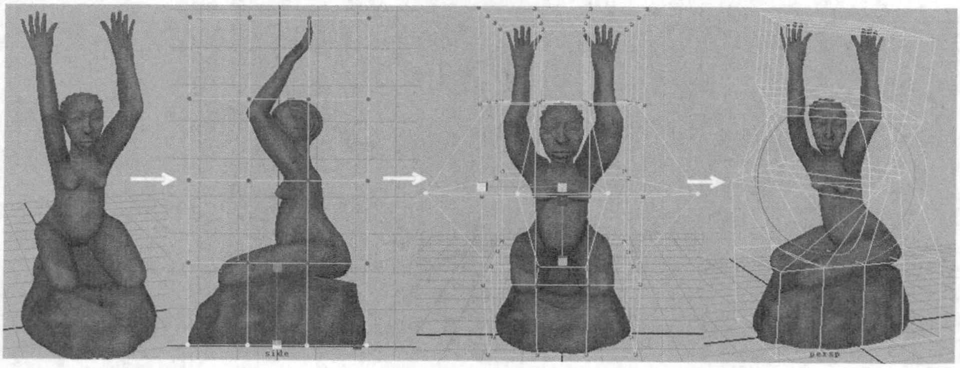

图22-74

06 选择雕塑模型，然后执行“编辑>按类型删除>历史”菜单命令，删除晶格，但模型的变形效果仍然会保留下来，最终效果如图22-75所示。

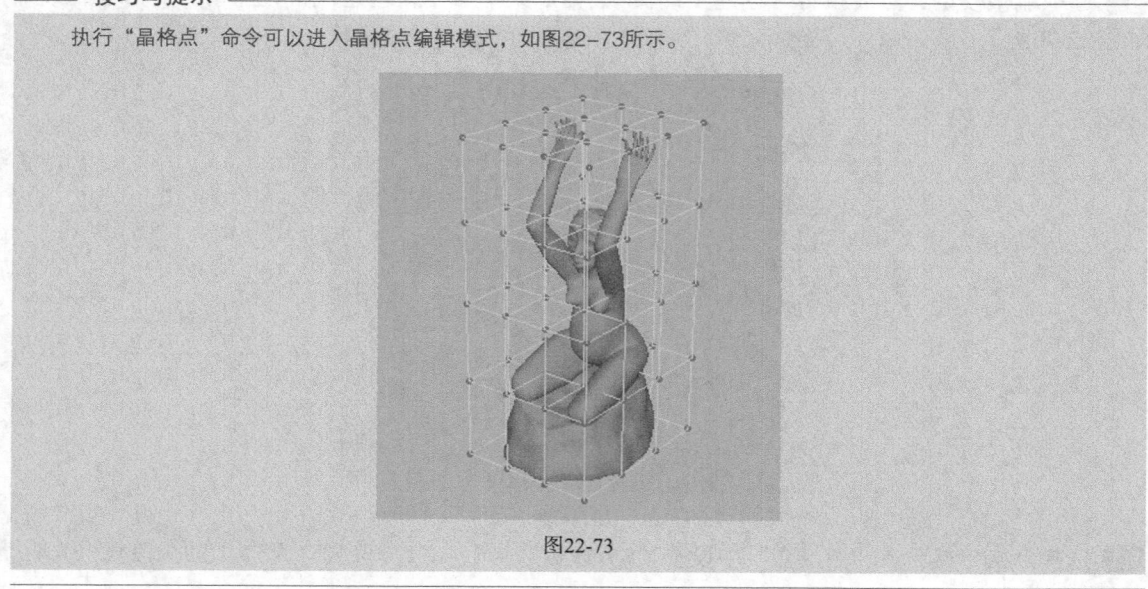

图22-75

22.5.3 包裹

“包裹”变形器可以使用NURBS曲线、NURBS曲面或多边形表面网格作为影响物体来改变可变形物体的形状。在制作动画时，经常会采用一个低精度模型通过“包裹”变形的方法来影响高精度模型的形状，这样可以使高精度模型的控制更加容易，如图22-76所示。

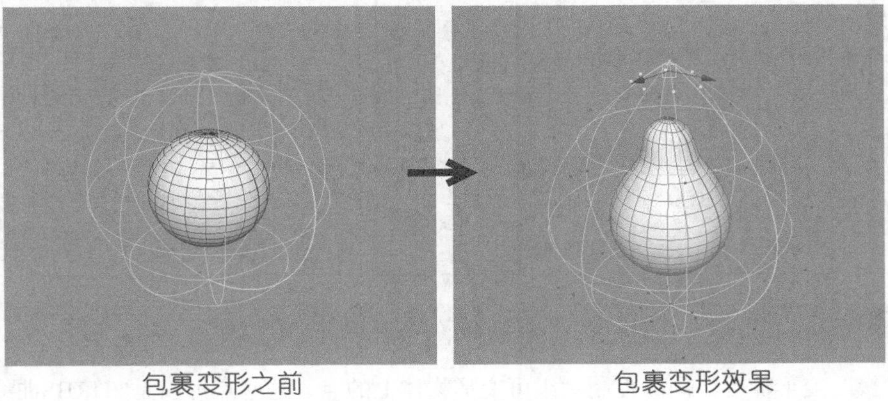

图22-76

打开“创建包裹选项”对话框，如图22-77所示。

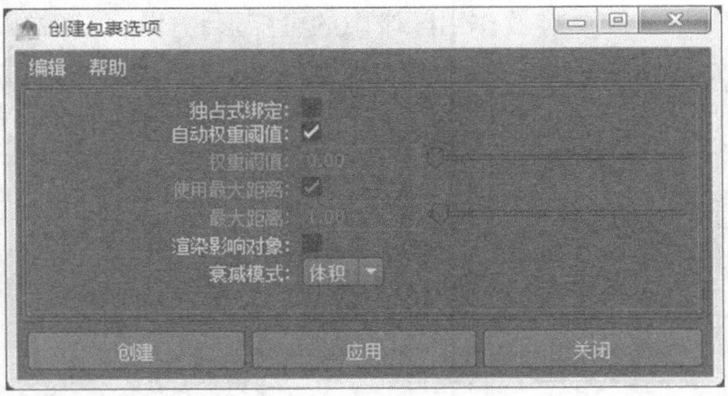

图22-77

创建包裹选项介绍

- ❖ 独占式绑定：勾选该选项后，“包裹”变形器目标曲面的行为将类似于刚性绑定蒙皮，同时“权重阈值”将被禁用。“包裹”变形器目标曲面上的每个曲面点只受单个包裹影响对象点的影响。
- ❖ 自动权重阈值：勾选该选项后，“包裹”变形器将通过计算最小“最大距离”值，自动设定包裹影响对象形状的最佳权重，从而确保网格上的每个点受一个影响对象的影响。
- ❖ 权重阈值：设定包裹影响物体的权重。根据包裹影响物体的点密度（如CV点的数量），改变“权重阈值”可以调整整个变形物体的平滑效果。
- ❖ 使用最大距离：如果要设定“最大距离”值并限制影响区域，就需要启用“使用最大距离”选项。
- ❖ 最大距离：设定包裹影响物体上每个点所能影响的最大距离，在该距离范围以外的顶点或CV点将不受包裹变形效果的影响。一般情况下都将“最大距离”设置为很小的值（不为0），然后在“通道盒”中调整该参数，直到得到满意的效果。
- ❖ 渲染影响对象：设定是否渲染包裹影响对象。如果勾选该选项，包裹影响对象将在渲染场景时可见；如果关闭该选项，包裹影响对象将不可见。
- ❖ 衰减模式：包括以下两种模式。

✧ 体积：将“包裹”变形器设定为使用直接距离来计算包裹影响对象的权重。

✧ 表面：将“包裹”变形器设定为使用基于曲面的距离来计算权重。

技巧与提示

在创建包裹影响物体时，需要注意以下4点。

第1点：包裹影响物体的CV点或顶点的形状和分布将影响包裹变形效果，特别注意的是应该让影响物体的点少于要变形物体的点。

第2点：通常要让影响物体包住要变形的物体。

第3点：如果使用多个包裹影响物体，则在创建包裹变形之前必须将它们成组。当然，也可在创建包裹变形后添加包裹来影响物体。

第4点：如果要渲染影响物体，要在“属性编辑器”对话框中的“渲染统计信息”中开启物体的“主可见性”属性。Maya在创建包裹变形时，默认情况下关闭了影响物体的“主可见性”属性，因为大多情况下都不需要渲染影响物体。

22.5.4 簇

使用“簇”变形器可以同时控制一组可变形物体上的点，这些点可以是NURBS曲线或曲面的控制点、多边形曲面的顶点、细分曲面的顶点和晶格物体的晶格点。用户可以根据需要为组中的每个点分配不同的变形权重，只要对“簇”变形器手柄进行变换（移动、旋转、缩放）操作，就可以使用不同的影响力变形“簇”有效作用区域内的可变形物体，如图22-78所示。

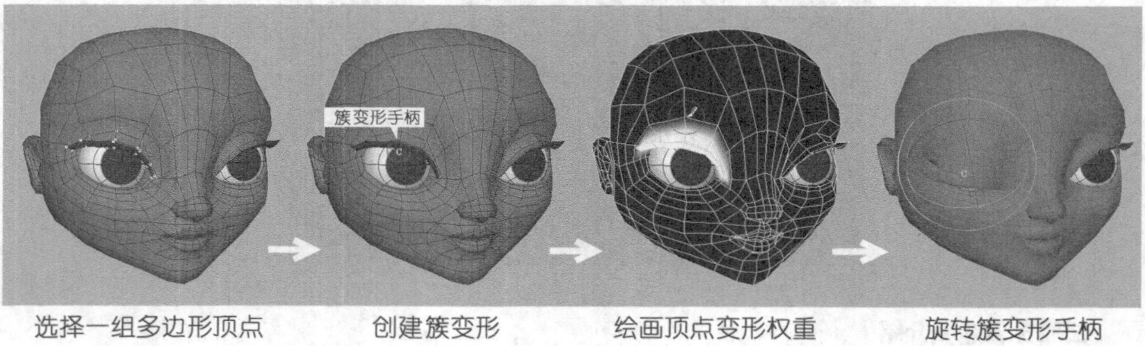

图22-78

技巧与提示

“簇”变形器会创建一个变形点组，该组中包含可变形物体上选择的多个可变形物体点，可以为组中的每个点分配变形权重的百分比，这个权重百分比表示“簇”变形在每个点上变形影响力的大小。“簇”变形器还提供了一个操纵手柄，在视图中显示为C字母图标，当对“簇”变形器手柄进行变换（移动、旋转、缩放）操作时，组中的点将根据设置的不同权重百分比来产生不同程度的变换效果。

打开“簇选项”对话框，如图22-79所示。

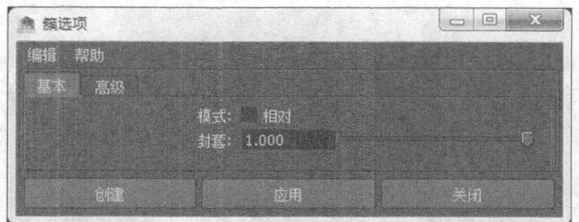

图22-79

簇选项介绍

❖ 模式：指定是否只有当“簇”变形器手柄自身进行变换（移动、旋转、缩放）操作时，“簇”变形器才能对可变形物体产生变形影响。

✧ 相对：如果勾选该选项，只有当“簇”变形器手柄自身进行变换操作时，才能引起可变形物体产生变形效果；当关闭该选项时，如果对“簇”变形器手柄的父（上一层级）物体进行变换操作，也能引起可变形物体产生变形效果，如图22-80所示。

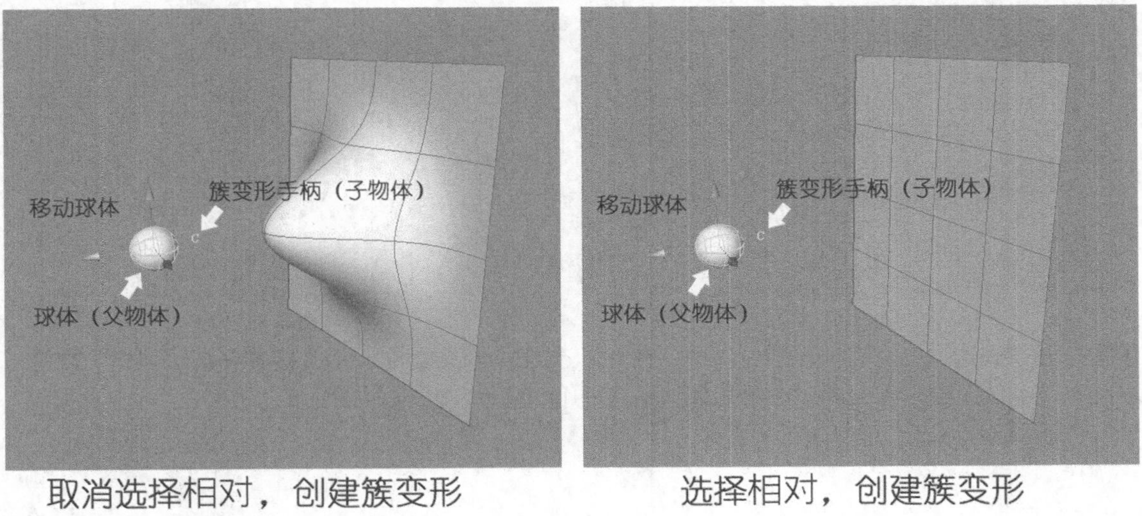

图22-80

❖ 封套：设置“簇”变形器的比例系数。如果设置为0，将不会产生变形效果；如果设置为0.5，将产生全部变形效果的一半；如果设置为1，会得到完全的变形效果。

技巧与提示

注意，Maya中顶点和控制点是无法成为父子关系的，但可以为顶点或控制点创建簇，间接实现其父子关系。

【练习22-5】：用簇变形器为鲸鱼制作眼皮

场景文件 学习资源>场景文件>CH22>e.mb
实例文件 学习资源>实例文件>CH22>练习22-5.mb
技术掌握 掌握簇变形器的用法

本例使用“簇”变形器为鲸鱼制作的眼皮效果如图22-81所示（左图为变形前，右图为变形后）。

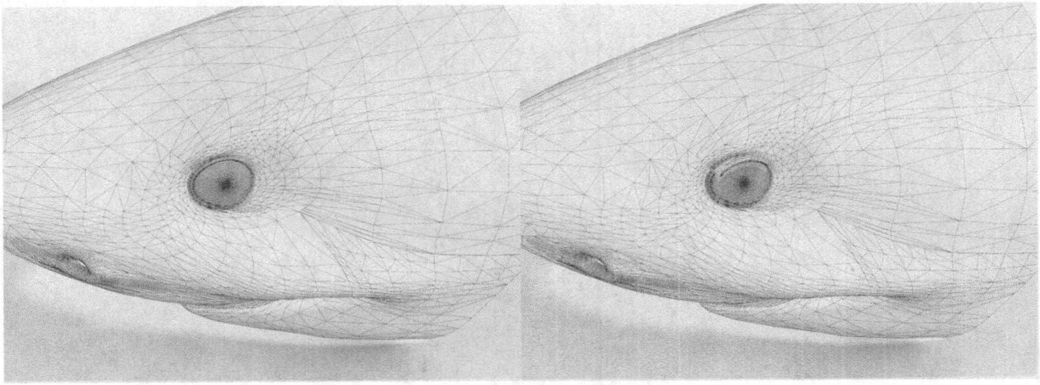

图22-81

01 打开学习资源中的“场景文件>CH22>e.mb”文件，如图22-82所示。

02 进入控制顶点级别，然后选择如图22-83所示的顶点。

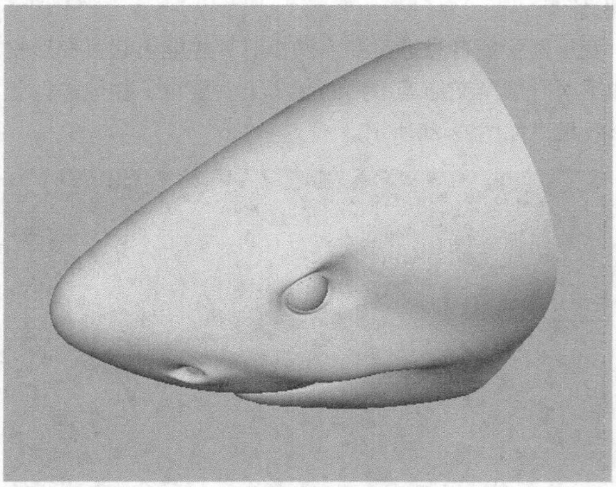

图22-82

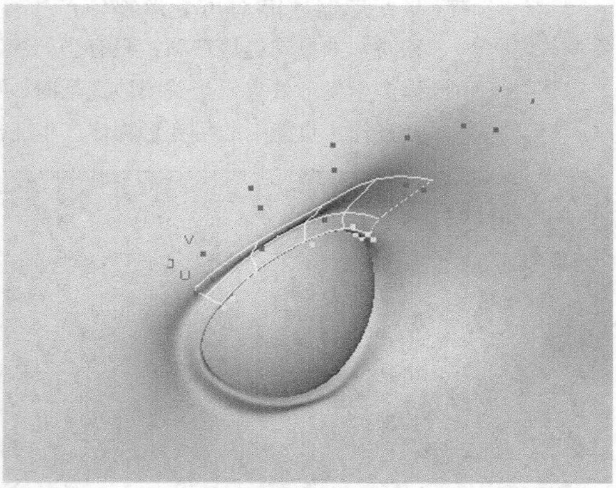

图22-83

03 打开“簇选项”对话框，然后勾选“相对”选项，如图22-84所示，接着单击“创建”按钮，创建一个“簇”变形器，此时在眼角处会出现一个C图标，如图22-85所示。

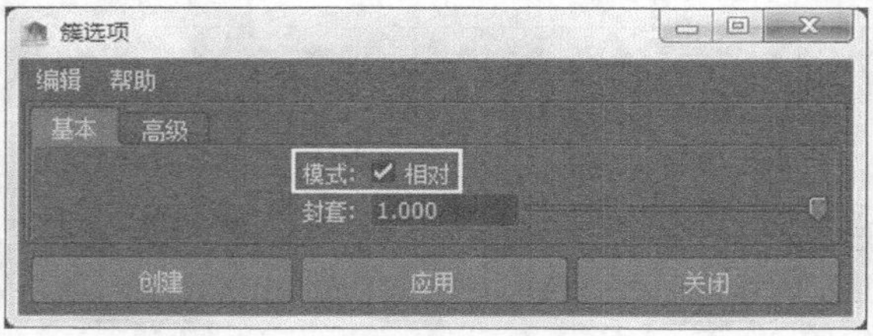

图22-84

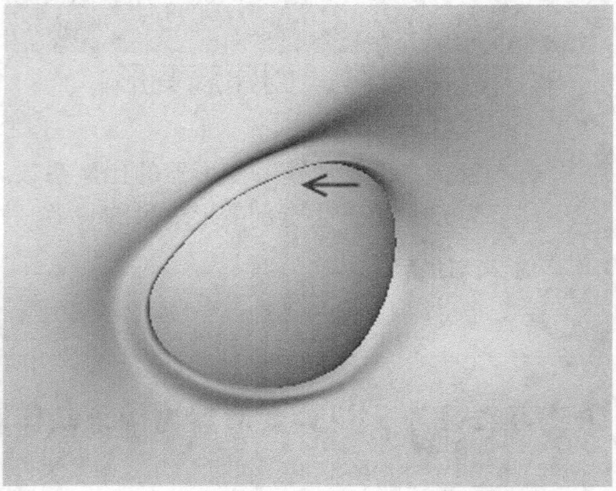

图22-85

04 用“移动工具”拖曳C图标，对眼角进行拉伸，使其变成眼皮形状，如图22-86所示。

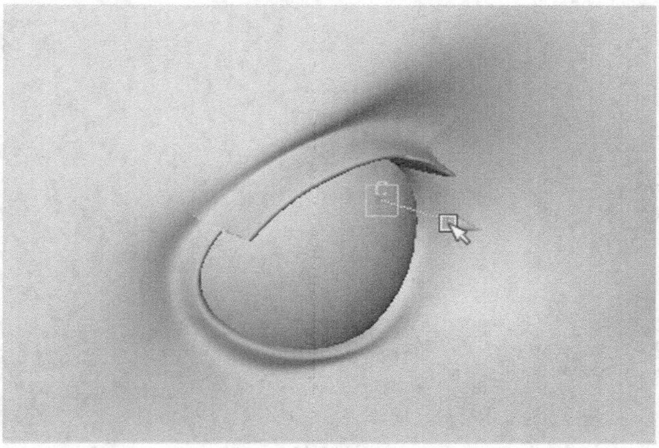

图22-86

22.5.5 非线性

“非线性”变形器菜单包含6个子命令，分别是“弯曲”“扩张”“正弦”“挤压”“扭曲”和“波浪”，如图22-87所示。

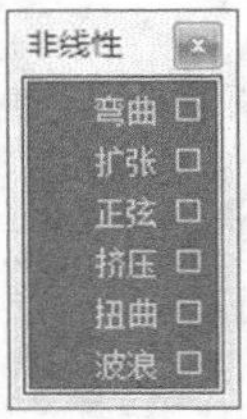

图22-87

非线性子命令介绍

❖ 弯曲：使用“弯曲”变形器可以沿着圆弧变形操纵器弯曲可变形物体，如图22-88所示。

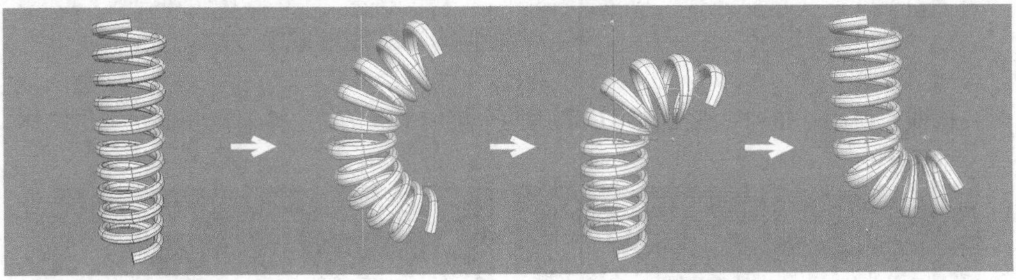

弯曲变形之前　　不同的弯曲变形效果

图22-88

❖ 扩张：使用“扩张”变形器可以沿着两个变形操纵平面来扩张或锥化可变形物体，如图22-89所示。

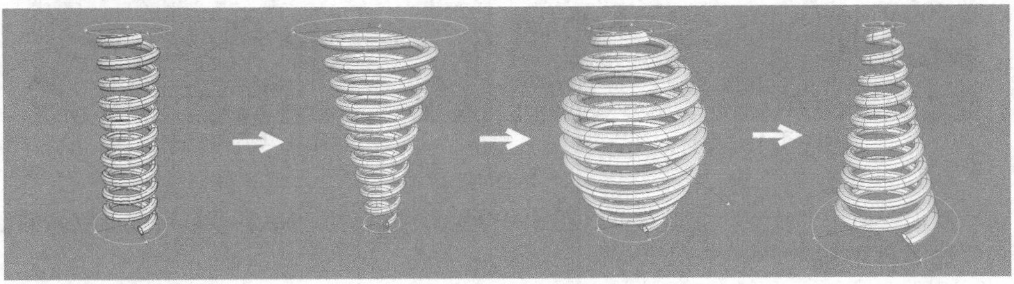

扩张变形之前　　不同的扩张变形效果

图22-89

❖ 正弦：使用“正弦”变形器可以沿着一个正弦波形改变任何可变形物体的形状，如图22-90所示。

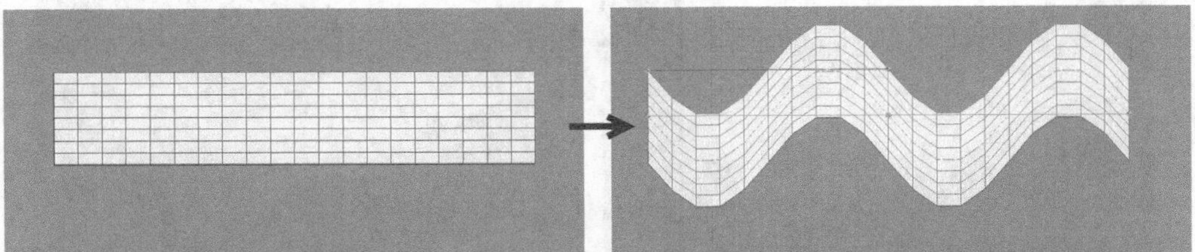

正弦变形之前　　正弦变形效果

图22-90

❖ 挤压：使用“挤压”变形器可以沿着一个轴向挤压或伸展任何可变形物体，如图22-91所示。

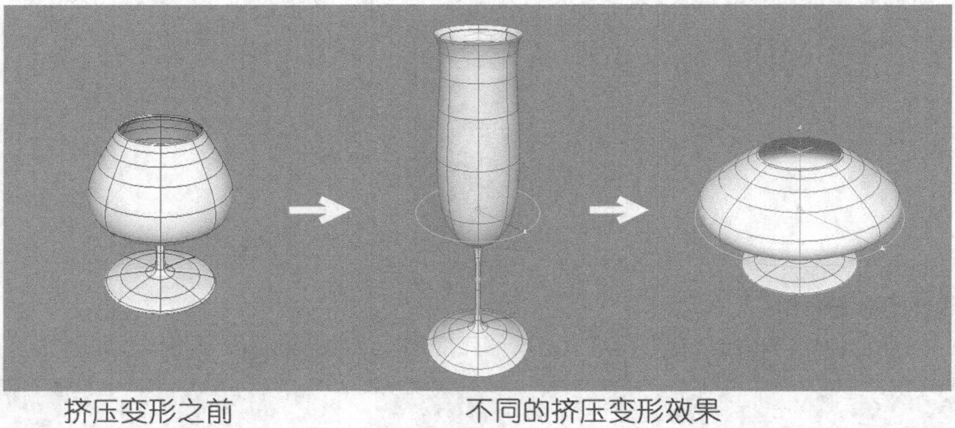

图22-91

❖ 扭曲：使用“扭曲”变形器可以利用两个旋转平面围绕一个轴向扭曲可变形物体，如图22-92所示。

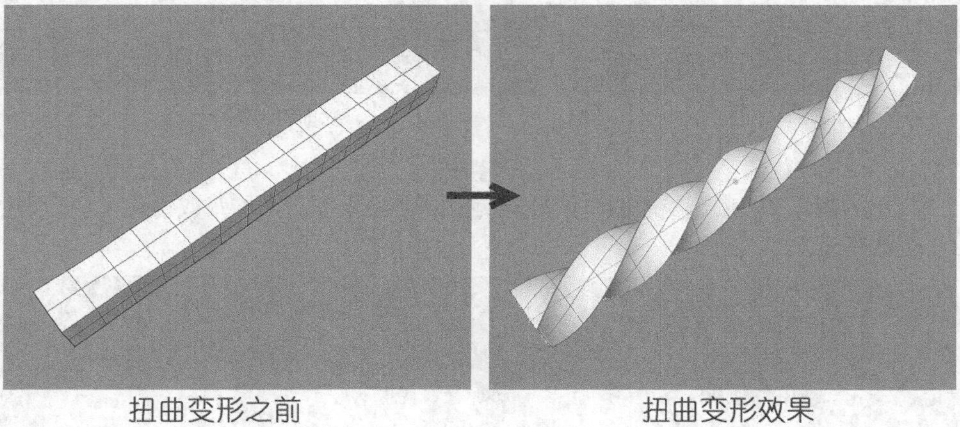

图22-92

❖ 波浪：使用“波浪”变形器可以通过一个圆形波浪变形操纵器改变可变形物体的形状，如图22-93所示。

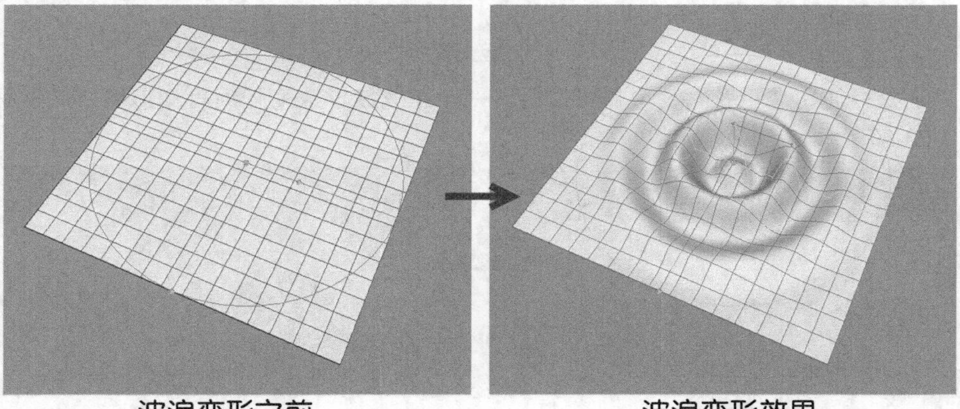

图22-93

【练习22-6】：用扭曲变形器制作螺钉

场景文件 无
实例文件 学习资源>实例文件>CH22>练习22-6.mb
技术掌握 掌握扭曲变形器的用法

本例使用“扭曲”变形器制作的螺钉效果如图22-94所示。

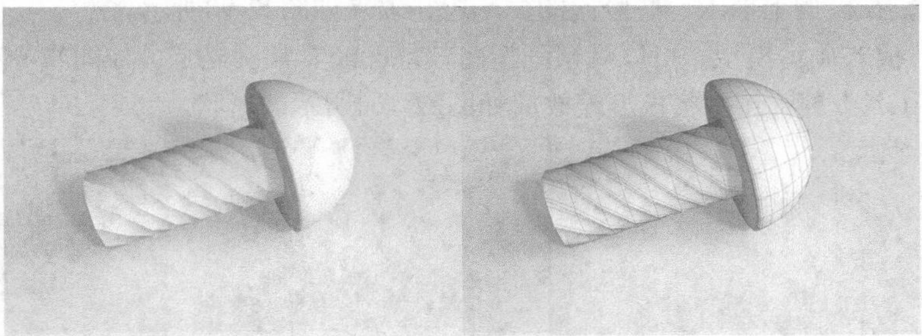

图22-94

01 执行“创建>多边形基本体>圆柱体”菜单命令，在场景中创建一个圆柱体，然后在“通道盒”中设置“轴向细分数”为10、“高度细分数”为8，如图22-95所示。

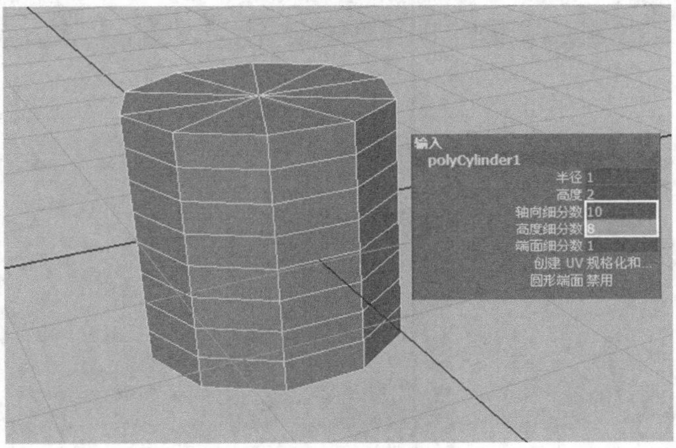

图22-95

02 执行“创建变形器>非线性>扭曲”菜单命令，然后在“通道盒”中设置“开始角度”为150，如图22-96所示。

03 按3键以平滑模式显示模型，可以观察到扭曲效果并不明显，如图22-97所示。

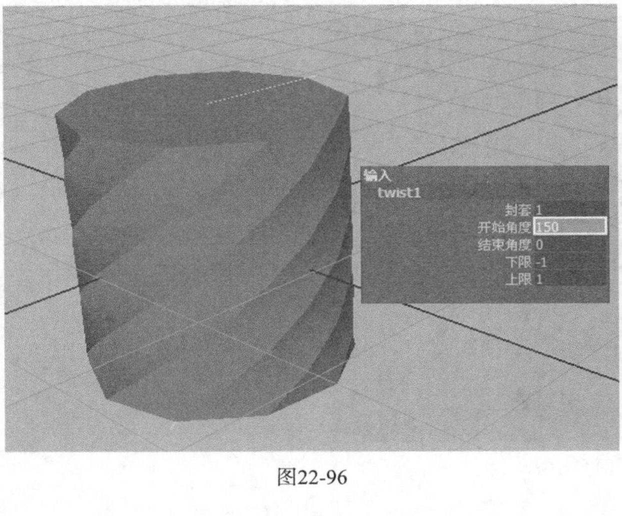

图22-96

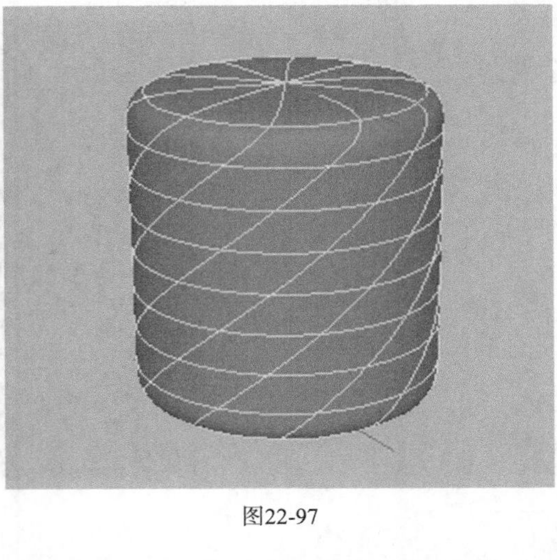

图22-97

技巧与提示

从图22-97中可以观察到，虽然已经设置了扭曲效果，但是由于模型的细分段数较少，所以扭曲效果并不明显。

04 按1键返回到硬边显示模式，然后切换到“多边形”模块，接着执行“编辑网格>插入循环边工具”菜单命令，在模型上插入一些竖向的循环边，效果如图22-98所示。

05 按3键以平滑模式显示模型，可以观察到扭曲效果已经非常明显了，如图22-99所示。

06 选择“缩放工具”，然后将模型缩放成如图22-100所示的形状。

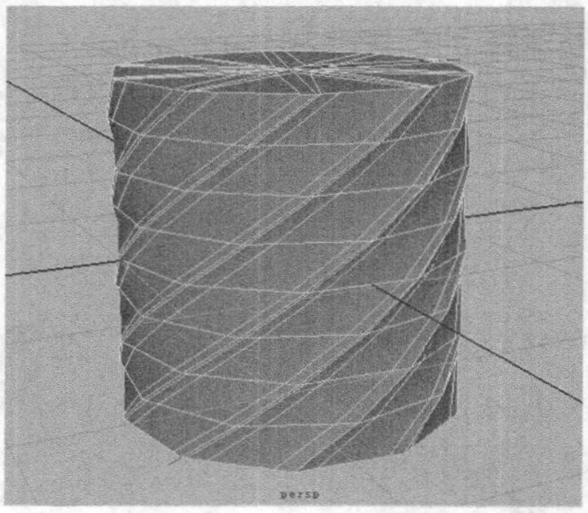

图22-98

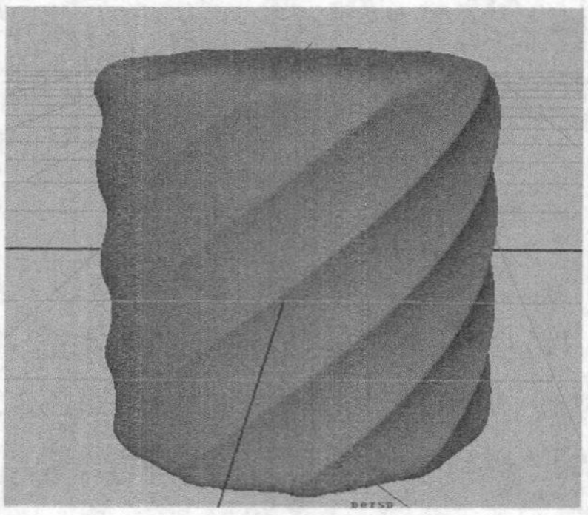

图22-99

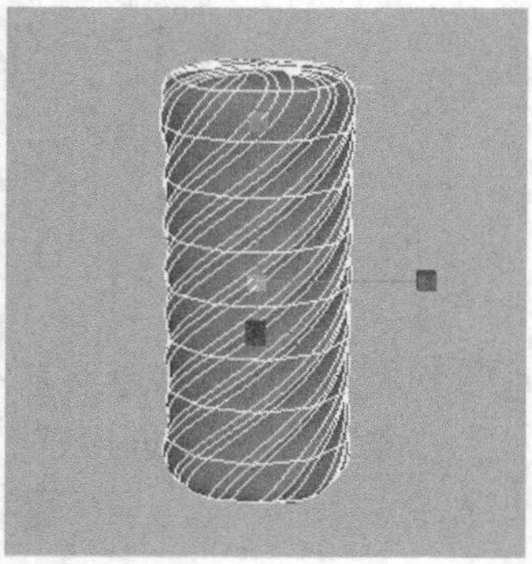

图22-100

技巧与提示

注意，在缩放模型时，要选择圆柱体与扭曲节点一起缩放，如图22-101所示。

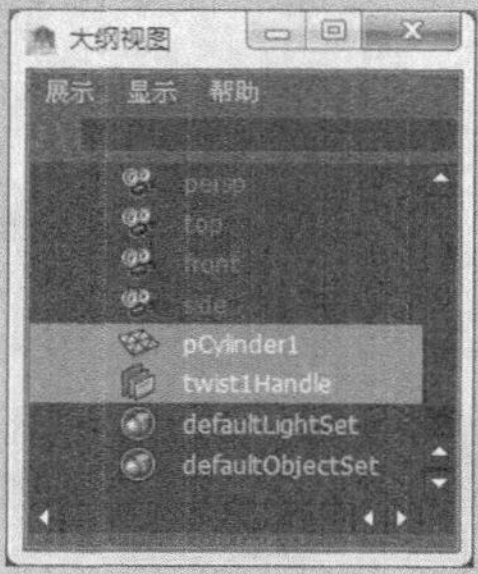

图22-101

07 选择模型，然后执行“编辑>按类型删除>历史”菜单命令，删除“扭曲”节点，接着创建一个螺帽，最终效果如图22-102所示。

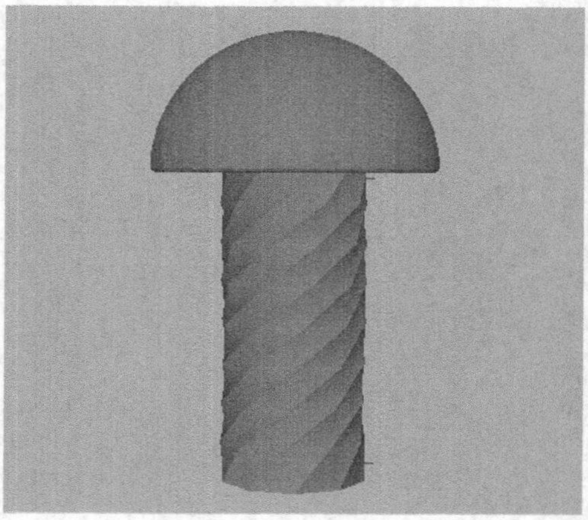

图22-102

22.5.6 抖动变形器

在可变形物体上创建“抖动变形器”后，当物体移动、加速或减速时，会在可变形物体表面产生抖动效果。“抖动变形器”适合用于表现头发在运动中的抖动、相扑运动员腹部脂肪在运动中的颤动、昆虫触须的摆动等效果。

用户可以将“抖动变形器”应用到整个可变形物体上或者物体局部特定的一些点上，如图22-103所示。

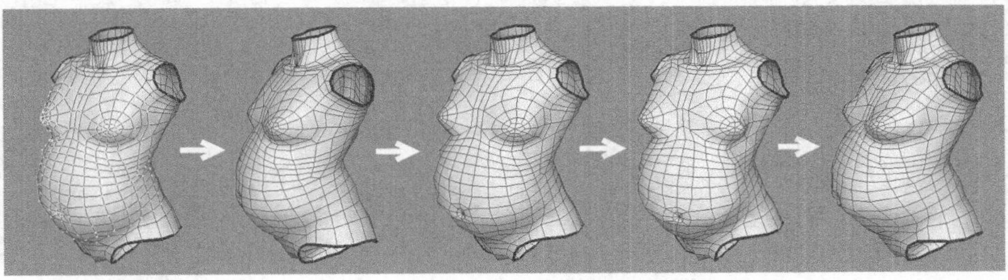

在选择的点上创建抖动变形器　　抖动变形器的作用效果

图22-103

打开“创建抖动变形器选项”对话框，如图22-104所示。

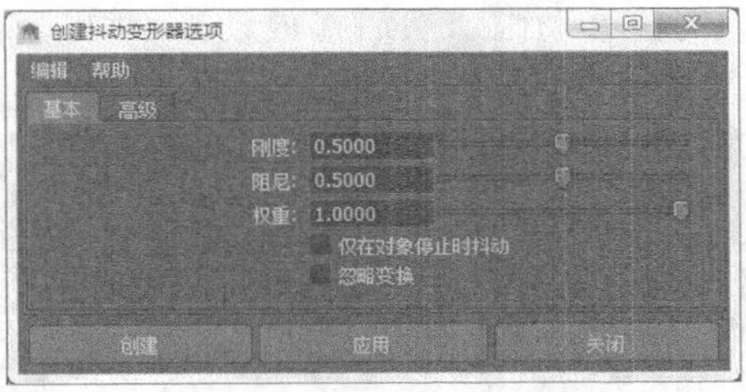

图22-104

创建抖动变形器选项介绍

❖ 刚度：设定抖动变形的刚度。数值越大，抖动动作越僵硬。

❖ 阻尼：设定抖动变形的阻尼值，可以控制抖动变形的程度。数值越大，抖动程度越小。

❖ 权重：设定抖动变形的权重。数值越大，抖动程度越大。

❖ 仅在对象停止时抖动：只在物体停止运动时才开始抖动变形。

❖ 忽略变换：在抖动变形时，忽略物体的位置变换。

【练习22-7】：用抖动变形器控制腹部运动

场景文件　学习资源>场景文件>CH22>f.mb
实例文件　学习资源>实例文件>CH22>练习22-7.mb
技术掌握　掌握抖动变形器的用法

本例用“抖动变形器”制作的腹部抖动动画效果如图22-105所示。

图22-105

01 打开学习资源中的“场景文件>CH22>f.mb”文件，如图22-106所示。

02 选择“绘制选择工具”，然后选择如图22-107所示的点。

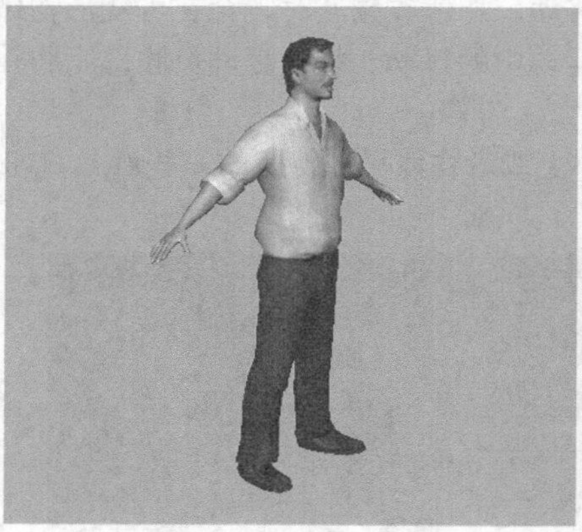

图22-106

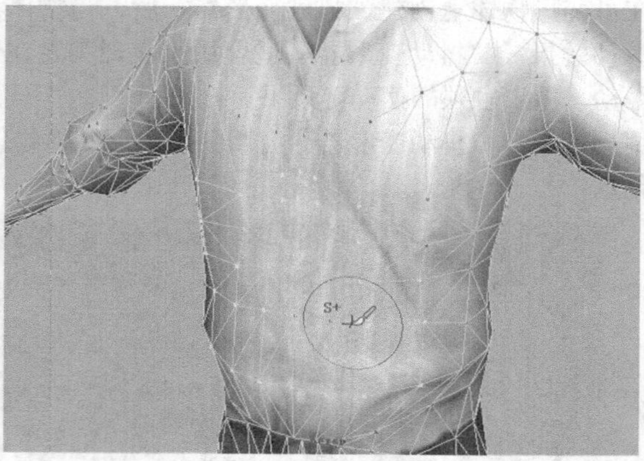

图22-107

03 执行“创建变形器>抖动变形器”菜单命令，然后按快捷键Ctrl+A打开“属性编辑器”对话框，接着在“抖动属性”卷展栏下设置“阻尼”为0.931、“抖动权重”为1.988，如图22-108所示。

04 为人物模型设置一个简单的位移动画，然后播放动画，可以观察到腹部发生了抖动变形效果，如图22-109所示。

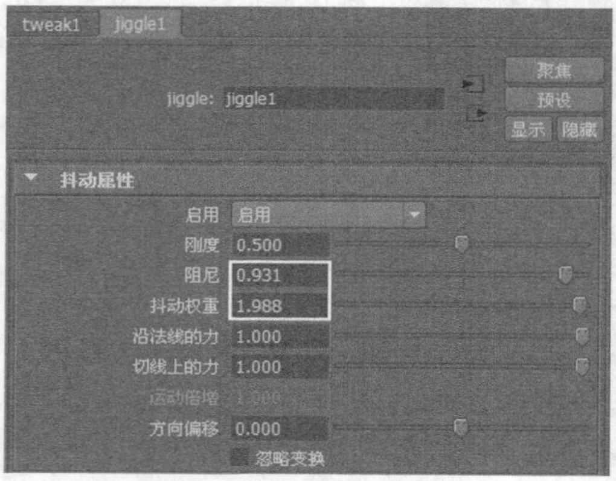

图22-108

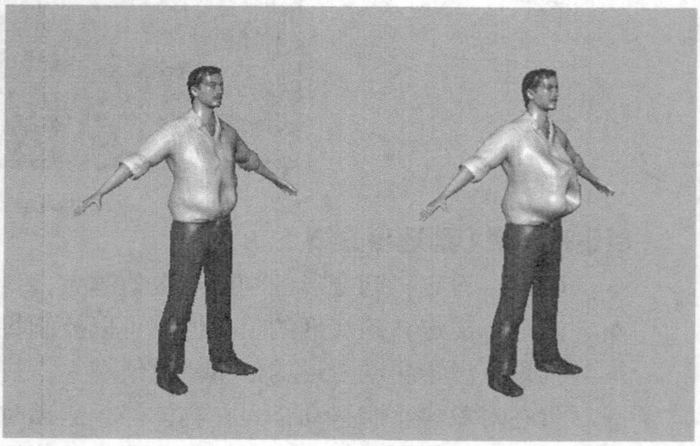

图22-109

22.5.7 线工具

用“线工具”可以使用一条或多条NURBS曲线改变可变形物体的形状，“线工具”就好像是雕刻家手中的雕刻刀，它经常被用于角色模型面部表情的调节，如图22-110所示。

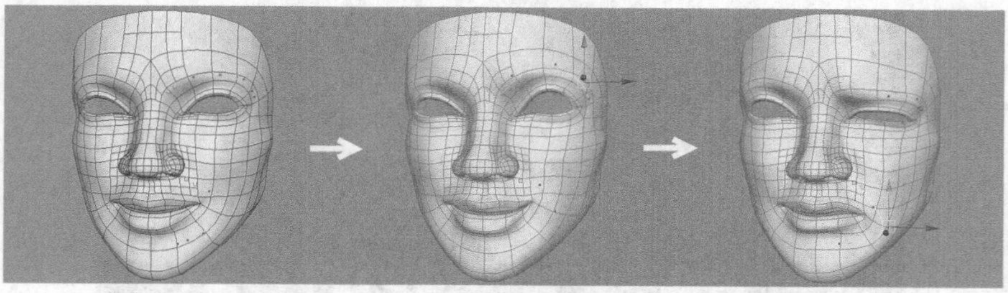

线变形之前　　调整 NURBS 曲线后的线变形效果

图22-110

打开“线工具”的“工具设置”对话框，如图22-111所示。

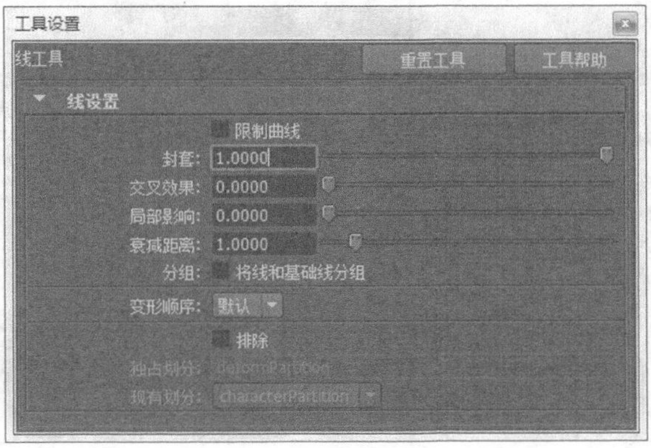

图22-111

线工具参数介绍

❖ 限制曲线：设定创建的线变形是否带有固定器，使用固定器可限制曲线的变形范围。

❖ 封套：设定变形影响系数。该参数最大为1，最小为0。

❖ 交叉效果：控制两条影响线交叉处的变形效果。

技巧与提示

注意，用于创建线变形的NURBS曲线称为“影响线”。在创建线变形后，还有一种曲线，是为每一条影响线所创建的，称为“基础线”。线变形效果取决于影响线和基础线之间的差别。

❖ 局部影响：设定两个或多个影响线变形作用的位置。

❖ 衰减距离：设定每条影响线影响的范围。

❖ 分组：勾选“将线和基础线分组”选项后，可以群组影响线和基础线。否则，影响线和基础线将独立存在于场景中。

❖ 变形顺序：设定当前变形在物体的变形顺序中的位置。

【练习22-8】：用线工具制作帽檐

场景文件　学习资源>场景文件>CH22>g.mb
实例文件　学习资源>实例文件>CH22>练习22-8.mb
技术掌握　掌握线工具的用法

本例使用“线工具”制作的帽檐效果如图22-112所示（左图为变形前，右图为变形后）。

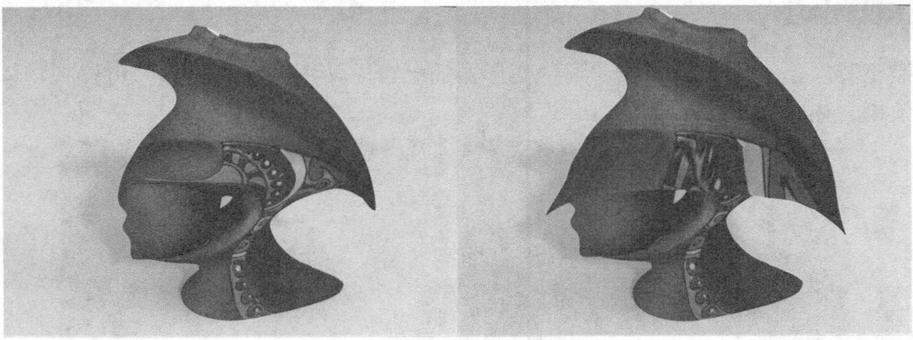

图22-112

01 打开学习资源中的“场景文件>CH22>g.mb”文件，如图22-113所示。

02 选择模型，然后在状态栏中单击“激活选定对象”按钮，将其激活为工作表面，如图22-114所示。

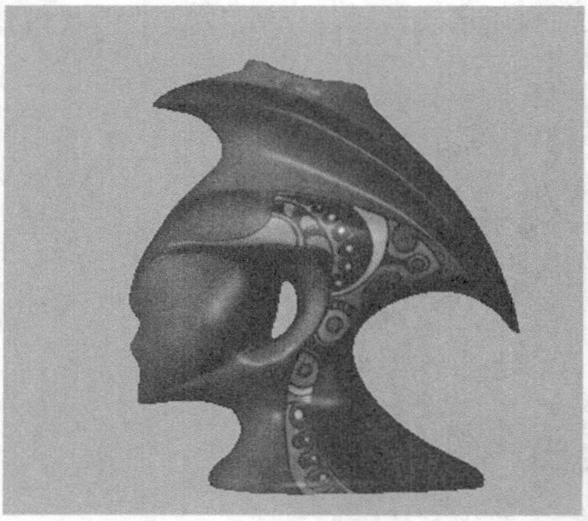

图22-113

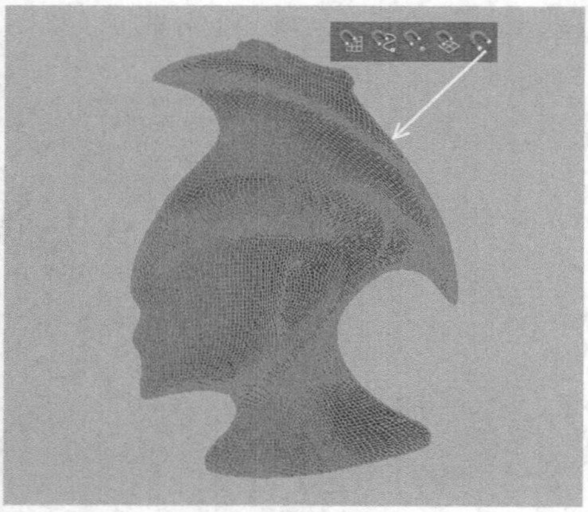

图22-114

03 执行“创建>EP曲线工具”菜单命令，然后在如图22-115所示的位置绘制一条曲线，如图22-115所示。

04 先选择模型，然后执行“创建变形器>线工具”菜单命令，然后按Enter键确认操作，接着用“线工具”单击曲线，再按Enter键确认操作，最后用“移动工具”将曲线向外拖曳一段距离，如图22-116所示。

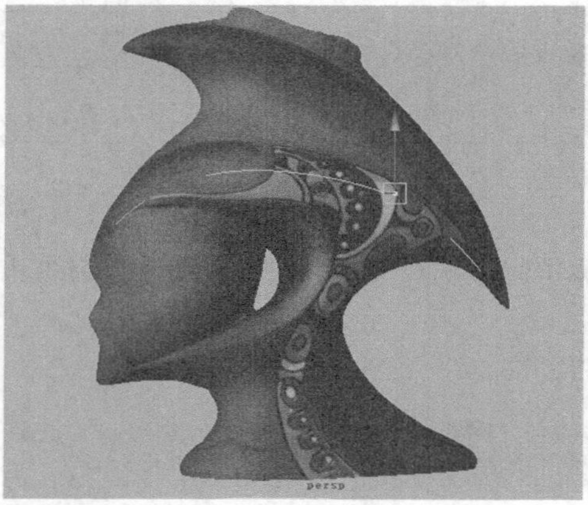

图22-115

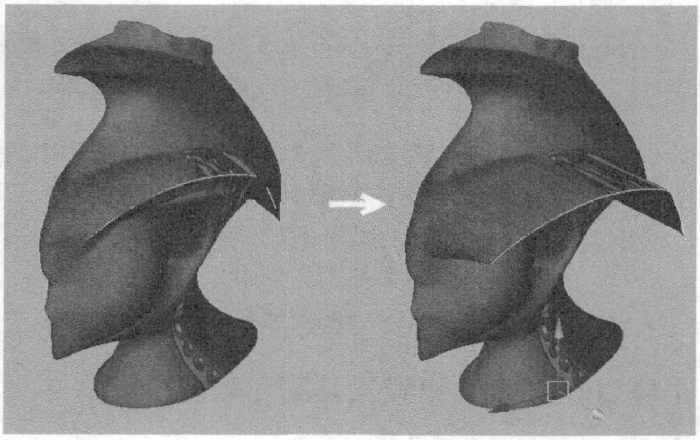

图22-116

22.5.8 褶皱工具

“褶皱工具”是“线工具”和“簇”变形器的结合。使用“褶皱工具”可以在物体表面添加褶皱细节效果，如图22-117所示。

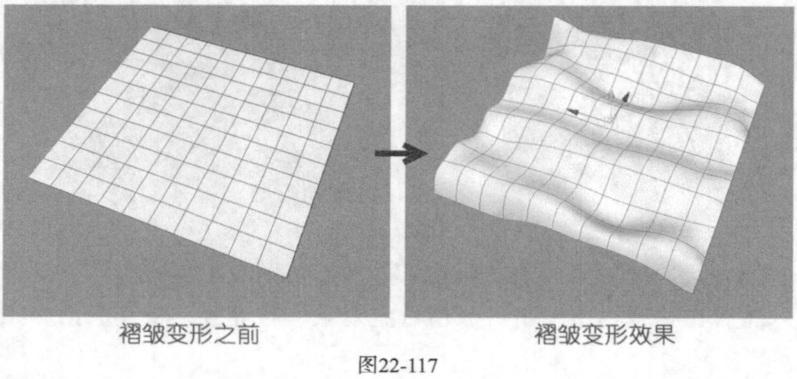

褶皱变形之前　　褶皱变形效果

图22-117

22.6 受驱动关键帧动画

"受驱动关键帧"是Maya中一种特殊的关键帧，利用受驱动关键帧功能，可以将一个物体的属性与另一个物体的属性建立连接关系，通过改变一个物体的属性值来驱动另一个物体的属性值发生相应的改变。其中，能主动驱使其他物体属性发生变化的物体称为驱动物体，而受其他物体属性影响的物体称为被驱动物体。

执行"动画>设置受驱动关键帧>设置"菜单命令，打开"设置受驱动关键帧"对话框，该对话框由菜单栏、驱动列表和功能按钮3部分组成，如图22-118所示。为物体属性设置受驱动关键帧的工作主要在"设置受驱动关键帧"对话框中完成。

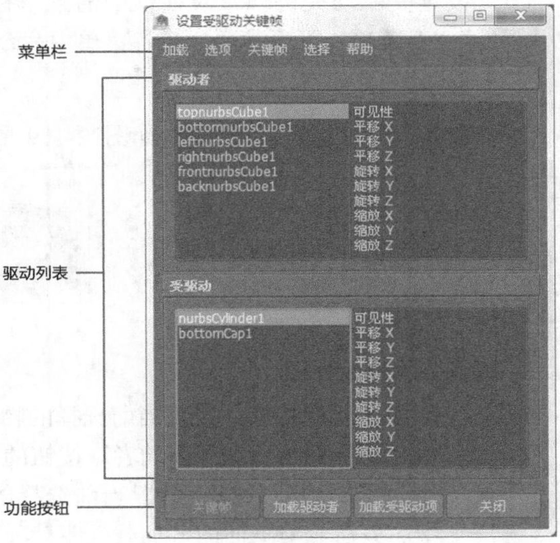

图22-118

技术专题 受驱动关键帧与正常关键帧的区别

受驱动关键帧与正常关键帧的区别在于，正常关键帧是在不同时间值位置为物体的属性值设置关键帧，通过改变时间值使物体属性值发生变化。而受驱动关键帧是在驱动物体不同的属性值位置为被驱动物体的属性值设置关键帧，通过改变驱动物体属性值使被驱动物体属性值发生变化。

正常关键帧与时间相关，驱动关键帧与时间无关。当创建了受驱动关键帧之后，可以在"曲线图编辑器"对话框中查看和编辑受驱动关键帧的动画曲线，这条动画曲线描述了驱动与被驱动物体之间的属性连接关系。

对于正常关键帧，在曲线图表视图中的水平轴向表示时间值，垂直轴向表示物体属性值；但对于受驱动关键帧，在曲线图表视图中的水平轴向表示驱动物体的属性值，垂直轴向表示被驱动物体的属性值。

受驱动关键帧功能不只限于一对一的控制方式，可以使用多个驱动物体属性控制同一个被驱动物体属性，也可以使用一个驱动物体属性控制多个被驱动物体属性。

22.6.1 驱动列表

1.驱动者

"驱动者"列表由左、右两个列表框组成。左侧的列表框中将显示驱动物体的名称，右侧的列表框中将显示驱动物体的可设置关键帧属性。可以从右侧列表框中选择一个属性，该属性将作为设置受驱动关键帧时的驱动属性。

2.受驱动

"受驱动"列表由左、右两个列表框组成。左侧的列表框中将显示被驱动物体的名称，右侧的列表框中将显示被驱动物体的可设置关键帧属性。可以从右侧列表框中选择一个属性，该属性将作为设置受驱动关键帧时的被驱动属性。

22.6.2 菜单栏

“设置受驱动关键帧”对话框中的菜单栏中包括“加载”“选项”“关键帧”“选择”和“帮助”5个菜单，下面简要介绍各菜单中命令的功能。

1.加载

“加载”菜单包含3个命令，如图22-119所示。

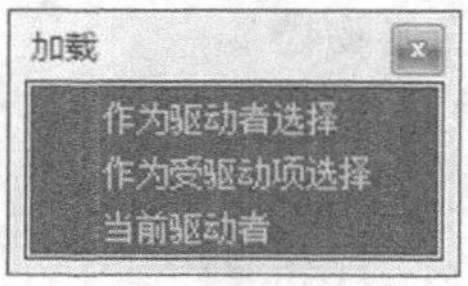

图22-119

加载菜单命令介绍

- ❖ 作为驱动者选择：设置当前选择的物体将作为驱动物体被载入到“驱动者”列表中。该命令与下面的“加载驱动者”按钮的功能相同。
- ❖ 作为受驱动项选择：设置当前选择的物体将作为被驱动物体被载入到“受驱动”列表中。该命令与下面的“加载受驱动项”按钮的功能相同。
- ❖ 当前驱动者：执行该命令，可以从“驱动者”列表中删除当前的驱动物体和属性。

2.选项

“选项”菜单包含5个命令，如图22-120所示。

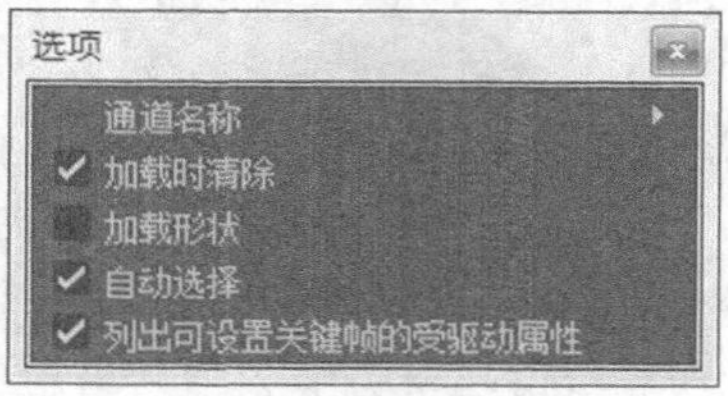

图22-120

选项菜单命令介绍

- ❖ 通道名称：设置右侧列表中属性的显示方式，共有“易读”“长”“短”3种方式。选择“易读”方式，属性将显示为中文，如图22-121所示；选择“长”方式，属性将显示为最全的英文，如图22-122所示；选择“短”方式，属性将显示为缩写的英文，如图22-123所示。

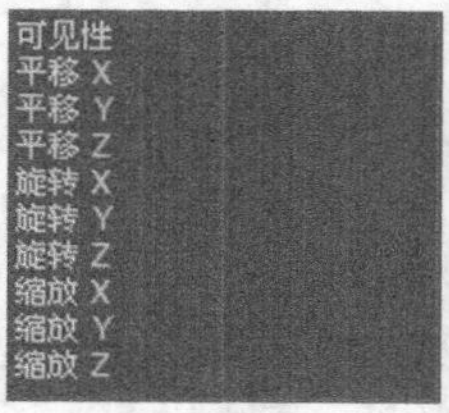

图22-121

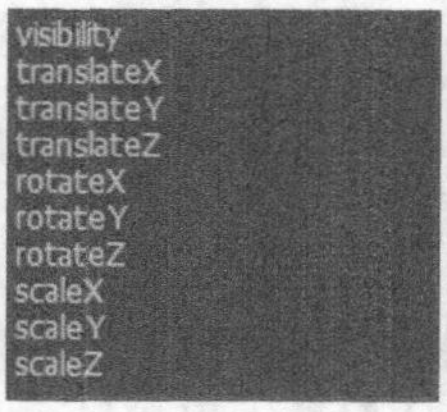

图22-122

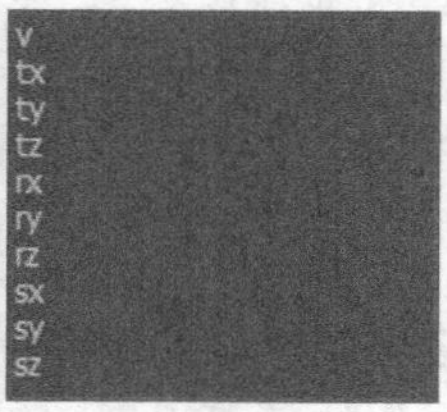

图22-123

- ❖ 加载时清除：当勾选该选项时，在加载驱动或被驱动物体时，将删除“驱动者”或“受驱动”列表中的当前内容；如果关闭该选项，在加载驱动或被驱动物体时，将添加当前物体到“驱动者”或“受驱动”列表中。
- ❖ 加载形状：当勾选该选项时，只有被加载物体的形状节点属性会出现在“驱动者”或“受驱动”列表窗口右侧的列表框中；如果关闭该选项，只有被加载物体的变换节点属性会出现在“驱动者”或“受驱动”列表窗口右侧的列表框中。

❖ 自动选择：当勾选该选项时，如果在“设置受驱动关键帧”对话框中选择一个驱动或被驱动物体名称，在场景视图中将自动选择该物体；如果关闭该选项，当在“设置受驱动关键帧”对话框中选择一个驱动或被驱动物体名称，在场景视图中将不会选择该物体。

❖ 列出可设置关键帧的受驱动属性：当勾选该选项时，只有被载入物体的可设置关键帧属性会出现在“驱动者”列表窗口右侧的列表框中；如果关闭该选项，被载入物体的所有可设置关键帧属性和不可设置关键帧属性都会出现在“受驱动”列表窗口右侧的列表框中。

3.关键帧

“关键帧”菜单包含3个命令，如图22-124所示。

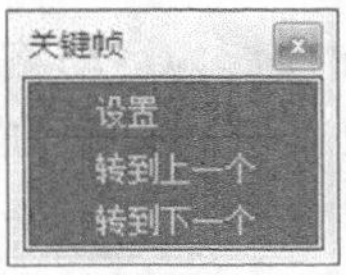

图22-124

关键帧菜单命令介绍

❖ 设置：执行该命令，可以使用当前数值连接选择的驱动与被驱动物体属性。该命令与下面的“关键帧”按钮的功能相同。

❖ 转到上/下一个：执行这两个命令，可以周期性循环显示当前选择物体的驱动或被驱动属性值。利用这个功能，可以查看物体在每一个驱动关键帧所处的状态。

4.选择

“选择”菜单只包含一个“受驱动项目”命令，如图22-125所示。在场景视图中选择被驱动物体，这个物体就是在“受驱动”窗口左侧列表框中选择的物体。例如，如果在“受驱动”窗口左侧列表框中选择名称为nurbsCylinder1的物体，执行“选择>受驱动项目”命令，可以在场景视图中选择这个名称为nurbsCylinder1的被驱动物体。

图22-125

22.6.3 功能按钮

“设置受驱动关键帧”对话框下面的几个功能按钮非常重要，设置受驱动关键帧动画基本都靠这几个按钮来完成，如图22-126所示。

图22-126

功能按钮介绍

❖ 关键帧：只有在“驱动者”和“受驱动”窗口右侧列表框中选择了要设置驱动关键帧的物体属性之后，该按钮才可用。单击该按钮，可以使用当前数值连接选择的驱动与被驱动物体属性，即为选择物体属性设置一个受驱动关键帧。

❖ 加载驱动者：单击该按钮，将当前选择的物体作为驱动物体加载到“驱动者”列表窗口中。

❖ 加载受驱动项：单击该按钮，将当前选择的物体作为被驱动物体载入到“受驱动”列表窗口中。

关闭 关闭 ：单击该按钮可以关闭“设置受驱动关键帧”对话框。

技巧与提示

受驱动关键帧动画很重要，将在后面的动画综合运用章节中安排一个大型实例来讲解受驱动关键帧的设置方法。

22.7 运动路径动画

运动路径动画是Maya提供的另一种制作动画的技术手段，运动路径动画可以沿着指定形状的路径曲线平滑地让物体产生运动效果。运动路径动画适用于表现汽车在公路上行驶、飞机在天空中飞行、鱼在水中游动等动画效果。

运动路径动画可以利用一条NURBS曲线作为运动路径来控制物体的位置和旋转角度，能被制作成动画的物体类型不仅仅是几何体，也可以利用运动路径来控制摄影机、灯光、粒子发射器或其他辅助物体沿指定的路径曲线运动。

“运动路径”命令中包含“设置运动路径关键帧”“连接到运动路径”和“流动路径对象”3个子命令，如图22-127所示。

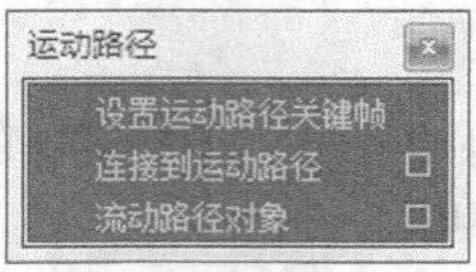

图22-127

22.7.1 设置运动路径关键帧

使用“设置运动路径关键帧”命令可以采用制作关键帧动画的工作流程创建一个运动路径动画。使用这种方法，在创建运动路径动画之前不需要创建作为运动路径的曲线，路径曲线会在设置运动路径关键帧的过程中自动被创建。

【练习22-9】：制作运动路径关键帧动画

场景文件 学习资源>场景文件>CH22>h.mb
实例文件 学习资源>实例文件>CH22>练习22-9.mb
技术掌握 掌握设置运动路径关键帧命令的用法

本例使用“设置运动路径关键帧”命令制作的运动路径关键帧动画效果如图22-128所示。

图22-128

01 打开学习资源中的“场景文件>CH22>h.mb”文件，如图22-129所示。

图22-129

02 选择鱼模型，然后执行“动画>运动路径>设置运动路径关键帧”菜单命令，在第1帧位置设置一个运动路径关键帧，如图22-130所示。

03 确定当期时间为48帧，然后将鱼拖曳到其他位置，接着执行“设置运动路径关键帧”命令，此时场景视图会自动创建一条运动路径曲线，如图22-131所示。

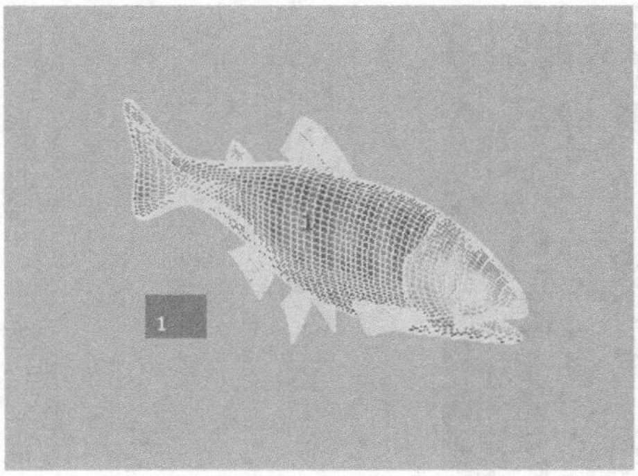

图22-130

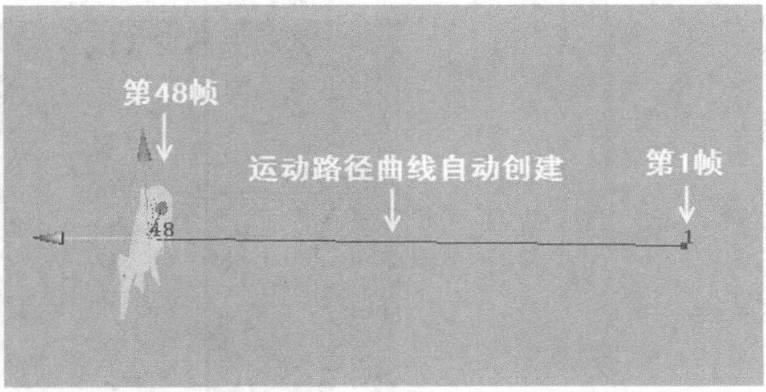

图22-131

04 确定当期时间为60帧，然后将鱼模型拖曳到另一个位置，接着执行“设置运动路径关键帧”命令，效果如图22-132所示。

05 选择曲线，进入控制顶点模式，然后调节曲线的形状，以改变鱼的运动路径，如图22-133所示。

06 播放动画，可以观察到鱼沿着运动路径发生了运动效果，但是鱼头并没有沿着路径的方向运动，如图22-134所示。

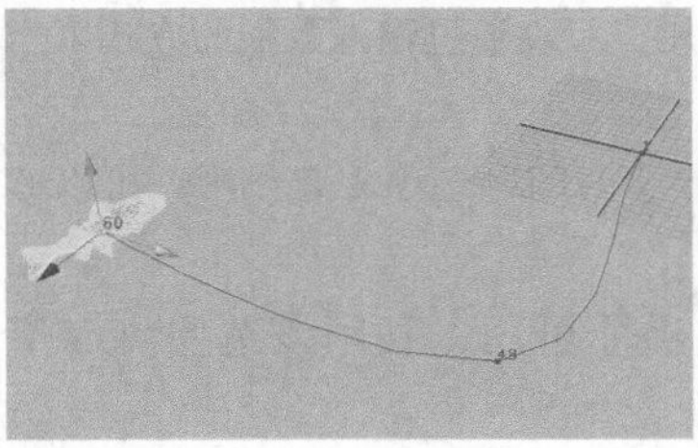

图22-132

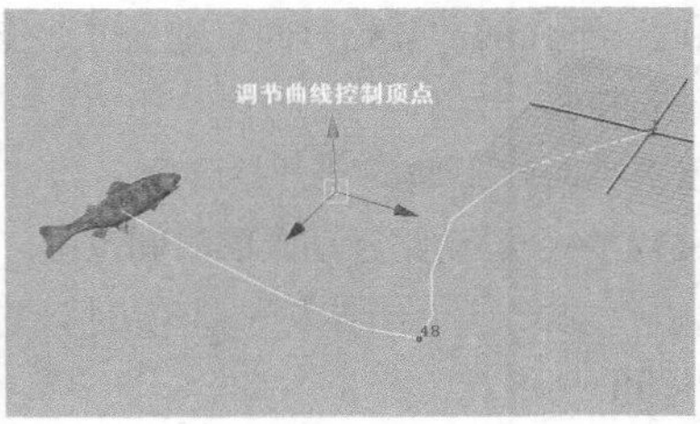

图22-133

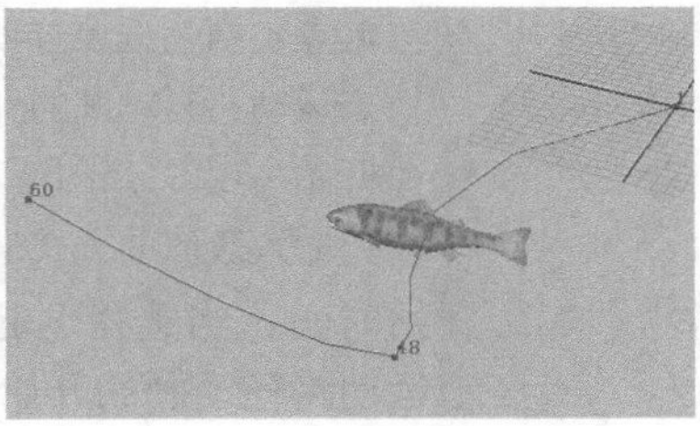

图22-134

07 选择鱼模型，然后在“工具盒”中单击“显示操纵器工具”，显示出操纵器，如图22-135所示。

08 将鱼模型的方向旋转到与曲线方向一致，如图22-136所示，然后播放动画，可以观察到鱼头已经沿着曲线的方向运动了，如图22-137所示。

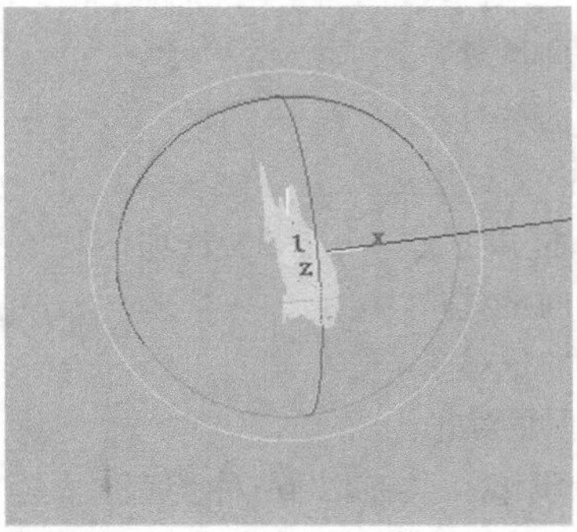

图22-135

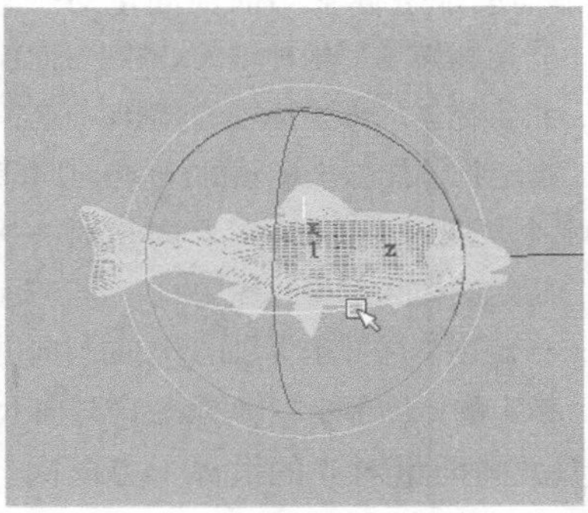

图22-136

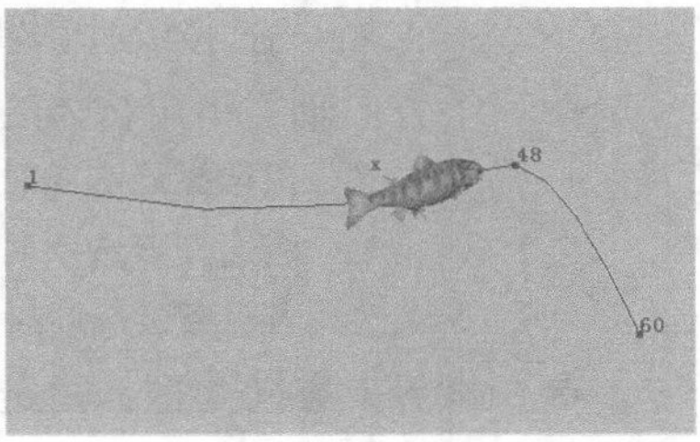

图22-137

22.7.2 连接到运动路径

用“连接到运动路径”命令可以将选定对象放置和连接到当前曲线，当前曲线将成为运动路径。打开“连接到运动路径选项”对话框，如图22-138所示。

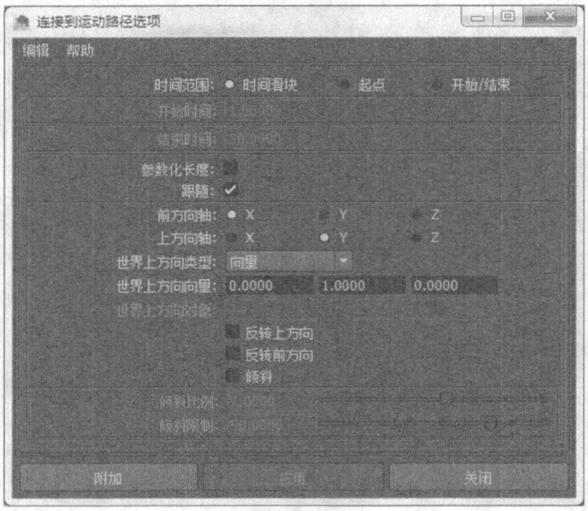

图22-138

连接到运动路径选项介绍

❖ 时间范围：指定创建运动路径动画的时间范围，共有以下3种设置方式。

　✧ 时间滑块：当勾选该选项时，将按照在“时间轴”上定义的播放开始和结束时间来指定一个运动路径动画的时间范围。

　✧ 起点：当勾选该选项时，下面的“开始时间”选项才起作用，可以通过输入数值的方式来指定运动路径动画的开始时间。

　✧ 开始/结束：当勾选该选项时，下面的“开始时间”和“结束时间”选项才起作用，可以通过输入数值的方式来指定一个运动路径动画的时间范围。

❖ 开始时间：当选择“起点”或“开始/结束”选项时该选项才可用，利用该选项可以指定运动路径动画的开始时间。

❖ 结束时间：当选择“开始/结束”选项时该选项才可用，利用该选项可以指定运动路径动画的结束时间。

❖ 参数化长度：指定 Maya 用于定位沿曲线移动的对象的方法。

❖ 跟随：当勾选该选项时，在物体沿路径曲线移动时，Maya不但会计算物体的位置，也将计算物体的运动方向。

❖ 前方向轴：指定物体的哪个局部坐标轴与向前向量对齐，提供了x、y、z 3个选项。

　✧ X：当选择该选项时，指定物体局部坐标轴的x轴向与向前向量对齐。

　✧ Y：当选择该选项时，指定物体局部坐标轴的y轴向与向前向量对齐。

　✧ Z：当选择该选项时，指定物体局部坐标轴的z轴向与向前向量对齐。

❖ 上方向轴：指定物体的哪个局部坐标轴与向上向量对齐，提供了x、y、z 3个选项。

　✧ X：当选择该选项时，指定物体局部坐标轴的x轴向与向上向量对齐。

　✧ Y：当选择该选项时，指定物体局部坐标轴的y轴向与向上向量对齐。

　✧ Z：当选择该选项时，指定物体局部坐标轴的z轴向与向上向量对齐。

❖ 世界上方向类型：指定上方向向量对齐的世界上方向向量类型，共有以下5种类型。

　✧ 场景上方向：指定上方向向量尝试与场景的上方向轴，而不是与世界上方向向量对齐，世界上方向向量将被忽略。

✧ 对象上方向：指定上方向向量尝试对准指定对象的原点，而不是与世界上方向向量对齐，世界上方向向量将被忽略。
✧ 对象旋转上方向： 指定相对于一些对象的局部空间，而不是场景的世界空间来定义世界上方向向量。
✧ 向量：指定上方向向量尝试尽可能紧密地与世界上方向向量对齐。世界上方向向量是相对于场景世界空间来定义的，这是默认设置。
✧ 法线：指定“上方向轴”指定的轴将尝试匹配路径曲线的法线。曲线法线的插值不同，这具体取决于路径曲线是否是世界空间中的曲线，或曲面曲线上的曲线。

技巧与提示

如果路径曲线是世界空间中的曲线，曲线上任何点的法线方向总是指向该点到曲线的曲率中心，如图22-139所示。

当在运动路径动画中使用世界空间曲线时，如果曲线形状由凸变凹或由凹变凸，曲线的法线方向将翻转180° ，倘若将“世界上方向类型”设置为“法线”类型，可能无法得到希望的动画结果。

如果路径曲线是依附于表面上的曲线，曲线上任何点的法线方向就是该点在表面上的法线方向，如图22-140所示。

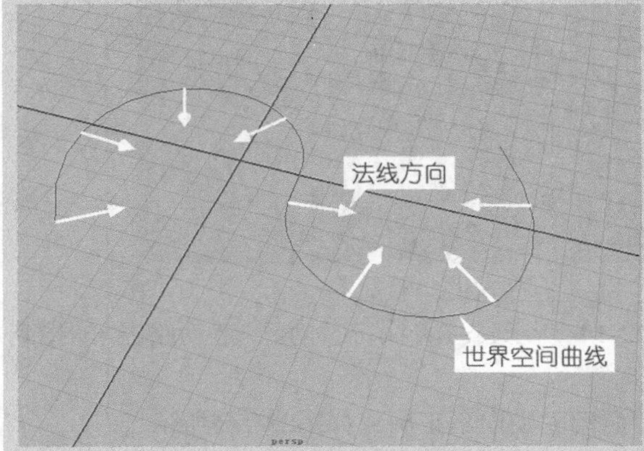

图22-139

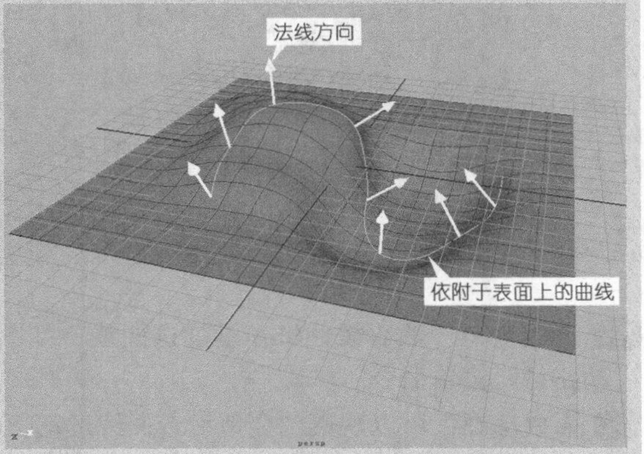

图22-140

当在运动路径动画中使用依附于表面上的曲线时，倘若将“世界上方向类型”设置为“法线”类型，可以得到最直观的动画结果。

❖ 世界上方向向量：指定“世界上方向向量”相对于场景的世界空间方向，因为Maya默认的世界空间是y轴向上，因此默认值为（0，1，0），即表示“世界上方向向量”将指向世界空间的y轴正方向。
❖ 世界上方向对象：该选项只有设置“世界上方向类型”为“对象上方向”或“对象旋转上方向”选项时才起作用，可以通过输入物体名称来指定一个世界向上对象，使向上向量总是尽可能尝试对齐该物体的原点，以防止物体沿路径曲线运动时发生意外的翻转。
❖ 反转上方向：当勾选该选项时，“上方向轴”将尝试用向上向量的相反方向对齐它自身。
❖ 反转前方向：当勾选该选项时，将反转物体沿路径曲线向前运动的方向。
❖ Bank（倾斜）：当勾选该选项时，使物体沿路径曲线运动时，在曲线弯曲位置会朝向曲线曲率中心倾斜，就像摩托车在转弯时总是向内倾斜一样。只有勾选“跟随”选项时，“倾斜”选项才起作用。
❖ 倾斜比例：设置物体的倾斜程度，较大的数值会使物体的倾斜效果更加明显。如果输入一个负值，物体将会向外侧倾斜。
❖ 倾斜限制：限制物体的倾斜角度。如果增大“倾斜比例”数值，物体可能在曲线上曲率大的地方产生过度的倾斜。利用该选项可以将倾斜效果限制在一个指定的范围之内。

【练习22-10】：制作连接到运动路径动画

场景文件　学习资源>场景文件>CH22>i.mb
实例文件　学习资源>实例文件>CH22>练习22-10.mb
技术掌握　掌握连接到运动路径命令的用法

本例使用“连接到运动路径”命令制作的运动路径动画效果如图22-141所示。

图22-141

01 打开学习资源中的“场景文件>CH22>i.mb”文件，如图22-142所示。

02 创建一条如图22-143所示的NURBS曲线作为金鱼的运动路径。

图22-142

图22-143

03 选中金鱼，然后按住Shift键加选曲线，如图22-144所示，接着执行“动画>运动路径>连接到运动路径”菜单命令。

04 播放动画，可以观察到金鱼沿着曲线运动，但游动的朝向不正确，如图22-145所示。

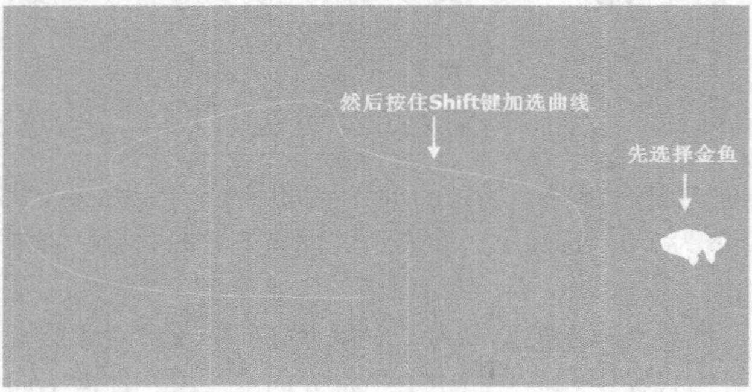

图22-144

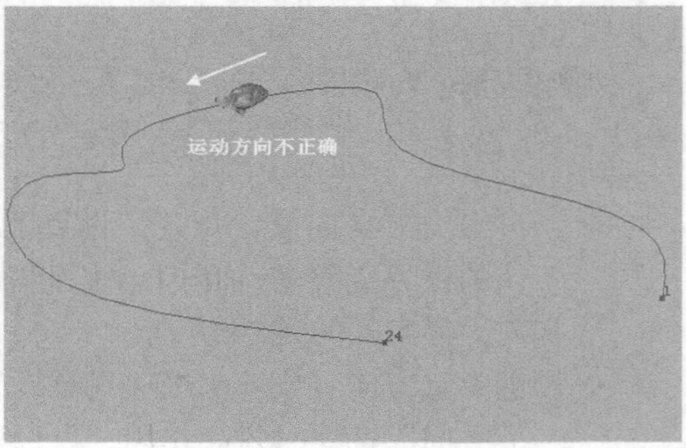

图22-145

05 选择金鱼模型，然后在“通道盒”中设置“上方向扭曲”为180，如图22-146所示，接着播放动画，可以观察到金鱼的运动朝向已经正确了，如图22-147所示。

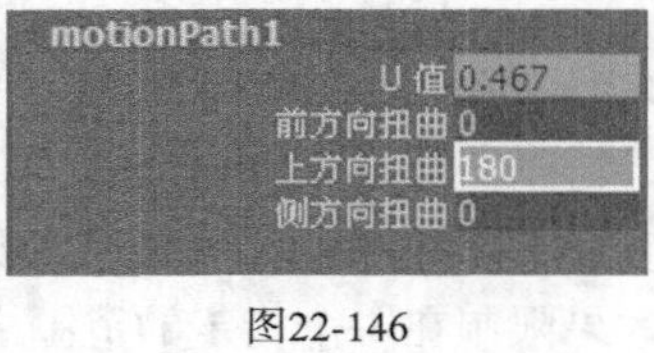

图22-146

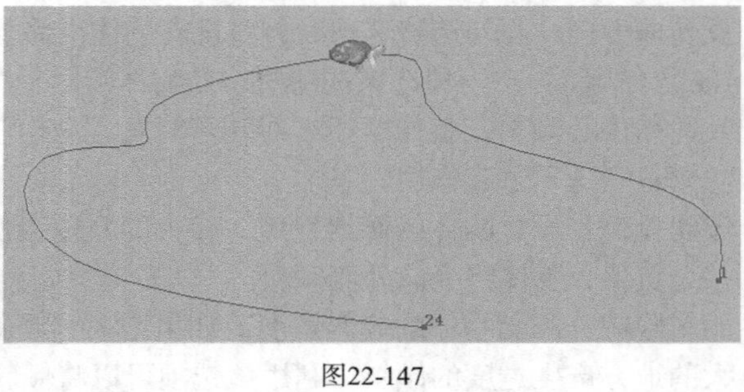

图22-147

技术专题 [运动路径标志]

金鱼在曲线上运动时，在曲线的两端会出现带有数字的两个运动路径标记，这些标记表示金鱼在开始和结束的运动时间，如图22-148所示。

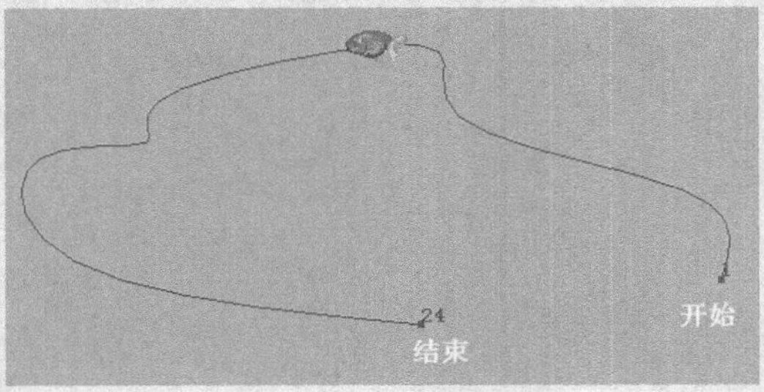

图22-148

若要改变金鱼在曲线上的运动速度或距离，可以通过在"曲线图编辑器"对话框中编辑动画曲线来完成。

22.7.3 流动路径对象

使用"流动路径对象"命令可以沿着当前运动路径或围绕当前物体周围创建晶格变形器，使物体沿路径曲线运动的同时也能跟随路径曲线曲率的变化改变自身的形状，创建出一种流畅的运动路径动画效果。

打开"流动路径对象选项"对话框，如图22-149所示。

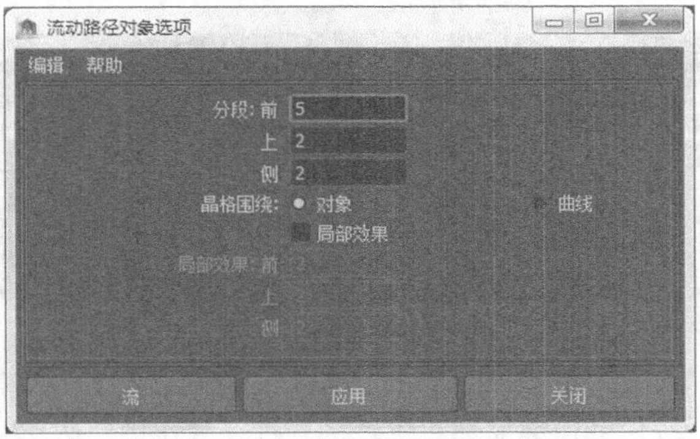

图22-149

流动路径对象选项介绍

- 分段：代表将创建的晶格部分数。"前""上"和"侧"与创建路径动画时指定的轴相对应。
- 晶格围绕：指定创建晶格物体的位置，提供了以下两个选项。
  - 对象：当选择该选项时，将围绕物体创建晶格，这是默认选项。
  - 曲线：当选择该选项时，将围绕路径曲线创建晶格。
- 局部效果：当围绕路径曲线创建晶格时，该选项将非常有用。如果创建了一个很大的晶格，多数情况下，可能不希望在物体靠近晶格一端时仍然被另一端的晶格点影响。例如，如果设置"晶格围绕"为"曲线"，并将"分段:前"设置为35，这意味着晶格物体将从路径曲线的起点到终点共有35个细分。当物体沿着路径曲线移动通过晶格时，它可能只被3~5个晶格分割度围绕。如果"局部效果"选项处于关闭状态，这个晶格中的所有晶格点都将影响物体的变形，这可能会导致物体脱离晶格，因为距离物体位置较远的晶格点也会影响到它，如图22-150所示。

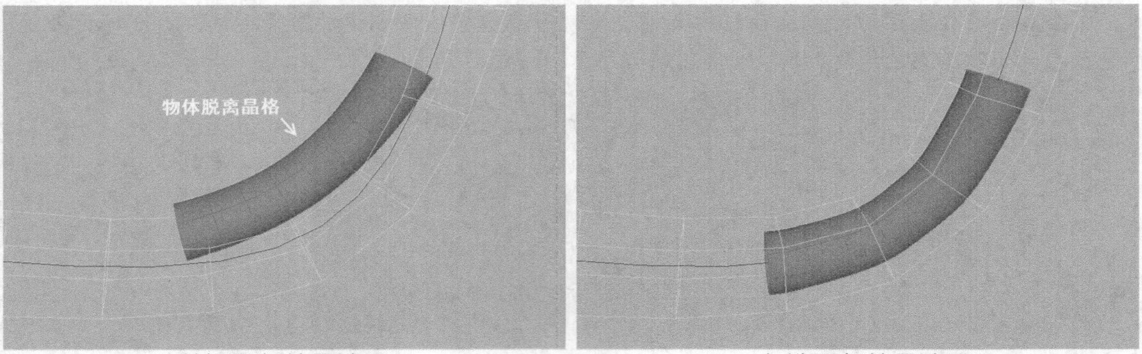

图22-150

❖ 局部效果：利用“前”“上”和“侧”3个属性数值输入框，可以设置晶格能够影响物体的有效范围。一般情况下，设置的数值应该使晶格点的影响范围能够覆盖整个被变形的物体。

【练习22-11】：制作字幕穿越动画

场景文件　学习资源>场景文件>CH22>j.mb
实例文件　学习资源>实例文件>CH22>练习22-11.mb
技术掌握　掌握流动路径对象命令的用法

本例使用“连接到运动路径”和“流动路径对象”命令制作的字母穿越动画效果如图22-151所示。

图22-151

01 打开学习资源中的“场景文件>CH22>j.mb”文件，如图22-152所示。

02 选择字幕模型，然后按住Shift键加选曲线，接着打开“连接到运动路径选项”对话框，再设置“时间范围”为“开始/结束”，并设置“结束时间”为150，如图22-153所示。

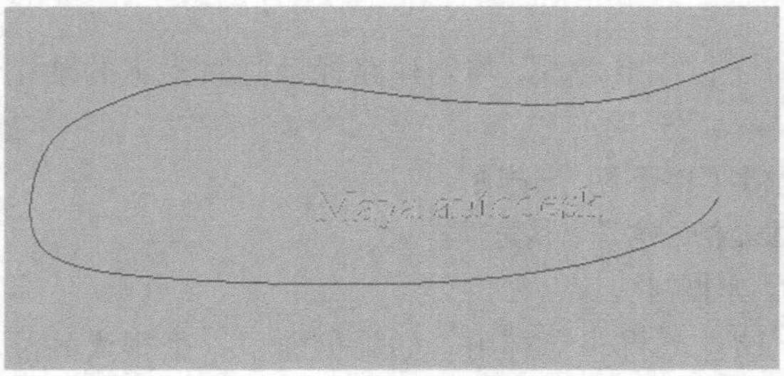

图22-152

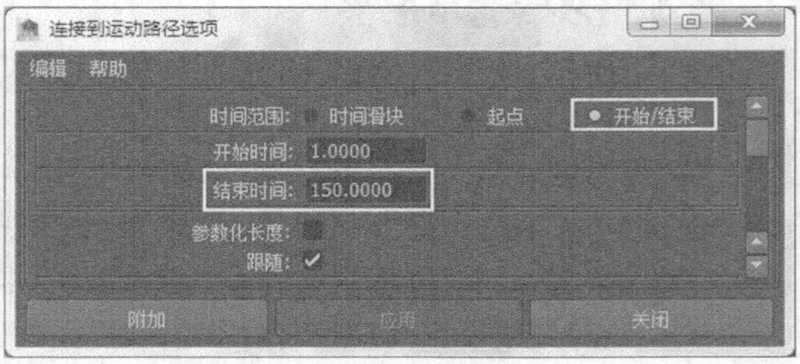

图22-153

03 选择字幕模型，然后打开“流动路径对象选项”对话框，接着设置“分段:前”为15，如图22-154所示。

04 切换到摄影机视图，然后播放动画，可以观察到字幕沿着运动路径曲线慢慢穿过摄影机视图之外，如图22-155所示。

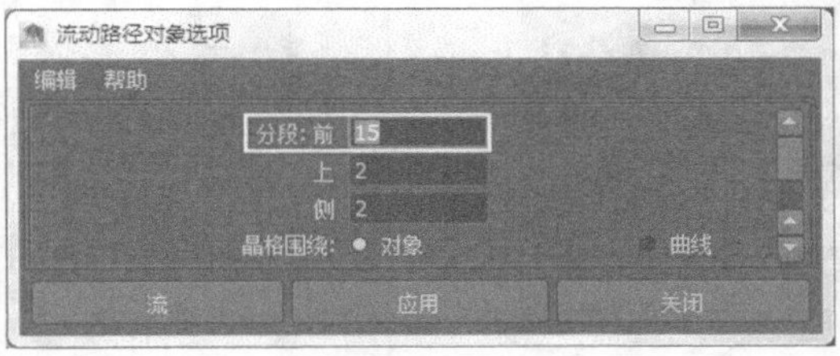

图22-154

图22-155

技巧与提示

这个实例很适合用在影视中的字幕文字动画中。

22.8 约束

“约束”也是角色动画制作中经常使用到的功能，它在角色装配中起着非常重要的作用。使用约束能以一个物体的变换设置来驱动其他物体的位置、方向和比例。根据使用约束类型的不同，得到的约束效果也各不相同。

处于约束关系下的物体，它们之间都是控制与被控制和驱动与被驱动的关系，通常把受其他物体控制或驱动的物体称为“被约束物体”，而用来控制或驱动被约束物体的物体称为“目标物体”。

技巧与提示

创建约束的过程非常简单，先选择目标物体，再选择被约束物体，然后从“约束”菜单中选择想要执行的约束命令即可。

一些约束锁定了被约束物体的某些属性通道，例如“目标”约束会锁定被约束物体的方向通道（旋转x/y/z），被约束锁定的属性通道数值输入框将在“通道盒”或“属性编辑器”对话框中显示为浅蓝色标记。

为了满足动画制作的需要，Maya提供了常用的9种约束，分别是“点”约束、“目标”约束、“方向”约束、“缩放”约束、“父对象”约束、“几何体”约束、“法线”约束、“切线”约束和“极向量”约束，如图22-156所示。

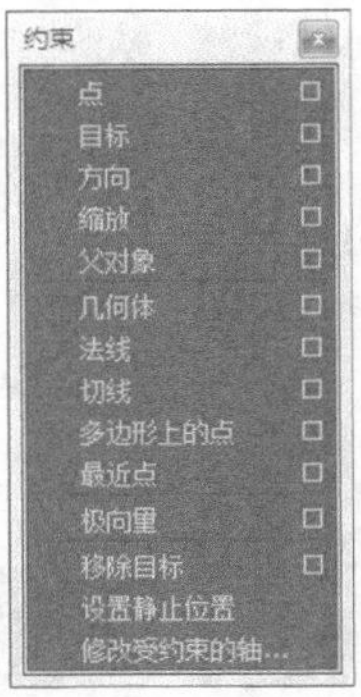

图22-156

22.8.1 点

使用“点”约束可以让一个物体跟随另一个物体的位置移动，或使一个物体跟随多个物体的平均位置移动。如果想让一个物体匹配其他物体的运动，使用“点”约束是最有效的方法。打开“点约束选项”对话框，如图22-157所示。

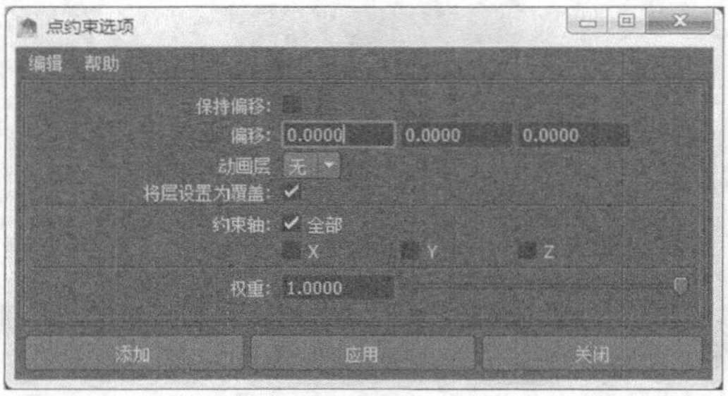

图22-157

点约束选项介绍

- ❖ 保持偏移：当勾选该选项时，创建“点”约束后，目标物体和被约束物体的相对位移将保持在创建约束之前的状态，即可以保持约束物体之间的空间关系不变；如果关闭该选项，可以在下面的“偏移”数值框中输入数值来确定被约束物体与目标物体之间的偏移距离。
- ❖ 偏移：设置被约束物体相对于目标物体的位移坐标数值。
- ❖ 动画层：选择要向其中添加“点”约束的动画层。
- ❖ 将层设置为覆盖：勾选该选项时，在“动画层”下拉列表中选择的层会在将约束添加到动画层时自动设定为覆盖模式。这是默认模式，也是建议使用的模式。关闭该选项时，在添加约束时层模式会设定为相加模式。
- ❖ 约束轴：指定约束的具体轴向，既可以单独约束其中的任何轴向，又可以选择All（所有）选项来同时约束x、y、z 3个轴向。
- ❖ 权重：指定被约束物体的位置能被目标物体影响的程度。

22.8.2 目标

使用“目标”约束可以约束一个物体的方向，使被约束物体始终瞄准目标物体。目标约束的典型用法是将灯光或摄影机瞄准约束到一个物体或一组物体上，使灯光或摄影机的旋转方向受物体的位移属性控制，实现跟踪照明或跟踪拍摄效果，如图22-158所示。在角色装配中，“目标”约束的一种典型用法是建立一个定位器来控制角色眼球的运动。

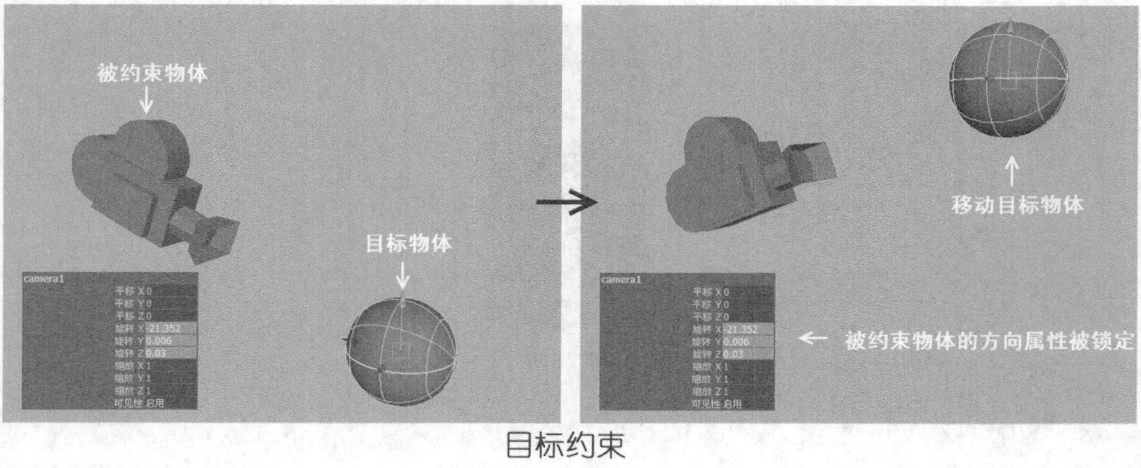

图22-158

打开“目标约束选项”对话框，如图22-159所示。

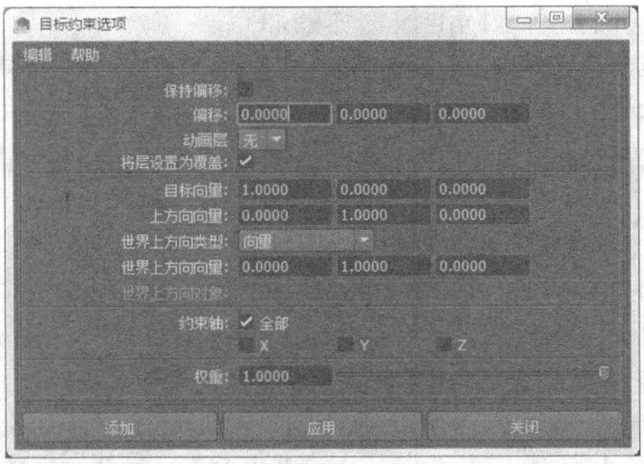

图22-159

目标约束选项介绍

❖ 保持偏移：当勾选该选项时，创建“目标”约束后，目标物体和被约束物体的相对位移和旋转将保持在创建约束之前的状态，即可以保持约束物体之间的空间关系和旋转角度不变；如果关闭该选项，可以在下面的“偏移”数值框中输入数值来确定被约束物体的偏移方向。

❖ 偏移：设置被约束物体偏移方向x、y、z坐标的弧度数值。通过输入需要的弧度数值，可以确定被约束物体的偏移方向。

❖ 目标向量：指定“目标向量”相对于被约束物体局部空间的方向，“目标向量”将指向目标点，从而迫使被约束物体确定自身的方向。

技巧与提示

“目标向量”用来约束被约束物体的方向，以便它总是指向目标点。“目标向量”在被约束物体的枢轴点开始，总是指向目标点。但是“目标向量”不能完全约束物体，因为“目标向量”不控制物体怎样在“目标向量”周围旋转，物体围绕“目标向量”周围旋转是由“上方向向量”和“世界上方向向量”来控制的。

❖ 上方向向量：指定“上方向向量”相对于被约束物体局部空间的方向。

❖ 世界上方向类型：选择“世界上方向向量”的作用类型，共有以下5个选项。

✧ 场景上方向：指定“上方向向量”尽量与场景的向上轴对齐，以代替“世界上方向向量”，“世界上方向向量”将被忽略。

✧ 对象上方向：指定“上方向向量”尽量瞄准被指定物体的原点，而不再与“世界上方向向量”对齐，“世界上方向向量”将被忽略。

技巧与提示

“上方向向量”尝试瞄准其原点的物体称为“世界上方向对象”。

✧ 对象旋转上方向：指定“世界上方向向量”相对于某些物体的局部空间被定义，代替这个场景的世界空间，“上方向向量”在相对于场景的世界空间变换之后将尝试与“世界上方向向量”对齐。

✧ 向量：指定“上方向向量”将尽可能尝试与“世界上方向向量”对齐，这个“世界上方向向量”相对于场景的世界空间被定义，这是默认选项。

✧ 无：指定不计算被约束物体围绕“目标向量”周围旋转的方向。当选择该选项时，Maya将继续使用在指定“无”选项之前的方向。

❖ 世界上方向向量：指定“世界上方向向量”相对于场景的世界空间方向。

❖ 世界上方向对象：输入对象名称来指定一个“世界上方向对象”。在创建“目标”约束时，使用“上方向向量”来瞄准该物体的原点。

❖ 约束轴：指定约束的具体轴向，既可以单独约束x、y、z轴其中的任何轴向，又可以选择“全部”选项来同时约束3个轴向。

❖ 权重：指定被约束物体的方向能被目标物体影响的程度。

【练习22-12】：用目标约束控制眼睛的转动

场景文件　学习资源>场景文件>CH22>k.mb

实例文件　学习资源>实例文件>CH22>练习22-12.mb

技术掌握　掌握目标约束的用法

本例用“目标”约束控制眼睛转动后的效果如图22-160所示。

图22-160

01 打开学习资源中的“场景文件>CH22> k.mb”文件，如图22-161所示。

02 执行“创建>定位器”菜单命令，在场景中创建一个定位器，然后将其命名为LEye_locator（用来控制左眼），如图22-162所示。

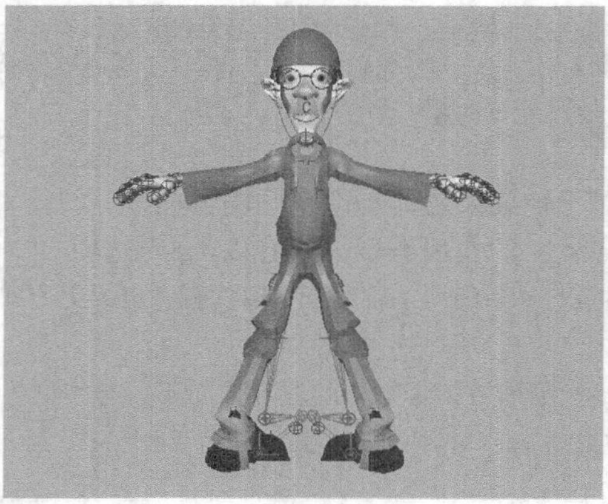

图22-161

图22-162

技巧与提示

如果要重命名定位器的名称，可以先选择定位器，然后在“通道盒”中单击定位器的名称，激活输入框后即可重命名定位器的名称，如图22-163所示。

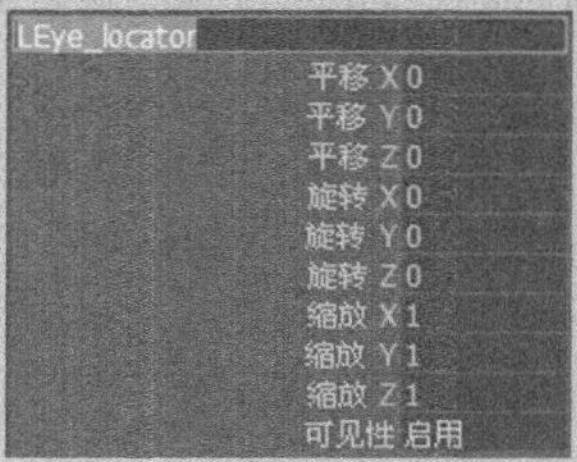

图22-163

03 在“大纲视图”对话框中选择LEye（即左眼）节点，如图22-164所示，然后按住Shift键加选LEye_locator节点，接着执行“约束>点”菜单命令，此时定位器的中心与左眼的中心将重合在一起，如图22-165所示。

04 由于本例是要用“目标”约束来控制眼睛的转动，所以不需要“点”约束了。在“大纲视图”对话框中选择LEye_locator_PointConstraint1节点，如图22-166所示，然后按Delete键将其删除。

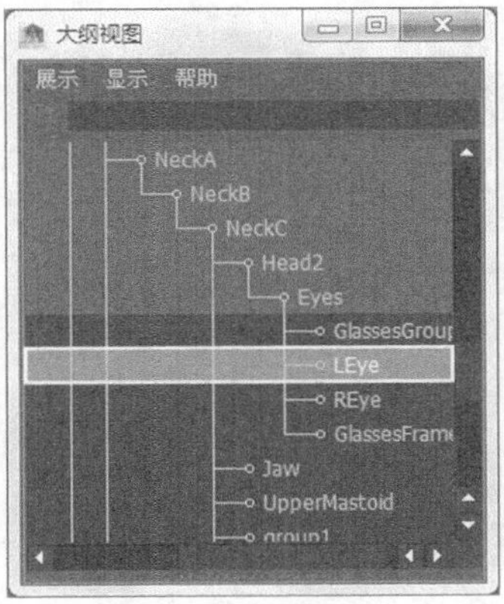

图22-164

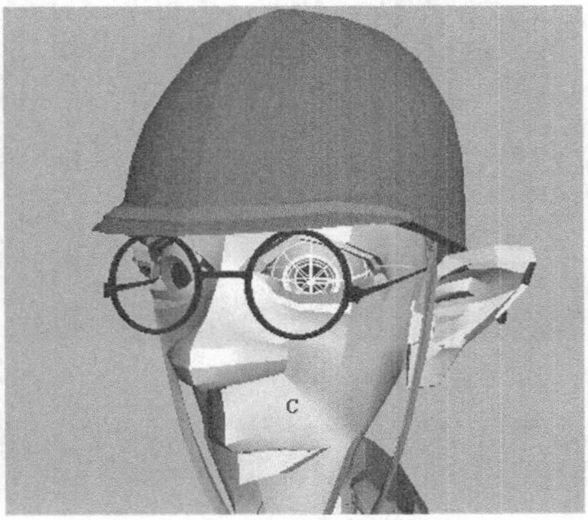

图22-165

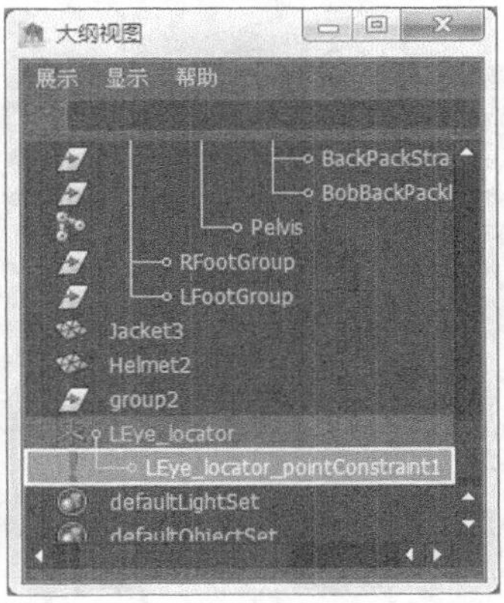

图22-166

05 用同样的方法为右眼创建一个定位器（命名为REye_locator），然后选择两个定位器，接着按快捷键Ctrl+G为其创建一个组，并将组命名为locator，如图22-167所示，最后将定位器拖曳到远离眼睛的方向，如图22-168所示。

06 分别选择LEye_locator节点和REye_locator节点，然后执行“修改>冻结变换”菜单命令，将变换属性值归零处理，如图22-169所示。

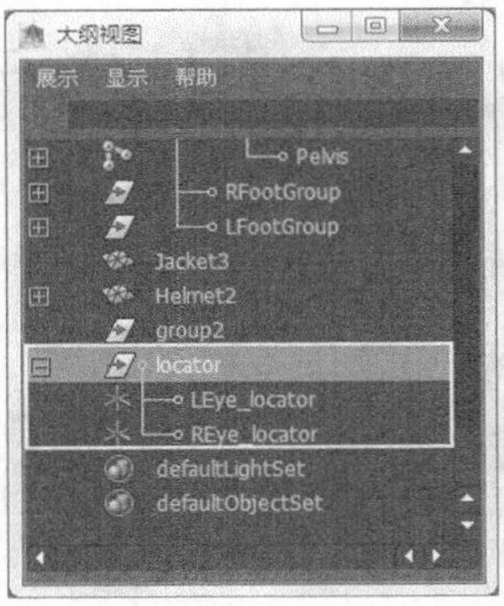

图22-167

图22-168

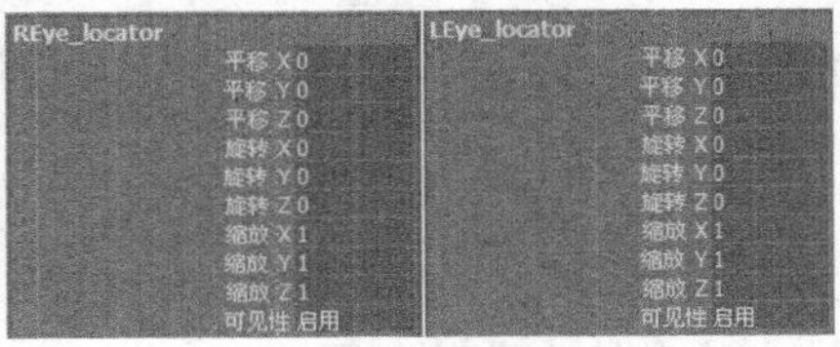

图22-169

07 先选择LEye_locator节点，然后按住Shift键加选LEye节点，接着打开“目标约束选项”对话框，勾选“保持偏移”选项，如图22-170所示。

08 用“移动工具”移动LEye_locator节点，可以观察到左眼也会跟着LEye_locator节点一起移动，如图22-171所示。

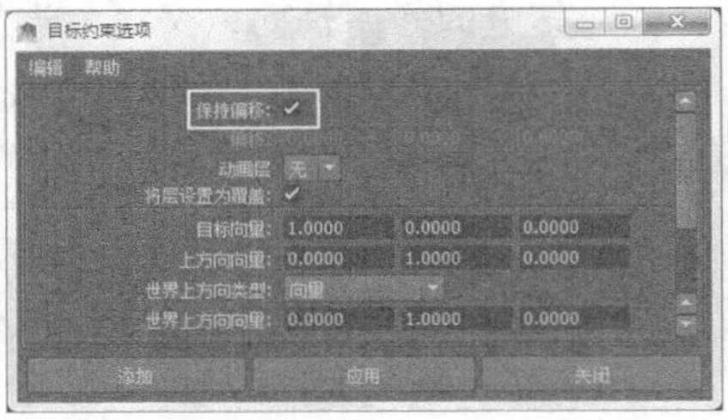

图22-170

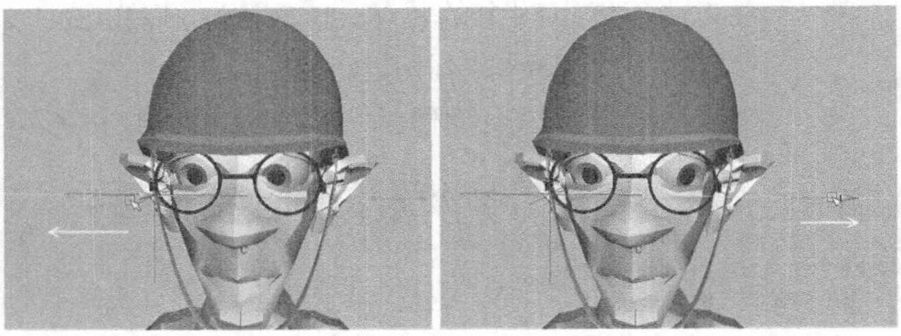

图22-171

09 用相同的方法为REye_locator节点和REye节点创建一个“目标”约束，此时拖曳locator节点，可以发现两个眼睛都会跟着一起移动，如图22-172所示。

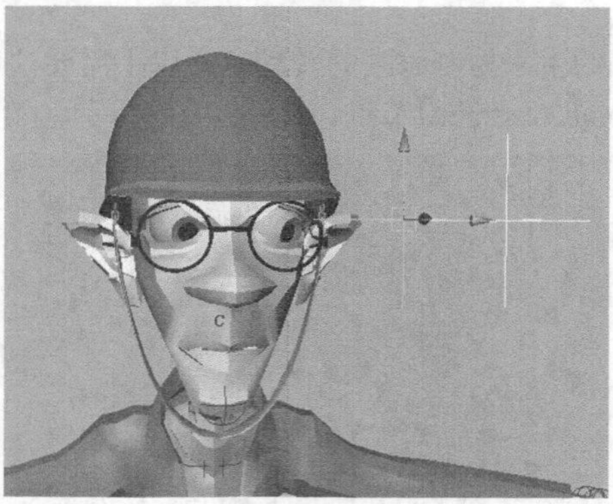

图22-172

22.8.3 方向

使用“方向”约束可以将一个物体的方向与另一个或更多其他物体的方向相匹配，该约束对于制作多个物体的同步变换方向非常有用，如图22-173所示。打开“方向约束选项”对话框，如图22-174所示。

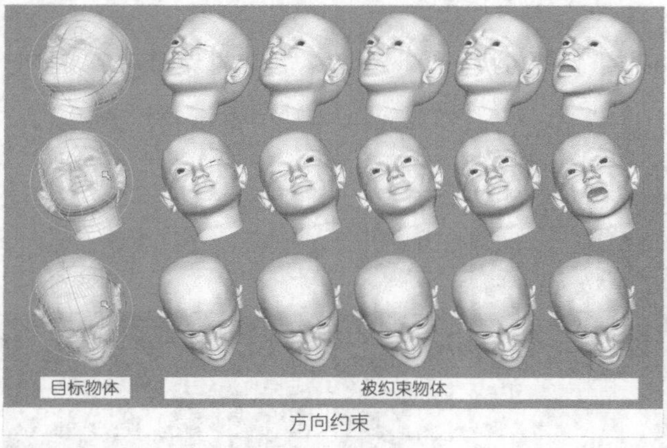

图22-173

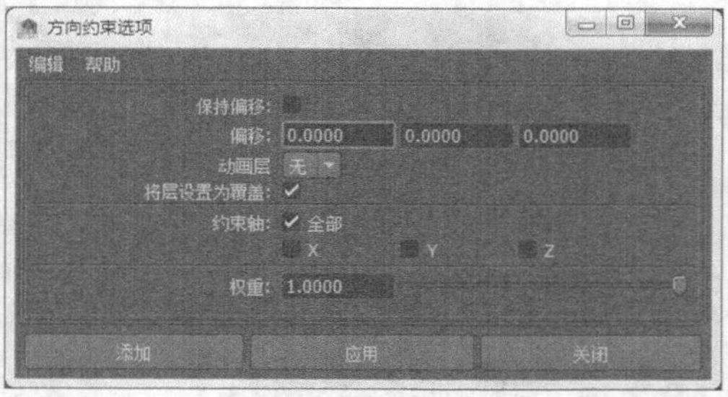

图22-174

方向约束选项介绍

- ❖ 保持偏移：当勾选该选项时，创建“方向”约束后，被约束物体的相对旋转将保持在创建约束之前的状态，即可以保持约束物体之间的空间关系和旋转角度不变；如果关闭该选项，可以在下面的“偏移”选项中输入数值来确定被约束物体的偏移方向。
- ❖ 偏移：设置被约束物体偏移方向x、y、z坐标的弧度数值。
- ❖ 约束轴：指定约束的具体轴向，既可以单独约束x、y、z其中的任何轴向，又可以选择“全部”选项来同时约束3个轴向。
- ❖ 权重：指定被约束物体的方向能被目标物体影响的程度。

【练习22-13】：用方向约束控制头部的旋转

场景文件　学习资源>场景文件>CH22>1.mb
实例文件　学习资源>实例文件>CH22>练习22-13.mb
技术掌握　掌握方向约束的用法

本例用“方向”约束控制头部旋转动作后的效果如图22-175所示。

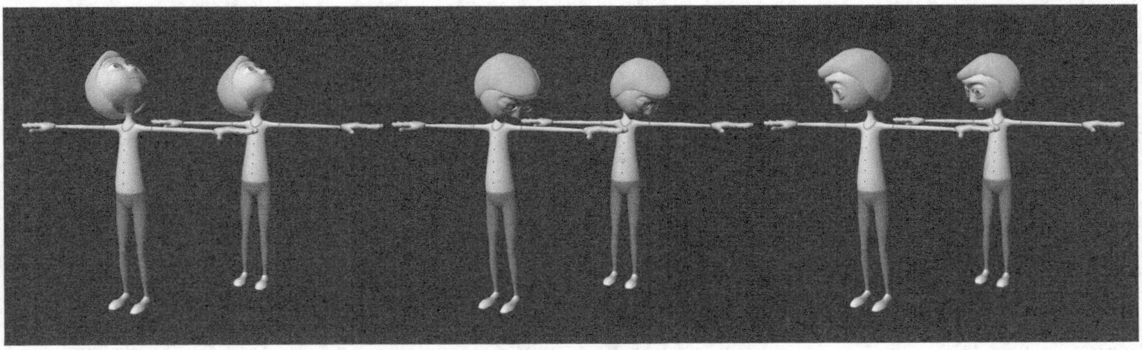

图22-175

01 打开学习资源中的“场景文件>CH22>l.mb”文件，如图22-176所示。

图22-176

技巧与提示

本例要做的效果是让左边的头部A的旋转动作控制右边的头部B的旋转动作，如图22-177所示。

图22-177

02 先选择头部A，然后按住Shift键加选头部B，接着打开“方向约束选项”对话框，勾选“保持偏移”选项，如图22-178所示。

03 选择头部B，在“通道盒”中可以观察到“旋转x”“旋转y”和“旋转z”属性被锁定了，这说明头部B的旋转属性已经被头部A的旋转属性所影响，如图22-179所示。

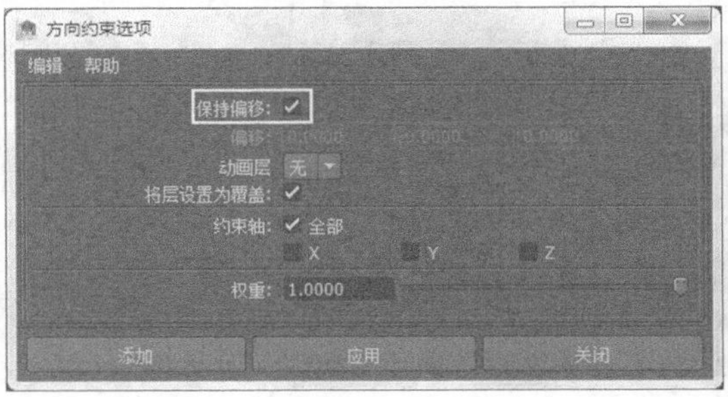

图22-178

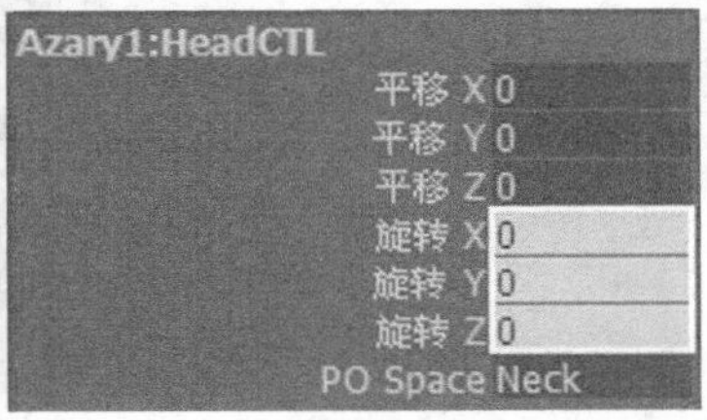

图22-179

04 用“旋转工具”旋转头部A，可以发现头部B也会跟着做相同的动作，但只限于旋转动作，如图22-180所示。

图22-180

22.8.4 缩放

使用“缩放”约束可以将一个物体的缩放效果与另一个或更多其他物体的缩放效果相匹配，该约束对于制作多个物体同步缩放比例非常有用。打开“缩放约束选项”对话框，如图22-181所示。

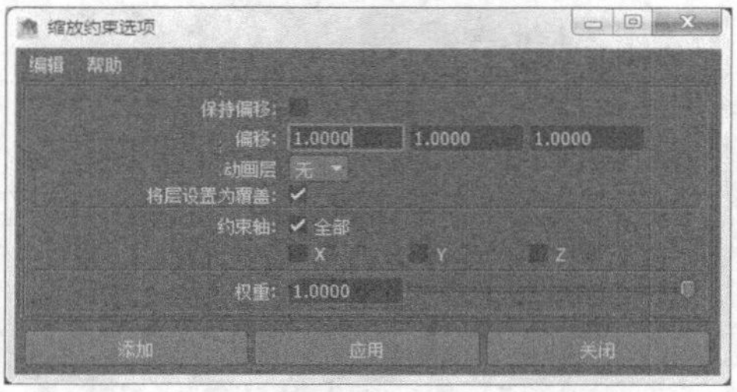

图22-181

技巧与提示

“缩放约束选项”对话框中的参数在前面的内容中都讲解过，这里不再重复介绍。

22.8.5 父对象

使用“父对象”约束可以将一个物体的位移和旋转关联到其他物体上，一个被约束物体的运动也能被多个目标物体的平均位置约束。当“父对象”约束被应用于一个物体的时候，被约束物体将仍然保持独立，它不会成为目标物体层级或组中的一部分，但是被约束物体的行为看上去好像是目标物体的子物体。打开“父约束选项”对话框，如图22-182所示。

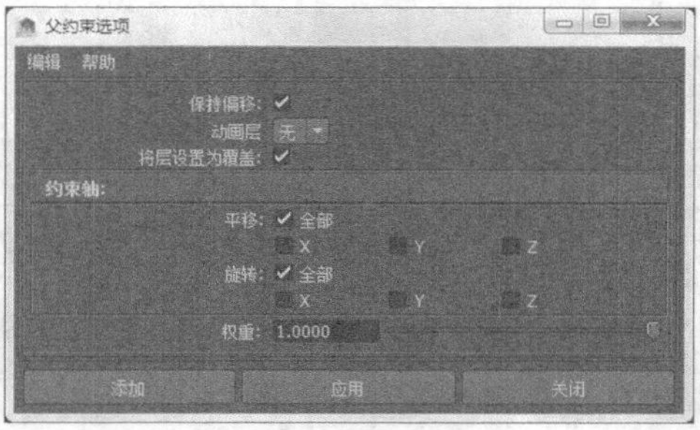

图22-182

父约束选项介绍

❖ 平移：设置将要约束位移属性的具体轴向，既可以单独约束x、y、z其中的任何轴向，又可以选择“全部”选项来同时约束这3个轴向。

❖ 旋转：设置将要约束旋转属性的具体轴向，既可以单独约束x、y、z其中的任何轴向，又可以选择“全部”选项来同时约束这3个轴向。

22.8.6 几何体

使用“几何体”约束可以将一个物体限制到NURBS曲线、NURBS曲面或多边形曲面上，如图22-183所示。如果想要使被约束物体的自身方向能适应于目标物体表面，也可以在创建“几何体”约束之后再创建一个“正常”约束。打开“几何体约束选项”对话框，如图22-184所示。

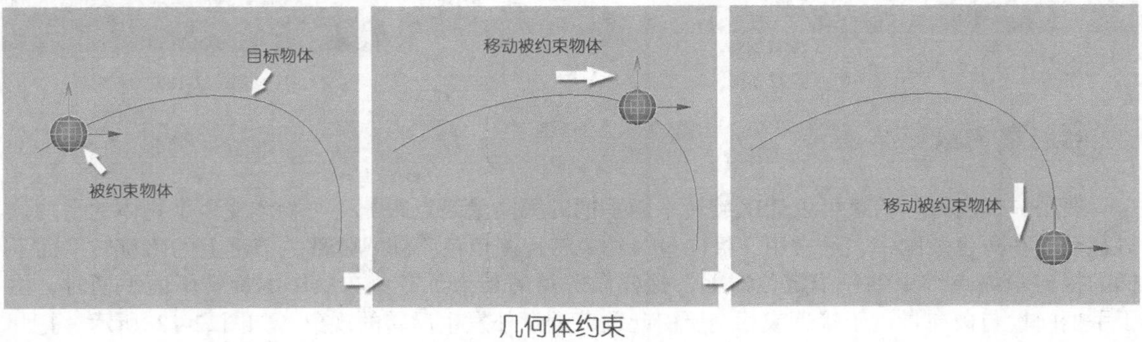

图22-183

图22-184

技巧与提示

“几何体”约束不锁定被约束物体变换、旋转和缩放通道中的任何属性，这表示几何体约束可以很容易地与其他类型的约束同时使用。

22.8.7 法线

使用“法线”约束可以约束一个物体的方向，使被约束物体的方向对齐到NURBS曲面或多边形曲面的法线向量。当需要一个物体能以自适应方式在形状复杂的表面上移动时，“法线”约束将非常有用。如果没有“法线”约束，制作沿形状复杂的表面移动物体的动画将十分繁琐和费时。打开“法线约束选项”对话框，如图22-185所示。

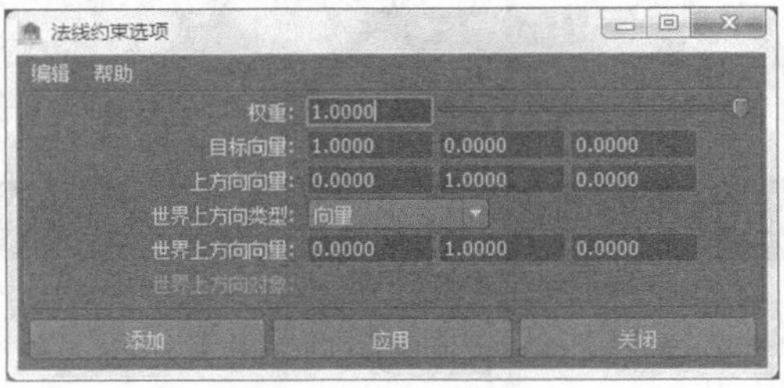

图22-185

22.8.8 切线

使用“切线”约束可以约束一个物体的方向，使被约束物体移动时的方向总是指向曲线的切线方向，如图22-186所示。当需要一个物体跟随曲线的方向运动时，“切线”约束将非常有用，例如可以利用“切线”约束来制作汽车行驶时，轮胎沿着曲线轨迹滚动的效果。打开“切线约束选项”对话框，如图22-187所示。

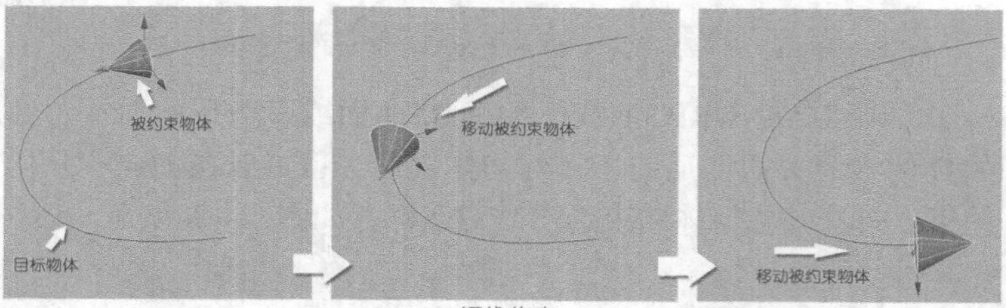

切线约束

图22-186

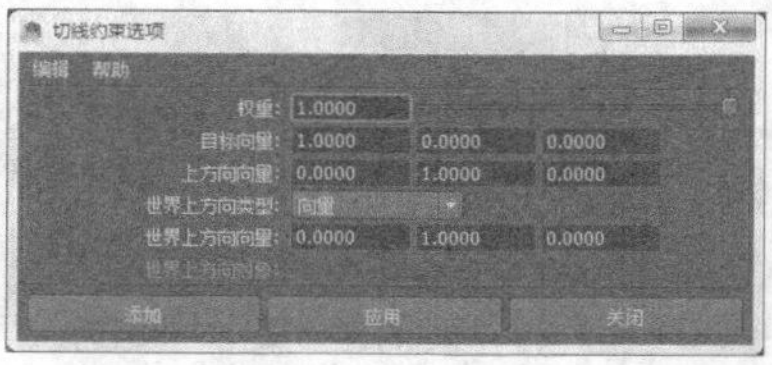

图22-187

22.8.9 极向量

使用“极向量”约束可以让IK旋转平面手柄的极向量终点跟随一个物体或多个物体的平均位置移动。在角色装配中，经常用“极向量”约束将控制角色胳膊或腿部关节链上的IK旋转平面手柄的极向量终点约束到一个定位器上，这样做的目的是为了避免在操作IK旋转平面手柄时，由于手柄向量与极向量过于接近或相交所引起关节链意外发生反转的现象，如图22-188所示。打开“极向量约束选项”对话框，如图22-189所示。

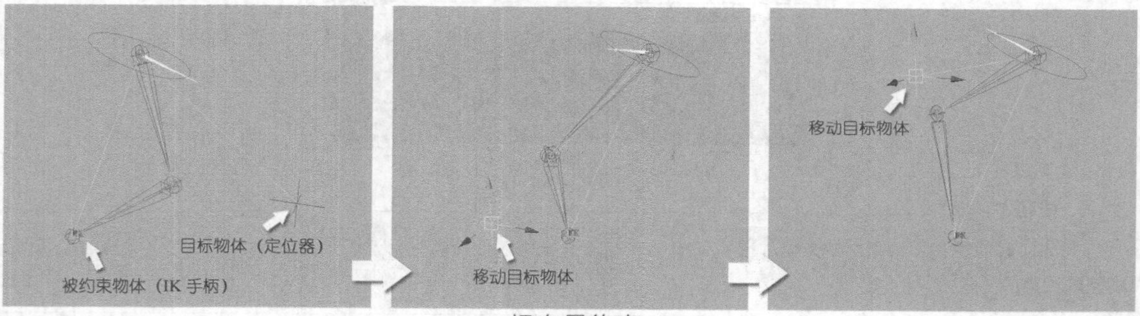

极向量约束

图22-188

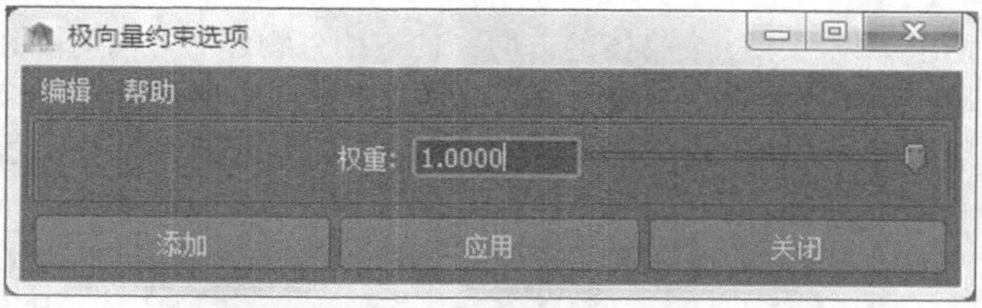

图22-189

22.9 知识总结与回顾

本章主要讲解了Maya的基础动画，这部分内容非常重要，大家必须全部掌握。在下一章中，我们将对Maya的高级动画进行讲解。

第23章 高级动画

要点索引

- 骨架结构
- 父子关系
- 创建骨架
- 编辑骨架
- IK控制柄
- 角色蒙皮
- 肌肉系统

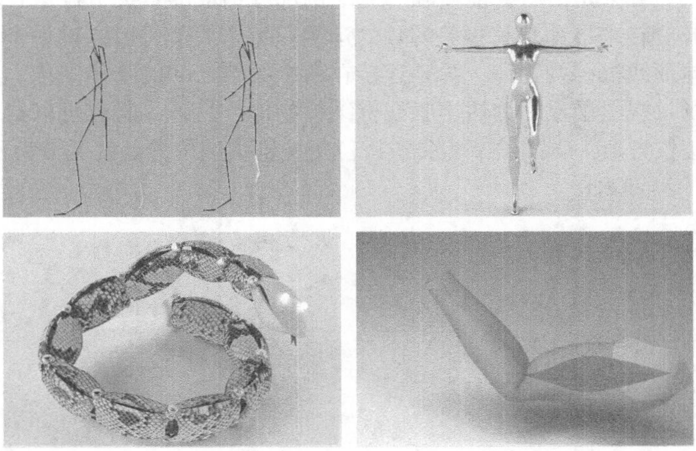

本章导读

本章将介绍Maya的高级动画，包括骨架结构、父子关系、骨架的创建与编辑、IK控制柄、角色蒙皮和肌肉系统等。这部分内容比较难懂，希望大家要多领会本章内容，同时要多练习本章的实例。

23.1 骨架系统概述

Maya提供了一套非常优秀的动画控制系统——骨架。动物的外部形体是由骨架、肌肉和皮肤组成的，从功能上来说，骨架主要起着支撑动物躯体的作用，它本身不能产生运动。动物的运动实际上都是由肌肉来控制的，在肌肉的带动下，筋腱拉动骨架沿着各个关节产生转动或在某些局部发生移动，从而表现出整个形体的运动状态。但在数字空间中，骨架、肌肉和皮肤的功能与现实中是不同的。数字角色的形态只由一个因素来决定，就是角色的三维模型，也就是数字空间中的皮肤。一般情况下，数字角色是没有肌肉的，控制数字角色运动的就是三维软件里提供的骨架系统。所以，通常所说的角色动画，就是制作数字角色骨架的动画，骨架控制着皮肤，或是由骨架控制着肌肉，再由肌肉控制皮肤来实现角色动画。总体来说，在数字空间中只有两个因素最重要，一是模型，它控制着角色的形体；另外一个是骨架，它控制角色的运动。肌肉系统在角色动画中只是为了让角色在运动时，让形体的变形更加符合解剖学原理，也就是使角色动画更加生动。

23.2 骨架结构

骨架是由“关节”和“骨”两部分构成的。关节位于骨与骨之间的连接位置，由关节的移动或旋转来带动与其相关的骨的运动。每个关节可以连接一个或多个骨，关节在场景视图中显示为球形线框结构物体；骨是连接在两个关节之间的物体结构，它能起到传递关节运动的作用，骨在场景视图中显示为棱锥状线框结构物体。另外，骨也可以指示出关节之间的父子层级关系，位于棱锥方形一端的关节为父级，位于棱锥尖端位置处的关节为子级，如图23-1所示。

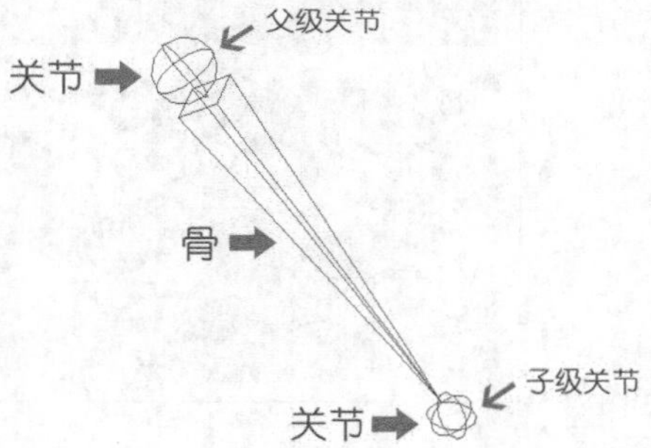

图23-1

23.2.1 关节链

“关节链”又称为“骨架链”，它是一系列关节和与之相连接的骨的组合。在一条关节链中，所有的关节和骨之间都是呈线性连接的，也就是说，如果从关节链中的第1个关节开始绘制一条路径曲线到最后一个关节结束，可以使该关节链中的每个关节都经过这条曲线，如图23-2所示。

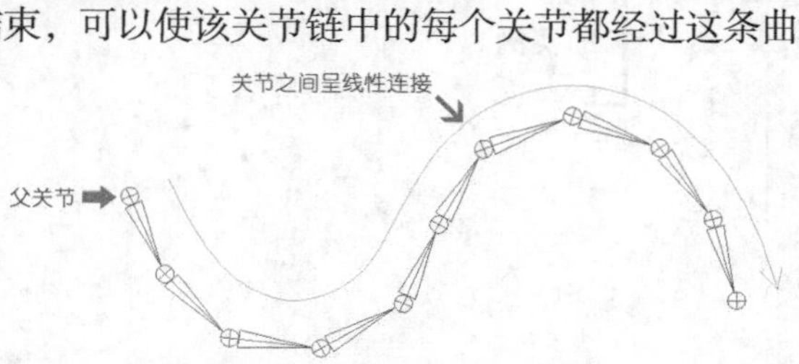

图23-2

技巧与提示

在创建关节链时，首先创建的关节将成为该关节链中层级最高的关节，称为“父关节”，只要对这个父关节进行移动或旋转操作，就会使整体关节链发生位置或方向上的变化。

23.2.2 肢体链

“肢体链”是多条关节链连接在一起的组合。与关节链不同，肢体链是一种“树状”结构，其中所有的关节和骨之间并不是呈线性方式连接的。也就是说，无法绘制出一条经过肢体链中所有关节的路径曲线，如图23-3所示。

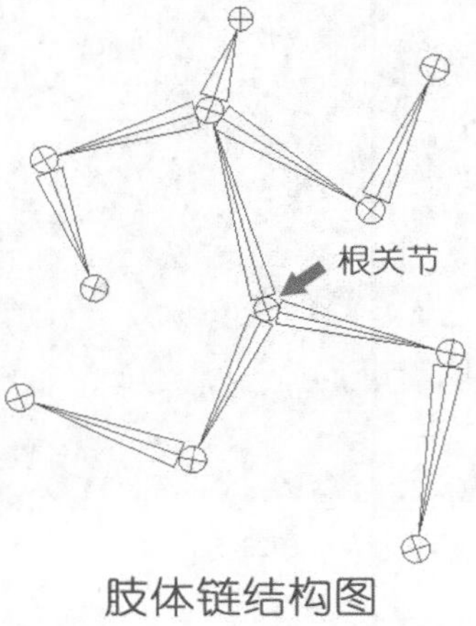

图23-3

技巧与提示

在肢体链中，层级最高的关节称为“根关节”，每个肢体链中只能存在一个根关节，但是可以存在多个父关节。其实，父关节和子关节是相对而言的，在关节链中任意的关节都可以成为父关节或子关节，只要在一个关节的层级之下有其他的关节存在，这个位于上一级的关节就是其层级之下关节的父关节，而这个位于层级之下的关节就是其层级之上关节的子关节。

23.3 父子关系

在Maya中，可以把父子关系理解成一种控制与被控制的关系。也就是说，把存在控制关系的物体中处于控制地位的物体称为父物体，把被控制的物体称为子物体。父物体和子物体之间的控制关系是单向的，前者可以控制后者，但后者不能控制前者。同时还要注意，一个父物体可以同时控制若干个子物体，但一个子物体不能同时被两个或两个以上的父物体控制。

对于骨架，不能仅仅局限于它的外观上的状态和结构。在本质上，骨架上的关节其实是在定义一个“空间位置”，而骨架就是这一系列空间位置以层级的方式所形成的一种特殊关系，连接关节的骨只是这种关系的外在表现。

23.4 创建骨架

在角色动画制作中，创建骨架通常就是创建肢体链的过程。创建骨架都使用“关节工具”来完成，如图23-4所示。

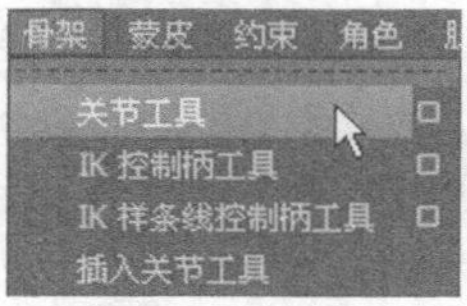

图23-4

打开“关节工具”的“工具设置”对话框，如图23-5所示。

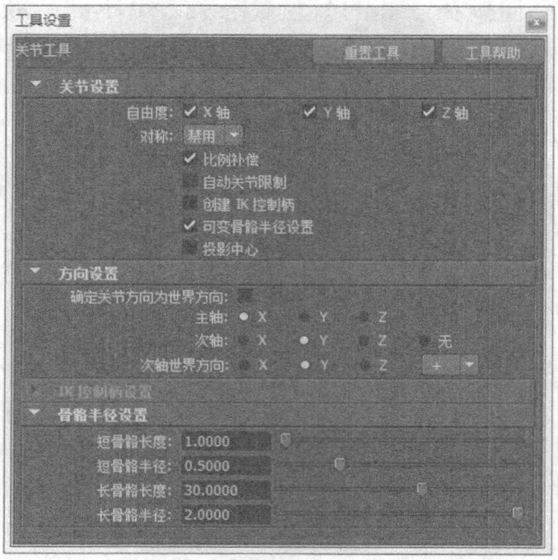

图23-5

关节工具参数介绍

❖ 自由度：指定被创建关节的哪些局部旋转轴向能被自由旋转，有“X轴”“Y轴”和“Z轴”3个选项。

❖ 对称：可以在创建关节时启用或禁用对称。通过“禁用”“X轴”“Y轴”“Z轴”4个选项，可以指定创建对称连接时其具有的轴。

❖ 比例补偿：勾选该选项时，在创建关节链后，当对位于层级上方的关节进行比例缩放操作时，位于其下方的关节和骨架不会自动按比例缩放；如果关闭该选项，当对位于层级上方的关节进行缩放操作时，位于其下方的关节和骨架也会自动按比例缩放。

❖ 自动关节限制：当勾选该选项时，被创建关节的一个局部旋转轴向将被限制，使其只能在180°范围之内旋转。被限制的轴向就是与创建关节时被激活视图栅格平面垂直的关节局部旋转轴向，被限制的旋转方向在关节链小于180°夹角的一侧。

❖ 创建IK控制柄：当勾选该选项时，“IK控制柄设置”卷展栏下的相关选项才起作用。这时，使用“关节工具”创建关节链的同时会自动创建一个IK控制柄。创建的IK控制柄将从关节链的第1个关节开始，到末端关节结束。

❖ 可变骨骼半径设置：勾选该选项后，可以在“骨骼半径设置”卷展栏下设置短/长骨骼的长度和半径。

❖ 投影中心：勾选该选项时，Maya会自动将关节捕捉到选定网格的中心。

❖ 确定关节方向为世界方向：勾选该选项后，被创建的所有关节局部旋转轴向将与世界坐标轴向保持一致。

❖ 主轴：设置被创建关节的局部旋转主轴方向。

❖ 次轴：设置被创建关节的局部旋转次轴方向。

❖ 次轴世界方向：为使用“关节工具”创建的所有关节的第2个旋转轴设定世界轴（正或负）方向。

技巧与提示

“自动关节限制”选项适用于类似有膝关节旋转特征的关节链的创建。该选项的设置不会限制关节链的开始关节和末端关节。

关于IK控制柄的设置方法将在后面的内容中详细介绍。

- 短骨骼长度：设置一个长度数值来确定哪些骨为短骨骼。
- 短骨骼半径：设置一个数值作为短骨的半径尺寸，它是骨半径的最小值。
- 长骨骼长度：设置一个长度数值来确定哪些骨为长骨。
- 长骨骼半径：设置一个数值作为长骨的半径尺寸，它是骨半径的最大值。

【练习23-1】：创建人体骨架

场景文件　无
实例文件　学习资源>实例文件>CH23>练习23-1.mb
技术掌握　掌握关节工具的用法及人体骨架的创建方法

本例使用“关节工具”创建的人体骨架效果如图23-6所示。

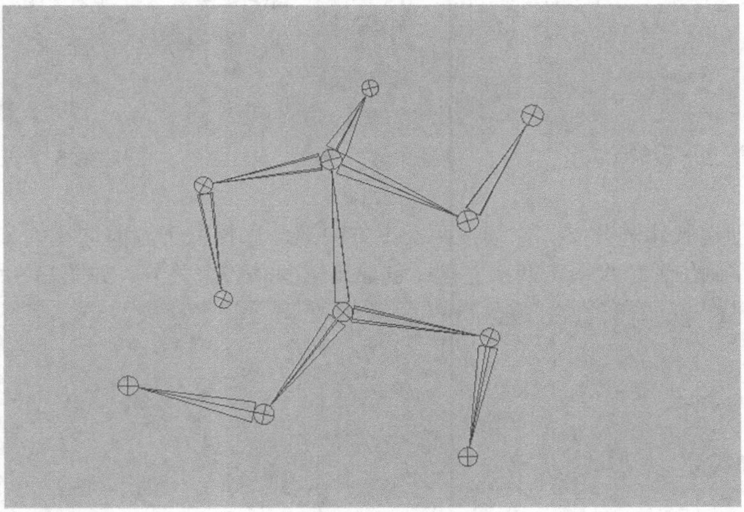

图23-6

01 执行“骨架>关节工具”菜单命令，当光标变成十字形时，在视图中单击左键，创建出第1个关节，然后在该关节的上方单击一次左键，创建出第2个关节（这时在两个关节之间会出现一根骨），接着在当前关节的上方单击一次左键，创建出第3个关节，如图23-7所示。

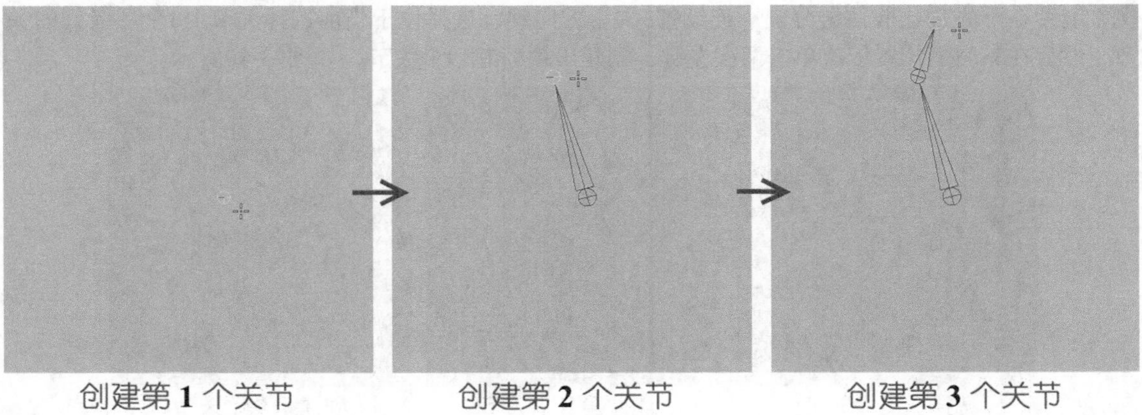

图23-7

技巧与提示

当创建一个关节后，如果对关节的放置位置不满意，可以使用鼠标中键单击并拖曳当前处于选择状态的关节，然后将其移动到需要的位置即可；如果已经创建了多个关节，想要修改之前创建关节的位置时，可以使用方向键↑和↓来切换选择不同层级的关节。当选择了需要调整位置的关节后，再使用鼠标中键单击并拖曳当前处于选择状态的关节，将其移动到需要的位置即可。

注意，以上操作必须在没有结束"关节工具"操作的情况下才有效。

02 继续创建其他的肢体链分支。按一次↑方向键，选择位于当前选择关节上一个层级的关节，然后在其右侧位置依次单击两次左键，创建出第4和第5个关节，如图23-8所示。

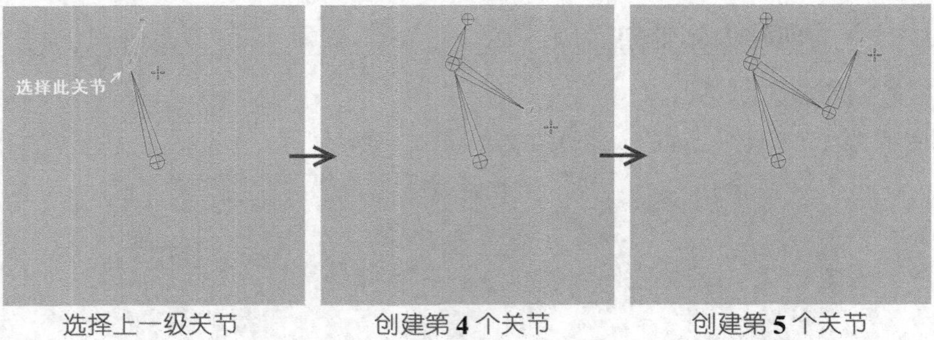
选择此关节
选择上一级关节
创建第4个关节
创建第5个关节

图23-8

03 继续在左侧创建肢体链分支。连续按两次↑方向键，选择位于当前选择关节上两个层级处的关节，然后在其左侧位置依次单击两次左键，创建出第6和第7个关节，如图23-9所示。

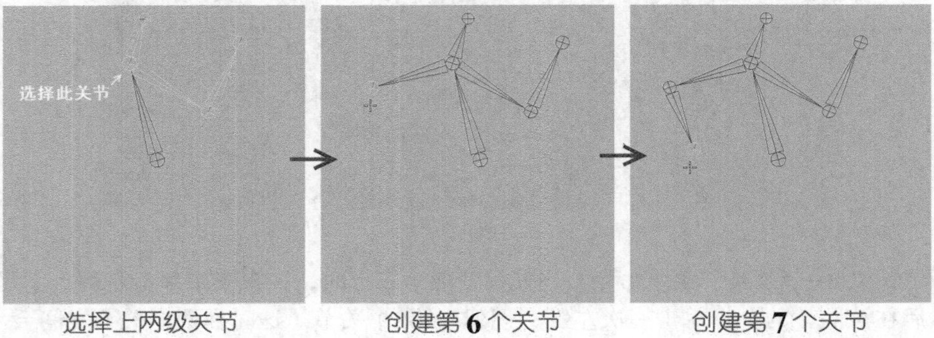
选择此关节
选择上两级关节
创建第6个关节
创建第7个关节

图23-9

04 继续在下方创建肢体链分支。连续按3次↑方向键，选择位于当前选择关节上3个层级处的关节，然后在其右侧位置依次单击两次左键，创建出第8和第9个关节，如图23-10所示。

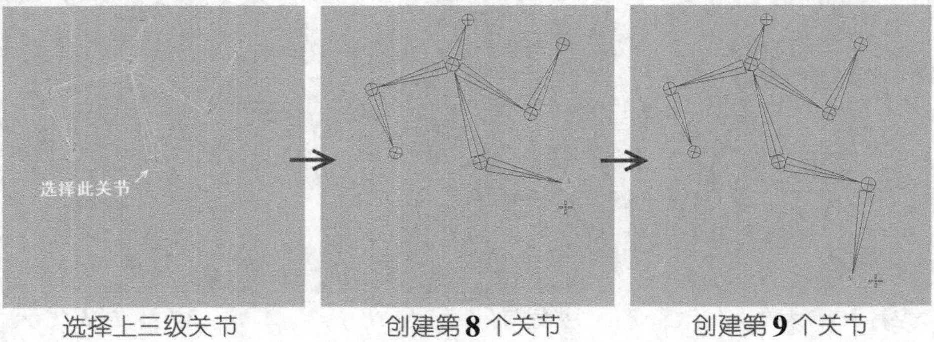

图23-10

技巧与提示

可以使用相同的方法继续创建出其他位置的肢体链分支，不过这里要尝试采用另外一种方法，所以可以先按Enter键结束肢体链的创建。下面将采用添加关节的方法在现有肢体链中创建关节链分支。

05 重新选择“关节工具”，然后在想要添加关节链的现有关节上单击一次左键（选中该关节，以确定新关节链将要连接的位置），然后依次单击两次左键，创建出第10和第11个关节，接着按Enter键结束肢体链的创建，如图23-11所示。

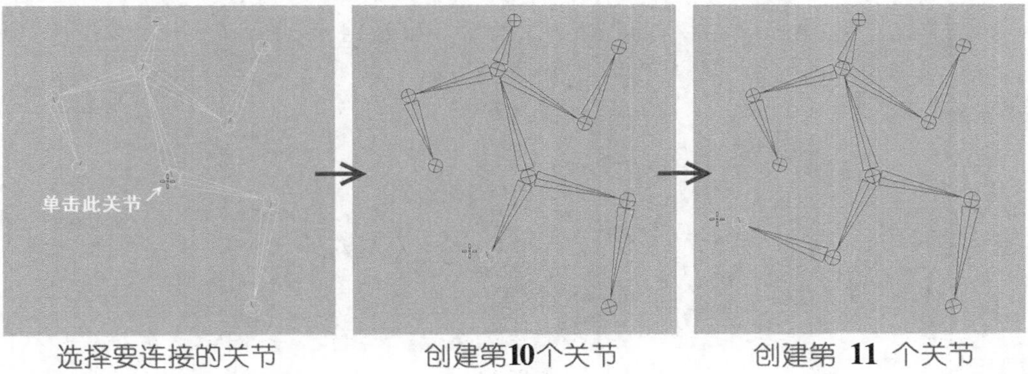

图23-11

技巧与提示

使用这种方法可以在已经创建完成的关节链上随意添加新的分支，并且能在指定的关节位置处对新旧关节链进行自动连接。

23.5 编辑骨架

创建骨架之后，可以采用多种方法来编辑骨架，使骨架能更好地满足动画制作的需要。Maya提供了一些方便的骨架编辑工具，如图23-12所示。

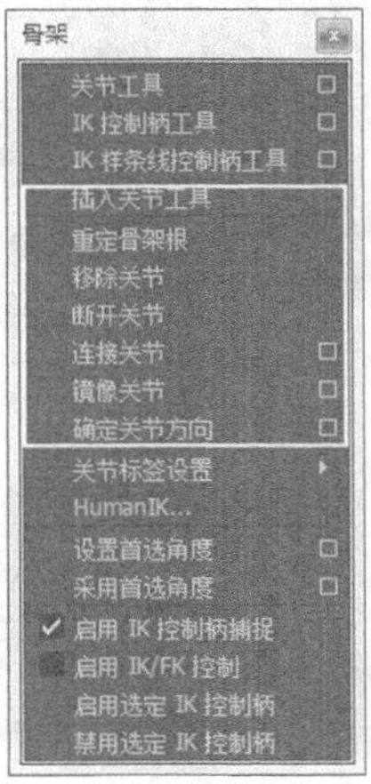

图23-12

23.5.1 插入关节工具

如果要增加骨架中的关节数，可以使用“插入关节工具”在任何层级的关节下插入任意数目的关节。

【练习23-2】：插入关节

场景文件　学习资源>场景文件>CH23>a.mb
实例文件　学习资源>实例文件>CH23>练习23-2.mb
技术掌握　掌握关节的插入方法

本例使用“插入关节工具”在骨架中插入的关节效果如图23-13所示。

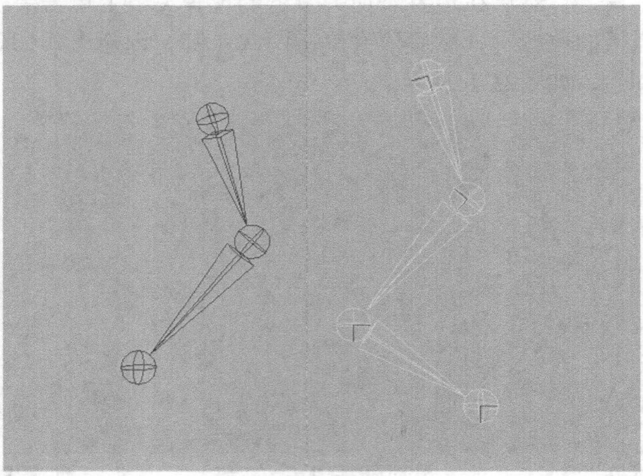

图23-13

01 打开学习资源中的“场景文件> CH23>a.mb”文件，如图23-14所示。

02 选择“插入关节工具”，然后按住鼠标左键在要插入关节的地方拖曳光标，这样就可以在相应的位置插入关节，如图23-15所示。

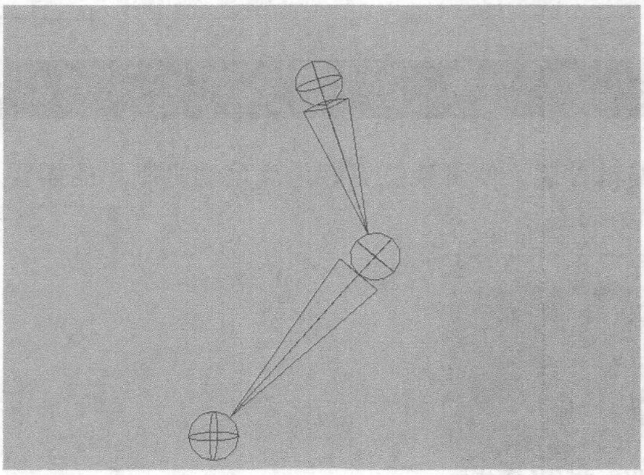

图23-14

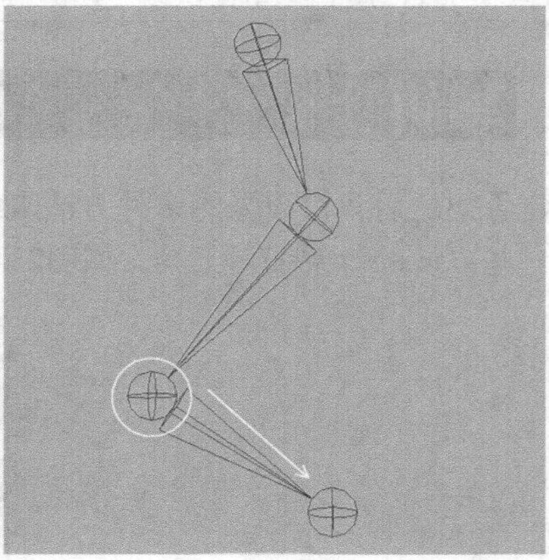

图23-15

23.5.2 重定骨架根

使用“重定骨架根”命令可以改变关节链或肢体链的骨架层级，以重新设定根关节在骨架链中的位置。如果选择的是位于整个骨架链中层级最下方的一个子关节，重新设定根关节后骨架的层级将会颠倒；如果选择的是位于骨架链中间层级的一个关节，重新设定根关节后，在根关节的下方将有两个分离的骨架层级被创建。

【练习23-3】：重新设置骨架根

场景文件　学习资源>场景文件>CH23>b.mb
实例文件　学习资源>实例文件>CH23>练习23-3.mb
技术掌握　掌握如何改变骨架的层级关系

本例使用“重定骨架根”命令改变骨架层级关系后的效果如图23-16所示。

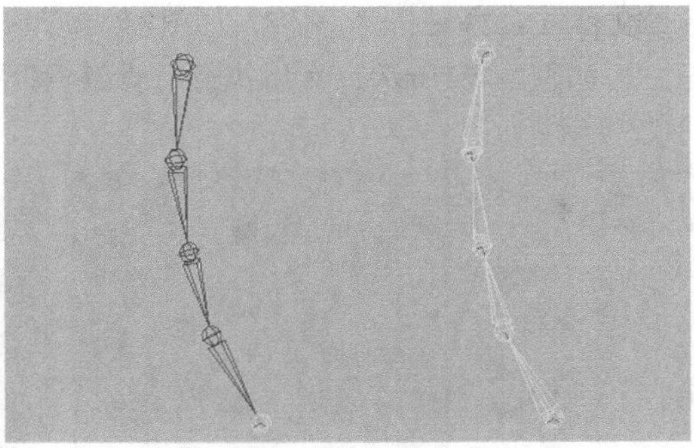

图23-16

01 打开学习资源中的“场景文件>CH23>b.mb”文件，然后选择第5个根关节，如图23-17所示。

02 执行“骨架>重设骨架根”菜单命令，此时可以发现joint5关节已经变成了所有关节的父关节，如图23-18所示。

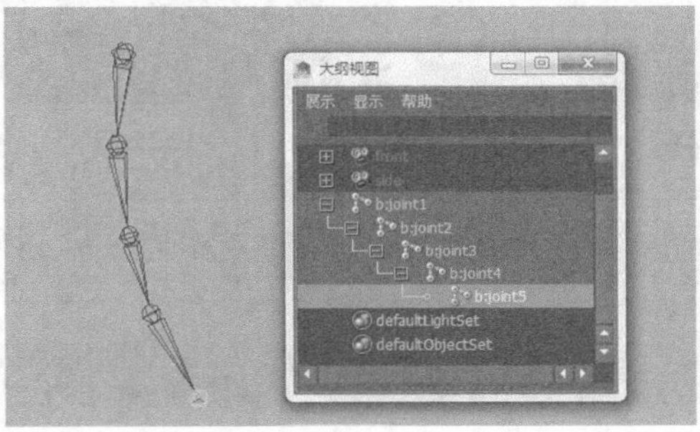

图23-17

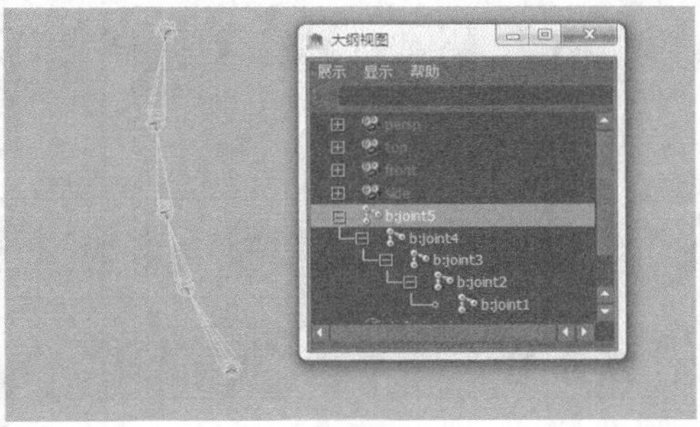

图23-18

23.5.3 移除关节

使用“移除关节”命令可以从关节链中删除当前选择的一个关节，并且可以将剩余的关节和骨结合为一个单独的关节链。也就是说，虽然删除了关节链中的关节，但仍然会保持该关节链的连接状态。

【练习23-4】：移除关节

场景文件	学习资源>场景文件>CH23>c.mb
实例文件	学习资源>实例文件>CH23>练习23-4.mb
技术掌握	掌握关节的移除方法

本例使用“移除关节”命令移除关节后的效果如图23-19所示。

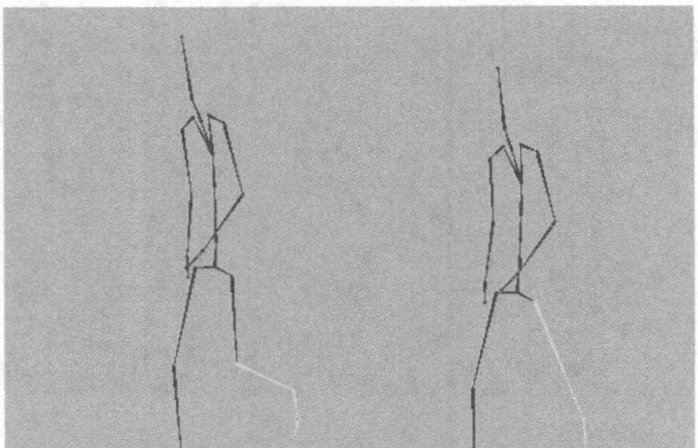

图23-19

01 打开学习资源中的“场景文件>CH23>c.mb”文件，如图23-20所示。

02 选中要移除的关节joint25，如图23-21所示，然后执行“骨架>移除关节”菜单命令，这样就可以将关节移除掉，如图23-22所示。

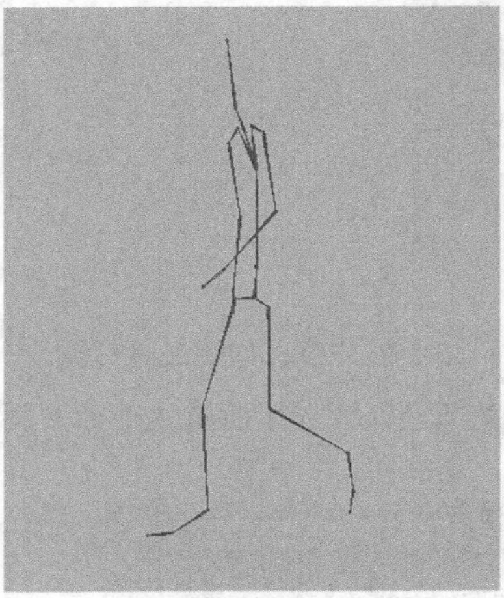
图23-20

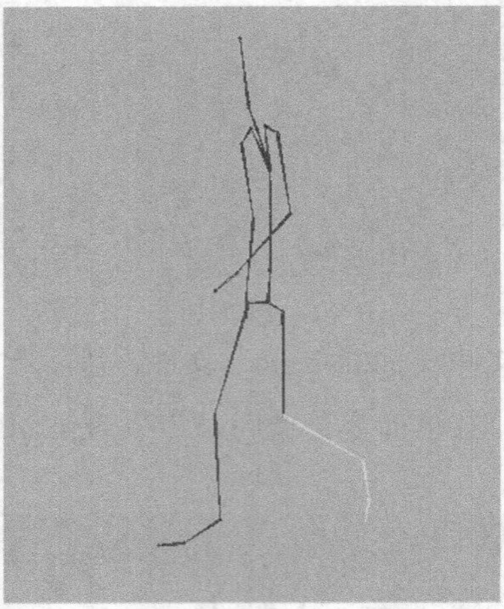
图23-21

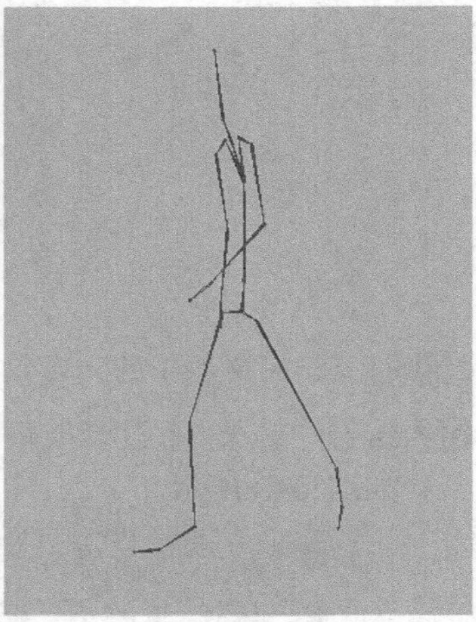
图23-22

技巧与提示

一次只能移除一个关节，但使用“移除关节”命令移除当前关节后并不影响它的父级和子级关节的位置关系。

23.5.4 断开关节

使用“断开关节”命令可以将骨架在当前选择的关节位置处打断，将原本单独的一条关节链分离为两条关节链。

【练习23-5】：断开关节

场景文件	学习资源>场景文件>CH23>d.mb
实例文件	学习资源>实例文件>CH23>练习23-5.mb
技术掌握	掌握关节的断开方法

本例使用“断开关节”命令将关节断开后的效果如图23-23所示。

01 打开学习资源中的“场景文件>CH23>d.mb”文件，如图23-24所示。

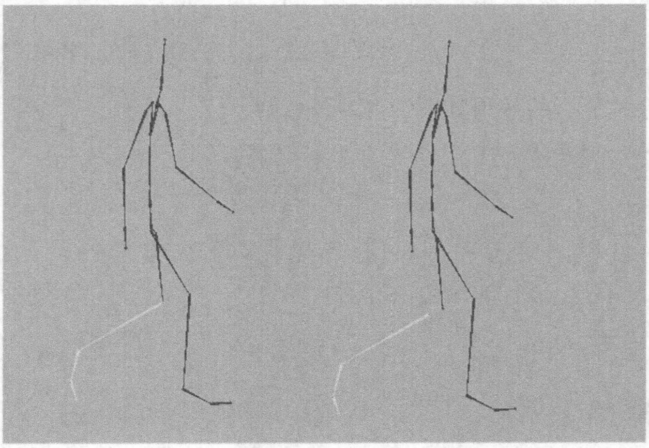
图23-23

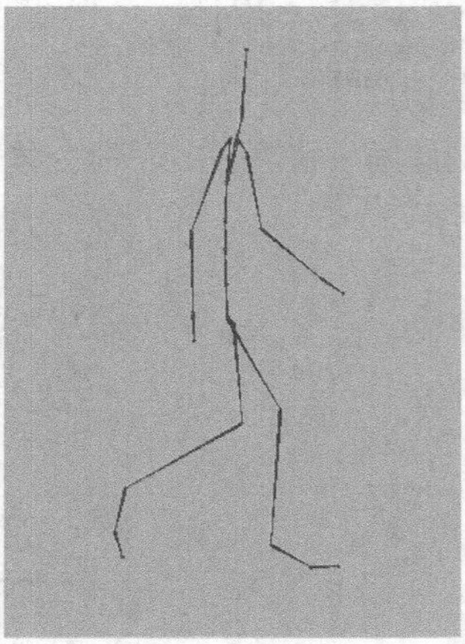
图23-24

02 选择要断开的关节，如图23-25所示，然后执行“骨架>断开关节”菜单命令，这样就可以将选中的关节断开，效果如图23-26所示。

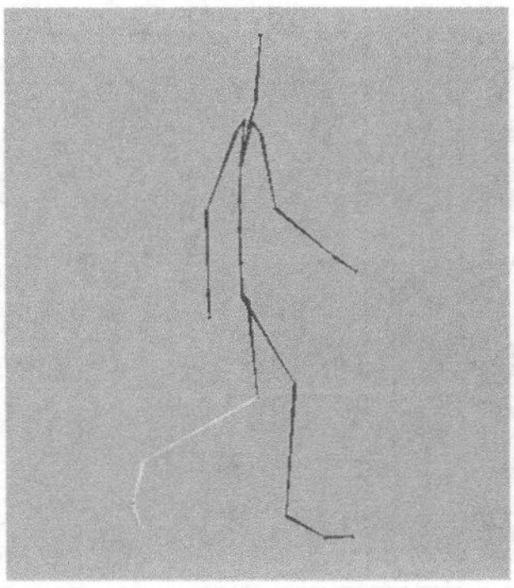

图23-25

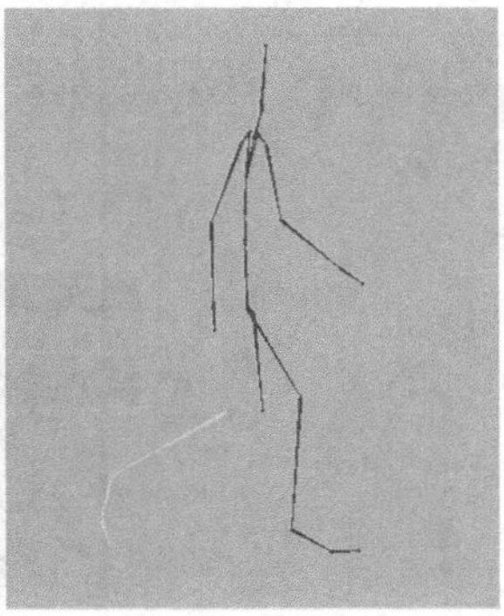

图23-26

技巧与提示

如果断开带有IK控制柄的关节链，那么IK控制柄将被删除。

23.5.5 连接关节

使用“连接关节”命令能采用两种不同方式（连接或父子关系）将断开的关节连接起来，形成一个完整的骨架链。打开“连接关节选项”对话框，如图23-27所示。

图23-27

连接关节选项介绍

❖ 连接关节：这种方式是使用一条关节链中的根关节去连接另一条关节链中除根关节之外的任何关节，使其中一条关节链的根关节直接移动位置，对齐到另一条关节链中选择的关节上。结果是两条关节链连接形成一个完整的骨架链。

❖ 将关节设为父子关系：这种方式是使用一根骨，将一条关节链中的根关节作为子物体与另一条关节链中除根关节之外的任何关节连接起来，形成一个完整的骨架链。这种方法连接关节时不会改变关节链的位置。

【练习23-6】：连接关节

场景文件 学习资源>场景文件>CH23>e.mb
实例文件 学习资源>实例文件>CH23>练习23-6.mb
技术掌握 掌握关节的连接方法

本例使用“连接关节”命令将断开的关节连接起来后的效果如图23-28所示。

01 打开学习资源中的“场景文件>CH23>e.mb”文件，效果如图23-29所示。

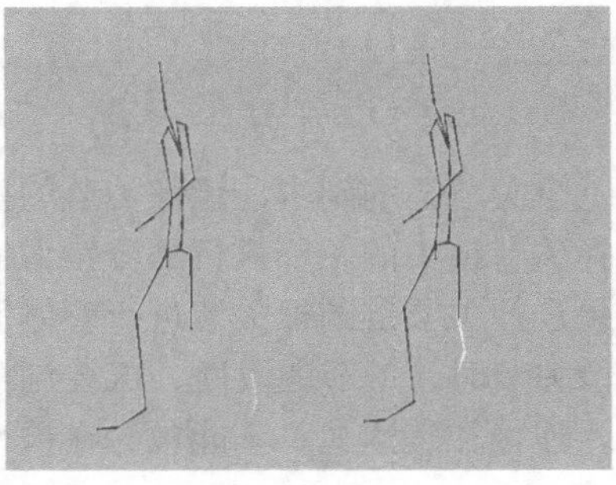

图23-28

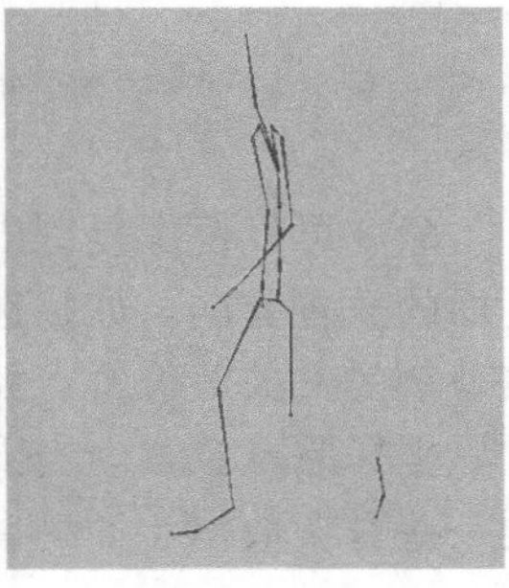

图23-29

技巧与提示

如果在视图中看不清楚关节，可以执行"显示>动画>关节大小"菜单命令，打开"关节显示比例"对话框，然后调节数值即可，如图23-30所示。

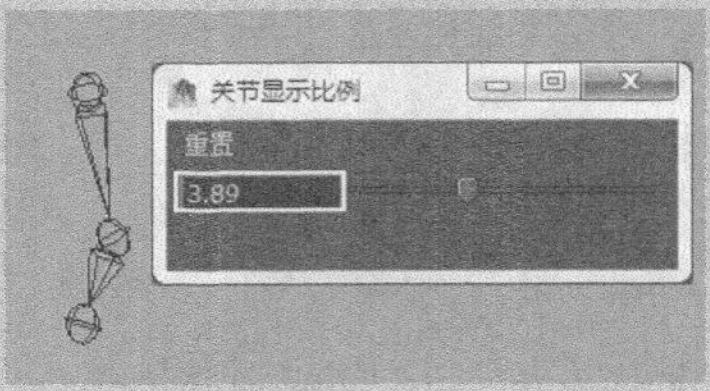

图23-30

02 先选择关节A，然后按住Shift键加选关节B，如图23-31所示，接着执行"骨架>连接关节"菜单命令，效果如图23-32所示。

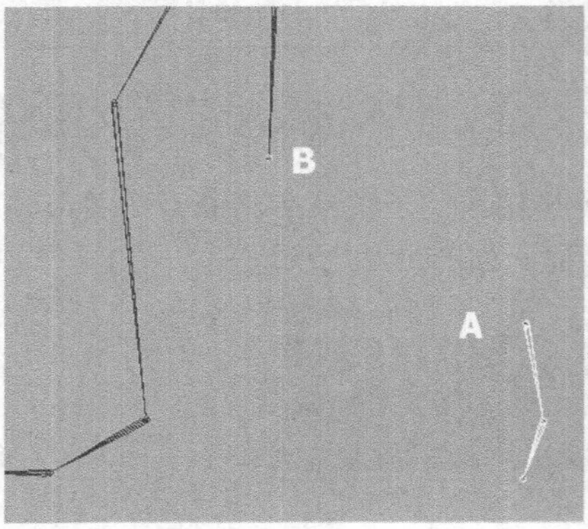

图23-31

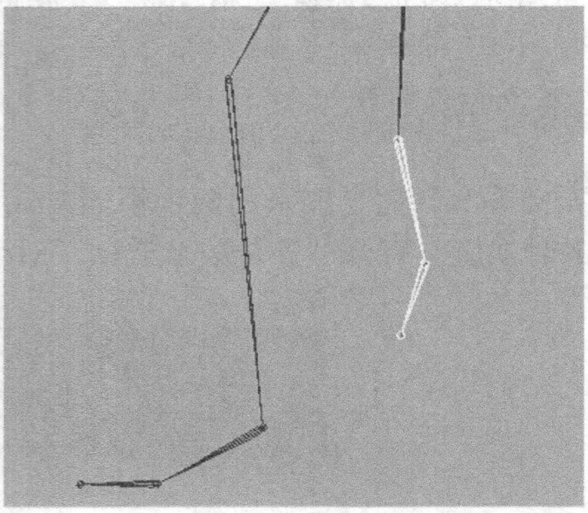

图23-32

技巧与提示

在默认情况下，Maya是用"连接关节"方式连接关节的。如果用"将关节设为父子关系"方式进行连接，在两个关节之前将生成一个新关节，A关节的位置也不会发生改变，如图23-33所示。

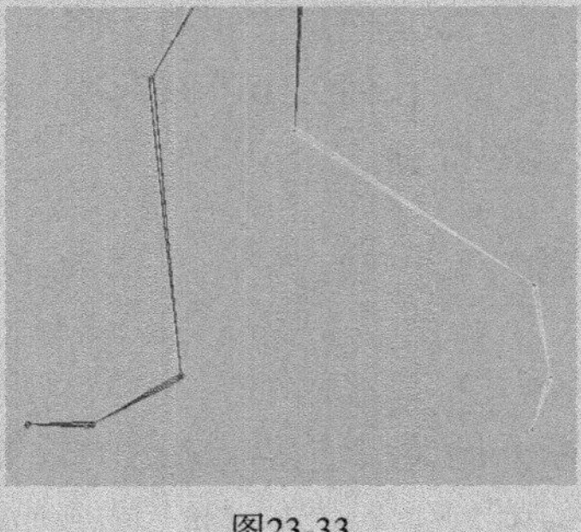

图23-33

23.5.6 镜像关节

使用"镜像关节"命令可以镜像复制出一个关节链的副本，镜像关节的操作结果将取决于事先设置的镜像交叉平面的放置方向。如果选择关节链中的关节进行部分镜像操作，这个镜像交叉平面的原点在原始关节链的父关节位置；如果选择关节链的根关节进行整体镜像操作，这个镜像交叉平面的原点在世界坐标原点位置。当镜像关节时，关节的属性、IK控制柄连同关节和骨一起被镜像复制，但其他一些骨架数据（如约束、连接和表达式）不能包含在被镜像复制出的关节链副本中。

打开“镜像关节选项”对话框，如图23-34所示。

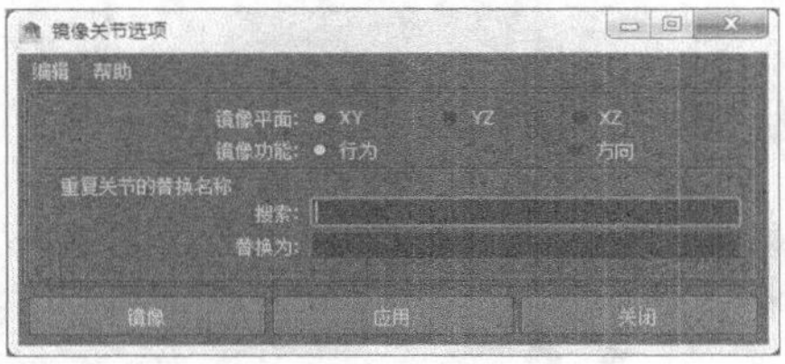

图23-34

镜像关节选项介绍

❖ 镜像平面：指定一个镜像关节时使用的平面。镜像交叉平面就像是一面镜子，它决定了产生的镜像关节链副本的方向，提供了以下3个选项。

✧ XY：当选择该选项时，镜像平面是由世界空间坐标xy轴向构成的平面，将当前选择的关节链沿该平面镜像复制到另一侧。

✧ YZ：当选择该选项时，镜像平面是由世界空间坐标yz轴向构成的平面，将当前选择的关节链沿该平面镜像复制到另一侧。

✧ XZ：当选择该选项时，镜像平面是由世界空间坐标xz轴向构成的平面，将当前选择的关节链沿该平面镜像复制到另一侧。

❖ 镜像功能：指定被镜像复制的关节与原始关节的方向关系，提供了以下两个选项。

✧ 行为：当选择该选项时，被镜像的关节将与原始关节具有相对的方向，并且各关节局部旋转轴指向与它们对应副本的相反方向，如图23-35所示。

✧ 方向：当选择该选项时，被镜像的关节将与原始关节具有相同的方向，如图23-36所示。

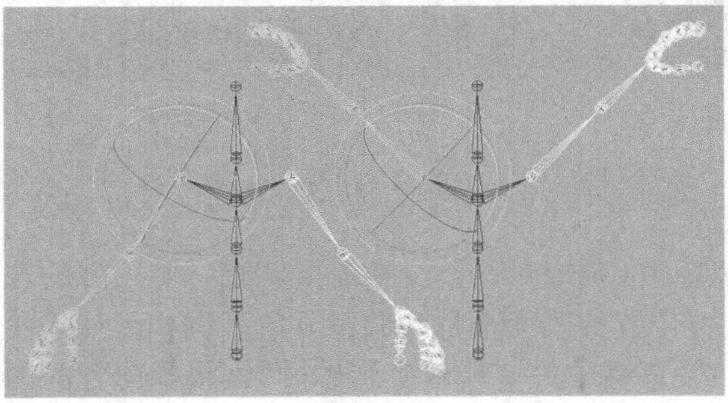

图23-35

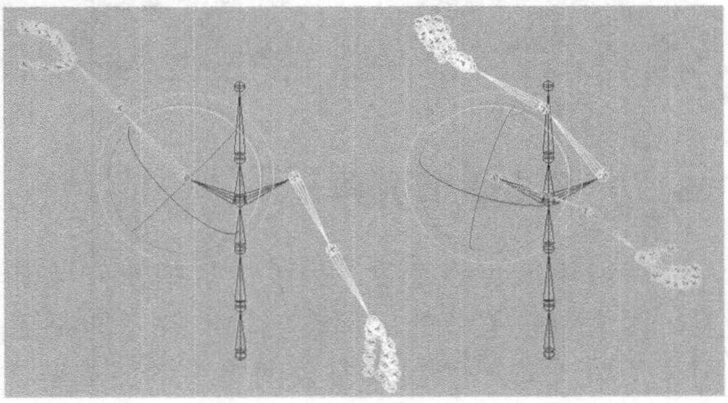

图23-36

❖ 搜索：可以在文本输入框中指定一个关节命名标识符，以确定在镜像关节链中要查找的目标。

❖ 替换为：可以在文本输入框中指定一个关节命名标识符，将使用这个命名标识符来替换被镜像关节链中查找到的所有在“搜索”文本框中指定的命名标识符。

技巧与提示

当为结构对称的角色创建骨架时，“镜像关节”命令将非常有用。例如当制作一个人物角色骨架时，用户只需要制作出一侧的手臂、手、腿和脚部骨架，然后执行“镜像关节”命令就可以得到另一侧的骨架，这样就能减少重复性的工作，提高工作效率。

需要特别注意的是，不能使用“编辑>特殊复制”菜单命令对关节链进行镜像复制操作。

【练习23-7】：镜像关节

场景文件 学习资源>场景文件>CH23>f.mb
实例文件 学习资源>实例文件>CH23>练习23-7.mb
技术掌握 掌握关节的镜像方法

本例使用“镜像关节”命令镜像的关节效果如图23-37所示。

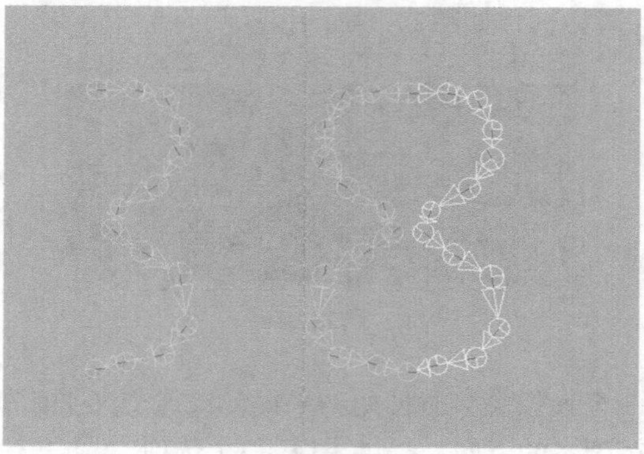

图23-37

01 打开学习资源中的“场景文件>CH23>f.mb”文件，如图23-38所示。

02 这里镜像整个关节链。选择整个关节链，然后打开“镜像关节选项”对话框，接着设置“镜像平面”为yz，最后单击“镜像”按钮，如图23-39所示，最终效果如图23-40所示。

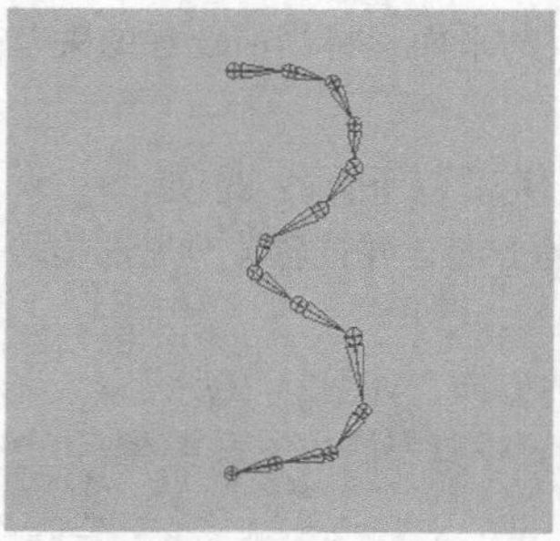

图23-38

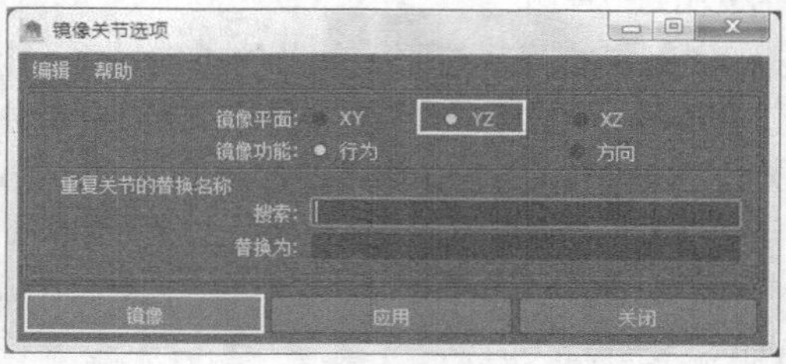

图23-39

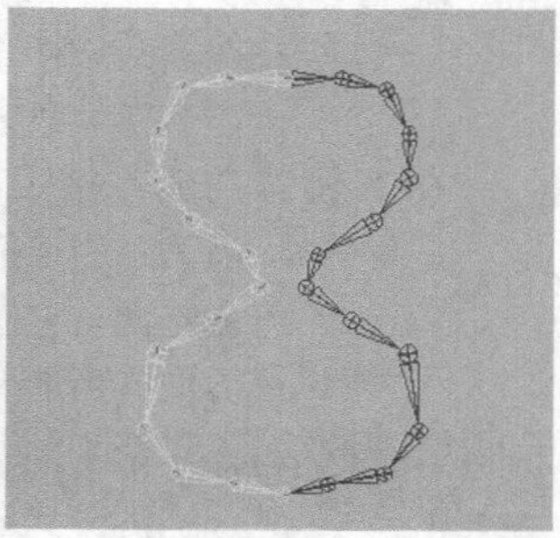

图23-40

23.5.7 确定关节方向

在创建骨架链之后，为了让某些关节与模型能更准确地对位，经常需要调整一些关节的位置。因为每个关节的局部旋转轴向并不能跟随关节位置的改变来自动调整方向。例如，如果使用“关节工具”的默认参数创建一条关节链，在关节链中关节局部旋转轴的*x*轴将指向骨的内部；如果使用“移动工具”对关节链中的一些关节进行移动，这时关节局部旋转轴的*x*轴将不再指向骨的内部。所以在通常情况下，调整关节位置之后，需要重新定向关节的局部旋转轴向，使关节局部旋转轴的x轴重新指向骨的内部。这样可以确保在为关节链添加IK控制柄时，获得最理想的控制效果。

23.6 IK控制柄

“IK控制柄”是制作骨架动画的重要工具，本节主要针对Maya中提供的“IK控制柄工具”来讲解IK控制柄的功能、使用方法和参数设置。

角色动画的骨架运动遵循运动学原理，定位和动画骨架包括两种类型的运动学，分别是“正向运动学”和“反向运动学”。

23.6.1 正向运动学

“正向运动学”简称FK，它是一种通过层级控制物体运动的方式，这种方式是由处于层级上方的父级物体运动，经过层层传递来带动其下方子级物体的运动。

如果采用正向运动学方式制作角色抬腿的动作，需要逐个旋转角色腿部的每个关节，如首先旋转大腿根部的髋关节，接着旋转膝关节，然后是踝关节，依次向下直到脚尖关节位置处结束，如图23-41所示。

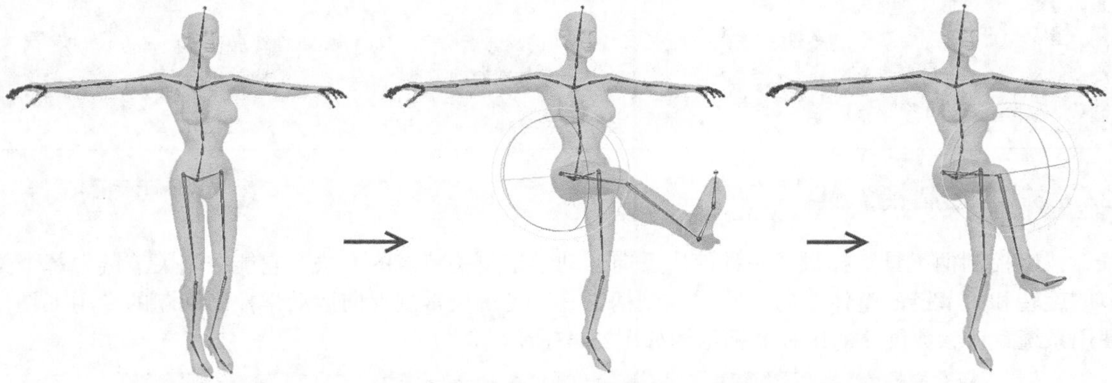

图23-41

技巧与提示

由于正向运动学的直观性，所以它很适合创建一些简单的圆弧状运动，但是在使用正向运动学时，也会遇到一些问题。例如使用正向运动学调整角色的腿部骨架到一个姿势后，如果腿部其他关节位置都很正确，只是对大腿根部的髋关节位置不满意，这时当对髋关节位置进行调整后，发现其他位于层级下方的腿部关节位置也会发生改变，还需要逐个调整这些关节才能达到想要的结果。如果这是一个复杂的关节链，那么要重新调整的关节将会很多，工作量也非常大。

那么，是否有一种可以使工作更加简化的方法呢？答案是肯定的。随着技术的发展，用反向运动学控制物体运动的方式产生了，它可以使制作复杂物体的运动变得更加方便和快捷。

23.6.2 反向运动学

"反向运动学"简称IK，从控制物体运动的方式来看，它与正向运动学刚好相反，这种方式是由处于层级下方的子级物体运动来带动其层级上方父级物体的运动。与正向运动学不同，反向运动学不是依靠逐个旋转层级中的每个关节来达到控制物体运动的目的，而是创建一个额外的控制结构，此控制结构称为IK控制柄。用户只需要移动这个IK控制柄，就能自动旋转关节链中的所有关节。例如，如果为角色的腿部骨架链创建了IK控制柄，制作角色抬腿动作时只需要向上移动IK控制柄使脚离开地面，这时腿部骨架链中的其他关节就会自动旋转相应的角度来适应脚部关节位置的变化，如图23-42所示。

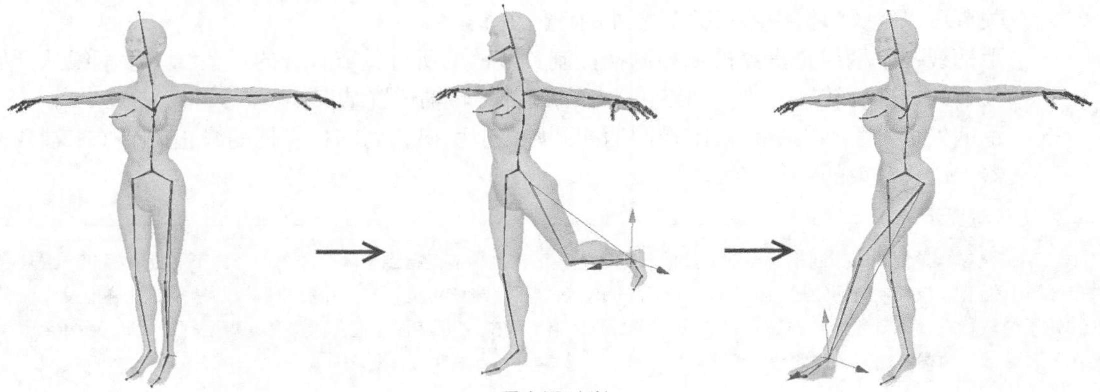

图23-42

技巧与提示

有了反向运动学，就可以使动画师将更多精力集中在制作动画效果上，而不必像正向运动学那样始终要考虑如何旋转关节链中的每个关节来达到想要的摆放姿势。使用反向运动学，可以大大减少调节角色动作的工作量，能解决一些正向运动学难以解决的问题。

要使用反向运动学方式控制骨架运动，就必须利用专门的反向运动学工具为骨架创建IK控制柄。Maya提供了两种类型的反向运动学工具，分别是“IK控制柄工具”和“IK样条线控制柄工具”，下面将分别介绍这两种反向运动学工具的功能、使用方法和参数设置。

23.6.3 IK控制柄工具

“IK控制柄工具”提供了一种使用反向运动学定位关节链的方法，它能控制关节链中每个关节的旋转和关节链的整体方向。“IK控制柄工具”是解决常规反向运动学控制问题的专用工具，使用系统默认参数创建的IK控制柄结构如图23-43所示。

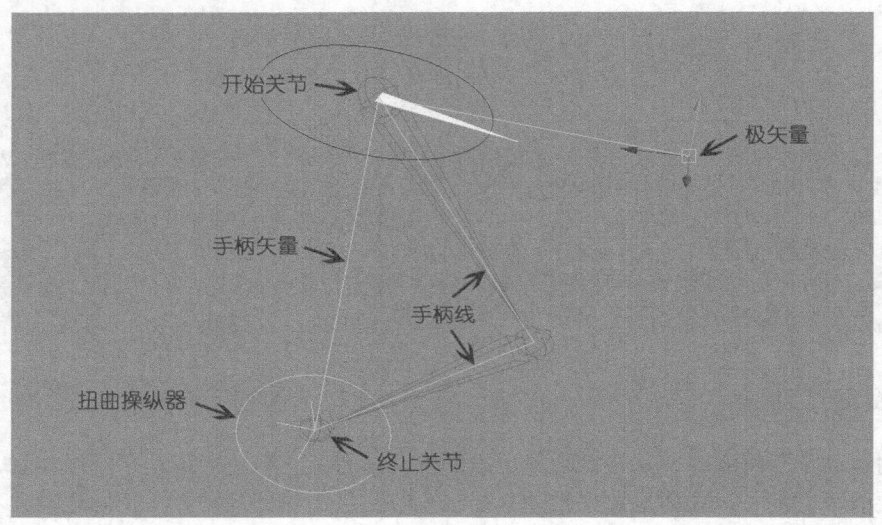

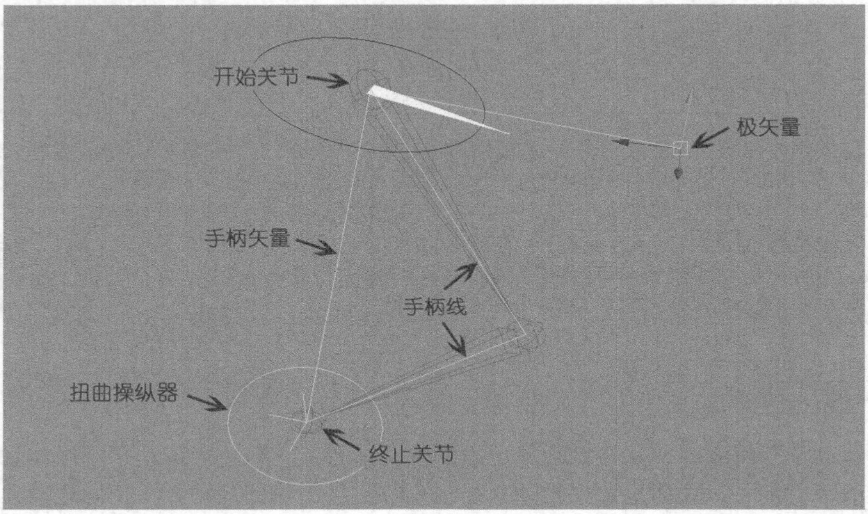

图23-43

IK控制柄结构介绍

❖ 开始关节：开始关节是受IK控制柄控制的第1个关节，是IK控制柄开始的地方。开始关节可以是关节链中除末端关节之外的任何关节。

❖ 终止关节：终止关节是受IK控制柄控制的最后一个关节，是IK控制柄终止的地方。终止关节可以是关节链中除根关节之外的任何关节。

❖ 手柄线：手柄线是贯穿被IK控制柄控制关节链的所有关节和骨的一条线。手柄线从开始关节的局部旋转轴开始，到终止关节的局部旋转轴位置结束。

❖ 手柄矢量：手柄矢量是从IK控制柄的开始关节引出，到IK控制柄的终止关节（末端效应器）位置结束的一条直线。

技巧与提示

当末端效应器是创建IK控制柄时自动增加的一个节点，IK控制柄被连接到末端效应器。当调节IK控制柄时，由末端效应器驱动关节链与IK控制柄的运动相匹配。在系统默认设置下，末端效应器被定位在受IK控制柄控制的终止关节位置处并处于隐藏状态，末端效应器与终止关节处于同一个骨架层级中。可以通过“大纲视图”对话框或“Hypergraph：层次”对话框来观察和选择末端效应器节点。

❖ 极矢量：极矢量是可以改变IK链方向的操纵器，同时也可以防止IK链发生意外翻转。

——技巧与提示——

IK链是被IK控制柄控制和影响的关节链。

❖ 扭曲操纵器：扭曲操纵器是一种可以扭曲或旋转关节链的操纵器，它位于IK链的终止关节位置。

打开“IK控制柄工具”的“工具设置”对话框，如图23-44所示。

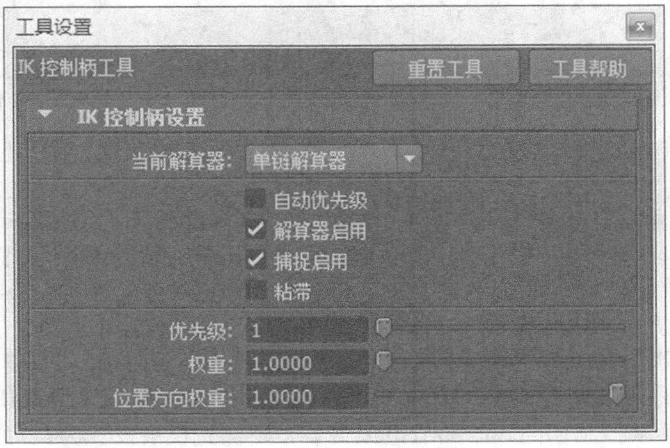

图23-44

IK控制柄工具参数介绍

❖ 当前解算器：指定被创建的IK控制柄将要使用的解算器类型，有ikRPsolver（IK旋转平面解算器）和ikSCsolver（IK单链解算器）两种类型。

✧ IK旋转平面解算器：使用该解算器创建的IK控制柄，将利用旋转平面解算器来计算IK链中所有关节的旋转，但是它并不计算关节链的整体方向。可以使用极矢量和扭曲操纵器来控制关节链的整体方向，如图23-45所示。

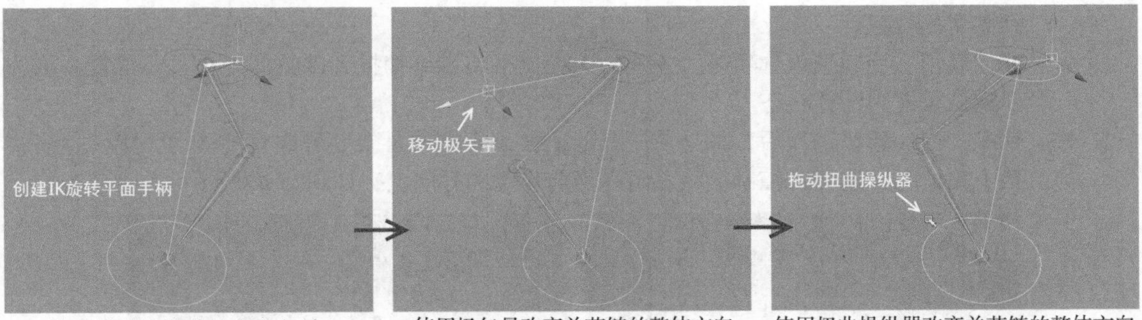

改变关节链的整体方向之前　使用极矢量改变关节链的整体方向　使用扭曲操纵器改变关节链的整体方向

图23-45

——技巧与提示——

ikRPsolver解算器非常适合控制角色手臂或腿部关节链的运动。例如，可以在保持腿部髋关节、膝关节和踝关节在同一个平面的前提下，沿手柄矢量为轴自由旋转整个腿部关节链。

✧ IK单链解算器：使用该解算器创建的IK控制柄，不但可以利用单链解算器来计算IK链中所有关节的旋转，而且也可以利用单链解算器计算关节链的整体方向。也就是说，可以直接使用“旋转工具”对选择的IK单链手柄进行旋转操作来达到改变关节链整体方向的目的，如图23-46所示。

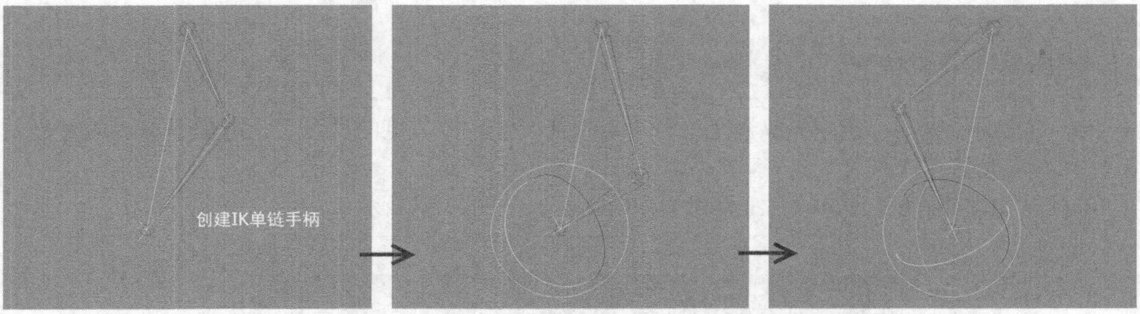

改变关节链的整体方向之前　　使用旋转工具直接旋转IK单链手柄改变关节链的整体方向

图23-46

技巧与提示

IK单链手柄与IK旋转平面手柄之间的区别：IK单链手柄的末端效应器总是尝试尽量达到IK控制柄的位置和方向，而IK旋转平面手柄的末端效应器只尝试尽量达到IK控制柄的位置。正因为如此，使用IK旋转平面手柄对关节旋转的影响结果是更加可预测的，对于IK旋转平面手柄可以使用极矢量和扭曲操纵器来控制关节链的整体方向。

❖ 自动优先级：当勾选该选项时，在创建IK控制柄时Maya将自动设置IK控制柄的优先权。Maya是根据IK控制柄的开始关节在骨架层级中的位置来分配IK控制柄优先权的。例如，如果IK控制柄的开始关节是根关节，则优先权被设置为1；如果IK控制柄刚好开始在根关节之下，优先权将被设置为2，以此类推。

技巧与提示

只有当一条关节链中有多个（超过一个）IK控制柄的时候，IK控制柄的优先权才是有效的。为IK控制柄分配优先权的目的是确保一个关节链中的多个IK控制柄能按照正确的顺序被解算，以便能得到所希望的动画结果。

❖ 解算器启用：当勾选该选项时，在创建的IK控制柄上，IK解算器将处于激活状态。该选项默认设置为选择状态，以便在创建IK控制柄之后就可以立刻使用IK控制柄摆放关节链到需要的位置。

❖ 捕捉启用：当勾选该选项时，创建的IK控制柄将始终捕捉到IK链的终止关节位置。该选项默认设置为选择状态。

❖ 粘滞：当勾选该选项后，如果使用其他IK控制柄摆放骨架姿势或直接移动、旋转、缩放某个关节时，这个IK控制柄将黏附在当前位置和方向上，如图23-47所示。

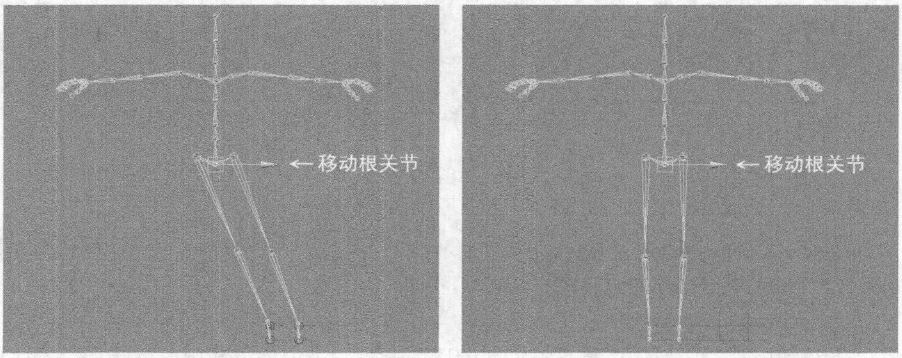

选择粘滞选项，为腿部骨骼创建IK控制柄　　取消粘滞选项，为腿部骨骼创建IK控制柄

图23-47

❖ 优先级：该选项可以为关节链中的IK控制柄设置优先权，Maya基于每个IK控制柄在骨

架层级中的位置来计算IK控制柄的优先权。优先权为1的IK控制柄将在解算时首先旋转关节；优先权为2的IK控制柄将在优先权为1的IK控制柄之后再旋转关节，以此类推。

❖ 权重：为当前IK控制柄设置权重值。该选项对于ikRPsolver（IK旋转平面解算器）和ikSCsolver（IK单链解算器）是无效的。

❖ 位置方向权重：指定当前IK控制柄的末端效应器将匹配到目标的位置或方向。当该数值设置为1时，末端效应器将尝试到达IK控制柄的位置；当该数值设置为0时，末端效应器将只尝试到达IK控制柄的方向；当该数值设置为0.5时，末端效应器将尝试达到与IK控制柄位置和方向的平衡。另外，该选项对于ikRPsolver（IK旋转平面解算器）是无效的。

技术专题 [“IK控制柄工具”的使用方法]

第1步：打开“IK控制柄工具”的“工具设置”对话框，根据实际需要进行相应参数的设置后关闭对话框，这时光标将变成十字形。

第2步：用鼠标左键在关节链上单击选择一个关节，此关节将作为创建IK控制柄的开始关节。

第3步：继续用左键在关节链上单击选择一个关节，此关节将作为创建IK控制柄的终止关节，这时一个IK控制柄将在选择的关节之间被创建，如图23-48所示。

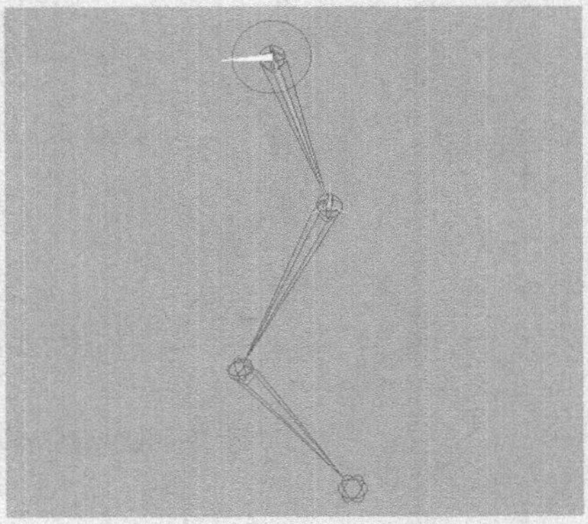

图23-48

23.6.4 IK样条线控制柄工具

“IK样条线控制柄工具”可以使用一条NURBS曲线来定位关节链中的所有关节，当操纵曲线时，IK控制柄的IK样条解算器会旋转关节链中的每个关节，所有关节被IK样条控制柄驱动以保持与曲线的跟随。与“IK控制柄工具”不同，IK样条线控制柄不是依靠移动或旋转IK控制柄自身来定位关节链中的每个关节，当为一条关节链创建了IK样条线控制柄之后，可以采用编辑NURBS曲线形状、调节相应操纵器等方法来控制关节链中各个关节的位置和方向，如图23-49所示为IK样条线控制柄的结构。

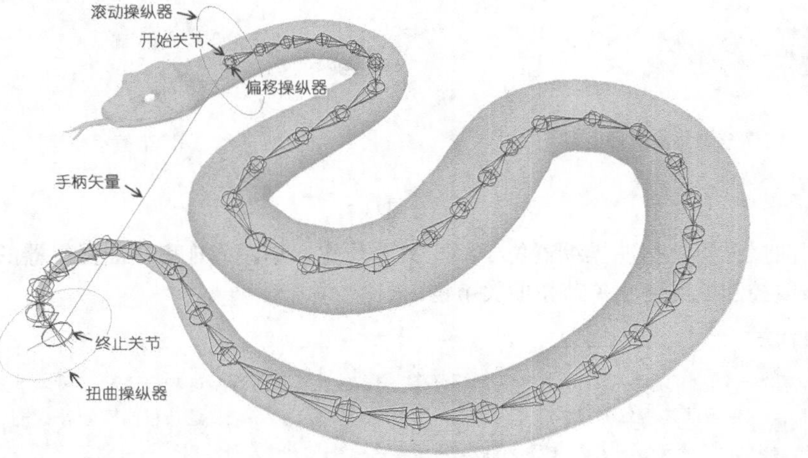

图23-49

IK样条线控制柄结构介绍

❖ 开始关节：开始关节是受IK样条线控制柄控制的第1个关节，是IK样条线控制柄开始的地方。开始关节可以是关节链中除末端关节之外的任何关节。

❖ 终止关节：终止关节是受IK样条线控制柄控制的最后一个关节，是IK样条线控制柄终止的地方。终止关节可以是关节链中除根关节之外的任何关节。

❖ 手柄矢量：手柄矢量是从IK样条线控制柄的开始关节引出，到IK样条线控制柄的终止关节（末端效应器）位置结束的一条直线。

❖ 滚动操纵器：滚动操纵器位于开始关节位置，用左键拖曳滚动操纵器的圆盘可以从IK样条线控制柄的开始关节滚动整个关节链，如图23-50所示。

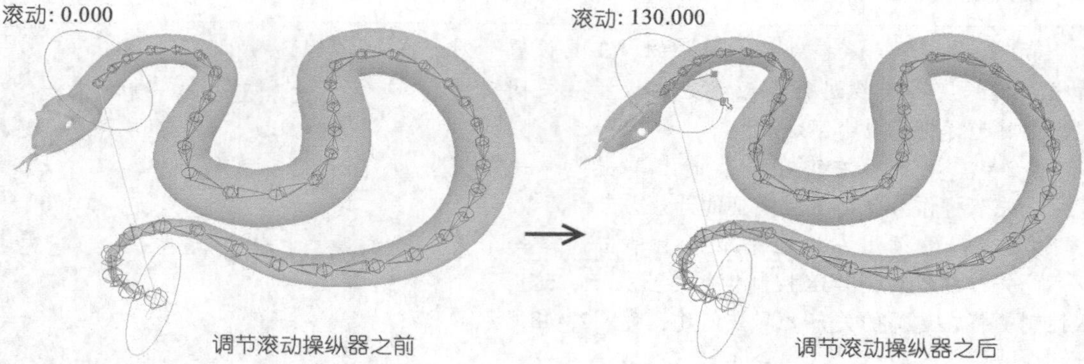

图23-50

❖ 偏移操纵器：偏移操纵器位于开始关节位置，利用偏移操纵器可以沿曲线作为路径滑动开始关节到曲线的不同位置。偏移操纵器只能在曲线两个端点之间的范围内滑动，在滑动过程中，超出曲线终点的关节将以直线形状排列，如图23-51所示。

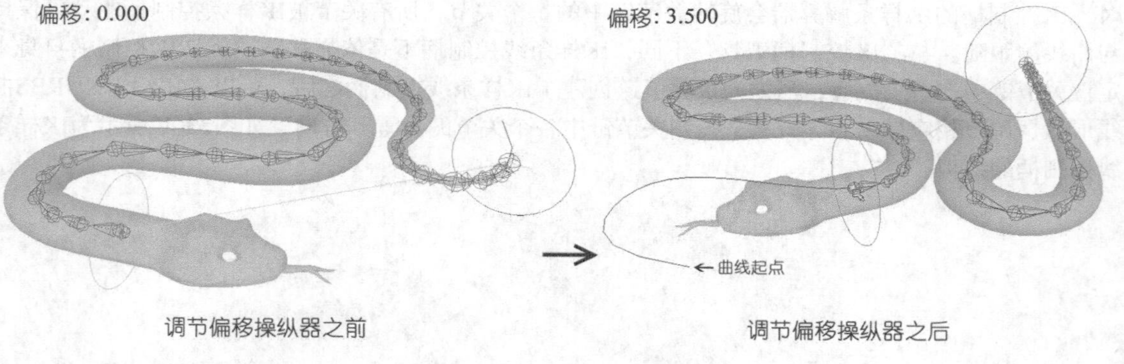

图23-51

❖ 扭曲操纵器：扭曲操纵器位于终止关节位置，用左键拖曳扭曲操纵器的圆盘可以从IK样条线控制柄的终止关节扭曲关节链。

技巧与提示

上述IK样条线控制柄的操纵器默认并不显示在场景视图中，如果要调整这些操纵器，可以首先选择IK样条线控制柄，然后在Maya用户界面左侧的“工具盒”中单击“显示操纵器工具”，这样就会在场景视图中显示出IK样条线控制柄的操纵器，用鼠标左键单击并拖曳相应的操纵器控制柄，可以调整关节链以得到想要的效果。

打开“IK样条线控制柄工具”的“工具设置”对话框，如图23-52所示。

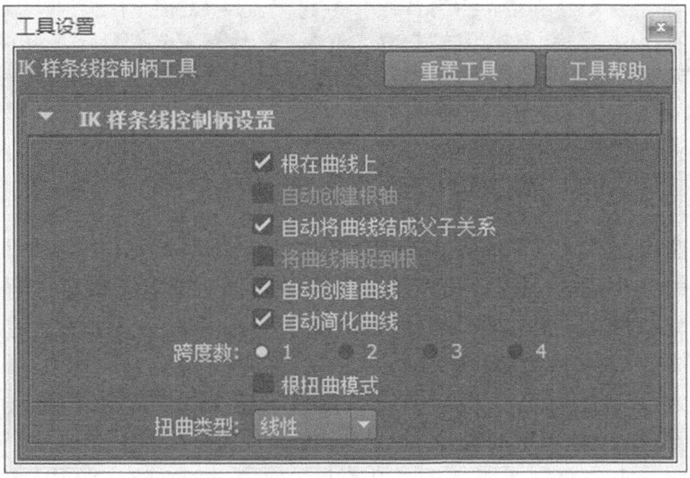

图23-52

IK样条线控制柄工具参数介绍

❖ 根在曲线上：当勾选该选项时，IK样条线控制柄的开始关节会被约束到NURBS曲线上，这时可以拖曳偏移操纵器沿曲线滑动开始关节（和它的子关节）到曲线的不同位置。

技巧与提示

当“根在曲线上”选项为关闭状态时，用户可以移动开始关节离开曲线，开始关节不再被约束到曲线上。Maya将忽略“偏移”属性，并且开始关节位置处也不会存在偏移操纵器。

❖ 自动创建根轴：该选项只有在“根在曲线上”选项处于关闭状态时才变为有效。当勾选该选项时，在创建IK样条线控制柄的同时也会为开始关节创建一个父变换节点，此父变换节点位于场景层级的上方。

❖ 自动将曲线结成父子关系：如果IK样条线控制柄的开始关节有父物体，选择该选项会使IK样条曲线成为开始关节父物体的子物体，也就是说IK样条曲线与开始关节将处于骨架的同一个层级上。因此IK样条曲线与开始关节（和它的子关节）将跟随其层级上方父物体的变换而做出相应的改变。

技巧与提示

通常在为角色的脊椎或尾部添加IK样条线控制柄时需要选择这个选项，这样可以确保在移动角色根关节时，IK样条曲线也会跟随根关节做出同步改变。

❖ 将曲线捕捉到根：该选项只有在“自动创建根轴”选项处于关闭状态时才有效。当勾选该选项时，IK样条曲线的起点将捕捉到开始关节位置，关节链中的各个关节将自动旋转以适应曲线的形状。

技巧与提示

如果想让事先创建的NURBS曲线作为固定的路径，使关节链移动并匹配到曲线上，可以关闭该选项。

❖ 自动创建曲线：当勾选该选项时，在创建IK样条线控制柄的同时也会自动创建一条NURBS曲线，该曲线的形状将与关节链的摆放路径相匹配。

技巧与提示

如果选择“自动创建曲线”选项的同时关闭“自动简化曲线”选项，在创建IK样条线控制柄的同时会自动创建一条通过此IK链中所有关节的NURBS曲线，该曲线在每个关节位置处都会放置一个编辑点。如果IK链中存在有许多关节，那么创建的曲线会非常复杂，这将不利于对曲线的操纵。

如果“自动创建曲线”和“自动简化曲线”选项都处于选择状态，在创建IK样条线控制柄的同时会自动创建一条形状与IK链相似的简化曲线。

当“自动创建曲线”选项为非选择状态时，用户必须事先绘制一条NURBS曲线，以满足创建IK样条线控制柄的需要。

- ❖ 自动简化曲线：该选项只有在“自动创建曲线”选项处于选择状态时才变为有效。当勾选该选项时，在创建IK样条线控制柄的同时会自动创建一条经过简化的NURBS曲线，曲线的简化程度由“跨度数”数值来决定。“跨度数”与曲线上的CV控制点数量相对应，该曲线是具有3次方精度的曲线。
- ❖ 跨度数：在创建IK样条线控制柄时，该选项用来指定与IK样条线控制柄同时创建的NURBS曲线上CV控制点的数量。
- ❖ 根扭曲模式：当勾选该选项时，可以调节扭曲操纵器在终止关节位置处对开始关节和其他关节进行轻微地扭曲操作；当关闭该选项时，调节扭曲操纵器将不会影响开始关节的扭曲，这时如果想要旋转开始关节，必须使用位于开始关节位置处的滚动操纵器。
- ❖ 扭曲类型：指定在关节链中扭曲将如何发生，共有以下4个选项。
  - ✧ 线性：均匀扭曲IK链中的所有部分，这是默认选项。
  - ✧ 缓入：在IK链中的扭曲作用效果由终止关节向开始关节逐渐减弱。
  - ✧ 缓出：在IK链中的扭曲作用效果由开始关节向终止关节逐渐减弱。
  - ✧ 缓入缓出：在IK链中的扭曲作用效果由中间关节向两端逐渐减弱。

23.7 角色蒙皮

所谓“蒙皮”就是“绑定皮肤”，当完成了角色建模、骨架创建和角色装配工作之后，就可以着手对角色模型进行蒙皮操作了。蒙皮就是将角色模型与骨架建立绑定连接关系，使角色模型能够跟随骨架运动产生类似皮肤的变形效果。

蒙皮后的角色模型表面被称为“皮肤”，它可以是NURBS曲面、多边形表面或细分表面。蒙皮后角色模型表面上的点被称为“蒙皮物体点”，它可以是NURBS曲面的CV控制点、多边形表面顶点、细分表面顶点或晶格点。

经过角色蒙皮操作后，就可以为高精度的模型制作动画了。Maya提供了3种类型的蒙皮方式，分别是“平滑绑定”“交互式蒙皮绑定”和“刚性绑定”，它们各自具有不同的特性，分别适合应用在不同的场合。

23.7.1 蒙皮前的准备工作

在蒙皮之前，需要充分检查模型和骨架的状态，以保证模型和骨架能最正确地绑在一起，这样在以后的动画制作中才不至于出现异常情况。在检查模型时需要从以下三方面入手。

第1点：首先要测试的就是角色模型是否适合制作动画，或者说检查角色模型在绑定之后是否能完成预定的动作。模型是否适合制作动画，主要从模型的布线方面进行分析。在动画制作中，凡是角色模型需要弯曲或褶皱的地方都必须要有足够多的线来划分，以供变形处理。在关节位置至少需要3条线的划分，这样才能实现基本的弯曲效果，而在关节处划分的线成扇形分布是最合理的，如图23-53所示。

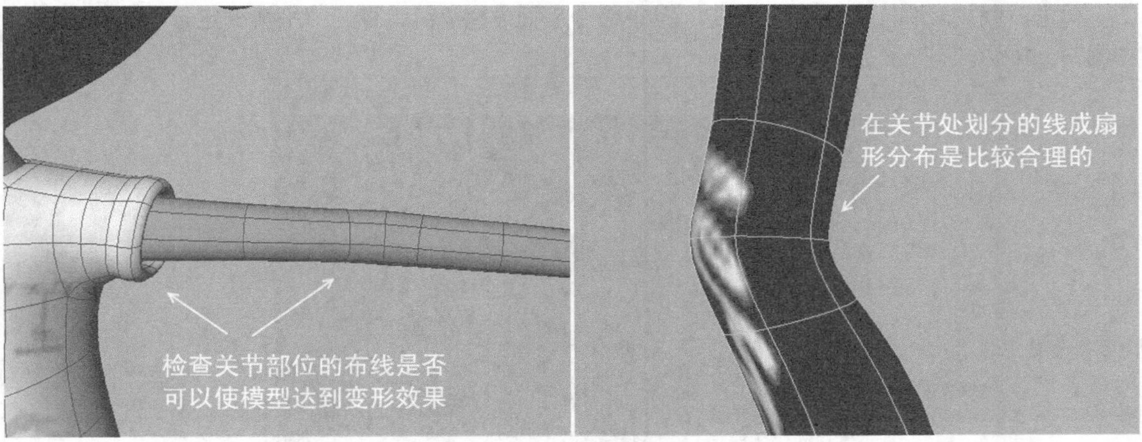

图23-53

第2点：分析完模型的布线情况后，要检查模型是否“干净整洁”。所谓“干净”，是指模型上除了必要的历史信息外不含无用的历史信息；所谓“整洁”，就是要对模型的各个部位进行准确清晰的命名。

技巧与提示

正是由于变形效果是基于历史信息的，所以在绑定或者用变形器变形前都要清除模型上的无用历史信息，以此来保证变形效果的正常解算。如果需要清除模型的历史信息，可以选择模型后执行“编辑>按类型删除>历史”菜单命令。

要做到模型干净整洁，还需要将模型的变换参数都调整到0，选择模型后执行“修改>冻结变换”菜单命令即可。

第3点：检查骨架系统的设置是否存在问题。各部分骨架是否已经全部正确清晰地进行了命名，这对后面的蒙皮和动画制作有很大的影响。一个不太复杂的人物角色，用于控制其运动的骨架节点也有数十个之多，如果骨架没有清晰的命名，而是采用默认的joint1、joint2、joint3方式，那么在编辑蒙皮时，想要找到对应位置的骨架节点就非常困难。所以在蒙皮前，必须对角色的每个骨架节点进行命名。骨架节点的名称没有统一的标准，但要求看到名称时就能准确找到骨架节点的位置。

23.7.2 平滑绑定

“平滑绑定”方式能使骨架链中的多个关节共同影响被蒙皮模型表面（皮肤）上同一个蒙皮物体点，提供一种平滑的关节连接变形效果。从理论上讲，一个被平滑绑定后的模型表面会受到骨架链中所有关节的共同影响，但在对模型进行蒙皮操作之前，可以利用选项参数设置来决定只有最靠近相应模型表面的几个关节才能对蒙皮物体点产生变形影响。

采用平滑绑定方式绑定的模型表面上的每个蒙皮物体点可以由多个关节共同影响，而且每个关节对该蒙皮物体点影响力的大小是不同的，这个影响力大小用蒙皮权重来表示，它是在进行绑定皮肤计算时由系统自动分配的。如果一个蒙皮物体点完全受一个关节的影响，那么这个关节对于此蒙皮物体点的影响力最大，此时蒙皮权重数值为1；如果一个蒙皮物体点完全不受一个关节的影响，那么这个关节相对于此蒙皮物体点的影响力最小，此时蒙皮权重数值为0。

技巧与提示

在默认状态下，平滑绑定权重的分配是按照标准化原则进行的。所谓权重标准化原则，就是无论一个蒙皮物体点受几个关节的共同影响，这些关节对该蒙皮物体点影响力（蒙皮权重）的总和始终等于1。例如一个蒙皮物体点同时受两个关节的共同影响，其中一个关节的影响力（蒙皮权重）是0.5，则另一个关节的影响力（蒙皮权重）也是0.5，它们的总和为1；如果将其中一个关节的蒙皮权重修改为0.8，则另一个关节的蒙皮权重会自动调整为0.2，它们的蒙皮权重总和将始终保持为1。

单击“蒙皮>绑定蒙皮>平滑绑定”菜单命令后面的■按钮，打开“平滑绑定选项”对话框，如图23-54所示。

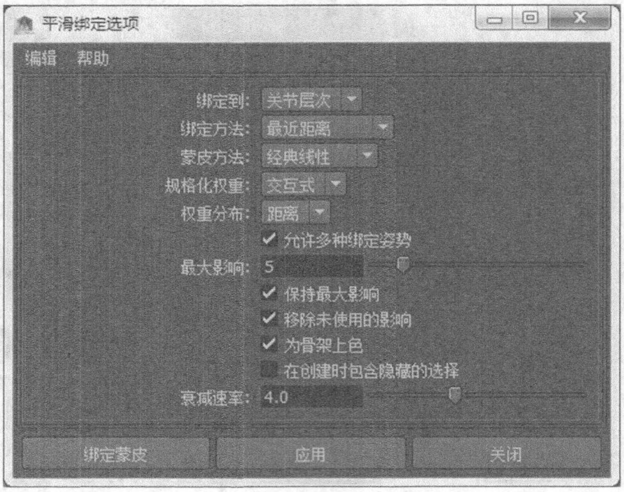

图23-54

平滑绑定选项介绍

❖ 绑定到：指定平滑蒙皮操作将绑定整个骨架还是只绑定选择的关节，共有以下3个选项。
  ✧ 关节层次：当选择该选项时，选择的模型表面（可变形物体）将被绑定到骨架链中的全部关节上，即使选择了根关节之外的一些关节。该选项是角色蒙皮操作中常用的绑定方式，也是系统默认的选项。
  ✧ 选定关节：当选择该选项时，选择的模型表面（可变形物体）将被绑定到骨架链中选择的关节上，而不是绑定到整个骨架链。
  ✧ 对象层次：当选择该选项时，这个选择的模型表面（可变形物体）将被绑定到选择的关节或非关节变换节点（如组节点和定位器）的整个层级。只有选择这个选项，才能利用非蒙皮物体（如组节点和定位器）与模型表面（可变形物体）建立绑定关系，使非蒙皮物体能像关节一样影响模型表面，产生类似皮肤的变形效果。
❖ 绑定方法：指定关节影响被绑定物体表面上的蒙皮物体点是基于骨架层次还是基于关节与蒙皮物体点的接近程度，共有以下两个选项。
  ✧ 在层次中最近：当选择该选项时，关节的影响基于骨架层次，在角色设置中，通常需要使用这种绑定方法，因为它能防止产生不适当的关节影响。例如在绑定手指模型和骨架时，使用这个选项可以防止一个手指关节影响与其相邻近的另一个手指上的蒙皮物体点。
  ✧ 最近距离：当选择该选项时，关节的影响基于它与蒙皮物体点的接近程度，当绑定皮肤时，Maya将忽略骨架的层次。因为它能引起不适当的关节影响，所以在角色设置中，通常需要避免使用这种绑定方法。例如在绑定手指模型和骨架时，使用这个选项可能导致一个手指关节影响与其相邻近的另一个手指上的蒙皮物体点。
❖ 蒙皮方法：指定希望为选定可变形对象使用哪种蒙皮方法。
  ✧ 经典线性：如果希望得到基本平滑蒙皮变形效果，可以使用该方法。这个方法允许出现一些体积收缩和收拢变形效果。
  ✧ 双四元数：如果希望在扭曲关节周围变形时保持网格中的体积，可以使用该方法。
  ✧ 权重已混合：这种方法基于绘制的顶点权重贴图，是“经典线性”和“双四元数”蒙皮的混合。
❖ 规格化权重：设定如何规格化平滑蒙皮权重。

- ✧ 无：禁用平滑蒙皮权重规格化。
- ✧ 交互式：如果希望精确使用输入的权重值，可以选择该模式。当使用该模式时，Maya会从其他影响添加或移除权重，以便所有影响的合计权重为1。
- ✧ 后期：选择该模式时，Maya会延缓规格化计算，直至变形网格。

❖ 权重分布：仅当“规格化权重”模式设置为“交互式”时才可用。在使用“交互式”规格化模式绘制权重时，Maya 会在每个笔划之后重新规格化权重值，从而缩放可用的权重（已具有某些值且未锁定的权重），以使顶点权重的总和仍为1.0。如果可能，权重将根据其现有值进行缩放。包含以下两个选项。

- ✧ 距离：基于蒙皮到各影响顶点的距离来计算新权重。距离越近的关节获得的权重越高。
- ✧ 相邻：基于周围顶点的影响来计算新权重。这可以防止顶点为骨架中的每个关节获得权重，并为其指定与周围顶点相似的权重。仅支持多边形网格。

❖ 允许多种绑定姿势：设定是否允许让每个骨架用多个绑定姿势。如果绑定几何体的多个片到同一骨架，该选项非常有用。

❖ 最大影响：指定可能影响每个蒙皮物体点的最大关节数量。该选项默认设置为5，对于四足动物角色，这个数值比较合适；如果角色结构比较简单，可以适当减小这个数值，以优化平滑绑定计算的数据量，提高工作效率。

❖ 保持最大影响：勾选该选项后，平滑蒙皮几何体在任何时间都不能具有比“最大影响”指定数量更大的影响数量。

❖ 移除未使用的影响：当勾选该选项时，平滑绑定皮肤后可以断开所有蒙皮权重值为0的关节和蒙皮物体点之间的关联，避免Maya对这些无关数据进行检测计算。当想要减少场景数据的计算量、提高场景播放速度时，选择该选项将非常有用。

❖ 为骨架上色：当勾选该选项时，被绑定的骨架和蒙皮物体点将变成彩色，使蒙皮物体点显示出与影响它们的关节和骨头相同的颜色。这样可以很直观地区分不同关节和骨头在被绑定可变形物体表面上的影响范围，如图23-55所示。

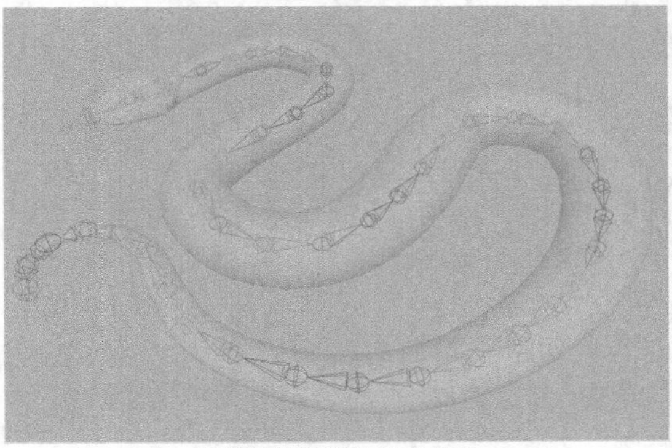
观察骨骼的彩色显示效果

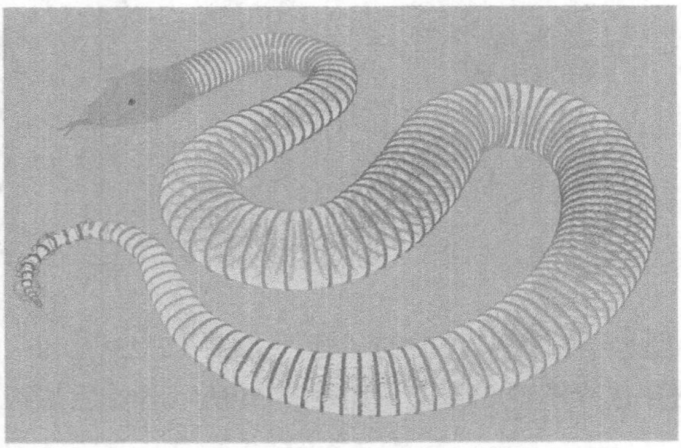
观察蒙皮物体点的彩色显示效果

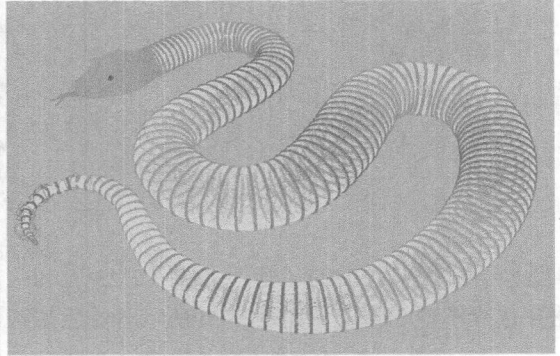

图23-55

❖ 在创建时包含隐藏的选择：打开该选项可使绑定包含不可见的几何体。

❖ 衰减速率：指定每个关节对蒙皮物体点的影响随着点到关节距离的增加而逐渐减小的速度。该选项数值越大，影响减小的速度越慢，关节对蒙皮物体点的影响范围也越大；该选项数值越小，影响减小的速度越快，关节对蒙皮物体点的影响范围也越小，如图23-56所示。

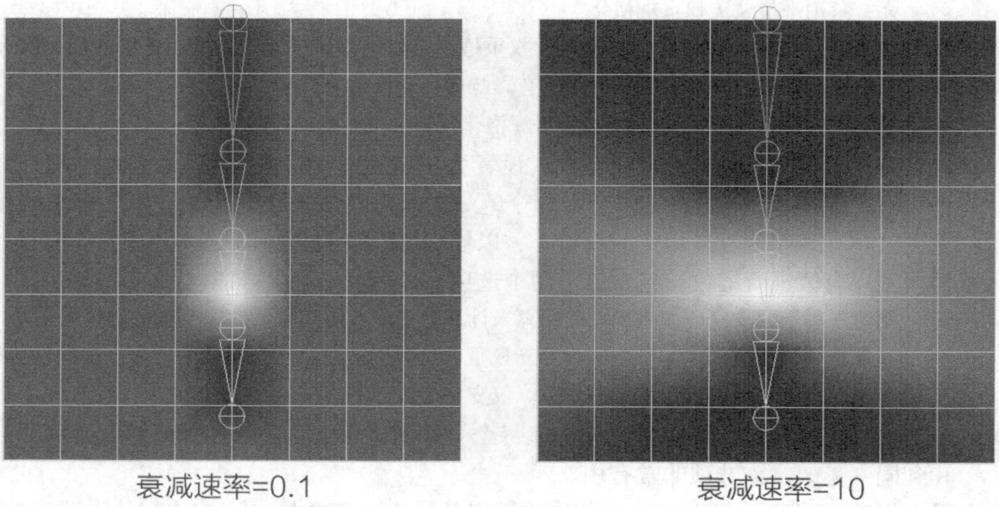

图23-56

【练习23-8】：平滑绑定

场景文件　学习资源>场景文件>CH23>g.mb
实例文件　学习资源>实例文件>CH23>练习23-8.mb
技术掌握　掌握平滑绑定的优点与缺点

本例将用一个简单的模型来讲解"平滑绑定"的优点与缺点，如图23-57所示（左图为绑定前，右图为绑定后）。

图23-57

01 打开学习资源中的"场景文件>CH23>g.mb"文件，如图23-58所示。

02 选择模型和骨架，如图23-59所示，然后执行"蒙皮>绑定蒙皮>平滑绑定"菜单命令。

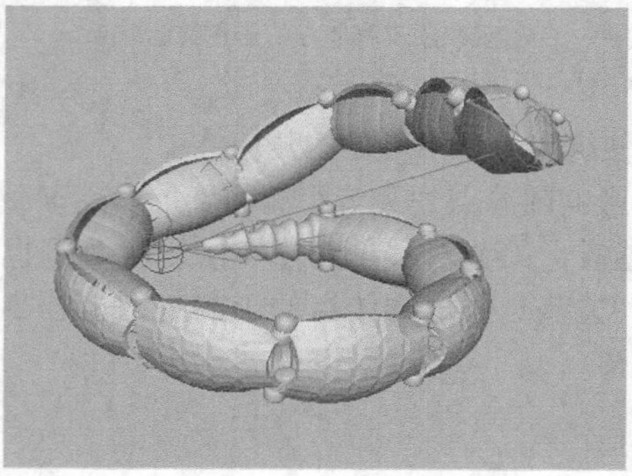

图23-58

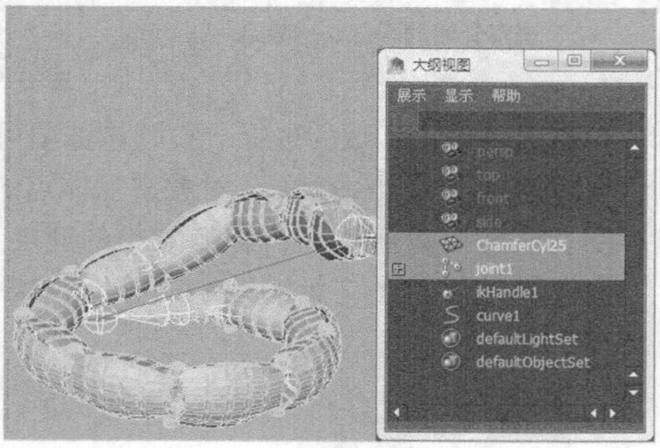

图23-59

03 为了方便下面的操作，先选择骨架，然后按快捷键Ctrl+H将其隐藏，如图23-60所示。

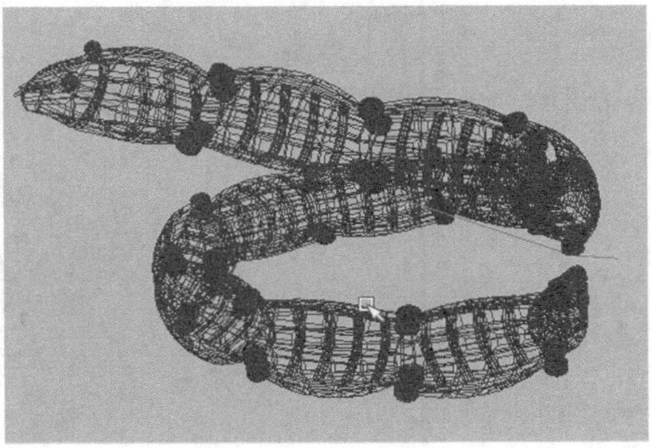

图23-60

技巧与提示

隐藏骨架后，如果要将其显示出来，可以先在“大纲视图”对话框中选择骨架节点，然后执行“显示>显示>显示当前选择”菜单命令即可。

04 进入控制顶点级别，然后选择其中一个控制顶点，如图23-61所示，接着用“移动工具”对控制顶点进行移动操作，可以观察到变形效果很平滑，但有较明显的扭曲痕迹，如图23-62所示。

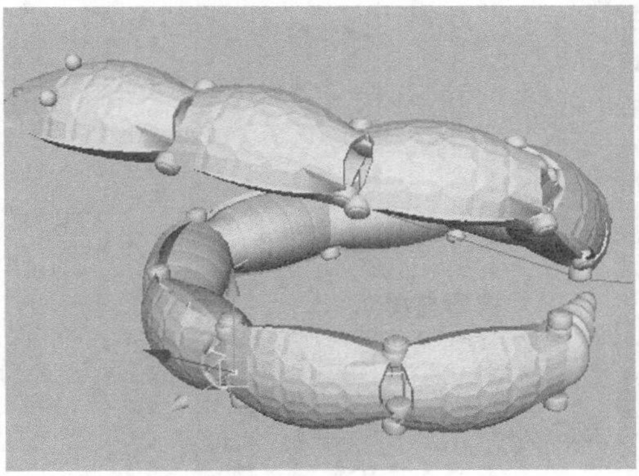

图23-61

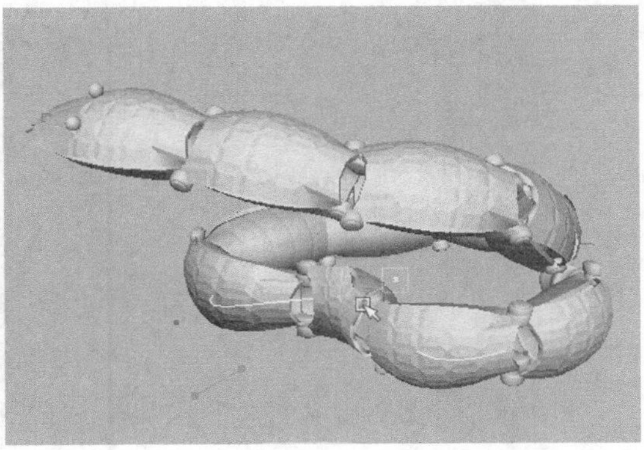

图23-62

23.7.3 交互式蒙皮绑定

使用“交互式蒙皮绑定”命令可以通过一个包裹物体来实时改变绑定的权重分配，这样可以大大减少权重分配的工作量。打开“交互式蒙皮绑定选项”对话框，如图23-63所示。

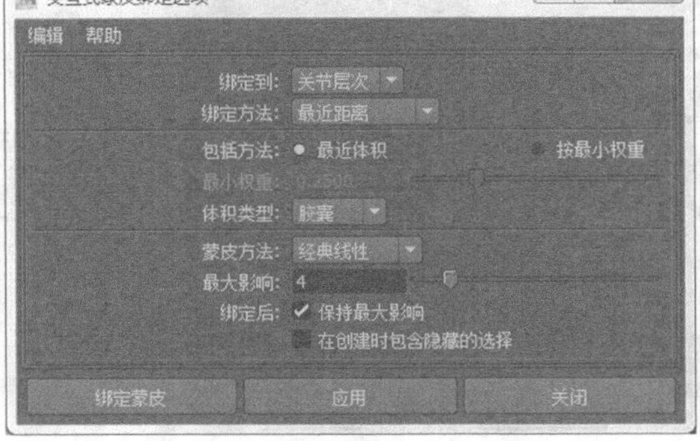

图23-63

技巧与提示

“交互式蒙皮绑定选项”对话框中的参数与“平滑绑定选项”对话框中的参数几乎一致，这里不再重复介绍。

【练习23-9】：交互式蒙皮绑定

场景文件　学习资源>场景文件>CH23>h.mb
实例文件　学习资源>实例文件>CH23>练习23-9.mb
技术掌握　掌握交互式蒙皮绑定方法的用法

本例将用一个人体骨架来讲解“交互式蒙皮绑定”方法的用法，如图23-64所示（左图为绑定前，右图为绑定后）。

图23-64

01 打开学习资源中的“场景文件>CH23>h.mb”文件，如图23-65所示。

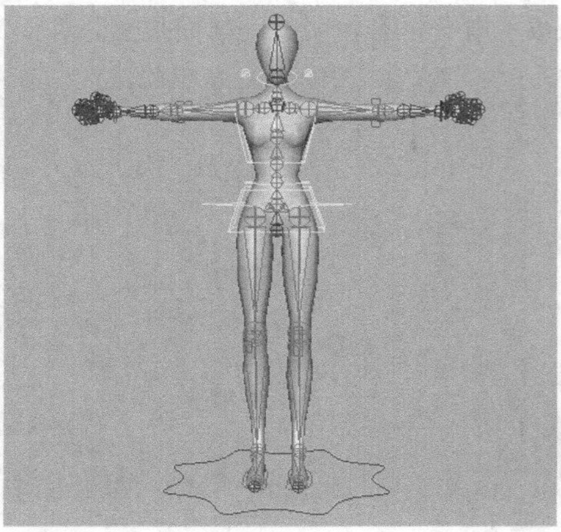

图23-65

技巧与提示

在视图快捷栏中单击“X射线显示关节”按钮，可以在模型内部观察到骨架。

02 选择模型与root关节，然后执行“蒙皮>绑定蒙皮>交互式蒙皮绑定”菜单命令，此时视图中会出现一个交互式控制柄，如图23-66所示。

03 选择脚底的控制曲线，然后用“移动工具”为腿部摆一个弯曲姿势，如图23-67所示。

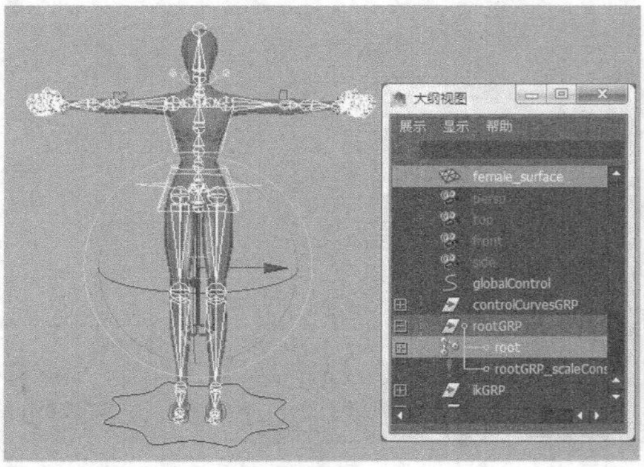

图23-66

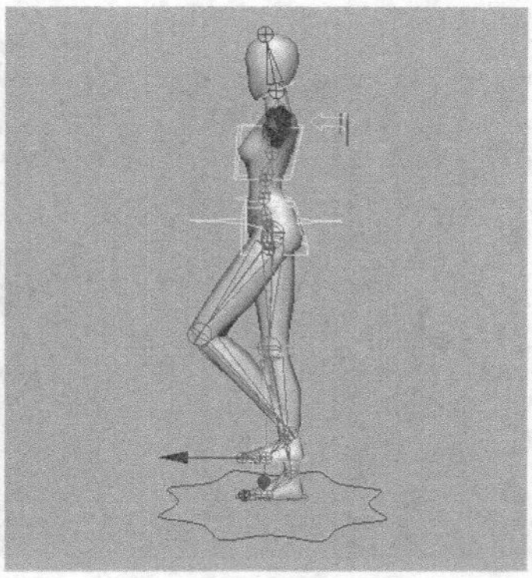

图23-67

技巧与提示

将视图旋转到模型背面，可以发现大腿部位显示为黑色，这说明这部分的权重是错误的，模型出现了穿插现象，影响了不该影响的区域，需要重新调整这个区域的权重，如图23-68所示。

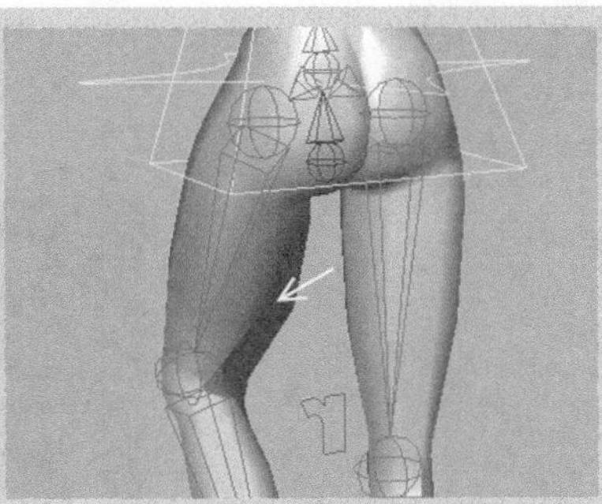

图23-68

04 单击“蒙皮>编辑平滑蒙皮>交互式蒙皮绑定工具”菜单命令后面的□按钮，打开该工具的“工具设置”对话框，然后选择leftHip关节，如图23-69所示，接着对交互式控制柄进行移动、旋转、缩放操作，以调整这部分的权重，如图23-70所示。

图23-69

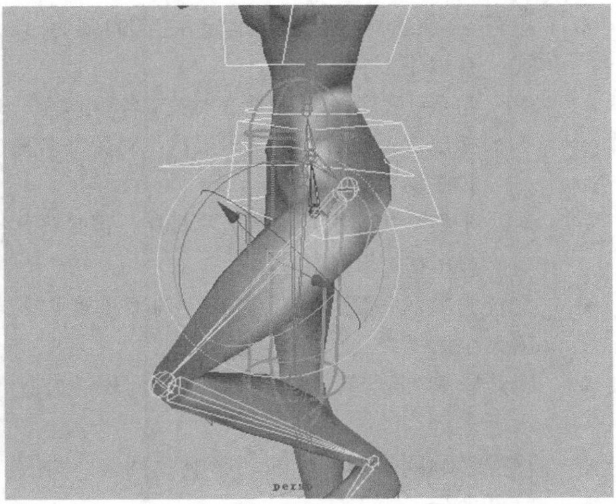

图23-70

23.7.4 绘制蒙皮权重工具

“绘制蒙皮权重工具”提供了一种直观的编辑平滑蒙皮权重的方法，让用户可以采用涂抹绘画的方式直接在被绑定物体表面修改蒙皮权重值，并能实时观察到修改结果。这是一种十分有效的工具，也是在编辑平滑蒙皮权重工作中主要使用的工具。它虽然没有“组件编辑器”输入的权重数值精确，但是可以在蒙皮物体表面快速高效地调整出合理的权重分布数值，以获得理想的平滑蒙皮变形效果，如图23-71所示。

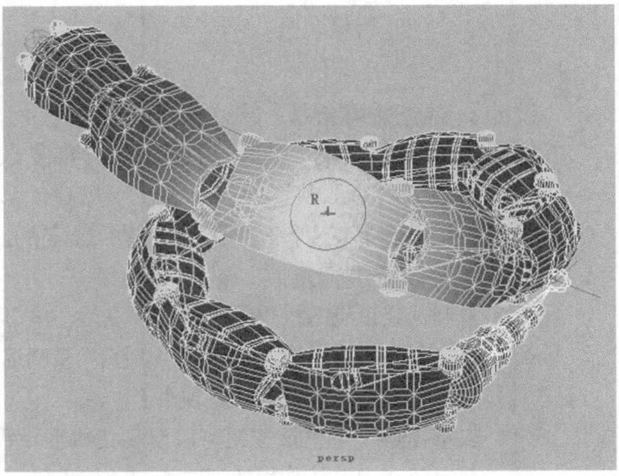

图23-71

单击“蒙皮>编辑平滑蒙皮>绘制蒙皮权重工具”菜单命令后面的■按钮，打开该工具的“工具设置”对话框，如图23-72所示。该对话框分为“影响”“渐变”“笔划”“光笔压力”和“显示”5个卷展栏。

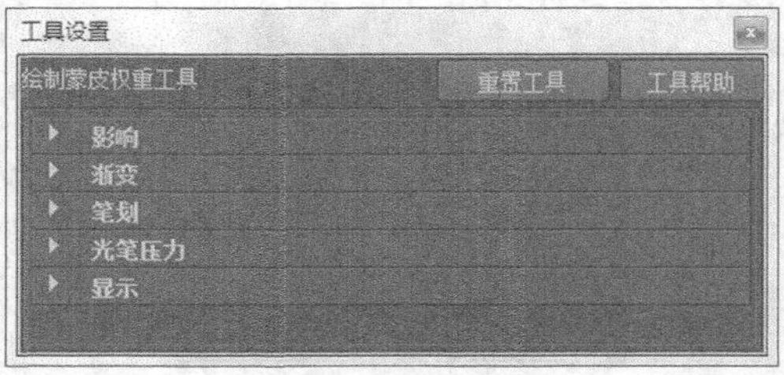

图23-72

1.影响

展开“影响”卷展栏，如图23-73所示。

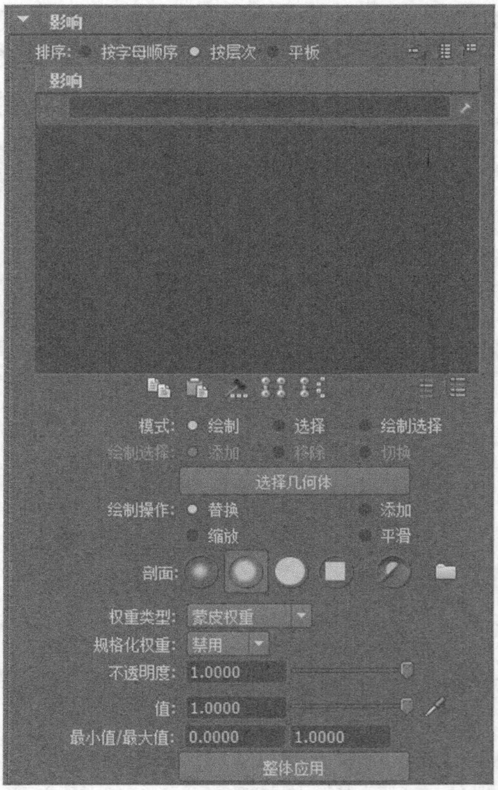

图23-73

影响卷展栏参数介绍

❖ 排序：在影响列表中设定关节的显示方式，有以下3种方式。
  ✧ 按字母顺序：按字母顺序对关节名称排序。
  ✧ 按层次：按层次（父子层次）对关节名称排序。
  ✧ 平板：按层次对关节名称排序，但是将其显示在平坦列表中。
❖ 重置为默认值■：将“影响”列表重置为默认大小。
❖ 展开影响列表■：展开“影响”列表，并显示更多行。
❖ 收拢影响列表■：收缩“影响”列表，并显示更少行。
❖ 影响：这个列表显示绑定到选定网格的所有影响的列表。例如，影响选定角色网格蒙皮权重的所有关节。
❖ 过滤器■■■：输入文本以过滤在列表中显示的影响。这样可以更轻松地查找和选择要处理的影响，尤其是在处理具有复杂的装配时很实用。例如，输入r_*，可以只列出前缀为r_的那些影响。
❖ 固定■：固定影响列表，可以仅显示选定的影响。
❖ 工具：对权重进行复制、粘贴等操作。
  ✧ 复制选定顶点的权重■：选择顶点后，单击该按钮可以复制选定顶点的权重值。
  ✧ 将复制的权重粘贴到选定顶点上■：复制选定顶点的权重以后，单击该按钮可以将复制的顶点权重值粘贴到其他选定顶点上。
  ✧ 权重锤■：单击该按钮可以修复其权重导致网格上出现不希望的变形的选定顶点。Maya为选定顶点指定与其相邻顶点相同的权重值，从而可以形成更平滑的变形。

- ✧ 将权重移到选定影响：单击该按钮，可以将选定顶点的权重值从其当前影响移动到选定影响。
- ✧ 显示对选定顶点的影响：单击该按钮，可以选择影响到选定顶点的所有影响。这样可以帮助用户解决网格区域中出现异常变形的疑难问题。

❖ 显示选定项：单击该按钮可以自动浏览影响列表，以显示选定影响。在处理具有多个影响的复杂角色时，该按钮非常有用。

❖ 反选：单击该按钮可快速反选要在列表中选定的影响。

❖ 模式：在绘制模式之间进行切换。

- ✧ 绘制：选择该选项时，可以通过在顶点绘制值来设定权重。
- ✧ 选择：选择该选项时，可以从绘制蒙皮权重切换到选择蒙皮点和影响。对于多个蒙皮权重任务，例如修复平滑权重和将权重移动到其他影响，该模式非常重要。
- ✧ 绘制选择：选择该选项时，可以绘制选择顶点。

❖ 绘制选择：通过后面的3个附加选项可以设定绘制时是否向选择中添加或从选择中移除顶点。

- ✧ 添加：选择该选项时，绘制将向选择添加顶点。
- ✧ 移除：选择该选项时，绘制将向选择移除顶点。
- ✧ 切换：选择该选项时，绘制将切换顶点的选择。绘制时，从选择中移除选定顶点并添加取消选择的顶点。

❖ 选择几何体 选择几何体 ：单击该按钮可以快速选择整个网格。

❖ 绘制操作：设置影响的绘制方式。

- ✧ 替换：笔刷笔划将使用为笔刷设定的权重替换蒙皮权重。
- ✧ 添加：笔刷笔划将增大附近关节的影响。
- ✧ 缩放：笔刷笔划将减小远处关节的影响。
- ✧ 平滑：笔刷笔划将平滑关节的影响。

❖ 剖面：选择笔刷的轮廓样式，有"高斯笔刷"、"软笔刷"、"硬笔刷"和"方形笔刷"4种样式。

技巧与提示

如果预设的笔刷不能满足当前工作的需要，还可以单击右侧的"文件浏览器"按钮，在Maya安装目录drive:\Program Files\Alias\Maya2012\brushShapes的文件夹中提供了40个预设的笔刷轮廓，可以直接加载使用。当然，用户也可以根据需要自定义笔刷轮廓，只要是Maya支持的图像文件格式，图像大小在256×256像素之内即可。

❖ 权重类型：选择以下两种类型中的一种权重进行绘制。

- ✧ 蒙皮权重：为选定影响绘制基本的蒙皮权重，这是默认设置。
- ✧ DQ混合权重：选择这个类型来绘制权重值，可以逐顶点控制"经典线性"和"双四元数"蒙皮的混合。

❖ 规格化权重：设定如何规格化平滑蒙皮权重。

- ✧ 禁用：禁用平滑蒙皮权重规格化。
- ✧ 交互式：如果希望精确使用输入的权重值，可以选择该模式。当使用该模式时，Maya会从其他影响添加或移除权重，以便所有影响的合计权重为1。
- ✧ 后期：选择该模式时，Maya会延缓规格化计算，直至变形网格。

❖ 不透明度：通过设置该选项，可以使用同一种笔刷轮廓来产生更多的渐变效果，使笔刷的作用效果更加精细微妙。如果设置该选项数值为0，笔刷将没有任何作用。

❖ 值：设定笔刷笔划应用的权重值。

- ❖ 最小值/最大值：设置可能的最小和最大绘制值。
- ❖ 整体应用：将笔刷设置应用到选定“抖动”变形器的所有权重，结果取决于执行整体应用时定义的笔刷设置。

2.渐变

展开“渐变”卷展栏，如图23-74所示。

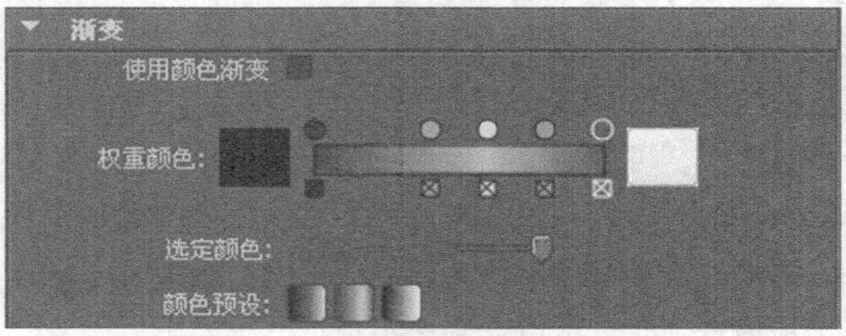

图23-74

渐变卷展栏参数介绍

- ❖ 使用颜色渐变：勾选该选项时，权重值表示为网格的颜色。这样在绘制时可以更容易看到较小的值，并确定在不应对顶点有影响的地方关节是否正在影响顶点。
- ❖ 权重颜色：当勾选“使用颜色渐变”选项时，该选项可以用于编辑颜色渐变。
- ❖ 选定颜色：为权重颜色的渐变色标设置颜色。
- ❖ 颜色预设：从预定义的3个颜色渐变选项中选择颜色。

3.笔划

展开“笔划”卷展栏，如图23-75所示。

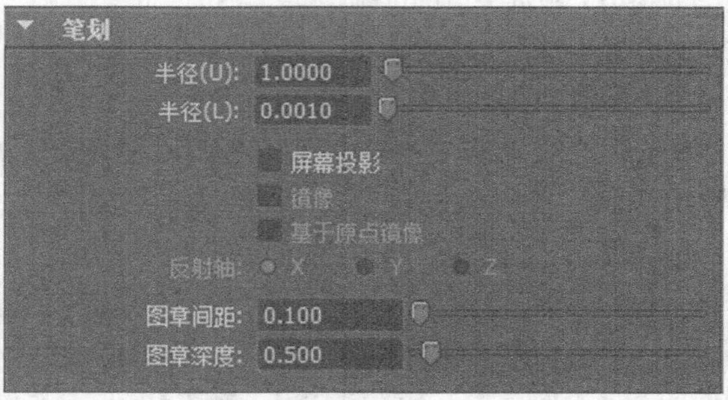

图23-75

笔划卷展栏参数介绍

- ❖ 半径（U）：如果用户正在使用一支压感笔，该选项可以为笔刷设定最大的半径值；如果用户只是使用鼠标，该选项可以设置笔刷的半径范围值。当调节滑块时，该值最高可设置为50，但是按住B键拖曳光标可以得到更高的笔刷半径值。

技巧与提示

在绘制权重的过程中，经常采用按住B键拖曳光标的方法来改变笔刷半径，在不打开“绘制蒙皮权重工具”的“工具设置”对话框的情况下，根据绘制模型表面的不同部位直接对笔刷半径进行快速调整，可以大大提高工作效率。

- ❖ 半径（L）：如果用户正在使用一支压感笔，该选项可以为笔刷设定最小的半径值；如果没有使用压感笔，这个属性将不能使用。
- ❖ 屏幕投影：当关闭该选项时（默认设置），笔刷会沿着绘画的表面确定方向；当勾选该选项时，笔刷标记将以视图平面作为方向映射到选择的绘画表面。

技巧与提示

当使用“绘制蒙皮权重工具”涂抹绘画表面权重时，通常需要关闭“屏幕投影”选项。如果被绘制的表面非常复杂，可能需要勾选该选项，因为使用该选项会降低系统的执行性能。

- ❖ 镜像：该选项对于“绘制蒙皮权重工具”是无效的，可以使用“蒙皮>编辑平滑蒙皮>镜像蒙皮权重”菜单命令来镜像平滑的蒙皮权重。
- ❖ 图章间距：在被绘制的表面上单击并拖曳光标绘制出一个笔划，用笔刷绘制出的笔划是由许多相互交叠的图章组成。利用这个属性，用户可以设置笔划中的印记将如何重叠。例如，如果设置“图章间距”数值为1，创建笔划中每个图章的边缘刚好彼此接触；如果设置“图章间距”数值大于1，那么在每个相邻的图章之间会留有空隙；如果设置“图章间距”数值小于1，图章之间将会重叠，如图23-76所示。

图章间距=0.1
图章间距=0.5
图章间距=1
图章间距=1.5

图23-76

- ❖ 图章深度：该选项决定了图章能被投影多远。例如，当使用“绘制蒙皮权重工具”在一个有褶皱的表面上绘画时，减小“图章深度”数值会导致笔刷无法绘制到一些折痕区域的内部。

4.光笔压力

展开“光笔压力”卷展栏，如图23-77所示。

图23-77

光笔压力卷展栏参数介绍

- ❖ 光笔压力：当勾选该选项时，可以激活压感笔的压力效果。
- ❖ 压力映射：可以在下拉列表中选择一个选项，来确定压感笔的笔尖压力将会影响的笔刷属性。

5.显示

展开“显示”卷展栏，如图23-78所示。

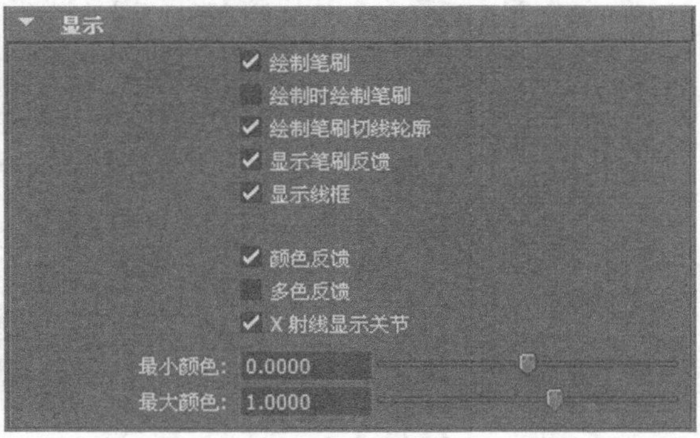

图23-78

显示卷展栏参数介绍

- ❖ 绘制笔刷：利用这个选项，可以切换“绘制蒙皮权重工具”笔刷在场景视图中的显示和隐藏状态。
- ❖ 绘制时绘制笔刷：当勾选该选项时，在绘制的过程中会显示出笔刷轮廓；如果关闭该选项，在绘制的过程中将只显示出笔刷指针而不显示笔刷轮廓。
- ❖ 绘制笔刷切线轮廓：当勾选该选项时，在选择的蒙皮表面上移动光标时会显示出笔刷的轮廓，如图23-79所示；如果关闭该选项，将只显示出笔刷指针而不显示笔刷轮廓，如图23-80所示。

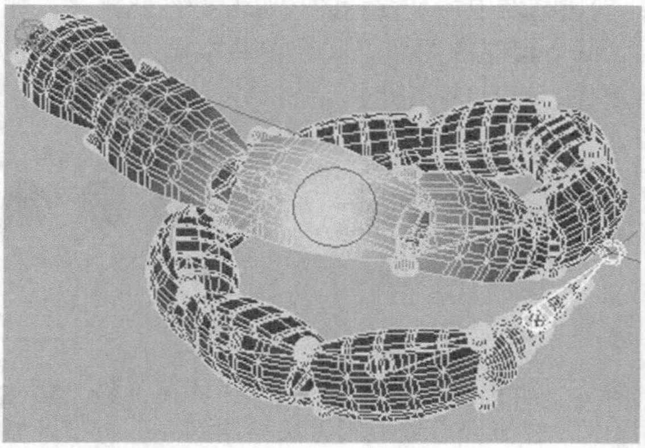

图23-79

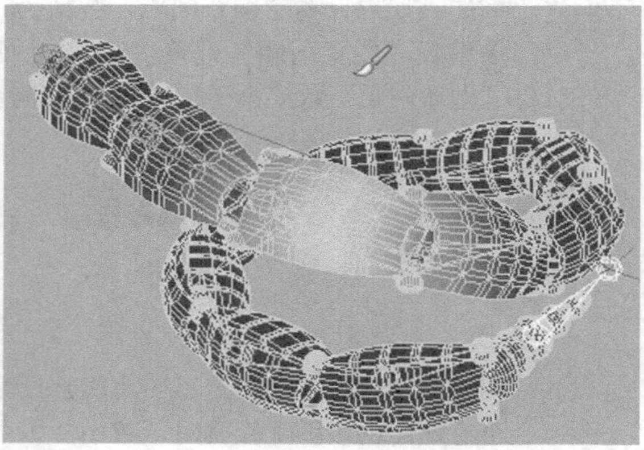

图23-80

- ❖ 显示笔刷反馈：当勾选该选项时，会显示笔刷的附加信息，以指示出当前笔刷所执行的绘制操作。当用户在“影响”卷展栏下为“绘制操作”选择了不同方式时，显示出的笔刷附加信息也有所不同，如图23-81所示。

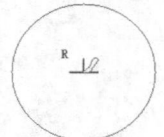

开启绘制笔刷反馈
绘制操作：替换

开启绘制笔刷反馈
绘制操作：添加

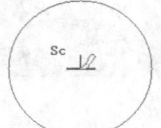

开启绘制笔刷反馈
绘制操作：缩放

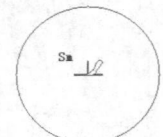

开启绘制笔刷反馈
绘制操作：平滑

图23-81

- ❖ 显示线框：当勾选该选项时，在选择的蒙皮表面上会显示出线框结构，这样可以观察绘画权重的结果，如图23-82所示；关闭该选项时，将不会显示出线框结构，如图23-83所示。

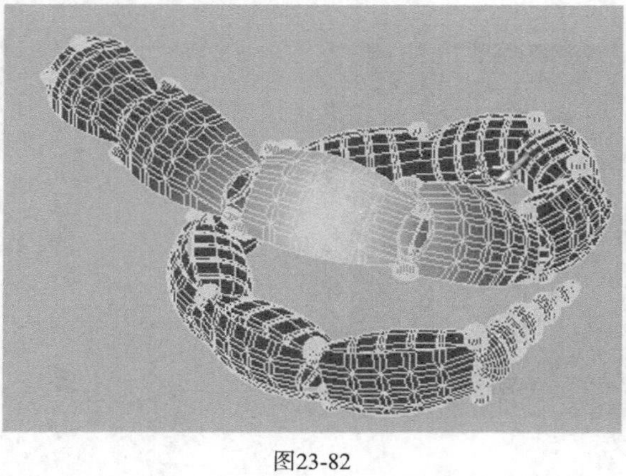

图23-82

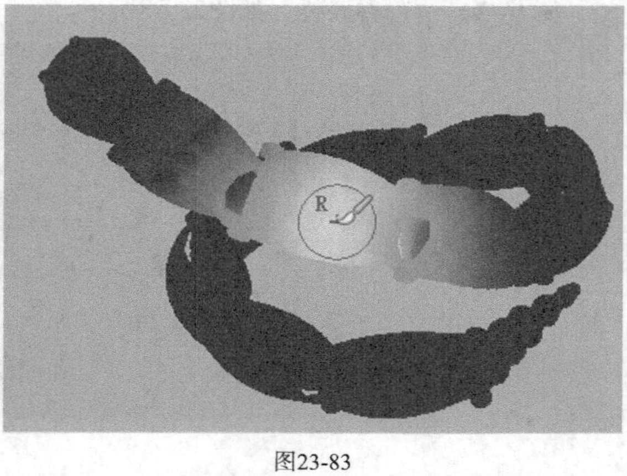

图23-83

❖ 颜色反馈：当勾选该选项时，在选择的蒙皮表面上将显示出灰度颜色反馈信息，采用这种渐变灰度值来表示蒙皮权重数值的大小，如图23-84所示；当关闭该选项时，将不会显示出灰度颜色反馈信息，如图23-85所示。

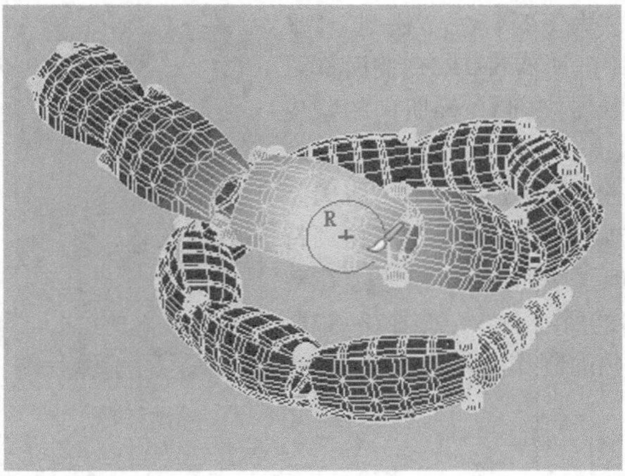

图23-84

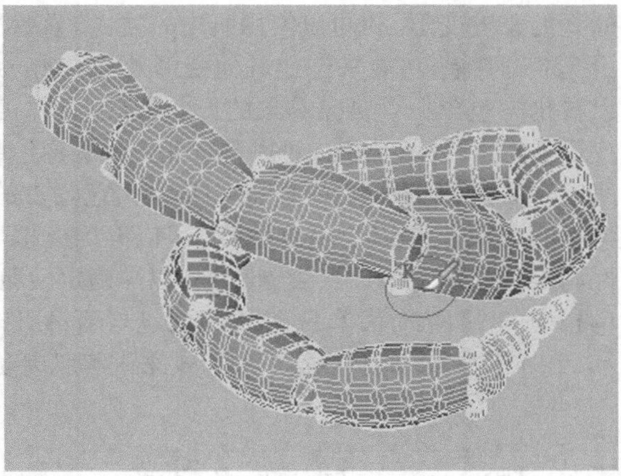

图23-85

技巧与提示

当减小蒙皮权重数值时，反馈颜色会变暗；当增大蒙皮权重数值时，反馈颜色会变亮；当蒙皮权重数值为0时，反馈颜色为黑色；当蒙皮权重数值为1时，反馈颜色为白色。

利用“颜色反馈”功能，可以帮助用户查看选择表面上蒙皮权重的分布情况，并能指导用户采用正确的数值绘制蒙皮权重。要在蒙皮表面上显示出颜色反馈信息，必须使模型在场景视图中以平滑实体的方式显示才行。

❖ 多色反馈：当勾选该选项时，能以多重颜色的方式观察被绑定蒙皮物体表面上绘制蒙皮权重的分配，如图23-86所示。

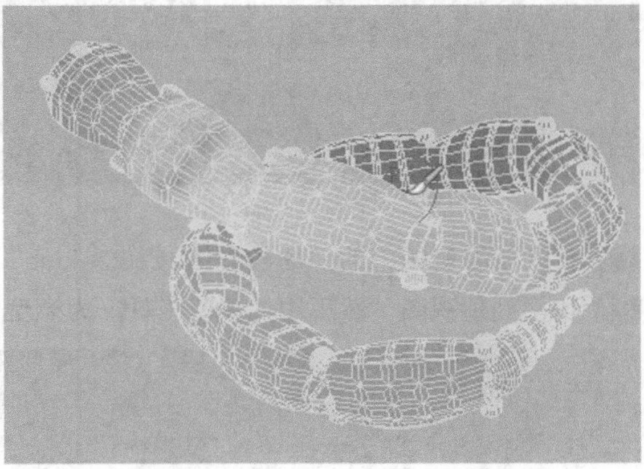

图23-86

❖ X射线显示关节：在绘制时，以X射线显示关节。

❖ 最小颜色：该选项可以设置最小的颜色显示数值。如果蒙皮物体上的权重数值彼此非常接近，使颜色反馈显示太微妙以至于不易察觉，这时使用该选项将很有用。可以尝试设置不同数值使颜色反馈显示出更大的对比度，为用户进行观察和操作提供方便。

❖ 最大颜色：该选项可以设置最大的颜色显示数值。如果蒙皮物体上的权重数值彼此非常接近，使颜色反馈显示太微妙以至于不易察觉，这时可以尝试设置不同数值使颜色反馈显示出更大的对比度，为用户进行观察和操作提供方便。

技巧与提示

关于蒙皮的知识先介绍到这里，在后面的动画综合运用章节中将安排综合实例对蒙皮技术进行练习。

23.8 肌肉系统

Maya肌肉是一种蒙皮变形器，用于使用基础肌肉对象装配角色以创建逼真的蒙皮变形。也可以使用肌肉的独立“置换”“力”“抖动”“松弛”“平滑”和“碰撞”功能来创建其他变形效果。Maya中的所有NURBS曲面都可以转化为包含一个肌肉对象的形状节点，且都可以连接到Maya肌肉的蒙皮变形器。对于角色装配，可以基于角色骨架构建肌肉，以便在骨架移动时，对肌肉对象进行挤压和拉伸，进而推动角色蒙皮的曲面。从根本上说，肌肉是“影响对象”，但具有特殊属性，可以准确模拟与蒙皮交互的肌肉的物理特性。Maya肌肉允许逐点绘制权重，以准确定义肌肉属性如何影响蒙皮。在菜单栏中的“肌肉”菜单下，集合了创建与编辑肌肉的所有命令，如图23-87所示。在本节中，我们将以实例的形式来讲解肌肉动画的制作方法。

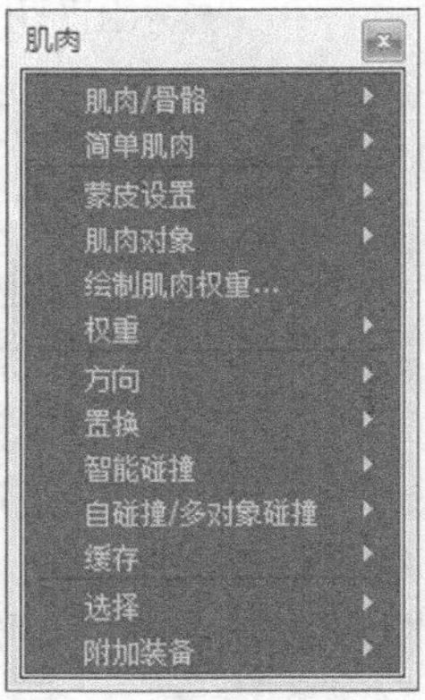

图23-87

【练习23-10】：制作肌肉动画1

场景文件　学习资源>场景文件>CH23>i.mb
实例文件　学习资源>实例文件>CH23>练习23-10.mb
技术掌握　掌握肌肉系统中重要命令的使用方法

本例主要是针对“肌肉”系统中的“将曲线转化为肌肉/骨骼”“应用肌肉系统蒙皮变形器”“应用默认权重”和“肌肉创建器”等重要命令进行练习，如图23-88所示。

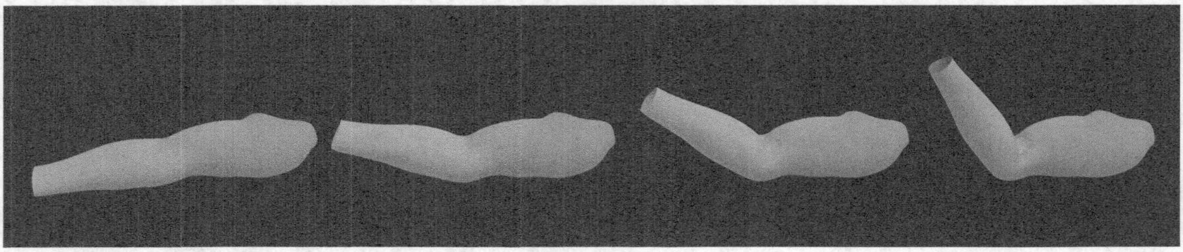

图23-88

01 打开学习资源中的“场景文件>CH23>i.mb”文件，如图23-89所示。

02 切换到顶视图，然后用“关节工具”为模型创建出3个关节，如图23-90所示。

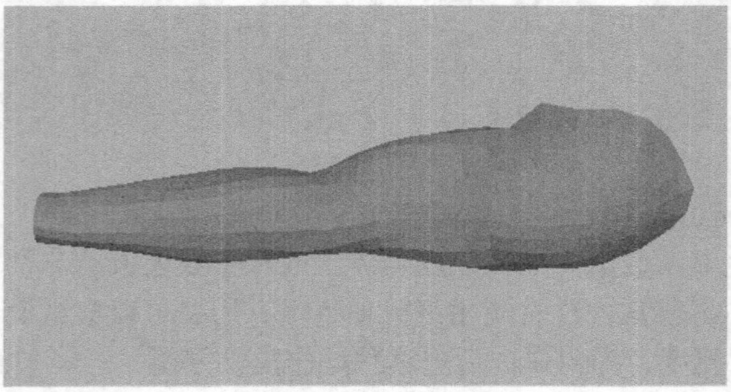

图23-89

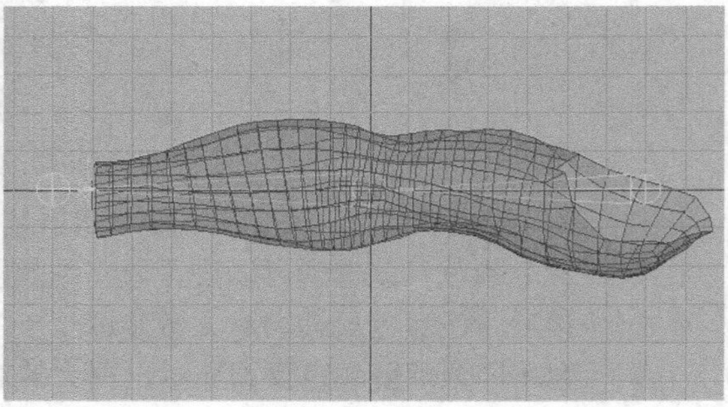

图23-90

03 选中关节joint2，然后在第1帧按S键设置关键帧，如图23-91所示，接着在第15帧设置“旋转z”为80，再按S键设置关键帧，这样就制作出了一段小臂旋转的关键帧动画，如图23-92所示。

04 打开“大纲视图”对话框，然后在“显示”菜单下勾选“形状”选项，如图23-93所示。此时“大纲视图”对话框中会显示出场景的形状节点。

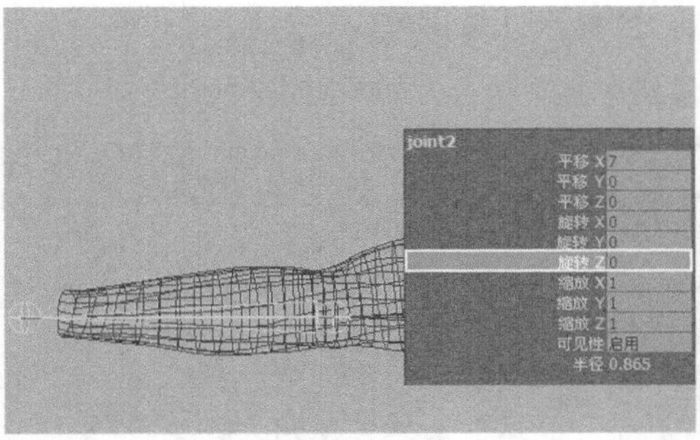

图23-91

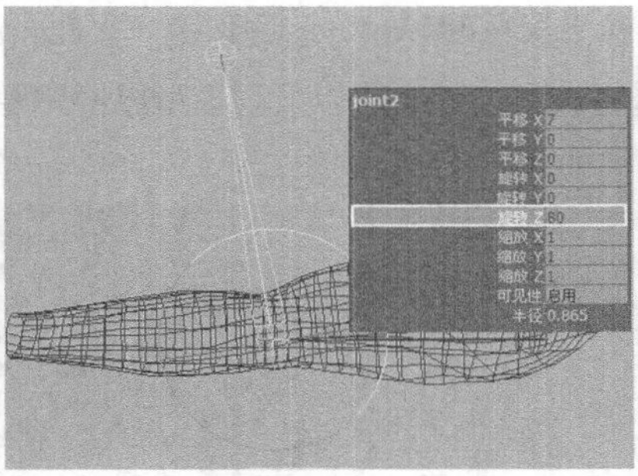

图23-92

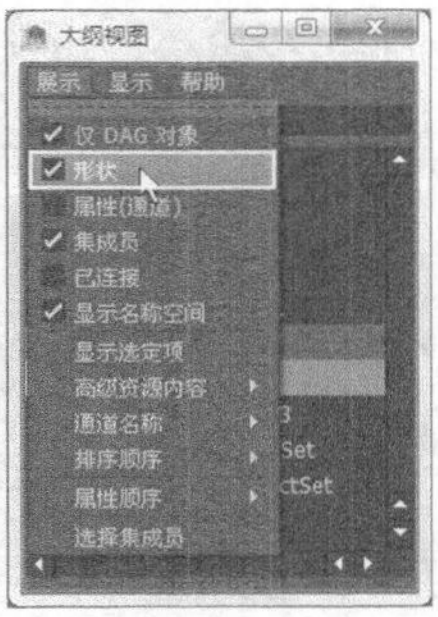

图23-93

05 选择所有的关节，然后执行“肌肉>肌肉/骨骼>将曲线转化为肌肉/骨骼”菜单命令，接着在弹出的“关节到胶囊的转化”对话框中单击“x轴”按钮X轴，如图23-94所示，效果如图23-95所示。

图23-94

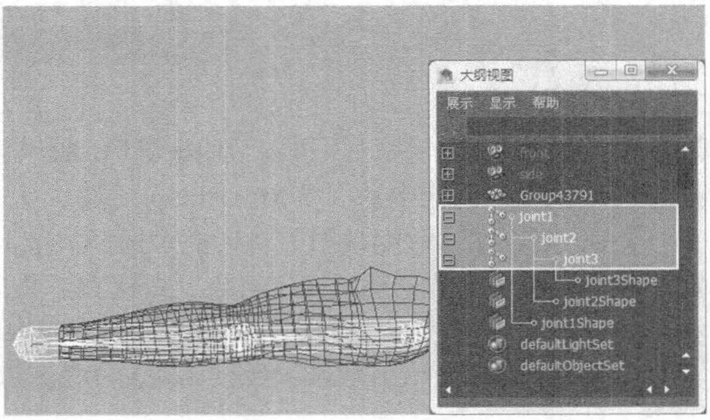

图23-95

技巧与提示

注意，这里必须是在选择所有的关节后，才能进行转化操作。

06 选择场景中的模型，然后执行“肌肉>蒙皮设置>应用肌肉系统蒙皮变形器”菜单命令，此时会弹出一个进程窗口，经过一段时间的计算，得到如图23-96所示的效果。

07 在“大纲视图”对话框中选择所有的关节，然后按住Ctrl键加选模型，接着执行“肌肉>肌肉对象>连接选定的肌肉对象”菜单命令，效果如图23-97所示。

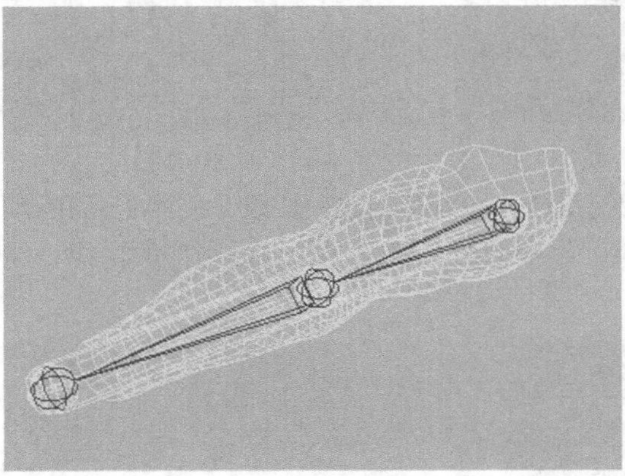

图23-96

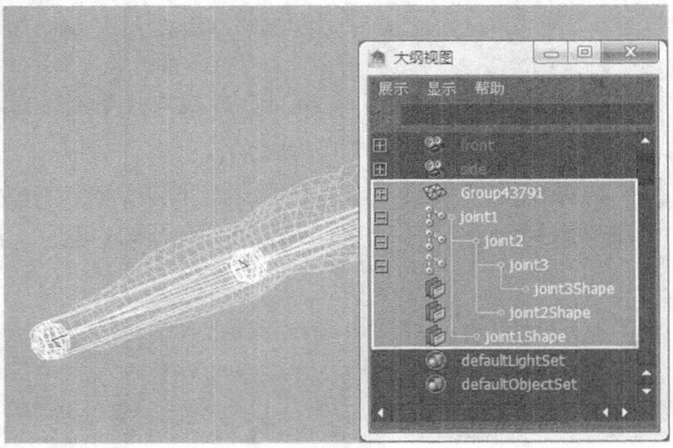

图23-97

08 拖曳时间滑块进行观察，可以发现只有骨架和包裹骨架的“胶囊”在运动，而模型并没有发生运动，这是因为还没有设置模型的权重，如图23-98所示。

09 选择场景中的模型，然后执行“肌肉>权重>应用默认权重”菜单命令，并在弹出的“默认权重”对话框中设置“权重”为“粘滞”，“平滑”为3，接着单击“应用默认权重”按钮应用默认权重，如

图23-99所示。应用默认权重时，Maya会弹出一个进程窗口，显示计算进程。

10 拖曳时间滑块进行观察，此时可以发现模型已经跟随骨架一起运动了，如图23-100所示。

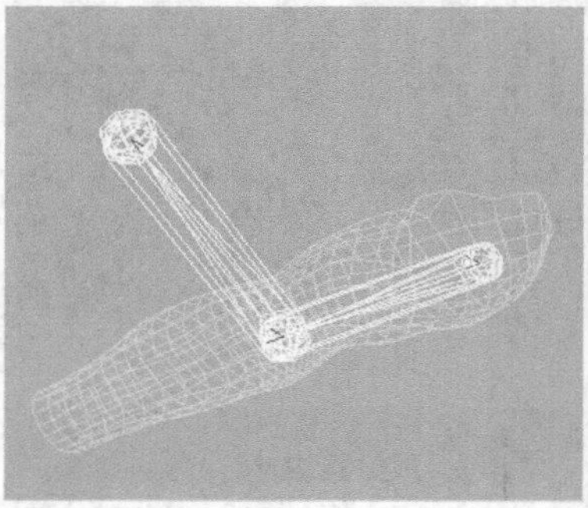
图23-98

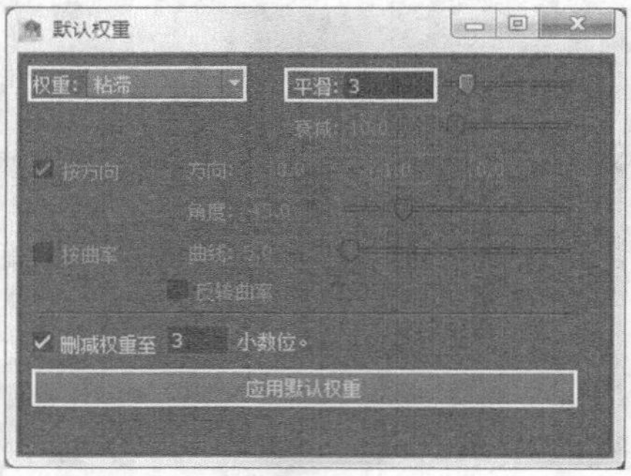

图23-99

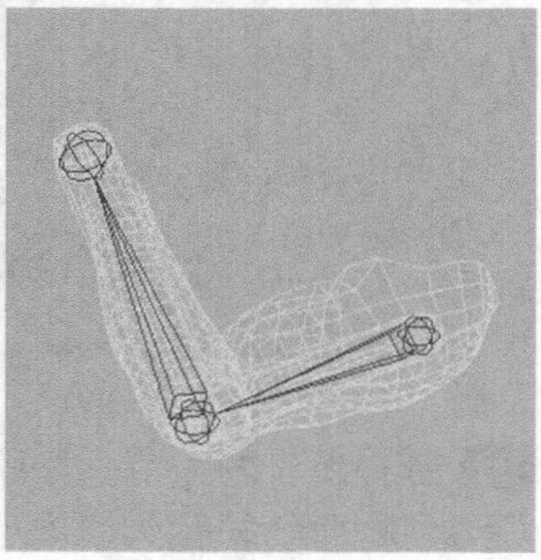
图23-100

11 下面创建肌肉。执行“肌肉>肌肉/骨骼>肌肉创建器”菜单命令，打开“肌肉创建器”对话框，然后设置“肌肉名称”为MusBiceps（肱二头肌）、“控制器/横截面数”为3、“环绕分段数”为8，接着在“大纲视图”对话框中选择关节joint1，再单击“肌肉创建器”对话框中的“附加开始”选项后面的“加载选定对象”按钮<<<，将joint1关节加载到“附加开始”列表中，最后用相同的方法将joint2关节加载到“附加结束”列表中，加载完成后单击“创建肌肉”按钮创建肌肉，具体参数设置如图23-101所示，效果如图23-102所示。

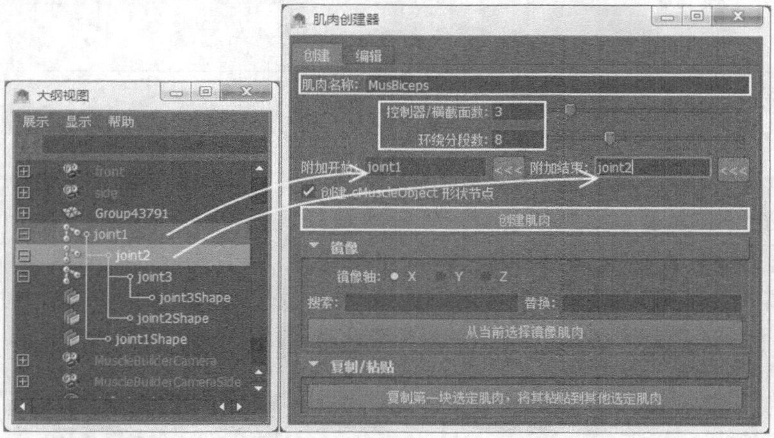

图23-101

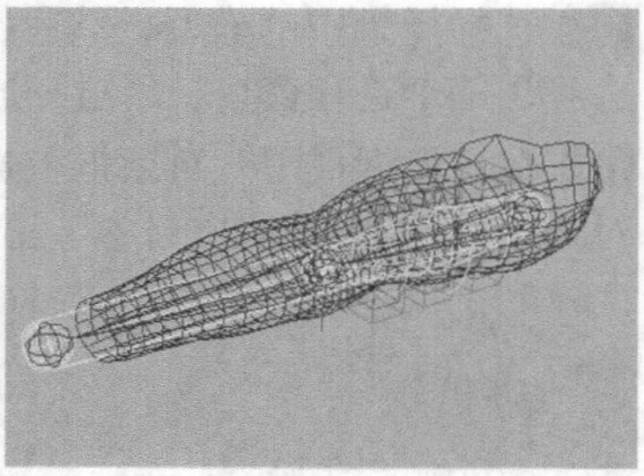
图23-102

12 选择“肱二头肌”末端的两个定位器，然后按快捷键Ctrl+G为其创建一个组，接着将其在x轴方向上旋转90°，最后采用相同的方法将“肱二头肌”始端的两个定位器也进行同样的操作，如图23-103所示。

13 拖动时间滑块进行观察，可以发现只有骨架和模型在运动，而肌肉处于相对静止的状态，如图23-104所示。

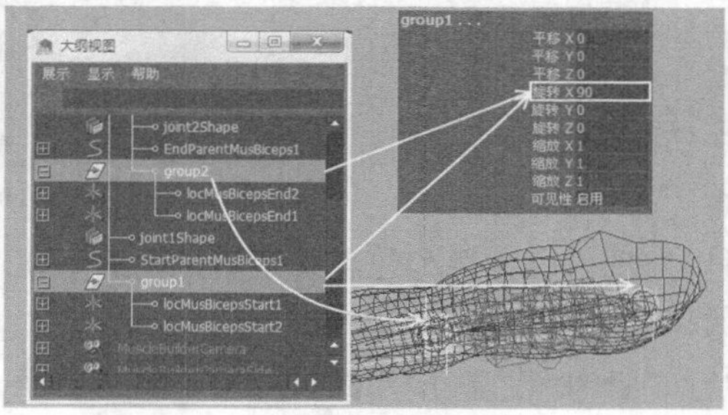

图23-103

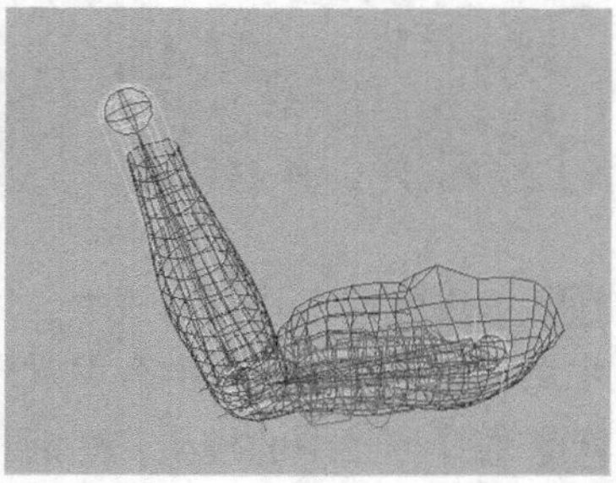
图23-104

技巧与提示

下面来看一张肱二头肌的图片，如图23-105所示，从该图中可以很清楚地看到肱二头肌的末端是生长在桡骨的前端，因此上面的问题就迎刃而解了。

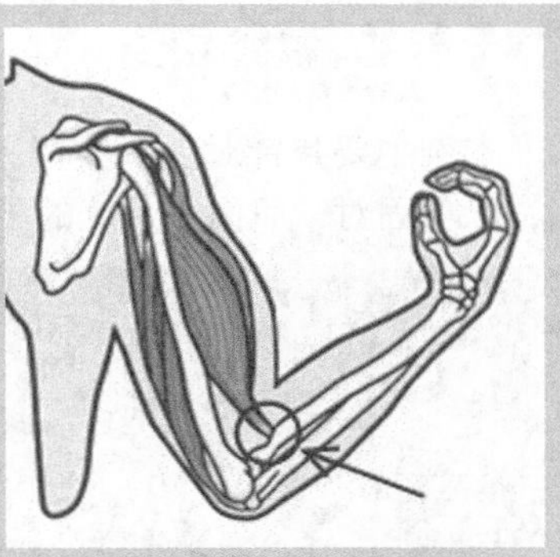

图23-105

14 使用“移动工具”将控制“肱二头肌”末端的两个定位器拖曳到小臂偏始端的上方，然后将控制“肱二头肌”始端的两个定位器向上移动一段距离，接着拖动时间滑块进行观察，可以发现“肱二头肌”的运动已经正常了，但是模型并没有随着肌肉的运动而运动，如图23-106所示。

15 选择肌肉物体，然后加选模型，执行“肌肉>肌肉对象>连接选定的肌肉对象”菜单命令，接着在弹出的“粘滞绑定最大距离”对话框中单击“自动计算”按钮，如图23-107所示。

16 拖曳时间滑块进行观察，可以发现模型没有随着肌肉的运动而运动，同样也是因为模型没有设置权重的原因，如图23-108所示。

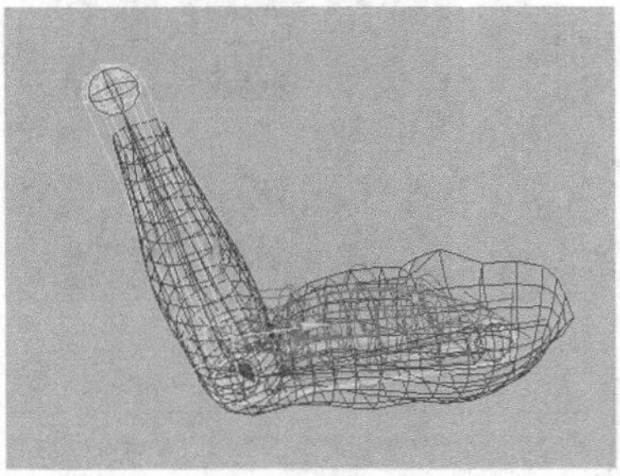

图23-106

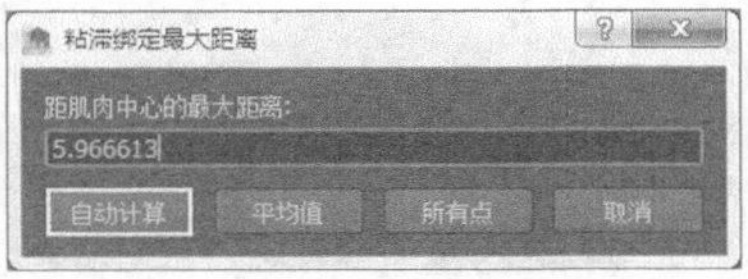

图23-107

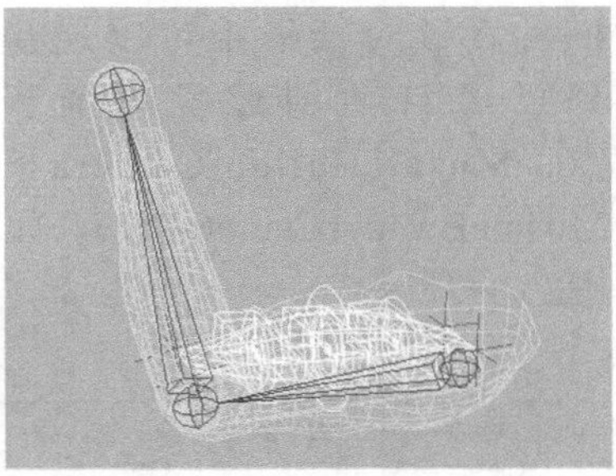

图23-108

技巧与提示

这里大家可能会有一个疑问，那就是之前已经对模型的权重进行过设置，为什么这里还要再设置一遍呢？这是因为之前设置的是骨架“胶囊”与模型之间的权重，而这里需要设置的是肌肉和模型之间的权重。

17 选择肌肉物体和模型，然后执行“肌肉>权重>应用默认权重”菜单命令，接着在弹出的“默认权重”对话框中设置“权重”为“粘滞”“平滑”为3，最后单击“应用默认权重”按钮，如图23-109所示。

18 选择模型，然后在视图快捷栏中单击“隔离选择”按钮，隐藏掉没有选择的物体，接着播放动画，可以观察到“肱二头肌”随着手臂的运动对表面的网格模型具有了良好的运动影响，如图23-110所示。

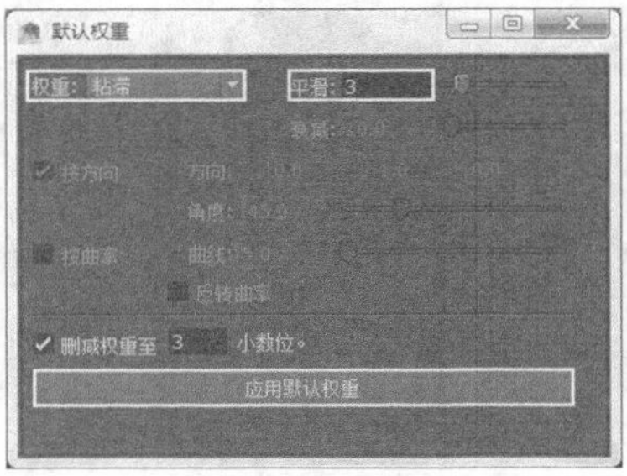

图23-109

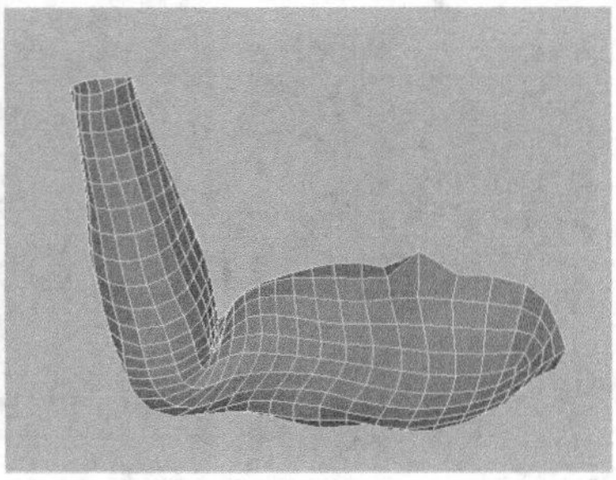

图23-110

【练习23-11】：制作肌肉动画2

场景文件　学习资源>场景文件>CH23>j.mb
实例文件　学习资源>实例文件>CH23>练习23-11.mb
技术掌握　掌握肌肉构建器的用法

本例主要是针对上一实例进行加强练习，同时继续讲解“肌肉”系统的“肌肉构建器”的用法，以巩固对“肌肉”系统的了解，如图23-111所示。

图23-111

01 打开学习资源中的“场景文件>CH23>j.mb”文件，本场景已经设置了一个弯曲动画，如图23-112所示。

02 执行“肌肉>简单肌肉>肌肉构建器”菜单命令，打开“肌肉构建器”对话框，然后打开“大纲视图”对话框，在该对话框中可以观察到已经自动创建了两个节点，MuscleBuilderCamera和MuscleBuilderCameraSide，如图23-113所示。

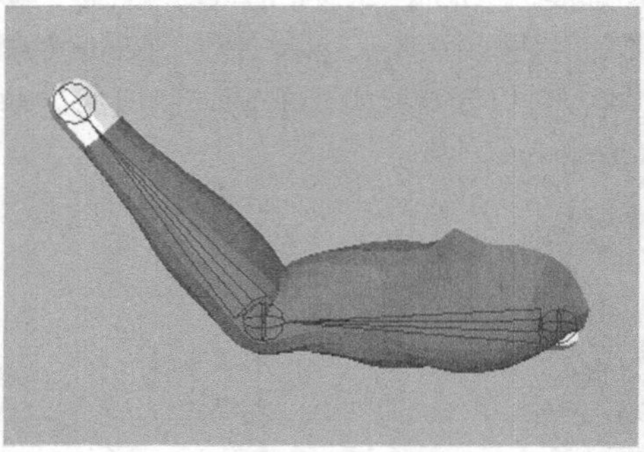

图23-112

图23-113

技巧与提示

MuscleBuilderCamera和MuscleBuilderCameraSide这两个节点虽然在场景中没有显示出具体形态，但是它们是以后创建肌肉的必需因素，因此一定不能删除它们。

03 在“大纲视图”对话框中选择关节joint1，然后在“肌肉构建器”对话框中的“附加对象1”选项后面单击“加载选定对象”按钮<<<，将joint1加载到列表中，接着将关节joint2加载到“附加对象2”列表中，最后单击“构建/更新”按钮构建/更新，具体参数设置如图23-114所示，创建的肌肉效果如图23-115所示。

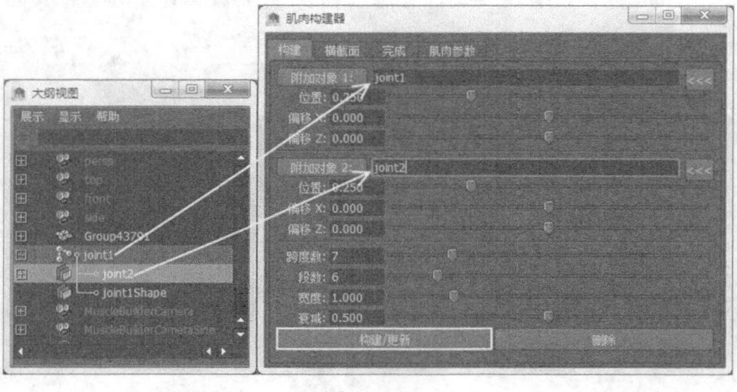

图23-114

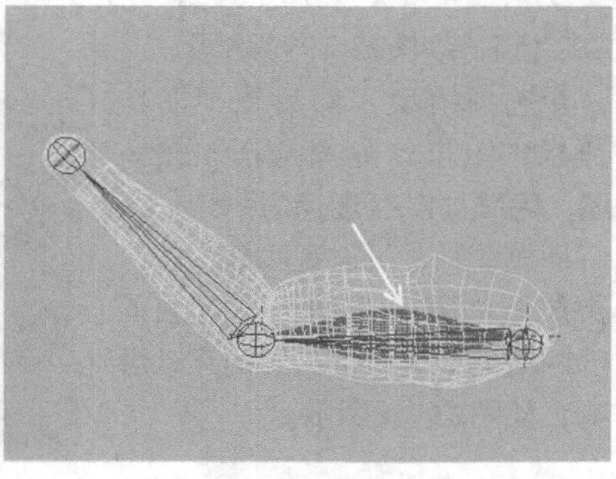

图23-115

04 在“肌肉构建器”对话框中继续调整“附加对象1”和“附加对象2”的参数（即调整肌肉的位置），具体参数设置如图23-116所示，效果如图23-117所示。

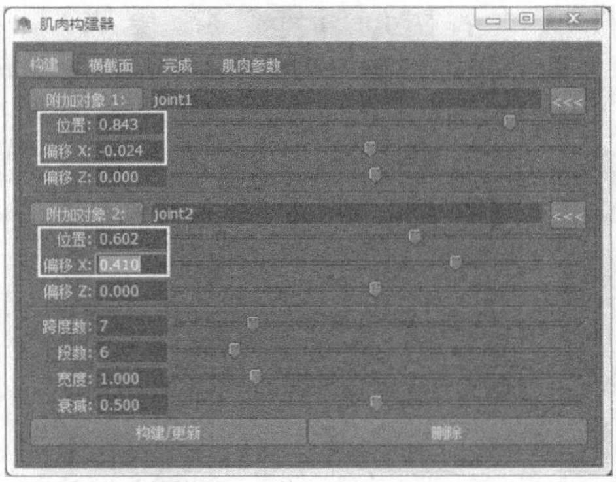

图23-116

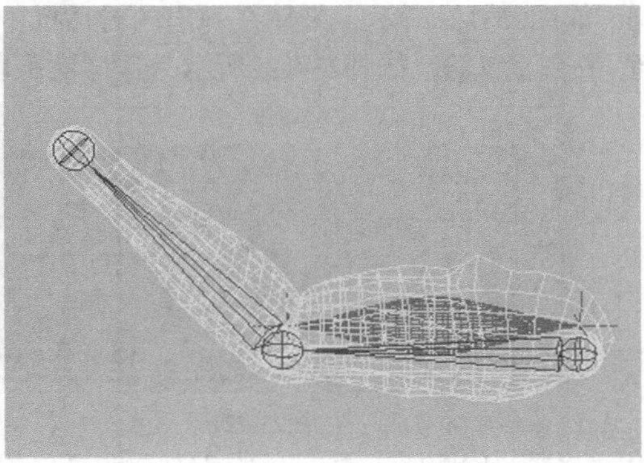

图23-117

05 在“肌肉构建器”对话框中单击“横截面”选项卡，在列表中共有7条曲线，这7条曲线控制着场景中的肌肉形态，作为曲线，它们也具有曲线的特点，所以可以使用鼠标右键进入某条曲线的控制顶点级别对曲线的形态进行调整，如图23-118所示，调整好的肌肉效果如图23-119所示。

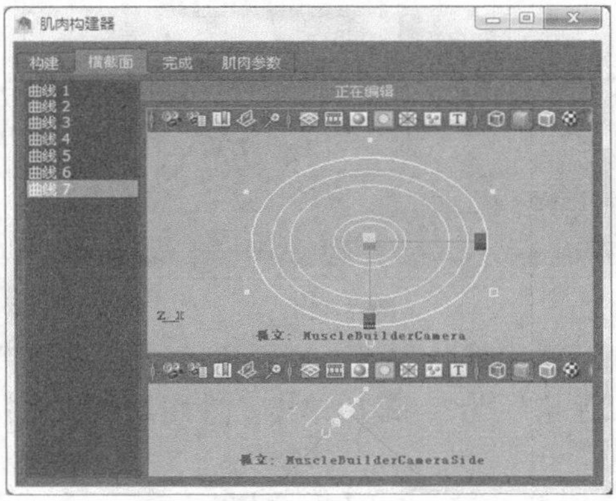

图23-118

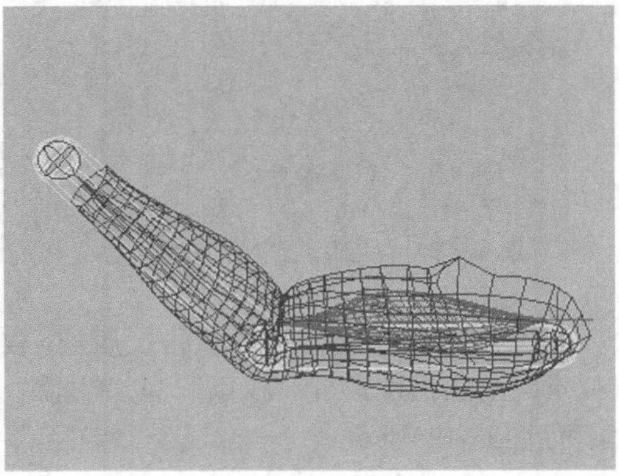

图23-119

技巧与提示

要调整曲线的大小比例，必须先进入曲线的控制顶点级别才能进行调整。

06 选择场景中的肌肉物体，在“大纲视图”对话框中可以发现它还只是一个曲面物体，并不是肌肉，如图23-120所示，因此还需要对其进行相应的调整。

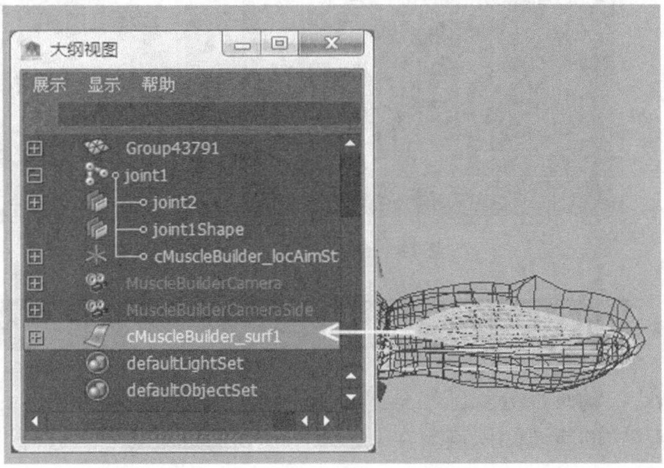

图23-120

07 在“肌肉构建器”对话框中单击“完成”选项卡，然后设置“变形器”为“肌肉样条线变形器”“控制器的数量”为3，并设置“类型”为“立方体”，接着单击“转化为肌肉”按钮 转化为肌肉 ，如图23-121所示，最后在弹出的对话框中将肌肉命名为MusBiceps（肱二头肌），并单击“确定”按钮 确定 ，如图23-122所示，这样就可以将曲面完全转换为肌肉。

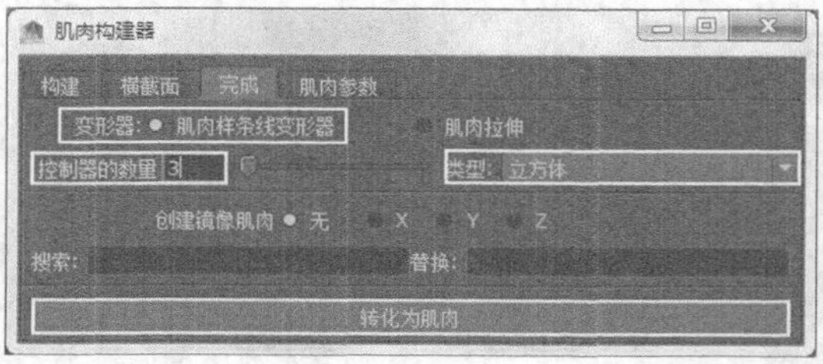

图23-121

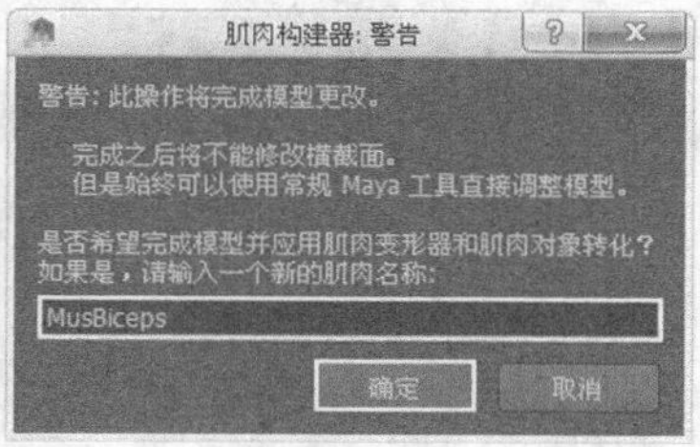

图23-122

08 拖曳时间滑块进行观察，可以观察到肌肉已经很好地随着骨架一起运动了，如图23-123所示。

09 选择场景中的肌肉物体，然后加选模型，执行“肌肉>肌肉对象>连接选定的肌肉对象”菜单命令，接着在弹出的“粘滞绑定最大距离”对话框中单击“自动计算”按钮 自动计算 ，如图23-124所示。

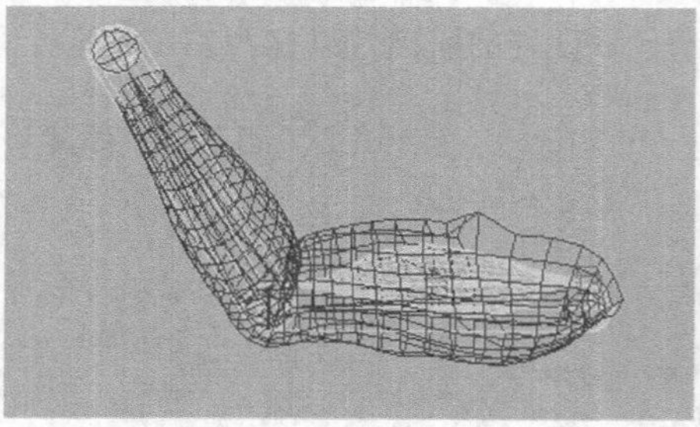

图23-123

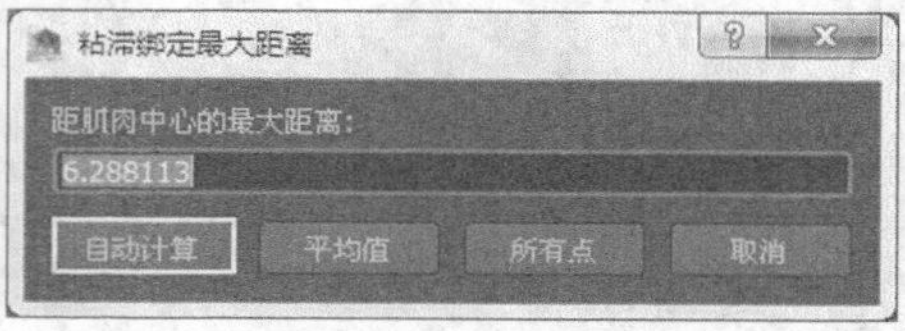

图23-124

10 选择肌肉物体和模型，然后执行“肌肉>权重>应用默认权重”菜单命令，接着在弹出的“默认权重”对话框中设置“权重”为“粘滞”“平滑”为3，最后单击“应用默认权重”按钮 应用默认权重 ，如图23-125所示。

11 播放动画，可以观察到肌肉的运动效果已经被模拟出来了，如图23-126所示。

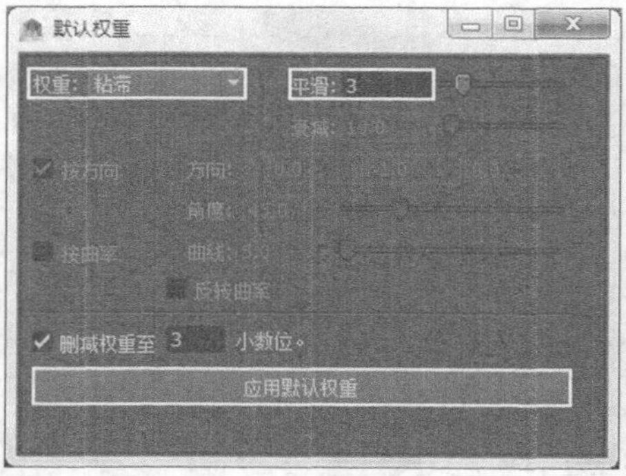

图23-125

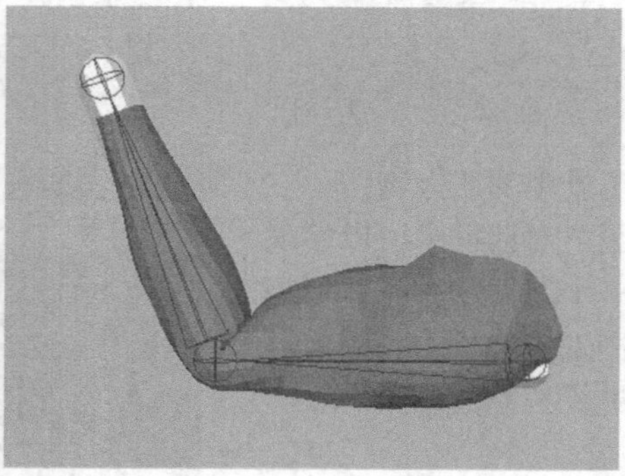

图23-126

23.9 知识总结与回顾

到此，动画部分就已经全部介绍完毕。这部分内容是Maya中的重点，也是难点，希望大家要多领会其中的重要知识点。在下一章中，我们将对动力学进行讲解。

第24章 粒子系统

要点索引

- 粒子的作用
- 粒子的创建
- 粒子的编辑

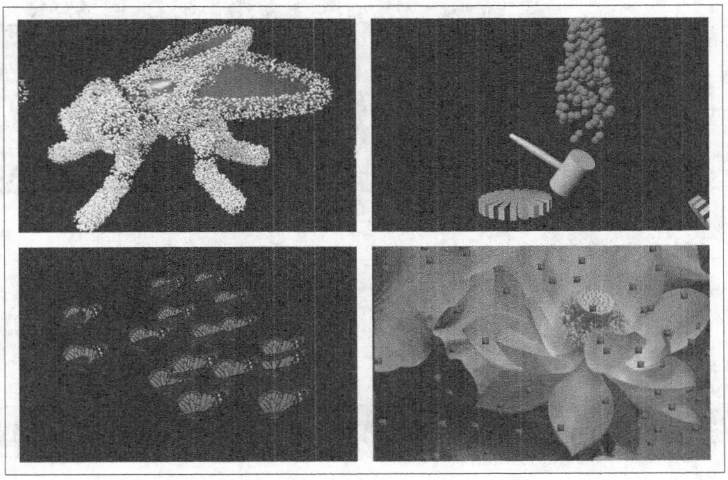

本章导读

本章将介绍粒子的创建与编辑方法。本章的知识点比较多，主要包括“粒子工具”的用法、粒子发射器的创建方法、粒子碰撞的设置方法以及精灵粒子的设置方法等。

24.1 粒子系统概述

Maya作为最优秀的动画制作软件之一，其中一个重要原因就是其令人称道的粒子系统。Maya的粒子系统相当强大，一方面它允许使用相对较少的输入命令来控制粒子的运动，另外还可以与各种动画工具混合使用，例如与场、关键帧、表达式等结合起来使用，同时Maya的粒子系统即使在控制大量粒子时也能进行交互式作业；另一方面，粒子具有速度、颜色和寿命等属性，可以通过控制这些属性来获得理想的粒子效果，如图24-1所示。

图24-1

技巧与提示

粒子是Maya的一种物理模拟，其运用非常广泛，比如火山喷发，夜空中绽放的礼花，秋天漫天飞舞的枫叶等，都可以通过粒子系统来实现。

24.2 粒子的创建与编辑

切换到“动力学”模块，如图24-2所示，此时Maya会自动切换到动力学菜单。创建与编辑粒子主要用“粒子”菜单来完成，如图24-3所示。

图24-2

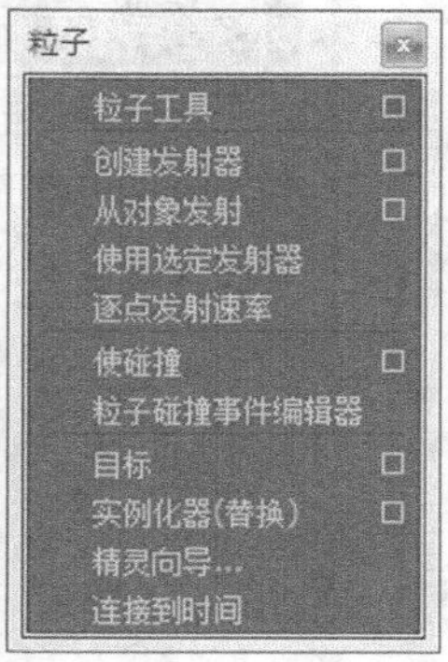

图24-3

技巧与提示

以下讲解的命令都在“粒子”菜单下。

24.2.1 粒子工具

顾名思义，“粒子工具”就是用来创建粒子的。打开“粒子工具”的“工具设置”对话框，如图24-4所示。

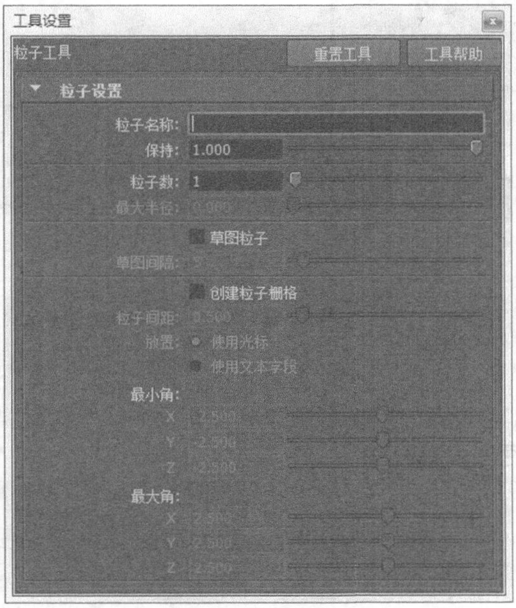

图24-4

粒子工具参数介绍

- ❖ 粒子名称：为即将创建的粒子命名。命名粒子有助于在“大纲视图”对话框中识别粒子。
- ❖ 保持：该选项会影响粒子的速度和加速度属性，一般情况下都采用默认值1。
- ❖ 粒子数：设置要创建的粒子的数量，默认值为1。
- ❖ 最大半径：如果设置的“粒子数”大于 1，则可以将粒子随机分布在单击的球形区域中。若要选择球形区域，可以将“最大半径”设定为大于 0 的值。
- ❖ 草图粒子：勾选该选项后，拖曳鼠标可以绘制连续的粒子流的草图。
- ❖ 草图间隔：用于设定粒子之间的像素间距。值为0时将提供接近实线的像素；值越大，像素之间的间距也越大。
- ❖ 创建粒子栅格：创建一系列格子阵列式的粒子。
- ❖ 粒子间距：当启用“创建粒子栅格”选项时才可用，可以在栅格中设定粒子之间的间距（按单位）。
- ❖ 使用光标：使用光标方式创建阵列。
- ❖ 使用文本字段：使用文本方式创建粒子阵列。
- ❖ 最小角：设置3D粒子栅格中左下角的 x、y、z 坐标。
- ❖ 最大角：设置3D粒子栅格中右上角的 x、y、z坐标。

【练习24-1】：练习创建粒子的几种方法

场景文件	无
实例文件	无
技术掌握	掌握用粒子工具创建粒子的几种方法

01 执行“粒子>粒子工具”菜单命令，此时光标会变成十字形状，在视图中连续单击鼠标左键即可创建出多个粒子，如图24-5所示。

02 打开“粒子工具”的“工具设置”对话框，然后设置“粒子数”为500，如图24-6所示，接着在场景中单击鼠标左键，效果如图24-7所示。

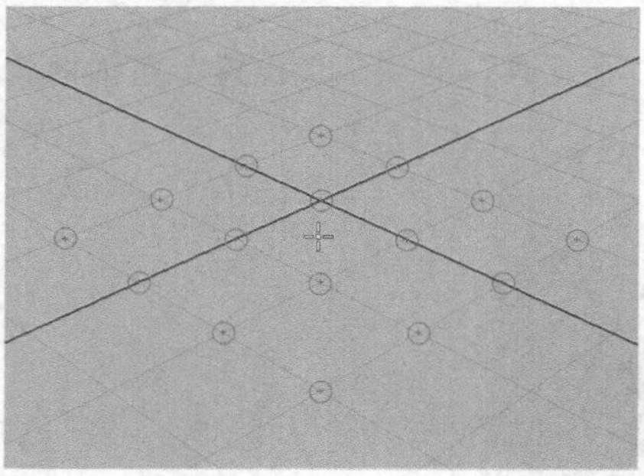

图24-5

图24-6

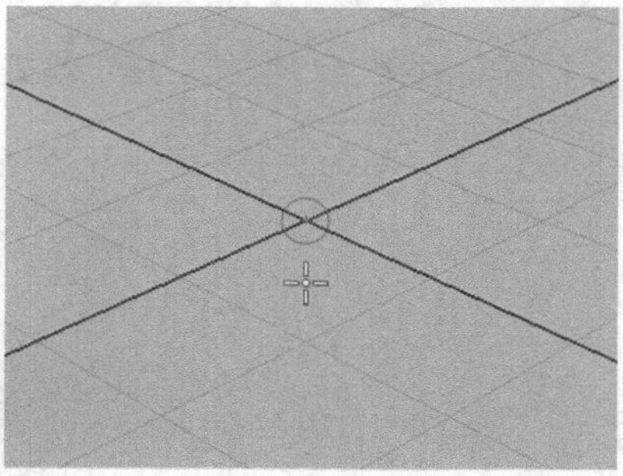

图24-7

技巧与提示

虽然现在在视图中看到的粒子只有一个，但是粒子数仍然是500，这是因为此时的粒子群的“最大半径”为0的原因。

03 在“粒子工具”的“工具设置”对话框中设置“最大半径”为4，如图24-8所示，然后在视图中单击鼠标左键，效果如图24-9所示。

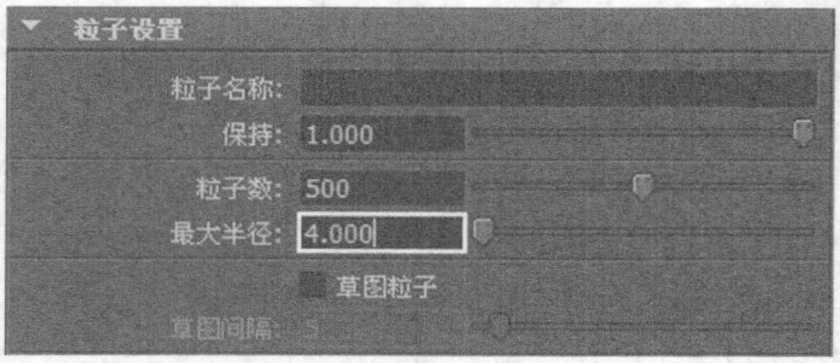

图24-8

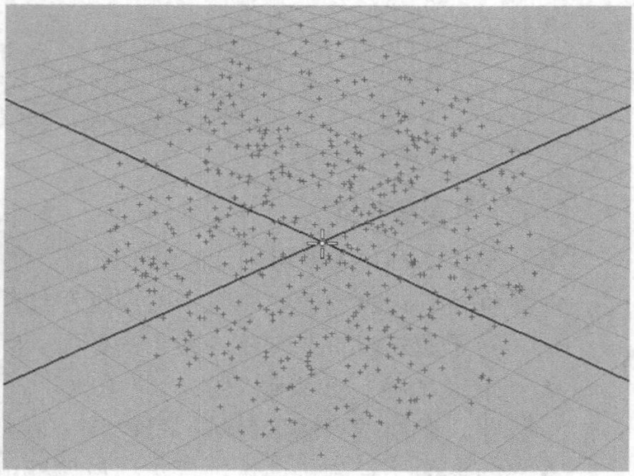

图24-9

04 下面在顶视图中用草图方式绘制粒子。打开“粒子工具”的“工具设置”对话框，勾选“草图粒子”选项，然后分别设置“草图间隔”为5、25、45，接着在场景中绘制出粒子，效果如图24-10所示。

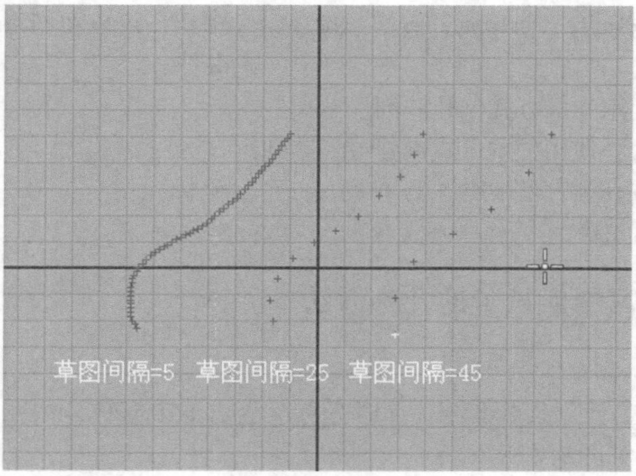

图24-10

技巧与提示

由于前面设置了“粒子数”为500，所以在启用“草图粒子”功能后，“粒子工具”的“粒子数”仍然是500，此时在视图中创建粒子时，创建出来的粒子非常多，如图24-11所示。若要解决这个问题，可以先在“粒子工具”的“工具设置”对话框中单击“重置工具”按钮，将参数值恢复到默认设置，然后再勾选“草图粒子”选项即可。

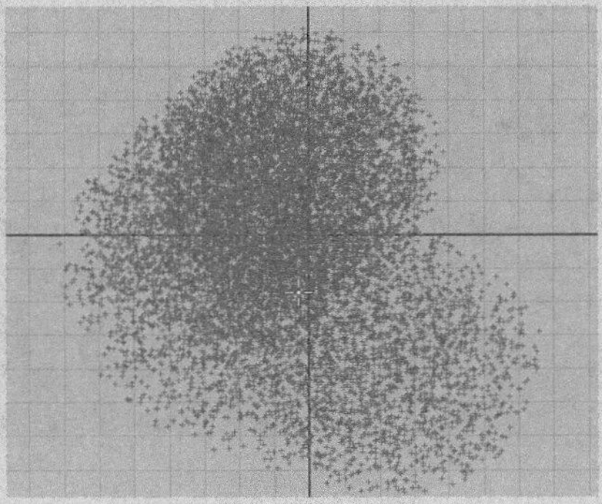

图24-11

05 下面用光标来创建粒子。在“粒子工具”的“工具设置”对话框中勾选“创建粒子栅格”选项，然后在视图中的两个对角点处单击鼠标左键（确定粒子的范围），如图24-12所示，接着按Enter键确认操作，效果如图24-13所示。

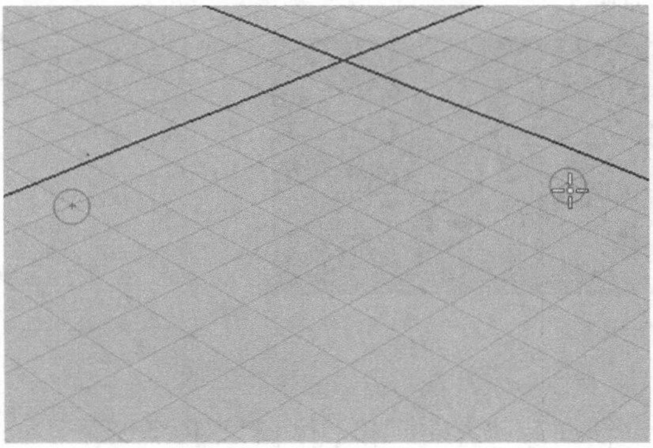

图24-12

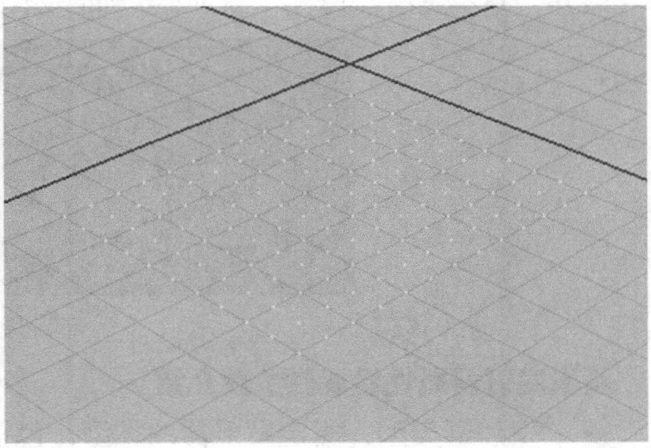

图24-13

06 下面用文本字段方式来创建粒子。在“粒子工具”的“工具设置”对话框中单击“重置工具”按钮，将参数设置恢复到默认设置，接着勾选“创建粒子栅格”和“使用文本字段”选项，如图24-14所示，最后在场景视图中单击鼠标左键，并按Enter键执行操作，效果如图24-15所示。

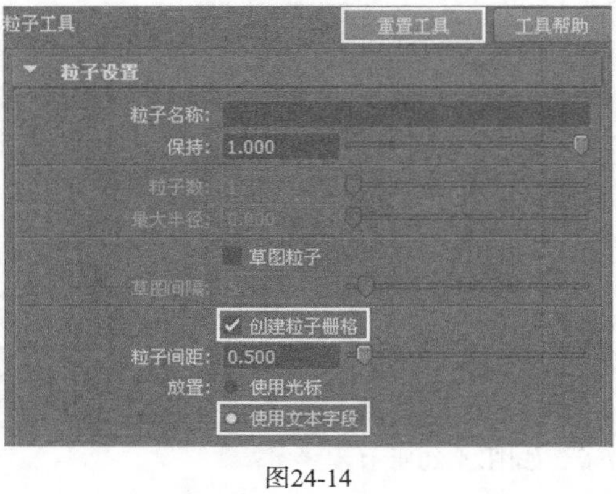

图24-14

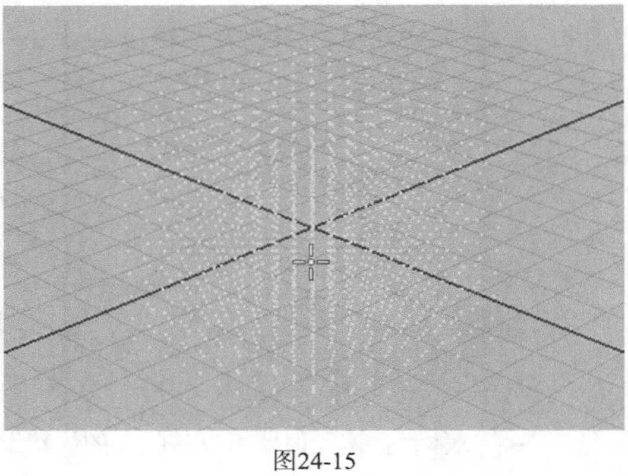

图24-15

24.2.2 创建发射器

用“创建发射器”命令可以创建出粒子发射器，同时可以选择发射器的类型。打开“发射器选项（创建）”对话框，如图24-16所示。

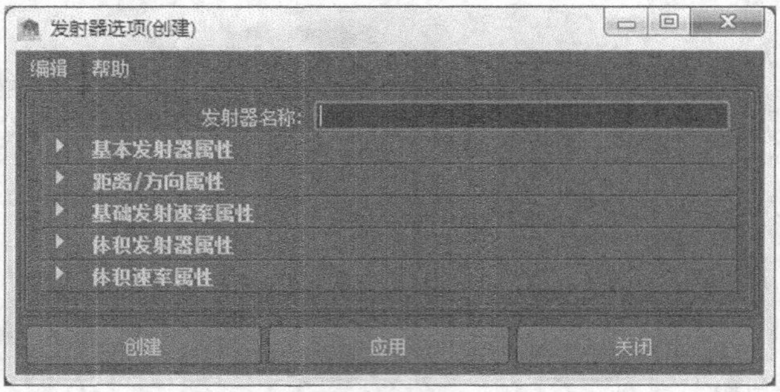

图24-16

发射器选项介绍

发射器名称：用于设置所创建发射器的名称。命名发射器有助于在“大纲视图”对话框中识别发射器。

1.基本发射器属性

展开“基本发射器属性”卷展栏，如图24-17所示。

图24-17

基本发射器属性卷展栏参数介绍

❖ 发射器类型：指定发射器的类型，包括“泛向”“方向”和“体积”3种类型。

✧ 泛向：该发射器可以在所有方向发射粒子，如图24-18所示。

✧ 方向：该发射器可以让粒子沿通过“方向x”“方向y”和“方向z”属性指定的方向发射，如图24-19所示。

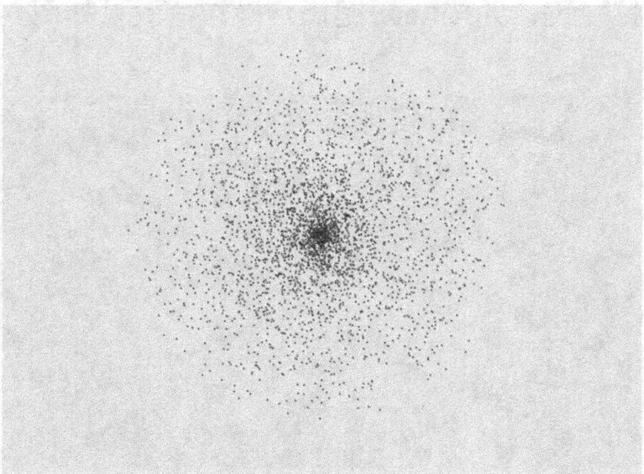

图24-18

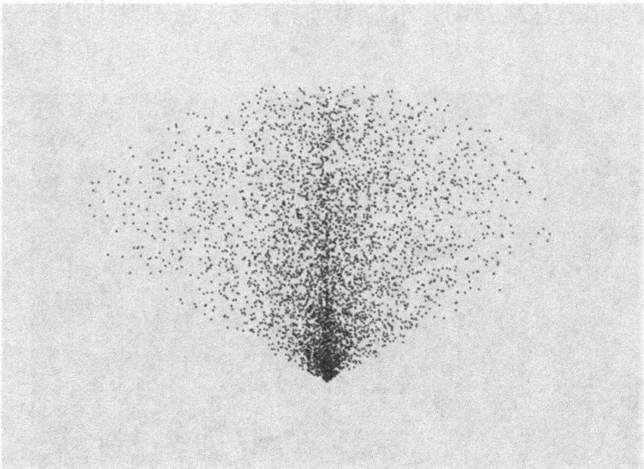

图24-19

✧ 体积：该发射器可以从闭合的体积发射粒子，如图24-20所示。

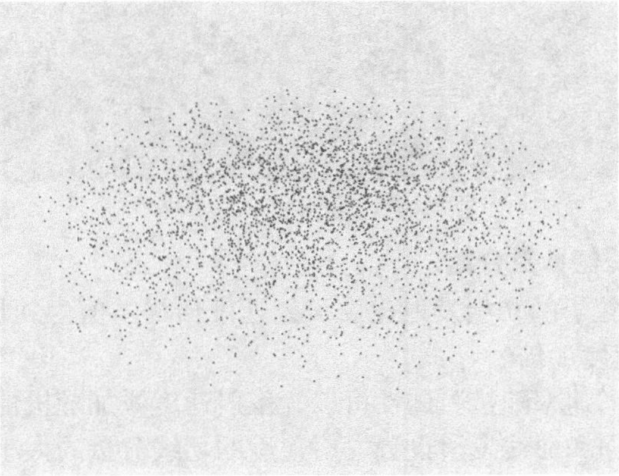

图24-20

- ❖ 速率（粒子数/秒）：设置每秒发射粒子的数量。
- ❖ 对象大小决定的缩放率：当设置“发射器类型”为“体积”时才可用。如果启用该选项，则发射粒子的对象的大小会影响每帧的粒子发射速率。对象越大，发射速率越高。
- ❖ 需要父对象UV（NURBS）：该选项仅适用于NURBS曲面发射器。如果启用该选项，则可以使用父对象UV驱动一些其他参数（例如颜色或不透明度）的值。
- ❖ 循环发射：通过该选项可以重新启动发射的随机编号序列。
  - ✧ 无（禁用timeRandom）：随机编号生成器不会重新启动。
  - ✧ 帧（启用timeRandom）：序列会以在下面的“循环间隔”选项中指定的帧数重新启动。
- ❖ 循环间隔：定义当使用“循环发射”时重新启动随机编号序列的间隔（帧数）。

2.距离/方向属性

展开“距离/方向属性”卷展栏，如图24-21所示。

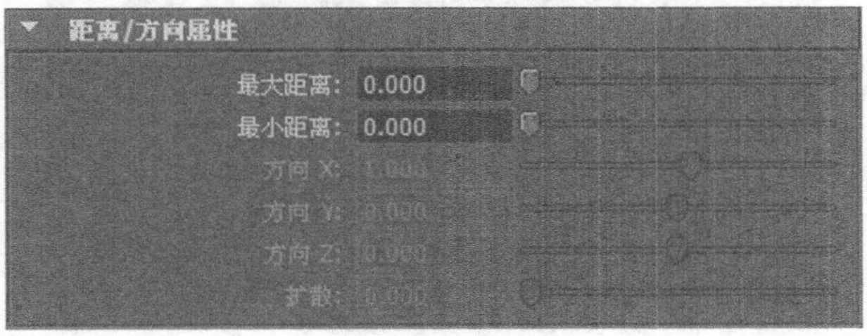

图24-21

距离/方向属性卷展栏参数介绍

- ❖ 最大距离：设置发射器执行发射的最大距离。
- ❖ 最小距离：设置发射器执行发射的最小距离。

技巧与提示

发射器发射出来的粒子将随机分布在“最大距离”和“最小距离”之间。

- ❖ 方向x/y/z：设置相对于发射器的位置和方向的发射方向。这3个选项仅适用于“方向”发射器和“体积”发射器。
- ❖ 扩散：设置发射扩散角度，仅适用于“方向”发射器。该角度定义粒子随机发射的圆锥形区域，可以输入0~1之间的任意值。值为0.5表示90°；值为1表示180°。

3.基础发射速率属性

展开“基础发射速率属性”卷展栏，如图24-22所示。

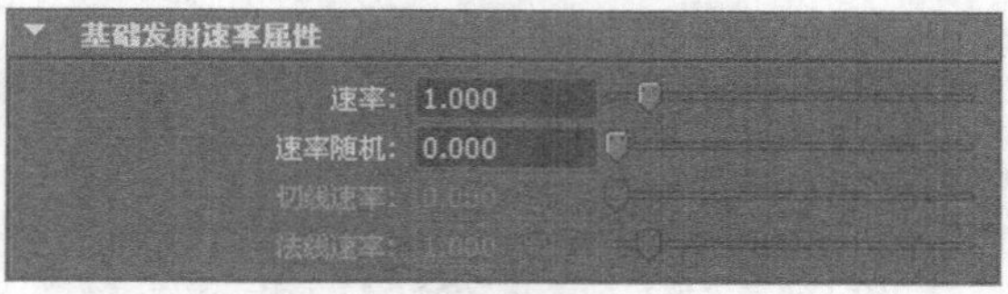

图24-22

基础发射速率属性卷展栏参数介绍

- ❖ 速率：为已发射粒子的初始发射速度设置速度倍增。值为1时速度不变；值为0.5时速度减半；值为2时速度加倍。
- ❖ 速率随机：通过“速率随机”属性可以为发射速度添加随机性，而无需使用表达式。
- ❖ 切线速率：为曲面和曲线发射设置发射速度的切线分量的大小，如图24-23所示。
- ❖ 法线速率：为曲面和曲线发射设置发射速度的法线分量的大小，如图24-24所示。

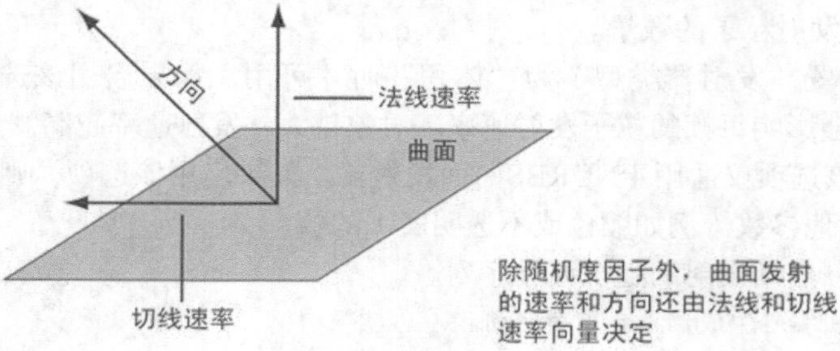

图24-23

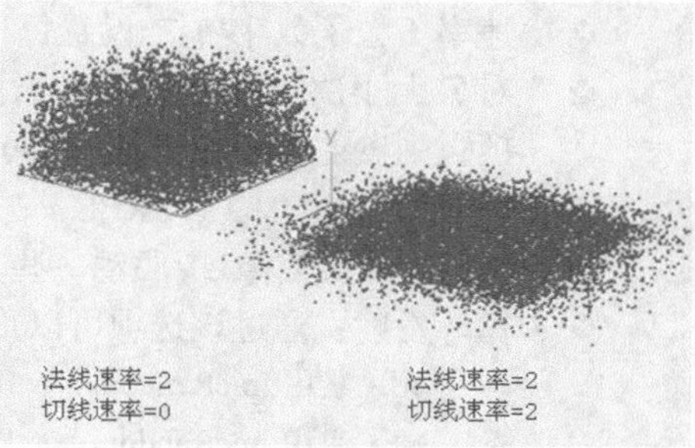

图24-24

4.体积发射器属性

展开“体积发射器属性”卷展栏，如图24-25所示。该卷展栏下的参数仅适用于“体积”发射器。

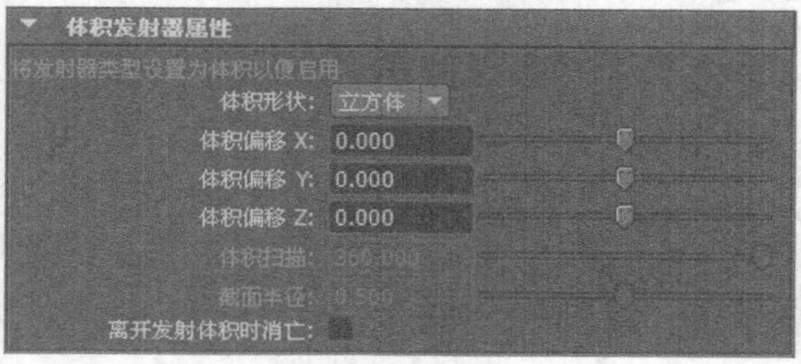

图24-25

体积发射器属性卷展栏参数介绍

- ❖ 体积形状：指定要将粒子发射到的体积的形状，共有“立方体”“球体”“圆柱体”“圆锥体”和“圆环”5种。
- ❖ 体积偏移x/y/z：设置将发射体积从发射器的位置偏移。如果旋转发射器，会同时旋转偏移方向，因为它是在局部空间内操作。
- ❖ 体积扫描：定义除“立方体”外的所有体积的旋转范围，其取值范围为0~360°之间。
- ❖ 截面半径：仅适用于“圆环”体积形状，用于定义圆环的实体部分的厚度（相对于圆环的中心环的半径）。
- ❖ 离开发射体积时消亡：如果启用该选项，则发射的粒子将在离开体积时消亡。

5.体积速率属性

展开“体积速率属性”卷展栏，如图24-26所示。该卷展栏下的参数仅适用于“体积”发射器。

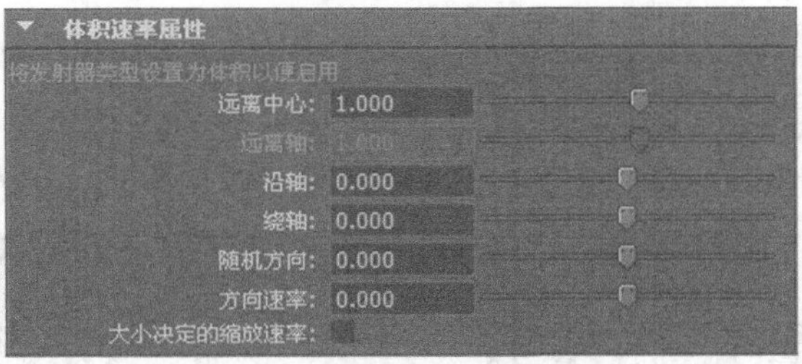

图24-26

体积速率属性卷展栏参数介绍

- 远离中心：指定粒子离开“立方体”或“球体”体积中心点的速度。
- 远离轴：指定粒子离开“圆柱体”“圆锥体”或“圆环”体积的中心轴的速度。
- 沿轴：指定粒子沿所有体积的中心轴移动的速度。中心轴定义为“立方体”和“球体”体积的y正轴。
- 绕轴：指定粒子绕所有体积的中心轴移动的速度。
- 随机方向：为粒子的“体积速率属性”的方向和初始速度添加不规则性，有点像“扩散”对其他发射器类型的作用。
- 方向速率：在由所有体积发射器的“方向x”“方向y”“方向z”属性指定的方向上增加速度。
- 大小决定的缩放速率：如果启用该选项，则当增加体积的大小时，粒子的速度也会相应加快。

24.2.3 从对象发射

“从对象发射”命令可以指定一个物体作为发射器来发射粒子，这个物体既可以是几何物体，也可以是物体上的点。打开“发射器选项（从对象发射）”对话框，如图24-27所示。从“发射器类型”下拉列表中可以观察到，“从对象发射”的发射器共有4种，分别是“泛向”“方向”“表面”和“曲线”。

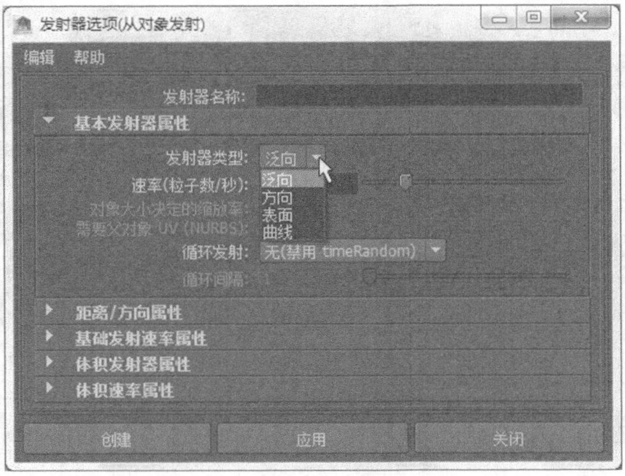

图24-27

技巧与提示

“发射器选项（从对象发射）”对话框中的参数与“创建发射器（选项）”对话框中的参数相同，这里不再重复介绍。

【练习24-2】：从对象内部发射粒子

场景文件　学习资源>场景文件>CH24>a.mb

实例文件　学习资源>实例文件>CH24>练习24-2.mb

技术掌握　掌握如何用泛向发射器从物体发射粒子

本例用“泛向”发射器以物体作为发射源发射的粒子效果如图24-28所示。

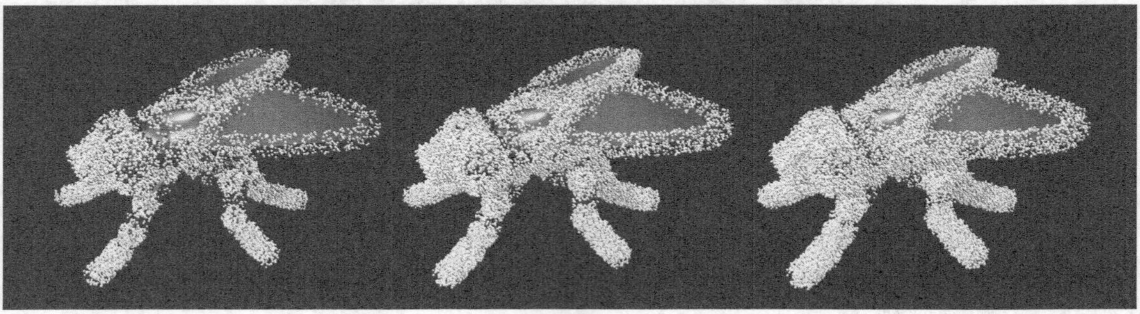

图24-28

01 打开学习资源中的“场景文件>CH24>a.mb”文件，如图24-29所示。

02 打开“发射器选项（从对象发射）”对话框，然后设置“发射器类型”为“泛向”、“速率（粒子数/秒）”为50，接着设置“最大距离”和“最小距离”都为0.5，如图24-30所示，再选择模型，最后单击“创建”按钮创建，此时在模型下面会创建一个“泛向”发射器，如图24-31所示。

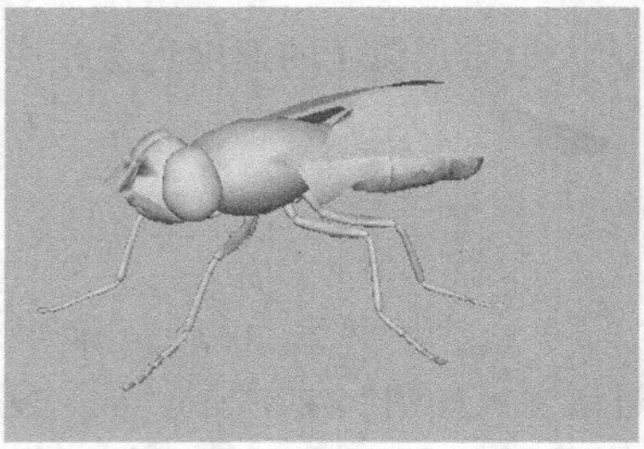

图24-29

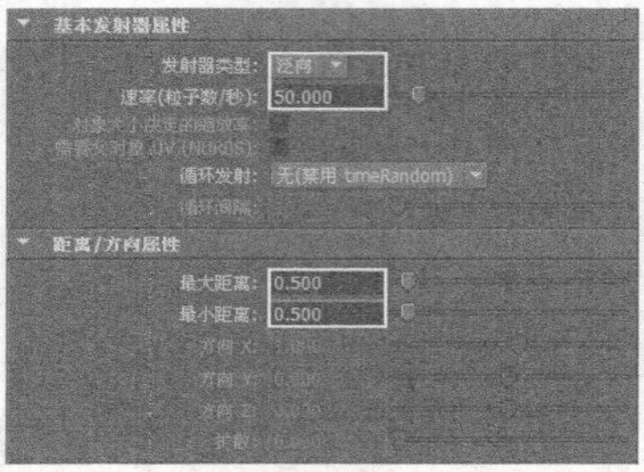

图24-30

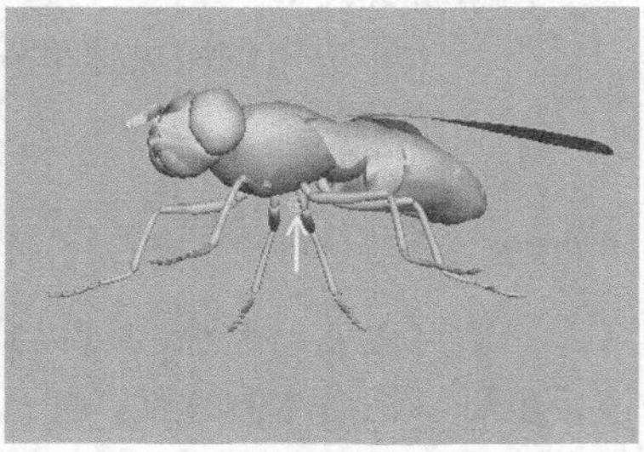

图24-31

03 播放动画，如图24-32所示分别是第2帧、第4帧和第6帧的粒子发射效果。

图24-32

技巧与提示

如果要渲染粒子，需要将渲染器设置为“Maya硬件”或“Maya硬件2.0”渲染器才行。

【练习24-3】：从对象表面发射粒子

场景文件　学习资源>场景文件>CH24>b.mb

实例文件　学习资源>实例文件>CH24>练习24-3.mb

技术掌握　掌握如何用表面发射器从物体表面发射粒子

本例用“表面”发射器以物体表面作为发射源发射的粒子效果如图24-33所示。

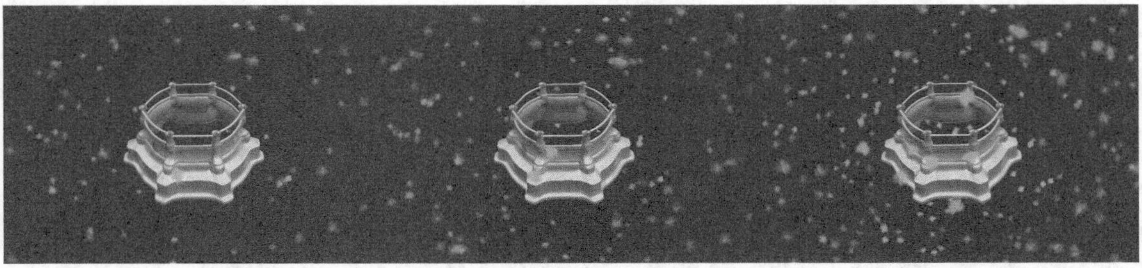

图24-33

01 打开学习资源中的“场景>CH24>b.mb”文件，如图24-34所示。

02 打开“发射器选项（从对象发射）”对话框，然后设置“发射器类型”为“表面”、“速率（粒子数/秒）”为150，接着设置“速率”为0.7、“速率随机”为0、“切线速率”为0.5、“法线速率”为0，如图24-35所示，再选择模型，最后单击“创建”按钮创建，此时在模型上会创建一个“表面”发射器，如图24-36所示。

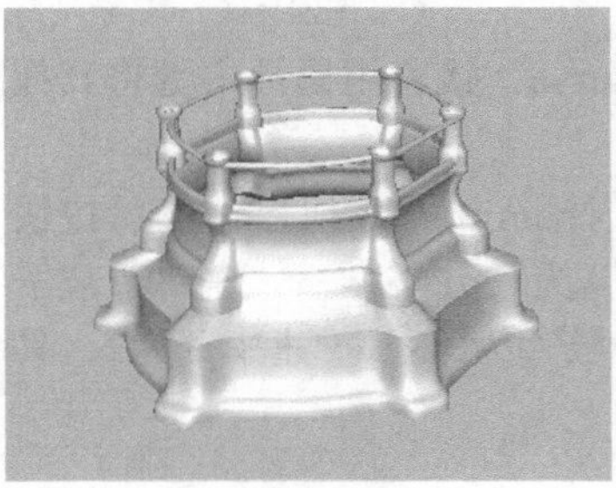

图24-34

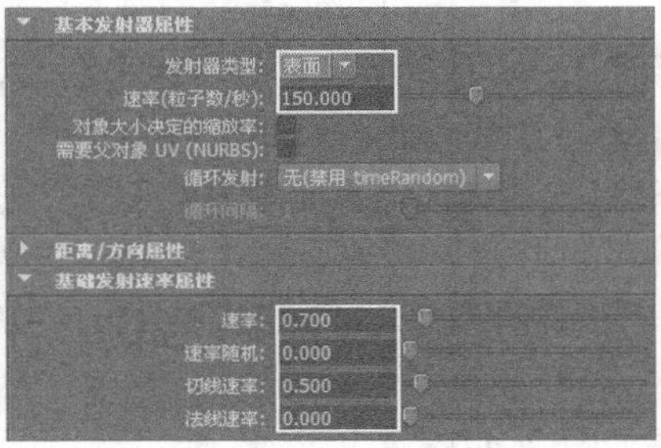

图24-35

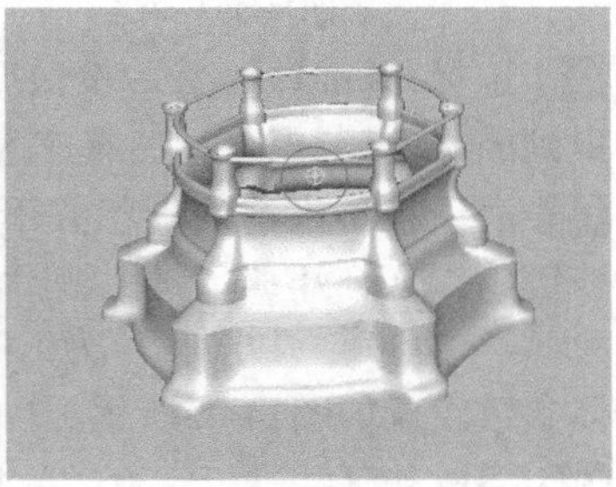

图24-36

03 设置时间播放范围为500帧，然后播放动画，如图24-37所示分别是第200帧、第300帧和第500帧的粒子发射效果。

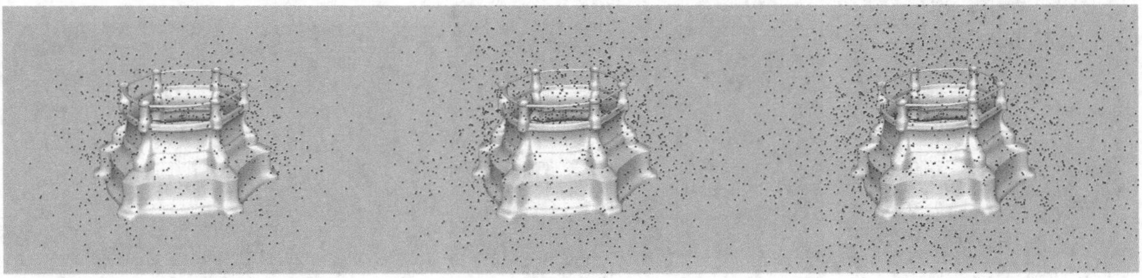

图24-37

【练习24-4】：从对象曲线发射粒子

场景文件 学习资源>场景文件>CH24>c.mb
实例文件 学习资源>实例文件>CH24>练习24-4.mb
技术掌握 掌握如何从物体曲线发射粒子

本例将粒子从物体曲线上发射出来的效果如图24-38所示。

图24-38

01 打开学习资源中的“场景文件>CH24>c.mb”文件，如图24-39所示。

02 进入边级别，然后选择脚模型上的3条边，如图24-40所示，接着切换到“曲面”模块，最后执行“编辑曲线>复制曲面曲线”菜单命令。

03 选择复制出来的3条曲线，然后执行“粒子>从对象发射”菜单命令，接着播放动画，可以观察到粒子已经从曲线上发射出来了，如图24-41所示。

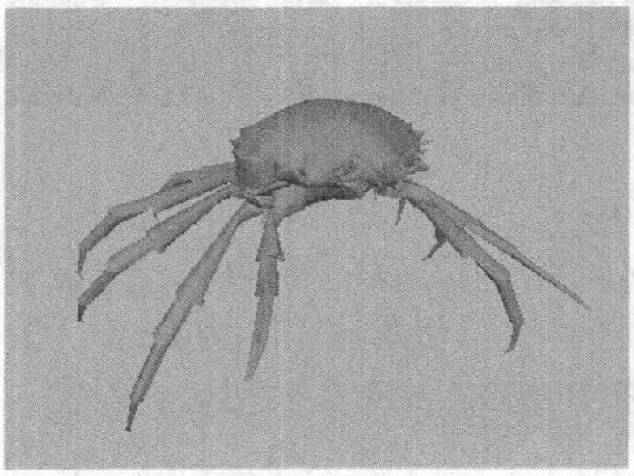

图24-39

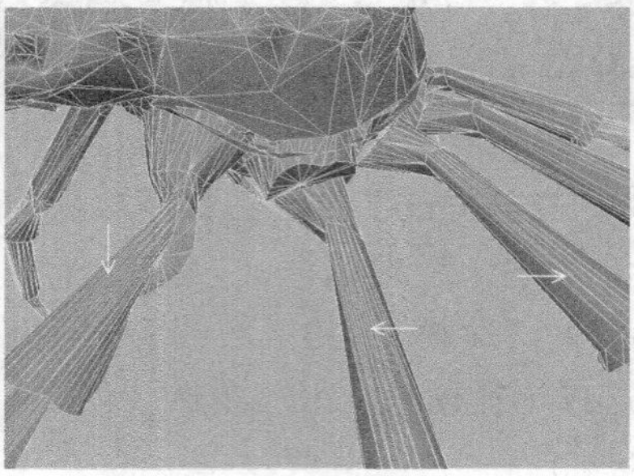

图24-40

图24-41

04 选择3条曲线，然后按快捷键Ctrl+G将其群组，并将组命名为Curve，接着用鼠标中键将其拖曳到particle1节点上，使其成为particle1的子物体，如图24-42所示。

05 由于粒子发射的形状并不理想，下面还需要对其进行调整。选择emitter1发射器，然后按快捷键Ctrl+A打开其“属性编辑器”对话框，接着设置“发射器类型”为“方向”、“速率（粒子/秒）”为50、“方向x”为0、“方向y”为1、“方向z”为0、“扩散”为0.3、“速率”为2，具体参数设置如图24-43所示。

06 播放动画并进行观察，效果如图24-44所示。

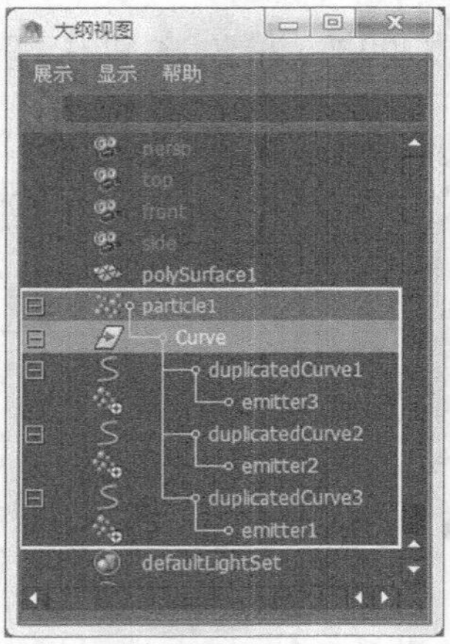

图24-42

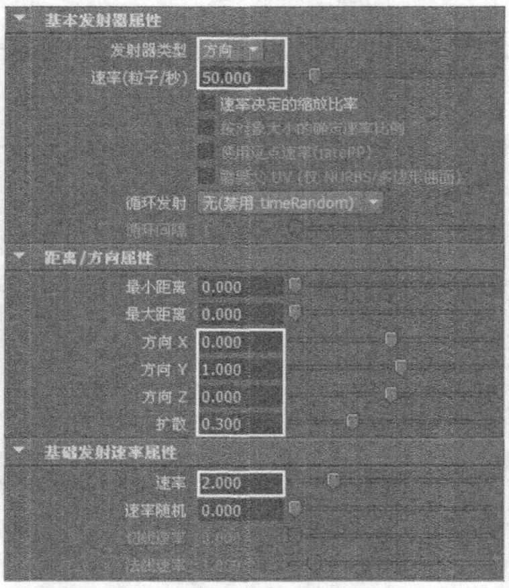

图24-43

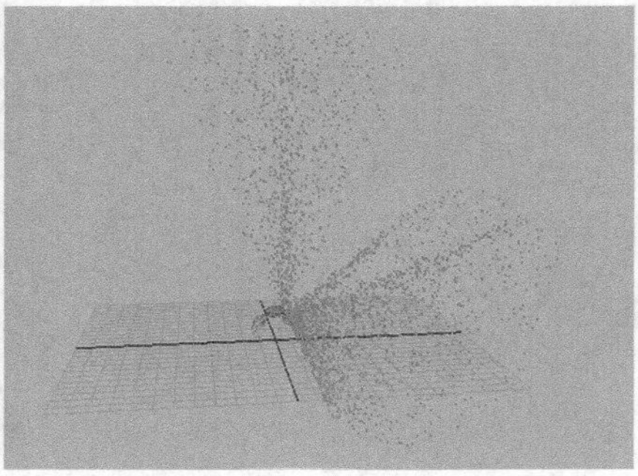

图24-44

07 下面为粒子设置重力。选择particle1节点，然后执行“场>牛顿”菜单命令，接着播放动画，可以观察到粒子已经产生了重力效果，如图24-45所示。

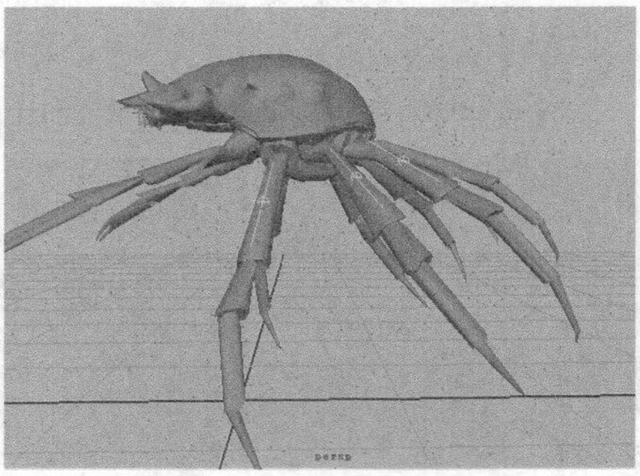

图24-45

08 选择newtonField1图标，然后将其拖曳到如图24-46所示的位置。

09 按快捷键Ctrl+A打开newtonField1的“属性编辑器”对话框，然后设置“幅值”为5、“衰减”为2，接着勾选“使用最大距离”选项，并设置“最大距离”为6，如图24-47所示。

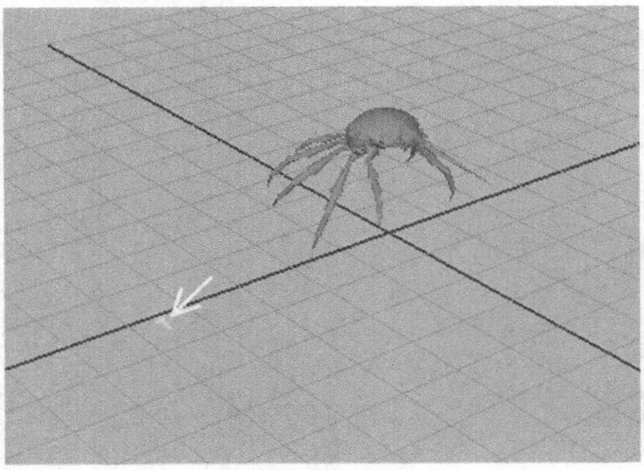

图24-46

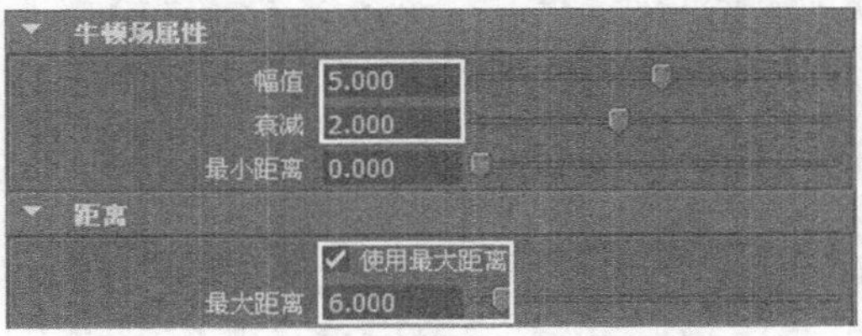

图24-47

10 播放动画，如图24-48所示分别是第120帧、第160帧和第200帧的粒子发射效果。

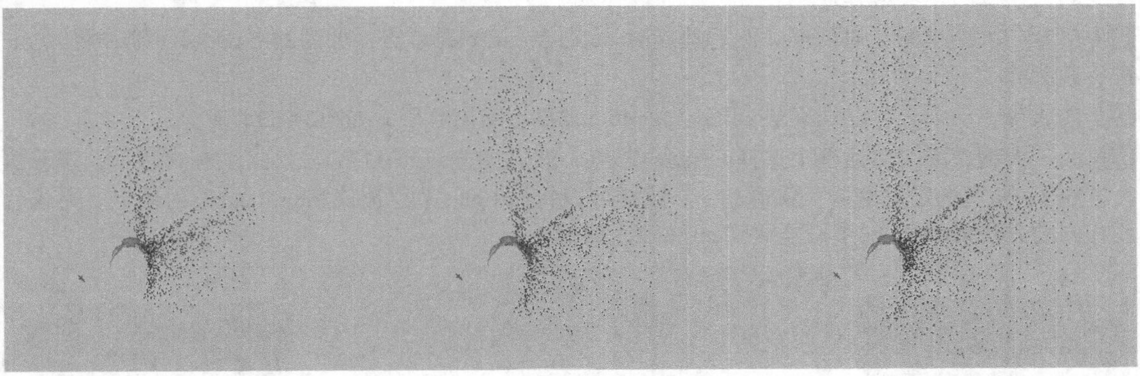

图24-48

24.2.4 使用选定发射器

由于Maya是节点式的软件，所以允许在创建好发射器后使用不同的发射器来发射相同的粒子。

【练习24-5】：用不同发射器发射相同的粒子

场景文件 无

实例文件 学习资源>实例文件>CH24>练习24-5.mb

技术掌握 掌握如何用不同类型的发射器发射相同的粒子

本例用“方向”发射器与“体积”发射器发射相同类型的粒子效果如图24-49所示。

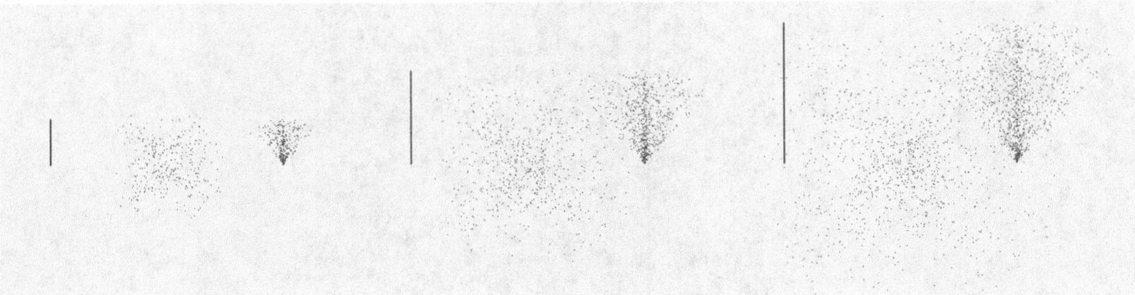

图24-49

01 打开“创建发射器（选项）”对话框，然后设置“发射器类型”为“方向”、“速率（粒子/秒）”为100，接着设置“方向x”为0、“方向y”为1、“方向z”为0、“扩散”为0.5，如图24-50所示，最后创建3个相同的“方向”发射器，如图24-51所示。

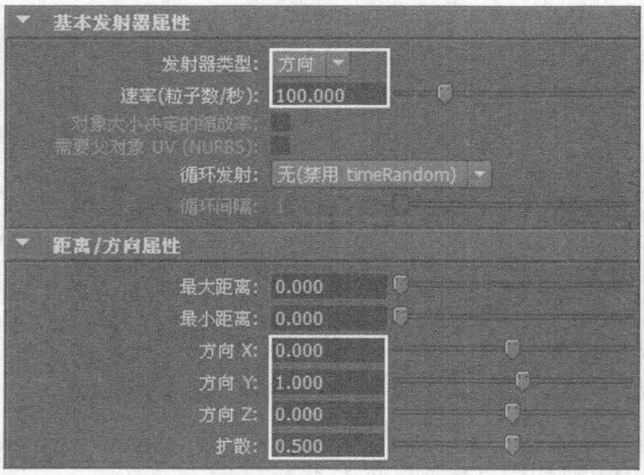

图24-50

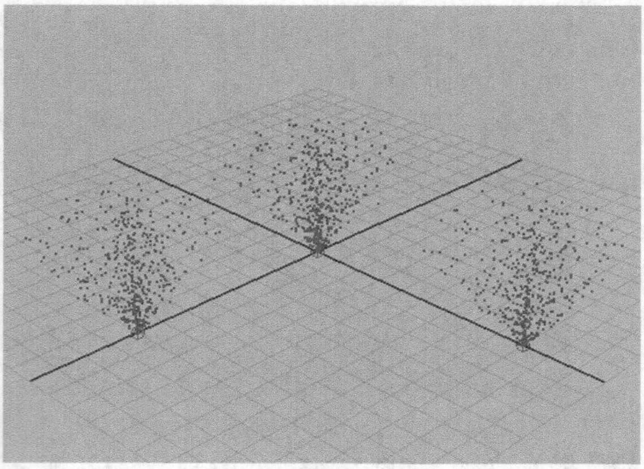

图24-51

02 打开“大纲视图”对话框，然后选择particle1和particle2节点，如图24-52所示，接着按Delete键将其删除。

03 播放粒子动画，可以观察到emitter1和emitter2没有喷出粒子，如图24-53所示。

04 在“大纲视图”对话框中选择particle3节点，然后加选emitter1节点，如图24-54所示，接着执行“粒子>使用选定发射器”菜单命令，这样可以将particle3节点连接到emitter1发射器上。完成后用相同的方法将particle3节点连接到emitter2发射器上。

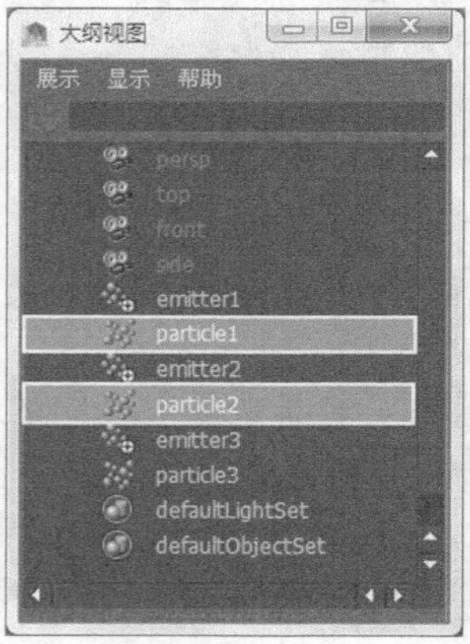

图24-52

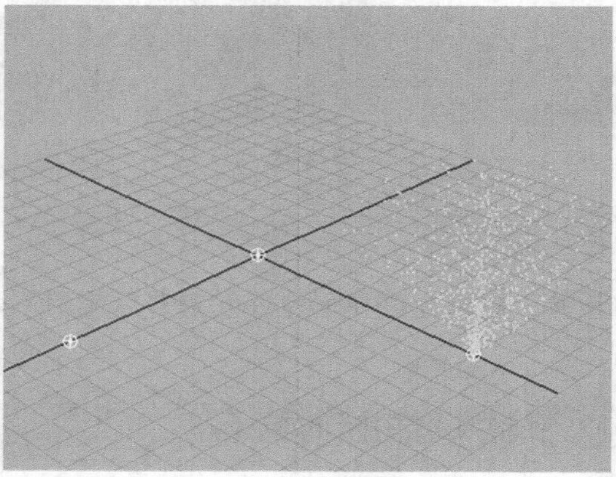

图24-53

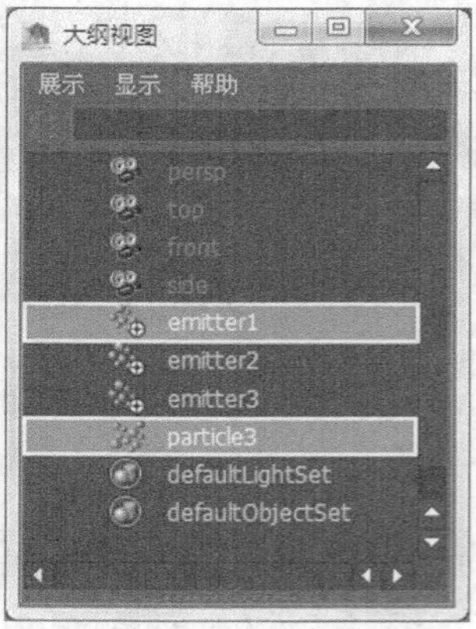

图24-54

05 播放动画，可以观察到emitter1和emitter2发射器发射出了粒子，如图24-55所示。

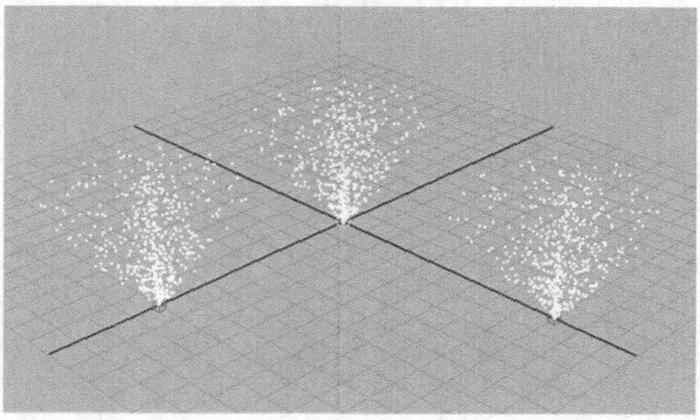

图24-55

06 选择emitter1发射器，然后按快捷键Ctrl+A打开其“属性编辑器”对话框，接着设置“扩散”为0，如图24-56所示。

07 选择emitter2发射器，然后按快捷键Ctrl+A打开其“属性编辑器”对话框，接着设置“发射器类型”为“体积”、“速率（粒子/秒）”为50，最后设置“方向x”为0.5、“方向y”为0.5、“方向z”为0，如图24-57所示。

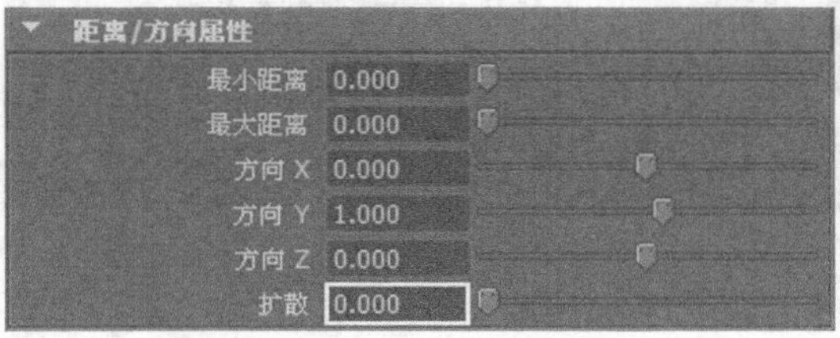

图24-56

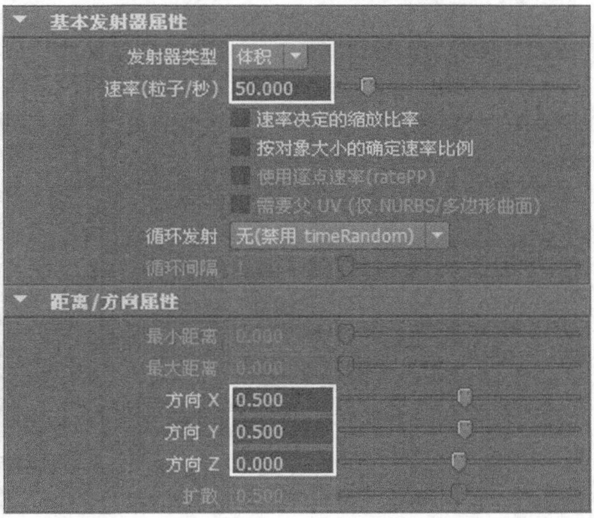

图24-57

08 播放动画，可以观察到emitter1、emitter2和emitter3发射的粒子呈现出了不同的状态，但发射的粒子类型是相同的，如图24-58所示。

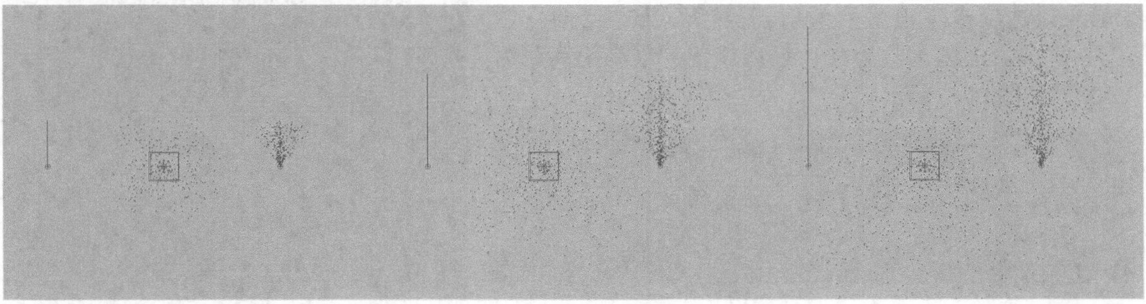

图24-58

技巧与提示

从本例中可以观察到3个发射器发射出了同样的粒子，但由于发射器属性的不同，所以产生的结果也不同。使用这种方法可以使多个发射器继承同样的粒子属性，这样就可以不必去调整每个发射器的属性。

24.2.5 逐点发射速率

用“逐点发射速率”命令可以为每个粒子、CV点、顶点、编辑点或“泛向”、“方向”粒子发射器的晶格点使用不同的发射速率。例如，可以从圆形的编辑点发射粒子，并改变每个点的发射速率，如图24-59所示。

技巧与提示

请特别注意，“逐点发射速率”命令只能在点上发射粒子，不能在曲面或曲线上发射粒子。

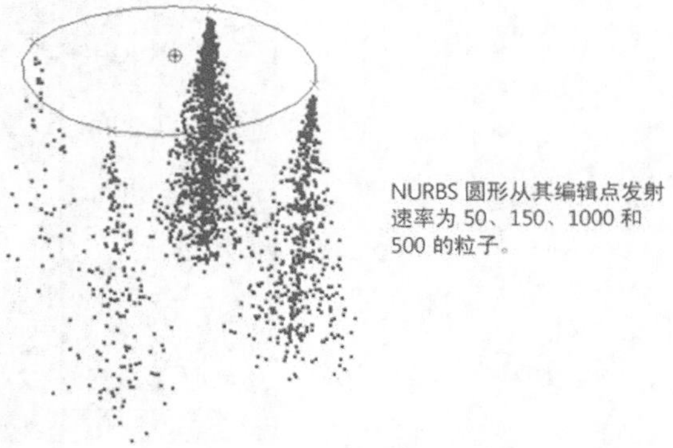

NURBS 圆形从其编辑点发射速率为 50、150、1000 和 500 的粒子。

图24-59

【练习24-6】：用逐点发射速率制作粒子流动画

场景文件　学习资源>场景文件>CH24>d.mb
实例文件　学习资源>实例文件>CH24>练习24-6.mb
技术掌握　掌握逐点发射速率命令的用法

本例使用“逐点发射速率”命令制作的粒子流动画效果如图24-60所示。

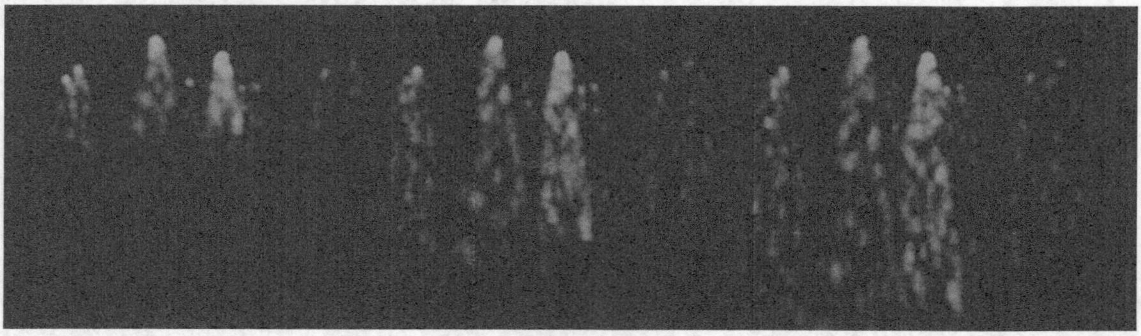

图24-60

01 打开学习资源中的“场景文件>CH24>d.mb”文件，如图24-61所示。

02 选择曲线，执行“粒子>从对象发射”菜单命令，然后在“大纲视图”对话框中选择particle1节点，按快捷键Ctrl+A打开其“属性编辑器”对话框，接着在emitter1选项卡下设置“发射器类型”为“泛向”、“速率（粒子/秒）”为10，最后设置“最小距离”为1.333，如图24-62所示。

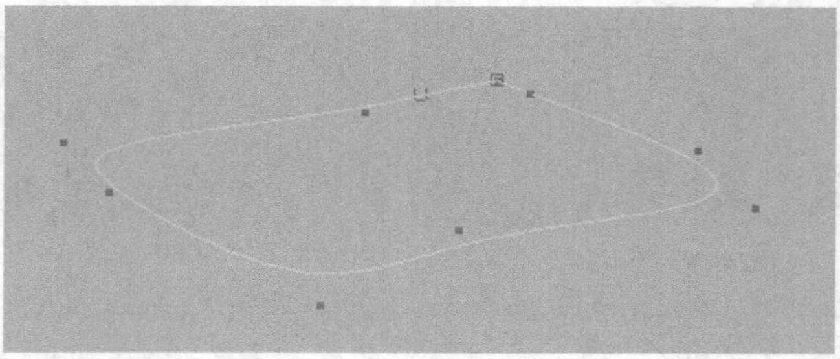

图24-61

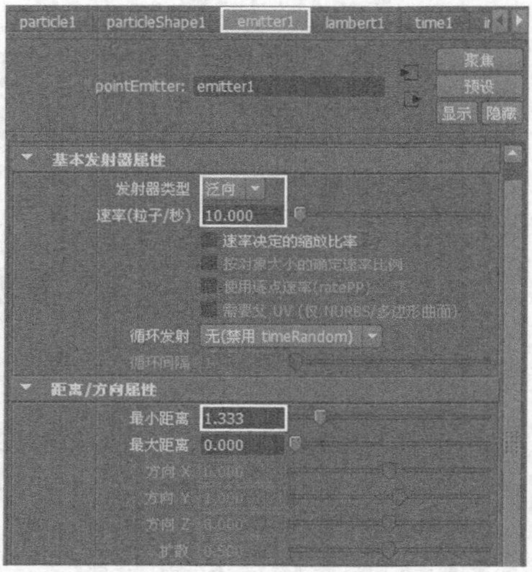

图24-62

03 切换到particleShape1选项卡，然后设置“粒子渲染类型”为“管状体（s/w）”，接着单击“当前渲染类型”按钮，显示出下面的参数，最后设置“半径0”为0.28、“半径1”为0.34，如图24-63所示。

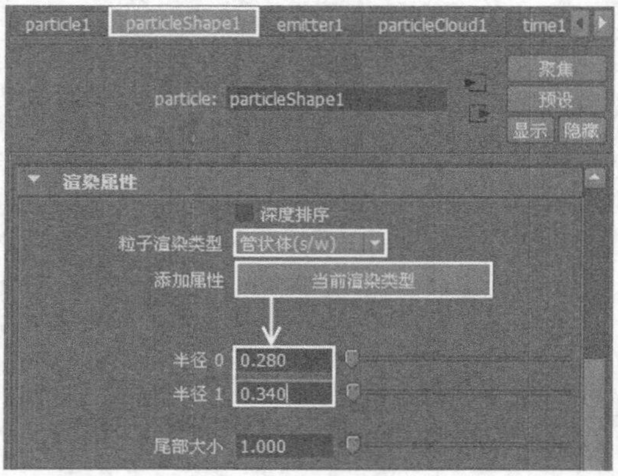

图24-63

04 播放动画，观察粒子的运动状态，效果如图24-64所示。

05 选择particle1粒子节点，然后执行“场>重力”菜单命令，为粒子添加一个重力场，接着播放动画，此时可以观察到粒子受重力影响而下落，但粒子的发射数量都是一样的，如图24-65所示。

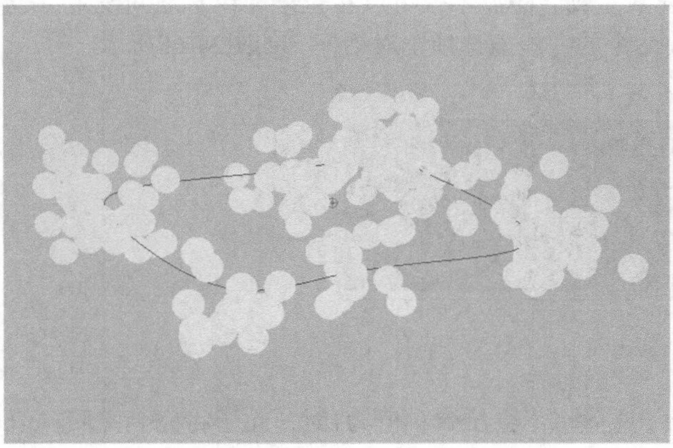

图24-64

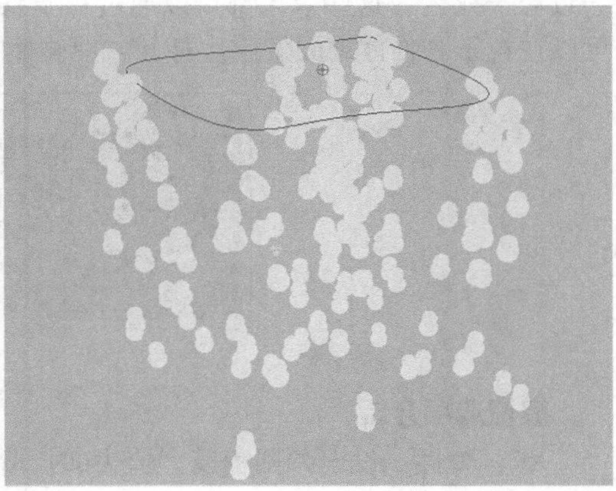

图24-65

06 选择曲线，执行“粒子>逐点发射速率”菜单命令，然后按快捷键Ctrl+A打开曲线的“属性编辑器”对话框，接着在curveShape1选项卡下调节好发射器的发射速率，如图24-66所示。

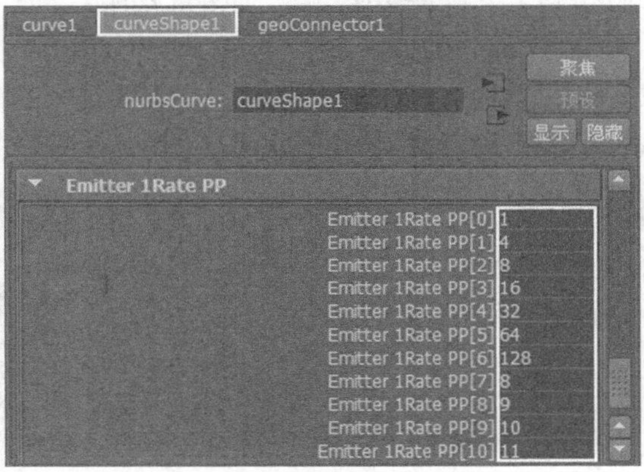

图24-66

技巧与提示

这些发射速率的数值并不是固定的，用户可以根据实际情况来设定。

07 播放动画并进行观察，可以观察到每个点发射的粒子数量发生了变化，如图24-67所示分别是第15帧、第30帧和第40帧的粒子发射效果。

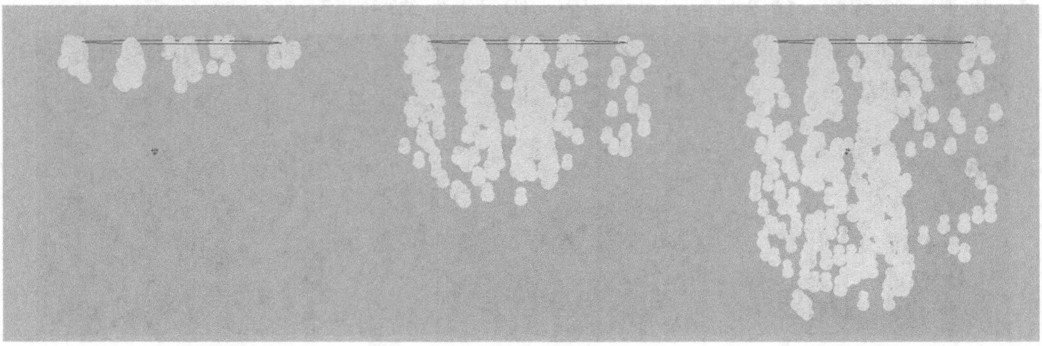

图24-67

24.2.6 使碰撞

粒子的碰撞可以模拟出很多物理现象。由于碰撞，粒子可能会再分裂，产生出新的粒子或者导致粒子死亡，这些效果都可以通过粒子系统来完成。碰撞不仅可以在粒子和粒子之间发生，也可以在粒子和物体之间发生。打开“使碰撞”命令的“碰撞选项”对话框，如图24-68所示。

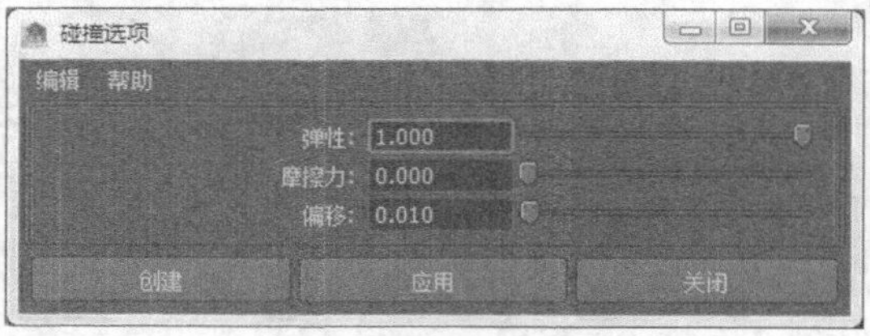

图24-68

碰撞选项介绍

❖ 弹性：设定弹回程度。值为0时，粒子碰撞将不会反弹；值为1时，粒子将完全弹回；值为0~-1之间时，粒子将通过折射出背面来通过曲面；值大于1或小于-1时，会添加粒子的速度。

❖ 摩擦力：设定碰撞粒子在从碰撞曲面弹出后在平行于曲面方向上的速度的减小或增大程度。值为0时，意味着粒子不受摩擦力影响，如图24-69所示；值为1时，粒子将立即沿曲面的法线反射，如图24-70所示；如果“弹性”为0，而“摩擦力”为1，则粒子不会反弹，如图24-71所示。只有0~1之间的值才符合自然摩擦力，超出这个范围的值会扩大响应。

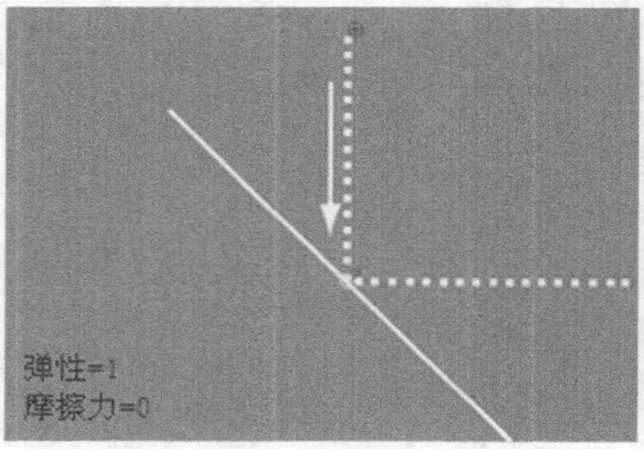

图24-69

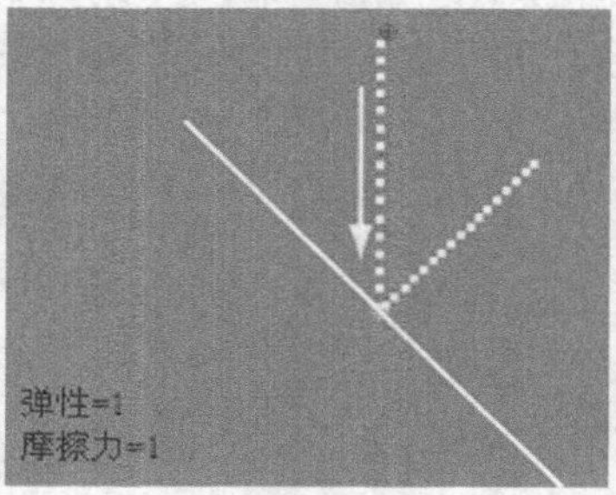

图24-70

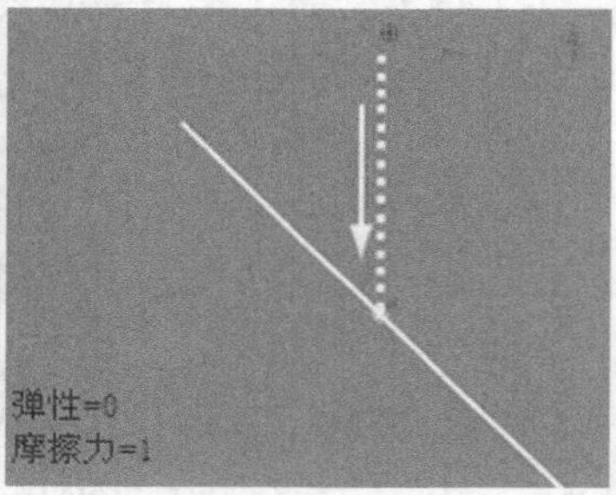

图24-71

❖ 偏移：调整物体的碰撞位置，该选项可以对穿透物体表面的粒子的错误进行修正。

【练习24-7】：制作粒子碰撞特效

场景文件	学习资源>场景文件>CH24>e.mb
实例文件	学习资源>实例文件>CH24>练习24-7.mb
技术掌握	掌握粒子碰撞动画的制作方法

本例使用“使碰撞”命令制作的粒子碰撞动画效果如图24-72所示。

图24-72

01 打开学习资源中的“场景文件>CH24>e.mb”文件，如图24-73所示。

02 执行“粒子>创建发射器”菜单命令，然后将发射器拖曳到铁锤的上方，如图24-74所示，接着播放动画，观察粒子的发射状态，效果如图24-75所示。

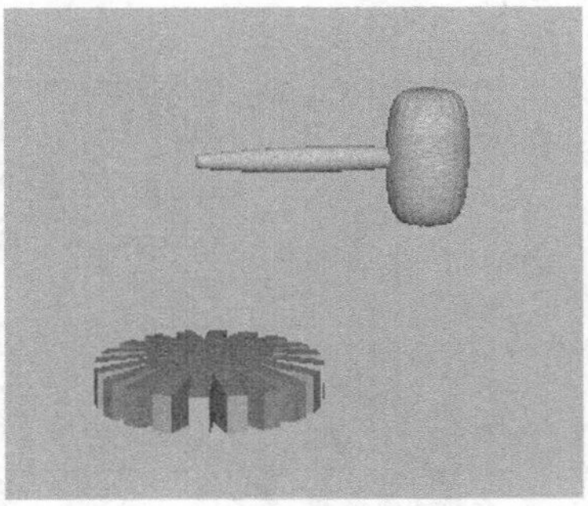
图24-73

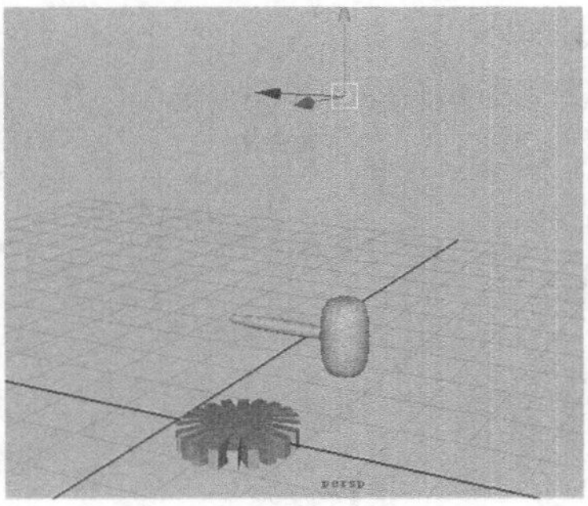
图24-74

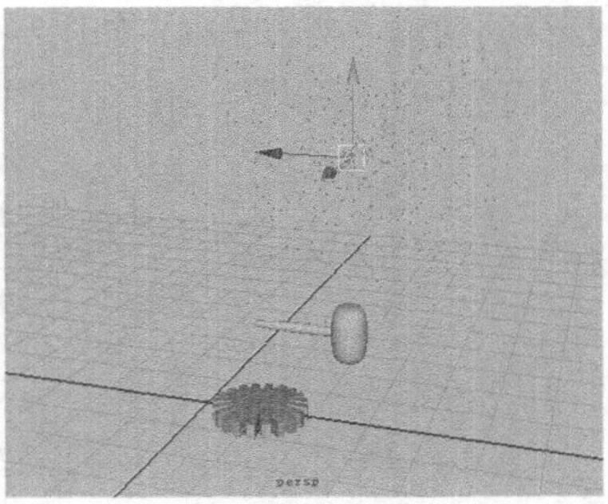
图24-75

03 选择粒子，然后执行“场>重力”菜单命令，按快捷键Ctrl+A打开重力场gravityField1的“属性编辑器”对话框，接着设置“幅值”为0.5，如图24-76所示，粒子发射效果如图24-77所示。

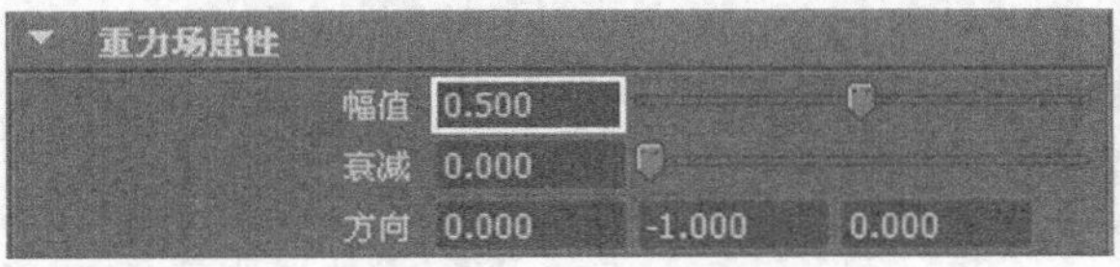

图24-76

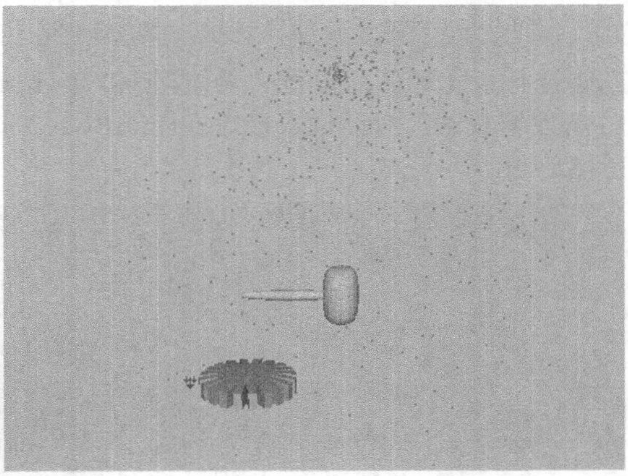
图24-77

04 选择粒子，然后加选铁锤，执行“粒子>使碰撞”菜单命令，接着选择emitter1发射器，按快捷键Ctrl+A打开其“属性编辑器”对话框，最后设置“速率”为0.2，如图24-78所示。

05 播放动画，可以观察到粒子和铁锤之间已经产生了碰撞效果，如图24-79所示。

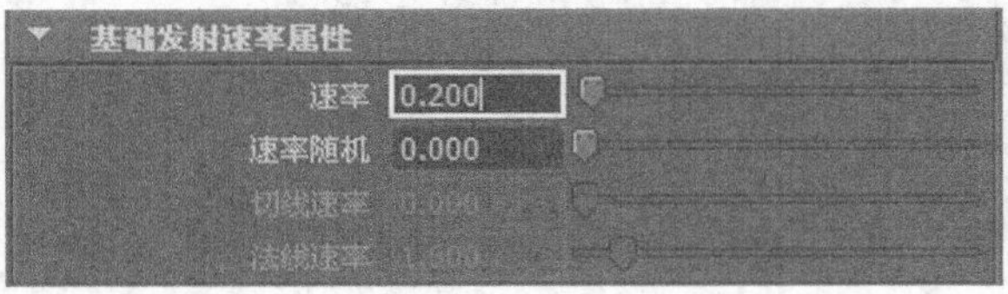

图24-78

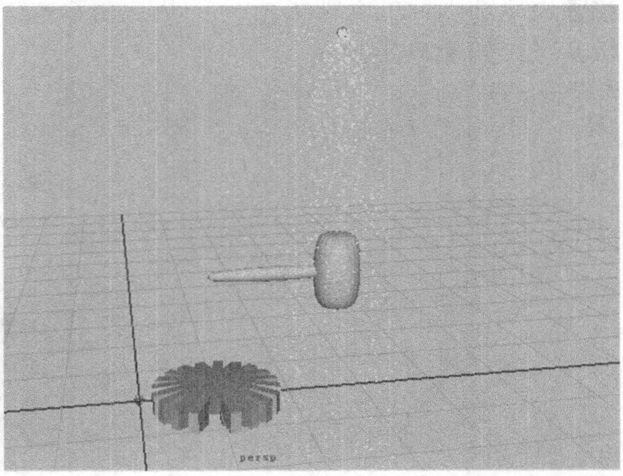
图24-79

06 选择铁锤，然后加选齿轮模型，接着执行“柔体/刚体>创建被动刚体”菜单命令，如图24-80所示。

07 选择铁锤模型，然后执行“柔体/刚体>创建钉子约束”菜单命令，接着将rigidNailConstraint1拖曳到铁锤手柄的左端，如图24-81所示。

图24-80

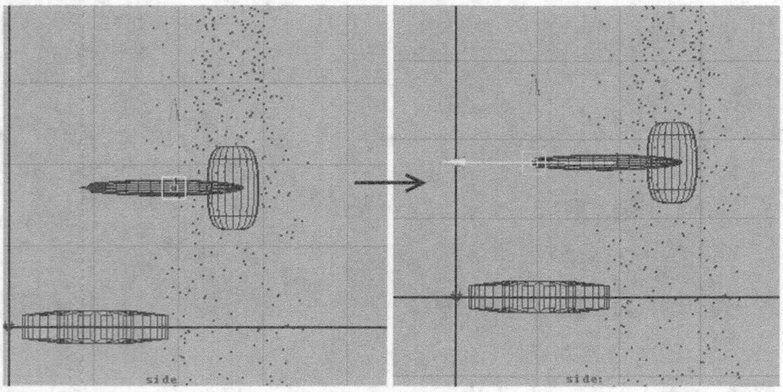

图24-81

08 选择铁锤，然后按快捷键Ctrl+A打开其“属性编辑器”对话框，接着在rigidBody1选项卡下勾选“激活”和“粒子碰撞”选项，如图24-82所示。

09 选择齿轮，然后执行“柔体/刚体>创建被动刚体”菜单命令，接着按快捷键Ctrl+A打开其“属性编辑器”对话框，最后在rigidBody2选项卡下勾选“激活”和“粒子碰撞”选项，如图24-83所示。

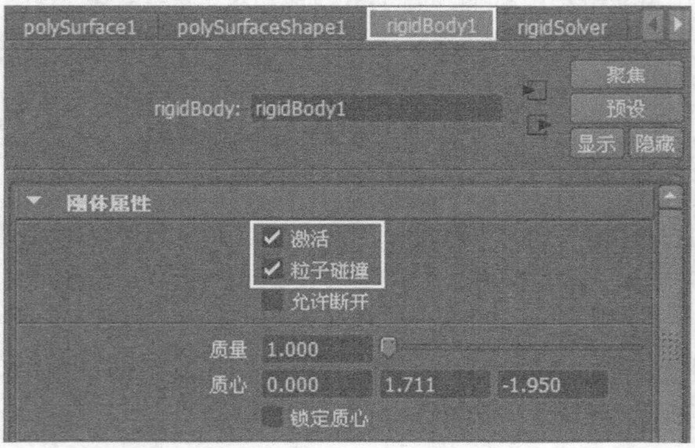

图24-82

图24-83

10 播放动画，可以观察到粒子碰撞到铁锤上后，铁锤向下摆动，当铁锤打击到齿轮时，齿轮会被击飞，如图24-84所示。

图24-84

24.2.7 粒子碰撞事件编辑器

用“粒子碰撞事件编辑器”可以设置粒子与物体碰撞之后发生的事件，比如粒子消亡之后改变的形态、颜色等。打开“粒子碰撞事件编辑器”对话框，如图24-85所示。

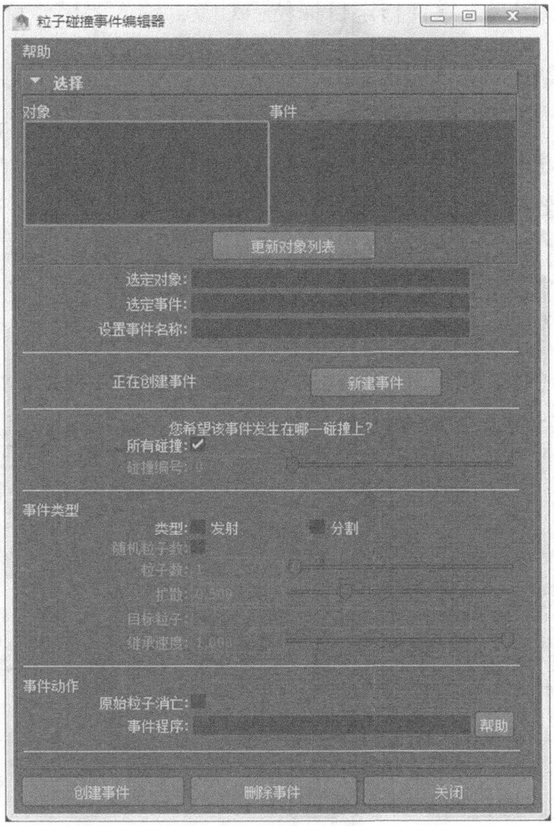

图24-85

粒子碰撞事件编辑器对话框参数介绍

- ❖ 对象/事件：单击“对象”列表中的粒子可以选择粒子对象，所有属于选定对象的事件都会显示在“事件”列表中。
- ❖ 更新对象列表 更新对象列表 ：在添加或删除粒子对象和事件时，单击该按钮可以更新对象列表。
- ❖ 选定对象：显示选择的粒子对象。
- ❖ 选定事件：显示选择的粒子事件。
- ❖ 设置事件名称：创建或修改事件的名称。
- ❖ 新建事件 新建事件 ：单击该按钮可以为选定的粒子增加新的碰撞事件。
- ❖ 所有碰撞：勾选该选项后，Maya将在每次粒子碰撞时都执行事件。
- ❖ 碰撞编号：如果关闭“所有碰撞”选项，则事件会按照所设置的“碰撞编号”进行碰撞。比如1表示第1次碰撞，2表示第2次碰撞。
- ❖ 类型：设置事件的类型。“发射”表示当粒子与物体发生碰撞时，粒子保持原有的运动状态，并且在碰撞之后能够发射新的粒子；“分割”表示当粒子与物体发生碰撞时，粒子在碰撞的瞬间会分裂成新的粒子。
- ❖ 随机粒子数：当关闭该选项时，分裂或发射产生的粒子数目由该选项决定；当勾选该选项时，分裂或发射产生的粒子数目为1与该选项数值之间的随机数值。

- ❖ 粒子数：设置在事件之后所产生的粒子数量。
- ❖ 扩散：设置在事件之后粒子的扩散角度。0表示不扩散；0.5表示扩散90°；1表示扩散180°。
- ❖ 目标粒子：可以用于为事件指定目标粒子对象，输入要用作目标粒子的名称（可以使用粒子对象的形状节点的名称或其变换节点的名称）。
- ❖ 继承速度：设置事件后产生的新粒子继承碰撞粒子速度的百分比。
- ❖ 原始粒子消亡：勾选该选项后，当粒子与物体发生碰撞时会消亡。
- ❖ 事件程序：可以用于输入当指定的粒子（拥有事件的粒子）与对象碰撞时将被调用的MEL脚本事件程序。

【练习24-8】：创建粒子碰撞事件

场景文件	学习资源>场景文件>CH24>f.mb
实例文件	学习资源>实例文件>CH24>练习24-8.mb
技术掌握	掌握如何创建粒子碰撞事件

本例用“粒子碰撞事件编辑器”创建的粒子碰撞效果如图24-86所示。

图24-86

01 打开学习资源中的“场景文件>CH24>f.mb”文件，如图24-87所示，然后播放动画，可以发现粒子并没有与茶杯发生碰撞，如图24-88所示。

图24-87

图24-88

02 选择粒子和茶杯，然后执行“粒子>使碰撞”菜单命令，接着播放动画，可以观察到粒子与茶杯已经产生了碰撞现象，当粒子落在茶杯上时会立即被弹起来，如图24-89所示。

03 选择粒子，然后打开“粒子碰撞事件编辑器”对话框，接着设置“类型”为“发射”，再单击“创建事件”按钮创建事件，此时在“对象”列表中可以观察到多了一个particle2粒子，如图24-90所示。

图24-89

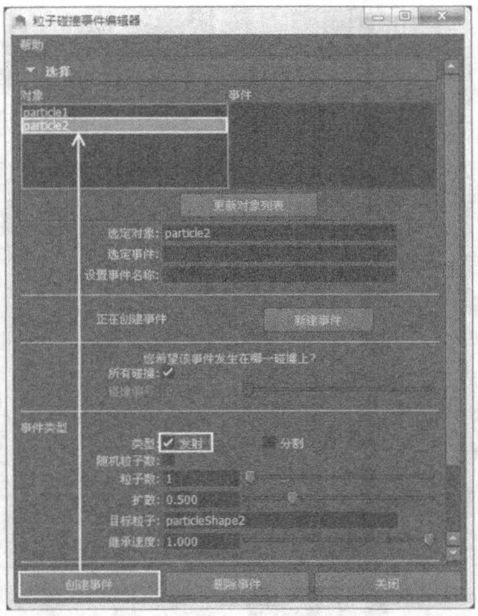

图24-90

04 播放粒子动画，可以观察到在粒子产生碰撞之后，又发射出了新的粒子，如图24-91所示。

05 在视图中创建一个多边形平面作为地面，如图24-92所示。

图24-91

图24-92

06 选择新产生的particle2和地面，然后执行“粒子>使碰撞”菜单命令，接着播放动画，可以观察到particle2粒子和地面也产生了碰撞效果，如图24-93所示。

图24-93

07 选择particle2，按快捷键Ctrl+A打开其“属性编辑器”对话框，然后设置“粒子渲染类型”为“球体”，接着单击“当前渲染类型”按钮当前渲染类型，显示出下面的参数，设置“半径”为0.1，如图24-94所示，最后播放粒子动画并进行观察，效果如图24-95所示。

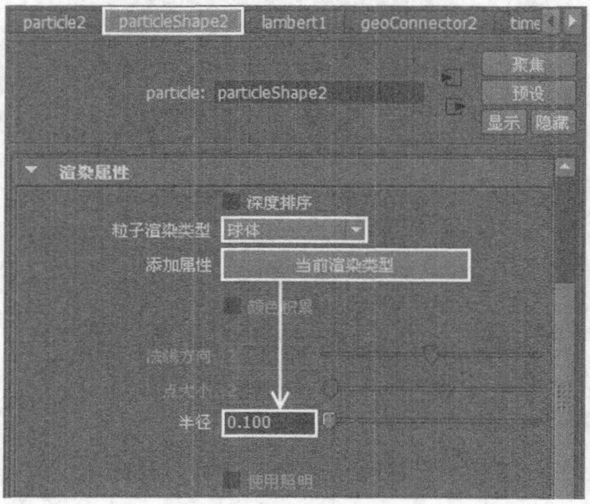

图24-94

图24-95

08 打开“粒子碰撞事件编辑器”对话框，然后选择particle1粒子，接着设置“粒子数”为3，并勾选“原始粒子消亡”选项，如图24-96所示。

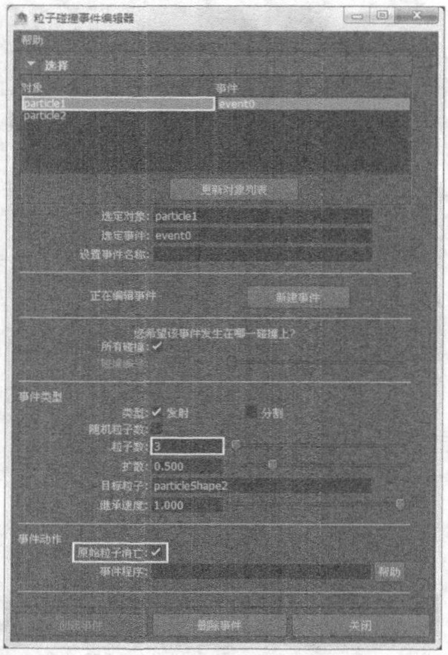

图24-96

09 播放动画，如图24-97所示分别是第30帧、第50帧和第80帧的粒子碰撞效果。

图24-97

24.2.8 目标

“目标”命令主要用来设定粒子的目标。打开“目标选项”对话框，如图24-98所示。

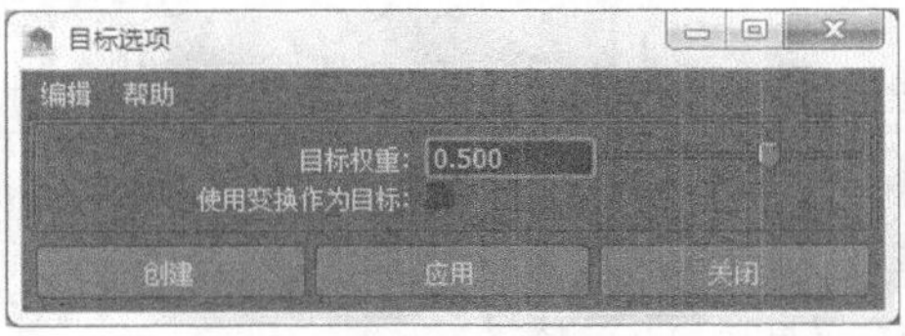

图24-98

目标选项介绍

❖ 目标权重：设定被吸引到目标的后续对象的所有粒子数量。可以将“目标权重”设定为0~1之间的值，当该值为0时，说明目标的位置不影响后续粒子；当该值为1时，会立即将后续粒子移动到目标对象位置。

❖ 使用变换作为目标：使粒子跟随对象的变换，而不是其粒子、CV、顶点或晶格点。

24.2.9 实例化器（替换）

“实例化器（替换）”功能可以使用物体模型来代替粒子，创建出物体集群，使其继承粒子的动画规律和一些属性，并且可以受到动力场的影响。打开“粒子实例化器选项”对话框，如图24-99所示。

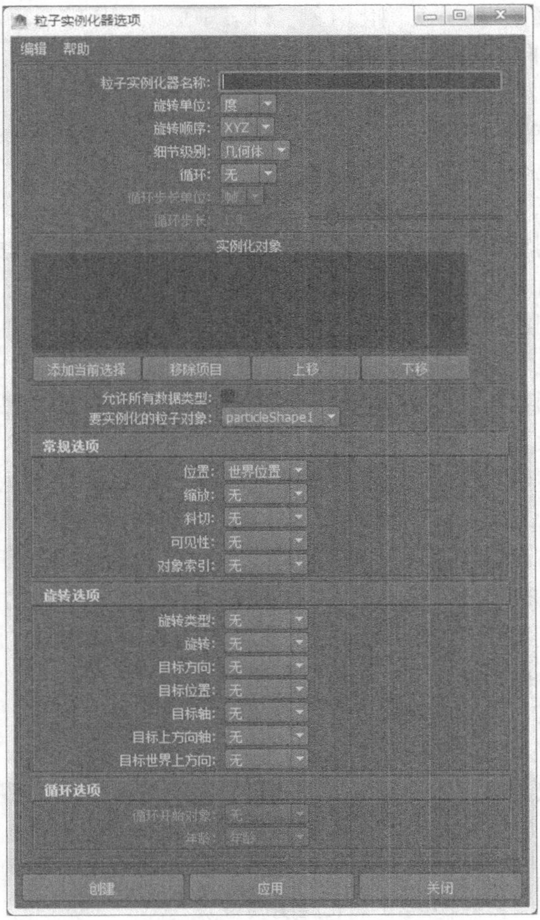

图24-99

粒子实例化器选项介绍

❖ 粒子实例化器名称：设置粒子替换生成的替换节点的名字。
❖ 旋转单位：设置粒子替换旋转时的旋转单位，可以选择“度”或“弧度”，默认为“度”。
❖ 旋转顺序：设置粒子替代后的旋转顺序。
❖ 细节级别：设定在粒子位置是否会显示源几何体，或者是否会改为显示边界框（边界框会加快场景播放速度）。
  ✧ 几何体：在粒子位置显示源几何体。
  ✧ 边界框：为实例化层次中的所有对象显示一个框。
  ✧ 边界框：为实例化层次中的每个对象分别显示框。
❖ 循环：“无”表示实例化单个对象；“顺序”表示循环“实例化对象”列表中的对象。
❖ 循环步长单位：如果使用的是对象序列，可以选择是将“帧”数还是“秒”数用于“循环步长”值。
❖ 循环步长：如果使用的是对象序列，可以输入粒子年龄间隔，序列中的下一个对象将按该间隔出现。例如，“循环步长”为2秒时，会在粒子年龄超过2、4、6等的帧处显示序列中的下一个对象。
❖ 实例化对象：当前准备替换的对象列表，排列序号为0~n。
❖ 添加当前选择 添加当前选择 ：单击该按钮可以为“实例化对象”列表添加选定对象。
❖ 移除项目 移除项目 ：从“实例化对象”列表中移出选择的对象。
❖ 上移 上移 ：向上移动选择的对象序号。
❖ 下移 下移 ：向下移动选择的对象序号。
❖ 允许所有数据类型：勾选该选项后，可以扩展属性的下拉列表。扩展下拉列表中包括数据类型与选项数据类型不匹配的属性。
❖ 要实例化的粒子对象：选择场景中要被替代的粒子对象。
❖ 位置：设定实例物体的位置属性，或者输入节点类型，同时也可以在“属性编辑器”对话框中编辑该输入节点来控制属性。
❖ 缩放：设定实例物体的缩放属性，或者输入节点类型，同时也可以在“属性编辑器”对话框中编辑该输入节点来控制属性。
❖ 斜切：设定实例物体的斜切属性，或者输入节点类型，同时也可以在“属性编辑器”对话框中编辑该输入节点来控制属性。
❖ 可见性：设定实例物体的可见性，或者输入节点类型，同时也可以在“属性编辑器”对话框中编辑该输入节点来控制属性。
❖ 对象索引：如果设置“循环”为“顺序”方式，则该选项不可用；如果将“循环”设置为“无”，则该选项可以通过输入节点类型来控制实例物体的先后顺序。
❖ 旋转类型：设定实例物体的旋转类型，或者输入节点类型，同时也可以在“属性编辑器”对话框中编辑该输入节点来控制属性。
❖ 旋转：设定实例物体的旋转属性，或者输入节点类型，同时也可以在“属性编辑器”对话框中编辑该输入节点来控制属性。
❖ 目标方向：设定实例物体的目标方向属性，或者输入节点类型，同时也可以在“属性编辑器”对话框中编辑该输入节点来控制属性。
❖ 目标位置：设定实例物体的目标位置属性，或者输入节点类型，同时也可以在“属性编辑器”对话框中编辑该输入节点来控制属性。

- ❖ 目标轴：设定实例物体的目标轴属性，或者输入节点类型，同时也可以在“属性编辑器”对话框中编辑该输入节点来控制属性。
- ❖ 目标上方向轴：设定实例物体的目标上方向轴属性，或者输入节点类型，同时也可以在“属性编辑器”对话框中编辑该输入节点来控制属性。
- ❖ 目标世界上方向：设定实例物体的目标世界上方向属性，或者输入节点类型，同时也可以在“属性编辑器”对话框中编辑该输入节点来控制属性。
- ❖ 循环开始对象：设定循环的开始对象属性，同时也可以在“属性编辑器”对话框中编辑该输入节点来控制属性。该选项只有在设置“循环”为“顺序”方式时才能被激活。
- ❖ 年龄：设定粒子的年龄，可以在“属性编辑器”对话框中编辑输入节点来控制该属性。

【练习24-9】：将粒子替换为实例对象

场景文件　学习资源>场景文件>CH24>g.mb
实例文件　学习资源>实例文件>CH24>练习24-9.mb
技术掌握　掌握如何将粒子替换为实例对象

本例用“实例化器（替换）”命令将粒子替代为蝴蝶后的效果如图24-100所示。

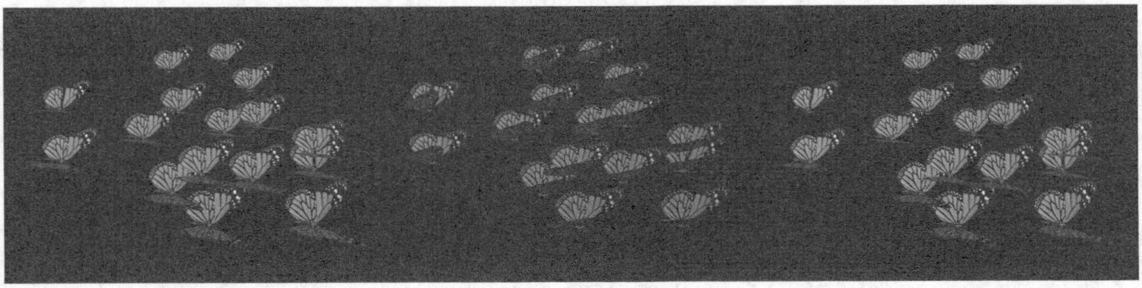

图24-100

01 打开学习资源中的“场景文件>CH24>g.mb”文件，本场景设置了一个蝴蝶翅膀扇动动画，如图24-101所示。

02 执行“粒子>粒子工具”菜单命令，然后在场景中创建一些粒子，如图24-102所示。

图24-101

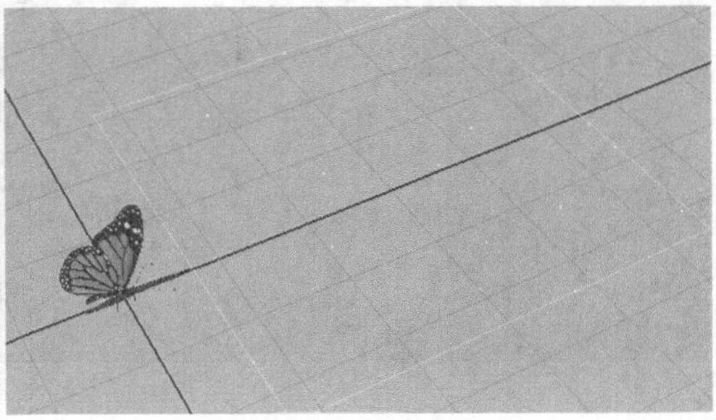

图24-102

03 选择蝴蝶和粒子，然后执行“粒子>实例化器（替换）”菜单命令，接着播放动画，可以观察到场景中已经产生了粒子替换效果（粒子为蝴蝶模型所替换），如图24-103所示。

图24-103

24.2.10 精灵向导

用“精灵向导”命令可以对粒子指定矩形平面，每个平面可以显示指定的纹理或图形序列。打开“精灵向导”对话框，如图24-104所示。

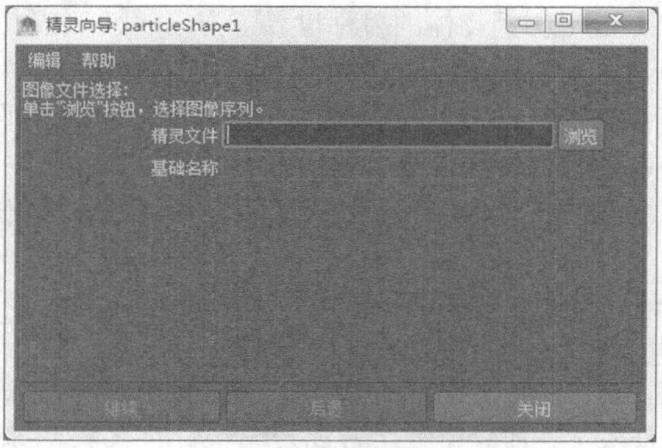

图24-104

精灵向导对话框参数介绍

❖ 精灵文件：单击右边的“浏览”按钮浏览，可以选择要赋予精灵粒子的图片或序列文件。

❖ 基础名称：显示选择的图片或图片序列文件的名称。

技巧与提示

注意，必须是先在场景中选择粒子以后，执行“粒子>精灵向导”菜单命令才能打开“精灵向导”对话框。

【练习24-10】：制作精灵向导粒子动画

场景文件　学习资源>场景文件>CH24>h.mb
实例文件　学习资源>实例文件>CH24>练习24-10.mb
技术掌握　掌握精灵向导粒子动画的制作方法

本例使用“精灵向导”命令制作的精灵粒子动画效果如图24-105所示。

图24-105

01 打开学习资源中的“场景文件>CH24>h.mb”文件，如图24-106所示。

图24-106

02 播放动画，观察粒子的运动，效果如图24-107所示。

图24-107

03 选择particle1粒子，然后执行“粒子>精灵向导”菜单命令，打开“精灵向导”对话框，接着单击“浏览”按钮，并在弹出的对话框中选择学习资源中的“实例文件>CH24>练习24-10>a.jpg”文件，最后单击“继续”按钮，如图24-108所示。

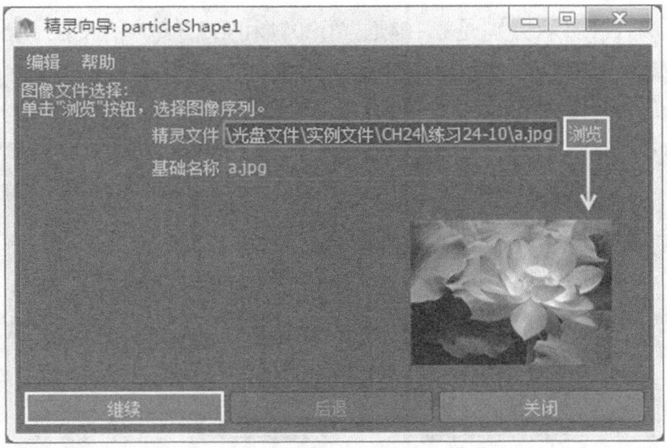

图24-108

04 单击“继续”按钮后，继续在弹出的对话框中单击“应用”按钮，如图24-109所示，此时可以观察到粒子已经变成了方块形状的荷花图像，如图24-110所示。

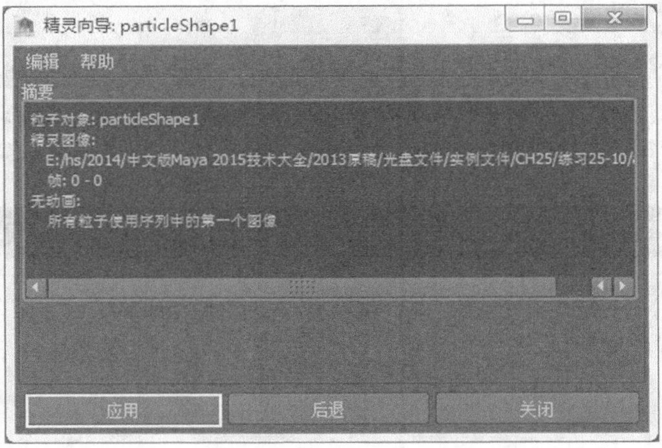

图24-109

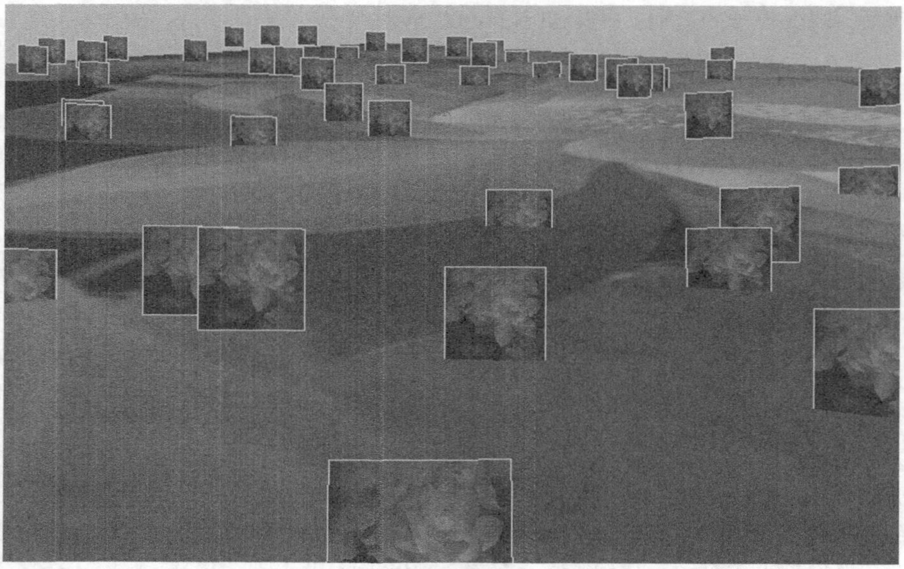

图24-110

05 播放动画，如图24-111所示分别是第10帧、第20帧和第35帧的精灵粒子效果。

图24-111

技巧与提示

Maya中的精灵粒子会跟随摄影机的变化而发生变化，但不论摄影机的位置和方向如何变化，精灵粒子的图像总会正对着摄影机。

24.2.11 连接到时间

用“连接到时间”命令可以将时间与粒子连接起来，使粒子受到时间的影响。当粒子的“当前时间”与Maya时间脱离时，粒子本身不受Maya力场和时间的影响，只有将粒子的时间与Maya连接起来后，粒子才可以受到力场的影响并产生粒子动画。

24.3 知识总结与回顾

本章主要介绍了Maya的粒子系统，内容包括粒子的创建与编辑方法。在下一章中，我们将对Maya的动力场进行详细介绍。

第25章 动力场

要点索引

- 动力场的作用
- 各种动力场的用法

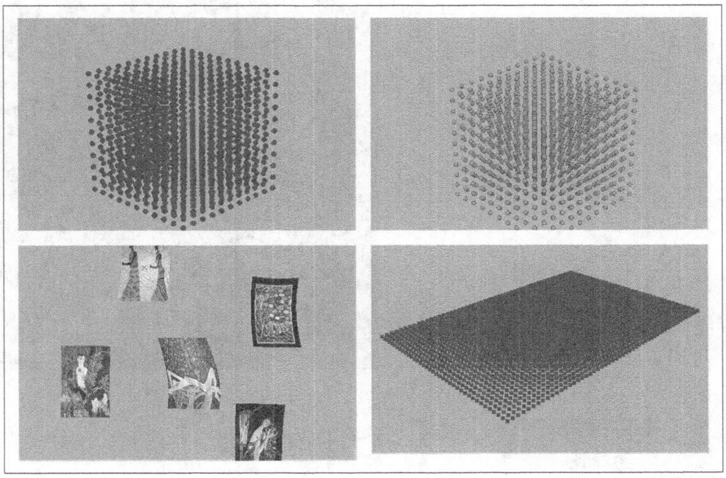

本章导读

本章将介绍Maya的动力场技术，这些动力场包括空气场、阻力场、重力场、牛顿场、径向场、湍流场、一致场、漩涡、体积轴场和体积曲线场。

25.1 动力场概述

使用动力场可以模拟出各种物体因受到外力作用而产生的不同特性。在Maya中，动力场并非可见物体，就像物理学中的力一样，看不见，也摸不着，但是可以影响场景中能够看到的物体。在动力学的模拟过程中，并不能通过人为设置关键帧来对物体制作动画，这时力场就可以成为制作动力学对象的动画工具。不同的力场可以创建出不同形式的运动，如使用“重力”场或“一致”场可以在一个方向上影响动力学对象，也可以创建出旋涡场和径向场等，就好比对物体施加了各种不同种类的力一样，所以可以把场作为外力来使用，如图25-1所示是使用动力场制作的特效。

图25-1

技术专题 动力场的分类

在Maya中，可以将动力场分为以下3大类。

1.独立力场

这类力场通常可以影响场景中的所有范围。它不属于任何几何物体（力场本身也没有任何形状），如果打开“大纲视图”对话框，会发现该类型的力场只有一个节点，不受任何其他节点的控制。

2.物体力场

这类力场通常属于一个有形状的几何物体，它相当于寄生在物体表面来发挥力场的作用。在工作视图中，物体力场会表现为在物体附近的一个小图标，打开“大纲视图”对话框，物体力场会表现为归属在物体节点下方的一个场节点。一个物体可以包含多个物体力场，可以对多种物体使用物体力场，而不仅仅是NURBS面片或Polygon（多边形）物体。如可以对曲线、粒子物体、晶格体、面片的顶点使用物体力场，甚至可以使用力场影响CV点、控制点或晶格变形点。

3.体积力场

体积力场是一种定义了作用区域形状的力场，这类力场对物体的影响受限于作用区域的形状。在工作视图中，体积力场会表现为一个几何物体中心作为力场的标志。用户可以自己定义体积力场的形状，供选择的有球体、立方体、圆柱体、圆锥体和圆环5种。

25.2 创建动力场

在Maya中，力场共有10种，分别是“空气”“阻力”“重力”“牛顿”“径向”“湍流”“一致”“漩涡”“体积轴”和“体积曲线”，如图25-2所示。

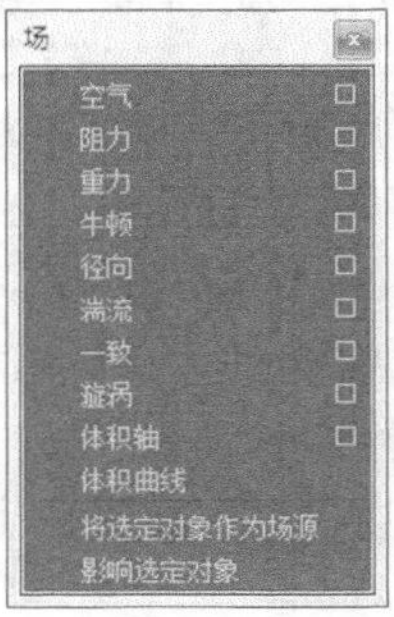

图25-2

25.2.1 空气

“空气”场是由点向外某一方向产生的推动力，可以把受到影响的物体沿着这个方向向外推出，如同被风吹走一样。Maya提供了3种类型的“空气”场，分别是“风”“尾迹”和“扇”。打开“空气选项”对话框，如图25-3所示。

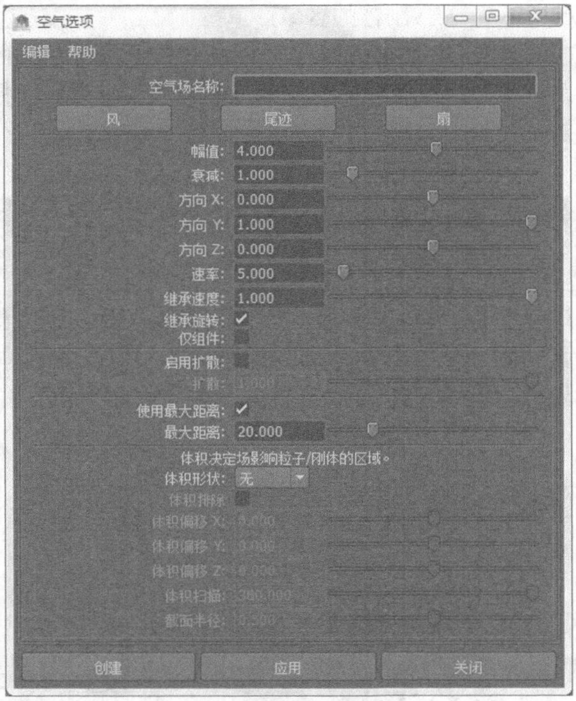

图25-3

空气选项介绍

❖ 空气场名称：设置空气场的名称。

❖ 风：产生接近自然风的效果。

❖ 尾迹：产生阵风效果。

❖ 扇：产生和风扇吹出的风一样的效果。

❖ 幅值：设置空气场的强度。所有10个动力场都用该参数来控制力场对受影响物体作用的强弱。该值越大，力的作用越强。

技巧与提示

"幅值"可取负值，负值代表相反的方向。对于"牛顿"场，正值代表引力场，负值代表斥力场；对于"径向"场，正值代表斥力场，负值代表引力场；对于"阻力"场，正值代表阻碍当前运动，负值代表加速当前运动。

❖ 衰减：在一般情况下，力的作用会随距离的加大而减弱。
❖ 方向x/y/z：调节x/y/z轴方向上作用力的影响。
❖ 速率：设置空气场中的粒子或物体的运动速度。
❖ 继承速度：控制空气场作为子物体时，力场本身的运动速率给空气带来的影响。
❖ 继承旋转：控制空气场作为子物体时，空气场本身的旋转给空气带来的影响。
❖ 仅组件：勾选该选项时，空气场仅对气流方向上的物体起作用；如果关闭该选项，空气场对所有物体的影响力都是相同的。
❖ 启用扩散：指定是否使用"扩散"角度。如果勾选"启用扩散"选项，空气场将只影响"扩散"设置指定的区域内的连接对象，运动以类似圆锥的形状呈放射状向外扩散；如果关闭"启用扩散"选项，空气场将影响"最大距离"设置内的所有连接对象的运动方向是一致的。
❖ 使用最大距离：勾选该选项后，可以激活下面的"最大距离"选项。
❖ 最大距离：设置力场的最大作用范围。
❖ 体积形状：决定场影响粒子/刚体的区域。
❖ 体积排除：勾选该选项后，体积定义空间中场对粒子或刚体没有任何影响的区域。
❖ 体积偏移x/y/z：从场的位置偏移体积。如果旋转场，也会旋转偏移方向，因为它在局部空间内操作。

技巧与提示

注意，偏移体积仅更改体积的位置（因此，也会更改场影响的粒子），不会更改用于计算场力、衰减等实际场的 位置。

❖ 体积扫描：定义除"立方体"外的所有体积的旋转范围，其取值范围为0~360°之间。
❖ 截面半径：定义"圆环体"的实体部分的厚度（相对于圆环体的中心环的半径），中心环的半径由场的比例确定。如果缩放场，则"截面半径"将保持其相对于中心环的比例。

【练习25-1】：测试风力场

场景文件 学习资源>场景文件>CH25>a.mb
实例文件 学习资源>实例文件>CH25>练习25-1.mb
技术掌握 掌握风场的用法

本例主要是针对"风"场的用法进行练习，如图25-4所示。

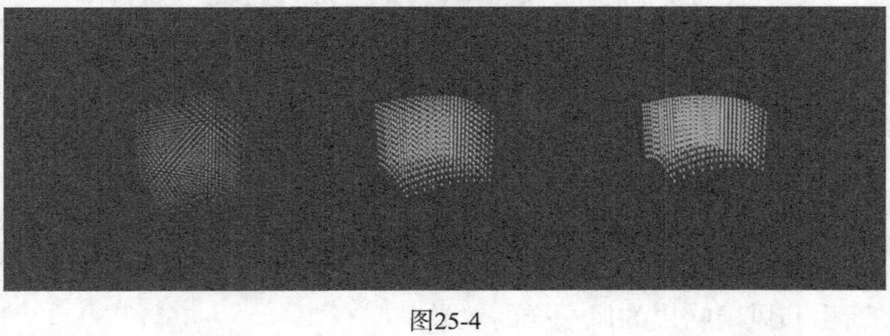

图25-4

01 打开光盘中的“场景文件>CH25>a.mb”文件，如图25-5所示。

02 选择粒子，打开“空气选项”对话框，然后单击“风”按钮，接着设置“幅值”为10、“最大距离”为15，最后单击“创建”按钮，如图25-6所示。

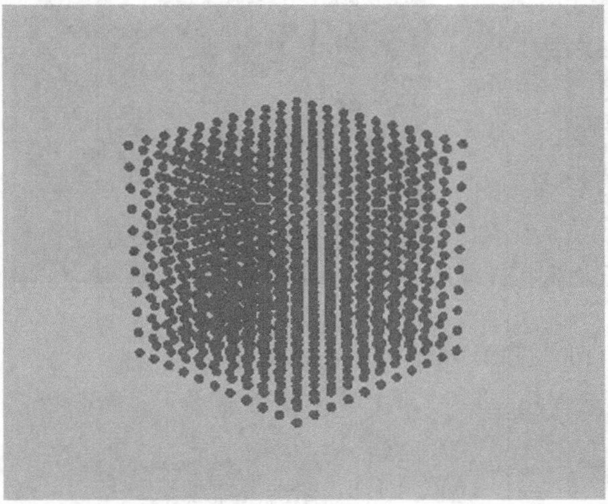

图25-5

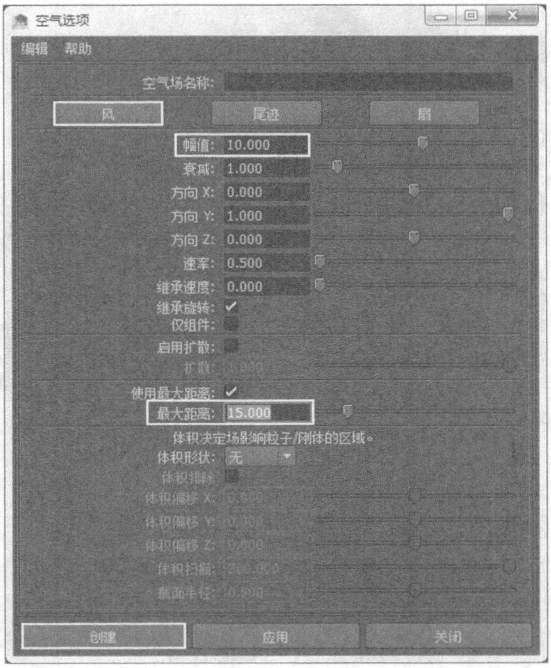

图25-6

03 播放动画，如图25-7所示分别是第20帧、第35帧和第60帧的风力效果。

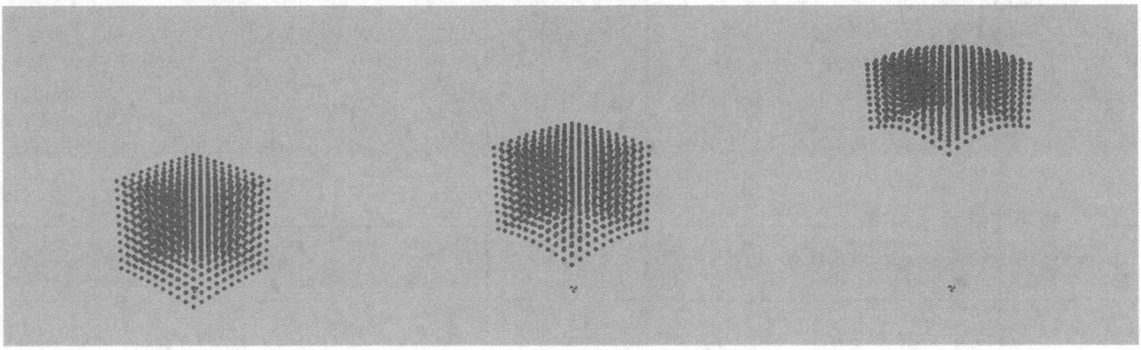

图25-7

【练习25-2】：测试尾迹力场

场景文件 学习资源>场景文件>CH25>b.mb
实例文件 学习资源>实例文件>CH25>练习25-2.mb
技术掌握 掌握尾迹场的用法

本例主要是针对“尾迹”场的用法进行练习，如图25-8所示。

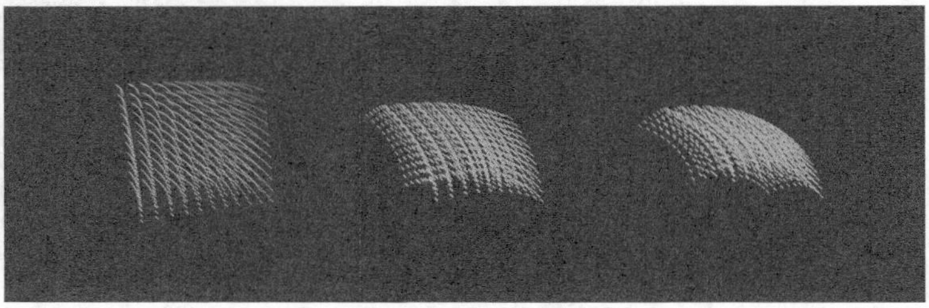

图25-8

01 打开学习资源中的“场景文件>CH25>b.mb”文件，如图25-9所示。

02 选择粒子，打开“空气选项”对话框，然后单击“尾迹”按钮，接着设置“幅值”为5、“方向x”和“方向y”为0.5、“最大距离”为10，最后单击“创建”按钮，如图25-10所示。

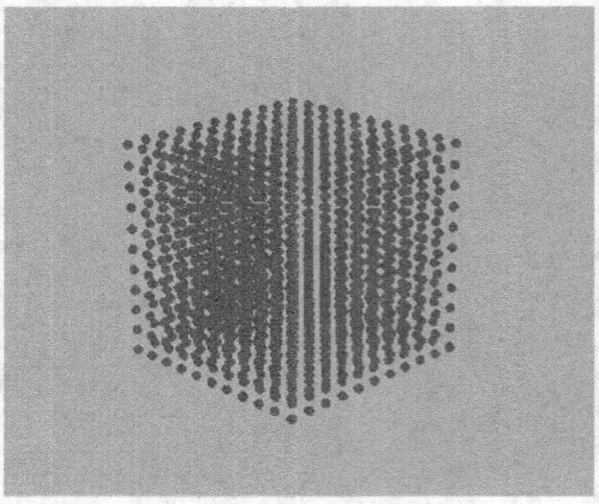

图25-9

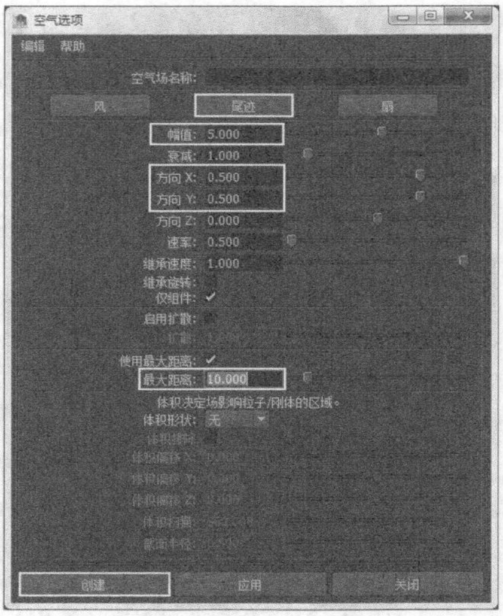

图25-10

03 播放动画，如图25-11所示分别是第60帧、第100帧和第160帧的尾迹效果。

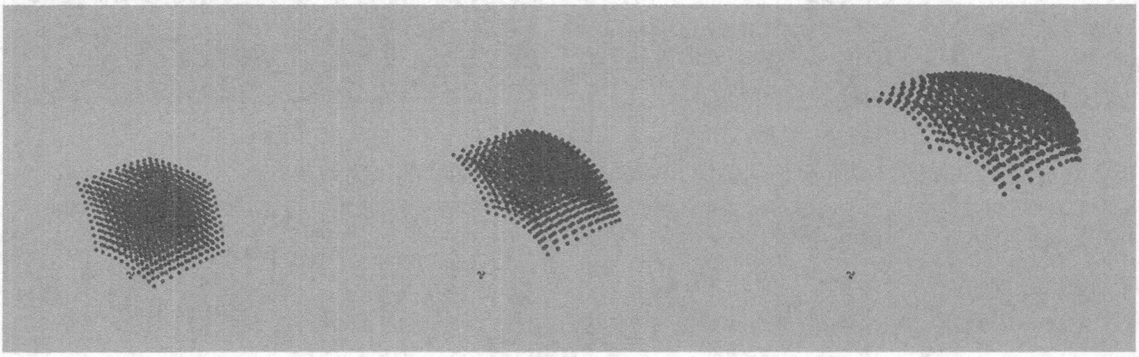

图25-11

技巧与提示

“扇”力场在这里就不再讲解了，其使用方法与前面两种相似。

25.2.2 阻力

物体在穿越不同密度的介质时，由于阻力的改变，物体的运动速率也会发生变化。“阻力”场可以用来给运动中的动力学对象添加一个阻力，从而改变物体的运动速度。打开“阻力选项”对话框，如图25-12所示。

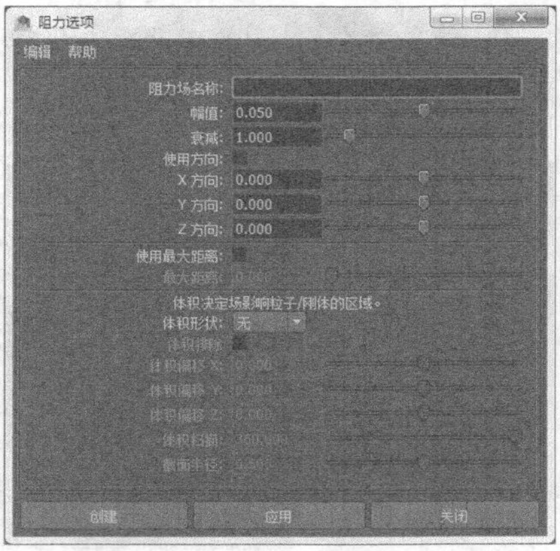

图25-12

阻力选项介绍

- ❖ 阻力场名称：设置阻力场的名字。
- ❖ 幅值：设置阻力场的强度。
- ❖ 衰减：当阻力场远离物体时，阻力场的强度就越小。
- ❖ 使用方向：设置阻力场的方向。
- ❖ x/y/z方向：沿x、y和z轴设定阻力的影响方向。必须启用“使用方向”选项后，这3个选项才可用。

技巧与提示

“阻力选项”对话框中的其他参数在前面的“空气选项”对话框中已经介绍过，这里不再重复讲解。

【练习25-3】：测试阻力场

场景文件　学习资源>场景文件>CH25>c.mb
实例文件　学习资源>实例文件>CH25>练习25-3.mb
技术掌握　掌握阻力场的用法

本例主要是针对“阻力”场的用法进行练习，如图25-13所示。

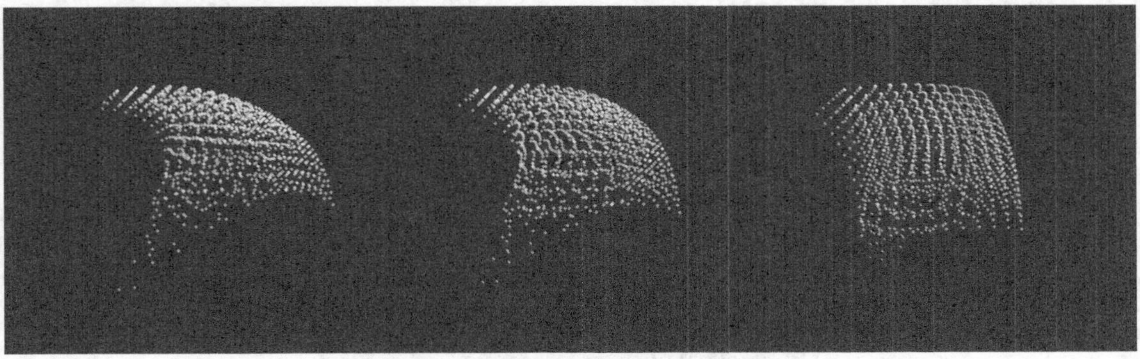

图25-13

01 打开学习资源中的“场景文件>CH25>c.mb”文件，如图25-14所示。

02 选中粒子，然后打开“空气选项”对话框，单击“风”按钮，为粒子添加一个“风”场，如图25-15所示。

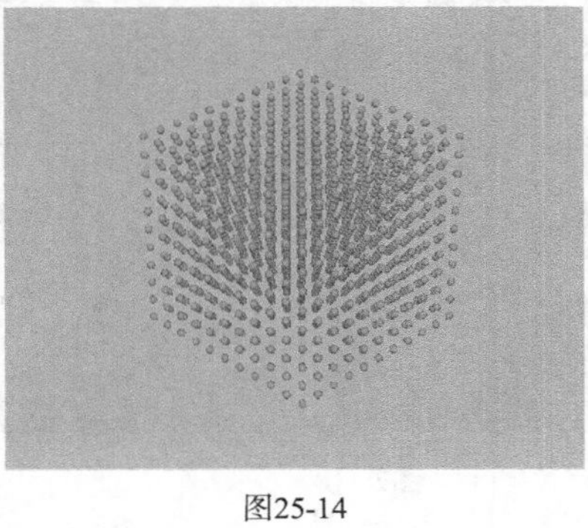

图25-14

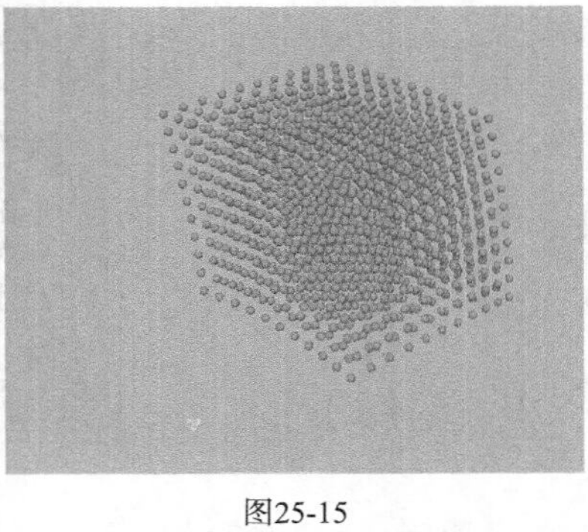

图25-15

03 选中粒子，然后打开“阻力选项”对话框，接着设置“幅值”为15、“衰减”为3，最后单击“创建”按钮，如图25-16所示。

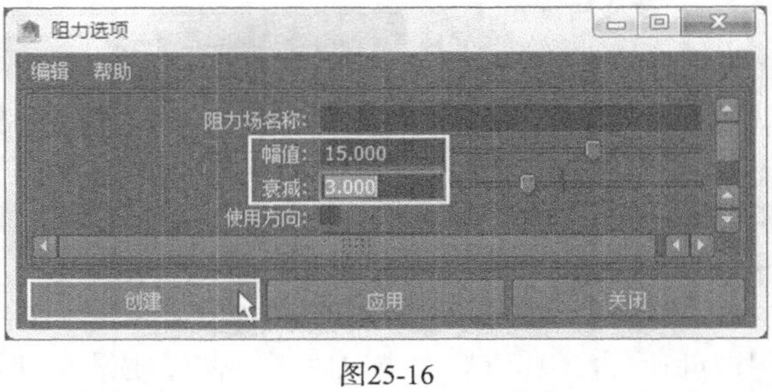

图25-16

04 播放动画，如图25-17所示分别是第60帧、第100帧和第140帧的阻力效果。

图25-17

技巧与提示

从本例中可以明显地观察到阻力对风力的影响，有了阻力就能够更加真实地模拟出现实生活中的阻力现象。

25.2.3 重力

“重力”场主要用来模拟物体受到万有引力作用而向某一方向进行加速运动的状态。使用默认参数值，可以模拟物体受地心引力的作用而产生自由落体的运动效果。打开“重力选项”对话框，如图25-18所示。

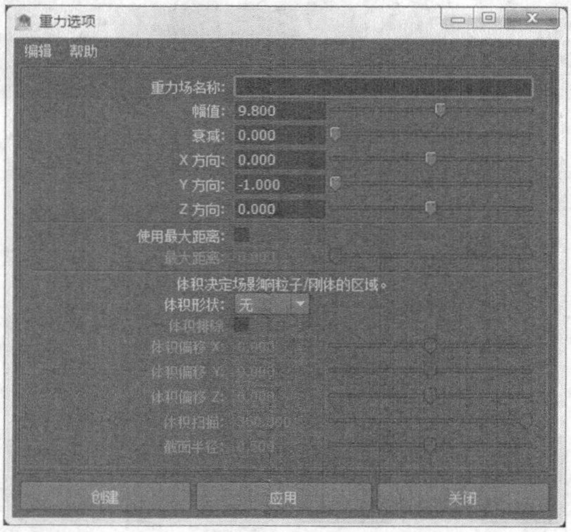

图25-18

技巧与提示

“重力选项”对话框中的参数在前面的内容中已经介绍过，因此这里不再重复讲解。“重力”场在很多实例中都用到过，因此这里不再安排实例进行讲解。

25.2.4 牛顿

“牛顿”场可以用来模拟物体在相互作用的引力和斥力下的作用，相互接近的物体间会产生引力和斥力，其值的大小取决于物体的质量。打开“牛顿选项”对话框，如图25-19所示。

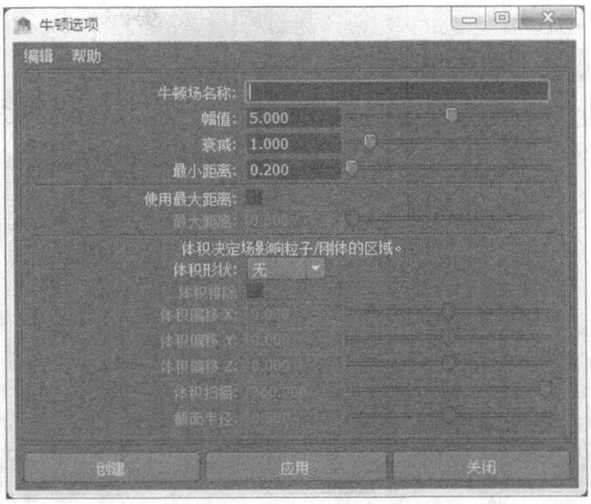

图25-19

技巧与提示

“牛顿选项”对话框中的参数在前面的内容中已经介绍过，因此这里不再重复讲解。

【练习25-4】：测试牛顿场

场景文件	学习资源>场景文件>CH25>d.mb
实例文件	学习资源>实例文件>CH25>练习25-4.mb
技术掌握	掌握牛顿场的用法

本例主要是针对“牛顿”场的用法进行练习，如图25-20所示。

图25-20

01 打开学习资源中的“场景文件>CH25>d.mb”文件，如图25-21所示。

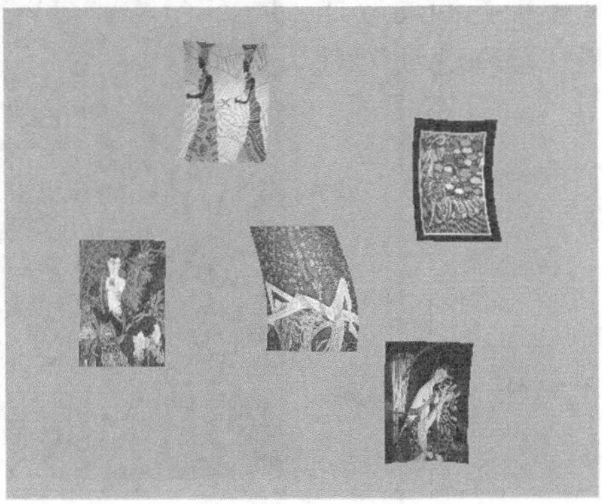

图25-21

02 选择粒子物体（即物体），然后打开“牛顿选项”对话框，接着设置“幅值”和“衰减”为2，最后单击“创建”按钮创建，如图25-22所示。

03 播放动画，可以观察到照片受到万有引力的作用而下落，如图25-23所示。

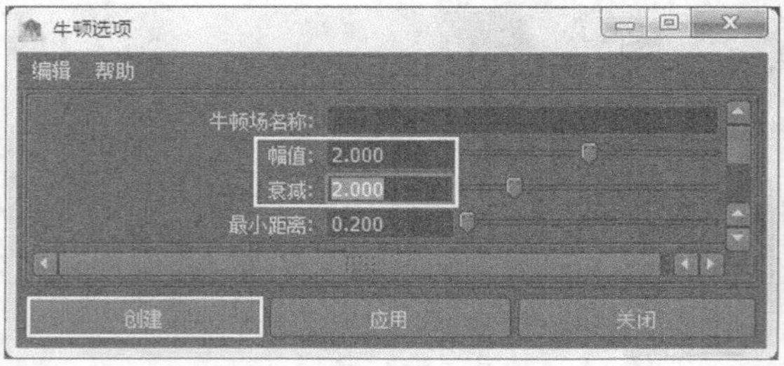

图25-22

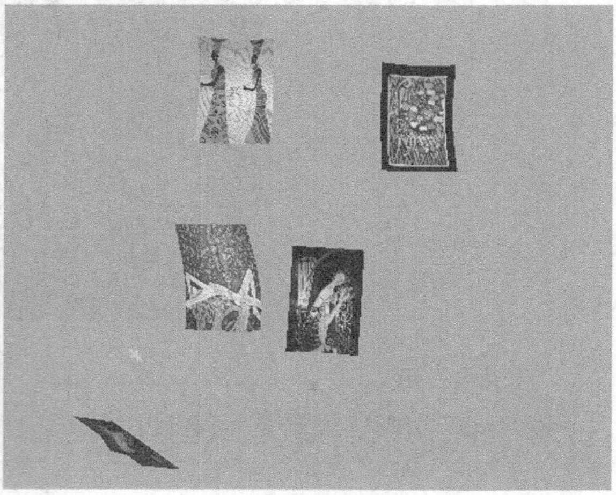

图25-23

04 选择牛顿场newtonField1，然后在“通道盒”中设置“幅值”为-20，如图25-24所示。

05 播放动画，如图25-25所示分别是第150帧、第260帧和第400帧的动画效果。

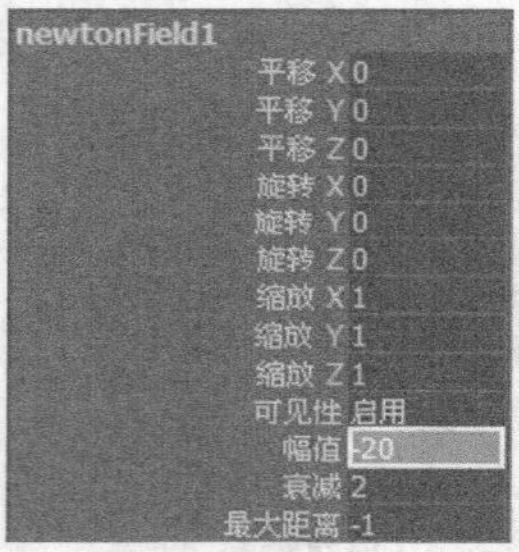

图25-24

图25-25

25.2.5 径向

“径向”场可以将周围各个方向的物体向外推出。“径向”场可以用于控制爆炸等由中心向外辐射散发的各种现象，同样将“幅值”值设置为负值时，也可以用来模拟把四周散开的物体聚集起来的效果。打开“径向选项”对话框，如图25-26所示。

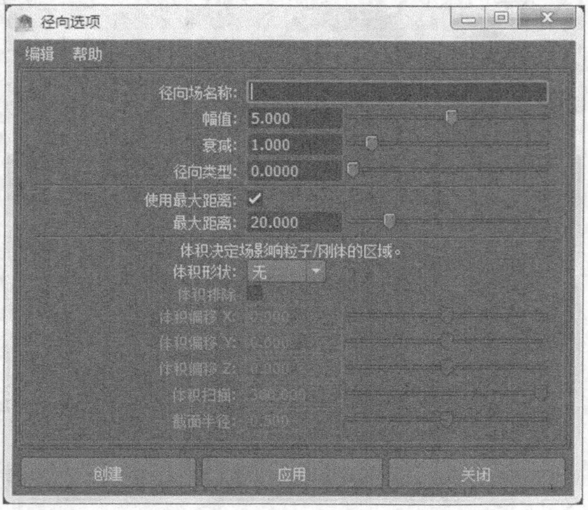

图25-26

技巧与提示

“径向选项”对话框中的参数在前面的内容中已经介绍过，因此这里不再重复讲解。

【练习25-5】：测试径向场

场景文件　学习资源>场景文件>CH25>e.mb
实例文件　学习资源>实例文件>CH25>练习25-5.mb
技术掌握　掌握径向场的用法

本例主要是针对“径向”场的用法进行练习，如图25-27和图25-28所示分别是斥力和引力动画效果。

图25-27

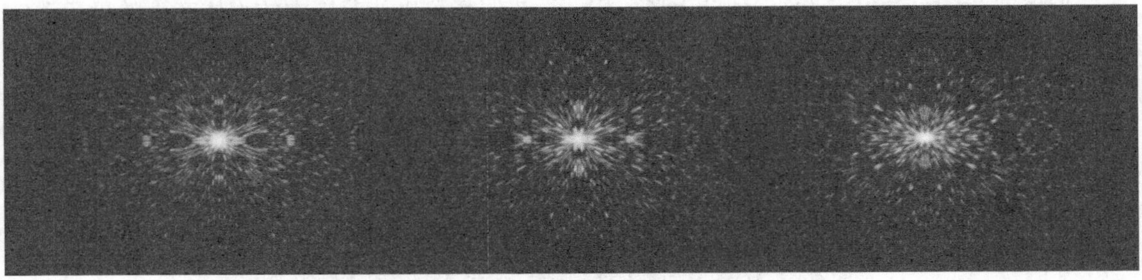

图25-28

01 打开学习资源中的“场景文件>CH25>e.mb”文件，如图25-29所示。

02 选择粒子，然后打开“径向选项”对话框，接着设置“幅值”为15、“衰减”为3，最后单击“创建”按钮，如图25-30所示。

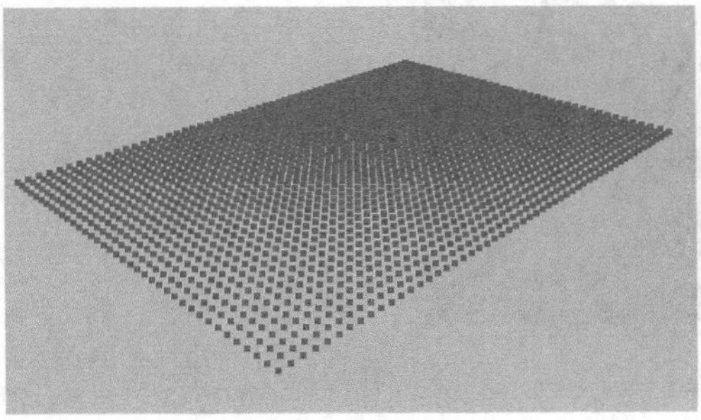

图25-29

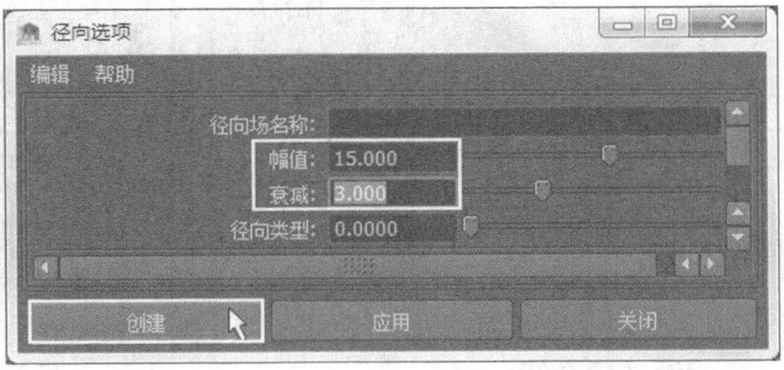

图25-30

03 播放动画，观察斥力效果，如图25-31所示分别是第40帧、第80帧和第100帧的动画效果。

图25-31

04 在“通道盒”中设置“幅值”为-15，然后播放动画并观察引力效果，如图25-32所示分别是第60帧、第80帧和第180帧的动画效果。

图25-32

25.2.6 湍流

“湍流”场是经常用到的一种动力场。用“湍流”场可以使范围内的物体产生随机运动效果，常常应用在粒子、柔体和刚体中。打开“湍流选项”对话框，如图25-33所示。

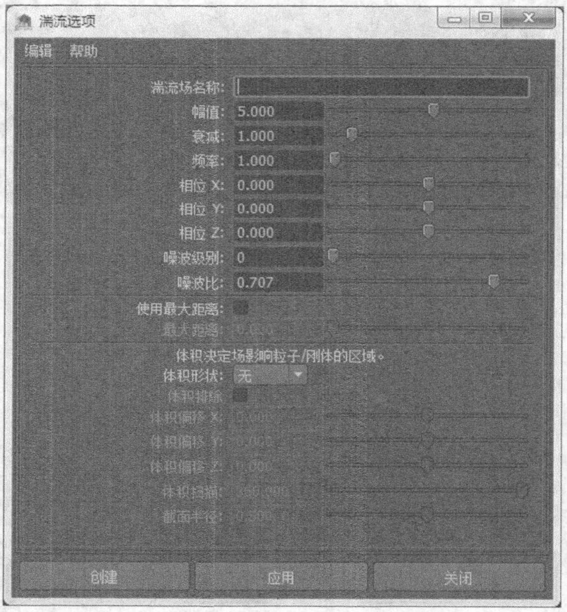

图25-33

湍流选项介绍

- ❖ 频率：该值越大，物体无规则运动的频率就越高。
- ❖ 相位x/y/z：设定湍流场的相位移，这决定了中断的方向。
- ❖ 噪波级别：值越大，湍流越不规则。“噪波级别”属性指定了要在噪波表中执行的额外查找的数量。值为0表示仅执行一次查找。
- ❖ 噪波比：指定了连续查找的权重，权重得到累积。例如，如果将“噪波比”设定为0.5，则连续查找的权重为（0.5，0.25），以此类推；如果将“噪波级别”设定为0，则“噪波比”不起作用。

【练习25-6】：测试湍流场

场景文件　学习资源>场景文件>CH25>f.mb
实例文件　学习资源>实例文件>CH25>练习25-6.mb
技术掌握　掌握湍流场的用法

本例主要是针对“湍流”场的用法进行练习，如图25-34所示。

图25-34

01 打开学习资源中的“场景文件>CH25>f.mb”文件，如图25-35所示。

02 选择粒子，然后打开“湍流选项”对话框，接着设置“幅值”为5、“衰减”为2，最后单击“创建”按钮创建，如图25-36所示。

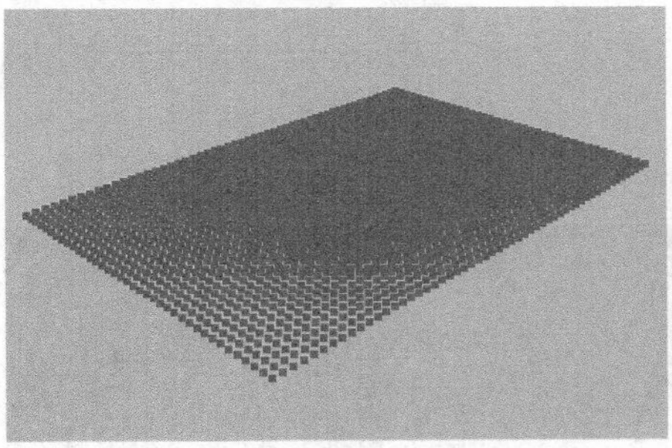

图25-35

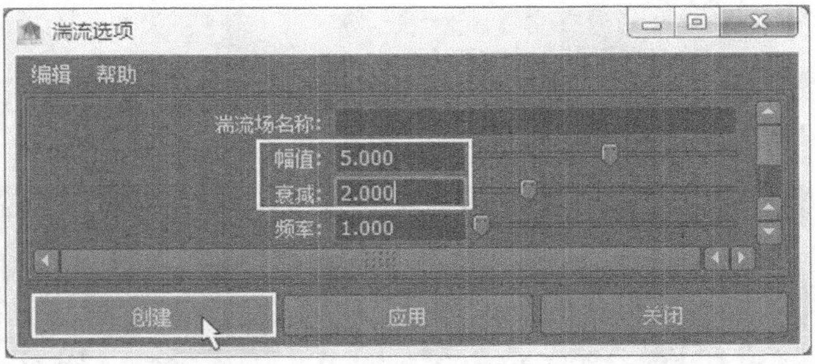

图25-36

03 播放动画，如图25-37所示分别是第40帧、第80帧和第120帧的动画效果。

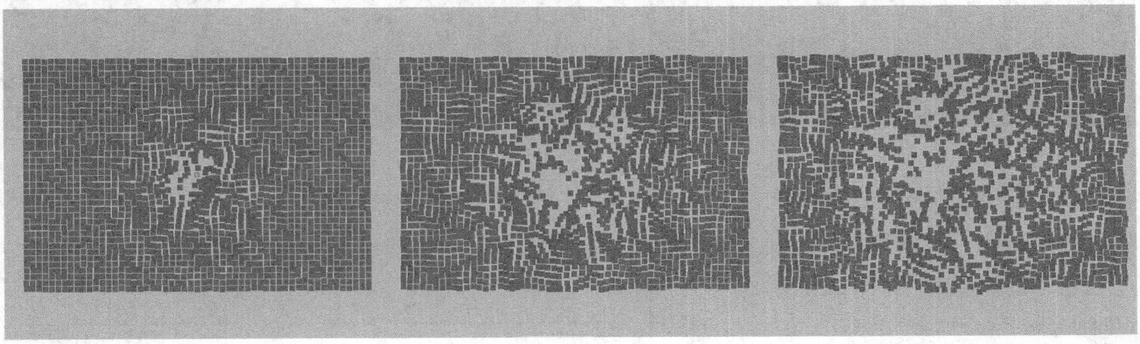

图25-37

25.2.7 一致

“一致”场可以将所有受到影响的物体向同一个方向移动，靠近均匀中心的物体将受到更大程度的影响。打开“一致选项”对话框，如图25-38所示。

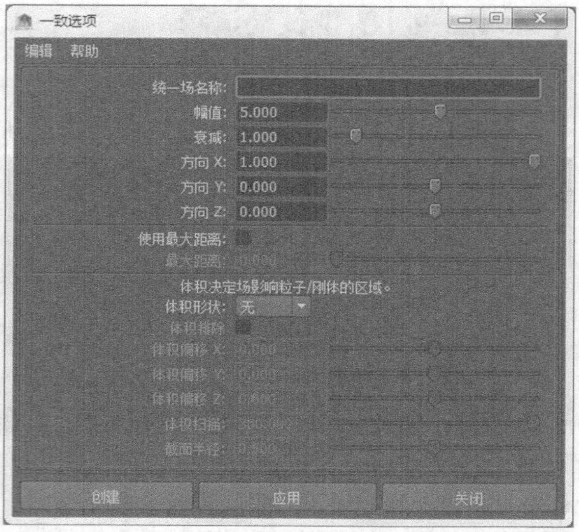

图25-38

技巧与提示

对于单一的物体，一致场所起的作用与重力场类似，都是向某一个方向对物体进行加速运动。重力场、空气场和一致场的一个重要区别是：重力场和空气场是处于同一个重力场的运动状态（位移、速度、加速度）下的，且与物体的质量无关，而处于同一个空气场和一致场中的物体的运动状态受到本身质量大小的影响，质量越大，位移、速度变化就越慢。

【练习25-7】：测试一致场

场景文件 学习资源>场景文件>CH25>g.mb
实例文件 学习资源>实例文件>CH25>练习25-7.mb
技术掌握 掌握一致场的用法

本例主要是针对“一致”场的用法进行练习，如图25-39所示。

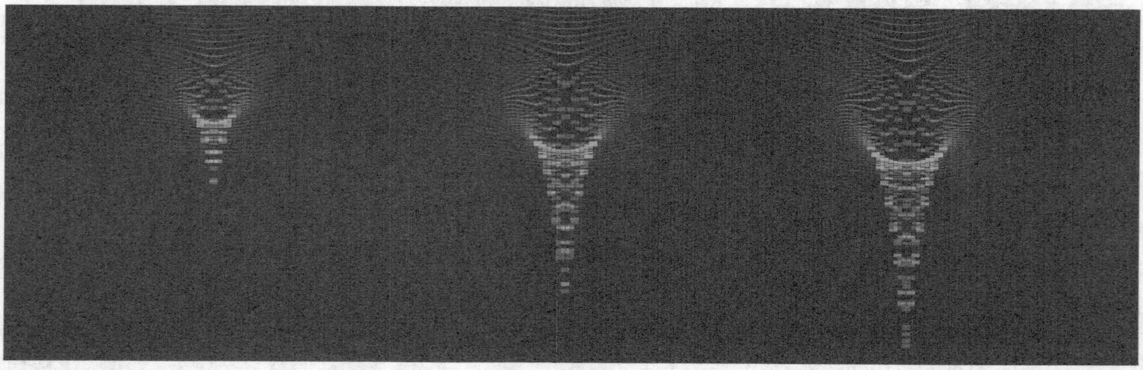

图25-39

01 打开学习资源中的“场景文件>CH25>g.mb”文件，如图25-40所示。

02 选择粒子，然后打开“一致选项”对话框，接着设置“幅值”为5、“衰减”为2，最后单击“创建”按钮创建，如图25-41所示。

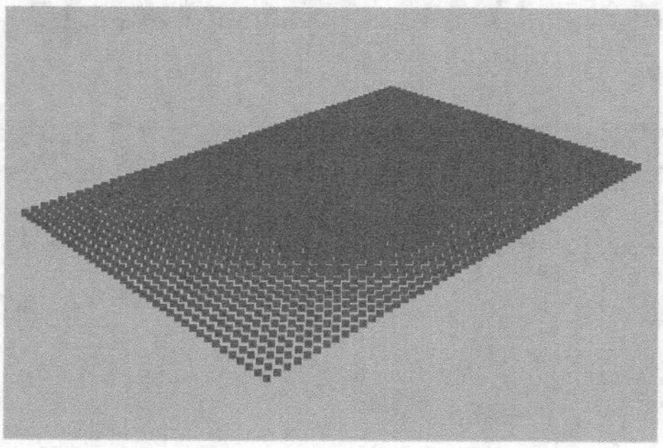

图25-40

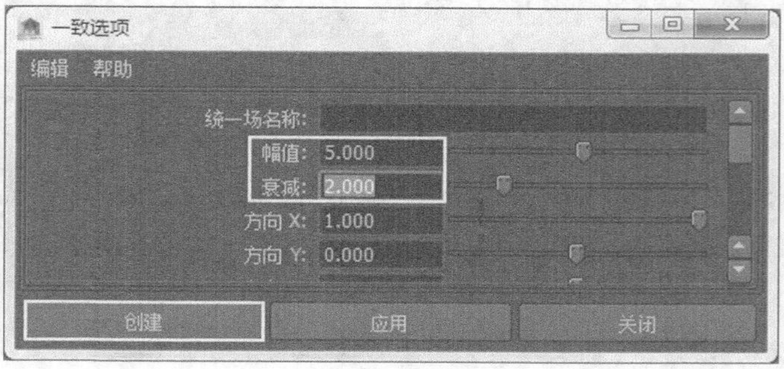

图25-41

03 播放动画，如图25-42所示分别是第100帧、第150帧和第200帧的动画效果。

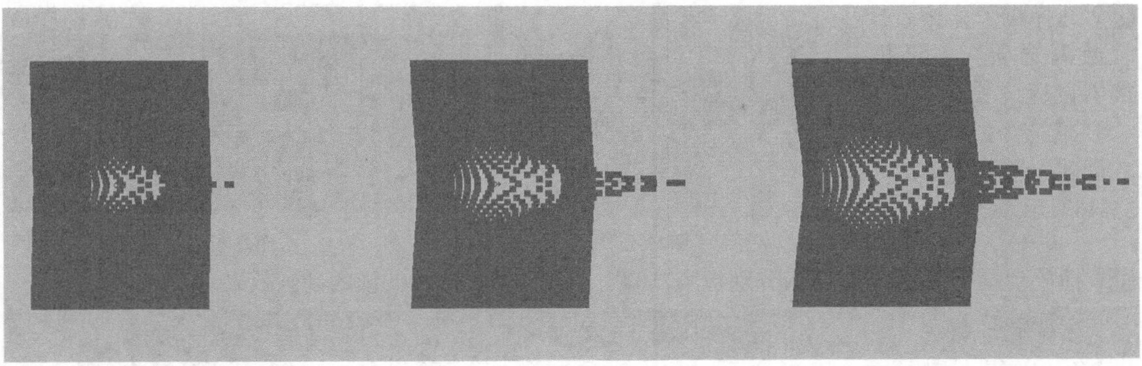

图25-42

25.2.8 漩涡

受到“漩涡”场影响的物体将以漩涡为中心围绕指定的轴进行旋转，利用漩涡场可以很轻易地实现各种漩涡状的效果。打开“漩涡选项”对话框，如图25-43所示。

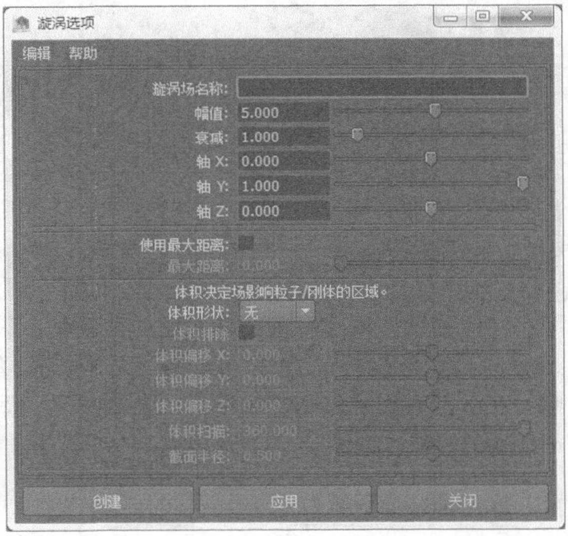

图25-43

技巧与提示

“漩涡选项”对话框中的参数在前面的内容中已经介绍过，因此这里不再重复讲解。

【练习25-8】：测试漩涡场

场景文件 学习资源>场景文件>CH25>h.mb
实例文件 学习资源>实例文件>CH25>练习25-8.mb
技术掌握 掌握漩涡场的用法

本例主要是针对“漩涡”场的用法进行练习，如图25-44所示。

图25-44

01 打开学习资源中的“场景文件>CH25>h.mb”文件，如图25-45所示。

02 选择粒子，然后打开“漩涡选项”对话框，接着设置“幅值”为8、“衰减”为2，最后单击“创建”按钮，如图25-46所示。

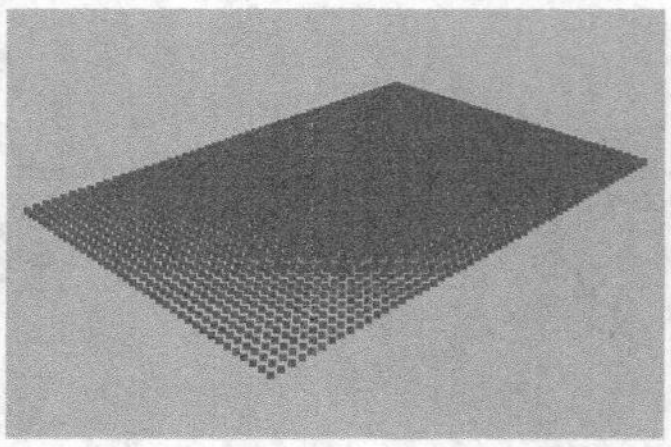

图25-45

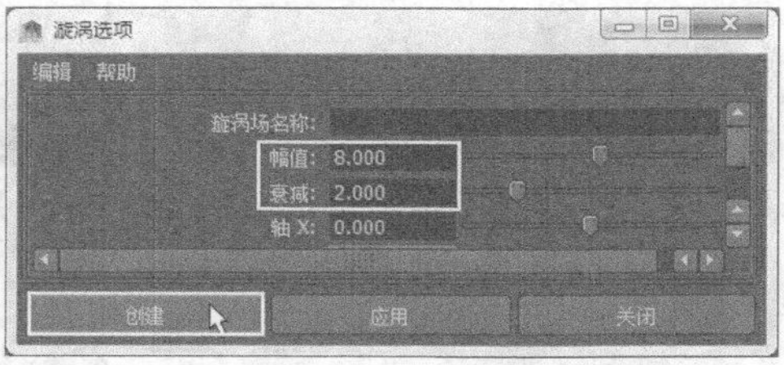

图25-46

03 播放动画，如图25-47所示分别是第750帧、第950帧和第1200帧的动画效果。

图25-47

25.2.9 体积轴

“体积轴”场是一种局部作用的范围场，只有在选定的形状范围内的物体才可能受到体积轴场的影响。在参数方面，体积轴场综合了漩涡场、一致场和湍流场的参数，如图25-48所示。

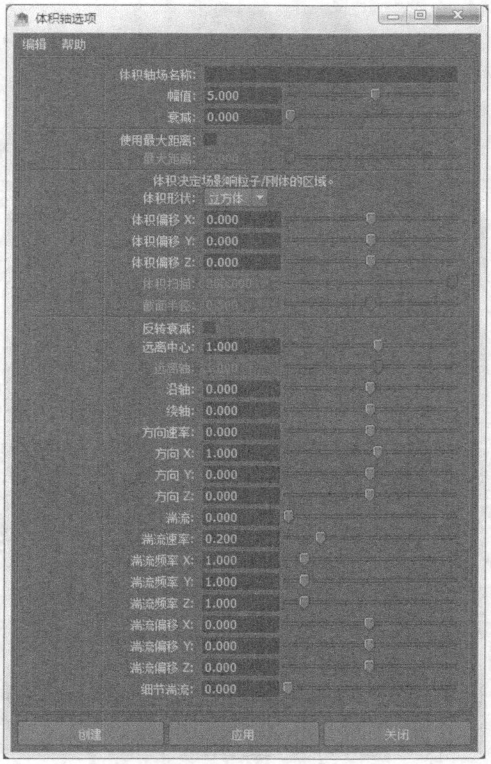

图25-48

体积轴选项介绍

- 反转衰减：当启用“反转衰减”并将“衰减”设定为大于0的值时，体积轴场的强度在体积的边缘上最强，在体积轴场的中心轴处衰减为0。
- 远离中心：指定粒子远离“立方体”或“球体”体积中心点的移动速度。可以使用该属性创建爆炸效果。
- 远离轴：指定粒子远离“圆柱体”“圆锥体”或“圆环”体积中心轴的移动速度。对于“圆环”，中心轴为圆环实体部分的中心环形。
- 沿轴：指定粒子沿所有体积中心轴的移动速度。

- ❖ 绕轴：指定粒子围绕所有体积中心轴的移动速度。当与“圆柱体”体积形状结合使用时，该属性可以创建旋转的气体效果。
- ❖ 方向速率：在所有体积的“方向x”“方向y”和“方向z”属性指定的方向添加速度。
- ❖ 湍流速率：指定湍流随时间更改的速度。湍流每1秒进行一次无缝循环。
- ❖ 湍流频率x/y/z：控制适用于发射器边界体积内部的湍流函数的重复次数，低值会创建非常平滑的湍流。
- ❖ 湍流偏移x/y/z：用该选项可以在体积内平移湍流，为其设置动画，可以模拟吹动的湍流风。
- ❖ 细节湍流：设置第2个更高频率湍流的相对强度，第2个湍流的速度和频率均高于第1个湍流。当“细节湍流”不为0时，模拟运行可能有点慢，因为要计算第2个湍流。

【练习25-9】：测试体积轴场

场景文件　无
实例文件　学习资源>实例文件>CH25>练习25-9.mb
技术掌握　掌握体积轴场的用法

本例主要是针对“体积轴”场的用法进行练习，如图25-49所示。

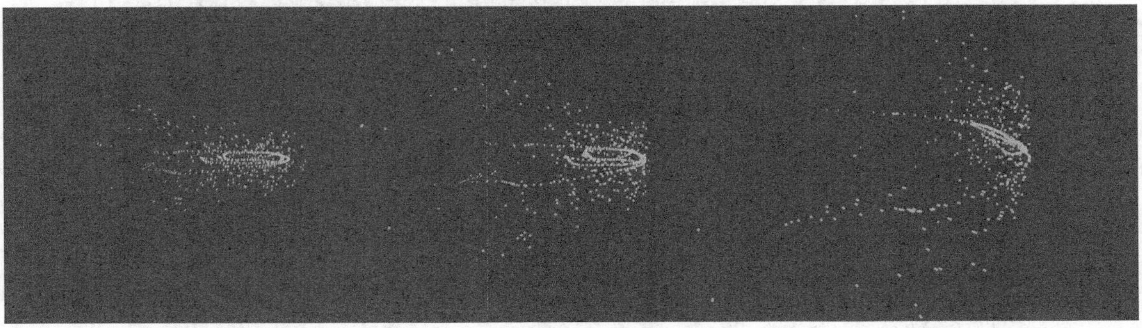

图25-49

01 执行“粒子>粒子工具”菜单命令，然后在视图中连续单击鼠标左键，创建出多个粒子，如图25-50所示。

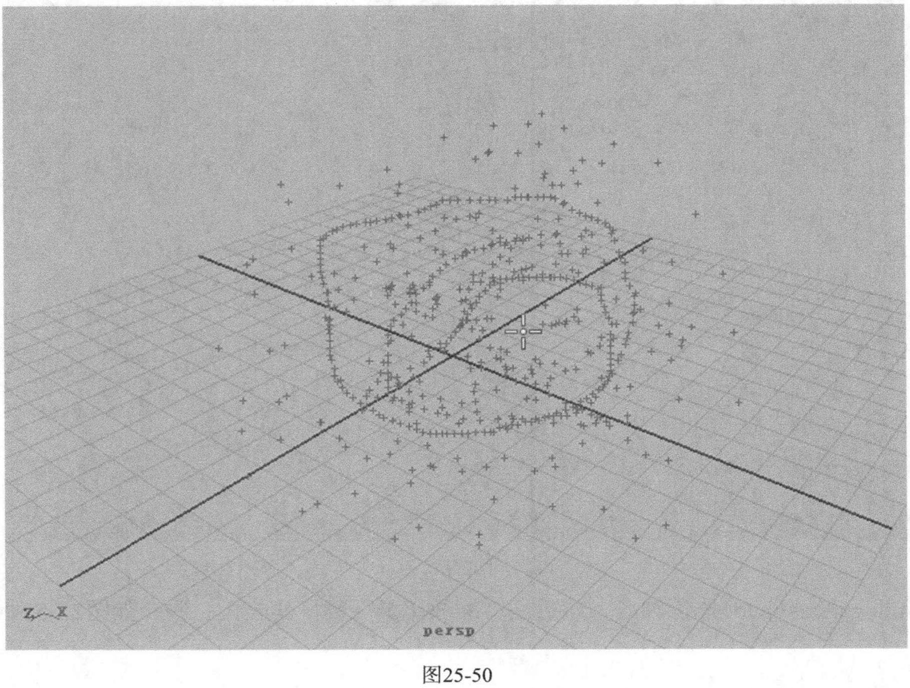

图25-50

02 选择所有粒子，然后打开“体积轴选项”对话框，接着设置“体积形状”为“球体”，最后单击“创建”按钮，如图25-51所示，效果如图25-52所示。

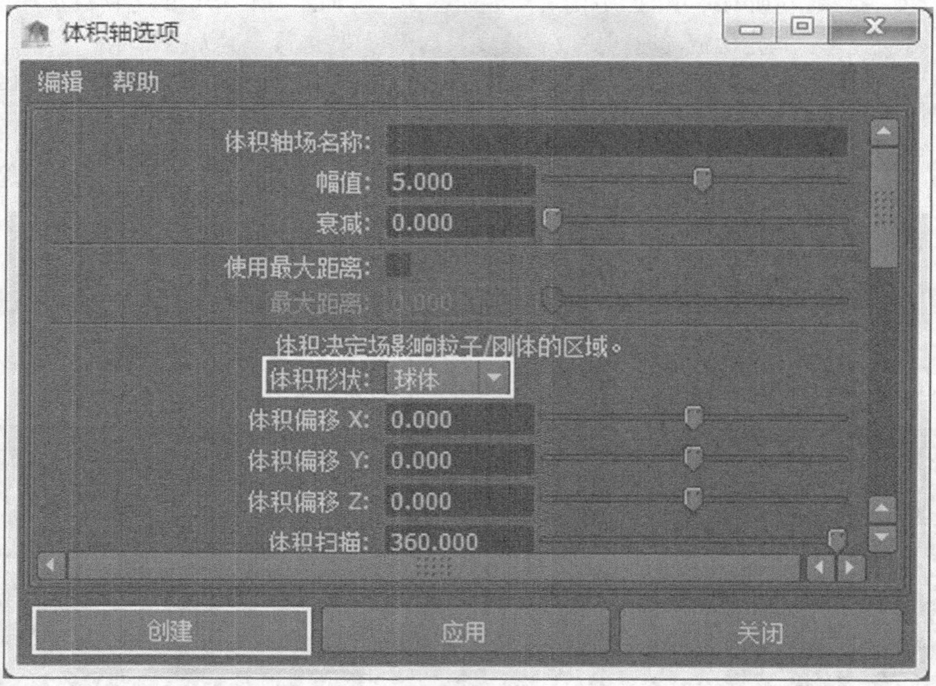

图25-51

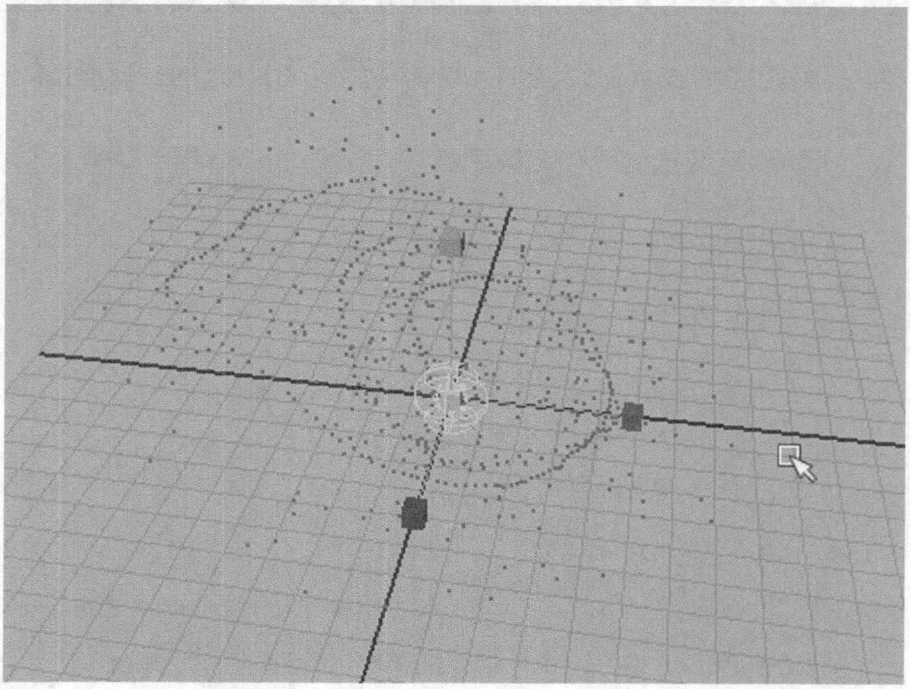

图25-52

03 选择volumeAxisField1体积轴场，然后用“缩放工具”将其放大一些，如图25-53所示。

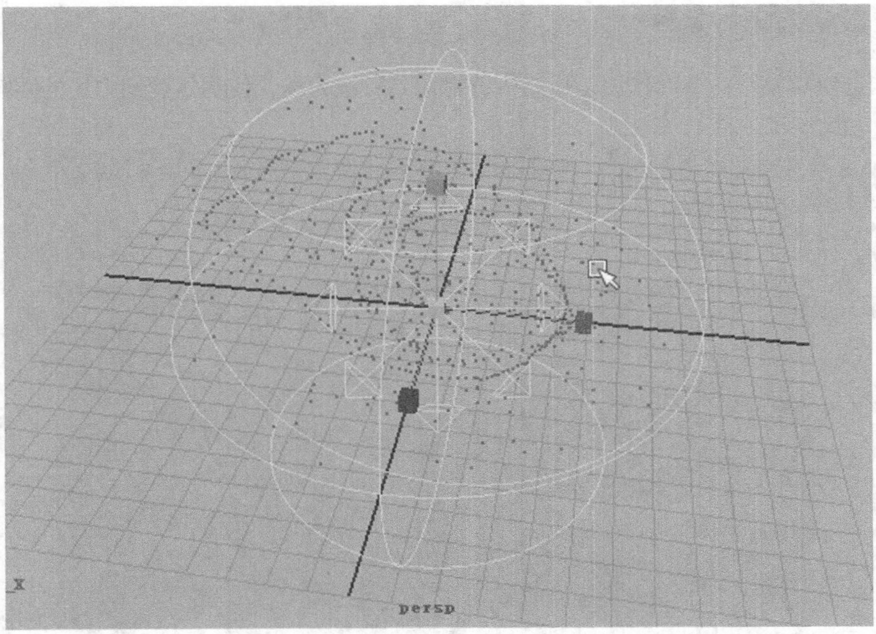

图25-53

04 播放动画，如图25-54所示分别是第60帧、第100帧和第160帧的动画效果。

图25-54

25.2.10 体积曲线

“体积曲线”场可以沿曲线的各个方向移动对象（包括粒子和nParticle）以及定义绕该曲线的半径，在该半径范围内轴场处于活动状态。

25.2.11 使用选择对象作为场源

“使用选择对象作为场源”命令的作用是设定场源，这样可以让力场从所选物体处开始产生作用，并将力场设定为所选物体的子物体。

技巧与提示

如果选择物体后再创建一个场，物体会受到场的影响，但是物体与场之间并不存在父子关系。在执行“使用选择对象作为场源”命令后，物体不受力场的影响，必须执行“场>影响选定对象”菜单命令后，物体才会受到场的影响。

25.2.12 影响选定对象

"影响选定对象"命令的作用是连接所选物体与所选力场，使物体受到力场的影响。

技巧与提示

执行"窗口>关系编辑器>动力学关系"菜单命令，打开"动力学关系编辑器"对话框，在该对话框中也可以连接所选物体与力场，如图25-55所示。

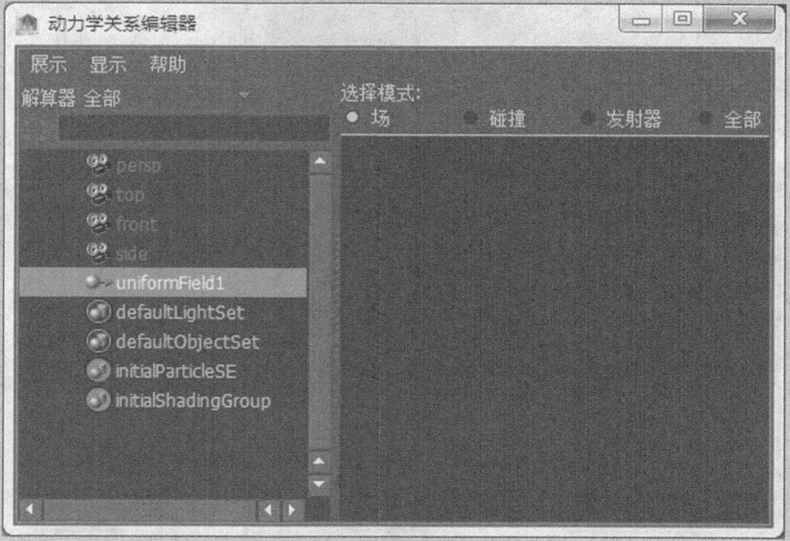

图25-55

25.3 知识总结与回顾

本章主要介绍了Maya中的10种动力场（空气场、阻力场、重力场、牛顿场、径向场、湍流场、一致场、漩涡、体积轴场和体积曲线场）的运用，这些知识点都比较简单，不过要想用动力场制作出优秀的力场动画还是比较困难的。在下一章中，我们将对Maya中的柔体与刚体进行详细介绍。

第26章 柔体/刚体/约束

要点索引

- 柔体的创建与编辑方法
- 主动刚体与被动刚体的创建与编辑方法
- 约束的创建与编辑方法
- 设置主动/被动关键帧
- 断开刚体连接

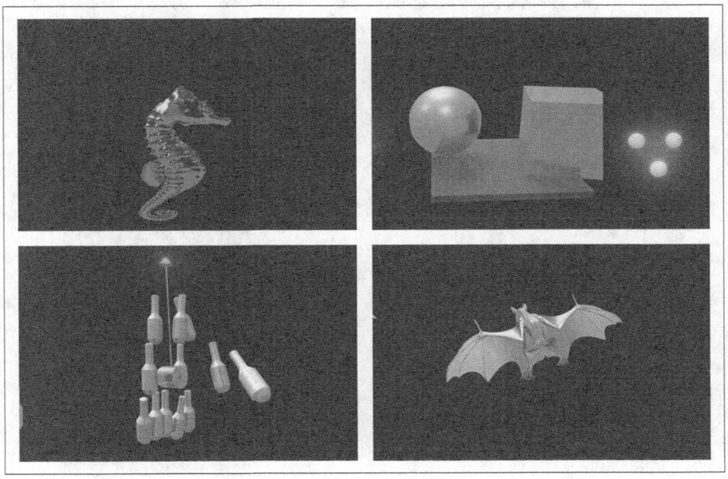

本章导读

本章将介绍Maya中的柔体、刚体以及约束的运用，内容包括柔体、弹簧的创建方法以及“绘制柔体权重工具”的用法；主动刚体、被动刚体的创建方法以及刚体碰撞动画的制作方法；钉子约束、固定约束、铰链约束、弹簧约束与屏障约束的用法以及各种约束动画的制作方法。

26.1 柔体

柔体是将几何物体表面的CV点或顶点转换成柔体粒子，然后通过对不同部位的粒子给予不同权重值的方法来模拟自然界中的柔软物体，这是一种动力学解算方法。标准粒子和柔体粒子有些不同，一方面柔体粒子互相连接时有一定的几何形状；另一方面，它们又以固定形状而不是以单独的点的方式集合体现在屏幕上及最终渲染中。柔体可以用来模拟有一定几何外形但又不是很稳定且容易变形的物体，如旗帜和波纹等，如图26-1所示。

图26-1

在Maya中，若要创建柔体，需要切换到“动力学”模块，在“柔体/刚体”菜单就可以创建柔体，如图26-2所示。

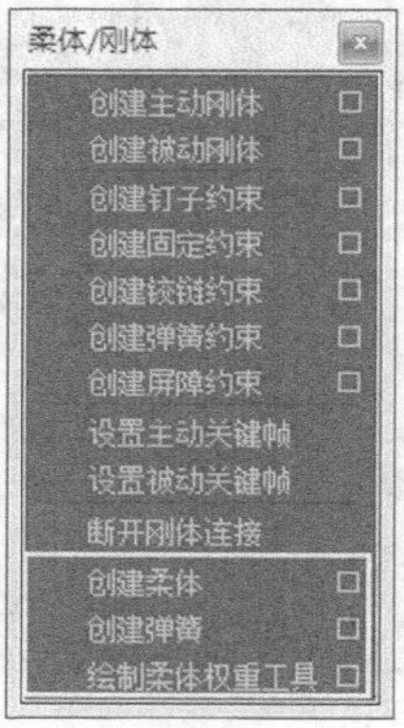

图26-2

26.1.1 创建柔体

“创建柔体”命令主要用来创建柔体，打开“软性选项”对话框，如图26-3所示。

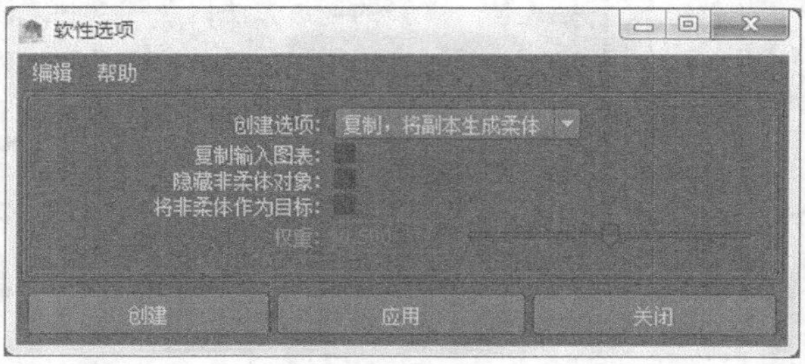

图26-3

软性选项介绍

❖ 创建选项：选择柔体的创建方式，包含以下3种。

  - ✧ 生成柔体：将对象转化为柔体。如果未设置对象的动画，并将使用动力学设置其动画，可以选择该选项。如果已在对象上使用非动力学动画，并且希望在创建柔体之后保留该动画，也可以使用该选项。

技巧与提示

非动力学动画包括关键帧动画、运动路径动画、非粒子表达式动画和变形器动画。

  - ✧ 复制，将副本生成柔体：将对象的副本生成柔体，而不改变原始对象。如果使用该选项，则可以启用“将非柔体作为目标”选项，以使原始对象成为柔体的一个目标对象。柔体跟在已设置动画的目标对象后面，可以编辑柔体粒子的目标权重以创建有弹性的或抖动的运动效果。
  - ✧ 复制，将原始生成柔体：该选项的使用方法与“复制，将副本生成柔体”类似，可以使原始对象成为柔体，同时复制出一个原始对象。
- ❖ 复制输入图表：使用任一复制选项创建柔体时，复制上游节点。如果原始对象具有希望能够在副本中使用和编辑的依存关系图输入，可以启用该选项。
- ❖ 隐藏非柔体对象：如果在创建柔体时复制对象，那么其中一个对象会变为柔体。如果启用该选项，则会隐藏不是柔体的对象。

技巧与提示

注意，如果以后需要显示隐藏的非柔体对象，可以在“大纲视图”对话框中选择该对象，然后执行“显示>显示>显示当前选择”菜单命令。

- ❖ 将非柔体作为目标：勾选该选项后，可以使柔体跟踪或移向从原始几何体或重复几何体生成的目标对象。使用“绘制柔体权重工具”可以通过在柔体表面上绘制，在柔体上设定目标权重。

技巧与提示

注意，如果在关闭“将非柔体作为目标”选项的情况下创建柔体，仍可以为粒子创建目标。选择柔体粒子，按住Shift键选择要成为目标的对象，然后执行“粒子>目标”菜单命令，可以创建出目标对象。

- ❖ 权重：设定柔体在从原始几何体或重复几何体生成的目标对象后面有多近。值为0可以使柔体自由地弯曲和变形；值为1可以使柔体变得僵硬；0~1之间的值具有中间的刚度。

技巧与提示

如果不启用“隐藏非柔体对象”选项，则可以在“大纲视图”对话框中选择柔体，而不选择非柔体。如果无意中将场应用于非柔体，它会变成默认情况下受该场影响的刚体。

【练习26-1】：制作柔体动画

场景文件	学习资源>场景文件>CH26>q.mb
实例文件	学习资源>实例文件>CH26>练习26-1.mb
技术掌握	掌握柔体动画的制作方法

本例用“创建柔体”命令制作的柔体动画效果如图26-4所示。

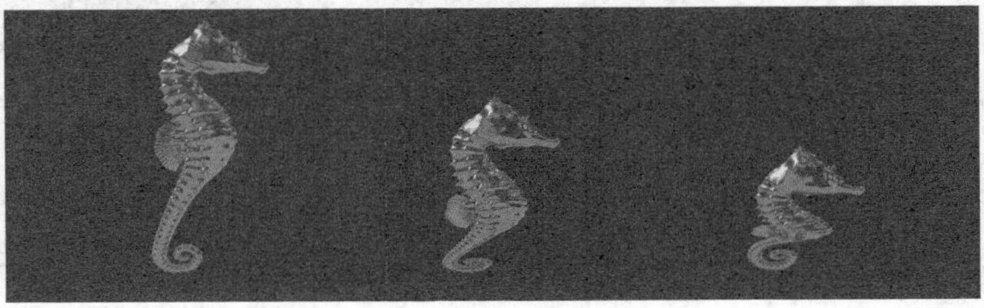

图26-4

01 打开学习资源中的“场景文件>CH26>q.mb”文件，如图26-5所示。

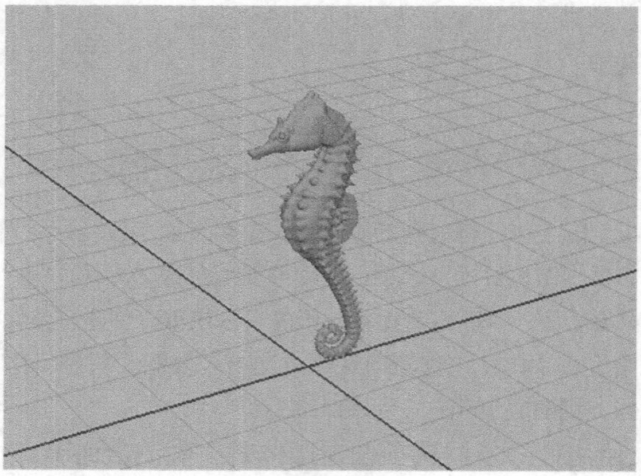

图26-5

02 选择海马模型，切换到“动画”模块，然后单击“创建变形器>晶格”菜单命令后面的按钮，打开“晶格选项”对话框，接着设置“分段”为（6，6，6）、“局部分段”为（6，6，6），最后单击“创建”按钮，如图26-6所示，效果如图26-7所示。

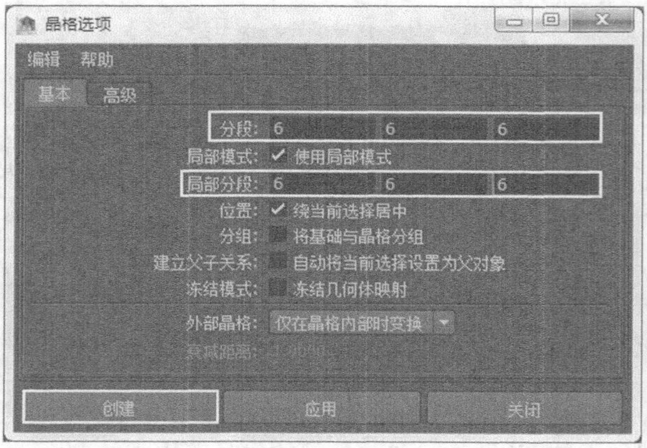

图26-6

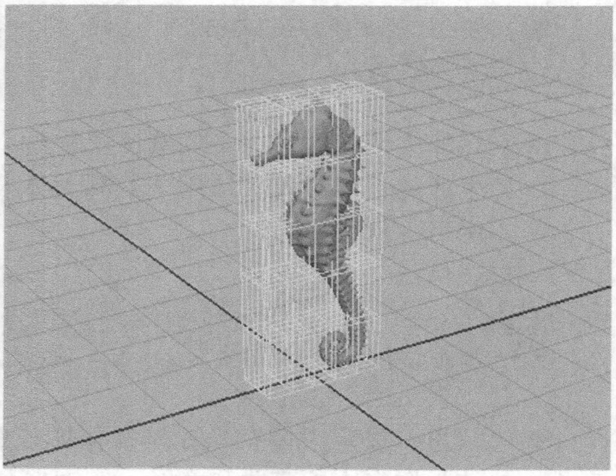

图26-7

03 选择ffd1Lattice晶格，切换到“动力学”模块，然后执行“柔体/刚体>创建柔体”菜单命令（用默认设置），接着执行“创建>NURBS基本体>平面”菜单命令，在视图中创建一个NURBS平面，最后在“通道盒”中设置“U向面片数”和“V向面片数”为20，如图26-8所示。

04 在“大纲视图”对话框中选择ffd1Lattice晶格，如图26-9所示，然后执行“场>重力”菜单命令。

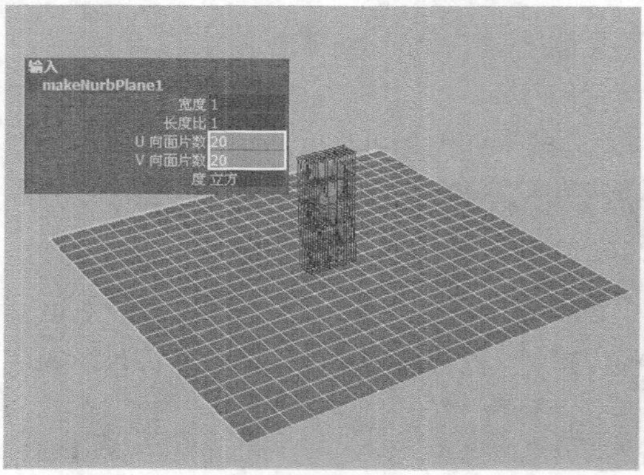

图26-8

图26-9

05 选择ffd1Lattice晶格，然后加选NURBS平面，如图26-10所示，接着执行“粒子>使碰撞”菜单命令。

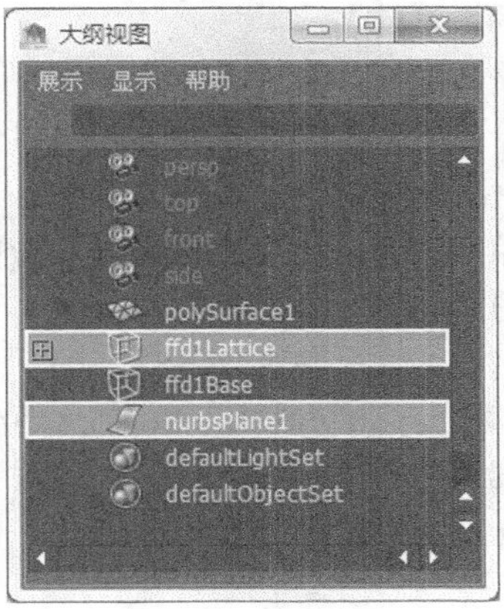

图26-10

06 播放动画，如图26-11所示分别是第6帧、第12帧和第16帧的动画效果。

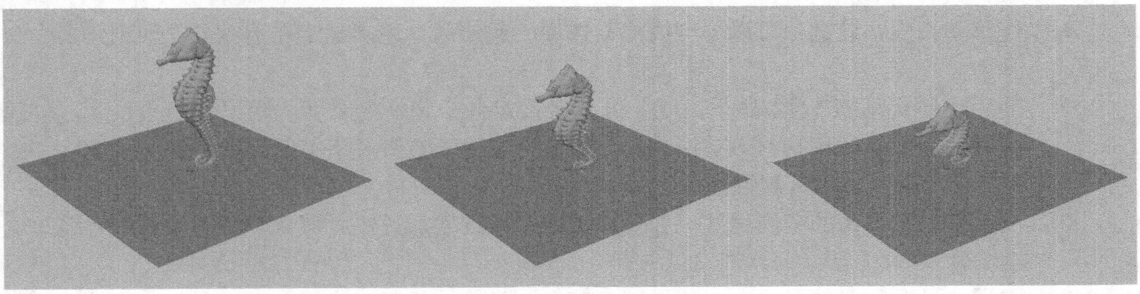

图26-11

26.1.2 创建弹簧

因为柔体内部是由粒子构成，所以只用权重来控制是不够的，会使柔体显得过于松散。使用“创建弹簧”命令就可以解决这个问题，为一个柔体添加弹簧，可以建造柔体内在的结构，以改善柔体的形体效果。打开“弹簧选项”对话框，如图26-12所示。

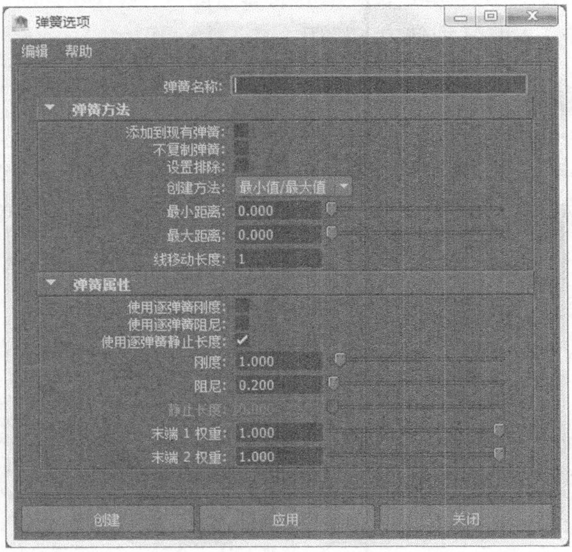

图26-12

弹簧选项介绍

- ❖ 弹簧名称：设置要创建的弹簧的名称。
- ❖ 添加到现有弹簧：将弹簧添加到某个现有弹簧对象，而不是添加到新弹簧对象。
- ❖ 不复制弹簧：如果在两个点之间已经存在弹簧，则可避免在这两个点之间再创建弹簧。当启用“添加到现有弹簧”选项时，该选项才起作用。
- ❖ 设置排除：选择多个对象时，会基于点之间的平均长度，使用弹簧将来自选定对象的点链接到每隔一个对象中的点。
- ❖ 创建方法：设置弹簧的创建方式，共有以下3种。
  - ✧ 最小值/最大值：仅创建处于“最小距离”和“最大距离”选项范围内的弹簧。
  - ✧ 全部：在所有选定的对点之间创建弹簧。
  - ✧ 线框：在柔体外部边上的所有粒子之间创建弹簧。对于从曲线生成的柔体（如绳索），该选项很有用。
- ❖ 最小/最大距离：当设置“创建方法”为“最小值/最大值”方式时，这两个选项用来设置弹簧的范围。
- ❖ 线移动长度：该选项可以与“线框”选项一起使用，用来设定在边粒子之间创建多少个弹簧。
- ❖ 使用逐弹簧刚度/阻尼/静止长度：可用于设定各个弹簧的刚度、阻尼和静止长度。创建弹簧后，如果启用这3个选项，Maya将使用应用于弹簧对象中所有弹簧的“刚度”“阻尼”和“静止长度”属性值。
- ❖ 刚度：设置弹簧的坚硬程度。如果弹簧的坚硬度增加过快，那么弹簧的伸展或者缩短也会非常快。
- ❖ 阻尼：设置弹簧的阻尼力。如果该值较高，弹簧的长度变化就会变慢；若该值较低，弹簧的长度变化就会加快。
- ❖ 静止长度：设置播放动画时弹簧尝试达到的长度。如果关闭“使用逐弹簧静止长度”选项，“静止长度”将设置为与约束相同的长度。
- ❖ 末端1权重：设置应用到弹簧起始点上的弹力的大小。值为0时，表明起始点不受弹力的影响；值为1时，表明受到弹力的影响。
- ❖ 末端2权重：设置应用到弹簧结束点上的弹力的大小。值为0时，表明结束点不受弹力的影响；值为1时，表明受到弹力的影响。

26.1.3 绘制柔体权重工具

“绘制柔体权重工具”主要用于修改柔体的权重，与骨架、蒙皮中的权重工具相似。打开“绘制柔体权重工具”的“工具设置”对话框，如图26-13所示。

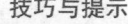

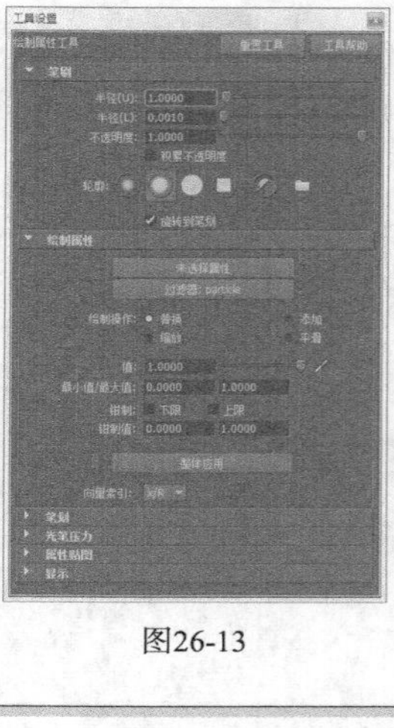

图26-13

技巧与提示

创建柔体时，只有当设置“创建选项”为“复制，将副本生成柔体”或“复制，将原始生成柔体”方式，并开启“将非柔体作为目标”选项时，才能使用“绘制柔体权重工具”修改柔体的权重。

26.2 刚体

刚体是把几何物体转换为坚硬的多边形物体表面来进行动力学解算的一种方法，它可以用来模拟物理学中的动量碰撞等效果，如图26-14所示。

在Maya中，若要创建与编辑刚体，需要切换到“动力学”模块，在“柔体/刚体”菜单就可以完成创建与编辑操作，如图26-15所示。

图26-14

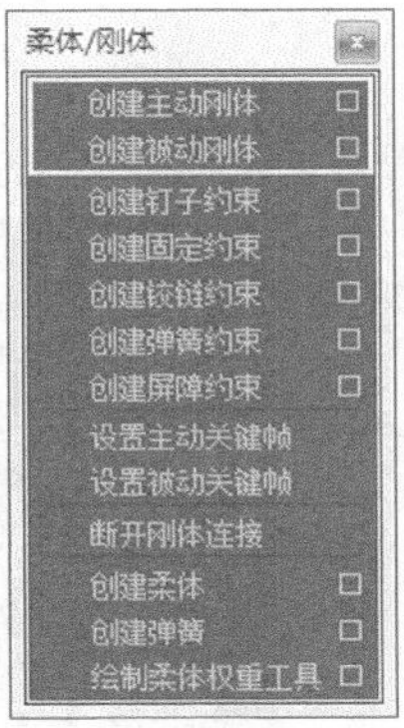

图26-15

技术专题　[刚体的分类及使用]

刚体可以分为主动刚体和被动刚体两大类。主动刚体拥有一定的质量，可以受动力场、碰撞和非关键帧化的弹簧影响，从而改变运动状态；被动刚体相当于无限大质量的刚体，它能影响主动刚体的运动。但是被动刚体可以用来设置关键帧，一般被动刚体在动力学动画中用来制作地面、墙壁、岩石和障碍物等比较固定的物体，如图26-16所示。

图26-16

在使用刚体时需要注意到以下几点。

第1点：只能使用物体的形状节点或组节点来创建刚体。

第2点：曲线和细分曲面几何体不能用来创建刚体。

第3点：刚体碰撞时根据法线方向来计算。制作内部碰撞时，需要反转外部物体的法线方向。

第4点：为被动刚体设置关键帧时，在“时间轴”和“通道盒”中均不会显示关键帧标记，需要打开“曲线图编辑器”对话框才能看到关键帧的信息。

第5点：因为NURBS刚体解算的速度比较慢，所以要尽量使用多边形刚体。

26.2.1 创建主动刚体

主动刚体拥有一定的质量，可以受动力场、碰撞和非关键帧化的弹簧影响，从而改变运动状态。打开“创建主动刚体”命令的“刚体选项”对话框，其参数分为3大部分，分别是“刚体属性”“初始设置”和“性能属性”，如图26-17所示。

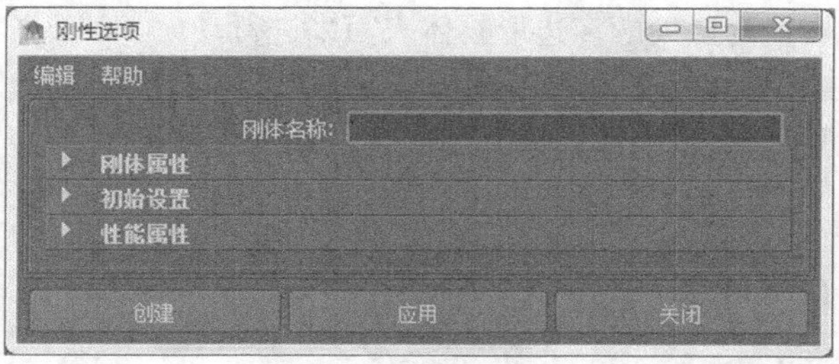

图26-17

刚体选项介绍

❖ 刚体名称：设置要创建的主动刚体的名称。

1.刚体属性

展开“刚体属性”卷展栏，如图26-18所示。

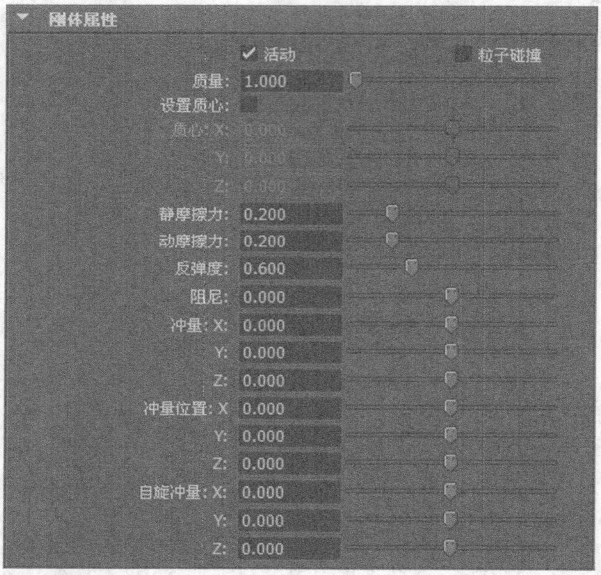

图26-18

刚体属性卷展栏参数介绍

❖ 活动：使刚体成为主动刚体。如果关闭该选项，则刚体为被动刚体。

❖ 粒子碰撞：如果已使粒子与曲面发生碰撞，且曲面为主动刚体，则可以启用或禁用“粒子碰撞”选项，以设定刚体是否对碰撞力作出反应。

❖ 质量：设定主动刚体的质量。质量越大，对碰撞对象的影响也就越大。Maya将忽略被动刚体的质量属性。

❖ 设置质心：该选项仅适用于主动刚体。

❖ 质心x/y/z：指定主动刚体的质心在局部空间坐标中的位置。

❖ 静摩擦力：设定刚体阻止从另一刚体的静止接触中移动的阻力大小。值为0时，则刚体可自由移动；值为1时，则移动将减小。

❖ 动摩擦力：设定移动刚体阻止从另一刚体曲面中移动的阻力大小。 值为0时，则刚体可自由移动；值为1时，则移动将减小。

技巧与提示

当两个刚体接触时，则每个刚体的“静摩擦力”和“动摩擦力”均有助于其运动。若要调整刚体在接触中的滑动和翻滚，可以尝试使用不同的“静摩擦力”和“动摩擦力”值。

- ❖ 反弹度：设定刚体的弹性。
- ❖ 阻尼：设定与刚体移动方向相反的力。该属性类似于阻力，它会在与其他对象接触之前、接触之中以及接触之后影响对象的移动。正值会减弱移动，负值会加强移动。
- ❖ 冲量x/y/z：使用幅值和方向，在“冲量位置x/y/z”中指定的局部空间位置的刚体上创建瞬时力。数值越大，力的幅值就越大。
- ❖ 冲量位置x/y/z：在冲量冲击的刚体局部空间中指定位置。如果冲量冲击质心以外的点，则刚体除了随其速度更改而移动以外，还会围绕质心旋转。
- ❖ 自旋冲量x/y/z：朝x、y、z值指定的方向，将瞬时旋转力（扭矩）应用于刚体的质心，这些值将设定幅值和方向。值越大，旋转力的幅值就越大。

2.初始设置

展开“初始设置”卷展栏，如图26-19所示。

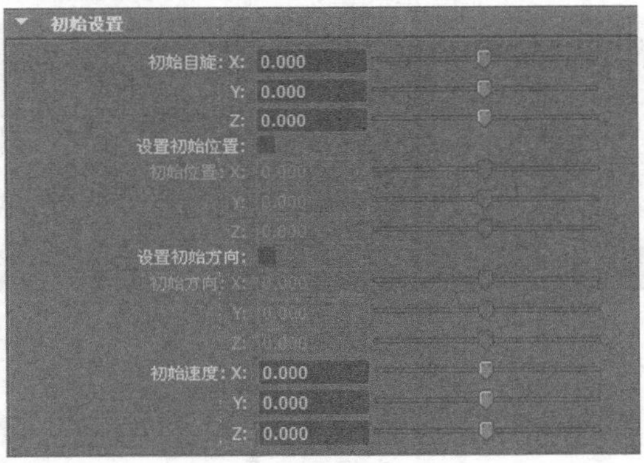

图26-19

初始设置卷展栏参数介绍

- ❖ 初始自旋x/y/z：设定刚体的初始角速度，这将自旋该刚体。
- ❖ 设置初始位置：勾选该选项后，可以激活下面的“初始位置x”“初始位置y”和“初始位置z”选项。
- ❖ 初始位置x/y/z：设定刚体在世界空间中的初始位置。
- ❖ 设置初始方向：勾选该选项后，可以激活下面的“初始方向x”“初始方向y”和“初始方向z”选项。
- ❖ 初始方向x/y/z：设定刚体的初始局部空间方向。
- ❖ 初始速度x/y/z：设定刚体的初始速度和方向。

3.性能属性

展开“性能属性”卷展栏，如图26-20所示。

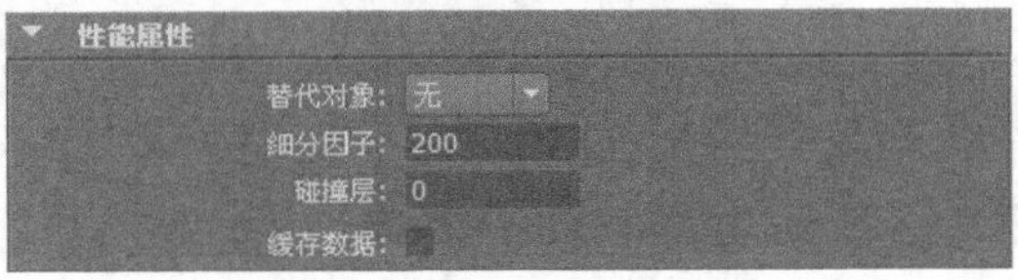

图26-20

性能属性卷展栏参数介绍

❖ 替代对象：允许选择简单的内部“立方体”或“球体”作为刚体计算的替代对象，原始对象仍在场景中可见。如果使用替代对象“球体”或“立方体”，则播放速度会提高，但碰撞反应将与实际对象不同。

❖ 细分因子：Maya 会在设置刚体动态动画之前在内部将NURBS对象转化为多边形。“细分因子”将设定转化过程中创建的多边形的近似数量。数量越小，创建的几何体越粗糙，且会降低动画精确度，但却可以提高播放速度。

❖ 碰撞层：可以用碰撞层来创建相互碰撞的对象专用组。只有碰撞层编号相同的刚体才会相互碰撞。

❖ 缓存数据：勾选该选项时，刚体在模拟动画时的每一帧位置和方向数据都将被存储起来。

26.2.2 创建被动刚体

被动刚体相当于无限大质量的刚体，它能影响主动刚体的运动。打开“创建被动刚体”命令的“刚体选项”对话框，其参数与主动刚体的参数完全相同，如图26-21所示。

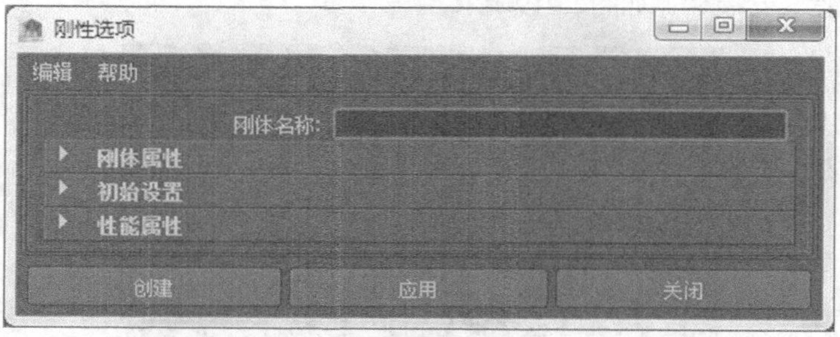

图26-21

技巧与提示

勾选“活动”选项可以使刚体成为主动刚体；关闭“活动”选项，则刚体为被动刚体。

【练习26-2】：制作刚体碰撞动画

场景文件　学习资源>场景文件>CH26>b.mb
实例文件　学习资源>实例文件>CH26>练习26-2.mb
技术掌握　掌握刚体动画的制作方法

本例用“创建主动刚体”和“创建被动刚体”命令制作的碰撞动画效果如图26-22所示。

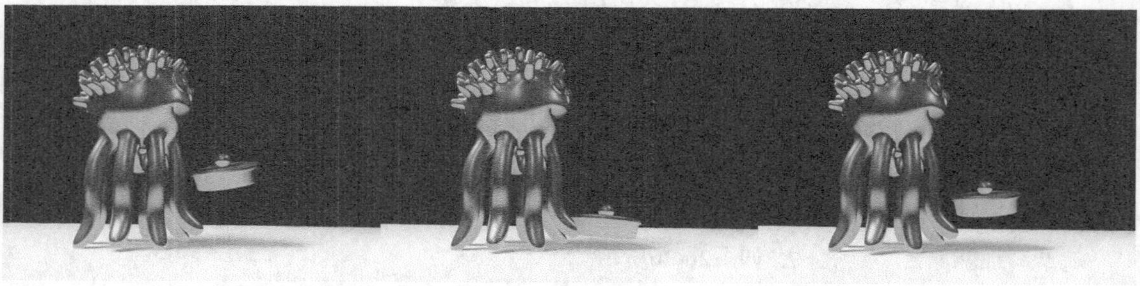

图26-22

01 打开学习资源中的“场景文件>CH26>b.mb”文件，如图26-23所示。

02 在“大纲视图”对话框中选择guo模型，如图26-24所示，然后执行“柔体/刚体>创建主动刚体”菜单命令，接着执行“场>重力”菜单命令。

图26-23

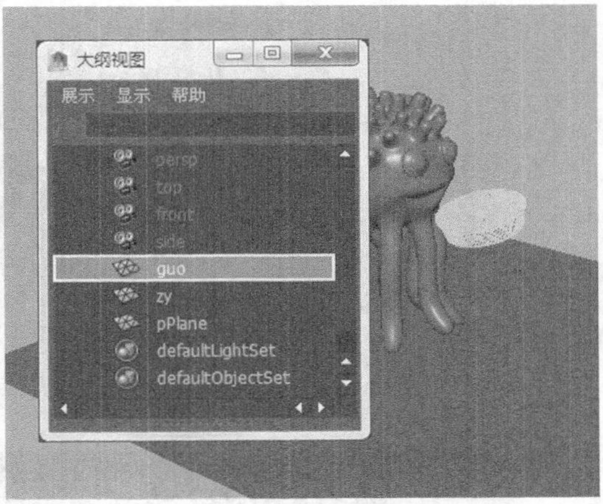

图26-24

03 在“大纲视图”对话框中选择pPlane模型，如图26-25所示，然后执行“柔体/刚体>创建被动刚体”菜单命令。

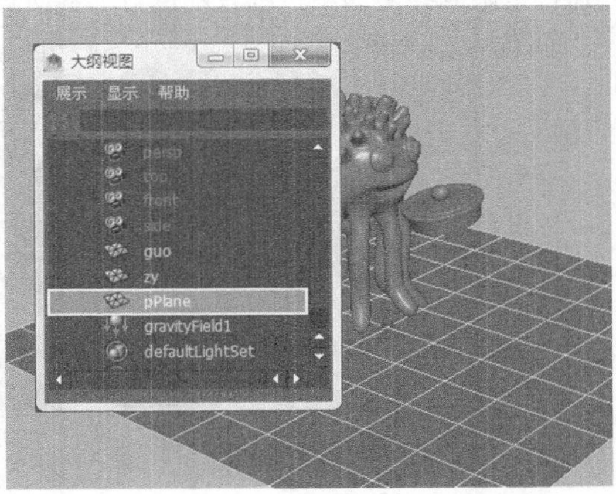

图26-25

技巧与提示

播放动画，可以观察到guo模型并没有产生动画效果，这是因为还没有给guo模型设置一个重力场。

04 选择guo模型，然后打开“重力选项”对话框，接着设置“x方向”为0、“y方向”为-1、“z方向”为0，最后单击“创建”按钮 创建 ，如图26-26所示。

05 选择guo模型，然后在“通道盒”中设置主动刚体的“质量”为3，如图26-27所示。

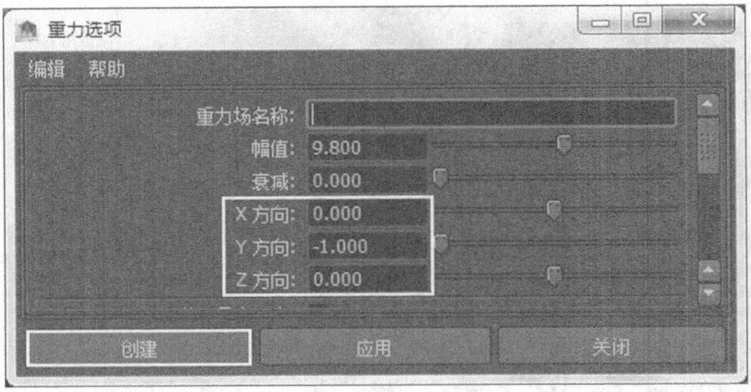

图26-26

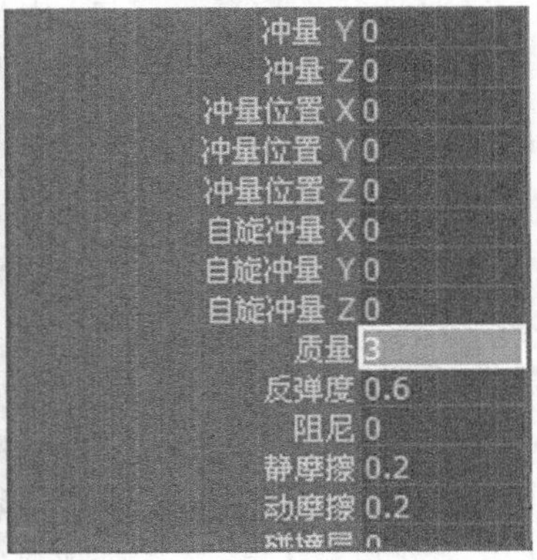

图26-27

06 播放动画，可以观察到guo模型受到重力掉在地上并和地面发生碰撞，然后又被弹了起来，如图26-28所示分别是第26帧、第57帧和第80帧的动画效果。

图26-28

26.3 创建约束

约束可以将某个对象的位置、方向或比例约束到其他对象。另外，利用约束可以在对象上施加特定限制并使动画过程自动进行。在Maya中，创建约束的命令被集合在“柔体/刚体”菜单下，如图26-29所示。

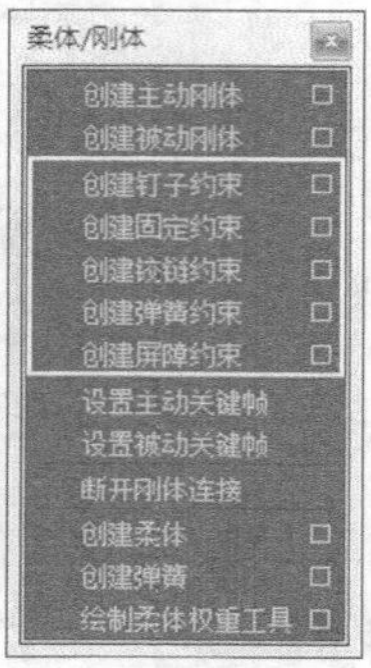

图26-29

26.3.1 创建钉子约束

用“创建钉子约束”命令可以将主动刚体固定到世界空间的一点，相当于将一根绳子的一端系在刚体上，而另一端固定在空间的一个点上。打开“创建钉子约束”命令的“约束选项”对话框，如图26-30所示。

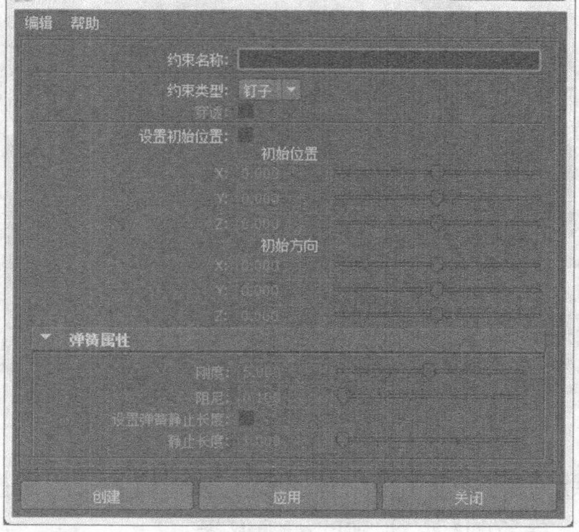

图26-30

约束选项介绍

- ❖ 约束名称：设置要创建的钉子约束的名称。
- ❖ 约束类型：选择约束的类型，包含“钉子”“固定”“铰链”“弹簧”和“屏障”5种。
- ❖ 穿透：当刚体之间产生碰撞时，勾选该选项可以使刚体之间相互穿透。
- ❖ 设置初始位置：勾选该选项后，可以激活下面的“初始位置”属性。
- ❖ 初始位置：设置约束在场景中的位置。
- ❖ 初始方向：仅适用于“铰链”和“屏障”约束，可以通过输入x、y、z轴的值来设置约束的初始方向。
- ❖ 刚度：设置“弹簧”约束的弹力。在具有相同距离的情况下，该数值越大，弹簧的弹力越大。
- ❖ 阻尼：设置“弹簧”约束的阻尼力。阻尼力的强度与刚体的速度成正比；阻尼力的方向与刚体速度的方向成反比。
- ❖ 设置弹簧静止长度：当设置“约束类型”为“弹簧”时，勾选该选项可以激活下面的“静止长度”选项。
- ❖ 静止长度：设置在播放场景时弹簧尝试达到的长度。

【练习26-3】：制作钉子约束动画

场景文件 学习资源>场景文件>CH26>c.mb
实例文件 学习资源>实例文件>CH26>练习26-3.mb
技术掌握 掌握钉子约束的用法

本例用“创建钉子约束”命令制作的撞击动画效果如图26-31所示。

图26-31

01 打开学习资源中的“场景文件>CH26>c.mb”文件，如图26-32所示。

02 选择球体，然后执行“场>重力”菜单命令，为球体创建一个重力场，接着执行“粒子>创建发射器”菜单命令，并将发射器拖曳到如图26-33所示的位置。

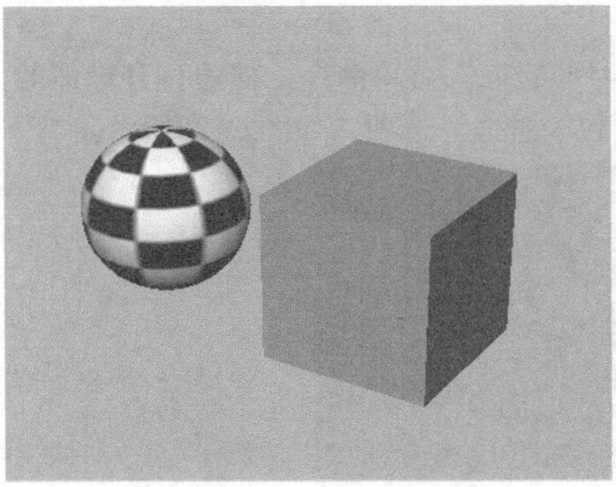

图26-32

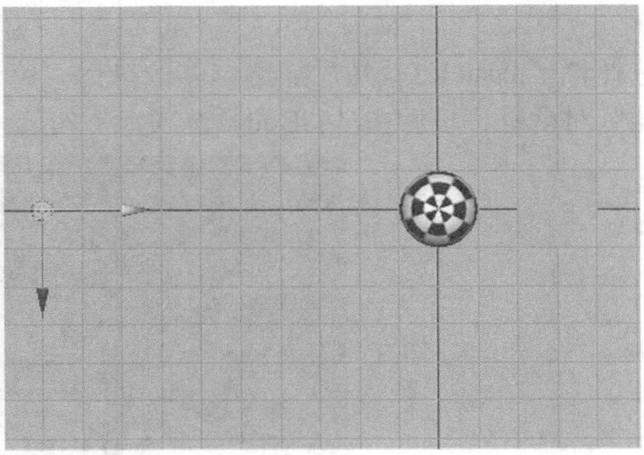

图26-33

03 选择发射器emitter1，按快捷键Ctrl+A打开其“属性编辑器”对话框，然后在emitter1选项卡下设置“发射器类型”为“方向”、“速率（粒子/秒）”为1，接着设置“方向x”为1、“方向y”为0、“方向z”为0、“扩散”为0，如图26-34所示；切换到particleShape1选项卡，然后设置“粒子渲染类型”为“数值”，如图26-35所示。

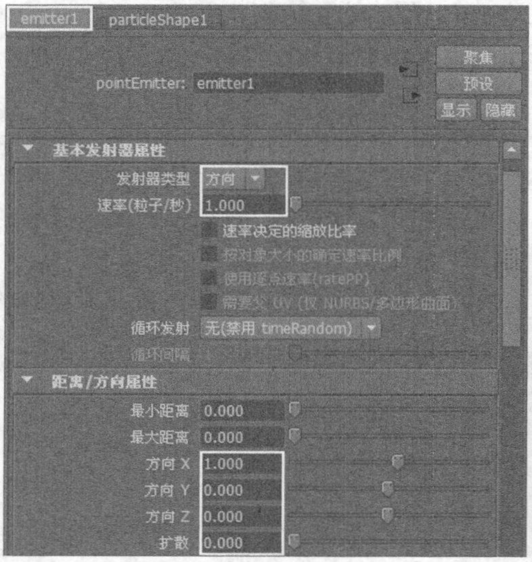

图26-34

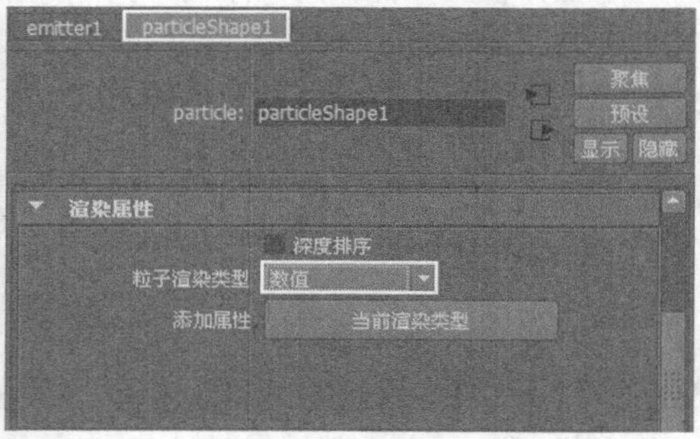

图26-35

04 播放动画，可以发现发射器发射出了数值粒子，同时球体受到重力的影响而下落，如图26-36所示。

05 选择球体，然后执行“柔体/刚体>创建钉子约束”菜单命令，接着将钉子约束的控制柄拖曳到如图26-37所示的位置。

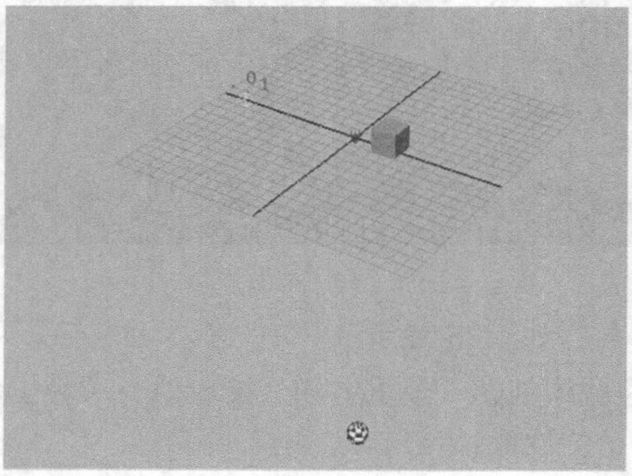

图26-36

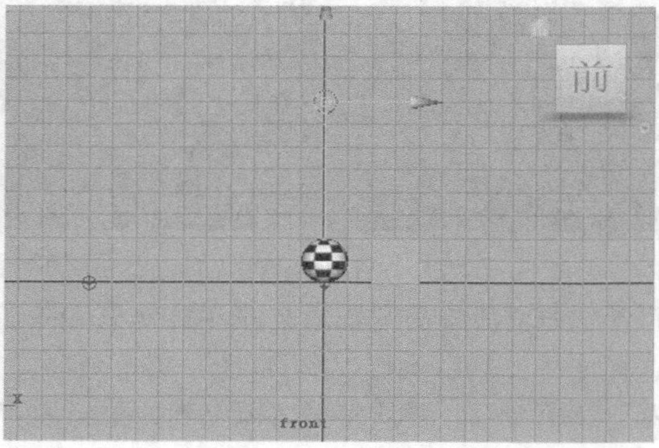

图26-37

06 选择粒子particle1，然后加选球体，执行“粒子>使碰撞”菜单命令，接着打开球体的“属性编辑器”对话框，最后在rigidBody1选项卡下勾选“粒子碰撞”选项，如图26-38所示。

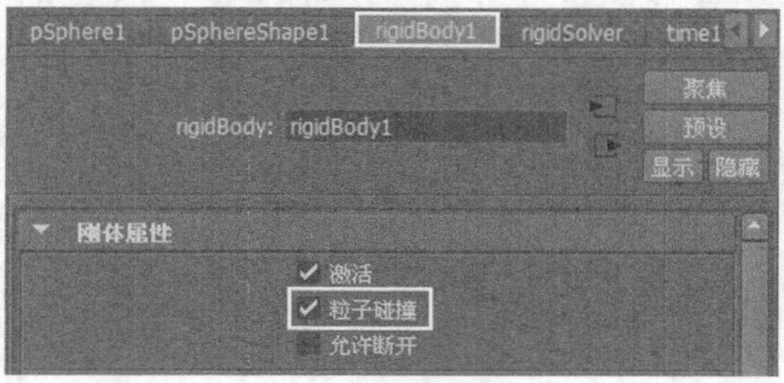

图26-38

07 播放动画，可以发现粒子打在球体上，球体被粒子打中后发生了摆动效果，如图26-39所示。

08 选择球体，然后加选盒子，接着执行“柔体/刚体>创建主动刚体”菜单命令，最后播放动画，可以发现球体撞到盒子上，盒子被撞了出去，如图26-40所示。

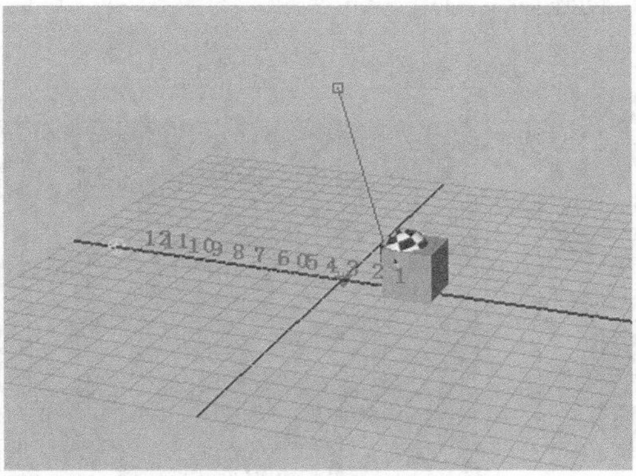
图26-39

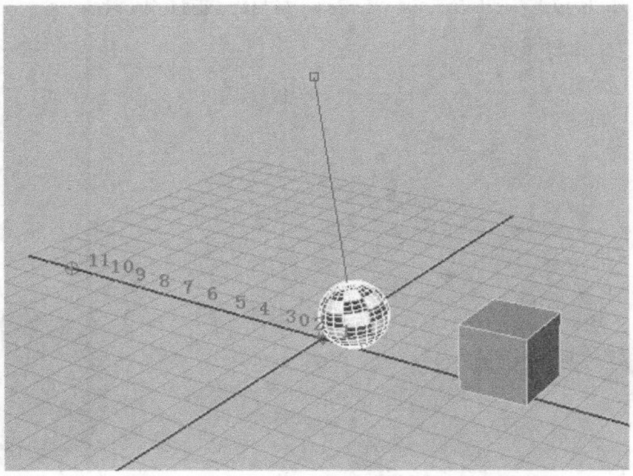
图26-40

09 执行“创建>多边形基本体>立方体”菜单命令，在盒子的底部创建一个立方体作为地面，如图26-41所示。

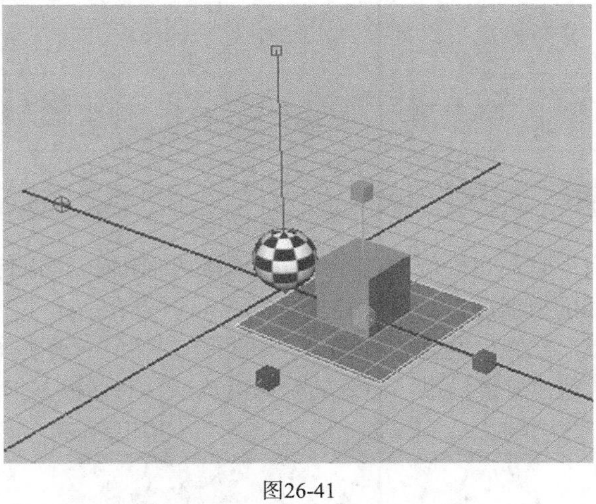
图26-41

10 选择盒子，然后执行“场>重力”菜单命令，为盒子设置一个重力场，接着选择地面，最后执行“柔体/刚体>创建被动刚体”菜单命令。播放动画，如图26-42所示分别是第280帧、第350帧和第400帧的动画效果。

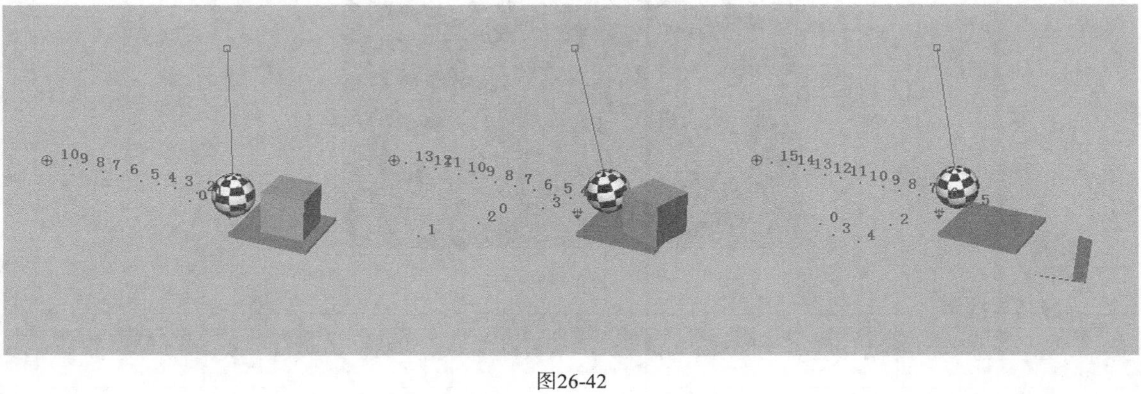
图26-42

26.3.2 创建固定约束

用“创建固定约束”命令可以将两个主动刚体或将一个主动刚体与一个被动刚体链接在一起，其作用就如同金属钉通过两个对象末端的球关节将其连接，如图26-43所示。“固定”约束经常用来创建类似链或机器臂中的链接效果。打开“创建固定约束”命令的“约束选项”对话框，如图26-44所示。

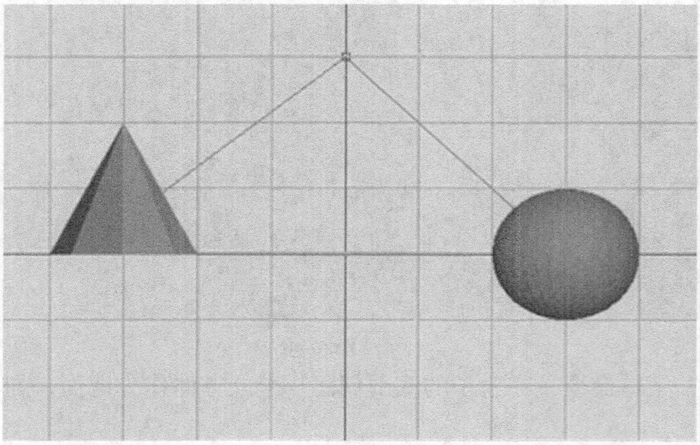

图26-43

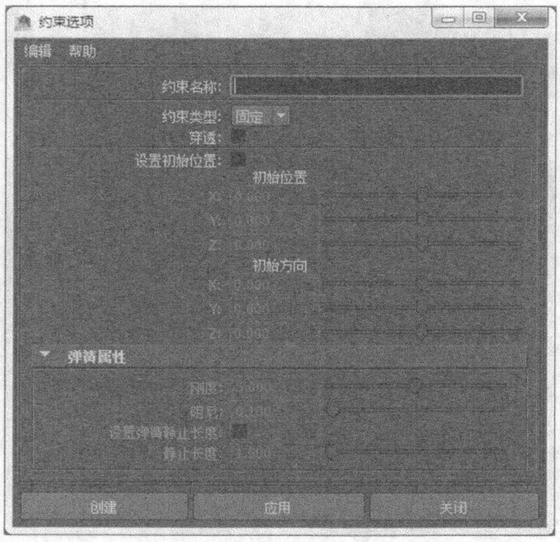

图26-44

技巧与提示

“创建固定约束”命令的参数与“创建钉子约束”命令的参数完全相同，只不过“约束类型”默认为“固定”类型。

26.3.3 创建铰链约束

“创建铰链约束”命令是通过一个铰链沿指定的轴约束刚体。可以使用“铰链”约束创建诸如铰链门、连接列车车厢的链或时钟的钟摆之类的效果。可以在一个主动或被动刚体以及工作区中的一个位置创建“铰链”约束，也可以在两个主动刚体、一个主动刚体和一个被动刚体之间创建“铰链”约束。打开“创建铰链约束”命令的“约束选项”对话框，如图26-45所示。

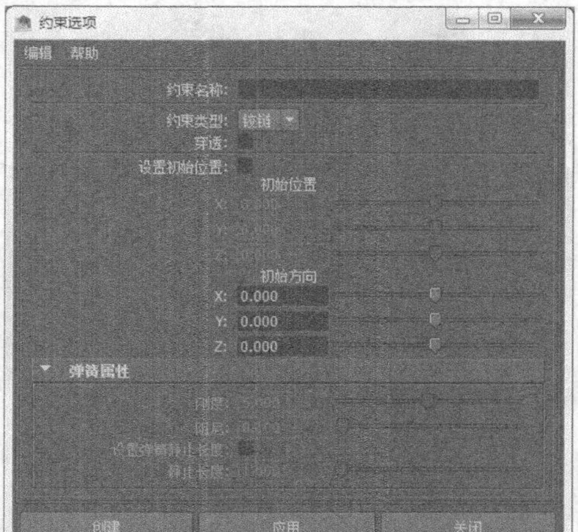

图26-45

技巧与提示

“创建铰链约束”命令的参数与“创建钉子约束”命令的参数完全相同，只不过“约束类型”默认为“铰链”类型。

【练习26-4】：制作铰链约束动画

场景文件　学习资源>场景文件>CH26>d.mb
实例文件　学习资源>实例文件>CH26>练习26-4.mb
技术掌握　掌握铰链约束的用法

本例用“创建铰链约束”命令制作的锤摆撞击瓶子动画效果如图26-46所示。

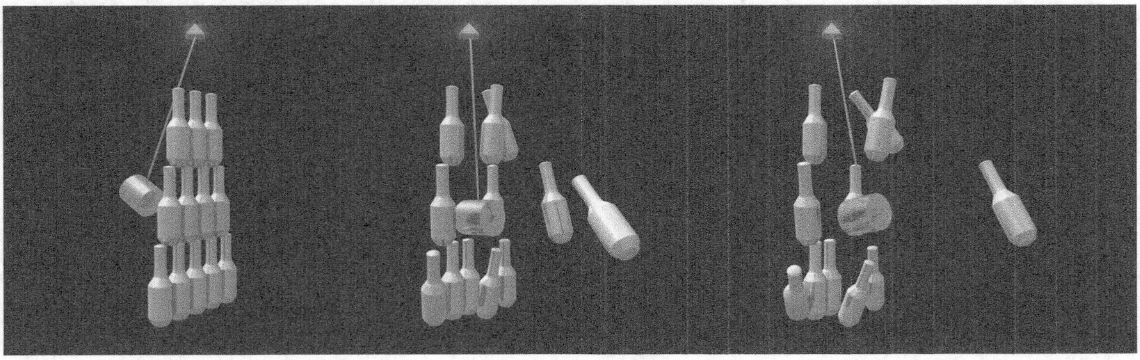

图26-46

01 打开学习资源中的“场景文件>CH26>d.mb”文件，如图26-47所示。

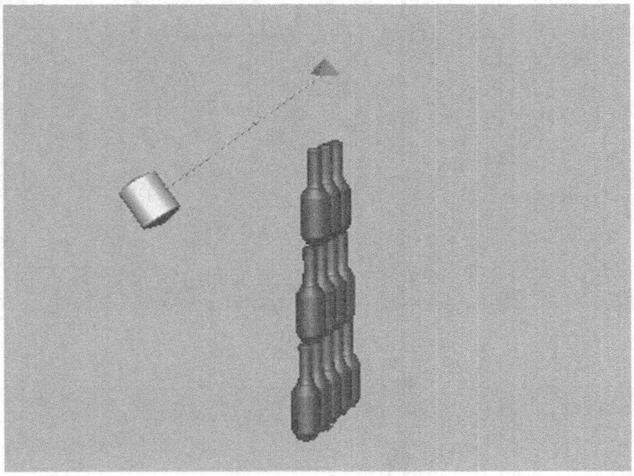

图26-47

02 选择锤摆，然后执行“场>重力”菜单命令，接着播放动画，效果如图26-48所示。

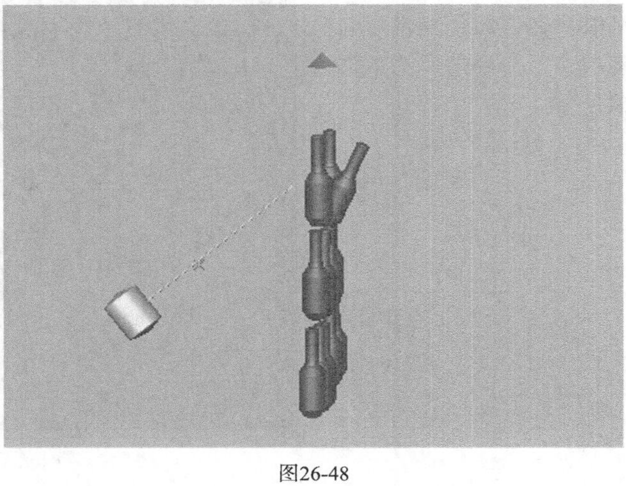

图26-48

03 选择球摆，然后执行“柔体/刚体>创建铰链约束”菜单命令，接着将铰链约束rigidHingeConstraint1的中心点拖曳到上面的圆锥体上，最后在“通道盒”中设置“旋转y”为268.247，如图26-49所示。

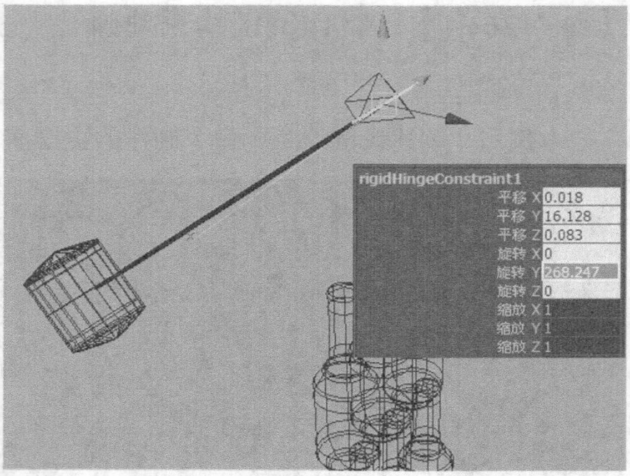

图26-49

04 播放动画，如图26-50所示分别是第60帧、第90帧和第120帧的动画效果。

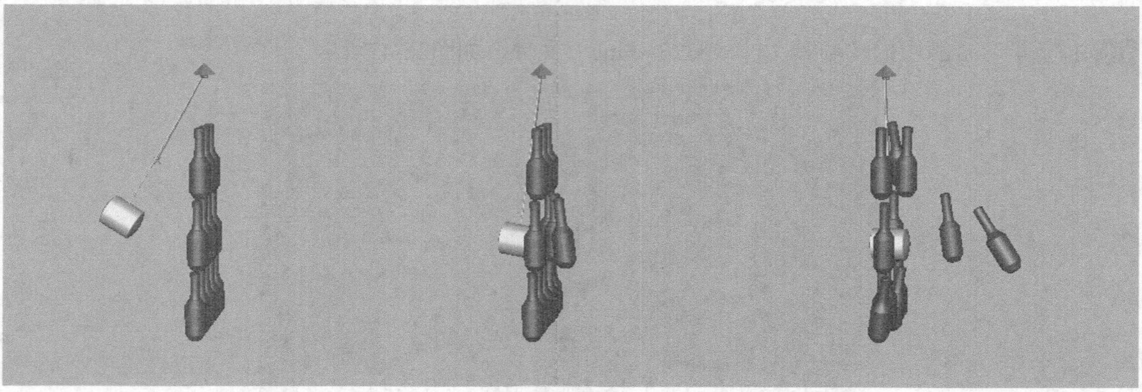

图26-50

26.3.4 创建弹簧约束

用“创建弹簧约束”命令可以将弹簧添加到柔体中，从而为柔体提供一个内部结构并改善变形控制，弹簧的数目及其刚度会改变弹簧的效果。此外，还可以将弹簧添加到常规粒子中。打开“创建弹簧约束”命令的“约束选项”对话框，如图26-51所示。

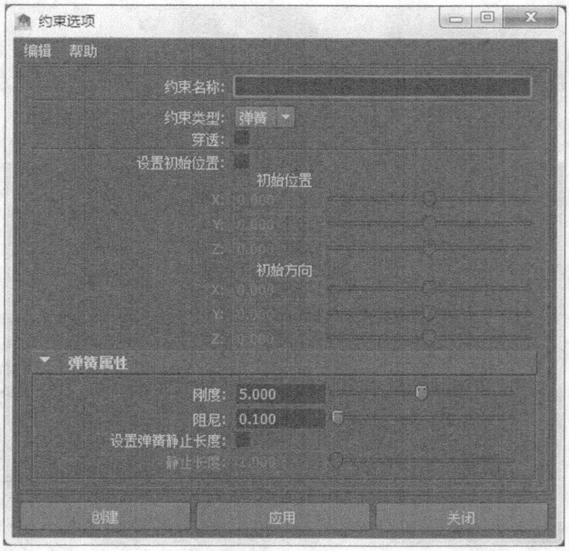

图26-51

技巧与提示

“创建弹簧约束”命令的参数与“创建钉子约束”命令的参数完全相同，只不过“约束类型”默认为“弹簧”类型。

26.3.5 创建屏障约束

用“创建屏障约束”命令可以创建无限屏障平面，超出后刚体重心将不会移动。可以使用“屏障”约束来创建阻塞其他对象的对象，例如墙或地板。可以使用“屏障”约束替代碰撞效果来节省处理时间，但是对象将偏转但不会弹开平面。注意，“屏障”约束仅适用于单个活动刚体，它不会约束被动刚体。打开“创建屏障约束”命令的“约束选项”对话框，如图26-52所示。

技巧与提示

“创建屏障约束”命令的参数与“创建钉子约束”命令的参数完全相同，只不过“约束类型”默认为“屏障”类型。

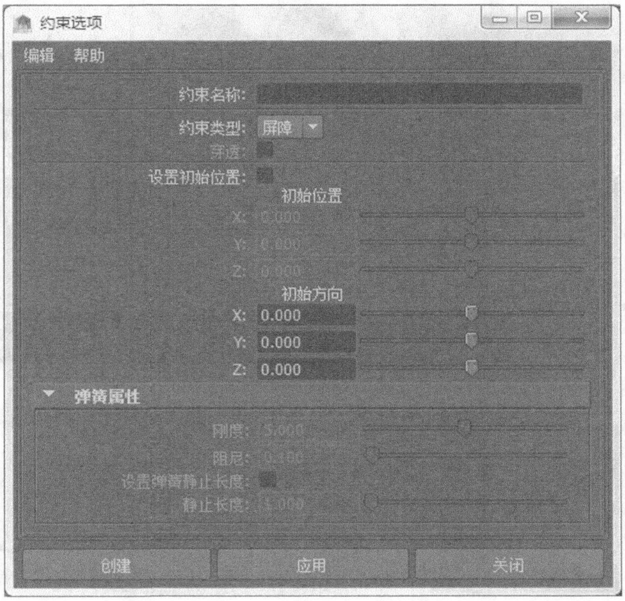

图26-52

【练习26-5】：制作屏障约束动画

场景文件 学习资源>场景文件>CH26>e.mb
实例文件 学习资源>实例文件>CH26>练习26-5.mb
技术掌握 掌握屏障约束的用法

本例用“创建屏障约束”命令制作的屏障约束动画效果如图26-53所示。

图26-53

01 打开学习资源中的“场景文件>CH26>e.mb”文件，如图26-54所示。

02 选择蝙蝠模型，然后执行“柔体/刚体>创建屏障约束”菜单命令，接着将“屏障”约束的控制柄拖曳到如图26-55所示的位置。

图26-54

图26-55

03 选择蝙蝠模型，然后执行“场>重力”菜单命令，接着播放动画，如图26-56所示分别是第20帧、第25帧和第30帧的动画效果。

图26-56

26.4 设置主动/被动关键帧

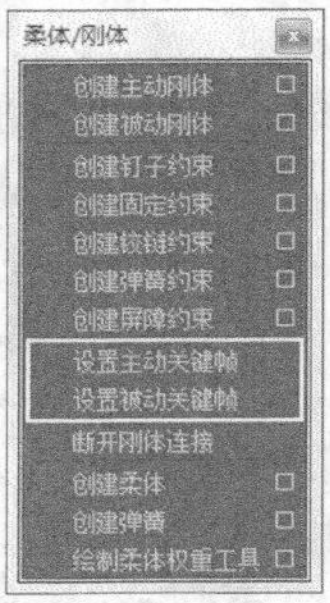

图26-57

在“柔体/刚体”菜单中可以设置主动和被动关键帧，如图26-57所示。

26.4.1 设置主动关键帧

用“设置主动关键帧”命令可以为柔体或刚体设定主动关键帧。通过设置主动关键帧，可以在设置时设置“活动”属性并为对象的当前“平移”和“旋转”属性值设置关键帧。

26.4.2 设置被动关键帧

用“设置被动关键帧”命令可以为柔体或刚体设置被动关键帧。通过设置被动关键帧，可以将控制从动力学切换到“平移”和“旋转”关键帧。

26.5 断开刚体连接

如果使用了“设置主动关键帧”和“设置被动关键帧”命令来切换动力学动画与关键帧动画，执行“断开刚体连接”命令可以打断刚体与关键帧之间的连接，从而使“设置主动关键帧”和“设置被动关键帧”控制的关键帧动画失效，而只有刚体动画对物体起作用，如图26-58所示。

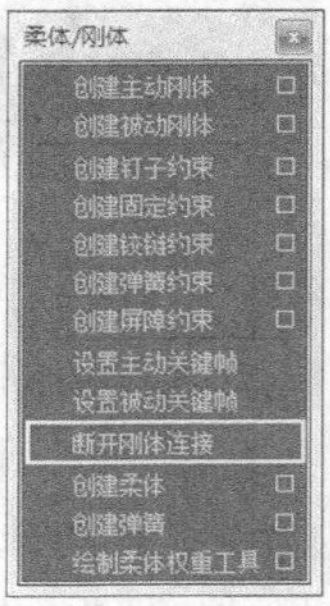

图26-58

26.6 知识总结与回顾

本章主要讲解了柔体、刚体以及约束的运用，内容不是很多，但是这部分内容对于制作动画还是比较重要的，希望大家对本章的实例勤加练习。在下一章中，我们将对Maya中的解算器进行介绍。

第27章 解算器

要点索引

- 解算器的作用
- 创建与编辑解算器

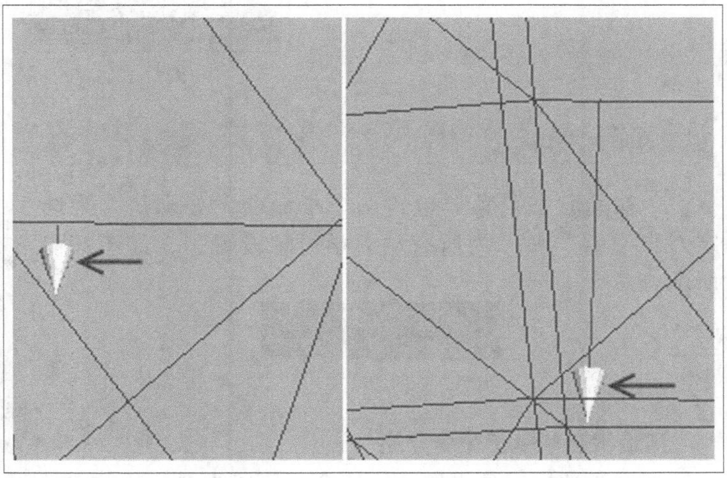

本章导读

本章将介绍Maya解算器的运用，这部分内容比较少，相比于前面所讲的内容，本章的内容不是很重要。如果大家对本章不是很感兴趣，可以直接略过本章的内容。

27.1 解算器概述

Maya的解算器可以用来解算刚体和柔体，并且可以设置粒子的缓存，还可以以交互方式查看动画的播放状态等。

27.2 创建与编辑解算器

展开“解算器”菜单，在该菜单中可以创建与编辑解算器，如图27-1所示。

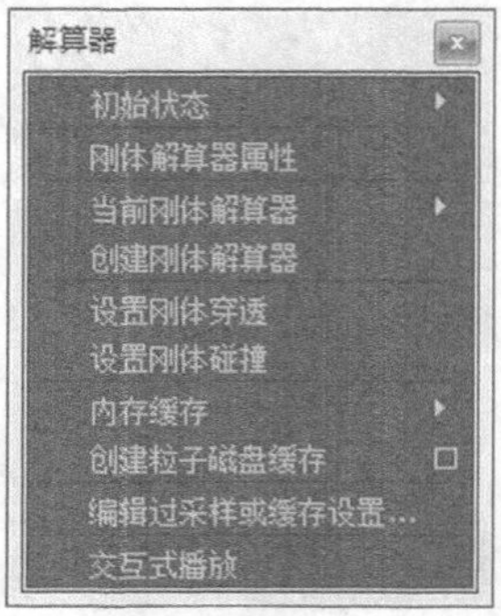

图27-1

27.2.1 初始状态

“初始状态”菜单包含两个子命令，分别是“为选定对象设置”和“为所有动力学对象设置”，如图27-2所示。

图27-2

初始状态菜单子命令介绍

❖ 为选定对象设置：用该命令可以为选定的动力学对象设置初始状态。

❖ 为所有动力学对象设置：用该命令可以为所有的动力学对象设置初始状态。

技巧与提示

使用“为所有动力学对象设置”命令时，不用选择动力学对象，因为该命令是对所有动力学对象设置初始状态。

27.2.2 刚体解算器属性

“刚体解算器属性”命令主要用于调节刚体解算器的参数。打开“刚体解算器属性”命令的“属性编辑器”对话框，如图27-3所示。

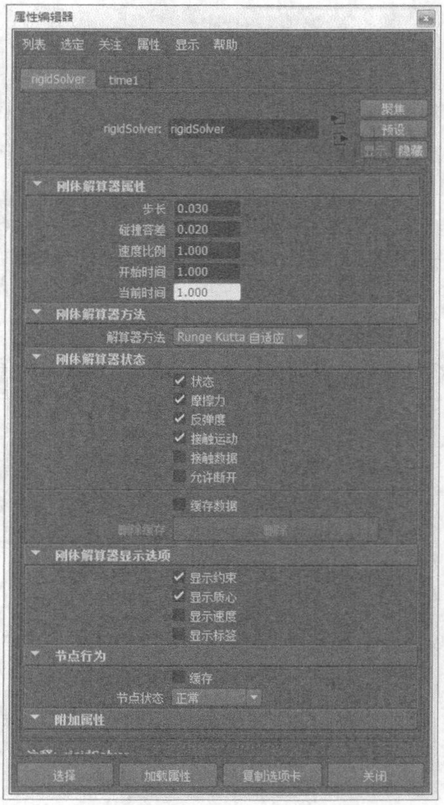

图27-3

刚体解算器属性介绍

- 步长：设定当前刚体解算器对刚体解算的频率。数值越小，解算器解算的次数越多，刚体动画就越准确，但解算速度会变慢。
- 碰撞容差：设定刚体解算器检测碰撞的速度和精确度。数值越小，碰撞检测越精确，但解算速度会变慢。
- 速度比例：该选项配合下面的“刚体解算器显示选项”卷展栏中的“显示速度”一起使用。勾选“显示速度”选项时，Maya会用刚体显示箭头来表示刚体运动的方向和速度，而“缩放比例”选项可以用来缩放箭头的大小，从而控制刚体运动速度的大小，如图27-4所示。

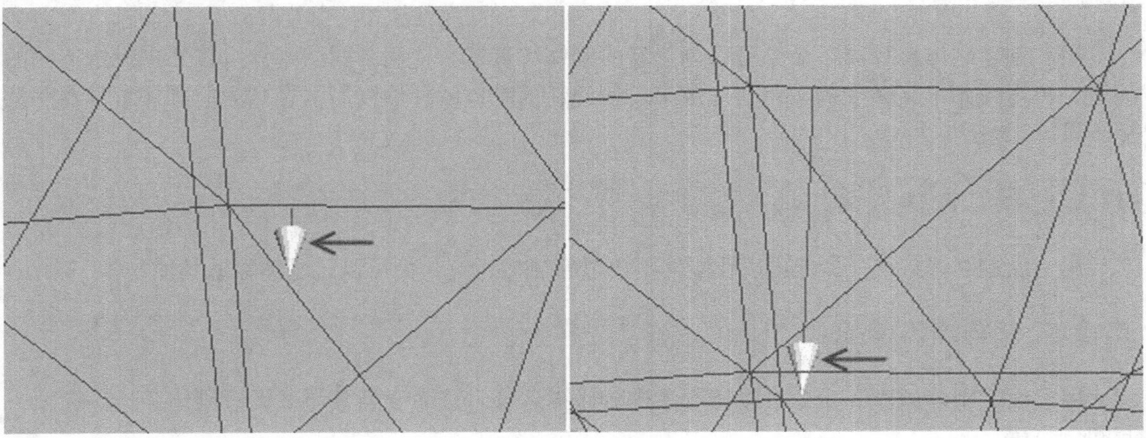

图27-4

- 开始时间：设定当前解算器从第几帧开始对相应的刚体进行解算。
- 当前时间：显示当前时间对应的帧。
- 解算器方法：选择解算器解算的方法，共有以下3种。
  - 中点：解算速度较快，但解算精度较低。
  - Runge Kutta：解算速度与精度均属中等水平。
  - Runge Kutta自适应：Maya默认的解算方式，其解算精度比较高，但解算速度最慢。
- 状态：控制力场、碰撞和刚体约束等作用。如果关闭该选项，可以加快动画的回放速度。
- 摩擦力：设定刚体在碰撞后是处于黏滞还是滑动状态。若勾选该选项，刚体在碰撞后会受摩擦力影响，从而减慢其本身的速度。
- 反弹度：控制刚体在碰撞时的反弹度。若关闭该选项，在碰撞时不发生反弹。
- 接触运动：设定刚体运动是否保持连贯性。勾选该选项时，Maya会基于牛顿力学定律来模仿物体；如果关闭该选项，刚体运动没有阻尼力，并且不带有惯性。
- 接触数据：勾选该选项时，可以储存和积累刚体碰撞时的数据。
- 允许断开：勾选该选项时，允许断开刚体解算器与对应刚体的连接关系。
- 缓存数据：勾选该选项后，可以保存刚体解算器的缓存数据。
- 删除缓存：单击后面的“删除”按钮删除，可以删除刚体的缓存数据。

27.2.3 当前刚体解算器

创建刚体解算器以后，在“当前刚体解算器”菜单下可以观察到场景中的刚体解算器，同时可以选择用那个解算器作为当前解算器，如图27-5所示。

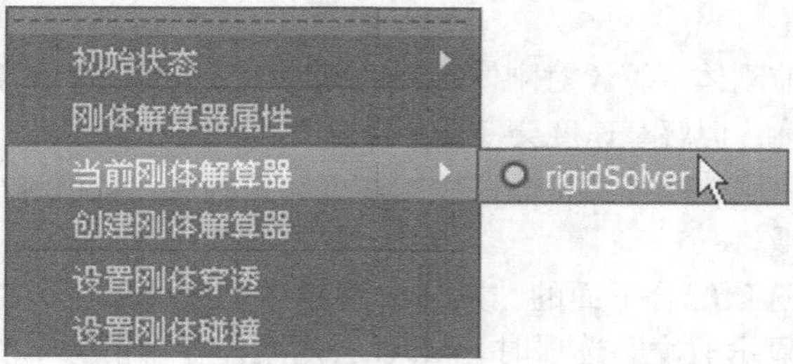

图27-5

27.2.4 创建刚体解算器

用“创建刚体解算器”命令可以创建新的刚体解算器。使用不同的刚体解算器来设定不同的参数，可以得到丰富多变的刚体变化效果。创建新的刚体解算器以后，在“当前刚体解算器”菜单下可以观察到。

27.2.5 设置刚体穿透

用“设置刚体穿透”命令可以让刚体不再进行碰撞运算，而可以让刚体穿透其他物体。

27.2.6 设置刚体碰撞

用“设置刚体碰撞”命令可以让刚体进行碰撞运算。该命令经常与“设置刚体穿透”命令一起配合使用。

27.2.7 内存缓存

用“内存缓存”命令可以启用、禁用和删除内存缓存，如图27-6所示。在内存中可以暂时储存动力学数据，以备在预览动画时使用。

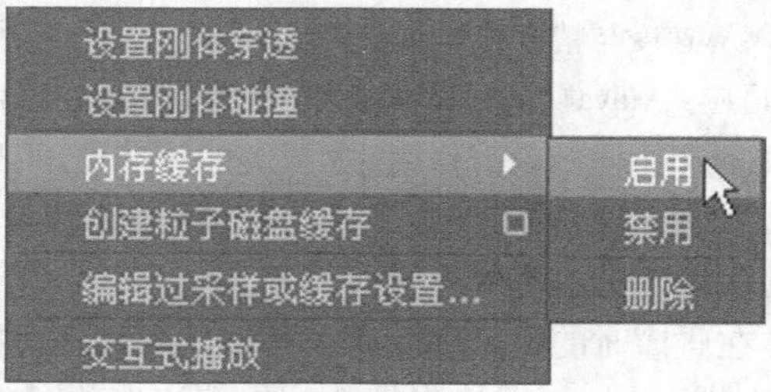

图27-6

技巧与提示

内存缓存是在内存中存储动力学解算的数据，而不是在磁盘上进行存储，与下面的“创建粒子磁盘缓存”命令有本质的区别。

27.2.8 创建粒子磁盘缓存

用“创建粒子磁盘缓存”命令可以将粒子及其动力学解算数据存储到磁盘中。打开“创建粒子磁盘缓存选项”对话框，如图27-7所示。

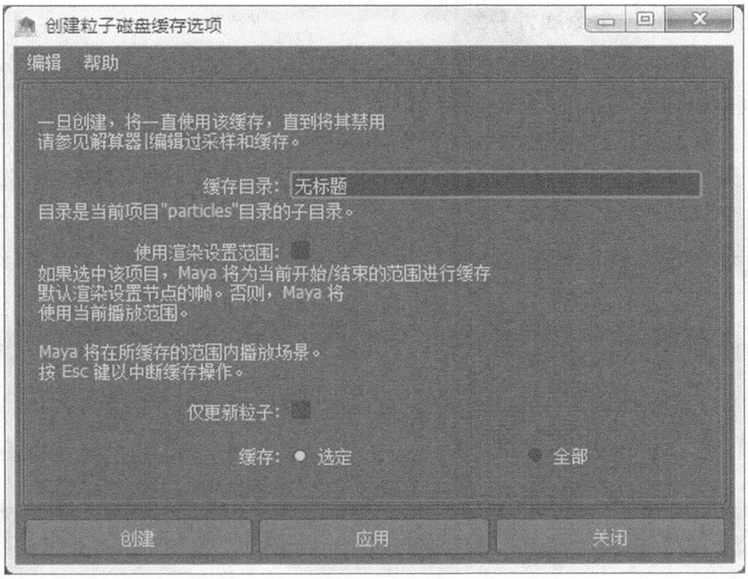
创建粒子磁盘缓存选项
编辑 帮助
一旦创建，将一直使用该缓存，直到将其禁用
请参见解算器|编辑过采样和缓存。
缓存目录：无标题
目录是当前项目"particles"目录的子目录。
使用渲染设置范围：
如果选中该项目，Maya 将为当前开始/结束的范围进行缓存
默认渲染设置节点的帧。否则，Maya 将
使用当前播放范围。
Maya 将在所缓存的范围内播放场景。
按 Esc 键以中断缓存操作。
仅更新粒子：
缓存：选定
全部
创建
应用
关闭

图27-7

创建粒子磁盘缓存选项介绍

❖ 缓存目录：设定粒子磁盘缓存的储存位置。

❖ 使用渲染设置范围：如果勾选该选项，将会在默认渲染设置中指定Maya缓存粒子的帧范围，而不是当前播放范围。如果计划在渲染中使用渲染设置范围，则应勾选该选项。

❖ 仅更新粒子：如果关闭该选项，粒子将通过常规DG求值来计算粒子，并保证缓存拥有与交互播放中相同的结果；如果勾选该选项，Maya将通过触发仅针对粒子的求值来优化求值。

❖ 缓存：指定缓存“选定”粒子系统还是“全部”粒子系统。如果选择“选定”粒子系统，则仅缓存可见的（非中间）粒子系统。

技巧与提示

粒子的磁盘缓存可以将动力学解算数据储存到磁盘上，以备预览和最终渲染时调用。使用磁盘缓存可以提高交互速度和渲染速度。

27.2.9 编辑过采样或缓存设置

用“编辑过采样或缓存设置”命令可以设定过采样级别或者调整粒子磁盘缓存的参数。执行“编辑过采样或缓存设置”命令，打开“属性编辑器”对话框，如图27-8所示。

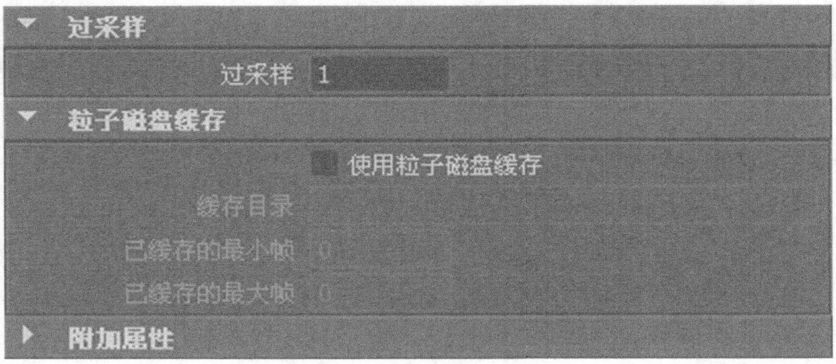
过采样
过采样 1
粒子磁盘缓存
使用粒子磁盘缓存
缓存目录
已缓存的最小帧 0
已缓存的最大帧 0
附加属性

图27-8

编辑过采样或缓存设置命令属性介绍

- ❖ 过采样：为动力学模拟的每个帧指定子步数目。值为1时，不设定任何过采样；值大于1会使Maya以指定值过采样动力学模拟。
- ❖ 使用粒子磁盘缓存：决定Maya是否使用缓存。在创建缓存时，该属性会自动启用。
- ❖ 缓存目录：该属性允许指定Maya寻找缓存的目录。可以使用该选项选择要使用哪几个已保存缓存。
- ❖ 已缓存的最小/大帧：这两个选项记录在最近缓存操作中存储的最小和最大帧。

27.2.10 交互式播放

"交互式播放"命令可以用于与动力学对象交互，并在播放时查看模拟更新。例如，可以振动已应用抖动的对象，以立即查看效果。

27.3 知识总结与回顾

到此，解算器的知识就介绍完毕，这部分内容不是本书的重点。在下一章中，我们将对Maya中的流体进行介绍。

第28章 流体

要点索引

- 创建流体容器
- 获取流体示例
- 编辑流体
- 设置流体碰撞
- 设置流体状态

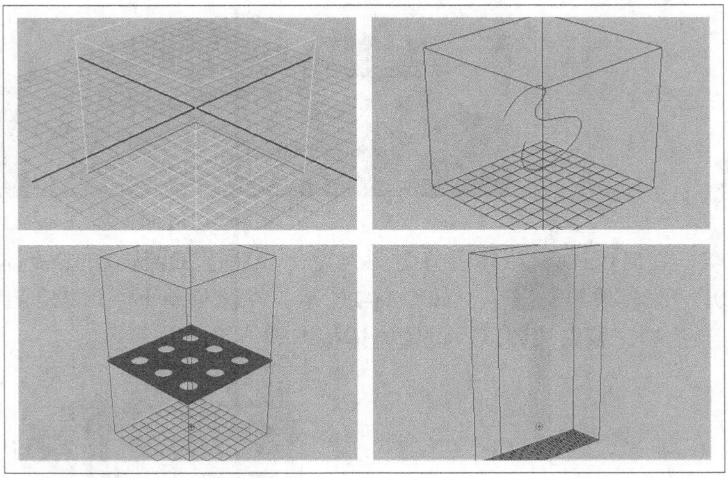

本章导读

本章将介绍Maya的流体技术，这部分内容比较多，主要包括流体容器的创建方法、流体示例的获取方法、流体的编辑方法、流体碰撞的设置方法以及流体状态的设置方法等。

28.1 流体概述

流体最早是工程力学的一门分支学科，用来计算没有固定形态的物体在运动中的受力状态。随着计算机图形学的发展，流体也不再是现实学科的附属物了。Maya的“动力学”模块中的流体功能是一个非常强大的流体动画特效制作工具，使用流体可以模拟出没有固定形态的物体的运动状态，如云雾、爆炸、火焰和海洋等，如图28-1所示。

图28-1

在Maya中，流体可分为两大类，分别是2D流体和3D流体。切换到“动力学”模块，然后展开“流体效果”菜单，如图28-2所示。在该菜单下，可以创建流体容器、获取流体示例、创建海洋/池塘、编辑流体以及设置流体状态等。

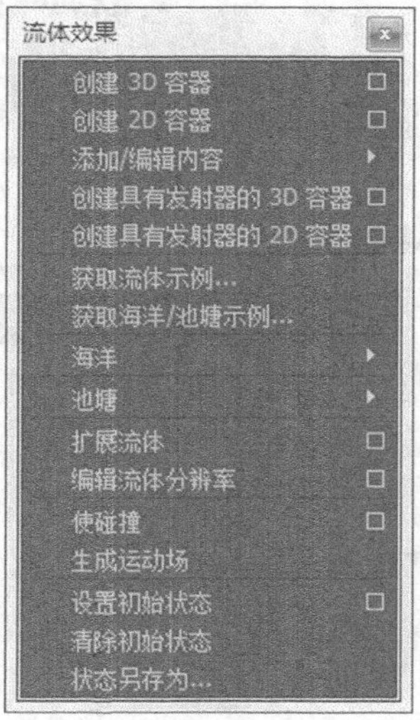

图28-2

技巧与提示

Maya中的流体指的是单一的流体，也就是不能让两个或两个以上的流体相互作用。Maya提供了很多自带的流体特效文件，可以直接调用。

28.2 创建流体容器

在Maya中，要想让流体生存和发射粒子，必须先为流体创建容器。Maya中的流体容器分为3D容器和2D容器两种。另外，还可以创建带有发射器的流体容器。

28.2.1 创建3D容器

“创建3D容器”命令主要用来创建3D容器。打开“创建3D容器选项”对话框，如图28-3所示。

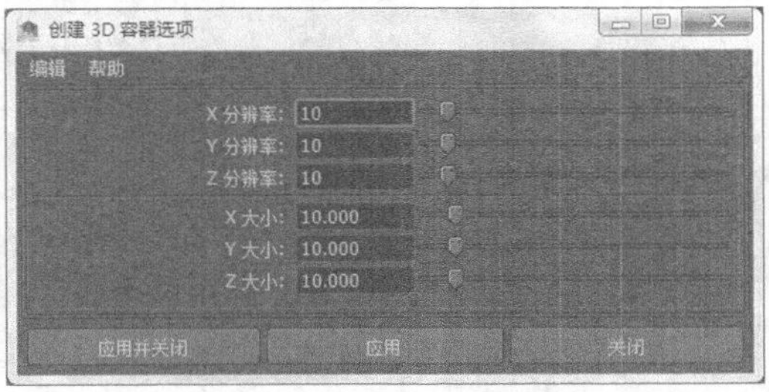

图28-3

创建3D容器选项介绍

❖ x/y/z分辨率：设置容器中流体显示的分辨率。分辨率越高，流体越清晰。

❖ x/y/z大小：设置容器的大小。

技巧与提示

创建3D容器的方法很简单，执行“流体效果>创建3D容器”菜单命令，即可在场景中创建一个3D容器，如图28-4所示。

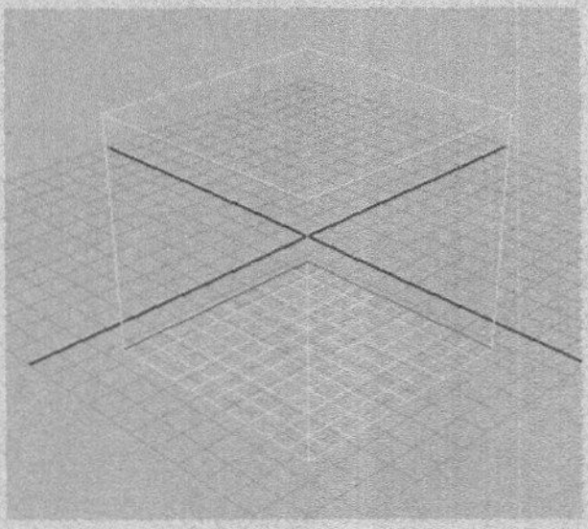

图28-4

28.2.2 创建2D容器

“创建2D容器”命令主要用来创建2D容器。打开“创建2D容器选项”对话框，如图28-5所示。

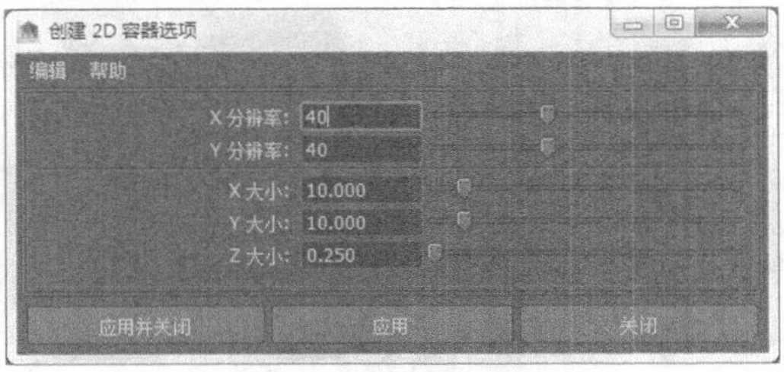

图28-5

技巧与提示

“创建2D容器选项”对话框中的参数与“创建3D容器选项”对话框中的参数基本相同，这里不再重复讲解。

【练习28-1】：创建2D和3D容器

场景文件　无
实例文件　学习资源>实例文件>CH28>练习28-1.mb
技术掌握　掌握2D和3D容器的创建方法

01 打开“创建2D容器选项”对话框，然后设置“y大小”为20，接着单击“应用并关闭”按钮 应用并关闭，如图28-6所示，这样就在场景中创建了一个2D容器，如图28-7所示。

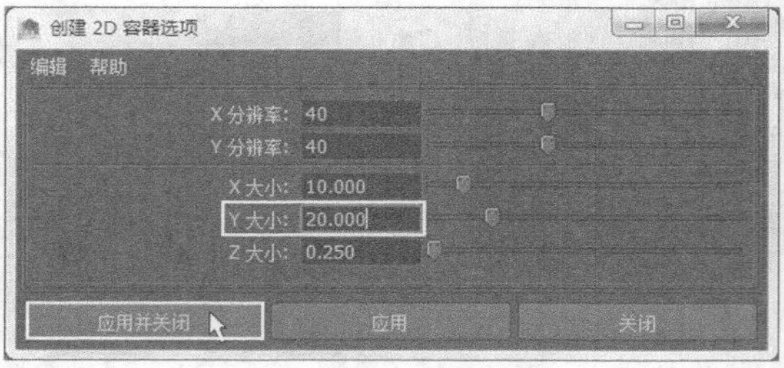

图28-6

图28-7

02 打开“创建3D容器选项”对话框，然后设置“x大小”为50、“z大小”为30，接着单击“应用并关闭”按钮 应用并关闭，如图28-8所示，这样就在场景中创建了一个3D容器，如图28-9所示。

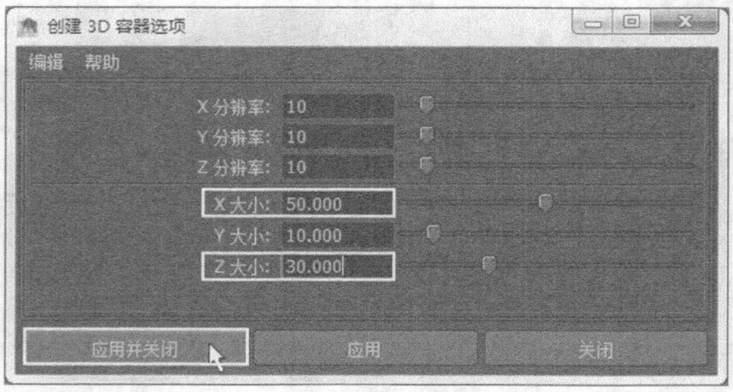

图28-8

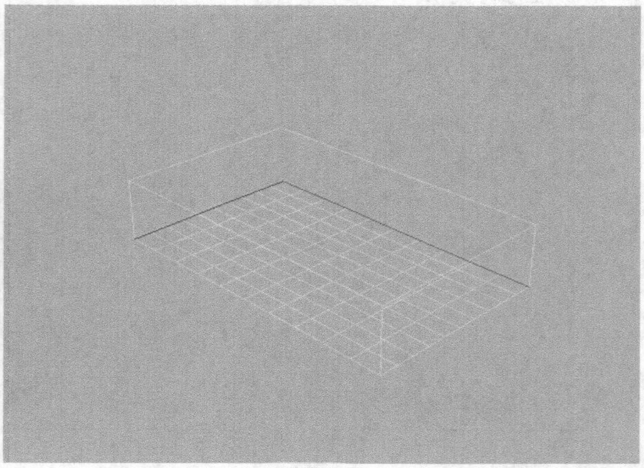

图28-9

28.2.3 添加/编辑内容

“添加/编辑内容”菜单包含6个子命令，分别是“发射器”“从对象发射”“渐变”“绘制流体工具”“连同曲线”和“初始状态”，如图28-10所示。

图28-10

1.发射器

选择容器以后，执行“发射器”命令可以为当前容器添加一个发射器。打开“发射器选项”对话框，如图28-11所示。

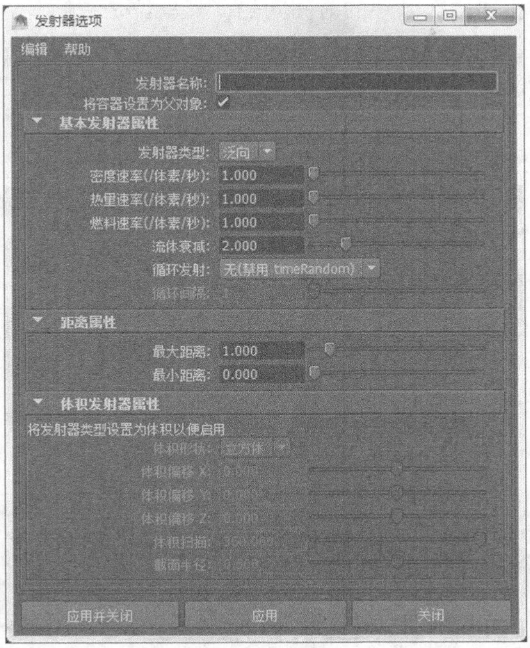

图28-11

发射器选项介绍

❖ 发射器名称：设置流体发射器的名称。

❖ 将容器设置为父对象：勾选该选项后，可以将创建的发射器设置为所选容器的子物体。

❖ 发射器类型：包含“泛向”和“体积”两种。

  ✧ 泛向：该发射器可以向所有方向发射流体。

  ✧ 体积：该发射器可以从封闭的体积发射流体。

❖ 密度速率（/体素/秒）：设定每秒内将密度值发射到栅格体素的平均速率。负值会从栅格中移除密度。

❖ 热量速率（/体素/秒）：设定每秒内将温度值发射到栅格体素的平均速率。负值会从栅格中移除热量。

❖ 燃料速率（/体素/秒）：设定每秒内将燃料值发射到栅格体素的平均速率。负值会从栅格中移除燃料。

技巧与提示

“体素”是“体积”和“像素”的缩写，表示把平面的像素推广到立体空间中，可以理解为立体空间内体积的最小单位。另外，密度是流体的可见特性；热量的高低可以影响一个流体的反应；速度是流体的运动特性；燃料是密度定义的可发生反应的区域。密度、热量、燃料和速度是动力学流体必须模拟的，可以通过用速度的力量来推动容器内所有的物体。

❖ 流体衰减：设定流体发射的衰减值。对于“体积”发射器，衰减指定远离体积轴（取决于体积形状）移动时发射衰减的程度；对于“泛向”发射器，衰减以发射点为基础，从“最小距离”发射到“最大距离”。

❖ 循环发射：在一段间隔（以帧为单位）后重新启动随机数流。

  - ✧ 无（禁用timeRandom）：不进行循环发射。
  - ✧ 帧（启用timeRandom）：如果将"循环发射"设定为"帧（启用timeRandom）"，并将"循环间隔"设定为1，将导致在每一帧内重新启动随机流。
- ❖ 循环间隔：设定相邻两次循环的时间间隔，其单位是"帧"。
- ❖ 最大距离：从发射器创建新的特性值的最大距离，不适用于"体积"发射器。
- ❖ 最小距离：从发射器创建新的特性值的最小距离，不适用于"体积"发射器。
- ❖ 体积形状：设定"体积"发射器的形状，包括"立方体""球体""圆柱体""圆锥体"和"圆环"5种。
- ❖ 体积偏移x/y/z：设定体积偏移发射器的距离，这个距离基于发射器的局部坐标。旋转发射器时，设定的体积偏移也会随之旋转。
- ❖ 体积扫描：设定发射体积的旋转角度。
- ❖ 截面半径：仅应用于"圆环体"体积，用于定义圆环体的截面半径。

2.从对象发射

用"从对象发射"命令可以将流体从选定对象上发射出来。打开"从对象发射选项"对话框，如图28-12所示。

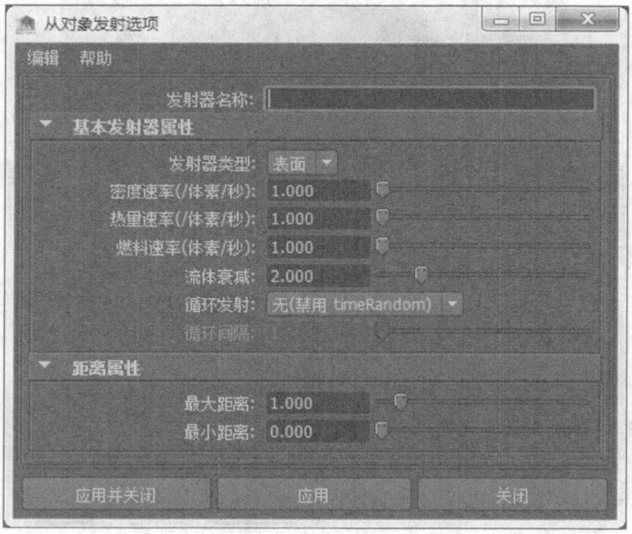

图28-12

从对象发射选项介绍

- ❖ 发射器类型：选择流体发射器的类型，包含"泛向""表面"和"曲线"3种。
  - ✧ 泛向：这种发射器可以从各个方向发射流体。
  - ✧ 表面：这种发射器可以从对象的表面发射流体。
  - ✧ 曲线：这种发射器可以从曲线上发射流体。

技巧与提示

必须保证曲线和表面在流体容器内，否则它们不会发射流体。如果曲线和表面只有一部分在流体容器内部，则只有在容器内部的部分才会发射流体。

3.渐变

用"渐变"命令为流体的密度、速度、温度和燃料填充渐变效果。打开"流体渐变选项"对话框，如图28-13所示。

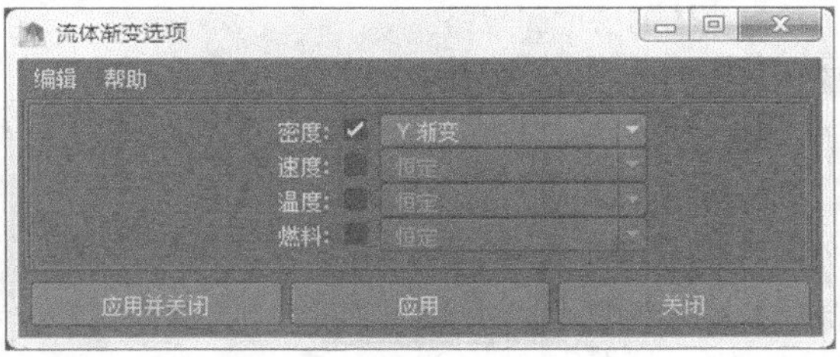

图28-13

流体渐变选项介绍

❖ 密度：设定流体密度的梯度渐变，包含“恒定”“x渐变”“y渐变”“z渐变”“-x渐变”“-y渐变”“-z渐变”和“中心渐变”8种，如图28-14所示分别是这8种渐变效果。

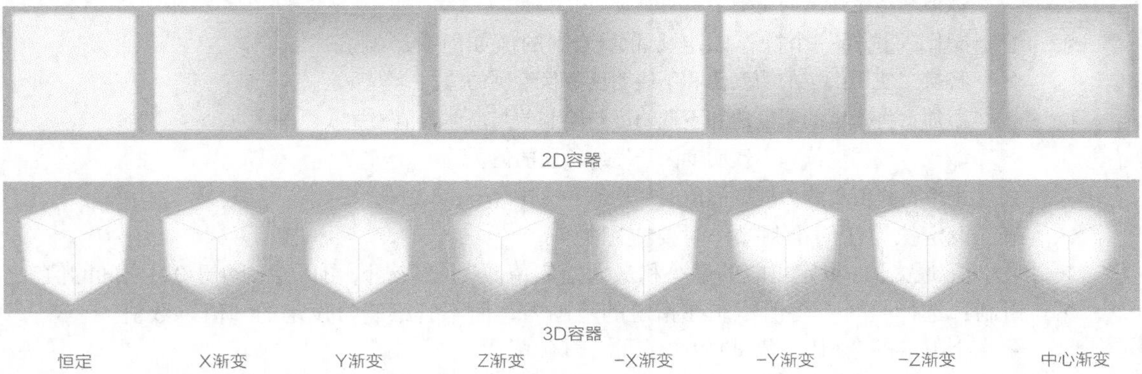

图28-14

❖ 速度：设定流体发射梯度渐变的速度。

❖ 温度：设定流体温度的梯度渐变。

❖ 燃料：设定流体燃料的梯度渐变。

4.绘制流体工具

用“绘制流体工具”可以绘制流体的密度、颜色、燃料、速度和温度等属性。打开“绘制流体工具”的“工具设置”对话框，如图28-15所示。

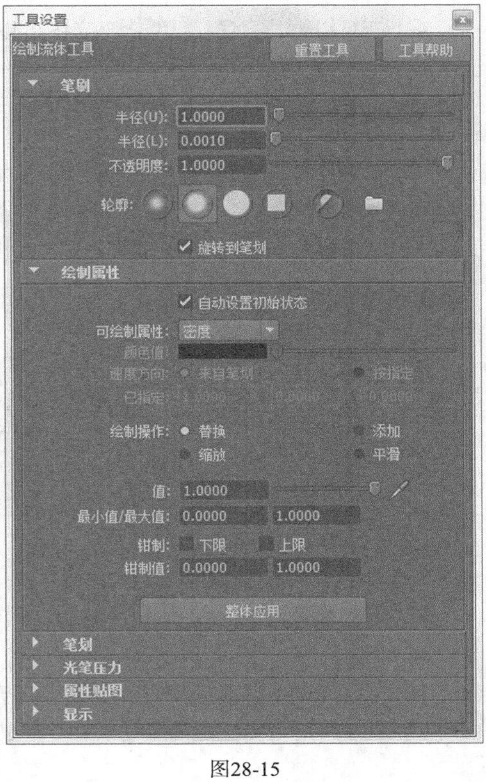

图28-15

绘制流体工具参数介绍

❖ 自动设置初始状态：如果启用该选项，那么在退出“绘制流体工具”、更改当前时间或更改当前选择时，会自动保存流体的当前状态；如果禁用该选项，并且在播放或单步执行模拟之前没有设定流体的初始状态，那么原始绘制的值将丢失。

❖ 可绘制属性：设置要绘制的属性，共有以下8个选项。

✧ 密度：绘制流体的密度。

✧ 密度和颜色：绘制流体的密度和颜色。

- ✧ 密度和燃料：绘制流体的密度和燃料。
- ✧ 速度：绘制流体的速度。
- ✧ 温度：绘制流体的温度。
- ✧ 燃料：绘制流体的燃料。
- ✧ 颜色：绘制流体的颜色。
- ✧ 衰减：绘制流体的衰减程度。

❖ 颜色值：当设置“可绘制属性”为“颜色”或“密度和颜色”时，该选项才可用，主要用来设置绘制的颜色。

❖ 速度方向：使用“速度方向”设置可选择如何定义所绘制的速度笔划的方向。

- ✧ 来自笔划：速度向量值的方向来自沿当前绘制切片的笔刷的方向。
- ✧ 按指定：选择该选项时，可以激活下面的“已指定”数值输入框，可以通过输入x、y、z的数值来指定速度向量值。

❖ 绘制操作：选择一个操作以定义希望绘制的值如何受影响。

- ✧ 替换：使用指定的明度值和不透明度替换绘制的值。
- ✧ 添加：将指定的明度值和不透明度与绘制的当前体素值相加。
- ✧ 缩放：按明度值和不透明度因子缩放绘制的值。
- ✧ 平滑：将值更改为周围的值的平均值。

❖ 值：设定执行任何绘制操作时要应用的值。

❖ 最小值/最大值：设定可能的最小和最大绘制值。默认情况下，可以绘制介于0~1之间的值。

❖ 钳制：选择是否要将值钳制在指定的范围内，而不管绘制时设定的“值”数值。

- ✧ 下限：将“下限”值钳制为指定的“钳制值”。
- ✧ 上限：将“上限”值钳制为指定的“钳制值”。

❖ 钳制值：为“钳制”设定“上限”和“下限”值。

❖ 整体应用 整体应用 ：单击该按钮可以将笔刷设置应用于选定节点上的所有属性值。

技术专题 【绘制流体工具的用法】

创建一个3D容器，然后选择“绘制流体工具”，这时可以观察到3D容器中有一个切片和一把小锁，如图28-16所示。转动视角时，小锁的位置也会发生变化，如图28-17所示。如果希望在转换视角时使小锁的位置固定不动，可以用鼠标左键单击小锁，将其锁定，如图28-18所示。

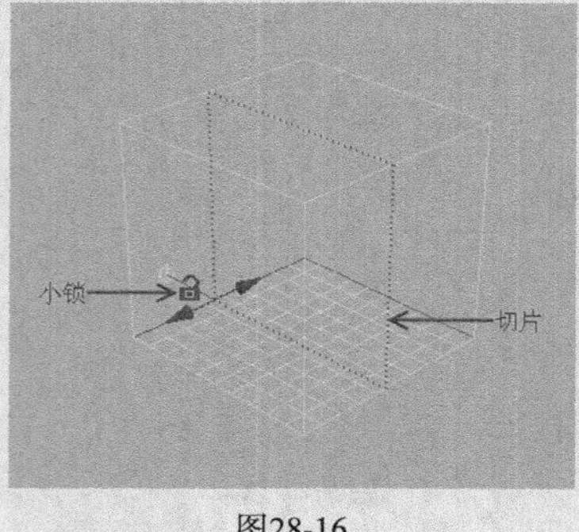

图28-16

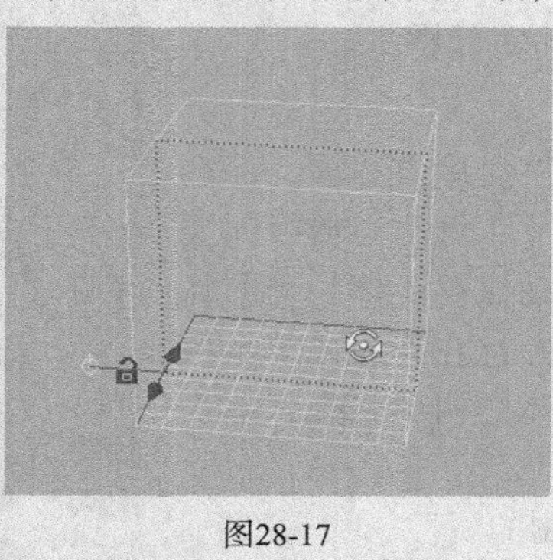

图28-17

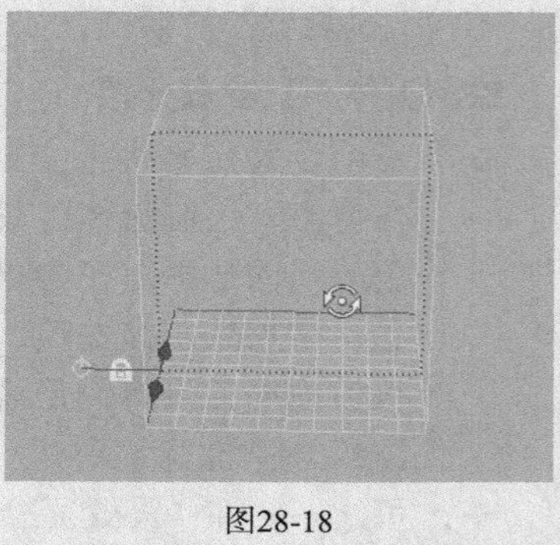

图28-18

在选择“可绘制属性”中的某些属性时，Maya会弹出一个警告对话框，提醒用户要绘制属性，必须先将fluidShape 1流体形状设置为动态栅格，如图28-19所示。如果要继续绘制属性，单击“设置为动态”按钮 设置为动态 即可。

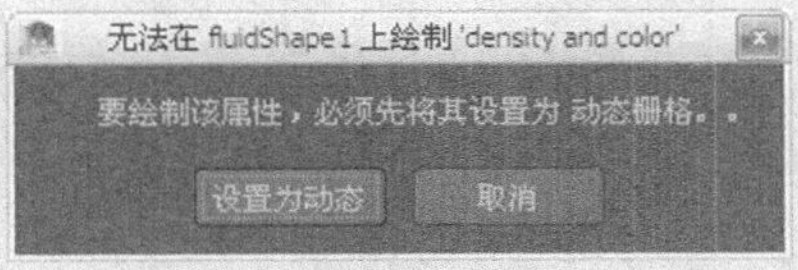

图28-19

5.连同曲线

用“连同曲线”命令可以让流体从曲线上发射出来，同时可以控制流体的密度、颜色、燃料、速度和温度等属性。打开“使用曲线设置流体内容选项”对话框，如图28-20所示。

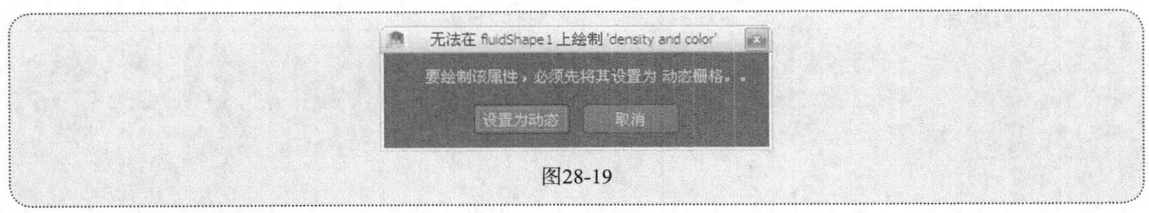

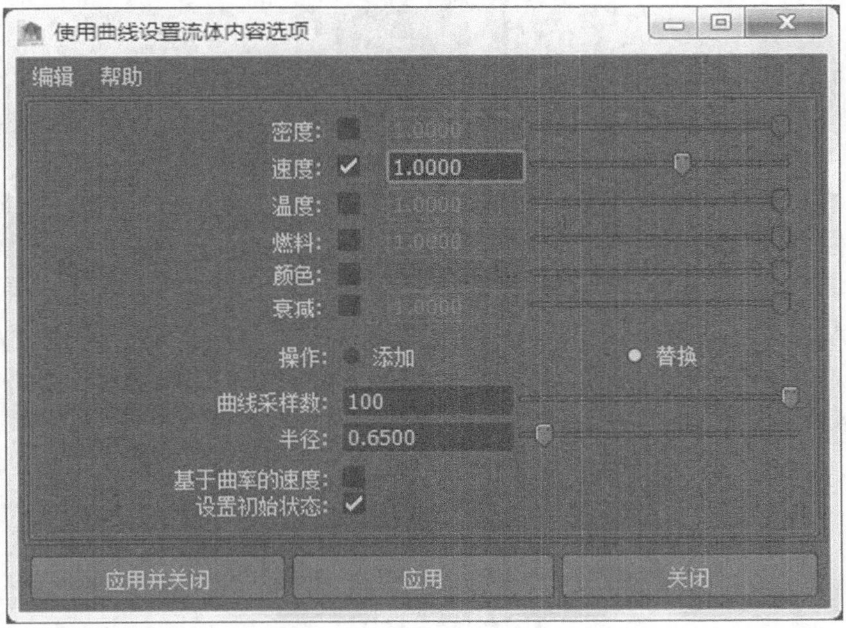

图28-20

使用曲线设置流体内容选项介绍

- ❖ 密度：设定曲线插入当前流体的密度值。
- ❖ 速度：设定曲线插入当前流体的速度值（包含速度大小和方向）。
- ❖ 温度：设定曲线插入当前流体的温度值。
- ❖ 燃料：设定曲线插入当前流体的燃料值。
- ❖ 颜色：设定曲线插入当前流体的颜色值。
- ❖ 衰减：设定曲线插入当前流体的衰减值。
- ❖ 操作：可以向受影响体素的内容“添加”内容或“替换”受影响体素的内容。
  - ✧ 添加：曲线上的流体参数设置将添加到相应位置的原有体素上。
  - ✧ 替换：曲线上的流体参数设置将替换相应位置的原有体素设置。
- ❖ 曲线采样数：设定曲线计算流体的次数。该数值越大，效果越好，但计算量会增大。
- ❖ 半径：设定流体沿着曲线插入时的半径。
- ❖ 基于曲率的速度：勾选该选项时，流体的速度将受到曲线的曲率影响。曲率大的地方速度会变慢，曲率小的地方速度会加快。
- ❖ 设置初始状态：设定当前帧的流体状态为初始状态。

技巧与提示

要用“连同曲线”命令来控制物体的属性，必须设定流体容器为“动态栅格”或“静态栅格”。另外，该命令类似于“从对象发射”中的“曲线”发射器，“曲线”发射器是以曲线为母体，而“连同曲线”是从曲线上发射，即使删除了曲线，流体仍会在容器中发射出来，如图28-21所示。

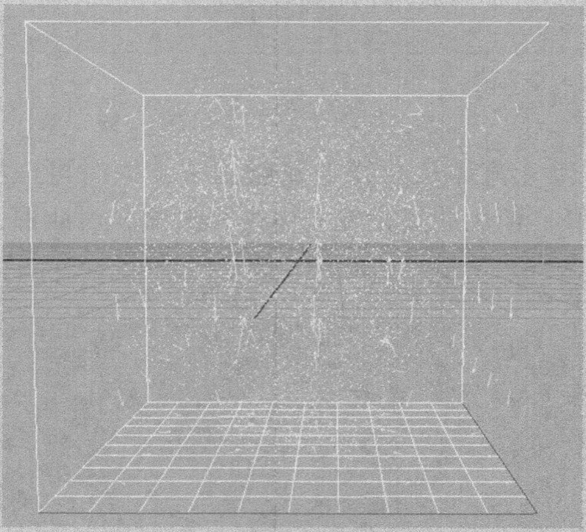

图28-21

6.初始状态

“初始状态”命令可以用Maya自带流体的初始状态来快速定义物体的初始状态。打开“初始状态选项”对话框，如图28-22所示。

图28-22

初始状态选项介绍

❖ 流体分辨率：设置流体分辨率的方式，共有以下两种。
- ✧ 按现状：将流体示例的分辨率设定为当前流体容器初始状态的分辨率。
- ✧ 从初始状态：将当前流体容器的分辨率设定为流体示例初始状态的分辨率。

【练习28-2】：在3D和2D容器中创建发射器

场景文件 无

实例文件 学习资源>实例文件>CH28>练习28-2.mb

技术掌握 掌握如何在容器中创建发射器

01 分别执行“创建3D容器”和“创建2D容器”命令，在场景中创建一个3D容器和一个2D容器，如图28-23所示。

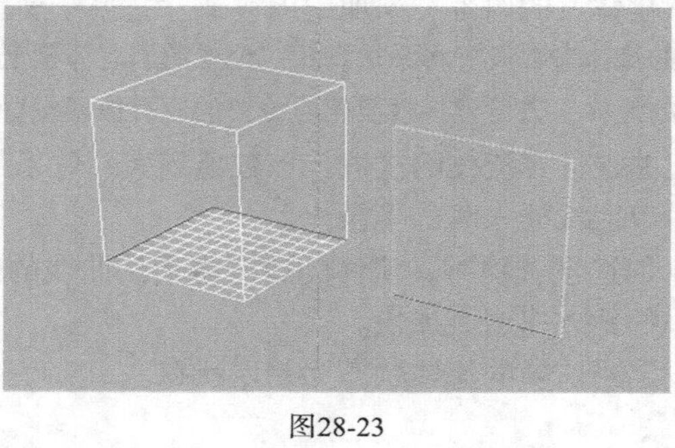

图28-23

02 选择3D容器，然后打开“发射器选项”对话框，接着设置“发射器类型”为“体积”、“体积形状”为“立方体”，最后单击“应用并关闭”按钮应用并关闭，如图28-24所示，效果如图28-25所示。

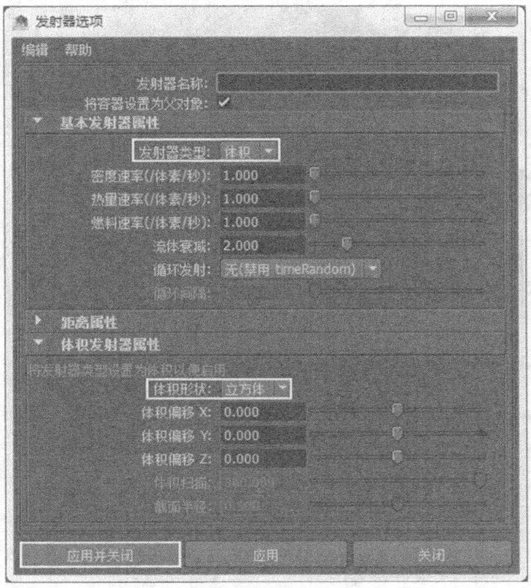

图28-24

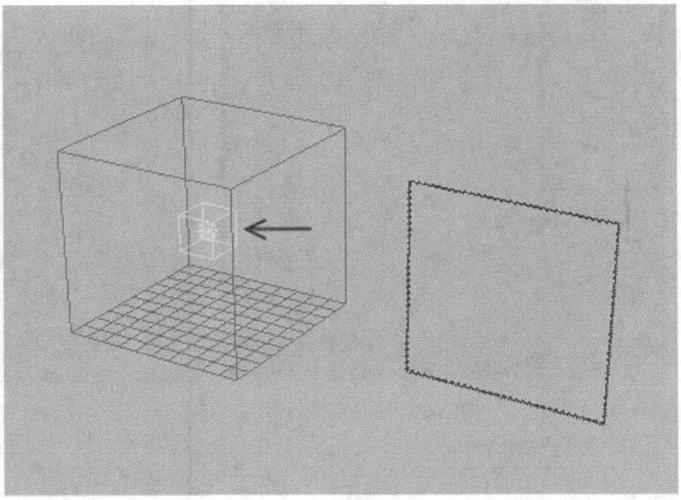

图28-25

技巧与提示

创建发射器以后，播放动画，可以观察到发射器会发射出流体，如图28-26所示。

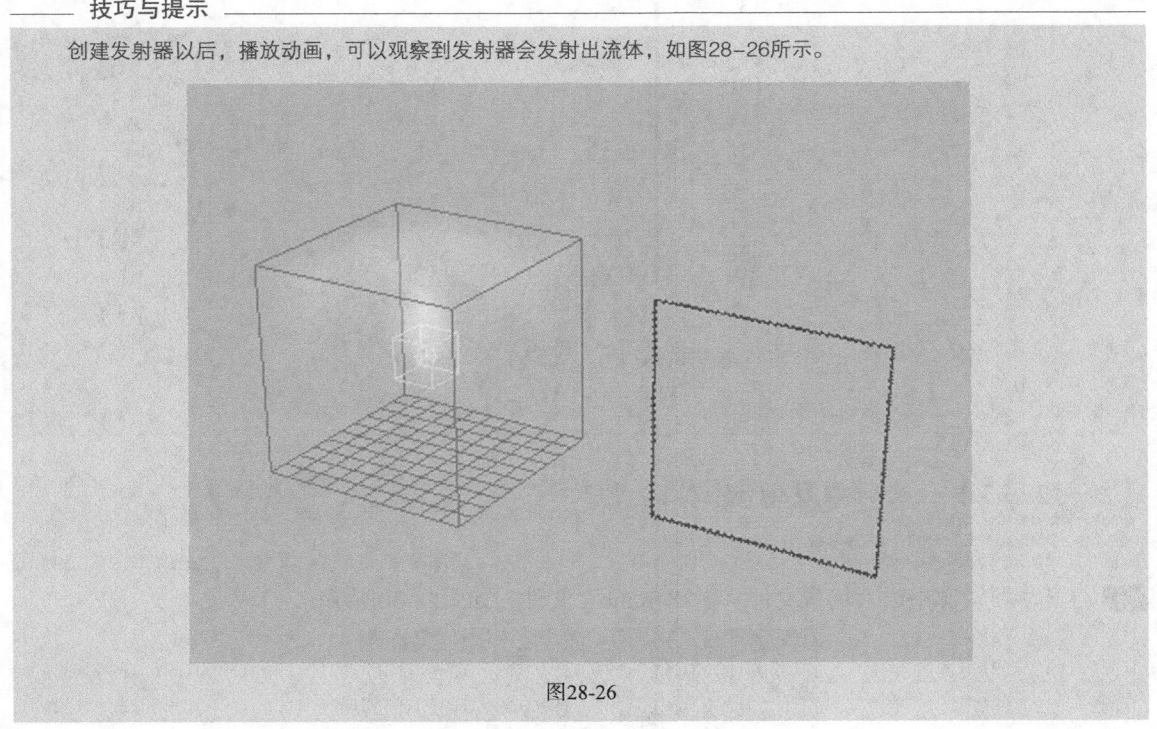

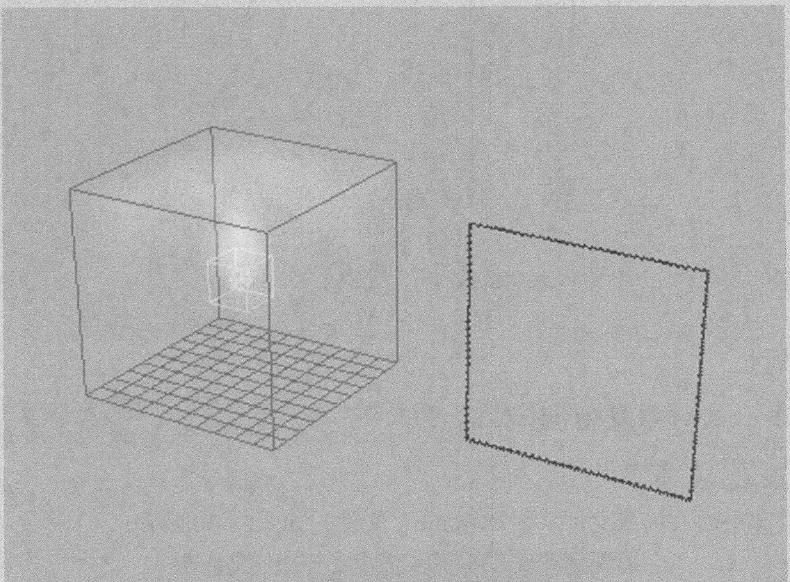

图28-26

03 选择2D容器，然后打开“发射器选项”对话框，接着设置“发射器类型”为“体积”、“体积形状”为“圆柱体”，最后单击“应用并关闭”按钮应用并关闭，如图28-27所示，效果如图28-28所示。

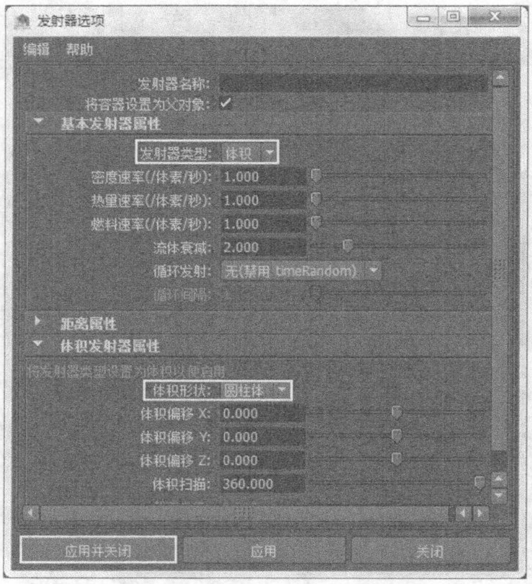

图28-27

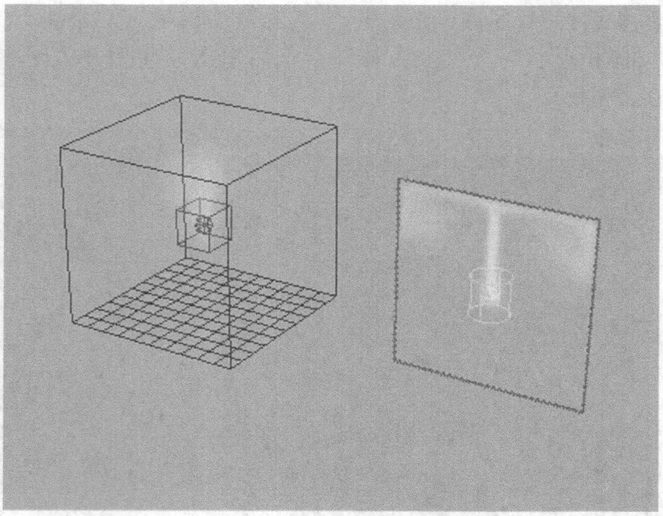

图28-28

技巧与提示

另外，在一个容器中可以创建多个发射器，如图28-29所示是在3D容器中创建的所有类型的“体积”发射器。

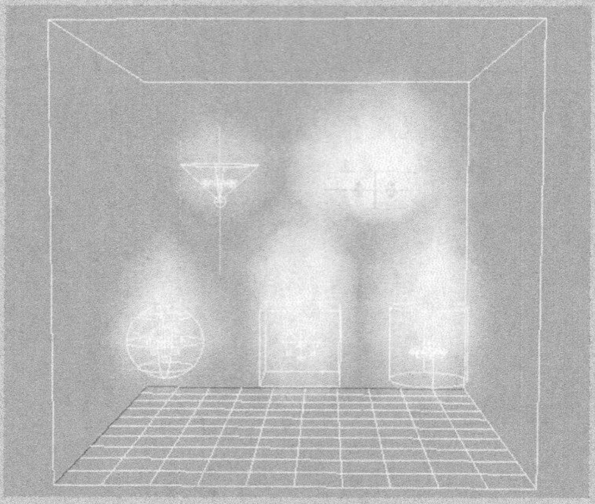

图28-29

【练习28-3】：从对象发射流体

场景文件 学习资源>场景文件>CH28>a.mb
实例文件 学习资源>实例文件>CH28>练习28-3.mb
技术掌握 掌握从对象发射命令的用法

01 打开学习资源中的“场景文件>CH28>a.mb”文件，如图28-30所示。

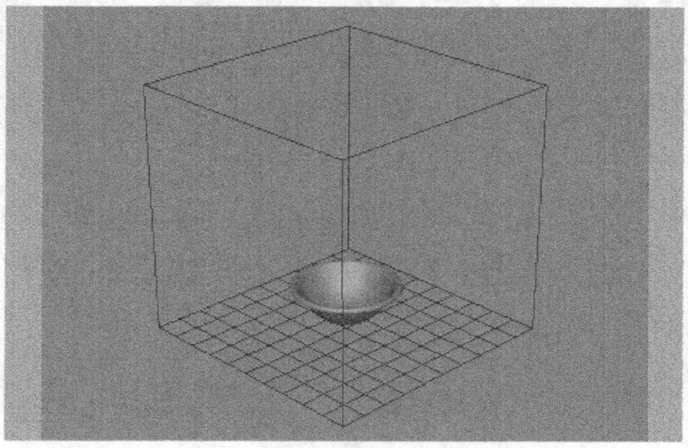

图28-30

02 选择盆子和容器，然后打开“从对象发射选项”对话框，接着设置“发射器类型”为“泛向”，最后单击“应用并关闭”按钮，如图28-31所示，发射器效果如图28-32所示。

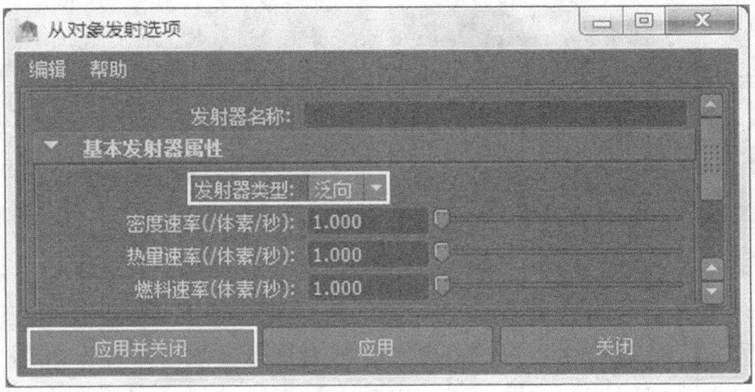

图28-31

图28-32

03 播放动画，如图28-33所示分别是第60帧、第100帧和第160帧的流体动画效果。

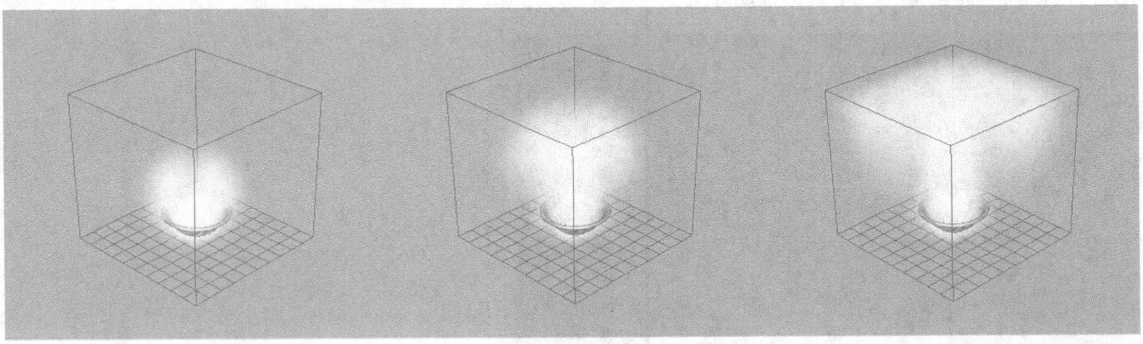

图28-33

【练习28-4】：制作影视流体文字动画

场景文件	无
实例文件	学习资源>实例文件>CH28>练习28-4.mb
技术掌握	掌握如何用绘制流体工具制作流体文字

本例用“绘制流体工具”制作的影视流体文字动画效果如图28-34所示。

图28-34

01 在场景中创建一个2D容器，如图28-35所示。

02 打开2D容器的“属性编辑器”对话框，然后在fluidShape1选项卡下关闭“保持体素为方形”选项，接着设置“分辨率”为（120，120）、“大小”为（60，15，0.25），如图28-36所示，效果如图28-37所示。

图28-35

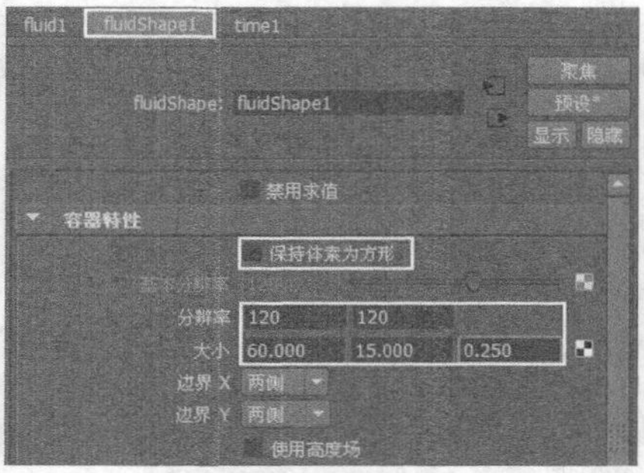

图28-36

图28-37

03 单击“流体效果>添加/编辑内容>绘制流体工具”菜单命令后面的□按钮，打开“绘制流体工具”的“工具设置”对话框，然后设置“可绘制属性”为“密度”，接着展开“属性贴图”卷展栏下的“导入”复卷展栏，再单击“导入”按钮导入...，最后在弹出的对话框中选择学习资源中的“实例文件>CH28>练习28-4>ziti.jpg”文件，如图28-38所示，此时在视图中可以观察到2D容器中已经产生了字体图案，如图28-39所示。

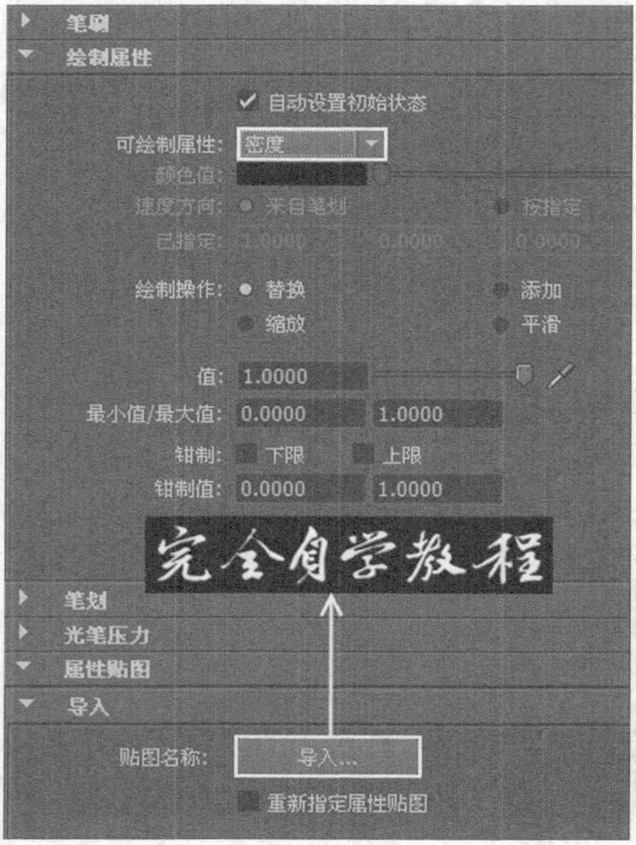

图28-38

图28-39

04 执行“流体效果>设置初始状态”菜单命令，然后打开2D容器的“属性编辑器”对话框，在“容器特性”卷展栏下设置“边界x”和“边界y”为“无”，接着在“内容详细信息”卷展栏下展开“密度”复卷展栏，最后设置“密度比例”为2.2、“浮力”为-1.6，如图28-40所示。

05 播放动画，然后渲染出效果最明显的帧，如图28-41所示分别是第1帧、第10帧和第18帧的渲染效果。

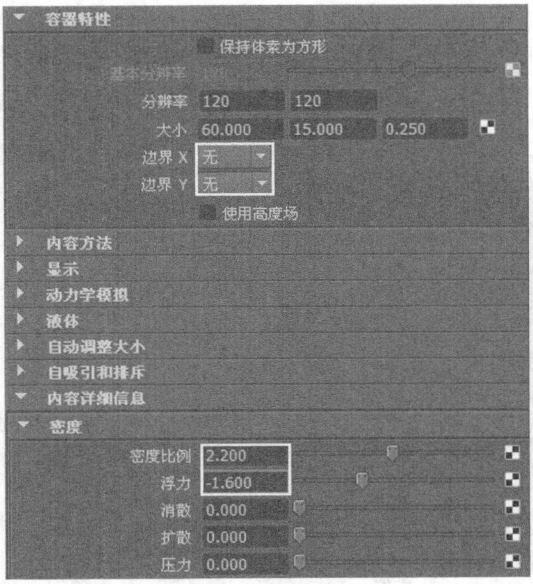

图28-40

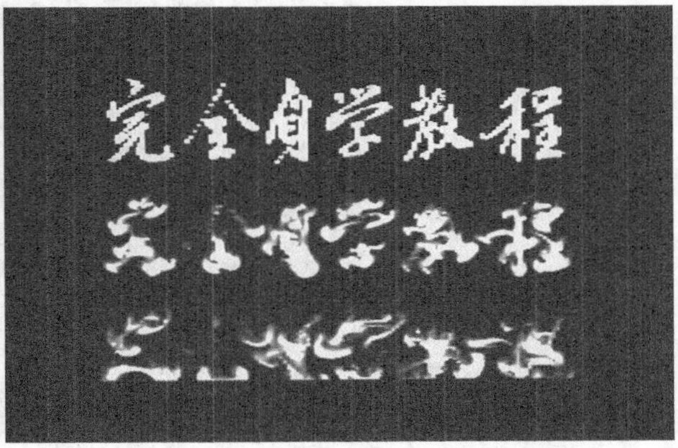

图28-41

技巧与提示

渲染出单帧图后，可以将渲染文件保存为png格式的文件，然后在Photoshop中进行后期处理，将其运用到实际场景中，如图28-42所示。

图28-42

【练习28-5】：从曲线发射流体

场景文件 学习资源>场景文件>CH28>b.mb
实例文件 学习资源>实例文件>CH28>练习28-5.mb
技术掌握 掌握连同曲线命令的用法

01 打开学习资源中的“场景文件>CH28>b.mb”文件，如图28-43所示。

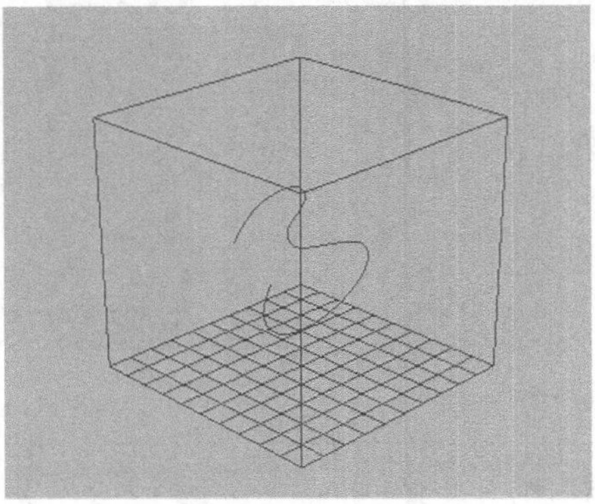

图28-43

02 在“大纲视图”对话框中选择fluid和curve1，然后选择“连同曲线”命令，打开“使用曲线设置流体内容选项”对话框，接着勾选“密度”选项，并设置“密度”为1，最后单击“应用并关闭”按钮应用并关闭，如图28-44所示。

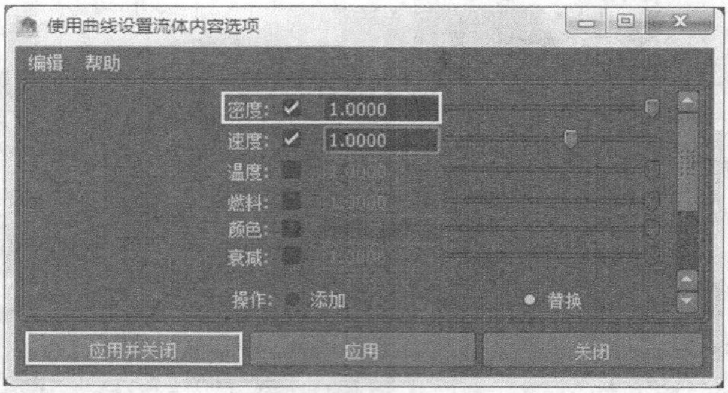

图28-44

03 播放动画，如图28-45所示分别是第20帧、第60帧和第100帧的流体动画效果。

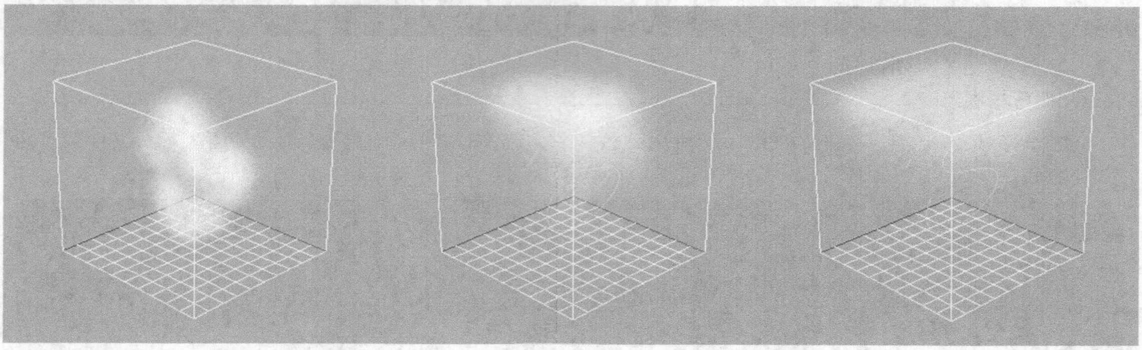

图28-45

28.2.4 创建具有发射器的3D容器

用“创建具有发射器的3D容器”命令可以直接创建一个带发射器的3D容器，如图28-46所示。打开“创建具有发射器的3D容器选项”对话框，如图28-47所示。

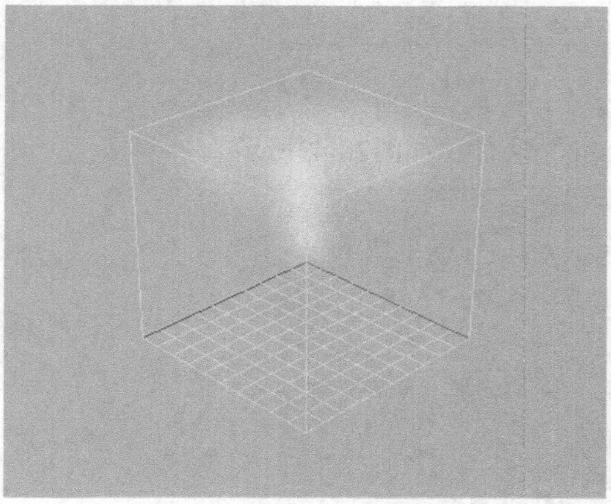

图28-46

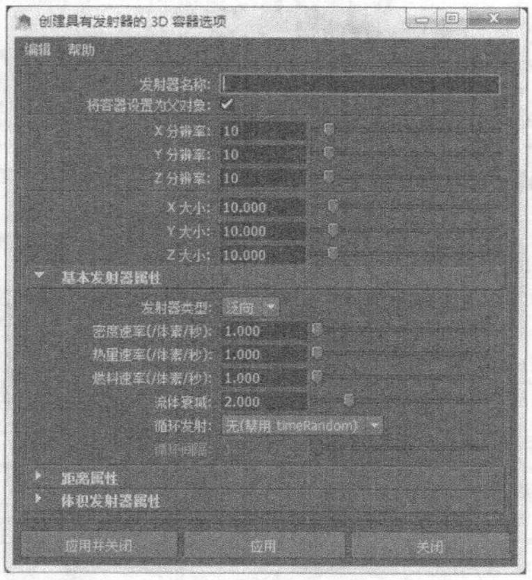

图28-47

技巧与提示

“创建具有发射器的3D容器选项”对话框中的参数在前面的内容中已经介绍过，这里不再重复讲解。

28.2.5 创建具有发射器的2D容器

用“创建具有发射器的2D容器”命令可以直接创建一个带发射器的2D容器，如图28-48所示。打开“创建具有发射器的2D容器选项”对话框，如图28-49所示。

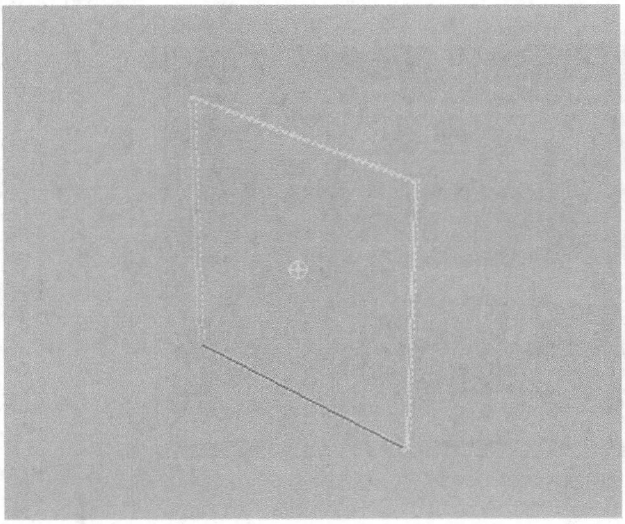

图28-48

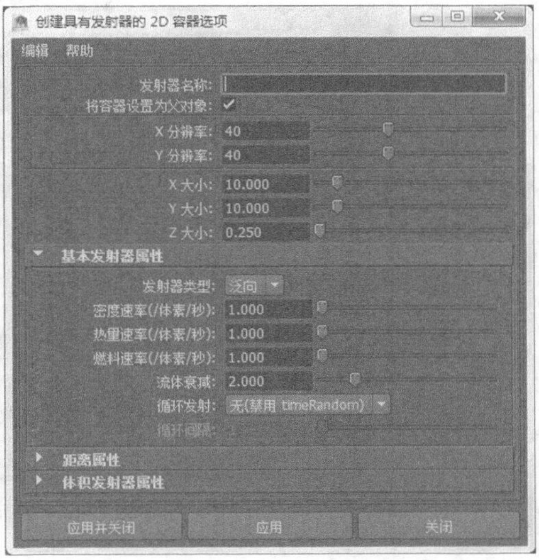

图28-49

技巧与提示

“创建具有发射器的2D容器选项”对话框中的参数在前面的内容中已经介绍过，这里不再重复讲解。

28.3 获取示例

Maya内置了多种流体示例，如火焰流体、烟雾流体、海洋/池塘流体等，我们可以直接获取并拿来使用。

28.3.1 获取流体示例

执行“获取流体示例”命令可以打开Visor对话框，在该对话框中可以直接选择Maya自带的流体示例，如图28-50所示。

技巧与提示

选择流体示例后，用鼠标中键可以直接将选取的流体示例拖曳到场景中。

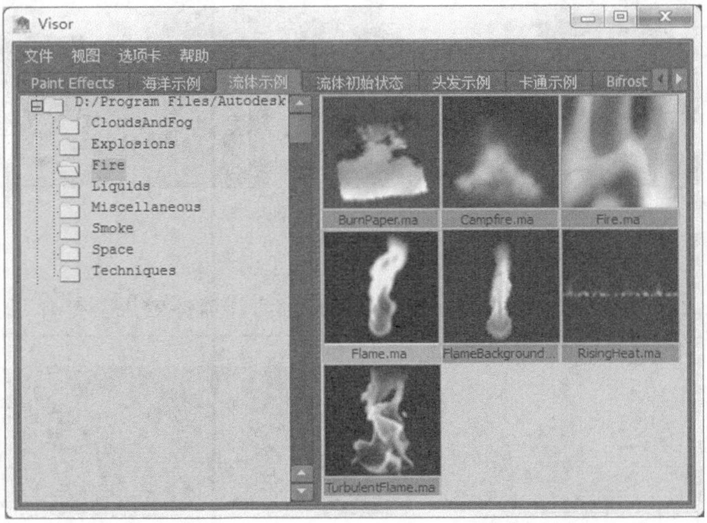

图28-50

28.3.2 获取海洋/池塘示例

执行“获取海洋/池塘示例”命令可以打开Visor对话框，在该对话框中可以直接选择Maya自带的海洋、池塘示例，如图28-51所示。

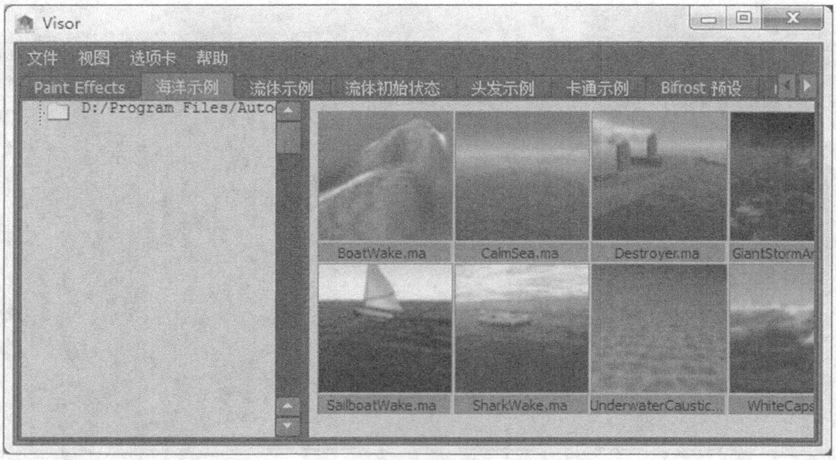

图28-51

28.4 创建海洋与池塘

除了可以直接从示例中获取海洋和池塘流体以外，我们还可以自己进行创建。

28.4.1 海洋

用“海洋”命令可以模拟出很逼真的海洋效果，如图28-52所示。“海洋”命令包含10个子命令，如图28-53所示。

图28-52

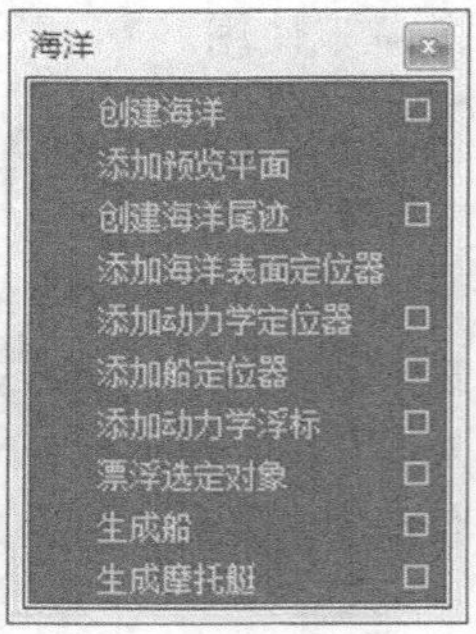

图28-53

1.创建海洋

用“创建海洋”命令可以创建出海洋流体效果。打开“创建海洋”对话框，如图28-54所示。

图28-54

创建海洋对话框参数介绍

- ❖ 附加到摄影机：启用该选项后，可以将海洋附加到摄影机。自动附加海洋时，可以根据摄影机缩放和平移海洋，从而为给定视点保持最佳细节量。
- ❖ 创建预览平面：启用该选项后，可以创建预览平面，通过置换在着色显示模式中显示海洋的着色面片。可以缩放和平移预览平面，以预览海洋的不同部分。
- ❖ 预览平面大小：设置预览平面的x、z方向的大小。

技巧与提示

预览平面并非真正的模型，不能对其进行编辑，只能用来预览海洋的动画效果。

2.添加预览平面

“添加预览平面”命令的作用是为所选择的海洋添加一个预览平面来预览海洋动画，这样可以很方便地观察到海洋的动态，如图28-55所示。

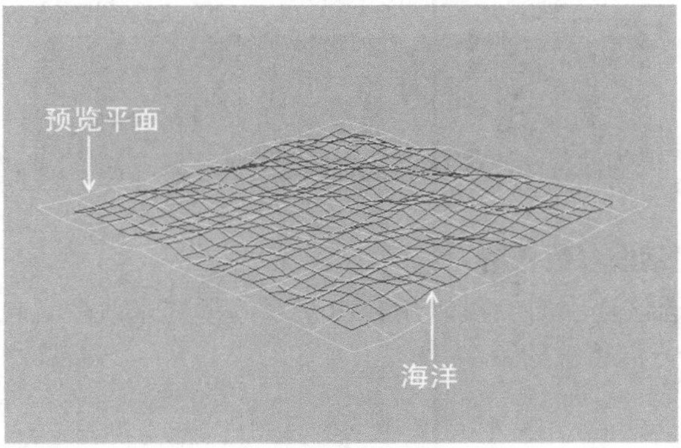

图28-55

技巧与提示

如果在创建海洋时没有创建预览平面，就可以使用“添加预览平面”命令为海洋创建一个预览平面。

3.创建海洋尾迹

“创建海洋尾迹”命令主要用来创建海面上的尾迹效果。打开“创建海洋尾迹”对话框，如图28-56所示。

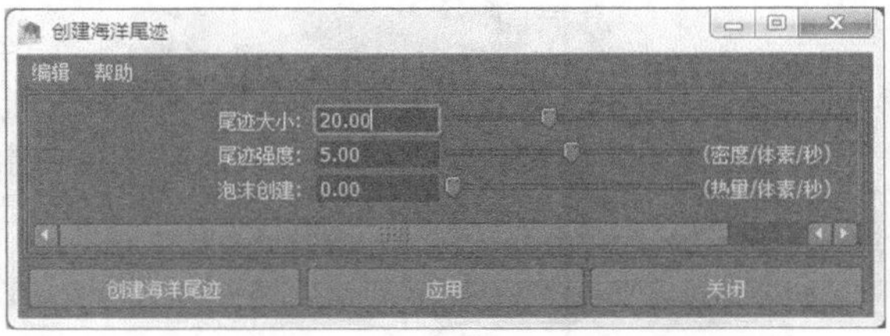

图28-56

创建海洋尾迹对话框参数介绍

- ❖ 尾迹大小：设定尾迹发射器的大小。数值越大，波纹范围也越大。
- ❖ 尾迹强度：设定尾迹的强度。数值越大，波纹上下波动的幅度也越大。
- ❖ 泡沫创建：设定伴随尾迹产生的海水泡沫的大小。数值越大，产生的泡沫就越多。

技巧与提示

可以将尾迹发射器设置为运动物体的子物体，让尾迹波纹跟随物体一起运动。

4.添加海洋表面定位器

“添加海洋表面定位器”命令主要用来为海洋表面添加定位器，定位器将跟随海洋的波动而上下波动，这样可以根据定位器来检测海洋波动的位置，相当于将“海洋着色器”材质的y方向平移属性传递给了定位器。

技巧与提示

海洋表面其实是一个NUBBS物体，模型本身没有任何高低起伏的变化。海洋动画是依靠“海洋着色器”材质来控制的，而定位器的起伏波动是靠表达式来实现的，因此可以将物体设置为定位器的子物体，让物体随海洋的起伏波动而上下浮动。

5.添加动力学定位器

相比于“添加海洋表面定位器”命令，“添加动力学定位器”命令可以跟随海洋波动而起伏，并且会产生浮力、重力和阻尼等流体效果。打开“创建动力学定位器”对话框，如图28-57所示。

图28-57

创建动力学定位器对话框参数介绍

❖ 自由变换：勾选该选项时，可以用自由交互的形式来改变定位器的位置；关闭该选项时，定位器的y方向将被约束。

6.添加船定位器

用“添加船定位器”可以为海洋表面添加一个船舶定位器。定位器可以跟随海洋的波动而上下起伏，并且可控制其浮力、重力和阻尼等流体动力学属性。打开“创建船定位器”对话框，如图28-58所示。

图28-58

技巧与提示

相比“添加海洋表面定位器”命令，“添加船定位器”命令不仅可以跟随海洋的波动而上下波动，同时还可以左右波动，并且加入了旋转控制，使定位器能跟随海洋起伏而适当地旋转，这样可以很逼真地模拟船舶在海洋中的漂泊效果。

7.添加动力学浮标

“添加动力学浮标”命令主要用来为海洋表面添加动力学浮标。浮标可以跟随海洋波动而上下起伏，而且可以控制其浮力、重力和阻尼等流体动力学属性。打开“创建动力学浮标”对话框，如图28-59所示。

图28-59

8.漂浮选定对象

“漂浮选定对象”命令可以使选定对象跟随海洋波动而上下起伏，并且可以控制其浮力、重力和阻尼等流体动力学属性。这个命令的原理是为海洋创建动力学定位器，然后将所选对象作为动力学定位器的子物体，一般用来模拟海面上的漂浮物体（如救生圈等）。打开“漂浮选定对象”对话框，如图28-60所示。

图28-60

9.生成船

用“生成船”命令可以将所选对象设定为船体，使其跟随海洋起伏而上下浮动，并且可以将物体进行旋转，使其与海洋的运动相匹配，以模拟出船舶在水中的动画效果。这个命令的原理是为海洋创建船舶定位器，然后将所选物体设定为船舶定位器的子物体，从而使船舶跟随海洋起伏而浮动或旋转。打开“生成船”对话框，如图28-61所示。

图28-61

10.生成摩托艇

用“生成摩托艇”命令可以将所选物体设定为机动船，使其跟随海洋起伏而上下波动，并且可以将物体进行适当地旋转，使其与海洋的运动相匹配，以模拟出机动船在水中的动画效果。这个命令的原理是为海洋创建船舶定位器，然后将所选物体设定为船舶定位器的子物体，从而使船舶跟随海洋起伏而波动或旋转。打开“生成摩托艇”对话框，如图28-62所示。

技巧与提示

“生成摩托艇”命令与“生成船”命令很相似，但“生成摩托艇”包含的属性更多，可以控制物体的运动、急刹、方向舵和摆动等效果。

图28-62

【练习28-6】：创建海洋

场景文件 无
实例文件 学习资源>实例文件>CH28>练习28-6.mb
技术掌握 掌握海洋的创建方法

本例用“创建海洋”命令制作的海洋效果如图28-63所示。

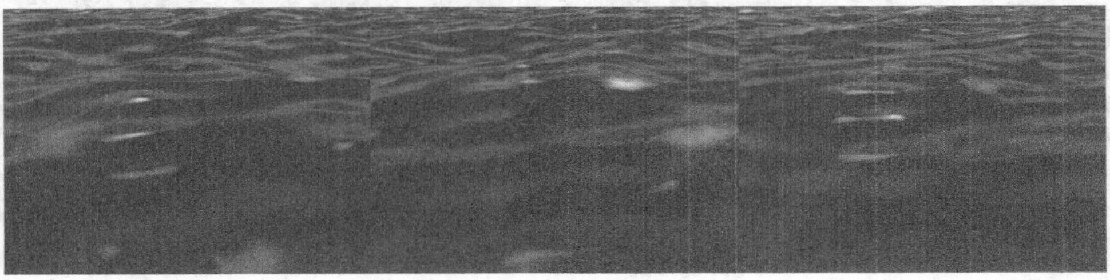

图28-63

01 执行“创建海洋”命令，在场景中创建一个海洋流体模型，如图28-64所示。

02 打开海洋的“属性编辑器”对话框，然后设置“比例”为1.5，接着调节好“波高度”、“波湍流”和“波峰”的曲线形状，最后设置“泡沫发射”为0.736、“泡沫阀值”为0.43、“泡沫偏移”为0.265，如图28-65所示。

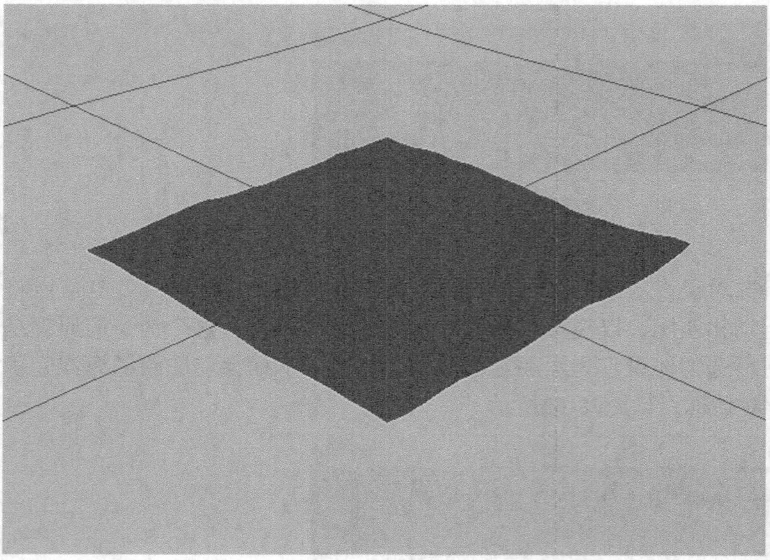

图28-64

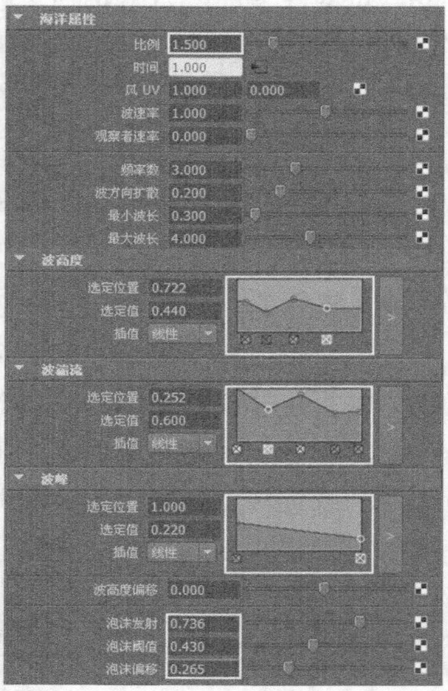

图28-65

03 选择动画效果最明显的帧，然后渲染出单帧图，最终效果如图28-66所示。

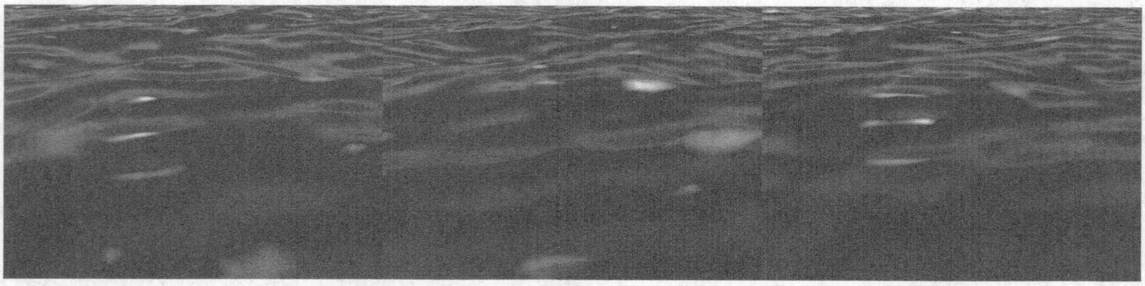

图28-66

【练习28-7】：模拟船舶行进时的尾迹

场景文件 无
实例文件 学习资源>实例文件>CH28>练习28-7.mb
技术掌握 掌握海洋尾迹的创建方法

本例用“创建海洋尾迹”命令模拟的船舶尾迹动画效果如图28-67所示。

图28-67

01 打开“创建海洋”对话框，然后设置“预览平面大小”为70，接着单击“创建海洋”按钮，如图28-68所示，效果如图28-69所示。

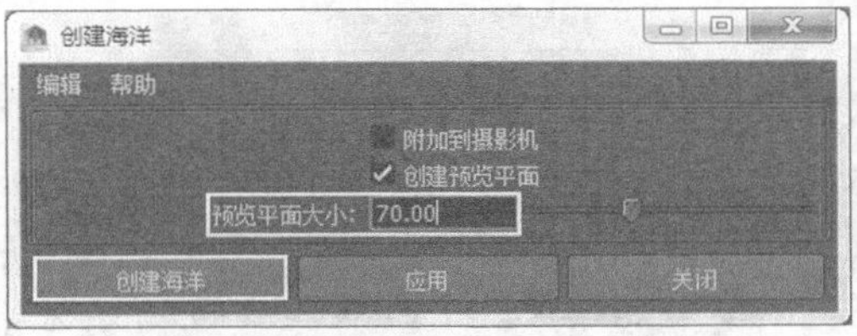

图28-68

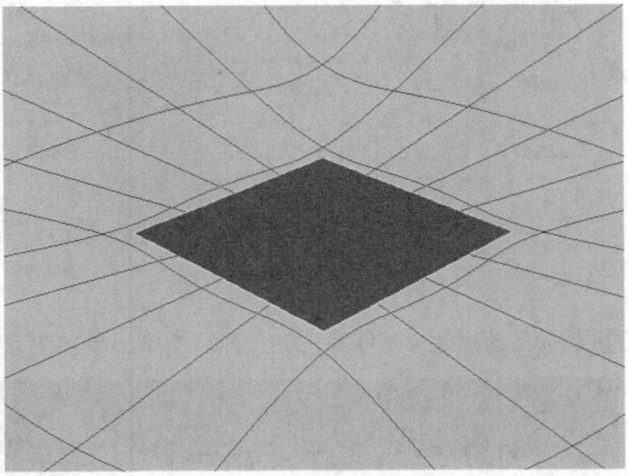
图28-69

02 选择海洋，然后打开“创建海洋尾迹”对话框，接着设置“泡沫创建”为6，最后单击“创建海洋尾迹”按钮，如图28-70所示，此时在海洋中心会创建一个海洋尾迹发射器OceanWakeEmitter1，如图28-71所示。

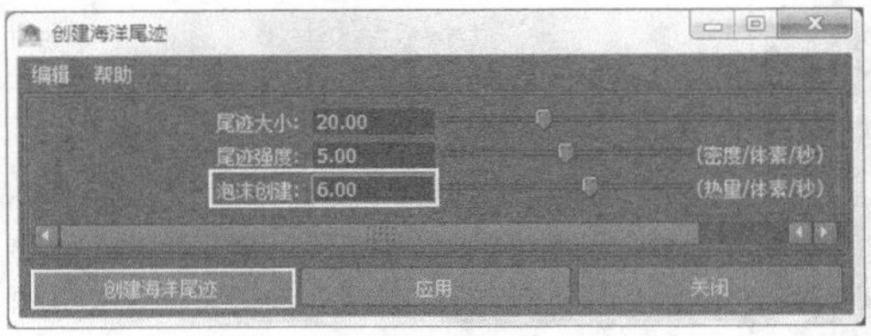

图28-70

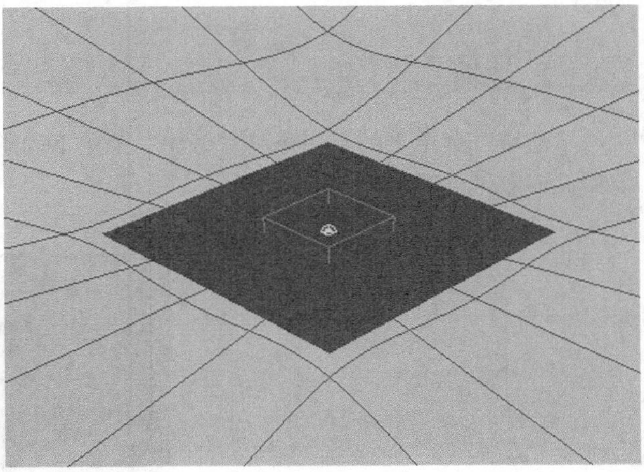
图28-71

03 选择海洋尾迹发射器OceanWakeEmitter1，然后在第1帧设置“平移z”为-88，接着按S键记录一个关键帧，如图28-72所示；在第100帧设置“平移z”为88，接着按S键记录一个关键帧，如图28-73所示。

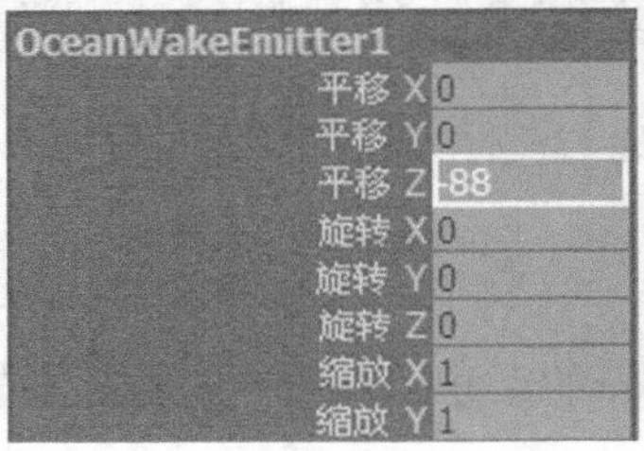

图28-72

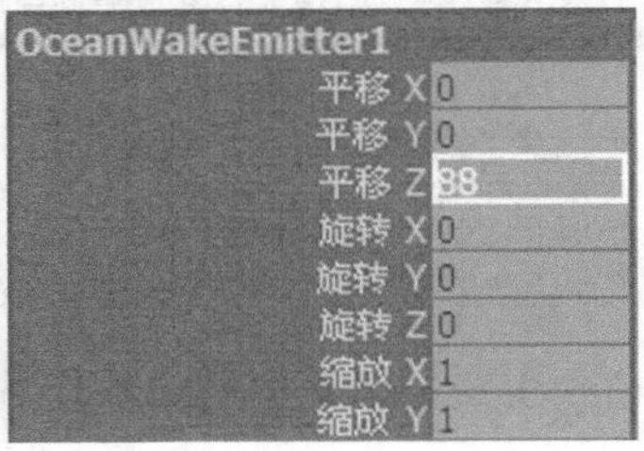

图28-73

技巧与提示

按S键设置关键帧是为“通道盒”中所有可设置动画的属性都设置关键帧，因此在设置完关键帧以后，可以执行“编辑>按类型删除>静态通道”菜单命令，删除没有用的关键帧，如图28-74所示。

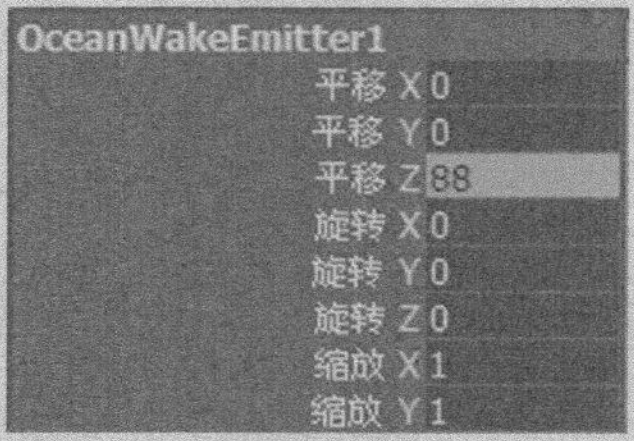

图28-74

04 选择动画效果最明显的帧，然后渲染出单帧图，最终效果如图28-75所示。

图28-75

28.4.2 池塘

“池塘”菜单下的子命令与“海洋”菜单下的子命令基本相同，只不过这些命令是用来模拟池塘流体效果，如图28-76所示。

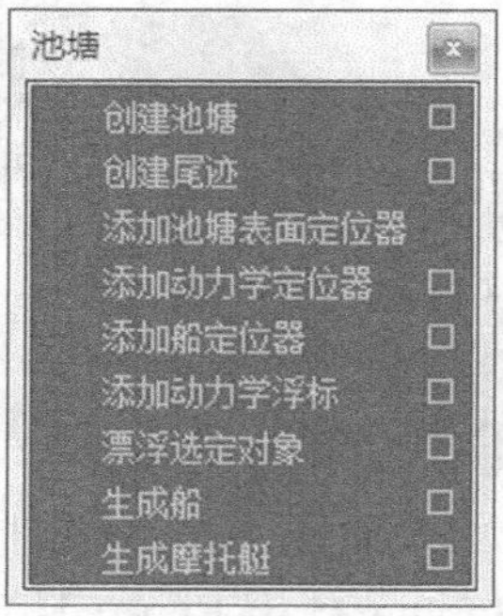

图28-76

28.5 编辑流体

创建流体以后，如果对其不满意，我们还可以对流体容器的尺寸与分辨率进行调整。

28.5.1 扩展流体

“扩展流体”命令主要用来扩展所选流体容器的尺寸。打开“扩展流体选项”对话框，如图28-77所示。

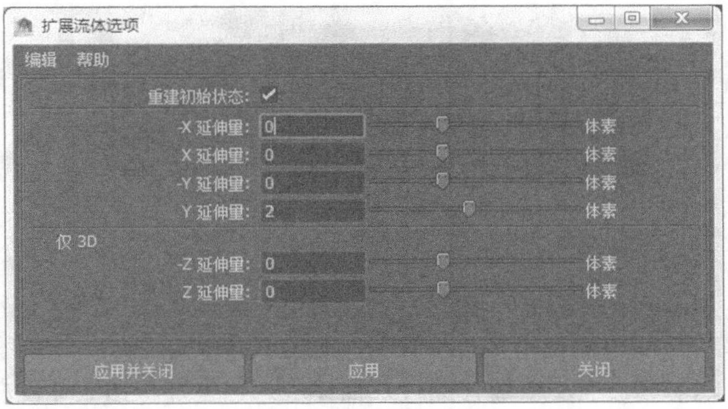

图28-77

扩展流体选项介绍

- ❖ 重建初始状态：勾选该选项时，可以在扩展流体容器后，重新设置流体的初始状态。
- ❖ ±x延伸量/±y延伸量：设定在±x、±y方向上扩展流体的量，单位为“体素”。
- ❖ ±z延伸量：设定3D容器在±z两个方向上扩展流体的量，单位为“体素”。

28.5.2 编辑流体分辨率

“编辑流体分辨率”命令主要用来调整流体容器的分辨率大小。打开“编辑流体分辨率选项”对话框，如图28-78所示。

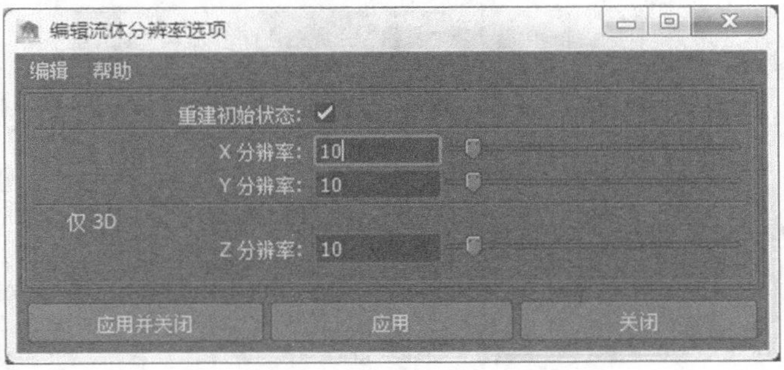

图28-78

编辑流体分辨率选项介绍

- ❖ 重建初始状态：勾选该选项时，可以在设置流体容器分辨率之后，重新设置流体的初始状态。
- ❖ x/y分辨率：设定流体在x、y方向上的分辨率。
- ❖ z分辨率：设定3D容器在z方向上的分辨率。

28.6 设置流体碰撞

创建完流体以后，我们可以让其与某个物体产生碰撞效果，并且还可以用运动场来模拟物体在流体容器中移动时，物体对流体动画产生的影响。

28.6.1 使碰撞

“使碰撞”命令主要用来制作流体和物体之间的碰撞效果，使它们相互影响，以避免流体穿过物体。打开“使碰撞选项”对话框，如图28-79所示。

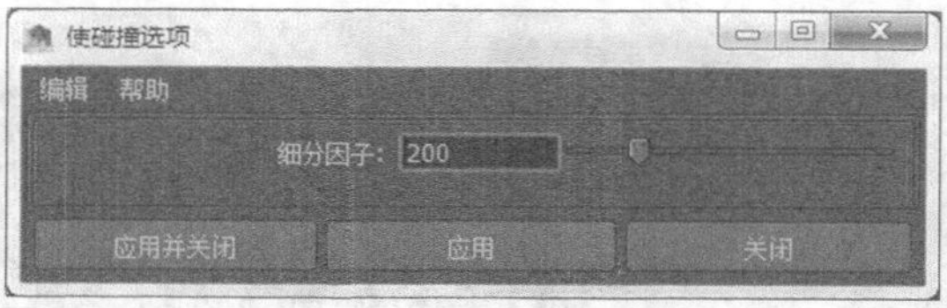

图28-79

使碰撞选项介绍

❖ 细分因子：Maya在模拟动画之前会将NURBS对象内部转化为多边形，“细分因子”用来设置在该转化期间创建的多边形数目。创建的多边形越少，几何体越粗糙，动画的精确度越低（这意味着有更多流体通过几何体），但会加快播放速度并延长处理时间。

【练习28-8】：制作流体碰撞动画

场景文件	学习资源>场景文件>CH28>c.mb
实例文件	学习资源>实例文件>CH28>练习28-8.mb
技术掌握	掌握流体碰撞动画的制作方法

01 打开学习资源中的“场景文件>CH28>c.mb”文件，如图28-80所示。

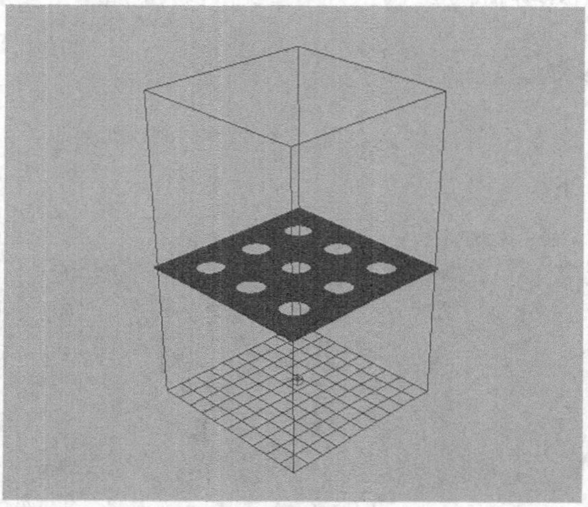

图28-80

技巧与提示

本例已经创建了一个3D容器和一个流体发射器，但这个发射器发射出来的流体不会与上面的带孔模型发生碰撞效果，如图28-81所示。

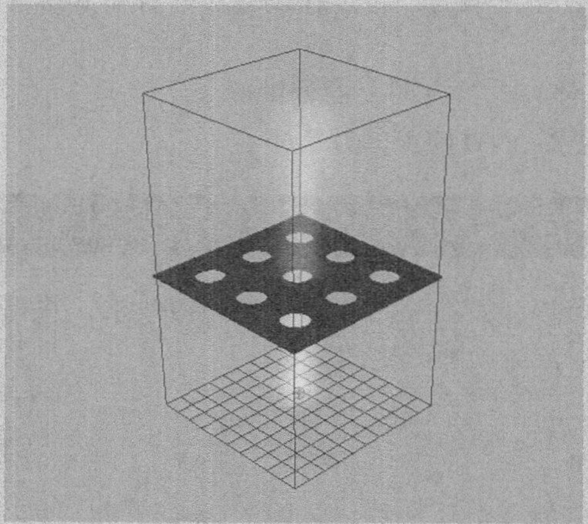

图28-81

02 在“大纲视图”对话框中选择polySurface2模型和fluid1流体，如图28-82所示，接着执行“流体效果>使碰撞”菜单命令，这样当流体碰到带孔的模型时就会产生碰撞效果，如图28-83所示。

图28-82

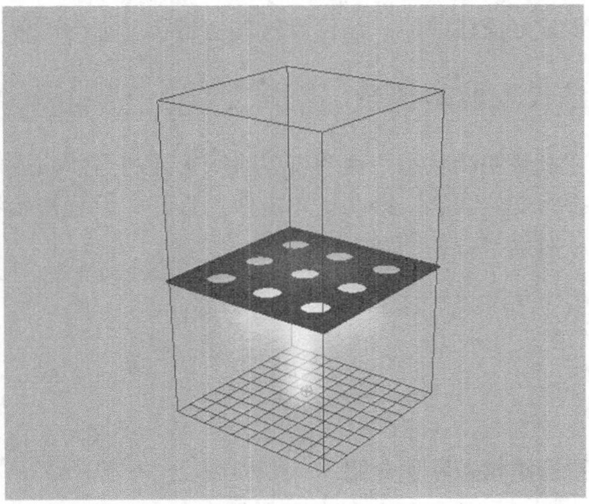

图28-83

03 打开流体发射器fluidEmitter1的“属性编辑器”对话框，然后在“流体属性”卷展栏下展开“流体发射湍流”复卷展栏，接着设置“湍流”为15，如图28-84所示。

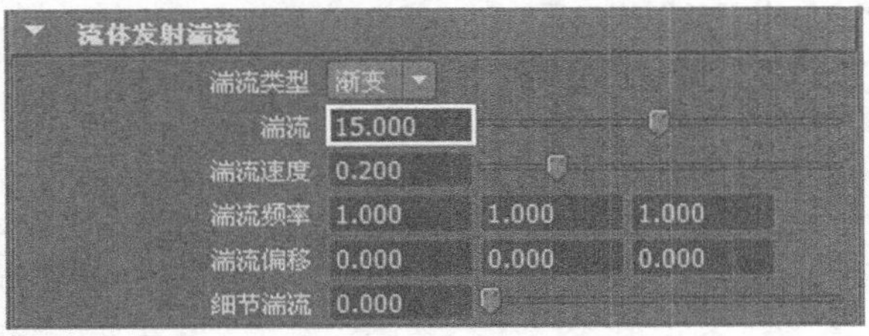

图28-84

04 播放动画，如图28-85所示分别是第80帧、第160帧和第220帧的碰撞动画效果。

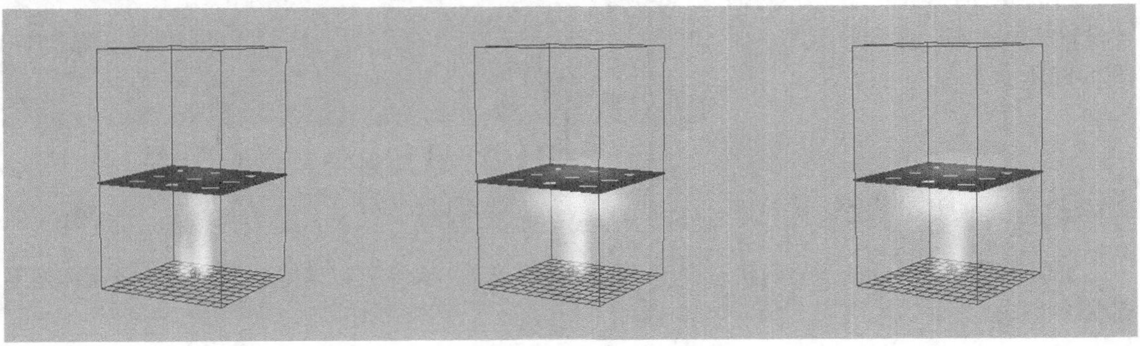

图28-85

28.6.2 生成运动场

“生成运动场”命令主要用来模拟物体在流体容器中移动时，物体对流体动画产生的影响。当一个物体在流体中运动时，该命令可以对流体产生推动和黏滞效果。

技巧与提示

物体必须置于流体容器的内部，“生成运动场”命令才起作用，并且该命令对海洋无效。

28.7 设置流体状态

在创建好流体以后，还可以对其初始状态进行设置。

28.7.1 设置初始状态

用“设置初始状态”命令可以将所选择的当前帧或任意一帧设为初始状态，即初始化流体。打开“设置初始状态选项”对话框，如图28-86所示。

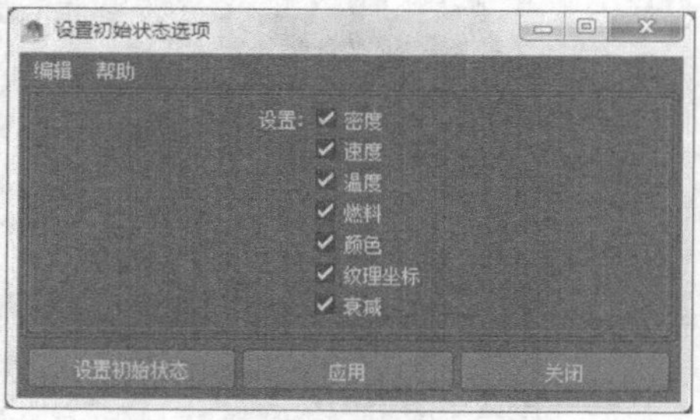

图28-86

设置初始状态选项介绍

❖ 设置：选择要初始化的属性，包括“密度”“速度”“温度”“燃料”“颜色”“纹理坐标”和“衰减”7个选项。

【练习28-9】：设置流体初始状态

场景文件 学习资源>场景文件>CH28>d.mb
实例文件 学习资源>实例文件>CH28>练习28-9.mb
技术掌握 掌握如何设置流体的初始状态

01 打开学习资源中的“场景文件>CH28>d.mb”文件，然后播放动画，并在第210帧停止播放，效果如图28-87所示。

02 选择流体容器，然后执行“设置初始状态”命令，接着将时间滑块拖曳到第1帧，此时的状态同样是第210帧时的播放状态，这就是“设置初始状态”命令的作用，如图28-88所示。

图28-87

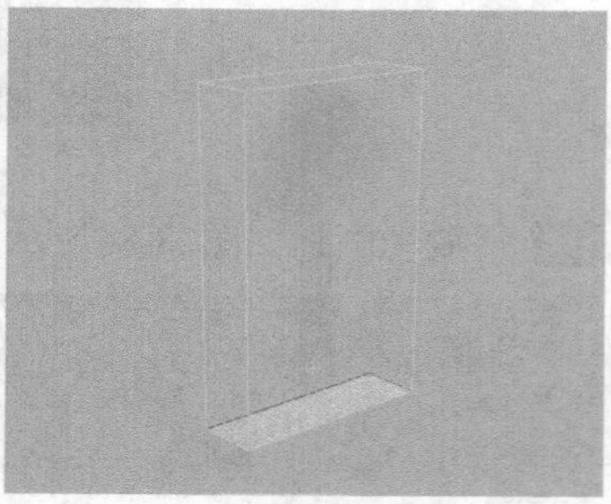

图28-88

28.7.2 清除初始状态

如果已经对流体设置了初始状态，用“清除初始状态”命令可以清除初始状态，将流体恢复到默认状态。

28.7.3 状态另存为

用“状态另存为”命令可以将当前的流体状态写入到文件并进行储存。

28.8 知识总结与回顾

到此，流体的知识就介绍完毕了，这部分内容比较简单，大家只需要对实例进行多加练习便可熟练掌握这些知识点。在下一章中，我们将对Maya中的特效进行介绍。

第29章 特效

要点索引

- 创建火特效
- 创建焰火特效
- 创建闪电特效
- 创建破碎特效
- 创建曲线流特效
- 创建曲面流特效
- 绘制画笔效果

本章导读

本章将介绍Maya的特效技术，这部分内容比较简单，主要包括火特效、焰火特效、闪电特效、破碎特效、曲线流特效和曲面流特效的创建方法以及画笔效果的绘制方法。

29.1 特效概述

特效也称“效果”，这是一种比较难制作的动画，但在Maya中制作这些效果就是件比较容易的事情。Maya可以模拟出现实生活中的很多特效，如光效、火焰、闪电和碎片等，如图29-1所示。

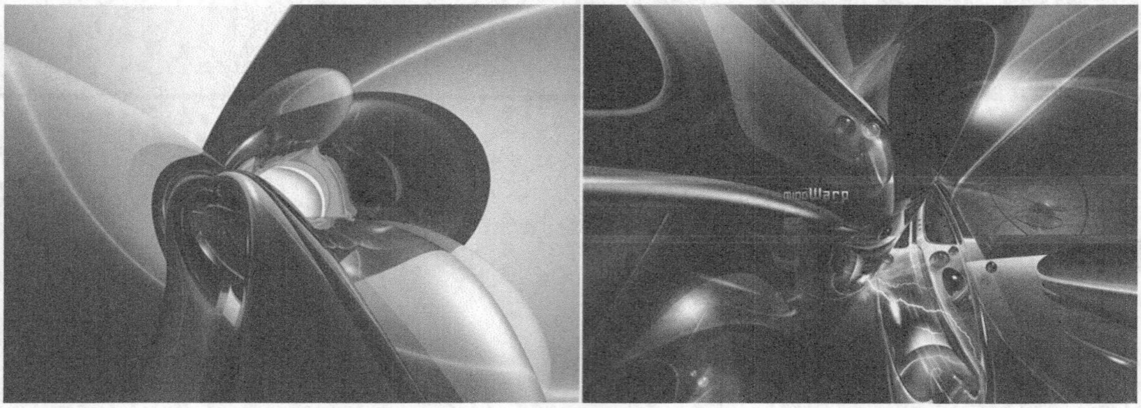

图29-1

29.2 创建特效

展开“效果”菜单，该菜单下有8种与特效相关的命令，如图29-2所示。

图29-2

29.2.1 创建火

用“创建火”命令可以很容易地创建出火焰动画特效，只需要调整简单的参数就能制作出效果很好的火焰，如图29-3所示。

图29-3

打开“创建火效果选项”对话框，如图29-4所示。

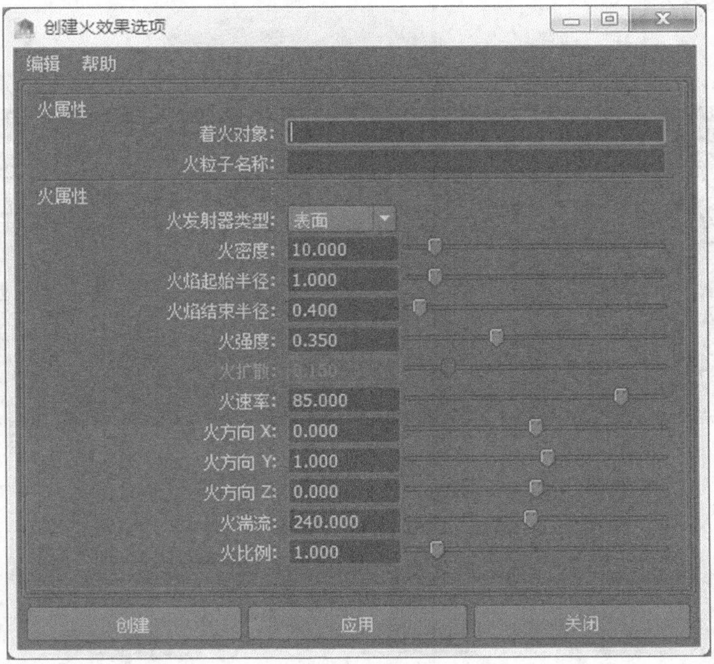

图29-4

创建火效果选项介绍

- ❖ 着火对象：设置着火的名称。如果在场景视图中已经选择了着火对象，则该选项将被忽略。
- ❖ 火粒子名称：设置生成的火焰粒子的名字。
- ❖ 火发射器类型：选择粒子的发射类型，有“泛向粒子”“定向粒子”“表面”和“曲线”4种类型。创建火焰之后，发射器类型不可以再修改。
- ❖ 火密度：设置火焰粒子的数量，同时将影响火焰整体的亮度。
- ❖ 火焰起始/结束半径：火焰效果将发射的粒子显示为“云”粒子渲染类型。这些属性将设置在其寿命开始和结束的每个粒子云的半径大小。
- ❖ 火强度：设置火焰的整体亮度。值越大，亮度越强。
- ❖ 火扩散：设置粒子发射的展开角度，其取值的范围为0~1。当值为1时，展开角度为180°。
- ❖ 火速率：设置发射扩散角度，该角度定义粒子随机发射的圆锥形区域，如图29-5所示。可以输入0~1之间的值，值为1表示180°。

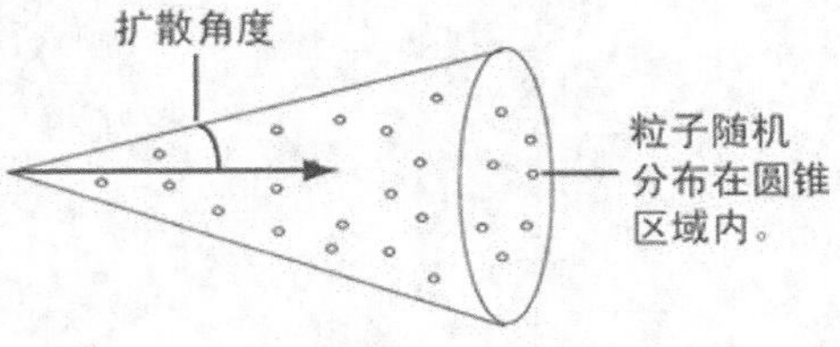

图29-5

- ❖ 火方向x/y/z：设置火焰的移动方向。
- ❖ 火湍流：设置扰动的火焰速度和方向的数量。
- ❖ 火比例：缩放“火密度”“火焰起始半径”“火焰结束半径”“火速率”和“火湍流”。

【练习29-1】：制作火炬火焰动画

场景文件　学习资源>场景文件>CH29>a.mb
实例文件　学习资源>实例文件>CH29>练习29-1.mb
技术掌握　掌握火焰动画的制作方法

本例用“创建火”命令制作的火炬火焰动画效果如图29-6所示。

图29-6

01 打开学习资源中的“场景文件>CH29>a.mb”文件，如图29-7所示。

02 选择火炬内的模型，如图29-8所示，然后执行“效果>创建火”菜单命令。

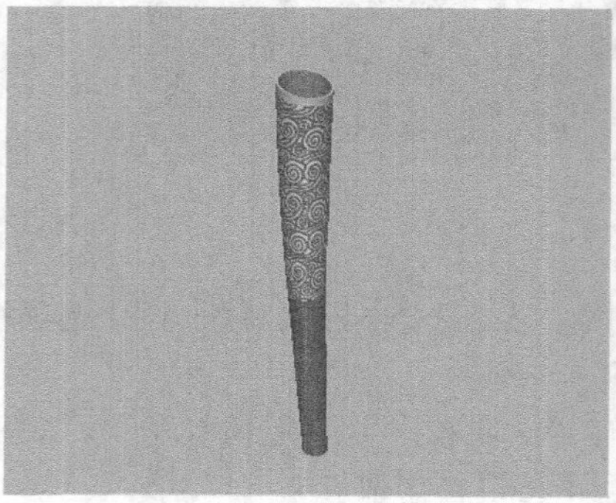

图29-7

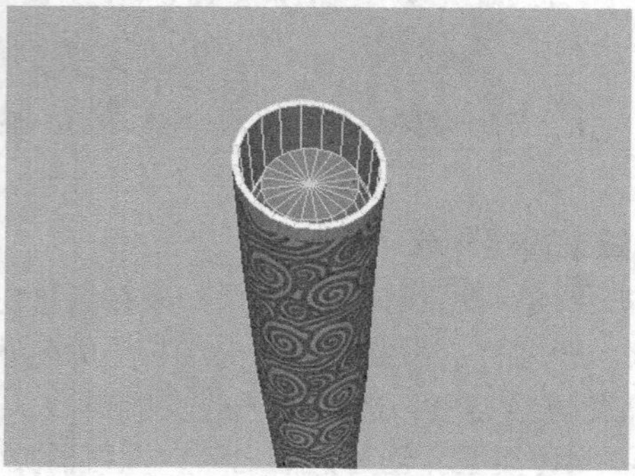

图29-8

03 播放动画，可以观察到火炬已经产生了火焰效果，如图29-9所示。

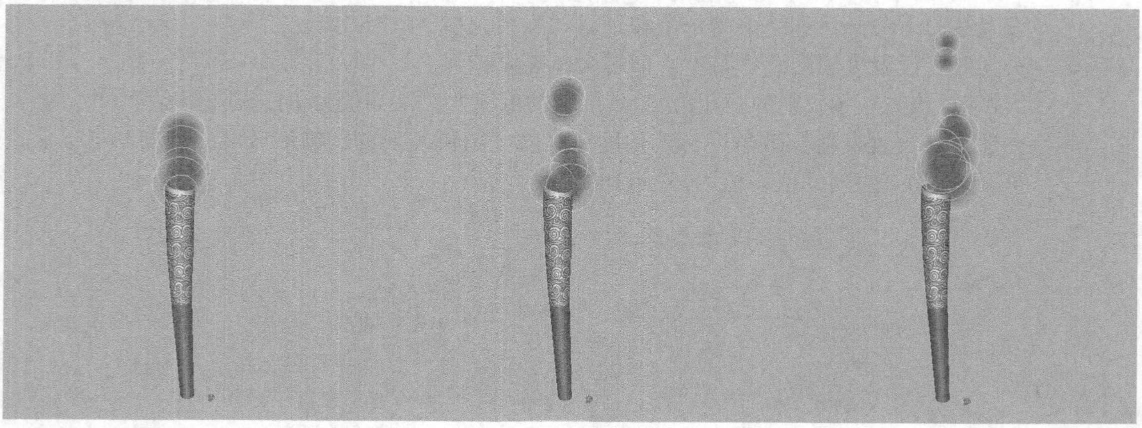

图29-9

29.2.2 创建烟

“创建烟”命令主要用来制作烟雾和云彩效果。打开“创建烟效果选项”对话框，如图29-10所示。

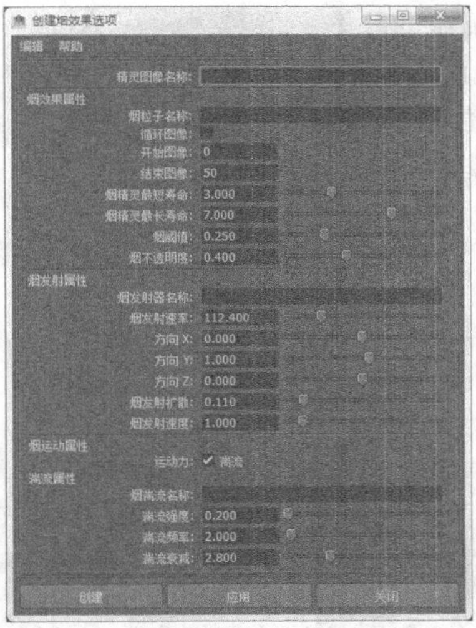

图29-10

创建烟效果选项介绍

❖ 精灵图像名称：标识用于烟的系列中第1个图像的文件名（包括扩展名）。

技巧与提示

在“精灵图像名称”中必须输入名称才可以创建烟雾的序列，而且烟雾属于粒子，所以在渲染时必须将渲染器设置为“Maya硬件”渲染器。

❖ 烟粒子名称：为发射的粒子对象命名。如果未提供名称，则Maya会为对象使用默认名称。

❖ 循环图像：如果启用“循环图像”选项，则每个发射的粒子将在其寿命期间内通过一系列图像进行循环；如果关闭“循环图像”选项，则每个粒子将拾取一个图像并自始至终都使用该图像。

❖ 开始/结束图像：指定该系列的开始图像和结束图像的数值文件扩展名。系列中的扩展名编号必须是连续的。

❖ 烟精灵最短/最长寿命：粒子的寿命是随机的，均匀分布在“烟精灵最短寿命”和“烟精灵最长寿命”值之间。例如，如果最短寿命为3，最长寿命为7，则每个粒子的寿命在3~7秒之间。

❖ 烟阈值：每个粒子在发射时，其不透明度为0。不透明度逐渐增加并达到峰值后，会再次逐渐减少到0。“烟阈值”可以设定不透明度达到峰值的时刻，指定为粒子寿命的分数形式。例如，如果设置“烟阈值”为0.25，则每个粒子的不透明度在其寿命的1/4时达到峰值。

❖ 烟不透明度：从0~1按比例划分整个烟雾的不透明度。值越接近0，烟越淡；值越接近1，烟越浓。

❖ 烟发射器名称：设置烟雾发射器的名称。

❖ 烟发射速率：设置每秒发射烟雾粒子的数量。

❖ 方向x/y/z：设置烟雾发射的方向。

❖ 烟发射扩散：设置烟雾在发射过程中的扩散角度。

❖ 烟发射速度：设置烟雾发射的速度。值越大，烟雾发射的速度越快。

❖ 运动力：为烟雾添加“湍流”场，使其更加接近自然状态。

❖ 烟湍流名称：设置烟雾“湍流”场的名字。

❖ 湍流强度：设置湍流的强度。值越大，湍流效果越明显。

❖ 湍流频率：设置烟雾湍流的频率。值越大，在单位时间内发生湍流的频率越高；值越小，在单位时间内发生湍流的频率越低。

❖ 湍流衰减：设置“湍流”场对粒子的影响。值越大，“湍流”场对粒子的影响就越小；如果值为0，则忽略距离对粒子的影响。

29.2.3 创建焰火

“创建焰火”命令主要用于创建焰火效果。打开“创建焰火效果选项”对话框，其参数分为“火箭属性”“火箭轨迹属性”和“焰火火花属性”3个卷展栏，如图29-11所示。

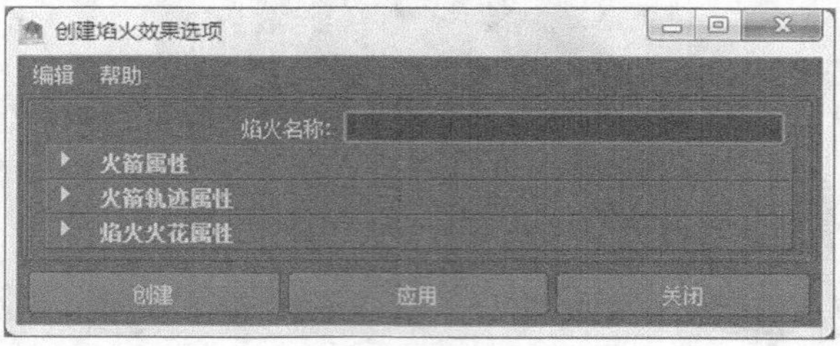

图29-11

创建焰火效果选项介绍

❖ 焰火名称：指定焰火对象的名称。

1.火箭属性

展开“火箭属性”卷展栏，如图29-12所示。

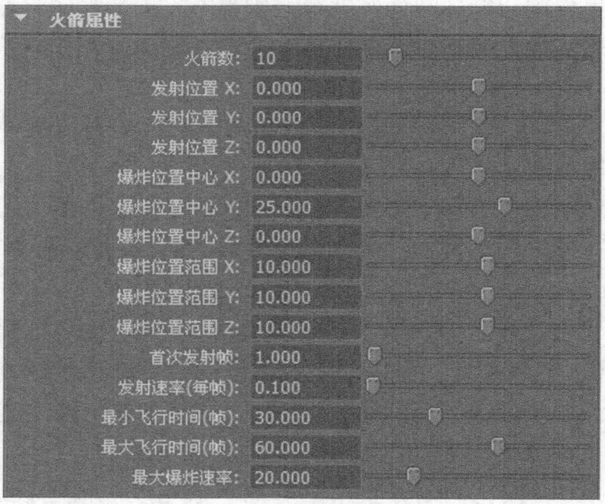

图29-12

火箭属性卷展栏参数介绍

❖ 火箭数：指定发射和爆炸的火箭粒子数量。

技巧与提示

一旦创建焰火效果，就无法添加或删除火箭。如果需要更多或更少的火箭，需要再次执行“创建焰火”命令。

❖ 发射位置*x/y/z*：指定用于创建所有焰火火箭的发射坐标。只能在创建时使用这些参数，之后可以指定每个火箭的不同发射位置。

❖ 爆炸位置中心*x/y/z*：指定所有火箭爆炸围绕的中心位置坐标。只能在创建时使用这些参数，之后可以移动爆炸位置。

❖ 爆炸位置范围*x*/*y*/*z*：指定包含随机爆炸位置的矩形体积大小。

❖ 首次发射帧：在首次发射火箭时设定帧。

❖ 发射速率（每帧）：设定首次发射后的火箭发射率。

❖ 最小/最大飞行时间（帧）：时间范围设定为每个火箭的发射和爆炸之间。

❖ 最大爆炸速率：设定所有火箭的爆炸速度，并因此设定爆炸出现的范围。

2.火箭轨迹属性

展开“火箭轨迹属性”卷展栏，如图29-13所示。

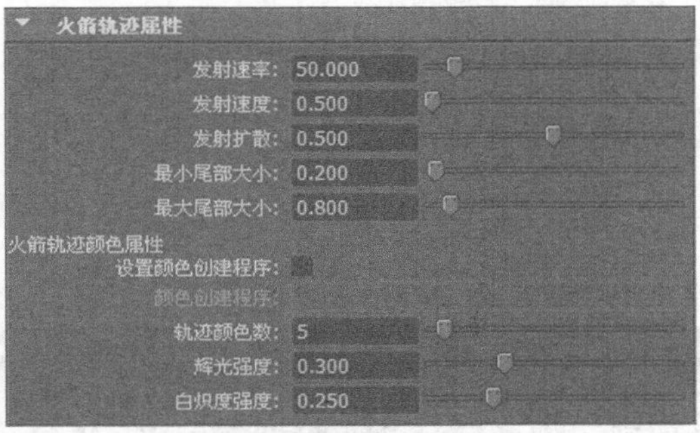

图29-13

火箭轨迹属性卷展栏参数介绍

❖ 发射速率：设定焰火拖尾的发射速率。

❖ 发射速度：设定焰火拖尾的发射速度。

❖ 发射扩散：设定焰火拖尾发射时的展开角度。

❖ 最小/最大尾部大小：焰火的每个拖尾元素都是由圆锥组成，用这两个选项能够随机设定每个锥形的长短。

❖ 设置颜色创建程序：勾选该选项后，可以使用用户自定义的颜色程序。

❖ 颜色创建程序：勾选“设置颜色创建程序”选项时，可以激活该选项。可以使用一个返回颜色信息的程序，利用返回的颜色值来重新定义焰火拖尾的颜色，该程序的固定模式为global proc vector [] myFirewoksColors(int $numColors)。

❖ 轨迹颜色数：设定拖尾的最多颜色数量，系统会提取这些颜色信息随机指定给每个拖尾。

❖ 辉光强度：设定拖尾辉光的强度。

❖ 白炽度强度：设定拖尾的自发光强度。

3.焰火火花属性

展开“焰火火花属性”卷展栏，如图29-14所示。

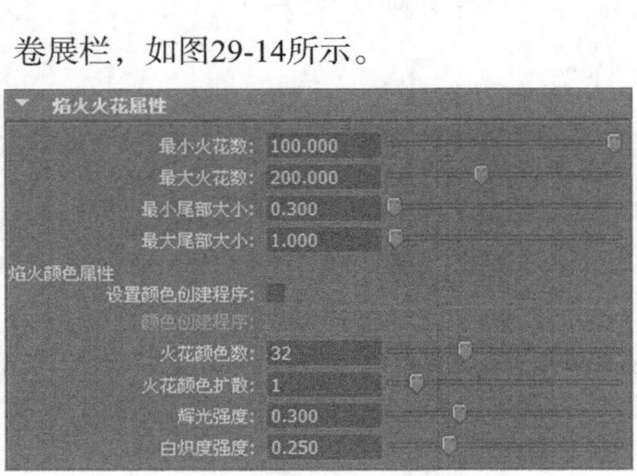

图29-14

焰火火花属性卷展栏参数介绍

❖ 最小/最大火花数：设定火花的数量范围。
❖ 最小/最大尾部大小：设定火花尾部的大小。
❖ 设置颜色创建程序：勾选该选项时，用户可以使用自定义的颜色程序。
❖ 颜色创建程序：勾选“设置颜色创建程序”选项时，可以激活该选项，该选项可以使用一个返回颜色信息的程序。
❖ 火花颜色数：设定火花的最大颜色数量。
❖ 火花颜色扩散：设置每个火花爆裂时，所用到的颜色数量。
❖ 辉光强度：设定火花拖尾辉光的强度。
❖ 白炽度强度：设定火花拖尾的自发光强度。

【练习29-2】：制作烟火动画

场景文件	学习资源>场景文件>CH29>b.mb
实例文件	学习资源>实例文件>CH29>练习29-2.mb
技术掌握	掌握烟火动画的制作方法

本例用“创建焰火”命令制作的烟火动画效果如图29-15所示。

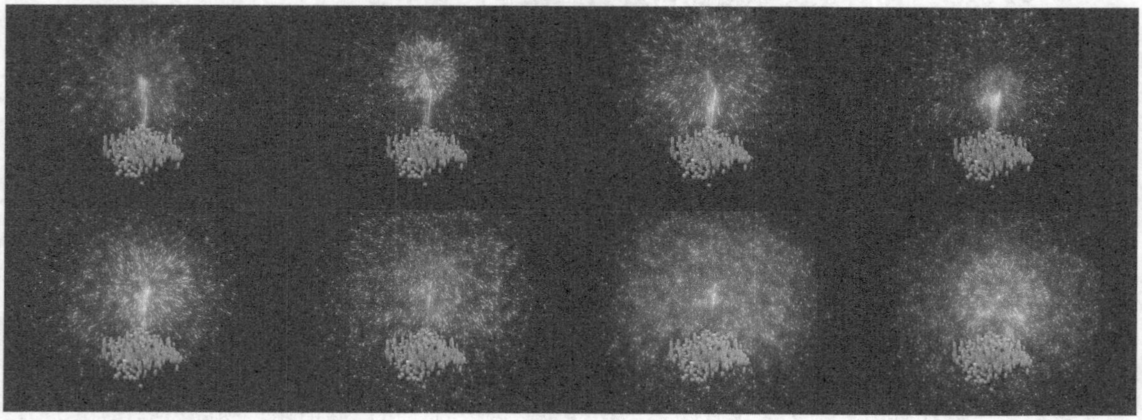

图29-15

01 打开学习资源中的“场景文件>CH29>b.mb”文件，如图29-16所示。

02 执行“效果>创建焰火”菜单命令，此时建筑群中会创建一个Fireworks焰火发射器，如图29-17所示。播放动画，效果如图29-18所示。

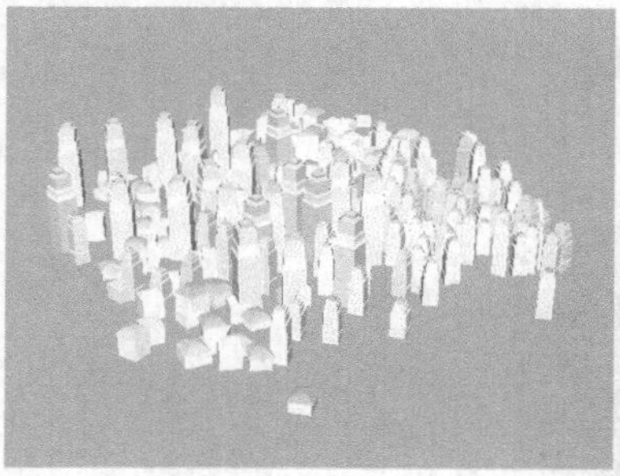

图29-16

图29-17

图29-18

03 打开Fireworks焰火发射器的“属性编辑器”对话框，然后在“附加属性”卷展栏下设置“最大爆炸速率”为80、“最小火花数”为200、“最大火花数”为400，如图29-19所示。

图29-19

04 播放动画，最终效果如图29-20所示。

图29-20

29.2.4 创建闪电

“创建闪电”命令主要用来制作闪电特效。打开“创建闪电效果选项”对话框，如图29-21所示。

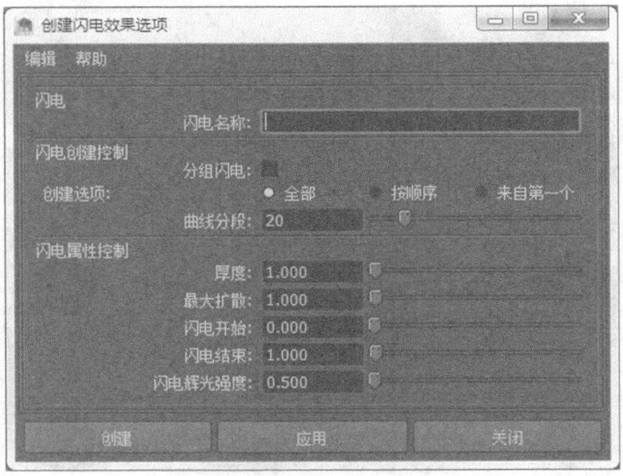

图29-21

创建闪电效果选项介绍

❖ 闪电名称：设置闪电的名称。
❖ 分组闪电：勾选该选项时，Maya将创建一个组节点并将新创建的闪电放置于该节点内。
❖ 创建选项：指定闪电的创建方式，共有以下3种。

✧ 全部：在所有选定对象之间创建闪电，如图29-22所示。

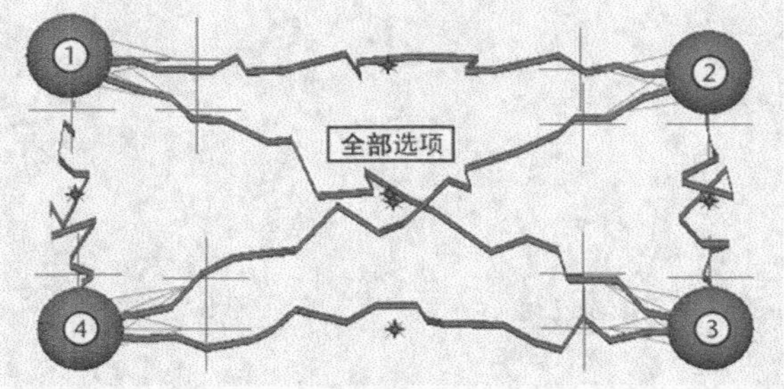

图29-22

✧ 按顺序：按选择顺序将闪电从第1个选定对象创建到其他选定对象，如图29-23所示。

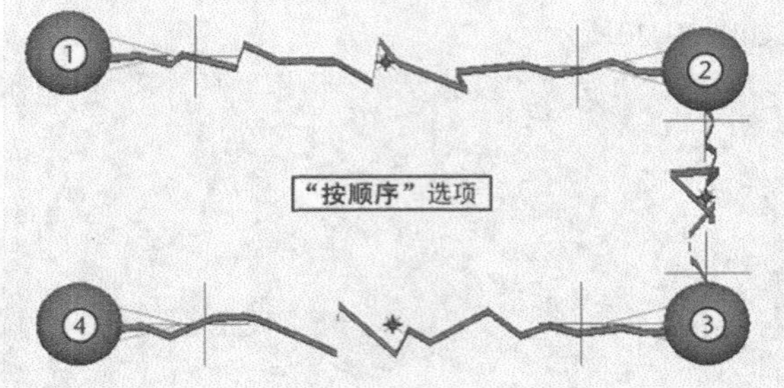

图29-23

✧ 来自第一个：将闪电从第1个对象创建到其他所有选定对象，如图29-24所示。

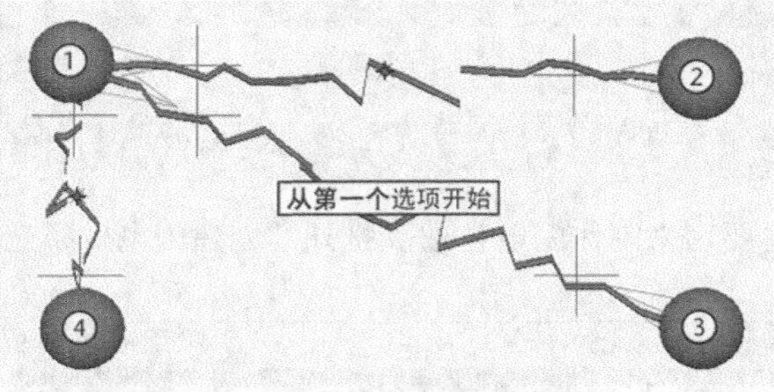

图29-24

❖ 曲线分段：闪电由具有挤出曲面的柔体曲线组成。"曲线分段"可以设定闪电中的分段数量，如图29-25所示是设置该值为10和100时的闪电效果。

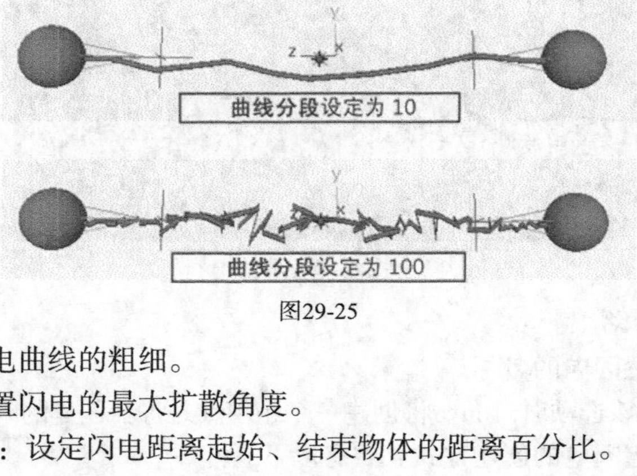

图29-25

❖ 厚度：设定闪电曲线的粗细。
❖ 最大扩散：设置闪电的最大扩散角度。
❖ 闪电开始/结束：设定闪电距离起始、结束物体的距离百分比。

❖ 闪电辉光强度：设定闪电辉光的强度。数值越大，辉光强度越大。

技巧与提示

闪电必须借助物体才能够创建出来，能借助的物体包括NURBS物体、多边形物体、细分曲面物体、定位器和组等有变换节点的物体。

【练习29-3】：制作闪电动画

场景文件　学习资源>场景文件>CH29>c.mb
实例文件　学习资源>实例文件>CH29>练习29-3.mb
技术掌握　掌握闪电动画的制作方法

本例用“创建闪电”命令制作的闪电动画特效如图29-26所示。

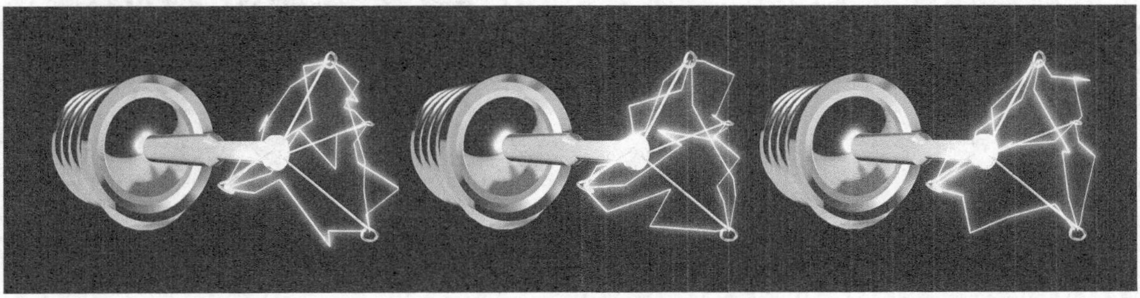

图29-26

01 打开学习资源中的“场景文件>CH29>c.mb”文件，如图29-27所示。

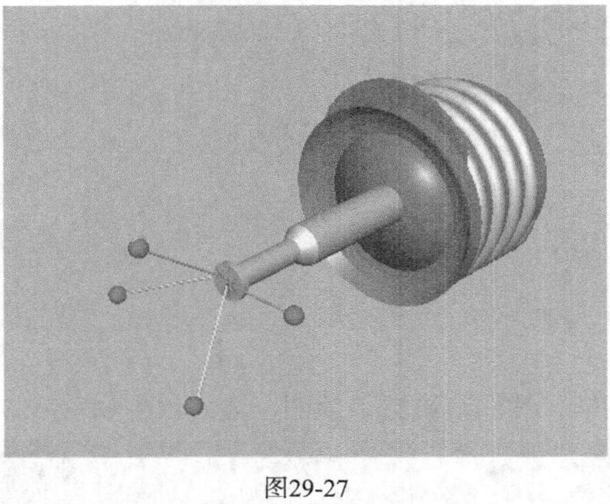

图29-27

02 选择如图29-28所示的两个小球，然后执行“效果>创建闪电”菜单命令，效果如图29-29所示。

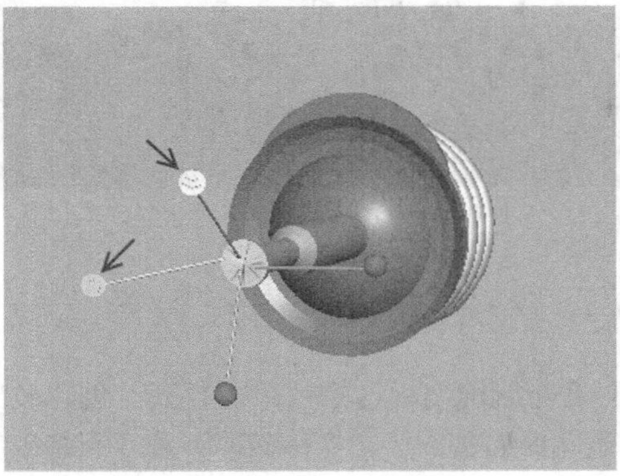

图29-28

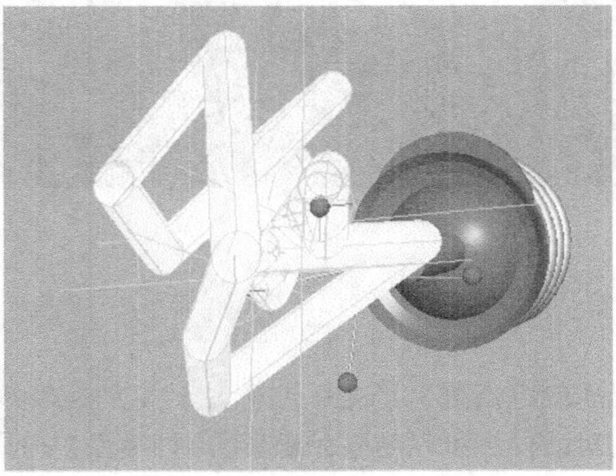

图29-29

03 打开闪电Lightning1的“属性编辑器”对话框，然后在“附加属性”卷展栏下设置“厚度”为0.03、“最大扩散”为0.197、“闪电开始”为0.02、“闪电结束”为1、“辉光强度”为0.3、“灯光强度”为0.2、“颜色R”为0.645、“颜色G”为0.638、“颜色B”为0.5，具体参数设置如图29-30所示，效果如图29-31所示。

04 用相同的方法为其他几个小球也创建出闪电（闪电参数可参考步骤（3）），完成后的效果如图29-32所示。

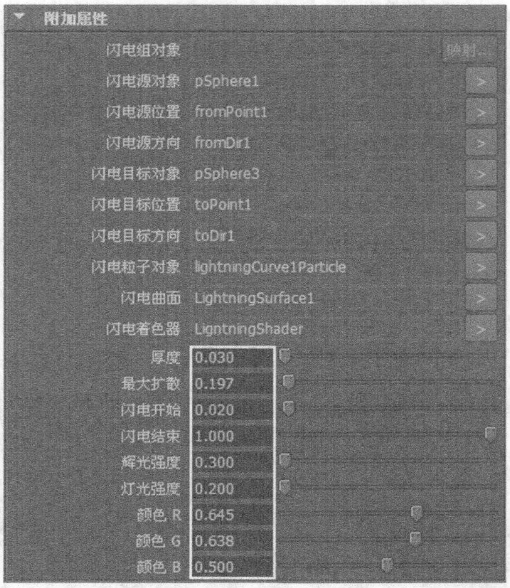

图29-30

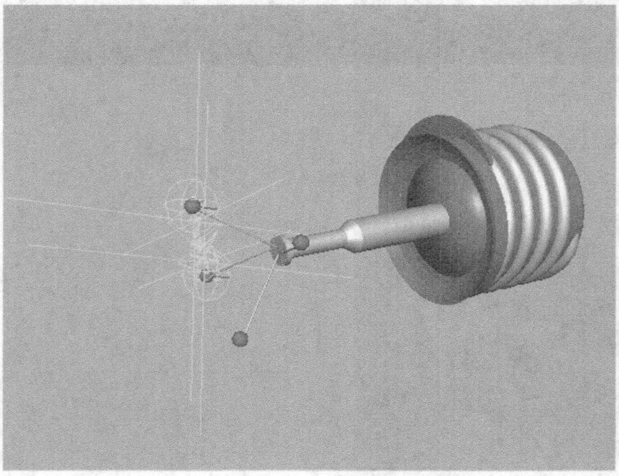
图29-31

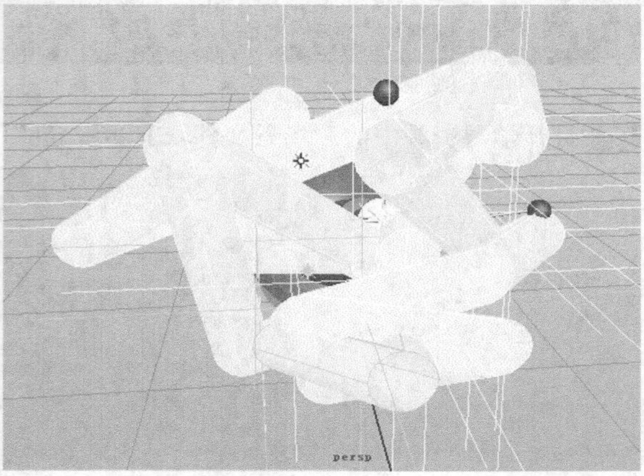

图29-32

05 选择动画效果最明显的帧，然后渲染出单帧图，最终效果如图29-33所示。

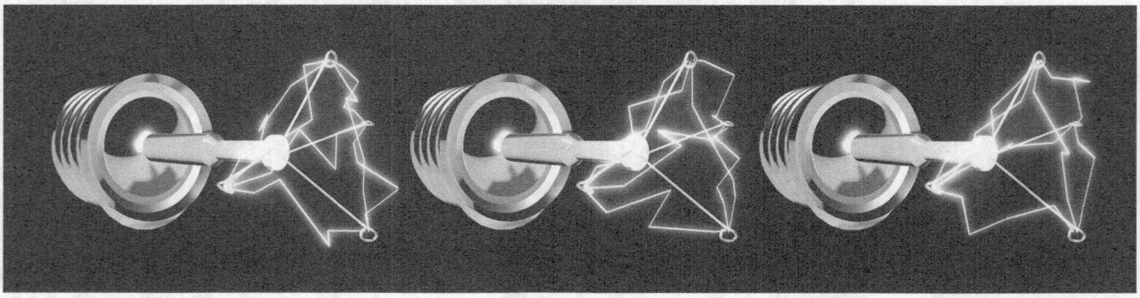
图29-33

29.2.5 创建破碎

爆炸或电击都会产生一些碎片，“创建破碎”命令就能实现这个效果。打开“创建破碎效果选项”对话框，可以观察到破碎分3种类型，分别是“曲面破碎”“实体破碎”和“裂缝破碎”，如图29-34、图29-35和图29-36所示。

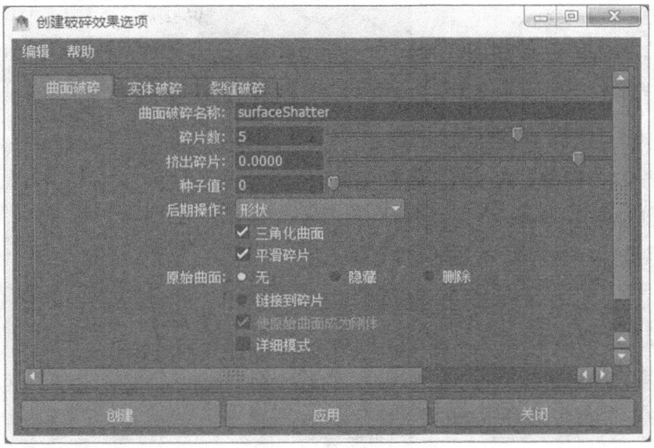

图29-34

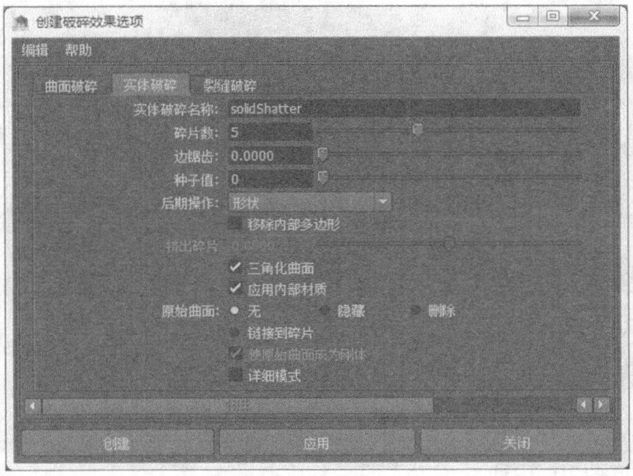

图29-35

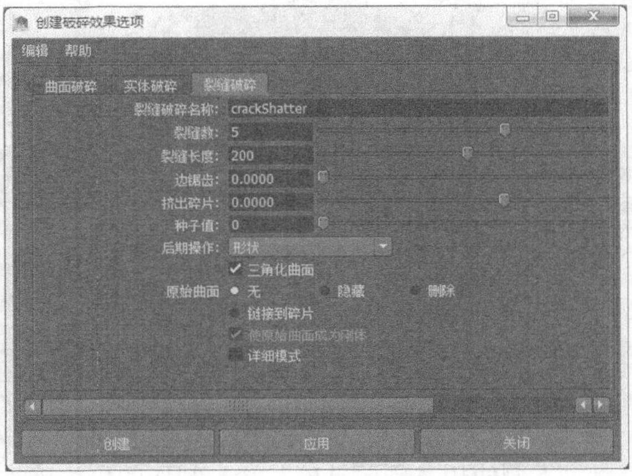

图29-36

下面只讲解“曲面破碎”选项卡下的参数。

创建破碎效果选项介绍

❖ 曲面破碎名称：设置要创建的曲面碎片的名称。

❖ 碎片数：设定物体破碎的片数。数值越大，生成的破碎片数量就越多。

❖ 挤出碎片：指定碎片的厚度。正值会将曲面向外推以产生厚度；负值会将曲面向内推。

❖ 种子值：为随机数生成器指定一个值。如果将“种子值”设定为0，则每次都会获得不同的破碎结果；如果将“种子值”设定为大于0的值，则会获得相同的破碎结果。

❖ 后期操作：设置碎片产生的类型，共有以下6个选项。

✧ 曲面上的裂缝：仅适用于“裂缝破碎”。创建裂缝线，但不实际打碎对象。

✧ 形状：将对象打碎，使其成为形状，这些形状称为碎片。一旦将对象打碎，使其成为形状，即可对碎片应用任何类型的动画，如关键帧动画。

✧ 碰撞为禁用的刚体：将对象打碎，使其成为刚体。禁用碰撞是为了防止碎片接触时出现穿透错误。

✧ 具有目标的柔体：将对象打碎，使其成为柔体，在应用动力学作用力时柔体会变形。

✧ 具有晶格和目标的柔体：将对象打碎，使其成为碎片。Maya会将“晶格”变形器添加到每个碎片，并使晶格成为柔体。

✧ 集：仅适用于“曲面破碎”和“裂缝破碎”，将构成碎片的各个面置于称为surfaceShatter#Shard#的集中。当选择“集”选项时，Maya实际上不会打碎对象，而只是将每个碎片的多边形置于集中。

❖ 三角化曲面：勾选该选项时，可以三角形化破碎模型，即将多边形转化为三角形面。
❖ 平滑碎片：在碎片之间重新分配多边形，以便碎片具有更加平滑的边。
❖ 原始曲面：指定如何处理原始对象。
  ✧ 无：保持原始模型，并创建破碎效果。
  ✧ 隐藏：创建破碎效果后，隐藏原始模型。
  ✧ 删除：创建破碎效果后，删除原始模型。
❖ 链接到碎片：创建若干从原始曲面到碎片的连接。该选项允许使用原始曲面变换节点的一个属性控制原始曲面和碎片的可见性。
❖ 使原始曲面成为刚体：使原始对象成为主动刚体。
❖ 详细模式：在“命令反馈”对话框中显示消息。

技巧与提示

“曲面破碎”和“实体破碎”是针对NURBS物体而言的，而“裂缝破碎”对于NURBS物体和多边形物体都适用，如图29-37所示。

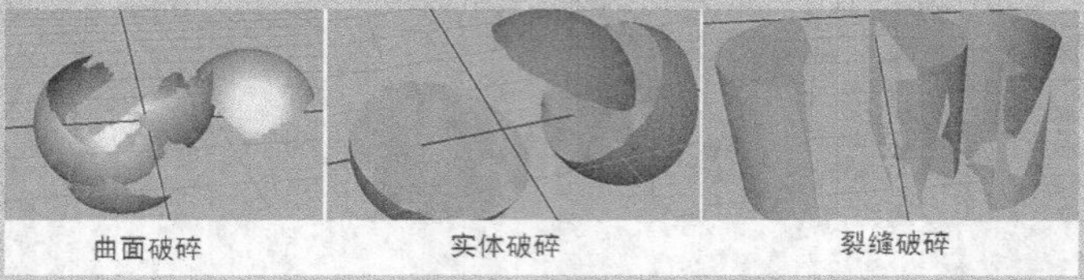

图29-37

【练习29-4】：制作爆炸碎片

场景文件　学习资源>场景文件>CH29>d.mb
实例文件　学习资源>实例文件>CH29>练习29-4.mb
技术掌握　掌握碎片的制作方法

本例使用“创建破碎”命令制作的爆炸碎片如图29-38所示。

图29-38

01 打开学习资源中的“场景文件>CH29>d.mb”文件，如图29-39所示。

图29-39

02 选择面具模型，然后执行“效果>创建破碎”菜单命令，接着在“大纲视图”对话框中选择Arch32_095_obj_00（这是原始模型），如图29-40所示，最后按快捷键Ctrl+H将其隐藏。

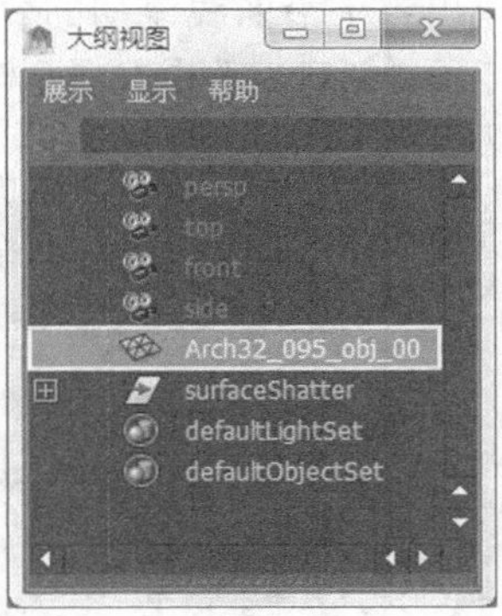

图29-40

技巧与提示

创建的碎片被分在一个名称为surfaceShatter的组中，由于默认的“碎片数”为5，因此surfaceShatter组有5个子物体，如图29-41所示。

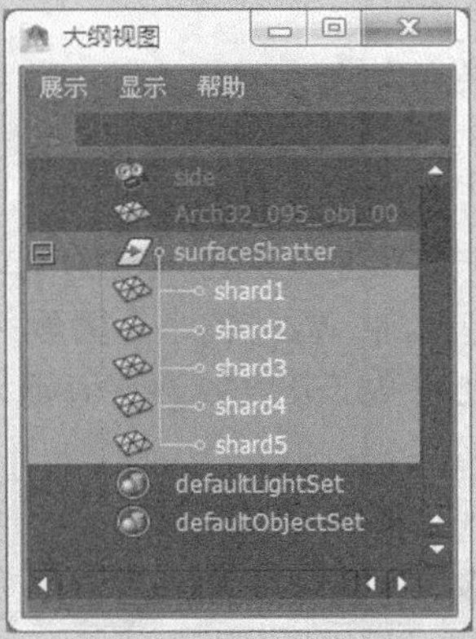

图29-41

03 将创建好的爆炸碎片拖曳到其他位置，以方便观察，最终效果如图29-42所示。

图29-42

29.2.6 创建曲线流

用“创建曲线流”命令可以创建出粒子沿曲线流动的效果，流从曲线的第1个CV点开始发射，到曲线的最后一个CV点结束。打开“创建流效果选项”对话框，如图29-43所示。

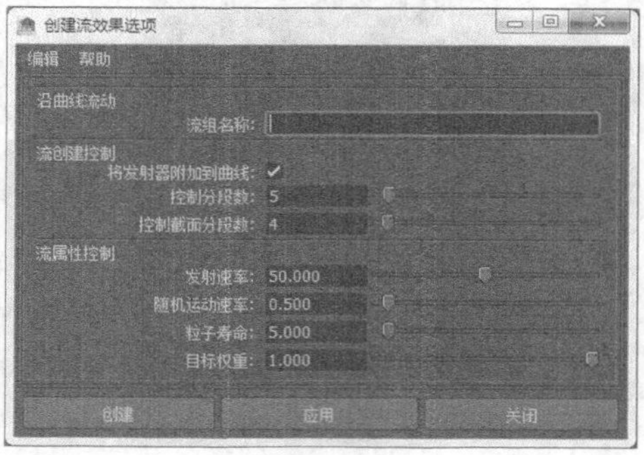

图29-43

创建流效果选项介绍

❖ 流组名称：设置曲线流的名称。

❖ 将发射器附加到曲线：如果启用该选项，“点”约束会使曲线流效果创建的发射器附加到曲线上的第1个流定位器（与曲线的第1个CV点最接近的那个定位器）；如果禁用该选项，则可以将发射器移动到任意位置。

❖ 控制分段数：在可对粒子扩散和速度进行调整的流动路径上设定分段数。数值越大，对扩散和速度的操纵器控制越精细；数值越小，播放速度越快。

❖ 控制截面分段数：在分段之间设定分段数。数值越大，粒子可以更精确地跟随曲线；数值越小，播放速度越快。

❖ 发射速率：设定每单位时间发射粒子的速率。

❖ 随机运动速率：设定沿曲线移动时粒子的迂回程度。数值越大，粒子漫步程度越高；值为0表示禁用漫步。

❖ 粒子寿命：设定从曲线的起点到终点每个发射粒子存在的秒数。值越高，粒子移动得越慢。

❖ 目标权重：每个发射粒子沿路径移动时都跟随一个目标位置，“目标权重”设定粒子跟踪其目标的精确度。权重为1表示粒子精确跟随其目标；值越小，跟随精确度越低。

技巧与提示

若要丰富曲线流动效果，可以在同一曲线上多次应用“创建曲线流”命令，然后仔细调节每个曲线流的效果。

【练习29-5】：创建曲线流动画

场景文件	学习资源>场景文件>CH29>e.mb
实例文件	学习资源>实例文件>CH29>练习29-5.mb
技术掌握	掌握曲线流动画的制作方法

本例用“创建曲线流”命令制作的曲线流动画效果如图29-44所示。

图29-44

01 打开学习资源中的“场景文件>CH29>e.mb”文件，如图29-45所示。

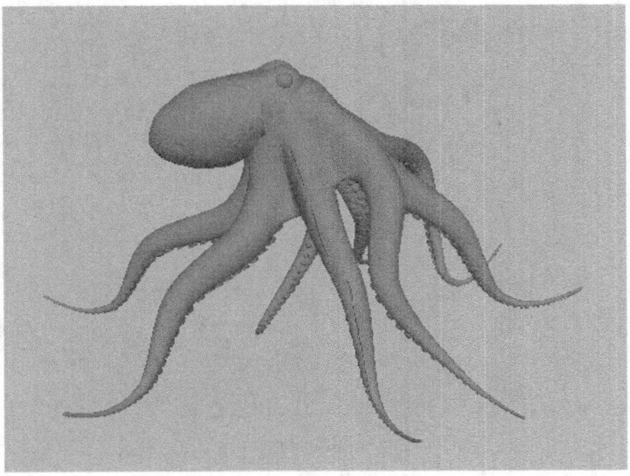

图29-45

02 在视图快捷栏中单击“X射线显示”按钮，这样可以观察到章鱼内部的对象，然后选择章鱼脚内部的曲线，如图29-46所示。

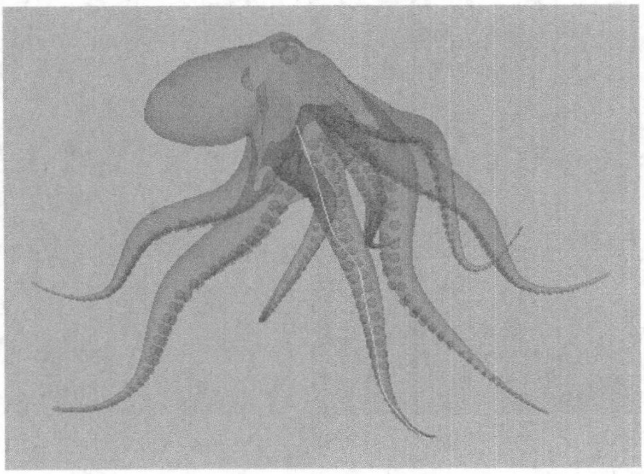

图29-46

03 打开“创建流效果选项”对话框，然后设置“控制分段数”为20、“控制截面分段数”为10，接着单击“创建”按钮，如图29-47所示。

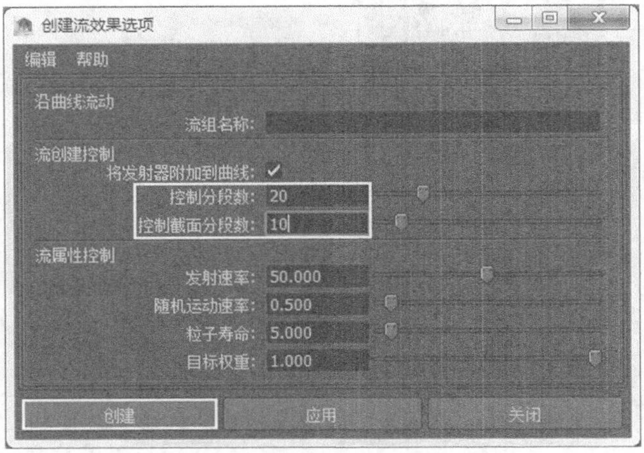

图29-47

04 播放动画，可以观察到流的运动速度非常快，如图29-48所示。

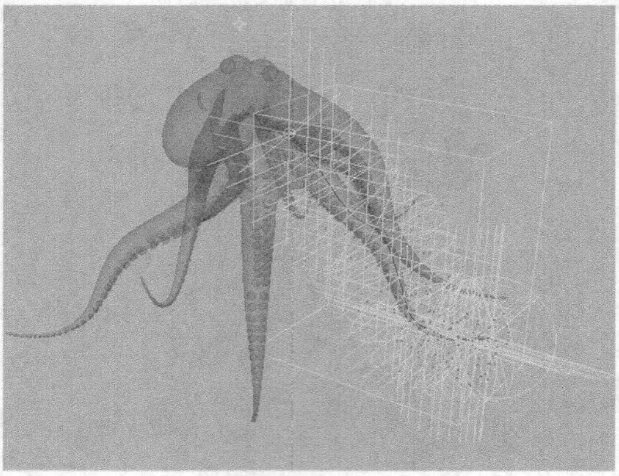

图29-48

05 打开Flow_particle流粒子的“属性编辑器”对话框，然后在Flow_particleShape选项卡下设置“粒子渲染类型”为“球体”，接着单击“当前渲染类型”按钮，最后设置“半径”为0.05，如图29-49所示，效果如图29-50所示。

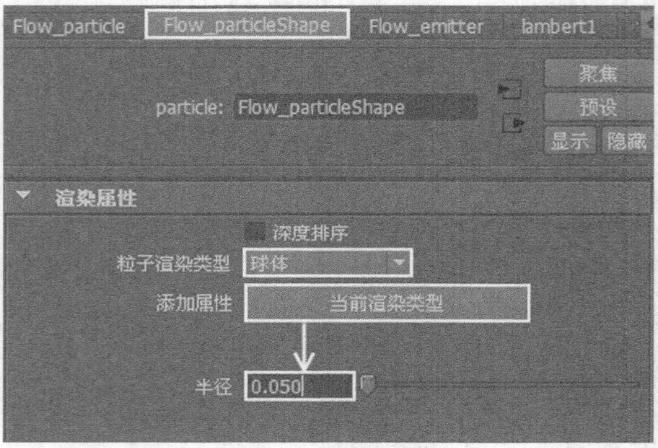

图29-49

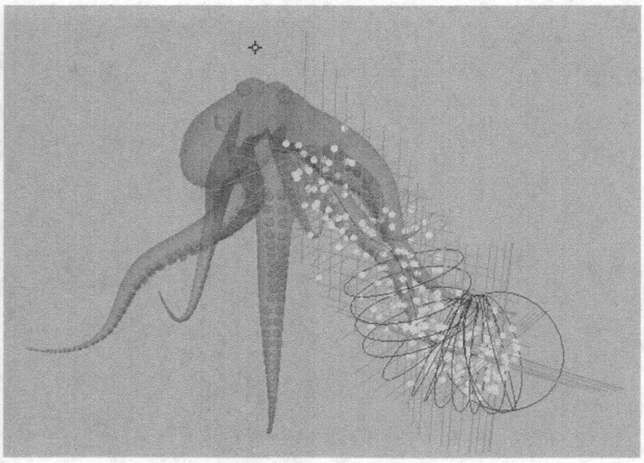

图29-50

06 在“大纲视图”对话框中全选control_Circle节点，如图29-51所示，然后在“通道盒”中设置“缩放x”为0.024，如图29-52所示。

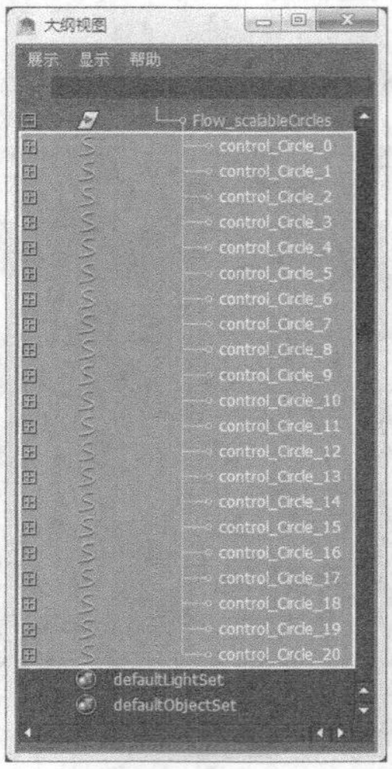

图29-51

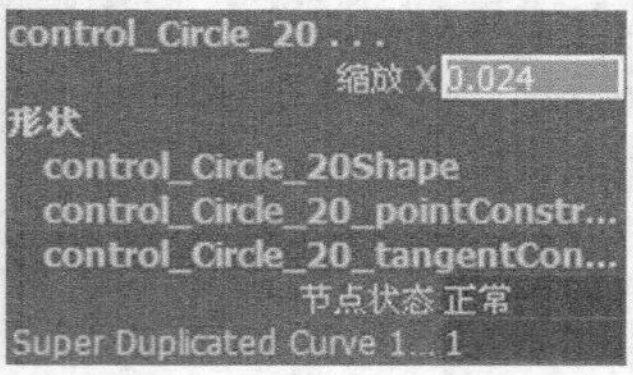

图29-52

07 播放动画，可以观察到粒子流已经在章鱼脚的内部流动，效果如图29-53所示。

08 在“大纲视图”对话框中选择Flow节点，然后打开其“属性编辑器”对话框，接着在“附加属性”卷展栏下设置“随机运动速率”为0.7，如图29-54所示。

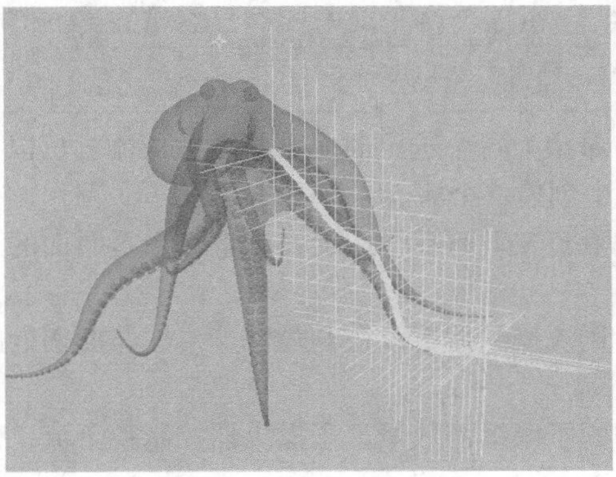

图29-53

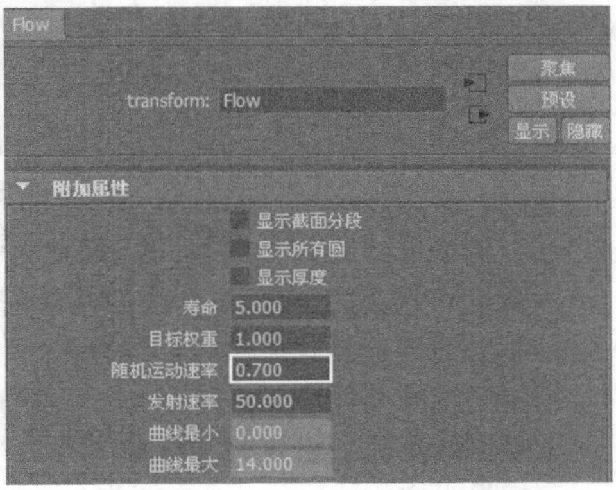

图29-54

09 播放动画，最终效果如图29-55所示。

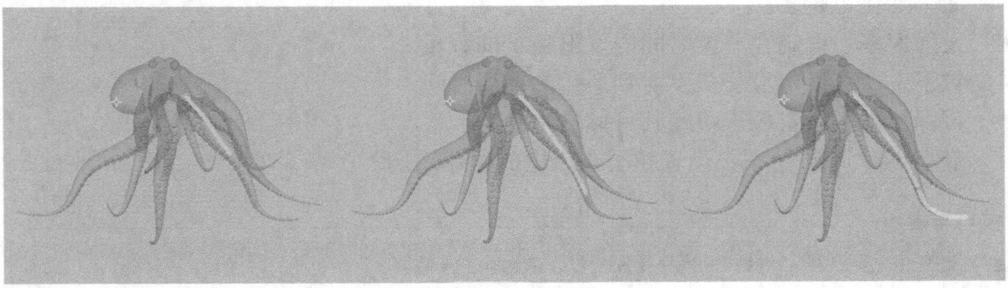

图29-55

29.2.7 创建曲面流

用“创建曲面流”命令可以在曲面上创建粒子流效果。打开“创建曲面流效果选项”对话框，如图29-56所示。

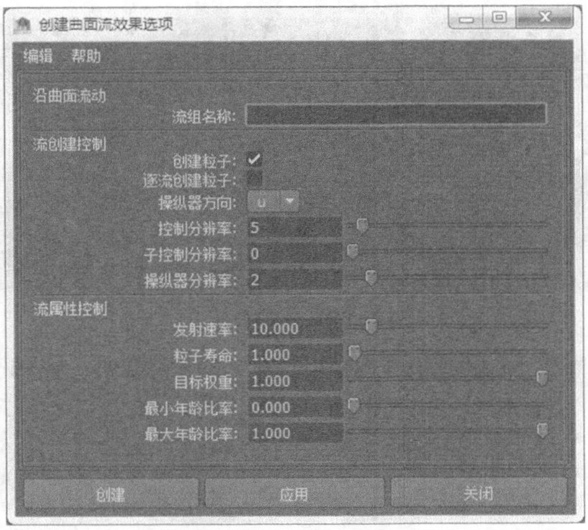

图29-56

创建曲面流效果选项介绍

❖ 流组名称：设置曲面流的名称。

❖ 创建粒子：如果启用该选项，则会为选定曲面上的流创建粒子；如果禁用该选项，则不会创建粒子。

技巧与提示

如果使用场景中现有的粒子来制作曲面流，可以选择粒子后执行“创建曲面流”命令，这样可以使粒子沿着曲面流动。

❖ 逐流创建粒子：如果选择了多个曲面并希望为每个选定曲面创建单独的流，可以启用该选项。禁用该选项，可在所有选定曲面中创建一个流。

❖ 操纵器方向：设置流的方向。该方向可在U/V坐标系中指定，该坐标系是曲面的局部坐标系，U或V是正向，而-U或-V是反向。

❖ 控制分辨率：设置流操纵器的数量。使用流操纵器可以控制粒子速率、与曲面的距离及指定区域的其他设置。

❖ 子控制分辨率：设置每个流操纵器之间的子操纵器数量。子操纵器控制粒子流，但不能直接操纵它们。

❖ 操纵器分辨率：设定控制器的分辨率。数值越大，粒子流动与表面匹配得越精确，表面曲率变化也越多。

❖ 发射速率：设定在单位时间内发射粒子的数量。

❖ 粒子寿命：设定粒子从发射到消亡的存活时间。

❖ 目标权重：设定粒子跟踪其目标的精确度。

❖ 最小/最大年龄比率：设置粒子在流中的生命周期。

技巧与提示

曲面流体是通过粒子表达式来控制的，因此操作起来比较复杂繁琐。

【练习29-6】：创建曲面流动画

场景文件　学习资源>场景文件>CH29>f.mb
实例文件　学习资源>实例文件>CH29>练习29-6.mb
技术掌握　掌握曲面流动画的制作方法

本例用“创建曲面流”命令制作的曲面流动画效果如图29-57所示。

图29-57

01 打开学习资源中的“场景文件>CH29>f.mb”文件，如图29-58所示。

图29-58

02 选择曲面模型，然后打开“创建曲面流效果选项”对话框，接着设置“操纵器方向”为V、“子控制分辨率”为2，最后单击“创建”按钮创建，如图29-59所示。

03 播放动画，观察粒子的流动效果，如图29-60所示。

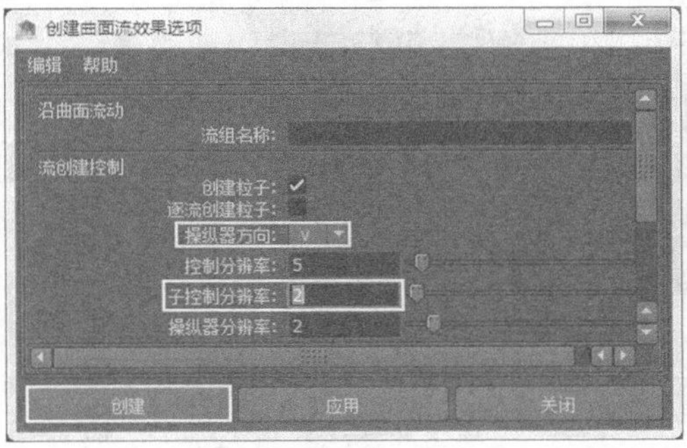

图29-59

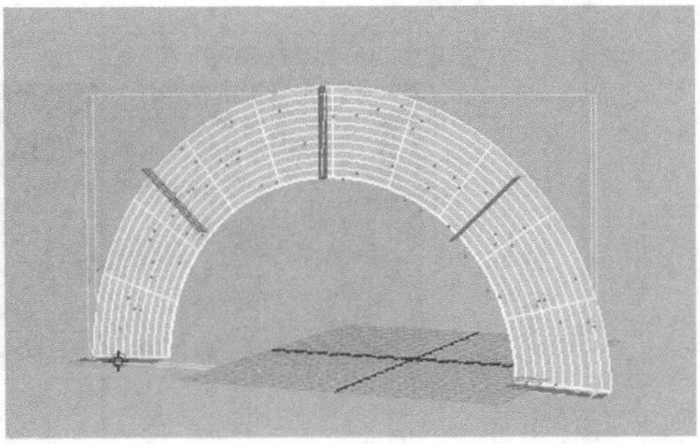

图29-60

04 在“大纲视图”对话框中选择SurfaceFlow1节点，然后打开其“属性编辑器”对话框，接着在“附加属性”卷展栏下设置“发射器速率”为100、V Location 1（V定位1）为0.835、V Location 2（V定位2）为0.669、V Location 3（V定位3）为0.256，如图29-61所示。

05 在“大纲视图”对话框中选择particle1节点，然后打开其“属性编辑器”对话框，接着在particleShape1选项卡下设置“粒子渲染类型”为“球体”，再单击“当前渲染类型”按钮当前渲染类型，最后设置“半径”为0.2，如图29-62所示。

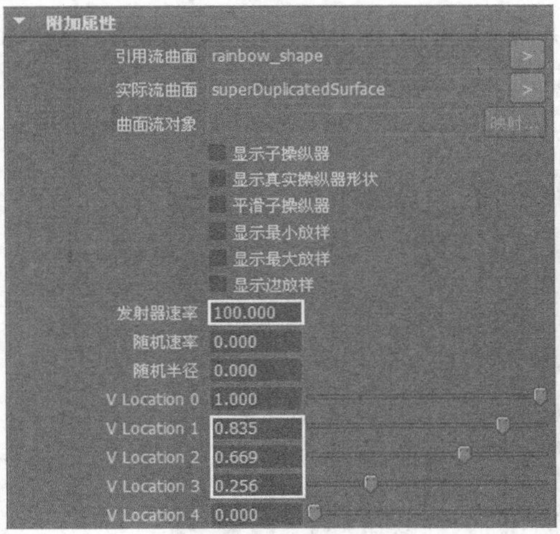

图29-61

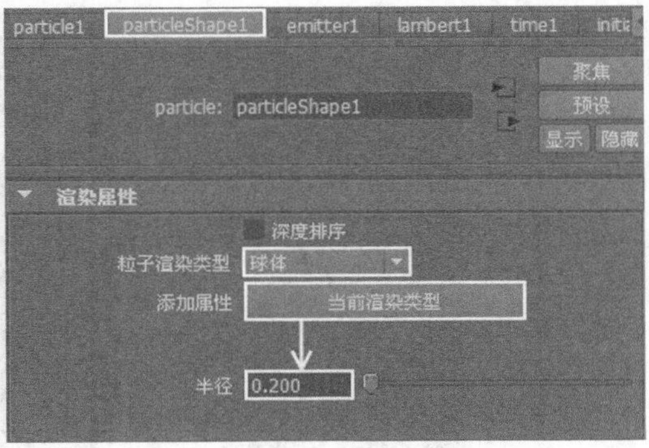

图29-62

06 播放动画，最终效果如图29-63所示。

图29-63

29.2.8 删除曲面流

创建曲面流以后，执行“删除曲面流”命令可以删除曲面流。打开“删除曲面流效果选项”对话框，如图29-64所示。

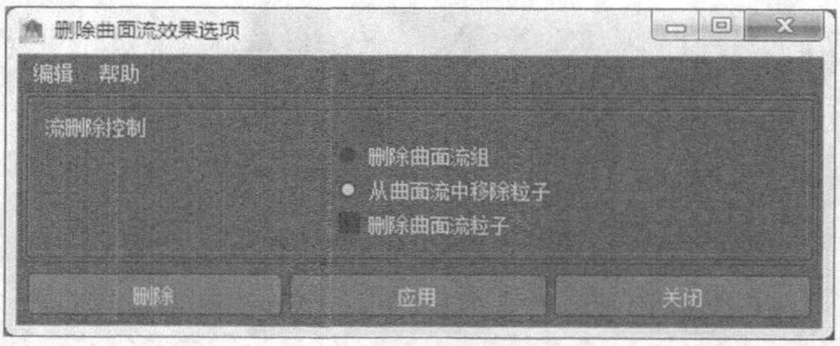

图29-64

删除曲面流效果选项介绍

❖ 删除曲面流组：启用该选项，将移除选定曲面流的节点。

❖ 从曲面流中移除粒子：启用该选项，将仅移除与流相关联的粒子，而不移除流本身。

❖ 删除曲面流粒子：启用该选项，将移除与流相关联的粒子节点；如果禁用该选项并删除曲面流，粒子节点将保留在场景中，即使粒子消失也是如此。

29.3 画笔效果

Maya的Paint Effects（画笔效果）是一个非常方便实用的工具，用户可以随意在场景中绘制二维和三维物体。这在创建重复且广阔的场景时非常有用，因为用户不需要一个一个对场景中的物体进行建模，只需要使用笔刷就能方便快捷地创建出模型，如图29-65所示的背景就是使用画笔来实现的。

图29-65

技巧与提示

Maya的Paint Effects（画笔效果）分为两种类型，分别是“笔划”和“管”，无论多么复杂的效果都是基于这两种理论工具。“笔划”方式就像使用画笔一样可以在纵向绘制线条图形，而“管”方式可以沿着笔划绘制的方向进行生长，两种方式有机结合起来就形成了Maya功能强大的Paint Effects工具（画笔效果工具）。

29.3.1 了解画笔效果菜单

切换到“渲染”模块，展开Paint Effects（画笔效果）菜单，如图29-66所示。

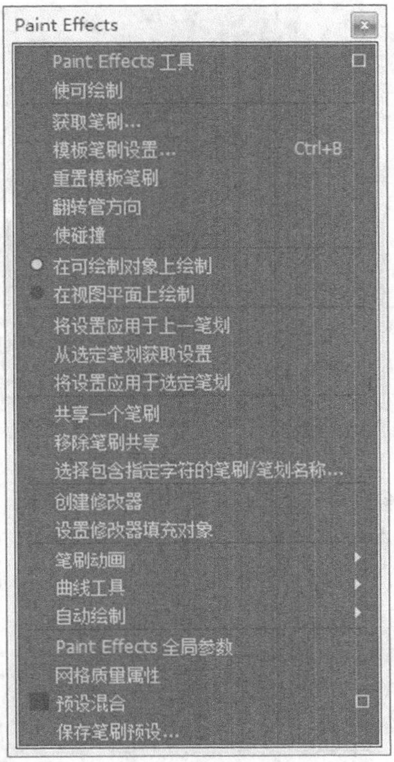

图29-66

Paint Effects（画笔效果）菜单命令介绍

❖ Paint Effects工具（画笔效果工具）：打开该工具的“工具设置”对话框，如图29-67所示，该对话框中的参数主要用来设置笔划的常用属性。

❖ 使可绘制：执行该命令可以在对象表面绘制画笔效果，如图29-68所示。

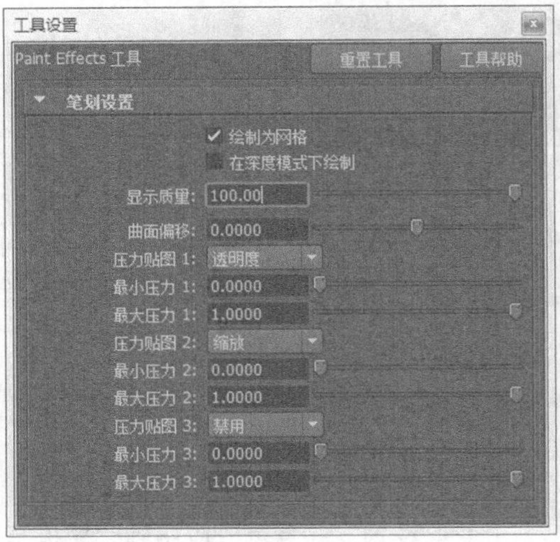

图29-67

图29-68

❖ 获取笔刷：执行该命令可以打开Visor对话框，在该对话框中可以选择笔刷进行绘制，如图29-69所示。

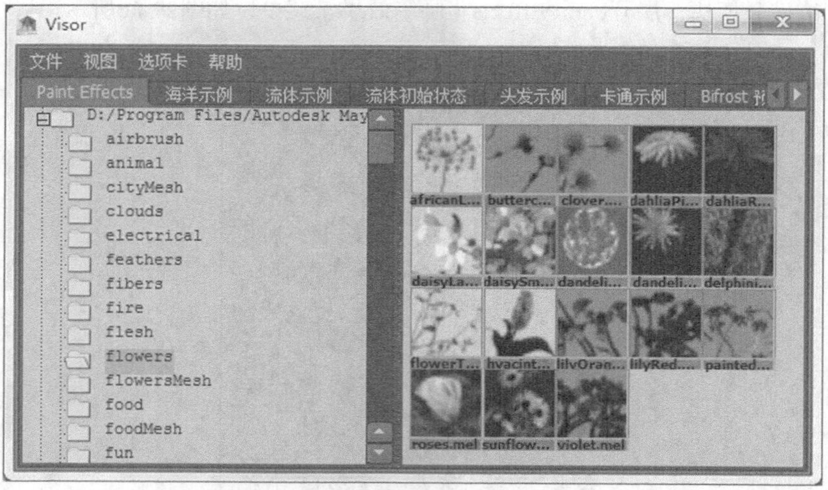

图29-69

❖ 模板笔刷设置：执行该命令可以打开Paint Effects笔刷设置（画笔效果笔刷设置）对话框，如图29-70所示。在该对话框中可以设置笔刷的各项属性，设置好属性后，后面的画笔工具将受影响，而前面已经绘制的效果不会受到影响。

图29-70

❖ 重置模板笔刷：执行该命令，可以将笔刷的属性重置为默认设置。

❖ 翻转管方向：创建管之后，若要在沿法线方向和沿路径方向之间切换管的方向，使用该工具单击即可。

❖ 使碰撞：启用选定对象曲面与Paint Effects笔划碰撞。

❖ 在可绘制对象上绘制：该命令用于限制笔刷在所选择物体的表面进行绘画。

❖ 在视图平面上绘制：该命令用于限制画笔在视图平面上进行绘画。

❖ 将设置应用于上一笔划：该命令可以将当前的“模板笔刷设置”应用到上一个笔刷上。

❖ 从选定笔划获取设置：执行该命令可从所选笔划上获取设置，并且可以应用到“模板笔刷设置”中。

❖ 将设置应用于选定笔划：该命令可以将新的设置应用到所选笔划上。
❖ 共享一个笔刷：执行该命令可以将多个笔刷共享同一套笔刷设置，并且以最后选择的笔刷为准。
❖ 移除笔刷共享：执行该命令可以取消共享笔刷功能。
❖ 选择包含指定字符的笔刷/笔划名称：选择包含“名称片段”文本框中指定的名称的笔刷/笔划。
❖ 创建修改器：创建一个Paint Effects（画笔效果）修改器，以同时影响所有的实体。
❖ 设置修改器填充对象：将选定的几何体转化为“线修改器”填充对象。
❖ 笔刷动画：该命令包含3个子命令，分别为“循环笔刷动画”“生成笔刷弹簧”和“烘焙弹簧动画”，如图29-71所示。

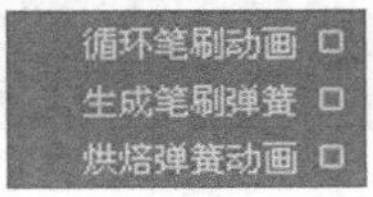

图29-71

✧ 循环笔刷动画：使用该命令可以使笔刷动画连续循环。
✧ 生成笔刷弹簧：通过该命令可以将弹簧添加到带管的笔刷中，从而为管提供反应、互连的运动。
✧ 烘焙弹簧动画：允许烘焙指定范围内每一帧的表达式，以便弹簧行为将正确渲染。

❖ 曲线工具：该命令包含5个子命令，分别是“简化笔划路径曲线”“设置笔划控制曲线”“将笔刷附加到曲线”“将所有笔划传递给新对象”“生成压力曲线”，如图29-72所示。

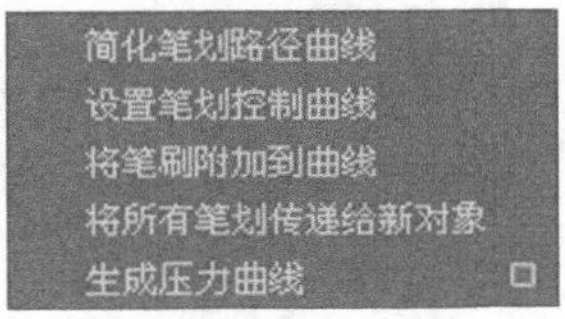

图29-72

✧ 简化笔划路径曲线：可以通过移除错置的CV来简化曲线，从而使路径更平滑地通过CV。
✧ 设置笔划控制曲线：可以使用控制曲线系统修改管的行为。
✧ 将笔刷附加到曲线：可以手动将笔刷附加到现有CV或EP曲线，实际上是使曲线变成了Paint Effects（画笔效果）笔划。
✧ 将所有笔划传递给新对象：将笔划从选定绘制对象传递到另一个选定对象。例如，可以使用该命令将绘制的眉毛从低分辨率网格角色传递到高分辨率网格角色。
✧ 生成压力曲线：执行该命令可以创建一个笔划压力曲线，这个压力曲线是压力值沿笔划的可视化表现。

❖ 自动绘制：该命令包含两个子命令，分别是“栅格绘制”和“随机绘制”，如图29-73所示。

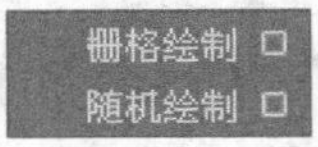

图29-73

✧ 栅格绘制：用该命令可以在NURBS或多边形曲面上的栅格中绘制多个笔划。
✧ 随机绘制：用该命令可以在NURBS或多边形曲面上随机绘制多个笔划。

❖ Paint Effects全局参数（画笔效果全局参数）：执行该命令可以打开Paint Effects全局参数（画笔效果全局参数）对话框，如图29-74所示。在该对话框中可以设置“画布比例”

和“场景比例”等全局参数。

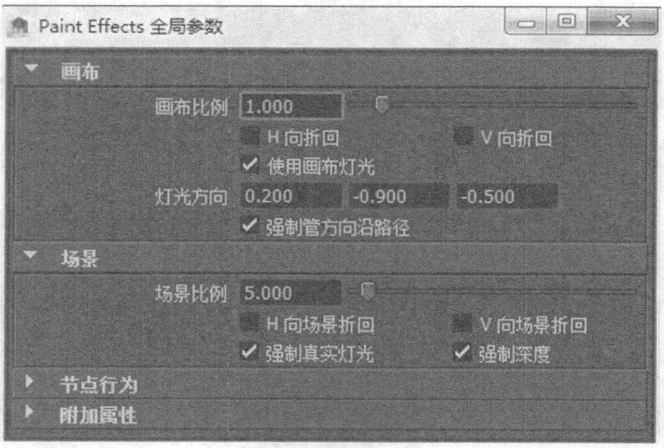

图29-74

❖ 网格质量属性：执行该命令可以打开Paint Effects网格质量（画笔效果网格质量）对话框，如图29-75所示。该对话框中是否会显示不同的属性，取决于选定的网格笔刷笔划。

图29-75

❖ 预设混合：如果启用该选项，可以在“笔刷预设混合”对话框中设置“着色”和“形状”参数，如图29-76所示。这两个参数设置将影响第1个笔划受所选择的下一个笔刷预设的影响程度。

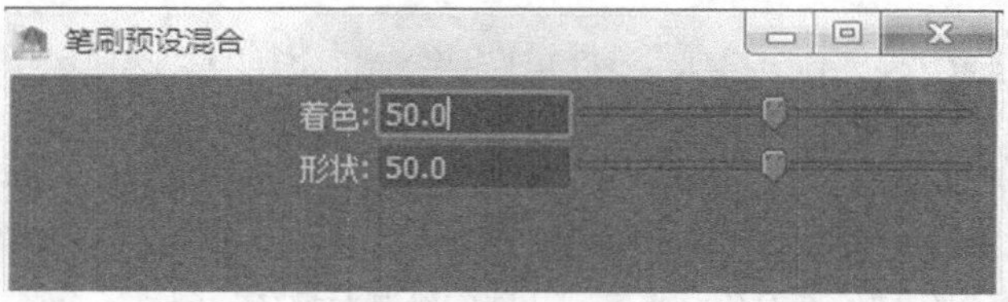

图29-76

❖ 保存笔刷预设：执行该命令可以打开“保存笔刷预设”对话框，如图29-77所示。在该对话框中可以保存当前使用的笔刷，以备以后调用。

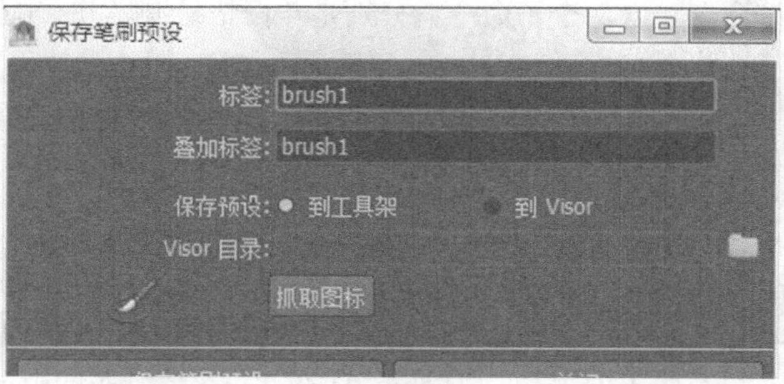

图29-77

29.3.2 2D画笔

选择Paint Effects工具（画笔效果工具）以后，在视图菜单中执行“面板>面板>Paint Effects”命令调出2D画布，在画布的上方是画笔的常用工具，如图29-78所示。在2D画布中可以绘制出二维图像。

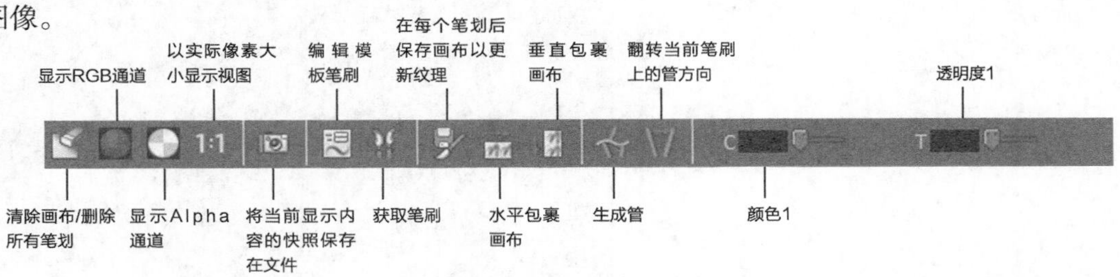

图29-78

29.3.3 3D画笔

3D画笔与2D画笔的使用方法一样。在视图菜单中执行“面板>面板>Paint Effects”命令调出2D画布，然后执行视图菜单中的“绘制>绘制场景”命令即可切换到3D场景，选择相应的工具即可绘制出3D场景效果，如图29-79所示。

图29-79

【练习29-7】：绘制3D画笔场景

场景文件　无
实例文件　学习资源>实例文件>CH29>练习29-7.mb
技术掌握　掌握画笔效果的绘制方法

本例使用3D画笔绘制的3D花草场景画笔效果如图29-80所示。

图29-80

01 在视图菜单中执行“面板>面板>Paint Effects”命令调出2D画布，然后执行视图菜单中的“绘制>绘制场景”命令，切换到3D场景，如图29-81所示。

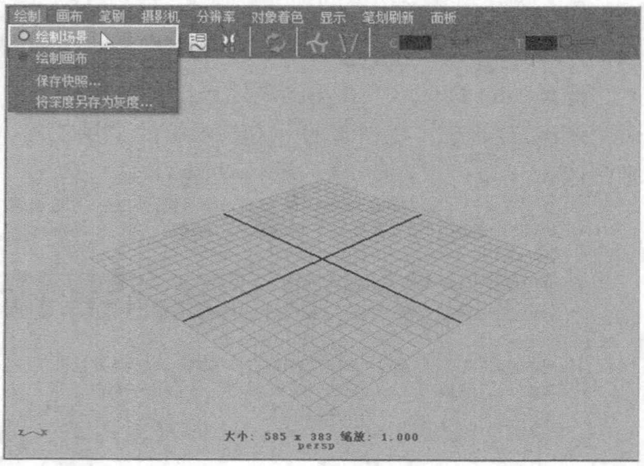

图29-81

02 单击“获取笔刷”按钮，打开Visor对话框，然后选择树木、草坪和蘑菇等笔刷，如图29-82所示，接着在场景中绘制出相应的画笔效果，如图29-83所示。

03 渲染当前场景，最终效果如图29-84所示。

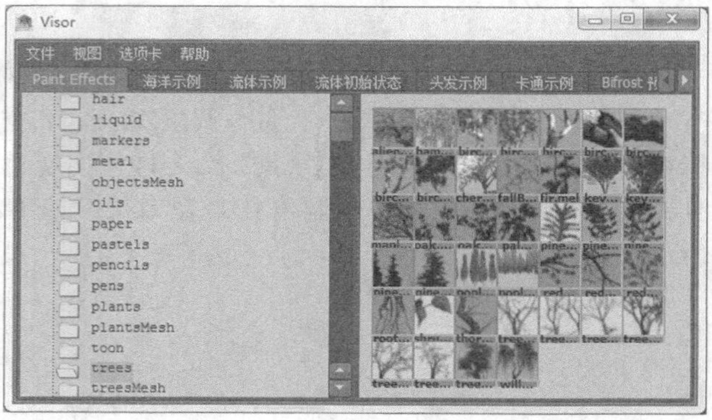

图29-82

图29-83

图29-84

29.4 知识总结与回顾

到此，本书所有的技术均已讲解完毕。在后面的章节中，我们将对灯光、材质、渲染和动画的综合运用进行全面练习，以加深大家对Maya重点技术的掌握。在这里要说明一点，在后面的综合章节中没有安排建模的综合实例，这是因为建模技术比较难，并且该技术与灯光、材质、渲染和动画技术的关系并不大，因此将这块技术的综合实例安排在了第10章和第13章。

第30章 综合实例：灯光/材质/渲染篇

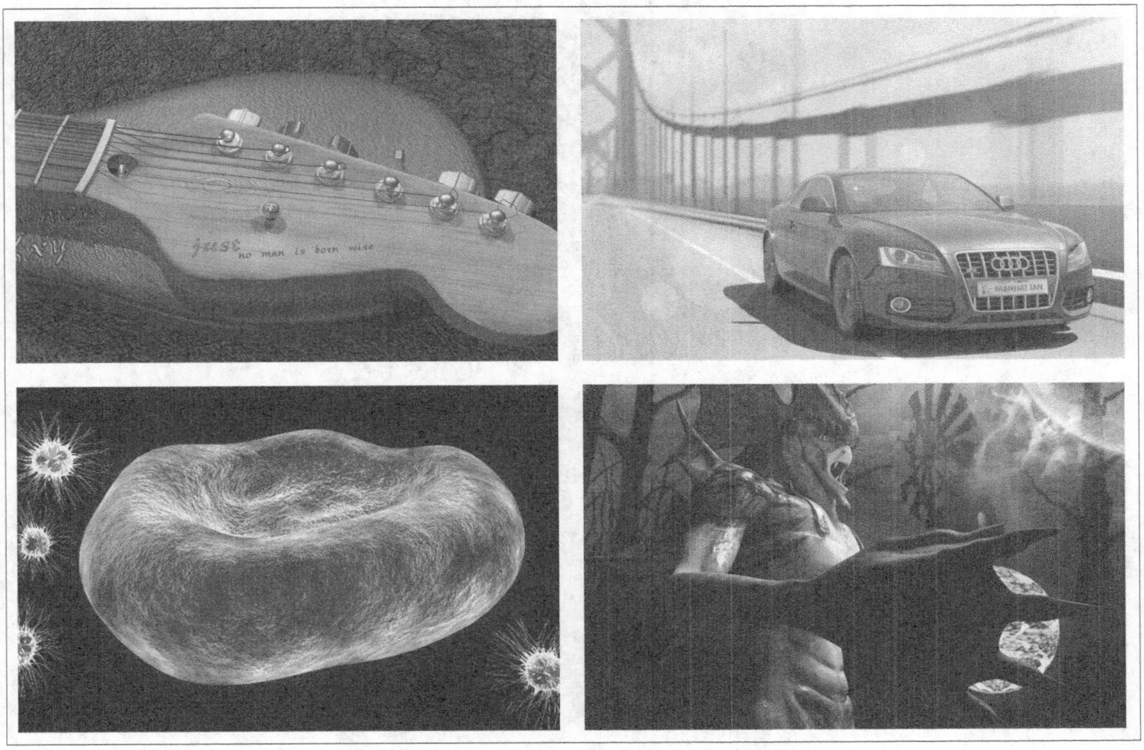

30.1 精通Maya软件渲染器：台灯渲染

场景文件	学习资源>场景文件>CH30>a.mb
实例文件	学习资源>实例文件>CH30>30.1.mb
技术掌握	掌握金属材质、塑料材质、灯罩材质和玻璃材质的制作方法与灯光排除技术

本例是一个台灯场景，背景材质、金属材质、塑料材质、灯罩材质和玻璃材质是本例的制作重点，灯光的设置是本例的难点，如图30-1所示。

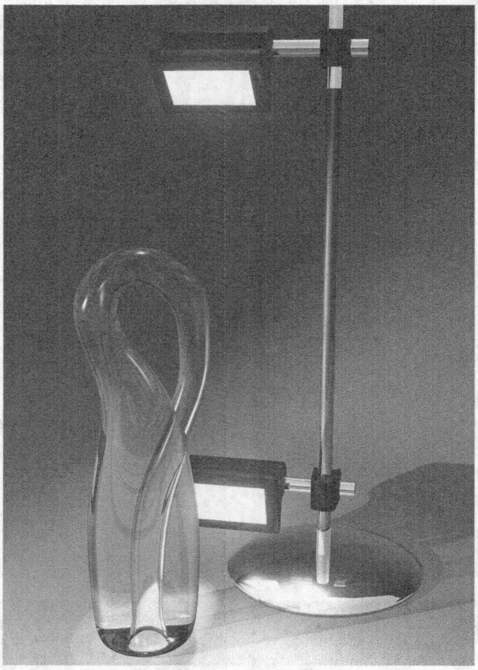

图30-1

30.1.1 材质制作

打开学习资源中的“场景文件>CH30>a.mb”文件，如图30-2所示。

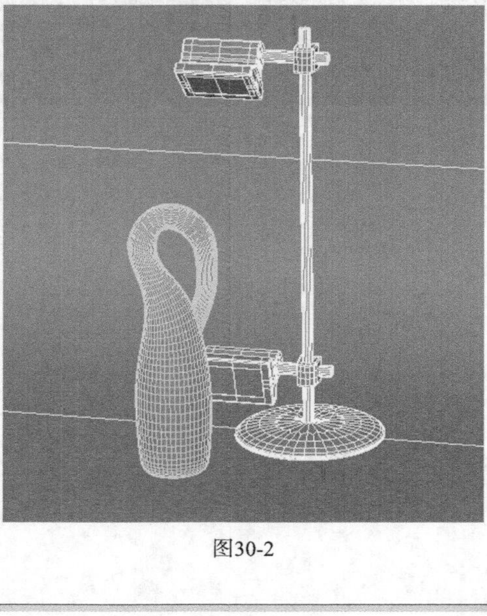

图30-2

1.背景材质

背景材质的模拟效果如图30-3所示。

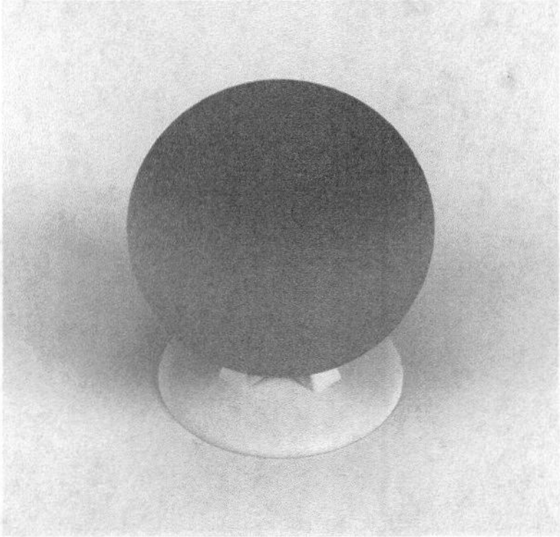

图30-3

01 打开Hypershade对话框，然后创建一个Blinn材质，并将其命名为beijing，具体参数设置如图30-4所示。

设置步骤

① 在“颜色”通道中加载一个“渐变”纹理节点，然后在“凹凸贴图”通道中加载“分形”纹理节点。

② 设置“偏心率”为0.521、“镜面反射衰减”为0.083，然后设置“镜面反射颜色”为（R:59，G:59，B:59），接着设置“反射率”为0.02。

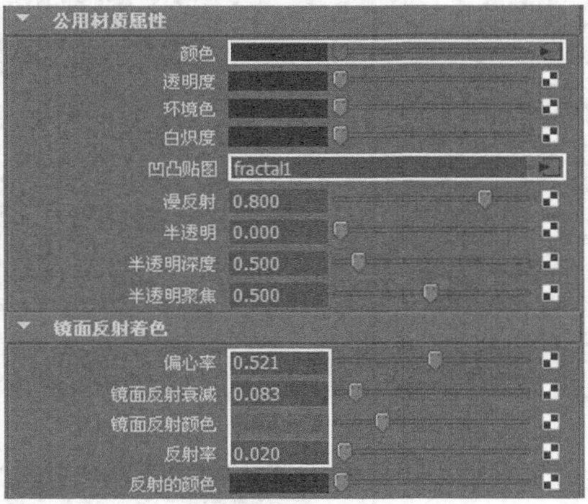

图30-4

02 打开“渐变”节点的参数设置面板，然后设置“类型”为“U向渐变”、“插值”为“平滑”，具体参数设置如图30-5所示。

设置步骤

① 设置第1个色标的颜色为（R:65，G:26，B:12）。

② 设置第2个色标的颜色为（R:178，G:102，B:43）。

③ 设置第3个色标的颜色为（R:202，G:115，B:57）。

④ 设置第4个色标的颜色为（R:240，G:201，B:95）。

03 打开“分形”节点的参数设置面板，然后设置“振幅”为0.636、“比率”为0.669、“频率比”为2.711，如图30-6所示。

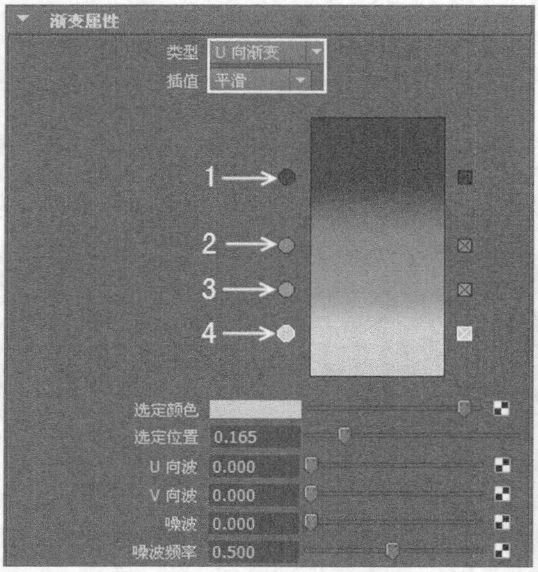

图30-5

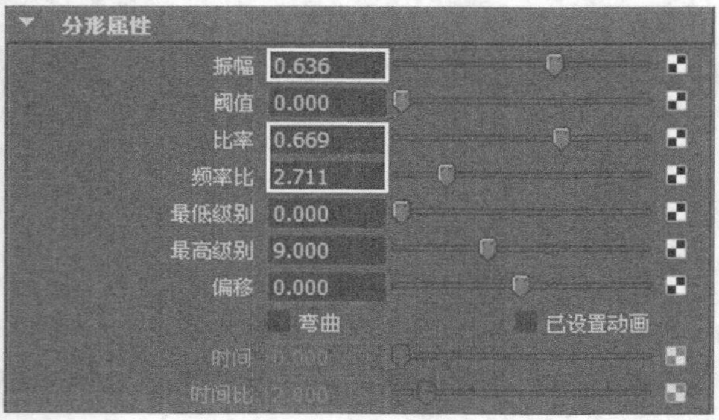

图30-6

04 打开“分形”节点的place2dTexture节点的参数设置面板，然后设置“UV向重复”为（60，60），如图30-7所示。

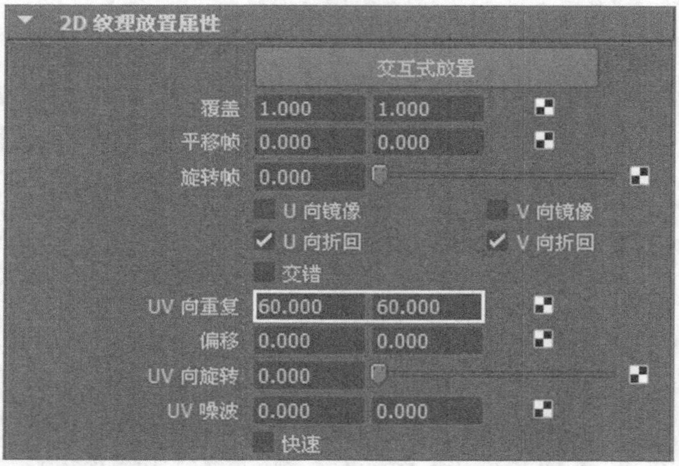

图30-7

05 打开bump2d1节点的参数设置面板，然后设置“凹凸深度”为0.007，如图30-8所示，制作好的材质节点连接效果如图30-9所示。

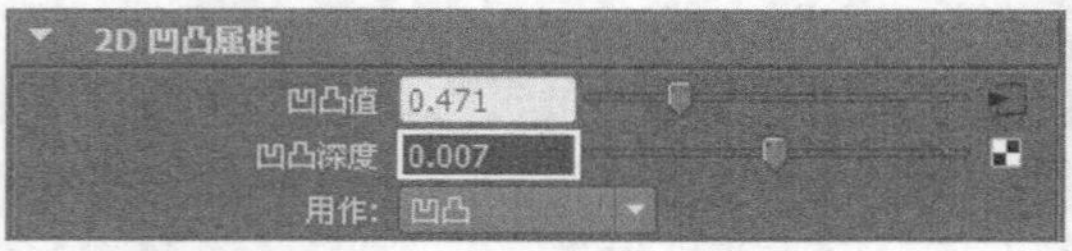

图30-8

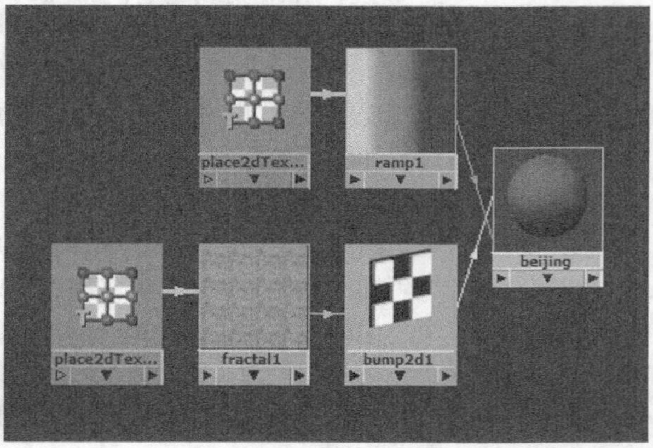

图30-9

06 选择背景物体，如图30-10所示，然后将制作好的beijing指定给该模型。

图30-10

2.金属材质

金属材质的模拟效果如图30-11所示。

图30-11

01 创建一个Blinn材质，并将其更名为jinshu，具体参数设置如图30-12所示。

设置步骤

① 设置“颜色”为（R:53，G:36，B:15），然后设置“环境色”为黑色。

② 设置“偏心率”为0.281、“镜面反射衰减”为0.661，然后设置“镜面反射颜色”为白色，接着设置“反射率”为0.901，最后在“反射的颜色”通道中加载一个“环境铬”节点。

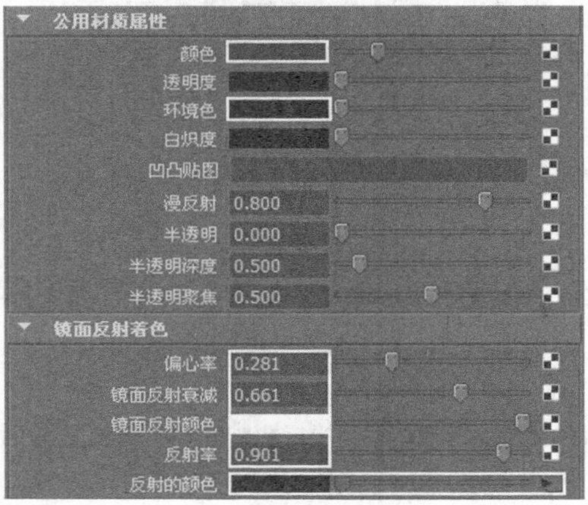

图30-12

02 打开“环境铬”节点的参数设置面板，具体参数设置如图30-13所示。

设置步骤

① 设置“天空颜色”为（R:255，G:219，B:218）、“天顶颜色”为（R:255，G:229，B:168）、“灯光颜色”为（R:255，G:223，B:189）。

② 设置“地面颜色”为（R:169，G:164，B:153）。

03 选择如图30-14所示的模型，然后将制作好的jinshu材质指定给该模型。

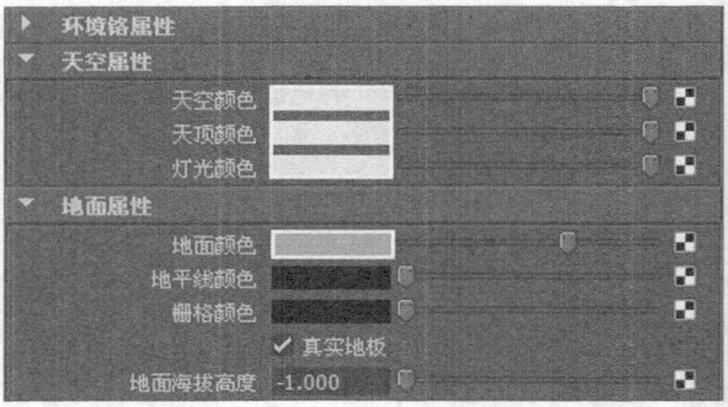

图30-13

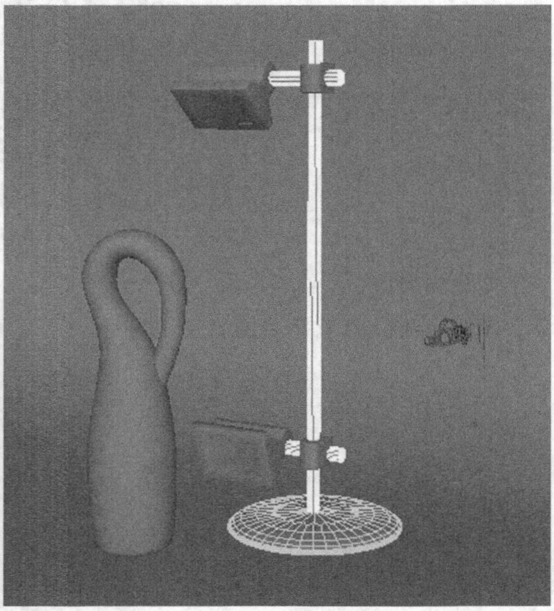

图30-14

3.塑料材质

塑料材质的模拟效果如图30-15所示。

图30-15

01 创建一个Blinn材质，然后将其更名为suliao，具体参数设置如图30-16所示。

设置步骤

① 设置“颜色”为（R:2，G:1，B:2）。

② 设置“偏心率”为0.298、“镜面反射衰减”为0.43，然后设置“镜面反射颜色”为（R:145，G:145，B:145），接着设置“反射率”为0.331。

02 选择如图30-17所示的模型，然后将制作好的suliao材质指定给该模型。

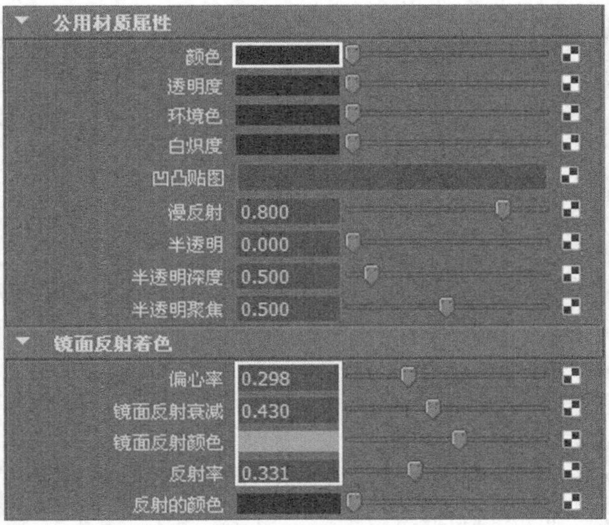

图30-16

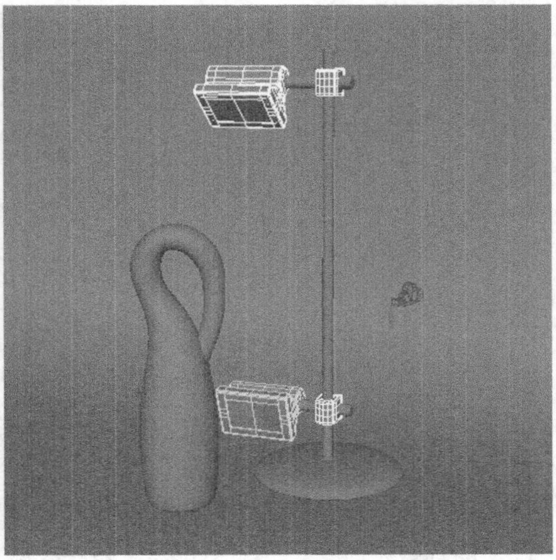

图30-17

4.灯罩材质

灯罩材质的模拟效果如图30-18所示。

01 创建一个Blinn材质，并将其更名为dengzhao，具体参数设置如图30-19所示。

设置步骤

① 设置“颜色”为（R:243，G:244，B:255）、“透明度”颜色为（R:103，G:103，B:103）、“环境色”为（R:245，G:254，B:255）。

② 设置“镜面反射颜色”为（R:228，G:228，B:228）。

③ 设置“辉光强度”为0.165。

02 选择如图30-20所示的灯罩模型，然后将制作好的dengzhao材质指定给该模型。

图30-18

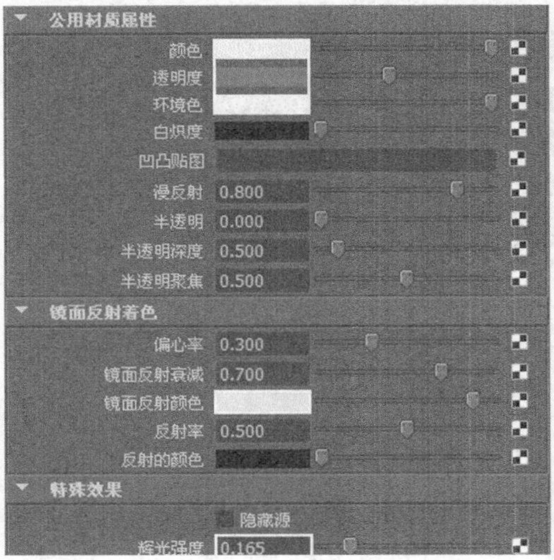

图30-19

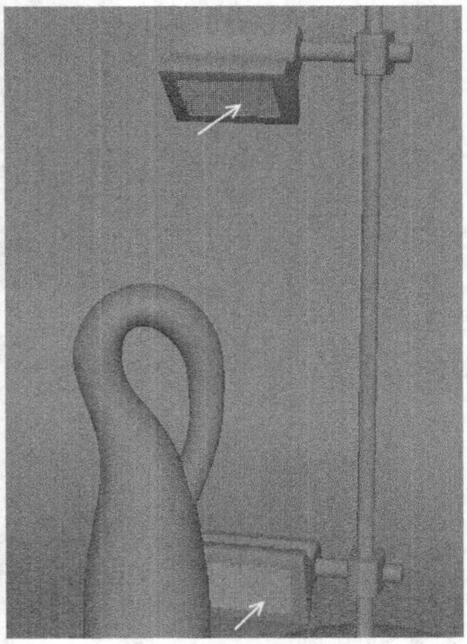

图30-20

5.玻璃材质

玻璃材质的模拟效果如图30-21所示。

图30-21

01 创建两个“采样器信息”节点和一个Blinn材质节点，然后打开Blinn材质节点的“属性编辑器”对话框，并将其更名为Glass，具体参数设置如图30-22所示。

设置步骤

① 设置“颜色”为黑色，然后设置“漫反射”为0。

② 设置“偏心率”为0.06、“镜面反射衰减”为2，然后设置“镜面反射颜色”为（R:222，G:224，B:224）。

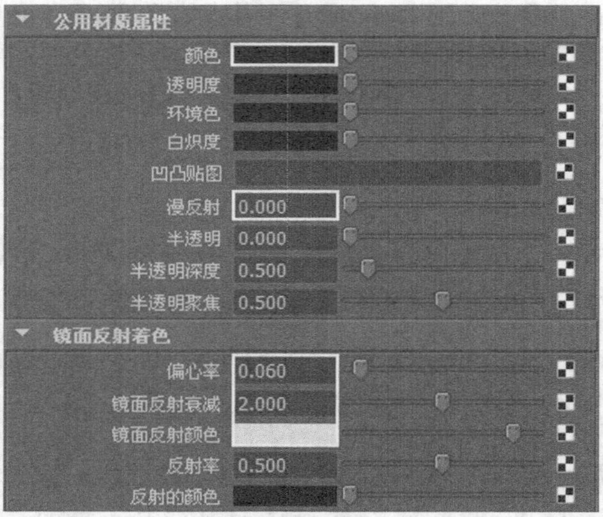

图30-22

02 创建一个“渐变”纹理节点，然后打开其“属性编辑器”对话框，具体参数设置如图30-23所示。

设置步骤

① 设置第1个色标的颜色为（R:6，G:6，B:6）。

② 设置第2个色标的颜色为（R:31，G:31，B:31）。

03 继续创建一个“渐变”纹理节点，然后打开其“属性编辑器”对话框，接着设置“插值”为“平滑”，具体参数设置如图30-24所示。

设置步骤

① 设置第1个色标的颜色为（R:220，G:240，B:228）。

② 设置第2个色标的颜色为（R:35，G:35，B:35）。

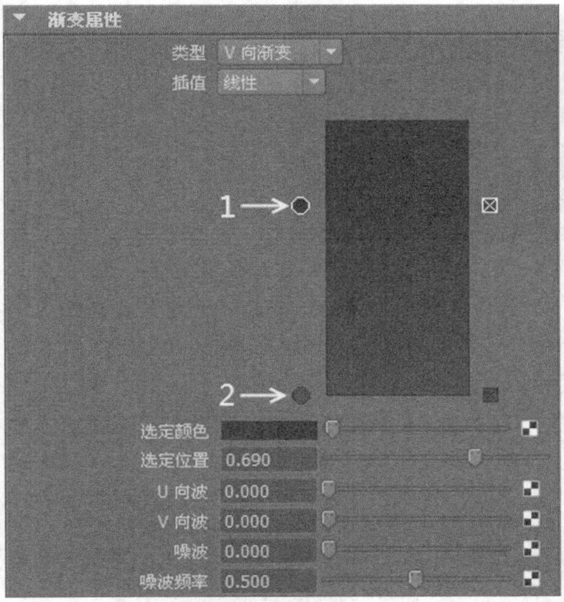

图30-23

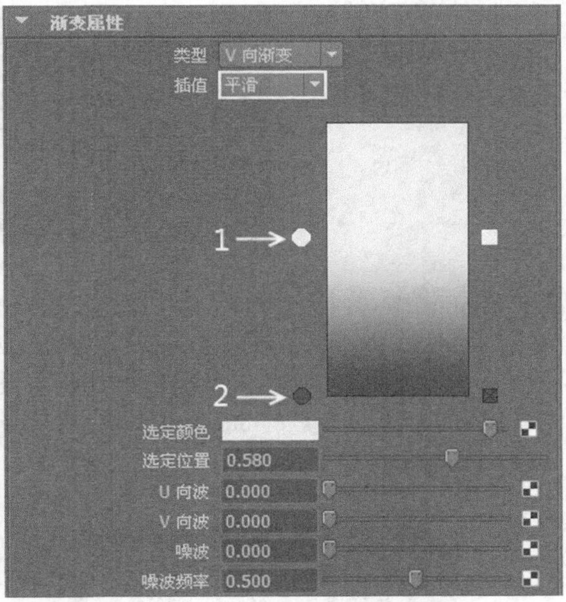

图30-24

04 将samplerInfo1节点的facingRatio（面比率）属性连接到ramp1节点的vCoord（V坐标）属性上，如图30-25所示，然后将samplerInfo2节点的facingRatio（面比率）属性连接到ramp2节点的vCoord（V坐标）属性上。

05 创建一个“环境铬”节点，然后打开其“属性编辑器”对话框，具体参数设置如图30-26所示。

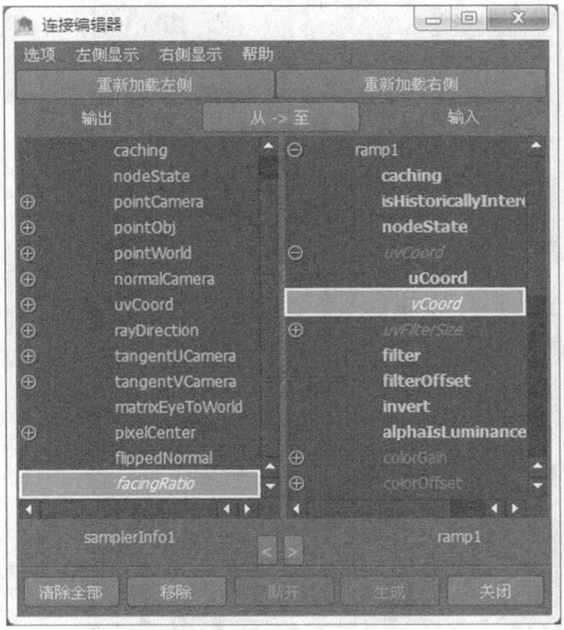

图30-25

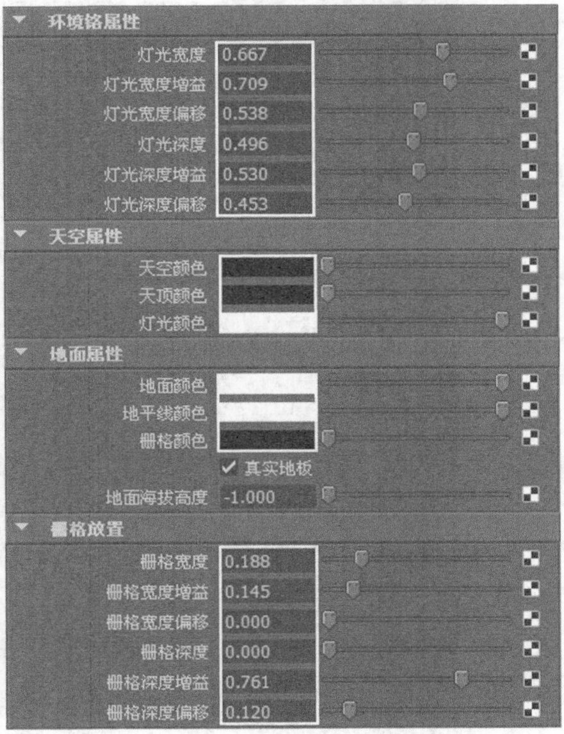

图30-26

06 打开与“环境铬”节点连接的place3dTexture1节点的“属性编辑器”对话框，然后设置“缩放”为（35.533，55.687，34.6），如图30-27所示。

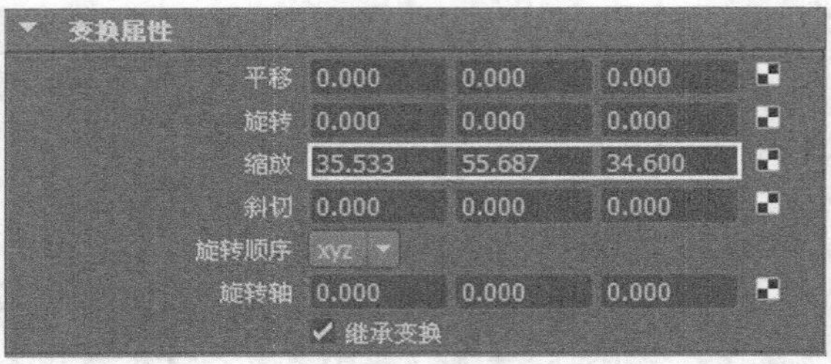

图30-27

07 将ramp1节点的outColor（输出颜色）属性连接到Glass材质节点的transparency（透明度）属性上，如图30-28所示，然后将ramp2节点的outAlpha（输出Alpha）属性连接到Glass材质节点的reflectivity（反射率）属性上，如图30-29所示，接着将envChrome1节点的outColor（输出颜色）属性连接到Glass材质节点的reflectedColor（反射颜色）属性上，如图30-30所示，制作好的材质节点连接效果如图30-31所示。

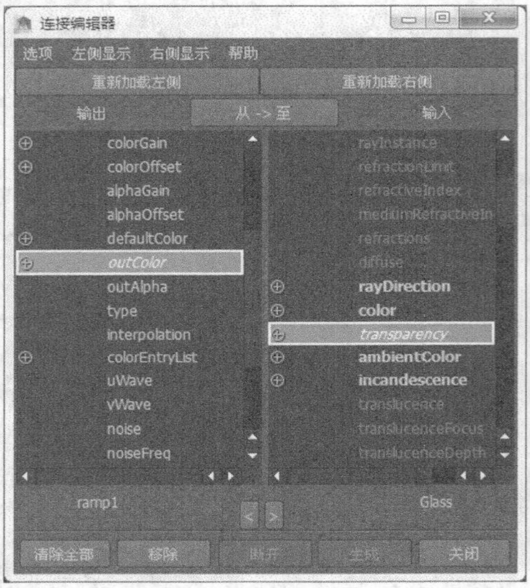

图30-28

图30-29

图30-30

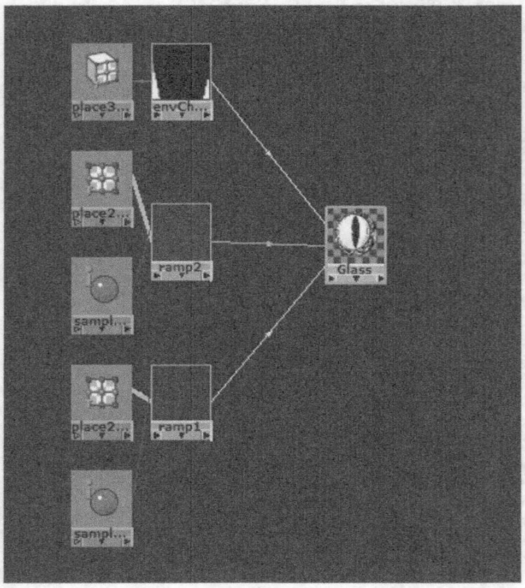

图30-31

08 选择如图30-32所示的玻璃瓶，然后将制作好的Glass材质指定给该模型。

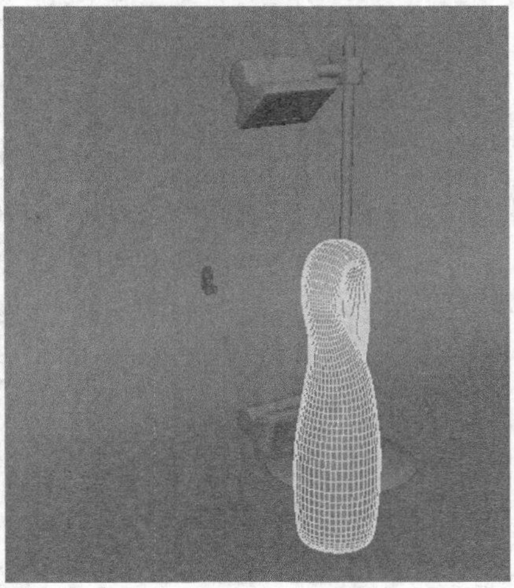

图30-32

30.1.2 灯光设置

1.创建主光源

01 在灯罩内创建一盏聚光灯作为照亮场景的主光源，如图30-33所示。

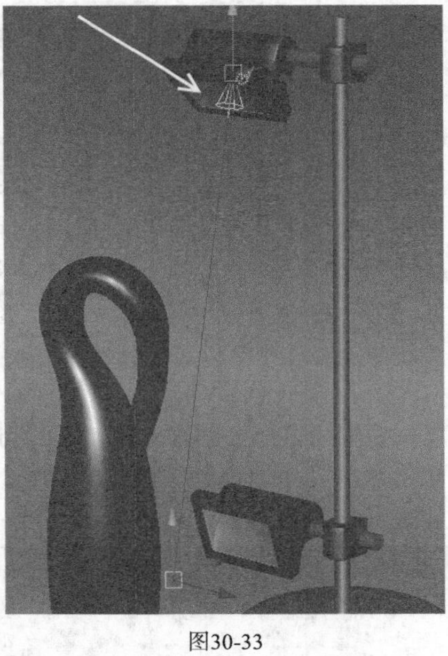

图30-33

02 打开聚光灯的“属性编辑器”对话框，然后将其更名为zhuguang，具体参数设置如图30-34所示。

设置步骤

① 设置“颜色”为（R:255，G:240，B:212），然后设置“强度”为2，接着设置“圆锥体角度”为43.143、“半影角度”为6.567、“衰减”为75.868。

② 勾选“使用光线跟踪阴影”选项，然后设置“灯光半径”为0.587、“阴影光线数”为6、“光线深度限制”为3。

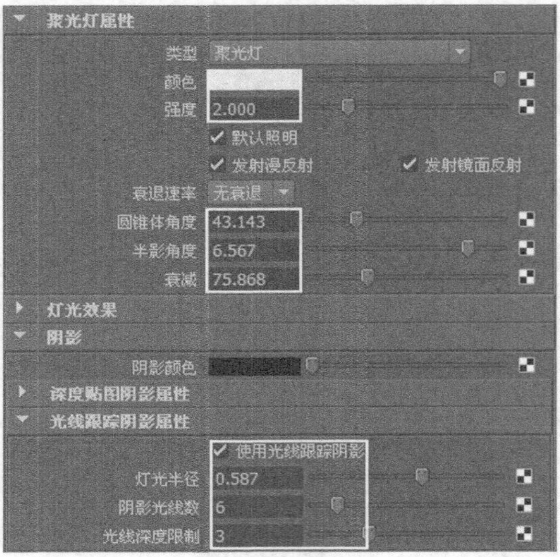

图30-34

2.创建辅助光源

01 在如图30-35所示的位置创建一盏聚光灯作为照亮背景的辅助光源，然后打开其“属性编辑器”对话框，并将其更名为beijingdeng，接着设置“颜色”为（R:226，G:154，B:103）、“强度”为0.4，最后设置“圆锥体角度”为175.533、“半影角度”为-2.066，如图30-36所示。

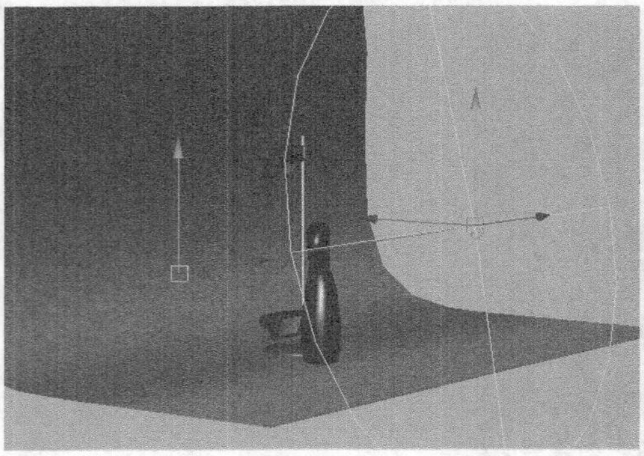

图30-35

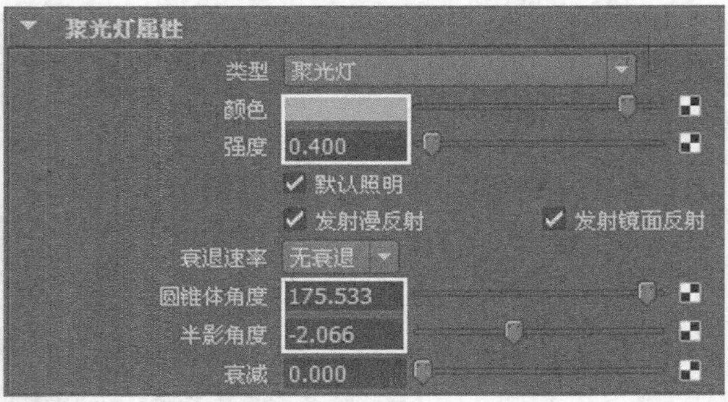

图30-36

02 在如图30-37所示的位置创建一盏聚光灯作为辅助光源，然后打开其“属性编辑器”对话框，并将其更名为fuzhu1，接着设置“颜色”为白色、“强度”为0.2、“圆锥体角度”为41.658、“半影角度”为-7.851，最后设置“阴影颜色”为（R:164，G:164，B:164），如图30-38所示。

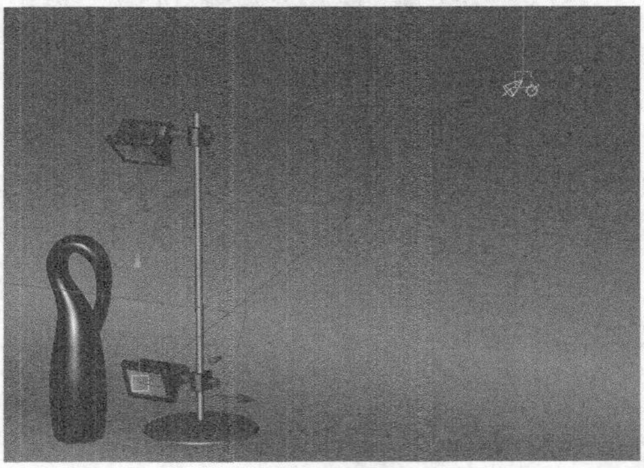

图30-37

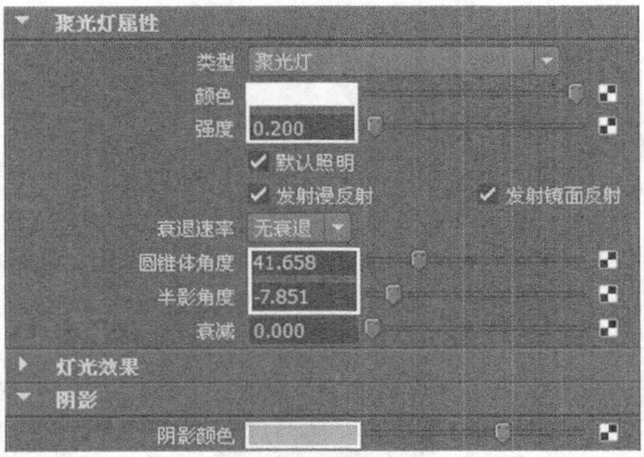

图30-38

03 切换到“渲染”模块，然后执行“照明/着色>灯光链接编辑器>以灯光为中心”菜单命令，打开“关系编辑器”对话框，接着在列表的左侧选择fuzhu1灯光，在列表的右侧选择pCylinder1物体，这样可以排除fuzhu1灯光对这个物体的影响，如图30-39所示。

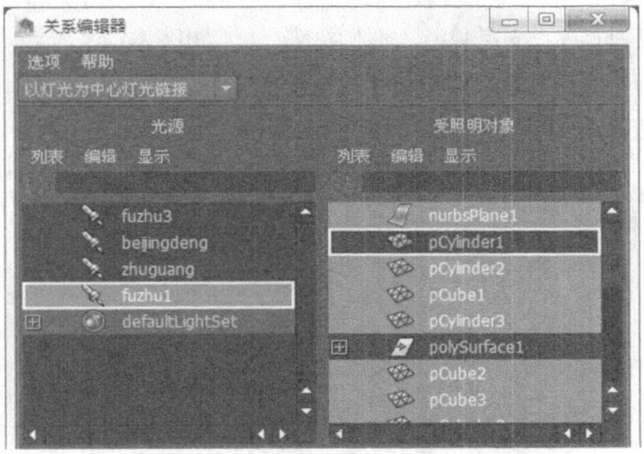

图30-39

技巧与提示

这里大家可能会问为什么要排除fuzhu1灯光对pCylinder1对象的照明。pCylinder1就是灯座，如图30-40所示，由于该物体的材质是金属材质，具有强烈的高光效果，反射也比较强烈，如果灯光照射很强烈的话，渲染出来的效果就不会真实（光照过度），因此要将其排除掉。

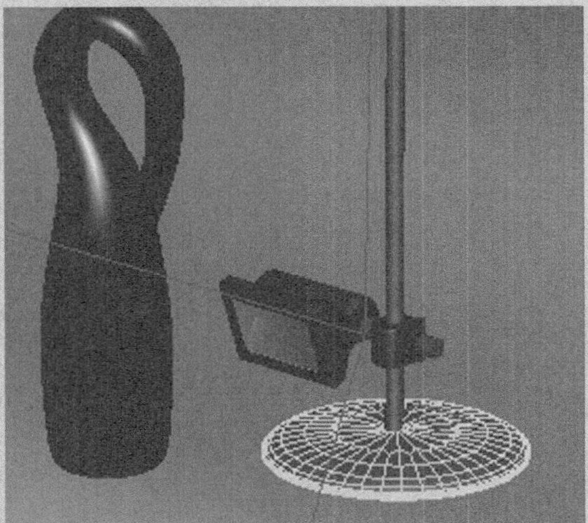

图30-40

04 在如图30-41所示的位置创建一盏平行光作为辅助光源，然后打开其“属性编辑器”对话框，并将其更名为fuzhu2，接着设置“强度”为0.4，如图30-42所示。

图30-41

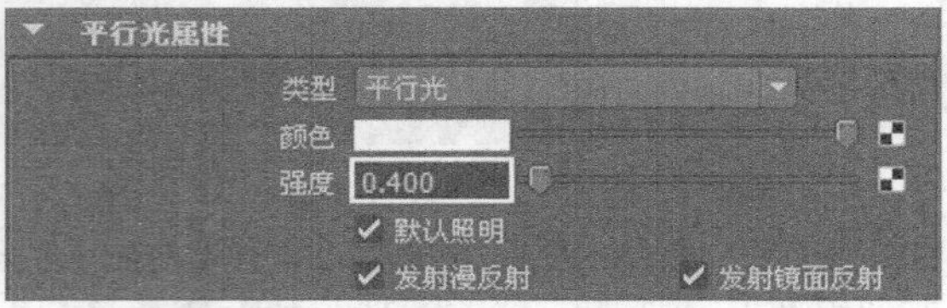

图30-42

05 打开“关系编辑器”对话框，然后在列表的左侧选择fuzhu2灯光，接着在列表的右侧选择pCylinder1物体，这样可以排除灯光对这个物体的影响，如图30-43所示。

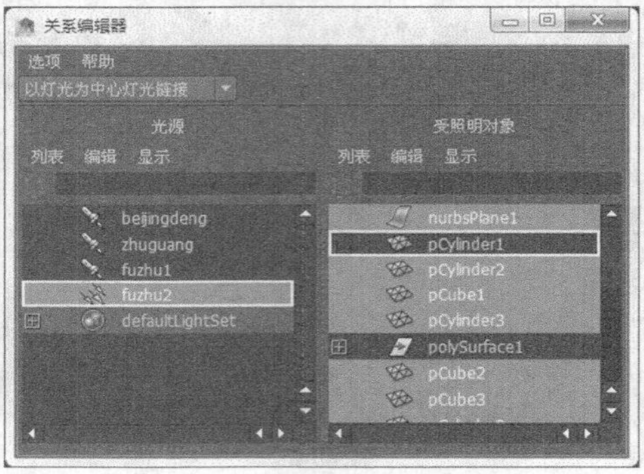

图30-43

06 在如图30-44所示的位置创建一盏聚光灯作为辅助光源，打开其“属性编辑器”对话框，并将其更名为fuzhu3，然后设置“颜色”为（R:227，G:255，B:242），接着设置“圆锥体角度”为41.658、“半影角度”为-7.851，再勾选“使用光线跟踪阴影”选项，最后设置“灯光半径”为0.165、“阴影光线数”为6、“光线深度限制”为3，如图30-45所示。

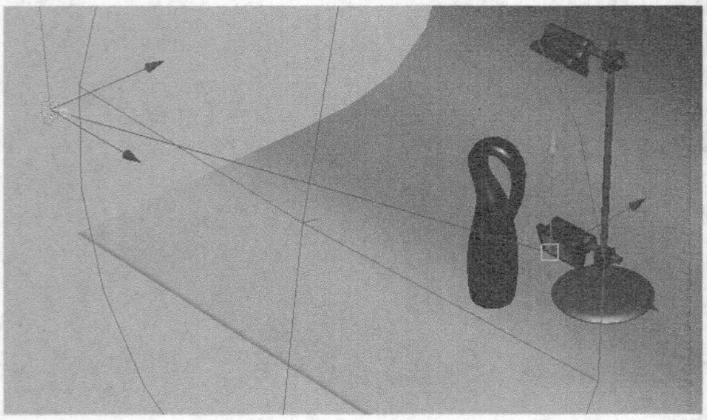
图30-44

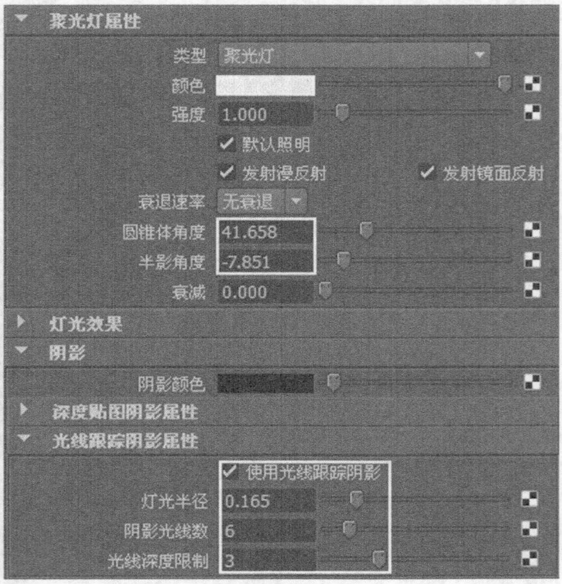

图30-45

07 在如图30-46所示的灯罩内创建一盏聚光灯作为辅助灯光，打开其“属性编辑器”对话框，并将其更名为fuzhu4，然后设置“颜色”为（R:255，G:242，B:192）、“强度”为3，接着设置“圆锥体角度”为41.658、“半影角度”为-7.851，再勾选“使用光线跟踪阴影”选项，最后设置“灯光半径”为0.165、“阴影光线数”为6、“光线深度限制”为3，如图30-47所示。

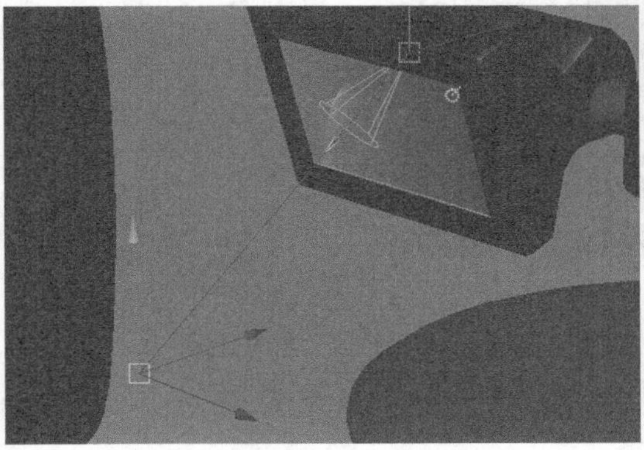

图30-46

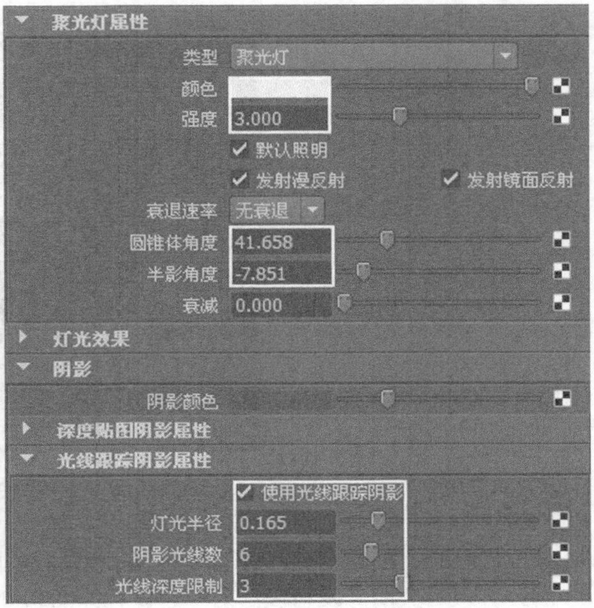

图30-47

08 打开“关系编辑器”对话框，然后在列表的左侧选择fuzhu4灯光，接着在列表的右侧选择pCylinder1物体，这样可以排除灯光对这个物体的影响，如图30-48所示。

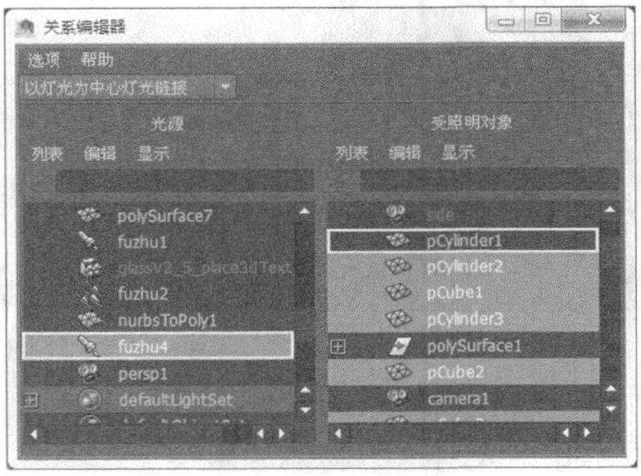

图30-48

09 在如图30-49所示的位置创建一盏点光源作为辅助灯光，然后打开其“属性编辑器”对话框，并将其更名为fuzhu5，接着设置“颜色”为（R:244，G:241，B:228）、“强度”为0.826，最后关闭“发射漫反射”选项，如图30-50所示。

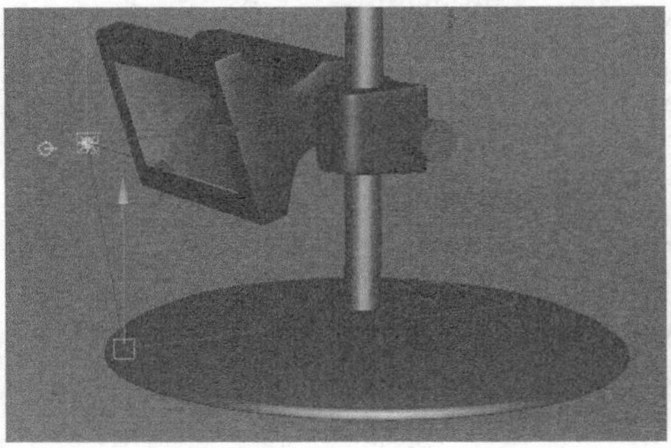

图30-49

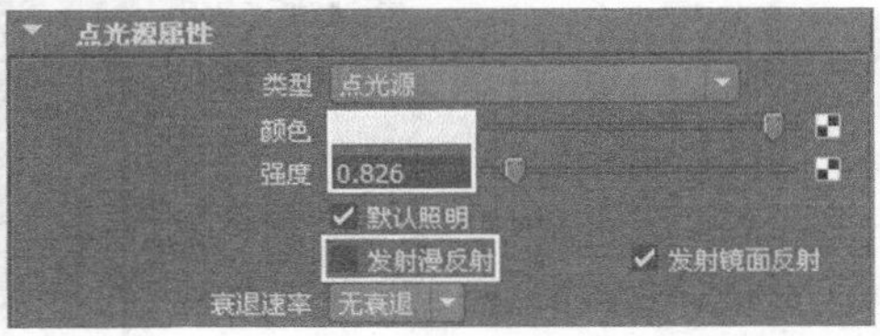

图30-50

10 打开“关系编辑器”对话框，然后在列表的左侧选择fuzhu5灯光，接着在列表的右侧选择如图30-51所示的物体，这样可以排除灯光对这些物体的影响。

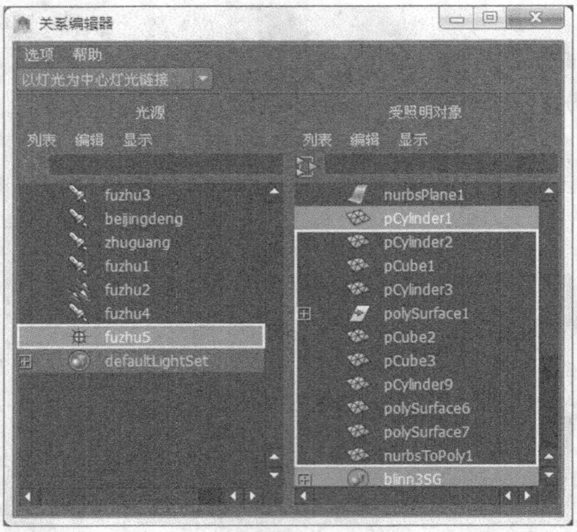

图30-51

11 在fuzhu5灯光附近创建一盏点光源，以增强照明效果，如图30-52所示，然后打开其“属性编辑器”对话框，并将其更名为fuzhu6，接着设置“颜色”为（R:255，G:251，B:237）、“强度”为0.496，最后关闭“发射漫反射”选项，如图30-53所示。

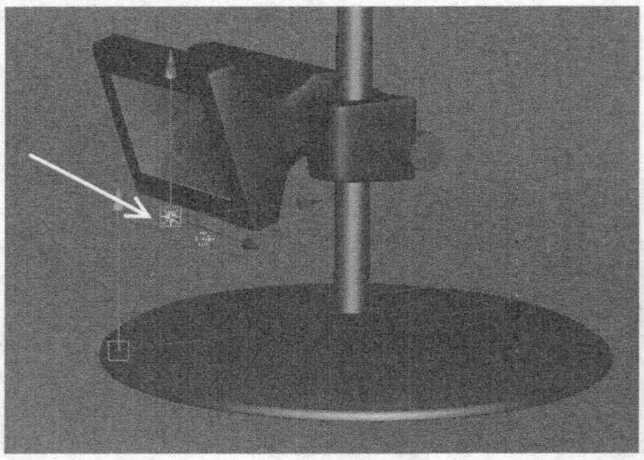

图30-52

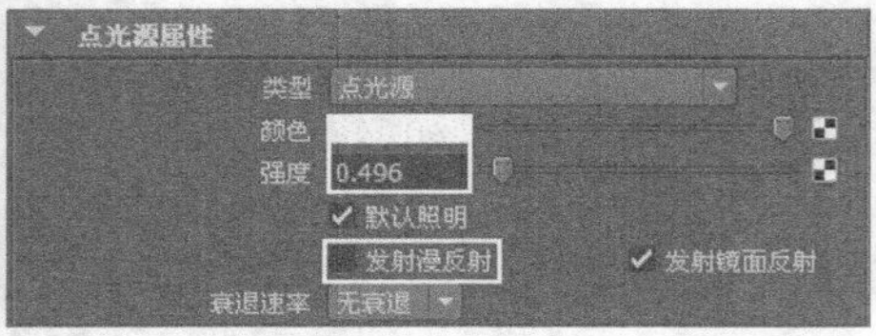

图30-53

12 打开“关系编辑器”对话框，然后在列表的左侧选择fuzhu6灯光，接着在列表的右侧选择如图30-54所示的物体，这样可以排除灯光对这些物体的影响。

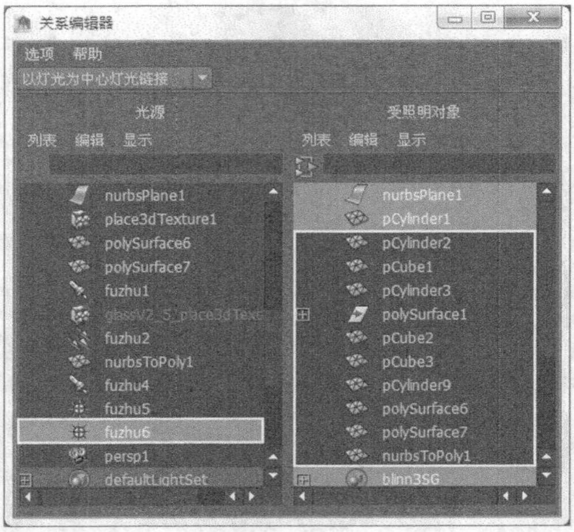

图30-54

13 在fuzhu6灯光的附近再创建一盏点光源，如图30-55所示，然后打开其“属性编辑器”对话框，并将其更名为fuzhu7，接着设置“颜色”为（R:255，G:251，B:237）、“强度”为3，最后关闭“发射漫反射”选项，如图30-56所示。

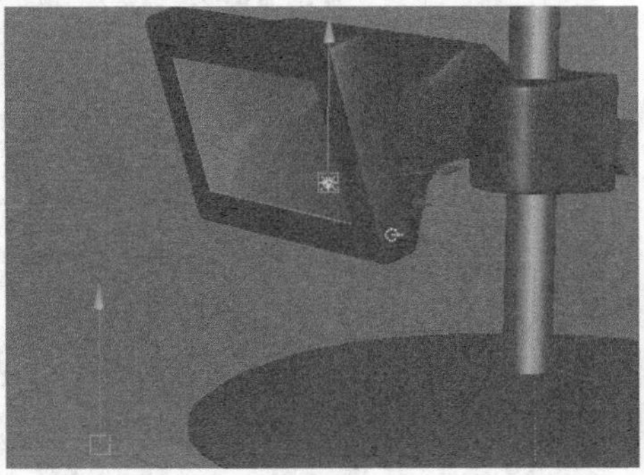

图30-55

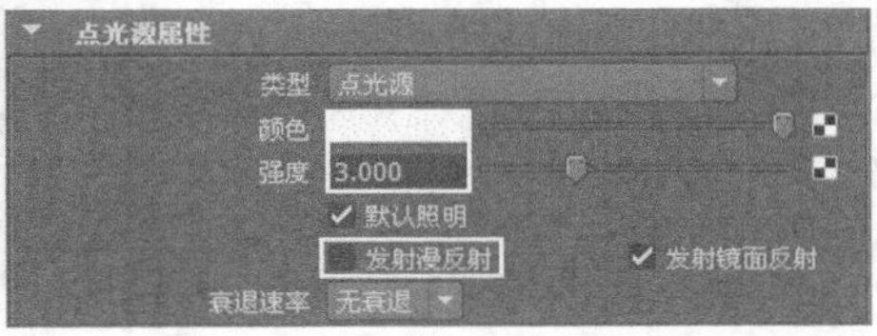

图30-56

14 打开“关系编辑器”对话框，然后在列表的左侧选择fuzhu7灯光，接着在列表的右侧选择如图30-57所示的物体，这样可以排除灯光对这些物体的影响。

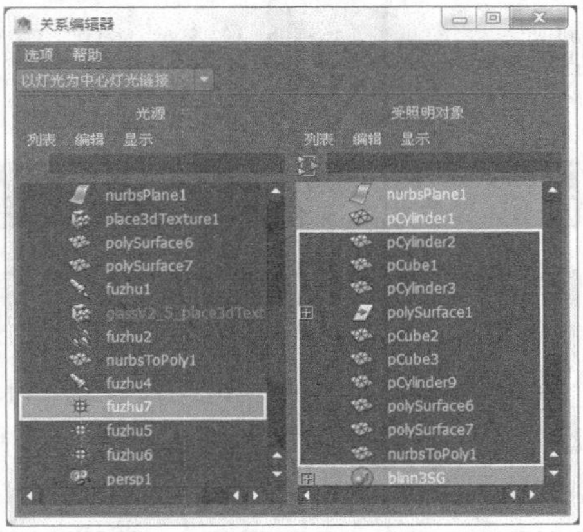

图30-57

30.1.3 渲染设置

01 在视图菜单中执行“面板>视图>camera1”命令，切换到摄影机视图，如图30-58所示。

02 打开“渲染设置”对话框，然后设置渲染器为“Maya软件”渲染器，接着设置渲染尺寸为1500×2181，如图30-59所示。

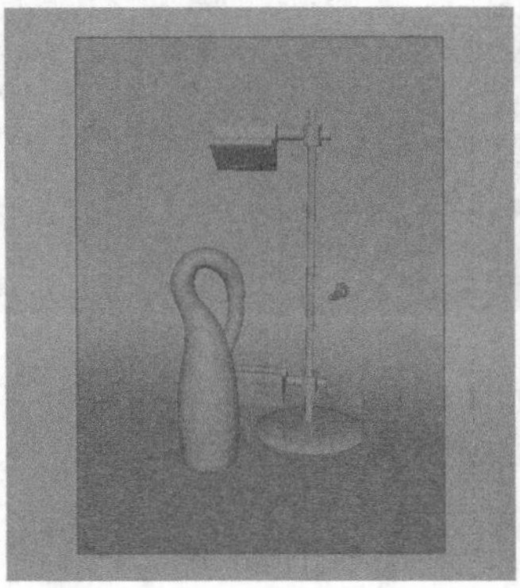

图30-58

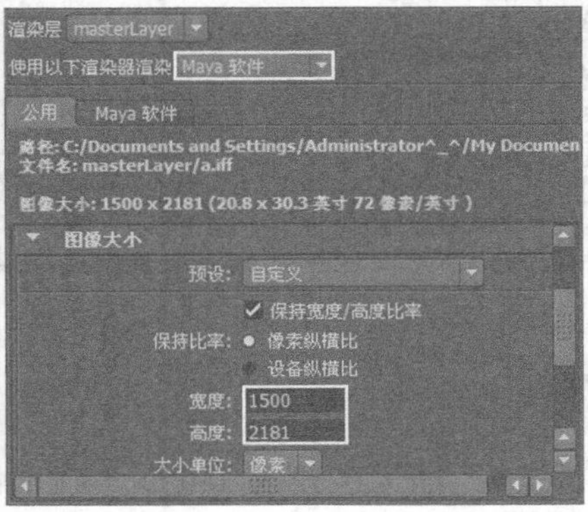

图30-59

03 单击“Maya软件”选项卡，然后在“抗锯齿质量”卷展栏下设置“质量”为“产品级质量”，如图30-60所示。

04 渲染当前场景，最终效果如图30-61所示。

图30-60

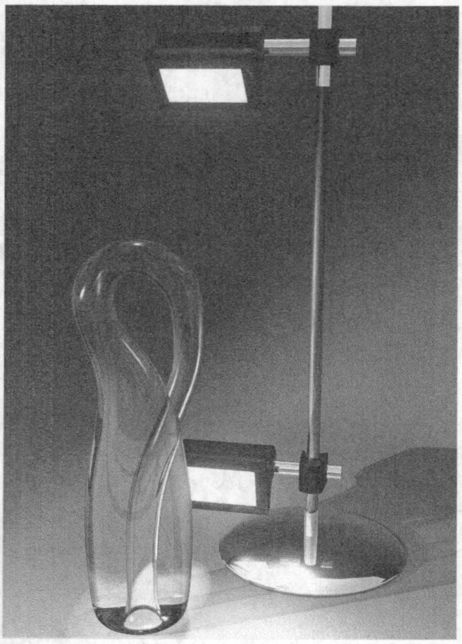

图30-61

30.2 精通Maya软件渲染器：吉他渲染

场景文件	学习资源>场景文件>CH30>b.mb
实例文件	学习资源>实例文件>CH30>30.2.mb
技术掌握	掌握凹凸金属材质、皮质材质与地面材质的制作方法

这个吉他是“Maya软件”渲染器的第2个实例，请用户注意，千万不要认为只有mental ray渲染器与VRay渲染器才最重要，“Maya软件”渲染器同样重要，它可以通过最简单的参数设置，得到良好的渲染效果，如图30-62所示。

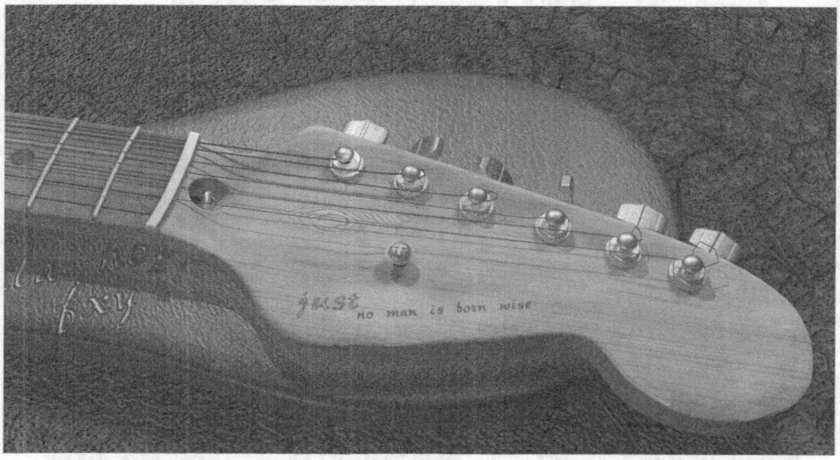

图30-62

30.2.1 材质制作

打开学习资源中的“场景文件>CH30>b.mb”文件，如图30-63所示。本场景主要由一把吉他和一个琴套构成。

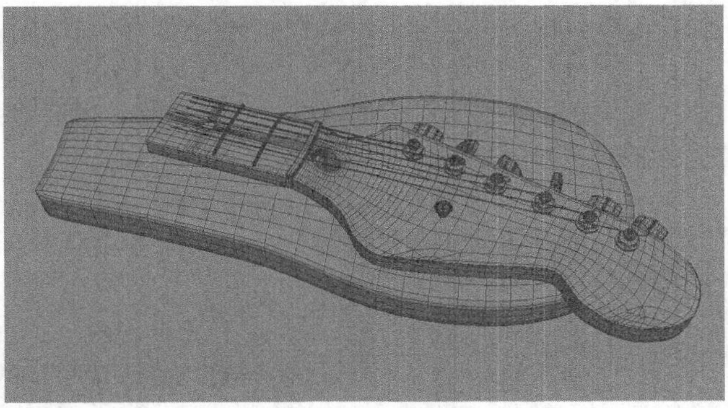

图30-63

1.琴头材质

琴头材质的模拟效果如图30-64所示。

图30-64

调整UV

01 选择琴头模型，如图30-65所示，然后执行“窗口>UV纹理编辑器”菜单命令，打开“UV纹理编辑器”对话框，观察模型的UV分布情况，如图30-66所示。

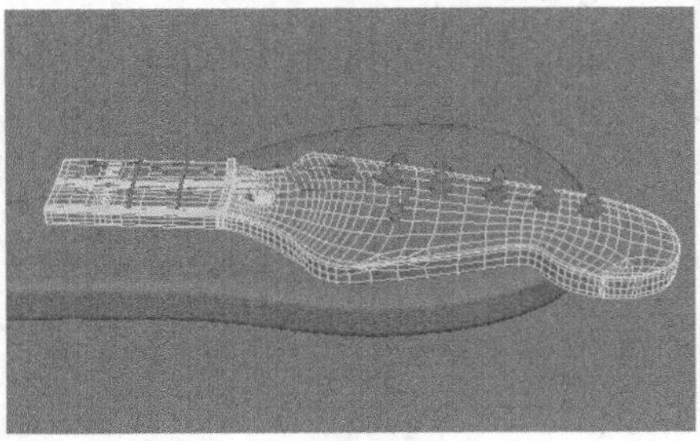

图30-65

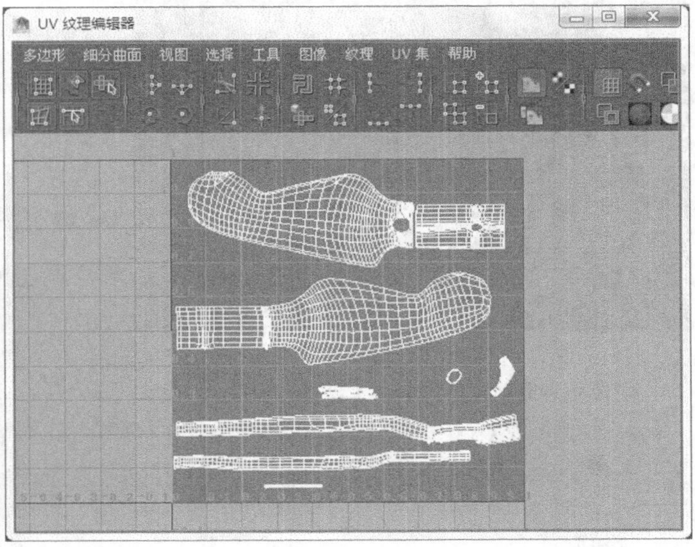

图30-66

技巧与提示

琴头的UV已经划分好了，用户可以直接将划分好的UV导出为jpg格式的文件，然后在Photoshop中绘制出UV贴图。

02 在UV上单击鼠标右键，然后在弹出的菜单中选择UV命令，接着全选琴头的UV，如图30-67所示。

03 在“UV纹理编辑器”对话框中执行“多边形>UV快照”命令，然后在弹出的“UV快照”对话框中进行如图30-68所示的设置。

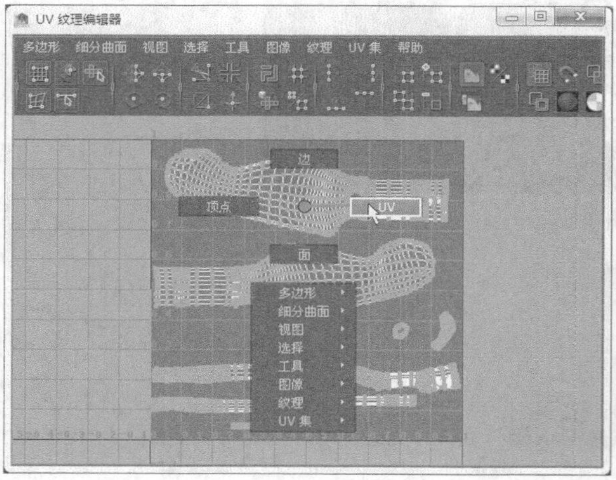

图30-67

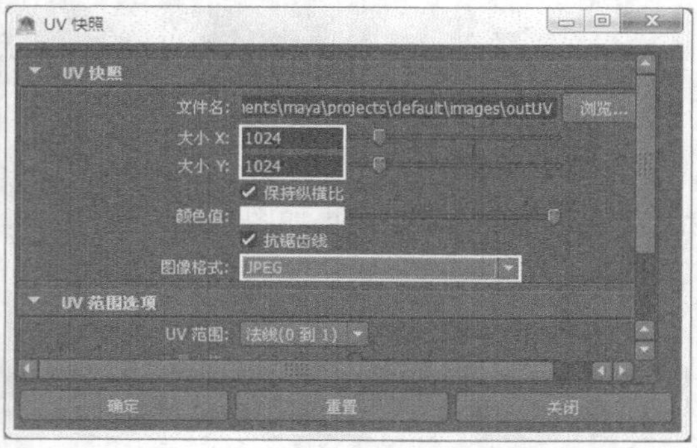

图30-68

04 将保存好的琴头UV图片导入到Photoshop中，然后根据UV的分布绘制出贴图，完成后的效果如图30-69所示。

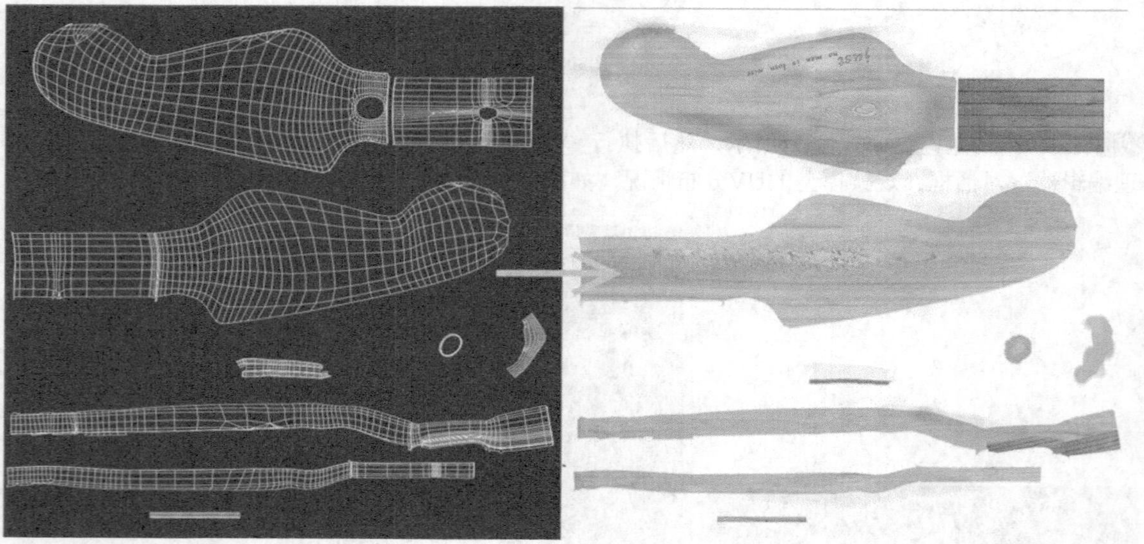

图30-69

技巧与提示

贴图的绘制方法比较简单，只要将一些木材素材导入到Photoshop中，然后利用Photoshop的基本工具根据UV的分布情况就能绘制出来。

设置材质

01 创建一个Lambert材质，然后将其更名为jitamianban，接着分别在“颜色”通道和“凹凸贴图”通道中加载学习资源中的“实例文件>CH30>30.2>qin.jpg”文件，如图30-70所示。

02 打开bump2d2节点的“属性编辑器”对话框，然后设置“凹凸深度”为0.08，如图30-71所示。

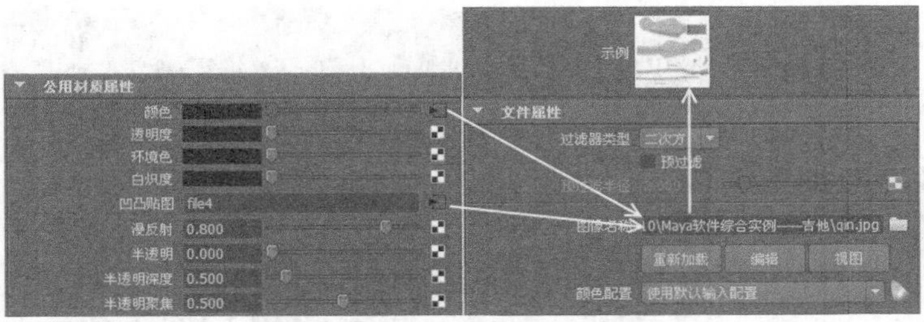

图30-70

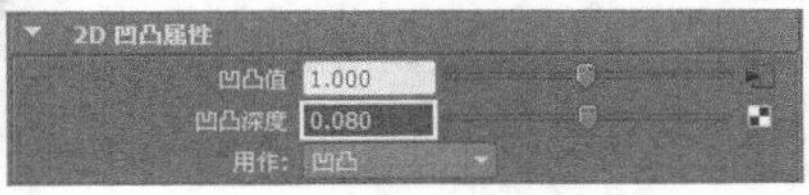

图30-71

2.螺帽材质

螺帽材质的模拟效果如图30-72所示。

图30-72

01 创建一个Blinn材质，然后打开其“属性编辑器”对话框，并设置材质名称为luomao，具体参数设置如图30-73所示。

设置步骤

① 设置“颜色”为黑色，然后在“凹凸贴图”通道中加载一个“分形”纹理节点，接着设置“漫反射”为0.6。

② 设置“偏心率”为0.331、“镜面反射衰减”为0.917，接着设置“镜面反射颜色”为（R:251，G:255，B:251），再设置“反射率”为0.6，最后在“反射的颜色”通道中加载一个“环境铬”节点。

02 打开与“分形”节点相连的place2dTexture5节点的“属性编辑器”对话框，然后设置“UV向重复”为（15，15），如图30-74所示。

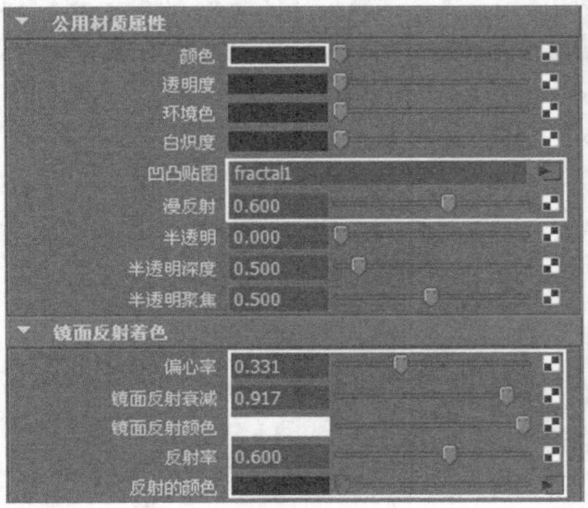

图30-73

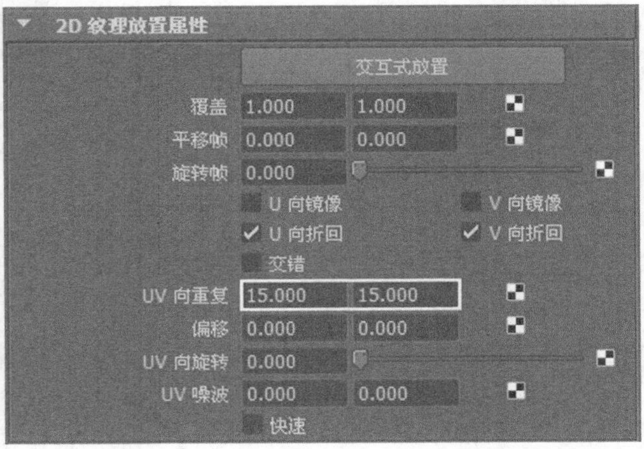

图30-74

03 打开bump2d2节点的“属性编辑器”对话框，然后设置“凹凸深度”为0.09，如图30-75所示。

04 打开“环境铬”节点的“属性编辑器”对话框，具体参数设置如图30-76所示。

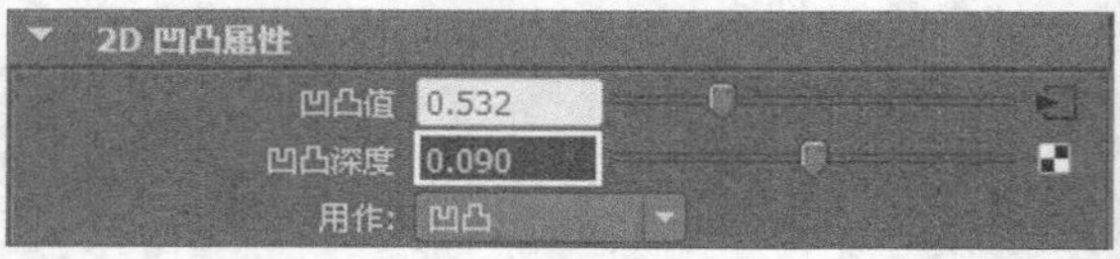

图30-75

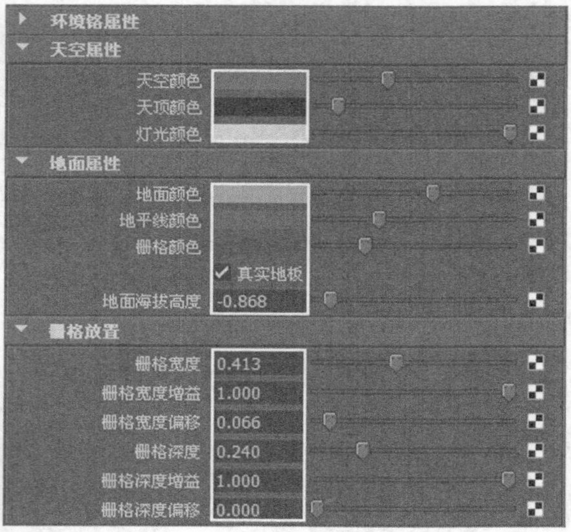

图30-76

3.琴套材质

琴套材质的模拟效果如图30-77所示。

01 创建一个Blinn节点，然后打开其“属性编辑器”对话框，并设置材质名称为qintao，接着分别在“颜色”通道和“凹凸贴图”通道中加载学习资源中的“实例文件>CH30>30.2>qintao.jpg”文件，如图30-78所示。

图30-77

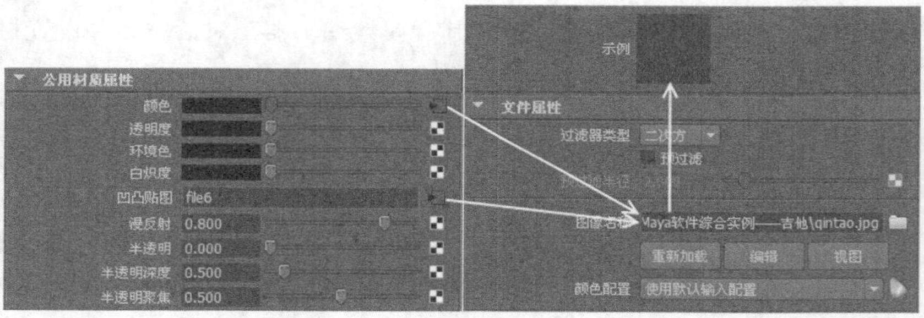

图30-78

02 打开bump2d3节点的“属性编辑器”对话框，然后设置“凹凸深度”为0.1，如图30-79所示。

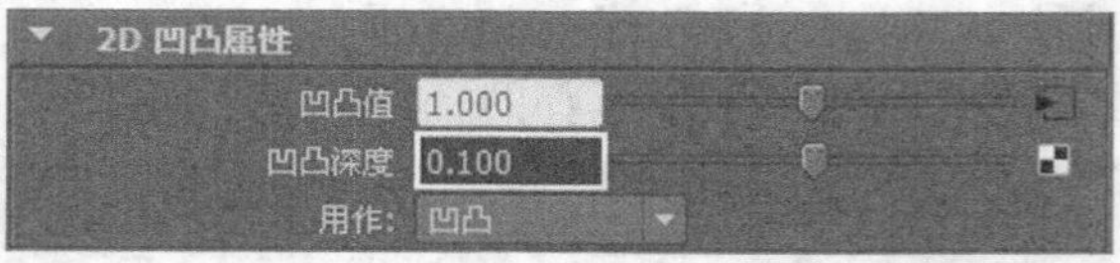

图30-79

4.琴弦材质

琴弦材质的模拟效果如图30-80所示。

图30-80

01 创建一个Lambert材质，然后打开其“属性编辑器”对话框，并设置材质名称为qinxian，接着在“颜色”通道中加载一个“布料”纹理节点，最后设置“漫反射”为0.648，如图30-81所示。

02 打开“布料”节点的“属性编辑器”对话框，然后设置“间隙颜色”为（R:136，G:98，B:27）、“U向颜色”为（R:104，G:62，B:59）、“V向颜色”为（R:73，G:73，B:73），接着设置“U向宽度”为0.107、“V向宽度”为0.595、“U向波”为0.384、“V向波”为0.021，具体参数设置如图30-82所示。

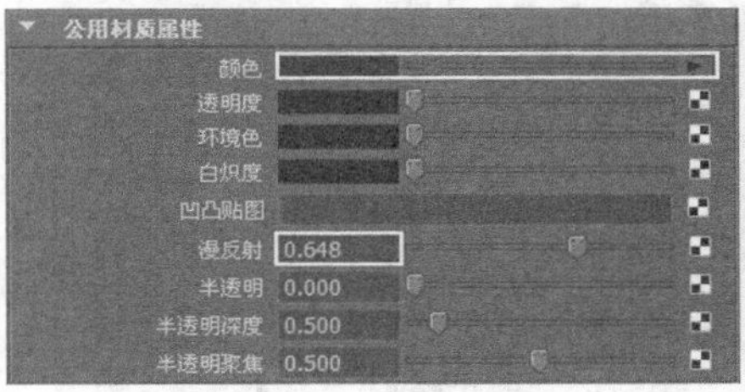

图30-81

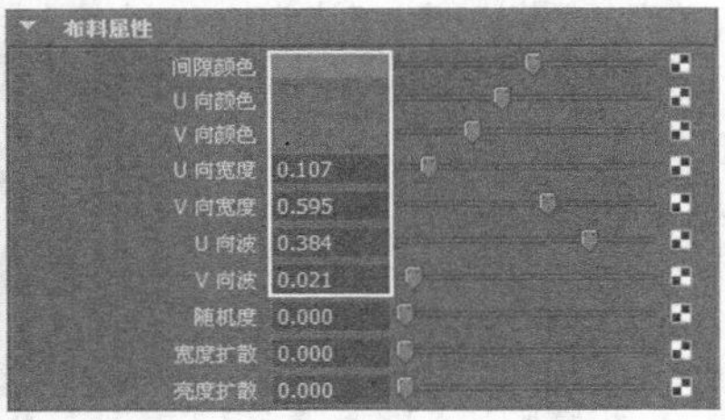

图30-82

5.地面材质

地面材质的模拟效果如图30-83所示。

图30-83

01 创建一个Lambert材质，然后打开其“属性编辑器”对话框，并设置材质名称为dimian，然后分别在“颜色”通道和“凹凸贴图”通道中加载学习资源中的“实例文件>CH30>30.2>地面.jpg”文件，如图30-84所示。

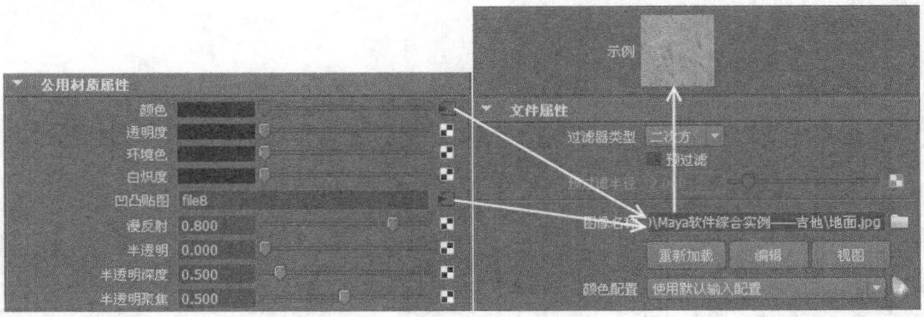

图30-84

02 打开bump2d4节点的“属性编辑器”对话框，然后设置“凹凸深度”为0.4，如图30-85所示。

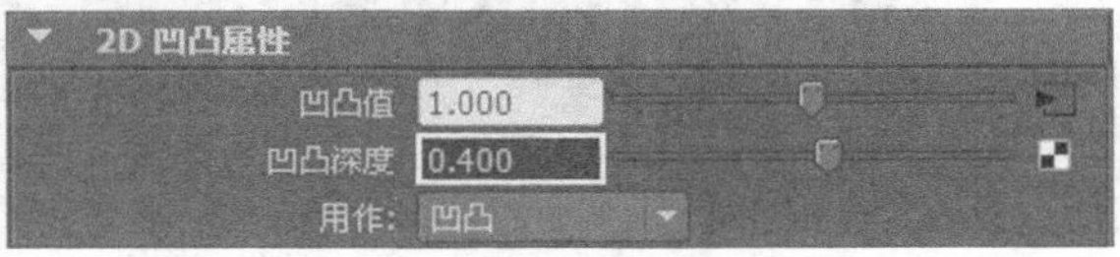

图30-85

30.2.2 灯光设置

1.创建主光源

01 在如图30-86所示的位置创建一盏聚光灯作为场景的主光源。

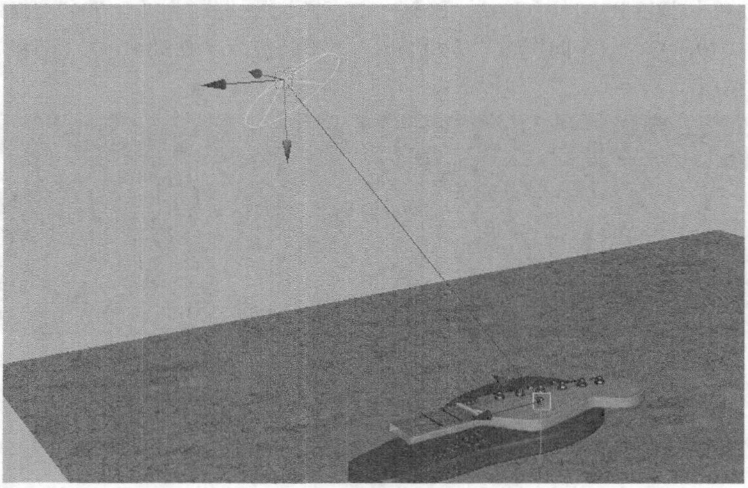

图30-86

02 打开聚光灯的“属性编辑器”对话框，然后将其更名为zhuguang，具体参数设置如图30-87所示。

设置步骤

① 设置“颜色”为（R:213，G:179，B:116）、“强度”为1.24，然后设置“圆锥体角度”为151.734、“半影角度”为4.545。

② 设置“阴影颜色”为（R:123，G:123，B:123），然后勾选“使用光线跟踪阴影”选项，接着设置“灯光半径”为0.03、“阴影光线数”为6。

03 切换到“渲染”模块，然后执行“照明/着色>灯光链接编辑器>以灯光为中心”菜单命令，打开“关系编辑器”对话框，然后在列表的左侧选择zhuguang灯光，接着在列表的右侧选择dimian物体，这样可以排除灯光对这个物体的影响，如图30-88所示。

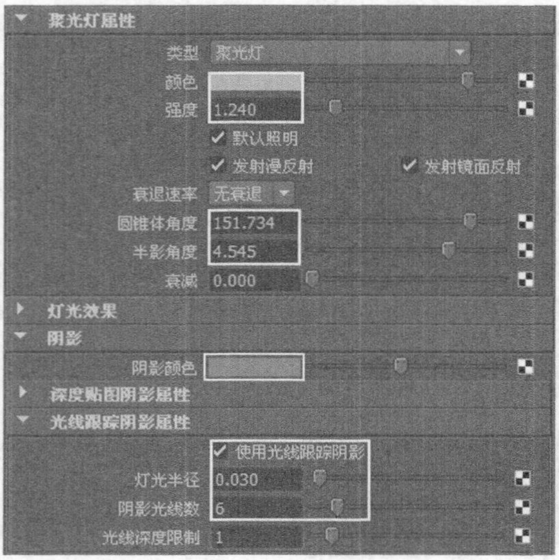

图30-87

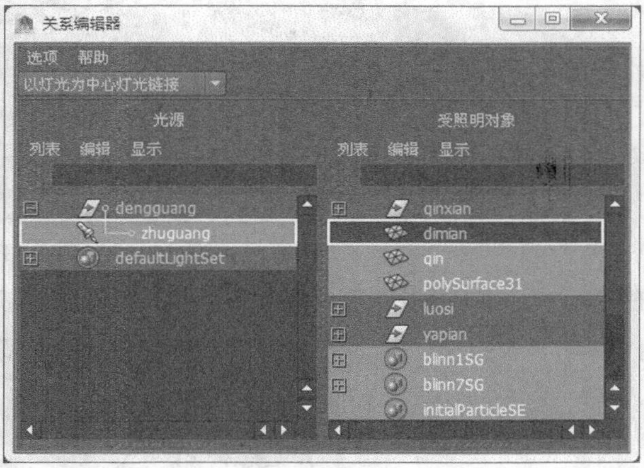

图30-88

2.创建辅助光源

01 在如图30-89所示的位置创建一盏聚光灯作为场景的辅助光源，然后打开其“属性编辑器”对话框，并将其更名为fuzhu1，接着设置“颜色”为（R:141，G:148，B:161）、“强度”为0.744，最后设置“圆锥体角度”为175.536、“半影角度”为0.744，具体参数设置如图30-90所示。

图30-89

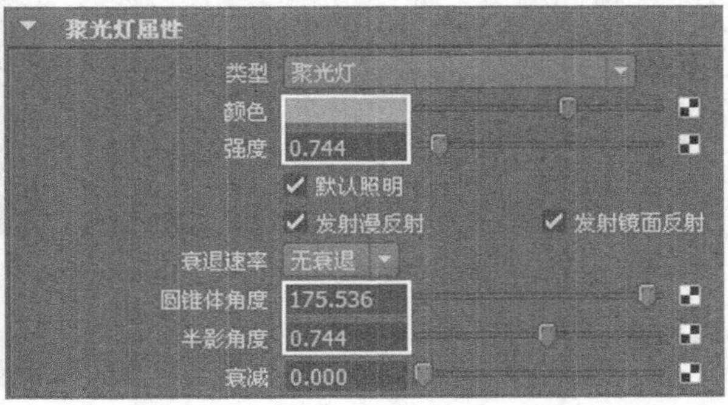

图30-90

02 在如图30-91所示的位置创建一盏聚光灯作为场景的辅助光源，然后打开其“属性编辑器”对话框，接着将其更名为fuzhu2，具体参数设置如图30-92所示。

设置步骤

① 设置“颜色”为（R:189，G:218，B:207）、“强度”为0.744，然后设置“圆锥体角度”为105.621、“半影角度”为8.182。

② 设置“阴影颜色”为（R:62，G:34，B:17），然后勾选“使用光线跟踪阴影”选项，接着设置“灯光半径”为5、“阴影光线数”为5。

图30-91

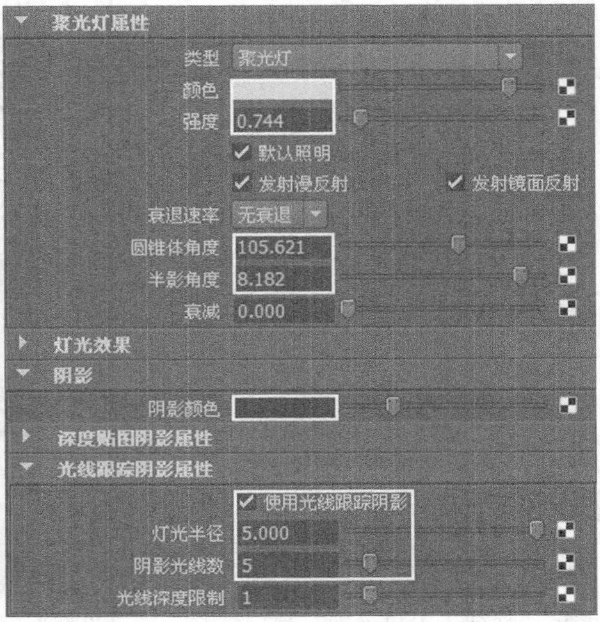

图30-92

03 在如图30-93所示的位置创建一盏聚光灯作为场景的辅助光源，然后打开其“属性编辑器”对话框，并将其更名为fuzhu3，接着设置“颜色”为（R:151，G:157，B:167）、“强度”为0.3，最后设置“衰退速率”为“线性”、“圆锥体角度”为58.023、“半影角度”为4.546，具体参数设置如图30-94所示。

图30-93

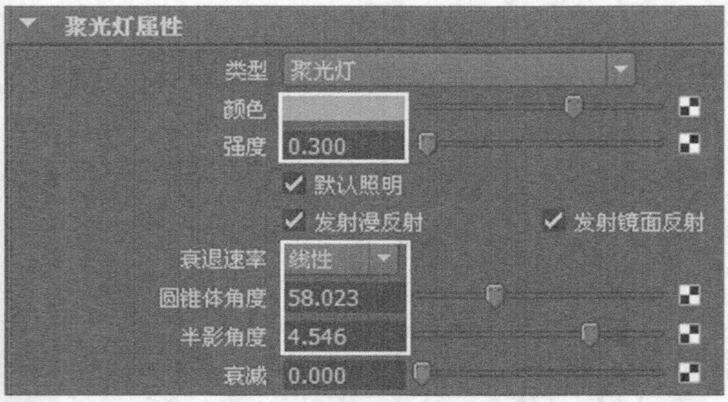

图30-94

04 在如图30-95所示的位置创建一盏聚光灯作为场景的辅助光源，然后打开其“属性编辑器”对话框，并将其更名为fuzhu4，具体参数设置如图30-96所示。

设置步骤

① 设置“颜色”为（R:175，G:229，B:255），然后关闭“发射漫反射”选项，接着设置“圆锥体角度”为119.007。

② 勾选“使用光线跟踪阴影”选项，然后设置“灯光半径”为3。

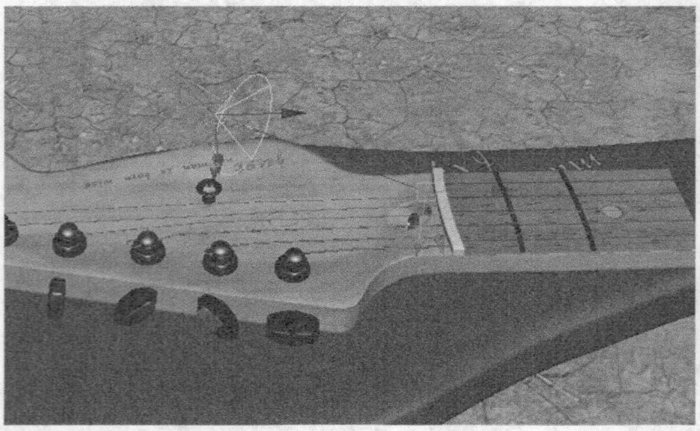

图30-95

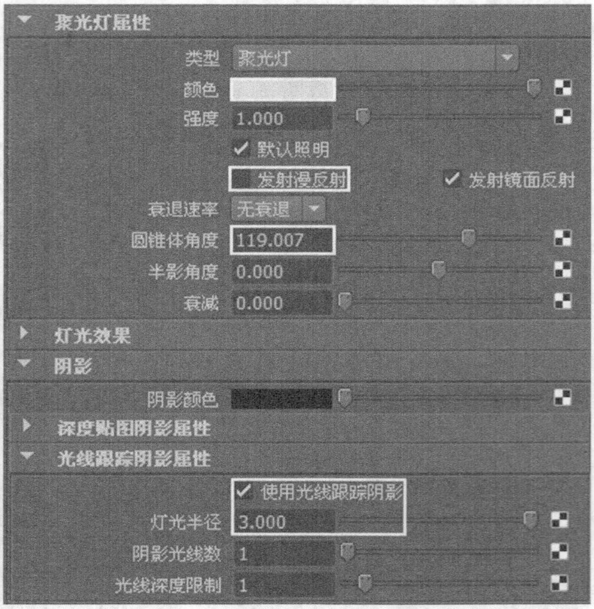

图30-96

30.2.3 渲染设置

01 切换到摄影机视图，然后打开“渲染设置”对话框，接着设置渲染器为“Maya软件”渲染器，最后设置渲染尺寸为2500×1388，如图30-97所示。

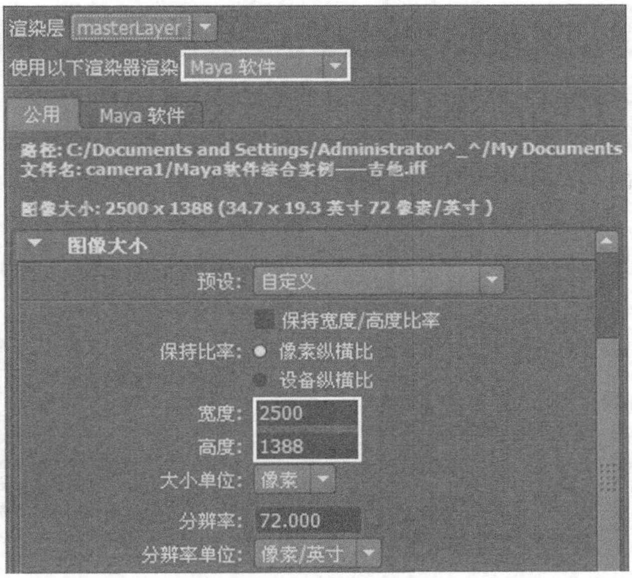

图30-97

02 单击“Maya软件”选项卡，然后在“抗锯齿质量”卷展栏下设置“质量”为“产品级质量”，如图30-98所示。

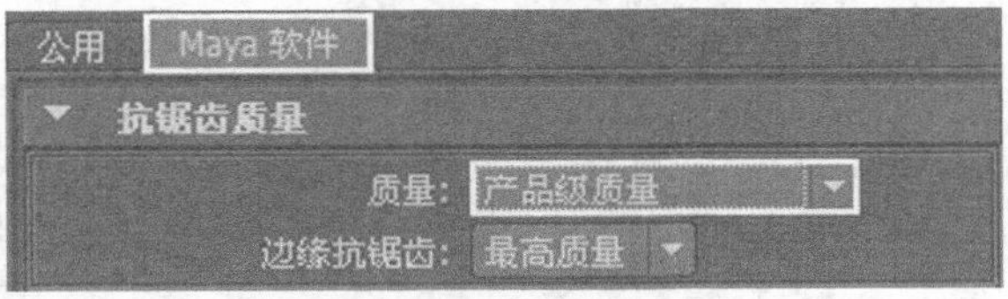

图30-98

03 渲染当前场景，最终效果如图30-99所示。

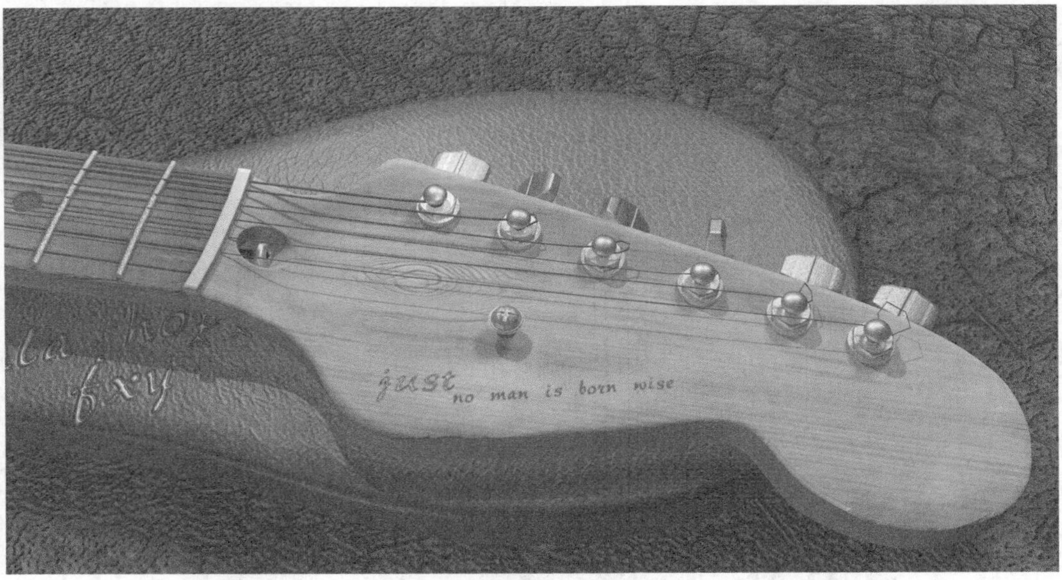

图30-99

30.3 精通mental ray渲染器：汽车渲染

场景文件　学习资源>场景文件>CH30>c.mb
实例文件　学习资源>实例文件>CH30>30.3.mb
技术掌握　掌握汽车材质的制作方法、物理太阳和天空与最终聚焦的运用、运动模糊特效的制作方法、通道图的渲染方法及后期处理技法

本例是一个大型的汽车场景，所包含的材质非常多，而且设置了运动模糊效果，这两项是本例的制作难点；在灯光设置方面涉及了“物理太阳和天空”技术；在渲染方面涉及了“最终聚焦”技术以及通道图的渲染（通道图用于配合后期处理），如图30-100所示是本例的渲染效果。

图30-100

30.3.1 材质制作

打开学习资源中的“场景文件>CH30>c.mb”文件，本场景由高架桥和小汽车组成，如图30-101所示。

图30-101

技巧与提示

由于本场景中的内容比较多，所以运行速度较慢。在“层编辑器”中有4个层，下面需要制作的是桥的材质，用户可以将另外3个层隐藏起来，只显示出qiao_1层，这样可以节省一些内存资源，如图30-102所示。

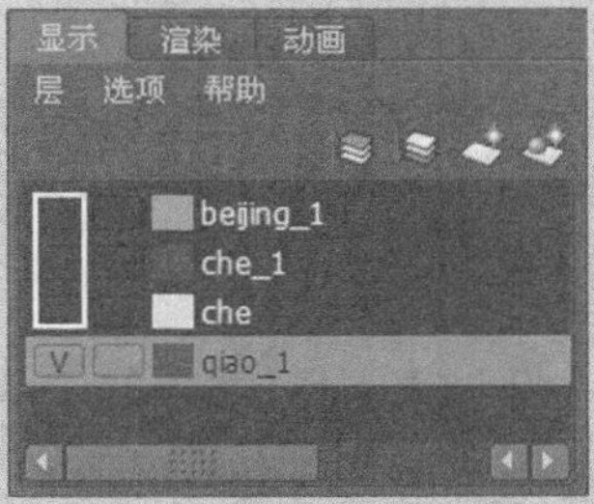

图30-102

1.设置桥材质

栏杆和路灯材质

栏杆和路灯材质的模拟效果如图30-103所示。

图30-103

01 在视图菜单中执行“面板>透视>persp2”命令，切换到persp2摄影机视图，如图30-104所示。

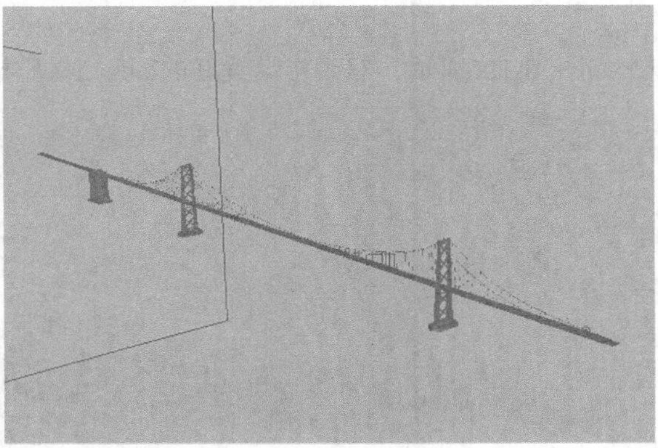

图30-104

技巧与提示

persp2摄影机视图是专门针对制作桥材质设置的摄影机视图，这个视图角度非常适合选择桥的部件。

02 创建一个mia_material_x材质，然后将其命名为langan，具体参数设置如图30-105所示。

设置步骤

① 在“漫反射”卷展栏下设置“颜色”为（R:50，G:50，B:52）。

② 在“反射”卷展栏下设置“颜色”为（R:60，G:60，B:60），然后设置“反射率”为0.276、“光泽度”为0.04、“光泽采样数”为40。

③ 在“折射”卷展栏下设置“折射率”为1.6、“颜色”为黑色。

④ 在BRDF卷展栏下设置“0度反射”为0.195。

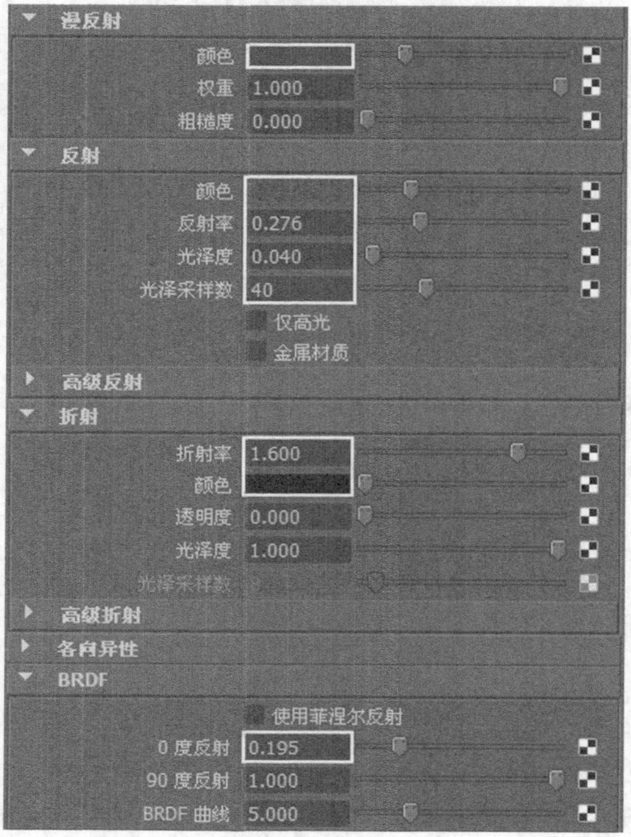

图30-105

03 选择栏杆和路灯模型，如图30-106所示，然后将设置好的langan材质指定给这些模型。

图30-106

地面材质

地面材质的模拟效果如图30-107所示。

图30-107

01 创建一个mia_material_x_passes材质，然后将其命名为dimian，具体参数设置如图30-108所示。

设置步骤

① 在“漫反射”卷展栏下的“颜色”通道中加载学习资源中的“实例文件>CH30>30.3>color_street_06.jpg”文件。

② 在“反射”卷展栏下设置“颜色”为（R:10，G:10，B:10），然后设置“反射率”为0.55、“光泽度”为0.1、“光泽采样数”为15。

③ 在“环境光遮挡”卷展栏下勾选“使用环境光遮挡”选项。

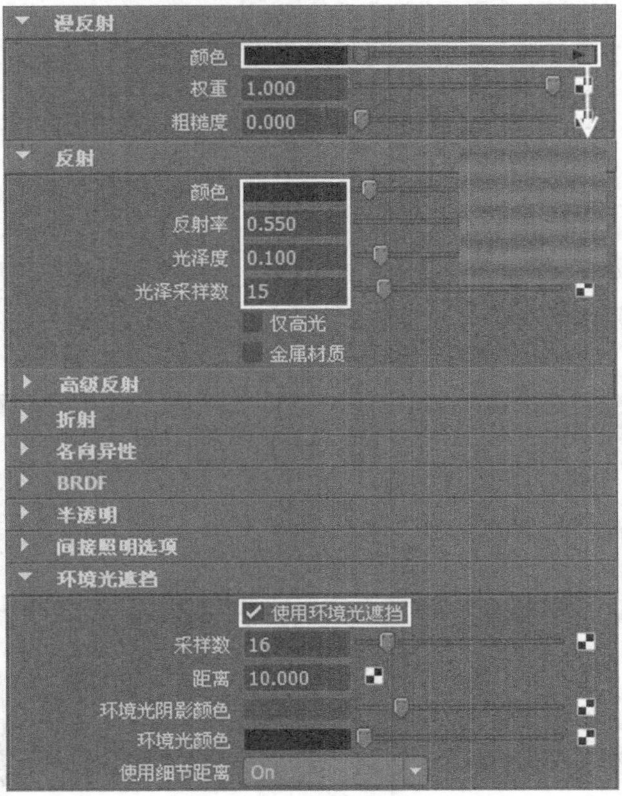

图30-108

02 展开Bump（凹凸）卷展栏，然后在Standard Bump（标准凹凸）通道中加载学习资源中的“实例文件>CH30>30.3>color_street_06.jpg”文件，接着设置“凹凸深度”为0.09，如图30-109所示。

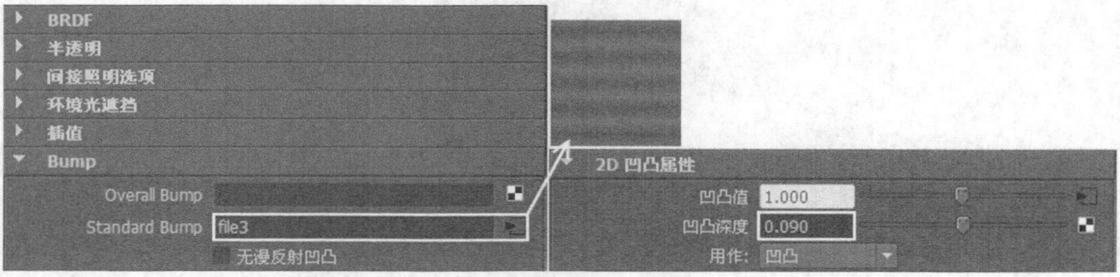

图30-109

桥墩材质

桥墩材质的模拟效果如图30-110所示。

图30-110

01 创建一个mia_material_x材质，然后将其命名为qiaodun，具体参数设置如图30-111所示。

设置步骤

① 在“漫反射”卷展栏下设置“颜色”为（R:10，G:10，B:10）。

② 在“反射”卷展栏下设置“颜色”为（R:236，G:236，B:236），然后设置“反射率”为1、“光泽度”为0.75、“光泽采样数”为16。

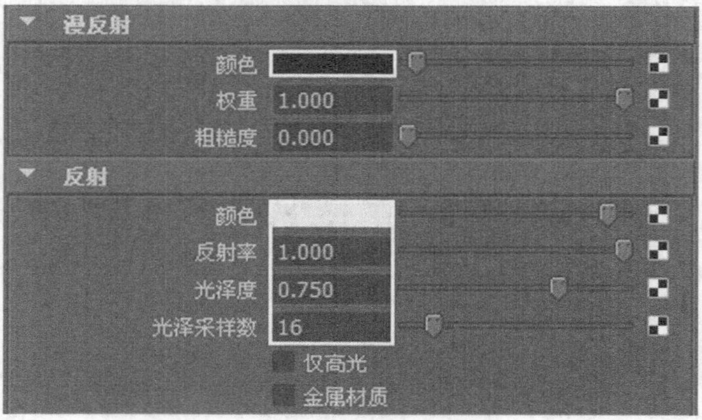

图30-111

02 选择如图30-112所示的桥墩模型，然后将设置好的qiaodun材质指定给模型。

图30-112

公路材质

公路材质的模拟效果如图30-113所示。

创建一个mia_material_x材质，然后将其命名为gonglu_1，具体参数设置如图30-114所示。

设置步骤

① 在“漫反射”卷展栏下的“颜色”通道中加载学习资源中的“实例文件>CH30>30.3>color_street_02.jpg”文件。

② 在“反射”卷展栏下设置“颜色”为（R:35，G:35，B:35），然后设置“反射率”为1、“光泽度”为0.2。

③ 在BRDF卷展栏下勾选“使用菲涅尔反射”选项。

图30-113

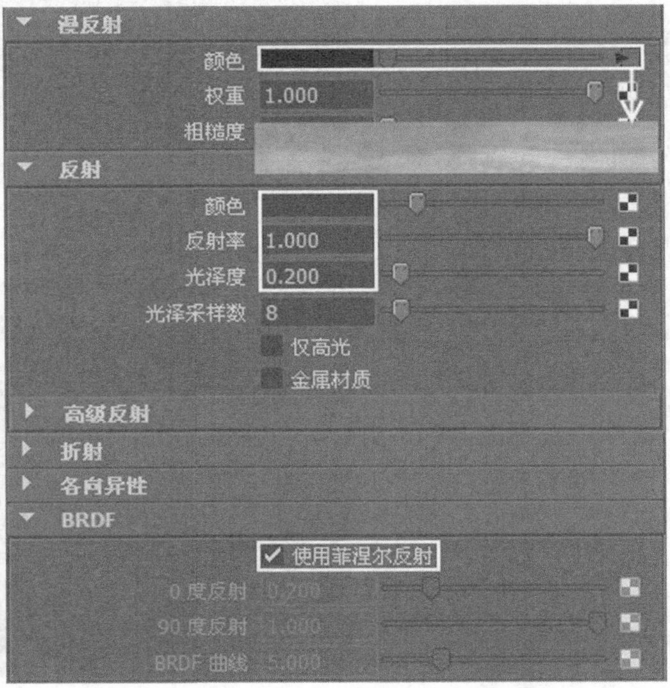

图30-114

路标材质

路标材质的模拟效果如图30-115所示。

图30-115

01 创建一个Blinn材质，然后将其命名为lubiao，具体参数设置如图30-116所示。

设置步骤

① 在“颜色”通道中加载学习资源中的“实例文件>CH30>30.3>color_street_01.jpg”文件，然后在“透明度”通道中加载学习资源中的“实例文件>CH30>30.3>opacity_street.jpg”文件，接着设置“漫反射”为1。

② 设置“偏心率”为0.683、“镜面反射衰减”为0.618，然后设置“镜面反射颜色”为（R:100，G:100，B:100），接着设置“反射率”为0.024。

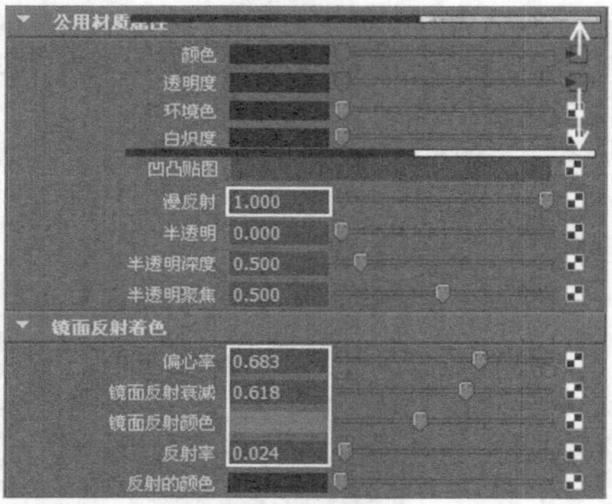

图30-116

02 选择透明度贴图“文件”节点的place2dTexture节点，然后打开其“属性编辑器”对话框，接着设置“UV向重复”为（100，1），如图30-117所示。

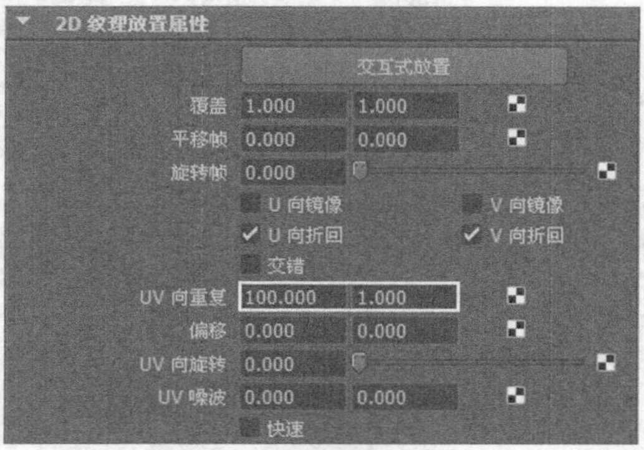

图30-117

03 选择颜色贴图的place2dTexture节点，如图30-118所示，然后按Delete键将其删除。

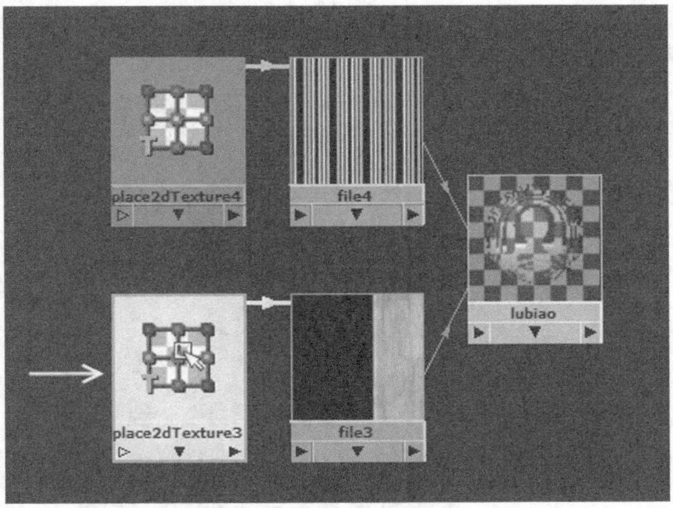

图30-118

04 用鼠标中键将透明度贴图的“文件”节点的place2dTexture节点拖曳到颜色贴图的“文件”节点上，然后在弹出的菜单中选择“默认”命令，这样可以让两个“文件”节点共用一个place2dTexture节点，如图30-119所示。

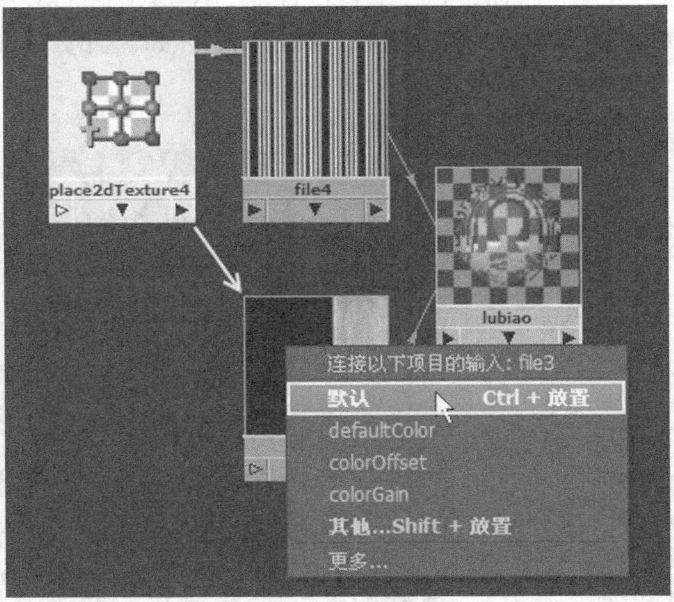

图30-119

05 选择路标模型，如图30-120所示，然后将设置好的lubiao材质指定给该模型。

图30-120

2.设置汽车材质

车身材质

车身材质的模拟效果如图30-121所示。

图30-121

01 创建一个“渐变”纹理节点，然后设置“插值”为“平滑”，接着设置第1个色标的颜色为（R:116，G:0，B:0），第2个色标的颜色为（R:142，G:21，B:0），如图30-122所示。

02 创建一个“采样器信息”节点，然后将该节点的facingRatio（面比率）属性连接到“渐变”节点的vCoord（V坐标）属性上，如图30-123所示。

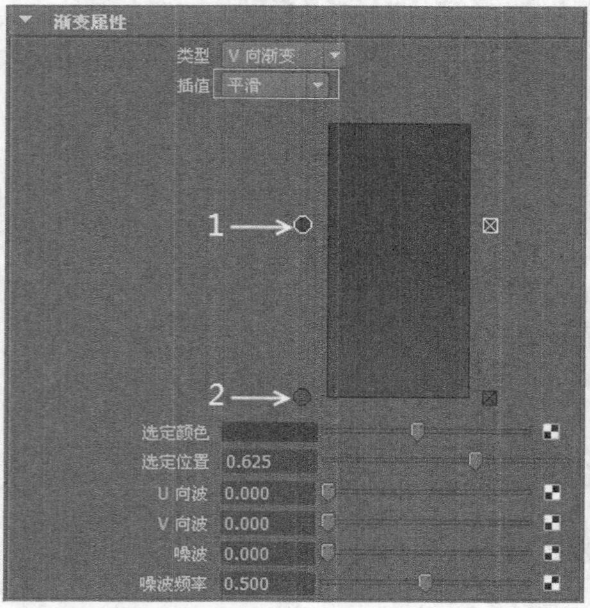

图30-122

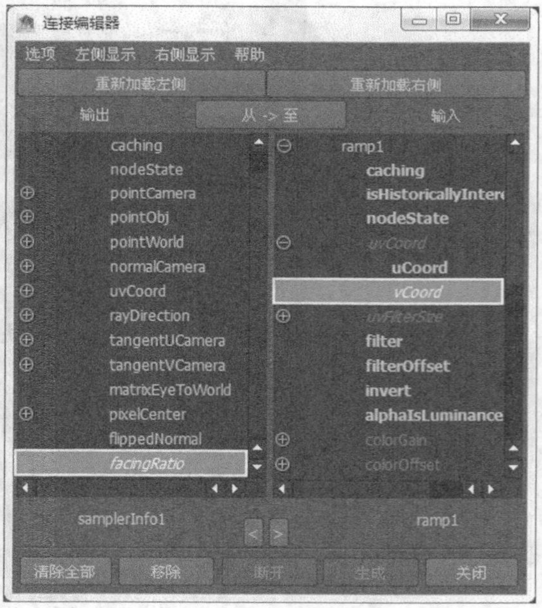

图30-123

03 创建一个mi_car_paint_phen_x（车漆材质_x），并将其命名为chesheng，然后用鼠标中键将“渐变”节点拖曳到mi_car_paint_phen_x（车漆材质_x）的Base Color（基本颜色）属性上，接着设置Edge Color Bias（边颜色偏移）为0.2，最后设置Lit Color（高光颜色）为（R:35，G:35，B:35），如图30-124所示。

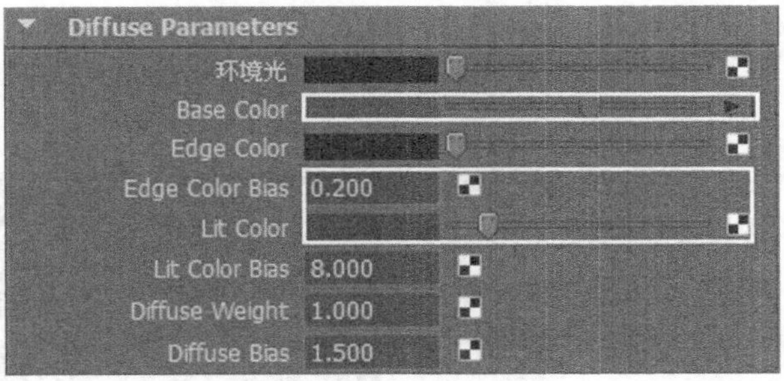

图30-124

04 展开Flake Parameters（片参数）卷展栏，然后设置Flake Weight（片权重）为0；展开Reflection Parameters（反射参数）卷展栏，然后设置Reflection Base Weight（基本反射权重）为0.6，如图30-125所示。

05 选择如图30-126所示的模型，然后将设置好的cheshenɡ材质指定给该模型。

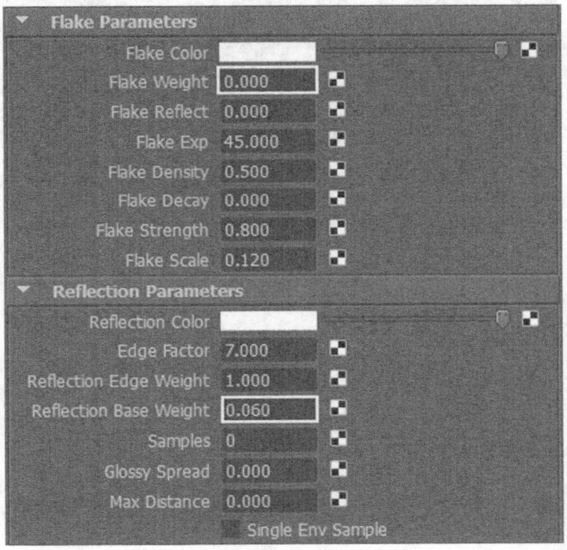

图30-125

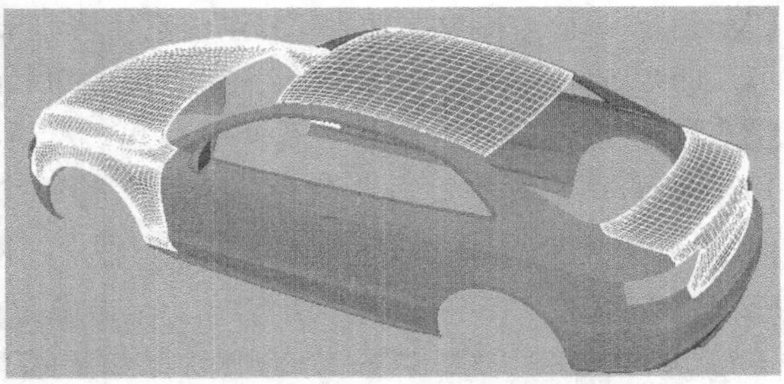

图30-126

技巧与提示

注意，在前面的步骤中隐藏了汽车所在的层，在制作汽车材质时，需要将其显示出来后才能指定材质。

车窗材质

车窗材质的模拟效果如图30-127所示。

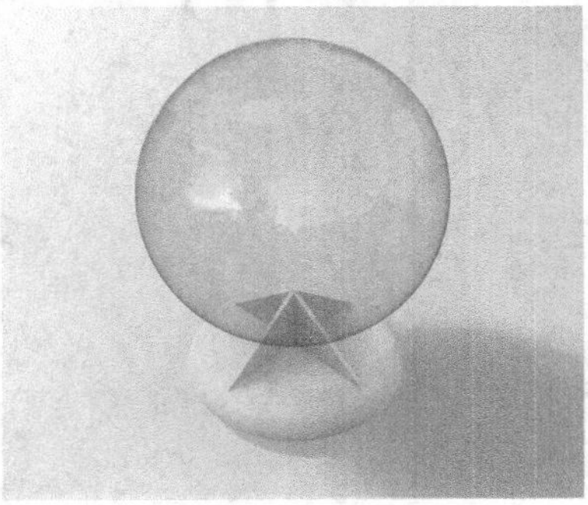

图30-127

01 创建一个mia_material_x材质，并将其命名为chechuang，然后在“漫反射”卷展栏下设置“颜色”为（R:35，G:35，B:35），接着在“反射”卷展栏下设置“反射率”为1，如图30-128所示。

02 创建一个“渐变”纹理节点，然后设置“插值”为“平滑”，接着设置第1个色标的颜色为（R:215，G:215，B:215），第2个色标的颜色为（R:129，G:129，B:129），如图30-129所示。

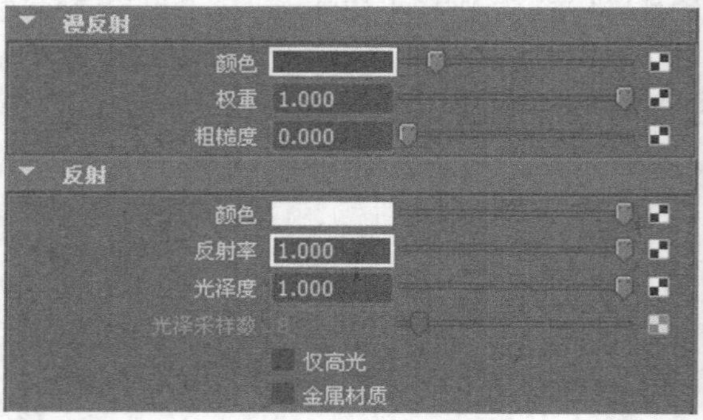

图30-128

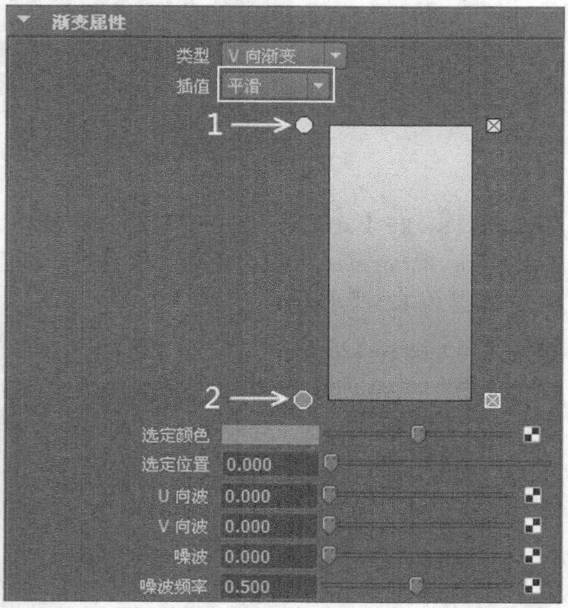

图30-129

03 创建一个“采样器信息”节点，然后将该节点的facingRatio（面比率）属性连接到“渐变”节点的vCoord（V坐标）属性上，如图30-130所示。

04 打开chechuang材质的“属性编辑器”对话框，然后在“折射”卷展栏下设置“折射率”为1.6，接着用鼠标中键将“渐变”节点拖曳到“颜色”属性上，再设置“透明度”为1，最后在BRDF卷展栏下勾选“使用菲涅尔反射”选项，如图30-131所示。

图30-130

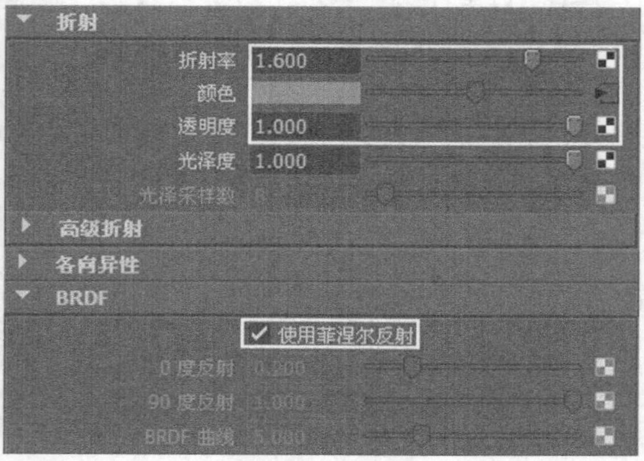

图30-131

05 选择车窗模型，然后将设置好的chechuang材质指定给该模型，如图30-132所示。

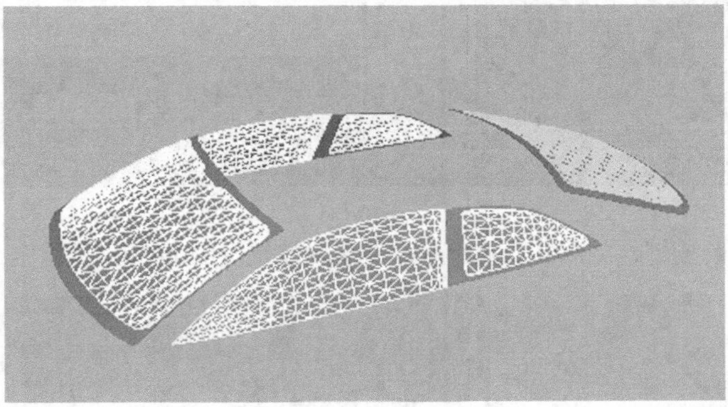

图30-132

轮胎材质

轮胎材质的模拟效果如图30-133所示。

图30-133

01 创建一个mia_material_x材质，然后将其命名为luntai，具体参数设置如图30-134所示。

设置步骤

① 在“漫反射”卷展栏下设置“颜色”为黑色。

② 在“反射”卷展栏下的“颜色”通道中加载学习资源中的“实例文件>CH30>30.3>color_tyre.png”文件，然后设置“反射率”为0.7、“光泽度”为0.3、“光泽采样数”为20。

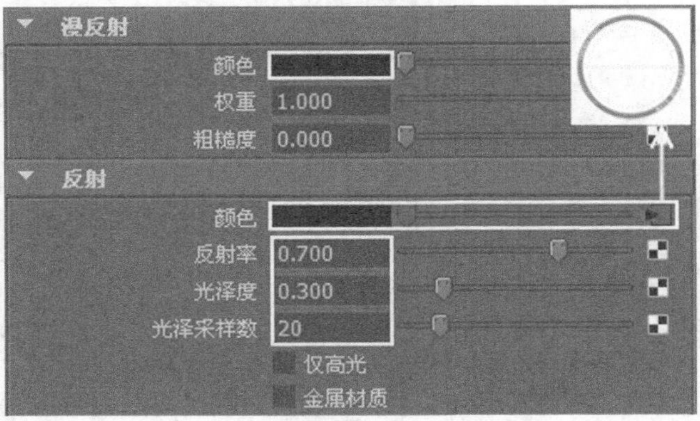

图30-134

02 展开Bump（凹凸）卷展栏，然后在Standard Bump（标准凹凸）通道中加载学习资源中的“实例文件>CH30>30.3>color_tyre.png”文件，接着设置“凹凸深度”为0.2，如图30-135所示。

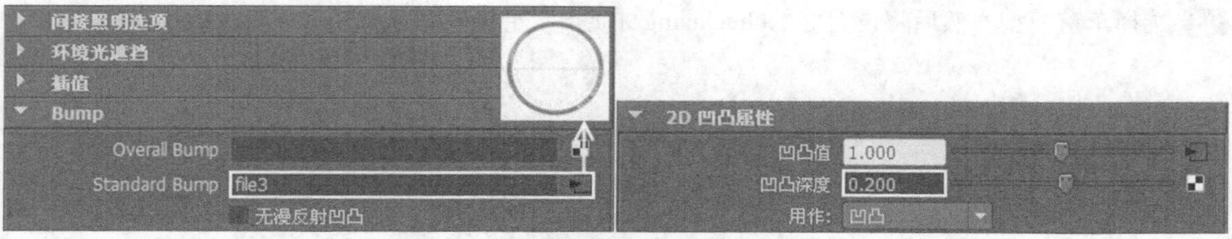

图30-135

03 选择4个车轮外胎模型，如图30-136所示，然后将设置好的luntai材质指定给该模型。

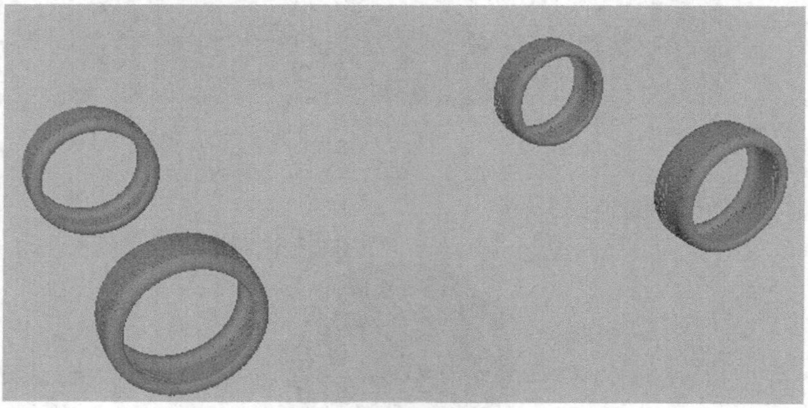

图30-136

轮毂材质

轮毂材质的模拟效果如图30-137所示。

创建一个mia_material_x材质，并将其命名为chelun1，然后在“漫反射”卷展栏下设置“颜色”为黑色，接着在“反射”卷展栏下设置“颜色”为（R:213，G:213，B:213）、“反射率”为1，最后在BRDF卷展栏下勾选“使用菲涅尔反射”选项，如图30-138所示。

图30-137

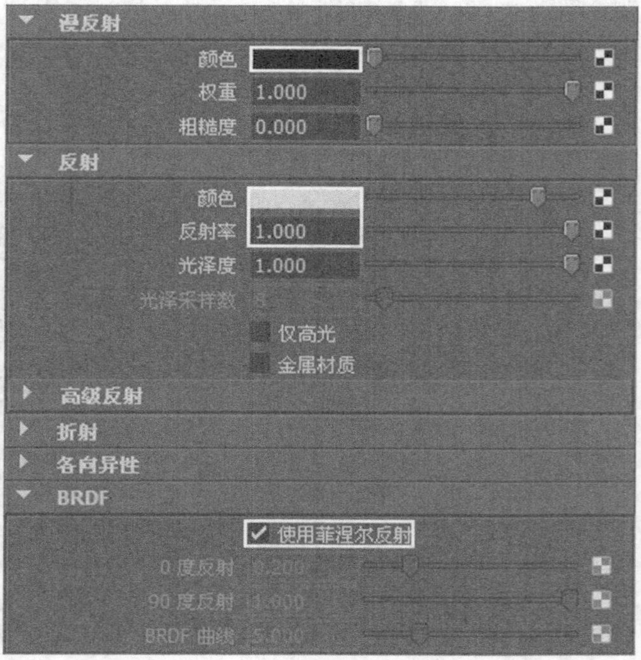

图30-138

技巧与提示

轮毂就是支撑轮胎的金属部分，如图30-139所示。

图30-139

前车灯外壳材质

前车灯外壳材质的模拟效果如图30-140所示。

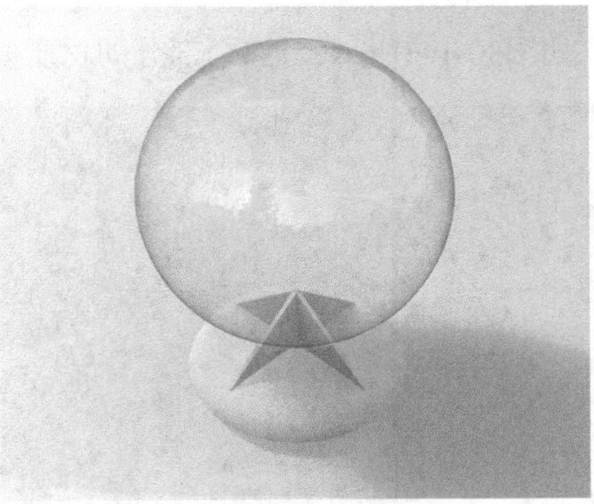

图30-140

01 创建一个mia_material_x材质，然后将其命名为chedeng，具体参数设置如图30-141所示。

设置步骤

① 在“漫反射”卷展栏下设置“颜色”为（R:62，G:62，B:62）。

② 在“反射”卷展栏下设置“反射率”为1。

③ 在“折射”卷展栏下设置“折射率”为1.6，然后设置“透明度”为1。

④ 在BRDF卷展栏下勾选“使用菲涅尔反射”选项。

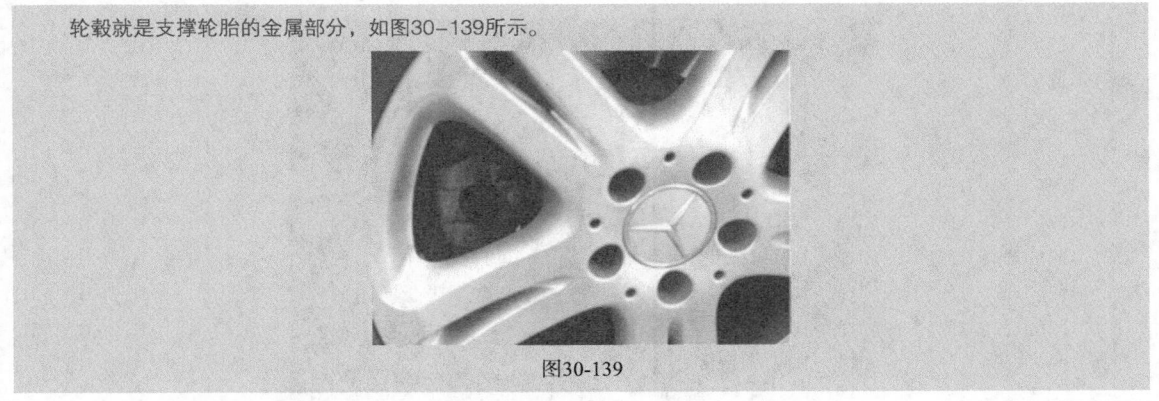

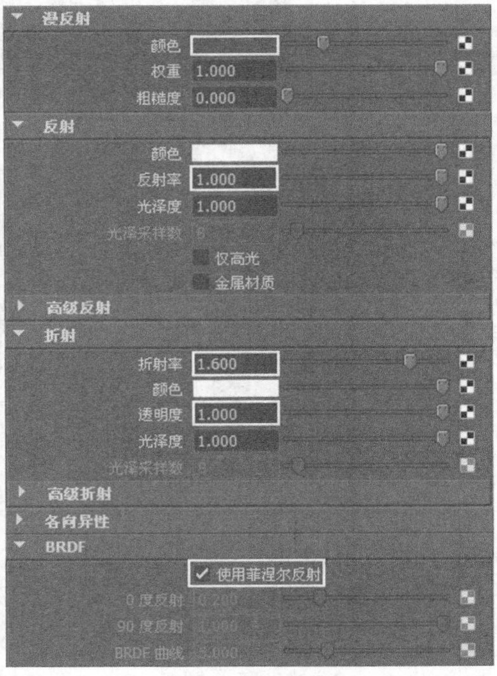

图30-141

02 选择前车灯的外壳模型，如图30-142所示，然后将设置好的chedeng材质指定给该模型。

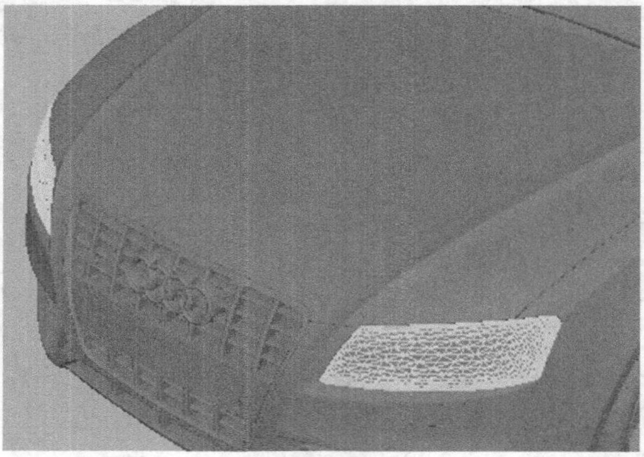

图30-142

前车灯内部材质

前车灯内部分为3个部分，如图30-143所示，这3个部分的材质模拟效果如图30-144所示。

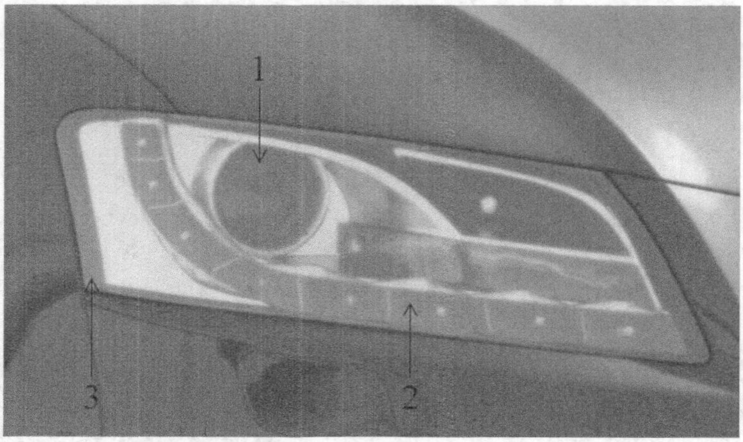

图30-143

图30-144

01 先设置第1个部件的材质。创建一个“渐变”纹理节点，然后设置“插值”为“平滑”，接着设置第1个色标的颜色为（R:29，G:29，B:29），第2个色标的颜色为白色，如图30-145所示。

02 创建一个“采样器信息”节点，然后将该节点的facingRatio（面比率）属性连接到“渐变”节点的vCoord（V坐标）属性上，如图30-146所示。

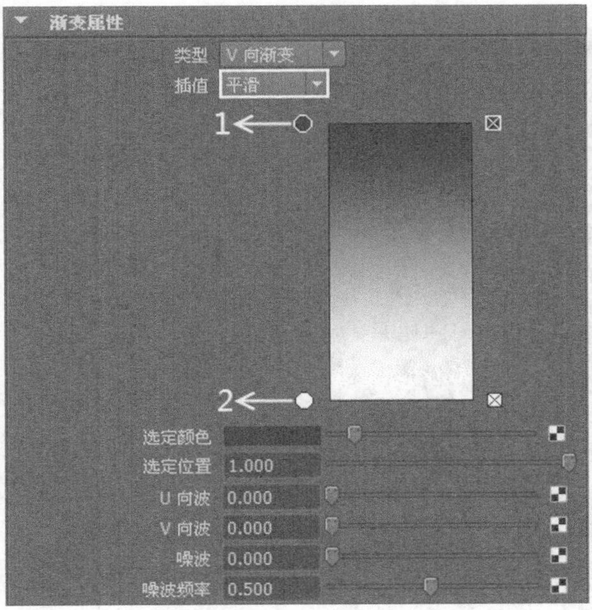

图30-145

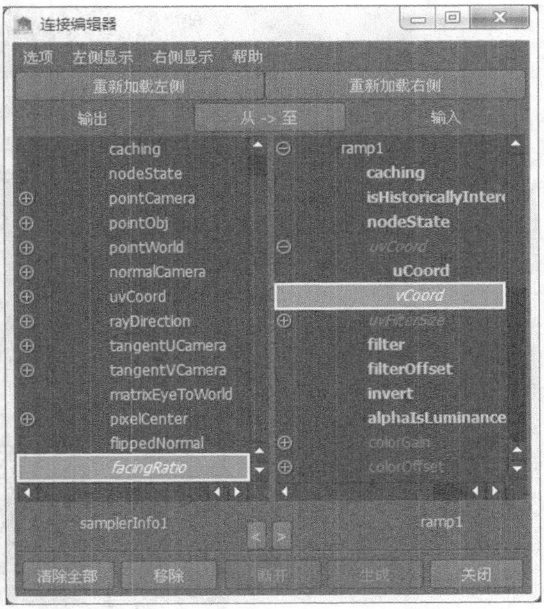

图30-146

03 创建一个mia_material_x材质，然后将其命名为dengpian，具体参数设置如图30-147所示。

设置步骤

① 在“漫反射”卷展栏下设置“颜色”为（R:82，G:82，B:82）。

② 将“渐变”节点拖曳到“反射”卷展栏下的“颜色”属性上，然后设置“反射率”为1、“光泽度”为0.6、“光泽采样数”为20。

04 选择如图30-148所示的模型，然后将设置好的dengpian材质指定给该模型。

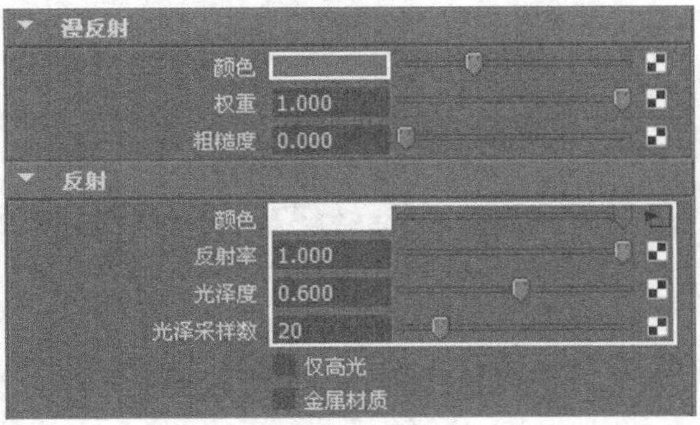

图30-147

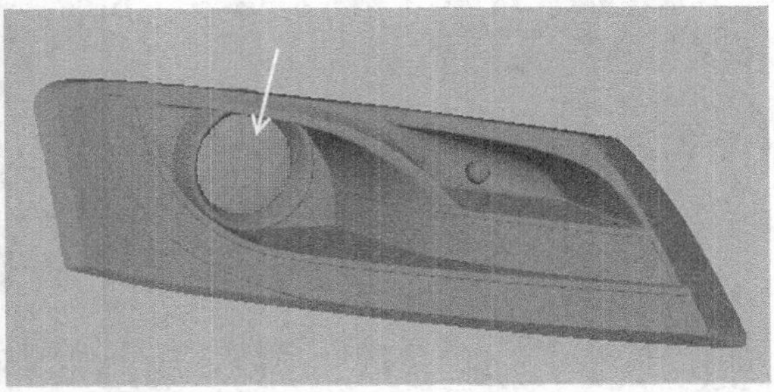

图30-148

05 下面设置第2个部件的材质。创建一个mia_material_x材质，然后将其命名为dengpian1，具体参数设置如图30-149所示。

设置步骤

① 在“漫反射”卷展栏下的“颜色”通道中加载学习资源中的“实例文件>CH30>30.3>bump_headlight.bmp”文件。

② 在“反射”卷展栏下设置“反射率”为1。

③ 在“折射”卷展栏下设置“折射率”为1.8，然后设置“透明度”为1、“光泽度”为0.8。

④ 在BRDF卷展栏下勾选“使用菲涅尔反射”选项。

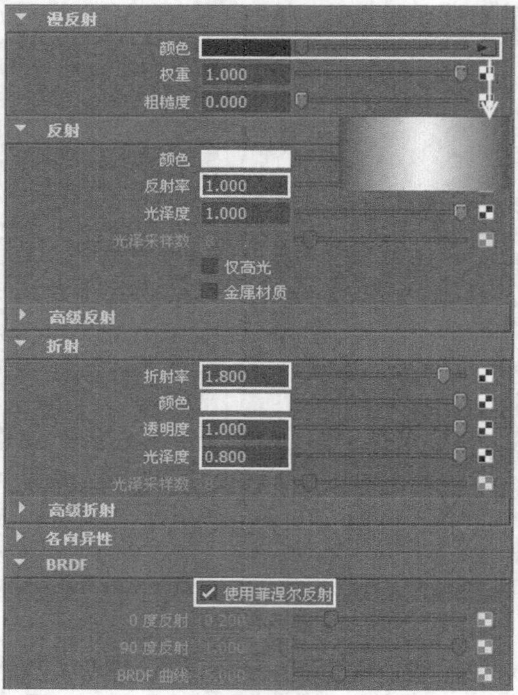

图30-149

06 打开与“文件”节点相连的place2dTexture节点的“属性编辑器”对话框，然后设置“UV向重复”为（25，1），如图30-150所示。

07 选择如图30-151所示的模型，然后将设置好的dengpian1材质指定给该模型。

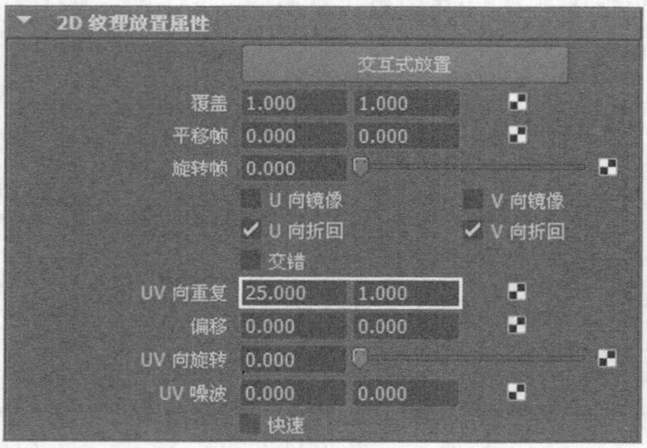

图30-150

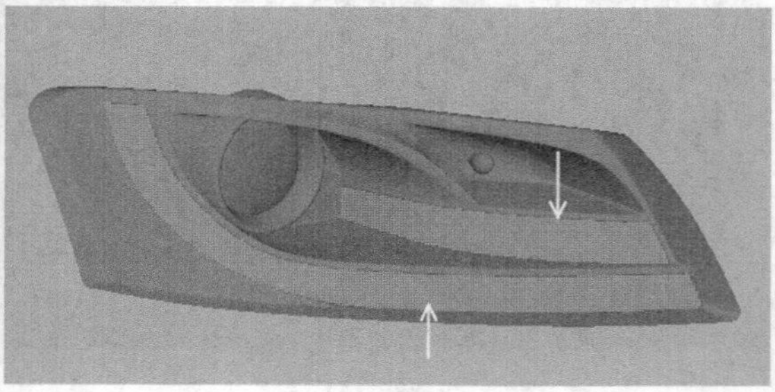

图30-151

08 下面设置第3个部件的材质。创建一个mia_material_x材质，然后将其命名为chedeng_1，具体参数设置如图30-152所示。

设置步骤

① 在“漫反射”卷展栏下设置“颜色”为（R:21，G:21，B:21）。

② 在“反射”卷展栏下设置“颜色”为（R:81，G:81，B:81），然后设置“反射率”为1、“光泽度”为0.8、“光泽采样数”为20。

③ 在BRDF卷展栏下设置“0度反射”为0.13。

09 选择如图30-153所示的模型，然后将设置好的chedeng_1材质指定给该模型。

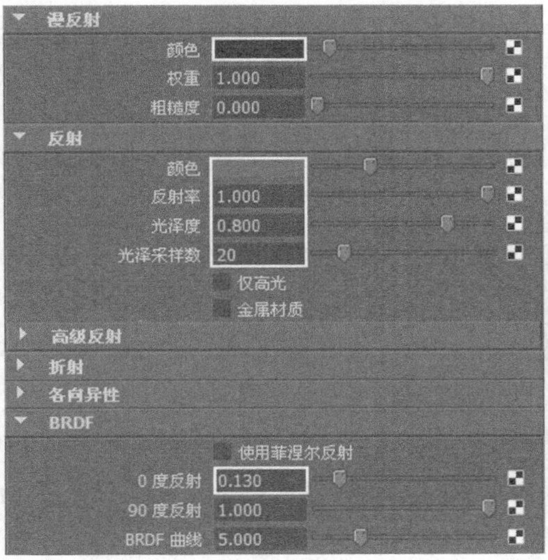

图30-152

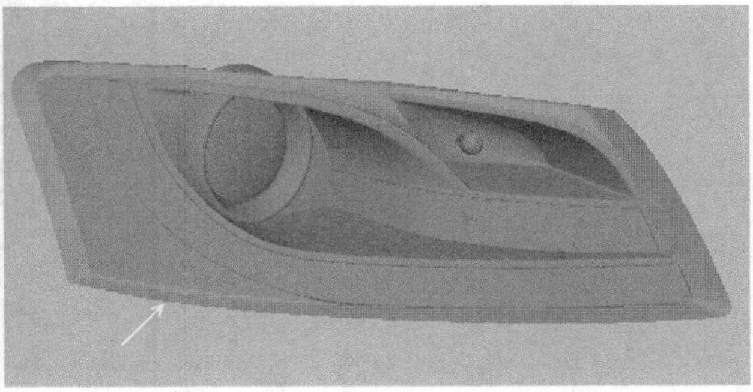

图30-153

技巧与提示

车灯内部的其他部件的材质就不多讲了，制作方法都大同小异。

车牌材质

车牌材质的模拟效果如图30-154所示。

图30-154

创建一个mia_material_x材质，然后将其命名为chepai，接着在“漫反射”卷展栏下的“颜色”通道中加载学习资源中的“实例文件>CH30>30.3>chepai.jpg”文件，最后在“反射”卷展栏下设置“颜色”为黑色，并设置“反射率”为0，如图30-155所示。

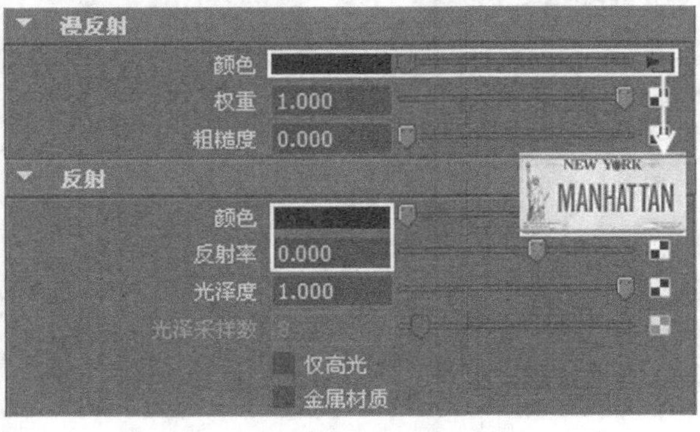

图30-155

车标志材质

车标志材质的模拟效果如图30-156所示。

图30-156

创建一个mia_material_x材质，然后将其命名为biaozhi_1，具体参数设置如图30-157所示。

设置步骤

① 在“漫反射”卷展栏下设置“颜色”为（R:27，G:0，B:27）。

② 在“反射”卷展栏下设置“颜色”为（R:230，G:230，B:230），然后设置“反射率”为1、“光泽度”为0.3、“光泽采样数”为40。

③ 在“折射”卷展栏下设置“折射率”为15。

④ 在BRDF卷展栏下勾选“使用菲涅尔反射”选项。

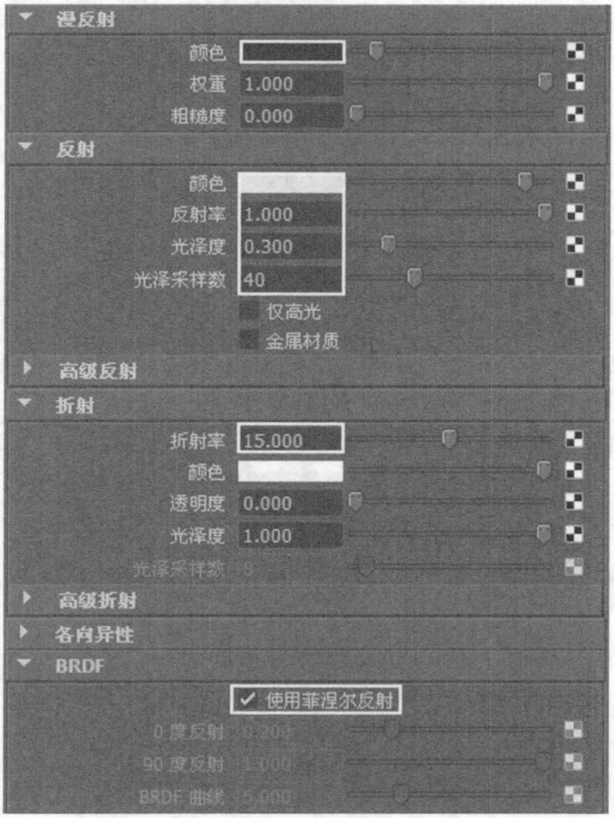

图30-157

3.设置环境球材质

环境球材质的模拟效果如图30-158所示。

图30-158

01 创建一个Lambert材质，然后在“颜色”通道中加载学习资源中的“实例文件>CH30>30.3>color_sky_02.jpg”文件，接着设置“环境色”为（R:117，G:177，B:255），最后设置“漫反射”为1，如图30-159所示。

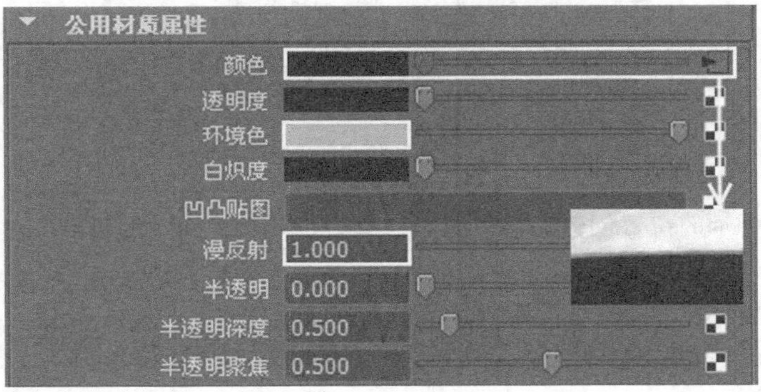

图30-159

02 选择环境球，如图30-160所示，然后将设置好的Lambert材质指定给环境球。

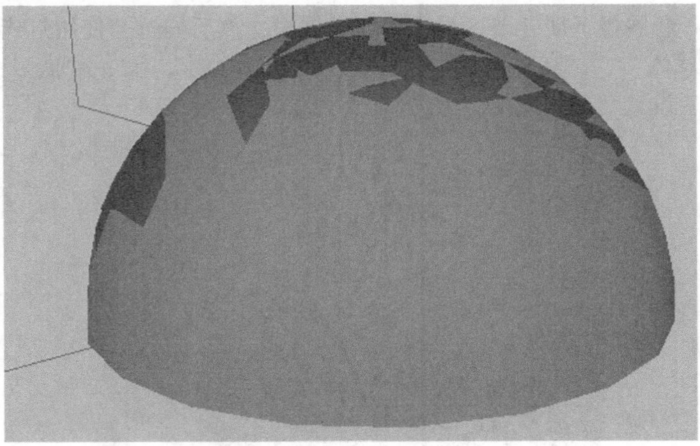

图30-160

30.3.2 灯光设置

01 打开“渲染设置”对话框，然后设置渲染器为mental ray渲染器，单击“间接照明”选项卡，接着在“环境”卷展栏下单击“物理太阳和天空”选项后面的“创建”按钮创建，最后在弹出的面板中设置“倍增”为0.6，如图30-161所示。

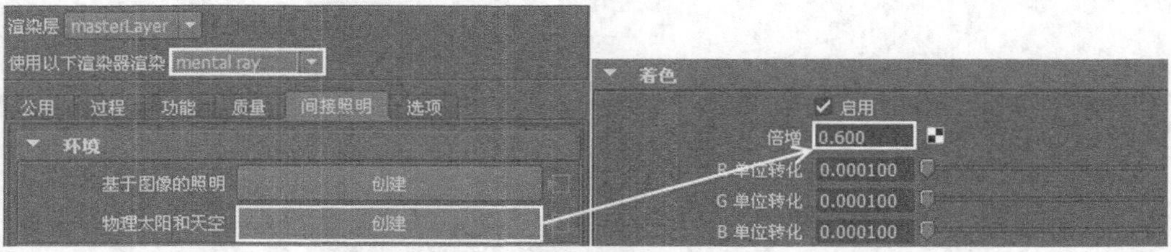

图30-161

02 将创建出来的天光（平行光）放到如图30-162所示的位置。

图30-162

03 在如图30-163所示的位置创建一盏区域光，然后打开其“属性编辑器”对话框，具体参数设置如图30-164所示。

设置步骤

① 在“区域光”卷展栏下设置“颜色”为（R:255，G:185，B:54），然后设置“强度”为0.8。

② 在“阴影”卷展栏下展开“光线跟踪阴影属性”复卷展栏，然后勾选“使用光线跟踪阴影”选项，接着设置“阴影光线数”为12、“光线深度限制”为3。

③ 在mental ray卷展栏下展开“区域光”复卷展栏，然后勾选“使用灯光形状”选项，接着设置“类型”为“球体”、“高采样数”为50、“高采样限制”为2、“低采样数”为3，再勾选“可见”选项，最后设置“形状强度”为20。

图30-163

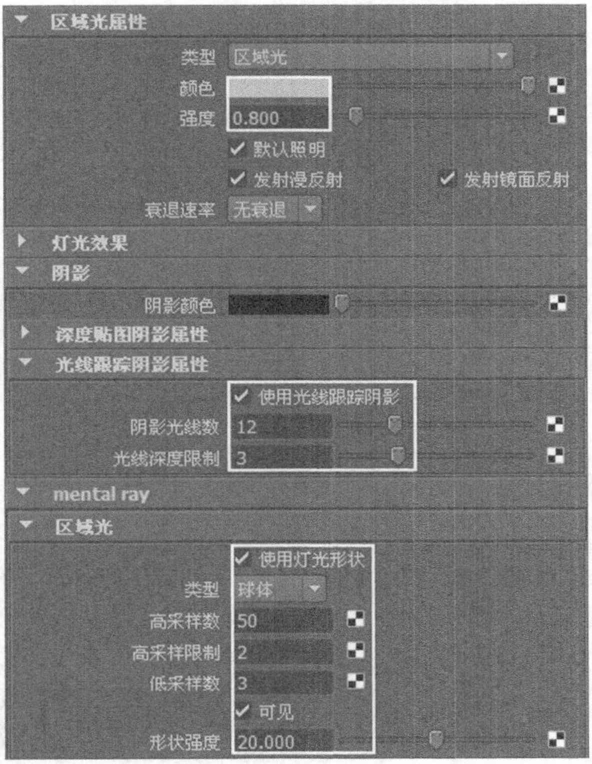

图30-164

30.3.3 创建运动模糊

01 执行“窗口>大纲视图”菜单命令，打开“大纲视图”对话框，然后选择qiao节点，如图30-165所示。

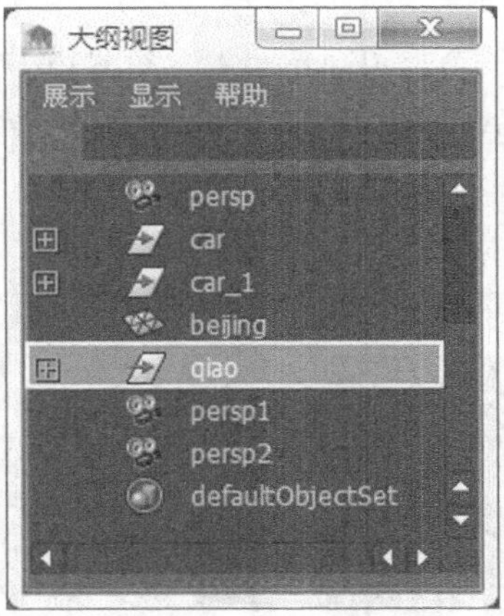

图30-165

02 在“时间轴”上将时间滑块拖曳到第1帧位置，如图30-166所示，然后在“通道盒”中设置“平移x”为0，接着在“平移x”属性上单击鼠标右键，最后在弹出的菜单中选择“为选定项设置关键帧”命令，如图30-167所示。

图30-166

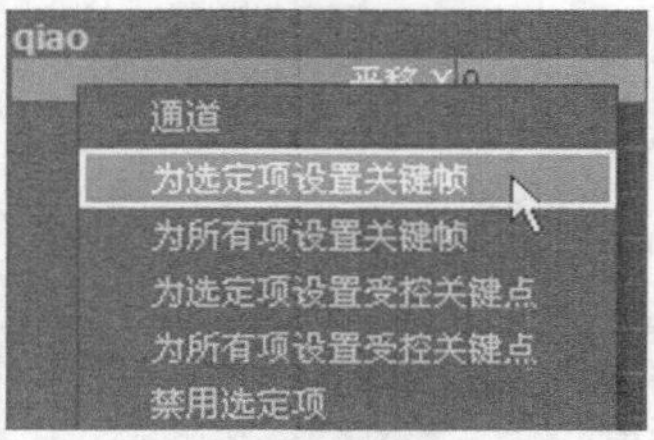

图30-167

技巧与提示

设置关键帧以后，属性的数值会以红色显示出来，如图30–168所示。

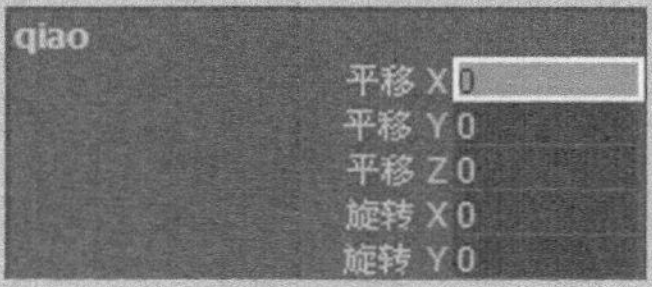

图30-168

03 在“时间轴”上将时间滑块拖曳到第3帧位置，如图30-169所示，然后在“通道盒”中设置“平移x”为-1400，接着在“平移x”属性上单击鼠标右键，最后在弹出的菜单中选择“为选定项设置关键帧”命令，如图30-170所示。

图30-169

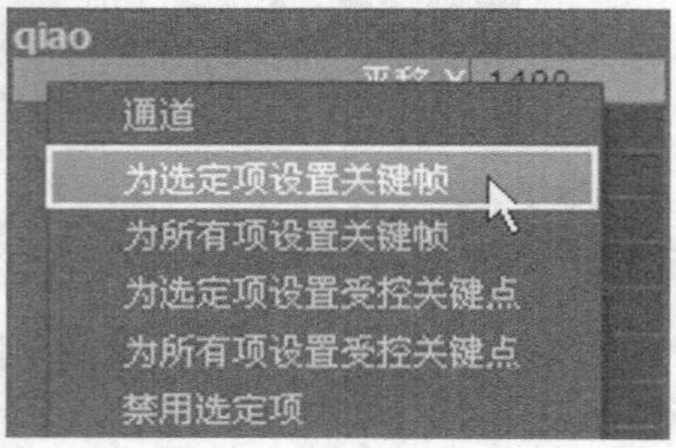

图30-170

04 在“大纲视图”对话框中选择b节点（即轮胎），如图30-171所示。

05 在“时间轴”上将时间滑块拖曳到第1帧位置，然后在“通道盒”中设置“旋转z”为0，接着在“旋转z”属性上单击鼠标右键，最后在弹出的菜单中选择“为选定项设置关键帧”命令，如图30-172所示。

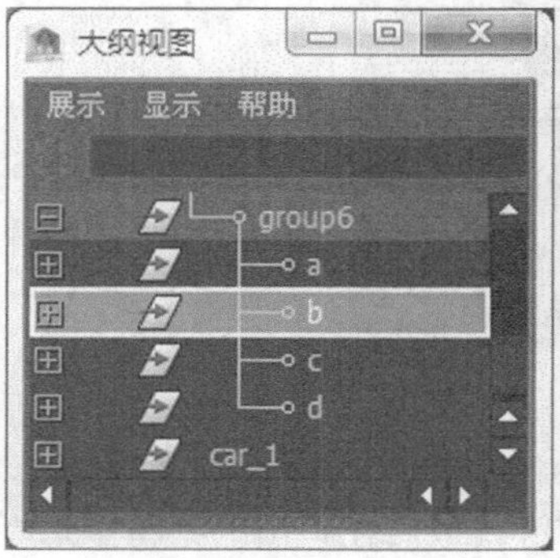

图30-171

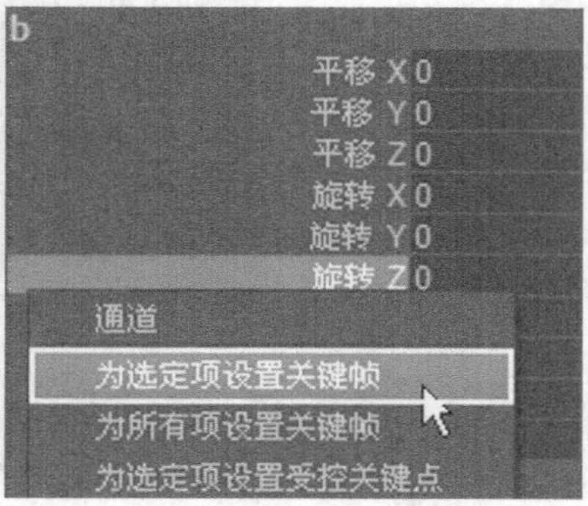

图30-172

06 在“时间轴”上将时间滑块拖曳到第3帧位置，然后在“通道盒”中设置“旋转z”为360，接着在“旋转z”属性上单击鼠标右键，最后在弹出的菜单中选择“为选定项设置关键帧”命令，如图30-173所示。

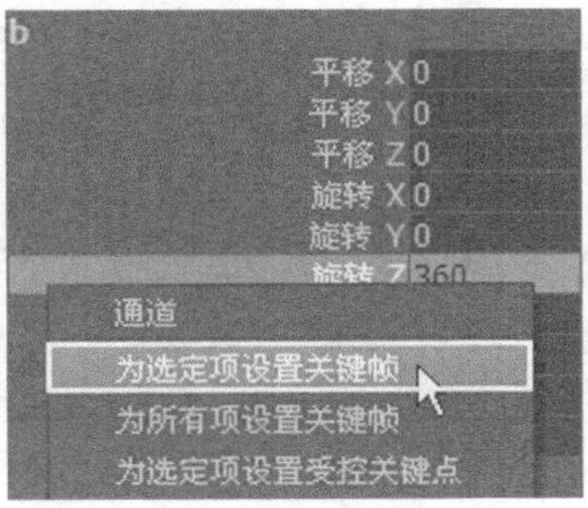

图30-173

技巧与提示

这里只设置了一个轮胎的关键帧，是由于在渲染摄影机视图中，只有b轮胎才在视野中（后轮胎也有一个在视野中，但运用模糊效果可以忽略），其他3个都不在视野中，为了节省渲染时间，可以不对其他3个设置关键帧。

30.3.4 渲染设置

01 打开“渲染设置”对话框，然后设置渲染器为mental ray渲染器，接着在“图像大小”卷展栏下设置渲染尺寸为4500×2529，如图30-174所示。

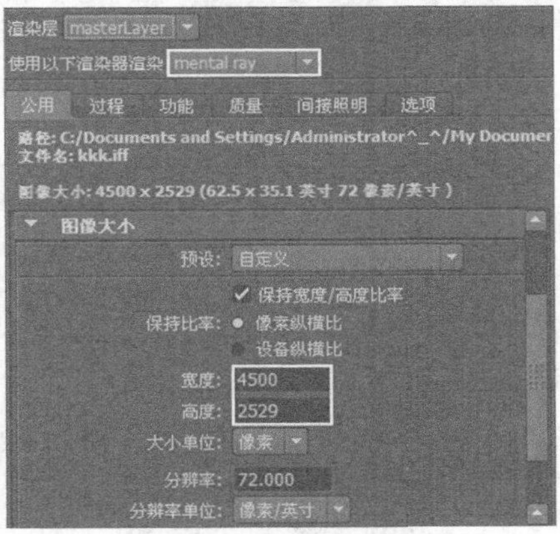

图30-174

02 单击“质量”选项卡，然后在“抗锯齿质量”卷展栏下展开“光线跟踪/扫描线质量”卷展栏，接着设置“采样模式”为“自适应采样”“最高采样级别”为2，最后在“多像素过滤”选项组下设置“过滤”为Gauss（高斯），并设置“过滤器大小”为（3，3），如图30-175所示。

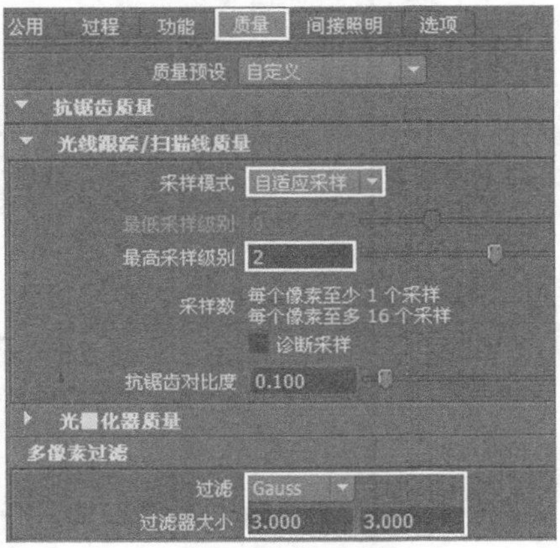

图30-175

03 展开“运动模糊”卷展栏，然后设置“运动模糊”为“完全”，如图30-176所示。

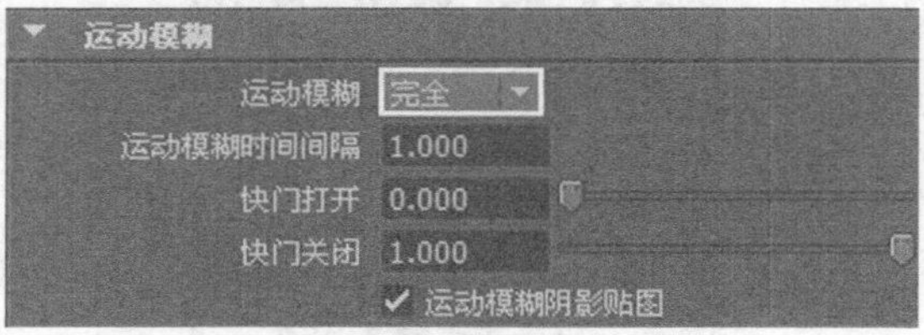

图30-176

04 单击“间接照明”选项卡，然后在“最终聚焦”卷展栏下勾选“最终聚集”选项，接着设置“精确度”为400、“点密度”为0.8、“点插值”为10，如图30-177所示。

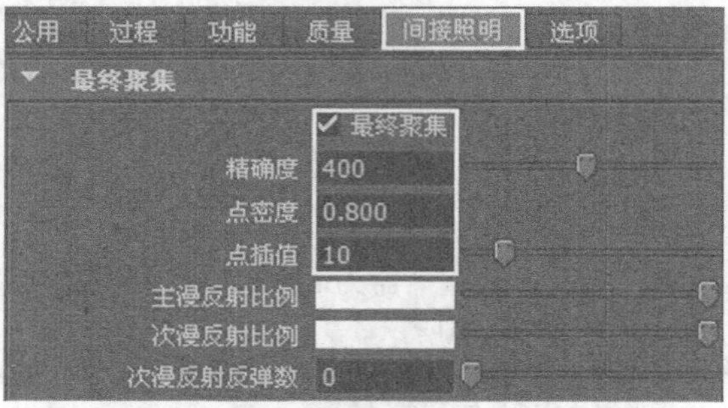

图30-177

05 渲染当前场景，效果如图30-178所示。

图30-178

技巧与提示

由于本场景比较大，所花费的渲染时间也较多。在渲染过程中，最好关闭没有用的应用程序，只保留渲染程序，同时不要进行其他的操作，以免渲染出错。

30.3.5 渲染通道图

为了便于后期的处理，这里还需要渲染一张通道图。这里只讲解其中一种材质的制作方法，其他材质的制作完全相同，只需要修改一下颜色就行了。

01 创建一个“表面着色器”材质，然后设置“输出颜色”为红色，如图30-179所示。设置好颜色以后，将材质指定给背景模型。

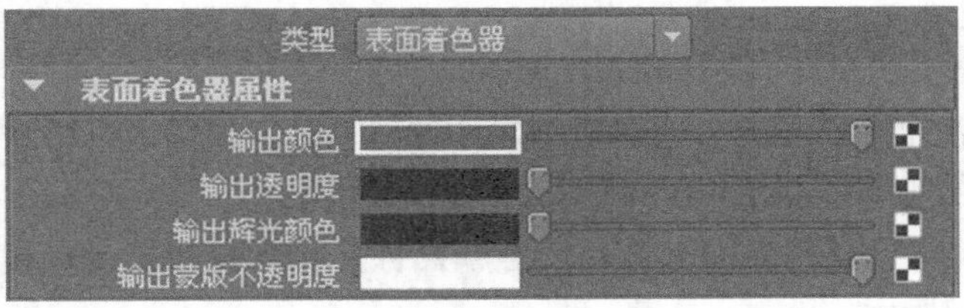

图30-179

技巧与提示

注意，每个部件的材质颜色要有所区分才行，否则在后期处理时很难选出相应的部件。

02 材质设置完成后，可以删除所有的灯光。打开“渲染设置”对话框，然后将“最高采样级别”修改为0，如图30-180所示，同时将“物理太阳和天空”删除，并关闭“最终聚集”选项，这样可以大大加快渲染速度，如图30-181所示。

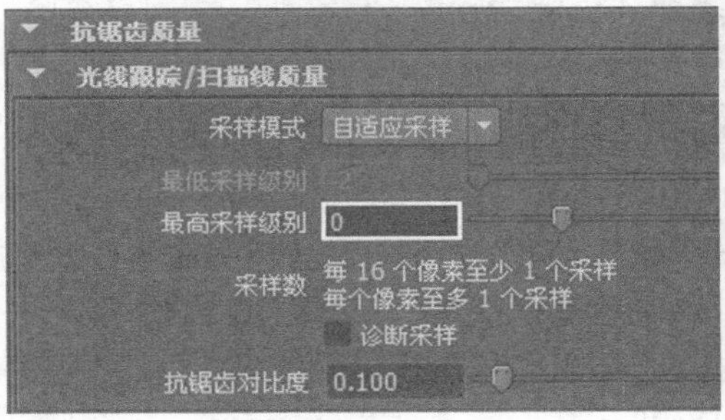

图30-180

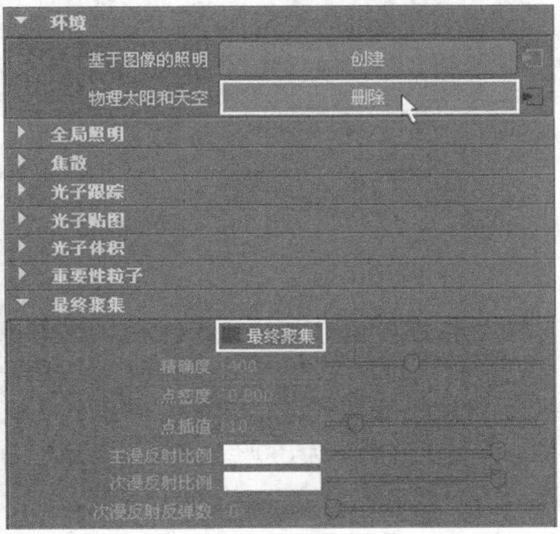

图30-181

03 渲染当前场景，渲染出来的通道图效果如图30-182所示。

图30-182

技巧与提示

注意，在渲染通道图的时候，最好不要为了节省渲染时间而降低渲染尺寸，否则在后期处理时，选择的区域很难与部件区域对应起来。

30.3.6 后期处理

后期处理在静帧渲染中很重要，它可以修复图像的瑕疵，或调出三维软件很难实现的一些效果。在一般情况下，静帧图像都使用Photoshop进行后期处理。

01 启动Photoshop，然后打开前面渲染好的静帧图像，接着按快捷键Ctrl+J复制一个“背景副本”图层，如图30-183所示。

图30-183

02 执行“滤镜>渲染>镜头光晕”菜单命令，打开“镜头光晕”对话框，先将光晕中心调到右上角，接着设置“亮度”为100%、“镜头类型”为“50-300毫米变焦”，如图30-184所示，光晕效果如图30-185所示。

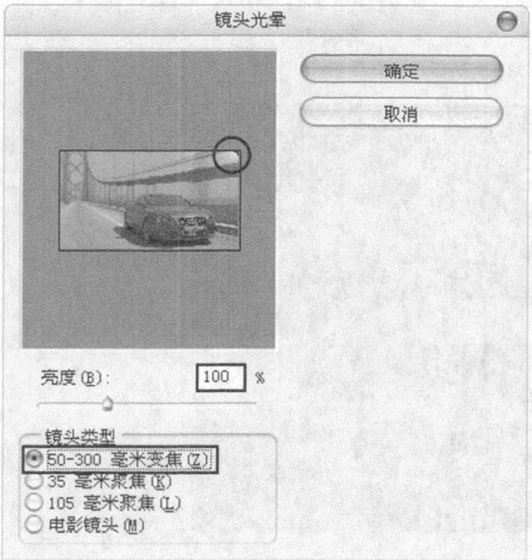

图30-184

图30-185

03 下面调节整体画面的亮度与对比度，这是很重要的一步。执行“图像>调整>亮度/对比度”菜单命令，接着在弹出的“亮度/对比度”对话框中设置“亮度”为37、“对比度”为20，如图30-186所示。

图30-186

04 下面讲解如何调节部件的亮度，这里只选择其中一些重要的部件进行讲解。导入前面渲染好的通道图，将其放在“背景副本”图层的上一层，如图30-187所示。

图30-187

05 选择“魔棒工具”，然后在车窗上单击，选择该区域。如图30-188所示。

图30-188

06 保持选区状态，隐藏通道图，并选择“背景副本”图层，然后执行“图像>调整>亮度/对比度”菜单命令，接着在弹出的“亮度/对比度”对话框中设置“亮度”为27、“对比度”为18，如图30-189所示。

图30-189

07 用相同的方法在通道图中选出相应的区域，然后调节好这些区域的亮度与对比度，完成后的效果如图30-190所示。

08 下面修复画面中的一些瑕疵。仔细观察画面，发现汽车的前部有个部件忘了制作材质（也有可能是材质设置不正确造成的），这时可以用“魔棒工具”在通道图中选出这个区域，如图30-191所示，然后按快捷键Ctrl+B打开“色彩平衡”对话框，接着调节选区的色阶，使其变成红色，这里设置为（100，-17，-17），如图30-192所示。

图30-190

图30-191

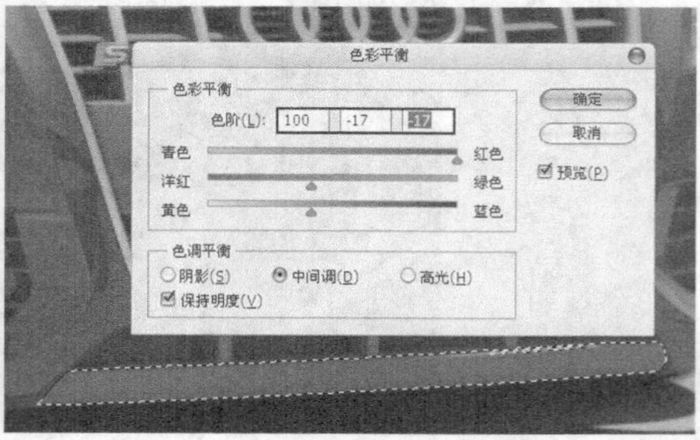

图30-192

09 下面调整汽车的色调。用“魔棒工具”在通道图中选出车身区域，如图30-193所示，然后按快捷键Ctrl+B打开“色彩平衡”对话框，接着设置“色阶”为（-6，0，5），如图30-194所示。

图30-193

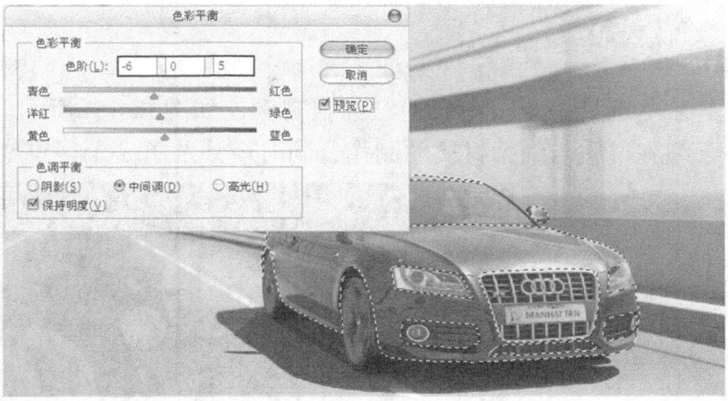

图30-194

10 下面调整背景的色调。用“魔棒工具”在通道图中选出背景区域，如图30-195所示，然后按快捷键Ctrl+B打开“色彩平衡”对话框，接着设置“色阶”为（19，-6，-9），如图30-196所示。

图30-195

图30-196

11 到此，画面的色调就基本调整完成了，如果需要得到更佳的视觉效果，可以用“色相/饱和度”命令及“自然饱和度”命令对画面进行调整，这里就不再进行介绍了，用户可以打开学习资源中的“后期处理.psd”文件来查看调整设置（所有调整设置均采用“调整图层”的方式，参数保存完好），最终效果如图30-197所示。

图30-197

30.4 精通mental ray渲染器：红细胞渲染

场景文件 学习资源>场景文件>CH30>d.mb
实例文件 学习资源>实例文件>CH30>30.4.mb
技术掌握 掌握细胞材质与细菌材质的制作方法及分层渲染技术

本例是一个很精彩的红细胞实例，如图30-198所示。本例的灯光与渲染设置很简单，难点在于细胞材质与细菌材质的制作，同时还涉及了一个很重要的分层渲染技术。

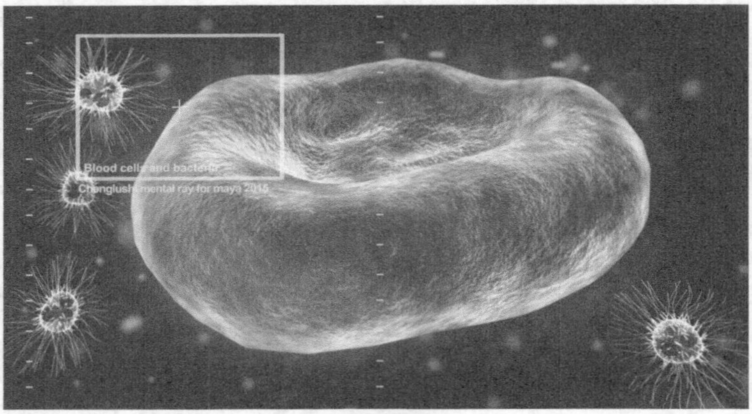

图30-198

30.4.1 材质制作

打开学习资源中的“场景文件>CH30>d.mb”文件，本场景由一个细胞和4个小细菌模型组成，如图30-199所示。在细菌内部有3个核，所以需要给场景创建3种材质，如图30-200所示。

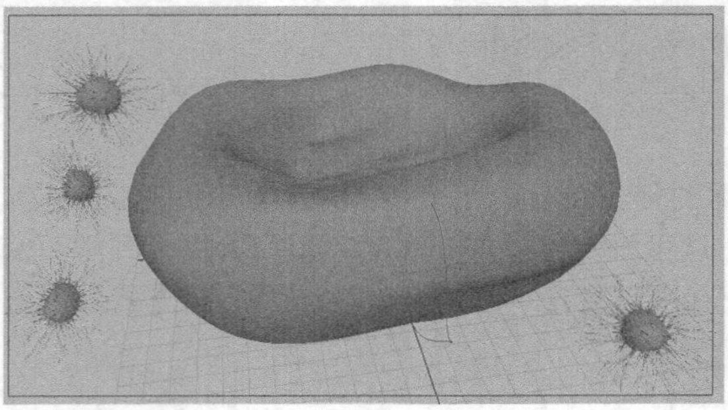

图30-199

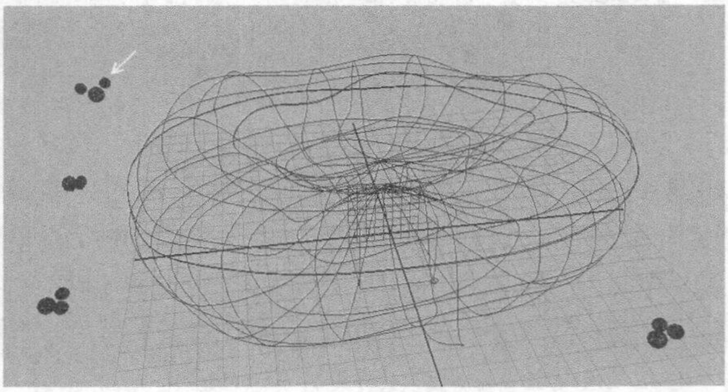

图30-200

1.红细胞材质

红细胞材质的模拟效果如图30-201所示。

图30-201

01 创建一个“渐变着色器”材质，并将其命名为xuehongxibao，然后在“颜色”卷展栏下设置色标的颜色为（R:94，G:0，B:0），接着在“透明度”卷展栏下设置色标的颜色为（R:11，G:11，B:11），如图30-202所示。

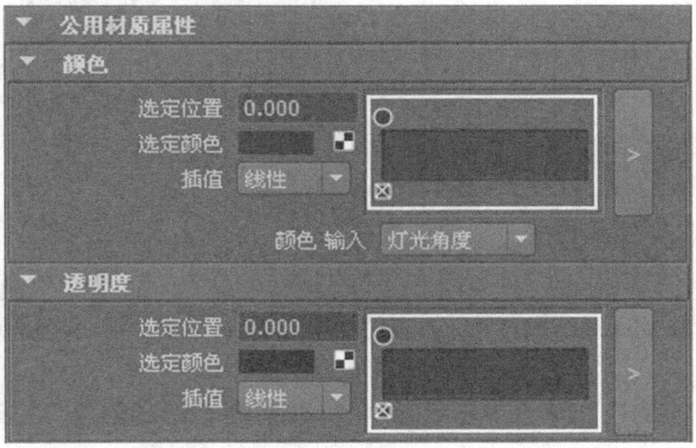

图30-202

02 展开“白炽度”卷展栏，然后在渐变条上添加一个色标，这样可以有两个色标，接着设置第1个色标的“选定位置”为0.4，再设置第2个色标的“选定位置”为0.87，并设置该色标的“插值”为“无”，如图30-203所示。

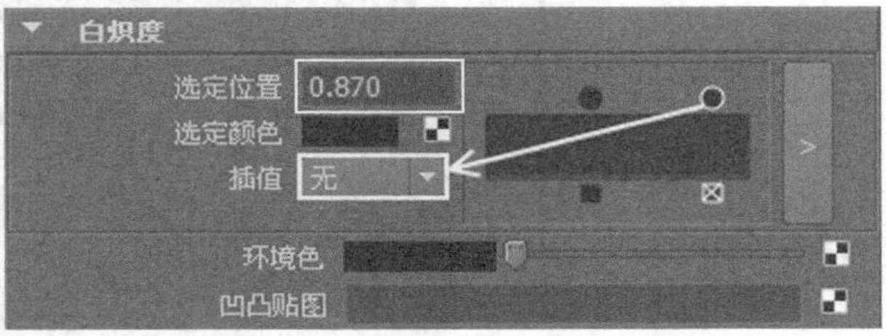

图30-203

技巧与提示

在渐变条边缘单击鼠标左键，可以在单击处添加一个色标。

03 单击“白炽度”卷展栏下的第1个色标，然后在“选定颜色”通道中加载一个“匀值分形”纹理节点，接着在“匀值分形属性”卷展栏下设置“深度”为（0，12），如图30-204所示。

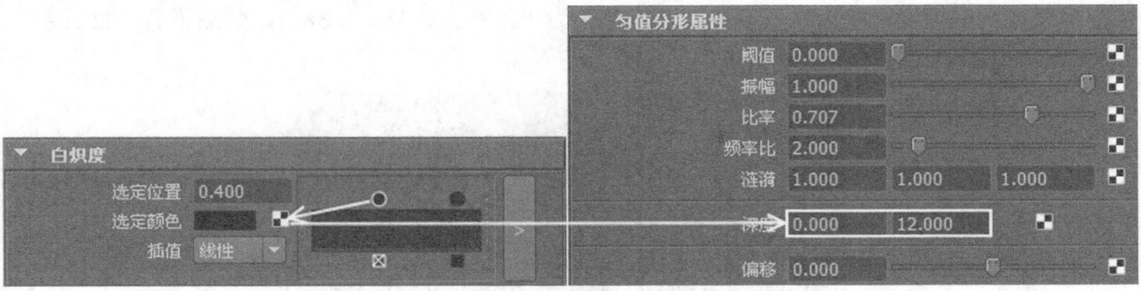

图30-204

04 展开“匀值分形”节点的“颜色平衡”卷展栏，然后在“颜色增益”通道中加载一个“渐变”纹理节点，接着设置“类型”为“长方体渐变”、“插值”为“平滑”，最后设置第1个色标的颜色为（R:238，G:223，B:189）、第2个色标的颜色为（R:255，G:200，B:134）、第3个色标的颜色为（R:221，G:210，B:183），如图30-205所示。

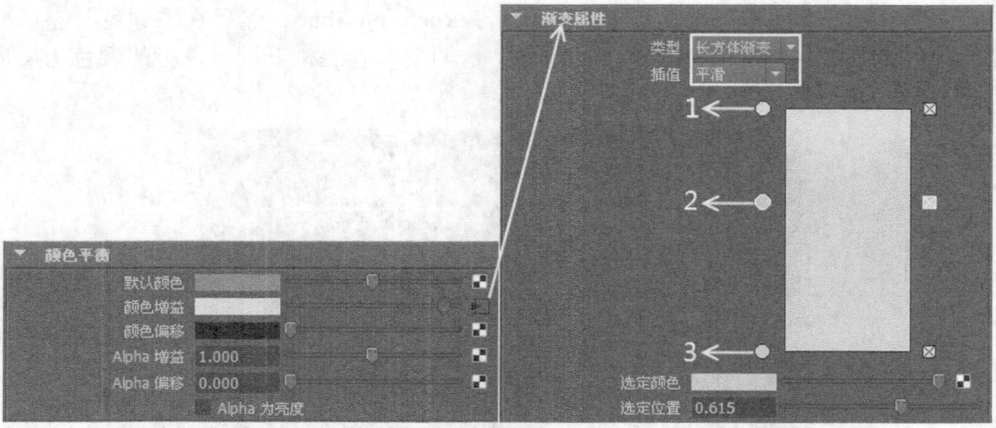

图30-205

05 返回到“白炽度”卷展栏，然后单击第2个色标，并在“选定颜色”通道中加载一个“匀值分形”纹理节点，接着在“匀值分形属性”卷展栏下设置“深度”为（0，12），最后在“颜色平衡”卷展栏下设置“颜色增益”为（R:123，G:50，B:0），如图30-206所示。

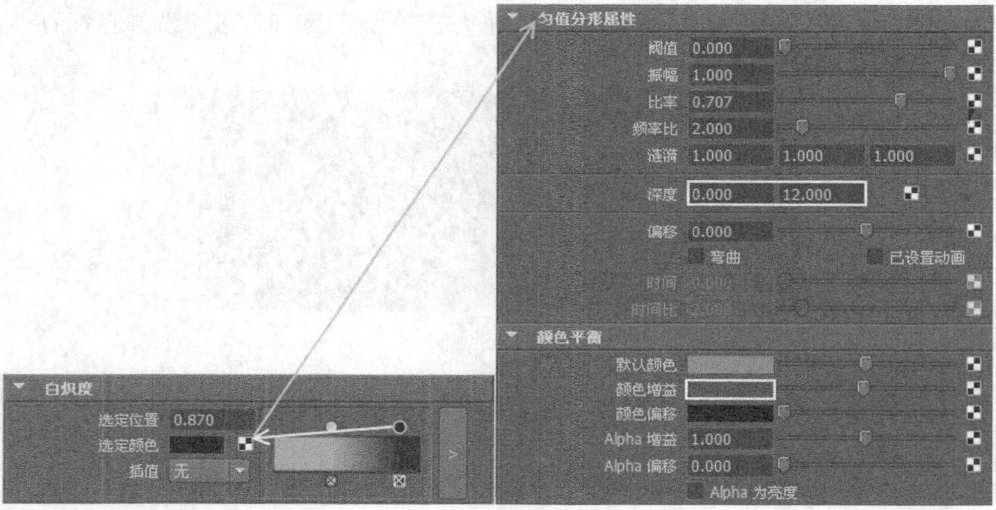

图30-206

06 继续在“白炽度”卷展栏下设置“环境色”为（R:38，G:38，B:38），然后设置“漫反射”为1，如图30-207所示。

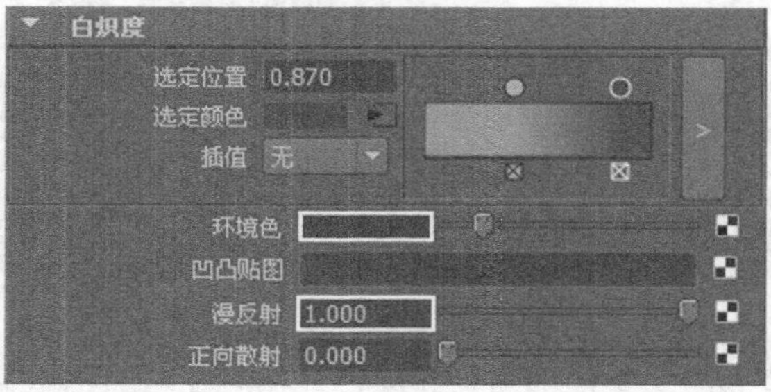

图30-207

07 创建一个“凹凸3D”工具节点，然后按住Ctrl键用鼠标中键将solidFractal1节点拖曳到“凹凸3D”工具节点上，将这两个节点连接起来，如图30-208所示。

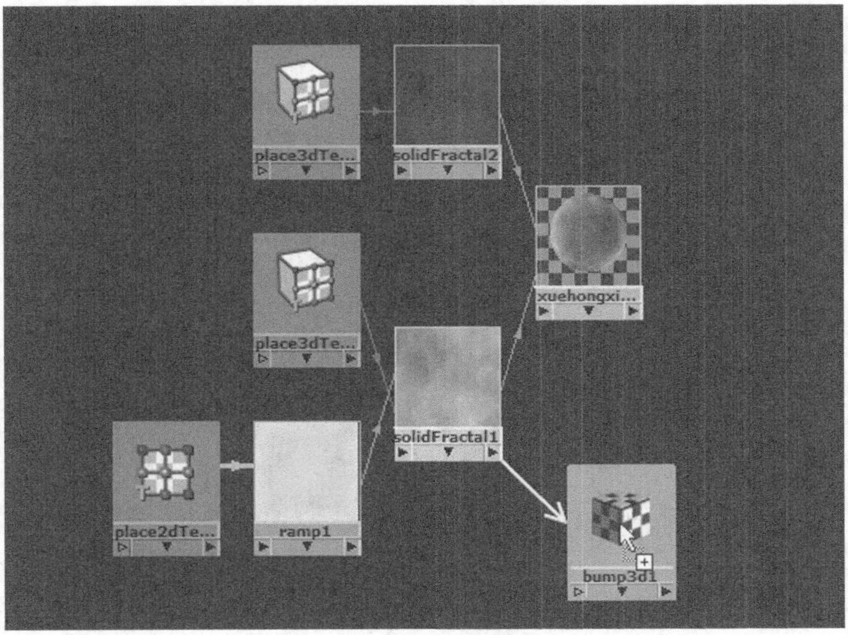

图30-208

08 用鼠标中键将“凹凸3D”工具节点拖曳到xuehongxibao材质节点上，然后在弹出的菜单中选择“凹凸贴图”命令，如图30-209所示。

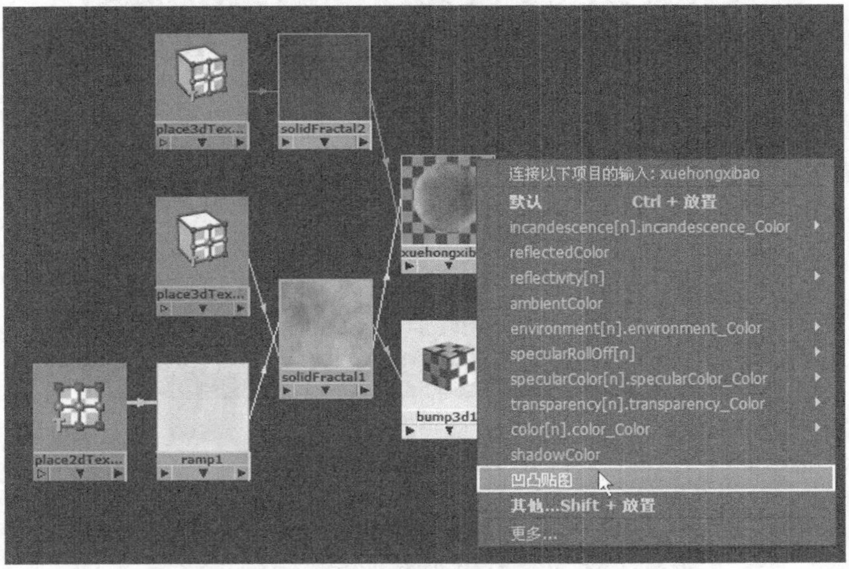

图30-209

09 打开xuehongxibao材质节点的“属性编辑器”对话框，然后在“特殊效果”卷展栏下设置“辉光强度”为0.05，这样可以让材质产生辉光效果，如图30-210所示。

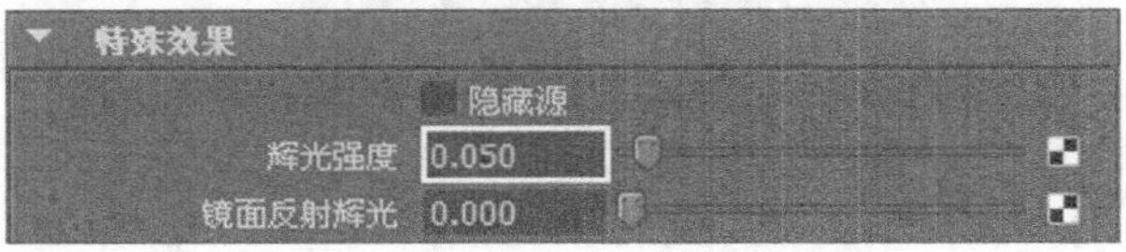

图30-210

10 选择与solidFractal2节点相连的place3dTexture2节点，如图30-211所示，然后按Delete键将其删除。

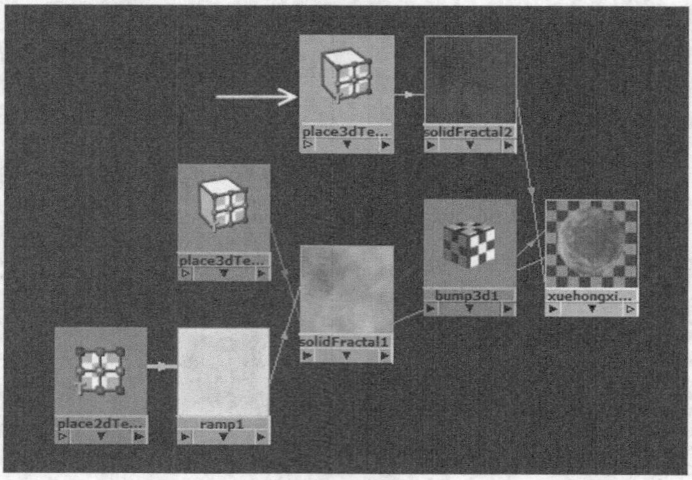

图30-211

11 按住Ctrl键用鼠标中键将与solidFractal1节点相连的place3dTexture1节点拖曳到solidFractal2节点上，将这两个节点连接起来，如图30-212所示。

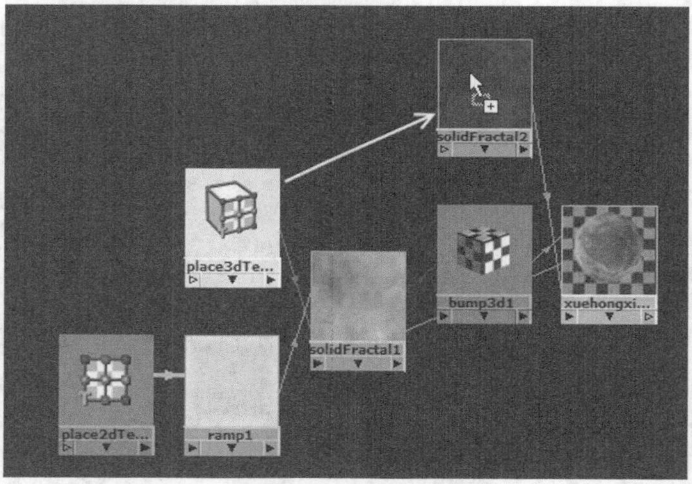

图30-212

12 打开place3dTexture1节点的“属性编辑器”对话框，然后设置“缩放”为（1.8，1.8，1.8），如图30-213所示。

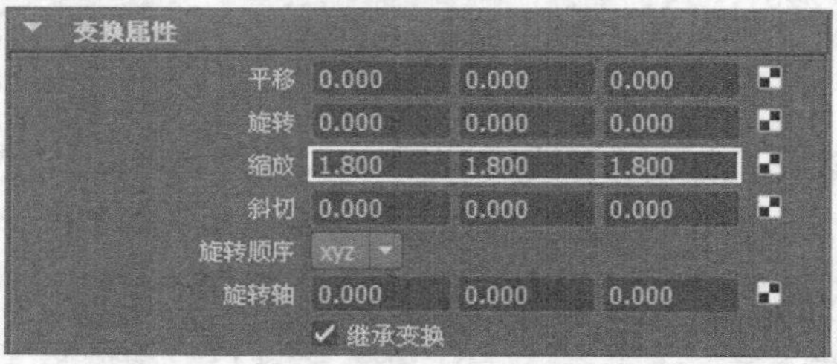

图30-213

13 打开bump3d1节点的“属性编辑器”对话框，然后设置“凹凸深度”为1.8，如图30-214所示，此时的材质节点连接效果如图30-215所示。

图30-214

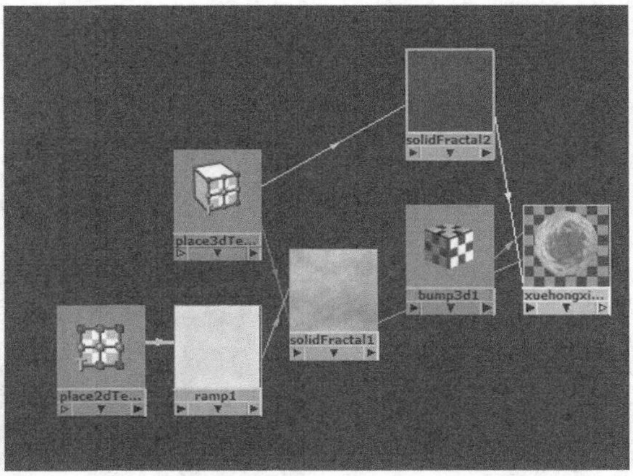

图30-215

14 从上图中可以观察到材质效果还不够红，这时可以打开solidFractal2节点的“属性编辑器”对话框，然后在“颜色平衡”卷展栏下设置“颜色偏移”为（R:-51，G:-51，B:-51），如图30-216所示，制作好的材质节点连接效果如图30-217所示。

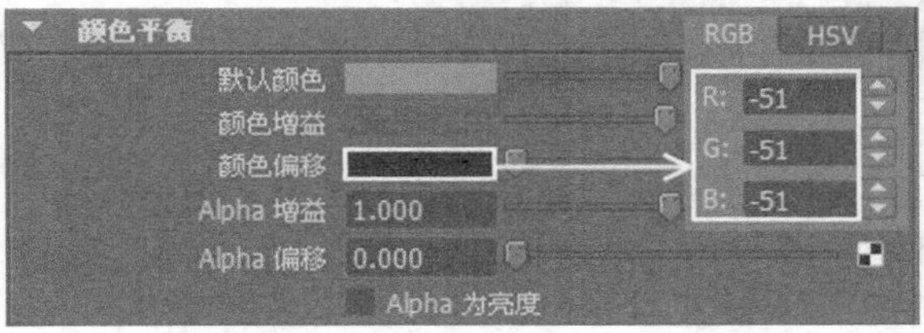

图30-216

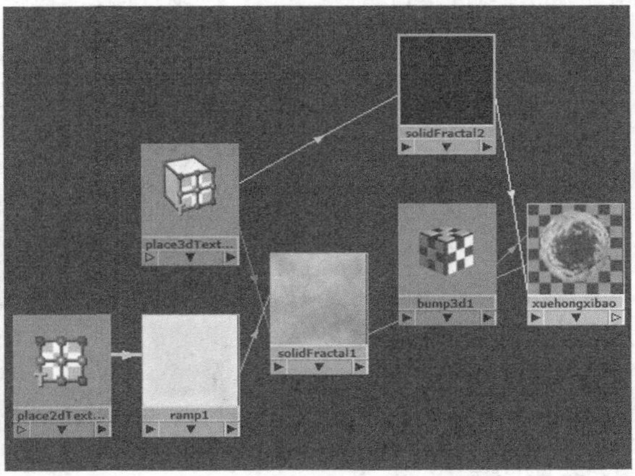

图30-217

2.细菌材质

细菌材质的模拟效果如图30-218所示。

图30-218

01 创建一个“渐变着色器”材质，并将其命名为xijun，然后在“颜色”卷展栏下设置色标的颜色为（R:94，G:0，B:0），接着在“透明度”卷展栏下设置色标的颜色为白色，如图30-219所示。

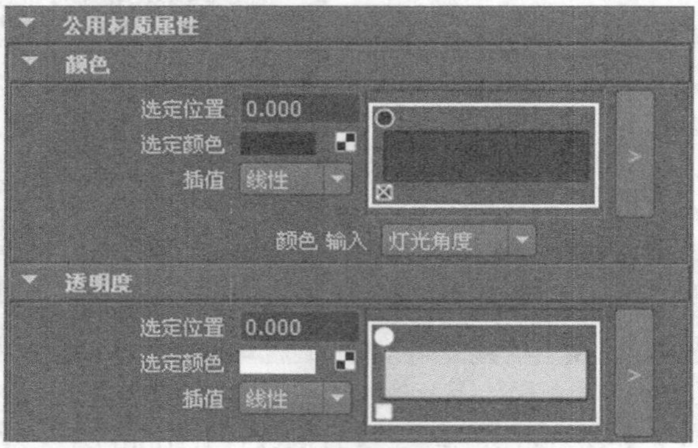

图30-219

02 展开“白炽度”卷展栏，然后在渐变条上添加一个色标，这样可以有两个色标，接着设置第1个色标的“选定位置”为0.4，再设置第2个色标的“选定位置”为0.87，并设置该色标的“插值”为“无”，如图30-220所示。

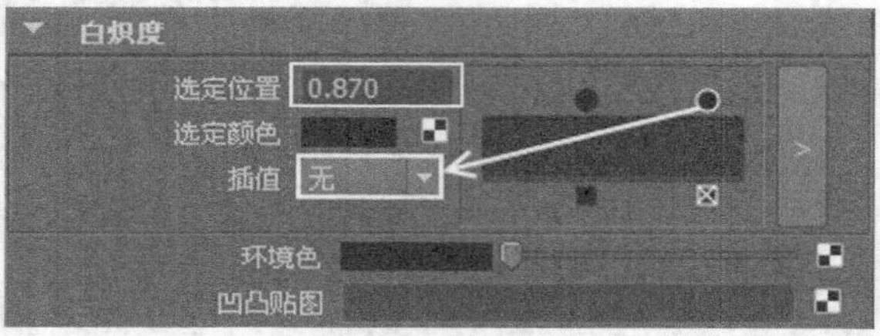

图30-220

03 单击“白炽度”卷展栏下的第1个色标，然后在“选定颜色”通道中加载一个“匀值分形”纹理节点，接着在“颜色平衡”卷展栏下设置“颜色增益”为（R:200，G:154，B:109），如图30-221所示。

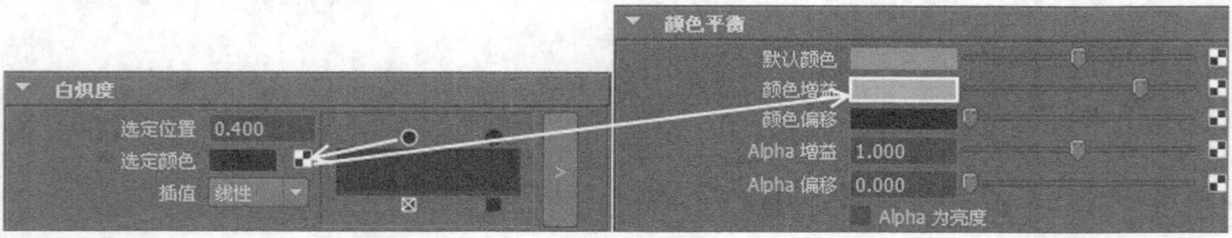

图30-221

04 单击“白炽度”卷展栏下的第2个色标，然后在“选定颜色”通道中加载一个“匀值分形”纹理节点，接着在“颜色平衡”卷展栏下设置“颜色增益”为（R:255，G:147，B:40）、“颜色偏移”为（R:-51，G:-51，B:-51），如图30-222所示。

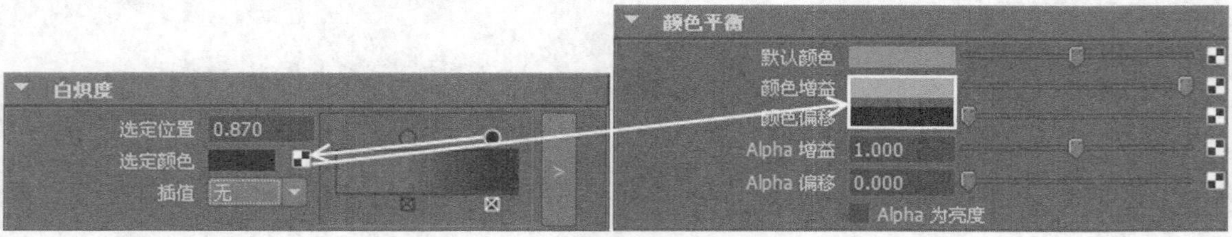

图30-222

05 继续在“白炽度”卷展栏下设置“环境色”为（R:38，G:38，B:38），然后设置“漫反射”为1，如图30-223所示。

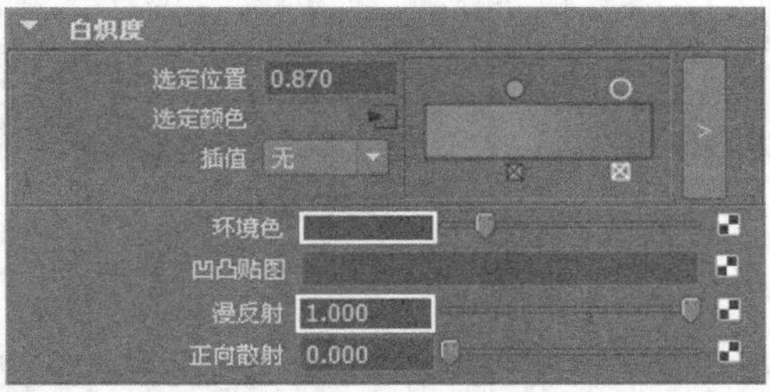

图30-223

06 创建一个“凹凸3D”工具节点，然后按住Ctrl键用鼠标中键将solidFractal1节点拖曳到“凹凸3D”工具节点上，将这两个节点连接起来，如图30-224所示。

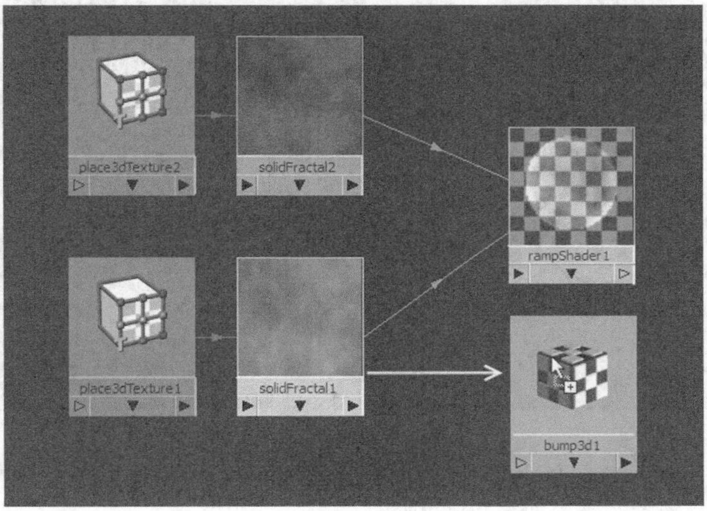

图30-224

07 用鼠标中键将“凹凸3D”工具节点拖曳到xijun材质节点上，然后在弹出的菜单中选择“凹凸贴图”命令，如图30-225所示。

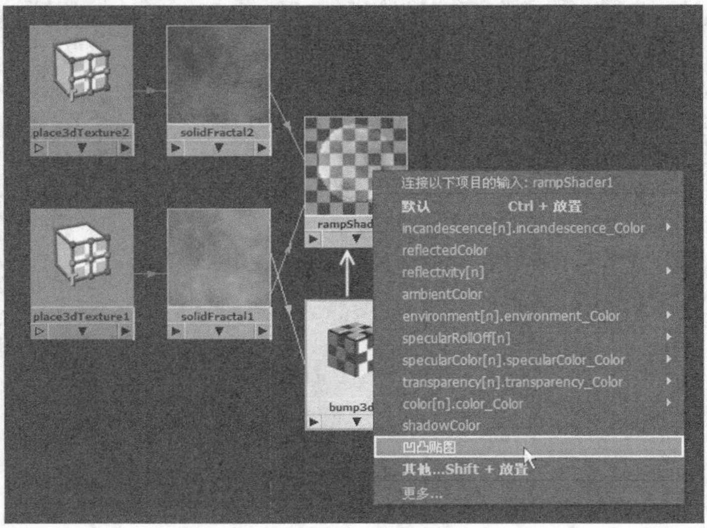

图30-225

08 打开bump3d1节点的“属性编辑器”对话框，然后设置“凹凸深度”为1.6，如图30-226所示。

图30-226

09 选择与solidFractal2节点相连的place3dTexture2节点，如图30-227所示，然后按Delete键将其删除。

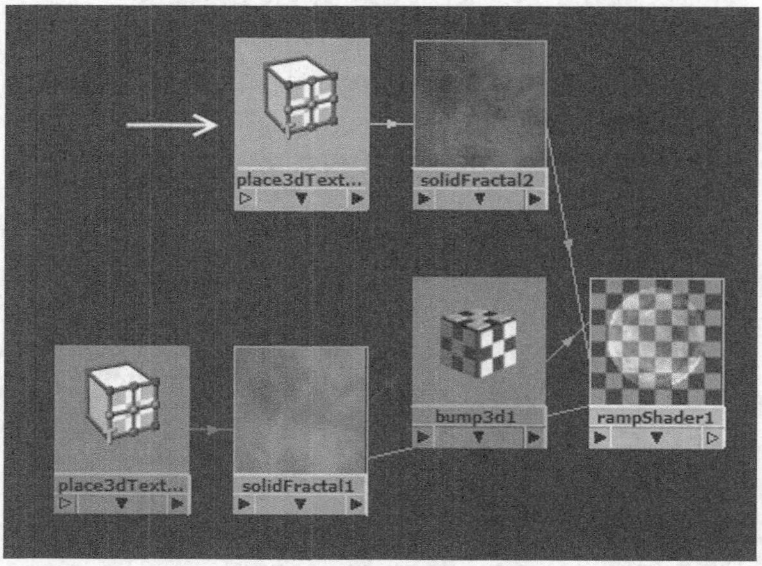

图30-227

10 按住Ctrl键用鼠标中键将与solidFractal1节点相连的place3dTexture1节点拖曳到solidFractal2节点上，将这两个节点连接起来，如图30-228所示。

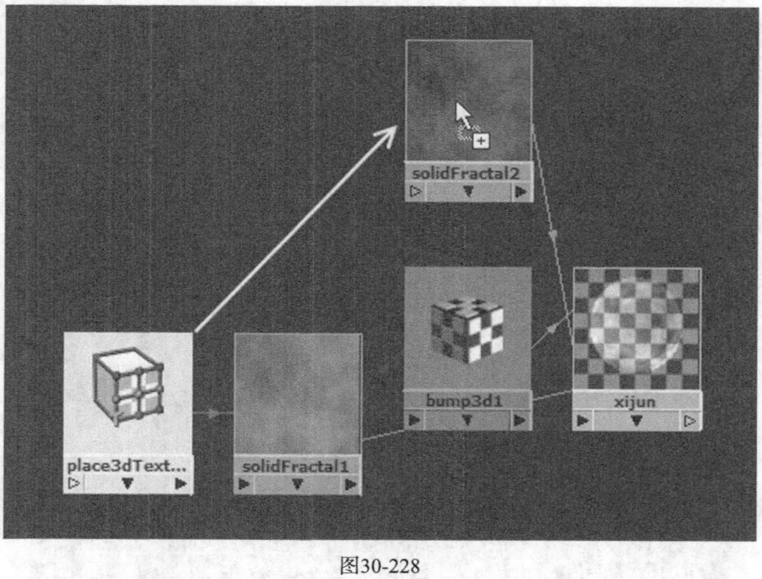

图30-228

11 打开place3dTexture1节点的“属性编辑器”对话框，然后设置“缩放”为（1.8，1.8，1.8），如图30-229所示，制作好的材质节点连接效果如图30-230所示。

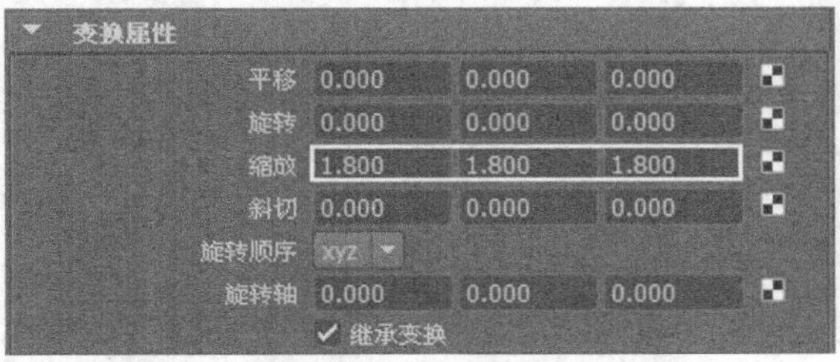

图30-229

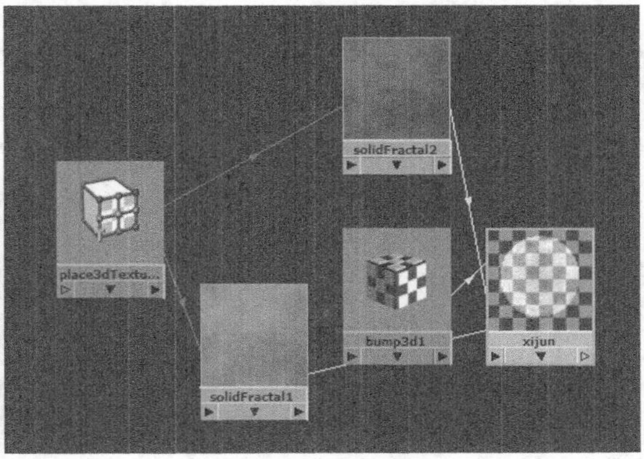

图30-230

3.内核材质

内核材质的模拟效果如图30-231所示。

创建一个Lambert材质，并将其命名为neihe，然后设置“颜色”为（R:4，G:4，B:4），如图30-232所示。

图30-231

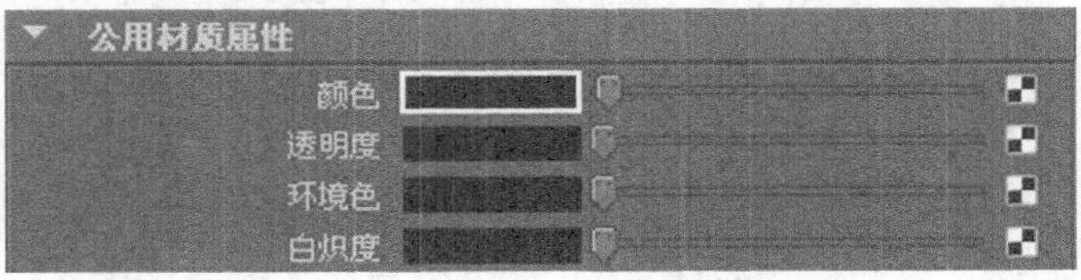

图30-232

30.4.2 灯光设置

01 在如图30-233所示的位置创建一盏聚光灯。

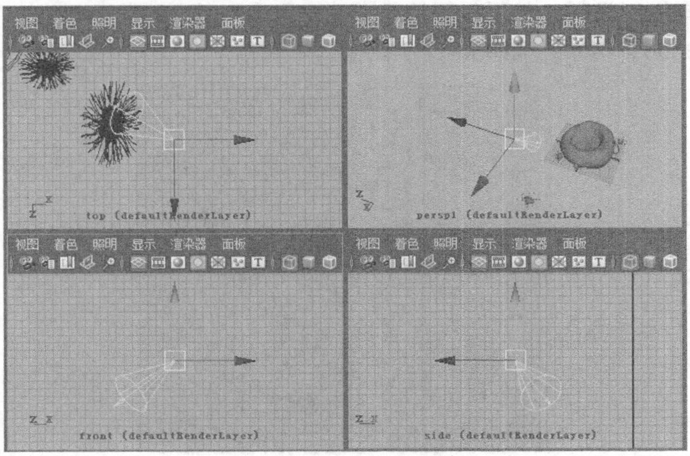

图30-233

02 打开聚光灯的“属性编辑器”对话框，具体参数设置如图30-234所示。

设置步骤

① 在“聚光灯属性”卷展栏下设置“颜色”为（R:228，G:193，B:156），然后设置“圆锥体角度”为40、“半影角度”为2.232。

② 在“阴影”卷展栏下展开“光线跟踪阴影属性”复卷展栏，然后勾选“使用光线跟踪阴影”选项，接着设置“阴影光线数”为17。

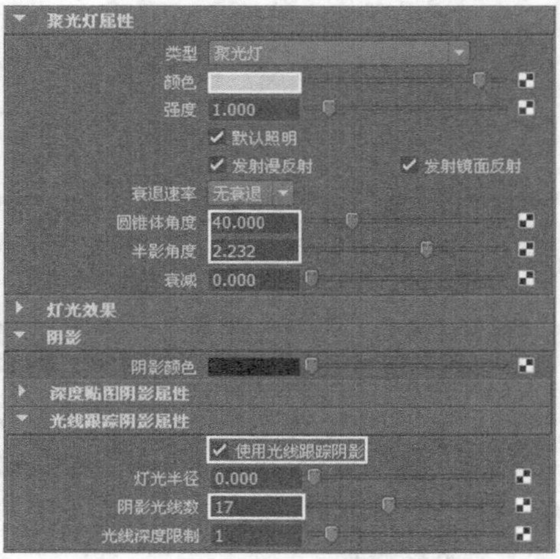

图30-234

03 再次在如图30-235所示的位置创建一盏聚光灯。

04 打开聚光灯的“属性编辑器”对话框，然后在“聚光灯属性”卷展栏下设置“颜色”为（R:184，G:192，B:191），接着设置“圆锥体角度”为32.733、“半影角度”为5.041，如图30-236所示。

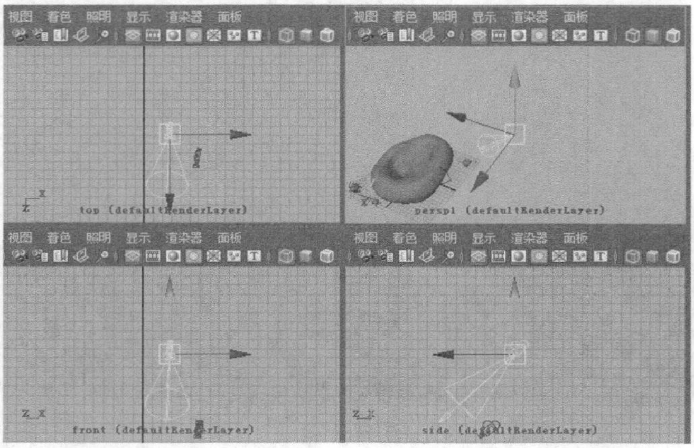

图30-235

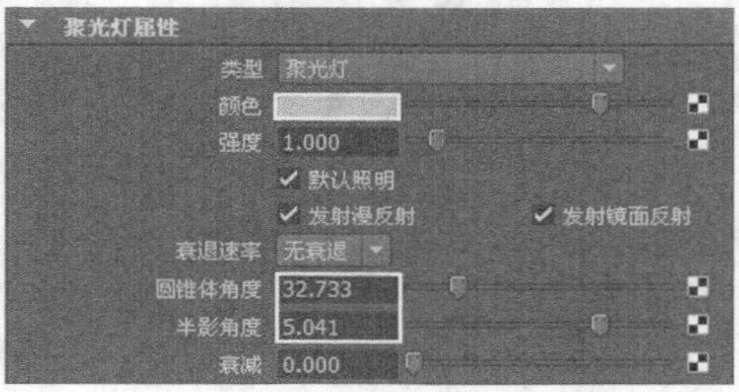

图30-236

30.4.3 渲染设置

01 打开“渲染设置”对话框，然后设置渲染器为mental ray渲染器，接着在“图像大小”卷展栏下设置渲染尺寸为3200×1800，如图30-237所示。

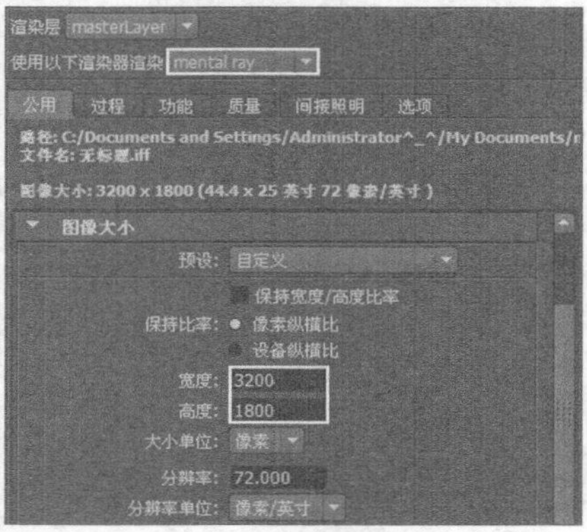

图30-237

02 单击“质量”选项卡，具体参数设置如图30-238所示。

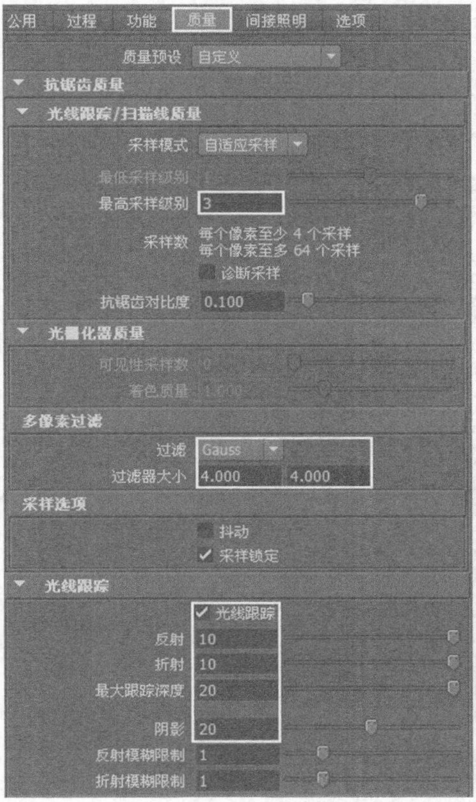

图30-238

设置步骤

① 展开“抗锯齿质量”卷展栏，然后在“光线跟踪/扫描线质量”复卷展栏下设置“最高采样级别”为3。

② 在“多像素过滤”选项组下设置“过滤”为Gauss（高斯），然后设置“过滤器大小”为（4，4）。

③ 在“光线跟踪”卷展栏下勾选“光线跟踪”选项，然后设置“反射”和“折射”为10，接着设置“最大跟踪深度”和“阴影”为20。

03 渲染当前场景，效果如图30-239所示。

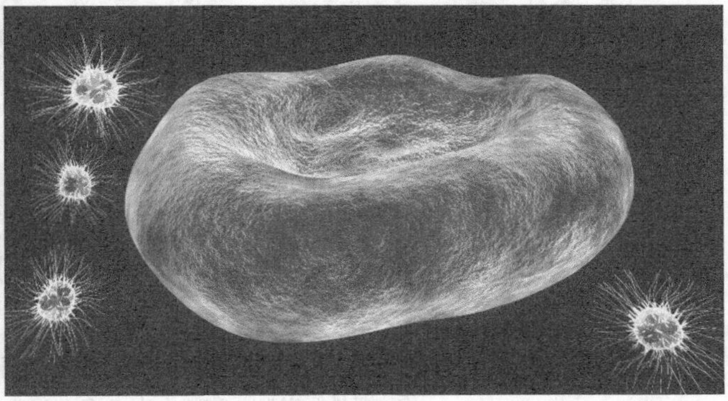

图30-239

30.4.4 分层渲染

分层渲染也叫分通道渲染（也就是说可以分开渲染每一个通道），它是把场景中不同的或相同的物体按不同的方式分配到图层上，由不同的层分类渲染。分层渲染出来的图像有助于后期处理。

01 在“层编辑器”中单击“渲染”选项卡，在该选项卡下可以观察到3个渲染层，如图30-240所示。masterLayer层中包含所有对象，layer1层中包含细胞和4个细菌（不含内核），layer2层中只包含内核。

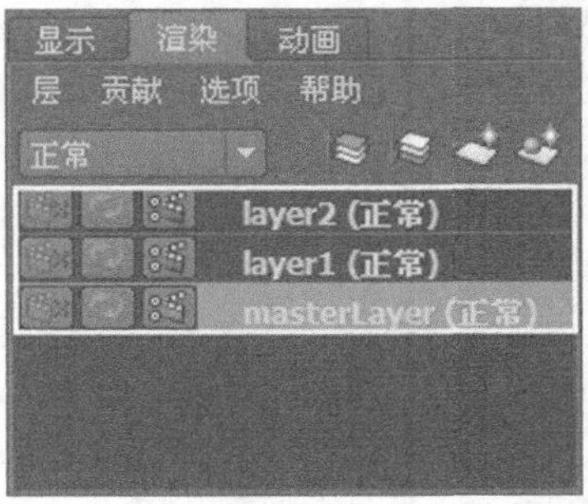

图30-240

02 先渲染layer1层中的内容。选择细胞及其中3个细菌模型，然后单击鼠标右键，并在弹出的菜单中选择“指定收藏材质>表面着色器”命令，如图30-241所示，接着将材质的“输出颜色”设置为白色，如图30-242所示。

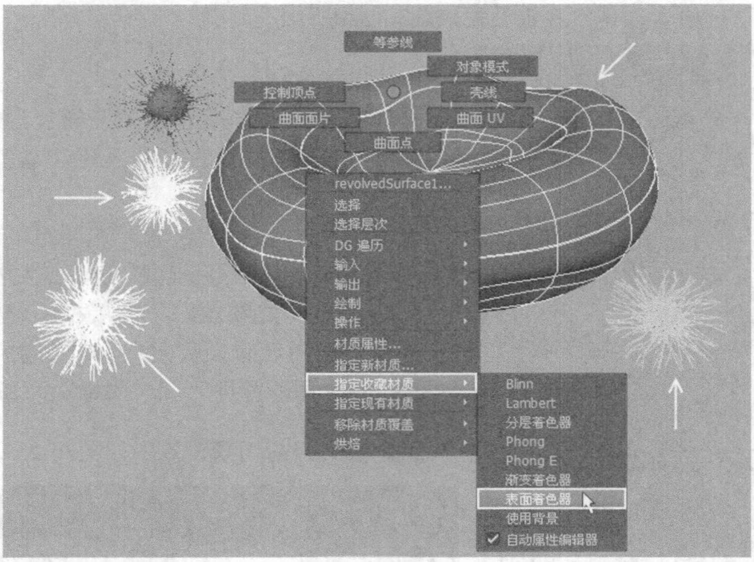

图30-241

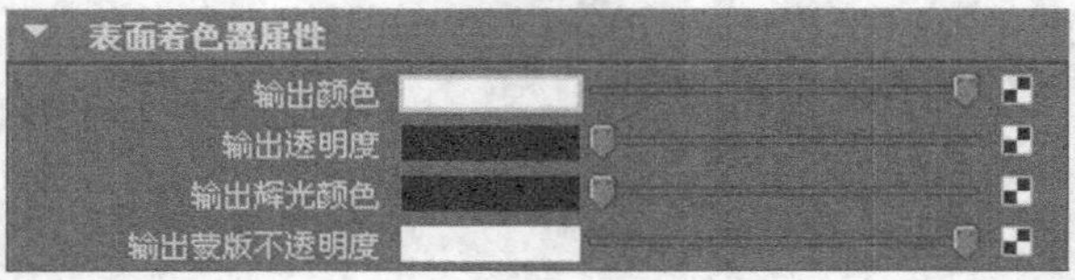

图30-242

03 选择剩下的细菌模型，然后为其指定一个绿色的“表面着色器”材质，如图30-243所示。

图30-243

04 打开“渲染设置”对话框，然后设置“渲染层”为layer1层，并设置渲染器为“Maya软件”，接着在橘色的文字“使用以下渲染器渲染”上单击鼠标右键，在弹出的菜单中选择“移除层覆盖”命令，最后设置渲染尺寸为3200×1800，如图30-244所示。

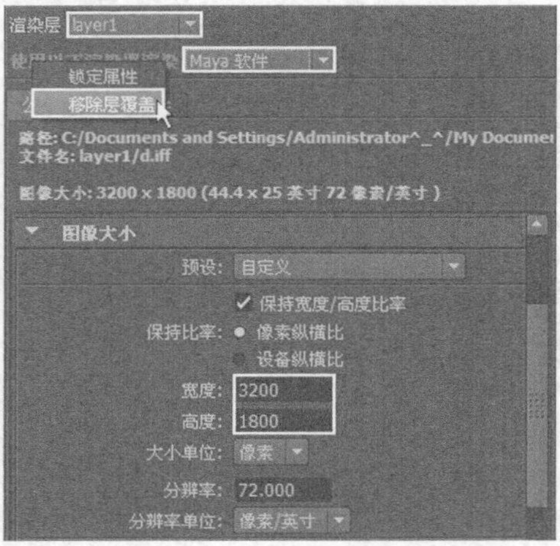

图30-244

技巧与提示

执行“移除层覆盖”命令以后，Layer1渲染层就和其他的渲染层没有任何关系了，这就是使用渲染层的优点。

05 渲染场景当前，效果如图30-245所示。

06 用相同的方法将layer2层单独渲染出来，效果如图30-246所示。

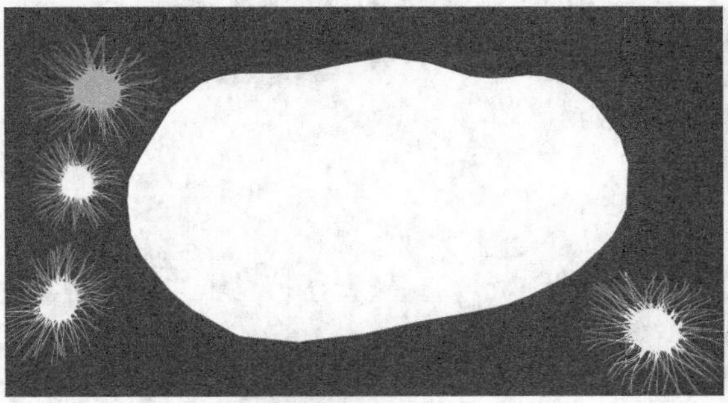

图30-245

图30-246

技巧与提示

注意，内核的材质颜色要设置为红色或白色、绿色以外的颜色，这样才能有所区分。

30.4.5 后期处理

01 启动Photoshop，然后打开前面渲染好的细胞图，如图30-247所示，接着导入前面渲染好的两张通道图，并将其分别命名为“通道1”和“通道2”，如图30-248所示。

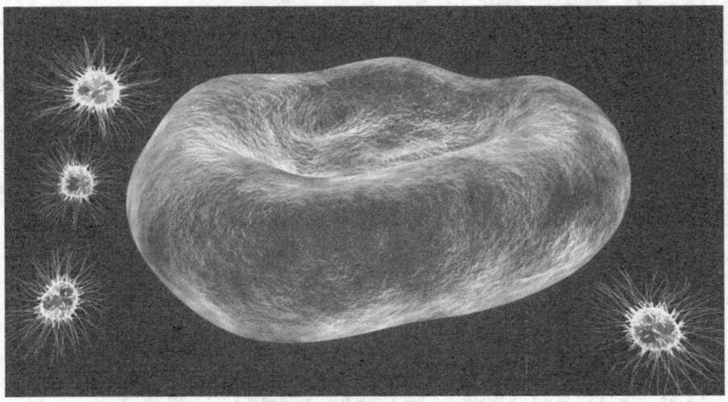

图30-247

图30-248

02 选择“背景”图层，然后按快捷键Ctrl+J复制出一个“背景副本”图层，接着导入学习资源中的“实例文件>CH30>30.4>素材-1.jpg”文件，并将其放在“背景副本”图层的下一层，如图30-249所示。

03 用“魔棒工具”在“通道1”图层上选择黑色区域，如图30-250所示，然后选择“背景副本”图层，接着按Delete键删除细胞的黑色背景，效果如图30-251所示。

图30-249

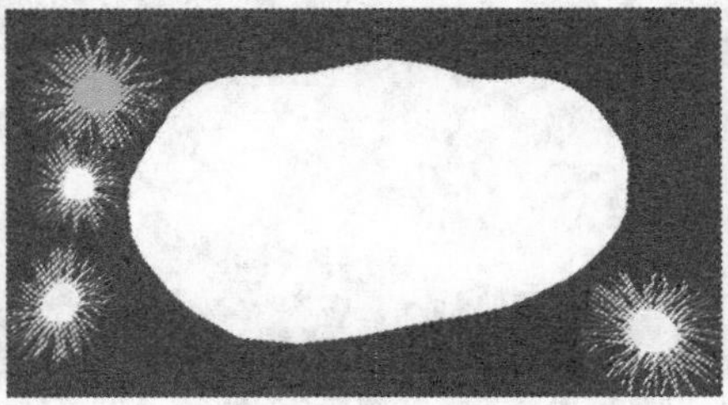

图30-250

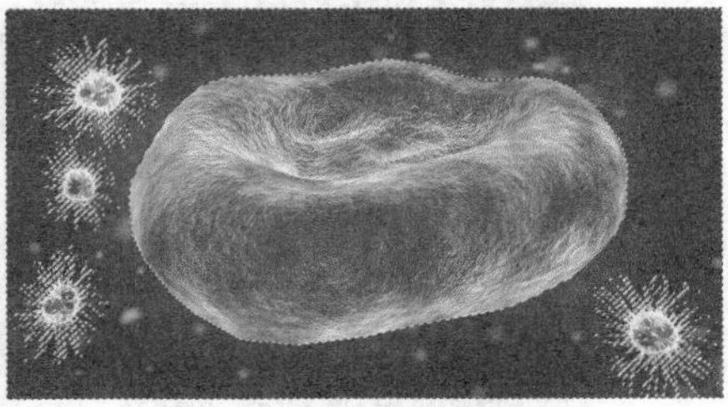

图30-251

04 按快捷键Ctrl+D取消选区，然后按快捷键Ctrl+L打开“色阶”对话框，接着设置“输入色阶”为（0，0.93，238），如图30-252所示，效果如图30-253所示。

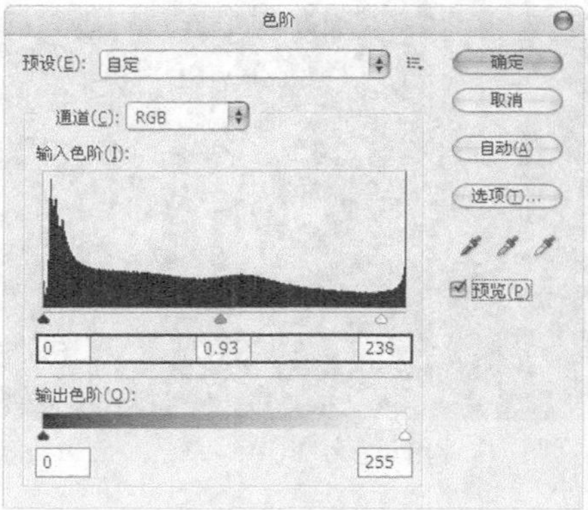

图30-252

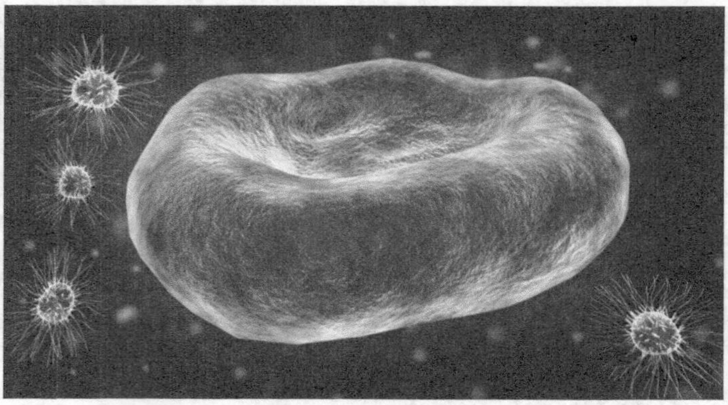

图30-253

05 用“魔棒工具”在“通道2”图层上选择红色的内核区域，如图30-254所示，然后选择“背景副本”图层，接着按快捷键Ctrl+M打开“曲线”对话框，并将曲线向下调节，将内核调暗一些，如图30-255所示。

图30-254

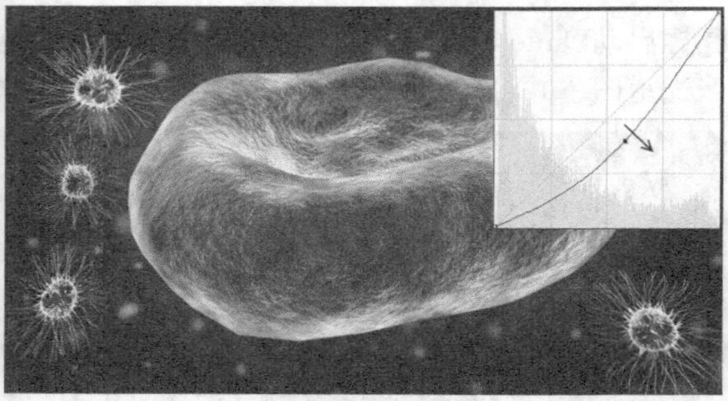

图30-255

06 到此，色调就调整完成了。为了丰富画面，可以在画面中加入一些装饰元素，以得到更佳的视觉效果，最终效果如图30-256所示。

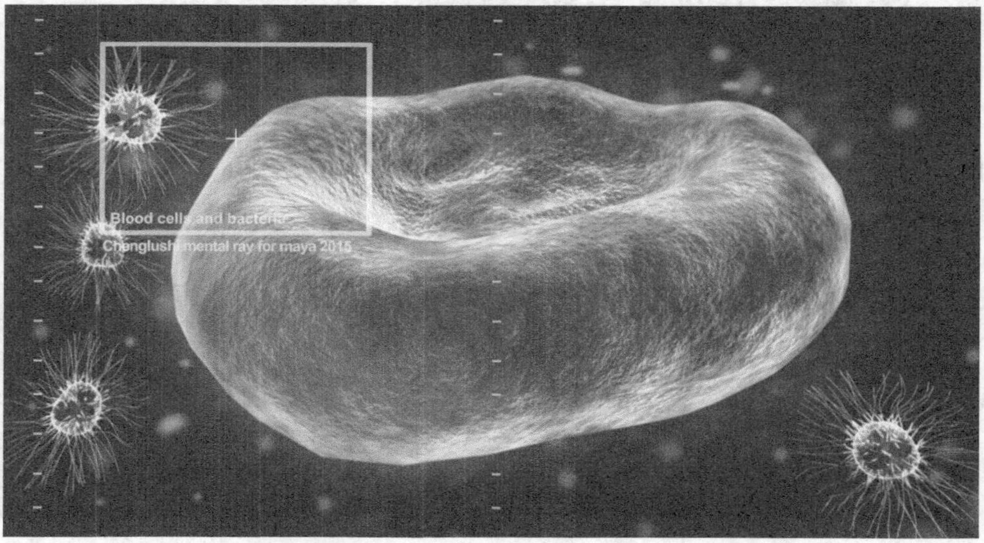

图30-256

30.5 精通VRay渲染器：游戏角色渲染

场景文件　学习资源>场景文件>CH30>e.mb
实例文件　学习资源>实例文件>CH30>30.5.mb
技术掌握　掌握如何在ZBrush中烘焙法线贴图；掌握火焰粒子特效的渲染方法

本例是一个大型的游戏角色场景，制作难度不算太大，主要涉及了ZBrush的一些雕刻知识与贴图烘焙技术，同时还涉及了火焰粒子特效的渲染方法，如图30-257所示是本例4个不同角度的渲染效果。

图30-257

30.5.1 贴图制作

01 打开学习资源中的“场景文件>CH30>e.mb”文件，如图30-258所示。

图30-258

技巧与提示

首先来分析一下魔兽的表面材质。这里所做的魔兽是一种类似水生物的怪兽，它具有一些鱼类的特性，比如体表光滑、有鳞片等。因此这样的生物皮肤会有大量的细节，所以下面要在ZBrush中雕刻它的细节。

02 在Maya中将魔兽模型导出为obj格式的文件，然后将其导入到ZBrush中，如图30-259所示。

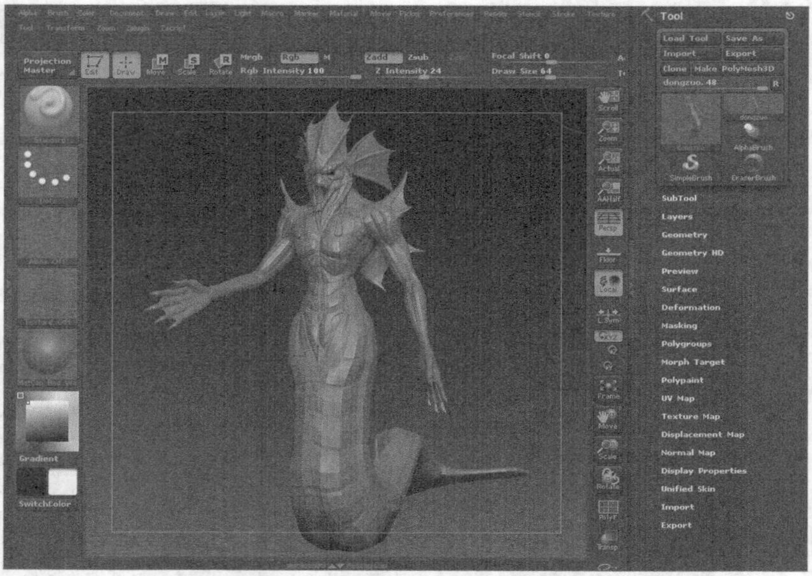

图30-259

技巧与提示

注意，在默认情况下，Maya无法直接导出obj格式的文件，需要在“插件管理器”对话框中加载obj格式导出功能才可用。执行“窗口>设置/首选项>插件管理器”菜单命令，打开“插件管理器”对话框，然后在objExport.mll选项后面勾选“已加载”和“自动加载”选项，这样就可以启用obj导出功能，如图30-260所示。

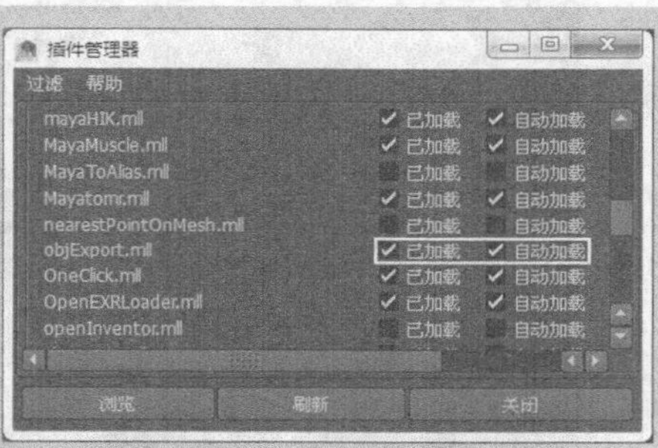

图30-260

03 在ZBrush中，通过对模型进行细分操作，可以增加模型的面数，然后进行细节上的雕刻，接着烘焙出法线贴图，如图30-261所示。

技巧与提示

法线贴图可以应用到3D模型表面的特殊纹理中，因为该类型的贴图的渲染速度比较快，因此常用于制作游戏。

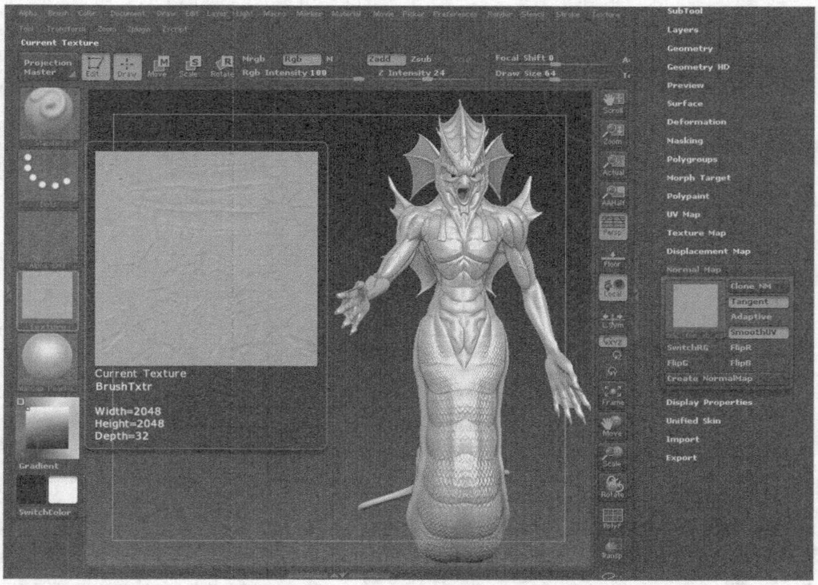

图30-261

04 使用ZBrush的Polypaint（多边形绘画）功能绘制出魔兽的纹理，如图30-262所示。

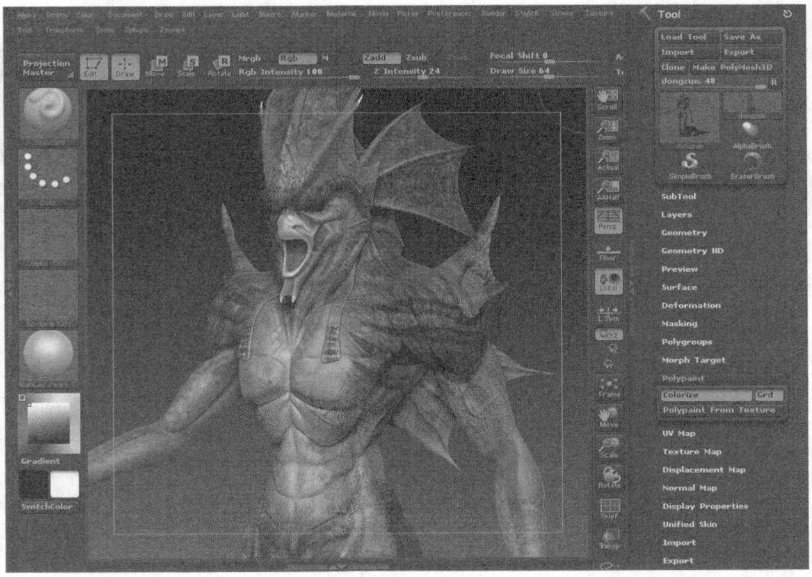

图30-262

技术专题 [雕刻大师ZBrush]

ZBrush是一款超强的模型雕刻软件，它是按照世界领先的特效工作室和全世界范围内的游戏设计者的需要，以一种精密的结合方式开发而成的软件。ZBrush提供了极其优秀的功能和特色，可以极大地激发艺术家的创造力。

在建模方面，ZBrush可以说是一个极其高效的建模器。它进行了相当大的优化编码改革，并与一套独特的建模流程相结合，可以让艺术家制作出令人惊讶的复杂模型。无论是从中级还是到高分辨率的模型，艺术家的任何雕刻动作都会瞬间得到回应，如图30-263所示。

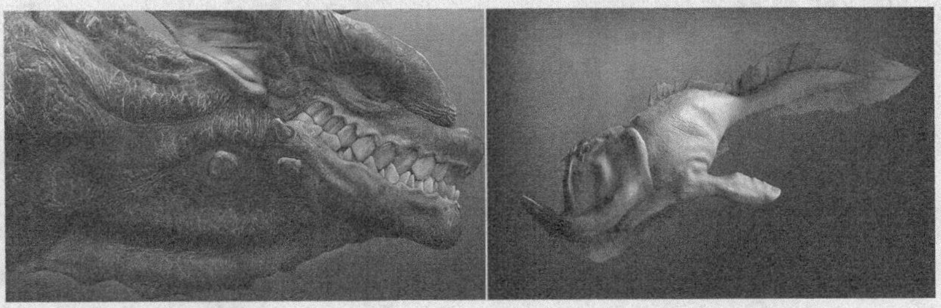
图30-263

ZBrush还可以实时地进行渲染和着色。对于绘制操作，ZBrush的范围尺度可以让用户给基于像素的作品增加深度、材质、光照和复杂精密的渲染特效，真正实现了2D与3D的结合，模糊了多边形与像素之间的界限。

利用ZBrush优秀的ZSphere建模方式不但可以制作出优秀的静帧，而且还能制作出很多电影特效和游戏，如《指环王III》和《加勒比海盗III》等。它还可以与其他软件（如3ds Max、Maya和XSI）一起配合制作出令人瞠目结舌的细节效果，如图30-264所示。

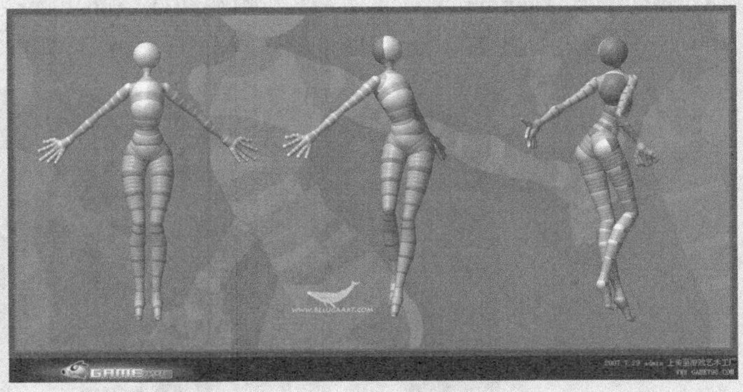
图30-264

05 将在ZBrush中烘焙出来的置换贴图导入到Photoshop中，然后对色阶进行调整，如图30-265所示。

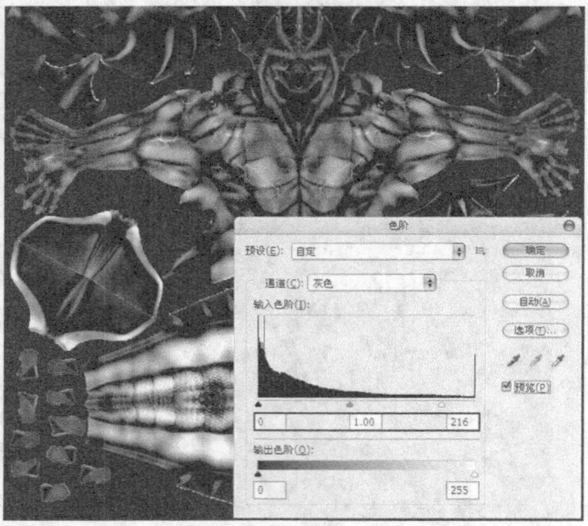

图30-265

30.5.2 材质制作

1.魔兽材质

魔兽材质的模拟效果如图30-266所示。

01 创建一个VRayMtl材质，并将其命名为body，然后在Diffuse Color（漫反射颜色）通道中加载学习资源中的“实例文件>CH30>30.5>dongzuo_TXTR.tif”文件，如图30-267所示。

02 在Reflection Color（反射颜色）通道中加载学习资源中的“实例文件>CH30>30.5>fanshe.tif”文件，然后设置Amount（数量）为0.08，如图30-268所示。

图30-266

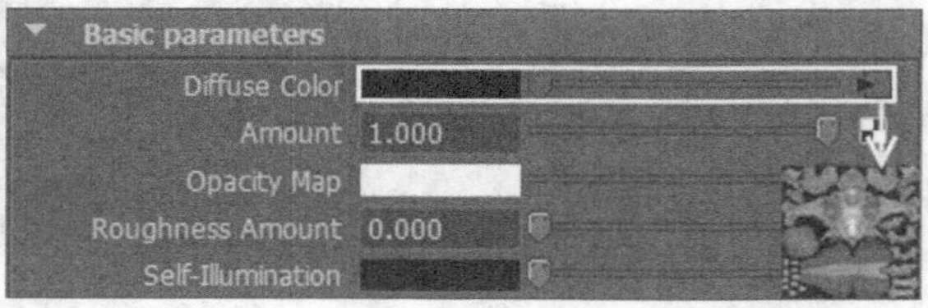

图30-267

03 展开Bump and Normal mapping（凹凸和法线贴图）卷展栏，然后设置Map Type（贴图类型）为Normal map in tangent space（法线贴图在切线空间），接着在Map（贴图）通道中加载学习资源中的“实例文件>CH30>30.5>dongzuo_NM.tif”文件，如图30-269所示。

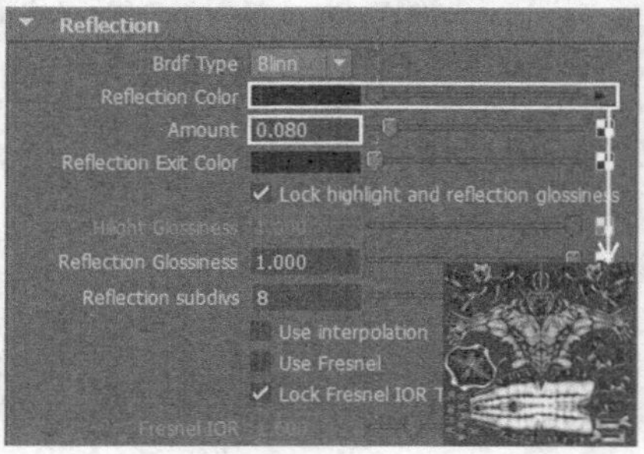

图30-268

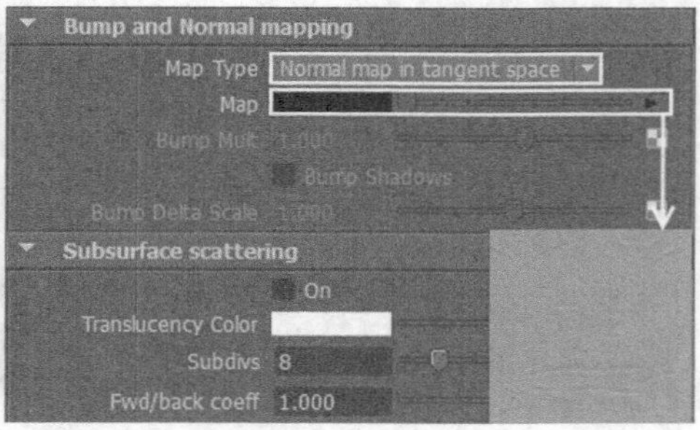

图30-269

2.魔球材质

魔球材质的模拟效果如图30-270所示。

图30-270

创建一个VRayLightMtl（VRay灯光）材质，并将其命名为ball，然后在Color（颜色）通道中加载学习资源中的“实例文件>CH30>30.5>DW31.jpg”文件，接着勾选Emit On Back Side（在背面发射）选项，如图30-271所示。

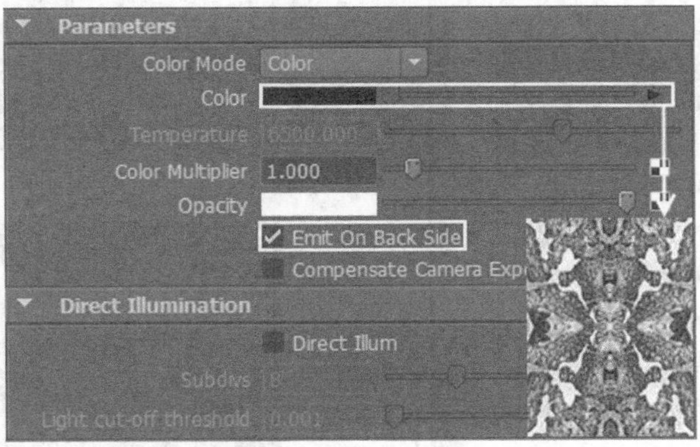

图30-271

30.5.3 灯光设置

01 在如图30-272所示的位置创建一盏VRay Rect Light（VRay矩形灯）。

图30-272

02 打开VRay Rect Light（VRay矩形灯）的“属性编辑器”对话框，具体参数设置如图30-273所示。

设置步骤

① 在Basic parameters（基本参数）卷展栏下设置Light color（灯光颜色）为白色，然后设置Intensity multiplier（强度倍增）为10。

② 在Sampling（采样）卷展栏下设置Subdivs（细分）为32。

③ 在Shadows（阴影）卷展栏下勾选Shadows（阴影）选项。

03 继续在如图30-274所示的位置创建一盏VRay Rect Light（VRay矩形灯）。

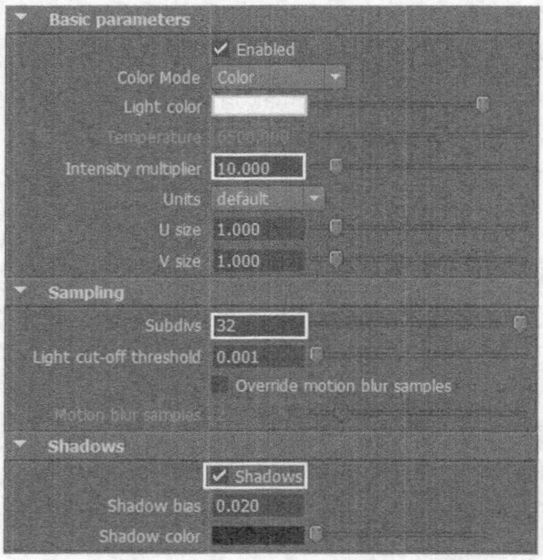

图30-273

图30-274

04 打开上一步创建的VRay矩形灯的“属性编辑器”对话框，具体参数设置如图30-275所示。

设置步骤

① 在Basic parameters（基本参数）卷展栏下设置Light color（灯光颜色）为（R:237，G:237，B:255），然后设置Intensity multiplier（强度倍增）为1。

② 在Sampling（采样）卷展栏下设置Subdivs（细分）为24。

③ 在Shadows（阴影）卷展栏下勾选Shadows（阴影）选项。

④ 在Options（选项）卷展栏下勾选Invisible（不可见）选项。

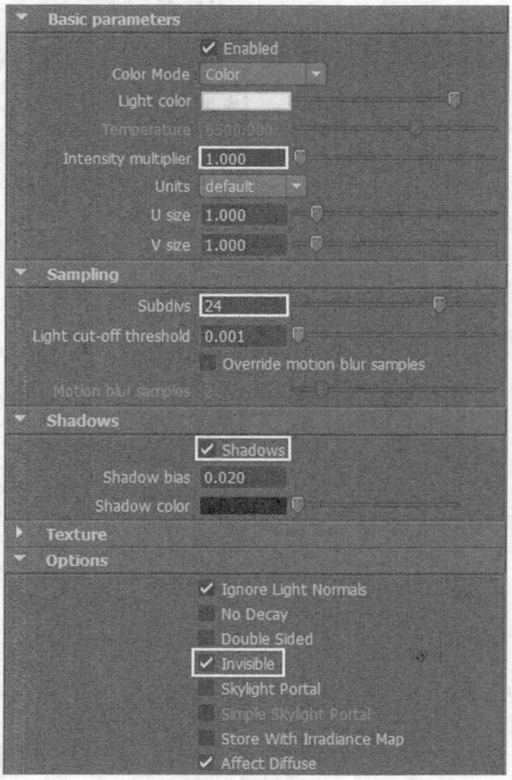

图30-275

30.5.4 环境设置

打开“渲染设置”对话框，然后设置渲染器为VRay渲染器，展开Environment（环境）卷展栏，并勾选Override Environment（覆盖环境）选项，接着分别在Background texture（背景纹理）、GI texture（GI纹理）、Reflection texture（反射纹理）和Refraction texture（折射纹理）通道中加载学习资源中的“实例文件>CH30>30.5>splashBg2.hdr”文件，如图30-276所示。

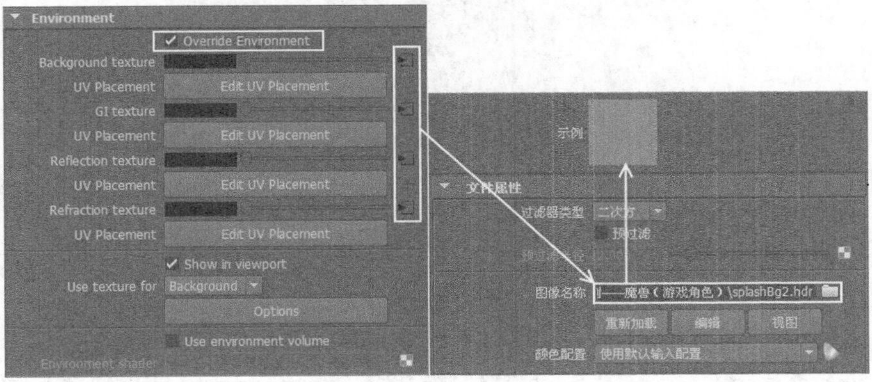

图30-276

30.5.5 渲染魔兽

01 打开“渲染设置”对话框，然后设置渲染尺寸为2800×2100，如图30-277所示。

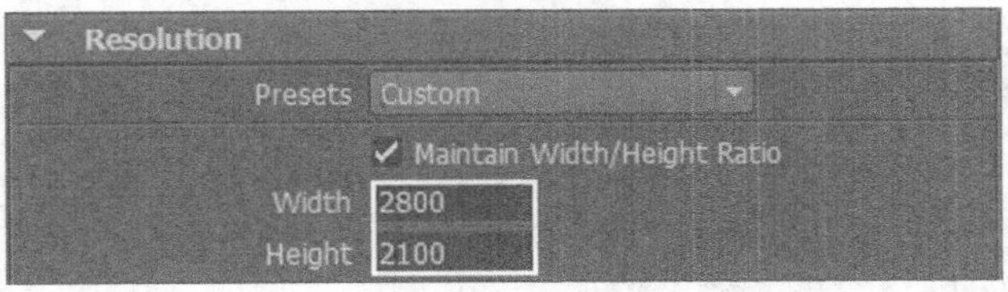

图30-277

02 展开Image sampler（图像采样器）卷展栏，然后设置Sampler type（采样器类型）为Adaptive DMC（自适应DMC），接着设置AA filter type（抗锯齿过滤器类型）为CatmullRom（强化边缘清晰），如图30-278所示。

03 展开Color mapping（色彩映射）卷展栏， 然后设置Type（类型）为Reinhard（莱恩哈德），接着设置Multiplier（倍增器）为1.31、Burn Value（亮部数值）为1.2，如图30-279所示。

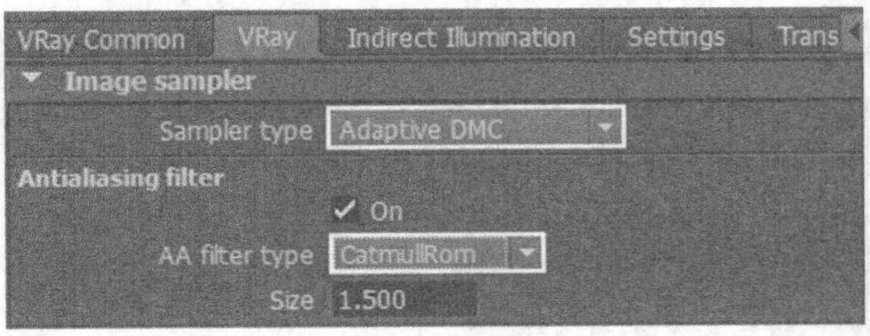

图30-278

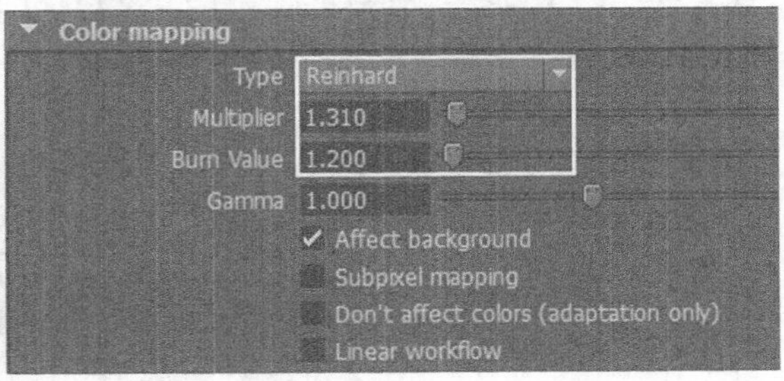

图30-279

04 展开GI卷展栏，然后勾选On（启用）选项，接着在Primary bounces（首次反弹）选项组下设置Engine（引擎）为Irradiance map（发光贴图），最后在Secondary bounces（二次反弹）选项组下设置Engine（引擎）为Light cache（灯光缓存），如图30-280所示。

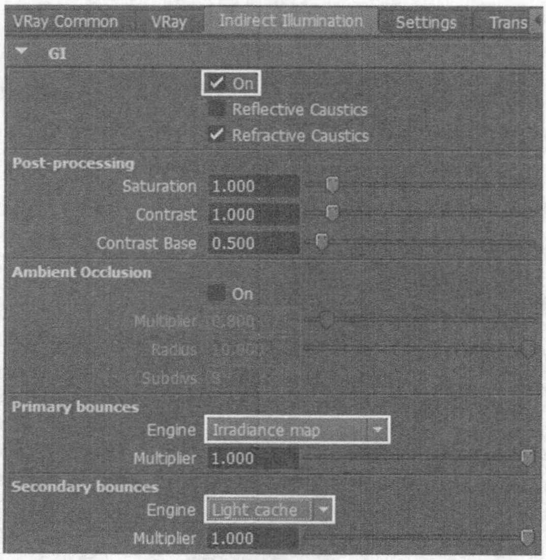

图30-280

05 展开Irradiance map（发光贴图）卷展栏，然后设置Current preset（当前预设）为Custom（自定义），接着设置Min rate（最小比率）和Max rate（最大比率）为-4、Subdivs（细分）为80，最后在Detail enhancement（细节增强）选项组下勾选Enhance details（细节增强）选项，如图30-281所示。

06 展开Light cache（灯光缓存）卷展栏，然后设置Subdivs（细分）为800，如图30-282所示。

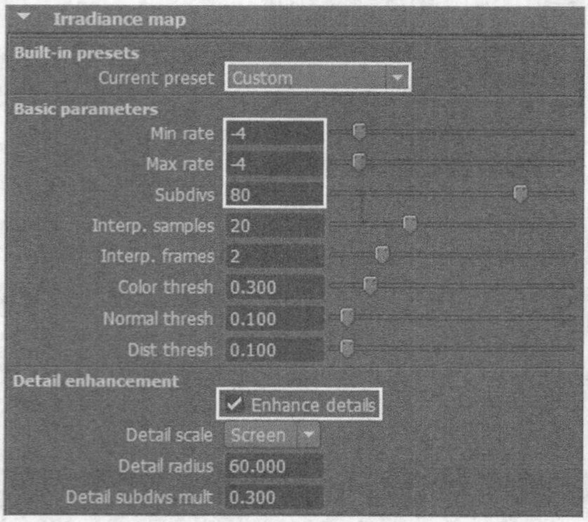

图30-281

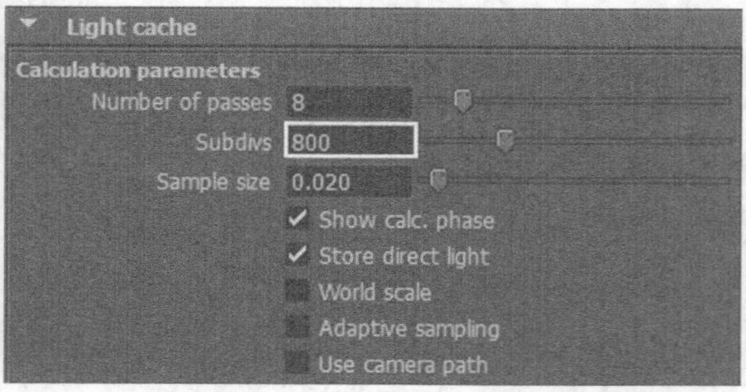

图30-282

07 展开DMC Sampler（DMC采样器）卷展栏，然后勾选Time Dependent（独立时间）选项，接着设置Adaptive Amount（自适应数量）为0.85、Adaptive Threshold（自适应阈值）为0.01，如图30-283所示。

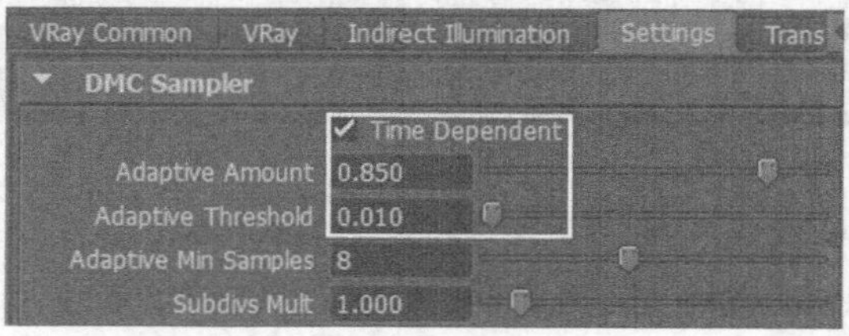

图30-283

08 展开System（系统）卷展栏，然后设置Max tree depth（最大树深度）为90，如图30-284所示。

09 渲染当前场景，效果如图30-285所示。

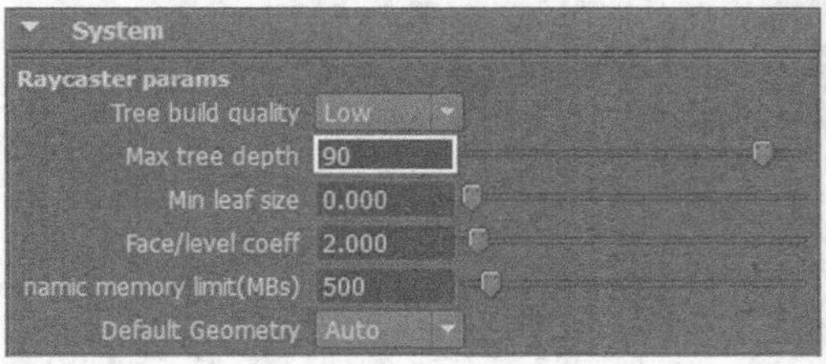

图30-284

图30-285

30.5.6 渲染火焰

01 打开"渲染设置"对话框，然后设置渲染器为"Maya软件"渲染器，接着设置"质量"为"产品级质量"，如图30-286所示。

02 执行"窗口>大纲视图"菜单命令，打开"大纲视图"对话框，然后选择dongzuo节点和kouqiang节点（这两个节点就是魔兽模型），如图30-287所示，接着按快捷键Ctrl+H将其隐藏。

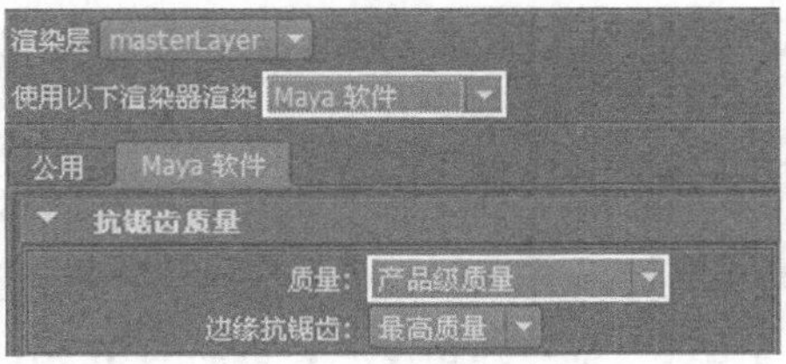

图30-286

图30-287

03 在"时间轴"上将时间滑块拖曳到第16帧位置，可以发现魔球发射出了浓浓的火焰，如图30-288所示。

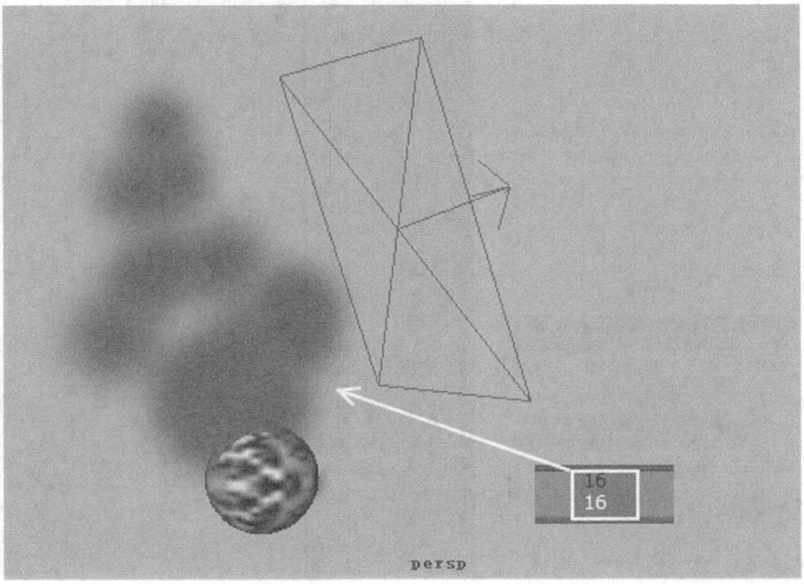

图30-288

04 渲染当前帧，效果如图30-289所示。

图30-289

技巧与提示

注意，不直接用VRay渲染器渲染火焰特效，因为它是用粒子制作的，由于VRay渲染器不支持粒子渲染，所以要用"Maya软件"渲染器进行渲染。

30.5.7 后期处理

01 启动Photoshop，然后导入本书配套学习资源中的"实例文件>CH30>30.5>背景.bmp、魔兽.png和魔球.tif"文件，如图30-290所示。

02 设置"魔球"图层的"混合模式"为"滤色"，效果如图30-291所示。

图30-290

图30-291

03 选择“魔兽”图层，然后按快捷键Ctrl+J复制出一个“魔兽副本”图层，接着设置该图层的“混合模式”为“滤色”、“不透明度”为56%，效果如图30-292所示。

图30-292

04 按快捷键Ctrl+J复制出一个“魔兽副本2”图层，然后将该图层的“混合模式”改为“柔光”、“不透明度”改为61%，效果如图30-293所示。

图30-293

05 选择“魔球”图层，然后执行“滤镜>液化”菜单命令，打开“液化”对话框，接着用“向前变形工具”将蓝色火焰调整成如图30-294所示的形状。

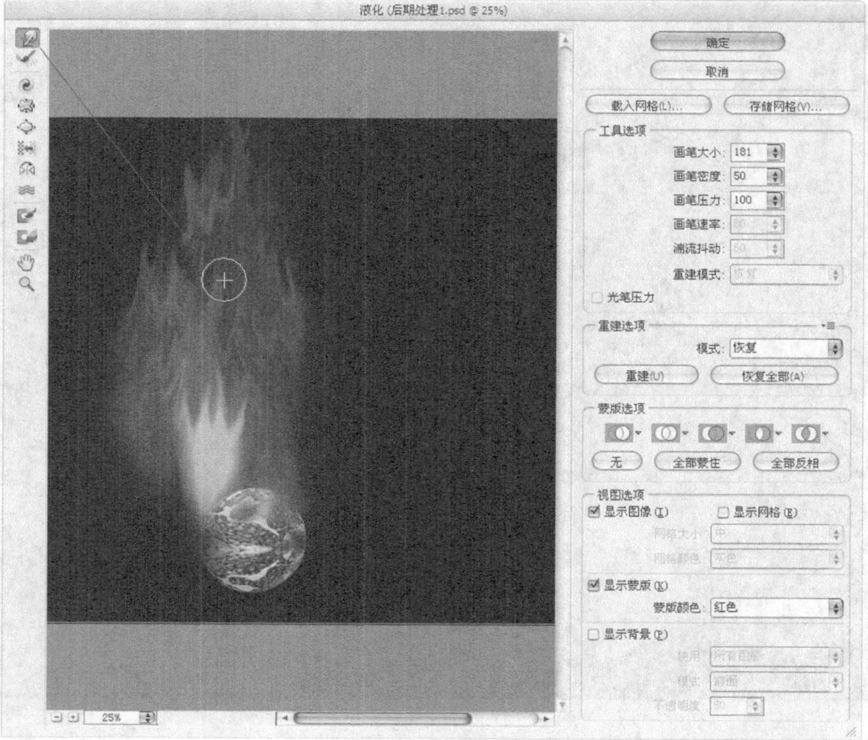

图30-294

06 继续调整图像的细节，最终效果如图30-295所示。

图30-295

第31章 综合实例：动画篇

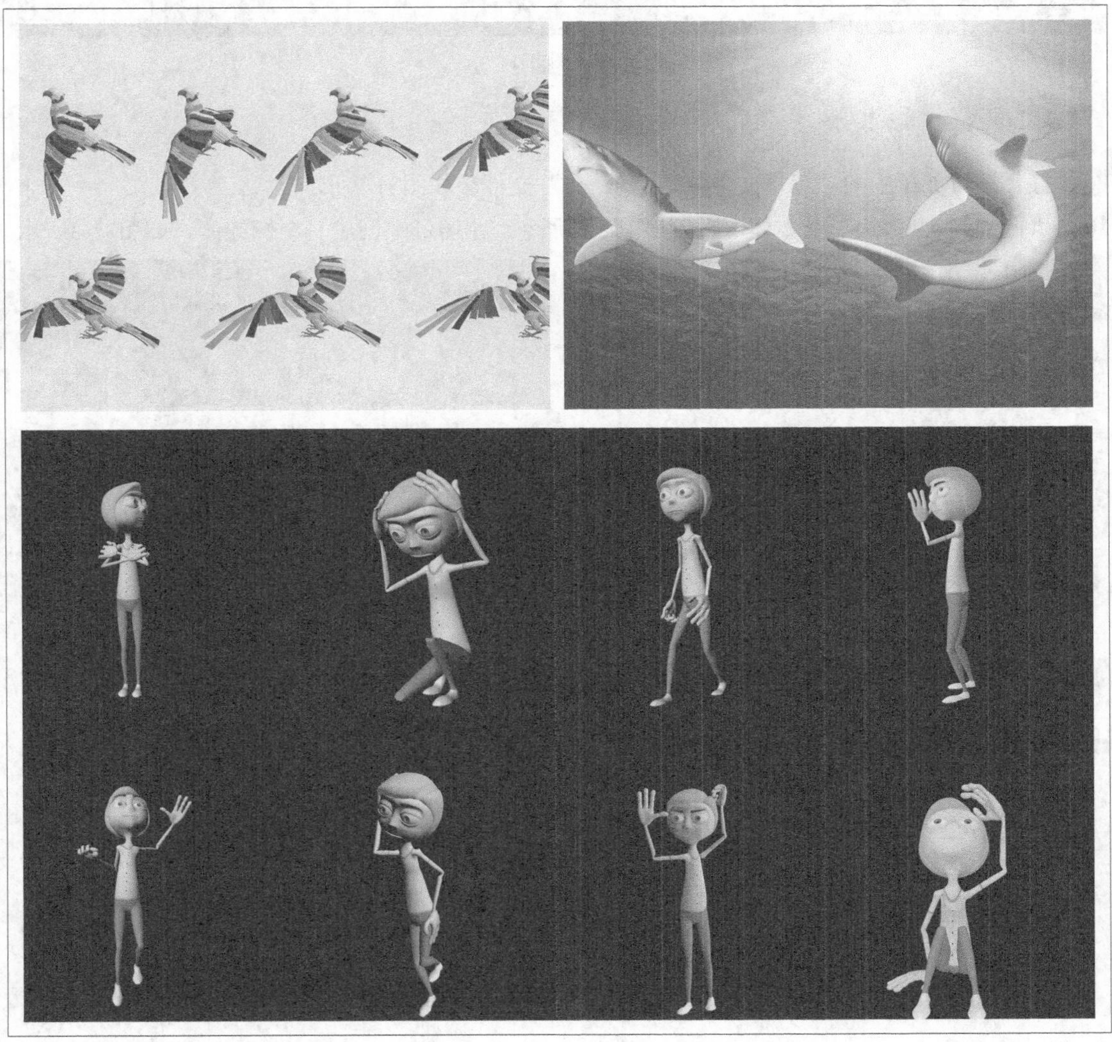

31.1 精通路径动画：巨龙盘旋

场景文件　学习资源>场景文件>CH31>a.mb
实例文件　学习资源>实例文件>CH31>31.1.mb
技术掌握　掌握连接到运动路径和流动路径对象命令的用法

运动路径动画在实际工作中经常遇到，用户一定要掌握其制作方法。运动路径动画一般用“连接到运动路径”命令和“流动路径对象”命令一起制作，如图31-1所示是本例的巨龙盘旋动画效果。

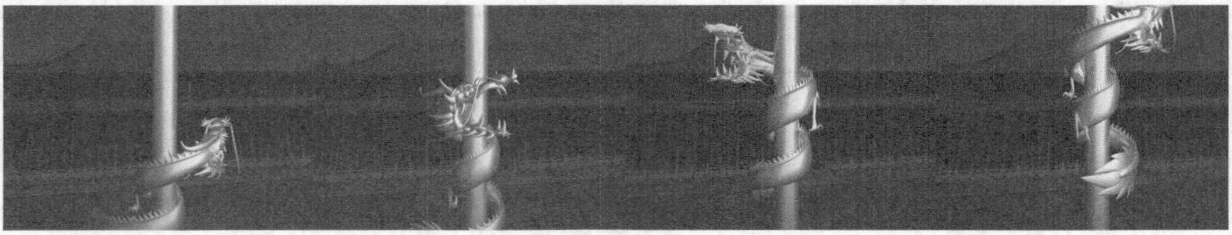

图31-1

31.1.1 创建螺旋线

01 打开学习资源中的“场景文件>CH31>a.mb”文件，如图31-2所示。

02 执行“创建>多边形基本体>螺旋线”菜单命令，在场景中创建一个螺旋体，如图31-3所示。

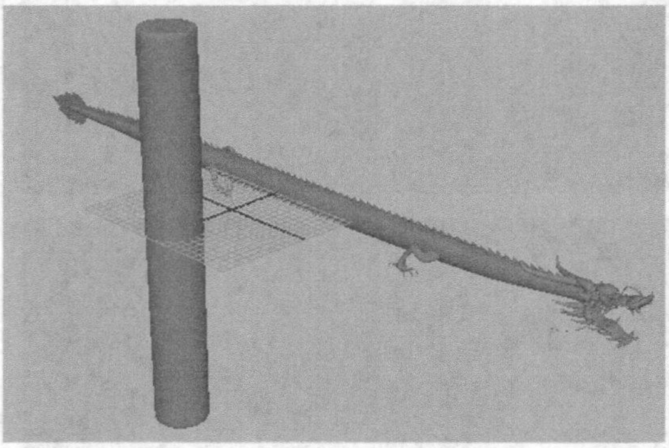

图31-2

图31-3

03 选择螺旋体，然后在“通道盒”中设置“圈数”为4.6、“高度”为29.5、“宽度”为13、“半径”为0.4，如图31-4所示。

04 用“移动工具”将螺旋体拖曳到柱子模型上，如图31-5所示。

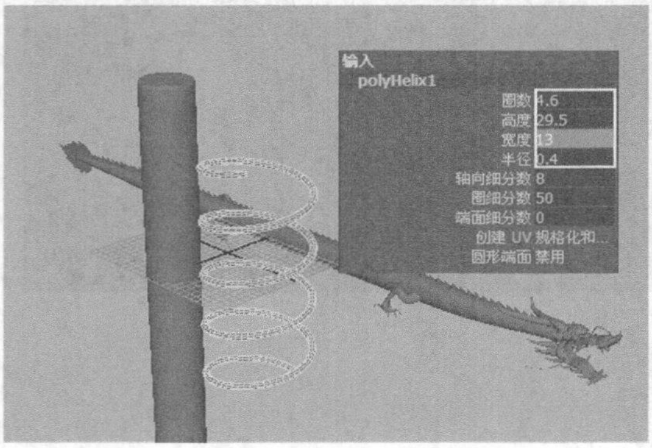

图31-4

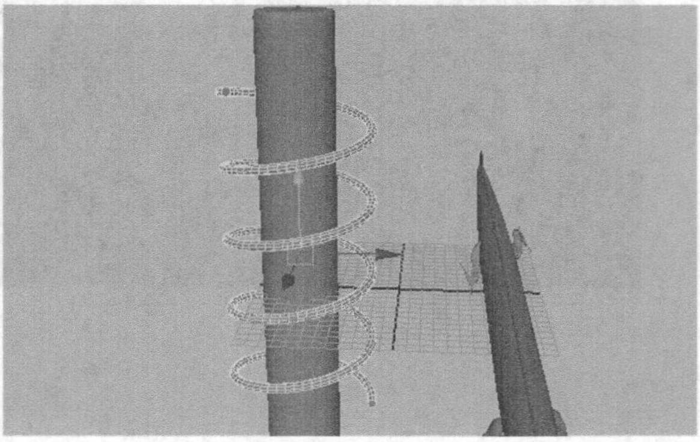

图31-5

05 进入螺旋体模型的边级别，然后在一条横向的边上双击鼠标左键，这样可以选择一整条边，如图31-6所示。

06 执行“修改>转化>多边形边到曲线”菜单命令，将选中的边转换成曲线，如图31-7所示。

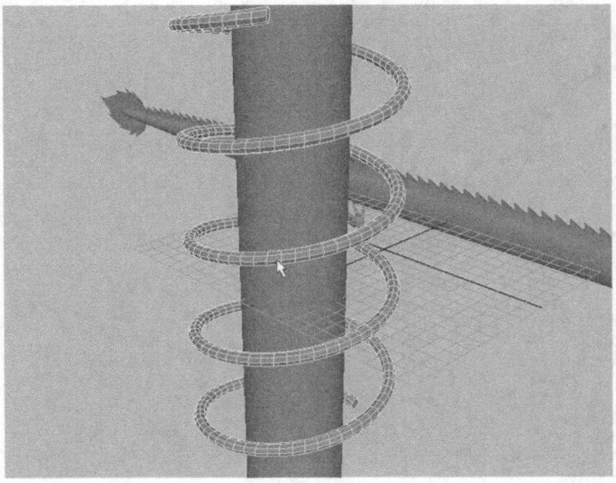

图31-6

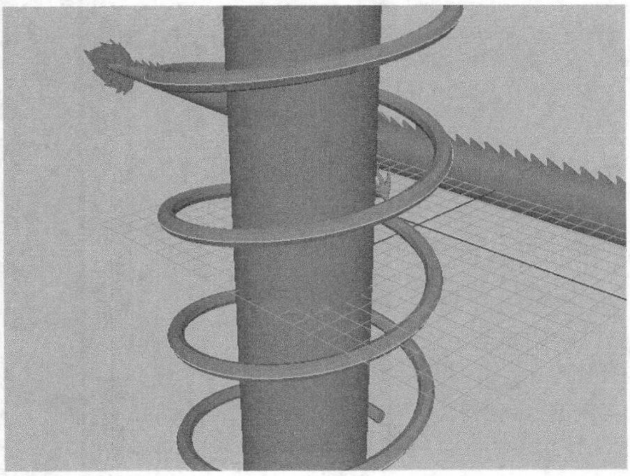

图31-7

07 选择螺旋体模型，然后按Delete键将其删除，只保留转化出来的螺旋线，效果如图31-8所示。

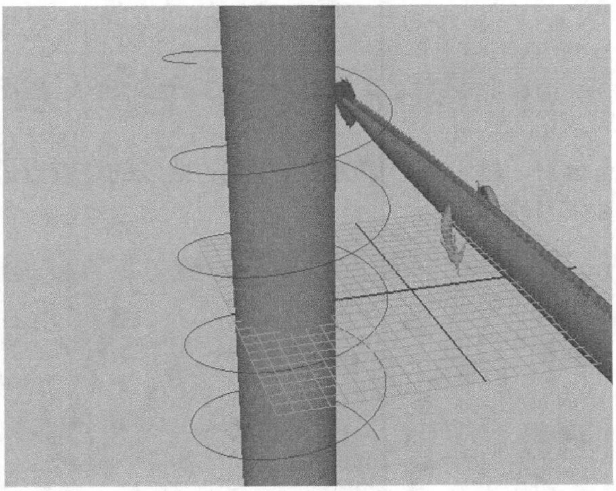

图31-8

08 由于转化出来的曲线段数非常高，因此需要重建曲线。切换到“曲面”模块，然后单击“编辑曲线>重建曲线”菜单命令后面的■按钮，打开“重建曲线选项”对话框，接着设置“参数范围”为“0到跨度数”，并在“保持”选项后面勾选“切线”选项，最后设置“跨度数”为24，如图31-9所示。

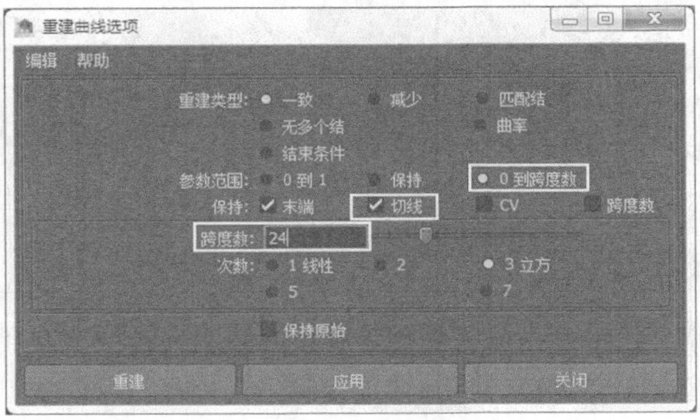

图31-9

09 选择曲线，然后执行“编辑曲线>反转曲线方向”菜单命令，反转曲线的方向，如图31-10所示。

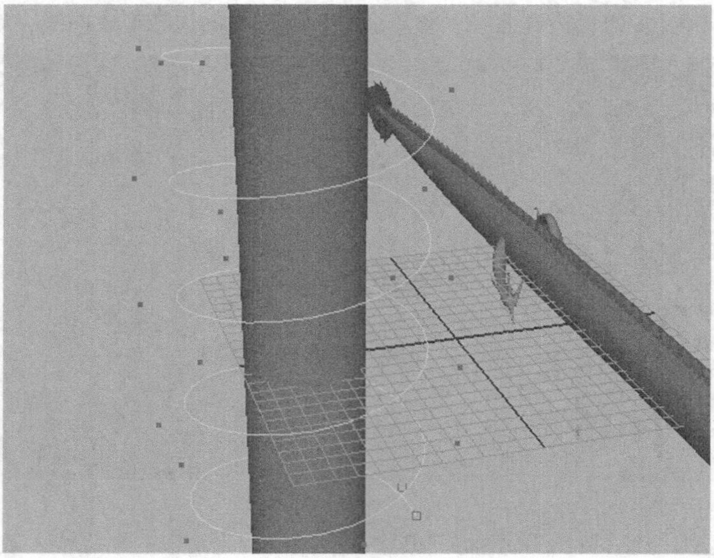

图31-10

技巧与提示

反转曲线方向后，曲线的始端就位于y轴的负方向上，这样龙在运动中就会绕着柱子自下而上盘旋上升。

10 进入曲线的控制顶点级别，然后用“移动工具”将曲线的结束点进行延长，这样龙在运动中就不会显得僵硬，如图31-11所示。

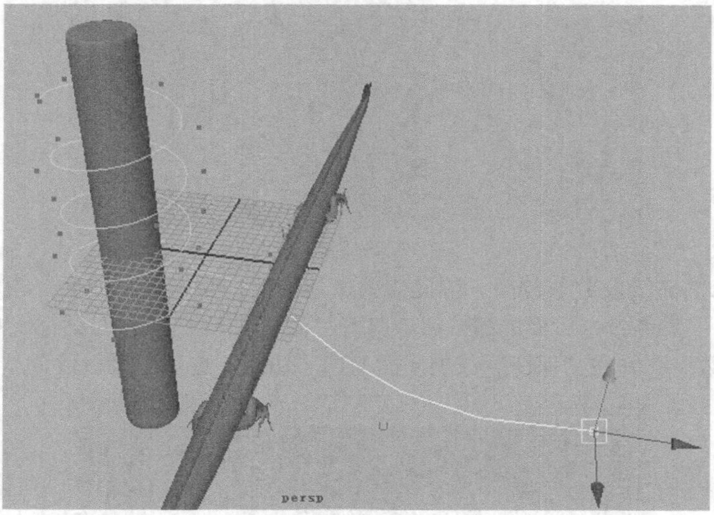

图31-11

31.1.2 创建运动路径动画

01 切换到“动画”模块，选择龙模型，然后按住Shift键加选曲线，单击“动画>运动路径>连接到运动路径”菜单命令后面的按钮，打开“连接到运动路径选项”对话框，接着设置“前方向轴”为z轴，如图31-12所示。

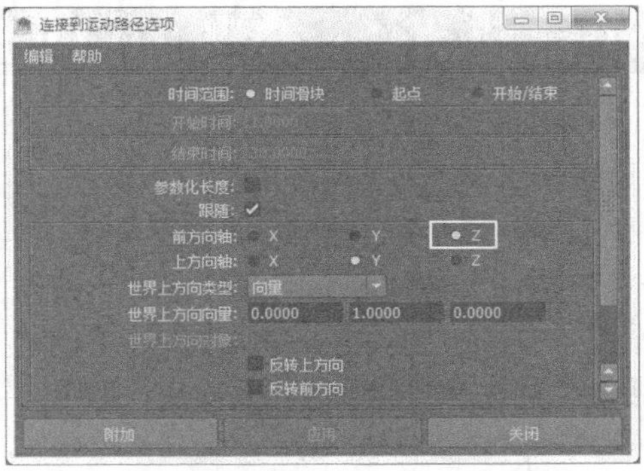

图31-12

02 选择龙模型，然后单击“动画>运动路径>流动路径对象”菜单命令后面的□按钮，打开“流动路径对象选项”对话框，接着设置“分段：前”为24，如图31-13所示，效果如图31-14所示。

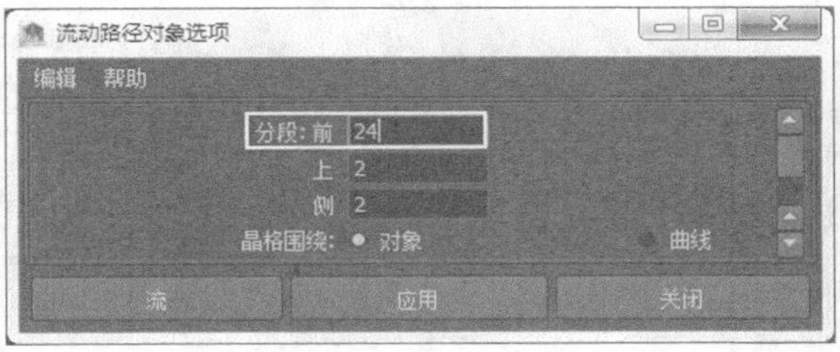

图31-13

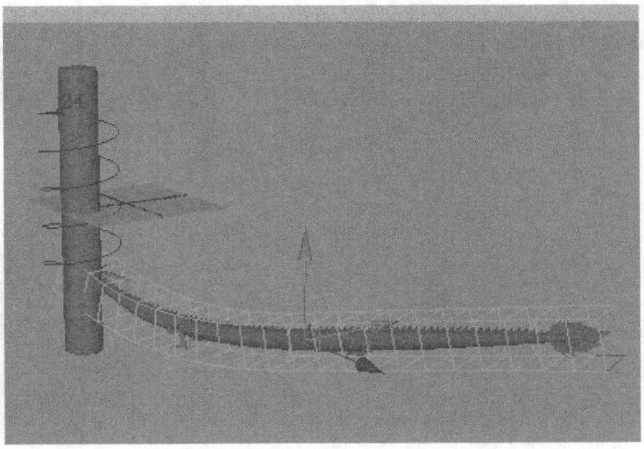
图31-14

03 选中柱子模型，然后在“通道盒”中设置“缩放x”和“缩放z”为0.4，如图31-15所示。

04 播放动画，可以观察到龙沿着运动路径曲线围绕柱子盘旋上升，效果如图31-16所示。

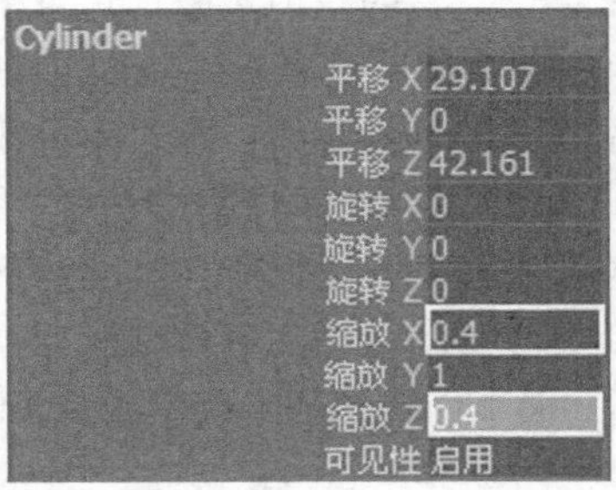

图31-15

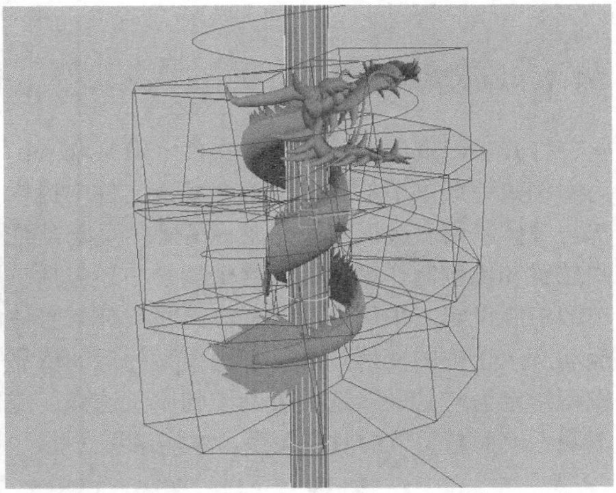
图31-16

05 渲染出动画效果最明显的单帧图，最终效果如图31-17所示。

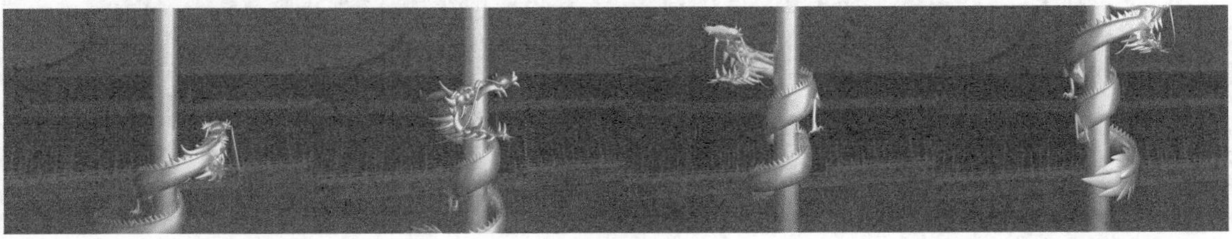
图31-17

31.2 精通受驱动关键帧动画：飞舞的白头鹰

场景文件　学习资源>场景文件>CH31>b.mb
实例文件　学习资源>实例文件>CH31>31.2.mb
技术掌握　掌握受驱动关键帧的制作方法、流程与相关技巧

利用受驱动关键帧功能可以使制作动画的过程变得更加简化，下面将通过一个实例来验证这种说法。这个实例是采用设置受驱动关键帧的方法来控制鸟类翅膀的伸展与折叠，在常规情况下，要完成这个动作需要旋转多个关节，操作起来非常繁琐。如果使用受驱动关键帧，只要采用一个附加属性就可以方便地控制鸟类翅膀的伸展与折叠动作，如图31-18所示是本例的动画效果。

图31-18

31.2.1 分析场景内容

打开学习资源中的“场景文件>CH31>b.mb”文件，如图31-19所示。下面将利用这个场景作为实例来完成本节的练习。这个场景文件中提供了一个完整的“白头鹰”角色模型，角色模型头部与身体采用多边形建模完成，覆盖在模型表面上的羽毛是采用大量NURBS曲面面片通过调整空间位置和比例制作完成的。这个场景中还包括一副完整的角色骨架，并对角色腿部运动进行了简单的控制设定。采用平滑蒙皮方式将头部与身体的多边形模型绑定到骨架上，使它们能跟随骨架运动产生正确的变形效果。羽毛模型的运动依靠关节来控制，根据所在区域的不同，分别将羽毛模型指定为与其最接近关节的子物体。这样，能使关节移动带动羽毛模型运动。为了方便用户了解羽毛模型与关节的对应关系，本场景特意将受不同关节影响的羽毛模型指定了不同的颜色。

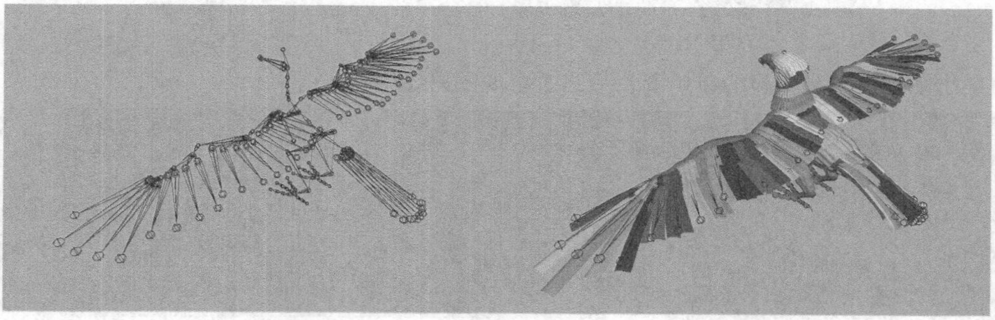

图31-19

31.2.2 为翅膀关节添加新的附加属性

首先，需要为翅膀骨架链中的3个关节各添加一个新的附加属性，然后通过设置受驱动关键帧的方法将这些附加属性与相应的羽毛关节建立连接关系，最终达到利用附加属性控制翅膀羽毛模型旋转方向的目的。

下面将以左侧翅膀为例，介绍翅膀骨架链的结构。当前场景中的翅膀骨架链由翅膀关节和羽毛关节组成，通过旋转翅膀关节，可以做出伸展和折叠翅膀的动作。羽毛关节的作用主要是控制翅膀上羽毛模型的运动，它将始终受翅膀关节运动的影响。

翅膀关节共有8个，从翅膀模型的根部到尖部依次为关节left_upper_arm_jointA、left_upper_arm_jointB、left_elbow_jointA、left_elbow_jointB、left_wrist_jointA、left_wrist_jointB、left_phalanges_joint和left_phalanges_tip_joint。因为其中的3个翅膀关节left_upper_arm_jointB、left_elbow_jointB和left_wrist_jointB只起到连接羽毛关节的作用，所以这里将关节的旋转属性锁定。为了在操作时能方便地选择其余5个翅膀关节，在场景视图中要显示出这些关节的选择控制柄。

羽毛关节共有19个，从翅膀模型的尖部到根部依次排列，关节名称为left_feather_joint至left_feather_joint18。

翅膀骨架链的结构可以参见图31-20。

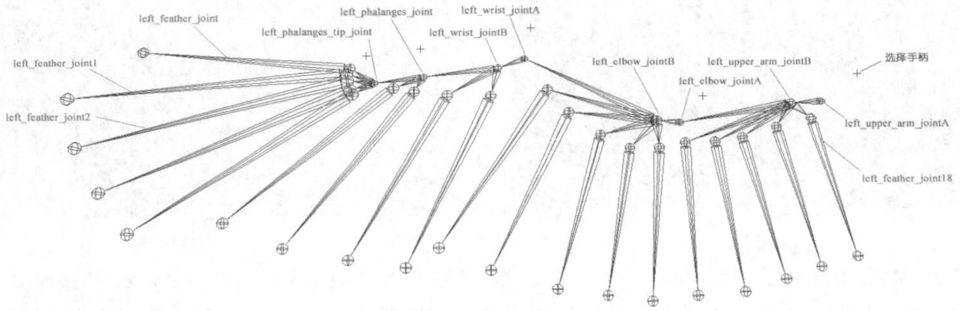

左侧翅膀骨骼链结构图

图31-20

01 下面为翅膀关节left_upper_arm_jointA添加一个新的附加属性。先在场景视图中选择这个关节（可以使用选择控制柄方便地选择这个关节），如图31-21所示。

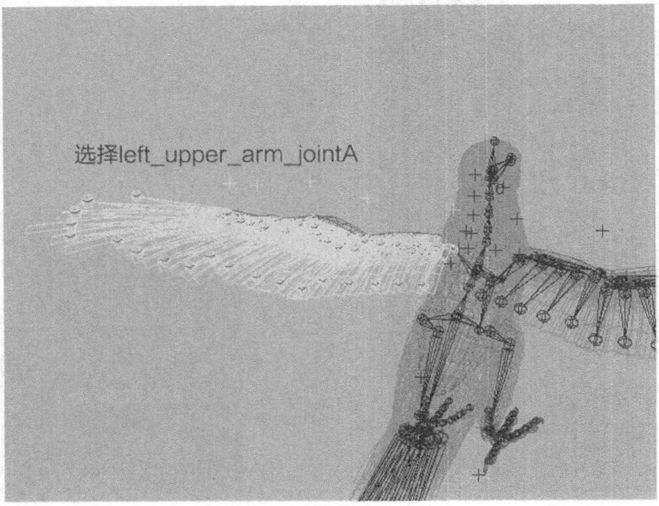

图31-21

02 执行“修改>添加属性”菜单命令，打开“添加属性”对话框，然后在“长名称”文本框中输入属性名称Control Humerus Feather，接着设置“最小”为0、“最大”为5、“默认”为0，再单击“添加”按钮，如图31-22所示，这样可以在“通道盒”中添加一个新的附加属性，如图31-23所示。

03 下面为翅膀关节left_elbow_jointA添加一个新的附加属性。先在场景视图中选择这个关节，如图31-24所示。

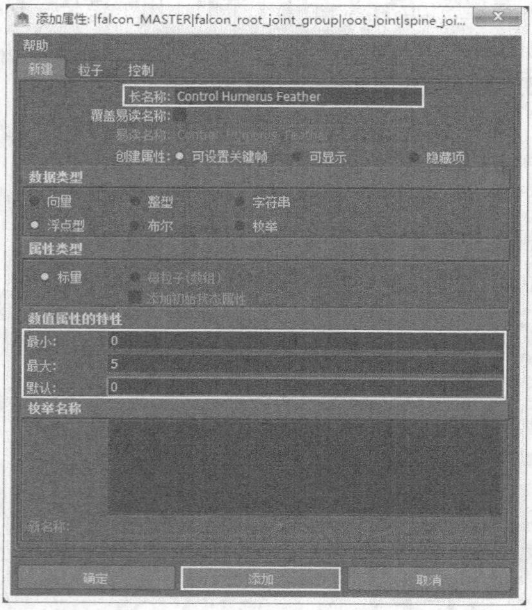

图31-22

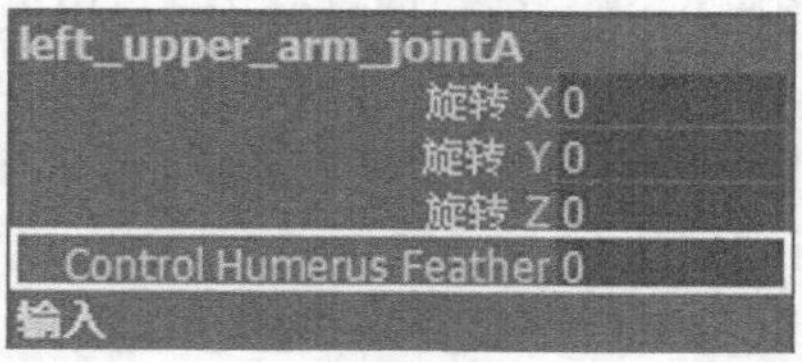

图31-23

图31-24

04 打开“添加属性”对话框，然后在“长名称”文本框中输入属性名称Control Forearm Feather，接着设置“最小”为0、“最大”为5、“默认”为0，再单击“添加”按钮，如图31-25所示，这样可以在“通道盒”中添加一个新的附加属性，如图31-26所示。

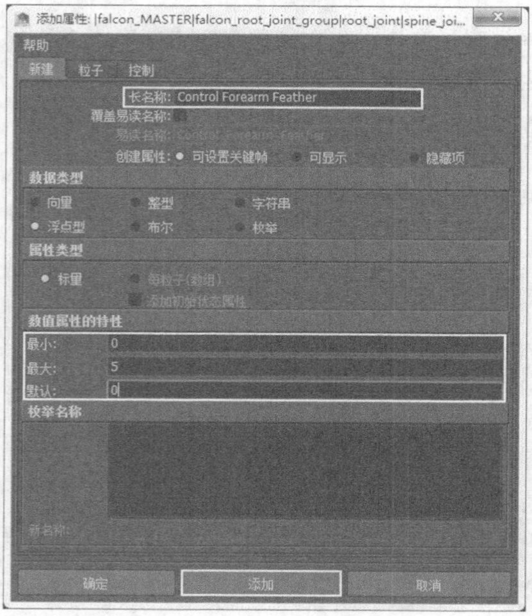

图31-25

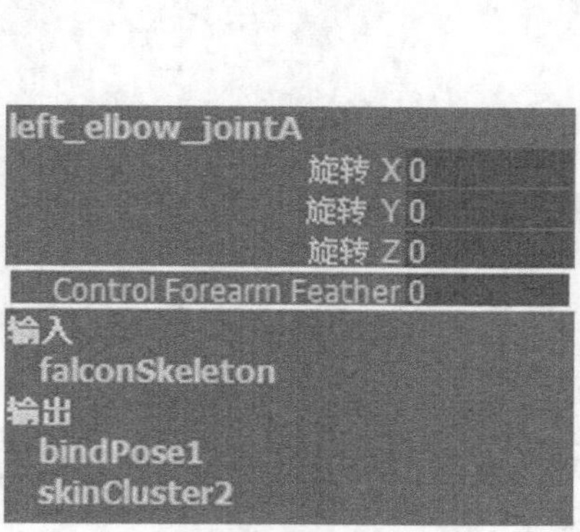

图31-26

05 下面为翅膀关节left_wrist_jointA添加一个新的附加属性。先在场景视图中选择这个关节，如图31-27所示。

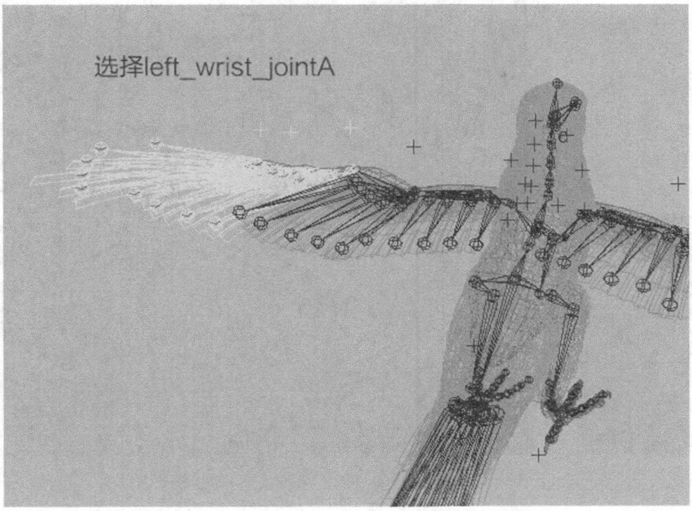

图31-27

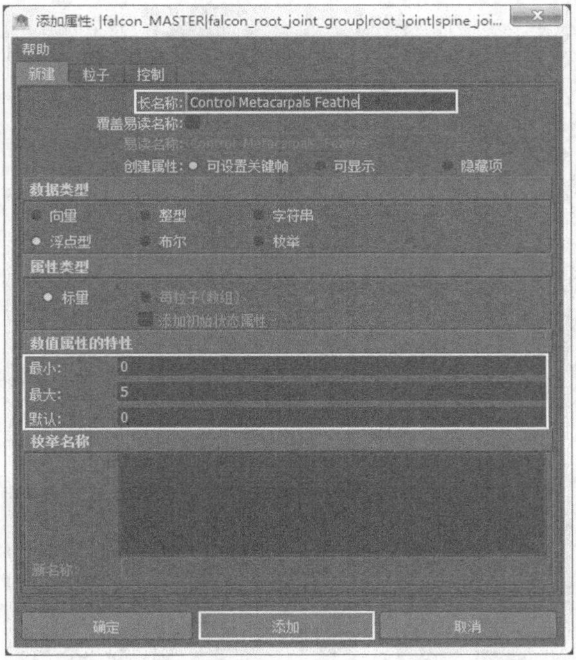

图31-28

06 打开“添加属性”对话框，然后在“长名称”文本框中输入属性名称Control Metacarpals Feathe，接着设置“最小”为0、“最大”为5、“默认”为0，再单击“添加”按钮，如图31-28所示，这样可以在“通道盒”中添加一个新的附加属性，如图31-29所示。

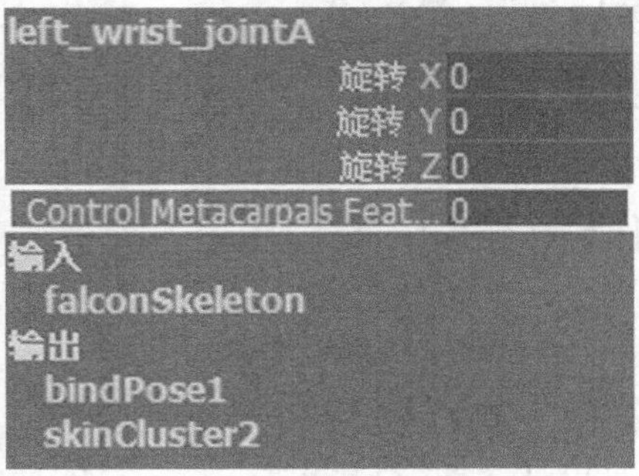

图31-29

技巧与提示

在添加完左侧的附加属性后，还需要在右侧3个对应的翅膀关节各添加一个附加属性。由于添加方法完全相同，因此这里不再重复讲解。

31.2.3 折叠翅膀骨架链

01 选择关节left_upper_arm_jointA，然后在“通道盒”中设置“旋转x”为-16.168、“旋转y”为43.663、“旋转z”为-56.711，如图31-30所示，效果如图31-31所示。

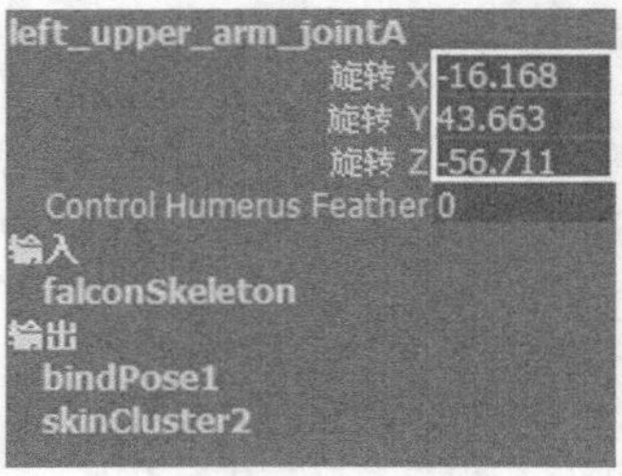

图31-30

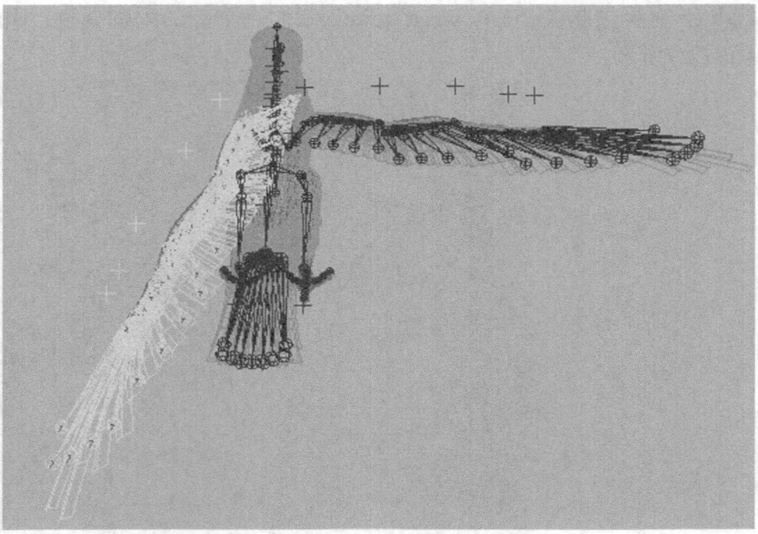

图31-31

02 选择关节left_elbow_jointA，然后在“通道盒”中设置“旋转x”为129.156、“旋转y”为-62.62、“旋转z”为-150.366，如图31-32所示，效果如图31-33所示。

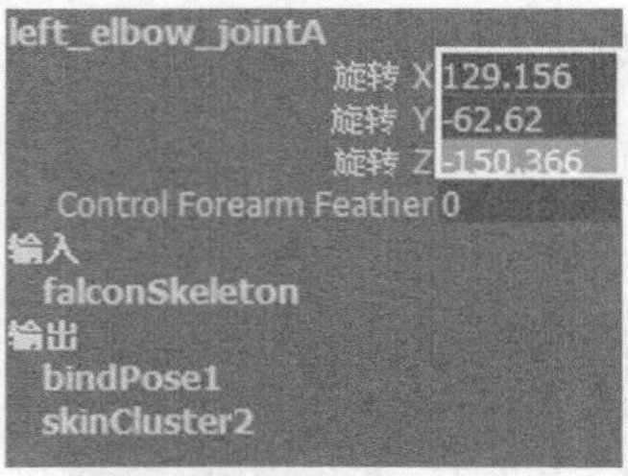

图31-32

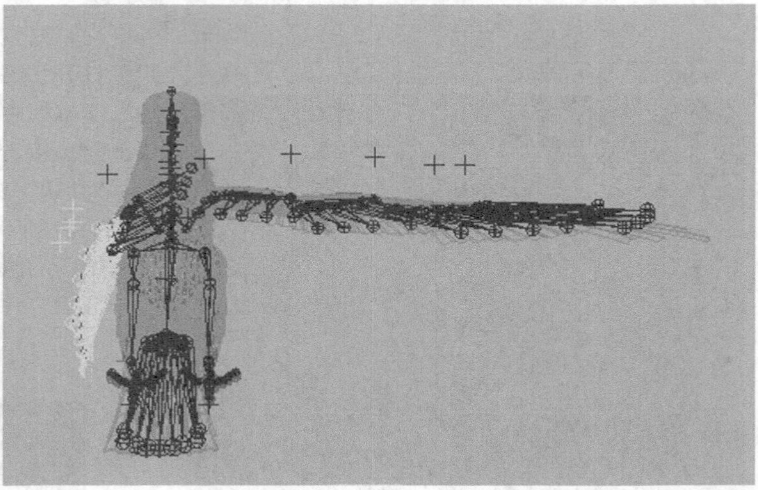

图31-33

03 选择关节left_wrist_jointA，然后在“通道盒”中设置“旋转x”为42.299、“旋转y”为99.683、“旋转z”为36.86，如图31-34所示，效果如图31-35所示。

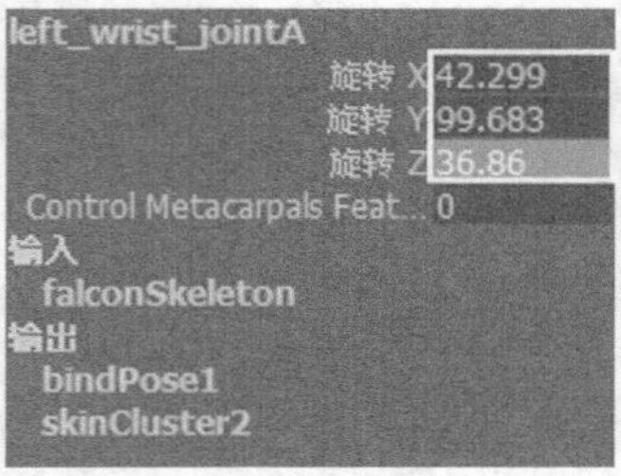

图31-34

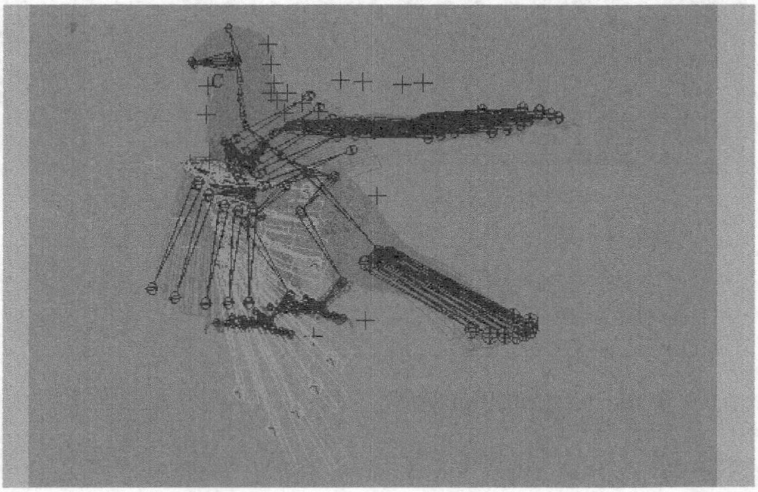

图31-35

04 选择关节left_phalanges_joint，然后在“通道盒”中设置“旋转x”为6.381、“旋转y”为20.005、“旋转z”为2.721，如图31-36所示，效果如图31-37所示。

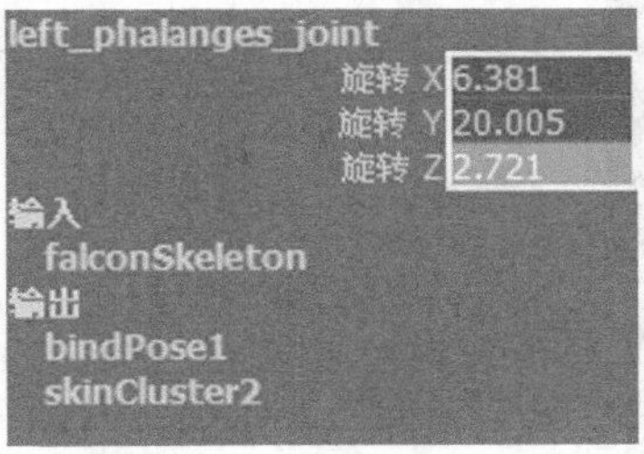

图31-36

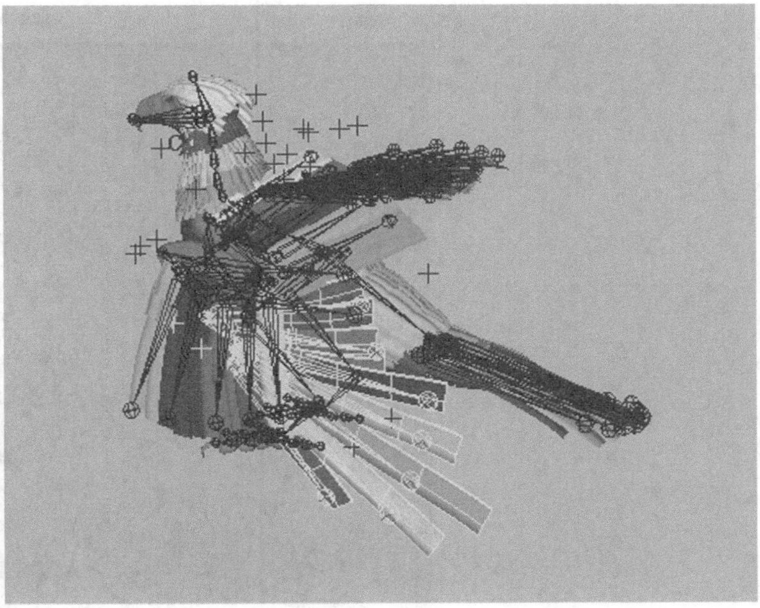

图31-37

技巧与提示

在操作时可以同时选择左右两侧对称的翅膀关节进行旋转，最终完成的折叠翅膀效果可以参见图31-38。

从图31-38中可以看出，折叠翅膀骨架链之后的效果并不理想，这是因为在翅膀关节旋转的同时，羽毛关节并没有进行适当的旋转所造成的。接下来将使用设置受驱动关键帧的方法，控制羽毛关节的旋转。

图31-38

31.2.4 设置受驱动关键帧控制羽毛关节旋转

为了方便观察和操作，可以利用Maya的显示层功能，根据工作需要随意在场景视图中切换模型的显示状态，如N（常态）、T（模板）或R（参考）方式，也可以隐藏模型的显示。

1.将翅膀关节left_upper_arm_jointA与对应羽毛关节建立驱动连接关系

01 执行“动画>设置受驱动关键帧>设置”菜单命令，打开“设置受驱动关键帧”对话框，如图31-39所示。

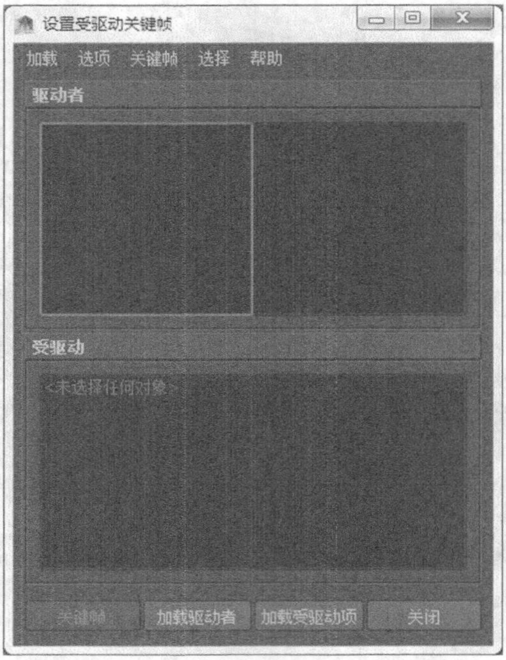

图31-39

02 在场景视图中选择要作为驱动物体的翅膀关节left_upper_arm_jointA，然后在“设置受驱动关键帧”对话框中单击“加载驱动者”按钮加载驱动者，将选择翅膀关节的名称和属性加载到上方的“驱动者”列表窗口中，如图31-40所示。

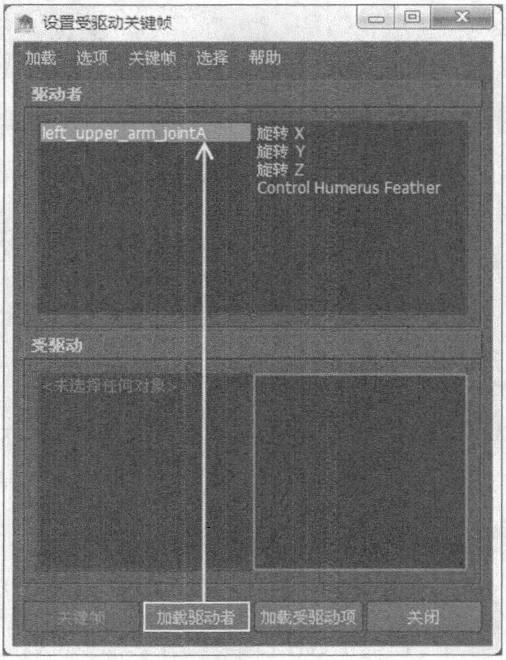

图31-40

03 在场景视图中同时选择要作为被驱动物体的5个羽毛关节left_feather_joint14至left_feather_joint18，然后在“设置受驱动关键帧”对话框中单击“加载受驱动项”按钮加载受驱动项，将选择羽毛关节的名称加载到下方的“受驱动”列表窗口中，如图31-41所示。

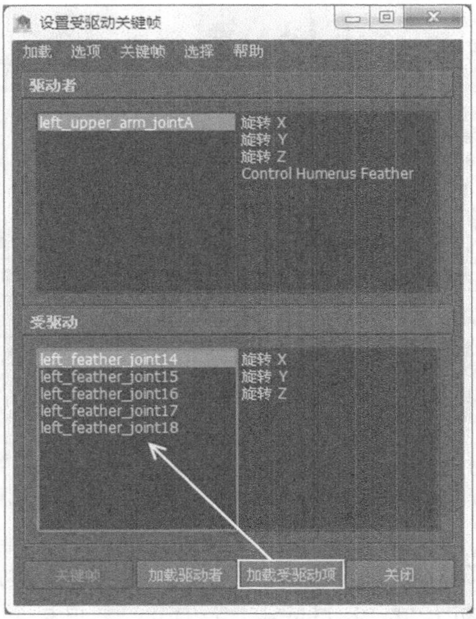

图31-41

04 在上方“驱动者”窗口的左侧列表框中选择驱动物体名称left_upper_arm_jointA，然后在右侧列表框中选择要作为驱动的属性Control Humerus Feather，如图31-42所示，接着在“通道盒”中设置该属性的数值为0，如图31-43所示。

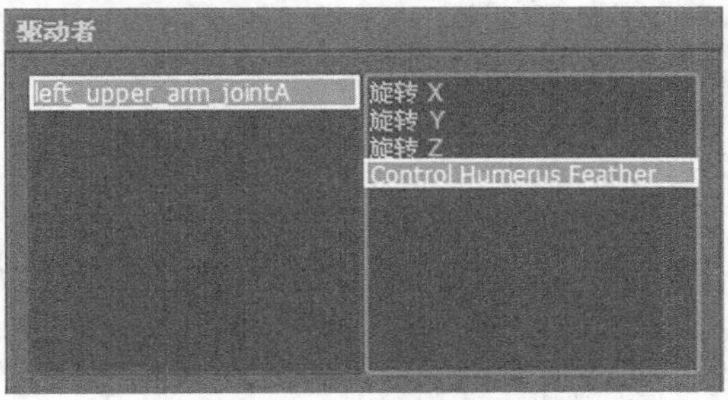

图31-42

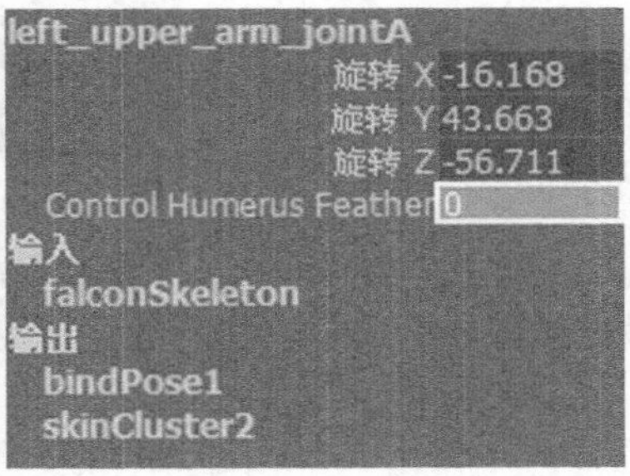

图31-43

05 在下方“受驱动”窗口的左侧列表框中拖曳鼠标左键选择全部5个羽毛关节名称left_feather_joint14至left_feather_joint18，然后在右侧列表框中选择要作为被驱动的属性“旋转y”，如图31-44所示，接着在“通道盒”中设置该属性的数值为0，最后单击“关键帧”按钮，完成第1个驱动关键帧的创建，如图31-45所示，效果如图31-46所示。

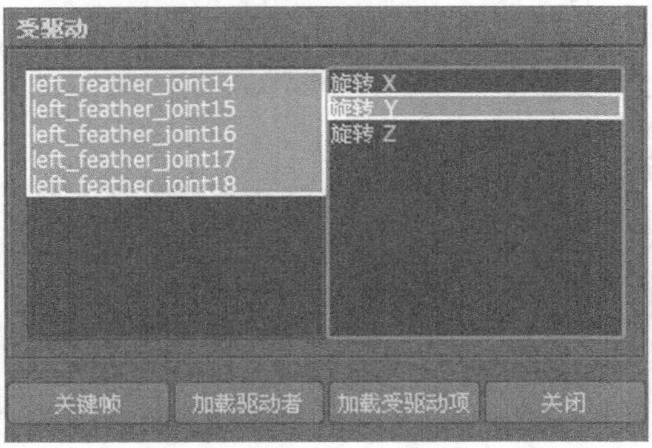

图31-44

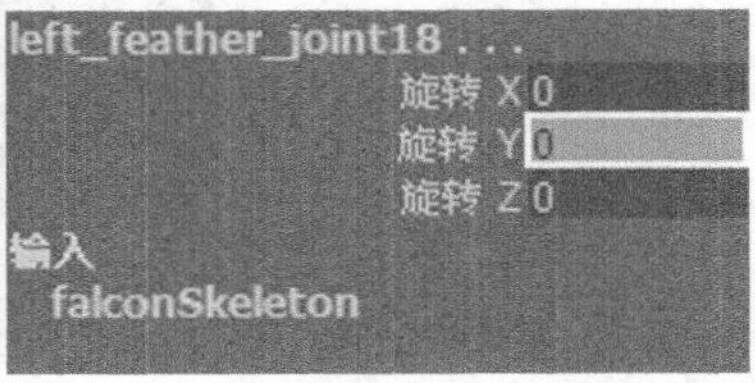

图31-45

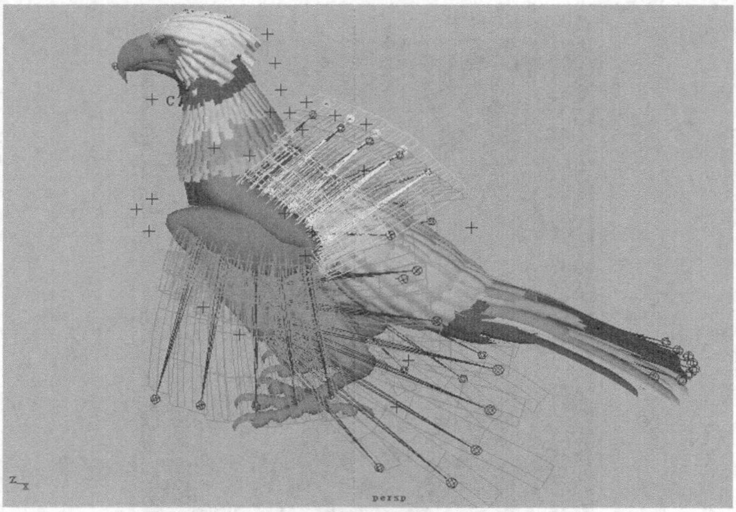

图31-46

06 在上方“驱动者”窗口的左侧列表框中选择驱动物体名称left_upper_arm_jointA，然后在右侧列表框中选择驱动属性Control Humerus Feather，接着在“通道盒”中设置该属性的数值为5，如图31-47所示。

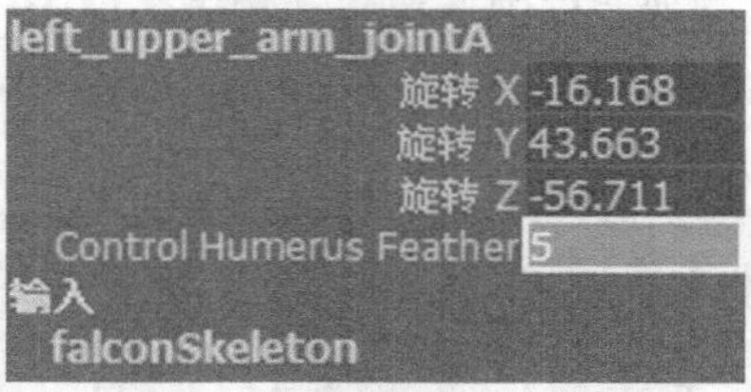

图31-47

07 在下方“受驱动”窗口的左侧列表框中选择羽毛关节名称left_feather_joint14，然后在右侧列表框中选择被驱动属性“旋转y”，接着在“通道盒”中设置该属性的数值为-57.688，如图31-48所示。

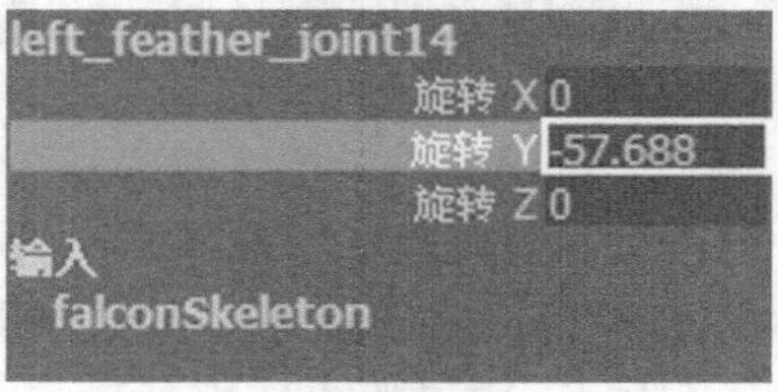

图31-48

08 在左侧列表框中选择羽毛关节名称left_feather_joint15，然后在右侧列表框中选择被驱动属性“旋转y”，接着在“通道盒”中设置该属性的数值为-56.904，如图31-49所示。

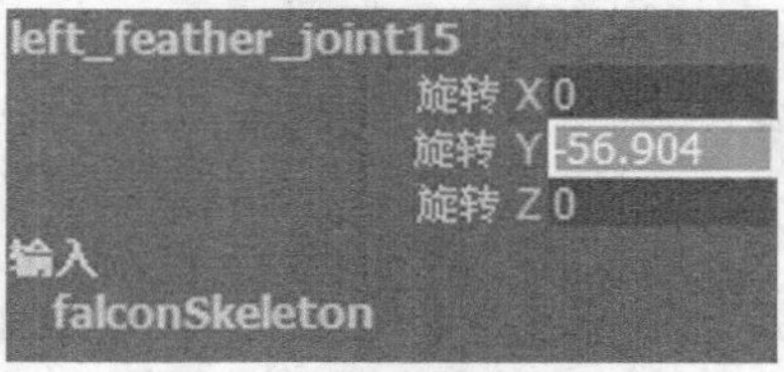

图31-49

09 在左侧列表框中选择羽毛关节名称left_feather_joint16，然后在右侧列表框中选择被驱动属性“旋转y”，接着在“通道盒”中设置该属性的数值为-55.554，如图31-50所示。

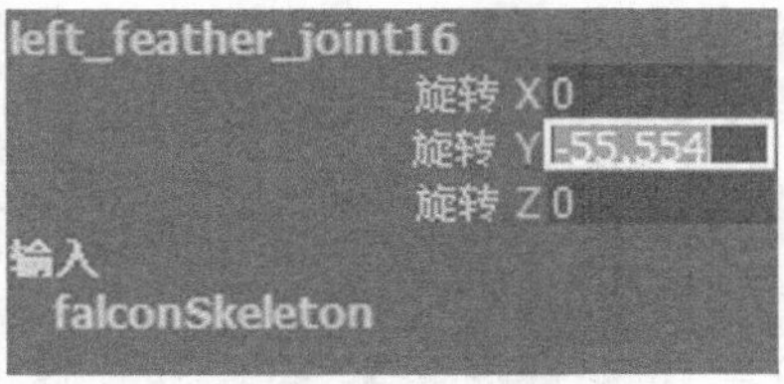

图31-50

10 在左侧列表框中选择羽毛关节名称left_feather_joint17，然后在右侧列表框中选择被驱动属性“旋转y”，接着在“通道盒”中设置该属性的数值为-51.405，如图31-51所示。

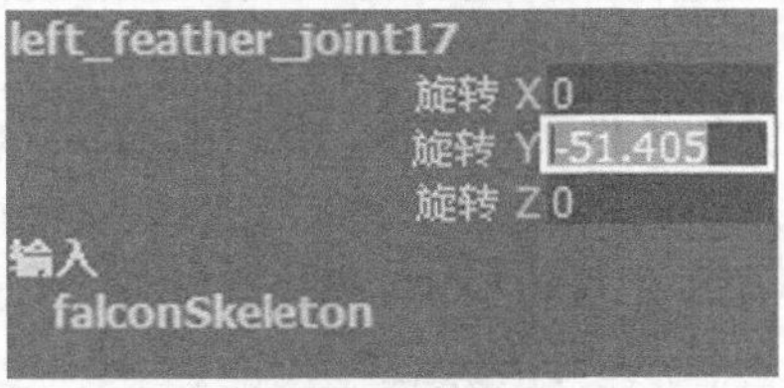

图31-51

11 在左侧列表框中选择羽毛关节名称left_feather_joint18，然后在右侧列表框中选择被驱动属性“旋转y”，接着在“通道盒”中设置该属性的数值为-50.424，如图31-52所示。

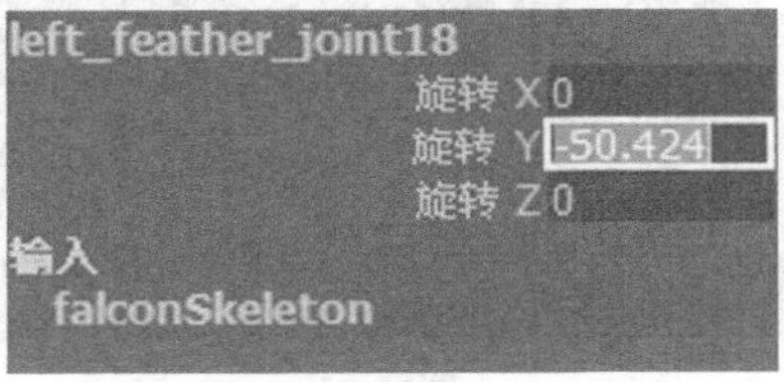

图31-52

12 完成5个羽毛关节的属性值设置后，在“受驱动”窗口的左侧列表框中拖曳鼠标左键选择全部5个羽毛关节名称，然后在右侧列表框中选择被驱动属性“旋转y”，接着单击“关键帧”按钮 关键帧 ，完成第2个驱动关键帧的创建，如图31-53所示，效果如图31-54所示。

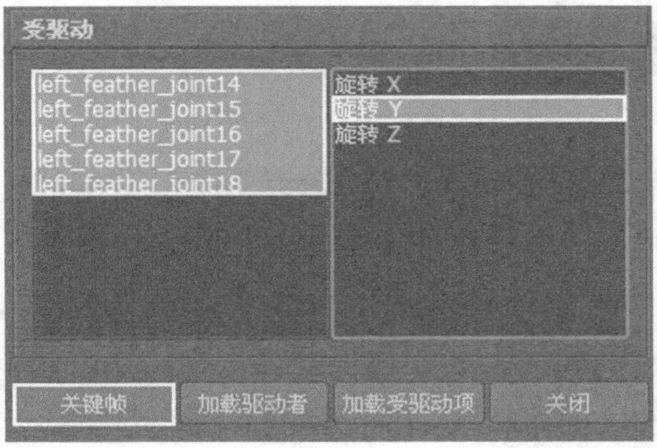

图31-53

图31-54

2.将翅膀关节left_elbow_jointA与对应羽毛关节建立驱动连接关系

01 在场景视图中选择要作为驱动物体的翅膀关节left_elbow_jointA，然后在“设置受驱动关键帧”对话框中单击“加载驱动者”按钮 加载驱动者 ，将选择翅膀关节的名称和属性载入到上方的“驱动者”列表窗口中，如图31-55所示。

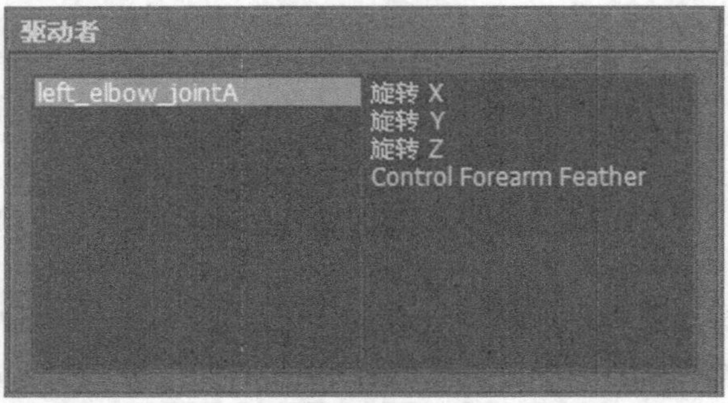

图31-55

02 在场景视图中同时选择要作为被驱动物体的5个羽毛关节left_feather_joint9至left_feather_joint13，然后在“设置受驱动关键帧”对话框中单击“加载受驱动项”按钮，将选择羽毛关节的名称载入到下方的“受驱动”列表窗口中，如图31-56所示。

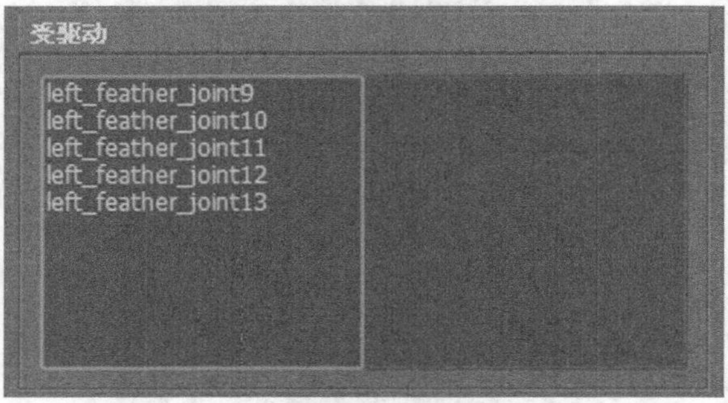

图31-56

03 在上方“驱动者”窗口的左侧列表框中选择驱动物体名称left_elbow_jointA，然后在右侧列表框中选择要作为驱动的属性Control Forearm Feather，接着在“通道盒”中设置该属性的数值为0，如图31-57所示。

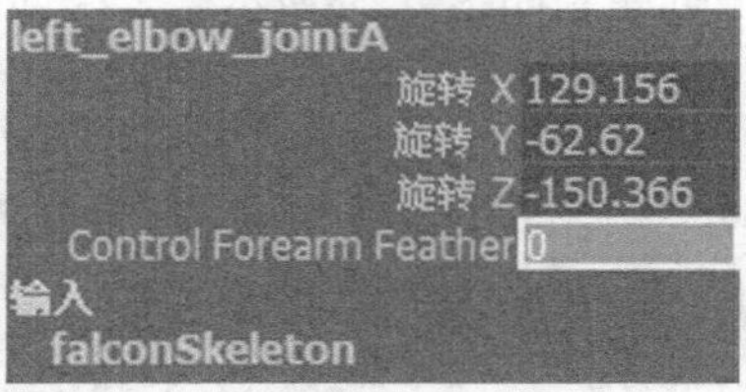

图31-57

04 在下方“受驱动”窗口的左侧列表框中拖曳鼠标左键选择全部5个羽毛关节名称left_feather_joint9至left_feather_joint13，然后在右侧列表框中选择要作为被驱动的属性“旋转y”，接着在“通道盒”中设置该属性的数值为0，如图31-58所示。

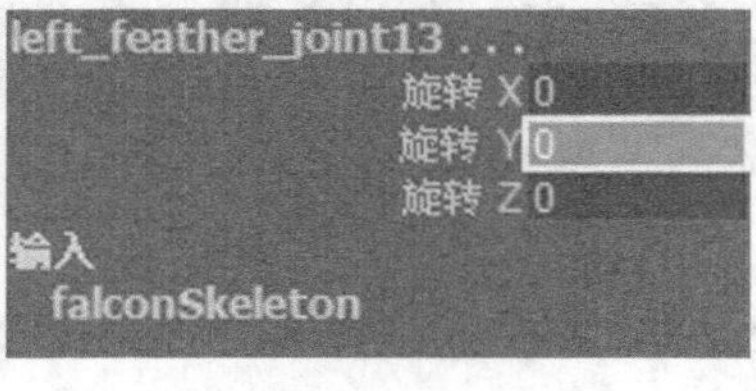

图31-58

05 在“设置受驱动关键帧”对话框的下方单击“关键帧”按钮，完成第1个驱动关键帧的创建，效果如图31-59所示。

图31-59

06 在上方“驱动者”窗口的左侧列表框中选择驱动物体名称left_elbow_jointA，然后在右侧列表框中选择驱动属性Control Forearm Feather，接着在“通道盒”中设置该属性的数值为5，如图31-60所示。

图31-60

07 在下方“受驱动”窗口的左侧列表框中选择羽毛关节名称left_feather_joint13，然后在右侧列表框中选择被驱动属性“旋转y”，接着在“通道盒”中设置该属性的数值为59.876，如图31-61所示。

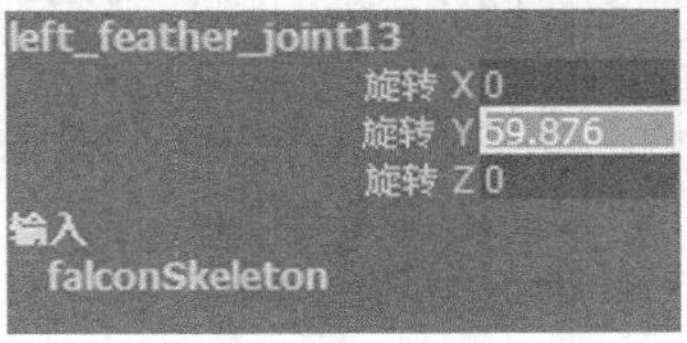

图31-61

08 用相同的方法分别设置另外4个羽毛关节的“旋转y”属性值。设置left_feather_joint12的“旋转y”属性值为55.44、left_feather_joint11的“旋转y”属性值为54、left_feather_joint10的“旋转y”属性值为63.683、left_feather_joint9的“旋转y”属性值为63.454，如图31-62所示。

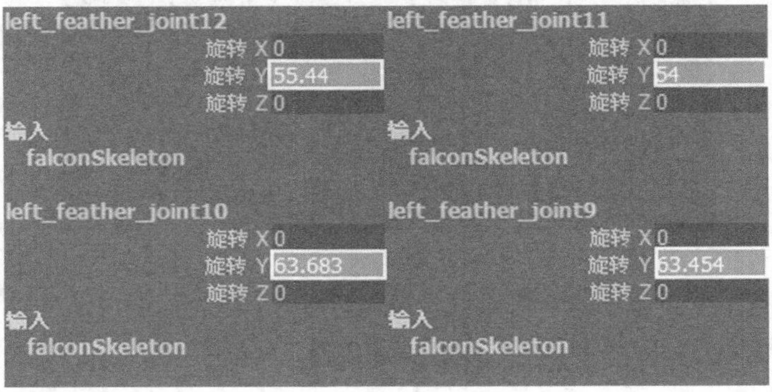

图31-62

09 完成5个羽毛关节的属性值设置后，在“受驱动”窗口的左侧列表框中拖曳鼠标左键选择全部5个羽毛关节名称，然后在右侧列表框中选择被驱动属性“旋转y”，接着单击“关键帧”按钮

，完成第2个驱动关键帧的创建，如图31-63所示，效果如图31-64所示。

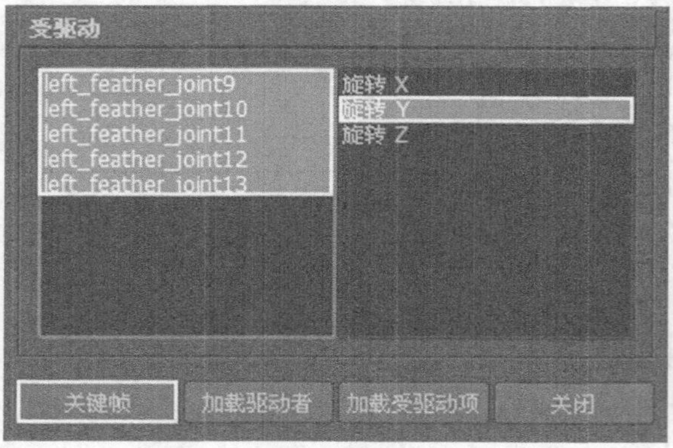

图31-63

图31-64

3.将翅膀关节left_wrist_jointA与对应羽毛关节建立驱动连接关系

01 在场景视图中选择要作为驱动物体的翅膀关节left_wrist_jointA，然后将其加载到上方的“驱动者”列表窗口中，如图31-65所示。

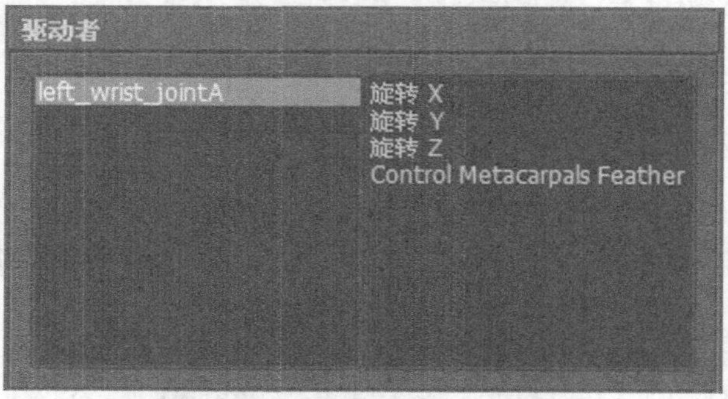

图31-65

02 在场景视图中同时选择要作为被驱动物体的9个羽毛关节left_feather_joint至left_feather_joint8，然后将其加载到下方的“受驱动”列表窗口中，如图31-66所示。

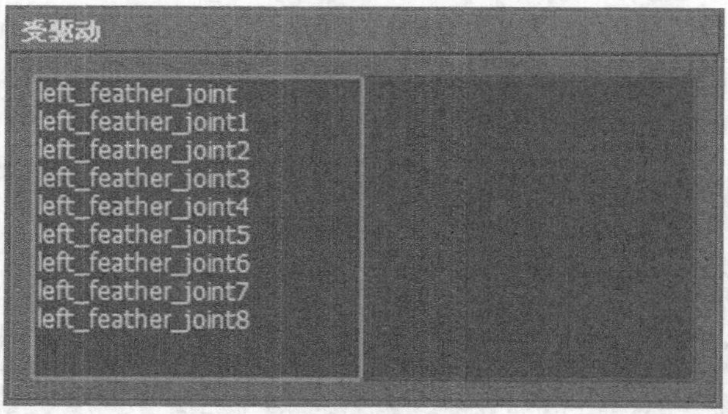

图31-66

03 在上方“驱动者”窗口的左侧列表框中选择驱动物体名称left_wrist_jointA，然后在右侧列表框中选择要作为驱动的属性Control Metacarpals Feather，接着在“通道盒”中设置该属性的数值为0，如图31-67所示。

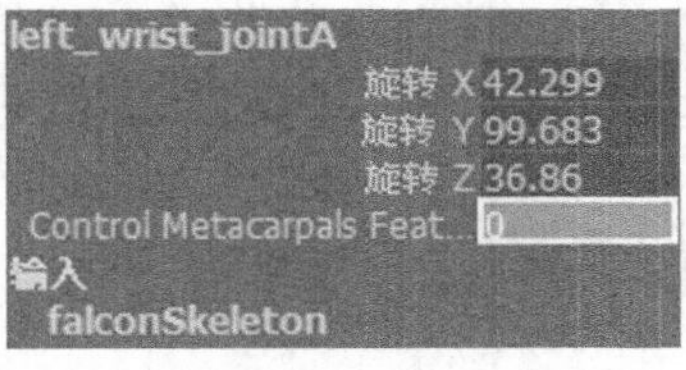

图31-67

04 在下方“受驱动”窗口的左侧列表框中拖曳鼠标左键选择全部9个羽毛关节名称left_feather_joint至left_feather_joint8，然后在右侧列表框中选择要作为被驱动的属性“旋转y”，接着在“通道盒”中设置该属性的数值为0，如图31-68所示。

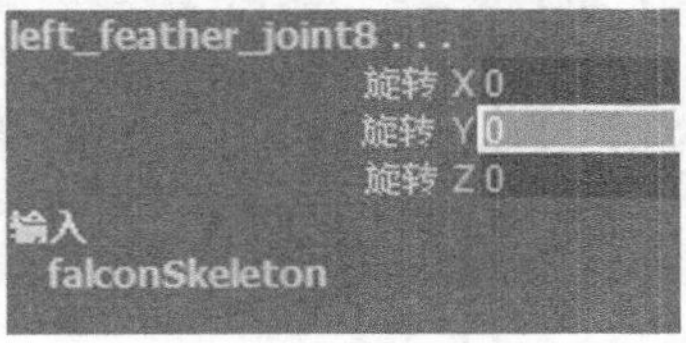

图31-68

05 在“设置受驱动关键帧”对话框的下方单击“关键帧”按钮 关键帧 ，完成第1个驱动关键帧的创建，效果如图31-69所示。

图31-69

06 在上方“驱动者”窗口的左侧列表框中选择驱动物体名称left_wrist_jointA，然后在右侧列表框中选择驱动属性Control Metacarpals Feather，接着在“通道盒”中设置该属性的数值为5，如图31-70所示。

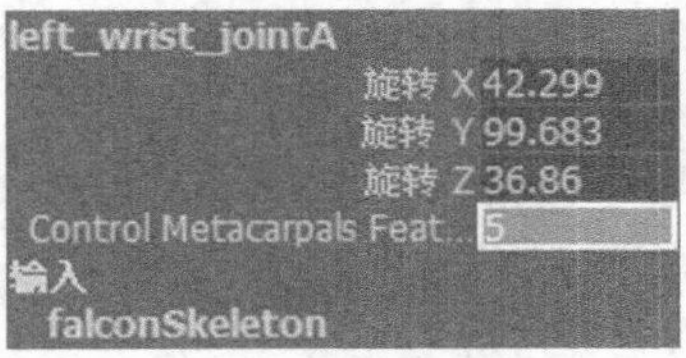

图31-70

07 在下方“受驱动”窗口的左侧列表框中选择羽毛关节名称left_feather_joint，然后在右侧列表框中选择被驱动属性“旋转y”，接着在“通道盒”中设置该属性的数值为37.848，如图31-71所示。

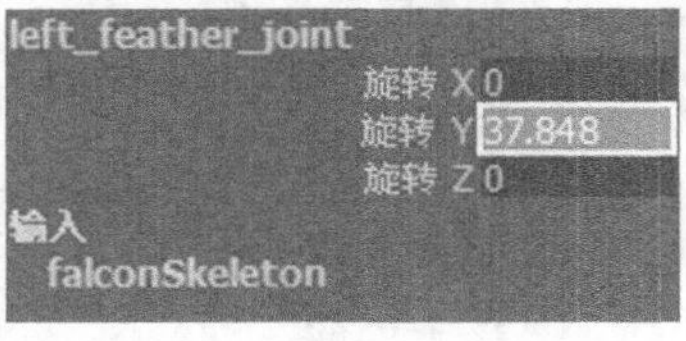

图31-71

08 用相同的方法分别设置另外8个羽毛关节的“旋转y”属性值。设置left_feather_joint1的“旋转y”属性值为28.77、left_feather_joint2的“旋转y”属性值为25.146、left_feather_joint3的“旋转y”属性值为22.529、left_feather_joint4的“旋转y”属性值为18.806、left_feather_joint5的“旋转y”属性值为8.253、left_feather_joint6的“旋转y”属性值为-2.254、left_feather_joint7的“旋转y”属性值为-12.922、left_feather_joint8的“旋转y”属性值为-20.855，如图31-72所示。

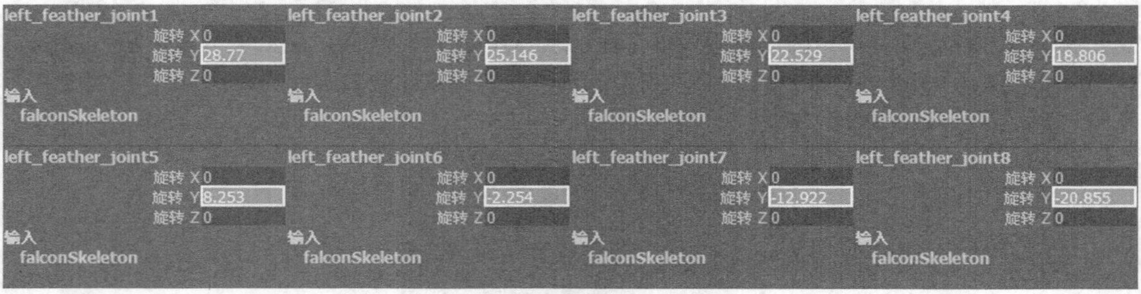

图31-72

09 完成9个羽毛关节的属性值设置后，在“受驱动”窗口的左侧列表框中拖曳鼠标左键选择全部9个羽毛关节名称，然后在右侧列表框中选择被驱动属性“旋转y”，接着单击“关键帧”按钮 关键帧 ，完成第2个驱动关键帧的创建，如图31-73所示，效果如图31-74所示。

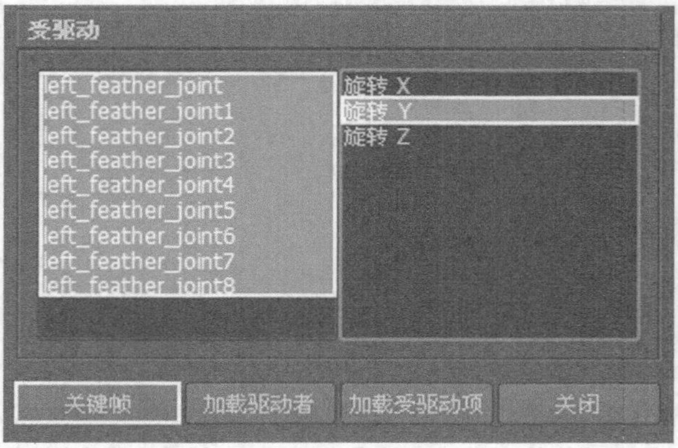

图31-73

图31-74

技巧与提示

创建完左侧的受驱动关键帧后，使用完全相同的方法对右侧翅膀骨架链的相应属性设置受驱动关键帧，用翅膀关节附加属性控制羽毛关节的旋转角度，完成后的结果如图31-75所示。

图31-75

31.2.5 添加属性控制翅膀总体运动

现在，还需要添加一个附加属性，利用这个附加属性来控制翅膀的伸展和折叠动作。可以将这个附加属性添加到整个角色骨架链根关节的组节点上，具体操作方法如下。

01 在场景视图中用鼠标左键单击位于角色模型背部的一个选择控制柄，可以直接选择角色骨架链根关节的组节点falcon_root_joint_group，如图31-76所示。

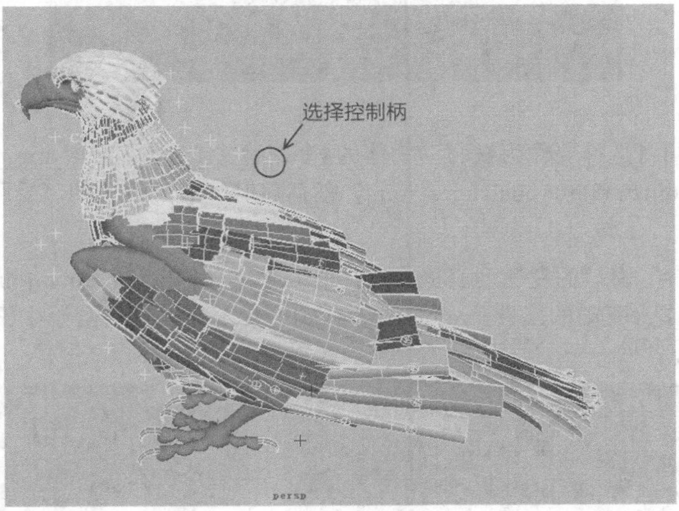

图31-76

02 执行“修改>添加属性”菜单命令，打开“添加属性”对话框，然后在“长名称”文本框中输入属性名称Stretch And Fold，接着设置“最小”为-10、“最大”为10、“默认”为0，再单击“添加”按钮，如图31-77所示，这样可以在“通道盒”中添加一个新的附加属性，如图31-78所示。

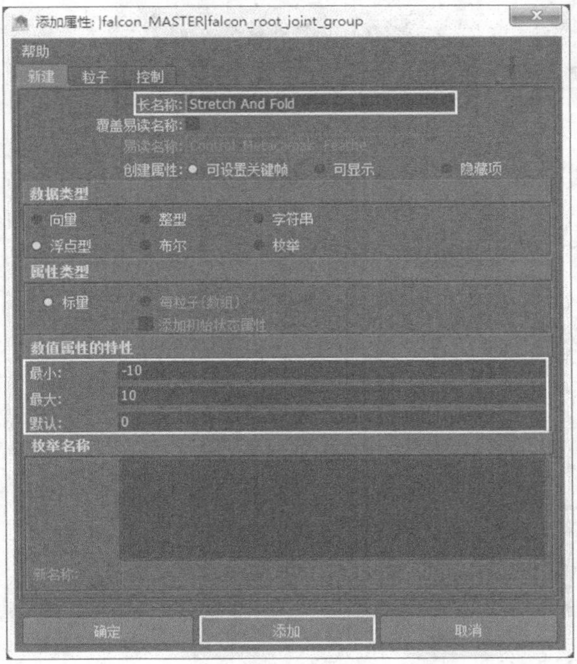

图31-77

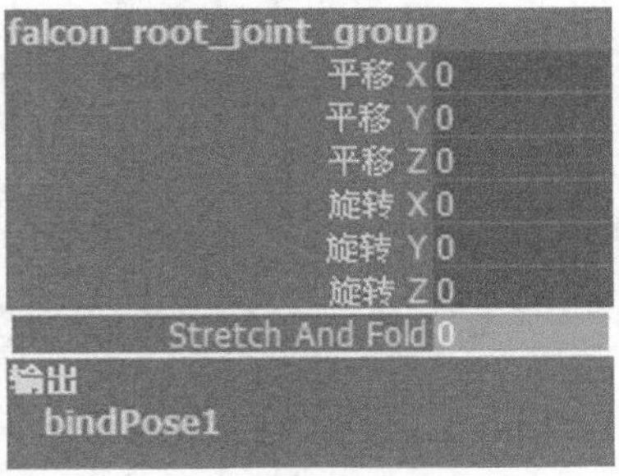

图31-78

31.2.6 设置受驱动关键帧控制翅膀折叠动作

01 打开“设置受驱动关键帧”对话框，然后将作为驱动物体的骨架链根关节组节点falcon_root_joint_group加载到上方的“驱动者”列表窗口中，如图31-79所示。

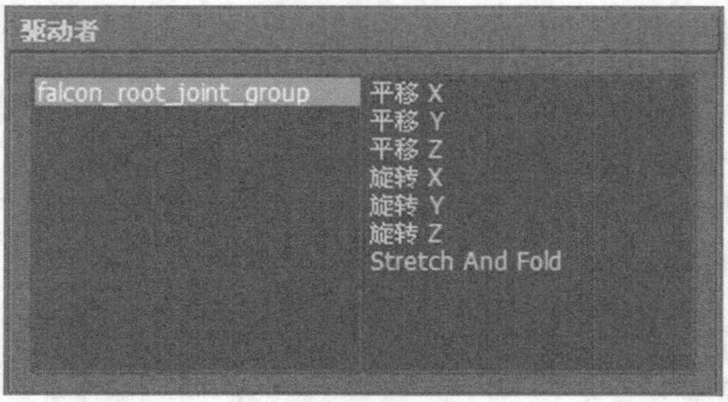

图31-79

02 在场景视图中同时选择要作为被驱动物体的4个翅膀关节left_upper_arm_jointA、left_elbow_jointA、left_wrist_jointA和left_phalanges_joint，然后将其加载到下方的“受驱动”列表窗口中，如图31-80所示。

03 在上方“驱动者”窗口的左侧列表框中选择驱动物体名称falcon_root_joint_group，然后在右侧列表框中选择要作为驱动的属性Stretch And Fold，接着在“通道盒”中设置该属性的数值为-10，如图31-81所示。

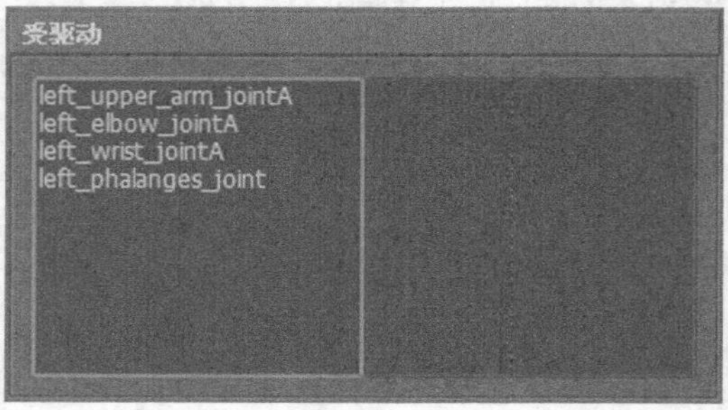

图31-80

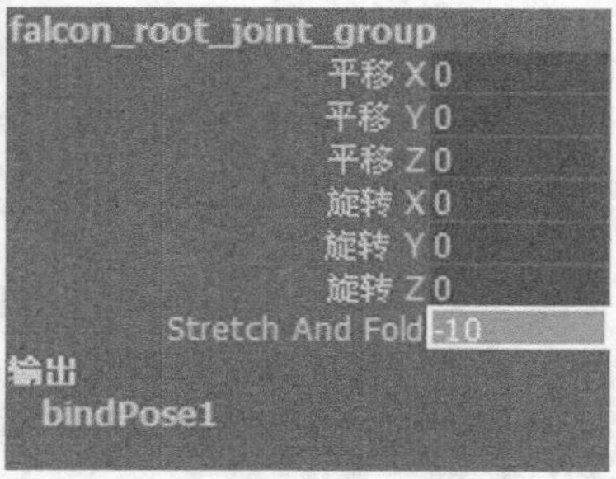

图31-81

04 在下方“受驱动”窗口的左侧列表框中拖曳鼠标左键选择全部4个翅膀关节名称，然后在右侧列表框中拖曳鼠标左键选择要作为被驱动的属性“旋转x”“旋转y”和“旋转z”，保持“通道盒”中当前的属性数值不变，接着单击“关键帧”按钮 关键帧 ，记录一个驱动关键帧，效果如图31-82所示。

图31-82

05 仍然保持驱动属性Stretch And Fold的数值为-10，在下方“受驱动”窗口的左侧列表框中选择翅膀关节名称left_upper_arm_jointA，然后在右侧列表框中选择被驱动属性Control Humerus Feather，接着在“通道盒”中设置该属性的数值为5，如图31-83所示。

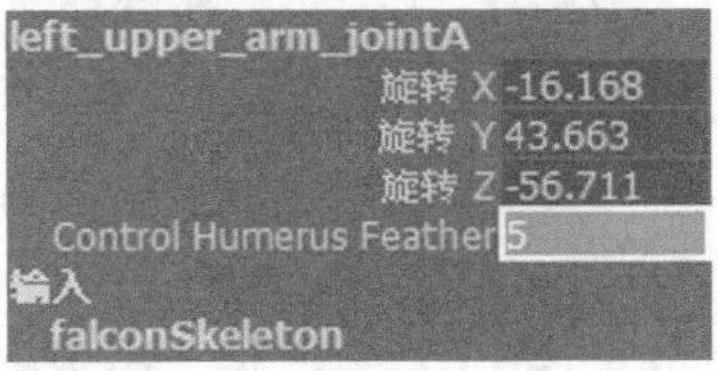

图31-83

06 单击“关键帧”按钮，记录一个驱动关键帧，效果如图31-84所示。

图31-84

07 保持驱动属性Stretch And Fold的数值为-10，在下方“受驱动”窗口的左侧列表框中选择翅膀关节名称left_elbow_jointA，然后在右侧列表框中选择被驱动属性Control Forearm Feather，接着在“通道盒”中设置该属性的数值为5，如图31-85所示，最后单击“关键帧”按钮，记录一个驱动关键帧。

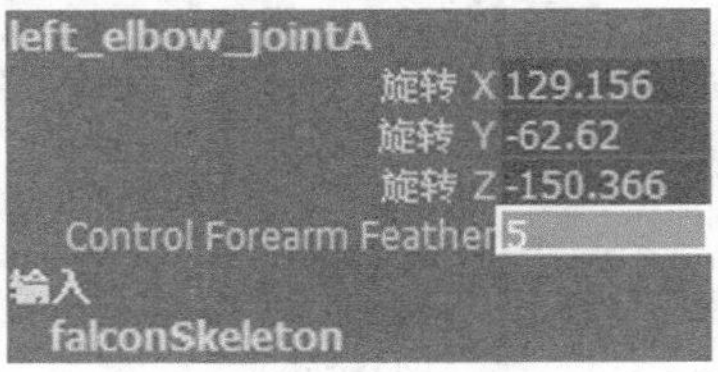

图31-85

08 保持驱动属性Stretch And Fold的数值为-10，在下方“受驱动”窗口的左侧列表框中选择翅膀关节名称left_wrist_jointA，然后在右侧列表框中选择被驱动属性Control Metacarpals Feather，接着在“通道盒”中设置该属性的数值为5，如图31-86所示，最后单击“关键帧”按钮，记录一个驱动关键帧。

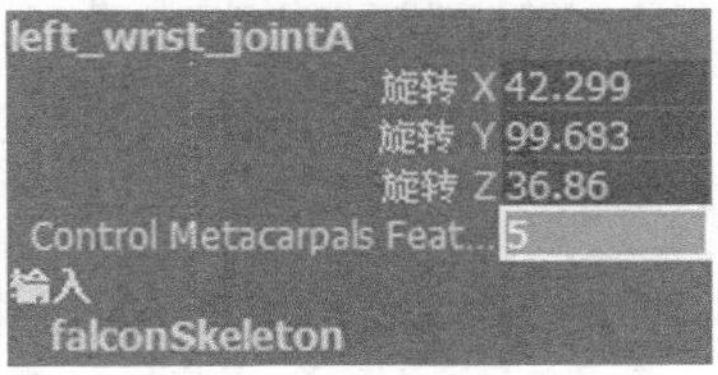

图31-86

09 在上方“驱动者”窗口的左侧列表框中选择驱动物体名称falcon_root_joint_group，然后在右侧列表框中选择驱动属性Stretch And Fold，接着在“通道盒”中设置该属性的数值为0，如图31-87所示。

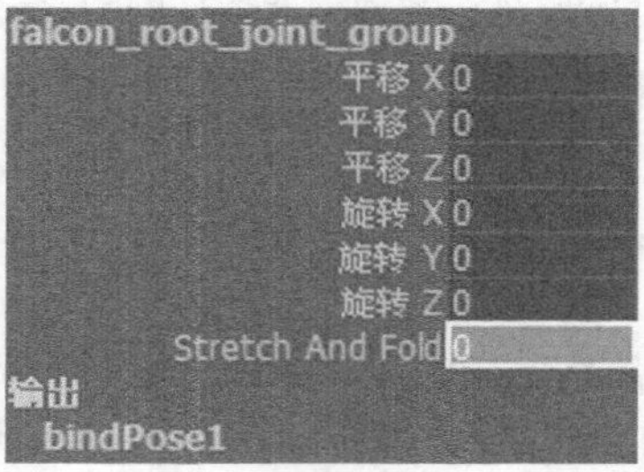

图31-87

10 在下方“受驱动”窗口的左侧列表框中拖曳鼠标左键选择全部4个翅膀关节名称，然后在右侧列表框中拖曳鼠标左键选择被驱动属性“旋转x”“旋转y”和“旋转z”，接着在“通道盒”中设置3个轴向的旋转属性数值为0，如图31-88所示。

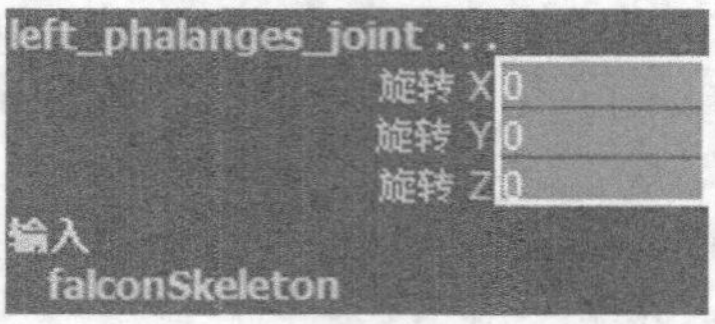

图31-88

11 单击“关键帧”按钮，记录一个驱动关键帧，效果如图31-89所示。

图31-89

12 仍然保持驱动属性Stretch And Fold的数值为0，在下方“受驱动”窗口的左侧列表框中选择翅膀关节名称left_upper_arm_jointA，然后在右侧列表框中选择被驱动属性Control Humerus Feather，接着在“通道盒”中设置该属性的数值为0，如图31-90所示，最后单击“关键帧”按钮，记录一个驱动关键帧。

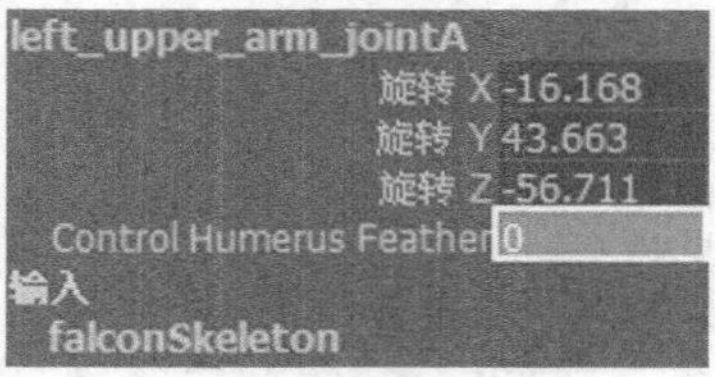

图31-90

13 保持驱动属性Stretch And Fold的数值为0，在下方“受驱动”窗口的左侧列表框中选择翅膀关节名称left_elbow_jointA，然后在右侧列表框中选择被驱动属性Control Forearm Feather，接着在“通道盒”中设置该属性的数值为0，如图31-91所示，最后单击“关键帧”按钮，记录一个驱动关键帧。

图31-91

14 保持驱动属性Stretch And Fold的数值为0，在下方“受驱动”窗口的左侧列表框中选择翅膀关节名称left_wrist_jointA，然后在右侧列表框中选择被驱动属性Control Metacarpals Feather，接着在“通道盒”中设置该属性的数值为0，如图31-92所示，最后单击“关键帧”按钮，记录一个驱动关键帧，效果如图31-93所示。

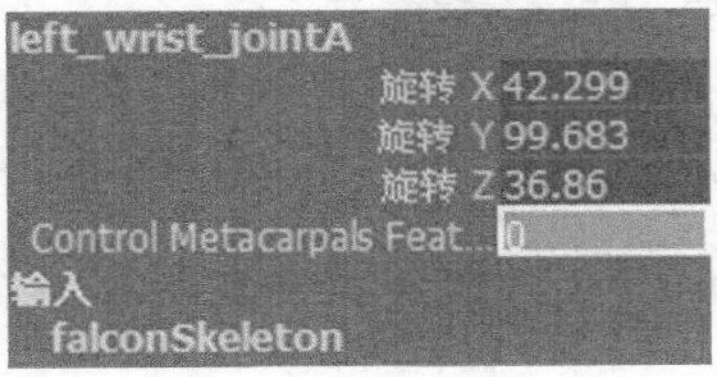

图31-92

图31-93

31.2.7 设置驱动关键帧控制翅膀伸展动作

01 在场景视图中选择翅膀关节left_phalanges_tip_joint，如图31-94所示，然后在“设置受驱动关键帧”对话框中的“选项”菜单下取消勾选“加载时清除”选项，接着将关节加载到“受驱动”列表窗口中，如图31-95所示。

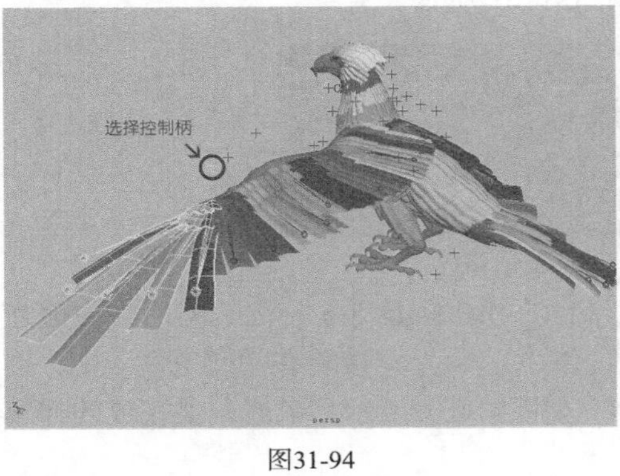

图31-94

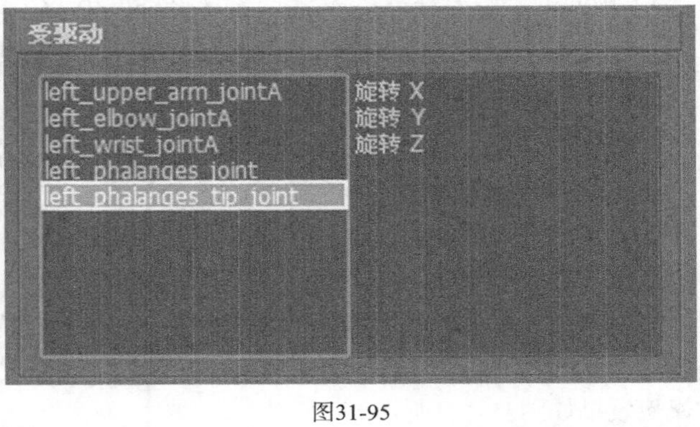

图31-95

02 保持驱动属性Stretch And Fold的数值为0，在下方“受驱动”窗口的左侧列表框中选择翅膀关节名称left_phalanges_tip_joint，然后在右侧列表框中拖曳鼠标左键选择作为被驱动的属性“旋转*x*”“旋转*y*”和“旋转*z*”，接着在“通道盒”中设置3个轴向的旋转属性数值为0，如图31-96所示，最后单击“关键帧”按钮

，记录一个驱动关键帧。

03 在上方“驱动者”窗口的左侧列表框中选择驱动物体名称falcon_root_joint_group，然后在右侧列表框中选择驱动属性Stretch And Fold，接着在“通道盒”中设置该属性的数值为10，如图31-97所示。

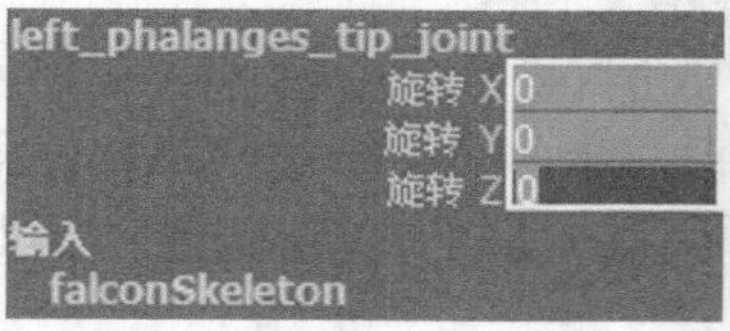

图31-96

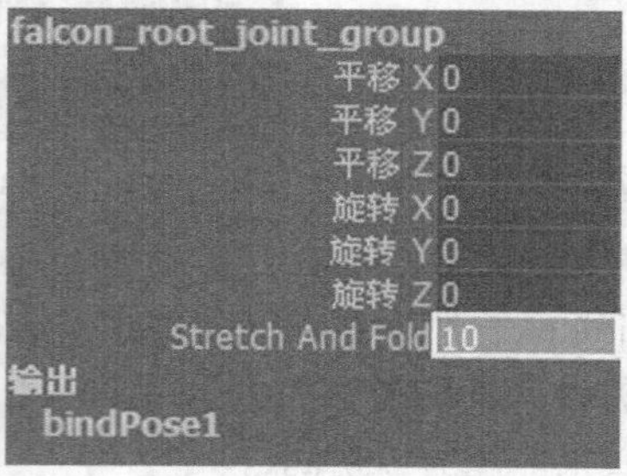

图31-97

04 在下方“受驱动”窗口的左侧列表框中选择翅膀关节left_upper_arm_jointA，然后在右侧列表框中拖曳鼠标左键选择被驱动属性“旋转x”“旋转y”和“旋转z”，接着在“通道盒”中分别设置这3个轴向的旋转属性数值为-20.209、4.7和39.059，如图31-98所示。

05 在下方“受驱动”窗口的左侧列表框中选择翅膀关节left_elbow_jointA，然后在右侧列表框中拖曳鼠标左键选择被驱动属性“旋转x”“旋转y”和“旋转z”，接着在“通道盒”中分别设置这3个轴向的旋转属性数值为0.136、-4.181和-11.644，如图31-99所示。

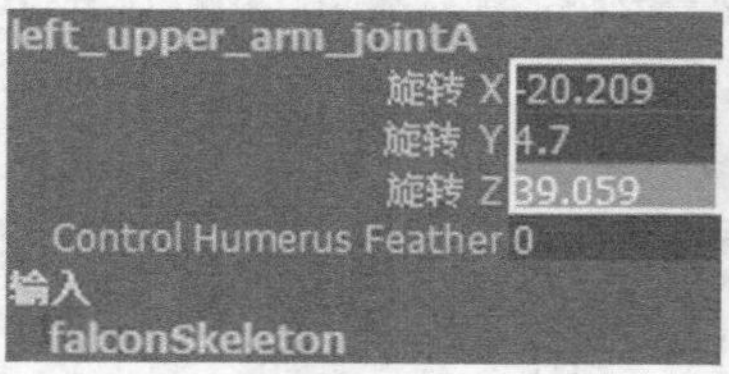

图31-98

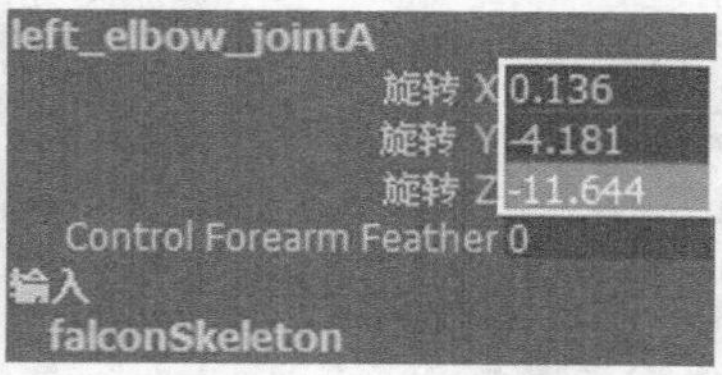

图31-99

06 在下方“受驱动”窗口的左侧列表框中选择翅膀关节left_wrist_jointA，然后在右侧列表框中拖曳鼠标左键选择被驱动属性“旋转x”“旋转y”和“旋转z”，接着在“通道盒”中分别设置这3个轴向的旋转属性数值为-1.538、-2.123和-7.295，如图31-100所示。

07 在下方“受驱动”窗口的左侧列表框中选择翅膀关节left_phalanges_joint，然后在右侧列表框中拖曳鼠标左键选择被驱动属性“旋转x”“旋转y”和“旋转z”，接着在“通道盒”中分别设置这3个轴向的旋转属性数值为3.683、-1.799和-26.126，如图31-101所示。

图31-100

图31-101

08 在下方“受驱动”窗口的左侧列表框中选择翅膀关节left_phalanges_tip_joint，然后在右侧列表框中拖曳鼠标左键选择被驱动属性“旋转x”“旋转y”和“旋转z”，接着在“通道盒”中分别设置这3个轴向的旋转属性数值为9.004、-8.326和-8.266，如图31-102所示，最终调整完成的伸展翅膀效果如图31-103所示。

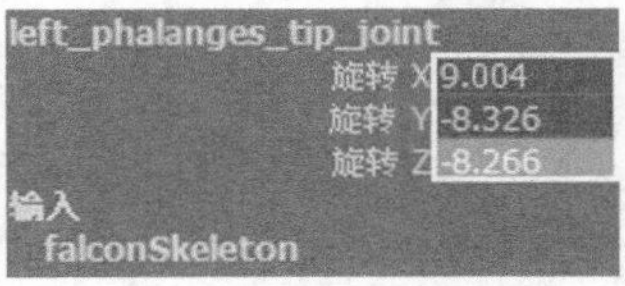

图31-102

图31-103

09 在下方“受驱动”窗口的左侧列表框中拖曳鼠标左键选择全部5个翅膀关节名称，然后在右侧列表框中拖曳鼠标左键选择被驱动属性“旋转x” “旋转y”和“旋转z”，接着单击“关键帧”按钮 关键帧 ，记录一个驱动关键帧，如图31-104所示，效果如图31-105所示。

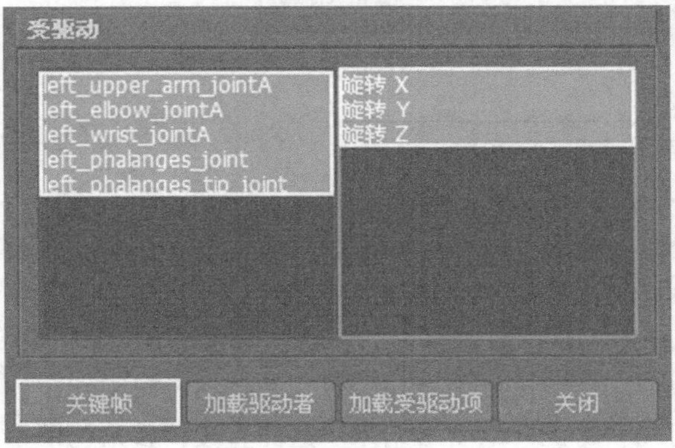

图31-104

图31-105

10 到此，左侧翅膀的伸展与折叠控制就设置完成了。使用完全相同的方法将右侧翅膀关节属性与翅膀总体运动控制属性Stretch And Fold也建立驱动连接关系。当设置完成后，就可以选择角色骨架链根关节组节点falcon_root_joint_group，并在“通道盒”中单击属性名称Stretch And Fold，然后按住鼠标中键在场景视图中沿水平方向来回拖曳，观察受驱动关键帧控制鸟类翅膀产生伸展与折叠动作效果，如图31-106所示。

图31-106

31.3 精通角色绑定：鲨鱼的刚性绑定与编辑

场景文件　学习资源>实例文件>CH31>学习资源>场景文件>CH31>c.mb
实例文件　学习资源>实例文件>CH31>31.3.mb
技术掌握　掌握刚性绑定NURBS多面片角色模型、编辑角色模型刚性蒙皮变形效果

本节将使用刚性绑定的方法对一个NURBS多面片角色模型进行蒙皮操作，如图31-107所示。通过这个实例练习，可以让用户了解刚性蒙皮角色的工作流程和编辑方法，也为用户提供了一种解决NURBS多面片角色模型绑定问题的思路。

图31-107

31.3.1 分析场景内容

打开学习资源中的“场景文件>CH31>c.mb”文件，如图31-108所示。本例不是采用直接将模型表面绑定到骨架的常规方式，而是采用一种间接的绑定方式。具体地说，就是首先为NURBS多面片角色模型创建“晶格”变形器，然后将晶格物体作为可变形物体刚性绑定到角色骨架上，让角色关节的运动带动晶格点运动，再由晶格点运动影响角色模型表面产生皮肤变形效果。

这样做的优点是，利用“晶格”变形器可以使刚性蒙皮效果更加平滑，而且在编辑刚性蒙皮变形效果时，用户只需要调整少量的晶格点就可以获得满意的变形结果。这比直接调整角色模型表面上的蒙皮点要节省大量的时间，可以大大减轻工作量，使复杂的工作得到简化。

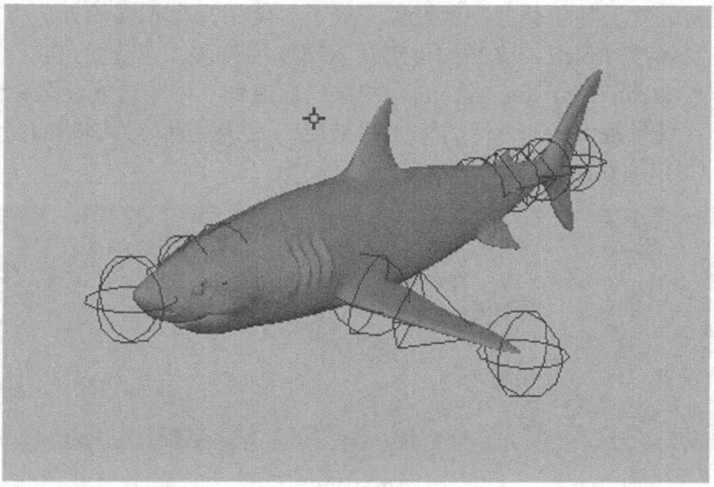

图31-108

31.3.2 刚性绑定NURBS多面片角色模型

1.为鲨鱼身体模型创建晶格变形器

01 在状态栏中激活“按组件类型选择”按钮和“选择点组件”按钮，如图31-109所示。

图31-109

02 在前视图中框选除左右两侧鱼鳍表面之外的全部CV控制点，如图31-110所示。

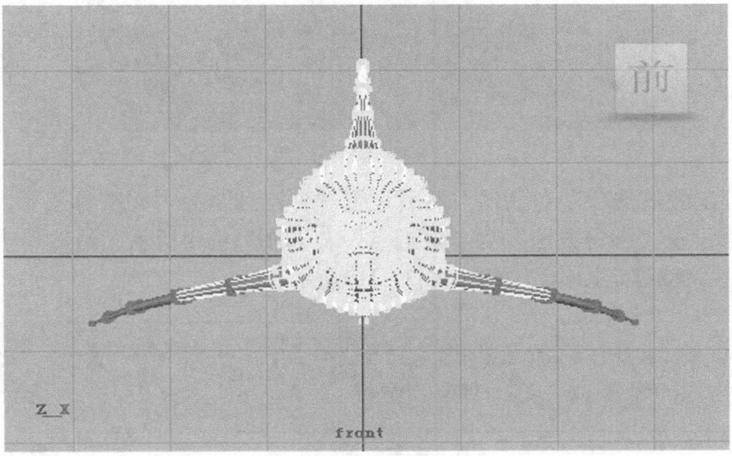

图31-110

技巧与提示

注意，本场景锁定了鲨鱼模型，需要在“层编辑器”中将鲨鱼的层解锁后才可编辑。

03 单击“创建变形器>晶格”菜单命令后面的按钮，打开“晶格选项”对话框，然后设置“分段”为（5，5，25），如图31-111所示，接着单击“创建”按钮，完成晶格物体的创建，效果如图31-112所示。

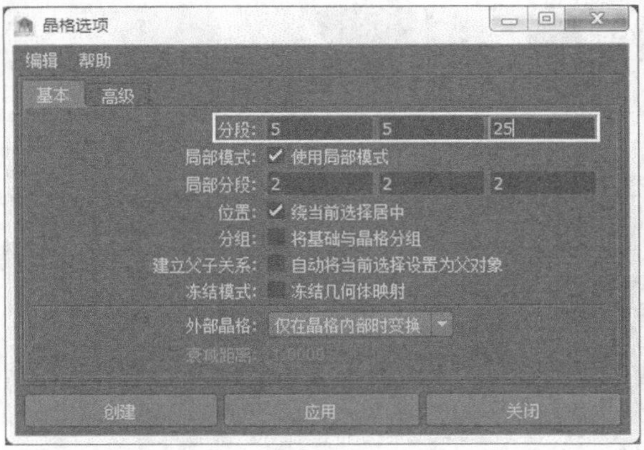

图31-111

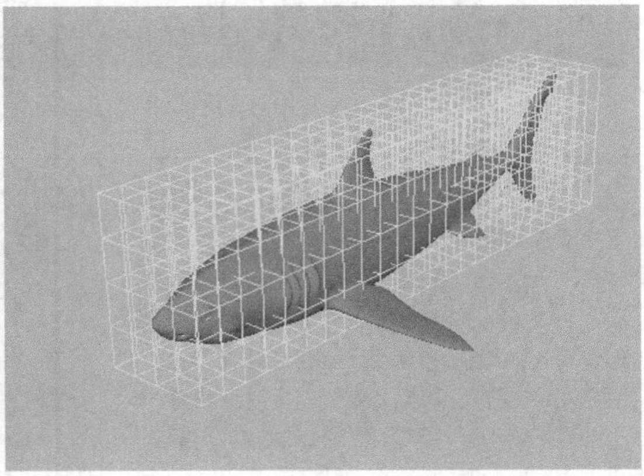

图31-112

2.将晶格物体与角色骨架建立刚性绑定关系

01 首先选择鲨鱼骨架链的根关节shark_root，然后按住Shift键加选要绑定的影响晶格物体ffd1Lattice，如图31-113所示。

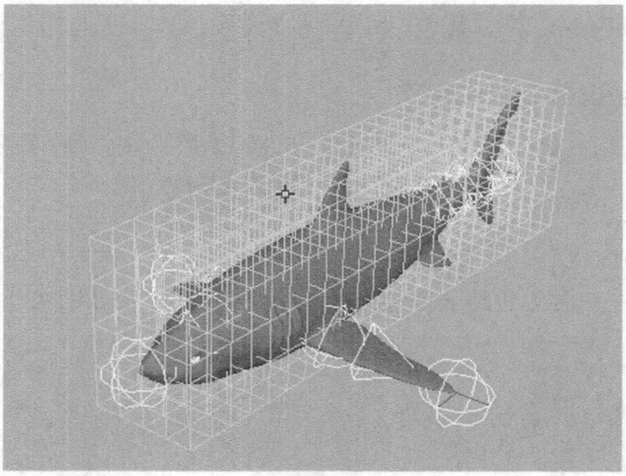

图31-113

02 打开“刚性绑定蒙皮选项”对话框，然后设置“绑定到”为“完整骨架”，接着勾选“为关节上色”选项，再设置“绑定方法”为“最近点”，如图31-114所示，最后单击“绑定蒙皮”按钮，完成刚性蒙皮绑定操作，效果如图31-115所示。

技巧与提示

在Maya 2015中删除了刚性绑定菜单选项，以简化其他工作流。可以在Maya主窗口底部的命令行中输入RigidBindSkinOptions，以打开“刚性绑定蒙皮选项”对话框。

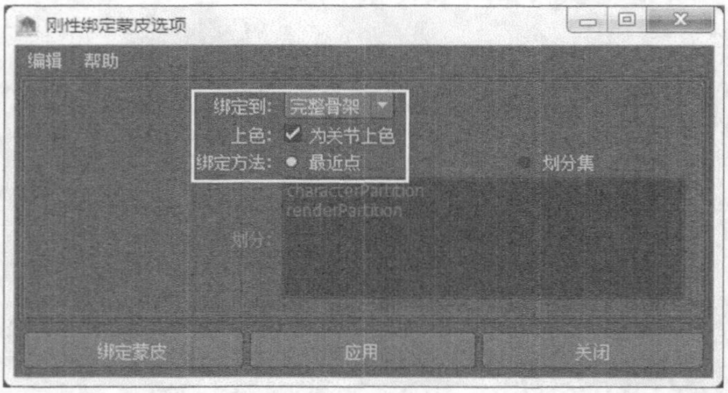

图31-114

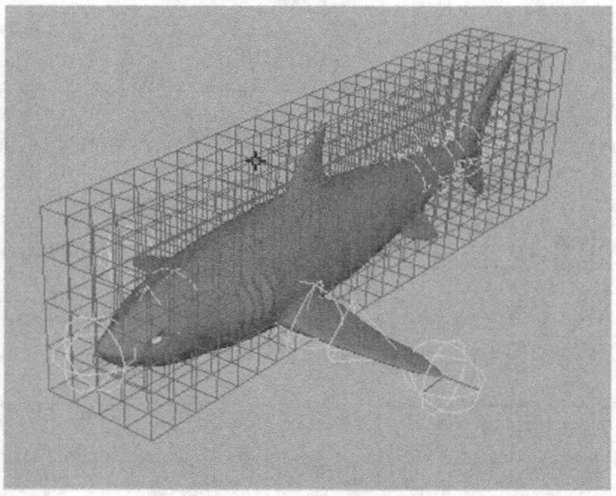

图31-115

技巧与提示

这时如果用“移动工具”选择并移动鲨鱼骨架链的根关节shark_root，可以发现鲨鱼的身体模型已经可以跟随骨架链同步移动，但是左右两侧鱼鳍表面仍然保持在原来的位置，如图31-116所示。这样还需要进行第2次刚性绑定操作，将左右两侧鱼鳍表面上的CV控制点（未受到晶格影响的CV控制点）绑定到与其最靠近的鱼鳍关节上。

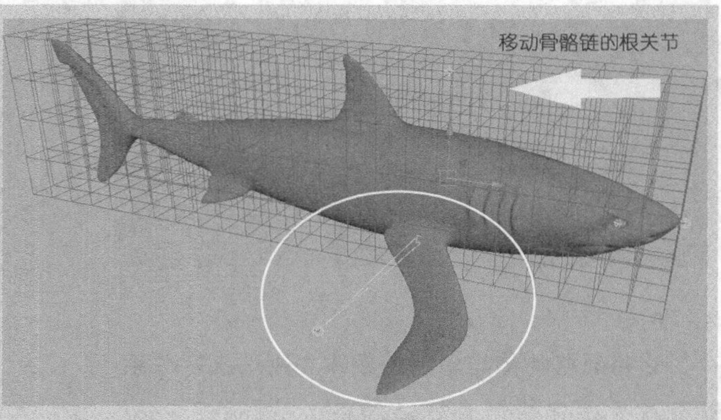

图31-116

03 首先选择鲨鱼骨架链中位于左右两侧的鱼鳍关节shark_leftAla和shark_rightAla，然后按住Shift键加选左右两侧鱼鳍表面上未受到晶格影响的CV控制点，如图31-117所示。

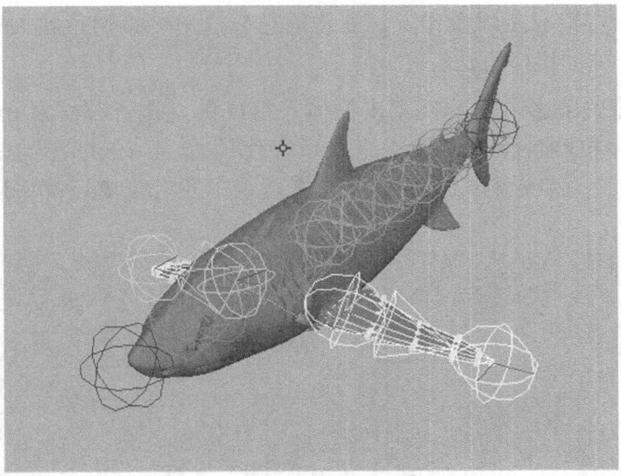

图31-117

04 单击“蒙皮>绑定蒙皮>刚性绑定”菜单命令后面的□按钮，打开“刚性绑定蒙皮选项”对话框，然后设置“绑定到”为“选定关节”，接着关闭“为关节上色”选项，再设置“绑定方法”为“最近点”，如图31-118所示，最后单击“绑定蒙皮”按钮，完成第2次刚性蒙皮绑定操作，效果如图31-119所示。

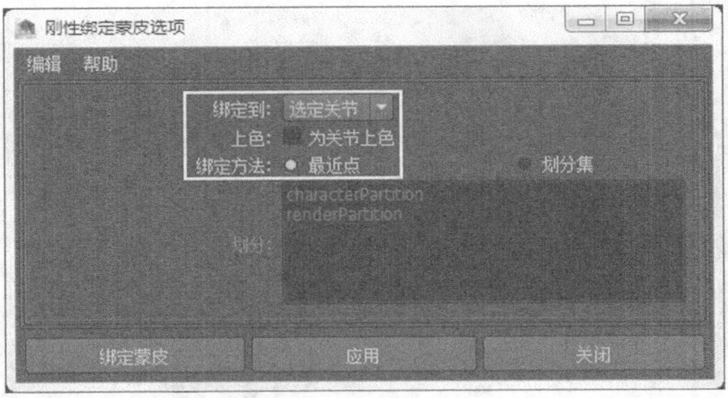

图31-118

图31-119

技巧与提示

在完成刚性绑定模型之后，接下来的工作就是编辑角色模型刚性蒙皮变形效果，使模型表面变形效果能达到制作动画的要求。

31.3.3 编辑角色模型刚性蒙皮变形效果

编辑角色模型刚性蒙皮变形效果可以分两个阶段进行。

第1阶段是编辑刚性蒙皮物体点组成员，就是根据关节与模型之间的实际空间位置关系，合理划分骨架链中每个关节所能影响刚性蒙皮物体表面蒙皮点的区域范围，能否正确划分关节的影响范围对最终变形结果是否准确合理将起到决定性的作用。

第2阶段是编辑刚性蒙皮权重，因为系统默认设置关节对刚性蒙皮物体点的影响力都是相等的，即蒙皮权重数值都为1。这在大多数情况下不能满足实际工作的需要，所以必须调整刚性蒙皮物体点的影响力（蒙皮权重），才能获得最佳的皮肤变形效果。

1.编辑刚性蒙皮物体点组成员

编辑刚性蒙皮物体点组成员的操作方法非常简单，这里以编辑鱼鳍关节影响的刚性蒙皮物体点组成员为例，讲解具体的操作方法。

01 查看当前选择鱼鳍关节影响的刚性蒙皮物体点组成员。执行“编辑变形器>编辑成员身份工具”菜单命令，进入编辑刚性蒙皮物体点组成员操作模式。用鼠标左键单击选择左侧鱼鳍关节shark_leftAla，这时被该关节影响的刚性蒙皮物体点组中所有蒙皮点都将以黄色高亮显示，如图31-120所示。

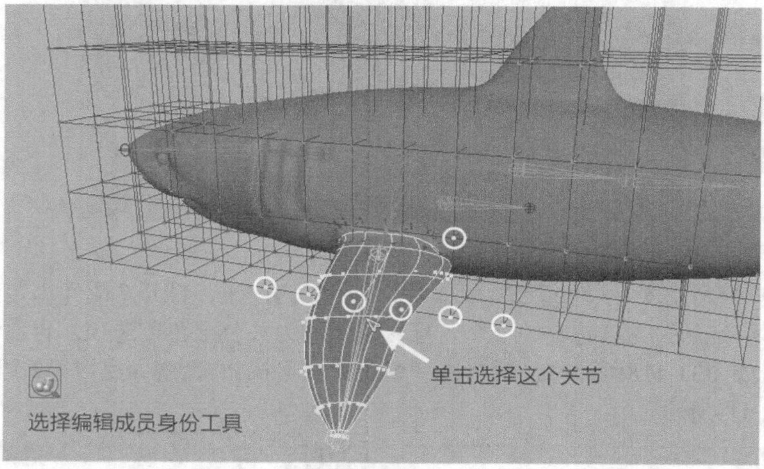

图31-120

技巧与提示

从图31-120中可以看出，左侧鱼鳍关节不但影响鱼鳍表面上的CV控制点，而且也影响7个晶格点，这7个晶格点在图中用红色圆圈标记出来了。

02 从当前刚性蒙皮点组中去除不需要的晶格点。按住键盘Ctrl键用鼠标左键单击选择最下方6个高亮显示晶格点外侧的两个（在图中用绿色圆圈标记出来了），使它们变为非高亮显示状态，将这两个晶格点从当前关节影响的刚性蒙皮点组中去除，如图31-121所示。

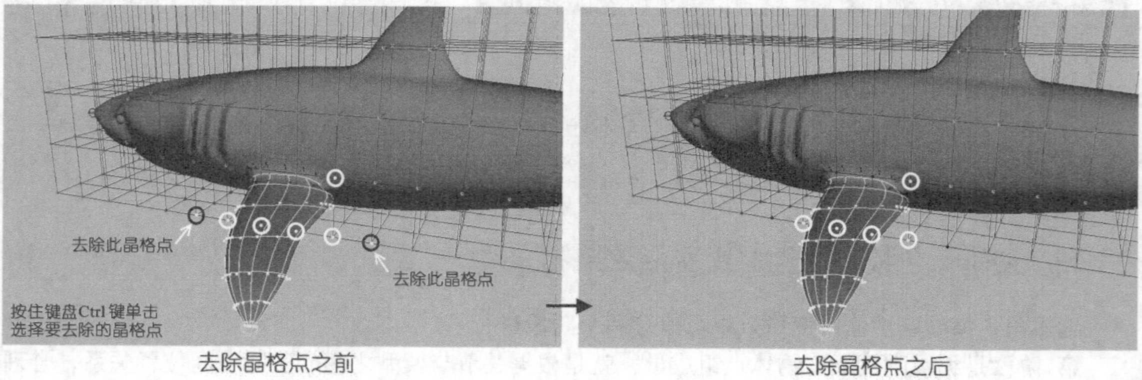

图31-121

03 向当前刚性蒙皮点组中添加需要的晶格点。按住键盘Shift键用鼠标左键单击选择位于鱼鳍表面上方3个非高亮显示的晶格点，使它们变为高亮显示，将这3个晶格点（在图中用绿色圆圈标记出来了）添加到当前关节影响的刚性蒙皮点组中，如图31-122所示。

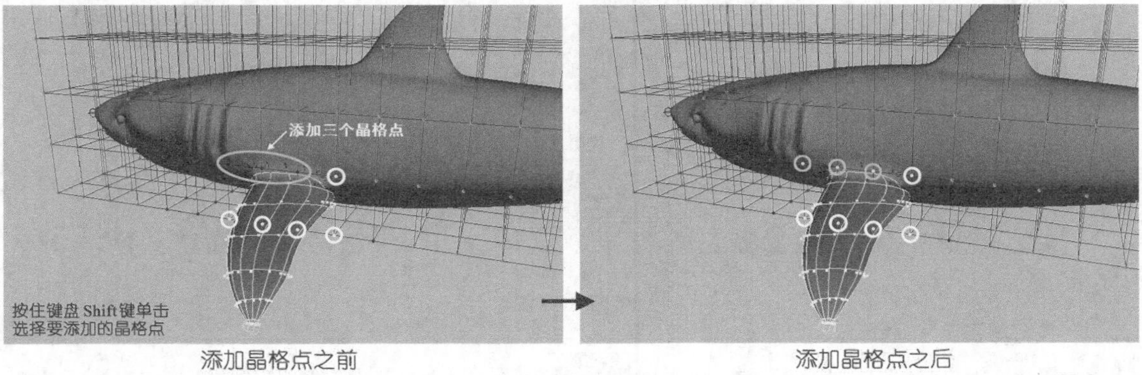

图31-122

04 用相同的方法完成右侧鱼鳍关节影响的刚性蒙皮物体点组成员编辑操作。对于鲨鱼身体的其他关节，都可以先采用“编辑成员身份工具”查看是否存在分配不恰当的蒙皮点组成员，如果存在，利用添加或去除的方法进行蒙皮物体点组成员编辑操作，目的是消除关节在蒙皮物体上不恰当的影响范围。因为这部分没有更多的操作技巧，所以这里就不再重复讲解了，最终完成调整的鲨鱼骨架与晶格点的对应影响关系如图31-123所示。

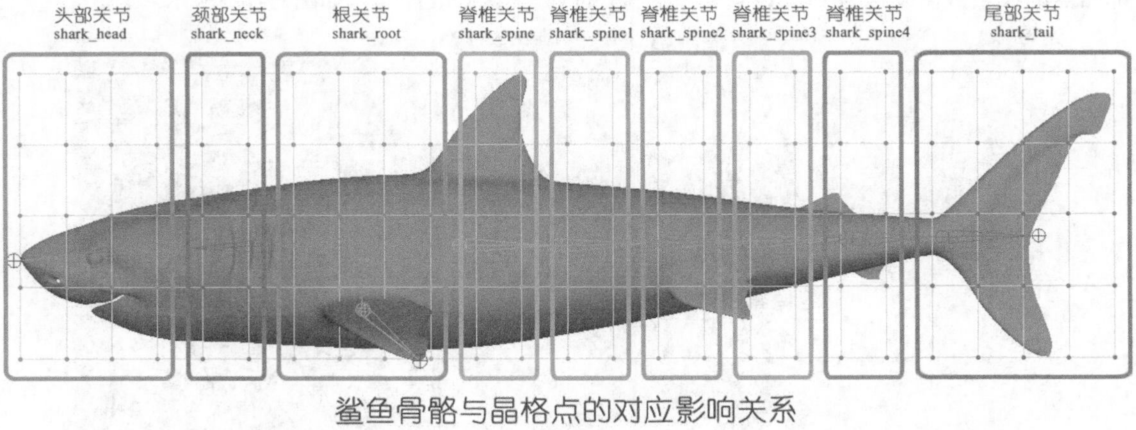

图31-123

2.编辑刚性蒙皮晶格点权重

在完成调整关节影响蒙皮点的作用范围之后，接下来还需要对关节影响蒙皮点的作用力大小（蒙皮权重）进行调整。对于这个制作实例，编辑刚性蒙皮权重实际就是调整关节对晶格点的影响力。工作思路与编辑平滑蒙皮权重类似，首先旋转关节，查找出蒙皮物体表面变形不正确的区域，然后合理运用相应的编辑蒙皮权重工具，纠正不正确的权重分布区域，最终调整出正确的皮肤变形效果。

01 旋转鱼鳍关节，观察当前蒙皮权重分配对鲨鱼模型的变形影响。同时选择左右两侧的鱼鳍关节shark_leftAla和shark_rightAla，使用“旋转工具”沿*z*轴分别旋转+35°和-35°（也可以直接在“通道盒”中设置“旋转*z*”为±35），做出鱼鳍上下摆动的姿势，这时观察鲨鱼模型的变形效果如图31-124所示。

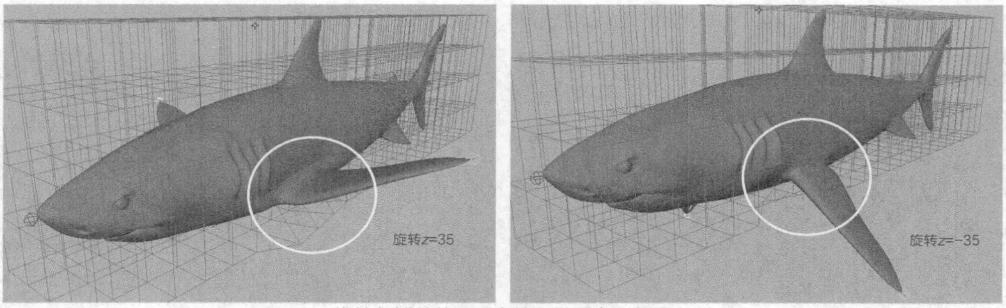

旋转鱼鳍关节，观察鲨鱼模型变形效果

图31-124

技巧与提示

从图31-124中可以看出，由于鱼鳍关节对晶格点的影响力（蒙皮权重）过大，造成在鱼鳍与鲨鱼身体接合位置处模型体积的缺失，下面就来解决这个问题。

02 在晶格物体上单击鼠标右键，在弹出的菜单中选择“晶格点”命令，然后选择受鱼鳍关节影响的8个晶格点，执行“窗口>常规编辑器>组件编辑器”菜单命令，打开“组件编辑器”对话框，接着单击“刚性蒙皮”选项卡（在面板中会显示出当前选择的8个晶格点的刚性蒙皮权重数值，默认值为1），最后将位于晶格下方中间位置处的两个晶格点的权重数值设置为0.2，其余6个晶格点的权重数值设置为0.1，设置完成后按Enter键确认修改操作，如图31-125所示。

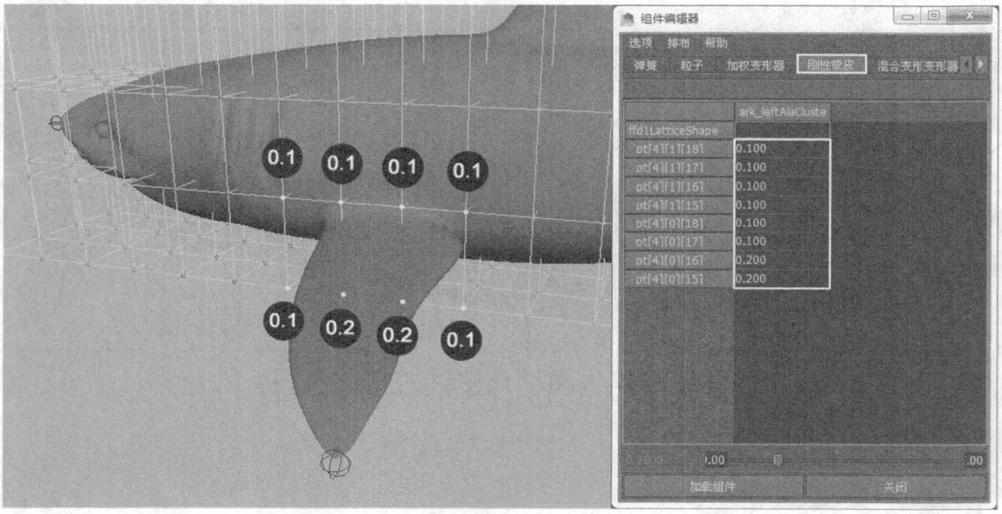

图31-125

技巧与提示

调整完成后，再次旋转鱼鳍关节，观察发现，鲨鱼模型的变形效果已经恢复正常了，如图31-126所示。

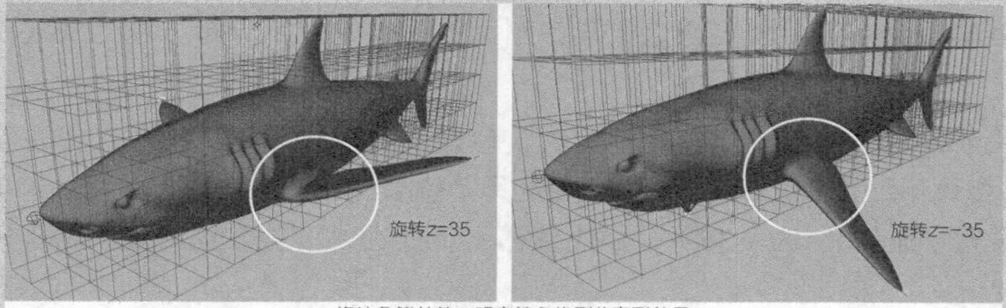

旋转鱼鳍关节，观察鲨鱼模型的变形效果

图31-126

03 旋转脊椎和尾部关节，观察当前蒙皮权重分配对鲨鱼身体模型的变形影响。同时选择5个脊椎关节，从shark_spine至shark_spine4和一个尾部关节shark_tail，使用“旋转工具”沿y轴旋转-30°（也可以直接在“通道盒”中设置“旋转y”为-30），做出身体蜷曲的姿势，这时观察鲨鱼身体模型的变形效果如图31-127所示。

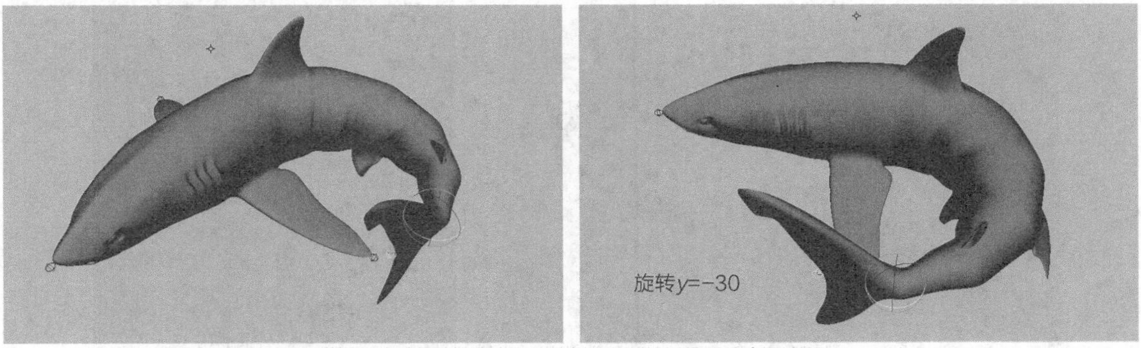

旋转脊椎和尾部关节，观察鲨鱼身体模型的变形效果

图31-127

技巧与提示

从图31-127中可以看出，在鲨鱼身体位置出现了一些生硬的横向褶皱，这是不希望看到的结果。下面仍然使用“组件编辑器”，通过直接输入权重数值的方式来修改关节对晶格点的影响力。

04 修改关节对晶格点的影响力。最大化显示顶视图，进入晶格点编辑级别，然后按住Shift键用鼠标左键框取选择如图31-128所示的4列共20个晶格点，接着在“组件编辑器”对话框中将这些晶格点的权重数值全部修改为0.611。

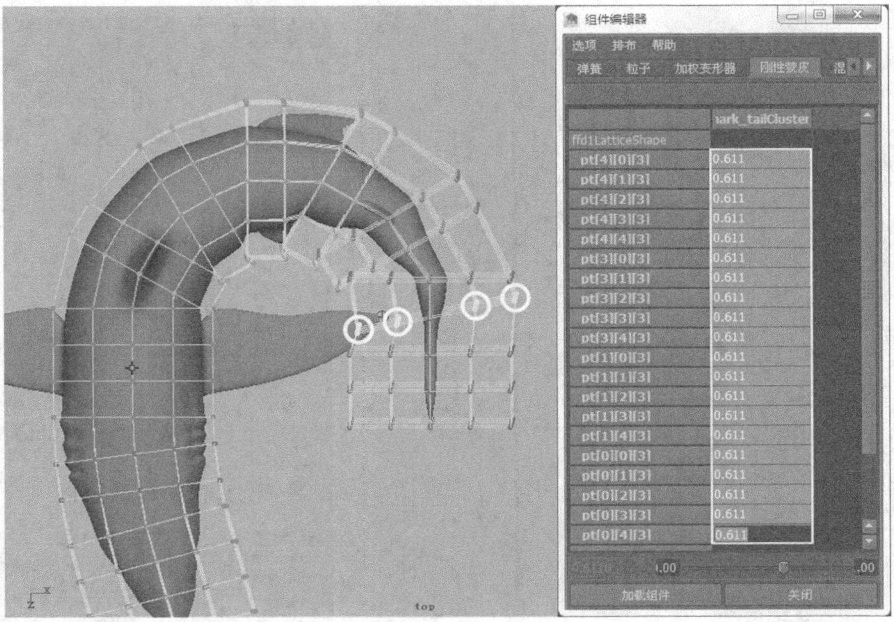

图31-128

技巧与提示

在调整多个权重时，如果这些权重的数值相等，可以用鼠标左键拖选这些权重，然后在最后一个数值输入框中输入权重值即可。

05 继续用鼠标左键框取选择中间的一列共5个晶格点，然后在“组件编辑器”对话框中将这些晶格点的权重值全部修改为0.916，如图31-129所示。

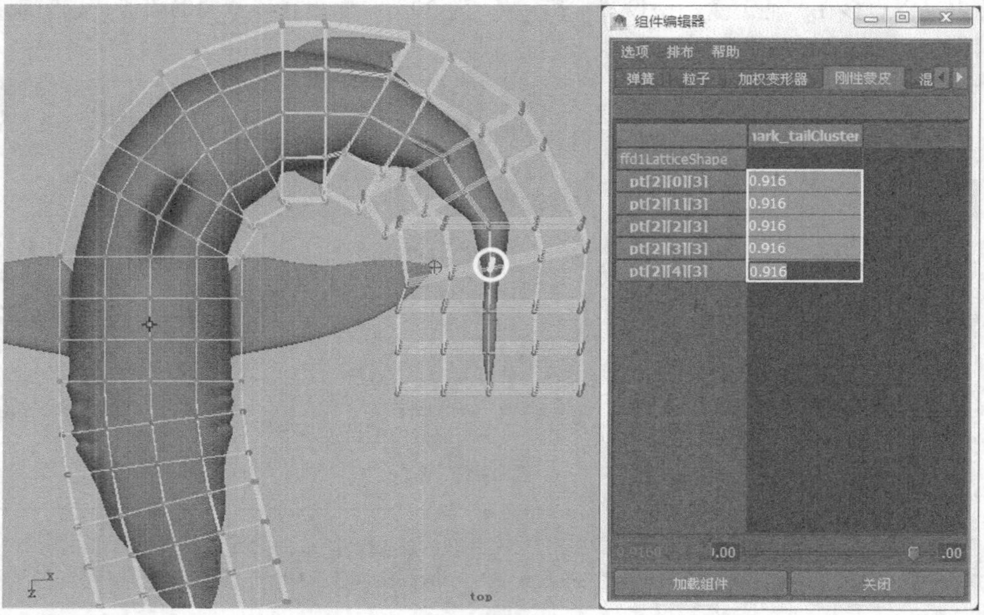

图31-129

06 按顺序继续调整上面一行晶格点的权重值。按住Shift键用鼠标左键框取选择如图31-130所示的4列共20个晶格点，然后在“组件编辑器”对话框中将这些晶格点的权重值全部修改为0.222。

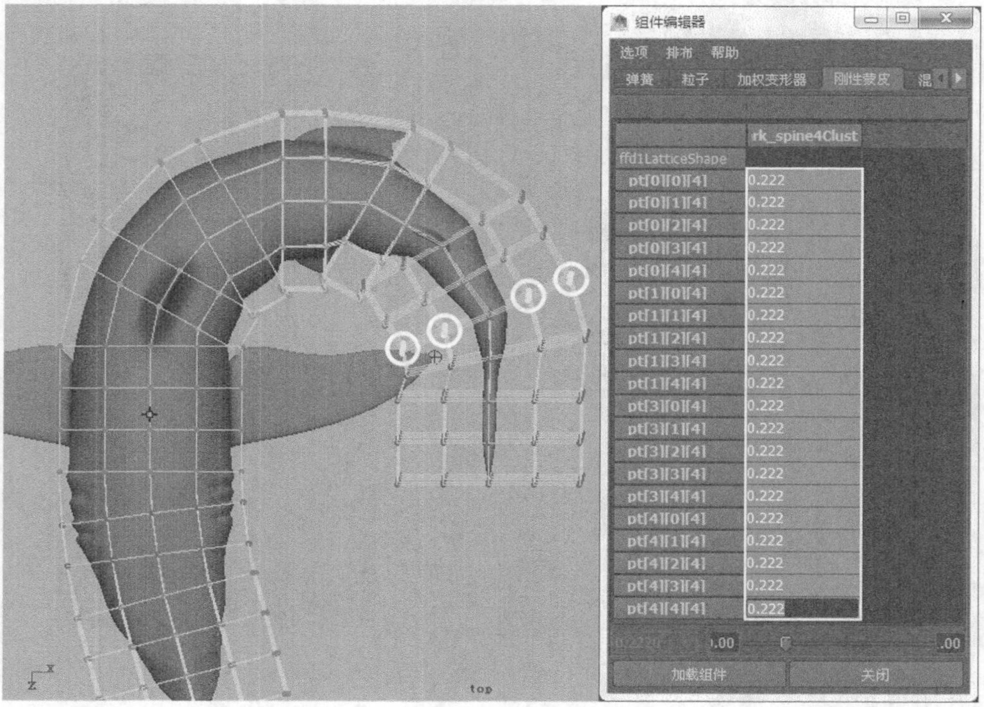

图31-130

07 继续用鼠标左键框取选择中间的一列共5个晶格点，然后在“组件编辑器”对话框中将这些晶格点的权重值全部修改为0.111，如图31-131所示。

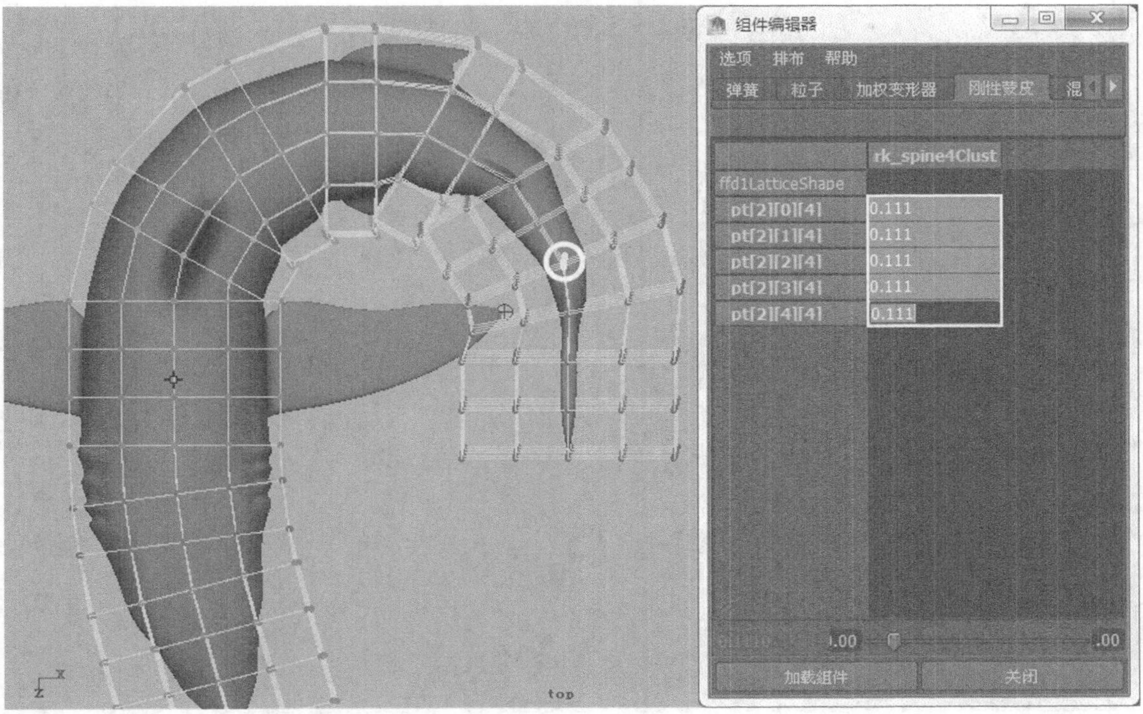

图31-131

08 对于其他位置不理想的晶格点，都可以采用这种方法进行校正，具体操作过程这里就不再详细介绍了。操作时要注意，应尽量使晶格点之间的连接线沿鲨鱼身体的弯曲走向接近圆弧形，这样才能使鲨鱼身体平滑变形。最终完成刚性蒙皮权重调整的晶格点影响鲨鱼身体模型的变形效果如图31-132所示。

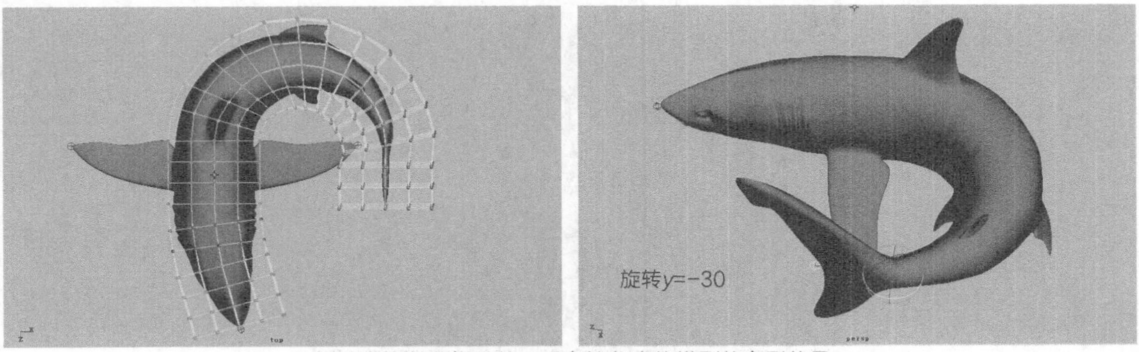

旋转脊椎和尾部关节，观察鲨鱼身体模型的变形效果

图31-132

31.4 精通人物绑定：人体骨架绑定与蒙皮

场景文件 学习资源>场景文件>CH31>d.mb
实例文件 学习资源>实例文件>CH31>31.4.mb
技术掌握 掌握人物骨架的创建方法、绑定方法与蒙皮权重的调整方法

人物骨架的创建、绑定与蒙皮在实际工作中（主要用在动画设定中）经常遇到，如果要制作人物动画，这些工作是必不可少的。本例就将针对人物骨架的创建方法、骨架与模型的绑定方法、骨架与模型的蒙皮方法进行练习，如图31-133所示是本例各种动作的渲染效果。

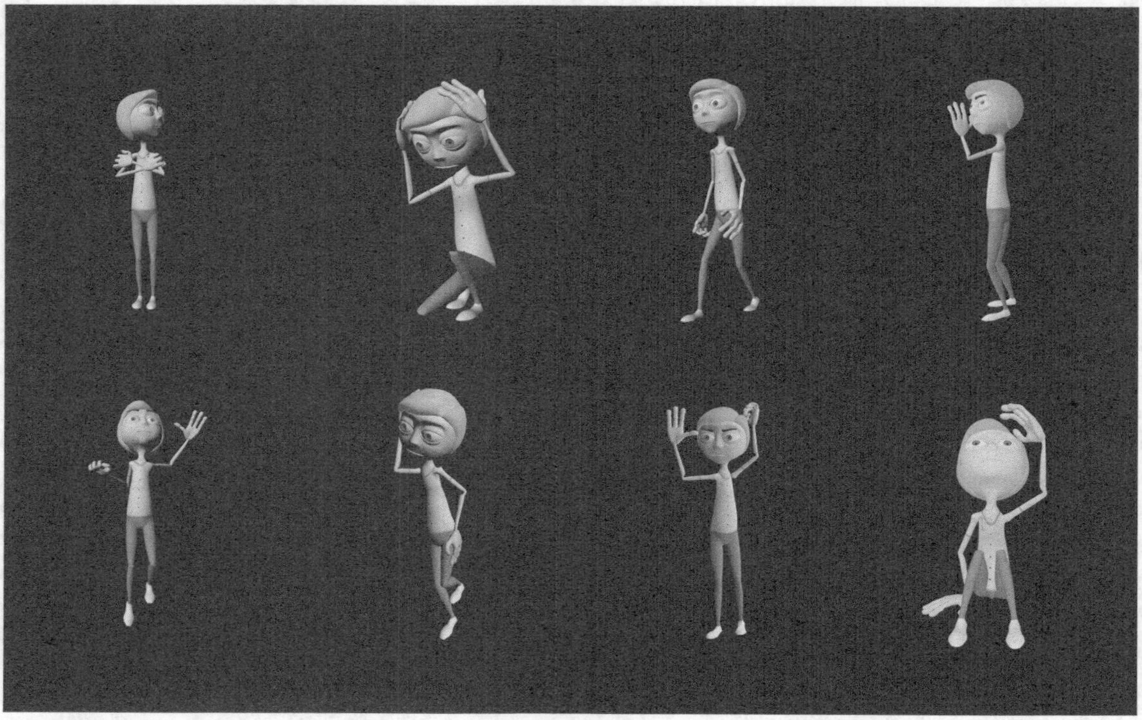

图31-133

31.4.1 创建骨架

01 打开学习资源中的“场景文件>CH31>d.mb”文件，如图31-134所示。

图31-134

02 在创建骨架之前，先设置关节的显示比例。执行“显示>动画>关节大小”菜单命令，然后在弹出的“关节显示比例”对话框中设置关节显示比例为0.3，如图31-135所示。

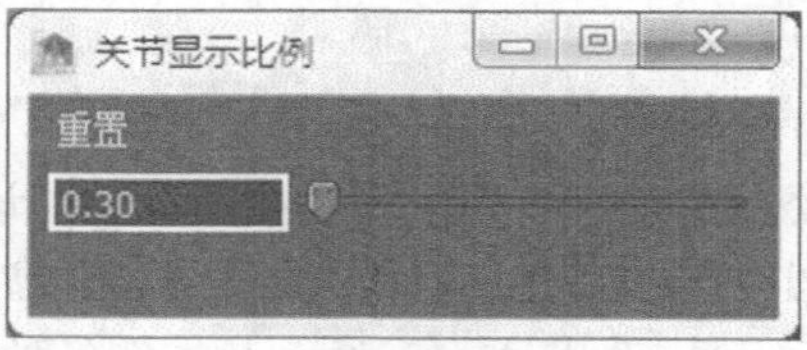

图31-135

03 执行“骨架>关节工具”菜单命令，然后在右视图中创建出腿部的关节，如图31-136所示。

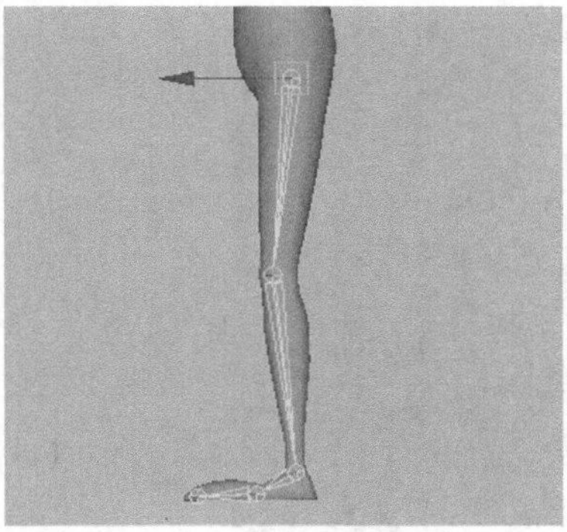

图31-136

技巧与提示

注意，在创建关节的时候，最好在视图快捷栏中激活“X射线显示”按钮，这样可以在模型内部观察到创建的关节，以方便调节关节位置。

04 切换到前视图，然后调整好骨架的位置，让腿部完全包住骨架，如图31-137所示。

05 切换到右视图，然后继续用“关节工具”创建出身体部分的关节（注意，创建的关节有5段），如图31-138所示。

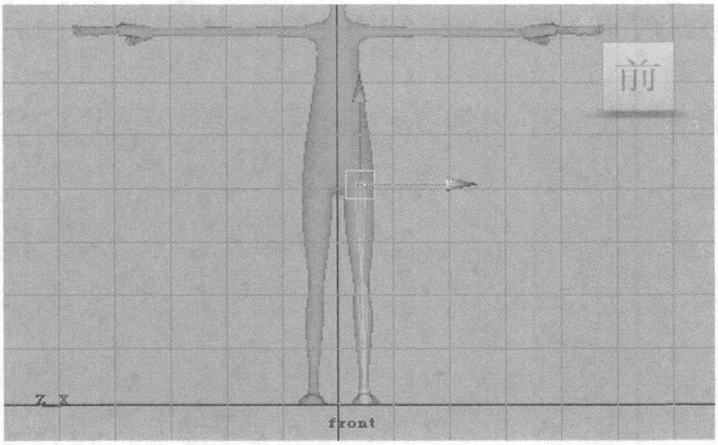

图31-137

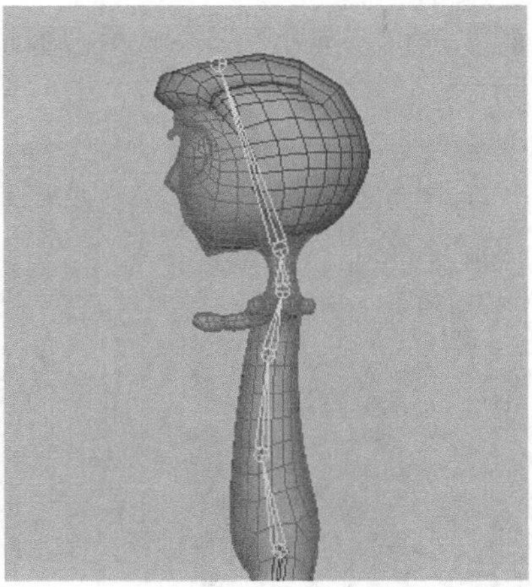

图31-138

06 继续用“关节工具”创建出手臂及手掌的关节，如图31-139所示，然后分别选择手指根关节的骨架和手掌根关节的骨架，接着按P键将其建立连接关系，如图31-140所示。

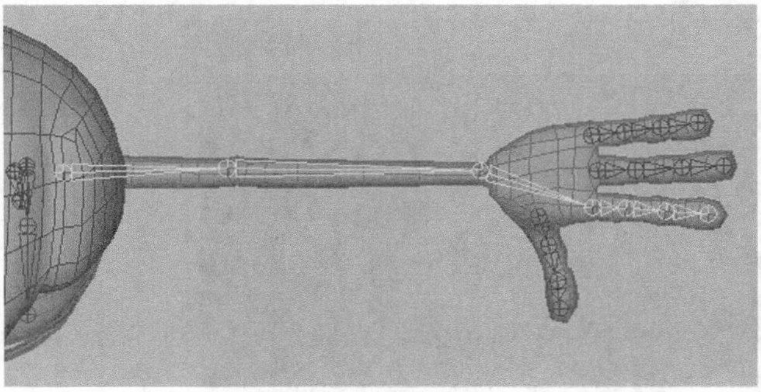

图31-139

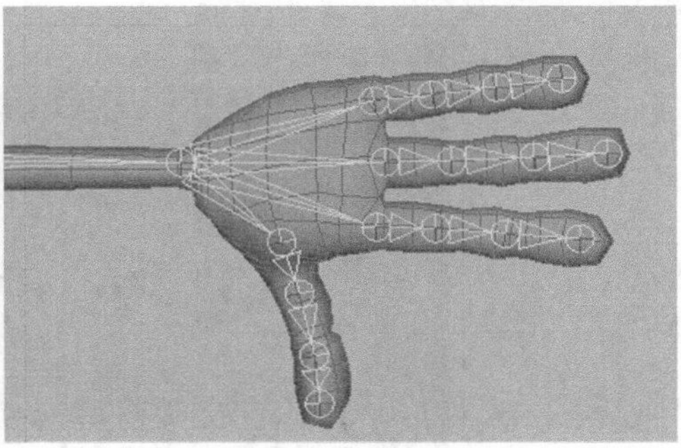

图31-140

技巧与提示

注意，在创建手掌关节时，需要检查手指关节的方向是否正确。如果方向不正确，在绑定模型的时候旋转关节就会发生错误。

07 用“移动工具”在视图中调整好手部关节的位置，如图31-141所示。

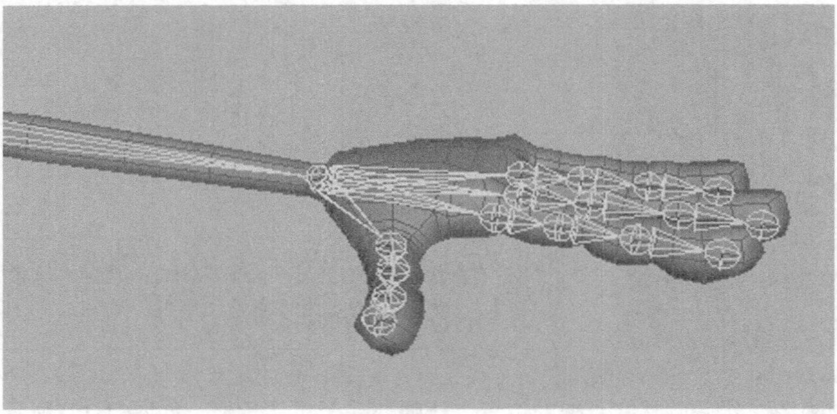

图31-141

08 选择手掌根关节，然后单击鼠标右键，接着在弹出的菜单中选择“选择层次”命令，如图31-142所示。

09 执行“显示>变换显示>局部旋转轴”菜单命令，显示出关节的局部旋转轴，如图31-143所示。

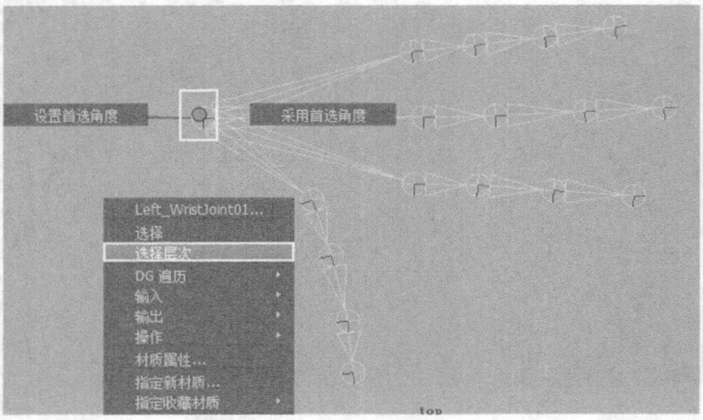

图31-142

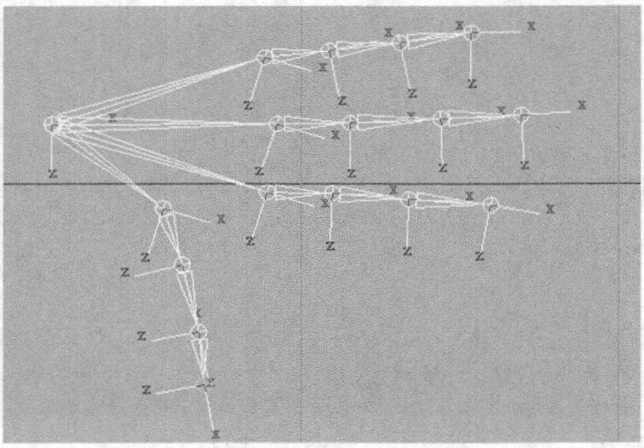

图31-143

10 单击“骨架>确定关节方向”菜单命令后面的按钮，打开“确定关节方向选项”对话框，如图31-144所示。

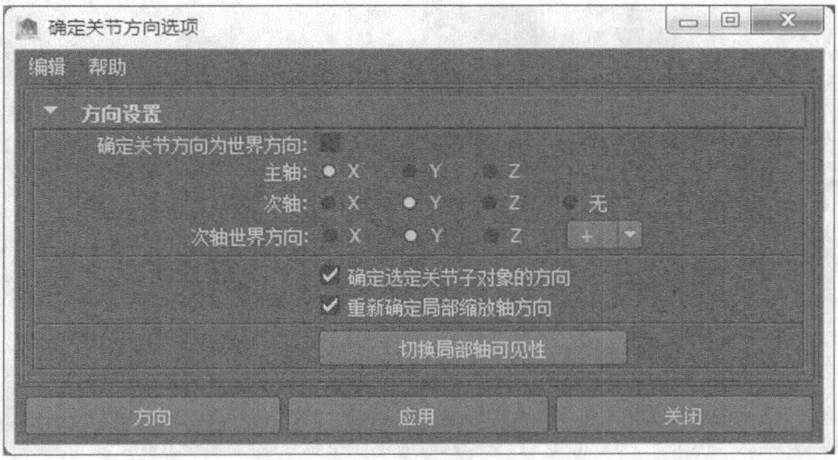

图31-144

11 在状态栏中单击“按组件类型选择”按钮，然后将如图31-145所示的局部旋转轴方向（次轴）修改为“无”，再将如图31-146所示的局部旋转轴方向（主轴）设置为x轴。

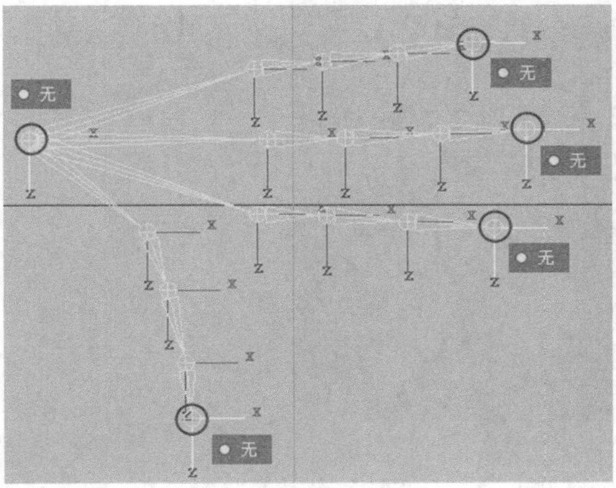

图31-145

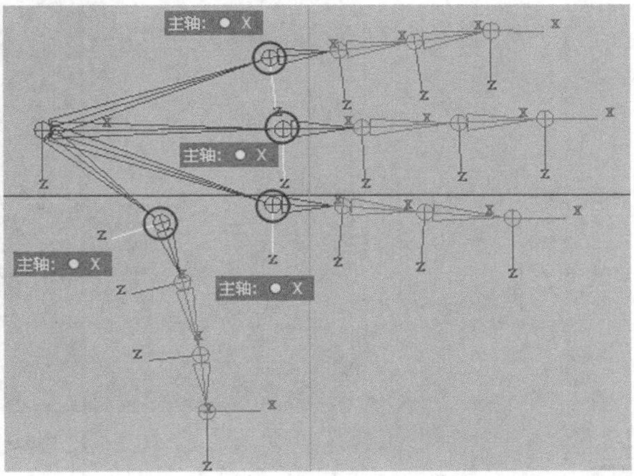

图31-146

12 选择胸部关节和手臂的关节，然后按P键将其建立连接关系，如图31-147所示。

13 用“关节工具”在如图31-148所示的位置创建一段关节，然后将其与身体关节和下肢关节建立连接关系，如图31-149和图31-150所示。

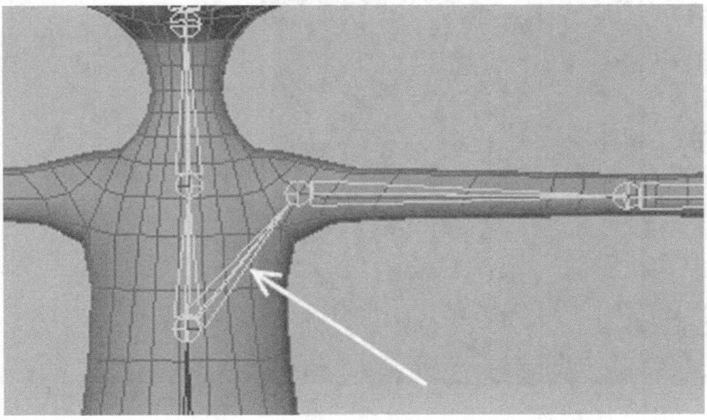

图31-147

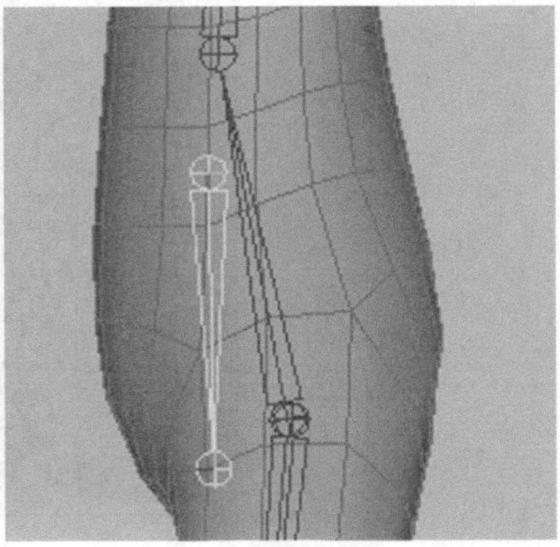

图31-148

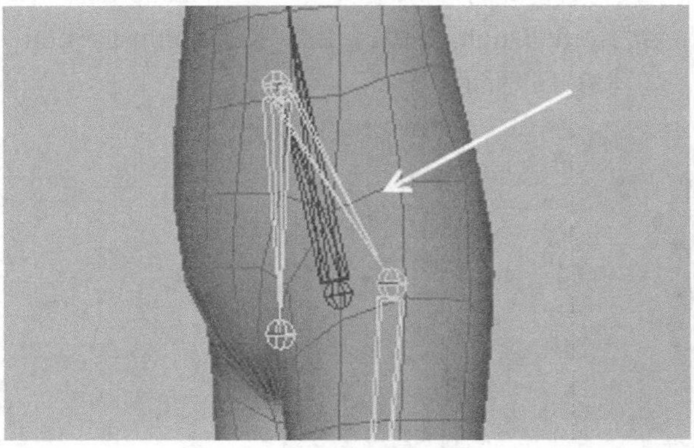

图31-149

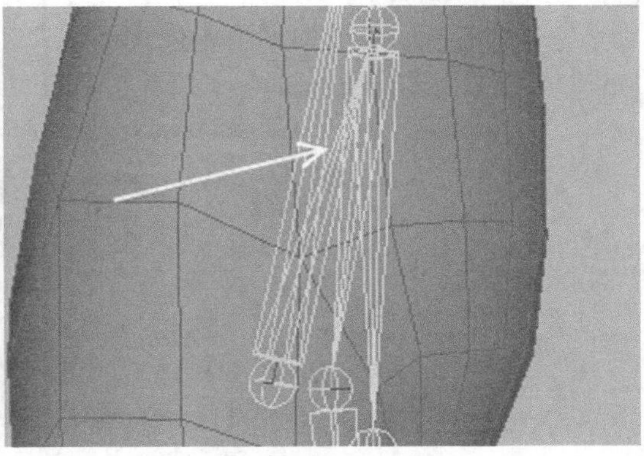

图31-150

14 选择下肢根骨架，然后单击鼠标右键，接着在弹出的菜单中选择“选择层次”命令，这样可以选择下肢的所有关节，如图31-151所示。

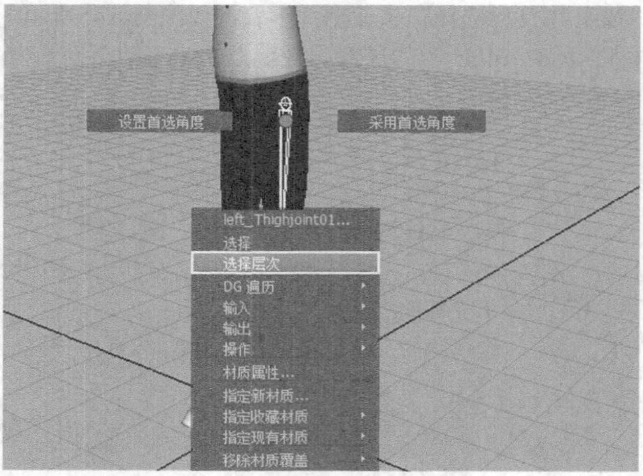

图31-151

15 在Maya操作界面的右下角单击“脚本编辑器”按钮，打开“脚本编辑器”对话框，然后在该对话框中执行“文件>加载脚本”命令，接着在弹出的对话框中选择学习资源中的“实例文件>CH31>31.4>renameObjs.mel”文件，如图31-152所示。

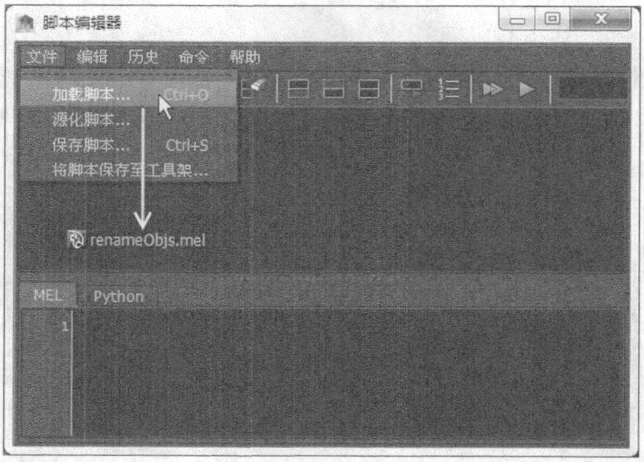

图31-152

16 在“脚本编辑器”对话框中单击“执行全部”按钮，此时Maya会弹出一个Rename It!（重命名它）对话框，在该对话框中依次将关节重命名为Left_Thighjoint01、Left_Kneejoint01、Left_Anklejoint01、Left_Balljoint01、Left_Toejoint01，如图31-153所示。

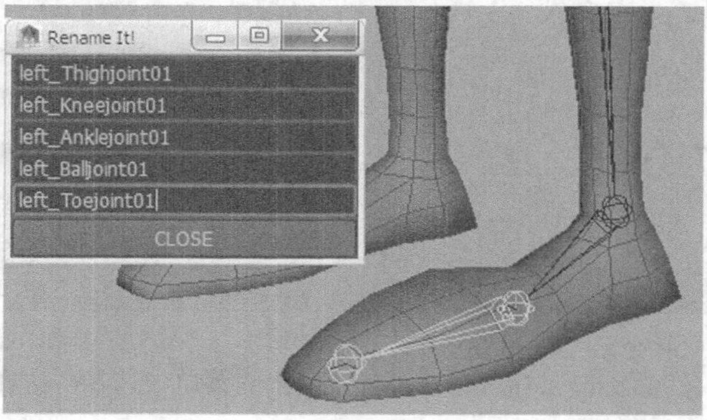

图31-153

17 用相同的方法依次将如图31-154所示的关节命名为HipEnd和HipJoint01、RootJoint01。

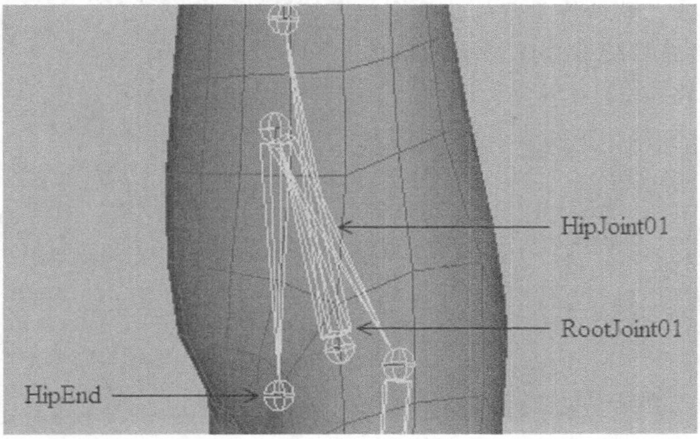

图31-154

18 继续对身体和头部以及手臂、手指的关节进行重命名，如图31-155和图31-156所示。

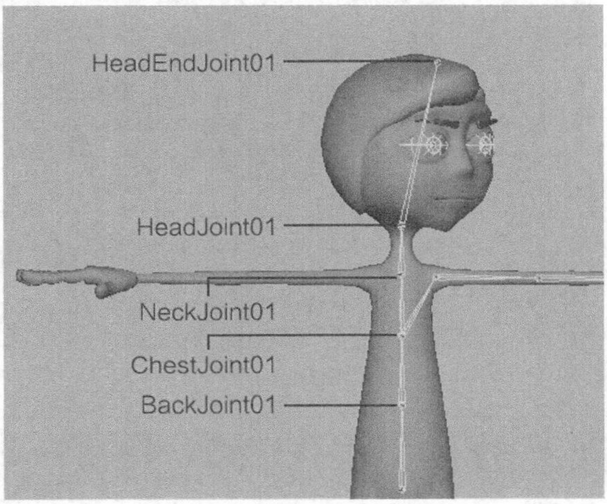

图31-155

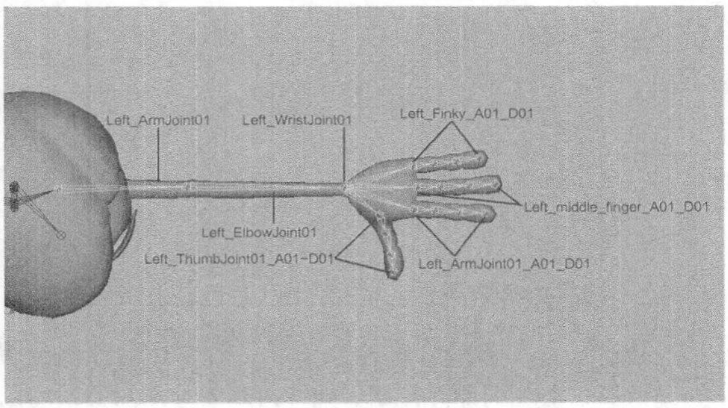

图31-156

19 单击“骨架>IK控制柄工具”菜单命令后面的□按钮，打开该工具的“工具设置”对话框，然后设置“当前解算器”为“旋转平面解算器”，如图31-157所示。

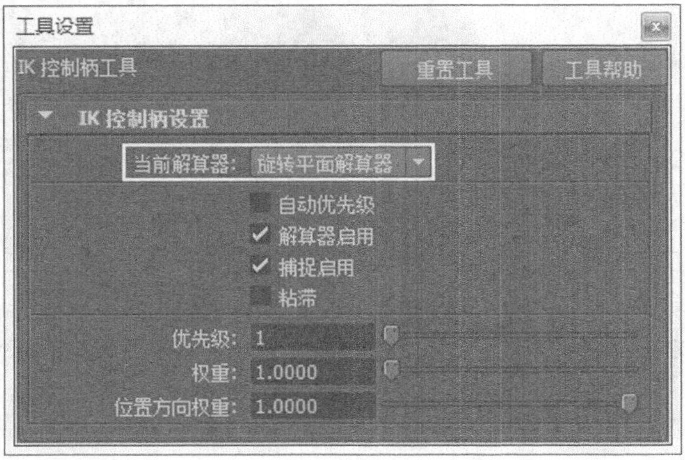

图31-157

20 用设置好的“IK控制柄工具”在手臂处和腿部为关节创建出IK，然后将手臂的IK命名为Left_ArmIK01，接着将腿部的IK命名为Left_LegIK01，如图31-158和图31-159所示。

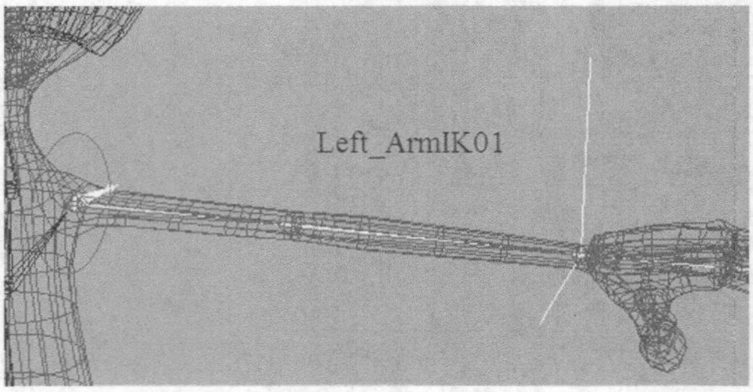

图31-158

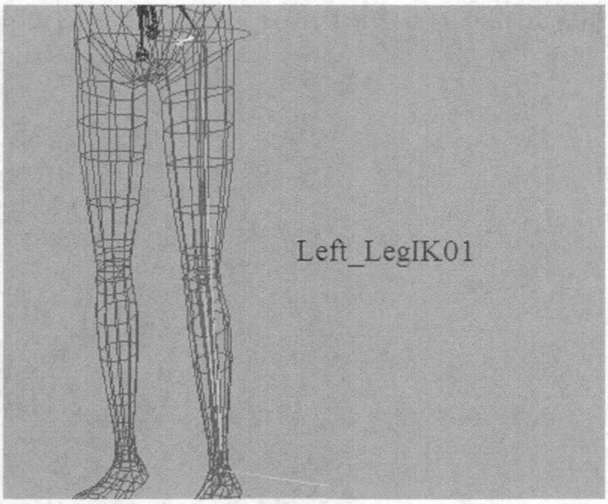

图31-159

21 选择Left_LegIK01，然后按快捷键Ctrl+A打开其“属性编辑器”对话框，接着在“IK控制柄属性”卷展栏下设置“粘滞”为“粘滞”，如图31-160所示。

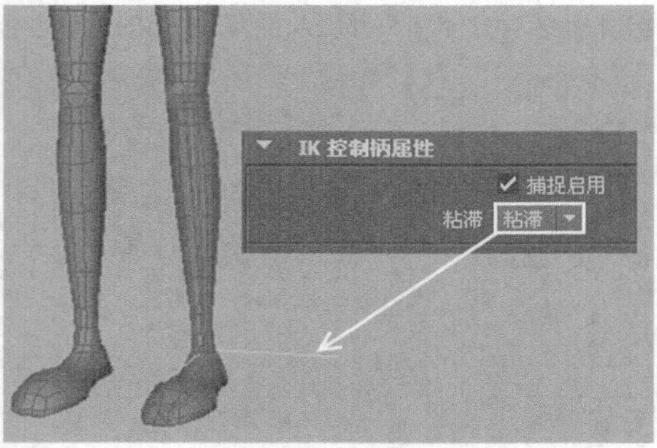

图31-160

技巧与提示

将“粘滞”属性设置为“粘滞”时，移动身体骨架的时候可以发现脚部的骨架仍然保持在坐标原点上，如图31-161所示。

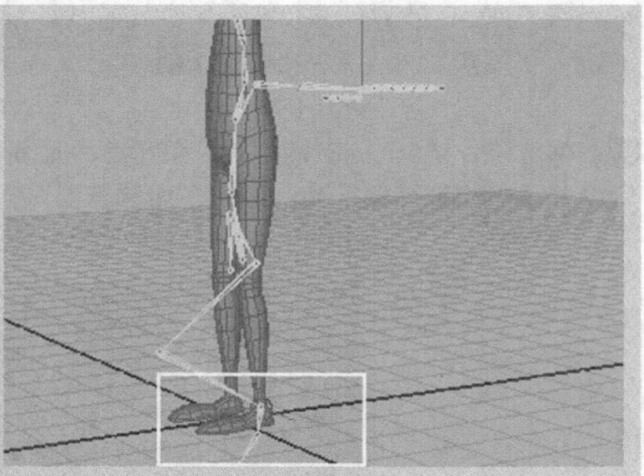
13-161

22 选择手臂和下肢的骨架，如图31-162所示，然后单击“骨架>镜像关节”菜单命令后面的□按钮，打开“镜像关节选项”对话框，接着设置“镜像平面”为yz、“镜像功能”为“行为”，再设置“搜索”为Left_、“替换为”为Right_，如图31-163所示，最后单击“镜像”按钮，对其进行镜像，效果如图31-164所示。

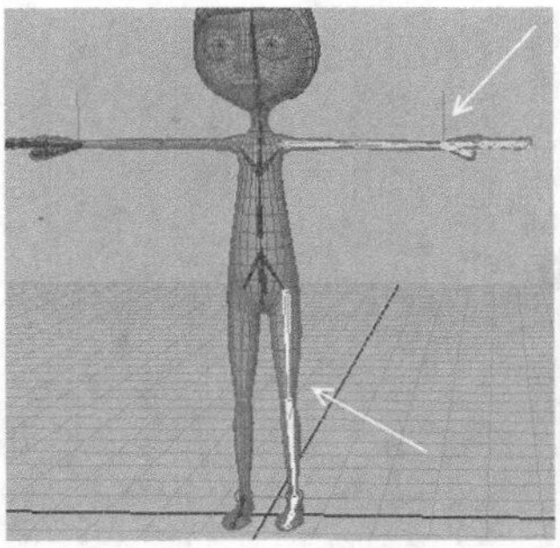

图31-162

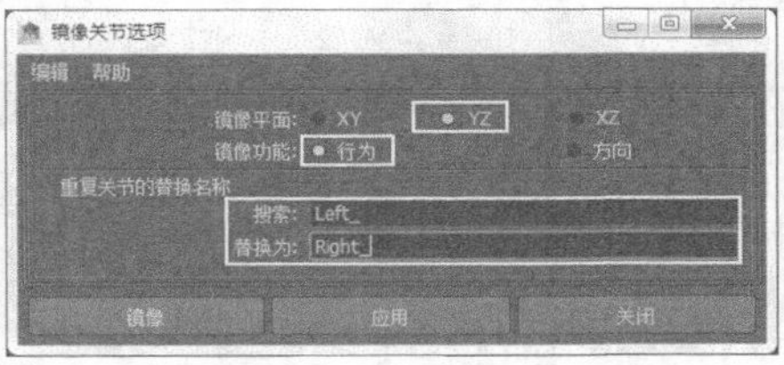

图31-163

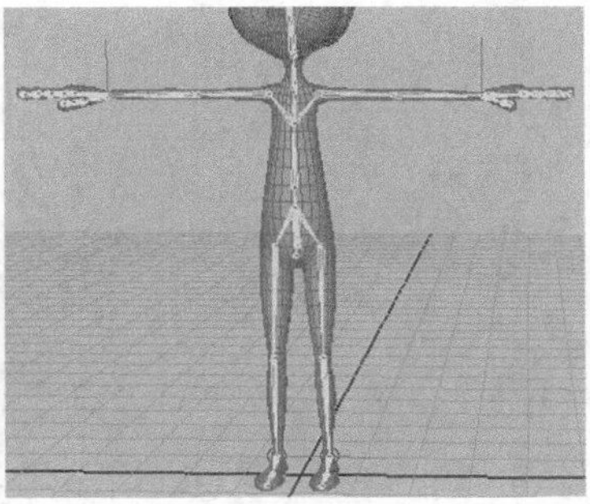

图31-164

31.4.2 创建反转脚

01 用“关节工具”按照如图31-165所示的数字顺序创建一条骨架（反转脚）。

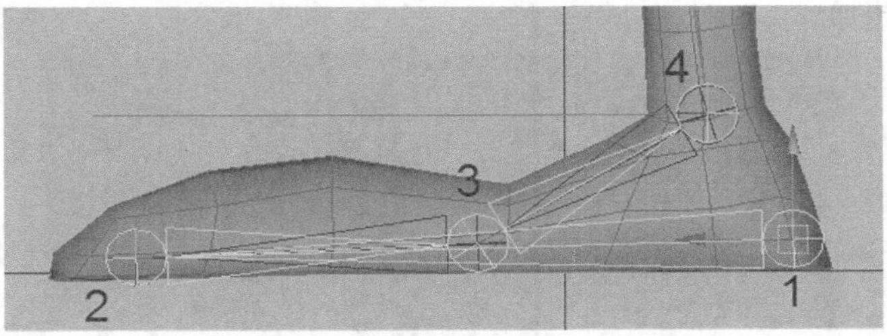

图31-165

技巧与提示

“反转脚”其实是一个骨架的设定，以脚来驱动角色，通常称其为“反转脚”，因为它是建立在脚跟、角尖至脚踝部分的一套关节系统。

02 按住V键将创建好的3个关节捕捉到脚部的关节上，如图31-166所示。

03 选择反转脚的根关节，然后单击鼠标右键，接着在弹出的菜单中选择“选择层次”命令，最后在“通道盒”中设置“半径”为0.7，如图31-167所示。

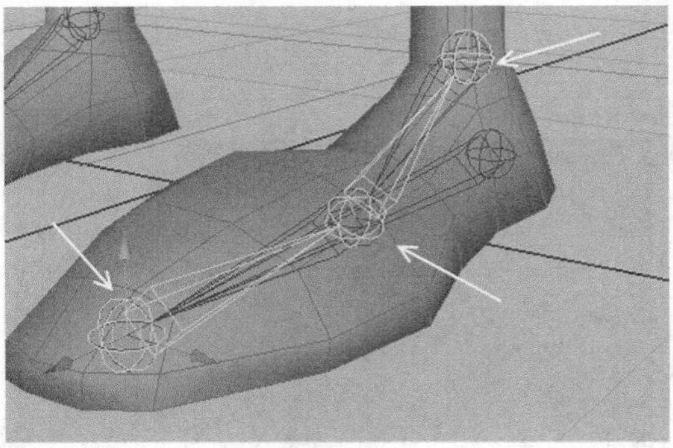

图31-166

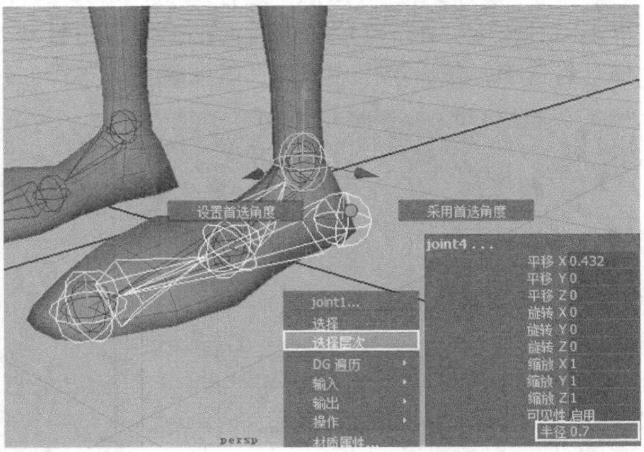

图31-167

04 将反转脚的关节依次命名为Left_RL_Anklejoint01、Left_RL_Balljoint01和Left_RL_Toejoint01，如图31-168所示。

05 选择反转脚跟骨架，然后执行“骨架>镜像关节”菜单命令，将其镜像到另外一侧，如图31-169所示。

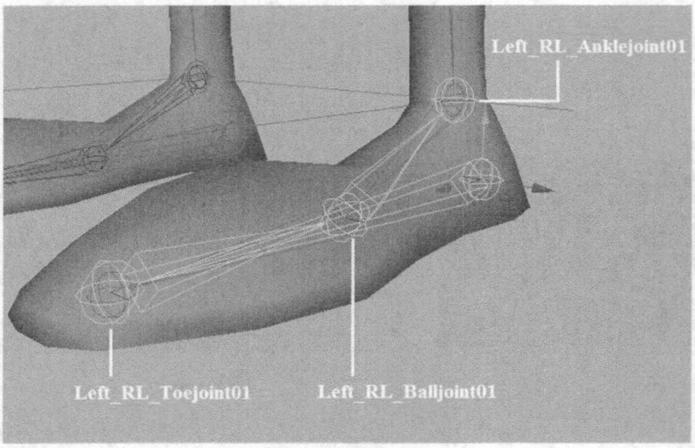

图31-168

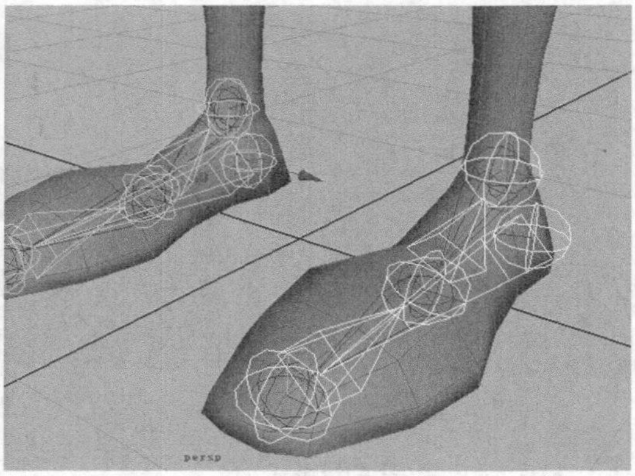

图31-169

06 在“大纲视图”对话框中选择Left_RL_Anklejoint01和Left_LegIK01，如图31-170所示，然后执行“约束>点”菜单命令。

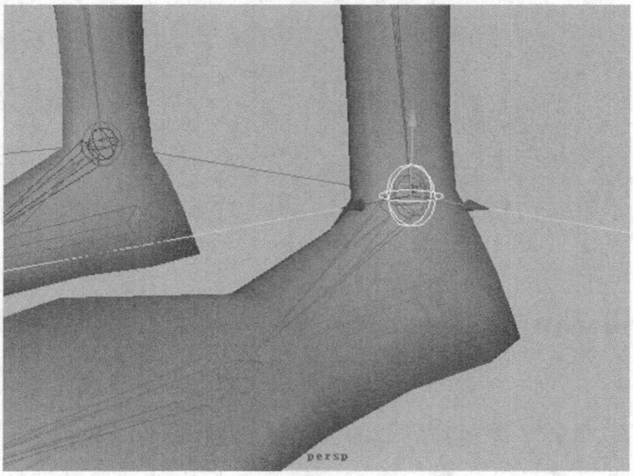

图31-170

07 在“大纲视图”对话框中选择Left_RL_Balljoint01和left_Anklejoint01，如图31-171所示，然后单击“约束>方向”菜单命令后面的□按钮，打开“方向约束选项”对话框，接着勾选“保持偏移”勾选项，最后单击“添加”按钮添加，如图31-172所示。

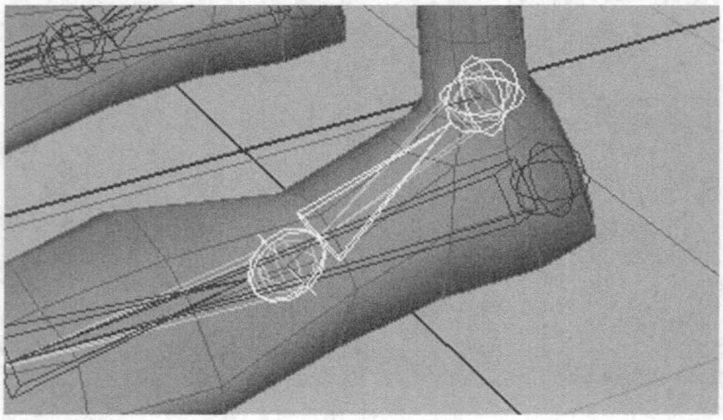

图31-171

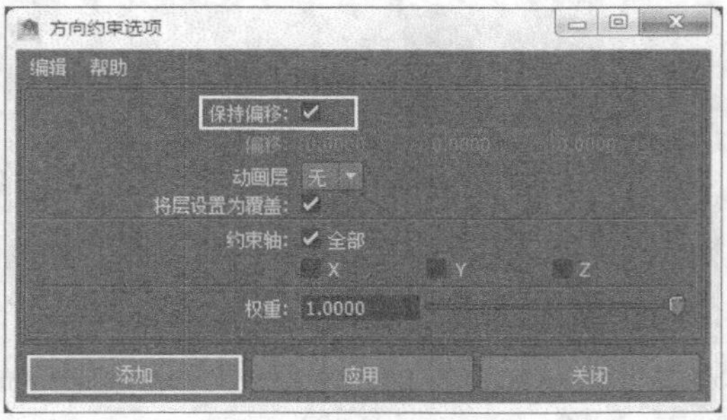

图31-172

08 继续在“大纲视图”对话框中选择Left_RL_Toejoint01和left_Balljoint01，如图31-173所示，然后执行“约束>方向”菜单命令（仍然勾选“保持偏移”选项）。

09 用相同的方法将右边的反转脚也进行约束，完成后的效果如图31-174所示。

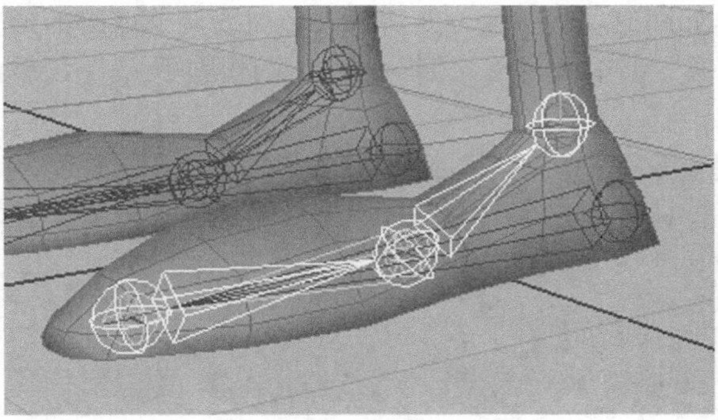

图31-173

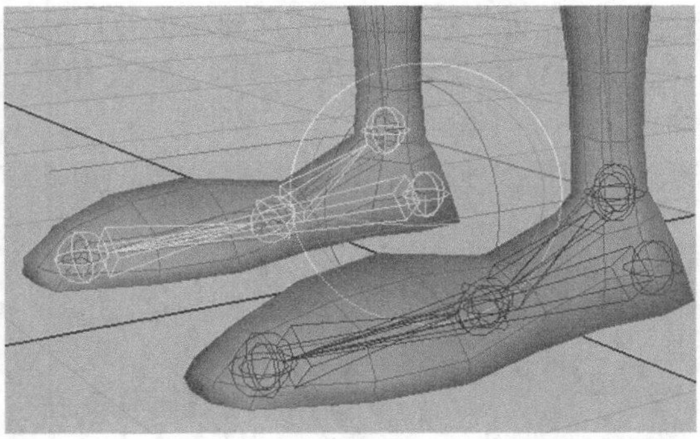

图31-174

10 使用“移动工具”和“旋转工具”对反转脚进行测试，观察脚的骨架能否跟随反转脚一起运动，如图31-175所示。

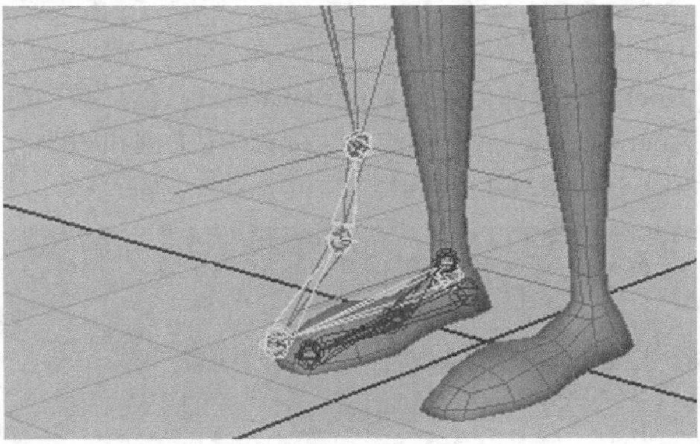

图31-175

31.4.3 创建控制器

1.创建脚部控制器

01 执行“创建>NURBS基本体>圆形”菜单命令（注意，要在“NURBS基本体”菜单下关闭“交互式创建”选项），在脚底创建一个圆形曲线，如图31-176所示。

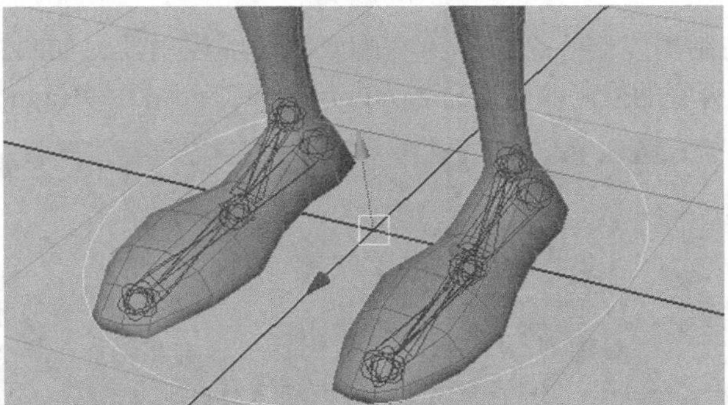

图31-176

技巧与提示

关闭“交互式创建”选项后，执行“圆形”命令可以直接在原点位置创建出圆形；如果勾选“交互式创建”选项，需要手动创建圆形，创建出来的圆形也不会在原点位置。

02 按住V键将圆形曲线捕捉到左脚的骨架上，如图31-177所示，然后将圆形曲线调节成脚的形状，如图31-178所示，接着执行“修改>冻结变换”菜单命令与“编辑>按类型删除>历史”菜单命令。

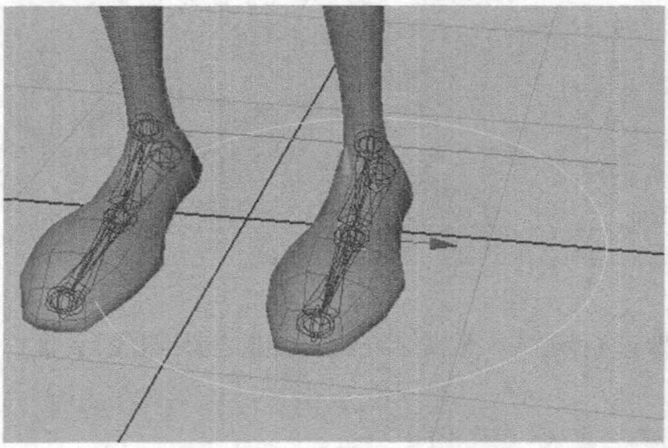

图31-177

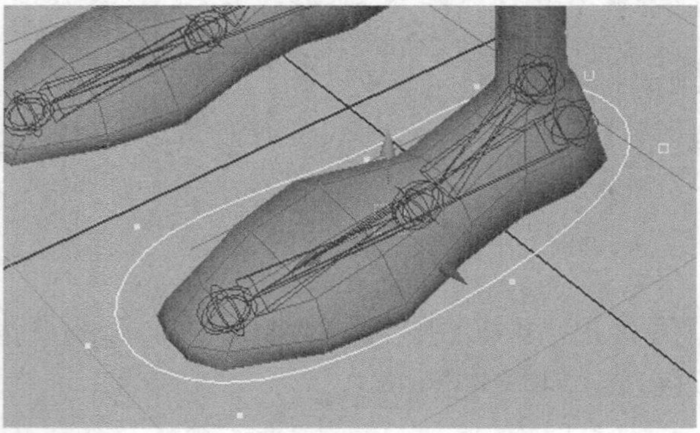

图31-178

03 选择关节Left_RL_Heeljoint01和创建好的nurbsCircle1，然后按P键将其建立连接关系（使Left_RL_Heeljoint01成为nurbsCircle1的子物体），接着按住D键和V键将nurbsCircle1移动捕捉到Left_RL_Anklejoint01骨架上，如图31-179所示。

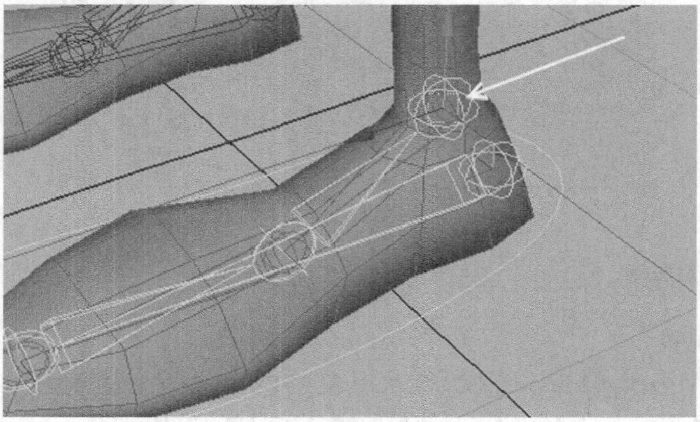

图31-179

04 将左脚底的曲线控制器复制一个，作为右脚底的曲线控制器，如图31-180所示。复制完成后，分别将左脚底和右脚底的控制曲线重命名为Left_FootControl01和Right_FootControl01。

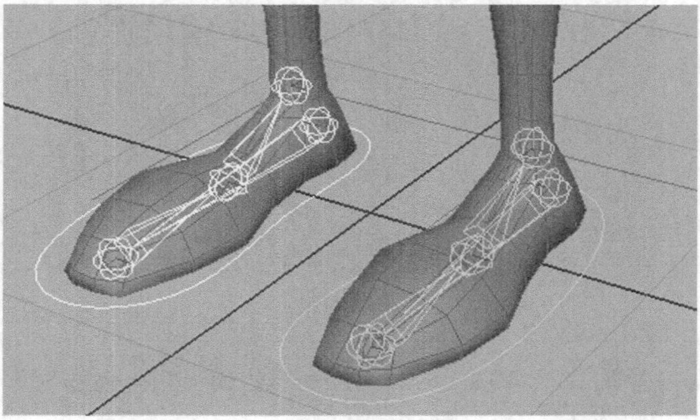

图31-180

05 选择Right_FootControl01曲线，然后按快捷键Ctrl+A打开其“属性编辑器”对话框，接着在“显示”卷展栏下展开“绘制覆盖”复卷展栏，再勾选“启用覆盖”选项，并将“颜色”修改为洋红色（直接拖曳滑块即可修改颜色），如图31-181所示；选择Left_FootControl01曲线，同样勾选“启用覆盖”选项，然后将“颜色”修改为蓝色，如图31-182所示。

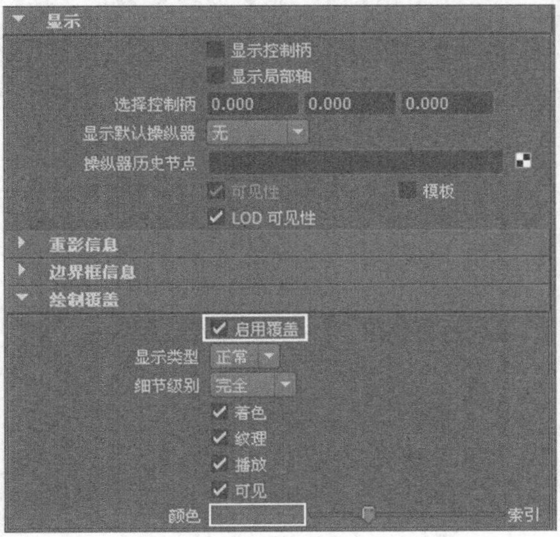

图31-181

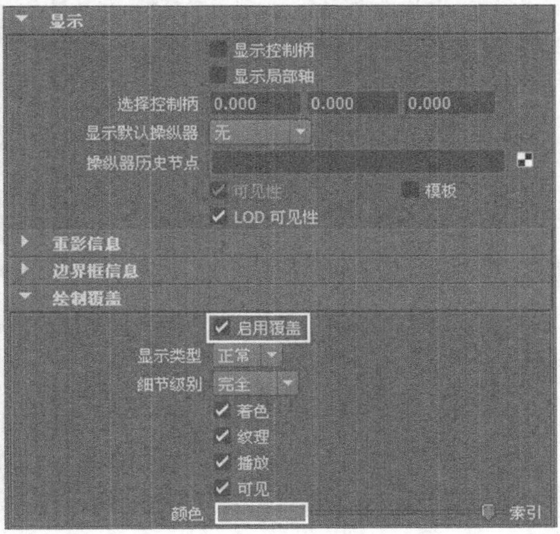

图31-182

06 选择Left_FootControl01曲线，然后在“通道盒”中选择“旋转z”“缩放x”“缩放y”、“缩放z”和“可见性”选项，接着单击鼠标右键，最后在弹出的菜单中选择“隐藏选定项”命令，隐藏不需要的属性，如图31-183所示。隐藏完毕后，用同样的方法将Right_FootControl01曲线的这些属性也隐藏掉。

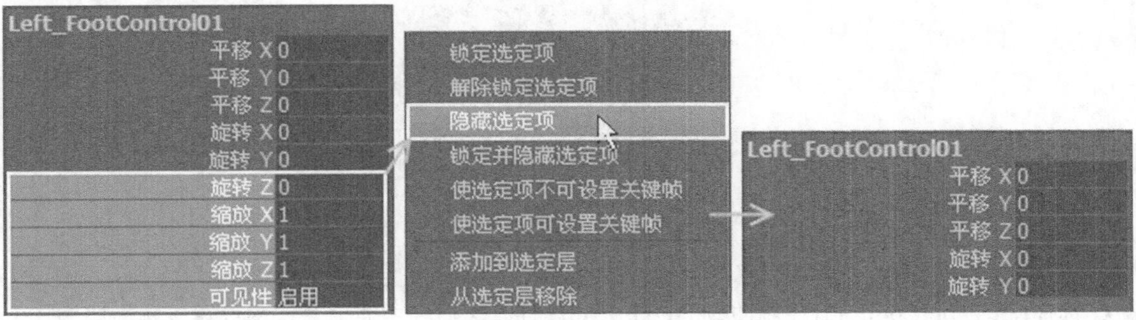

图31-183

07 选择Left_FootControl01曲线，然后执行“修改>添加属性”菜单命令，打开“添加属性”对话框，接着设置“长名称”为footRoll，再设置“最小”为-10、“最大”为10、“默认”为0，最后单击“添加”按钮，如图31-184所示。添加完成后，用同样的方法为Right_FootControl01曲线也添加一个footRoll属性。

08 执行“动画>设置受驱动关键帧>设置”菜单命令，打开“设置受驱动关键帧”对话框，然后将Left_FootControl01控制曲线加载到“驱动者”窗口列表中，接着将关节Left_RL_Heeljoint01、Left_RL_Toejoint01和Left_RL_Balljoint01加载到“受驱动”窗口列表中，如图31-185所示。

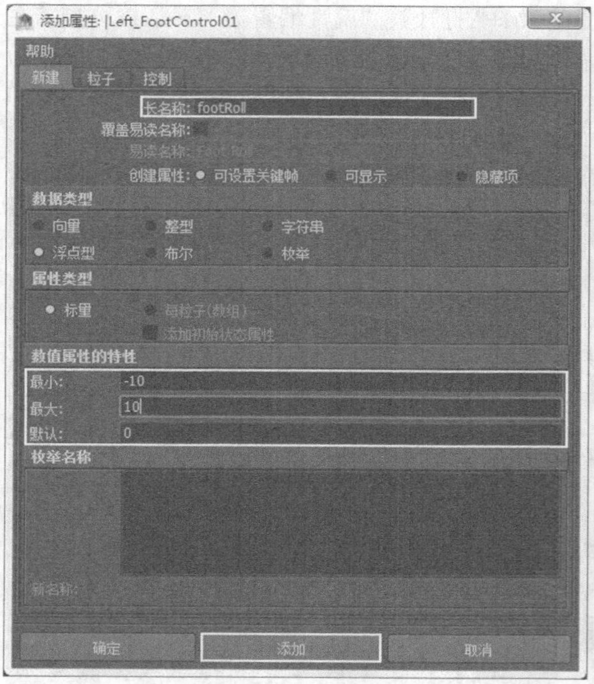

图31-184

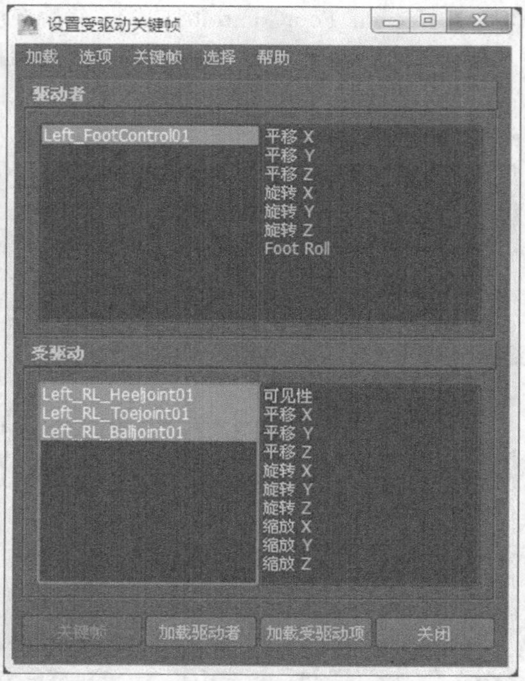

图31-185

09 选择Left_FootControl01控制曲线的Foot Roll属性（保持为默认值0），然后选择关节Left_RL_Heeljoint01、Left_RL_Toejoint01和Left_RL_Balljoint01的“旋转z”属性，接着在“通道盒”中设置该属性值为0，如图31-186所示，最后单击“关键帧”按钮关键帧，记录一个关键帧。

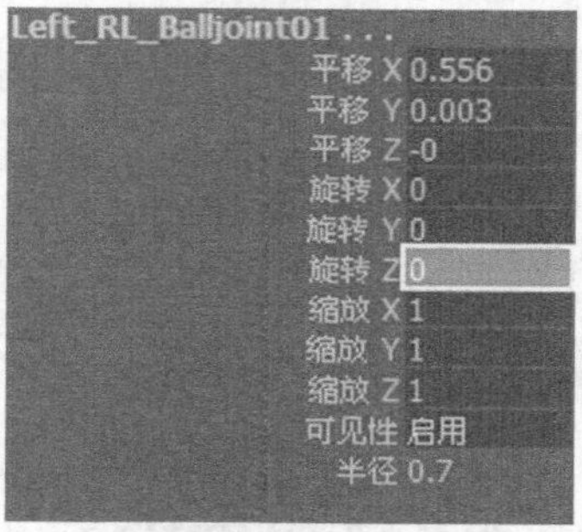

图31-186

10 选择Left_FootControl01控制曲线的Foot Roll属性，然后在“通道盒”中设置该属性值为10，如图31-187所示；选择关节Left_RL_Toejoint01的“旋转z”属性，然后在“通道盒”中设置该属性值为70，如图31-188所示；选择关节Left_RL_Balljoint01的“旋转z”属性，然后在“通道盒”中设置该属性值为-10，如图31-189所示。设置完成后单击“关键帧”按钮关键帧，记录一个关键帧，效果如图31-190所示。

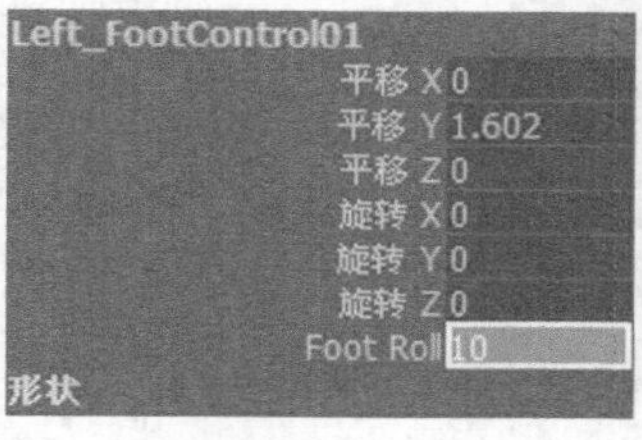

图31-187

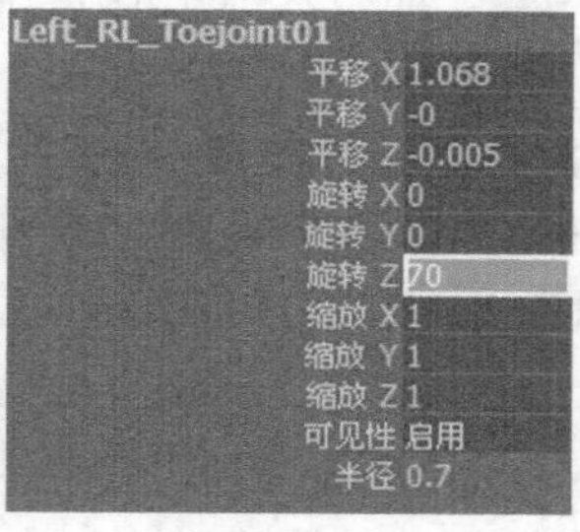

图31-188

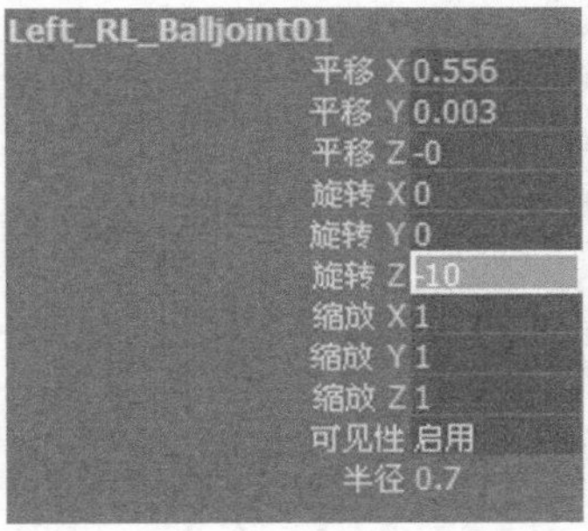

图31-189

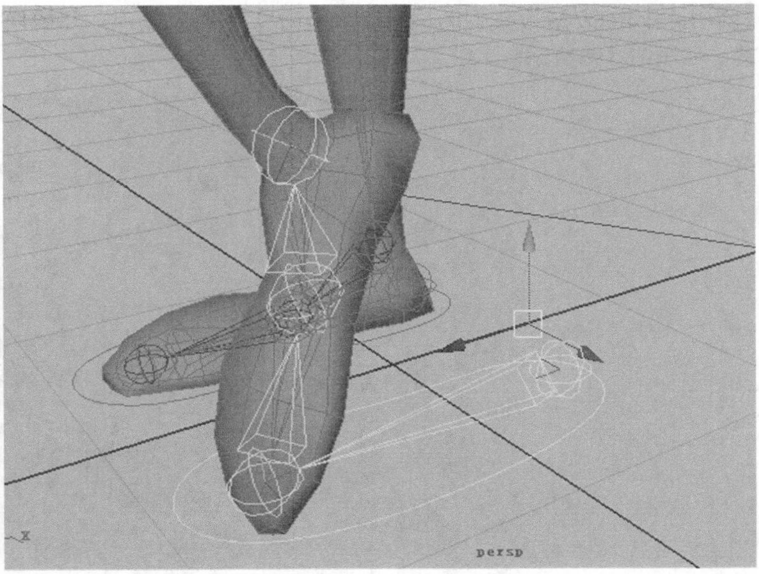

图31-190

11 选择Left_FootControl01控制曲线的Foot Roll属性，然后在“通道盒”中设置该属性值为4，如图31-191所示，接着选择关节Left_RL_Heeljoint01、Left_RL_Toejoint01和Left_RL_Balljoint01的“旋转z”属性，最后在“通道盒”中设置该属性值为45，如图31-192所示。设置完成后单击“关键帧”按钮，记录一个关键帧。

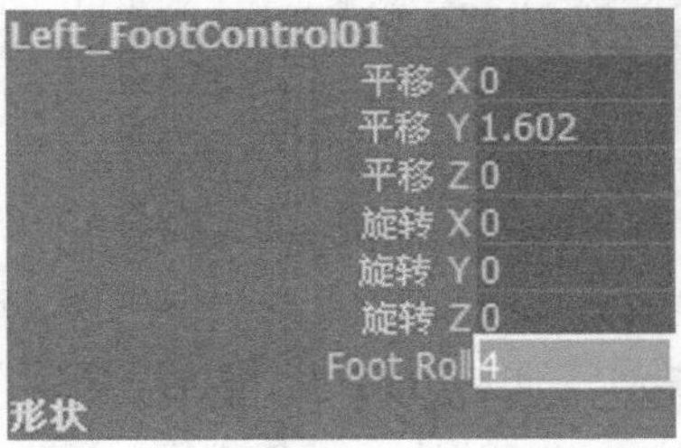

图31-191

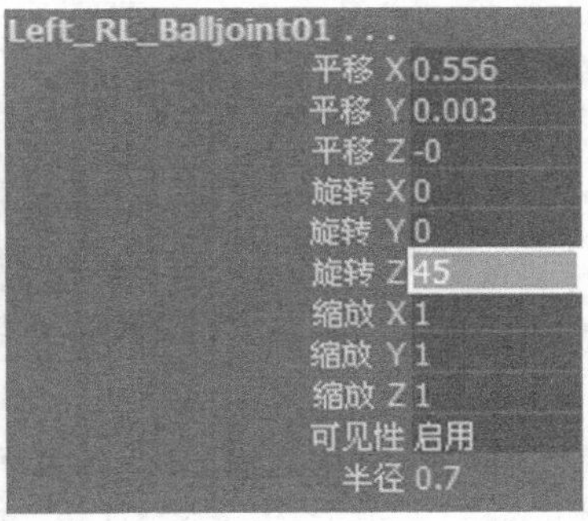

图31-192

12 选择Left_FootControl01控制曲线的Foot Roll属性，然后在“通道盒”中设置该属性值为-10，如图31-193所示，接着选择关节Left_RL_Heeljoint01、Left_RL_Toejoint01和Left_RL_Balljoint01的“旋转z”属性，最后在“通道盒”中设置该属性值为50，如图31-194所示。设置完成后单击“关键帧”按钮，记录一个关键帧。

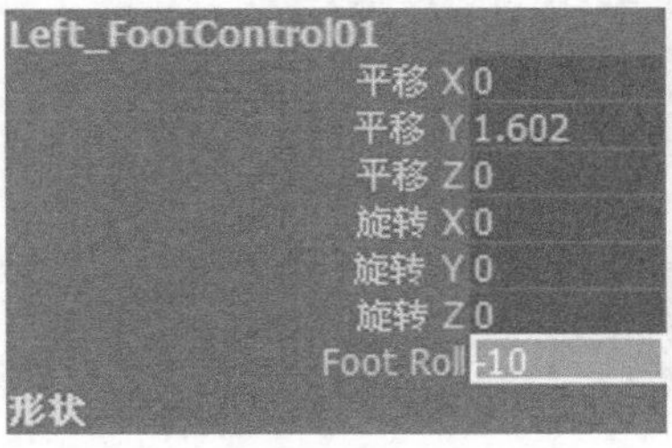

图31-193

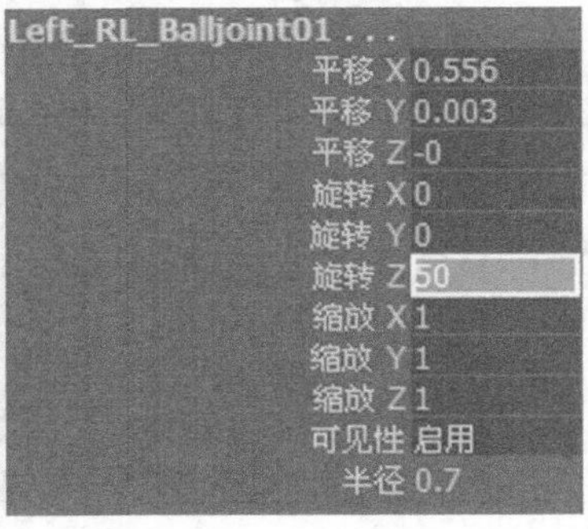

图31-194

13 用相同的方法为右脚的反转脚设置好受驱动关键帧，然后设置不同Foot Roll属性值并进行观察，如图31-195所示。

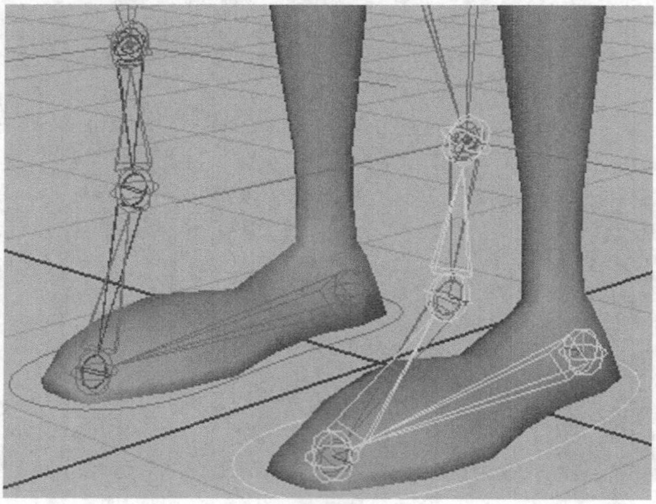

图31-195

2.创建膝盖控制器

01 单击“创建>文本”菜单命令后面的□按钮，打开“文本曲线选项”对话框，然后设置“文本”为K，接着单击“创建”按钮，如图31-196所示。

图31-196

02 在“大纲视图”对话框中选择Text_K_1，然后连续执行两次“编辑>解组”菜单命令，将文本解散为曲线curve1，并将其命名为Left_KneeControl01，接着执行“修改>居中枢轴”菜单命令，将其坐标中心调节到中心位置，最后按住V键将Left_KneeControl01曲线捕捉到left_Kneejoint01关节上，如图31-197所示。

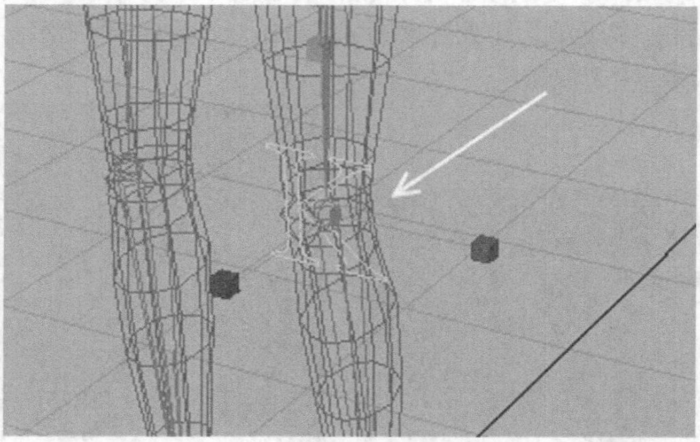

图31-197

03 选择Left_KneeControl01控制曲线，然后将其拖曳到如图31-198所示的位置，接着执行“修改>冻结变换”菜单命令与“编辑>按类型删除>历史”菜单命令。

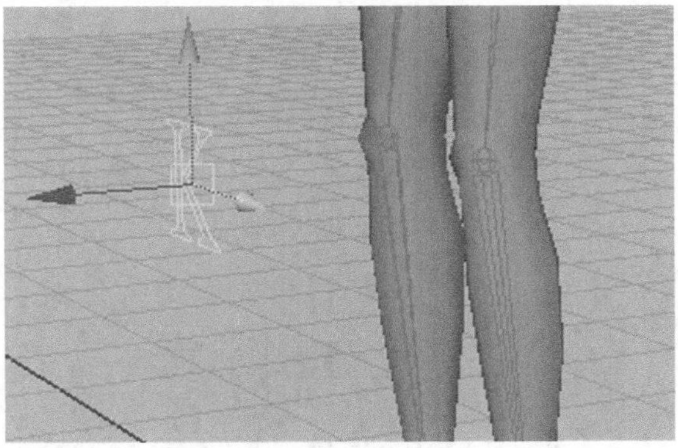

图31-198

04 在“大纲视图”对话框中选择Left_KneeControl01控制曲线和Left_LegIK01，如图31-199所示，然后执行“约束>极向量”菜单命令。

05 复制一个曲线到右膝盖处，然后将其重命名为Right_KneeControl01，如图31-200所示。重命名完成以后，需要为Right_KneeControl01与Right_LegIK01创建“极向量”约束。

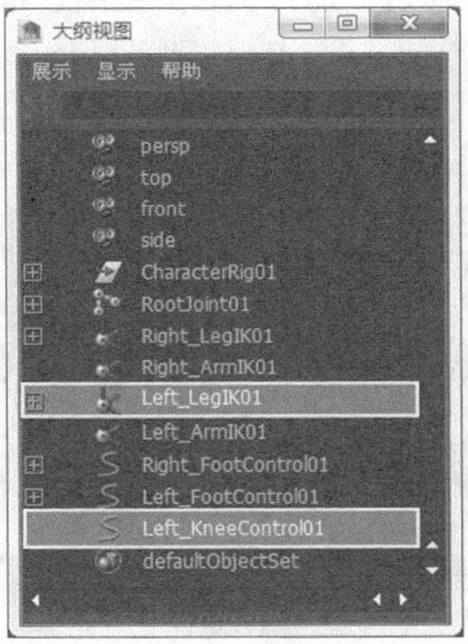

图31-199

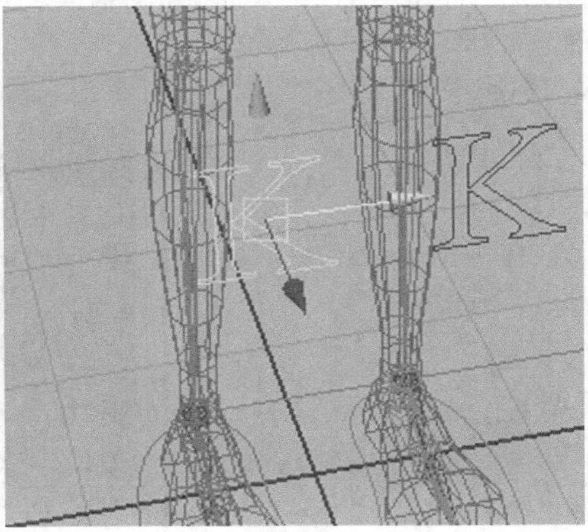

图31-200

3.创建臂部控制器

01 执行“创建>Bezier曲线工具”菜单命令，然后按住X键在顶视图中创建出如图31-201所示的曲线。

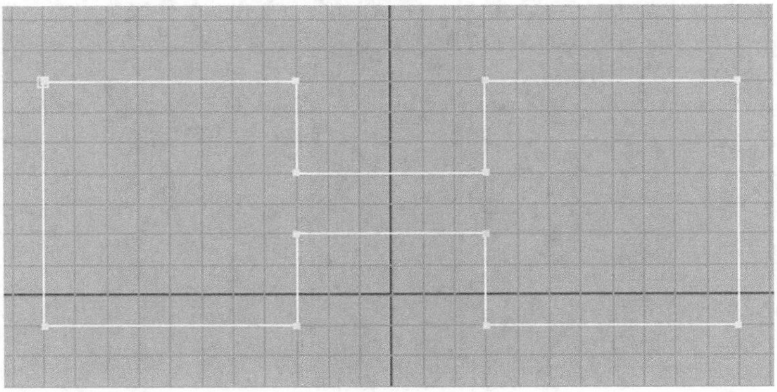

图31-201

02 将曲线重命名为HipControl01，然后按住D键和V键将其捕捉到关节HipJoint01上，如图31-202所示，接着执行“修改>冻结变换”菜单命令与“编辑>按类型删除>历史”菜单命令。

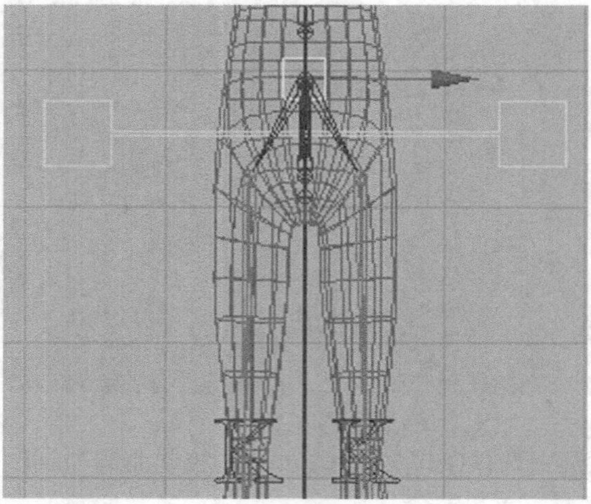

图31-202

03 选择HipControl01控制曲线和关节HipJoint01，如图31-203所示，然后单击“约束>方向”菜单命令后面的□按钮，打开“方向约束选项”对话框，接着勾选“保持偏移”选项，最后单击“添加”按钮添加，如图31-204所示。

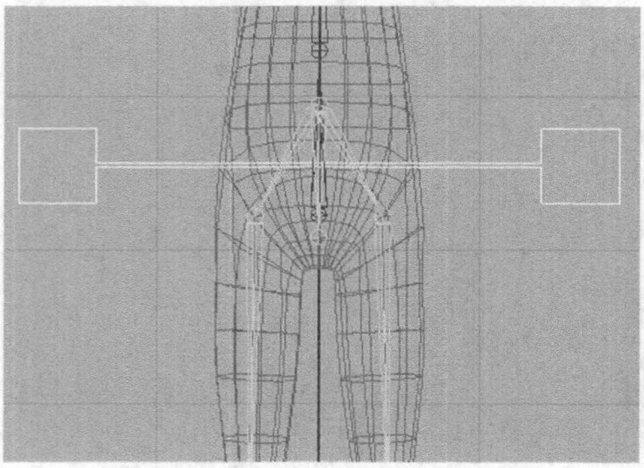

图31-203

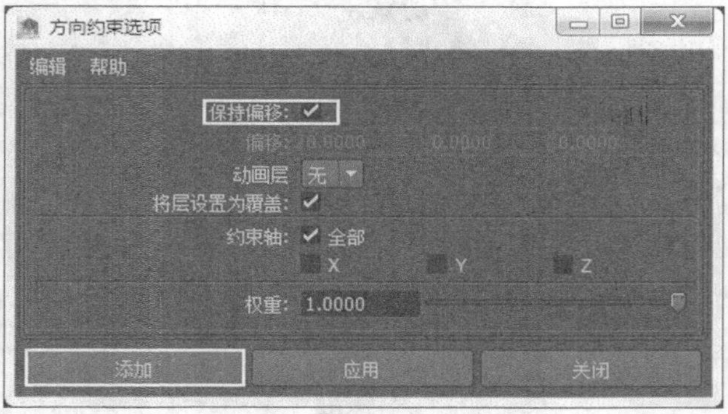

图31-204

04 选择HipControl01控制曲线，然后用“旋转工具”对其进行旋转，测试其控制效果是否灵活，如图31-205所示。

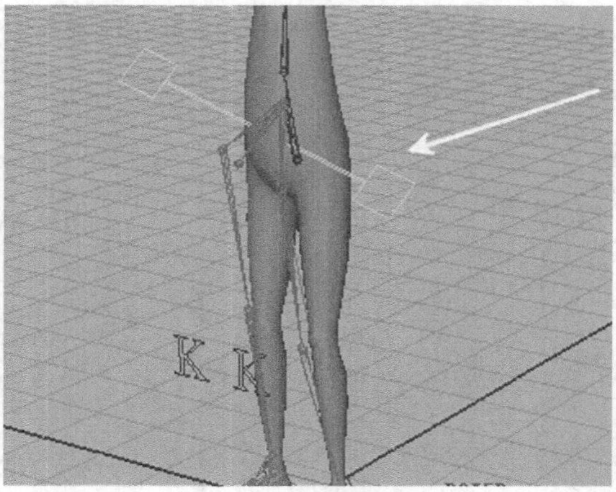

图31-205

4.创建腰部控制器

01 执行“创建>Bezier曲线工具”菜单命令，然后按住X键在顶视图中创建出如图31-206所示的曲线。

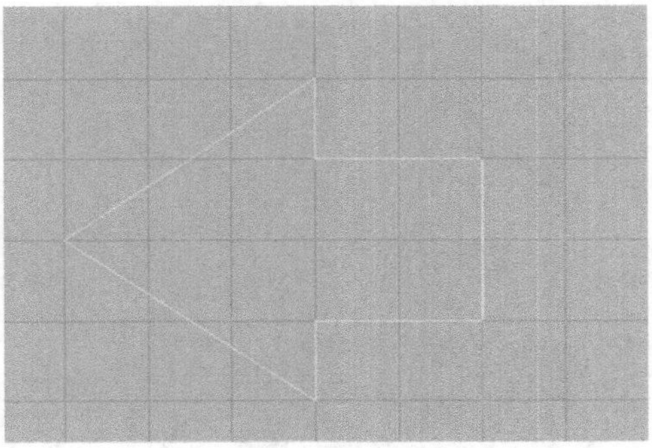

图31-206

02 将控制曲线重命名为BackControl01，然后按住D键和V键将其捕捉到Backjoint01关节上，如图31-207所示，接着执行“修改>冻结变换”菜单命令与“编辑>按类型删除>历史”菜单命令。

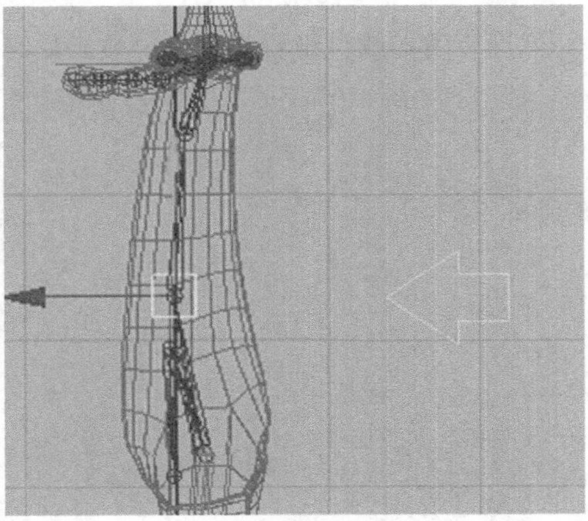

图31-207

03 选择BackControl01控制曲线，然后按快捷键Ctrl+A打开其“属性编辑器”对话框，接着在“显示”卷展栏下展开“绘制覆盖”复卷展栏，再勾选“启用覆盖”选项，并将“颜色”修改为黄色（直接拖曳滑块即可修改颜色），如图31-208所示，效果如图31-209所示。

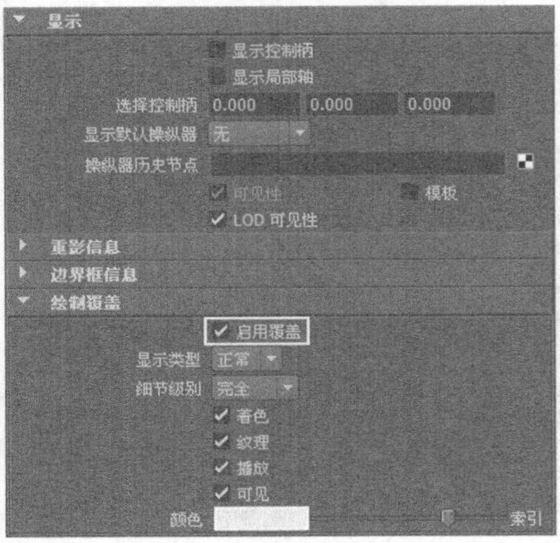

图31-208

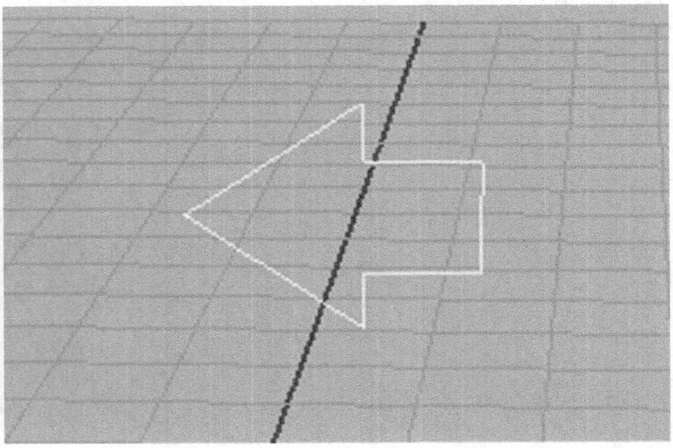

图31-209

04 复制一个BackControl01控制曲线，并将其重命名为ChestControl01，然后将其放大一些，接着按住D键和V键将其捕捉到ChestJoint01骨架上，如图31-210所示，接着执行“修改>冻结变换”菜单命令与“编辑>按类型删除>历史”菜单命令。

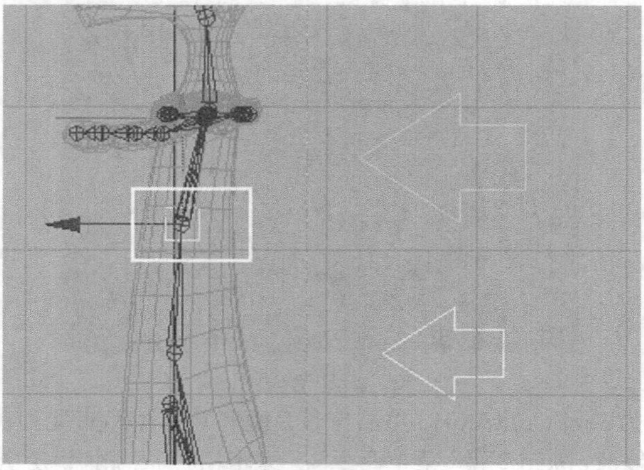

图31-210

05 选择ChestControl01曲线，然后将覆盖颜色设置为红色，效果如图31-211所示。

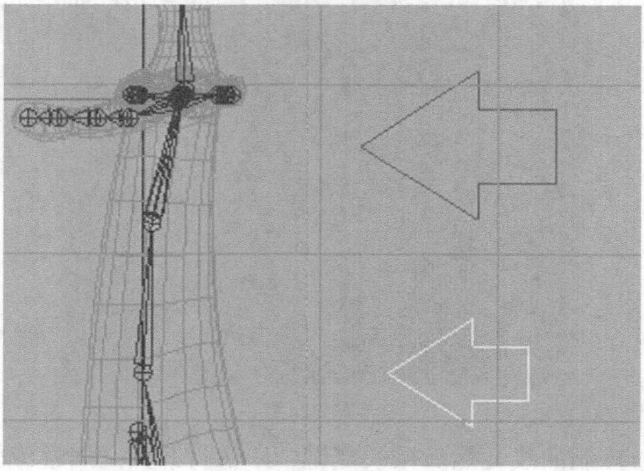

图31-211

06 选择ChestControl01控制曲线和BackControl01控制曲线，然后按P键为其建立父子关系，如图31-212所示。

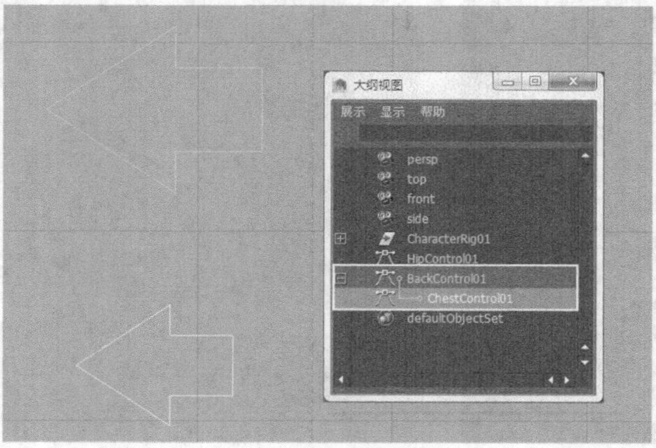

图31-212

07 选择BackControl01控制曲线和关节Backjoint01，如图31-213所示，然后单击“约束>方向”菜单命令后面的按钮，打开“方向约束选项”对话框，接着勾选“保持偏移”选项，最后单击“添加”按钮，如图31-214所示。

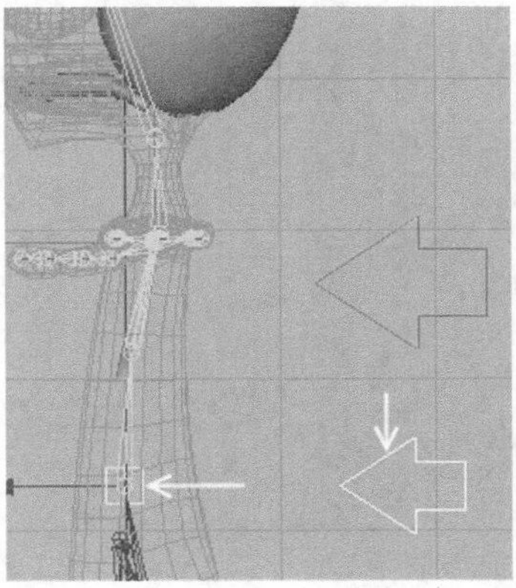

图31-213

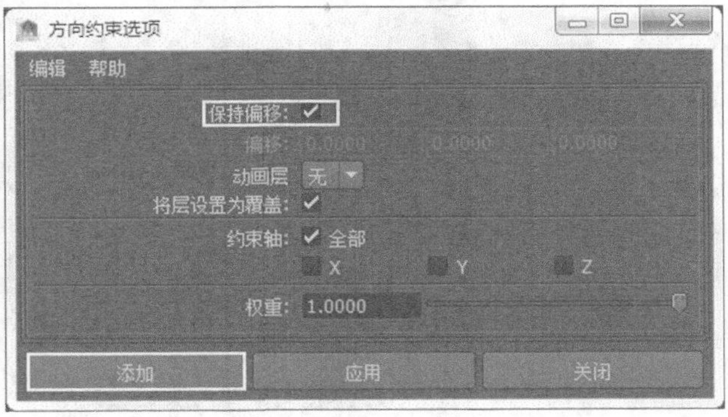

图31-214

08 选择ChestControl01控制曲线和关节ChestControl01，如图31-215所示，然后执行“约束>方向”菜单命令。

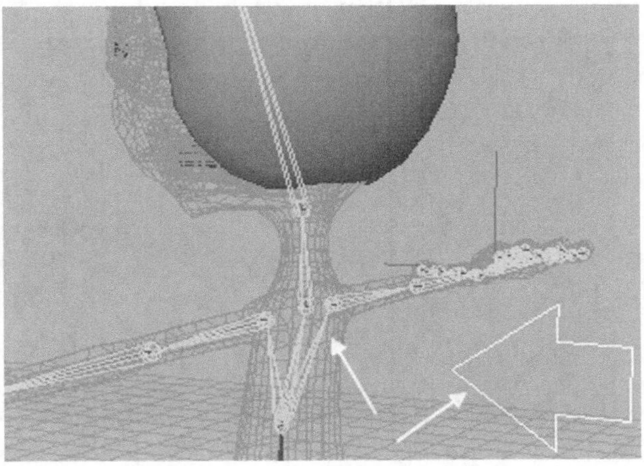

图31-215

09 选择ChestControl01控制曲线，然后复制一条曲线，并将其重命名为NeckControl01，接着将其适当缩小一些，最后按住D键和V键将其捕捉到NeckJoint01关节上，如图31-216所示。调整好控制曲线的位置后，执行“修改>冻结变换”菜单命令与“编辑>按类型删除>历史”菜单命令。

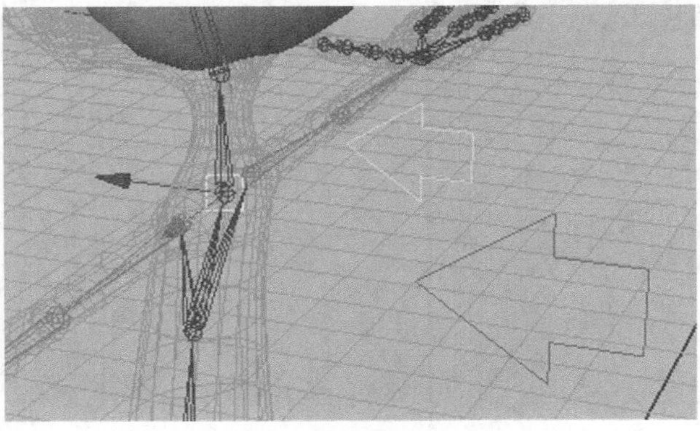

图31-216

10 将NeckControl01控制曲线的覆盖颜色修改为湖蓝色，如图31-217所示。

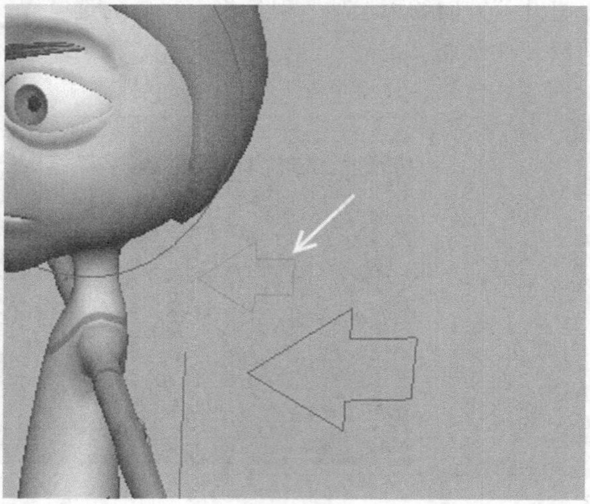

图31-217

11 选择NeckControl01控制曲线和关节NeckJoint01，如图31-218所示，然后执行“约束>方向”菜单命令。

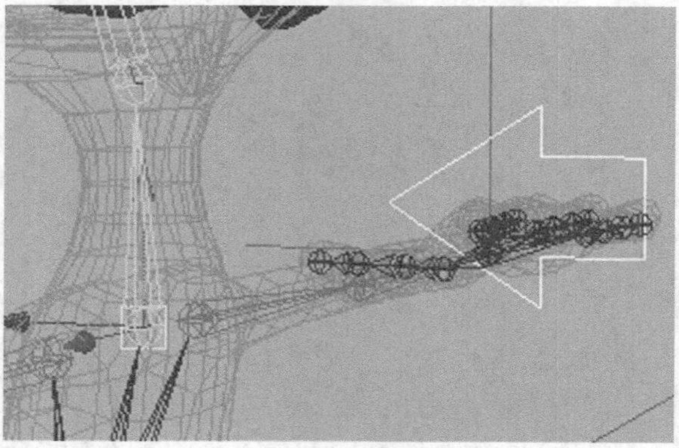

图31-218

12 选择NeckControl01控制曲线和关节ChestJoint01，如图31-219所示，然后执行“约束>方向”菜单命令。

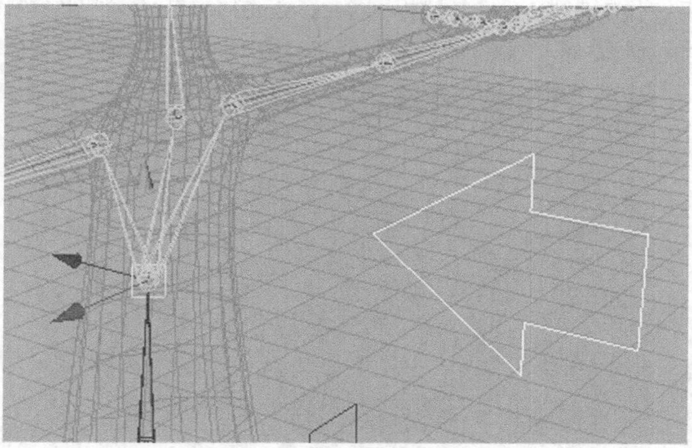

图31-219

13 选择NeckControl01、BackControl01、ChestControl01和HipControl01控制曲线，如图31-220所示，然后在“通道盒”中选择“平移*x*”“平移*y*”“平移*z*”“缩放*x*”“缩放*y*”“缩放*z*”和“可见性”属性，接着在属性名称上单击鼠标右键，最后在弹出的菜单中选择“锁定并隐藏选定项”命令，如图31-221所示。

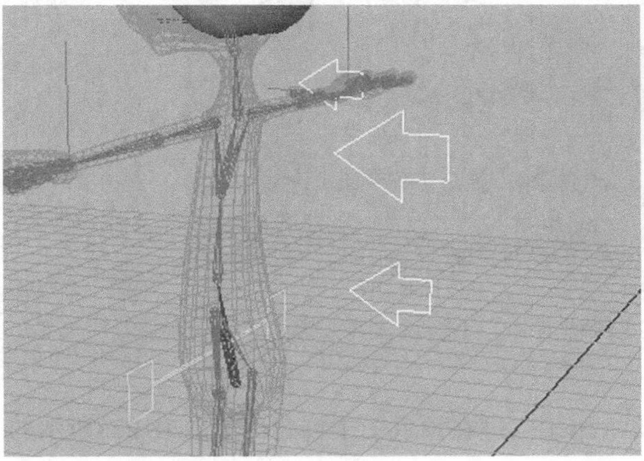

图31-220

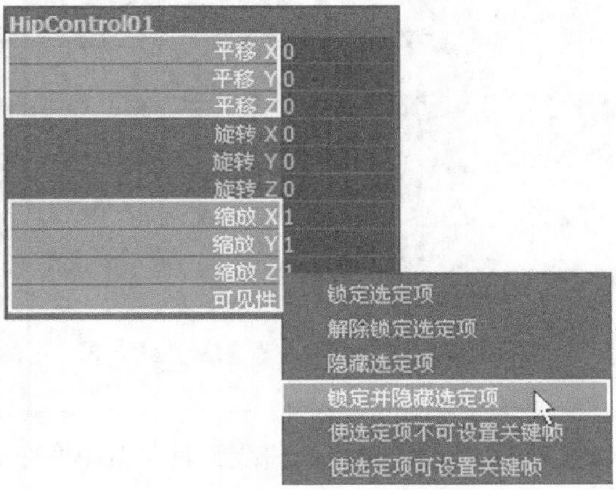

图31-221

技巧与提示

这里介绍一下同时选择多个属性的3种方法。

第1种：如果要选择多个连续的属性，可以先选择开始的属性名称，如图31-222所示，然后按住Shift键选择连续属性的末尾属性的名称，这样就可以同时选择多个连续的属性，如图31-223所示。

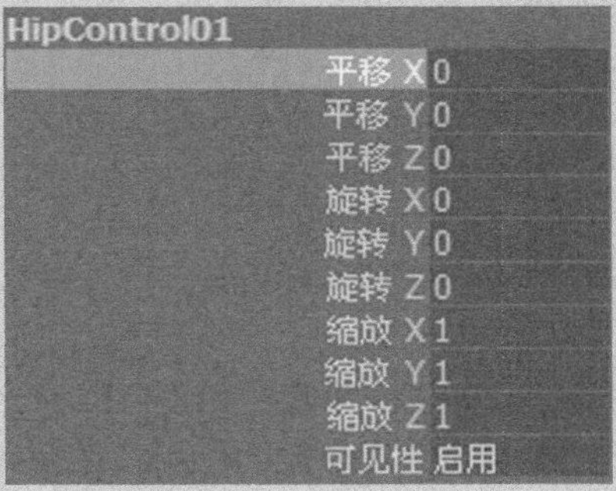

图31-222

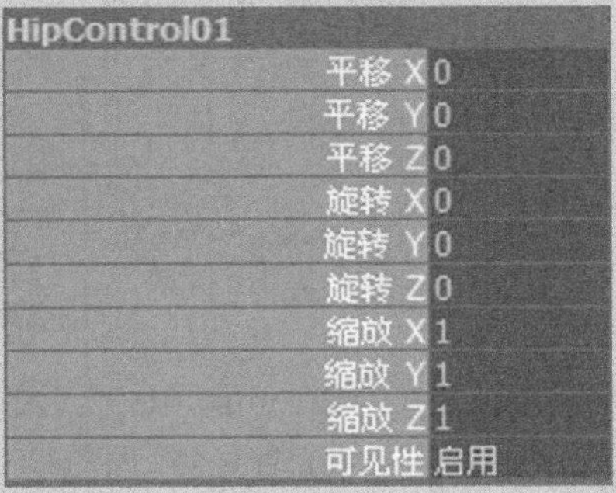

图31-223

第2种：用鼠标左键单击选择连续属性的开始属性，如图31-224所示，然后按住鼠标左键往下拖曳，这样也可以同时选择多个连续的属性，如图31-225所示。

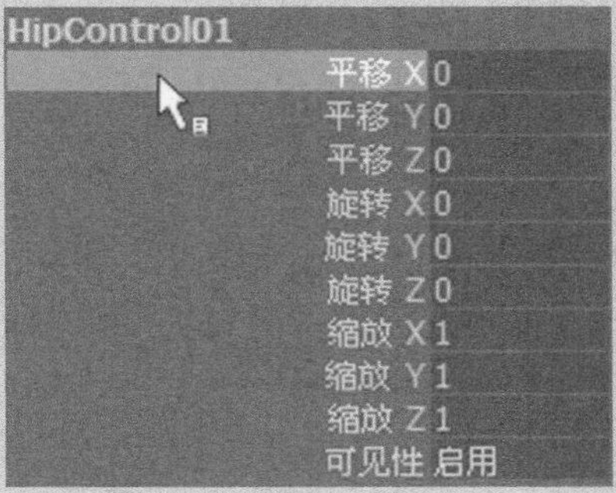

图31-224

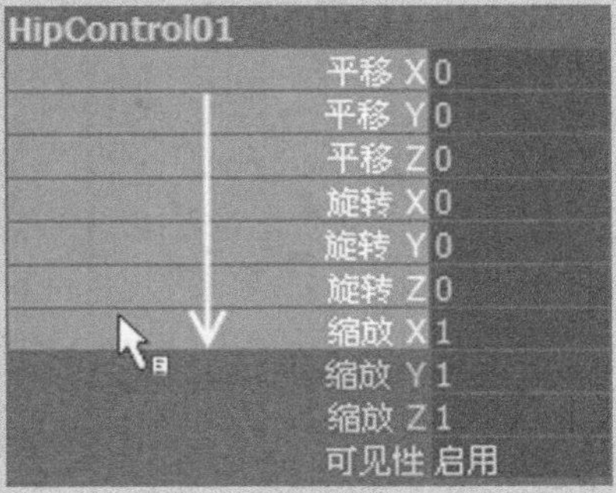

图31-225

第3种：如果要选择多个连续的隔开属性，可以先选择开始的属性名称，如图31-226所示，然后按住Ctrl键单击其他属性的名称即可，这样既可以同时选择多个连续的属性，也可以同时选择多个连续及非连续的属性，如图31-227所示。

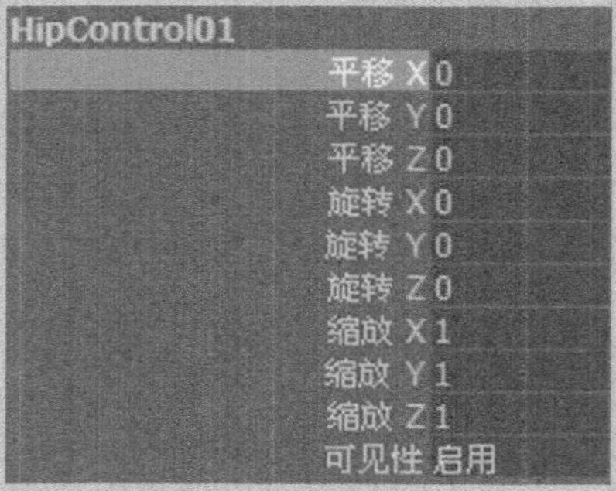

图31-226

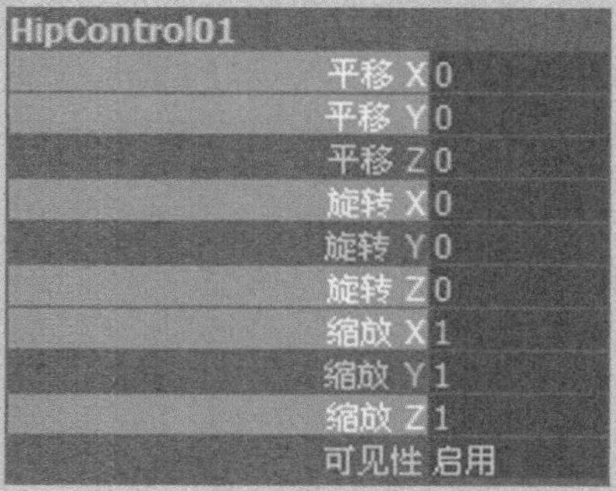

图31-227

这3种选择方法是Maya中最常用的选择方法，不仅适用于选择属性，也适用于选择节点。

14 执行“创建>Bezier曲线工具”菜单命令，然后按住X键在顶视图中创建出如图31-228所示的曲线。

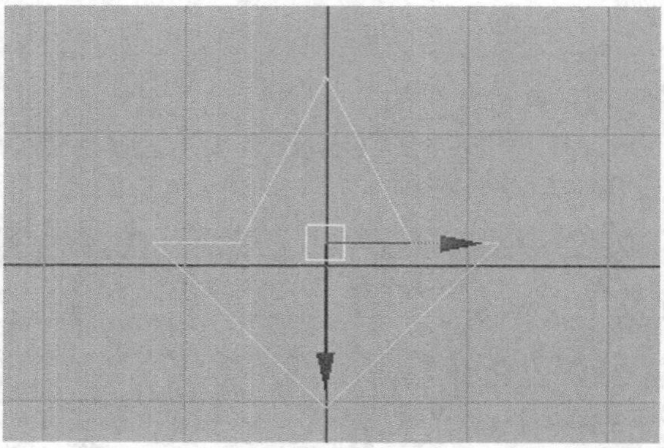

图31-228

15 将控制曲线重命名为COGControl01，然后按住D键和V键将其捕捉到关节RootJoint01上，如图31-229所示，接着执行“修改>冻结变换”菜单命令与“编辑>按类型删除>历史”菜单命令。

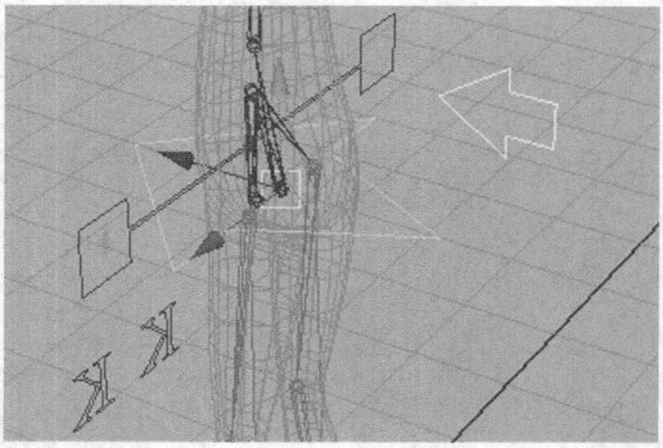

图31-229

16 选择COGControl01控制曲线，然后在“通道盒”中选择“缩放x”“缩放y”“缩放z”和“可见性”属性，接着在属性名称上单击鼠标右键，最后在弹出的菜单中选择“锁定并隐藏选定项”命令，如图31-230所示。

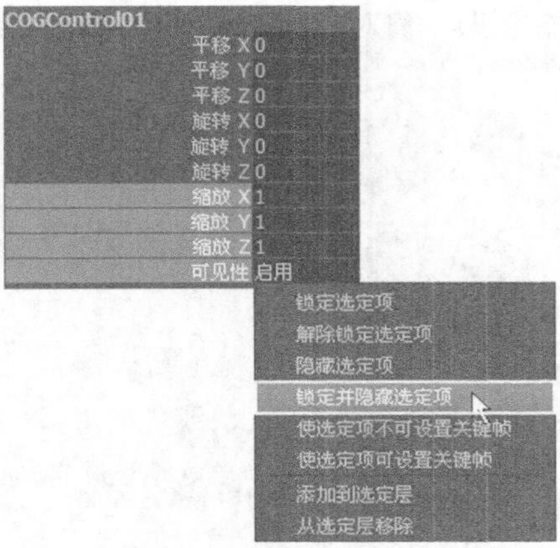

图31-230

17 选择COGControl01控制曲线和关节RootJoint01，如图31-231所示，然后执行“约束>父对象”菜单命令。

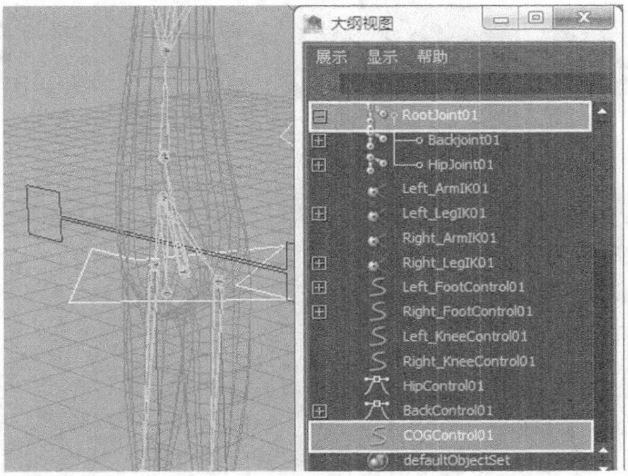

图31-231

18 选择NeckControl01、ChestControl01、BackControl01和HipControl01控制曲线，然后按住Ctrl键加选COGControl01控制曲线，接着按P键将COGControl01控制曲线与另外4个控制曲线建立父子关系，如图31-232所示。

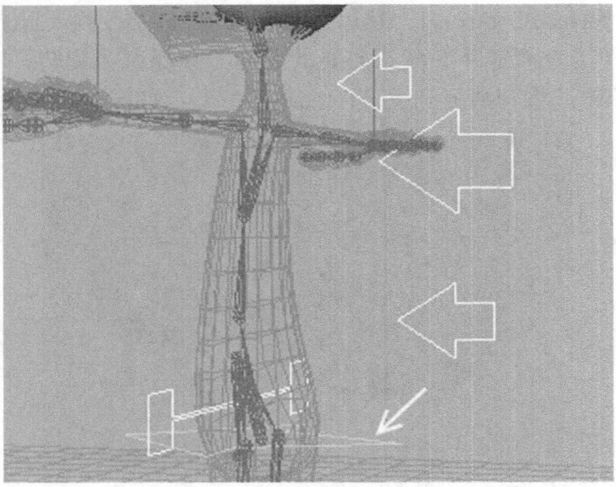

图31-232

19 用“移动工具”和“旋转工具”对COGControl01控制曲线进行测试，观察运动是否合理，如图31-233所示。

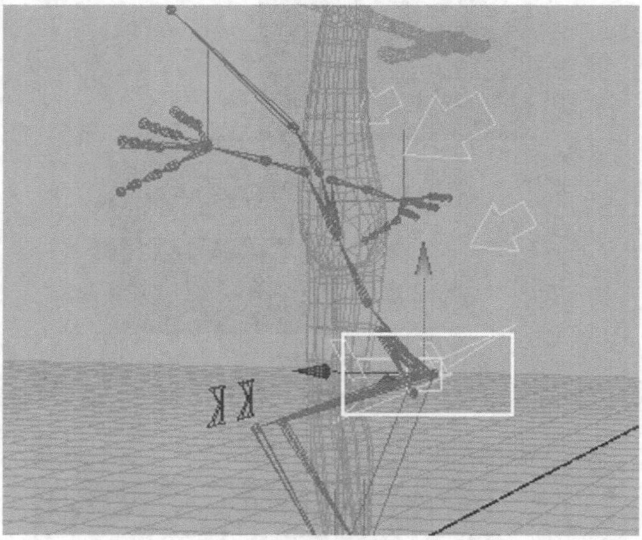

图31-233

5.创建头部控制器

01 执行“创建>Bezier曲线工具”菜单命令，然后按住X键在前视图中创建出头部控制曲线，接着在右视图中调整好曲线的位置，如图31-234所示。

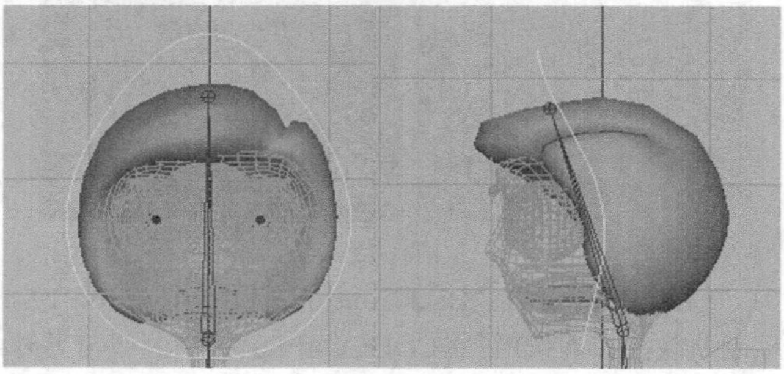

图31-234

02 将控制曲线重命名为HeadControl01，然后执行“修改>冻结变换”菜单命令与“编辑>按类型删除>历史”菜单命令，接着锁定并隐藏不需要的属性（只保留“旋转*x*”“旋转*y*”和“旋转*z*”属性），最后按住D键和V键将其捕捉到关节HeadJoint01上，如图31-235所示。

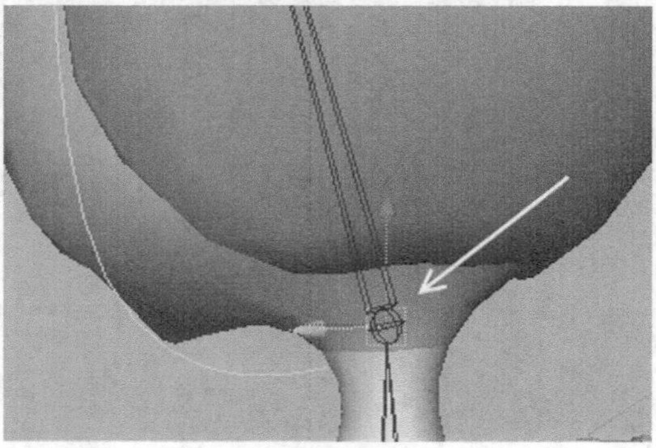

图31-235

03 选择HeadControl01控制曲线，然后加选关节HeadJoint01，如图31-236所示，接着执行“约束>方向”菜单命令，最后将控制曲线的覆盖颜色修改为红色，如图31-237所示。

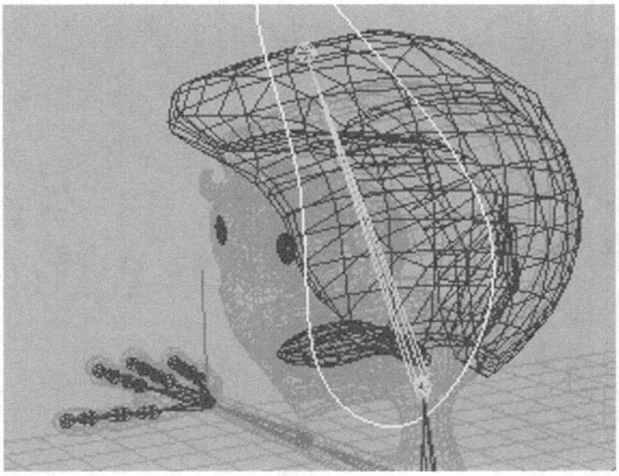
图31-236

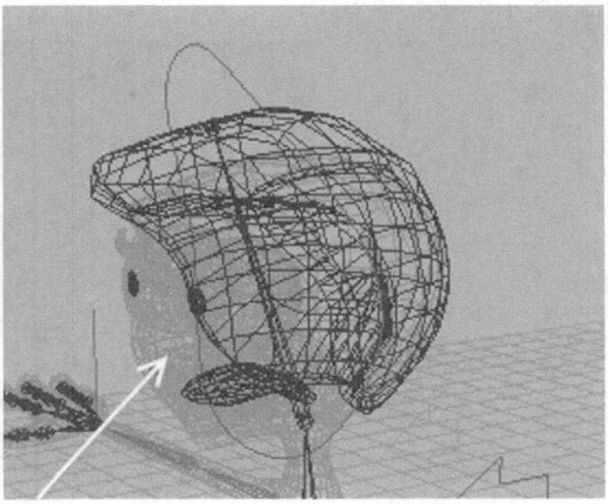
图31-237

6.创建眼睛控制器

01 执行“创建>NURBS基本体>圆形”菜单命令，然后在前视图中创建两个圆形曲线，如图31-238所示，接着在右视图中调整好曲线的位置，如图31-239所示。调整完成后，执行“修改>冻结变换”菜单命令与“编辑>按类型删除>历史”菜单命令。

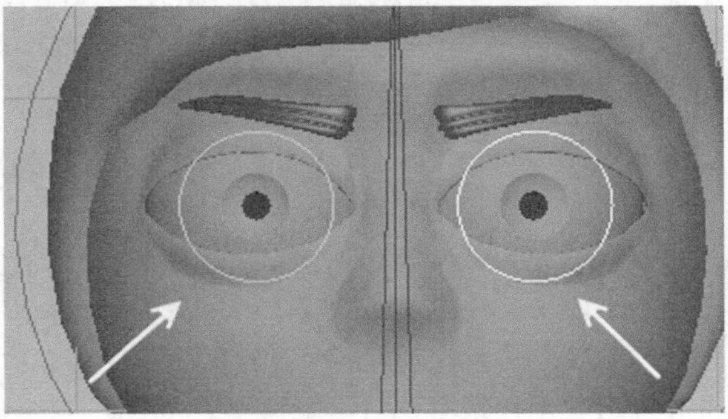
图31-238

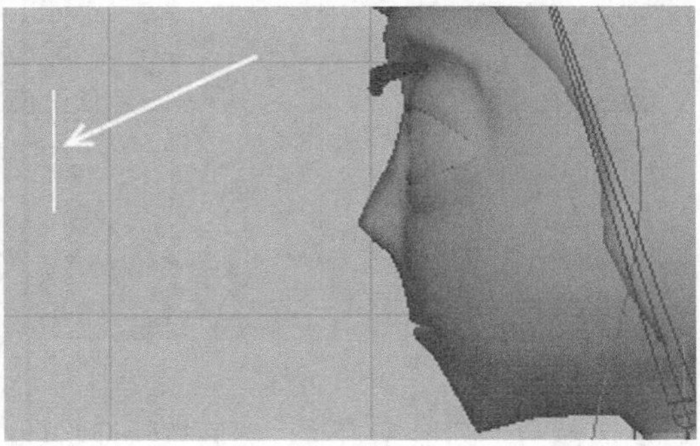
图31-239

02 将左侧圆形曲线重命名为Right_EyeControl01，然后将其覆盖颜色修改为黄色，接着将右侧曲线重命名为Left_EyeControl01，如图31-240所示。

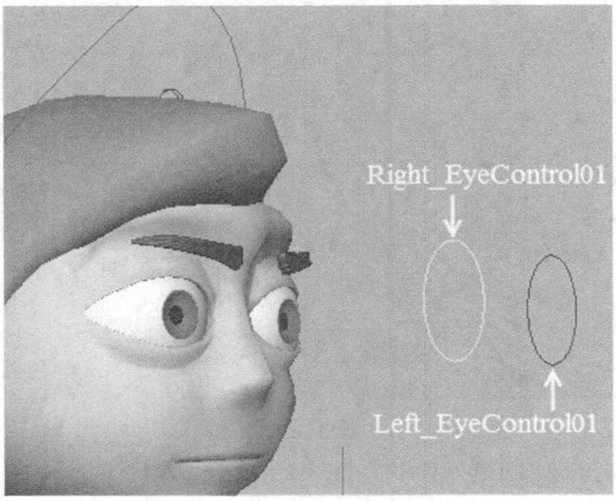

图31-240

03 执行“创建>NURBS基本体>方形”菜单命令，然后在前视图中创建一个矩形，如图31-241所示，接着将其重命名为EyesControl01，最后执行“修改>冻结变换”菜单命令与“编辑>按类型删除>历史”菜单命令。

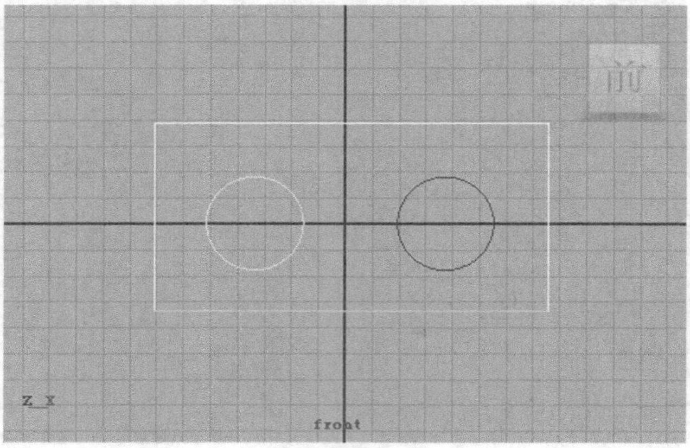

图31-241

04 在右视图中将EyesControl01矩形控制曲线的位置调整到与两个圆形控制曲线在同一平面上，如图31-242所示，接着执行“编辑>居中枢轴”菜单命令，效果如图31-243所示。

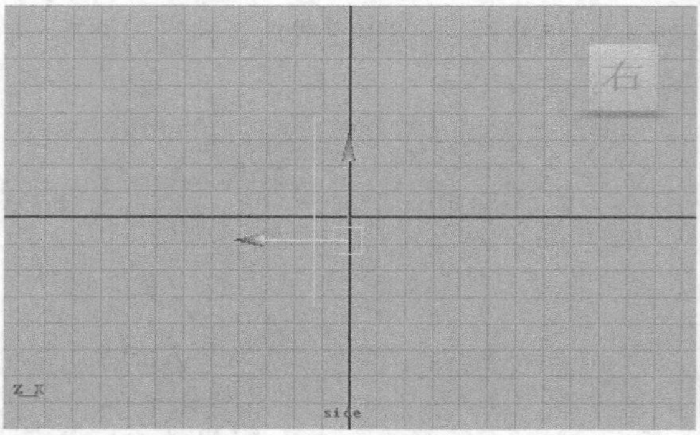

图31-242

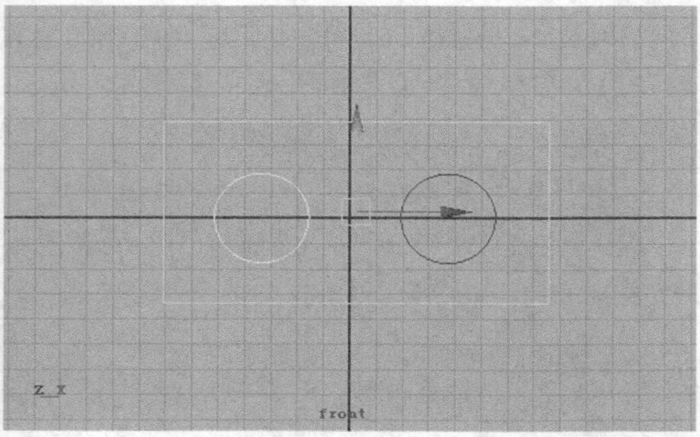

图31-243

05 选择两个圆形控制器，然后按快捷键Ctrl+G将其群组起来，接着执行“编辑>居中枢轴”菜单命令，效果如图31-244所示。

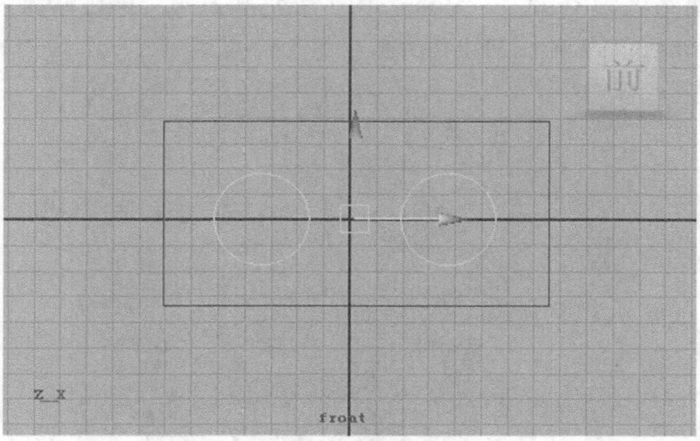

图31-244

06 选择EyesControl01矩形控制曲线和圆形曲线组，然后执行“约束>点”菜单命令，效果如图31-245所示。

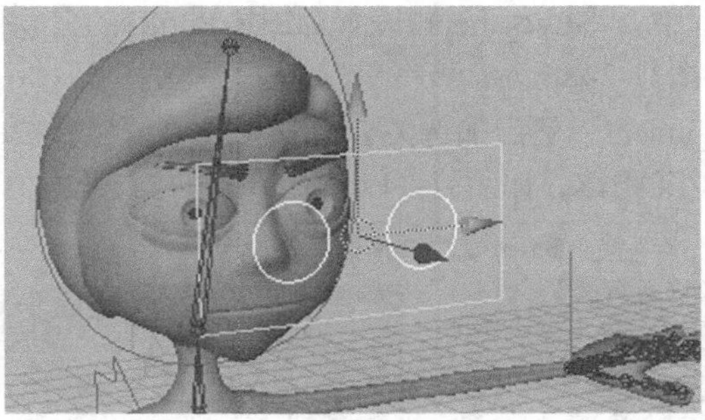

图31-245

技巧与提示

注意，创建“点”以后，要在“大纲视图”对话框中选择EyesControl01_pointConstraint1节点，如图31-246所示，然后按Delete键将其删除，因为这里只是利用“点”约束让圆形群组曲线中心点移动到EyesControl01控制曲线的

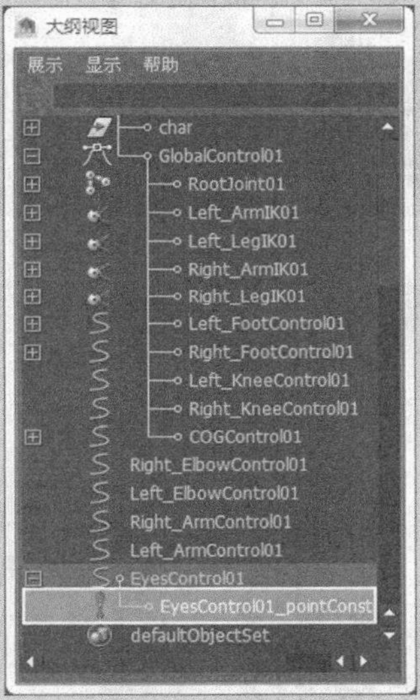

图31-246

07 在“大纲视图”对话框中选择Right_EyeControl01和Left_EyeControl01控制曲线，然后加选EyesControl01控制曲线，接着按P键为其建立父子关系，如图31-247所示。

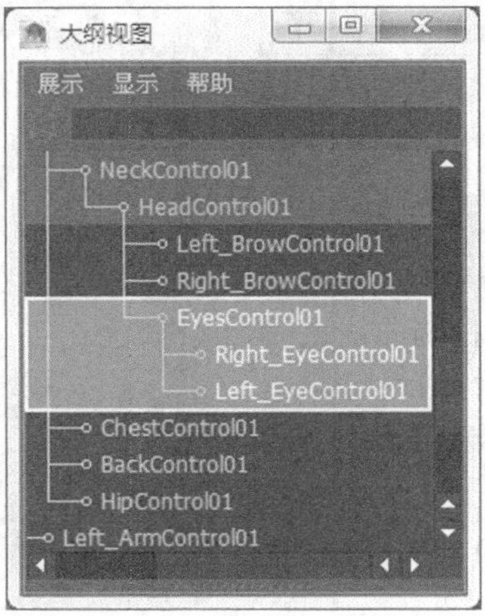

图31-247

08 在“大纲视图”对话框中，将Eye_inner2设置为Eye_Pupil3的父物体，接着将Eye_inner3设置为Eye_Pupil4的父物体，如图31-248所示。

09 选择Eye_inner2和Eye_inner3，然后加选关节HeadJoint01，接着按P键将关节HeadJoint01设置为Eye_inner2和Eye_inner3的父物体，如图31-249所示。

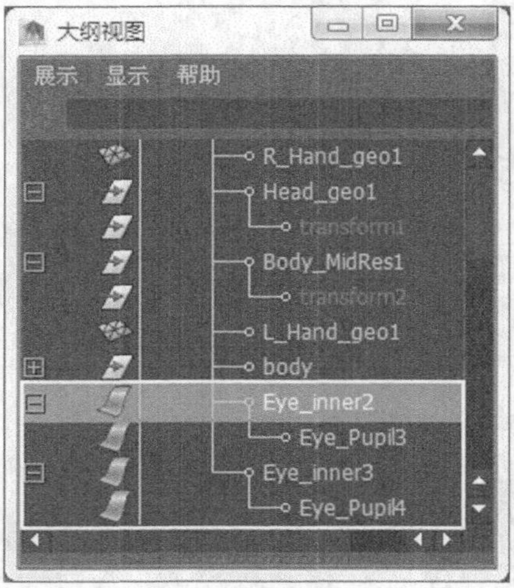

图31-248

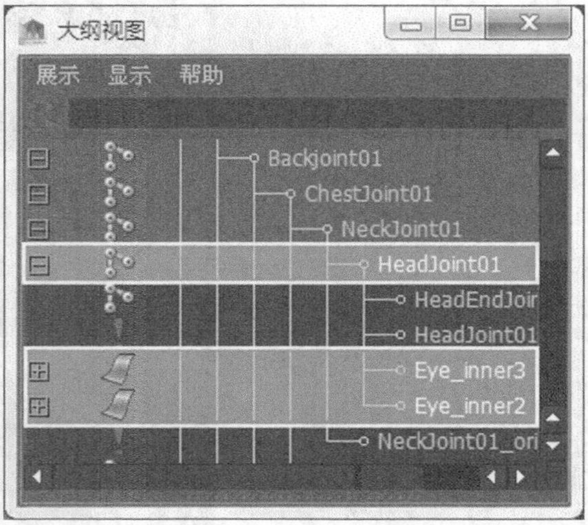

图31-249

10 选择Left_EyeControl01控制曲线和Eye_inner2模型，然后单击“约束>目标”菜单命令后面的□按钮，打开“目标约束选项”对话框，接着勾选“保持偏移”选项，最后单击“添加”按钮添加，如图31-250所示。设置完成后，为Right_EyeControl01控制曲线和Eye_inner3模型也创建“目标”约束。

11 移动眼睛的控制曲线，观察眼睛是否能跟随控制曲线一起移动，如图31-251所示。

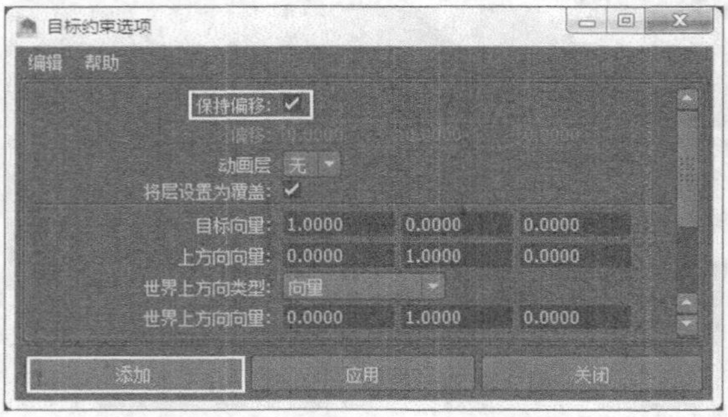

图31-250

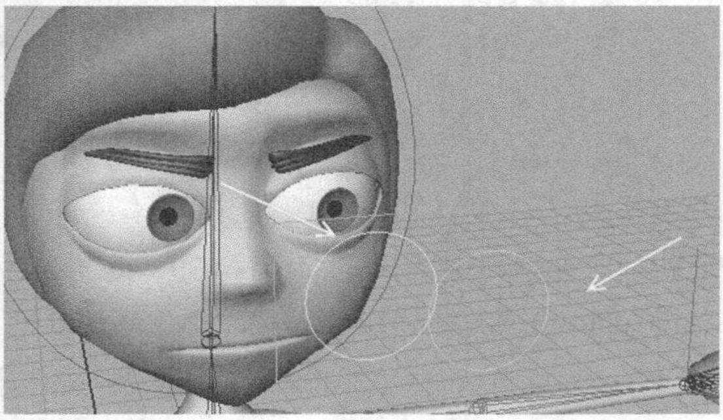

图31-251

7.创建眉毛控制器

01 执行“创建>Bezier曲线工具”菜单命令，然后按住X键在前视图中创建出眉毛控制曲线，如图31-252所示。创建完成后将控制曲线重命名为Right_BrowControl01，然后执行“修改>冻结变换”菜单命令与“编辑>按类型删除>历史”菜单命令。

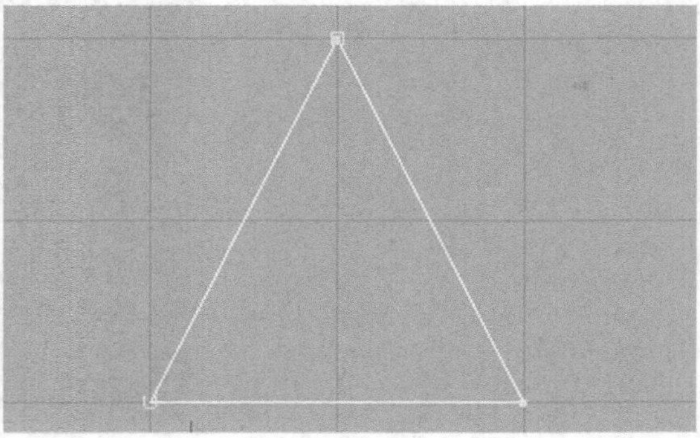

图31-252

02 选择char_brow_rf和char_brow_lf眉毛模型，然后执行“显示>变换显示>局部旋转轴”菜单命令，显示出眉毛的局部轴，如图31-253所示。

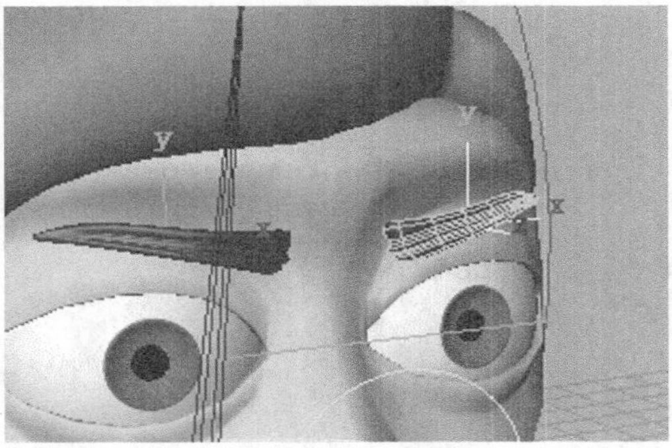

图31-253

03 选择Right_BrowControl01控制曲线，然后按住D键和V键将其移动到如图31-254所示的位置。

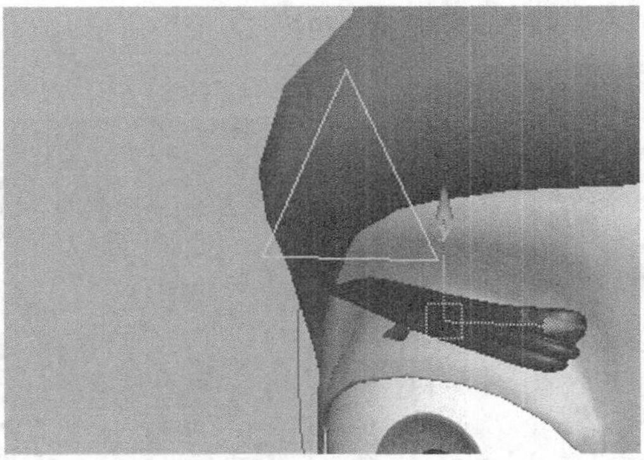

图31-254

04 在“大纲视图”对话框中选择char_brow_rf模型，然后加选Right_BrowControl01控制曲线，接着按P键将Right_BrowControl01控制曲线设置为char_brow_rf模型的父物体，如图31-255所示。

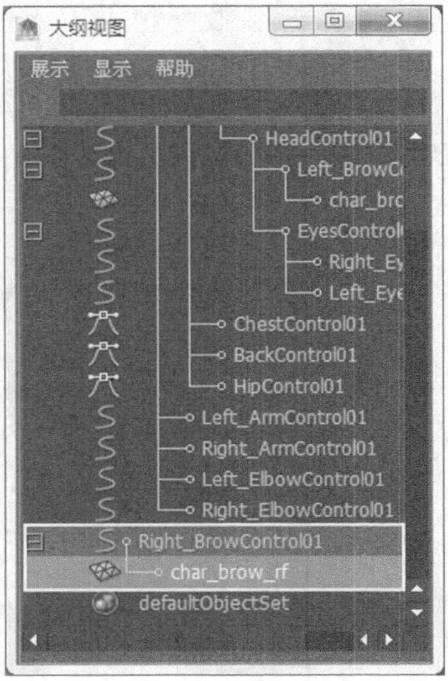

图31-255

05 将Right_BrowControl01控制曲线复制一个到右侧眉毛处，然后将其重命名为Left_BrowControl01，如图31-256所示。复制完成后，将Left_BrowControl01控制曲线设置为char_brow_lf的父物体。

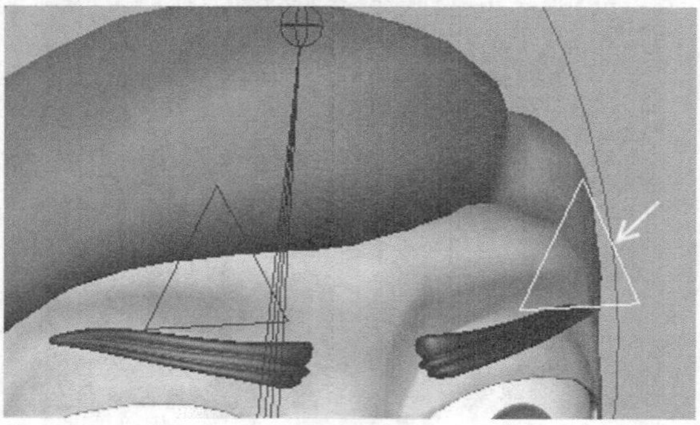

图31-256

06 在“大纲视图”对话框中将Left_BrowControl01、Right_BrowControl01和EyesControl01控制曲线设置为HeadControl01控制曲线的子物体，如图31-257所示。

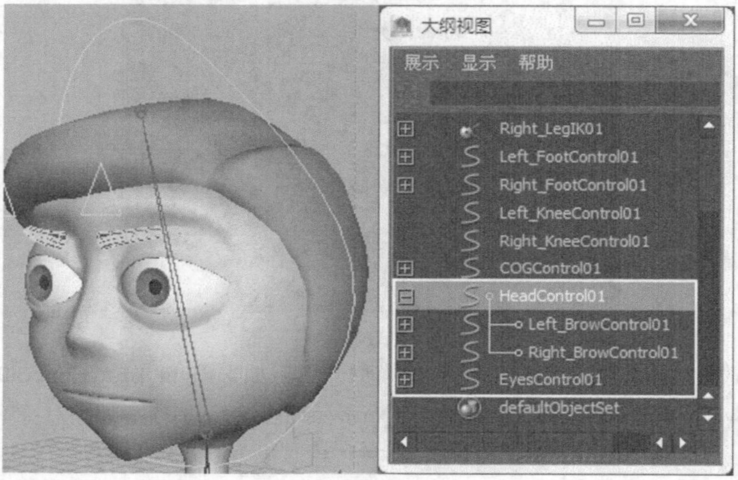

图31-257

8.创建手部控制器

01 执行“创建>Bezier曲线工具”菜单命令，然后按住X键在顶视图中创建出手部控制曲线，如图31-258所示。

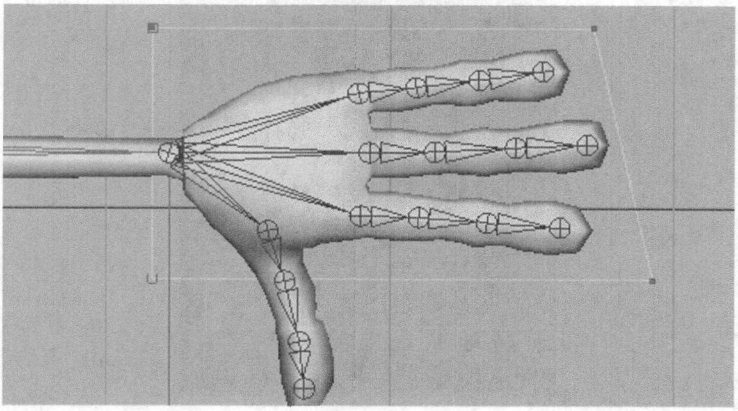

图31-258

02 将曲线重命名为Left_ArmControl01，然后按住D键和V键将其捕捉到关节Left_WristJoint01上，如图31-259所示，接着执行“修改>冻结变换”菜单命令与“编辑>按类型删除>历史”菜单命令。

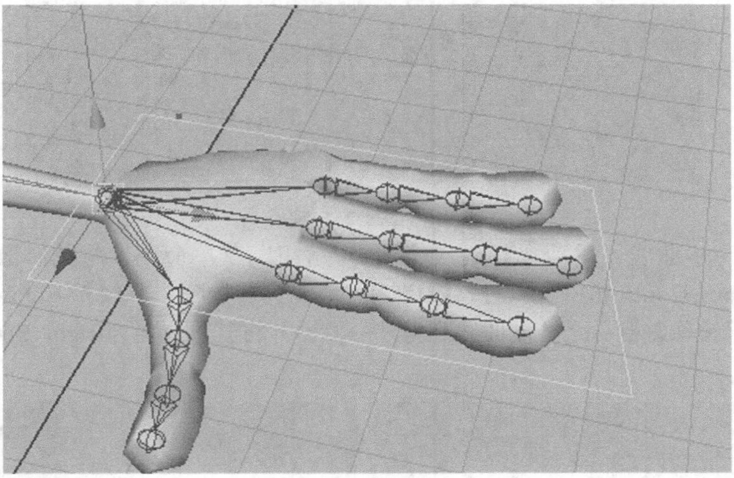

图31-259

03 将Left_ArmControl01控制曲线镜像复制一个到另外一侧，然后将其重命名为Right_ArmControl01，如图31-260所示，接着将Left_ArmControl01控制曲线的覆盖颜色修改为蓝色，以便于区分，如图31-261所示。

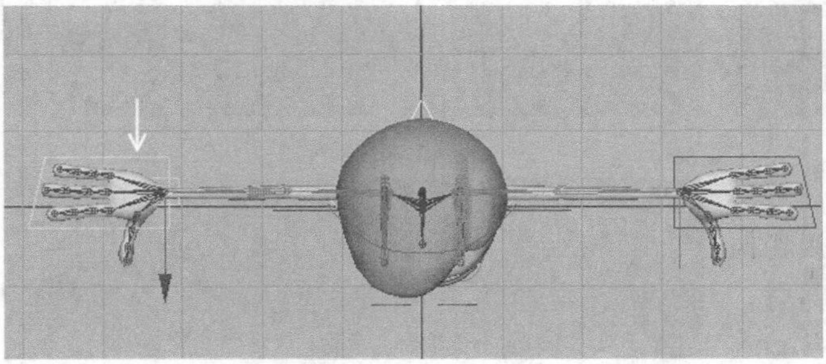

图31-260

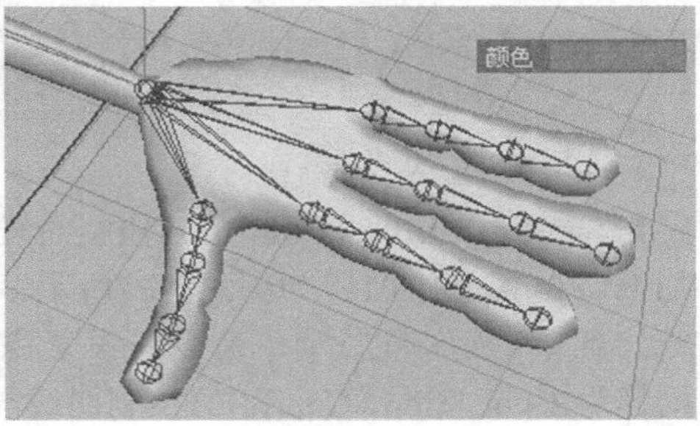

图31-261

04 选择Left_ArmControl01控制曲线和Left_ArmIK01，如图31-262所示，然后执行“约束>点”菜单命令。

05 选择Left_ArmControl01控制曲线和关节Left_WristJoint01，如图31-263所示，然后执行“约束>方向”菜单命令。

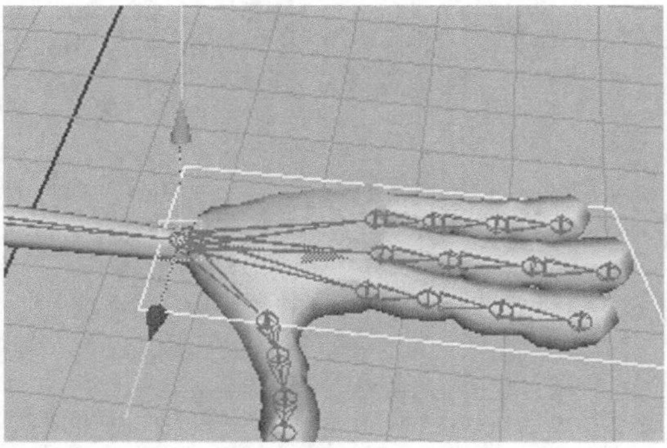

图31-262

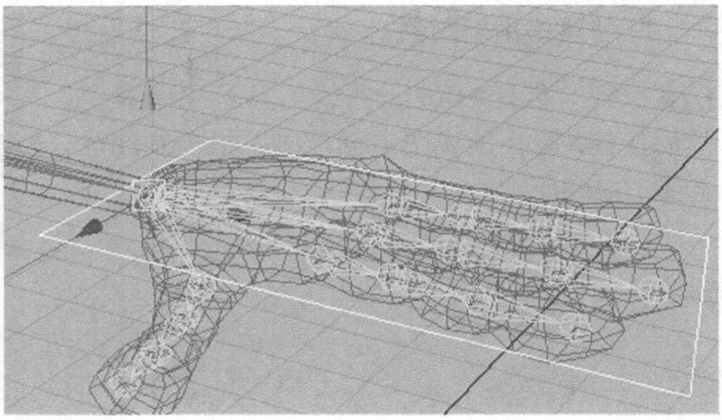

图31-263

06 单击“创建>文本”菜单命令后面的□按钮，打开“文本曲线选项”对话框，然后设置“文本”为E，接着单击“创建”按钮，如图31-264所示。

图31-264

07 选择创建的文本曲线，然后执行两次“编辑>解组”菜单命令，将其解散为曲线，并将其重命名为Left_ElbowControl01，接着按住D键和V键将其捕捉到关节Left_ElbowJoint01上，如图31-265所示，最后镜像复制一个控制曲线到另外一侧，并将其重命名为Right_ElbowControl01，如图31-266所示。

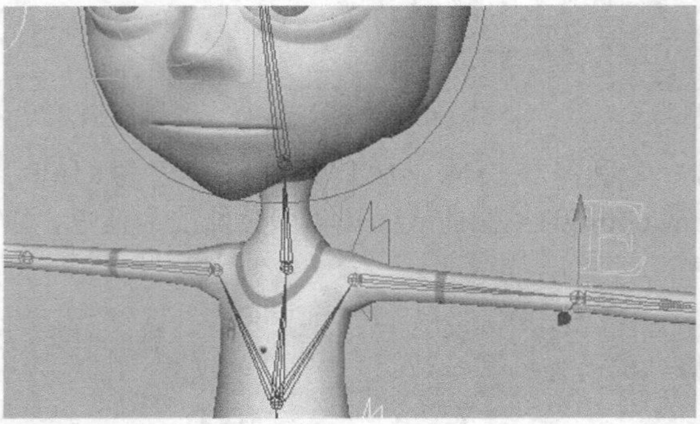
图31-265

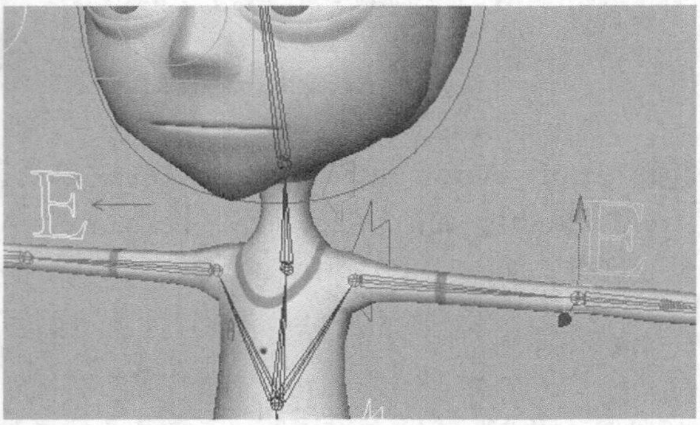
图31-266

08 选择Left_ElbowControl01控制曲线，然后加选Left_ArmIK01，如图31-267所示，接着执行“约束>极向量”菜单命令。设置完成后，同样为Right_ElbowControl01控制曲线与Right_ArmIK01创建“极向量”约束。

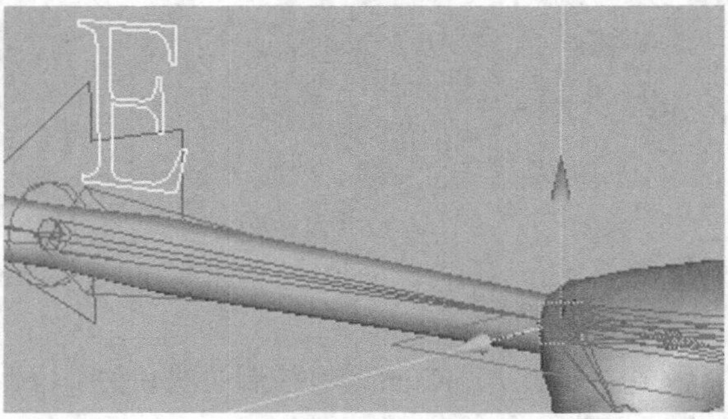
图31-267

9.创建手指控制器

01 执行“创建>Bezier曲线工具”菜单命令，然后按住X键在顶视图中创建出手指控制曲线，如图31-268所示。

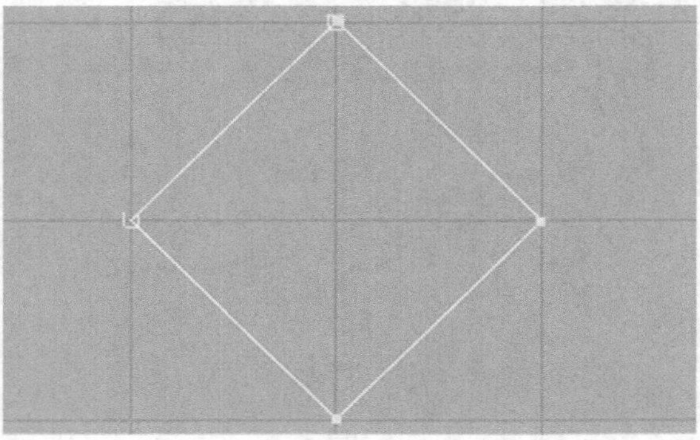
图31-268

02 将曲线重命名为Left_ThumbControl01（拇指），然后复制3个曲线到另外3个手指上，并分别命名为Left_ArmControl01（食指）、Left_middle_fingerControl01（中指）和Left_Finky_Control01（小指），接着利用D键和V键将复制出来的控制曲线分别捕捉到关节Left_ArmJoint_A01、Left_middle_finger_A01和Left_Finky_A01上，如图31-269所示。

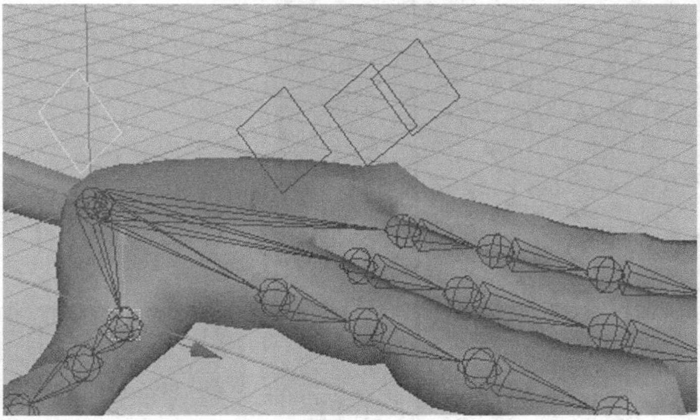

图31-269

03 选择Left_ThumbControl01（拇指）、Left_ArmControl01（食指）、Left_middle_fingerControl01（中指）和Left_Finky_Control01（小指）控制曲线，然后在“通道盒”中选择“平移*x*”“平移*y*”“平移*z*”“缩放*x*”“缩放*y*”“缩放*z*”和“可见性”属性，接着在属性名称上单击鼠标右键，最后在弹出的菜单中选择“锁定并隐藏选定项”命令，如图31-270所示。

04 保持对手指控制曲线的选择，执行“修改>添加属性”菜单命令，打开“添加属性”对话框，然后分别为这些控制曲线添加一个End_Z属性和Mid_Z属性，如图31-271和图31-272所示，添加的属性如图31-273所示。

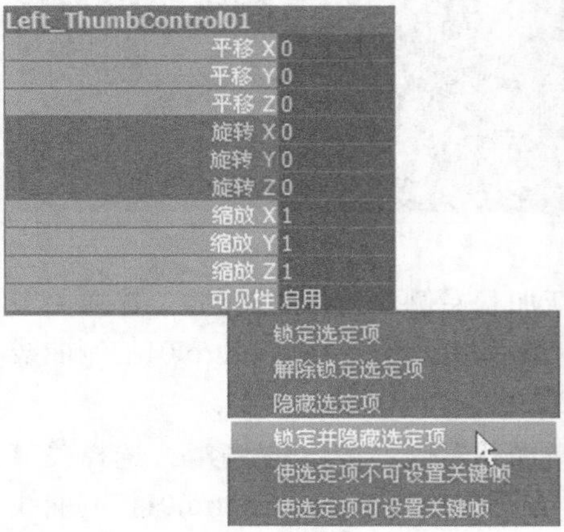

图31-270

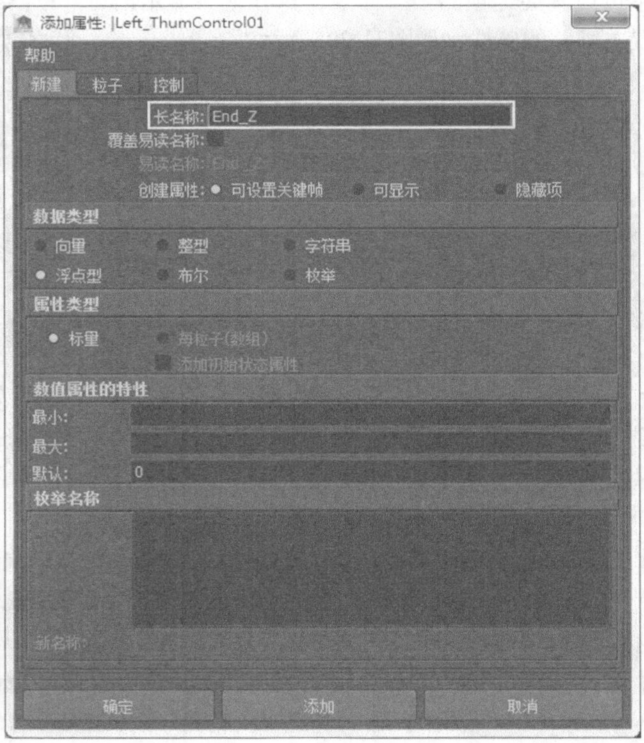

图31-271

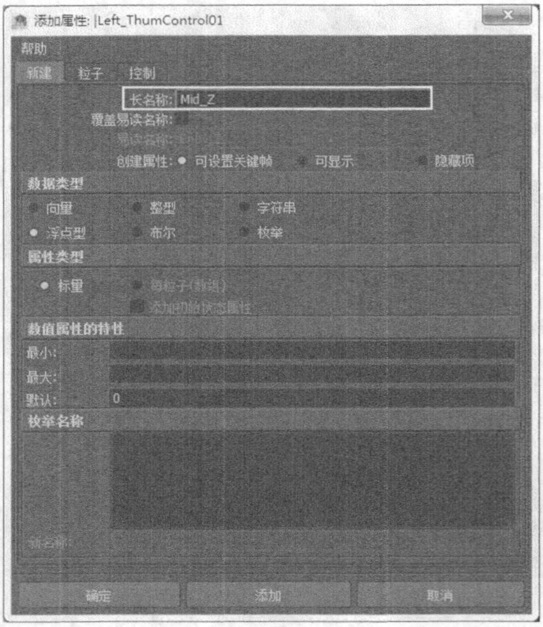

图31-272

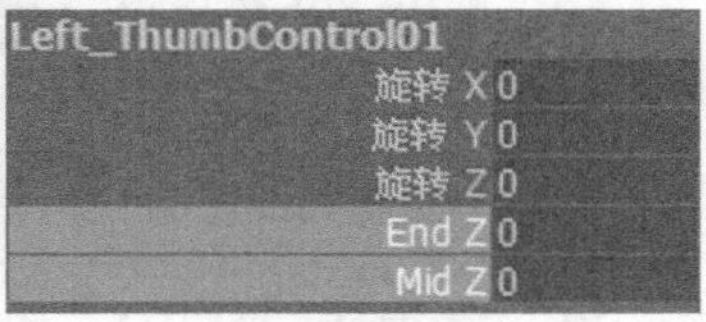

图31-273

05 选择Left_Finky_Control01控制曲线和关节Left_Finky_A01，如图31-274所示，然后执行“约束>方向”菜单命令，接着为其他的控制曲线与相应的关节创建“方向”约束。

06 执行“窗口>常规编辑器>连接编辑器”菜单命令，打开“连接编辑器”对话框，然后在该对话框中的“左侧显示”和“右侧显示”菜单下关闭“显示不可设置关键帧的项”命令，这样就只显示出可设置关键帧的属性，如图31-275所示。

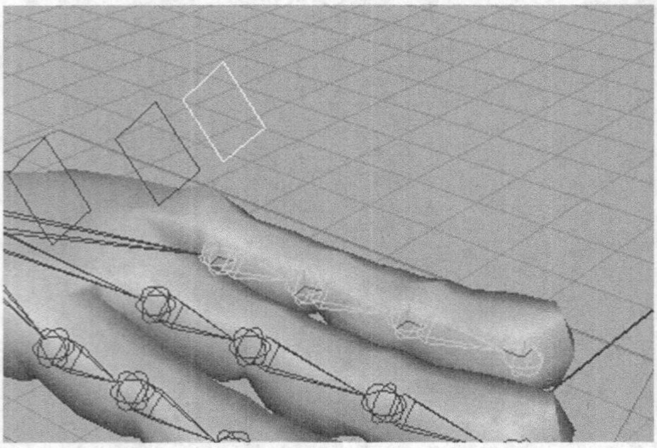
图31-274

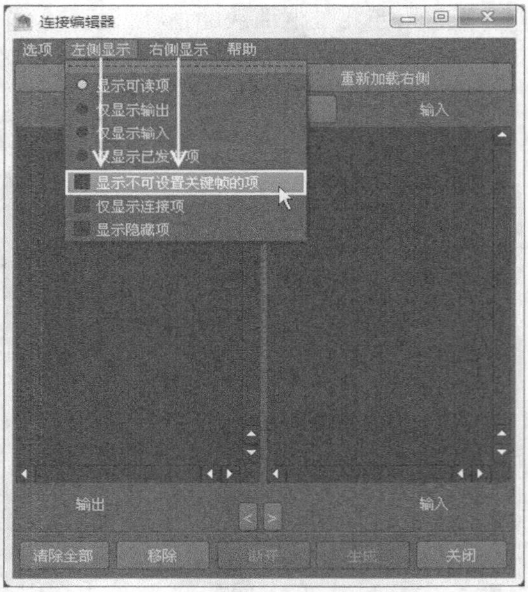

图31-275

07 选择Left_Finky_Control01控制曲线，然后单击“重新加载左侧”按钮 重新加载左侧，选择关节Left_Finky_C01，接着单击“重新加载右侧”按钮 重新加载右侧，最后将Left_Finky_Control01控制曲线的midZ属性连接到关节Left_Finky_C01的rotateZ（旋转z）属性上，如图31-276所示。

08 选择Left_Finky_Control01控制曲线，然后单击“重新加载左侧”按钮 重新加载左侧，选择关节Left_Finky_C01，接着单击“重新加载右侧”按钮 重新加载右侧，最后将Left_Finky_Control01控制曲线的EndZ属性连接到关节Left_Finky_C01的rotateZ（旋转z）属性上，如图31-277所示。

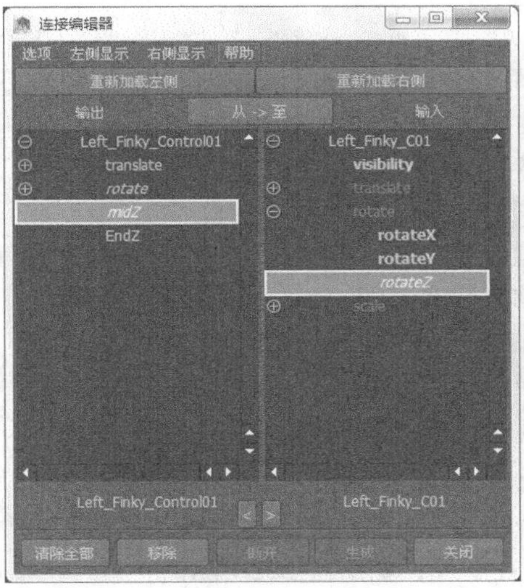

图31-276

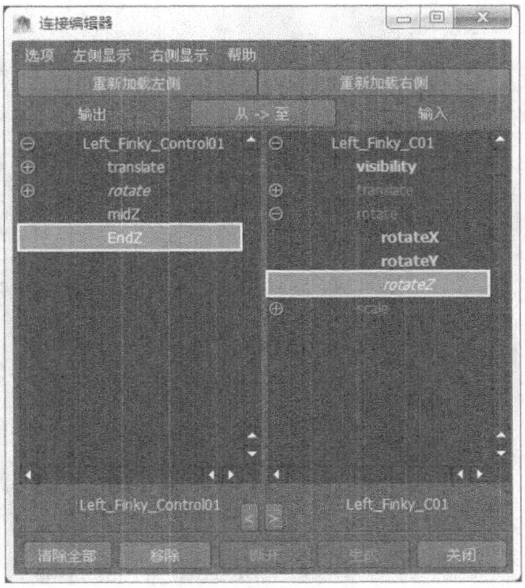

图31-277

09 用相同的方法连接中指和食指。这里要注意，ThumbControl01（拇指）控制曲线的midZ属性要连接到关节Left_ThumbJoint_B01的rotateY（旋转y）属性上，如图31-278所示；而EndZ属性要连接到关节Left_ThumbJoint_C01的rotateY（旋转y）属性上，如图31-279所示。

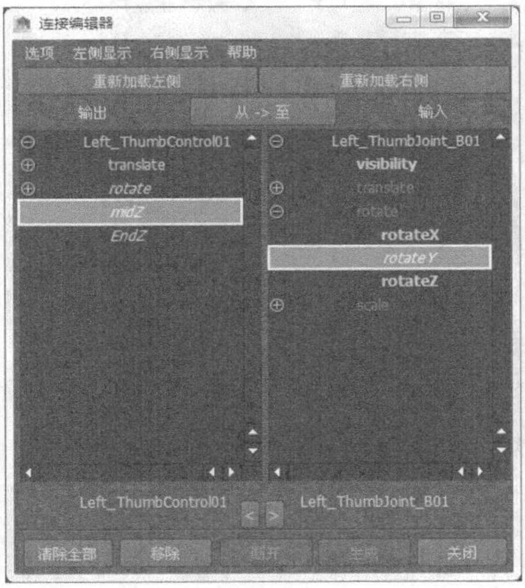

图31-278

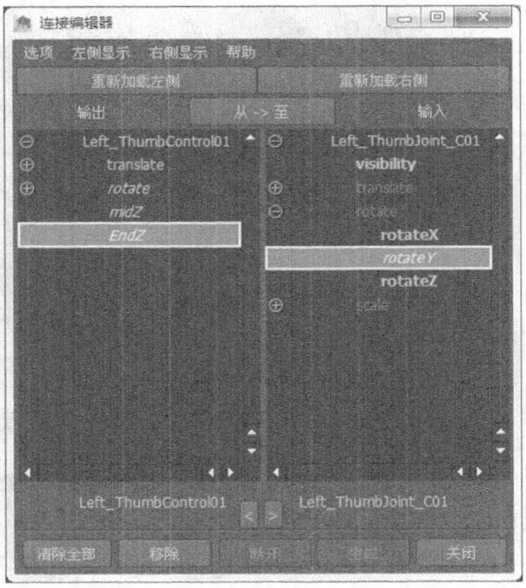

图31-279

10 用相同的方法为右手指创建相同的控制器，完成后对midZ和EndZ属性设置不同的数值，测试手指弯曲效果，如图31-280所示。

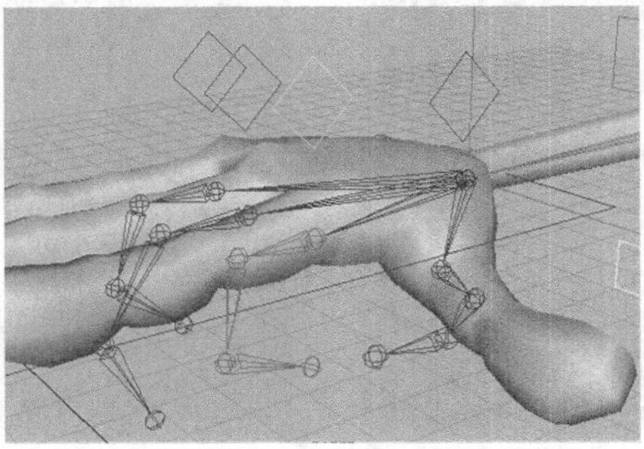

图31-280

10.创建总控制器

01 执行“创建>Bezier曲线工具”菜单命令，然后按住X键在顶视图中创建出总控制曲线，如图31-281所示。

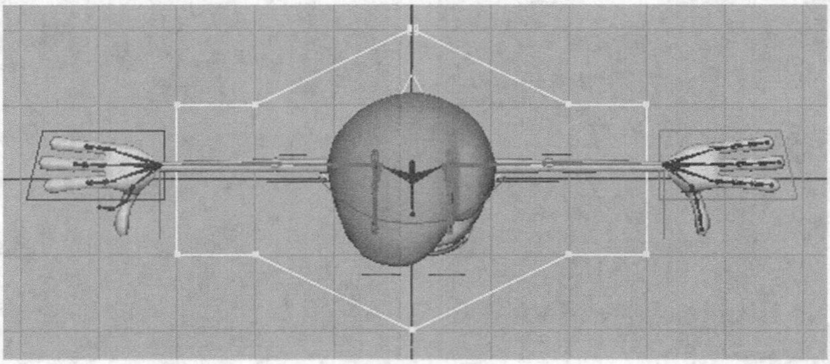

图31-281

02 将曲线重命名为GlobalControl01，然后将其放在脚底，如图31-282所示。

03 选择除了GlobalControl01控制曲线以外的所有控制曲线，然后用鼠标中键将其拖曳到GlobalControl01控制曲线上，使之成为GlobalControl01控制曲线的子物体，如图31-283所示。

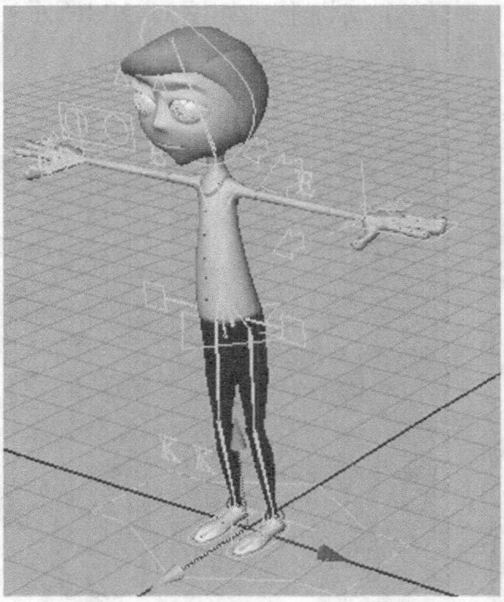

图31-282

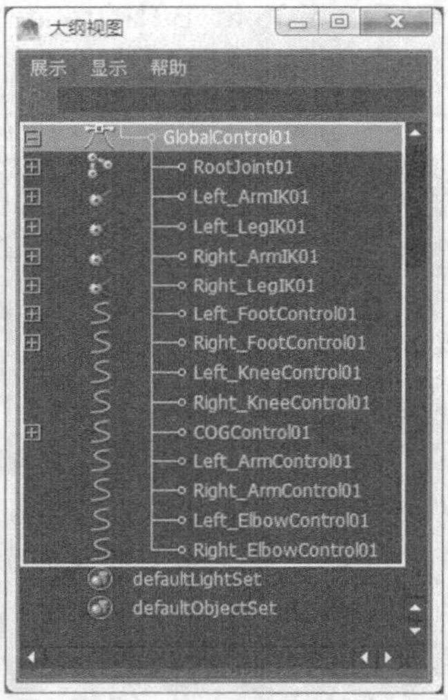

图31-283

04 在“大纲视图”对话框中选择GlobalControl01和char，如图31-284所示，然后按快捷键Ctrl+G将其进行群组，接着将群名称命名为CharacterRig01，如图31-285所示。

图31-284

图31-285

31.4.4 为骨架蒙皮

01 先选择RootJoint01骨架，然后加选Body_MidRes模型，接着单击“蒙皮>交互式绑定”菜单命令后面的□按钮，打开“交互式蒙皮绑定选项”对话框，最后设置“绑定到”为“关节层次”、“绑定方法”为“在层次中最近”，如图31-286所示。

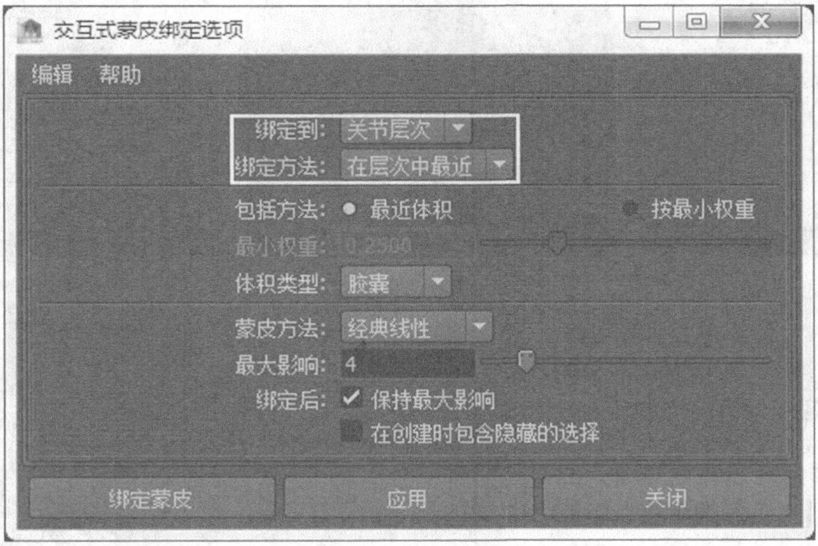

图31-286

02 用相同的方法为RootJoint01骨架和Head_geo模型，RootJoint01骨架和R_Hand_geo模型，RootJoint01骨架和Lower_Teeth模型，RootJoint01骨架和Upper_Teeth模型，RootJoint01骨架和Tounge模型，RootJoint01骨架和Man_Hair1模型设定交互式蒙皮绑定。

03 选择Man_Hair1模型，然后加选body模型，如图31-287所示，接着按P键将Man_Hair1模型设置为body模型的子物体，蒙皮完成后的模型如图31-288所示。

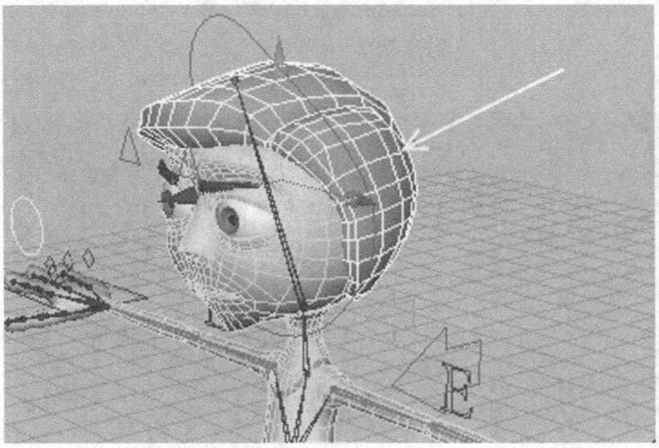

图31-287

图31-288

31.4.5 调整蒙皮权重

01 旋转头部的HeadControl01控制曲线，可以观察到模型发生了扭曲现象，如图31-289所示。

02 选择HeadJoint01骨架，然后单击“蒙皮>编辑平滑蒙皮>交互式蒙皮绑定工具”菜单命令后面的□按钮，打开该工具的“工具设置”对话框，在该对话框中列出了骨架的层次，如图31-290所示，同时在视图中权重会以彩色的方式显示出来，如图31-291所示。

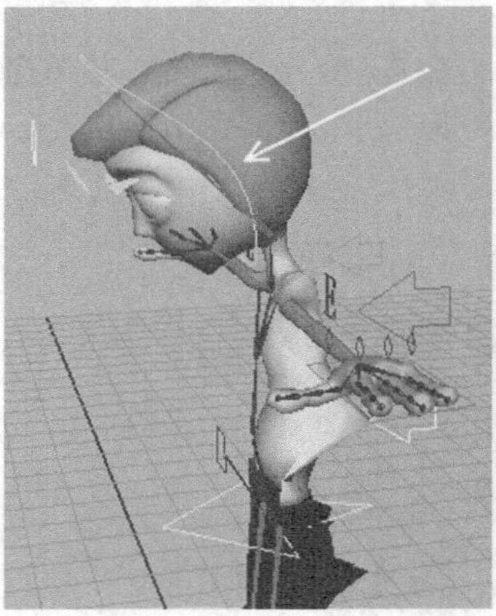
图31-289

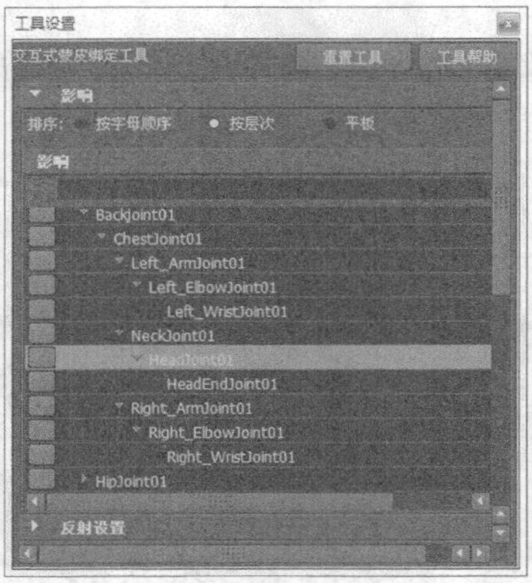

图31-290

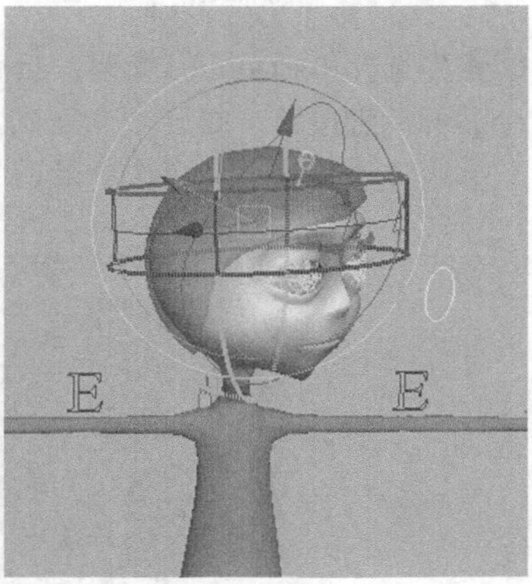
图31-291

03 在视图中对权重的控制柄进行调整，目的是让头部的旋转不影响身体的其他部分，如图31-292所示。

04 为了更加精确地控制权重，这里需要使用到“组件编辑器”。选择HeadJoint01骨架所对应模型的控制点，如图31-293所示，然后执行“窗口>常规编辑器>组件编辑器”菜单命令，打开“组件编辑器”对话框，接着在“平滑蒙皮”选项卡下将选择的控制点的权重都设置为1，如图31-294所示。

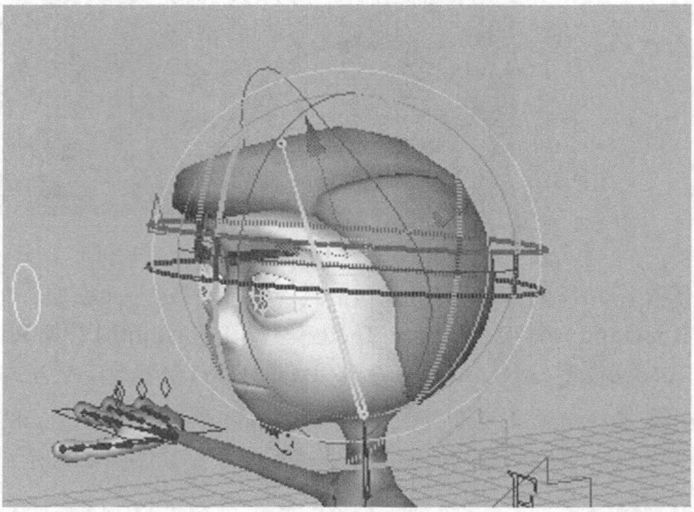
图31-292

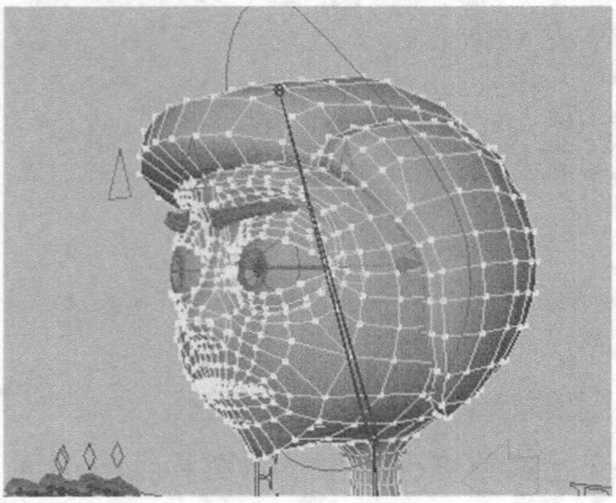
图31-293

图31-294

05 选择HeadControl01控制曲线，然后对其进行旋转，可以观察到现在头部的旋转已经很正常了，如图31-295所示。

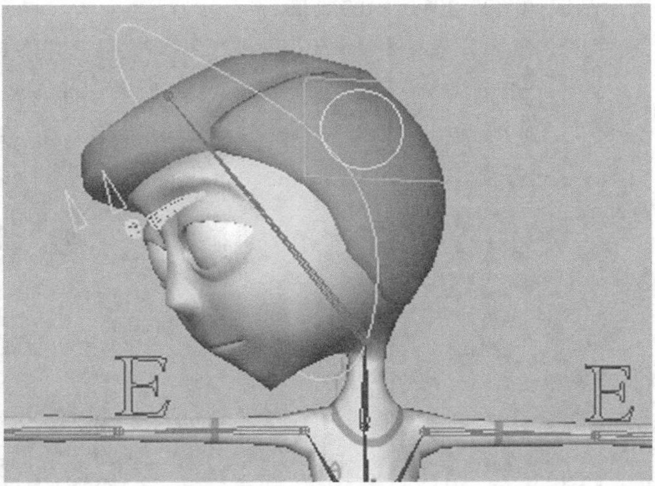

图31-295

06 选择颈部骨架NeckJoint01，然后用“交互式蒙皮绑定工具”对其权重进行调整（这里通过控制柄来调整权重是非常直观的），如图31-296所示。

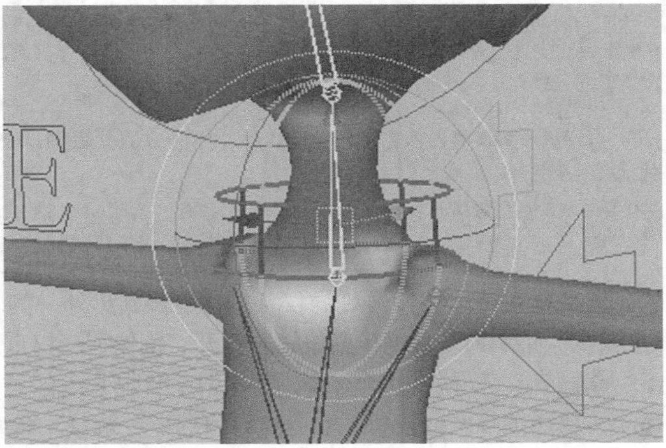

图31-296

07 移动腿部的控制器，可以观察到腿部的权重还有问题，如图31-297所示，这里同样用“交互式蒙皮绑定工具”进行调整，如图31-298和图31-299所示。

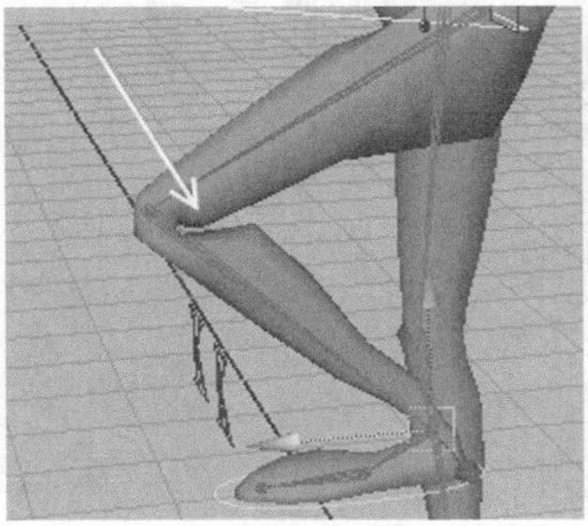

图31-297

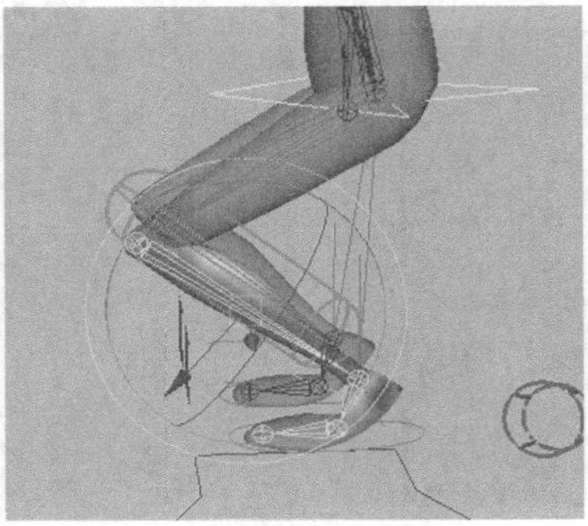

图31-298

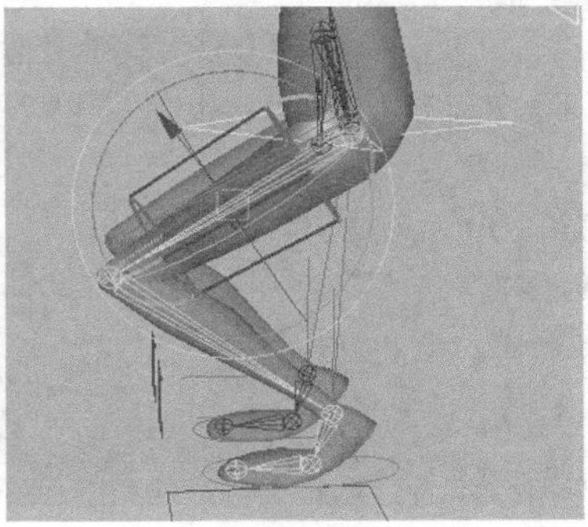

图31-299

08 下面调整腰部的权重。选择模型，然后单击鼠标右键，接着在弹出的菜单中选择“绘制蒙皮权重工具”命令，如图31-300所示，最后用笔刷（按住B键左右拖曳鼠标左键，可以调节笔刷的半径大小）在腰部将权重绘制成如图31-301所示的效果。

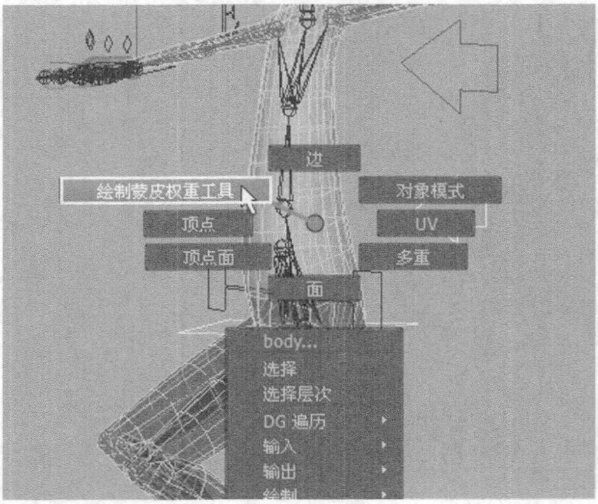

图31-300

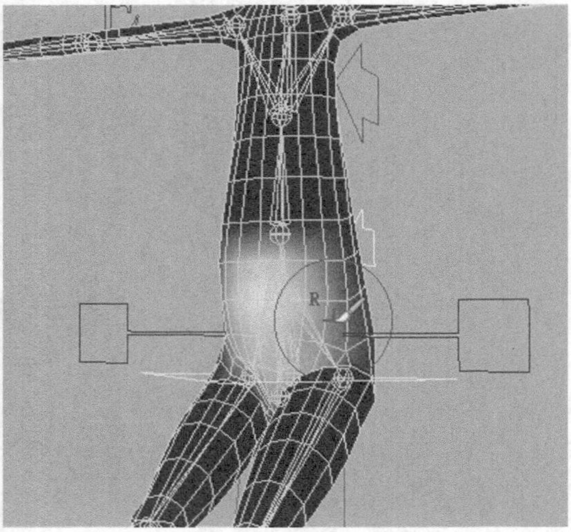

图31-301

技巧与提示

这里总结一下调整权重的3种方法的优点与缺点。

第1种：通过“交互式蒙皮绑定工具”对权重进行调整时，可以对控制柄进行调整来控制权重，这种方法的优点是可以直观、便捷地调节权重的分布，缺点是不能精确调整权重。

第2种：用“组件编辑器”对话框对权重进行调整，这种方法可以对控制点的权重进行精确设置（只能针对局部的控制点），但是不能对整体模型的权重进行调整。

第3种：用“绘制蒙皮权重工具”绘制权重，这是最常用的权重设置方法，可以用笔刷在模型上直观地绘制蒙皮的

09 由于模型是对称的，因此这里可以将调整好的权重直接镜像到另外一侧。选择body模型，然后单击“蒙皮>镜像蒙皮权重”菜单命令后面的■按钮，打开“镜像蒙皮权重选项”对话框，接着设置“镜像平面”为yz，最后单击“镜像”按钮■，如图31-302所示。

10 用“旋转工具”■、“移动工具”■对各个部分的控制器进行测试，观察权重是否合理，完成后的效果如图31-303所示。

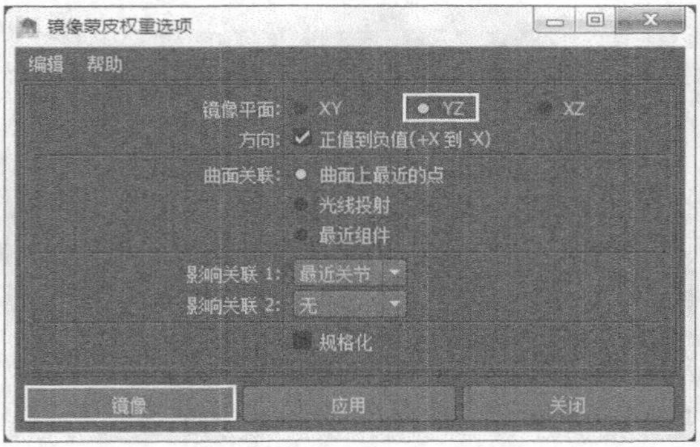

图31-302

图31-303

31.5 精通综合动画：海底奇观

场景文件	学习资源>场景文件>CH31>e-1.mb、e-2.mb、e-3.mb、e-4.mb
实例文件	学习资源>实例文件>CH31>31.5.mb
技术掌握	全面掌握大型动画场景的制作方法与流程

美丽而又奇妙的海底景观一直是动画艺术家们喜爱的创作题材之一。本例就来制作一段海底世界的动画。对于场景文件比较大的动画场景，通常的做法是将这些动画元素进行拆分，然后在一个场景中将这些动画元素“拼凑”起来，由于本例的场景就比较大，所以就采用这样方法来制作，实例渲染效果如图31-304所示。

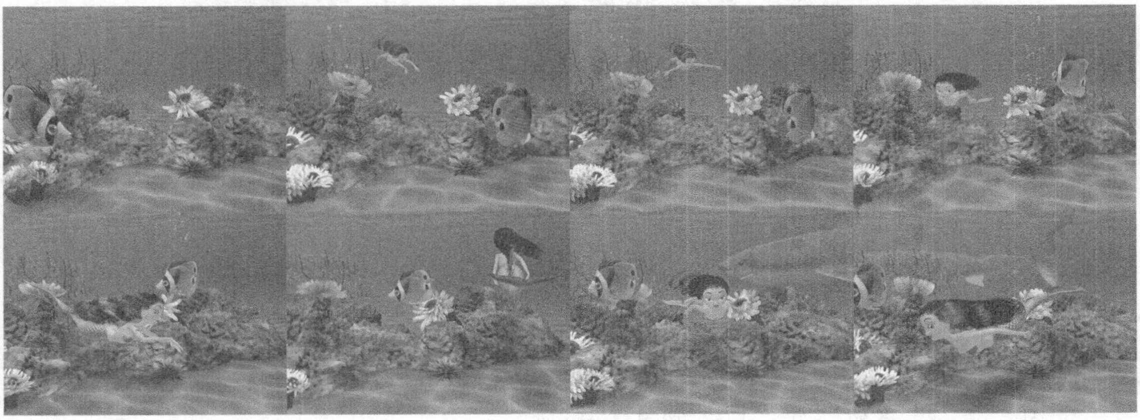

图31-304

31.5.1 动画元素模型的制作

01 打开学习资源中的“场景文件>CH31>e-1.mb”文件，这个美人鱼模型已经划分好了UV并制作好了贴图，如图31-305所示。

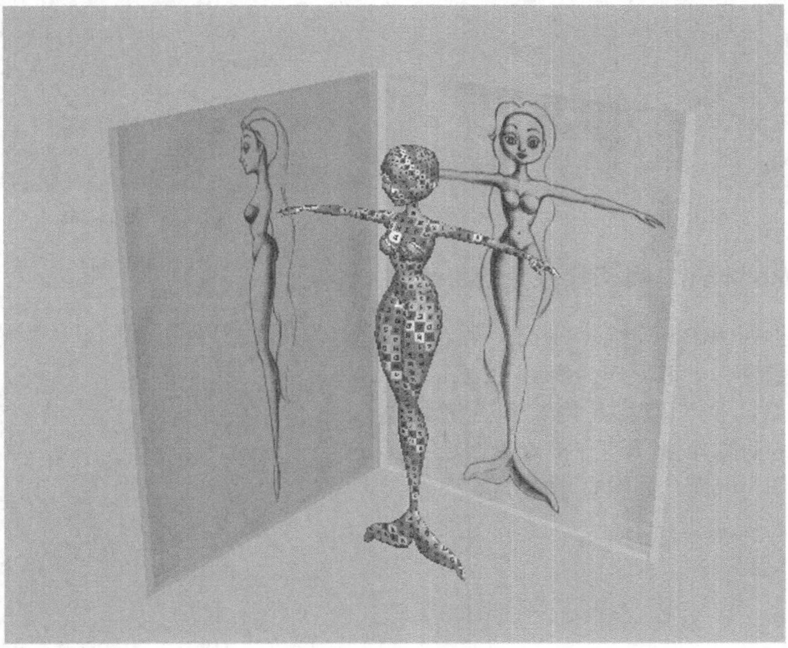

图31-305

02 当划分好美人鱼模型的UV以后，就该为模型创建骨架与蒙皮了，这些操作方法在前面的内容和实例中已经讲解过，这里就不再重复讲解了，如图31-306所示。创建好骨架和蒙皮的文件是学习资源中的“场景文件>CH31>e-2.mb”文件。

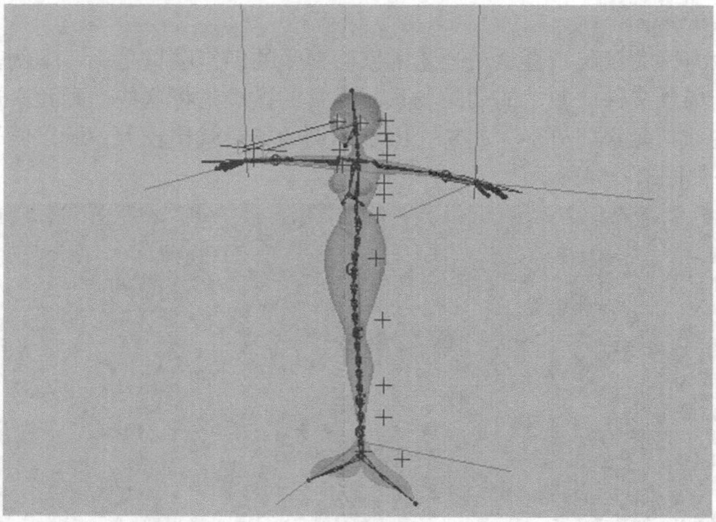

图31-306

03 打开学习资源中的“场景文件>CH31>e-3.mb和e-4.mb”文件，然后对其进行UV划分、创建骨架和蒙皮，完成后的效果如图31-307和图31-308所示。

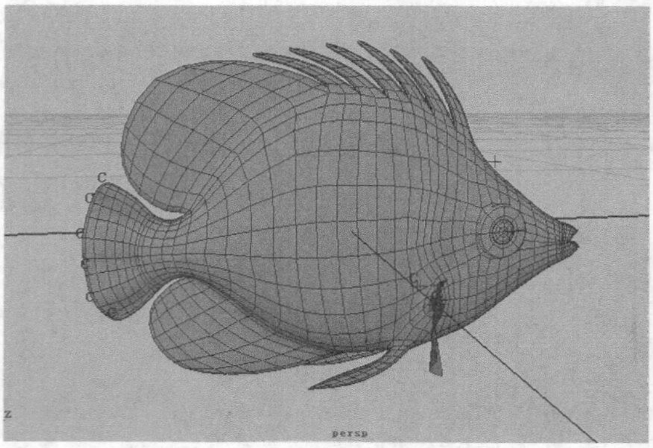

图31-307

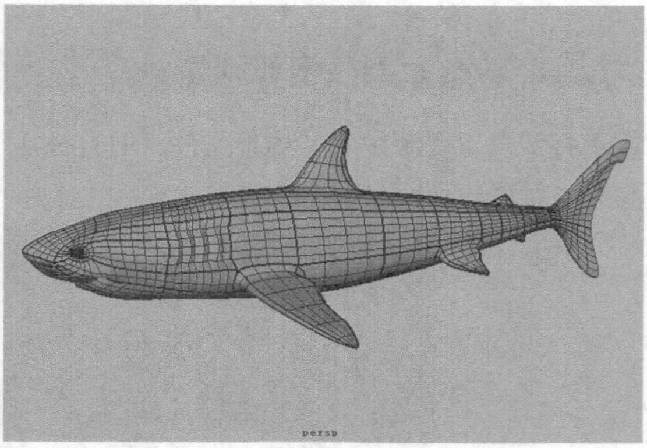

图31-308

31.5.2 动画场景模型的制作

01 执行“创建>NURBS基本体>平面”菜单命令，在场景中创建一个平面作为海底的地面，然后使用“缩放工具”将其调整到合适大小，以便于容纳动画元素模型，接着复制出一个NURBS平面作为海面，如图31-309所示。

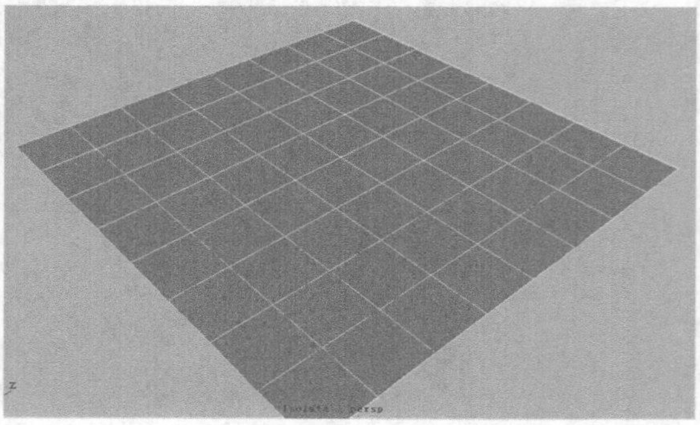

图31-309

02 切换到“多边形”模块，然后执行“网格>创建多边形工具”菜单命令，在场景中创建一些不规则的多边形面片，接着执行“编辑网格>交互式分割工具”菜单命令，最后为多边形分割几条线，如图31-310所示。

03 执行“网格>平滑”菜单命令，将模型网格进行平滑处理，然后进入模型的顶点级别，接着选择个别顶点，并使用“移动工具”将多边形面片调整成岩石形状，如图31-311所示。

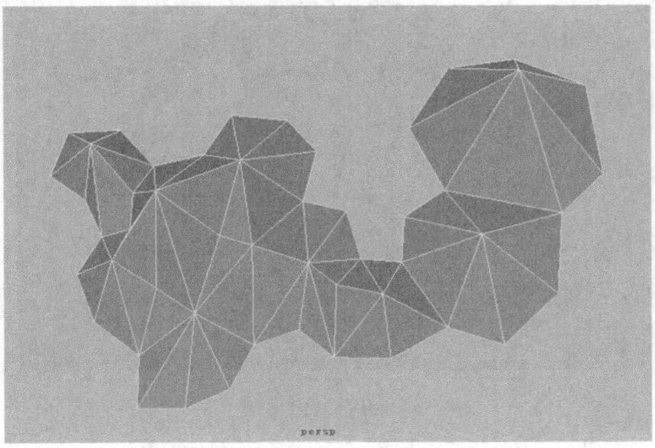

图31-310

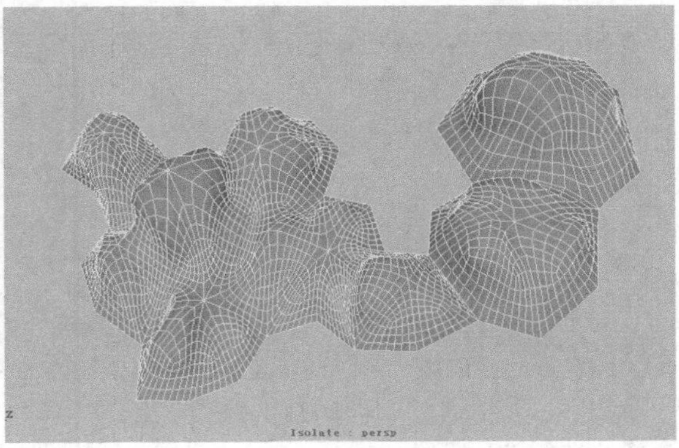

图31-311

31.5.3 导入动画元素模型

执行“文件>导入”菜单命令，然后在弹出的对话框中分别导入学习资源中的“场景文件>CH31>e-2.mb、e-3.mb和e-4.mb”文件，如图31-312所示。

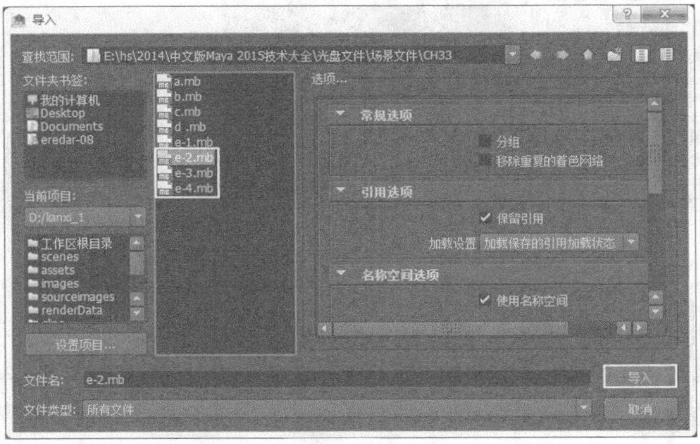

图31-312

技巧与提示

由于场景文件比较大，因此最好单独导入这些文件。

31.5.4 制作鱼类的路径动画

01 将时间播放范围设置为-20~360帧，如图31-313所示。

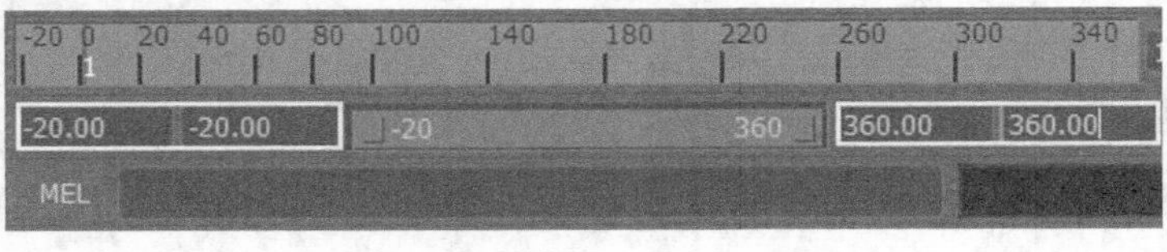

图31-313

02 选择鲨鱼的控制器，然后在顶视图中用“移动工具”将鲨鱼模型拖曳到右下角，接着使用“CV曲线工具”在顶视图中绘制一条曲线，作为鲨鱼的运动路径，如图31-314所示。

03 选择鲨鱼模型，然后加选运动路径曲线，接着单击“动画>运动路径>连接到运动路径”菜单命令后面的□按钮，打开“连接到运动路径选项”对话框，再设置“前方向轴”为z轴、“上方向轴”为y轴，最后单击“附加”按钮，如图31-315所示。

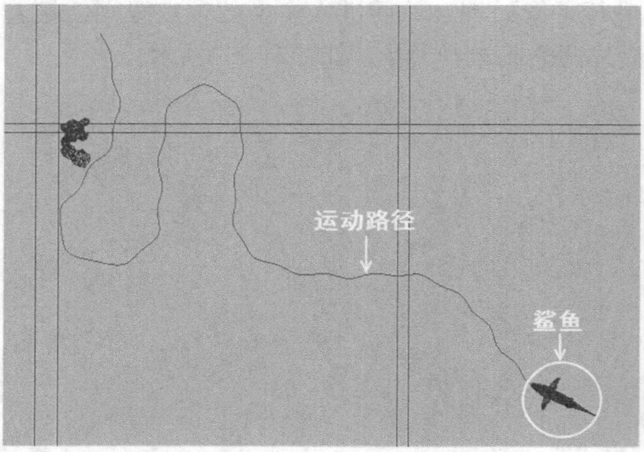

图31-314

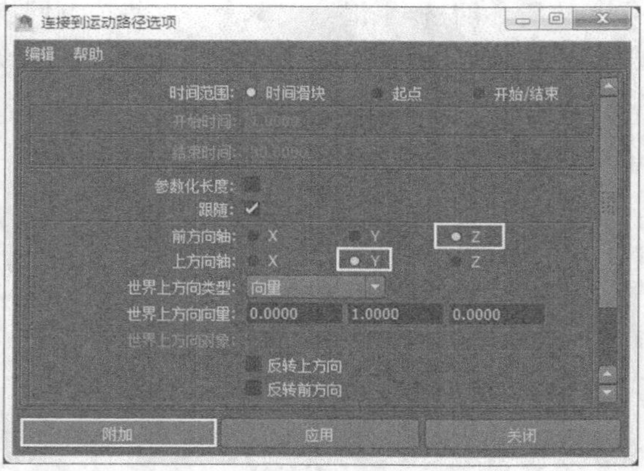

图31-315

04 选择鲨鱼模型，然后单击“动画>运动路径>流动路径对象”菜单命令后面的□按钮，打开“流动路径对象选项”对话框，接着设置“分段：前”为25、“分段：上”为5、“分段：侧”为5，最后单击“流”按钮，如图31-316所示。

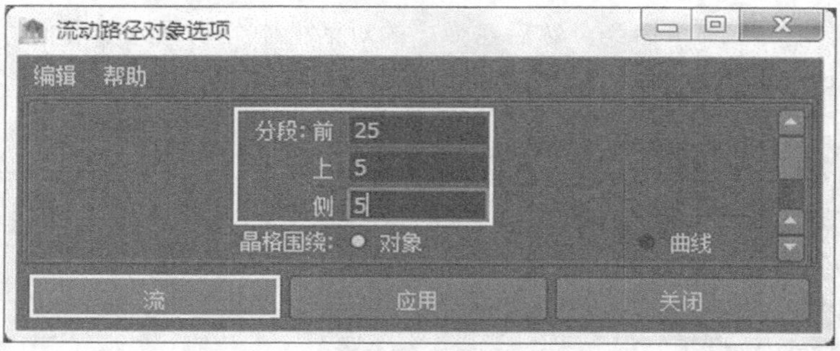

图31-316

05 用“EP曲线工具”在顶视图中绘制一条曲线作为热带鱼的运动路径，如图31-317所示。

06 由于热带鱼距离摄影机比较近，因此需要稍微调整一下它的运动路径。选择上一步绘制的EP曲线，然后进入其编辑点级别，接着选择个别的几个点，最后用“移动工具”在y轴方向上进行移动操作，将其调整成如图31-318所示的效果。

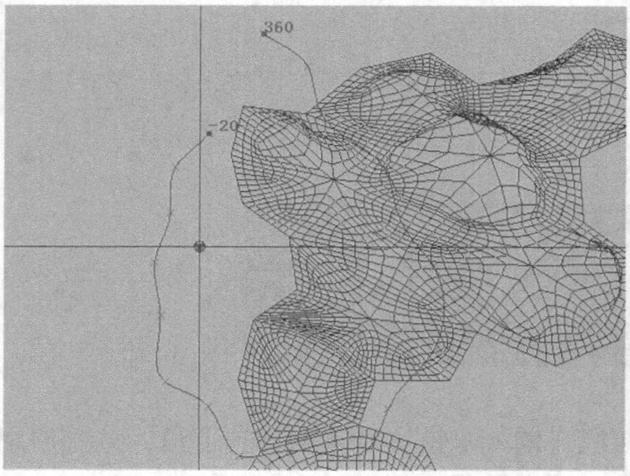

图31-317

图31-318

07 选择热带鱼模型，然后加选EP曲线，接着采用制作鲨鱼运动路径动画的方法制作出热带鱼的路径动画，如图31-319所示。

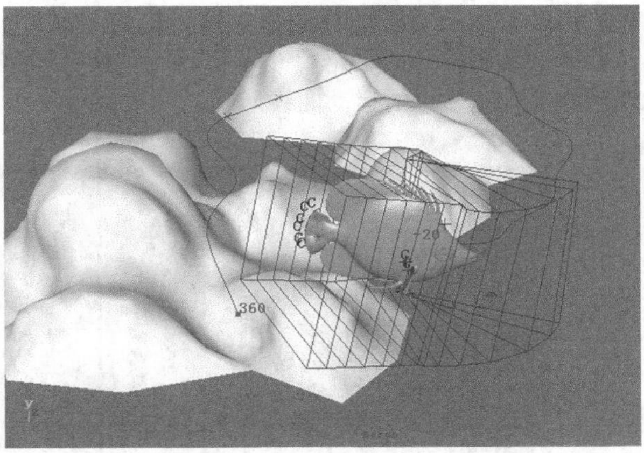

图31-319

31.5.5 制作美人鱼的路径动画

01 用“EP曲线工具”在顶视图中创建一条曲线，作为美人鱼的运动路径，如图31-320所示。

02 进入EP曲线的编辑点级别，然后在y轴方向上调整好曲线的形状，如图31-321所示。

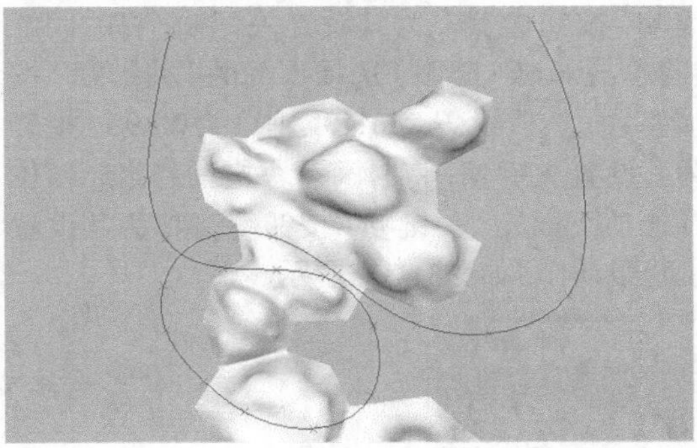

图31-320

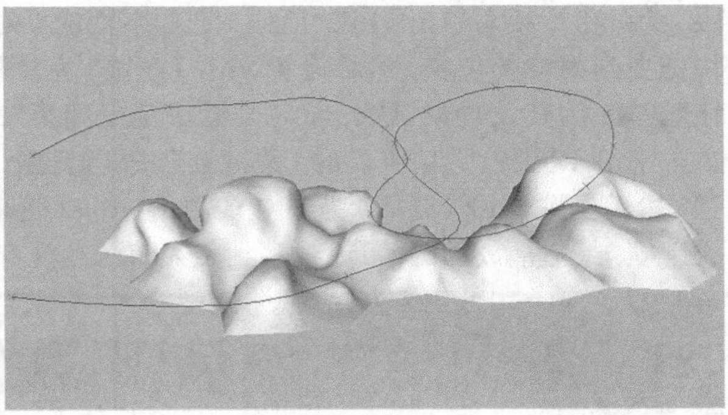

图31-321

03 执行“创建>定位器”菜单命令，在场景中创建一个定位器，然后在“大纲视图”对话框中将其命名为Elsa_locator，接着用鼠标中键将Elsa_MASTER组拖曳到Elsa_locator上，使其成为Elsa_locator的子物体，如图31-322所示。

04 选择Elsa_locator定位器，然后加选EP曲线，接着执行“动画>运动路径>连接到运动路径”菜单命令，创建出美人鱼的运动路径动画，如图31-323所示。

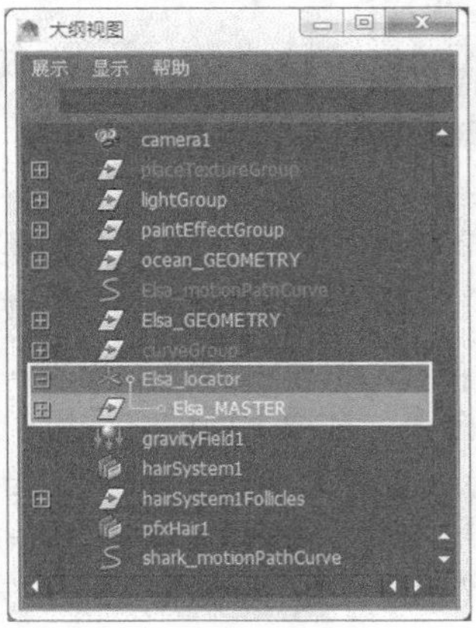

图31-322

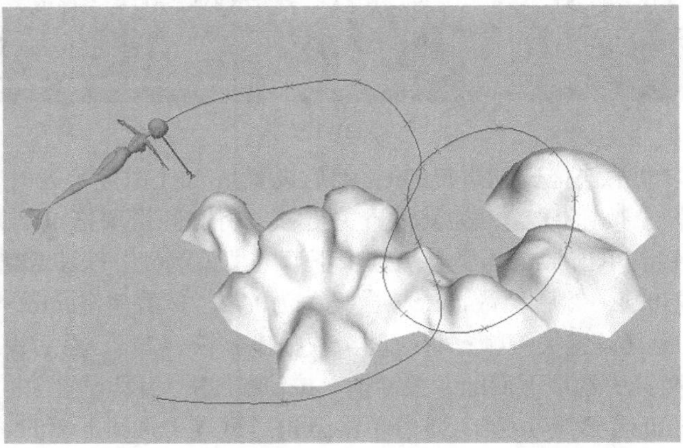

图31-323

05 选择美人鱼右手的控制器，然后执行“窗口>动画编辑器>曲线图编辑器”菜单命令，打开“曲线图编辑器”对话框，接着将其运动曲线调整成如图31-324所示的形状。最后用相同的方法调整好美人鱼左手的运动曲线形状。

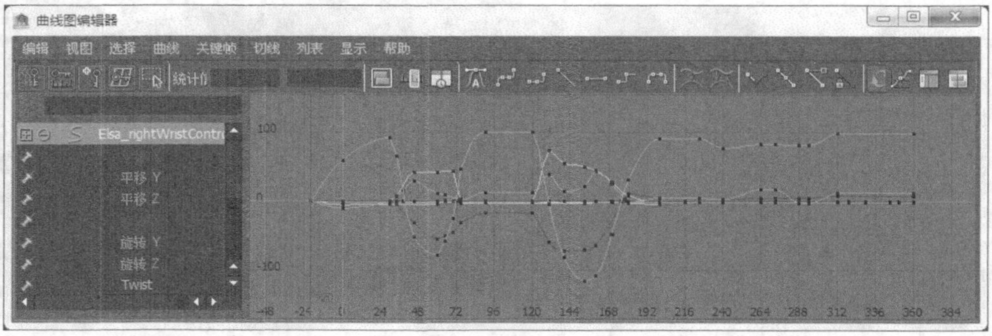

图31-324

06 选择美人鱼的头部模型，执行“窗口>动画编辑器>混合变形”菜单命令，打开“混合变形”对话框，然后将时间滑块拖曳到第0帧位置，接着设置wink（眨眼）为0，最后单击wink（眨眼）选项下面的“关键帧”按钮，为其设置关键帧；将时间滑块拖曳到第44帧位置，然后设置wink（眨眼）为0.387，接着单击wink（眨眼）选项下面的“关键帧”按钮，为其设置关键帧；将时间滑块拖曳到第48帧位置，然后设置wink（眨眼）为1，接着单击wink（眨眼）选项下面的“关键帧”按钮，为其设置关键帧；将时间滑块拖曳到第52帧位置，然后设置wink（眨眼）为0.398，接着单击wink（眨眼）选项下面的“关键帧”按钮，为其设置关键帧；将时间滑块拖曳到第56帧位置，然后设置wink（眨眼）为0，接着单击wink（眨眼）选项下面的“关键帧”按钮，为其设置关键帧，最后播放动画，可以观察到美人鱼已经具有了眨眼动作，如图31-325所示。

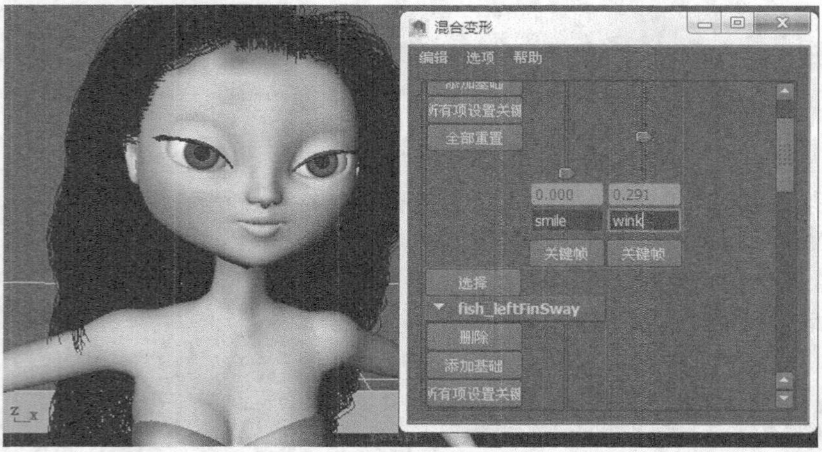

图31-325

技巧与提示

可以重复步骤06的操作，以增加美人鱼的眨眼次数。

07 将时间滑块拖曳到第130帧，然后设置smile（微笑）为0，接着单击smile（微笑）选项下面的“关键帧”按钮，为其设置关键帧；将时间滑块拖曳到第134帧，然后设置smile（微笑）为0.237，接着单击smile（微笑）选项下面的“关键帧”按钮，为其设置关键帧；将时间滑块拖曳到第138帧，然后设置smile（微笑）为0.72，接着单击smile（微笑）选项下面的“关键帧”按钮，为其设置关键帧；将时间滑块拖曳到第142帧，然后设置smile（微笑）为0.258，接着单击smile（微笑）选项下面的“关键帧”按钮，为其设置关键帧；将时间滑块拖曳到第146帧，然后设置smile（微笑）为0，接着单击smile（微笑）选项下面的“关键帧”按钮，为其设置关键帧，最后播放动画，可以观察到美人鱼已经具有了微笑的表情，如图31-326所示。

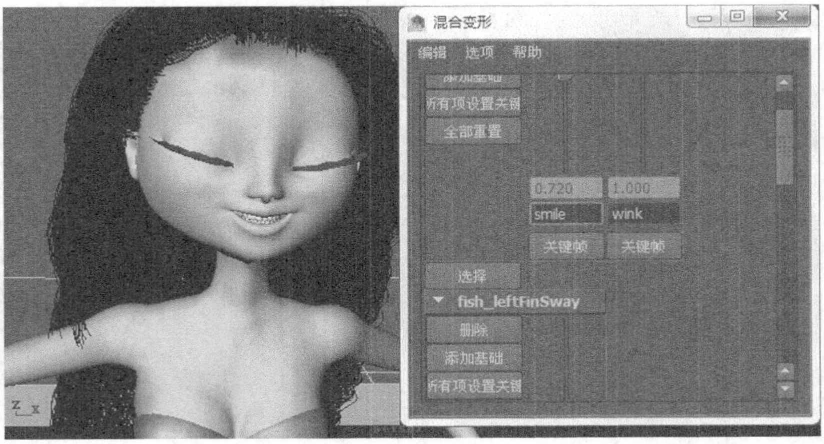

图31-326

技巧与提示

同眨眼动画一样，可以重复一些步骤，以增加微笑的次数，使美人鱼的动画表情更加丰富。

31.5.6 添加海底物体

01 执行“窗口>常规编辑器>Visor”菜单命令，打开Visor对话框，然后在Paint Effects（画笔特效）选项卡下选择underwater（水下）文件夹中的海葵笔刷特效，如图31-327所示。

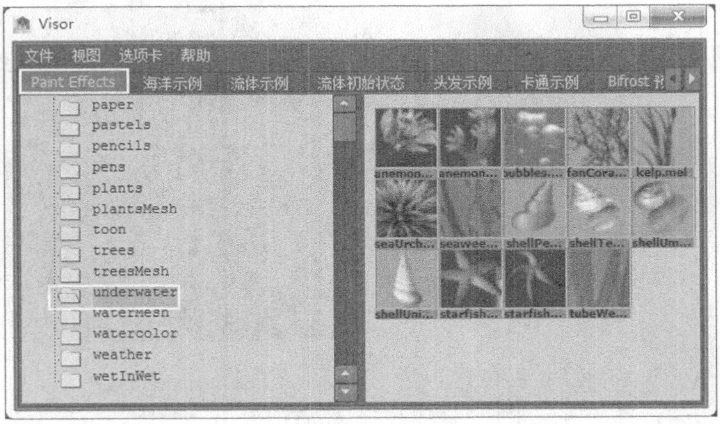

图31-327

02 保持对海葵笔刷的选择，按住B键和鼠标左键左右拖曳光标，调整好笔刷的大小，然后在岩石上绘制出海葵，如图31-328所示。

03 在Visor对话框中选择珊瑚和海星笔刷特效，然后在岩石上绘制出珊瑚和海星，如图31-329所示。

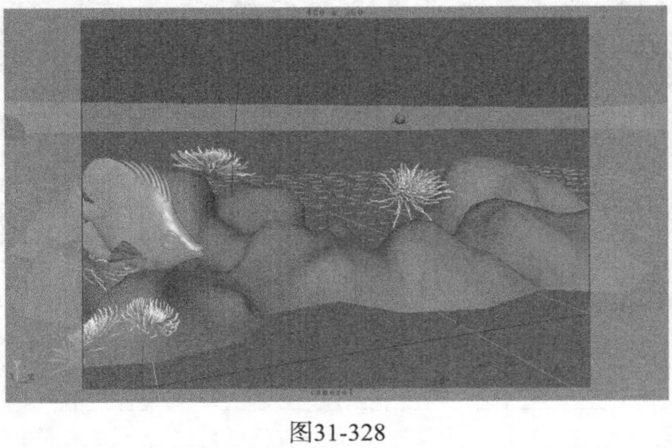

图31-328

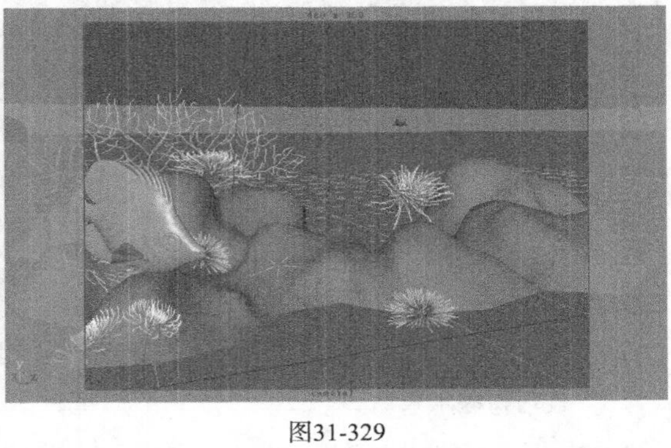

图31-329

技巧与提示

使用这种笔刷绘制出来的海葵模型，自身就带有很自然的动画属性，因此是制作海底动画的最佳选择。

04 在Visor（取景器）对话框中选择气泡笔刷特效，如图31-330所示，然后在岩石模型的周围单击左键，创建出气泡。

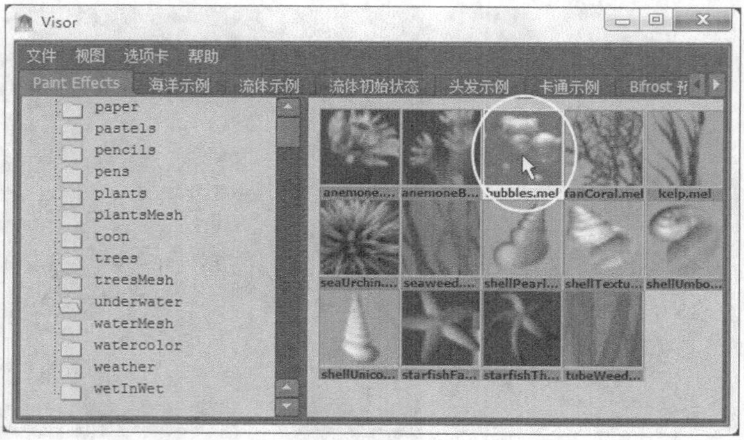

图31-330

技巧与提示

使用气泡特效笔刷绘制的效果不会很明显，需要渲染出来才会观察到漂亮的气泡效果。同样该笔刷特效也有很好的动画属性，在绘制的时候笔触不要太长，否则会出现过多的气泡。

05 播放动画并进行观察，效果如图31-331所示。

图31-331

06 选择动画效果最明显的帧，然后渲染出单帧图，最终效果如图31-332所示。

图31-332

技巧与提示

本例的动画视频输出文件为学习资源中的“实例文件>CH31>31.5>海底视频.avi”文件。

第32章 综合实例：动力学篇

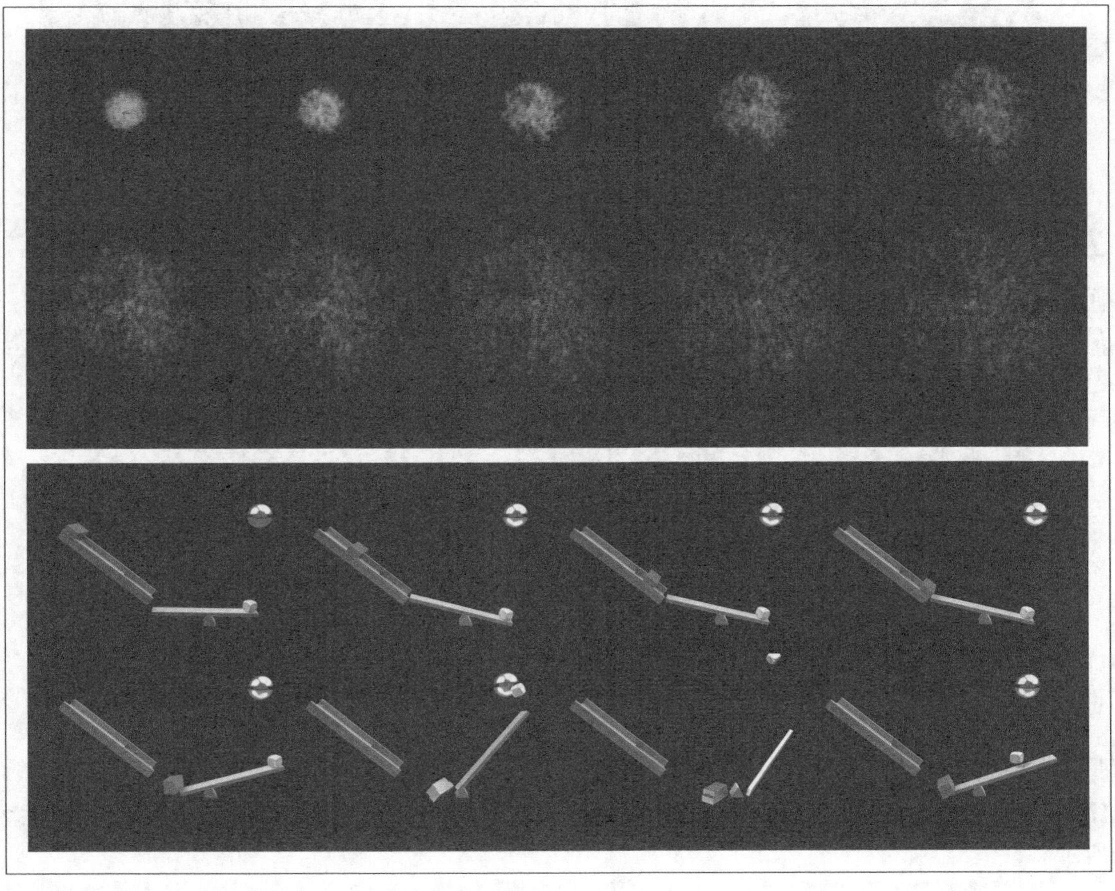

32.1 精通粒子系统：树叶飞舞动画

场景文件　无
实例文件　学习资源>实例文件>CH32>32.1.mb
技术掌握　全面掌握粒子动画的制作方法

本例是对粒子系统的综合练习，所涉及的内容不只包含粒子动画的制作方法，同时还涉及了粒子材质的制作方法与粒子动态属性的添加方法，如图32-1所示是本例的渲染效果。

图32-1

32.1.1 设置粒子旋转动画

01 单击“粒子>创建发射器”菜单命令后面的□按钮，打开“发射器选项（创建）”对话框，然后设置“反射器类型”为“泛向”，接着单击“创建”按钮创建，如图32-2所示，创建的发射器效果如图32-3所示。

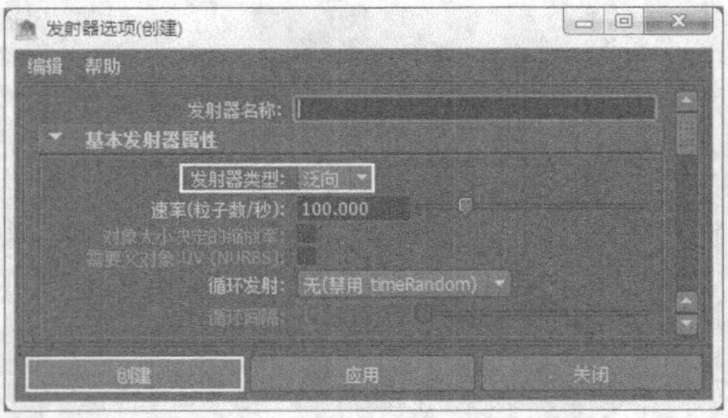

图32-2

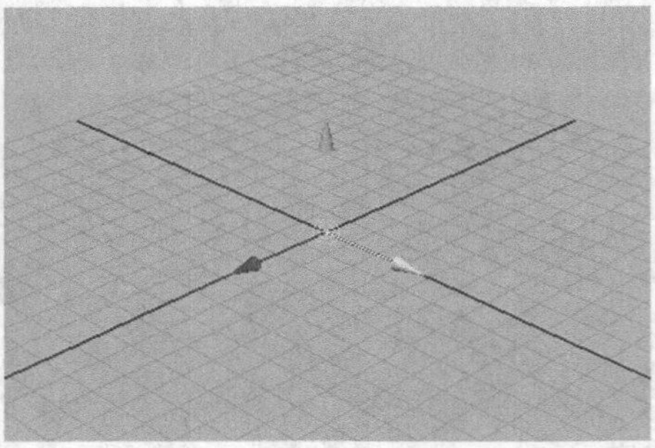

图32-3

02 选择emitter1发射器，然后将其拖曳到图32-4所示的位置。

03 按快捷键Ctrl+G将emitter1发射器进行群组，此时的坐标中心会回到原点位置，如图32-5所示。

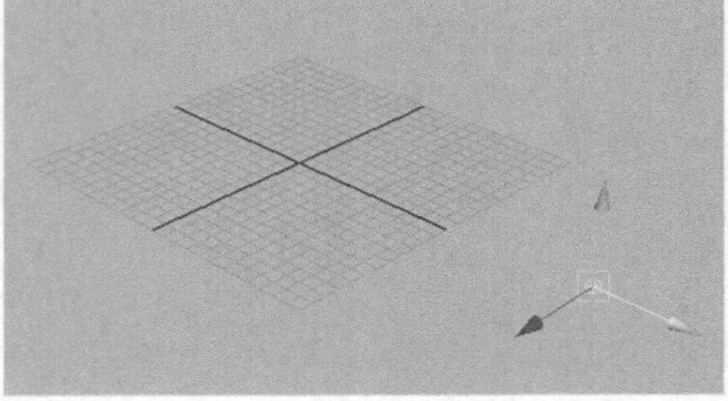

图32-4

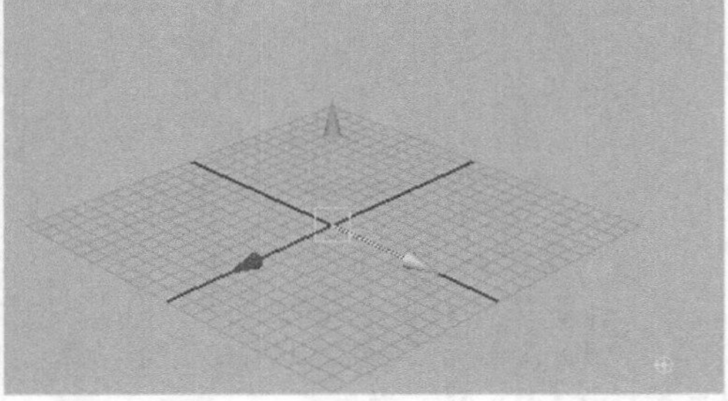

图32-5

04 在“通道盒”中选择“旋转y”属性，然后执行“编辑>表达式”命令，如图32-6所示，打开“表达式编辑器”对话框，接着在“表达式”输入框中输入group1.rotateY=frame*2;，最后单击“创建”按钮创建，如图32-7所示。

05 播放动画，可以观察到粒子围绕原点位置进行360°旋转，如图32-8所示。

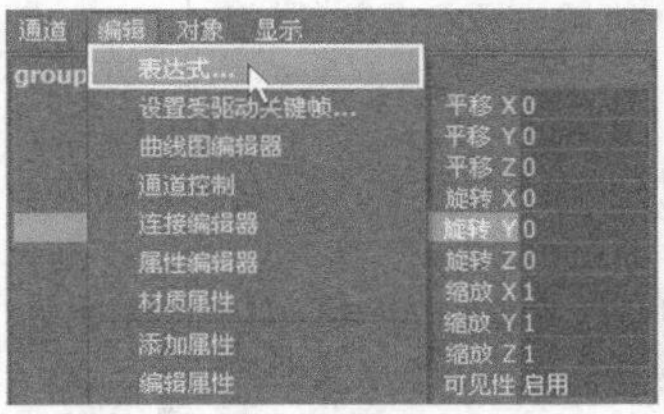

图32-6

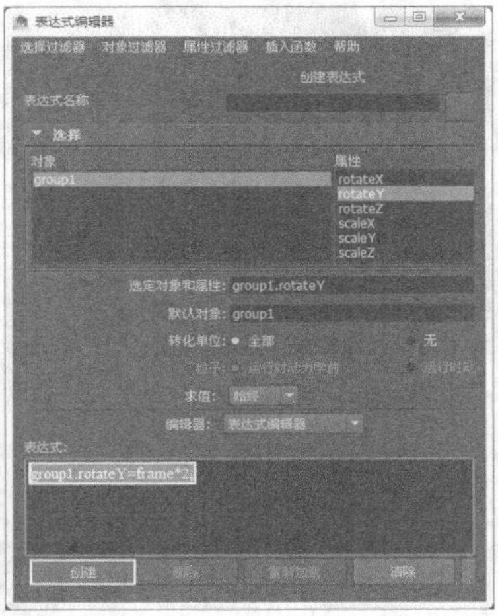

图32-7

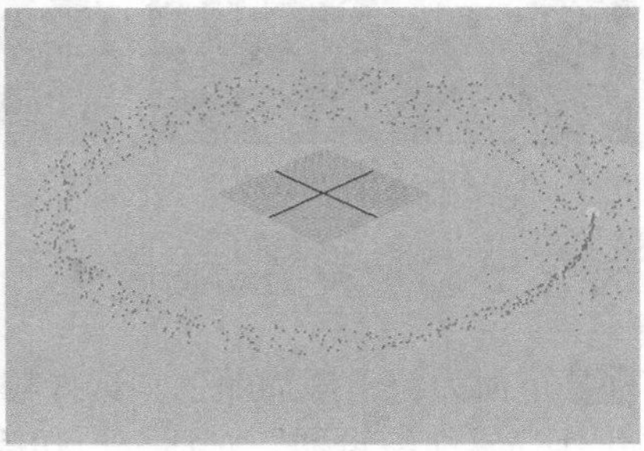

图32-8

06 选择粒子particle1，按快捷键Ctrl+A打开其“属性编辑器”对话框，然后在particleShape1选项卡下设置“寿命模式”为“随机范围”、“寿命”为3，接着设置“粒子渲染类型”为“精灵”，如图32-9所示，效果如图32-10所示。

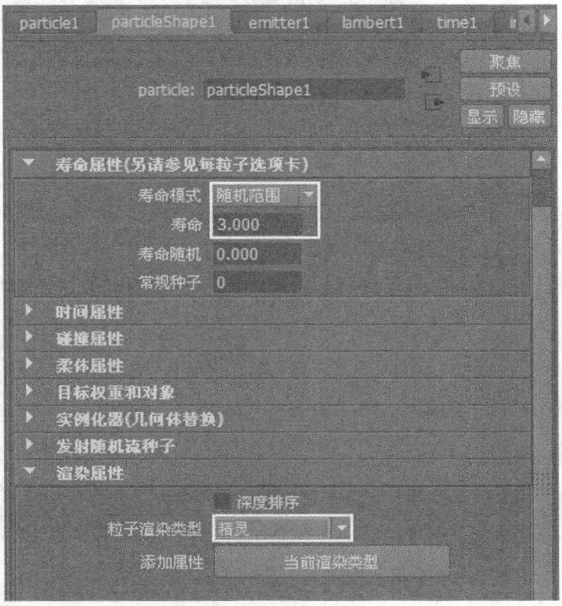

图32-9

图32-10

32.1.2 设置粒子材质

01 执行“窗口>渲染编辑器>Hypershade”菜单命令，打开Hypershade对话框，然后创建一个Lambert材质，接着将材质指定给粒子，如图32-11所示。

02 按快捷键Ctrl+A打开Lambert材质的“属性编辑器”对话框，然后在“颜色”通道中加载学习资源中的“实例文件>CH32>32.1>1.jpg”文件，接着在“透明度”通道中加载学习资源中的“实例文件>CH32>32.1>1.jpg”文件，如图32-12所示。

03 播放动画，效果如图32-13所示。

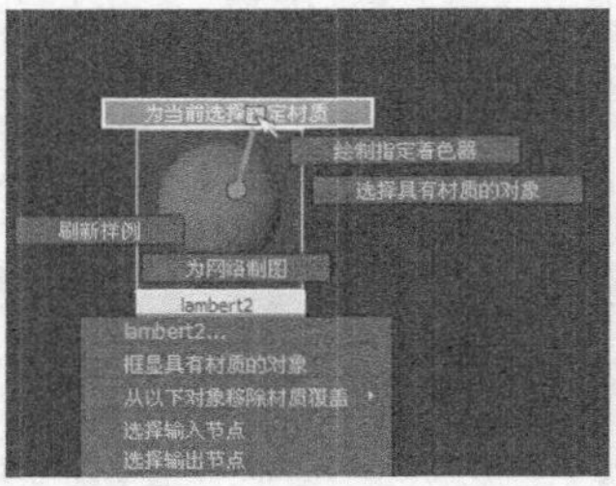

图32-11

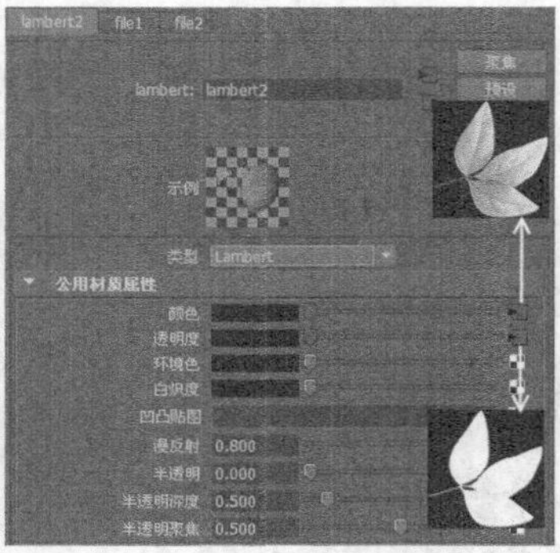

图32-12

图32-13

32.1.3 添加粒子动态属性

01 下面为粒子添加颜色。选择粒子，按快捷键Ctrl+A打开其“属性编辑器”对话框，切换到particleShape1选项卡，然后在“添加动态属性”卷展栏下单击“颜色”按钮，接着在弹出的“粒子颜色”对话框中勾选“添加每对象属性”选项，最后单击“添加属性”按钮，如图32-14所示。

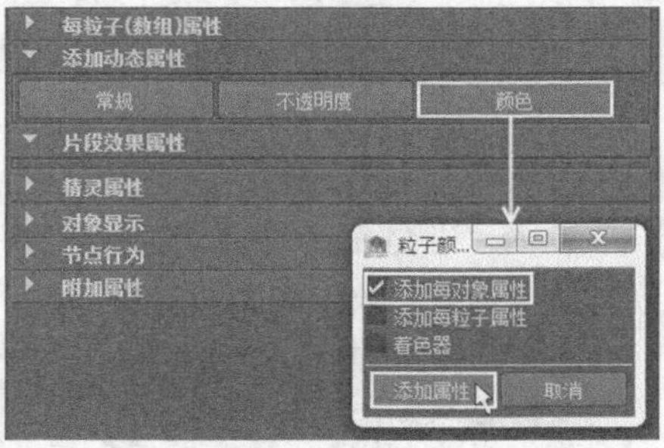

图32-14

02 展开“渲染属性”卷展栏，然后设置“红色”为1，如图32-15所示，此时粒子将变成红色，如图32-16所示。

03 在“渲染属性”卷展栏下单击“当前渲染类型”按钮，显示出隐藏的属性，然后设置“精灵数量”“精灵比例x”和“精灵比例y”都为1，如图32-17所示。

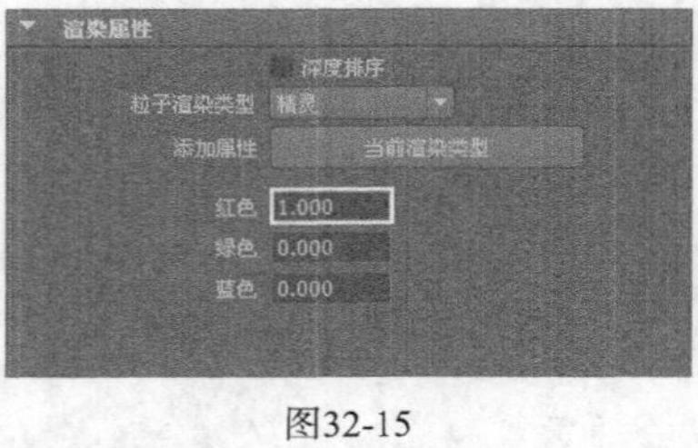

图32-15

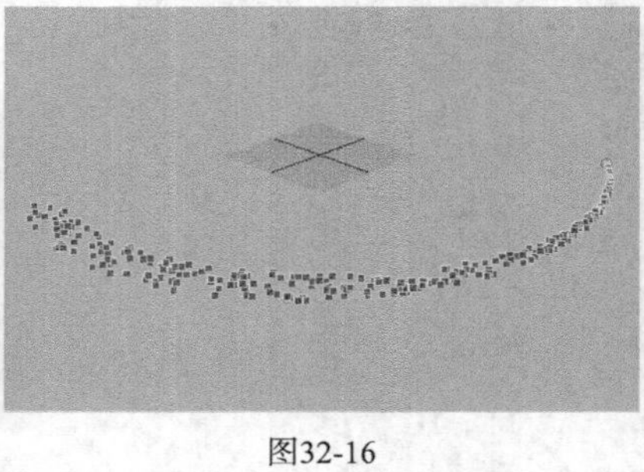

图32-16

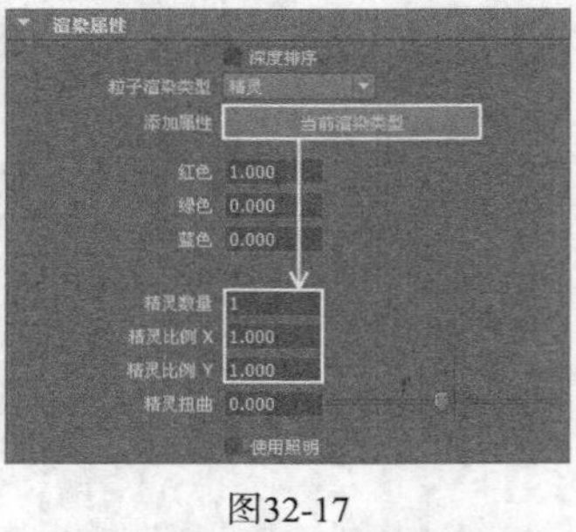

图32-17

04 选择粒子，然后在“添加动态属性”卷展栏下单击“不透明度”按钮，接着在弹出的“粒子不透明度”对话框中勾选“添加每粒子属性”选项，最后单击“添加属性”按钮，如图32-18所示。

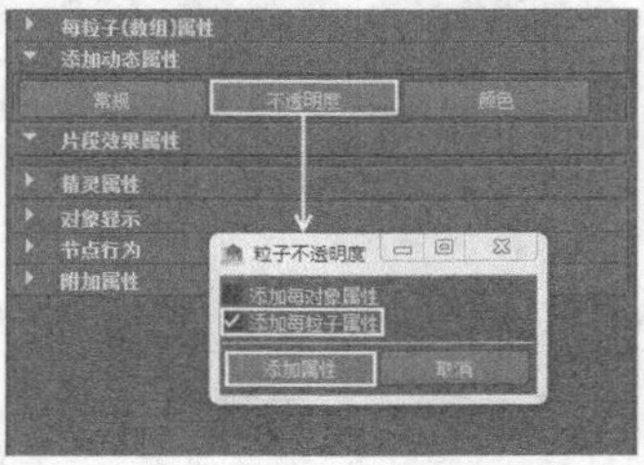

图32-18

05 添加“不透明度”属性以后，在“每粒子（数组）属性”卷展栏下会增加一个“不透明度PP”属性。在该属性后面的属性框上单击鼠标右键，然后在弹出的菜单中选择“创建渐变”命令（这样可以为“不透明度PP”属性创建一个渐变节点），如图32-19所示，接着在渐变名称上单击鼠标右键，最后在弹出的菜单中选择“<-arrayMapper1.outValuePP>编辑渐变”命令，如图32-20所示。

06 执行“编辑渐变”命令以后，Maya会弹出渐变节点的属性面板。设置“插值”为“平滑”，然后创建一种黑白渐变色，如图32-21所示。

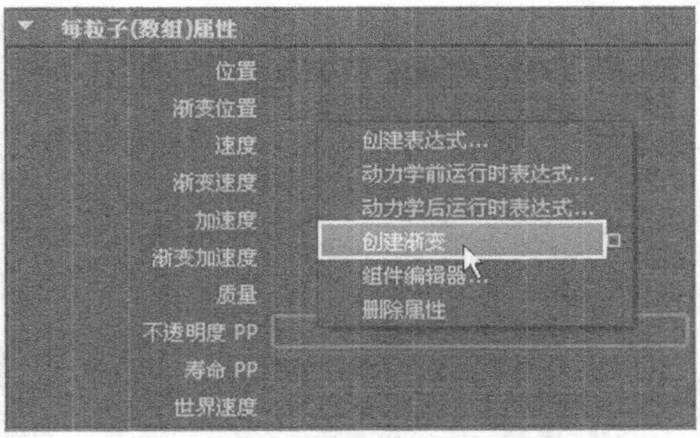

图32-19

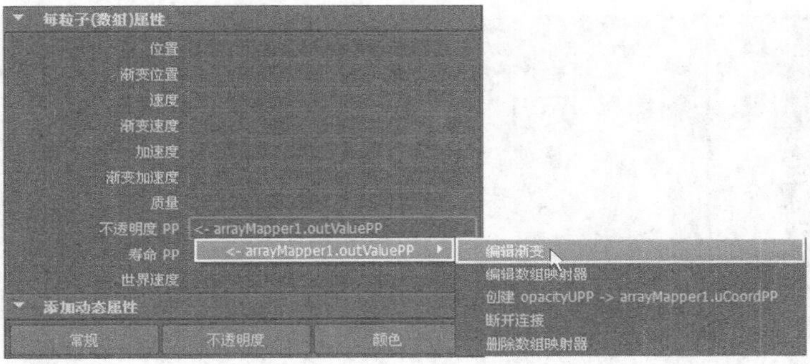

图32-20

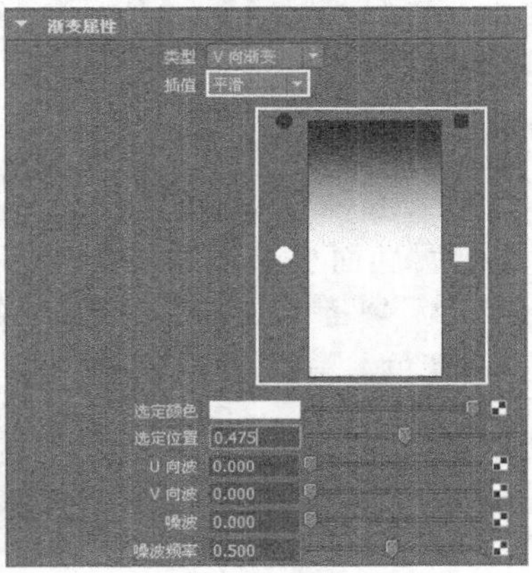

图32-21

技巧与提示

这里为“不透明度PP”属性添加渐变主要是用黑白渐变来模拟粒子的拖尾效果。播放动画时可以观察到粒子在消失的时候会产生透明效果拖尾，如图32-22所示。

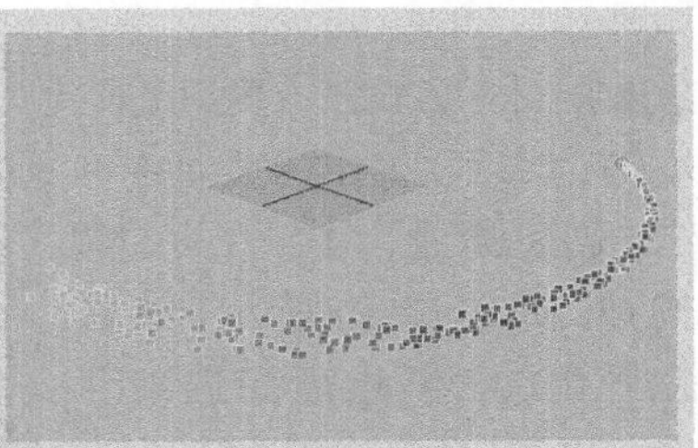

图32-22

07 在“添加动态属性”卷展栏下单击“常规”按钮，打开“添加属性”对话框，然后单击“粒子”选项卡，接着按住Ctrl键同时选择spriteScaleXPP属性和spriteScaleYPP属性，最后单击“确定”按钮，如图32-23所示。

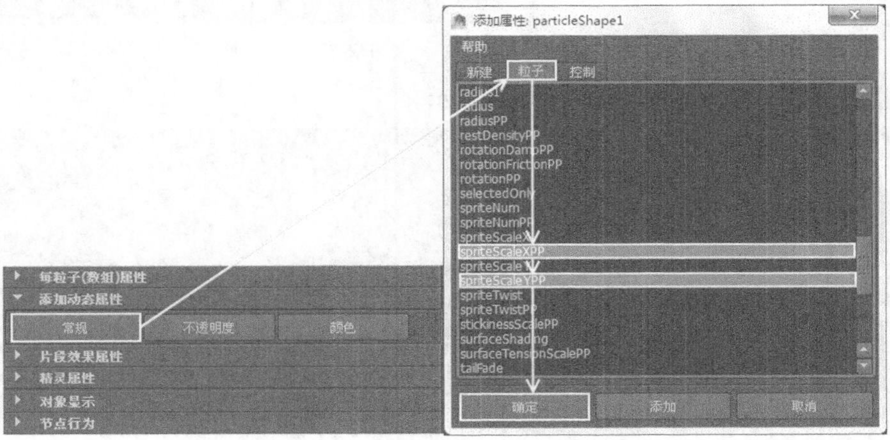

图32-23

08 展开“每粒子（数组）属性”卷展栏，在添加的“精灵比例xPP”属性后面的属性框上单击鼠标右键，然后在弹出的菜单中选择“创建渐变”命令，如图32-24所示，接着在渐变名称上单击鼠标右键，最后在弹出的菜单中选择“<-arrayMapper2.outValuePP>编辑渐变”命令，如图32-25所示。

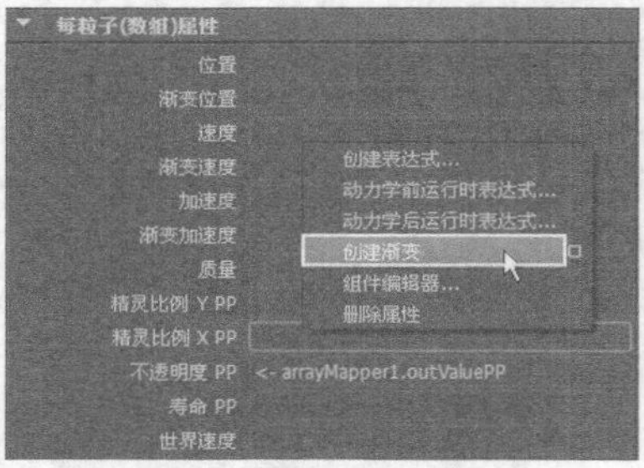

图32-24

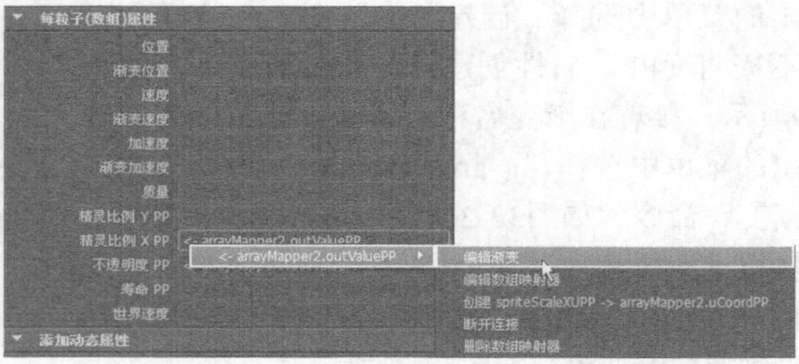

图32-25

09 执行“编辑渐变”命令以后，Maya会弹出渐变节点的属性面板。设置“插值”为“平滑”，然后创建一种灰色、黑色、白色的渐变色，如图32-26所示，粒子效果如图32-27所示。

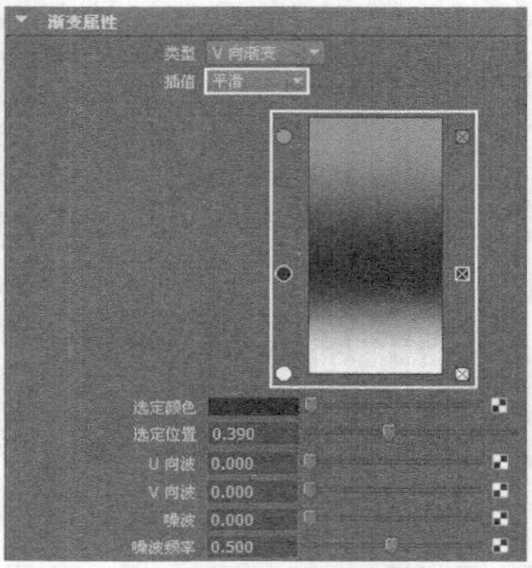

图32-26

图32-27

10 展开“每粒子（数组）属性”卷展栏，在添加的“精灵比例YPP”属性后面的属性框上单击鼠标右键，然后在弹出的菜单中单击“创建渐变”命令后面的■按钮，如图32-28所示，接着在弹出的“创建渐变选项”对话框中设置“映射到”为ramp2，最后单击“确定”按钮 确定 ，如图32-29所示。

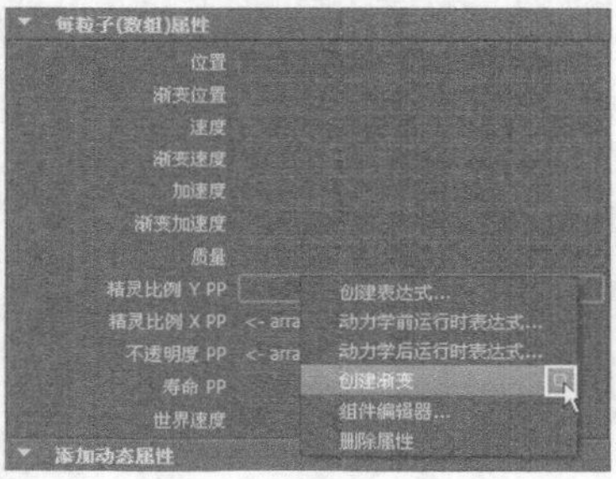

图32-28

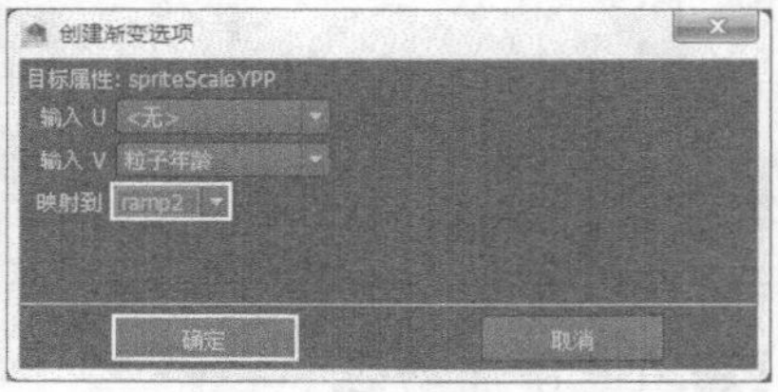

图32-29

11 播放动画，最终效果如图32-30所示。

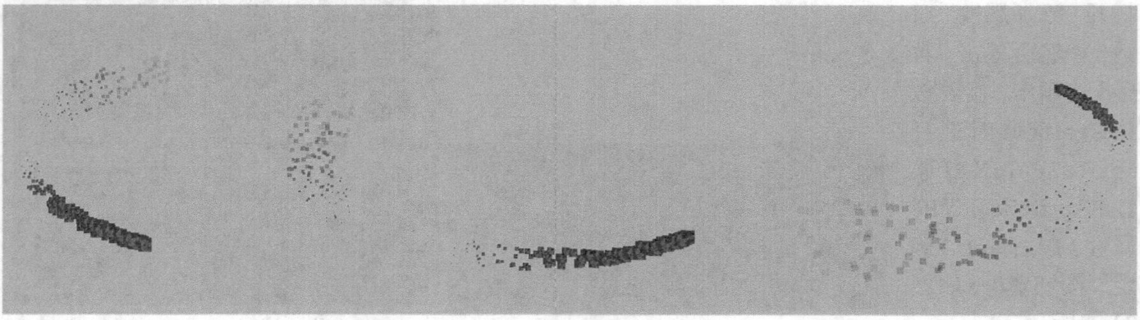

图32-30

32.2 精通动力场：爆炸动画

场景文件 学习资源>场景文件>CH32>a-1.mb、a-2.mb
实例文件 学习资源>实例文件>CH32>32.2.mb
技术掌握 掌握粒子与动力场的综合运用

爆炸动画是实际工作中经常遇到的动画之一，也是比较难制作的一种动画。本例就用粒子系统与动力场相互配合来制作爆炸动画，同时还涉及到了爆炸碎片的制作方法，如图32-31所示是本例的渲染效果。

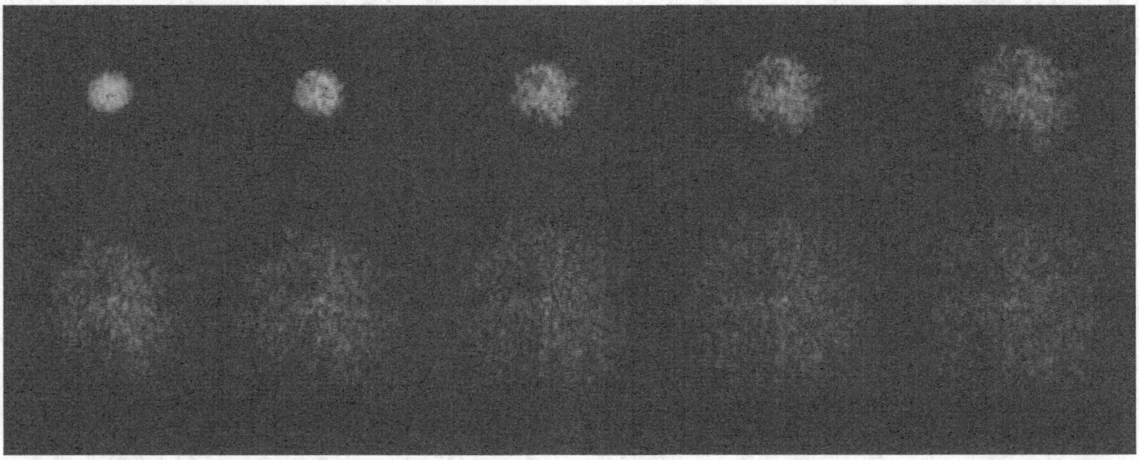

图32-31

32.2.1 创建爆炸动画

01 打开学习资源中的“场景文件>CH32>a-1.mb”文件，如图32-32所示。

02 选择模型，然后执行“修改>激活”菜单命令，接着打开“粒子工具”的“工具设置”对话框，设置“粒子数”为15、“最大半径”为4，如图32-33所示，最后在模型上多次单击鼠标左键，创建出粒子，如图32-34所示。

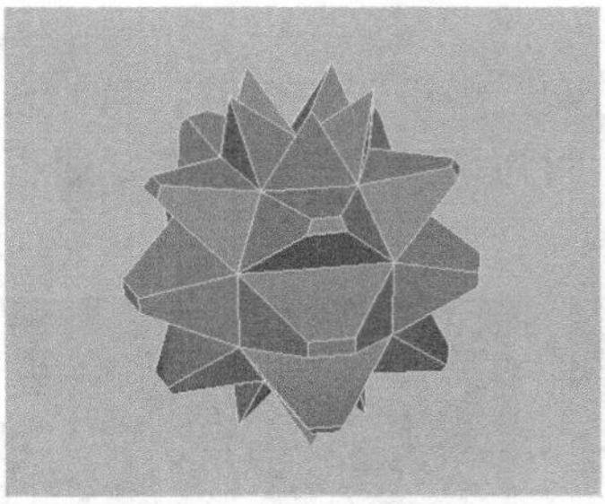

图32-32

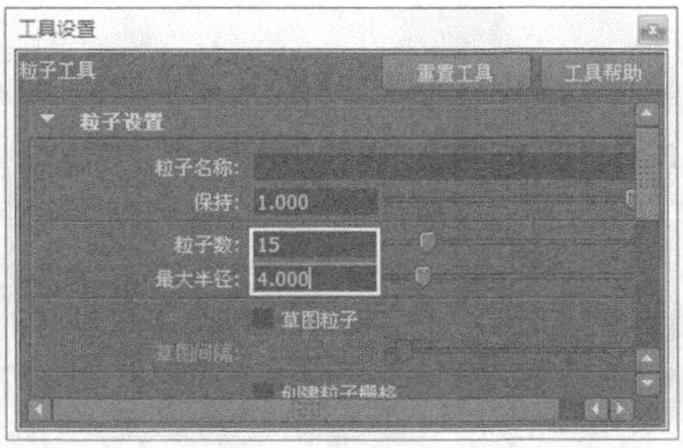

图32-33

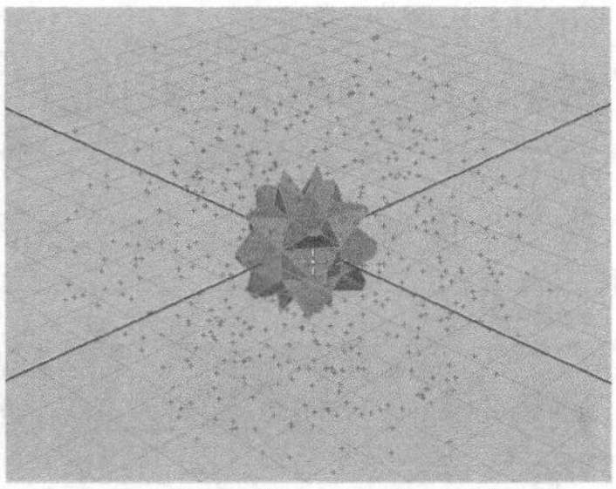

图32-34

技巧与提示

这个不规则的模型并没有实质性的作用，它主要用来定位粒子的大致位置。

03 选择模型，按快捷键Ctrl+H将其隐藏，然后选择粒子particle1，按快捷键Ctrl+A打开其“属性编辑器”对话框，接着在particleShape1选项卡下设置“粒子渲染类型”为“云(s/w)”，再单击“当前渲染类型”按钮当前渲染类型，最后设置“半径”为0.7，如图32-35所示，效果如图32-36所示。

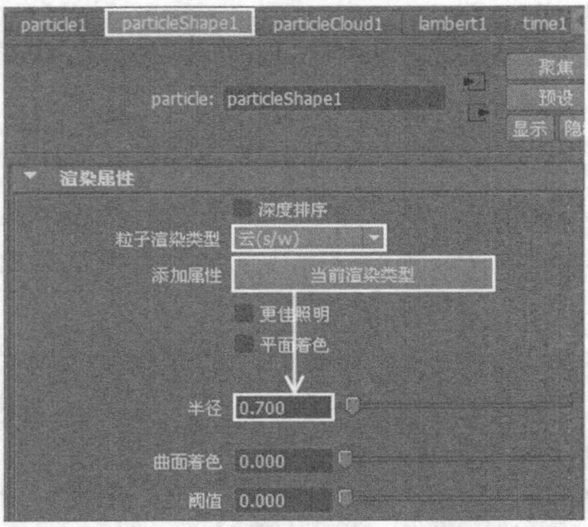

图32-35

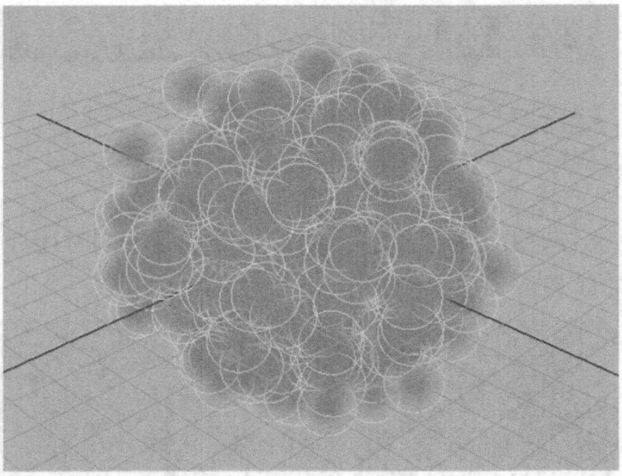

图32-36

04 选择粒子，然后单击“场>湍流”菜单命令后面的按钮，打开“湍流选项”对话框，接着设置“幅值”为400、“衰减”为2、“频率”为1.1，最后单击“创建”按钮，如图32-37所示。

05 选择粒子，然后单击“场>阻力”菜单命令后面的按钮，打开“阻力选项”对话框，接着设置“幅值”为5、“衰减”为1，最后单击“创建”按钮，如图32-38所示。

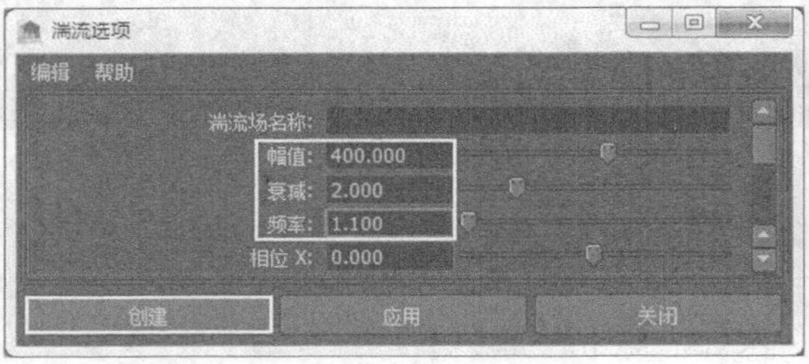

图32-37

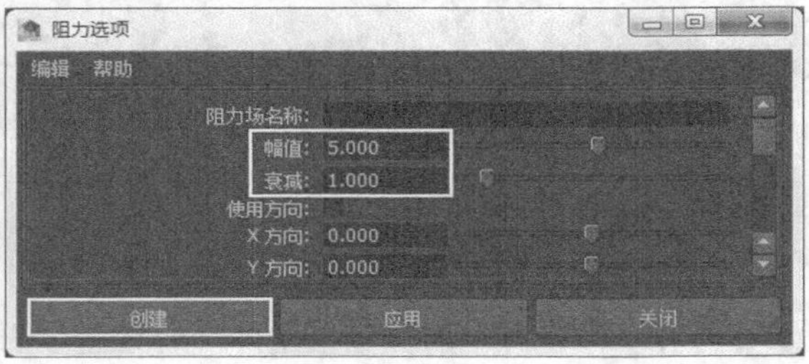

图32-38

06 选择粒子，然后单击“场>径向”菜单命令后面的按钮，打开“径向选项”对话框，接着设置“幅值”为15、“衰减”为3，再设置“体积形状”为“球体”，最后单击“创建”按钮，如图32-39所示。

07 选择径向场radialField1，确定当前时间为第1帧，然后在“通道盒”中设置“幅值”和“衰减”为1，如图32-40所示，接着按S键记录一个关键帧；确定当前时间为第30帧，然后在“通道盒”中设置“幅值”为3，如图32-41所示，接着按S键记录一个关键帧。

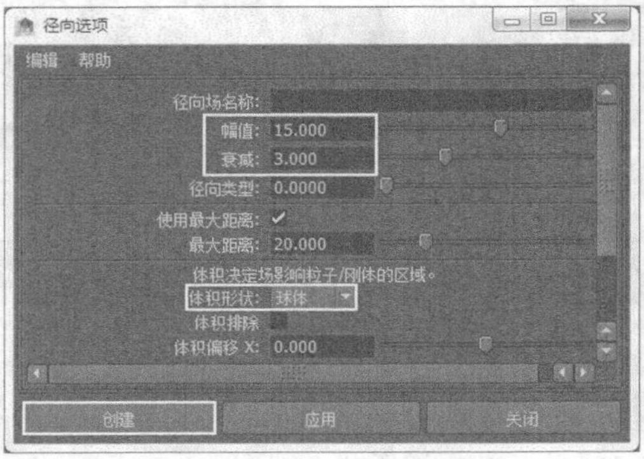

图32-39

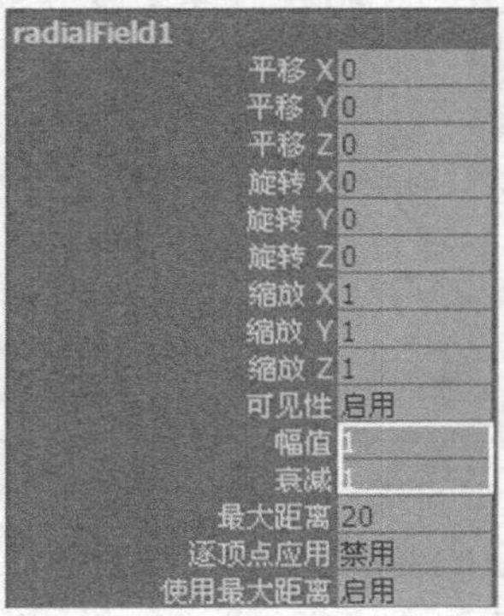

图32-40

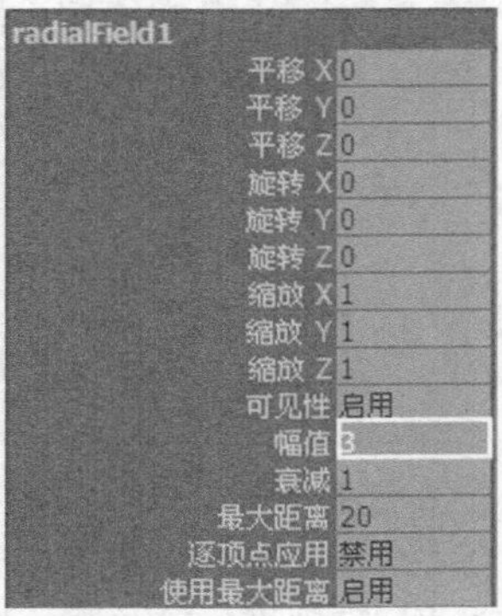

图32-41

08 播放动画，可以观察到粒子已经发生了爆炸，如图32-42所示。

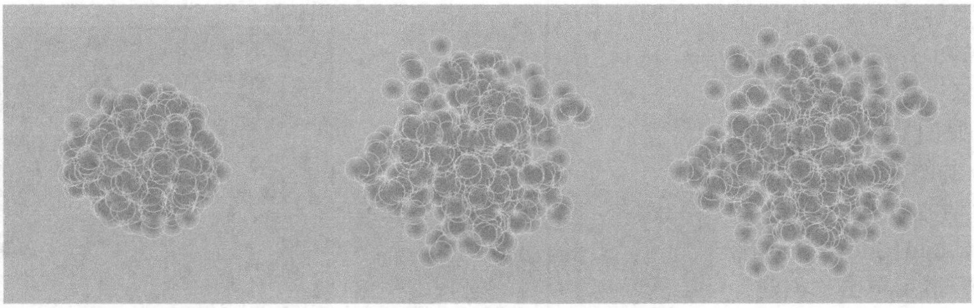

图32-42

32.2.2 设置爆炸颜色

01 打开粒子的“属性编辑器”对话框，单击particleCloud1选项卡，然后在“寿命中颜色”通道中加载一个“渐变”节点，接着编辑出如图32-43所示的渐变色。

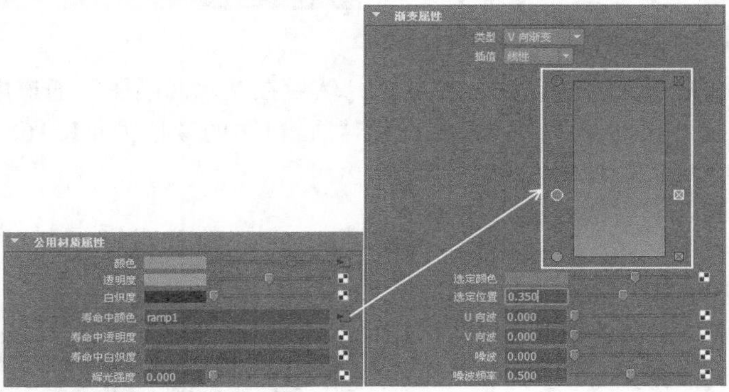

图32-43

02 在“寿命中透明度”通道中加载一个“渐变”节点，然后编辑出如图32-44所示的渐变色。

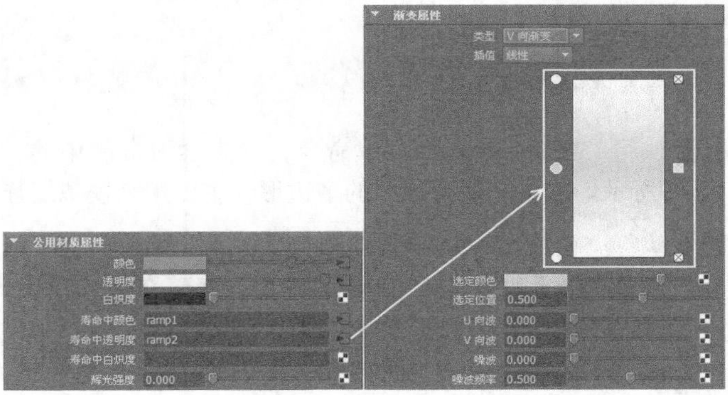

图32-44

03 继续在“寿命中白炽度”通道中加载一个“渐变”节点，然后编辑出如图32-45所示的渐变色。

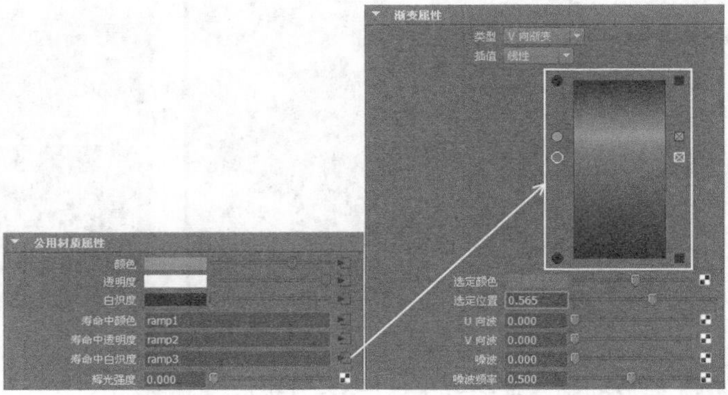

图32-45

04 在“辉光强度”属性上单击右键，然后在弹出的菜单中选择“创建新表达式”命令，如图32-46所示，接着在弹出的“表达式编辑器”对话框中输入表达式particleCloud1.glowIntensity = .I[0];，最后单击“创建”按钮创建，如图32-47所示。

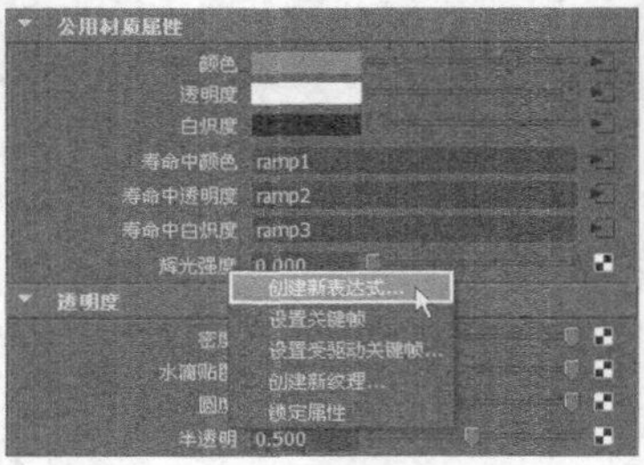

图32-46

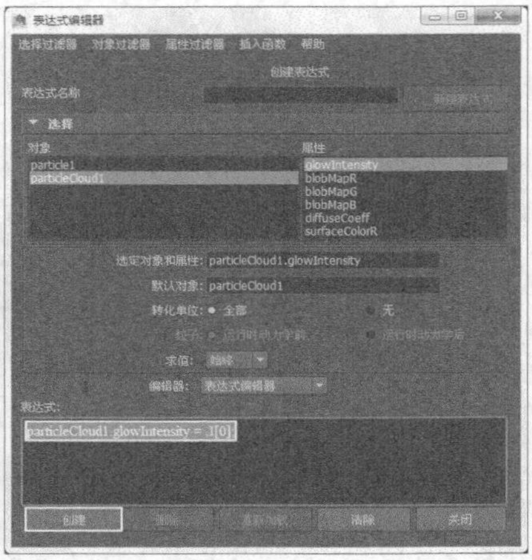

图32-47

05 展开“透明度”卷展栏，然后在“水滴贴图”通道中加载一个“凹陷”纹理节点，接着设置“振动器”为15，再设置“通道1”的颜色为（R:168，G:134，B:0）、“通道2”的颜色为（R:82，G:35，B:0）、“通道3”的颜色为（R:82，G:35，B:0），最后设置“融化”为0.05、“平衡”为0.6、“频率”为0.8，如图32-48所示。

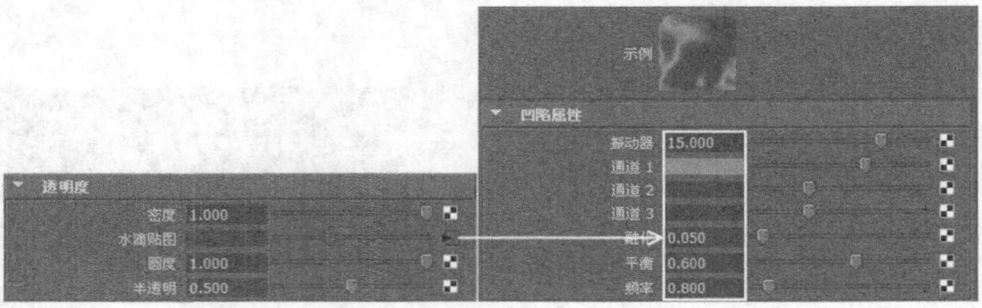

图32-48

32.2.3 创建爆炸碎片

01 执行“文件>导入”菜单命令，导入学习资源中的“场景文件>CH32>a-2.mb”文件，如图32-49所示。这是一些不规则的多边形，主要用来模拟爆炸时产生的碎片。

02 执行“窗口>关系编辑器>动力学关系”菜单命令，打开“动力学关系编辑器”对话框，然后在“解算器”列表中选择pPlane1碎片，接着在“选择模式”列表中选择3个动力场，这样可以将pPlane1碎片与3个动力场建立链接关系，如图32-50所示。设置完成后，用相同的方法为pPlane2~pPlane12碎片与3个动力场也建立链接关系。

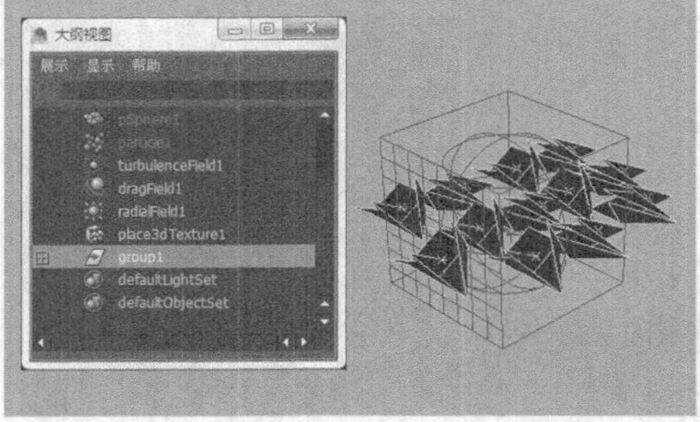

图32-49

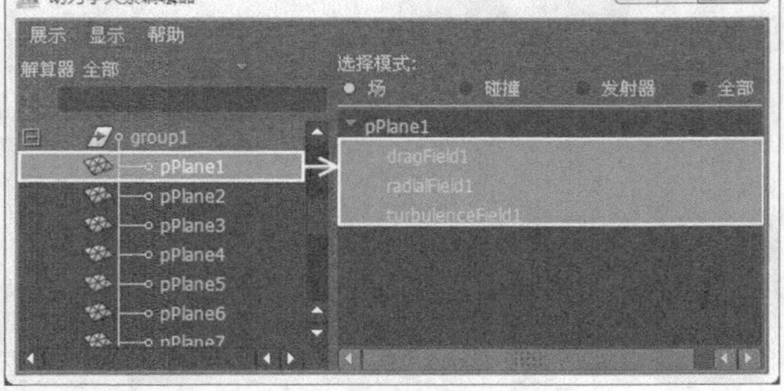

图32-50

03 播放动画，最终效果如图32-51所示。

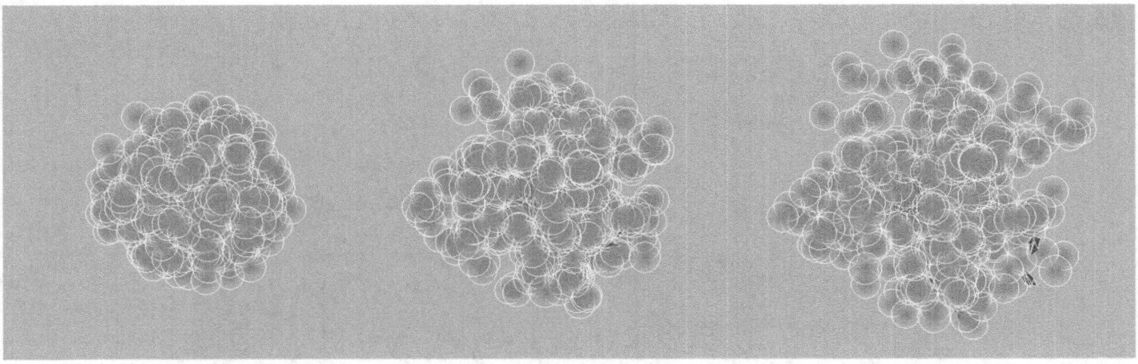

图32-51

32.3 精通刚体：跷跷板动画

场景文件	学习资源>场景文件>CH32>b.mb
实例文件	学习资源>实例文件>CH32>32.3.mb
技术掌握	全面掌握刚体动画的制作方法

刚体动画也是实际工作中经常遇到的动画之一，本例将针对主动刚体与被动刚体一起进行练习，如图32-52所示是本例的渲染效果。

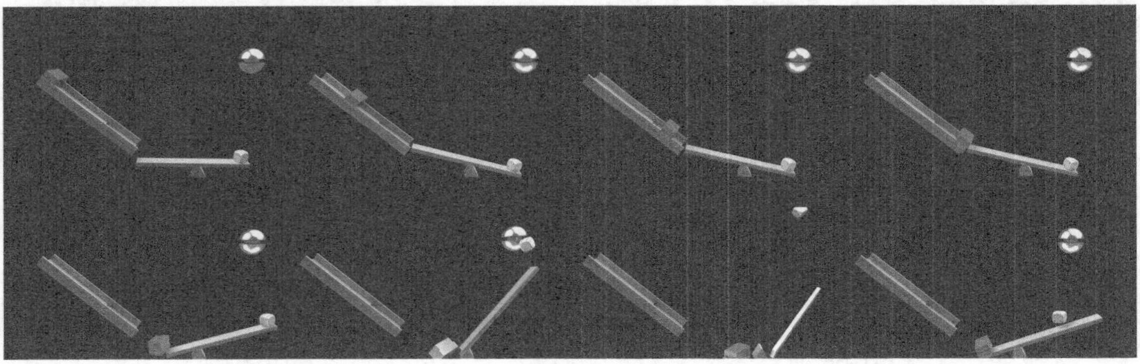

图32-52

01 打开学习资源中的“场景文件>CH32>b.mb”文件，如图32-53所示。

02 选择轨道和地面模型，如图32-54所示，然后执行“柔体/刚体>创建被动刚体”菜单命令。

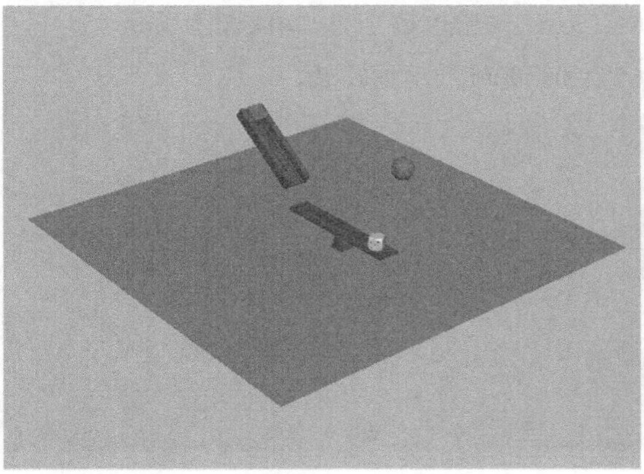

图32-53

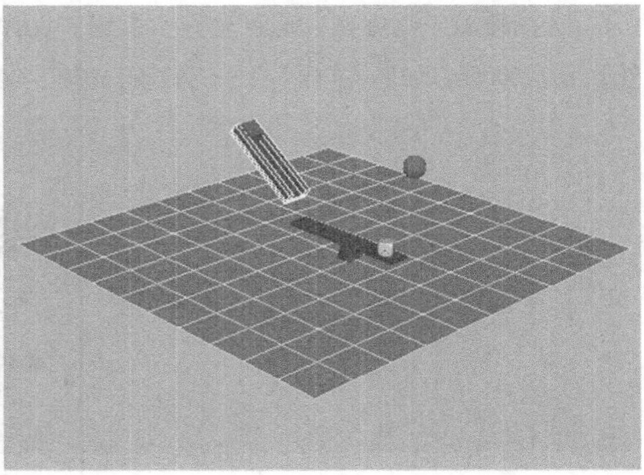

图32-54

03 选择剩下的模型，如图32-55所示，然后执行“柔体/刚体>创建主动刚体”菜单命令。

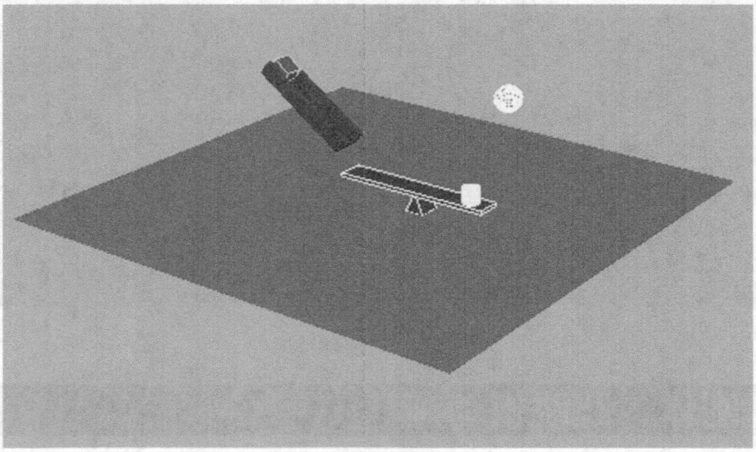

图32-55

04 选择杠杆、垫子、骰子和滑块，如图32-56所示，然后执行“场>重力”菜单命令。

05 选中滑块，然后在“通道盒”中设置“质量”为90，如图32-57所示。

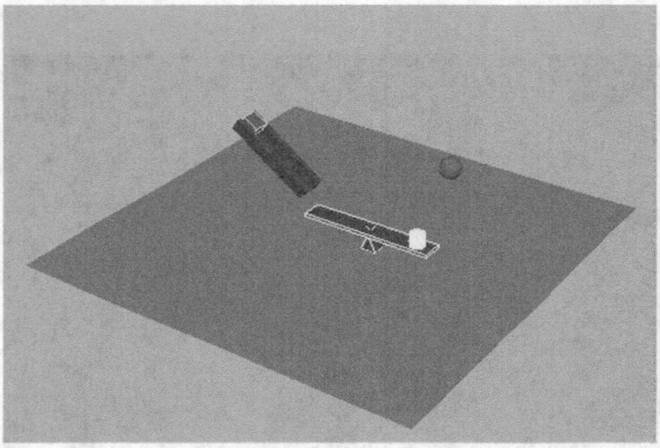

图32-56

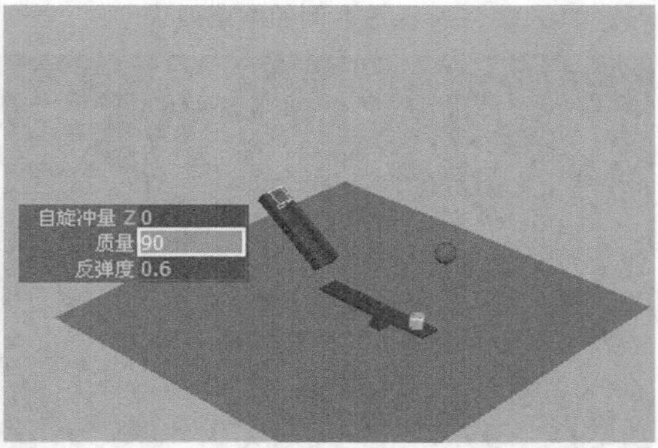

图32-57

06 选择杠杆，然后在“通道盒”中设置“质量”为12；选择垫子，然后在“通道盒”中设置“质量”为50、“反弹度”为0.2、“静摩擦”为0.4；选择骰子，然后在“通道盒”中设置“质量”为4、“静摩擦”为5；选择地面，然后在“通道盒”中设置“反弹度”为0.1、“静摩擦”为0.4；选择轨道，然后在“通道盒”中设置“反弹度”为0、“静摩擦”和“动摩擦”为0。

07 播放动画，如图32-58所示分别是第40帧、第65帧和第90帧的动画效果。

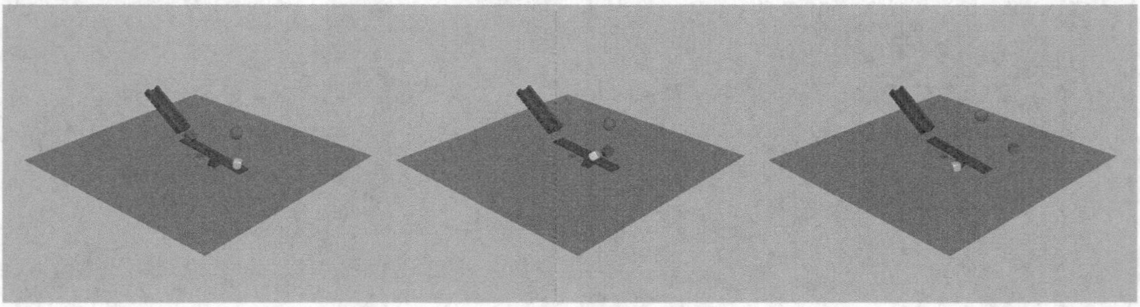

图32-58

第33章 综合实例：流体与特效篇

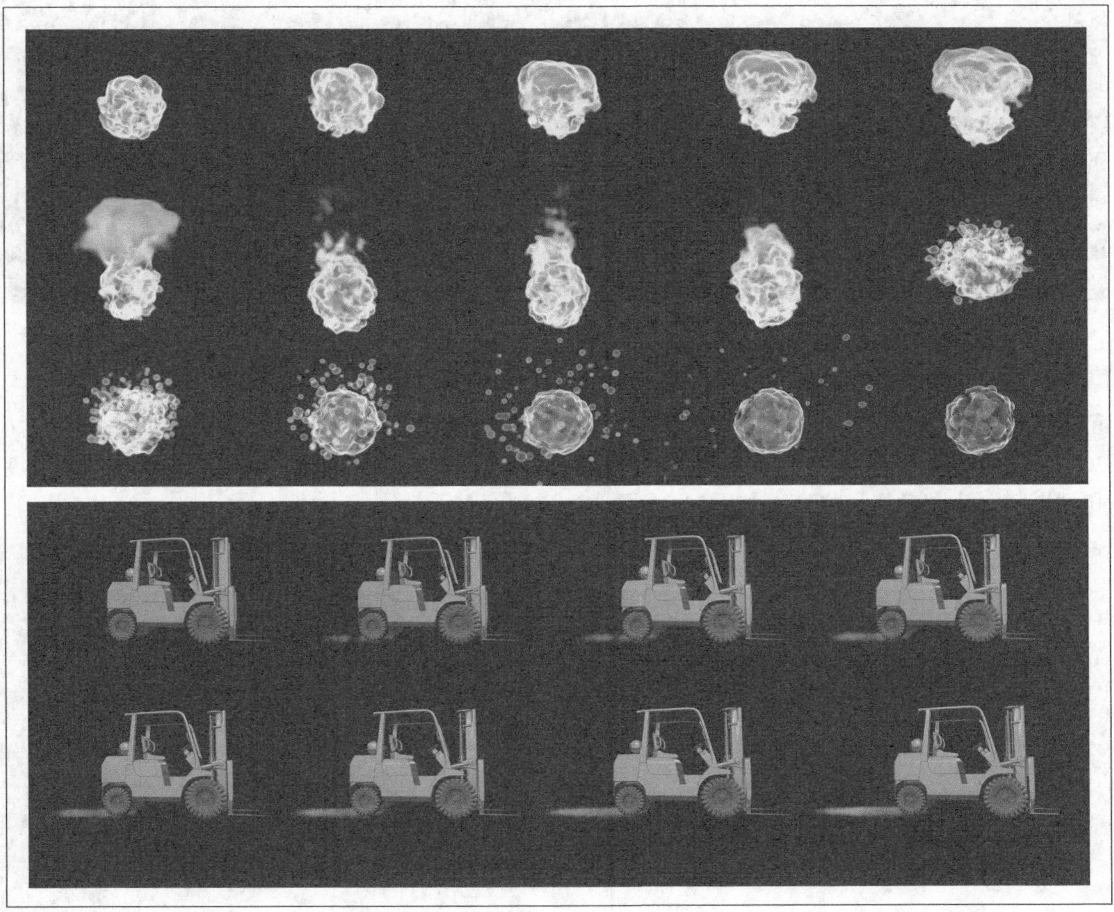

33.1 精通流体：火球动画

场景文件　无
实例文件　学习资源>实例文件>CH33>33.1.mb
技术掌握　掌握真实火焰动画特效的制作方法

相信很多用户都在为不能制作出真实的火焰动画特效而烦恼。针对这个问题，本节就安排一个火球燃烧实例来讲解如何用流体制作火焰动画特效，如图33-1所示是本例的渲染效果。

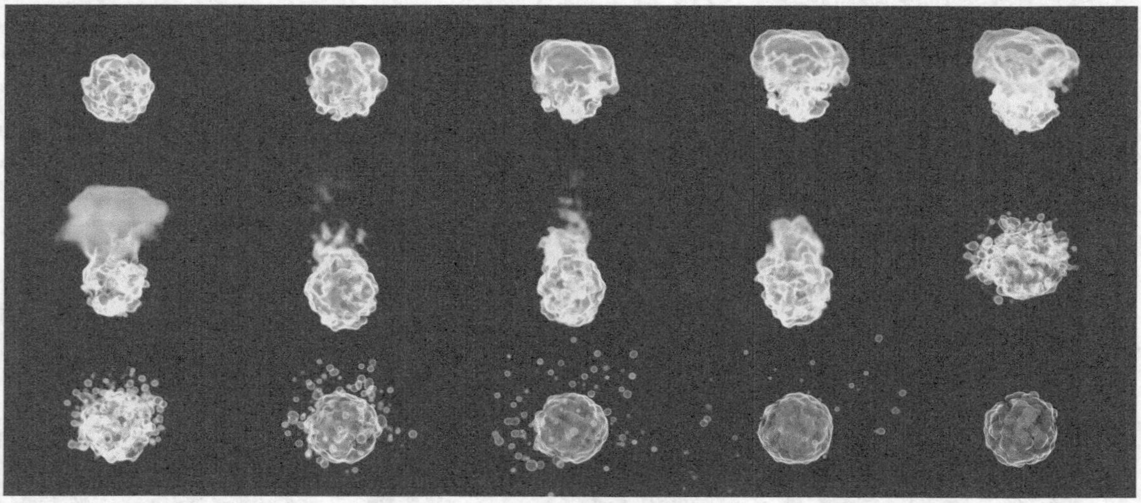

图33-1

01 执行“流体效果>创建3D容器”菜单命令，在视图中创建一个3D容器，如图33-2所示。

02 按快捷键Ctrl+A打开3D容器的“属性编辑器”对话框，然后设置“分辨率”为（70，70，70），接着设置“边界x”“边界y”和“边界z”为“无”，最后设置“密度”“速度”“温度”和“燃料”为“动态栅格”，如图33-3所示。

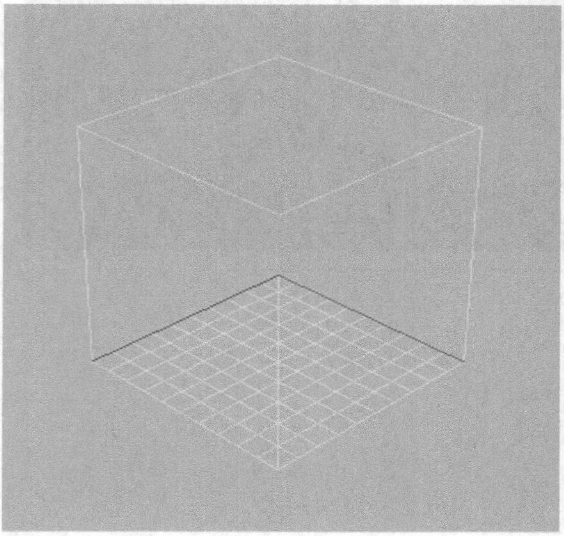

图33-2

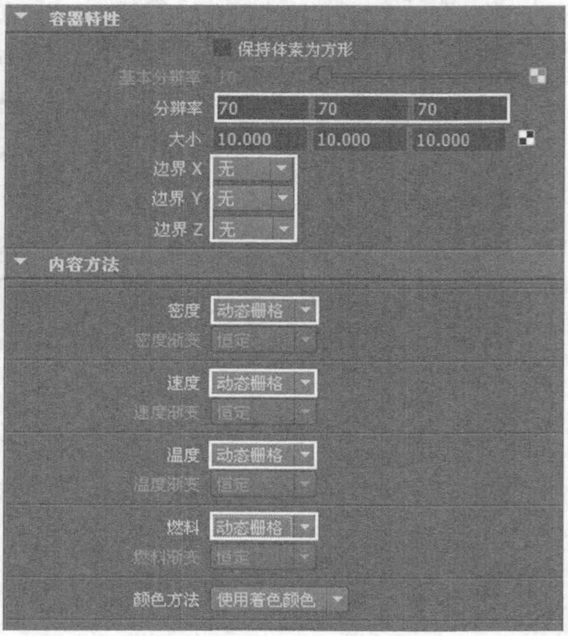

图33-3

03 选择3D容器，单击“流体效果>添加/编辑内容>发射器”菜单命令后面的■按钮，打开“发射器选项”对话框，然后设置“发射器类型”为“体积”“体积形状”为“球体”，接着单击“应用并关闭”按钮应用并关闭，如图33-4所示，创建的发射器如图33-5所示。

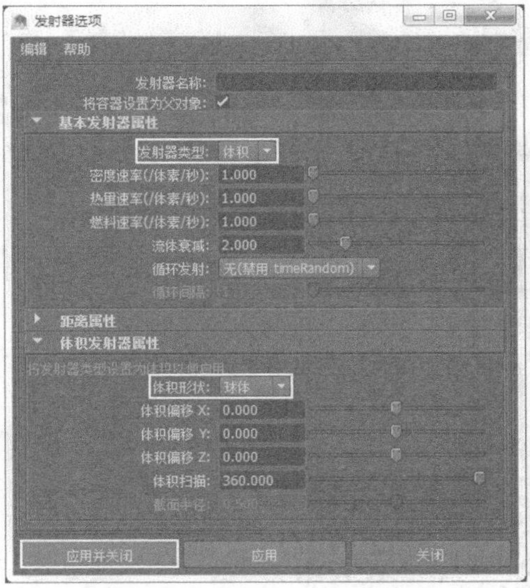

图33-4

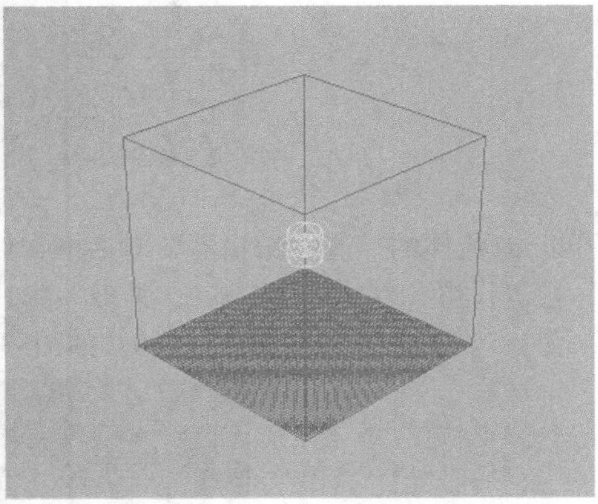

图33-5

04 打开3D容器的“属性编辑器”对话框，然后在“动力学模拟”卷展栏下设置“阻尼”为0.006、“模拟速率比例”为4，接着在“内容详细信息”卷展栏下展开“速度”复卷展栏，最后设置“速度比例”为（1，0.5，1）、“漩涡”为10，如图33-6所示。

05 在“大纲视图”对话框中选择fluidEmitter1节点，然后打开其“属性编辑器”对话框，接着在“流体属性”卷展栏下设置“流体衰减”为0，最后在“流体发射湍流”卷展栏下设置“湍流”为10、“湍流速度”为2、“湍流频率”为（2，2，2），如图33-7所示。

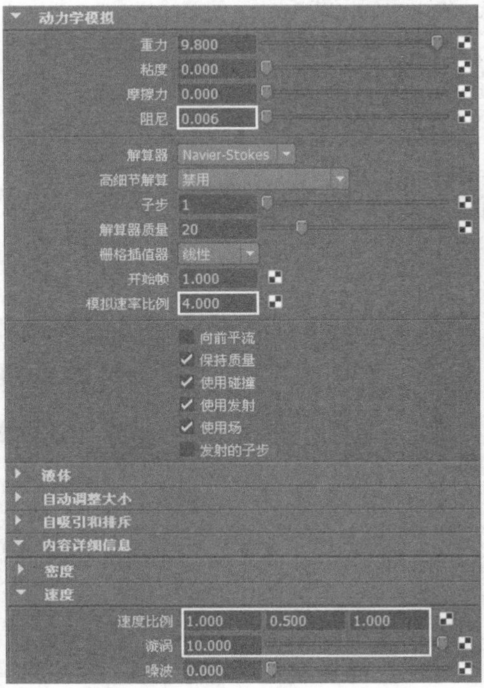

图33-6

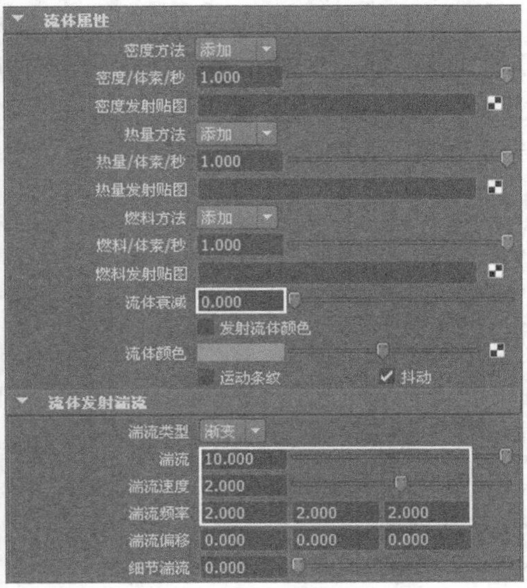

图33-7

06 播放动画并观察流体的运动，效果如图33-8所示。

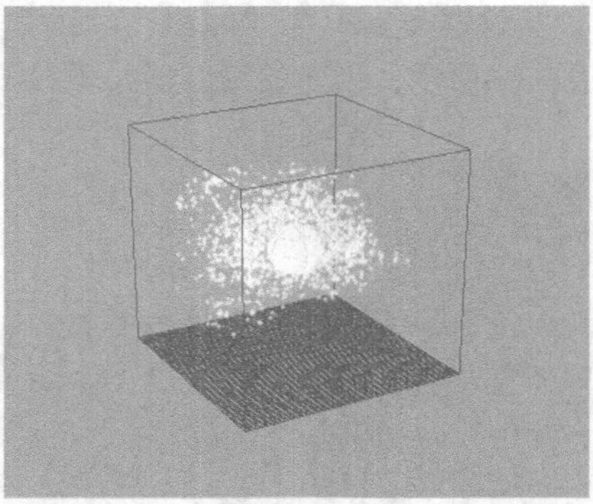

图33-8

07 打开fluid1流体的"属性编辑器"对话框，然后展开"内容详细信息"卷展栏下的"密度"复卷展栏，接着设置"浮力"为1.6、"消散"为1，最后在"温度"复卷展栏下设置"浮力"为5、"消散"为3、"扩散"和"湍流"为0，如图33-9所示。

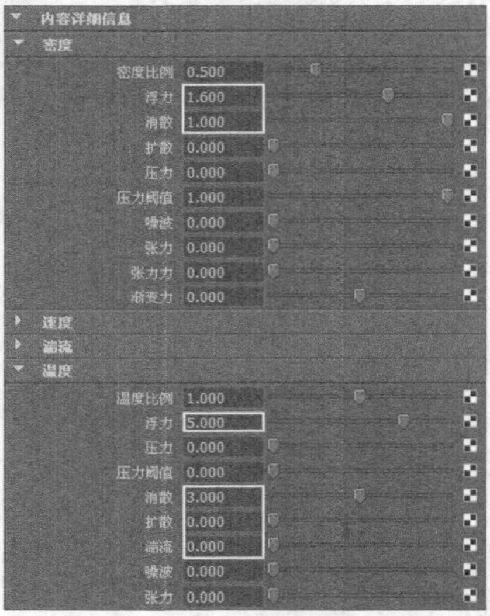

图33-9

08 展开"燃料"复卷展栏，然后设置"反应速度"为0.03，如图33-10所示。

09 打开流体fluid1的"属性编辑器"对话框，展开"着色"卷展栏，然后在"颜色"复卷展栏下设置"选定颜色"为黑色，如图33-11所示。

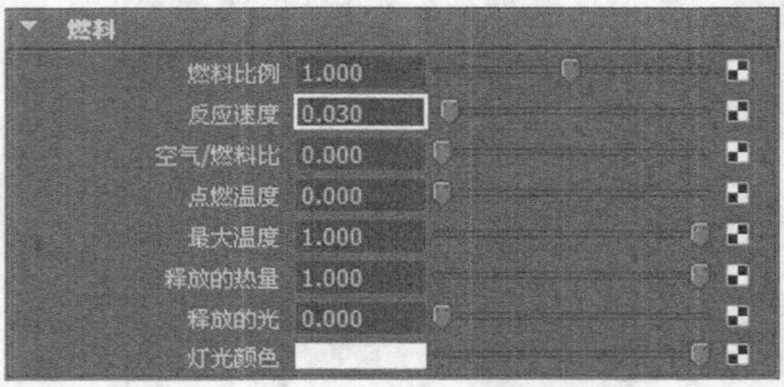

图33-10

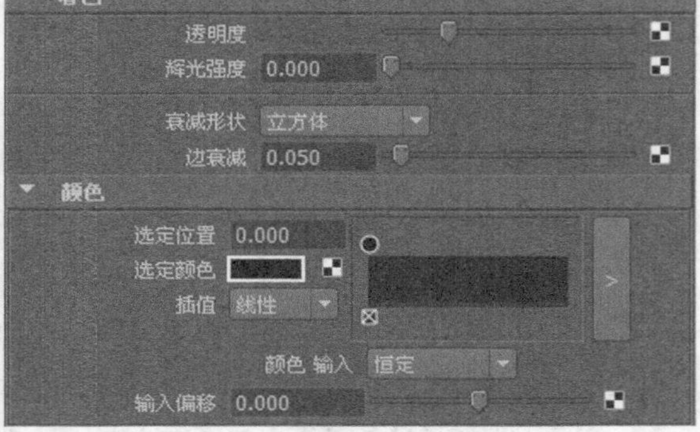

图33-11

10 展开“白炽度”复卷展栏，然后设置第1个色标的“选定位置”为0.642、“选定颜色”为黑色，接着设置第2个色标的“选定位置”为0.717、“选定颜色”为（R:229，G:51，B:0），再设置第3个色标的“选定位置”为0.913、“选定颜色”为（R:765，G:586，B:230），最后设置“输入偏移”为0.8，如图33-12所示。

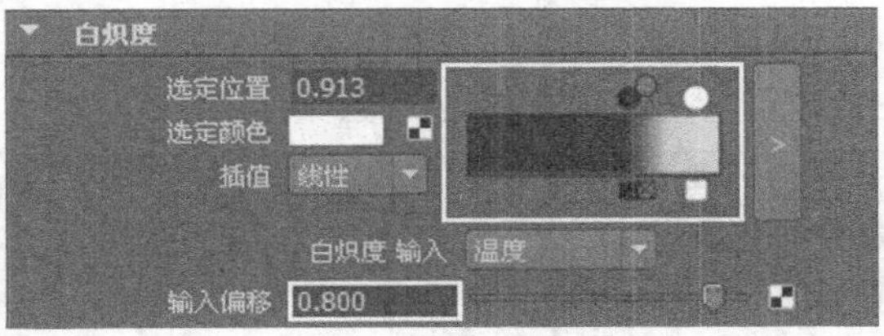

图33-12

11 展开“不透明度”卷展栏，然后将曲线调节成如图33-13所示的形状。

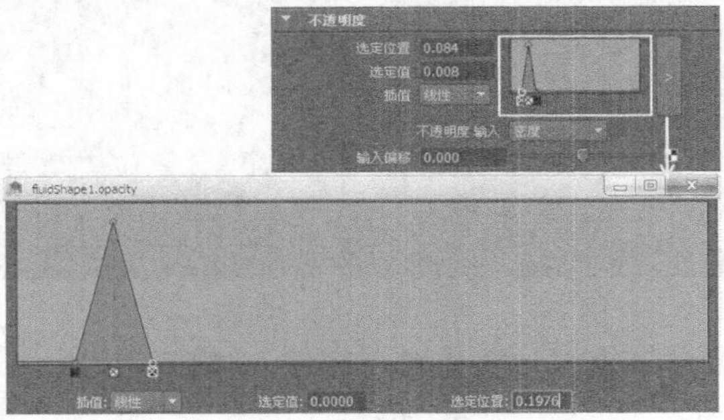

图33-13

12 展开“着色质量”复卷展栏，然后设置“质量”为5、“渲染插值器”为“平滑”，如图33-14所示。

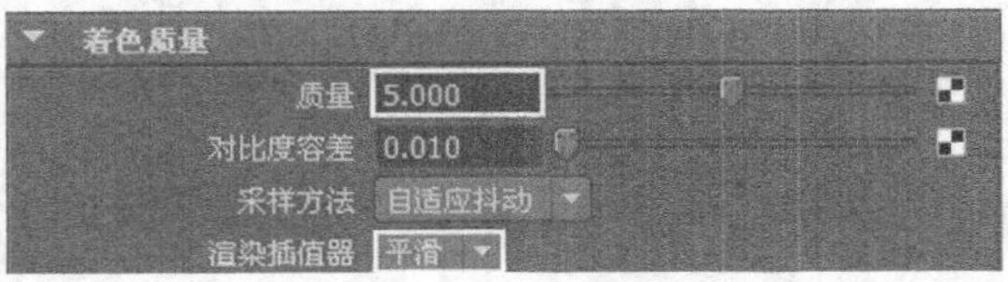

图33-14

13 展开“显示”卷展栏，然后设置“着色显示”为“密度”，接着设置“不透明度预览增益”为0.8，如图33-15所示。

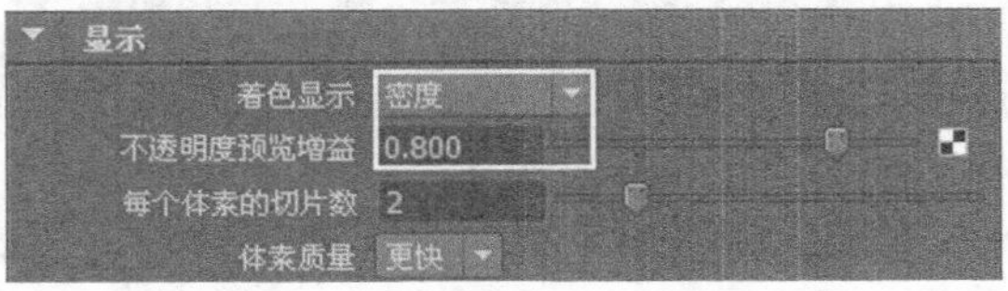

图33-15

14 播放动画，最终效果如图33-16所示。

图33-16

33.2 精通流体：叉车排气动画

场景文件　学习资源>场景文件>CH33>a.mb
实例文件　学习资源>实例文件>CH33>33.2.mb
技术掌握　掌握如何用粒子与流体配合制作烟雾动画特效

本例是一个技术性较强的实例，在内容方面不仅涉及了流体技术，同时还涉及了前面所学的粒子与动力场技术，如图33-17所示是本例的渲染效果。

图33-17

01 打开学习资源中的“场景文件>CH33>a.mb”文件，如图33-18所示。

02 执行“流体效果>创建3D容器”菜单命令，在场景中创建一个3D容器，如图33-19所示。

图33-18

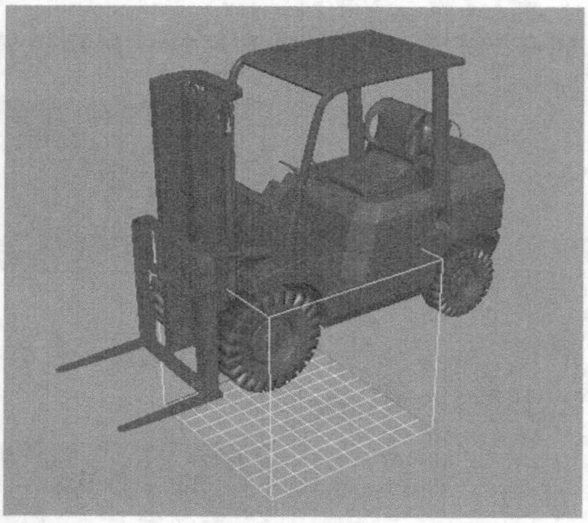

图33-19

03 打开3D容器的“属性编辑器”对话框，然后在“容器特性”卷展栏下设置“分辨率”为（15，15，60）、“大小”为（10，10，190），如图33-20所示，接着将3D容器的底部拖曳到视图栅格上，让叉车接触到容器底部，如图33-21所示。

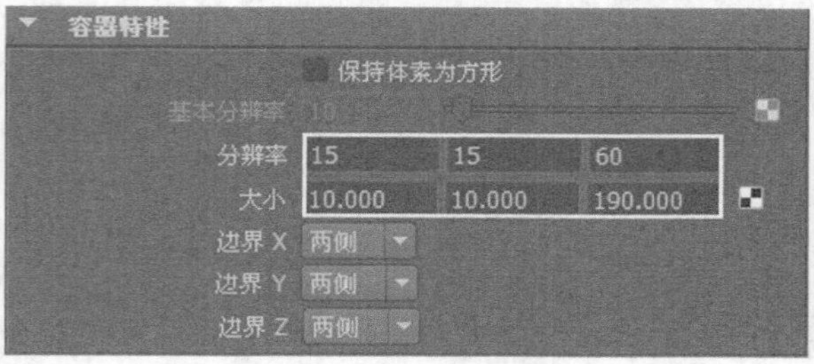

图33-20

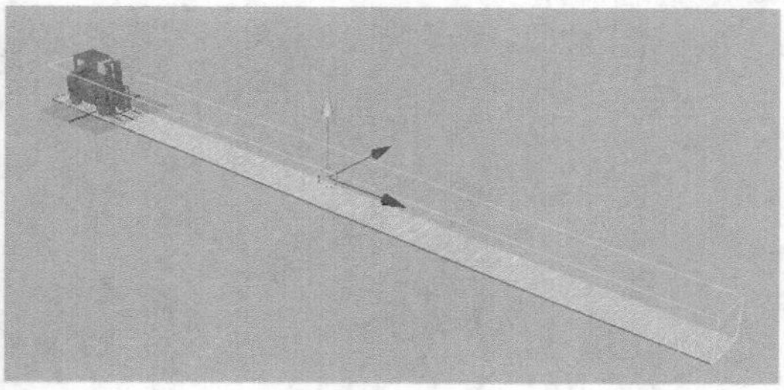

图33-21

04 选择3D容器和叉车，然后执行“流体效果>生成运动场”菜单命令，效果如图33-22所示。

图33-22

05 执行“创建>多边形基本体>平面”菜单命令，在叉车的尾部创建一个平面，然后在“通道盒”中设置“细分宽度”和“高度细分数”为20，如图33-23所示。

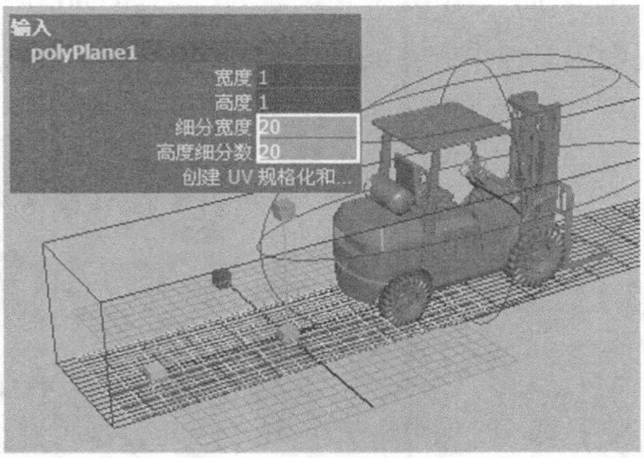

图33-23

06 在“大纲视图”对话框中选择pPlane1，然后按Ctrl+G组合键为其创建一个组group2，如图33-24所示，接着用鼠标中键将其拖曳到polySurface455上，使其成为polySurface455的子物体，如图33-25所示。

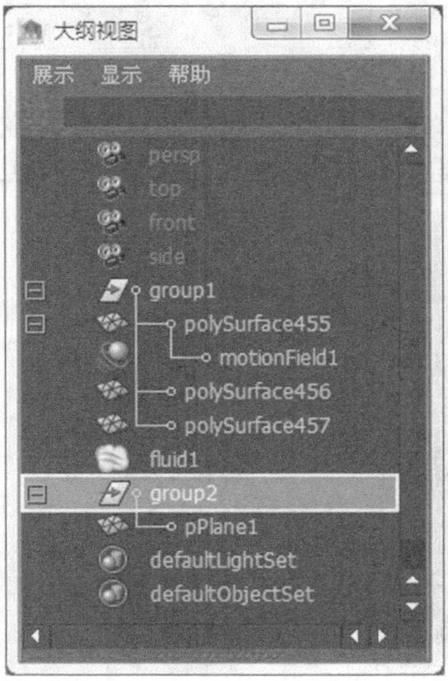

图33-24

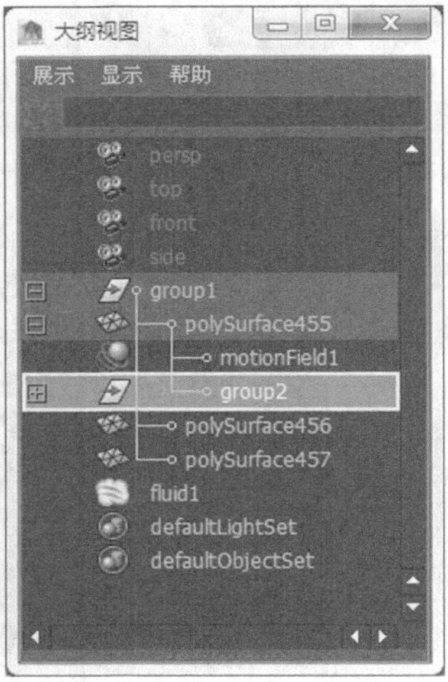

图33-25

技巧与提示

在这个对话框中所进行的设置是非常重要的，在动态输入功能开启的时候，这些设置可以决定输入坐标值的方法。

图33-26

07 选择平面，然后执行“粒子>从对象发射”菜单命令，打开emitter1发射器的“属性编辑器”对话框，接着设置“发射器类型”为“表面”，并设置“速率”为1.5，如图33-27所示。

08 在“大纲视图”对话框中用鼠标中键将particle1粒子拖曳到group2上，使其成为group2的子物体，如图33-28所示。

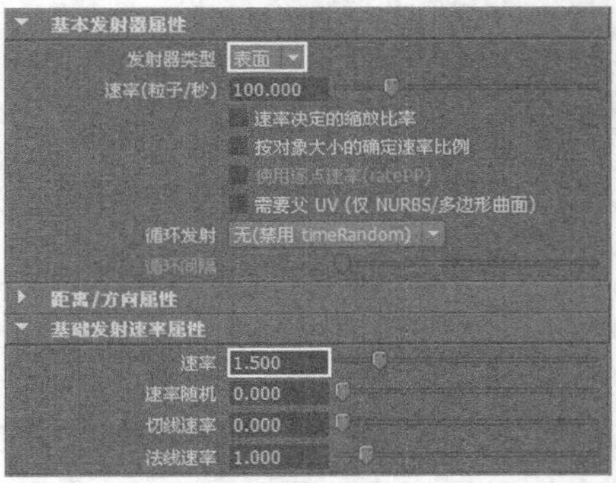

图33-27

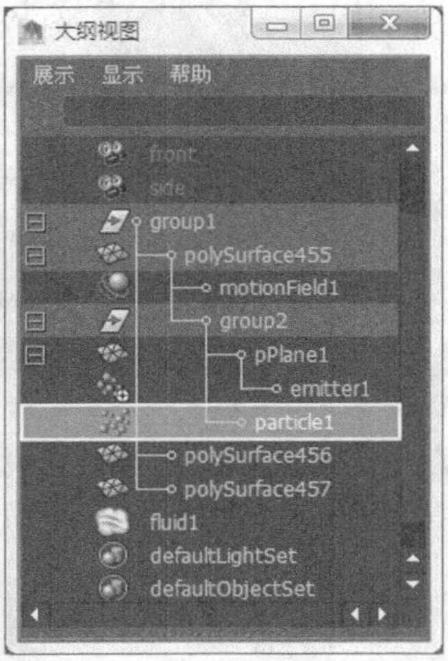

图33-28

09 执行“窗口>关系编辑器>动力学关系”菜单命令，打开“动力学关系编辑器”对话框，然后在左侧列表中选择particle1，接着在右侧列表中选择fluidShape1，将这两个节点连接起来，如图33-29所示。

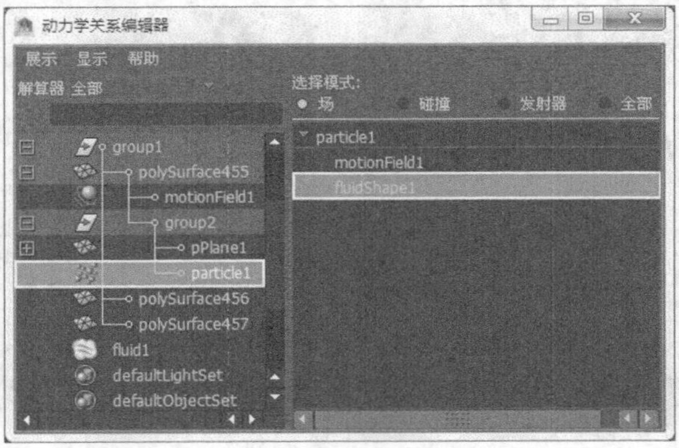

图33-29

10 播放动画，观察粒子的发射效果，如图33-30所示。

11 打开粒子particle1的“属性编辑器”对话框，然后设置“保持”为0.6，如图33-31所示。

图33-30

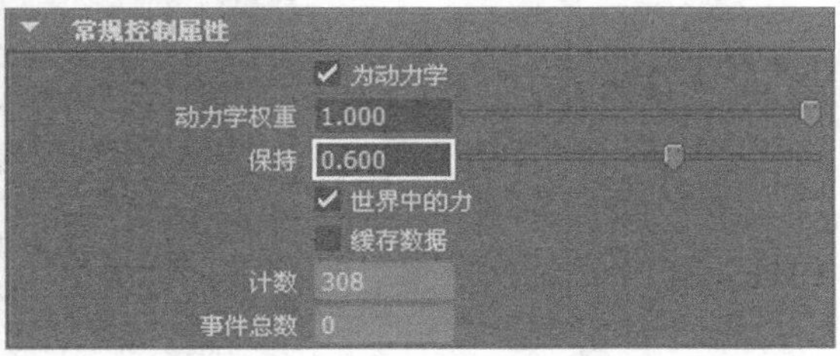

图33-31

12 打开3D容器的“属性编辑器”对话框，然后在“动力学模拟”卷展栏下设置“阻尼”为0.6，接着设置“高细节解算”为“所有栅格”，并设置“解算器质量”为100，如图33-32所示。

13 播放动画，观察粒子的发射效果，如图33-33所示。

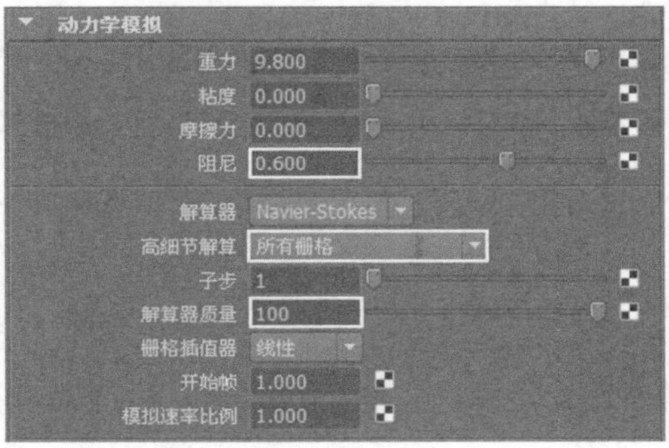

图33-32

图33-33

14 选择3D容器，然后执行“场>体积轴”菜单命令，接着打开体积轴场volumeAxisField1的“属性编辑器”对话框，再设置“幅值”为200、“衰减”为0，最后设置“体积形状”为“球体”，如图33-34所示。

15 继续设置体积轴场volumeAxisField1的属性，设置“平移”为（0，7.695，17.865）、“旋转”为（0，180，0）、“缩放”为（10.883，10.213，17.158），然后设置“沿轴”为0、“平行光速率”为0.5、“方向”为（0，1，-1），如图33-35所示，效果如图33-36所示。

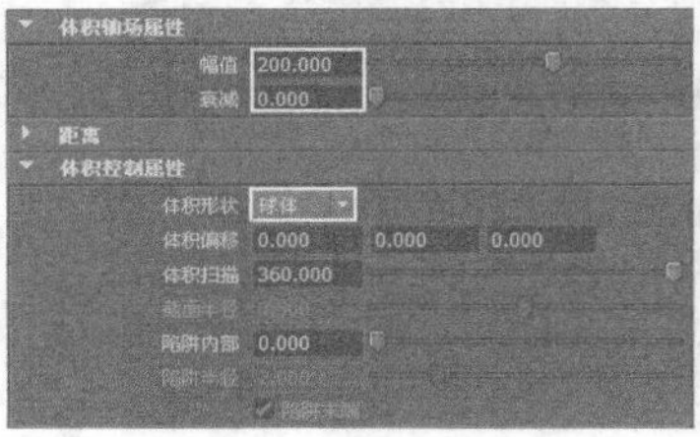

图33-34

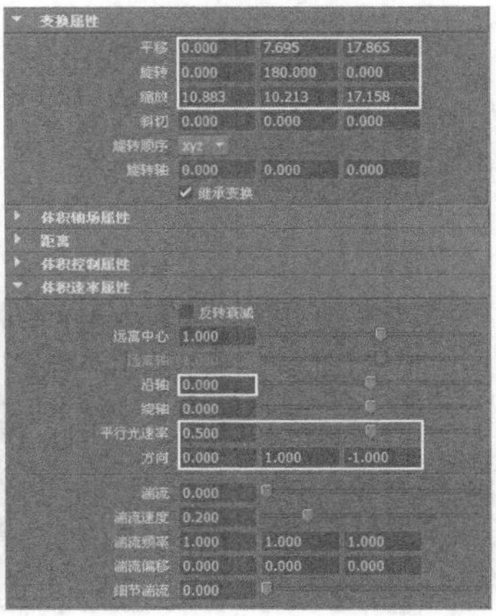

图33-35

图33-36

16 在“大纲视图”对话框中用鼠标中键将体积轴场volumeAxisField1拖曳到polySurface455上，使其成为polySurface455的子物体，如图33-37所示。

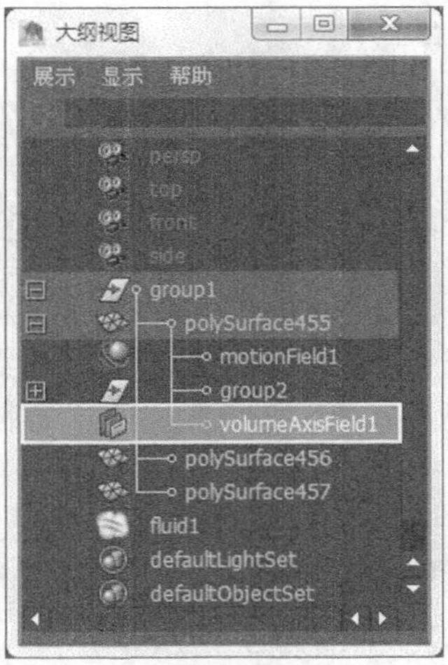

图33-37

17 播放动画，观察体积轴场volumeAxisField1是否与叉车一起运动，如图33-38所示。

18 打开3D容器的“属性编辑器”对话框，然后展开“内容详细信息”卷展栏下的“速度”复卷展栏，接着设置“漩涡”为500，如图33-39所示。

图33-38

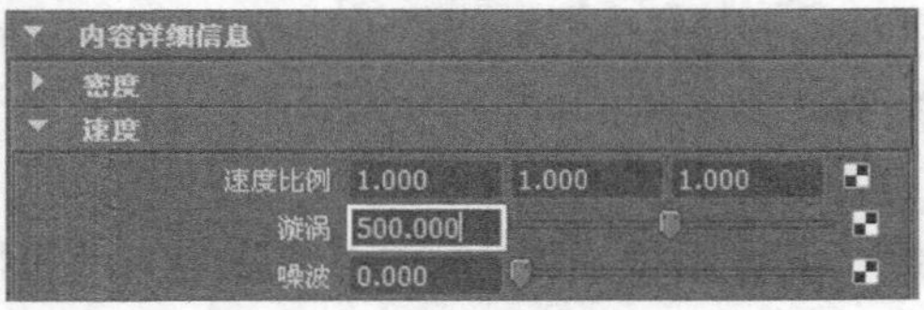

图33-39

19 选择粒子particle1，然后执行“场>一致”菜单命令，接着打开一致场uniformField1的“属性编辑器”对话框，最后设置“衰减”为0，如图33-40所示。

20 打开粒子particle1的“属性编辑器”对话框，然后设置“粒子渲染类型”为“云（s/w）”，接着单击“当前渲染类型”按钮，最后设置“半径”为0.5，如图33-41所示。

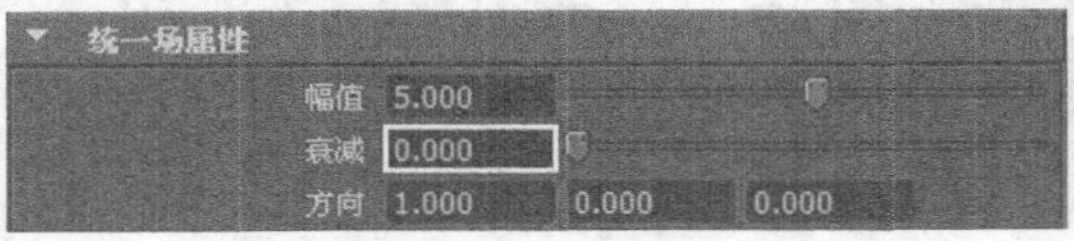

图33-40

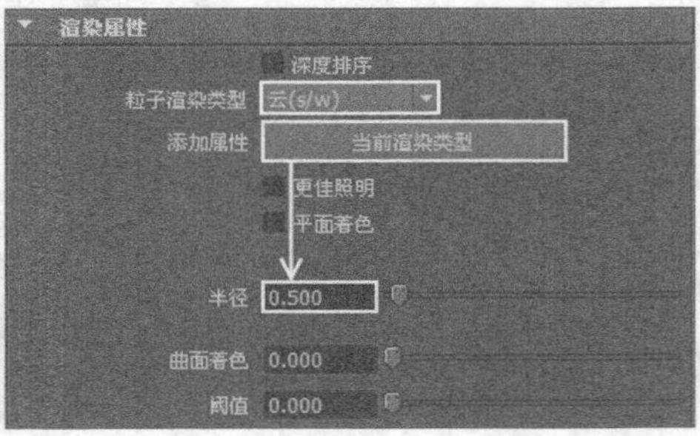

图33-41

21 播放动画，观察尾气的排放状况，最终效果如图33-42所示。

图33-42

33.3 精通流体：涟漪动画

场景文件 无
实例文件 学习资源>实例文件>CH33>33.3.mb
技术掌握 掌握流体的高级用法

本例是一个难度较大的水面涟漪动画实例，不仅涉及流体知识，还涉及了表达式的用法，如图33-43所示是本例的渲染效果。

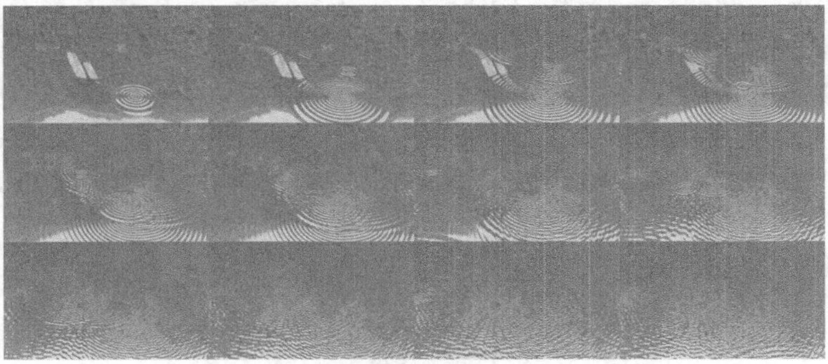

图33-43

01 打开Hypershade对话框，然后创建一个“流体纹理2D”节点，如图33-44所示。

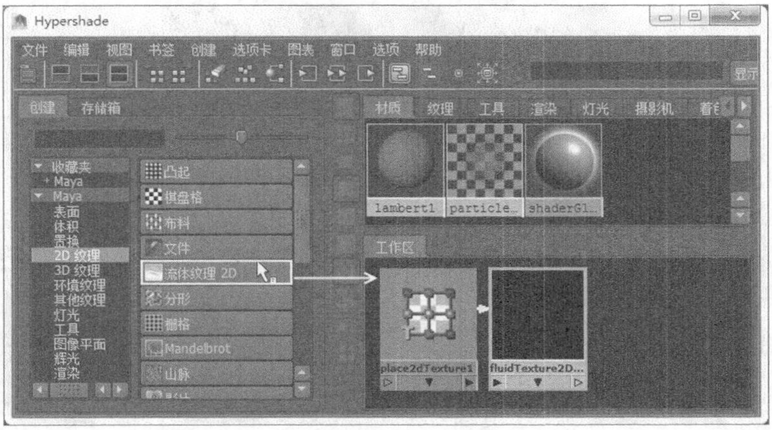

图33-44

02 选择场景视图中的fluidTexture2D1节点，然后在“通道盒”中设置“旋转*x*”为90，如图33-45所示。

03 在场景中创建一个与fluidTexture2D1节点大小基本相同的NURBS平面，然后在“通道盒”中设置“平移*y*”为2，如图33-46所示。

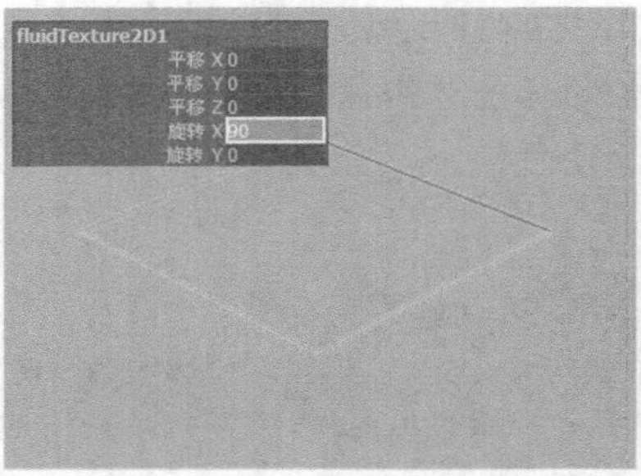

图33-45

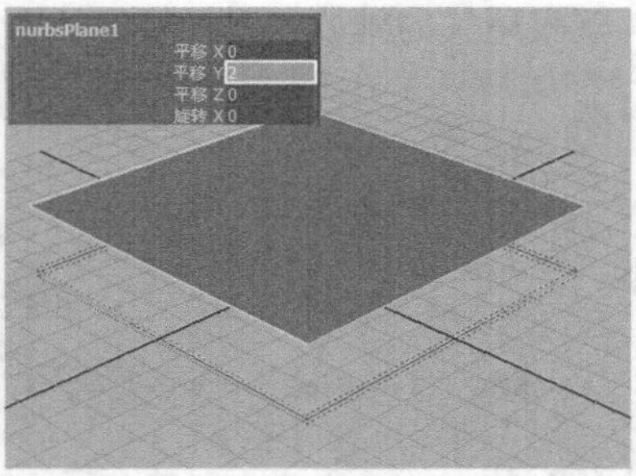

图33-46

04 打开fluidTexture2D1节点的“属性编辑器”对话框，然后在“动力学模拟”卷展栏下设置“解算器”为“弹簧网格”，如图33-47所示。

05 选择NURBS平面，按Ctrl+D组合键复制一个平面到如图33-48所示的位置。

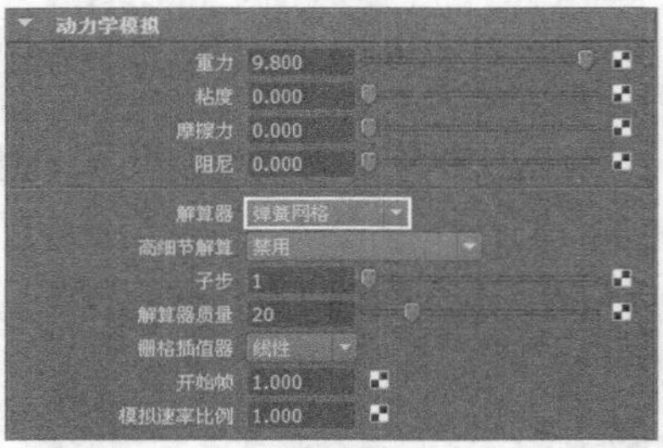

图33-47

图33-48

06 选择复制出来的平面，然后单击“粒子>从对象发射”菜单命令后面的按钮，打开“发射器选项（从对象发射）”对话框，接着设置“发射器类型”为“表面”、“速率（粒子数/秒）”为10，最后单击“创建”按钮，如图33-49所示。

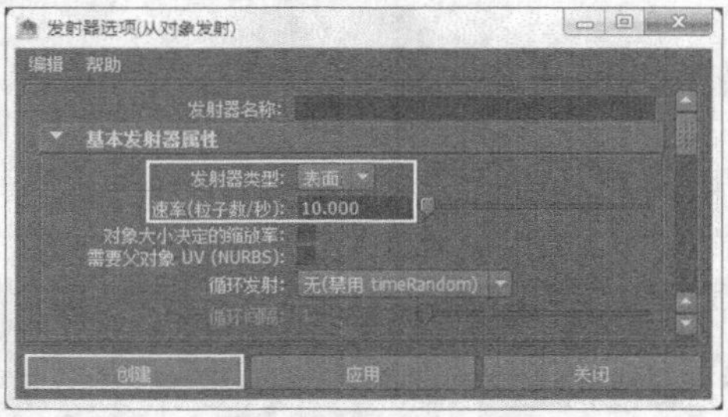

图33-49

07 在“大纲视图”对话框中选择粒子particle1，然后执行“场>重力”菜单命令，为其创建一个重力场，如图33-50所示。

08 选择粒子particle1和中间的平面，然后执行“粒子>使碰撞”菜单命令，接着播放动画，观察粒子的碰撞效果，如图33-51所示。

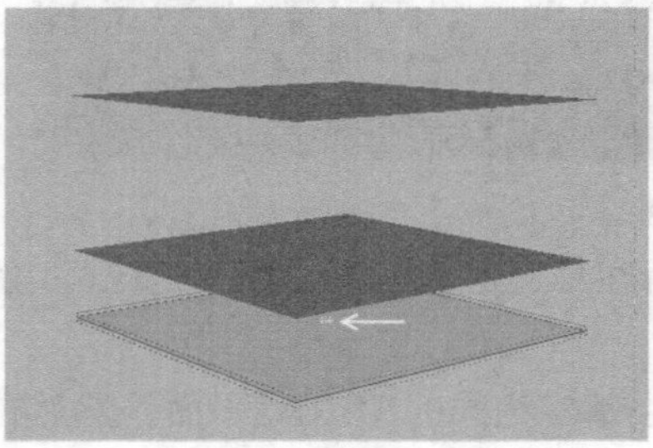

图33-50

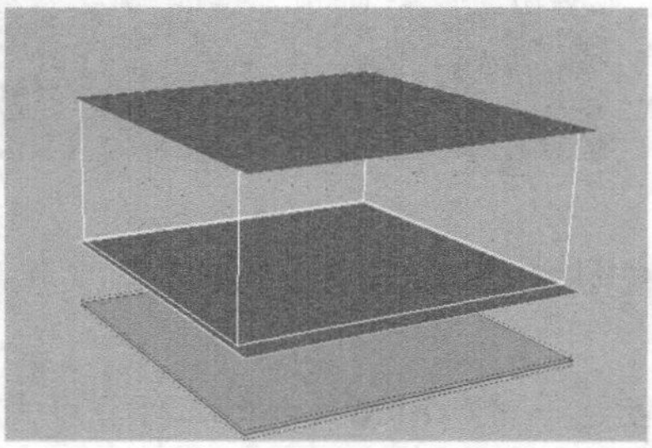

图33-51

09 打开粒子particle1的“属性编辑器”对话框，然后在“添加动态属性”卷展栏下单击“常规”按钮，打开“添加属性”对话框，接着在“粒子”选项卡下选择collisionU（碰撞U）和collisionV（碰撞V）属性，最后单击“确定”按钮，如图33-52所示。

10 在“大纲视图”对话框中选择particleShape1节点，如图33-53所示。

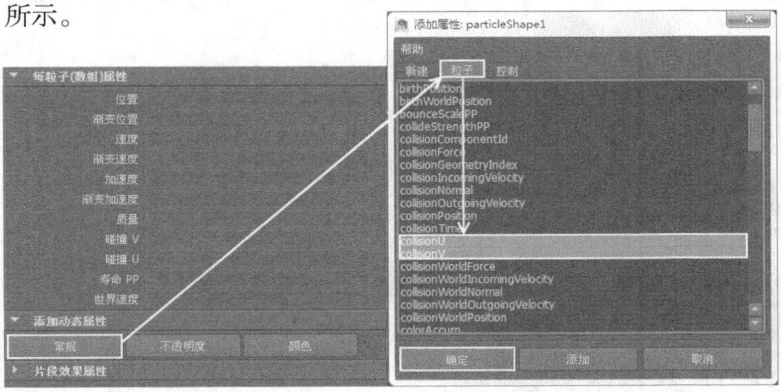

图33-52

图33-53

技巧与提示

如果在“大纲视图”对话框中找不到particleShape1节点，可以在该对话框中的“展示”菜单下勾选“形状”选项，即可将其显示出来，如图33-54所示。

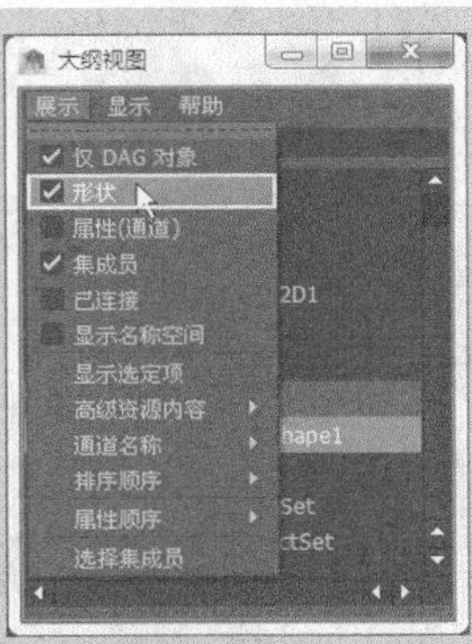

图33-54

11 保持对particleShape1节点的选择，执行“窗口>动画编辑器>表达式编辑器”菜单命令，打开“表达式编辑器”对话框，然后在“对象”列表中选择particleShape1节点，在“属性”列表中选择collsionV（碰撞V）属性，最后在“表达式”输入框中输入如下所示的表达式。

```
float $colU = particleShape1.collisionU;
float $colV = particleShape1.collisionV;

if ($colU >0) {
        print( “hit” );
}
```

输入表达式以后，单击“创建”按钮，完成表达式的创建，如图33-55所示。

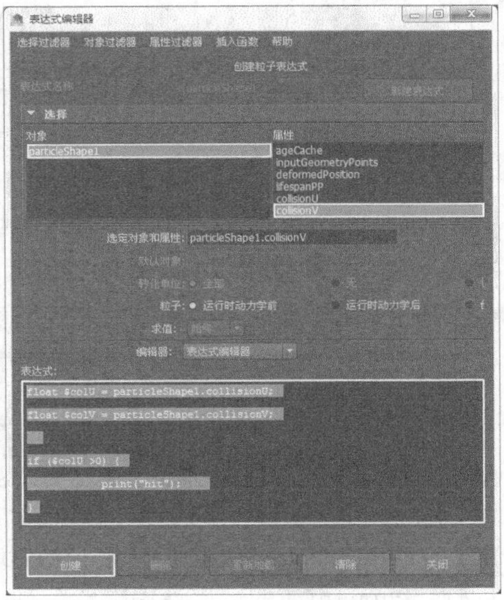

图33-55

12 在“表达式编辑器”对话框中执行“选择过滤器>按表达式名称”命令，然后单击“新建表达式”按钮新建表达式，接着在“表达式”输入框中输入如下所示的表达式。

```
float $colU = particleShape1.collisionU;
float $colV = particleShape1.collisionV;

if ($colU >0) {
        int $xpos = fluidTexture2DShape1.resolutionW * $colU;
        int $ypos = fluidTexture2DShape1.resolutionH * $colV;
        setFluidAttr -xi $xpos -yi $ypos -at density -ad -fv 0.6 fluidTexture2DShape1;
particleShape1.lifespanPP = 0;
}
```

输入表达式以后，单击“创建”按钮创建，完成表达式的创建，如图33-56所示。

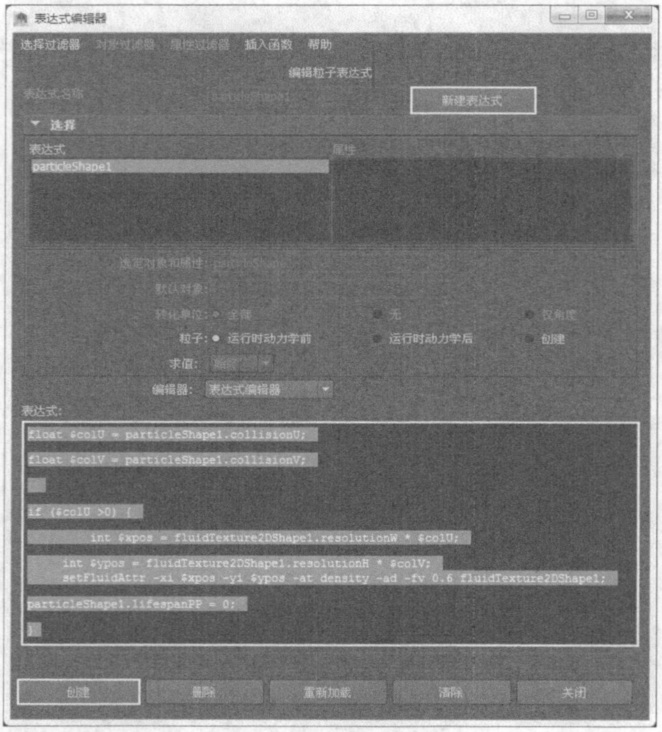

图33-56

技巧与提示

步骤11和步骤12的表达式是用来制作出雨点打在水面上产生的波纹效果，如图33-57所示。

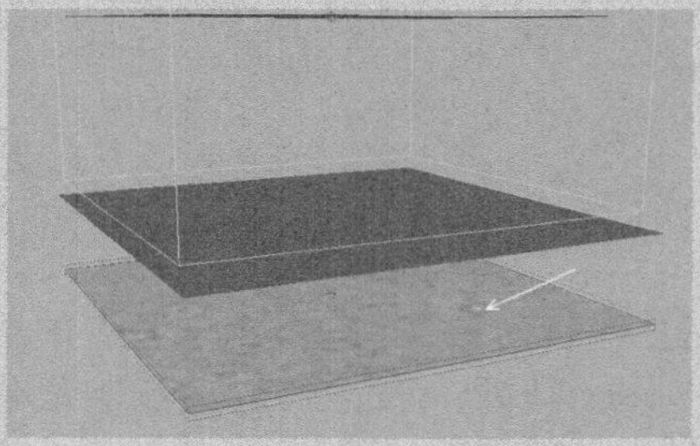

图33-57

13 打开particleShape1节点的“属性编辑器”对话框，然后在“寿命属性”卷展栏下设置“寿命模式”为“仅寿命PP”，如图33-58所示。

14 播放动画，观察涟漪动画效果，如图33-59所示。

图33-58

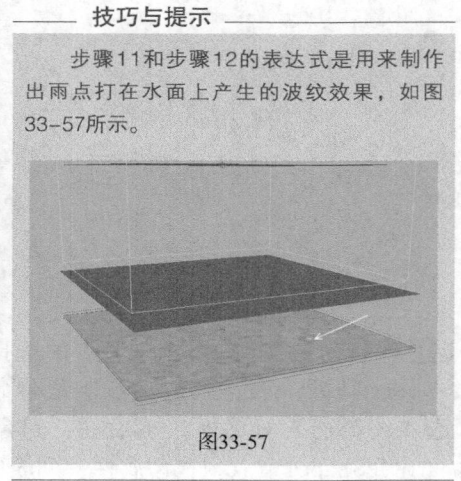

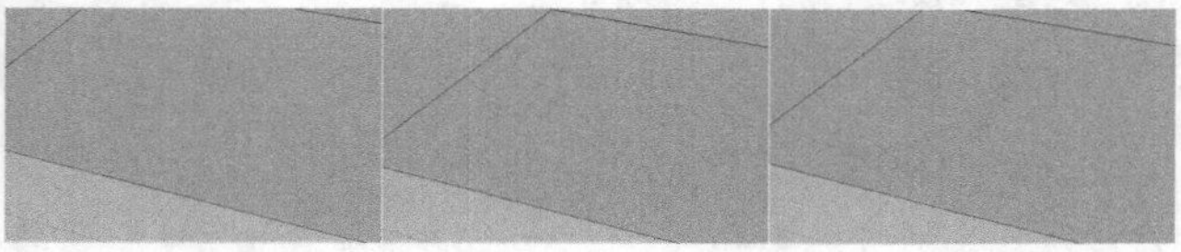

图33-59

15 在Hypershade对话框中创建一个Phong材质和一个“凹凸2D”工具节点，如图33-60所示，然后打开Phong材质的“属性编辑器”对话框，接着将bump2d1节点拖曳到Phong材质的“凹凸贴图”属性上，此时的节点连接如图33-61所示。

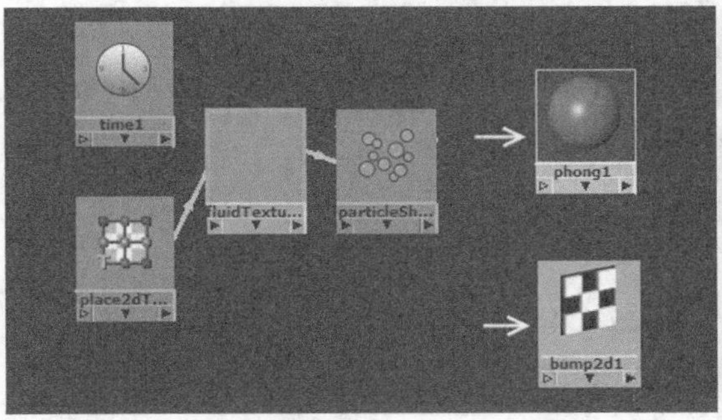

图33-60

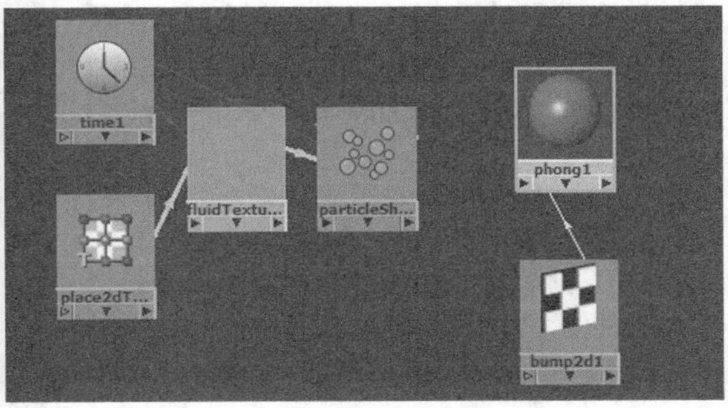

图33-61

16 在“大纲视图”对话框中选择fluidTexture2DShape1节点，然后执行“窗口>常规编辑器>连接编辑器”菜单命令，打开“连接编辑器”对话框，此时fluidTexture2DShape1节点会被自动加载到左侧列表，接着在Hypershade对话框中选择bump2d1节点，再将其加载到“连接编辑器”对话框中的右侧列表中，最后将fluidTexture2DShape1节点的outAlpha（输出Alpha）属性连接到bump2d1节点的bumpValue（凹凸值）属性上，如图33-62所示，此时的节点连接效果如图33-63所示。

图33-62

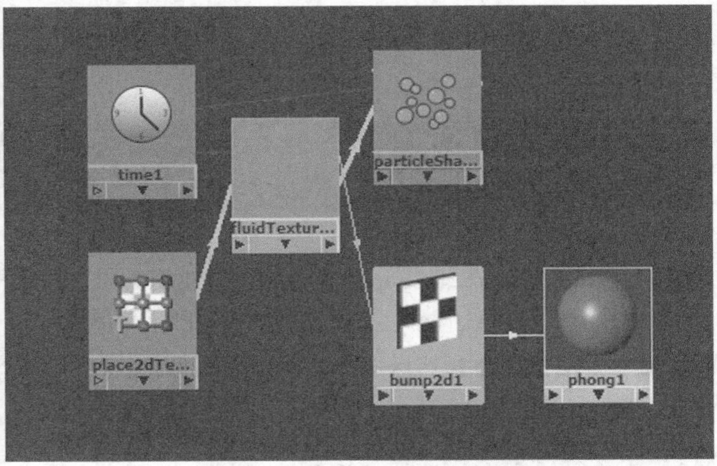

图33-63

17 将设置好的Phong材质指定给中间的平面模型，然后测试渲染动画，可以观察到雨滴落在平面上，产生了涟漪效果，如图33-64所示。

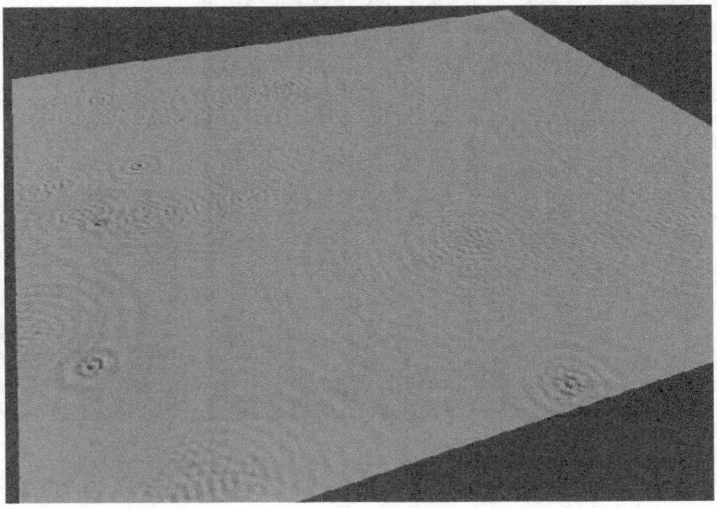

图33-64

18 打开Phong材质的“属性编辑器”对话框，然后设置“颜色”为黑色，接着设置“余弦幂”为86.232、“镜面反射颜色”为（R:249, G:249, B:249）、“反射率”为0.868，如图33-65所示。

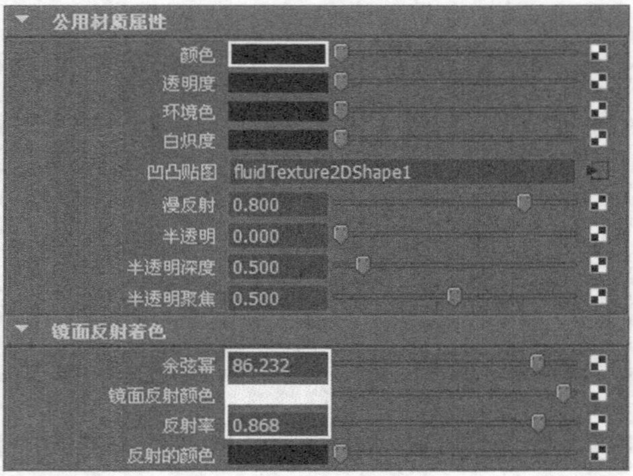

图33-65

19 在“反射的颜色”通道中加载一个“环境球”节点，然后在“图像”通道中加载学习资源中的“实例文件>CH33>33.3>castle2_02_color.hdr”文件，如图33-66所示。

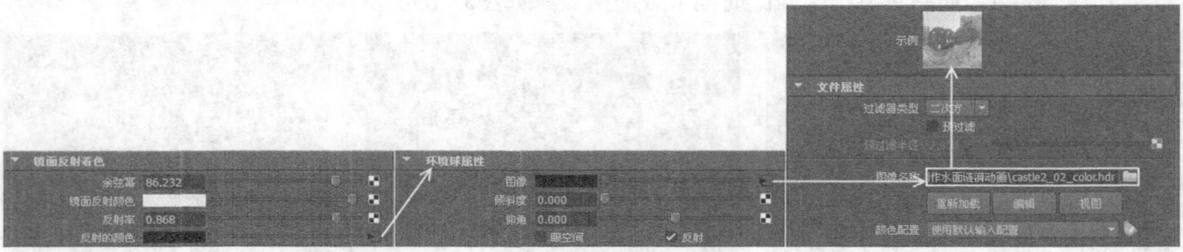

图33-66

20 打开fluidTexture2DShape1节点的“属性编辑器”对话框，然后设置“分辨率”为（600，600），接着在“着色质量”卷展栏下设置“渲染插值器”为“平滑”，如图33-67所示。

21 调整好渲染视角，然后选择动画效果最明显的帧，接着渲染出单帧图，最终效果如图33-68所示。

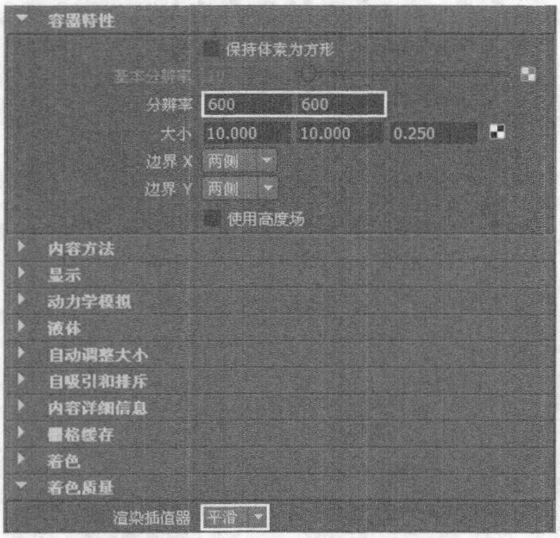

图33-67

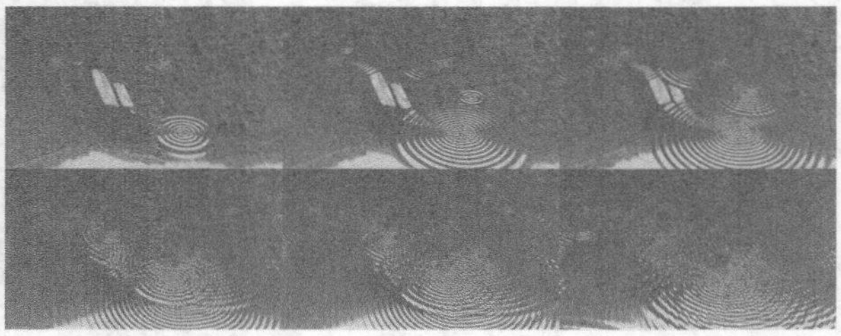

图33-68